W0261381

Chemie

der

menschlichen Nahrungs- und Genussmittel.

Von

Dr. J. König

Geh. Reg.-Rat, o. Prof. an der Kgl. Westfälischen Wilhelms-Universität
und Vorsteher der Landw. Versuchsstation Münster i. W.

Dritter Band.

Untersuchung von Nahrungs-, Genußmitteln und Gebrauchsgegenständen.

I. Teil. Allgemeine Untersuchungsverfahren.

Vierte, vollständig umgearbeitete Auflage.

Mit 405 in den Text gedruckten Abbildungen.

Springer-Verlag Berlin Heidelberg GmbH
1910

Untersuchung

von

Nahrungs-, Genussmitteln und Gebrauchsgegenständen.

Vierte, vollständig umgearbeitete Auflage.

In Gemeinschaft mit

Prof. Dr. A. Bömer-Münster i. W., Prof. Fr. Goppelsroeder-Basel, Dr. J. Hasenbäumer-Münster i. W., Dr. F. Löwe-Jena, Dr. A. Scholl-Münster i. W., Dr. A. Spieckermann-Münster i. W., Prof. Dr. A. Thiel-Münster i. W. und Dr. P. Waentig-Leipzig

bearbeitet von

Dr. J. König,

Geh. Reg.-Rat, o. Prof. an der Kgl. Westfälischen Wilhelms-Universität
und Vorsteher der Landw. Versuchsstation Münster i. W.

Mit 405 in den Text gedruckten Abbildungen.

Springer-Verlag Berlin Heidelberg GmbH
1910

ISBN 978-3-642-98788-5   ISBN 978-3-642-99603-0 (eBook)
DOI 10.1007/978-3-642-99603-0

Softcover reprint of the hardcover 4th edition 1910

Vorrede zur vierten Auflage des III. Bandes.

Das beim Erscheinen der 4. Auflage des II. Bandes Anfang 1904 gegebene Versprechen, daß ich bemüht sein würde, den III. Band bald folgen zu lassen, ist leider während voller sechs Jahre unerfüllt geblieben. Zwar hat es an Bemühungen, das Versprechen einzulösen, nicht gefehlt, aber das Können ist vielfach schwächer als das Wollen. Einerseits waren es Berufspflichten und sonstige Aufgaben aller Art, andererseits die Vielseitigkeit des zu bewältigenden Stoffes sowie der für das Gesamtwerk verfolgte Zweck der Bearbeitung, welche eine schnellere Erledigung unmöglich machten. Das Werk soll nämlich nicht allein eine Anleitung zur Untersuchung der Nahrungs-, Genußmittel und Gebrauchsgegenstände unter Berücksichtigung der üblichen Verfahren bieten, sondern letztere auch theoretisch begründen, tunlichst die gesamte Literatur, d. h. alle gemachten, wenn auch nicht mehr beachteten Vorschläge für die Bestimmung einzelner Bestandteile umfassen und dabei auch solche Verfahren berücksichtigen, die jetzt zwar nur erst selten und in beschränktem Umfange angewendet werden, die aber in Zukunft für die Untersuchung und Bewertung der Nahrungsmittel einmal eine größere Bedeutung erlangen können.

Gleichzeitig wollte ich einen Einblick in die gesamte für ein Nahrungsmitteluntersuchungsamt notwendige Ausrüstung gewähren, da vielfach bei den Behörden die Ansicht verbreitet ist, daß zur Errichtung eines öffentlichen Untersuchungsamtes nur einige Bechergläser, Trichter und höchstens noch ein Mikroskop notwendig seien, und in der mangelhaften Ausstattung der Laboratorien dann der Grund ihrer mangelhaften Leistungen liegt.

Um Wiederholungen soviel wie möglich zu vermeiden, soll der III. Band in zwei Teile zerfallen, in den ersten Teil, der die allgemeinen Untersuchungsverfahren, und den zweiten Teil, der die Untersuchung und Beurteilung der einzelnen Nahrungs-, Genußmittel und Gebrauchsgegenstände behandelt. Beide Teile bilden aber ein Ganzes und sollen durch ein gemeinschaftliches alphabetisches Sachregister miteinander in Zusammenhang gebracht werden. Die Bearbeitung des zweiten Teiles ist schon an verschiedenen Stellen in Angriff genommen; er wird hoffentlich bald folgen können.

Den ersten Teil will ich hiermit schon der Öffentlichkeit übergeben, um zu zeigen, daß die Vollendung des Gesamtwerkes nicht aufgegeben ist. Den bewährten fachkundigen Mitarbeitern spreche ich auch an dieser Stelle aufrichtigen Dank aus.

Münster i. W., im Nov. 1909.

Der Verfasser.

Inhalts-Übersicht.

Erster Teil.

Allgemeine Untersuchungsverfahren.

Tabellen.

Erster Teil.

Allgemeine Untersuchungsverfahren.

Vorbereitungen für die Untersuchungen.

Jn den meisten Fällen bedürfen die Nahrungs-, Genußmittel- und Gebrauchsgegenstände besonderer Vorbereitungen, damit die Untersuchung zuverlässige Ergebnisse liefert. Diese Vorbereitungen bestehen in erster Linie in der Probenahme und weiter in der Zerkleinerung oder Mischung der Gegenstände.

1. Die Probenahme. Die entnommene Probe muß einem Durchschnitt der Gesamtware, wenn die durchschnittliche Zusammensetzung der Gesamtware ermittelt werden soll, oder dem Durchschnitt derjenigen besonderen Anteile einer Ware entsprechen, wenn die Untersuchung sich nur bzw. auch auf diese erstrecken soll. Handelt es sich z. B. um zwei Flüssigkeitsschichten in demselben Behälter, eine spezifisch leichtere und schwerere, so müssen von beiden getrennt Mittelproben entnommen und getrennt untersucht werden, wenn die Zusammensetzung jeder Schicht ermittelt werden soll; oder, wenn z. B. in einer Faßbutter sich äußerlich verschiedenartige Anteile (Schichten oder Herde) von der Grundmasse unterscheiden lassen und man feststellen will bzw. soll, ob jene fremdartig sind, so darf man nicht von der Gesamtmasse eine Durchschnittsprobe bilden, sondern muß die schon äußerlich fremdartig erscheinenden Anteile für sich allein heraussuchen und getrennt neben den anderen Anteilen untersuchen; oder wenn es sich in einem Haufen einer Ware oder in einem Bestande von Pflanzen mit beschädigten Anteilen bzw. kranken Individuen um Beantwortung der Frage handelt, wodurch und inwieweit die fraglichen Anteile bzw. Individuen beschädigt sind, so darf man nicht von dem Gesamthaufen bzw. von dem Gesamtbestande eine Durchschnittsprobe entnehmen, sondern muß die fraglichen Anteile bzw. Individuen für sich auslesen, um sie einer getrennten Untersuchung zu unterwerfen.

Die Probenahme muß daher stets sinngemäß geschehen und sich stets nach der zu beantwortenden Frage richten. Da die zu beantwortenden Fragen sehr vielseitig sind, so lassen sich für solche besondere Fälle kaum allgemeine Regeln und Gesichtspunkte für die Probenahme aufstellen. Aber auch für sehr viele Fälle, in denen es sich um den Gesamtdurchschnitt eines zu untersuchenden Gegenstandes handelt, ist die richtige Probenahme mit mehr oder weniger großen Schwierigkeiten verbunden. Handelt es sich um nur kleine Vorräte fester oder flüssiger Art von nur wenigen Kilo, so kann man die fester Art mit einem Löffel oder Spatel (von Porzellan, Eisen oder Horn) durcheinandermischen und hiervon $^1/_8$—$^1/_2$ kg als Durchschnittsprobe entnehmen. Ist ein Flüssigkeitsvorrat gleicher Art in mehrere kleine Flaschen verteilt, so kann man nach tüchtigem Durchschütteln der Flaschen aus jeder Flasche geringe Anteile zusammengeben und diese mischen, um zu einem guten Durchschnitt zu gelangen.

Schwieriger und umständlicher aber gestaltet sich die richtige Probenahme aus großen Vorräten bzw. Beständen. Hierfür mögen einige allgemeine Anhaltspunkte gegeben werden, indem bezüglich etwaiger Abweichungen hiervon auf die betreffenden Untersuchungsgegenstände verwiesen wird.

a) Aus einem Haufen von Obst, Kartoffeln oder Rüben muß man im Verhältnis zu den vorhandenen Größen entsprechend große, mittlere und kleine Exemplare aussuchen und diese müssen sämtlich entweder ganz oder von jedem Stück $^1/_4$ oder $^1/_8$ weiter (vgl. S. 23) verarbeitet werden. Befinden sich diese Gegenstände in Säcken oder Kisten, so muß man sie ausschütten, flach ausbreiten und so die Auswahl treffen.

b) Von sperrigen Stoffen, wie Gemüse, Salat, Tabak, Blättern usw., müssen erst eine größere Anzahl Einzelpflanzen oder Pflanzenteile ausgewählt und dann mittels eines scharfen Messers, einer Schere oder einer Schneidmaschine tunlichst fein (zu Häcksel) zerschnitten werden. Wenn die angewendete Menge nicht mehr als 1 kg beträgt, so verwendet man sie (zur Vortrocknung siehe unten) ganz; ist die zerkleinerte Masse aber größer und läßt sie sich mit den Händen genügend gleichmäßig mischen, so entnimmt man dem gut durchgemischten Haufen Teilproben bis zu etwa 1 kg, oder man verfährt bei größeren Massen und weniger gleichmäßiger Beschaffenheit wie unter c.

Fig. 1.

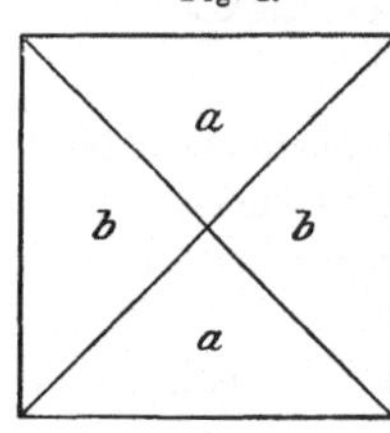

c) Harte, steinige Massen, Steinkohle usw. werden unter Auswahl einer genügenden Anzahl Stücke erst mit einem Hammer zerkleinert und aus der zerkleinerten Masse ein oder mehrere Quadrate[1]) gebildet (Fig. 1); man teilt das oder die Quadrate durch die Diagonalen in vier gleiche Teile, nimmt zwei der mit der Spitze sich berührenden Dreiecke (a a oder b b) weg, zerkleinert diese weiter, bildet wieder ein oder mehrere Quadrate daraus, zerkleinert abermals usw., bis die Probe genügend verjüngt ist.

Bei zerkleinerten sperrigen Stoffen, ebenso bei in Haufen aufgespeichertem Getreide oder Samen aller Art (Kaffee, Kakaobohnen, Tee usw.) kann man in derselben Weise verfahren, aber ohne sie jedesmal zu zerkleinern. O. Binder[2]) hat für diese Art Probenahme einen automatischen Probenehmer und Mischapparat für Laboratoriumszwecke in der Weise eingerichtet, daß die zerkleinerten Stücke oder der Samen usw. aus einem Trichter gleichmäßig in vier Becher geteilt werden; der Inhalt von je zwei sich quer gegenüberstehenden Bechern wird vereinigt und abermals in derselben Weise geteilt, bis eine genügend kleinere Durchschnittsprobe behufs weiterer Zerkleinerung für die Analyse gewonnen ist. Die nähere Einrichtung ersehe man aus der Quelle. Für vereinzelte Probenahmen dieser Art kann man sich am einfachsten mit ersterer Mischungsweise begnügen.

Fig. 2.

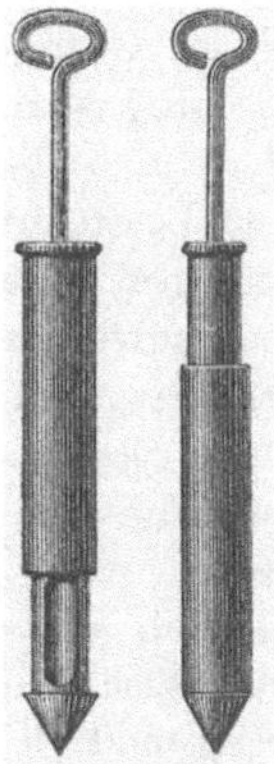

d) Befinden sich Samen, Graupen, feinkörnige, mehlartige und ähnliche Stoffe in Säcken, Ballen, Fässern oder Kisten, oder auch in Haufen wie in Schiffsladungen, so kann man sich auch der Probestecher bedienen, von denen verschiedene in Gebrauch sind.

P. Metzger[3]) hat für den Zweck den Probestecher (Fig. 2) vorgeschlagen; er besteht aus zwei ineinander beweglichen Messingzylindern, von denen der innere längere mit einem röhrenförmigen Ausschnitt versehen ist; unten läuft er spitz zu, um die Einführung in die Massen zu erleichtern, während er oben mit einem Handgriff versehen ist. Der Probestecher wird geschlossen in das Probegut gesteckt und dann der äußere Zylinder in die Höhe gezogen; der röhrenförmige Ausschnitt füllt sich durch Drehen des Handgriffes mit der betreffenden Substanz; man schiebt dann den äußeren Zylinder in seine ursprüngliche Lage, wodurch der Ausschnitt wieder geschlossen und jede Beimischung von den übrigen Teilen des Probegutes beim Herausziehen verhindert wird. Bei genügender Länge des Probestechers lassen sich auf diese Weise Proben aus den verschiedenen tiefen Schichten des Probegutes entnehmen, für sich einzeln unter-

Probestecher
nach Metzger.

---

1) Unter geeigneten Verhältnissen kann man auch Kreise bilden und die sich gegenüber liegenden $^1/_4$- oder $^1/_8$-Segmente herausnehmen; Kreise lassen sich aber schwerer als Rechtecke bilden.

2) Zeitschr. f. analyt. Chem. 1909, **48**, 32.

3) Zeitschr. f. analyt. Chem. 1900, **39**, 791.

suchen oder auch zusammenmischen, um die durchschnittliche Zusammensetzung festzustellen.

In ähnlicher Weise ist der Kornprobenstecher von Fr. Nobbe eingerichtet; er hat die
Einrichtung eines Spazierstockes und besteht ebenfalls aus zwei ineinander beweglichen
Messinghülsen, von denen die innere aber auf der ganzen Länge von etwa 1 m 10 Ausschnitte hat, so daß man beim Einführen in den Sack oder Behälter jedesmal gleich aus
ebensoviel Schichten des Probegutes kleinere Teilproben erhält. Die Handhabung ist dieselbe wie bei dem Probestecher von Metzger.

Der Samen- und Fruchthändlerstock von Dr. Peters und Rost[1]) gestattet Proben aus
den unteren und mittleren Schichten der Säcke zu entnehmen. Um aus der Tiefe von Schiffen
oder Kornlagern Proben hervorzuholen, kann man sich des untenstehenden
Kahnstechers (Fig. 3) bedienen.

Falls es notwendig oder wünschenswert ist, aus geschlossenen Säcken
Proben zu entnehmen, so verwendet man spitzere Probenzieher von der Form
wie z. B. den Probenzieher Fig. 4 (nach Dr. Peters und Rost), der mit einem
Etui versehen ist und von dem ein großes Modell zur Entnahme von Getreide,
ein kleines zur Entnahme von Mehl dient. Der demselben Zweck dienende

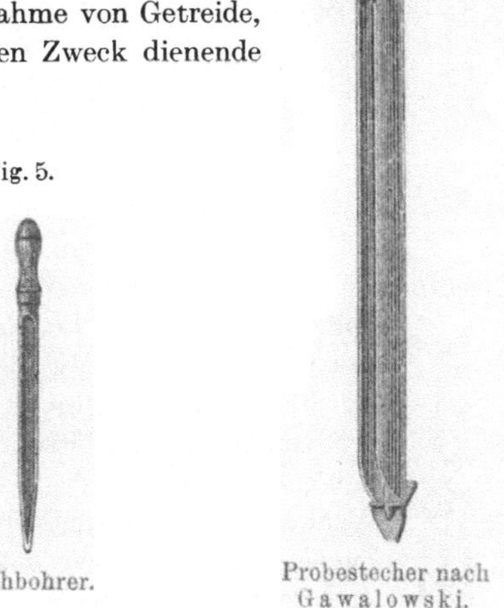

Fig. 6.

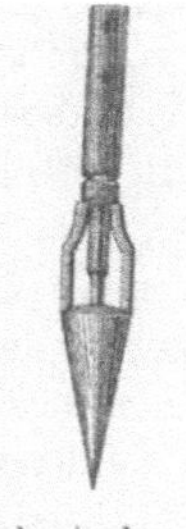

Fig. 3.

Kahnstecher für
Schiffe.

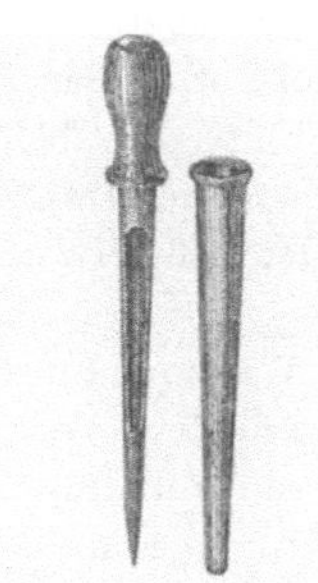

Fig. 4.

Probenzieher für Säcke.

Fig. 5.

Stechbohrer.

Probestecher nach
Gawalowski.

Probestecher von v. Weinzierl besteht aus einem in eine Stahlspitze auslaufenden 20 cm
langen Rohre, welches in einer Entfernung von 3 cm von der Spitze einen etwa 3 cm
langen Ausschnitt zur Aufnahme des Probegutes besitzt.

e) Für Entnahme von festen Fetten (wie Schmalz, Butter, Margarine usw.) aus
Fässern können die spitz zulaufenden Stechbohrer (Fig. 5) mit Heft oder Handgriff, aus
Messing oder vernickeltem Eisen, von 25—40 cm Länge und mehr angewendet werden; sie
werden senkrecht in das Probegut gesenkt, umgedreht und wieder herausgezogen. Man holt
so an 4—6 Stellen des Gefäßes Quirle des Fettes aus der ganzen Tiefe heraus, um daraus durch
Mischen bzw. Durchkneten eine Durchschnittsprobe herzustellen.

f) Für zäh- und halbflüssige Substanzen kann man sich des Probestechers von
A. Gawalowski[2]) bedienen (Fig. 6); der Probestecher besteht aus zwei ineinanderliegenden
eisernen, unten geschlossenen Zylindern, die je mit einem ziemlich breiten Längsschlitz versehen sind und durch Bajonettverschluß in einer solchen Verbindung miteinander stehen, daß
man durch eine einfache Drehung die beiden Längsschlitze zur Koinzidenz bringen oder um-

---

[1]) Jetzt Vereinigte Fabriken für Laboratoriumsbedarf G. m. b. H., Berlin N., Scharnhorststraße 22.

[2]) Nach Allgem. Österr. Chemiker- u. Techniker-Ztg. **6.** 197, in Zeitschr. f. analyt. Chem.
1889, **28,** 86.

gekehrt einen nach außen hermetisch abgeschlossenen Hohlzylinder aus ihnen bilden kann. Der genügend lange Probestecher wird geschlossen in das Probegut eingeführt und dann in der Substanz mittels des Holzgriffes geöffnet, wobei gleichmäßig aus allen Höhenschichten Substanz eindringt. Alsdann schließt man den Zylinder, zieht ihn heraus und entleert ihn in ein Gefäß; dieses wird je nach der Größe des Vorratsgefäßes an verschiedenen Stellen 4—6 mal wiederholt, bis man sicher ist, eine gute Durchschnittsprobe erreicht zu haben. Der Probezieher von Gawalowski ist auch für feste Stoffe eingerichtet.

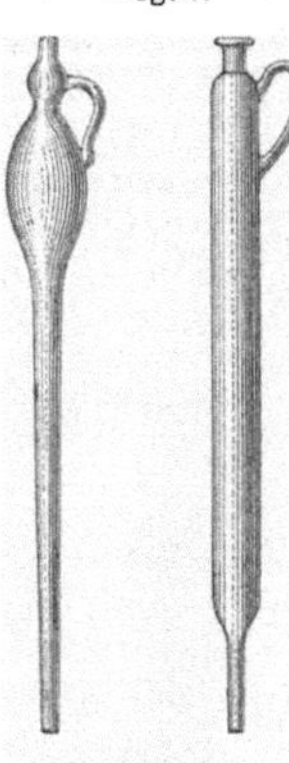

Fig. 7.

Stechheber.

g) Zur Entnahme von flüssigen Ölen, Bier, Wein und anderen Flüssigkeiten, die nicht durch Schütteln oder Rühren gemischt werden können, sind allgemein die Stechheber Fig. 7 in Gebrauch. Sie werden bei dickflüssigen Flüssigkeiten langsamer, bei dünnflüssigen rascher so in die Flüssigkeit gesenkt, daß diese aus der ganzen Schichthöhe von unten gleichmäßig in den Heber dringen kann und, wenn dieser bis zum Henkel eingetaucht ist, die innere Oberfläche mit der äußeren sich bald ins gleiche Niveau stellt; dann wird der Heber mit dem Daumen geschlossen, herausgehoben und der Inhalt in ein Gefäß entleert und dieses Verfahren bis zur genügenden Menge des öfteren wiederholt.

Der Heber nach Raabe (Fig. 8), von 75—100 cm Länge und von 0—180 ccm in $^1/_{10}$ ccm geteilt, ist geeignet, Proben aus recht tiefen Behältern zu entnehmen; durch Druck auf den Glasknopf wird der Heber geschlossen.

Will man von etwaigem Bodensatz in den Flüssigkeitsbehältern besonders Proben entnehmen, so verschließt man die Heber beim Eintauchen und öffnet sie erst, wenn die unterste Spitze sich nahe am Boden des Gefäßes befindet, läßt etwas von der unteren Flüssigkeit eintreten und hebt diese für sich heraus.

Fig. 8.

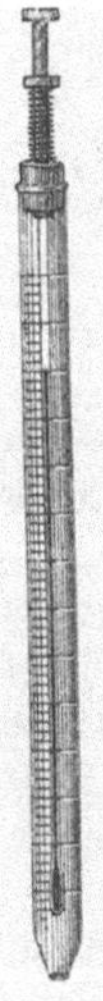

h) Vorrichtungen für Entnahme von Wasser. Für die Entnahme von Wasser aus Brunnen, Seen, Flüssen usw. ist eine solche Fülle von Vorrichtungen angegeben, daß es nicht möglich ist, sie hier auch nur annähernd aufzuführen. Auch richtet sich die Wahl dieser Vorrichtungen nach dem mit der Entnahme und Untersuchung verbundenen Zweck, ob für chemische, bakteriologische oder biologische Untersuchungen? Gleichzeitig sind neben der Probenahme an Ort und Stelle je nach der Fragestellung noch verschiedene andere Umstände zu berücksichtigen, die in dem Abschnitt „Wasser" besonders besprochen werden sollen. Hier mögen einige Entnahmevorrichtungen erwähnt werden, die unter gewöhnlichen Verhältnissen des öfteren angewendet werden können.

Für Entnahme des Wassers von der Oberfläche kann man, wenn man nahe an den Wasserbehälter herankommen kann, die vorher sorgfältigst gereinigte Flasche unter das Wasser tauchen und füllen, nachdem man sie vorher einige Male mit dem zu entnehmenden Wasser nachgespült hat. Bei Pumpen- oder Leitungswasser hält man die Flaschen direkt unter die Ausflußöffnung, nachdem man das erste Wasser aus der Pumpe oder dem Zapfhahn einige Minuten hat frei auslaufen lassen[1]) und dann die Flasche ebenfalls mit dem dann folgenden Wasser nachgespült hat. Kann man jedoch an das zu untersuchende Wasser nicht direkt mit der Flasche heranreichen, so kann man sich der Schöpfvorrichtungen bedienen, von denen je nach den besonderen Verhältnissen verschiedene geeignet sind.

Heber nach Raabe.

Für die Entnahme von Oberflächenwasser (aus Flüssen, Seen, Teichen) kann man allgemein sich der Schöpfvorrichtung von Kolkwitz[2]) bedienen, die aus einem Schöpfbecher

---

[1]) Will man dagegen feststellen, ob das Wasser aus den Leitungsröhren z. B. Blei usw. aufgenommen hat, so nimmt man zweckmäßig das erste Wasser aus den längere Zeit verschlossenen Zapfhähnen, weil sich das Metall vorwiegend in den Zapfhähnen ansammelt bzw. das in den Rohren gestandene Wasser am ersten Blei usw. enthält.

[2]) Mitteilungen a. d. Kgl. Prüfungsanstalt f. Wasserversorgung 1907, Heft 9, S. 111.

und einem Ausziehstock (Fig. 9) besteht, der sich, wie aus der Zeichnung ersichtlich ist, an dem Schöpfbecher befestigen läßt und aus 3 oder 6 Gliedern mit einer Gesamtlänge von 1,50 m bzw. 1,85 m besteht. Der Inhalt der Schöpfbecher von etwa 250—300 ccm kann dann in die gereinigte Flasche umgefüllt werden, nachdem man Becher wie Flasche vorher mit dem zu entnehmenden Wasser nachgespült hat. Der Schöpfbecher kann auch gleichzeitig

Fig. 9a.

Ausziehstock nach Kolkwitz.

Fig. 9b.

Fig. 10.

Fig. 11.

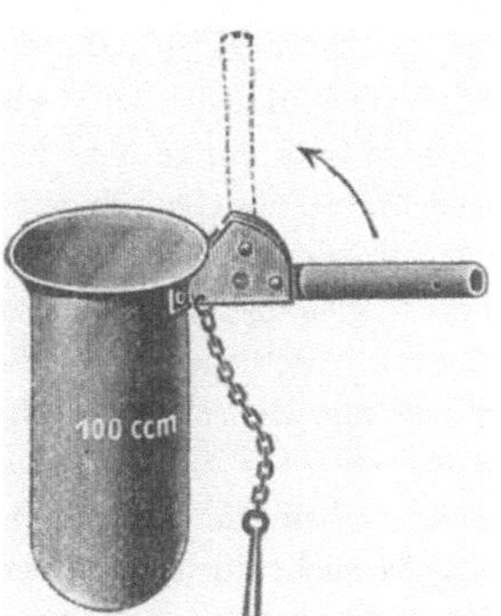

Schöpfbecher nach Kolkwitz.

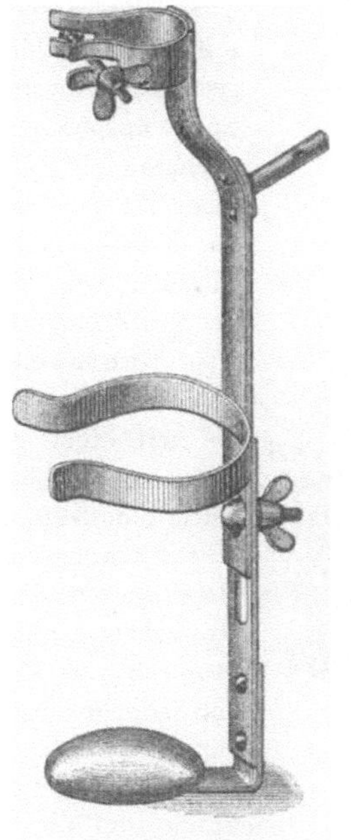

Flaschenhalter.

Wasserentnahmeflasche mit Haltevorrichtung.

zur Entnahme von Schlamm aus der Tiefe verwendet werden, falls auch dieser untersucht werden soll.

In anderen Fällen eignen sich für die Füllung mit Wasser auch gewöhnliche, gut gereinigte und mit neuen Korken zu verschließende Weinflaschen oder ½ l-Flaschen, weil sie sich auf Reisen im Bedarfsfalle leicht ergänzen oder ersetzen lassen. Diese Flaschen lassen sich leicht in den in Fig. 10 angedeuteten Halter[1]) spannen und mittels des Ausziehstockes (Fig. 9) direkt zur Probeentnahme aus solchen Wasserbehältern benutzen, an die man nicht unmittelbar herankommen kann.

Soll Wasser aus der Tiefe entnommen werden, so kann man eine mit Haltevorrichtung versehene und beschwerte Flasche (Fig. 11) von einem Steg, einer Brücke, einem Kahn oder Schiff aus bis zur gewünschten Tiefe einsenken, den an einer Kette befestigten, locker schließenden Pfropfen durch Ziehen an der Kette entfernen und die Flasche sich füllen lassen. Die Flasche von Heyroth[2]) unterscheidet sich von der vorstehenden einfacheren Vorrichtung dadurch, daß die Flasche sich in einem mit Gummi ausgepolsterten, mit Blei beschwerten Drahtkorb befindet und mit einem Karabinerhaken versehen ist; auf dem Deckel findet sich

---

[1]) Der Flaschenhalter wie die anderen Wasserentnahmevorrichtungen können von der Firma Paul Altmann in Berlin NW., Luisenstr. 47 bezogen werden.

[2]) Arbeiten a. d. Kaiserl. Gesundheitsamte 1891, **7**, 381.

ein Ventil, das den Flaschenhals verschließt und durch einen Zug an einer Schnur von oben geöffnet werden kann, sobald sich der Flaschenhals in der gewünschten Entnahmetiefe befindet. Diese Flaschen sind viereckig, mit Nummern versehen und an einer Seite für besondere Bleistiftnotizen matt geschliffen, wodurch die Verwendung im Freien erleichtert wird. Da sie außerdem bis 1,5 l fassen, so genügt in der Regel ein einmaliges Untertauchen, um die nötige Menge Wasser für die Untersuchung zu erhalten.

Diese Schöpfvorrichtungen sind dazu bestimmt, Wasser aus der Tiefe für die chemische Untersuchung zu entnehmen. Soll das Wasser aus der Tiefe aber auch bakteriologisch und auf Gase (Sauerstoff) untersucht werden, so empfiehlt sich der J. Mayrhofersche Entnahme-apparat (Fig. 12), der sich an einer beliebigen Holzstange oder dergleichen anschrauben und befestigen läßt. In der unteren Haltevorrichtung befinden sich für die chemische und insonderheit Gas-Untersuchung zwei Glasstöpselflaschen von je 300 ccm Inhalt, die mit einem federnden Gummiverschluß luftdicht abgeschlossen werden, während in der Mitte ein zur Spitze ausgezogenes und zugeschmolzenes Glasröhrchen vorhanden ist. Durch einen Zug an einer Schnur werden beide Glasflaschen geöffnet sowie gleichzeitig die Spitze an dem kleinen Glasröhrchen abgeschlagen und die Flaschen wie das Glasröhrchen mit dem Wasser aus der gewünschten Tiefe gefüllt.

Behre und Thimme[1]) haben für Entnahme von Wasser aus der Tiefe eine Vorrichtung angegeben, die mit einer größeren (1,5 l fassenden) und zwei kleineren Flaschen versehen ist und gestattet, gleichzeitig einerseits eine größere Probe für die chemische Untersuchung, andererseits kleinere Proben für die Bestimmung des Sauerstoffgehaltes und der Sauerstoffzehrung zu entnehmen. Die Stange des Apparates ist von 10 zu 10 cm bis auf 1 m eingeteilt, so daß jede gewünschte Tiefe deutlich abgelesen werden kann. Die Einströmungsgeschwindigkeit kann an einem oberen Luftausströmungshahn geregelt werden, ebenso

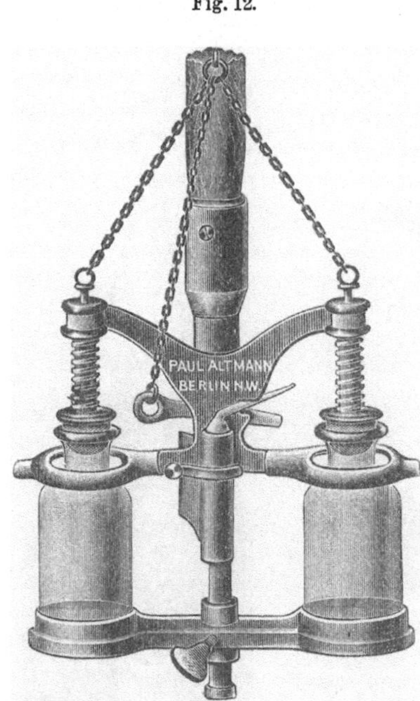

Fig. 12.

Wasserentnahmeapparat nach Mayrhofer.

wie das Aufhören der Luftblasenentwicklung die Füllung der Flaschen äußerlich wahrnehmen läßt. Der Apparat eignet sich vorwiegend für die Entnahme aus einem ruhigen Wasser oder doch aus einem solchen von nur geringer Stromgeschwindigkeit.

Für die Unterbringung bzw. den Versand der Flaschen bedient man sich zweckmäßig mit aufklappbarem Deckel versehener Kisten von starkem Holz, die an den Ecken mit eisernen Bändern beschlagen und innen in passende, gut mit Filz oder sonstwie ausgepolsterte Fächer geteilt sind, in welche die Flaschen fest hineinpassen[2]). Für eine geringe

---

[1]) Mitteilungen a. d. Kgl. Prüfungsanstalt f. Wasserversorgung 1907, Heft 9.

[2]) Wir verwenden solche Kisten verschiedener Größe und Einteilung auch zur Einforderung von Nahrungsmitteln von den Polizeibehörden. Die Flaschen (Pulverflaschen mit Deckel für feste und zähflüssige Gegenstände, $1/_2$ l-Flaschen mit Kronen-Kautschukstöpsel für Milch, Bier, Essig, Petroleum) werden im völlig gereinigten und trockenen Zustande nebst Fragebögen und vorgedruckten Anheftezetteln den Polizeibehörden zugeschickt und von letzteren nach Füllung und Beschreibung der Proben zurückgeliefert. Diese Einrichtung erleichtert und sichert die Kontrolle; denn man erzielt hierdurch eine stets gleiche und genügende Menge von den Untersuchungsgegenständen und eine genügende Beschreibung der Proben; ferner brauchen diese im Laboratorium nicht wieder umgefüllt zu werden.

Anzahl von Flaschen und nur kurze Versandstrecken eignen sich auch ausgepolsterte Kisten von Metall.

i) **Probenahme von Boden.** Die Entnahme von Boden kommt für den Nahrungsmittelchemiker nur selten und dann vorwiegend nur für den Zweck in Betracht, um festzustellen, ob ein Boden bzw. eine Bodenschicht durch Abgänge irgendwelcher Art so verunreinigt ist, daß dadurch das Pflanzenwachstum bzw. die Gesundheit von Menschen und Tieren — infolge Eindringens der Verunreinigungen in Brunnen- und Tränkwasser — geschädigt werden kann. Je nach diesen Verhältnissen muß auch hier die Probenahme der Fragestellung angepaßt werden.

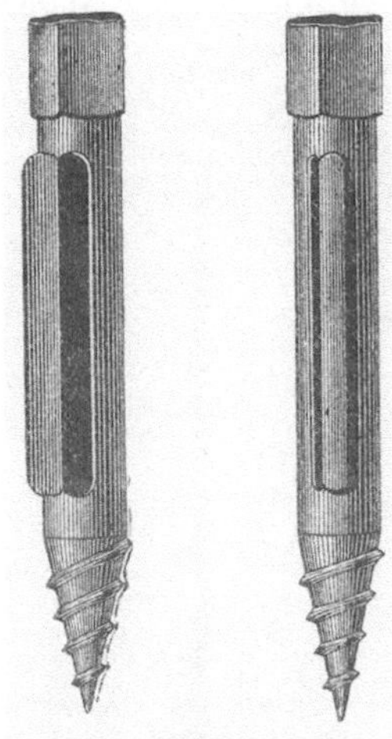

Fig. 13.

Handelt es sich um Entnahme einer großen Menge Boden auf einer ausgedehnten Fläche von etwa 1 ha und mehr und um nur geringe Tiefen bis etwa 80—90 cm, so macht man mit einem Spaten an tunlichst vielen (bis 10) gleichmäßig voneinander gelegenen Stellen quadratische Löcher von 30—50 cm Seitenlänge, entnimmt denselben senkrechte gleichtiefe Abstiche bis 30 cm, dann bis 60 cm und zuletzt bis 80—90 cm, oder auch gleich von 30—90 cm Tiefe, gibt die Einzelproben, d. h. diejenigen aus den verschiedenen Tiefen für sich zusammen, mischt und füllt von dem Gemisch je nach der für die Untersuchung notwendigen Menge 2—10 kg in eine Kiste oder einen Beutel von dichtem Gewebe. Die chemische und physikalische Untersuchung der von dem Oberboden und den verschiedenen Untergrundschichten entnommenen Proben erfolgt getrennt für sich.

Statt des Spatens kann man auch, um die weiten, tiefen Löcher zu vermeiden, den **Schnecken-** oder **amerikanischen**

Bodenbohrer nach Fränkel.

Tellerbohrer anwenden, der, nach jedesmaligem Einbohren auf etwa 20 cm Tiefe herausgehoben und entleert, gestattet, zylindrische Bodenstücke von etwa 10 cm Durchmesser bis zu mehreren Metern heraufzuholen. Für letzteren Zweck ist der Bohrer mit mehreren anschraubbaren Gestängestücken von je 90—100 cm Länge versehen.

Statt dieses Bohrers wird auch der von C. Fränkel (Fig. 13) viel verwendet, nämlich besonders dann, wenn die aus der Tiefe zu entnehmenden Bodenproben auch **bakteriologisch** untersucht werden sollen. Der oberhalb des Bohrgewindes sich befindende löffelartige Ausschnitt zur Aufnahme des Bodens ist durch eine Hülse verschließbar, an der eine nach außen gebogene Leiste sich befindet. Man führt den Bohrer, der selbstverständlich mit Gestänge und Handgriff versehen ist, geschlossen (wie rechts in der Figur) in den Boden und hält den Ausschnitt dadurch geschlossen, daß man den Bohrer im Sinne der Windungen des Bohrers von links nach rechts (d. h. im Sinne der Bewegung der Zeiger einer Uhr) in den Boden hineintreibt und ihn, wenn die gewünschte Tiefe erreicht ist, in entgegengesetzter Richtung dreht. Dann

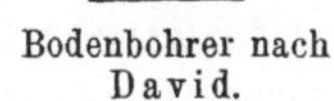

Fig. 14.

Bodenbohrer nach
David.

öffnet sich der Ausschnitt und füllt sich mit Boden; man dreht darauf in entgegengesetzter Richtung, verschließt auf diese Weise wieder den Ausschnitt und kann so die Bodenprobe nach oben ziehen, ohne daß der Inhalt mit Boden aus anderen Bodenschichten vermischt wird. Mit diesem Bohrer lassen sich indes nur aus **trockenen** Böden Proben heraufholen.

Für **nasse** Böden läßt sich zweckmäßig der **David**sche Bodenbohrer (Fig. 14) verwenden. Dieser hat innen eine bewegliche Spitze, die beim Eintreiben des Bohrers in den Boden den Hohlraum unten verschließt. In gewünschter Tiefe wird die Spitze nach innen bewegt, infolgedessen Boden in den inneren Raum eintritt. Durch Drehen an einem Gewinde schließt man wieder die Spitze und zieht den Bohrer, der nur Boden von der gewünschten Stelle enthält, wieder heraus. Auch der Davidsche Bodenbohrer dient vorwiegend zur Probenahme für bakteriologische Untersuchungen. Stellt man weniger strenge Anforderungen, dürfen geringe Beimengungen aus verschiedenen Schichttiefen hinzutreten und bedarf es keiner großen Mengen Boden für die Untersuchungen, so kann man sich auch der einfachen Erdbohrer von Gruner (Fig. 15) oder Orth (Fig. 16) bedienen. Der 1 m lange Bohrstock von Gruner ist mit Amboß und herausnehmbarem Holzgriff versehen und kann auf 1,5 und 2 m verlängert werden.

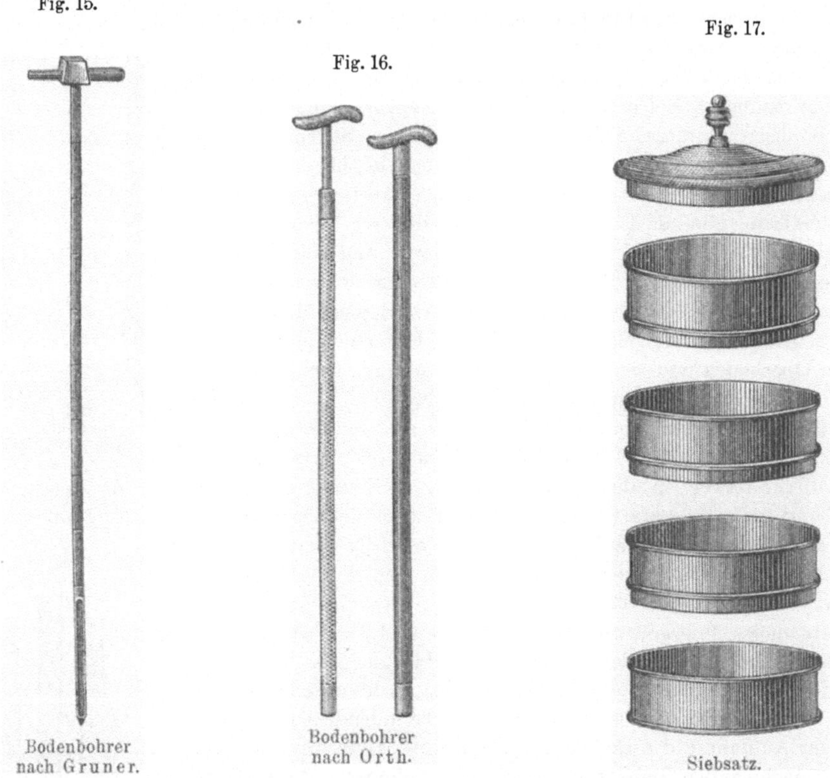

Fig. 15.

Fig. 16.

Fig. 17.

Der Bohrstock von Orth hat die Form eines Spazierstockes mit Griff und eine Länge von 70, 80, 90 oder 100 cm. Er ist mit einer 30 cm langen Teilung, sowie mit einer verschraubbaren Metall- oder Holzhülse versehen.

2. Die Zerkleinerung bzw. Mischung der Stoffe für die Untersuchung. Außer der richtigen Probenahme ist eine weitere wesentliche Bedingung für den zuverlässigen Ausfall der Untersuchungen die Herstellung eines solchen gleichmäßig beschaffenen Zustandes, daß selbst kleine Gewichts- oder Raummengen der wirklichen Durchschnittsbeschaffenheit des Untersuchungsgegenstandes entsprechen. Dieses erreicht man:

a) bei mischbaren Flüssigkeiten einfach dadurch, daß man sie vor jeder Wägung oder Abmessung bei mittlerer Laboratoriums-Temperatur von 17—18° gehörig durcheinanderschüttelt;

b) bei zähflüssigen, salbenartigen Stoffen (wie Sirupen, Honigen, Gelees, Marmeladen, Butter, Fetten) durch Verarbeiten mittels eines Spatels (aus Glas, Horn oder blankem

Eisen) in einem geeigneten Gefäß, so daß kein Wasser ausgepreßt oder ausgeknetet, sondern dieses gleichmäßig verteilt wird;

c) bei trocknen, genügend feinpulverigen Stoffen dadurch, daß man sie vorher in einer Reibschale sorgfältig verreibt und mischt.

Im allgemeinen sollen pulverförmige Stoffe für die chemische Untersuchung so fein sein, daß sie durch ein Sieb von 1 mm Maschenweite gehen.

Hat eine lufttrockne Substanz nicht diesen Feinheitsgrad, so muß sie entweder in einem Porzellan-, geriffelten Stahl- bzw. Achatmörser feiner gepulvert oder mittels einer Schrotmühle feiner gemahlen werden. Besteht der Untersuchungsgegenstand aus einem Gemisch von feinstem Pulver und gröberen Anteilen, wie z. B. häufig bei Gewürzen, Zimt, Pfeffer usw., so verfährt man zweckmäßig in der Weise, daß man die feineren Teile mittels eines Siebes absiebt, die gröberen Teile mittels der Schrotmühle weiter zerkleinert und die einzelnen Teile später wieder innigst zusammenmischt.

α) Zur Trennung der verschieden feinen Teile bedient man sich gewöhnlich eines Siebsatzes (Fig. 17) (aus Messing oder auch Zinkblech) mit 3 bzw. 4 Sieben von etwa 14—15 cm Durchmesser und 6—7 cm Höhe und mit gebohrten runden Löchern von 1, 2 und 3 mm, bzw. 0,5, 1, 2 und 3 mm Lochweite (Durchmesser); diese Siebsätze lassen sich mit unterem Sammelbehälter und Deckel zusammen und einzeln benutzen; wenn die gröberen Anteile eines Stoffes genügend trocken sind, so lassen sie sich nach dem Absieben des feineren Anteils mittels einer Schrotmühle leicht auf den vorgeschriebenen bzw. wünschenswerten Feinheitsgrad von 1 mm bringen; gelingt das nicht mit einem einzigen Mahlen, so siebt man nach dem ersten Mahlen nochmals ab, mahlt und setzt dieses so lange fort, bis sich alles durch das Sieb von 1 mm Lochweite treiben läßt. Dann wird das Ganze innigst gemischt, schließlich zusammen durch das Sieb getrieben, bis man sicher sein kann, daß eine völlig gleichmäßige Durchmischung stattgefunden hat.

Für die Ermittelung des Feinheitsgrades der Mehle bedient man sich je nach

Fig. 18.

Malzschrotmühle.

dem Zweck der Untersuchung der auf runde oder viereckige Blechzylinder oder Holzrahmen gespannten Müllergazen[1]) von verschiedener Feinheit; als solche kommen vorwiegend die Müllergazen Nr. 7, 8, 10 oder 11, 34 u. 46 in Betracht (vgl. im II. Teil unter Mehl).

Die Trennung pulverförmiger Stoffe in verschieden feine Anteile mittels des vorstehenden Siebsatzes erleichtert auch durchweg die Untersuchung auf fremdartige Beimengungen, indem sich z. B. in dem feinen abgesiebten Teile die Stärke, in dem gröberen Teile die Schalen (häufig schon mittels einer Lupe) leichter als in der gesamten Masse von ungleichem Feinheitsgrade erkennen lassen.

β) Zum Mahlen der lufttrocknen Stoffe kann man sich verschiedener Mühlen bedienen. Für kleine Mengen genügt die Malzschrotmühle (Fig. 18); für größere Mengen eignet sich die bekannte Exzelsiormühle (Fig. 19, S. 12), die auch für Kraftbetrieb eingerichtet werden kann; es wird dann die Handkurbel oder auch das hintere Schwungrad durch Riemenscheiben ersetzt; zum Kraftbetrieb, wofür bei vorhandener Wasserleitung sowohl Wassermotoren, als bei vorhandener elektrischer Kraft Elektromotoren verwendet werden können, sind etwa $1/_2$—1 Pferdekraft erforderlich. Die Reibvorrichtung der Exzelsiormühle

---

[1]) Zu beziehen von Gebr. Stallmann in Duisburg (oder Dortmund).

besteht aus zwei flachen, ringförmigen, senkrecht angeordneten Scheiben (Fig. 20), welche
aus Hartgußeisen hergestellt sind.

Fig. 19.

Exzelsiormühle.

Fig. 20.

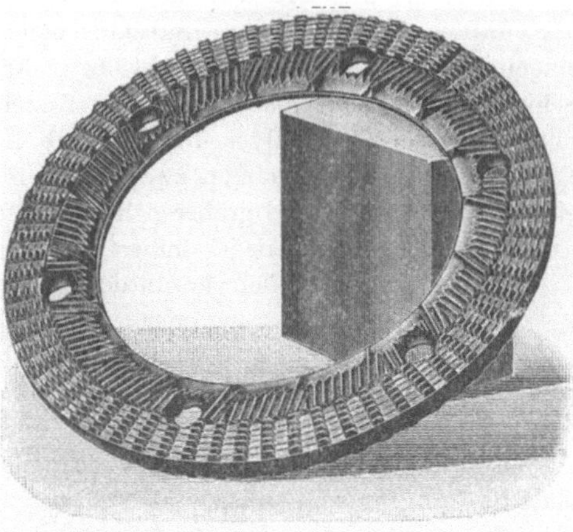

Ringförmige Mahlscheibe der Exzelsiormühle.

Auch die Seck-Mühle (Fig. 21), die ebenfalls für Hand- wie Kraftbetrieb eingerichtet
werden kann, ist für die Feinpulverung von lufttrockenen Stoffen zu empfehlen.

Fig. 21.

Seckmühle.

Wenn es sich um geringe Mengen Substanz und
besondere Staubfeinheit handelt, so können auch ge-
riffelte Stahlmörser mit geriffeltem Pistill von Stahl
gute Dienste leisten. Indes sind solche Stahlmörser
schwer herzustellen und teuer.

d) Wasserreiche und sperrige Stoffe, wie
Wurzelgewächse, Obst, Gemüsearten, Fleisch, Wurst
usw., müssen erst, sei es direkt oder nach Entfernung
der wertlosen Teile, vorgetrocknet, d. h. in den luft-

Fig. 22.

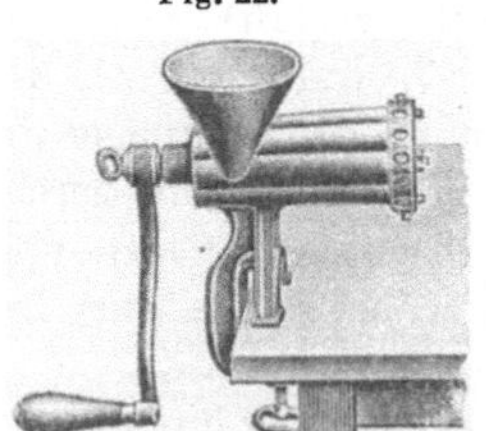

Fleischmühle.

trocknen Zustand übergeführt werden, um sie staubfein mahlen zu können. Über diese Vortrocknung vergleiche den folgenden Abschnitt (S. 23).

e) In anderen Fällen kann man auch wasserreiche, aber zerreibbare Stoffe, wie z. B.
Rüben, Kartoffeln, nach Entfernung der Köpfe, Schwänze, oder Obst nach Entfernung
des Stieles, Markes und der Kerne sowie nach sorgfältigem Reinigen durch besondere Reib-
mühlen, wie z. B. die von Luckow, Pellet-Lamont, Kiehle u. a., in einen feinen sog.

geschliffenen Brei verwandeln, der, gehörig durcheinandergemischt, zu verschiedenen Untersuchungen verwendet werden kann. Hierzu genügt auch in vielen Fällen eine einfache Kartoffelmühle nach Art der Fleischmühle (Fig. 22), die in jedem Haushalt angewendet wird. Man muß nur die bessern Sorten mit lackiertem Eisenmantel und nicht die von Zinkblech anwenden.

Fleisch, Wurst und ähnliche Stoffe lassen sich auch durch eine zweckmäßig eingerichtete Fleischhackmaschine oder Fleischmühle (Fig. 22) zerkleinern.

f) Zähe und fette Stoffe, die wie Schokolade und Käse sich weder quetschen noch mahlen lassen, können mittels einer Hand-Kartoffelreibe in den erforderlichen zerkleinerten Zustand übergeführt werden.

Bestimmung des Wassers.

Neben der Herstellung einer gleichmäßig feinen Beschaffenheit der Untersuchungsgegenstände ist es von größtem Belang, diese in einen solchen Zustand überzuführen bzw. sie unter solchen Bedingungen aufzubewahren, daß sie während der Untersuchung weder Wasser aufnehmen noch abgeben. Viele Salze verlieren z. B. schon durch Berührung mit der atmosphärischen Luft Wasser (werden matt und trübe, d. h. verwittern), andere, z. B. Seignettesalz, Magnesiumsulfat usw., verlieren in gewöhnlicher Luft nicht, wohl aber in trockner Luft (z. B. in einem Exsikkator über konz. Schwefelsäure, Chlorcalcium usw.) Wasser. Dieses ist auch mehr oder weniger bei allen wasserhaltigen organischen Stoffen der Fall, mit denen der Nahrungsmittelchemiker zu tun hat. Andere organische Stoffe (Nahrungs- und Genußmittel), die vorher einer Trocknung, Darrung oder Röstung unterworfen gewesen sind, wie z. B. getrocknetes Obst, Malz, gerösteter Kaffee oder geröstete Zichorien, nehmen ebenso wie Kaliumcarbonat und alle in Alkohol löslichen Salze — mit Ausnahme von Quecksilberchlorid — leicht Wasser, die alkalisch beschaffenen Salze auch Kohlensäure — aus der Luft auf und nehmen daher beim Aufbewahren, wenn Luft zutreten kann, an Gewicht zu.

Aus diesen Gründen kann der Wassergehalt eines Untersuchungsgegenstandes je nach seiner Beschaffenheit und Aufbewahrung sehr verschieden sein, und weil von ihm bei quantitativen Analysen die zu ermittelnde Menge anderer Bestandteile abhängt und die Unterschiede in den Analysen zweier Untersucher nicht selten durch den verschiedenen Gehalt an Wasser bedingt sein können, so gehört eine Wasserbestimmung in den Untersuchungsgegenständen mit zu den ersten Erfordernissen einer quantitativen chemischen bzw. physikalischen Untersuchung.

Der Wassergehalt pflegt meistens indirekt (durch Ermittelung des Gewichtsverlustes), in besonderen Fällen auch direkt (durch Auffangung und Wägung des ausgetriebenen Wassers) bestimmt zu werden.

I. Bestimmung des Wassers auf indirektem Wege.

Die indirekte Bestimmung des Wassers ist die häufigere und betrachtet man als Wassergehalt eines Nahrungs- und Genußmittels — mit Ausnahme der alkoholischen Getränke und des Essigs — im allgemeinen den durch Trocknen bei 100—110° erhaltenen Gewichtsverlust. Dieser gibt aber in vielen Fällen nicht den wirklichen Gehalt an Wasser allein an, sondern er schließt vielfach einerseits auch noch mehr oder weniger bei dieser Temperatur flüchtige Stoffe (unter Umständen auch Kohlensäure) ein, fällt also mehr oder weniger zu hoch aus, andererseits kann er zu niedrige Werte in solchen Fällen liefern, in denen die Stoffe bei 100—110° nicht alles Wasser abgeben oder Sauerstoff bzw. Kohlensäure aus der Luft aufnehmen.

Je nach diesen Verhältnissen müssen verschiedene Wege zur Bestimmung des Wassers bzw. der Trockensubstanz eingeschlagen werden, nämlich:

1. einfaches Erwärmen solcher Stoffe, die bei 100—110° ihr Wasser verlieren, ohne sonst eine wesentliche Veränderung zu erleiden. Dieses ist das gewöhnlich anwendbare Verfahren, das in der Weise ausgeführt wird, daß

a) bei solchen Stoffen, die eine genügend gleichmäßige Beschaffenheit besitzen, eine bestimmte Menge abgewogen und diese bei 100—110°, in der Regel bei 105° — diese Temperatur ist notwendig, weil die meisten organischen Stoffe bei 100° ihr Wasser nicht vollständig verlieren — so lange getrocknet wird, bis Gewichtsbeständigkeit eingetreten ist. Diese pflegt in 2—5 Stunden erreicht zu werden. Man wägt also die Gefäße mit der Substanz nach 2, 3, 4 usw. Stunden, während derer der Trockenschrank beständig auf der vorgeschriebenen Temperatur gehalten wird, und betrachtet die Verflüchtigung des Wassers als erreicht, wenn die beiden letzten Wägungen ganz oder doch bis auf einige Milligramm übereinstimmen. — Eine völlige Übereinstimmung des Gewichts in den beiden letzten Wägungen wird infolge teilweiser Umsetzungen bei organischen Stoffen selten erreicht. — Der Gewichtsverlust wird dann als Wasser angesehen; er wird durch Multiplikation mit 100 und Division durch das angewendete Gewicht auf Prozente umgerechnet.

Fig. 23.

Wägegläschen.

Zum Abwägen und Erhitzen (Trocknen) der Stoffe bei 100—110° sind zahlreiche Vorrichtungen in Gebrauch, von denen hier nur die gangbarsten aufgeführt werden können.

α) Vorrichtungen für das Abwägen der Substanz. Diese müssen selbstverständlich so beschaffen sein, daß sie selbst durch das Erwärmen auf 100—110° keine Gewichtsveränderung und durch die zu trocknenden Stoffe keine Zersetzung erleiden. Auch sollen sie während der Wägung geschlossen oder bedeckt gehalten werden können, damit die zu trocknenden Stoffe während dieser Zeit kein Wasser abgeben noch nach dem Trocknen aufnehmen können. Diesen Anforderungen entsprechen am ersten Gefäße aus Glas, Nickel und Platin, die, sorgfältig gereinigt, entweder im Exsikkator über Schwefelsäure oder bei der später anzuwendenden Temperatur vorgetrocknet oder auch, wie Platingefäße, vorher geglüht und dann, nach dem Abkühlen im Exsikkator, leer gewogen werden.

Fig. 24.

Wägeschälchen.

1. Feingepulverte (gemahlene oder zerriebene) Stoffe, wie Mehl, Stärke, Kakao, Schokolade, Käse, Kaffee, Tee usw., können in den nebenstehenden Wägegläschen (Fig. 23) mit hohlem, eingeschliffenem Glasstöpsel abgewogen werden. Diese Wägegläschen, die sich leicht reinigen lassen, haben die früher verwendeten, aufeinander geschliffenen Uhrgläser mit Klemmen verdrängt und lassen sich auch zweckmäßig zum Trocknen eines Filters benutzen, wenn ein Niederschlag auf ihm gesammelt und nach dem Trocknen als solcher gewogen werden soll. Selbstverständlich muß der Deckel beim Einstellen der Kölbchen in den Trockenschrank entfernt oder quergelegt, nach dem Trocknen jedesmal wieder aufgesetzt und das geschlossene Kölbchen in einem Exsikkator erkalten gelassen werden. Vor dem Wägen des erkalteten Kölbchens öffnet man kurze Zeit den Deckel, um einen Ausgleich der inneren verdünnten Luft mit der Zimmerluft herbeizuführen und wägt alsdann wieder mit geschlossenem Deckel.

2. Für Flüssigkeiten wie Milch, ebenso für Sirupe und Extrakte, wie Obstsirupe, Most, Bier usw., ferner auch für Butter und Fette aller Art, bedient man sich zweckmäßig flacher, mit Deckel versehener Nickel- oder Glasschalen von nebenstehender Form und Einrichtung, von etwa 50—90 mm Durchmesser und 10—30 mm Höhe (Fig. 24). Flüssigkeiten werden hierbei zweckmäßig erst auf dem Wasserbade oder im Dampftrockenschrank

eingetrocknet und dann erst in den Trockenschrank gebracht. Von Flüssigkeiten und Sirupen verwendet man, falls keine besonderen Vorschriften für den zu untersuchenden Gegenstand gegeben sind, so viel, daß der Trockenrückstand nicht mehr als 1—2 g beträgt. Im übrigen verfährt man, wie vorstehend angegeben ist.

Bei Wein sind Platinschalen von 85 mm Durchmesser, 20 mm Höhe und 75 ccm Inhalt vorgeschrieben und sollen darin 50 ccm Wein in dem unten beschriebenen Trockenschrank, der sich auch für andere ähnliche Substanzen verwenden läßt, in bestimmter Weise getrocknet werden.

β) **Trockenschränke.** Es ist eine große Anzahl von Trockenschränken in Gebrauch und hält es schwer, daraus die empfehlenswertesten anzugeben. Der eine hat diesen, der andere jenen Vorzug; andere, wie z. B. der Weintrockenschrank, sind nur für besondere Untersuchungsgegenstände zu verwenden. An die gewöhnlichen Lufttrockenschränke müssen vorwiegend zwei Bedingungen gestellt werden, nämlich: 1. die Temperatur muß unten und oben in ihnen gleichmäßig sein und sich leicht beständig auf derselben Höhe erhalten lassen; 2. die Verbrennungsgase der Heizvorrichtung dürfen nicht in den Trockenraum gelangen. Zur Erfüllung dieser Bedingungen empfehlen sich in erster Linie für Lufttrockenschränke doppelte Wände, von denen die äußere womöglich noch mit Asbest bekleidet ist. Von den Trockenschränken[1]), die viel in Gebrauch und empfehlenswert sind, mögen hier folgende genannt werden:

1. **Lufttrockenschrank nach A. Herzfeld.** Der Trockenschrank ist besonders für die Wasserbestimmung in Zucker, Mehl und anderen organischen Substanzen, aber auch für die allgemeine Laboratoriumsarbeit geeignet. Die gute Wirkung dieses Trockenschrankes beruht auf der Erzeugung eines starken Luftstromes, der gut vorgewärmt in den Kasten eintritt und ihn auf der entgegengesetzten Seite verläßt, die Feuchtigkeit mit sich führend. Die Heizgase werden abgeleitet und können auf die zu trocknende Substanz nicht schädigend einwirken.

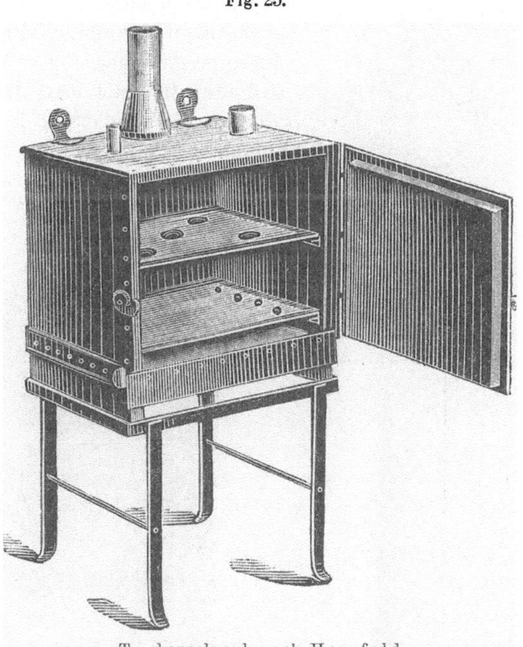

Fig. 25.

Trockenschrank nach Herzfeld.

Der Trockenschrank ist doppelwandig, ebenso Tür und Boden; letzterer ist seitlich offen und hat Luftschieber zur Regelung des Luftstromes; der Schornstein für den Abzug der Heizgase ist abnehmbar; im Innern hat der Schrank zwei mit Asbest bekleidete durchlochte Einlagen; die Tuben am Oberboden dienen zur Aufnahme von Thermometer und eventuell Thermoregulator. Die Heizung geschieht mittels Bunsen- oder Schlangenbrenners. Die kalte Luft tritt seitlich am Unterboden ein, wird noch vor dem Passieren des zweiten Bodens vorgewärmt und gelangt durch die seitlichen Öffnungen in den Schrank. Durch die Schiebervorrichtung lassen sich gleichmäßige Temperaturen im Innern des Schrankes erzielen. Er wird aus Stahl- und Kupferblech in zwei Größen von 28 und 50 cm Länge angefertigt.

---

[1]) Die Zeichnungen und Beschreibungen hierzu sind z. T. von „Vereinigte Fabriken für Laboratoriumsbedarf" in Berlin NW., Scharnhorststraße 22, geliefert worden.

Der Trockenschrank von Frerichs[1]) unterscheidet sich von dem Herzfeldschen nur dadurch, daß die Wandungen aus Asbestschieferplatten bestehen und daß die Einlagen wie Seitenwandungen herausnehmbar sind.

Um die Temperaturen in den Trockenschränken beständig auf derselben Temperatur zu erhalten, sind verschiedene Thermoregulatoren, vorwiegend mit Quecksilberfüllung, in Vorschlag gebracht. Diese wirken aber meistens nur unter bzw. bis 100° sicher oder sind für Temperaturen über 100° nicht haltbar bzw. versagen bald bei diesen Temperaturen. Für Temperaturen von 100—110° eignet sich noch am besten der nebenstehende Metall-Thermoregulator (Fig. 26) ganz ohne Quecksilber. Er besteht aus einem U-förmig gebogenen Kompensationsstab, der von einer Metallhülse umgeben ist; letztere wird ganz in den Trocken- oder Wasserraum eingesetzt. Die durch eintretende Temperaturschwankungen hervorgerufenen Bewegungen des Kompensationsstabes äußern sich an der aus dem Kopf des Instrumentes hervorragenden Mikrometerschraube, an deren Teilung die gewünschte Temperatur genau eingestellt werden kann. Als solche wird man am zweckmäßigsten 105° nehmen. Die Einstellung auf eine andere Temperatur erfordert stets längere Zeit. Die Tuben der Trockenschränke für die Aufnahme des Regulators müssen einen Durchmesser von 21 mm an haben[2]).

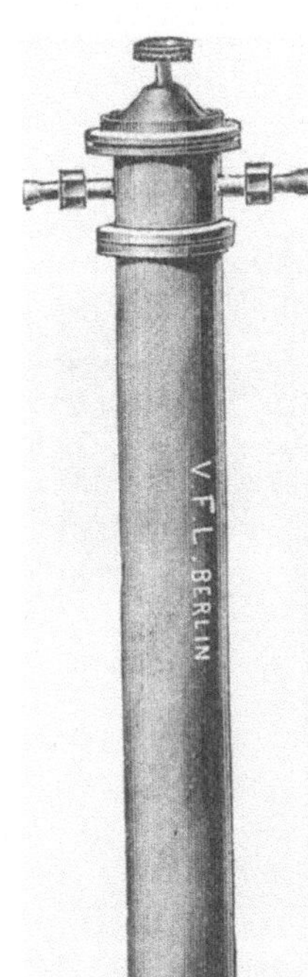

Fig. 26.

Metall-Thermoregulator.

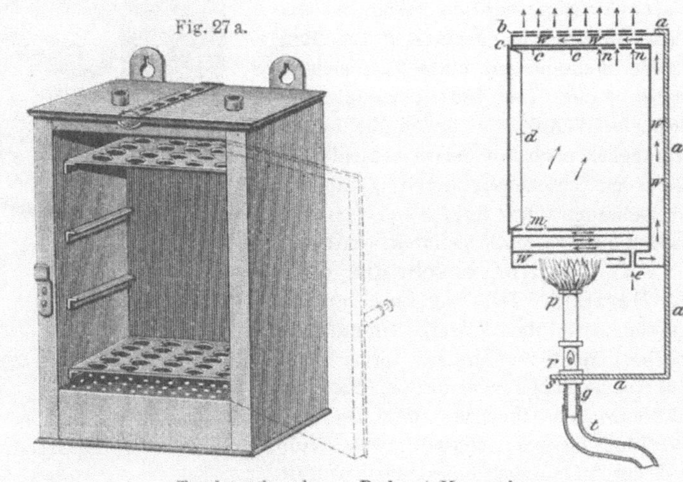

Fig. 27 a.

Fig. 27 b.

Trockenschrank von Robert Muencke.

Einen den vorstehenden ähnlichen, auf gleichem Grundsatz beruhenden Trockenschrank hat Robert Muencke[3]) auf Veranlassung von Robert Koch angefertigt und beschrieben (Fig. 27 a u. 27 b). In dem Raume ww, Fig. 27 b (vertikaler Schnitt durch die Mitte des Kastens) umgeben die heißen Verbrennungsgase die innere Kastenwandung, mit Ausnahme der doppelwandigen, genügend isolierten Tür, allseitig und entweichen durch die Öffnungen des durchlochten Schiebers b, der in der Mitte der Oberdecke angebracht ist. Die Außenfläche des Kastens und der Tür sind mit einem festliegenden Asbestmantel bekleidet. Zur Erzeugung eines heißen Luftstromes durch den Arbeitsraum des Kastens befinden sich auf der Boden-

---

[1]) Dieser Trockenschrank wird von der Firma Franz Hugershoff in Leipzig, Karolinenstraße 13, angefertigt.

[2]) Für die Brutschränke mit Temperaturen von 30—50° werden jetzt allgemein die elektrischen Thermoregulatoren angewendet.

[3]) Chem.-Ztg. 1886, **10**, 21.

fläche Öffnungen (*e*), die mit einem der Bodenfläche des Kastens gleich großen Systeme von möglichst eng übereinanderliegenden Blechplatten kommunizieren. Die durch die Öffnungen *e* eintretende kalte Luft strömt in schlangenförmigen Windungen, den Richtungen der Pfeile entsprechend, zwischen den erhitzten Bodenplatten durch die Öffnungen *m m* in den Trockenraum des Kastens und entweicht durch die mittels des durchlochten Schiebers *c* stellbaren Öffnungen *n n* in den Zwischenraum *w w*, wo sie sich mit den heißen Verbrennungsgasen vereinigt und durch den auf der Oberplatte angebrachten Schieber *b* entweicht. Als Wärmequelle dient ein Kronen- oder Schlangenbrenner.

Bei den Trockenschränken dieser Art von Lothar Meyer wird die Erhitzung durch eine zwischen der Außen- und Innenwand angebrachte Heizschlange bewirkt.

Wo ein billiger elektrischer Strom verfügbar ist, lassen sich auch die elektrisch heizbaren Trockenschränke mit regelungsfähigen Widerständen für 50—150° anwenden.

2. Trockenschrank mit Wasserfüllung und Regulator zur Erzielung von genau 100° im Innern des Apparates nach A. Gerlach. Alle bisherigen Trockenkästen für Wasserfüllung lassen im Arbeitsraum höchstens Temperaturen von 96—97° C erreichen. Die erstrebte Temperatur von genau 100° C konnte nur in hartgelöteten Kästen mit einer hochsiedenden Heizflüssigkeit oder in Dampfschränken von sehr starker Kupferschmiedearbeit erzielt werden. Beide

Fig. 28.

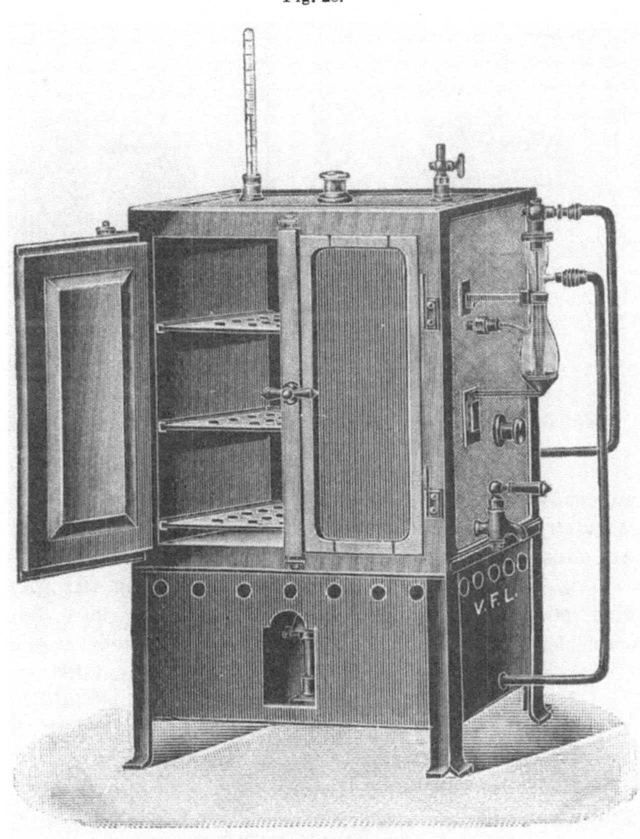

Wassertrockenschrank.

Arten von Trockenschränken sind unverhältnismäßig teuer. Aus dem Grunde haben auf Veranlassung von Prof. Dr. A. Gerlach die Vereinigten Fabriken für Laboratoriumbedarf in Berlin den nebenstehend abgebildeten Trockenschrank gebaut, der sich vorzüglich bewährt hat und für größere Laboratorien geeignet ist. Der Apparat arbeitet nur mit etwa $^1/_{10}$ Atmosphäre Überdruck. Die Temperatur wird durch den rechtsseitlich angebrachten Thermoregulator mit Quecksilberfüllung mittels der oberen Schraube eingestellt und absolut konstant gehalten. Das Gas wird, ehe es zur Heizlampe gelangt, durch den Regulator geleitet; der Wasserdampf, der gleichfalls in den Regulator gelangt, drückt auf das Quecksilber; letzteres regelt die Öffnung des Regulators und läßt, wenn der Regulator einmal auf 100° eingestellt ist, nur die zur Erhitzung des Wassers bis zu dieser Temperatur erforderliche Gasmenge zum Brenner.

Zur Inbetriebsetzung wird der Wasserraum etwa zu einem Viertel mit Wasser gefüllt und der Gasbrenner angezündet. Der obere Hahn bleibt so lange geöffnet, bis Dampf daraus entströmt und das Thermometer etwa 96—97° zeigt. Dann erst darf der Hahn geschlossen und der Regulator mittels der oberen Schraube nach Wunsch eingestellt werden.

Der Trockenschrank bedarf keiner Nachfüllung, da der Dampf nicht entweichen kann; er ist aus starkem Kupferblech gearbeitet; die doppelten Wände sind durch zahlreiche starke Niete zusammengehalten, so daß der eingangs erwähnte Überdruck leicht ausgehalten wird. Außen ist der Schrank mit Linoleum bekleidet.

Dimensionen des Arbeitsraumes: 40 cm hoch, 40 cm breit, 30 cm tief.

Man hat zur Erzielung von konstant 100° auch dreifachwandige Trockenschränke aus Kupfer bzw. Stahlblechaußenwand und diese noch bekleidet mit Asbest. Zwischen den inneren Wandungen (ersten und zweiten) befindet sich Wasser, zwischen der zweiten und dritten Wand strömen die Verbrennungsgase, die wie bei den Trockenschränken oben entweichen können. Auf diese Weise kann man im Inneren des Kastens 97—99°, aber keine vollen 100° erreichen.

Fig. 29.   Fig. 30.

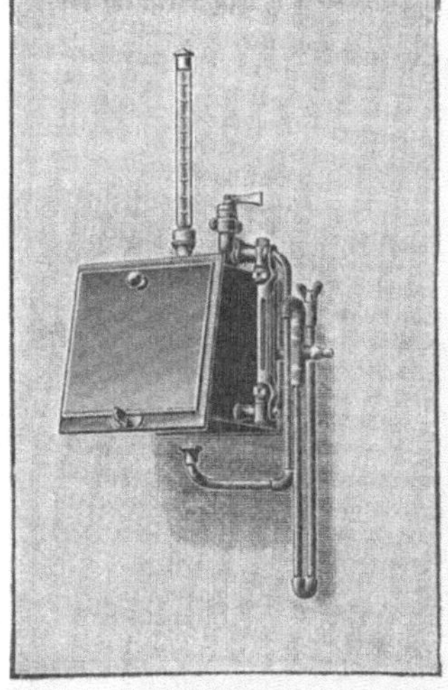 

Trockenschrank mit Wasserfüllung.

3. Trockenschrank mit Wasserfüllung für gleichbleibende Temperaturen von 100—110°. Dieser Trockenschrank (Fig. 29 u. 30), der für kleinere Betriebe zu empfehlen ist, wird in drei Ausführungen hergestellt, nämlich

1. für eine feste Temperatur zwischen 100 und 105°;
2. für eine feste Temperatur zwischen 105 und 110°;
3. für variable Temperaturen zwischen 100 und 110°, die nach Belieben mit Hilfe eines Regulators eingestellt werden können.

Die selbstschließende Klapptür macht die Handhabung bequem und sicher. Durch das Fehlen von Klinken, Riegeln usw. wird eine Erschütterung des Inhalts und ein Verbrennen der Finger vermieden. Die herabgeklappte Tür dient als Abstelltisch für die Präparate. Die gleichbleibende Temperatur wird erzielt durch die Verwendung von gespanntem Wasserdampf, welcher im Mantelraum des Schrankes erzeugt und durch einen Thermoregulator in gleichbleibender Spannung erhalten wird, wie sie der gewünschten Temperatur entspricht.

Der Regulator ist aus eisernen Röhren hergestellt und enthält eine Quecksilbersäule, welche durch den Dampf gehoben wird, so daß sie die Gaszufuhr zum Brenner absperrt und die Flamme auslöscht; dies geschieht, wenn der Dampfdruck so hoch gestiegen ist, daß er der gewünschten Temperatur entspricht. Wenn die Temperatur zu sinken beginnt, wird durch das Sinken des Quecksilbers die Gaszuleitung frei, so daß die Gasflamme an einem Zündflämmchen sich wieder entzünden kann. Dieses Spiel kann Tag und Nacht mit vollkommener Zuverlässigkeit fortgesetzt werden. Gleichzeitig versieht der Regulator die Stelle eines vollkommenen Sicherheitsventils, indem er eine Überschreitung des zulässigen Dampfdrucks unter allen Umständen verhindert. Der Brenner trägt ein Sicherheitsnetz gegen Zurückschlagen der Flamme.

Der doppelte Kasten ist aus Kupfer hergestellt. Seine Innenmaße sind 15 cm Höhe, 15 cm Breite, 15 cm Tiefe. Zur Aufnahme von Trichtern, Schälchen usw. dient ein durchlochtes Blechgestell, welches auf die umgelegte Tür herausgeschoben werden kann.

Um beim Erkalten des Trockenschrankes die Luftleere infolge der Kondensation des Dampfes zu vermeiden, ist ein Luftventil angebracht, durch welches Luft eingesaugt wird.

In den Tubus an der Decke des Apparates wird mittels eines durchbohrten Korkpfropfens ein Thermometer eingeführt: der Kork darf jedoch nicht bis zu den Löchern reichen, welche zur Abführung der Dämpfe dienen.

Inbetriebsetzung des Apparates. Der Trockenschrank wird entweder mit zwei Ösen an der Wand aufgehängt oder auf einem Fußgestell auf den Arbeitstisch gestellt. Nach Öffnen der eisernen Verschlußschraube wird die Quecksilberfüllung in das Regulatorrohr eingebracht und die Öffnung sorgfältig wieder dicht verschlossen. Die genaue Menge Quecksilber (etwa 250 g), welche zur Erzielung der vorgeschriebenen Temperatur nötig ist, ist am Apparat angeschrieben; durch Hinzufügung von je etwa 8 g Quecksilber kann die Temperatur um 1° erniedrigt werden, eine Verminderung der angeschriebenen Menge ist nicht statthaft.

Nach der Quecksilberfüllung wird die Wasserfüllung (etwa $1^1/_2$ l) durch die mit messingener Verschlußschraube versehene Öffnung eingebracht und die Öffnung gut verschlossen. Alsdann wird die Gasleitung mit Schlauch angeschlossen und die Flamme angezündet.

Die vorgeschriebene Normaltemperatur (in der Regel 105° bzw. 110°) wird erreicht, wenn die im Schrank befindlichen Substanzen der Trockenheit sich nähern; solange noch lebhafte Verdampfung stattfindet, hat zwar der Heizdampf die verlangte Temperatur, der Innenraum bleibt aber etwas zurück, weil die zugeführte Wärme auf Verdunstung verwendet wird.

Eine besondere Anordnung gestattet die Einstellung des Regulators durch einen Handgriff auf beliebige Temperaturen zwischen 100° und 110°. Dabei ist zu beachten, daß während des Betriebes wohl eine Einstellung auf höhere Temperatur ohne weiteres zulässig ist, eine solche auf niedrigere Temperatur jedoch nur, nachdem durch Ablassen von Dampf der gewünschte Druck unterschritten ist.

Statt des Wassers werden zur Füllung derartiger Trockenschränke auch wohl andere Flüssigkeiten von bestimmtem Siedepunkt gewählt, z. B. Toluol, Xylol, Glycerin, Öl und für Temperaturen unter 100° Methyl-, Äthyl- und Propylalkohol bzw. Gemische derselben. So siedet z. B.

Methyl-Äthylalkohol 3 : 7	bei	70°
Äthylalkohol	„	75°
Äthyl-Propylalkohol 7 : 4	„	80°
Äthyl-Propylalkohol 1 : 8	„	90°
Toluol	„	107°
Xylol	„	136°
Glycerin, 70% (spez. Gew. 1,185)	„	113,6°
„ 65% („ „ 1,171)	„	111,3°
„ 60% („ „ 1,157)	„	109,0°
„ 55% („ „ 1,143)	„	107,5°
„ 50% („ „ 1,129)	„	106,8°
„ 45% („ „ 1,155)	„	105,0°

Für den bekannten Trockenapparat von Fr. Soxhlet[1]) (Fig. 31 und 32, S. 20), der anfangs mit Kochsalzlösung gefüllt werden sollte, wird nach dem Vorschlage von Seubert[2]) jetzt zur Füllung vorteilhaft Glycerin verwendet.

Der Trockenraum dieses Apparates (oberstes Fach, Fig. 31) ist 47 cm lang, 9,5 cm breit und nur 3,0 cm hoch; er ist ringsum mit Ausnahme der vorderen Einführungsöffnung mit

---

[1]) Zeitschr. f. angew. Chem. 1891, 363.
[2]) Ebendort 1893, 223.

60 proz. Glycerinlösung (Siedepunkt 109°) gefüllt. Im unteren Teile befinden sich (Fig. 31)
acht Messingröhren von 15 mm Durchmesser, die einerseits in eine sackartige Vertiefung an
der hinteren Schmalseite des Luftraumes, andererseits in die gegenüberliegende Stirnwand

Fig. 31.

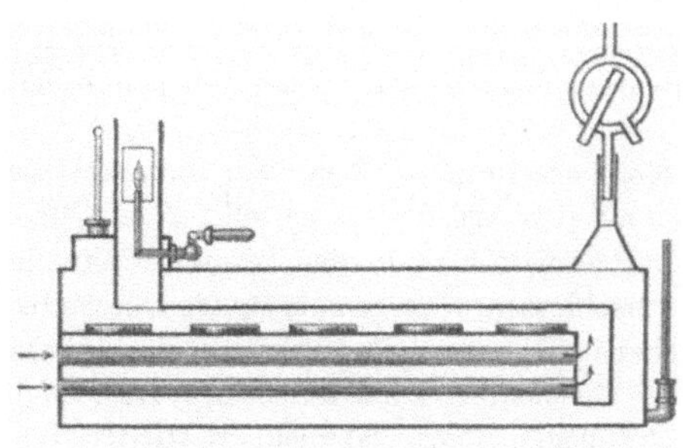

Durchschnitt durch den Soxhletschen
Trockenschrank.

des äußeren Kastens eingelötet sind und
gleichfalls von der siedenden Flüssigkeit umspült werden. Die einzige, nicht von siedender
Flüssigkeit bespülte Fläche, nur $^1/_{40}$ Heizfläche, ist das Verschlußstück, eine mit Filz
bezogene Holzplatte, welche mittels eines
federnden Reibers an die kleine Öffnung des
Luftraumes angepreßt wird. Knapp hinter der
Einführungsöffnung ist in die obere Wand des
Luftraums ein kurzer 40 mm weiter Rohrstutzen eingelötet, welcher durch den Flüssig-
keitskasten hindurchgeht; diese Öffnung bildet
mit den acht im Flüssigkeitsraume liegenden
Messingröhren ein Ventilationssystem, welches

allein schon für eine energische Ventilation des Luftraumes genügt; der volle Effekt wird
aber erst durch Verbindung des genannten Rohrstutzens mit einem etwa 1 m langen und

Fig. 32.

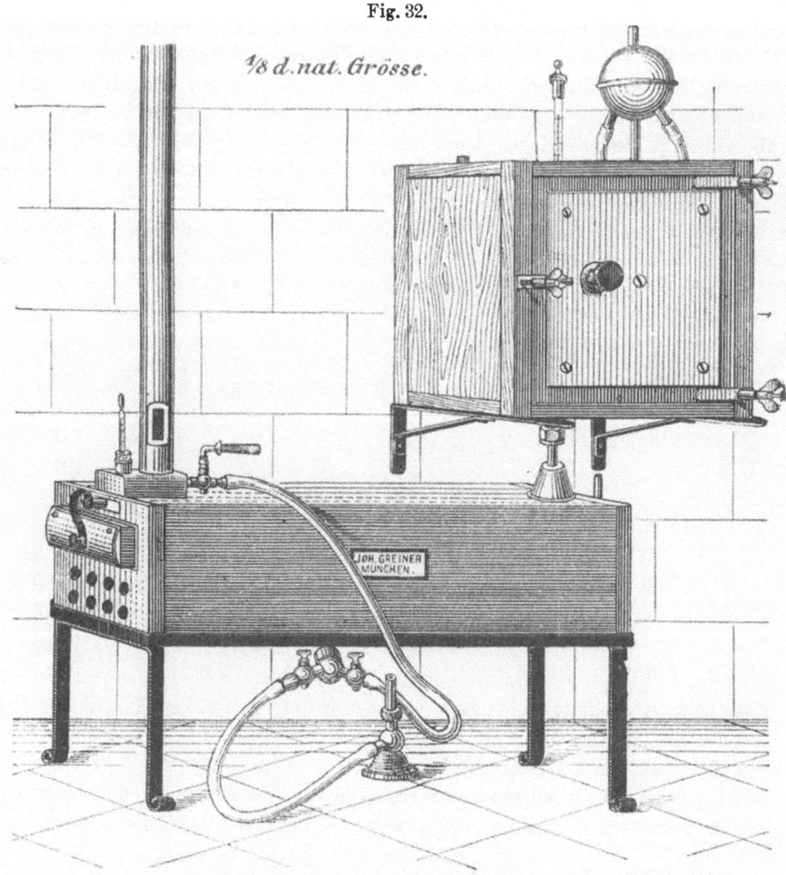

Lufttrockenschrank nach Soxhlet.

40 mm weiten, senkrecht stehenden Messingrohr erzielt, in welchem eine kleine Flamme zur Zugverstärkung brennt. Ein Glimmerfenster in diesem Kamin gestattet die Beobachtung der Flammengröße, eine Schieberöffnung das Anzünden der Flamme. Vermittels dieser Anordnung erzielt man einen Luftstrom von etwa 10 cbm stündlich, welcher, die acht Heizröhren passierend, nahezu die Temperatur der siedenden Flüssigkeit annimmt, in den hinteren Teil des Luftraumes eintritt, über die zu trocknende Substanz hinweggeht und durch den Kamin nach außen entweicht. Die Geschwindigkeit des Luftstromes in den relativ weiten Querschnitt des Luftraumes ist aber andererseits eine so geringe, daß auch von der leichtesten Substanz nichts mit fortgerissen wird. Um ein Thermometer bequem anbringen zu können, ist über dem aus dem Luftraum führenden Rohrstutzen ein kofferartiges Gehäuse angebracht, an welchem sich der Tubus für das Thermometer und der Rohransatz für den abnehmbaren Kamin befindet. Das Thermometer wird in dem Tubus so befestigt, daß das Quecksilbergefäß nur einige Millimeter in den Luftraum hineinragt. Die Flamme im Kamin soll etwa 5 cm hoch brennen. Zur Erhaltung eines unveränderten Flüssigkeitsstandes bzw. einer gleichen Konzentration steht mit dem Flüssigkeitsraume ein Kugelkühler und als weitere Sicherungsmaßregelung ein Flüssigkeitsstandrohr in Verbindung. Man füllt den Flüssigkeitsraum mit dem 80% igen Glycerin und erhitzt mit einem gewöhnlichen Bunsenbrenner. Als Gefäße zur Aufnahme der zu trocknenden Substanz bedient man sich zweckmäßigerweise flacher Nickelschalen oder Glasschalen von 90 mm Durchmesser und 10 mm Höhe (S. 14). Beim Wägen bedeckt man die Glasschale mit einer Glasplatte, die Nickelschale mit einem Deckel von Nickelblech mit übergreifendem Rand und Griffknopf. Das Trocknen in Nickelschalen geht rascher vor sich als in Glasschalen, auch sind erstere wegen ihres geringeren Gewichtes vorzuziehen. Die Schalen werden mittels einer mit langem Stiel versehenen Schaufel in den Trockenraum geschoben und aus demselben herausgenommen. Verbindet man den Dampfraum vermittels des Rohransatzes, welcher den Kugelkühler trägt, mit einem doppelwandigen, isolierten gewöhnlichen Luftbad und letzteres mit dem Kugelkühler, so erhält man einen durch die Dämpfe des Ventilations-Trockenapparates geheizten gewöhnlichen Trockenschrank, dessen Temperatur sich ohne weitere Verwendung von Heizmaterial konstant auf 94—95° erhält. Dieses Luftbad, welches unabhängig von dem Trockenraum des Ventilations-Trockenapparates ist, kann zur Trocknung von Filtern, Extraktionskölbchen u. dgl. verwendet werden.

Der Vorzug dieses Trockenschrankes besteht in dem schnelleren Austrocknen der Stoffe, wie Milch, Bier, Sirupe usw., besonders wenn sie mit Lockerungsmitteln, wie Bimssteinpulver, vermengt werden.

Die höchste Temperatur im Trockenschrank fällt mit der völligen Entwässerung der Substanz zusammen.

Andere Apparate dieser Art sind z. B. der von Victor Meyer in zylinderischer Form mit aufgeschliffenem Deckel und Vorrichtung für Luftströmung, sowie der von H. & M. Oesinger (D. R. G. M. Nr. 132 282), bei dem nur der konische Boden bis zur Hälfte mit der betreffenden Flüssigkeit gefüllt ist, die Zwischenräume des doppelwandigen Trockenkastens dagegen von den Dämpfen der konstant siedenden Flüssigkeit umspült werden.

Selbstverständlich muß bei allen diesen Vorrichtungen der Raum für die zu erhitzende Flüssigkeit mit einem Kühler versehen werden, um die entwickelten Dämpfe zu verdichten und die Flüssigkeit auf konstantem Siedepunkt zu halten.

4. Trockenschrank für Extraktbestimmungen im Wein. Dieser Trockenschrank (Fig. 33, S. 22) ist eigentlich nur für die Extraktbestimmung im Wein vorgeschrieben; er läßt sich aber für ähnliche Flüssigkeiten, wie Bier, Sirupe u. dgl., verwenden. Die Einrichtung ist folgende:

Die einzelnen Zellen sind im Lichten 100 mm tief, 100 mm breit und 50 mm hoch. Sämtliche Zellen befinden sich ganz und beständig in lebhaft siedendem Wasser, zu welchem Zwecke der Trockenschrank mit Vorrichtung für gleichbleibenden Wasserstand oder mit

Rückflußkühler und mit ausreichender Heizvorrichtung versehen ist. Unter dieser Voraussetzung erscheint es unerheblich, wie viele solcher Zellen zu einem Schranke vereinigt sind. Die in festen Scharnieren und Angeln gehenden Türchen sind auf der Innenseite mit Asbest ausgekleidet, wodurch zugleich die nötige Dichtung bewirkt ist, und führen behufs Ventilation in der Höhe des Bodens und der Decke der Zelle je eine Horizontalreihe von drei kreisrunden Löchern von 2 mm Durchmesser. Im Asbest sind diese Löcher etwas weiter ausgeschnitten. Zum Schutze der Türenseite gegen die von der Flamme aufsteigenden Verbrennungsgase ist über die ganze Breite des Schrankes in der Verlängerung der Unterseite ein etwa 45 mm breites Schutzblech angebracht. Die Schalen stehen nicht unmittelbar auf dem Boden der Zellen auf, sondern werden von je einem etwa 10 mm hohen Dreifüßchen getragen, welches symmetrisch in der Zelle befestigt werden kann.

5. Vakuum-Trockenschrank nach Sidersky.

Für viele Stoffe, die Wasser hartnäckig zurückhalten oder sich bei hohen Temperaturen oder im Luftstrom zersetzen,

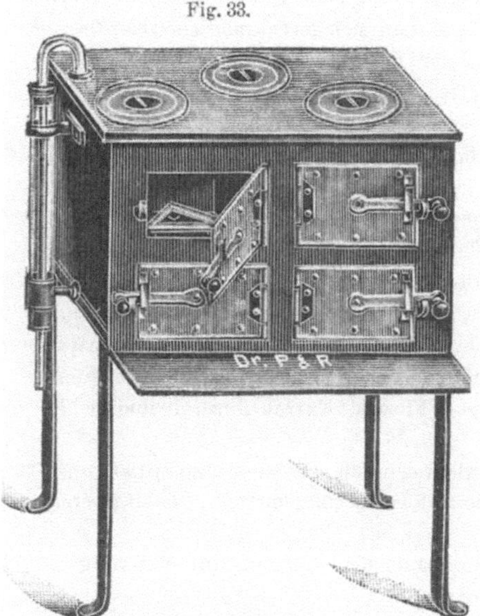

Fig. 33.

Weintrockenschrank.

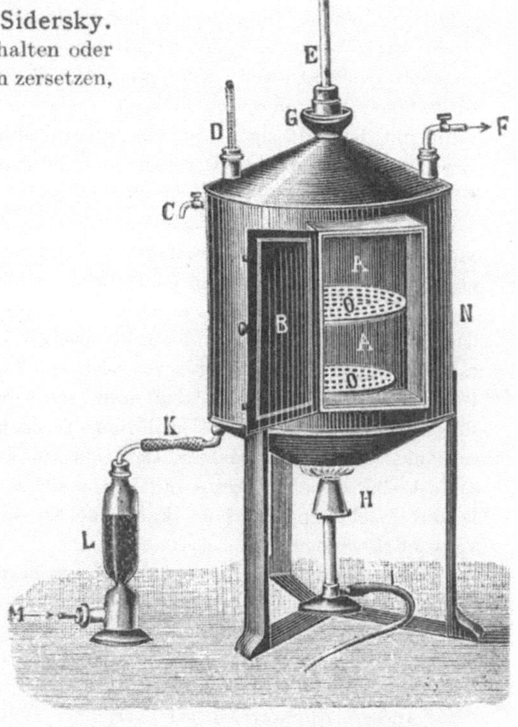

Fig. 34.

Vakuum-Trockenschrank nach Sidersky.

ist ein Trocknen im Vakuum oder in einem Strome von Kohlensäure oder Wasserstoff vielfach erwünscht. In solchen Fällen kann man sich zweckmäßig des Vakuum-Trockenschrankes von Sidersky bedienen. Seine Konstruktion ist seit der ersten Veröffentlichung wesentlich verbessert. Der Schrank ist doppelwandig aus sehr starkem Kupferblech hergestellt. Der Arbeitsraum hat 30 cm Höhe bei 26 cm Durchmesser und hat zwei durchlochte Einlagen. Die Tür geht in starken Scharnieren und wird durch sechs Klappschrauben mit Flügelmuttern und Gummidichtung hermetisch gegen den Schrank verschlossen. Der Überlauftrichter dient zum Einfüllen des Wassers, die seitlichen Stutzen (im Bilde links neben und rechts oben) dienen zum Aussaugen der Luft bzw. zum Durchleiten von Gasen (falls Trocknungen im Kohlensäure- oder Wasserstoffstrom vorgenommen werden sollen). Der zweite obere Stutzen nimmt das Thermometer auf. Die Heizung des Schrankes geschieht vom Boden aus mittels Bunsenbrenners.

b) Bei wasserreichen ungleichmäßig beschaffenen Stoffen, die sich nicht so weit zerkleinern lassen, daß kleine Gewichtsmengen von einigen Gramm einen genügenden Durchschnitt ausmachen, ist eine Vortrocknung zunächst bei 40—50°, alsdann eine Zerkleinerung und weiter eine völlige Austrocknung bei 100—110° erforderlich; zu solchen Stoffen gehören z. B. Fleisch und Fleischabgänge aller Art, Eier, Kartoffeln, Rüben, Gemüse, Tabak u. a. Zwar lassen sich bei Eiern, Fleisch und Wurzelgewächsen durch Verreiben, Zerschneiden und besondere Reibvorrichtungen (S. 12) gleichartig beschaffene Breie herstellen, die für einzelne Bestimmungen, zu denen größere Gewichtsmengen von 20—50 g und mehr verwendet werden können, ausreichen, bei denen aber geringe Gewichtsmengen von 5—10 g noch keinem richtigen Durchschnitt entsprechen, dann aber auch den Übelstand haben, daß sie sich nicht ohne Wasserverlust und unzersetzt aufbewahren lassen, wenn eine eingehende Untersuchung auf mehrere oder alle Bestandteile, deren Bestimmungen nicht gleichzeitig in Angriff genommen werden können, längere Zeit dauert. Aus diesen Gründen müssen solche Stoffe für die Untersuchung in den sog. lufttrocknen Zustand übergeführt, d. h. so weit vorgetrocknet werden, daß sie bei gewöhnlicher Zimmertemperatur kein Wasser abgeben oder aufnehmen.

Fleisch wird (etwa 1 kg und mehr) vor dem Vortrocknen entweder mit dem Messer oder in der Fleischhackmaschine (S. 12 u. 13) zerschnitten, hiervon eine bestimmte Menge abgewogen und in eine flache emaillierte, vorher gewogene Schale gebracht; in dieser lassen sich auch Weichkäse und Eier, die man vorher durcheinander verrührt und gewogen hat, zweckmäßig vortrocknen. Rüben und Kartoffeln (0,5—1,0 kg) zerschneidet man entweder ganz oder, um einen besseren Durchschnitt zu erhalten, je $^1/_2$ oder $^1/_4$ der Knollen in Scheiben, oder man verwendet von jedem Viertel nur zwei Scheiben von beiden Seiten, reiht die Scheiben an einen vorher gewogenen Messingdraht mit Bügel und hängt diese in den Trockenschrank. Die Scheiben kleiner Kartoffeln und Rüben können auch in emaillierten flachen Eisenschalen abgewogen und vorgetrocknet werden, wobei jedoch zu berücksichtigen ist, daß der Inhalt der Schalen während des Vortrocknens mit einem Glasstab oder -spatel wiederholt umgerührt werden muß. Gemüse und ähnliche sperrige Stoffe (vgl. S. 4) werden vorher mit einem scharfen Messer oder einer Schere tunlichst fein zerschnitten, von der zerschnittenen Masse nach dem Durcheinandermengen eine Menge von etwa 1 kg abgewogen und auf Hürden mit Papierunterlage in den Trockenschrank gebracht, vorausgesetzt, daß aus ihnen während des Vortrocknens kein Saft ausläuft. Dieses ist aber bei niederer Temperaturen bis 50° oder 60° für diese Stoffe und auch für Rüben und Kartoffeln nicht zu befürchten. Eher tritt in den flachen Schalen bei fetthaltigen bzw. -reichen Stoffen, z. B. Fleisch, Fett oder Saft aus. Das Fleisch wird daher zweckmäßig von äußerlich anhaftendem Fett befreit, sein Verhältnis zum Fleisch festgestellt und entweder für sich untersucht oder nach dem Vortrocknen und Zerkleinern des Fleisches mit diesem wieder aufs innigste vermischt. Auch der etwa ausgetretene und trockene Saft muß selbstverständlich wieder innigst mit der anderen Masse vermischt werden.

Die einige Tage bei 50—60° getrockneten Substanzen läßt man einen halben Tag an der Luft liegen, damit sie wieder Luftfeuchtigkeit annehmen; alsdann wägt man zurück, zermahlt sie wie oben je nach ihrer Beschaffenheit mit der Schrotmühle oder zerkleinert sie (bei fettreichen Substanzen) im Mörser oder mit der Fleischhackmaschine. Die fein zerkleinerte Masse dient dann in der vorher beschriebenen Weise zur Wasserbestimmung bei 100—110°. Die für diesen Wassergehalt erhaltenen Analysenzahlen werden erst auf 100 Trockensubstanz und letztere Zahlen auf die ursprüngliche Substanz umgerechnet.

Diese Art der Umrechnung ist einfach; angenommen 750,0 g frisches zerhacktes Fleisch hinterlassen nach mehrtägigem Trocknen bei 50—60° 182,5 g Rückstand; nach dem Mahlen desselben verlieren 9,4070 g dieses Pulvers durch weiteres Trocknen bei 100—110° noch 0,8043 g Wasser; der durch Trocknen bei 50—60° erhaltene Fleischrückstand enthält daher

---

[1]) Zeitschr. f. analyt. Chem. 1890, **29**, 280.

noch $\dfrac{0{,}8043 \times 100}{9{,}4070} = 8{,}55\%$ Wasser (oder 91,45% wasserfreie Substanz); die 182,5 g des-

selben enthalten demnach $\dfrac{182{,}5 \times 91{,}45}{100} = 166{,}896$ g Trockensubstanz: also berechnet sich

für das ursprüngliche Fleisch $= \dfrac{166{,}895 \times 100}{750} = 22{,}25\%$ Trockensubstanz oder 77,75 % Wasser.

Angenommen, es seien in dem lufttrocknen Fleisch 11,15 % Stickstoff oder 11,15 × 6,25 = 69,69 % Stickstoffsubstanz (Protein) gefunden, so enthält die Fleischtrockensubstanz $\dfrac{69{,}69 \times 100}{91{,}45} = 76{,}21\,\%$ und das natürliche Fleisch $\dfrac{76{,}21 \times 22{,}25}{100} = 16{,}96\%$ Stickstoffsubstanz. Man berechnet für die Umrechnung der Einzelbestandteile auf Trockensubstanz zweckmäßig den Faktor $\dfrac{100}{91{,}75} = 1{,}0935$ und multipliziert hiermit die Zahlen für die lufttrockne Substanz.

c) Hilfsmittel zum schnelleren Austrocknen. Dextrin- und zuckerreiche Stoffe, wie Sirupe, ferner protein- bzw. stickstoffreiche Extrakte oder Flüssigkeiten, überhaupt hygroskopische Stoffe aller Art geben nur sehr langsam ihr Wasser beim Trocknen ab. Um bei diesen Stoffen die Austrocknung zu unterstützen, pflegt man sie im Vakuum zu trocknen (S. 22)

Fig. 35.

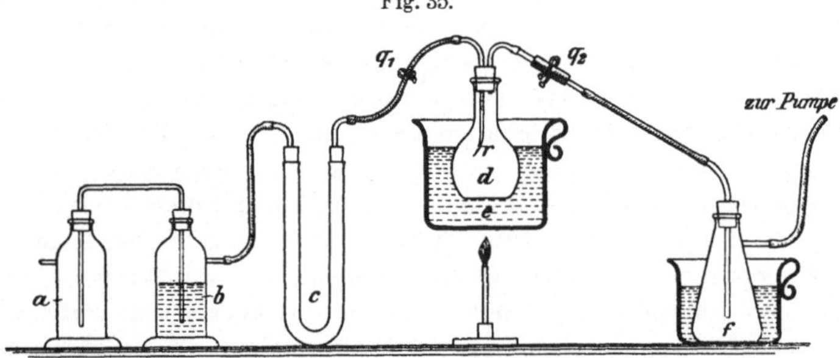

Vorrichtung zur Wasserbestimmung nach Zulkowski und Poda.

oder eine bestimmte Menge auf ausgeglühtem Quarzsand abzuwägen, sie darauf mit Wasser zu versetzen und in dem Sande zu verteilen oder mit ihm zu vermischen; oder man nimmt einen aliquoten Teil der Lösung des Stoffes mit einer bestimmten Gewichtsmenge, etwa 25 oder 50 ccm, läßt diese in den in einer Schale befindlichen Quarzsand fließen, dampft erst im Wasserbade unter zeitweiligem Umrühren zur Trockne und trocknet dann im Trockenschrank bis zur Gewichtsbeständigkeit. Durch die größere Verteilung der Substanz geht die Austrocknung wesentlich schneller vor sich (vgl. S. 21).

Noch wirksamer ist unter Umständen die Vermengung einer abgewogenen Menge mit Alkohol, der das Wasser begierig aufnimmt und beim Abdampfen leichter mit wegführt, als wenn Wasser allein verdampft.

Wenn die letzten Reste Wasser-Alkohol im luftverdünnten Raum entfernt werden, so nimmt die Masse häufig eine schaumartige Beschaffenheit an, infolge deren sie durch einen Luftstrom leichter ausgetrocknet werden kann. Zulkowski und Poda[1]) haben für diesen Zweck Methylalkohol und einen besonderen Apparat (Fig. 35) vorgeschlagen, der sich angeblich für die Bestimmung des Wassers in Sirupen, Melasse, Füllmasse, Invertzucker, Malz-, Bier- und Milchextrakt sowie Seife vorzüglich bewährt hat.

In Fig. 35 ist a eine leere Waschflasche; b eine mit konz. Schwefelsäure gefüllte Waschflasche zum Trocknen des Luftstromes; c ein Chlorcalcium-Rohr, woran sich ein mit Schraubenquetschhahn q_1

---

[1]) Nach Berichte d. österr. Ges. z. Förderung der chem. Industrie 1894, **16**, 92 in Chem. Centralblatt 1894, II, 532.

versehener Schlauch befindet; d ist ein 250—300 ccm-Kölbchen von dünnem Glase, das aber einen Luftdruck von 65 cm aushält, am besten mit Glasstopfen versehen; e ein Blechtopf mit so viel destilliertem Wasser, daß das Kölbchen ziemlich tief eingesenkt ist; f ist eine starkwandige Vorlage zum Aufsaugen des Destillats, deren starkwandiger Verbindungsschlauch mit Schraubenquetschhahn q_2 versehen ist und mit der Luftpumpe in Verbindung steht.

In das Kölbchen d mit tunlichst eingeschliffenem Glastöpsel werden 10 g Sirup usw. eingewogen, 50 ccm Methylalkohol zugesetzt und dasselbe mit den übrigen Teilen des Apparates verbunden. Das Zuleitungsröhrchen r wird emporgehoben und q_1 geschlossen. Das angewärmte Wasser wird so weit erhitzt, daß die Flüssigkeit im Kolben gelinde siedet. Ist sie abdestilliert, so gibt man nochmals 25 ccm Methylalkohol hinzu und destilliert wiederum ab. Hierauf wird die Strahlpumpe in Tätigkeit gesetzt bis zu 65 cm Luftverdünnung, wodurch der dick gewordene Rückstand schaumartig emporsteigt. Ist derselbe starr geworden und zeigen sich keine Dampfbläschen mehr, so wird das Röhrchen r herabgesenkt, q_1 ein wenig geöffnet und bei dem früheren Grade der Luftverdünnung $1/_2$—$3/_4$ Stunde zur Verdrängung des Alkoholdampfes getrocknete Luft durchgeleitet. Dann wird q_2 geschlossen, die Luftpumpe abgestellt, das Wasserbad entfernt und das Kölbchen nach dem Erkalten und Verschließen gewogen. Die Bestimmung dauert 2—$2^1/_2$ Stunden. Selbstverständlich muß die Verbindung des Kölbchens mit der Trockenvorrichtung vollkommen dicht sein.

2. Wasserbestimmung bei Stoffen, die bei 100° außer Wasser auch noch erhebliche Mengen flüchtiger Stoffe verlieren oder sich beim Trocknen an offener Luft zum Teil zersetzen.

In Stoffen dieser Art, z. B. bei Gewürzen, Auszügen hieraus sowie bei sonstigen gewürzreichen Pflanzen und

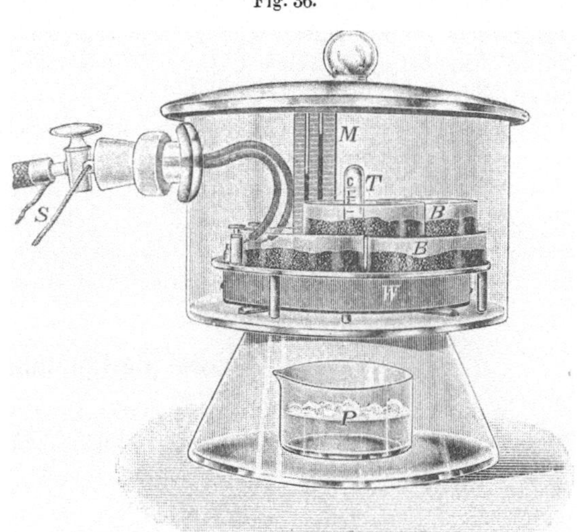

Fig. 36.

Exsikkator mit elektrischer Heizung und gleichzeitiger Luftverdünnung.

Pflanzenteilen ist eine Wasser- bzw. Trockensubstanzbestimmung durch einfaches Trocknen bei 100—110° nicht möglich, zumal wenn die Stoffe hierbei durch Sauerstoffaufnahme eine teilweise Zersetzung erleiden. In solchen Fällen pflegt man

a) bei gewöhnlicher Temperatur über Schwefelsäure und im Vakuum zu trocknen. Für diesen Zweck kann der obenstehende Apparat (Fig. 36) — unter Umständen auch ein einfacher Exsikkator — gute Dienste leisten. Im unteren Teile des Exsikkators befindet sich entweder konz. Schwefelsäure oder eine Glasschale P mit Phosphorsäureanhydrid[1]) und auf der Verengung des Exsikkators eine durchlöcherte Messingplatte, auf der eine elektrische Heizplatte W ruht. Hierüber befindet sich eine weitere Metallplatte, an der ein Thermometer T und Manometer M befestigt sind. Die Drähte S für die Zuführung des elektrischen Stromes gehen durch den Gummistopfen des Tubus, durch den auch das Hahnrohr zur Saugpumpe führt. Auf diese Weise läßt sich der Apparat zum Trocknen sowohl bei gewöhnlicher Temperatur als auch mit gleichzeitiger Erwärmung auf etwas höhere als Zimmertemperatur ohne und mit Evakuation benutzen.

---

1) Es empfiehlt sich nicht, das Phosphorsäureanhydrid oder auch Chlorcalcium direkt in den unteren Teil des Exsikkators zu geben, weil sie beim späteren Reinigen leicht eine Sprengung des Apparates zur Folge haben.

Durch Trocknen über konz. Schwefelsäure bzw. Phosphorsäureanhydrid bei gewöhnlicher Temperatur unter Luftdruck ist eine völlige Entfernung des Wassers aus organischen Stoffen kaum möglich. Man wird daher stets eine mehr oder weniger starke Luftverdünnung und schwache Erwärmung mit anwenden müssen. Dann aber kann dieses Verfahren zur Kontrolle des durch das übliche Trocknen im Trockenschrank gefundenen Wassergehaltes dienen.

b) Bindung bzw. Bestimmung der neben Wasser flüchtigen Stoffe für sich. Wenn der Gesamtgewichtsverlust beim Trocknen der Substanz bei 100—110° neben Wasser einen Bestandteil einschließt, der sich quantitativ und unabhängig von Wasser bestimmen läßt, so bestimmt man seine Menge in einer besonderen Probe und zieht ihn vom Gesamtgewichtsverlust ab, um als Rest den wirklichen Wassergehalt zu erhalten. Bei Untersuchungsgegenständen, die z. B. Ammoniumcarbonat enthalten oder doch beim Erwärmen Ammoniak abgeben, bestimmt man die Menge des letzteren durch Auffangen in titrierter Schwefelsäure und zieht diese vom Gesamtgewichtsverlust ab. Man kann sich für diesen Zweck eines ähnlichen Apparates bedienen, wie er unten, Fig. 37, für die direkte Bestimmung des Wassers vorgeschlagen ist; man vertauscht bei dem Apparat die Chlorcalciumrohre c und d nur mit einem Peligotschen U-Rohr, in das man eine genügende Menge titrierte Schwefelsäure (oder auch Oxalsäure) gibt und in dem man nach dem genügenden Trocknen die noch nicht gebundene Menge Schwefelsäure zurücktitriert.

Wenn Substanzen beim Trocknen bzw. Erhitzen schweflige Säure oder Schwefelsäure abgeben, so kann man die abgewogene Menge der Substanz mit genügend (5—10facher Menge) Bleisuperoxyd bzw. Bleioxyd vermischen und dann wie sonst den Gehalt an Wasser bestimmen. Bleisuperoxyd bindet die schweflige Säure und Bleioxyd die Schwefelsäure, so daß der Gewichtsverlust den wirklichen Wassergehalt angibt.

II. Direkte Bestimmung des Wassers.

Wenn neben dem Wasser beim Trocknen bei 100—110° auch Kohlensäure (z. B. aus Bicarbonaten) oder Sauerstoff (aus sauerstoffreichen Verbindungen bei Gegenwart von Wasser oder sauren Sulfaten) entweichen, so muß für eine genaue Bestimmung des Wassers die direkte Bestimmung desselben ausgeführt werden. Für den Zweck kann man sich der folgenden Einrichtung (Fig. 37) bedienen:

Der Trockenschrank T ist von vier Zinkrohren durchsetzt, in welche vorne ausgezogene Glasrohre von der Form der Asbestfilterröhrchen für die Zuckerbestimmungen hineinpassen. In diese gibt man die abgewogene Substanz, erwärmt den Trockenkasten T auf 105—110° und leitet mittels eines Aspirators von Anfang an einen trocknen Luftstrom hindurch. Die Luft geht durch Flasche a mit konz. Schwefelsäure, durch Rohr b mit Chlorcalcium, streicht in Rohr r über die erwärmte Substanz und gibt das aus der Substanz mitgeführte Wasser an das Chlorcalciumrohr c ab, welches vor und nach dem Trocknen gewogen wird; die Gewichtszunahme ergibt den Wassergehalt der Substanz. Das Chlorcalciumrohr d dient nur zum Schutz, um den Zutritt von Wasser aus dem Aspirator zu Rohr c zu verhüten.

Bei Substanzen (z. B. Mineralien), die das Wasser nur bei starkem Erhitzen und dabei außer Wasser höchstens Kohlensäure oder Sauerstoff abgeben, kann man die direkte

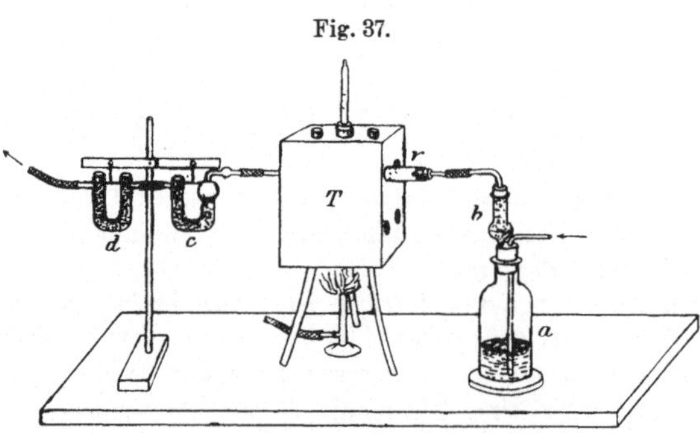
Fig. 37.

Vorrichtung zur direkten Bestimmung des Wassers.

Wasserbestimmung auch in der Weise ausführen, daß man eine an einem Ende zugeschmolzene Verbrennungsröhre verwendet, diese hinten bis etwa zur Hälfte mit wasserfreiem Bleicarbonat füllt, dann die abgewogene Menge Substanz hineingibt, die Röhre wie bei der Elementaranalyse mit einem gewogenen Chlorcalciumrohr versieht und nun die Röhre von vorne nach hinten allmählich erhitzt. Beim Glühen des hinteren Teiles der mit Bleicarbonat gefüllten Verbrennungsröhre entweicht Kohlensäure, die gerade wie beim Durchleiten oder Durchpressen von trockner Luft die letzten Reste Wasser in das Chlorcalciumrohr überführt. Dieses Verfahren läßt sich auch zur direkten Bestimmung des Wassers anwenden, wenn beim starken Erhitzen schweflige Säure oder Schwefelsäure entweichen sollten; man vermengt dann auch die Substanz vorher mit Bleisuperoxyd bzw. Bleicarbonat, wie vorhin S. 26 angegeben ist, und verfährt wie sonst.

Das Verfahren der direkten Wasserbestimmung ist auch bei allen Carbonaten anwendbar, die neben Wasser nur Kohlensäure abspalten.

Dagegen ist es nicht anwendbar bei Stoffen, die neben dem Wasser andere flüchtige Stoffe verlieren, die von dem wasserabsorbierenden Mittel (Chlorcalcium oder konz. Schwefelsäure oder Phosphorsäureanhydrid) ebenfalls absorbiert werden. Es ist daher z. B. nicht anwendbar bei Stoffen, die beim Trocknen gleichzeitig Ammoniak abgeben, weil dieses auch von dem vom Chlorcalcium aufgenommenen Wasser festgehalten werden kann.

Allgemeine
physikalische Untersuchungsverfahren.

Die Wage[1]).

Die Wage ist ein zweiarmiger Hebel und dient zur Messung von Kräften, vorwiegend zur Feststellung der Masse (Gewichte) durch parallel wirkende Kräfte an beiden Hebelarmen. Sie ist das unentbehrlichste und wichtigste Instrument eines chemisch-analytischen Laboratoriums; die Einrichtung der Wage ist jedem Chemiker bekannt. Ich kann mich daher hier darauf beschränken, nur die wesentlichsten Punkte, die bei Anschaffung und Handhabung einer Wage zu beachten sind, kurz auseinanderzusetzen.

Die Brauchbarkeit und Güte einer Wage sind von zwei Punkten abhängig, nämlich von ihrer Richtigkeit und Empfindlichkeit.

Die Richtigkeit einer Wage ist bedingt:

1. Von der Lage des Schwerpunktes. Der Schwerpunkt muß unterhalb der Drehachse liegen. Hiervon abhängig ist die Stabilität des Gleichgewichtes, wonach die Wage sowohl im unbelasteten als auch im gleichmäßig belasteten Zustande nach einer Reihe von Schwingungen wieder in ihre Gleichgewichtslage zurückkehrt. Ist diese Bedingung nicht erfüllt, so würde man mit der Wage überhaupt nicht wägen können; denn fiele Dreh- und Schwerpunkt zusammen, so wäre bei gleicher Belastung die Wage in jeder Lage im Gleichgewicht; und fiele der Drehpunkt unter den Schwerpunkt, so würde die horizontale Stellung des Balkens fast in keiner Weise zu erreichen sein.

2. Von der Gleicharmigkeit der Wagebalken. Die Wagebalken müssen gleicharmig sein. Diese Anforderung ist zwar nicht unbedingt erforderlich, da es in den meisten Fällen nur auf die Ermittelung relativer Gewichte ankommt, und falls das absolute Gewicht bestimmt werden soll, man die Substitution oder doppelte Wägung ausführen kann.

Unter Substitution versteht man hier die Wägung unter Vertauschung des zu wägenden Gegenstandes mit Gewichtsstücken. Man bringt den Gegenstand wie üblich auf die linke Wagschale und durch Auflegen irgendwelcher Gewichtsstücke — diese brauchen nicht genau zu sein — auf die rechte Wagschale genau ins Gleichgewicht. Darauf entfernt man den Gegenstand von der linken Wagschale und ersetzt ihn durch richtige Gewichtsstücke, bis wieder gleiche Einstellung der Wage eingetreten ist. Letztere geben dann das absolute Gewicht des Gegenstandes.

Unter Doppelwägung versteht man die Wägung des Gegenstandes einmal auf der linken, das andere Mal auf der rechten Schale. Bezeichnen p_1 und p_2 die Gewichtsstücke, die dem Körper das Gleichgewicht halten, so ist das gesuchte Gewicht p gleich dem Mittel von p_1 und p_2, also $p = \dfrac{p_1 + p_2}{2}$. Nach Treadwell ist es noch richtiger, aus dem Produkt die

---

[1]) Bearbeitet von Dr. J. Hasenbäumer, Oberassistent der Landw. Versuchsstation in Münster i. W.

Wurzel zu ziehen, also $p = \sqrt{p_1 \cdot p_2}$. Indes genügt das einfache Mittel. Nach Fr. Kohlrausch läßt sich aus den Werten von p_1 und p_2 auch das Balkenverhältnis (R = rechter, L = linker Wagebalken) berechnen, nämlich:

$$\frac{R}{L} = \sqrt{\frac{p_2}{p_1}} = \sqrt{1 + \frac{p_2 - p_1}{p_1}} = 1 + \frac{p_2 - p_1}{2\,p_1}.$$

Für sehr häufig auszuführende Wägungen ist jedoch sowohl die Substitution als die Doppelwägung zu umständlich, weshalb auf die gleiche Länge der Wagebalken die größte Aufmerksamkeit verwendet werden muß.

3. Von der richtigen Lage der Achsen bzw. Schneiden. Alle drei Schneiden (der Unterstützungspunkt und die beiden Aufhängepunkte) müssen in einer Ebene liegen und untereinander parallel sein. Liegen die Aufhängepunkte tiefer als der Unterstützungspunkt, so wird bei zunehmender Belastung der Schwerpunkt tiefer sinken und hierdurch eine größere Unempfindlichkeit der Wage herbeiführen, im anderen Falle wird der Schwerpunkt gehoben und könnte hierbei der Fall eintreten, daß die Wage überhaupt aufhörte zu schwingen, oder sogar überschlagen würde.

4. Von der Unveränderlichkeit der Mittellage. Eine gute Wage darf ihre Mittellage nicht ändern, wenn sie mehrmals nacheinander arretiert und freigelassen wird bzw. nach Aufsetzung und Wiederentfernung der Gewichte.

Ferner ist es für die Richtigkeit und Brauchbarkeit einer Wage wichtig, daß sie mit einer ganz vollkommenen Arretierungsvorrichtung für Balken und Gehänge ausgerüstet ist.

Die Empfindlichkeit einer Wage, d. h. ihre Fähigkeit, die darauf gewogenen Gewichte noch bis zu genügend feinen Bruchteilen der Gewichtseinheit meßbar zu machen, ist um so größer:

1. je länger der Hebelarm der Last ist (vgl. unten);
2. je näher Schwerpunkt und Unterstützungspunkt zusammen liegen;
3. je genauer alle drei Achsen in einer Ebene liegen;
4. je leichter Wagebalken und Schalen sind.

Die Empfindlichkeit läßt sich durch die Formel ausdrücken:

$$\operatorname{tg}\alpha = \frac{p \cdot l}{g \cdot d},$$

worin p das Übergewicht, l die Länge des Balkens, g das Gewicht desselben und d die Entfernung von Dreh- und Unterstützungspunkt bedeuten. Die Empfindlichkeit wächst also mit der Zunahme von p und l und der Verringerung von g und d.

Bezüglich der Länge der Hebelarme ist indes zu bemerken, daß lange Wagebalken ein größeres Gewicht besitzen und sich leichter und mehr durchbiegen als kurze Wagebalken. Aus dem Grunde wählt man jetzt allgemein Wagen mit kurzen Balken in Dreieck- oder Rhombenform und tunlichst langen Zeigern, wodurch die Schwingungsdauer verkürzt wird.

Man bezeichnet eine Wage als um so empfindlicher, je größer der Ausschlag ist, den ein kleines Übergewicht hervorbringt.

Die Empfindlichkeit einer Wage ist jedoch durch manche Umstände beeinflußt. Der Ausschlag, den ein und dasselbe Übergewicht bei allen möglichen Belastungen hervorruft, wird nur dann stets derselbe sein, wenn alle drei Achsen genau in einer Ebene liegen; da dieses aber nie der Fall ist, so ist die Empfindlichkeit für verschiedene Belastungen durch besondere Versuche festzustellen. Hierbei wird gleichzeitig die Elastizität bzw. die Biegung des Wagebalkens mit in Rechnung gezogen.

Von großem Einfluß ist ferner eine ungleichmäßige Erwärmung, da hierdurch sowohl eine Veränderung des Balkens als auch einseitige Luftströmungen hervorgerufen werden können. Berücksichtigt man diese Fehlerquellen nicht, so haben die Zehntelmilligramme keinen Anspruch auf Genauigkeit. Für chemische Analysen wird im allgemeinen eine Wage genügen, welche eine Empfindlichkeit von $1/_{1000000}$ der einseitigen Last besitzt. Eine größere Empfindlichkeit hat meistens keinen Zweck, da vielfach der zu wägende Körper nicht stets so gleichmäßig zusammengesetzt ist, oder aber während der Wägung durch Anziehen von Feuchtigkeit, Kohlensäure usw. sein Gewicht in weit höherem Maße ändert, als die Empfindlichkeit der Wage beträgt. Auch nimmt mit der größeren Empfindlichkeit die Bequemlichkeit in der Handhabung und die Schnelligkeit der Benutzung in entsprechender Weise ab, so daß man auch aus dem Grunde für chemisch-analytische Zwecke die Empfindlichkeit einer Wage auf das notwendigste Maß beschränkt.

Was das für die Wagen verwendete Material anbelangt, so werden die Pfannen aus Feuerstein oder Achat angefertigt, und zwar die Mittelachsenlager stets eben, während die Endpfannen vielfach eine dachförmige Gestalt besitzen; letzteres besonders bei den Wagen, bei denen die Endpfannen bei der Arretierung nicht von den Schneiden abgehoben werden, es wird hierdurch das leichte Abfallen der Pfannen verhütet. Die Schneiden werden entweder aus Stahl oder neuerdings wie die Pfannen aus Feuerstein bzw. Achat angefertigt. Letztere haben den Vorzug, daß sie von Chlor und Säuredämpfen nicht angegriffen werden, andererseits aber den Nachteil, daß bei ihnen durch etwas unsanfte Behandlung leicht kleine Stückchen ausspringen können, was bei Achsen von Stahl nicht leicht vorkommt.

Das Material für den Wagebalken ist entweder Bronze, Rotguß, Aluminium oder Magnalium (Legierung von Aluminium und Magnesium). Alle Metallteile der Wage werden entweder vergoldet oder platiniert, um eine Oxydation zu verhüten.

Was die Aufstellung der Wage anbelangt, so ist hierzu am geeignetsten ein nach Norden gelegenes Zimmer, welches keine direkten Sonnenstrahlen erhält, und ein an der Wand befestigter Tisch, der durch das Gehen im Zimmer keine Erschütterung erleidet. Dabei muß der Tisch (für Wägen im Sitzen oder Stehen) so hoch montiert sein, daß der Wagebalken sich tunlichst in Augenhöhe befindet. Wenn die Wage neu aufgestellt wird, so muß man mit der Prüfung auf Richtigkeit einige Tage warten, damit Temperaturunterschiede und elastische Spannungen sich ausgleichen können. Darauf bringt man sie mit Hilfe der zwei vorderen Stellschrauben nach Ausweis des vorhandenen Senkels (oder wenn dieses fehlt, mittels einer auf die untere Wageplatte gelegten Dosenlibelle) in die horizontale Lage, und die Mittellage des Zeigers bei unbelasteter Wage wird mittels der an der Wage für den Zweck vorhandenen Vorrichtungen (Fähnchen an der Mittelsäule oder verschraubbare Laufgewichtchen an den Wagebalken) grob eingestellt. Die feine Nulleinstellung, d. h. gleichen Ausschlag nach rechts und links um den Nullpunkt, bei welcher man die Arretierung jedesmal langsam auslösen muß, erreicht man durch entsprechende Neigung des Gehäuses, indem man die eine Hälfte der Abweichung von der Nullage durch Drehen der rechten Stellschraube, die andere Hälfte durch Drehen der linken in entgegengesetzter Richtung korrigiert. Alle Beobachtungen sind nur bei geschlossenem Wagenkasten auszuführen[1]). Die Einstellung auf den Nullpunkt muß von Zeit zu Zeit wiederholt werden, weil durch Staub und sonstigen Schmutz eine ungleiche Belastung auf beiden Seiten bewirkt werden kann. Durch Abputzen und Reinigen der Wagenteile wird alsdann die Nullage wieder erreicht. Es genügt, daß der Ausschlag bei unbelasteter Wage kleiner als ± 2 Teilstriche ist.

Nach richtiger Aufstellung der Wage wird ihre Empfindlichkeit in der Weise geprüft, daß man auf jede Schale gleiche Gewichtsstücke, also je 10 oder je 20 g usw. legt und die Wage zum Ausschlagen bringt. Wenn sie und die Gewichte richtig sind, wird die Wage nach jeder Seite gleichviel Teilstriche ausschlagen; darauf legt man auf die eine Schale 1 mg und

---

[1]) Um das Innere der Wage tunlichst trocken zu halten, pflegt man in dieselbe ein Gefäß mit konz. Schwefelsäure oder ebenso zweckmäßig ein solches mit wasserfreiem Kaliumcarbonat (oder auch Kalihydrat) aufzustellen, welches gleichzeitig saure Gase absorbiert. Selbstverständlich erfüllen diese Schutzmittel nur ihren Zweck, wenn der Wagenkasten während der Nichtbenutzung stets tunlichst geschlossen gehalten wird.

beobachtet wiederum den Ausschlag. Dieser betrage jetzt nach der minder belasteten Seite hin 5 Teilstriche und nach der anderen 3 Teilstriche, so beträgt der Ausschlag der Wage bei einer Belastung von 10 g 2 Teilstriche und bedeutet 1 Teilstrich $\frac{1}{2} = 0{,}5$ mg. So kann man auch die Empfindlichkeit für 15 g, 20 g, 30 g usw. ermitteln und weiter alle Wägungen am zweckmäßigsten nach dem Schwingungsverfahren ausführen, indem man das Gewicht des Körpers unter Benutzung des Reitergewichtes annähernd auf 1 oder 2 mg feststellt und die Wage einige Male ausschlagen läßt. Habe das Gewicht 25,285 g betragen, und sich hierbei nach der Seite mit den Gewichten ein Ausschlag von 2 Teilstrichen, nach der anderen Seite von 5 Teilstrichen, 3 mehr ergeben, so beträgt, da 1 Teilstrich gleich 0,5 mg ist, 3 Teilstriche also gleich 1,5 mg sind, das Gewicht des Körpers 25,285 g — 1,5 mg = 25,2835 g.

Diese Art der Gewichtsbestimmung genügt für fast alle in der analytischen Praxis vorkommenden Fälle. Will man noch weiter in der Genauigkeit gehen, so überlege man zunächst, ob der zu wägende Körper auch so genau definiert ist, daß er sein Gewicht nicht um ein oder zwei Zehntelmilligramme ändern kann. Dieses ist aber bei den meisten zur Wägung benutzten Gefäßen der Fall, da sie beim Wägen mit und ohne Inhalt leicht ungleiche Mengen Luft und Wasserdampf im Betrage von einigen Zehntelmilligrammen aufnehmen können. Können aber diese Möglichkeiten vernachlässigt werden, so verfährt man in folgender Weise: Man bestimmt zunächst die Lage des Nullpunktes der unbelasteten Wage; es seien z. B. folgende Ausschläge gefunden:

links	rechts
4,2	4,2
4,0	4,0
3,8	3,8
3,6	3,6
Im ganzen: 15,6	15,6

Der Nullpunkt fällt also zusammen mit dem Nullpunkt der Skala. Bei einer Belastung von 10,025 g mögen sich folgende Ausschläge ergeben:

links	rechts
5,5	7,2
5,3	7,0
5,1	6,8
5,0	6,6
Im ganzen: 20,9	27,6

$+ 6{,}7 = 1{,}68$ Teilstriche.

Entspricht, wie anfangs erwähnt, ein Teilstrich 0,5 mg, so beträgt das Gewicht des Körpers 10,025 g $+ 1{,}68 \cdot 0{,}5$ mg = 10,02584 g, oder, da die gewöhnlichen Analysenwagen nur Zehntelmilligramme mit Sicherheit angeben, 10,0258 g.

Die Beobachtung kleiner Ausschlagwinkel wird für gewöhnliche Wägungen durch Anwendung langer Zeiger, für feine und genaueste Wägungen durch Spiegelablesung mittels eines Fernrohres oder durch Lupen erleichtert.

Für genaue Wägungen muß auch der Auftrieb der Luft für den zu wägenden Körper berücksichtigt werden[1]). Ist d das Gewicht von 1 ccm Luft ($= 0{,}001293$ g bei 0° und 760 mm Barometerstand) und v das Volumen des gewogenen Körpers, so ist sein Gewicht um $v\,d$ vermindert und sein wahres Gewicht beträgt dann G (scheinbares Gewicht) $+ v\,d$. Ist s = spez. Gewicht des Körpers, so kann man das wahre Gewicht des Körpers $= G\left(1 + \dfrac{0{,}00129}{s}\right)$ setzen. Hiervon ist aber die Größe des Auftriebes für die Gewichtsstücke abzuziehen. Hat

---

[1]) Fr. Kohlrausch, Kurzer Leitfaden der prakt. Physik, Leipzig 1900, 244.

man Messinggewichte angewendet, für die $s = 8,5$ ist, so beträgt der Auftrieb für jedes Gramm derselben $\dfrac{0,001293}{8,5} = 0,00015$ g oder 0,15 mg, und das wahre Gewicht G_0 ist dann

$$= G\left(1 + \frac{0,00129}{s} - 0,00015\right) \text{ oder } = G(1 + k),$$

wo k die zu jedem Gramm scheinbaren Gewichtes hinzuzufügende Korrektion in mg bedeutet. Fr. Kohlrausch hat für verschiedene Werte von s die zugehörige Konstante z. B. wie folgt berechnet:

s	k	s	k	s	k	s	k
0,7	+ 1,57 mg	2,5	+ 0,337	5,0	+ 0,097	9,0	− 0,009
1,0	+ 1,06 „	3,0	+ 0,257	6,0	+ 0,057	10,0	− 0,023
1,5	+ 0,66 „	3,5	+ 0,200	7,0	+ 0,029	15,0	− 0,068
2,0	+ 0,46 „	4,0	+ 0,157	8,0	+ 0,007	20,0	− 0,086

Mit diesen rechnerisch gefundenen Korrektionen hat sich sogar Stas bei seinen Atomgewichtsbestimmungen begnügt. Bei noch weitergehenden Genauigkeiten bedient man sich der Vakuumwagen.

Da es sich bei den gewöhnlichen Wägungen nur um die Bestimmung relativer Gewichte handelt, so können diese Korrektionen umgangen werden.

R. Hottinger[1]) macht aber auf eine weitere größere Fehlerquelle, auf die Anziehung von Wasserdampf bzw. Luft sowohl seitens des zu wägenden Körpers als des ihn einschließenden Gefäßes aufmerksam. Man kann diese Fehlerquelle einerseits durch gut schließende Wägegefäße und tunlichst rasches Wägen der eben erkalteten Gegenstände verringern. Aber dieses genügt nicht in allen Fällen und schlägt R. Hottinger vor, die Ausschläge der Wage unter Berücksichtigung der Zeit (der 1., 2. usw. Wägung, also nach etwa 20 Sekunden, 75 Sekunden) zu beobachten und darnach die Korrektur zu berechnen. Über die nähere Ausführung vgl. die Quelle.

Prüfung der Gewichte. Bevor man einen neuen Gewichtssatz in Benutzung nimmt, prüfe man die Gewichtsstücke zunächst auf ihre Richtigkeit. Wenn die Fehler auch meist nur sehr gering sind, so ist doch für genauere Arbeiten die Kenntnis über die Größe derselben nötig, denn in vielen Fällen wäre sonst das Auswiegen der Zehntelmilligramme eine ganz unnötige Arbeit. Stimmt ein Gewichtssatz nicht bis auf Bruchteile von Milligrammen, so ist er von der Benutzung auszuschließen, denn wenn sich auch hierfür eine Korrektionstabelle anfertigen läßt, so hat doch in einem Laboratorium mit täglich Hunderten von Wägungen die Benutzung einer solchen Tabelle einen sehr zweifelhaften Wert.

Für gewöhnlich enthalten die Gewichtssätze die vergoldeten oder platinierten Grammstücke 100, 50, 20, 10, 5, 2, 1, 1, 1, die Dezigrammstücke 5, 2, 1, 1, 1 und ebenso die Zentigrammstücke 5, 2, 1, 1, 1. Die den Gewichtssätzen beigefügten Milligrammstücke sind überflüssig, weil sich die Milligramme genauer durch den Reiter bestimmen lassen.

Für die Prüfung der Gewichtsstücke auf ihre Richtigkeit gibt Fr. Kohlrausch[2]) nach der Doppelwägung wörtlich folgendes an:

Man führe eine Doppelwägung mit 50′ einerseits und der Summe der übrigen Gewichte andererseits aus. Man habe gefunden, daß die Wage einsteht (der Zeiger in der Stellung ist, welche er bei unbelasteter Wage einnimmt), wenn

	links		rechts
	50′		$20' + 10' + \ldots + r$ mg
	$20' + 10' + \ldots + l$ mg		50′

---

[1]) Zeitschr. f. analyt. Chem. 1909, **48**, 73.

[2]) Fr. Kohlrausch, Kurzer Leitfaden der Physik, Leipzig 1900, 34.

ist, so ist das Verhältnis der Wagenarme

$$\frac{R}{L} = 1 + \frac{l - r}{100\,000}$$

und
$$50' = 20' + 10' + \ldots + \tfrac{1}{2}\,(r + l)\,.$$

Ebenso vergleicht man $20'$ mit $10' + 10'$ und $10'$ mit $10''$ sowie mit $5' + 2' + \ldots$ Man wird dabei das Balkenverhältnis im allgemeinen von der Belastung etwas abhängig finden. Doch wird dasselbe so weit konstant sein, daß für die kleineren Stücke nur eine einzelne Wägung genügt. Es bedeutet dann ein Stück p, rechts aufgelegt auf die Balkenlänge der linken Seite reduziert, $p\,\dfrac{R}{L}\,.$

Beispiel: Es sei $r = -0,63$, $l = +2,73$ mg, so ist $50' = 20' + 10' + \ldots + 1,05$ mg und $R/L = 1,0000336\,.$

Ferner sei bei der Vergleichung des 5 g-Stückes mit der Summe der kleinen Gewichte gefunden, daß die Wage einsteht, wenn

links $5' + 0,06$ mg   rechts $2' + 1' + 1'' + 1'''$

betragen. Es würden dann an einer gleicharmigen Wage sich das Gleichgewicht halten

$$5' + 0,06 \text{ mg und } (2' + 1' + \ldots) \cdot 1,0000336 \quad \text{oder} \quad 2' + 1' + \ldots + 0,17 \text{ mg}\,.$$

Folglich ist $5' = 2' + 1' + 1'' + 1''' - 0,11$ mg.

Diese Wägungen mögen, indem den durch A, B usw. gefundenen Unterschieden gleich Zahlen als Beispiel beigeschrieben werden, ergeben haben:

$$50' = 20' + 10' + \ldots + A \quad + 0,48 \text{ mg}$$
$$20' = 10' + 10'' \quad\quad\quad + B \quad + 0,06 \text{ „}$$
$$10'' = 10' \quad\quad\quad\quad\quad + C \quad + 0,17 \text{ „}$$
$$5' + 2' + 1' + 1'' + 1''' = 10' \quad\quad + D, \quad -0,29 \text{ „}$$

wo natürlich A, B, C, D positiv und negativ sein können. Aus den Gleichungen muß der Wert der fünf Stücke, die Summe der einzelnen Gramme vorläufig als ein Stück betrachtet, in irgendeiner Einheit ausgedrückt werden. Man wird, wenn man nicht etwa zugleich eine Vergleichung mit einem Normalgewicht vornimmt, diese Einheit so wählen, daß die Korrektionen der einzelnen Stücke möglichst klein werden, und das ist der Fall, wenn man die ganze Summe als richtig annimmt, d. h. wenn man setzt

$$50' + 20' + 10' + \ldots = 100 \text{ g}\,.$$

Setzt man nun zur Abkürzung[1])

$$S = \tfrac{1}{10}\,(A + 2\,B + 4\,C + 2\,D) \quad\quad\quad + 0,070 \text{ mg}$$

so ist, wie man leicht nachweisen kann,

$$10' = 10 \text{ g} - S \quad\quad\quad\quad\quad\quad\quad\quad -0,070 \text{ mg}$$
$$10'' = 10 \text{ g} - S + C \quad\quad\quad\quad\quad\quad\quad + 0,10 \text{ „}$$
$$5 + \ldots = 10 \text{ g} - S + D \quad\quad\quad\quad\quad\quad -0,36 \text{ „}$$
$$20' = 20 \text{ g} - 2\,S + B + C \quad\quad\quad\quad\quad + 0,09 \text{ „}$$
$$50' = 50 \text{ g} - 5\,S + A + B + 2\,C + D = 50 \text{ g} + \tfrac{1}{2}\,A + 0,24 \text{ „}$$

Die Probe für die Richtigkeit der numerischen Rechnung ist dadurch gegeben, daß, wenn man die Korrektionen in Zahlen bestimmt hat, die Summe derselben $= 0$ sein muß und daß die vier Beobachtungs-Gleichungen erfüllt sein müssen.

---

[1]) Die Größe S ergibt sich, wenn man in der Gleichung

$$100 = 50' + 20' + 10' + 10'' + 5' + 2' + 1' + 1'' + 1'''$$

sämtliche Stücke auf das Stück $10'$ bezieht und die so entstehende Summe der Korrektionen durch 10 dividiert (W. Ostwald).

König, Nahrungsmittel. III. 4. Aufl.

Ferner habe man durch Vergleichung der Stücke $5'\,2'\,1'\,1''\,1'''$ untereinander gefunden:

$$5' = 2' + 1' + 1'' + 1''' + a \qquad\qquad + 0{,}54 \text{ mg}$$
$$2' = 1' + 1'' \qquad\qquad + b \qquad\qquad - 0{,}02 \text{ „}$$
$$1'' = 1' \qquad\qquad + c \qquad\qquad - 0{,}10 \text{ „}$$
$$1''' = 1' \qquad\qquad + d \qquad\qquad - 0{,}13 \text{ „}$$

und setze man zur Abkürzung

$$s = \tfrac{1}{10}(a + 2\,b + 4\,c + 2\,d + S - D), \qquad + 0{,}028 \text{ mg}$$

so ist ähnlich wie oben

$$1' = 1\,\text{g} - s \qquad\qquad\qquad - 0{,}03 \text{ „}$$
$$1'' = 1\,\text{g} - s + c \qquad\qquad - 0{,}13 \text{ „}$$
$$1''' = 1\,\text{g} - s + d \qquad\qquad - 0{,}16 \text{ „}$$
$$2' = 2\,\text{g} - 2\,s + b + c \qquad - 0{,}14 \text{ „}$$
$$5' = 5\,\text{g} - 5\,s + a + b + 2\,c + d. \qquad + 0{,}09 \text{ „}$$

Ebenso wird mit den kleineren Gewichtsstücken verfahren, wobei aber in der Regel die Ungleicharmigkeit der Wage nicht mehr berücksichtigt zu werden braucht.

Einfacher ist das folgende Verfahren, welches von Richards[1]) angegeben ist. Man bringt nach dem Substitutionsverfahren auf die eine Wagschale ein Grammstück des Gewichtssatzes und auf die andere Schale so viel Tara, daß die Wage vollkommen im Gleichgewicht ist. Darauf nimmt man das 1-Grammgewicht fort und ersetzt es durch ein anderes, beobachtet den Ausschlag und berechnet hieraus das Mehr- oder Mindergewicht. In gleicher Weise vergleicht man die anderen 1-Grammgewichte und weiter die übrigen Gewichte des Gewichtssatzes. Zur Vergleichung der kleineren Gewichte geht man von dem Zentigrammstück aus, welches man mit Tara ins Gleichgewicht bringt. Man kann hierbei die Tara sehr zweckmäßig in der Weise wählen, daß das Reitergewicht in der Mitte des rechten Wagebalkens sitzt; alle Gewichtsunterschiede können alsdann durch Verschiebung des Reiters bestimmt werden.

Beide Verfahren geben natürlich nur die Richtigkeit der Gewichte unter sich an; soll die Fehlertabelle auf das richtige Grammgewicht bezogen werden, so ist es nötig, ein Grammgewicht mit dem Normalgewicht zu vergleichen.

Die Meßgefäße[2]).

Zur Ausführung von Maßanalysen sind genau eingeteilte Meßgefäße von verschiedener Form nötig. Zum Teil dienen diese Gefäße auch bei der gewichtsanalytischen Bestimmung von Substanzen, wenn es sich z. B. darum handelt, zum Zwecke einer besseren Durchschnittsprobe eine größere Menge zu lösen und die Lösung auf ein bestimmtes Volumen zu bringen, von der man dann abgemessene Mengen zur Analyse benutzt. Ebenso geht man in der Wasser- und Weinanalyse von abgemessenen Mengen aus.

Die Herstellung der verschiedenen Meßgefäße kann hier übergangen werden, da dieselben jetzt allgemein aus Fabriken bezogen werden können.

Die Eichung der Meßgefäße geschieht nach verschiedenen Gesichtspunkten; die Kaiserliche Eichungskommission geht aus von dem System $\dfrac{15^\circ}{4^\circ}$ (0), d. h. das bei 15° ermittelte Gewicht wird auf Wasser größter Dichte und auf den luftleeren Raum reduziert. In der Praxis sind ferner gebräuchlich die Systeme $\dfrac{15^\circ}{15^\circ}$ (76) und $\dfrac{17{,}5^\circ}{17{,}5^\circ}$ (76), bei denen eine Reduktion

---

[1]) Vgl. Ostwald und Luther, Physiko-chemische Messungen, 2. Aufl. Leipzig 1902, 58.

[2]) Bearbeitet von Dr. J. Hasenbäumer, Oberassistent der Landw. Versuchsstation in Münster i. W.

auf den luftleeren Raum nicht ausgeführt ist. Besonders das letztere oder Mohrsche System ist noch vielfach gebräuchlich. Mohr hat als Volumeinheit das Volum von 1 g Wasser von 17,5° C, mit Messinggewichten gewogen, vorgeschlagen. Da ein solches (scheinbares) Gramm Wasser 1,0011 g beträgt und das Volum um 0,0013 größer ist als bei 4°, so ist die Mohrsche Einheit das 1,0024fache der wahren Einheit, d. h. ein Mohrsches Liter ist um 2,4 ccm zu groß[1]). Die scheinbaren Gewichte (d. h. gewogen mit Messinggewichten in Luft von mittlerer Feuchtigkeit) eines ccm destillierten lufthaltigen Wassers sowie die Volumina eines scheinbaren Gramms Wasser betragen bei folgenden Temperaturen:

Temperatur C°	Scheinbares Gewicht eines Kubikzentimeters Wasser	Volumen eines scheinbaren Gramms Wasser	Temperatur C°	Scheinbares Gewicht eines Kubikzentimeters Wasser	Volumen eines scheinbaren Gramms Wasser
10	0,9986	1,0014	18	0,9976	1,0024
11	85	15	18	74	26
12	84	16	20	72	28
13	83	17	21	70	30
14	82	18	22	67	33
15	81	19	23	65	35
16	79	21	24	63	37
17	77	23	25	60	40

Auf Wasser von 15° bezogen, liegen die Abweichungen um etwa 0,09% höher als auf Wasser von 4° bezogen.

Die Systeme, welche auf den Normaldruck (760 mm) bezogen sind, geben $\dfrac{1,2}{\text{spez. Gew.}}$ mg niedrigere Werte, als die auf den luftleeren Raum bezogenen. Da in den Laboratorien meistens nur Volumen verschiedener Flüssigkeiten unter sich verglichen oder aliquote Teile eines eine bestimmte Gewichtsmenge enthaltenen Volumens abgemessen werden, so ist es, wenn keine normal geeichten Meßgefäße angewendet werden, notwendig, daß die vorhandenen Meßgefäße wenigstens unter sich nach gleichem System geeicht sind.

Die Meßgefäße lassen sich einteilen in:

    1. auf Einguß geeichte,

    2. auf Ausguß geeichte.

Bei den ersteren faßt das Gefäß so viel ccm als die angebrachte Marke angibt; will man aus einem solchen Kolben die gesamte Flüssigkeit z. B. in eine Schale bringen, so ist der Kolben nach dem Ausgießen noch mit Wasser quantitativ nachzuspülen.

Bei den letzteren läßt das Gefäß so viel Flüssigkeit ausfließen, als die Marke anzeigt.

Beide Arten lassen sich weiter einteilen in solche, welche

    a) nur zum Abmessen je einer Flüssigkeitsmenge dienen,

    b) zum Abmessen verschiedener Flüssigkeitsmengen dienen.

Zu a) gehören die Pipetten, zu b) die Büretten.

1. Meßkolben. Dieselben kommen in verschiedenen Größen, zu 50, 100, 200, 250, 500, 1000, 2000 ccm vor. Sie werden so weit gefüllt, daß der untere Meniskus der Flüssigkeit mit der Marke des Kolbens zusammenfällt. Bei der Anschaffung sehe man darauf, daß dieselben aus Hartglas und gut gekühlt sind, ferner daß die Marke sich in der unteren Hälfte des Halses befindet, da sonst ein gutes Mischen des Inhaltes schwer zu erreichen ist. Um einen Meßkolben auf seine Richtigkeit zu prüfen, tariere man ihn vollkommen trocken auf einer

---

[1]) Vgl. W. Ostwald und R. Luther, Physiko-chemische Messungen, 2. Aufl. Leipzig 1902, 129.

genauen Wage gleichzeitig mit so viel Gramm, als der Kolben ccm anzeigt. Darauf füllt man ihn mit destilliertem Wasser von der auf dem Kolben angegebenen Temperatur bis zur Marke, entfernt etwa im Kolbenhals haftendes Wasser mit Filtrierpapier und bringt ihn auf die Wage, von der jetzt die entsprechenden Gramme weggenommen werden. Ist die Eichmarke richtig, so muß die Wage im Gleichgewicht sein.

2. Die Meßzylinder. Es sind Zylinder, welche in ccm eingeteilt sind; dieselben sind entweder mit einem Ausguß oder mit eingeschliffenen Stopfen versehen. Sie werden nur zu Abmessungen benutzt, bei denen es auf große Genauigkeit nicht ankommt (vgl. vorstehend S. 35).

3. Pipetten. Sie dienen dazu, um aus einer Flüssigkeit ein bestimmtes Volumen herauszunehmen und pflegen einen Inhalt von 1, 5, 10, 20, 25, 50 oder 100 ccm usw. zu haben.

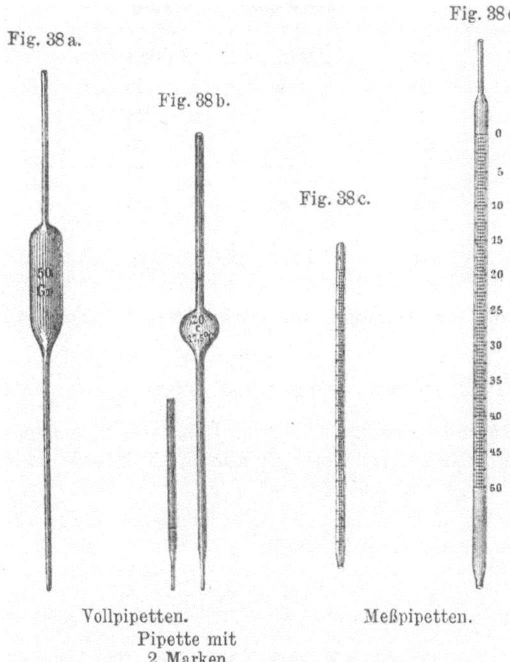

Man unterscheidet Voll- und Meßpipetten. Die Vollpipetten, mit denen ein einziges Maß (20 oder 50 ccm usw.) entnommen werden soll, haben bald eine zylindrische (Fig. 38a), bald eine birnenförmige (Fig. 38b) Form, während die Meßpipetten je nach dem Inhalt mehr oder weniger weite, von oben nach unten eingeteilte Glasröhren mit ausgezogenen Spitzen (Fig. 38c) bilden.

Vor dem Gebrauch sind die Pipetten gründlich zu reinigen, besonders von allen Fettspuren, da sonst beim Entleeren Flüssigkeitstropfen hängen bleiben und der Messung entgehen. Man behandelt die Pipette zu diesem Zwecke zuerst mit Natronlauge und darauf mit einer Lösung von Chromsäure in konz. Schwefelsäure. Gefüllt werden die Pipetten durch Ansaugen am oberen Ende und nachheriges Verschließen mit dem Finger. Daher empfiehlt es sich, bei der Anschaffung von Pipetten darauf zu achten, daß die Marke nicht zu hoch sich befindet, da sonst beim Ansaugen leicht Flüssigkeit in den Mund gelangen kann. Das Entleeren kann durch freies Ausfließen, durch Ausblasen oder durch Abstrich geschehen. Letzteres Verfahren ist am genauesten. Man läßt hierbei die Pipette auslaufen, indem man während der ganzen Zeit oder zum Schluß die Spitze an die Gefäßwand anlegt. Hierbei ist zu beachten, daß die Ausflußöffnung nicht zu groß ist und der Inhalt zu schnell ausfließt, weil dann durch Benetzung leicht ein Teil der Flüssigkeit zurückbleibt. Erfahrungsgemäß soll die Zeit des freiwilligen Ausflusses je nach der Größe der Pipette 10—40 Sekunden betragen[1]). Ist die Auslaufzeit kürzer, so muß man die untere Öffnung in der Flamme enger machen. Um die durch die Art des Ausfließens bedingten Fehler ganz zu vermeiden, hat man auch Pipetten mit zwei Marken (oben und unten), bei denen man die Flüssigkeit genau bis zur unteren Marke auslaufen läßt (Fig. 38b).

---

[1]) Die Auslaufzeit soll nach den Bestimmungen der Normaleichungs-Kommission bei einem

Inhalt von	weniger als 10 ccm	10—50 ccm	50—100 ccm	über 100 ccm
betragen	12—15	15—20	20—30	30—40 Sekunden.

Bezüglich des Ablesens gilt dasselbe, wie bei den Büretten (vgl. unter 4).

Auf ihre Richtigkeit prüft man die Pipetten, indem man sie mit destilliertem Wasser von der auf der Pipette angegebenen Temperatur füllt und dieses in ein tariertes Gefäß auslaufen läßt. Die Meßpipetten, die durchweg weniger genau sind als die Vollpipetten, werden in ähnlicher Weise wie die Büretten benutzt.

4. Büretten. Es sind dies zylindrische Glasröhren von 10—100 ccm Inhalt, die mit einer engen Ausflußöffnung versehen sind. Die einzelnen ccm sind in Fünftel, Zehntel oder Zwanzigstel geteilt.

Als Verschluß für die Büretten dient entweder ein Quetschhahn oder ein eingeschliffener Glashahn. Im ersteren Falle verbindet man die unten verengte Bürette durch einen kurzen dichten Gummischlauch mit einer Glasröhre, die zu einer engen Spitze ausgezogen ist. Der Gummischlauch wird durch einen Quetschhahn geschlossen. In manchen Fällen — bei einer Lösung von Kaliumpermanganat, Silbernitrat, Jod — ist diese Art des Verschlusses nicht anwendbar, man benutzt alsdann die Glashahnbürette.

Zum Befestigen der Büretten dient ein Stativ mit einer Klemme oder besser noch mit zwei Klemmen, man kann dann die Büretten für Säure und Lauge, Permanganat und Oxalsäure usw. auf einem Stativ vereinigen.

Das Ablesen der Büretten. Bei jeder Titration hat man mindestens zwei Ablesungen über den Stand der Flüssigkeit zu machen. Die Art des Ablesens ist daher von großer Wichtigkeit; um Parallaxenfehler zu vermeiden, bringe man das Auge genau in eine Ebene mit dem Niveau der Flüssigkeit. Bei allen farblosen oder sonst durchsichtigen Flüssigkeiten wählt man den unteren Rand der konkav gekrümmten Flüssigkeit, weil sich hier eine schwarze Zone bildet, deren Stand am genauesten zu bestimmen ist. Fr. Mohr hat für den Zweck folgende Vorrichtung (Fig. 39) zum Ablesen angegeben. Auf ein steifes weißes Blatt klebt man einen Streifen tiefschwarzen Papiers und hält dieses so hinter die Bürette, daß die schwarze Fläche ein wenig unter der dunklen Zone beginnt. Statt des Papierstreifens kann auch die Ableseklemme, bestehend aus schwarzem Holz mit angeleimter matter Glasscheibe, verwendet werden. Die Klemme läßt sich an der Bürette auf und ab bewegen und genau einstellen.

Zur Verschärfung des Ablesens kommen jetzt auch Büretten in den Handel, welche auf der Rückseite einen Streifen blauen Glases eingeschmolzen haben (Fig. 40). Die Flüssigkeit erscheint in einer solchen Bürette an der Stelle des unteren Meniskus zugespitzt, die Spitze läßt sich sehr genau ablesen.

Eine noch größere Genauigkeit läßt sich durch Benutzung der Schwimmer erzielen. Der Erdmannsche Schwimmer (Fig. 41) ist ein zylinderförmiger Hohlkörper aus Glas, der

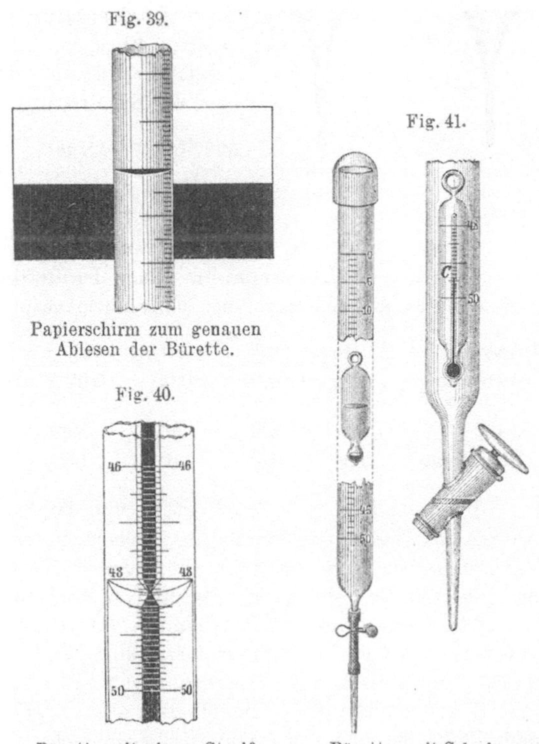

Fig. 39.

Papierschirm zum genauen Ablesen der Bürette.

Fig. 40.

Bürette mit einem Streifen von blauem Glase.

Fig. 41.

Büretten mit Schwimmer.

in der Mitte einen Ring besitzt. Derselbe muß der Weite der Bürette so angepaßt sein, daß er ohne Schwankungen auf und ab steigen kann[1]). Um dieses sicher zu erreichen, ist von Beuttel ein Schwimmer vorgeschlagen worden, der aus einer Glaskugel besteht, die sich in eine Spitze fortsetzt (Fig. 42). Die Kugel ist mit einem Kreisstrich versehen, der auf die Teilstriche der Bürette eingestellt wird.

Fig. 43.

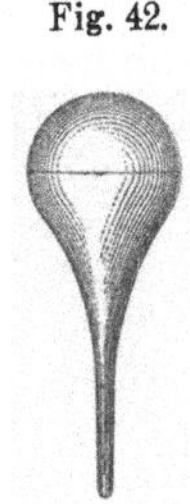
Fig. 42.

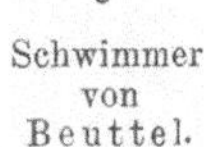
Schwimmer von Beuttel.

Schwimmer von Rey.

Um auch bei undurchsichtigen Flüssigkeiten den Schwimmer benutzen zu können, hat Rey (Fig. 43) den eben beschriebenen Schwimmer mit einer zweiten Kugel versehen; man beschwert den Schwimmer so weit, daß die obere Kugel aus der Flüssigkeit ragt.

Zur Prüfung der Büretten auf ihre Richtigkeit läßt man je 10 ccm in ein tariertes Wägegläschen laufen und wägt alsdann. Die Temperatur des Wassers muß natürlich mit der auf der Bürette angegebenen übereinstimmen. Ist die Bürette nach dem System $\frac{17,5}{17,5}$ (76) geeicht, so müssen 10 ccm Wasser von 17,5° genau 10 g wiegen; wäre die Bürette aber nach dem System $\frac{17,5}{4}$ (0) geeicht, so würden die 10 ccm 10,023 g wiegen.

Erlaubte Fehlergrenzen. Nach den Bestimmungen der Normaleichungskommission sind folgende Abweichungen bei Meßgefäßen gestattet:

Inhalt:	1	2	10	20	25	50	100 ccm	bei Pipetten.
Abweichung:	0,01	0,01	0,02	0,03	0,03	0,05	0,01 „	

Inhalt:	50	100	200	500	1000	2000 ccm	bei Meßkolben.
Abweichung:	0,05	0,1	0,1	0,15	0,3	0,5 „	

Die Aufstellung der Büretten und die Ausführung der Titrationen geschieht ebenso wie die der Wagen zweckmäßig in einem nach Norden gelegenen, tunlichst hellen Raum, der nur geringe Temperaturschwankungen aufweist. Für die Aufstellung und Befestigung der Büretten sind eine große Anzahl von Vorrichtungen angegeben.

Für ein größeres Laboratorium, in welchem täglich viele Titrationen derselben Art und von verschiedenen Analytikern auszuführen sind, haben wir folgende Einrichtung (Fig. 44, S. 39) für praktisch und zweckmäßig gefunden:

Vor dem oder den Fenstern des nach Norden gelegenen Zimmers ist etwa 2 m über dem Fußboden eine Bank von Glas angebracht, die von Eisenträgern gehalten wird. Auf der Bank stehen die Vorratsflaschen für Lauge und Säure von je 10—20 l Inhalt, die dicht über dem Boden mit einem Tubus versehen sind. Von hier aus geht ein Gummischlauch zu der Bürette, welche zu diesem Zwecke am unteren Ende ein seitliches Ansatzrohr besitzt. Der Gummischlauch ist mit einem Quetschhahn verschlossen, durch Öffnen des Hahnes läßt sich die Bürette mit der Lösung aus der Flasche füllen. Oben ist die Vorratsflasche mit einem doppelt durchbohrten Stopfen versehen; eine Bohrung trägt ein Röhrchen gefüllt mit Natronkalk, die andere Bohrung ist durch einen Gummischlauch mit der oberen Öffnung der Bürette verbunden. Man erreicht hierdurch, daß die Luft in der Flasche und Bürette kommuniziert, und neu eintretende Luft durch das Rohr mit Natronkalk streichen muß. Vor der Bank und

---

[1]) Die Bürette (S. 37, Fig. 41 rechts) ist nach einem Vorschlage der Firma Franz Hugershoff in Leipzig (Karolinenstr. 13) mit einem schrägen Hahn versehen, der um 180° gedreht werden muß, um ein Ausfließen aus der Bürette zu ermöglichen. Hierdurch soll die Rinnenbildung und ein Herausfallen des Stöpsels vermieden werden.

etwas tiefer befindet sich eine Eisenstange in horizontaler Lage, an die vermittels Muffen kurze Eisenstangen senkrecht befestigt werden, welche, wie aus der Zeichnung leicht verständlich ist, die Büretten tragen. Die kurzen Eisenstangen sind von dem untenstehenden Arbeitstisch etwa 20—30 cm entfernt, so daß die ganze Tischfläche frei ist und ein bequemes Arbeiten (Rühren, Schütteln) unter den Büretten gestattet. Beträgt die Zimmerbreite und damit die Banklänge vor dem Fenster 3—4 m, so lassen sich auf derselben auch alle anderen Titrierlösungen aufstellen, die für gewöhnlich nötig sind.

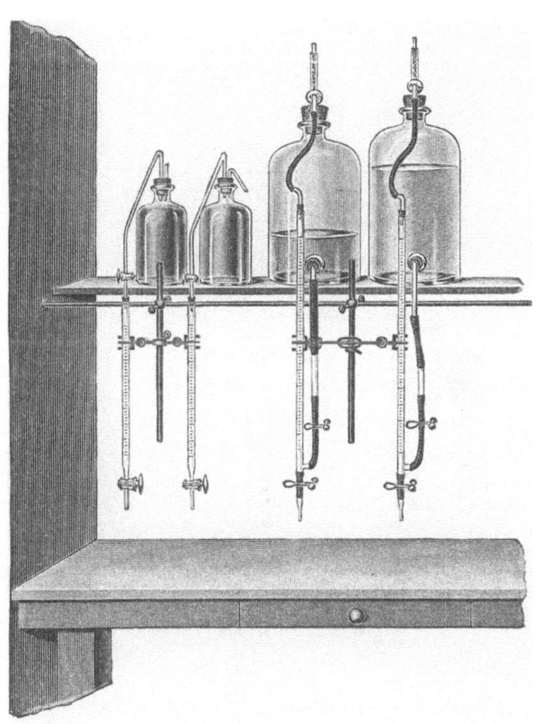

Fig. 44.

Titriertischeinrichtung.

Die Vorratsflaschen, die mit titrierter Oxalsäure-, Kaliumpermanganat- und Silberlösung usw. gefüllt sind, werden, um das Licht abzuhalten, mit schwarzem Lack bestrichen und müssen etwas anders eingerichtet werden. Die Öffnung ist mit einem doppelt durchbohrten Stopfen verschlossen, durch die eine Öffnung geht ein heberartig gebogenes Rohr mit dem einen Ende bis auf den Boden der Flasche, mit dem anderen spitz ausgezogenen Ende in die mit einem durchbohrten Pfropfen verschlossene Bürette. Dieses Ende des Rohres hat über der Bürette einen Glashahn. Man füllt es durch Ansaugen und kann dann durch Öffnen des Hahnes die Bürette nach Bedarf füllen.

In Laboratorien mit geringerem Arbeitsumfange kann man alle möglichen Bürettenstative mit jedesmaliger Nachfüllung von oben verwenden. Die Bürettenstative haben den Vorteil, daß sie sich beliebig in jedem Raum aufstellen und verwenden lassen.

Dabei sind die Büretten mit Selbsteinstellung vielfach beliebt geworden; auch hiervon gibt es zahlreiche Einrichtungen. Wir haben folgende Einrichtungen dieser Art für kleinere Betriebe für zweckmäßig gefunden:

Auf einem Stativ sind zwei Büretten (Fig. 45a, S. 40) angebracht, welche oben kugelförmig erweitert sind. Durch die Kugel geht ein heberartig gebogenes Glasrohr, welches in der Bürette gerade bis zum Nullpunkt reicht. Außen ist das Rohr mit der Vorratsflasche verbunden, die aus einer zweifach tubulierten Flasche besteht, durch deren einen Tubus das Zuleitungsrohr zur Bürette führt, während der andere Tubus durch einen Gummiball verschlossen ist. Durch Zusammendrücken des Balles läßt sich die Bürette füllen, die zu viel eingefüllte Flüssigkeit fließt durch das Heberrohr unter Einstellung auf den Nullpunkt von selber wieder in die Flasche zurück.

Für Flüssigkeiten, die nicht mit Kautschuk in Berührung kommen dürfen, kann die Bürette (Fig. 45b, S. 40) mit Vorteil verwendet werden. Die Bürette befindet sich direkt auf der Vorratsflasche. Diese ist mit drei Tuben versehen, der eine trägt die Bürette, der zweite ein Rohr, das mit der Bürette in Verbindung steht, und der dritte ein mit Absorptionsmitteln gefülltes und mit seitlichem Ansatzröhrchen versehenes Aufsatzrohr. An dem Ansatzröhrchen ist ein Gummiball angebracht, mit dessen Hilfe die Flüssigkeit in die Bürette gedrückt werden kann. Die zu viel hinaufgedrückte Flüssigkeit fließt durch das Mittel-

Fig. 45 b.

Fig. 45 a.

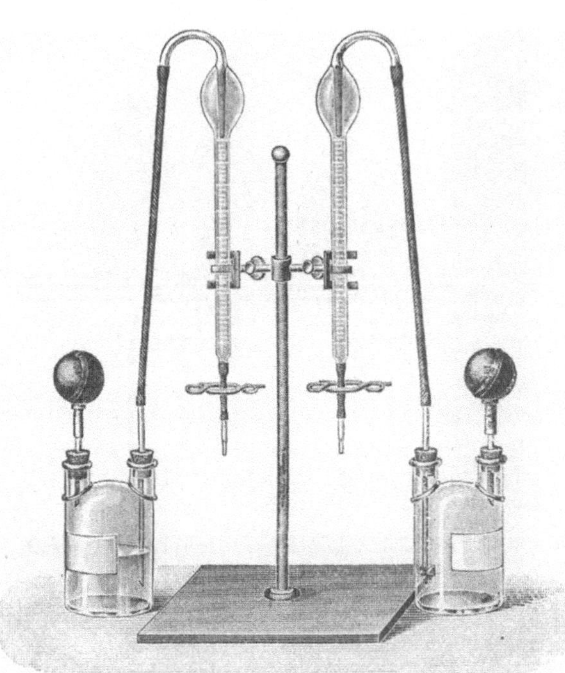

Bürettenpaar mit Selbsteinstellung für Säure und Lauge.

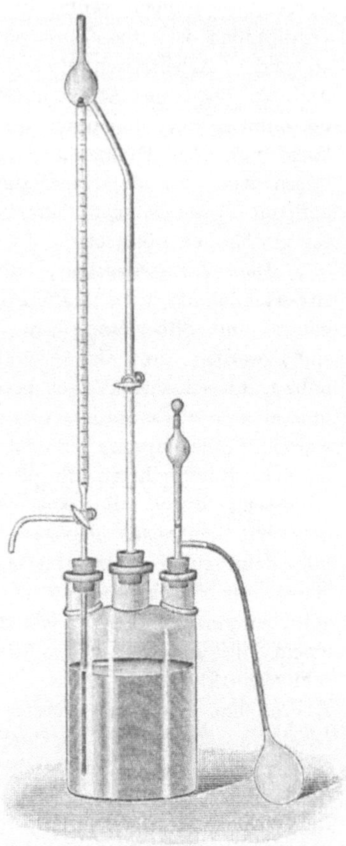

Bürette mit Selbsteinstellung für Flüssigkeiten, die nicht mit Kautschuk in Berührung kommen dürfen.

rohr nach Öffnen des Quetschhahnes in die Vorratsflasche zurück, indem sich die Flüssigkeit in der Bürette von selbst auf Null einstellt.

Bestimmung des spezifischen Gewichtes.

Unter „spezifischem Gewicht"[1]) von festen und flüssigen Körpern versteht man das Verhältnis seines Gewichtes zu dem Gewicht eines gleichen Volumens Wasser von 4° C oder die Zahl, die angibt, wievielmal ein Körper schwerer ist als ein gleiches Volumen Wasser von 4°. Die spez. Gewichte der Körper geben also das Verhältnis der absoluten Gewichte gleicher Volumen derselben an. Man wählt Wasser von 4° als Einheitsgröße, weil es bei dieser Temperatur die größte Dichte besitzt und bei dieser Temperatur, nach dem Urkilogramm be-

---

[1]) Statt „spezifisches Gewicht" sagt man auch wohl „Dichte"; beide Ausdrücke sind aber nicht gleich. Unter „Dichte" versteht man das Verhältnis der Masse eines Körpers zu seinem Volumen, während spez. Gewicht das Gewicht der Volumeinheit ist, also bei festen und flüssigen Körpern bezogen auf Wasser.

stimmt, 1 ccm Wasser 1 g wiegt — die Abweichung vom theoretischen Werte beträgt nur $0,05^0/_{00}$, nämlich $0,99995 \dfrac{g}{ccm}$ bzw. $1,00005 \dfrac{ccm}{g}$.

Bei Flüssigkeiten oder Körpern, die sich, wie z. B. die Fette, bei etwas höherer Temperatur schmelzen lassen, erhält man daher das spez. Gewicht einfach in der Weise, daß man das absolute Gewicht eines bestimmten Volumens derselben durch das absolute Gewicht desselben Volumens Wasser bei derselben Temperatur dividiert. Als Vergleichstemperatur wählt man die durchschnittliche Luft- bzw. Zimmertemperatur von $15°$ (oder auch $17,5°$ C).

Hierbei aber sollten tunlichst nur normal geeichte Gefäße angewendet werden, die nach dem Normal-Litergewicht, d. h. bei $15°$, reduziert auf Wasser von $4°$ als Einheit, justiert sind (vgl. auch unter Meßgefäße, S. 34). Dadurch erst werden die Ergebnisse der Untersuchungen unter sich voll vergleichbar. Denn die zur Bestimmung des spez. Gewichts dienenden geeichten Gefäße oder Pyknometer weisen nur folgende Fehlergrenzen auf:

Bei Inhalt von mehr als	0	10	25	50	75	100 ccm
bis einschließlich	10	25	50	75	100	150 ,,
	0,005	0,008	0,010	0,013	0,015	0,018 ccm.

Bei den geeichten Pyknometern ist der wahre Inhalt eingeätzt und sie gestatten, weil die Fehlergrenzen sehr eng gezogen sind, ein sehr genaues Arbeiten, ohne daß sie vor dem Gebrauch nachkontrolliert zu werden brauchen. Über die nach Mohr geeichten Gefäße vgl. vorstehend S. 35.

Zur Bestimmung des spez. Gewichtes fester und flüssiger Körper sind in den Laboratorien für angewandte Chemie verschiedene Verfahren in Gebrauch, von denen die gebräuchlichsten hier besprochen werden mögen.

1. Bestimmung des spezifischen Gewichtes fester Körper. Bei Ermittlung des spez. Gewichtes fester Körper ist zunächst zu berücksichtigen, daß sie von Wasser nicht angegriffen bzw. gelöst werden dürfen. Wenn dieses nicht der Fall ist, so erfährt man das spez. Gewicht derselben:

a) dadurch, daß man das Volumen einer bestimmten Gewichtsmenge ermittelt, indem man eine bestimmte abgewogene Menge in ein genau abgemessenes Volumen Wasser bringt und das von dieser Menge verdrängte Wasser wägt oder, da 1 ccm Wasser = 1 g (bei $4°$ C) ist, das bei derselben Temperatur von der Gewichtsmenge des festen Körpers verdrängte Wasser mißt. Ist g = Gewicht des festen Körpers, v = Volumen des verdrängten Wassers, so ist das spez. Gewicht $s = \dfrac{g}{v}$.

Sind z. B. 1040 g Kartoffeln abgewogen und verdrängen diese in dem weiter unten unter Kapitel „Kartoffeln" beschriebenen Stohmannschen Apparat 929 ccm Wasser, so ist ihr spez. Gewicht $\dfrac{1040}{929} = 1,119$.

Wenn aber der feste Körper von Wasser angegriffen wird, so läßt sich das spez. Gewicht gegenüber Wasser nicht direkt ermitteln. Man wählt dann irgendeine Flüssigkeit, gegen welche sich der Körper indifferent verhält, z. B. Alkohol, Petroläther, Solaröl, Terpentinöl usw., und bestimmt deren spez. Gewicht im Pyknometer; darauf ermittelt man die von einer bestimmten Gewichtsmenge des festen Körpers verdrängte Menge dieser indifferenten Flüssigkeit, berechnet daraus das spez. Gewicht des festen Körpers gegenüber dieser Flüssigkeit und erhält das spez. Gewicht desselben gegen Wasser als Einheit (bei der Versuchstemperatur), wenn man das spez. Gewicht gegen die indifferente Flüssigkeit mit dem spez. Gewicht der letzteren gegen Wasser multipliziert.

Ist z. B. das spez. Gewicht von Weizenkörnern in einem Öle bei $15°$ C bestimmt und zu 1,523 gefunden, das des Öles gegen Wasser bei $15°$ C dagegen zu 0,915, so ist das spez. Gewicht der Weizenkörner gegen Wasser von $15°$ C = $1,523 \times 0,915 = 1,3935$.

Für weniger genaue Bestimmungen kann man sich auch eines der vielen, z. B. des Beck-Schumannschen Volumeters (Fig. 46) bedienen, indem man das von einer bestimmten Gewichtsmenge des festen Körpers verdrängte Volumen der indifferenten Flüssigkeit ermittelt.

Das Beck-Schumannsche Volumenometer besteht aus einem 100—150 ccm fassenden Kölbchen a, in welches mittels eines Glasschliffes ein 50 ccm fassendes in $^1/_{10}$ ccm geteiltes Glasrohr (b) eingesetzt ist, das durch eine Klemme c fest in das Kölbchen gepreßt und welches bis zum Nullpunkt (oder auch bis etwa 1,5 ccm) mit Öl usw. gefüllt wird; darauf bringt man durch den Trichter e in das eingeteilte Rohr bzw. Kölbchen nach und nach 50—100 g des festen Körpers, schüttelt,

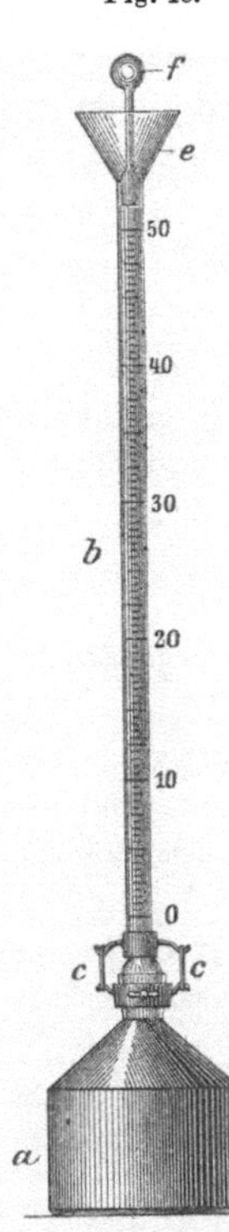

Fig. 46.

Volumenometer nach Beck-Schumann.

um die Luft vollständig auszutreiben, den Apparat vorsichtig, verschließt mit dem Stöpsel f und wartet, bis die eingefüllte Substanz sich so weit abgesetzt hat, daß der Flüssigkeitsstand genau abgelesen werden kann. Man erfährt auf diese Weise in der verdrängten Anzahl von Kubikzentimetern das Volumen des Körpers; man hat daher nur mit dieser Zahl in das Gewicht zu dividieren, um das spez. Gewicht zu erhalten. Hierbei muß natürlich darauf geachtet werden, daß die ganze Menge der festen Substanz in die Flüssigkeit (Öl usw.) gelangt; man erreicht das entweder durch wiederholtes Aufstoßen des Gefäßes auf eine weiche Unterlage oder nach Aufsetzen des Pfropfens durch Neigen des Apparates und Abspülen der an der Wandung des Rohres b haftenden festen Teile mit der Flüssigkeit. Hat letztere bei Anwendung von 100 g Substanz nicht genau auf 0, sondern 1,5 ccm gestanden und steht die Flüssigkeit nach dem Versuch auf 33,1, so ist das von 100 g Substanz verdrängte Volumen 33,1 — 1,5 = 31,6 ccm und daher das spez. Gewicht 100 : 31,6 = 3,16.

Derartige Volumenometer sind in verschiedener Anordnung in Gebrauch; dem vorstehenden gleichen das ursprüngliche von Schumann, das von Suchier-Schumann, Michaelis u. a.; die von Erdmenger-Mann, Meyer-Malstatt und Segen beruhen auf demselben Grundsatz, sind aber verwickelter eingerichtet, indem die Steigeröhre und das Einfüllgefäß voneinander getrennt sind.

Siats hat (D. R. G. M. 347 750) einen entsprechend größeren Apparat von $3^1/_2$ l Inhalt auch zur Bestimmung des spez. Gew. der Kartoffeln vorgeschlagen.

b) Das andere Verfahren zur Bestimmung des spez. Gewichtes fester Körper beruht auf dem Archimedischen Prinzip, nach welchem jeder Körper beim Wägen unter Wasser so viel von seinem Gewicht verliert, als das Volumen der von ihm verdrängten Flüssigkeit beträgt. Da nach dem metrischen Gewichtssystem 1 ccm Wasser = 1 g ist, so erfährt man aus dem Gewichtsverlust einer bestimmten Gewichtsmenge eines Körpers unter Wasser in Grammen sein Volumen direkt in Kubikzentimetern.

Man ermittelt für den Zweck das Gewicht des leeren und trockenen und des mit Wasser, z. B. bei 15° C gefüllten Pyknometers, entleert und trocknet dasselbe, füllt etwa zur Hälfte mit dem festen und in Wasser unlöslichen Körper, darauf ganz mit Wasser von derselben Temperatur und wägt abermals.

Hat man z. B. gefunden:

1. 14,382 g Gewicht des leeren und trockenen Pyknometers,
2. 25,627 g   „   des mit Wasser von 15° C gefüllten Pyknometers,
3. 34,603 g   „   des (wieder getrockneten) Pyknometers mit festem Körper (z. B. Mineralpulver),
4. 38,475 g   „   des Pyknometers mit Mineralpulver und ganz angefüllt mit Wasser von 15°,
so beträgt:

Absolutes Gewicht des angewendeten Mineralpulvers Nr. 3—1 = 34,603 — 14,382 = 20,221 g;

Gewicht des das leere Pyknometer füllenden Wassers Nr. 2—1 = 25,627 — 14,382 = 11,245 g;

Gewicht des das teilweise mit Mineralpulver gefüllte Pyknometer füllenden Wassers

Nr. 4—3 = 38,775 — 34,603 = 4,179 g.

Das Mineralpulver erfüllt somit einen Raum von $11{,}245 - 4{,}172 = 7{,}073$, also ist sein

spez. Gewicht $s = \dfrac{G}{v} = \dfrac{20{,}221}{7{,}073} = 2{,}858$ bei 15°.

Oder man bedient sich für den Zweck der hydrostatischen Wage, welche auf der einen Seite zwei übereinander befindliche Schalen (oder Drahtkörbe, z. B. für die sog. Kartoffelwage) hat, von denen die untere Schale in ein Gefäß mit Wasser taucht. Man bringt zunächst in die obere Schale oder den Drahtkorb eine größere Menge bzw. Anzahl Stück des auf spez. Gewicht zu untersuchenden Körpers und ermittelt, während die untere leere Schale in das Wasser des Gefäßes eintaucht, das absolute Gewicht desselben in der Luft; darauf legt man die ganze abgewogene Masse auf die untere Schale bzw. in den Drahtkorb unter Wasser und ermittelt wieder das Gewicht.

Angenommen eine Anzahl Kartoffeln wiegen in der oberen Schale (in der Luft) 1037 g, in der unteren Schale unter Wasser dagegen nur 115 g, so haben sie an Gewicht verloren $1037 - 115 = 922$ g $= 922$ ccm, welches ihr Volumen ist; also beträgt ihr spez. Gewicht $s = \dfrac{G}{v} = \dfrac{1037}{922} = 1{,}124$.

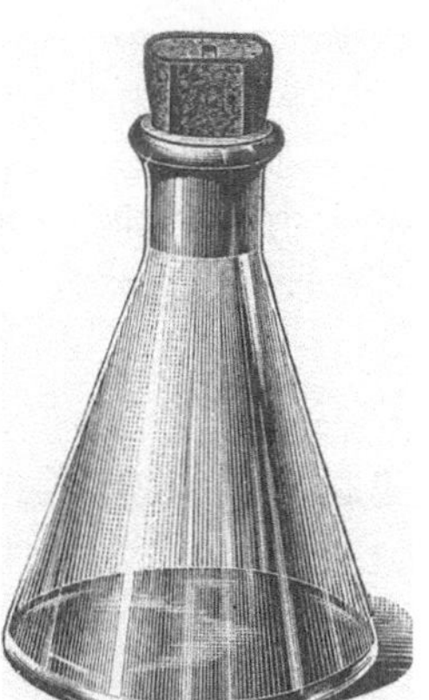

Fig. 47.

Pyknometer.

2. Bestimmung des spezifischen Gewichtes von Flüssigkeiten.

a) Mittels des Pyknometers. Für die Bestimmung des spez. Gewichts einer Flüssigkeit ist ein Pyknometer von beistehender Form und etwa 30—50 ccm Inhalt sehr geeignet. Zuerst bestimmt man den genauen Rauminhalt desselben, indem man zuvor die Tara des trockenen Kolbens feststellt, alsdann vollständig mit destilliertem Wasser von 15° (bzw. $17{,}5^\circ$) füllt, das überschüssige Wasser durch die feine Kapillarröhre des eingeschliffenen Glasstopfens austreten läßt und, nachdem man möglichst schnell das Kölbchen durch Abputzen mittels Fließpapiers von anhaftender Feuchtigkeit gereinigt hat, wieder wägt.

Nach Füllung des Kölbchens mit der Flüssigkeit, die auf 15° (bzw. $17{,}5^\circ$) temperiert sein muß, erhält man durch abermaliges Wägen das Gewicht der gleichen Raummenge Flüssigkeit, worauf man durch einfache Division des Gewichts der letzteren durch das des Wassers das spez. Gewicht der Flüssigkeit erfährt.

Für gewöhnlich stellt man mit der Flüssigkeit vollgefüllte Pyknometer in einen mit 15° (bzw. $17{,}5^\circ$) warmem Wasser gefüllten Behälter, beläßt es darin, bis sein Inhalt die Temperatur des Wassers angenommen hat, fügt den Stopfen mit Kapillarrohr so ein, daß keine Luftblase eingeschlossen bleibt, wischt anhängendes Wasser und die aus dem Innern ausgetretene Flüssigkeit rasch ab und wägt. Infolge der Berührung mit der Hand und der höheren Temperatur im Wägeraum dehnt sich der Inhalt des Pyknometers aus, und tritt unter Umständen etwas Flüssigkeit aus dem Kapillarrohr. Das bedingt keinen Fehler, wenn die Flüssigkeit nicht verdunstet und dafür Sorge getragen wird, daß die austretende Flüssigkeit nicht abfließen kann, sondern mit gewogen wird. Das erreicht man am einfachsten in der Weise, daß der Stopfen etwas verlängert und die mit einer entsprechenden Marke versehene Kapillare in ein etwas weiteres Röhrchen übergeführt wird, welches die austretende Flüssigkeit ohne Verluste aufzunehmen imstande ist. Die in den Pyknometern selbst angebrachten Thermometer lassen zwar eine genauere Feststellung der Temperatur zu, wirken aber störend beim Wägen.

Für die Bestimmung des spez. Gewichts von alkoholischen und ähnlichen Flüssigkeiten kann man sich auch der für die Weinuntersuchung vorgeschriebenen Pyknometer bedienen und diesen durch eine zweckmäßige Millimetereinteilung am Halse (nach Auberg) eine vielseitigere Anwendungsweise erteilen (Fig. 48 u. 49, S. 44). Um die Flüssigkeit genau auf 0,5 mm einstellen zu können, darf die Weite des oberen Rohres nur 3,6 mm betragen. Bei dieser

Weite lassen sich die Pyknometer mit Hilfe eines feinen Trichterchens noch bequem füllen und leeren. Zur Eichung füllt man das Pyknometer mit 50 ccm Wasser von genau 15° und bringt an dem Stand im Halse eine Marke an, oder man stellt in ein Temperierbad und bringt die Marke für eine andere bestimmte Temperatur an. Das kann man aber umgehen, wenn

Fig. 48.   Fig. 49.

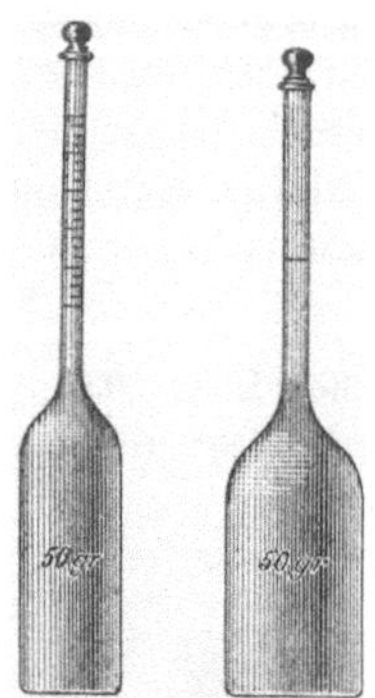

Pyknometer nach
Auberg.

der Hals des Pyknometers in Millimeter eingeteilt ist. Man kann dann einfach den Stand der Flüssigkeit von 50 g Gewicht bei irgendeiner Temperatur, für welche man zu eichen wünscht, ablesen und vermerken. Die Teilung ermöglicht es aber auch, für irgendeine Flüssigkeit das Volumen, welches 50 g destilliertes Wasser einnehmen, bei beliebigen, aber nicht zu weit auseinanderliegenden Temperaturen abzulesen und für jeden Grad Temperatur ± 15 die Volumänderung festzustellen[1]).

Reischauer-Göckel haben diese Art Pyknometer für Flüssigkeiten, die leichter als Wasser sind, mit einem Glasfuß versehen, damit ein Stehen im Wasser des Temperierbades gewährleistet wird.

Eine andere genaue Vorrichtung zur Bestimmung des spez. Gewichts von Flüssigkeiten ist von Sprengel[2]) (Fig. 50) angegeben. Sie besteht aus einem U-förmigen Rohr, dessen weite Schenkel etwa 17 cm lang sind, 11 mm Durchmesser haben und in dieser Größe etwa 20 ccm fassen. Die offenen Enden des U-Rohres laufen nach beiden Seiten in zwei rechtwinklig gebogene Haarröhrchen aus. Diese haben aber verschiedene Weiten. Das kürzere Haarröhrchen a ist gegen das Ende hin bedeutend enger als das längere b,

Fig. 50.

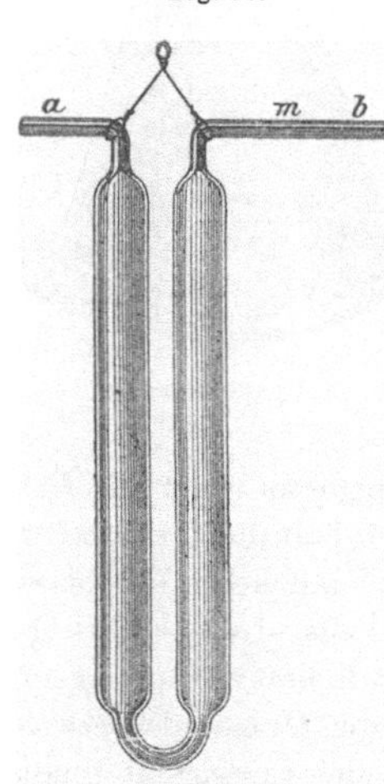

Pyknometer nach
Sprengel.

dessen Weite 0,5 mm beträgt. Letzteres hat in der Mitte bei m eine Marke; zwischen dieser und dem Ende des kürzeren Röhrchens ist die zu wägende Flüssigkeit eingeschlossen. Um letztere einzufüllen, verbindet man das kurze Haarröhrchen a durch Gummischlauch mit einem kugelförmig aufgeblasenen Röhrchen und an diesem wird gesaugt, indem das längere Röhrchen in die zu untersuchende Flüssigkeit getaucht wird. Ist die Temperatur der Flüssigkeit höher als 15° (bzw. die Eichtemperatur), so füllt man in das längere Röhrchen a etwas mehr Flüssigkeit, als die Marke m reicht. Dann hängt man das U-Rohr in ein Wasserbad von 15° und kühlt genügend lange ab, was meistens in 10—15 Minuten geschehen ist. Befindet sich in dem längeren Röhrchen b die Flüssigkeit noch außerhalb der Marke m, so kann der Überschuß mittels eines spitz zugeschnittenen Papierstreifchens am Ende des engeren Röhrchens a leicht bis zur Marke angesaugt werden. Man trocknet dann den Apparat äußerlich schnell ab und wägt. Reicht die Flüssigkeit nach dem Kühlen nicht bis zur Marke, so bringt man einen Tropfen der Flüssigkeit in das weite Röhrchen b, der durch Kapillarkraft leicht angesaugt wird und bis zur Marke auffüllt.

Für zähflüssige Stoffe (wie Öle, Schmieröle, Sirupe, Melasse usw.) kann man sich auch zweckmäßig des Pyknometers von C. Scheibler (Fig. 51) bedienen. Die mit zwei Hähnen (a und b) verschließbare längliche Glasbirne trägt auf beiden Seiten auf-

---

[1]) Bei der Reduktion des Volumens auf 15° ist zu berücksichtigen, daß für Mischflüssigkeiten, besonders alkoholische, die Ausdehnung je nach dem Gehalt an den Mischbestandteilen (z. B. Alkohol) verschieden ist und Fehler bedingen kann. Man erhält daher für solche Fälle nur richtige Werte, wenn die Gehalte von dem einen Bestandteile, hier Alkohol, nicht weit voneinander liegen.

[2]) Zeitschr. f. analyt. Chem. 1874, **13**, 162.

[3]) Berichte der Deutschen chem. Gesellschaft 1891, **24**, 357.

geschliffene Verlängerungsröhrchen. Der Inhalt der Birne für die Normaltemperatur umfaßt das zwischen den Hähnen eingeschlossene und das in den Durchbohrungen der Hähne befindliche Wasser. Zur Füllung des Pyknometers setzt man die beiden Verlängerungsstücke an, öffnet beide Hähne, taucht den unteren Teil genügend tief in die Flüssigkeit und saugt diese mittels des Mundes oder der Saugpumpe von unten auf ein, bis sie über den Hahn a gestiegen ist. — Auf diese Weise wird das Eindringen von Luftblasen vermieden. — Nach dem Füllen über a hinaus schließt man den Hahn b, nimmt das untere Verbindungsstück ab, taucht den ganzen Apparat in ein Gefäß mit Wasser von der gewünschten Temperatur und beläßt darin so lange, bis man sicher sein kann, daß die eingefüllte Flüssigkeit dieselbe Temperatur angenommen hat. Darauf schließt man auch den Hahn a, nimmt die obere Verlängerungsröhre ab, reinigt die beiden Rohrstutzen — je nach der Natur der Flüssigkeit mit Äther, Alkohol oder Wasser —, trocknet den Apparat und wägt ihn, indem man ihn mittels eines an einem der Glashähne befestigten Drahtes an die Wage hängt. Um den Apparat aber auch auf die Wagschale legen zu können, wird die Glasbirne an einer Seite auch flach und ferner in allen gewünschten Größen hergestellt.

Fig. 51.

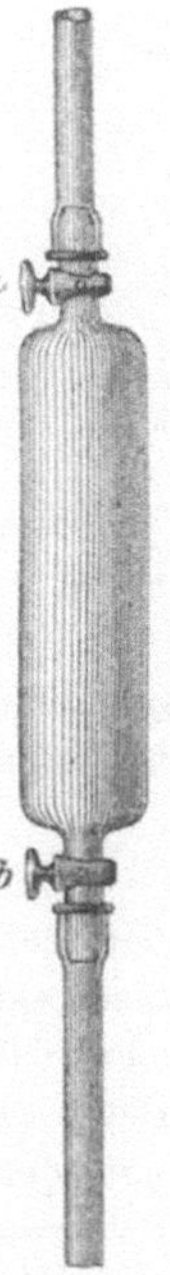

J. W. Brühl[1]) hat zur Bestimmung des spez. Gewichts von zähflüssigen Substanzen ebenfalls ein besonderes Pyknometer angegeben, welches aber vor dem Scheiblerschen keine Vorzüge besitzen dürfte.

R. Leimbach[2]) hat Pyknometer in zwei Formen eingerichtet, die eine größere mit eintauchendem Thermometer, die andere ohne ein solches für sehr geringe Flüssigkeitsmengen von 1—2 ccm (Fig. 52). Da diese Art Pyknometer aber in jeder anderen Größe angefertigt werden können und für manche Flüssigkeiten gewisse Vorzüge besitzen, so mögen sie hier ebenfalls Platz finden. Das Pyknometer besteht aus einem U-förmigen Rohr, dessen beide Schenkel nahe an den Enden mit einfach durchbohrten Hähnen versehen sind. Für den Gebrauch werden beide Hähne geöffnet und die Flüssigkeit wird bis etwas über die Hähne eingefüllt. Darauf schließt man Hahn a, entfernt mittels Filtrierpapiers, wenn nötig unter Mitverwendung von etwas Lösungsmittel (Wasser oder Alkohol oder Äther), das trichterförmige Gefäß über a und stellt den Apparat dann in ein Wasserbad von gewünschter Temperatur. Nachdem das Gefäß nebst Inhalt die gewünschte Temperatur angenommen hat, schließt man Hahn b, hebt das Gefäß aus dem Wasserbade und entfernt aus dem trichterförmigen Aufsatz über b die noch vorhandene überschüssige Flüssigkeit, indem man gleichzeitig Hahn a öffnet, um der eingeschlossenen Flüssigkeit von der vorgeschriebenen Temperatur freien Spielraum zu gewähren. Darauf trocknet man das Gefäß auch äußerlich vollständig ab und wägt. Wenn die auf spez. Gewicht zu untersuchende Flüssigkeit leicht flüchtig ist, so kann die Trichteröffnung über a während der Reinigung und bis zur Wägung mit einem Kork- oder Gummipfropfen verschlossen gehalten werden.

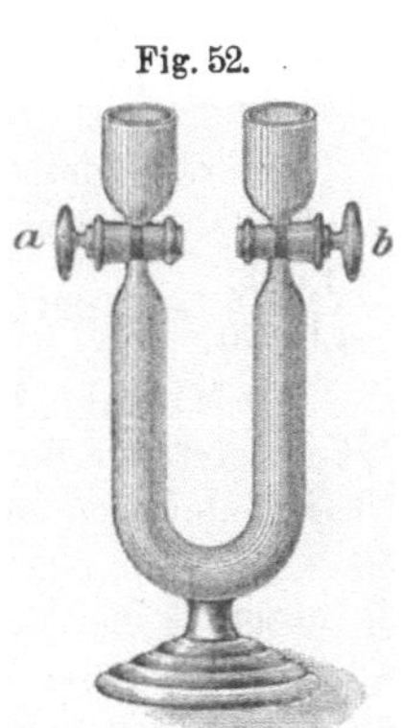

Fig. 52.

Pyknometer nach
Leimbach.

Pyknometer
nach
Scheibler.

Man hat auch diese und andere Pyknometer mit eingeschliffenem Thermometer eingerichtet; indes lassen sich diese weniger genau eichen und einstellen; auch bieten sie, wenn das Thermometer genau ist und hoch herausragt, beim Wägen Schwierigkeiten, weshalb ich von der Aufführung dieser Pyknometer Abstand genommen habe.

[1]) Berichte d. Deutschen chem. Gesellschaft 1891, **24**, 182.
[2]) Journ. f. prakt. Chem. 1902 [N. F.], **66**, 475.

Je mehr Flüssigkeit zur Bestimmung des spez. Gewichts angewendet wird, um so genauer werden selbstverständlich die Ergebnisse. Will man aber Mengen von 50 bzw. 100 g anwenden, so müssen die leeren Glasbehälter tunlichst leicht angefertigt werden, damit die Wagen nicht zu stark belastet werden.

Will man die bei verschiedenen Temperaturen gefundenen Ergebnisse vergleichbar machen, indem man jede Angabe auf das spez. Gewicht des Wassers bei 0° als Einheit reduziert, so hat man die zuerst gefundene Zahl einfach mit dem spez. Gewicht des Wassers für die Beobachtungstemperatur (das bei 0° = 1 gesetzt) zu multiplizieren oder, da das spez. Gewicht der meisten Körper dem Volumen umgekehrt proportional ist, durch das Volumen des Wassers für die Beobachtungstemperatur zu dividieren. Für letzteres hat Kopp — das Volumen bei 0° = 1 gesetzt — für verschiedene Temperaturen folgende Zahlen berechnet:

Tempe-ratur	Volumen des Wassers (bei 0° = 1)	Tempe-ratur	Volumen des Wassers (bei 0° = 1)	Tempe-ratur	Volumen des Wassers (bei 0° = 1)
0	1,00000	17	1,00101	60	1,01659
4	0,99988	20	1,00157	70	1,02225
6	0,99990	25	1,00271	80	1,02858
9	1,00005	30	1,00406	90	1,03540
10	1,00012	35	1,00570	100	1,04299
12	1,00031	40	1,00753		
15	1,00070	50	1,01177		

Ist z. B. das spez. Gewicht einer Flüssigkeit bei 15° zu 1,0298 gegen das von Wasser bei 15° als Einheit gefunden, so ist es bei 15° gegen das von Wasser bei 0° als Einheit

$$= \frac{1,0298}{1,00070} = 1,0291 \, .$$

b) Mittels Flüssigkeits- und Senkwagen oder Aräometer. Außer dem Pyknometer zur Bestimmung des spez. Gewichts von Flüssigkeiten wendet man auch sog. Flüssigkeitswagen an, die wie die hydrostatische Wage auf dem Grundsatz beruhen, daß ein Körper, in eine Flüssigkeit tauchend, von seinem Gewicht gerade so viel verliert, als ein gleich großes Volumen der Flüssigkeit wiegt. Die Gewichtsverluste, welche ein und derselbe Körper beim Wägen in zwei verschiedenen Flüssigkeiten zeigt, drücken also die Gewichte gleicher Volumina dieser Flüssigkeit aus und stehen im Verhältnis der spez. Gewichte derselben.

Wiegt z. B. ein Glaskörper in der Luft 13,895 g, in Wasser tauchend 9,724 g, in Öl tauchend

10,225 g, so ist das spez. Gewicht des Öles $= \dfrac{13,895 - 10,225}{13,895 - 9,724} = \dfrac{3,670}{4,171} = 0,880 \, .$

Auf diesem Grundsatz beruhen die Mohr-, Westphalsche und ähnliche Flüssigkeitswagen, welche so eingestellt sind, daß ein Glaskörper in Wasser von z. B. 15° tauchend, durch ein bestimmtes Gewichtsstück am Endpunkt eines in 10 Teile geteilten Wagebalkens genau ins Gleichgewicht gebracht wird; hat die zu untersuchende Flüssigkeit ein geringeres spez. Gewicht als Wasser, so muß dieses Gewichtsstück um einen entsprechenden Teil des Wagebalkens nach dem Nullpunkte verrückt werden; ist das spez. Gewicht der Flüssigkeit größer als das des Wassers (= 1), so muß das Gewichtsstück um eine entsprechende Menge vermehrt werden. — Die am meisten verbreitete Westphalsche Wage hat z. B. folgende Einrichtung.

Westphalsche Wage.

Dieselbe besteht:

1. aus dem Stativ mit hohlem Leitungsrohr L und mit rundem Fuß F, welchem letzteren zum horizontalen Einstellen der Wage eine Schraube eingesetzt ist. Das Leitungs-

rohr L ist hohl und kann der Wagebalken durch die Schraube P hoch und niedrig eingestellt werden;

2. aus dem auf der Achse H ruhenden Wagebalken mit den auf der rechten Seite versehenen Einschnitten und den Zahlen 1—10, in welche die Reiter gehängt werden. Auf der anderen Seite befindet sich in derselben Horizontale eine Spitze J, die als Nullpunkt für die Einstellung des Balkens beim Wägen dient;

3. aus dem an einem Platindraht m und n hängenden Schwimmer oder Senkkörper, welcher ein kleines Thermometer von 40 mm Länge und 5 mm Durchmesser ist und eine Marke für die Normaltemperatur 15° enthält;

4. aus mehreren verschieden großen Gewichten in Form von Reitern, von denen die drei größten A, A^1, A^2 untereinander dem Gewicht des vom Senkkörper verdrängten destillierten Wassers bei 15° gleich, die anderen kleineren um das 10 fache jedesmal geringer sind, als das nächst vorherhergehende größere, also $B = 0,1$ von A, $C = 0,01$ von A usw. Das Gewicht A^2 ist mit einer Öse versehen und wird nur bei Flüssigkeiten mit höherem spez. Gewichte als 1,0 verwendet; wenn man es in den Haken hängt, so hat man das spez. Gewicht $= 1,0$. Die anderen Gewichtsstücke haben eine Schärfe, um mit dieser auf den tiefsten Punkt der Kerben gehängt werden zu können; ferner an den Enden Haken, damit sie sich bei wiederkehrenden Dezimalen (z. B. 0,8877) aneinander hängen lassen. Fig. 53 gibt die spez. Gewichte bei verschiedener Lage der Reiter an. Es kann noch die vierte Dezimalstelle ermittelt werden;

5. aus einem Zylinder von 80 ccm Inhalt.

Fig. 53.

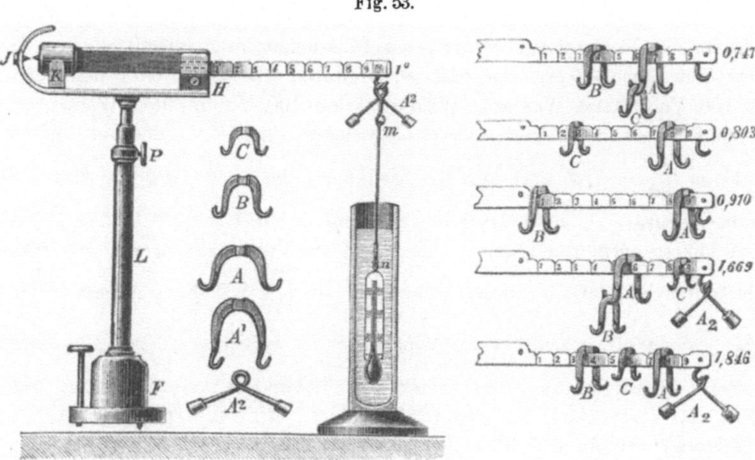

Westphalsche Wage.

Zur Benutzung der Wage wird der Wagebalken in das Stativ gelegt, die Thermometerspindel in den Haken des Balkens hineingehängt und durch die Schraube des Fußes die Wage genau horizontal eingestellt.

Man senkt darauf die Spindel in die auf 15° temperierte Flüssigkeit so weit ein, daß bei horizontaler Lage des Wagebalkens die über der Spindel befindliche Öse nebst dem unten umgeschlagenen Platindraht eben noch in die Flüssigkeit eintaucht. Der Punkt, bis zu welchem der Platindraht eintauchen soll, ist nötigenfalls durch vorheriges Einstellen in destilliertes Wasser von 15° so zu ermitteln, daß durch Einhängen des Gewichtes A² (Fig. 53) genau Gleichgewicht hergestellt wird. Die Einstellung wird durch die Schraube P bewirkt. Hängt die Spindel so bis zur nötigen Tiefe in einer Flüssigkeit, welche leichter als Wasser ist, so setzt man in die Einschnitte des Wagebalkens auf der rechten Seite so viel von den Gewichten A, B usw. auf, bis der Wagebalken wieder in die horizontale Lage gebracht ist, d. h. auf den Nullpunkt J einspielt. Der größte Reiter A bedeutet hierbei die erste Dezimalstelle. Bei Flüssigkeiten, die schwerer sind als Wasser, wird der mit einer Öse versehene große Reiter A^2 in den vorderen Haken des Wagebalkens eingehängt.

Um die Richtigkeit der Gewichtsstücke A^2, A^1 und A zu prüfen, stellt man wie in Fig. 53 durch Einhängen von A^2 in destilliertes Wasser von 15° Gleichgewicht her und versucht in derselben Weise, ob das Gleichgewicht durch Vertauschen von A^2 mit A^1 und A bestehen bleibt.

Um die Richtigkeit der Teilung zu prüfen, hängt man weiter A_1 auf 9, A auf 1 oder A auf 7, A^1 auf 3 oder beide auf 5 usw.; in allen Fällen durch Kombination beider Reiter zu 10 muß bei richtiger Einteilung das Gleichgewicht bestehen bleiben.

In ähnlicher Weise prüft man die Richtigkeit der Gewichtsstücke B und C, nämlich ob $B = 1/_{10} A$ und $C = 1/_{10} B$ ist. Man hängt A auf 9 und B auf 10, wodurch Gleichgewicht hergestellt werden muß, wenn vorher durch A auf 10 Gleichgewicht war; dasselbe muß bei Richtigkeit der Gewichtsstücke (der Reiter) der Fall sein, wenn man A und B auf 9 und C auf 10 hängt usw.

Noch schneller, aber weniger genau erfährt man das spez. Gewicht von Flüssigkeiten durch die Senkwagen oder Skalen-Aräometer, oder Densimeter oder Volumeter genannt, bei welchen man das spez. Gewicht der Flüssigkeit direkt an der oberen Skala ablesen kann. Die Skalen-Aräometer sind unten zu Kugeln oder Zylindern erweiterte, oben im Skalenteil zu einem dünnen Röhrchen sich verengende hohle Glaszylinder, welche bei rationeller Einrichtung, wie das Gay-Lussacsche Volumeter, mit Quecksilber oder Blei so beschwert sind, daß sie z. B. in Wasser von 15° bis zu dem Teilstrich 100 (= 1) schwimmend einsinken; dann ist das Gewicht des von 100 Volumteilen verdrängten Wassers gleich dem Gewicht des Rohres samt dem Quecksilber oder Bleischrot. Sinkt das Zylinderrohr in einer anderen Flüssigkeit schwimmend bis zu dem Teilstrich 80 ein, so zeigt dieses, daß das Gewicht der von 80 Volumteilen verdrängten Flüssigkeit auch gleich ist dem Gewicht des Rohres samt dem Quecksilber, oder daß 80 Volumteile der letzteren Flüssigkeit ebensoviel wiegen wie 100 Volumteile Wasser. Wird das von 100 Volumteilen Wasser = 1 gesetzt, so ist das von 80 Volumteilen der anderen Flüssigkeit auch = 1, das von 100 Volumteilen derselben also $= \dfrac{100}{80} = 1{,}25$ und letztere Zahl auch das spez. Gewicht dieser Flüssigkeit. Sinkt derselbe Apparat, bei unverändertem Gewicht, in einer anderen Flüssigkeit bis zu dem Teilstrich 120 ein, so wiegen von dieser Flüssigkeit 120 Volumteile so viel wie 100 Volumteile Wasser, oder das spez. Gewicht dieser Flüssigkeit ist $\dfrac{100}{120} = 0{,}833$. Allgemein ist das spez. Gewicht einer Flüssigkeit, in welcher der Apparat bis zu der Stelle y der Skala einsinkt $= \dfrac{100}{y}$.

Auf solche Weise hat man Aräometer für Flüssigkeiten von höherem und niederem spez. Gewicht als Wasser = 1; bei ersteren findet sich der Nullpunkt oder 1,00 am oberen Ende, bei letzteren am unteren Ende der Skala der Spindel.

Neben diesen zur Ermittlung des spez. Gewichts allgemein anwendbaren Skalen-Aräometern hat man für besondere Flüssigkeiten Prozent-Aräometer, deren Skala sogleich den gesuchten Prozentgehalt an dem gelösten Körper angibt. Denn bei Auflösungen eines Körpers in Wasser, oder bei Mischungen von einer Flüssigkeit mit Wasser, z. B. von Alkohol mit Wasser, steht die Menge des aufgelösten Körpers bzw. die Größe der Mischung einer Flüssigkeit mit Wasser in einem bestimmten Verhältnis zum spez. Gewicht und kann aus letzterem auf Grund vorheriger Ermittelungen auf den Prozentgehalt geschlossen werden.

Man hat so besondere Alkoholometer für weingeistige Flüssigkeiten, Saccharometer für Zuckerlösungen, Mostwagen, Laktodensimeter für Milch und andere Prozent-Aräometer angefertigt, deren Anwendung bei den betreffenden Abschnitten noch besonders beschrieben wird.

Hier mag nur hervorgehoben werden, daß jedes Prozent-Aräometer nur für **eine** bestimmte **Temperatur** (Normaltemperatur) eingestellt ist und richtige Zahlen liefert. Es muß daher stets die Temperatur der Flüssigkeit mit berücksichtigt und bei Abweichungen von der Normaltemperatur eine entsprechende Korrektion angebracht werden, zu welchem Zweck an den Aräometern selbst durchweg Thermometer angebracht und ihnen Korrektionstabellen beigegeben sind.

Auch muß jedes Aräometer vor der Anwendung vollständig **rein** und **trocken** sein und langsam eingesenkt werden, damit es nicht über die Stelle hinaus, bis zu welcher eingetaucht es schwimmt, benetzt werde. Das Gefäß, welches die zu prüfende Flüssigkeit enthält, muß geräumig genug sein, dem Aräometer freie Bewegung zu gestatten, und klar genug, um den Einsenkungspunkt genau ablesen zu können.

Außer diesen Skalen-Aräometern von rationellem Einrichtungsprinzip sind noch einige andere in Gebrauch, welche mit einer mehr oder weniger willkürlichen, wenigstens mit rein **empirischer Skala** versehen sind; so die Aräometer von **Baumé** (in Deutschland), **Beck** (in der Schweiz), **Cartier** (in Frankreich) usw.

Bei dem von **Beck** in Bern konstruierten Aräometer ist der Punkt der Skala, bis zu welchem dasselbe in Wasser von 10° R = 12,5° C einsinkt, mit Null und der Punkt, bis zu welchem es in eine Flüssigkeit von 0,850 spez. Gewicht einsinkt, mit dem Teilstrich 30 versehen. Der Zwischenraum zwischen dem Punkt für Wasser und dem für die Flüssigkeit von 0,85 spez. Gewicht ist in 30 gleiche Teile geteilt, indem diese Teilstriche vom Nullpunkt aufwärts (für leichtere Flüssigkeiten) und abwärts (für schwerere Flüssigkeiten) auf die Skala aufgetragen sind.

Um diese Teilung auf spez. Gewicht zurückzuführen, ist zu beachten, daß das Volumen Wasser vom spez. Gewicht 1 100 Raumteilen entspricht, dagegen das Volumen einer Flüssigkeit von 0,85 spez. Gewicht $\frac{100}{0,85} = 117{,}64706$ Raumteilen. Der Raum von $117{,}64706 - 100 = 17{,}64706$ Volumteilen ist in 30 gleiche Teile zerlegt, also entspricht jeder Teilstrich einem Volumen von $\frac{17{,}64706}{30} = 0{,}5882353$ Raumteilen. Um also festzustellen, wie groß das Volumen von 100 Gewichtsteilen einer Flüssigkeit ist, welche n Grade **Beck** unter dem Nullpunkt anzeigt, ist das Produkt $n \times 0{,}5882353$ von 100 zu subtrahieren, dagegen bei spezifisch leichteren Flüssigkeiten, bei denen n Grade über dem Nullpunkt liegen, ist $n \times 0{,}5882353$ zu 100 hinzuzuaddieren, so daß das spez. Gewicht $s = \dfrac{100}{100 \pm n \cdot 0{,}5882353}$ ist. Es entspricht 1° **Becks** = 0,5882° der 100teiligen Volumeterskala von **Gay-Lussac**; 100 Teile der Volumeterskala (Aräometermodul) sind also hier in $\frac{100}{0,5882}$ Grade d. h. in 170 Teilstriche eingeteilt. Werden nun in einem Bruche so viel absolute Gewichtseinheiten zum Zähler genommen, als der Aräometermodul Grade besitzt, so werden die Volumina der verdrängten Flüssigkeit in direkte Beziehung zu den Aräometergraden gebracht. Es ergibt sich auf diese Weise für die **Beck**sche Skala folgende Beziehung zwischen dem spez. Gewicht und der beobachteten Anzahl Grade n: $s = \dfrac{170}{170 + n}$ und daraus $n = \dfrac{170(1-s)}{s}$ bei Flüssigkeiten, die leichter als Wasser und $n = \dfrac{170(s-1)}{s}$ für Flüssigkeiten, die schwerer als Wasser sind.

In Deutschland ist das Aräometer von **Baumé** sehr weit verbreitet; es besteht aus zwei Instrumenten, eines für Flüssigkeiten, welche leichter, und eines für solche, welche schwerer als Wasser sind. **Baumé** legte ursprünglich für beide verschiedene Kochsalzlösungen zugrunde, nämlich für ersteres 10 Teile Kochsalz in 90 Teilen Wasser, für letzteres 15 Teile Kochsalz in 85 Teilen Wasser. Seit längerer Zeit aber wird für beide Instrumente eine 10proz. Kochsalzlösung zu grunde gelegt und bei dem Instrument, welches für Flüssig-

keiten mit geringerem spez. Gewicht als Wasser bestimmt ist, wird der Punkt, bis zu welchem
das Aräometer in die 10proz. Kochsalzlösung einsinkt, mit Null; dagegen der Punkt,
bis zu welchem das Aräometer in Wasser einsinkt, mit 10 bezeichnet; der Zwischenraum
zwischen diesen beiden Punkten ist in 10 gleiche Teile geteilt und diese Teile sind weiter auf
der Skala eingetragen. An den für schwerere Flüssigkeiten bestimmten Aräometern ist der
Wasserpunkt = 0 und der Punkt für die 10proz. Kochsalzlösung = 10 gesetzt. Auch hier
ist der Zwischenraum in 10 gleiche Teile geteilt und diese Teilung abwärts weiter fortgesetzt.

Man hat daher bei den Bauméschen Aräometern zwischen dem für spezifisch leichtere
und dem für spezifisch schwerere Flüssigkeiten als Wasser zu unterscheiden. Auch ist darauf
zu achten, bei welcher Temperatur die Aräometer eingestellt sind; denn die Kochsalzlösung
besitzt je nach der Temperatur ein verschiedenes spez. Gewicht; so fand Gerlach das spez.
Gewicht der 10proz. Kochsalzlösung:

$$\text{bei } 12,5° \text{ C oder } 10° \text{ R} = 1,073596,$$
$$„ \ \ 15 \ \ °\text{ C } \ \ „ \ \ 12° \text{ R} = 1,073350,$$
$$„ \ \ 17 \ \ °\text{ C } \ \ „ \ \ 14° \text{ R} = 1,0731105.$$

Indem man diese Zahlen zugrunde legt und in ähnlicher Weise, wie bei dem Beckschen Aräometer, die Teilung des Aräometermoduls berechnet, ergeben sich folgende Beziehungen zwischen dem
spez. Gewicht s und den Graden n des Bauméschen Aräometers, nämlich:

a) für Flüssigkeiten schwerer als Wasser:

$$\text{bei } 12,5° \text{ C} \quad s = \frac{145,88}{145,88 - n} \quad \text{und} \quad n = \frac{145,88\,(s-1)}{s},$$

$$„ \ \ 15° \text{ C} \quad s = \frac{146,33}{146,33 - n} \quad „ \quad n = \frac{146,33\,(s-1)}{s},$$

$$„ \ \ 17,5° \text{ C} \quad s = \frac{146,78}{146,78 - n} \quad „ \quad n = \frac{146,78\,(s-1)}{s};$$

b) für Flüssigkeiten leichter als Wasser:

$$\text{bei } 12,5° \text{ C} \quad s = \frac{145,88}{135,88 + n} \quad \text{und} \quad n = \frac{145,88 - (135,88 \times s)}{s},$$

$$„ \ \ 15° \text{ C} \quad s = \frac{146,33}{136,33 + n} \quad „ \quad n = \frac{146,33 - (136,33 \times s)}{s},$$

$$„ \ \ 17,5° \text{ C} \quad s = \frac{146,78}{136,78 + n} \quad „ \quad n = \frac{146,78 - (136,78 \times s)}{s}.$$

Das in Frankreich gebräuchliche Aräometer von Cartier und das holländische Aräometer beruhen im wesentlichen auf demselben Prinzip wie das von Baumé; man kann sie
als willkürlich verschlechterte Baumésche Aräometer bezeichnen, welche uns in Deutschland nicht weiter interessieren.

Es mag aber noch erwähnt werden, daß für das 1866 von dem preußischen Ministerium
eingeführte Aräometer von Brix die Einrichtung getroffen ist, daß das spez. Gewicht
$s = \dfrac{400}{400 + n}$ ist; für das Saccharometer von Balling dagegen gilt die Formel $s = \dfrac{200}{200 + n}$.

Bestimmung des Schmelzpunktes[1]).

Die Bestimmung des Schmelzpunktes hat in der Nahrungsmittelchemie vorwiegend für
die Untersuchung der Fette eine Bedeutung und wird dort für diese noch weiter besprochen
werden. Für ihre Ausführung sind verschiedenartige Apparate angegeben worden, deren
wichtigste im folgenden beschrieben werden sollen.

---

[1]) Bearbeitet von Dr. A. Scholl, Abt.-Vorsteher d. landw. Versuchstation in Münster i. W.

Die zu prüfende Substanz wird zumeist in Capillarröhrchen von $^3/_4$—1 mm innerer Weite, welche an dem in das Heizbad eintauchenden Ende zugeschmolzen sind, eingeschlossen. Vielfach sind auch U-förmig gebogene, beiderseits offene Röhrchen in Gebrauch, in welche die Substanz in einer Schichthöhe von 1—2 mm bis fast zur Biegung eingeführt und dort mittels eines feinen Drahtes oder Glasfadens derart festgepreßt wird, daß sie die Wandung des Röhrchens möglichst innig und gleichmäßig berührt.

Als Badflüssigkeiten bedient man sich für niedrigere Temperaturen des Wassers, Glycerins oder der konzentrierten Schwefelsäure, für höhere Temperaturen des Paraffinöls oder des Diphenylamins. H. Seudder[1] empfiehlt eine Mischung von 7 Gewichtsteilen konzentrierter Schwefelsäure und 3 Gewichtsteilen Kaliumsulfat, welche bei gewöhnlicher Temperatur flüssig bleibt und oberhalb 325° siedet, oder eine Mischung von 6 Teilen konzentrierter Schwefelsäure mit 4 Teilen Kaliumsulfat, welche bei etwa 60° schmilzt und oberhalb 365° siedet. Für noch höhere Temperaturen kommt geschmolzenes Chlorzink oder Silber- und Kaliumnatriumnitrat in Anwendung.

Das zu verwendende Thermometer muß selbstverständlich genügend genau sein. Für feinere Schmelzpunktmessungen bedient man sich zweckmäßig eines abgekürzten, genau geeichten Thermometers, dessen Skala in $^1/_5$- oder $^1/_{10}$-Grade geteilt ist. Solche abgekürzten Thermometer werden auch in Sätzen von 4 oder 5 Stück geliefert, so daß man für jeden Temperaturgrad ein genaues Thermometer zur Verfügung hat. Die gewöhnlichen Thermometer zeigen zuweilen eine erhebliche thermische Nachwirkung, d. h. der Nullpunkt verschiebt sich, wenn das Instrument mehrmals auf höhere Temperaturen erhitzt worden ist. Zwar zeigen Jenaer Gläser diese Eigenschaft weniger als die gewöhnlichen Thüringer Sorten, indessen ist der Fehler erst ganz zu beheben durch Verwendung von zwei verschiedenen Glassorten bei der Herstellung des Quecksilbergefäßes. Das geschieht in der Weise, daß an dem Boden des letzteren in das Innere des Gefäßes hineinragend ein kleiner Stift einer zweiten Glassorte, welche besonders für diesen Zweck hergestellt wird, und dessen Volumen $^1/_9$—$^1/_8$ des Volumens des Gefäßes ist, angeschmolzen wird.

Die einfachste Anordnung eines Schmelzpunktapparates (Fig. 54) besteht aus einem Becherglase, welches die Heizflüssigkeit sowie einen Rührer aus Glas aufnimmt. Auch kann in dieses Becherglas ein anderes passendes eingehängt sein (Fig. 55), so daß die Erwärmung des inneren Bades gleichmäßiger und langsamer erfolgt.

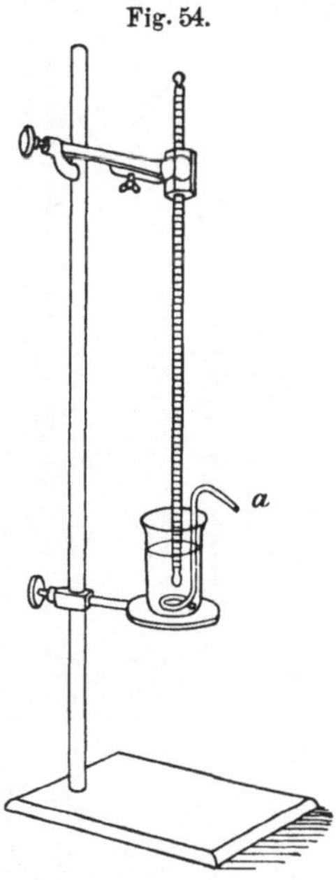

Fig. 54.

Einfache Vorrichtung für Schmelzpunktsbestimmung.

A. Bömer hat bei seinen zahlreichen Schmelzpunktbestimmungen gelegentlich der Ausarbeitung der Phytosterin- und Phytosterinacetat-Probe und bei der Reindarstellung der Glyceride aus natürlichen Fetten folgendes Verfahren dieser Art angewendet:

1. Zur Herstellung der Schmelzröhrchen[2] dienen sehr dünne Glasröhren (innerer Durchmesser 6 mm, Wandstärke 0,5 mm), die in Abständen von je etwa 1 cm zu Kapillaren von etwa 1 mm Dicke ausgezogen und in der Mitte der Kapillaren durchbrochen werden. Der jedesmal zwischen zwei derartigen Capillaren liegende, nicht ausgezogene Teil wird darauf mit einem Schreibdiamanten oder auch mit einer Glasfeile geritzt und durch Auflegen eines starken glühenden Platindrahtes auf diese Stelle in der Mitte durchgesprengt. Darauf erfaßt man das Röhrchen an dem stärkeren Ende und bringt die Mitte der Kapillare in eine Bunsenflamme, bis das freistehende dünnere Ende der Kapillare herabsinkt, das dann

---

[1] Journ. Amer. Chem. Soc. 1903, **25**, 161.
[2] Zeitschr. f. Untersuchung d. Nahrungs- u. Genußmittel 1898, **1**, 82.

dem dickeren Teile der Kapillare genähert wird. Auf diese Weise kann man sich leicht in kurzer Zeit eine größere Zahl gleichmäßig dicker Schmelzröhrchen von U-Form herstellen, die den Vorzug haben, daß man durch ihre trichterförmige Erweiterung leicht die zu untersuchende Substanz einfüllen kann. Liegen Krystalle oder sonstige feste Stoffe vor, so bringt man diese durch leises Aufklopfen der Schmelzröhrchen und unter Zuhilfenahme eines dünnen Platindrahtes leicht an die gewünschte Stelle der Kapillare. Von geschmolzenen Fetten bringt man ein Tröpfchen in die trichterförmige Erweiterung und stellt die Röhrchen kurze Zeit in einen Wasserdampftrockenschrank. Das geschmolzene Fett sammelt sich dann meistens von selbst alsbald in der Biegung des Röhrchens an, wo man es sodann erstarren läßt.

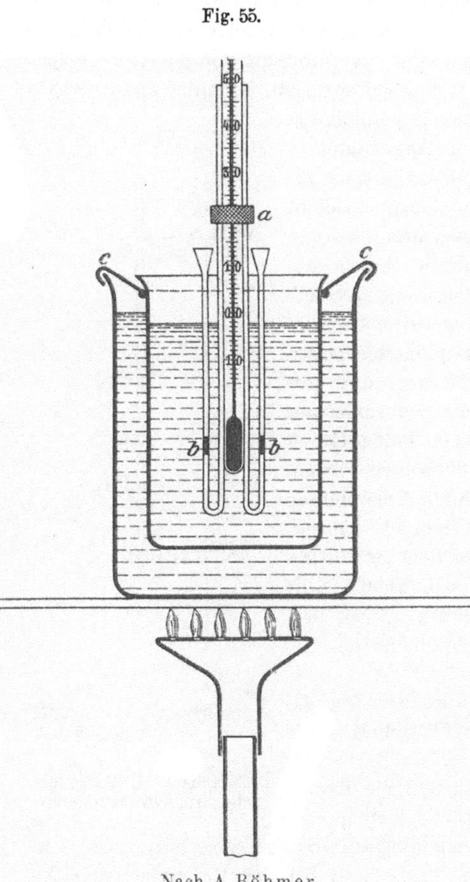

Fig. 55.

2. Ausführung der Schmelzpunktsbestimmung. Ein oder auch zwei derartig beschickte Schmelzröhrchen werden alsdann in der in Fig. 55 dargestellten Weise mittels eines kleinen Gummiringes (a) an dem Thermometer so befestigt, daß das kleine Substanzsäulchen (b) oder die in beiden Schenkeln des U-Rohres erstarrten Fettsäulchen (b) sich in der Mitte des Quecksilberkörpers des Thermometers befinden. Das Thermometer mit den Schmelzröhrchen hängt man an einem geeigneten Stativ beweglich auf und taucht es in ein Schwefelsäure- oder Paraffinbad, das aus zwei mittels eines Platin- oder Messingdrahtes c ineinandergehängten Bechergläsern (Fig. 55) besteht, von denen sowohl das kleinere innere wie der Zwischenraum zwischen diesem und dem größeren äußeren bis zu ungefähr gleicher Höhe mit der Heizflüssigkeit angefüllt sind. Die Erwärmung der Vorrichtung geschieht auf einer Asbestplatte; durch diese Anordnung sowie durch ständiges Rühren mittels des beweglich aufgehängten Thermometers mit den Schmelzröhrchen, das man nur von Zeit zu Zeit zwecks Beobachtung der Substanz (am besten mittels einer Leselupe) unterbricht, erzielt man eine möglichst gleichmäßige langsame Temperatursteigerung, die eine genaue Bestimmung des Schmelzpunktes gestattet.

F. W. Streatfield und J. Davies[1] empfehlen. bei Verwendung von Schwefelsäure als Heizflüssigkeit eine kuppelförmige, oben mit Öffnungen für das Thermometer und den Rührer versehene Glasbedeckung trichterartig auf den Innenrand des Becherglases aufzusetzen, um ein Verspritzen der Säure zu verhindern, die Säuredämpfe zu kondensieren und die Luftfeuchtigkeit fernzuhalten.

Der Schmelzpunktapparat von R. Anschütz und G. Schultz[2] (Fig. 56) besteht aus einem 250 ccm fassenden Kolben A, in dessen Hals ein unten geschlossenes Rohr B von etwa 15 mm Weite und 10 cm Länge eingeschmolzen ist. Der Kolben A trägt einen Tubus, in

---

[1] Chem. News 1901, **83**, 121.

[2] Berichte d. Deutschen chem. Gesellschaft 1877, **10**, 1800; Zeitschr. f. analyt. Chem. 1878, **17**, 47.

welchen ein einfaches, für den Luftausgleich dienendes Röhrchen *b* oder ein Chlorcalciumrohr *c* mittels Glasschliffs eingesetzt werden kann. Durch den Tubus wird der Kolben zur
Hälfte mit einer geeigneten Badflüssigkeit gefüllt, während das innere Rohr leer bleibt. In
das Rohr *B* wird das Thermometer mit angefügtem Schmelzröhrchen derart eingehängt, daß
sich die Thermometerkugel mit der in gleicher Höhe befindlichen Substanz frei in dem Luftraum, einige Millimeter über dem Boden des Rohres, jedoch vollständig unterhalb der Oberfläche der äußeren Badflüssigkeit befindet. Es ist darauf zu achten, daß das auf den Tubus
gesetzte Röhrchen nicht verstopft ist.

Eine Abänderung dieses Apparates ist die von C. F. Roth[1]) angegebene Form (Fig. 57).
Der Rundkolben *a* ist länglich gestaltet, er besitzt bei einem Durchmesser von 65 mm einen
28 mm weiten und 20 cm langen Hals, während das an seinem oberen Ende eingeschmolzene
innere Rohr *c* 15 mm weit ist. Bei *d* ist ein Tubus angesetzt, welcher einen hohlen Glasstöpsel *e*
trägt. Tubus und Stöpsel sind mit einer korrespondierenden seitlichen Öffnung versehen,
wodurch der Innenraum des Kolbens mit der äußeren Luft kommunizieren kann. Der Kolben

Fig. 57.

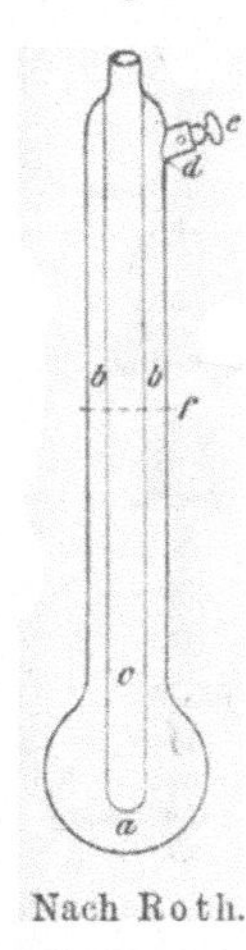

Fig. 56.

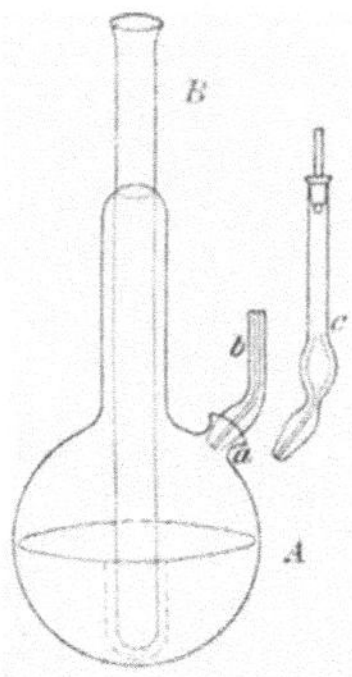

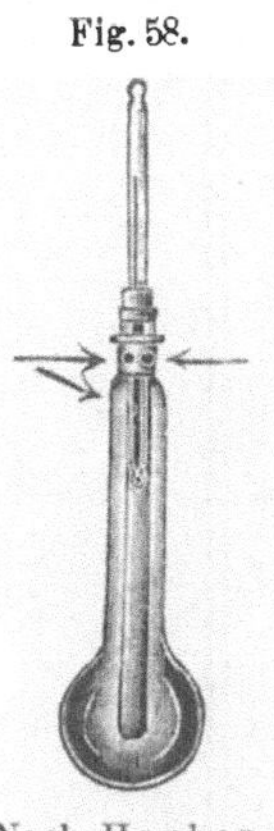

Fig. 58.

Nach Anschütz.   Nach Roth.   Nach Houben.

wird bis etwa zur Mitte des Halses mit einer Badflüssigkeit gefüllt; beim Erhitzen (bei geöffnetem Stöpsel!) steigt dann die Flüssigkeit infolge der Ausdehnung in dem Kolbenhalse in die
Höhe, so daß das im Innenrohre befindliche Thermometer sich fast vollständig in einem von
heißer Badflüssigkeit umgebenen Luftbade befindet. Man erhält somit direkt (nahezu) korrigierte Schmelzpunkte.

Eine ähnliche Abart des Apparates von Anschütz und Schultz ist der von Houben[2])
(Fig. 58) angegebene. Der Apparat gestattet, auch in das innere Rohr Schwefelsäure zu bringen
und bei Nichtbenutzung von der äußeren Luft abzuschließen. Das innere Rohr ist im Kolbenhals nicht angeschmolzen, sondern mittels Glasschliffes eingesetzt. Im Schliff des Kolbenhalses
und des inneren Rohres befindet sich je eine korrespondierende Öffnung, während unterhalb
der Schlifffläche eine dritte Bohrung im inneren Rohr den Luftraum dieses letzteren mit dem
des Kolbens in Verbindung setzt. Das Thermometer ist mit festem Kork in das innere Rohr
eingesetzt. Durch eine einfache Drehung des inneren Rohres kann also die Schwefelsäure in
beiden Gefäßen gegen die äußere Luft abgeschlossen werden.

Bei der Ausführungsform des Apparates von Anschütz-Schultz nach Landsiedl[3])
(Fig. 59) ist dem Kolben zur Erzielung einer möglichst großen Heizfläche eine linsenförmige

---

[1]) Berichte d. Deutschen chem. Gesellschaft 1886, **19**, 1970.

[2] Chem.-Ztg. 1900, **24**, 538.

[3]) Chem.-Ztg. 1905, **29**, 765; Österr. Chem.-Ztg. 1905, **8**, 276.

Gestalt erteilt. Die untere Hälfte des Kolbens ist in ein engmaschiges starkes Drahtnetz n sorgfältig eingebettet, während die obere Hälfte zur Vermeidung von Wärmeverlusten mit einer Hülle d aus Asbestpappe bedeckt ist, auf welcher der oben durch einen Deckel e verschlossene Glaszylinder c ruht, welcher gleichfalls als Wärmeschutz dient. Die innere Röhre a ist mittels Schliffs, welcher mit korrespondierender Öffnung versehen ist, in den Kolbenhals eingesetzt, außerdem dient noch ein kleiner mit Kappe oder eingeschliffener Chlorcalciumröhre ausgestatteter Tubus zum Ausgleich der inneren und äußeren Luft. Zum Festhalten der oben trichterförmig gestalteten Kapillarröhrchen dient das etwa 4 mm weite, durch den Stopfen reichende Rohr r, welches am unteren Ende etwas abgeschrägt und bis auf eine Öffnung von etwa 2 mm zugeschmolzen ist. Man läßt das Schmelzröhrchen von oben her in dieses Rohr r

Fig. 59.   Fig. 60.

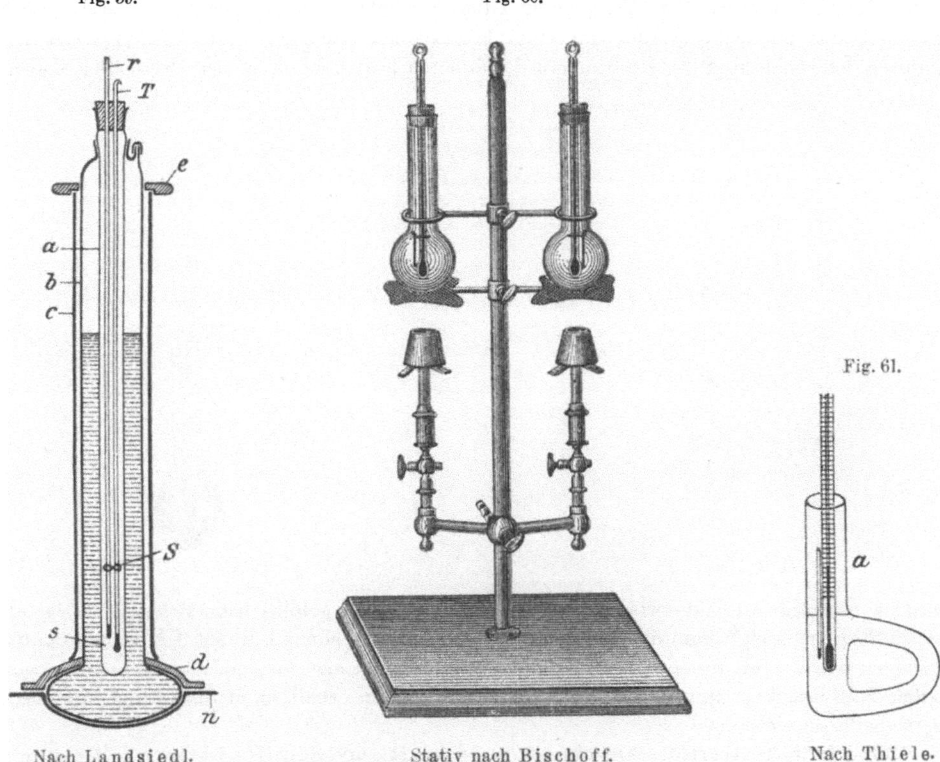

Nach Landsiedl.   Stativ nach Bischoff.   Nach Thiele.

hineingleiten, wobei es mit dem erweiterten Ende an der unteren Öffnung hängen bleibt und eine schräge, dem Thermometer zugeneigte Lage einnimmt. Ein über Thermometer und Einführungsröhre geschobener Spiraldraht s sorgt für eine sehr korrekte Einstellung des Schmelzröhrchens.

Ein praktisches Stativ, an welchem sich gleichzeitig zwei Kolben für Schmelzpunktbestimmungen anbringen lassen, hat Bischoff angegeben (Fig. 60). Die Vereinigten Fabriken für Laboratoriumsbedarf in Berlin liefern dasselbe in zweckmäßiger Ausstattung mit Aluminiumstab, auf eiserner Grundplatte, Aluminiumringen usw. Für die beiden Kolben können verschiedene Heizflüssigkeiten gewählt werden, etwa Wasser und Olivenöl, so daß der Apparat für niedrige und höhere Temperaturen gleichzeitig gebraucht werden kann. Sehr bequem und praktisch ist der von J. Thiele[1]) angegebene Apparat (Fig. 61), welcher von der Firma

---

[1]) Berichte d. Deutschen chem. Gesellschaft 1907, **40**, 996.

W. C. Heraeus in Hanau auch in Quarz ausgeführt wird. Ein Rohr von etwa 2 cm Weite und 12 cm Länge ist mit einem seitlichen Bogenrohr derart versehen, daß das untere Ende des Rohres mit der Mitte verbunden ist. Beim Erhitzen des gefüllten Apparates an der Krümmung des Bogens beginnt die Badflüssigkeit wie in einer Warmwasserheizung zu zirkulieren, wobei sie in dem senkrechten Teile des Rohres von oben nach unten strömt. Die im oberen Teile des Schmelzröhrchens enthaltenen Substanzteilchen schmelzen daher zuerst und geben so die Annäherung an den Schmelzpunkt zeitig kund. Das Arbeiten mit diesem Apparat gestaltet sich sehr einfach und bequem, da infolge der geringen Flüssigkeitsmasse das Anheizen sehr schnell vor sich geht, ferner die weitere Temperaturerhöhung nach Wegnahme der Flamme auf ein Mindestmaß beschränkt ist und endlich die Abkühlung ebenfalls sehr schnell erfolgt. Infolge der gleichmäßigen Strömung der Flüssigkeit ist eine lokale Überhitzung bzw. eine Temperaturdifferenz zwischen Thermometer und Schmelzröhrchen nahezu ausgeschlossen.

Der ältere Apparat von Olberg[1]) beruht auf demselben Prinzip, ist aber wesentlich weniger kompendiös und einfach.

Von den Apparaten, welche mit Rührer ausgestattet sind, sei derjenige nach A. Michael[2]) (Fig. 62) angeführt. Seine Konstruktion ist aus der Zeichnung ohne weiteres

Fig. 62.

Fig. 63.

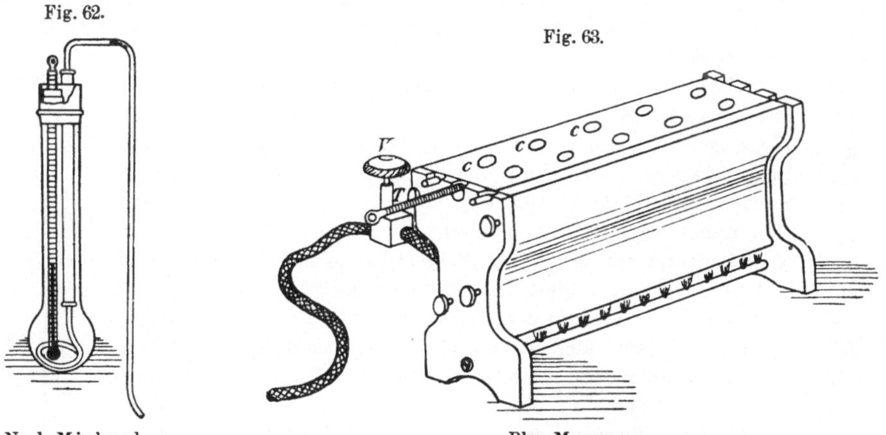

Nach Michael.

Bloc Maquenne.

verständlich. Es sei noch erwähnt, daß dieser Apparat besonders für Schmelzpunktbestimmungen solcher Körper geeignet ist, welche vor dem Schmelzen sublimieren oder sich unter Abspaltung von Wasser, Säure usw. zersetzen. In diesen Fällen wird das mit der Substanz beschickte Kapillarröhrchen an beiden Enden zugeschmolzen und erst in die Heizflüssigkeit bzw. in das heiße Luftbad gebracht, wenn eine dem Schmelzpunkt naheliegende Temperatur erreicht ist. Die Kapillare kann hierbei an einem besonderen Schieber befestigt werden, welcher durch dieselbe Öffnung des Stopfens geht wie das Thermometer. Wenn die Substanz bei höherer Temperatur luftempfindlich ist, so wird das Schmelzröhrchen nach dem Einfüllen der Substanz evakuiert und zugeschmolzen. Explosive oder in der Wärme leicht zersetzliche Stoffe bringt man zweckmäßig nach W. R. Hodgkinson[3]) in ein an einem langen Platindraht dicht neben dem Quecksilbergefäß des Thermometers befestigtes Platinnäpfchen und erhitzt im doppelten Luftbad, wobei man nötigenfalls mittels eines Fernrohrs aus größerer Entfernung die Temperatur abliest. Für solche explosiven Körper kann auch der in Frankreich viel gebrauchte „Bloc Maquenne"[4]) (Fig. 63) verwendet werden. Wie aus der Zeichnung er-

[1]) Report. analyt. Chem. 1886, 95.
[2]) Journ. f. prakt. Chem. 1893, **47**, 199.
[3]) Chem. News 1894, **71**, 76.
[4]) Bull. Soc. chim. Paris 1887, [2] **48**, 771; 1904, [3] **31**, 471.

sichtlich ist, wird an Stelle des Flüssigkeitsbades ein Messingkörper benutzt, welcher durch kleine Flämmchen erhitzt wird. Das Thermometer T befindet sich in einem 3 mm unter der Oberfläche des Blockes parallel mit dieser verlaufenden Kanal. Der Messingblock ist mit einer Anzahl kleiner Aushöhlungen c versehen. Man bringt das Thermometer so an, daß die Stelle der Skala, welche dem zu erwartenden Schmelzpunkt entspricht, eben aus dem Block herausragt und bringt nun die Substanz in die dem Thermometergefäß nächstliegende Aushöhlung. Man erhält so nahezu korrigierte Schmelzpunkte. Auch bei dem Apparat von Thiele[1]) ist die Verwendung eines Flüssigkeitsbades umgangen, indeß gestattet diese Konstruktion nur die Bestimmung unkorrigierter Schmelzpunkte. Die Anwendung des elektrischen Stromes bei der Schmelzpunktbestimmung ist zuerst von Löwe vorgeschlagen und nachher von verschiedenen anderen Forschern aufgenommen worden. Die Apparate beruhen darauf, daß ein Stromkreis, in welchem sich ein Element, eine elektrische Klingel und ein Flüssigkeitsbad mit zwei Platinelektroden befinden, dadurch unterbrochen wird, daß die eine Platinelektrode mit der zu prüfenden, im festen Zustande nicht leitenden Substanz überzogen wird. Wenn dann aber das Flüssigkeitsbad, welches gewöhnlich aus Quecksilber besteht, erwärmt wird und die Substanz schmilzt, so wird der Kontakt hergestellt und die elektrische Klingel in Tätigkeit versetzt. Indes möge auf diese Apparate nur verwiesen werden.

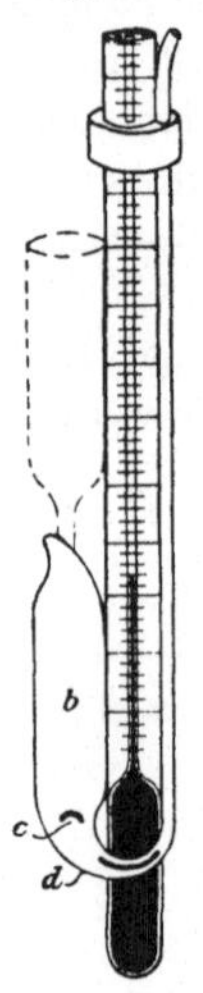

Fig. 64.

Nach
Picard.

Farbige Substanzen oder solche, welche sich beim Erhitzen dunkel färben, können meist nicht in der gewöhnlichen Weise geprüft werden. Für diese empfiehlt J. Picard[2]) folgende Einrichtung (Fig. 64): Eine Glasröhre wird 2—3 cm an ihrem Ende trichterförmig verengt, kapillar ausgezogen und umgebogen. Man bringt etwas Substanz durch den weiteren Schenkel in das Röhrchen und erhitzt sie zum Schmelzen, so daß sie im unteren Teil der Biegung nach dem Erstarren einen kleinen Pfropfen bildet. Dann bringt man in den weiten Schenkel des Rohres auf die Substanz einen kleinen Tropfen Quecksilber und schmilzt das weite Rohrende zu. Man befestigt nun das Kapillarrohr mittels Kautschukringes am Thermometer derart, daß der Substanzpfropfen sich neben der Mitte des Quecksilbergefäßes befindet und der weitere Teil des Kapillarrohres in die Heizflüssigkeit eintaucht. Hierdurch entsteht ein erheblicher Druck in dem Luftbehälter des Kapillarrohres, so daß beim Schmelzen der Substanz diese mit ziemlicher Kraft in der Kapillare in die Höhe getrieben wird.

Fig. 65.

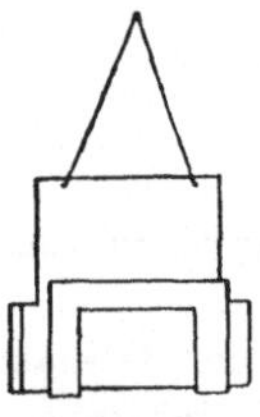

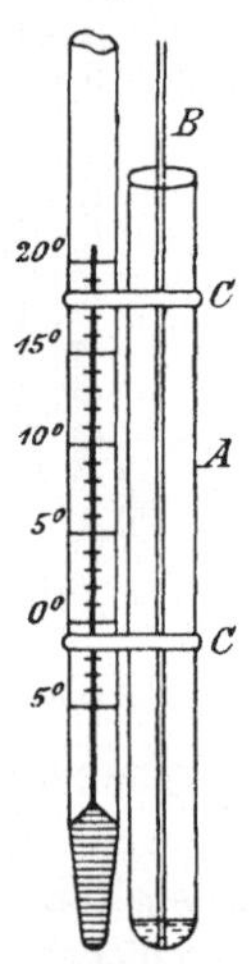

Fig. 66.

Nach Sueur
und Croßley.

Deckgläschen
mit Substanz.

Die Schwierigkeit des Einfüllens klebriger Substanzen in ein Kapillarröhrchen kann man nach Kuhara und Chikashige[3]) dadurch umgehen, daß man die Substanz zwischen zwei Deckgläschen zerdrückt und diese mittels eines umgebogenen und ausgeschnittenen Platinbleches (Fig. 65) an das Thermometer anhängt.

Auch das Verfahren von Sueur und Crossley[4]) (Fig. 66) kann zur Kenntlichmachung des Schmelzpunktes bei Fetten oder salbenartigen Körpern dienen. Die Substanz wird n ein dünnwandiges Rohr A von etwa 7 mm Weite gebracht und eine beiderseits offene feine Kapillare B, deren Durchmesser nicht mehr als $^3/_4$ mm betragen darf, auf die erstarrte Sub-

[1]) Zeitschr. f. angew. Chem. 1902, **15**, 780.

[2]) Berichte d. Deutschen chem. Gesellschaft 1875, **8**, 688.

[3]) Amer. Chem. Journ. 1900, **23**, 230.

[4]) Journ. Soc. Chem. Ind. 1898, **17**, 988.

stanz gestellt. Nachdem das Ganze in passender Höhe am Thermometer befestigt ist, wird erhitzt. Sobald die Substanz schmilzt, wirkt die saugende Kraft der Kapillare B, und man sieht alsdann die Substanz in ihr emporsteigen.

Eine andere Einrichtung für Fette, Wachse u. dgl. gibt L. N. Vandevyver[1] an. Am unteren Ende eines geraden Metalldrahtes ist unter einem Winkel von 135° ein kleiner Spiegel befestigt und über ihm ein horizontaler Metallring. Oberhalb dieses Ringes ist ein zweiter an dem Drahte verschiebbarer Ring angebracht. Auf den unteren Ring wird ein passendes Blättchen Filtrierpapier gelegt, auf dieses die Substanz gegeben und nun der obere Ring gesenkt, so daß das Papier zwischen beiden Ringen festgehalten wird. Das Ganze wird mit einem Thermometer in einen der bekannten Schmelzpunktapparate gebracht. Der Augenblick des beginnenden Schmelzens ist in dem Spiegel an der Bildung eines Fleckens in dem Papier zu beobachten. Bei Substanzen, welche schon bei gewöhnlicher Temperatur einen Flecken auf dem Papier erzeugen, wendet man eine mattgeschliffene Glasscheibe an und für hochschmelzende Substanzen einen Metallspiegel.

Da bei den meisten der beschriebenen Apparate nicht korrigierte Schmelzpunkte erhalten werden, so muß die Bestimmung des korrigierten Schmelzpunktes durch Rechnung geschehen. Die Korrektion für den aus der Heizflüssigkeit herausragenden Quecksilberfaden kann nach folgender Formel vorgenommen werden:

$$S = T + n(T - t)\frac{1}{6300} = T + n(T - t) \cdot 0{,}000159\,,$$

worin bedeutet:

S den korrigierten Schmelzpunkt;

T den beobachteten Schmelzpunkt;

n die Länge des aus der Heizflüssigkeit hervorragenden Quecksilberfadens in Temperaturgraden;

t die mittlere Temperatur der die hervorragende Quecksilbersäule umgebenden Luft, gemessen mittels eines zweiten Thermometers, welches man neben der Mitte des hervorragenden Quecksilberfadens anhängt.

Kryoskopische Bestimmung[2].

Unter den Methoden, welche auf Grund der Lehre vom osmotischen Druck dazu dienen können, die Natur von Lösungen aufzuklären, kommt für die Zweige der angewandten Chemie, insbesondere für die Nahrungsmittelchemie, die kryoskopische in erster Linie in Betracht. Einerseits steht das Verfahren der Bestimmung des Gefrierpunktes bzw. der Gefrierpunktserniedrigung einer Lösung den anderen Verfahren an Einfachheit der theoretischen Grundlage wie der Ausführung voran, andererseits ist es dasjenige, bei dem die erforderlichen physikalischen Veränderungen derartige sind, daß erfahrungsgemäß der untersuchte Stoff sehr geringe bzw. keine chemischen Änderungen erleidet, auch dann nicht, wenn er zu den labilen organischen Verbindungen gehört, mit denen die Nahrungsmittelchemie an erster Stelle zu tun hat.

Theorie des Gefrierverfahrens.

Die theoretische Grundlage des Verfahrens bilden folgende Sätze: 1. Die Gefrierpunktserniedrigung, die ein Lösungsmittel durch Auflösung eines indifferenten Stoffes erfährt, ist proportional der molekularen Konzentration dieses zugesetzten Stoffes. 2. Äquimolekulare Lösungen verschiedener Stoffe in demselben Lösungsmittel ergeben gleiche Gefrierpunktserniedrigungen.

---

[1] Ann. chim. anal. appl. 1899, **13**, 397.

[2] Nach den Angaben von Geh. Rat Prof. Dr. E. Beckmann, bearbeitet von Dr. P. Waentig in Leipzig (Laboratorium f. angew. Chemie).

Der Inhalt dieser empirisch von Blagden und Raoult aufgefundenen Gesetze ist gegeben durch die Gleichung:

$$(1) \qquad \delta = k \cdot \frac{n}{g},$$

worin δ die beobachtete Gefrierpunktserniedrigung, n die Zahl Grammoleküle des gelösten Stoffes, g die Zahl Gramm Lösungsmittel sind, k eine Konstante bedeutet.

Beziehen wir die Gleichung auf 100 g Lösungsmittel und setzen in der Gleichung $\frac{k}{100}$ gleich K, so erhalten wir:

$$(2) \qquad \varDelta = K \cdot n,$$

worin $\varDelta$ die Erniedrigung bedeutet, die 100 g Lösungsmittel durch n g-Mol. eines gelösten Stoffes erfahren. K heißt die molekulare Gefrierpunktserniedrigung, die von den Eigenschaften des Lösungsmittels in folgender Weise abhängt (van't Hoff):

$$K = 0{,}02 \cdot \frac{T^2}{W},$$

wobei T die absolute Schmelztemperatur, W die Schmelzwärme des Lösungsmittels bedeutet.

Schreiben wir Gleichung (2) in der ausführlicheren Form

$$(3) \qquad \varDelta = K \cdot \frac{g'}{m},$$

worin g' das Gewicht des gelösten Stoffes in Gramm, m sein Molekulargewicht in der Lösung bedeutet, so lassen sich mit ihrer Hilfe folgende Aufgaben lösen:

Anwendbarkeit des Verfahrens.

1. Ist nur K von einem Lösungsmittel bekannt, dessen Lösung zur Untersuchung vorliegt, so kann aus der Messung von $\varDelta \left(\frac{g'}{m} \right)$ ermittelt werden, d. h. die Zahl der in „echter" Lösung befindlichen Moleküle.

2. Ist außer K noch g' bekannt, so läßt sich aus der Messung von $\varDelta$ das Molekulargewicht des gelösten Stoffes berechnen.

3. Ist außer K noch m bekannt, so ergibt eine Messung von $\varDelta$ die Gewichtsmenge des in der Lösung enthaltenen Stoffes.

Für den Nahrungsmittelchemiker werden besonders die Aufgaben 1 und 3 in Betracht kommen. Besondere Fälle der Aufgabe 1 würden sein: Ermittelung des Gehaltes einer Lösung an den in „echter" Lösung befindlichen Stoffen bei Gegenwart von kolloidalen bzw. suspendierten Stoffen, Ermittelung der eventuellen Bindung von salzartigen Stoffen an Kolloide usw. Die Nutzanwendung von Aufgabe 3 erhellt ohne weiteres. Doch sei auf folgendes hingewiesen: Da wir es in der Nahrungsmittelchemie häufig mit Stoffen zu tun haben, die ein hohes Molekulargewicht haben und in geringer Konzentration vorhanden sind, so ergibt sich ein kleines $\varDelta$, was die Genauigkeit der Messung beeinträchtigt. Es empfiehlt sich daher, wenn angängig die Messung in einem Lösungsmittel mit großem K vorzunehmen (vgl. Archiv d. Pharm. **245**, 211, 1907)[1].

---

[1] Die Verschiedenheit der Größen der molekularen Gefrierpunktserniedrigung mag folgende Tabelle veranschaulichen:

Lösungsmittel	Gefrierpunkt	K
Wasser	$0°$	19
Eisessig	$+16{,}5°$	39
Benzol	$+6°$	53
Bromoform $\big\}$ wasserhaltig	$+7{,}8°$	144
Bromäthylen	$+9{,}5°$	118

Beschreibung des Apparates.

Der Apparat zur Messung von Gefrierpunktserniedrigung ist in einer sehr zweckmäßigen und einfachen Form von E. Beckmann schon im Jahre 1888 beschrieben worden. Die Verbesserungen, die später angebracht wurden, sind in der nachfolgenden Beschreibung berücksichtigt.

Als Kühlbad dient (Fig. 67) ein mehrere Liter fassendes Becherglas oder Batterieglas C, das mit einem Metalldeckel von aus der Figur ersichtlicher Form verschlossen ist und zweckmäßig mit einem Filzmantel als Wärmeschutz umgeben ist. Der Deckel hat drei Öffnungen, von denen eine größere, halbmondförmige am Rand des Deckels zur Durchführung des Handgriffes eines einfachen, ringförmigen Rührers aus starkem Metalldraht dient und ermöglicht das später beschriebene Gefrierrohr direkt in die Flüssigkeit des Kühlbades zu bringen[1]). Eine zweite kleinere Öffnung erlaubt die Einführung eines Thermometers in das Kühlbad, eine dritte in der Mitte des Deckels befindliche endlich nimmt das Gefrierrohr A auf. Dieses ist ein dickwandiges, mit einem seitlichen, schwach aufwärts geneigten Stutzen versehenes Probierrohr von etwa 20 cm Länge. Der seitliche Tubus ist mit einem eingeriebenen Glasstopfen verschließbar. Über das Gefrierrohr ist bis zur Höhe des seitlichen Tubus ein weiteres, unten zugeschmolzenes Glasrohr B geschoben und durch Kork an jenes befestigt, wodurch bei eingesenktem Rohr zwischen Kühlbad und Gefrierrohr eine stagnierende Luftschicht erzeugt wird, die den Temperaturausgleich zwischen beiden Medien verlangsamt. Der die obere Gefrierrohröffnung schließende Kork trägt eine Bohrung zur Aufnahme des Thermometers und eine enge Öffnung für den als Rührer dienenden, ringförmigen, dicken Platindraht A, dessen Handgriff in gleicher Weise wie der Rührer des Kühlbades aus einem die Wärme schlecht leitenden Kork gebildet ist. Durch in das Gefrierrohr eingeführte scharfkantige Platinschnitzel kann der Eintritt der Krystallisation etwas gefördert werden. Das Thermometer D im Kühlbad ist ein gewöhnliches, das im Gefrierrohr das bekannte Beckmannsche Thermometer, das 0,01° direkt, 0,001° schätzungsweise innerhalb jedes für Hg-Thermometer überhaupt möglichen Temperaturintervalls abzulesen gestattet. (Näheres über zweckmäßige Form der Ansatzstelle des oberen Quecksilberreservoirs und über Modifikationen des Thermometers findet sich in den Abhandlungen von E. Beckmann: Zeitschr. f. physikal. Chem. 2, 644—645; 21, 329—343.)

Dieser einfache Apparat ist für Versuche, in denen nicht eine ungewöhnlich hohe Anforderung an Genauigkeit der Messung gestellt wird, als völlig ausreichend anzusehen. Seine Handhabung gestaltet sich folgendermaßen:

Fig. 67.

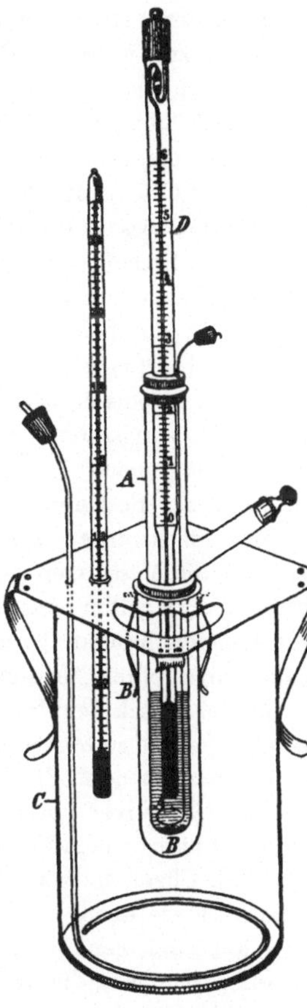

Gefrierapparat nach
E. Beckmann.

Handhabung des Apparates.

Zur Einstellung des Beckmannschen Thermometers vereinigt man den Quecksilberfaden durch Umkehren des Thermometers und durch leichtes Aufklopfen mit dem im oberen Reservoir enthaltenen Quecksilber, und erwärmt bzw. kühlt nach Rückbringen des Thermo-

---

[1]) Diese Öffnung dient vor allem auch dazu, Kühlmaterial während des Versuches zuzuführen oder zu entfernen. In Fig. 67 ist der Übersichtlichkeit halber der Rührerstiel seitlich durch eine andere Öffnung des Deckels geführt.

meters in seine normale Lage das untere Quecksilberreservoir, falls es mit einer Hilfsskala versehen ist, so lange, bis der Quecksilbermeniskus in diesem bis an eine den Schmelzpunkt des reinen Lösungsmittels wenig übersteigende Marke gekommen ist und schlägt in diesem Zeitpunkt das im Reservoir befindliche Hg vom Faden ab. Der Meniskus des Fadens wird dann, wenn das untere Reservoir auf die Schmelztemperatur des Lösungsmittels gebracht wird, sich im oberen Teil der etwa sechs ganze Celsiusgrade betragenden Thermometerskala befinden. Nun bringt man das Kühlbad auf eine 2—5 ° unterhalb des Gefrierpunktes des Lösungsmittels liegende Temperatur — zur Herstellung konstanter Außentemperaturen (vgl. die Angaben: Zeitschr. f. physikal. Chem. **44**, 184); für tiefere Temperaturen eignen sich weitere sog. Kryohydrate[1]), ferner Gemische von fester Kohlensäure und Alkohol, endlich mit flüssiger Luft gekühlter Petroläther und flüssige Luft selbst; in den letztgenannten Fällen muß der Luftmantel zur weiteren Herabsetzung des Wärmeausgleiches durch ein Vakuum ersetzt werden —, und hält sie durch zeitweiliges Rühren möglichst gleichförmig. Dann wägt man eine so große Menge des Lösungsmittels in das Gefrierrohr ein, daß das untere Quecksilberreservoir des eingesenkten Thermometers mindestens vollständig von der Flüssigkeit bedeckt ist, und senkt das mit Thermometer, Platindrahtrührer und Luftmantel und eventuell mit Platinschnitzel beschickte Gefrierrohr in das Kühlbad ein. Unter fortwährendem Rühren und zeitweiligem Erschüttern des Thermometers beobachtet man mit einer Lupe den Gang des Quecksilberfadens. Das Thermometer sinkt zunächst infolge einer Unterkühlung unter den Gefrierpunkt, um beim Beginn der Eisabscheidung, die feinkörnig durch die ganze Flüssigkeit hindurch erfolgen soll, wieder bis zu einem höchsten Punkt anzusteigen, bei dem unter normalen Verhältnissen der Meniskus längere Zeit stehen bleibt. Dieser Punkt ist als Gefrierpunkt des Lösungsmittels anzusehen. Man überzeugt sich durch mehrmalige Wiederholung dieser Messung nach jedesmaligem völligen Wiederauftauen des gebildeten Eises von der Richtigkeit der Bestimmung.

Man ersetzt darauf das reine Lösungsmittel durch die zu untersuchende Lösung und wiederholt die Messungen, wobei wiederum der höchst erreichte Stand des Thermometers als Gefrierpunkt zu gelten hat. Hierbei wird im allgemeinen eine unter dem Gefrierpunkt des reinen Lösungsmittels liegende Gradzahl gefunden werden. Die Differenz der arithmetischen Mittel aus den angestellten Messungen liefert die gesuchte Gefrierpunktserniedrigung $= \varDelta$.

Ist der Zweck der Untersuchung die Molekulargewichtsbestimmung eines Stoffes, so beläßt man die gewogene Menge Lösungsmittel im Gefrierrohr und fügt eine gewogene Menge des zu untersuchenden Stoffes durch den seitlichen Tubus in Form kompakter Stückchen zu oder, falls ein Pulver vorliegt, in Form von mit einer Pastillenpresse hergestellten Pastillen, oder, falls Flüssigkeit in Frage kommt, mit Hilfe einer Pipette nach Beckmann (vgl. Zeitschr. f. physikal. Chem. **2**, 643). Darauf führt man die Gefrierpunktsbestimmung wieder aus und berechnet $\varDelta$ wie oben.

Wie gesagt, genügt der beschriebene Apparat und seine oben geschilderte Handhabung den Anforderungen, die an derartige Messungen zur Erzielung brauchbarer Ergebnisse zu stellen sind. Will man die Genauigkeit der Messung erhöhen, so sind folgende Modifikationen der Apparatur und Handhabung am Platze:

Die eine, die hier Erwähnung finden soll, bezieht sich auf die Vermeidung von Unterkühlung, die wünschenswert erscheint, wenn es sich um Untersuchung einigermaßen konzentrierter Lösungen handelt. Ist nämlich die Unterkühlung weit vorgeschritten, so wird bei ihrer Aufhebung eine relativ große Menge Eis gebildet und durch die infolgedessen eintretende

---

[1]) Als derartige Kühlbäder von konstanter Temperatur kommen in Betracht Gemische von

Eis und Alaun . . . . : . . . . — 0,47 °

„   „   Natriumsulfat . . . . — 0,7 °

„   „   Eisensulfat . . . . — 2,0 °

„   „   Kochsalz . . . . —11,0 °

Konzentrierung der Lösung ein zu tiefer Gefrierpunkt beobachtet. Vermieden wird die Unterkühlung am sichersten durch die Gegenwart von Spuren der festen Phase, wozu bei Handrührung der Impfstift (Zeitschr. f. physikal. Chem. 7, 330, 1891), bei mechanischer Rührung sog. „Impfperlen"[1]) zweckmäßig verwendet werden. Das Prinzip beruht darauf, die Flüssigkeit mit der festen Phase in Berührung zu bringen, ohne dadurch Temperatur- oder Konzentrationsänderungen zu bewirken. Die zweite Verbesserung bezieht sich auf den Ersatz des Handrührers durch ein **mechanisches Rührwerk**, welches gestattet, das Rühren in einem völlig geschlossenen Gefäß unabhängig vom Experimentator zu besorgen. Dies hat den Vorteil der Vermeidung des Zutritts aller Feuchtigkeit zur Untersuchungsflüssigkeit, was besonders bei niederen Temperaturen und hygroskopischer Eigenschaft der Lösung wünschenswert ist; andererseits schließt es die Beeinflussung des Thermometers durch Körperwärme aus und ermöglicht völlige Reproduzierbarkeit und Gleichmäßigkeit der Durchmischung.

Für diese Art des Rührens wird der genannte Platindraht durch einen Rührer von der in Fig. 68 angegebenen Form ersetzt, der, in seinen unteren mit der Flüssigkeit in Berührung befindlichen Teilen aus Platin bestehend, an seinem oberen Ende einen emaillierten Eisenring trägt. Außen am Gefriergefäß ist etwas oberhalb des genannten Eisenringes ein Elektromagnet in Ringform angebracht, der bei eintretender Erregung den inneren Eisenring und mit diesem den Rührer emporhebt, um ihn, wenn die Induktion aufgehört hat, wieder fallen zu lassen.

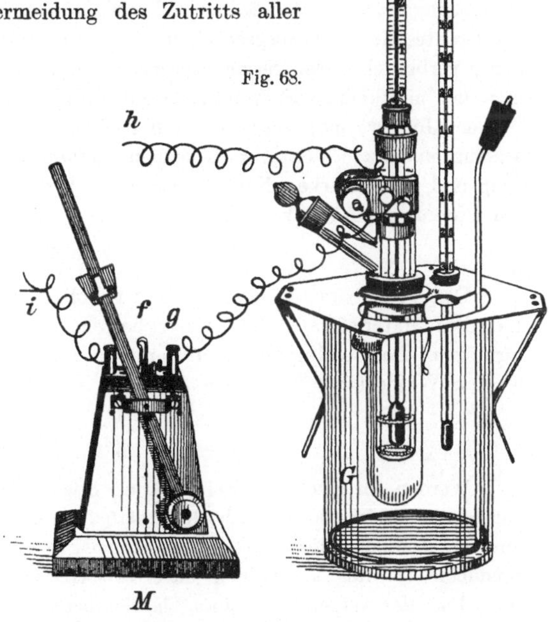

Fig. 68.

Metronom und Gefrierapparat mit elektromagnetischer Rührung nach E. Beckmann.

Das periodische Erregen des Magneten wird durch einen die Spulen des Elektromagneten durchlaufenden elektrischen Strom besorgt, in dessen Kreis i, h ein **Metronom** M von der in der Figur dargestellten Konstruktion als Unterbrecher eingeschaltet ist. Die Pendelbewegung des Metronoms, welche das abwechselnde Öffnen und Schließen des Stromes besorgt, wird durch Federkraft aufrecht erhalten; zur Erzeugung des erforderlichen Stromes genügt ein Akkumulator, doch kann natürlich auch eine Stromquelle mit höherer Spannung benutzt werden, wenn die überschüssigen Volt durch einen Vorschaltwiderstand vernichtet werden. Unterläßt man dies, so kann eine unliebsame Erwärmung des Elektromagneten den Zweck der Anordnung illusorisch machen.

Das in Fig. 68 dargestellte Metronom unterscheidet sich von dem wohlfeileren in Fig. 69 nur durch seine stärkere Uhrfeder und die Art und Weise, wie der Kontakt erfolgt. Letzterer ist in Fig. 68 mit f bezeichnet, in Fig. 69 links unten angebracht. Wegen der

Fig. 69.

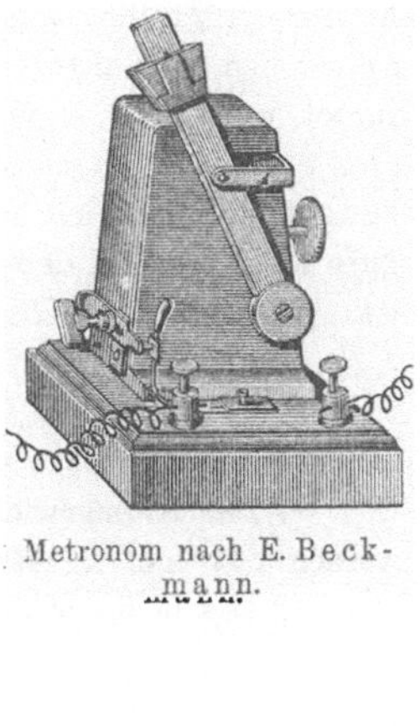

Metronom nach E. Beckmann.

<hr>

1) Zeitschr. f. physikal. Chem. **44**, 177.

längeren Gangdauer und des sichereren Funktionierens ist der teurere Unterbrecher, Fig. 68, vorzuziehen (vgl. Zeitschr. f. physikal. Chem. **44**, 169—175, H o l l e m a n n , Lehrb. d. anorgan. Chem., 5. Aufl., S. 19, 1907).

Bestimmung der elektrolytischen Leitfähigkeit[1]).

I. Die Grundlagen.

Legt man an die Enden eines Metalldrahtes die Pole eines galvanischen Elements, so fließt durch den Draht ein elektrischer Strom. Die Stromstärke ist für dasselbe Stück Draht nur abhängig von der Größe der elektromotorischen Kraft oder Spannung, die an den Enden des Drahtes liegt, vorausgesetzt, daß der Draht konstante Temperatur behält. Da die gesamte verbrauchte elektrische Energie in diesem Falle in Wärme umgewandelt wird, so muß entweder mit kleinen Spannungen und schwachen Strömen gearbeitet oder die entwickelte Wärme (Joulewärme) sogleich durch geeignete Vorrichtungen abgeleitet werden. Bei Temperaturkonstanz besteht für denselben metallischen Leiter Proportionalität zwischen Spannung und Stromstärke. Nennen wir die elektromotorische Kraft E, die Stromstärke J und den Proportionalitätsfaktor K, so ist

$$J = K \cdot E .$$

Der Proportionalitätsfaktor K ist abhängig von der Form des metallischen Leiters und dem Material, aus dem dieser besteht, und heißt seine Leitfähigkeit oder sein Leitvermögen. Das Reziproke davon nennt man den Widerstand des Leiters, so daß also, wenn W den Widerstand darstellen soll, die Beziehung gilt:

$$J = \frac{E}{W} \quad (\text{O h m sches Gesetz}).$$

Werden für zwei der drei Größen: Spannung, Stromstärke und Widerstand Einheiten festgesetzt, so ist damit auch die dritte definiert. Als Einheit der Stromstärke dient das Ampere, d. h. die Stärke desjenigen Stroms, der in 96 500 Sekunden[2]) ein Grammäquivalent irgendeines Stoffes abscheiden oder zersetzen kann[3]); die Einheit des Widerstandes ist das Ohm, der Widerstand einer Quecksilbersäule von 106,30 cm Länge und 1 qmm Querschnitt bei 0°, und damit ist auch die Einheit der Spannung, das Volt, bestimmt; denn

$$\text{Ampere} = \frac{\text{Volt}}{\text{Ohm}} .$$

Während bei metallischer Leitung die elektrische Energie quantitativ in Wärme umgesetzt wird, der Leiter selbst keinerlei Veränderungen erfährt (abgesehen von solchen, die etwa sekundär als Folgen der Erhitzung auftreten), die Elektrizität sich also frei im Leiter bewegt, trägt die Erscheinung der elektrolytischen Leitung einen davon fundamental verschiedenen Charakter. Auch hier tritt zwar J o u l e sche Stromwärme auf, aber außerdem findet, worauf der Name hinweist, chemische Zerlegung des Leiters statt (Elektrolyte = Leiter zweiter Klasse im Gegensatze zu den Metallen als Leitern erster Klasse). Die Elektrizität bewegt sich nämlich nicht frei in den elektrolytisch leitenden Körpern, sondern an wägbare Massen gebunden, so daß Elektrizitätsleitung ohne Transport von Masse ausgeschlossen ist. Im Sinne der Theorie der elektrolytischen Dissoziation (A r r h e n i u s 1887) sind es die

---

[1]) Bearbeitet von Dr. A. T h i e l , a. o. Professor a. d. Westfäl. Wilhelms-Universität in Münster in Westf.

[2]) Das Atomgewicht des Silbers ist zu 107,88 aufgenommen; durch eine Amperesekunde werden 1,118 mg Ag abgeschieden.

[3]) Das heißt, wenn der ganze Strom nur zu diesem Zwecke verbraucht wird.

freien Ionen, die, mit Elektrizität beladen, unter dem Einflusse der elektrostatischen Anziehung bzw. Abstoßung der Elektroden (Eintrittsflächen des Stromes) wandern und so den Transport der Elektrizität besorgen. Die Ionen, die sich auch sonst wie selbständige Molekelarten verhalten, sind in ihrer Wanderung voneinander durchaus unabhängig; jeder Ionenart kommt die Fähigkeit zu, unter dem Einflusse eines bestimmten Spannungsgefälles sich mit einer bestimmten, für sie charakteristischen Geschwindigkeit zu bewegen (Kohlrausch). Da mithin Ionen von größerer Wanderungsgeschwindigkeit ceteris paribus in derselben Zeit mehr elektrische Ladungen transportieren können als solche von geringerer Beweglichkeit, so wird unter vergleichbaren Verhältnissen die Leitfähigkeit eines elektrolytischen Leiters (hier kommen im wesentlichen nur wässerige Lösungen der wichtigsten „Elektrolyte", der Säuren, Basen und Salze, in Betracht) ein Maß für die Beweglichkeiten seiner Ionen abgeben, wobei noch zu beachten ist, daß kein Elektrolyt — auch in Lösungen von sehr großer Verdünnung — vollkommen, sondern immer nur bis zu einem bestimmten Bruchteile oder Grade gespalten (ionisiert) ist. Nur der gespaltene Anteil kommt aber für die elektrolytische Leitung in Frage. Die elektrolytische Leitfähigkeit ist für denselben Stoff in demselben Lösungsmittel bei konstanter Temperatur der Konzentration der Ionen direkt proportional. Konzentriertere Lösungen leiten im allgemeinen besser als verdünntere. Da aber mit der Verdünnung auch der Spaltungsgrad eines Elektrolyten nach dem Massenwirkungsgesetze steigt, so nimmt die Leitfähigkeit nicht in dem Maße ab wie die Konzentration, sondern langsamer: die verdünnteren Lösungen leiten relativ besser. Bei hohen Konzentrationen kann weitere Konzentrierung sogar wieder eine Abnahme der Leitfähigkeit bewirken, so daß dann Lösungen von maximaler Leitfähigkeit vorhanden sind. So ist z. B. etwa 30 proz. Schwefelsäure die bestleitende; konzentriertere und verdünntere leiten schlechter.

Da die Leitfähigkeit irgendeines Körpers, also z. B. auch einer Elektrolytlösung, von seiner Form abhängt, so ist zur Vergleichung der Leitfähigkeit verschiedener Leiter der Begriff der spezifischen Leitfähigkeit (des spezifischen Leitvermögens) eingeführt worden. Man versteht darunter die Leitfähigkeit eines Würfels von 1 cm Kantenlänge, der aus dem fraglichen Material besteht, und in dem zwei gegenüberliegende Flächen als Elektroden gedacht sind. Wenn nun ein Körper von dem überall gleichmäßigen Querschnitte f und der Länge l den elektrischen Widerstand W Ohm besitzt, so würde, da der Widerstand eines Leiters (erster wie zweiter Klasse) seiner Länge direkt, seinem Querschnitte aber umgekehrt proportional ist, der Widerstand eines Zentimeterwürfels aus demselben Material $= W \cdot f \cdot \dfrac{1}{l}$ sein, und seine Leitfähigkeit, d. h. eben die spezifische Leitfähigkeit des untersuchten Körpers, das Reziproke davon, also

$$\varkappa = \frac{1}{W} \cdot \frac{1}{f} \cdot l \,.$$

Da nun der Querschnitt (wie jede Fläche) in Quadratzentimetern, die Länge aber in Zentimetern gemessen wird, so lautet der Ausdruck für $\varkappa$ vollständig:

$$\varkappa = \frac{1}{W \text{ Ohm}} \cdot \frac{1}{f \text{ cm}^2} \cdot l\,\text{cm} = \frac{1}{W} \cdot \frac{l}{f} \cdot \frac{1}{\text{Ohm} \cdot \text{cm}} \,.$$

Die Dimension der spezifischen Leitfähigkeit ist also Ohm$^{-1} \cdot$ cm^{-1}.

Als Einheit der spezifischen Leitfähigkeit gilt diejenige eines Körpers, von dem ein Zentimeterwürfel 1 Ohm Widerstand besitzt.

Wie oben erwähnt, nimmt mit fortschreitender Verdünnung von Elektrolytlösungen die Ionenspaltung zu. Da nun die Ionen allein den Transport der Elektrizität besorgen, so müßte die Leitfähigkeit einer solchen Lösung mit fortschreitender Verdünnung wachsen, falls man unter vergleichbaren Bedingungen nicht nur 1 ccm (wie bei der Messung des spezifischen Leitvermögens), sondern die ganze Lösung dem Stromdurchgange aussetzt.

Denkt man sich z. B. einen Trog (Fig. 70) von beliebiger Breite und Höhe, aber genau 1 cm Tiefe ($AE = BF = CG = DH = 1$ cm), dessen Begrenzungsflächen $ABCD$ und $EFGH$ aus Metall bestehen und die Elektroden bilden, die übrigen Flächen aus Nichtleitern (Glas, Hartgummi usw.), so kann man die darin gemessene oder gemessen gedachte Leitfähigkeit der ganzen Lösung bei verschiedenen Verdünnungen direkt in Beziehung zu ihrer spezifischen Leitfähigkeit setzen. Die Gesamtleitfähigkeit muß ja zu der spezifischen, d. h. der eines Zentimeterwürfels (rechts unten in der Fig. 70 angedeutet), in demselben Verhältnisse stehen wie die Querschnitte der leitenden Systeme, da die Längen (hier die Abstände der Elektrodenflächen) gleich sind. Das Verhältnis der Querschnitte ist aber auch das der Volumina, in Kubikzentimetern ausgedrückt. Beträgt das Volumen der Lösung v ccm, so ist mithin ihre Gesamtleitfähigkeit das v-Fache der spezifischen, also $= v \cdot \varkappa$.

Bestimmt man auf diese Weise die Gesamtleitfähigkeit eines Grammäquivalents irgendeines Elektrolyten bei wechselnder Verdünnung, und bezeichnet φ das Volumen der Lösung in Kubikzentimetern, so nennt man die Gesamtleitfähigkeit $\varphi \cdot \varkappa$ in diesem Falle das Äquivalentleitvermögen oder die Äquivalentleitfähigkeit des betreffenden Elektrolyten bei der vorliegenden Verdünnung. Seine Konzentration wird mit η bezeichnet und in Millinormalitäten ($^1/_{1000}$-Äquivalentnormalitäten oder Grammäquivalenten im Kubikzentimeter) ausgedrückt, so daß $\varphi = \dfrac{1}{\eta}$.

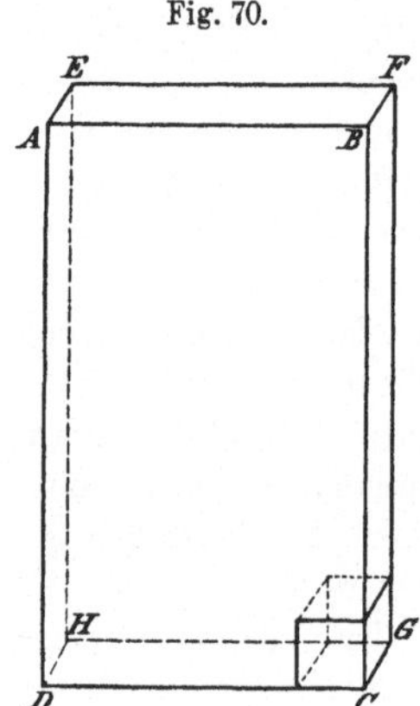

Fig. 70.

Also Λ (Äquivalentleitvermögen) $= \varkappa \cdot \varphi = \dfrac{\varkappa}{\eta}$.

Das Verhältnis von Äquivalentgewicht und Molekulargewicht spielt elektrochemisch dieselbe Rolle, wie in der Chemie überhaupt, da man die Ionen als Elektrizitätsverbindungen auffassen kann und ihnen eine der Wertigkeit des Elements oder der Verbindung in dem betreffenden Ion entsprechende Anzahl elektrischer Ladungen zuschreibt. Elektrochemisch ist das Grammäquivalent definiert als diejenige Menge eines Stoffes, die bei vollkommener Ionisation 96500 Coulombs Elektrizität (positive oder negative, wenn es sich nur um eine einzelne Ionenart handelt, dasselbe Quantum an positiver und negativer, wenn der ganze Elektrolyt berücksichtigt wird) als Ionenladung trägt und mithin auch bei der Elektrolyse transportiert (Faraday).

Die Äquivalentleitfähigkeit steigt bei allen Elektrolyten mit der Verdünnung und erreicht bei unendlicher Verdünnung einen Maximalwert, Λ_∞ , der sich aus zwei Summanden, der Beweglichkeit des Kations ($l_{K\infty}$) und der des Anions ($l_{A\infty}$), zusammensetzt, so daß

$$\Lambda_\infty = l_{K\infty} + l_{A\infty} \quad \text{(Kohlrausch)}.$$

Wenn nun das Äquivalentleitvermögen bei endlicher Verdünnung unterhalb jenes Maximalwertes liegt, so kann man für genügend verdünnte Lösungen als Grund dafür einfach die Unvollständigkeit der Ionenspaltung ansehen. Bezeichnet α den gespaltenen Bruchteil des Elektrolyten (den Spaltungsgrad), so ist Λ , das Äquivalentleitvermögen bei endlicher Verdünnung, gleich $\alpha \cdot \Lambda_\infty$ und $\alpha = \dfrac{\Lambda}{\Lambda_\infty}$.

Auch Λ kann man in zwei Summanden, l_K und l_A , zerlegen, von denen der erstere den auf das Kation, der letztere den auf das Anion entfallenden Anteil von Λ darstellt, so daß ferner — aber nur für genügend verdünnte Lösungen — gilt: $l_K = l_{K\infty} \cdot \alpha$; $l_A = l_{A\infty} \cdot \alpha$.

Beispiel: Versuchstemperatur $18°$. Eine 5proz. Lösung von Kaliumchlorid (Volumgewicht 1,0308) hat eine spez. Leitfähigkeit von 0,0690 Ohm$^{-1} \cdot$ cm^{-1}. Da sie im Liter $5 \cdot 10,308 = 51,540$ g Salz enthält, so ist sie $\dfrac{51,540}{74,60} = 0,6909$ äquivalentnormal.

η ist also gleich $0{,}0006909 \dfrac{\text{Grammäquivalente}}{\text{ccm}}$;

$$\varphi = \frac{1}{0{,}0006909} \; \frac{\text{ccm}}{\text{Grammäquivalente}} \, .$$

A also $= \varkappa \cdot \varphi = \dfrac{0{,}0690}{0{,}0006909} = 99{,}9$.

$A_\infty = l_{K\infty} + l_{A\infty} = 65{,}3 + 65{,}9 = 131{,}2$.

$\alpha = \dfrac{A}{A_\infty} = 0{,}761 = 76{,}1\,\%$.

II. Prinzip der Meßmethode.

Während bei metallischen Leitern die Messung der Leitfähigkeit sich sehr einfach gestaltet, da man ja nur gemäß dem Ohmschen Gesetze die Stärke des unter einer gemessenen Spannung durch den Leiter gehenden Stromes zu bestimmen braucht, erfordert die Messung der elektrolytischen Leitfähigkeit ein anderes Verfahren, weil für Elektrolyte in der Regel das Ohmsche Gesetz nicht gilt. Hier bilden sich ja an den Elektroden als Produkte der Elektrolyse Stoffe, die zur Entstehung einer der elektrolysierenden Spannung entgegen gerichteten elektromotorischen Kraft, der elektromotorischen Kraft der Polarisation, Veranlassung geben.

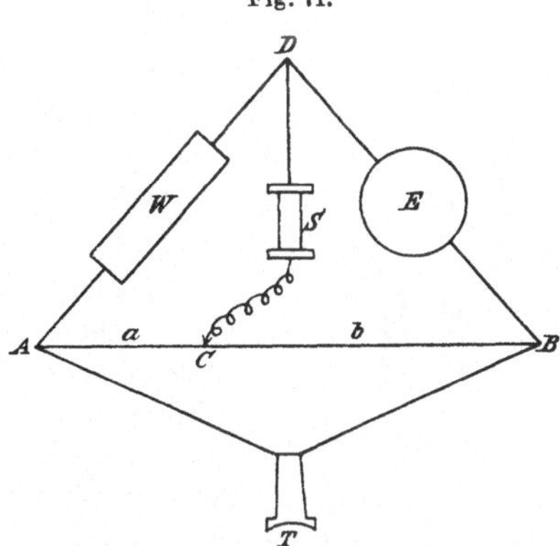

Das gebräuchliche Verfahren der Messung der elektrolytischen Leitfähigkeit beruht nun auf der Ausschaltung der Polarisation durch die Anwendung eines Wechselstromes genügend hoher Frequenz. Unter diesen Umständen werden die durch den einen Stromstoß hervorgerufenen Zersetzungen durch den nächsten, entgegengesetzt gerichteten sofort wieder rückgängig gemacht, oder die Polarisation wirkt auf den einen Stromstoß um ebensoviel hemmend, wie auf den nächsten befördernd; im Mittel ist sie mithin wirkungslos; zudem hat man es in der Hand, durch Wahl entsprechend großer Elektrodenflächen die Polarisation an sich schon einzuschränken. Es wird auch nicht bestimmt, welche Stromstärke einer bestimmten Spannung entspricht, sondern es wird der Widerstand des Elektrolyten mit einem Widerstande bekannter Größe verglichen. Dazu dient die Wheatstonesche Brücke (die natürlich auch zur Messung des Widerstandes metallischer Leiter gebraucht werden kann).

In der Fig. 71 sei E der Elektrolyt, dessen Widerstand bestimmt werden soll, W der (metallische) Vergleichswiderstand, S die Stromquelle für Wechselstrom, AC (a) und BC (b) zwei weitere Widerstände, am einfachsten Teile eines der ganzen Länge nach völlig gleichmäßigen Drahtes, der zwischen A und B ausgespannt ist; dann verhalten sich die Widerstände von a und b einfach wie die Längen der Drahtstücke AC und BC. T ist ein Telephon, das als Nullinstrument für Wechselstrom dient. Auf dem Drahte AB läßt sich ein Schleifkontakt, in der Figur bei C angedeutet, verschieben. Nach den Gesetzen der Stromverzweigung besteht dann zwischen A und B kein Spannungsunterschied, schweigt mithin das Telephon, wenn sich $E : W$ wie $b : a$ verhält. Verschiebt man also den Schleifkontakt auf AB so lange, bis das Telephon stromlos, bzw. das in ihm erzeugte Geräusch ein Minimum ist, so ist der Widerstand von $E = W \cdot \dfrac{b}{a}$ und bei bekanntem W und bekannter Länge von a und b oder bekanntem Längenverhältnis bestimmt.

III. Praktische Ausführung der Messung.

Am zweckmäßigsten und bequemsten bedient man sich zur Herstellung der Wheatstoneschen Brückenkombination einer Walzenbrücke nach Kohlrausch. Sie besteht aus einer Hartgummiwalze, auf welche ein einige Meter langer Draht, am besten aus Platiniridium, in 10 Windungen aufgewickelt ist. Auf dem Drahte rollt an Stelle des Schleifkontaktes ein Rädchen, das sich gleichzeitig auf einer horizontalen Achse vor einer Teilung verschiebt. Rädchen und Achse sind zweckmäßig sorgfältig blank platiniert. Zur Ablesung der Walzenstellung dient ferner eine am Umfange der Walze angebrachte Teilung, welche Hundertstel einer Umdrehung abzulesen, Tausendstel zu schätzen gestattet, so daß noch Zehntausendstel der ganzen Drahtlänge geschätzt werden können. Es empfiehlt sich, jede Brückenwalze vor dem Gebrauch kalibrieren zu lassen oder selbst zu kalibrieren[1]), damit etwaige Ungenauigkeiten ausgeschaltet werden können. Die Walze ist vor Staub gut zu schützen, Rädchen und Achse öfters mit weichem Lederlappen zu putzen, wenn Störungen vermieden werden sollen.

Als Vergleichswiderstand dient ein Stöpselrheostat, für genaue Messungen ein Präzisionsstöpselrheostat (ist auch geeicht erhältlich). Rheostaten mit einem Gesamtwiderstande von 1 bis 5000 Ohm dürften für die Zwecke der Praxis stets genügen. Die einzelnen Widerstände sind nach dem Prinzip der Gewichtssätze angeordnet (also 1, 2, 2, 5, 10 usw. Ohm). Die Einschaltung der einzelnen Widerstände erfolgt durch Herausnehmen der entsprechenden Stöpsel; die übrigen Stöpsel müssen unter mäßigem Drucke sicher eingedreht werden. Auch der Rheostat ist vor Staub zu schützen. Die Widerstände dürfen nicht mit mehr als $\dfrac{0,3}{\sqrt{W}}$ Ampere belastet werden, wenn W den Widerstand der betreffenden Widerstandsrolle in Ohm bedeutet.

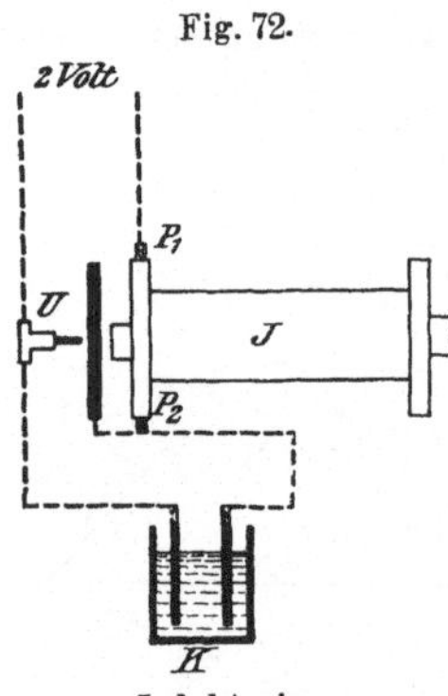

Fig. 72.

Induktorium.

Die gebräuchliche Stromquelle für den Wechselstrom ist ein kleines Induktorium. Im Interesse der Güte und Konstanz des Tonminimums im Telephon wählt man ein Induktorium, das nur schwache Sekundärströme und einen recht hohen Ton gibt (Mückentoninduktorium); zum Betriebe solcher Induktorien genügt ein Akkumulator. Den Öffnungsfunken am Unterbrecher, der bei längerem Gebrauche den Kontakt verdirbt, kann man wesentlich abschwächen, indem man einen elektrolytischen Kondensator zum Unterbrecher parallel schaltet (Fig. 72). P_1 und P_2 sind die Enden der Primärspule des Induktoriums J, U ist der Unterbrecher, K der Kondensator, am besten zwei Aluminiumbleche in einer Lösung von Alkalisulfat; es genügen aber bei 2 Volt Betriebsspannung auch vollauf Platinbleche in gewöhnlichem Leitungswasser.

Das Telephon ist ein Bellsches Hörtelephon. Es soll vornehmlich auf die hohen Töne des Induktoriums reagieren, für die auch das menschliche Ohr am empfindlichsten ist. Das Telephon wird fest mit gutem Schluß an das eine Ohr angedrückt, während das andere Ohr am besten mit einem Antiphon (einem hohlen Glaskügelchen) verstopft wird. Die Wahrnehmung des Tonminimums wird alsdann durch das Geräusch des arbeitenden Induktoriums und sonstige Geräusche kaum gestört. Das Unterbrechergeräusch kann noch gedämpft werden, indem man das Induktorium auf zwei Stücke Gummischlauch oder eine dicke Filzplatte stellt. Das Telephon muß mindestens ein Meter vom arbeitenden Induktorium entfernt sein, damit Störungen ausgeschlossen sind.

Von besonderer Wichtigkeit ist die Wahl geeigneter Elektroden. Der Widerstand eines Elektrolyten ist ja außer von seinem spezifischen Leitvermögen abhängig von der

---

[1]) Näheres darüber siehe bei Kohlrausch und Holborn, Leitvermögen der Elektrolyte, Leipzig 1898, S. 45 und Ostwald-Luther, Physikochemische Messungen, 2. Aufl., Leipzig 1902, S. 349.

Größe und dem Abstande der Elektroden, zwischen denen er sich befindet, außerdem auch von der Form des Leitfähigkeitsgefäßes. Wären beide Elektroden je 1 qcm groß und befänden sie sich in einem Abstande von 1 cm, so würde, falls alle Stromlinien nur innerhalb des Elektrodenzwischenraumes von 1 qcm Querschnitt verliefen, die gemessene Leitfähigkeit die spezifische sein. Die gemachten Voraussetzungen treffen jedoch in der Regel nicht zu; insbesondere verlaufen, auch wenn man zwei Elektroden von je genau 1 qcm in genau 1 cm Abstand in einen Elektrolyten einsenkt, auch Stromlinien außerhalb des Elektrodenzwischenraumes, zum Teil auch von den Rückseiten der Elektroden ausgehend, so daß die beobachtete Leitfähigkeit größer ist als die spezifische. Ferner wäre die Einhaltung der Normalgröße und Normaldistanz der Elektroden eine sehr lästige Bedingung, die sogar in vielen Fällen eine genaue Messung unmöglich machen würde, weil die gemessenen Widerstände bei guten Leitern von zu niedriger, bei schlechten von zu hoher Größenordnung sein würden. Man benutzt daher je nach der spezifischen Leitfähigkeit des zu untersuchenden Elektrolyten Elektroden von größerer oder kleinerer Oberfläche, kleinerem oder größerem Abstande, um Widerstände von angemessener, mittlerer Größe zu bekommen. Um nun aber aus dem gemessenen Widerstande die spezifische Leitfähigkeit berechnen zu können, müßte man Oberfläche und Entfernung der Elektroden genau kennen und außerdem die Stromlinienverteilung in ganzen Elektrolyten auswerten können. Das ist aber in der Regel unmöglich. Man muß daher die „Kapazität" des Elektrodensystems auf anderem Wege bestimmen. Unter Widerstandskapazität eines Elektrodengefäßes versteht man den Widerstand, den ein Elektrolyt von der spezifischen Leitfähigkeit Eins in diesem Gefäße zeigen würde. Die Widerstandskapazität sinkt also mit zunehmendem Querschnitte des zwischen den Elektroden befindlichen Elektrolyten, steigt dagegen mit der Elektrodenentfernung. Der Widerstand eines Elektrolyten in irgendeinem Leitfähigkeitsgefäße ist mithin proportional der Widerstandskapazität des Gefäßes; andererseits ist er der spezifischen Leitfähigkeit des Elektrolyten umgekehrt proportional, so daß die Beziehung gilt:

$$W = \frac{C}{\varkappa},$$

wenn W den Widerstand, C die Widerstandskapazität des Gefäßes, $\varkappa$ die spezifische Leitfähigkeit des Elektrolyten bedeutet. Um $\varkappa$ aus der Gleichung $\varkappa = \frac{C}{W}$ zu berechnen, braucht man also außer dem gemessenen Widerstande W noch C, die Widerstandskapazität des Gefäßes. Zu ihrer Ermittelung mißt man einfach den Widerstand, den ein Elektrolyt bekannten spezifischen Leitvermögens (Eichlösung) in dem fraglichen Leitfähigkeitsgefäße ergibt. Dann ist ja $C = W \cdot \varkappa$ bekannt.

Für die Güte des Tonminimums im Telephon ist der Gesamtwiderstand des Elektrolyten und die wirksame Elektrodenoberfläche in der Weise maßgebend, daß der Gesamtwiderstand um so kleiner sein kann, je stärker bei gleichem Leitungsquerschnitte die Oberflächenentwickelung der Elektroden ist. Als Material der Elektroden kommt für allseitige Verwendbarkeit nur Platin in Betracht. Wenn jede Elektrode n qcm leitende Oberfläche besitzt, so werden gute Minima bei Widerständen von mehr als 2500 n Ohm erhalten, falls die Elektroden blanke, glatte Platinbleche sind. Das wirksamste Mittel zur Vergrößerung der leitenden Oberfläche ist das Platinieren, am besten mit der Lummer-Kurlbaumschen Lösung[1]. Derart gut platinierte Elektroden geben gute Minima bei Widerständen oberhalb 75 n Ohm. Zum Platinieren benutzt man eine Stromquelle von 4 Volt (2 Akkumulatoren hintereinander) und regelt den Strom durch einen Vorschaltwiderstand so, daß nur schwache Gasentwickelung an den Elektroden auftritt. Durch einen Stromwender (Wippe) wird der Strom während der ersten Minuten alle 10 Sekunden kommutiert, späterhin etwa alle halben Minuten. Im ganzen dauert erstmaliges Platinieren blanker Elektroden etwa 15 Minuten;

---

[1] 3 g käufliches Platinchlorid und 0,2—0,3 g Bleiacetat in 100 g Wasser gelöst.

Nachplatinieren schon gebrauchter Elektroden erfordert meist nur wenige Minuten. Nach beendeter Platinierung werden die beiden Elektroden abgespült und dann mit Hilfe ihrer Zuleitungen metallisch verbunden, als Kathode in verdünnte Schwefelsäure gebracht, während ein Platindraht als Anode dient, worauf mit 4 Volt einige Minuten elektrolysiert wird. Von der noch anhaftenden Platinierungsflüssigkeit bleibt hierbei nur Salzsäure übrig; die Elektroden lassen sich dann durch längeres Einstellen in fließendes Wasser, endlich durch öftere Behandlung mit lauwarmem, gutem destilliertem Wasser leicht reinigen. Es ist noch zu beachten, daß die Elektroden vor dem Platinieren von Fettspuren und sonstigen Verunreinigungen zu befreien sind, was am besten durch viertelstündiges Eintauchen in eine warme Mischung von konzentrierter Schwefelsäure mit (festem) Kaliumbichromat geschieht. Horizontal angebrachte Elektroden müssen in geneigter Lage platiniert werden, damit sich unter der oberen Elektrode keine Gasblasen ansammeln. Es empfiehlt sich, Elektroden, die längere Zeit unbenutzt an der Luft gelegen haben, vor erneutem Gebrauche frisch zu platinieren.

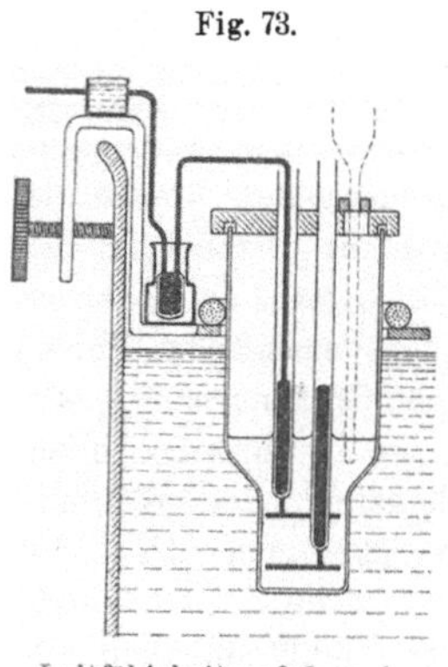

Fig. 73.

Leitfähigkeitsgefäß nach Ostwald.

Die Formen, die man den Leitfähigkeitsgefäßen und Elektroden gegeben hat, um Kapazitäten der gewünschten Größenordnung zu erhalten, sind sehr mannigfach. Für sehr viele Zwecke der Praxis wird, wenn es sich um verdünnte oder sehr verdünnte Elektrolytlösungen handelt, ein Leitfähigkeitsgefäß der in Fig. 73 dargestellten Form genügen (das Gefäß ist in einen Thermostaten eingehängt gezeichnet). Durch Wahl einer geeigneten Elektrodengröße und Einstellung eines entsprechenden Elektrodenabstandes kann man die Kapazität in gewissen Grenzen den hauptsächlichsten Fällen der Praxis anpassen. Hat man neben sehr gut leitenden Flüssigkeiten solche von mittlerer und von sehr kleiner spezifischer Leitfähigkeit zu untersuchen, so ist als besonders zweckmäßig die Anwendung von Tauchelektroden zu empfehlen, von denen die drei hauptsächlichsten Typen (Fig. 74) mit sehr großen Unterschieden der Kapazität für alle in der Praxis vorkommenden Fälle genügen. Neben der vielseitigen Verwendbarkeit haben Tauchelektroden den Vorzug, daß man den zu untersuchenden Elektrolyten in ein beliebiges Gefäß einfüllen kann, wenn sich nur die Tauchelektrode in dieses einführen läßt. Verwendet man enge Gefäße, so kommt man auch mit relativ geringen Mengen des Elektrolyten aus. Die für sehr schlechte Leiter bestimmte Form der Tauchelektrode (Fig. 74 A) enthält zwei in möglichst geringem Abstande voneinander fixierte, konzentrische Platinblechzylinder. Bei Elektrolyten mittleren Leitvermögens wird man die Form B (Fig. 74) anwenden,

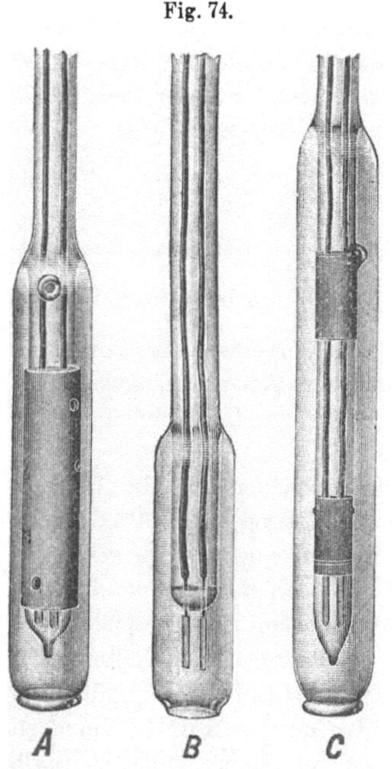

Fig. 74.

Tauchelektroden.

bei der zwei etwa 1 qcm große Bleche in etwa $1/_2$ cm Abstand befestigt sind. Zur Untersuchung gutleitender Elektrolyte dient endlich die Form C (Fig. 74); hier sind die Platinbleche in größerem Abstande voneinander auf eine Doppelkapillare (eine solche, mit Quecksilber gefüllt, dient bei allen drei Formen zur Stromzuleitung) aufgezogen. Die Kapazität kann weiter vergrößert werden, wenn das Umhüllungsrohr zwischen den Elektroden verengt wird. Bei Form C muß natürlich das Luftloch des Mantelrohres sich über dem Elektrolyten befinden, da sonst ein wesentlicher Teil der Stromlinien außen um den Mantel herumgehen würde. In sehr einfacher Weise kann man sich eine Tauchelektrode für bestleitende Flüssigkeiten selbst anfertigen, indem man auf einem einseitig kapillar ausgezogenen Glasrohr die eine Elektrode außen mit Platindraht fixiert, während die andere (ebenfalls ein zylindrisches Platinblech) im Innern des Rohres befestigt wird; durch Verlängern und Verengen der Kapillare kann man die Kapazität außerordentlich erhöhen. Die Elektrode wird natürlich so eingetaucht, daß die Kapillare nach unten kommt.

Die elektrolytische Leitfähigkeit ist in hohem Grade von der Temperatur abhängig; sie steigt um rund 2% für 1° C Temperaturerhöhung. Will man also die von der Ungenauigkeit der Temperaturkonstanz herrührenden Messungsfehler kleiner als 0,1% machen, so darf die Temperatur nur um weniger als 0,05° schwanken. Einhaltung möglichst konstanter Temperatur ist schon deswegen angebracht, weil anderenfalls die aus sonstigen Fehlerquellen herrührende Ungenauigkeit der Methode, die auch bei sorgfältigem Arbeiten und bei mittleren Widerständen einige Zehntelprozente beträgt, unnötigerweise vergrößert werden kann. Die zu messenden Widerstände sollen im allgemeinen nicht weniger als 50 und nicht mehr als einige tausend Ohm betragen; hierauf ist bei der Wahl der Elektroden in jedem speziellen Falle Rücksicht zu nehmen. Hat man nur eine einzige Messung vorzunehmen, so genügt als Wärmebad, in das der Elektrolyt gebracht wird, ein größeres Gefäß mit Wasser. Für eine größere Reihe von Messungen ist die Anwendung eines Thermostaten, z. B. in der Ostwaldschen Form mit Toluolregulator, unerläßlich. Durch längere Beobachtung ist zu prüfen, ob der Regulator sicher funktioniert, und wie groß die Temperaturschwankungen sind. Das benutzte Thermometer ist mit einem Normalthermometer zu vergleichen. Energische Durchrührung des Thermostatenwassers (mechanisches Rührwerk) ist anzuraten. Selbstverständlich muß man sich davon überzeugen, daß der Elektrolyt die Temperatur des Thermostaten angenommen hat; Bewegung des Elektrolyten (bei Verwendung von Tauchelektroden am einfachsten mehrfaches Umrühren mit der Elektrode) befördert den Temperaturausgleich wesentlich. Temperaturgleichgewicht läßt sich annehmen, wenn zwei Messungen, die im Abstande von einigen Minuten vorgenommen werden, gleiche Ergebnisse liefern. Um Fehler, die sich aus der Erwärmung des Elektrolyten infolge des Stromdurchganges ergeben, zu vermeiden, sollte man das Induktorium nicht unnötig lange arbeiten lassen, also nur zum Zwecke der Messung selbst einschalten; man legt daher in den Primärstromkreis zweckmäßig einen Stromschlüssel. Bei Benutzung von Tauchelektroden stellt man das den Elektrolyten enthaltende Gefäß einfach in den Thermostaten hinein, wobei man es nötigenfalls beschweren oder auf einer beschwerten Unterlage befestigen kann. Bei der in Fig. 73 dargestellten Art der Einhängung eines Leitfähigkeitsgefäßes in den Thermostaten wird das Gefäß durch einen Gummiring auf dem Halter montiert; der letztere trägt auch noch Quecksilbernäpfchen, in welche die starken kupfernen Zuleitungsdrähte zu den Elektroden eintauchen (in der Figur ist nur ein solcher Draht gezeichnet); es wird auf diese Weise vermieden, daß die Elektrodenstellung durch etwaige Zerrungen an den Zuleitungsdrähten sich ändert. Den Kontakt zwischen den Zuleitungsdrähten und den in die Glasröhren eingeschmolzenen Elektrodenstielen vermittelt ebenfalls Quecksilber. Die kupfernen Zuleitungsdrähte sind an beiden Enden sorgfältig zu amalgamieren (durch Eintauchen in eine mit Salpetersäure versetzte Mercuronitratlösung und Anreiben mit etwas Quecksilber). Als Versuchstemperatur ist eine der gebräuchlichen Normaltemperaturen: 18° C (Kohlrausch) oder 25° C (Ostwald) zu wählen, da die für etwaige quantitative Berechnungen erforderlichen Daten in der Regel auf eine von diesen beiden Temperaturen bezogen sind. Die Temperatur von 25° hat den Vorzug, daß sie sich auch im Sommer, von Ausnahmefällen abgesehen, bequem erhalten läßt.

Zur Bestimmung der Widerstandskapazität von Elektroden oder Leitfähigkeitsgefäßen dienen Eichlösungen, d. h. Lösungen, die eine bekannte spezifische Leitfähigkeit besitzen und sich leicht genügend genau herstellen lassen. Man benutzt hierzu am besten

Lösungen von Kaliumchlorid, und zwar je nach der Größenordnung der Widerstandskapazität zur Erzielung von Widerständen in den oben angegebenen Grenzen, Lösungen, die $^1/_{100}$; $^1/_{50}$; $^1/_{10}$ oder einfach molekularnormal sind, im Liter also $\dfrac{74{,}60}{100}$; $\dfrac{74{,}60}{50}$; $\dfrac{74{,}60}{10}$ oder 74,60 g KCl enthalten[1]). Bei der Abwägung des Salzes ist zu beachten, daß das Normalgewicht für den luftleeren Raum gilt; beim Abwägen in Luft mit Messinggewichten ist daher überall statt 74,60 der Wert 74,57 zu setzen.

Zur Bereitung der Lösungen ist bestes destilliertes Wasser zu benutzen, dessen Eigenleitfähigkeit bei Verwendung der beiden verdünntesten Eichlösungen bestimmt und von der gemessenen Leitfähigkeit abgezogen werden muß. Das im Handel erhältliche reinste Chlorkalium enthält häufig etwas Bromkalium. Es ist darum ratsam, das Salz durch Einleiten eines raschen Chlorstromes in seine siedendheiße, mit Salzsäure angesäuerte Lösung (Gefäße aus Jenaer Glas!) bromfrei zu machen (die Operation ist in 1 bis 2 Stunden beendet). Nach dem Abdampfen und Trocknen wird das Salz in einer Porzellan- oder besser Platinschale gelinde geglüht (es darf keinesfalls schmelzen, sondern der Boden der Schale darf nur rötlich schimmern).

Die spezifische Leitfähigkeit ($\varkappa$) von Chlorkaliumlösungen der oben angegebenen Konzentrationen ist bei den beigeschriebenen Temperaturen aus der folgenden Tabelle zu ersehen. Es ist angenommen, daß die Lösungen bei 18° hergestellt sind.

Temperatur C°	Molekularnormalität bei 18°			
	1	$^1/_{10}$	$^1/_{50}$	$^1/_{100}$
0	0,0654	0,00716	0,001522	0,000776
10	0,0832	0,00934	0,001996	0,001019
18	0,0983	0,01120	0,002399	0,001224
25	0,1118	0,01289	0,002768	0,001412

Wenn also z. B. gefunden wurde, daß eine normale Chlorkaliumlösung bei 25° in einem bestimmten Leitfähigkeitsgefäße einen Widerstand von 235,3 Ohm hat, so ist die Widerstandskapazität des Gefäßes nach der Beziehung

$$C = W \cdot \varkappa$$

gleich $235{,}3 \cdot 0{,}1118 = 26{,}31$ cm^{-1}.

Ergibt nun der zu untersuchende Elektrolyt in demselben Gefäße bei 25° einen Widerstand von 464,5 Ohm, so ist seine spezifische Leitfähigkeit bei 25° nach der Gleichung

$$\varkappa = \frac{C}{W}$$

gleich $\dfrac{26{,}31}{464{,}5} = 0{,}05663$ Ohm$^{-1} \cdot$ cm^{-1}.

Wurde dagegen z. B. eine Tauchelektrode mit n/100-Chlorkaliumlösung bei 18° geeicht und ergab dabei einen Widerstand von 74,80 Ohm, so ist zur Kapazitätsbestimmung die Eigenleitfähigkeit des Wassers zu berücksichtigen. Zeigt die Elektrode in dem benutzten Wasser z. B. einen Widerstand von 8944 Ohm, so ist die wahre Leitfähigkeit der Chlorkaliumlösung $= \dfrac{1}{74{,}80} - \dfrac{1}{8944}$, und der wahre Widerstand $= \dfrac{8944 \cdot 74{,}80}{8944 - 74{,}80} = 75{,}43$ Ohm.

Die Kapazität der Elektrode ist also $75{,}43 \cdot 0{,}001224 = 0{,}09233$ cm^{-1}, und die spezifische Leitfähigkeit des benutzten Wassers ist $\dfrac{0{,}09233}{8944} = 0{,}00001032$ oder $= 1{,}032 \cdot 10^{-5}$ Ohm$^{-1} \cdot$ cm^{-1}.

---

[1]) Nach der Atomgewichtstabelle der Internationalen Atomgewichtskommission für 1909 ergibt sich das Molekulargewicht von Kaliumchlorid zu 74,56. Die als Eichlösungen empfohlenen Lösungen sind demnach nicht genau molekularnormal usw.

Die Bereitung von besonders reinem Wasser, sogenanntem „Leitfähigkeitswasser" ist wohl für die Zwecke der Praxis nicht unbedingt erforderlich. Näheres darüber ist in den Seite 66, Anm. zitierten Werken nachzulesen[1]. Die Verwendung von Gefäßen aus gewöhnlichem weichem Glase zur Aufnahme von Lösungen, deren Leitfähigkeit bestimmt werden soll, ist wegen der merklichen Löslichkeit des gewöhnlichen Glases unbedingt zu verwerfen. Dagegen ist Jenaer Geräteglas durchaus brauchbar, besonders wenn die Gefäße vor dem Gebrauche „ausgedämpft" werden[2].

Form und Zusammenstellung der gebräuchlichsten Apparate zur Leitfähigkeitsmessung (nach dem Schaltungsschema der Fig. 71, S. 65) ist aus der Fig. 75 zu ersehen. R ist der Rheostat, E eine von dem Elektrolyten umgebene Tauchelektrode, W die Brückenwalze, T das Telephon, J das Induktorium, K ein als Kondensator zum Unterbrecher parallel geschaltetes Leitfähigkeitsgefäß von der in Fig. 73, S. 68 wiedergegebenen Art, A der zum

Fig. 75.

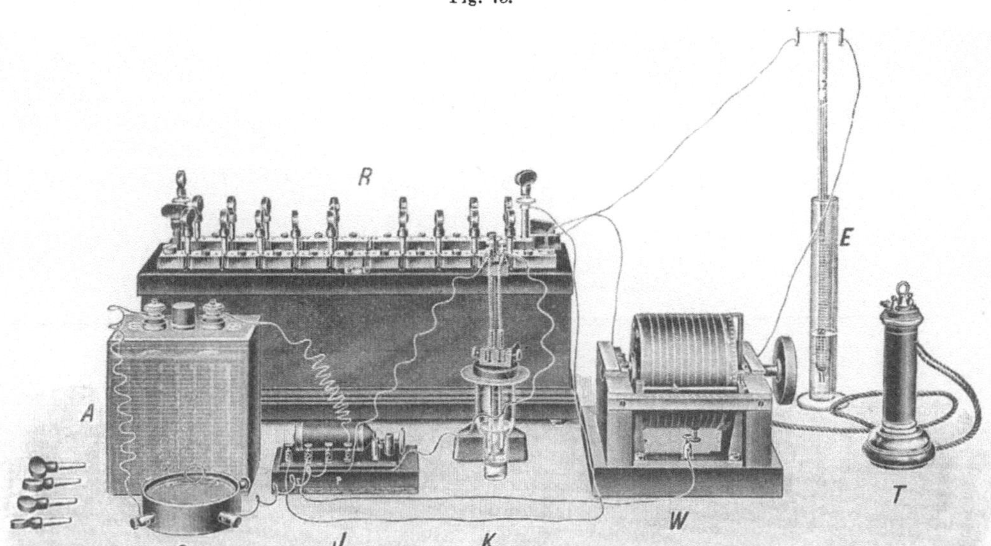

Anordnung der Apparate.

Betriebe des Induktoriums dienende Akkumulator (bzw. 2—3 Trockenelemente), S ein Stromschlüssel. Die Verbindungen von R und E untereinander und mit den Enden der Walze[3]) müssen aus möglichst kurzen, nicht zu dünnen Kupferdrähten (1 mm Durchmesser) hergestellt sein. Der Thermostat ist im Interesse der besseren Übersicht weggelassen worden.

Zur Ausführung der Messung schaltet man in R einen Widerstand ein, der dem erwarteten Widerstande von E ungefähr entspricht, setzt das Induktorium in Gang und dreht, das Telephon ans Ohr gedrückt, so lange an der Brückenwalze, bis man ein Tonminimum erkennen kann, zu dessen beiden Seiten der Ton wieder anschwillt. Man variiert nun zweck-

---

[1]) Destilliertes Wasser wird das erste Mal unter Zusatz von Permanganat und Schwefelsäure und das Destillat hiervon nach Zusatz von Barythydrat destilliert. Das so gereinigte Wasser wird in einem Gefäß von Jenaer Glas aufbewahrt, zu dem nur durch Natronkalk und Schwefelsäure (letztere in Bimssteinstückchen) gereinigte Luft zutreten kann.

[2]) Ostwald-Luther, S. 403.

[3]) Man legt E an den Walzenanfang bei Null (rechts), R an das Walzenende bei Zehn (links).

mäßig in R den Widerstand so, daß im Tonminimum das Laufrädchen in der Nähe der Walzenmitte steht, weil alsdann die unvermeidlichen Einstellungsfehler den kleinsten Betrag haben.

Zur sicheren Erkennung des Minimums gehört eine gewisse Übung. Manchmal gelingt es besser, zu beiden Seiten des Minimums auf Stellen gleicher Tonstärke einzustellen und das Mittel aus beiden Ablesungen zu nehmen. Mehrfache Wiederholung der Einstellung muß in jedem Falle zeigen, wie groß die Genauigkeit der Einstellung ist. Schlechte Minima werden sich in der überwiegenden Mehrzahl der in der Praxis vorkommenden Fälle durch Erneuerung der Platinierung der Elektroden verbessern lassen.

Ist das Tonminimum festgelegt, dann verhält sich bei der vorstehend angegebenen Schaltung der Widerstand des Elektrolyten zum Vergleichswiderstande wie das Meßdrahtstück zwischen Walzenanfang und Laufrädchen zu dem zwischen Rädchen und Walzenende, oder, wenn x das erstere Stück, in Tausendsteln der ganzen Drahtlänge gemessen, bedeutet, wie x zu $1000 - x$.

Es ist also $E = W \cdot \dfrac{x}{1000 - x}$.

Den Wert des Bruches $\dfrac{x}{1000 - x}$ kann man einfach der folgenden Tabelle entnehmen[1].

Tabelle zur Berechnung des Verhältnisses $\dfrac{x}{1000 - x}$ **für einen in Tausendstel geteilten Draht.**

$$\frac{x}{1000 - x} \text{ für } x = 1 \text{ bis } x = 999.$$

x	0	1	2	3	4	5	6	7	8	9
00	0,0000	0,0010	0,0020	0,0030	0,0040	0,0050	0,0060	0,0071	0,0081	0,0091
01	0101	0111	0122	0132	0142	0152	0163	0173	0183	0194
02	0204	0215	0225	0235	0246	0256	0267	0278	0288	0299
03	0309	0320	0331	0341	0352	0363	0373	0384	0395	0406
04	0417	0428	0438	0449	0460	0471	0482	0493	0504	0515
05	0526	0537	0549	0560	0571	0582	0593	0605	0616	0627
06	0638	0650	0661	0672	0684	0695	0707	0718	0730	0741
07	0753	0764	0776	0788	0799	0811	0823	0834	0846	0858
08	0870	0881	0893	0905	0917	0929	0941	0953	0965	0977
09	0989	1001	1013	1025	1038	1050	1062	1074	1087	1099
10	0,1111	1124	1136	1148	1161	1173	1186	1198	1211	1223
11	1236	1249	1261	1274	1287	1299	1312	1325	1338	1351
12	1364	1377	1390	1403	1416	1429	1442	1455	1468	1481
13	1494	1508	1521	1534	1547	1561	1574	1588	1601	1614
14	1628	1641	1655	1669	1682	1696	1710	1723	1737	1751
15	1765	1779	1792	1806	1820	1834	1848	1862	1877	1891
16	1905	1919	1933	1947	1962	1976	1990	2005	2019	2034
17	0,2048	2063	2077	2092	2107	2121	2136	2151	2166	2180
18	2195	2210	2225	2240	2255	2270	2285	2300	2315	2331
19	2346	2361	2376	2392	2407	2422	2438	2453	2469	2484

[1] Eine Tafel der zugehörigen Logarithmen, die manchem erwünscht sein wird, ist in Küster, Logarithmische Rechentafeln für Chemiker usw., 9. Aufl., Leipzig 1909, enthalten.

x	0	1	2	3	4	5	6	7	8	9
20	0,2500	0,2516	0,2531	0,2547	0,2563	0,2579	0,2595	0,2610	0,2626	0,2642
21	2658	2674	2690	2707	2723	2739	2755	2771	2788	2804
22	2821	2837	2854	2870	2887	2903	2920	2937	2953	2970
23	2987	3004	3021	3038	3055	3072	3089	3106	3123	3141
24	0,3158	3175	3193	3210	3228	3245	3263	3280	3298	3316
25	3333	3351	3369	3387	3405	3423	3441	3459	3477	3495
26	3514	3532	3550	3569	3587	3605	3624	3643	3661	3680
27	3699	3717	3736	3755	3774	3793	3812	3831	3850	3870
28	3889	3908	3928	3947	3967	3986	4006	4025	4045	4065
29	0,4085	4104	4124	4144	4164	4184	4205	4225	4245	4265
30	4286	4306	4327	4347	4368	4389	4409	4430	4451	4472
31	4493	4514	4535	4556	4577	4599	4620	4641	4663	4684
32	4706	4728	4749	4771	4793	4815	4837	4859	4881	4903
33	4925	4948	4970	4993	5015	5038	5060	5083	5106	5129
34	0,5152	5175	5198	5221	5244	5267	5291	5314	5337	5361
35	5385	5408	5432	5456	5480	5504	5528	5552	5576	5601
36	5625	5650	5674	5699	5723	5748	5773	5798	5823	5848
37	5873	5898	5924	5949	5974	6000	6026	6051	6077	6103
38	0,6129	6155	6181	6208	6234	6260	6287	6313	6340	6367
39	6393	6420	6447	6475	6502	6529	6556	6584	6611	6639
40	6667	6695	6722	6750	6779	6807	6835	6863	6892	6921
41	6949	6978	7007	7036	7065	7094	7123	7153	7182	7212
42	0,7241	7271	7301	7331	7361	7391	7422	7452	7483	7513
43	7544	7575	7606	7637	7668	7699	7731	7762	7794	7825
44	7857	7889	7921	7953	7986	8018	8051	8083	8116	8149
45	0,8182	8215	8248	8282	8315	8349	8382	8416	8450	8484
46	8519	8553	8587	8622	8657	8692	8727	8762	8797	8832
47	8868	8904	8939	8975	9011	9048	9084	9121	9157	9194
48	0,9231	9268	9305	9342	9380	9418	9455	9493	9531	9570
49	9608	9646	9685	9724	9763	9802	9841	9881	9920	9960
50	1,000	1,004	1,008	1,012	1,016	1,020	1,024	1,028	1,033	1,037
51	1,041	1,045	1,049	1,053	1,058	1,062	1,066	1,070	1,075	1,079
52	1,083	1,088	1,092	1,096	1,101	1,105	1,110	1,114	1,119	1,123
53	1,128	1,132	1,137	1,141	1,146	1,151	1,155	1,160	1,165	1,169
54	1,174	1,179	1,183	1,188	1,193	1,198	1,203	1,208	1,212	1,217
55	1,222	1,227	1,232	1,237	1,242	1,247	1,252	1,257	1,262	1,268
56	1,273	1,278	1,283	1,288	1,294	1,299	1,304	1,309	1,315	1,320
57	1,326	1,331	1,336	1,342	1,347	1,353	1,358	1,364	1,370	1,375
58	1,381	1,387	1,392	1,398	1,404	1,410	1,415	1,421	1,427	1,433
59	1,439	1,445	1,451	1,457	1,463	1,469	1,475	1,481	1,488	1,494
60	1,500	1,506	1,513	1,519	1,525	1,532	1,538	1,545	1,551	1,558
61	1,564	1,571	1,577	1,584	1,591	1,597	1,604	1,611	1,618	1,625
62	1,632	1,639	1,646	1,653	1,660	1,667	1,674	1,681	1,688	1,695
63	1,703	1,710	1,717	1,725	1,732	1,740	1,747	1,755	1,762	1,770
64	1,778	1,786	1,793	1,801	1,809	1,817	1,825	1,833	1,841	1,849

x	0	1	2	3	4	5	6	7	8	9
65	1,857	1,865	1,874	1,882	1,890	1,899	1,907	1,915	1,924	1,933
66	1,941	1,950	1,959	1,967	1,976	1,985	1,994	2,003	2,012	2,021
67	2,030	2,040	2,049	2,058	2,067	2,077	2,086	2,096	2,106	2,115
68	2,125	2,135	2,145	2,155	2,165	2,175	2,185	2,195	2,205	2,215
69	2,226	2,236	2,247	2,257	2,268	2,279	2,289	2,300	2,311	2,322
70	2,333	2,344	2,356	2,367	2,378	2,390	2,401	2,413	2,425	2,436
71	2,448	2,460	2,472	2,484	2,497	2,509	2,521	2,534	2,546	2,559
72	2,571	2,584	2,597	2,610	2,623	2,636	2,650	2,663	2,676	2,690
73	2,704	2,717	2,731	2,745	2,759	2,774	2,788	2,802	2,817	2,831
74	2,846	2,861	2,876	2,891	2,906	2,922	2,937	2,953	2,968	2,984
75	3,000	3,016	3,032	3,049	3,065	3,082	3,098	3,115	3,132	3,149
76	3,167	3,184	3,202	3,219	3,237	3,255	3,274	3,292	3,310	3,329
77	3,348	3,367	3,386	3,405	3,425	3,444	3,464	3,484	3,505	3,525
78	3,545	3,566	3,587	3,608	3,630	3,651	3,673	3,695	3,717	3,739
79	3,762	3,785	3,808	3,831	3,854	3,878	3,902	3,926	3,950	3,975
80	4,000	4,025	4,051	4,076	4,102	4,128	4,155	4,181	4,208	4,236
81	4,263	4,291	4,319	4,348	4,376	4,405	4,435	4,465	4,495	4,525
82	4,556	4,587	4,618	4,650	4,682	4,714	4,747	4,780	4,814	4,848
83	4,882	4,917	4,952	4,988	5,024	5,061	5,098	5,135	5,173	5,211
84	5,250	5,289	5,329	5,369	5,410	5,452	5,494	5,536	5,579	5,623
85	5,667	5,711	5,757	5,803	5,849	5,897	5,944	5,993	6,042	6,092
86	6,143	6,194	6,246	6,299	6,353	6,407	6,463	6,519	6,576	6,634
87	6,692	6,752	6,813	6,874	6,937	7,000	7,065	7,130	7,197	7,264
88	7,333	7,403	7,475	7,547	7,621	7,696	7,772	7,850	7,929	8,009
89	8,091	8,174	8,259	8,346	8,434	8,524	8,615	8,709	8,804	8,901
90	9,000	9,101	9,204	9,309	9,417	9,526	9,638	9,753	9,870	9,989
91	10,11	10,33	10,36	10,49	10,63	10,77	10,90	11,05	11,20	11,35
92	11,50	11,66	11,82	11,99	12,16	12,33	12,51	12,70	12,89	13,08
93	13,29	13,49	13,71	13,93	14,15	14,38	14,63	14,87	15,13	15,39
94	15,67	15,95	16,24	16,54	16,86	17,18	17,52	17,87	18,23	18,61
95	19,00	19,41	19,83	20,28	20,74	21,22	21,73	22,26	22,81	23,39
96	24,00	24,64	25,32	26,03	26,78	27,57	28,41	29,30	30,25	31,26
97	32,33	33,48	34,71	36,04	37,46	39,00	40,67	42,48	44,45	46,62
98	49,00	51,6	54,6	57,8	61,5	65,7	70,4	75,9	82,3	89,9
99	99,0	110	124	142	166	199	249	332	499	999

War die Widerstandskapazität von E bestimmt worden (C), so ist dann die spezifische Leitfähigkeit des untersuchten Elektrolyten

$$\varkappa = \frac{C}{W \cdot \dfrac{x}{1000 - x}}.$$

Ist z. B. die Walzenstellung im Tonminimum 562,3 (die Zehntel sind die geschätzten Bruchteile der Tausendstel der Drahtlänge), sind ferner im Rheostaten 432 Ohm gestöpselt, und ist die Widerstandskapazität von E zu 14,38 cm^{-1} bestimmt worden, so ist die spezifische Leitfähigkeit des untersuchten Elektrolyten gleich

$$\frac{14{,}38}{432 \cdot \dfrac{562{,}3}{437{,}7}} = \frac{14{,}38}{432 \cdot 1{,}285} = 0{,}02590 \ \text{Ohm}^{-1} \cdot \text{cm}^{-1}.$$

IV. Anwendbarkeit der Methode.

Die Zwecke der Praxis, denen eine Leitfähigkeitsmessung dienen soll, können zweifacher Art sein. Einmal kann eine Flüssigkeit (es kommen wohl vorwiegend nur wässerige Lösungen in Betracht) darauf geprüft werden, ob ihr spezifisches Leitvermögen eine bestimmte Größe hat oder sich wenigstens innerhalb bestimmter Grenzen hält, woraus dann auf Grund der praktischen Erfahrung mit vorschriftsmäßig zusammengesetzten Flüssigkeiten der gleichen Art auf etwaige Veränderung oder Verfälschung geschlossen werden kann. Als Beispiel kann etwa Milch in Betracht kommen. Diese mehr qualitative Anwendung der Leitfähigkeitsmessung kann auch biologisch von Wert sein (Körperflüssigkeiten).

Ferner aber kann die Leitfähigkeitsmessung dazu benutzt werden, den Gehalt einer Flüssigkeit an einem bestimmten Elektrolyten oder in besonders günstigen Fällen an einem Elektrolytgemische bekannter Zusammensetzung, bzw. das Mischungsverhältnis bei bekannter Konzentration, zu berechnen.

Im zweiten Falle ist natürlich die Kenntnis der gegenseitigen Abhängigkeit von Leitfähigkeit und Konzentration oder Leitfähigkeit und Mischungsverhältnis erforderlich. In vielen Fällen wird man die in Tabellenwerken[1] niedergelegten Daten benutzen können; in Spezialfällen kann es nötig werden, die Tabellen erst selbst zu konstruieren (falls der erzielte Zeitgewinn diese Mühe lohnt). Näheres über die rechnerische Verwertung von Messungsergebnissen ist im VI. Abschnitte zu finden.

Besonderer Erwähnung bedürfen noch einige Fälle, die in der Praxis vielfach vorkommen werden, nämlich die Gegenwart von Nichtelektrolyten oder von Kolloiden.

Der Einfluß von Nichtelektrolyten (Zucker, Harnstoff, Alkohol usw.) auf die Leitfähigkeit von Elektrolyten ist abhängig von der Konzentration der ersteren. Mit steigender Konzentration des Nichtelektrolyten sinkt die Leitfähigkeit, und zwar besteht ein deutlicher Parallelismus zwischen der hervorgerufenen Leitfähigkeitsverschlechterung und der bewirkten Steigerung der inneren Reibung der Lösung.

Der Einfluß von Nichtelektrolyten ist schon in ziemlich verdünnter Lösung recht merklich; so verringert z. B. 1% Rohrzucker bei 25° die Leitfähigkeit einer $1/4$ normalen Chlorkaliumlösung um 3%. Will man also aus der Leitfähigkeit einer nichtelektrolythaltigen Lösung Schlüsse auf ihren Gehalt an einem bestimmten Elektrolyten ziehen, so ist die Gegenwart des Nichtleiters zu berücksichtigen. Ist aber der Einfluß des letzteren genügend bekannt, so kann die Bestimmung gleichwohl recht genau ausfallen. Als lehrreiches Beispiel kann die Ermittelung des Aschengehaltes von Melasse dienen[2].

Ähnlich den Nichtelektrolyten wirken auch Kolloide. Systematische Untersuchungen über die Größe ihres Einflusses liegen bisher nicht vor. An Agar-Agar-Gallerten ist beobachtet worden, daß etwa 2% des Zusatzes, welche genügen, um die Lösung vollkommen erstarren zu lassen, die Leitfähigkeit nur um einige Prozente verringern[3].

Zwischen starren Gallerten und leichtflüssigen Kolloidlösungen scheint ein gewisser prinzipieller Unterschied im Leitvermögen zu bestehen. So fand Dumanski[4] an Gelatinelösungen, die Chlorkalium enthielten, daß eine rund 5 prozentige starre Gallerte um etwa 16 bis 20% schlechter leitet als eine gleichkonzentrierte reine Elektrolytlösung, während bei flüssigen Gelatinelösungen mit schätzungsweise 1% Gelatine eine Abnahme der Leitfähigkeit überhaupt noch nicht mit Sicherheit nachgewiesen werden konnte.

---

[1] Kohlrausch und Holborn, Leitvermögen, Leipzig 1898; Landolt-Börnstein-Meyerhoffer, Physikalisch-chemische Tabellen, 3. Auflage, Berlin 1905.

[2] Arrhenius, Zeitschr. f. physikal. Chem. 1892, **9**, 509.

[3] Noyes und Blanchard, Zeitschr. f. physikal. Chem. 1901, **36**, 6.

[4] A. Dumanski, Zeitschr. f. Chem. u. Industr. d. Kolloide, **2**, Suppl.-Heft 1, S. XVIII, 1907.

Für genügend verdünnte Kolloidlösungen ist demnach keine bedeutende Einwirkung zu erwarten. Immerhin ist bei Gegenwart von Kolloiden Vorsicht geboten, eventuell der Einfluß der in Betracht kommenden Stoffe experimentell zu ermitteln.

Auch durch das Vorhandensein gröberer Suspensionen dürfte die Leitfähigkeit beeinträchtigt werden, wobei die Teilchengröße, mit der die Verringerung des leitenden Querschnittes in Zusammenhang steht, voraussichtlich nicht gleichgültig ist. Es ist dabei noch ganz abgesehen von der Veränderung der wirksamen Konzentration des Elektrolyten durch die vielfach zu erwartende Adsorption an den suspendierten Teilchen.

Im Hinblick auf die angedeuteten Komplikationen ist große Vorsicht bei der rechnerischen Verwertung von Leitfähigkeitswerten in nichthomogenen Systemen und bei Gegenwart von Nichtelektrolyten oder Kolloiden anzuraten.

V. Die Leitfähigkeitstitration.

Setzt man zu der Lösung einer Säure nach und nach abgemessene Mengen einer starken Base und bestimmt jedesmal die Leitfähigkeit, so zeichnet sich der Neutralpunkt gegenüber den Mischungen mit überwiegender Säure oder Base in bestimmter Weise aus. Die Kurve der spezifischen Leitfähigkeit (Leitfähigkeiten als Ordinaten, zugefügte Mengen Base als Abszissen genommen) weist im Neutralpunkte eine mehr oder weniger deutlich ausgeprägte Richtungsänderung auf, die bei starken Säuren mit dem Leitfähigkeitsminimum zusammenfällt, während das Leitfähigkeitsminimum bei mittelstarken Säuren schon vor vollkommener Neutralisation, bei wirklich schwachen Säuren in mäßiger Verdünnung aber überhaupt nicht wahrnehmbar auftritt. Analog verläuft die „Leitfähigkeitstitration" von Basen mit einer starken Säure[1]).

Am einfachsten liegen die Verhältnisse bei der Säuretitration, wenn es sich um nicht allzu schwache, einbasische Säuren handelt. Bei mehrbasischen dürfen die höheren Stufen nicht zu schwach werden, wie denn überhaupt die Leitfähigkeitstitration bei sehr großer Schwäche des zu bestimmenden Stoffes durch die dann merkliche Hydrolyse erschwert oder gar unmöglich gemacht werden kann.

Es versteht sich wohl von selbst, daß jeder Leitfähigkeitswert erst dann als sicher anzusehen ist, wenn er bei nochmaligem Durchrühren der Flüssigkeit (zur vollständigen Vermischung muß mehrfach gerührt werden) konstant bleibt. Die Anwendung eines Thermostaten ist auch hier sehr am Platze.

Die Leitfähigkeitstitration kann wohl jede acidimetrische oder alkalimetrische Titration mit Indikator ersetzen, doch wird man sie, da sie mehr Zeit erfordert, in der Regel nur dann anwenden, wenn der Gebrauch von Indikatoren sich verbietet, also z. B. bei gefärbten, insbesondere dunkel gefärbten Lösungen. Hier kann sie wesentliche Dienste leisten. Aber auch in anderen Fällen wird sie wegen der außerordentlich scharfen Bestimmung des Neutralpunktes, die sie unter günstigen Bedingungen gestattet, als Präzisionsbestimmung von Vorteil sein können.

Es verdient noch hervorgehoben zu werden, daß auch Stoffe, die sich in reinem Wasser nur schwer lösen, nach der angegebenen Methode titrieren lassen, wenn man einen Teil, wenn nötig, sogar die Hauptmenge des Wassers durch ein anderes, geeignetes, mit Wasser vollkommen mischbares Lösungsmittel ersetzt. Es sind hierzu mit Erfolg Alkohol und Aceton verwendet worden (auch letzteres natürlich in ganz reinem Zustande, frisch destilliert). Die Einzelwerte der Leitfähigkeit fallen dann freilich sehr abweichend aus gegenüber rein wässerigen Lösungen; der Kurventypus erleidet aber keine prinzipielle Änderung, und damit bleibt das Ergebnis der Titration das gleiche.

VI. Rechnerische Verwertung von Messungsergebnissen.

1. Bestimmung der Konzentration von Lösungen eines Elektrolyten aus der spezifischen Leitfähigkeit. Sowohl mäßig konzentrierte als auch sehr verdünnte

---

[1]) Literatur siehe Zeitschr. f. physikal. Chem. 1908, **63**, 712.

Lösungen von starken Elektrolyten in reinem Zustande lassen sich durch Messung der Leitfähigkeit analysieren. Es kommen vorwiegend binäre (für jedes Mol zwei Mole Ionen liefernde) Elektrolyte und besonders bei sehr verdünnten Lösungen nur Salze in Betracht.

Erforderlich ist die Kenntnis des Zusammenhanges von Konzentration und spezifischer Leitfähigkeit für den betreffenden Stoff, für sehr verdünnte Lösungen Kenntnis der Ionenbeweglichkeiten. Die Änderung der Leitfähigkeit mit der Konzentration kann in Tabellen oder graphisch (in Kurven) dargestellt werden. Aus der gemessenen Leitfähigkeit wird dann die Konzentration (z. B. in Prozenten) mit Hilfe des nächsthöheren und nächstniedrigeren Wertes durch rechnerische oder graphische Interpolation ermittelt. Die rechnerische Interpolation ist dann am Platze, wenn sich die Leitfähigkeit in dem fraglichen Konzentrationsgebiete nahezu linear ändert, anderenfalls ist die graphische Interpolation[1]) angezeigt.

Es sei z. B. die spezifische Leitfähigkeit einer Kochsalzlösung bei 18° zu 0,0744 Ohm$^{-1} \cdot$ cm^{-1} gefunden worden. Aus der Leitfähigkeitstabelle (Kohlrausch und Holborn, Leitvermögen, S. 145) ist zu ersehen, daß eine 5proz. Kochsalzlösung das spezifische Leitvermögen 0,0672 besitzt, während das einer 10proz. Lösung 0,1211 ist. Der Anstieg des Leitvermögens um $0,1211 - 0,0672 = 0,0539$ entspricht also einer Konzentrationssteigerung von $10 - 5 = 5\%$. Der Leitfähigkeitsunterschied unserer Lösung gegen die 5proz. ist $0,0744 - 0,0672 = 0,0072$; dem entspricht eine Konzentrationsdifferenz von $\dfrac{0,0072}{0,0539} \cdot 5\%$ $= 0,67\%$. Die Lösung ist danach 5,67proz., während sich dafür — es ist eine Normallösung — unter Annahme eines interpolierten Volumgewichtswertes von 1,0408 ein Prozentgehalt von 5,64 berechnet.

Handelt es sich um sehr verdünnte Lösungen, wie z. B. um gesättigte Lösungen schwer löslicher Stoffe, so ist zunächst von dem beobachteten Leitvermögen das des benutzten Wassers (von möglichst geringer Leitfähigkeit!) abzuziehen. In den verdünntesten Lösungen, etwa unterhalb $^1/_{1000}$·normal, kann man, ohne einen nennenswerten Fehler zu begehen, starke Elektrolyte als vollständig gespalten annehmen und für das Äquivalentleitvermögen $\varLambda$ einfach die Summe der aus Tabellen zu entnehmenden Ionenbeweglichkeiten für unendliche Verdünnung und die Versuchstemperatur einsetzen. Da nun $\varLambda = \dfrac{\varkappa}{\eta}$, also $\eta = \dfrac{\varkappa}{\varLambda}$ ist, so läßt sich die Konzentration η (Grammäquivalente im Kubikzentimeter) oder $1000\,\eta = $ Äquivalentnormalitäten, und daraus die Anzahl Gramme im Liter, leicht berechnen.

Wurde z. B. die spezifische Leitfähigkeit einer gesättigten Bariumsulfatlösung bei 18° zu $3,34 \cdot 10^{-6}$ gefunden bei einer spezifischen Eigenleitfähigkeit des Wassers von $0,80 \cdot 10^{-6}$, so ergibt sich aus $\varLambda_\infty = l_{\underset{2}{\mathrm{Ba}}\infty} + l_{\underset{2}{\mathrm{SO_4}}\infty} = 57 + 70 = 127$ für η der Wert $\dfrac{(3,34 - 0,80) \cdot 10^{-6}}{127}$ $= \dfrac{2,54 \cdot 10^{-6}}{127} = 2,0 \cdot 10^{-8}$, und für $1000\,\eta = 2,0 \cdot 10^{-5}$. Im Liter sind mithin $2,0 \cdot 10^{-5}$ $\cdot \dfrac{233,49}{2} = $ rund 2,3 mg Bariumsulfat enthalten.

Sind die untersuchten Lösungen nicht so äußerst verdünnt, wie in vorstehendem Beispiele, darf also nicht vollkommene Spaltung angenommen werden, so muß anstatt $\varLambda_\infty$ für das Äquivalentleitvermögen der genauere Wert durch Interpolation unter Berücksichtigung von $\varkappa$ berechnet werden (Näheres bei Kohlrausch und Holborn, Leitvermögen, S. 133).

Die Leitfähigkeits-Konzentrationskurven mancher Elektrolyte zeigen ein Maximum. So ist z. B. etwa $5^1/_3$-normale Salzsäure die bestleitende, und zu beiden Seiten dieses Maxi-

---

[1]) Über die zweckmäßigste Form der graphischen Darstellung siehe Kohlrausch und Holborn, Leitvermögen, S. 110.

mums kommen gleich große Leitfähigkeitswerte für verdünntere und konzentriertere Säuren vor, so daß beispielsweise etwa $3^1/_2$-normale und $8^2/_3$-normale Salzsäure gleich gut leiten. Hier kann eine Volumgewichtsbestimmung sehr leicht entscheiden, ob die konzentriertere oder die verdünntere Säure vorliegt; noch einfacher läßt sich das durch Beimischung von ganz wenig Wasser feststellen. Sinkt hierbei die Leitfähigkeit, so hat man es mit der verdünnteren, steigt sie, mit der konzentrierteren Säure zu tun.

Die Verdünnung der vorliegenden Säure mit Wasser in bestimmtem Verhältnisse ist angebracht, wenn die Säure nahezu die bestleitende ist, weil dann die Interpolation zu ungenau wird; aus dem neuen Leitvermögen ist dann die ursprüngliche Konzentration leicht zu berechnen.

2. Analyse von Elektrolytgemischen. Es kommen nur in Frage zwei binäre, bekannte Elektrolyte. Kennt man den Gehalt der Lösung an dem Elektrolytengemische nicht, so muß außer der Leitfähigkeit noch eine andere Eigenschaft der Lösung bestimmt werden, um auf Grund der Kenntnis der vorher zu ermittelnden Abhängigkeit beider Eigenschaften von Konzentration und Mischungsverhältnis diese beiden Größen berechnen zu können. Einfacher liegen die Verhältnisse, wenn man von einem in festem Zustande vorliegenden Gemische zweier binären Elektrolyte bekannter Art Lösungen herstellen kann. Dann ist die eine notwendig bekannte Eigenschaft eben die Konzentration, und hier kann die Leitfähigkeitsmessung in manchen Fällen in sehr einfacher und befriedigender Weise Aufschluß über die Zusammensetzung des Gemisches geben. Chemisch sich nahestehende Salze, z. B. Chloride, Bromide, Jodide desselben Metalls, oder Alkalisalze derselben Säure, sind ungefähr gleichstarke Elektrolyte, und diese sind in gemeinsamer Lösung praktisch ebenso stark ionisiert, als ob die Lösung nur das eine von ihnen in einer der Gesamtkonzentration gleichen Konzentration (nach Normalitäten gerechnet) enthielte. Stellt man nun z. B. gleichprozentige Lösungen von Kaliumchlorid und Rubidiumchlorid dar, so werden diese wegen des verschiedenen Äquivalentgewichtes verschieden normal und darum verschieden stark ionisiert sein, beim Ersatze des einen Salzes durch das andere somit auch der Spaltungsgrad sich ändern. Handelt es sich aber nur um mäßige Verunreinigungen der einen Substanz durch die andere, so wird sich trotzdem die Leitfähigkeit der Mischung in Lösung gleichen Prozentgehaltes aus den Leitfähigkeiten der Einzellösungen und dem Mischungsverhältnisse berechnen lassen, und umgekehrt das Mischungsverhältnis aus den anderen Werten.

Wenn z. B. das Salz A in 1proz. Lösung die Leitfähigkeit $\varkappa_A$ zeigt, das Salz B in derselben prozentischen Konzentration $\varkappa_B$, und eine 1proz. Lösung irgendeiner Mischung $\varkappa_M$, so wird dem Ersatze von 100% A durch B die Leitfähigkeitsdifferenz $\varkappa_B - \varkappa_A$, die Leitfähigkeitsdifferenz $\varkappa_M - \varkappa_A$ mithin dem zu ermittelnden Prozentgehalte der Mischung an B entsprechen. Es ist also P (Prozente B) $= \dfrac{100 \cdot (\varkappa_M - \varkappa_A)}{\varkappa_B - \varkappa_A}$.

3. Annähernde Bestimmung kleiner Mengen verschiedener Elektrolyte in Gebrauchswasser durch Leitfähigkeitsmessung. Rührt die Leitfähigkeit eines Wassers, z. B. von Leitungswasser, im wesentlichen von Salzen her, so kann es sich in der Regel vorwiegend nur um Haloide, Sulfate und Carbonate von Alkali- oder Erdalkalimetallen handeln. Als Kationen sind wohl praktisch nur Natrium, Calcium und Magnesium, als Anionen die der Schwefelsäure und Kohlensäure neben Chlorion anzunehmen. Nun sind die Ionenbeweglichkeiten für unendliche Verdünnung in runden Zahlen bei $18°$:

$$\left.\begin{array}{l} \mathrm{Na}^{\cdot} = 44 \\ \mathrm{Ca}^{\cdot\cdot} = 53 \\ \mathrm{Mg}^{\cdot\cdot} = 49 \\ \mathrm{SO}_4^{\prime\prime} = 70 \\ \mathrm{CO}_3^{\prime\prime} = 73 \\ \mathrm{Cl}^{\prime} = 66 \end{array}\right\} \text{im Mittel rund } 60;$$

für etwa $^1/_{100}$-Normallösungen:

$$\left.\begin{array}{l} Na^{\cdot} = 41 \\ Ca^{\cdot\cdot} = 41 \\ Mg^{\cdot\cdot} = 37 \\ SO_4'' = 56 \\ CO_3'' = 55 \\ Cl' = 62 \end{array}\right\} \text{ im Mittel rund 50.}$$

Bei Lösungen, die zwischen $^1/_{100}$-normal und unendlicher Verdünnung liegen, würde also das mittlere Äquivalentleitvermögen bei ausschließlicher Gegenwart der aus den obigen Ionen kombinierbaren Salze zwischen 100 und 120 zu setzen sein.

Aus der Beziehung $\eta = \dfrac{\varkappa}{\varLambda}$ läßt sich dann, wenn man $\varLambda$ zur Vereinfachung mit rund 100 in Anschlag bringt, die Äquivalentkonzentration (Grammäquivalente im Kubikzentimeter) einfach als $^1/_{100}$ der spezifischen Leitfähigkeit in erster Annähernng angeben, oder die Äquivalentnormalität ($1000\,\eta$) als das Zehnfache von $\varkappa$.

Berücksichtigt man nun weiter, daß für Salze aus den obengenannten sechs Ionen das mittlere Äquivalentgewicht etwa 55 ist ($Na = 23$; $\frac{1}{2}\,Mg = 12$; $\frac{1}{2}\,Ca = 20$; $\frac{1}{2}\,SO_4 = 48$; $\frac{1}{2}\,CO_3 = 30$; $Cl = 35$), so bedeuten $1000\,\eta$ oder $10\,\varkappa$ Grammäquivalente im Liter im Mittel $55.10\,\varkappa$ g oder $550\,000\,\varkappa$ mg gelöste Salze im Liter.

Eine annähernde Schätzung des Salzgehaltes von Quellwasser ist also auf Grund einer einzigen Leitfähigkeitsbestimmung überaus einfach.

Calorimetrie.

Bestimmung des Wärme-(Energie-)Wertes. Nachdem durch M. Rubner, O. Kellner u. a. nachgewiesen ist, daß bei der Verbrennung der einzelnen Nährstoffe wie ganzer Nahrungsmittel innerhalb und außerhalb des tierischen Körpers gleiche Wärme-(Energie-)Mengen entstehen und auch das Untersuchungsverfahren vervollkommnet ist, wird von der calorimetrischen Untersuchung der Nährstoffe wie ganzer Nahrungsmittel mehr denn früher Gebrauch gemacht. v. Liebig hat früher angenommen, daß die Nährstoffe im Tierkörper nicht glatt zu Kohlensäure und Wasser usw. verbrennen, sondern erst Zwischenerzeugnisse bilden und auf diese Weise mehr Wärme liefern können, als außerhalb des Körpers. Das ist aber ebensowenig richtig, als aus dem Gehalt an Kohlenstoff, Wasserstoff, Stickstoff usw. durch Multiplikation mit ihren Verbrennungswärmen und durch Addition der einzelnen Werte die Summe der Verbrennungswärme zu berechnen, weil die Elemente sich in chemisch gebundenem Zustande, als Moleküle vereinigt, befinden und zur Sprengung dieser Molekülaggregate oder Moleküle Wärme aufgewendet werden muß, ehe die freigemachten Elemente verbrennen können. Je nach der Bindung der Atome, Moleküle und Molekülaggregate ist aber ein verschiedener Wärmeaufwand zu ihrer Sprengung erforderlich, weshalb es kommt, daß isomere Verbindungen verschiedene Wärmewerte liefern können, z. B. das Sarkosin $CH_2 \cdot NH\,(CH_3) \cdot COOH$ 4505 cal., das isomere Alanin $CH_3 \cdot CH(NH_2) \cdot COOH$ dagegen nur 4355 cal., das Hydrazobenzol $C_6H_5 \cdot NH$ 8685 cal., das isomere Benzidin $H_2N \cdot C_6H_4$

$$\overset{\displaystyle C_6H_5 \cdot NH}{\underset{}{\big|}}$$

$C_6H_4 \cdot NH_2$ 8477 cal.; der Kohlenstoff für sich liefert als Diamant 7859 cal., als Graphit 7901 cal. und als Holzkohle 8137 cal. Der Wärmewert der Nährstoffe wie Nahrungsmittel kann also trotz gleichen prozentualen Gehaltes an Elementen je nach ihrer Bindung untereinander recht verschieden sein, so daß er aus der Elementarzusammensetzung nicht berechnet werden kann, sondern in jedem Falle besonders bestimmt werden muß.

Die Bestimmung des calorimetrischen Wertes geschieht jetzt allgemein mit der Berthelotschen oder einer dieser nachgeahmten Bombe. Denn die Bomben von Mahler, Hempel und Kröker unterscheiden sich im wesentlichen nur dadurch von der Berthelotschen Bombe, daß sie im Innern emailliert sind, während die von Langbein verbesserte Bombe mit Platinfutter ausgekleidet ist. Die Emaille soll leicht abspringen und nicht erneuert werden können, die Platinbekleidung dagegen wird als sehr dauerhaft bezeichnet, weshalb letztere Bombe, trotz des hohen Platinpreises, jetzt allgemein den anderen vorgezogen wird. Für die Ausführung calorimetrischer Bestimmungen ist folgendes zu beachten[1]):

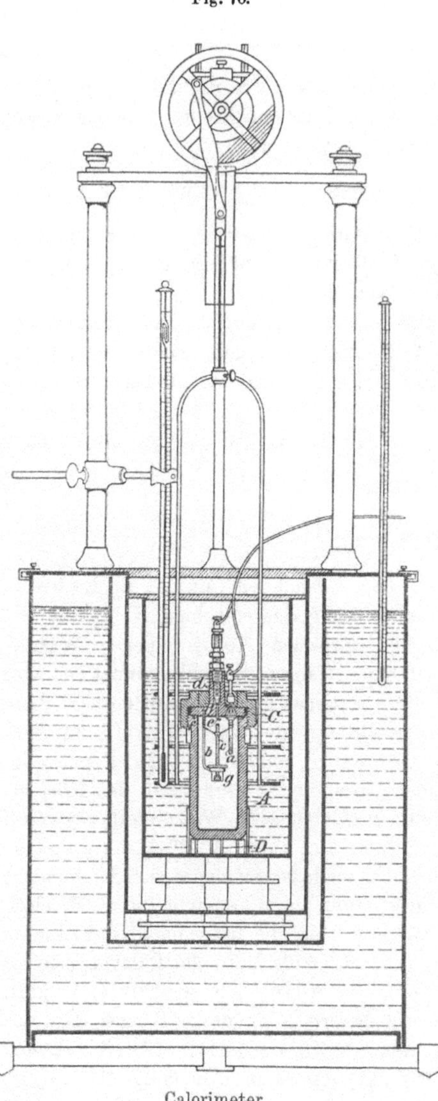

Fig. 76.

Calorimeter.

1. Der Untersuchungsraum.

Das Calorimeter wird zweckmäßig in einem tunlichst gleichmäßig temperierten Raum, etwa in einem im Souterrain nach Norden gelegenen Raum aufgestellt, der außerdem durch einen mit Thermoregulator versehenen Gasheizofen so geheizt werden kann, daß die Temperatur im Winter wie im Sommer 15 bis 16° C beträgt. Letzterer Umstand ist von wesentlichem Einfluß auf die Genauigkeit der Ergebnisse.

2. Das Calorimeter.

Das Calorimeter ist ein aus vernickeltem Messingblech oder Nickelblech hergestelltes zylindrisches Gefäß, welches die gleiche Höhe wie die Bombe besitzt — das von F. Stohmann angewendete Calorimeter hatte 205 mm Höhe, 147 mm Weite und ein Gewicht von 566 g. — Um es vor Temperaturbeeinflussungen durch Bestrahlung oder Ausstrahlung zu schützen, steht es (vgl. Fig. 76) auf einem Dreifuß von Ebonit und Glas in einem leeren Messinggefäß, das auf gleichem Dreifuß ruht und seinerseits wieder von einem doppelwandigen, mit Wasser gefüllten Kupfergefäß umgeben ist. Die Wasserschicht an den Seiten des letzteren wie unten beträgt etwa 165 mm. Um das Calorimeter vor Wärmebestrahlung und -Ausstrahlung zu schützen, ist es mit zwei Deckeln von Ebonit oder dgl. bedeckt. Auf dem Deckel des äußeren Wasserbehälters sind drei oben untereinander verbundene Messingsäulen befestigt, die einerseits als Stativ für die das Wasser-, das Luftthermometer haltenden Klammern bzw. Lupenträger dienen, sowie andererseits dazu bestimmt sind, die Bewegungsvorrichtung für das im Innern des Calorimeters befindliche Rührwerk, durch welches das Wasser während der Dauer der Beobachtung in beständiger Bewegung erhalten wird, zu tragen. Das Rührwerk besteht bei dem Langbeinschen Apparat aus drei mit Löchern versehenen ringförmigen, an einem Bügel befestigten Scheiben, die durch einen

---

[1]) Vgl. F. Stohmann, Cl. Kleber und H. Langbein, Journ. f. prakt. Chem. 1889, N. F., **39**, 503 und 1894, N. F., **49**, 99; ferner H. Langbein, Zeitschr. f. angew. Chem. 1900, 1227 und Posts, Chem.-techn. Analyse I, 1. Heft, 51, Braunschweig 1906.

Elektromotor oder eine Turbine oder ein Uhrwerk oder einen Heißluftmotor eine auf und ab gehende Bewegung erfahren. Zur Aufnahme des Thermometers befindet sich an einer Stelle der beiden oberen Scheiben ein entsprechender Ausschnitt. Bei der tiefsten Stellung des Rührwerkes trifft die unterste Platte fast bis auf den Boden des Gefäßes, während die oberste bei der höchsten Stellung des Rührwerkes bis dicht unter den Wasserspiegel kommt, ohne diesen aber jemals ganz zu erreichen. Es genügt eine 60 malige auf- und abgehende Bewegung des Rührwerkes in der Minute.

3. Das Thermometer. Als Thermometer verwendet man jetzt allgemein das Beckmannsche Thermometer (vergl. S. 59), welches in $1/100$ Grade geteilt ist, durch Vergleichen mit einem Normalthermometer geeicht wird und für verschiedene Temperaturen eingestellt werden kann; mit Hilfe einer Lupe kann man noch $1/1000$ Grad abschätzen. Die Lupe ist zweckmäßig am Thermometer selbst festgeklemmt, damit sie ganz gerade steht. Um die Adhäsion des Quecksilberfadens an der Wand der feinen Kapillare aufzuheben, wird das Thermometer vor jedem Ablesen mittels eines mit Kautschuk überzogenen Glasstabes leicht erschüttert. In dunklen Räumen oder an dunklen Tagen ist eine künstliche Beleuchtung der Thermometerskala erforderlich; diese kann durch eine elektrische Glühlampe erzielt werden, welche hinter der Milchglasskala des Thermometers an einem besonderen Stativ angebracht und verschiebbar ist. Das Glühlämpchen ist, um eine Erwärmung des Thermometers durch dasselbe zu vermeiden, in einem größeren, mit Flüssigkeit gefüllten Metallgehäuse, an dessen Vorderwand ein mit Glas abgedichteter Schlitz von der Weite der Thermometerskala angebracht ist, eingeschlossen.

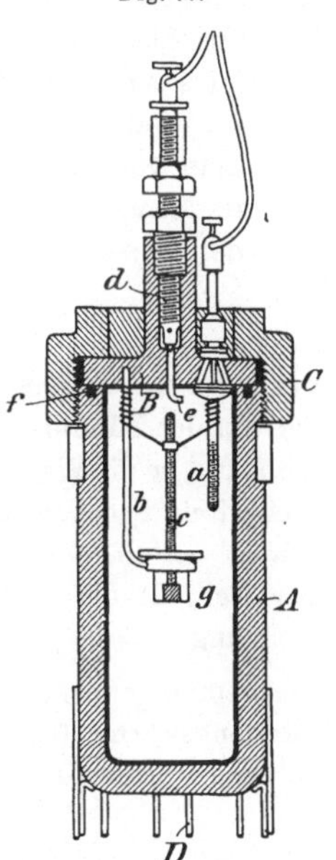

Fig. 77.

4. Die Bombe. Der wichtigste Teil des Calorimeters ist die Bombe; sie ist bei allen neueren Apparaten der Berthelotschen Bombe nachgebildet. Die von Langbein hiernach eingerichtete Bombe (Fig. 77) ist im Innern mit 90 g Platin ausgelegt und besteht aus vier Teilen, nämlich dem Tiegel A, dem Deckel B, der Überwurfsschraube C und dem Fuß D. Die Dichtung des Deckels wird wie bei der Mahlerschen Bombe durch einen Bleiring erreicht, der in der Rinne f liegt. Zum Zwecke des Verschließens befindet sich unter dem Gewinde außen am Tiegel ein Radkranz; die Bombe wird in eine mit entsprechenden Ausschnitten versehene Form eingesetzt, in der sie unverrückbar festsitzt; mit Hilfe eines großen Schraubenschlüssels, der genau auf die oben sechskantig gearbeitete Schraubenmutter C paßt, kann man alsdann den Deckel fest auf den Bleiring drücken. Am Deckel B befinden sich die Drähte a und b; a ist isoliert — die Isolierung ist durch ein Glimmerblatt und einen kleinen Deckel von Platin geschützt — durch den Deckel geführt, b trägt das Schälchen g mit der Substanz. Der Sauerstoff wird durch die Schraube d aus einem Zylinder mit komprimiertem Sauerstoff gedrängt und strömt durch das gebogene Röhrchen e an die Wandungen des Tiegels, so daß ein Wegblasen von Substanz aus dem Tiegel vermieden wird. Wenn das Manometer 25 Atmosphären Druck anzeigt, wird die Bombe durch Zudrehen der Schraube d, die unten konisch gearbeitet ist, geschlossen. Wenn der Innenraum der Bombe etwa 295 ccm faßt, so nimmt sie bei 24 Atmosphären 7 l oder rund 10 g Sauerstoff auf; mit dieser Menge Sauerstoff läßt sich z. B. 1 g Naphthalin — nach späteren Versuchen sogar 1,6 g Naphthalin — oder eine diesem in ihrem Sauerstoffbedarf äquivalente Menge anderer Körper vollständig ohne Bildung von Kohlenoxyd verbrennen.

Die Zündung erfolgt durch eine Zündschnur (etwa feinsten eisernen Blumendraht), die man an einem zwischen a und b gespannten Platindraht von 0,1 mm Stärke so festbindet, daß sie auf der zu verbrennenden Substanz aufliegt. Der Strom einer Akkumulatorbatterie von zwei bis drei Zellen genügt, den Platindraht zur Rotglut zu bringen; die Zündschnur brennt dann an und schmilzt den Draht durch, wodurch die weitere Stromzufuhr unterbrochen wird. Dieses erkennt man daran, daß eine kleine Glühlampe, die man vorher in den Stromkreis eingeschaltet hat, nach erfolgter Zündung und Unterbrechung des Stromes erlischt.

5. Der Wasserwert des Apparates. Von grundlegender Bedeutung für die Erzielung genauer Ergebnisse ist die Kenntnis des Wasserwertes des Apparates. Darunter versteht man diejenige Menge Wärme, welche die sich ebenfalls erwärmenden Metallteile der Bombe, reduziert auf Wasser, bei der Verbrennung annehmen. Denn durch das Ablesen des Thermometers im Calorimeterwasser erfahren wir nur die Temperaturerhöhung des letzteren infolge der Verbrennung, nicht aber die der Metallteile, und da die spezifische Wärme verschiedener Körper sehr verschieden ist, so muß man die Metallteile usw. des calorimetrischen Wertes des Apparates auf eine entsprechende Wassermenge reduzieren. Als Maß für die entsprechende Wärme bzw. als Wärmeeinheit gilt auch hier diejenige Menge Wärme, die erforderlich ist, um die Temperatur von 1 kg Wasser um 1° C zu erhöhen; diese Wärmemenge bedeutet eine große Calorie (1 Cal.), während die Erwärmung von 1 g Wasser um 1° C als kleine Calorie (1 cal.) bezeichnet wird. Zur Ermittelung des Wasserwertes des Apparates sind verschiedene Verfahren angewendet worden, indes wird jetzt als einfach und sicher allgemein das folgende Verfahren angewendet:

Man verbrennt in dem Calorimeter in der nachstehend beschriebenen Weise eine bestimmte Menge einer Substanz von bekannter Verbrennungswärme und berechnet den Wasserwert des Apparates nach der Formel:

$$K = \frac{Vw}{t} - w ,$$

worin Vw die Verbrennungswärme der angewendeten Substanz einschließlich Wärmetönungen, die von der Zündung und Bildung von Salpetersäure herrühren, t die korrigierte Temperaturerhöhung, w die Wasserfüllung des Apparates bedeutet. Hat man z. B. 1,4890 g krystallisierte wasserfreie Saccharose zur Verbrennung angewendet, in das Calorimeter 2500 g destilliertes Wasser gefüllt und eine korrigierte Temperaturerhöhung von 2,0409° C beobachtet, so ergibt sich, da die Verbrennungswärme von 1 g Saccharose 3955,2 Cal. beträgt, folgende Berechnung:

Verbrennungswärme von Saccharose 1,4890 · 3955,2 . . . . 5889,3 cal.
Zündungswärme für 6,64 mg Eisendraht . . . . 10,6 „
Bildungswärme für gebildete Salpetersäure[1]) . . . . 7,2 „
Gesamte Wärmeentwickelung Vw   5907,1 cal.

Es ist daher der Wasserwert des gefüllten Apparates

$$K = \frac{5907,1}{2,0409} = 2894,3 .$$

Da 2500 g Wasser in das Calorimeter gefüllt waren, so ist der Wasserwert der Metallteile bzw. des leeren Apparates $K = 2894,3 - 2500 = 394,3$ g. In derselben Weise führt man die Bestimmungen noch mit zwei oder drei anderen Substanzen von bekannter Verbrennungswärme aus und nimmt bei nur geringen Abweichungen der Zahlen das Mittel aus den Einzelergebnissen. Als Substanzen mit sicher bekannter Verbrennungswärme werden außer Saccharose (= 3955,2 cal.) noch empfohlen: Campher = 9291,6 cal., Benzoesäure = 6322,3 cal., Hippursäure 5668,2 cal., Coffein = 5231,4 cal. für je 1 g.

Neuerdings werden die Calorimeter außer auf Druck der Bomben auch auf Wasserwert des gefüllten (d. h. für eine bestimmte Wasserfüllung) wie leeren Apparates nach dem elektrischen Verfahren geprüft und dieser Prüfungs(Eich-)schein dem Apparat beigefügt.

---

[1]) Aus dem dem Sauerstoff beigemengten Stickstoff (über die Bestimmung der Salpetersäure vgl. nachstehend).

6. Ausführung der Verbrennung. Zur Ausführung der Verbrennung muß zunächst die Substanz in eine Form gebracht werden, daß sie bei der Verbrennung nicht aus dem Tiegel geschleudert wird. Dieses geschieht bei pulverförmigen Stoffen durch das Zusammenpressen zu Pastillen. Etwa 1,0 bis 1,5 g Substanz werden in einen reinen starkwandigen Stahlzylinder von 13 mm weiter Bohrung, nach Art der bekannten Diamantmörser mit beweglichem Bodenteil und einem im Innenraum gleitenden Stempel gebracht und nach dem Aufsetzen des Stempels mehr oder weniger stark zusammengepreßt. Bei vielen Stoffen genügt der bloße Druck der Hand. Erweist sich dieser als nicht ausreichend, so nimmt man irgendeine Presse zu Hilfe. Nach Entfernung des Bodenteils der Form läßt sich die fertige Pastille leicht mit dem Stempel aus der unteren Öffnung herausdrücken. Die Pastille wird bis unmittelbar vor der Verbrennung in einem Exsikkator aufbewahrt und dann in dem vorher gewogenen Platinschälchen genau gewogen.

K. Krocker preßt den Zünddraht bei Kohle und ähnlichen Stoffen direkt mit in die Substanz in der Weise, daß er in die beiden Nuten des konischen Bodenstückes b (vgl. Fig. 78) im Bogen den gewogenen dünnen Eisendraht legt, das Bodenstück in die Preßform hineindrückt, es mit dem Finger festhält, dann in den Hohlraum etwa 1 g Substanz (Kohle) schüttet, den kleinen Stahlstempel c und über diesen den Stempel d setzt. Alsdann stellt man die Preßform auf die für diesen Zweck vorher gut geebnete Druckplatte einer gewöhnlichen Laboratoriumspindelpresse und preßt je nach der Substanz mehr oder weniger, aber nicht zu stark. Ist die Substanz genügend zusammengepreßt, so dreht man die Spindel ein wenig zurück, zieht das Bodenstück mittels des beigegebenen Gewindestiftes heraus und drückt dann schließlich durch abermaliges vorsichtiges Anziehen der Spindel das Brikett aus der Form heraus.

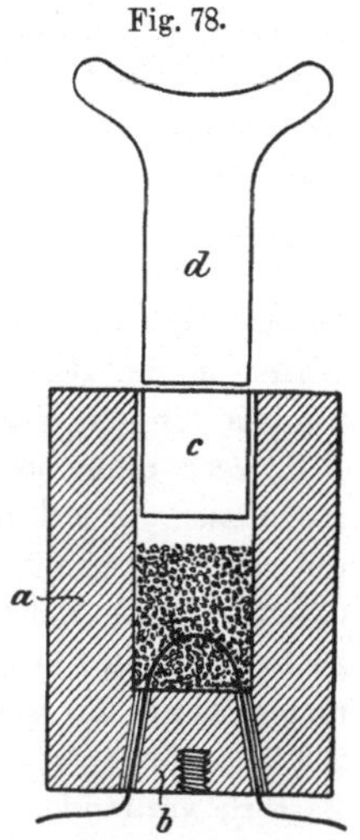

Fig. 78.

Preßvorrichtung zu calorimetrischen Untersuchungen.

Unzersetzt schmelzbare Substanzen kann man, ohne zu pressen, in dem gewogenen Platinschälchen vorsichtig bis gerade zum Schmelzpunkt erwärmen, im Exsikkator erkalten lassen und wägen. Wenn sich die Substanzen nicht zu Pastillen pressen lassen, so wägt man sie in eine kleine Tüte von Wachspapier ein, dessen Verbrennungswärme man bestimmt hat und in Abzug bringt. Für aschenarme Flüssigkeiten verwendet man tiefe Schälchen. Wenn solche dagegen wie z. B. Harn viel Asche hinterlassen und unverbrannte Kohle einschließen, so verwendet man nach O. Kellner zweckmäßig zylindrische Papierblöcke von ausreichender Porosität[1]) und durchtränkt diese mit der Flüssigkeit in der Weise, daß man von ihr — Harn nach der Filtration — etwa 20 ccm in ein reines trockenes Tropfgläschen füllt, letzteres mit Kork und Gummikappe schließt, wägt und hieraus auf die gewogenen Papierblöcke, die auf kleine Glasschälchen gestellt werden, stets so viel auftropfen läßt, daß die Unterlage nicht benetzt wird. Die Blöcke werden bei 60° getrocknet[2]) und das Austropfen aus den stets kühl aufbewahrten Tropfgläschen und das teilweise Trocknen so lange wiederholt, bis je nach dem Gehalt bzw. spezifischen Gewicht 10 bis 15 g der Flüssigkeit eingetrocknet sind. Das Tropfgläschen wird dann zurückgewogen, die mit der Flüssigkeit getränkte und getrocknete Papierhülse in das Calorimeter gebracht und verbrannt. Selbstverständlich muß die Verbrennungswärme der leeren Papierhülse ebenfalls vorher bestimmt werden; bringt man diese in Abzug, so erhält man den Verbrennungswert der Flüssigkeit. Leicht flüchtige Flüssigkeiten wägt man in ein Schälchen ein, verschließt dieses mittels eines Deckels von Kollodium, Wachspapier oder dgl. und preßt letzteren durch einen Platin-

---

[1]) Diese Papierblöcke werden von Schleicher & Schüll in Düren geliefert.

[2]) Hierbei entweicht allerdings eine kleine Menge kohlensaures Ammon, die Verluste betragen nach O. Kellner aber höchstens 15—30 cal.

ring fest in das Schälchen. Auf sehr schwer brennende Substanzen legt man wohl ein Stückchen Naphthalin von einigen Milligramm. Auch die Verbrennungswärme dieser Zusatzmittel muß selbstverständlich von der mit der Substanz erhaltenen Verbrennungswärme in Abzug gebracht werden. Wenn man den Zünddraht nicht mit in die Substanz gepreßt hat (S. 83), so legt man unmittelbar auf die Substanz ein etwa 5 cm langes Stück feinsten Blumendraht, das man durch Aufwickeln auf eine Stecknadel zu einer Spirale geformt hat und wägt. Die Spirale wird mittels feiner Platindrähte auf der einen Seite mit dem nicht isolierten Träger des Tiegels, auf der anderen Seite mit der isolierten Stromleitung verbunden. Oder man befestigt auch erst die Zündschnur zwischen den beiden Polenden, hängt das Schälchen in den zu seiner Aufnahme bestimmten verstellbaren Ring und hebt letzteren so weit, daß die Substanz gerade die Eisenspirale[1]) berührt. Darauf füllt man zur Aufnahme der sich bildenden Salpetersäure eine bestimmte Menge (etwa 5 bis 10 ccm) Wasser ein, verschließt die Bombe und füllt sie in der angegebenen Weise mit komprimiertem Sauerstoff, bis das Manometer 25 Atmosphären anzeigt.

Die so beschickte Bombe wird in einen durchbrochenen, aus vernickeltem Blech bestehenden Fuß eingeschoben und in das Calorimeter eingesetzt, das mit einer bestimmten gewogenen und genau temperierten Menge Wasser so weit gefüllt ist, daß die eingestellte Bombe bis auf die Verschlußschrauben mit Wasser bedeckt wird. Die Menge des einzufüllenden Wassers wählt man nach H. Langbein unter Berücksichtigung des Wasserwertes des Apparates und des in die Bombe gegebenen Wassers zweckmäßig so, daß man später mit einer runden Zahl rechnen kann. Beträgt der Wasserwert des leeren Apparates, also der Metallteile 376,6, und sind zur Absorption der sich bildenden Salpetersäure 10 ccm Wasser vorher in die Bombe gegeben, so werden in das Calorimeter 2313,4 g Wasser eingewogen, um als runden Wasserwert des ganzen gefüllten Apparates 2700 g zu erhalten. Um das Rührwerk nicht jedesmal aus dem Calorimetergefäß herausnehmen und sorgfältig trocknen zu müssen, tariert man dasselbe mittels Schrot in einer zu verschließenden Flasche vorher mit dem Calorimeter zusammen und fügt der Tara außer 2 Kilogrammgewichten so viel Gramm zu, als notwendig sind, um den Gesamtwasserwert auf die runde Zahl (hier 2700 g) zu bringen, also in diesem Falle 313,4 g. Man braucht dann bei den Einwägungen des Calorimeterwassers nur diese Flasche — mit Schrot als Tara für leeres Calorimeter + 313,4 g — und 2 Kilogrammgewichte auf die Wage zu setzen. Nachdem die Bombe mit den Polenden der Batterie verbunden ist, bringt man das Calorimeter in den großen Wasserbehälter, setzt das Thermometer ein, legt die Deckel auf und setzt das Rührwerk — etwa 70 Touren in der Minute — in Gang. Nach Ablauf von 5 Minuten liest man den Stand des Thermometers ab und wiederholt dieses von Minute zu Minute. Wenn die Temperatur des Calorimeterwassers von vornherein etwa 1° niedriger gewählt worden ist als die des Wasserbades und des Aufstellungsraumes, so wird das Thermometer nach der 5. Ablesung ein geringes regelmäßiges Steigen zeigen, und man kann dann nach der 5. Ablesung mit der Zündung beginnen. Anderenfalls muß mit dem Rühren und Ablesen so lange fortgefahren werden, bis das Thermometer von Minute zu Minute regelmäßig steigt. Hiernach wird der Strom eingeschaltet und nach erfolgter Zündung — erkennbar am Erlöschen einer eingeschalteten kleinen elektrischen Lampe — sofort wieder abgestellt. Unter unausgesetzter Bewegung des Rührwerkes wird mit dem Ablesen des Thermometers von Minute zu Minute fortgefahren, bis eine Temperaturabnahme wahrgenommen wird, was meistens schon am Ende der 4. Minute eintritt. Man fährt dann noch weiter mit dem Ablesen des Thermometers fort, bis die letzten 5 Ablesungen wieder gleiche Unterschiede aufweisen, was meistens in 5 Minuten erreicht wird. Eine calorimetrische Bestimmung nimmt daher vom Einsenken der Bombe in das Calorimeterwasser an gerechnet gewöhnlich 19 Minuten in Anspruch, nämlich die ersten 5 Minuten nur Rühren

---

[1]) An den Polenden bleibt meistens ein dünner Überzug von entstehendem Eisenoxydoxydul haften, der die Leitfähigkeit aufhebt. Um diesen zu beseitigen, erhitzt man vor einer neuen Verbrennung die unteren Polenden in geschmolzenem Kaliumbisulfat.

ohne Thermometerablesung, die nächsten 5 Minuten Temperaturermittelung vor der Verbrennung (Vorversuch), die folgenden 4 Minuten Feststellung der Wärmeentwicklung infolge der Verbrennung (Hauptversuch) und die letzten 5 Minuten Ermittlung der Temperaturabnahme nach der Verbrennung (Nachversuch).

Berechnung. Bezeichnet man mit τ_1, τ_2, $\tau_3 \ldots \tau_{n_1}$ die im Vorversuch nach jeder Minute beobachteten Temperaturen, mit ϑ_1 ($\vartheta_1 = \tau_{n_1}$ vom Vorversuch), ϑ_2, $\vartheta_3 \ldots \vartheta_n$ die des Hauptversuches, mit τ_1' ($\tau_1' = \vartheta_n$ des Hauptversuches), τ_2', $\tau_3' \ldots \tau_{n_2}$ die des Nachversuches, und setzt man die mittlere Temperaturdifferenz des Vorversuches

$$\frac{\tau_{n_1} - \tau_1}{n_1 - 1} = v \, ,$$

die mittlere Temperaturdifferenz des Nachversuches

$$\frac{\tau_{n_2}' - \tau_1'}{n_2 - 1} = v' \, ,$$

ferner die mittlere Temperatur des Vorversuches

$$\frac{\tau_1 + \tau_2 + \tau_3 + \cdots + \tau_{n_1}}{n_1} = \tau \, ,$$

die mittlere Temperatur des Nachversuches

$$\frac{\tau_1' + \tau_2' + \tau_3' + \cdots + \tau_{n_2}'}{n_2} = \tau_1' \, .$$

so ist nach **Regnault-Pfaundler** die der Differenz $\vartheta_n - \vartheta_1$ hinzuzufügende Korrektion für den Einfluß der Außentemperatur folgende:

$$\Sigma \Delta t = \frac{v - v'}{\tau' - \tau} \left(\overset{n-1}{\Sigma}\, \vartheta \nu + \frac{\vartheta_n + \vartheta_1}{2} - n \tau \right) - (n - 1) v \, ,$$

worin ϑ die Temperaturen des Hauptversuches und n die Anzahl der Ablesungen im Hauptversuch bedeutet.

Hat man z. B. durch Verbrennen von 1,0021 g Steinkohle und durch Ablesen an dem Beckmannschen in $^1/_{100}$ Grad eingeteilten Thermometer, bei dem sich mittels einer Lupe noch $^1/_{1000}$ Grad abschätzen läßt, folgende Temperaturen beobachtet[1]):

Vorversuch				Hauptversuch				Nachversuch			
Mi- nute	Be- zeich- nung	Grad	Diffe- renz	Mi- nute	Be- zeich- nung	Grad	Diffe- renz	Mi- nute	Be- zeich- nung	Grad	Diffe- renz
1	τ_1	15,779	—	6	ϑ_1	15,787	—	10	τ_1'	18,545	—
2	τ_2	15,780	0,001	7	ϑ_2	18,300	$+2,513$	11	τ_2'	18,541	$-0,004$
3	τ_3	15,782	0,002	8	ϑ_3	18,547	$+0,247$	12	τ_3'	18,536	$-0,005$
4	τ_4	15,783	0,001	9	ϑ_4	18,548	$+0,001$	13	τ_4'	18,532	$-0,004$
5	τ_5	15,785	0,002	10	ϑ_n	18,545	$-0,003$	14	τ_5'	18,528	$-0,004$
6	τ_{n_1}	15,787	0,002					15	τ_{n_2}'	18,524	$-0,004$

so wird in obigen Gleichungen:

$$v = \frac{15,787 - 15,779}{5} = 0,0016 \, ,$$

$$v_1 = \frac{18,524 - 18,545}{5} = -0,0042 \, ,$$

---

[1]) Vgl. H. **Langbein** in **Posts** Chem.-techn. Analyse 1906, I. Bd., 1. Heft, S. 62.

$$\tau = \frac{15{,}779 + 15{,}780 + 15{,}782 + 15{,}783 + 15{,}785 + 15{,}787}{6} = 15{,}783 \; ,$$

$$\tau' = \frac{18{,}545 + 18{,}541 + 18{,}536 + 18{,}532 + 18{,}528 + 18{,}524}{6} = 18{,}534 \; ,$$

$$n = 5 \; .$$

Es berechnet sich weiter:

$$\sum_{}^{n-1} \vartheta \, v = \vartheta_1 + \vartheta_2 + \vartheta_3 + \vartheta_4 = 71{,}182 \; ,$$

$$\frac{\vartheta_n + \vartheta_1}{2} = \frac{18{,}545 + 15{,}787}{2} = 17{,}166 \; ,$$

$$n\,\tau = 5 \times 15{,}783 = 78{,}915 \; .$$

Also

$$\Sigma \, \Delta t = \frac{0{,}0016 - (-0{,}0042)}{18{,}534 - 15{,}783}\,(71{,}182 + 17{,}166 - 78{,}915) - 0{,}0064 \; ,$$

$$\Sigma \, \Delta t = 0{,}0135^\circ \quad \text{(Korrektur für die Abkühlung)}.$$

Die beobachtete Temperaturerhöhung ist $18{,}545 - 15{,}787$ . . . . 2,758°

Dazu die Korrektur für die Abkühlung . . . . 0,0135°

Also korrigierte Temperaturerhöhung[1)]   2,7715°

Durch Multiplikation der korrigierten Temperaturerhöhung mit dem Gesamtwasserwert des Apparates erhält man aber noch nicht die von der angewendeten Menge Substanz entwickelte Wärme; es müssen von ihr noch die von der Zündschnur, der gebildeten Salpetersäure usw. herrührende Wärmeentwicklung abgezogen werden.

Korrektur für Zündschnur. Wenn man wie gewöhnlich feinsten Eisen-(Blumen-)draht anwendet, so muß 1 g desselben mit 1601 cal. in Rechnung gesetzt werden; hat man also z. B. einen solchen Draht von 50 mm Länge und 0,0057 g Gewicht angewendet, so sind dafür 9,1 cal. oder für 100 mm Länge und 0,0106 g Gewicht 17 cal. in Abzug zu bringen. Für etwa sonst verwendete Zündschnuren muß die Verbrennungswärme besonders bestimmt werden.

Korrektur für Salpetersäure und Schwefelsäure. Alle stickstoff- und schwefelhaltigen organischen Stoffe verbrennen in der Bombe glatt zu freiem Stickstoff, Schwefelsäure, Kohlensäure und Wasser. Die in der Bombe gebildete Salpetersäure rührt von der Verbrennung des dem eingefüllten Sauerstoff beigemengten Stickstoffs her. Die hierdurch bedingte Verbrennungswärme muß in Abzug gebracht und zu dem Zweck die Menge der Salpetersäure und eventuell der Schwefelsäure betimmt werden. Man öffnet durch Aufdrehen der Überwurfsschraube C die Bombe und läßt den Druck langsam ab. Darauf öffnet man die Bombe, spült sorgfältig mit destilliertem Wasser aus, erwärmt die Flüssigkeit, um Kohlensäure auszutreiben und titriert die Gesamtsäure zunächst mit folgender

---

[1)] Für technische Zwecke genügt nach H. Langbein (l. c.) zur Berechnung der Korrektur auch folgende Abkürzung der Formel:

$$\Sigma \, \Delta t = n\,v' + \frac{v + v'}{2} \; ,$$

worin v und v' dieselbe Bedeutung wie in obiger Formel besitzen und die Temperaturzunahme mit negativem Vorzeichen, die Abnahme mit positivem Vorzeichen eingeführt wird, also $v = -0{,}0016$, $v' = +0{,}0042$ ist, während n die Anzahl der **Minuten** der Verbrennung im Hauptversuche, also hier $= 3$, bedeutet. Unter Anwendung dieser Formel wird:

$$\Sigma \, \Delta t = 3 \times 0{,}0042 + \left(\frac{-0{,}0016 + 0{,}0042}{2}\right) ,$$

$$\Sigma \, \Delta t = 0{,}0126 + 0{,}0013 = 0{,}0139^\circ \quad \text{(statt } 0{,}0135^\circ \text{ wie oben).}$$

zubereiteten Sodalösung. Bei der Bildung von in Wasser gelöster Salpetersäure werden für das Gramm-Molekül (rund 63 g) 14,3 cal. frei, also für

$$1 \text{ g HNO}_3 = \frac{14,3 \times 1000}{63} = 227 \text{ cal.,}$$

oder $\qquad\qquad\qquad\qquad 0{,}004405 \text{ g HNO}_3 = 1 \text{ cal.}$

Wenn man daher wasserfreies Natriumcarbonat nach der Gleichung:

$$\underset{126}{2\,\text{HNO}_3} : \underset{106}{\text{Na}_2\text{CO}_3} = 0{,}004405\,\text{HNO}_3 : \text{x}\,\text{NaCO}_3 \quad (\text{x} = 0{,}003706),$$

also 3,706 g Na_2CO_3 abwägt und zu 1 l in Wasser löst, so bedeutet 1 ccm = 1 cal.

Hat man schwefelfreie Stoffe verbrannt, so zeigen die verbrauchten Kubikzentimeter direkt die abzuziehenden calorien an. Ist aber auch durch Verbrennen von schwefelhaltigen Stoffen Schwefelsäure gebildet, so bestimmt man diese durch Fällen mit Bariumchlorid, bringt die berechnete Menge Schwefelsäure in Abzug, um als Rest die Menge der gebildeten Salpetersäure bzw. ihren Wert in calorien zu erhalten. Man kann nach H. Langbein aber auch beide Säuren ohne merklichen Fehler durch Titration bestimmen. Zu dem Zweck hat man dann noch $^1/_{10}$ n-Salzsäure und $^1/_{10}$ n-Barytlauge notwendig, von denen je 10 ccm = 14,3 ccm Sodalösung sind. Die Flüssigkeit wird dann zunächst unter Anwendung von Phenolphthalein als Indikator mit der Barytlauge titriert, wodurch sich salpetersaures und schwefelsaures Barium bildet. Man setzt einen Überschuß (20 bis 30 ccm) Sodalösung zu und läßt einige Zeit stehen. Es bildet sich durch Wechselzersetzung aus dem salpetersauren Barium kohlensaures Barium, welches sich mit dem unverändert bleibenden schwefelsauren Barium abscheidet. Der Niederschlag wird filtriert, etwas ausgewaschen, zu dem Filtrat ein geringer Überschuß der $^1/_{10}$ n-Salzsäure gesetzt, zur Vertreibung der Kohlensäure erwärmt und der Überschuß an Salzsäure unter Anwendung von Methylorange als Indikator durch die Sodalösung zurücktitriert. Hat man z. B. verbraucht:

Zur Titration der Gesamtsäure . . . . 23,3 ccm Barytlauge
Zur Zersetzung des Bariumnitrats . . . . 20,0 „ Sodalösung
Als Zusatz zum Filtrat mit überschüssigem Natriumcarbonat . 7,0 „ $^1/_{10}$ n-Salzsäure
Zur Neutralisation der überschüssig zugesetzten Salzsäure . . . 1,8 „ Sodalösung

so hat man im ganzen 21,8 ccm Sodalösung verbraucht und muß, da 10 ccm $^1/_{10}$ n-Salzsäure = 14,3 ccm Sodalösung sind, für 7 ccm zugesetzte Salzsäure 10 ccm Sodalösung abziehen, so daß also 21,8 — 10,0 = 11,8 ccm Sodalösung für gebildete Salpetersäure (= 11,8 cal.) übrig bleiben.

Die 11,8 ccm Sodalösung entsprechen, da 14,3 ccm hiervon = 10,0 ccm $^1/_{10}$ n-Barytlauge sind, 8,2 ccm Barytlauge; also sind von den verbrauchten 23,3 ccm Barytlauge 8,2 ccm an Salpetersäure und der Rest 23,3 — 8,2 = 15,1 ccm an Schwefelsäure gebunden. 1 ccm $^1/_{10}$ n-Normalbarytlauge entspricht 0,0016 g, also 15,1 ccm = 0,02416 Schwefel, und wenn man z. B. 1,0036 g Kohle zu der Verbrennung verwendet hat, so enthält sie 2,41 % Schwefel, welche Zahl durch eine gewichtsanalytische Bestimmung kontrolliert werden kann.

Bei der für die gebildete Schwefelsäure zu berechnenden Verbrennungswärme ist zu berücksichtigen, daß bei der Verbrennung schwefelhaltiger organischer Stoffe in der Regel schweflige Säure entsteht und hieraus erst durch Wasser- und Sauerstoffaufnahme Schwefelsäure; es ist daher am richtigsten die Wärmetönung bei der Bildung von Schwefelsäure aus schwefliger Säure als Grundlage der Berechnung anzunehmen, wozu dann weiter noch die Verdünnungswärme mit Wasser kommt. Erstere Wärmetönung beträgt:

$$\text{SO}_2 + \text{O} + \text{H}_2\text{O} = \text{H}_2\text{SO}_4 + 54{,}4 \text{ cal.}$$

Für 1 g H_2SO_4 berechnen sich also

$$\frac{54{,}4 \times 1000}{98} = 555{,}1 \text{ cal.}$$

1 g Schwefel entspricht 3,0625 g H_2SO_4; wenn eine Substanz (z. B. Kohle) 1% Schwefel enthält, oder 1 g Substanz = 0,01 g S, so würde die Bildungswärme $555,1 \cdot 0,030625 = 17,0$ cal. betragen.

Für die beim Mischen der Schwefelsäure mit Wasser frei werdende Wärme wird statt der Formel von Thomsen $\left(\dfrac{m \cdot 17860 \text{ cal.}}{m + 1,7983}\right)$[1] die Formel

$$w = \frac{17860 \cdot b}{98 \dfrac{b}{a} + 32,37}$$

angewendet, warin a die Menge der erhaltenen Schwefelsäure in Gramm und b die Menge Wasser bedeutet. Sind z. B. 10 ccm Wasser in die Bombe gefüllt und bei 1% Schwefel in der Substanz 0,030625 g H_2SO_4 gebildet, so beträgt ohne Berücksichtigung des aus der Substanz bei der Verbrennung entstehenden Wassers die Verdünnungswärme:

$$w = \frac{17860 \times 10}{98 \times \dfrac{10}{0,030625} + 32,37} = 5,57 \text{ cal.}$$

Nimmt man an, daß die Schwefelsäure sich nur mit dem aus der Substanz entstehenden Wasser verdünnt und diese Menge für 1 g Substanz 0,75 g beträgt, so wird

$$w = \frac{17860 \times 0,75}{98 \times \dfrac{0,75}{0,030625} + 32,37} = 5,51 \text{ cal.}$$

Beide Werte weichen nicht wesentlich voneinander ab, und da man ferner annehmen kann, daß die Verdünnungswärme gleichmäßig mit dem Prozentgehalt an Schwefel zunimmt, so kann man für die Reduktion der verdünnten Schwefelsäure zu gasförmiger schwefliger Säure im ganzen für:

$$1\% \text{ S} = 22,5 \text{ cal.}$$

(17,0 cal. für Bildungswärme $+5,5$ cal. für Verdünnungswärme) einsetzen, d. h. von der Gesamtverbrennungswärme der Substanz abziehen.

Korrektur für Wasserdampf. Wenn eine Substanz hygroskopisches Wasser enthält, so wird es durch die Verbrennung in den dampfförmigen Zustand verwandelt, ebenso wie das durch die Verbrennung des Wasserstoffs der Substanz entstehende Wasser. Zur Verdampfung von 1 g Wasser rechnet man rund 600 cal., und da aus $2 H = 18$ oder aus $1 H = 9 H_2O$ entstehen, so berechnet sich, wenn H den Prozentgehalt an Wasserstoff, W den Prozentgehalt an hygroskopischem Wasser bedeutet, die Korrektur nach der Formel:

$$\frac{9 H + W}{100} \cdot 600 \,.$$

Hat z. B. eine Kohle 3,99% Wasserstoff (H) und 14,02% hygroskopisches Wasser ergeben, so sind $\dfrac{9 \times 3,99 + 14,02}{100} \cdot 600 = 299,58$ cal. von der berechneten Verbrennungswärme in Abzug zu bringen.

Beispiele einer calorimetrischen Bestimmung. Als Beispiel einer calorimetrischen Bestimmung möge nach H. Langbein (l. c.) die Verbrennung einer Braunkohle dienen, weil bei ihrer Berechnung alle aufgeführten Faktoren in Betracht kommen.

Die Zusammensetzung einer Braunkohle sei folgende:

			In der verbrennlichen Substanz			
Hygrosk. Wasser	Asche	Verbrennliche Substanz	Kohlenstoff	Wasserstoff	Schwefel	Sauerstoff und Stickstoff
14,02%	5,12%	80,86%	54,24%	3,99%	0,58%	22,05%

[1] Thomsen, Thermochem. Untersuchungen **3**, 34.

Die Bestimmung des Heizwertes mit der calorimetrischen Bombe ergab:

Angewendete Menge Kohle		1,0033 g
Gewicht des Wassers im Calorimeter	2186,1 g	
Wasserwert der Bombe und Metallteile	413,9 g	
Wasserwert des ganzen Apparates (W)	2600,0 g	
Temperaturerhöhung, beobachtet	1,9972°	
Korrektur für Abkühlung	0,0035°	
Wirkliche Temperaturerhöhung (T).	2,0007°	
Beobachtete Wärmeentwicklung ($W \cdot T$)		5201,8 cal.
Korrektur für Zündung	18,3	
Korrektur für Salpetersäure	18,0	
Abzug	36,3	36,3 cal.
Verbrennungswärme der angewendeten Substanz		5165,5 cal.
Verbrennungswärme für 1 g Substanz		5148 cal.

1 g Substanz gibt 0,4991 g Wasser, also

Korrektur für Wasserdampf	300 cal.	
Korrektur für verdünnte Schwefelsäure, reduziert auf gasförmige schweflige Säure	13 „	
Abzug	313 cal.	313 cal.
Also Verbrennungswärme für 1 g Substanz		4835 cal.

Der Heizwert für 1 kg Braunkohlenbriketts beträgt also 4835 Wärmeeinheiten, oder da zur Verdampfung von 1 kg Wasser von 0° in Dampf von 100° 637 Wärmeeinheiten erforderlich sind, so ist der Wasserverdampfungswert von 1 kg Braunkohlenbriketts $= \dfrac{4835}{637} = 7{,}59$ kg Wasser von 0° in Dampf von 100°.

Bei Ermittelung des Wärmewertes von Nahrungsmitteln fällt die Berechnung des Wasserverdampfungswertes fort.

Hat z. B. ein fettfreies Rindfleischpulver im lufttrocknen Zustande ergeben:

		In der verbrennlichen Substanz				
Wasser	Asche	Kohlenstoff	Wasserstoff	Stickstoff	Schwefel	Sauerstoff
3,75%	5,09%	52,72%	7,38%	16,23%	0,90%	22,77%

Angewendete Menge Rindfleischpulver		1,0467 g
Gewicht des Wassers im Calorimeter	2219,0 g	
Wasserwert der Bombe und Metallteile	407,5 g	
Wasserwert des ganzen Apparates (W).	2626,5 g	
Temperaturerhöhung, beobachtet	2,0750°	
Korrektur für Abkühlung.	0,0017°	
Wirkliche Temperaturerhöhung (T)	2,0767°	
Beobachtete Wärmeentwicklung ($W \cdot T$)		5454,45 cal.
Korrektur für Zündung	19,3	
Korrektur für Salpetersäure	19,2	
Abzug	38,5	38,5 cal.
Verbrennungswärme der angewendeten Substanz		5415,95 cal.
Verbrennungswärme für 1 g Substanz		5174,4 cal.
Korrektur für verdünnte Schwefelsäure, reduziert auf gasförmige schweflige Säure (als Abzug)		13,9 cal.
Also Verbrennungswärme für 1 g Substanz		5160,5 cal.
Oder für 1 g wasser- und aschenfreies Rindfleisch		5661,0 cal.

Polarimetrie.

Zur Bestimmung der Polarisation sind folgende Apparate in Gebrauch:
Von Mitscherlich, Laurent, Schmidt & ·Haensch, Wild mit Kreisgradteilung.
Von Soleil- Ventzke- Scheibler, Schmidt & Haensch mit Zuckerskala.
Von Soleil-Dubosq mit Zuckerskala.

In Deutschland finden vorwiegend die in den letzten Jahren wesentlich vervollkommneten Halbschattenapparate von Schmidt & Haensch in Berlin mit Kreisgradteilung Verwendung und ihre Einrichtung möge hier näher erläutert werden[1]).

I. Optische Einrichtung der Halbschattenapparate.

Die optische Einrichtung eines der gebräuchlichsten Halbschatten-Polarisationsapparate ist in Fig. 79 dargestellt. Der Apparat ist mit einem zweiteiligen Polarisator nach.F. Lippich versehen; dieser Polarisator besteht aus den Nicols N_1 und N_2, sowie der Blende D. Der Apparat

Fig. 79.

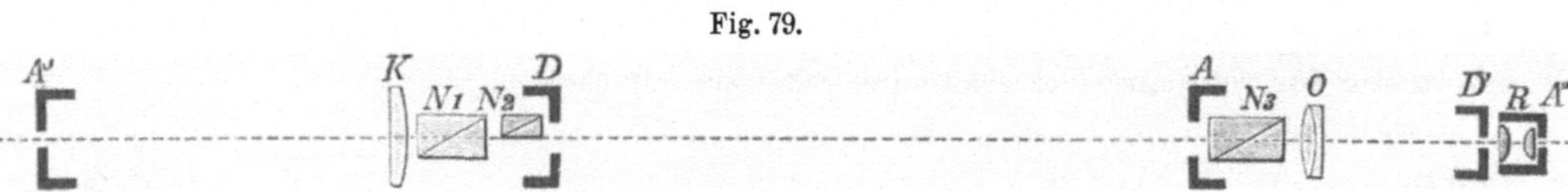

Optische Einrichtung eines Halbschattenapparates.

wird durch die Blende A' und die Linse K hindurch von einer Lampe beleuchtet, welche in einer der Länge des Apparates entsprechenden Entfernung aufgestellt werden muß (vgl. S. 96). Die Blende A, das Nicol N_3, sowie das kleine astronomische Fernrohr OR bilden die Analysator- oder Meßvorrichtung; letztere ist meßbar um die Längsachse des Apparates drehbar.

Fig. 80.   Fig. 81.   Fig. 82.

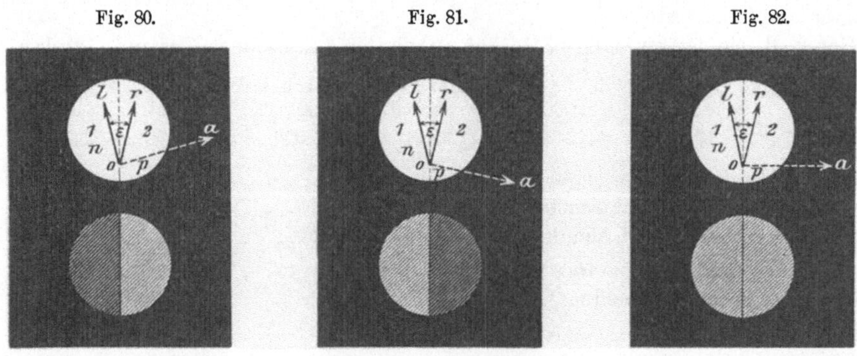

Gesichtsfeld eines Halbschattenapparates.

Die Beleuchtungslinse K entwirft von der Flamme ein Bild in der Ebene der Analysatorblende A. Das Fernrohr OR ist scharf auf die Polarisatorblende D, welche das Gesichtsfeld begrenzt, eingestellt. Durch die Nicols N_1 und N_2 wird das Gesichtsfeld in zwei Hälften, *1* und *2*, die photometrischen Vergleichsfelder, geteilt, welche in den Fig. 80, 81 und 82 gezeichnet sind.

Die Schwingungsrichtungen $o\,l$ des Feldes *1* und $o\,r$ des Feldes *2* bilden einen kleinen Winkel ε, den sog. Halbschatten, miteinander. Bei der Einstellung wird das Analysatornicol N_3 mit dem Fernrohr zunächst so gedreht, daß ein Vergleichsfeld,

---

[1]) Die Abbildungen und Beschreibungen dieses Abschnittes sind freundlichst von der Firma Franz Schmidt & Haensch in Berlin S. 42, Prinzessinnenstr. 16, geliefert worden.

z. B. das nur durch N_1 hindurch beleuchtete Feld *1*, ganz dunkel erscheint, ausgelöscht ist (s. Fig. 80); dann ist die Schwingungsrichtung $o\,a$ des von N_3 hindurchgelassenen Lichtes senkrecht zu $o\,l$. Dann dreht man N_3, bis das andere Feld vollkommen ausgelöscht ist, wie Fig. 81 zeigt. Dreht man nun N_3 etwas zurück, so findet man eine Stellung, bei welcher beide Hälften des Gesichtsfeldes in geringer, gleicher Helligkeit erscheinen (s. Fig. 82). Auf diese gleich schwache Beleuchtung benachbarter Vergleichsfelder wird bei allen Halbschattenapparaten eingestellt.

Bei dem bisher beschriebenen Polarisator ist das Gesichtsfeld nach F. Lippich[1]) durch zwei Nicols N_1 und N_2 in zwei Hälften geteilt. — Die Empfindlichkeit der Einstellung wird noch vergrößert, wenn man durch zwei kleine ähnlich wie N_2 (s. Fig. 79) vor N_1 gesetzte Nicols das Gesichtsfeld in drei Teile teilt; auch dieser Polarisator[2]) ist von Lippich angegeben worden.

In nebenstehender Figur 83 ist von oben gesehen *I* das große um die Rohrachse behufs Änderung der Beschattung drehbare Prisma, *II* und *III* sind die beiden Halbprismen, von denen das eine festsitzt, das andere ebenfalls um die Rohrachse gedreht werden kann, $p\,p$ ist das vorgesetzte Diaphragma, *I, II, III* zusammen bilden den Halbschattenpolarisator, $G\,G$ zeigt das Gesichtsfeld, wie es durch das Fernrohr gesehen wird.

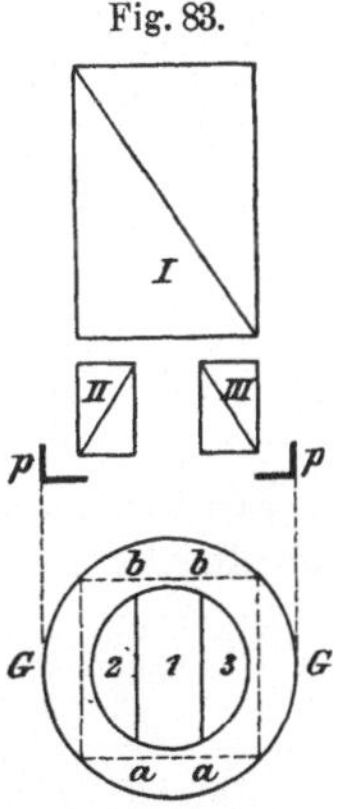

Fig. 83.

Dreifacher Polarisator nach Lippich.

Die Vorteile dieser Anordnung bestehen erstens in der Vermehrung der Felder, an denen die Gleichheit der Helligkeit beurteilt werden kann, und die so lange günstig wirken wird, als die Dimensionen der einzelnen Felder nicht zu klein werden, zweitens ist die symmetrische Anordnung in der jeweiligen Verteilung der Helligkeiten an sich geeignet, die Sicherheit der Einstellung zu erhöhen. Ein dritter, wesentlicher Nutzen läßt sich durch eine kleine Verdrehung des einen Halbprismas gegen das andere erreichen, wie aus der folgenden Betrachtung hervorgeht. Denken wir uns die Halbprismen genau parallel gestellt und den Analysator in jener Lage, bei welcher die drei Felder, objektiv genommen, gleiche Helligkeiten haben. Man wird nun den Analysator nach rechts und links um einen gewissen Winkel φ zu drehen haben, damit ein Helligkeitsunterschied zwischen dem Mittelfeld und den Seitenfeldern eben schon bemerkbar zu werden beginnt; $2\,\varphi$ wäre also die Unsicherheit der Einstellung bei der jetzigen Anordnung. Drehen wir aber das eine Halbprisma, z. B. *2*, aus seiner Parallelstellung zu *3* um den Winkel φ heraus, so liegen die Verhältnisse anders. Geben wir nämlich dem Polarisator eine solche Lage, daß beispielsweise ein Helligkeitsunterschied eben zwischen *1* und *2* bemerkbar wird, so genügt eine Drehung desselben um den Winkel φ in gewissem Sinne, um einen Helligkeitsunterschied zwischen *1* und *3* eben bemerkbar zu machen; die Unsicherheit der Einstellung wäre demnach φ, also halb so groß wie früher.

Weniger vollkommen, aber billiger als der Lippichsche zweiteilige Polarisator ist der ältere Laurentsche; bei demselben befindet sich an der Stelle des Nicols N_2 eine dünne, parallel zur Achse geschliffene Quarzplatte.

2. Die gebräuchlichsten Apparate.

a) Apparat nach Mitscherlich.

Fig. 84 S. 92 zeigt einen kleinen, einfachen Polarisationsapparat nach Mitscherlich. Das starkwandige Rohr R ist in der Mitte zur Aufnahme der Beobachtungsröhren aufgeschnitten und an beiden Enden mit einer auf Säule und Dreifuß montierten eisernen Schiene verschraubt. Der Polarisator P besteht aus einem ein-

---

1) F. Lippich, Naturwissenschaftl. Jahrb. „Lotos", N. F. Bd. II. Prop. Tempsky 1880. Zeitschr. f. Instrumentenkunde 1882, **2**, 167—174.
2) D. R. P. Nr. 82 523.

Fig. 84.

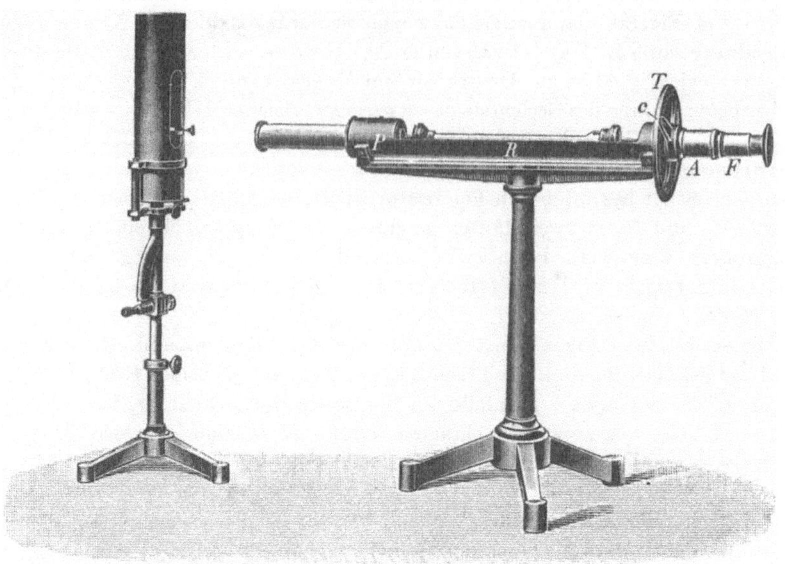

Polarisationsapparat nach Mitscherlich.

fachen Nicol, vor welchem eine feststehende Laurentsche Halbplatte (Halbschatten $\varepsilon = 14\,°$)
angebracht ist. Das Analysatornicol liegt in dem Rohrstück A und kann nebst dem Fernrohr F

Fig. 85.

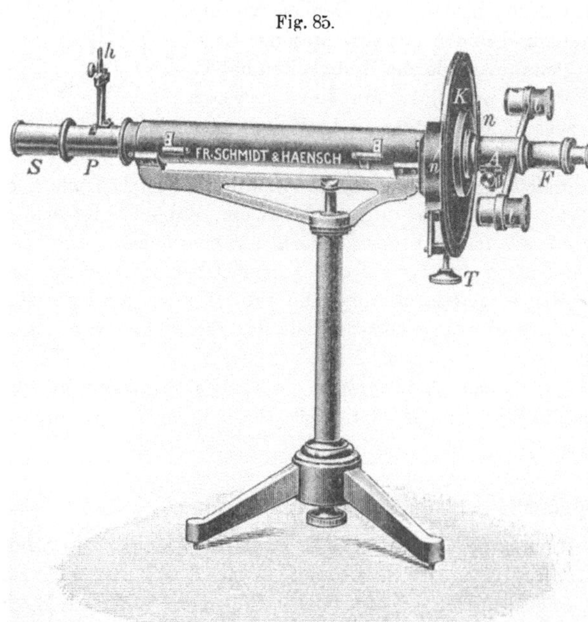

Einfacher Polarisationsapparat nach Lippich.

mittels des kleinen Hebels c um
die Längsachse des Apparates
gedreht werden; die Stellung
wird mittels zweier gegenüberliegenden Nonien an dem feststehenden Teilkreise T (von
100 mm Durchmesser, in ganze
Grade geteilt) bis auf $0,1\,°$ abgelesen. Zur Beleuchtung dient
gewöhnlich eine Natriumlampe,
am besten ein Bunsenbrenner
mit Platinring zur Aufnahme
von Chlornatrium. Sind Drehungen von mehr als etwa $5\,°$
zu messen, so muß das Natriumlicht gereinigt werden, indem ein
Filter, mit Kaliumbichromatlösung gefüllt, zwischen Lichtquelle und Polarisator eingeschaltet wird.

**b) Einfacher Pola-
risationsapparat nach
Lippich.** Fig. 85 zeigt die
Konstruktion eines Polarisations-

apparates, der viel in chemischen Laboratorien benutzt wird und Drehungswinkel bis auf
etwa $0,015\,°$ genau zu messen gestattet. Das der Lichtquelle zugekehrte Ende S des Appa-

rates ist zur Aufnahme von Flüssigkeitsröhren, die als Strahlenfilter dienen, eingerichtet. Bei P befindet sich der Polarisator, in der Regel ein zweiteiliger nach Lippich (vgl. Fig. 86); das größere Nicol N_1 ist mittels des Hebels h drehbar; dadurch kann man den Halbschatten ε von 0 bis etwa 20° verändern; an einer kleinen Teilung wird der Wert von ε abgelesen.

Das Analysatornicol befindet sich in dem Rohrstück A und ist mit dem kleinen Fernrohr F sowie dem Teilkreis K, welcher einen Durchmesser von 175 mm besitzt und in Viertelgrade geteilt ist, fest verbunden. Die Drehung dieser ganzen Vorrichtung um die Längsachse des Apparates geschieht durch Bewegung des Triebes T — bei neueren Apparaten mittels Mikrometerbewegung — und wird mit den beiden feststehenden Nonien $n\,n$ gemessen, deren Einteilung eine Ablesung des Kreises mittels der Lupen $l\,l$ bis auf 0,01° gestattet. Das Okular des Fernrohrs F ist zur scharfen Einstellung der Polarisatorblende verschiebbar eingerichtet. —

Fig. 86.

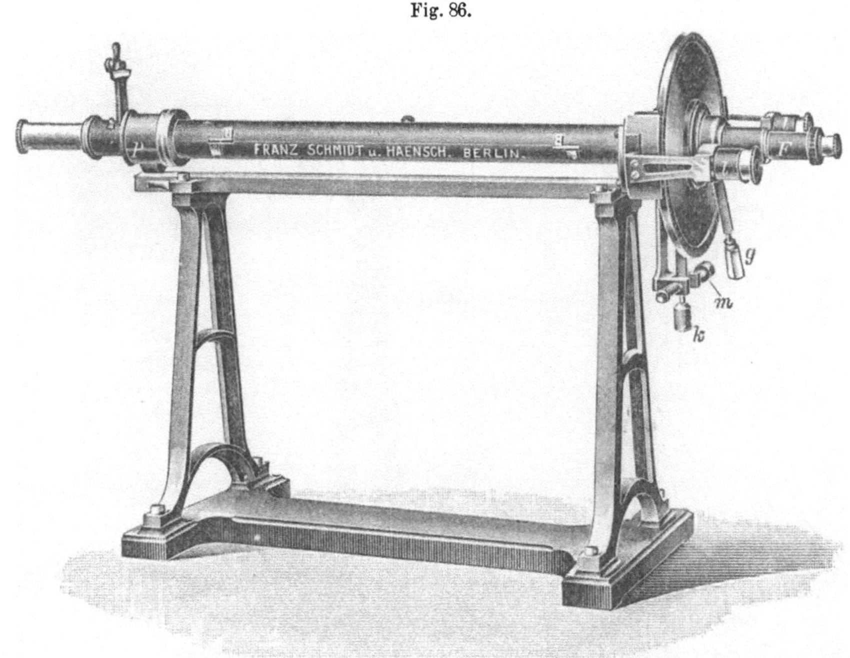

Polarisationsapparat nach Lippich auf Bockstativ.

Die Apparate werden in zwei verschiedenen Längen angefertigt, und zwar für Beobachtungsröhren, deren größte Länge 220 oder 400 mm beträgt.

c) *Polarisationsapparat nach Lippich auf Bockstativ.* Der in

Fig. 86 abgebildete Apparat unterscheidet sich von dem vorstehenden im wesentlichen dadurch, daß er nicht auf Säule und Dreifuß, sondern auf Bockstativ montiert ist. Infolgedessen ist der ganze Apparat stabiler und weniger der Gefahr einer Durchbiegung oder Beschädigung ausgesetzt. Diese Apparate werden in drei verschiedenen Längen, für Beobachtungsröhren von 220, 400 und 600 mm größter Länge ausgeführt. — Als Polarisator wird in der Regel der Lippichsche mit dreiteiligem Gesichtsfelde gewählt. Der Halbschatten ε kann wieder mittels eines kleinen Hebels meßbar geändert werden. Das Analysatornicol kann nebst Teilkreis und Fernrohr F entweder mittels des Hebels g, oder nach Anziehen der Klemme k mittels der Mikrometerschraube m gedreht werden; das Fernrohr F ist durch Schneckenführung einstellbar.

d) Polarisationsapparat nach Landolt. Vor den bisher beschriebenen
Apparaten hat der in Fig. 87 dargestellte Landoltsche[1]) Polarisationsapparat den großen Vorzug, daß nicht nur Beobachtungsröhren, sondern auch beliebig gestaltete Beobachtungsgefäße
eingeschaltet werden können[2]).

Der Apparat ist ähnlich dem unter Fig. 85 dargestellten Instrument, jedoch sind hier
die beiden Lagerstücke zur Anpassung des Polarisators und des Kreises mit Analysator durch
eine seitlich angeordnete Schiene zu einem festen Teil vereinigt und in einem Gußstück hergestellt, so daß für axiale Anordnung des Apparates, speziell der Optik, und gegen etwa eintretende Veränderung durch Durchbiegung usw. die größte Garantie gegeben ist. Dieses Oberteil ist auf das Bockgestell durch starke Schrauben befestigt. Die seitlich angeordnete

Fig. 87.

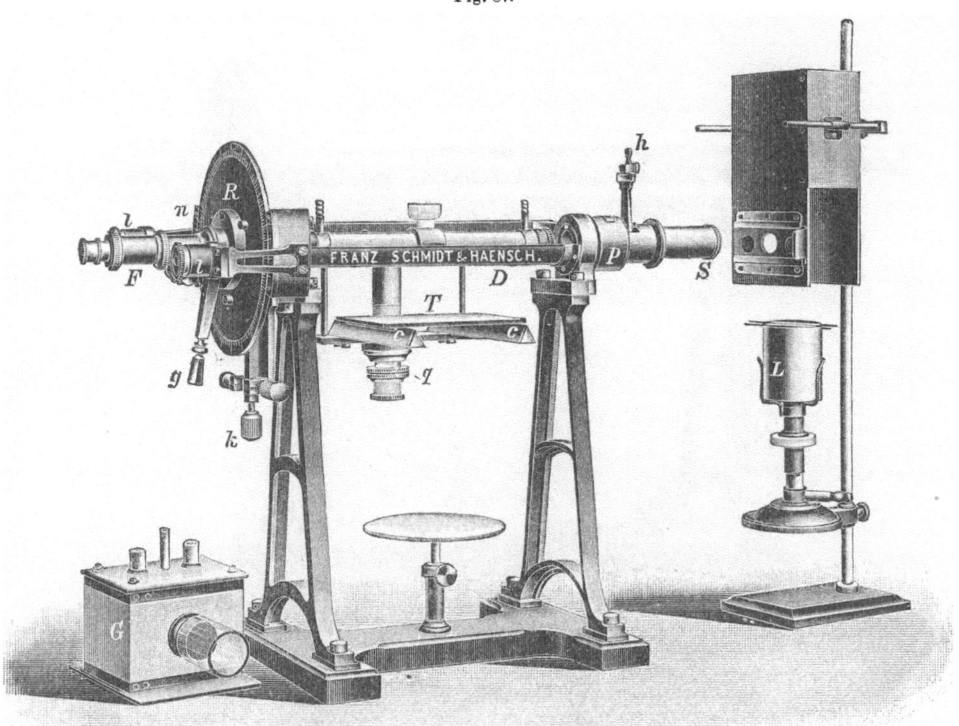

Polarisationsapparat nach Landolt auf Bockstativ.

Verbindungsschiene ist notwendig, um verschiedenartig geformte Beobachtungsgefäße zwischen
Analysator und Polarisator ohne Schwierigkeit einschalten zu können. Zur Aufnahme der
üblichen Beobachtungsröhren dient das beigegebene halbe Rohr D, welches leicht federnd
zwischen Polarisator und Analysator eingelegt wird. Für die Aufnahme von Beobachtungsröhren verschiedener Formen und Durchmesser wird auf Wunsch ein Lager in V-Form beigegeben, welches auf die horizontalstehenden prismenförmigen Schienen $c\,c$ aufgesetzt wird.
Zur Zentrierung dieser Röhren bzw. des Lagers zur Achse des Apparates sind die Schienen $c\,c$

<hr>

[1]) H. Landolt, Über eine veränderte Form des Polarisationsapparates für chemische Zwecke.
Berichte d. Deutschen chem. Gesellschaft **1895**, 3102—3104.

[2]) Dieser Apparat wird seit einer Reihe von Jahren nicht mehr in der Originalform hergestellt,
sondern nur noch auf stabilem Bockstativ geliefert.

in der Höhe mittels der Schraubenmutter q verstellbar eingerichtet, während zur seitlichen Einstellung die Verschiebung des Lagers auf den Schienen cc erforderlich ist. Anstatt dieser Röhreneinlagen läßt sich eine ebene, unten mit Führungsleisten versehene Messingplatte T auflegen, die als Unterlage für Glaströge dient. Um auch Substanzen in stärker erhitztem bzw. in geschmolzenem Zustande untersuchen oder andererseits niedrige Temperaturen anwenden zu können, läßt sich ferner die Vorrichtung G einschalten, ein mit Asbest bekleideter Kasten aus Messingblech, durch welchen eine inwendig vergoldete Messingröhre geht, deren herausragende Enden sich durch gläserne Deckplatten verschließen lassen. Ein in diese Röhre senkrecht eingeschliffenes enges Röhrchen, welches durch den abnehmbaren Deckel des Kastens hindurchgeht, erlaubt die Ausdehnung oder Zusammenziehung der eingefüllten aktiven Substanz. Außerdem besitzt der Deckel zwei Öffnungen für Thermometer und Rührer. Füllt man den Kasten mit einer als Bad geeigneten Flüssigkeit und erhitzt mittels untergestellter Flamme, so läßt sich das Drehungsvermögen der Substanz bis zu ziemlich hohen Temperaturen untersuchen. Werden behufs Beobachtung bei niedrigen Temperaturen Kältemischungen in den Kasten gebracht, so müssen, um den Wasserbeschlag auf der Außenseite der Deckgläser zu verhindern, an die Überschraubringe Glaszylinder angesteckt werden, welche am Ende mit Platten verschlossen und mit etwas Chlorcalcium gefüllt sind. Der Apparat wird im allgemeinen mit dreifachem, auf Wunsch auch mit zweifachem Lippichschen Polarisator geliefert. Zur Einstellung des Halbschattens ε dient der Hebel h. Ablesung, Teilung und Durchmesser des Kreises, wie bei Fig. 85 bzw. Fig. 86. Der Kreis ist ebenfalls mit grober und mikrometrischer Einstellung versehen. Die Fernrohreinstellung geschieht durch Schneckenbewegung. Der Apparat wird für Röhren von 220 und 400 mm Länge hergestellt.

3. Beleuchtung von Polarisationsapparaten.

Polarisationsapparate müssen mit monochromatischem Lichte beleuchtet werden. Die Art der Beleuchtung und der davon abhängige optische Schwerpunkt des benutzten Lichtes müssen bei allen polarimetrischen Messungen genau angegeben werden, damit die Ablesungen verschiedener Beobachter miteinander vergleichbar sind.

Gewöhnlich wird die Drehung einer Substanz für Licht der beiden D- oder Na-Linien bestimmt, deren optischer Schwerpunkt bei der Wellenlänge 0,0005893 mm liegt. Als Natriumlampe verwendet man zweckmäßig einen Bunsenbrenner mit Platinring zur Aufnahme von Chlornatrium; ein solcher ist in Fig. 84 S. 92 abgebildet.

Sind die zu messenden Drehungswinkel klein, etwa zwischen 0 und 5° liegend, und ist die Genauigkeit der Ablesung nur 0,1°, wie bei dem kleinen Mitscherlichschen Apparat, so kann man die Lampe direkt vor den Polarisationsapparat stellen.

Hat man größere Drehungen zu messen, oder arbeitet man mit genaueren Apparaten (Ablesung auf 0,01°), dann ist eine Reinigung des von der Lampe ausgesandten Natriumlichtes von fremden Beimischungen unbedingt erforderlich. Diese Reinigung geschieht am einfachsten durch eine 3 cm dicke Schicht einer gesättigten Kaliumbichromatlösung; ein passendes Flüssigkeitsgefäß wird dem kleinen Mitscherlichschen Apparat auf Wunsch, allen anderen Polarisationsapparaten ohne weiteres beigegeben.

Bei genauen Apparaten und größeren Drehungen genügt diese Reinigung nicht. Man verwendet dann das Lippichsche Natriumlichtfilter[1]. Dasselbe besteht aus zwei Kammern, die nacheinander vom Lichte durchsetzt werden und durch Planplatten geschlossen sind. In Landolts „Optischem Drehungsvermögen", S. 362, ist das Lippichsche Filter folgendermaßen beschrieben: „Die größere der Kammern hat eine Länge von 10 cm, die kleinere eine Länge von 1,5 cm. Die größere Kammer wird mit einer sechsprozentigen und filtrierten

---

[1] F. Lippich, Über die Vergleichbarkeit polarimetrischer Messungen. Zeitschr. f. Instrumentenkunde 1892, **12**, 333—342.

Lösung von Kaliumbichromat, $K_2Cr_2O_7$, in Wasser gefüllt. In die kleinere Kammer kommt eine Uranosulfatlösung, $U(SO_4)_2$. Dieselbe ist tiefgrün und muß erst durch Reduktion aus dem entsprechenden Uranylsalze $UO_2 \cdot SO_4$ hergestellt werden. Da die Uranosulfatlösung an der Luft durch Oxydation wieder in die gelbe Uranylsalzlösung übergeht, so muß man für guten, luftdichten Verschluß der Absorptionszelle Sorge tragen und die Füllung derselben von Zeit zu Zeit erneuern. Die Herstellung der Uranosulfatlösung hat folgendermaßen zu geschehen: 5 g Uran. sulfur. puriss. werden in 100 g Wasser gelöst und 2 g reines Zink in Pulverform zugefügt. Sodann werden 3 ccm konzentrierter Schwefelsäure in drei Partien zugesetzt, wobei immer abgewartet wird, bis die Reaktion nahezu vorüber ist; die Flasche bleibt hierbei verschlossen. Nach dem Zusetzen der letzten Partie bleibt die verschlossene Flasche etwa sechs Stunden stehen; dann wird die Flüssigkeit filtriert und sogleich in die Kammer gefüllt, und zwar so, daß eine möglichst kleine Luftblase zurückbleibt. Nach einem Tage etwa ist die Lösung zur Ruhe gekommen und hält sich ein bis zwei Monate hindurch konstant. Die oben angegebenen Gewichte und Volumina müssen bis auf $1/_{100}$ ihres Betrages genau eingehalten werden. Während das Kaliumbichromat einen Teil der grünen Strahlen und die blauen absorbiert, hat die Uranosulfatlösung eine breite und starke Absorptionsbande in Rot, welche nahe bis an die D-Linien heranreicht. Man erhält demnach ein Spektrum, in welchem nur ein schmaler Streifen mit den D-Linien in der Mitte vorhanden ist."

Die Natriumlampe ist stets so aufzustellen, daß die Beleuchtungslinse K (s. Fig. 79) ein scharfes Flammenbild auf der Analysatorblende A entwirft; man erkennt dies, indem man A mit einem Stück weißen Papiers bedeckt. Die Entfernung der Lampe vom Apparatende beträgt:

beim Mitscherlich (Fig. 84) . . . . 2—3 cm
bei Apparaten für Röhren von 220 mm Länge . . . . . 30 cm
„   „   „   „   „ 400 „   „   . . . . . 45 cm
„   „   „   „   „ 600 „   „   . . . . . 65 cm

4. Bestimmung eines Drehungswinkels.

Für diejenigen, die mit der Ablesung eines Winkels auf einer Gradteilung nicht vertraut sind, ist folgendes zu bemerken.

In Fig. 88 ist der außenliegende Kreis und der innenliegende Nonius eines kleinen Mitscherlich-Apparates gezeichnet. Der Nullstrich des drehbaren Nonius liegt zwischen dem zweiten und dritten Teilstrich des feststehenden Kreises; von den Strichen des rechtsliegenden Nonius fällt der achte mit einem Teilstrich des Kreises zusammen, also ist die Ablesung

$$2 + 0,8 = 2,8°.$$

Fig. 89 zeigt den innenliegenden drehbaren Kreis und den einen äußeren Nonius der größeren Polarisationsapparate. Der Nullstrich des Nonius liegt zwischen den Teilstrichen 13,50 und 13,75 des Teilkreises; der Noniusstrich 0,16 fällt mit einem Striche des Kreises zusammen, also ist abzulesen

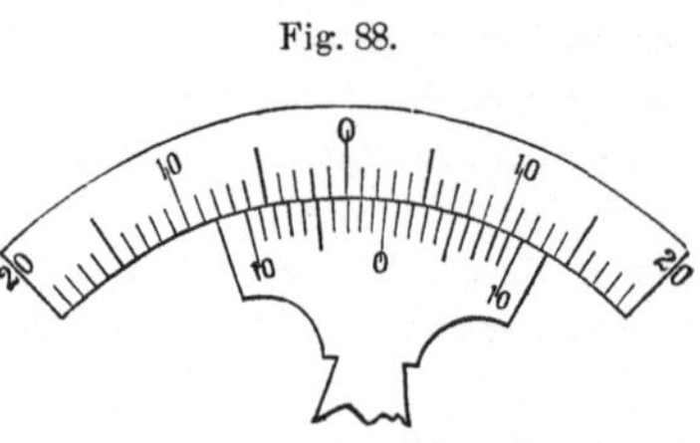

Fig. 88.

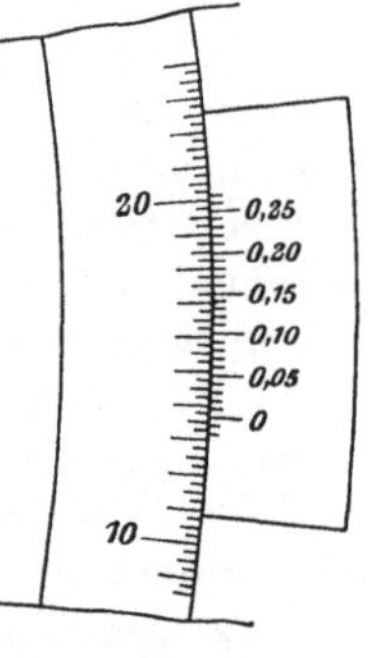

Fig. 89.

$$13,50 + 0,16 = 13,66°.$$

Feste Körper untersucht man in planparallelen Platten, Flüssigkeiten in den bekannten Beobachtungsröhren. Eine besonders praktische Form von Röhren zeigt Fig. 90[1]).

[1]) W. Wicke, Berichte d. Deutschen pharmazeut. Gesellschaft **1898**. D. R. P. Nr. 104 846.

Bei denselben schadet eine kleine, eingeschlossene Luftblase nichts, da sie bei horizontaler Lage der Röhre in die Erweiterung a eintritt.

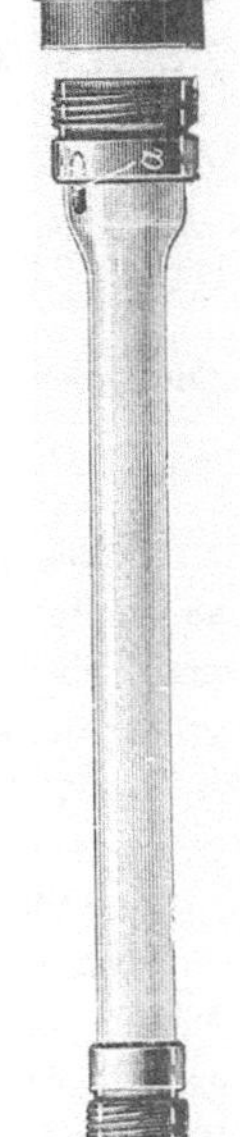

Nachdem das Zimmer ganz oder teilweise verdunkelt und die Lichtquelle richtig aufgestellt ist (s. vorigen Abschn.), beginnt die eigentliche Messung. Zuerst stellt man das Fernrohr scharf auf die Trennungslinie der Vergleichsfelder ein. Man geht zunächst von dem einen der beiden Nullpunkte des Apparates aus und macht bei leerem Apparate mehrere Einstellungen hintereinander, jedesmal beide Nonien ablesend. (Die Art der Einstellung ist oben mit Hilfe der Figuren 80, 81 und 82, S. 90 erläutert.) Sodann schaltet man die aktive Substanz ein, stellt das Fernrohr von neuem ein, macht wieder einige Einstellungen und stellt schließlich bei leerem Apparat nochmals einige Male ein. Vor und nach dem Einschalten der Substanz ist deren Temperatur genau zu messen. Nunmehr dreht man das Analysatornicol um etwa 180°, bis wieder erst das eine, dann das andere Vergleichsfeld vollkommen ausgelöscht ist und stellt wie vorhin mehrere Male bei leerem Apparate, bei eingeschalteter Substanz und wieder bei leerem Apparat auf gleiche Helligkeit ein.

Beispiel.

Zu untersuchen sei eine rechtsdrehende Quarzplatte. Die Flächen sind gut plan und bilden einen Keilwinkel von 0,3 Bogenminuten miteinander. Die optische Achse steht bis auf wenige Minuten senkrecht zu den Flächen. Die Platte zeigt, zwischen gekreuzten Nicols untersucht, keine Durchwachsungen und ist daher als optisch rein zu betrachten. Die Dicke ist $1,5936 \pm 0,0003$ mm. Zur Messung diente ein Apparat nach Landolt. Das benutzte Natriumlicht war spektral (mit Spektroskop Nr. 65b) gereinigt.

Bemerkungen	Leerer Apparat Nonius		Mit Quarzplatte Nonius		Leerer Apparat Nonius	
	rechts	links	rechts	links	rechts	links
Halbschatten	2,14°	182,14°	36,73°	216,72°	2,08°	182,07°
$\varepsilon = 4°$	12	12	715	72	13	12
beim	105	10	71	71	12	115
Einschalten	115	11	71	71	11	105
$t = 16,9°$	2,120	182,118	36,716	216,715	2,110	182,103
beim	110	103	2,115	182,111	$\alpha_{\mathrm{D}}^{17°} = \mathbf{34,603}$	
Ausschalten	2,115	182,111	34,601	34,604		
$t = 17,1°$						
Nach dem						
Drehen des	182,135	2,145	216,75	36,75	182,12	2,125
Kreises um	10	10	69	70	09	10
180° beobachtet	12	125	735	735	10	11
beim	12	12	715	721	11	115
Einschalten	182,119	2,123	216,723	36,726	182,105	2,113
$t = 17,5°$	105	113	182,112	2,118	$\alpha_{\mathrm{D}}^{17,7} = \mathbf{34,610}$	
beim	182,112	2,118	34,611	34,608		
Ausschalten						
$t = 17,9°$						

Nun ist nach Gumlich[1]) für Quarz in der Nähe von 20°

$$\alpha^{20} = \alpha^t + 0,00014 \cdot \alpha^t \, (20 - t) \, .$$

Demnach ist

$$\alpha_D^{20} = 34,603 + 0,00014 \cdot 34,6 \cdot 3 \quad = 34,617$$
$$= 34,610 + 0,00014 \cdot 34,6 \cdot 2,3 = 34,621$$

$$\text{Mittelwert } \alpha_D^{20} = \mathbf{34,619} \, .$$

Die Drehung der Platte für spektral gereinigtes Na-Licht beträgt demnach bei $t°$ C

$$\alpha_D^t = 34,619° + 0,0048° \, (t - 20) \pm 0,01° \, .$$

Bei obigem Beispiel ist ein Halbschatten ε von 4° gewählt worden. Je kleiner ε, um so empfindlicher ist die Einstellung, um so dunkler aber auch das Gesichtsfeld. Daher wird man bei Untersuchung dunkler Lösungen auf die größte Empfindlichkeit verzichten und ε größer als in dem Beispiel, also etwa gleich 10°, wählen. Der Nullpunkt des Apparates ändert sich mit dem Halbschatten; daher darf ε niemals während einer Beobachtungsreihe geändert werden.

Praktischerweise nimmt man die Differenz zwischen der optischen Nulllage des Apparates und der Nulllage des Kreises (wobei die Nullpunkte des Kreises und des Nonius koinzidieren) mit in Rechnung. Sollen beide Nulllagen indes übereinstimmend hergestellt werden, so dreht man nach vorheriger Einstellung der Nulllage des Kreises das analysierende Nicol mittels der Schraube so lange, bis eine vollständig gleichmäßige Beleuchtung des Gesichtsfeldes herbeigeführt ist.

Aus obiger Messung $\alpha = 34,6°$ folgt noch nicht, daß α der wahre Drehungswinkel ist. Wäre die Polarisationsebene des Natriumlichtes in der Quarzplatte um $34,6 + 180 = +214,6°$ (nach rechts) oder um $34,6 - 180° = -145,4°$ (nach links) gedreht worden, so wären die Einstellungen mit und ohne aktive Substanz dieselben gewesen. Welcher von den Winkeln $+34,6°$; $-145,4°$; $+214,6°$ der richtige ist, zeigt am besten eine Überschlagsrechnung. Die Platte ist 1,59 mm dick; da 1 mm Quarz die Polarisationsebene um $\pm 21,72°$ dreht, so dreht die Platte um $\pm 34,6°$. Der richtige Drehungswinkel ist also $+34,619$. — Ob eine Krystallplatte rechts- oder linksdrehend ist, sieht man sofort, wenn man die Platte im Polariskop nach Nörremberg ansieht; sind die Arme der Airyschen Spirale im Sinne des Uhrzeigers durchgebogen, so ist die Substanz rechtsdrehend und umgekehrt. — Beleuchtet man einen Polarisationsapparat zuerst mit rotem (weißes Licht durch Kupferüberfangglas gehend oder Li-Flamme), dann mit gelbem Natriumlicht, so muß die letztere Drehung größer sein; daraus ergibt sich sofort der Sinn der Drehung. — Hegt man bei Flüssigkeiten Zweifel über die wahre Größe der Drehung, so macht man eine zweite Beobachtung bei halber Länge des Beobachtungsrohres; die wahren Drehungswinkel müssen sich dann verhalten wie 2 : 1.

5. Berechnung der spezifischen Drehung.

Die spezifische Drehung eines aktiven Krystalles ist als die Drehung einer 1 mm dicken Platte des Krystalles definiert. So findet man aus der obigen Untersuchung einer rechtsdrehenden Quarzplatte die spezifische Drehung des Quarzes

$$[\alpha]_D^{20} = \frac{34,619 \pm 0,01}{1,5936} = 21,724° \pm 0,006° \, ;$$

d. h. 1 mm Quarz dreht bei 20° C die Polarisationsebene spektral gereinigten Natriumlichtes um 21,724°.

---

[1]) E. Gumlich, Rotationsdispersion und Temperaturdifferenz des Quarzes. Wiedemanns Ann. 1898, **64**, 359.

Dreht eine flüssige Substanz von dem spezifischen Gewicht d, in einer Beobachtungsröhre von l dm Länge untersucht, die Polarisationsebene um $\alpha°$, so ist ihre spezifische Drehung

$$(1) \qquad [\alpha] = \frac{\alpha}{l\,d}\;.$$

Feste aktive Substanzen sind mittels einer inaktiven Flüssigkeit in Lösung zu bringen.

Bedeutet

c die Konzentration, d. h. die Anzahl Gramme aktiver Substanz in 100 ccm Lösung,

p den Prozentgehalt der Lösung, d. h. die Anzahl Gramme aktiver Substanz in 100 g der Lösung,

d das spezifische Gewicht der Lösung, dann ist die spezifische Drehung der gelösten Substanz

$$(2) \qquad [\alpha] = \frac{100\,\alpha}{l\,c} \qquad \text{oder}$$

$$(3) \qquad [\alpha] = \frac{100\,\alpha}{l\,p\,d}\;.$$

6. Beispiele für die praktische Anwendung von Polarisationsapparaten mit Kreisteilung.

1. Bestimmung von Saccharose. Nach (2) ist

$$c = \frac{100\,\alpha}{l\,[\alpha]}\;.$$

Hieraus folgt die Konzentration einer reinen Saccharoselösung, indem man

$$[\alpha]_\mathrm{D}^{20} = 66{,}5$$

setzt,

$$c = 1{,}504\,\frac{\alpha_\mathrm{D}^{20}}{l}\;;$$

untersucht man die Lösung im 2 dm-Rohr, so ist einfach

$$(4) \qquad c = 0{,}752\,\alpha_\mathrm{D}^{20}\;.$$

Sind P Gramme einer zuckerhaltigen Substanz in Wasser zu 100 wahren Kubikzentimetern aufgelöst, und ist x der Prozentgehalt der Substanz an reinem Zucker, so enthalten 100 ccm der Lösung $\dfrac{P \cdot x}{100}$ g Zucker, also ist nach (4)

$$\frac{P \cdot x}{100} = 0{,}752\,\alpha_\mathrm{D}^{20} \qquad \text{oder}$$

$$(5) \qquad x = \frac{75{,}2 \cdot \alpha_\mathrm{D}^{20}}{P}\;.$$

Wählt man $P = 26{,}003$ oder löst man, wie es in der Saccharimetrie üblich ist, 26,048 g (in Luft mit Messinggewichten abgewogen) zu 100 Mohrschen Kubikzentimetern, so wird

$$(6) \qquad x = 2{,}887\,\alpha_\mathrm{D}^{20}\;.$$

Wählt man $P = 25{,}000$ oder löst man 25,045 g zu 100 Mohrschen Kubikzentimetern, so wird einfach

$$(7) \qquad x = 3 \cdot \alpha_\mathrm{D}^{20}\ {}^{1)}.$$

---

[1] Diese Formel dürfte am zweckmäßigsten sein, wenn man mittels eines Kreisapparates den Prozentgehalt x einer zuckerhaltigen Substanz bestimmen will, da sich x in einfachster Weise aus der Kreisablesung α berechnet.

2. Bestimmung von Glukose. Für Glukose ist

$$[\alpha]_D^{20} = 52,8° \, ;$$

damit folgt aus (2)

$$c = 1,894 \, \frac{\alpha}{l} \; ;$$

oder bei Anwendung eines Rohres, dessen Länge $l = 2$ dm ist,

$$c = 0,947 \, \alpha \, .$$

Gewöhnlich verwendet man für diese Bestimmung Röhren von 189,4 bzw. 94,7 mm Länge. — Dann wird einfach

(8) $c = \alpha$ bzw. $c = 2\,\alpha$.

Die Bestimmung der Glukose im Harn ist in der ärztlichen Praxis von großer Bedeutung. Dieselbe wird meistens mit einem kleinen Polarisationsapparat nach Mitscherlich ausgeführt; nach (8) ist einfach die gesuchte Konzentration, d. h. der Gehalt des Harns an Glukose, gleich dem abgelesenen Drehungswinkel.

Refraktometrie[1]).

Die Refraktometrie umfaßt die Anwendungen der Bestimmung des Lichtbrechungsvermögens oder der Refraktion in anderen als rein optischen Disziplinen, insbesondere in der Mineralogie und in allen Zweigen der Chemie. Die genauesten Messungen verlangen die Aufgaben der physikalischen und der Konstitutionschemie; diese begnügen sich nicht mit der Kenntnis des Brechungsindex n_D für die Fraunhofersche Linie D des Sonnenspektrums $(\lambda_D = 589,3 \,\mu\mu)$, sondern verlangen noch die Ermittelung der wichtigsten Konstanten der Farbenzerstreuung ihrer Substanzen, n_C, n_F und $n_{G'}$ $(\lambda_C = 656,3 \,\mu\mu$, $\lambda_F = 486,1 \,\mu\mu$ und $\lambda_{G'} = 434,0 \,\mu\mu)$.

Freilich wurden diese hohen Anforderungen erst erfüllbar, als dem Chemiker an Stelle des Spektrometers, dessen Benutzung außer vieler Übung auch logarithmische Verwertung der gemessenen Winkel erfordert, das „Refraktometer für Chemiker" von Pulfrich, zunächst in seiner ursprünglichen einfacheren Konstruktion[2]) von M. Wolz (Bonn), dann in der vervollkommneten Neukonstruktion[3]) von C. Zeiß (Jena) in die Hand gegeben wurde.

In der Chemie der Nahrungs- und Genußmittel ist im allgemeinen die Bestimmung von n_D für die Kennzeichnung der Substanz ausreichend; es wird daher z. B. von der Möglichkeit, am Abbeschen Refraktometer auch n_F bis n_C, die sogenannte „mittlere Dispersion", zu ermitteln, selten Gebrauch gemacht.

Welchen Wert hat es nun überhaupt, den Brechungsindex einer Substanz festzustellen, und welches sind die wichtigsten Verfahren der Refraktometrie? Der Brechungsindex ist ein Kennzeichen der Reinheit vieler Substanzen und ein Maß der Konzentration vieler Lösungen. Es ist daher für eine große Reihe von einheitlichen Substanzen der Brechungsindex ebenso wie das spezifische Gewicht, die Polarisation, die Gefrierpunktserniedrigung u. a. m. in die Reihe der kennzeichnenden Konstanten aufgenommen worden.

Für solche Nahrungsmittel, die Gemische mehrerer Bestandteile sind, wäre die Festsetzung eines bestimmten Brechungsindex unzulässig, da auch alle sonstigen meßbaren Eigenschaften derselben gewissen Schwankungen unterliegen; man hat daher in solchen Fällen Grenzzahlen aufgestellt, die als Mittel aus einer großen Anzahl von Beobachtungen das

---

[1]) Bearbeitet von Dr. F. Löwe, Physiker in der optischen Werkstätte von Carl Zeiß in Jena.

[2]) Vgl. C. Pulfrich, Das Totalreflektometer und das Refraktometer für Chemiker, Leipzig 1891 und Zeitschr. f. Instrumentenkunde 1888, 8, 47.

[3]) Vgl. C. Pulfrich, Zeitschr. f. Instrumentenkunde 1895, **15**, 389.

Ergebnis einer Vereinbarung, also nicht eigentlich eine Konstante sind, und die wohl auch einer Änderung im Laufe der Zeit unterworfen sind; man denke z. B. an die Grenzzahlen für Butter.

Jünger als die Ermittelung von Grenzzahlen ist die Anwendung der Refraktometer zur Bestimmung von Konzentrationen (Milchfettbestimmung nach Wollny-Naumann, Wagners Tabellenwerk zum Eintauchrefraktometer, Mains Ermittelung der Trockensubstanz in Zuckersäften). Eine weitere Ausbildung dieses zweiten refraktometrischen Verfahrens stellt die gemeinsame Verwertung des spezifischen Gewichts und der Refraktion bei der Ackermannschen Bieruntersuchung, die auf Steinheil-Tornoes spektrometrisch-aräometrische Bieranalyse zurückzuführen ist, und bei Frank Kamenetzkys Kognakanalyse dar.

Schließlich ist hier noch der Fall zu erwähnen, daß in einer Grundlösung von konstanter Zusammensetzung ein weiterer Bestandteil in wechselnder Menge gelöst ist, z. B. Eiweiß in Blutserum, Verfahren von Reiß, oder Ermittelung einer Niederschlagsmenge ohne Wägung[1].

Die wichtigsten Refraktometerkonstruktionen.

A. Die optischen Grundlagen für die Konstruktion der Refraktometer mit Hohlprisma.

Das Oleo-Refraktometer von Jean und Amagat[2] und das Férysche Refraktometer[3] bestehen beide aus einem feststehenden Kollimator, dessen Spaltebene mit Natriumlicht zu beleuchten ist, einem Hohlprisma, in das die Substanz gefüllt wird, und einem Fernrohre. Das Prinzip dieser Refraktometer ist also, daß durch das gefüllte Hohlprisma ein parallelstrahliges Büschel, das aus dem Kollimator austritt, abgelenkt wird, und zwar um so mehr, je höher der Brechungsindex der eingefüllten Substanz ist. Bezeichnet in Fig. 91 φ den in den vorliegenden Fällen kleinen brechenden Winkel eines mit der Substanz vom Brechungsindex n gefüllten Hohlprismas, und ε den Winkel, um den der in die erste Prismenfläche senkrecht eingetretene Strahl abgelenkt wird, so ist

$$\varepsilon = (n - 1)\,\varphi\,, \quad \text{oder}$$

$$n - 1 = \varepsilon : \varphi\,,$$

$$n = 1 + \frac{\varepsilon}{\varphi}\,.$$

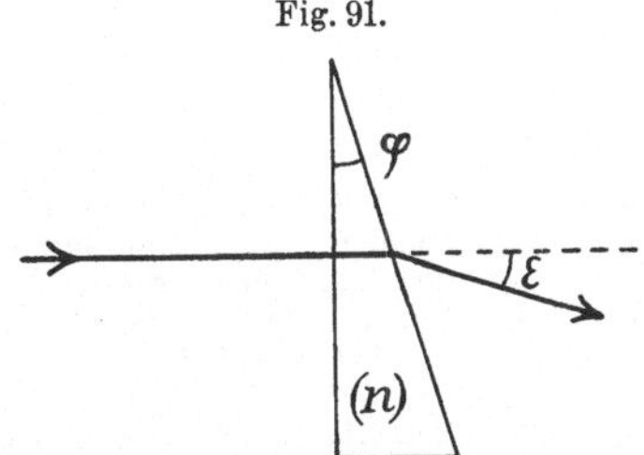

Die Ablenkung ε wird bei beiden obigen Refraktometern nicht nach Winkelmaß gemessen, sondern in dem Oleo-Refraktometer in einer willkürlichen Skala im Okulare des Fernrohres abgelesen, bei dem Féryschen Refraktometer durch einen Ablenkungskompensator, dessen Verschiebung an einer Längsteilung mit Nonius meßbar ist, wieder auf Null gebracht und dabei gemessen.

Prisma mit kleinem brechenden Winkel φ; der Strahl tritt in die erste Fläche senkrecht ein.

Einige weitere Mitteilungen über diese beiden Apparate siehe S. 110.

B. Die Grenzlinie der Totalreflexion und die darauf gegründeten Refraktometerkonstruktionen.

Der Übergang des Lichts aus einem Medium durch eine ebene Trennungsfläche in ein anderes Medium vollzieht sich nach dem Snelliusschen Brechungsgesetze. Tritt das Licht z. B. aus dem niedriger brechenden Medium (1) in das höher brechende Medium (2), ist also $n_1 < n_2$, so ist, da nach dem Snelliusschen Brechungsgesetz:

$$\text{(A)} \qquad n_1 \sin i_1 = n_2 \sin i_2$$

[1] Vgl. B. Wagner und A. Rinck, Chem.-Ztg. 1906, **30**, 38f.

[2] Verfertiger Firma Jules Duboscq, Paris.

[3] Verfertiger Firma Ph. Pellin, Paris.

der Einfallswinkel i_1 (vgl. Fig. 92) im Medium (1) immer größer als der Brechungswinkel i_2 im Medium (2). Nimmt i_1 seinen größten Wert $i_1 = 90°$ an, so erhält auch i_2 seinen größten Wert, der mit e bezeichnet sei; dann schreibt sich Gleichung (A):

(A′) $n_1 \cdot \sin 90° = n_2 \cdot \sin e,$ d. h., da $\sin 90° = 1$,

$n_1 = n_2 \sin e$, oder mit einer Vereinfachung der Bezeichnungen:

(B) $n = N \cdot \sin e$.

Den soeben betrachteten Eintritt eines Strahles unter 90° gegen die Normale der brechenden Fläche nennt man „streifenden Eintritt“, und den durch Gleichung B bestimmten, in der höher brechenden Substanz gelegenen Winkel e den Grenzwinkel. Wenden wir uns nun zu dem Falle, daß das Licht aus dem höher brechenden Körper in den niedriger brechenden übertritt, so bleiben nur noch diejenigen Strahlen zu betrachten, deren Einfallswinkel größer als der Grenzwinkel e ist. In Gleichung (A′) nimmt, wenn wir rechts statt e einen noch größeren Winkel einsetzen, auch die linke Seite an Wert zu; da n konstant ist, müßte also der Sinus des Winkels im Medium (1) größer als 1 sein; einen solchen Winkel gibt es aber gar nicht, d. h. es gibt auch keinen reellen gebrochenen Strahl im Medium (1), der einem im Medium (2) unter größerem Einfallswinkel als dessen Grenzwinkel e einfallenden Strahle entspräche; die gesamte, in einem solchen Strahle enthaltene Energiemenge wird daher an der Trennungsfläche in das Medium (2) zurückgeworfen oder total reflektiert. Wie die Beobachtung lehrt, wird im Medium (2) auch von den weniger schräg auffallenden Strahlen ein Teil nach (2) reflektiert (partielle Reflexion); der Strahl mit dem Einfallswinkel e bildet daher die Grenze

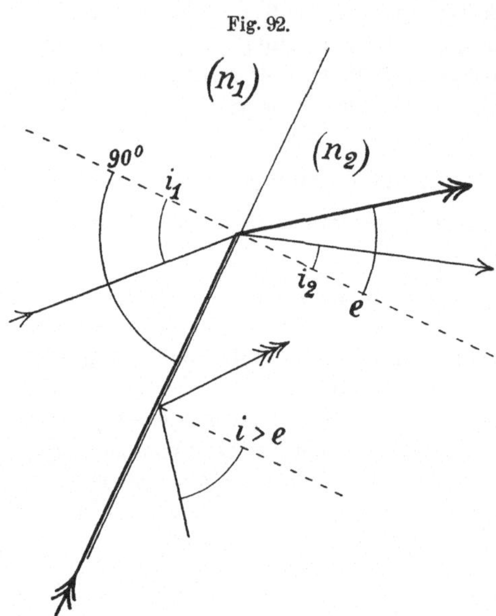

Brechung des Lichts an einer ebenen Trennungs-fläche zweier Medien. Die starke, mit je zwei Haken versehene Linie stellt den „streifend einfallenden“ Strahl dar, diejenige mit je drei Haken einen total reflektierten Strahl.

zwischen der partiellen und der totalen Reflexion, und man nennt den Winkel e den Grenzwinkel der Totalreflexion. Gleichung (B) lehrt, daß die Messung des Grenzwinkels ein Mittel bietet, um das Verhältnis $n : N$ zu bestimmen, oder falls N bekannt ist, um n zu messen.

Nun dienen ganz allgemein zur Winkelmessung nicht einzelne Strahlen, die sich ja gar nicht verwirklichen lassen, sondern Büschel von parallelen Strahlen; durchsetzt ein solches Strahlenbüschel eine Sammellinse, so werden bekanntlich die vor der Linse parallelen Strahlen in der Brennebene zu einem Bildpunkte vereinigt; ein zweites Büschel, dessen Strahlen ebenfalls unter sich parallel, gegen diejenigen des ersten Büschels aber ein wenig geneigt sind, wird in einem dem ersten Bildpunkte benachbarten Punkte vereinigt; setzt man dieses Verfahren fort, so kann man eine Bildlinie entstehen lassen, deren einzelne Elemente (Punkte) je einem parallelstrahligen Büschel vor der Linse entsprechen, es ist dann also die gerade oder krumme Bildlinie einer Schar von Strahlenbüscheln zugeordnet. Mit diesen Grundbegriffen ausgerüstet, können wir an die Ableitung der Entstehung der Grenzlinie[1]) herantreten (vgl. Fig. 93).

---

[1]) Die folgenden Ausführungen lehnen sich zum Teil an die „optischen Erläuterungen“ des Verfassers zur Wandtafel für die Erklärung des Butterrefraktometers an, vgl. G. Baumert, Zeitschr. f. Unters. d. Nahrungs- u. Genußm. 1905, **9**, S. 134.

Das vom Spiegel eines Refraktometers kommende Licht fällt auf die matte Prismenfläche A_1, A_2, A_3, ...; eben weil diese Fläche matt ist, wird das Licht an ihr diffus gemacht, d. h. jeder Punkt A der Fläche strahlt nach allen Richtungen in die dünne Flüssigkeitsschicht, die zwischen den beiden Prismen eingeschlossen ist; auf einen beliebigen Punkt B der Innenfläche des zweiten Prismas fallen in der Flüssigkeit Strahlen unter allen möglichen Einfallswinkeln. Dem größten Einfallswinkel (90°) in der Substanz entspricht im Prisma der größte Brechungswinkel e, der, wie oben abgeleitet, dem „Grenzwinkel der Totalreflexion" gleich ist. Alle von einem Punkte B aus in das Prisma dringenden Strahlen liegen also zwischen der Normalen NN und dem „Grenzstrahle", der den Winkel e mit NN einschließt.

So wie der Punkt B sendet jeder Punkt der Prismenfläche einen Grenzstrahl aus, der dem von B ausgehenden und daher der Zeichnungsebene selbst parallel ist. Das so gebildete Strahlenbüschel wird vom Objektive im Punkte 1 der Brennebene vereinigt.

Dies sind aber noch nicht alle Grenzstrahlen. Die Ebene der Zeichnung ist, wie üblich, als auf der brechenden Kante des Prismas senkrecht stehend angenommen. Denkt man sich nun die Ebene der Zeichnung um die Normale N als Achse ein wenig gedreht, so verlaufen auch in dieser neuen Einfallsebene Strahlen, und es gilt auch in dieser Ebene das Brechungsgesetz unverändert, d. h. es gibt wiederum einen von B ausgehenden Grenzstrahl, und es gibt im Raume ein diesem neuen Grenzstrahle

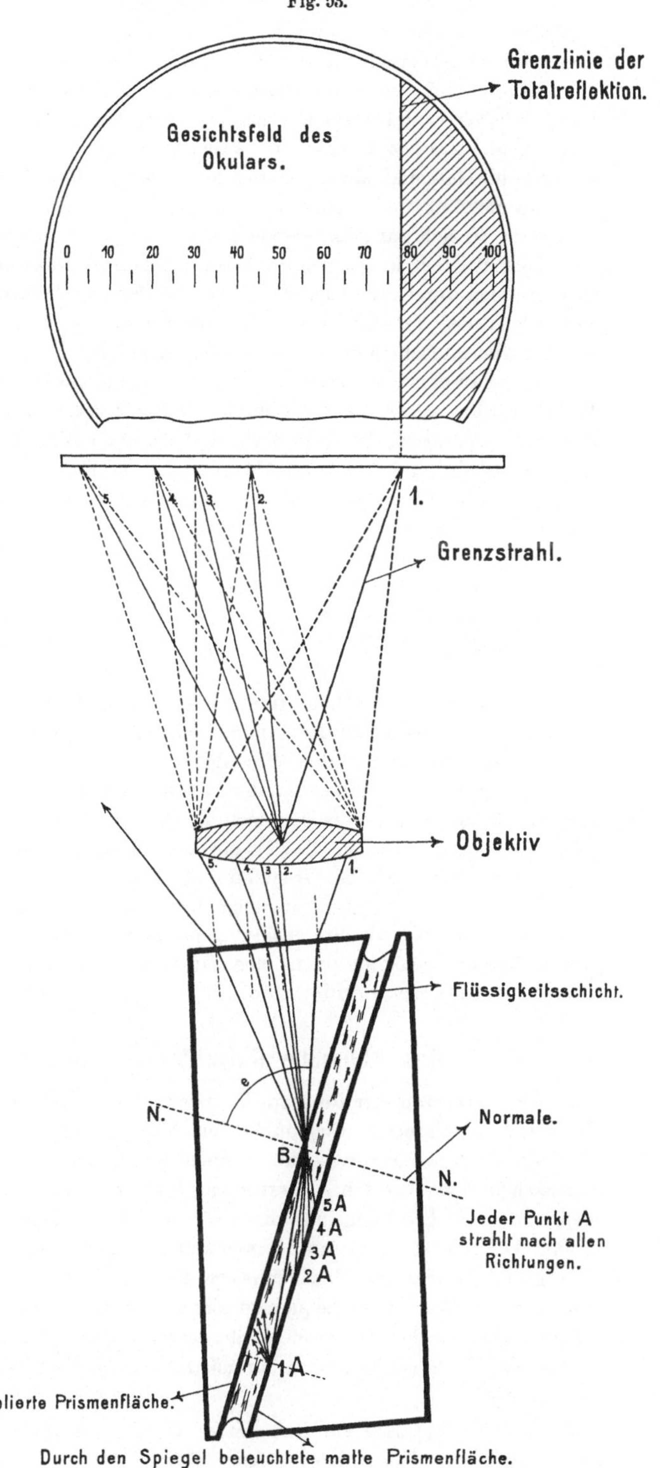

Fig. 93.

Durch den Spiegel beleuchtete matte Prismenfläche.

paralleles Grenzstrahlenbüschel, das wiederum vom Objektiv in einem Punkte der Brennebene vereinigt wird. Dieser Punkt ist dem Punkte (1) benachbart, und 'zwar liegt er ein wenig über oder unter der Ebene der Zeichnung.

Erteilt man weiter der Einfallsebene beliebig viele andere Lagen, oder betrachtet man die in anderen Einfallsebenen erzeugten Grenzstrahlen, so erkennt man, daß die Gesamtheit aller, mit der zweiten Prismenfläche den Grenzwinkel e bildenden Strahlen, d. h. aller Grenzstrahlen, im Gesichtsfelde des Fernrohres eine Bildlinie liefert.

Geometrisch und durch den Versuch läßt sich nachweisen, daß die Bildlinie eine geschlossene, in sich zurückkehrende Kurve, und zwar in einem Sonderfalle ein Kreis ist.

Hier bei den im folgenden beschriebenen Refraktometern gelangt nur ein Bruchteil aller Strahlen durch die Austrittsfläche des Prismas in das Objektiv; man sieht infolgedessen und wegen des an sich kleinen Gesichtsfeldes des Fernrohres im Okular nur ein kleines, fast geradlinig erscheinendes Stück der Grenzlinie.

In genau derselben Weise, wie die Grenzlinie aus der Vereinigung aller Strahlen entsteht, die mit der Prismenfläche den Winkel e bilden, entsteht für jeden anderen Winkel, der kleiner als e ist, eine andere, der Grenzlinie ähnliche helle Bildlinie im Gesichtsfelde. Gehen wir, um uns die gesamte im Gesichtsfelde entstehende Erscheinung zu bilden, von dem mit der Normalen NN gebildeten Winkel e aus zu immer kleineren Winkeln über, so erhalten wir also im Gesichtsfelde von der Grenzlinie an eine Anzahl sich nach einer Seite stetig aneinander reihender heller Bildlinien bis zu dem einen Rande des Gesichtsfeldes. Jenseits der Grenzlinie muß das Gesichtsfeld dunkel bleiben, da es keine Winkel $>e$ gibt, denen Bildlinien zugeordnet wären.

So besteht denn die im Fernrohre zu beobachtende Erscheinung, wie auch die Erfahrung lehrt, aus einem hellen Teile des Gesichtsfeldes, der von dem dunklen durch eine scharfe Grenze getrennt ist, die Lage dieser Grenze zum Fadenkreuze des Fernrohres oder zu dem mittelsten Teilstriche (50) der Okularskala hängt von dem Brechungsindex (n) der zwischen das Doppelprisma gebrachten Flüssigkeit ab.

Der Einfachheit halber ist die Betrachtung bisher nur für einfarbiges Licht angestellt worden. Vermöge der verschiedenen Dispersionen der Flüssigkeit und des Glases, aus dem das Prisma besteht, fallen die den einzelnen Farben zukommenden einzelnen Grenzlinien im allgemeinen nicht auf die Grenzlinie für Natriumlicht, deren Lage für die Messung maßgebend ist, d. h. es entsteht im allgemeinen keine farblose und scharfe, sondern eine farbige verwaschene Grenze, die eine Ablesung unmöglich macht. Die Grenzlinie farblos und für eine genaue Messung geeignet zu machen, ist eine Aufgabe, die bei den einzelnen Refraktometern in verschiedener Weise erfüllt wird.

Das Abbesche Refraktometer mit heizbaren Prismen.

Ein Refraktometer für feste Körper und Flüssigkeiten wurde von E. Abbe[1]) bereits im Jahre 1874 beschrieben. Gegenüber dem bis dahin allein üblichen Verfahren, den Brechungsquotienten durch Messung eines Prismas mit einem Spektrometer zu bestimmen, d. h. aus gemessenen Winkelwerten zu berechnen, bedeutete die Einführung des Abbeschen Refraktometers, das die Brechungsindizes selbst anzeigt und jede Rechnung überflüssig macht, einen großen Fortschritt. Die Aufmerksamkeit weiterer Kreise wurde jedoch auf das Abbesche Refraktometer erst auf dem Umwege über das viel jüngere Butterrefraktometer gelenkt. Nachdem der Wert einer bequemen Ermittelung des Brechungsindex an diesem Instrumente erkannt war, wurde eine große Reihe von Substanzen mit dem Butterrefraktometer durchgemustert. Dabei stellte es sich heraus, daß der Meßbereich des Butterrefraktometers für viele

---

[1]) „Neue Apparate zur Bestimmung des Brechungs- und Zerstreuungsvermögens fester und flüssiger Körper." Von A. Abbe, Jena 1874.

Zwecke zu klein war, und man besann sich sozusagen auf das praktisch alle Flüssigkeiten umfassende **Abbesche Refraktometer.**

Fig. 94.

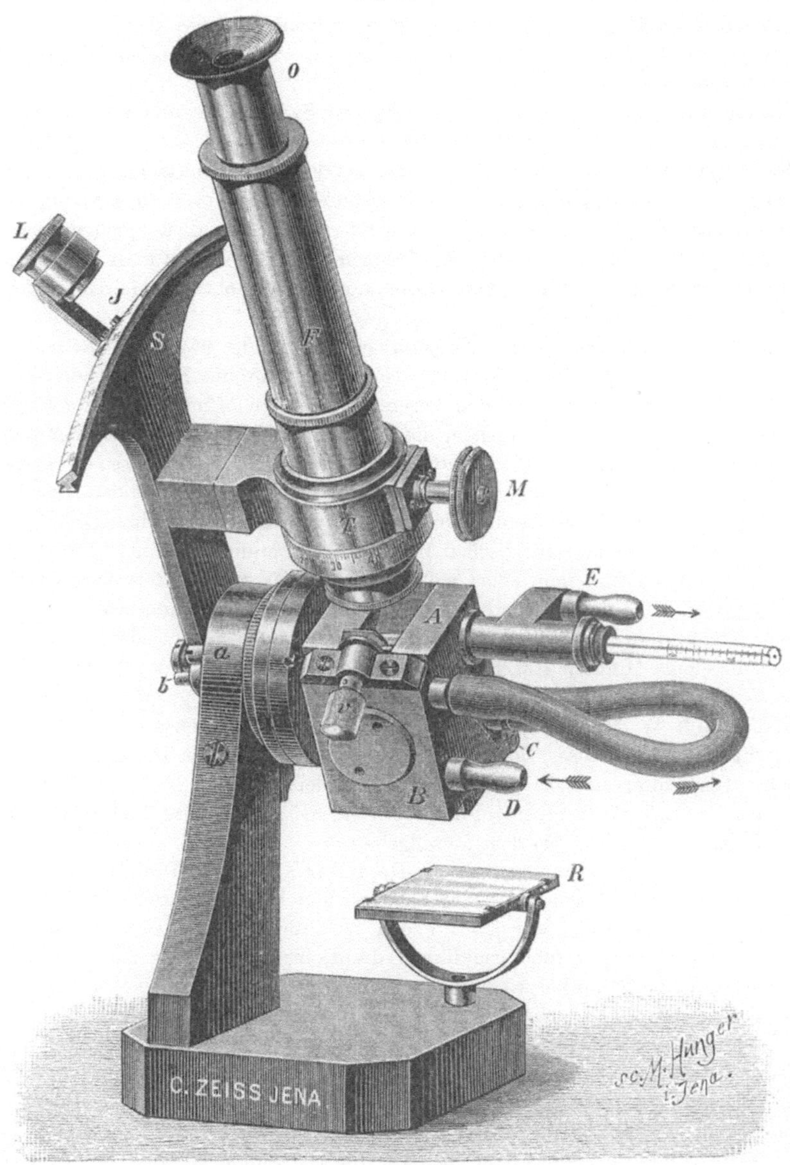

Das Refraktometer nach **Abbe** mit heizbaren Prismen (¹/₂ nat. Größe).
Das auf den Spiegel *R* auffallende Tageslicht tritt durch das für die Messung geschlossene Doppelprisma *A B* hindurch und in das Fernrohr *F*; die Pfeile geben die Richtung des um die Prismen fließenden Heizwassers an, das Thermometer ist der Raumersparnis wegen abgebrochen gezeichnet. Die Lupe *L* wird mit einem in der Figur nicht vorhandenen Gipsreflektor ausgerüstet.

Verfahren. Das Messungsverfahren gründet sich auf die Beobachtung der Lage der Grenzlinie der Totalreflexion zu den Flächen eines Flintprismas, in das das Licht aus der zu untersuchenden Substanz durch Brechung eintritt.

Bau und Wirkungsweise. Das Refraktometer besteht im wesentlichen aus folgenden Teilen:

1. dem zur Aufnahme der Flüssigkeit bestimmten Abbeschen Doppelprisma AB, das mittels einer Alhidade (J in Fig. 94) um eine horizontale Achse drehbar ist;

2. einem Fernrohre zur Beobachtung der im Prisma entstehenden Grenzlinie der Totalreflexion;

3. einem mit dem Fernrohre fest verbundenen Sektor S, auf dem die Teilung (nach Brechungsquotienten) angebracht ist.

Das Doppelprisma (AB, Fig. 94)[1] wird gebildet von zwei gleichen, je in eine Metallfassung eingekitteten Flintprismen vom Brechungsquotienten $n_D = 1{,}75$; die zu untersuchende Flüssigkeit (einige Tropfen) kommt als dünne (etwa 0,15 mm dicke) Schicht zwischen die einander zugewendeten inneren Flächen der Prismen. Von den beiden Prismen dient das erste, dem Fernrohr abgewendete, aufklappbare Prisma nur zur Beleuchtung, während in dem zweiten Flintprisma die Grenzlinie entsteht.

Zum Öffnen und Schließen des Doppelprismas (AB, Fig. 94) dient eine nach Art eines Bajonettverschlusses eingerichtete Schraube (v). Will man die Prismen mit einer kleinen Flüssigkeitsmenge beschicken, ohne das Prismengehäuse zu öffnen, so läßt man nach dem Lösen der Schraube (v) einige Tropfen in die trichterförmig erweiterte Mündung eines engen Kanals (in der Figur nicht zu sehen) eintreten. Zieht man nun v wieder an, so erfüllt die Flüssigkeit durch kapillare Wirkung den ganzen Zwischenraum zwischen beiden Prismen. Diese Einrichtung ist für die Untersuchung von schnell verdunstenden Flüssigkeiten, z. B. der Ätherfettlösung bei der refraktometrischen Milchfettbestimmung bestimmt. Von zähen Flüssigkeiten (Harzen usw.) bringt man einen nicht zu großen Tropfen mittels eines Glasstabes auf die matte Prismenfläche des geöffneten Doppelprismas, schließt es und läßt, um die während des Öffnens eingetretene Abkühlung oder Erwärmung der Prismen wieder auszugleichen, das Refraktometer einige Minuten stehen, bevor man die Messung macht.

Die Vorrichtung zum Erwärmen der Refraktometerprismen gründet sich in der Hauptsache auf die von R. Wollny vorgeschlagene Anwendung eines die Glasprismen einschließenden doppelwandigen Metallgehäuses, durch das Wasser von bestimmter Temperatur geleitet wird. Die gleiche Heizkammer ist bei dem Butter- und dem Milchfettrefraktometer angebracht. Das Thermometer mißt die Temperatur des durch das Prismengehäuse fließenden Warmwasserstromes bei dessen Austritte aus dem Metallgehäuse.

Die in dem zweiten Prisma entstehende Grenzlinie wird durch Drehen des Doppelprismas mittels der Alhidade in folgender Weise in das Gesichtsfeld des Fernrohres gebracht: Aus der Anfangslage, bei der der Index auf $n = 1{,}3$ zeigt, wird die Alhidade bei festgehaltenem Sektor im Sinne der wachsenden Brechungsindizes gedreht, bis das anfangs helle Gesichtsfeld von seiner unteren Hälfte her dunkel wird; die Trennungslinie zwischen der hellen und der dunklen Hälfte des Feldes ist die Grenzlinie. Infolge der Totalreflexion und der Brechung durch das zweite Flintprisma erscheint die Grenzlinie bei der Benutzung von Tages- oder Lampenlicht zunächst als ein farbiger Saum, der zu einer genauen Einstellung nicht geeignet ist. Diesen Farbsaum zu einer farblosen Trennungslinie zwischen dem hellen und dem dunklen Teile des Gesichtsfeldes zu machen, ist die Aufgabe des Kompensators.

Der Kompensator, der in dem über das Objektiv hinaus verlängerten Tubus des Fernrohres, also zwischen dem Objektiv und dem Doppelprisma seinen Platz hat, besteht aus zwei gleichen, für die D-Linie geradsichtigen Amiciprismen, die mittels der Schraube M gleichzeitig in entgegengesetztem Sinne um die Fernrohrachse gedreht werden können. Durch diese Drehung nimmt die Dispersion des Kompensators alle Werte von Null bis zu dem doppelten Betrage der Dispersion eines einzelnen Amiciprismas an. Man kann daher die obenerwähnte Dispersion der Grenzlinie, die sich als farbiger Saum im Fernrohre zeigt, unwirksam machen, indem man

---

[1] Vgl. C. Pulfrich, Zeitschr. f. Instrumentenkunde 1898, **18**, S. 107 ff.

dem Kompensator durch Drehen an M eine gleichgroße, aber entgegengesetzte Dispersion gibt. Die entgegengesetzt gleichen Dispersionen heben sich alsdann auf: die Grenzlinie erscheint farblos und scharf.

Die Grenze wird nunmehr auf den Schnittpunkt des Fadenkreuzes eingestellt, indem man das Doppelprisma mittels der Alhidade ein wenig gegen das Fernrohr dreht. Mit der an der Alhidade befindlichen Lupe wird nun die Lage des Indexstriches an der Teilung des Sektors abgelesen. Die Ablesung liefert den Brechungsquotienten n_D der untersuchten Substanz selbst, ohne jede Rechnung, mit einer Genauigkeit von etwa zwei Einheiten der vierten Dezimale. Gleichzeitig ist aus der Ablesung an der Trommelteilung des Kompensators (T in Fig. 94, S. 105) mit Hilfe einer besonderen Tabelle nach einer kurzen Rechnung die mittlere Dispersion $n_F - n_C$ zu entnehmen. Die Genauigkeit der Dispersionsmessung wird erhöht, wenn man das Mittel aus zwei um $180°$ verschiedenen Ablesungen an der Trommel nimmt.

Da der Brechungsquotient von Flüssigkeiten sich mit der Temperatur verändert, ist es wichtig, zu wissen, welche Temperatur die im Doppelprisma eingeschlossene Flüssigkeitsschicht während der Messung hatte; dagegen spielt die Temperatur bei der im Zimmer ausgeführten refraktometrischen Messung fester Körper keine Rolle.

Will man daher eine Flüssigkeit mit der höchsten mit dem Abbeschen Refraktometer zu erreichenden Genauigkeit messen ($1-2$ Einheiten der vierten Dezimale von n_D), so ist es unerläßlich, die Flüssigkeit, d. h. das die Flüssigkeit einschließende Doppelprisma auf eine bestimmte bekannte Temperatur zu bringen und nach Bedarf diese Temperatur stundenlang innerhalb einiger Zehntelgrade konstant zu erhalten. Ebenso unerläßlich ist es aber, bei der Messung des Brechungsindex einer Flüssigkeit gleichzeitig die Temperatur der Substanz durch diejenige des Heizwassers zu messen und neben dem Brechungsindex die Beobachtungstemperatur mitzuteilen. Zur Erzielung einer konstanten

Fig. 95.

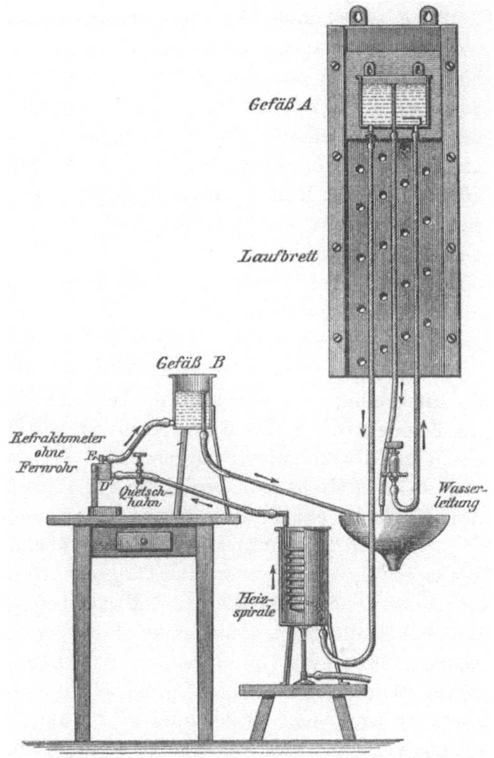

Aufstellung der Heizspirale und des Wasserdruckregulators in Verbindung mit dem Refraktometer (etwa $^1/_{20}$ nat. Größe).

Die Pfeile geben die Richtung des fließenden Wassers an. Das in der Heizspirale gewärmte Wasser tritt bei D in das Refraktometer ein und bei E aus; der Übersichtlichkeit halber ist das Fernrohr des Refraktometers, das Thermometer und der Sektor unterdrückt, und der Schlauchansatz E nach oben gelegt worden. Durch einen vollen Kreis ist der Pflock bezeichnet, auf dem das das Gefäß A tragende Brett ruht.

Temperatur des Warmwasserstroms haben sich die Heizspirale und der Wasserdruckregulator als zweckmäßig erwiesen.

Die Heizspirale ist in Fig. 95 abgebildet. Das durch den Druck der Wasserleitung mittelbar oder unmittelbar fortbewegte Wasser strömt mit gleichmäßiger Geschwindigkeit durch ein erwärmtes, langes Kupferrohr. Die etwa $3^1/_2$ m lange Heizspirale ist in dem Zwischenraum zwischen zwei ineinander gesteckten metallenen Rohren untergebracht. Das innere Rohr ist mit einem Kupferboden versehen. Durch diesen werden die Flammengase eines Bunsenbrenners, einer Petroleum- oder Spirituslampe gleichmäßig verteilt und dem Kupferrohre zugeführt. Die Gase treten durch ein grobes Drahtsieb am oberen Ende des Apparates aus. Auf dieses können die Untersuchungsobjekte (Fette usw.) zum Schmelzen oder Vorwärmen gestellt werden.

Das untere Ende der Heizspirale ist mit dem Schlauchstück D des Refraktometers durch einen kurzen, straff gespannten Schlauch zu verbinden, der zweckmäßig nicht horizontal, sondern nach D zu ansteigend verläuft. Auf diese Weise wird die Ansammlung von Luftblasen, die das gleichmäßige Strömen des Wassers verhindern würde, vermieden. Zur Beobachtung der Luftblasen und damit der Strömungsgeschwindigkeit fügt man zwischen E und dem Gefäß B zweckmäßig ein Glasrohr ein, das, ebenfalls ein wenig ansteigend, nur mit kurzen Schlauchstücken an E und B befestigt wird. Ist das Gefälle von dem Wasserstande im Gefäß B bis zum Ausguß der Wasserleitung gering, so empfiehlt es sich wiederum, ein Rohr aus Glas oder aus Metall zu verwenden. Lose hängende oder geknickte Schläuche erhöhen die ohnehin beträchtliche Reibung, die das strömende Wasser auf seinem langen Wege zu überwinden hat, und sind, wie erwähnt, durchaus zu vermeiden. Um die Arbeit sofort unterbrechen zu können, schiebt man an einer bequem zugänglichen Stelle einen Quetschhahn (am besten einen mit Schraube, ohne Federung) über den Schlauch. Schraubt man den Hahn zu und dreht die Wasserleitung sowie den Gashahn ab, so steht binnen einer Minute alles still; ebenso ist, nachdem man die Einrichtung wieder in Gang gesetzt hat, nach 5—10 Minuten die frühere Temperatur wieder erreicht, wenn man nur den Gashahn wieder ebenso weit geöffnet hat wie vorher. Zu dem Zwecke ist ein langer Hebel am Gashahn zu empfehlen.

Im allgemeinen ist es vorteilhaft, den Wasserstrom nicht zu langsam fließen zu lassen, die Einstellung auf eine bestimmte Temperatur in erster Annäherung durch die Flammengröße, die Feineinstellung aber durch Variieren des Höhenunterschiedes der beiden Gefäße A und B des Wasserdruckregulators zu bewirken. Hat man auf diese Weise die gewünschte Temperatur eingestellt, so dreht man den Hahn der Wasserleitung so weit zu, daß aus dem Überlaufrohre des Gefäßes A ein dünner, eben noch zusammenhängender Wasserstrahl herausfließt.

Um den Höhenunterschied der Gefäße A und B zu verändern, kann man auf zweierlei Weise verfahren; entweder man hängt das Gefäß A an einer über eine Rolle gehenden Schnur auf, deren freies Ende wie bei Rolläden befestigt wird, oder man benutzt die in Fig. 95 dargestellte Einrichtung. Man hängt das Gefäß A mit zwei Haken an ein Brett; dieses macht man auf einem etwa 1 m langen, mit zwei Längsleisten versehenen Laufbrette, das an die Wand gehängt wird, von oben nach unten wie in einer Schlittenführung verschiebbar. In dem Laufbrette sind in einer Zickzacklinie Löcher angebracht, deren jedes etwa einen Zentimeter höher als das vorhergehende ist. Das Brett mit dem Gefäße A wird durch einen in eins der Löcher gesteckten Pflock in der gewünschten Höhe gehalten. Es ist ein leichtes, auszuprobieren, um wie viele Löcher man den Pflock verstellen muß, damit die Temperatur sich um einen Grad verändert.

Werden zur Erzielung sehr hoher Temperaturen (60° C und mehr) zwei Heizspiralen benutzt, so sind sie nicht hintereinander, sondern nebeneinander zu schalten.

Mit der Heizspirale gelingt es leicht, die Temperatur des Wasserstromes für einen längeren Zeitraum bis auf 1—2 Zehntelgrad konstant zu erhalten. Bei einer Gasflamme ist ein Gasdruckregulator im allgemeinen nicht erforderlich. Die Druckschwankungen in der Gasleitung, wie sie etwa durch das Öffnen eines benachbarten Hahnes entstehen, sind ohne merklichen Einfluß auf die Temperatur des Wasserstromes. Größere Druckschwankungen (z. B. solche bei eintretender Dunkelheit oder bei Beginn und Schluß der Arbeitszeit in einem größeren Fabrikbetrieb) machen sich in unliebsamer Weise bemerkbar, so daß in solchen Fällen ein Gasdruckregulator nicht wohl entbehrt werden kann.

Die Justierung des Refraktometers ist ab und zu zu prüfen. Diesem Zwecke dient das jedem Apparate beigegebene Justierplättchen aus einem Glase von bekanntem Brechungsindex, letzterer ist in die obere matte Fläche des Plättchens eingeätzt. Das Plättchen ist mit zwei planpolierten Flächen versehen, die eine scharfe Kante bilden. Zur Prüfung des Refraktometers mißt man den Brechungsindex des Plättchens P mit größter Sorgfalt, indem man das Plättchen mehrmals auflegt und nach jeder Messung die Prismenfläche wieder reinigt.

Wie Fig. 96 zeigt, wird das Doppelprisma geöffnet und das Objekt mit etwas Monobromnaphthalin an der polierten Fläche des festen Prismas befestigt. Das bewegliche Prisma wird so weit heruntergeklappt, daß das auf die blanke Metallfläche F fallende Licht des hellen Himmels in der skizzierten Weise in das Objekt eintritt. Man hüte sich davor, das Bild des Randes eines Fensterbalkens oder des Firsts eines Daches als die Grenzlinie anzusehen. Im Zweifelsfalle lege man ein Stück weißes Papier auf die Fläche F, die Grenzlinie ist dann in dem etwas dunkleren Gesichtsfeld mit Sicherheit zu erkennen. Das Mittel aus allen Messungen wird mit dem auf dem Plättchen angegebenen Werte verglichen. Stimmen beide Zahlen bis auf etwa zwei Einheiten der vierten Dezimale überein, so ist das Refraktometer justiert. Größere Abweichungen deuten darauf hin, daß im Refraktometer Lagenveränderungen einzelner Teile stattgefunden haben, die die Neujustierung des Instrumentes wünschenswert erscheinen lassen.

Größere Abweichungen machen eine Neujustierung des Instruments nötig, die neuerdings der Benutzer selbst nach folgenden Anweisungen ausführen kann: Man stellt den Index auf den in das Justierplättchen eingravierten Wert der Sektorteilung ein und verschiebt mittels eines Uhrschlüssels, der dem Refraktometer beigegeben wird, das auf einem Schlitten sitzende Objektiv des Fernrohres, bis im Okulare die Grenzlinie genau auf dem Schnittpunkte des Fadenkreuzes einsteht. Dann prüft man durch mehrere Ablesungen die neue Justierung, bevor man sie als endgültig betrachtet.

Im übrigen vermeide man es, selbst an dem Instrument etwas korrigieren zu wollen, oder das Refraktometer einem auch noch so tüchtigen Mechaniker zur Reparatur zu übergeben, wende sich vielmehr nur an den Verfertiger.

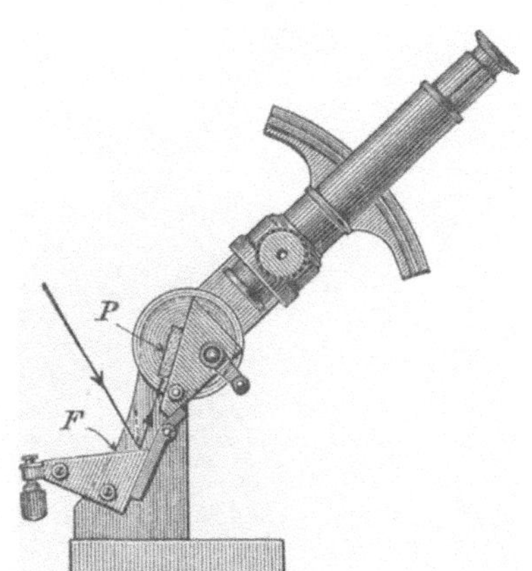

Fig. 96.

Justierplättchen P, mit streifend einfallendem Lichte zu messen.

Anwendungsgebiete. Das Refraktometer nach Abbe mit heizbaren Prismen wird verwendet[1]) zur Prüfung auf Reinheit oder zur Bestimmung des Mischungsverhältnisses bekannter Komponenten, z. B. für Butter, Käse, Margarine, Kakaobutter, Schweinefett und sonstige Speisefette; Speiseöle, Lebertran, Schmieröle, Seifenfettsäuren, Leinöl, Firnis, Terpentinöl, Petroleum, Paraffine, Ceresin und andere Wachsarten; Glycerin; wässerige, alkoholische, ätherische Lösungen, z. B. Zuckersäfte, Honig, die ätherische Milchfettlösung bei dem Naumannschen Verfahren zur Bestimmung des Fettgehalts der Milch; Milchserum.

In letzter Zeit ist das Abbesche Refraktometer mit heizbaren Prismen vielfach auch für diejenigen Zwecke benutzt worden, für die in erster Linie das Butterrefraktometer nach Wollny und das Milchfettrefraktometer bestimmt sind. Zur Umrechnung der gefundenen Werte n_D in die Skalenteile des Butter- bzw. des Milchfettrefraktometers, und umgekehrt, dienen Umrechnungstabellen, die einem jeden Abbeschen Refraktometer beigegeben werden.

Für die beiden genannten Zwecke kann dieses Refraktometer auch mit den beiden gewöhnlich nur dem Butter- bzw. dem Milchfettrefraktometer beigegebenen Spezialthermometern ausgerüstet werden.

Von einer ähnlichen allgemeinen Verwendbarkeit ist das Férysche Refraktometer (vgl. oben S. 101), das mittels einer Art Nonius ebenfalls für die unmittelbare Ablesung des

---

[1]) Vgl. auch das Literaturverzeichnis über Refraktometrie der Firma Carl Zeiß, Jena.

Brechungsindex eingerichtet ist. Da die Flüssigkeit in ein schmales Hohlprisma zu füllen ist, so erfordert die Temperierung und die Reinigung erheblich mehr Zeit als beim Abbeschen Refraktometer, ein Umstand, der im Verein mit der Notwendigkeit, mit monochromatischem Lichte zu arbeiten, eine größere Verbreitung des Féryschen Refraktometers über seine französische Heimat hinaus verhindert hat.

Das Butterrefraktometer.

Das auf Anregung von Wollny im Jahre 1891 konstruierte Butterrefraktometer war zunächst nur für die Untersuchung von Butter, Margarine und Schweinefett bestimmt; sein Verwendungsbereich hat sich aber in den letzten Jahren auf Öle und Fette, Wachse, Petroleum, Terpentin und technische Produkte aller Art ausgedehnt. Zum Teil dieselben Zwecke erfüllt das Oleorefraktometer von Jean & Amagat, das in erster Linie für Olivenöle eingerichtet war, doch erfordert es mehr Substanz als das Butterrefraktometer, und sein Meßbereich ist ganz erheblich kleiner (vgl. oben S. 101).

Einrichtung. Das Butterrefraktometer besteht aus einem heizbaren Abbeschen Doppelprisma und einem fest mit diesem verbundenen Fernrohre, dessen Objektiv man mit einer Mikrometerschraube in einer Schlittenführung verschieben kann. In die Brennebene des Fernrohres ist eine von —5 über 0 bis +105 bezifferte Skala eingesetzt; die obere Linse des Okulars ist auf Deutlichkeit der Striche und Ziffern der Skala einzustellen.

Wirkungsweise. Das Licht des hellen Himmels wird durch den Spiegel (J) in Fig. 97 in das Doppelprisma geworfen und durchsetzt die dünne Flüssigkeitsschicht zwischen den Glasprismen. Die bei diesem Strahlengange in der Brennebene des Fernrohres, also in der Ebene der Skala, entstehende, naturgemäß farbige Grenzlinie der Totalreflexion wird durch die besondere Konstruktion des dem Fernrohre zugewendeten Glasprismas für Naturbutter achromatisiert; man sieht also im Okulare zwischen einem hellen und einem dunklen Teile des Gesichtsfeldes eine scharfe, farblose Trennungslinie, die die Skala senkrecht durchschneidet. Auf der genauen Ermittelung eben der Stelle der Skala, durch die die Trennungslinie geht, beruht die Messung, die man mit dem Refraktometer machen will.

Zur Umrechnung der an der Okularskala abgelesenen Skalenteile, die übrigens bei der überwiegenden Mehrzahl der Untersuchungen ohne weiteres das gesuchte Messungsergebnis

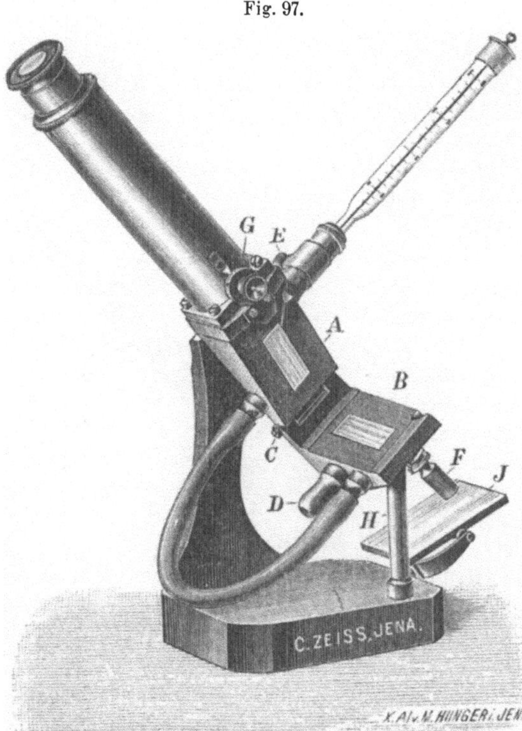

Das Butterrefraktometer nach Wollny mit geöffnetem Doppelprisma (¹/₃ nat. Größe).

Das aufgeklappte Prisma B ruht auf der Säule H. Zum Öffnen und Schließen des Doppelprismas AB dient der Bajonettverschluß F. Das um die Glasprismen fließende Heizwasser tritt bei D ein und bei E aus (s. auch Fig. 95 auf S. 107). Unter E ist der bis auf die obere Ecke der einen Prismenfläche führende trichterförmige Kanal sichtbar.

darstellen, in Brechungsindizes (n_D) ist eine Tabelle ausgearbeitet worden. Die in dieser Tabelle für jeden Teilstrich der Okularskala mitgeteilten Indizes sind aus den gegebenen optischen Konstanten des Refraktometers und aus den für Flußspat und Kalkspat unter streifendem Lichteinfall beobachteten Skalenteilen durch Rechnung abgeleitet. Der Genauigkeit der Ablesung entsprechend (0,1 Skalenteil) beträgt der Fehler des Wertes n_D ungefähr ± 1 Einheit der vierten Dezimale von n_D. Die Umrechnungstabelle ist von Zehntel zu Zehntel Skalenteil ausgearbeitet und wird jedem Refraktometer beigegeben.

Die Aufstellung des Refraktometers und der Heizvorrichtung. Man stelle den Apparat, indem man ihn an der Fußplatte oder an dem das Fernrohr tragenden Bock — nicht an dem Fernrohr selbst — aus dem Kasten heraushebt, so auf, daß man bequem in das Fernrohr hineinschauen kann. Zur Beleuchtung dient das durch das Fenster einfallende Tageslicht oder das Licht einer Lampe.

Das Refraktometer kann in Verbindung mit jeder Heizvorrichtung gebraucht werden, die einen konstant temperierten und gleichmäßig fließenden Warmwasserstrom liefert. Die Verbindung mit dem Refraktometer ist immer so zu bewirken, daß das Wasser bei D ein- und bei E austritt.

Die Vorrichtung zum Erwärmen der Refraktometerprismen ist genau dieselbe, wie sie beim Abbeschen Refraktometer (siehe S. 107 und Fig. 95) beschrieben ist.

Das Beschicken der Prismen mit der Butterprobe. Um das Prismengehäuse zu öffnen, dreht man den Stift F, Fig. 97, im Sinne des Uhrzeigers etwa eine halbe Umdrehung um seine Achse bis zum Anschlage. Alsdann läßt sich die eine Hälfte (B) des Prismengehäuses einfach zur Seite legen. Die Stütze H hält B in der in Fig. 97 dargestellten Lage fest. Die Prismen- und Metallflächen müssen jetzt mit größter Sorgfalt gereinigt werden, wozu in erster Linie weiche und reine Leinwand mit etwas Alkohol oder Äther zu empfehlen ist.

Es wird dann die zu untersuchende Butterprobe in einem kleinen Löffel geschmolzen, und hierauf auf ein mit der Hand zu haltendes kleines Filter aus Fließpapier gegossen. Die ersten zwei bis drei austretenden Tropfen klaren Butterfettes werden auf die Prismenfläche des aufklappbaren Prismas gebracht, wobei der Beobachter zweckmäßig den Apparat mit der linken Hand so weit aufrichtet, daß die genannte Fläche nahezu horizontal liegt. Das Filtrieren der Butterprobe ist nicht unbedingt erforderlich. Die Entnahme der zur Untersuchung notwendigen Portion kann auch mit Hilfe eines Glasstabes geschehen, nur hat man alsdann die Vorsicht zu gebrauchen, den Glasstab an seinen Enden sorgsam abzurunden und die Oberfläche der geschmolzenen Buttermenge von den ihr anhaftenden Unreinlichkeiten zu säubern.

Der Beobachter drücke jetzt den Teil B an A an und drehe den Stift F im umgekehrten Sinne wie oben bis zum Anschlage zurück, wodurch B am Zurückfallen verhindert und zugleich ein dichtes Aufeinanderliegen der beiden Prismenflächen herbeigeführt wird. Den Apparat selbst stelle man gleichzeitig wieder auf seine Bodenplatte.

Will man die Prismen mit etwas Flüssigkeit beschicken, ohne das Prismengehäuse zu öffnen, so verfahre man, wie auf S. 106, dritter Absatz, beschrieben ist.

Die Beobachtung der Grenzlinie und die für die Butterprüfung geltenden Regeln. Solange der Zwischenraum zwischen den Prismen mit Luft oder mit einer Flüssigkeit angefüllt ist, deren Lichtbrechung kleiner ist als 1,42, bleibt das Gesichtsfeld dunkel und die Okularskala ist nicht zu sehen. Die Okularskala wird teilweise sichtbar, wenn man eine Flüssigkeit einfüllt, deren Lichtbrechung größer ist als 1,42, und in ihrer ganzen Ausdehnung sichtbar bei einer Flüssigkeit, deren Lichtbrechung größer ist als 1,49. Nimmt man eine Flüssigkeit, deren Lichtbrechung zwischen 1,42 und 1,49 liegt, so erscheint das Gesichtsfeld durch eine je nach der Höhe des Brechungsindex verschieden gelegene und je nach der Dispersion der Flüssigkeit verschieden gefärbte (bei Butterfett farblose) Schattengrenze (Grenzlinie) in einen links gelegenen hell erleuchteten und einen rechts gelegenen dunklen Teil getrennt.

Man gebe dem Spiegel J eine solche Stellung, daß die Grenzlinie deutlich zu sehen ist, wobei eventuell der ganze Apparat etwas verschoben oder gedreht werden muß. Man stelle ferner den vorderen ausziehbaren Teil des Okulars auf Deutlichkeit der Skala ein.

Fig. 98.

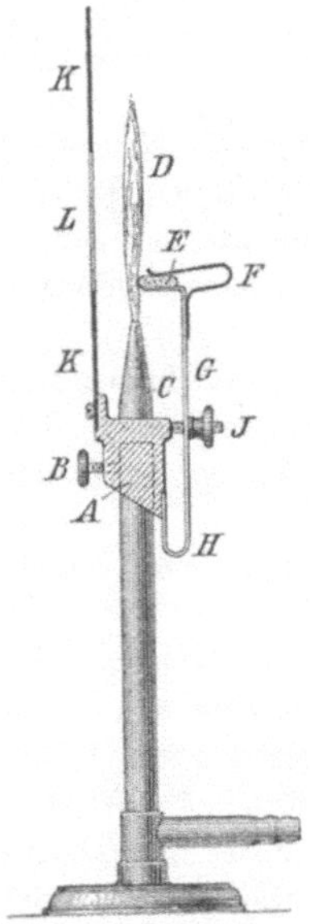

Zuerst überzeuge man sich davon, daß der Zwischenraum zwischen den Prismenflächen überall gleichmäßig mit Butterfett angefüllt ist. Man beobachtet zu dem Zwecke das etwa 1 cm vor dem Okular befindliche Bildchen der Prismenfläche mit einer Lupe oder mit bloßem, in gehörigem Abstande vom Okular gehaltenem Auge. Luftbläschen innerhalb der Fettschicht, welche die Schärfe der Grenzlinie beeinträchtigen, können auf diese Weise leicht erkannt werden.

War das Gehäuse schon eine Zeitlang vorher von dem konstant temperierten Wasserstrom durchflossen, so nähert sich die Grenzlinie in kurzer Zeit, meist schon nach einer Minute, einer festen Lage und dem Maximum ihrer Schärfe. Ist beides erreicht, so notiert man sich das Aussehen der Grenzlinie (ob farblos oder gefärbt und welcher Art die Färbung ist), ferner die Lage der Grenzlinie auf der Skala und liest gleichzeitig den Stand des Thermometers ab. Ist, wie bei Terpentinöl, Leinöl u. a. der Farbensaum der Grenzlinie so breit, daß eine auf 0,1 Skalenteil genaue Ablesung nicht möglich ist, so ist die Benutzung einer Natriumflamme zu empfehlen, wie sie z. B. von dem in Fig. 98 abgebildeten Natriumbrenner geliefert wird.

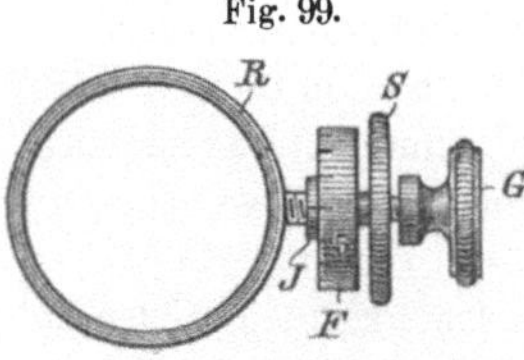
Neuer Natriumbrenner.

Der Oberteil A—J paßt auf jeden Bunsenbrenner, dessen äußerer Rohrdurchmesser zwischen 10 und 13 mm liegt. Das mit Na-Salz getränkte Bimssteinstück E wird mittels der Schraube J der 5 cm breiten Flamme D so weit genähert, daß es diese eben berührt und färbt. Durch die rechteckige Blende L werden die flackernden Ränder der Flamme abgeschnitten. So liefert der Brenner dauernd eine rechteckige Flamme von überall annähernd gleicher Helligkeit, die den Beobachter bei längeren Messungsreihen bei weitem nicht so ermüdet wie eine mit der Perle gefärbte Natriumflamme von stets wechselnden Umrissen.

Die ganzen Skalenteile werden im Gesichtsfelde unmittelbar abgelesen. Zur Ermittlung der Zehntel dient die Mikrometerschraube (G in Fig. 99) in folgender Weise. Man bringt mit Hilfe der Schraube die Grenzlinie auf einen Teilstrich der Skala, dann gibt die Mikrometertrommel die Anzahl Zehntel an, die zu den von dem Teilstriche angezeigten ganzen Skalenteilen noch hinzuzufügen sind. Macht man eine größere Anzahl von Bestimmungen unmittelbar hintereinander, so lassen sich bei einiger Übung und unter Assistenz eines Gehilfen, der das Schmelzen und das Darreichen der kleinen Buttermengen übernimmt, in einer Stunde leicht 25—30 Butterproben der refraktometrischen Prüfung unterwerfen.

Fig. 99.

Schematische Skizze der Mikrometerschraube (etwa ½ nat. Größe).

Die Prüfung der Justierung der Okularskala geschieht mit Hilfe einer Normalflüssigkeit, deren Grenzlinie annähernd farblos erscheint und folgende Lage auf der Skala haben muß:

Temperatur	Skalenteil	Temperatur	Skalenteil	Temperatur	Skalenteil
25°	71,2	19°	74,9	13°	78,6
24°	71,8	18°	75,5	12°	79,2
23°	72,4	17°	76,1	11°	79,8
22°	73,0	16°	76,7	10°	80,4
21°	73,6	15°	77,3	9°	81,0
20°	74,3	14°	77,9	8°	81,6

Die Bruchteile eines Grades sind hiernach leicht in Rechnung zu ziehen (0,1° = 0,06 Skalenteil). Abweichungen von 1—2 Zehntel Skalenteilen spielen keine Rolle und sind meist durch ungenaue Temperaturbestimmung veranlaßt. Größere Abweichungen machen eine Neueinstellung der Skala notwendig.

Zu diesem Zwecke ermittelt man aus der obigen Tabelle die „Normalzahl", d. h. die Anzahl Skalenteile, die die Normalflüssigkeit bei der vom Thermometer angezeigten Temperatur haben soll (Beispiel 74,6 bei 19,5° C). Dann löst man die Mutter G der Mikrometerschraube (Fig. 99) und dreht die geränderte vernickelte Scheibe S so lange, bis im Okulare die Grenzlinie gerade auf der verlangten ganzen Zahl steht (hier also 74), darauf stellt man die schwarze, jetzt ebenfalls lose Trommel F so, daß der Index J die verlangten Zehntel (in unserem Beispiele 6) anzeigt. Nunmehr zieht man die vorher gelöste Mutter G wieder an und überzeugt sich durch mehrere Einstellungen von der Richtigkeit der Angaben des Refraktometers.

Natürlich darf eine Neujustierung nur dann stattfinden, wenn bei sorgfältigster Ausführung des Versuchs, insbesondere bei durchaus konstanter Temperatur, deutlich nachweisbare Unterschiede zwischen den Angaben des Instrumentes und denjenigen der obigen Tabelle zutage treten.

Anwendungen. Während der letzten Jahre hat das ursprünglich nur für die refraktometrische Butterprüfung konstruierte Instrument, wie oben erwähnt, praktische Verwendung auch für mancherlei andere Zwecke gefunden. Außer Butter werden zurzeit mit dem Butterrefraktometer geprüft: Käse, Margarine, Kakaobutter, Schweinefett und sonstige Speisefette; Speiseöle, Lebertran, Schmieröle, Seifenfettsäuren, Leinöl, Firnis, Terpentinöl, Petroleum, Paraffine, Ceresin und andere Wachsarten; Glycerin[1]).

Das Milchfettrefraktometer.

Dieses für die refraktometrische Bestimmung des Fettgehaltes der Milch und die Messung von Milchserum bestimmte Refraktometer unterscheidet sich von dem Butterrefraktometer nur durch die Eigenschaften der Prismen des Abbeschen Doppelprismas und dementsprechend durch den Meßbereich. Die Okularskala des Milchfettrefraktometers umfaßt die Brechungsindizes $n_D = 1,33$ bis $n_D = 1,42$, während diejenige des Butterrefraktometers von $n_D = 1,42$ bis $n_D = 1,49$ reicht; beide Refraktometer schließen sich also aneinander an. Da die Milch optisch inhomogen, also zu einer direkten refraktometrischen Untersuchung nicht geeignet ist, wird das Milchfett nach einem von Wollny[2]) angegebenen, von Naumann[3]) weiter bearbeiteten Verfahren in eine ätherische Lösung gebracht. Diese wird refraktometriert und die Ablesung der Okularskala ergibt die Fettprozente. Das Verfahren leistet bei Massenuntersuchungen gute Dienste; das Nähere siehe in den erwähnten Abhandlungen.

Eine andere wichtige Anwendung des Milchfettrefraktometers ist die Untersuchung des Milchserums zur Erkennung der Wässerung der Milch (vgl. im II. Teile).

Das Eintauchrefraktometer.

Das von Pulfrich[4]) hergestellte Eintauchrefraktometer ist als eine vervollkommnete Form des Abbeschen Prozentrefraktometers aufzufassen; dagegen sind die Beobachtungs-

---

[1]) F. Utz, „Das Refraktometer und seine Verwendung bei der Untersuchung von Fetten, Ölen, Wachs und Glycerin," S.-A. aus der Seifensiederzeitung und Revue über die Harz-, Fett- und Ölindustrie, IV°, 20 S., mit ausführlichen Tabellen; im Buchhandel, Preis M. —.70.

[2]) Erste Beschreibung des Verfahrens gegeben von H. Tiemann, Leipziger Milchzeitung, 1895, **24**, 716ff.

[3]) Leipziger Milchzeitung, 1900, **29**, 50—53, 66—68, 84—86.

[4]) Vgl. C. Pulfrich, Zeitschr. f. angew. Chemie, 1899, 1186ff.: „Über das neue Eintauchrefraktometer der Firma Carl Zeiß."

verfahren bei beiden Apparaten grundsätzlich verschieden voneinander; während beim Prozentrefraktometer, das übrigens seit mehreren Jahren aus dem Handel verschwunden ist, die Substanz in ein Abbesches Doppelprisma kommt, wird das Eintauchrefraktometer, wie sein Name besagt, in die Substanz eingetaucht.

Verfahren und dessen Vorteile. Das Messungsverfahren gründet sich, wie bei den anderen oben beschriebenen Refraktometern, auf die Beobachtung der Grenzlinie der Total-reflexion in einem Fernrohre. Der Natur der zu untersuchenden Substanzen, von denen meist größere Mengen vorhanden sind, ist das Beobachtungsverfahren angepaßt: Das Prisma am unteren Ende des senkrecht gehaltenen Refraktometers wird, wie erwähnt, in die in ein Becherglas oder in den aufsteckbaren Becher gefüllte Lösung einfach eingetaucht (s. Fig. 100 und 101).

Fig. 100.

Massenuntersuchung von Lösungen in Bechergläsern mit dem Eintauchrefraktometer und Trog *A* (¹/₅ nat. Größe). (Vgl. S. 116.)
Das untere Ende des Refraktometers ist in das mittelste der fünf Bechergläser der einen Reihe eingetaucht. Der längliche unter dem eigentlichen Troge angebrachte Spiegel wirft das Licht des hellen Himmels durch eine Glasplatte von unten in die Bechergläser und durch die Flüssigkeit in das Refraktometer. Dieses hängt mit zwei Haken an dem Bügel. Man hat von oben in das Okular zu blicken und sieht im Gesichtsfeld einen hellen und einen dunkeln Teil, sowie eine Skala.

Fig. 101.

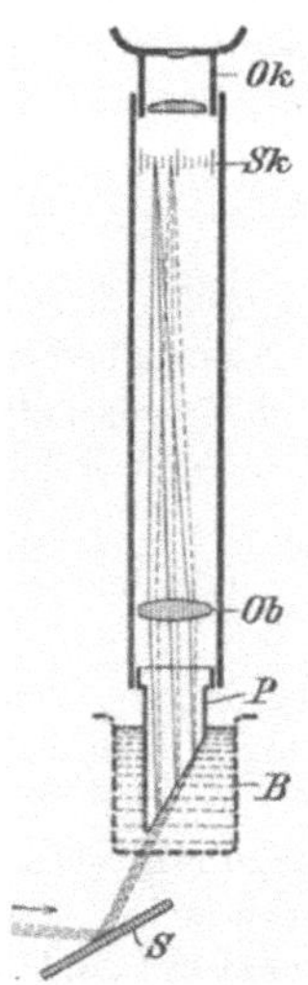

Schematischer Schnitt durch das Eintauchrefrakto-meter, das mit seinem Prisma *P* in das Becherglas *B* taucht (¹/₅ nat. Größe). Das Amiciprisma (siehe Fig. 102) ist weggelassen.

Dieses Eintauchverfahren bringt zwei Vorteile mit sich. Einmal gestattet es, die Licht-brechung einer Flüssigkeit in gleich einfacher Weise zu messen, wie ihre Temperatur mit einem Thermometer, oder ihr spezifisches Gewicht mit einem Aräometer; andererseits erscheint die Grenzlinie hier viel schärfer als in den Refraktometern, wo die Flüssigkeit zwischen zwei Prismen eingeschlossen ist (Butter- und Milchfettrefraktometer, Refraktometer Abbescher Konstruktion). Es wurde daher dem zur Beobachtung der Grenzlinie dienenden Fernrohre eine erheblich stärkere Vergrößerung gegeben, und so die Genauigkeit des Meßverfahrens entsprechend gesteigert.

Der **Prismenkörper** ist zylindrisch abgeschliffen, so daß keine einspringenden Ecken oder Kanten, die schwer zu reinigen wären, vorhanden sind, und so eingerichtet, daß in die zu untersuchende Substanz nur Glas eintaucht, aber kein Fassungsteil, dessen Material, wie Metall und Kitt, von der Substanz leicht angegriffen wird. Für die Wirkungsweise des Refraktometers ist es ferner wichtig, daß das (Tages- oder Lampen-) Licht in der Substanz parallel der äußeren Prismenfläche verläuft, wie z. B. der durch einen Pfeil gekennzeichnete Lichtstrahl in Fig. 102 und 101; zu diesem Zwecke läßt man das Licht mittels des Spiegels S in Fig. 101 und 102 oder des unter dem eigentlichen Troge in Fig. 100 erkennbaren Spiegels von unten in das Refraktometer eintreten.

Bau und Wirkungsweise. Dem Beobachtungsverfahren entsprechend besteht das Eintauchrefraktometer im wesentlichen aus folgenden Teilen (vgl. Fig. 102):

1. dem **Prisma** P aus widerstandsfähigem Glase, mit einem brechenden Winkel von etwa 63°;

2. dem mit dem Prisma unverrückbar fest verbundenen, aus dem Objektive O und dem Okulare Oc gebildeten **Fernrohre** mit der **Skala** Sc und der **Mikrometerschraube** Z und

3. dem zwischen dem Prisma P und dem Fernrohrobjektive O angeordneten **Kompensator** A, der mittels des **Ringes** R um die Achse des Fernrohres gedreht werden kann.

Aussehen der Grenzlinie. Die Grenzlinie, die den hellen Teil des Gesichtsfelds des Okulares von dem dunklen Teile trennt, ist wegen der Verschiedenheit der Dispersion von Glas und Flüssigkeiten im allgemeinen ein farbiger Saum, der zu einer genauen Ablesung nicht geeignet ist. Durch Drehen des Kompensators an dem geriefelten Ringe R macht man den Farbsaum, wie beim Abbeschen Refraktometer, zu einer farblosen scharfen Trennungslinie zwischen Hell und Dunkel.

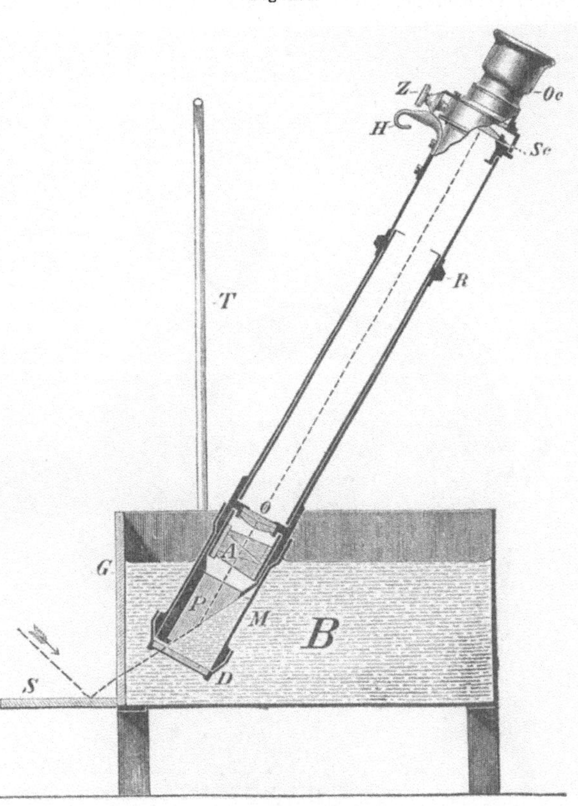

Fig. 102.

Untersuchung einer Flüssigkeit unter Luftabschluß mit dem Eintauchrefraktometer und Trog B (¹/₄ nat. Größe).

Die Substanz ist in dem metallenen Becher M eingeschlossen und berührt das Refraktometer-Prisma P. Dieses hat in der Figur die frühere Form, die neuerdings durch die in Fig. 100 und 101 abgebildete ersetzt ist. Das vom hellen Himmel oder einer Lampe kommende Licht fällt auf den Spiegel S und tritt durch die matte Glasplatte G in das Wasserbad, von da durch das Fenster des Deckels D in die Substanz und schließlich, wie skizziert, in das Refraktometer, das durch die Einrichtung des Troges B in der schrägen, zum Beobachten bequemen Lage gehalten wird.

Ablesung der Skalenteile. Die Lage dieser scharfen Grenze in der Skala ist das Maß für den Brechungsindex der Substanz, die Ablesung stellt direkt das gesuchte Messungsergebnis dar.

Die ganzen Skalenteile werden ohne weiteres abgelesen und notiert; zur Ermittelung der Zehntelskalenteile dient die Mikrometerschraube Z. Durch Drehen an Z verschiebt man die

Skala gegen die Grenzlinie, bis der soeben notierte Skalenteil sich mit der Grenze deckt. Der Index der Mikrometertrommel zeigt alsdann wie beim Butterrefraktometer die Zehntelskalenteile an, die zu den Ganzen noch hinzuzufügen sind. Die so ermittelten Skalenteile können mittels einer dem Apparate beigegebenen Tabelle in Brechungsquotienten umgerechnet werden.

Genauigkeit der Messungen. Bei sorgfältigem Arbeiten schwanken die einzelnen Ablesungen um höchstens $\pm\,0{,}1$ Skalenteil, ein Betrag, der im Mittel $\pm\,3{,}7$ Einheiten der fünften Dezimale von n_D entspricht. Das Eintauchrefraktometer übertrifft also an Genauigkeit seiner Angaben sowohl das Abbesche wie das Butter- und Milchfettrefraktometer.

Über die Untersuchung schnell verdunstender Lösungen, sowie von stark gefärbten Substanzen und von sehr kleinen Substanzmengen (Tropfen) siehe weiter unten.

Temperatur. Als Normaltemperatur gelten 17,5° C. Dementsprechend ist das Refraktometer so justiert, daß es den Normalwert für destilliertes Wasser (15,0 Skalenteile) bei 17,5° anzeigt.

Um die Temperatur der Substanzen konstant zu erhalten, werden die die Lösungen enthaltenden Bechergläser in ein Wasserbad gestellt.

Regelung der Temperatur. In vielen Fällen genügt es, aus einem großen, hoch aufgestellten Behälter Wasser von Zimmertemperatur langsam durch den Temperiertrog A (Fig. 100) fließen zu lassen. Ist man aber, wie z. B. bei E. Ackermanns refraktometrischem Schnellverfahren zur Bestimmung des Alkohol- und Extraktgehaltes im Bier[1]), darauf angewiesen, eine vorgeschriebene Temperatur (hier 17,5°) stundenlang innerhalb einiger Zehntel Grade konstant einzuhalten, so empfiehlt sich die Benutzung einer der im folgenden kurz beschriebenen, sich voneinander wesentlich unterscheidenden Temperiervorrichtungen. Die ältere Temperiereinrichtung besteht aus dem Temperiertroge (in Fig. 100) in Verbindung mit der beim Abbeschen Refraktometer (S. 104) beschriebenen Heizspirale und dem Wasserdruckregulator. In der schematischen Fig. 95 (S. 107) hat man sich das Refraktometer und das Gefäß B nur durch den Temperiertrog ersetzt zu denken. Die Einrichtung beruht also gleichfalls auf der Benutzung eines temperierten Wasserstromes.

Die neuere Temperiereinrichtung dagegen, das Temperierbad (Fig. 103), wird im wesentlichen aus einem großen, mit Filzmantel versehenen und mit Wasser gefüllten Topfe gebildet, in das die Bechergläser, in einem geeigneten Gestelle hängend, ein-

Fig. 103.

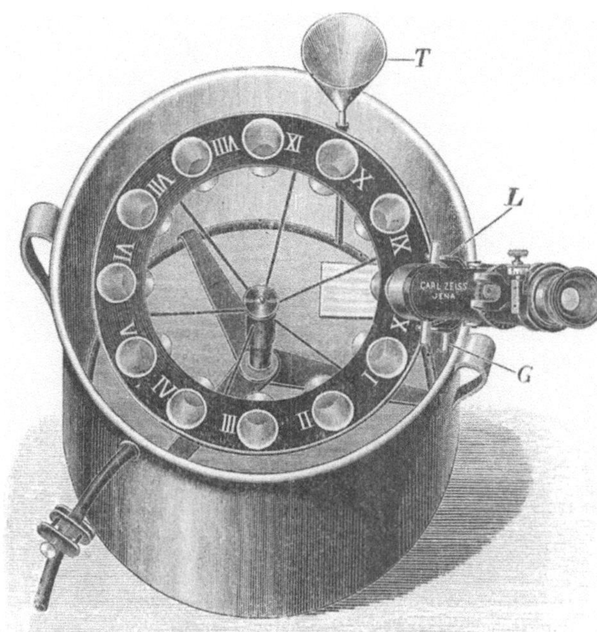

Blick von oben in das Temperierbad (etwa ⅓ nat. Größe).

---

[1]) E. Ackermann, Zeitschr. f. d. gesamte Brauwesen 1905, **28**, S. 33.

tauchen. Die neue Einrichtung arbeitet auf die Dauer erheblich billiger, da weder fließendes Wasser noch Heizgas verbraucht wird, und kommt für ambulante Untersuchungen allein in Frage.

Das Nähere über beide Temperiereinrichtungen lese man in der Gebrauchsanweisung nach.

Die Untersuchung von Flüssigkeiten unter Luftabschluß. Eine Lösung mit schnell verdunstenden Bestandteilen (z. B. eine ätherische Lösung) wird in den aufsteckbaren Becher gefüllt, temperiert und gemessen. Zu dem Zwecke hält die linke Hand das Refraktometer mit dem Prisma nach oben; die rechte setzt den metallenen Becher (M in Fig. 102) auf und zieht den Bajonettverschluß fest an. Nunmehr wird der Becher fast ganz gefüllt und schließlich der Deckel D sorgfältig aufgesetzt.

Die Substanz ist jetzt luft- und wasserdicht eingeschlossen. Nunmehr wird das Refraktometer wie sonst temperiert; der metallene Becher taucht in das Wasser ein. Der Temperaturausgleich wird durch die metallische Wandung des Bechers vermittelt. Die Erscheinung im Gesichtsfeld ist genau dieselbe wie oben.

Es ist zweckmäßig, die Substanzen in verschlossenen Fläschchen schon vor der Untersuchung zu temperieren.

Nach der Messung wird das Refraktometer von der linken Hand mit dem Prisma nach unten gehalten, die rechte nimmt durch eine kurze Drehung den Becher samt Deckel ab. Die Substanz kann, da sie keiner Veränderung unterworfen gewesen ist, anderweitig benutzt werden. Schließlich wird der Deckel von dem Becher abgenommen, Deckel, Becher und Prisma mit einigen einfachen Handgriffen gereinigt und das Refraktometer wie oben für die Aufnahme der nächsten Substanz hergerichtet.

Die Untersuchung kleiner Substanzmengen mit dem Hilfsprisma. Reicht, wie bei Blutserum, die vorhandene Menge Flüssigkeit für die Untersuchung im Becher nicht aus, oder ist die Substanz, wie z. B. dunkles Bier oder brauner Zuckersaft, in dicker Schicht zu dunkel, so bedient man sich des Hilfsprismas. Wie soeben beschrieben ist, wird zunächst der Becher ohne den Deckel auf das Refraktometer aufgesetzt. Nunmehr mache man sich zunächst klar, wie das Hilfsprisma, dessen Hypotenusenfläche auf die polierte, elliptische Fläche des Refraktometerprismas zu liegen kommen soll, in den Becher einzuschieben ist, und wie schließlich der Deckel das Hilfsprisma im Becher festhält. Darauf bringt man einige Tropfen der Flüssigkeit auf die horizontal gehaltene Hypotenusenfläche des Hilfsprismas, schiebt dieses in den Becher ein und setzt den Deckel auf. Hat man einen sehr kleinen Tropfen Substanz genommen, so erkennt man den Rand des zwischen beiden Prismen flachgedrückten Tropfens durch die quadratische, am Fenster des Deckels anliegende Prismenfläche. Es ist zu empfehlen, womöglich so viel Substanz zu nehmen, daß der Zwischenraum zwischen den Prismen ganz ausgefüllt ist; sonst tritt eine Einbuße an Helligkeit und unter Umständen eine durch nichts zu beseitigende Verminderung der Schärfe der Grenzlinie auf. Bei genügender Substanzmenge dagegen ist die Grenze scharf.

Das mit dem Hilfsprisma versehene Refraktometer wird nun genau so temperiert, als ob der Becher mit einer Flüssigkeit gefüllt wäre, die Messung erfolgt wie oben. Nach der Messung wird zuerst der Deckel abgenommen, dann läßt man das Prisma in die hohle Hand fallen und nimmt schließlich den Becher ab, um das Refraktometerprisma bequem reinigen zu können.

Um die Justierung des Eintauchrefraktometers zu prüfen, füllt man ein Becherglas reichlich zur Hälfte mit destilliertem Wasser, hängt das Refraktometer und das Becherglas in die Temperiervorrichtung und überläßt nun das Ganze etwa 10 Minuten sich selbst, damit die Temperatur sich ausgleichen kann. Hat das destillierte Wasser genau die Temperatur des Bades angenommen, so liest man ab und vermerkt außerdem die Temperatur des destillierten Wassers. Die Justiertabelle lehrt alsdann, ob das Refraktometer richtig justiert ist.

Justiertabelle.

Ein justiertes Eintauchrefraktometer zeigt für destilliertes Wasser:

Bei der Temperatur	10° C	11	12	13	14	15	16	17	17,5	18	19° C
Die Skalenteile	16,3	16,15	16,0	15,85	15,7	15,5	15,3	15,1	15,0	14,9	14,7
Bei der Temperatur	20° C	21	22	23	24	25	26	27	28	29	30° C
Die Skalenteile	14,5	14,25	14,0	13,75	13,5	13,25	13,0	12,7	12,4	12,1	11,8

Die Tabelle ermöglicht es, die Justierung des Refraktometers zu prüfen, ohne daß man die Normaltemperatur von 17,5° C erst herzustellen braucht. Weicht das Mittel mehrerer sorgfältigen Ablesungen von der in der Justiertabelle enthaltenen Justierzahl um mehr als 0,1 Skalenteil ab, so verfahre man nach den ausführlichen Anweisungen in dem erwähnten Prospekte.

Spektroskopie.

Spektralapparate für Beobachtungen von Emissions- und Absorptionsspektren[1]).

Für die Fälle, in denen es sich um einfache und schnelle Beobachtungen handelt, reichen meistens die Taschenspektroskope mit Vergleichsprisma ev. auch solche mit Orientierungs- bzw. Wellenlängenskala schon aus; für weitergehende und wissenschaftliche Untersuchungen kommen die Apparate nach Kirchhoff-Bunsen in Betracht, die je nach der Ausführung für schwächere oder stärkere Dispersionen mit entsprechenden Prismen versehen sind. Für quantitative Untersuchungen werden diese auch als Spektralphotometer zusammengestellt, nötigenfalls kommen Spezialinstrumente zur Anwendung. Von den vielen Apparaten dieser Art mögen die nachstehenden als die gebräuchlicheren hier kurz beschrieben werden.

Fig. 104.

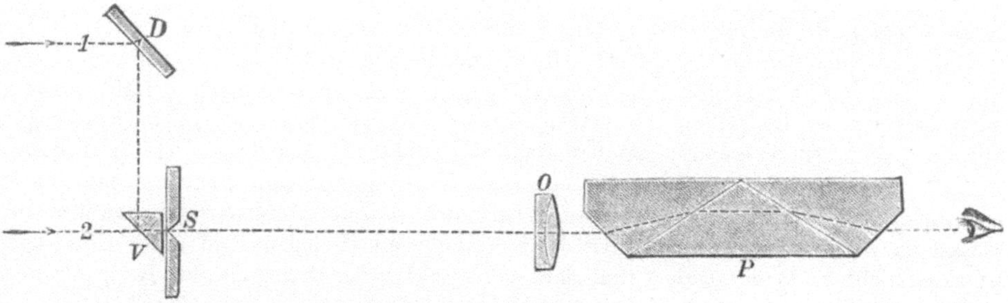

Einfaches Taschenspektroskop.

1. Taschenspektroskop mit Vergleichsprisma und Beleuchtungsspiegel nach H. W. Vogel. Von der Hälfte des Spaltes S (Fig. 104) entwirft das achromatische Objektiv „O“ ein virtuelles Bild, von diesem weißen virtuellen Spaltbild entwirft das gradsichtige Prisma „P“ eine Reihe nebeneinander liegender farbiger Bilder, ein Spektrum. Die andere Hälfte des Spaltes ist mit dem Vergleichsprisma V bedeckt, mit Hilfe des Spiegels D wird dasselbe beleuchtet, so daß mittels des Objektives O und des Prismas P eine Reihe Bilder, ein Spektrum, und zwar das Vergleichsspektrum, abgebildet wird. Es entstehen zwei Spektren übereinander. Der Beobachter stellt scharf auf die Spektren

---

[1]) Die Abbildungen wie Beschreibungen sind freundlichst von der Firma Franz Schmidt & Haensch in Berlin S 42, Prinzessinnenstr. 16, geliefert worden.

ein durch Verschieben des Auszuges C. Die Spaltbreite wird geändert durch Drehen des Kordelringes B (Fig. 105).

Fig. 105.

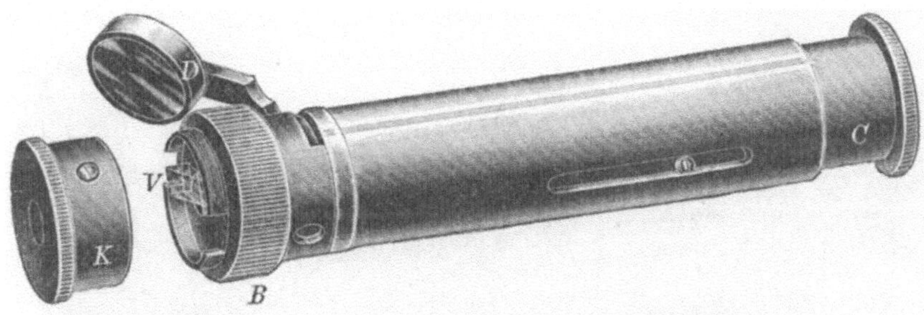

Äußere Ausstattung des vorigen Taschenspektroskops.

2. Taschenspektroskop mit Skala, Vergleichsprisma und Beleuchtungsspiegel.

Eine geradeaus vor den Spalt gestellte Lichtquelle beleuchtet auf dem Wege 1 (Fig. 106) die obere, auf dem Wege 2 die untere Hälfte des Spaltes S, auf dem Wege 3 die Skala E, welche durchsichtige Teilstriche auf undurchsichtigem Grunde besitzt. Die von einem Punkte der Lichtquelle ausgehenden, auf die Skale fallenden Strahlen werden durch die Linse a konvergent gemacht, durch das Prisma b abgelenkt, so daß in der Pupille des Auges ein reelles Bild der Lichtquelle entsteht und das Auge die ganze Skale gleichmäßig erleuchtet sieht. — Das Objektiv O entwirft von der Skale ein virtuelles Bild, welches von

Fig. 106.

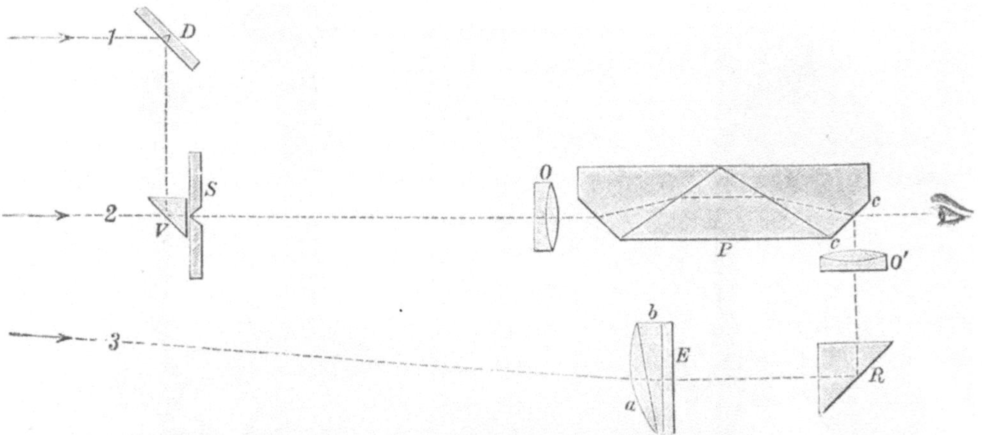

Taschenspektroskop mit Skala, Vergleichsprisma und Beleuchtungsspiegel.

dem Auge ebenso weit entfernt ist wie das Spektrum. Die zweimalige Reflexion an der Hypotenusenfläche des Reflexionsprismas R und an der Fläche $c\,c$ des gradsichtigen Prismas P bewirkt, daß das virtuelle Skalenbild mit dem Spektrum zusammenfällt.

Die Fig. 107 (S. 120) zeigt die Ausführung des Instrumentes in seiner äußeren Form.

Damit verschiedene Augen, z. B. ein weitsichtiges und ein kurzsichtiges Auge, Spektrum und Skala scharf sehen, wurde bei den bisherigen Taschenspektroskopen mit Skala die Entfernung des Spaltes von dem zugehörigen Objektiv, sowie die Entfernung der Skala vom Objektiv geändert. Hierbei bleibt der Winkelabstand zweier Spektrallinien ungeändert, während der Winkelabstand zweier Teilstriche der Skala geändert wird. Für verschiedene Augen liegen also bei dem bisher bekannten Instrument im allgemeinen die Teilstriche an wesentlich verschiedenen Stellen des Spektrums. Dadurch wird die Messung einer Wellenlänge sehr erschwert.

Bei den neueren Instrumenten ist keine Verschiebung von Spalt und Skala gegen die zugehörigen Objektive vorgesehen. Die scharfe Einstellung für verschiedene Augen wird viel-

Fig. 107.

Äußere Ausstattung des vorigen Taschenspektroskops.

mehr durch eine exzentrische Scheibe mit sechs verschieden starken Linsen bewirkt (vgl. Fig. 107); durch Drehen der Scheibe kann jede der Linsen vor die Austrittsöffnung des Instrumentes gebracht werden; somit kann jeder Beobachter eine Linse finden, welche ihm Spalt

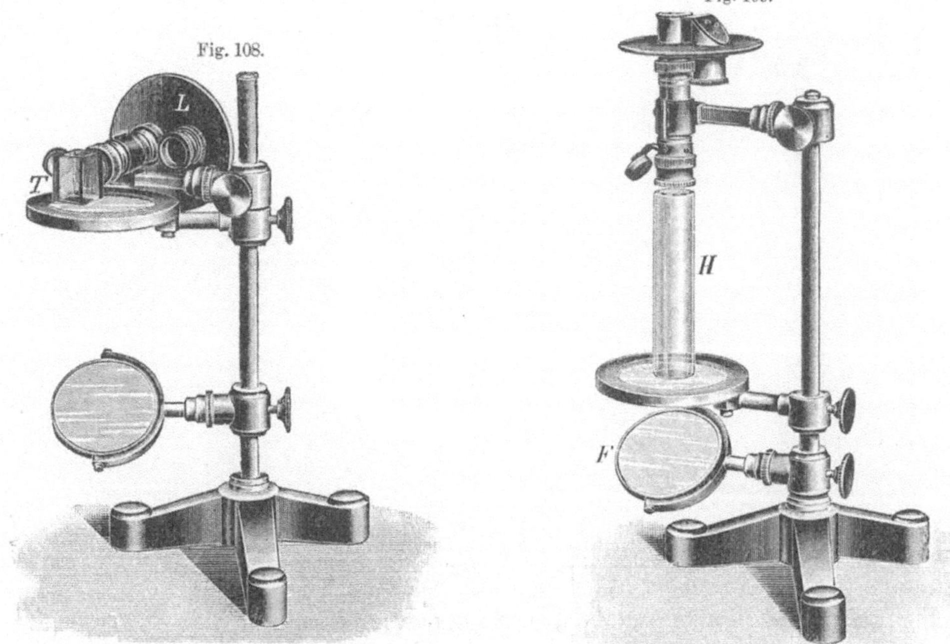

Fig. 108.   Fig. 109.

Aufstellung des Taschenspektroskops für die praktische Anwendung.

und Skala zugleich deutlich zeigt. Beim Vorschalten verschiedener Linsen bleibt sowohl der **Winkelabstand** zweier Spektrallinien, kurz die Länge des Spektrums, als auch der Winkelabstand zweier mit den Linien zusammenfallenden Skalenteile, kurz die Länge der Skala, konstant; hierdurch ist eine genaue Messung der Wellenlänge einer Spektrallinie ermöglicht.

Die Untersuchungen mit diesen Taschenspektroskopen werden erleichtert durch Anwendung des Universalstatives, welches vorstehende Abbildungen (Fig. 108 und 109) in Verbindung mit dem Spektroskop mit Skala zeigen; an Stelle des letzteren kann ohne weiteres das Spektroskop nur für Vergleichsspektren benutzt werden.

Fig. 108 zeigt die Untersuchung eines Absorptionsspektrums. Die zu untersuchende Lösung befindet sich in dem Glastrog T. Die Strahlen *1* der Fig. 106 gelangen ungeschwächt zum Spektroskopspalt, die Strahlen *2* werden beim Hindurchgehen durch die Lösung zum Teil absorbiert, wofür der Helligkeitsunterschied übereinanderliegender Stellen der beiden Spektra ein sehr empfindliches Kriterium ist. Auch kann das Spektroskop für diese Untersuchungen in derselben Weise benutzt werden, wie Fig. 109 zeigt. Das Spektroskop wird vertikal gedreht und der Beobachter sieht von oben in den Trog H hinein. Um schwach absorbierende Lösungen oder feste Körper hinsichtlich ihrer Absorption zu untersuchen, wird das Spektroskop in derselben Weise, also vertikal wie Fig. 109 zeigt, benutzt. Mittels des Spiegels F sendet man weißes Lampen- oder Tageslicht durch die in den Tisch eingelegte Glasplatte hindurch in das Spektroskop. Feste Körper, z. B. farbige Glasplatten, legt man einfach auf die Glasplatte des Tisches. Lösungen gießt man in die unten mit einer Glasplatte verschlossene Röhre H, welche Schichtdicken bis zu 10 cm zu untersuchen erlaubt.

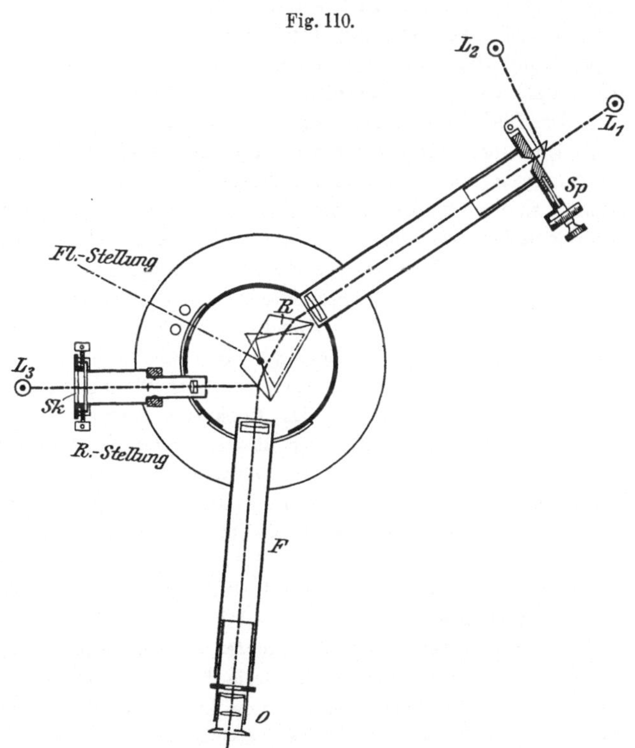

Einrichtung eines Kirchhoff-Bunsenschen Spektralapparates.

3. Spektralapparat nach Kirchhoff-Bunsen. Die Spektralapparate nach Kirchhoff-Bunsen besitzen als Meßvorrichtung ebenfalls eine Orientierungs- oder Wellenlängenskale, für streng wissenschaftliche Untersuchungen eine präzise Meßschraube mit entsprechender Teilung. Die Hauptteile derartiger Apparate sind das Spalt- und Beobachtungsfernrohr, das dispergierende Prisma und das Skalenfernrohr, ev. die Meßschraube.

In Fig. 110 sind L_1 und L_2 Lichtquellen: L_1 beleuchtet die eine, L_2[1]) mit Hilfe des Reflexionsprismas die andere Spalthälfte, deren Weiten mittels Spaltschraube Sp eingestellt werden können. R ist das dispergierende Prisma, welches je nach der gewünschten Dispersion ein gewöhnliches Flintglas- oder Rutherfordprisma sein kann. F ist das Beobachtungsfernrohr, O das in demselben verschiebbare Okular. Sk ist die Skala bzw. das Skalenfernrohr, welches durch L_3 beleuchtet wird. R und Fl ist die jeweilige Stellung des Skalenrohres bei Anwendung eines Rutherford- oder Flintglasprismas. Die Skale wird an den Vorderflächen der Prismen nach dem Beobachtungsfernrohr reflektiert und zugleich mit dem Spektrum beobachtet.

---

[1]) Die Lichtquelle L_2 kann zweckmäßig von L_1 durch Einschalten eines Spiegels (Fig. 112, S. 123) gebildet werden.

Die Einstellung dieser Apparate geschieht in der Weise, daß vor dem Spalt, der in unveränderlicher fester Stellung abgestimmt ist, bei zurückgeschlagenem Prisma, eine Natriumflamme aufgestellt wird. Das Beobachtungsrohr F wird bei noch nicht aufgesetztem Prisma gedreht, bis diese in demselben sichtbar ist. Das Okular wird auf das Bild der Natriumlinie eingestellt, nachdem dasselbe selbst zunächst auf ein Fadenkreuz, Marke usw. scharf eingestellt wurde, indem der ganze Okularauszug O ein- oder ausgezogen wird, bis das Bild der Na-Linie scharf erscheint. Bei entsprechender Dispersion und genügend feiner Einstellung der Spaltweite muß die D-Linie durch eine zarte schwarze Linie getrennt erscheinen. Das Skalenbild wird in unveränderter Okularstellung durch Ein- und Ausziehen des Skalenrohres selbst eingestellt. Spalt- und Skalenbild müssen zugleich scharf erscheinen und dürfen sich bei Bewegung des Auges vor dem Spalt nicht gegeneinander verschieben. Ein bestimmter Skalenteil soll mit dem Bild der D-Linie zusammenfallen, dies wird erreicht, indem entweder das Skalenrohr um sich selbst gedreht oder aber die Skale direkt verschoben wird. Für Beobachtungen ist es erwünscht, den Apparat auf Wellenlängen zu eichen. Ist die Skale eine Wellenlängenskale, so muß natürlich die D-Linie mit entsprechender Wellenlänge auf der Skale zusammenfallen und müssen für die weitere Kontrolle der Skale noch einige andere bekannte Linien durch Verbrennen der Salze usw. vor dem Spalt im Bunsenbrenner beobachtet und mit den entsprechenden Skalenteilen, hier Wellenlängen, zur Deckung gebracht werden. Empfehlenswerter für diese Zwecke sind die Helium-, Sauerstoffröhren usw., die nur diese Speziallinien zeigen. Ist die Skale nur eine Orientierungsskale oder besitzt der Apparat eine Meßschraube, so sind dieselben auf Wellenlängen zu eichen. Mit Hilfe der Skale wird eine Dispersionskurve des Apparates hergestellt, in derselben Weise, wie oben angegeben, d. h. indem entweder durch Verbrennen von Salzen oder mittels Geisslerscher Röhren bekannte Linien für die Beobachtung erzeugt werden. Das mit einem bestimmten Skalenteil zur Deckung gebrachte Bild der D-Linie bildet den Ausgangspunkt, von dem aus die einzelnen Skalenteile nach links und rechts bis zu den weiter auftretenden Linien zu zählen sind.

Diese Skalenteile werden auf Milliquadratpapier als Abszissen, die Wellenlängen selbst als Ordinaten übertragen und diese Punkte untereinander verbunden, je mehr dieser Punkte, d. h. je mehr dieser Linien beobachtet werden, desto genauer wird die Kurve werden. Dieselbe darf von einer regelmäßig verlaufenden nicht abweichen. Mit Hilfe dieser Kurve ist es leicht, die Lage jeder beobachteten Linie bzw. die Absorptionsstreifen zu bestimmen und danach deren Zusammensetzung festzulegen.

Ist an dem Apparat eine Meßschraube vorhanden, so ist sie in demselben Sinne zu eichen und ist solche einer festen Skale gegenüber wegen der außerordentlich präzisen Einstellung und genauen Ablesung stets vorzuziehen.

Bei den Beobachtungen von Linien ist es wünschenswert, nicht nur ihre Lage, sondern auch die ungefähre Stärke, Breite und Schärfe zu notieren. Es ist anzuraten, daß einmal mit engem Spalt gearbeitet wird, um dicht nebeneinander liegende Linien zu unterscheiden und dann mit weiterem Spalt zur Auffindung der lichtschwachen Linien; desgleichen einmal mit kleiner Flamme für die sich leicht verflüchtigenden Stoffe, das andere Mal mit großer Flamme für die schwer flüchtigen.

Mit Hilfe des am Spalt befindlichen Reflexionsprismas ist es möglich, im Fernrohr zwei übereinander liegende Spektren zu beobachten, von denen das eine als Normal- bzw. Vergleichsspektrum dient, während das andere die auftretenden Linien bzw. Banden zeigt. Die Regionen, in welchen die Absorptionen auftreten, sind so zu dem unveränderten Spektrum leicht zu übersehen und ist ein Vergleich mit bekannten Banden ohne weiteres möglich. Die Absorptionsbanden treten nie in der Weise scharf begrenzt auf wie etwa Linien, sondern zeigen immer ein verwaschenes unscharfes Ansehen.

Für genannte Untersuchungen eignen sich in vorzüglicher Weise, wie schon erwähnt, die Apparate nach Kirchhoff-Bunsen in einfacherer und präziserer Ausführung.

Fig. 111 stellt das einfachste Modell dieser Ausführung dar, das Spaltbeobachtungs- und Skalenfernrohr K, F und S sind am Apparat fest montiert, das Prisma ist in lichtdichter Metalltrommel eingeschlossen. Die Skala ist nur eine Orientierungsskala. Der Apparat kann, nur mit Flintglasprisma ausgerüstet, geliefert werden, die Dispersion $C—F$ beträgt 1°56′.

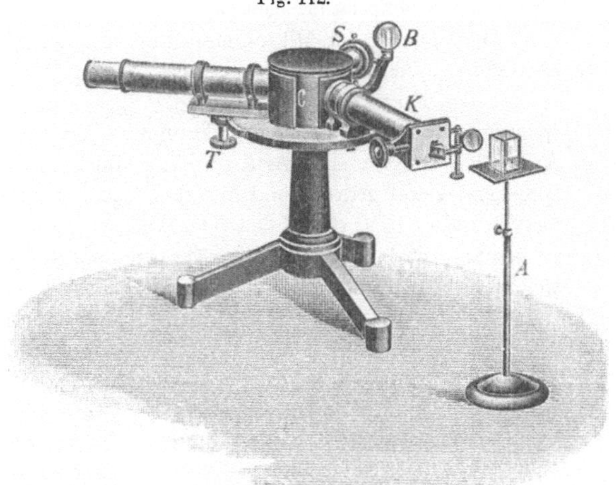
Fig. 112.

Einfaches Spektroskop mit beweglichem Fernrohr.

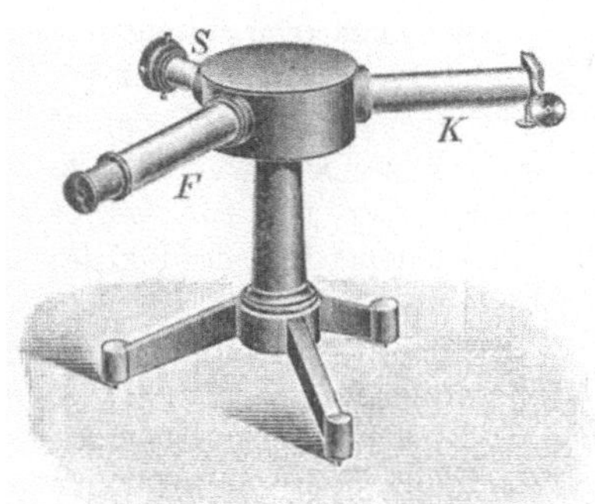
Fig. 111.

Einfaches Spektroskop mit festem Fernrohr.

Fig. 112 zeigt eine ähnliche Ausführung, jedoch ist das Fernrohr durch Trieb T beweglich, angeordnet, um dasselbe durch das ganze Spektrum hindurchzuführen, was für die verschiedenen Vergrößerungen von Wichtigkeit ist. Das Skalenrohr S und der Spalt sind mit besonderem Reflexionsspiegel versehen.

Die vor dem Spalt aufgestellte Flamme durchleuchtet die zu unter- suchende, in A aufgestellte Flüssig- keit, zugleich erleuchtet sie den am Spalt befindlichen Spiegel, der das vor der Hälfte des Spaltes stehende Reflexionsprisma beleuchtet, so daß im Fernrohr zwei Spektren, das Ab- sorptions- und Vergleichsspektrum entstehen. Der am Skalenrohr be- findliche Spiegel wird ebenso von der Flamme beleuchtet, als bei ent- sprechender Stellung desselben auch die Skale.

Der Apparat wird bei Verwen- dung eines Flintglasprismas mit einer

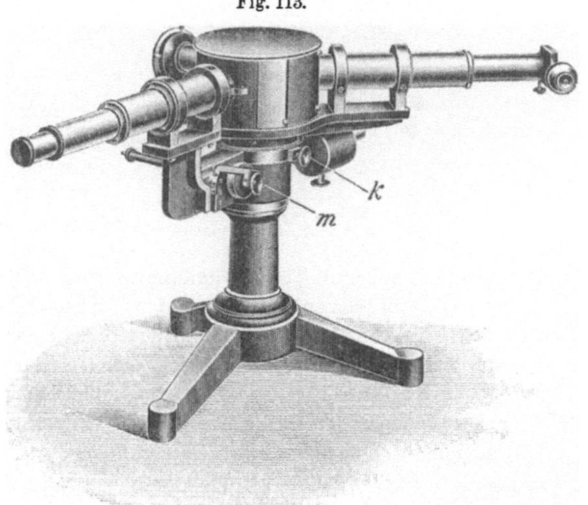
Fig. 113.

Großes Spektroskop nach Kirchhoff-Bunsen.

Wellenlängenskale, bei einem solchen mit Rutherfordprisma mit Orientierungsskale geliefert. Beide Prismen eignen sich zu Beobachtungen von Emissions- wie Absorptionsspektren. Ersteres hat eine Dispersion von 1° 56′, letzteres eine solche von 3° 26′. Für Beobachtungen von Absorptionsspektren in Blau ist das Flintglasprisma, für solche mehr in Rot ist das Rutherfordprisma zu empfehlen.

Fig. 113 zeigt den Apparat für strenge wissenschaftliche Untersuchungen. Derselbe wird mit Flintglas- oder Rutherfordprisma ausgerüstet. Bei Verwendung des letzteren wird der Apparat auf Wunsch mit einer Wellenlängenskale, bei Verwendung eines Flintglasprismas nur mit Orientierungsskale versehen. Jedoch sind die Apparate außerdem stets mit Mikrometerschraube mit Linealtrommelteilung ausgerüstet und ist auch die letztere die empfehlenswerteste Meßeinrichtung. Die Apparate werden daher auch vielfach nur mit dieser Meßschraube, also ohne jegliche Skale benutzt.

Die Eichung der Mikrometerschraube wie auch die Einstellung des Apparates geschieht ebenfalls in oben angeführter Weise. Zu bemerken ist noch, daß die Mikrometerschraube gestattet, das Fernrohr durch das ganze Spektrum hindurchzubewegen; sollte jedoch diese Bewegung noch nicht ausreichen, so kann mittels der Klemmschraube K der das Fernrohr tragende Arm gelöst werden. Der Arm wird frei und kann mit der ganzen Mikrometereinrichtung entsprechend weiter gedreht und mittels K wieder festgeklemmt werden. Es ist hierbei, damit sich das Spektrum bzw, die Linien oder Absorptionsstreifen regelmäßig aneinander reihen, darauf zu achten, daß die bei vorheriger Stellung des Fernrohres als letzte beobachtete Linie, welche natürlich im Fadenkreuz stand, bei der neuen Einstellung als erste, und zwar wieder im Fadenkreuz zu stehen kommt, d. h. das Bild der im Fadenkreuz beobachteten Linie muß mit dem schon vermerkten Trommelteil der Mikrometerschraube wieder übereinstimmen.

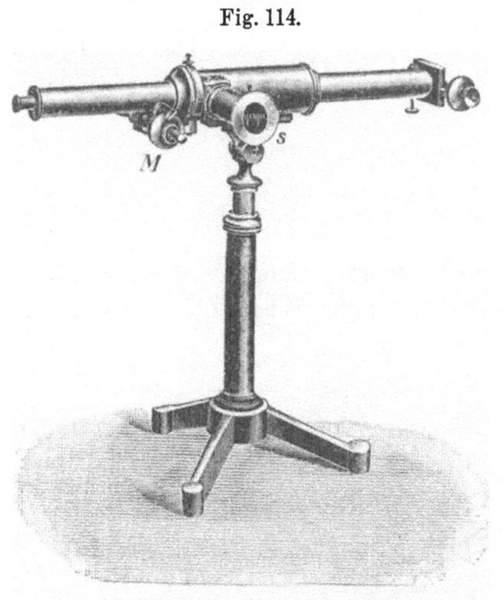

Fig. 114.

Gradsichtiges Spektroskop.

Diese Kirchhoff-Bunsen-Apparate werden zum Teil auch verwendet als Spezialapparate zur „Bestimmung von Farbstoffen" nach Formánek (vgl. weiter unten unter spektroskopischer Nachweis von Farbstoffen); die von ihm zusammengestellten Tabellen zeigen die entsprechenden Absorptionsstreifen. Die Lage dieser Streifen sind in der Tabelle in Trommelteilen der Mikrometerschraube ausgedrückt. Diese letzteren selbst entsprechen bestimmten Wellenlängen, die ebenfalls in der Tabelle vermerkt sind. Es ist daher ein leichtes, irgendeine Farbstofflösung auf ihre Zusammensetzung mit Hilfe dieses Werkes zu bestimmen. Für solche Spezialzwecke sind die Spektralapparate mit einem nicht zu schwach dispergierenden Prisma, Wellenlängenskale und mit einer Mikrometerschraube mit Trommelteilung versehen. Die Steigung dieser Schraube ist so gewählt, daß die auf dieser Schraube angebrachten Trommelteile bestimmten Kreisgraden, mithin einer bestimmten Anzahl Skalenteilen bzw. den daraus sich ergebenden Wellenlängen entsprechen.

4. Gradsichtiges Spektroskop nach Hoffmann.

Ebenso wie das Kirchhoff-Bunsensche große Spektroskop kann auch das gradsichtige nach Hoffmann (Fig. 114) zu Wellenlängenbestimmungen und zu chemischen Analysen verwendet werden. Dieser Apparat eignet sich zur spektralen Reinigung einer Strahlung, z. B. des von einer Natriumlampe ausgesandten Lichtes besser als das vorstehend beschriebene große Spektroskop, weil die Spaltbilder gerade sind und die Dispersion des gradsichtigen Prismas sehr beträchtlich ist (5° 30'). Bei dieser Anwendung wird das Okular durch einen zweiten Spalt ersetzt, dessen bewegliche Schneide zweckmäßig nach der entgegengesetzten Seite liegt, wie bei dem Spalt für den Eintritt des Lichtes.

Als Meßvorrichtung dient die Mikrometerschraube M, welche das Fernrohr durch das ganze Spektrum hindurch zu drehen gestattet. Auf besonderen Wunsch wird ein Skalenrohr mit der Skala S beigegeben.

Liegt der Wunsch vor, derartige Beobachtungen auch im Bilde festzuhalten, so werden diese Apparate auch, besonders das letztgenannte große Modell nach Kirchhoff-Bunsen, mit einschaltbarer photographischer Kamera eingerichtet (vgl. Fig. 115).

Fig. 115 zeigt den Apparat in dieser Zusammenstellung, an Stelle des Beobachtungsfernrohres ist die photographische Kamera eingeschaltet, welche in dieser Anordnung eine Reihe von übereinanderliegenden Spektren auf eine Platte 9 × 12 cm aufzunehmen gestattet.

Fig. 115.

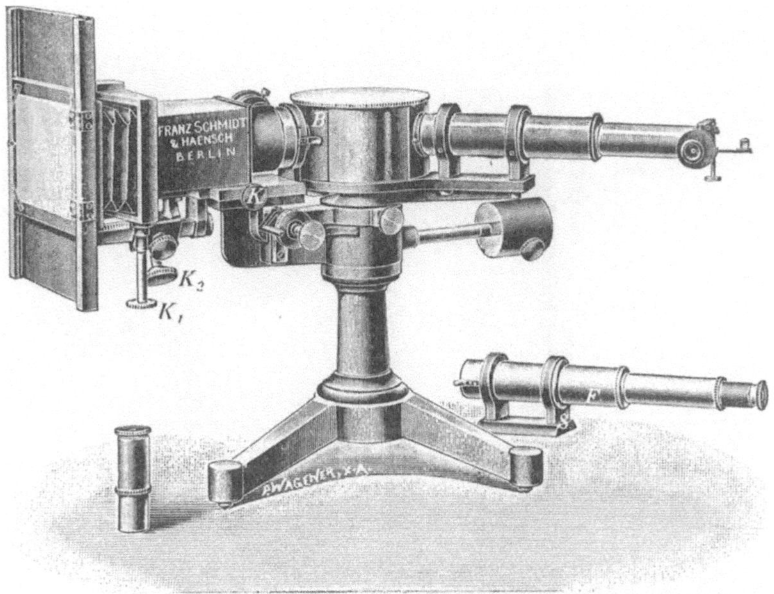

Spektroskop mit photographischer Kamera.

Für einfachere Zwecke genügt ein kleines Taschenspektroskop in Verbindung mit einer kleinen photographischen Kamera.

5. *Spektrograph nach H. W. Vogel*, bestehend aus einem Spektroskop mit kleiner Kamera mit fester Mattscheibe. Das Spektroskop ist an der jalousieartigen Stirnseite der Kamera verschiebbar montiert, zur Aufnahme mehrerer Spektren übereinander. Fig. 116 einschl. 2 Kassetten für 9 × 12 cm Format. Hierzu ist zu empfehlen ein Extraauszug mit beweglichem Spalt und Okularblende, um das von der Kamera leicht abschraubbare Instrument als Handspektroskop benutzen zu können.

6. *Spektrograph für schwächer auftretende Absorptionserscheinungen*. In neuerer Zeit wird vielfach ein Spektrograph benutzt, der an Stelle des Prismas mit einem Filmabzug vom Original-

Fig. 116.

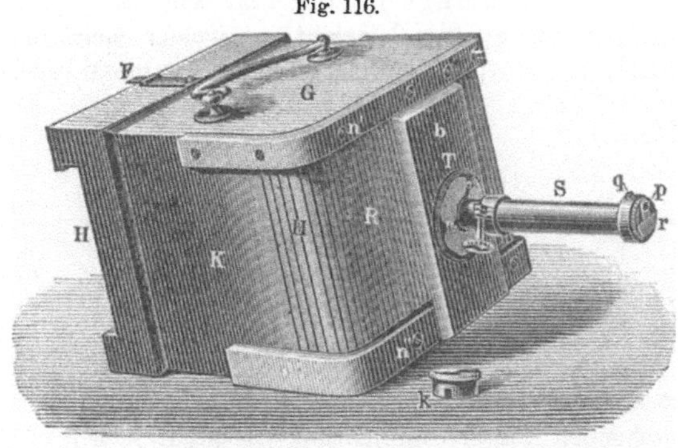

Spektrograph nach H. W. Vogel.

Rowland-Gitter versehen ist und bei dem für die Aufnahmen die Spektren erster Ordnung benutzt werden. Siehe Fig. 117. Die Anordnung des Apparates ist so getroffen, daß bei der vorgesehenen Schrägstellung der matten Platten sämtliche Linien über eine 9 × 12 cm Platte scharf erscheinen. Es können auch hier eine Reihe von Spektren übereinander aufgenommen werden.

Genannte Apparate werden benutzt zum Nachweis von Substanzen in irgendeiner Mischung von Salzen, Metallen oder Lösungen. Für den Nachweis der Menge dieser in einer Mischung, Lösung usw. dienen die Spektralphotometer. Diese sind im Prinzip den Spektralapparaten angepaßt, besitzen jedoch Vergleichs- und Schwächungsvorrichtungen, um das von

Fig. 117.

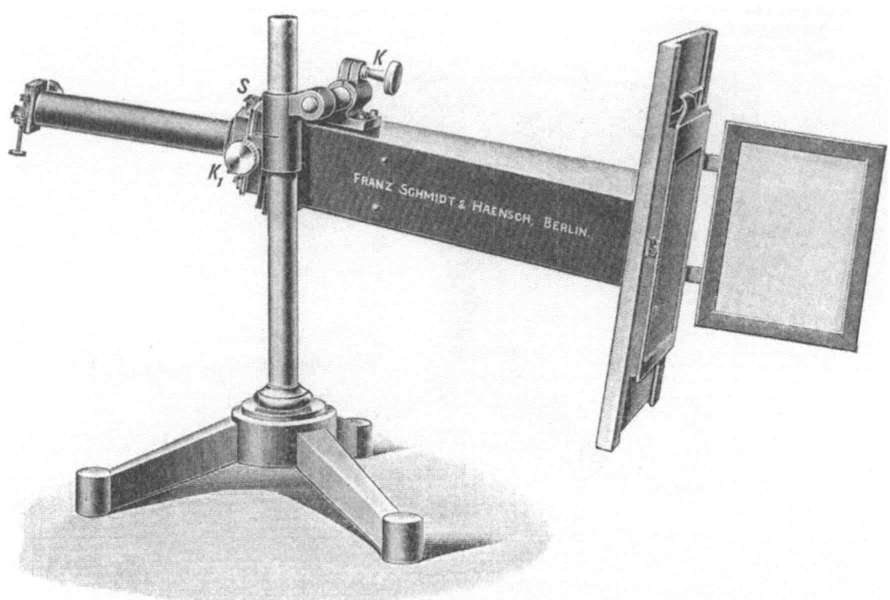

Spektrograph mit Filmabzug nach H. W. Vogel.

der Lichtquelle kommende Licht abzuschwächen. Die einfachste dieser Schwächungsvorrichtungen ist die mittels des Spaltes, die bei weitem genauere und präzisere, aber auch lichtschwächere, ist die durch Polarisation.

Der Strahlengang (Fig 118) zeigt die Anordnung der Optik eines Spektralphotometers mit Spaltmeßeinrichtung, welche meist in einem größeren Spektralapparat (Kirchhoff-Bunsen) angeordnet wird. M ist die Mattscheibe, die von einer stärkeren Lichtquelle,

Fig. 118.

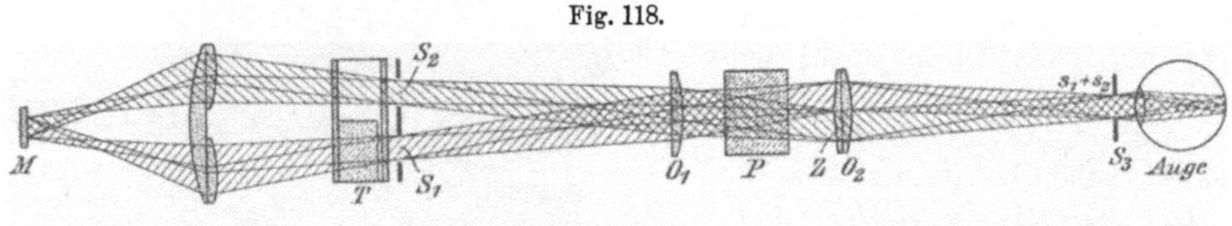

Strahlengang eines Spektralphotometers.

z. B. Auerlampe, beleuchtet wird. Mit Hilfe der davor angeordneten aus drei Linsen bestehenden Linsenkombination, Beleuchtungseinrichtung nach Martens[1]), wird die Lichtquelle bzw. die erleuchtete Platte auf den beiden aneinander grenzenden Spalten S_1 und S_2 abgebildet bzw. werden beide Spalte gleichzeitig beleuchtet. O_1 ist das Objektiv des Spaltrohres, P ist das dispergierende Prisma, O_2 ist das Objektiv des Beobachtungsfernrohres, Z ein dachförmiges Prisma (Zwillingsprisma). Die brechende Kante desselben steht rechtwinkelig zu den Spalten und ist der Winkel so berechnet, daß er die beiden Spaltbilder s_1, s_2 im Okularspalt

---

[1]) Dr. Martens' Physikalische Zeitschrift.

übereinanderliegend anordnet. Ein in S_3 befindliches Auge sieht die brechende Kante des Zwillingsprismas als zarte Trennungslinie zweier Halbkreise, von denen der untere das Licht des oberen, der obere das Licht des unteren Spaltes erhält. Die Einstellung auf gleiche Helligkeit bzw. Färbung geschieht mittels des einen Spaltes, dessen Weite an einer Trommelteilung ablesbar ist. T ist der mit der zu untersuchenden Flüssigkeit gefüllte Trog. Die

Fig. 119.

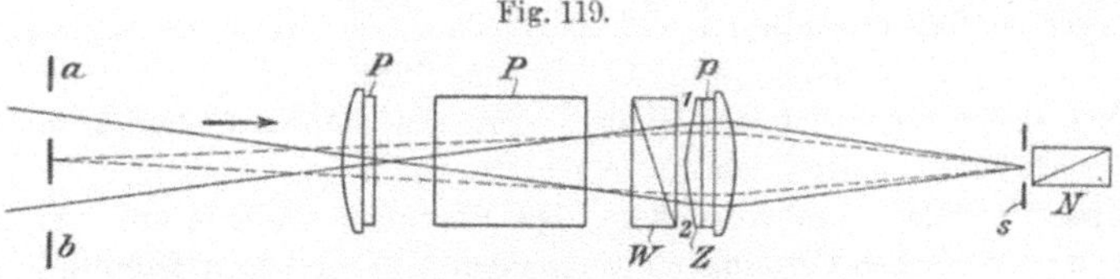

Erste Einrichtung des Spektralphotometers nach A. König.

Flüssigkeit kommt so vor den Spalten zu stehen, daß der eine Spalt von der Flüssigkeit völlig bedeckt ist, während der andere frei bleibt, so daß die Absorption der durch Flüssigkeit verschluckten Lichtstrahlen gemessen werden kann. Der Okularspalt ist in seiner Weite ebenfalls veränderlich eingerichtet, so daß mit ihm und mit Hilfe der das Fernrohr bewegenden Mikrometerschraube die jeweilige Region, welche das Absorptionsband zeigt, gegenüber dem übrigen Spektrum abgeblendet und eingestellt werden kann. Mit Hilfe eines über den Augenspalt übersetzbaren Okulars werden diese Beobachtungen ausgeführt. Diesen Spaltmessungen werden wegen der ev. auftretenden Unreinheiten, die sich bei solchen mit größeren Spaltöffnungen nie ganz vermeiden lassen, die Messungen mittels Polarisation vorgezogen. Das dafür in Betracht kommende Instrument ist das Spektralphotometer nach König-Martens[1]).

7. Das Spektralphotometer von A. König-Martens.

Das ursprünglich von Arthur König in den Jahren 1885/86 angegebene Spektralphotometer[2]) ist nach Art eines Kirchhoff-Bunsenschen Spektroskopes gebaut und neuerdings von F. F. Martens verbessert worden. Die zu vergleichenden Lichtbündel treten durch die beiden Öffnungen a und b des Spektroskopspaltes ein (vgl. Fig. 119; der Spalt liegt in der Ebene des Papiers). Im Beobachtungsrohr befindet sich an Stelle des Fadenkreuzes ein zweiter Spalt s. Zwischen den Objektiven ist ein doppelbrechendes Wollaston-Prisma W und ein Zwillingsprisma Z angebracht. Der Beobachter blickt durch den Spalt s

Fig. 120.

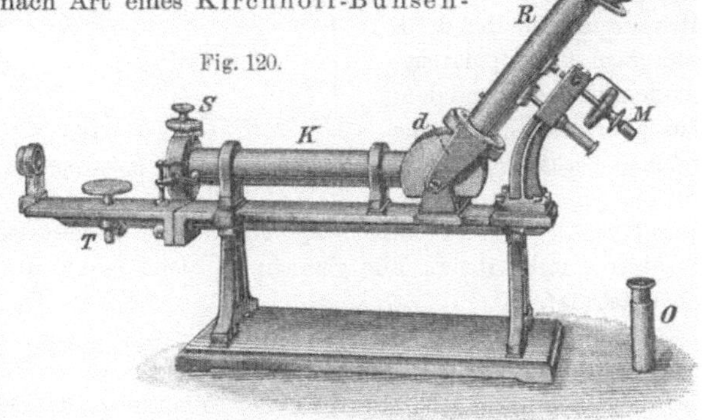

Spektralphotometer nach König-Martens.

hindurch auf das Zwillingsprisma und sieht die Hälften 1 bzw. 2 des letzteren durch die Spalte b bzw. a hindurch beleuchtet; die ins Auge gelangenden Strahlen sind in der Fig. 119 durch ausgezogene Linien dargestellt. — Durch meßbare Drehung des Nicols N wird auf gleiche Helligkeit eingestellt.

Bei der Neukonstruktion ist das Beobachtungsrohr (R in Fig. 120) nicht um eine vertikale Achse, wie früher, sondern um eine horizontale Achse (d) drehbar. Diese Anordnung hat die

---

[1]) Verhandl. d. Deutschen physikal. Gesellschaft, I. Jahrgang, Nr. 15.

[2]) A. König, Verhandl. d. Deutschen physikal. Gesellschaft zu Berlin vom 22. Mai 1885 und 19. Mai 1886. Eine ausführliche Beschreibung des Apparates hat derselbe zuerst in Wiedemanns Ann. 1894, **53**, 785, veröffentlicht.

Vorzüge, daß der ganze Apparat viel weniger Platz einnimmt als früher und daß der Beobachter schräg nach unten blickt, was sehr bequem ist. Die Einstellung und Messung der mittleren hindurchgelassenen Wellenlänge geschieht durch die Mikrometerschraube M, bequemer und genauer als früher mittels Teilkreises. — Für Absorptionsmessungen sind ein in der Höhe verstellbarer Tisch T und eine Beleuchtungsvorrichtung B vorgesehen.

Die Beleuchtungsvorrichtung (vgl. Fig. 121) besteht aus drei Linsen, welche von jedem Punkte der zweckmäßig abgeblendeten Lichtquelle L ein Bild auf beide Spaltöffnungen a und b entwerfen, so daß stets die gleiche Lichtmenge durch beide Spalte tritt. Infolgedessen entstehen nicht, wie früher, erhebliche Fehler, wenn sich während einer Absorptionsmessung die Intensitätsverteilung in der Lichtquelle ändert.

Für gewisse Zwecke ist es vorteilhaft, das Photometer nicht mit zwei exzentrischen, sondern mit einer zentrischen Öffnung zu verwenden. Es gelangen dann die in Fig. 119 gestrichelt gezeichneten Strahlen ins Auge, deren im Wollaston-Prisma hervorgerufene Ablenkung im Zwillingsprisma wieder aufgehoben ist[1]).

Die Reihenfolge der optischen Teile ist etwas geändert. Das früher aus Quarz, jetzt aus Kalkspat gefertigte Wollaston-Prisma ist zwischen Flintprisma P und Zwillingsprisma Z

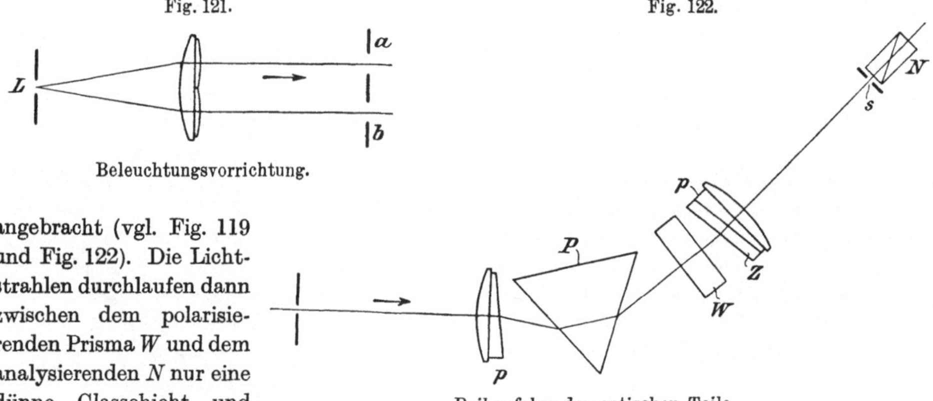

angebracht (vgl. Fig. 119 und Fig. 122). Die Lichtstrahlen durchlaufen dann zwischen dem polarisierenden Prisma W und dem analysierenden N nur eine dünne Glasschicht und bleiben in zwei zueinander genau senkrechten Richtungen linear polarisiert, was früher infolge der dicken, von den Strahlen durchlaufenen Flintglasschicht nicht streng der Fall war, wie Ehlers[2]) zuerst beobachtet hat.

Die früher sehr störenden Reflexbilder sind bei der Neukonstruktion vermieden dadurch, daß als Objektiv plankonvexe Linsen mit angekitteten Prismen p benutzt sind (vgl. Fig. 122); bei dieser Anordnung können zweimal reflektierte Strahlen nicht ins Auge gelangen.

Dieses Spektralphotometer läßt sich für verschiedene Zwecke anwenden:

a) Die wichtigste Anwendung des Photometers dürfte die sein, Lichtquellen miteinander zu vergleichen. Man mißt gewöhnlich die relativ spektrale Lichtstärke oder die relativ spektrale Intensität von weißen Lichtquellen, bezogen auf eine Hefnersche Normallampe. Man kann auch die relative Intensität verschiedener monochromatischen Lichtquellen durch Vergleichung mit einer konstanten weißen Lichtquelle ermitteln.

---

[1]) Dieser Strahlengang kann auch in dem von Martens beschriebenen Polarisationsphoto.meter für weißes Licht benutzt werden (Verhandl. d. Deutschen physikal. Gesellschaft 1, 204 bis 208, 1899).

[2]) J. Ehlers, Inaug.-Diss. Göttingen 1897; Neues Jahrb. f. Mineral., Geol., Paläontol. Beil. 11, 529—317, 1897.

Letztere Untersuchung hat Martens für eine Anzahl von Na-Lampen durchgeführt. Untersucht wurden: I. Ein Intensivnatronbrenner, bei welchem NaCl, in einer dünnen Glasröhre eingeschmolzen, in die Flamme eines Linnemannschen Brenners gebracht wurde; II. eine Landoltsche Lampe, Bunsenbrenner mit zwei Platinreusen voll NaCl; III. ein Bunsenbrenner mit Platinring nach Winter (Fig. 123); IV. eine Na-Lampe nach Reed, bei welcher die Flamme eines Bunsenbrenners durch eine Öffnung in Asbest, deren Rand mit NaCl bedeckt ist, hindurchbrennt. Die Lampen wurden der Reihe nach geradeaus vor den Spalt gestellt, während die andere Öffnung mittels eines Vergleichsprismas von einer Petroleumlampe beleuchtet wurde. Die relative Helligkeit der einzelnen Lampen war folgende:

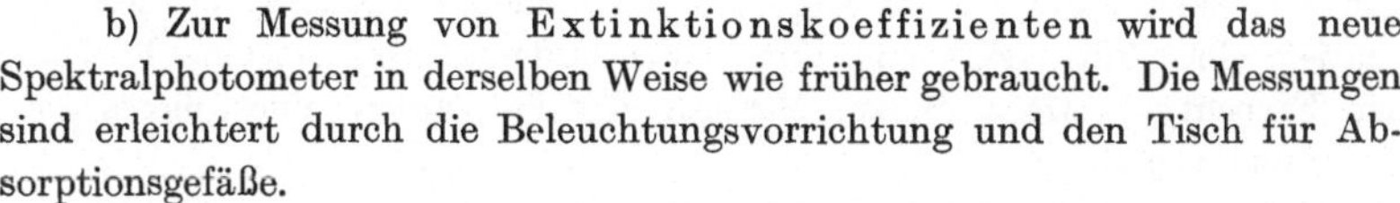

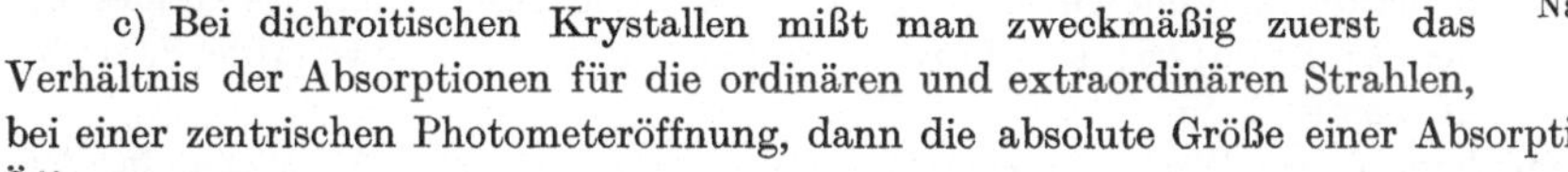

I	II	III	IV
14,0	1,22	1	0,45

Fig. 123.

Na-Lampe nach Winter.

b) Zur Messung von Extinktionskoeffizienten wird das neue Spektralphotometer in derselben Weise wie früher gebraucht. Die Messungen sind erleichtert durch die Beleuchtungsvorrichtung und den Tisch für Absorptionsgefäße.

c) Bei dichroitischen Krystallen mißt man zweckmäßig zuerst das Verhältnis der Absorptionen für die ordinären und extraordinären Strahlen, bei einer zentrischen Photometeröffnung, dann die absolute Größe einer Absorption bei zwei Öffnungen.

d) Bringt man an die Stelle der Beleuchtungsvorrichtung B ein meßbar drehbares Nicol und gibt dem Spalt eine zentrische Öffnung, so kann man die Rotationsdispersion optisch aktiver Substanzen bis auf etwa 0,1° messen.

Die sonstige Anwendung der Spektroskope wird bei den einzelnen Untersuchungsgegenständen besprochen werden.

Colorimetrie.

Ein Stoff, sei es in gelöster, flüssiger oder fester Form, der alle sichtbaren Lichtstrahlen in gleichem Maße absorbiert, erscheint grau bis schwarz; absorbiert er aber einzelne der sichtbaren Strahlengattungen mehr als andere, so erscheint er gefärbt. Die Färbung ist außer von der Natur des Stoffes von der Schichtendicke abhängig, unter der die Lichtstrahlen einwirken. Die undurchsichtigen Metalle zeigen z. B. in dünnen Schichten meist eine Farbe, z. B. Gold in dünnen Schichten eine grüne, Silber eine blaue Farbe. Viele an sich sehr durchsichtige Flüssigkeiten besitzen, in genügender Schichtendicke betrachtet, ebenfalls eine Farbe, z. B. Wasser in Glycerin eine blaugrüne, Äthyläther und Aceton eine goldgelbe Farbe. Die Lichtabsorption durch gefärbte Stoffe kommt im Spektrum, wie wir S. 126 gesehen haben, durch dunkle Streifen oder Banden zum Ausdruck, an deren Lage und Form farbige Stoffe erkannt und durch deren Größe ihre Menge quantitativ ermittelt werden kann. Diese Art Messung heißt Spektrophotometrie.

Wenn indes stark gefärbte Stoffe selbst in starker Verdünnung eine Seite des sichtbaren Spektrums nahezu völlig auslöschen, so kann man statt der Spektrophotometrie zweckmäßig die sehr einfache unmittelbare Vergleichung der Farbstärke bei Beleuchtung mit weißem Licht anwenden; diese Art Messung der Absorption des nicht zerlegten Lichtes heißt Colorimetrie und die hierzu verwendeten Apparate Colorimeter. Das Verfahren besteht darin, daß man zwei Farbstofflösungen, von deren einer der Gehalt an färbendem Stoff genau bekannt ist, in solchen Schichtdicken miteinander vergleicht, daß die Helligkeiten des durchgelassenen Lichtes gleich sind. Man setzt hierbei voraus[1]), daß der Gehalt einer Lösung an

---

[1]) Vgl. G. Baur, Kurzer Abriß d. Spektroskopie und Colorimetrie 1907, 89.

färbendem Stoff den Schichtdicken, für welche gleiche Helligkeit besteht, umgekehrt proportional ist, welche Beziehung allerdings nur für eine bestimmte Wellenlänge gilt, sobald der Absorptionskoeffizient mit der Wellenlänge sich ändert.

Allgemein also vergleicht man eine künstlich aus bekannten Stoffmengen hergestellte Färbung mit einer solchen aus unbekannten Stoffmengen entweder in der Weise, daß man verschiedene Schichtdicken der beiden Flüssigkeiten miteinander vergleicht, oder in der Weise, daß man bei gleichen Schichtdicken die Vergleichsflüssigkeit so lange verändert, d. h. entweder verdünnt oder gehaltreicher macht, bis sie mit der Flüssigkeit von unbekanntem Gehalt übereinstimmt. Dabei stellt man die Vergleichsflüssigkeiten bald direkt aus Farbstoffen, bald indirekt dadurch her, daß man, wie z. B. für Ammoniak-, Kupfer-, Eisenverbindungen, salpetrige Säure, Salpetersäure, Cyanwasserstoffsäure, Salicylsäure usw., die mit anderen Reagenzien kennzeichnende Färbungen und je nach dem Gehalt Färbungen von verschiedener Tiefe geben, mit diesen Reagenzien künstliche Färbungen erzeugt und sie mit solchen in Lösungen von bekanntem Gehalt vergleicht. In anderen Fällen wählt man zur Messung der Farbentiefe einer Flüssigkeit eine durch einen anderen Stoff erzeugte Färbung ähnlicher Art (einen Farbentyp), wie z. B. zur Messung der Farbentiefe eines Bieres eine Jodlösung von bekanntem Gehalt.

Zu der Colorimetrie im weiteren Sinne ist aber auch die Feststellung des Grades der Trübung oder der Lichtdurchlässigkeit zu rechnen, die durch ungefärbte Schwebeteilchen verursacht werden kann.

Zur Ermittlung dieser Werte ist eine Reihe von Verfahren und Apparaten in Vorschlag gebracht, die hier im Zusammenhange kurz beschrieben werden mögen.

I. Feststellung des Trübungs- oder Durchlässigkeitsgrades einer Flüssigkeit.

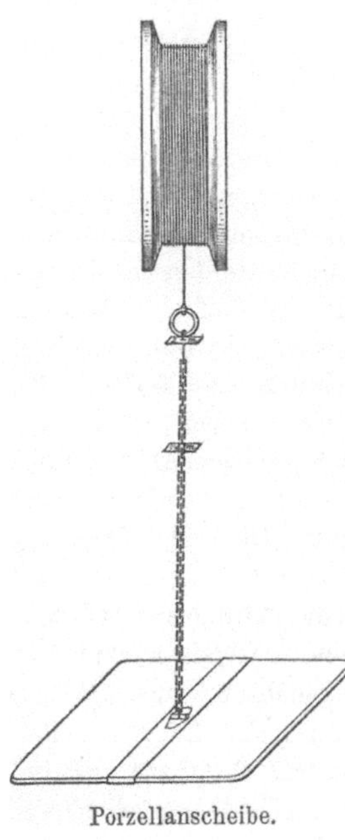

Fig. 124.

Porzellanscheibe.

Diese Art Bestimmung kommt fast ausschließlich bei Wasser in Betracht.

1. Bei Oberflächenwasser[1]) bedient man sich, um seine Durchsichtigkeit zu messen, einer einfachen 15 : 20 cm großen Porzellanplatte (Fig. 124), deren eine Hälfte weiß, die andere schwarz lackiert ist und die man mittels einer Messingkette so tief in das Wasser versenkt, daß die weiße Hälfte für das Auge eben verschwindet. Die Entfernung von der Wasseroberfläche bis zur Scheibe dient als Maß für den Durchsichtigkeitsgrad; sie wird in Meterteilen ausgedrückt. Ein klares Wasser läßt die Scheibe noch in einigen Metern Tiefe sichtbar erscheinen; bei stark getrübten Wässern verschwindet die Scheibe schon bei etwa 15—150 cm Tiefe je nach dem Grad der Trübung. Die wirkliche Sichttiefe ist natürlich doppelt so groß als die abgelesene, weil jeder Lichtstrahl den Weg zur Platte hin und zurück nehmen muß. Wenn das Oberflächenwasser eine starke Strömung hat, so nimmt man entweder statt der viereckigen eine runde weiße Scheibe, befestigt diese an drei Schnüren und hängt unten ein Kilogrammgewicht an, oder man befestigt die viereckige Scheibe, die für den Zweck ein seitliches Loch hat, an einer genügend starken, etwa 2 cm dicken Holzstange.

Gegenüber dem reinen Weiß der Porzellanscheibe läßt sich auch die Färbung des Wassers unterscheiden.

---

1) Vgl. R. Kolkwitz, Mitteilungen a. d. Kgl. Prüfungsanstalt f. Wasserversorgung usw. 1907, **9**, 127—129.

In Amerika verwendet man zur quantitativen Messung der Durchsichtigkeit statt der weißen Scheibe eine blanke Platinnadel von 1 mm Durchmesser, die an einem Maßstabe befestigt ist und so tief in das Wasser gesenkt wird, bis sie nicht mehr sichtbar ist. Die Art Messung ist aber in der freien Natur nur bei ganz glatter Oberfläche anwendbar.

2. Bei eingesandten und in *Laboratorien zu untersuchenden* Wässern läßt sich der Durchsichtigkeitsgrad nach K. Kisskalt[1] auch mittels des in Fig. 125 abgebildeten, in Zentimeter eingeteilten und unten mit Abflußhahn versehenen Glaszylinders oder sog. Durchsichtigkeitszylinders bestimmen[1]. Das gut durchgemischte Wasser wird samt den Schwebestoffen in den Zylinder gegossen, unter den eine beigegebene Snellensche Schriftprobe[2] Nr. 1: „Der Jüngling, wenn Natur und Kunst ihn anziehen, glaubt mit einem lebhaften Streben bald in das innerste Heiligtum zu dringen. 54 178 309" gelegt worden ist.

Durch Öffnen der unteren Abflußvorrichtung läßt man schnell so viel Wasser abfließen, bis die einzelnen Buchstaben der Leseprobe deutlich zu erkennen sind. Die Höhe der in dem Zylinder zurückgebliebenen Flüssigkeitsschicht, in Zentimetern ausgedrückt, wird als Durchsichtigkeitsgrad des Wassers bezeichnet. Bei der Ausführung dieses Verfahrens ist besonders darauf zu achten, daß sich in der Zeit vom Einfüllen bis zum Ablesen kein Bodensatz im Zylinder bildet; man muß daher die eingefüllte Flüssigkeit entweder rasch abfließen lassen oder ab und zu mit einem Glasstabe umrühren, bis man den Durchsichtigkeitspunkt ungefähr erreicht hat.

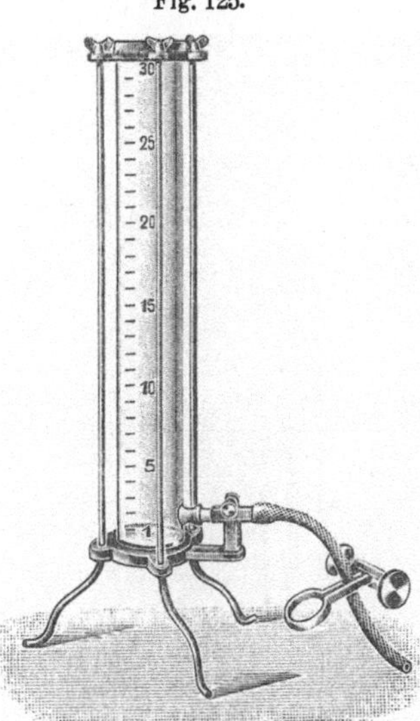

Fig. 125.

Durchsichtigkeitszylinder.

Auf ähnlichem Grundsatz wie vorstehendes Verfahren beruhen noch mehrere andere. Auch hat man wie bei der Colorimetrie im engeren Sinne zur Bestimmung des Durchsichtigkeitsgrades Wassertrübungen bzw. -färbungen durch bestimmte Stoffmengen erzeugt und zur Vergleichung vorgeschlagen.

Hazen und Whipple[3] wenden als Vergleichsmaß eine Aufschwemmung von Kieselsäure in Wasser, Burgeß[4] eine Farblösung von Kobaltsulfat und Kaliumbichromat, beide von bestimmtem Gehalt, an; sie sind aber nur für wenige Färbungen und Trübungen brauchbar und bieten bei der großen Mannigfaltigkeit der Trübungen und Färbungen der Abwässer in zahlreichen anderen Fällen keinen richtigen Vergleich. Diese Übelstände veranlaßten den Verfasser, nach einem Hilfsmittel zu suchen, die Farbentiefe und den Trübungsgrad eines Schmutzwassers durch Messung der Lichtdurchlässigkeit für weißes Licht auf ein einheitliches Maß zurückzuführen. Für den Zweck hat der Verf.[5]

3. *das Diaphanometer*[6] vorgeschlagen. Die Einrichtung des Diaphanometers beruht wie bei dem Duboscqschen Colorimeter auf der Anwendung von Tauchröhren und der Vergleichung durch ein Lummer-Brodhunsches Prisma; sie erhellt aus den Abbildungen Fig. 126 und 127.

---

[1] Vgl. H. Klut, Untersuchung des Wassers an Ort und Stelle. Berlin 1908, S. 10.

[2] Zu beziehen durch Paul Altmann, Berlin NW. 6.

[3] Zeitschr. f. Untersuchung d. Nahrungs- u. Genußmittel 1903, **6**, 566 u. 567.

[4] Ebenda 1904, **7**, 129.

[5] Zeitschr. f. Untersuchung d. Nahrungs- u. Genußmittel 1904, **7**, 129 u. 587.

[6] Das Diaphanometer wird von dem optischen Institut A. Krüß in Hamburg angefertigt.

Man sieht durch das Okular das Gesichtsfeld durchschnitten durch einen senkrechten Streifen. Dieser erhält sein Licht durch die eine Tauchröhre, die Seitenteile des Gesichtsfeldes werden durch die andere Tauchröhre erleuchtet. Sind beide Helligkeiten gleich, so verschwindet die Begrenzung des Streifens, man hat ein gleichmäßig beleuchtetes Gesichtsfeld.

In der rechten Tauchröhre wird die Flüssigkeitshöhe variiert, um gleiche Beleuchtung herzustellen. Die linke Tauchröhre dient für gewöhnlich nur dazu, gleiche optische Verhältnisse mit der rechten Seite herbeizuführen, nämlich das System Glasplatte—Flüssigkeit—Glasplatte. Der linke Zylinder wird auf Null eingestellt, dann ist in ihm eine Schicht von 10 mm Flüssigkeit wirksam; diese Schicht ist auch im rechten Zylinder unterhalb des Nullstriches vorhanden und es bleibt als Unterschied in der Wirkung der beiden Seiten nur die Länge der im rechten Zylinder über dem Nullstrich vorhandenen Flüssigkeitsschicht übrig.

Fig. 126.

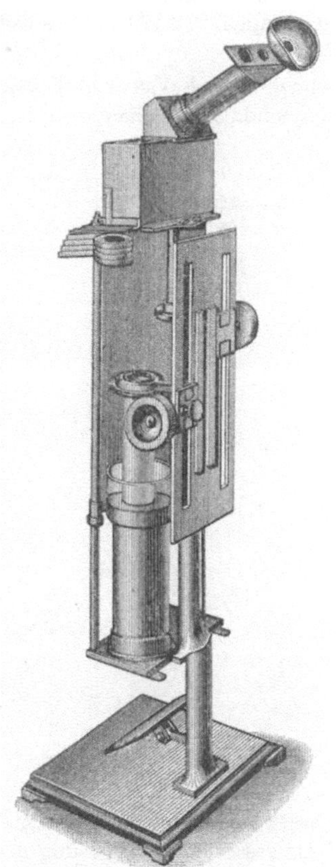

Äußere Ansicht des Diaphanometers.

Fig. 127.

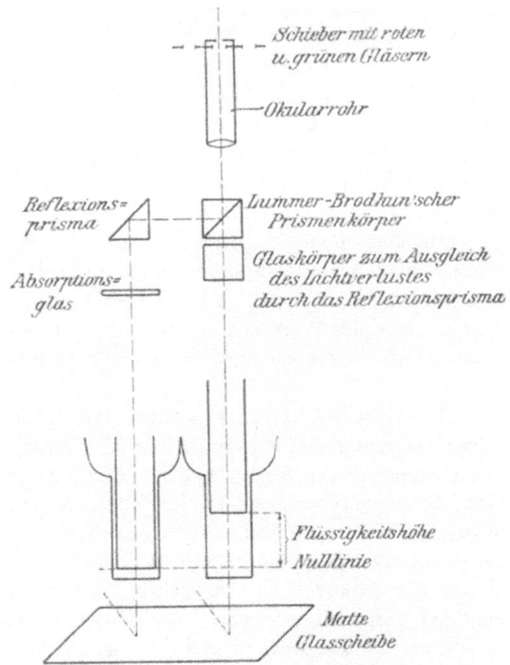

Schematischer Längsschnitt durch das Diaphanometer.

Oberhalb des linken Zylinders können fünf Gläser (Fig. 126) vorgeschaltet werden, nämlich das Glas 0, welches eine Lichtdurchlässigkeit von 90% besitzt und nur bei äußerst schwach getrübten Flüssigkeiten zur Verwendung kommt, oder die Gläser 1, 2, 3, 4. Jedes dieser Gläser besitzt eine Lichtdurchlässigkeit von 50%, also ein Glas 50%, zwei Gläser 25%, drei Gläser 12,5% und vier Gläser 6,25%. Mit diesen vier Gläsern läßt sich die Lichtdurchlässigkeit einer Schicht von 10 mm Dicke bis zu 93% messen, durch das Glas 0 wird eine Erweterung auf 99% erreicht.

Vor das Okular ist durch einen Schieber ein rotes und ein grünes Glas einzuschalten.

Gebrauchsanweisung. Das Arbeiten mit dem Diaphanometer gestaltet sich trotz der scheinbaren Umständlichkeit der Anordnung sehr einfach.

Das Diaphanometer wird vor einem Fenster so aufgestellt, daß die am Stativ befindliche Milchglasplatte voll durch Tageslicht beleuchtet wird; direktes Sonnenlicht ist zu vermeiden.

Die Einschaltungsgläser (0, 1, 2, 3, 4) müssen stets sauber geputzt sein, ebenso die
Glasgefäße. Von den äußeren Gefäßen können die Füße abgeschraubt und dann die Grund-
platten geputzt werden.

Beide Tauchröhren werden auf 100 gestellt und dann so viel Flüssigkeit in die äußeren
Zylinder gegossen, daß die Tauchröhren eben eintauchen. Alsdann wird die linke Tauchröhre
auf Null gesenkt und dort festgeschraubt.

Blickt man nun durch das auf das Gesichtsfeld eingestellte Okular, so erscheint der mittlere
Streifen heller als die Umgebung. Es wird das rote Glas vorgeschoben und darauf werden alle
Rauchgläser Nr. 1, 2, 3, 4 über den linken Zylinder vorgeschlagen. Erscheint alsdann der mittlere Streifen dunkler als die Umgebung, so wird Glas 4, wenn nötig auch Glas 3 und 2 wieder
zurückgedreht, bis der mittlere Streifen etwas heller als die Außenteile des Gesichtsfeldes
ist. Ist dieses auch bei Glas 1 noch nicht der Fall, so muß Glas 0 benutzt werden. Hierauf senkt man das rechte Tauchrohr, bis Helligkeitsgleichheit erzielt ist, liest an der
Teilung die Flüssigkeitshöhe ab und dividiert die abgelesene Zahl durch die Anzahl der
benutzten Gläser.

Mit dem so erhaltenen Messungsergebnis entnimmt man aus der Tabelle I, bzw. für das
Glas 0 aus der Tabelle II, die Lichtdurchlässigkeit der untersuchten Flüssigkeit für rotes
Licht. Dabei wird man zweckmäßig meistens die für eine Schichtendicke von 10 mm angegebene
Zahl benutzen, für sehr dunkle Flüssigkeiten ist auch die Lichtdurchlässigkeit für eine Schicht
von 5 mm, für sehr klare diejenige für 100 mm Dicke angegeben.

Die gleiche Beobachtung wird alsdann auch mit dem grünen Glase gemacht und ebenso
die Lichtdurchlässigkeit für grünes Licht ermittelt.

Da das Verfahren auf der Voraussetzung beruht, daß die Flüssigkeit in ihrer ganzen
Länge gleichmäßig ist, so muß man bei trüben Flüssigkeiten, mit rasch sich niederschlagen-
den Schwebestoffen, möglichst schnell arbeiten.

Aus den beiden Zahlen, welche aus der Tabelle I bzw. II für die beiden Ablesungen in
Rot und Grün erhalten werden, wird das Verhältnis Grün : Rot gebildet. Aus der Tabelle III
wird der zu diesem Verhältnis gehörige Faktor k entnommen und mit ihm die Durchlässigkeit
für Rot multipliziert. (Vgl. die Tabellen S. 134.)

Das so erhaltene Endergebnis stellt die Durchlässigkeit der untersuchten Flüssigkeit
für weißes Licht dar.

Beispiel:

Vorgeschlagene Gläser:	Einstellung			Auf 1 reduziert:	
	rot	grün		rot	grün
Nr. 1, 2, 3	75	59		25,0	19,7
Lichtdurchlässigkeit (nach Tabelle I)				75,8%	70%

$$\text{Grün/Rot} \ldots \ldots \ldots \ldots \quad 0,92$$
$$k \text{ (nach Tabelle III)} \ldots \ldots \ldots \quad 0,95$$

Lichtdurchlässigkeit für weißes Licht 75,8 × 0,95 = 72,0%.

Das Diaphanometer läßt sich auch als Colorimeter für Farbstofflösungen verschiedenster
Art benutzen. Konzentrierte Lösungen oder Trübungen wirken nur etwas anders als verdünnte,
indem erstere selbstleuchtend werden, d. h. die Zahlen für die Lichtdurchlässigkeit der sehr
stark getrübten bzw. der sehr stark gefärbten Flüssigkeiten nehmen nicht in demselben Verhältnis zum Gehalt ab, wie dieses bei den wenig getrübten und wenig gefärbten Flüssigkeiten
der Fall ist. Darum erhält man aber bei denselben Messungen mit dem Diaphanometer unter
sich vergleichbare Werte.

Tabelle I für die Gläser Nr. 1—4.

Bei Anwendung von mehr als einem Glas muß die eingestellte Flüssigkeitshöhe durch die Zahl der Gläser dividiert werden.

Flüssig-keits-höhe bei Hellig-keits-gleich-heit	Lichtdurchlässigkeit in Prozenten für eine Schicht von		Flüssig-keits-höhe bei Hellig-keits-gleich-heit	Lichtdurchlässigkeit in Prozenten für eine Schicht von		Flüssig-keits-höhe bei Hellig-keits-gleich-heit	Lichtdurchlässigkeit in Prozenten für eine Schicht von		Flüssig-keits-höhe bei Hellig-keits-gleich-heit	Lichtdurchlässigkeit in Prozenten für eine Schicht von	
	10 mm	5 mm		10 mm	5 mm		10 mm	5 mm		10 mm	5 mm
100	93,3	96,6	37	82,9	91,0	22	73,0	85,4	8,5	44,2	66,5
95	92,9	96,4	36	82,5	90,8	21	71,9	84,8	8	42,0	64,8
90	92,6	96,2	35	82,0	90,6	20	70,7	84,1	7,5	39,7	63,0
85	92,2	96,0	34	81,6	90,4	19	68,4	83,3	7	37,2	61,0
80	91,7	95,8	33	81,1	90,1	18	68,0	82,5	6,5	34,4	58,7
75	91,2	95,5	32	80,5	89,7	17	66,5	81,6	6	31,5	56,1
70	90,6	95,2	31	80,0	89,4	16	64,8	80,5	5,5	28,4	53,3
65	89,9	94,8	30	79,4	89,1	15	63,0	79,4	5	25,0	50,0
60	89,1	94,4	29	78,8	88,8	14	60,9	78,0	4,5	21,4	46,3
55	88,1	93,9	28	78,1	88,4	13	58,7	76,6	4	17,7	42,1
50	87,1	93,3	27	77,4	88,0	12	56,1	74,9	3,5	13,8	37,5
45	85,7	92,6	26	76,6	87,5	11	53,2	72,9	3	9,9	31,5
40	84,1	91,7	25	75,8	86,9	10	50,0	70,7	2,5	6,2	24,9
39	83,7	91,5	24	74,9	86,5	9,5	48,2	69,4	2	3,1	17,6
38	83,3	91,3	23	74,0	86,0	9	46,3	68,0	1,5	1,0	10,0
									1	0,0	3,1

Tabelle II für Glas Nr. 0.

Flüssig-keits-höhe bei Hellig-keits-gleich-heit	Lichtdurchlässigkeit in Prozenten für eine Schicht von		Flüssig-keits-höhe bei Hellig-keits-gleich-heit	Lichtdurchlässigkeit in Prozenten für eine Schicht von	
	10 mm	100 mm		10 mm	100 mm
100	99,0	90,0	30	96,5	70,4
95	98,9	89,5	25	95,9	65,6
90	98,8	89,0	20	94,9	59,1
85	98,8	88,4	15	93,2	49,5
80	98,7	87,7	10	90,0	34,9
75	98,6	86,9	9	89,0	31,0
70	98,5	86,1	8	87,7	26,0
65	98,4	85,0	7	86,0	22,0
60	98,3	83,9	6	83,9	17,3
55	98,1	82,6	5	81,0	12,2
50	97,9	81,0	4	76,8	7,2
45	97,7	79,1	3	70,4	3,0
40	97,4	76,8	2	59,1	0,5
35	97,0	74,0	1	34,9	—

Tabelle III.

$\dfrac{\text{Grün}}{\text{Rot}}$	k	$\dfrac{\text{Grün}}{\text{Rot}}$	k
0,05	0,11	1,05	1,04
0,10	0,23	1,10	1,08
0,15	0,32	1,15	1,12
0,20	0,38	1,20	1,15
0,25	0,42	1,25	1,19
0,30	0,47	1,30	1,22
0,35	0,51	1,35	1,25
0,40	0,56	1,40	1,28
0,45	0,60	1,45	1,31
0,50	0,64	1,50	1,34
0,55	0,68	1,55	1,37
0,60	0,72	1,60	1,40
0,65	0,76	1,65	1,43
0,70	0,80	1,70	1,46
0,75	0,84	1,75	1,48
0,80	0,87	1,80	1,50
0,85	0,90	1,85	1,53
0,90	0,94	1,90	1,55
0,95	0,97	1,95	1,58
1,00	1,00	2,00	1,60

II. Feststellung der Farbentiefe von Flüssigkeiten.

Das Wesen der zur Feststellung der Farbentiefe von Flüssigkeiten vorgeschlagenen Verfahren beruht, wie schon gesagt, allgemein auf dem Vergleich der zu untersuchenden gefärbten Flüssigkeit mit einer gleichen oder ähnlichen Färbung von bekanntem Gehalt bzw. von einer festgelegten Größe. Nur die Art der Messungsvorrichtungen und des Farbentyps sind verschieden. Bei allen diesen Messungen aber ist zu berücksichtigen, daß die zu vergleichenden Flüssigkeiten gleiche Temperatur besitzen müssen und die Beleuchtung nicht zu stark sein darf. Unter Umständen muß eine Abblendung durch Rauchgläser stattfinden, damit das Auge die Farbenunterschiede besser unterscheiden kann.

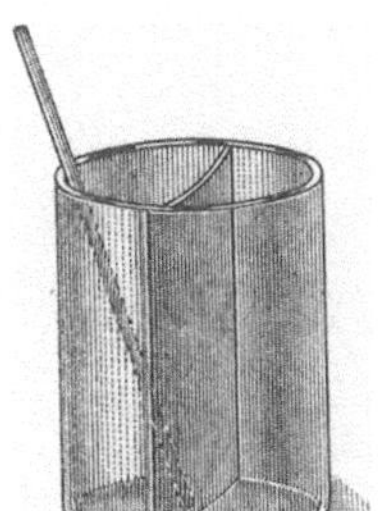

Fig. 128.

Colorimeter nach Leyser.

Auch müssen die Farblösungen frei von Schwebestoffen sein.

1. Vorrichtungen von Leyser[1]), Hehner[2]) und Neßler-Stockes[3]).

Die Vorrichtung von Leyser besteht aus einem in der Mitte mit Scheidewand versehenen Glasbecher mit völlig parallelen Wänden (Fig. 128). In das eine Fach gibt man eine bestimmte Menge (Volumen) der zu prüfenden Flüssigkeit, in das andere eine gleiche Menge Wasser, dem man unter Umrühren soviel Normalfarbstofflösung zusetzt, bis Farbengleichheit hergestellt ist. Aus der Menge der verbrauchten Normallösung ermißt man den Gehalt der zu untersuchenden Flüssigkeit; denn gleiche Färbungen entsprechen auch gleichen Mengen färbender Substanz. Diese Vorrichtung wird vielfach in Brauereien angewendet; als Vergleichsmaß dient eine $\frac{1}{10}$ Normaljodlösung.

Das Colorimeter von Hehner (Fig. 129) besteht aus zwei graduierten, auf weißer Unterlage nebeneinander gestellten Zylindern, in deren einen (a) bis zum Teilstrich 100 die zu untersuchende Flüssigkeit gefüllt wird, während der andere Zylinder (b) bis zum Teilstrich 100 die Vergleichsflüssigkeit von genau bekanntem Gehalt enthält. Ist letztere, bei Durchsicht von oben, stärker gefärbt als die zu untersuchende Flüssigkeit, so läßt man aus dem Zylinder (b) so viel von der Vergleichsflüssigkeit ausfließen, bis Farbengleichheit hergestellt ist; die beiden verschiedenen Flüssigkeitsmengen enthalten dann die gleiche Menge färbender Substanz. Ist c der Prozentgehalt der Vergleichsflüssigkeit und m der Teilstrich in Zylinder b, bei der Farbengleichheit beobachtet wird, so enthalten die 100 ccm der zu prüfenden Flüssigkeit eine

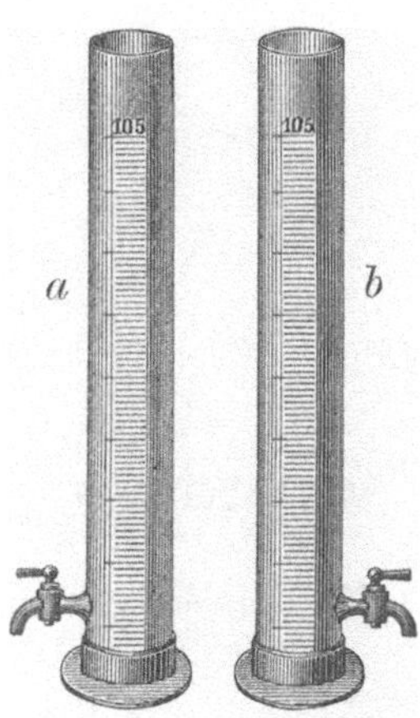

Fig. 129.

Colorimeter nach Hehner.

Farbstoffmenge $x = \dfrac{c}{100}\, m$.

Ist umgekehrt die zu untersuchende Flüssigkeit in Zylinder a stärker gefärbt als die Vergleichsflüssigkeit in Zylinder b, so kann man die Flüssigkeit in a entweder so lange verdünnen, bis Farbengleichheit eingetreten ist, oder man kann umgekehrt aus a so viel Flüssigkeit ablassen, bis die Schicht in a bei Teilstrich m die gleiche Farbentiefe wie in b hat. In ersterem Falle ist dann die zu suchende Farbstoffmenge $x = c \times$ der Verdünnung, in letzterem Falle ist $x = \dfrac{100\,c}{m}$.

---

[1]) Bericht d. 10. Vers. d. Freien Vereinigung bayr. Vertreter d. angew. Chem. 1891, S. 109.
[2]) Chem. News 1876, **23**, 184.
[3]) Chem.-Ztg. 1888, **12**, Reg. 174.

Auf demselben Grundsatz, nach welchem die Lichtabsorption zweier Flüssigkeiten proportional ist der in den Lösungen enthaltenen färbenden (Licht absorbierenden) Teilchen, beruht das Colorimeter von Neßler, das von A. W. Stockes in der nebenstehenden Weise (Fig. 130) vervollkommnet ist.

Fig. 130.

Colorimeter von Neßler-Stockes.

Auf einer Milchglasplatte als Fußbrett befindet sich eine schräg gestellte Platte von weißem Glase; auf dieser stehen die Neßlerschen Glasröhren, die oben durch Ausschnitte in einer Platte gehalten werden. Seitlich befindet sich an dem vertikalen Träger eine leicht verschiebbare Bürette, welche die Vergleichsflüssigkeit enthält und sich durch einen Kautschukschlauch mit der Vergleichsröhre (rechts) verbinden läßt. In die Glasröhre links gibt man die zu untersuchende Flüssigkeit. Man läßt alsdann aus der Bürette durch Heben oder Senken so viel von der Vergleichsflüssigkeit von bekanntem Gehalt in bzw. aus der Glasröhre (rechts) ein- bzw. austreten, bis sich bei Durchsicht durch die beiden Glasröhren Farbengleichheit eingestellt hat. Die zu untersuchende Flüssigkeit (links) enthält dann so viel Farbstoffteilchen als die Anzahl der eingelassenen Kubikzentimeter der Vergleichsflüssigkeit von bekanntem Gehalt.

2. Colorimeter vom Verfasser. Statt einer Vergleichsflüssigkeit kann man auch mehrere von verschiedenem Gehalt, z. B. mit 0,2, 0,5, 1,0, 1,5 mg des betreffenden Stoffes, anwenden, die zu untersuchende Flüssigkeit, sei es direkt, sei es nach Herstellung der Färbung durch Zusatz von Reagenzien, mit den Färbungen, die in gleich hohen und weiten Röhren hergestellt sind, vergleichen und so erfahren, mit welchem der Farbtöne von bekanntem Gehalt

Fig. 131.

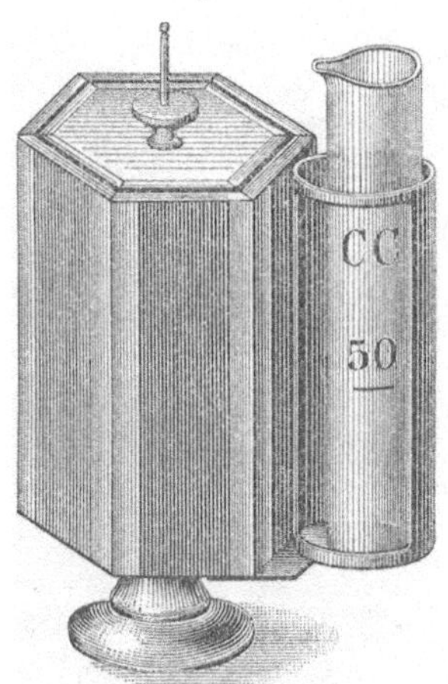

Colorimeter für die Bestimmung des Ammoniaks nach J. König.

der Farbton der zu untersuchenden Flüssigkeit übereinstimmt, um deren Gehalt zu erfahren. Da aber die jedesmalige Herstellung der Vergleichsfarbtöne lästig ist, so hat Verfasser für die häufig wiederkehrenden colorimetrischen Bestimmungen von Ammoniak, salpetriger Säure und Eisenoxyd im Wasser Colorimeter mit fester Farbenskala herstellen lassen, indem der durch die vorgeschriebenen Reagenzien in Lösungen von bekanntem Gehalt hervorgerufene Farbenton in sechs Abstufungen von einem Maler fixiert und hiernach nachgebildet worden ist.

Die Einrichtung[1]) der Colorimeter (vgl. Fig. 131) ist folgende:

Das Colorimeter mit den sechs Farbenstreifen ist um die Achse drehbar; in den seitlich angebrachten Schirm wird der Zylinder mit der Vergleichsflüssigkeit gestellt. Als Zylinder sind die von Hehner gewählt, welche bei 25, 50, 75 100 ccm eine Marke haben und für die colorimetrischen Bestimmungen bereits eingeführt sind. In die Zylinder gibt man stets 100 ccm des zu untersuchenden Wassers und die vorgeschriebenen Mengen Reagenzien. Die Farbenstreifen haben dann mit dem Durchmesser und der Flüssigkeitssäule des Zylinders bis 100 ccm gleiche Breite und Höhe, wodurch die Vergleichung erleichtert wird. Wenn der Zylinder mit der Flüssigkeit in den Seitenschirm gesetzt ist, stellt man durch Drehen des Colorimeters den Farbenton der Flüssigkeit auf den am besten stimmenden Farbenstreifen ein, indem man den Apparat in annähernd gleicher Höhe mit dem Auge aufstellt, seitwärts[2]) vor

---

¹) Chem.-Ztg 1897, **21**, 599.

²) Das heißt, man stellt sich so auf, daß der Glanz der Farbenstreifen hervortritt und dem der Flüssigkeit im Zylinder ähnlich ist.

ihn tritt und die Farbentöne bei auffallendem, zerstreutem Licht vergleicht, und zwar so, daß im Zylinder keine oder tunlichst wenig Spiegelung auftritt. Der jedem Farbenstreifen entsprechende Gehalt für 100 ccm Flüssigkeit ist über dem Farbenstreifen auf der Oberfläche des Colorimeters angegeben; durch Multiplikation der angegebenen Zahlen mit 10 erhält man den Gehalt für 1 l. Liegt der Farbenton der Flüssigkeit zwischen zwei Farbenstreifen des Colorimeters, so nimmt man den zwischenliegenden mittleren Wert oder stellt durch Verdünnen mit $1/_4$ oder $1/_2$ usw. reinem destillierten Wasser genauer auf einen Farbenstreifen ein, indem man den Grad der Verdünnung bei der Berechnung auf 1 l berücksichtigt. Die Verdünnung um die Hälfte muß auch erfolgen, wenn der in der Flüssigkeit hervorgerufene Farbenton stärker ist und höher liegt, als die Farbentöne auf dem Colorimeter reichen[1]).

a) Die sechs Farbentöne auf dem Streifen des Colorimeters für die Bestimmung des Ammoniaks bedeuten folgenden Gehalt und sind in folgender Weise gewonnen:

Farbenton	Salmiaklösung[2]) auf je 100 ccm mit destilliertem Wasser verdünnt	Gehalt an NH_3 in 100 ccm	Zusatz von 1 ccm Natronlauge (1:2) und Neßlers Reagens
1	1 ccm	0,05 mg	
2	2 „	0,10 „	1,0 ccm
3	5 „	0,25 „	
4	10 „	0,50 „	1,5 „
5	15 „	0,75 „	2,0 „
6	20 „	1,00 „	

Bei den höheren Farbentönen empfiehlt es sich, mehr als 1 ccm Neßlers Reagens zuzusetzen, weil hierdurch die Stärke der Farben etwas erhöht wird.

b) Für die colorimetrische Bestimmung der salpetrigen Säure wird Zinkjodidstärkelösung[3]) unter Zusatz von verdünnter Schwefelsäure (1 : 3) in folgender Weise verwendet:

---

[1]) Da die Augen der einzelnen Beobachter für die Unterscheidung einzelner Farben und Farbentöne sich verschieden verhalten, außerdem der in dem Zylinder im Wasser hervorgerufene Farbenton in gewissem Grade von der Art und Stärke der Beleuchtung in den Laboratoriumsräumen abhängt, so empfiehlt es sich, daß jeder Beobachter durch einmalige Herstellung der Titerflüssigkeit und durch einmalige Hervorrufung der Farbentöne in ihr für die oben angegebenen Mengen die Skala für sein Auge und die räumlichen Verhältnisse nachprüft und die Gehaltszahlen nötigenfalls verbessert, um so eine feste, bleibende Skala für sich zu erhalten.

[2]) Nach dem Vorschlage von Frankland und Armstrong (Walter-Gärtner, Untersuchung und Beurteilung der Wässer, 1895, 4. Aufl., 116) werden 3,147 g reines, fein gepulvertes und bei 100° getrocknetes Ammoniumchlorid in 1 l Wasser gelöst und von der durchgemischten Lösung, wovon 1 ccm = 1 mg Ammoniak (NH_3) enthält, 50 ccm zu 1 l verdünnt. Von dieser Lösung entspricht 1 ccm = 0,05 mg Ammoniak (NH_3).

[3]) Zur Herstellung der Zinkjodidstärkelösung zerreibt man 4 g Stärkemehl in einem Porzellanmörser mit wenig Wasser und fügt die dadurch entstandene milchige Flüssigkeit unter Umrühren nach und nach zu einer im Sieden befindlichen Lösung von 20 g käuflichem, reinem Zinkchlorid in 100 ccm destilliertem Wasser. Man setzt das Erhitzen unter Ergänzung des verdampfenden Wassers fort, bis die Stärke möglichst gelöst und die Flüssigkeit fast klar geworden ist. Alsdann verdünnt man mit destilliertem Wasser, setzt 2 g käufliches, reines und trocknes Zinkjodid hinzu, füllt zum Liter auf und filtriert. Die klare Flüssigkeit wird in einer gut verschlossenen Flasche aufbewahrt; sie darf sich, mit dem 50 fachen Volumen destillierten Wassers verdünnt, beim Ansäuern mit verdünnter Schwefelsäure nicht blau färben.

Die colorimetrische Bestimmung der salpetrigen Säure kann auch nach dem Verfahren von Preuße und Tiemann mit Metaphenylendiamin ausgeführt werden, und dieses Verfahren hat den Vorzug, daß die organischen Stoffe hierauf weniger nachteilig einwirken. Die durch dieses Reagens bewirkten gelben Farbentöne sind aber für das Auge nicht so unterschiedlich wie die durch

Farben-ton	Nitritlösung[1) auf je 100 ccm destill. Wasser verdünnt	Gehalt an salpetriger Säure (N_2O_3)	Zusatz von		Dauer der Beobachtung
			Zinkjodidstärke-lösung	Schwefel-säure 1:3	
1	1,5 ccm	0,015	2 ccm	3 ccm	bis zu 5—6 Min.
2	2,5 ,,	0,025	2 ,,	3 ,,	,, ,, 2—3 ,,
3	5,0 ,,	0,050	3 ,,	2 ,,	,, ,, 2 ,,
4	10,0 ,,	0,100	3 ,,	1 ,,	,, ,, 2 ,,
5	15,0 ,,	0,150	3 ,,	1 ,,	,, ,, 1 ,,
6	20,0 ,,	0,200	3 ,,	1 ,,	unter 1 ,,

Die Stärke des Farbentones hängt aber ganz von der Zeit der Beobachtung ab; bei den Farbentönen 2—6 wird der Farbenton um so dunkler, je länger man stehen läßt. Es empfiehlt sich daher, daß jeder Beobachter durch einen einmaligen Kontrollversuch in vorstehender Weise feststellt, wieviel Zeit der Beobachtung in Minuten notwendig ist, damit sich der Farbenton der Normalnitritlösungen mit den Tönen der Farbenskala für sein Auge deckt. Diese Zeit muß dann der Beobachter auch bei der Prüfung eines zu untersuchenden Wassers einhalten.

c) Das Colorimeter für die Bestimmung geringer Mengen Eisenoxyd in einem Wasser ist durch Einstellen mit Eisenalaun und Rhodanammonium angefertigt und zeigen die sechs Farbenstreifen folgende Gehalte an:

Farben-ton	Eisenalaunlösung[2) zu je 100 ccm mit Wasser verdünnt	Gehalt für 100 ccm			Zusatz
		Eisen Fe	Eisenoxydul FeO	Eisenoxyd Fe_2O_3	
1	1,0 ccm	0,10 mg	0,129 mg	0,143 mg	2—3 ccm Rhodanammon-lösung[3) (1 : 10) und 1 ccm konz. Salzsäure.
2	2,0 ,,	0,20 ,,	0,258 ,,	0,285 ,,	
3	4,0 ,,	0,40 ,,	0,514 ,,	0,571 ,,	
4	6,0 ,,	0,60 ,,	1,771 ,,	0,857 ,,	
5	9,0 ,,	0,90 ,,	1,157 ,,	1,286 ,,	
6	15,0 ,,	1,50 ,,	1,928 ,,	2,143 ,,	

Zinkjodidstärkelösung bewirkten blauen Farbentöne. Aus dem Grunde ist einstweilen davon Abstand genommen, hierfür eine Skala nachbilden zu lassen.

Das von E. Riegler empfohlene Naphtholreagens ist für den Zweck vielleicht zu empfindlich.

[1) Als Lösung für salpetrige Säure wird Silbernitrit angewendet, welches in der Weise (vgl. Walter-Gärtner l. c. S. 401) hergestellt wird, daß man eine konzentrierte Lösung von Kaliumnitrit mit Silberlösung versetzt, das ausgefällte Silbernitrit abfiltriert und auf dem Filter mit wenig kaltem, destilliertem Wasser nachwäscht, das Silbernitrit dann durch möglichst wenig kochendes Wasser löst und auskrystallisieren läßt. Die Mutterlauge wird abgegossen, die Krystalle von Silbernitrit werden zwischen Fließpapier ausgepreßt und getrocknet. Das Silbernitrit krystallisiert sehr leicht, hat eine bestimmte Zusammensetzung, die beständig ist, und verdient deshalb vor dem käuflichen Kaliumnitrit den Vorzug, weil letzteres von sehr schwankender Zusammensetzung ist und der Gehalt der Lösung ·daher stet sdurch Titration mit Permanganatlösung festgestellt werden muß.

0,406 g des so dargestellten reinen, trocknen Silbernitrits werden in einem Literkolken mit heißem Wasser gelöst, durch eine reine Kalium- oder Natriumchloridlösung zersetzt, die Flüssigkeit nach dem Erkalten, ohne zu filtrieren, mit destilliertem Wasser zu 1 l aufgefüllt und nach dem Durchmischen beiseite gestellt, bis sich der Niederschlag von Chlorsilber abgesetzt hat. Von der überstehenden Flüssigkeit werden 100 ccm abpipettiert, zu 1 l verdünnt und diese Lösung nach dem Durchmischen zu den Versuchen verwendet. 1 ccm derselben enthält 0,01 mg salpetrige Säure (N_2O_3).

[2) Als Vergleichsflüssigkeit dient eine Lösung von Eisenalaun oder Kaliumferrisulfat $[Fe_2(SO_4)_3 + K_2SO_4 + 24H_2O]$, die in 1 ccm 0,1 mg Eisen enthält und dadurch erhalten wird, daß man 0,898 g dieses reinen, durch Pressen zwischen Fließpapier von hygroskopischem Wasser befreiten hellvioletten Salzes unter Zusatz von wenig Salzsäure mit Wasser zu 1 l löst.

[3) Das Rhodanammonium muß rein sein und, mit verdünnter Salzsäure versetzt, klar bleiben.

3. Colorimeter von Hauton und Labillardière, G. Bischof und Jolles[1]).

Diese Colorimeter beruhen auf demselben Grundsatz, nur mit dem Unterschiede, daß sich die Glaszylinder mit der Vergleichs- und der zu untersuchenden Flüssigkeit in einem Dunkelraum befinden, der entweder durch seitliche Schlitze oder durch einen um seine Achse drehbaren Planspiegel gleiche Lichtmengen erhält.

4. Colorimeter von C. N. Wolff[2]), Duboscq und Stammer[3]).

Die weiteren gebräuchlichen Colorimeter sind dahin verbessert, daß die Vergleichung der Farbentöne unter Ausschluß störender Außenverhältnisse ganz nahe nebeneinander wie bei der polarimetrischen Untersuchung im Halbschattenapparat vorgenommen werden kann. Die aus den Flüssigkeitsschichten austretenden Lichtstrahlen werden durch zwei Glasprismen parallel zu sich einander genähert und durch ein Fernrohr betrachtet.

Einer der ältesten Apparate dieser Art ist wohl das Colorimeter von C. N. Wolff, dessen Einrichtung aus den Figuren 132 und 133 erhellt.

Zur Aufnahme der beiden zu vergleichenden Flüssigkeiten dienen die beiden graduierten Zylinder A und B, in die durch den drehbaren Spiegel C Licht fällt. Die aus diesen Zylindern austretenden Strahlen werden durch die Reflektionsprismen D in dem Gesichtsfelde einer Lupe E bzw. eines Fernrohres wie bei dem Diaphanometer S. 132 vereinigt. Wie bei dem Hehnerschen Apparat bringt man in den einen Zylinder die zu untersuchende und in den anderen die Vergleichsflüssigkeit von bekanntem Gehalt und läßt von der konzentrierteren so viel durch den seitlichen Hahn ausfließen, bis beide Hälften des Gesichtsfeldes

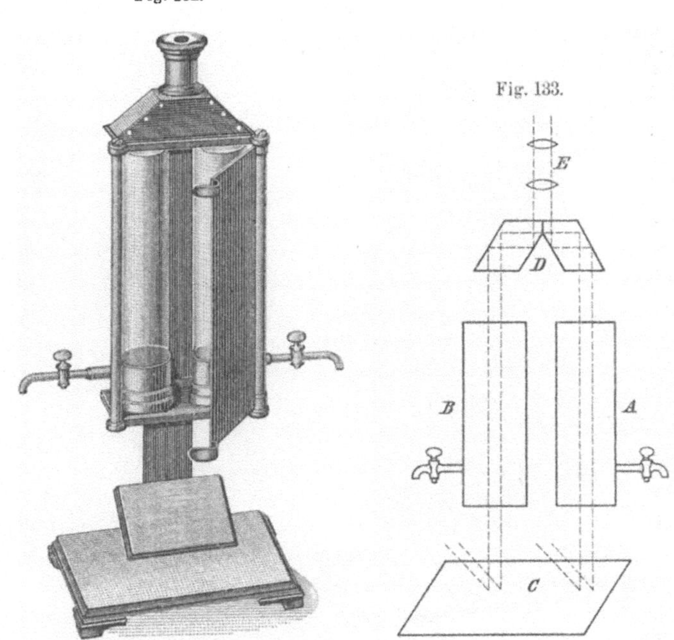

Fig. 132.

Fig. 133.

Colorimeter von C. N. Wolff.

gleich hell sind. Dabei muß man entweder rasch arbeiten oder zeitweise unterbrechen, damit das Auge nicht durch zu lange Beobachtungen ermüdet. Ist c der bekannte, c' der gesuchte Gehalt und sind h' und h die zugehörigen Schichthöhen, so ist $c' : c = h : h'$, also $c' = c\dfrac{h}{h'}$.

Bei der Handhabung dieses und der folgenden Apparate hat man darauf zu achten, daß die einfallende Flächenhelle in beiden Zylindern gleich ist, weshalb eine vorherige Prüfung der Helligkeit der beiden Hälften des Gesichtsfeldes mit den leeren Absorptionszylindern notwendig ist.

Das Colorimeter von Duboscq, das von Pellin u. a. verschiedene Verbesserungen erfahren hat, unterscheidet sich von dem vorstehenden nur dadurch, daß es statt der Lupe

1) Vgl. J. Mayrhofer, Instrumente und Apparate, 1894, S. 68.
2) Zeitschr. f. analyt. Chem. 1880, **19**, 337.
3) Dinglers polytechn. Journal 1887, **264**, 267.

ein Fernrohr und statt der Glaszylinder mit seitlichem Abfluß geschlossene, nur oben offene Zylinder hat, in denen mittels eines Zahntriebes zwei Tauchröhren — die oben offen und unten durch planparallele Platten verschlossen sind —, konaxial wie beim Diaphanometer S. 132 verschiebbar sind und wodurch die Höhe der Flüssigkeitsschichten beliebig verändert werden kann. Der Zahntrieb trägt durch Messung der Schichtenhöhen eine Millimeterteilung mit Nonius. Die Zylinder sind für verschiedene Flüssigkeitshöhen und -mengen eingerichtet.

Fig. 134 zeigt das von Laurent abgeänderte Dubosqsche Colorimeter, das mit optischem Würfel nach Lummer-Brodhun versehen ist, wodurch die Einstellung eine empfindlichere wird.

Das Colorimeter von Van Rykevorsel-Romyn unterscheidet sich dadurch von dem Wolffschen Colorimeter, daß der Beobachtungs-

Fig. 134.

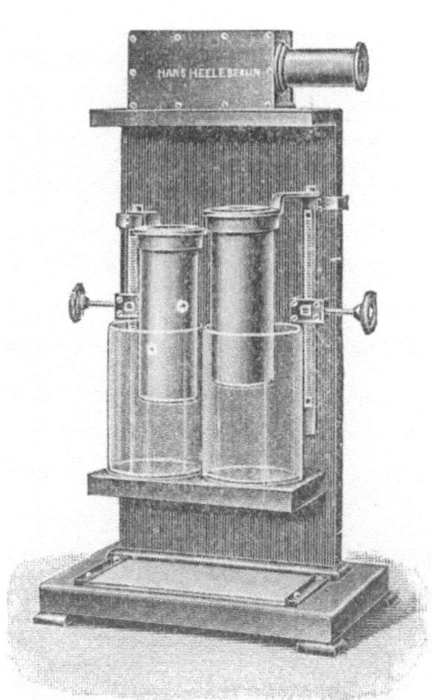

Colorimeter von Dubosq-Laurent.

Fig. 135.

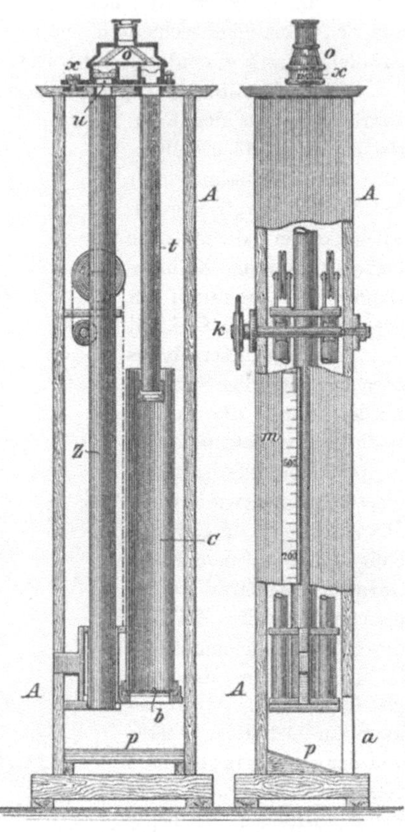

apparat von oben nach unten verlegt ist, infolgedessen die Flüssigkeiten in beiden Hehnerschen Zylindern sich unmittelbar an die beiden Prismenflächen anlegen und die Luftschichten in Wegfall kommen. Die Beleuchtung der beiden Zylinder erfolgt von oben mittels eines drehbaren Schirmes.

Auch das Colorimeter von Stammer gleicht in seiner wesentlichen Einrichtung und Handhabung dem von C. N. Wolff; es ist von Schmidt und Haensch für Zuckersäfte und von Engler für Petroleum verbessert.

Letzteres hat folgende Einrichtung[1]):

In dem hölzernen Gehäuse A befindet sich der zur Aufnahme des zu prüfenden Erdöles dienende Metallzylinder C, dessen Boden b aus einer mittels Metallfassung dicht festgeschraubten

---

[1]) Nach Hans Heele in Berlin O 27.

geschliffenen Glasplatte besteht. Zylinder c steht auf einem durch Drehung des Knopfes k auf- und abwärts beweglichen Aufzuge. Durch die gleiche Drehung wird ein mit dem Aufzuge verbundener Zeiger in Bewegung gesetzt und dadurch an dem auf dem hölzernen Gehäuse befestigten Maßstabe m die Höhe der Verschiebung des Zylinders C in Millimetern angezeigt. In dem Deckel des Gehäuses hängt die unten in gleicher Weise wie C mit Glasplatte abgeschlossene Tauchröhre t, auf welcher zur Sicherung ihrer Lage oben eine kleine Ringfeder f aufgeklemmt wird. Am Boden des Gehäuses liegt in schräger Stellung der Milchglasspiegel p; durch diesen wird bei geöffneter Tür a diffuses Licht in den Apparat geworfen. Das Licht geht einesteils durch das im Zylinder C befindliche Erdöl und die darüber stehende Tauchröhre t, andererseits durch eine innen geschwärzte Metallröhre Z, welche vom Boden des Apparates bis zum Okular reicht. Durch dieses Okular werden mit Hilfe geeignet angeordneter Spiegel die durch C und die durch Z gegangenen Lichtstrahlen auf einem runden Gesichtsfelde vereinigt, so daß man auf der einen Hälfte die ersteren, auf der andern Hälfte die letzteren erblickt und so die beiden Farbtöne miteinander unmittelbar vergleichen kann.

Als Normalfarbe wird, anstatt einer gefärbten Flüssigkeit, eine Uranglasplatte benutzt. Dieselbe ist bei u in dem Gehäuse eingelegt. Zum bequemen Wechseln der Tauchröhre ist das Okular o um die Ache bei x drehbar und kann also seitlich verschoben werden.

Zur Prüfung von Schmierölen, welche viel dunkler sind, ist dem Apparate ein kurzer Zylinder zur Aufnahme des Öles beigegeben.

Bei Untersuchung z. B. eines Erdöles verfährt man folgendermaßen:

Zylinder C wird auf den tiefsten Stand gebracht, herausgenommen und mit der zu prüfenden Probe bis zur Marke gefüllt, vorsichtig wieder eingestellt, die Tauchröhre t eingesetzt und das Gehäuse A mit Ausnahme der Tür a verschlossen. Man stellt alsdann den Apparat so auf, daß von einem Fenster helles Licht einfällt, worauf man durch Drehung von k den Zylinder C so lange nach aufwärts schiebt, bis die beiden Hälften des Gesichtsfeldes gleiche Farbentönung zeigen. Je höher man Zylinder C stellt, desto dünner wird die zwischen dem Boden desselben und dem Boden der feststehenden Tauchröhre befindliche Schicht von Erdöl und entsprechend heller auch das Gesichtsfeld. Es ist einleuchtend, daß diese Schicht um so dünner wird, je tiefer gefärbt das Öl ist, und der Zeiger gibt die Dicke dieser Schicht auf der Skala in Millimetern an.

Für scharfe Bestimmungen müssen mehrfache Ablesungen gemacht werden, aus denen man das Mittel nimmt. Obgleich die Färbung des Normalglases den Farbton des Erdöles gut wiedergibt, so ist doch selbstverständlich, daß für Erdöl verschiedener Herkunft kleine Unterschiede im Farbtone gegenüber dem Normalglase sich ergeben, so daß ein absolut genaues Einstellen auf gleiche Färbung der beiden Hälften des Gesichtsfeldes nicht immer zu ermöglichen ist. Der hierdurch bedingte Fehler ist aber auch bei Anwendung eines Normalöles oder einer anderen Normalflüssigkeit ebensowenig zu vermeiden und bewegt sich zudem nur innerhalb weniger Millimeter.

Da es sich gezeigt hat, daß die Erdöle auf das Metall nicht ohne Einwirkung sind, und daß sie sich dabei, wenn auch kaum merklich, dunkler färben, so empfiehlt es sich zur Prüfung der feinsten Marken Apparate anzuwenden, bei denen Ölzylinder C und Tauchröhre t ganz aus Glas angefertigt sind.

Soll der Apparat zu anderweitigen colorimetrischen Messungen, z. B. für Farbstoffe, benutzt werden, so bringt man das zu prüfende Material (in Lösung) in den Zylinder C und ersetzt das Uranglas durch eine mit einer passenden Normalflüssigkeit gefüllte Röhre, welche man in die Röhre Z einführt.

5. Colorimeter von Gallenkamp[1], Max Müller[2] und A. Nugues[3].

Das Gallenkampsche Colorimeter (Fig. 136, S. 142) bestand zuerst aus zwei in einem Rahmen

---

[1] Chem.-Ztg. 1891, **15**, Rep. 324.

[2] Zeitschr. f. angew. Chem. 1888, 245.

[3] Chem. Centralblatt 1892, **1**, 362.

nebeneinanderliegenden Glaströgen, von denen der eine von parallelen, der andere von keilförmig angeordneten Glaswänden gebildet wurde. In letzteren kam die Normallösung, in den parallelepipedischen die zu untersuchende Flüssigkeit. Der letztere ist aber jetzt durch ein mit Tubus versehenes Beobachtungsrohr ersetzt. Beide, das Beobachtungsrohr und der Keil, sind nicht mehr fest miteinander verbunden, sondern getrennt und behufs leichterer Reinigung bzw. Füllung aus den Fassungen herausnehmbar. Der Beobachtungsapparat ist am Stativ fest montiert, während der die Normallösung enthaltende Keil mittels eines Gegengewichtes am Beobachter vorbeigeführt wird, wodurch eine stets gleichmäßige Beleuchtung des Gesichtsfeldes erzielt wird. Man sucht dann den Punkt, bei welchem beide Flüssigkeiten gleiche Färbungen haben und liest auf der an dem Keil angebrachten Skala direkt den Prozentgehalt

der zu untersuchenden Flüssigkeit ab. Durch Anbringung eines Spektroskops an Stelle der Lupe kann die Verwendbarkeit des Apparates noch vielseitiger gemacht werden. Ein Mangel bzw. Fehler dieses sonst sehr einfachen Apparates liegt aber darin, daß ein sehr scharfes Einstellen kaum möglich ist,

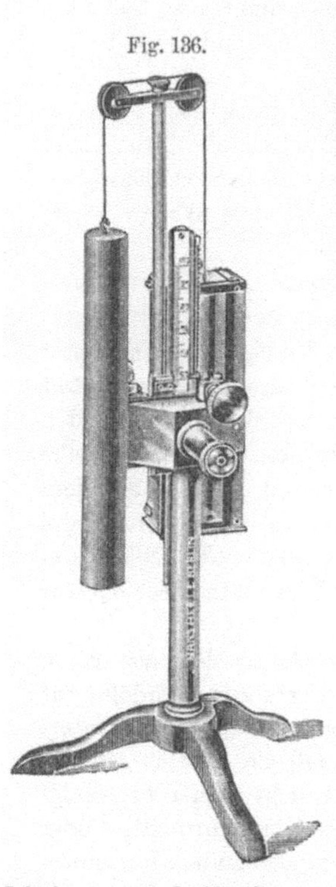

Fig. 136.

Colorimeter von Gallenkamp.

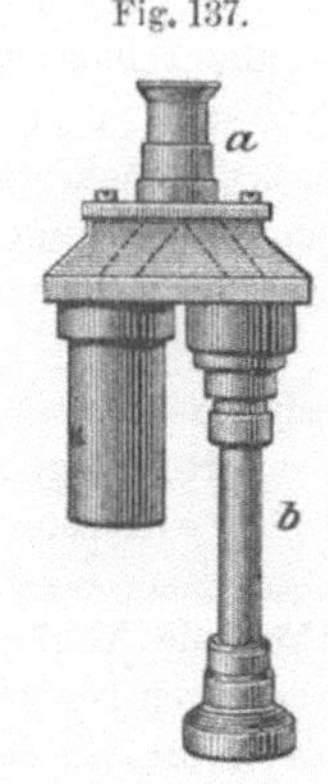

Fig. 137.

Colorimeter von Max Müller.

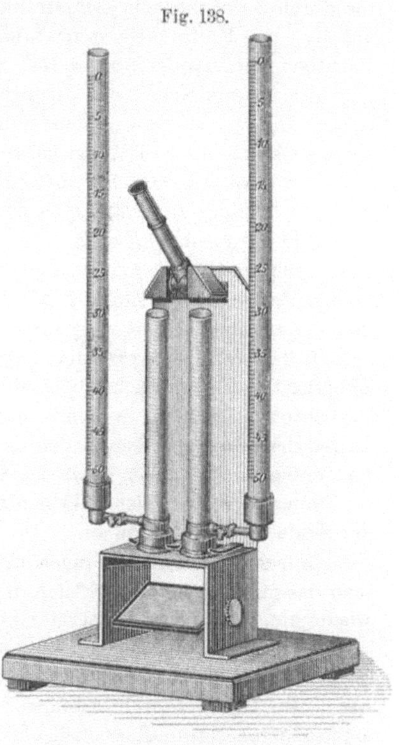

Fig. 138.

Colorimeter von A. Nugues.

weil die eine Hälfte des Vergleichsgesichtsfeldes immer kleine Abstufungen in der Färbung zeigen wird.

Einen anderen Apparat zur schnellen colorimetrischen Bestimmung des Ammoniaks in Wasser hat Max Müller (l. c.) angegeben; er benutzt aber keine Normallösung, sondern gefärbte Glasplättchen[1]) zum Vergleich. Das mit dem Neßlerschen Reagens versetzte Wasser, das, wenn auf Zusatz von Natronlauge oder Natriumcarbonat eine Trübung entsteht, vorher in einem ammoniakfreien Raum filtriert werden muß, wird (Fig. 137) in ein Polarisationsrohr (b) eingefüllt, während die andere kurze Metallröhre zur Aufnahme der kreisrund geschnittenen gelben Gläser von 24 mm Durchmesser dient. Das Ganze wird an den Kopf eines Stammerschen Farbenmaßes geschraubt und gegen ein scharf beleuchtetes weißes Papier gerichtet; die Farbengleichheit wird durch Auflegen der Farbengläser erreicht. Das Verfahren ist aber zu um-

---

[1]) Die Glasplättchen können von der Glashütte Grünenplan in Braunschweig bezogen werden.

ständlich undauch zweifellos deshalb nicht empfehlenswert, weil sich die mit Neßlers Reagens erhaltene Färbung an sich und besonders bei Spuren von Ammoniak in der Luft schnell verändert.

Auch das von A. Nugues angegebene Colorimeter (Fig. 138) bietet keine besonderen Vorzüge vor anderen Colorimetern, von denen es sich im Wesen nicht unterscheidet. Die zu vergleichenden Flüssigkeiten werden, wie aus der Fig. 138 zu ersehen ist, in die in $^1/_2$ ccm geteilten Meßröhren eingefüllt, indem die Verbindungshähne zu den Beobachtungsröhren geschlossen sind. Letztere haben eine Höhe von 18 cm, weshalb in ihnen auch schwach gefärbte Flüssigkeiten zur Untersuchung gelangen können. Man läßt zuerst von der helleren Flüssigkeit in das Beobachtungsrohr laufen, dann von der dunklen so viel, bis Farbengleichheit im Sehfelde zu beobachten ist. Die Berechnung des Gehaltes erfolgt wie oben S. 139.

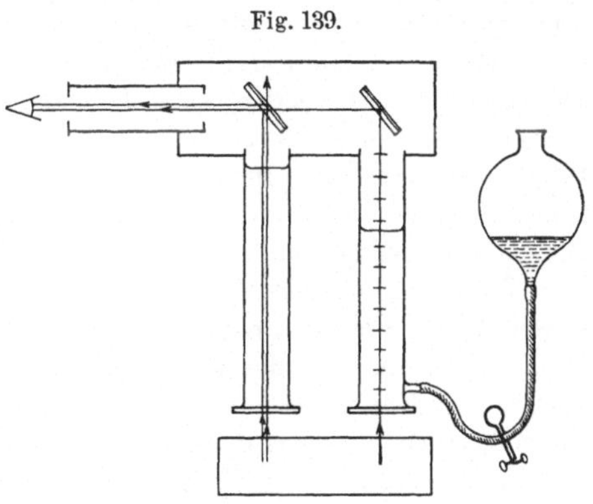

Fig. 139.

Colorimeter von Donnan.

6. Colorimeter von Donnan[1]).

Eine von den vorstehenden abweichende Vorrichtung zu colorimetrischen Untersuchungen hat Donnan angegeben. Sie bezweckt auf einfache Weise eine scharfe Grenze der beiden Gesichtsfelder zu erreichen. Das durch die Absorptionsgefäße hindurchgegangene Licht (Fig. 139) gelangt von zwei Spiegeln ins Auge, von denen der vordere, dem Auge nähere in der Mitte frei von einem Spiegelbelag ist, so daß man durch das Glas hindurch auf den zweiten Spiegel blickt. Für den Lichtverlust beim Durchgang durch das vordere Spiegelglas — dessen mittlerer Teil zweckmäßig ganz offen ist — muß eine mittlere Korrektion in der Weise ermittelt werden, daß man in beide Zylinder dieselbe Flüssigkeit gießt und auf gleiche Helligkeit einstellt. Die Höhenänderung in dem Vergleichszylinder mit Flüssigkeit von bekanntem Farbgehalt wird wie beim Verfahren S. 139 durch Heben und Senken des seitlichen Vorratsgefäßes erreicht. Um die Genauigkeit der Ablesung zu erhöhen, bringt man vor das Auge einen farbigen Schirm, der aus passend gefärbten Gelatinefolien hergestellt werden kann (vgl. folgendes Colorimeter).

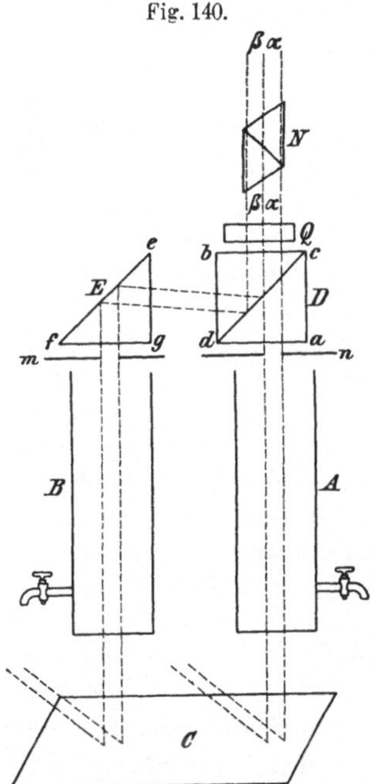

Fig. 140.

Polarisationscolorimeter von Krüß.

7. Polarisationscolorimeter von G. und H. Krüß[2]).

Das Polarisationscolorimeter von G. und H. Krüß gestattet von allen Apparaten dieser Art die genaueste Einstellung der gleichen Helligkeit zweier verschieden gefärbter Flüssigkeiten; sie wird erreicht durch eine Quarzplatte Q (Fig. 140), die zur Hälfte aus rechts- und zur anderen Hälfte aus linksdrehendem Quarz besteht. Die Einrichtung des Apparates beschreiben G. und H. Krüß (vgl. Fig. 140) wie folgt:

Die Colorimeterzylinder A und B, sowie der Spiegel C sind genau so angeordnet wie bei dem Wolffschen Colorimeter, nur tut man gut, als reflektierende Fläche entweder eine

---

[1]) Zeitschr. f. physikal. Chemie 1896, **19**, 465.

[2]) G. u. H. Krüß, Colorimetrie und quant. Spektralanalyse. Leipzig 1891 und Zeitschr. f. physikal. Chem. 1892, **10**, 2.

matte Glasscheibe oder ein Stück weißen Papieres zu benutzen, da bei der Spiegelung an einer Glasfläche die Lichtstrahlen bereits teilweise polarisiert werden würden. An Stelle der Reflexionsprismen aus Glas befindet sich hier die von W. Grosse[1]) angegebene Kombination aus Kalkspatprismen. Das über dem Zylinder A befindliche Kalkspatprisma D ist ein sogenanntes Glansches Luftprisma, dessen beide Hälften in der Schnittlinie $c\,d$ wieder aneinandergefügt sind. Nur sind hier nicht wie sonst nur die Ein- und Austrittsflächen $a\,d$ und $c\,b$ poliert, sondern auch die eine Seitenfläche $b\,d$. Durch eine vorgesetzte Blende n wird bewirkt, daß nur ein schmales, aus dem Zylinder A kommendes Lichtbündel das Prisma D durchsetzt. In diesem Lichtbündel werden an der Schnittfläche $c\,d$ die ordentlichen Strahlen total reflektiert, so daß nur die außerordentlichen in dem austretenden Bündel α enthalten sind.

Über dem zweiten Zylinder B befindet sich ein halbes Kalkspatprisma E von demselben Winkel wie das Prisma D. Die drei Flächen desselben $f\,g$, $f\,e$ und $e\,g$ sind poliert. Die durch die Blende m in dieses Prisma eintretenden Strahlen erleiden an der Fläche $e\,f$ eine Polarisation, indem die ordentlichen Strahlen total reflektiert werden, während die außerordentlichen Strahlen durch das Prisma hindurchgehen. Das reflektierte Bündel ordentlicher Strahlen wird an der Fläche $c\,d$ des Prismas D nochmals reflektiert und tritt sodann unmittelbar neben dem Bündel α als Bündel β aus.

In den Gang der Strahlenbündel α und β ist dann eine sogenannte Quarzdoppelplatte Q von 3,75 mm Dicke eingeschaltet; dieselbe besteht in der einen Hälfte aus rechtsdrehendem, in der anderen aus linksdrehendem Quarz und ist so angebracht, daß die Trennungslinie dieser beiden Hälften senkrecht zu der Trennungslinie zwischen den beiden Strahlenbündeln α und β steht. Dadurch wird das ganze Gesichtsfeld in vier quadratische Felder α_l und α_r, β_l und β_r (Fig. 141) eingeteilt.

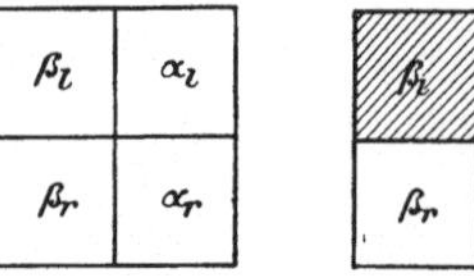

Fig. 141.   Fig. 142.

Über dieser Quarzdoppelplatte findet sich endlich noch ein analysierendes Nicolsches Prisma N; dasselbe ist um seine Achse drehbar, und seine Stellung kann an einem geteilten Kreise abgelesen werden.

Nur bei der Stellung auf 45° hat man für den Fall, daß durch die beiden mit absorbierenden Lösungen gefüllten Zylinder dieselbe Lichtmenge hindurchgelassen wird, einander vollkommen gleich gefärbte und gleich helle Felder β und α, und zwar liegen die gleichen Felder immer diagonal zueinander (Fig. 142). Enthalten also die beiden Zylinder denselben Körper, aber in verschiedener Konzentration, so muß, um die bezeichneten Felder einander gleich zu machen, der konzentrierteren Lösung eine geringere Höhe, eine geringere Dicke der absorbierenden Schicht gegeben werden als der weniger konzentrierten, und das Kriterium für das richtige Verhältnis der beiden Flüssigkeitshöhen, welche umgekehrt proportional den Konzentrationen sind, ist die vollkommene Gleichheit dieser Felder in bezug auf Helligkeit und Färbung. Beides tritt gleichzeitig ein, beides ist nicht erreicht, solange das Verhältnis der Schichtendicken nicht das richtige ist. Dieses gleichzeitige Eintreten der beiden Merkmale — Helligkeit und Färbung — und die große Empfindlichkeit des normalen Auges für Farbenunterschiede ist die Ursache der großen Überlegenheit des Polarisationscolorimeters über die mit unpolarisiertem Lichte arbeitenden Colorimeter.

Die konstruktive Anordnung des Polarisationscolorimeters erhellt aus Fig. 143.

Das eiserne Gestell mit dem Spiegel C und dem die Meßzylinder A und B tragenden Tische ist von selbst verständlich. Der Kasten K enthält die Polarisationsprismen D und E in der durch Fig. 140 bereits bekannten Anordnung, sowie die Quarzdoppelplatte Q. Senkrecht über der Mittellinie des Zylinders A trägt der Kasten K das Rohr R, welches durch eine Triebschraube t für verschiedene Augen so eingestellt werden kann, daß das vierfachgeteilte

---

[1]) W. Grosse, Die gebräuchlichen Polarisationsprismen. Clausthal 1887.

Feld deutlich erscheint. In der oberen Hälfte des Rohres befindet sich das Nicolsche Prisma N, welches mit diesem oberen Rohrteile gedreht werden kann. Ein daran befestigter Zeiger Z bewegt sich über einem Halbkreise H, so daß die Stellung des Nicols daran abgelesen werden kann. Die Teilung hat in der Mitte den 0°-Strich und geht von diesem beiderseits bis 90°. In der Nullstellung müssen die beiden Felder β_l und β_r einander gleich gefärbt erscheinen (Fig. 141) und ebenso α_l und α_r; die beiden linken Felder β_l und β_r erscheinen in der empfindlichen blauvioletten „Übergangsfarbe" und bieten ein empfindliches Mittel dar zur Prüfung, ob die Stellung des Nicols N im Rohre R die richtige ist. Sollte solches nicht der Fall sein, so kann das Nicolsche Prisma durch die Stellschraube s in geringem Maße gedreht und dadurch bewirkt werden, daß bei der Stellung des Zeigers auf 0° beide Felder β in der Übergangsfarbe erscheinen. Dasselbe findet dann auch für die Felder α bei 90° statt, und ferner sind dann bei 45° die in der Diagonale liegenden Felder einander gleich gefärbt und gleich hell, wenn die Helligkeit der die rechtsseitigen und die linksseitigen Felder erleuchtenden Strahlen die gleiche ist. Vor einem jeden Versuche muß letzteres erst untersucht, beziehungsweise herbeigeführt werden. Eine ungleiche Beleuchtung kann ihren Grund haben in dem verschiedenen Lichtverlust, welchen die Strahlen in den Kalkspatprismen D und E (Fig. 140) erleiden, sowie in der verschiedenen Intensität der durch den Spiegel C nach oben reflektierten Strahlen. Man wird solches sofort bemerken, wenn man den Nicol auf 45° stellt und nur die diagonalliegenden Felder miteinander vergleicht. Durch geringe Drehung des ganzen Apparates wird in allen Fällen leicht die gleiche Helligkeit hergestellt werden können.

Das Polarisationscolorimeter wird in den meisten Fällen in der bisher beschriebenen Anordnung angewendet werden. Mit Leichtigkeit lassen sich aber einige Veränderungen treffen, welche eine veränderte Gebrauchsart herbeiführen. Zunächst kann der Schieber q herausgezogen werden. Er enthält die Quarzplatte Q, so daß die letztere durch Herausziehen des Schiebers q aus dem Gesichtsfelde entfernt werden kann. Es hört dann die Drehung der Polarisationsebene auf, beide Felder α und β erscheinen bei Anwendung von weißem Lichte nicht mehr farbig und nicht mehr in je zwei Hälften getrennt, ihre Helligkeit ist nur abhängig von der Stellung des Nicols N; bei

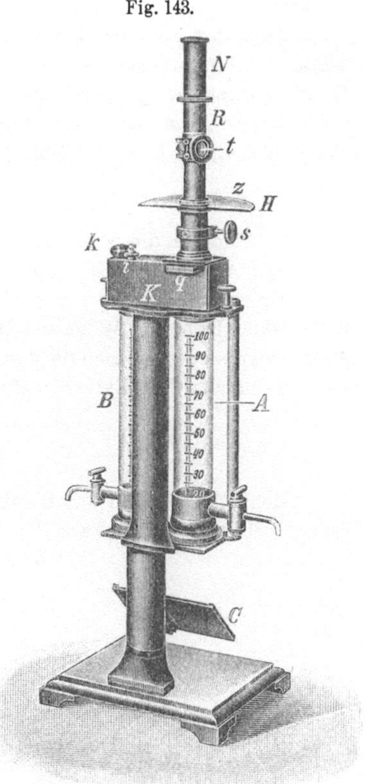

Fig. 143.

Polarisationscolorimeter von Krüß.

Stellung desselben auf 0° ist die Helligkeit des Strahlenbündels α gleich Null, bei Stellung auf 90° diejenige des Strahlenbündels β, bei einer Einstellung auf 45° müssen beide Felder gleich hell sein. Auch wenn man mit der Quarzplatte arbeiten will, ist es nützlich, von der gleichen Intensität beider Felder sich vor dem Versuch auch noch durch Beobachtung ohne Quarzplatte bei Stellung des Nicols auf 45° zu überzeugen.

Da nach Entfernung der Quarzplatte bei einer Einstellung des Nicols auf 45° beide Felder α und β gleich hell sind, so vertreten in diesem Falle die Polarisationsprismen D und E einfach die Stelle der gewöhnlichen Reflexionsprismen im Wolffschen Colorimeter, und es kann bei dieser Zusammenstellung des Apparates mit demselben gerade so wie mit dem Wolffschen Colorimeter gearbeitet werden, bei welchem sich die Konzentration c' der zu untersuchenden Lösung nach Einstellung der beiden Flüssigkeitshöhen h und h' auf gleiche Helligkeit aus der bekannten Konzentration c der Normallösung nach der Beziehung

$$c' = c\,\frac{h}{h'}$$

berechnet.

Nun bietet aber außerdem das Nicolsche Prisma N selbst ein Mittel dar, durch seine Drehung das Verhältnis der Helligkeit der beiden Felder α und β zu verändern. Man kann demgemäß auch, anstatt aus demjenigen Zylinder, welcher die größte Lichtabsorption verursacht, Flüssigkeit abzulassen, beide Zylinder bis zum 100-Strich füllen und nun das Nicolsche Prisma drehen, bis beide Felder gleich hell sind.

Die Berechnung der festzustellenden Konzentration c' gestaltet sich dann folgendermaßen:

Es ändert sich bei Drehung des Nicols N um den Winkel φ die Helligkeit des Lichtbündels α proportional dem Quadrate des Sinus dieses Drehungswinkels, die Helligkeit des Bündels β dagegen proportional dem Quadrate des Kosinus. Treten die beiden Bündel aus dem Prisma D mit gleicher Intensität aus, so verhalten sich die Helligkeiten der beiden Felder bei Einstellung des Nicols N auf einen Winkel φ

$$N_\alpha : N_\beta = \sin^2\varphi : \cos^2\varphi = \operatorname{tg}^2\varphi : 1\,.$$

Es seien nun die beiden Zylinder A und B mit den miteinander zu vergleichenden Lösungen gefüllt und auf den Tisch des Apparates gebracht. Der Zylinder A enthalte eine Lösung von der Konzentration c bis zu einer Höhe h, der Zylinder B eine solche von der Konzentration c' bis zu einer Höhe h'. Wenn die Helligkeit ohne die eingeschalteten Lösungen beiderseits die gleiche war, so verhält sich die Intensität der aus dem Zylinder A kommenden Strahlen zu derjenigen der aus dem Zylinder B austretenden wie

$$\frac{1}{c\,h} : \frac{1}{c'\,h'}\,.$$

Stellt man sodann durch entsprechende Drehung des Nicols N gleiche Helligkeit in den beiden Feldern her, und zwar durch die Einstellung auf den Winkel φ, so muß sein

$$\frac{\sin^2\varphi}{c\,h} = \frac{\cos^2\varphi}{c'\,h'}$$

oder

$$c' = c\,\frac{h}{h'}\,\operatorname{tg}^2\varphi\,.$$

Sind aber beide Zylinder bis zur gleichen Höhe, etwa bis zum 100-Strich, gefüllt, so daß $h' = h$ wird, so ergibt sich die gesuchte Konzentration

$$c' = c \cdot \operatorname{tg}^2\varphi\,,$$

also aus dem Produkte der bekannten Konzentration c der Normallösung und dem Quadrate der Tangente des Einstellungswinkels φ des Nicols N[1]).

Eine zweite Veränderung in der Wirkungsweise des Polarisationscolorimeters kann durch eine weitere daran angebrachte Vorrichtung herbeigeführt werden. Mit dem Schieber k, Fig. 143, ist das halbe Glansche Prisma E, welches über dem Zylinder B angebracht ist, verbunden. Dieser Schieber k kann senkrecht in die Höhe gezogen werden, bis er an die ebenfalls in Fig. 143 sichtbare Justierschraube j anstößt. Der Weg, welchen die Strahlen dann nehmen, ist aus der schematischen Zeichnung Fig. 144 ersichtlich.

---

[1]) In G. u. H. Krüß, Colorimetrie und Quantitäten-Spektralanalyse, findet sich S. 169 eine Tabelle, aus welcher zu jedem Winkel φ die Größe $\operatorname{tg}^2\varphi$, sowie für die Zehntel der Winkel die Proportionalteile entnommen werden können.

Der Weg des aus dem Zylinder A kommenden Strahlenbündels α erleidet keinerlei Veränderung. Die aus dem Zylinder B kommenden, an der Fläche $e\,f$ des Halbprismas E reflektierten Strahlen treffen aber durch die Höherstellung des Prismas E die Schnittfläche $c\,d$ des Prismas D an einer höheren Stelle, und die Justierung ist so getroffen, daß sie an dieser Schnittfläche genau mit den Strahlen α zusammentreffen und mit ihnen vereinigt den Weg nach oben fortsetzen. Ist nun die Intensität der aus dem Prisma D austretenden, senkrecht zueinander polarisierten Strahlen vollkommen die gleiche, überwiegt keine der beiden verschieden polarisierten Lichtarten die andere, so ist keine Polarität mehr vorhanden, das austretende gemeinsame Strahlenbündel $(\alpha + \beta)$ ist vollständig unpolarisiert.

Denkt man sich zunächst die Quarzplatte Q durch Herausziehen des Schiebers q entfernt, so würde also beim Drehen des Nicols N in dem zuletzt angenommenen Falle kein Wechsel zwischen Hell und Dunkel mehr erzeugt werden können. Ist die Quarzplatte eingeschoben, so wird in diesem Falle ein färbender Einfluß derselben nicht mehr stattfinden. Erinnern wir uns an die Farbenverteilung bei Nebeneinanderlagerung der Bündel α und β. Dieselbe wurde auf S. 143 und 144 dargestellt durch folgende Ausdrücke, deren Bedeutung dort erklärt wurde:

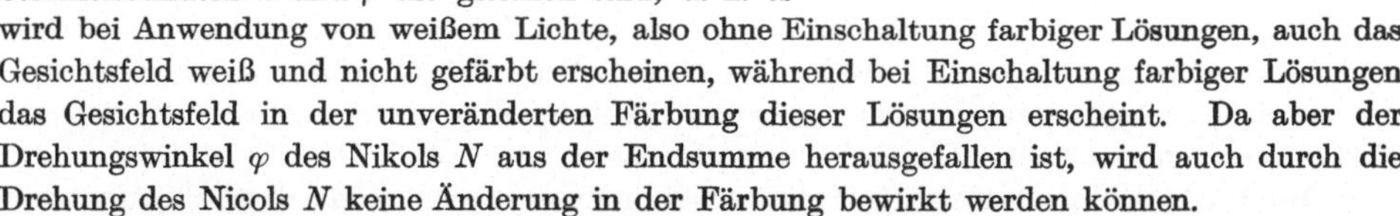

β_l:	α_l:
$\Sigma\, i \cos^2(-x - \varphi)$	$\Sigma\, i \sin^2(-x - \varphi)$
β_r:	α_r:
$\Sigma\, i \cos^2(x - \varphi)$	$\Sigma\, i \sin^2(x - \varphi)$

Bei der jetzt getroffenen Anordnung fallen die Büschel α und β zusammen, und es wird dann immer

$$\Sigma\, i \cos^2(-x - \varphi) + \Sigma\, i \sin^2(-x - \varphi) = \Sigma\, i$$

und $\quad \Sigma\, i \cos^2(x - \varphi) + \Sigma\, i \sin^2(x - \varphi) = \Sigma\, i\,,$

wenn die Werte für die Größen i in den beiden Strahlenbündeln α und β die gleichen sind, d. h. es wird bei Anwendung von weißem Lichte, also ohne Einschaltung farbiger Lösungen, auch das Gesichtsfeld weiß und nicht gefärbt erscheinen, während bei Einschaltung farbiger Lösungen das Gesichtsfeld in der unveränderten Färbung dieser Lösungen erscheint. Da aber der Drehungswinkel φ des Nikols N aus der Endsumme herausgefallen ist, wird auch durch die Drehung des Nicols N keine Änderung in der Färbung bewirkt werden können.

Hieraus ergibt sich für die Vergleichung zweier verschieden konzentrierten Lösungen folgendes Verfahren: Solange die Helligkeit der aus den beiden Zylindern A und B austretenden Strahlenbündel α und β nicht die gleiche ist, wird das vereinigte Strahlenbündel $(\alpha + \beta)$ seine Polarität nicht vollständig verloren haben. Man wird ohne Quarzplatte bei Drehung des Nicols einen Helligkeitswechsel, mit Quarzplatte außerdem einen Farbenwechsel beobachten. Man hat also von der konzentrierteren Lösung so lange abzulassen, bis man bei fortwährendem Drehen des Nicols N diese beiden Veränderungen nicht mehr wahrnimmt, dann gilt wieder die einfache Beziehung

$$c' = c\,\frac{h}{h'}\,.$$

Während das Polarisationscolorimeter also in mehreren voneinander verschiedenen Arten angewendet werden kann, hat sich bisher die Benutzung der Quarzplatte mit vier Feldern als die praktischste Art bewährt; es ist aber nicht ausgeschlossen, daß in bestimmten Fällen eine der anderen Anordnungen besser anzuwenden sein wird.

10*

Die Mikroskopie[1]).

I. Das Mikroskop und seine Anwendung.

A. Die Theorie des Mikroskopes[2]).

Das Mikroskop ist eine Einrichtung, um dem unbewaffneten Auge unsichtbare Gegenstände durch Vergrößerung mittels optischer Linsen sichtbar zu machen. Die einfachste Form des Mikroskopes ist die aus einer Glaslinse oder einem Linsensystem bestehende Lupe. Das eigentliche zusammengesetzte Mikroskop besitzt dagegen zwei Linsensysteme. Man unterscheidet am Mikroskop den optischen Teil, der die Vergrößerung besorgt und den mechanischen, der die richtige Einstellung und Ausnutzung des optischen Teiles ermöglicht. Beide sind für die Leistungsfähigkeit des Mikroskopes von gleicher Bedeutung.

1. Die Eigenschaften optischer Linsen, Strahlengang und Bilderzeugung durch Linsen. Eine optische Linse besteht aus durchsichtigem Stoffe, meist Glas, seltener Fluorit, Bergkrystall oder Quarz und ist entweder von einer flachen und einer gekrümmten oder zwei gekrümmten Flächen begrenzt. Man unterscheidet danach und nach der Art der Krümmung bikonvexe, plankonvexe, konkav-konvexe und bikonkave, plankonkave, konvex-konkave Linsen.

Die Gerade zwischen den geometrischen Mittelpunkten der Begrenzungsflächen einer Linse heißt die Achse der Linse. Linsen mit gemeinsamer Achse werden zentriert genannt. Bei bikonvexen und bikonkaven Linsen mit Begrenzungsflächen gleicher Krümmung heißt der Mittelpunkt des in die Linse fallenden Teiles der Achse der optische Mittelpunkt. Der zur Achse senkrechte Durchmesser der Linse heißt ihre Öffnung.

Die konvexen Linsen sammeln die Lichtstrahlen und vergrößern, die konkaven zerstreuen sie und verkleinern. Bei den Kombinationen beider hängt es von dem Grade der Krümmungen ab, welche Eigenschaft überwiegt.

Ein aus der Luft senkrecht auf eine Glasfläche treffender Lichtstrahl geht ohne Ablenkung von seiner Richtung (ungebrochen) weiter. Jeder schräg auftreffende Strahl wird von der im Eintrittspunkt auf der Fläche Senkrechten (dem Einfallslot) abgelenkt, und zwar nach dem bekannten Brechungsgesetz: $\dfrac{\sin \alpha}{\sin \beta} = \dfrac{v_1}{v_2} = n$ (α Eintrittswinkel, β Brechungswinkel, v_1 und v_2 Geschwindigkeiten der Lichtstrahlen in den beiden Medien, n Brechungsexponent) beim Eintritt in ein dichteres Medium (mit größerem Brechungsexponenten) dem Einfallslot zugebrochen, beim Eintritt in ein dünneres Medium (mit geringerem Brechungsexponenten) vom Einfallslot weggebrochen.

Bei den Linsen mit beiderseitiger gleicher Krümmung werden nur die durch den optischen Mittelpunkt gehenden Strahlen nicht gebrochen, bei den anderen Linsen nur der in die Achse fallende Strahl. Alle anderen werden von ihrer Richtung abgelenkt, und zwar um so mehr, je weiter sie vom Mittelpunkt entfernt sind. Für die Brechung der Lichtstrahlen durch Linsen gilt das Gesetz: $\dfrac{1}{B} + \dfrac{1}{D} = (n-1)\left(\dfrac{1}{r} + \dfrac{1}{r^1}\right)$, worin D den Abstand des leuchtenden Punktes von der Linse, B den des Bildpunktes, n den Brechungsexponenten des Linsenstoffes gegen Luft, r und r^1 die Radien der Begrenzungsflächen bedeuten.

---

[1]) Bearbeitet von Dr. A. Spieckermann, Abt.-Vorsteher der landw. Versuchsstation in Münster i. W.

[2]) Die Theorie vom Standpunkt des Mathematikers behandelt: Czapski, Die Theorie der optischen Instrumente in Winckelmann: Handbuch der Physik. 2. Aufl. Leipzig 1906. Bd. VI, Optik. Eine einfache Darstellung bringt: Hager-Mez: Das Mikroskop und seine Anwendung. 10. Aufl. Berlin 1908.

Der Bildpunkt parallel auf die Linse treffender Strahlen, für die also $D = \infty$, $\dfrac{1}{D} = 0$

ist, wird Brennpunkt, seine Entfernung von der Linse Brennweite (f) der Linse genannt. Letztere wird in Millimetern ausgedrückt. Das Gesetz gilt allgemein für unendlich dünne

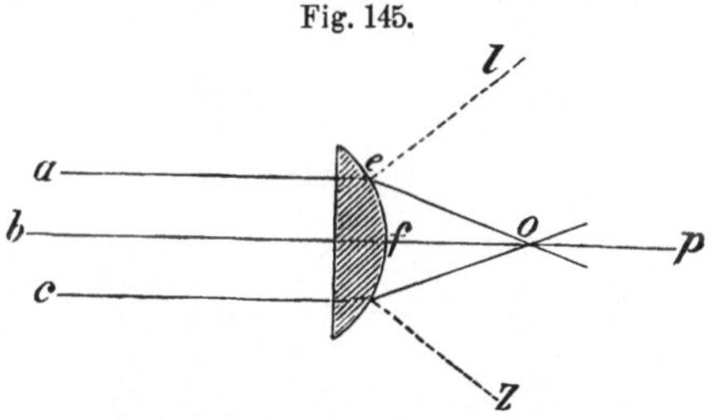

Fig. 145.

Strahlengang in einer plankonvexen Linse.
Der Achsenstrahl bp wird nicht gebrochen, die parallel auffallenden Strahlen a und c werden vom Einfallslot (el) hinweggebrochen und schneiden sich im Punkt o (Brennpunkt).

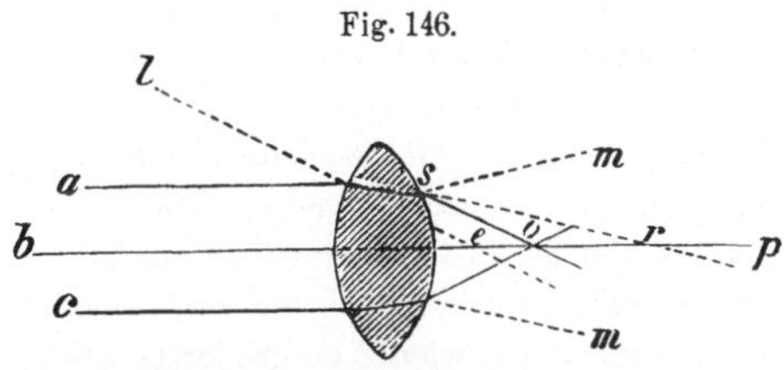

Fig. 146.

Strahlengang in einer bikonvexen Linse.
Die parallel auffallenden Strahlen a und c werden an der ersten Fläche dem Einfallslot (l) zugebrochen, an der zweiten vom Einlallslot m hinweggebrochen und schneiden sich mit dem ungebrochenen Achsenstrahl bp in o (Brennpunkt).

Linsen jeder Krümmung, wobei r entweder positiv oder negativ oder gleich 0 zu setzen ist. Die Brennpunkte der Sammellinsen sind reelle, d. h. parallele Strahlen vereinigen sich auf der anderen Seite der Linse wirklich in einem auf einem Schirm auffangbaren Bildpunkt, die der Zerstreuungslinsen virtuelle, d. h. die Strahlen verlassen die Linse so, als kämen sie von einem auf der der Lichtquelle zugewendeten Seite der Linse liegenden Punkt her. Den Strahlengang durch plankonvexe und bikonvexe Linsen veranschaulichen die Fig. 145 und 146.

Da jedem Punkt eines vor einer Sammellinse befindlichen Gegenstandes ein Bildpunkt auf der anderen Seite der Linse entspricht, so entsteht ein Bild, dessen Lage man leicht konstruieren kann. Die Lage des Bildes ergibt sich aus der obigen Gleichung für die Brechung der Lichtstrahlen durch Linsen, die in ent-

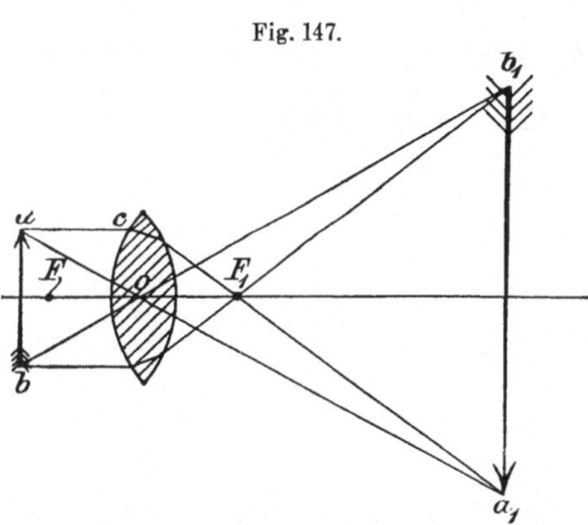

Fig. 147.

Bilderzeugung durch konvexe Linse bei wenig außerhalb der Brennweite liegendem Gegenstand — reelles Bild.
ab Gegenstand, $a_1 b_1$ Bild, F, F_1 Brennpunkte.

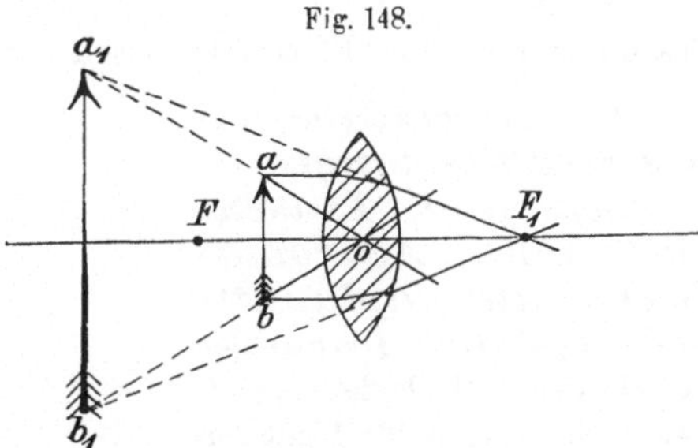

Fig. 148.

Bilderzeugung durch konvexe Linse bei innerhalb der Brennweite liegendem Gegenstand — virtuelles Bild.
ab Gegenstand, $a_1 b_1$ Bild, F, F_1 Brennpunkte.

sprechend vereinfachter Form $\dfrac{1}{B} + \dfrac{1}{D} = \dfrac{1}{f}$ lautet. Von den verschiedenen Möglichkeiten kommen für die mikroskopischen Apparate im wesentlichen nur zwei in Betracht, nämlich: 1. daß der Gegenstand von der Linse etwas weiter entfernt liegt als der Brennpunkt, 2. daß der Gegenstand zwischen Linse und Brennpunkt liegt. In ersterem Falle entwerfen Sammellinsen ein vergrößertes, umgekehrtes reelles, im zweiten ein vergrößertes aufrechtes, virtuelles Bild. Zerstreuungslinsen liefern bei allen Lagen des Gegenstandes ein aufrechtes verkleinertes virtuelles Bild. Man vergleiche die Fig. 147, 148, 149. Diese Gesetze gelten in dieser Form nur für unendlich dünne Linsen. Bei den optischen Linsen treten gewisse, durch die Linsendicke bewirkte Verschiebungen ein.

　　Bei den Lupen mit einer Linse oder einem Linsensystem liegen die Verhältnisse wie sie soeben für die Entstehung eines virtuellen Bildes beschrieben wurden. Das Mikroskop besteht aus zwei Linsensystemen, die man sich als zwei Linsen mit gemeinsamer optischer Achse vorstellen kann. Das dem Objekt zugekehrte System heißt Objektiv, das dem Auge zugekehrte Okular. Das Objektiv entwirft vom betrachteten Gegenstand ein umgekehrtes, vergrößertes (reelles) Bild, das innerhalb der Brennweite des Okulars fällt. Letzteres erzeugt wie eine Lupe von diesem Bilde ein virtuelles, wieder vergrößertes Bild, das vom Auge betrachtet wird (Fig. 150). Die Größe der durch Linsen entworfenen Bilder verhält sich zu der des Gegenstandes

Fig. 150.

Fig. 149.

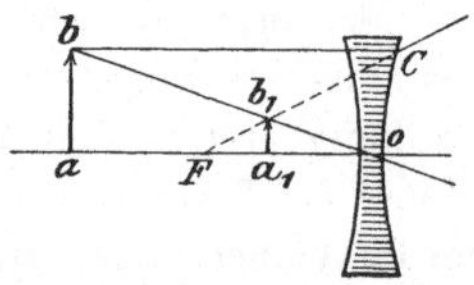

Bilderzeugung durch konkave Linse — virtuelles Bild.
ab Gegenstand, a_1b_1 Bild, F Brennpunkt.

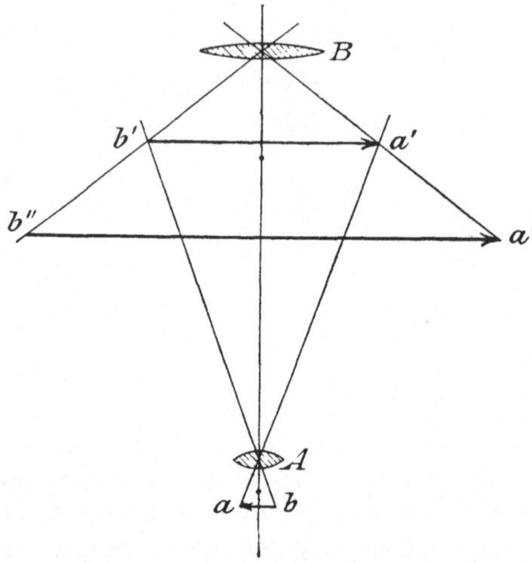

Strahlengang und Bilderzeugung im zusammengesetzten Mikroskop.
$a'b'$ reelles, durch das Objektiv erzeugtes Bild, $a''b''$ virtuelles, durch das Okular erzeugtes Bild.

wie die Bildweite zur Gegenstandsweite. Letztere Größen ergeben sich aus der Gleichung $\dfrac{1}{B} + \dfrac{1}{D} = \dfrac{1}{f}$. Die Vergrößerung ist also für das Objektiv $\dfrac{B}{D}$, für das Okular $\dfrac{B^1}{D^1}$; die Gesamtvergrößerung (V) berechnet sich daraus als $V = \dfrac{B \cdot B^1}{D \cdot D^1}$.

2. Abweichungen des Strahlenganges in Linsen und Linsensystemen. Achromatische und aplanatische Systeme.

Die Strahlen verschiedener Wellenlänge, aus denen sich das weiße Licht zusammensetzt, werden von den Linsen verschieden stark gebrochen. Deshalb erzeugen die einzelnen Strahlenarten farbige Bilder in verschiedenen Bildebenen, und das Gesamtbild erscheint von farbigen Säumen umgeben (Fig. 151).

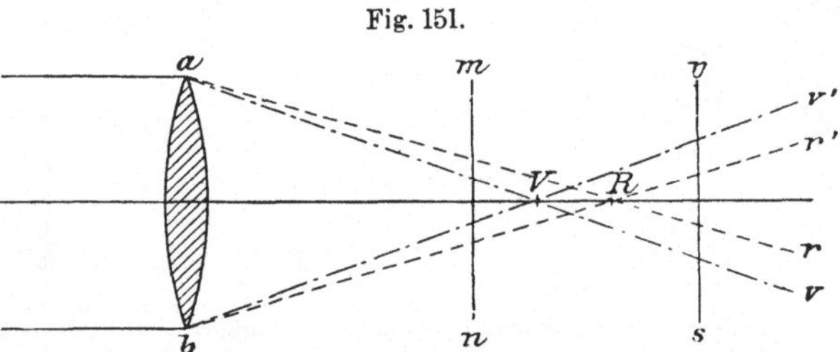

Fig. 151.

Die chromatische Aberration.
r rote, v violette Strahlen, R Brennpunkt der roten, V Brennpunkt der violetten Strahlen. Bei mn hat das Bild auf einem Schirm einen roten, bei ps einen violetten Saum.

　　Man nennt diese Erscheinung die chromatische Aberration.

　　Die chromatische Aberration läßt sich durch Kombination von Konvex- und Konkavlinsen aus Stoffen mit verschieden starker Dispersion und verschiedenem Brechungsexponenten zum Teil beheben, ohne daß die Brechung der Konvexlinsen erheblich beeinträchtigt wird. Man stellt solche Kombinationen von Konvexlinsen aus Crownglas und von Konkavlinsen aus Flintglas her. Sie heißen achromatische Linsen. Da die Dispersion in diesen beiden Glassorten nicht für alle Wellenlängen gleich ist, so läßt sich durch die achromatischen Linsen eine vollständige Achromasie nur für zwei Wellenlängen erzielen. Die verbleibenden Farbenreste heißen das sekundäre Spektrum. Je nach dem Überwiegen des blauen oder roten Teils des Spektrums wird ein achromatisches Objektiv als über- oder unterkorrigiert bezeichnet.

Die oben entwickelten Gesetze für die Brechung der Lichtstrahlen durch Linsen gelten streng nur für die zentralen Strahlen und für Linsen mit geringer Wölbung. Die von einem Punkte ausgehenden Strahlen schneiden sich nicht in einem Punkte, sondern in einer Fläche, deren Schnittlinie mit einer Ebene durch die Achse die Brennlinie oder Diakaustische Linie heißt. In der Fig. 152 ist der Schnittpunkt für die Zentralstrahlen A, für die Randstrahlen B, und es entsteht auf diese Weise auf einem Schirm in A außer dem hellen Punkt ein dunklerer Kreis mit dem Radius AC, also ein verwaschenes Bild. Diese Abweichung heißt, da sie mit der Wölbung der Linse zunimmt, sphärische Aberration, und zwar nennt man AB die sphärische Längen-, AC die sphärische Seitenabweichung. Die sphärische Aberration steht zu der Öffnung (der Apertur) der Linse im direkten, zu dem Krümmungsradius, also auch der Brennweite, im umgekehrten Verhältnis.

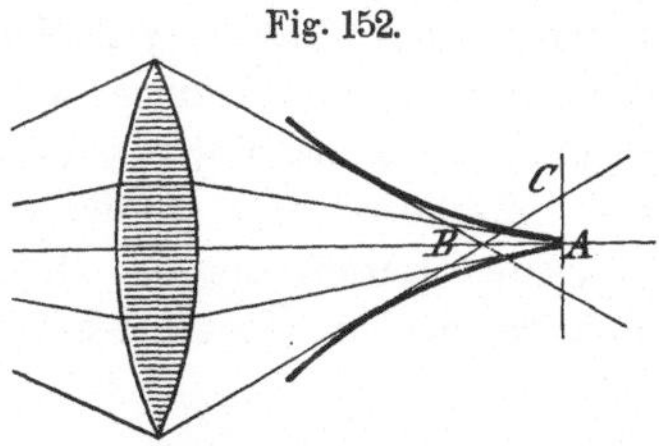

Fig. 152.

Sphärische Aberration.
Die zentralen Strahlen schneiden sich in A, die Randstrahlen in B. AB sphärische Längen-, AC sphärische Seitenabweichung.

Die sphärische Aberration läßt sich vermindern durch Abblendung der Randstrahlen, die aber natürlich mit einem erheblichen Lichtverluste verbunden und daher bei stärkeren Vergrößerungen ausgeschlossen ist. Ferner läßt sich die sphärische Aberration dadurch auf ein Minimum reduzieren, daß die Krümmungsradien einer Linse verschieden groß gewählt werden. Linsen, die dieses Minimum der Aberration besitzen, heißen Linsen bester Form. Aus Glas mit dem Brechungsexponenten 1,5 erhält man die Linse bester Form für parallele Strahlen bei einem Verhältnis der Radien von 1 : 6.

Für parallel auffallende Strahlen ist die Aberration geringer, wenn die gewölbtere Seite der Linse dem Gegenstand zugekehrt ist, für divergent auffallende im entgegengesetzten Falle. Da ferner die Aberration um so geringer wird, je größer das Brechungsvermögen ist, so kann

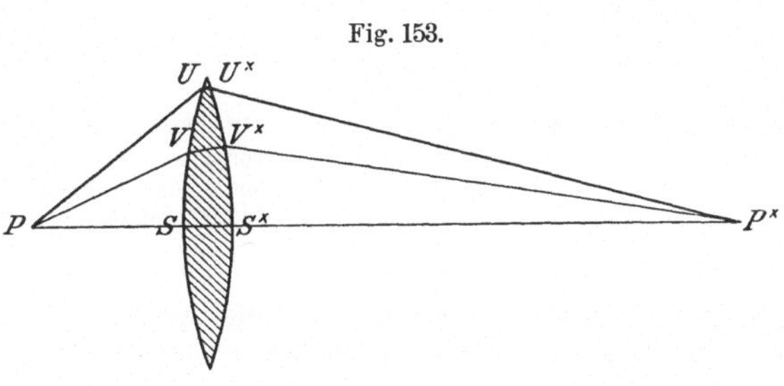

Fig. 153.

auch durch Kombination verschieden stark brechender Glassorten eine Korrektur erfolgen. Ein scharfes, unverzerrtes ähnliches Bild eines seitlich beschränkten Objektes gibt ein System, wenn die sogenannte Sinusbedingung in den Achsenbündeln erfüllt ist. Diese erfordert ein konstantes Verhältnis der Sinus der von dem Gegenstands- und dem Bildpunkt mit der Achse gebildeten Winkel (Fig. 153), also $\sin SPU : \sin S^1 P^1 U^1 = \sin SPV : \sin S^1 P^1 V^1$. Systeme, die diese Bedingung erfüllen, heißen aplanatische.

Da die Leistungsfähigkeit der stärkeren Mikroskopobjektive von der Größe des Öffnungswinkels, das heißt des Winkels aus den vom Brennpunkt ausgehenden, den äußersten Linsenrand treffenden Strahlen abhängt, mit diesem aber auch die Aberration wächst, so hat zuerst Amici den Weg eingeschlagen, die Aberrationen in dem unteren Teil des Systems absichtlich zu häufen bis zu Beträgen, die in gleicher aber entgegengesetzter Größe in dem oberen Teil des Systems erreichbar sind. Es entsteht so ein aplanatisches Gesamtsystem, in dem die verschiedenen Aberrationen besser korrigiert sind als in Systemen, deren Einzelteile für sich brauchbare Bilder geben.

Amici bediente sich hierzu der jetzt in allen stärkeren Systemen angewendeten stark gewölbten, fast halbkugelig plankonvexen Frontlinse, mittels der eine sehr erhebliche Brechungswirkung mit verhältnismäßig geringen Aberrationen zu erzielen ist. Die auf die Frontlinse folgenden Linsen waren Doppellinsen aus plankonkaven Flint- und bikonvexen Crownglaslinsen (Fig. 154).

Bei den starken Systemen mit großen Öffnungswinkeln und sehr vollkommener Strahlenvereinigung tritt der Einfluß des zur Bedeckung des besichtigten Gegenstandes benutzten Deckgläschens auf die Güte des Bildes deutlich zutage. Ein Strahlenbüschel, dessen Spitze in der unteren Fläche des Deckglases liegt, wird an der oberen Fläche beim Austritt so gebrochen, daß eine erhebliche sphärische Überkorrektion eintritt. Büschel, die von einem im Präparat gelegenen Punkt o ausgehen (Fig. 155), erfahren an der Unterfläche des Deckglases eine Unterkorrektion, an der Oberfläche eine Überkorrektion. Da letztere aber wegen der geringeren Entfernung des Objektpunktes von der Unterfläche überwiegt, so ist das Gesamtergebnis eine Überkorrektion. An der ebenen Fläche der Frontlinse ist dann wieder in-

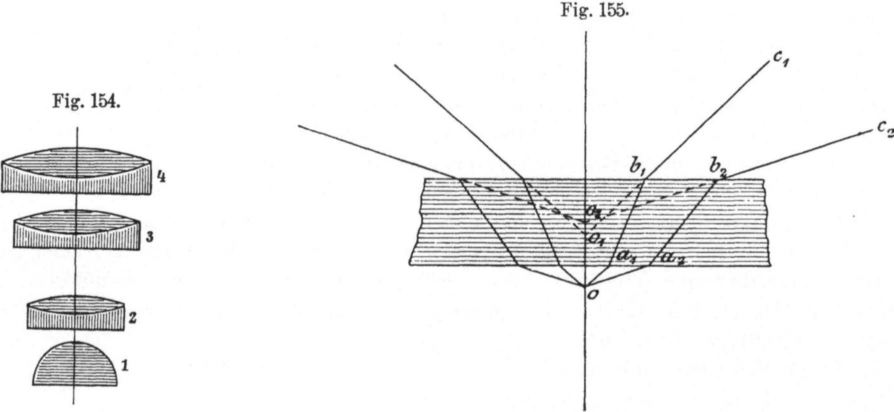

Fig. 154.

Die Amicische Grundform
stärkster Mikroskopobjektive.

Fig. 155.

Strahlengang vom Gegenstand durch das Deckglas.
Die von o ausgehenden Strahlen werden sowohl an der Unterseite wie
an der Oberseite des Deckglases so gebrochen, als kämen sie nicht
von einem, sondern von mehreren Punkten o_1, o_2 usw. Das Bild von o
wird also eine Linie.

folge der größeren Entfernung des Objektpunktes die Aberration größer als die durch das Deckglas bewirkte, und zwar wächst sie mit dem Objektabstand. Das Deckglas wirkt also dem ganzen Objektiv gegenüber überkorrigierend, und zwar im Verhältnis der Deckglasdicke. Das Objektiv muß daher entsprechend unterkorrigiert sein. Möglichst aberrationsfreie Bilder lassen sich auf diese Weise natürlich nur mit Deckgläsern einer bestimmten Dicke erzielen.

Die Empfindlichkeit der Objektive gegen die Dicke des Deckglases wächst mit dem Öffnungswinkel oder richtiger mit der von Abbe eingeführten sogenannten „numerischen Apertur", d. h. dem Produkt aus Brechungsexponent des Zwischenmediums und dem Sinus des halben Öffnungswinkels eines Büschels. Bei einer numerischen Apertur von 0,90—0,95, die Öffnungswinkeln von 130—140° entspricht, werden schon Abweichungen der Deckglasdicke von 0,01—0,02 mm bemerkt, während kleinere Aperturen als 0,5 nur noch sehr wenig empfindlich sind.

Um stärkere Systeme auch für andere Deckglasdicken brauchbar zu machen, hat zuerst Roß Objektive mit sogenannten Korrektionsfassungen konstruiert, an denen der Oberteil gegen den Unterteil durch eine Schraube verstellbar ist. Auf einem Kreis sind die betreffenden Deckglasdicken markiert (Fig. 156).

Die Dicke des Deckglases kann mittels der an der Mikrometerschraube des Mikroskops befindlichen Einteilung genügend genau durch Einstellen der oberen und unteren Fläche festgestellt werden. Bezeichnet man die Differenz der Ablesungen an der Mikrometerschraube mit d, den Brechungsexponenten des Glases mit n, die wirkliche Dicke mit D, so ist $D = nd$ ($n = 1,5$). Genauere Messungen lassen sich mittels sogenannter Deckglastaster (Fig. 157) ausführen.

3. Die Immersionssysteme.
Auf die Größe der Aberration, die ein Strahlenbüschel beim Austritt aus dem Deckglas und beim Eintritt in die Frontlinse erfährt, ist die Brechung in der Luftzwischenschicht von großem Einfluß. Amici hat daher durch Einschaltung einer Zwischenschicht mit geringerem Brechungsexponenten den Einfluß des Deckglases vermindert. Solche Systeme heißen Immersionssysteme. Abgesehen von der Verminderung der Aberration und der damit einhergehenden Unabhängigkeit von der Dicke des Deckglases, sind diese Systeme auch lichtstärker als „Trockensysteme", da, wie Fig. 158 zeigt, bei ihnen Strahlenbüschel von größerem Öffnungswinkel zur Abbildung verwendet werden können. Ferner ist die numerische Apertur der Immersionssysteme größer als die der Trockensysteme. Bei letzteren ist sie theoretisch für einen Öffnungswinkel von 180°

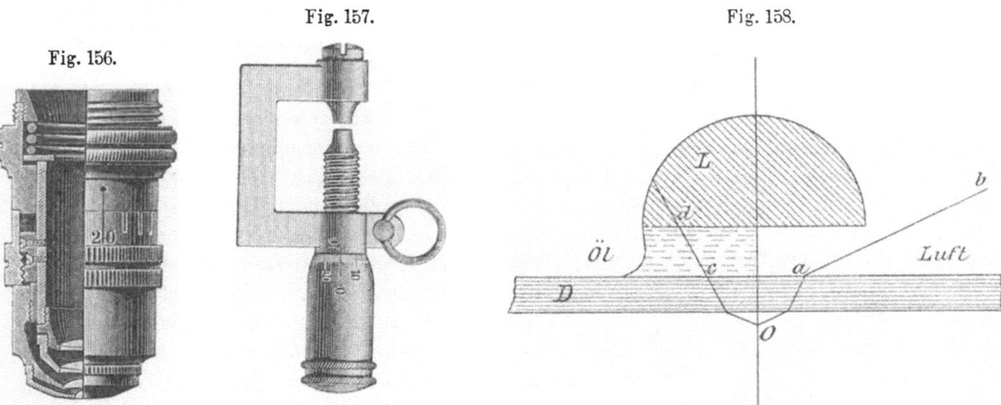

Fig. 156.
Fig. 157.
Fig. 158.

Objektiv mit Korrektionsfassung.

Deckglastaster.

Wirkung der Immersionsflüssigkeit auf den Strahlengang. O Gegenstand, D Deckglas, L Frontlinse.

auf 1, praktisch auf 0,95 beschränkt. Die Immersionsflüssigkeit mit einem höheren Exponenten als 1 gestattet auch Erzielung einer höheren Apertur. Ihre Größe hängt ab von dem niedrigsten Exponenten, der zwischen Objekt einerseits und Frontlinse und Zwischenmedium andererseits vorhanden ist.

Nach den Feststellungen Abbes ist die numerische Apertur für alle wesentlichen Leistungen eines Systems maßgebend. Es ist das Auflösungs- und Definitionsvermögen der numerischen Apertur direkt proportional, die Helligkeit der Bilder dem Quadrat derselben, das Tiefenunterscheidungsvermögen der trigonometrischen Kotangente des halben Öffnungswinkels. Daraus folgt ohne weiteres die Überlegenheit der Immersionssysteme über die Trockensysteme.

Diese Vorzüge der Immersionssysteme treten natürlich am höchsten zutage, wenn Deckglas, Immersionsflüssigkeit und Frontlinse ein System mit gleichen Brechungsexponenten bilden. Dies wird erreicht durch die Benutzung von Zedernöl ($n = 1,515$) als Immersionsflüssigkeit. Diese Systeme bezeichnet man als solche mit homogener Immersion.

Die Apertur moderner Immersionssysteme beträgt bei Wasser als Immersion 1,15—1,20, bei homogener Immersion 1,25—1,35.

Eine weitere Verbesserung haben die Immersionssysteme durch die Einführung der sogenannten Duplexfront erfahren. Bei dieser ist über der halbkugeligen Frontlinse noch eine plankonvexe oder konkav-konvexe einfache Linse angebracht. Den Aufbau zweier Immersionssysteme von 2 mm Brennweite und einer numerischen Apertur von 1,30 zeigen die Fig. 159, 160.

4. Die Apochromatsysteme. Durch Anwendung besonderer Glassorten sowie des Fluorits ist es der optischen Werkstätte Carl Zeiß in Jena gelungen, seit 1886 Objektive

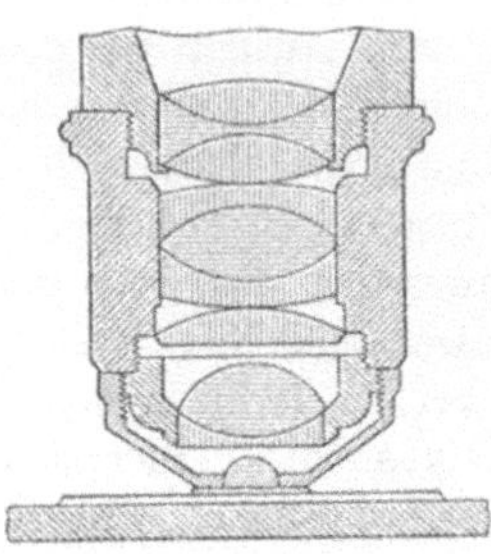

Fig. 161.

Ein Apochromatsystem von 2 mm Brennweite und 1,40 numerischer Apertur. (Dreifach vergrößert.) Nach Czapski.

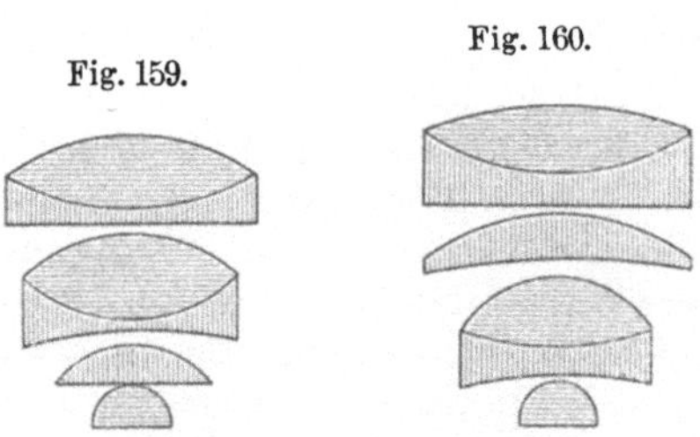

Fig. 159. Fig. 160.

Systeme mit homogener Immersion von 2 mm Brennweite und 1,30 numerischer Apertur mit Duplexfront. Nach Czapski.

herzustellen, die drei Farben des Spektrums in einem Punkte vereinigen, also das sekundäre Spektrum aufheben, und die sphärische Aberration für zwei verschiedene Farben des Spektrums korrigieren. Diese Objektive heißen Apochromate (Fig. 161). Die Apochromate leiden nur noch an einem gewissen Farbenfehler für die außeraxialen Teile des Sehfeldes, der chromatischen Differenz der Vergrößerung. Die Bilder der verschiedenen Wellenlängen werden verschieden groß, und zwar die der blauen Strahlen größer als die der roten, und in einem gewöhnlichen Okulare erscheinen daher dunkle Objekte am Rande des Sehfeldes innen blau, außen rot. Um diesen Fehler aufzuheben, hat die Firma Carl Zeiß in Jena Okulare konstruiert, die denselben Fehler im entgegengesetzten Sinne haben, also für Rot stärker, für Blau schwächer vergrößern. Durch sie wird der Fehler fast aufgehoben. Sie heißen daher Kompensationsokulare. Sie können auch in Verbindung mit den homogenen Immersionen, nicht aber mit achromatischen Trockensystemen benutzt werden.

5. Die Okulare. Die Okulare der Mikroskope bestehen aus zwei Linsen in der Anordnung nach Huyghens oder Ramsden. Beim Huyghensschen Okular wirkt die obere Linse, die Augenlinse, als Lupe; die untere Linse, das Kollektiv, fängt die von dem Objektiv kommenden Strahlen auf, macht sie konvergenter, verkleinert das Bild und erreicht so, daß auch die Randstrahlen noch in das Gesichtsfeld fallen, dieses also vergrößert wird. In Fig. 162 würde das durch das Objektiv entworfene Bild des Gegenstandes PQ nach P_1Q_1 fallen, in das Gesichtsfeld aber würden beim Fehlen des Kollektivs K nur die von R und S ausgehenden Strahlen gelangen. K entwirft nun ein reelles Bild Q_2P_2, von dem durch die Lupe a das

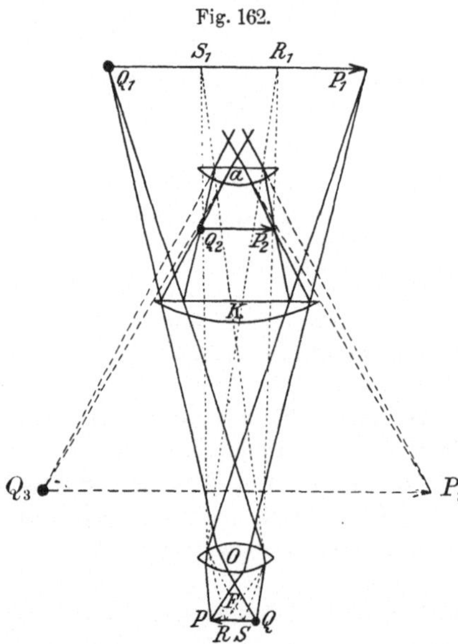

Fig. 162.

Bilderzeugung durch ein Huyghenssches Okular.

schließliche virtuelle Bild in P_3Q_3 entworfen wird. In den Huyghensschen Okularen ist an der Stelle, wo das reelle Bild erscheint, zur Abgrenzung des Gesichtsfeldes eine Blende angebracht. Die Anwendung zweier Linsen ermöglicht auch die Erzielung einer möglichsten Achromasie des Okulars.

Das Ramsdensche Okular (Fig. 163) besteht aus zwei Linsen, die beide als Lupen wirken, von denen die eine von dem durch das Objektiv entworfenen Bild P^1Q^1 ein virtuelles P^2Q^2, die zweite von diesem wiederum ein virtuelles Bild P^3Q^3 entwirft. Das Ramsdensche Okular wird häufig als Meßokular mit Fadenkreuz oder Mikrometer verwendet. Diese Meßinstrumente befinden sich im Okular am Orte des reellen Bildes. Sie liegen daher beim Ramsden-Okular außerhalb der Linsen, beim Huyghens-Okular zwischen diesen, was in mancherlei Beziehung unzweckmäßig ist.

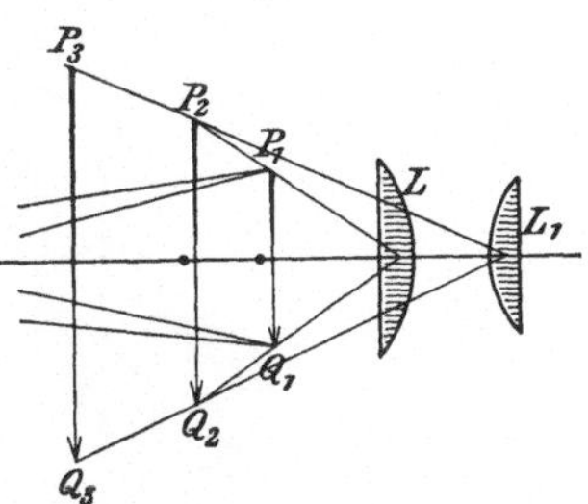

Fig. 163.

Bilderzeugung durch ein Ramsdensches Okular.

Die obenerwähnten Kompensationsokulare sind zum Teil nach dem Huyghensschen, zum Teil nach dem Ramsdenschen Prinzip gebaut.

Außer diesen Okularen stellen die optischen Werkstätten noch verschiedenartige Okulare für besondere Zwecke her. Es seien hier kurz erwähnt das bildaufrichtende Prismenokular, das Abbesche stereoskopische Doppelokular, in dem die stereoskopische Wirkung durch drei Prismen erzeugt wird. Für spektroskopische Untersuchungen, insbesondere zur Beobachtung der Absorptionsspektra mikroskopischer Gegenstände dient das Spektralokular nach Abbe.

B. Die mechanische Einrichtung des Mikroskopes.

1. Das Stativ. Das Stativ wird zurzeit im allgemeinen in zwei Formen hergestellt, die die umstehenden Figuren zweier Zeiß-Instrumente S. 156 und 157 veranschaulichen. Es besteht aus einer Säule und einem schweren Fuß. Bei den besseren Instrumenten kann die Säule durch ein Scharnier schräg oder horizontal umgelegt werden. An der Säule ist der Tubus, ein Metallrohr, das an seinem oberen Ende das Okular, an seinem unteren das Objektiv trägt, in einer Hülse angebracht, in der er entweder mit der Hand oder mittels eines in der Säule befindlichen Triebwerkes auf und ab bewegt werden kann. Das untere Ende der Säule ist mit einem horizontalen, runden oder eckigen Metall- oder Ebonittisch, dem Objekttisch, fest verbunden, der in der Mitte genau in der Richtung der optischen Achse der Linsensysteme eine kreisrunde Öffnung besitzt, durch die der zu untersuchende Gegenstand von unten her beleuchtet wird. Die Beleuchtung erfolgt durch einen am unteren Ende der Säule angebrachten beweglichen Spiegel oder durch diesen und einen besonderen Beleuchtungsapparat.

2. Die Einstellvorrichtung des Tubus. Alle besseren Instrumente haben Vorrichtungen für grobe und feine Einstellung. Die grobe Einstellung erfolgt durch ein Triebwerk aus einer Zahnstange mit schief geschnittenen Zähnen am Tubus und einer in der Säule befindlichen Triebwalze mit ebenfalls schiefen Zähnen, die durch zwei seitliche Schrauben bequem gedreht werden kann. Die Zahnstange sitzt auf einer Führungsfläche, die durch eine Hülse an der Säule gleitet.

Die feinere Einstellung, die sogenannte Mikrometereinstellung, weil sie auch zur Dickenmessung dünner Objekte dient, wird bei den oben abgebildeten beiden Stativtypen in verschiedener Weise bewirkt. Bei der älteren Form erfolgt die feine Einstellung durch das Gegeneinanderwirken einer fein geschnittenen Schraube und einer Spiralfeder.

[Fortsetzung S. 158.]

Fig. 164.

Großes Stativ, neue Form (für Mikrophotographie und Projektion).

Fig. 165.

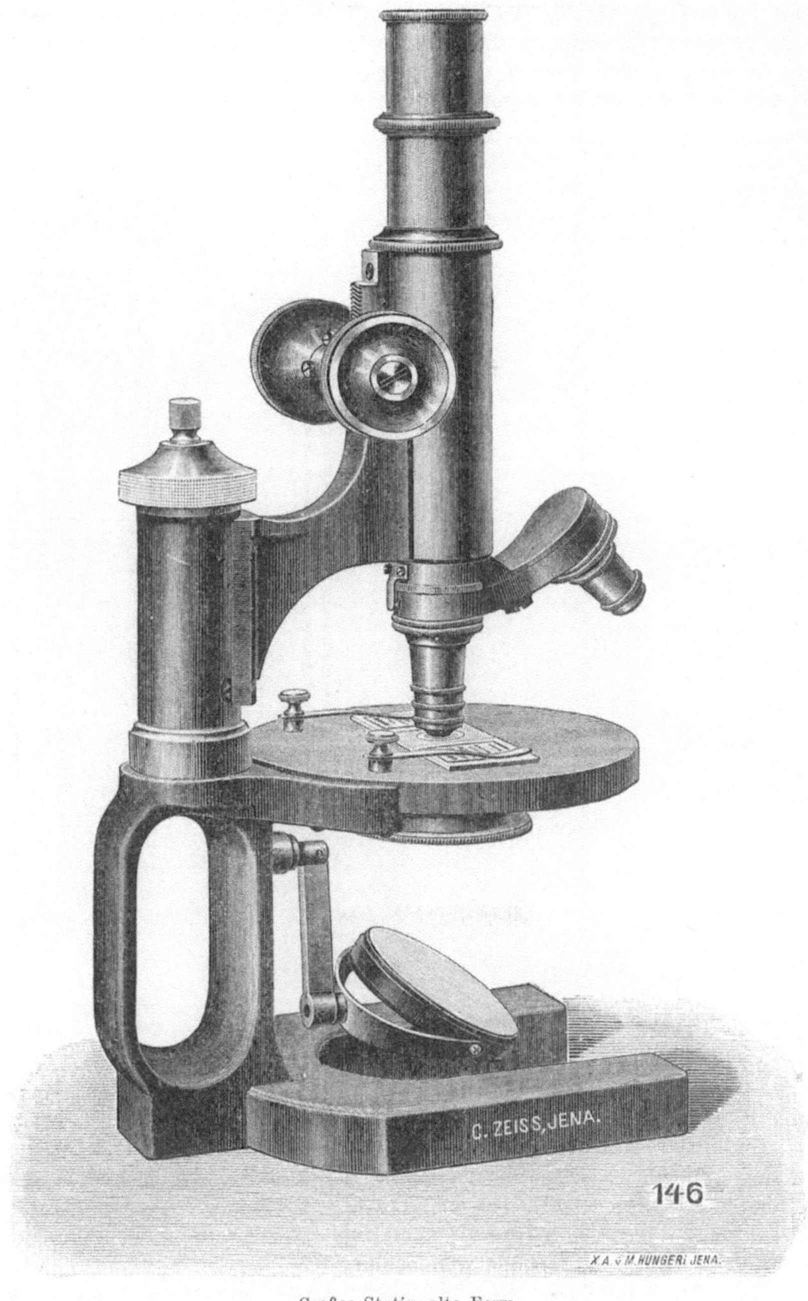

Großes Stativ, alte Form.

Das Säulenstück C des Oberteils (Fig. 166) besitzt einen prismatischen Hohlraum, der genau auf ein mit dem Objekttisch fest verbundenes parallel der optischen Achse verlaufendes Prisma P paßt. Das Prisma ist ausgebohrt und enthält im Innern eine starke Spiralfeder. Der obere Teil des Prismas trägt das Muttergewinde M der Mikrometerschraube m. Man vergleiche im übrigen die Zeichnung. Die Mikrometerschraube ist meist nur etwa 0,5 cm lang und muß deshalb so gestellt werden, daß sie etwa halb ausgeschraubt ist. Sie muß vorsichtig und langsam gedreht werden, damit sie nicht beschädigt wird. Die Mikrometerschraube trägt eine Teilung. Bei den Leitz-Instrumenten entspricht ein Teil des in 50 Teile geteilten Schraubenkopfes einer Dicke von 0,01 mm, bei den Zeiß-Instrumenten von 0,005 mm.

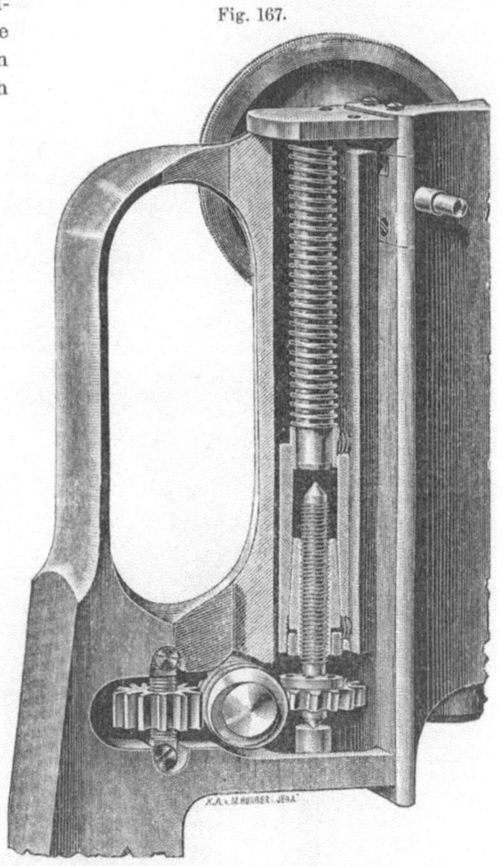

Fig. 167.

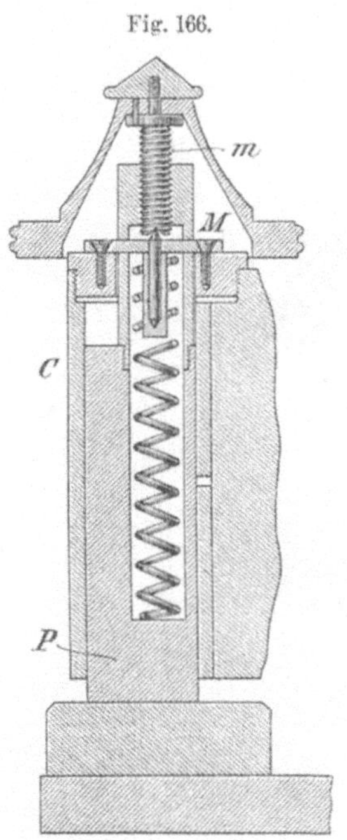

Fig. 166.

Mikrometerschraube, ältere Form mit Prismenführung.

Mechanismus der Mikrometerbewegung nach Berger.

Bei der neueren Stativform (Fig. 167) liegt die feine Einstellung gänzlich innerhalb der Säule unter der groben Einstellung und wird wie diese durch zwei seitliche Triebknöpfe bewirkt. Von der Prismenführung ist abgesehen worden. Die seitlichen Triebknöpfe tragen eine Schraube ohne Ende, welche ohne toten Gang in ein Zahnrad eingreift, das die horizontale Bewegung auf die vertikale der Schraube und des Tubus überträgt. Einer der Triebknöpfe trägt eine Teilung, von der bei Zeiß- und Seibert-Instrumenten ein Teilstrich einer Verschiebung des Tubus von 0,002 mm entspricht.

3. Der Objekttisch. Der Objekttisch ist entweder viereckig oder rund und bei den meisten Instrumenten so geräumig, daß auch größere Präparate und Kulturschalen auf ihm Platz haben. Die Tischöffnung hat bei den Zeiß-Instrumenten eine Weite von 33 mm, kann aber durch eine Blende verkleinert werden.

Größere Stative besitzen einen drehbaren Objekttisch, der eine schiefe Beleuchtung von allen Seiten ermöglicht. Auf manchen Objekttischen kann ein Metallwinkel angebracht werden, in den der Objektträger fest eingelegt wird. Zwei Skalen mit Nonien gestatten dann, eine Stelle des betreffenden Objekts jederzeit sofort wieder aufzufinden.

Kreuztische dienen dazu, ein Objekt mittels zweier Schrauben in der Ebene des Tisches in zwei aufeinander senkrechten Richtungen zu bewegen. Sie sind entweder fest an den Instrumenten angebracht oder können nach Belieben aufgesetzt werden. Bei dem großen Kreuztisch von Zeiß Nr. 44 (Fig. 168) beträgt die Bewegungsbreite nach der einen Richtung 50 mm, nach der anderen 35 mm. An zwei Skalen mit Nonien können die Verschiebungen abgelesen werden. Diese Tische erleichtern das Verschieben kleiner Objekte und das Absuchen größerer Präparate. Auch kann man mit ihnen bestimmte Stellen im Präparat,

Fig. 168.

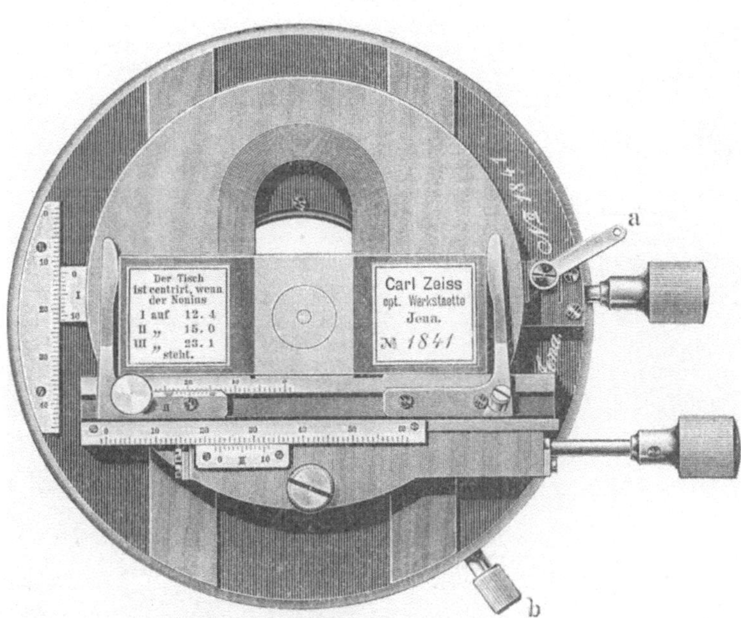

Großer Kreuztisch.
a Bügel zum Festklemmen des unteren Schlittens, *b* Klemmschraube für die Arretierung der Drehbewegung.

falls man die Nonienangaben notiert hat, jederzeit leicht wiederfinden. Über ihre Verwendung für quantitative Bestimmung einzelner Gewebsteile in Pulvern vgl. man im II. Teil.

Um Organismen bei höheren Temperaturen mit dem Mikroskop zu beobachten, benutzt man heizbare Objekttische. In der einfachsten Form bestehen diese aus Metallplatten mit seitlichen Ansätzen, die durch kleine Flammen erwärmt werden. Eine bessere Regelung der Temperatur gestattet der heizbare Objekttisch nach L. Pfeiffer, der aus einer flachen Glaskammer besteht, durch die warmes Wasser geleitet wird. Die Oberfläche der Kammer hat mehrere Hohlschliffe, so daß dieselbe auch für Kulturen in hängenden Tropfen ohne weiteres zu verwenden ist. Eine ähnliche Konstruktion aus Metall ist die von Stricker.

Bequemer als diese einfacheren Vorrichtungen sind die Mikroskopthermostaten, in die das Mikroskop mit dem Unterteil hineingestellt wird, während Okular und Einstellschrauben hervorragen. Durch eine Glasscheibe in der Vorderseite hat das Licht Zutritt. Zwei seitliche verschließbare Öffnungen gestatten die Hände in den Thermostaten einzu-

führen, um das Präparat zu verschieben. Häufig benutzt werden die Einrichtungen nach
L. Pfeiffer und Nuttall (Fig. 169).

4. Die Beleuchtungsapparate. a) Beleuchtung mit durchfallendem
Licht. Die Beleuchtung erfolgt durch einen unter dem Objekttisch angebrachten, nach

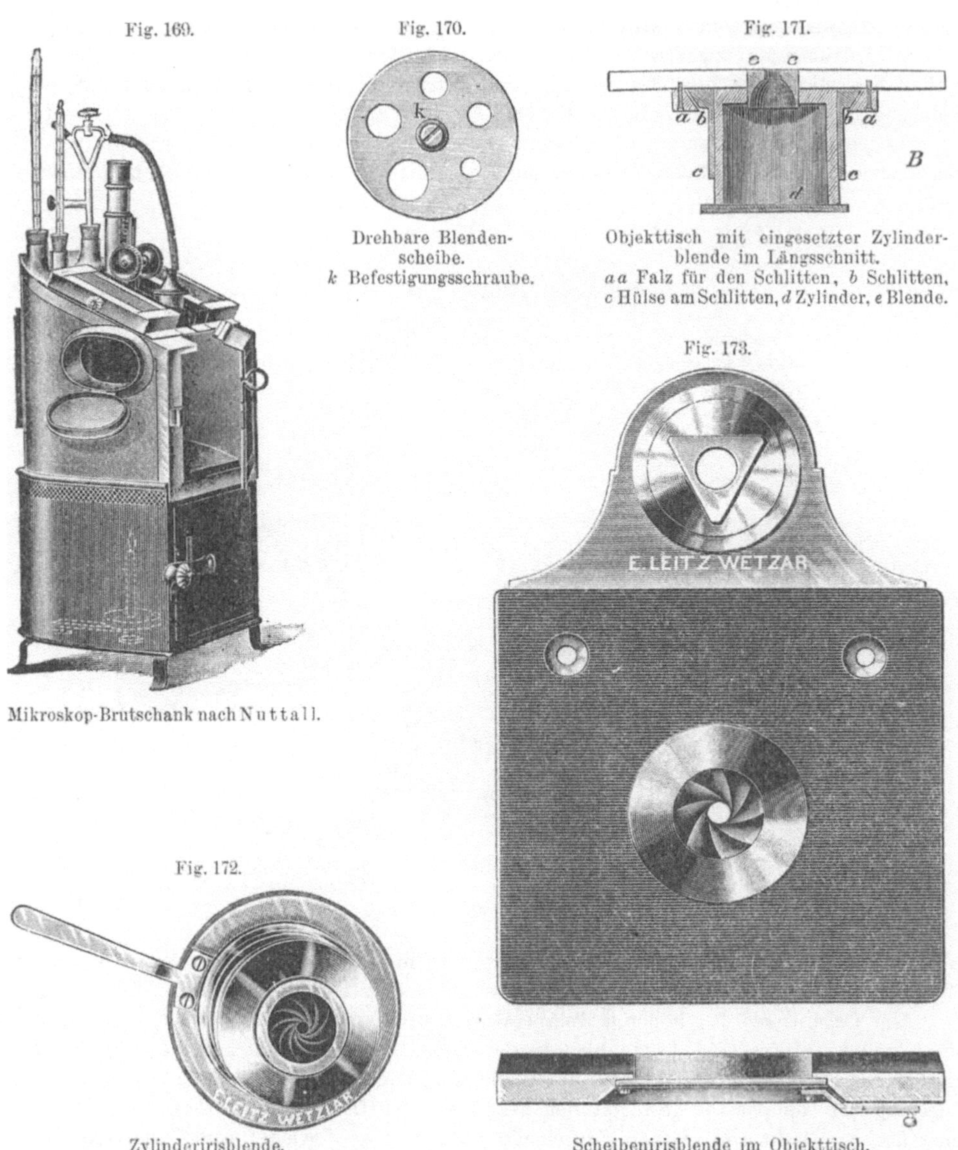

Fig. 169.

Mikroskop-Brutschank nach Nuttall.

Fig. 170.

Drehbare Blenden-
scheibe.
k Befestigungsschraube.

Fig. 171.

Objekttisch mit eingesetzter Zylinder-
blende im Längsschnitt.
aa Falz für den Schlitten, b Schlitten,
c Hülse am Schlitten, d Zylinder, e Blende.

Fig. 172.

Zylinderirisblende.

Fig. 173.

Scheibenirisblende im Objekttisch.

allen Seiten drehbaren Spiegel mit einer planen und einer konkaven Fläche. Die Lichtstrahlen des Randes können durch entsprechende Blenden abgeblendet werden. Man
unterscheidet Scheiben-, Zylinder- und Irisblenden. Erstere (Fig. 170) sind drehbare
Scheiben mit verschieden weiten Öffnungen. Die Zylinderblenden (Fig. 171) sind kurze
Röhren, die in eine Hülse unter dem Tisch eingeschoben und oben durch Diaphragmen
mit verschieden weiten Öffnungen verschlossen werden. Die Hülse wird in einen in den

Objekttisch einschiebbaren Schlitten eingeschoben. Irisblenden (Fig. 172 und 173) bestehen aus einem Ringe oder einem Zylinder, dessen Öffnung durch zahlreiche halbmondförmige gewölbte Stahllamellen, die durch einen Knopf nach der Mitte zu bewegt werden können, nach der Art der Pupille mehr oder weniger geschlossen werden kann. Sie sind an allen größeren Instrumenten angebracht.

Für weit entfernte große Lichtquellen (helle Wolken) benutzt man den Planspiegel, für kleinere Lichtquellen den Konkavspiegel.

Für stärkere Vergrößerungen reicht die Beleuchtung mit dem Spiegel nicht aus. Besonders die Immersionssysteme verlangen für ihre volle Ausnutzung besondere Beleuch-

Fig. 174.

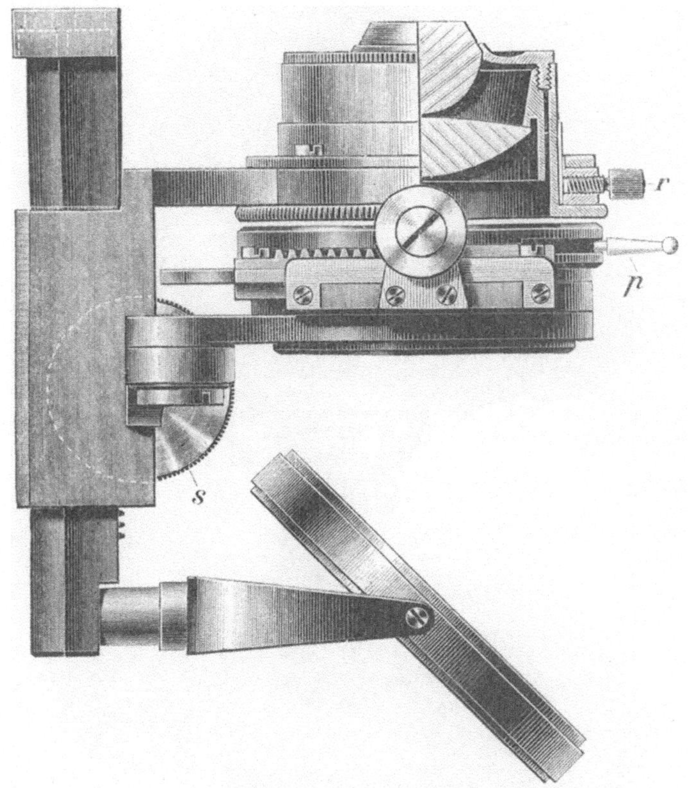

Abbescher Beleuchtungsapparat.

tungsapparate. Der jetzt allgemein benutzte Beleuchtungsapparat ist von Abbe (Fig. 174) angegeben. Er besteht aus dem Spiegel, der Blende und dem Kondensorsystem. Dieses besteht aus zwei oder drei Linsen mit einer Äquivalentbrennweite von 8—12 mm und einer numerischen Apertur von 1,20—1,40. Der Kondensor steckt in einer Hülse und kann leicht gegen eine andere Kombination ausgewechselt werden. Die Blende ist eine seitlich herausklappbare und durch einen Trieb für schiefe Beleuchtung verstellbare Irisblende. Der ganze Apparat kann durch Zahntrieb gehoben und gesenkt werden.

Für größere Instrumente liefern die optischen Werkstätten ferner einen ausklappbaren Kondensor (Fig. 175) mit Iriszylinderblende, der es gestattet, ohne weiteres von der Beleuchtung mit dem Kondensor zu der mit dem Spiegel überzugehen. Für kleinere Apparate werden auch noch einfachere, aber trotzdem sehr leistungsfähige Beleuchtungsapparate gebaut. Diese Beleuchtungsapparate verwandeln die vom Spiegel ausgehenden ziemlich spitzen Strahlenbüschel in solche von stärkerer Konvergenz (Apertur) und verschaffen so dem Objekt eine stärkere Beleuchtung. Durch die Irisblende läßt sich mit Leichtigkeit die Apertur des Beleuchtungskegels jederzeit ändern.

        b) **Beleuchtung mit auffallendem Licht.** Um undurchsichtige Objekte von oben her zu beleuchten, dient bei geringem Arbeitsabstande der **Vertikalilluminator** oder **Opakilluminator** (Fig. 176). Gemeinsam ist diesen Apparaten, daß durch ein seitliches Fenster im Objektiv einfallendes Licht durch ein unter 45° geneigtes Glasplättchen oder durch ein Prisma total reflektiert und auf das Objekt geworfen wird.

Fig. 175.

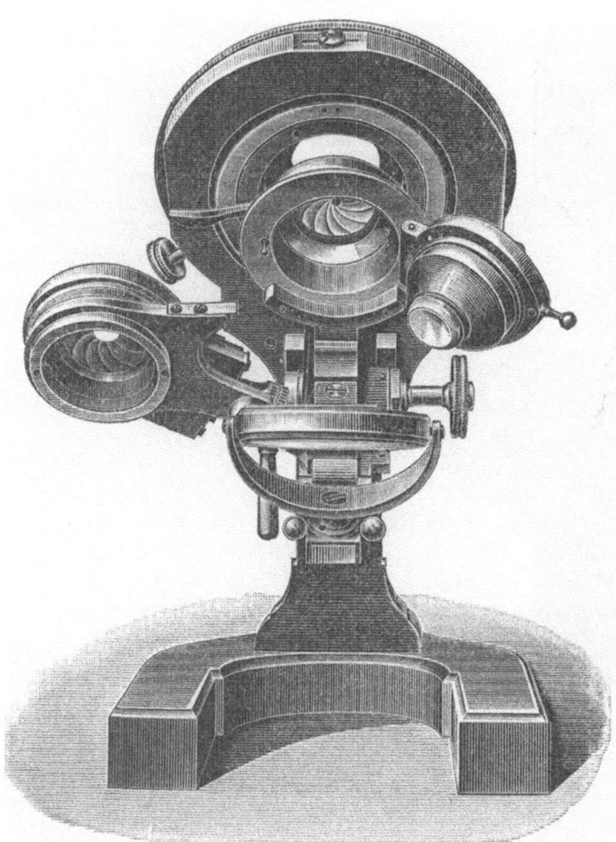

Beleuchtungsapparat nach Abbe mit herausklappbarem Kondensor.

        Bei den neuesten Konstruktionen von Leitz befindet sich für stärkere Systeme (Fig. 176, oben) das Beleuchtungsprisma P in einem besonderen Zwischenstück, das zwischen Tubus T und Objektiv O eingeschaltet wird. Es ist durch einen Knopf K verschiebbar gegen die Beleuchtungslinse L, die sich in einem seitlichen Rohr befindet. Die Beleuchtung erfolgt bei Anwendung von Tageslicht durch ein System von zwei Spiegeln, S_1 und S_2, deren Strahlen durch die Irisblende I auf die Beleuchtungslinse gelangen.

        Bei schwächeren Systemen (Fig. 176, unten) erfolgt die Beleuchtung des Objektes durch ein unter 45° zur optischen Achse geneigtes Glasplättchen R, das durch einen Ring H an der Fassung des Objektives O befestigt wird. Die Strahlen der Beleuchtungsspiegel werden in diesem Falle durch die herabklappbare Linse L_2 geleitet.

5. Der Tubus. Der Tubus ist in seinem Innern geschwärzt und besitzt einen Auszug mit Millimeterteilung zur Herstellung der für die höchstmögliche Leistung der Objektive nötigen Tubuslänge. In seine obere Öffnung werden die Okulare eingeschoben. Das untere Ende trägt entweder ein Gewinde zum Einschrauben der Objektive oder Vorrichtungen, um mehrere Objektive beim Arbeiten bequem auswechseln zu können. Solche

Fig. 176.

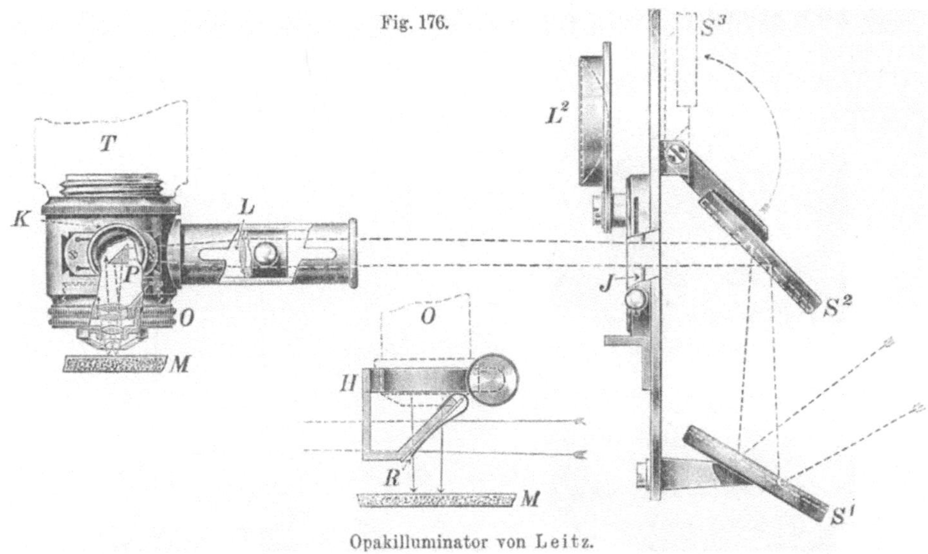

Opakilluminator von Leitz.

Vorrichtungen sind Revolver, Schlitten und Objektivzangen. Bei der Benutzung dieser Apparate ist ihre Höhe zu berücksichtigen und die Tubuslänge entsprechend zu regeln.

Fig. 177.   Fig. 178.

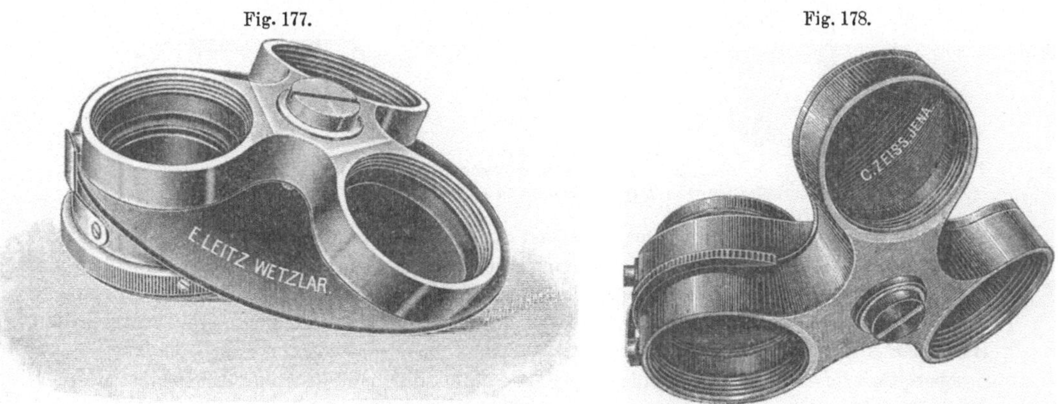

Dreifacher Revolver mit großer Schutzscheibe.   Revolver für drei Objektive mit Kugelkappen.

Die Revolver (Fig. 177) bestehen aus zwei um eine gemeinsame Achse drehbaren Metallplatten, von denen die eine mehrere (bis zu vier) Ausschnitte mit Gewinden für Objektive besitzt. Die andere Platte ist so an den Tubus geschraubt, daß die Drehungsachse nicht in die Längsachse des Tubus fällt. Durch Drehen können nun die verschiedenen Objektive vor die Tubusöffnung gebracht werden, während die unbenutzten durch die obere Platte verschlossen sind. Einschnappvorrichtungen zeigen die richtige Stellung an. Bei den Zeißschen Revolvern werden die nicht benutzten Objektive durch Deckel, die nach derselben Kugelfläche gedreht sind, verschlossen (Fig. 178). Die Objektive sind mit ihren Fassungen

11*

so abgeglichen, daß beim Wechseln derselben mit dem Revolver nur eine Regelung mit der Mikrometerschraube nötig wird.

Die Schlittenobjektivwechsler (Fig. 179) bestehen aus einem Tubusschlitten und einem Objektivschlitten, die ineinander passen.

Die Objektivzangen, die manche Firmen herstellen, gestatten ebenfalls ein sehr schnelles Wechseln der Objektive.

6. Der Strahlengang im zusammengesetzten Mikroskop. Nachdem nunmehr die optische und mechanische Einrichtung des zusammengesetzten Mikroskopes besprochen ist, sei zum Schluß noch ein Längsschnitt durch ein Mikroskop der

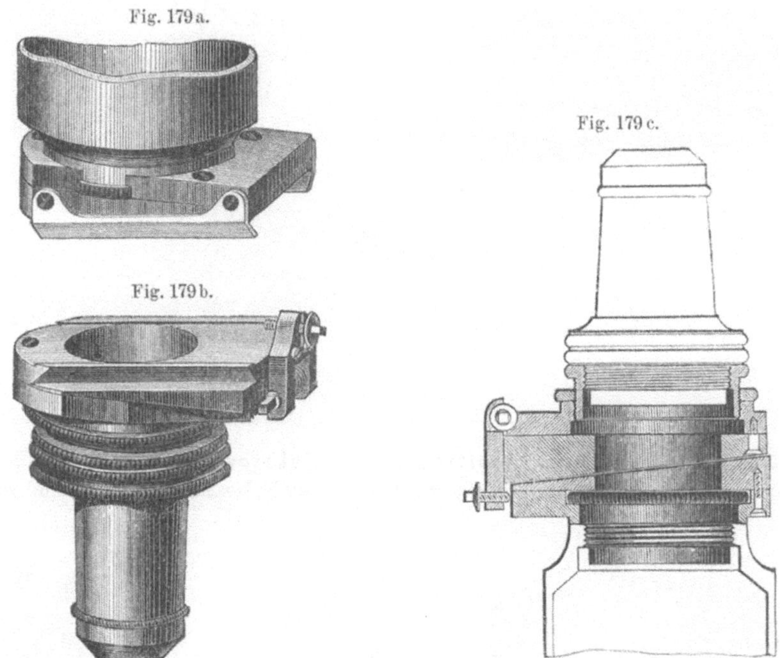

Schlittenobjektivwechsler.
a Tubusschlitten, *b* Objektivschlitten mit Objektiv, *c* Durchschnitt.

Firma Leitz (Fig. 180) vorgeführt, das den Strahlengang gut veranschaulicht. Der Planspiegel wirft das Licht auf den zweilinsigen Beleuchtungsapparat, dessen Irisblende halb geschlossen ist. Die äußersten Randstrahlen, die von dem Objekt PQ noch in die Frontlinse gelangen, werden durch die hintere Linse so gebrochen, daß sie ein reelles Bild etwa in der Höhe der Augenlinse des Okulars ergeben würden. Sie werden aber vom Kollektiv so gebrochen, daß das Bild in die Blende des Okulars fällt, das nun innerhalb der Brennweite der Augenlinse liegt, so daß nunmehr das umgekehrte virtuelle stark vergrößerte Bild $P^{\times}Q^{\times}$ zustande kommt.

C. Der Gebrauch des Mikroskopes.

Das Mikroskop ist auf einem Tisch etwa in 1 m Entfernung vom Fenster aufzustellen. Am geeignetsten ist die Nordseite. Der Spiegel muß so gedreht werden, daß er möglichst viel Licht in den Tubus wirft. Dies erreicht man, indem man bei Gebrauch des schwächsten Objektivs oder auch nach Abschrauben des Objektivs in den richtig ausgezogenen Tubus[1]

---

[1]) Die Tubuslänge beträgt für Instrumente von Zeiß 160 mm, von Leitz und Seibert 170 mm.

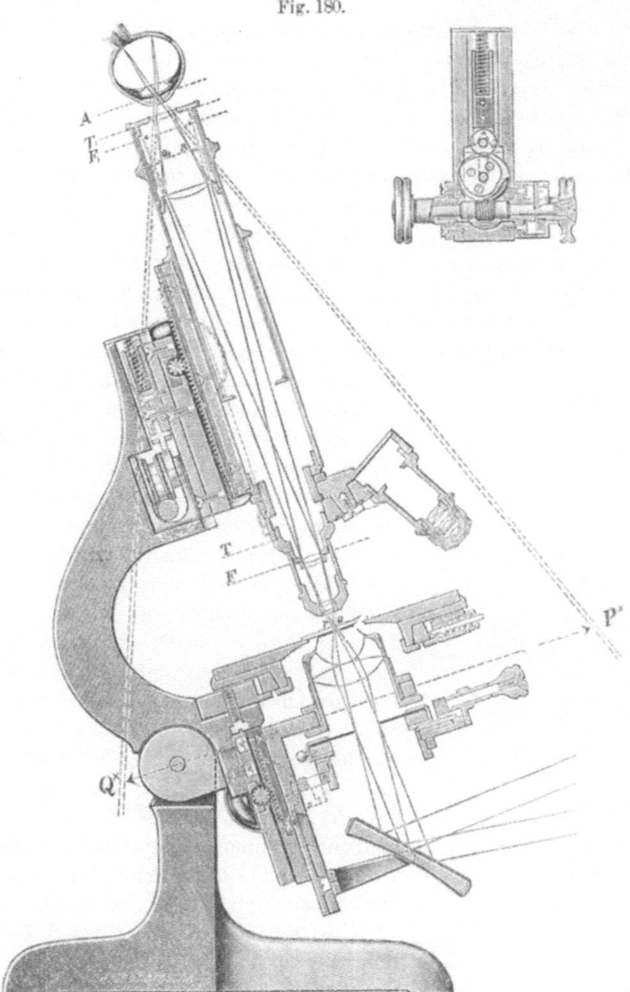

Durchschnitt durch ein Leitzsches Mikroskop und Strahlengang in einem solchen.

blickt und den Spiegel so lange dreht, bis die größte Helligkeit erreicht ist. Die Mitte des Spiegels soll für gewöhnlich in die optische Achse des Instrumentes fallen. Der Spiegel ist stets auf den Himmel zu richten, am besten auf eine weiße Wolke. Zu vermeiden ist direktes Sonnenlicht.

Als künstliche Beleuchtung kommt zurzeit in erster Linie das Gasglühlicht in Betracht. Man schaltet zwischen Lampe und Spiegel am besten eine mit Wasser gefüllte Kugel oder eine Sammellinse ein, die auf dem Spiegel ein genügend großes Bild der Lichtquelle entwerfen. Zeiß liefert eine Sammellinse von 125 mm Brennweite mit Irisblende auf Gestell mit verstellbarer Höhenstellung, die sich auch für die Beleuchtung mit dem Vertikalilluminator eignet.

Vorzügliche Mikroskopierlampen liefern die Firmen Leitz und Seibert. Die annähernd parallelen Lichtstrahlen einer im Brennpunkt eines Parabolspiegels befindlichen Gasglühlichtlampe werden auf eine sehr feinkörnige matte Glasscheibe geworfen, die ein Licht ähnlich einer weißen Wolke ausstrahlt. Die Glasscheibe ist entweder an einem Stativ oder am Parabolspiegel befestigt. Bei der Konstruktion von Leitz-Berlin kann die Glasscheibe auch gegen eine blaue Scheibe ausgewechselt werden (Fig. 181). Das Mikroskop steht je nach der Stärke der Systeme 25—35 cm vom Spiegel entfernt. Ein Schirm schützt die Augen. Beim Lichte dieser Lampen läßt sich vorzüglich zeichnen.

Das Präparat wird so gelegt, daß es sich in der Mitte der Objekttischöffnung befindet. Bei der Einstellung wird der Anfänger, ehe er die ungefähre Arbeitsdistanz seiner Objektive kennt, am besten so verfahren, daß er den Tubus mit der groben Schraube so weit herunter dreht, bis die Frontlinse des schwächsten Objektivs fast das Deckglas berührt, und nun langsam nach oben dreht, bis im Gesichtsfelde das Bild erscheint. Erst dann ist die Mikrometerschraube zu benutzen. Beim Auswechseln der Objektive mittels der beschriebenen Wechseleinrichtungen (Revolver u. a.) befindet sich ein einmal eingestelltes Präparat meist in der richtigen Entfernung und braucht nur noch mittels der Mikrometerschraube scharf eingestellt zu werden. Bei kleinen Gegenständen wird der Anfänger gut tun, zunächst stets mit der schwächsten Vergrößerung das Präparat aufzusuchen und genau zu zentrieren.

Besondere Vorsicht ist beim Arbeiten mit Ölimmersionssystemen nötig, da deren sehr empfindliche Frontlinse beim Aufstoßen auf das Deckglas leicht aus ihrer richtigen Fassung kommt. Man bringt auf das Deckglas einen Tropfen Immersionsöl und dreht nun, indem man mit seitlich gesenktem Kopf genau aufpaßt, den Tubus so tief herab, daß die Frontlinse in das Öl soeben eintaucht, dreht mit dem groben Trieb so weit zurück, daß die Verbindung zwischen Öl- und Frontlinse eben erhalten bleibt, sieht nun durch das Okular, dreht zunächst ganz langsam mit der groben Einstellung und, sobald im Gesichtsfelde etwas auftaucht, mit der Mikrometerschraube weiter.

Bei zu dicken Deckgläsern kann es vorkommen, daß man mit der homogenen Immersion und starken Trockensystemen nichts mehr sieht. Man verwendet daher nur Deckgläser von 0,15—0,18 mm Dicke. Die Instrumente von Zeiß sind für Deckgläser von 0,15—0,20 mm Dicke, die von Leitz für solche von 0,17 mm, die von Seibert für solche von 0,15 mm korrigiert.

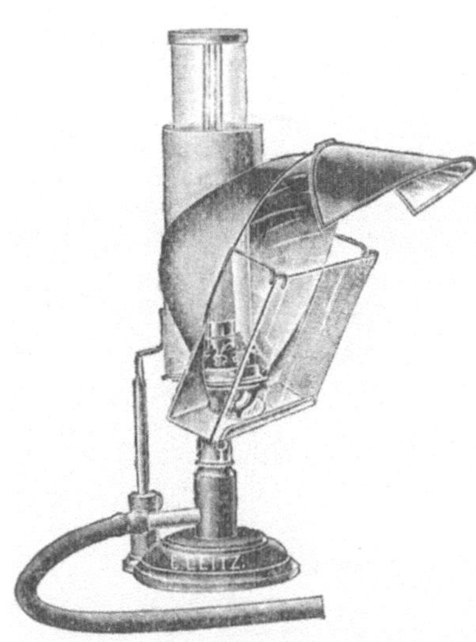

Fig. 181.

Mikroskopierlampe von Bergmann.
(Leitz-Berlin).

Gefärbte Präparate sind stets in möglichst starker Beleuchtung mit senkrecht auffallenden Strahlen zu betrachten. Man öffnet daher die Blende ganz oder schaltet sie aus und benutzt den Planspiegel. Nicht gefärbte Objekte, von denen durch verschiedene Brechung in den einzelnen Partien ein Strukturbild mit Licht und Schatten erzeugt werden soll, werden dagegen mit mehr oder minder verengter Blende und je nach der Lichtquelle mit Plan- oder Konkavspiegel betrachtet. Bei der Benutzung starker Trockensysteme oder homogener Immersionssysteme ist der Abbesche Beleuchtungsapparat nicht zu entbehren. Dieser muß so eingestellt werden, daß das Bild der Lichtquelle in das Präparat fällt. Man stellt das Präparat mit schwachem Objektiv scharf ein, richtet den Planspiegel auf einen weit entfernten Gegenstand und hebt und senkt den Beleuchtungapparat nun so lange, bis im Präparat das scharfe Bild des Gegenstandes erscheint. Dann wird der Spiegel auf eine helle Wolke gerichtet. Im allgemeinen genügt es bei guter Beleuchtung, den Beleuchtungsapparat bei Verwendung ferner Lichtquellen möglichst hoch, bei Verwendung naher tiefer zu stellen.

Die Betrachtung des Präparates geschieht je nach Neigung, Fähigkeit und anderen Umständen (z. B. Lage des Zeichenapparates u. a.) mit dem rechten oder linken Auge. Das

nicht mikroskopierende Auge muß offen gehalten werden. Solange den Anfänger Neben-
bilder stören, empfiehlt es sich, das unbeschäftigte Auge mit der Hand zu verdecken, nicht
zuzukneifen. Da die Tiefe des Gesichtsfeldes der mikroskopischen Objektive, insbesondere
der stärkeren, gering ist, so muß die Einstellung für die verschiedenen Schichten des Präparates andauernd durch die Mikrometerschraube geändert werden. Dabei führt die linke
Hand das Präparat, während die rechte an der Mikrometerschraube bleibt. Am schönsten erscheinen stets die obersten Schichten des Präparates, weil über diesen die Schärfe des Bildes
störende Teile nicht liegen.

Man beginne die Besichtigung stets mit dem schwächsten Objektiv und Okular und
schreite, nachdem man so einen Überblick über das ganze Präparat erhalten hat, mit stärkeren
Objektiven zur Untersuchung der Einzelheiten fort. Erst nachdem man hier an der Grenze
angelangt ist, schaffe man sich weitere Vergrößerungen durch stärkere Okulare. Im allgemeinen wird man über die 1000 fache Vergrößerung selten hinauszugehen brauchen. Nur bei
Bakterienuntersuchungen geht man zuweilen bis zu 2000 facher hinauf. Gewisse Schwierigkeiten hat der Anfänger oft bei der Deutung der Erscheinungen, die durch die verschiedene
Brechung in Objekt und Einschlußflüssigkeit hervorgebracht werden. Man merke sich ganz
allgemein, daß stärker lichtbrechende Objekte, die in einer schwächer brechenden Flüssigkeit unter dem Deckglase beobachtet werden, bei tiefer Einstellung dunkler, bei hoher Einstellung heller als das Gesichtsfeld erscheinen und daß schwächer lichtbrechende Objekte
in stärker brechenden Medien sich umgekehrt verhalten. Luftblasen, die zuweilen un-
absichtlich in ein Präparat gelangen, zeigen ferner bei mittlerer Einstellung eine dunkle,
nach außen scharf abgegrenzte Randzone, die mit dem Senken des Tubus sich vergrößert.
Sie entsteht dadurch, daß die in die Blase aus dem Wasser eintretenden Lichtstrahlen in
den Randteilen so stark gebrochen werden, daß sie nicht mehr in das Objektiv gelangen.
Bei Abblendung des von oben kommenden Lichtes erscheinen ferner außerhalb des Randes
der Blase noch einige hellere und dunklere Interferenzstreifen. Ähnliche Interferenzerschei-
nungen kann man bei Öltropfen, Stärkekörnern und anderen Objekten bei entsprechender
Einstellung beobachten. Sie können hier leicht eine Membran vortäuschen.

D. Die Behandlung des Mikroskopes.

Man beachte folgendes:

Man trage nie ein Mikroskop am Tubus, sondern fasse die neueren Stative an der am
Tubusträger angebrachten kräftigen Handhabe, die älteren am Fuß.

In chemischen Laboratorien dürfen Mikroskope nicht aufbewahrt werden, da sowohl die Metallteile als auch die neueren Gläser durch Säuredämpfe und Schwefelwasserstoff leiden. Auch beim Arbeiten mit metallangreifenden Reagenzien ist größte Vorsicht
geboten.

Das Mikroskop ist nach der Arbeit in den Kasten zu stellen oder durch einen Glassturz
gegen Staub zu schützen. Man hüte sich auch, das Mikroskop längere Zeit in der grellen
Sonne stehen zu lassen. Die Getriebe werden von Zeit zu Zeit nach Entfernung etwaigen
Schmutzes mit einem Tropfen Knochenöl geölt.

Das Auseinandernehmen der Mikrometereinstellvorrichtung sowie der Objektive ist zu
vermeiden. Etwaige Mängel müssen von einer optischen Werkstätte beseitigt werden. Nur
die Okulare können, um sie zu reinigen, auseinander genommen werden. Die Reinigung
ihrer, sowie der zugänglichen Linsen der Objektive wird mit einem Pinsel oder einem Stück
reinen weichen Wildleders vorgenommen.

Die Ölimmersionssysteme müssen nach jedesmaligem Gebrauch von Öl durch Abwischen
mit einem reinen Leinwandläppchen oder Fließpapier gereinigt werden. Die letzten Ölreste
entfernt man durch schnelles Nachwischen mit einem Lederläppchen, das mit einer Spur
Xylol, Chloroform oder Benzin getränkt ist.

E. Die Anschaffung und Prüfung des Mikroskopes.

Bei der Anschaffung eines Mikroskopes wende man sich nur an eine renommierte Firma und lasse sich nicht durch billige Angebote zum Ankauf minderwertiger Instrumente verleiten. Es ist besser, bei geringen Mitteln zunächst sich auf die Anschaffung eines Stativs und weniger Okulare und Objektive zu beschränken und durch allmählichen Zukauf das Instrument zu vervollkommnen.

Gute Mikroskope liefern in Deutschland viele optische Werkstätten. Wir nennen hier folgende, deren Fabrikate uns bekannt sind, ohne damit eine erschöpfende Liste geben zu wollen: Carl Zeiß-Jena, E. Leitz-Wetzlar, W. u. H. Seibert-Wetzlar, Winkel-Göttingen. Alle diese Firmen liefern Mikroskope in verschiedener Ausstattung zu den verschiedensten Preisen. Für den Praktiker scheiden allerdings die größeren Zeiß-Instrumente durch ihren hohen Preis aus. Die übrigen Firmen haben annähernd gleiche Preise für Instrumente gleichwertiger Ausstattung.

In den Katalogen der optischen Werkstätten kann jeder ein seinen Bedürfnissen und seinem Können entsprechendes Instrument leicht auffinden. Man ziehe event. bei der Auswahl einen erfahrenen Mikroskopiker zu Rate.

Die Leistungsfähigkeit eines Mikroskopes prüft man am besten durch einen Vergleich mit einem anderen zweifellos guten Instrument von möglichst gleichartiger Konstruktion. Als Objekte verwendet man die jedem Instrument beigegebenen Testobjekte. Dies sind meist die Flügelschuppen des Schmetterlings Epinephele Janira und die Schalen einiger Kieselalgen (Pleurosigma angulatum und Surirella gemma). Man verlangt von einem guten Instrument scharf begrenzte Bilder mit möglichst weitgehender Auflösung der feineren Strukturen. Mit Rücksicht auf diese Forderungen sollen die genannten Testobjekte folgendes zeigen: Auf den Flügelschuppen von Epinephele sollen bei 40facher Vergrößerung feine Längslinien erkennbar sein, zwischen denen bei 150facher Vergrößerung und zentraler Beleuchtung feinere Querstreifen hervortreten. Bei 800—1000facher Vergrößerung lösen sich die Längslinien in Streifen mit runden Körpern auf. Auch die Querlinien erscheinen als Streifen, zwischen denen zwei bis drei runde Körper nebeneinander liegen (Fig. 182).

Pleurosigma angulatum dient für Vergrößerungen von 200 an aufwärts. Bei etwa 250facher Vergrößerung sieht man mit Objektiven mit einer numerischen Apertur über 0,8 auf der Schale drei Liniensysteme, von denen das eine senkrecht zur Mittellinie, die beiden anderen schräg zu ihr verlaufen. Bei stärkeren Vergrößerungen erscheinen die durch die schrägen Systeme gebildeten Felder rund (Fig. 183).

Surirella gemma dient zur Prüfung für homogene Immersionssysteme. Auf der Schale verlaufen auf beiden Seiten der Mittellinie Querleisten aus zahlreichen feinen Linien, die durch homogene Immersionssysteme in Reihen ovaler Flecken aufgelöst werden (Fig. 184).

F. Die Nebenapparate des Mikroskopes und ihre Anwendung.

1. Die Lupen. Über die Entstehung des Lupenbildes ist bereits S. 148 das Wichtigste gesagt worden. Die Lupen erzeugen in dem Auge ein virtuelles vergrößertes Bild. Da die Größe eines Bildes für das Auge der Größe des Sehwinkels, d. h. des Winkels aus den äußersten Randstrahlen, die noch in das Auge gelangen, proportional ist, so muß die Lupe so nahe wie möglich an das Auge gebracht werden. Die Vergrößerung einer Lupe ist gleich dem Quotienten aus der Sehweite und der Brennweite der Linse.

Die einfache unachromatische Lupe ist in Brennweiten bis zu 30 mm herunter ziemlich brauchbar. Nahe ans Auge gehalten, ergibt sie ein ziemlich ebenes unverzerrtes Bildfeld von $^1/_5$ der Brennweite.

Wesentlich besser sind die aus zwei unachromatischen Linsen zusammengesetzten Lupen nach Fraunhofer, Wilson u. a., die merklich verminderte Aberrationen besitzen.

Noch stärker vermindert ist die Aberration bei den Zylinderlupen (Fig. 185, 186, 187) nach Coddington, Brewster, Stanhope. Diese Lupen bestehen aus einem Glaszylinder, der von verschieden gekrümmten Flächen begrenzt ist. Um die Randstrahlen abzuhalten besitzen diese Lupen zum Teil als Blenden wirkende seitliche Einschliffe.

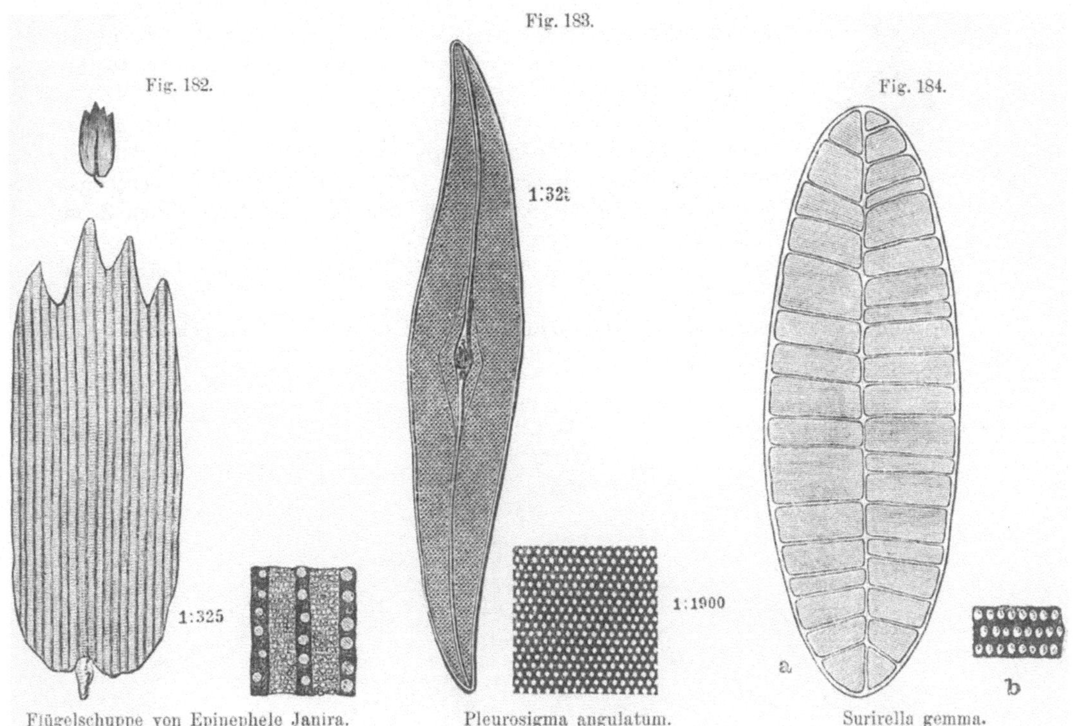

Diese Lupen besitzen alle einen kleinen Objektabstand und ein kleines Gesichtsfeld. Von den zusammengesetzten Lupen, die aus mehreren Linsen mit verschiedenem Zerstreu-

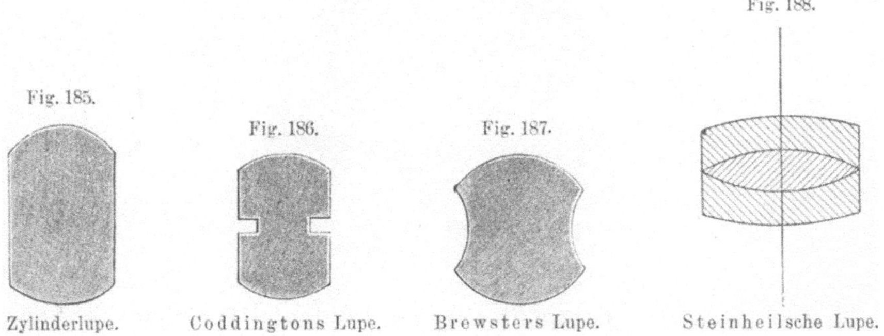

ungsvermögen zusammengesetzt sind, sind besonders die aplanatischen Lupen von Steinheil (Fig. 188) zu nennen, in denen eine sehr dicke bikonvexe Crownglaslinse von zwei konvex-konkaven Flintglaslinsen eingeschlossen ist. Man hat früher vielfach Lupen mit erheblich stärkerer Vergrößerung (bis zu 200) hergestellt. Diese konnten naturgemäß nicht aus einer Linse bestehen, da diese einen so kleinen Krümmungsradius besitzen mußte,.

Fig. 189.

Dreiteilige Einschlaglupe.

daß Öffnung und Lichtstärke sehr gering, die Aberration sehr groß werden mußten. Man hat daher Kombinationen von zwei und drei plankonvexen Linsen (Dublets, Triplets) hergestellt, mit denen bis in die Mitte des vorigen Jahrhunderts der größte Teil der mikroskopischen Untersuchungen ausgeführt worden ist.

Was die mechanische Einrichtung der Lupen betrifft, so werden sie mit Horn- oder Metallfassungen entweder in festen Kombinationen oder mit beweglichen Linsen als Einschlaglupen hergestellt (Fig. 189).

Stärkere Lupen werden meist auf Stativen montiert und neißen dann Stativlupen oder Präpariermikroskope (Fig. 190 und 191). Letztere besitzen einen Präpariertisch mit Beleuchtungsspiegel und Armstützen. Häufig wird auch die Lupe durch Zahn und Trieb bewegt.

Diese Präpariermikroskope sind äußerst bequem zur Untersuchung und Präparation größerer Objekte.

Besondere Konstruktionen sind die binokularen Präparierlupen (Fig. 192), die aus zwei um ein Gelenk beweglichen Lupen bestehen.

Fig. 190.

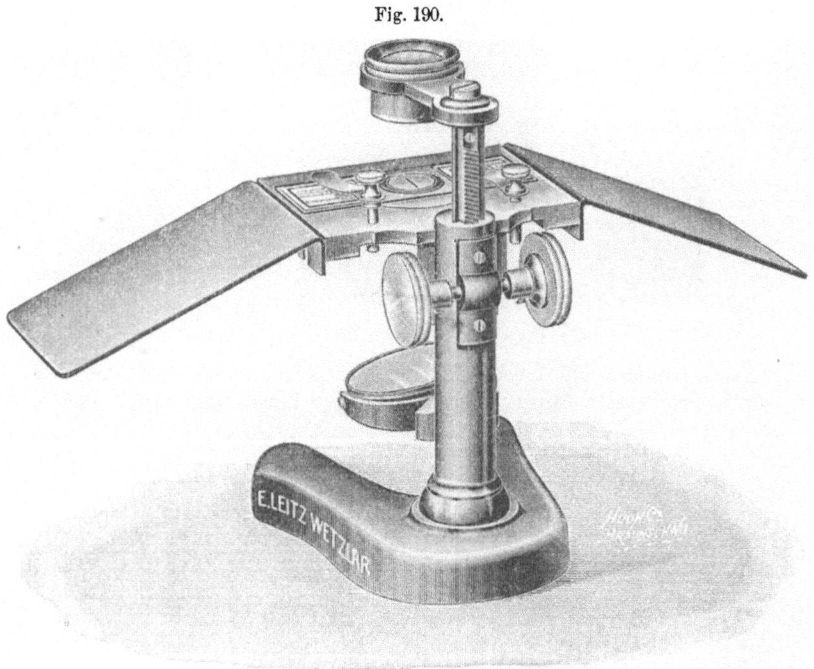

Einfaches Präpariermikroskop.

2. *Die Zeichenapparate.* Wenn es auf genaue Wiedergabe der Formen und Verhältnisse mikroskopischer Gegenstände ankommt, müssen Zeichenapparate zu Hilfe genommen werden. Es gibt eine große Zahl solcher Apparate, die bei richtiger Benutzung sämtlich brauchbare Bilder liefern. Hier sollen nur zwei besprochen werden, die sich besonders eingebürgert haben, nämlich das Zeichenokular von Leitz und der Zeichenapparat von Abbe. Letzterer ist besonders für Zeichnungen von Bakterien bei starken Vergrößerungen kaum zu entbehren.

Alle diese Apparate beruhen darauf, daß durch zweimalige Reflexion die Zeichenflächen (bzw. die Bleistiftspitze) sichtbar gemacht werden, während die aus dem Okular tretenden

Fig. 192.

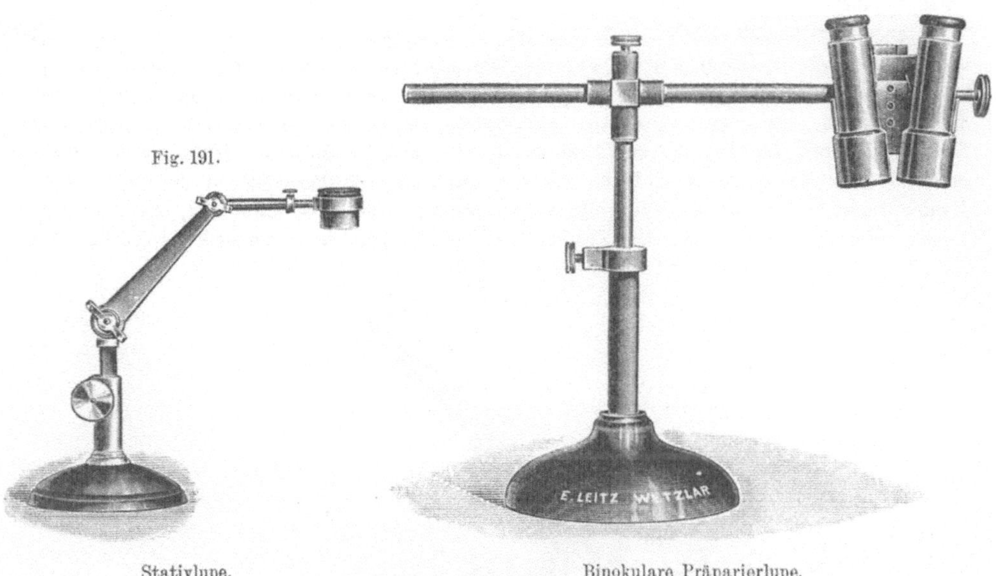

Fig. 191.

Stativlupe. Binokulare Präparierlupe.

Strahlen ohne Ablenkung ins Auge gelangen. Bedingung ist möglichst gleiche Helligkeit des Gesichtsfeldes und der Zeichenfläche.

Das Leitzsche Zeichenokular (Fig. 193) wird in zwei Konstruktionen geliefert. Nr. 111 wird am aufrechten Tubus durch eine seitliche Schraube festgeklemmt. Die Dämp-

Fig. 193.

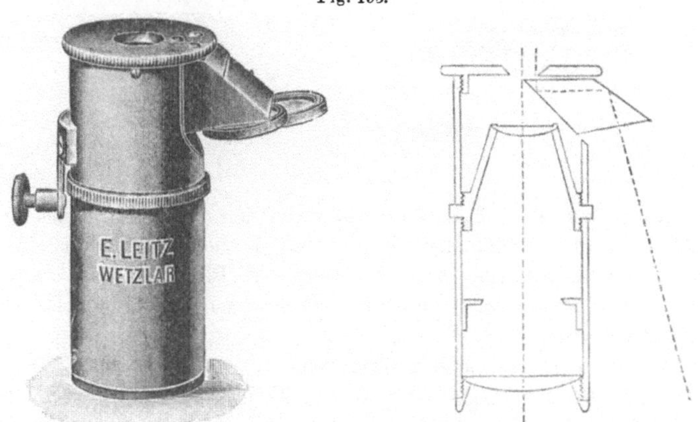

Leitzsches Zeichenokular Nr. 111. Ansicht und Längsschnitt mit Strahlengang.

fung der Zeichenfläche geschieht durch zwei vor die untere Prismenfläche schaltbare Rauchgläser. Die Zeichenfläche muß bei diesem Okular, um Verzerrungen zu vermeiden, um 12° geneigt sein. Durch besondere aufklappbare Zeichentische ist dies leicht zu erreichen.

Beim Zeichenokular Nr. 112 ist durch eine etwas abgeänderte Form des Prismas erreicht, daß das Bild bei einem um 45° geneigten Mikroskop ohne Verzerrung in der Horizontalen unmittelbar vor dem Beobachter in der normalen Sehweite entsteht (Fig. 194).

Von dem Abbeschen Zeichenapparat, der in verschiedenen Formen hergestellt wird, sei hier nur die vollkommenste beschrieben (Fig. 195 und 196).

Er unterscheidet sich von den anderen Zeichenprismen und -okularen wesentlich dadurch, daß die volle Öffnung der Austrittspupille zur Geltung kommt, also kein Lichtverlust eintritt, was besonders für Bakterienzeichnungen bei starken Vergrößerungen von großer Bedeutung ist. Dies wird durch die Anbringung zweier gleichschenkliger, rechtwinkliger Prismen, die mit der Hypotenusenfläche zusammengekittet sind, in der Höhe des Augenortes erreicht. Die Kittfläche des oberen Prismas trägt einen Silberbelag, in dessen Mitte ein 1 oder 2 mm (für schwächere Vergrößerungen) weiter Kreis ausgeschabt ist, durch den der Gegenstand betrachtet wird. Die Zeichenfläche wird durch einen an einem seitlichen Arm

Fig. 194.

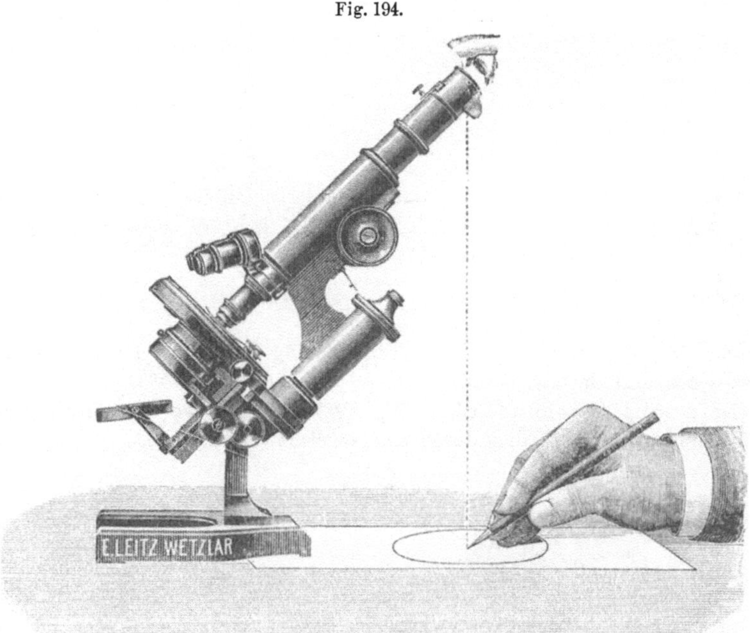

Leitzsches Zeichenokular Nr. 112 zum Zeichnen mit umgelegtem Mikroskop.

befestigten drehbaren Spiegel A (Fig. 195) und durch den Spiegelbelag des Prismenkörpers sichtbar gemacht. Um gleiche Helligkeit in Bild und Zeichenfläche herzustellen, dienen eine über den Prismenwürfel gestülpte drehbare Kappe R (Fig. 196) mit fünf verschiedenen Rauchglasscheiben und eine unter dem Würfel exzentrisch drehbare Scheibe B mit ebenfalls fünf Rauchglasscheiben.

Über den Gebrauch dieses Apparates sei noch folgendes bemerkt. Der Apparat wird mittels des unter dem Prismenkörper befindlichen Ringes K (Fig. 195) auf den Tubus geschraubt, indem man dabei das Okular herauszieht. Sodann wird die Öffnung mittels zweier Schrauben H und L zentriert.

Ob das Prisma sich in richtiger Höhe befindet, erkennt man in folgender Weise: Man blickt bei ziemlich geschlossener Blende der Beleuchtungsapparate von oben in Sehweite auf das Okular. Das als helles Scheibchen über dem Okular schwebende Bild der Objektivöffnung muß mit dem Sehloch im Prisma zusammenfallen. Dies ist erreicht, wenn bei seitlicher Hin- und Herbewegung des Kopfes der helle Kreis gegenüber der Prismenöffnung keine Bewegung zeigt. Durch Einschaltung der Kappe und der Drehscheibe mit den Rauchgläsern, wenn nötig auch noch durch Arbeiten mit Blende und Spiegel, wird dann gleiche Helligkeit im Präparat und auf dem Zeichenbrett hergestellt. Diese besteht, wenn die Bleistiftspitze und die Umrisse des Gegenstandes gleich scharf auf der Zeichenfläche erscheinen.

Fig. 195.

Zeichenapparat nach Abbe.

Letztere ist bei diesem Apparat horizontal angeordnet. Steht der Spiegel in einem Winkel von 45°, so wird jede Verzerrung vermieden. Als Zeichenbrett kann man einen der käuf-

Fig. 196.

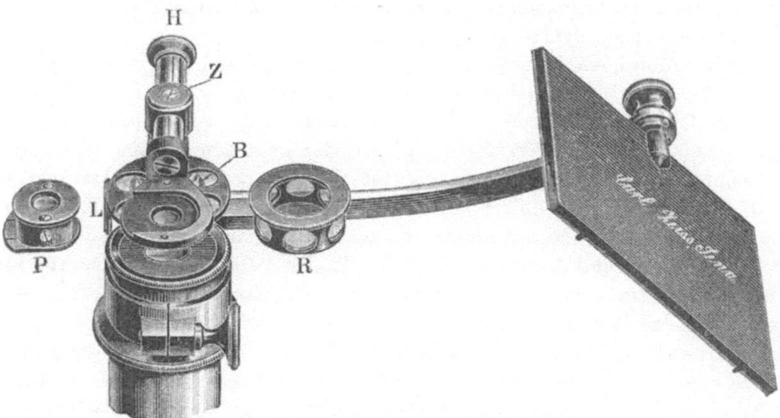

Zeichenapparat nach Abbe.
Nach Entfernung des Abbeschen Würfelchens (P) und der Rauchglaskappe (R).

lichen Zeichentische, ebensogut aber ein einfaches Brett aus weichem Holze oder auch einen Holzklotz benutzen. Arth. Meyer empfiehlt einen solchen aus Lindenholz von 25 cm Länge, 15 cm Breite und 6,5 cm Höhe. Letzterer ist besonders dann zu empfehlen, wenn die Sehweite der Zeichnenden geringer als normal ist. In diesem Falle empfiehlt sich die Anwendung eines Holzklotzes von den Dimensionen, daß das Zeichenpapier in der Ebene des Objekttisches liegt. Sonst muß man das Brett entsprechend durch Unterlegen eines Buches erhöhen oder mit der Brille zeichnen. Die optischen Werkstätten liefern auf Wunsch auch geeignete, auf den Zeichenapparat auflegbare Brillengläser.

Die Zeichenapparate dienen im allgemeinen nur zur Festlegung der Konturen. Details zeichnet man mit freiem Auge ein.

Als Papier benutze man nicht zu rauhes gutes Zeichenpapier. Als Bleistifte sind die Kohinoorstifte zu empfehlen, von denen die härteren (HHH) Nummern für die Umrisse, die weicheren für Schattierungen benutzt werden.

Die Vergrößerung durch den Abbeschen Apparat setzt sich zusammen aus den Entfernungen zwischen Prismenmitte, Spiegelachse und Papier. Sie wächst in einfachem Verhältnis mit der Bildentfernung.

Über die Anwendung des Zeichenapparates zum Messen vergleiche man S. 175, zur quantitativen Bestimmung von Gewebsteilen in Pflanzenpulvern im II. Teil.

3. Die Meßapparate. Messungen mikroskopischer Gegenstände werden in der Mehrzahl der Fälle entweder mittels eines Okularglasmikrometers oder des Zeichenapparates ausgeführt. In beiden Fällen wird die Größe des von dem Objektiv entworfenen Bildes des Gegenstandes gemessen. Weniger gebraucht werden Apparate, mittels deren man die Größe des Gegenstandes selber mißt. Von diesen sei hier nur das sogenannte Spitzenokular erwähnt, über das man Näheres in Katalogen optischer Werkstätten nachlesen kann, ebenso über Objektiv- und Okularschraubenmikrometer.

Das Okularglasmikrometer besteht aus einem runden Glasplättchen, das in der Mitte eine Teilung einer 5 mm langen Strecke in 100 Teile (oder 1 mm in 10 Teile) besitzt. Das Mikrometer paßt in ein dazugehöriges Okular, das in der Mitte auseinandergeschraubt werden kann und auf dessen dort befindliche Blende das Mikrometer, die Teilung nach oben, gelegt wird. Die Augenlinse dieser Okulare ist verschiebbar. Sie wird so eingestellt, daß die Teilung scharf erscheint. Das Messen wird nun in der Weise ausgeführt, daß man den zu messenden Gegenstand scharf einstellt, dann den Objektträger so verschiebt, daß die zu messende Länge senkrecht zu den Teilstrichen der Skala steht und an einem Ende mit einem Teilstrich abschneidet, und die bedeckten Teilstriche zählt. Um aus der so erhaltenen Zahl die wahre Größe des Gegenstandes festzustellen, bestimmt man mittels eines Objektivglasmikrometers die relative Größe der Okularmikrometerteile.

Das Objektivmikrometer ist ebenfalls ein auf einem Objektträger festgekittetes Glasplättchen mit einer sehr genauen Einteilung eines Millimeters in 100 Teile. Man bestimmt, wieviel Teile des Objektivmikrometers mit einer gewissen Zahl von Teilen des Okularmikrometers zusammenfallen und erhält durch Division der Zahl den wahren Wert der Okularmikrometerteilung (den Mikrometerwert) für das angewendete Okular und Objektiv. Sind z. B. 67 Teile des Objektivmikrometers gleich 10 Teilen des Okularmikrometers, so ist der Mikrometerwert = 6,7. Man benutzt für solche Bestimmungen vorteilhaft nur die in der Mitte des Gesichtsfeldes liegenden Teile der Skalen. Die Mikrometerwerte sind meist von den optischen Firmen für ihre Instrumente und Okularmikrometer festgestellt.

Eine wesentliche Vereinfachung stellt das Zeißsche Okularmikrometer für das Kompensationsokular 6 dar. Seine Einteilung ist so getroffen, daß die Intervalle für ein ideelles System von 1,0 mm Brennweite bei normaler Tubuslänge gleich 0,001 mm (1 μ) sind. Der Wert eines Intervalles steigt in demselben Verhältnis und in den gleichen Zahlen wie die Brennweite der apochromatischen Objektive, ist also für

$$\text{Apochromat} \quad 4 \text{ mm} \ldots\ldots\ldots\ldots\ldots \quad 4$$
$$\text{,,} \quad\quad 8 \text{ ,,} \ldots\ldots\ldots\ldots\ldots \quad 8$$
$$\text{,,} \quad\quad 16 \text{ ,,} \ldots\ldots\ldots\ldots\ldots 16$$

Es kann also hier durch Multiplikation der beobachteten Zahlen mit der Brennweite des betreffenden Systems die wahre Größe festgestellt werden.

Messungen mittels des Zeichenapparates nimmt man in der Weise vor, daß man von dem zu messenden Gegenstand und der Skala des Objektivmikrometers bei gleicher Tubuslänge und Entfernung der Zeichenfläche ein Bild entwirft. Derartig hergestellte Maßstäbe sind bei genauer Einhaltung derselben Bedingungen ein für allemal zum direkten Messen der Bilder geeignet. Man achte darauf, daß die Verbindungslinie zwischen Spiegelmittelpunkt des Abbeschen Zeichenapparates und der Zeichenfläche auf letzterer senkrecht stehen muß, wenn nicht Verzerrungen eintreten sollen.

4. Die Zählapparate. Um Zellen oder einzellige Organismen in Flüssigkeiten mittels des Mikroskopes zu zählen, sind besondere Zählapparate eingerichtet worden. Diese bestehen aus einer Kammer zur Aufnahme der zu untersuchenden Flüssigkeit und der Zählvorrichtung. Die Kammer besteht aus einem Objektträger, auf den ein Deckglas von 0,1 oder 0,2 mm Dicke gekittet ist, das in der Mitte einen kreisrunden Ausschnitt besitzt. In die Höhlung bringt man einen Tropfen der Flüssigkeit und bedeckt ihn mit einem Deckglase. Die Zählvorrichtung besteht aus einem Netzmikrometer, das entweder auf den Objektträger innerhalb des Deckglasausschnittes eingeätzt ist oder in Form einer Netzätzung auf einem Glasplättchen als Okularmikrometer angewendet wird.

Zuweilen verwendet man auch die Thomasche Kammer. Bei dieser ist innerhalb des Ausschnittes des 0,2 mm dicken Deckglases ein zweites kleines kreisrundes Deckglas von 0,1 mm Dicke auf den Objektträger gekittet, so daß eine kreisförmige Rille entsteht. Auf dem inneren Deckglase ist ein Kreuz aus je 21 sich senkrecht schneidenden Strichen eingeätzt. Auf das mittlere Deckglas wird ein Tropfen der Flüssigkeit gebracht und das Ganze wird dann mit einem Deckglase bedeckt, so daß eine Flüssigkeitssäule von 0,1 mm Höhe entsteht.

Diese Zählapparate werden meist benutzt, um die Zahl von Hefezellen in gärenden Flüssigkeiten oder Hefeaufschwemmungen festzustellen. Doch sind sie natürlich ebensogut für andere größere einzellige Organismen zu gebrauchen. Für Bakterien dagegen eignen sie sich nicht.

Für das Zählen von Hefezellen sind im Hansenschen Laboratorium genaue Vorschriften ausgearbeitet worden, an die wir uns hier halten werden. Hauptsache ist die Herstellung einer guten Durchschnittsprobe. Um die Zellverbände zu lösen und das Zusammenklumpen der Zellen zu verhindern, wird im Carlsberg-Laboratorium Schwefelsäure zur Flüssigkeit gesetzt. Lindner empfiehlt auch Natronlauge, Salzsäure oder Weinsäure. Man verfährt in folgender Weise: Man schüttelt die Kulturflüssigkeit sehr energisch längere Zeit um und bringt mit einer Pipette ein bestimmtes Volumen mehrere Male in ein kleines Gefäß. Die Entnahme muß sehr schnell geschehen, damit sich die Zellen nicht absetzen können. Man versetzt dann die Proben mit so viel verdünnter Schwefelsäure (1 Teil konzentrierte Schwefelsäure und 10 Teile Wasser), daß eine geeignete Verdünnung entsteht, d. h. nicht zu viele und nicht zu wenige Zellen vorhanden sind. Dann schüttelt man diese Proben energisch um, entnimmt mittels einer kleinen Pipette schnell eine kleine Probe, bringt schnell ein Tröpfchen in die Zählkammer und legt sofort das Deckglas auf. Dann läßt man die Kammer eine kurze Zeit ruhig stehen, damit sich die Zellen senken können.

Der Tropfen soll so groß sein, daß er die Kammer vollständig erfüllt, aber nicht unter dem Deckglase hervorquillt. Man zählt nun mit 150—300facher Vergrößerung eine größere Zahl von Quadraten, etwa 10 aus, wobei man die verschiedenen Teile des Netzes gleichmäßig berücksichtigt. Dann wird die Kammer sorgfältig gereinigt und wieder mit einem Tröpfchen der sorgfältig geschüttelten Probe beschickt. Man wiederholt die Zählungen so lange, bis man genügend übereinstimmende Mittelwerte erhält. Dazu werden meist vier Zählungen genügen. Um den Mittelwert für die Raumeinheit der Kulturflüssigkeit zu erhalten, muß natürlich noch die Verdünnung berücksichtigt werden.

Handelt es sich nicht um vergleichende Untersuchungen der Zellenzahl verschiedener Kulturen oder derselben Kultur in verschiedenen Entwicklungsstadien, sondern um die

wirkliche Zellenzahl eines bestimmten Volumens, so muß man natürlich die Höhe der Flüssigkeitssäule und die Größe der Quadratflächen kennen. Erstere beträgt 0,1—0,2 mm und wird
vom Optiker angegeben, ebenso die Größe der Quadrate, wenn diese in die Grundfläche
der Kammer eingeätzt sind. Beim Okularnetzmikrometer muß die Seitenlänge der Quadrate
nach dem früher beschriebenen Verfahren mittels des Objektivmikrometers bestimmt werden.

Für die mikroskopische Zählung von Bakterien eignen sich die Zählkammern
wegen der Kleinheit der Zellen nicht. In diesem Falle muß man die Bakterien fixieren, d. h.
am Deckglase festkleben und färben. Ein für mikroskopische Bakterienzählungen brauchbares Verfahren hat Klein[1]) ausgearbeitet. Eine abgemessene Menge einer bakterienhaltigen
Flüssigkeit (flüssige Kultur, Emulsion von Bakterienrasen in Wasser oder anderen Flüssigkeiten u. a.), etwa 0,1—1,0 ccm, wird mit dem gleichen Volumen Farblösung versetzt.
Als solche verwendet man Anilinwasser-Gentinaviolett oder ähnliche Beizenfarbstoffe. Man
läßt das Gemisch unter öfterem Umrühren einige Minuten in einem Uhrglase stehen, entnimmt dann mit einer geeichten Platinöse[2]) eine kleine Menge desselben und streicht sie auf
einem ganz reinen entfetteten Deckglase aus. Das Ausstreichen soll nicht so lange fortgesetzt
werden, bis die Flüssigkeit ganz eingetrocknet ist, weil sonst die Zahl der Organismen stets
geringer gefunden wird. Man hört mit dem Ausstreichen auf, sobald die Flüssigkeit eine dem
Auge überall gleich dick erscheinende Schicht auf dem Deckglase bildet. Nach dem Eintrocknen
fixiert[3]) man die Bakterien durch ein- bis zweimaliges Erhitzen in der Bunsenflamme und
schließt das Präparat, ohne es mit Wasser abzuspülen, in neutralen Xylol-Kanadabalsam ein.

Es werden empfohlen für quadratische Deckgläser von 18 mm Seitenlänge Ösen von
1,5—2,5 mg Inhalt, für runde von 15 mm Durchmesser solche von 1—1,5 mg, für runde von
10 mm Durchmesser solche von 0,5—1,0 mg. Runde Deckgläser sind quadratischen vorzuziehen.

Es werden etwa 50 Gesichtsfelder gezählt, die gleichmäßig über das Deckglas zu verteilen sind. Man geht dabei am besten in einer gewissen Ordnung vor. Zum Zählen benutzt
man die homogene Immersion und ein entsprechendes Okular (z. B. Leitz, Nr. 4). Enthält
ein Gesichtsfeld zu viel Keime, so zerlegt man es durch ein Netzokularmikrometer in mehrere
Teile. Die Größe des Gesichtsfeldes wird in der schon beschriebenen Weise bestimmt.

Um ein einigermaßen sicheres Ergebnis zu erzielen, müssen in 1 ccm der Flüssigkeit
einige Millionen Bakterien enthalten sein.

Die mikroskopischen Zählverfahren gestatten die wirkliche Zahl der Zellen in einer
Flüssigkeit festzustellen, geben aber über die Zahl der noch entwicklungsfähigen Zellen
nur beschränkte und unsichere Aufklärung. Um die Zahl der entwicklungsfähigen Zellen
festzustellen, bedient man sich der weiter unten beschriebenen Plattenkultur.

5. Die Objektmarkierer.
Um bestimmte Stellen in einem Präparat leicht
wieder zu finden, bedient man sich entweder der auf S. 159 beschriebenen Einrichtung am
beweglichen Objekttisch oder sogenannter Objektmarkierer. Diese Markierer werden,
nachdem die zu markierende Stelle genau in die Mitte des Gesichtsfeldes eingestellt worden
ist, an Stelle des Objektivs an den Tubus geschraubt und nun mit der Spitze gegen das
Deckglas gedrückt. Bei dem Markierer von Klönne u. Müller in Berlin stellt diese Spitze
einen mit einer Farbe getränkten Kreis dar. Holm empfiehlt als Farbe eine Mischung von
0,25 Teilen Fuchsin, 2 Teilen Anilin, 2 Teilen Xylol-Kanadabalsam.

Bei den Markierern von Leitz wird mit einem Diamanten ein feiner Kreis um die zu markierende Stelle gezogen oder mit einem Pinsel ein Farb- oder Lackpunkt erzeugt. Über die Anwendung dieser Objektmarkierer und andere Arten der Markierung bei entwicklungsgeschichtlichen mykologischen Untersuchungen vergleiche man den weiter unten folgenden Abschnitt.

---

[1]) Centralblatt f. Bakter., 1. Abt., 1900, **27**, 834; vgl. auch Hehewert, Arch. f. Hyg. 1901, **39**, 321.

[2]) Über die Eichung von Platinösen vgl. den Abschnitt über Keimzählungen mittels des
Plattenkulturverfahrens.

[3]) Man vergleiche die Angaben über Herstellung von Bakterienpräparaten im folgenden
Abschnitt.

6. Die Polarisationsapparate. Polarisationsapparate werden in Verbindung mit dem Mikroskop zur Untersuchung von Krystallen und Fetten benutzt. Über ihre Anwendung für die Untersuchung der Fette vergleiche man weiter unten unter Fette. Polarisator und Analysator sind in Hülsen eingeschlossen. Der Polarisator wird entweder in die Hülse des Blendenträgers unter dem Objekttisch eingeschoben oder eingehängt. Der Analysator wird auf das Okular aufgesetzt, oder man benutzt ein Analysatorokular, in dem das Prisma zwischen den beiden Linsen befestigt ist. Der Analysator besitzt zuweilen einen Teilkreis, um die Drehung des Prismas zu bestimmen. Der Objekttisch muß drehbar sein. Von den optischen Werkstätten werden auch besondere Polarisationsmikroskope zu niedrigem Preis hergestellt.

G. Dunkelfeldbeleuchtung und Ultramikroskopie.

Bei der sogenannten Dunkelfeldbeleuchtung erscheinen die Objekte hell leuchtend auf dunklem Grunde. Dies wird dadurch erreicht, daß kein Strahl des beleuchtenden Systems geradlinig in das Mikroskop eintritt und nur die abgebeugten Strahlen das Bild erzeugen. Wird eine sehr starke Lichtquelle zur Beleuchtung benutzt, so werden infolge der Kontrastwirkung auch Teilchen wahrgenommen, deren Größe unter der von Helmholtz und Abbe festgestellten Grenze der Sichtbarkeit von 0,2 μ liegt. Einrichtungen, die dieses ermöglichen, werden Ultramikroskope genannt. Doch ist mit diesen nur das Vorhandensein kleinster Teile festzustellen; über deren Ausdehnung und Gestalt geben sie keine Auskunft.

Die einfachste Einrichtung für Dunkelfeldbeleuchtung, die zur schnellen Auffindung einzelner Bakterien in Flüssigkeiten sehr geeignet ist, ist die der Abblendung im Immersionskondensor. Sie wird dadurch erzielt, daß eine sogenannte Zentralblende in die geöffnete Irisblende des Abbeschen Beleuchtungsapparates eingelegt wird, die die Strahlenbüschel von geringerer numerischer Apertur als 1 abblendet. Die Büschel mit höherer Apertur werden an der Oberfläche des Deckglases total reflektiert. Das Objekt muß in Wasser oder in einer anderen Flüssigkeit mit höherem Brechungsexponenten als 1 liegen. Zwischen Kondensorlinse und Objektträger muß ein Tropfen Zedernöl gebracht werden. Zur Beobachtung eignen sich nur Trockensysteme.

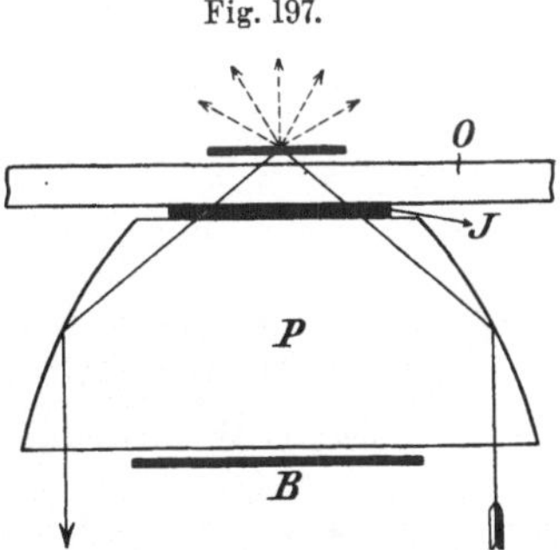

Fig. 197.

Paraboloidkondensor von Zeiß. *P* Paraboloidkondensor, *I* Immersionsschicht, *B* Zentralblende, *O* Objektträger.

Leistungsfähiger als diese einfache und billige Einrichtung sind in vielen Fällen die sogenannten Paraboloid- oder Spiegelkondensoren (Fig. 197). Diese Kondensoren können an Stelle des Beleuchtungsapparates eingeschoben werden. Zeiß liefert einen Paraboloidkondensor, der nur mit Trockensystemen, Leitz neuerdings einen Spiegelkondensor, der auch mit Immersionssystemen verwendet werden kann. Sowohl für diese Kondensoren, wie für die Zentralblende reicht Beleuchtung mit Gasglühlicht aus.

Für die Sichtbarmachung ultramikroskopischer Teilchen genügen die bisher beschriebenen Einrichtungen nicht. Hier ist nicht nur Sonnen- oder elektrisches Bogenlicht, sondern auch die präziseste Strahlenvereinigung der Beleuchtungsstrahlen an der im Präparat zu untersuchenden Stelle nötig. Dies wird dadurch erreicht, daß mittels eines Mikroskopobjektives ein scharfes Bild der Lichtquelle im Präparat entworfen wird. Die Frontlinse wird durch eine Blende an der hinteren Kugelfläche, die durch teilweises Planschleifen und Schwärzen der Fläche entsteht, soweit wie die Apertur des Beleuchtungsobjektes beträgt, abgeblendet, so daß nur die abgebeugten Strahlen zur Beobachtung gelangen (Fig. 198). Zeiß liefert einen Wechselkondensor (Fig. 199), der jederzeit den Übergang von normaler

Fig. 198.

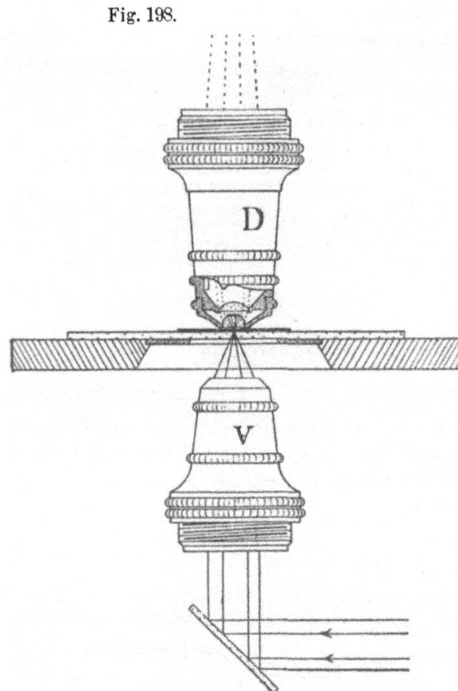

Strahlengang für Dunkelfeldbeleuchtung bei fester Blende im Beobachtungsobjektiv.
A Beleuchtungsobjektiv, *B* Beobachtungsobjektiv mit der Blende an der Hinterseite der Frontlinse.

zur Dunkelfeldbeleuchtung ohne Änderung der Einstellung gestattet. Zur Beobachtung können sowohl Trockensysteme wie Immersionssysteme benutzt werden.

Zur Sichtbarmachung der **Ultramikronen** kolloidaler Lösungen und fester Körper eignen sich die bisher beschriebenen Einrichtungen, die sämtlich mit Präparaten zwischen Objektträger und Deckglas arbeiten, nicht. Durch die starke Adsorptionswirkung an der Deckglas- und Objektträgerfläche werden zahlreiche Ultramikronen der Flüssigkeit entzogen und bilden trübe Flächen, die das Bild um so mehr verschleiern, je kleiner die Ultramikronen sind.

Dies wird vermieden durch die von **Siedentopf** und **Zsigmondy** angegebene ultramikroskopische Einrichtung (Fig. 200 und 201) mit orthogonaler Anordnung der beleuchtenden und beobachteten Strahlen und Einschließung der Flüssigkeit in größere Küvetten (Fig. 202). Letztere sind in einem besonderen Halter an dem Beobachtungsobjektiv befestigt. Durch Quarzfenster fällt in die Küvette in den Objektpunkt ein durch mehrere Projektionsobjekte und einen schmalen Spalt gerichtetes Lichtbündel einer Bogenlampe.

Fig. 199.

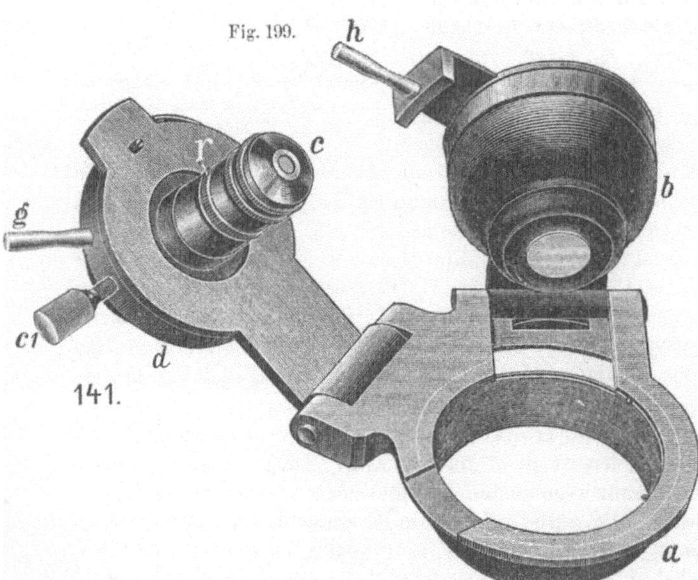

Wechselkondensor mit Spezialobjektiv für Dunkelfeldbeleuchtung nach Siedentopf.
a Schiebrohr, *b* dreilinsiger Kondensor, *c* Spezialobjektiv für Dunkelfeldbeleuchtung, *d* Zentriervorrichtung.

Fig. 200.

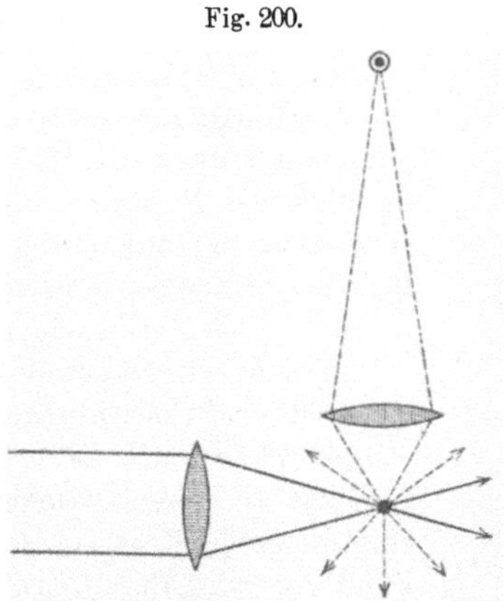

Beugung des Lichtes an einem ultramikroskopischen Teilchen. Orthogonale Anordnung der Achsen der beleuchtenden (ausgezogen) und der abgebeugten (gestrichelt) Strahlen.

Fig. 201.

Einrichtung zur Beobachtung ultramikroskopischer Teilchen in Flüssigkeiten nach
Siedentopf und Zsigmondy.
d Bogenlampe, *f, g, h* Projektionsobjektive und Spalt.

Während die zuerst beschriebenen einfacheren Vorrichtungen zur Dunkelfeldbeleuchtung in der Biologie häufiger verwendet werden, sind die eigentlichen ultramikroskopischen

Fig. 202.

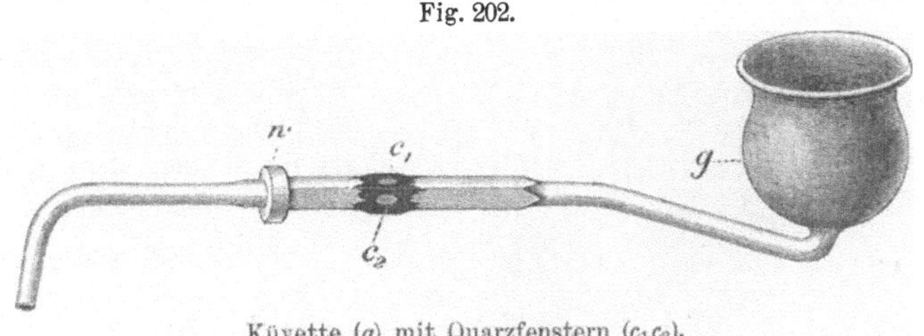

Küvette (g) mit Quarzfenstern ($c_1 c_2$).

Apparate bisher nur selten benutzt worden. Größere Bedeutung haben sie für die Untersuchung von Lösungen der Kolloide und Farbstoffe gewonnen.

H. Mikroskopie mit ultraviolettem Licht.

Das Auflösungsvermögen eines Objektives, d. h. die geringste Entfernung, die durch dasselbe noch sichtbar gemacht werden kann, ist umgekehrt proportional der Wellenlänge des Lichtes. Für den sichtbaren Teil des Spektrums beträgt diese Wellenlänge im hellsten Teil 0,6 μ. Durch Verwendung ultravioletten Lichtes von 0,275 μ Wellenlänge kann daher das Auflösungsvermögen eines Objektives auf das Doppelte gesteigert werden. Zeiß fertigt nach den Angaben von Köhler ein Mikroskop für ultraviolettes Licht an, dessen Bilder natürlich nur mittels der für diese Strahlen empfindlichen photographischen Platte aufgefangen werden können. Die Objektive dieses Mikroskopes sind für ultraviolettes Licht von 0,275 μ Wellenlänge korrigiert. Die numerische Apertur des stärksten Systems beträgt 1,25. Die Linsen dieser Objektive, die Monochromate genannt werden, bestehen aus geschmolzenem Quarz, ebenso die Deckgläser, die Objektträger aus Bergkrystall oder aus für ultraviolette Strahlen durchlässigem Glas. Für die monochromatischen Immersionssysteme dient eine Mischung von Glycerin und Wasser als Immersionsflüssigkeit; andere Immersionsflüssigkeiten dürfen nicht benutzt werden. Die Projektionsokulare besitzen Linsen aus Bergkrystall.

Zum Einstellen des Bildes und zur subjektiven Beobachtung des Gegenstandes dient ein Sucher, in dem auf einer fluoreszierenden Platte das Bild entworfen wird, das durch eine starke Lupe betrachtet werden kann. Ist das Bild im Sucher scharf eingestellt, so wird es auch scharf auf der Platte der Kamera entworfen, die vertikal angeordnet ist und gegen den Sucher ausgewechselt werden kann.

Die Monochromate können für Licht mit wesentlich abweichender Wellenlänge nicht benutzt werden. Als Lichtquelle dient der zwischen Cadmium- oder Magnesiumelektroden überspringende Funkenstrom einer Leidener Flasche. Durch einen besonderen Beleuchtungsapparat mit Linsen und Prismen aus Bergkrystall wird dieses Funkenlicht zerlegt und das Licht der erforderlichen Wellenlänge durch eine Irisblende abgesondert.

Mit dem Mikroskop für ultraviolette Strahlen sind schon zahlreiche Aufnahmen gemacht worden, die zum Teil diejenigen mit gewöhnlichem Licht wesentlich übertreffen, zum Teil aber auch nicht mehr ergeben haben. Der hohe Preis hat die allgemeinere Benutzung des Apparates bisher verhindert.

I. Die Mikrophotographie.

Die Photographie wird, nachdem die mikroskopischen Objektive und die Bromsilberplatten einen hohen Grad der Vollkommenheit erreicht haben, zurzeit häufig zur Darstellung mikroskopischer Objekte benutzt. Sie hat vor der Zeichnung die Objektivität der Darstellung voraus. Andererseits läßt sich mittels der Photographie nicht das Wesentliche eines Objektes vom Nebensächlichen trennen wie durch die Zeichnung. Es kann das eine Verfahren das andere nicht ersetzen und man wird gut tun, je nach dem Objekt und Zweck beide zu benutzen.

Mikrophotographische Apparate hoher Vollendung liefern alle größeren optischen Werkstätten. Hier sei der sehr brauchbare und verhältnismäßig billige Universalapparat der Firma Leitz beschrieben.

Die Kamera ist so montiert, daß sie sowohl mit aufrechtem wie umgelegtem Mikroskop benutzt werden kann. Die Beleuchtung erfolgt durch eine auf einer optischen Bank verstellbar angeordnete Gasglühlampe und eine verstellbare Sammellinse, die das Licht bei aufrechter Mikroskopstellung auf den Mikroskopspiegel, bei umgelegtem Mikroskop auf das Präparat oder den Abbeschen Beleuchtungsapparat wirft. Die Kamera kann auf Gleitschienen, der Kamerahals mittels Zahntriebes

Fig. 203.

Großer mikrophotographischer Apparat, für Vertikalaufnahmen eingestellt.

verstellt werden. Letzterer wird durch besondere Stützen mit dem Mikroskop lichtdicht verbunden.

Über die Anwendung des Apparates sei hier in Kürze folgendes mitgeteilt: Der Apparat muß auf einem festen Tisch in einem möglichst ruhigen Zimmer mit konstanter Temperatur aufgestellt werden. Durch die Stellschrauben an den Füßen muß für genau horizontale Stellung gesorgt werden. Bei Vertikalaufnahmen stellt man die Kamera zunächst so hoch, daß

man das Mikroskop mit dem vorher sorgfältig eingestellten Präparat und der Lichtschluß-
kappe bequem darunter auf die Fußplatte stellen kann. Darauf läßt man den Kamerahals
vorsichtig so weit herab, daß der lichtdichte Verschluß hergestellt wird, das Mikroskop aber
noch nötigenfalls schärfer eingestellt werden kann. Die Lampe wird in den Brennpunkt
der Linse gebracht und das Licht auf den Spiegel geleitet. Man dreht den Spiegel so lange,
bis der Lichtkreis auf der Mattscheibe rund, ganz gleichmäßig hell und genau zentriert ist.

Die Einstellung geschieht zunächst mittels der groben und feinen Mikroskopschraube
auf der Mattscheibe, um festzustellen, ob das Präparat richtig liegt. Hat man die gewünschte
Stelle in die Mitte des Gesichtsfeldes gebracht, so erfolgt die Feineinstellung mittels der Ein-
stelllupe und einer statt der ihres groben Korns wegen unbrauchbaren Mattscheibe einge-
schobenen durchsichtigen Scheibe. Auf ein in der Bildebene liegendes, in die Unterseite der
Scheibe geritztes Kreuz wird die Lupe scharf eingestellt. Erscheint das Bild in der Lupe
nicht scharf, so korrigiert man mittels der Mikrometerschraube, falls nötig, unter Benutzung
der Irisblende. Man blendet nun das Licht ab, indem man ein Stück schwarzes Papier auf den

Fig. 204.

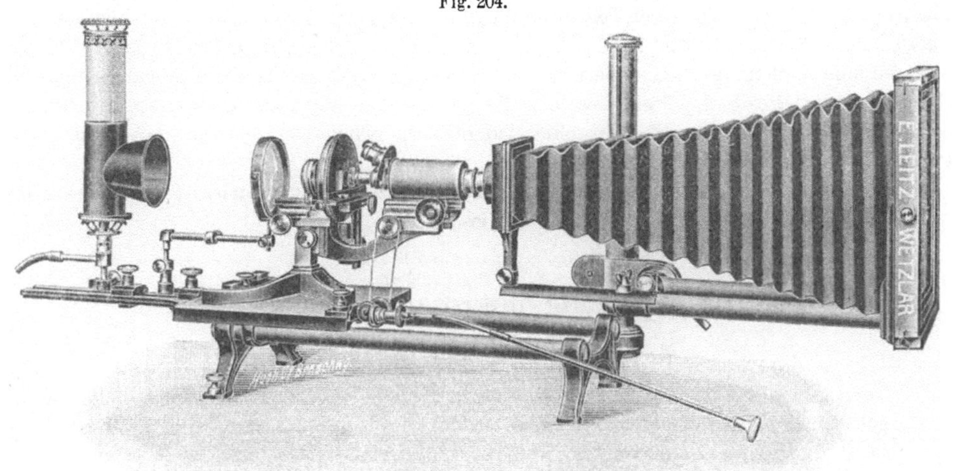

Großer mikrophotographischer Apparat, für Horizontalaufnahmen eingestellt.

Spiegel legt, fügt die mit der Bromsilberplatte geladene Kassette statt der Einstellscheibe
ein, öffnet die Kassette, wartet, bis der Apparat wieder absolut in Ruhe ist, entfernt das
Papier vom Spiegel für die Dauer der Belichtung und schließt dann die Kassette.

Für Vergrößerungen, die eine Kameralänge von mehr als 250 mm erfordern, wird die
Kamera heruntergelassen, umgelegt und horizontal festgespannt. Das Mikroskop wird
ebenfalls umgelegt, der Spiegel wird entfernt. Die Kamera wird dann in der beschriebenen
Weise zentriert. Die Lichtquelle wird so eingestellt, daß bei ausgeschaltetem Beleuchtungsapparat, Objektiv und Okular auf der Mattscheibe ein kleiner Kreis entsteht, in dessen Mitte
sich das Visierkreuz befindet. Bei schwacher Vergrößerung wird der Beleuchtungsapparat
entfernt und die Lampe am Ende der optischen Bank, die Sammellinse etwa 15 cm davon
aufgestellt. Diffuses Licht erhält man durch Einschalten einer mattierten Scheibe vor dem
Reflektor. Bei stärkeren Vergrößerungen benutzt man den Beleuchtungsapparat und stellt
Lampe und Sammellinse ihm so nahe, daß die untere Linse gleichmäßig und hell beleuchtet
wird. Die Stärke der Beleuchtung regelt man mit der Irisblende. Im übrigen verfährt
man wie bei Vertikalaufnahmen.

Für manche Aufnahmen empfiehlt sich die Einschaltung eines Farbenfilters, das un-
geeignete Strahlen absorbiert. Besonders geeignet sind grüne Filter, die Rot, Carmin, Violett

und Blau fast schwarz wiedergeben. Als Filter können Farbstofflösungen oder farbige Gläser verwendet werden. Zettnow verwendet 1—2 cm dicke Schichten einer Lösung von 160 g trocknem, reinem Kupfernitrat und 14 g Chromsäure in 250 ccm Wasser. Grüne Glasplatten lassen sich durch Färben nicht belichteter fixierter Bromsilberplatten in grünen Farbstofflösungen in beliebigen Nuancen herstellen.

Als Mikroskopobjektive eignen sich für die Mikrophotographie sowohl Achromate, wie Apochromate. Apochromate kommen im allgemeinen aber nur dann zur Geltung, wenn es sich um Aufnahmen ungefärbter Präparate mit feinsten Strukturen handelt. Für die weitaus meisten Fälle sind die Achromate den Apochromaten völlig gleichwertig. Für ganz schwache Vergrößerungen größerer Präparate sowie erhabener Gegenstände in auffallendem Licht bauen die optischen Werkstätten jetzt besondere Objektive (Mikroplanare von Zeiß, Mikrosummare von Leitz, Mikroluminare von Winkel).

Die Okulare läßt man bei der Mikrophotographie mitwirken, zumal erst mit ihnen die Objektive ein vollkommenes Bild liefern.

Für die Mikrophotographie eignen sich besonders die sogenannten orthochromatischen Platten, die auch für den roten Teil des Spektrums empfindlich sind. Zu empfehlen sind sogenannte lichthoffreie Platten, die die von der Rückseite der Glasplatte zurückgeworfenen Strahlen unschädlich machen. Betreffs der Entwicklung, Fixierung des Negativs und der Herstellung der Positive gelten dieselben Regeln wie für die Makrophotographie. Nur sei bemerkt, daß sich für Mikrophotographien lediglich die glänzenden, glatten photographischen Papiere (Aristo, Celloidin) eignen.

Betreffs weiterer Einzelheiten sei auf das Spezialwerk von Neuhauß[1]) sowie auf die Anleitungen der optischen Werkstätten verwiesen.

II. Die Herstellung mikroskopischer Präparate.

A. Objektträger und Deckgläser.

Gegenstände, die mikroskopisch untersucht werden sollen, werden auf einen Objektträger gelegt und meist mit einem Deckglase bedeckt.

Die Objektträger müssen von weißem, fehlerfreiem Glase sein. Sie kommen in drei Formaten in den Handel, nämlich als englisches (76 : 26), Gießener oder Vereinsformat (48 : 28) und Leipziger (70 : 35). Das gangbarste ist das englische. Die Objektträger werden entweder mit scharfen oder abgeschliffenen Kanten geliefert. Wenn man beim Putzen vorsichtig ist, genügen die billigeren ungeschliffenen.

Für mykologische Arbeiten braucht man Objektträger, die in der Mitte einen kreisförmigen Hohlschliff besitzen. Man nennt sie meist hohle Objektträger (Fig. 205).

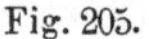
Fig. 205.

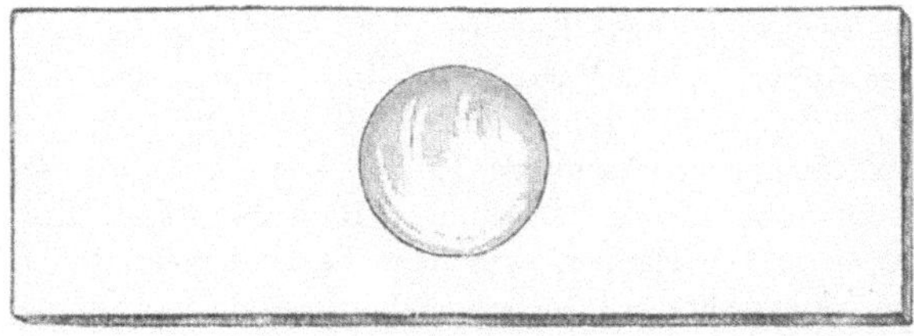
Objektträger mit Hohlschliff.

Die Deckgläser werden in viereckiger und kreisrunder Form hergestellt. Am gebräuchlichsten sind quadratische von 18 mm Seitenlänge. Für Schnittserien verwendet man besser rechteckige Formate größerer Dimensionen.

Auf die Bedeutung der Dicke der Deckgläser und der Bestimmung derselben wurde schon auf S. 153 hingewiesen. Im allgemeinen braucht man solche von 0,15—0,18 mm Dicke.

---

[1]) R. Neuhauß: Lehrbuch der Mikrophotographie. 3. Aufl. Leipzig 1907.

Objektträger und Deckgläser des Handels sind fast immer mit einer Fettschicht bedeckt, die vor dem Arbeiten entfernt werden muß. Meist genügt es, die Gläser einige Tage in eine etwa 10proz. Mineralsäure zu legen, sie dann mit Wasser, Spiritus und Äther abzuspülen und mit einem reinen Leinenlappen zwischen Zeigefinger und Daumen zu trocknen.

Ein kürzeres, meist auch zum Ziele führendes Verfahren besteht darin, daß man das Deckglas mit einem Leinwandlappen von den gröbsten Verunreinigungen säubert und es nun in einer Klemmpinzette nach Cornet vorsichtig in einer kleinen Bunsenflamme erhitzt. Man kann auch eine größere Zahl von Deckgläsern in einem kleinen Blechgefäß erhitzen.

Kommt es darauf an, absolut reine Gläser zu haben, so muß man sie mit einer Lösung von Kaliumbichromat und Schwefelsäure längere Zeit abkochen, dann gründlich mit Wasser und danach mit Spiritus und Äther abspülen und trocknen.

Gebrauchte Deckgläser und Objektträger reinigt man am besten stets durch Kochen mit Kaliumbichromat und Schwefelsäure. Man trennt das Deckglas sofort nach Erledigung des Präparates vom Objektträger und legt beide in je ein Gefäß mit Kaliumbichromat und Schwefelsäure, in dem schon in der Kälte eine teilweise Reinigung erfolgt, die die endgültige wesentlich erleichtert. Auf diese Weise vermeidet man unnötigen Bruch zahlreicher Deckgläser.

B. Die Herstellung von Schnittpräparaten von Teilen höherer Pflanzen und Tiere[1]).

Körper, die mikroskopisch untersucht werden sollen, werden entweder trocken in Luft (Trockenpräparat) oder in einem Einschließmittel (Einschließpräparat) untersucht. Für die erstere Art der Untersuchung eignen sich nur trockene, zarte und verhältnismäßig durchsichtige Objekte, wie kleine Krystalle, Haare, Fasern u. a. Solche Gegenstände werden in durchfallendem, wenn nötig auch in auffallendem Licht auf einem Objektträger ohne Bedeckung mit einem Deckglas betrachtet.

In den meisten Fällen handelt es sich aber um wasserhaltige oder mit anderen Flüssigkeiten durchtränkte Gegenstände pflanzlichen oder tierischen Ursprungs. Erstere werden in Wasser oder in Lösungen von Stoffen, die die Gewebe aufhellen, tierische Objekte am besten in physiologischer (0,85proz.) Kochsalzlösung, mit einem Deckglase bedeckt, untersucht.

Die Untersuchung erfolgt fast immer in durchfallendem Licht. Sind die Objekte klein und durchsichtig und verhältnismäßig einfach gebaut, so können sie nach etwaiger Aufhellung ohne weitere Präparation beobachtet werden. Um die Struktur dickerer Gegenstände zu erkennen, muß man sie in dünne durchsichtige Scheiben zerlegen. Häufig ist das Material schon fein genug, z. B. Pulver von Pflanzenstoffen, und bedarf nur noch einer entsprechenden Aufhellung. Manchmal lassen sich auch durch Zerquetschen der Gegenstände zwischen zwei Objektträgern genügend dünne Präparate herstellen. Meist aber müssen von den Gegenständen geeignete Schnitte mit dem Rasiermesser hergestellt werden.

1. Das Schneiden mit dem Rasiermesser. Schnitte pflanzlicher Objekte werden meist freihändig mit einem Rasiermesser hergestellt, von denen man sich eines mit keilförmigem Schliff für harte Gegenstände, eines mit auf beiden Seiten hohl geschliffener Klinge für zarte Gegenstände zur Verfügung hält. Die Rasiermesser müssen stets

---

[1]) Ausführlichere Angaben über die Herstellung mikroskopischer Präparate findet man in folgenden Spezialwerken: Straßburger: Das botanische Praktikum. Jena, G. Fischer; daselbst auch die kleinere Ausgabe desselben Autors: Das kleine botanische Praktikum; Arthur Meyer: Erstes botanisches Praktikum, Jena, G. Fischer; Böhm-Oppel: Taschenbuch der mikroskopischen Technik, Oldenburg, München (zoologisch); Lee-Mayer: Grundzüge der mikroskop. Technik für Zoologen, Friedländer & Sohn, Berlin. — Die Anfangsgründe für beide Gebiete enthält: Hager-Mez: Das Mikroskop, Julius Springer, Berlin. — An Spezialwerken, die sich mit der mikroskopischen Untersuchung der Nahrungsmittel befassen, seien genannt: J. Möller, Mikroskopie der Nahrungs- und Genußmittel, Julius Springer, Berlin; E. Vogel, Die wichtigsten vegetabilischen Nahrungs- und Genußmittel. Berlin-Wien 1898.

scharf sein und während der Arbeit zeitweilig auf einem Streichriemen abgezogen werden. Zu empfehlen sind die sogenannten chinesischen Streichriemen von C. Zimmer, Berlin W., Taubenstr. 39, deren Seite 1 zum Ausschleifen von Scharten, Seite 2 und 3 zum Anschleifen sehr stumpfer Messer, Seite 4 zum Abziehen dient. Seite 1 ist mit einem Stein, Seite 2 und 3 mit verschiedener Pasta (die von Zeit zu Zeit erneuert werden muß), Seite 4 mit reinem Leder versehen. Beim Schleifen streicht man das Messer kräftig, indem man die Schneide mit beiden Händen faßt, flach über die Schleifflächen; beim Abziehen verfährt man in der bei anderen Streichriemen üblichen Weise. Beim Übergange von einer Schleiffläche auf die andere entferne man sorgfältig die am Messer haftenden Pastareste, um die anderen Flächen nicht zu verunreinigen.

Ist der zu schneidende Gegenstand so groß und hart, daß man ihn mit den Fingern bequem halten kann und er sich beim Schneiden nicht umbiegt, so nimmt man ihn zwischen Daumen und Zeigefinger der linken Hand, schneidet mit dem angefeuchteten Rasiermesser, indem man es in wagerechter Haltung durch das Objekt zieht (nicht drückt!), einen etwas dickeren Schnitt ab, um eine glatte Oberfläche zu erhalten, und stellt nun möglichst feine Schnitte her, die man mit einem feuchten Pinsel in Wasser überträgt. Frische wasserreiche Gegenstände kann man auch mit trockenem Messer schneiden.

Ist der Gegenstand zu klein oder zu weich, um ihn frei zu schneiden, so muß man ihn in Holundermark oder guten Flaschenkork einspannen. Man drückt ein etwa 5 cm langes Stück des käuflichen Holundermarkes zwischen den Fingern etwas weich, spaltet es mit dem Rasiermesser in der Längsachse etwa bis zur Hälfte, ohne es auseinanderzubrechen, klemmt den Gegenstand in die Spalte und verfährt nun wie oben angegeben, indem man die Schneide des Rasiermessers parallel der Spalte im Holundermarke führt.

Kleinere Gegenstände, die man nicht mit der Hand halten kann, die aber beim Einspannen in Holundermark und Kork leiden würden, klebt man vorteilhaft mit einer dicken Gelatinelösung auf Holundermark oder kleine Korke.

Man mache die Schnitte nicht zu groß, da sie sonst zu dick werden. Bei hartem Material wird durch zu große Schnitte das Messer leicht beschädigt. Gegenstände, die in frischem Zustande zu weich sind, härtet man durch Einlegen in 80 proz. Spiritus. Werden sie darin zu spröde, so überträgt man sie vor dem Schneiden in 50 proz. Spiritus oder in ein Gemisch gleicher Teile Spiritus und Glycerin. Letztere Mischung eignet sich auch zur Erweichung harter Gegenstände, wie Holz, Samen u. a., die man vorher in Spiritus legt oder längere Zeit in Wasser einweicht und dann in Spiritus-Glycerin überträgt. Das Messer wird beim Schneiden mit Spiritus befeuchtet. In schwierigen Fällen muß zum Erweichen sehr harter Gegenstände auch zu verdünnter Kalilauge gegriffen werden, in die man dieselben längere Zeit einlegt.

Von tierischen Organen lassen sich in frischem Zustande mit dem Rasiermesser nur schwer genügend dünne Schnitte herstellen. Nur bei Gegenständen festerer Konsistenz, wie Leber, gelingt dies. Meist wird man die Gegenstände härten müssen. Die Härtung wird durch Alkohol bewirkt, in den man Stücke von höchstens 1 ccm Inhalt 24 Stunden einlegt. Man beginnt mit 30 proz. Spiritus und steigt allmählich bis zu 90 proz. Beim Schneiden wird das Rasiermesser mit 90 proz. Spiritus befeuchtet. Kleinere Gegenstände kann man in ein gehärtetes Stück Leber klemmen.

Zur Erkennung feinerer Strukturen, und wenn es darauf ankommt, eine größere Zahl feiner gleichmäßiger Schnitte zu erzielen, ist dieses Verfahren nicht geeignet.

In diesem Falle muß man die Gegenstände in Paraffin oder Celloidin einbetten und mit einem Mikrotom schneiden. Auch pflanzliche Gegenstände, deren Zellstruktur untersucht werden soll oder von denen man sehr feine Schnitte in fortlaufender Reihe haben will, bettet man ein und schneidet sie mit dem Rasiermesser freihändig oder mittels eines Mikrotomes.

2. Das Schneiden mit dem Mikrotom, Fixieren und Einbetten von Objekten.

Mikrotome werden in verschiedenen Konstruktionen hergestellt. Gemeinsam ist ihnen im allgemeinen die Eigenschaft, daß der zu schneidende Gegenstand durch eine Schraube um eine gewünschte Strecke gehoben und mittels eines mit der Hand oder mechanisch bewegten Messers in gleichmäßig dicke Schnitte zerlegt wird. Bei der einfachsten Form der Mikrotome, den sogenannten Handmikrotomen, wird das Messer — in diesem Falle ein gewöhnliches Rasiermesser oder ein größeres Mikrotommesser — mit der Hand über zwei Gleitschienen aus Glas oder Stein geführt. Solche Mikrotome (Fig. 206 und 207) werden von allen größeren mechanischen Werkstätten

Fig. 206.

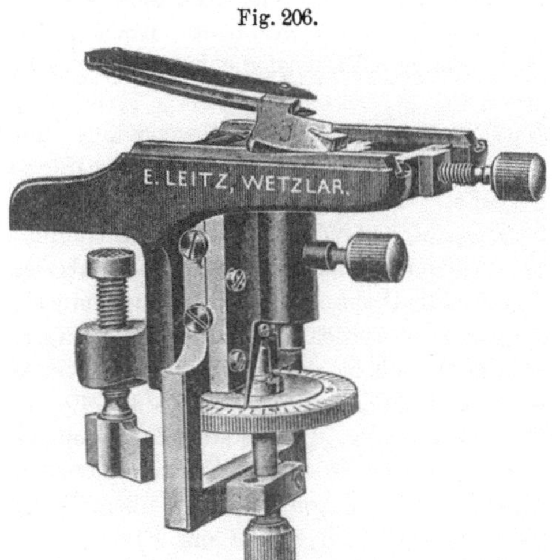

Fig. 207.

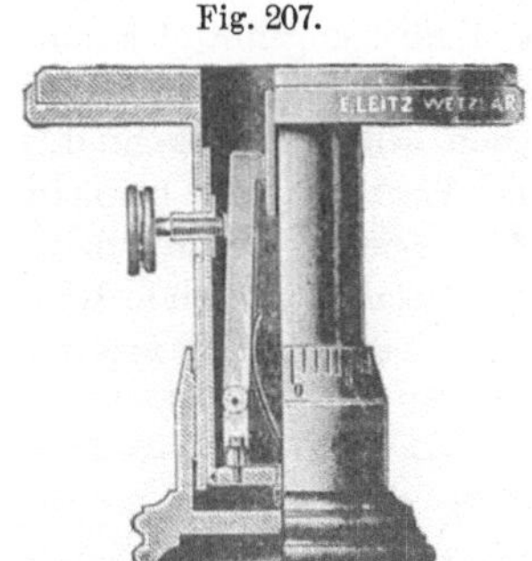

Handmikrotome von Leitz zum Anschrauben an den Tisch und zum Halten in der Hand.

zu billigem Preise hergestellt. Bei den teureren Konstruktionen, die für feinere Arbeiten gebraucht werden, ist das Messer in einen Schlitten gespannt, der in einer Gleitbahn von Glas oder geschliffenem Metall mit der Hand oder einer Kurbel bewegt wird. Als ein für

Fig. 208.

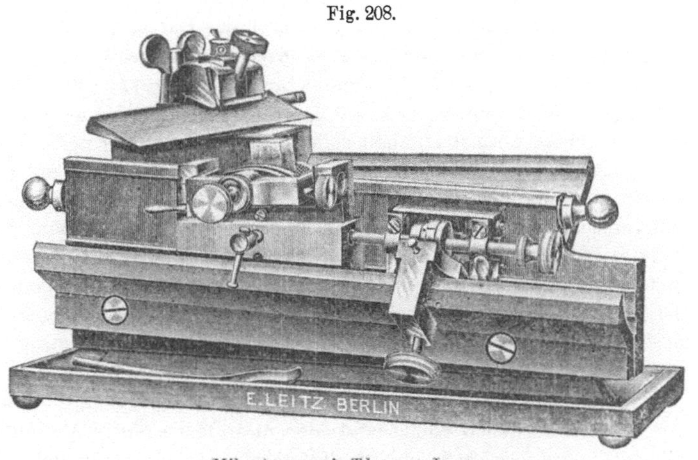

Mikrotom nach Thoma-Jung.

fast alle Fälle ausreichendes Universalinstrument kann das Schlittenmikrotom (Fig. 208) von R. Jung in Heidelberg (besonders Nr. 4) empfohlen werden.

Härtere pflanzliche Gegenstände kann man, wenn es nicht auf höchste Feinheit der Schnitte ankommt, direkt oder in Holundermark oder Kork eingespannt schneiden. Für sehr harte Gegenstände, wie Holz, sind von manchen Firmen besondere Mikrotome hergestellt worden, so das sehr praktische Studentenmikrotom A der Firma Jung.

Sehr wasserreiche Gegenstände kann man in gefrorenem Zustande schneiden. Das Gefrieren wird durch schnelle Verdunstung von Äther, Äthylchlorid oder flüssiger Kohlensäure bewirkt. Mikrotome mit Gefriereinrichtungen heißen Gefriermikrotome. Das Studentenmikrotom A von Jung ist ebenfalls für diesen Zweck eingerichtet. Auch tierische Gegenstände lassen sich in gefrorenem Zustande leicht schneiden. Für praktische Zwecke ist das Gefrierverfahren sehr wertvoll, da es schnelles Arbeiten gestattet. Doch leiden feinere Objekte durch das Gefrieren. Für die Untersuchung solcher ist die Einbettung nicht zu umgehen.

Unter Einbettung versteht man die völlige Durchtränkung eines Gegenstandes mit einer bei Zimmertemperatur festen Masse, die sich bequem mit dem Rasiermesser oder Mikrotom in Schnitte von wenigen Mikra Dicke zerlegen läßt.

Als Einbettungsmittel kommen in Betracht Paraffin, Celloidin, Gelatine und Gummi. Letztere beiden wendet man an, wenn es weniger auf feinere Strukturen des Plasmas als der Gewebe und Zellwände ankommt. Die Einbettung in Gelatine und Gummi ist ein sehr schonendes Verfahren. Es kann in der Kälte vorgenommen werden und ist besonders wertvoll für wasserreiche Organe, die nicht entwässert werden sollen. Man verfährt in folgender Weise: 20 g Gelatine werden in 100 g Wasser gelöst. Diese Lösung wird filtriert, mit 30—40 ccm Eisessig und 1 g Sublimat versetzt. Sie ist bei 15° noch flüssig. Ferner stellt man von ihr Verdünnungen mit der dreifachen und doppelten Menge Wasser her. Die Gegenstände werden in die dünnste Lösung gebracht und dann allmählich in die höher konzentrierten übergeführt. In der konzentriertesten werden sie in ein Papierkästchen gebracht, das in eine Krystallisierschale mit Alkohol gestellt wird, um die Gelatine zu härten. Statt des Alkohols kann auch Pikrinsäure- oder Kaliumbichromatlösung oder Formalin benutzt werden.

Ein anderes Verfahren ist folgendes: Man überträgt den Gegenstand erst in Alkohol, darauf in Alkohol-Glycerin (1 : 1), dann in ein Gemisch von drei Teilen Gummischleim mit einem Teil Glycerin und läßt die Masse bis zur Schneidbarkeit eintrocknen. Man kann auch den durchtränkten Gegenstand in einem Tropfen der Einbettungsmasse auf ein Stück Holundermark oder Kork bringen und ihn hier eintrocknen lassen.

Die Einbettungsmasse kann man, falls sie nicht durch das Härten unlöslich geworden ist, durch Wasser entfernen. Bei Färbungen wirkt die Gelatine oft störend.

Für Untersuchungen des Zellinhaltes kommt nur die Einbettung in Paraffin und Celloidin in Betracht, besonders erstere. Solche Präparate werden fast immer gefärbt. Wenn ihre Strukturen sich möglichst normal erhalten sollen, müssen sie vor dem Einbetten fixiert werden. Das Fixieren soll nicht nur die Erhaltung in einem dem lebenden möglichst gleichenden Zustand gewähren, sondern auch möglichst optische Verschiedenheiten der Zellteile hervorrufen, die zur Differenzierung dienen können. Doch darf man nie vergessen, daß manche Erscheinungen in fixierten Präparaten Kunsterzeugnisse sind und daß das Studium der lebenden oder frischen Organe, soweit es sich nicht um unsichtbare Strukturen handelt, niemals unterlassen werden darf. Die fixierenden Stoffe wirken teils durch Wasserentziehung, teils durch Erzeugung chemischer Verbindungen mit gewissen Zellinhaltsstoffen, manche auch gleichzeitig härtend und in bezug auf spätere Färbungen beizend (s. u.).

Als Fixierungsmittel kommen in erster Linie in Betracht Alkohol, Sublimat, Chromsäure, Osmiumsäure in verschiedenen Konzentrationen und am besten in Mischungen.

Für pflanzliche Objekte bewährt sich im allgemeinen absoluter Alkohol oder 96 proz. Spiritus, Eisessig-Alkohol (1 : 3), Eisessig-Sublimat (10 g Sublimat, 3 g Eisessig, 300 g destill. Wasser) und verdünnte Flemmingsche Lösung (60 ccm 1 proz. Chromsäure, 8 ccm 2 proz. Osmiumsäure, 4 ccm Eisessig, 72 ccm destill. Wasser). Weitere Fixierungsmittel findet man bei Straßburger, Das botanische Praktikum.

Für tierische Gegenstände wird außer dem für feinere Strukturen wenig brauchbaren Alkohol häufig Flemmingsche Lösung (0,25 g Chromsäure, 0,1 g Osmiumsäure, 0,1 ccm Eisessig, 100 ccm Wasser), Sublimat in gesättigter wässeriger oder alkoholischer Lösung, in letzterem Falle oft auch mit Zusatz von Eisessig, angewendet. Weitere Rezepte findet man bei Böhm-Oppel und Lee-Mayer (vgl. Anm. S. 183).

Die Brauchbarkeit der Fixierungsmittel muß in jedem Falle besonders erprobt werden. Da die Lösungen nur langsam in die Gegenstände eindringen, so nehme man nicht zu große Stücke. Alkohol und Sublimat dringen im allgemeinen schneller, Flemmingsche Lösung nur langsam ein. Bei letzterer soll die Kante der Würfel im allgemeinen $1/3$ cm nicht überschreiten, während sie bei den anderen Mitteln $1/2$—1 cm betragen darf. Die Menge des Fixierungsmittels muß stets das Mehrfache des Volumens der zu fixierenden Gegenstände betragen; auch ist es gut, sie wiederholt zu erneuern. Im allgemeinen genügen für die Fixierung in Alkohol und Sublimat 1—3 Stunden, während Flemmingsche Lösung mindestens 24 Stunden, besser aber länger einwirkt. Nach dem Fixieren wird das Fixierungsmittel ausgewaschen. In Sublimat fixierte Gegenstände werden je 24 Stunden in 70proz., 80proz., 90proz. Alkohol gebracht, dem etwas Jodjodkaliumlösung zugesetzt ist. In Flemmingscher Lösung fixierte Gegenstände werden 24 Stunden in fließendem Wasser ausgewaschen und dann je 24 Stunden in Spiritus von steigender Konzentration gebracht.

Vor dem Einbetten werden die Gegenstände in wirklich absolutem Alkohol, der in gut verschlossenen Flaschen über entwässertem Kupfervitriol aufbewahrt wird, je nach der Größe 2—24 Stunden entwässert. Darauf überträgt man sie in Flüssigkeiten, die sich in Paraffin lösen. Als solche kommen in erster Linie Xylol und Chloroform, ferner Toluol und (nicht eingedicktes) Cedernöl in Betracht. Im Xylol verbleiben die Gegenstände $1/2$—4 Stunden. Dann werden sie in eine Mischung von viel Xylol und wenig Paraffin übertragen und in dieser 1—6 Stunden bei 50—60° belassen, wobei das meiste Xylol verdunstet und der Gegenstand mit Paraffin durchtränkt wird. Die vollständige Durchtränkung erfolgt sodann durch $1/4$—4stündiges Erwärmen des Gegenstandes in Paraffin mit einem Schmelzpunkt von 50—60°. Man stellt sich am besten aus den käuflichen Paraffinsorten durch Mischung ein gut schneidbares Präparat her. Das Durchtränken mit Paraffin wird in nach Art der Thermostaten eingerichteten Paraffinöfen vorgenommen.

Der Gegenstand wird nach der Durchtränkung mit Paraffin in solches eingebettet. Man benutzt dazu entweder Formen, die man in beliebiger Größe durch zwei rechtwinklige Metallstücke herstellt, die auf Glas gelegt werden, oder Papierkästchen oder Uhrgläser. Man gießt in die mit ein wenig Glycerin ausgestrichenen Formen Paraffin, überträgt in dieses mit einem erwärmten Spatel die Gegenstände, orientiert sie, wartet bis auf dem Paraffin ein Häutchen entsteht, und taucht nun das Ganze in kaltes Wasser. In Paraffin eingebettete Gegenstände halten sich jahrelang ohne Veränderung.

Soll das Objekt nun geschnitten werden, so wird der Paraffinblock als Würfel beschnitten, mit einer Seite auf ein Stück hartes Paraffin oder Kork oder Holz mittels eines heißen Drahtes aufgeschmolzen, 10 Minuten in kaltes Wasser gelegt und dann in die Mikrotomklemme eingespannt. Durch Abschneiden des überflüssigen Paraffins macht man die Schnittfläche so klein wie möglich. Paraffinobjekte schneidet man mit trockenem Messer und meist mit schräger Messerstellung. In diesem Falle trifft das Messer den Paraffinblock an einer Ecke und verläßt ihn an der gegenüberliegenden. Die rechte Hand führt den Messerschlitten, ohne ihn von oben zu drücken. Die Gleitbahnen werden, falls sie nicht von Glas sind, mit einer dicken Schicht von vier Teilen Knochenöl und einem Teil Petroleum bestrichen. Sollte diese Masse durch Staub dick geworden sein, so muß sie zunächst mit Petroleum vollständig entfernt werden. Die linke Hand führt einen Pinsel, mit dem der Schnitt gehalten wird, ehe er sich rollt. Nur wenn man Bänder schneiden will, d. h. wenn ganze Serien sich folgender Schnitte mit den Rändern aneinander haften sollen, wird das Messer quer zur Längsachse der Bahn gestellt. In diesem Falle klebt der Schnitt an der Schneide und es verbinden sich die Ränder der folgenden Schnitte zu einem Paraffinbande. Das Messer trifft den Block parallel einer Kante.

Celloidin wird im allgemeinen nur zur Einbettung sehr harter Gegenstände oder größerer Gegenstände mit Teilen verschiedener Konsistenz benutzt. Man kann Celloidin nicht so dünn schneiden wie Paraffin, und die Einbettung mit ihm ist erheblich umständlicher und langwieriger als die mit Paraffin. Vorzüge gegenüber der Paraffineinbettung besitzt dies Verfahren insofern, als es bei niedriger Temperatur angewendet werden kann und die Einbettungsmasse, da sie durchsichtig ist, nicht aus den Schnitten entfernt zu werden braucht. Dadurch werden die Schnitte auch unempfindlicher für Verletzungen. Aus käuflichem Celloidin stellt man drei Lösungen her, und zwar:

1. eine gesättigte in Alkohol-Äther (1 : 1),
2. 1 Teil Lösung 1 + 1 Teil Alkohol-Äther,
3. 1 Teil Lösung 2 + 1 Teil Alkohol-Äther.

Die Gegenstände werden aus dem absoluten Alkohol nacheinander je 24 Stunden in Alkohol-Äther-Lösung 3, 2, 48 Stunden in Lösung 1 und dann mit dem Celloidin in ein trockenes Gefäß mit ebenem Boden (Glasdose) gebracht, das mit einer vaselinierten Glasscheibe luftdicht geschlossen wird. Nach einigen Stunden wird die Form ohne Deckel unter eine Glasglocke gestellt. Nach 6—12 Stunden, nachdem sich auf dem Celloidin eine Kruste gebildet hat, wird das Ganze in 70proz. Spiritus gelegt. Nach 24 Stunden kann das Celloidin vom Glase gelöst und in 70—80proz. Spiritus, besser in Glycerin aufbewahrt werden. Die Blöcke werden, quadratisch beschnitten, auf Holz oder Stabilit (bei Jung-Heidelberg zu haben) — nicht auf Kork — geklebt, indem man das Holz in absoluten Alkohol legt, die aufzuklebende Fläche des Celloidinblockes für einige Minuten in solchen taucht und nun mit Lösung 1 die betr. Flächen bestreicht, sie aufeinander drückt und das Ganze einige Minuten in 70proz. Spiritus legt. Nach einer Stunde kann der Block geschnitten werden. Man schneidet mit schräg gestelltem Messer in raschen Zügen. Messer und Gegenstand müssen mit 70—80proz. Spiritus befeuchtet werden.

3. Die Behandlung ungefärbter Schnittpräparate, Aufhellen, Anwendung von Reagenzien.

Schnittpräparate werden entweder ungefärbt untersucht oder zunächst bestimmten Färbungen unterworfen. Sollen keine Färbungen ausgeführt werden, so überträgt man die Schnitte, sofern sie nicht von in Paraffin oder Celloidin eingebetteten Gegenständen hergestellt sind, mittels eines Pinsels in einen auf einem Objektträger befindlichen Tropfen Wasser, bei tierischen Gegenständen auch in physiologische Kochsalzlösung, breitet sie mit Hilfe zweier Nadeln glatt aus und deckt ein Deckglas auf. Einen Überschuß des Einschlußmittels entfernt man durch Absaugen mit einem Stück Filtrierpapier. Die Besichtigung wird in der auf S. 166 für ungefärbte Präparate beschriebenen Weise vorgenommen.

Aus Paraffinpräparaten muß zunächst das Paraffin entfernt werden. Die Schnitte werden vom Mikrotommesser mit einem Pinsel in eine Paraffin lösende Flüssigkeit — meist Xylol — übertragen und bleiben darin bis zur völligen Lösung des Paraffins. Aus dem Xylol können die Schnitte sofort in Canadabalsam (vgl. S. 208) übertragen werden. Will man sie erst in anderen Flüssigkeiten wie Wasser, Glycerin untersuchen, so bringt man sie aus dem Xylol nacheinander in absoluten Alkohol, 90proz., 70proz. Spiritus, in destilliertes Wasser, in verdünntes Glycerin (2 : 1, dann 1 : 1) und endlich in reines Glycerin.

Aus Celloidinschnitten kann das Celloidin durch absoluten Alkohol gelöst werden. Doch ist dies oft nicht nötig, da das Celloidin durchsichtig ist und in Glycerin sich noch mehr aufhellt. Man überträgt in diesem Falle aus Alkohol in Glycerin.

Enthält ein Präparat viele Luftblasen, die die Betrachtung stören, so kann man sie in schonendster Weise mit der Luftpumpe entfernen. Bei widerstandsfähigeren Gegenständen kann man auch das Präparat bis zum Aufkochen des Wassers erhitzen. Sehr wirksam ist auch das Einlegen des Präparates in Alkohol, den man dann von der Seite des Deckglases her durch Wasser ersetzt.

Brauchbar für die Untersuchung sind nur genügend dünne Schnitte, die genau in der gewünschten Richtung durch den Gegenstand gelegt worden sind.

Häufig werden die Präparate aufgehellt, indem man sie in stark lichtbrechende Flüssigkeiten legt oder mit Chemikalien behandelt, die störende Färbungen oder Inhaltsstoffe beseitigen. Aufhellungsmittel mit starkem Lichtbrechungsvermögen für Präparate in Wasser ist Glycerin, dessen aufhellende Kraft mit der Konzentration steigt, für entwässerte Präparate Canadabalsam, Nelkenöl, nicht eingedicktes Cedernöl. Es beträgt der Brechungsexponnent, für Luft = 1 gesetzt, von

Glycerin (spez. Gew. 1,262) 1,473
Cedernöl. 1,510
Xylol 1,497
Canadabalsam 1,535

Von Chemikalien werden zur Aufhellung vorwiegend Ätzkali, Eau de Javelle und Chloralhydrat benutzt. Ätzkali (33 Teile Ätzkali in 67 Teilen Wasser) verkleistert Stärke, löst Eiweißstoffe, verseift Fette, bringt aber auch die Zellmembranen zum Verquellen. Eau de Javelle zerstört Farbstoffe und alle Inhaltsstoffe bis auf Stärke und hellt nicht nur Schnitte, sondern auch ganze Organe auf. Läßt man es zu lange wirken, so werden Schnitte oft so weich, daß sie schwer weiter zu behandeln sind. Zu stark gebleichte Objekte können nach dem Auswaschen mit Safranin nachgefärbt werden. Eau de Javelle stellt man aus zwei Lösungen in folgender Weise her:

1. 20 Teile Chlorkalk werden in 100 Teilen Wasser unter öfterem Umschütteln 24 Stunden in einer verschlossenen Flasche stehen gelassen;

2. 25 Teile Kalium- oder Natriumcarbonat werden in 25 Teilen Wasser gelöst.

Beide Lösungen werden zusammengegossen, in einer verschlossenen Flasche 24 Stunden stehen gelassen. Die klare Flüssigkeit wird dann vorsichtig vom Bodensatz abgegossen und in einer gut verschlossenen Flasche vor Licht geschützt aufbewahrt. A. Meyer empfiehlt, die Lösung noch mit einer 10proz. Kaliumoxalatlösung so lange zu versetzen, bis kein Calciumoxalat mehr ausfällt, und dann zu filtrieren. Auf diese Weise wird die Entstehung störender Niederschläge von kohlensaurem Kalk in den Präparaten vermieden.

Chloralhydrat (5 g in 2 g Wasser) wirkt wie Eau de Javelle, aber weniger energisch. Es löst fette Öle, die sauerstoffhaltigen Teile ätherischer Öle, bringt Eiweiß, Protoplasma und Stärke zum Verquellen.

Um klare Bilder von den Gewebselementen pflanzlicher Pulver zu erhalten, behandelt man sie zuweilen nacheinander längere Zeit in der Wärme mit verdünnter Natronlauge (1 : 3) und Schwefelsäure (1 : 3). Nach dem Digerieren wäscht man den Rückstand auf einem Koliertuch mit heißem Wasser aus.

Für tierische Gegenstände kommt als Aufhellungsmittel Eisessig in Betracht. Um sich über die substantielle Zusammensetzung von Gewebselementen oder Zelleinschlüssen zu unterrichten, behandelt man Schnitte meist mit gewissen Reagenzien. Die Reagenzien läßt man je nach ihrer Eigentümlichkeit entweder zu dem in Wasser unter dem Deckglas liegenden Schnitt seitlich hinzutreten, indem man einen Tropfen des Reagenzes an die Seite des Deckglases bringt und auf der anderen Seite mit einem Stück Fließpapier saugt, oder man überträgt den Schnitt direkt in einen Tropfen des Reagenzes auf dem Objektträger und legt ein Deckglas darauf.

Die wichtigsten Reagenzien sind folgende:
1. *Jodjodkalium.* 1,3 Teile Jodkalium, 100 Wasser, 0,3 Teile Jod.

Die Lösung färbt Stärke und Granulose (Jogen) blau, Glykogen rotbraun, Fett rotbraun, Proteinstoffe gelb (etwa vorhandenes Chlorophyll muß vorher durch Alkohol entfernt werden), verholzte und verkorkte Membranen gelbbraun.

Ebenso wirkt alkoholische Jodlösung (10proz.). Die Stärkereaktion tritt aber nur bei Gegenwart von Wasser ein. Dauerpräparate sind bei Lichtabschluß haltbar in Jodglycerin.

2. *Chloraljod* nach A. Meyer. 5 g Chloralhydrat und 2 g Wasser werden mit einem Überschuß fein verteilten Jods stehen gelassen. Vor dem Gebrauche wird umgeschüttelt,

damit etwas festes Jod ins Präparat gelangt. Es dient zum Nachweis kleinster Stärkemengen, da Jodstärke in Chloralhydrat unlöslich ist.

3. *Chlorzinkjod.* 25 Teile Chlorzink, 8 Teile Jodkalium in 8,5 Teilen Wasser gelöst; dazu so viel Jod, wie sich auflöst.

Es färbt Cellulose violett, verholzte Membranen gelb, verkorkte braun. Die Schnitte müssen in einen Tropfen des Reagenzes eingelegt werden.

Ähnlich wirkt Jod-Schwefelsäure. Der Schnitt wird in Jodjodkaliumlösung gelegt und es wird dann starke Schwefelsäure (2 : 1) hinzugefügt. Cellulosemembranen färben sich blau.

4. *Schwefelsäure*, konz., löst alle pflanzlichen Membranen mit Ausnahme der verkorkten. Verdünnte Schwefelsäure dient als Reagens auf Kalksalze, die sie in nadelförmige Gipskrystalle überführt.

5. *Chromsäure.* Die 50proz. wässerige Lösung löst verkorkte Lamellen viel langsamer als andere.

6. *Phloroglucin-Salzsäure.* Konzentrierte alkoholische Phloroglucinlösung färbt bei gleichzeitiger Anwesenheit 10proz. Salzsäure verholzte Membranen rot.

7. *Anilinchlorhydrat.* 1 g Anilinchlorhydrat, 70 ccm Wasser, 30 ccm Alkohol, 5 ccm Salzsäure.

Verholzte Zellwände färben sich schwefelgelb. Die Lösung muß öfter erneuert werden.

8. *Kupferoxydammoniak.* Kupferhydroxyd wird aus einer konzentrierten wässerigen Kupfersulfatlösung durch Kalilauge gefällt, gewaschen, getrocknet und vor Licht geschützt aufbewahrt. Durch Lösen des Hydroxyds in konzentriertem Ammoniak wird die blaue Kupferoxydammoniaklösung jedesmal frisch hergestellt. Sie löst Cellulose, dagegen nicht verholzte und verkorkte Membranen und tierische Fasern.

9. *Schultzesches Macerationsgemisch.* Gewöhnliche Salpetersäure und ein wenig festes Kaliumchlorat lösen bei vorsichtigem Erwärmen Pektinstoffe und dienen daher dazu, Schnitte (besonders von Hölzern) in ihre Elemente zu zerlegen. Das Gemisch ist bei sehr vorsichtiger Anwendung auch zur Trennung von Muskelfasern brauchbar.

10. *Osmiumsäure.* 1proz. wässerige Lösung. Sie schwärzt Fette.

11. *Äther.* Er löst Fette. Ebenso wirkt Chloralhydrat.

12. *Alkohol, absoluter.* Er löst ätherische Öle und Harze, aber nicht Fette.

13. *Fehlingsche Lösung* wird in Schnitten, die reduzierende Zucker enthalten, beim Erwärmen zu rotem Kupferoxydul reduziert.

Ebenso wirkt Kupfersulfat in konzentrierter wässeriger Lösung mit Kalilauge.

14. Eisenchlorid. 2—5proz. wässerige Lösungen färben Gerbstoffe und mit solchen erfüllte Zellen tiefgrün oder blauschwarz.

15. *Chinesische Tusche* dient zum Nachweis von Pflanzenschleimen. Schleimhaltige Gegenstände werden in trockenem Zustande geschnitten und die Schnitte in eine Verreibung von chinesischer Tusche gebracht. Der quellende Schleim treibt die Tuscheflitterchen vor sich her.

Über Farbstoffe, die als mikrochemische Reagenzien zu verwenden sind, vergleiche man den folgenden Abschnitt.

4. Die Färbung von Schnittpräparaten.

Färbungen mit Farbstoffen wendet man bei der Untersuchung von Schnitten tierischer Stoffe fast immer, bei der von Schnitten pflanzlicher Stoffe seltener an. Hier kommt man oft mit den vorher beschriebenen Reagenzien aus. Der Färbung pflanzlicher Schnitte soll stets eine eingehende Besichtigung des Objektes im natürlichen Zustande voraufgehen. Färbungen dienen im allgemeinen drei Zwecken, nämlich:

1. der besseren Differenzierung von Zell- und Gewebsteilen;

2. der Sichtbarmachung von Teilen, die im ungefärbten Zustand überhaupt nicht zu sehen sind;

3. der Aufklärung über die substantielle Beschaffenheit von fraglichen Bestandteilen.

Doch ist die Zahl der Färbungen mit Farbstoffen, die einen absoluten diagnostischen Wert haben, gering, da die Umstände, die die verschiedenartige Aufnahmefähigkeit der Gewebsteile für Farbstoffe bewirken, unbekannt sind.

Färbungen kommen dadurch zustande, daß gewisse Teile der Zellen oder Gewebe manche Farbstoffe stärker aufspeichern[1]) als andere Teile. Werden alle Elemente mehr oder weniger gleichmäßig gefärbt, so nennt man die Färbung eine diffuse. Solche Färbungen haben wenig Wert. Werden nur einzelne Elemente der Gewebe und Zellen stärker gefärbt, so spricht man von einer spezifischen oder elektiven Färbung. Je nachdem spezifische Färbungen von Geweben oder Gewebselementen oder von Zellteilen hervorgerufen werden, unterscheidet man histologische und cytologische Färbungen. Von letzteren sind die wichtigsten die Kern- und Plasmafärbungen.

Da das Speicherungsvermögen der verschiedenen Zellteile gegenüber verschiedenen Farbstoffen verschieden ist, so können durch geeignete Auswahl der Farbstoffe Doppel- und Mehrfachfärbungen hergestellt werden, indem man die Präparate mit mehreren Farbstoffen nacheinander oder mit einem Gemisch derselben färbt.

Viele Farbstoffe werden ohne weiteres von den Zellteilen aufgenommen; sie geben substantive oder direkte Färbungen. Andere Farbstoffe bedürfen zur Fixierung eines Zwischenträgers, einer Beize, die sich mit den Organteilen verbindet und ihrerseits den Farbstoff speichert. Solche Beizen sind Aluminium-, Eisensalze, Chromsäure, Chromate, Sublimat u. a. Solche Färbungen werden adjektive genannt. Die Beizen werden entweder mit dem Farbstoff in einer Lösung oder vorher wirken gelassen.

Die Färbung kann auf zweierlei Weise ausgeführt werden. Entweder läßt man von dem Objekt so viel Farbstoff absorbieren, daß der gewünschte Ton erreicht ist, und unterbricht dann den Färbevorgang. Dieses ist eine progressive Färbung. Oder man überfärbt die Objekte und zieht dann mit Alkohol, Wasser oder anderen Flüssigkeiten so viel Farbe aus, daß der richtige Färbegrad erreicht wird. Man nennt dieses Entfärben „Differenzieren", den Färbevorgang eine regressive Färbung. Welchen Weg man einschlagen will, hängt von der Art des Objektes und der persönlichen Neigung ab.

Tierische Objekte können einer Stückfärbung unterworfen werden, d. h. Teile des betr. Organes werden nach dem Fixieren in die Farblösung gebracht und erst dann in Paraffin eingebettet und geschnitten. Häufiger werden Schnittpräparate gefärbt. Bei pflanzlichen Objekten kommt die Schnittfärbung fast allein in Betracht.

Die Färbung von Handschnitten und einzelnen Mikrotomschnitten wird am besten in Uhrgläschen oder hohlen Glasblöcken oder direkt auf dem Objektträger vorgenommen. Schnitte lebender pflanzlicher Organe müssen erst in Alkohol gebracht werden, um das Plasma zu töten, da dieses sonst keine Farbstoffe aufnimmt. Nur wenige Farbstoffe werden von lebendem Plasma aufgenommen und geben dann sogenannte Vitalfärbungen.

Paraffinschnitte werden erst in Xylol vom Paraffin befreit, dann in absoluten Alkohol gebracht. Soll die Färbung mit wässerigen Farbstofflösungen vorgenommen werden, so sollen im allgemeinen die Schnitte nicht sofort aus absolutem Alkohol in diese, sondern erst nacheinander in 70 proz., 50 proz. Spiritus und Wasser gebracht werden.

Die Übertragung der Schnitte in die verschiedenen Flüssigkeiten geschieht je nach der Größe mit sogenannten Schnittfängern (Spateln verschiedener Größe), Lanzettnadeln oder Pinseln verschiedener Größe.

An allgemeinen Regeln ist bei der Färbung folgendes zu beachten: Reagenzien, mit denen Schnitte etwa vor der Färbung behandelt worden sind, müssen gründlich vorher ausgewaschen werden. Für die Färbung verwende man möglichst wenig Farbflüssigkeit. Der Fortgang der Färbung muß unter dem Mikroskop nach Möglichkeit kontrolliert werden.

---

[1]) Darüber, ob die Färbungen vorwiegend auf chemischen oder physikalischen Vorgängen beruhen, sind die Meinungen geteilt.

Nachdem der richtige Färbungsgrad erreicht ist, wird der überschüssige Farbstoff ausgewaschen und das Präparat in Wasser oder in einer Einschlußmasse betrachtet.

Sollen die Präparate in Canadabalsam eingelegt werden, so müssen sie vorher in Alkohol entwässert werden. Sind die benutzten Farbstoffe in Alkohol löslich, so ist schnelles Arbeiten nötig, um Entfärbung zu vermeiden. Man überfärbt in diesem Falle die Präparate. Bei der Behandlung mit absolutem Alkohol ist ferner darauf zu achten, daß die Schnitte sich nicht rollen, da sie sonst nicht mehr geglättet werden können. Erforderlichenfalls müssen sie nochmals in Wasser gebracht werden.

Serienschnitte werden vor dem Färben in geordneter Reihe auf einen Objektträger aufgeklebt. Zum Aufkleben von Paraffinschnitten benutzt man meist Glycerineiweiß. Frisches Hühnereiweiß wird geschlagen und filtriert. Zum Filtrat gibt man die gleiche Menge Glycerin und etwas Campher. Von diesem Gemisch streicht man mit einem Pinsel eine Spur auf den Objektträger, glättet die Schnitte mit dem Finger oder einem Glasstab, fängt mit dem Objektträger die auf lauwarmem Wasser in einer Schale gestreckten Schnitte auf, glättet sie mit dem Pinsel, so daß sie fest am Eiweiß anliegen und erhitzt nun auf etwa 70°, um das Eiweiß zu koagulieren. Nicht brauchbar ist das Eiweiß, wenn die Schnitte mit starken Säuren oder Alkalien behandelt werden sollen. Wo das Eiweiß störende Färbungen verursacht, was

Fig. 209.

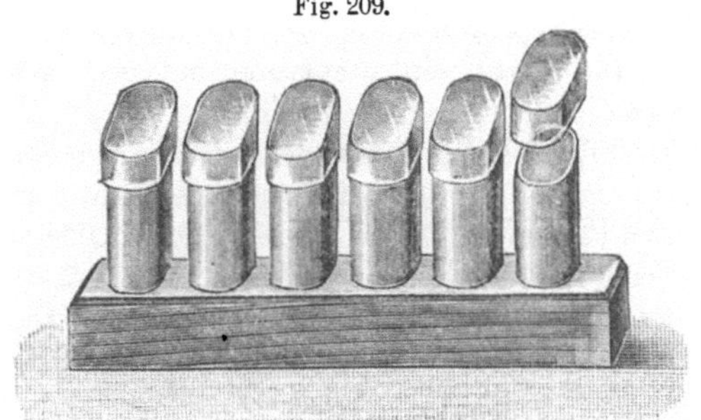

Färbeküvetten in Holzblock.

Fig. 210.

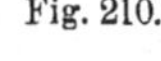
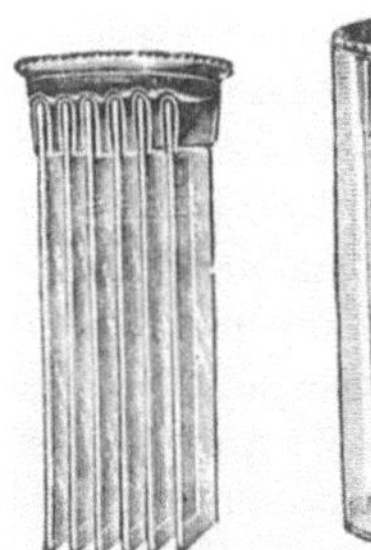
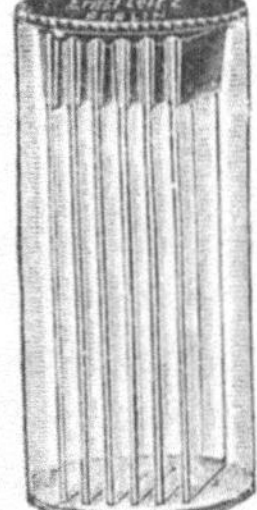

Färbezylinder zum gleichzeitigen
Färben mehrerer Objektträger.

aber, wenn man nicht zuviel nimmt, selten vorkommt, kann man Paraffinschnitte auch mit Wasser aufkleben. Man benetzt den Objektträger mit einigen Tropfen Wasser, legt die Schnitte auf diese, erwärmt auf etwa 40°, um die Schnitte zu strecken, läßt den Überschuß des Wassers ablaufen, läßt trocknen und erwärmt, um das Paraffin zum Schmelzen zu bringen, vorsichtig. Celloidinschnitte können mit Eiweiß aufgeklebt werden.

Die weitere Behandlung ist dieselbe, wie die nicht aufgeklebter Schnitte: Entfernung des Paraffins durch Xylol, Übertragung in absoluten Alkohol und dann in die Farblösung. Aufgeklebte Schnitte können direkt aus Alkohol in Wasser und dann in wässerige Farblösungen gebracht werden. Aus Celloidinschnitten braucht man meist das Celloidin nicht zu entfernen, da es beim Färben nicht stört. Wo es doch nötig ist, läßt sich dies durch Behandeln mit absolutem Alkohol oder Äther erreichen. Die Färbungen usw. nimmt man bei aufgeklebten Schnitten in besonderen Färbeküvetten vor, in denen die Objektträger aufrecht in der Farblösung stehen (Fig. 209).

Bei gleichzeitiger Färbung zahlreicher Objektträger verwendet man praktisch Küvetten mit Rillen oder mit Deckeln, an denen mehrere Objektträger nebeneinander eingeklemmt werden können (Fig. 210).

5. Farbstoffe und Färbungen für histologische Untersuchungen. Von den Farbstoffen und Färbungen, die bei histologischen Untersuchungen pflanzlicher und tierischer Gegenstände benutzt werden, können hier nur die gebräuchlichsten angeführt werden. Weitere Angaben und Vorschriften findet man für pflanzliche Gegenstände bei Straßburger, für tierische Gegenstände bei Böhm-Oppel und Lee-Mayer (vgl. Anm. S. 183).

Die wichtigsten Farbstoffe sind Carmin, Hämatoxylin und die Anilinfarben[1]).

a) Carminfarben. Die Carmine des Handels werden meist in Verbindung mit Alaun oder Borax in wässeriger oder alkoholischer Lösung verwendet. Die Carmine färben fast nur die Kerne (Kernfarbstoffe), bei sehr langer Einwirkung allenfalls auch unverholzte Zellwände und Muskeln. Überfärbungen lassen sich durch Alaunlösung oder salzsauren Alkohol ($1^0/_{00}$) auswaschen. Alle Carminfärbungen sind in Canadabalsam haltbar, die mit Alauncarminen auch in Glycerin. Die Carmine werden zurzeit vorwiegend für Stückfärbungen tierischer Organe und für Kernfärbungen dickerer Schnitte pflanzlicher Stoffe benutzt, wo die Färbung der Zellwände durch andere Kernfarbstoffe stören würde.

Die wichtigsten Carmine sind folgende:

Wässerige Carminlösungen.

Alauncarmin nach Grenacher. 100 ccm einer 1—5proz. Lösung von Kali- oder Ammonalaun werden mit $^1/_2$—1 g Carmin $^1/_4$ Stunde gekocht und nach dem Erkalten filtriert.

Carmalaun nach P. Mayer. 1 g Carminsäure und 10 g Alaun werden in 200 g Wasser gelöst.

In beiden Fällen wird mit Wasser ausgewaschen, will man ganz reine Kernfärbungen haben, auch mit Alaunlösung.

Wässerige Carminlösungen müssen, um sie gegen Verschimmeln zu schützen, mit Antisepticis konserviert werden (Thymolkrystalle, $1^0/_{00}$ Salicylsäure).

Alkoholische Carminlösungen.

Boraxcarmin nach Grenacher. 2—3 g Carmin und 4 g Borax werden in 93 ccm Wasser gelöst, mit 100 ccm 70proz. Spiritus gemischt und filtriert.

Paracarmin nach Mayer. 1 g Carminsäure, $^1/_2$ g Aluminiumchlorid, 4 g Calciumchlorid werden in 100 ccm 70proz. Spiritus gelöst.

Zum Auswaschen dient 70proz. Spiritus.

Überfärbung kann durch Eisessigspiritus (2,5% in 70proz. Alkohol) oder durch $^1/_2$proz. Lösung von Aluminiumchlorid in 70proz. Spiritus korrigiert werden.

b) Hämatoxylinfarben. Hämatoxylin $C_{16}H_{14}O_6$ ist der Farbstoff des Blauholzes, aus dem es durch wasserhaltigen Äther ausgezogen werden kann. Es verhält sich wie eine schwache Säure. Hämatoxylin selber ist zum Färben nicht zu gebrauchen. Seine Lösungen oxydieren sich an der Luft langsam, schneller durch Oxydationsmittel wie Wasserstoffsuperoxyd zu Hämatein $C_{16}H_{12}O_6$, das für sich ebenfalls nicht, wohl aber bei Gegenwart einer Base (Eisen, Aluminium u. a.) färbt. Die sogenannten Hämatoxyline enthalten sämtlich Alaun oder ein anderes Aluminiumsalz. Nach P. Mayer kommt die Färbung dadurch zustande, daß sich in den Geweben die in Wasser und Alkohol unlösliche Hämateintonerde niederschlägt. Die Hämatoxylingemische sind für alle botanischen histologischen Zwecke geeignet, da sie sowohl Gewebe, wie Plasma und Kerne, in gut differenzierender Weise färben. In tierischen Objekten geben sie je nach der Anwendung reine Kern- oder Plasmafärbungen. Man färbt mit den Hämatoxylinen je nach dem Objekt progressiv oder regressiv. Zum Differenzieren benutzt man Alaunlösungen oder salzsauren Alkohol (0,1%).

Hämatoxylinfärbungen halten sich in Balsam (mit Xylol verdünnt) gut, in Glycerin kürzere Zeit.

Das gebräuchlichste Hämatoxylingemisch ist das nach Delafield. 4 Teile Hämatoxylin werden in 25 Teilen Alkohol gelöst, mit 400 ccm konzentrierter wässeriger Ammoniumalaun-

---

[1]) Das Gelingen der Färbungen hängt in hohem Grade von der Reinheit und Echtheit der Farbstoffe ab. Man verwende daher nur die von den Autoren bezeichneten Marken. Sehr gute Farbstoffe liefert G. Grübler, Dresden-A.

lösung versetzt, 3—4 Tage an der Luft stehen gelassen, filtriert, mit 100 Teilen Glycerin und 100 Teilen Methylalkohol versetzt, wieder mehrere Tage stehen gelassen und filtriert. Die Farblösung wird mit dem Alter immer besser. Sie färbt violettblau. Der überschüssige Farbstoff wird mit Wasser ausgewaschen. Überfärbte Präparate können durch Einlegen in 2 proz. Alaunlösung oder in salzsauren Alkohol (ein paar Tropfen Salzsäure in 96 proz. Alkohol) abgeschwächt werden. Gerade auf diesem Wege lassen sich die feinsten Differenzierungen erzielen.

Schnitte, in denen die Gewebe differenziert werden sollen, werden vorteilhaft vor der Färbung in Alkohol gelegt und dann in Eau de Javelle aufgehellt (nicht zu lange!). Vor dem Übertragen in die Farblösung ist der Überschuß des Reagenzes mit Wasser gut auszuwaschen. Hämatoxylin färbt verholzte Membranen nicht oder nur schwach. Die Färbungsdauer richtet sich nach der Konzentration der Farblösung und schwankt zwischen Minuten und einer halben Stunde. Bei Inhaltsfärbungen ist öftere Kontrolle unter dem Mikroskop zu empfehlen. Für Dauerpräparate eignet sich besonders Canadabalsam.

Schnitte tierischer Objekte färbt man 1—5 Minuten unter jeweiliger mikroskopischer Kontrolle. Dann wird etwa 10 Minuten in Wasser ausgewaschen. Abschwächung kann auch mit salzsäurehaltigem Wasser vorgenommen werden. Auch für Stückfärbung eignet sich das Gemisch. Das Hämatoxylin färbt stark blau das Chromatin der Kerne, leicht bläulich in verschiedenen Abstufungen die verschiedenen Zellbestandteile.

Für sehr intensive Kernfärbungen gut geeignet ist das Hämatoxylineisen nach Heidenhain. Die Schnitte werden in $2^1/_2$ proz. Eisenalaunlösung 6—12 Stunden gebeizt, dann 24—36 Stunden in eine wenigstens 4 Wochen alte 1 proz. Hämatoxylinlösung gebracht, darauf in der Eisenalaunlösung differenziert und durch Alkohol und Xylol in Xylolbalsam gebracht.

Eine in ihren Eigenschaften den Hämatoxylingemischen ähnliche Farblösung ist das Kernschwarz, eine Eisentinte, die in Lösung von G. Grübler bezogen werden kann. Es wird am besten in verdünnten Lösungen angewendet. Es eignet sich wie Hämatoxylin gut für botanische histologische Färbungen, färbt aber langsamer als dieses und überfärbt deshalb nicht so leicht. Bei Kernfärbungen ist eine Kontrolle mit dem Mikroskop zu empfehlen, bei Membranfärbungen kann die Färbedauer auf eine Stunde ausgedehnt werden. Kernschwarz eignet sich besonders für Kernfärbungen, wenn eine Störung durch Membranfärbung möglichst vermieden werden soll. Auch in der zoologischen Histologie kann Kernschwarz verwendet werden. Sowohl Hämatoxylin wie Kernschwarz färben Stärke nicht. Durch Einlegen der Präparate in Canadabalsam kann die Stärke fast unsichtbar gemacht werden, und die Kernfärbungen treten dann besser hervor.

c) Anilinfarbstoffe. Anilinfarbstoffe dienen in der botanischen Histologie zu Färbungen von Zellwänden, Kernen, Plasma und Zelleinschlüssen, in der zoologischen zu Kern- und Plasmafärbungen.

Nach dem Vorgange von Ehrlich teilt man die Anilinfarbstoffe meist in saure und basische, je nachdem die färbende Komponente eine Säure oder eine Base ist. Mischungen saurer und basischer Farbstoffe werden neutral genannt. Die basischen Farbstoffe sind meist Kernfarbstoffe, die sauren Plasmafarbstoffe.

Die Färbungen mit Anilinfarben werden teils progressiv, teils regressiv ausgeführt. Zum Differenzieren wird Alkohol, wenn nötig mit Salzsäure angesäuerter, verwendet. Färbungen mit Anilinfarbstoffen sind in Canadabalsam haltbar, in Glycerin meist nicht.

Von den zahllosen Anilinfarbstoffen und -färbungen können hier nur einige der häufiger angewendeten aufgeführt werden.

Sudan III., Amidoazobenzolazo-β-Naphthol, dient als Sudanglycerin (0,01 g Sudan in 5 g 96 proz. Spiritus gelöst, 5 ccm Glycerin hinzugefügt) zur Färbung von Fetten, ätherischen Ölen und verkorkten Membranen. Die Schnitte werden darin ein- bis zweimal aufgekocht. Die Färbung ist orangerot.

Ähnlich verhält sich *Alkannin.* Käufliches Alkannin wird in absolutem Alkohol gelöst, die Lösung mit dem gleichen Volumen Wasser versetzt und filtriert. Fette, ätherische Öle,

Harze färben sich intensiv rot, andere Stoffe (Kork) schwächer oder gar nicht. Man kann auch frische Schnitte mit einem Scheibchen Alkannawurzel bedecken und 50proz. Spiritus zusetzen. Nach dem Abheben des Wurzelscheibchens sind die färbbaren Teile rot gefärbt.

Fuchsin-Pikrinsäure. Man braucht zwei Lösungen, nämlich: eine 3proz. Lösung von basischem Fuchsin (salzsaurem Rosanilin) und eine zweite aus 1 Teil konzentrierter alkoholischer Pikrinsäurelösung und 2 Teilen destilliertem Wasser. Verholzte Membranen und Stärkekörner werden rot gefärbt. Die Schnitte werden 15 Minuten in der Fuchsinlösung gelassen, dann ohne Auswaschen in die Pikrinsäurelösung gebracht, $1/_2$—1 Minute darin belassen und dann in absolutem Alkohol ausgewaschen, bis keine Farbwolken mehr erscheinen. Bei Doppelfärbungen wird diese Fuchsinfärbung zuerst vorgenommen.

Säurefuchsin, (Fuchsin S), (Natrium- oder Ammoniumsalz der Rosanilintrisulfosäure). Eine 0,2proz. wässerige Lösung färbt Chromatophoren und Proteinstoffe. Zu empfehlen ist vorherige 24 stündige Fixierung der Objekte in Sublimat-Alkohol mit der beschriebenen Jodnachbehandlung. Es wird 24 Stunden gefärbt, dann 15 Minuten in Wasser ausgewaschen. Beim Einlegen in Canadabalsam hüte man sich vor zu langem Liegenlassen der Schnitte in Alkohol. In der zoologischen Histologie wird Fuchsin S in dünnen wässerigen Lösungen (1 : 500) als Plasmafarbstoff zur Nachfärbung von Schnitten benutzt, deren Kerne vorher mit Methylgrün oder anderen Farbstoffen gefärbt sind.

Kongorot. Eine gesättigte wässerige Lösung färbt Chromoplasten, besonders Chlorophyllkörner, Cellulosemembranen und Celluloseschleime. Die Färbung dauert mehrere Stunden bis zu einem Tage. Es wirkt ähnlich wie Fuchsin S.

Methylgrün. 1 Teil in 25 Teilen absolutem Alkohol, mit Wasser auf 100 verdünnt. Die Lösung ist ein gutes Färbungsmittel für Kerne und verholzte Membranen. Für langsamere Färbungen verdünne man auf das Doppelte und mehr. Methylgrün eignet sich sehr für Doppelfärbungen. In der zoologischen Histologie wird es in starker wässeriger Lösung mit 1% Essigsäure zur progressiven Färbung von Kernen in frischen oder soeben fixierten Geweben verwendet.

Methylenblau in verdünnter wässeriger Lösung färbt sehr gut die Kerne klebermehlhaltiger Samen.

Safranin eignet sich vorzüglich für Kernfärbungen von Präparaten, die in Flemmingscher Lösung (S. 186) fixiert sind und für Membranfärbungen pflanzlicher Objekte, die es sehr schön differenziert, indem es stark verholzte Membranen kirschrot, schwächer verholzte hellrot, Markstrahlen nicht färbt. Man verwendet ein Gemisch gleicher Teile konzentrierter alkoholischer und konzentrierter wässeriger Lösungen. Für zoologische Zwecke wird folgende Lösung empfohlen: Man löst 1 Teil Safranin in 100 Teilen absolutem Alkohol, fügt dazu 200 Teile Wasser, färbt 24 Stunden, differenziert, wenn nötig, mit salzsäurehaltigem Alkohol ($1^0/_{00}$) und wäscht mit Alkohol aus.

Für Färbungen pflanzlicher Membranen wird einstündiges Färben mit Anilinwasser-Safranin, Abspülen mit $1/_2$proz. salzsauren Alkohol und Auswaschen mit Alkohol empfohlen. Verholzte Membranen werden bläulich, verkorkte Membranen gelblich.

d) Doppelfärbungen. Doppelfärbungen dienen dazu, um chemisch verschiedene Zellwände und Inhaltsstoffe (insbesondere Zellplasma und Kern) zu differenzieren. Von den sehr zahlreichen Vorschriften sollen hier nur einige für histologische Untersuchungen häufiger verwendete Erwähnung finden. Im übrigen sei auf die ausführlicheren Angaben in den Lehrbüchern von Straßburger und Lee-Mayer verwiesen.

α) Doppelfärbungen für pflanzliche Membranen.

1. *Methylgrün-Karmalaun.* Es wird kurze Zeit in wässeriger Methylgrünlösung, dann längere Zeit in Karmalaun nach P. Mayer gefärbt. Verholzte Membranen werden grün, unverholzte rot gefärbt.

2. *Pikro-Anilinblau.* 100 Teile konzentrierte wässerige Pikrinsäurelösung + 4 Teile konzentrierte Anilinblaulösung. Verholzte Wände werden gelb, unverholzte blau gefärbt. Ebenso wirkt Pikro-Nigrosin.

3. *Fuchsin-Pikrinsäure* in Verbindung mit Hämatoxylin, Kernschwarz, Anilinblau oder Methylenblau. Verholzte Membranen werden rot, unverholzte blau oder schwarz usw. gefärbt. Die Schnitte kommen immer zuerst in Fuchsin-Pikrinsäure und dann nach dem Auswaschen mittels Alkohols in die andere Farbflüssigkeit.

4. *Anilinblau-Safranin* für Doppelfärbung pflanzlicher Gewebe. Die 5 Minuten in Eau de Javelle gebleichten, 15 Minuten in Wasser gewaschenen Schnitte kommen etwa 10 Minuten in Safraninlösung, bis alle verholzten Elemente dunkelrot sind. Dann wird mit 80 proz. Spiritus gewaschen, bis die unverholzten Elemente fast farblos sind, in Anilinblaulösung (0,05 g wasserlösliches Anilinblau Grübler in 10 ccm Wasser) 3—5 Minuten gefärbt, in absolutem Alkohol entwässert, in Xylol und in Canadabalsam übertragen.

Auf die zahlreichen Doppel- und Mehrfachfärbungen tierischer Gewebe kann hier nur hingewiesen werden.

β) Doppelfärbung des Zellinhaltes.

Der Zellkern speichert im allgemeinen vorwiegend basische, das Cytoplasma saure Farbstoffe auf. Auch in dem Speicherungsvermögen des Nucleolus und der Chromatinsubstanzen des Kernes bestehen Gegensätze. Auch sonstige Inhaltsstoffe der Zelle, wie Chromoplasten, Krystalloide, lassen sich charakteristisch färben.

Eosin-Methylenblau, 1 ccm ¹/₂ proz. Eosinlösung in 70 proz. Spiritus, 2 ccm gesättigter wässeriger Methylenblaulösung, 2 ccm Wasser. Die Kerne werden blau, das Plasma rot gefärbt.

Ähnliche Kombinationen sind u. a. Eosin-Methylgrün, Fuchsin S-Methylenblau, Fuchsin S-Methylengrün.

e) Vitalfärbungen. Manche basische Anilinfarben werden aus sehr verdünnten (1 : 100 000) wässerigen Lösungen von der lebenden Zelle aufgenommen und an verschiedenen Orten aufgespeichert. Besonders geeignet zu solchen Vitalfärbungen ist das Neutralrot, ferner Methylenblau, Gentianaviolett, Safranin.

C. Die Herstellung von Pilzpräparaten.

1. Präparate höherer Pilze. Von größeren Pilzen (Hutpilzen u. a.)
werden wie von Pflanzenteilen Schnittpräparate in der beschriebenen Weise hergestellt und in Wasser oder Glycerin betrachtet.

Handelt es sich um die Untersuchung parasitisch auf oder in Pflanzen lebender Pilze, so sind ebenfalls Schnittpräparate anzulegen. Falls diese Pilze auf der Oberfläche der Pflanze ihre Fruktifikationsorgane in Form von schwarzen oder bunt gefärbten Rasen, Flecken u. a. bilden, ist der Schnitt durch diese zu legen. Um sich schnell über die Form der Fruktifikationsorgane zu orientieren, genügt es oft, ein wenig von den Rasen mit einer lanzettlichen Stahlnadel oder einem feinspitzigen Skalpell abzuschaben und in Wasser oder Glycerin zu verteilen. Sind Fruchtkörper (Perithecien, Pykniden usw.) vorhanden, die sich nicht freiwillig entleeren, so kann man sie durch sanften Druck auf das Deckglas zerdrücken.

Da durch die genannten Präparationen oft der Zusammenhang zwischen Sporen und Trägern verloren geht, so ist es zuweilen auch praktisch, die Pilzvegetation auf den Pflanzenteilen direkt in Form eines Trockenpräparates zu betrachten. Um die Durchsichtigkeit des Präparates zu erhöhen, zieht man, wenn möglich, die Oberhaut mit den Pilzresten vorsichtig ab. Um die Entwicklung solcher Pilze kennen zu lernen, bedarf es der Anlage besonderer Kulturen (vgl. weiter unten).

Ähnlich gestaltet sich die Untersuchung der sogenannten Schimmelpilze, d. h. mikroskopisch kleiner höherer Pilze verschiedener Gruppen des Systems, die auf toten Stoffen als weiß oder lebhaft gefärbte Rasen wachsen.

Zur schnellen Orientierung genügt es meist, ein Flöckchen von den Rasen mit einer Stahlnadel (sehr geeignet sind abgebrochene Nähnadeln, die in Häkelhakenhülsen gespannt werden) zu entnehmen und es in Wasser mittels zweier Nadeln möglichst dünn auseinanderzuziehen. Man sieht dann fast immer die charakteristischen Conidienträger und Sporen. Zuweilen sind letztere so zahlreich vorhanden, daß das Bild unklar wird. Dann empfiehlt es sich, das Pilzflöckchen erst einige Male in Alkohol abzuspülen, bis keine Sporen mehr abgeschwemmt werden, und es dann in Wasser zu legen und zu beobachten. Das Abspülen in Alkohol geschieht am besten in kleinen, rund ausgehöhlten Glasblöckchen, indem man das Pilzflöckchen an der Nadel darin hin und her führt.

Für die Untersuchung ist es zuweilen angenehm, die Pilzrasen leicht zu färben. Dazu eignen sich gut Jodjodkalium-, sowie die wässerigen Anilinfarbstofflösungen. Man setzt von diesen Lösungen ein kleines Tröpfchen zu dem Präparat und verrührt es etwas. Meist treten dann die Konturen der Pilzteile schärfer hervor.

Sollen pulverige oder poröse Stoffe auf Schimmelpilze untersucht werden, wenn charakteristische Pilzrasen auf der Oberfläche noch nicht zu sehen sind, so verteilt man etwas davon möglichst fein in Wasser auf dem Objektträger. Aufhellung mit Natronlauge, Chloralhydrat, Eau de Javelle leistet oft gute Dienste. Ist nur wenig Schimmelmycel enthalten, so empfiehlt es sich, größere Mengen des zu untersuchenden Stoffes mit Natronlauge und Schwefelsäure aufzuschließen und den Rückstand in Wasser zu untersuchen.

Bei der Untersuchung von Flüssigkeiten auf Schimmelpilze achte man auf einzelne herumschwimmende Flocken oder auf etwaigen Bodensatz. Man kann eine geeignete Probe davon leicht erhalten, wenn man mit einem oben durch den Finger verschlossenen Glasrohr schnell in die Flüssigkeit bzw. auf den Boden fährt, einen Augenblick öffnet und wieder schließt. Im Zustande starker Verschimmelung entsteht oft auf der Oberfläche der Flüssigkeit eine mehr oder weniger zusammenhängende, manchmal gefärbte Decke, aus der in der beschriebenen Weise ein Präparat hergestellt werden kann.

Schimmelpilze in festen Fetten verursachen meist grün bis schwarz, zuweilen auch gelb oder rot gefärbte Flecken. Für die Untersuchung bringt man ein gefärbtes Teilchen auf den Objektträger, schmilzt es und untersucht. Meist findet man dann das Mycel. Oder man löst einen Teil der verfärbten Masse in einem kleinen Spitzglase in Äther, gießt vom Bodensatz ab, überträgt den Rückstand erst in Alkohol und dann in Wasser.

Findet man bei der Untersuchung auf Schimmelpilze nur Mycel, so muß dieses behufs Bestimmung der Art zur Fruktifikation gebracht werden. Feste Stoffe bringt man zu diesem Zwecke am einfachsten in eine große Doppelschale aus Glas (sogenannte feuchte Kammer), deren Boden und Deckel mit feuchtem Fließpapier ausgelegt sind. Die zu untersuchenden Stoffe werden auf eine durch Hitze sterilisierte Glasplatte gelegt, die ihrerseits auf zwei Glasbänken ruht. In der feuchten Atmosphäre entwickelt sich dann auf der Oberfläche ein flockiges Mycel, an dem die Fruktifikationsorgane gebildet werden.

Pilzflocken aus Flüssigkeiten, festen Fetten, überträgt man am besten mittels durch Abbrennen sterilisierter Nadeln, Spatel oder Messer auf eine Platte von Würzeagar oder in ein schräggelegtes Röhrchen mit solchem. Auf diesem Nährboden fruktifizieren die Pilze bald. Natürlich ist hierbei äußerste Sorgfalt nötig. Näheres über diese Kulturverfahren findet man weiter unten.

Hefen können in Flüssigkeiten erkannt werden, wenn man einen Tropfen der trüben Flüssigkeit oder ein Stück einer etwa vorhandenen Kahmhaut in einem Tropfen Wasser untersucht. Handelt es sich um getrocknete Hefe, so muß man eine Emulsion mit Wasser herstellen. Um eine Übersicht über die in einer Flüssigkeit enthaltenen verschiedenen Hefearten und anderen Pilze zu erhalten, verwendet man am besten die von P. Lindner u. a. angegebenen Verfahren, die weiter unten beschrieben sind.

Gefärbte Präparate stellt man im allgemeinen von höheren Pilzen nicht her. Über die etwa zur Charakterisierung der Inhaltsstoffe auszuführenden Färbungen vergleiche man die entsprechenden Angaben unter Bakterienfärbungen. Für die Färbung von Hefen gelten dieselben Regeln wie für Bakterien, die auf S. 199 eingehend beschrieben sind. Mit einer $1/2$ proz. Methylenblaulösung sollen nach Wehmer nur tote, nicht aber lebende Hefezellen gefärbt werden.

Auch für die Färbung der Hefesporen gelten die für Bakteriensporen beschriebenen Verfahren.

Zellkernfärbungen bei Hefen werden mit Eisenhämatoxylin ausgeführt. Zum Fixieren wird 12 stündige Einwirkung einer Lösung von 3 Teilen 5 proz. Chromsäurelösung, 4 Teilen 10 proz. Salpetersäure, 3 Teilen Alkohol mit nachträglicher Auswaschung mit 70 proz. Spiritus empfohlen[1]).

2. Präparate von Bakterien[2]).

Bakterien können ihrer Kleinheit und wenig charakteristischen Gestalt wegen leicht mit unorganisierten Körpern verwechselt oder übersehen werden. Man färbt daher die Bakterien mit Anilinfarbstoffen, die von ihnen begierig absorbiert werden. Durch besondere Färbeverfahren können auch Geißeln und verschiedenartige Inhaltsstoffe dargestellt werden. Für die Beobachtung lebender Bakterien dienen ungefärbte Präparate.

a) Ungefärbte Präparate von Bakterien. Ungefärbte Präparate von Bakterien lassen sich aus bakterienhaltigen Flüssigkeiten in der Weise herstellen, daß man einen Tropfen derselben auf den Objektträger bringt und ihn mit einem Deckglase bedeckt. Die Besichtigung muß mit starken Trockensystemen oder besser mit Immersionssystemen vorgenommen werden. Enthält die Flüssigkeit aber nur wenige Bakterien, so werden sie bei dieser Präparation dem weniger Geübten leicht entgehen. Auch kann bei Anwendung zu großer Flüssigkeitsmengen leicht eine Benetzung der nur eine kurze Brennweite besitzenden starken Systeme eintreten. Empfehlenswerter, wenn auch etwas umständlicher, ist die Herstellung eines Präparates im „hängenden Tropfen". Der Rand der Höhlung eines hohlgeschliffenen Objektträgers wird mittels eines Pinsels mit einem dünnen Ring geschmolzener Vaseline umzogen. Ein sehr kleines Tröpfchen der zu untersuchenden Flüssigkeit wird mit einer 1 mm weiten Öse von sehr dünnem Platindraht genau auf die Mitte eines Deckglases gebracht. Dieses wird nun sofort auf die Vaseline luftdicht aufgedrückt und, falls Beobachtung mit der Ölimmersion beabsichtigt ist, mit einem Tropfen Cedernöl versehen. Man sucht nun mit fast geschlossener Blende und schwächster Vergrößerung zunächst den Tropfen auf, wobei der Anfänger sich vor Verwechslungen mit dem Öltropfen hüten muß, und verschiebt das Präparat so, daß der Rand des Tropfens von oben nach unten oder von rechts nach links genau durch die Mitte des Gesichtsfeldes verläuft. Dann wird die Blende so weit geöffnet, daß der Rand noch eben zu erkennen ist, darauf das stärkste Trockensystem bzw. die Ölimmersion eingeschaltet und in der früher beschriebenen Weise der Tubus mit größter Vorsicht dem Objekt so weit genähert, bis der Rand des Tropfens wieder im Gesichtsfelde auftaucht. Sodann wird die Mikrometerschraube in Bewegung gesetzt. Sind Bakterien vorhanden, so wird man sie am Rand meist in größerer Zahl einzeln oder in Verbänden vorfinden. Besonders auffällig sind Schwärmer, die vom Rande in die Flüssigkeit nach allen Richtungen ausschwärmen oder dorthin zurückkehren. Nicht zu verwechseln mit dieser Eigenbewegung ist die Brownsche Molekularbewegung, die sich durch Auf- und Abtanzen der Zellen am selben Orte äußert.

Ebenso wie von Flüssigkeiten lassen sich solche Präparate im hängenden Tropfen leicht von Bakterienrasen in Reinkulturen oder auf feuchten organischen Stoffen herstellen. In

---

[1]) Über Inhaltsstoffe der Hefezelle vergleiche man die Darstellung von Will in Lafars Handbuch der Techn. Mykologie Bd. IV, sowie Fuhrmann: Centralblatt f. Bakter., II. Abt., 1906, **16**, 629.

[2]) Spezialwerke für Bakterienuntersuchungen sind u. a.: Arth. Meyer: Praktikum der botanischen Bakterienkunde, Jena 1903; Abel, Bakteriologisches Taschenbuch, 12. Aufl., Würzburg 1908; Lehmann-Neumann: Bakteriologische Diagnostik, München 1907.

diesem Falle wird auf das Deckgläschen eine Platinöse sterilisiertes Wasser gebracht und in diesem mittels eines abgebrannten Platindrahtes eine sehr geringe Menge des Bakterienrasens verrieben, ohne das Tröpfchen zu vergrößern. Damit das Präparat nicht zu dicht wird, darf man nur wenig Bakterienmasse nehmen.

Für den Nachweis von Bakterien in pulverigen Stoffen eignet sich das ungefärbte Präparat nur, wenn die Zahl der darin enthaltenen Bakterien sehr groß ist. In diesem Falle kann man eine Emulsion in Wasser herstellen, von der man die gröbsten Teile absitzen läßt; ein Tröpfchen der oberen Schichten dient dann zur Herstellung des Präparates.

b) Gefärbte Präparate von Bakterien. Für die schnelle Orientierung geeigneter und sicherer sind die **gefärbten** Präparate von Bakterien. Die Bakterien speichern basische Anilinfarbstoffe sehr energisch. Die Färbungen werden sowohl an fixiertem wie nicht fixiertem Material vorgenommen.

I. Färbung von Ausstrichpräparaten.

Handelt es sich darum, die Anwesenheit von Bakterien überhaupt nachzuweisen oder sich schnell über die Gestalt und annähernde Größe derselben zu unterrichten oder die Reinheit einer Kultur zu prüfen, so führt man gewöhnlich eine **Intensivfärbung** aus.

Von einer bakterienhaltigen Flüssigkeit wird ein Tröpfchen mit einer sehr kleinen geglühten Platinöse auf die Mitte eines gereinigten Deckglases gebracht. Enthält die Flüssigkeit größere Mengen unlöslicher und sich auch mit Anilinfarben färbender Eiweißstoffe (Milch und ähnliches), so streicht man das Tröpfchen besser möglichst dünn aus. Sind feste Stoffe zu untersuchen, so bringt man davon eine kleine Menge in ein Tröpfchen Wasser in der Mitte des Deckglases, verreibt sie darin und streicht den Tropfen aus. Bei der Untersuchung von Bakterienwucherungen und Reinkulturen wird mit der Platinnadel eine **Spur** derselben in einem Wassertröpfchen verrieben, ohne es zu vergrößern. Überhaupt lege man die Präparate so klein wie möglich und deshalb mit nicht zu viel Material an, da die Durchmusterung sonst große Schwierigkeiten bereitet. Bei Untersuchungen von Fleisch, Pflanzenorganen u. a. reiße man Stückchen mit der Pinzette ab und streiche damit unter sanftem Druck über das Deckglas.

Man läßt dann das Präparat an der Luft oder sehr vorsichtig über einer Flamme trocknen und fixiert nun zunächst die Bakterien, um zu verhindern, daß sie beim Färben fortschwimmen. Das Fixieren geschieht am besten durch ein- bis zweimaliges Erwärmen des Deckglases, Präparatseite nach oben, in der Bunsen- oder Spiritusflamme. Dies Erwärmen darf nicht zu kurze und nicht zu lange Zeit dauern, weil sonst die Bakterien entweder nicht fixiert oder verbrannt werden. Beim Fixieren hält man das Deckglas am besten mittels einer federnden (Cornetschen) Pinzette. Enthält ein Präparat viel Fett, so wäscht man es vor oder nach dem Fixieren mehrmals mit Äther aus. Präparate von eiweißhaltigen Flüssigkeiten, die leicht anbrennen, fixiert man nach dem Trocknen besser durch absoluten Alkohol oder Formaldehyd, indem man sie in ersteren 5 Minuten einlegt oder sie auf einer Glasbank in einer Doppelschale, deren Boden mit Formalin bedeckt ist, 15 Minuten liegen läßt. Dann gibt man auf das in der Pinzette befindliche Deckglas mit einer Pipette so viel Farbstofflösung, daß es vollständig bedeckt ist und läßt die Lösung entweder einige Minuten in der Kälte einwirken oder erwärmt über einer kleinen Flamme so lange, bis Dämpfe aufzusteigen beginnen. Nunmehr spült man die Farbstofflösung durch einen schwachen Wasserstrahl (Leitungswasser) vorsichtig ab, legt das Deckglas, Präparatseite nach oben, mit dem noch darauf befindlichen Wasser auf ein Stück Fließpapier und drückt einen Objektträger schräg darauf. Das überschüssige Wasser wird vom Fließpapier aufgesaugt. Etwa auf dem Deckglase haftende Papierfäserchen und Reste von Wasser entfernt man, indem man eine Ecke des Glases mit einem Finger festhält, durch ein Leinwandläppchen oder trockenes Fließpapier. Das Präparat ist nunmehr **zur** Betrachtung fertig. Diese wird bei völlig geöffneter Blende vorgenommen. Der Anfänger wird kleinere Präparate am besten zunächst mit ganz schwacher Vergrößerung aufsuchen und erst nach genauer Zentrierung des kleinen Farbstofffleckes mit stärkeren Systemen unter den bekannten Vorsichtsmaßregeln herangehen.

Schwimmen die Bakterien im Präparat umher, so war es nicht genügend fixiert. Sind die Bakterien nicht oder nur schwach gefärbt, so muß die Färbedauer verlängert werden. Die einzelnen Bakterienarten verhalten sich in dieser Beziehung sehr verschieden, aber auch bei derselben Art wechselt die Färbbarkeit mit dem Alter, der Ernährung u. a. Ist das Präparat zu stark gefärbt, so läßt sich durch sorgfältiges Entfärben mit Alkohol meist ein befriedigendes Bild herstellen.

Verdunstet während der Untersuchung das Wasser des Präparates, so muß sofort ein Tropfen an den Rand des Deckglases gesetzt werden. Ebenso sind etwa bei der Herstellung zwischen Deckglas und Objektträger verbliebene Luftblasen möglichst zu entfernen.

Man kann, wenn es auf schnelles Arbeiten ankommt, eine große Anzahl von Präparaten auf einem Deckglas anlegen, sie gleichzeitig fixieren und färben und erhält dadurch gleichzeitig besser vergleichbare Bilder. Man fängt dann am besten an einer markierten Ecke des Deckglases (Strich mit Fettstift, abgebrochene Ecke u. a.) an und legt die Präparate in ununterbrochener Folge in mehreren Reihen an.

Bei Massenuntersuchungen kann man auch die Präparate auf einem Objektträger anlegen, in der beschriebenen Weise fixieren, färben, abspülen, dann sorgfältig an der Luft oder in einem Trockenschrank bei 40° trocknen, Immersionsöl aufgeben und ohne Deckglas untersuchen.

Will man durch die Färbung die Struktur der Bakterien möglichst wenig verändern, so färbt man sie unfixiert, indem man einen Tropfen Bakterienemulsion mit einem Tröpfchen Farbstofflösung auf dem Deckglase mischt, oder man fixiert sie in einem Tröpfchen Formalin und färbt in der eben beschriebenen Weise, oder fixiert sie durch sehr vorsichtiges, 5 Minuten langes Erwärmen auf 40°. Sehr geeignet ist hierzu der von A. Meyer angegebene Apparat (Paul Altmann, Berlin). Er besteht aus einem Messingkästchen von 10,5 cm Durchmesser und 4 cm Höhe, dessen unterer Boden etwa 2 cm über dem unteren Rande angelötet ist. Das Kästchen ist etwas nach vorn geneigt an einem Arm befestigt, an dem. es auf einem Stativ auf- und abwärts gestellt werden kann. An der höchsten Stelle des Kästchens befindet sich ein kurzer aufrechter Tubus, in den ein Thermometer gesteckt werden kann. Das Kästchen wird mit Wasser so weit gefüllt, daß es bis in den Tubus reicht, und kann mittels eines Mikrobrenners leicht auf 40° erhalten werden.

2. Farbstoffe für Ausstrichpräparate.

Zur Bakterienfärbung werden vorwiegend basische Anilinfarben wie Gentianaviolett, Methylviolett, Methylenblau, Fuchsin, Bismarckbraun benutzt, die durchgängig auch Kernfarbstoffe sind. Für Kontrastfärbungen von Geweben kommen neben Carmin saure Anilinfarben, besonders Eosin, in Betracht.

Für Intensivfärbungen werden die Anilinfarben entweder in reinen etwa 0,2 proz. wässerigen oder alkoholisch wässerigen Lösungen oder häufiger mit Beizen vereinigt angewendet. Die häufigst verwendeten Beizen sind Phenol und Anilin. Zuweilen wird auch Alkali verwendet. Für feinere Untersuchungen verwendet man dünne Lösungen ohne Beize, zuweilen in Verbindung mit Formalin.

1. Anilinwasserfarblösungen. Die Anilinbeize wird in der Weise hergestellt, daß man in einem Reagensglase einen großen Tropfen möglichst farblosen Anilins mit etwa 15 ccm Wasser kräftig schüttelt und nun durch ein feuchtes Filter filtriert, aber sorgfältig vermeidet, daß Anilintröpfchen ins Filtrat gelangen. Zu dem Anilinwasser wird so viel konzentrierte alkoholische Farblösung (meist Gentianaviolett, Methylviolett, Fuchsin) gesetzt, daß die Lösung eben ihre Durchsichtigkeit einbüßt.

Anilinwasser ist nicht haltbar und muß jedesmal frisch hergestellt werden.

2. Carbol-(Phenol-)Farblösungen. a) *Carbolfuchsin nach Ziehl-Neelsen.* Dies ist die häufigst verwendete Farblösung. Sie färbt in 3—4 facher Verdünnung mit Wasser schon in der Kälte sehr intensiv und ist unbegrenzt haltbar. Sie entsteht durch Mischung von 100 ccm 5proz. Carbolsäure mit 10 ccm gesättigter alkoholischer Fuchsinlösung.

b) *Carbolmethylenblau nach Kühne.* 1,5 g Methylenblau werden in 10 ccm absolutem Alkohol und 100 ccm 5proz. Carbolsäure gelöst. Die Lösung ist sehr haltbar.

3. Alkalisches Methylenblau nach Löffler. 30 ccm gesättigte alkoholische Methylenblaulösung werden mit 100 ccm 0,01proz. Kalilauge versetzt. Die Lösung ist sehr haltbar.

4. Farblösungen für feinere Untersuchungen zu differenzierenden Färbungen nach A. Meyer. *Fuchsinlösung g:* gesättigte in 95proz. Alkohol.

Fuchsinlösung v: 2 ccm Lösung g, 10 ccm Alkohol, 10 ccm Wasser. Sie darf nicht zu alt werden.

Fuchsinlösung k: 15 Tropfen Lösung v, 10 ccm Wasser. Zur Kernfärbung. Sie ist kurz vor dem Gebrauch zu mischen.

Methylenblaulösung g: gesättigte, in 95proz. Alkohol.

Methylenblaulösung v: 1 Teil Lösung g, 40 Teile Wasser.

Methylenblaulösung 1 + 10 g: 1 Teil Lösung g, 10 Teile Wasser.

5. Die Giemsa-[1]**)Färbung.** Zum Färben von parasitischen Protozoen, Myxomyceten, Bakterien verwendet man zurzeit häufig mit Vorteil ein Gemisch von Methylenblau und Methylenazur folgender Art: 0,8 g Azur II und 3 g Azur II-Eosin werden getrocknet, gemischt, bei 60° in 250 g Glycerin gelöst und dann mit 250 ccm auf 60° erwärmtem Methylalkohol versetzt. Von dieser Lösung wird 1 Tropfen mit 1 ccm Wasser verdünnt. Die Farbstoffe sowie die fertige Lösung sind von G. Grübler in Dresden zu beziehen. Die Kerne der Parasiten werden rot, ihr Plasma blau.

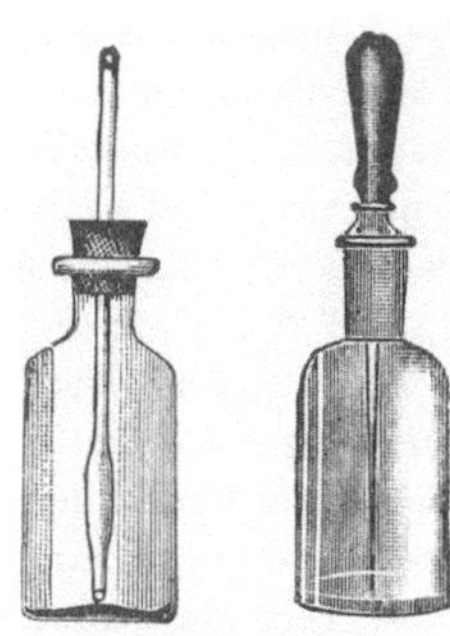

Fig. 211.   Fig. 212.

Farbflaschen.

Man bewahrt die Farblösungen in Fläschchen von etwa 100 ccm Inhalt auf, durch deren Stopfen eine Pipette in die Lösung führt (Fig. 211 und 212).

3. Färbung von Bakterien in Schnitten.

In Geweben lassen sich Bakterien im allgemeinen nur nach Härtung und Fixierung gut färben. Das Schneiden muß mit dem Mikrotom erfolgen. Von tierischem oder sonstigem eiweißreichen Material härtet man höchstens fingergroße Stücke mindestens 3 Tage lang in oft erneuertem, absolutem Alkohol. Man klebt sie entweder mit Glyceringelatine auf einen Kork auf und legt das Ganze nochmals in absoluten Alkohol, um die Gelatine zu härten, oder bettet sie in Celloidin oder Paraffin ein. Die Schnitte werden aus dem Alkohol in die Farbstofflösung gebracht, dann nach starker Färbung mit verdünnten Säuren oder saurem Alkohol zur Differenzierung der Gewebe behandelt, in absolutem Alkohol entwässert, in Xylol und dann in Canadabalsam eingelegt.

Von einfachen Färbungen für Schnitte seien hier folgende genannt:

1. Nach Löffler. Gefärbt wird 5—30 Minuten in alkalischer Methylenblau- oder Carbolwasserfuchsinlösung, differenziert einige Sekunden bis eine halbe Minute in 1/2—1proz. Essigsäure. Wird der Alkohol beim Entwässern gefärbt, so ist er zu wechseln.

2. Nach R. Pfeiffer. Gefärbt wird 15—30 Minuten in verdünntem Carbolfuchsin (Ziehlsche Lösung 1 Teil, destilliertes Wasser 3 Teile), differenziert in absolutem Alkohol mit einem bis zwei Tropfen Essigsäure für das Farbenschälchen. Sobald die Schnitte rotviolett werden, überträgt man sie in Xylol.

3. Nach Nicolle. Gefärbt wird 1/2—1 Minute in Thioninlösung (10 ccm in 5proz. Alkohol gesättigte Thioninlösung mit 100 ccm 1proz. Carbolwasser), dann in Wasser abgespült, in absolutem Alkohol entwässert. Dieses Verfahren ist besonders für leicht sich entfärbende Bakterien geeignet.

---

[1]) Centralblatt f. Bakter., I. Abt., Orig. 1904, **37**, 310.

Um in Schnitten oder sich mit Anilinfarben färbenden Medien die Bakterien allein zu färben oder um Kontrastfärbungen zu erzielen, dient in erster Linie die sogenannte Gramsche Färbung. Da durch die Gramsche Färbung nicht alle Bakterienarten gefärbt werden, so dient sie gleichzeitig als differentialdiagnostisches Mittel. Auch eignet sie sich gut zur Färbung von Bakteriensporen, da sie Exine und Intine oft gut differenziert und Merkmale der Sporenwandung scharf hervortreten läßt. Die Präparate werden in Anilinwasser-Gentianaviolett stark gefärbt, dann in Jodjodkaliumlösung gelegt und dann mit absolutem Alkohol entfärbt. Für diese Färbung sind verschiedene Modifikationen angegeben worden, von denen hier einige folgen:

1. Nach Gram. a) *Für Ausstrichpräparate.* Man färbt 2 Minuten lang unter Erwärmen mit Anilinwasser-Gentianaviolett oder -Methylviolett, legt dann das Präparat $1/2$—2 Minuten in Jodjodkaliumlösung (1 Teil Jod, 2 Teile Jodkalium in 5 Teilen destilliertem Wasser lösen, dann mit 225 Teilen Wasser verdünnen), entfärbt in absolutem Alkohol, bis das Präparat dem Auge farblos erscheint, färbt mit wässeriger alkoholischer Vesuvin- oder Fuchsinlösung nach und spült mit Wasser ab. Die nach Gram färbbaren Bakterien sind schwarzblau, die anderen und das Gewebe braun bzw. rot gefärbt.

b) *Für Schnitte.* Gefärbt wird 5—30 Minuten; darauf werden die Schnitte 1—2 Minuten in Jodjodkaliumlösung übertragen, in absolutem Alkohol ausgewaschen, bis sie ganz oder ziemlich farblos erscheinen, dann in Wasser abgespült und mit Pikrocarmin-, Safranin- oder verdünnter Fuchsinlösung nachgefärbt, entwässert, in Xylol gebracht und in Balsam eingelegt. Nach Gram färbbare Bakterien erscheinen schwarzblau, die Gewebe und die anderen Bakterien (bei Anwendung von Fuchsin) rot.

2. Nach Nicolle. a) *Für Ausstriche.* Gefärbt wird mit Carbolwasser-Gentianaviolett (10 Teile in 95 proz. Alkohol gesättigte Lösung + 100 Teile 1 proz. Carbolwasser) 1—5 Minuten unter Erwärmen. Dann wird 1—2 Minuten mit Jodjodkaliumlösung behandelt, in Alkohol-Aceton (1 : $1/5$—$1/3$) bis zur Farblosigkeit abgespült. Sonst wie nach Gram.

b) *Für Schnitte.* Die Schnitte werden erst in Pikrocarmin, dann 5—6 Minuten wie angegeben mit Carbolwasser-Gentianaviolett gefärbt, mit Jodjodkaliumlösung behandelt, in Alkohol-Aceton entfärbt und in eine schwache (gelblichgrüne) Lösung von Pikrinsäure in 95 proz. Alkohol einen Augenblick eingetaucht, sofort in Alkohol entwässert, in Xylol und Balsam gelegt. Die Bakterien sind schwarzblau, die Gewebezellenkerne rot, das übrige Gewebe gelb.

3. Nach Claudius. Man färbt in 1 proz. wässeriger Methylviolettlösung 1 Minute, spült mit Wasser ab, trocknet mit Fließpapier, spült in wässeriger Pikrinsäurelösung (gleiche Teile gesättigte Lösung und destilliertes Wasser), dann in Wasser ab, trocknet mit Fließpapier, spült in Chloroform oder Nelkenöl ab, bis das Präparat farblos erscheint, trocknet mit Fließpapier ab und legt in Balsam ein.

Die Behandlung ist für Schnitte die gleiche. Nur färbt man und behandelt mit Pikrinsäure je 2 Minuten und legt zum Schluß nacheinander in Xylol und Balsam ein.

Für die Differenzierung der Bakterienarten auf Grund der Gramfärbung muß beachtet werden, daß die Grenze zwischen den nach Gram färbbaren und nicht färbbaren Bakterien nicht scharf ist und sich je nach der Ausführung der Färbung und dem Alter der Bakterien verschiebt.

Neide[1]) hat daher vorgeschlagen, eine Testfarbe einzuführen, und zwar diejenige, die man erhält, wenn man ein nach Gram gefärbtes Präparat einer 18 Stunden bei 28° gehaltenen Agarstrichkultur von Bacillus tumescens aus genau 1 Minute abgekochtem Sporenmaterial $1^{1}/_2$ Stunden in 80 proz. Alkohol bei 28° stehen läßt und dann in Alkohol mit Zeiß' Objektiv E, Okular 4, Planspiegel, halb geöffneter Blende, Abbeschem Beleuchtungsapparat, Mikroskopierlampe nach A. Meyer mit dazugehörigem Querbrenner betrachtet. Nach der Schnelligkeit, mit der diese Testfarbe erreicht wird, bestimmt Verfasser dann die Gramdauer der Spezies.

---

[1]) Centralblatt f. Bakter., I. Abt., Orig. 1904, **35**, 508.

4. Die Färbung säurefester Bakterien.

Ehrlich hat nachgewiesen, daß Tuberkelbacillen sich mit Fuchsinlösung sehr schwer färben, aber im Gegensatz zu anderen Arten auch durch verdünnte Mineralsäuren nicht entfärbt werden. Später hat man noch zahlreiche andere „säurefeste" Spezies unter anderem auf Pflanzen und in Butter gefunden. Die Säurefestigkeit wird vermutlich durch einen in 80proz. Alkohol, Äther und ¹/₂proz. Salzsäure löslichen, durch Eau de Javelle zerstörbaren Stoff hervorgerufen. Die Säurefestigkeit ist wertvoll als differentialdiagnostisches Merkmal, ferner zum Nachweis säurefester Bakterien (besonders Tuberkelbacillen) in Bakteriengemischen. Durch Doppelfärbungen können auch die nicht säurefesten Bakterien sichtbar gemacht werden. Von den zahlreichen Färbeverfahren seien folgende genannt:

Für Ausstrichpräparate. Das in der Flamme fixierte Präparat wird 2 Minuten lang mit Anilinwasser- oder Carbolfuchsin in der Hitze (bis zum Aufkochen) gefärbt, mit Wasser abgespült, 2—5 Sekunden in 5proz. Schwefelsäure oder 20proz. Salpetersäure entfärbt, in 70proz. Spiritus abgespült, bis es farblos erscheint, mit verdünnter wässeriger oder Loefflerscher Methylenblaulösung (1 : 3) 5—10 Sekunden nachgefärbt, darauf in Wasser abgespült. Die säurefesten Bakterien sind rot, die anderen blau gefärbt. Tritt beim Abspülen in 70proz. Spiritus nicht schnelle Entfärbung ein, so muß die Behandlung mit Säure wiederholt werden. Die Färbung mit der Fuchsinlösung kann auch in der Weise vorgenommen werden, daß man das Deckglas mit der Präparatseite auf die Oberfläche der in einem Porzellanschälchen befindlichen Farbflüssigkeit legt und diese nun mit einer kleinen Flamme bis zum Aufkochen erhitzt. Statt des Fuchsins kann man auch Gentianaviolett und als Gegenfarbe Fuchsin, Safranin oder Vesuvin verwenden. Die säurefesten Bakterien werden dann blau, die anderen rot bzw. braun.

Für Schnitte. Man färbt 15 Minuten bis 24 Stunden in Anilinwasserfuchsin in der Kälte oder bei 37°, entfärbt und färbt mit Methylenblau (2—5 Minuten) wie oben angegeben, spült in ¹/₄—¹/₂proz. Essigsäure ab, entwässert in absolutem Alkohol, hellt in Cedernöl auf. Die Gewebe erscheinen blau gefärbt.

5. Die Färbung von Bakteriensporen.

Die Sporen der Bakterien färben sich schwerer als die vegetativen Stäbchen. Bei den gewöhnlichen Färbeverfahren wird nur die Sporenmembran gefärbt, während der Inhalt ungefärbt bleibt. Will man die Sporen färben, so unterwirft man das Präparat einer sehr energischen Intensivfärbung oder maceriert die Sporenmembran vor der Färbung, entfärbt, wobei die Sporen die Färbung behalten und färbt die vegetativen Formen mit einer Kontrastfarbe nach. Sporenfärbungen gelingen oft erst nach längerem Versuchen. Die Zahl der Sporenfärbungsverfahren ist daher sehr groß. Hier sollen nur einige der älteren, öfter erprobten angeführt werden. Über die zahlreichen neueren Verfahren vergleiche man die Angaben im Centralblatt f. Bakteriol., 1. u. 2. Abt. der letzten Jahre.

a) Man färbt das in der Wärme fixierte Präparat in der Hitze mit Anilinwasser- oder Carbolfuchsin, indem man das Deckglas, die Präparatseite unten, auf der Oberfläche der in einer Porzellanschale erhitzten Flüssigkeit etwa eine Stunde schwimmen läßt. Dann entfärbt man ¹/₂—1 Minute mit Alkohol + 3% Salzsäure, färbt mit verdünnter wässeriger Methylenblaulösung nach und spült mit Wasser ab. Die Sporen erscheinen rot, die vegetativen Formen blau.

b) Nach Moeller. Das fixierte Präparat wird je nach dem Verhalten der Spezies 5 Sekunden bis 10 Minuten in 5proz. Chromsäurelösung gelegt, in Wasser abgespült, mit Anilinwasser- oder Carbolfuchsin 1 Minute lang unter Aufkochen gefärbt, 5 Sekunden in 5proz. Schwefelsäure entfärbt, in Wasser abgespült, mit verdünnter Methylenblaulösung nachgefärbt. Statt der Chromsäure kann auch konzentrierte Chlorzinkjodlösung oder Wasserstoffsuperoxyd verwendet werden.

6. Die Färbung von Bakterienkapseln.

Bei manchen Bakterien lassen sich die zu einer Schleimkapsel verquollenen äußeren Schichten der Membran färberisch darstellen. Manchmal gelingt dies schon durch längeres Erwärmen mit Loefflerschem Methylenblau oder Carbolfuchsin. Von besonderen Verfahren seien folgende erwähnt:

a) Nach Friedländer. Das fixierte Präparat wird 1—3 Minuten in 1proz. Essigsäure getaucht, nach dem Abgießen der Säure schnell getrocknet, einige Sekunden mit gesättigtem Anilinwasser-Gentianaviolett gefärbt, in Wasser abgespült. Sind die Kapseln zu stark gefärbt, so entfärbt man kurze Zeit in 1proz. Essigsäure oder 50proz. Spiritus.

b) Nach Nicolle. Man färbt mit einer Lösung von 10 Teilen gesättigter Gentianaviolettlösung in 95proz. Spiritus und 100 Teilen 1proz. Carbolwassers und spült in Alkohol-Aceton (3 : 1) ab.

7. Die Färbung von Bakteriengeißeln.

Die Geißeln der Bakterien werden bei den gewöhnlichen Färbungsverfahren nicht mitgefärbt. Hierzu bedarf es einer vorherigen Beize. Geißelfärbungen bedürfen großer Sorgfalt, wenn sie gelingen sollen. Man beachte dabei folgendes: Das zu färbende Material muß lebhaft bewegliche Schwärmer in genügender Menge enthalten. Man verwende daher die Kulturen in dem Alter, in dem man vorher die stärkste Beweglichkeit der Bakterien festgestellt hat. Ist die Schwärmfähigkeit einer Art gering, so kann sie durch häufiges Übertragen auf frischen Nährboden oft verstärkt werden. Neben den Bakterien sollen im Präparat möglichst keine organischen Stoffe enthalten sein, da sie Farbstoffniederschläge hervorrufen. Man verwendet deshalb am besten Strichkulturen auf Agar, von denen geringe Mengen Material sehr vorsichtig, ohne Mitreißen von Nährboden, entnommen werden müssen. Läßt sich die Verwendung flüssiger Kulturen nicht umgehen, so verdünne man sie unmittelbar vor Anlegung des Präparates stark mit aufgekochtem Leitungswasser. Da die Schwärmer die Bewegung bei Dichtigkeitsänderungen im Medium leicht einstellen und die Geißeln abwerfen, so überträgt man sie in Leitungswasser und streicht von diesem eine Spur so flach auf das Deckglas aus, daß das Eintrocknen augenblicklich erfolgt. Die Fixierung muß vorsichtig ausgeführt werden, indem man die Deckgläser kurze Zeit durch Halten zwischen den Fingern über einer kleinen Flamme oder 5 Minuten auf dem Wassertrockenschrank nach A. Meyer erwärmt.

Wichtig ist es ferner, daß die Deckgläser absolut rein sind. Neue, fettfreie Deckgläser kann man in 95proz. Alkohol legen, zwischen Fließpapier trocknen und in einer Klemmpinzette senkrecht durch eine Flamme ziehen, so daß sie recht heiß werden. Müssen die Deckgläser gründlicher gereinigt werden, so kocht man sie in einer Porzellanschale mit einer Lösung von 6 g Kaliumbichromat, 100 ccm Wasser und 100 ccm konzentrierter Schwefelsäure eine Stunde, spült nacheinander mit destilliertem Wasser und Alkohol und bewahrt die Gläser in letzterem staubfrei auf. Zum Gebrauch brennt man die alkoholfeuchten Gläser, nach Abtropfenlassen der Hauptmenge des Alkohols, in der Klemmpinzette ab.

Man verfährt bei der Herstellung der Geißelpräparate dann in folgender Weise: Man stellt in aufgekochtem und wieder abgekühltem Wasser oder in ebenso behandelter 0,8proz. Kochsalzlösung eine Emulsion mit einer Spur eines Agarkulturrasens her, überzeugt sich schnell durch ein Präparat im hängenden Tropfen, ob die Bakterien gut schwärmen, und streicht sofort auf mehrere Deckgläser Präparate in der Weise aus, daß man mit einer an der Spitze rechtwinklig gebogenen Platinnadel eine geringe Menge Flüssigkeit ohne Reiben schnell über das Deckglas verteilt. Nach dem Trocknen wird das Präparat in der oben beschriebenen Weise fixiert und nun nach einem der folgenden Verfahren gebeizt und gefärbt.

a) Nach Löffler. Das Präparat wird $^1/_2$—1 Minute mit einer Beize von 10 ccm 20proz. Tanninlösung, 5 ccm kalt gesättigter Ferrosulfat-, 1 ccm wässeriger oder alkoholischer Fuchsinlösung bis zur Dampfbildung erwärmt, mit Wasser kräftig abgespült, in Alkohol so lange entfärbt, bis nur die Stellen, an denen Organismen liegen, gefärbt erscheinen, mit

Anilinwasser-Fuchsinlösung (10 Teile Anilinwasser, 1 Teil alkoholische konzentrierte Fuchsinlösung) oder Carbolfuchsin oder Säureviolett 6 B (Fr. Bayer & Co. in Elberfeld) (1 g in 150 ccm 50 proz. Alkohol) unter Erwärmen gefärbt.

b) Nach van Ermengem. Das Präparat wird $1/2$ Stunde in der Kälte oder 5 Minuten bei 50—60° mit einer Mischung von 1 Teil 2 proz. Osmiumsäurelösung und 2 Teilen 10 bis 25 proz. Tanninlösung, der 4—5 Tropfen Eisessig auf 100 ccm zugesetzt sind, gebeizt. Die Beize soll möglichst einige Tage alt sein. Darauf wird es in destilliertem Wasser und absolutem Alkohol abgespült, einige Sekunden in $1/4$—$1/2$ proz. wässerige oder alkoholische Silbernitratlösung getaucht, ohne abzuspülen einige Augenblicke in eine Lösung von 5 Teilen Gallussäure, 3 Teilen Tannin, 10 Teilen geschmolzenem Natriumacetat und 350 Teilen destilliertem Wasser getaucht, in die Silbernitratlösung zurückgebracht, darin so lange hin und her bewegt, bis die Lösung sich zu schwärzen beginnt und mit viel Wasser abgespült. Die Bakterien erscheinen schwärzlich braun, die Geißeln schwarz. Ist die Färbung nicht stark genug, so wiederholt man die Behandlung mit der Tannin- und Silbernitratlösung. Ist sie zu stark, so taucht man das Präparat einen Augenblick in Goldchloridlösung (1 : 3000), spült sorgfältig ab und läßt es einige Tage am Licht liegen.

c) Nach Zettnow. Die Ausstriche werden von einer Aufschwemmung von Bakterien in einem größeren Wassertropfen mit 1—2 Ösen 2 proz. Osmiumsäurelösung hergestellt. Das Präparat wird 5 bis 7 Minuten auf eine etwa 100° heiße Eisenplatte in ein Schälchen mit einer Beize von folgender Zusammensetzung gestellt: 10 g Tannin werden in 200 ccm Wasser gelöst, bei 50—60° werden 36—37 ccm einer Lösung von 2 g Tartarus stibiatus in 40 ccm Wasser hinzugesetzt und es wird erhitzt, bis sich der entstandene Niederschlag gelöst hat. Ist die Beize stark getrübt, so gibt man etwas Tannin hinzu, ist sie klar, 1 ccm der Tartaruslösung. Die Beize soll keinen Bodensatz bilden und beim Erhitzen klar werden. Sie muß heiß und klar verwendet werden. Man läßt dann das Schälchen mit den Präparaten abkühlen, bis die Beize sich trübt und spült sorgfältig mit Wasser. Dann erhitzt man das Präparat mit 3—4 Tropfen einer Äthylaminsilberlösung (gleiche Teile wässeriger gesättigter Silbersulfatlösung und destillierten Wassers werden im Reagensglas mit käuflicher Äthylaminlösung bis zur Auflösung des entstehenden Niederschlages versetzt), bis die Lösung stark raucht und die Ränder des Präparates schwarz werden, darauf spült man mit Wasser ab.

8. Färbungen von Inhaltsstoffen und Kernen der Bakterien.

An färbbaren und für die Differentialdiagnose wichtigen Inhaltsstoffen kennt man bisher Fett, Glykogen, die ebenfalls zu den Kohlenhydraten gehörende Granulose (Jogen) und das eiweißartige Volutin. Außerdem kommen noch färbbare Körper vor, deren chemische Natur nicht bekannt ist und die verschieden gedeutet werden[1]).

Die Färbung dieser Inhaltsstoffe erfolgt meist an lebendem oder in Formalin, seltener an vorsichtig bei 40—50° fixiertem Material. Sie kann aber auch an nach dem üblichen Erhitzungsverfahren fixiertem Material mit Erfolg ausgeführt werden.

a) Nachweis von Fetten nach A. Meyer. *α) Methylenblau-Sudan-Verfahren.* Eine Öse Bakterienrasen wird in einem Tropfen Formalin auf dem Objektträger verrieben und 5 Minuten fixieren gelassen. Dann setzt man einen Tropfen verdünnter Methylenblaulösung *v* hinzu, verrührt und läßt 10 Minuten lang einwirken. Darauf wird eine Öse einer frisch bereiteten Mischung von einem Tropfen Sudanlösung (0,1 g Sudan III in 20 ccm 95 proz. Spiritus) und einem Tropfen Wasser in dem Tropfen verrührt. Fetttropfen färben sich rot, Cytoplasma und der Zellkern blau.

β) Fuchsin-Gelb-Verfahren. Man fixiert und färbt mit Fuchsinlösung wie unter α) und fügt dann etwa $1/20$ der im Präparat vorhandenen Flüssigkeitsmenge Fettgelblösung (0,2 g

---

[1]) Eine Zusammenstellung der Literatur über die Inhaltsstoffe der Bakterienzelle gibt Swellengrebel: Centralbl. f. Bakt. II. Abt., 1906, **16**, 617 und 1907, **19**, 93.

Dimethylamidoazobenzol in 50 ccm 95proz. Spiritus) hinzu und rührt tüchtig um. Das Fett ist gelb, das Cytoplasma hellrot, die Kerne sind dunkelrot gefärbt.

Eine ähnliche Färbung gibt Fettponceau (0,1 g in 20 ccm 95proz. Spiritus). Eine Blaufärbung der Fetttropfen erzielt man nach A. Meyer[1] durch aufeinanderfolgende Behandlung mit 1proz. Dimethylparamethylendiamin- und α-Naphthollösung in Soda. Ähnliche Färbungsvorschriften hat Eisenberg[2] angegeben.

b) Nachweis von Volutin nach A. Meyer. Das Volutin ist farblos, zähflüssig oder breiig, fast so stark lichtbrechend wie Fett, färbt sich aber nicht mit Sudan. Es verhält sich nach A. Meyer gegen verschiedene Reagenzien in folgender Weise:

Verdünntes Methylenblau: Die Volutinmassen quellen, färben sich intensiv und runden sich ab.

Methylenblau mit 1proz. Schwefelsäure: Das Cytoplasma entfärbt sich, die Volutinkugeln färben sich stark blau.

Carbolfuchsin: Das Volutin färbt sich kaum mehr als das Cytoplasma.

Carbolfuchsin, darauf 1proz. Schwefelsäure: Das Cytoplasma wird entfärbt, die Volutinkugeln bleiben tiefrot gefärbt.

Verdünntes Jodjodkalium: Cytoplasma und Volutin werden hellgelb gefärbt.

Konzentriertes Jodjodkalium: Die Volutinkugeln erscheinen bei hoher Einstellung dunkel, bei tiefer hellgelb gefärbt und scharf begrenzt.

Methylviolett, Safranin, Bismarckbraun färben, Eosin, Boraxcarmin färben Volutin nicht. Hämatoxylin Delafield färbt sehr langsam. Nach Grams Verfahren färbt sich Volutin nicht. Das Volutin wird von 80—100° warmem Wasser, von gesättigter Natriumcarbonatlösung in einigen, von 5proz. Schwefelsäure in 10 Minuten gelöst, nicht dagegen von Äther, Alkohol, Chloroform, Kochsalzlösung, Chloralhydrat, Eau de Javelle. Trypsin und Pepsin wirken wie Wasser. Fixierungsmittel vermindern im allgemeinen die Löslichkeit des Volutins.

Man nimmt die Reaktionen auf Volutin an nicht fixiertem, nur am Deckglas eingetrocknetem Material vor. Man läßt einige Tropfen Methylenblau 1 + 10 nicht länger als 2 Minuten auf das Präparat wirken, spült ab und legt auf ein Tröpfchen Wasser, in dem ein Haar liegt. Zwei gegenüberliegende Seiten des Deckglases werden mit einem Wachsstöckchen fixiert, und es werden nun mittels Fließpapiers die verschiedenen Reagenzien von rechts nach links hindurch gesaugt.

In dem mit Methylenblau gefärbten Präparat ist das Cytoplasma hellblau, das Volutin dunkelblau gefärbt. Beim Durchsaugen von 5proz. Natriumcarbonatlösung erblaßt die Farbe der Kugeln sofort und an ihre Stelle treten helle Flecken. Wäscht man nach 5 Minuten mit Wasser aus, so verschwinden die hellen Flecken. Läßt man wieder Methylenblau hinzu und wäscht mit Wasser nach, dem eine Spur 1proz. Schwefelsäure zugesetzt ist, so färbt sich das Volutin wieder dunkler als das Cytoplasma.

Läßt man zu einem Methylenblaupräparat verdünntes Jodjodkalium hinzutreten, so wird das Cytoplasma gelb bis braun, die Volutinkugeln werden fast schwarz. Wäscht man das Jodjodkalium aus und läßt 5proz. Natriumcarbonatlösung hinzutreten, so färbt sich das Cytoplasma blau und entfärbt sich dann allmählich, während die Volutinkugeln sich in schwächer lichtbrechende Vakuolen verwandeln.

Färbt man ein Präparat 5 Minuten mit Carbolfuchsin und spült gut ab, so sind die Volutinkugeln in dem tief rot gefärbten Cytoplasma kaum zu erkennen. Saugt man 1proz. Schwefelsäure durch, so entfärben sich die Bakterien und die Volutinkugeln treten als dunkle Flecken scharf hervor. Bei Zusatz von 5proz. Schwefelsäure entfärben sich die Volutinkugeln und an ihre Stelle tritt eine Vakuole.

---

[1] Centralbl. f. Bakt. I. Abt., 1903, **34**, 578.

[2] Centralbl. f. Bakt. I. Abt., Orig., 1908, **48**, 257.

c) Nachweis von Glykogen und Granulose (Jogen)[1]. Glykogen und Granulose kommen bei manchen Bakterienarten, ersteres auch bei höheren Pilzen, in gewissen Wachstumsperioden als zähflüssige, stark lichtbrechende Massen im Cytoplasma vor. Sie werden durch Kochen mit verdünnten Säuren und durch Diastase gelöst. Mit verdünnter Jodjodkaliumlösung färbt sich das Glykogen braun, die Granulose blau. Sind beide Stoffe nebeneinander vorhanden, so entsteht auf Zusatz von sehr wenig Jodlösung eine blaue, auf Zusatz von viel Jodlösung eine braune Färbung.

d) Kernfärbungen nach A. Meyer. Eine kleine Menge des Bakterienrasens wird in einem Tröpfchen Formalin auf einem Objektträger verrührt und 5 Minuten stehen gelassen. Darauf wird eine kleine Menge frisch bereiteter Fuchsinlösung hinzugesetzt und mit der Emulsion verrührt. Zuerst nach 10, im Bedarfsfalle weiter von 5 zu 5 Minuten untersucht man eine Öse des Materials, in dem die Kerne[2] intensiv rot in dem schwach rot gefärbten Cytoplasma hervortreten.

D. Die Herstellung von Dauerpräparaten.

Will man Präparate aufheben, so müssen sie in durchsichtige Stoffe eingelegt werden, die sie nicht verändern und die mikroskopische Untersuchung nicht erschweren. Die wichtigsten Einschlußmittel sind Glycerin, Glyceringelatine und Canadabalsam. Glycerin und Glyceringelatine werden stets angewendet, wenn die Präparate in wasserhaltigem Zustand konserviert werden sollen. Doch sind die meisten Färbungen in Glycerin nicht haltbar. Für gefärbte Präparate kommt daher meist nur Canadabalsam in Betracht. In diesem verschwinden infolge seiner starken Brechung viele Strukturen fast völlig, was für gefärbte Präparate von Vorteil ist. Andererseits müssen Präparate, die in Canadabalsam gelegt werden sollen, vorher auf das sorgfältigste entwässert werden.

1. Präparate in Glycerin. Um ein in Wasser liegendes Präparat in Glycerin einzulegen, setzt man zu ihm ein Tröpfchen Glycerin, läßt das Präparat ohne Deckglas einige Zeit stehen, damit sich das Glycerin langsam konzentriert, und überträgt es dann in 70 proz. wässeriges Glycerin oder in ein Gemisch von 80 Teilen Glycerin, 40 Teilen absolutem Alkohol und 50 Teilen Wasser. Falls mehrere Schnitte in dem Präparat vorhanden sind, klebt man sie am besten symmetrisch auf den Objektträger auf, indem man ihn mit flüssiger Glyceringelatine dünn bepinselt und auf diese die vorher in Glycerin gelegten Objekte nach Entfernung des anhaftenden Glycerins mit einem Pinsel überträgt. Ist die Gelatine inzwischen erstarrt, so erwärmt man das Objekt vorsichtig und ordnet dann die Schnitte. Nach dem Erstarren der Gelatine bringt man ein Tröpfchen Glycerin auf die Schnitte und legt das Deckglas auf.

Handelt es sich um Zupfpräparate von Pilzen, so verteilt man das Mycel nochmals möglichst dünn in der Flüssigkeit.

Einen etwa hervorquellenden Überschuß an Glycerin entfernt man durch Abwischen mit einem Leinwandlappen oder Aufsaugen mit feuchtem Fließpapier. Reicht dagegen das Glycerin für das Präparat nicht aus, so setzt man einen Tropfen an den Rand der leeren Stelle, der sofort unter das Deckglas gesaugt wird.

2. Präparate in Glyceringelatine. Noch bequemer als mit Glycerin arbeitet es sich mit Glyceringelatine. 10 g Gelatine läßt man in 60 g Wasser zwei Stunden lang einweichen, fügt 70 g Glycerin hinzu, löst auf dem Wasserbade die Gelatine, fügt 1,5 g Carbolsäure hinzu, erwärmt 10—15 Minuten, bis alle Flocken verschwunden sind und filtriert durch Watte oder Glaswolle. Man bewahrt diese Gelatine am besten in kleineren Mengen in kleinen Erlenmeyerkölbchen oder noch besser

---

[1] Die ältere Bezeichnung Granulose stammt von Beijerinck, die neuere Jogen von A. Meyer.

[2] Von anderer Seite wird die Kernnatur dieser Gebilde bestritten. Vgl. auch Meyer; Flora 1908, **98**, 335.

in Planktonkonservierungsröhrchen von etwa 6 cm Länge wohl verschlossen auf. Zur Benutzung verflüssigt man sie entweder durch Einstellen des Gefäßes in 45—50° warmes Wasser oder durch vorsichtiges Erwärmen der oberen Teile des Gefäßes über einer kleinen Flamme. Aus dem flüssig gewordenen Anteil entnimmt man mit einem Glasstab ein Tröpfchen, bringt es genau in die Mitte des vorher über der Flamme ein wenig erwärmten Objektträgers, überträgt die in Glycerin liegenden Präparate mit einem Pinsel oder einem kleinen Spatel in die Gelatine und legt das Deckgläschen auf. Etwa nötiges Aufkleben der Schnitte geschieht ebenfalls mit Glyceringelatine. Die Gelatine erstarrt bald. Ein unter dem Deckglas vorquellender Überschuß wird am besten nach dem Erstarren mit dem Federmesser entfernt; fehlt dagegen noch etwas Glyceringelatine, so verfährt man wie oben geschildert ist.

3. Präparate in Canadabalsam.

Erheblich umständlicher ist das Einbetten in Canadabalsam. Man verwendet meist eine Lösung des Balsams in Xylol, seltener eine solche in Chloroform oder Terpentinöl, die man in Glasflaschen mit überfallendem Deckel (Fig. 213) aufbewahrt. Die Präparate müssen zunächst in Alkohol entwässert werden. Sie werden nacheinander je eine halbe Stunde in 25proz., 60proz., 80proz. und absoluten Alkohol gelegt. Da dieser in Balsam unlöslich ist, so werden

Fig. 213.

Aufbewahrungsflasche für Canadabalsam.

sie nun in ein Gemisch von 1 Teil Alkohol + 3 Teilen Xylol und aus diesem in reines Xylol übertragen, in dem sie völlig untergetaucht verweilen müssen. Erst dann können die Schnitte in Balsam übertragen werden. Zum Aufkleben benutzt man in diesem Falle am besten eine Mischung von 0,5 g Celloidin, 15 ccm absolutem Alkohol, 15 ccm Äther und 45 ccm Nelkenöl, die man dünn auf den Objektträger aufträgt und nach dem Auflegen der Schnitte schwach erwärmt. Dann werden die Schnitte mit Xylol befeuchtet und mit einem Tröpfchen Canadabalsam bedeckt. Sollen die Objekte nicht festgeklebt werden, so überträgt man sie aus dem Xylol direkt in den Balsamtropfen. Sodann wird das Deckglas aufgelegt. Der Balsam zieht sich langsam über das ganze Feld. Doch darf dieses durch Drücken nicht beschleunigt werden. Kleinere Luftblasen im Balsam lassen sich zum Teil durch vorsichtiges Erwärmen des Präparates entfernen. Man legt das Präparat sodann an einen staubfreien Ort und läßt es hier einige Wochen liegen, bis der Balsam erhärtet ist. Unter dem Deckglase vorquellender Balsam kann dann zum größten Teil mit dem Messer entfernt werden; die letzten Reste lassen sich leicht mit etwas Xylol oder Chloroform abwischen.

Ein praktischer Apparat zum Entwässern ist von F. E. Schulze vorgeschlagen worden (für 2,75—4,50 Mk. von Warmbrunn, Quilitz & Co., Berlin, zu beziehen). Er besteht aus einer weithalsigen Flasche, in die zwei auf ihrem Halse aufliegende zylindrische Gefäße ohne Boden hineinragen, deren untere Öffnung mittels gut geleimten Briefpapiers verschlossen wird. Die Flasche enthält entwässertes Kupfersulfat und absoluten Alkohol, das größere Einstellgefäß 50proz., das kleinere 10proz. Spiritus. In letzteres werden die Präparate gelegt, die auf diese Weise in etwa 24 Stunden in schonendster Weise entwässert werden. Die weitere Behandlung erfolgt dann in der beschriebenen Weise.

Einfacher als Schnitte werden Bakterien in Canadabalsam eingebettet. Man läßt die gefärbten Präparate, die in Wasser gelegen haben, nach Abnahme des Deckglases vom Objektträger lufttrocken werden, erwärmt das Deckglas, indem man es in den Fingern hält, sehr vorsichtig über einer kleinen Flamme und legt es sodann etwas schräg auf ein Tröpfchen Balsam in der Mitte eines schwach angewärmten Objektträgers.

4. Abschluß, Etikettierung und Aufbewahrung der Dauerpräparate.

Die Dauerpräparate in Canadabalsam sind nach dem Erhärten desselben fertig und unbegrenzt haltbar. Die Präparate in Glycerin und Glyceringelatine müssen dagegen noch abgeschlossen werden, erstere sofort, letztere erst nach einem halben Jahre, weil bei der Kontraktion der Abschlußmittel leicht die Deckgläser zerspringen. Den Abschluß bewirkt man durch einen Rand von Canadabalsam oder Maskenlack 3 oder Asphaltlack oder Wachs oder einer der sonstigen zusammengesetzten Abschlußstoffe. Man entfernt zunächst einen etwa unter dem Deckglas vorgequollenen Überschuß des Einbettungsmittels durch Abwischen bzw. Abkratzen, wobei man bei Glycerinpräparaten sich vor Verschiebungen des Deckglases hüten muß. Besonders bei Verwendung von Asphalt- und Maskenlack muß jede Spur Glycerin vom Glase entfernt werden. Dann zieht man mittels eines Glasstäbchens, ohne das Deckglas zu berühren, einen schmalen Streifen von Balsam oder Lack um das Präparat, der sowohl Deckglas wie Objektträger in geringem Maße bedeckt. Man arbeitet mit geringen Mengen des Einschlußmittels und trägt mehrere Streifen übereinander auf. Die Präparate müssen einige Tage erhärten. Findet man dann noch eine undichte Stelle, so entfernt man das Glycerin mit einem Pinsel oder feuchtem Fließpapier und überzieht sie nochmals mit dem Abschlußmittel. Gegen Druck sehr empfindliche Präparate, die mit Asphaltlack oder Maskenlack 3 abgeschlossen werden sollen, müssen mit Schutzleisten aus Asphaltlack versehen werden. Man zieht auf dem Objektträger mit einem feinen Pinsel einen Asphaltlackrahmen von Form und Umfang des Deckglases, so daß er etwa 1—2 mm über den Rand des Deckglases nach außen und innen ragt. Innerhalb des Rahmens, der frisch oder erhärtet in Benutzung genommen werden kann, wird das Präparat in der üblichen Weise angelegt und mit einem Asphaltlackrand verschlossen, der über den äußeren Rand der Schutzleiste fortgreift. Wenn dieser Streifen nach einigen Tagen an einem staubfreien Ort erhärtet ist, wird ein letzter Schutzstreifen von Maskenlack 3 gezogen, der wieder über die Ränder des zweiten Asphaltlackstreifens greifen muß. Diese Reihenfolge ist durch das verschiedene Verhalten der beiden Lacke gegen Glycerin bedingt.

Sehr einfach in der Handhabung ist der Einschlußkitt nach Krönig (Firma Klönne & Müller, Berlin NW., Luisenstr.). Aus dem bei gewöhnlicher Temperatur festen Kitt wird eine kleine Menge mittels eines besonderen Metallspatels, dessen Ende zu einem Dreieck gebogen ist, und der über einer Flamme schwach erwärmt wurde, entnommen. Von dem flüssigen Kitt wird durch vorsichtiges Neigen des Spatels ein Tröpfchen an die Ecken des Präparates gebracht, um das Deckglas zu fixieren. Sollte beim sofort eintretenden Erstarren des Kittes etwas Glycerin unter dem Deckglas hervorgepreßt werden, so entfernt man dasselbe mittels Fließpapiers. Sodann wird mit einer der Dreiecksecken eine schmale Leiste um das Präparat gezogen, die nicht auf das Deckglas übergreift. Dann wird der Spatel wieder erwärmt, mit der flachen Dreieckskante die Kittleiste verflüssigt und etwa 2 mm weit auf das Deckglas verteilt. Ebenso wird der äußere Rand geglättet. Bei einiger Übung gelingt es, auch nach diesem Verfahren zierliche Präparate herzustellen.

Der Krönigsche Kitt erhärtet innerhalb weniger Minuten und ist gegen Glycerin nicht so empfindlich wie Lack.

Noch einfacher als mit dem Krönigschen Kitt arbeitet man mit einem Wachsstock (die bekannten zu einem Knäuel aufgerollten Wachskerzen). Man zündet den Wachsstock an, löscht ihn wieder und fixiert in der oben beschriebenen Weise zunächst die Ecken des Deckglases durch Auftupfen mit dem geschmolzenen Wachse. Dann werden in derselben Weise die Randleisten gezogen, über die man, wenn man will, später noch einen Asphaltstreifen legen kann.

Für Schaupräparate empfiehlt es sich, runde Deckgläser zu verwenden und einen Lackring mittels eines Drehtisches um sie anzubringen (Preis 8—12 Mk.). Alle Präparate sind nach ihrer Vollendung auf beiden freien Enden des Objektträgers mit Etiketten zu bekleben, die nähere Angaben über Art, Färbung, Einbettung u. a. enthalten. Man wählt dazu etwa einen 2 mm dicken Karton und erhält so Schutzleisten, die es gestatten, die Präparate aufeinander zu legen, ohne die Deckgläser zu zerdrücken.

Die fertigen Präparate werden in Kästchen mit Falzen oder in Mappen aufbewahrt, von denen die verschiedensten praktischen Formen im Handel zu haben sind.

Mikrochemische Analyse.

Die mikrochemische Analyse hat, vorwiegend veranlaßt durch die Arbeiten von Haus-hofer[1]), Klément und Rénard[2]) sowie H. Behrens[3]), bereits eine vielseitige Anwendung gefunden, weshalb hier ihr Wesen kurz auseinandergesetzt, bezüglich der Ausführung im einzelnen aber auf die genannten Quellen verwiesen werden möge.

Der Zweck und das Ziel der mikrochemischen Analyse ist, mit Hilfe einer unter dem Mikroskop auszuführenden kennzeichnenden Reaktion äußerst geringe Mengen eines Stoffes nachweisen zu können. Wendet man, wie meistens, eine lineare Vergrößerung von 70 an, so läßt sich unter günstigen Umständen, auf die Oberflächenvergrößerung berechnet, eine 5000 mal kleinere Menge eines Stoffes nachweisen, als bei der Betrachtung desselben Reaktionserzeugnisses mit bloßem Auge. Um z. B. behufs Prüfung auf Eisen mittels Ferrocyankaliums eine wahrnehmbare Farbe des Niederschlages zu erhalten, gehört bei der Betrachtung mit bloßem Auge im Reagensrohr eine Eisenmenge von 0,01 mg, während unter dem Mikroskop die Färbung bzw. der Niederschlag noch bei einer Eisenmenge von 0,000002 mg = 0,002 μ g (0,001 mg = 1 μ) wahrgenommen werden kann.

Die Ausführung des Verfahrens besteht, um dieses hier kurz anzudeuten, im wesentlichen darin, daß man mittels eines passenden Kapillarrohres stets tunlichst einen Tropfen der zu untersuchenden Flüssigkeit von 1 cmm mit 1 mg Substanz auf den Objektträger (76 × 26 oder 48 × 28) bringt und hierzu mittels eines zu einer Öse umgebogenen Platindrahtes eine entsprechende Menge des Reagenzes setzt. Die verwendeten Lösungen müssen vor allen Dingen völlig klar sein. Bei den Reagenzien läßt sich dieses natürlich mittels Filtration durch ein gewöhnliches Filter erreichen, was sich aber bei der zu untersuchenden Flüssigkeit wegen der meistens vorhandenen geringen Menge nicht ausführen läßt. Hier muß man absitzen lassen oder eine eigenartige Filtration auf dem Objektträger mittels Filtrierpapiers vornehmen, bezüglich deren Ausführung ich auf H. Behrens' Schrift, S. 21 verweisen will. Deckgläschen kommen bei mikrochemischen Arbeiten verhältnismäßig selten zur Verwendung, niemals aber zum Bedecken der Probetropfen. Jedes einfache Mikroskop kann zu den Untersuchungen verwendet werden. Empfohlen werden u. a. das Mikroskop 7b von H. W. Seibert in Wetzlar und Reichert in Wien; als Zubehör zu den Mikroskopen sind wünschenswert Nicolsche Prismen und Einrichtungen zum Messen von Krystallwinkeln und Auslöschungswinkeln (Fadenkreuz und drehbarer Tisch oder aufgesetzte Drehscheibe). Der Abstand zwischen dem Objekt und der untersten Linse des Mikroskopes (Objektabstand) soll zwischen 3—20 mm betragen; ein großer Objektabstand erleichtert das Einstellen der Präparate, die Zufügung von Reagenzien unter dem Mikroskop, Härteprüfung, Auslesen mit der Präpariernadel usw. Man erreicht einen großen Objektabstand durch Anwendung schwacher Objektive und stark vergrößernder Okulare; bei geringem Objektabstande bedarf die unterste Linse einer besonderen Schutzvorrichtung oder doch öfterer Reinigung.

Zum Nachweise der chemischen Elemente sind im ganzen 59 Reagenzien erforderlich, die, in Präparatengläschen von 50 mm Höhe und 9—10 mm Weite eingefüllt, sich bequem in einem Behälter von 8 cm Höhe, 9 cm Breite und 13 cm Länge unterbringen lassen. In letzterem befindet sich auch eine Schublade, in der die nötigen Platindrähte, Löffelchen,

---

[1]) Haushofer, Mikroskopische Reaktionen. München 1885.

[2]) Klément und Rénard, Réactions microchimiques à cristaux et leur application en analyse qualitative. Bruxelles 1886.

[3]) H. Behrens, Anleitung zur mikroskopischen Analyse. 2. Aufl. Hamburg 1900. Desgl. Anleitung zur Analyse der wichtigsten organischen Verbindungen, 4 Hefte, 1895/97. 1. Anthracengruppe, Phenole, Chinone, Ketone, Aldehyde, 1895; 2. Die wichtigsten Faserstoffe, 1896; 3. Aromatische Amine, 1896; 4. Carbamide und Carbonsäuren, 1897.

Spatel, Pinzetten, Kapillarröhren, Streifen Eisen, Zink, Zinn, Filtrierpapier u. dgl. untergebracht werden können.

Für die mikrochemische Analyse sind drei Bedingungen wesentlich: 1. die Reaktion muß derart sein, daß sie keinen Zweifel bestehen läßt; 2. die Reaktion muß tunlichst schnell eintreten; 3. ihr Enderzeugnis muß ohne Schwierigkeit wahrzunehmen und ebenso wie der Verlauf kennzeichnend sein. Aus letzterem Grunde dürfen die kennzeichnenden Krystalle nicht so klein sein, daß sie erst bei einer 400—600fachen Vergrößerung gesehen werden können; auch kann deshalb die Anwesenheit sonstiger Stoffe, die pulverige oder flockige Niederschläge liefern, störend wirken.

Um ein Beispiel der mikrochemischen Untersuchung zu geben, möge hier der Nachweis von Blei in Stanniol (bzw. Zinnlegierung) nach H. Behrens mitgeteilt werden. Die Legierung wird mit Salpetersäure behandelt, wodurch Blei und sonstige Verunreinigungen (Kupfer, Eisen, Zink) in Lösung gehen. Der Überschuß von Salpetersäure wird durch Abdampfen entfernt, hierauf wird Essigsäure, Natriumacetat, Kaliumnitrat und ein Körnchen Thallonitrat zugesetzt. Zeigen sich dunkelbraune oder schwarze Würfel, so sind Blei oder Kupfer (oder beide) vorhanden. Man prüft die eine Hälfte der Lösung mit Kupferacetat auf Blei, die andere mit Bleiacetat auf Kupfer. Auf diese Weise lassen sich noch 0,05% Blei im Zinn nachweisen.

Zum mikrochemischen Nachweis von Arsen neben bzw. im Zinn behandelt man das Gemisch mit Salpetersäure und Kaliumchlorat, wodurch sich ein Niederschlag von Metazinnsäure und Stanniarseniat bildet; der Niederschlag wird getrocknet, mit Salpetersäure befeuchtet und nochmals getrocknet, um Spuren von Stannichlorid zu beseitigen. Durch Kochen mit Natriumcarbonat wird Natriumarseniat mit wenig Natriumstannat ausgezogen. das letztere wird durch Erwärmen mit Ammoniumchlorid unter Fällung von Zinndioxyd zersetzt. Die klare Lösung kann alsdann mit Ammoniak und Zinkacetat auf Arsensäure untersucht werden. Das Ammoniumzinkarseniat zeigt dieselben krystallinischen Formen wie die entsprechende sehr kennzeichnende Calciumverbindung, die hier wegen der vorhandenen Carbonate in Betracht kommen kann.

N. Schoorl[1]) hat das mikrochemische Verfahren von H. Behrens noch vervollkommnet und erweitert, indem er im allgemeinen den üblichen Gang der qualitativen Analyse für die erste Trennung der Elemente beibehalten hat. Bezüglich der Einzelheiten muß auch hier auf die Quelle verwiesen werden. Ebenso wie zum Nachweise der unorganischen Stoffe hat H. Behrens die mikrochemische Analyse auch zum Nachweise der wichtigsten organischen Verbindungen angewendet. Unter letzteren haben die Faserstoffe[2]) auch für die Zwecke dieses Buches eine besondere Bedeutung. Das Verfahren beruht auf dem verschiedenen Verhalten der Faserstoffe gegen polarisiertes Licht, Lösungs- und Quellungssowie Färbungsmittel. Hierauf wird im zweiten Teile dieses Buches unter „Gespinstfasern" näher eingegangen werden.

F. Emich[3]) hat das mikrochemische Verfahren dahin abgeändert, daß er die Fällung oder Färbung nicht unmittelbar unter dem Mikroskop erzeugt, sondern erst, nachdem sie vorher auf einer Gespinstfaser fixiert worden sind, unter dem Mikroskop untersucht; dadurch wird erreicht, daß sich das Präparat sehr bequem aus einem Reagens in das andere bringen läßt, und daß sich die kennzeichnenden Färbungen infolge der größeren Verteilung auf der Faser oft besser beurteilen lassen als bei einfacher Betrachtung des Niederschlagklumpens. Um die Empfindlichkeitsgrenze, d. h. den Verdünnungsgrad festzustellen, hat Emich den Begriff der „Äquivalentempfindlichkeit"

---

[1]) Zeitschr. f. analyt. Chem. 1907, **46**, 658; 1908, **47**, 209, 367 u. 401.

[2]) Das Heft II der Behrensschen Sammlung (vgl. S. 210, Anm.) liegt jetzt in zweiter, von G. van Sterson jun. bearbeiteter Auflage vor.

[3]) Liebigs Annal. d. Chem. 1907, **351**, 426.

eingeführt, worunter diejenige Anzahl von Kubikzentimetern verstanden wird, in welcher ein Grammäquivalent aufgelöst werden muß, damit ein Kubikzentimeter der Lösung die eben noch nachweisbare Menge enthält. Wenn z. B. nachgewiesen ist, daß sich noch 0,0000006 mg Boration (BoO_3) mit Hilfe der Curcumareaktion nachweisen lassen, so ist die Äquivalentempfindlichkeit E für BO_3:

$$= \frac{0,000001}{0,00000006} \times \frac{59}{3} = 33\,000 \text{ ccm.}$$

In derselben Weise wurde für andere unorganische Stoffe gefunden:

I. Fadenfärbungen.

Element	Reaktion	Grenze ($mg \times 10^{-6}$)	Äquivalent-empfindlichkeit
Bo'''	Curcumareaktion	0,1	33 000
As'''	Sulfidfaden	10	2 500
Sb'''	Sulfidfaden	1	40 000
Sn''	Cassius' Purpur	3	20 000
Au'''	Sulfidfaden $\rightarrow$ Purpur	3	22 000
Pt^{IV}	Sulfidfaden	8	6 000
Cu''	Sulfidfaden $\rightarrow$ Ferrocyanverbindung	8	4 000
Ag'	Sulfidfaden $\rightarrow$ Ag	5	22 000
Hg'	NH_3-Räucherung	8	25 000
Hg''	Sulfidfaden	5	20 000
Pb''	Sulfidfaden $\rightarrow$ $PbCrO_4$	8	13 000
Bi'''	Sulfidfaden $\rightarrow$ Chromat $\rightarrow$ Bi	8	9 000
Cd''	NH_4SH-Räucherung	6	9 000
Fe''	$NH_4SH \rightarrow$ Berlinerblau	8	3 500
Co''	NH_4SH oder Nitroso-β-naphthol	0,3	100 000
Ni''	NH_4SH	0,3	100 000

Bezüglich Ausführung des Verfahrens sei folgendes bemerkt:

1. Nachweis der Borsäure mittels der Curcumareaktion. Für die Curcumareaktion der Borsäure ist nicht nur die ursprüngliche Rotfärbung, sondern die hiernach eintretende Blaufärbung auf Zusatz von Alkali entscheidend. Letztere tritt aber nicht ein, wenn man als Träger der Curcumatinktur Schafwolle, Seide oder Schießbaumwolle anwendet, sondern nur, wenn der Farbstoff auf Papier, Baumwolle oder Leinenfaser niedergeschlagen wird.

Die erforderliche Curcumatinktur wird in der Weise erhalten, daß man 5 g gepulverte Curcumawurzel mit 10 g Weingeist auskocht, den eingedampften Extrakt unter Zusatz von etwas Soda in einigen Kubikzentimetern 50 proz. Alkohols löst und die Lösung mit ungebleichter Leinenfaser aufkocht. Hierauf preßt man diese zwischen Papier ab, legt sie in stark verdünnte Schwefelsäure und wäscht mit Wasser aus. Das Reagens soll satt dottergelb sein. Die Ausführung des mikrochemischen Nachweises gestaltet sich in ähnlicher Weise wie die des Nachweises von Säuren oder Alkalien[1]), nämlich folgendermaßen:

Man befestigt ein etwa zentimeterlanges Stück einer einzelnen Faser an einem Wachsklötzchen, taucht das freie Ende in den am Objektträger befindlichen angesäuerten Tropfen und läßt diesen verdunsten. Zum Ansäuern dient 10 proz. Salzsäure (oder ein Körnchen Kaliumhydrosulfat). Nach dem Trocknen wird das Fadenende mikroskopisch geprüft, wobei

---

[1]) Monatsh. f. Chem. **22**, 670; **23**, 76.

Kondensorbeleuchtung und etwa 100fache Vergrößerung anzuwenden sind. Hat es sich braun oder rot gefärbt, so bringt man es unter dem Mikroskope mit einem Tröpfchen (z. B. 13proz.) Sodalösung zusammen, worauf sich bei Gegenwart von Borsäure die bekannte Blaufärbung einstellt; sie bleibt kürzere oder längere Zeit bestehen, je nachdem jene in kleinerer oder größerer Menge vorhanden ist. Nach und nach erscheinen Grau, Violett und endlich der Farbenton, welchen das Alkali allein erzeugt[1]).

Eine Boraxlösung gibt die Reaktion noch deutlich, wenn man von 0,001 proz. Lösung 0,1 mg verwendet; die Empfindlichkeitsgrenze liegt also bei 0,001 μg (1 μg = 0,001 mg) Borax oder 0,0001 μg Bor[2]).

Die **Beimengungen** in den borsäurehaltigen Stoffen wirken verschieden auf das Eintreten der Reaktion. Ohne Einfluß sind selbst in tausendfacher Menge **Kochsalz, Glaubersalz** und **Aluminiumsulfat**, während **Phosphorsäure, Kieselsäure, Chlorcalcium** und **Chlormagnesium** in obiger Konzentration die Reaktion verhindern. Indes tritt die Reaktion auch bei diesen Beimengungen ein, wenn sie nur in der hundertfachen Menge neben 1 mg einer 0,004proz. Boraxlösung vorhanden sind. Sehr störend ist die Gegenwart von **Eisenchlorid**; aber auch hier gelingt die Reaktion bei Anwesenheit von 0,04 μg Borax und bei einem Verhältnis von Bo : Fe wie 1 : 10. Wenn **Calcium-** und **Magnesiumsalze** vorhanden sind, so empfiehlt es sich, **Kaliumhydrosulfat** ($KHSO_4$) statt Salzsäure anzuwenden.

2. Mikrochemischer Nachweis einiger Schwermetalle.

Für den mikrochemischen Nachweis der Schwermetalle wurden ihre Sulfide verwendet, zu deren Gewinnung zwei Verfahren[3]) dienten, nämlich:

a) mittels eines „**Sulfidfadens**": Schießbaumwolle[4]) wird wiederholt abwechselnd in etwa 15proz. Lösungen von Schwefelnatrium und Zinksulfat gebracht, nach jedesmaligem Eintauchen gut abgepreßt, zuletzt abgespült und getrocknet. Ein so hergestellter Faden soll, in 1proz. Silbernitratlösung getaucht, sich tief schwarz färben. Er hält sich lange wirkungsfähig und fällt folgende Metalle aus ihren Lösungen bzw. ist zu deren Nachweis brauchbar: As, Sb, Au, Pt, Cu, Ag, Hg'', Pb und Bi;

b) mittels des „**Räucherverfahrens**": Baumwoll- oder Schießbaumwollfaser wird in ein Tröpfchen der Lösung gebracht und dieses eintrocknen gelassen; darauf wird der Faden mit Schwefelammonium geräuchert. Das Verfahren erwies sich als brauchbar zum Nachweise von Cd, Hg', Hg'', Fe, Co und Ni.

Arsen. Man taucht den **Sulfidfaden** in ein Tröpfchen der arsenhaltigen Lösung und läßt dieses verdunsten; bei Anwesenheit von nur 0,008—0,01 μg Arsen tritt noch deutliche Gelbfärbung auf. Das gebildete Schwefelarsen zeigt auch das kennzeichnende Verhalten gegen Salzsäure, kohlensaures Ammon und Schwefelammonium, wenn man etwa 1 mg von diesen Reagenzien auf ein Deckgläschen bringt und dieses auf die am Objektträger befind-

---

[1]) Die Färbungen, welche die Oxyde bzw. Säuren des Molybdäns, Titans, Zirkons, Niobs und Tantals hervorbringen, unterscheiden sich von der Borsäurereaktion durch das Ausbleiben der Bläuung; auch ist die bei diesen Verbindungen sich einstellende Braunfärbung in den meisten Fällen eine geringere als bei der Borsäure. Nur bei vorhandenen großen Mengen Tantal ist eine gewisse Vorsicht nötig, da Soda in diesem Falle das braune Fadenende vorübergehend zwar nicht blau, aber doch violett färbt.

[2]) Zum spektroskopischen Nachweise sind nach Murao (Chem. Centralblatt 1902, **1**, 1074) 2 μg Borsäure, also die dreitausendfache Menge erforderlich.

In vorstehend beschriebener Weise ließ sich Borsäure in Meerwasser (Eindampfen von einigen Kubikzentimetern und Ausziehen mit Alkohol oder konzentrierter Salzsäure), in Jenaer Geräte-Glas (durch Auskochen mit Wasser oder Ausziehen mit Salzsäure) ebenso in Turmalinen (durch Ausziehen mit Salzsäure) nachweisen.

[3]) Diese Untersuchungen wurden von Jul. Donau ausgeführt.

[4]) Die Schießbaumwolle wurde wegen ihrer größeren Widerstandsfähigkeit gewählt.

liche Faser fallen läßt. Nach dem „Räucherverfahren" lassen sich noch 0,012 μg Arsen nachweisen.

Antimon. Durch den Sulfidfaden lassen sich noch 0,001 μg, nach dem Räucherverfahren noch 0,008 μg nachweisen; im ersteren Falle ist nur darauf zu achten, daß die zu prüfende Lösung nicht zu viel Salzsäure enthält, da sie beim Eindunsten Schwefelantimon lösen könnte. Letzteres läßt sich auch wie Schwefelarsen durch die genannten Reagenzien identifizieren. Da Zinnoxyd die Fällung mit dem Sulfidfaden nicht gibt, so können Arsen und Antimon auf diese Weise leicht nebeneinander nachgewiesen werden.

Zinn. Zinn läßt sich mikrochemisch nur als Chlorür nachweisen. Man imprägniert für den Zweck einen Baumwollfaden mit der betreffenden Lösung und taucht darauf in eine Lösung von Goldchlorid. Das Auftreten einer violetten Färbung, die gegen Säuren beständig ist und in Chlorwasser verschwindet, deutet auf Zinnchlorür; der Nachweis gelingt noch bei 0,003 μg, während für die Fällung als Sulfür größere Mengen, nämlich 0,1 μg Zinn erforderlich sind.

Gold. Goldlösung gibt mit dem Sulfidfaden eine braune Färbung von Schwefelgold, die, wenn nicht zu stark, nach längerer Behandlung mit Schwefelammonium, jedoch leichter bei Einwirkung von Chlor, Brom oder Natriumhypochlorit verschwindet. Der durch Chlor gebleichte Faden wird durch Eisen- oder Zinnchlorür infolge Reduktion zu Metall im ersten Falle schwarz oder violett, im zweiten violett oder rot. Auch nach dem Räucherverfahren gelingt der Nachweis; seine Grenze ist für die Fällung als Sulfid gegeben bei 0,002 μg Gold, für die Fällung mit nachfolgenden Reduktionen bei 0,003 μg Gold.

Kupfer. Kupferlösung (aus Sulfat) färbt den Sulfidfaden braun; der Niederschlag ist in 10proz. Salzsäure unlöslich, löslich in Cyankalium, verschwindet im Bromdampf und läßt sich in Ferrocyankupfer verwandeln, wenn man den so gebleichten Faden in eine angesäuerte Lösung von Ferrocyankalium bringt.

Grenze für die Reaktion mit Sulfidfaden . . . . 0,005 μg Cu,
Grenze mit nachheriger Umwandlung in Ferrocyankupfer . . 0,008 μg Cu.

Silber, als neutrale oder schwachsaure Nitratlösung angewendet, färbt den Sulfidfaden je nach ihrer Konzentration braun bis schwarz, der Niederschlag zeigt die bekannten Löslichkeitsverhältnisse. Entfärbt man die Faser mittels Natriumhypochlorits, so kann sie durch Einlegen in alkalische Traubenzuckerlösung oder in Zinnchlorür wieder geschwärzt werden. Salpetersäure bleicht wiederum.

Grenze für die Sulfidfällung. . . . . 0,003 μg Ag,
Grenze mit nachheriger Reduktion . . . . 0,005 μg Ag.

Quecksilberoxydul(nitrat) wird am einfachsten nachgewiesen, indem man das Ende eines Baumwollfadens damit imprägniert und hierauf mit Ammoniak räuchert. Die Schwärzung stellt sich bei Anwendung von 0,008 μg Quecksilber ein. Auch Räuchern mit Schwefelammonium bewirkt Schwarzfärbung; die Empfindlichkeitsgrenze ist hierbei dieselbe.

Quecksilberoxyd. Es läßt sich — in Form von Chlorid — nach dem Räucherverfahren in einer Menge von 0,005 μg durch eine deutliche Schwärzung nachweisen, die gegen Säuren sehr beständig ist. Der Sulfidfaden färbt sich durch eine neutrale Quecksilberchloridlösung gelb, durch Schwefelammonium dann schwarz; durch 15fach verdünnte Salpetersäure wird die gelbe Färbung erst nach längerer Zeit verändert.

Blei färbt den Sulfidfaden in neutraler (Nitrat-)Lösung ebenfalls gelb, in saurer (oder wenn die Einwirkung stundenlang vor sich geht) schwarz. Ebenso schlägt die gelbe Farbe sofort in die schwarze um, wenn man ihn mit Schwefelammonium oder 15fach verdünnter Salpetersäure behandelt. Letzteres Verhalten kann zur Unterscheidung von Blei und Quecksilber dienen. Hypobromit bleicht den Faden, Kaliumbichromat erzeugt hierauf gelbes chromsaures Blei, welches von alkalischem Zinnchlorür nicht reduziert wird (Unterschied von Wismut); Grenzen der Wahrnehmbarkeit:

für Bleisulfid . . . . 0,004 μg Pb,

für Bleisulfid und Umwandlung in Chromat . . . . 0,008 μg Pb,

für unmittelbare Chromatreaktion . . . . 0,006 μg Pb.

Wismut färbt den Sulfidfaden rotbraun, Brom entfärbt. Kaliumbichromat erzeugt Gelbfärbung, alkalisches Zinnchlorür Schwärzung. Die Grenzen liegen wie beim Blei.

Cadmium wird als Sulfid nach dem Räucherverfahren nachgewiesen. Zur Kennzeichnung des gelben Niederschlages dienen Schwefelammonium und fünffach verdünnte Schwefelsäure. Die Grenze der Reaktion liegt bei 0,006 μg Cd.

Eisen wird (z. B. in Form von Eisenammonalaun) nach dem Räucherverfahren nachgewiesen; der schwarze Niederschlag löst sich in verdünnter Salzsäure; die Lösung gibt mit Ferrocyankalium Berlinerblau.

Grenze der Wahrnehmbarkeit für Schwefeleisen . . . . 0,006 μg Fe,

Grenze mit nachheriger Umwandlung in Berlinerblau . . . . 0,008 μg Fe,

Grenze bei direkter Berlinerblaubildung . . . . 0,004 μg Fe.

*Kobalt*lösungen färben den Sulfidfaden ebenfalls nicht und werden nach dem Räucherverfahren als Sulfid gefällt. Die Beständigkeit des schwarzen Niederschlages gegen verdünnte Salzsäure und das Ausbleiben einer Fällung beim Räuchern einer angesäuerten Lösung mit Schwefelwasserstoff machen nur eine Unterscheidung von Nickel nötig. Zu diesem Zwecke dient Nitroso-β-naphthol[11]), in dessen essigsaure Lösung man einen Schießbaumwollfaden einlegt. Er wird hierauf in das zu prüfende Tröpfchen gebracht, welches man in der üblichen Weise eindunsten läßt. Bei Gegenwart von 0,0003 μg Kobalt färbt sich das Fadenende deutlich rot. Die Sulfidreaktion ist von etwa derselben Empfindlichkeit.

Nickel verhält sich wie Kobalt, gibt aber bekanntlich die Reaktion mit Nitroso-β-naphthol nicht. Die Lösungen sind mit Salzsäure schwach anzusäuern.

Capillaranalyse.

Anwendung der auf Capillaritäts- und Adsorptionserscheinungen beruhenden Capillaranalyse für Nahrungs- und Genußmittel-Untersuchungen [1]).

Allgemeines über Capillaranalyse.

Hängt man Capillarstreifen, z. B. von Filtrierpapier, mit ihrem einen Ende 3—5 cm tief in flüssige Körper oder in Lösungen ein, so steigen letztere samt den in ihnen gelösten flüssigen und festen Körpern im Capillarmedium bis zu unter sich ungleichen, gesetzmäßig bestimmten Höhen empor.

---

[1]) Auszug aus den seit 1861—1907 von Prof. Friedr. Goppelsroeder über Capillaranalyse veröffentlichten Arbeiten. Vom Verfasser derselben. Die Arbeiten sind folgende:

1. „Über ein Verfahren, die Farbstoffe in ihren Gemischen zu erkennen." Verhandl. d. Naturf. Gesellschaft zu Basel, 1861.

2. „Note sur une méthode nouvelle propre à determiner la nature d'un mélange de principes colorants." Bulletins de la Société Industrielle de Mulhouse, 1862.

3. „Zur Infektion des Bodens und Bodenwassers." Seite 16 und 17: Methode zur Nachweisung von Farbstoffspuren in der Erde." Programm der Baseler Gewerbeschule, 1872.

4. „Über die Darstellung der Farbstoffe, sowie über deren gleichzeitige Bildung und Fixation auf den Fasern mit Hilfe der Elektrolyse." Kap. VII: „Über den Nachweis der bei der Elektrolyse nebeneinander entstehenden und mit-

Übt in erster Linie die Capillarkraft ihre Wirkung aus, so daß die Körper gleichsam stürmisch im Streifen hinaufeilen, so kommt sehr bald in zweiter Linie die Adsorptionskraft zwischen Capillarmedium und capillarwandernden Körpern zur Geltung, so daß diese im Verlaufe der Operation früher oder später in schmalen oder in mehr oder weniger ausgedehnten Zonen auf dem Streifen festgehalten werden.

Sind verschiedene flüssige Körper miteinander gemischt oder verschiedene Stoffe in derselben Lösung enthalten, so kommt bei jedem derselben seine spezielle Capillarsteighöhe in dem angewendeten Capillarmedium, das heißt die Größe der Adsorptionskraft zwischen ihm und diesem zur Geltung, was die Abtrennung der einzelnen, flüssig oder gelöst gewesenen Stoffe voneinander in Form von Zonen zur Folge hat.

Das Capillar- und Adsorptionsverhalten der Körper ist ein sehr verschiedenes. Die einen besitzen ein großes Capillarsteig- und ein geringes Adsorptionsvermögen; bei den anderen besteht das umgekehrte Verhältnis. Es gibt Körper, welche bis zu oberst, das heißt so weit wie das Lösungsmittel emporsteigen, eine sei es breite, sei es mehr oder weniger schmale oberste Endzone im Streifen bildend; andere, welche nur in eine gewisse Höhe über der Eintauchszone, das heißt über den Spiegel der Flüssigkeit gelangen, in ungleichen Höhen des Papierstreifens mehr oder weniger ausgedehnte Zonen bildend; wieder andere, welche nur bis an die oberste Grenze des eingetauchten Streifenendes wandern, hier die für die Adsorption gewisser Stoffe wichtige Zwischenzone zwischen Flüssigkeitsniveau und Capillarsäule, die sogenannte Eintauchsgrenze bildend, welche, wenn farblos, nur durch chemische Reaktionen, wenn aber gefärbt, schon durch ihr scharfes Hervortreten aus der farblosen Umgebung, vielleicht nur, aber doch sehr deutlich, in Form einer scharfen farbigen Linie erkannt werden kann. Es gibt wiederum andere Stoffe, welche in der Eintauchszone zurückbleiben, also kein Capillarsteigvermögen besitzen. Es sind dies teils farblose, teils gefärbte, ein großes Adsorptionsvermögen für das angewendete Capillarmedium besitzende Stoffe.

Sind die in solcher Weise, z. B. auf Filtrierpapierstreifen festgehaltenen Körper farbige, so erkennt man ihre Anwesenheit an einer oder an mehreren farbigen Zonen; sind sie farblos, so ergibt sich ihre Anwesenheit aus chemischen Reaktionen, besonders aus Farbreaktionen

---

einander gemischten Farbstoffe." Zeitschr. f. Österreichs Wollen- und Leinenindustrie, 1884 u. 85.

5. „Über Capillaranalyse und ihre verschiedenen Anwendungen, sowie über das Emporsteigen der Farbstoffe in den Pflanzen." Mitteilungen des k. k. Technolog. Gewerbemuseums in Wien, Sekt. f. chem. Gewerbe, Hefte 3 und 4, 1888, Hefte 1—4, 1889. Dazu 78 Seiten Beilagen. Mülhausen i. E., 1889.

6. „Capillaranalyse, beruhend auf Capillaritäts- und Adsorptionserscheinungen." Mit dem Schlußkapitel: „Emporsteigen der Farbstoffe in den Pflanzen." Verhandl. d. Naturf. Gesellschaft zu Basel, Bd. XIV, 1901. 545 S., 58 lithogr. Tafeln, 1 Lichtdruck.

7. „Studien über die Anwendung der Capillaranalyse: I. bei Harnuntersuchungen, II. bei vitalen Tinktionsversuchen." Verhandl. d. Naturf. Gesellschaft zu Basel, Bd. XVII, 1904. 198 S., 130 lithogr. Tafeln, 21 Lichtdruckbilder.

8. „Anregung zum Studium der auf Capillaritäts- und Adsorptionserscheinungen beruhenden Capillaranalyse." 239 S. Verlag von Helbing und Lichtenhahn, Basel 1906.

9. „Neue Capillar- und Capillaranalytische Untersuchungen." Verhandl. d. Naturf. Gesellschaft zu Basel, Bd. XIX, 1907. 81 S. Text, 52 Tafeln Textbeleg. Georgs Verlagsbuchh., Basel.

Vgl. auch weiter: H. Freundlich: Capillarchemie. Akademische Verlagsgesellschaft. Leipzig 1909.

oder auch aus physikalischen Erscheinungen wie Fluorescenz, Emissions- oder Absorptionsspektrum usw., indem entweder die Zonen selbst oder die Auszüge derselben geprüft werden.

Die von den Fabriken erhältlichen verschiedenartigen Filtrierpapiersorten verhalten sich bei Capillarversuchen sehr verschieden, weshalb es bei vergleichenden capillaranalytischen Untersuchungen nötig ist, eine und dieselbe Filtrierpapiersorte zu verwenden.

Das Capillarmedium darf außer dem Faserstoff keine anderen fremden, von der Fabrikation herrührenden Stoffe enthalten.

Ein zur Capillaranalyse dienliches Gestell kann in primitivster Form hergestellt werden, z. B. aus einem oben senkrecht umgebogenen Glasstabe, dessen längerer Arm in die Röhre eines als Träger dienenden Bunsenbrenners gesteckt ist und an dessen kürzeren Arm die Streifen mit Hilfe einer hölzernen Wäscheklammer aufgehängt werden. Mit Hilfe zweier Bunsenbrenner und einer langen, an beiden Enden zu zwei genügend hohen Säulen umgebogenen Glasröhre kann das Gestell für einen vielfachen Capillarversuch hergestellt werden. Zum Schutze vor Luftbewegung, welche die Verdampfung der aufsteigenden Flüssigkeiten beschleunigen würde, vor Staub und sonstigen Luftverunreinigungen können die Streifen in geschlossenen Glaskästen oder unter Glasglocken offen oder zwischen doppelten Glaslinealen aufgehangen werden, wobei der auf das nicht eingeteilte Glaslineal gelegte Streifen mit einem zweiten in Millimeter eingeteilten ebensolchen bedeckt wird. Die Streifen müssen weniger breit wie die Glaslineale sein, je nach der zur Disposition stehenden Flüssigkeitsmenge 2,0—0,5 cm und noch schmäler.

Das Ablesen der Steighöhe geschieht bei durchscheinendem Lichte in der Mitte der Streifenbreite.

Bei offen hängenden Streifen ist die Steighöhe stets niedriger als bei zwischen Glaslinealen oder unter Glocken eingeschlossenen. Wegen der Capillarwirkung zwischen Glas und Flüssigkeit sollen die Glaslineale selbst nicht in die Flüssigkeit eintauchen; der Filtrierpapierstreifen soll 4—6 cm frei aus dem Doppelglasstreifen hervorragen, zu 3—5 cm in die Flüssigkeit eintauchen, so daß sich zwischen Eintauchsgrenze und Glaslineal 1 cm Streiflänge frei an der Luft befindet. Auch die Eintauchszone ist sehr wichtig, weil sich namentlich auf ihr die in der Flüssigkeit in feinster Suspension vorhanden gewesenen oder die erst während des Capillarversuchs durch chemische Veränderungen ausgeschiedenen amorphen und krystallinischen, anorganischen und organischen Substanzen, sowie geformte organisierte Gebilde ablagern. Auch noch über der Eintauchsgrenze, in der eigentlichen Capillarsäule können sich amorphe und krystallinische Körper auf dem Streifen absetzen.

Die in den allermeisten Fällen am oberen Ende der Steighöhe sich zeigende sehr leise gelbliche Endzone, welche von Spuren von Verunreinigungen im Filtrierpapiere oder von gewissen Metall-, meist von Eisensalzen, oder auch von organischen Substanzen in der Flüssigkeit herrühren kann, erleichtert sehr die scharfe Ablesung der Steighöhe am Schlusse der Operation, weil oft infolge Eintrocknung der farblosen aufgestiegenen Flüssigkeit die Grenze zwischen Capillarsteigende und trocken gebliebenem Streifen nicht mehr erkennbar ist. Fehlt eine solche Endzone, dann mache man gleich nach Herausheben des Streifens aus der Flüssigkeit einen kleinen Einschnitt an derjenigen Stelle des Streifens, bis wohin die Flüssigkeit sich hinaufgezogen hatte.

In feuchten, sei es aus Filtrierpapier oder aus Pergamentpapier, Woll-, Seiden-, Leinen- oder Baumwollzeug bestehenden Streifen steigen die flüssigen und gelösten Körper höher als in trockenen. In verdünnter Luft erhält man größere Steighöhen als unter gewöhnlichem Luftdruck. Durch vorhergehende Imprägnierung des Filtrierpapiers mit gewissen Körpern, durch sogenanntes Mordanzieren des Baumwoll- oder Leinenzeugs mit Metalloxyden, Eiweißkörpern usw. kann man das Capillarsteigvermögen der in Lösung befindlichen Körper wesentlich vermindern, das Adsorptionsvermögen derselben erhöhen, so daß ein anderes

Adsorptionsbild wie unter Anwendung nicht präparierter Fasern entsteht. Es können beispielsweise gefärbte Körper, statt hoch emporzusteigen, sich in niederer gelegenen Zonen ansammeln, statt also langgestreckte hellfarbige Zonen zu bilden, sich in konzentrierten schmalen, dunkelfarbigen Zonen dem Auge darbieten.

Empfindlichkeit der Capillaranalyse.

Aus Goppelsroeders seit 1861 ausgeführten Arbeiten über Capillaranalyse ergibt sich deutlich deren hohe Empfindlichkeit. Es lassen sich die geringsten Spuren von Farbstoffen bei Anwendung der verschiedenen Fasercapillarmedien, Filtrierpapier-, Baumwoll-, Leinen-, Woll- und Seidenzeugstreifen nachweisen. Bei einem Gehalte von 0,0054 mg Fuchsin in 1000 ccm wässeriger Lösung, entsprechend $\dfrac{1}{185\,000\,000}$ absolutem Gehalte, erschien zwar auf Capillarstreifen aus Filtrierpapier, Baumwoll-, Leinen- und Wollzeug sowie aus Pergamentpapier keine Spur von Färbung mehr, wohl aber auf einem Seidenzeugstreifen zu unterst eine 3,5 cm lange Zone von leisem Rosaschein, während das Wasser 13 cm hoch gestiegen war.

Bei einem Gehalte von 0,018 mg Fuchsin in 1000 ccm wässeriger Lösung, entsprechend $\dfrac{1}{55\,000\,000}$ absolutem Gehalt, erschien auf den Streifen aus:

Filtrierpapier: unten ein kaum wahrnehmbarer Rosaschein,
Baumwollzeug: „   „   „   „   violettlicher Rosahochschein,
Leinenzeug: zu oberst ein sehr leiser Rosahochschein,
Wollzeug: unten eine nur höchst geringe Rosafärbung,
Seidenzeug: unten leise Rosafärbung,
Pergamentpapier: unten sehr geringer Rosahochschein.

Außerdem zeigte sich zu oberst in den Streifen ein von Pikrinsäurehochspuren herrührender gelblicher Rand.

Bei einem Gehalt von 0,017 mg Eosin in 1000 ccm Lösung, entsprechend $\dfrac{1}{58\,000\,000}$ absolutem Gehalt, war auf Filtrierpapier-, Baumwoll-, Leinen- und Wollzeugstreifen nichts, auf dem Seidenzeug- und Pergamentpapierstreifen ein kaum wahrnehmbarer rosarötlicher Hochschein wahrzunehmen.

Bei einem Gehalte von 0,034 mg Eosin in 1000 ccm wässeriger Lösung, entsprechend $\dfrac{1}{29\,000\,000}$ absolutem Gehalt, zeigten Baumwoll-, Leinenzeug- und Pergamentpapierstreifen keine Spur von Färbung, der Filtrierpapierstreifen nur zu oberst rosarötlichen Hochschein, der Wollzeugstreifen bis zu 4,3 cm Höhe rosarötlichen Schein, der Seidenzeugstreifen bis zu 3,9 cm Höhe rosarötlichen Hochschimmer, hierüber außerordentlich hellrosa rötliche Färbung.

Bei den Alkaloiden, als einem anderen Beispiel, handelt es sich nicht um farbige, sondern in den meisten Fällen um rein farblose Zonen, welche erst durch chemische Reaktionen oder durch Absorptionsspektralanalyse gewisser aus ihnen erzeugten farbigen Verbindungen die Anwesenheit eines bestimmten Alkaloides feststellen lassen. Die Lösungen der Alkaloide und ihrer Salze geben ziemlich hoch gelegene Zonen, von welchen z. B. die des Morphins beim Betupfen mit Ferrochloridlösung dunkelblau, die des Strychnins mit konzentrierter Schwefelsäure und etwas Kaliumbichromat violettblau, die des Brucins mit Salpetersäure schön rot, bei nachheriger Behandlung mit Zinnchlorür blau wird. Schüttelt man eine mit Äsculin erhaltene Zone mit Wasser, so zeigt der Auszug blaue Fluorescenz. Die Empfindlichkeit der Capillaranalyse für den Nachweis von Alkaloiden ergibt sich aus folgenden Beispielen:

Strychninchlorhydratlösung und die 3 cm tief eingehangenen Filtrierpapierstreifen zeigten bei verschiedenen Verdünnungen nach Zusatz oder Auftropfen von konzentrierter Schwefelsäure und Kaliumbichromatlösung die folgenden Reaktionen:

Gehalt in mg von 1000 ccm Lösung an Strychninchlorhydrat	Absoluter Gehalt der Lösung	Reaktion mit konzentrierter Schwefelsäure und Kaliumbichromatlösung auf	
		die Lösung	den Streifen
0,0000104 mg	$\frac{1}{96\,000\,000}$	0	Leise Rosafärbung bis zu oberst
0,0000833 ,,	$\frac{1}{12\,000\,000}$	0	Rosafärbung von unten bis zu oberst
0,0001560 ,,	$\frac{1}{6\,400\,000}$	0	Zu oberst lebhaft violett-kirschrot, darunter hell kirschrot
0,0625000 ,,	$\frac{1}{16\,000}$	Hochspur rosa-violettlicher Färbung	Oben ziemlich lebhaft, darunter sehr hellblauviolettlich kirschrot

Brucinchlorhydratlösung verhielt sich wie folgt:

Gehalt in mg von 1000 ccm Lösung an Brucinchlorhydrat	Absoluter Gehalt der Lösung	Reaktion mit kalter konzentrierter Salpetersäure auf		Reaktion mit kalter konzentrierter Schwefelsäure auf		Reaktion mit konzentrierter wässeriger Chlorlösung auf	
		die Lösung	den Streifen	die Lösung	den Streifen	die Lösung	den Streifen
0,000104 mg	$\frac{1}{9\,600\,000}$	0	Von unten bis oben carminrot, zu oberst sehr lebhaft	0	0	Rosa-violettliche Färbung, bald verschwindend	Zu oberst lebhaft rosa-violett, dann fleischrot-gelblich, darunter nur Schein, bald gelblich werdend
0,000625 ,,	$\frac{1}{1\,600\,000}$	Schwache Rosafärbung		0	Zu oberst hellrosa, darunter farblos		

Aus dem Gebiete der anorganischen Chemie seien folgende Beispiele aufgezählt: Bei einer Konzentration von 300 mg Ätzkali (KOH) in 1000 ccm wässeriger Lösung, entsprechend $\frac{1}{3333}$ absolutem Gehalt, wurden auf dem zur Prüfung angewendeten noch feuchten Filtrierpapierstreifen gelbe Curcuma- und rote Lackmuspapierschnitzel auf einer von unten an beginnenden 15 cm langen Strecke, erstere gebräunt und letztere gebläut, während weiter hinauf bis zu 23,7 cm Höhe nur Wasser gewandert war.

Bei einem Gehalte von nur 80 mg Ätzkali in 1000 ccm wässeriger Lösung, entsprechend $\frac{1}{12500}$ absolutem Gehalt, reagierten auf den noch feuchten Filtrierpapier-, Baumwoll-, Leinen-, Woll- und Seidenzeugstreifen, sowie auf dem Pergamentpapierstreifen die beiden Reagenspapiere nur im unteren eingetaucht gewesen Ende, über der Eintauchslinie hingegen nicht mehr.

Bei einem Gehalte von 20 mg Ätzkali in 1000 ccm wässeriger Lösung, entsprechend $\frac{1}{50000}$ absolutem Gehalt, reagierte die Lösung selbst nicht mehr auf die beiden Reagenspapiere, und auch auf den sechs verschiedenartigen Capillarstreifen war von der Eintauchsgrenze an bis zu oberst nicht eine Spur von Färbung mehr zu beobachten.

Bei Capillarversuchen mit **Kaliumnitrit** zeigte sich erst von einer Verdünnung an von bloß 0,3 mg auf 1000 ccm der Lösung, also erst beim Sinken des absoluten Gehaltes auf $\frac{1}{3000000}$, mit Jodkaliumstärkekleister und verdünnter Schwefelsäure keine Reaktion mehr auf Woll- und Seidenzeug- sowie Pergamentpapierstreifen, während auf Filtrierpapier-, Baumwoll- und Leinenzeugstreifen zu oberst ein blauer Rand hervortrat.

Bei mit **Kalium-**, **Lithium-** und **Bariumsalzlösungen** angestellten Capillarversuchen kann nachher mit Hilfe des Flammenspektrums die Anwesenheit der betreffenden Metallsalze in den entsprechenden Zonen erkannt werden.

Nach Capillarversuchen mit **Aluminiumsalzlösungen** kann **Goppelsroeders** hochempfindliches Reagens auf geringste Spuren von Tonerde verwendet werden. (Verhandl. der Naturf. Gesellsch. zu Basel, 1867 und 68. — Erdmanns Journ. f. prakt. Chem. 1867 und 68. — Poggendorffs Annalen 1867 und 68. — Zeitschr. f. analyt. Chem. von Fresenius 1868.) — Man setzt zur Salzlösung etwas **Morinlösung**[1]) und betrachtet den durch eine Brennlinse in die Flüssigkeit geworfenen Lichtkegel.

Noch $^1/_{600}$ mg **Tonerde**, als Salz in 1 ccm Wasser gelöst, läßt sich an der nun eintretenden **grünen Fluorescenz** erkennen.

Bei Anwendung eines einzigen **Kubikzentimeters** Alaunlösung mit nur $^1/_{10}$ mg Alaun, entsprechend $\frac{1}{10000}$ absolutem Gehalt an Alaun oder $\frac{1}{175438}$ absolutem Gehalt an Aluminium, zeigte sich im zerstreuten Tageslichte grüne Fluorescenz, bei Anwendung eines Brennglases ein sehr deutlich grüner Lichtkegel. Bei einem absoluten Gehalte an Alaun von $\frac{1}{80000}$, also bei einem absoluten Gehalte an Aluminium von bloß $\frac{1}{1403500}$, zeigte sich bei Anwendung des Brennglases eine Spur von Fluorescenz. Alkali- und Erdalkalisalzlösungen verhindern die durch Morin verursachte Fluorescenz der Tonerde nicht. Die Salzlösungen der selteneren Erden wie Beryllerde, Torerde usw., geben mit Morinlösung keine Fluorescenzreaktion und verhindern auch nicht die der Tonerde. Zur scharfen Beobachtung der Fluorescenz von Aluminiumsalzlösungen werden die sie enthaltenden Bechergläschen, Reagensgläser oder Uhrgläschen auf ein mattes schwarzes Papier gestellt. Zur Beobachtung von Capillarstreifen auf Aluminiumsalzgehalt werden diese in eine schwarze Photographierküvette gelegt und die alkoholische mit sehr wenig Salzsäure versetzte Morinlösung über ihre ganze Länge getropft, worauf ein gutes Auge mit aller Schärfe erkennen kann, in welchem Teile des Streifens grüne Fluorescenz aufgetreten ist. So konnte **Goppelsroeder** z. B. in der Rheinfeldener Salzsole sowohl wie auf den damit erhaltenen Capillärstreifen die Aluminium-Morin-Fluorescenzreaktion beobachten.

Hat durch eine erste capillaranalytische Operation eine nur ungenügend scharfe Trennung der verschiedenen, gemeinschaftlich gelöst gewesenen Körper stattgefunden, so kann man die die verschiedenen Körper enthaltenden **Mischzonen** mit nacheinanderfolgenden verschiedenartigen Lösungsmitteln ausziehen, um mit den nun erhaltenen neuen Auszügen eine nochmalige Capillar-Adsorptionsoperation vorzunehmen, was so oft wiederholt werden kann, bis eine vollständige Trennung, z. B. einer größeren Anzahl von **Farbstoffen** erreicht ist, welche man nun chemisch oder spektroskopisch prüfen kann.

Anwendung der Capillaranalyse für die Prüfung von Nahrungs- und Genußmitteln.

Für die Anwendung der Capillaranalyse zur Prüfung von Nahrungs- und Genußmitteln gibt **Fr. Goppelsröder** folgende Beispiele an:

---

[1]) Unter „Morin" versteht man den färbenden Bestandteil des **Gelbholzes**, der daraus durch Ausziehen mit kochendem Wasser und durch Zersetzen der sich ausscheidenden Kalkverbindung mit Salzsäure gewonnen wird.

1. Untersuchung der Wässer auf organische Stoffe.

Wenn man organische von Infektionsherden stammende Stoffe enthaltendes Wasser eingedampft hat, so gibt der erhaltene Rückstand mit absolutem Alkohol einen mehr oder weniger stark gelblich gefärbten Auszug, welcher beim Verdampfen einen gelblichen bis braunen Rückstand hinterläßt und gefärbte Zonen auf Capillarstreifen gibt. Bei reinen Wässern aber gibt der alkoholische Auszug ihres Verdampfungsrückstandes keine oder nur minimal gefärbte Capillarzonen. Das verunreinigte, organische Stoffe enthaltende Wasser gibt selbst schon gelbliche bis bräunlich gelbliche und sogar braune Zonen, welche sich von der viel höher im Streifen gelegenen Eisenoxydzone durch ihre Brennbarkeit unterscheiden.

2. Untersuchung der Wässer auf ihren Eisengehalt.

Bezüglich ihres Eisengehaltes verhalten sich die Wässer sehr verschieden. In allen Fällen, wo die Wässer nur eine höchst geringe Eisenmenge, wohl immer in Form von Eisenbicarbonat enthalten, zeigt sich zu oberst in dem vorher sorgfältigst mit verdünnter Salzsäure gereinigten Filtrierpapierstreifen eine, je nach der Menge des Eisens spurenweise bis mehr oder weniger lebhaft ockergelbe, schmale Zone, welche z. B. beim Betupfen mit verdünnter Salzsäure und etwas Ferrocyankaliumlösung die kennzeichnende bläuliche bis blaue Eisenreaktion gibt. Das im Wasser gelöste Ferrobicarbonat wandert mit dem Wasser im Capillarstreifen sehr weit empor, indem es unterwegs das zweite Kohlensäuremolekül verliert und sich in ockergelbes Ferrihydroxyd umwandelt.

Ganz anders wie die gewöhnlichen zum Trinken oder zu sonstigen häuslichen oder industriellen Zwecken verwendeten Wässer verhalten sich die Eisenmineralwässer, welche bei der Capillaradsorptionsprüfung je nach der Faserart des Streifens mehr oder weniger ausgedehnte gelbliche bis bräunliche auf Eisen reagierende Zonen geben.

Bei der capillaranalytischen Prüfung von 30 verschiedenen Eisenmineralwässern mittels Filtrierpapier-, Baumwoll-, Leinen-, Woll- und Seidenzeug- sowie Pergamentpapierstreifen ergab sich z. B.:

Art der Mineralwässer	Auf der Eintauchzone des Capillarstreifens	Über der Eintauchgrenze im unteren Teile	Über der Eintauchgrenze im obersten Rande des Capillarstreifens
Bei 13 Mineralwässern, welche direkt mit verdünnter Salzsäure und etwas Ferrocyankaliumlösung nur einen Hochschein bis eine Spur von Reaktion gaben	Gelblicher Hochschein bis sehr hellgelbliche Färbung	Hellgelblicher Schein	Gelblicher Schein bis gelbliche Färbung
Bei 9 Mineralwässern, welche sehr schwache Reaktion gaben	Gelblicher Schein	Gelblicher Schein	Gelbliche Färbung
Bei 2 Mineralwässern, welche ziemlich starke Reaktion gaben	Gelblicher Schein bis gelbliche Färbung	Gelbliche Färbung	Gelbliche Färbung
Bei 6 Mineralwässern, welche starke Reaktion gaben	Gelbliche bis bräunlichgelbliche Färbung	Gelbe bis bräunliche Färbung	Gelbe bis bräunliche Färbung

3. Untersuchung des Bieres.

Mit gegen hundert Proben normalen, aus Malz, Hopfen, Hefe und Wasser gewonnenen Bieres erhielt Goppelsroeder bei der Capillaruntersuchung farblose, saumongelbliche, gelbliche bis gelbe, ockerbräunlichgelbe bis braune Zonen. 4,44% der beobachteten Zonen waren gelblich, 7,6% ockerbräunlichgelb, 8,7% farblos, 28,3% braun und 51% gelb. Dampft man das Bier bis zur Sirupkonsistenz ein, so werden durch Behandlung des Siruprückstandes mit absolutem Alkohol die kleinen Mengen von unzersetzter Maltose, Dextrin, öligen und bitteren Stoffen, Eiweißsubstanzen, Peptonen, Fett, etwas Glycerin und Bernsteinsäure sowie die unorganischen Substanzen, namentlich das Kaliumphosphat ausgeschieden, während der Farbstoff gelöst wird, der sich nun noch besser als bei direkter Prüfung des Bieres auf capillaranalytischem Wege von den eine andere Art von gefärbten Zonen gebenden künstlichen Färbemitteln des Bieres unterscheiden läßt.

4. *Untersuchung des Weines.*

Bei der capillaranalytischen Untersuchung echter Weißweine erhielt Goppelsroeder gelbe, weingelbliche, saumongelbe, ockergelbe und bräunlichgelbe Zonen, bei der von schillerfarbigen Weinen rötliche, bei der von Rotweinen braune, bordeauxfarbige, violette, gelbe und rote Capillarzonen. Die den natürlichen Rotweinfarbstoff enthaltenden Zonen waren von matter Färbung, die mit der durch Anilinfarben verursachten nicht zu verwechseln war. Betreffs der im Weine enthaltenen Gerbsäure ist hervorzuheben, daß die verschiedenen Gerbsäuren bestimmte Zonen geben, von welchen die mit Tannin oder Gallusgerbsäure erhaltenen durch einen Tropfen Ferrisalzlösung dunkelblau bis schwarz, die mit Chinagerbsäure und ebenso die mit Catechugerbsäure erhaltenen grün und die von Moringerbsäure herrührenden schwarz-grün werden.

Künstliche Färbungen der Rotweine geschehen mit Hilfe von Beeren, Blumen, Hölzern, Wurzeln usw. Die schwarzroten Beeren z. B. jene des der Familie der lindenartigen Gewächse angehörigen chilenischen Strauches Aristotelia Maqui, welche durch ihren Geschmack, ihre Farbe und ihr Aroma einem mittelmäßigen dünnen Landweine das äußere Gepräge eines französischen Rotweines zu geben vermögen, geben einen bordeauxrotvioletten wässerigen und einen rötlich violetten alkoholischen Auszug. Ersterer gibt hauptsächlich braune, letzterer violette Capillarzonen. Die Natur der künstlichen Färbung der Weine durch Teerfarbstoffe kann durch Prüfung der erhaltenen Capillarzonen auf chemischem und spektralanalytischem Wege ermittelt werden. Auch hier ist eine vergleichende Prüfung zu vollständig sicherem Urteile nötig.

5. *Prüfung auf Färbungs- und Konservierungsmittel von Nahrungsmitteln, Konserven und Fruchtsäften, Kaffeebohnen, Gewürzen, Essig usw.*

Zum capillaranalytischen Nachweise der zum Färben und Konservieren von Nahrungsmitteln, Fleisch, Wurstwaren, Fleisch- und Gemüsekonserven, Tafel- und Marktbutter, Schmalzbutter, auch von Margarine oder Kunstbutter, Nudeln und Makkaroni, von Fruchtsäften usw. verwendeten Stoffe müssen passende wässerige, alkoholische oder sonstige Auszüge der Untersuchungsobjekte hergestellt werden, welche man dann entweder nur in Filtrierpapierstreifen oder aber auch in den öfters schon erwähnten, mit verschiedener Adsorptionskraft wirkenden anderen vegetabilischen und animalischen Faserstreifen emporsteigen läßt. Die so erhaltenen Zonen werden, wenn nötig, zur größeren Reinerhaltung der in ihnen adsorbierten Körper nochmals ausgezogen und einem neuen oder mehrmaligen Capillarversuche unterworfen, worauf entweder direkt mit den so erhaltenen reinen Zonen oder mit ihren Auszügen chemische Reaktionen oder Absorptionsspektralprüfungen angestellt werden.

Der alkoholische Auszug z. B. natürlicher ungefälschter Tafelbutter gibt nur farblose, ockergelb scheinende bis ockergelbliche Capillarzonen, der von ungefälschter Schmalzbutter farblose, gräulich ockergelbliche und bräunlichgraue, während die mit durch Curcuma gefärbter Tafel- oder Schmalzbutter erhaltenen alkoholischen Auszüge auf den Capillarstreifen bis sogar lebhaft curcumagelbe Zonen hervorrufen.

Rohe nicht künstlich gefärbte Kaffeebohnen geben einen wässerigen Absud, mit welchem rehbräunliche bis dunkelkaffeebraune Zonen erhalten werden.

Für Untersuchung der Gewürze kann die Capillaranalyse ebenfalls Verwendung finden. Daß der echte Safranfarbstoff nach Goppelsroeder nur mehr oder weniger dunkelorangefarbige und schwach gelbliche Zonen gibt, wurde auch durch Vinassas spätere Untersuchungen bestätigt.

Dieselbe Brauchbarkeit der Capillaranalyse ergab sich für die Untersuchung der Früchtedauerwaren. Z. B. mit Wasser verdünnter Himbeersirup gibt eine untere schwach schmutzigviolette und eine darüberliegende fast farblose, steif anzufühlende Zone. Ist aber beispielsweise Fuchsin anwesend, so erscheint eine untere breite schmutzigrotviolette und darüber eine sehr schmale lebhaft fuchsinrote Zone mit violettem Stich, worüber wieder eine hell fuchsinrote und zu oberst eine Zone von rötlichem Schein folgt.

Auch auf künstliche Färbungen des Essigs kann capillaranalytisch gefahndet werden.

Als Konservierungsmittel verwendete Salicylsäure, welche beim Capillarversuche hoch emporsteigt, gibt natürlicherweise farblose Zonen, welche aber durch Ferrichloridlösung violett gefärbt werden, während verdünnte Kalilösung mit salicylsäurehaltigen Zonen rosarote Auszüge gibt, welche zwischen D und E, nahe E, einen Absorptionsstreifen zeigen und die blaue Seite des Spektrums teilweise von Grün nach Blau hin absorbieren.

6. Capillaranalyse der Milch.

Goppelsroeder hat seit Anfang der achtziger Jahre capillaranalytische Versuche mit reiner Vollmilch, abgerahmter Milch und deren Mischungen mit Wasser angestellt. Auch für die Untersuchung der Frauenmilch und des Colostrums, wo meist nur wenig Material zur Verfügung des Analytikers steht, wird die Capillaranalyse Verwendung finden können.

Läßt man Capillarstreifen 3—4 cm tief in normale ganze Milch einhängen, so wandern die verschiedenen Bestandteile der Milch in denselben empor, und zwar ein jeder Bestandteil bis zu der ihm zukommenden Steighöhe, so daß verschieden charakterisierte einzelne Zonen erhalten werden.

Auf den eingetauchten, leise gelblichen und fettig anzufühlenden Streifenenden, den Eintauchszonen, zeigt sich ein leiser bis ziemlich starker Butteranflug. Über der Eintauchsgrenze, direkt an diese anschließend, sind auch noch mehr oder weniger starke gelbe Butterbeschläge, sogar Butterklümpchen zu beobachten, welche dann von gelblichen, fettig anzufühlenden, in gewissen Fällen durchscheinenden Zonen überlagert sind.

Bei Behandlung dieser Capillarstreifen mit Äther wird das Fett abgelöst, während ein mehr oder weniger starker weißer Absatz von Mineralstoffen, namentlich von Calciumphosphat zurückbleibt, deren nach dem Gehalte und Nährwerte der Milch wechselnde Menge man nun viel schärfer und in auffallenderer Weise erkennt. Je stärker die Milch gewässert worden war, um so magerer fällt auch nach Behandlung der Capillarstreifen mit Äther der zurückbleibende weiße Beschlag aus.

Wird normale ganze oder teilweise abgerahmte Milch mit Wasser verdünnt, so nimmt die Totalsteighöhe mit der Zunahme des Wasserzusatzes immer mehr zu. Es zeigt sich dann in der Eintauchsgrenze ein immer leiseres fettiges Anfühlen, eine immer geringere bis nur noch sehr leise gelbliche Ablagerung von Butterfett.

Da durch Anwesenheit von mehr oder weniger Butter die Poren des Filtrierpapiers sich mehr oder weniger verstopfen, wodurch dem Wandern der anderen Milchbestandteile ein Hindernis entgegengestellt ist, so ist vorzuziehen, die Milch vor dem Versuche abzurahmen.

Bei der Capillaruntersuchung einer durch 24stündiges Aufstellen abgerahmten Milch zeigt sich jedoch in der Eintauchszone und darüber auch noch ein sehr leiser Butteranflug, woraus wiederum die längst bekannte Tatsache hervorgeht, daß durch bloßes Aufstellen der Milch nicht alle Butterkügelchen aus der Milchflüssigkeit abgeschieden werden, wie man es ziemlich vollständig beim Zentrifugieren erreicht, welches auch wegen der Zeitersparnis vorwiegend empfohlen wird.

Bei dreifachen fünfstündigen, bei 14,5—15,5° C angestellten Capillarversuchen mit einer während 24 Stunden durch Aufstellen abgerahmten Milch und ihren verschieden starken Verdünnungen mit Wasser, wobei die Streifen zwar im Glaskasten, aber nicht zwischen Glaslinealen, sondern offen hingen und 3 cm tief in je 30 ccm der Milchproben eintauchten, erhielt Goppelsroeder folgende Mittelzahlen:

	Mittlere Steig- höhe nach 5 Stunden in Zentimeter	Mittlere Minuten- steighöhe in mm vom Anfang des Versuchs bis zur 300. Minute
Abgerahmte Vollmilch	19,51 (1)	0,6503
90 Vol.-Proz. Vollmilch, 10 Vol.-Proz. Wasser, nach Abrahmen	20,05 (1,027)	0,6683
80 ,,　　　　,,　　20 ,,　　　,,　　　,,　　　,,	22,13 (1,134)	0,7376
70 .,　　　　,,　　30 ,,　　　.,　　　,,　　　,,	22,5 (1,153)	0,7500
60 ,,　　　　,,　　40 .,　　　..　　　,,　　　..	23,01 (1,179)	0,767
50 .,　　　　,,　　50 ..　　　..　　　..　　　,,	23,97 (1,128)	0,799
40 .,　　　　,,　　60 ..　　　..　　　,,　　　..	27,27 (1,397)	0,909
30 ,,　　　　,,　　70 .,　　　.,　　　.,　　　.,	29,45 (1,509)	0,981
20 ,,　　　　,,　　80 ..　　　..　　　..　　　,.	31,18 (1,598)	1,039
10 .,　　　　,,　　90 ,,　　　..　　　..　　　.,	33,55 (1,719)	1,118
Destilliertes Wasser	33,63 (1,723)	1,121

Hinsichtlich der chemischen Reaktionen, welche die einzelnen durch Ausziehen mit Äther vom Butterfett befreiten Milchcapillarzonen geben, sei die mehr oder weniger starke Bläuung mit verdünnter Salzsäure und Ferrocyankaliumlösung zu oberst im Streifen, also die Reaktion auf den Eisengehalt der Milch erwähnt.

Das Millonsche Reagens gibt mit der direkt unter der Eisenzone liegenden mehr oder weniger steifen, durchscheinenden pergamentartigen, die Eiweißstoffe der Milch enthaltenden Zone eine zuerst gelbliche, dann lebhaft krapprosa bis stark rot werdende Färbung, mit der darunter liegenden, wie reines Filtrierpapier aussehenden Zone eine weniger lebhaft krapprosa und mit der direkt an die Eintauchsgrenze angrenzenden, einen weißen starken Beschlag tragenden Zone, auch nach Entfernung des Beschlags dunkelrote Färbung, während auf der Eintauchszone mit ihrem weißpulverigen Überzug und ihren oft weißen perlmutterartigen Schüppchen zuerst gelbliche, hernach stark krapprosa Färbung entsteht.

Essigsäure plus Schwefelsäure gibt mit der zweit- und drittobersten Zone sehr geringe violettlich rötliche Färbung, mit der über der Eintauchslinie gelegenen Zone zuerst violettlichen Hochschein, dann hellviolette Färbung, mit der Eintauchszone aber sogar lebhaft violette Färbung.

Alkalische Kupfersulfatlösung gibt mit der Eintauchszone blauviolette, mit der darüber liegenden untersten Capillarzone dunkelblauviolette, mit der zweituntersten blauviolette, mit der zweitobersten hellere blauviolette Färbung.

Die einzelnen mit Milch erhaltenen Capillarzonen geben mit warmer Natronlösung die mehr oder weniger starke für Eiweißstoffe charakteristische gelbe Färbung.

Das an Alkalimetall gebundene Chlor läßt sich in den Milchcapillarstreifen bis hoch oben in deren wässerigem Auszuge nachweisen.

Nach dem S. 220 beschriebenen, auf Fluorescenz durch Morin beruhenden Goppelsroederschen Verfahren kann der Tonerdegehalt der Milch auf den erhaltenen Capillarstreifen sowohl wie im verdünnten Salzsäureauszuge der Milchasche nachgewiesen werden.

Die in der Eintauchszone absorbierte mattweise oder perlmutterglänzende Ablagerung enthält im Mittel von sehr übereinstimmenden zahlreichen Ergebnissen Goppelsroeders 95,27% organische und 4,73% unorganische Substanz, während die von der ganzen Streiflänge adsorbierten Stoffe zu 94,95% organische, zu 5,05% unorganische sind. Das Verhältnis der unorganischen zu den organischen Substanzen hat sich somit fast übereinstimmend im ersteren Falle wie 1 zu 20, im letzteren wie 1 zu 19 herausgestellt.

Äschert man die einzelnen Zonen der Capillarstreifen ein, so erhält man in den schwach salzsäurehaltigen Auszügen der Aschen beim Erwärmen mit Ammoniummolybdat sehr starke Phosphorsäurereaktion in der Eintauchszone, im eigentlichen Capillarstreifen starke, in dessen unterster ziemlich starke, bis starke in dessen mittlerer und schwächere in dessen oberster Zone.

Allgemeine chemische Untersuchungsverfahren.

Die Elementaranalyse [1]).

I. Bestimmung von Kohlenstoff und Wasserstoff.

Das Verfahren besteht darin, daß man eine abgewogene Menge der Substanz mit einem Oxydationsmittel (glühendem Kupferoxyd, chromsaurem Blei, heißem Sauerstoff) verbrennt und die hierbei entstehenden Verbrennungserzeugnisse, nämlich Kohlensäure und Wasser, in gewogenen Absorptionsapparaten auffängt und zur Wägung bringt.

Zur Absorption des Wassers dient ein U-förmiges Rohr (Fig. 214); dasselbe wird mit gekörntem, bei 150° getrocknetem Chlorcalcium gefüllt; auf das Chlorcalcium bringt man einen Wattebausch und bringt in jeden Schenkel, wenn das Rohr nicht mit Glasdichtung hergestellt ist, einen Korkstopfen mit einem rechtwinklig gebogenen Glasrohr. Man preßt dann die Korkstopfen ganz in die U-Röhren hinein und überzieht die Oberfläche mit einer Schicht von Siegellack. Eins der aufgesetzten Glasrohre besitzt eine kugelförmige Erweiterung.

Fig. 214.   Fig. 215.

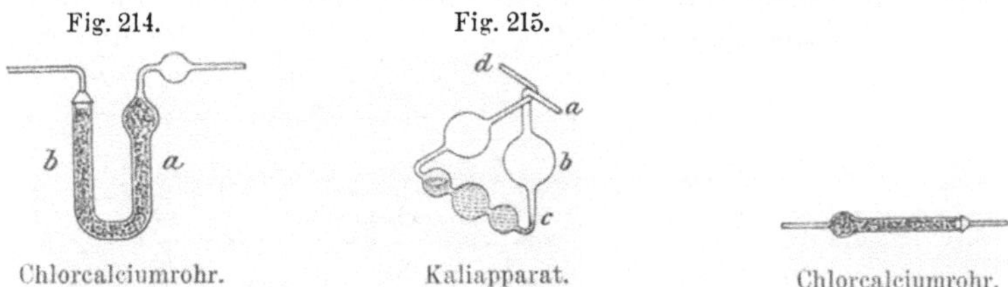

Chlorcalciumrohr.   Kaliapparat.   Chlorcalciumrohr.

Vor dem Gebrauch leitet man durch den Apparat einige Zeit trockene Kohlensäure, um etwa vorhandenes basisches Chlorid in Carbonat überzuführen und verdrängt alsdann die Kohlensäure wieder durch trockene Luft. Bis zum Gebrauch wird das Rohr durch einen kurzen Gummischlauch mit passenden Glasstäbchen verschlossen.

Zur Absorption der Kohlensäure dient Kalilauge. Von den vielen angegebenen Apparaten ist der von Liebig angegebene (Fig. 215) der einfachste und noch immer am meisten in Gebrauch. Zur Füllung desselben taucht man das Rohr, das an der größeren Kugel sitzt, in konzentrierte Kalilauge (2 Teile festes Kalihydrat und 3 Teile Wasser) und saugt an dem anderen Rohre so lange, bis die drei unteren Kugeln annähernd gefüllt sind. Statt dieses Kaliapparates kann man auch andere z. B. von Mitscherlich, Geißler u. a. anwenden. Mit dem Kaliapparat wird bei der Verbrennung noch ein kurzes, gerades oder U-förmiges Röhrchen (Fig. 216) verbunden, welches zur Hälfte (nach dem Kaliapparat zu) mit Stücken festen Ätzkalis, zur anderen Hälfte mit Natronkalk gefüllt ist. Dasselbe dient dazu, etwa nicht absorbierte Kohlensäure und vor allem von der Kalilauge abgegebenen Wasserdampf zu absorbieren. Das Röhrchen wird entweder mit dem Kaliapparat oder getrennt von dem Kaliapparat gewogen, um den Gang der Absorption beurteilen zu

---

1) Bearbeitet von Dr. J. Hasenbäumer, Ober-Assistent d. Versuchsstation in Münster i.W.

können. Das Röhrchen darf nach der Verbrennung nur einige Milligramm zugenommen haben. Nach ein oder zwei Verbrennungen muß die Kalilauge erneuert werden, während das Chlorcalciumrohr öfters benutzt werden kann. Als Träger für die Absorptionsrohre können verschiedene angewendet werden. Fig. 217 zeigt eine dieser Anordnungen. Die

Fig. 217.

Fig. 218.

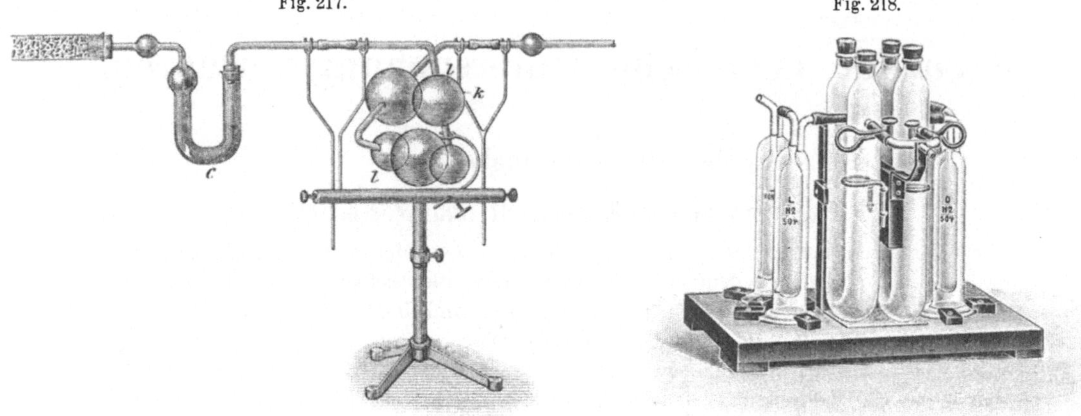

Halter für Absorptionsapparate.

Trockenapparat.

bei bzw. nach der Verbrennung durchzuleitenden Gase (Sauerstoff und Luft) müssen selbstverständlich von Kohlensäure und Wasser befreit werden; zu dem Zwecke werden sie, bevor sie in das Verbrennungsrohr treten, durch eine Wasch- oder Röhrenvorrichtung

Fig. 219.

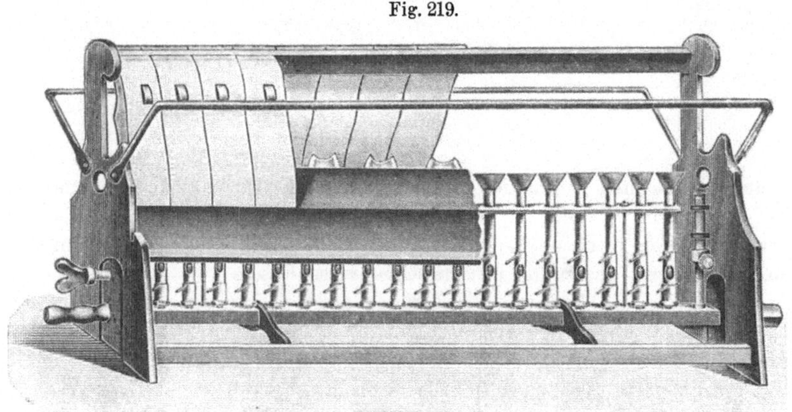

Verbrennungsofen.

geleitet, die der Reihe nach Kalilauge (bzw. Kalihydrat in Stücken oder Natronkalk), dann Chlorcalcium und konzentrierte Schwefelsäure enthalten. Als solche Vorrichtung kann die obenstehende (Fig. 218) dienen.

Als Verbrennungsöfen (für Gas) sind ebenfalls verschiedene in Gebrauch, z. B. der von Volhard, Glaser u. a. Wir haben mit dem vorstehenden Ofen (Fig. 219), von rund 80 cm Länge mit 18 Brennern, die eine Regelung für Gas- und Luftzutritt gestatten, gute Erfahrungen gemacht. Über den Brennern ist eine eiserne Rinne, die noch mit Tonrinnen oder Asbest ausgekleidet werden kann, behufs Aufnahme der Verbrennungsrohre angebracht.

Als weitere Hilfsmittel für die Verbrennungen sind noch zwei Glasbirnen mit vorgelegten Chlorcalciumrohren, behufs Aufhebung des geglühten groben und feinen Kupferoxyds (Fig. 220) und ein Einfülltrichter von Kupfer oder ein abgesprengter Glastrichter (Fig. 221), erforderlich.

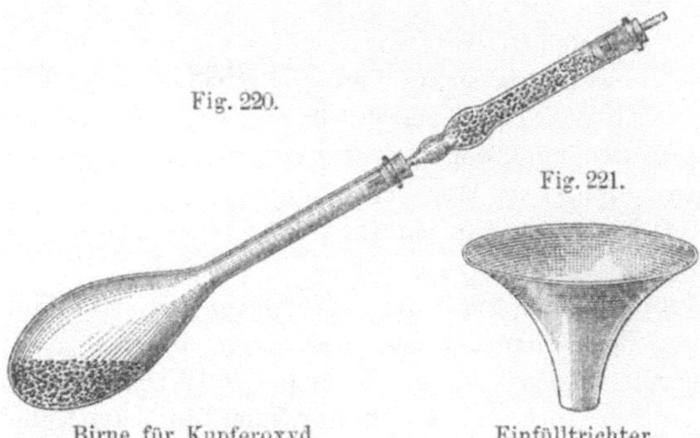

Birne für Kupferoxyd.   Einfülltrichter.

A. Verbrennung mittels Kupferoxyds und Bleichromats.

1. *Verbrennung stickstofffreier Stoffe mit Kupferoxyd. a) Im geschlossenen Rohre.*

Hierzu ist erforderlich ein Verbrennungsrohr[1]) (Fig. 222) von etwa 75 cm Länge und 12—15 mm Durchmesser, das etwa 400 g grobes und 50 g feines Kupferoxyd erfordert.

Vor Beginn der Analyse glüht man das grobe und feine Kupferoxyd, jedes für sich, in einem kupfernen oder hessischen Tiegel aus, füllt jedes noch warm in eine Glasbirne (Fig. 220), verschließt diese mit einem Chlorcalciumrohr und läßt so erkalten.

Das Verbrennungsrohr wird inzwischen bajonettförmig ausgezogen, sorgfältig gereinigt und durch Erhitzen im Verbrennungsofen unter Durchsaugen von trockner Luft vollkommen getrocknet.

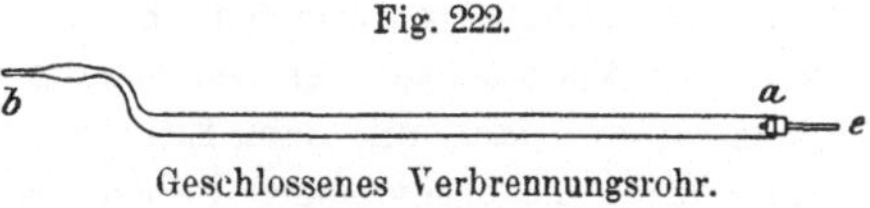
Fig. 222.
Geschlossenes Verbrennungsrohr.

Man schmilzt es alsdann an dem ausgezogenen Ende zu und verschließt das offene Ende mit einem Chlorcalciumrohr. Handelt es sich um die Analyse fester Körper, so wägt man diese in einem verschließbaren Röhrchen genau ab; flüssige Körper werden in kleinen Kugelröhrchen abgewogen, die auf einer Seite zugeschmolzen sind. Durch Erwärmen und sofortiges Eintauchen in die Flüssigkeit läßt sich die Kugel leicht füllen. Bei sehr leicht flüchtigen Substanzen wird man vor der Wägung auch das noch offene Röhrchen der Kugel zuschmelzen müssen. Außerdem werden Chlorcalciumrohr und Kaliapparat gewogen.

Darauf füllt man das Verbrennungsrohr zunächst zu etwa $^1/_5$ mit grobem Kupferoxyd, bringt darauf wenig feines Kupferoxyd und hierauf die Substanz; man fügt noch etwas feines Kupferoxyd zu und füllt alsdann das Rohr so weit mit grobem Kupferoxyd, daß noch etwa 10 cm frei bleiben. Durch gelindes Aufstoßen der horizontal gehaltenen Röhre sorgt man für die Bildung eines kleinen Kanals und für die Mischung der Substanz mit dem feinen Kupferoxyd. Bei schwer verbrennbaren Körpern verfährt man auch zweckmäßig in der Weise, daß man die Substanz (0,2—0,3 g) in einem trocknen Mörser mit dem feinen Kupferoxyd mischt und diese Mischung unter Benutzung des Trichters (Fig. 221) in das Rohr bringt, indem man den Mörser einige Male mit feinem Kupferoxyd nachspült. Auch kann man die Substanz in dem Rohr selbst mit Hilfe eines korkzieherartig gebogenen Kupferdrahtes mit dem feinen Kupferoxyd mischen. Hat man leicht flüchtige Körper in eine Glaskugel eingeschmolzen, so muß man vor dem Einbringen der Kugel in das Rohr die zugeschmolzene Spitze abbrechen. Flüssige, bzw. feste, unter 100° schmelzende, aber nicht flüchtige Stoffe, z. B. Fett, Wachs und dergleichen Stoffe, wägt man zweckmäßig in einem Platin- (oder Porzellan-)Schiffchen ab, füllt darauf feines Kupferoxyd, stellt alsdann das

---

[1]) Die Verbrennungsrohre aus böhmischem Glas sind denen aus Jenaer Glas wegen ihrer größeren Haltbarkeit vorzuziehen.

15*

Schiffchen auf einer sauberen Unterlage in einen Wassertrockenschrank, bis die Substanz von dem feinen Kupferoxyd aufgesaugt ist und bringt das Schiffchen wie vorstehend in die teilweise beschickte Verbrennungsröhre.

In allen Fällen verschließt man das gefüllte Rohr sofort mit den gewogenen Absorptionsapparaten, und zwar schließt man zuerst das Chlorcalciumrohr mittels eines luftdicht schließenden Stopfens an das Verbrennungsrohr und hieran den Kaliapparat nebst Schutzröhrchen (vgl. Fig. 217). Um ein Eindringen von Wasser und Kohlensäure aus der Luft in die Absorptionsapparate zu verhindern, verbindet man das Schutzröhrchen noch mit einem U-Rohr, das je zur Hälfte mit Natronkalk und Chlorcalcium gefüllt ist.

Bevor man mit der Verbrennung beginnt, muß der Apparat auf luftdichten Verschluß geprüft werden. Das geschieht in der Weise, daß man auf das Röhrensystem entweder einen schwachen Druck ausübt, wodurch der Stand der Kalilauge in dem Kaliapparat nicht verändert werden darf, oder dadurch, daß man erst einen Teil der Röhre, wo keine Substanz liegt, erwärmt, wodurch die sich ausdehnende Luft in Blasen durch die Kalilauge austreten muß. Wenn sich der Apparat als dicht erwiesen hat, so beginnt man mit dem Erhitzen des groben Kupferoxyds und bringt zuerst die vordere längere Schicht zum Glühen, darauf die kürzere Schicht im hinteren Teile des Rohres. Man bedeckt hierbei das Verbrennungsrohr mit Tonkacheln, läßt aber den Teil des Rohres, wo sich die Substanz befindet, frei. Ist das grobe Kupferoxyd zur Rotglut gekommen, so zündet man eine Flamme in der Nähe der Substanz an und allmählich weitere, wobei man sehr langsam vorgeht und nur in dem Maße, daß eine ganz allmähliche Zersetzung der Substanz stattfindet. Man erkennt den Gang der Verbrennung leicht an der Entwicklung der Kohlensäure; dieselbe soll möglichst gleichmäßig sein. Wird dieselbe zu stürmisch, so drehe man die Flammen klein, zum Schluß erhitze man mit vollen Flammen und aufgelegten Kacheln. Bei sehr leicht flüchtigen Körpern erhitze man nicht sofort mit der Flamme, sondern bedecke die Substanz mit einer oder mehreren heißen Kacheln und beginne erst dann mit dem Erhitzen. Sollte sich im vorderen oder hinteren Teile des Rohres Wasser niedergeschlagen haben, so bringt man dieses durch eine glühende Kachel zum Verdampfen. Treten keine Kohlensäureblasen mehr in den Kaliapparat ein, so verbindet man das ausgezogene Ende des Verbrennungsrohres mit einem Sauerstoffgasometer und leitet einen langsamen Sauerstoffstrom durch das Rohr, das hierbei im Glühen erhalten wird.

Bei schwer verbrennlichen Substanzen verbrennt man zweckmäßig von vornherein in einem schwachen Sauerstoffstrom. Der Sauerstoff wird hierbei durch den obigen Trockenapparat (Fig. 218) von Kohlensäure und Wasser befreit. Das Durchleiten von Sauerstoff wird so lange fortgesetzt, bis aus den Absorptionsapparaten reiner Sauerstoff entweicht, worauf in bekannter Weise durch einen glimmenden Spahn geprüft wird. Man hört dann mit dem Durchleiten von Sauerstoff auf, stellt die Gasbrenner zunächst einen um dem anderen, dann allmählich die weiteren ab, so daß sich das Rohr allmählich abkühlt, und saugt durch die Absorptionsapparate trockene und kohlensäurefreie Luft, um den Sauerstoff zu verdrängen; man nimmt alsdann die Apparate auseinander, verschließt sie in der oben angegebenen Weise, läßt eine Stunde im Wägezimmer stehen und wägt.

b) Im offenen Rohre (Fig. 223). Bei dieser Art der Verbrennung wird die Substanz nicht mit dem Kupferoxyd gemischt, sondern in einem Porzellan- oder Platinschiffchen im Sauerstoffstrom verbrannt. Zur Analyse sind außer den unter a) angegebenen Apparaten erforderlich: zwei Kupferspiralen von 10—15 cm Länge und zwei von 1—2 cm Länge; ein Porzellan-, Platin- oder Kupferschiffchen; Gummischlauch, Glasrohr mit Hahn; durchbohrte Stopfen und Quetschhahn.

Nach dem Reinigen und Trocknen des Verbrennungsrohres schiebt man eine kurze Kupferspirale etwa 5 cm in das Rohr hinein, füllt dann von der entgegengesetzten Seite eine 40—50 cm lange Schicht von grobem Kupferoxyd ein und schließt dieses durch eine kleine Kupferspirale ab. Das so beschickte Rohr legt man in den Verbrennungsofen und führt eine längere Kupferspirale so weit ein, daß zwischen dieser und dem Kupferoxyd ein freier Raum von 10 cm bleibt.

Man verschließt jetzt das Rohr an diesem Ende mit Stopfen und Hahnrohr und verbindet mit dem Sauerstoffgasometer bzw. den Trockenapparaten. Unter gleichzeitigem Durchleiten von Sauerstoff erhitzt man das Rohr zunächst mit kleinen Flammen, nach einiger Zeit steigert man die Hitze unter dem Kupferoxyd so weit, daß dieses bei aufgelegten Kacheln dunkle Rotglut zeigt. Hat man 20—30 Minuten erhitzt und zeigt sich kein Wasser mehr, so drehe man unter dem hinteren und mittleren Teile des Rohres die Flammen aus und erhalte nur den vorderen Teil des Kupferoxyds in Rotglut. Das Rohr wird jetzt vorn mit einem Chlorcalciumrohr verschlossen und der Sauerstoff abgestellt. Währenddessen wägt man in dem vorher ausgeglühten Schiffchen die Substanz ab, ebenfalls den Kaliapparat und das Chlorcalciumrohr.

Wenn der hintere Teil des Rohres so weit erkaltet ist, daß man ihn mit der Hand berühren kann, zieht man die lange Kupferspirale aus dem Rohr, schiebt das Schiffchen mit der Substanz bis nahe an das grobe Kupferoxyd und läßt darauf wieder die große Kupferspirale folgen; dann schließt man das Verbrennungsrohr mit dem Hahnrohr und verbindet mit den Trockenapparaten und dem Gasometer. An das vordere Ende des Verbrennungsrohres schließt man die Absorptionsapparate in bekannter Weise. Während man langsam Sauerstoff durchleitet, erhitzt man zuerst die lange Kupferspirale, darauf den noch nicht glühenden Teil des groben Kupferoxyds und verfährt sodann genau wie bei der Verbrennung im geschlossenen Rohre.

Fig. 223.

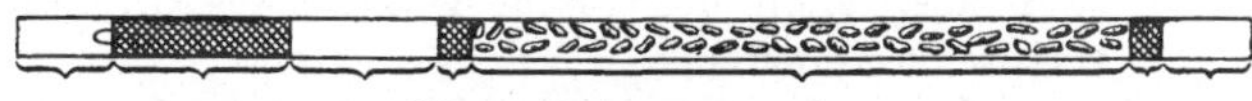

Offenes Verbrennungsrohr.

Bei sehr schwer verbrennlichen Substanzen (z. B. Fetten, Wachsen u. a.) empfiehlt es sich auch hier, die Substanz in dem Schiffchen mit feinem Kupferoxyd in der S. 227 angegebenen Weise zu mischen.

2. *Verbrennung stickstoffhaltiger Körper.* Bei der Verbrennung stickstoffhaltiger Stoffe muß das vorstehende Verfahren, um den Kohlenstoff und Wasserstoff zu bestimmen, dahin ergänzt werden, daß zur Reduktion der entstandenen Oxyde des Stickstoffs eine Schicht metallischen Kupfers eingeschaltet wird. Es dient hierzu eine Kupferspirale von 10 cm Länge; dieselbe wird zuerst in der Gebläseflamme oxydiert und glühend in ein Reagensglas gebracht, das etwas Methylalkohol enthält; nach der Reduktion trocknet man die Spirale bei 180°. Bei der Füllung des Verbrennungsrohres verfährt man in der Weise, daß man 10 ccm weniger von dem groben Kupferoxyd einfüllt und den so freiwerdenden Platz der reduzierten Spirale einräumt. Sonst ändert sich an der Füllung nichts. Bei der Verbrennung im geschlossenen Rohr arbeitet man genau wie zuerst beschrieben und hält während der Verbrennung die reduzierte Spirale in schwacher Rotglut. Sobald man mit dem Durchleiten von Sauerstoff beginnt, dreht man die Flammen unter der Spirale aus.

Bei der Verbrennung im offenen Rohre muß man das Ausglühen des Kupferoxyds im Luftstrome vornehmen. Will man Sauerstoff anwenden, so muß man nach der Oxydation den Sauerstoff durch Luft verdrängen und dann erst die reduzierte Spirale in das Rohr bringen. Die eigentliche Verbrennung wird bei geschlossenem Hahne, also ohne Durchleiten von Sauerstoff, ausgeführt; die Spirale wird hierbei in dunkler Rotglut erhalten. Beim Durchleiten von Sauerstoff muß die Spirale erkaltet sein.

Bei den meisten stickstoffhaltigen Substanzen ist es nötig, die Substanz im Schiffchen mit feinem Kupferoxyd zu mischen, da diese Substanzen häufig schwer verbrennbare Kohle hinterlassen.

3. *Verbrennung schwefel- und halogenhaltiger Substanzen mit Bleichromat.* Schwefelhaltige Stoffe lassen sich mit Kupferoxyd nicht verbrennen, da die hierbei entstehende schweflige Säure in den Kaliapparat gelangen und die

Ergebnisse der Kohlenstoffbestimmung unrichtig erhöhen würde. In diesem Falle wendet man
chromsaures Blei an, wodurch aller Schwefel in Form von schwefelsaurem Blei unzersetzt
im Rohr zurückgehalten wird. Man kann die Verbrennung sowohl im offenen, wie auch im geschlossenen Rohre ausführen. Die Verbrennung wird wie mit Kupferoxyd ausgeführt, nur erhitzt man nicht so stark wie beim Kupferoxyd und hält besonders den vorderen Teil des
Bleichromats nicht zu heiß, weil das Bleisulfat nicht ganz glühbeständig ist. Bei schwer verbrennlichen Substanzen kann man außer Bleichromat der Substanz etwas Kaliumbichromat
zusetzen; dieses empfiehlt sich besonders für Verbindungen, welche Alkalien oder Erdalkalien
enthalten, da so aus den entstandenen Carbonaten alle Kohlensäure sicher ausgetrieben wird.
Will man diese Körper mit Kupferoxyd verbrennen, so muß man die Kohlensäure des zurückbleibenden Alkalicarbonats natürlich zu der entwickelten Kohlensäure hinzurechnen.

Halogenhaltige Körper werden ebenfalls am besten mit Bleichromat verbrannt. Will
man solche Verbindungen mit Kupferoxyd verbrennen, so muß man an Stelle der reduzierten
Kupferspirale eine Spirale aus Silber vorlegen, wodurch die Halogene zurückgehalten werden.

B. Verbrennung im Sauerstoffstrom mit Platin als Sauerstoffüberträger nach M. Dennstedt[1]).

Das Verfahren ist anwendbar bei stickstofffreien wie stickstoffhaltigen Substanzen und gestattet die gleichzeitige Bestimmung von Halogen, Schwefel und etwa
vorhandener Asche. Es besteht darin, daß die Dämpfe der allmählich verbrennenden Substanz mit einem Überschuß von Sauerstoff über glühendes Platin geleitet werden, wobei vollständige
Oxydation stattfindet.

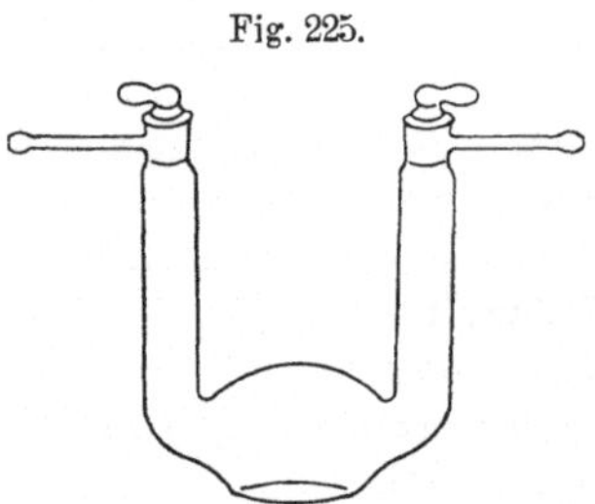

Fig. 224.

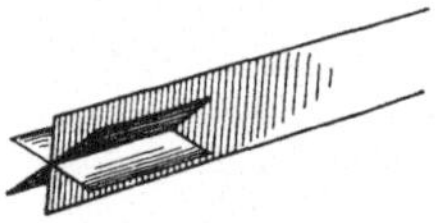

1. Verbrennung stickstofffreier Stoffe. Als Sauerstoffbehälter dient ein Gasometer oder zwei Flaschen von je 5 l Inhalt
mit Tubus am Boden. An diese schließt sich der Trockenapparat,
der aus einem Trockenturm besteht, der in seinem unteren Teile konzentrierte Schwefelsäure, im oberen Teile Natronkalk und Chlorcalcium enthält (vgl. Fig. 230, S. 232).

Bezüglich der sonstigen erforderlichen Apparate sei noch folgendes bemerkt:

Als Kontaktsubstanz diente zuerst platinierter Quarz, da dieser aber beim Gebrauch
einige Nachteile zeigte, so wendet Dennstedt jetzt nur noch
besonders geformtes Platinblech an, welches 10 cm lang,
12—15 mm breit und 0,04—0,08 mm dick ist; an dieses sind
zu beiden Seiten Platinbleche so angeschweißt, daß ein sechseckiger Stern (Fig. 224) gebildet wird, der genau das Verbrennungsrohr ausfüllt. Das Platin kann seine sauerstoffübertragende Wirkung verlieren, wenn die zu verbrennende Substanz Metalle wie Blei, Zink oder Zinn enthält; nach einer
solchen Verbrennung ist das Platin durch Auskochen mit
konzentrierter Salzsäure wieder wirksam zu machen. Als Absorptionsapparat dient für Wasser das bekannte Chlorcalciumrohr, das schon S. 225 beschrieben ist. Zur Absorption der Kohlensäure wird
Natronkalk verwendet, der in eine sogenannte Ente, ein U-Rohr (Fig. 225), eingefüllt wird,
das unten bauchig erweitert ist. Da der Natronkalk in etwas feuchtem Zustande die Kohlensäure leichter absorbiert als in ganz trockenem, so wird er vor dem Einfüllen etwas mit Wasser
angefeuchtet und hiermit die Höhlung der Ente locker angefüllt. Man kann dann nach jeder
Verbrennung etwas umschütteln, so daß bei einer neuen Verbrennung wieder frischer Natronkalk an die Oberfläche kommt. Die beiden Schenkel der Ente werden mit größeren und ganz
trockenen Stücken Natronkalkes gefüllt. An die Ente schließt sich noch ein U-Rohr, das

Fig. 225.

---

1) M. Dennstedt, Anleitung zur vereinfachten Elementaranalyse. Hamburg 1906 und
Chem. Ztg. 1909, **33**, 769.

halb mit Natronkalk, halb mit Chlorcalcium gefüllt ist. Beträgt die Gewichtszunahme dieses Rohres mehr als einige Milligramme, so ist die Ente neu zu füllen. Zum Schluß kommt noch eine kleine Waschflasche mit 1 proz. Palladiumchlorürlösung. Hierdurch soll einerseits der Gang des Gasstromes, andererseits der der Verbrennung kontrolliert werden, da eine Schwärzung der Palladiumchlorürlösung die Bildung von Kohlenoxyd und damit eine unvollkommene Verbrennung anzeigen würde. In diesem Falle ist die Analyse zu verwerfen. Man filtriert alsdann die Lösung und füllt die filtrierte Lösung wieder in die gereinigte Waschflasche ein.

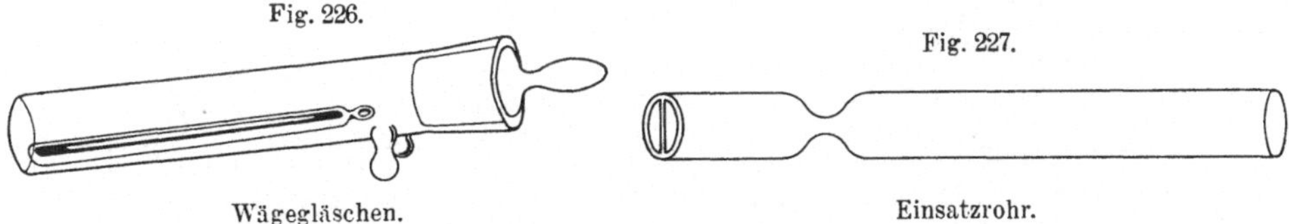

Fig. 226.

Wägegläschen.

Fig. 227.

Einsatzrohr.

Die Substanz wird in einem Wägegläschen mit Porzellanschiffchen abgewogen (Fig. 226) und entweder über Schwefelsäure bzw. Phosphorsäureanhydrid oder bei 100° bis zur Gewichtsbeständigkeit getrocknet. Das Wägegläschen wird im Exsikkator stets offen aufbewahrt und nur geschlossen, wenn es herausgenommen und auf die Wage gestellt wird.

Für Substanzen (wie Zucker, Eiweiß, Weinsäure u. a.), die beim Erhitzen leicht verkohlen, ist ein Einsatzrohr (Fig. 227) von schwer schmelzbarem Glase notwendig, dessen Länge je nach der Flüchtigkeit der Substanz zwischen 12—18 cm wechselt. Etwa 4 cm vom hinteren Ende befindet sich eine Einschnürung und quer vor der hinteren Öffnung eine schmale Glasbrücke, an der man mit Hilfe eines Drahthakens das Rohr aus dem Verbrennungsrohr herausziehen kann. Letzteres ist 16—18 mm, das Einsatzrohr 14 mm weit, so daß noch ein Spielraum von 2—4 mm bleibt. Der Platinstern liegt etwa in der Mitte des Verbrennungsrohres, das Einsatzrohr wird so weit eingeschoben, daß seine Mündung unmittelbar an das Platin stößt. Vor dem Platin liegen bei stickstoff-, halogen- oder schwefelhaltigen Stoffen die mit Bleisuperoxyd

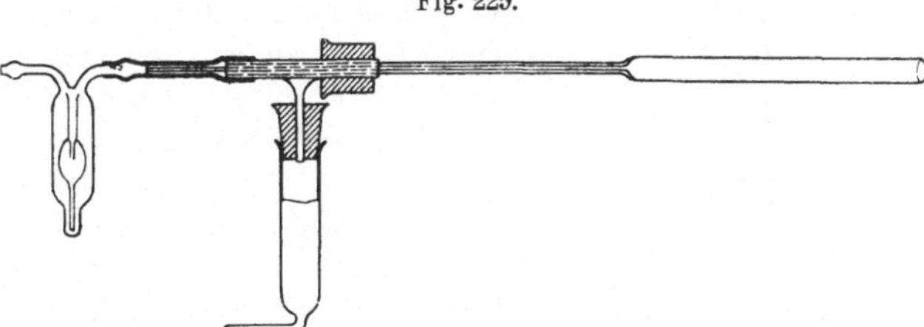

Fig. 229.

Fig. 228.

Einsatzrohr.

Doppelte Sauerstoffzuführung.

beschickten Absorptionsschiffchen. Das letzte Schiffchen bleibt von der Rohrmündung mindestens 10, das erste vom Kontaktstern etwa 8 cm entfernt.

Für leicht flüchtige Stoffe bedient man sich, wie bei der Verbrennung mit Kupferoxyd, zum Abwägen der Glaskügelchen mit ausgezogener Capillare, wägt dieses dann vor und nach dem Füllen ebenfalls in dem Wägegläschen ab und gibt das Glaskügelchen in das Einsatzrohr von 10—17 cm Länge (Fig. 228).

Wesentlich und für das Verfahren in erster Linie erforderlich ist es, daß zu jeder Zeit der Verbrennung ein genügender Überschuß von Sauerstoff zu Verfügung steht, da sonst die Verbrennung leicht unvollkommen verläuft.

Die doppelte Sauerstoffzuführung ist in Fig. 229 schematisch und in Fig. 230 im Zusammenhange mit dem ganzen übrigen Apparat dargestellt.

Das etwa 17—18 cm lange, vorn offene Einsatzrohr aus schwer schmelzbarem Glase setzt sich hinten zu einem etwa 23—25 cm langen Capillarrohre fort. Über den hinteren Teil dieses Capillarrohres ist ein etwas weiteres T-Rohr geschoben, das auf der einen Seite den Gummistopfen für das Verbrennungrohr trägt, auf der anderen Seite durch ein Stück guten Gummischlauchs auf dem 1—2 cm weit hindurchgeschobenen Capillarrohre festgehalten wird.

Der Gummischlauch reicht über das Capillarrohr hinaus, so daß sich der kleine, nur mit einigen Tropfen Schwefelsäure beschickte Blasenzähler unmittelbar daran anschließen läßt.

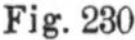

Fig. 230.

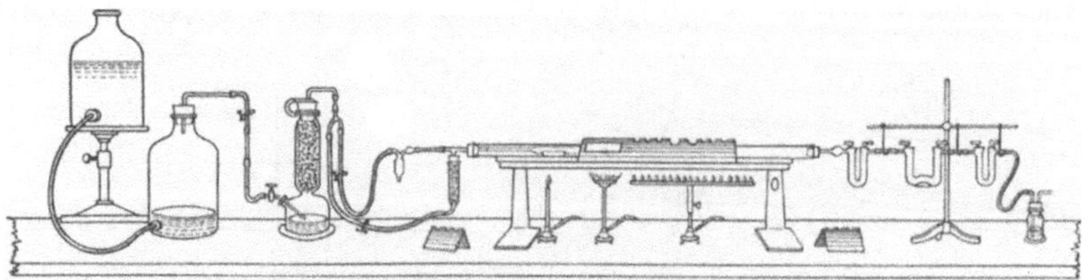

Der ganze Verbrennungsapparat nach Dennstedt.

Dieser Blasenzähler (Fig. 231) ist ganz aus Glas; das in die Schwefelsäure eintauchende Rohrende hat eine sehr feine Spitze, so daß der Sauerstoff nur in sehr kleinen Blasen austritt. Das untere Ende des äußeren Rohrs ist verjüngt, so daß wenige Tropfen Schwefelsäure zum Abschluß des Rohrs genügen. Das innere in die Schwefelsäure eintauchende Rohr ist oben zu einer Kugel erweitert, die bequem die ganze Schwefelsäure aufnehmen kann. Im Innern der Kugel ist noch eine Spitze eingeschmolzen, die, selbst wenn der Blasenzähler einmal etwas schief liegt und bei dem im hinteren, zum Trockenturm führenden Schlauch während des Nichtgebrauchs des Apparates oft eintretenden Minderdruck das Zurücktreten der Schwefelsäure in diesen, aus leicht erkennbaren Gründen ziemlich lang gewählten Gummischlauch, erschwert. Das aus dem Blasenzähler austretende Knierohr ist ebenfalls zu einer kleinen

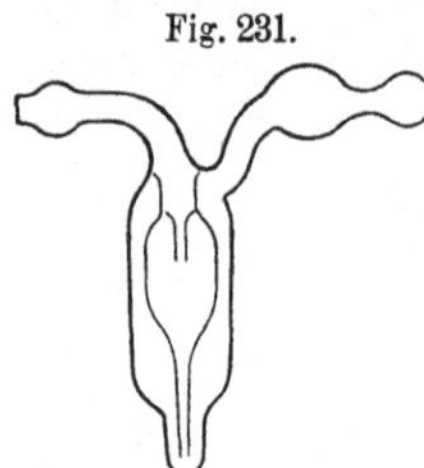

Fig. 231.

Kugel mit eingesetzter Spitze ausgezogen; hierdurch soll verhindert werden, daß bei dem zum Schluß verstärkten Gasstrom auch nicht Spuren von Schwefelsäure in das Capillarrohr gelangen können.

Das nach unten gerichtete Ansatzrohr des T-Rohrs ist durch einen Gummistopfen mit einem Chlorcalciumrohr verbunden, das in einem seitwärts gebogenen engeren Rohr endigt, das ebenfalls durch einen langen Schlauch mit dem Trockenturm verbunden wird.

Um zu verhindern, daß der Blasenzähler durch sein Gewicht heruntergezogen wird und dadurch schief zu hängen kommt, be-

Blasenzähler.

festigt man an dem Chlorcalciumrohr eine kleine federnde Messingklemme, die einen am Ende zu einer Schleife umbogenen Draht trägt; auf der Schleife ruht die Spitze des Blasenzählers.

Der Trockenturm trägt in der Durchbohrung des oberen Gummistopfens oder in dem oberen Ansatzrohr ein entsprechend gebogenes Glasrohr, das sich gabelförmig in zwei Enden spaltet. Auf diese Enden werden die beiden etwa 50 cm langen Gummischläuche aufgeschoben, von denen der eine, wie gesagt, zum Blasenzähler und somit zum Innern des Einsatzrohrs, der andere zum Chlorcalciumrohr und somit außerhalb des Einsatzrohrs direkt in das Verbrennungsrohr führt; jeder dieser Schläuche ist mit einem guten Schraubenquetschhahn mit feinem Gewinde versehen, so daß man sowohl den inneren Sauerstoff- oder Vergasungsstrom, als auch den äußeren oder Verbrennungsstrom fein einstellen und regeln kann.

Soll der Apparat bei Nichtgebrauch beiseite gestellt werden, so schiebt man zum Schutze über das herausgenommene Einsatzrohr ein hinten geschlossenes etwas weiteres Glasrohr — ein Stück altes Verbrennungsrohr —, das auf den Stopfen aufgesetzt wird. Der am Blasenzähler befindliche lange Gummischlauch wird vom Gabelrohr abgenommen und auf das kleine Chlorcalciumrohr gezogen, dessen langer Gummischlauch wieder mit dem Gabelrohr am Trockenturm verbunden wird; es ist dann alles vor Staub und Feuchtigkeit geschützt.

Man erkennt, daß bei der Verbrennung der durch den Blasenzähler gehende innere Sauerstoffstrom durch das Einsatzrohr streicht und daher die Dämpfe der erwärmten Substanz mitführt, während der durch das kleine Chlorcalciumrohr eintretende Sauerstoff außerhalb des Einsatzrohrs vorbeiströmt und sich erst am Ende des unmittelbar bis an die Kontaktsubstanz geschobenen Einsatzrohrs mit dem inneren Sauerstoffstrom vereinigt.

Das Verfahren gestaltet sich dann in folgender Weise:

In das Verbrennungsrohr, welches 86 cm lang ist, bringt man den Stern aus Platinblech, so daß dieser in der Mitte des Rohres liegt und bis dicht daran das Einsatzrohr, das zur Aufnahme der Substanz dient.

Dieses etwa 17—18 cm lange, vorn offene Rohr aus schwer·schmelzbarem Glase ist an dem einen Ende für gewöhnlich (vgl. Fig. 229) zu einer 23—25 cm langen Capillare ausgezogen. Über die Capillare ist ein T-Rohr geschoben, das auf der einen Seite den Stopfen zum Einsetzen in das Verbrennungsrohr trägt, auf der anderen Seite durch einen Gummischlauch fest mit der Capillare verbunden ist. An den Gummischlauch wird ein kleiner Blasenzähler aus Glas befestigt, der einige Tropfen Schwefelsäure enthält. Das dritte nach unten gerichtete Rohr des T-Stückes ist mit einem Chlorcalciumrohr und dann mit dem Sauerstofftrockenturm verbunden. Ebenso geht von dem Blasenzähler ein Gummischlauch zum Trockenturm. Jeder Schlauch trägt einen Schraubenquetschhahn, durch den der Sauerstoffstrom genau eingestellt werden kann.

Hat man den Apparat so weit zusammengesetzt, so erhitze man denselben unter gleichzeitigem Durchleiten von Sauerstoff und füge alsdann die Absorptionsapparate an. Unter das vordere leere Ende des Verbrennungsrohres kommt der Brenner mit dem 20 Löcher tragenden Flammrohr zu stehen, dieser Brenner wird so eingestellt, daß das Verbrennungsrohr an dieser Stelle 300—320° warm wird; unter die Kontaktsubstanz kommt der Schlitzbrenner und über das Rohr ein Eisendach mit Glimmerfenster. Sobald der Stern aus Platinblech zu glühen anfängt, zieht man vorsichtig das Einsatzrohr mit Blasenzähler und Chlorcalciumrohr heraus und läßt die im Schiffchen oder Glaskügelchen abgewogene Substanz in das Rohr gleiten. Da es bei hoch und unzersetzt siedenden Substanzen vorkommen kann, daß sich die Dämpfe an der oberen Rundung des Einsatzrohres wieder verdichten und beim Herunterfließen plötzlich vergasen, so daß unvollkommene Verbrennung stattfinden würde, so bringt man in·das Einsatzrohr einen schmalen Streifen Asbestpapier, auf den das Schiffchen oder Glaskügelchen zu liegen kommt. Dieser Asbeststreifen muß von der Öffnung des Einsatzrohres 1 cm entfernt bleiben.

Ferner kann es vorkommen, daß sich im vorderen Teile des Einsatzrohres ein explosives Gemisch von Sauerstoff und brennbaren Gasen bildet; bei einer entstehenden Verpuffung kann ein Teil der Substanz unverbrannt durch das Rohr gehen. Es geschieht dies besonders leicht, wenn unvorsichtig erhitzt wird. Um diesen Übelstand zu vermeiden, bringt man nach Einschieben des Schiffchens ein Stück Glasstab in das Einsatzrohr, so daß vorn nur ein Raum von 1 cm frei bleibt. Der Glasstab, der das Rohr natürlich nicht ausfüllen darf, ist vorn mit einer Öse versehen und an dieser befindet sich ein Büschel sehr feinen Platindrahts. Dieser Glasstab ruht ebenfalls auf dem Streifen Asbestpapier.

Hat man das Einsatzrohr auf diese Weise beschickt, so schiebt man dasselbe in das Verbrennungsrohr und befestigt es mit dem Gummistopfen luftdicht. Die beiden Sauerstoffströme sind schon beim Ausglühen des Rohres richtig eingestellt worden, und zwar der innere Vergasungsstrom so, daß man die Blasen in dem Blasenzähler bequem zählen kann, 2—6 ccm in der Minute; an dieser Einstellung wird während der Verbrennung nichts mehr geändert; der äußere Sauerstoffstrom ist auf etwa 80 ccm in der Minute eingestellt.

Man läßt nun den Strom einige Minuten gehen und kann an dem Aufglühen des Platins oder Auftreten von Wasser im vorderen Teile des Rohres beurteilen, ob die Verbrennung begonnen hat. Zeigt sich nichts, so schiebe man den Schlitzbrenner ein wenig nach hinten, ebenso das Eisendach. Beginnt jetzt die Verbrennung, so ändere man zunächst nichts, anderenfalls zünde man die Vergasungsflamme an und bringe sie unter das hintere Ende des Einsatzrohres. Bei schwer flüchtigen Substanzen kann man sofort näher an die Substanz herangehen. Bei beginnender Verbrennung wird alsdann das Platin aufglühen und ein kleines Flämmchen an der Mündung des Einsatzrohres sich zeigen. Man regele die Verbrennung nun so, daß sich stets ein kleines nicht leuchtendes Flämmchen im Einsatzrohr zeigt. Gleichzeitig soll der Gasstrom in der Palladiumchlorürlösung annähernd gleich bleiben, läßt er nach, so steigere man den äußeren Sauerstoffstrom, wenn nötig, so stark, daß man die Blasen in der Schwefelsäure des Trockenturmes kaum noch unterscheiden kann; ein Fehler ist hierbei nicht zu befürchten, da die Absorptionsapparate jedem Gasstrom gewachsen sind. Ist die Substanz so weit verbrannt, daß brennbare Gase nicht mehr entweichen, so bleibt in vielen Fällen abgeschiedene Kohle zu verbrennen; man verstärkt hierzu den inneren Sauerstoffstrom, setzt auf die Vergasungsflamme ebenfalls einen Spalt auf und glüht das Einsatzrohr in seiner ganzen Länge durch; nötigenfalls nimmt man noch die Verbrennungsflamme zu Hilfe und setzt ein Eisendach über das Rohr. Ist alle Kohle verbrannt, was meist nach einigen Minuten der Fall ist, so dreht man alle Flammen kleiner und stellt sie nach einiger Zeit ab. Die Absorptionsapparate werden jetzt abgenommen und nach angemessener Zeit ($1/2$—1 Stunde) gewogen. Verfügt man über doppelte Absorptionsapparate, so ist das Rohr zu einer neuen Verbrennung geeignet. Benutzt man das Verfahren oder einen neuen Apparat zum ersten Male, so empfiehlt es sich, zuerst eine Verbrennung mit einer chemisch reinen Substanz von bekannter Zusammensetzung (z. B. Zucker) vorzunehmen.

2. Verbrennung stickstoffhaltiger Substanzen.

Um die bei der Verbrennung dieser Körper entstehenden Oxyde des Stickstoffs zu absorbieren, bringt man in den vorderen leeren Teil des Verbrennungsrohres ein 20 cm langes Porzellanschiffchen mit einem Gemisch von Bleioxyd bzw. Mennige, Bleisuperoxyd und zur Sicherheit noch ein kürzeres Schiffchen ebenfalls mit demselben Gemisch gefüllt, wodurch alles gebildete Stickstoffdioxyd in Salpetersäure übergeführt und die Bildung von basischem Nitrat und freier Salpetersäure, die von reinem Bleisuperoxyd nicht festgehalten wird, vermieden wird. Die beiden Schiffchen werden während der Dauer der Verbrennung auf 300—320° erhitzt. Im übrigen ist der Gang genau wie vorher beschrieben; nur soll die Verbrennung vorsichtig und langsam vor sich gehen.

3. Verbrennung schwefel- und halogenhaltiger Stoffe.

Enthält eine Substanz Schwefel, so geschieht die Verbrennung genau wie bei der Anwesenheit von Stickstoff, nur ist es nötig die Schiffchen mit dem Bleisuperoxyd auf mindestens 320° zu erhitzen. Soll gleichzeitig der Schwefelgehalt bestimmt werden, so ist es natürlich nötig, daß das Bleisuperoxyd weder Schwefelsäure noch auch Kohlensäure enthält. (Letztere darf bei keiner schwefelhaltigen Substanz vorhanden sein, da sie durch Bildung von schwefliger und Schwefelsäure freigemacht und die Ergebnisse der Kohlenstoffbestimmung fälschen würde.)

Zur Prüfung auf Schwefelsäure erwärmt man 25 g Bleisuperoxyd mit 50 ccm 20proz. Sodalösung, filtriert und wäscht mit heißem Wasser nach; im Filtrat darf sich keine Schwefelsäure nachweisen lassen. Zur Prüfung auf Halogene wendet man 10proz. Natronlauge an, das Filtrat muß frei von Halogenen sein.

Um den Schwefel zu bestimmen, werden etwa 8 g Bleisuperoxyd auf drei kleine Porzellanschiffchen verteilt, die Schiffchen werden so weit in das Verbrennungsrohr geschoben, daß sie sowohl von der Kontaktsubstanz, wie von der Öffnung des Rohres etwa 8 cm entfernt sind. Nach der Verbrennung befindet sich fast sämtliche Schwefelsäure im ersten Schiffchen; enthält eine Substanz nur wenig Schwefel, so macht man mit denselben Schiffchen zwei Verbrennungen und verfährt dann folgendermaßen: Der Inhalt der Schiffchen wird in ein Becherglas geschüttet und jedes leere Schiffchen in einem Reagensglase mit 5proz. Natriumcarbonatlösung erwärmt, die Sodalösung wird in das Becherglas gegossen und das Schiffchen noch zweimal in derselben Weise behandelt. Ferner spült man den Platinstern mit einigen Kubikzentimetern Wasser ab und spült das Verbrennungsrohr zunächst mit diesem Wasser und dann noch einmal mit reinem Wasser aus. Man bringt alles in das Becherglas mit dem Bleisuperoxyd und erwärmt eine Stunde auf dem siedenden Wasserbade. Dann bringt man Flüssigkeit und Niederschlag in ein Meßgefäß und füllt auf 101 ccm auf (da das spezifische Gewicht vom Superoxyd etwa 7 beträgt), mischt, filtriert durch ein trockenes Filter und bestimmt in einem aliquoten Teil die Schwefelsäure.

4. Bestimmung von Chlor und Brom. Bei der Verbrennung im Sauerstoffstrome treten diese Halogene entweder frei oder in Form ihrer Wasserstoffverbindungen auf. In beiden Fällen werden sie vom Bleisuperoxyd in Form von Chlorid oder Oxychlorid zurückgehalten. Für die spätere Lösung des Bleichlorids oder -bromids ist es erforderlich, daß das Bleisuperoxyd nicht zu hoch erhitzt wurde; man stellt daher das vordere Flammenrohr so ein, daß die Temperatur in diesem Teile des Verbrennungsrohres 320° nicht übersteigt, aber auch so, daß sie nicht wesentlich darunter bleibt. Nach vollendeter Verbrennung behandelt man die Schiffchen mit 20 proz. Natronlauge und verfährt weiter genau wie bei der Schwefelbestimmung angegeben ist.

5. Bestimmung von Schwefel, Chlor und Brom. Man verfährt genau wie vorher angegeben, füllt aber auf 201 ccm auf und bestimmt in einem Teile Schwefelsäure, im anderen Chlor und Brom.

6. Bestimmung von Jod. Als Absorptionsmittel für Jod läßt sich Bleisuperoxyd nicht anwenden, es dient hierfür reduziertes Silber. Zu seiner Darstellung wird frisch gefälltes Chlorsilber der Reihe nach mit Königswasser, verdünnter Salzsäure und heißem Wasser behandelt, sodann noch feucht mit sehr verdünnter Salzsäure angerührt und durch einige Stangen reinen Zinks reduziert. Nach der Reduktion behandelt man das Silber zuerst mit Salzsäure und Wasser, dann, um nicht reduziertes Chlorsilber zu entfernen, mit Ammoniak und wiederum mit Wasser. Zum Schluß trocknet man das Silber bei 100°.

Ist die Substanz frei von Stickstoff, so bringt man das Silber in zwei Schiffchen und trocknet bei 100—110°. Die Gewichtszunahme der Schiffchen geben die Menge des Jods an.

Enthält die Substanz auch Stickstoff, so erhitze man die Schiffchen mit dem Silber nach der Verbrennung über einer Flamme, bis etwa gebildetes Nitrat oder Nitrit zersetzt ist.

Enthält die Substanz gleichzeitig noch Schwefel, so sind außer den beiden Schiffchen mit Silber noch zwei mit Bleisuperoxyd vorzulegen.

Zur Schwefelbestimmung werden dann die Bleisuperoxydschiffchen mit Natriumcarbonatlösung ausgezogen. Die Schiffchen mit Silber werden mehrfach mit Wasser ausgekocht, das Filtrat mit Salzsäure gefällt und das Filtrat vom Chlorsilber mit der Natriumcarbonatlösung vereinigt und hierin die Schwefelsäure bestimmt. Das mit Wasser ausgezogene Silber enthält noch das Jod in Form von Jodsilber; es wird mit verdünnter Cyankaliumlösung ausgezogen, filtriert und im Filtrat das Jodsilber durch Salpetersäure ausgefällt.

Anm. Statt des vorstehenden Verbrennungsofens hat M. Dennstedt auch einen einfachen auf einem tragbaren Universalstativ angegeben, der sich an einem beliebigen Ort aufstellen läßt und einen geringeren Raum verlangt. Die Heizung läßt sich auch mit Barthelschen Spiritusbrennern und durch den elektrischen Strom bewirken, für welchen letzteren Zweck W. C. Heraeus in Hanau einen elektrischen Verbrennungsofen eingerichtet hat. Bezüglich dieser Einrichtungen muß auf die Schrift von M. Dennstedt (S. 230) verwiesen werden.

Über eine weitere Modifikation der Verbrennung vgl. auch Kenzo Suto (Zeitschr. f. analyt. Chem. 1909, **48**, 1) und Carasco-Plancher (Chem. Ztg. 1909, **33**, 733 und 755).

II. Bestimmung des Stickstoffs.
(Siehe den folgenden Abschnitt S. 239 u. ff.).

III. Bestimmung des Schwefels und der Halogene für sich allein.

Recht häufig ist auch die Bestimmung des Schwefels und der Halogene, besonders des Schwefels, für sich allein notwendig, ohne daß gleichzeitig Kohlenstoff und Wasserstoff bzw. Stickstoff bestimmt zu werden brauchen. Für organische Verbindungen, die verhältnismäßig größere Mengen dieser Elemente enthalten, wendet man allgemein das Cariussche Verfahren an, nämlich:

1. Das Aufschließen mit rauchender Salpetersäure.

In ein 40—50 cm langes, vorher gereinigtes und an einem Ende zugeschmolzenes Glasrohr von schwer schmelzbarem Glase (sog. Einschmelz- oder Bombenrohr von 18—20 mm äußerem Durchmesser und etwa 2 mm Wandstärke) gibt man mittels eines reinen und trocknen, 30—40 cm langen Trichterrohres 1,5—2,0 ccm rauchende (schwefelsäure- und halogenfreie) Salpetersäure und falls man Halogene bestimmen will, 0,5—1,0 g festes Silbernitrat (je nach dem Gehalt an Halogenen) und entfernt das Trichterrohr, ohne die Wandung des Bombenrohres zu berühren. Die Substanz (etwa 0,15—0,2 g) wird in einem Wägeröhrchen genau abgewogen; letzteres läßt man nach Entfernung des Trichterrohres unter schwacher Neigung des Bombenrohres bis auf dessen Boden gleiten, aber so, daß die Substanz nicht mit der Salpetersäure in Berührung kommt. Ist die zu untersuchende Substanz flüssig, so füllt man sie mittels einer Capillarpipette in das Wägeröhrchen und verschließt dieses, falls die Substanz leicht flüchtig ist, locker mit einem Glasstöpsel, den man sich aus einem Stück Glasstab durch Schmelzen an einem Ende und Aufdrücken auf einem Blech zu einem flachen Knopf herstellen kann. Darauf schmilzt man die Bombenröhre am offenen Ende in bekannter Weise, indem man sie ständig unter etwa 25° geneigt hält und eine Berührung der Substanz mit der Salpetersäure sorgfältigst verhütet, zu einer dickwandigen Capillare zu und bringt sie in das eiserne Schutzmantelrohr eines Schießofens, den man bei leicht zersetzlichen Substanzen (aliphatischen) 2—4 Stunden auf 150—250° und bei schwer zersetzlichen (iso- und heterocarbocyclischen) Substanzen 8—10 Stunden und zuletzt auf 250—300° erhitzt. Nach dem vollständigen Erkalten wird die Röhre mit dem Schutzmantel aus dem Ofen genommen und die Capillare derselben in geneigter Lage in der Flamme bis zum Weichwerden des Glases erhitzt; ist Druck in der Röhre vorhanden, so wird das Glas aufgeblasen. Ist der Druck beseitigt oder zeigt sich kein Druck, so macht man an der oberen konisch zulaufenden Stelle des Rohres einen scharfen Feilstrich und sprengt die obere Spitze mittels eines in der Flamme bis zum Schmelzen erhitzten Glasstabes (oder glühenden Drahtes) ab. Darauf entleert man den Inhalt des Rohres, nachdem man sich überzeugt hat, daß keine unaufgeschlossene Substanz darin ist, quantitativ in ein Becherglas, kocht längere Zeit und filtriert das Halogensilber, falls Silbernitrat zugesetzt, ab, wäscht aus, löst das auf dem Filter vorhandene Halogensilber, wenn dem Niederschlage etwa Glassplitterchen beigemengt sein sollten, in Ammoniak, fällt im Filtrat das Halogensilber durch Ansäuern mit Salzsäure wieder aus und bringt das Halogensilber in üblicher Weise zur Wägung.

Soll auch gleichzeitig die gebildete Schwefelsäure bestimmt werden, so dampft man das Filtrat, um einerseits das überschüssige Silber, andererseits die Salpetersäure zu entfernen, in einer Porzellanschale zur Trockne, zieht den Rückstand mit salzsäurehaltigem Wasser aus und fällt in der filtrierten salzsauren Lösung die Schwefelsäure mit Chlorbarium.

Handelt es sich dagegen nur um Bestimmung des Schwefels und hat man ursprünglich kein Silbernitrat beim Aufschließen zugesetzt, so spült man den Inhalt des Bombenrohres, gleich in eine Porzellanschale, dampft bis zum Verschwinden der sauren Dämpfe ein, setzt Salzsäure zu, filtriert, um jede Spur Glassplitterchen zu entfernen, und fällt im Filtrat die Schwefelsäure mit Chlorbarium usw.

Dieses Verfahren der Schwefelbestimmung ist indes nur bei schwefelreichen Substanzen anwendbar; bei schwefelarmen und voluminösen Stoffen (z. B. Proteinen) bietet es, selbst wenn man größere Volhardsche Bombenröhren von 35 mm Weite anwendet, Schwierigkeiten, indem sich die Stoffe nicht genügend aufschließen.

Für solche Stoffe empfehlen sich daher andere Verfahren zur Bestimmung des Schwefels, während für die Bestimmung der Halogene wohl nur das vorstehende Cariussche Verfahren in Betracht kommen kann.

2. Bestimmung des Schwefels durch Verbrennen im Sauerstoffstrome.

Hierauf beruht das vorstehend S. 234 beschriebene Dennstedtsche Verfahren. Auch kann hierzu das Verbrennen in der calorimetrischen Bombe S. 80 verwendet werden, indem in der Bombenflüssigkeit nach Verbrennen der schwefelhaltigen Stoffe die Schwefelsäure bestimmt wird (vgl. S. 86). Wir haben zwar gefunden, daß beim Verbrennen von Proteinen und Fleisch in der Bombe regelmäßig etwas zu niedrige Werte erhalten werden. M. Holliger[1]) aber gibt an, daß das Verfahren bei der Bestimmung des Heizwertes von Kohlen und Koks richtige Ergebnisse liefert, wenn die Kohlen nicht zu reich an Asche sind, den Kohlen von geringem Heizwert Stoffe zugesetzt werden, die die Verbrennungstemperatur erhöhen, und wenn gleichzeitig die in der Asche verbleibende Schwefelsäure mit berücksichtigt wird.

Zu diesen Verfahren gehört ferner das von Tollens und Barlow[2]), von A. Sauer[3]) und das von O. Brunck[4]). M. Holliger[1]) hat die Verfahren von Sauer und Brunck miteinander vereinigt und verfährt dabei wie folgt:

Etwa 1 g feingepulverte Kohle bzw. sonstige Substanz[5]) wird mit 2 g eines Gemenges von 2 Teilen selbst hergestelltem schwefelsäurefreien Kobaltoxyd und einem Teil entwässertem Natriumcarbonat in einer glasierten Reibschale gemischt und das Gemisch verlustlos in ein geräumiges Porzellan- oder Platinschiffchen übergeführt. Letzteres wird in eine 85 cm lange Verbrennungsröhre von Jenaer Glas eingeschoben, die auf eine Strecke von 3—5 cm so stark eingeengt ist, daß das Lumen der eingeengten Stelle noch 5—7 mm beträgt (Fig. 232). Diese

Fig. 232.

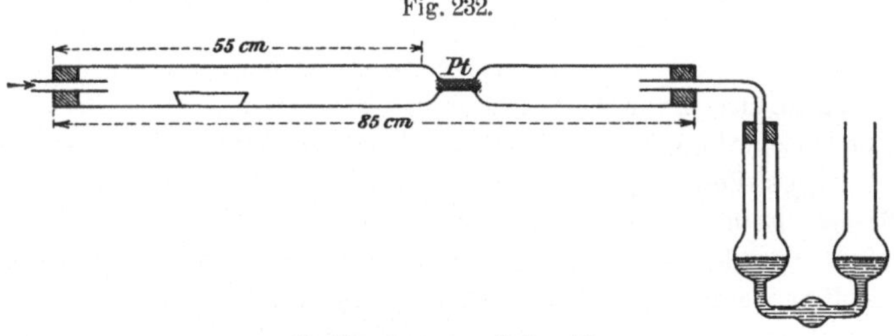

Bestimmung von Schwefel.

Stelle wird vollständig mit Schnitzeln dünnen Platindrahtes (etwa 1 mm Durchmesser) als Kontaktsubstanz ausgefüllt.

Das Rohr wird in ein wie beim Dennstedtschen Verfahren angewendetes Eisengestell gelegt und die Kontaktsubstanz unter Bedecken mit einem Blechdach vor dem Einführen des Schiffchens mit der Substanz durch einen Teklubrenner zum Glühen erhitzt, indem gleichzeitig zwei Peligotsche Absorptionsrohre vorgelegt werden, die entweder mit 1 proz. Wasserstoffsuperoxydlösung (aus 100 proz. Perhydrol Merck, schwefelsäurefrei, hergestellt) oder mit Bromlösung gefüllt sind. Dann erst schiebt man das gefüllte Schiffchen bis einige Zentimeter vor die Kontaktsubstanz, verbindet das linke Ende der Verbrennungsröhre mit dem Sauerstoff-Gasometer und regelt die Sauerstoffzufuhr so, daß mindestens alle zwei Sekunden eine Gasblase durch die Peligotsche Röhre geht. Wenn der ganze Apparat mit Sauerstoff gefüllt ist, erwärmt man erst das vordere Ende des Schiffchens, indem man auch hier ein Blechdach überstülpt; die Substanz im Schiffchen fängt an der erwärmten Stelle an zu glühen und verbrennt meistens ohne weitere Wärmezufuhr von selbst weiter; anderenfalls unterstützt man, wie auch

---

[1]) Zeitschr. f. angew. Chem. 1909, **22**, 436.

[2]) Journ. f. Landwirtschaft 1903, **51**, 289; vgl. J. König, Untersuchung landw. u. gewerbl. wichtiger Stoffe. Berlin 1906, 199.

[3]) Zeitschr. f. analyt. Chem. 1873, **12**, 178.

[4]) Zeitschr. f. angew. Chem. 1905, **18**, 1560.

[5]) Das Verfahren ist zwar nur für Kohle und Koks angewendet, dürfte sich aber auch für sonstige Stoffe eignen.

am Schlusse der Verbrennung überhaupt, letztere durch Weiterrücken der Brenner, bis schließlich die ganze Stelle mit der Substanz zum Glühen gebracht ist. Nach vollendeter Verbrennung wird der Inhalt des Schiffchens verlustlos in eine Porzellanschale gebracht und behufs Abscheidung etwa vorhandener Kieselsäure mit Salzsäure zur Trockne verdampft. Inzwischen wird die Oxydationsflüssigkeit nach Überführung in ein Becherglas — bei Verwendung von Wasserstoffsuperoxyd unter Zusatz von Alkali — gekocht und, obschon sie kaum Schwefelsäure enthalten wird, zu dem Rückstand in der Schale gegeben; das Ganze wird angesäuert, filtriert, im Filtrat die Schwefelsäure unter Anwendung der üblichen Vorsichtsmaßregeln mit Chlorbarium gefällt und als Bariumsulfat gewogen. Von anderer Seite wird die titrimetrische Bestimmung in diesem Falle empfohlen, so von Andrews[1]) die Titration mit Bariumchromat, von Friedheim und Nydegger[2]) die mit Benzidin.

Verbrennt man nach vorstehendem Verfahren die Substanz für sich allein, d. h. ohne Zusatz bzw. Zumischung von Kobaltoxyd und Natriumcarbonat (also einfach nach dem Sauerschen Verfahren), so erhält man den flüchtigen Schwefel, d. h. die mit den Brenngasen entweichende Menge schwefliger und Schwefelsäure, die für die Beurteilung von Brennstoffen (Steinkohle) mitunter wichtig ist. Aus der Differenz beider Bestimmungen ergibt sich dann die Menge des in der Asche verbleibenden gebundenen Schwefels.

3. Für die Bestimmung des Gesamtschwefels sind indes noch verschiedene andere Verfahren vorgeschlagen, von denen hier nur die wichtigsten erwähnt werden mögen:

a) Eschka vermischt 0,5—1,0 g feinpulverige Kohle bzw. sonstige Substanz mit einem Gemenge von 1,0 g gebrannter Magnesia und 0,5 g wasserfreiem Natriumcarbonat im Platintiegel und äschert im schiefliegenden Tiegel am besten über einer Weingeistlampe ein oder nach Langes Vorschlage bei Verwendung einer Leuchtgasflamme in der Weise, daß man den Tiegel in eine ausgeschnittene Asbestplatte steckt; nach völliger Einäscherung soll der Tiegelinhalt, um allen Schwefel in Schwefelsäure überzuführen, mit Ammoniumnitrat vermischt und geglüht werden, während R. Fresenius empfiehlt, den Tiegelinhalt in Brom-Salzsäure zu lösen. Dieses Verfahren ist vorwiegend für die Bestimmung des Gesamtschwefels in der Kohle in Gebrauch.

b) Für die Bestimmung des Gesamtschwefels in organischen Stoffen aller Art wird empfohlen, 6 g Kalihydrat und 3 g Salpeter — beide selbstverständlich schwefelsäurefrei — in einem Tiegel über einer Spiritusflamme zusammenzuschmelzen und in die Schmelze nach und nach kleine Mengen der feinpulverigen Substanz bis zu 4 g Substanz einzutragen.

Th. Osborne[3]) empfiehlt zu dem Zweck als Oxydationsmittel Natriumperoxyd (etwa 10 g), welches in einem Nickeltiegel mit etwas Wasser versetzt und bis zur Vertreibung des Wasserüberschusses erhitzt werden soll. In die etwas abgekühlte Schmelze werden nach und nach 1—2 g der feingepulverten Substanz eingetragen, darauf wird die Temperatur gesteigert und allmählich etwas Natriumperoxyd zugesetzt, bis die Oxydation vollendet ist.

Während bei dem ersten Verfahren (Kalihydrat-Salpeterschmelze) ein Verspritzen der Schmelzen beim Eintragen der Substanz kaum zu umgehen ist, ist das Arbeiten mit Natriumperoxyd nicht ungefährlich. Wir haben gefunden, daß man beide Übelstände in der Weise vermeiden kann, daß man die Substanz in kleinen Portionen erst in schmelzendes Kalihydrat einträgt und, wenn alles klar geschmolzen ist, nach und nach etwas Salpeter zusetzt, bis die Schmelze farblos (weiß) erscheint.

Die Schmelze wird in verdünnter Salzsäure gelöst, zur Trockne verdampft, um die Kieselsäure abzuscheiden, mit salzsäurehaltigem Wasser aufgenommen und im Filtrat die Schwefelsäure mit den erforderlichen Kautelen durch Fällen mit Chlorbarium bestimmt.

---

[1]) Zeitschr. f. analyt. Chem. 1891, **30**, 73; vgl. auch die Lehrbücher der analytischen Chemie, z. B. das von Treadwell.

[2]) Zeitschr. f. angew. Chem. 1907, **20**, 9.

[3]) Zeitschr. f. analyt. Chem. 1902, **41**, 25.

c) Für die Bestimmung des lose gebundenen Schwefels in Proteinstoffen erhitzt man nach E. Schulze entweder 1 g Protein mit 50 ccm einer 30 proz. Natriumcarbonatlösung und etwas essigsaurem Blei mehrere Stunden am Rückflußkühler, oder man mischt 5 g Protein mit 50 ccm einer 50 proz. Natriumcarbonatlösung und etwas essigsaurem Blei in einem Nickeltiegel und erhitzt die Mischung sieben Stunden lang in einem Autoklaven bei 135—165°, löst die Masse dann in beiden Fällen in Wasser unter Zusatz von etwas Essigsäure, filtriert das gebildete Bleisulfid ab, wäscht mit Wasser aus, schmilzt es nach dem Trocknen mit Natriumcarbonat und Natriumperoxyd und bestimmt die Schwefelsäure wie üblich.

Nachweis, Bestimmung und Trennung der Stickstoff-Substanzen[1].

I. Qualitativer Nachweis des Stickstoffs in organischen Verbindungen.

Der qualitative Nachweis von Stickstoff in organischen Verbindungen beruht auf seiner Überführung in Cyanverbindungen und deren Nachweis. Man verfährt nach Lassaigne in folgender Weise:

Geringe Mengen der Substanz werden mit metallischem Kalium (meist genügt auch Natrium) im Porzellantiegel oder in einem Reagensglase erhitzt, wodurch der Stickstoff in Cyankalium (bzw. Cyannatrium) übergeführt wird. Die Schmelze wird in etwas Wasser gelöst und die Lösung:

a) entweder nach Zusatz von Alkalilauge mit einigen Tropfen eines Eisenoxyd- und eines Eisenoxydulsalzes aufgekocht, nötigenfalls filtriert und darauf mit Salzsäure angesäuert. Ist in der zu prüfenden Substanz Stickstoff vorhanden, so entsteht Berlinerblau;

b) oder man verdampft die Lösung mit gelbem Schwefelammonium zur Trockne, nimmt mit Wasser auf und versetzt nach dem Ansäuern mit Eisenchlorid. Ist Stickstoff vorhanden, so entsteht die bekannte blutrote Färbung von Sulfocyaneisen.

V. Castellana[2] empfiehlt folgende Abänderung des vorstehenden, unter Umständen versagenden Verfahrens von Lassaigne:

Man vermischt einige Milligramm der Substanz innig mit Natrium- oder Kaliumcarbonat und Magnesiumpulver und erhitzt die Mischung einige Minuten auf einem Platinblech, in einem Porzellantiegel oder in einem Reagensglase, worauf infolge Bildung des betreffenden Alkalimetalles die Reaktion nicht bloß an der Oberfläche, wie bei der direkten Anwendung von Kalium- oder Natriummetall, sondern in der ganzen Masse vor sich geht.

Bei flüssigen und flüchtigen Substanzen kann man einige Tropfen der Flüssigkeit auf das bereits in Reaktion befindliche Gemisch von Carbonat und Magnesiumpulver tropfen lassen, oder man kann auch das Carbonat damit tränken oder mischen und dann mit Magnesiumpulver bzw. auch noch mit der gleichen Menge Stanniol erhitzen oder schließlich auch das innige Gemisch von Carbonat, Magnesiumpulver und Stanniol mit der fraglichen stickstoffhaltigen Substanz überschichten.

In der Lösung der Schmelze weist man den entstandenen Cyanwasserstoff in der oben angegebenen Weise nach; die Lösung kann ferner auch noch zum Nachweise von Schwefel, Phosphor und Halogenen dienen.

II. Quantitative Bestimmung des Gesamt-Stickstoffs.

Für die Bestimmung des Gesamt-Stickstoffs kommen die Verfahren von Dumas, Will-Varrentrapp und Kjeldahl in Frage. Das Verfahren von Will-Varrentrapp,

---

[1] Bearbeitet von Prof. Dr. A. Bömer, stellvertretendem Vorsteher der Landw. Versuchsstation in Münster i. W.

[2] Gaz. chim. Ital. 1904, **34**, II, 357; Zeitschr. f. Untersuchung d. Nahrungs- u. Genußmittel 1905, **10**, 690.

Verbrennen der Stoffe mit Natronkalk, ist durch das von Kjeldahl fast ganz verdrängt und kann nur für salpetersäurefreie Stoffe angewendet werden. Das Verfahren von Dumas kann zwar bei jeder Substanz angewendet werden, es ist aber sehr umständlich und zeitraubend, so daß es nur mehr in solchen Fällen Anwendung findet, in denen das Verfahren von Kjeldahl versagt oder kontrolliert werden soll. Das Verfahren von Kjeldahl hat wegen der Einfachheit der Ausführung und der Sicherheit der Ergebnisse vor allen anderen den Vorzug und möge daher, weil es bei Lebensmitteluntersuchungen — bei Gegenwart von größeren Mengen von Nitraten, Stickstoffoxyden oder Cyanverbindungen sind verschiedene Abänderungen notwendig — fast ausschließlich zur Anwendung kommt, hier an erster Stelle beschrieben werden.

A. Verfahren von J. Kjeldahl[1]).

Das Verfahren beruht auf dem Vorgange, daß der Stickstoff in organischen Stoffen durch Erhitzen mit konzentrierter Schwefelsäure bei Gegenwart oxydierender Mittel vollständig in Ammoniumsulfat übergeführt und das Ammoniak durch Destillation mit Natronlauge in vorgelegte Säure überdestilliert werden kann.

Kjeldahl verwendete zur Verbrennung der Substanz neben konzentrierter Schwefelsäure Kaliumpermanganat, fing bei der Destillation das Ammoniak in $^1/_{20}$ N.-Schwefelsäure auf und bestimmte den Überschuß der letzteren nach Zusatz von Kaliumjodat und Jodkalium titrimetrisch mit Natriumthiosulfatlösung.

Das Verfahren von Kjeldahl ist von vielen Seiten[2]) nachgeprüft worden und hat im Laufe der Jahre verschiedene Abänderungen und Verbesserungen erfahren.

a) Vorbereitung und Abwägung der Substanz. Die Substanz braucht für die Aufschließung nur so weit zerkleinert zu werden, daß man davon eine richtige Durchschnittsprobe nehmen kann. Man verwendet:

α) von pulverförmigen, lufttrockenen Stoffen je nach dem Stickstoffgehalte 1—2 g, die man in einem Wägeröhrchen oder Schiffchen abwägt und verlustlos in den vollkommenen trockenen Verbrennungskolben überführt;

β) von sirupartigen und breiigen Stoffen je nach dem Stickstoffgehalte 2—5 g (etwa 1—2 g Trockensubstanz entsprechend), die man am besten entweder in einem kleinen dünnen Glasbecherchen[3]) oder in einem aus einer 2—3fachen Lage Stanniol gebildeten Schiffchen abwägt und samt Becherchen oder Schiffchen in den schräggehaltenen Verbrennungskolben überführt;

γ) von Flüssigkeiten, die verhältnismäßig reich an Stickstoff sind (z. B. Milch). 10—30 g, von solchen von mittlerem Gehalt 30—100 g und von solchen, die arm an Stickstoff sind, 100—500 g. Bei den anzuwendenden kleineren Flüssigkeitsmengen gibt man diese am zweckmäßigsten in ein kleines Erlenmeyer-Kölbchen oder in ein Bechergläschen mit Glasstab, wägt, gießt die Substanz vorsichtig in den Verbrennungskolben und wägt das Gefäß mit dem Reste der Flüssigkeit zurück. Bei den anzuwendenden größeren Flüssigkeitsmengen kann man die Substanz abmessen, oder falls eine hinreichend genaue größere Wage zur Verfügung steht, in dem Verbrennungskolben selbst abwägen; sie wird darauf mit verdünnter Schwefelsäure schwach angesäuert und über einer kleinen Flamme in dem Kolben zunächst bis auf 10—20 ccm eingekocht, wobei man ein Anbrennen der Substanz an den Kolbenwandungen sorgfältig vermeiden muß; nach dem Erkalten setzt man zu der eingeengten Flüssigkeit erst das Verbrennungsmittel (vgl. unter b).

b) Aufschließung der Substanz. Vielfach verwendet man zur Aufschließung kleine Rundkolben von 100—250 ccm Inhalt mit langem Halse und führt dann die auf-

---

1) Zeitschr. f. analyt. Chem. 1883, **22**, 366—382.

2) Eine Zusammenstellung der älteren Literatur (bis zum Jahre 1892) findet sich im Bd. 4 der „Bibliothek für Nahrungsmittelchemiker" von J. Ephraim. Leipzig 1895.

3) Aus einem Reagensglase hergestellt.

geschlossene Masse zwecks Destillation in einen größeren 500—600 ccm fassenden Kolben über; zweckmäßiger jedoch ist es, die Substanz direkt in einen größeren, 500—600 ccm fassenden Verbrennungskolben[1]) von schwer schmelzbarem Kaliglase oder Schottschem Glase überzuführen und nach der Aufschließung den Kolben auch zur Destillation zu verwenden.

Zur Verbrennung der Substanz ist eine Reihe von Zusätzen zur konzentrierten Schwefelsäure empfohlen worden, durch welche die Aufschließung möglichst befördert werden soll. Die am meisten empfohlenen Aufschließungsmittel sind folgende:

α) 4 Volumen konzentrierte und 1 Volumen rauchende Schwefelsäure und auf jedes Liter dieser Mischung 100 g Phosphorsäureanhydrid[2]) (Wilfarth);

β) 1 l konzentrierte Schwefelsäure und 200 g Phosphorsäureanhydrid[2]) (Kellner u. a.);

γ) 3 Volumen konzentrierte und 2 Volumen rauchende Schwefelsäure (Wilfarth);

δ) gleiche Volumen konzentrierter und rauchender Schwefelsäure;

ε) konzentrierte Schwefelsäure und dazu für jede Aufschließung 0,05 g Kupferoxyd und 1 g Quecksilber (Arnold);

ζ) konzentrierte Schwefelsäure und dazu für jede Aufschließung 0,05 g Kupferoxyd und 5 Tropfen Platinchloridlösung (0,04 g Platin in 1 ccm) (Ulsch);

η) 1 Teil Kaliumsulfat und 2 Teile konzentrierte Schwefelsäure (Gunning) oder 5—10 g Kaliumsulfat, 25 ccm Schwefelsäure und 1 Tropfen Quecksilber (Wohltmann); von anderer Seite ist auch Kupfersulfat an Stelle von Kaliumsulfat vorgeschlagen worden. Ferner wurden neuerdings vorgeschlagen:

ϑ) konzentrierte Schwefelsäure (25 ccm) und 5 g Kaliumpersulfat (I. Milbauer)[3]) bzw. konzentrierte Schwefelsäure, Kaliumsulfat und nach dem Erkalten auf 100° einige Gramm Kaliumpersulfat (H. D. Dakin)[4]);

ι) eine Mischung von 4 ccm rauchender mit 8 ccm konzentrierter Schwefelsäure und Erhitzen dieses Gemisches mittels eines elektrischen Stromes von 8 Volt und 10 Ampère (C.C.L.G. Budde und C.V. Schon)[5]).

Für eine schnelle und vollständige Aufschließung sind die vorstehend unter α, β und η aufgeführten Gemische am meisten zu empfehlen; letzteres Verfahren ist unten (S. 242) in der Abänderung von Atterberg näher beschrieben. Zu den beiden ersteren Aufschließungsmitteln sei noch erwähnt, daß man bei ihrer Anwendung zweckmäßig noch einen Tropfen (etwa 1 g) Quecksilber[6]) hinzugibt.

· Selbstverständlich müssen alle zur Aufschließung und späteren Destillation dienenden Reagenzien frei von Stickstoff sein; man überzeugt sich hiervon am besten durch einen mit sämtlichen Reagenzien durchgeführten sogenannten blinden Versuch. Ferner ist sorgfältig darauf zu achten, daß alle Substanzen, namentlich die mehlartigen Stoffe, vor dem Er-hitzen vollkommen mit der Aufschließungsflüssigkeit durchfeuchtet sind und sich in dem Gemisch keine trockenen Klümpchen finden. Etwaige im Halse des Kolbens haften gebliebene Substanzteilchen sind beim Einfüllen der Aufschließungsflüssigkeit sorg-fältig mit dieser — am besten unter Schräghalten des Kolbens — in den Kolben hinein-zuspülen.

· [1]) Die Aufschließung in den größeren Kolben dauert zwar in der Regel etwas länger als in den kleineren Kolben von 100—250 ccm, jedoch wird bei Anwendung der ersteren das unter Um-ständen mit Verlusten verbundene Umfüllen der aufgeschlossenen Lösung umgangen.

[2]) Die Aufschließungsflüssigkeiten mit hohem Gehalt an Phosphorsäureanhydrid greifen das Schottsche Glas stark an; für diese Gemische empfiehlt sich die Verwendung von Kolben aus schwer schmelzbarem böhmischen Glase.

[3]) Zeitschr. f. analyt. Chem. 1903, **42**, 725.

[4]) Journ. Soc. Chem. Ind. 1902, **21**, 848.

[5]) Zeitschr. f. analyt. Chem. 1899, **38**, 344.

[6]) Vgl. Anmerkung 3 S. 242.

König, Nahrungsmittel. III. 4. Aufl.   16

Beim Aufschließen empfiehlt es sich, zunächst etwa $^1/_4$—$^1/_2$ Stunde mit kleiner Flamme und dann erst stark zu erhitzen und zwar so, daß die Flamme nicht über den von der Flüssigkeit eingenommenen Teil des Kolbens hinausschlägt. Letzteres wird am besten durch runde, dem Kolbenumfang angepaßte Eisenschalen vermieden. Die Aufschließungskolben legt man zweckmäßig schief und verschließt sie lose mit einer gestielten Glaskugel. Für die Aufschließung werden die verschiedensten Einrichtungen verwendet; vielfach ist der in Fig. 233 abgebildete Apparat im Gebrauch. Die Aufschließung muß so lange fortgesetzt werden, bis der Kolbeninhalt vollkommen farblos[1]) ist, was im allgemeinen in 2—3 Stunden der Fall sein wird.

Als am schnellsten und zuverlässigsten hat sich die Aufschließung nach dem folgenden von A. Atterberg[2]) verbesserten Gunningschen Verfahren erwiesen:

1—2 g Substanz (bzw. die oben angegebenen entsprechenden Mengen von sirupösen oder flüssigen Stoffen) werden mit 20 ccm konzentrierter Schwefelsäure unter Zusatz eines Tropfens[3]) (etwa 1 g) Quecksilber bis zur Auflösung erhitzt, die in ungefähr 15 Minuten erreicht ist; darauf werden 15—18 g stickstofffreies Kaliumsulfat hinzugegeben und die Mischung wird weiter erhitzt; nach eingetretener Farblosigkeit wird das Erhitzen noch 15 Minuten fortgesetzt[3]). Die aufgeschlossene Masse wird nach etwa 10 Minuten langem Stehen mit etwa 250 ccm Wasser verdünnt.

Bei Stoffen, welche erfahrungsgemäß nicht schäumen, kann das Kaliumsulfat gleich zu Anfang zugegeben werden.

c) Destillation und Bestimmung des Ammoniaks. Nachdem die Aufschließung beendet und die Reaktionsmasse nach der Abkühlung unter gleichzeitiger Abspülung der zum Verschluß des Kolbens dienenden gestielten Kugel mit etwa 250 ccm Wasser[4]) verdünnt ist, setzt man 80 ccm salpetersäurefreie Natronlauge vom spezifischen Gewicht 1,35 und 25 ccm Schwefelkaliumlösung (40 g Kalium sulfuratum im Liter enthaltend) bzw. von letzterer so viel hinzu, daß alles Quecksilber als Schwefelquecksilber ausgefällt wird und die Flüssigkeit schwarz erscheint; dann gibt man einige Körnchen von feinem Zinkpulver zu und verbindet so rasch wie möglich mit dem

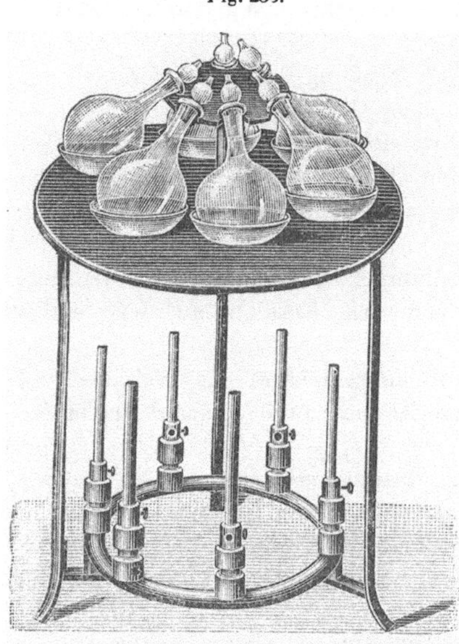

Fig. 233.

Verbrennungsapparat für Stickstoffbestimmungen nach Kjeldahl.

---

[1]) Wenn natürlich färbende anorganische Substanzen (Kupfer, Eisen usw.) vorhanden sind, so ist eine Farblosigkeit nicht erreichbar.

[2]) Chem.-Ztg. 1898, **22**, 505; vgl. ferner Landw. Versuchsstationen 1902, **57**, 15; 1903, **58**, 141; 1904, **59**, 310. Auch K. Wedemeyer (Chem.-Ztg. 1898, **22**, 21), H. C. Sherman, C. B. Mc. Langlin u. E. Osterberg (Journ. Amer. Chem. Soc. 1903, **25**, 367; H. C. Sherman u. M. J. Falk (Journ. Amer. Chem. Soc. 1904, **26**, 1469), L. Sörensen u. C. Andersen (Zeitschr. f. physiol. Chem. 1905, **44**, 429) sowie L. Maquenne u. E. Roux (Annal. chem. analyt. 1899, **4**, 145) empfehlen dieses Verfahren bzw. die Verbrennung unter Zuhilfenahme von Kaliumsulfat; z. T. schlagen sie jedoch längere Erhitzung (bis zu 2 Stunden) nach dem Farbloswerden der Flüssigkeit vor.

[3]) Zur schnellen Abmessung des Quecksilbers bedient man sich zweckmäßig des Wrampelmeyerschen Hahnes, der von Gustav Miehe, Mechanische Werkstätte in Hildesheim, bezogen werden kann. — Die Firma Franz Hugershoff-Leipzig führt für diesen Zweck auch besonders eingerichtete Meßfläschchen. Vgl. auch R. Meyer (Chem.-Ztg. 1898, **22**, 331).

[4]) Hat man die Verbrennung in kleineren Kölbchen von 100—250 ccm Inhalt vorgenommen, so wird die Flüssigkeit gleichzeitig in einen 500—600 ccm fassenden Kolben umgespült.

Destillationsrohr. Letzteres taucht in einen 250—300 ccm fassenden Erlenmeyer - Kolben, welcher 10 oder 20 ccm Normal-Schwefelsäure und so viel Wasser enthält, daß die Spitze des Destillationsrohres in die Flüssigkeit eintaucht. Sobald deutlich Wasserdämpfe mit übergehen, braucht das Destillationsrohr nicht mehr in die Flüssigkeit zu tauchen.

Für die Destillation kann der in Fig. 234 abgebildete Apparat mit Kühlvorrichtung verwendet werden[1]), der sich auch noch für sonstige Destillationen benutzen läßt; von anderer Seite wird auch die Destillation ohne Kühlung empfohlen[2]).

Fig. 234.

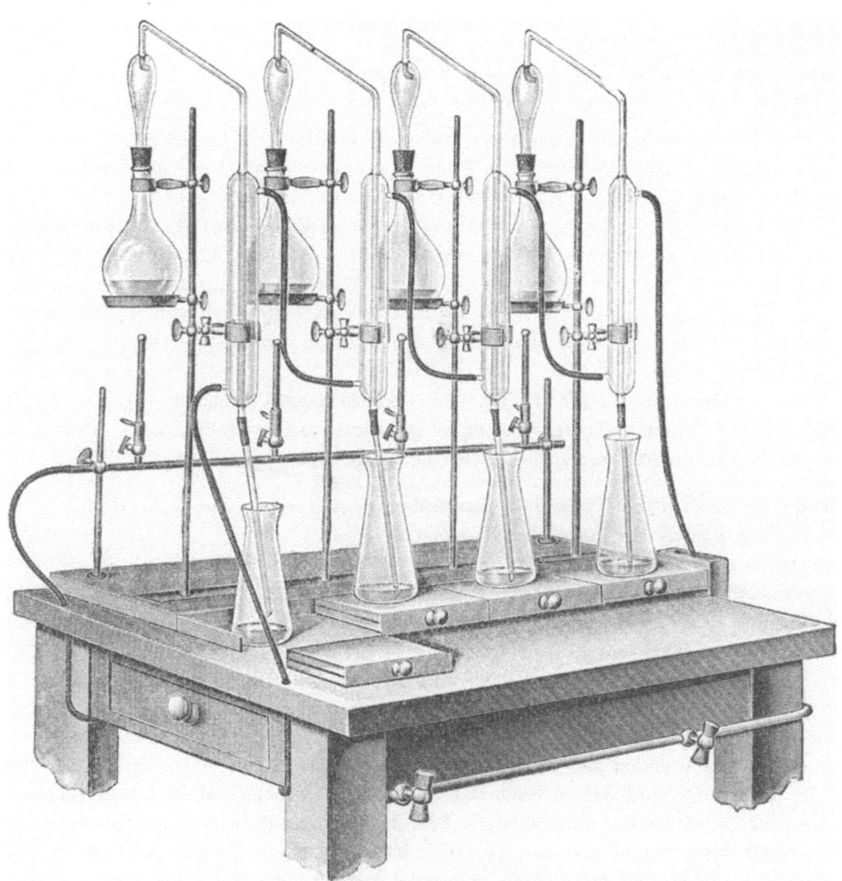

Destillierapparat für die Stickstoffbestimmungen nach Kjeldahl.

Nachdem etwa 100 ccm der Flüssigkeit abdestilliert sind, wird die überschüssige Schwefelsäure mit $1/4$ Normal-Natronlauge unter Zusatz von Cochenille- oder Kongorotlösung[3]) als Indikator zurücktitriert und hiernach der Stickstoff berechnet.

[1]) Damit die Kühler sich durch die Flammen der Brenner nicht zu stark erwärmen, kann zwischen die Brenner und Kühler zweckmäßig ein Schirm von einer Asbestplatte aufgehängt werden.

[2]) Durch die Destillation ohne Kühlung soll ein Gehalt des Destillates an Kohlensäure vermieden werden. Diese ist aber bei Anwendung von Cochenille- oder Kongorotlösung als Indikatoren nicht störend.

[3]) Die Indikatorlösungen werden wie folgt hergestellt:

a) Cochenille: Etwa 6 g gepulverte Cochenille werden mit $1/2$ l eines Gemenges von 300 ccm destilliertem Wasser und 200 ccm Alkohol bei gewöhnlicher Temperatur einige Stunden

16*

Beispiel: Angewendet: 1,7580 g Erbsenmehl; bei der Destillation vorgelegt: 10,0 ccm N.-Schwefelsäure; zurücktitriert 15,2 ccm $^1/_4$ N.-Natronlauge.

10,0 ccm N.-Schwefelsäure entsprechen . . . . 40,0 ccm $^1/_4$ N.-Natronlauge,

davon abzuziehen die verbrauchten. . . . . 15,2 „   „   „

demnach entspricht das gebildete Ammoniak . . . . 24,8 ccm   „   „

1 ccm $^1/_4$ N.-Natronlauge enthält 0,01025 g Natriumhydroxyd entsprechend 0,00425 g Ammoniak $(NH_3) = 0,00350$ g Stickstoff. Demnach sind in den 1,7580 g Substanz vorhanden

$$0,00350 \times 24,8 = 0,08680 \text{ g oder } \frac{0,08680 \times 100}{1,7580} = 4,94\% \text{ Stickstoff}[1]).$$

A. Sonstige Vorschläge zur Ausführung der Stickstoffbestimmung nach Kjeldahl. Zum Kjeldahlschen Verfahren ist noch eine große Zahl von Vorschlägen gemacht worden, von denen einige aus neuerer Zeit hier noch kurz aufgeführt werden mögen:

a) Zur Vermeidung des Stoßens beim Aufschließen empfiehlt R. Hefelmann[2]) die Zugabe einiger runden Glasperlen von 5 mm Durchmesser, während M. Siegfried[3]) hierfür einen Apparat konstruiert hat, der den Kolben in ständiger Bewegung hält.

b) Zur Abscheidung des Quecksilbers empfiehlt C. Neuberg[4]) Natriumthiosulfat anstatt des Kaliumsulfids, während L. Maquenne und E. Roux[5]) dafür phosphorige Säure in saurer Lösung vorschlagen.

c) Als Destillationskolben empfiehlt E. Durand[6]) die auch von Kjeldahl angewendeten Kolben von Kupfer von 800 ccm Inhalt, während von anderer Seite auch gußeiserne Kolben empfohlen werden.

d) Für die Destillationsaufsätze sind verschiedene Vorschläge gemacht worden; es empfiehlt sich, solche mit weiten, schräg abgeschnittenen Röhren zu wählen, damit das kondensierte Wasser ungehindert zurückfließen kann. H. Bremer[7]), E. Blanck[8]), Ch. Porcher

---

unter häufigem Umschütteln behandelt und sodann durch schwedisches Filtrierpapier filtriert. Die Lösung hält sich in verschlossenen Flaschen sehr gut.

Mit Säuren gibt sie gelbrote, mit Alkalien violett-karminrote Färbung.

Anwesenheit von Kohlensäure in der zu titrierenden Flüssigkeit wirkt nicht so störend als bei Lackmus. Bei Anwesenheit von essigsauren Salzen, von Eisen- und Tonerdesalzen ist Cochenille jedoch nicht zu verwenden.

b) Kongorot: Statt der Cochenille wird neuerdings vielfach auch Kongorot als Indikator für saure und alkalische Flüssigkeiten angewendet. Man löst für den Zweck 1,0 g Kongorot in 1 l 50proz. Alkohol.

In freiem Zustande ist der Farbstoff blau, seine Alkalisalze sind scharlachrot. Die rote Lösung des Indikators wird daher durch Säuren, selbst in geringer Menge, blau gefärbt, durch Zusatz von Alkali wieder in Rot umgewandelt. Freie Kohlensäure färbt die blaue Lösung blauviolett.

Da Alaun ohne Einfluß auf den Farbstoff ist, so kann die Lösung nach Herzfeld auch zur Prüfung des Papiers auf freie Säure verwendet werden.

[1]) A. W. Bosworth u. W. Eißing (Zeitschr. f. analyt. Chem. 1903, **42**, 711) empfehlen zur Vereinfachung der Berechnung die Anwendung von stets 1 g Substanz und einer $\dfrac{N}{14,04} =$ Natronlauge.

[2]) Zeitschr. f. öffentl. Chem. 1901, **7**, 200; **Z.** (= Zeitschr. f. Untersuchung der Nahrungs- u. Genußmittel) 1902, **5**, 307.

[3]) Zeitschr. f. physiol. Chem. 1904, **41**, 1; **Z.** 1904, **8**, 358.

[4]) Annal. chim. analyt. 1899, **4**, 145; **Z.** 1900, **3**, 171.

[5]) Beiträge z. chem. Physiol. u. Pathol. 1902, **2**, 214; **Z.** 1903, **6**, 272.

[6]) Annal. chim. analyt. 1902, **7**, 17; **Z.** 1903, **6**, 273.

[7]) Zeitschr. f. Untersuchung d. Nahrungs- u. Genußmittel 1898, **1**, 316.

[8]) Chem.-Ztg. 1904, **28**, 406.

und M. Brisac[1]) sowie A. F. Jägerstedt[2]) empfehlen Destillationsaufsätze mit Hahntrichter, die die Zugabe der Lauge nach der Verbindung des Kolbens mit dem Destillationsapparate gestatten. H. Bremer destilliert außerdem das Ammoniak im Wasserdampfstrome ab, wodurch die Zugabe von Zink beim Destillieren überflüssig wird. Besonders eingerichtete Destillationsaufsätze, welche das Überspritzen von Lauge bei der Destillation verhindern sollen, empfehlen O. Förster[3]), H. Mehring[4]), W. J. Lovett[5]).

e) Auf den Einfluß des Glases der Destillationsapparate auf die Genauigkeit der Ergebnisse weisen H. T. Brown[6]), E. Jalowetz[7]) sowie K. Bartelt und H. Schönewald[8]) hin.

f) Um das beim Destillieren des Ammoniaks unter Umständen eintretende Schäumen, herrührend von Seifen flüchtiger Fettsäuren, die beim Aufschließen in den Hals des Aufschließungskolbens destilliert sind, zu verhindern oder wenigstens abzuschwächen, empfehlen A. Grégoire und A. Carpiaux[9]) einen Zusatz von Chlorcalcium.

g) Als Absorptionsvorlagen für das überdestillierte Ammoniak sind verschiedene Apparate vorgeschlagen, die sowohl eine möglichst vollkommene Absorption des Ammoniaks bewirken als auch ein Zurücksteigen des Inhaltes der Vorlage vermeiden sollen; solche Apparate sind die von Fr. Pregl[10]), A. Hebebrand[11]), A. F. Jägerstedt[12]) u. a.

h) John Sebelien[13]) empfiehlt zur Aufschließung eine elektrische Heizvorrichtung (zu beziehen von W. C. Heraeus-Hanau) und die Austreibung des Ammoniaks mittels des Luftstromes statt durch Destillation.

B. Wenn in einer Substanz Stickstoff in Form von Nitraten, Nitriten. Nitro-, Nitroso-, Azo-, Diazo-, Hydrazin-, Cyan- usw. Verbindungen[14]) vorhanden ist, so liefert das oben beschriebene Kjeldahlsche Verfahren unter Umständen — namentlich wenn jene Substanzen in größeren Mengen vorhanden sind — keine richtigen Ergebnisse; es müssen in diesen Fällen die nachfolgenden Abänderungen des Kjeldahlschen Verfahrens angewendet werden:

a) Verfahren von Jodlbaur[15]): Etwa 1 g des Salpetersäure usw. enthaltenden Stoffes wird in einer Reibschale mit 2—3 g gebranntem, fein gepulvertem Gips innig ver-

---

[1]) Bull. Soc. Chim. Paris 1902, [3] **27**, 1128; **Z.** 1904, **7**, 282.

[2]) Russki Wratsch 1904, **3**, 734; **Z.** 1906, **11**, 666.

[3]) Chem.-Ztg. 1899, **23**, 196.

[4]) Zeitschr. f. analyt. Chem. 1900, **39**, 162.

[5]) Journ. Soc. Chem. Ind. 1902, **21**, 849; **Z.** 1903, **6**, 273.

[6]) Wochenschr. f. Brauerei 1904, **21**, 165.

[7]) Ebendort 1904, **21**, 393; **Z.** 1905, **9**, 369.

[8]) Ebendort 1904, **21**, 523 u. 793; **Z.** 1905, **10**, 165 u. 544.

[9]) Zeitschr. f. Untersuchung d. Nahrungs- u. Genußmittel 1904, **7**, 282.

[10]) Zeitschr. f. analyt. Chem. 1899, **38**, 166.

[11]) Zeitschr. f. Untersuchung d. Nahrungs- u. Genußmittel 1902, **5**, 61.

[12]) Russki Wratsch 1904, **3**, 734; **Z.** 1906, **11**, 666.

[13]) Chem.-Ztg. 1909, **33**, 785 u. 795.

[14]) Nach Fr. Kutscher u. H. Steudel (Zeitschr. f. physiol. Chem. 1903, **39**, 12) sollten nach dem Kjeldahlschen Verfahren auch bei Kreatin, Kreatinin, Lysin und Histidin meist zu niedrige Ergebnisse erhalten werden. C. Beger, G. Fingerling und A. Morgen (daselbst 1903, **39**, 329), ferner H. Malafatti (daselbst 1903, **39**, 467), L. Sörensen und C. Pedersen (daselbst 1903, **39**, 513), O. Folin (daselbst 1904, **41**, 238), R. B. Gibson (Journ. Amer. Chem. Soc. 1904, **26**, 88; **Z.** 1904, 8, 359) und B. Schöndorff (Pflügers Archiv 1903, **98**, 130; **Z.** 1905, **9**, 24) haben aber gezeigt, daß die Angaben von Kutscher und Steudel nicht zutreffend sind und daß die von ihnen erhaltenen zu niedrigen Werte auf unvollkommene Aufschließung infolge zu geringer Kochdauer zurückzuführen sind.

[15]) Landw. Versuchsstationen 1888, **35**, 447. Das Verfahren ist auch vom V. internationalen Kongreß für angewandte Chemie angenommen worden.

mischt und diese Mischung in den Kjeldahl-Kolben gebracht. Sie wird alsdann in dem Kolben unter Abkühlung mit 25 ccm Phenolschwefelsäure[1]), welche 40 g Phenol auf 1 l konzentrierte Schwefelsäure von 66° Bé. enthält, versetzt und durch leichtes Hin- und Herbewegen mit der Säure gemengt. Nach Verlauf von ungefähr 5 Minuten fügt man ganz allmählich und unter Abkühlung des Kolbens 2—3 g durch Waschen mit Wasser gereinigten Zinkstaub, sowie 2 Tropfen metallisches Quecksilber hinzu. Nun wird die Mischung gekocht, bis die Flüssigkeit nicht mehr gefärbt ist. Nach dem Erkalten wird in der oben S. 242 angegebenen Weise das gebildete Ammoniak bestimmt.

Anmerkungen: 1. Von wesentlichem Belang für die Sicherheit dieses Verfahrens ist es, daß die zu verbrennenden Stoffe nicht zu feucht, sondern genügend trocken sind.

2. Statt der Phenolschwefelsäure ist auch eine Auflösung von Benzoesäure (75 g auf 1 l) oder von Salicylsäure in konzentrierter Schwefelsäure vorgeschlagen.

b) Verfahren von O. Förster[2]): Etwa 1 g eines salpetersäurehaltigen Stoffes — oder Lösungen derselben nach vorherigem Eindampfen im Kjeldahl-Kolben — werden in letzterem mit 15 ccm einer 6 proz. Phenolschwefelsäure oder mit 15 ccm einer 6 proz. Salicylsäure-Schwefelsäure vermischt, bis Lösung eingetreten ist; alsdann werden bis zu 5 g Natriumthiosulfat sowie nach Zersetzung dieses Salzes noch 10 ccm reine Schwefelsäure und das nötige Quecksilber hinzugefügt und darauf erhitzt. Nach der vollzogenen Verbrennung wird weiter wie unter c) S. 242 verfahren.

Anmerkungen: Das Natriumthiosulfat darf nicht vor der Phenol-Schwefelsäure zugesetzt werden, weil durch die alsdann bei stark salpeterhaltigen Substanzen eintretende sehr lebhafte Reaktion Verluste an Stickstoff entstehen können. Ein Gehalt der Phenol-Schwefelsäure von mehr als 7% und weniger als 4% Phenol beeinträchtigt das Ergebnis. Der Zusatz von Natriumthiosulfat hat den Zweck, die sich der Bindung an Phenol etwa entziehende Salpetersäure in die Form der nichtflüchtigen Nitrosulfosäure (Bleikammerkrystalle) überzuführen.

Bei Anwendung von Salicylsäure-Schwefelsäure wird es als mißlich angegeben, daß sich darin Salpeter und salpetersäurehaltige Stoffe nur sehr schwer lösen, wodurch leicht Verluste eintreten können.

c) Verfahren von M. Krüger und Jar. Milbauer. Da es unzweckmäßig erscheint, vor der Verbrennung zunächst einen organischen Körper (Phenol, Salicylsäure usw.) zusetzen zu müssen, der nachher selbst wieder verbrannt werden muß, hat M. Krüger[3]) das nachfolgende Verfahren, das eine Abänderung der Verfahrens von Dafert[4]) ist und bei Nitro-[5]) und Nitrosoverbindungen sowie bei Nitraten[6]) gute Ergebnisse liefert, vorgeschlagen: 0,1—0,3 g Substanz werden in einem Rundkolben mit etwa 20 ccm Wasser oder bei in Wasser schwer löslichen Körpern mit 20 ccm Alkohol, darauf mit 10 ccm Zinnchlorürlösung (die stark salzsaure Lösung soll im Liter 150 g Zinn enthalten) und 1,5 g Zinnschaum (am besten aus Zinnchlorürlösung durch Zink gefälltes Zinn) versetzt. Alsdann erwärmt man über kleiner Flamme bis zur vollständigen Entfärbung des Gemisches und bis zur Lösung des Zinns. Ist diese erfolgt, so fügt man vorsichtig nach dem Erkalten der Flüssigkeit und, wenn Alkohol angewendet war, nach seiner Verdunstung 20 ccm kon-

---

[1]) Das Phenol wird durch die Salpetersäure nitriert; beim weiteren Verlaufe wird die Nitrogruppe in die Amidogruppe übergeführt und schließlich Ammoniumsulfat gebildet.

[2]) Chem.-Ztg. 1889, **13**, 229; 1890, **14**, 1673, 1690.

[3]) Berichte d. Deutschen chem. Gesellschaft 1894, **27**, 609 u. 1633.

[4]) Zeitschr. f. analyt. Chem. 1888, **27**, 224. Dafert reduziert die Nitro- und Nitrosokörper in englischer Schwefelsäure bzw. in einem Gemisch von solcher und Alkohol mit Zinkstaub.

[5]) Mit Wasserdämpfen auch aus saurer Lösung flüchtige Nitrokörper erhitzt man am besten mit der Zinnchlorürlösung allein in einem geschlossenen Rohr im siedenden Wasserbade.

[6]) Bei Nitraten allein ist natürlich die Verbrennung mit Schwefelsäure nach der Reduktion nicht erforderlich; vgl. S. 269.

zentrierte Schwefelsäure hinzu, dampft bis zur Entwicklung reichlicher Schwefelsäure-
dämpfe ein und verbrennt weiter[1]) wie beim Kjeldahlschen Verfahren.

Cl. Flamand und B. Prager[2]) haben nach einem dem Krügerschen ähnlichen Verfahren bei Azo-, Azoxy- und Hydrazoverbindungen stets gute Ergebnisse erhalten, nicht dagegen bei Phenylhydrazin, Benzolphenylhydrazin und bei Formanylverbindungen.

Jar. Milbauer[3]) schlägt für die Stickstoffbestimmung in Phenylhydrazin, Hydra-
zonen und Osazonen folgendes Verfahren vor:

0,2 g Substanz werden in einem Kolben in 50 ccm Wasser gelöst, mit 3 g in 1 proz.
Schwefelsäure gewaschenem Zinkpulver versetzt und hierauf werden durch einen den Kolben
verschließenden Trichter langsam 50 ccm konzentrierte Schwefelsäure zugegeben. Die Flüssigkeit wird vorsichtig auf dem Drahtnetze erhitzt, so daß eine zu heftige Wasserstoffentwicklung vermieden wird. Nach beendeter Reduktion wird ein Tropfen Quecksilber hinzugegeben
und bis zur vollständigen Entfärbung erhitzt. Nach dem Abkühlen der Flüssigkeit auf 100°
werden 2 g Kaliumpersulfat[4]) hinzugesetzt; darauf wird weiter erhitzt und nach etwa ½ Stunde,
wenn die Flüssigkeit vollkommen klar geworden ist, wird das gebildete Ammoniak wie beim
Kjeldahlschen Verfahren nach S. 242 bestimmt.

B. Verfahren von Will-Varrentrapp.

Das Verfahren möge hier ebenso wie das von Dumas beschrieben werden, wenngleich
es nach Einführung des Kjeldahlschen Verfahrens (vgl. S. 239) nur noch selten angewendet
werden dürfte. Das Will-Varrentrappsche oder sog. Natronkalkverfahren ist überall anwendbar, mit Ausnahme bei salpetersäurehaltigen Stoffen.

Ein 30—35 cm langes, 12 mm weites, an einem Ende in eine schief aufwärts gebogene Spitze
ausgezogenes und zugeschmolzenes Rohr aus schwer schmelzbarem Glase wird einige Zentimeter
weit mit körnigem, stickstofffreiem, beim Glühen nicht zusammensinterndem Natronkalk beschickt,
sodann die gut zerkleinerte und mit feinpulverigem Natronkalk innig gemischte Substanz (1—2 g)
quantitativ in die Röhre gebracht, bis auf etwa 4 cm mit körnigem Natronkalk nachgefüllt, mit
einem Asbestpfropfen versehen, durch leichtes Aufklopfen ein Kanal gebildet und nun mittels
eines durchbohrten Kork- oder Gummistopfens am besten mit einer Peligotschen U-förmigen
Kugelröhre verbunden, in welcher letzteren titrierte Schwefelsäure vorgelegt ist.

Man bringt die Röhre in einen Verbrennungsofen, erhitzt zunächst ihren vorderen 4 cm langen
Teil, schreitet damit langsam nach hinten zu fort und verfährt wie bei einer gewöhnlichen Elementaranalyse. Nach der Verbrennung und dem Erkalten der Röhre kneift man die am Ende derselben befindliche Spitze ab und saugt unter Auslöschen der Flammen bzw. unter Entfernung des Kohlen-
feuers einen Luftstrom durch, um alles Ammoniak in die vorgelegte Säure zu bringen. Wenn dies geschehen ist, spült man den Inhalt der Vorlage quantitativ in eine Porzellanschale und titriert die überschüssige Säure mit Natron- oder besser mit Barytlauge, unter Zusatz von Cochenille- oder Lackmustinktur als Indikator zurück. Phenolphthalein und Rosolsäure sind für diesen Zweck nicht geeignet.

Wenn nach diesem Verfahren eine größere Anzahl von Stickstoffbestimmungen ausgeführt
werden soll, empfiehlt es sich, die Verbrennung in einem eisernen Rohre im Wasserstoffstrome
vorzunehmen; hierbei bringt man das Gemenge der Substanz mit Natronkalk in ein Eisenblech-
schiffchen. (Vgl. R. Fresenius, Quant. Anal., 6. Aufl., 2, 72 u. 725.)

Bei sehr stickstoffreichen Substanzen mischt man vorteilhaft etwas chemisch reinen Zucker
bei. Die Mischung der Substanz mit Natronkalk nimmt man unter nicht zu starkem Aufdrücken
in einer Porzellanschale vor; hat man bei Anwesenheit von Ammonsalzen jedoch auf diese Weise
einen Verlust zu befürchten, so wird die Mischung erst in der Röhre mittels eines korkzieher-
artigen Kupferdrahtes vollzogen oder bei feuchten Substanzen, indem man die Röhre wie üblich

---

[1]) M. Krüger selbst schlägt Oxydation der erhaltenen Amidokörper mit Kaliumbichromat vor.

[2]) Berichte d. Deutschen chem. Gesellschaft 1905, 38, 559.

[3]) Zeitschr. f. Zuckerindustrie in Böhmen 1904, 28, 338; Österr.-Ungar. Zeitschr. f. Zuckerindustrie u. Landw. 1904, 33, 466. — Vgl. auch Zeitschr. f. analyt. Chem. 1903, 42, 725.

[4]) Vgl. oben S. 241 (Aufschließungsmittel für das Kjeldahlsche Verfahren).

beschickt, erst etwas groben, dann eine Schicht feinen Natronkalk, hierauf die Substanz, danach wieder etwas feinen und zuletzt groben Natronkalk einfüllt; man läßt einen freien Raum von 7 bis 10 cm, gibt einen Asbestpfropfen hinzu, verschließt mit dem Glasröhrchen, welches man inwendig etwas anfeuchtet und mischt jetzt erst die Substanz durch Drehen und Auf- und Abwärtsbewegen der Röhre mit feinem Natronkalk. Auf diese Weise ist ein Entweichen von Ammoniak ausgeschlossen. Ist die Substanz flüssig, so bringt man sie in kleinen zugeschmolzenen Glaskugeln zwischen den pulverigen Natronkalk in die Röhre und nimmt letztere etwas länger.

Anstatt der Peligotschen U-förmigen Röhre kann auch der Will-Varrentrappsche oder Arend-Knopsche Kugelapparat, oder die Volhardsche Vorlage angewendet werden.

Anstatt titrierter Schwefelsäure wird auch wohl Salzsäure vorgelegt, nach der Verbrennung die aus der Vorlage gespülte Flüssigkeit mit Platinchloridlösung eingedampft, der Platinsalmiak gewogen oder geglüht und das metallische Platin gewogen. Wenn sich flüchtige stickstoffhaltige Basen neben Ammoniak gebildet haben, darf der Platinsalmiak nicht gewogen werden; in diesem Falle bestimmt man durch Titration oder durch Glühen des Platinsalmiaks aus dem gewogenen Platin den Stickstoff.

Nach den vergleichenden Versuchen von U. Kreusler[1] liefert das Natronkalkverfahren bei gewissen Substanzen (so Milch- und Kleberproteinstoffen) stets mehr oder weniger ungenaue, d. h. zu niedrige Ergebnisse gegenüber dem gasvolumetrischen Verfahren von Dumas. Wenngleich sich diese Differenzen zum Teil durch gewisse Abänderungen (z. B. Anwendung eiserner Röhren, eines feuchten Wasserstoffstromes, Vermischen der frischen Milch un-

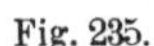

Fig. 235.

mittelbar mit dem Natronkalk usw.) wesentlich verringern lassen, so empfiehlt es sich doch, zur Erzielung sicherer Ergebnisse bei derartigen Stoffen das Kjeldahlsche oder Dumassche Verfahren anzuwenden.

C. Das Verfahren von Dumas.

Dieses Verfahren kann zwar bei jeder Substanz angewendet werden, ist aber sehr umständlich.

In ein gläsernes, an einem Ende zugeschmolzenes Verbrennungsrohr von 70—80 cm Länge bringt man zuerst eine 15—20 cm lange Schicht reines und trockenes Natriumbicarbonat oder Magnesit, darauf 4—6 cm weit reines Kupferoxyd, dann das höchst innige Gemenge der gewogenen Substanz mit feinem Kupferoxyd, weiter 20—30 cm reines gekörntes Kupferoxyd, und füllt schließlich die Röhre mit metallischem Kupfer in Form einer Drahtspirale oder von Kupferspänen. Man verbindet das Verbrennungsrohr mit dem Gasleitungsrohr, stellt durch leichtes Aufklopfen einen Kanal her, bringt das Verbrennungsrohr in den Verbrennungsofen und taucht das Gasleitungsrohr in eine Quecksilberwanne. Man erhitzt zuerst einen Teil des Natriumbicarbonats, um durch Kohlensäure die Luft völlig auszutreiben. Alsdann verbindet man das Verbrennungsrohr mit einem

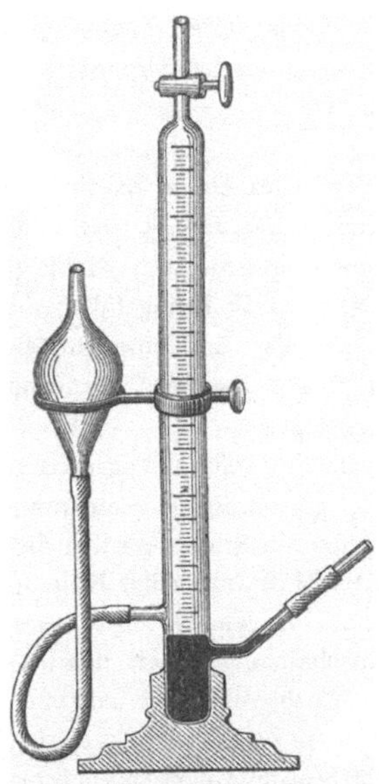

Azotometer nach Schiff.

Absorptionsapparat, z. B. dem von H. Schiff[2] (Fig. 235), in welchem sich unten Quecksilber und weiter Kalilauge (150 g in 150 ccm Wasser) befindet und stellt die Birne möglichst tief nach unten. Man fährt mit der Entwicklung der Kohlensäure mehrere Minuten fort, hebt die Birne wieder bis über die Durchbohrung des Glashahnes und senkt wieder. Falls alle Luft aus dem Apparat ausgetrieben war, dürfen sich über der Kalilauge nur Spuren eines leichten Schaumes zeigen. Ist dieses nicht der Fall, so treibt man die eingeschlossene Luft durch Heben der Birne und Öffnen des Hahnes aus, schließt den Hahn, senkt die Birne und fährt mit der Entwicklung von Kohlensäure fort, bis alle Luft ausgetrieben ist. Man erhitzt zuerst das metallische Kupfer, dann die reine

---

[1] Landw. Versuchsstationen 1885, **31**, 248.

[2] Statt des Schiffschen Absorptionsapparates mit Bürette sind auch die von E. Ludwig, H. Schwarz und K. Zulkowsky in Gebrauch.

Kupferoxydschicht im vorderen Teil und schreitet allmählich mit dem Erhitzen nach hinten zu fort. Nach erfolgter Verbrennung wird der noch übrige Teil des Natriumbicarbonats erhitzt und durch die Kohlensäure aller Stickstoff in die Bürette übergeführt. Ist durch vorsichtiges Umschwenken alle Kohlensäure von der Kalilauge absorbiert, so füllt man das Gas aus dem Absorptionsapparat in bekannter Weise mittels eines mit Wasser gefüllten Verbindungsstückes in eine Gasbürette um, bringt diese in ein großes Gefäß mit Wasser, wobei das Stickstoffvolumen durch Wasser abgesperrt wird, wartet, bis die Temperatur sich ausgeglichen hat und bringt das Wasser in der Bürette und im Gefäß in gleiches Niveau. Man beobachtet jetzt das Gasvolumen, die Temperatur des Wassers und den Barometerstand, reduziert das abgelesene Volumen nach der Gleichung $v' = \dfrac{v\,(b-w)}{760\,(1 + 0{,}00367\,t)}$ (worin $v =$ abgelesenes Volumen, $b =$ beobachteter Barometerstand, $w =$ Tension des Wasserdampfes, $t =$ Temperatur des Zimmers) auf 0° C und 760 mm Luftdruck und berechnet unter Berücksichtigung der Tension des Wasserdampfes aus dem erhaltenen Volumen Stickstoff dessen Gewicht nach der Gleichung $p = \dfrac{v\,(b-w)\cdot 0{,}001256}{760\,(1 + 0{,}00366\,t)}$, weil 1 ccm Stickstoff bei 0° und 760 mm Barometerstand 0,001256 g wiegt. (Vgl. auch die Dietrichsche Tabelle für die Gewichte eines Kubikzentimeters Stickstoff, Tabelle I am Schluß.)

U. Kreusler[1]) hat zu diesem Verfahren eine Reihe Verbesserungen vorgeschlagen, von denen hier die hauptsächlichsten hervorgehoben werden mögen.

Um die Luft möglichst vollständig aus dem Verbrennungsrohr zu beseitigen, bedient sich Kreusler der Kohlensäure unter gleichzeitigem Evakuieren mittels einer Quecksilberluftpumpe, welche zu ihrem Betriebe wieder eine Wasserstrahlpumpe erfordert. Um die Kohlensäure möglichst rein und in hinreichender Menge zu erhalten, entwickelt Kreusler sie in einem U-förmigen, mehrere Vorteile in sich schließenden Apparate aus geschmolzenem Natriumcarbonat durch Schwefelsäure von hoher Konzentration und erreicht so ein Gas, welches nur mehr $^1/_{5000}$ Luft einschließt. Der Apparat läßt ein Entleeren der verbrauchten Säure, sowie ein Nachfüllen neuer Säure zu, ohne daß gleichzeitig Luft mit eingeführt wird. Der obige Zweck kann auch erreicht werden ohne Evakuieren, bloß durch abwechselndes Einleiten von Kohlensäure und vorsichtiges Erwärmen, wobei jedoch die Temperatur 100° C nicht übersteigen darf.

Anstatt Kupferoxydpulver verwendet U. Kreusler Kupferoxydasbest, um die Verbrennung leichter vollständig (einem Zuviel durch unverbrannte Kohlenwasserstoffe vorzubeugen) auszuführen, dann aber auch, weil aus diesem die Luft bei weitem leichter auszutreiben ist, als aus dem pulverförmigen Kupferoxyd.

Ebenso verwendet er als metallisches Kupfer Kupferasbest, welcher den überschüssigen Sauerstoff besser bindet und etwaige Stickstoffoxyde unverhältnismäßig besser reduziert als Kupferspäne oder Kupferspiralen.

Um die Verbrennung zuverlässig ohne Verlust auszuführen, d. h. um einem Minus durch Nichtverbrennen von Resten stickstoffhaltiger Kohle vorzubeugen, wird hinter der Substanz Sauerstoffgas in einem Messingblechschiffchen aus einem Gemisch von 1 Volum geschmolzenem, sodann gepulvertem Kaliumchlorat und $1^1/_2$ Volum feinem Kupferoxyd erzeugt. Gewöhnlich genügen für je eine Verbrennung 3 g Kaliumchlorat.

Die Verbrennung geschieht in einem beiderseits offenen, 115 cm langen, etwa 14 mm weiten gläsernen Verbrennungsrohr (Fig. 236, S. 250), welches ungefähr in der Mitte (a) einen Pfropfen von Kupferoxydasbest enthält, an den sich nach links eine kurze Schicht körnigen Kupferoxyds und sodann der Hauptmasse nach Kupferoxydasbest (Gesamtlänge a—b etwa 28 cm) anschließt. Es folgt nun metallisches Kupfer (in einer Gesamtlänge b—c von etwa 14 cm) und zwar zuerst eine kurze Schicht in kompakter Form, der Hauptlänge nach aber Kupferasbest und zum Schluß nochmals (etwa 6 cm lang c—d) Kupferoxydasbest. Um eine zu dichte Füllung zu vermeiden,

---

[1]) Landw. Versuchsstationen 1885, **31**, 207 ff.

wird vor der Beschickung in diese linke Hälfte des Rohres von *a* bis *d* eine Kupferdrahtspirale eingelegt und zwischen diese werden erst die Materialien eingefüllt; sollte trotzdem eine Stelle zu dicht geworden sein, so genügt ein leises Ziehen an dieser Spirale, um dem Übelstande abzuhelfen.

Nach rechts folgt das aus kartenblattstarkem Messingblech bestehende Schiffchen (*S*) mit der Substanz, dann ein mit Kupferoxydasbest ausgestopfter Zylinder von Platingewebe (*P*) und schließlich ein zweites Messingblechschiffchen (*S₁*) mit der Sauerstoffmischung. — Zur Heizung des Rohres in der Länge *m n* dient ein Bunsen-Erlenmeyerscher Ofen mit flachen Brennern, das Sauerstoffschiffchen wird mittels einer gewöhnlichen Gaslampe erhitzt.

Um das Rohr beim Anheizen und Abkühlen vor Verkrümmung zu schützen, liegt es in einem Messingblechpanzer, welcher es nur zu etwa $^4/_5$ umspannt und einen freien Einblick gestattet; infolge dieses Blechpanzers wird die ursprüngliche Rinne des Ofens überflüssig und daher beseitigt. Das Rohr, in der oben beschriebenen Weise beschickt, kann nacheinander zu einer Reihe von Bestimmungen benutzt werden. Nach beendeter Verbrennung hat man nur nötig, die beiden Schiffchen auszuwechseln. Sollte nach einer Reihe von Analysen der vorgelegte Kupferasbest schon zu sehr oxydiert sein, so ist eine Reduktion durch Wasserstoffgas leicht vorzunehmen. Die Kupferoxydasbestschicht wird durch den gegen Ende der Verbrennung erzeugten Sauerstoff immer wieder regeneriert. Ist die Schiffchenstelle des Rohres undurchsichtig geworden, so wäscht man sie mit einem an einem Stäbchen befestigten feuchten Stückchen Leinen oder dgl.

Fig. 236.

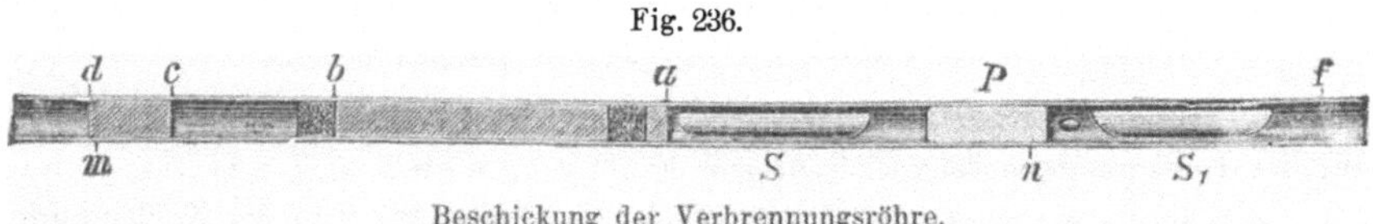

Beschickung der Verbrennungsröhre.

Ist das Verbrennungsrohr beschickt, so verbindet man es links mit einem langen durch einige Biegungen elastischen Gasableitungsrohre. Dieses mündet in der Quecksilberwanne unter dem Auffanggefäß, welches aus einem zylindrischen Scheidetrichter und einem genau kalibrierten Meßgefäß besteht, in welches letztere der Trichter durch die Bohrung eines Kautschukstöpsels führt. Der zylindrische Scheidetrichter hat den Zweck, die bei der Verbrennung verbrauchte Kohlensäure zu messen, um den noch minimalen Luftgehalt derselben vom Stickstoffvolumen in Abzug bringen zu können. Das Meßgefäß kann bequem mit Kalilauge, sowie mit einer Bürette in Verbindung gebracht werden. Rechts verbindet man das Rohr mit dem Kohlensäure-Entwicklungsapparat sowie mit der Luftpumpe.

Wenn alles soweit fertig ist, wird evakuiert, sodann das Kohlensäuregas nochmals auf seine Reinheit geprüft und nun mit der Verbrennung begonnen.

Bezüglich der zu verwendenden Reagenzien sei kurz bemerkt, daß U. Kreusler dieselben wie folgt herstellt:

a) **Natriumcarbonat.** Reines Natriumcarbonat wird mit $^1/_5$—$^1/_3$ Teile reines Kaliumcarbonat gemischt, getrocknet, das trockne Gemisch in einer Platinschale geschmolzen und die Schmelze in ein etwa 2—3 cm weites, der Länge nach gespaltenes und vor dem Gebrauch durch Draht zusammengebundenes Eisen-(Gas-)Rohr gegossen, welches unten mit Eisenstöpsel verschlossen wird; der Alkalicarbonatzylinder wird dann in passende Stücke zerschlagen oder gesägt.

b) **Schwefelsäure** durch Vermischen von 2 Volumen konzentrierter reiner Schwefelsäure mit 3 Volumen Wasser. Behufs Austreibens der Luft wird entweder das Gemisch oder noch besser erst das Wasser gekocht, dann das siedende Wasser in eine geräumige Schale gebracht und hierzu die Schwefelsäure anfangs sehr langsam, später rascher hinzugefügt.

c) **Kupferoxydasbest.** Guter (weder zu lang- noch zu kurzfaseriger) Asbest wird mit Kupfernitrat getränkt und dann geglüht. Oder man löst noch zweckmäßiger 150 g Kupfervitriol in 400 g heißem Wasser, trägt in diese Lösung 50 g lockeren Asbest, verdampft unter beständigem Umrühren zuerst über freier Flamme, zuletzt im Wasserbade, bis die Masse noch eben feucht ist. Diese trägt man portionsweise in eine in einer geräumigen Schale befindliche Kalilauge (160 g Kalihydrat auf 2—3 l Wasser), erhitzt $^1/_2$ Stunde lang zum Sieden, wäscht erst durch Dekantation und später auf dem Filter mit heißem Wasser aus, bis das Filtrat keine Schwefelsäurereaktion mehr gibt. Nach dem Trocknen wird die Masse zerzupft und in einem hessischen Tiegel oder einem solchen von Eisen oder Kupfer geglüht.

d) **Kupferasbest.** Er wird durch Reduktion des Kupferoxydasbestes im Wasserstoffstrome gewonnen.

Nach R. **Bader** und A. **Stohmann**[1]) versagt das **Dumas**sche Verfahren bei den schwer verbrennbaren substituierten Naphthylaminsulfosäuren; sie erreichten deren vollständige Verbrennung durch Anwendung des Prinzips der **Kopfer**schen bzw. **Lippmann-Fleißner**schen Verfahrens. Ferner fand P. **Haas**[2]), daß bei gewissen Basen, in denen zwei Methylgruppen an dasselbe Kohlenstoffatom gebunden sind, Fehler dadurch entstehen, daß sich bildendes Methan durch das Kupferoxyd nicht zerstört wird und dadurch sich dem Stickstoffgase beimengt. Die Verbrennung des Methans wird jedoch vollkommen, wenn man dem Kupferoxyd Kupferchlorür beimischt oder es durch Bleichromat ersetzt.

D. Sonstige Verfahren zur Bestimmung des Stickstoffs.

Außer den vorher beschriebenen Verfahren von **Kjeldahl, Will-Varrentrapp** und **Dumas**, die seit langem erprobt sind, wurden neuerdings noch einige andere Vorschläge zur Bestimmung des Stickstoffs gemacht, die aber noch keine weitere Nachprüfung erfahren haben:

a) Fr. v. **Konek** und A. **Zöhls**[3]) oxydieren den organischen Stickstoff mit Hilfe von **Natriumperoxyd** zu Salpetersäure, reduzieren diese nach dem **Devard**aschen Verfahren (S. 270) mittels einer Aluminium-Zink-Kupferlegierung zu Ammoniak und destillieren das gebildete Ammoniak in titrierte Schwefelsäure. Das Verfahren ist in erster Linie für Stickstoffbestimmungen in Mehlen und anderen Stoffen, welche aliphatisch gebundenen (Aminoamid-) Stickstoff enthalten, ausgeführt bzw. geeignet, dagegen ist es nicht verwendbar bei Pyridin-, Chinolin- und anderen Verbindungen mit heterocyclischem Stickstoff. Man verfährt z. B. bei Mehl folgendermaßen: Etwa 0,5 g Substanz werden eine Stunde bei 100—102° getrocknet und sodann verlustlos in einen gut vernickelten Stahlzylinder gebracht, welcher vorher mit 12 g trockenem, reinem Natriumperoxyd beschickt wurde. Das Mehl wird mittels eines Drahtes innig mit dem Natriumperoxyd verrührt; darauf werden nochmals 5—6 g Natriumperoxyd und etwa 1 g eines Gemisches von 2 Teilen Kaliumpersulfat ($K_2S_2O_8$) und 1 Teil Weinsäure[4]) hinzugegeben und wieder gut durchgerührt. Darauf schraubt man den Deckel wasserdicht auf und stellt den so beschickten Zylinder in ein großes Becherglas mit kaltem Wasser, wobei man die herausragende Zündröhre mittels einer Klammer festklammert, damit der Zylinder bei der heftigen Reaktion nicht seitwärts geschleudert wird. Die Zündung geschieht durch ein Stückchen rotglühenden Eisendrahts, den man durch die Zündröhre einfallen läßt[5]). Nach der Abkühlung wird der Tiegelinhalt in einem bedeckten Becherglase mit lauwarmem Wasser herausgelöst. Verfasser empfehlen zwei Bestimmungen mit je etwa 0,5 g Mehl in dieser Weise zu behandeln, die stark alkalischen Lösungen zu vereinigen, in einen 800 ccm-Kolben von Jenaer Glas zu spülen, auf 500—600 ccm zu verdünnen und nach Zufügung von Bimsstein, 15 ccm Alkohol und 3 g feinpulveriger Aluminium-Zink-Kupferlegierung sofort mit der Destillationsvorrichtung zu verbinden. Die weitere Behandlung geschieht in bekannter Weise (vgl. unten S. 270).

b) L. **Debourdéaux**[6]) empfiehlt zur Bestimmung des Stickstoffs in seinen Sauerstoffverbindungen von Hydroxylamin, Nitroderivaten (deren nitrierter Kern eine Phenolgruppe enthält),

[1]) Chem.-Ztg. 1903, **27**, 663.

[2]) Journ. Chem. Soc. London 1906, **89**, 570; Zeitschr. f. Untersuchung d. Nahrungs- u. Genußmittel 1907, **14**, 223.

[3]) Zeitschr. f. angew. Chem. 1904, **17**, 1093.

[4]) Diese Mischung soll die Verbrennung begünstigen.

[5]) Die Ausführung der Bestimmung ist nicht ungefährlich. Die Verfasser empfehlen, beim Entzünden des Gemisches mittels des glühenden Eisendrahtes das Gesicht abzuwenden, da bei der heftigen Explosionsreaktion eine aus Natriumperoxyd bestehende kleine Staubwolke durch die Zündöffnung herausgeschleudert wird. v. **Konek** warnt davor, statt der Stahlzylinder lose bedeckte Tiegel zu verwenden, da gelegentlich der Verwendung eines solchen eine heftige Explosion infolge Umfallens des Tiegels usw. eintrat.

[6]) Compt. rend. 1904, **138**, 905 u. Bull. Scienc. Pharmacol. 1904, **6**, 129; Zeitschr. f. Untersuchung d. Nahrungs- u. Genußmittel 1905, **9**, 369.

Nitrilen, Cyaniden und Dicyaniden, Cyanaten und Sulfocyanaten, Amiden und Imiden (deren Stickstoff nicht mit einem zweiten Kohlenstoffradikal verbunden ist) und Aminen, deren Radikal eine Säuregruppe enthält, ein Verfahren, das auf der Zersetzung der zu untersuchenden Substanz mit Kaliumhyposulfit und Kaliummonosulfit beruht. Die Substanz wird mit diesen Reagenzien bis zur Trockne destilliert, wobei der Stickstoff in Ammoniak übergeführt wird, dessen letzter Rest dann noch mit Kalilauge übergetrieben wird.

III. Bestimmung der „Stickstoffsubstanz" (Rohproteine), der Reinproteine und der verdaulichen Proteine.

A. Bestimmung bzw. Berechnung der „Stickstoffsubstanz" (Rohproteine).

Vielfach begnügt man sich bei der Analyse der Nahrungs- und Genußmittel damit, ihren Gehalt an Stickstoffverbindungen aus dem nach II ermittelten Gesamt-Stickstoffgehalte zu berechnen. Man nimmt hierbei für die Stickstoffverbindungen einen mittleren Stickstoffgehalt von 16% an und multipliziert daher den Gehalt an Gesamt-Stickstoff mit dem Faktor $\frac{100}{16} = 6{,}25$; die so berechnete Menge bezeichnet man als „Stickstoffsubstanz" oder auch als Rohprotein.

Diese Art Bestimmung bzw. Berechnung der Stickstoffsubstanz ist aber nichts weniger als genau. Denn die Multiplikation des gefundenen Stickstoffes mit 6,25 gibt nur einen annähernden Ausdruck für den prozentualen Gehalt an wirklichen Proteinen, einerseits, weil die Nahrungsmittel neben den Proteinen noch verschiedene andere Stickstoffverbindungen, wie Amide, Alkaloide, Ammoniak, Salpetersäure usw. enthalten, welche nicht nur einen mehr oder weniger weit von 16% abweichenden Stickstoffgehalt haben, sondern auch bezüglich ihrer Nährwirkung von den Proteinen völlig verschieden sind, andererseits, weil die Proteine selbst in ihrem prozentualen Gehalte an Stickstoff wie in ihrer Beschaffenheit voneinander abweichen.

Nur bei den tierischen Proteinen beträgt der Stickstoffgehalt annähernd 16%; bei den pflanzlichen Proteinen, besonders in den Samen, ist er nach den Untersuchungen von H. Ritthausen[1]), sowie nach denen von Weyl, Barbieri, E. Schulze, Meissl, Osborne, Chittenden u. a. weit höher und schwankt von 16,38—18,73%. H. Ritthausen hat daher vorgeschlagen, für die einzelnen Gruppen der Samen je nach ihrem abweichenden Stickstoffgehalt verschiedene Faktoren für die Proteinberechnung zugrunde zu legen und zwar für:

Gruppe	Art der Samen usw.	Mittlerer Stickstoffgehalt der Proteine %	Proteinfaktor
I	Gerstenkörner, Gerstenmehl, Gerstentreber, Mais, Buchweizen, weiße Bohnen, Sojabohne, Raps- und Rübsenpreßrückstand	16,66	6,00
II	Weizenkörner, Weizenfuttermehl, Weizenkleie, Roggenkörner, Roggenfuttermehl, Roggenkleie, Haferkörner, Hafermehl, Erbsen, Saubohnen, Wicken, Candlenutkuchen	17,60	5.70
III	Preßrückstände von Lein-, Hanf-, Erdnuß- und Baumwollsamen, süße und bittere Mandeln, Haselnüsse, Paranüsse, Ricinussamen, Aprikosenkerne, Walnüsse, Sesamsamen, Sonnenblumensamen, Kürbiskerne, Kokosnuß, Lupinen	18,20	5,50

[1]) Landw. Versuchsstationen 1896, **47**, 391.

Diese Vorschläge Ritthausens verdienen alle Beachtung. Indes wird es nicht so leicht sein, über die richtigsten Faktoren zur Berechnung der Proteine schon jetzt zu einer allgemeinen Einigung zu gelangen, weil bis jetzt nur ein kleiner Teil der Proteine der Futter- und Nahrungsmittel nach dieser Richtung untersucht ist und weil sich die Untersuchungen, soweit sie ausgeführt sind, nur auf einen Teil der Proteine, nicht auf alle erstrecken.

Jedenfalls gibt die Berechnung der Stickstoffsubstanz bzw. der Rohproteine durch Multiplikation des gefundenen Gesamt-Stickstoffs mit 6,25 nur einen mangelhaften Ausdruck für den wirklichen Gehalt an Proteinen. Aus dem Grunde ist vielfach eine weitere Trennung der Stickstoffverbindungen erforderlich oder wünschenswert. Hierzu dienen die nachfolgenden Verfahren.

B. Bestimmung des Reinprotein- und des „Amid"-Stickstoffs.

Soll eine weitere Bewertung und Differenzierung der Stickstoff-Verbindungen der Nahrungsmittel stattfinden, so ist es von besonderem Interesse, die Stickstoffmenge festzustellen, welche in Form von wirklichen Proteinen vorhanden ist. Durch Multiplikation dieses Stickstoffs mit dem Faktor 6,25 berechnet man die Reinproteine. Die Differenz zwischen dem Gesamtstickstoff und dem Reinprotein-Stickstoff pflegt man kurz als „Amid-Stickstoff" oder „Nichtprotein-Stickstoff" zu bezeichnen. Eine Umrechnung dieses letzteren Stickstoffs auf einen besonderen Körper findet im allgemeinen nicht statt, da er den Stickstoff der verschiedensten Verbindungen (Alkaloide, Amide, Aminosäuren, Ammoniak, Salpetersäure usw.) umfaßt. Bezüglich der Anwendung des Faktors 6,25 gilt das vorhin unter III. A Gesagte. Zur Bestimmung des Reinprotein-Stickstoffs dienen vorwiegend die Fällungen mit Kupferhydroxyd nach den unter a) und b) angegebenen Verfahren, von denen das letztere in der Ausführung einfacher ist als das erstere ältere. Nach beiden Verfahren werden Peptone nicht mit den übrigen Proteinen gefällt, doch kommen Peptone in natürlichen Pflanzen- und Tierstoffen überhaupt nicht oder nicht in nennenswerter Menge vor.

a) Kupferhydroxyd-Verfahren von A. Stutzer[1]. Nach diesem Verfahren werden 1—2 g der zu untersuchenden, durch ein 1 mm-Sieb gebrachten Substanz in einem Becherglase mit 100 ccm Wasser übergossen, zum Sieden erhitzt, bzw. bei stärkehaltigen Stoffen 10 Minuten im Wasserbade erwärmt und dann mit 0,3—0,4 g aufgeschlämmtem Kupferhydroxyd[2] versetzt. Nach dem Erkalten wird der Inhalt des Becherglases durch ein Filter von schwedischem Filtrierpapier filtriert, der auf dem Filter befindliche Rückstand mit Wasser ausgewaschen und samt Filter noch feucht nach dem Verfahren von Kjeldahl (S. 240) verbrannt.

Bei der Untersuchung von solchen Substanzen, welche wie Getreidekörner, Ölsamen usw. reich an phosphorsauren Alkalien sind, bei denen sich also phosphorsaures Kupfer und

---

[1] Journ. f. Landwirtschaft 1881, **29**, 473 u. Repert. f. analyt. Chem. 1885, 162.

[2] Die Bereitung von haltbarem Kupferhydroxyd geschieht nach Stutzer in folgender Weise: 100 g Kupfersulfat werden in 5 l Wasser gelöst und mit 2,5 g Glycerin versetzt. Aus dieser Lösung wird durch Zusatz von verdünnter Natronlauge, bis die Flüssigkeit alkalisch reagiert, das Kupfer als Hydroxyd ausgefällt. Letzteres wird abfiltriert und alsdann durch Anreiben mit Wasser, welches im Liter 5 g Glycerin enthält, aufgeschlämmt. Durch wiederholtes Dekantieren und Filtrieren entfernt man die letzten Spuren von Alkali. Der Filterrückstand wird mit Wasser, dem man 10% Glycerin zugesetzt hat, verrieben und bis zu einer Verdünnung gebracht, daß das Ganze eine gleichmäßige mit einer Pipette aufsaugbare Masse darstellt. Die Masse wird in gut verschlossenen Flaschen im Dunkeln aufbewahrt; steht sie längere Zeit in einem offenen Gefäße, so verliert das Kupferhydroxyd infolge Kohlensäureanziehung zum Teil seine Wirksamkeit. A. Stutzer empfiehlt daher weiter (Journ. f. Landwirtschaft 1906, **54**, 239) die Aufbewahrung in etwa 150 ccm fassenden, vollgefüllten, luftdicht verschließbaren Flaschen an einem dunklen, kühlen Orte. Den Gehalt der breiigen Masse an Kupferhydroxyd bestimmt man durch Eindunsten eines abgemessenen Volumens und Glühen des Rückstandes.

freies, Proteine lösendes Akali bilden kann, werden der Abkochung vor dem Zusatz von Kupferhydroxyd einige Kubikzentimeter Alaunlösung zugefügt, wodurch gelöste Phosphate unter Bildung unlöslicher phosphorsaurer Tonerde zersetzt werden; sodann wird weiter wie sonst verfahren.

Enthalten die Pflanzenstoffe schwer lösliche Alkaloide, so werden 1—2 g der Substanz in einem Becherglase mit 100 ccm absolutem Alkohol und 1 ccm Essigsäure im Wasserbade zum Sieden erhitzt; nach dem Absitzen der Substanz wird die Flüssigkeit mit möglichster Vorsicht filtriert, so daß nichts oder nur ganz geringe Mengen von dem Ungelösten mit aufs Filter gelangen; dann wird das Filter, um gelöstes Fett zu entfernen, mit wenig erwärmtem Alkohol und Äther ausgewaschen, die im Becherglase befindliche Substanz mit 100 ccm Wasser zum Sieden erhitzt — bzw. bei stärkemehlhaltigen Substanzen 10 Minuten im Wasserbade erwärmt —, hierauf wie oben mit 0,3—0,4 g Kupferhydroxyd versetzt, der Niederschlag nach dem Erkalten auf das bereits benutzte Filter gebracht, mit Wasser ausgewaschen usw.

Der Stickstoff des Filters, welcher bei schwedischem Filtrierpapier für ein Filter von 5 cm Durchmesser 0,04 mg oder bei Filtrierpapier Nr. 589 von Schleicher und Schüll in Düren 0,05 bis 0,10 mg für ein Filter von 11—12 cm Durchmesser beträgt, kann vernachlässigt werden; ebenso ist ein Fehler dadurch, daß durch Einwirkung des Kupferoxyds aus dem bei der Verbrennung entstehenden Ammoniak freier Stickstoff gebildet werden könnte, nicht zu befürchten.

B. Sjollema[1]) versetzt 1 g Substanz mit 50 ccm Wasser, kocht und fügt, um das spätere Filtrieren zu erleichtern, beim Beginn des Siedens allmählich und unter fortwährendem Umrühren 50 ccm 95 proz. Alkohol hinzu; darauf werden noch 50 ccm Wasser, einige Tropfen einer kaltgesättigten Alaunlösung und alsdann die vorgeschriebene Menge der Kupferhydroxyd-Aufschlämmung hinzugegeben.

b) Kupferhydroxyd-Verfahren von F. Barnstein[2]).

F. Barnstein hat das von H. Ritthausen für die Bestimmung der Proteine der Milch angewendete Verfahren auch bei anderen Stoffen durchgeführt; er verfährt wie folgt: 1—2 g der zu untersuchenden, durch ein 1 mm-Sieb gebrachten Substanz werden in einem Becherglase mit 50 ccm Wasser aufgekocht bzw. bei stärkehaltigen Stoffen 10 Minuten im Wasserbade erhitzt; sodann setzt man 25 ccm Kupfersulfatlösung (60 g krystallisiertes Kupfersulfat im Liter enthaltend) und darauf unter Umrühren 25 ccm Natronlauge (12,5 g Natriumhydroxyd im Liter enthaltend) hinzu. Nach dem Absitzen wird die überstehende Flüssigkeit durch ein Filter abgegossen, der Niederschlag wiederholt mit Wasser dekantiert, schließlich auf das Filter gebracht und mit warmem Wasser so lange ausgewaschen, bis das Filtrat mit Ferrocyankalium- oder Chlorbariumlösung keine Reaktion mehr gibt. Sodann wird der Stickstoffgehalt des Filterinhaltes nach Kjeldahl (S. 240) bestimmt.

Beim Vermischen von 25 ccm Kupfersulfatlösung und 25 ccm Natronlauge der obigen Konzentration entsteht ein grünlicher Niederschlag eines basischen Kupfersulfats mit einem Gehalt von etwa 0,38 g Kupferhydroxyd [$Cu(OH)_2$], welches letztere offenbar den wirksamen Bestandteil des Niederschlages bildet. Die überstehende Flüssigkeit zeigt noch eine deutliche Reaktion auf Kupfer. Nach diesem Verfahren werden auch dann noch richtige Werte erhalten, wenn das Natron in so großer Menge hinzugefügt wird, daß das Kupfer nicht als basisches Salz, sondern vollständig als Oxydhydrat ausgefällt wird; selbstverständlich darf die Menge der Natronlauge aber nicht so groß sein, daß die über dem Niederschlag stehende Flüssigkeit alkalisch reagiert.

A. Stutzer[3]) schlägt vor, so viel Natronlauge zuzusetzen, daß $2/_3$ des Kupfers als Hydroxyd und der Rest als basisches Sulfat ausgeschieden werden, während nach der Vorschrift von Barnstein nur $1/_4$ des Kupfers als Hydroxyd und $3/_4$ als basisches Sulfat abgeschieden werden. A. Stutzer empfiehlt daher, statt der obigen Mengen auf 1 g

[1]) Zeitschr. f. Untersuchung d. Nahrungs- u. Genußmittel 1899, **2**, 415.

[2]) Landw. Versuchsstationen 1900, **54**, 327.

[3]) Journ. f. Landwirtschaft 1906, **54**, 237.

Substanz 100 ccm Wasser, 20 ccm 10 proz. Kupfersulfatlösung und 20 ccm 2,5 proz. Natronlauge zu verwenden.

c) Uranacetat-Verfahren von H. Schjerning[1]. 0,5—1,0 g Substanz werden in einem geräumigen Becherglase abgewogen, mit 100 ccm Wasser übergossen und hiermit unter wiederholtem Umrühren mehrere Stunden — bis 20 — bei Zimmertemperatur stehen gelassen. Dann wird die Mischung in ein Wasserbad gebracht und auf 50° erwärmt (Stoffe, welche keine Stärke enthalten, können auch unbedenklich auf 100° erhitzt werden); darauf wird ein Überschuß von Uranacetat[2] — 20 bis 40 ccm einer gesättigten Lösung werden immer hinreichen — zugesetzt. Indem man vor direkter Einwirkung des Lichtes schützt, wird die Mischung etwa $\frac{1}{2}$ Stunde bei 50° gehalten, natürlich unter wiederholtem Umrühren mit einem Glasstabe. Der Niederschlag wird dann auf einem 11 cm großen, mit Flußsäure ausgezogenen Filter (von Schleicher und Schüll) gesammelt und 2—3 mal mit einer kalten 1—2 proz. Uranacetatlösung ausgewaschen. Filter und Niederschlag werden in einen $\frac{1}{4}$ Liter-Kolben gebracht, mit 50 ccm Magnesiamilch — 11 g MgO in 2 l Wasser — versetzt, gekocht und auf einer Asbestplatte über einer schwachen Gasflamme beinahe, aber doch nicht völlig, zur Trockne eingedampft. Der Eindampfrückstand wird weiter nach Kjeldahls Verfahren behandelt. Als Korrektur für die Löslichkeit der Uranfällung sind für je 100 ccm Filtrat und Waschflüssigkeit 0,1 ccm $\frac{1}{10}$ Normalsäure zu addieren.

H. Schjerning wendet gegen die Fällung mit Kupferhydroxyd ein, daß es die Peptone nicht vollständig, dagegen aber Amin-Amidverbindungen mit ausfällt. Nach seinen Versuchen können zur Fällung der Reinproteine an Stelle von Kupferhydroxyd ebensogut Zinnchlorür, Bleiacetat, Ferriacetat und Uranacetat angewendet werden; von diesen Reagenzien fällt Zinnchlorür Albumin, Bleiacetat Albumin + Denuclein, Ferriacetat Albumin + Denuclein + Proteosen und Uranacetat außer diesen auch noch Peptone.

Neben Ammoniumacetat hat Schjerning 20 verschiedene Amide und organische Basen gegen diese Fällungsmittel geprüft und gefunden, daß Zinnchlorür nur Alloxan, Bleiacetat sowie Ferriacetat nur geringe Mengen Alloxan nebst äußerst geringen Mengen Coffein und Chinin, Uranacetat dagegen bloß Piperazin und bei Anwesenheit löslicher Phosphate außerdem auch etwas Asparagin und Arginin sowie ganz geringe Mengen Brucin mit ausfällt. Quecksilberchlorid wie Magnesiumsulfat fällen eine größere Menge der Amide oder Basen und sind deshalb für die Fällung nicht geeignet.

Schjerning ist der Ansicht, daß sich die Reinproteine ebensogut mit Uranacetat bestimmen lassen wie mit Stutzers Reagens.

d) Sonstige Verfahren. Außer Kupferhydroxyd und Uranacetat sind noch eine ganze Reihe anderer Verbindungen zur Bestimmung der Reinproteine vorgeschlagen worden, die sich jedoch teilweise nicht bewährt haben, teilweise auch noch nicht hinreichend in ihrem Verhalten zu den sonstigen Stickstoffverbindungen geprüft worden sind.

Von Hoppe-Seyler und Schmidt-Mühlheim ist Ferriacetat, von F. Hofmeister Bleihydroxyd unter Zusatz von etwas Bleiacetat, von Meißl, Sestini, Kellner u. a. Bleiacetatlösung zur Fällung der Proteinstoffe vorgeschlagen. E. Schulze[3] empfiehlt mehrere dieser Verfahren gleichzeitig nebeneinander anzuwenden und auch den Stickstoff in dem durch Schwefelwasserstoff von Kupfer befreiten Filtrat des Niederschlages durch Eindampfen in Hofmeisterschen Glasschälchen usw. zu bestimmen; ferner zur weiteren Kennzeichnung der Stickstoff-

---

[1] Zeitschr. f. analyt. Chem. 1900, **39**, 545 u. 633.

[2] Statt Mercks natronfreien Uranacetates (puriss. crystall.), welches häufig basisches Salz enthält, schlägt Schjerning neuerdings vor, das Uranacetat pro analysi zu verwenden, das zwar nicht natronfrei ist, aber dafür kein basisches Salz enthält.

[3] Landw. Versuchsstationen 1881, **26**, 213.

Verbindungen die Auszüge mit Schwefelsäure und Phosphorwolframsäure[1]) zu versetzen und den im Filtrat hiervon verbleibenden Stickstoff ebenfalls zu ermitteln. Statt Phosphorwolframsäure wird auch die Verwendung von Tannin vorgeschlagen[2]).

J. W. Mallet[3]) hat vor einigen Jahren wiederum die Phosphorwolframsäure als Fällungsmittel zur Trennung der Proteine von den Aminosäuren und Amiden vorgeschlagen; er teilt die Stickstoff-Verbindungen nach ihrem Verhalten zu Phosphorwolframsäure in folgende drei Gruppen ein:

a) Es werden selbst aus konzentrierten Lösungen nicht gefällt: Glykokoll, Alanin, Leucin, Asparaginsäure, Asparagin, Glutaminsäure, Tyrosin und Allantoin.

b) Aus konzentrierten Lösungen in der Kälte fällbar (der Niederschlag löst sich mehr oder weniger leicht beim Erwärmen und entsteht wieder beim Erkalten): Glutamin, Kreatin (bei 89,1° löslich 1:107), Kreatinin (bei 97,9° löslich 1:1222), Betain (bei 98,2° löslich 1:71), Hypoxanthin (bei 97,6° löslich 1:98), Carnin (bei 98,4° löslich 1:132), Harnstoff und Peptone.

c) Es werden gefällt, die Niederschläge sind in heißem Wasser kaum oder gar nicht löslich: Eieralbumin, Fibrin, Casein, Legumin, Globulin, Vitellin, Myosin, Syntonin, Hämoglobin, Proteosen, Gelatine und Chondrin.

J. W. Mallet hat das Verfahren der Fällung mit Phosphorwolframsäure in der Wärme hauptsächlich für die Untersuchung des Fleisches vorgeschlagen; nach G. S. Fraps und J. A. Bizell[4]) ist es ziemlich umständlich und liefert keine klaren Filtrate; sie haben bessere Ergebnisse erhalten, als sie die Fällung statt bei 90° bei 60° vornahmen.

Zur weiteren Trennung der nicht eiweißartigen Stickstoff-Verbindungen empfiehlt E. Schulze[5]) Zusatz von salpetersaurem Quecksilber zu den vorher mit Bleiacetat behandelten Pflanzenextrakten, wodurch Asparagin, Glutamin, Allantoin, die Xanthinkörper und zum Teil auch Tyrosin gefällt werden; dieselben lassen sich nach Entfernung des Quecksilbers durch Schwefelwasserstoff weiter durch ammoniakalische Silberlösung charakterisieren, wodurch Hypoxanthin, Xanthin und Guanin abgeschieden werden.

C. Bestimmung der verdaulichen Stickstoffsubstanz.

Zur Bestimmung des verdaulichen Anteiles der Stickstoff-Verbindungen bzw. des unverdaulichen Nucleins auf künstlichem Wege hat A. Stutzer[6]) ein Verfahren ausgearbeitet, welches von G. Kühn[7]) und seinen Mitarbeitern verbessert worden ist. Während bei diesem Verfahren ein künstlich aus Schweinemagen dargestellter Magensaft verwendet wird, haben B. Sjollema[8]) und K. Wedemeyer[9]) statt dessen die Anwendung des käuflichen Pepsins empfohlen.

---

[1]) Zur Herstellung der Phosphorwolframsäure-Lösung werden 120 g Natriumphosphat und 200 g Natriumwolframat in 1 l Wasser gelöst und zu dieser Lösung 100 ccm verdünnte Schwefelsäure (1:3) gegeben.

[2]) Vgl. hierzu auch die Arbeit von W. D. Bigelow und F. C. Cook, der die Tannin-Salzlösung nach Schjerning zur Trennung der Proteosen und Peptone von den einfacheren Aminokörpern empfiehlt. (Journ. Amer. Chem. Soc. 1906, **28**, 1485; Zeitschr. f. Untersuchung d. Nahrungs- u. Genußmittel 1907, **14**, 223.)

[3]) Chem. News 1899, **80**, 117, 168—171 u. 179—182; Zeitschr. f. Untersuchung d. Nahrungs- u. Genußmittel 1900, **3**, 542.

[4]) Journ. Amer. Chem. Soc. 1900, **22**, 709; Zeitschr. f. Untersuchung d. Nahrungs- u. Genußmittel 1901, **4**, 689.

[5]) Landw. Versuchsstationen 1881, **26**, 213; 1882, **27**, 449; 1887, **33**, 89 u. 124.

[6]) Journ. f. Landwirtschaft 1880, **28**, 201; 1881, **29**, 475; Zeitschr. f. physiol. Chem. 1885, **9**, 211; 1887, **11**, 207 u. 537; Landw. Versuchsstationen 1889, **36**, 321; 1890, **37**, 107. — Vgl. ferner die Veröffentlichungen in Journ. f. Landwirtschaft 1906, **54**, 234—272.

[7]) O. Kellner, Arbeiten der Versuchsstation Möckern 1894, S. 188, oder auch Landw. Versuchsstationen 1894, **44**, 188.

[8]) Zeitschr. f. Untersuchung d. Nahrungs- u. Genußmittel 1899, **2**, 413.

[9]) Landw. Versuchsstationen 1899, **51**, 383.

a) Behandlung mit künstlichem Magensaft. 2 g der sehr fein gepulverten, durch ein 1 mm-Sieb gebrachten Substanz werden durch 5—6 Stunden langes Ausziehen mit Äther vollständig entfettet, nach dem Entfetten getrocknet, sodann mit Hilfe eines Messers oder einer Federfahne verlustlos in ein etwa $^3/_4$ l fassendes Becherglas gebracht, mit 500 ccm Magensaft[1]) übergossen und 48 Stunden lang bei 37—40° digeriert, indem man gleichzeitig in den ersten Stunden und zwar in Zwischenräumen von ungefähr 1—2 Stunden je 5 ccm 10 proz. Salzsäure (also jedesmal 0,1% Salzsäure in Prozenten der Flüssigkeit) unter Umrühren hinzufügt, bis der Gehalt der Flüssigkeit an Salzsäure auf 1% gestiegen ist. Die Erwärmung kann in einem Wasser- oder Luftbade von obiger Temperatur erfolgen. Ist die Verdauung beendet, so filtriert man das Unlöslichgebliebene mit Hilfe einer Saugvorrichtung mit Wittscher Platte und Asbestfilter ab, wäscht mit warmem Wasser bis zum Verschwinden der Chlorreaktion aus, bringt das Asbestfilter mit Inhalt verlustlos in einen Kolben und bestimmt in dem Unlöslichgebliebenen den Stickstoff. Die so gefundene Stickstoffmenge, vom Gesamtstickstoff abgezogen, ergibt die Menge des verdaulichen Stickstoffs, und dieser, multipliziert mit 6,25, die Menge der verdaulichen Stickstoffsubstanz.

b) Behandlung mit Pepsin. Nach B. Sjollema[2]) und K. Wedemeyer[3]) läßt sich an Stelle des lästig herzustellenden künstlichen Magensaftes mit Vorteil das käufliche trockene Pepsin[4]) verwenden; Wedemeyer[5]) gibt für die Ausführung dieser Bestimmung folgende Vorschrift:

2 g Substanz werden in einem Becherglase mit 490 ccm einer klaren Lösung übergossen, welche 1 g Pepsin und 10 ccm 25 proz. Salzsäure enthält. Das Becherglas wird mit einer Glasplatte bedeckt und der Inhalt bei 37—40° 48 Stunden lang unter häufigem Um-

---

[1]) **Herstellung des Magensaftes:** Die innere abgelöste Schleimhaut frischer, mit kaltem Wasser abgewaschener Schweinemägen wird mit einer Schere in kleine Stücke zerschnitten und für jeden Magen mit 5 l Wasser und 100 ccm einer Salzsäure übergossen, welche in 100 ccm 10 g HCl enthält. Zur Verhütung der Zersetzung setzt man 2—3 g Salicylsäure hinzu, läßt unter zeitweiligem Umschütteln 1—2 Tage lang stehen und filtriert alsdann die Flüssigkeit zuerst durch ein Flanellsäckchen, alsdann durch Papierfilter. In gut verschlossenen Flaschen hält sich die Flüssigkeit monatelang wirksam. Es empfiehlt sich, **mehrere,** etwa sechs Mägen gleichzeitig auszuziehen, da es vorkommen kann, daß bei der Verarbeitung eines einzelnen Magens mit zufällig wenig Pepsin eine mangelhaft wirkende Verdauungsflüssigkeit erhalten wird.

A. Stutzer hat weiter (Journ. f. Landwirtschaft 1906, **54**, 265) vorgeschlagen, einen konzentrierteren Magensaft zu verwenden, nämlich für jeden Magen nur 2,5 l Wasser, das 0,2% HCl enthält, und von diesem nur 250 ccm für jeden Versuch zu verwenden. Ferner empfiehlt er zur Verhütung der Zersetzung des Magensaftes so viel Chloroform zuzusetzen, daß ein Teil davon ungelöst am Boden des Gefäßes bleibt.

Entgegen den Vorschlägen von Sjollema und Wedemeyer empfiehlt A. Stutzer nach wie vor die Anwendung von künstlichem Magensaft statt des käuflichen Pepsins, das nach seiner Ansicht von zu ungleichmäßiger Wirkung ist.

[2]) Zeitschr. f. Untersuchung d. Nahrungs- u. Genußmittel 1899, **2**, 413.

[3]) Landw. Versuchsstationen 1899, **51**, 383.

[4]) **Für die Prüfung des Pepsins auf seine Wirksamkeit** gibt das Deutsche Arzneibuch (III. Aufl.) folgende Vorschrift: „Von einem Ei, welches 10 Minuten in kochendem Wasser gelegen hat, wird das erkaltete Eiweiß durch ein zur Bereitung von grobem Pulver bestimmtes Sieb gerieben. 10 g dieses zerteilten Eiweißes werden mit 100 ccm warmem Wasser von 50° und und 10 Tropfen Salzsäure gemischt und dann 0,1 g Pepsin hinzugefügt. Wird das Gemisch unter wiederholtem Durchschütteln 1 Stunde bei 45° stehen gelassen, so muß das Eiweiß bis auf wenige weißgelbliche Häutchen verschwunden sein."

[5]) Die Vorschrift von Sjollema ist nicht wesentlich von der von Wedemeyer verschieden; sie sieht einen viermaligen Zusatz von 10 proz. Salzsäure vor.

rühren digeriert. Nach 24 stündiger Einwirkung werden nochmals 10 ccm 25 proz. Salzsäure zugesetzt. Nach Beendigung der Verdauung wird die ungelöste Substanz in derselben Weise wie unter a) abfiltriert und in ihr der Stickstoffgehalt bestimmt.

Die beiden vorstehenden Verfahren zur Bestimmung der verdaulichen Stickstoffsubstanz sind in erster Linie zur Untersuchung von Futtermitteln ausgearbeitet. Sie können aber sinngemäß auch für die Untersuchung der Verdaulichkeit von Nahrungsmitteln verwendet werden.

Wenn man in der unter a) beschriebenen Weise den Magensaft — die Verdauung mit Pepsin nach b) liefert dieselben Ergebnisse — einwirken läßt, findet man nach G. Kühns eingehenden Untersuchungen die sämtlichen verdauungsfähigen, stickstoffhaltigen Bestandteile der gewöhnlichen Futtermittel.

Die weitere von A. Stutzer empfohlene 6 stündige Behandlung des Rückstandes der Pepsinverdauung (mit Filter) mit 100 ccm alkalischem Pankreassaft[1]) bei 37—40° ist nicht notwendig, zumal es sich dabei nicht um eine spezifische Pankreasverdauung, sondern lediglich um eine lösende Wirkung des in der Pankreasflüssigkeit enthaltenen Natriumcarbonates handelt. Indes hält A. Stutzer[2]) die Wiederaufnahme von Versuchen mit einem Magensaft von nicht mehr als 0,2% Salzsäure und mit einem Pankreassaft mit 0,2% Na_2CO_3 für wünschenswert, um so die Bestimmung mehr den natürlichen Verhältnissen im Körper anzupassen.

IV. Bestimmung der Proteosen und Peptone.

Zur Bestimmung der Proteosen und Peptone zieht man die zu untersuchende Substanz, und zwar je nach dem Gehalt an diesen Verbindungen 5 oder 10 g, mit kaltem Wasser aus, indem man die Substanz in einem 250 ccm-Kolben einige Zeit mit 200 ccm Wasser schüttelt. Darauf füllt man bis zur Marke auf und filtriert die Flüssigkeit durch ein trockenes Filter. Das Filtrat prüft man zunächst auf Albumin, indem man einige Kubikzentimeter in einem Reagensglase mit etwas Salpetersäure kocht. Ist Albumin in der Lösung vorhanden, so scheidet es sich in Flocken aus. In diesem Falle muß man aus 50 oder 100 ccm der Lösung in der angegebenen Weise das Albumin zunächst vollkommen abscheiden, dieses abfiltrieren und auswaschen.

1. **Zur Bestimmung der Proteosen** durch Sättigung der Lösung mit Zinksulfat nach A. Bömer[3]) wird das Filtrat der Albuminfällung oder, wenn kein Albumin vorhanden ist, werden 50—100 ccm der ursprünglichen Lösung in einem kleinen Becherglase auf 40—50 ccm eingeengt, mit Schwefelsäure schwach angesäuert (um das Ausfallen von unlöslichen Zinkverbindungen, wie Phosphaten usw. zu verhindern) und darauf die Lösung mit feingepulvertem

---

[1]) Die **Pankreaslösung** wird nach **Stutzers** Vorschrift wie folgt bereitet: Vom Fett möglichst befreites Rindspankreas wird in einer Fleischhackmaschine zerkleinert, mit Sand verrieben und 24—36 Stunden an der Luft liegen gelassen. Sodann vermischt man in einer Reibschale je 1000 g zerriebene Masse mit 3 l Kalkwasser und 1 l Glycerin von 1,23 spezifischem Gewicht, läßt die Mischung unter bisweiligem Umrühren 4—6 Tage stehen, preßt das Unlösliche ab, filtriert die Flüssigkeit zunächst durch ein lockeres Filter, erwärmt sie 2 Stunden lang auf 37—40° und filtriert darauf in gut verschließbare Flaschen. — Um die Haltbarkeit zu erhöhen, versetzt man nach dem Filtrieren mit so viel Chloroform, daß in der umgeschüttelten Flüssigkeit einige Tropfen des Chloroforms ungelöst am Boden des Gefäßes liegen bleiben.

Für den eigentlichen Verdauungsversuch werden 250 ccm der obigen Pankreaslösung mit 750 ccm einer Natriumcarbonatlösung, die in den 750 ccm 5 g wasserfreies Natriumcarbonat enthält, vermischt.

[2]) Journ. f. Landwirtschaft 1906, **54**, 235.

[3]) Zeitschr. f. analyt. Chem. 1895, **34**, 562; Zeitschr. f. Untersuchung d. Nahrungs- u. Genußmittel 1898, **1**, 106.

Zinksulfat in der Kälte gesättigt. Nachdem sich die ausgeschiedenen Proteosen (an der Oberfläche der Flüssigkeit) abgesetzt haben und am Boden des Glases noch geringe Mengen ungelösten Zinksulfates vorhanden sind, werden die Proteosen abfiltriert, mit kaltgesättigter Zinksulfatlösung hinreichend ausgewaschen[1]) und nach Kjeldahl verbrannt. Durch Multiplikation der gefundenen Stickstoffmenge mit 6,25, abzüglich des Filterstickstoffes[2]), erhält man die entsprechenden Mengen Proteosen.

Sind größere Mengen Ammoniak in der Substanz, so können diese unter Bildung eines schwer löslichen Doppelsalzes von Ammonium- und Zinksulfat mit in die Proteosenfällung übergehen; in diesem Falle wird entweder der Filterinhalt in dem Kjeldahl-Kolben zunächst mit Magnesiamilch längere Zeit erwärmt und dann zur Bestimmung des Proteosenstickstoffs verwendet, oder es werden weitere 50 ccm der Proteosenlösung in der obigen Weise mit Zinksulfat gesättigt und in dem hierbei erhaltenen, abfiltrierten Niederschlage wird durch Destillation mit Magnesia sein Gehalt an Ammoniakstickstoff bestimmt und von dem Gesamtstickstoffgehalt des Zinksulfatniederschlages in Abzug gebracht.

2. Im Filtrate von der Zinksulfatfällung finden sich die etwa vorhandenen **Peptone**; man füllt es mit Wasser auf 250 ccm auf und prüft zunächst 20—25 ccm der Lösung qualitativ auf Peptone. Zu dem Zwecke versetzt man die 20—25 ccm Lösung mit so viel konzentrierter Natronlauge, bis das anfänglich sich ausscheidende Zinkhydroxyd sich wieder vollständig gelöst hat, und fügt einige Tropfen 1 proz. Kupfersulfatlösung hinzu. Eine carminrote bis rotviolette Färbung zeigt das Vorhandensein von Peptonen an. Ist eine derartige Färbung eingetreten, so werden 100 ccm des auf 250 ccm aufgefüllten Filtrates der Zinksulfatfällung zur quantitativen Bestimmung der Peptone mit einer stark angesäuerten Lösung von phosphorwolframsaurem Natrium[3]) so lange versetzt, als noch ein Niederschlag entsteht; der Niederschlag wird nach etwa 12stündigem Stehen bei Zimmertemperatur durch ein Filter von bekanntem Stickstoffgehalt filtriert, mit verdünnter Schwefelsäure (1 : 3) ausgewaschen, samt Filter noch feucht in einen Kolben gegeben und darin der Stickstoffgehalt nach Kjeldahl ermittelt. Durch Multiplikation des gefundenen Stickstoffgehaltes mit 6,25 erhält man die Menge der vorhandenen Peptone.

Man kann auch das albuminfreie Filtrat nach dem Ansäuern mit Schwefelsäure direkt mit phosphorwolframsaurem Natrium fällen; man erhält auf diese Weise Proteosen- + Pepton-Stickstoff und nach Abzug des durch Zinksulfat gefällten Proteosen-Stickstoffes den Pepton-Stickstoff; jedoch ist die vorherige Ausfällung der Proteosen vorzuziehen.

3. Bei der Peptonfällung durch Phosphorwolframsäure ist zu berücksichtigen, daß durch dieses Reagens außer Peptonen auch zahlreiche andere organische Stickstoff-Verbindungen und Ammoniak (vgl. oben S. 256) gefällt werden. Letzteres läßt sich in einer zweiten Fällung durch Destillation des Niederschlages mit gebrannter Magnesia bestimmen und von dem Gesamtstickstoff des Niederschlages in Abzug bringen. Für die organischen Basen ist aber eine gesonderte Bestimmung neben den Peptonen bis jetzt nicht möglich. Man prüft hierauf qualitativ, indem man das Filtrat von dem Zinksulfatniederschlage mit überschüssigem Ammoniak bis zur deutlichen alkalischen Reaktion versetzt, von einem etwa entstehenden Niederschlage (Phosphate) abfiltriert und zu dem Filtrate eine Lösung von Silbernitrat (etwa 2,5 g in 100 ccm Wasser) hinzufügt. Ein entstehender

---

[1]) Wenn man dafür sorgt, daß beim Filtrieren und Auswaschen der Inhalt des Filters nicht längere Zeit unbedeckt steht — wodurch eine vollständige Erhärtung der Masse durch nachträgliches Auskrystallisieren von Zinksulfat eintritt —, so geht das Filtrieren der Lösung und das Auswaschen mit der gesättigten Zinksulfatlösung sehr schnell.

[2]) Bei Anwendung eines 10 cm-Filters von schwedischem Filtrierpapier kann dessen Stickstoffgehalt unberücksichtigt bleiben.

[3]) Über die Darstellung der Lösung von phosphorwolframsaurem Natrium vgl. S. 256 Anm. 1.

Niederschlag zeigt organische Basen (Xanthinbasen, vgl. vorstehend S. 256) an. Bleibt ein solcher Niederschlag aus, so darf man noch nicht auf Abwesenheit von organischen Basen überhaupt schließen; weil aber die Xanthinbasen am weitesten im Pflanzen- und Tierreich verbreitet sind, so deutet das Ausbleiben eines Niederschlages mit Silbernitrat darauf hin, daß die Menge an organischen Basen nur gering ist; man kann alsdann, wenn gleichzeitig eine deutliche qualitative Reaktion auf Peptone eingetreten ist, den durch phosphorwolframsaures Natrium gefällten Stickstoff als vorwiegend Pepton-Stickstoff annehmen. Konnten dagegen qualitativ keine Peptone nachgewiesen werden, so stammt der durch phosphorwolframsaures Natrium gefällte Stickstoff — nach Abzug des Ammoniak-Stickstoffs — vorwiegend aus stickstoffhaltigen organischen Basen. Richtiger aber bringt man die durch Zinksulfat gefällten Stickstoffverbindungen als „Proteosen-Stickstoff", die durch phosphorwolframsaures Natrium gefällten Stickstoffverbindungen als „Pepton- + Basen-Stickstoff" zum Ausdruck.

V. Nachweis und Bestimmung des Ammoniaks.

A. Qualitativer Nachweis des Ammoniaks.

Größere Mengen von Ammoniakverbindungen lassen sich beim Erwärmen der Substanz mit Alkalilauge leicht an dem kennzeichnenden Geruch des Ammoniaks sowie durch die Bläuung von rotem Lackmuspapier durch dieses Gas erkennen. Die empfindlichste Reaktion ist die Prüfung mit alkalischer Kaliumquecksilberjodidlösung (Neßlersches Reagens). Seine Wirkung beruht auf der Bildung eines rötlichbraunen Niederschlages oder bei sehr verdünnten Lösungen einer gelben Lösung von Dimercuriammoniumjodid $(JNHg_2 \cdot H_2O)$[1].

Das Reagens wird in folgender Weise bereitet:

50 g Kaliumjodid werden in etwa 50 ccm heißem Wasser gelöst und mit einer konzentrierten Quecksilberchloridlösung versetzt, bis der dadurch gebildete rote Niederschlag sich nicht mehr löst; hierzu sind 20—25 g Quecksilberchlorid erforderlich. Man filtriert, vermischt mit einer Lösung von 150 g Kaliumhydroxyd in 300 ccm Wasser, verdünnt auf 1 l, fügt noch etwa 5 ccm Quecksilberchloridlösung hinzu, läßt den dabei entstehenden Niederschlag absitzen und dekantiert. Die Lösung muß in gut verschlossenen Flaschen aufbewahrt werden.

Bei der Ausführung der Reaktion müssen in der Lösung vorhandene alkalische Erden vorher durch Natriumcarbonatlösung abgeschieden werden. Diese Abscheidung ist jedoch nach L. W. Winkler[2] nicht erforderlich, wenn man zu 100 ccm Lösung vorher 2—3 ccm gesättigte Seignettesalzlösung zusetzt.

B. Quantitative Bestimmung des Ammoniaks.

1. Durch Destillation mit Magnesia unter gewöhnlichem Druck. Die ammoniakhaltige neutrale oder schwach saure Flüssigkeit (etwa 100—200 ccm) wird nach Zusatz von frischgebrannter (kohlensäurefreier) Magnesia in dem oben (S. 243) beschriebenen Apparate destilliert, das überdestillierte Ammoniak in titrierter Schwefelsäure oder Salzsäure aufgefangen, der Überschuß der letzteren mit Natronlauge zurücktitriert und aus der neutralisierten Säuremenge der Ammoniak-Stickstoff berechnet. 1 ccm N.-Säure neutralisiert 0,01404 g Ammoniak-Stickstoff bzw. 0,01706 g Ammoniak.

Durch die Destillation mit Magnesia werden zwar die neben dem Ammoniak etwa vorhandenen organischen Stickstoffverbindungen weit weniger unter Ammoniakentbindung

---

[1]) Nach K. W. Charitschkow (Journ. russk. phys.-chim. obschtsch. 1906, **38**, 1067; Zeitschr. f. Untersuchung d. Nahrungs- u. Genußmittel 1908, **16**, 489) geben auch einige Amine mit Neßlers Reagens ähnliche Verbindungen wie das Ammoniak.

[2]) Chem.-Ztg. 1899, **23**, 454.

angegriffen, als bei der Destillation mit Kalilauge, Natronlauge oder Kalk, allein auch die Magnesia wirkt noch zersetzend auf Asparagin, Glutamin und andere Amine[1]) ein. Bariumcarbonat und Bleihydrat dagegen zersetzen die Ammonsalze nicht vollständig. Andererseits ist ein Fehler in der Richtung, daß, wie man früher vielfach angenommen hat, bei Gegenwart von Phosphorsäure sich unlösliches Ammoniummagnesiumphosphat abscheiden könne und dieses durch die Magnesia nicht zersetzt werde, nicht zu befürchten. Soll die Zersetzung der Amine soviel wie möglich beschränkt werden, so empfiehlt sich für Pflanzensäfte (Zuckerrübensaft usw.) das nachfolgende Verfahren:

2. Die Destillation unter vermindertem Druck.

a) Nach E. Sellier wird die Substanz mit wenig Wasser verdünnt, falls viel Säure vorhanden ist. diese mit Natriumcarbonat neutralisiert und ein Teil des Extraktes verwendet, dessen Gehalt an organischer Substanz 10—15 g und an Stickstoff 0,02 g nicht übersteigt. Man verdünnt mit Wasser auf 200—250 ccm, fügt zur Vermeidung starken Schäumens einige Dezigramme Vaselin sowie einen Überschuß an Magnesia hinzu und destilliert unter vermindertem Druck und unter Benutzung eines Liebigschen Kühlers 45 Minuten lang bei einer 50° nicht übersteigenden Temperatur.

b) A. Schittenhelm[2]) sowie P. Shaffer[3]) empfehlen bei sehr leicht zersetzlichen Substanzen (z. B. bei Harn) die Vakuumdestillation mit Natriumcarbonat[4]) unter Zusatz von Chlornatrium und Methyl- oder Äthylalkohol — letztere zwecks Verhinderung des Schäumens und Erniedrigung des Siedepunktes —; sie verfahren z. B. zur Bestimmung von Ammoniak im Harn wie folgt:

25—50 ccm der ammoniakhaltigen Flüssigkeit werden in einen 1 Liter-Rundkolben mit doppelt durchbohrtem Stopfen gebracht. Durch die eine Durchbohrung führt ein Rohr zu einer in Eiswasser stehenden Peligotschen Röhre mit $^1/_{10}$ Normalsäure; den zweiten Schenkel der Peligotschen Röhre verbindet man mit der Wasserstrahlpumpe. In den Kolben gibt man 15—20 g Chlornatrium, 50 ccm Alkohol und 1 g Natriumcarbonat. Darauf bringt man den Kolben in ein Wasserbad von 43—44°[5]) und evakuiert bis auf 10 mm-Druck. Das Ammoniak destilliert mit dem Alkohol, von dem man öfters kleine Mengen durch ein durch die zweite Durchbohrung des Stopfens gehendes Trichterrohr zugibt, über. Ist dies — in etwa 30—40 Minuten — geschehen, so läßt man durch das Trichterrohr Luft eintreten und titriert den noch vorhandenen Säureüberschuß der Vorlage unter Verwendung von Rosolsäure[6]) als Indikator zurück.

c) Schlösing[7]) hat bei leicht zersetzliche Stickstoffverbindungen enthaltenden Flüssigkeiten vorgeschlagen, das Ammoniak durch Kalkmilch im Vakuum in der Kälte auszu-

---

[1]) Vgl. E. Sellier, Die Bestimmung des Ammoniaks in pflanzlichen Produkten. — Bull. Assoc. Chim. Sucr. et Distill. 1902/03, **20**, 649; 1904, **21**, 1063 u. 1223; Zeitschr. f. Untersuchung d. Nahrungs- u. Genußmittel 1903, **6**, 754; 1904, **8**, 555; 1905, **10**, 166.

[2]) Zeitschr. f. physiol. Chem. 1903, **39**, 73—80.

[3]) Americ. Journ. of Physiol. 1902, **8**, 330; Zeitschr. f. Untersuchung d. Nahrungs- u. Genußmittel 1904, **8**, 161.

[4]) Natriumcarbonat soll nach den genannten Autoren weniger zersetzend auf etwa gleichzeitig vorhandene andere Stickstoffverbindungen einwirken als Magnesiumoxyd sowie Barium- und Strontiumhydroxyd. M. Krüger und O. Reich (Zeitschr. f. physiol. Chem. 1903, **39**, 165), welche ebenfalls die Destillation im Vakuum unter Alkoholzusatz empfehlen, schlagen zur Destillation die Verwendung von Kalkmilch oder Barytwasser vor, die im Gegensatz zum Magnesiumoxyd nicht zersetzend auf andere Stickstoffverbindungen wirken sollen.

[5]) Eine Erhöhung der Temperatur bis auf 53° ist auf die Genauigkeit der Bestimmung ohne Einfluß, doch nimmt mit dem Anstieg der Temperatur das Schäumen der Flüssigkeit stärker zu.

[6]) 1 Teil reine Rosolsäure wird in 500 Teilen 80proz. Alkohol gelöst.

[7]) Vgl. R. Fresenius, Lehrb. d. analyt. Chem. **1**, 225b.

treiben. C. Böhmer hat diesem Vorschlage folgende Form gegeben: Man bringt die Lösung (z. B. Pflanzenextrakt) in einer Schale unter eine geräumige, auf einer geschliffenen Platte luftdicht schließende tubulierte Glasglocke, die mit einem doppelt durchbohrten Gummipfropfen geschlossen wird; durch die eine Öffnung geht ein mit Glashahn versehenes Trichterrohr bis in die Schale mit Extrakt, durch die andere ein rechtwinklig gebogenes, ebenfalls mit Glashahn versehenes Glasrohr, das oben unter dem Pfropfen in der Glocke mündet; neben die Schale mit Extrakt setzt man in einiger Erhöhung eine andere Schale mit titrierter Schwefelsäure, schließt die Glocke, läßt durch das Trichterrohr vorsichtig Kalkmilch in die untere Schale mit Substanz fließen, evakuiert mit der Wasserstrahlluftpumpe, läßt drei Tage unter Erneuerung des Vakuums stehen und titriert zurück.

Ein ähnliches Verfahren hat A. Emmerling[1]) angegeben; er wendet ein unten konisch zulaufendes und mit Glashahn oder Bunsenschem Ventil verschließbares Zylinderrohr an, welches seitlich mit einem starken Ansatzrohr versehen ist; an dieses wird luftdicht ein Kolben mit der betreffenden Substanz und Kalkmilch befestigt. Das Zylinderrohr ist mit Glassplittern gefüllt, die mit salzsäurehaltigem Wasser getränkt sind; es ist oben mit einem Pfropfen geschlossen, durch welchen ein rechtwinkliges, mit Hahn versehenes Glasrohr zu einer Wasserstrahlluftpumpe führt. Nach Beschickung des Apparates wird durch letztere evakuiert, drei Tage stehen gelassen, die Salzsäure und ammoniumchloridhaltige Flüssigkeit in eine Schale gespült, mit Platinchlorid zur Trockne verdampft und das Ammoniak als Platinsalmiak bestimmt.

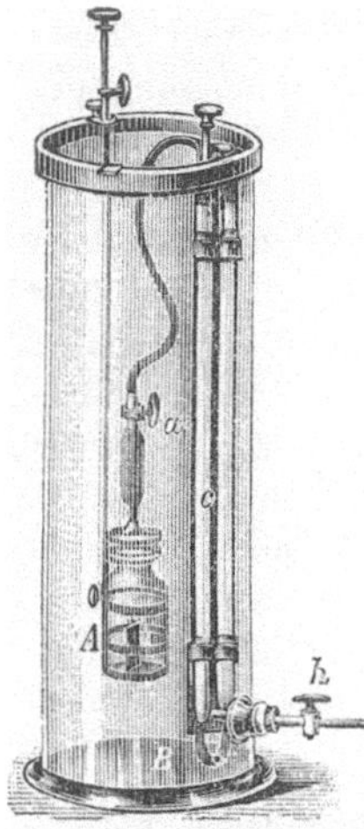

Fig. 237.

Knop-Wagnersches Azotometer.

3. Ammoniakbestimmung im Azotometer mit Natriumhypobromit.

Das Verfahren beruht auf folgender Umsetzung:

$$2\,NH_4Cl + 3\,NaBrO + 2\,NaOH = 2\,N + 3\,NaBr + 2\,NaCl + 5\,H_2O \ .$$

Die Lösung des Natriumhypobromits bereitet man in der Weise, daß man 100 g Ätznatron in 1250 ccm destilliertem Wasser auflöst, die Lösung stark abkühlt und unter fortwährendem Umschütteln 25 ccm Brom hinzufügt. Diese Lauge muß in einer dunklen Flasche aufbewahrt werden, da sie sich am Lichte allmählich zersetzt. 50 ccm derselben vermögen 130—150 ccm Stickstoff aus einer Salmiaklösung zu entwickeln.

Zur Ausführung der Bestimmung bedient man sich vielfach des Knop-Wagnerschen Azotometers[2]), das folgende Einrichtung besitzt:

Das Entwicklungsgefäß A, das für die Ausführung einer Bestimmung aus dem Gefäß gehoben wird, ist durch eine nicht bis oben hinaufreichende Glaswand[3]) in zwei Teile geteilt; in die eine Abteilung bringt man die Harnstoff oder Ammoniak enthaltende Lösung, in die andere die Bromlauge. Es ist notwendig, ein bestimmtes Volumverhältnis der beiden Flüssigkeiten stets festzuhalten. Man dampft daher die das Ammoniak enthaltende Flüssigkeit nach schwachem Ansäuern mit Salzsäure in einem Porzellanschälchen fast bis zur Trockne ab, füllt eine 10 ccm-Pipette mit destilliertem Wasser, läßt einige Tropfen zu der eingedampften Flüssigkeit zufließen, gießt diese Lösung durch ein langes Trichterrohr in die eine Abteilung des Entwicklungsgefäßes hinein und spült mit dem in der Pipette zurückgebliebenen Wasser Porzellanschale und Trichterrohr aus. In die andere Abteilung läßt man mittels einer Pipette 50 ccm Bromlauge einfließen. Nachdem das Entwicklungsgefäß verschlossen worden ist, senkt man es in das Kühlgefäß B so tief ein, daß das-

---

[1]) Landw. Versuchsstationen 1879, **24**, 129.

[2]) Ch. Porcher u. M. Brisac (Bull. Soc. Chim. Paris 1902, [3] **27**, 1128) sowie Nicolas und Deland (Annal. chim. analyt. 1905, **10**, 7) haben ein dem Geislerschen Kohlensäure-Bestimmungsapparat ähnliches Azotometer empfohlen.

[3]) Oder auf dem Boden desselben ist ein Glasbecherchen eingeschmolzen.

selbe gerade noch mit Wasser bedeckt wird. Dieses Kühlgefäß sowie auch der lange Glaszylinder werden mit kühlem Wasser von möglichst gleicher Temperatur gefüllt. Durch den Kautschukstopfen des Entwicklungsgefäßes geht ein Hahnrohr hindurch, das durch einen Kautschukschlauch mit dem graduierten Glasrohre im Zylinder in Verbindung steht. Der Hahn wird gelockert oder herausgezogen und die im Glaszylinder befindlichen kommunizierenden Röhren c werden mit Wasser gefüllt. Durch Ablassen des Wassers aus dem unteren äußeren Quetschhahn h stellt man den unteren Meniskus des Wasserspiegels genau auf den Nullpunkt der graduierten Röhre ein. Nach 5 Minuten wird der Glashahn des Entwicklungsgefäßes A wieder geschlossen, jedoch so gestellt, daß das Entwicklungsgefäß A mit dem graduierten Rohr c in Verbindung steht. Man wartet darauf 5 Minuten lang und beobachtet, ob der Wasserspiegel im graduierten Rohr infolge der durch die Abkühlung bewirkten Kontraktion der Luft noch gestiegen ist. Wenn dies der Fall ist, so wird der Glashahn a nochmals geöffnet, wieder fest eingedrückt und der Wasserstand im graduierten Rohr nach Ablauf von 5 Minuten abermals beobachtet. Dies wiederholt man so oft, bis das Wasserniveau gleichbleibend auf dem Nullpunkt einsteht. Man nimmt nun das Entwicklungsgefäß A aus dem Kühlgefäß B heraus und läßt, nachdem man durch den Quetschhahn h 20—30 ccm Wasser hat abfließen lassen, allmählich durch Neigen des Entwicklungsgefäßes die Bromlauge zu der ammoniakhaltigen Flüssigkeit hinzufließen. Die Entwicklung des Stickstoffes wird durch Schwenken des Glases befördert. Darauf schließt man den Glashahn a, schüttelt die Entwicklungsflasche kräftig um, öffnet dann den Hahn wieder, um das entwickelte Stickstoffgas in das graduierte Rohr c übertreten zu lassen, und wiederholt diese Behandlung dreimal. Zuletzt wird das Entwicklungsgefäß wieder in das Kühlgefäß zurückgestellt und durch den Glashahn mit der graduierten Röhre in Verbindung gebracht. Nach Verlauf von 15 Minuten hat das Gefäß die frühere Temperatur wieder angenommen; man läßt alsdann durch den Quetschhahn h so viel Wasser ab- bzw. zufließen, daß das Niveau in den beiden kommunizierenden Röhren gleich hoch steht; darauf liest man die Anzahl Kubikzentimeter des entwickelten Stickstoffs, die Temperatur des im Zylinder befindlichen Thermometers, sowie den jeweiligen Barometerstand ab.

Da in der Flüssigkeit des Entwicklungsgefäßes eine nicht unerhebliche Menge Stickstoff absorbiert wird, ist es notwendig, diese bei der Berechnung mit zu berücksichtigen. Um hierbei die Dietrichsche[1]) Tabelle benutzen zu können, ist es notwendig, stets genau 10 ccm der zu untersuchenden Flüssigkeit und 50 ccm Bromlauge von der angegebenen Konzentration zu verwenden, da sich die Menge des absorbierten Gases bei Änderung der Konzentration und der Flüssigkeitsmenge ebenfalls ändert.

Die Dietrichsche Tabelle für die Absorption des Stickgases siehe am Schluß Tabelle Nr. I.

4. Sonstige Verfahren. J. Effront[2]) hat ein auf der gleichen Reaktion wie die Zersetzung mit Natriumhypobromit beruhendes maßanalytisches Verfahren mit Hilfe von Chlorkalklösung empfohlen, auf das hier nur verwiesen werden kann; ebenso begnügen wir uns hier mit dem Hinweis auf die noch nicht eingehender geprüften Verfahren von C. Reichard[3]), beruhend auf der Schwerlöslichkeit des Ammoniumpikrates, und von E. Riegler[4]), beruhend auf der Unlöslichkeit des Ammoniumtrijodates in Alkohol und seiner Umsetzung mit Hydrazinsulfat. — Die Vorschläge von E. Bosshard und Bresler, welche das Ammoniak mit Phosphorwolframsäure fällen, haben sich nach E. Sellier[5]) als nicht brauchbar erwiesen.

5. Sehr kleine Ammoniakmengen bestimmt man zweckmäßig colorimetrisch mit Neßlerschem Reagens; vgl. S. 136.

[1]) Zeitschr. f. analyt. Chem. 1866, **5**, 40.

[2]) Berichte d. Deutschen chem. Gesellschaft 1904, **37**, 4290.

[3]) Chem.-Ztg. 1903, **27**, 909 u. 1007.

[4]) Zeitschr. f. analyt. Chem. 1903, **42**, 677.

[5]) Bull. Assoc. Chim. Sucr. et Distill. 1904, **21**, 1063 u. 1115; Zeitschr. f. Untersuchung d. Nahrungs- u. Genußmittel 1904, **8**, 555.

VI. Nachweis und Bestimmung der Salpetersäure.

A. Qualitativer Nachweis der Salpetersäure.

Zum qualitativen Nachweise der Salpetersäure sind am geeignetsten die Diphenylaminreaktion und die Brucinreaktion, doch ist bei ihrer Anwendung zu berücksichtigen, daß die Blaufärbung mit Diphenylamin-Schwefelsäure außer durch Salpetersäure auch durch salpetrige Säure und ferner durch Chlorsäure, unterchlorige Säure, Brom- und Jodsäure, Vanadinsäure, Chromsäure, Übermangansäure, Ferrisalze und Wasserstoffsuperoxyd verursacht werden kann[1]). Die Rotfärbung mit Brucin-Schwefelsäure wird außer durch Salpetersäure auch durch Überchlorsäure, dagegen — bei einem hinreichenden Gehalt an Schwefelsäure — nicht durch salpetrige Säure hervorgerufen.

Bei Gegenwart organischer Substanzen in den Lösungen werden die durch die Nitrate hervorgerufenen Färbungen häufig durch anderweitige infolge der Einwirkung der Schwefelsäure auf die organischen Substanzen hervorgerufene Färbungen verdeckt.

1. Diphenylaminreaktion. Das Reagens wird in folgender Weise bereitet:

Man löst 0,02 g reinstes Diphenylamin (Schmelzpunkt 54°) in 20 ccm verdünnter Schwefelsäure (1 Volumen konzentrierte Schwefelsäure + 3 Volumen Wasser) und füllt die Lösung auf 100 ccm auf.

Die Ausführung der Reaktion geschieht in der Weise, daß man entweder im Reagensrohre auf 2—3 ccm der Diphenylamin-Schwefelsäure die zu untersuchende Lösung durch vorsichtiges Zufügen in schräger Reagensrohrlage aufschichtet und beobachtet, ob an der Berührungsstelle beider Flüssigkeiten ein blauer Ring entsteht, oder indem man etwa 2 ccm des Reagens in ein flaches Porzellanschälchen gibt und dazu vom Rande aus tropfenweise etwa $1/_2$ ccm der zu untersuchenden Lösung hinzugibt. Bei Gegenwart von Salpetersäure bilden sich in der Diphenylaminlösung blaue Schlieren. R. Cimmino[2]) hat die Empfindlichkeit der Reaktion wesentlich gesteigert durch Zugabe einiger Tropfen verdünnter Salzsäure; er verfährt folgendermaßen: In ein Reagensglas gießt man 1 ccm der zu untersuchenden Flüssigkeit, z. B. Wasser, dazu 3—4 Tropfen der Lösung von Schwefelsäure und Diphenylamin in 5proz. Salzsäure; nun fügt man 2 ccm konzentrierte Schwefelsäure hinzu und schüttelt um. Bei Anwesenheit von Salpetersäure, selbst in einer Verdünnung von 1 : 1 000 000, färbt sich die ganze Flüssigkeit diffus blau.

2. Brucinreaktion. Man löst in einem Porzellanschälchen einige Körnchen Brucin in 4—5 ccm konzentrierter Schwefelsäure und läßt zu dieser Lösung 1 ccm der zu untersuchenden Flüssigkeit hinzufließen. G. Lunge und A. Lwoff[3]) verwenden eine Lösung von 0,2 g Brucin in 100 ccm konzentrierten Schwefelsäure und setzen davon 1 ccm zu 50 ccm der zu prüfenden Flüssigkeit, die mindestens zu $3/_4$ aus konzentrierter Schwefelsäure bestehen muß. G. Lunge und A. Lwoff haben die Reaktion auch zu einer quantitativen Bestimmung der Salpetersäure auf colorimetrischem Wege ausgearbeitet. Bei Gegenwart von Salpetersäure tritt Rotfärbung ein, die allmählich, schneller beim Erhitzen auf 70—80° in Gelb übergeht; die Reaktion ist nach Nicholson selbst noch in einer Verdünnung 1:10 000 000 erkennbar, und nach G. Lunge und A. Lwoff kann man noch $1/_{100}$ mg Salpetersäurestickstoff in den 50 ccm Flüssigkeit nachweisen. Chlorsäure gibt die Reaktion ebenfalls, doch tritt

---

[1]) Löst man das Diphenylamin nicht in Schwefelsäure, sondern in Salzsäure oder Essigsäure, so soll nach C. H. Hinrichs (Bull. Soc. Chim. Paris 1905, **93**, 1002; Zeitschr. f. Untersuchung d. Nahrungs- u. Genußmittel 1907, **13**, 29) die Reaktion mit Nitraten schon in der Kälte eintreten, während die Reaktionen mit den übrigen Verbindungen erst beim Erwärmen auf mindestens 50° eintreten.

[2]) Zeitschr. f. analyt. Chem. 1899, **38**, 429.

[3]) Zeitschr. f. angew. Chem. 1894, 345.

bei ihrer Gegenwart keine Violettfärbung ein, die für Salpetersäure kennzeichnend ist, aber durch einen zu großen Überschuß an Schwefelsäure nach Luck auch leicht verhindert wird.

Wird die Reaktion in der vorstehend angegebenen Weise ausgeführt, d. h. werden auf 1 Volumen Lösung mindestens 2 Volumen Schwefelsäure zugesetzt, so tritt die Reaktion mit salpetriger Säure nicht ein; ist dagegen die Schwefelsäuremenge wesentlich geringer, so tritt die Reaktion mit Salpetersäure nicht, wohl aber mit salpetriger Säure ein[1]).

B. Quantitative Bestimmung der Salpetersäure.

Zur quantitativen Bestimmung der Salpetersäure sind mehrere Verfahren im Gebrauch. Von diesen ist das älteste, in allen Fällen, insbesondere auch bei Gegenwart wasserlöslicher organischer Stickstoffsubstanzen[2]) (z. B. in Fleisch-, Pflanzenauszügen) anwendbare Verfahren das gasvolumetrische Verfahren von Schlösing[3])-Wagner bzw. Schulze-Tiemann, das auf der Überführung der Salpetersäure in Stickoxyd durch rauchende Salzsäure und Eisenchlorür beruht. Weit einfacher in der Ausführung sind dagegen die Verfahren, welche auf der Überführung der Salpetersäure in Ammoniak in alkalischer (König-Böttcher, Devarda) oder saurer Lösung (Ulsch) beruhen. Diese empfehlen sich in erster Linie für Substanzen, die keine nennenswerten Mengen organischer Stickstoffsubstanzen enthalten (z. B. bei Konservesalzen, Wasser); endlich hat neuerdings M. Busch ein gewichtsanalytisches Verfahren zur Bestimmung der Salpetersäure beschrieben.

1. Bestimmung der Salpetersäure durch Überführung in Stickoxyd.
a) Nach Schlösing-Wagner empfiehlt sich folgende Ausführungsweise: Die salpeterhaltige Flüssigkeit (z. B. Pflanzen- oder Fleischauszug) wird unter Zusatz einer genügenden Menge Kalkmilch auf ein kleines Volumen eingedampft, filtriert und entweder das ganze Filtrat oder ein aliquoter Teil (etwa 10 ccm von 50 ccm Filtrat) in folgender Weise zur Bestimmung verwendet:

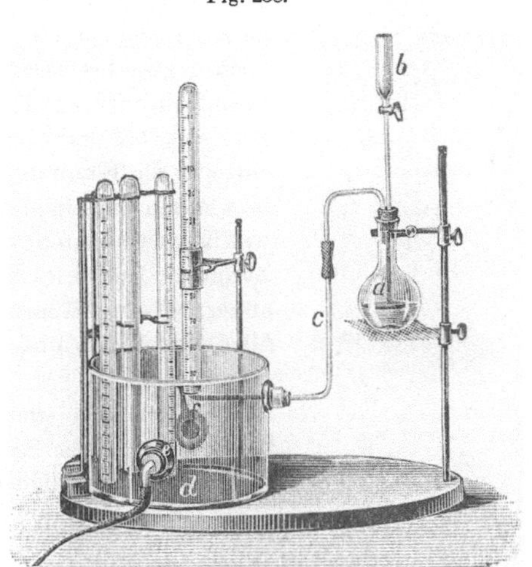

Fig. 238.

Wagners Apparat zur Bestimmung des Salpeterstickstoffs.

In das Kochfläschchen G (Fig. 238) von 250—300 ccm Inhalt, welches durch einen doppelt durchbohrten Kautschukstopfen geschlossen ist, reicht ein 15 ccm fassendes Trichterrohr mit Glashahn (b). Das untere, eng zugeschmolzene Ende dieses Rohres reicht bis in den Bauch des Kochfläschchens, jedoch nicht bis in die Flüssigkeit. Durch die zweite Öffnung des Stopfens geht ein Gasleitungsrohr (c), geeignet gebogen bis in eine mit — am besten

---

[1]) Vgl. G. Lunge in Zeitschr. f. angew. Chem. 1902, **15**, 1 u. 241, sowie L. W. Winkler daselbst 1902, **15**, 170.

[2]) Journ. f. prakt. Chem. 1854, **62**, 142.

[3]) P. Liechti und E. Ritter (Zeitschr. f. analyt. Chem. 1903, **42**, 205; 1904, **43**, 168) fanden im Gegensatz zu Th. Pfeiffer und H. Thurmann (Landw. Versuchsstationen 1896, **46**, 1) und Th. Pfeiffer (Zeitschr. f. analyt. Chem. 1903, **42**, 612) bei einer eingehenden Nachprüfung des Schlösingschen Verfahrens in Übereinstimmung mit zahlreichen älteren Arbeiten, daß die gefundenen Werte für Nitratstickstoff durch die Gegenwart größerer Mengen Ammoniumsulfat etwa 1% und von Harnstoff etwa 1,9% (in Prozent des Nitratstickstoffs) niedriger ausfallen als bei reinen Salpeterlösungen.

ausgekochtem — Wasser versehene Glaswanne. Ein Gestell hält über der Wanne die Maßröhre, welche von oben nach unten in $^1/_{10}$ ccm eingeteilt ist. In das Kochfläschchen bringt
man 40 ccm Eisenchlorürlösung (etwa 200 g Eisen im Liter enthaltend) und ebensoviel
20proz. Salzsäure. Man vertreibt nun durch anhaltendes Kochen und mit der Vorsicht,
daß das Trichterrohr stets etwas Salzsäure enthält, die atmosphärische Luft aus dem Apparat.
Sodann bringt man eine der Maßröhren über das Gasleitungsrohr und in das Trichterrohr
die wässerige salpetersäurehaltige Lösung. Der Glashahn wird alsdann so gestellt, daß die
Lösung langsam in die siedende Eisenlösung tropft. Ist dies bis auf einen kleinen Rest geschehen, so wird das Trichterrohr zweimal mit 10proz. Salzsäure nachgespült und die Säure
in gleicher Weise wie die Substanz tropfenweise in die siedende Eisenlösung gebracht. Findet
keine Entbindung von Stickoxydgas mehr statt, so ist die Zersetzung beendet. Man schiebt
alsdann, während man den Inhalt des Kölbchens stets im Sieden erhält, das Maßrohr vorläufig zur Seite, ersetzt es durch ein anderes und bringt 10 ccm einer Normal-Salpeterlösung,

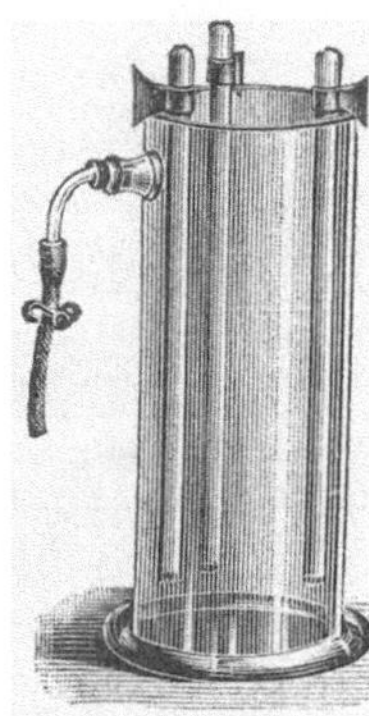

Fig. 239.

Wagners Apparat zur
Bestimmung des Sal-
peterstickstoffs.

welche im Liter genau 33 g chemisch reines Natriumnitrat oder entsprechende Mengen Kaliumnitrat enthält, in das Trichterrohr, indem
man im übrigen ganz so verfährt wie zuvor, besonders auch zweimal mit
Salzsäure nachspült. Man kann so, ohne die Eisenlösung zu erschöpfen,
noch sechs bis sieben weitere Bestimmungen entweder von anderen
Lösungen oder zur Kontrolle folgen lassen. Ist diese beendigt, so öffnet
man den Glashahn, um Luft in das Kölbchen eintreten zu lassen und
entfernt die Flamme. Die das Stickoxyd enthaltende Maßröhre hat man
inzwischen in einen hohen weiten Glaszylinder (Fig. 239) gesenkt, in
welchem sie durch Messingklammern, welche sich auf den Rand des
Zylinders legen, festgehalten werden. Man bringt das Wasser in und
außerhalb der Röhre auf gleiches Niveau, und wenn die Temperatur
aller Maßröhren und ihres Inhaltes die gleiche ist, liest man das Gasvolumen ab.

Durch die gleichzeitige, vergleichsweise ausgeführte Stickoxyd-
bestimmung einer Salpeterlösung von bekanntem Gehalt umgeht man
die sonst erforderlichen Umrechnungen.

Beispiel: Angenommen der 15 g Substanz entsprechende wässerige Pflanzenextrakt usw.
habe 8,1 ccm Stickoxyd geliefert, die 10 ccm der Normal-Salpeterlösung = 0,33 NaNO$_3$ enthaltend,
dagegen 89,5 ccm, so entspricht, da 0,33 g NaNO$_3$ = $\dfrac{0,33 \times 14}{85}$ = 0,33 × 0,1647 = 0,05435 g N
enthalten, 1 ccm Stickoxydgas $\dfrac{0,05435}{89,5}$ = 0,000607 g, also die für den Pflanzenextrakt gefundenen 8,1 ccm = 0,000607 × 8,1 = 0,00492 g N = 0,01897 g N$_2$O$_5$ in 15 g Substanz, also
in 100 g = $\dfrac{0,01897 \times 100}{15}$ = 0,126% Salpetersäure.

P. Liechti und E. Ritter[1]) empfehlen als Absperrmittel ebenso wie Schlösing, Waring-
ton, Wilfarth u. a. Quecksilber und als Zersetzungskolben möglichst kleine (100 ccm) Rund-
kölbchen von Schottschem Glase. Enthält die Flüssigkeit, in der die Nitrate bestimmt werden
sollen, Carbonate, so muß das Stickoxyd von der Kohlensäure durch Schütteln mit geringen Mengen
konzentrierter luftfreier Lauge in einer Hempelschen Quecksilberabsorptionspipette befreit werden.
Um sich zu überzeugen, daß das dabei übrigbleibende Gas nur aus Stickoxyd besteht, kann man es
durch Behandlung mit einer alkalischen Lösung von Natriumsulfit (20 g wasserfreies Natriumsulfit,
2 g Ätzkali mit Wasser auf 100 ccm) in der Quecksilberabsorptionspipette zur Absorption bringen[2]).

---

[1]) Zeitschr. f. analyt. Chem. 1903, **42**, 205.

[2]) P. Liechti und E. Ritter fanden auch bei reinen Salpeterlösungen stets einen zu ver-
nachlässigenden kleinen unabsorbierbaren Gasrest von 0,1 ccm.

b) Gegen die Anwendung von *Natronlauge als Absperrflüssigkeit* sind zwar Bedenken geäußert, weil durch sauerstoffhaltige Natronlauge Stickoxyd zu Salpetersäure oxydiert werden kann, allein nach W. Stüber[1] können diese Fehler vermieden werden, wenn man als Sperrflüssigkeit eine etwa 20 proz., $^1/_4$ Stunde gekochte und schnell auf 45° abgekühlte Natronlauge verwendet und zum Auffangen des Stickoxydes sich eines 2—3 mal mit ausgekochtem Wasser ausgespülten Schiffschen Azotometers bedient, in das die noch warme Natronlauge eingefüllt wird.

Als Zersetzungskolben (Fig. 240) verwendet W. Stüber ein 150 ccm fassendes Kölbchen von Schottschem Glase. In dieses gibt man je 40 ccm gesättigter Eisenchlorürlösung und 20 proz. Salzsäure und läßt, nachdem der Zersetzungskolben vollständig entlüftet und die Verbindung mit dem Azotometer hergestellt ist, die vorher ausgekochte Salpeterlösung mit Hilfe des aus einem Allihnschen Röhrchen hergestellten Tropftrichters mit Gummi-ventil tropfenweise in die Eisenchlorürlösung einfließen und spült den Tropftrichter 2—3 mal mit ausgekochter Salzsäure nach. Nachdem die Stickoxydentwicklung beendet erscheint, erzeugt man zweckmäßig durch Abkühlen ein Vakuum und erhitzt abermals den Kolben-inhalt zum Sieden. Hierbei entwickeln sich dann in der Regel noch einige kleine Gas-blasen[2]. Das Azotometer wird nunmehr, nachdem das Glasgefäß durch einen kleinen Gummi- oder Korkstopfen geschlossen ist, zwei Stunden in einem Raum mit möglichst konstanter Temperatur belassen, durch Heben oder Senken des seitlichen Glasgefäßes ein gleich hohes Niveau hergestellt und das ab-gelesene Volumen nach S. 249 auf 0° C und 760 mm Barometerdruck reduziert[3]. Schon nach $1^1/_2$ Stunden pflegt eine Änderung des Volumens nicht mehr einzutreten.

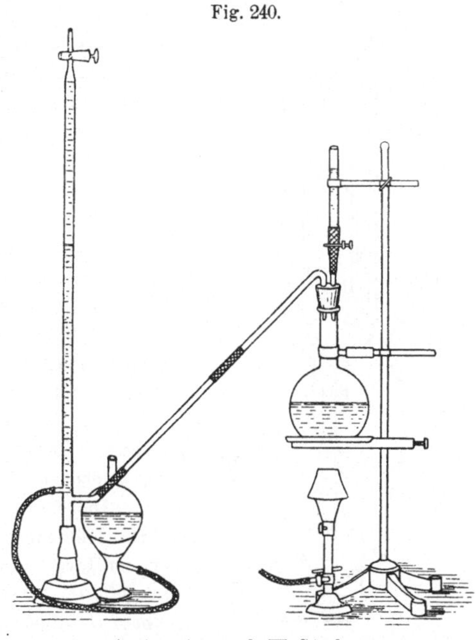
Fig. 240.

Azotometer nach W. Stüber.

Es empfiehlt sich nicht, allzulange mit dem Ablesen des Volumens zu zögern, da schließ-lich anscheinend durch die diffundierende Luft eine merkliche, mehr und mehr fortschreitende Abnahme des Gasvolumens stattfindet, und zu recht erheblichen Fehlern Veranlassung gegeben wird. Der Apparat kann, sobald die Verbindung mit dem Azotometer gelöst ist, ohne Erneuerung der Eisenchlorürlösung sofort wieder zu einer neuen Bestimmung benutzt werden.

c) *Man kann das Stickoxyd auch in Salpetersäure überführen* und diese ent-weder durch Titration oder zweckmäßiger gewichtsanalytisch bestimmen. Einfach und sicher gelingt die gewichtsanalytische Bestimmung derselben nach dem Vorschlage C. Böhmers[4] in folgender Weise:

---

[1] Zeitschr. f. Untersuchung d. Nahrungs- u. Genußmittel 1905, **10**, 329.

[2] Selbstverständlich muß man sich durch einen Vorversuch davon überzeugen, daß der Apparat vollkommen luftdicht schließt.

[3] Bei der Berechnung des Volumens des Stickoxyds legte W. Stüber ebenso wie E. Schmidt die Tension des Wasserdampfes anstatt der der 20 proz. Natronlauge zugrunde; die dadurch ver-ursachten Fehler sind so gering, daß sie vernachlässigt werden können.

[4] Vgl. unten S. 275.

Man verbindet das mit einem dreifach durchbohrten Kautschukpfropfen versehene Entwicklungsgefäß (vgl. Fig. 243 S. 275) auf der einen Seite mit einer U-förmigen Vorlage, die mit Natriumcarbonat (etwa 5—10 ccm) gefüllt ist und in einem Gefäß mit kaltem Wasser hängt, um einerseits mitgerissene Salzsäure, andererseits den größten Teil Wasser aus dem entwickelten Gas zu entfernen. An diese U-Röhre schließt sich zur vollständigen Entfernung des Wassers ein Chlorcalciumrohr und hieran ein Liebigscher Kaliapparat, der mit 10—15 ccm einer 12 proz. Salpetersäure gefüllt ist, in der 12 g Chromsäure aufgelöst sind; der Kaliapparat wird mit einem Chlorcalciumrohr geschlossen, welches das aus der Chromsäurelösung mitgerissene Wasser zurückhält. Beide, der mit Chromsäure gefüllte Kaliapparat und dieses letzte Chlorcalciumrohr, werden (wie bei einer Elementaranalyse) vor dem Versuch gewogen; dann gibt man den unter Zusatz von Kalkmilch eingeengten und filtrierten Pflanzenextrakt in das Kölbchen, verbindet das durch die dritte Öffnung gehende Zuleitungsrohr a mit einem Kohlensäure-Entwickler und leitet so lange Kohlensäure

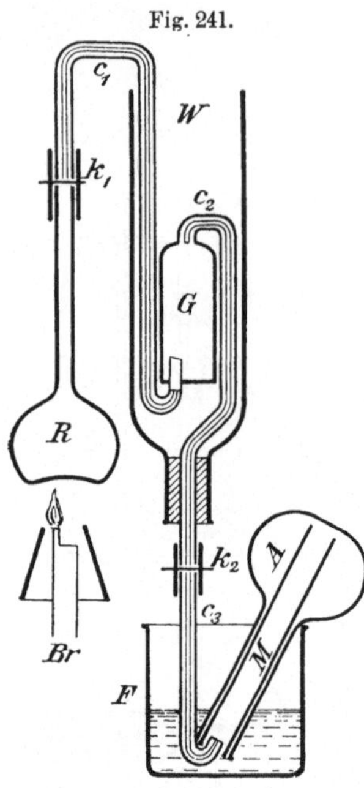

Salpetersäurebestimmung nach
Pfyl.

durch den Apparat, bis alle Luft ausgetrieben ist; hierauf läßt man durch das Trichterrohr b Eisenchlorür und sehr starke Salzsäure zufließen, stellt die Kohlensäureentwicklung bis auf ein Minimum ab, erwärmt den Inhalt des Kölbchens zum Kochen, leitet, nachdem alles Stickoxyd ausgetrieben ist, noch eine kurze Zeit Kohlensäure und schließlich nach Aufhebung der Verbindung zwischen Entwicklungsgefäß und Kohlensäure-Entwickler mittels eines Aspirators Luft durch.

Die Gewichtszunahme des Kaliapparates und des letzten Chlorcalciumrohrs gibt die Menge des entwickelten Stickoxyds und hieraus berechnet sich durch Multiplikation mit 1,8 (60 N_2O_2 : 108 N_2O_5) die vorhandene Menge Salpetersäure.

d) B. Pfyl[1]) hat neuerdings vorgeschlagen, *das Stickoxyd durch Kaliumpermanganatlösung zu oxydieren* und seine Menge aus der des dabei reduzierten, durch Titration mit Eisenoxydul bestimmten Kaliumpermanganates zu berechnen. Er hat diesem bereits von H. N. Morse und A. F. Linn[2]) beschriebenen Verfahren folgende Form gegeben:

Die Reduktion der Salpetersäure zu Stickoxyd wird in einem Kölbchen von etwa 75 ccm Inhalt (Fig. 241 R) mit langem, engem Hals — um das Überspritzen der Flüssigkeit zu verhindern — ausgeführt. Das Kölbchen trägt oben einen Druckschlauch mit einem Gasableitungsrohr c_1 und Klemme k_1. Zunächst verdampft man die Flüssigkeit bis auf etwa 5 ccm[3]), wobei man das Gasleitungsrohr in Wasser senkt. Sobald man die Erhitzungsquelle ausschaltet, steigt das Wasser in das Kölbchen. In diesem Augenblick schließt man die Klemme und läßt etwas erkalten. Nun saugt man durch das Gasableitungsrohr etwa 20 ccm einer Lösung von etwa 30 g Eisenchlorür in 50 ccm verdünnter Salzsäure (600 ccm Wasser + 400 ccm konzentrierte Salzsäure), schließt mit der Klemme und stellt das Kölbchen in ein kochendes Wasserbad. Das allmählich sich entwickelnde Stickoxyd wird sofort vom überschüssigen Eisenchlorür absorbiert. Nach etwa $^3/_4$ Stunden saugt man etwa 10 ccm ausgekochte verdünnte Schwefelsäure[4])

---

[1]) Zeitschr. f. Untersuchung d. Nahrungs- u. Genußmittel 1905, **10**, 101.

[2]) Amer. Chem. Journ. 1886, **8**, 274; Zeitschr. f. analyt. Chem. 1889, **28**, 621; auch Chem. Zentralblatt 1887, 96.

[3]) Um Siedeverzug, Blasenbildung und Aufschäumen besonders bei Anwesenheit von organischen Substanzen zu vermeiden, werden der Flüssigkeit einige Bimssteinstückchen und eine Spur Talg zugesetzt.

[4]) Der Zusatz von Schwefelsäure ist wesentlich, da nur bei ihrer Gegenwart die letzten Reste Stickstoffoxyd ausgetrieben werden und ein Eindampfen der Reduktionsflüssigkeit bis zur Trockne nicht notwendig ist.

(1 + 4) in das Kölbchen, wobei man dasselbe so bewegt, daß der Hals von allen Seiten bespült wird. Dann versieht man die Capillare mit einem Bunsen-Ventil[1]) und verbindet sie mit der Glocke G. Das Stickoxydgas wird darauf unter Luftabschluß mit 15 proz. Natronlauge gewaschen. Der Waschapparat besteht aus zwei ineinander geschobenen Vorstößen. Der Hals c_2 des inneren Vorstoßes der Glocke G ist capillar und umgebogen und trägt unten einen Druckschlauch mit Klemme K_2 und ein Gasableitungsrohr c_3. Die Dichtung zwischen den beiden Vorstoßhälsen wird durch eine Kautschukschlaucheinlage bewirkt. Man füllt den Apparat mit ausgekochter 15 proz. Natronlauge, öffnet die Klemme k_2 und läßt so viel Natronlauge ablaufen, bis das Flüssigkeitsniveau gerade über der Glocke steht.

Das Gasableitungsrohr c_3 steht in Verbindung mit dem Absorptionskölbchen A. Dasselbe wird in folgender Weise mit verdünnter ausgekochter Schwefelsäure (1 + 4) und Permanganat beschickt: Man füllt zunächst das Kölbchen mit Schwefelsäure, taucht das Mischrohr M in dasselbe, verschließt das Kölbchen mit dem Finger und bringt es in den mit Schwefelsäure gefüllten Filtrierstutzen F, gießt etwa $^4/_5$ der Schwefelsäure ab und stülpt das Kölbchen auf das untere Ende des Gasableitungsrohres c_3. Damit ist der Apparat[2]) zur Absorption fertiggestellt. Man entfernt die Klemme k_1 und erwärmt vorsichtig mit einer Stichflamme. Das Gas sammelt sich zunächst unter der Glocke G. Man kann ungefähr das Gasvolumen abschätzen und gibt nun dementsprechend eine abgemessene Menge $^1/_{10}$ N.-Permanganatlösung in den Filtrierstutzen. Durch Öffnen der Klemme k_2 strömt das Gas in das Absorptionskölbchen. Alsdann kocht man so lange, bis keine Gasblasen mehr aufsteigen und entfernt die Flamme. Nachdem schließlich der Waschapparat ganz mit Natronlauge aufgefüllt worden ist, steigen die letzten Reste des Gases in das Absorptionskölbchen. Man entfernt alsdann die Capillare c_3 unter dem Kölbchen und spült sie mit Wasser ab. Durch Hin- und Herbewegen des Kölbchens in senkrechter Richtung (mit der Vorsicht, daß die Öffnung immer unter der Flüssigkeit bleibt) wird eine gleichmäßige Mischung von Permanganat und Schwefelsäure erzielt. Durch kräftiges Schütteln des Kölbchens verschwindet immer mehr Gas, bis zuletzt nur ein Bläschen von etwa 0,1 ccm (der nicht verdrängten Luft entsprechend) übrig bleibt. Man läßt die Flüssigkeit aus dem Absorptionskölbchen ausfließen, wäscht dieses mit Wasser nach und titriert mit $^1/_{10}$ N.-Eisenoxydulsalzlösung (Mohrschem Salz) zurück. $^1/_{10}$ N.-Permanganat entspricht $^1/_{30}$ KNO_3 = $^1/_{30}$ HNO_3 = $^1/_{60}$ N_2O_5.

Das Verfahren besitzt nach B. Pfyl dieselbe Genauigkeit wie die besten maßanalytischen Reduktions- bzw. Oxydationsverfahren. Die Ergebnisse differieren bei einem Verbrauch von 0,5—40 ccm $^1/_{10}$ N.-Permanganat um 1,0 ccm, was 0,18 mg N_2O_5 entspricht. Differenzen von 0,2 ccm sind selten. Wenn man mit Salpetersäuremengen, die 10—40 ccm $^1/_{30}$ KNO_3 bzw. $^1/_{10}$ N.-Permanganat entsprechen, arbeitet, erhält man vollständig genaue Ergebnisse, nämlich 99,5—100% der angewendeten Salpetersäuremenge.

e) Das ältere Verfahren von Pelouze-Fresenius[3]), welches auf der Bildung von Stickoxyd bei Gegenwart von Ferrosulfat und Schwefelsäure und titrimetrischer Bestimmung des nicht oxydierten Ferrosulfates mit Kaliumpermanganat beruht, hat L. Debourdeaux[4]) in der Weise abgeändert, daß er die nitrathaltige Flüssigkeit mit Oxalsäure und Schwefelsäure bei Gegenwart von Mangansulfat erhitzt und die nicht verbrauchte Oxalsäure titrimetrisch mit Kaliumpermanganatlösung bestimmt.

2. *Bestimmung der Salpetersäure durch Reduktion zu Ammoniak.*
Die Anwendung der hierauf beruhenden Verfahren empfiehlt sich vor-.

---

[1]) Als Bunsen-Ventil verwendet man einen dickwandigen Schlauch von sehr engem Lumen. Man preßt die Luft mit dem Finger möglichst aus.

[2]) Der Apparat ist zu beziehen von der Firma Dr. Bender und Dr. Hobein in München, Gabelsbergerstraße Nr. 76a.

[3]) G. Beilhache (Bull. Soc. Chim. Paris 1904, **31**, 843; Chem. Zentralblatt 1904, II, 671) empfiehlt neuerdings dieses Verfahren zur Bestimmung der Salpetersäure in Salpeter und Düngern.

[4]) Bull. Scienc. Pharmacolog. 1903, **5**, 278 u. 358; Bull. Soc. Chim. Paris 1904, **31**, 3—6; Zeitschr. f. Untersuchung d. Nahrungs- u. Genußmittel 1904, **7**, 626, 8, 359; 1905, **9**, 26.

wiegend bei solchen Stoffen, die keine nennenswerten Mengen organischen Stickstoffverbindungen enthalten, z. B. bei der Untersuchung von Konservesalzen, Wässern usw. Die Reduktion kann in saurer oder alkalischer Lösung erfolgen. Am einfachsten ist die Ausführung nach dem Verfahren von K. Ulsch.

a) Reduktion in schwefelsaurer Lösung nach K. Ulsch[1]) mittels reduzierten Eisens (Ferrum hydrogenio reductum). Die Ausführung geschieht in folgender Weise:

In einen $^1/_2$ l-Rundkolben mit flachem Boden, wie er für die Stickstoffbestimmungen nach Kjeldahl benutzt wird, bringt man 25 ccm der wässerigen Nitratlösung, welche höchstens 0,5 g Kaliumnitrat oder die äquivalente Menge eines anderen salpetersauren Salzes enthält, setzt 10 ccm verdünnte Schwefelsäure von 1,35 spezifischem Gewicht (erhalten durch Mischen von ungefähr 2 Volumen Wasser mit 1 Volumen konzentrierter Schwefelsäure) und ferner 5 g des käuflichen Ferrum hydrogenio reductum hinzu. Um Verluste zu vermeiden, hängt man in den Hals des Kolbens ein spitz ausgezogenes, birnenförmiges, oben offenes Glasgefäß von 25 ccm Inhalt — ähnlich wie die birnenförmigen Glaskugeln, welche zum Bedecken der Glaskolben für die Stickstoffbestimmungen nach Kjeldahl dienen — und füllt dasselbe mit kaltem Wasser, so daß es gleichsam als Rückflußkühler dient.

Durch vorsichtiges Erwärmen mit sehr kleiner Flamme unterhält man eine lebhafte, doch nicht zu stürmische Gasentwicklung und steigert die Hitze in dem Maße, als die Reaktion schwächer wird, so daß nach etwa 4 Minuten, vom Beginn des Erwärmens an gerechnet, die Flüssigkeit unter noch andauernder Gasentwicklung zu sieden beginnt, was an dem Abtropfen des kondensierten Wassers an der Spitze der Birne leicht zu erkennen ist. Nachdem man etwa eine halbe Minute im schwachen Sieden erhalten hat, ist die Reduktion beendet.

Man verdünnt alsdann mit 50 ccm Wasser, übersättigt mit 20 ccm Natronlauge von 1,35 spezifischem Gewicht und destilliert das Ammoniak in derselben Weise wie bei der Stickstoffbestimmung nach Kjeldahl in titrierte Schwefelsäure ab.

Ein Zusatz von Zink vor der Destillation ist nicht erforderlich; ebenso sind nach Ulsch die bekannten Vorrichtungen zum Zurückhalten der zerstäubten alkalischen Flüssigkeiten unnötig. Da das gesamte Flüssigkeitsvolumen sehr gering ist, so wird alles Ammoniak durch etwa 5—7 Minuten dauerndes lebhaftes Kochen ausgetrieben.

b) Reduktion in alkalischer Lösung. Hierfür sind eine Reihe von Vorschlägen gemacht, bei denen als Reduktionsmittel für jede Bestimmung nach J. König[2]) 18—20 g Kaliumhydroxyd, 75 ccm Alkohol und je 8—10 g Zink- und Eisenstaub, oder nach O. Böttcher[3]) 80 ccm Natronlauge von 32° Bé. (= 1,3 spezifisches Gewicht), 5 g Zinkstaub und 5 g Eisenpulver (Ferrum limatum) oder nach A. Stutzer 25 ccm Natronlauge von 33° Bé. und 3 g Aluminiumdraht oder -blech oder nach Devarda[4]) auf 0,1 g Stickstoff 250 ccm Wasser, 5 ccm Alkohol, 50 ccm Kalilauge vom spezifischen Gewicht 1,3 und 2—2$^1/_2$ g einer Legierung, die aus 45 Teilen Aluminium, 50 Teilen Kupfer und 5 Teilen Zink besteht, verwendet werden. Man verfährt in folgender Weise:

Man dampft die salpeterhaltige Lösung auf 30—50 ccm ein, filtriert, wäscht aus und bringt das einschließlich Waschwasser etwa 100 ccm betragende Filtrat in einen 400—500 ccm fassenden Kolben *A* (Fig. 242). Darauf gibt man in den Kolben eine Stange reinsten (d. h. völlig salpetersäurefreien) Kaliumhydroxyds[5]) von 18—20 g, setzt 75 ccm Spiritus und je 8—10 g Zink- und Eisenstaub

---

1) Chem. Zentralblatt 1890, II, 926.

2) Rep. analyt. Chemie 1883, **3**, 1.

3) Landw. Versuchsstationen 1892, **41**, 165.

4) Chem.-Ztg. 1893, **17**, 1952.

5) Das Kaliumhydroxyd und gleichzeitig auch die übrigen Reagenzien prüft man auf Reinheit (Freisein von Nitraten bzw. Ammoniak) durch gleichzeitige Ausführung eines blinden Versuches.

zu. Jetzt wird der Kolben rasch mit der Ableitungsröhre B geschlossen, mit einer Peligotschen Röhre C verbunden, letztere in ein Gefäß D mit kaltem Wasser gestellt und durch einen Retortenhalter befestigt. Die Vorlage faßt etwa 200 ccm und ist vorher mit 10 ccm Normal-Schwefelsäure beschickt. Um ein Überspritzen von Kalilauge zu vermeiden, ist die Ableitungsröhre in der Kugel K von etwa 50 ccm Inhalt in deren Innerem zu einer feinen Spitze umgebogen. Man kann darauf zwar durchweg ohne Einfluß auf die Genauigkeit sofort mit der Destillation beginnen, zweckmäßig wartet man jedoch 2—4 Stunden damit, bis die erste heftige Wasserstoffentwicklung vorüber ist und destilliert dann mit einer kleinen Flamme, so daß nur Tropfen für Tropfen übergehen und etwa $1^1/_2$—2 Stunden vergehen, bis aller Alkohol (einschließlich Wasser etwa 100 ccm) abdestilliert ist. Das Ende der Destillation erkennt man daran, daß sich in dem Kolben größere Wasserblasen bilden und das dem Kolben zugekehrte Rohr von C sehr heiß wird. Der Überschuß der vorgelegten Schwefel-

säure wird mit Alkalilauge in üblicher Weise zurücktitriert. 1 Teil Stickstoff entspricht 3,849 Teilen Salpetersäure (N_2O_5). — Ebenso einfach und empfehlenswert ist das Verfahren von Devarda, das unter Benutzung der vorstehenden Stoffmengen in derselben Weise ausgeführt wird.

c) Reduktion in salzsaurer Lösung mit Zinnchlorür und Zinkstaub. Nach M. Krüger[1]) kann man den Salpeterstickstoff in der oben S. 246 angegebenen Weise mit Zinnchlorür und Zinkstaub in salzsaurer Lösung in Ammoniak überführen. Sobald der Zinkstaub in der schwach siedenden salzsauren Zinnchlorürlösung sich gelöst hat, ist die Reduktion der Salpetersäure zu Ammoniak vollendet und . letzteres kann dann sofort aus der verdünnten und mit Alkali im Überschuß versetzten Lösung destilliert werden.

d) Reduktion durch den elektrischen Strom. Dieses zuerst von Vortmann[2]) vorgeschlagene Verfahren beruht auf der Reduktion der Salpetersäure durch den elektrischen Strom bei Gegenwart von

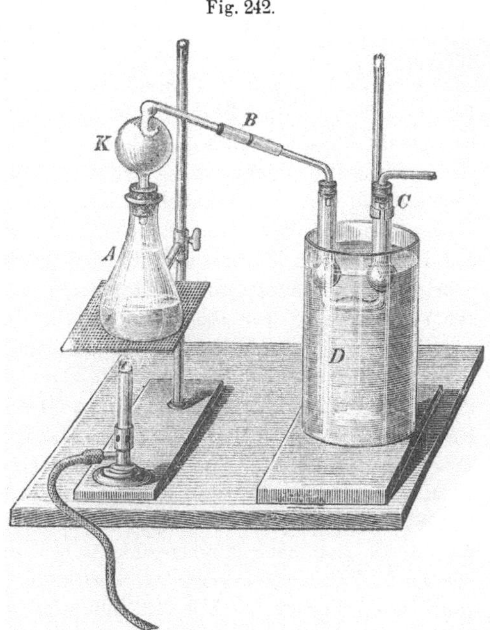

Fig. 242.

Apparat zur Bestimmung der Salpetersäure im Wasser nach Ulsch oder Devarda.

Kupfersulfat und freier Schwefelsäure und der Bestimmung des Ammoniaks durch Destillation mit Alkali oder Messung der Säureabnahme infolge der Ammoniakbildung. W. H. Easton[3]), S. H. Sheib[4]) und L. H. Ingham[5]) haben das Verfahren nachgeprüft und als sehr brauchbar befunden.

S. H. Sheib schlägt folgende Arbeitsweise vor: 0,35—0,5 g Natriumnitrat bzw. diesen entsprechende Mengen anderer Nitrate und 1—2 g Kupfersulfat werden in Wasser gelöst, 20 ccm Schwefelsäure vom spezifischen Gewicht 1,062 hinzugefügt und die Lösung auf 200—250 ccm

[1]) Berichte d. Deutschen chem. Gesellschaft 1894, **27**, 1633.

[2]) Berichte d. Deutschen chem. Gesellschaft 1890, **23**, 2798.

[3]) Journ. Amer. Chem. Soc. 1903, **25**, 1042.

[4]) Proceedings of the 20. Annual Convention of the Official Agricultural Chemists. 1903. Herausgegeben von H. W. Wiley. Washington 1904, 87—88; Zeitschr. f. Untersuchung d. Nahrungs- u. Genußmittel 1905, **9**, 146.

[5]) Journ. Amer. Chem. Soc. 1904, **26**, 1251.

verdünnt. Die Elektroden bestehen aus Platinzylindern von 100 qcm Fläche, durch welche ein Strom von 0,15—0,30 Ampère und 2—3 Volt hindurchgeleitet wird. Die Reduktion ist bei Zimmertemperatur über Nacht beendet. Nach Ingham läßt sich die Bestimmung durch Verwendung von rotierenden Elektroden und bei Titration der verschwundenen Säure in 35 Minuten beenden.

3. Gewichtsanalytische Bestimmung der Salpetersäure nach dem Nitronverfahren von M. Busch[1].

Das Verfahren beruht auf der Schwerlöslichkeit des Nitrates des Nitrons[2] (= Diphenydenanilo-dihydrotriazol $C_{20}H_{16}N_4 \cdot HNO_3$) in kalter wässeriger Lösung. Man verfährt nach A. Gutbier[3] am besten folgendermaßen:

Man löst eine etwa 0,1—0,15 g Kaliumnitrat entsprechende Menge der nitrathaltigen Substanz in 80 ccm Wasser in einem mit einem Uhrglase bedeckten Becherglase auf und erhitzt die Lösung nach Zugabe von 12—15 Tropfen verdünnter Schwefelsäure bis zum beginnenden Sieden; dann entfernt man die Flamme und fügt zu der heißen Lösung 12—15 ccm einer 10proz. Lösung von „Nitron" in 5proz. Essigsäure[4] hinzu. Das Reaktionsgemisch wird mit einem kurzen Glasstabe umgerührt und dann $^1/_2$—$^3/_4$ Stunde sich selbst überlassen. In der anfangs noch klaren, durch das Nitriumacetat etwas gelblich gefärbten Flüssigkeit beginnt direkt oder nach kurzer Zeit — meist bei einer Temperatur von 50 bis 60° — die Abscheidung des in prächtigen, seidenartigen dünnen Nadeln krystallisierenden „Nitronnitrats", welches bald die ganze Flüssigkeit durchsetzt und sich nach und nach am Boden des Becherglases ablagert. Nachdem das Gemisch Zimmertemperatur angenommen hat, stellt man das Becherglas in Eiswasser, filtriert nach 1—1$^1/_2$ Stunden den Niederschlag bei schwach arbeitender Saugpumpe unter Dekantation mit der Mutterlauge (was ohne jeden Verlust leicht geht) durch einen bei 105—110° bis zur Gewichtsbeständigkeit getrockneten Neubauer-Tiegel und saugt ihn erst dann fest an, wenn das Becherglas auch nicht mehr die geringsten Spuren des Niederschlages enthält. Zum Auswaschen benutzt man 10—12 ccm Wasser von 0° und bringt davon jedesmal etwa 1 ccm mit dem ganzen Niederschlag in Berührung. Nach Entfernung der letzten Spuren des Waschwassers durch scharfes Ansaugen wird der Tiegel bei 105—110° bis zur Gewichtsbeständigkeit getrocknet; diese tritt meist nach etwa 45 Minuten ein. — Die von A. Gutbier mitgeteilten, mit reinem Kaliumnitrat ebenso wie mit Salzgemischen, mittels dieses Verfahrens erhaltenen Ergebnisse sind durchweg befriedigend; sie sind nach Angabe von A. Gutbier genauer, als sie nach irgendeinem anderen bekannten Verfahren erhalten werden können. Die Berechnung erfolgt auf Grund der oben angeführten Formel. Durch Multiplikation des gefundenen Nitronnitrates mit dem Faktor

$$\frac{63,0}{375,2} = 0,1679$$

erhält man die Menge der Salpetersäure (HNO_3) und durch Multiplikation

mit $\dfrac{108,0}{750,4} = 0,1439$ die Menge des Salpetersäureanhydrids (N_2O_5).

---

[1] Berichte d. Deutschen chem. Gesellschaft 1905, **38**, 861; ferner Zeitschr. f. Untersuchung d. Nahrungs- u. Genußmittel 1905, **9**, 464.

[2] Zeitschr. f. angew. Chem. 1905, **18**, 494.

[3] Das Nitron wird von der Firma E. Merck in Darmstadt hergestellt; die gelbe Base soll sich in 5proz. Essigsäure bei gewöhnlicher Temperatur leicht lösen. Etwa ungelöst bleibende Teilchen filtriert man ab. Die meist etwas rötlich gefärbte Lösung läßt sich in einer dunklen Flasche lange Zeit unverändert aufbewahren.

[4] An Stelle der essigsauren Lösung kann man nach M. Busch auch Nitronsulfat verwenden. Dieses Salz hat den Vorzug, daß es sich leichter rein gewinnen läßt als die Base und unbegrenzt haltbar ist. Da es jedoch in kaltem Wasser nur 1 : 40 löslich ist, so kann man Lösungen der wünschenswerten Konzentration nicht vorrätig halten, sondern man muß das Salz (1,5 g) vor jeder Bestimmung in warmem Wasser, in dem es sehr leicht löslich ist, auflösen. Das Nitronsulfat wird ebenfalls von der Firma E. Merck in Darmstadt hergestellt.

M. Busch und A. Gutbier empfehlen das Nitronverfahren unter anderem auch für die Salpetersäurebestimmung im Wasser; C. Paal und G. Mehrtens[1]) verwendeten es zur Bestimmung des Salpeters in Fleischwaren. Bei Gegenwart von Bromwasserstoff, Jodwasserstoff, salpetriger Säure, Chromsäure, Chlorsäure und Überchlorsäure, Rhodanwasserstoffsäure, Ferro- und Ferricyanwasserstoffsäure sowie Pikrinsäure ist das Nitronverfahren nicht ohne weiteres anwendbar, da diese Säuren mit dem Nitron ebenfalls schwerlösliche Salze bilden. Diese Säuren müssen daher vorher entfernt werden.

Zur Bestimmung von Salpetersäure neben salpetriger Säure entfernt man nach M. Busch die salpetrige Säure vorher durch Hydrazinsulfat, indem man die möglichst konzentrierte Lösung der Salze unter Kühlung auf feingepulvertes Hydrazinsulfat (auf 0,1 g Natriumnitrit genügen 0,25 g Hydrazinsulfat) tropfen läßt, die Flüssigkeit nach Beendigung der Gasentwicklung entsprechend verdünnt und alsdann mit Nitron fällt. Neuerdings empfiehlt M. Busch[2]) zur Bestimmung von Nitrat und Nitrit nebeneinander in einem Teil der Lösung die salpetrige Säure mit Kaliumpermanganat zu titrieren, in einem anderen Teile der Lösung die salpetrige Säure mit Wasserstoffsuperoxyd in schwach schwefelsaurer Lösung zu Salpetersäure zu oxydieren und darauf die Gesamtmenge der Salpetersäure mit Nitron zu bestimmen.

4. Sonstige Verfahren. a) A. Pagnoul[3]) empfiehlt zur Bestimmung geringer Mengen von Nitraten in Flüssigkeiten mit viel organischer Substanz, z. B. in Rübensaft, das Verfahren von Grandval und Lajoux, welches auf der Zerstörung der organischen Substanz mit alkalischer Kaliumpermanganatlösung, der Überführung der Salpetersäure durch Phenol und Schwefelsäure in Pikrinsäure und der colorimetrischen Bestimmung der letzteren beruht.

b) Für die Bestimmung kleiner Mengen Salpetersäure im Wasser sind noch einige andere Verfahren (Titration mit Indigolösung, colorimetrische Bestimmung mit Brucin-Schwefelsäure) empfohlen worden; hierüber vgl. den Abschnitt „Wasser".

VII. Bestimmung der „Amide" (Aminosäure- und Säureamid-Stickstoff).

Die nachstehend beschriebenen Verfahren zur Bestimmung des Aminosäure- und Säureamid-Stickstoffs beruhen darauf, daß die Aminosäuren, bei denen innerhalb des Radikals Wasserstoff durch die Aminogruppe (NH_2) ersetzt ist, mit salpetriger Säure gerade wie Ammoniak freies Stickstoffgas entwickeln, nach der Gleichung:

$$2\,C_2H_3(NH_2)\!\!<^{COOH}_{COOH} + 2\,HNO_2 = 2\,C_2H_3 \cdot OH\!\!<^{COOH}_{COOH} + 2\,H_2O + 2\,N_2$$

Asparaginsäure $+$ salpetrige Säure $=$ Äpfelsäure $+$ Wasser $+$ Stickstoff.

Ebenso verhalten sich Leucin $= C_5H_{10}(NH_2)COOH$, welches bei dieser Behandlung Leucinsäure und freies Stickstoffgas entwickelt, und Tyrosin $C_6H_4(OH) \cdot CH_2 \cdot CH(NH_2) \cdot COOH$.

Es entsprechen hiernach rund:

28 Teile Stickstoff = 133 Tln. Asparaginsäure, = 131 Tln. Leucin, = 181 Tln. Tyrosin oder

1 Teil „ = 4,75 „ „ = 4,68 „ „ = 6,46 „ „

Die Aminosäureamide, bei denen auch noch eine Hydroxylgruppe des Carboxyls durch eine zweite Aminogruppe vertreten ist, geben dagegen durch Behandeln mit salpetriger Säure nur die eine Hälfte des Stickstoffs in Form von freiem Gas ab; das an die Carboxylgruppe gebundene NH_2 wird in Ammoniak umgewandelt; die letztere Umwandlung kann durch Kochen mit einer beliebigen anderen verdünnten Säure, z. B. Salzsäure, geschehen;

---

1) Zeitschr. f. Untersuchung d. Nahrungs- u. Genußmittel 1906, **12**, 410.

2) Berichte d. Deutschen chem. Gesellschaft 1906, **39**, 1401.

3) Bull. Assoc. Chim. Sucr. et Distill. 1903/4, **21**, 602; Zeitschr. f. Untersuchung d. Nahrungs- u. Genußmittel 1904, 8, 359.

bei Asparagin entsteht dadurch Chlorammonium und Asparaginsäure, die sich dann beim Behandeln mit salpetriger Säure wie oben verhält; also:

$$C_2H_3 \cdot NH_2{\Big\langle}{}^{CO \cdot NH_2}_{COOH} + HCl + H_2O = C_2H_3 \cdot NH_2{\Big\langle}{}^{COOH}_{COOH} + NH_4Cl$$

Asparagin   +   Salzsäure + Wasser   =   Asparaginsäure + Chlorammonium.

Behandelt man nach dem Austreiben des Ammoniaks durch Alkalien oder alkalische Erden die Asparaginsäure wie oben mit salpetriger Säure, so erhält man ebenfalls Äpfelsäure und freies Stickstoffgas. Man kann aber auch die Menge des in Form von Ammoniak abgespaltenen Stickstoffs ermitteln und daraus den Asparagingehalt berechnen (wobei 14 Teile Stickstoff = 132 Teilen Asparagin oder 1 Teil Stickstoff = 9,43 Teilen Asparagin entsprechen).

Dieses zuerst von Sachsse angegebene Verfahren ist später von E. Schulze, O. Kellner, E. Kern, A. Emmerling, C. Böhmer, U. Kreusler u. a. geprüft und für die praktische Analyse ausgebildet.

Um mit Hilfe dieses Verfahrens den Amid- und Aminosäurestickstoff zu bestimmen, muß man, sofern keine Lösung vorliegt, zunächst jene Verbindungen aus den betreffenden Stoffen (Pflanzenteilen usw.) ausziehen. Bei dieser Herstellung der Lösung ist zu beachten, daß man wegen der leichten Zersetzlichkeit der Pflanzenauszüge recht rasch arbeiten und das Ausziehen so vornehmen muß, daß sich nicht durch die Art des Ausziehens Zersetzungserzeugnisse bilden, welche die Ergebnisse fehlerhaft beeinflussen; manche Amide (z. B. Asparagin) zersetzen sich andererseits schon beim Kochen der wässerigen Lösung.

O. Kellner hat vorgeschlagen, die Pflanzenstoffe statt mit Wasser mit 30—40 %igem Alkohol unter Zusatz von einigen Tropfen Essigsäure mit aufgesetztem Rohr $1^1/_4$ bis $1^1/_2$ Stunden zu kochen, nämlich 10 g feingepulverte Substanz mit 300 ccm dieses Alkohols, nach dem Erkalten zu filtrieren, von dem Filtrat einen aliquoten Teil im Wasserbade einzudampfen, mit Wasser aufzunehmen usw.

Will man mit Wasser ausziehen, so empfiehlt es sich, die Substanz zunächst (zweimal) 1 Stunde lang mit (etwa der zehnfachen Menge) kaltem Wasser zu behandeln, mit Hilfe der Saugpumpe zu filtrieren und darauf einmal mit der zehnfachen Menge Wasser auszukochen. Die Filtrate werden zusammengegeben, durch Aufkochen vom Albumin befreit, filtriert und das Filtrat auf ein geringes Volumen eingedunstet. Um den störenden Einfluß von Proteosen, Peptonen und intermediären Proteinzersetzungsstoffen zu vermeiden, säuert man die Lösung mit Schwefelsäure an, fällt mit Phosphorwolframsäure, filtriert, bringt das Filtrat auf ein bestimmtes Volumen und verwendet von diesem aliquote Teile zu folgenden drei Bestimmungen:

1. Einen Teil der Lösung verwendet man zur Bestimmung des in der Lösung vorhandenen fertig gebildeten Ammoniaks nach einem der oben unter V. (S. 260—263) angegebenen Verfahren.

2. Ein zweiter Teil der Lösung dient zur Bestimmung des fertiggebildeten Ammoniak-Stickstoffs + dem aus dem Säureamidstickstoff entstehenden Ammoniak-Stickstoff. Zu dem Zwecke kocht man die Lösung $1^1/_2$—2 Stunden mit verdünnter Salz- oder Schwefelsäure (auf 100 ccm Lösung 7—8 ccm konzentrierter Salzsäure oder 2—$2^1/_2$ ccm konzentrierter Schwefelsäure), läßt erkalten und bestimmt in der Lösung nach dem unter 1. angewendeten Verfahren das nunmehr vorhandene Ammoniak.

Die Differenz zwischen dem unter 1. in Form von fertiggebildetem Ammoniak und dem jetzt nach dem Kochen mit Säure gefundenen Ammoniak-Stickstoff entspricht der Menge des vorhandenen Säureamid-Stickstoffs.

3. In einem dritten Teile der Lösung bestimmt man den Aminosäurestickstoff. Man kocht diesen Teil in der gleichen Weise wie unter 2. zuerst mit verdünnten Säuren, verdampft die Flüssigkeit alsdann zur Austreibung des Ammoniakstickstoffs unter Zusatz von Kalkmilch oder Magnesia oder von Alkalien zur Trockne, nimmt den Rückstand mit Wasser

auf, filtriert nötigenfalls und behandelt die Lösung mit salpetriger Säure. C. Böhmer[1]) bedient sich zur Entfernung des Stickstoffoxyds einer mit alkalischem Kaliumpermanganat gefüllten Hempelschen Gaspipette und füllt das rückständige Stickstoffgas in eine Gasbürette um; Splittgerber und Verf.[2]) haben sich des folgenden ebenso zweckmäßigen Apparates bedient.

Man bringt die Lösung in den etwa 400 ccm fassenden Kolben A, macht sie, sofern nicht schon Alkalilauge zur Austreibung des Ammoniaks verwendet wurde, mit solcher schwach alkalisch und setzt darauf 2 g Natriumnitrit hinzu. Darauf wird der Kolben A bis etwa zur Hälfte mit Wasser aufgefüllt, der dreifach durchbohrte Stopfen aufgesetzt, das Rohr a mit einem Kohlensäureentwicklungsapparat verbunden und bis zur vollständigen Entfernung der Luft aus dem Kolben A Kohlensäure eingeleitet. Nachdem dies geschehen ist, wird die Kohlensäureentwicklung unterbrochen und der Kolben A durch das Rohr c schnell mit dem Capillarrohr d verbunden, das ebenso wie das ganze Eudiometer B mit einer konzentrierten alkalischen Kaliumpermanganatlösung[3]) gefüllt ist. Nunmehr läßt man durch den Tropftrichter b vorsichtig verdünnte Schwefelsäure $(1 + 3)$ in den Kolben A tropfen, worauf alsbald eine lebhafte Gasentwicklung eintritt. Das Gas sammelt sich in der Absorptionsröhre B an und verdrängt eine entsprechende Menge Permanganatlösung, die man aus dem an dem engeren Rohre f des Eudiometers angebrachten Hahn g ausfließen läßt. Diese ausgelassene Flüssigkeit wird, wenn das Gas in dem Rohre B einen größeren Raum eingenommen hat, durch den Hahntrichter h wieder in den weiteren Schenkel B zurückgegeben, wodurch eine weitere Absorption der darin vorhandenen Kohlensäure und des Stickoxydgases stattfindet. Durch Schütteln des Kolbens A wird die Reaktion leicht beendet. Ist dies der Fall, so füllt man den Kolben A und schließlich auch die Capillare d bis zum Punkte i ganz mit Wasser und treibt so das gesamte Gas in die Absorptionsröhre B hinein, gibt dann, um alles Stickstoffoxyd und alle Kohlensäure zu entfernen, durch den Hahn h noch mehrmals eine alkalische Permanganatlösung in die Burette, stellt schließlich das Niveau in beiden Schenkeln auf gleiche

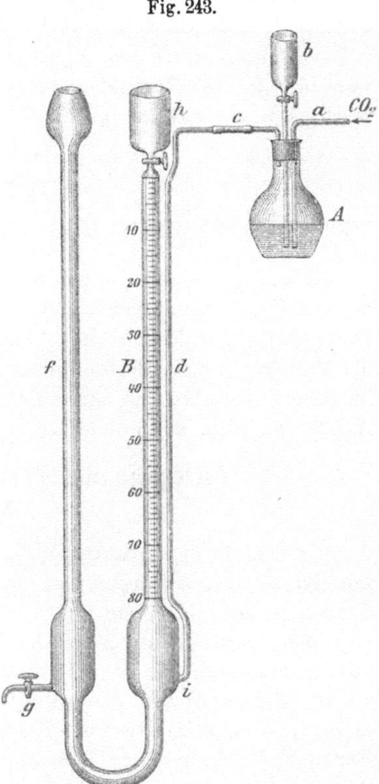

Apparat zur Bestimmung des Aminosäuren-Stickstoffs nach J. König.

Höhe ein, wartet einige Zeit und liest das Gasvolumen ab, wenn kein Niveauunterschied mehr wahrnehmbar ist.

. Die Hälfte des auf diese Weise gefundenen Stickstoffs (vergl. Formel S. 273) entstammt den fertiggebildeten Aminosäuren (Leucin, Tyrosin, Asparaginsäure usw.) und den durch das Kochen mit Säuren aus den Säureamiden (Asparagin usw.) abgeschiedenen Aminosäuren.

---

[1]) Landw. Versuchsstationen 1883, **29**, 247.

[2]) Landw. Jahrbücher 1909, **38**, Ergänzungsheft IV, 126. (Der Apparat kann von Fr. Hugershoff in Leipzig bezogen werden.)

[3]) Diese Lösung wird in der Weise hergestellt, daß man die erforderliche Wassermenge mit einem Überschusse von Kaliumpermanganat sowie einigen Gramm Kalium- oder Natriumhydroxyd versetzt und unter zeitweiligem Umrühren oder Umschütteln kurze Zeit stehen läßt.

Zieht man von dieser Stickstoffmenge den nach 2. gefundenen Stickstoff ab, so erhält man die Menge des in Form von fertig gebildeten Aminosäuren (d. h. Monoaminosäure) vorhandenen Stickstoffs.

U. Kreusler[1]) hat gefunden, daß die Aminoverbindungen durch salpetrige Säure nicht gleichmäßig zersetzt werden; Asparaginsäure z. B. zersetzt sich glatt, Asparagin dagegen spaltet Ammoniak ab, welches von salpetriger Säure nur in wechselnden Mengen, niemals aber vollständig zersetzt wird. Letzteres gelingt vollkommener durch Erhitzen mit salpetriger Säure, indes bedürfen die einzelnen Aminoverbindungen eines verschieden langen Erhitzens, um annähernd richtige Ergebnisse zu liefern[2]). Kreusler hat für seine Versuche einen besonderen Apparat angewendet und hält auch den zur Beseitigung des Stickstoffoxyds zuerst empfohlenen Eisenvitriol für zweckmäßig; ich muß jedoch bezüglich der Einzelheiten dieses Apparates auf das Original verweisen.

J. Habermann und R. Ehrenfeld[3]) haben ein Verfahren zur quantitativen Trennung von Leucin und Tyrosin, das auf der leichteren Löslichkeit des ersteren in Eisessig beruht, beschrieben, auf das hier gleichfalls nur verwiesen werden kann.

Trennung und Bestimmung
der Aminosäuren und sonstiger Spaltungserzeugnisse der Proteine.

Die Aminosäuren treten recht häufig als Bestandteile in den natürlichen, mehr aber noch in den zubereiteten, durch Keimenlassen, Einwirkung von Mikroben, Enzymen, durch Dampfdruck usw. löslich gemachten Nahrungsmitteln auf; auch dient die künstliche Zerlegung der Proteine in diese Bestandteile vielfach zur Feststellung der Natur der Proteine. Es möge daher das Verfahren zu ihrer Trennung, wie es besonders von E. Fischer, E. Schulze, A. Kossel u. a. ausgebildet ist, hier näher beschrieben werden.

I. Zerlegung der Proteine durch Hydrolyse und Trennung der Monoaminosäureester.

E. Fischer[4]) hydrolysiert die Proteine entweder mit Schwefelsäure oder mit Salzsäure; mit ersterer aber vorwiegend nur dann, wenn es auf die Gewinnung von Tyrosin und anderen Spaltungserzeugnissen ankommt.

Zur Hydrolyse mit Schwefelsäure wird das Protein mit der 5—6fachen Menge 25proz. Schwefelsäure 12—15 Stunden am Rückflußkühler gekocht, die, wenn nötig, filtrierte, saure Flüssigkeit mit dem doppelten Volumen Wasser verdünnt und die Schwefelsäure entweder durch Zusatz von Bariumcarbonat oder durch eine konzentrierte Lösung von Bariumhydroxyd gefällt; der etwa in Lösung gegangene Baryt muß umgekehrt wieder durch Schwefelsäure genau gefällt werden. Um Verluste an Aminosäuren zu verhindern, ist der massenhafte Niederschlag von Bariumsulfat stark abzunutschen und mehrmals mit Wasser auszukochen; dieses muß besonders dann geschehen, wenn das schwerlösliche Tyrosin vollständig gewonnen werden soll.

Bequemer ist die Hydrolyse der Proteine mittels Salzsäure. Man übergießt das Protein in einem Kolben mit der dreifachen Menge rauchender Salzsäure (spezifisches Gewicht 1,19), läßt einige Zeit unter häufigem Umschwenken stehen, wobei selbst sehr schwer spaltbare

---

1) Landw. Versuchsstationen 1885, **31**, 277.

2) A. Emmerling (Landw. Versuchsstationen 1886, **32**, 446) konnte mit Hilfe seines Apparates (im Vakuum) Ammoniumsulfat auch in der Kälte durch Kaliumnitrit und Essigsäure in 80 Minuten vollständig zerlegen.

3) Zeitschr. f. physiol. Chem. 1902, **37**, 18.

4) Berichte d. Deutschen chem. Gesellschaft 1906, **39**, 530 u. E. Fischer, Untersuchungen über Aminosäuren, Polypeptide und Proteine. Berlin bei Julius Springer 1906, 55.

Proteine, wie die Gerüstsubstanzen Horn, Fibroin usw., schon zum großen Teil in Lösung gehen, und kocht alsdann 5—6 Stunden am Rückflußkühler. Hierbei entweicht ein Teil der Salzsäure gasförmig, und es bleibt schließlich eine Säure von ungefähr 25% zurück. Unter Abscheidung von Huminstoffen und fettsäureähnlichen Massen nimmt die Lösung eine dunkelviolette bis tiefdunkle Färbung an. Man filtriert die mit etwas Tierkohle aufgekochte Flüssigkeit nach dem Erkalten durch ein gehärtetes Filter oder Asbest und wäscht mit wenig Wasser nach.

Die salzsaure Lösung wird entweder auf dem Wasserbade in einer Porzellanschale oder besser unter vermindertem Druck in einem Kolben eingedampft. Enthält die Masse Glutaminsäure in größerer Menge, so empfiehlt es sich, sie direkt als Hydrochlorat abzuscheiden. Zu dem Zweck sättigt man die sehr stark konzentrierte Lösung nochmals in der Kälte mit gasförmiger Salzsäure und läßt einige Tage im Eisschrank stehen. Um den Krystallbrei filtrieren zu können, ist es ratsam, ihn mit etwa dem gleichen Volumen eiskalten Alkohols zu vermischen, dann abzusaugen und mit wenig eiskaltem Alkohol nachzuwaschen. Die salzsaure Glutaminsäure ist leicht durch Aufkochen der wässerigen Lösung mit Tierkohle und durch abermalige Fällung mit gasförmiger Salzsäure zu reinigen.

Die salzsaure Mutterlauge oder, bei Abwesenheit von größeren Mengen Glutaminsäure, die ursprüngliche salzsaure Lösung dient für die Bereitung der Ester. Sie wird zu dem Zweck am besten unter geringem Druck möglichst stark eingedampft, dann der Rückstand mit absolutem Alkohol übergossen und gasförmige, trockne Salzsäure ohne Abkühlung, zuletzt sogar unter Erwärmung auf dem Wasserbade bis zur Sättigung eingeleitet. Auf 500 g Protein verwendet man $1^1/_2$ l Alkohol. Da bei der Veresterung ziemlich viel Wasser entsteht, das der Reaktion schädlich ist, so empfiehlt es sich, die salzsaure alkoholische Lösung unter stark vermindertem Druck (bei 15—30 mm) aus einem Bade, dessen Temperatur nicht über 50° geht, stark einzudampfen, den Rückstand wieder mit $1^1/_2$ l absolutem Alkohol zu übergießen und abermals mit Salzsäure zu sättigen. Eine zweite Wiederholung der ganzen Operation steigert noch die Ausbeute an Estern. Selbstverständlich kann man auch die Menge des Alkohols von vornherein größer wählen und kommt dann mit einmaliger Wiederholung der Veresterung aus. Eine wesentliche Zeitersparnis bedeutet dies aber nicht, weil das Sättigen der großen Flüssigkeitsmasse mit Salzsäure unbequem wird.

Enthält das Produkt größere Mengen von Glykokoll, so wird dieses jetzt am bequemsten als Esterchlorhydrat ausgeschieden. Man läßt deshalb die mit Salzsäure gesättigte alkoholische Lösung, am besten nach Einimpfen eines Kryställchens, 12 Stunden bei 0° stehen, wobei es vorteilhaft ist, die Krystallisation durch Umrühren oder durch Reiben der Glaswände zu befördern. Das salzsaure Salz wird in der Kälte abgesaugt und mit eiskaltem Alkohol gewaschen. Einmaliges Umkrystallisieren des Produkts aus heißem Alkohol genügt zur Reinigung; das Präparat hat dann den Schmelzpunkt 144° und kann durch die Analyse leicht identifiziert werden. Um die Abscheidung zu vervollständigen, konzentriert man die Mutterlauge, sättigt wieder mit Salzsäure und läßt abermals nach Einimpfen unter häufigem Rühren mehrere Stunden in der Kältemischung stehen. Es gelingt so, den allergrößten Teil des Glykokolls zu entfernen, wodurch die spätere Fraktionierung der Ester sehr erleichtert wird. Bei kleinen Mengen von Glykokoll findet in dem komplizierten Gemisch keine Krystallisation statt; es läßt sich dann aber nach der Fraktionierung der Ester aus den ersten Destillaten als Esterchlorhydrat isolieren.

Die vom Glykokollester-Chlorhydrat abfiltrierte salzsaure alkoholische Lösung wird jetzt unter stark vermindertem Druck bei einer 40° nicht übersteigenden Temperatur aus dem Wasserbade möglichst stark verdampft; der Rückstand enthält die Hydrochlorate der übrigen Aminosäureester. Man kann daraus die freien Ester entweder mit konzentriertem Alkali und Äther isolieren oder die Hydrochlorate in alkoholischer Lösung mit der berechneten Menge Natriumalkylat zersetzen.

Bei Anwendung des ersten Verfahrens lassen sich Tyrosin und Diaminosäuren, die durch Äther nicht gelöst werden, abtrennen. Man versetzt zu dem Zweck den dicken

Sirup direkt in dem Destillationskolben, welcher nicht mehr als 250 g des ursprünglichen Proteins enthalten soll, mit dem halben Volumen Wasser und dem $1^1/_2$ fachen Volumen Äther, kühlt, wie auch stets bei den späteren Ausschüttelungen, in einer Mischung aus Eis und Kochsalz ab, fügt dann so viel starke Natronlauge hinzu, daß die freie Salzsäure neutralisiert ist, und weiter einen erheblichen Überschuß von feingekörntem, festem Kaliumcarbonat. Durch letzteren Zusatz sollen die schwachbasischen Ester der Asparagin- und Glutaminsäure, die gegen freies Alkali besonders empfindlich sind, abgeschieden werden. Nach gutem Durchschütteln wird der Äther abgegossen, durch neuen ersetzt und zu der wieder sehr sorgfältig gekühlten Lösung in verschiedenen Portionen 33 proz. Natronlauge und festes Kaliumcarbonat zugegeben. Nach jedesmaligem Zusatz wird kräftig umgeschüttelt, um das Alkali in der steifen Masse zu verteilen und den freigewordenen Ester sofort in die ätherische Lösung überzuführen. Der Äther wird vorteilhaft öfters erneuert. Die Menge des Alkalis muß mindestens so groß sein, daß sie zur Bindung sämtlicher Salzsäure ausreicht, und von Kaliumcarbonat ist so viel zuzufügen, daß die Salzmasse einen dicken Brei bildet, weil nur die in Wasser äußerst leicht löslichen Ester der einfachen Aminosäuren ausgesalzen werden. Dieses gilt besonders dann, wenn Glykokoll, Alanin und Serin vorhanden sind.

Die vereinigten, meistens braungefärbten Auszüge werden etwa 15 Minuten mit Kaliumcarbonat geschüttelt, dann abgegossen und einige Stunden mit entwässertem Natriumsulfat — alle übrigen Trocknungsmittel eignen sich nicht — getrocknet.

Beim Abdampfen des Äthers gehen nur geringe Mengen von Glykokoll- und Alaninester in das Destillat; wenn man letzteres mit wenig verdünnter Salzsäure durchschüttelt und die salzsaure Lösung eindampft, bleiben die Hydrochlorate der Aminosäuren zurück.

Der Rückstand der ätherischen Lösung, der die Ester der Aminosäuren als dunkles Öl enthält, wird, um einen Verlust und eine Zersetzung der Ester bzw. Aminosäuren zu vermeiden, unter vermindertem Druck zunächst von 5—15 mm bei gewöhnlicher Temperatur, und dann für die höheren Fraktionen bei einem Druck von tunlichst unter 1 mm der Destillation unterworfen. Der verminderte Druck von 8—15 mm kann mit der Körtingschen Wasserstrahlpumpe, der Druck von 1 mm und darunter durch die von E. Fischer und C. Harries[1]) eingerichtete oder durch eine andere gut wirkende Luftpumpe erreicht werden. Gleichzeitig muß für eine genügende Abkühlung der sich entwickelnden Dämpfe (Äther, Alkohol und Wasser), sowie Gase, am besten durch flüssige Luft, gesorgt werden. Man verfährt hierbei in folgender Weise:

Das durch Verdampfen bei gewöhnlicher Temperatur unter dem Druck der Strahlpumpe vom Äther möglichst befreite Gemisch der Ester wird unter demselben Druck mit gleichzeitiger Erhitzung im Wasserbade weiter destilliert und in etwa drei Fraktionen (bis 60°, bis 80° und bis 100°) geteilt, wobei die Temperaturangaben für das Bad und nicht für die Dämpfe gelten. Die Destillation wird dann unter dem Druck von 0,5 mm fortgesetzt, bis bei der Temperatur des siedenden Wassers nichts mehr übergeht. Man ersetzt dann das Wasserbad durch ein Ölbad und destilliert in 2—3 Fraktionen, bis die Temperatur des Bades auf 160° gestiegen ist. Man kann dann die Gesamtmenge der Ester, die bis 100° destilliert sind, unter einem Druck von etwa 10 mm über freier Flamme zweckmäßig nochmals fraktionieren und dabei die Temperaturen der Dämpfe als Maßstab für die Trennung benutzen. Die Anzahl der Fraktionen und die Temperaturintervalle hängen selbstverständlich von der Zusammensetzung des Gemisches ab, indes wird man im allgemeinen mit vier Fraktionen zwischen 40° und 100° auskommen. Sie enthalten außer kleinen Mengen von Glykokollester das Alanin, Prolin, die α - Aminovaleriansäure, den größten Teil des Leucins und auch das Isoleucin. In dem Teil, der unter 0,5 mm Druck über 100° siedet, sind hauptsächlich enthalten: die Ester der Asparagin- und Glutaminsäure, fast die gesamte Menge des Phenylalanins, des Serins, zuweilen der Pyrrolidincarbonsäure (als Zersetzungserzeugnis des Glutaminsäureesters) und Erzeugnisse unbekannter Zusammensetzung.

---

1) Berichte d. Deutschen chem. Gesellschaft 1902, **35**, 2158.

In dem Destillationsrückstand, der ein dunkles, zähes, in der Kälte meist glasartig erstarrendes Öl bildet, finden sich neben unbekannten Stoffen wechselnde Mengen von Diketopiperazinen, z. B. Leucinimid.

Die bei 0,5 mm Druck über 100° siedenden Ester nochmals zu fraktionieren, hat keinen besonderen Wert. Dagegen kann man aus diesen Fraktionen den Phenylalaninester durch seine leichte Löslichkeit in Äther abscheiden. Man versetzt zu dem Zweck das bei 100—130° siedende Gemisch der Ester mit der 4—5fachen Menge Wasser, durchschüttelt sie mit dem gleichen Volumen Äther, trennt letztere Schicht ab und schüttelt die ätherische Lösung wieder dreimal mit dem gleichen Volumen Wasser aus, um die in Wasser leicht löslichen, mit in den Äther übergegangenen Ester der Asparagin- und Glutaminsäure zu entfernen. Beim Verdampfen der ätherischen Lösung bleibt der Phenylalaninester ziemlich rein zurück. Eine weitere Trennung kann durch Petroläther bewirkt werden, worin der Serinester unlöslich ist. Man versetzt die bei 100—130° des Bades unter 0,5 mm Druck erhaltene Fraktion mit einigen Prozenten Wasser und darauf mit dem 5—8fachen Volumen Petroläther; hierdurch scheidet sich das Serin als Öl ab, während Leucin, Phenylalanin und der größte Teil des Asparaginsäure- und Glutaminsäureesters in Lösung bleiben. Durch mehrmalige Durchschüttelung des abgeschiedenen Öles mit Petroläther läßt sich schließlich hieraus das Serin gewinnen.

Aus den auf diese Weise zerlegten Aminosäureestern müssen die freien Aminosäuren wieder hergestellt werden. Das geschieht für die Fraktionen, die unter 100° sieden, durch mehrmaliges Kochen mit der 5fachen Menge Wasser am Rückflußkühler. Das Ende der Verseifung erkennt man an dem Verschwinden der alkalischen Reaktion. Bei der Fraktion, die große Mengen Leucin enthält, findet während der Behandlung eine Abscheidung des schwerlöslichen Leucins statt.

Bei den über 100° bei 0,5 mm Druck siedenden Fraktionen verfährt man zur Gewinnung der Aminosäuren verschieden. Den aus der bei 100—130° siedenden Fraktion durch Äther erhaltenen Phenylalaninester verseift man durch 1—2maliges Abrauchen mit starker Salzsäure, wodurch man das salzsaure Salz erhält, das durch Krystallisation aus starker Salzsäure gereinigt werden kann. Die wässerige Lösung von der Behandlung mit Äther, die die Ester der Asparagin- und Glutaminsäure — der auch noch vorhandene Serinester würde sich vorher, wie angegeben, durch Petroläther entfernen lassen — enthält, wird mit einem Überschuß einer ziemlich konzentrierten Lösung von Bariumhydroxyd versetzt und 1—1½ Stunden auf dem Wasserbade erwärmt. Sind größere Mengen von Asparaginsäure vorhanden, so fällt hierbei asparaginsaures Barium aus, das abfiltriert und mit genau der nötigen Menge Schwefelsäure zersetzt werden kann; das asparaginsaure Barium besteht zum größten Teile aus Racemkörper. Die übrige wässerige Lösung wird durch Schwefelsäure genau vom Baryt befreit und am besten unter vermindertem Druck eingedampft.

Wegen der leichten Veränderlichkeit der Aminosäureester ist es von größtem Belang, die Destillation zu beschleunigen und die Verseifung der Ester nach Beendigung ihrer Trennung möglichst bald, spätestens aber im Laufe von 24 Stunden für die niedrigsiedenden Anteile, auszuführen.

Anmerkungen: 1. Die Abscheidung der Ester aus dem rohen Gemisch der Hydrochlorate durch Kaliumcarbonat und Äther hat den Vorzug, daß dabei das Tyrosin, dessen Ester eine Alkaliverbindung bildet und die Derivate der Diaminosäuren, die in Äther sehr schwer löslich sind, entfernt werden. Das Verfahren hat aber den Nachteil, daß wechselnde Mengen der gesuchten Ester durch das Alkali zerstört und daher der Ausziehung durch Äther entzogen werden. Um diesen Verlust wieder einzubringen, ist es nötig, die alkalische, mit großen Mengen Kaliumcarbonat durchsetzte Masse nach Abtrennung des Äthers mit Salzsäure zu übersättigen, dann einzudampfen, indem man zeitweise das massenhaft auskrystallisierende Chlorkalium entfernt, schließlich den Rückstand mit Alkohol auszulaugen und die Veresterung sowie die Abscheidung der Ester durch

Alkali zu wiederholen. Der auch hierbei wieder eintretende Verlust ist verhältnismäßig nur gering. Das Verfahren bringt aber wegen der großen Masse von konzentrierten Salzlösungen viel lästige Arbeit mit sich.

2. Aus dem Grunde ist es, wenn es auf die möglichst vollständige Gewinnung der Aminosäuren ankommt, vorteilhafter, die Ester aus den Hydrochloraten nicht durch Alkali, sondern durch Natriumaethylat in Freiheit zu setzen. Man löst zu dem Zweck den durch starkes Verdampfen von überschüssiger Salzsäure möglichst befreiten dicken Sirup, der das Gemisch der salzsauren Ester enthält, etwa in der 5fachen Menge absolutem Alkohol, bestimmt in einer kleinen Menge dieser Flüssigkeit den Chlorgehalt und fügt nun, ganz in der Kälte, eine ebenfalls gut gekühlte, etwa 3proz. alkoholische Lösung von Natrium in berechneter Menge unter gutem Rühren zu. Dabei fällt eine erhebliche Menge von Kochsalz aus, das abgesaugt und mit kaltem, absolutem Alkohol nachgewaschen wird. Die alkoholische Lösung wird jetzt unter stark vermindertem Druck eingedampft. Da hierbei nicht unerhebliche Mengen von Aminosäureester in das Destillat gehen, so muß dieses für sich nach dem Ansäuern mit Salzsäure verdampft werden, wobei die Hydrochlorate der Aminosäuren zurückbleiben. Die beim Verjagen des Alkohols hinterbleibenden Ester werden nun erst mit der Wasserstrahlpumpe und dann unter 0,5 mm Druck destilliert bis zu 160° Badtemperatur. Der nicht destillierbare Rückstand ist hier viel reichlicher, weil er auch die Diaminosäuren, das Tyrosin und noch andere komplizierte Stoffe enthält, die bei dem anderen Verfahren in der alkalisch-wässerigen Flüssigkeit bleiben. Bei diesem Verfahren vermeidet man den Verlust von Estern durch Verseifung, aber es entstehen namentlich für die hochsiedenden Produkte größere Verluste bei der Destillation, weil das Estergemisch eine viel kompliziertere Zusammensetzung hat.

3. Das Esterverfahren kann auch mit der Gewinnung des Tyrosins und der Diaminosäuren kombiniert werden. Man bewirkt dann die Hydrolyse mit Schwefelsäure, scheidet, wie oben beschrieben, das Tyrosin durch Krystallisation ab, fällt aus dem Filtrat nach dem Ansäuern mit Schwefelsäure die Diaminosäuren durch Phosphorwolframsäure, entfernt aus der abermals filtrierten Lösung den Überschuß der Phosphorwolframsäure mit Baryt, dann den überschüssigen Baryt mit Schwefelsäure und verarbeitet das letzte Filtrat nach dem Esterverfahren. Bei diesem komplizierten Verfahren ist aber darauf zu achten, daß dem Tyrosin außer Diaminotrioxy-Dodecansäure auch wechselnde Mengen der schwerlöslichen Monoaminosäuren, insbesondere Leucin, beigemischt sein können, ferner, daß durch Phosphorwolframsäure auch leicht ein Teil der Monoaminosäuren gefällt wird, wenn die Lösung nicht sehr verdünnt ist, und daß endlich das Absaugen und Auswaschen des Phosphorwolframat-Niederschlages mit besonderer Sorgfalt, am besten unter Anwendung von Pressen, geschehen muß, weil er leicht erhebliche Mengen von Mutterlauge in sich schließt. Aus allen diesen Gründen wird man das kombinierte Verfahren nur dann anwenden, wenn der Mangel an Untersuchungsmaterial zur Sparsamkeit zwingt. In allen anderen Fällen ist es ratsam, die Prüfung auf Tyrosin, Diamino- und Monoaminosäuren in drei getrennten Operationen vorzunehmen.

4. In besserer Übersicht werden bei der vorstehend beschriebenen fraktionierten Destillation unter 0,5 mm Druck folgende Aminosäuren gewonnen:

1. Fraktion bei 40— 55° Glykokoll, Aminovaleriansäure, Alanin;
2.   „   „   55— 80° Aminovaleriansäure, Alanin, Leucin, α-Pyrrolidincarbonsäure;
3.   „   „   80—100° Aminovaleriansäure, Leucin, α-Pyrrolidincarbonsäure;
4.   „   „ 100—130° ⎱
5.   „   „ 130—160° ⎰ Phenylalanin, Serin, Asparaginsäure, Glutaminsäure.

II. Isolierung und Erkennung der einzelnen Monoaminosäuren.

Für die Isolierung der nach vorstehendem Verfahren gewonnenen Monoaminosäuren lassen sich allgemein anwendbare Vorschriften nicht geben; sie müssen je nach dem Einzelfall wechselnde Änderungen erfahren; die Isolierung ist auch sehr umständlich, zumal wenn es sich um annähernd quantitative Bestimmungen handelt. Alle kohlenstoffreicheren Aminosäuren finden sich in den Proteinen in optischaktiver Form; sie werden aber bei der Hydrolyse durch Säuren zum Teil racemisiert. Infolgedessen hat man es stets mit einem Gemisch von racemischer und aktiver Form zu tun, wodurch die Isolierung durch Krystallisation sehr erschwert wird. Immerhin mögen die von E. Fischer u. a. angegebenen Vorschriften zur Isolierung und Erkennung hier kurz angegeben werden.

a) Glykokoll. Dasselbe wird am besten bei der durch Salzsäure bewirkten Hydrolyse nach S. 277 als Esterchlorhydrat $[CH_2(NH_2) \cdot COO \cdot C_2H_5 \cdot HCl]$, welches 53,8% Glykokoll $[CH_2(NH_2) \cdot COOH]$ enthält, nachgewiesen. Bei vorhandenen größeren Mengen (etwa 20%) Glykokoll im Protein kann man durch 12 stündiges Krystallisierenlassen bei 0° bis vier Fünftel desselben als Esterchlorhydrat aus dem Gemisch der salzsauren Ester abscheiden; von dem Rest findet man noch eine nicht unerhebliche Menge bei dem Fraktionieren der Ester in dem ersten Anteil. Etwas Glykokollester kann auch in den Estern sein, die beim Abdampfen des Äthers und Alkohols mit übergehen oder dem Alanin anhaften, wenn es aus dem Ester regeneriert ist. Immer werden auch diese geringeren Mengen am besten in Form des Esterchlorhydrats abgeschieden. Durch 1—2 maliges Umkrystallisieren aus heißem, absolutem Alkohol kann das reine Salz gewonnen werden, das sich durch den Schmelzpunkt 144 (korr. 145) und durch Analyse leicht als solches feststellen läßt. Man kann das Hydrochlorat (etwa 50 g) auch, wie oben S. 277 angegeben ist, mit 25 ccm Wasser versetzen, mit Äther überschichten, unter starker Abkühlung durch 40 ccm 33 proz. Natronlauge unter Zusatz von viel trockenem, gekörntem Kaliumcarbonat zersetzen und den Glykokolläthylester durch 2—3 maliges Durchschütteln mit Äther gewinnen, indem man die ätherischen Auszüge erst etwa 10 Minuten mit trockenem Kaliumcarbonat und dann mit etwas Calcium- oder Bariumoxyd behandelt, filtriert und eindunstet. Der Glykokolläthylester hinterbleibt als starkbasisches, flüchtiges, sehr unbeständiges Öl, das bei 11 mm Druck zwischen 43—44° siedet und bei längerem Stehen eine feste, weiße Masse abscheidet, welche die Biuretreaktion gibt (Unterschied von den Alaninestern und den höheren Homologen). Durch mehrstündiges Kochen am Rückflußkühler wird der Ester verseift. Das entstehende Glykokoll ist in 43 Teilen kaltem Wasser löslich, in kaltem Alkohol und Äther unlöslich. Die siedende wässerige Lösung löst Kupferoxydhydrat mit blauer Farbe und scheidet nach dem Eindampfen beim Erkalten dunkelblaue Nadeln von Glykokollkupfer $[(CH_2(NH_2) \cdot COO)_2Cu + H_2O]$ ab. Beim Schütteln der Glykokollösung mit Benzoylchlorid und Natronlauge bildet sich Hippursäure $[HOOC \cdot CH_2(NH) \cdot CO \cdot C_6H_5]$, die nach dem Ansäuern durch Ausschütteln mit Essigäther, Eindampfen der Lösung und Aufnehmen mit 5% Benzol enthaltendem Chloroform gewonnen wird und sich durch Krystallform, Schmelzpunkt und durch Eisenchlorid als solche erkennen läßt.

b) Alanin, α-Aminopropionsäure $CH_3 \cdot CH(NH_2) \cdot COOH$. Es findet sich vorwiegend in der Fraktion der Äthylester, die bei 10 mm Druck zwischen 40—60° siedet — der reine Alaninäthylester $CH_3 \cdot CH(NH_2) \cdot COO \cdot C_2H_5$ siedet unter 11 mm Druck bei 48° —; wenn das Alanin unter den Spaltungserzeugnissen in größerer Menge vorhanden ist, und man das Glykokoll sorgfältig, wie vorstehend angegeben ist, abgeschieden hat, so kann man die Ester direkt durch Kochen mit der 10 fachen Menge Wasser am Rückflußkühler verseifen und das Alanin durch fraktionierte Krystallisation aus der Lösung rein gewinnen. Zuweilen enthalten die ersten Krystallisationen noch etwas Leucin und Aminovaleriansäure, die späteren liefern aber reines Alanin. Ist das Glykokoll vorher nicht genügend abgeschieden, so verestert man nochmals und wiederholt die Abscheidung desselben als Esterchlorhydrat. Die salzsaure Mutterlauge wird dann mit Wasser verdampft, aus dem Hydrochlorat die freie Aminosäure durch Kochen mit Bleioxyd in Freiheit gesetzt und durch Krystallisation gereinigt. Andererseits erschwert die Anwesenheit von Prolin die Gewinnung der letzten Anteile von Alanin aus der Mutterlauge. Man verdampft alsdann die wässerige Lösung am besten ganz zur Trockne und kocht den Rückstand sorgfältig mit der 5—10 fachen Menge absolutem Alkohol, worin das Alanin schwer, das Prolin leicht löslich ist. Diese Behandlung kann auch mit der ursprünglichen Lösung nach der Verseifung von vornherein vorgenommen werden, ohne die fraktionierte Krystallisation anzuwenden. Welches der beiden Trennungsverfahren ratsam ist, hängt von dem Mengenverhältnis der Aminosäuren ab und muß in jedem einzelnen Falle geprüft werden.

Das rohe Alanin ist stets ein Gemisch von optischaktiver und racemischer Form. Bei der optischen Prüfung in salzsaurer Lösung findet man deshalb in der Regel eine geringere Drehung, als dem reinen salzsauren d-Alanin ($[\alpha]_D^{20°} = +10,3°$) entspricht. Nur wenn die Menge der aktiven Aminosäure recht groß ist, wie z. B. bei der Seide, gelingt es, sie durch Krystallisation aus Wasser abzuscheiden. Das racemische Alanin $CH_3 \cdot CH(NH_2) \cdot COOH$ schmilzt bei 195°, der Äthylester, in farblosen langen Prismen krystallisierend, bei 274° (korr. 280°). Für das l-Alanin fand E. Fischer den molekularen Drehungswinkel $[\alpha]D$ in 8—10 proz. Lösung = — 9,68°. Das Pikrat des racemischen Alaninäthylesters ist in warmem Wasser ziemlich leicht löslich, krystallisiert daraus in feinen, gelben Nadeln und schmilzt bei 168° (korr. 171°). Am besten wird das Alanin durch die chemische Analyse nachgewiesen; zur weiteren Feststellung kann die Darstellung der Benzoylverbindung[1] dienen. Das Benzoylalanin schmilzt bei 162—163° (korr. 165—166°), jedoch pflegt der Schmelzpunkt, da es ein Gemisch von der optischaktiven und racemischen Form ist, durchweg nicht scharf zu sein.

c) Prolin oder Pyrrolidin-α-Carbonsäure $\begin{array}{l} CH_2 \cdot CH{-}COOH \\ | \qquad\qquad {>}NH \\ CH_2 \cdot CH_2 \end{array}$. Das Prolin ist gleichzeitig mit Leucin und Aminovaleriansäure vorwiegend in den Fraktionen der Ester, die bei 60—90° sieden, enthalten; aber auch dem Alanin kann ein Teil beigemengt sein. Es ist in Wasser leicht und auch in absolutem Alkohol löslich. Die wässerigen Lösungen der Fraktionen werden zur Trockne eingedampft und der krystallinische Rückstand mit der 5 fachen Menge absolutem Alkohol ausgezogen; die Lösung wird wieder eingedampft, der Rückstand abermals mit absolutem Alkohol aufgenommen und dieses so oft wiederholt, bis sich alles in Alkohol löst. Der dann durch Verdampfen verbleibende Rückstand besteht fast nur aus Prolin, das aber auch ein Gemisch der optischaktiven und racemischen Form ist. Zur Trennung beider Formen löst man den Rückstand in Wasser und kocht bis zur Sättigung $\frac{1}{2}$ Stunde mit überschüssigem, gefälltem Kupferhydroxyd. Das tiefblaue Filtrat wird auf dem Wasserbade verdampft — hierbei zeigt sich der kennzeichnende Geruch von Pyrrolidin — und der zerkleinerte Rückstand 2 mal mit der 5 fachen Menge heißem, absolutem Alkohol ausgelaugt. Der unlösliche Rückstand besteht vorwiegend aus dem racemischen Prolinkupfer; es kann durch Umkrystallisieren aus heißem Wasser gereinigt und durch die Bestimmung des Wasser- und Kupfergehaltes als solches nachgewiesen werden; das Prolinkupfer $(C_5H_8NO_2)_2Cu + 2 H_2O$ erfordert 10,99% Wasser und 19,41% Cu; die i-Säure schmilzt unter Aufschäumen bei 205°, deren Äthylester unter 11 mm Druck bei 75—76° siedet. Die alkoholische Lösung enthält das Kupfersalz des aktiven Prolins, nämlich des l-Prolins. Man verdampft den Alkohol, löst das Kupfersalz in Wasser, zerlegt durch Schwefelwasserstoff und verdampft das Filtrat unter vermindertem Druck. Der Rückstand löst sich, wenn das l-Prolin frei von anderen Aminosäuren war, vollständig in absolutem Alkohol, aus dem es, ebenso wie durch Pyrridin, aus der konzentrierten, wässerigen Lösung krystallinisch in flachen Nadeln erhalten werden kann; diese schmelzen, rasch erhitzt, bei 203—206° unter Entwicklung von Gas und Pyrrolidingeruch. Für eine

---

[1] 3 g Alanin werden in 30 ccm Wasser gelöst; hierzu werden 22 g gepulvertes Natriumbicarbonat und in kleinen Anteilen 14,5 g Benzoylchlorid (3 Moleküle) gegeben; darauf wird das Ganze bei Zimmertemperatur tüchtig geschüttelt. Die Reaktion verläuft in etwa einer Stunde. Der auf Zusatz von Salzsäure ausgeschiedene Krystallbrei besteht aus Benzoesäure und Benzoylalanin. Die Benzoesäure wird wiederholt mit Ligroin (Benzin von 0,735 Dichte und 120—135° Siedep.) ausgekocht und das rückständige Benzoylalanin aus Wasser umkrystallisiert.

7,4 proz. wässerige Lösung des l-Prolins wurde $[\alpha]_D^{20°} = -77,40°$, für eine 7,68 proz. in 20 proz. Salzsäure $= -46,53°$, für eine 5,73 proz. alkalische (3 ccm n-Kalilauge-) Lösung $= -83,48°$ gefunden. Zur weiteren Feststellung der aktiven α-Pyrrolidincarbonsäure läßt sich die Verbindung mit Phenylisocyanat verwenden. 1,8 g des l-Prolins werden in 15 ccm n-Natronlauge gelöst und die Lösung nach guter Abkühlung mit 2 g Phenylisocyanat in kleinen Anteilen unter beständigem, kräftigem Schütteln versetzt. Die alsdann mit Tierkohle durchgeschüttelte Lösung wird filtriert und mit Salzsäure angesäuert; es fällt eine harzige Masse aus; man fügt so viel Salzsäure zu, daß die Lösung etwa 4% davon enthält und engt auf dem Wasserbade ein, wobei an Stelle des ursprünglichen Öles die Krystalle des Anhydrids auftreten. Diese werden nach dem Erkalten filtriert und aus 200 ccm kochendem Wasser umkrystallisiert. Das in flachen Nadeln krystallisierende l-Prolinphenylisocyanatanhydrid (Phenylhydantoin)

$$\begin{array}{l} CH_2 \cdot CH_2 \\ \quad | \\ CH_2 \cdot CH \text{---} CO \\ \qquad \diagdown \diagup \qquad\quad | \\ \qquad NH - CO - N \cdot C_6H_5 \end{array}$$

schmilzt bei 143° (korr. 144°), während die inaktive Verbindung bei 118° schmilzt.

Das l-Prolin läßt sich auch weiter in das i-Prolin überführen, indem man 1 g der Säure mit 2 g Barythydrat (krystall.) und 4 g Wasser auf 140—145° erhitzt.

Die quantitative Bestimmung erfolgt in der Weise, daß man die in absolutem Alkohol völlig lösliche Aminosäure nach sorgfältigem Trocknen wägt. Die Bestimmung kann aber naturgemäß nur als eine annähernde gelten.

d) α-Aminovaleriansäure $CH_3 \cdot CH_2 \cdot CH_2 \cdot CH(NH_2) \cdot COOH$. Sie findet sich mit dem Leucin in den bei 60—90° siedenden Fraktionen der Ester. Ihre Trennung, besonders von Leucin, mit dem sie Mischkrystalle bildet, ist bei verschiedenen kleinen Mengen überhaupt kaum möglich; bei vorhandenen größeren Mengen kann die Trennung durch fraktionierte Krystallisation der freien Aminosäure und des Kupfersalzes in wechselnder Reihenfolge bewirkt werden. Besser gelingt die Trennung nach vorheriger Racemisierung des Gemisches. 1 Teil der rohen Aminosäuren wird in einem Porzellanbecher in 20 Teilen Wasser gelöst und hierzu werden 2—3 Teile krystallisiertes Bariumhydroxyd gesetzt. Nach 24 stündigem Erhitzen auf 170—175° (im Autoklaven) ist die Racemisierung vollständig. Die Flüssigkeit wird wegen der schweren Löslichkeit des racemischen Leucins verdünnt, zum Sieden erhitzt und in dieselbe Kohlensäure geleitet. Beim Eindampfen der vom Bariumcarbonat filtrierten Flüssigkeit krystallisiert zuerst das schwerlösliche racemische Leucin, das durch die Überführung in das Phenylhydantoin bzw. die Benzoyl- oder Benzolsulfosäureverbindung als solches gekennzeichnet werden kann. Die racemische Aminovaleriansäure findet sich, weil viel leichter in Wasser löslich, in der Mutterlauge.

Die aktive α-Aminovaleriansäure schmilzt unter starker Gasentwicklung bei 285—286° und hat einen molekularen Drehungswinkel $[\alpha]_D^{20°} = +25,9$ bis $+27,95°$ je nach ihrer Reinheit. Die racemische α-Aminovaleriansäure kann wie vorstehend das Prolin mit Phenylisocyanat in die Phenylisocyanatverbindung und dessen Anhydrid übergeführt werden; erstere schmilzt bei 162,5° (korr.), das Anhydrid bei 123° (korr.). Der weitere Nachweis kann durch Elementaranalyse geführt werden. Die bei der hydrolytischen Spaltung des Harns entstehende Aminovaleriansäure hält E. Fischer für α-Aminoisovaleriansäure $\genfrac{}{}{0pt}{}{CH_3}{CH_3}{>}CH \cdot CH(NH_2) \cdot COOH$.

Da die α-Aminovaleriansäure in kleiner Menge in der Fraktion des Alanins enthalten ist, andererseits aber auch beim Auskochen des Prolins mit Alkohol in Lösung geht, so können die quantitativen Bestimmungen derselben nur ungenau und höchstens als annähernd richtig ausfallen.

Wenn unter den durch Hydrolyse erhaltenen Spaltungserzeugnissen kein Leucin, wie z. B. bei den Protaminen, vorhanden ist, so ist die Reingewinnung der Aminovaleriansäure einfacher[1]).

---

[1]) Vgl. A. Kossel u. H. D. Dakin, Zeitschr. f. physiol. Chem. 1903, **40**, 565.

e) Leucin, α-Aminocapronsäure $CH_3 \cdot CH_2 \cdot CH_2 \cdot CH_2 \cdot CH(NH_2) \cdot COOH$ und Isoleucin $\begin{smallmatrix} CH_3 \\ CH_3 \end{smallmatrix}\!\!>\!CH \cdot CH_2 \cdot CH(NH_2) \cdot COOH$. Das Leucin findet sich hauptsächlich in den Fraktionen der Ester, die bei 10 mm Druck zwischen 70—90° sieden. Da die bei der hydrolytischen Spaltung der Proteine entstehende Menge meistens sehr groß ist, so kann man in der Regel durch fraktionierte Krystallisation der aus den Estern wiederhergestellten Aminosäuren eine erhebliche Menge Leucin gewinnen. Es handelt sich dabei immer um das l-Leucin, das in wässeriger Lösung schwach links dreht, aber zu 4,48% in 20 proz. Salzsäure gelöst, eine spezifische Drehung $[\alpha]_D^{20°} = +17,86°$ — E. Schulze gibt $+17,5°$ an —, in alkalischer Lösung eine solche von $+6,65°$ hat, während die spezifische Drehung des Äthylesters selbst $= +13,1°$ beträgt. Für das künstlich aus dem racemischen Leucin hergestellte d-Leucin wurde eine spezifische Drehung $[\alpha]_D^{20°} = -15,3°$ bis $-16,9°$ gefunden. Die natürliche l-Verbindung schmeckt fade und ganz schwach bitter, die d-Verbindung ausgesprochen süß, die racemische Verbindung schwach süß. Neben dem l-Leucin entsteht bei der hydrolytischen Spaltung der Proteine nach F. Ehrlich[1]) ohne Zweifel stets auch Isoleucin, dessen spezifische Drehung $[\alpha]D$ in wässeriger Lösung $= +9,74°$, in 20—21 proz. Salzsäure $= +36,80°$ und in alkalischer Lösung $= +11,1°$ ist. Die Schmelzpunkte der drei Leucine sind nicht wesentlich verschieden; l-Leucin schmilzt bei 293—295° (korr.), d-Leucin bei 296° und d-Isoleucin bei 280°. Zur Trennung der Leucine von den anderen Aminoverbindungen wird, wie vorstehend angegeben ist, das Gemisch erst racemisiert. Das racemische Leucin wird dann mit frisch gefälltem Kupferhydroxyd oder käuflichem Kupfercarbonat gekocht, das Filtrat eingedampft und der Rückstand wiederholt mit Methylalkohol gekocht. Hierdurch wird das d-Isoleucinkupfer größtenteils gelöst, während das Leucinkupfer $(C_6H_{12}NO_2)_2Cu$, das 19,50% Cu enthält, vorwiegend ungelöst bleibt. Das gelöste wie das ungelöst gebliebene Leucinkupfer können beide — ersteres nach Verjagen des Methylalkohols — mit Schwefelwasserstoff zerlegt und aus den erhaltenen Leucinen, jedes für sich getrennt, wieder die Kupfersalze hergestellt und diese wieder mit Methylalkohol behandelt werden. Die Behandlung muß 3—4 mal wiederholt werden, um jedes Leucin ziemlich vollständig zu gewinnen.

Das racemische (d-l-) Leucin (20 g) läßt sich in alkalischer Lösung (153 ccm n-Natronlauge) unter Zusatz von Natriumbicarbonat (76 g) durch Schütteln mit anteilweise zugesetztem Benzoylchlorid (64 g) leicht in das d-l-Benzoylleucin überführen, das nach Entfernung der beigemengten Benzoesäure durch Ausziehen mit Ligroin (Siedepunkt 65—72°) und Umkrystallisieren aus Äther einen Schmelzpunkt von 137—141° (korr.) hat. Zur Trennung der beiden optischen Komponenten kann man das Cinchoninsalz des d-l-Benzoylleucins benutzen. 30 g d-l-Benzoylleucin und 37,7 g Cinchonin (gleiche Moleküle) werden fein zerrieben und in 3 l siedendem Wasser gelöst. Beim Erkalten scheidet sich die d-Verbindung aus, während sich die l-Verbindung in der Mutterlauge befindet. Die zu Büscheln vereinigten Nadeln des d-Leucincinchoninsalzes schmelzen bei 85°. Man zerreibt das Salz, suspendiert es in Wasser und erwärmt auf dem Wasserbade mit Alkali (auf 20 g Salz 50 ccm n-Alkali); beim Erkalten scheidet sich das Cinchonin aus, während aus dem Filtrat das d-Benzoylleucin gewonnen werden kann, das bei 105—107° (korr.) schmilzt und in alkalischer Lösung eine spezifische Drehung von $+6,39°$ hat. Aus den ersten Mutterlaugen des Cinchoninsalzes kann das l-Benzoylleucin, ebenfalls durch Zersetzung des Cinchoninsalzes, gewonnen werden. Es verhält sich, nachdem es noch durch das Chinidinsalz — Darstellung wie beim Cinchoninsalz — gereinigt ist, bezüglich des Schmelzpunktes und der spezifischen Drehung wie das d-Benzoylleucin. Durch Kochen der Benzoylverbindung mit der 100 fachen Menge 10 proz. Salzsäure läßt sich das freie d- oder l-Leucin gewinnen. In derselben Weise wie das Benzoylleucin läßt sich aus dem racemischen Leucin und Benzolsulfochlorid das d-l-Benzolsulfochlorid $(CH_3)_2 \cdot CH \cdot CH_2 \cdot CH(NH \cdot SO_2 \cdot C_6H_5) \cdot COOH$ darstellen, das in derben Prismen krystallisiert

---

und bei 146° (korr.) schmilzt. Ebenso kennzeichnend ist die Phenylcyanatverbindung $(CH_3)_2CH$ $\cdot CH_2 \cdot CH(NH \cdot CO \cdot NH \cdot C_6H_5) \cdot COOH$; 1 g d-l-Leucin wird in 8 ccm n-Alkali gelöst und die Lösung unter heftigem Schütteln anteilweise mit 1 g Phenylcyanat versetzt. Die Verbindung wird nach Entfärben mit Tierkohle durch Säure ausgefällt und aus Alkohol unter Zusatz von Wasser umkrystallisiert; sie schmilzt unter Gasentwicklung bei 165° (korr.).

Die entsprechenden Benzoyl- und Benzolsulfoverbindungen, sowie die Phenylisocyanat- und Phenylhydantoinverbindung des Isoleucins verhalten sich nach F. Ehrlich[1]) wie folgt:

	Benzoyl- verbindung	Benzolsulfo- verbindung	Phenylisocyanat- verbindung	Phenylhydantoin- verbindung
Schmelzpunkt	116—117°	149—150°	119—120°	78—79°
Spezifische Drehung $[\alpha]$ D . .	+26,36°	—12,04°	+14,92°	links

Die Berechnung der Menge des durch die hydrolytische Spaltung der Proteine entstehenden Leucins (besonders des aktiven Leucins) aus der durch die Racemisierung erhaltenen und gewogenen Menge kann nach den vorstehenden Ausführungen nicht genau ausfallen, weil das racemische Leucin noch wechselnde Mengen Aminovaleriansäure und Isoleucin einschließt. Der Fehler gleicht sich aber mehr oder weniger aus, weil sowohl bei der Fraktionierung der Ester, als bei der späteren Isolierung und Trennung der Aminosäuren Verluste an Leucin auftreten.

f) Phenylalanin, Phenyl-α-aminopropionsäure $C_6H_5 \cdot CH_2 \cdot CH(NH_2) \cdot COOH$. Das Phenylalanin findet sich neben Asparaginsäure, Glutaminsäure und Serin vorwiegend in dem bei 100—130° unter 0,5 mm Druck siedenden Gemisch der Ester und kann von den anderen Estern dadurch getrennt werden, daß man das Gemisch, wie schon oben S. 279 gesagt ist, mit der 4—5fachen Menge Wasser versetzt und dann mit dem gleichen Volumen Äther ausschüttelt. Das gelöste Phenylalanin wird, wie angegeben, mit Salzsäure verseift, das erhaltene Hydrochlorat einmal aus starker Salzsäure umkrystallisiert, dann mit überschüssigem, wässerigem Ammoniak verdampft, aus dem Rückstand das Chlorammonium mit wenig eiskaltem Wasser ausgelaugt und die Aminosäure aus der heißen wässerigen Lösung durch Alkohol gefällt. Letztere erweist sich durch die Elementaranalyse meistens schon als rein, ist aber gleichfalls ein Gemisch von aktiver und racemischer Form. Als äußerst empfindliche qualitative Reaktion auf Phenylalanin genügt es, 0,02 g desselben in 2—3 ccm 25proz. Schwefelsäure zu lösen, einige Körnchen Kaliumbichromat zuzugeben und zu kochen, um sehr deutlich den Geruch des Phenylacetaldehyds zu erhalten. Später tritt Benzaldehyd und Benzoesäure auf.

Man kann zum weiteren Nachweis das Phenylalanin durch 48stündiges Erhitzen mit der 20fachen Menge Wasser und der 3fachen Menge Barythydrat auf 155—160° racemisieren und das schwerlösliche racemische Phenylalanin aus der Lösung dadurch in glänzenden Blättchen erhalten, daß man den Baryt genau mit Schwefelsäure ausfällt und die Lösung eindunstet. Die aus dem racemischen Phenylalanin hergestellte Phenylisocyanatverbindung schmilzt bei 180—181° (korr.), gerade wie die des synthetisch dargestellten Phenylalanins. Das i-Benzoylphenylalanin läßt sich mit Hilfe des Cinchoninsalzes in die aktiven Komponenten zerlegen; die spezifische Drehung des l-Phenylalanins in 2—3proz. Lösung $[\alpha]_D^{16}$ ist $= -35,3°$, die des d-Phenylalanins $= +35,08°$; in salzsaurer (18proz.) Lösung $= +7,07°$. Das Pikrat des Äthylesters krystallisiert in flachen Prismen, die bei 154° schmelzen.

---

[1]) Die Phenylcyanat- oder Phenylisocyanatverbindungen der Aminosäuren oder die Phenylhydantoinsäuren lassen sich allgemein durch Kochen mit 25proz. Salzsäure unter Wasserabspaltung in die Phenylhydantoinverbindungen umwandeln. F. Ehrlich konnte aber auf diese Weise aus dem d-Isoleucinphenylisocyanat die entsprechende Hydantoinverbindung nicht glatt gewinnen, sondern erst in der Weise, daß er 1 g d-Isoleucinphenylisocyanat mit 100 ccm Salzsäure von spezifischem Gewicht 1,124 auf freier Flamme bis zu 25 ccm einkochte.

Für die **quantitative** Bestimmung des Phenylalanins wird direkt das beim Verdampfen des Esters mit Salzsäure hinterbleibende Rohprodukt gewogen, da bei sorgfältiger Ausführung der Estertrennung keine anderen Aminosäuren zugegen sind. Selbstverständlich haftet der Bestimmung der Fehler an, der durch Verluste bei der Isolierung und Fraktionierung der Ester entsteht.

g) Serin, α-Amino-β-Oxypropionsäure $CH_2(OH) \cdot CH(NH_2) \cdot COOH$. Das Serin kann aus dem bei 100—130° unter 0,5 mm Druck siedenden Estergemisch, nachdem das Phenylalanin durch Äther daraus gelöst worden ist, durch Petroläther abgeschieden werden, worin, wie schon S. 279 angegeben, der Asparaginsäure- und Glutaminsäureester löslich sind. Die ölige Abscheidung, die noch Anteile letzterer und anderer Ester enthält, wird mehrmals mit Petroläther durchgeschüttelt, dann durch $1^1/_2$ stündiges Erhitzen mit überschüssigem, konzentriertem Barytwasser auf dem Wasserbade verseift, der Baryt mit Schwefelsäure genau ausgefällt und das Filtrat unter vermindertem Druck verdampft. Beim Auskochen des Rückstandes mit absolutem Alkohol geht ein Teil der Verunreinigungen in Lösung, während das Serin im Rückstande bleibt. Man löst es in wenig Wasser, behandelt die Lösung mit Tierkohle und überläßt die geklärte und eingedampfte Lösung der Krystallisation. Das Serin schmilzt in dünnen, unregelmäßig gestalteten Blättchen, die bei 243—245° unter Zersetzung schmelzen. Zur weiteren Feststellung des Serins kann die β - Naphthalinsulfoverbindung dienen. Zwei Molekulargewichte β-Naphthalinsulfochlorid[1]) werden in Äther gelöst und hierzu wird 1 Molekül Aminosäure gesetzt, die man in der berechneten Menge n-Natronlauge gelöst hat. Die Mischung wird bei gewöhnlicher Temperatur mit Hilfe einer Maschine geschüttelt, indem hierzu in Zwischenräumen von 1—$1^1/_2$ Stunden noch dreimal die gleiche Menge n-Natronlauge hinzugefügt wird. Die wässerige Lösung ist, weil das β-Naphthalinsulfochlorid nicht vollständig verbraucht wird, am Schlusse der Behandlung noch alkalisch. Sie wird von der ätherischen Lösung getrennt, wenn nötig, mit Tierkohle geklärt, filtriert und mit Salzsäure übersättigt, wodurch die schwerlösliche Naphthalinsulfoverbindung ausfällt. Das β-Naphthalinsulfoserin $C_{10}H_7 \cdot SO_2 \cdot NH \cdot (CH_2 \cdot OH) \cdot COOH$ scheidet sich in flachen, häufig zu knolligen Krystallaggregaten verwachsenen Nadeln aus, die beim weiteren Umkrystallisieren aus Wasser ein krystallwasserhaltiges und krystallwasserfreies Präparat liefern. Das Wasser entweicht beim Trocknen im Vakuum bei 80°. Am bequemsten erhält man die krystallfreie Verbindung aus heißem Alkohol, aus dem sie in winzigen Nädelchen krystallisiert. Die trockne Verbindung schmilzt bei 210° (korr. 214°) zu einem farblosen Öl. Sie löst sich in 70—80 Teilen kochenden Wassers; auch in kaltem, absolutem Alkohol ist sie schwer löslich; beide Eigenschaften können zur Trennung des Serins von den anderen Aminosäuren mit verwendet werden.

Das in vorstehender Weise erhaltene Serin ist der **Racemkörper**. Wenn es in geringer Menge vorhanden ist, so verhindern die anderen Aminosäuren, besonders Asparagin- und Glutaminsäure, die Krystallisation. Diese werden dann durch das Kupfersalz und die Hydrochlorate von dem Serin getrennt (vgl. unter h).

h) Asparaginsäure $HOOC \cdot CH_2 \cdot CH(NH_2) \cdot COOH$. Sie bleibt nach Entfernung des Phenylalaninesters mit Äther und nach Abscheidung des Serinesters mit Petroläther, vorwiegend mit Glutaminsäure in dem Estergemisch zurück. Man verseift die Ester durch 1—2 stündiges Erhitzen auf dem Wasserbade mit überschüssigem Barytwasser, wodurch häufig ein Teil der Asparaginsäure als schwerlösliches Bariumsalz ausfällt. Dieses wie das in Lösung gebliebene Salz wird genau mit der nötigen Menge Schwefelsäure zersetzt und die filtrierte Lösung verdampft. Hierbei bleibt die Asparaginsäure in fast quantitativer Menge und in fast reinem Zustande zurück. Ist die Glutaminsäure vorher nicht (S. 277) abgeschieden, so löst man das Gemisch beider Säuren in wenig konzentrierter Salzsäure, läßt

---

[1]) Das in üblicher Weise (Journ. f. prakt. Chem. **47**, 94) dargestellte β-Naphthalinsulfochlorid wird durch Destillation bei 0,3 mm Druck gereinigt und aus Benzol umkrystallisiert; das so gereinigte Präparat schmilzt bei 78° (korr. 79°).

erkalten, sättigt, wenn nötig, noch mit gasförmiger Salzsäure und läßt dann in Eis oder auch in einer Kältemischung 1—2 Stunden stehen. Hierbei fällt die Glutaminsäure, auch wenn nur geringe Mengen vorhanden sind, als Hydrochlorat aus und kann durch Umkrystallisieren aus starker Salzsäure gereinigt werden. Um aus dem Filtrat die Asparaginsäure (und andere Aminosäuren) zu gewinnen, verdampft man dasselbe, löst den Rückstand in Wasser und entfernt durch Kochen mit Bleioxyd das Chlor. Kennzeichnend für Asparaginsäure ist ihr ausgesprochen saurer Geschmack, wodurch sie sich von der Glutaminsäure und allen einfachen Aminosäuren unterscheidet. Versetzt man ihre heiße Lösung mit Kupferoxydhydrat oder Kupferacetat, so scheidet sich beim Erkalten asparaginsaures Kupfer $C_4H_5NO_4Cu + 4^1/_2H_2O$ in blauen glänzenden Nadeln ab, die in kaltem Wasser fast unlöslich sind.

Die durch Kochen des Esters mit Barytwasser erhaltene Asparaginsäure ist hauptsächlich die racemische Form. Die hieraus hergestellte Benzoylverbindung (Schmelzpunkt 164—165° korr.) läßt sich durch Brucin in l- und d-Asparaginsäure überführen, aus denen durch Kochen mit Salzsäure die l- und d-Asparaginsäure gewonnen werden können. Eine 3—4proz. Lösung der l-Asparaginsäure in 3 Mol. Salzsäure hat eine spezifische Drehung $[\alpha]_D^{20} = +25{,}7°$, in 3 Mol. Natriumhydroxyd dagegen $= -2{,}37°$; in wässeriger Lösung dreht sie nur schwach rechts, bei 75° ist sie inaktiv, von da an zunehmend linksdrehend. Die d-Asparaginsäure hat bei Gegenwart von Salzsäure eine spezifische Drehung $[\alpha]_D^{20}$ von $-25{,}5°$.

i) Glutaminsäure, α-Aminoglutarsäure $HOOC \cdot CH_2 \cdot CH_2 \cdot CH(NH_2) \cdot COOH$. Die Glutaminsäure wird, wenn sie sich in größerer Menge unter den Spaltungserzeugnissen befindet, am zweckmäßigsten nach S. 277 als Hydrochlorat abgeschieden oder wenn dieses nicht geschehen ist, in der bei Asparaginsäure vorstehend angegebenen Weise. Um aus dem abgeschiedenen Hydrochlorat die freie Glutaminsäure zu gewinnen, löst man es in wenig Wasser und fügt eine zur Bindung der Salzsäure gerade ausreichende Menge von titrierter Alkalilauge zu. Die in kaltem Wasser ziemlich schwer lösliche Glutaminsäure scheidet sich dann bei genügender Konzentration krystallinisch ab. Sie kann an ihrem eigenartigen faden und sehr schwachen Geschmack erkannt werden; der sichere Nachweis muß durch die Elementaranalyse der freien Säure oder des Hydrochlorates geführt werden. Aus der inaktiven d-l-Glutaminsäure kann man nach E. Schulze und Bosshard[1]) durch Penicillium glaucum die l-Säure gewinnen; oder man führt diese in die Benzoylverbindung über, woraus man mit Hilfe des Strychninsalzes die d- und l-Glutaminsäure darstellen kann. Die l-Glutaminsäure, deren Benzoyl-Strychninsalz zuerst ausfällt, zu 4—5 g in 8—9proz. Salzsäure gelöst, hat $[\alpha]_D^{20} = -30{,}05°$ bis $-31{,}1°$; die entsprechende d-Glutaminsäure unter denselben Verhältnissen $= +30{,}45$ bis $+31{,}7°$. Die d-Säure krystallisiert in klaren, farblosen, diamantglänzenden, rhombischen Oktaedern und Tetraedern und auch in kleinen glänzenden Blättchen; sie schmilzt bei raschem Erhitzen bei 208° unter Zersetzung.

Bei größeren vorhandenen Mengen (z. B. aus Casein) ist die Abscheidung der Glutaminsäure als Hydrochlorat aus dem ursprünglichen Gemisch der Spaltungserzeugnisse so vollkommen, daß die quantitative Bestimmung als verhältnismäßig genau angesehen werden kann. Dagegen ist die Gewinnung aus dem Ester in quantitativer Hinsicht recht unvollkommen. Man kocht dann den bei der Destillation der Ester bleibenden Rückstand zweckmäßig mehrere Stunden mit Barytwasser, entfernt den Baryt mit Schwefelsäure und scheidet im Filtrat die Glutaminsäure als Hydrochlorat ab.

k) Tyrosin, p-Oxy-Phenyl-α-Aminoproplonsäure $C_6H_4 \!\!\begin{array}{l} \diagup OH \\ \diagdown CH_2 \cdot CH(NH_2) \cdot COOH \end{array}$. Zur Bestimmung desselben wird, wie schon oben S. 276 gesagt ist, am besten mit Schwefelsäure hydrolysiert[2]) (etwa 250 g Protein mit 500 ccm konzentrierter Schwefelsäure und 2500 ccm Wasser durch 18stündiges Kochen). Die von Unaufgeschlossenem abfiltrierte Flüssigkeit wird

---

[1]) Zeitschr. f. physiol. Chem. 1886, **10**, 143.

[2]) Um Tyrosin tunlichst rein zu gewinnen, eignet sich am besten Seide, die nur geringe Mengen anderer in Wasser schwer löslichen Aminosäuren, wie Leucin, Phenylamin, liefert.

mit 2 kg Barythydrat, das in möglichst wenig heißem Wasser gelöst ist, versetzt, der überschüssige Baryt durch Kohlensäure — oder auch genau durch Schwefelsäure — neutralisiert und die neutrale Flüssigkeit heiß auf einer großen Nutsche abgesaugt. Der Niederschlag wird, um das schwerlösliche Tyrosin ganz zu gewinnen, mit Wasser ausgekocht bzw. mit heißem Wasser mehrmals ausgewaschen und das Filtrat verdampft, bis schon in der Wärme eine reichliche Krystallisation eintritt. Man läßt erkalten, filtriert die Krystallmasse ab und kocht sie, um das beigemengte Alanin zu entfernen, mit wenig heißem Wasser aus. Das rückständige Tyrosin kann aus heißem ammoniakalischen Alkohol umkrystallisiert werden; es ist die optisch aktive Form, das l-Tyrosin, dessen spezifische Drehung $[\alpha]D$ in 4—5 proz. salzsaurer Lösung (20% Salzsäure) zu —7,98 bis —8,64 schwankend gefunden worden ist und dem, auf vorstehende Weise gewonnen, immer etwas vom Racemkörper anhaftet. Um es von dem öfters beigemengten Leucin zu reinigen, kocht man es nach Habermann und Ehrenfeld[1]) mit Eisessig aus, wodurch außer Leucin auch noch andere Beimengungen entfernt werden. Darauf muß man es, um ein ganz reines Tyrosin zu erhalten, häufig noch mehrmals aus siedendem Wasser umkrystallisieren. Das reine l-Tyrosin bildet mikroskopische, farblose, seidenglänzende, feine zu Büscheln vereinigte Nadeln, ist ohne Geruch und Geschmack und zersetzt sich, schnell erhitzt, bei 310—314° unter lebhafter Gasentwicklung und Horngeruch; 1 Teil l-Tyrosin löst sich in 2000 Teilen kaltem Wasser, es ist in absolutem Alkohol oder Äther unlöslich; durch Phosphorwolframsäure wird es aus 5 proz. Lösung nicht gefällt. Durch Kochen der wässerigen Lösung des l-Tyrosins mit Kupferhydroxyd bildet sich das Tyrosinkupfer $(C_9H_{10}NO_3)_2Cu$, das in blauen Prismen krystallisiert, aber beim Kochen mit Wasser zerfällt. Der l-Tyrosinäthylester, der durch Übergießen von 5 g l-Tyrosin mit 35 ccm Alkohol unter Einleiten von gasförmiger Salzsäure gewonnen werden kann, schmilzt bei 108—109°. Das l-Tyrosin gibt beim Kochen mit Millons Reagens Rotfärbung.

l) Oxy-prolin, Oxy-Pyrrolidin-α-Carbonsäure $\begin{matrix} CH_2 \cdot & CH{\diagdown}\cdot COOH \\ | & {\diagup}NH \\ CH_2 \cdot CH(OH) & \end{matrix}$. Diese Aminosäure ist wegen ihrer und ihrer Verbindungen leichten Löslichkeit in Wasser schwer zu gewinnen. Sie kann nur durch ein umständliches Verfahren, teils durch Krystallisation, teils durch das Esterverfahren, teils durch Fällung mit Phosphorwolframsäure von den anderen Aminosäuren getrennt werden, indem sie aus den letzten Mutterlaugen durch Krystallisation abgeschieden wird[2]). Die Aminosäure krystallisiert im rhombischen System für die 9 proz. wässerige Lösung, die süß schmeckt, ihre spezifische Drehung ist $[\alpha]_D^{20} = -81,04$. Das Kupfersalz wie das Phenylisocyanat sind leicht löslich in Wasser; in absolutem Alkohol ist die Säure wie das Kupfersalz schwer löslich. Zur Feststellung der Säure dient am besten die β-Naphthalinsulfoverbindung, die in der üblichen Weise (vgl. S. 286) dargestellt wird. Die zunächst als Öl ausfallende, aber bald krystallinisch erstarrende Verbindung kann aus heißem Wasser umkrystallisiert werden, woraus sie in dünnen Blättchen gewonnen wird; sie sintert bei 86° und schmilzt bei 91—92° (korr.) zu einen hellbraunen Öl; sie enthält 1 Mol. Krystallwasser, welches bei 85° entweicht.

m) Diamino-trioxy-Dodecansäure $C_{12}H_{26}N_2O_5 = [CH_2(NH_2) \cdot (CH_2)_6C \cdot H(OH) \cdot CH(OH) \cdot CH(OH) \cdot CH(NH_2) \cdot COOH?]$. Die Säure ist wahrscheinlich gleich mit der von Skraup[3]) bei der Hydrolyse des Caseins erhaltenen Caseinsäure. Die bei der Hydrolyse von Proteinen (Casein) mit Schwefelsäure erhaltene Flüssigkeit wird erst durch Ätzbaryt quantitativ von Schwefelsäure befreit, der Niederschlag abgenutscht und nochmals mit Wasser ausgekocht. Die vereinigten Filtrate werden auf dem Wasserbade bis zur beginnenden Krystallisation des Tyrosins eingedampft und erkalten gelassen. Der ersten Krystallisation von Tyrosin,

---

[1]) Zeitschr. f. physiol. Chem. 1902, **37**, 18.

[2]) Vgl. die obige Schrift von E. Fischer, S. 680 oder Berichte d. Deutschen chem. Gesellschaft 1902, **35**, 2660.

[3]) Zeitschr. f. physiol. Chem. 1904, **42**, 292.

die abfiltriert wird, ist schon eine beträchtliche Menge der Diaminotrioxysäure beigemengt, aber eine noch größere Menge davon findet sich in der Mutterlauge. Um sie zu gewinnen, dampft man weiter ein und sammelt die verschiedenen Krystallisationen, die gleichzeitig auch Leucin, Glutaminsäure usw. enthalten. Sie werden von den leicht löslichen Anteilen durch Waschen mit eiskaltem Wasser befreit. Die erste Krystallisation mit der Hauptmenge des Tyrosins wird in heißem Wasser gelöst, mit Tierkohle gekocht und aus dem Filtrat das Tyrosin durch Abkühlen ausgeschieden. Die Mutterlauge dient dann zur Gewinnung der Diaminotrioxysäure. Die übrigen Krystallisationen, die nur wenig Tyrosin mehr enthalten, werden direkt verarbeitet. Die stark verdünnten Mutterlaugen werden mit so viel Schwefelsäure versetzt, daß die Lösung 5% davon enthält, und dann mit Phosphorwolframsäure, solange noch ein Niederschlag entsteht. Derselbe wird nach dem Filtrieren, Abpressen und nochmaligem sorgfältigen Waschen mit Wasser durch überschüssiges Barytwasser zerlegt, aus dem Filtrat der Baryt genau mit Schwefelsäure ausgefällt und das Filtrat vom Bariumsulfatniederschlag stark eingeengt. Nach dem Erkalten fällt die Diaminotrioxydodecansäure krystallinisch aus, während in der Mutterlauge leicht lösliche Produkte zurückbleiben. Die Säure wird aus heißem Wasser nochmals umkrystallisiert, die gereinigte Säure in heißer, starker Salzsäure gelöst, die Lösung abgekühlt, das ausgeschiedene Hydrochlorat abgesaugt, mit starker Salzsäure gewaschen, dann in warmem Wasser gelöst und die Säure durch Neutralisation mit Ammoniak ausgefällt. Sie schmilzt unter Braunfärbung und Zersetzung gegen 255° und hat in 5 proz. wässeriger Lösung eine spezifische Drehung von ungefähr —9°. Das durch Erwärmen mit überschüssigem Kupferoxyd oder Kupfercarbonat erhaltene Kupfersalz scheidet sich beim Erkalten der Lösung in blauen Blättchen aus, die, im Vakuumexsiccator getrocknet, beim Erwärmen auf 120° weder ihr Gewicht noch ihre blaue Farbe verlieren.

n) Cystin $= CH_2 \cdot S \quad - \quad S \cdot H_2C$ wird als Disulfid des Cysteins (Aminothiomilch-
$$\overset{|}{CH}(NH_2)-(NH_2)\overset{|}{HC}$$
$$\overset{|}{COOH} \quad - \quad HOO\overset{|}{C}$$

säure) $CH_2 \cdot SH$ angesehen. Das Cystin bildet sich nach K. A. H. Mörner[1]) bei der Hydro-
$$\overset{|}{CH}(NH_2)$$
$$\overset{|}{COOH}$$

lyse von Keratin und Proteinen sowie bei der tryptischen Verdauung von Fibrin, unter Umständen neben etwas Cystein. Zur Gewinnung werden Hornspäne usw. mit der fünffachen Menge einer 13 proz. Salzsäure auf dem Wasserbade am Rückflußkühler bei 90—95° 7 Tage lang erhitzt; die Flüssigkeit wird mit Tierkohle entfärbt, filtriert, im Vakuum eingeengt, der Rückstand mit 60—70 proz. Alkohol aufgenommen und die Lösung durch Neutralisation mit Natronlauge ausgefällt. Der filtrierte Niederschlag, der vorwiegend aus Tyrosin und Cystin besteht, wird beim Überwiegen des Tyrosins aus einer nicht zu verdünnten Lösung, bei Anwesenheit von wenig Tyrosin aus einer stark verdünnten Lösung in Ammoniak umkrystallisiert, indem man in beiden Fällen den größten Teil des Ammoniaks im Vakuum durch Verdunsten entfernt. In ersterem Falle scheidet sich das Tyrosin, in letzterem Falle das Cystin zuerst aus. Die Reinheit der Ausscheidung kann durch Millons Reagens geprüft werden; hiermit gibt Tyrosin (einige Tropfen des ersteren) zu einer heißen Lösung des letzteren keine Färbung, aber beim Kochen Rotfärbung und Trübung; eine heiße Cystinlösung dagegen bei gleicher Behandlung eine reiche weiße Fällung und beim Kochen keine Färbung. Nach Embden[2]) kann man beide auch durch verdünnte Salpetersäure trennen, worin das Tyrosin sehr leicht, das Cystin sehr schwer löslich ist. E. Winterstein[3]) hält Phosphorwolframsäure für ein geeignetes Trennungsmittel; hierdurch wird Cystin, nicht aber Tyrosin gefällt.

---

[1]) Zeitschr. f. physiol. Chem. 1899, **28**, 595; 1901, **34**, 207.
[2]) Ebendort, 1901, **32**, 94.
[3]) Ebendort, 1902, **34**, 153.

Das Cystin ist in kaltem Wasser nur wenig löslich, unlöslich in Alkohol und Äther, dagegen leicht löslich in Alkalien, Ammoniak und kohlensauren Alkalien, aber nicht in kohlensaurem Ammoniak. Aus ammoniakalischen Lösungen krystallisiert es in sechsseitigen Tafeln oder in Rhomboedern.

[Die spezifische Drehung $[\alpha]$ D ist verschieden angegeben, nämlich zu —142 (von Küby für Cystin aus Harnsteinen in ammoniakalischer Lösung), zu —205,86° (von Mautner für eine 0,8—2,0 proz. Lösung in Salzsäure), zu —214° (von Baumann für eine 2 proz. Lösung), zu —224,3° (von Mörner 1,8 proz. Lösung in Salzsäure).

Das salzsaure Salz $C_6H_{12}N_2S_2O_4 \cdot 2HCl$ krystallisiert in Prismen; versetzt man die salzsaure Lösung mit einem kleinen Überschuß von Kupferacetat, so erhält man das in himmelblauen Nadelbüscheln krystallisierende Cystinkupfer $C_6H_{10}N_2S_2O_4 \cdot Cu$; durch Schütteln mit Natronlauge und Benzoylchlorid bildet sich das Natriumsalz des Dibenzoylcystins $C_6H_8N_2S_2O_4Na_2 \cdot 2C_6H_5 \cdot CO$ in Form eines voluminösen Niederschlages von seideglänzenden Nadeln; hieraus kann durch stärkere Säuren die freie Säure abgeschieden werden, die, aus Alkohol umkrystallisiert, Büschel von feinen, bei 180—181° schmelzenden Nadeln bildet.

Durch Kochen von etwas Cystin mit einigen Tropfen Natronlauge auf Silberblech erhält man einen nicht abwaschbaren schwarzen Flecken von Schwefelsilber; desgleichen durch Kochen von Cystin mit Alkalilauge und Bleiacetat eine Schwarzfärbung durch gebildetes Schwefelblei[1]).

o) Tryptophan (Proteinochromogen $C_{96}H_{119}N_{21}SO_{31}$?). Es bildet sich bei jeder tiefgreifenden Zersetzung der Proteine, sowohl bei der tryptischen Verdauung wie bei der hydrolytischen Spaltung. Behufs Abscheidung des Tryptophans versetzt man z. B. die durch Pankreatinverdauung erhaltene und filtrierte Lösung mit Schwefelsäure bis zu 5% und fällt dann mit einer Lösung, welche 10% Quecksilbersulfat und 5% Schwefelsäure enthält. Nach 24 stündigem Stehen wird filtriert und der Niederschlag mit 5 proz. schwefelsäurehaltigem Wasser ausgewaschen, bis das Filtrat mit Millons Reagens nur noch eine braungelbe Färbung gibt. Der Niederschlag enthält Cystin, Tyrosin usw. und Tryptophan; durch Verteilen in Wasser und Einleiten von Schwefelwasserstoff können die Aminosäuren isoliert werden, jedoch fehlt es an Angaben, sie einzeln zu trennen. Das Tryptophan zeichnet sich dadurch aus, daß es mit Bromwasser eine rosarote bzw. rotviolette Färbung gibt bzw. mit Halogenen überhaupt rotviolette Verbindungen (Proteinochrom) liefert, z. B. mit Chlorwasser beim vorsichtigen Zusatz $C_{26}H_{116}Cl_3N_{21}SO_{31}$. Taucht man ein in starke Salzsäure gehaltenes und mit Wasser abgespültes Streichholz in eine starke wässerige tryptophanhaltige Lösung, so nimmt es nach dem Trocknen eine tiefe Purpurfarbe an.

Beim Erwärmen mit einer Mischung von 2 Vol. verdünnter Glyoxylsäurelösung und 1 Vol. konzentrierter Schwefelsäure und etwas tryptophanhaltiger Flüssigkeit tritt Violettfärbung ein.

Diese Reaktionen kommen auch der Indolaminopropionsäure oder der Skatolaminoessigsäure $C_{11}H_{12}N_2O_2$ zu und wird von Hopkins und Cole[2]) diese Verbindung als der Träger der Tryptophanreaktion angesehen. Zur Darstellung dieser Säure kann man die durch Zersetzen mit Schwefelwasserstoff erhaltene Lösung in derselben Weise mit Quecksilbersulfat fällen, den Niederschlag wieder mit Schwefelwasserstoff zerlegen, aus dem Filtrat die Schwefelsäure genau mit Barytwasser abscheiden, die schwefelsäure- und bariumfreie Flüssigkeit unter zeitweise erneutem Zusatz von Alkohol einengen, bis die Masse nach dem Erkalten krystallinisch erstarrt. Alsdann filtriert man und krystallisiert zuerst aus heißem 45 proz., dann aus 75 proz. Alkohol um. Die Säure krystallisiert in glänzenden Platten, die im Schmelzröhrchen bei 220° eine Farbenveränderung, bei 240° eine Braunfärbung zeigen

---

[1]) Da Proteine dieselbe Reaktion geben, so muß die Lösung von diesen frei sein.
[2]) Journ. of Physiol. 1902, **27**, 418.

und bei 252° völlig geschmolzen sind; beim weiteren Erhitzen entstehen Kohlensäure, Skatol und Indol. Verdampft man die Säure mit Salzsäure im Vakuum zur Trockne, so erhält man das krystallinische salzsaure Salz $C_{11}H_{12}N_2O_2 \cdot HCl$.

III. Trennung und Bestimmung der Diaminosäuren.

Die Diaminosäuren, als welche vorwiegend die drei Hexonbasen, Arginin, Histidin und Lysin in Betracht kommen, werden nach den von A. Kossel[1]) sowie von E. Schulze[2]) und ihren Mitarbeitern ausgearbeiteten Verfahren getrennt und bestimmt. Voraussetzung hierbei ist, daß sie tunlichst frei von Monoaminosäuren sind und sich in schwefelsaurer Lösung befinden. Die genannten Diaminosäuren entstehen in reichlicher Menge bei der Hydrolyse von Protaminen, besonderen einfachen Proteinkörpern des Fischspermas, weniger reichlich bei der Hydrolyse der gewöhnlichen Proteine. Von ersteren genügen daher zur quantitativen Trennung 2—5 g, von den letzteren dagegen 25—50 g und mehr. Je 1 Gewichtsteil der Stoffe wird mit 3 Gewichtsteilen konzentrierter Schwefelsäure und 6 Gewichtsteilen Wasser 14 Stunden am Rückflußkühler gekocht; darauf wird die Flüssigkeit auf 1 l aufgefüllt und in genau je 5 oder 10 ccm derselben der Stickstoffgehalt bestimmt, um einen Vergleich mit der in dem betreffenden Protein angewendeten Menge Stickstoff zu erhalten. Der übrige Teil der Flüssigkeit wird mit einer heißen konzentrierten Barytlösung schwach alkalisch gemacht, abgenutscht und mit heißem Wasser nachgewaschen; Filtrate und Waschwässer werden vereinigt, eingedampft und die Flüssigkeit auf 1 l aufgefüllt. Hiervon werden wieder je 5 oder 10 ccm für die Stickstoffbestimmung nach Kjeldahl entnommen. Der Unterschied zwischen der ersten und dieser Bestimmung gibt die Menge Stickstoff, die durch Bariumhydroxyd gefällt ist; A. Kossel nennt diesen Stickstoff „Huminstickstoff I“. Von derselben Flüssigkeit werden zweimal je 100 ccm zur Bestimmung des Ammoniaks mit Magnesia destilliert. Der Rest der Flüssigkeit wird in einer großen Schale bis zur völligen Vertreibung des Ammoniaks mit Magnesia auf dem Wasserbade erhitzt. Die drei vereinigten Flüssigkeiten werden mit Barytwasser bis zur stark alkalischen Reaktion versetzt, der entstandene Niederschlag abgesaugt, durch dreimaliges Auskochen mit Wasser, Absaugen und Auswaschen gereinigt. Die gereinigten Filtrate werden zur Entfernung des Baryts mit Schwefelsäure angesäuert, das Bariumsulfat wird abfiltriert, der Niederschlag sorgfältig ausgewaschen, Filtrat und Waschwasser eingedampft und die eingeengte Flüssigkeit auf 1 l aufgefüllt. Je 5 oder 10 ccm dieser Flüssigkeit dienen zu einer Stickstoffbestimmung nach Kjeldahl. Aus dieser Bestimmung erfährt man unter Berücksichtigung des Ammoniakstickstoffs die Menge des durch Bariumhydroxyd nochmals ausgeschiedenen Stickstoffs, den A. Kossel als „Huminstickstoff II“ bezeichnet.

Hat man nur geringe Mengen Diaminosäuren neben größeren Mengen Monoaminosäuren, so empfiehlt es sich, die ersteren durch phosphorwolframsaures Natron in schwefelsaurer Lösung auszufällen. Früher nahm man an, daß die Monoaminosäuren in verdünnter Lösung durch dieses Reagens nicht gefällt werden und dieses trifft nach E. Schulze und Winterstein[3]) auch für Glykokoll, Leucin, Tyrosin und Aminovaleriansäure zu; dagegen verhält sich das Phenylalanin anders. Nach Leveune und Beatty[4]) werden auch Glykokoll, Alanin und Leucin in 5 und 10proz. Lösung durch phosphorwolframsaures Natron merklich gefällt, verdünntere Lösungen nur in geringer Menge und Glutaminsäure auch in 10proz. Lösung nur zu 13% (vgl. S. 256). In verdünnter Lösung wird man daher die Diaminosäuren durch Fällen mit phosphorwolframsaurem Natron in schwefelsaurer Lösung von den Monoaminosäuren größtenteils trennen und den störenden Einfluß der letzteren bei der weiteren Trennung der Diaminosäuren vermeiden können. Der Niederschlag mit Phosphorwolframsäure

---

[1]) Zeitschr. f. physiol. Chem. 1901, **31**, 165; 1903, **38**, 39.
[2]) Ebendort 1901, **33**, 547.
[3]) Ebendort 1901, **33**, 574.
[4]) Ebendort 1906, **47**, 149.

wird dann durch Barytwasser zerlegt[1]), das Filtrat durch Einleiten von Kohlensäure von überschüssigem Baryt befreit, der Niederschlag abfiltriert, das Filtrat mit Schwefelsäure angesäuert und wie die vorstehend erhaltene Lösung folgendermaßen weiter behandelt:

Die schwefelsaure Lösung wird in einen 5 l fassenden Kolben umgefüllt, auf 3 l verdünnt und auf dem Wasserbade erwärmt. Man fügt unter fortwährendem Erwärmen so lange feingepulvertes Silbersulfat hinzu, bis ein Tropfen der Flüssigkeit in einem mit Barytwasser gefüllten und auf dunkler Unterlage stehenden Uhrglase nicht mehr eine weiße, sondern eine gelbe Färbung gibt; etwa ungelöst am Boden sich ansammelndes Silbersulfat bringt man durch Zusatz von Wasser und Erwärmen in Lösung und wiederholt die Prüfung auf dem Uhrglase. Sobald der gelbe Niederschlag, der einen Überschuß von Silbersulfat anzeigt, in dem Uhrglase auftritt, läßt man die Flüssigkeit auf etwa 40° erkalten, sättigt sie mit gepulvertem Ätzbaryt, saugt den entstandenen Niederschlag sogleich auf der Nutsche ab, reibt ihn mit Barytwasser an, saugt die Flüssigkeit wieder ab und wäscht mit barythaltigem Wasser sorgfältig aus. Der Niederschlag enthält[2]) Histidin und Arginin, die Flüssigkeit Lysin.

a) Trennung und Bestimmung von Arginin und Histidin. Der durch vorstehende Behandlung erhaltene Niederschlag wird in schwefelsäurehaltigem Wasser aufgeschwemmt, mit Schwefelwasserstoff zerlegt und der Niederschlag von Schwefelsilber, der gleichzeitig Bariumsulfat einschließt, mit Wasser ausgekocht und mit heißem Wasser ausgewaschen. Die filtrierte saure Flüssigkeit wird zur Vertreibung des Schwefelwasserstoffs eingedampft und auf 1 l aufgefüllt. In je 20 ccm dieser Flüssigkeit wird eine Stickstoff-Bestimmung nach Kjeldahl ausgeführt, welche die Menge des Stickstoffs der durch Silber und Baryt fällbaren Stoffe angibt. Der Rest der Flüssigkeit wird mit Barytwasser neutralisiert, so lange mit Bariumnitrat versetzt, als noch ein Niederschlag entsteht, filtriert und der Niederschlag sorgfältig ausgewaschen. Das Filtrat dampft man auf 300 ccm ein und versetzt mit Silbernitratlösung, bis eine Tropfenprobe auf einem Uhrglase in der vorstehend angegebenen Weise mit Barytwasser eine Gelbfärbung gibt. Man neutralisiert nochmals mit Barytwasser und fügt tropfenweise — am besten aus einer Bürette — Barytwasser hinzu, bis alles Histidin ausgefällt ist. Dieses erkennt man daran, daß eine ausgehobene kleine Probe der Flüssigkeit mit ammoniakalischer Silberlösung keinen im Überschuß des Ammoniaks leicht löslichen Niederschlag mehr gibt. Ist dieses der Fall, also noch Histidin vorhanden, so fährt man mit dem tropfenweisen Zusatz von Barytwasser fort, bis alles Histidin ausgefällt ist. Der entstandene Niederschlag wird filtriert, darauf vom Filter genommen, mit Wasser angerieben und sorgfältig ausgewaschen. Filtrat und Waschwasser dienen zur Bestimmung des Arginins, der Niederschlag dagegen zu der des Histidins.

α) Bestimmung des Histidins[3]) $C_6H_9N_3O_2$ (mit 27,14% N). Der argininfreie Silberniederschlag wird in schwefelsäurehaltigem Wasser verteilt und mit Schwefelwasserstoff zersetzt; das ausgefällte Schwefelsilber wird abfiltriert, mit siedendem Wasser völlig ausgewaschen; Filtrat und Waschwasser werden eingeengt und auf 1 l aufgefüllt, von dem 40 ccm zur Bestimmung des Stickstoffs nach Kjeldahl verwendet werden können, um die Menge der etwa im Schwefelsilber zurückbleibenden Stickstoffsubstanz zu ermitteln. Aus der Rest- oder Gesamtflüssigkeit wird die Schwefelsäure durch Barytwasser, der überschüssige Baryt durch

---

[1]) Nach E. Winterstein (Zeitschr. f. physiol. Chem. 1902, **34**, 153) kann man den Niederschlag auch durch konzentrierte Salzsäure zerlegen und die Phosphorwolframsäure durch Äther ausziehen.

[2]) Nach einer Anmerkung von H. Thierfelder in Hoppe-Seylers Handbuch der phys.-pathol. chem. Analyse, Berlin 1903, S. 194 kann man bei der Gewinnung der Hexonbasen statt des Silbersulfats auch Silbernitrat anwenden, wenn man auf die Darstellung der Monoaminosäuren nach der Abscheidung des Lysins mit Phosphorwolframsäure verzichtet. Man braucht dann eine Verdünnung der Flüssigkeit auf 3 l wie eine Erwärmung auf dem Wasserbade nicht vorzunehmen.

[3]) Die Konstitution des Histidins ist noch nicht bekannt.

Kohlensäure entfernt, das Filtrat zur Trockne eingedampft und der Rückstand mit 10—20 proz. Silbernitratlösung, der ein Tropfen verdünnter Salpetersäure zugesetzt ist, aufgenommen. Man saugt vom Rückstand — durchweg etwas organischer Substanz — ab, wäscht mit Wasser aus, fällt aus dem Filtrat das Histidinsilber durch vorsichtigen Zusatz von verdünnter ammoniakalischer Silbernitratlösung aus, filtriert den Niederschlag ab, zersetzt denselben mit Salzsäure und bringt das beim Eindampfen in krystallisiertem Zustande zurückbleibende Histidindichlorid $C_6H_9N_3O_2 \cdot 2HCl$ nach dem Trocknen im Vakuum bei 40° zur Wägung. Man kann das Histidin nach A. Kossel und·Patten[1]) auch noch in der Weise reinigen, daß man den ersten argininfreien Niederschlag von Histidinsilber mit 5 proz. Schwefelsäure anreibt und mit Schwefelwasserstoff zerlegt; der entstandene Niederschlag von Schwefelsilber wird abfiltriert, mit siedendem Wasser ausgewaschen, das Filtrat so weit eingeengt, daß der Schwefelsäuregehalt $2\frac{1}{2}\%$ beträgt, und dann mit einem reichlichen Überschuß von Quecksilbersulfat[2]) gefällt. Der Niederschlag bleibt bis zum nächsten Tage stehen, wird dann filtriert, mit Wasser ausgewaschen, in Wasser verteilt und mit Schwefelwasserstoff zerlegt. Die von Schwefelquecksilber abfiltrierte und durch Eindampfen von Schwefelwasserstoff befreite Flüssigkeit kann direkt zur Stickstoffbestimmung nach Kjeldahl benutzt werden. Will man das Histidin in das Chlorid überführen und als Histidinchlorid wägen, so fügt man Barytwasser bis zur stark alkalischen Reaktion hinzu und befreit die Lösung alsdann durch Kohlensäure vom überschüssigen Baryt. Man dampft jetzt zur Trockne ein, nimmt den Rückstand mit siedendem Wasser auf, filtriert vom Bariumcarbonat ab, verdampft das Filtrat unter Zusatz von Salzsäure zur Trockne und verfährt mit dem Histidinchlorid wie oben (1 Gewichtsteil Histidindichlorid $C_6H_9N_3O_2 \cdot 2HCl = 0{,}6803$ Gewichtsteilen Histidin).

Das Salz krystallisiert in großen, glashellen rhombischen Tafeln, die bei 231—233° schmelzen. Die freie Base dreht links ($[\alpha]D = -39{,}74°$), die salzsaure Lösung dreht rechts. Die Lösungen der Salze des Histidins werden durch Phosphorwolframsäure gefällt, aber nicht durch Bleiessig oder Gerbsäure.

Kennzeichnend ist es auch, daß die Lösung der freien Base oder des Nitrates, mit Silberlösung und darauf vorsichtig mit Ammoniak versetzt, einen amorphen Niederschlag von Histidinsilber liefert, der, ausgewaschen und bei 100° getrocknet, die Zusammensetzung $C_6H_7Ag_2N_3O_2 \cdot H_2O$ besitzt. Das Nitrat $C_6H_9N_3O_2 \cdot 2HNO_3$ sowie die Platin- und Silbernitratdoppelsalze sind gut krystallisierende Verbindungen. Das Histidin selbst krystallisiert in blätterigen, nadel- und tafelförmigen Krystallen, die eine alkalische Reaktion besitzen, in Wasser sehr leicht, in Alkohol schwer und in Äther unlöslich sind.

β) *Bestimmung des Arginins* $C_6H_{14}N_4O_2$, Guanidin-α-Aminovaleriansäure

$$\mathrm{NH = C - NH - CH_2 - CH_2 - CH_2 - CH - COOH.}$$
$$\overset{\displaystyle \mathrm{NH_2}}{\underset{\displaystyle |}{}} \qquad \overset{\displaystyle \mathrm{NH_2}}{\underset{\displaystyle |}{}}$$

Das Filtrat vom Histidinsilber wird mit gepulvertem Ätzbaryt gesättigt, der entstandene Niederschlag mit Hilfe der Saugpumpe abgesaugt, nach Entfernung vom Filter nochmals mit Barytwasser angerieben und bis zum Verschwinden der Salpetersäurereaktion ausgewaschen. Das Filtrat nebst Waschwasser wird eingedampft, auf 1 l aufgefüllt und in je 10 oder 20 ccm der Stickstoff nach Kjeldahl bestimmt. Aus dem Stickstoffgehalt wird das Arginin berechnet. — Das Arginin enthält 32,23% Stickstoff, also ist 1 Teil Stickstoff = 3,103 Teilen Arginin. — Der Rest der Flüssigkeit wird durch Baryt von der Schwefelsäure, durch Kohlensäure vom überschüssig zugesetzten Baryt befreit und filtriert. Das Filtrat neutralisiert man mit Salpetersäure, dampft ein, trocknet im Vakuum und wägt den Rückstand als neutrales Argininnitrat $C_{12}H_{14}N_4O_2 \cdot HNO_3 + \frac{1}{2}H_2O$ (1 Gewichtsteil Argininnitrat = 0,7074 Gewichtsteilen Arginin).

---

[1]) Zeitschr. f. physiol. Chem. 1903, **38**, 39.
[2]) 75 g Quecksilberoxyd werden in 500 ccm 15 volumproz. Schwefelsäure unter Erwärmen gelöst.

Zur **polarimetrischen** Bestimmung füllt man die Flüssigkeit unter Zusatz von Salpetersäure auf das den Polarisationsröhren entsprechende Volumen auf und stellt den Drehungswinkel fest, aus welchem sich unter Zugrundelegung der von **Gulewitsch** bei der Untersuchung des sauren Argininnitrats für Arginin gefundenen Zahl $[\alpha] D = +25,48°$ das Arginin berechnen läßt. Durch Eindampfen dieser Lösung kann man das saure Argininnitrat $C_6H_{14}N_4O_2$ $2\,HNO_3$ und daraus das Arginin berechnen (1 Gewichtsteil saures Argininnitrat = 0,5802 Gewichtsteilen Arginin). Hierzu kommt noch eine geringe Menge Arginin, welche beim Fällen des Argininsilbers mit Barythydrat gelöst bleibt und welche für jedes Liter barythaltiger Flüssigkeit 0,036 g Arginin beträgt. Die höchsten Zahlen für den Arginingehalt werden durch die Bestimmung als saures Argininnitrat, die niedrigsten durch die polarimetrische Bestimmung erhalten.

Die Nitratlösung löst in der Wärme Kupferoxydhydrat auf; beim Erkalten scheiden sich blaue Prismen des **Kupfersalzes** $2\,C_6H_{14}N_4O_2 \cdot Cu(NO_3)_2 + 3\,H_2O$ ab, die bei 112—114° schmelzen. Beim Schütteln der Argininnitrate mit Benzoylchlorid und Natronlauge entsteht **Dibenzoylarginin** $C_6H_{12}(C_6H_5 \cdot CO)_2N_4O_2$, welches in verdünnter Natronlauge leicht löslich ist, aber durch Säuren ausgeschieden werden kann; aus Wasser krystallisiert die Verbindung in Nädelchen, die bei 217—218° schmelzen[1]).

b) Bestimmung des Lysins [α, ε-Diaminocapronsäure $CH_2(NH_3) \cdot CH_2 \cdot CH_2 \cdot CH_2$ $CH(NH_2) \cdot COOH$]. Das Filtrat vom Histidin-Arginin-Silberniederschlag wird mit Schwefelsäure angesäuert, durch Schwefelwasserstoff von vorhandenem Silber befreit, filtriert, der Niederschlag von Schwefelsilber mehrmals ausgekocht und mit heißem Wasser gewaschen. Das Filtrat wird auf 500 ccm eingedampft, die Flüssigkeit mit so viel Schwefelsäure versetzt, daß der Gehalt an H_2SO_4 5% beträgt und dann mit Phosphorwolframsäure ausgefällt[2]). Der Niederschlag wird mit Hilfe der Wasserstrahlpumpe abfiltriert, sodann vom Filter genommen, mit 5 proz. Schwefelsäure angerieben und sorgfältig ausgewaschen[3]). Darauf zerlegt man den Niederschlag durch Ätzbaryt, saugt das unlösliche Bariumsalz ab, kocht und wäscht es mehrfach mit heißem Wasser aus. Das gesamte Filtrat wird durch Kohlensäure vom überschüssigen Baryt befreit, bis fast zur Trockne verdampft, wieder mit Wasser aufgenommen, vom Bariumcarbonat abfiltriert und nochmals eingedampft. Der Rückstand wird dann mit einer geringen Menge alkoholischer **Pikrinsäure** unter Zusatz von Alkohol angerührt. Zu der alkoholischen Lösung setzt man in kleinen Portionen so lange alkoholische Pikrinsäurelösung hinzu, als noch die Entstehung eines weiteren Niederschlages bemerkbar ist. Ein Überschuß an Pikrinsäure ist zu vermeiden, da hierdurch das Lysinpikrat wieder gelöst wird. Das ausgeschiedene Pikrat wird nach mehrstündigem Stehen abfiltriert und mit einer möglichst geringen Menge absoluten Alkohols ausgewaschen, die alkoholische Mutterlauge wird für die weitere Verarbeitung eingedampft. Man löst jetzt das Lysinpikrat in siedendem Wasser, filtriert nötigenfalls heiß und dampft die Lösung auf ein geringes Volumen ein. Beim Erkalten scheidet sich das Lysinpikrat in nadelförmigen Krystallen aus, welche, auf gewogenem Filter gesammelt, mit wenig Alkohol gewaschen und gewogen werden. Durch Eindampfen der Mutterlauge erhält man eine weitere Menge Lysinpikrat, die in gleicher Weise zur Wägung gebracht wird.

Die eingedampfte alkoholische Mutterlauge des Lysinpikrats wird mit der wässerigen Mutterlauge vereinigt, mit Schwefelsäure angesäuert und durch Äther von Pikrinsäure befreit. Die ätherfreie Lösung wird sodann bei einem Schwefelsäuregehalt von 5% von neuem mit

---

[1]) Über sonstige Salze und Eigenschaften des Arginins vgl. u. a. **Gulewitsch**, Zeitschr. f. physiol. Chem. 1899, **27**, 178.

[2]) Die völlige Ausfällung erkennt man daran, daß eine Probe der filtrierten Flüssigkeit mit Phosphorwolframsäure keine Fällung mehr gibt.

[3]) Eine Stickstoffbestimmung im Filtrat ergibt einen annähernden Ausdruck für den Gehalt an Monoaminosäuren.

Phosphorwolframsäure ausgefällt. Das Filtrat des Phosphorwolframsäureniederschlages enthält Monoaminosäuren, die nach Entfernung der Phosphorwolframsäure auskrystallisieren; unter diesen ist Tyrosin durch Millons Reagens nachweisbar. Der Phosphorwolframsäureniederschlag wird ebenso wie vorher zerlegt, das darin enthaltene Lysin wie oben in Pikrat umgewandelt und die durch Wägung ermittelte Menge zu dem vorher gefundenen Pikrat hinzuaddiert. Aus dem Pikrat berechnet man das Lysin nach der Formel $C_6H_{14}N_2O_2$, $C_6H_2(NO_2)_3OH$ (1 Gewichtsteil Lysinpikrat ist $= 0,4426$ Gewichtsteilen Lysin). Die gefundenen Zahlen werden noch immer zu niedrige sein, da das phosphorwolframsaure Lysin nicht ganz unlöslich ist. Doch ist dieser Fehler nicht bedeutend, weil die Menge des Lysins in allen Fällen eine erhebliche war und die Flüssigkeitsmenge 500 ccm betrug. Ebenso groß war die Menge des Waschwassers.

Das Lysin krystallisiert nicht und zersetzt sich leicht. Mit Salzsäure — im Überschuß eingedampft — liefert es das Salz $C_6H_{14}N_2O_2 \cdot 2HCl$, welches in kaltem absoluten Alkohol fast unlöslich, bei 192—193° schmilzt und rechtsdrehend ist; in 2—5 proz. Lösung ist $[\alpha]$ D für das salzsaure Lysin $= +14$ bis $+15,3°$. Mit Benzoylchlorid in alkalischer Lösung liefert das Lysin Dibenzoyllysin (Lysursäure)[1], das bei 144—145° schmilzt, und mit Phenylisocyanat das Hydantoin der bei 183—184° schmelzenden Isocyanatverbindung $C_{20}H_{22}N_4O_3$[1].

Nachweis und Bestimmung der Ptomaine.

Unter „Ptomainen" versteht man eine Reihe basischer Stoffe, die von Selmi zuerst in Leichnamen ($\pi\tau\tilde{\omega}\mu\alpha$) gefunden wurden, die sich aber überall bei der Fäulnis unter dem Einfluß von Mikroben bilden und in ihren Eigenschaften den Pflanzenalkaloiden (Coniin, Morphin u. a.) ähnlich verhalten. Sie gehören durchweg zu den Mono- und Diaminen mit einem und zwei Atomen Stickstoff; nur einige wenige enthalten drei und vier Atome Stickstoff; auch Methylguanidin, Cholin, Neurin und Muscarin werden zu den Ptomainen gerechnet. Zu ihrem Nachweis bedient man sich allgemein des Verfahrens von L. Brieger[2], der sich am meisten mit ihrer Untersuchung befaßt hat.

Die gefaulten Massen werden mit Salzsäure unter Vermeidung eines Überschusses schwach angesäuert und zum Sirup eingedampft, wobei zu beachten ist, daß die Reaktion stets schwach sauer bleibt. Der Sirup wird mit absolutem Alkohol ausgezogen, wodurch sämtliche, selbst die für sich allein in Alkohol schwerlöslichen Chloride der Ptomaine in Gegenwart anderer Basen in Lösung gebracht werden. Die alkoholische Lösung wird verdunstet, wieder mit Alkohol aufgenommen und diese Behandlung mehrmals wiederholt. Dabei bleiben dann häufig in Alkohol schwerlösliche Basen wie salzsaures Neuridin ungelöst zurück. Man kann zur weiteren Trennung zwei Wege einschlagen, nämlich:

1. Man nimmt den Rückstand des Alkoholauszuges mit Wasser auf und versetzt die wässerige Lösung mit Pikrinsäure; hierdurch wird das Neuridin als Neuridinpikrat, das in kaltem Wasser unlöslich ist, ausgefällt; beim Eindampfen des Filtrats scheidet sich dann zuerst das weniger schwer lösliche Cholinpikrat aus, während die sonstigen Ptomaine gelöst bleiben.

2. Oder die alkoholische Lösung wird mit einer überschüssigen alkoholischen Quecksilberchloridlösung versetzt und 24 Stunden stehen gelassen. In den Niederschlag (a) gehen als Quecksilberchlorid-Doppelsalze sämtliche Ptomaine, noch vorhandene Peptone und Albuminate über, während nur wenige Basen Mydalein, Methylguanidin, Diäthylamin, Methylamin, Trimethylamin in Lösung (b) bleiben.

---

[1] Das schwerlösliche Bariumsalz der Lysursäure kann zur Isolierung dienen (vgl. Willdenow, Zeitschr. f. physiol. Chem. 1898, **25**, 523).

[2] L. Brieger, Untersuchungen über Ptomaine 1885, **2**, 52.

a) **Verarbeitung des Quecksilberchloridniederschlages.** Er wird nach dem Abfiltrieren mit recht viel Wasser ausgekocht, wodurch die Ptomain-Quecksilberverbindungen in Lösung gehen, Peptone und Albuminate aber in ihrer Verbindung mit Quecksilber ungelöst bleiben und abfiltriert werden. Beim Erkalten des Filtrats — nötigenfalls nach vorherigem Einengen — scheidet sich meistens das schwerlösliche Quecksilberdoppelsalz des Cholins ($C_5H_{14}NOCl \cdot 6\,HgCl_2$ mit 68,2% Quecksilber) ab, welches nach 1—2maligem Umkrystallisieren durch eine Bestimmung des Quecksilbers (Ausfällen mit Schwefelwasserstoff) als solches erkannt und woraus (d. h. aus dem Filtrat vom Schwefelquecksilber) das salzsaure Cholin rein gewonnen werden kann.

$$\text{Das Cholin (Bilineurin, Sikalin oder Äthyloltrimethylammoniumhydroxyd) } N{\Large\langle}\begin{array}{l}CH \cdot CH_2(OH)\\ CH_3)_3\\ OH\end{array}$$

stellt im freien Zustande einen stark alkalisch reagierenden Sirup dar, der in Wasser und Alkohol leicht, in Äther nicht löslich ist. Ebenso verhält sich das salzsaure Cholin. Dieses gibt mit Goldchlorid ein in kaltem Alkohol und in Äther unlösliches Golddoppelsalz $C_5H_{14}NOCl \cdot AuCl_3$, in derselben Weise mit Platinchlorid das Cholinplatinchlorid $(C_5H_{14}NOCl)_2 \cdot PtCl_4$. Letzteres dient am besten zum Nachweise und zur Trennung. Das Cholinchlorid wird mit Alkohol aufgenommen und mit alkoholischem Platinchlorid gefällt. Durch seine Leichtlöslichkeit in Wasser läßt sich Cholinplatinchlorid leicht von dem schwerlöslichen Kalium-, Ammonium- und Neurinchlorid, durch seine Unlöslichkeit in Äther von Lecithinplatinchlorid trennen. Das Cholinplatinchlorid ist polymorph. Beim Eindunsten der wässerigen Lösung scheidet es sich zuerst als sechsseitige Blättchen oder als lange, flache Nadeln aus; die gereinigten Krystalle bilden orangerote monokline Tafeln oder Prismen. Aus warmer, 15% Alkohol enthaltender Lösung krystallisiert es in regulären Oktaedern. In neutralen Lösungen gibt das salzsaure Cholin mit den üblichen Alkaloid-Fällungsmitteln Niederschläge.

Wenn hiernach Cholin und Neuridin auch unschwer nebeneinander nachgewiesen bzw. voneinander getrennt werden können, so ist die Trennung der sonstigen Ptomaine sehr schwer, weil sie bzw. ihre Salze bezüglich der Löslichkeit sich ziemlich gleich verhalten und die freien Basen leicht verharzen. Am zweckmäßigsten ist noch folgender Weg: Das Filtrat von der Ausscheidung des Cholinquecksilberchlorids wird mit Schwefelwasserstoff behandelt, um die Quecksilberdoppelsalze zu zerlegen, das Schwefelquecksilber abfiltriert, die Lösung eingedampft und mit absolutem Alkohol erschöpft. Hierbei bleibt das **salzsaure Putrescin** größtenteils ungelöst — ein anderer und Restteil scheidet sich bei längerem Stehen des alkoholischen Auszuges — aus, während die Chloride des **Cadaverins** und anderer Diamine in Lösung bleiben

Das **salzsaure Putrescin** (Tetramethylendiamin) $CH_2(NH_2) \cdot CH_2 \cdot CH_2 \cdot CH_2(NH)_2 \cdot 2\,HCl$ ist in Alkohol schwer löslich und gibt mit **Platinchlorid** ein in Wasser schwer lösliches Doppelsalz $C_4H_{12}N_2 \cdot 2\,HCl \cdot PtCl_4$, das aus der wässerigen Lösung in feinen Prismen krystallisiert. Das **Goldchloriddoppelsalz** $C_4H_{12}N_2 \cdot 2\,HCl \cdot 2\,AuCl_3 + 2\,H_2O$ ist in Wasser ziemlich schwer löslich. Das **Pikrat** krystallisiert in breiten, in Wasser schwer löslichen Nadeln.

Die vom salzsauren Putrescin befreite alkoholische Lösung wird mit alkoholischem Platinchlorid versetzt, wodurch zuerst das **Cadaverin** $CH_2(NH_2) \cdot CH_2 \cdot CH_2 \cdot CH_2 \cdot CH_2(NH_2)$ als Platindoppelsalz ausfällt. Das ausfallende **Cadaverinplatinchlorid** ist ziemlich rein und kann durch Umkrystallisieren gereinigt werden. Beim Einengen der Lösung aber fällt durch fraktionierte Krystallisation Cadaverinplatinchlorid aus, welches erhebliche Mengen **Saprin** (isomer mit Cadaverin) einschließt, bis schließlich in den letzten krystallisierenden Fraktionen das Saprin vorwaltet. Die noch spärlich eingestreuten, durch ihren Glanz und ihre Krystallform deutlich hervorleuchtenden Cadaverinplatinate werden mittels Lupe von den mehr matt schimmernden Krystalloiden des Saprinplatinates, auf denen sie oft aufsitzen, abgesondert. Durch wiederholtes Umkrystallisieren der letzten Krystallisationen gelingt es dann schließlich, analysenreines **Saprinplatinchlorid** zu gewinnen.

Das Cadaverinplatinchlorid $C_5H_{14}N_2 \cdot 2\,HCl \cdot PtCl_4$ ist in 70,8 Teilen Wasser von $21°$ löslich, krystallisiert aus Wasser in Prismen oder Nadeln und schmilzt bei etwa $215°$. Das entsprechende Saprindoppelsalz ist in Wasser leichter löslich und krystallisiert anders. Das Saprin unterscheidet sich auch dadurch von dem Cadaverin, daß es kein Golddoppelsalz bildet. Durch die Leichtlöslichkeit des Golddoppelsalzes $C_5H_{14}N_2 \cdot 2\,HCl \cdot 2\,AuCl_3$ (Schmelzpunkt 186—188) unterscheidet sich das Cadaverin auch vom Putrescin, dessen Golddoppelsalz schwerer in Wasser ȷöslich ist, so daß diese beiden Basen auch durch Darstellung der Golddoppelsalze und fraktionierte Krystallisation voneinander getrennt werden können.

Nach Entfernung des Saprins verbleiben in der Mutterlauge noch die Platinverbindungen anderer Ptomaine, z. B. von Mydalein, dessen Platindoppelsalz äußerst leicht in Wasser löslich ist und erst nach starker Einengung auf dem Wasserbade oder längerem Stehen unter dem Exsiccator in Form kleinster Nädelchen auskrystallisiert. Durch wiederholtes Lösen in sehr wenig lauwarmem Wasser kann es schließlich rein gewonnen werden, wobei natürlich große Substanzverluste nicht zu vermeiden sind.

b) Verarbeitung des Filtrats vom Quecksilberchlorid-Niederschlage. In diesem Filtrat können noch, wie schon angegeben, Mydalein, Methylguanidin, Trimethylamin, Methylamin, Diäthylamin usw. enthalten sein.

Das Mydalein findet sich auch zum Teil in diesem Filtrat, weil das Mydaleinquecksilberchlorid in Alkohol nicht ganz unlöslich ist. Das gesamte alkoholische Filtrat wird unter Wasserzusatz so weit bzw. so oft eingedampft, bis der Alkohol verjagt ist, und dann durch Schwefelwasserstoff von Quecksilber befreit. Das Schwefelquecksilber wird abfiltriert, das Filtrat unter Abstumpfung der überschüssigen Salzsäure mit Natriumcarbonat zur Trockne verdampft und der Trockenrückstand im Vakuum von den letzten Resten Wasser befreit. Durch Behandeln mit absolutem Alkohol und durch erneuten Zusatz von alkoholischer Quecksilberchloridlösung gelingt es, das noch vorhandene Mydalein zu gewinnen.

In den alkoholischen Auszug des Trockenrückstandes gehen nur wenige Körper über; wird die Lösung alkalisch gemacht und destilliert, so geht Trimethylamin, das in der Regel bei der Fäulnis sich bildet, über und kann sowohl an seinem bekannten Geruch (nach Heringslake) wie auch an seinem Platin- und Goldsalz erkannt werden. Das Trimethylplatinchldrid $[N(CH_3)_3 \cdot HCl]_2 \cdot PtCl_4$ bildet reguläre, orangefarbene Krystalle, die sich bei 240—245° zersetzen; 100 ccm kochenden absoluten Alkohols lösen 0,0293 g des Salzes; die Platindoppelsalze von Di- und Monomethylamin sind darin noch weniger löslich. Das Golddoppelsalz $N(CH_3)_3 \cdot HCl \cdot AuCl_3$ bildet gelbe monokline Krystalle, schmilzt bei $220°$, ist löslich in Alkohol, dagegen nur etwas löslich in Wasser.

Die vorstehenden Trennungsverfahren sind, wie schon gesagt, nicht scharf. Aber andere gibt es nicht oder sie sind nicht besser. Unter Umständen kann man sich auch zur Trennung des neutralen Bleiacetats oder der Phosphormolybdänsäure bedienen, deren Verbindungen durch Bleiacetat zerlegt werden.

Gautier[1]) hat vorgeschlagen, die fauligen Flüssigkeiten mit Oxalsäure anzusäuern, zu erwärmen, die aufschwimmenden Fettsäuren abzufiltrieren und das Filtrat so lange der Destillation zu unterwerfen, bis noch ein trübes Destillat erhalten wird. In das Destillat gehen über Phenol, Indol, flüchtige Fettsäuren, ein Teil des Ammoniaks usw.; sie können in bekannter Weise nachgewiesen werden. Der Destillationsrückstand wird mit Kalk alkalisch gemacht, filtriert und im Vakuum bis zur Trockne destilliert. Das die Ptomaine enthaltende Destillat wird in Schwefelsäure aufgefangen, nach dem Neutralisieren zur Trockne verdampft und mit absolutem Alkohol behandelt, der die Ptomaine aufnimmt usw.

---

1) Bull. de l'acad. de méd. 1886 [2], **15**, 75.

Baumann und v. Udransky[1]) haben ein besonderes Verfahren zum Nachweis und zur Trennung von Putrescin und Cadaverin im Harn angegeben, worauf hier ebenfalls nur verwiesen werden kann.

Nachweis der Pflanzenalkaloide neben Ptomainen.

Da die Ptomaine sich in jeder Leichenflüssigkeit finden und mit den Pflanzenalkaloiden die allgemeinen Alkaloidreaktionen (z. B. mit Phosphorwolframsäure, Phosphormolybdänsäure, Phosphorantimonsäure, Pikrinsäure, Kaliumwismutjodid, Goldchlorid, Gerbsäure, Quecksilberchlorid[1]) teilen, so ist der Nachweis von Pflanzenalkaloiden bei Leichenuntersuchungen, in Fällen von etwaigen Vergiftungen, durch die Ptomaine sehr erschwert; ja in manchen Fällen ist es kaum möglich nachzuweisen, ob ein in einer faulenden Masse gefundener basischer Körper ein Ptomain oder ein Pflanzenalkaloid ist, oder ob neben den Ptomainen ein Alkaloid vorliegt, zumal bei Gegenwart von Ptomainen die für die Pflanzenalkaloide eigenartigen Reaktionen mitunter ganz ausbleiben. Jedenfalls gehören zur Unterscheidung beider Stoffgruppen große Übung und Erfahrung und sollten mit dieser Art Untersuchungen nur die auf diesem Gebiete erfahrensten Fachmänner (Chemiker und Pharmakologen) betraut werden. Denn tatsächlich sind durch Verwechslung beider Körpergruppen schon ungerechte Verurteilungen vorgekommen. Die Ptomaine werden wie die Pflanzenalkaloide in saurer wie alkalischer Lösung durch Äther, Amylalkohol oder Chloroform, seltener oder gar nicht durch Benzol oder Petroläther gelöst. Die von Brouardel-Boutmy[2]) angegebene Reaktion, wonach Ptomaine reduzierend wirken und in verdünnter, mit etwas Eisenchlorid versetzter Ferricyankaliumlösung einen Niederschlag von Berlinerblau erzeugen sollen, Alkaloide dagegen nicht, hat sich nicht bestätigt; denn Morphin und Colchicin verhalten sich ähnlich. Auch das Trennungsverfahren Hilger und Tamba[3]), wonach die Pflanzenalkaloide, nicht aber die Ptomaine, aus ätherischer Lösung durch ätherische Oxalsäurelösung gefällt werden sollen, hat sich nicht bewährt, weil z. B. Cadaverin hierdurch auch gefällt wird.

Man hat mit der Zeit eine ganze Reihe pflanzenalkaloidähnliche Ptomaine gefunden, z. B.

a) Atropinähnliche Ptomaine, die sog. Ptomatropine, die unter anderen die Ursache der Fleisch- und Wurstvergiftungen sein sollen.

b) Aconitinähnliche Leichengifte[4]).

c) Codein- und colchicinähnliche[5]) Leichengifte; das Leichencodein unterscheidet sich von dem Codein nur dadurch, daß es mit Salzsäure und etwas Schwefelsäure einen roten Rückstand hinterläßt, das Leichencolchicin von dem Colchicin nur durch das Fehlen der Eisenchloridreaktion und die Fällung mit Pikrinsäure.

d) Coniinähnliche Ptomaine; sie finden sich fast regelmäßig in jeder Leiche; es gibt giftige und nichtgiftige, flüchtige und nichtflüchtige, wasserlösliche und wasserunlösliche coniinähnliche Ptomaine, von denen einige nur aus alkalischer, andere auch aus saurer Lösung von Äther aufgenommen werden. Sie teilen alle Eigenschaften[6]) mit dem Pflanzenconiin und erschweren gerade sie die Untersuchung von Leichen auf letzteres und Pflanzenalkaloide überhaupt.

e) Strychninähnliche Ptomaine; diese sind anscheinend ebenso stark verbreitet als die coniinähnlichen Ptomaine und gleichen in fast allen Eigenschaften dem Pflanzenstrychnin;

---

1) Zeitschr. f. physiol. Chem. 1889, **13**, 562.

2) Berichte d. Deutschen chem. Gesellschaft 1881, **14**, 1293.

3) Chem. Centralblatt 1886, 506.

4) Vgl. Mecke, Zeitschr. f. öffentl. Chem. 1899, **5**, 204.

5) Vgl. G. Baumert, Archiv d. Pharmazie 1887, **225**, 911.

6) Nur ein von Schwanert (Berichte d. Deutschen chem. Gesellschaft 1874, **7**, 1332) gewonnenes coniinähnliches Ptomain färbte sich beim Erwärmen mit Fröhdes Reagens blau.

einige gleichen dem letzteren aber nur in dem chemischen Verhalten, andere nur in der physiologischen tetanisierenden Wirkung. Indes soll auch ein Ptomain beide Eigenschaften des Strychnins besitzen[1]).

f) Curarinähnlich wirkende Ptomaine sind ebenfalls öfters beobachtet, sie unterscheiden sich aber dadurch von dem Curarin, daß sie weder aus sauren noch alkalischen Lösungen in die üblichen Ausziehmittel übergehen.

g) Ein delphininähnliches Leichengift hat Selmi 1877 in einem Kriminalprozeß festgestellt und vom Delphinin aus Delphinium (Rittersporn) unterschieden; es unterscheidet sich nämlich von letzterem durch den Geschmack, die physiologische Wirkung und das Fehlen der Grandeauschen Reaktion, d. h. es gibt beim Anrühren einer Lösung in konzentrierter Schwefelsäure mit einem in Bromwasser getauchten Glasstabe keine Violettfärbung; auch liefert das Leichendelphinin mit Fröhdes Reagens[2]) keine Rotfärbung und mit Goldnatriumthiosulfat keine Fällung.

h) Noch eine Reihe andere Leichengifte sind aufgefunden, die den Pflanzenalkaloiden ähnlich sind und sich von ihnen nur wenig unterscheiden lassen; so gleicht das in Leichen gefundene, ebenso das künstlich dargestellte Muscarin sowohl chemisch wie physiologisch dem im Fliegenpilz vorkommenden Muscarin; die gefundenen nicotinähnlichen und veratrinähnlichen Ptomaine unterscheiden sich von dem im Tabak vorkommenden Nicotinbzw. von dem aus dem Sabadillasamen gewonnenen Veratrin nur durch die physiologischen, nicht aber durch die chemischen Eigenschaften.

Um daher die Pflanzenalkaloide von den Ptomainen zu unterscheiden, muß man die **gesamten** Eigenschaften des gewonnenen Untersuchungsstoffes berücksichtigen, nämlich:

1. die äußeren Eigenschaften (Aussehen, Geruch, Geschmack); die Alkaloide besitzen z. B. einen stark bitteren, die Ptomaine dagegen einen faden ekelerregenden Geschmack.

2. Die physikalischen Eigenschaften (ob fest oder flüssig, ob flüchtig oder nichtflüchtig, wie und worin löslich).

3. Die chemischen, allgemeinen wie besonderen Eigenschaften.

Sind die allgemeinen Reaktionen (z. B. mit Gerbsäure, Cadmiumjodid-Jodkalium, Quecksilberjodid-Jodkalium, Wismutjodid-Jodkalium, Jodjodkalium, Phosphormolybdän- und Phosphorwolframsäure, Pikrinsäure, Goldchlorid u. a.) eingetreten, so können Alkaloide oder Ptomaine vorhanden sein; der Nachweis der ersteren wird erst geliefert, wenn auch alle die für diese besonders kennzeichnenden Reaktionen beobachtet werden.

Hierbei hat man äußerst vorsichtig zu verfahren und darauf zu achten, ob jede für das betreffende Alkaloid kennzeichnende Reaktion scharf auftritt. Findet man, daß bei gehöriger Reinheit der isolierten Substanzen eine der Reaktionen ausbleibt, dagegen eine andere Reaktion eintritt, die für ein etwa vermutetes Alkaloid nicht bekannt ist, so ist die äußerste Vorsicht geboten, denn es ist die Möglichkeit vorhanden, daß man es nicht mit einem natürlichen Alkaloid, sondern mit einer Fäulnisbase als Fäulnisprodukt zu tun hat.

Bleiben bei Eintritt der allgemeinen Alkaloidreaktionen die besonderen kennzeichnenden Reaktionen für das mutmaßliche Alkaloid sämtlich aus, dann sind mit noch größerer Sicherheit nicht die gewöhnlichen Alkaloide, sondern Ptomaine anzunehmen.

4. Die physiologischen Wirkungen am Tier unter Zuziehung eines Pharmakologen. Als wichtigstes Erkennungsmittel eines nach dem nachstehenden Stas - Ottoschen Verfahren gewonnenen basischen Körpers dient der physiologische Versuch, d. h. die Beobachtung der physiologischen Wirkung, welche die Substanz auf ein einzelnes Organ oder auf den ganzen

---

[1]) Vgl. C. Amthor, Bericht über die 6. Vers. Bayr. Vertreter der angew. Chem. München 1887 u. Mecke, Pharmaz. Ztg. 1898, **43**, 300.

[2]) Fröhdes Reagens besteht aus einer frisch bereiteten Lösung von 0,01 g (bzw. 0,05 g für konzentrierte Lösung) Natrium- oder Ammoniummolybdat in 1 ccm einer konzentrierten Schwefelsäure.

tierischen Körper ausübt. Man pflegt diese Versuche an kleinen Tieren, Fröschen, Kaninchen, Katzen usw. in der Weise vorzunehmen, daß man von den isolierten Substanzen kleine Mengen auf das Auge des Tieres streicht und beobachtet, ob eine Erweiterung oder Verengung der Pupille eintritt; ein anderer Teil der Substanz wird dem Tiere entweder direkt durch den Mund oder durch Einspritzung unter die Haut direkt in das Blut eingeführt.

Treten bei diesen Versuchen Veränderungen und Erscheinungen an einzelnen Organen auf, oder auch akute Krankheitssymptome des Tieres, wie diese für ein bestimmtes Alkaloid kennzeichnend sind und decken sich auch die chemischen Reaktionen in allen Punkten mit denjenigen, welche ein bestimmtes Alkaloid kennzeichnen, so kann man den abgeschiedenen basischen Körper als ein bestimmtes Alkaloid annehmen. Deuten dagegen die chemischen Reaktionen auf das Vorhandensein eines bestimmten Alkaloides, aber zeigen die physiologischen Versuche andere Erscheinungen, als sie für das vermutete Alkaloid kennzeichnend sind, oder widerspricht umgekehrt der chemische Befund den physiologischen Beobachtungen, so ist der in Frage stehende basische Körper kein Pflanzenalkaloid, sondern ein durch Fäulnis entstandenes Gift.

Zur Gewinnung der Alkaloide bedient man sich allgemein des Stas - Ottoschen Verfahrens, das wie folgt ausgeführt wird:

Die nötigenfalls zu einem Brei zu zerkleinernde Masse wird nach schwachem Ansäuern[1]) mit Weinsäure mit reinem, fuselölfreiem Alkohol am Rückflußkühler bis fast zum Sieden 2 oder 3 mal bzw. noch öfter[2]) ausgezogen, die Auszüge behufs Abscheidung der Fette werden jedesmal erkalten gelassen, dann wird durch ein mit reinem Alkohol angefeuchtetes Filter filtriert, die vereinigten Filtrate werden zur Sirupdicke abgedampft und der noch saure Rückstand wird mit so viel absolutem Alkohol versetzt, bis keine Ausscheidung von Dextrin und Peptonen usw. mehr eintritt. Nach Trennung von den abgeschiedenen krümeligen Massen wird die alkoholische Flüssigkeit wieder verdunstet und werden, wenn nötig, zum zweiten Male in derselben Weise durch Alkohol noch vorhandenes Dextrin bzw. Peptone usw. abgeschieden. Der abermals vom Alkohol befreite Auszug, welcher deutlich sauer reagieren muß. enthält etwa vorhandene Alkaloide und Ptomaine als Salze neben Farbstoff, Harz und Fett.

Zur Abscheidung der Verunreinigungen wird der alkoholfreie Rückstand mit Wasser aufgenommen und die wässerige weinsaure Lösung wie folgt weiter behandelt:

A. Sie wird zuerst in saurem Zustande mehrmals mit Äther ausgeschüttelt oder perforiert. Die Ätherauszüge werden vereinigt und in einem Becherglase freiwillig verdunsten gelassen.

Der Rückstand kann außer fettigen, harzigen, färbenden und anderen Verunreinigungen an pflanzlichen Giften: Coffein, Colchicin, Digitalin, Pikrotoxin und Cantharidin (aus spanischen Fliegen), an mineralischen Giften: Quecksilberchlorid und Quecksilbercyanid, ferner colchicin- und digitalinähnliche Ptomaine enthalten.

B. Der saure Rückstand von der Ätherausschüttelung A wird durch Erwärmen von Äther befreit, dann mit überschüssiger Natronlauge alkalisch gemacht und wieder mit Äther ausgeschüttelt oder perforiert.

Aus der alkalischen Flüssigkeit werden durch Äther die meisten Pflanzenalkaloide gelöst, nämlich: Aconitin, Atropin, Brucin, Codein, Coniin, Delphinin, Emetin, Hyoscyamin, Narcotin, Nicotin, Papaverin, Physostigmin, Strychnin, Thebain, Veratrin u. a.

Man läßt die vereinigten Ätherauszüge in einem Bechergläschen oder Schälchen mit senkrechten Wänden verdunsten und stellt Reaktion, Geruch und Aggregatzustand fest,

---

[1]) Reagiert die Masse schon sauer, so neutralisiert man erst mit Natriumcarbonat und säuert wieder mit Salzsäure an.

[2]) D. h. so lange ausgezogen, bis sich anscheinend noch etwas löst.

woraus unter Umständen schon einige Anhaltspunkte für die Natur des Alkaloids gewonnen werden.

C. Die mit Äther ausgezogene alkalische Flüssigkeit B wird mit Chlorammonium versetzt, um sie ammoniakalisch zu machen, darauf erst mit Äther und weiter mit Amylalkohol ausgezogen.

Durch den Äther werden Apomorphin und Spuren von Morphin gelöst; die Hauptmenge des letzteren findet sich mit Narcein in der Ausschüttelung mit Amylalkohol.

D. Die mit Amylalkohol ausgezogene ammoniakalische Flüssigkeit wird mit Kohlensäure gesättigt und mit Sand zur Trockne verdampft; der trockne Rückstand wird verrieben und im Soxhletschen Extraktionsapparat mit Alkohol oder Chloroform oder mit einem Gemisch beider ausgezogen.

In diesem Auszuge können noch enthalten sein: Berberin, Cytisin, Curarin, Solanin und Narcein, soweit letzteres auch durch Amylalkohol nicht gelöst worden ist.

Zum Nachweise der einzelnen Pflanzenalkaloide dienen außer den S. 298 erwähnten allgemeinen Alkaloidreagenzien noch besondere Reagenzien, z. B.

Konzentrierte Salpetersäure und konzentrierte Schwefelsäure;

Erdmanns Reagens oder Salpeterschwefelsäure (10 Tropfen Salpetersäure werden mit Wasser auf 100 ccm verdünnt und 10 Tropfen dieser Lösung mit 20 g reiner konzentrierter Schwefelsäure gemischt);

Fröhdes Reagens (vgl. S. 299, Anm. 2);

Mandelins Reagens, Vanadinschwefelsäure (eine frischbereitete Lösung von 1 Teil vanadinsaurem Ammoniak in 200 Teilen konzentrierter Schwefelsäure von 1,840 spezifischem Gewicht).

Von sonstigen besonderen Reagenzien auf Alkaloide mögen noch aufgeführt werden:

Arsenschwefelsäure nach Rosenthaler und Türk (1proz. Lösung von Arsensäure in konzentrierter Schwefelsäure);

Selenschwefelsäure nach Mecke (0,5 g selenige Säure in 100 g konzentrierter Schwefelsäure);

Caros Reagens (eine gesättigte Lösung von Kaliumpersulfat in konzentrierter Schwefelsäure oder eine unter Kühlung aus käuflichem Wasserstoffsuperoxyd und konzentrierter Schwefelsäure hergestellte Mischung);

Melzers Reagens (Zusatz von einem Tropfen einer 20proz. Lösung von Benzaldehyd in absolutem Alkohol zu der in einem Uhrgläschen auf weißem Papier stehenden Alkaloidlösung und sofortiger Zusatz eines Tropfens konzentrierter Schwefelsäure unter Umrühren);

Marquis' Reagens (eine frischbereitete Mischung von 2—3 Tropfen Formalin und 3 ccm Schwefelsäure, die, zu der zu prüfenden Lösung in einem Schälchen zugesetzt, besondere Färbungen — besonders bei Opiumalkaloiden — hervorruft);

Neumann-Wenders Reagens, Furfurolschwefelsäure (5 Tropfen Furfurol in 10 ccm konzentrierter Schwefelsäure).

Die mit diesen besonderen Reagenzien bei den einzelnen Alkaloiden auftretenden Farbenerscheinungen kann ich hier, als dem Zwecke dieses Buches nicht entsprechend, nicht näher mitteilen; ich muß vielmehr in dieser Hinsicht auf die Lehrbücher der forensischen Chemie verweisen und empfehle für den Zweck in erster Linie das vortreffliche „Lehrbuch der gerichtlichen Chemie" von Dr. Georg Baumert, 2. Aufl., Braunschweig 1907, in welchem die unterschiedlichen Farbreaktionen bei den einzelnen Alkaloiden in übersichtlichen Tabellen zusammengestellt sind.

C. Mai hat, um den störenden Einfluß der Ptomaine tunlichst auszuschließen, vorgeschlagen, die gehörig zerkleinerte Masse, wenn es sich um den Nachweis eines bestimmten oder einiger wenigen Alkaloide handelt, nach Ansäuern mit Weinsäure und Vermischen mit Alkohol auf dem Wasserbade einzutrocknen, den sauren trocknen Rückstand noch weiter zu zerkleinern, behufs Entfernung des Fettes mehrere Stunden im Soxhletschen Apparat mit Petroläther auszuziehen, darauf den sauren Rückstand mit überschüssigem Magnesiumoxyd zur Trockne zu verdampfen und diesen im Soxhlet-Apparat mit alkoholhaltigem Chloroform auszuziehen. Dieser Auszug soll dann verdampft und in üblicher Weise weiter untersucht werden. Von anderer Seite, u. a. von Kippenberger ist, um den störenden Einfluß der Peptone zu beseitigen, vorgeschlagen, die zu untersuchenden Massen (Leichenteile usw.) entweder direkt oder die von den mit Weinsäure versetzten Massen erhaltenen alkoholischen Auszüge nach dem Verdunsten des Alkohols mit einer Lösung von Gerbsäure in Glycerin zu behandeln, das Fett mit Petroläther zu entfernen und die rückständige Lösung weiter auf Alkaloide zu untersuchen. Bezüglich der Einzelheiten dieser Verfahren sei ebenfalls auf die Schrift von Georg Baumert verwiesen.

Dragendorff[1]) behandelt die sauren und ammoniakalischen Flüssigkeiten mit verschiedenen Lösungsmitteln und sucht auf diese Weise eine vollständigere Trennung der Alkaloide und anderer toxikologisch wichtigen Stoffe herbeizuführen. Außerdem verrührt er die zu untersuchenden, zerkleinerten Massen mit schwefelsäurehaltigem Wasser, koliert bzw. filtriert, verdunstet die vereinigten Auszüge auf dem Wasserbade zum Sirup, setzt das 3—4fache Volumen Alkohol (90—95%) hinzu und läßt das Gemisch 24 Stunden lang stehen. Alsdann filtriert er, destilliert den Alkohol ab und behandelt die rückständige Flüssigkeit

A. bei saurer Reaktion der Reihe nach mit
   a) Petroleumäther; dadurch werden gelöst: Ätherische Öle, Aconitbestandteile, Benzoesäure, Campherarten, Fette, Harze, Piperin, Pikrinsäure, Salicylsäure u. a.
   b) Benzol; dasselbe löst: Bitterstoffe (s. folgenden Abschnitt), Coffein, Colchicein, Digitalin, Hydrastin, Phenole, Santonin, Veratrin u. a.
   c) Chloroform; dasselbe löst: Berberin, Brucin, Chelidonin, Cinchonin, Colchicin, Digitalein, Hydratin, Narcein, Narcotin, Papaverin, Pikrotoxin, Quebrachin, Solanidin, Saponine, Theobromin, Veratrin u. a.
B. Bei ammoniakalischer Lösung; nach Entfernung des Chloroforms durch Petroläther wird die Flüssigkeit mit Ammoniak übersättigt und der Reihe nach behandelt mit
   a) Petroleumäther; derselbe löst: Anilin, Chinolin, Coniin, Nicotin, Mercurialin, Piperidin, Spartein u. a.
   b) Benzol; dasselbe löst: Aconitin, Antipyrin, Atropin, Brucin, Chinabasen, Codein, Delphinin, Emitin, Hyoscyamin, Narcotin, Physostigmin, Pilocarpin, Sabadillin, Strychnin, Thebain, Veratrin u. a.
   c) Chloroform; dasselbe löst: Chinabasen, Berberin, Narcein, Papaverin und etwas Morphin.
   d) Amylalkohol; derselbe löst: Morphin, Narcein, Solanin.

Ohne auf die Trennung und Erkennung der einzelnen Alkaloide auch nach diesem Verfahren hier näher einzugehen, möge der Nachweis der einzelnen Bitterstoffe, die in der Nahrungsmittelchemie (bei Bier, bitteren Likören) eine besondere Rolle spielen, nach dem Dragendorffschen Verfahren hier eingehend mitgeteilt werden.

Nachweis von Bitterstoffen.

Der Nachweis von Bitterstoffen (Hopfenersatzstoffen) ist von Dragendorff zunächst für Bier ausgearbeitet. Das Verfahren kann aber gleichmäßig auch für Branntwein und bittere Liköre angewendet werden. Für Bier lautet es wie folgt:

---

[1]) Dragendorff, Die gerichtlich chemische Ermittlung von Giften. 4. Aufl. 1895.

Etwa 2 l des zu prüfenden Bieres werden so lange auf dem Wasserbade erhitzt, bis die größere Menge der Kohlensäure und ungefähr die Hälfte des Wassers verflüchtigt ist. Die noch heiße Flüssigkeit wird sodann zur Fällung der aus dem Hopfen stammenden Bitterstoffe mit möglichst basischem Bleiessig so lange versetzt, als dieser einen Niederschlag liefert.

Je reicher an Bleioxyd der Bleiessig ist, um so vollständiger werden die Hopfenbestandteile entfernt; will man sich nicht zu diesem Zwecke durch Digestion des gewöhnlichen Bleiessigs mit überschüssigem Oxyd eine möglichst basische Acetatlösung herstellen, so kann man auch die Fällung mit gewöhnlichem Bleiessig unter Zusatz von etwas Ammoniakflüssigkeit bewerkstelligen. Der Bleiniederschlag wird so schnell als möglich abfiltriert und dabei vor Einwirkung der Luftkohlensäure, welche ihn wiederum zersetzt, geschützt. Ein Auswaschen des Niederschlages ist nicht ratsam.

Aus der filtrierten Flüssigkeit ist durch Zusatz der erforderlichen Menge Schwefelsäure der Überschuß des zugesetzten Bleies zu fällen; ein schnelles Sedimentieren des Bleisulfates erreicht man, wenn man der Flüssigkeit vor Zusatz der Schwefelsäure etwa 40 Tropfen einer wässerigen Gelatinelösung (1 : 20) zumischt. Die wiederum filtrierte Flüssigkeit darf, wenn das Bier unverfälscht war, nun nicht mehr bitter schmecken, falls man einige Tropfen derselben auf die Zunge bringt. Man versetzt die Flüssigkeit mit so viel Ammoniakflüssigkeit, daß alle Schwefelsäure und ein Teil der Essigsäure neutralisiert werden (Methylviolett darf durch einige Tropfen der ersteren nicht blau gefärbt werden). Darauf wird im Wasserbade auf 250—300 ccm verdunstet.

Dieser Rückstand wird, um Dextrin usw. zu fällen, mit 4 Volumen absolutem Alkohol gemischt, die Mischung gut durchgeschüttelt, 24 Stunden lang in den Keller gestellt und schließlich wieder filtriert. Nachdem dann aus dem Filtrate der größte Teil des Alkohols wieder abdestilliert ist, wird der sauer reagierende wässerige Destillationsrückstand der Reihe nach mit Petroläther, Benzin, Chloroform ausgeschüttelt, später auch, nachdem der wässerigen Flüssigkeit durch Zusatz von Ammoniak eine deutliche alkalische Reaktion gegeben worden ist, die Ausschüttelung mit den drei Lösungsmitteln in der angegebenen Reihenfolge wiederholt.

Reines Bier, aus Malz und Hopfen bereitet, zeigt bei Behandlung nach diesem Verfahren folgendes Verhalten:

Saure Ausschüttelungen. Petroläther[1]) nimmt nur geringe Mengen fester und flüssiger Bestandteile des Bieres auf, unter den letzteren das in jedem Biere vorhandene Fuselöl. Der feste Anteil des aus der Petroläther-Ausschüttelung erhaltenen Verdunstungsrückstandes schmeckt kaum bitterlich, wird durch konzentrierte Schwefelsäure[2]), durch Schwefelsäure und Zucker, desgl. durch Salpetersäure nur gelblich, durch konzentrierte Salzsäure fast farblos gelöst.

Benzol[3]) und Chloroform entziehen nur sehr geringe Mengen einer harzigen Substanz, welche gegen die bezeichneten Säuren sich ähnlich der durch Petroläther isolierten Substanz verhält und welche in verdünnter Schwefelsäure (1 : 50) gelöst, mit den gewöhnlichen Alkaloidreagenzien Jod- und Bromlösung, Kaliumquecksilberjodid und Kaliumcadmiumjodid, Gold-, Platin-, Eisen- und Quecksilberchlorid, Pikrin- und Gerbsäure, Kaliumbichromat keine Niederschläge liefert, auch Goldchlorid beim Erwärmen nicht reduziert. Mit Phosphormolybdänsäure gibt sie erst nach einiger Zeit eine sehr geringe Trübung. Auch diese Substanz schmeckt nur schwach bitterlich.

Ammoniakalische Ausschüttelungen[4]). Petroläther nimmt so gut wie nichts auf.

Benzol entzieht nur Spuren einer Substanz, welche mitunter aus Ätherlösung kristallisiert, aber keine kennzeichnenden Farbenreaktionen, ebensowenig physiologische Reaktionen, ähnlich denen des Strychnins, Atropins, Hyoscyamins usw. gibt.

---

[1]) Derselbe muß zwischen 33 und 60° sieden.

[2]) Überall ist reine, möglichst salpetersäurefreie Schwefelsäure gemeint.

[3]) Es muß wahres Steinkohlenbenzin mit dem Siedepunkt 80—81° vor dem Gebrauche rektifiziert sein.

[4]) Bevor man alkalisch macht, muß man nochmals mit Petroleumäther ausschütteln, um alle Reste des Chloroforms fortzunehmen.

Sollte das betreffende Bier vor der Untersuchung sauer geworden sein, so würde es bei den Ausschüttelungen ein ähnliches Verhalten zeigen, es würde aber namentlich durch Benzol und Chloroform der gehörig vorbereiteten sauren Flüssigkeit eine geringe Menge einer Substanz entzogen werden, welche beim Erwärmen Goldchlorid deutlich, meistens auch Silbernitrat reduziert.

Bierwürze verhält sich dem gegorenen Biere gleich.

Nach dem beschriebenen Verfahren läßt sich der Zusatz folgender Hopfenersatzstoffe zum Biere nachweisen:

1. Wermutkraut. In der Petrolätherausschüttelung der sauren Flüssigkeit findet sich ätherisches Öl, welches an seinem Geruche erkannt werden kann, und ein Teil des Bitterstoffes. Der Verdunstungsrückstand der Ausschüttelung wird von konzentrierter Schwefelsäure braun gelöst, worauf später violette Färbung der in der feuchten Zimmerluft stehenden Lösung eintritt. Mit Schwefelsäure und etwas Zucker versetzt, gibt er allmählich rotviolette Lösung. Wird ein Teil des Verdunstungsrückstandes in wenig Wasser gelöst, so reduziert die filtrierte Lösung ammoniakalische Silberlösung, während sie mit Goldchlorid[1]) und Kaliumquecksilberjodid Fällungen, mit Gerbsäure, Brombromkalium, Jodjodkalium, Quecksilberoxydulnitrat nur schwache Trübungen liefert.

Benzol und Chloroform nehmen gleichfalls Bitterstoff auf (Absinthin), welcher, wie eben beschrieben, reagiert.

Die alkalisch gemachte Flüssigkeit gibt an Petroleumäther usw. keine eigenartigen Bestandteile ab.

2. Ledum palustre (Porsch). Im Petrolätherauszuge findet sich etwas ätherisches Öl mit dem kennzeichnenden Porschgeruche. Der sehr geringe Rückstand wird mit konzentrierter Schwefelsäure etwas mehr bräunlich, wie der des gewöhnlichen Bieres, zeigt aber im übrigen keine auffälligen Verschiedenheiten von demselben.

Benzol und Chloroform entziehen bitterschmeckende, amorphe Massen, welche mit Schwefelsäure und Zucker dunkel rotviolette Lösungen geben, mit verdünnter Schwefelsäure (1 : 10) gekocht, den Geruch nach Ericinol entwickeln, Goldchlorid und alkalische Kupferlösung reduzieren, mit Jodkalium und Gerbsäure, nicht aber mit basischem Bleiacetat gefällt werden. Durch Benzin werden außerdem kleine Mengen einer Substanz aufgenommen, welche ammoniakalische Silberlösung reduziert, durch Chloroform kleine Mengen einer solchen, welche durch Kaliumquecksilberjodid gefällt wird.

Auch hier bieten die Ausschüttelungen aus ammoniakalischer Flüssigkeit nichts Eigenartiges dar.

3. Menyanthes trifoliata (Bitterklee, Dreiblatt). Im Petrolätherauszuge findet man nur Spuren des Bitterstoffes. Benzol und noch reichlicher Chloroform nehmen den Bitterstoff (Menyanthin) auf, dessen Geschmack den Verdunstungsrückstand erkennen läßt. Letzterer gibt außerdem beim Erwärmen mit verdünnter Schwefelsäure (1 : 10) den Geruch des Menyanthols, er reduziert ammoniakalische Silber- und alkalische Kupferlösung, wird durch Kaliumquecksilberjodid, Jodjodkalium, Gerbsäure und Goldchlorid gefällt oder doch getrübt.

In den ammoniakalischen Ausschüttelungen ist nichts Eigenartiges zu finden.

4. Quassia. Petroläther nimmt nur sehr geringe Spuren des äußerst bitter schmeckenden Quassiins auf, die durch keine sonstigen Reaktionen sich von den aus reinem Biere erhaltenen Massen unterscheiden. Größere Mengen von Quassiin werden durch Benzol und namentlich durch Chloroform isoliert. Dasselbe färbt sich mit Schwefelsäure und Zucker blaßrötlich, wirkt schwach reduzierend auf ammoniakalische Silberlösung und Goldchlorid (Chloroformrückstand), fällt Kaliumquecksilberjodid, Jodjodkalium, Gerbsäure und (schwach) basisches Bleiacetat.

---

[1]) Goldchlorid wird nur reduziert, falls die Lösung nicht filtriert war. Überall, wo in der Folge von solchen Reduktionen die Rede ist, sind filtrierte wässerige Lösungen gemeint. Häufig zeigen die Verdunstungsrückstände der Ausschüttelungen zum Teil harzige, in Wasser unlösliche Bestandteile. Letztere müssen entfernt werden, weil sie, in Wasser suspendiert, auf Goldlösung wirken.

5. Colchicumsamen. Petroläther liefert Massen ähnlich den aus unverfälschtem Biere isolierten; Benzol nimmt geringe Mengen von Colchicin und Colchicein auf, welche bitter schmecken, durch konzentrierte Schwefelsäure gelb gelöst, in dieser Lösung durch Salpeter violett, blau und später grün gefärbt werden, und welche auch mit Salpetersäure (1,30 spezifisches Gewicht) die letztere Farbenreaktion geben. Setzt man zu der Lösung in Salpetersäure, nachdem diese wieder abgeblaßt ist, Kalilauge bis zur stark alkalischen Reaktion, so stellt sich eine sehr haltbare, kirsch- bis blutrote Färbung ein. Der Chloroformrückstand liefert größere Mengen der beiden bezeichneten Bestandteile der Zeitlose, so daß außer den erwähnten Farbenreaktionen auch Niederschläge -mit den gebräuchlichen Alkaloid-Reagenzien eintreten, z. B. mit Jodjodkalium, Kaliumwismut- und Kaliumquecksilberjodid, Phosphormolybdänsäure, Goldchlorid, Gerbsäure, Chlorwasser usw. Aber in der Regel finden sich im Rückstande einige andere Bestandteile beigemengt, welche die Farbenreaktion zu stören vermögen. Um sie fortzuschaffen, kann man entweder den nach Verdunsten der durch Chloroform ausgeschüttelten Massen bleibenden Rückstand wiederum in heißem Wasser lösen, dann aufs neue mit Chloroform ausschütteln und dies mehrere Male wiederholen, oder man kann von der Tatsache Gebrauch machen, daß das Colchicin, nachdem es aus dem Rückstande der Chloroformauszüge durch Wasser aufgenommen ist, durch Gerbsäure gefällt, aus dem Niederschlage aber durch Bleioxyd wieder in Freiheit gesetzt wird, während die fremden Substanzen an Gerbsäure gebunden bleiben. Will man diesen letzteren Weg benutzen, so filtriert man das Colchicintannat ab, mischt dasselbe noch feucht mit Bleioxyd, erwärmt mit Wasser oder Alkohol, filtriert, verdunstet das Filtrat und macht mit dem Rückstande desselben die Farbenreaktionen.

Ein normaler Bierbestandteil, welcher in seinen Reaktionen dem Colchicin ähnelt und auf welchen von Geldern, Dannenberg u. a. aufmerksam gemacht haben, bleibt bei Anwendung der hier empfohlenen Isolierungs- und Reinigungsverfahren ausgeschlossen, kann also zu Irrtümern keinen Anlaß geben.

Sollte man durch Chloroform aus saurer Lösung nicht alles Colchicin in Lösung gebracht haben, so würde dasselbe auch aus ammoniakalischer Flüssigkeit in Benzin und Chloroform übergehen.

6. Kockelskörner (Semen Cocculi indici). Petroläther und Benzin nehmen aus dem mit Kockelskörnern verfälschten Biere nur solche Bestandteile, wie aus reinem Biere, auf. Durch Chloroform, noch leichter durch Amylalkohol, wird das Pikrotoxin der Flüssigkeit entzogen; dasselbe hinterbleibt in den meisten Fällen beim Verdunsten der Ausschüttelung so unrein, daß es nicht direkt zu Farbenreaktionen verwendet werden darf. Man kann sich zunächst davon überzeugen, ob durch einen Teil des Rückstandes alkalische Kupferlösung reduziert wird und ob ein anderer Teil des Rückstandes, nachdem er in Wasser gelöst worden ist, auf Fische giftig wirkt[1]). Ist dies der Fall, so löst man den Rest des Rückstandes wieder in warmem Wasser, filtriert, schüttelt wieder mit Chloroform aus und wiederholt dies so oft, bis der Rückstand der Chloroformausschüttelung nach freiwilligem Verdunsten bei Zimmertemperatur krystallinisch erscheint[2]). Wieder in Alkohol gelöst und langsam verdunstet, muß er dann in langen nadelförmigen Krystallen hinterbleiben, welche sich in konzentrierter Schwefelsäure mit gelber Farbe lösen und welche, wenn man sie mit etwa 5—6 Gewichtsteilen Salpeterpulver innig mengt, dann mit so viel reiner konzentrierter Schwefelsäure durchfeuchtet, daß gerade eine plastische Masse entsteht, endlich aber Natronlauge (1,3 spezifisches Gewicht) bis zur stark alkalischen Reaktion zusetzt, eine ziegelrote Flüssigkeit liefern. Besser noch modifiziert man diese Langleysche Reaktion derart, daß man das Pikrotoxin mit wenig konzentrierter Salpetersäure durchfeuchtet, die Säure auf dem Wasserbade verjagt, dann mit recht wenig reiner konzentrierter Schwefelsäure den Rückstand tränkt und endlich Natronlauge zusetzt.

---

[1]) Man nimmt zu diesem Versuche kleine Barsche oder Kaulbarsche von 4—5 g Gewicht, welche schon einige Tage in Gefangenschaft waren und während dieser Zeit keine Zeichen von Krankheit erkennen ließen. 0,01 g Pikrotoxin, in 1 l Wasser gelöst, tötet sie in der Regel in $2^{1}/_{2}$ bis 3 Stunden, 0,006 in etwa 6 Stunden.

[2]) Vor dem Ausschütteln mit Chloroform kann man die Wasserlösungen dialysieren.

Auch hier sind die Ausschüttelungen aus alkalischer Flüssigkeit nicht für den Nachweis zu verwerten.

7. **Coloquinten.** Das **Colocynthin** geht in Petroläther und Benzin nicht über, wird aber durch Chloroform ausgeschüttelt. Es ist äußerst bitter, wird durch Gerbsäure aus seiner Wasserlösung gefällt, wirkt auf alkalische Kupferlösung reduzierend und löst sich in konzentrierter Schwefelsäure rot, in **Fröhdes Reagens** (0,01 g Natriummolybdat in 1 ccm reiner konzentrierter Schwefelsäure gelöst) violett. Letztere Reaktionen aber gelingen nur dann, wenn man das Colocynthin durch mehrmaliges Auflösen in Wasser und Ausschütteln mit Chloroform gereinigt hat.

8. **Weidenrinde.** Das **Salicin**, welches in manchen Weidenrinden vorkommt, läßt sich durch Petroläther, Benzol, Chloroform nicht gut, wohl aber durch Amylalkohol aus sauren Auszügen gewinnen. Es entwickelt beim Erwärmen mit Kaliumbichromat und verdünnter Schwefelsäure (1 : 4) den Geruch der salicyligen Säure (Salicylaldehyd). In konzentrierter Salpetersäure soll es sich rot, in **Fröhdes Reagens** violettrot lösen. Beide Reaktionen gelingen aber nur dann, wenn das Salicin sehr rein ist, was selbst durch mehrmaliges Auflösen in Wasser und Ausschütteln der filtrierten Lösungen mit Amylalkohol schwer zu erreichen ist.

9. **Strychnin** wird nicht der sauren, sondern erst der ammoniakalisch gemachten Lösung entzogen, und zwar in geringer Menge durch Petroläther, leichter durch Benzin und Chloroform. Zum Nachweise des Alkaloides verwendet man namentlich die bekannte Reaktion desselben gegen Schwefelsäure und Kaliumbichromat. Auch

10. **Atropin und**

11. **Hyoscyamin** werden erst aus ammoniakalischer Lösung und zwar durch Benzin und Chloroform ausgeschüttelt. Sie werden durch die meisten Gruppenreagenzien für Alkaloide gefällt, müssen aber, da gute Farbenreaktionen fehlen, durch physiologische Versuche festgestellt werden.

Auch gewisse bittere Bestandteile des **Capsicum annuum**, der **Daphne Mezereum**, des **Cnicus benedictus** und der **Erythraea Centaureum** lassen sich durch Ausschüttelung aus (saurer) Lösung durch Benzin und Chloroform gewinnen. Da aber Verfälschungen des Bieres mit ihnen wohl kaum in der Praxis vorkommen dürften, so mag hier nur die Tatsache erwähnt, im übrigen aber auf die zitierte Abhandlung **Dragendorffs** im Archiv für Pharmazie verwiesen werden.

Nicht sicher nachzuweisen sind auf dem bezeichneten Wege die Bitterstoffe der **Aloe** und **Gentiana**, weil sie entweder schon durch basisches Bleiacetat aus der Flüssigkeit entfernt werden oder nicht in die zum Ausschütteln angewendeten Flüssigkeiten übergehen. Man modifiziert das Verfahren, wenn man

12. **Aloe** nachweisen will, derart, daß man bei der Verarbeitung des Bieres nur mit neutralem Bleiacetat behandelt und später mit Amylalkohol ausschüttelt. Nach Verdunstung der Amylalkoholausschüttelung muß ein Rückstand bleiben, welcher den kennzeichnenden **Aloegeschmack** zeigt, mit Brombromkalium, basischem Bleiacetat und salpetersaurem Quecksilberoxydul Niederschläge liefert, alkalische Kupferlösung und Goldlösung beim Erwärmen reduziert. Gerbsäure muß ihn gleichfalls fällen; im Überschusse zugesetzt, aber den Niederschlag teilweise wieder lösen. Kocht man einen Teil des Rückstandes mit konzentrierter Salpetersäure, welche im Dampfbade später wieder verjagt wird, so bleibt eine Masse, welche, mit Kalilauge und Cyankalium erwärmt, blutrote Färbung annimmt[1]).

13. **Enzian.** Auch hier wird bei der Vorbereitung eine Fällung mit neutralem Bleiacetat vorgenommen, filtriert und aus dem Filtrate dann mit der gerade nötigen Menge von Schwefelsäure der Bleiüberschuß entfernt. Man verdunstet zur Sirupkonsistenz und unterwirft den mit Sal-

---

[1]) Das nach diesem Verfahren bearbeitete normale Bier gibt an Amylalkohol eine Masse ab, welche durch Gerbsäure gefällt wird, ohne daß der Niederschlag durch einen Überschuß derselben wieder gelöst wird. Auch mit Quecksilberoxydulnitrat wird sie gefällt, während sie die übrigen Reaktionen der Aloebestandteile nicht teilt. Über den Nachweis von Aloe siehe auch **Bornträger** in Zeitschr. f. analyt. Chem. 1880, **19**, 165 und **Dragendorff**, Ermittelung von Giften. 2. Aufl., 144.

petersäure angesäuerten Rückstand der Dialyse. Aus dem neutralisierten Dialysate wird nochmals durch neutralisiertes Bleiacetat alles dadurch Fällbare niedergeschlagen, filtriert, das Filtrat mit basischem Bleiacetat und Ammoniak versetzt und dadurch das Enzianbitter gefällt. Nach dem Abfiltrieren und Auswaschen wird der Niederschlag durch Schwefelwasserstoff zersetzt, die filtrierte Flüssigkeit mit Benzin oder Chloroform ausgeschüttelt. Das durch diese isolierte Enzianbitter muß sich in wässeriger Lösung mit Eisenchlorid braun färben, aber darf durch dasselbe nicht gefällt werden. Ein Niederschlag kann erfolgen, wenn noch Reste von normalen Bierbestandteilen vorhanden sind, deren Eisenverbindungen abfiltriert werden müssen. Enzianbitter reduziert ammoniakalische Silber- und alkalische Kupferlösung. Es wird durch Brombromkalium und Quecksilberoxydulnitrat, Goldchlorid und Phosphormolybdänsäure gefällt, durch Sublimat und Kaliumquecksilberjodid getrübt.

14. Pikrinsäure wird zum Teil durch basisches Bleiacetat niedergeschlagen und läßt sich auch aus der bei Anwendung obiger Verfahren erhaltenen wässerigen Flüssigkeit nicht immer sicher durch Petroläther, Benzin und Chloroform ausschütteln. Die Säure verhält sich in den hier vorliegenden Lösungen gegen die zum Ausschütteln benutzten Flüssigkeiten anders, wie in Lösung mit reinem Wasser. Aus dem Grunde rät Dragendorff bei der obigen Untersuchung auf Quassia usw. nur im Auge zu haben, daß sich möglicherweise Anzeichen für Pikrinsäure finden lassen. Als solche bezeichnet er gelbe Farbe und bitteren Geschmack der vom Bleisulfat abfiltrierten Flüssigkeit, sowie des Rückstandes der Ausschüttelungen mit Petroläther, Benzin usw. Sollte in letzteren wirklich Pikrinsäure vorliegen, so wird auch wohl ein Teil des Rückstandes krystallinisch sein und, in Wasser aufgenommen, mit verdünnter Kalilauge und etwas Cyankalium gekocht, eine rotbraune Lösung von Isopurpursäure liefern.

H. Brunner hat empfohlen, zum Nachweis der Pikrinsäure mit dem mit Salzsäure angesäuerten Biere entfettete Wolle 24 Stunden zu digerieren, diese dann mit destilliertem Wasser auszuwaschen und ihr die Pikrinsäure wieder durch Ammoniakflüssigkeit zu entziehen. Der letztere Auszug wird im Wasserbade konzentriert, später mit etwas Cyankalium versetzt und ausgetrocknet. Auch hier muß ein dunkel blutroter, in Wasser löslicher Rückstand von Isopurpursäure bleiben. Fleck rät dagegen, das Bier (500 ccm) zur Sirupkonsistenz zu bringen, den Rückstand mit der 10fachen Menge absoluten Alkohols zu versetzen, den abfiltrierten Niederschlag gut mit Alkohol auszuwaschen, Filtrat und Waschalkohol zu verdunsten und aus dem hier bleibenden Rückstande die Säure durch Auskochen mit Wasser, aus dem Verdunstungsrückstand dieser Lösung aber durch Äther auszuziehen. Die so erhaltene fast reine Pikrinsäure kann, nachdem sie auch aus reinem Chloroform oder Benzin umkrystallisiert wurde, gewogen und später zu der schon erwähnten Isopurpursäurereaktion verbraucht werden. Man erhält auf diese Weise etwa $^2/_3$ der vorhandenen Pikrinsäure.

Nach vorstehenden Verfahren lassen sich in je 1 l Bier nachweisen: 0,25 g Wermutkraut, 4 g ungetrocknetes Ledum palustre, 4 g Menyanthes trifoliata, 1 g Quassia, 4 g Semen Colchici, 8 g Cocculi indici, 1 g Coloquintenmark, 5 g Weidenrinde (0,05 g Salicin), 0,00002 g Strychnin, 0,0005 g Atropin, Daturin oder Hyoscyamin, 5 g Cnicus benedictus, 4 g Erythraea Centaureum, 5 g Cortex Mezerei, 0,25 g Capsicum annuum, 0,25 g Aloe, 6 g Enzianwurzel, 0,003 g Pikrinsäure (Brunner).

Für fast alle genannten Hopfenersatzstoffe ist es durch Versuche von Dragendorff und Meyke bewiesen, daß sie, bevor die Gärung eingeleitet wird, der Würze zugesetzt werden können, ohne daß ihre Zersetzung während der Gärung eintritt, demnach ohne daß ihre Nachweisbarkeit beeinträchtigt wird.

Was besonders den Nachweis von Aloe in Bier und Likören anbelangt, so hat H. Bornträger[1]) vorgeschlagen, die zu prüfenden Flüssigkeiten mit Benzin auszuschütteln, den Benzinauszug mit einigen Tropfen Ammoniak unter leichtem Schütteln zu erwärmen; bei Vorhandensein von Aloe färbt sich die Flüssigkeit schön violettrot, welche Farbe auf Zusatz einer Säure verschwindet und durch Alkali wieder hervorgerufen werden kann.

---

[1]) Zeitschr. f. analyt. Chem. 1880, **19**, 165.

W. Lenz[1]) hat aber nachgewiesen, daß noch andere Stoffe, z. B. Cortex Frangulae, Folia Sennae, Radix Rhei, Baccae Spinae Cervinae in derselben Weise wie Aloe in wässerigem Alkohol lösliche Stoffe enthalten, welche obige Reaktion teilen; er hält das von Dragendorff angegebene Verfahren für einzig sicher.

Gummi - Gutti, das weniger zu Bier als zu den Likören verwendet zu werden pflegt, wird nach Ed. Hirschsohn[2]) wie folgt nachgewiesen:

Bier bzw. Likör wird mit Glaspulver zur Trockne verdampft und der Rückstand mit Petroläther ausgezogen. Ist der erhaltene Auszug farblos, so säuert man den Rückstand, weil wegen seiner alkalischen Beschaffenheit das Gummi-Gutti vielleicht nicht gelöst worden ist, bis zur stark sauren Reaktion mit Salzsäure an und zieht nochmals mit Petroläther aus. Ist der Auszug auch jetzt farblos, so ist Gummi-Gutti nicht vorhanden.

Wenn jedoch der Auszug gelb aussieht, so schüttelt man einen kleinen Teil desselben mit verdünnter Natronlauge (1 : 100) und falls eine rote Färbung auftritt, so leitet man in den größeren Teil Ammoniakgas bis zur Sättigung, trennt die gegebenenfalls ausgeschiedenen Harzflocken von der Flüssigkeit, wäscht sie mit Petroläther aus und löst mit Alkohol. Die alkoholische Lösung muß beim Versetzen mit alkoholischer Ferrichloridlösung schwarz werden und darf mit verdünnter Natronlauge keine roten, sondern nur eine gelbe Farbe annehmen.

Gummi-Gutti löst sich ferner leicht in Chloroform; verdampft man letzteres, so bleibt das Harz als gelbes Pulver zurück; letzteres löst sich in kalter konzentrierter Schwefelsäure mit roter Farbe und wird aus dieser Lösung durch Wasser unverändert wieder ausgeschieden.

Auf das von A. H. Allen und W. Chattaway[3]) angewendete Verfahren zum Nachweis von Hopfenersatzstoffen will ich nur verweisen.

Nachweis der Fäulniserzeugnisse.

Zu den ständigen Fäulniserzeugnissen gehören außer den Mono- und Diaminosäuren sowie den Ptomainen kennzeichnende flüchtige Stoffe wie Ammoniak, Schwefelwasserstoff, Methylmercaptan, Methan, flüchtige Fettsäuren, Phenol, Kresol, Indol und Skatol, ferner nichtflüchtige Stoffe wie höhere Fettsäuren, Bernsteinsäure, Phenylessigsäure, Phenylpropionsäure und die entsprechenden p-Oxysäuren, Skatolcarbonsäure, Skatolessigsäure u. a.

Die Trennung und Bestimmung der Mono- und Diaminosäuren, die vorwiegend bei der Hydrolyse durch Säuren und Enzyme entstehen, ist schon vorstehend (S. 291) beschrieben; die Bestimmung und Trennung der Ptomaine soll im nächsten Abschnitt behandelt werden. In diesem Abschnitt mögen die übrigen eigenartigen Fäulniserzeugnisse eine besondere Behandlung finden. Ihre Trennung und Erkennung ist besonders von E. Salkowski[4]) gelehrt worden. Der Gang ist folgender:

Die fauligen Flüssigkeiten (bzw. Massen, tunlichst mehrere Liter bzw. tunlichst $1/_2$—2 kg Substanz entsprechend) werden mit einer 20proz. Lösung von Natriumcarbonat alkalisch gemacht und, falls ein Niederschlag entsteht bzw. ein ungelöster Rückstand verbleibt, filtriert. — Wenn wie durchweg eine Filtration nicht möglich ist, läßt man unter Zusatz von etwas Chloroform, um weitere Fäulnis zu vermeiden, in einem Zylinder absitzen, hebt die von Schwebestoffen freie Lösung ab, setzt zum Bodensatz wieder Wasser und wäscht durch Dekantation aus. — Das alkalische Filtrat bzw. die von Schwebestoffen freie, alkalische Flüssigkeit wird destilliert, bis der Rückstand in der Retorte dicklich zu werden anfängt; man läßt erkalten, setzt 1—2 l Wasser zu und destilliert aufs neue ebensoviel Liter ab. Man erhält ein Destillat A und einen Destillationsrückstand B.

---

1) Zeitschr. f. analyt. Chemie 1882, **21**, 220.
2) Pharm. Zeitschr. f. Rußland 1885, **24**, 609; Chem.-Ztg. 1885, **9**, 1614.
3) Nach The Analyst F. 16, p. 181 in Chem. Centralblatt 1890, II, 798.
4) E. Salkowski, Praktikum d. physiol. u. pathol. Chemie. 2. Aufl., Berlin 1900, S. 219.

In das Destillat *A* gehen über: Ammoniak, Ammoniumcarbonat, Ammoniumbasen, Schwefelwasserstoff bzw. Schwefelammonium, Mercaptan, ferner Indol und Skatol so gut wie vollständig, Phenol bzw. Kresol bis auf kleine Reste, außerdem noch kleine Mengen flüchtiger fetter und aromatischer Säuren.

Der Destillationsrückstand *B* dagegen enthält als Natriumsalze den größten Teil der fetten und aromatischen Säuren (Phenylessigsäure, Phenylpropionsäure, Skatolcarbonsäure, p-Oxyphenylessigsäure usw.) außer Resten von Proteinen, Pepton, Bakterien und Salzen.

A. Verarbeitung des Destillates.

Das Destillat wird mit Salzsäure angesäuert und falls viel Schwefelwasserstoff, der für die Trennung störend wirkt, zu beseitigen ist, mit Kupfersulfat versetzt[1]). Das Kupfersulfid wird abfiltriert und das Filtrat mit Äther in einzelnen Anteilen in der Weise ausgeschüttelt, daß man auf je 300 ccm Filtrat — bzw. Destillat, wenn kein Kupfersulfat zugesetzt wurde — 200 ccm Äther verwendet, die wässerige Flüssigkeit abfließen läßt und immer neue Mengen (300 ccm) Filtrat bzw. Destillat zu demselben Äther zusetzt und durchschüttelt. Da von der wässerigen Flüssigkeit Äther aufgenommen wird, so setzt man jedesmal etwas neuen Äther hinzu, um die Menge auf 200 ccm zu erhalten. Man erhält auf diese Weise: 1. eine ätherische Lösung und 2. eine wässerige, alkalische (ätherhaltige) Flüssigkeit.

Die einzelnen Anteile der letzteren werden in einer großen Schale vereinigt, ruhig stehen gelassen, bis der gelöste Äther von selbst verdunstet ist, alsdann eingedampft und der Rückstand wird nach II. (unten) weiter behandelt.

I. Verarbeitung der Ätherlösung. Dieselbe enthält: Indol, Skatol, Phenol bzw. Kresol und flüchtige Säuren. Zu ihrer Trennung durchschüttelt man die Ätherlösung anhaltend mit dem gleichen Volumen Wasser und 50 ccm Natronlauge. In der Ätherlösung verbleiben Indol (bzw. auch Skatol), während die flüchtigen organischen Säuren in die alkalische Flüssigkeit übergehen.

Reinigung des Indols: Der Äther wird bei gelinder Wärme abdestilliert und freiwillig vollends verdunsten gelassen. Es hinterbleibt unreines, noch Skatol, Phenol und Kresol enthaltendes Indol. Um es von letzteren Beimengungen zu reinigen, wird der Rückstand mit heißem Wasser in einen Kolben gespritzt, die Lösung mit Natronlauge versetzt und — am besten im Dampfstrom — destilliert. Das Indol geht teils als halbgeschmolzene weiße Masse, teils in Form von Blättchen in die Vorlage über, teils setzt es sich im Kühlrohr fest. Letztere Menge bringt man, wenn die Destillation beendet ist und kein Indol mehr übergeht, dadurch in die Vorlage, daß man das Destillierkölbchen durch ein Kölbchen mit Äther ersetzt und dieses gelinde erwärmt. Der im Kühlrohr sich verdichtende Äther löst das Indol und führt es ebenfalls in die Vorlage über. Aus dem Destillat wird sämtliches Indol mit Äther ausgeschüttelt, die Ätherlösung abgetrennt und — nötigenfalls nach vorhergehender Konzentration durch Abdestillieren — der freiwilligen Verdunstung überlassen. Die im Destillierkolben verbleibende alkalische Flüssigkeit wird mit der ersten unter A II. erhaltenen Flüssigkeit vereinigt.

---

1) Will man unter den Fäulniserzeugnissen neben Schwefelwasserstoff auch **Mercaptan** nachweisen, so destilliert man einen geringeren Teil der alkalischen Flüssigkeit oder auch ganz in eine Vorlage mit 3 proz. Lösung von Quecksilbercyanid. Der Niederschlag wird abfiltriert und mit Salzsäure behandelt, wodurch Mercaptanquecksilber gelöst wird, darauf wird die von Quecksilbersulfid abfiltrierte Lösung in eine 3 proz. Lösung von Bleiacetat destilliert. Falls Mercaptan zugegen ist, bildet sich an der Eintrittsstelle des Destillats ein schwaches gelbliches Häutchen, das sich beim Schütteln auflöst. Beim Eindunsten der Bleiacetatlösung verbleiben bei Vorhandensein von Mercaptan neben rein weißen Krystallen von Bleiacetat gelbliche Krystalle. Erforderlichenfalls läßt sich auch durch eine Bestimmung des Schwefels in diesem Rückstande die Menge des vorhandenen Mercaptans feststellen.

Das in vorstehender Weise abermals von Phenol und Kresol gereinigte Indol kann aber noch skatolhaltig sein. Zum Nachweise dieser Beimengung destilliert man eine Probe des Indols mit Wasser; die ersten Tropfen des Destillates enthalten vorwiegend Skatol in perlmutterglänzenden Blättchen, da Skatol mit Wasserdämpfen weit leichter flüchtig ist als Indol.

Das in glänzenden weißen Blättchen krystallisierende Indol $C_8H_7N = C_6H_4 {\displaystyle \genfrac{}{}{0pt}{}{CH=CH}{NH}}$ ist in Wasser schwer, in Äther, Alkohol, Benzol, Chloroform leicht löslich; es schmilzt bei 52°. Versetzt man eine Lösung von Indol in Petroläther mit einer Lösung von Pikrinsäure in Benzol, so scheiden sich glänzend rote Nadeln einer Verbindung von gleichen Molekülen Indol und Pikrinsäure aus, aus der das Indol durch Destillation mit Ammoniak wieder gewonnen werden kann.

Legals Reaktion: Man setzt zu einer wässerigen Indollösung einige Tropfen frisch hergestellter Nitroprussidnatriumlösung bis zur deutlichen Gelbfärbung, dann einige Tropfen Natronlauge; es tritt tiefviolette Färbung auf; beim Ansäuern mit Eisessig wird die Flüssigkeit azurblau.

Sog. Cholerarotreaktion: Versetzt man 10 ccm sehr verdünnter Indollösung (von 0,03 bis 0,05 g auf 1000 Teile Wasser) mit 1 ccm einer 0,02 proz. Kaliumnitritlösung und unterschichtet man die Flüssigkeit mit konzentrierter Schwefelsäure, so entsteht Purpurfärbung; beim Neutralisieren mit Natronlauge — oder auch beim Durchmischen der ursprünglichen Flüssigkeit mit verdünnter Schwefelsäure — wird die Flüssigkeit blaugrün. Diese Reaktion zeigen auch Kulturen von Cholerabacillen, weil sie gleichzeitig Indol und Nitrit enthalten; im letzteren Falle ist die Reaktion nur dann beweisend, wenn die Schwefelsäure frei von salpetriger Säure ist.

Das Skatol ist in Wasser noch schwerer löslich als das Indol, verhält sich aber gegen die anderen Lösungsmittel wie das Indol; die glänzenden Krystallblättchen schmelzen bei 95°; sie riechen im unreinen Zustande sehr stark, im reinen kaum nach Faeces. Das Skatol löst sich in konzentrierter Salzsäure mit violetter Farbe. Säuert man die verdünnte wässerige Lösung mit Salpetersäure an und setzt einige Tropfen Kaliumnitritlösung zu, so entsteht eine weißliche Trübung, beim Indol dagegen eine rötliche Färbung; durchschüttelt man die Flüssigkeit mit Chloroform, so scheidet sich, wenn Indol vorliegt, an der Berührungsgrenze des Chloroforms mit der wässerigen Flüssigkeit ein rotgefärbtes Häutchen ab.

II. Verarbeitung der alkalischen Flüssigkeit von der Ätherausschüttelung I. Die von Indol und Skatol befreite alkalische Flüssigkeit, die Phenol, Kresol und flüchtige Säuren enthält, wird mit Salzsäure neutralisiert bzw. bis zur verbleibenden schwach alkalischen Reaktion — d. h. schwach alkalisch nach dem Erhitzen — hiermit versetzt oder erst mit Salzsäure angesäuert und dann wieder mit Natriumcarbonatlösung schwach alkalisiert, wodurch Phenol und Kresol freigemacht werden, die flüchtigen Säuren aber gebunden bleiben. Sie wird im Schütteltrichter mit Äther durchgeschüttelt und die Ätherlösung von der wässerigen Flüssigkeit abgetrennt. — Beim Durchschütteln mit Äther ist wegen der sich entwickelnden Kohlensäure und des dadurch im Schütteltrichter herrschendne Druckes Vorsicht nötig und der Stöpsel desselben wiederholt zu lüften.

Die Ätherlösung hinterläßt nach dem Verdunsten ein unreines Gemisch von Phenol und Kresol, vorwiegend von Parakresol.

Man kann dieselben noch dadurch reinigen, daß man den Rückstand im Dampfstrom destilliert und das Destillat abermals mit Äther ausschüttelt und die Ätherlösung verdunstet.

Um sich von der Gegenwart dieser Stoffe zu überzeugen, erhitzt man das Öl in einem Kolben mit Wasser, läßt erkalten und prüft auf folgende Weise:

1. Man setzt zu einer Probe der Lösung Eisenchloridlösung: schmutzig-blaugraue Färbung.

2. Eine zweite Probe wird mit Millonschem Reagens erwärmt: Rotfärbung.

3. Eine dritte Probe wird mit Bromwasser versetzt: Niederschlag von Tribromphenol und Tribromkresol bzw. noch anderen Bromverbindungen.

Unterschiede zwischen Phenol und Kresol sind:

	Phenol	Orthokresol	Parakresol
Schmelzpunkt	42°	—31,5°	36°
Siedepunkt	180°	185—186°	199°

Zur Trennung kann man durch konzentrierte Schwefelsäure die gereinigten Körper in Sulfosäuren und diese durch Barythydrat in die Bariumsalze überführen. Beim Umkrystallisieren krystallisiert das parakresolsaure Barium zuerst aus. Orthokresol gibt sich dadurch zu erkennen, daß es, wenn das Gemisch mit Kali geschmolzen wird, Salicylsäure liefert.

Die noch schwach alkalisch reagierende bzw. die mit Natriumcarbonat versetzte, durch Äther von Phenol und Kresol befreite Flüssigkeit wird mit Salzsäure stark angesäuert und mit Äther geschüttelt (wieder ist wegen der sich entwickelnden Kohlensäure Vorsicht geboten). Die abgetrennte ätherische Lösung hinterläßt beim Verdunsten flüchtige fette Säuren, denen noch eine kleine Menge von Homologen der Benzoesäure beigemischt ist. Man kann diese wie die Säuren des ursprünglichen Destillationsrückstandes trennen oder mit diesen behandeln (siehe unter B).

B. Verarbeitung des Destillationsrückstandes.

Der im Kolben verbliebene Destillationsrückstand, der von dem vorher zugesetzten Natriumcarbonat alkalisch reagiert oder, falls er noch schwach sauer reagiert, vorher durch Zusatz von Natriumcarbonat alkalisiert werden muß, wird auf dem Wasserbade eingedampft. — Da die Flüssigkeit noch Ammonsalze enthalten wird, muß man zur Erhaltung der alkalischen Reaktion von Zeit zu Zeit aufs neue Natriumcarbonat zusetzen. — Man dampft bis zum Sirup ein, versetzt mit dem mehrfachen Volumen Alkohol und filtriert erst nach längerem Stehen.

Der Rückstand (a) besteht aus ungelöstem Eiweiß, Bakterien, Salzen usw.

Die alkoholische Lösung (b) enthält dagegen die Natriumsalze der Säuren. Sie wird durch Eindampfen auf dem Wasserbade von Alkohol befreit, mit 20proz. Schwefelsäure (200 g H_2SO_4 in 1 l) aufgenommen bzw. angesäuert und nach dem Erkalten wiederdolt, jedoch nicht zu heftig mit Äther ausgeschüttelt. — Falls sich der Äther wie häufig schwer absetzt, fügt man etwas Alkohol hinzu. — Die zurückbleibende schwefelsäurehaltige Flüssigkeit enthält Albumosen, Peptone und basische Stoffe (Ptomaine), auf welche letzteren nach dem vorhergehenden Abschnitt S. 295 besonders geprüft wird.

Die ätherische Lösung (c) wird destilliert, der Rückstand in Wasser und Natronlauge — bis zur alkalischen Reaktion — gelöst, behufs Ausfällung der Fettsäuren (Palmitin-, Stearin- und Ölsäure) so lange mit Chlorbarium versetzt, als noch ein Niederschlag entsteht, darauf nach Absetzen des Niederschlages filtriert. Die Barytseifen (d) neben Bariumcarbonat und Fett können unbeachtet bleiben.

Das alkalische Filtrat (e) dagegen wird bis auf etwa 100—200 ccm eingedampft, in einen Schütteltrichter übergeführt, mit Salzsäure angesäuert und mit Äther ausgeschüttelt. Die rückständige salzsaure Lösung (f) enthält Chlornatrium und salzsaure Basen, die Ätherlösung (g) flüchtige Fettsäuren, Bernsteinsäure und aromatische Oxysäuren, Skatolcarbonsäure usw.

Die salzsaure Lösung (f) wird möglichst weit eingedampft, der Rückstand mit absolutem Alkohol, worin Chlornatrium unlöslich ist, ausgezogen, die Lösung nach einigem Stehen abfiltriert und auf dem Wasserbade verdunstet. Den Rückstand zieht man nochmals mit Alkohol aus und wiederholt diese Behandlung so häufig, bis der Rückstand sich ganz klar in Alkohol löst; er besteht alsdann aus den salzsauren Basen, hauptsächlich aus der salzsauren Verbindung der δ-Amino-n-Valeriansäure $CH_2(NH_2) \cdot CH_2 \cdot CH_2 \cdot CH_2 \cdot COOH \cdot HCl$, deren Golddoppelsalz $C_5H_{11}NO_2 \cdot HCl \cdot AuCl_3 + H_2O$ in orangefarbigen monoklinen Krystallen krystallisiert, die bei 86—87° schmelzen.

Die ätherische Lösung (g) wird auf dem Wasserbade zur Trockne verdampft, das zurückbleibende Öl mit heißem Wasser in einen Destillierkolben gespült und in einem starken Dampfstrom destilliert, welcher vorher durch ein *gelinde* erhitztes Kupferrohr geht. Das Destillat wird in Natronlauge, die in geringem Überschuß[1]) vorhanden ist, aufgefangen und die Destillation so lange (24—36 Stunden) fortgesetzt, bis alle flüchtigen Säuren übergegangen sind. Man erkennt dieses daran, daß eine vorgelegte schwache alkalische Flüssigkeit (1—2 ccm $^1/_{10}$ Normalnatronlauge) nach weiterer einstündiger Destillation noch alkalisch reagiert.

Das Destillat (h) enthält die flüchtigen Fettsäuren, Phenylessigsäure und Phenylpropionsäure.

Der im Kolben verbleibende Rückstand (i) Bernsteinsäure, Skatolcarbonsäure und Oxysäuren.

Das Destillat (h) wird auf dem Wasserbade eingedampft, mit Salzsäure stark übersättigt und mit Äther ausgeschüttelt. Der beim Verdunsten des Äthers verbleibende Rückstand wird aus einem Siedekölbchen mit eingesetztem Thermometer destilliert und die Vorlage gewechselt, wenn das Thermometer 260° erreicht hat. Unterhalb 260° gehen die flüchtigen Fettsäuren über, oberhalb 260° Phenylessigsäure und Phenylpropionsäure.

Die flüchtigen Fettsäuren lassen sich durch Darstellen der Kalk- oder Barytsalze und fraktionierte Krystallisation nebeneinander erkennen; man behandelt die destillierten Säuren mit praecipitiertem Calcium- bzw. Bariumcarbonat, filtriert, oder man setzt überschüssiges Calcium- bzw. Bariumhydroxyd zu, leitet Kohlensäure ein, kocht, filtriert und unterwirft die Salzlösung der fraktionierten Krystallisation. Durch Bestimmung des Kalk- bzw. Barytgehaltes der Fraktionen kann man auf die Natur der Säure (Capron-, Capryl- bzw. Caprinsäure) schließen. Buttersäure, Essigsäure und Ameisensäure geben sich durch ihren eigenartigen Geruch und durch die qualitativen Reaktionen zu erkennen. Die Propionsäure zeichnet sich durch das unlösliche basische Bleisalz vor den anderen Säuren aus.

Die oberhalb 260° übergehenden Phenylessigsäure und Phenylpropionsäure können durch ihre Zinksalze nebeneinander erkannt werden. Man verreibt das ölige Destillat mit Zinkoxyd und Wasser, kocht mit großen Mengen Wasser aus und filtriert heiß. Aus dem Filtrat erhält man durch Eindampfen phenylessigsaures Zink, der Rückstand enthält das phenylpropionsaure Zink. Durch Zersetzen der Zinksalze mit Salzsäure und Ausschütteln mit Äther lassen sich die freien Säuren gewinnen. Die Phenylessigsäure krystallisiert in breiten Blättchen, schmilzt bei 76,5° und siedet bei 262°; sie erscheint, in den Körper eingeführt, als Phenacetursäure im Harn. Die Phenylpropionsäure krystallisiert in langen, feinen Nadeln, schmilzt bei 48,7°, siedet bei 280° und geht nach Einführung in den Körper als Hippursäure in den Harn über. Beide Säuren werden durch Chromsäuregemisch zu Benzoesäure oxydiert, die durch Erhitzen mit starker Salpetersäure in einem Porzellanschälchen Nitrobenzol (Bittermandelölgeruch, Lückes Reaktion) gibt.

Die im Destillationskolben verbleibende Restflüssigkeit (i), die noch Skatolcarbonsäure, Oxysäuren und Bernsteinsäure enthält, trübt sich allmählich beim Erkalten und setzt etwas harzige Substanz ab. Sie muß filtriert werden, sobald sich die Trübung so weit verdichtet hat, daß die Filtration möglich ist (nach einigen Stunden). Aus dem klaren Filtrat setzen sich dann bei 24stündigem Stehen in der Kälte, am besten im Eisschrank, kreidige weiße Körnchen von reiner Skatolcarbonsäure ab. Durch Einkochen der wässerigen von Skatolcarbonsäure getrennten Lösung auf das halbe Volumen im Kolben ist oft noch eine neue Ausscheidung von Skatolcarbonsäure zu erhalten, nie ist sie indessen ganz vollständig, ein Teil bleibt stets mit den aromatischen Oxysäuren und der Bernsteinsäure zusammen in der wässerigen Lösung zurück. Auch die Trennung der Oxysäuren und der Bernsteinsäure ist bisher nicht vollständig ausführbar. Schüttelt man die wässerige Lösung

---

[1]) Man bemißt die Menge der vorzulegenden Natronlauge aus der Menge, die man zur Neutralisation des ersten Rückstandes der ätherischen Lösung (c) benötigte.

mit reinem Äther, so gehen die Oxysäuren nebst der noch vorhandenen Skatolcarbonsäure in den Äther über, aber auch etwas Bernsteinsäure, die beim Einengen des Äthers auskrystallisiert, während der größere Teil derselben in der wässerigen Lösung bleibt. Die aromatischen Oxysäuren erhält man durch Behandeln des beim Verdunsten der Ätherlösung bleibenden Rückstandes mit heißem Wasser usw. krystallisiert.

Zur Trennung der beiden Säuren, der Karahydrocumarsäure und der Paraoxyphenylessigsäure läßt sich nach E. Baumann das Verhalten zu Benzol benutzen, in welchem zwar beide Säuren schwierig, die p-Hydrocumarsäure aber doch leichter löslich ist als die Paraoxyphenylessigsäure, ein glattes Trennungsverfahren ist noch nicht bekannt.

Die Paraoxyphenylessigsäure $C_6H_4\diagup^{OH\,(1)}_{CH_2 \cdot COOH}$ krystallisiert aus der wässerigen Lösung in prismatischen, meist flachen, sehr spröden Nadeln, die bei 148° schmelzen; sie gibt mit Millons Reagens in der Wärme Rotfärbung. Letztere tritt auch bei p-Hydrocumarsäure (Paraoxyphenylpropionsäure) $C_6H_4\diagup^{OH\,(1)}_{CH_2 \cdot CH_2 \cdot COOH}$ auf; beim Verdunsten der ätherischen Lösung dieser hinterbleibt ein Öl, welches bald zur strahligen Krystallmasse erstarrt; diese erscheint, aus wenig Wasser umkrystallisiert, in monoklinen Krystallen, die bei 125° schmelzen.

Die Skatolcarbonsäure

$$HC\underset{CH}{\overset{CH}{\underset{\diagdown}{\diagup}}}\,\underset{C}{C}\underset{NH}{\diagdown}\,C \cdot COOH$$

krystallisiert in Blättchen, die in Alkohol und Äther leicht, in Wasser wenig löslich sind und bei 164° schmelzen; bei stärkerem Erhitzen zerfällt sie in Kohlensäure und Skatol. Zu ihrer Erkennung können nach E. Salkowski, noch in einer Verdünnung von 1:1000, folgende Reaktionen dienen:

1. Mit einigen Tropfen reiner Salpetersäure von 1,2 spezifischem Gewicht und wenigen Tropfen einer 20proz. Kaliumnitritlösung entsteht eine ziemlich kirschrote Färbung, dann Trübung unter Ausscheidung eines roten Farbstoffs.

2. Mit dem gleichen Volum Salzsäure und einigen Tropfen einer 1—2proz. Chlorkalklösung erhält man allmählich eine purpurrote Färbung und einen ebensolchen Niederschlag.

3. Mit einigen Tropfen Salzsäure und mit 2—3 Tropfen einer ganz verdünnten Eisenchloridlösung erhitzt, färbt sich die Mischung noch vor dem Sieden stark violett.

Die zuletzt in der wässerigen Lösung verbleibende Bernsteinsäure kann daraus durch wiederholtes Ausziehen mit größeren Mengen Äther und Verdampfen des Äthers gewonnen werden. Man nimmt den Rückstand mit wenig Wasser auf, erhitzt die wässerige Lösung zum Kochen, setzt nach Neubauer tropfenweise Salpetersäure zu, bis nur noch gelbe Färbung vorhanden ist, dampft weiter ein und läßt krystallisieren. Sie bildet farblose vierseitige Nadeln oder sechsseitige Tafeln, die bei 182° schmelzen, aber schon bei 120° Nebel entwickeln, die, eingeatmet, heftig zum Husten reizen. Erhitzt man die Bernsteinsäure mit Zinkstaub und Ammoniak, so entsteht Pyrrol und wenn man in die Dämpfe — am besten in einem Reagensrohr — einen mit starker Salzsäure befeuchteten Fichtenspan (Streichholz) hält, so zeigt dieser Rotfärbung.

Trennung und Bestimmung der Fleischbasen.

Zu den Fleischbasen werden gerechnet: Kreatin, Kreatinin, Carnin, Xanthin, Hypoxanthin (oder Sarkin), Carnosin, ferner im Liebigschen Fleischextrakt nach Fr. Kutscher[1]) noch verschiedene andere Basen wie Ignotin, Methylguanidin, Carnomuscarin, Neosin, Novain und Oblitin. Hiervon kommen aber der Menge nach vorwiegend nur Kreatin bzw. Kreatinin, Xanthin bzw. Hypoxanthin in Betracht.

Das altübliche Verfahren zur quantitativen Trennung der letzteren Basen besteht darin, daß die kalten Fleischauszüge erst gekocht, von Albumin befreit, auf ein geringes Volumen

<hr>

[1]) Zeitschr. f. Untersuchung von Nahrungs- u. Genußmitteln 1905, **10**, 528; 1906, **11**, 582.

eingedampft und dann mit Bleiessig versetzt werden, um die vorhandenen Säuren Schwefelsäure, Phosphorsäure und Chlor größtenteils zu beseitigen. Aus dem Filtrat wird durch Schwefelwasserstoff das überschüssige Blei entfernt, das Filtrat vom Schwefelblei bis zum Sirup eingeengt und längere Zeit in kühlen Räumen zur Krystallisation hingestellt. Hierbei krystallisiert das Kreatin ($C_4H_9N_3O_2$ oder Methylguanidinessigsäure

$$HN = C{\Large\langle}{\substack{NH_2 \\ N(CH_3)}} \cdot CH_2 \cdot COOH$$

(mit 32,10% Stickstoff oder 1 Teil Stickstoff = 3,115 Teilen Kreatin) zuerst in farblosen, harten, rhombischen Prismen mit 1 Molekül Wasser aus; die Krystalle werden abfiltriert bzw. abgenutscht, mit etwas 88 proz. Alkohol gewaschen und als solche nach dem Trocknen gewogen. Aus dem von Alkohol befreiten Filtrat lassen sich nach dreistündigem Kochen mit verdünnter Schwefelsäure (1 : 3) die Xanthinbasen nach dem folgenden, von K. Micko beschriebenen Verfahren mit Kupferbisulfit ausfällen und aus dem Filtrat hiervon das Kreatinin als Kreatinin-Chlorzink gewinnen.

Will man das Kreatin als solches annähernd quantitativ gewinnen, so ist wohl nur das vorstehende Verfahren, die Abscheidung in Krystallform, anwendbar. Denn besondere unlösliche Verbindungen, in denen das Kreatin abgeschieden werden könnte, sind bis jetzt nicht angegeben.

Durch Trocknen über Schwefelsäure oder auf dem Wasserbade werden die Krystalle, die einen bitteren, kratzenden Geschmack besitzen, weiß und undurchsichtig; sie sind in Äther unlöslich, in Alkohol fast gar nicht und in kaltem Wasser schwer (1 Teil in 74 Teilen kaltem Wasser), dagegen leicht löslich in heißem Wasser; die Lösungen reagieren alkalisch. Durch salpetersaures Quecksilber wird das Kreatin in Flocken gefällt, mit Chlorzink geben konzentrierte Lösungen, besonders nach Zusatz von Alkohol, Fällungen bzw. harte, warzige Krystalle; auch mit Chlorcadmium entsteht eine entsprechende, aber sehr lösliche Verbindung. Durch Phosphorwolframsäure und Bleiessig wird Kreatin nicht gefällt. Am kennzeichnendsten noch ist es, daß das Kreatin durch Kochen der wässerigen Lösung mit Quecksilberoxyd metallisches Quecksilber abscheidet unter Bildung von oxalsaurem Methylguanidin. Am besten kocht man die Lösung mit verdünnter Schwefelsäure und stellt mit der neutralisierten Lösung die Kreatininreaktionen an.

Weil aber die Gewinnung des Kreatins in Krystallform nicht quantitativ verläuft, andererseits auch ein Teil des Kreatins durch die Behandlung in Kreatinin umgewandelt wird, so pflegt man das Kreatin auch zusammen mit dem Kreatinin zu bestimmen und kann sich für den Zweck

I. des Verfahrens von K. Micko [1])

bedienen. Micko umgeht die Fällung der Extraktlösungen mit Bleiessig, weil einerseits bei vorhandenen größeren Mengen Kochsalz das entstehende Bleichlorid den an sich mäßigen Niederschlag vermehrt, andererseits infolge Umsetzung sich entsprechend viel Natriumacetat bildet, welches wegen seiner Löslichkeit in Alkohol die weitere Ausführung der Kreatininbestimmung erschwert. Micko verwendet daher den Fleischextrakt direkt und trennt Kreatin + Kreatinin einerseits und die Xanthinbasen andererseits in folgender Weise:

a) Bestimmung des Kreatinins (bzw. des Kreatins + Kreatinins). 10—20 g [2]) fester Fleischextrakt, von flüssigen Extrakten je nach dem Trockensubstanzgehalt entsprechend mehr, werden mit Wasser bis zu etwa 100 ccm gelöst bzw. verdünnt, mit 10 ccm verdünnter Schwefelsäure (1 : 3) versetzt und 3 Stunden am Rückflußkühler gekocht, wodurch nicht nur alles Kreatin in sein Anhydrid, das Kreatinin, umgewandelt wird, sondern auch

---

[1]) Zeitschr. f. Untersuchung d. Nahrungs- u. Genußmittel 1902, **5**, 193; 1903, **6**, 781.

[2]) Wenn auch die selteneren Xanthinbasen oder das Xanthin allein in xanthinarmen Extrakten bestimmt werden sollen, so sind 100 g und mehr Extrakt erforderlich.

alle Xanthinstoffe eine solche Umwandlung erfahren, daß sie durch Kupferbisulfit quantitativ und glatt gefällt werden können. Die gekochte Flüssigkeit wird mit Natronlauge neutralisiert und darauf nach dem Verfahren von Krüger in der Siedehitze mit Natriumbisulfit und Kupfersulfat versetzt; man wendet auf je 100 g Extrakt etwa 300 ccm Natriumbisulfitlösung (200 g pulveriges Natriumbisulfit auf 1 l Wasser) und 300 ccm Kupfersulfatlösung (130 g Kupfersulfat auf 1 l Wasser) an. Man erhitzt die Flüssigkeit, hält einige Minuten im wallenden Sieden, läßt dann abkühlen und ruhig (etwa über Nacht) stehen, filtriert und wäscht den Niederschlag mit vorher ausgekochtem und wieder abgekühltem Wasser aus; der Niederschlag wird nach b) auf Xanthinstoffe weiter verarbeitet, das Filtrat dagegen zur quantitativen Bestimmung des Kreatinins, das nicht gefällt wird, verwendet.

Man säuert das Filtrat mit etwas verdünnter Schwefelsäure an und fällt das Kupfer mit Schwefelwasserstoff. Das Filtrat vom Schwefelkupfer dampft man bis fast zur Sirupdicke ein, gießt den Sirup in einen Kolben mit siedend heißem Alkohol, erhitzt einige Zeit am Rückflußkühler, neutralisiert mit alkoholischer Natronlauge (15 g Natronhydrat in 100 ccm 70proz. Alkohol) und läßt mehrere Stunden bis zur völligen Abkühlung stehen. Die überstehende klare Flüssigkeit wird abgegossen und der Rückstand nochmals (bzw. mehrmals) mit siedendem 95proz. Alkohol ausgezogen: Aus den vereinigten filtrierten alkoholischen Auszügen wird der Alkohol abdestilliert und der so erhaltene Rückstand mehrmals mit siedendem Alkohol von 95% am Rückflußkühler ausgekocht. Die vereinigten abgekühlten und filtrierten alkoholischen Auszüge werden durch Destillation bis auf etwa 300 ccm gebracht, nach dem Abkühlen mit so viel alkoholischer Natronlauge versetzt, daß mit Azolitminpapier eine schwache, aber immerhin deutliche alkalische Reaktion entsteht; der hierdurch entstehende Niederschlag wird abfiltriert, das Filtrat im Wasserbade gelinde erwärmt und mit einer eben genügenden — jedenfalls nicht überschüssigen[1] — Menge (0,5—1,0 ccm) einer konzentrierten alkoholischen Chlorzinklösung versetzt. Der hierdurch entstehende Niederschlag, der nur geringe Mengen Kreatinin einschließt, wird, nachdem er sich zusammengeballt und die Flüssigkeit die Zimmertemperatur angenommen hat, filtriert, das Filtrat auf 30—50 ccm eingeengt und an einem kühlen Ort mehrere Tage stehen gelassen. Bei vorhandenen größeren Mengen Kreatinin scheidet sich während des Erkaltens das Kreatininchlorzink in prächtigen Drusen ab; die Abscheidung kann durch Impfen mit bereits gewonnenen Krystallen von Kreatininchlorzink befördert werden. Ein Teil des Kreatinins bleibt aber selbst auf Zusatz von etwas Natriumacetat in Lösung. Der krystallinische Bodensatz wird filtriert und mit 75proz. Alkohol gewaschen. Da das Kreatininchlorzink noch Kochsalz einschließt, so berechnet man die Menge desselben am besten aus dem nach Kjeldahl bestimmten Stickstoffgehalt; 1 Teil Stickstoff = 2,687 Teilen Kreatinin = 5,926 Teilen Kreatininchlorzink $(C_4H_7N_3O)_2 \cdot ZnCl_2$. Oder man löst das ausgeschiedene Kreatininchlorzink in heißem Wasser, zersetzt es durch Kochen mit Bleihydroxyd, filtriert und wäscht aus. Aus dem Filtrat entfernt man das gelöste Blei durch Schwefelwasserstoff, filtriert und dampft das Filtrat ein; hierbei scheidet sich das Kreatinin neben etwas Kreatin, das sich in kleinen Mengen durch das Kochen mit Bleihydroxyd aus dem Kreatinin zurückgebildet hat, krystallinisch aus. Sie lassen sich durch Behandeln mit siedend heißem Alkohol, worin das Kreatinin löslich ist, trennen und durch die vorstehend für Kreatin und die nachstehend für Kreatinin angegebenen Reaktionen identifizieren.

Das Kreatinin oder Glykolylmethylguanidin $HN = C \big\langle \begin{smallmatrix} NH-CO \\ N(CH_3)-CH_2 \end{smallmatrix}$ ist das Anhydrid oder Lactam des Kreatins und reduziert wie dieses Quecksilberoxyd unter Bildung von Methylguanidin. Es scheidet sich aus heiß gesättigten Lösungen in farblosen, glänzenden, wasserfreien (monoklinoedrischen) Prismen von stark ätzendem Geschmack ab, aus kalt gesättigten Lösungen dagegen in großen Tafeln oder Prismen mit 2 Molekülen Krystallwasser, die leicht verwittern. Das Kreatinin ist in heißem Wasser sehr leicht, in 11,5 Teilen kaltem Wasser, in 102 Teilen absolutem

---

[1] Chlorzink im Überschuß kann die Ausfällung geringer Mengen Kreatinin verhindern.

Alkohol (leichter in heißem), sehr wenig in Äther löslich. Es reagiert nur schwach alkalisch, treibt aber Ammoniak aus seinen Verbindungen aus und gibt mit Säuren gut krystallisierende, sauer reagierende Salze, z. B. mit Salzsäure $C_4H_7N_3O \cdot HCl$; dieses Salz wird durch Chlorzink erst auf Zusatz von Natriumacetat gefällt.

Das salzsaure Kreatinin-Platinchlorid $(C_4H_7N_3O \cdot HCl)_2 \cdot PtCl_4$ bildet in Wasser leicht (1: 36), in Alkohol schwerer lösliche orangerote Prismen und Nadeln; auch das Goldchloridsalz ist wenig kennzeichnend. Dagegen kann das pikrinsaure Kreatinin $C_4H_7N_3O \cdot C_6H_2(NO_2)_3 \cdot OH$, das sich beim Versetzen wässeriger Kreatinlösung mit wässeriger Pikrinsäure bildet, zur Feststellung dienen; die ausgeschiedenen gelben langen Nadeln schmelzen bei 212—213°. Zur quantitativen Bestimmung eignet sich nur das Kreatininchlorzink, das durch Kochen mit Bleioxydhydrat in Zinkoxyd, Bleichlorid und freies Kreatinin zerlegt wird. Bei anhaltendem ($1/2$ stündigem) Kochen reduziert Kreatinin Fehlingsche Lösung, nämlich 1 Molekül Kreatinin 4 Moleküle Kupferoxyd.

Colorimetrische Bestimmungen des Kreatinins.   α) *Reaktion von Weyl*[1]*:* Versetzt man eine wässerige Lösung von Kreatinin, z. B. Menschenharn, mit einigen Tropfen einer sehr verdünnten wässerigen Lösung von Nitroprussidnatrium und fügt tropfenweise verdünnte Natronlauge hinzu, so färbt sich die Flüssigkeit für kurze Zeit schön rubinrot, um dann in Gelb[2]) überzugehen. Fügt man dann nach E. Salkowski[3]) Eisessig — oder nach Cosanti Ameisensäure — hinzu und erhitzt, so färbt sich die Flüssigkeit erst grünlich, dann blau (von gebildetem Berlinerblau). Weder Kreatin oder ähnliche Basen geben diese Reaktion, wohl aber Aceton; wird die Reaktion von Aceton bedingt, so geht die ursprüngliche rote Färbung auf Zusatz von Essigsäure in Violett über und wird nicht blau. Auch kann man das Aceton vorher durch Kochen der Flüssigkeit entfernen. Auf diese Weise können noch 0,287 g Kreatinin in 1000 g Wasser — und 0,66 g Kreatinin in 1000 g Menschenharn — nachgewiesen werden.

β) *Reaktion von Jaffé*[4]*:* Versetzt man eine wässerige Lösung von Kreatinin, z. B. Harn, mit etwas wässeriger Pikrinsäurelösung und einigen Tropfen verdünnter Natronlauge, so tritt — selbst bei einer Verdünnung von 1 g Kreatinin in 5000 g Wasser — sofort eine rotorange oder dunkelblutrote Färbung auf, die in den nächsten Minuten noch zunimmt und sich stundenlang unverändert hält. Das Aceton zeigt auch hier eine ähnliche Färbung; diese ist aber rotgelb, nicht rein rot wie beim Kreatinin. Für die Anstellung auch dieser Reaktion wird das Aceton vorher zweckmäßig durch Kochen entfernt. F. Folin[5]), van Hoogenhuyze und Veeploeh[6]) benutzen diese Reaktion auch zur quantitativen Bestimmung des Kreatinins und Kreatins im Harn, E. Baur und H. Barschall[7]) zu einer solchen im Fleischextrakt. Letztere Untersucher stellen zunächst eine $1^0/_{00}$ Kreatininlösung dadurch her, daß sie 1,32 g krystallisiertes Kreatin (Merck) $(C_4H_9N_3O_2 \cdot H_2O)$ mit $^n/_3$-Salzsäure so lange auf dem Wasserbade erwärmen, bis alles Kreatin in Kreatinin übergeführt ist, und dann auf 1 l auffüllen; hiervon geben 10 ccm = 10 mg Kreatinin durch Zusatz von 15 ccm gesättigter Pikrinsäure + 5 ccm 10 proz. Natronlauge und durch Verdünnen zu 500 ccm nach fünfminutigem Stehen in 8,0 mm hoher Schicht die gleiche Färbung, als eine halbnormale, d. h. 24,54 g $K_2Cr_2O_7$ in 1 l enthaltende Lösung von Kaliumbichromat, gemessen im Colorimeter

---

[1]) Berichte d. Deutschen chem. Gesellschaft 1878, **11**, 2175.

[2]) Kühlt man nach Kramm (Centralblatt d. med. Wissenschaften 1897, 785) die gelbe Flüssigkeit durch Eis ab, fügt Essigsäure bis zur neutralen oder schwach sauren Reaktion hinzu und rührt tüchtig um, so scheidet sich ein weißer krystallinischer Niederschlag von der Zusammensetzung eines Nitrosokreatinins ab.

[3]) Zeitschr. f. physiol. Chemie 1880, **4**, 133; 1885, **9**, 127.

[4]) Ebendort 1886, **10**, 399.

[5]) Ebendort 1904, **41**, 223.

[6]) Ebendort 1905, **46**, 415.

[7]) Arbeiten a. d. Kaiserl. Gesundheitsamt 1906, **24**, 552.

von Dubosq. Zur Bestimmung des Kreatinins im Fleischextrakt werden 10 g desselben mit Wasser zu 100 ccm gelöst, hiervon 10 ccm mit 15 ccm gesättigter Pikrinsäurelösung + 5 ccm 10 proz. Natronlauge versetzt und auf 500 ccm verdünnt. Die Farbstärke dieser Lösung wird im Colorimeter von Dubosq gegen die einer $^n/_2$-Kaliumbichromat in 8,0 mm Schichtdicke gemessen. Besteht Farbengleichheit bei a mm Schichtdicke, so ergibt die Gleichung $\dfrac{8,0 \times 10}{a} = x$ die Anzahl Milligramm Kreatinin, welche in 1 g des Präparates enthalten sind; erweist sich dabei x größer als 16 mg, so wird die Messung bei doppelter Verdünnung wiederholt. Zur Bestimmung des Kreatins werden Fleischextrakt mit drittelnormaler Salzsäure zu 100 ccm gelöst, 4 Stunden auf dem Wasserbade erwärmt und dann in derselben Weise im Colorimeter untersucht. Der gefundene Mehrgehalt an Kreatinin entspricht dem invertierten Kreatin; die Differenz zwischen beiden Größen, multipliziert mit 1,32, gibt die Menge wasserhaltiges Kreatin ($C_4H_9N_3O_2 \cdot H_2O$). In den verschiedenen Fleischextraktsorten wurden auf diese Weise 2—4 mal mehr Kreatinin als Kreatin gefunden.

Grindley und Woods[1] finden indes, daß frisches Fleisch überhaupt kein oder nur Spuren Kreatinin enthält, letzteres sich vielmehr erst beim Eindampfen des Fleischauszuges durch die stets vorhandene natürliche Fleischsäure bilde. Sie berechneten die Menge des Kreatins aus dem gefundenen Kreatinin durch Multiplikation mit 1,16 (also ohne Krystallwasser) und fanden auf diese Weise in verschiedenen Fleischproben 0,23—0,41% Kreatin, in verschiedenen Fleischextraktproben 0,83—4,00% Kreatinin und 0,55—4,62% Kreatin, bei einer Gesamtmenge von 1,38—6,56% Kreatinin + Kreatin.

Von verschiedenen Seiten wird jedoch dieses Verfahren als nicht genau bezeichnet und wird es sich, wenn eine genügende Menge von Fleischauszug vorhanden ist, empfehlen, in dem größten Teil derselben das Kreatin bzw. das Kreatinin + Kreatin auch als Kreatininchlorzink zu bestimmen.

b) ***Bestimmung und Trennung der Xanthinbasen*** (Guanin, Adenin, Xanthin, Hypoxanthin). Der unter a) S. 314 durch Zusatz von Natriumbisulfit und Kupfersulfat erhaltene Niederschlag wird, nachdem er einen Tag gestanden und mit Wasser ausgewaschen ist, in einen Kolben eingetragen, mit Wasser und Salzsäure — letztere in entsprechendem, aber nicht zu großem Überschuß — vermischt und durch Schwefelwasserstoff zerlegt. Das Ausfällen von Kupfer aus dieser Flüssigkeit mit Schwefelwasserstoff erfolgt zweckmäßig im heißen Wasserbade, um das Übergehen der etwa schwer löslichen Xanthinbasen in das niederfallende Kupfersulfid zu vermeiden. Das Filtrat wird auf dem Wasserbade zur Trockne verdampft, der Rückstand in heißem Wasser nötigenfalls unter Zusatz von einer zur Lösung notwendigsten Menge Salzsäure gelöst — jedoch so, daß die Flüssigkeitsmenge tunlichst 100 ccm beträgt und diese Menge nicht übersteigt[2] — die Lösung wird dann mit Ammoniak in mäßigem Überschuß versetzt und mindestens 6 Stunden, am richtigsten bis zum nächsten Tage, ruhig stehen gelassen. Hierbei kann ein Niederschlag entstehen oder die Flüssigkeit klar bleiben. In letzterem Falle versetzt man sie direkt weiter mit ammoniakalischer Silberlösung. Ein etwa sich bildender Niederschlag kann aus Phosphaten und Guanin bestehen. Für die weitere Behandlung kommt es dann darauf an, ob man nur die Gesamt-Xanthinstoffe bestimmen oder sie trennen will.

α) ***Bestimmung der gesamten Xanthinbasen.*** Für diese Bestimmung behandelt man den vorstehend erhaltenen, aus Phosphaten und Guanin bestehenden Niederschlag zur Entfernung der Phosphate mit kalter verdünnter Essigsäure, löst den etwa verbleibenden Rückstand (Guanin) in Salzsäure und fügt die Lösung der ammoniakalischen Flüssigkeit wieder zu, aus der alsdann die sämtlichen Xanthinstoffe durch überschüssige ammoniakalische

---

[1] The Journ. of Biological Chemistry 1907, **2**, Nr. 4.

[2] Aus zu verdünnten Lösungen fällt das Guanin durch Ammoniak höchst unvollständig aus, aus zu konzentrierten Lösungen reißt es andere Xanthinbasen mit nieder.

Silbernitratlösung gefällt werden. Der Überschuß an Ammoniak muß so groß sein, daß es zur Abscheidung von Chlorsilber nicht kommt; letztere ist nicht anzunehmen, wenn der Niederschlag von Xanthinbasensilber gallertartig aussieht. Die Flüssigkeit bleibt einen Tag stehen, der Niederschlag wird dann filtriert, erst mit verdünntem Ammoniak, dann mit salpetersäurefreiem Wasser so lange ausgewaschen, bis sich keine Salpetersäure bzw. kein Silber mehr nachweisen läßt, darauf getrocknet und nach Kjeldahl verbrannt. 1 Teil Stickstoff = 2,711 Teilen Xanthin $C_5H_4N_4O_2$ (mit 36,90% N) = 6,838 Teilen Xanthinsilber $C_5H_4N_4O_2Ag_2O$. Da die anderen Xanthinbasen einen noch höheren Stickstoffgehalt als Xanthin haben, so fällt die so berechnete Menge etwas zu hoch aus; weil es sich aber nur um vergleichbare Werte handelt, so ist es zulässig, den Stickstoff so umzurechnen, als wenn nur Xanthin vorhanden wäre.

β) Trennung und Bestimmung der einzelnen Xanthinbasen. Für diese Trennung wird der durch Kupfersulfat und Natriumbisulfit erhaltene Niederschlag genau so behandelt, wie unter b) angegeben ist, nur wird der durch Ammoniak bei eintägigem Stehen sich abscheidende Niederschlag (Fraktion I) besonders auf Guanin verarbeitet und zwar in folgender Weise:

1. Bestimmung des Guanins. Der mit Ammoniak entstandene Niederschlag wird mit möglichst wenig und stark verdünntem Ammoniak ausgewaschen, darauf zur Entfernung von Phosphaten usw. auf dem Wasserbade mit 1,5proz. Essigsäure behandelt, filtriert, der ungelöst gebliebene Anteil in heißem Wasser unter Zusatz von etwas Natronlauge — wovon ein starker Überschuß zu vermeiden ist — gelöst, die filtrierte Lösung mit Essigsäure angesäuert und bis zum nächsten Tage stehen gelassen. Der entstandene Niederschlag wird filtriert, mit Wasser gewaschen, in heißer verdünnter Salzsäure gelöst, die Lösung mit möglichst wenig Tierkohle entfärbt, hiervon filtriert und das heiße Filtrat mit Ammoniak in mäßigem Überschuß versetzt. Bei 24stündigem Stehen scheidet sich das Guanin ab; es wird auf einem getrockneten und gewogenen Filter gesammelt, mit Wasser gewaschen, getrocknet und gewogen.

Zur Gewinnung von reinem Guanin kann man das zuerst erhaltene Guanin in Salzsäure lösen, die Lösung zur Trockne verdampfen, das zurückbleibende salzsaure Guanin in heißem Wasser lösen, wenn nötig filtrieren und aus der Lösung wie angegeben nochmals mit Ammoniak fällen.

Das Guanin bildet ein farbloses, amorphes, in Wasser, Alkohol und Äther unlösliches, in Ammoniak schwer lösliches Pulver; dagegen löst es sich leicht in Alkalien und verdünnten Mineralsäuren. Aus einer verdünnten, warmen alkalischen Lösung, die mit ungefähr $^1/_3$ Volumen Alkohol und überschüssiger Essigsäure versetzt wird, scheidet sich das Guanin in ziemlich großen, makroskopischen, wasserfreien Drusen aus, die mikroskopisch den Kreatininchlorzinkkrystallen ähnlich sind. Das salzsaure Salz schießt, wie unter dem Mikroskop beobachtet werden kann, in langen, büschelförmig geordneten Krystallen an. Durch Metaphosphorsäure wird Guanin fast quantitativ als $C_5H_5N_5O \cdot HPO_3 + x H_2O$ gefällt (Hypoxanthin wird hierdurch nicht gefällt, Adeninmetaphosphat löst sich im Überschuß des Fällungsmittels). Pikrinsäure ruft in Lösungen von Guanin je nach dem Gehalt sofort oder allmählich einen goldgelben, in Wasser fast unlöslichen Niederschlag $C_5H_5N_5O \cdot C_6H_2(NO_2)_3 \cdot OH + H_2O$ hervor (Adenin gibt eine ähnliche Fällung, die Pikrate von Xanthin und Hypoxanthin dagegen sind leicht bzw. leichter löslich). Ferricyankalium in konzentrierter Lösung gibt mit sehr verdünnten Guaninsalzlösungen prismatische, in warmem Wasser lösliche Krystalle (Xanthin und Hypoxanthin geben keinen Niederschlag).

Die ammoniakalischen Filtrate von der Guaninfällung wie die essigsaure Lösung können noch andere Xanthinbasen enthalten; die ammoniakalischen Filtrate werden direkt, das essigsaure Filtrat erst nach der Ausfällung und Beseitigung der Phosphate mit Ammoniak zu dem Filtrat der ersten Ammoniakfällung (Fraktion I) gegeben; der etwa vorhandene überschüssige Kalk kann mit Ammoniumoxalat ausgefällt werden. — Aus den vereinigten ammoniakalischen Flüssigkeiten werden die Xanthinkörper, wie unter b α) angegeben ist, durch ammoniakalische Silberlösung ausgefällt, der nach 24 stündigem Stehen ausgeschiedene Niederschlag wird, wie oben, erst mit verdünntem Ammoniak und salpetersäurefreiem Wasser ausgewaschen, dann in viel heißem Wasser aufgeschwemmt und nach Zusatz von Salzsäure durch Schwefelwasserstoff zersetzt. Das gebildete Schwefelsilber wird abfiltriert, ausgewaschen und das Filtrat auf dem Wasserbade zur Trockne verdampft; den Rückstand löst man in 50 Teilen Wasser, versetzt die Lösung mit heißer Pikrinsäurelösung (11 : 100) — etwa 80 bis 100 Teile der letzteren genügen selbst bei adeninreichen Extrakten, wie z. B. Hefenextrakten —, läßt die Flüssigkeit so lange bei Zimmertemperatur stehen, bis die Temperatur der Flüssigkeit 50° beträgt, filtriert den in krystallinischen Nadeln abgeschiedenen Niederschlag mittels der Saugpumpe ab und wäscht mit möglichst wenig kaltem Wasser nach. Der Niederschlag (Fraktion II) enthält das Adenin, das Filtrat bildet die Fraktion III.

2. Bestimmung des Adenins (6-Aminopurin)

$$\begin{array}{c} N{=}C \cdot NH_2 \\ | \quad | \\ HC \quad C \cdot NH \\ \| \quad \| \qquad \diagdown CH \\ N{-}C{-\!-}N \diagup \end{array}$$

Das Adeninpikrat wird in heißer verdünnter Salzsäure gelöst, die Pikrinsäure durch Schütteln der warmen Lösung mit Toluol beseitigt, die salzsäurehaltige Flüssigkeit auf dem Wasserbade oder besser im Vakuum bis zur Trockne eingedampft und aus der Lösung des Trockenrückstandes das Adenin in vorstehend angegebener Weise mit ammoniakalischer Silberlösung gefällt. Der Niederschlag von Adeninsilber wird in siedendheißem Wasser aufgeschwemmt und ohne Salzsäurezusatz durch Schwefelwasserstoff zersetzt. Das durch Eindampfen von Schwefelwasserstoff befreite Filtrat ist meist bräunlich gefärbt; es wird aber durch Bleiessig unter Zusatz von Ammoniak bis zur Erzeugung eines Niederschlages in kochendheißem Wasserbade leicht entfärbt. Der Bleiniederschlag nimmt kein oder nur Spuren Adenin auf, vorausgesetzt, daß die Lösung stark verdünnt war.

Aus dem mit Schwefelwasserstoff entbleiten Filtrat krystallisiert das Adenin beim Einengen aus, und zwar in der Wärme in Form von Oktaedern, aus kalten Lösungen dagegen in Form von Prismen. Aus der Mutterlauge kann der übrige Teil des Adenins durch weiteres Eindampfen — wobei man sich zweckmäßig des Impfens mit fertigen Krystallen bedient und die Behandlung wiederholt — bis auf einen kleinen Rest gewonnen werden, den man auch noch dadurch ermitteln kann, daß man darin den Stickstoff nach Kjeldahl bestimmt und auf Adenin umrechnet (1 Teil Stickstoff = 1,926 Teilen Adenin). Die gesammelten Krystallisationen werden im Trockenschrank getrocknet und gewogen. Das gesamte Adenin muß als Rohadenin betrachtet werden. Durch einmaliges Umkrystallisieren läßt es sich rein gewinnen.

Das Adenin bildet farblose, nadelförmige, wetzsteinförmige Krystalle (mit 3 Molekülen H_2O und wasserfrei); die wasserhaltigen Krystalle werden schon beim Liegen an der Luft trübe; bringt man einige Krystalle in eine zur Lösung nicht ausreichende Menge Wasser und erwärmt langsam, so werden sie bei 53° plötzlich trübe (kennzeichnend). Auch durch das Goldsalz unterscheidet sich das Adenin von den anderen Xanthinbasen. Setzt man zu einer Lösung von salzsaurem Adenin Goldchlorid, so scheidet sich das Adeningoldchlorid $[C_5H_5N_5 \cdot (HCl)_2 \cdot AuCl_3 + H_2O]$ zum Teil in blattförmigen Aggregaten, zum Teil in würfelförmigen oder prismatischen Krystallen, oft mit abgestumpften Ecken und von ansehnlicher Größe, ab. Auch kann folgende Reaktion von E. Fischer zur Erkennung dienen: Man erwärmt die Substanz im Reagensglase mit Zink und Salzsäure $1/2$ Stunde im Wasserbade; falls Adenin vorliegt, tritt eine vorübergehende schöne Purpurfärbung auf; wird die Flüssigkeit alsdann oder das Filtrat mit Natronlauge stark alkalisch gemacht, so färbt es sich beim Stehen an der Luft langsam, schneller beim Schütteln anfangs rubinrot, später braunrot (von gebildeter Azulminsäure). Hypoxanthin gibt dieselbe Reaktion, aber schwächer.

Das Filtrat von der Adeninfällung (die Fraktion III) enthält außer den letzten Resten von Guanin und Adenin das Xanthin und Hypoxanthin.

3. Bestimmung des Xanthins 2, 6-Dioxypurin $C_5H_4N_4O_2 =$
$$\begin{array}{c} \mathrm{HN{-}CO} \\ | \qquad | \\ \mathrm{OC \quad C \cdot NH} \\ \| \quad\; \| \qquad\quad \diagdown \\ \mathrm{HN{-}C \cdot N}{=}\!{<}\mathrm{CH} \,. \end{array}$$

Das pikrinsäurehaltige Filtrat von der Adeninfällung wird durch Eindampfen auf ein bestimmtes Volumen gebracht und mit Toluol ausgeschüttelt. Nötigenfalls setzt man noch etwas verdünnte Salzsäure zu, um das Übergehen der Pikrinsäure in Toluol zu befördern. Die salzsaure, von Pikrinsäure befreite Lösung wird auf dem Wasserbade bis zur Trockne eingedampft und der Rückstand mit so viel, etwa 50° warmem Wasser behandelt, daß auch das schwerlösliche Hypoxanthin sicher gelöst wird. Nur bei vorhandenen größeren Mengen Xanthin, das in Wasser sehr wenig löslich ist, bleibt dieses teilweise zurück, während der andere Teil von dem überschüssigen Hypoxanthin in Lösung gehalten wird. Der ungelöste, abfiltrierte und mit Wasser gewaschene Teil wird in verdünnter Natronlauge gelöst, die Lösung nach vorherigem Ansäuern mit Salzsäure zum Sieden erhitzt und bis zum nächsten Tage stehen gelassen. Bei dem geringen Überschuß an Salzsäure scheidet sich das Xanthin als solches ab. Es wird filtriert, mit nicht zu viel Wasser gewaschen, getrocknet und gewogen. Im salzsauren Filtrat können sich noch geringe Mengen Guanin finden, welches aus der eingeengten Flüssigkeit mit Ammoniak gefällt werden kann.

Aus dem Filtrat von dem bei 50° unlöslichen Teil, welches das gesamte Hypoxanthin enthält, fällt man den kleinen Rest des Adenins mit Pikrinsäure. Pikrinsaures Hypoxanthin fällt erst aus konzentrierten Lösungen, so daß das Adeninpikrat, zumal wenn die Temperatur nicht tief unter 25° sinkt, leicht von Hypoxanthin getrennt werden kann. Die Reinheit des Adeninpikrats läßt sich mikroskopisch nachweisen; es bildet lange, untereinander verfilzte Nadeln, das Hypoxanthinpikrat dagegen Tafeln.

Das Filtrat vom Adeninpikrat wird auf dem Wasserbade eingeengt, mit etwas verdünnter Salzsäure versetzt, die Pikrinsäure durch Toluol beseitigt, die salzsaure Flüssigkeit zur Trockne verdampft und der Rückstand unter öfterem Durchrühren so lange auf dem Wasserbade belassen, bis er nicht mehr nach Salzsäure riecht. Den Rückstand behandelt man mit etwa 50 ccm heißem Wasser, setzt Ammoniak in nicht zu großem Überschuß zu und läßt das Ganze bis zum nächsten Tage stehen. Hierbei scheidet sich der noch vorhandene kleine Rest des Guanins ab, welches in der S. 318 angegebenen Weise gereinigt werden kann.

Das ammoniakalische Filtrat wird mit in Ammoniak gelöstem Silbernitrat verrührt, der Niederschlag filtriert, gewaschen, darauf in siedendheißem Wasser verteilt und durch Schwefelwasserstoff zersetzt. Das Filtrat vom Schwefelsilber wird durch Eindampfen auf etwa 500—600 ccm gebracht, in einem siedenden Wasserbade mit etwa 20 ccm Bleiessig und bis zur schwachen, aber deutlichen alkalischen Reaktion mit Ammoniak versetzt, so daß ein beträchtlicher Niederschlag entsteht. Durch öfteres Umrühren erreicht man unschwer, daß sich der Niederschlag klar absetzt. Er enthält das Xanthin, das Filtrat (Filtrat a) dagegen vorwiegend das Hypoxanthin, während ein kleiner Teil des letzteren mit in den Niederschlag übergeht. Dieser wird in heißem Wasser aufgeschwemmt, durch Zusatz von Essigsäure in Lösung gebracht, diese durch Schwefelwasserstoff von Blei befreit, die filtrierte, bleifreie Flüssigkeit zur Trockne verdampft, der Rückstand je nach der vorhandenen Menge in 20—30 ccm Wasser unter Zusatz von Natronlauge gelöst und aus dieser Lösung das Xanthin durch Ansäuern mit Salzsäure wie vorstehend gefällt. Auf diese Weise gelingt es, selbst geringe Mengen Xanthin von dem überwiegenden Hypoxanthin, von dem der Rest sich im Filtrat (Filtrat b) befindet, zu trennen und nachzuweisen. Man kann das ausgefällte Xanthin durch Sammeln auf einem getrockneten und gewogenen Filter, durch Trocknen und Wägen quantitativ bestimmen und die Identität durch eine Stickstoffbestimmung nach Kjeldahl nachweisen (das Xanthin verlangt 36,90% Stickstoff, also 1 Teil Stickstoff = 2,710 Teile Xanthin).

Das in reinem Zustande farblose Pulver nimmt durch Reiben Wachsglanz an. Das Xanthin löst sich bei 16° in 14 151 Teilen, bei 100° in 1300—1500 Teilen Wasser; in Alkohol und Äther ist es unlöslich. In Alkalilauge, auch in Ammoniak löst es sich leicht, auf Zusatz von Säuren (Essigsäure) scheidet es sich langsam, in schönen makroskopischen Drusen ab, die mikroskopisch aus glänzenden rhombischen Blättchen bestehen; beim Verdunsten der ammoniakalischen Lösung scheiden sich Gruppen von Krystallblättchen aus. Aus einer konzentrierten Lösung in Ammoniak wird das Xanthin durch eine ammoniakalische Lösung von Silbernitrat als **Xanthinsilber** $C_5H_4N_4O_2 \cdot Ag_2O$ gefällt. Durch Erhitzen von Xanthinblei mit Jodmethyl auf 100° entsteht nach E. Fischer Theobromin und aus dem Theobromin durch weitere Methylierung Coffein.

Zum weiteren Nachweise des Xanthins können folgende Reaktionen dienen:

1. **Die Xanthinprobe.** Mit Salpetersäure abgedampft, gibt Xanthin einen gelben Rückstand, der durch Natronlauge rot und dann beim Erhitzen purpurrot gefärbt wird.

2. **Weidelsche Reaktion.** Man kocht eine kleine Menge von Xanthin mit frischem Chlorwasser oder Salzsäure und etwas chlorsaurem Kalium, verdunstet auf dem Wasserbade zur Trockne und bringt den weißen oder schwach gelben Rückstand unter einer Glasglocke in eine Ammoniakatmosphäre; falls Xanthin vorliegt, färbt sich der Rückstand in kurzer Zeit dunkelrosenrot (Murexidreaktion).

4. **Bestimmung des Hypoxanthins** (Sarkin, 6-Oxypurin $C_5H_4N_4O$)

$$\begin{array}{l} NH\!-\!CO \\ \;\;|\quad\;\;| \\ HC\quad C\cdot NH\diagdown \\ \;\;\|\quad\;\;\| \qquad\quad CH. \\ N\!-\!C\cdot N\diagup \end{array}$$

Das Hypoxanthin ist vorwiegend im Filtrat a (unter β 3) von dem xanthinhaltigen Bleiniederschlage enthalten; ein kleiner Teil desselben findet sich in dem salzsauren Filtrat b (unter β 3) von der letzten Xanthinfällung mit Salzsäure. Das erste Filtrat wird durch Schwefelwasserstoff entbleit, aus dem zweiten Filtrat wird das Hypoxanthin durch eine ammoniakalische Lösung von Silbernitrat gefällt und aus dem Niederschlage durch Schwefelwasserstoff in Freiheit gesetzt. Beide hypoxanthinhaltigen Flüssigkeiten werden zusammen zur Trockne eingedampft und der Rückstand gewogen. Durch eine Stickstoffbestimmung nach Kjeldahl in einem aliquoten Teil des Rückstandes berechnet man die Menge des **Rohhypoxanthins** (das Hypoxanthin verlangt 41,23% Stickstoff, 1 Teil Stickstoff = 2,425 Teilen Hypoxanthin).

Die Gewinnung des reinen Hypoxanthins ist stets mit erheblichen Verlusten verbunden. Bei größeren Mengen Hypoxanthin löst man es in heißem Wasser, fällt es aus möglichst konzentrierter heißer Lösung mit Alkohol und unterwirft nach dem Abkühlen der Flüssigkeit die Ausscheidung einer fraktionierten Krystallisation. Bei vorhandenen geringen Mengen Hypoxanthin löst man den Rückstand in Salpetersäure, fällt mit Silbernitrat, filtriert den Niederschlag, wäscht ihn mit verdünnter Silbernitratlösung, rührt ihn dann mit verdünntem Ammoniak unter Zusatz von etwas ammoniakalischer Silbernitratlösung an, filtriert nach 2 Stunden, wäscht ihn mit verdünntem Ammoniak aus und zersetzt ihn durch Schwefelwasserstoff. Das Filtrat von Schwefelsilber wird zur Trockne verdampft und mit dem Rückstand, wie vorher angegeben ist, verfahren. Das erhaltene Präparat ist nach dieser Reinigungsweise meistens gelblich gefärbt, aber von den lästigen und hartnäckig anhaftenden Verunreinigungen größtenteils befreit.

Das **Hypoxanthin** zeigt nicht die Reaktionen des Xanthins (Xanthin- und Weidelsche Probe), aber eine ähnliche Reaktion wie das Adenin (mit Zink und Salzsäure usw. S. 319). Es ist bei 19° in 1400 Teilen, bei Siedehitze in 70 Teilen Wasser löslich, fast gar nicht löslich in Alkohol, dagegen leicht löslich in sehr verdünnter Alkalilauge, Ammoniak und verdünnten Mineralsäuren. Es verbindet sich mit Basen und Säuren, mit Platinchlorid in salzsaurer Lösung und sonstigen Salzen zu teilweise gut krystallisierenden Salzen. Das Hypoxanthin allein bildet farblose, mikroskopische Krystalle.

II. Verfahren von Fr. Kutscher[1]).

Fr. Kutscher hat ein anderes, von vorstehendem wesentlich abweichendes Verfahren zur Trennung und Bestimmung der Fleischbasen angewendet und hiernach mehrere neue Basen

---

[1]) Zeitschr. f. Untersuchung d. Nahrungs- u. Genußmittel 1905, **10**, 528; 1906, **11**, 582.

im Liebigschen Fleischextrakt nachgewiesen. Er verwendete von letzterem 450 g bzw.
1800 g, die in etwa der 5fachen Menge Wasser gelöst und mit einer 20 proz. Tanninlösung
unter Umrühren völlig so ausgefällt wurden, daß der Niederschlag flockig geworden war und
eine Probe der ausgefällten Flüssigkeit auf vorsichtigen Zusatz von Tanninlösung klar blieb
oder nur eine schwache Trübung zeigte. — Kutscher gebrauchte, um dieses zu erreichen,
auf 450 g Liebigschen Fleischextrakt etwa 500—600 g Tannin. — Unter Umständen entsteht
in der trüben Flüssigkeit nach vorsichtigem Zusatz von Tanninlösung beim Umrühren ein
neuer flockiger Niederschlag, der dann die Trübung mit niederreißt. Die ausgefällte Flüssigkeit bleibt 24—48 Stunden an einem kühlen Ort stehen. In dieser Zeit sintert der mächtige
Tanninniederschlag zu einer braunen, zusammenhängenden Masse von pechartiger Konsistenz zusammen, über der eine klare, gelbliche Flüssigkeit steht, die man meist ohne Filtration vom Niederschlage abgießen, aber auch leicht filtrieren kann. Der Niederschlag wird
nur oberflächlich gewaschen. Die Flüssigkeit wird zur Entfernung des überschüssigen Tannins
mit einer bei 50° gesättigten Lösung von Bariumhydroxyd so lange versetzt, bis sich an der
Oberfläche der gefällten Flüssigkeit beim Umrühren ein rötlicher Schaum zeigt. Der volu-
minöse Niederschlag von Bariumtannat wird mit Hilfe einer Nutsche[1]) filtriert und das Filtrat,
um die letzten Reste des Tannins zu entfernen, zunächst mit Schwefelsäure schwach angesäuert, dann mit überschüssigem Bleioxyd — am besten mit frischgefälltem — im Überschuß
versetzt, ohne das entstandene Bariumsulfat vorher zu entfernen. Rührt man die mit Bleioxyd versetzte Flüssigkeit einige Zeit mit dem Glasstabe um, so wird sie schnell fast farblos
und nimmt meist eine alkalische Reaktion an. Der Niederschlag, der aus Bariumsulfat, Bleisulfat und Bleitannat besteht, aber wahrscheinlich noch andere schwer lösliche Verbindungen
einschließt, wird abgesaugt und das Filtrat, das gegen Lackmus alkalisch zu sein pflegt, erst
direkt auf freier Flamme, dann auf dem Wasserbade zum dünnen Sirup eingedampft. Ist
die Reaktion des Filtrates sauer, so setzt man noch frisch gefälltes Bleioxyd zu; beim Einengen tritt alsbald alkalische Reaktion ein. Aus der eingeengten Flüssigkeit scheiden sich
zunächst mäßige Mengen von Bleiverbindungen aus; darnach können sich bereits auf dem
Wasserbade reichlich Kreatinkrystalle abscheiden. Jedenfalls erstarrt die auf ein kleines
Volumen gebrachte Flüssigkeit, wenn man sie 24—48 Stunden an einem kühlen Orte stehen läßt,
zu einem Krystallbrei, der der Hauptsache nach aus Kreatin und Kreatinin besteht. Die
Krystalle werden scharf abgesaugt und nur mit wenig eiskaltem Wasser gewaschen, damit
nicht zuviel von dem leicht löslichen Kreatinin in das Waschwasser übergeht. Die Mutterlauge von dem Kreatin usw. wird mit dem Waschwasser vereinigt und mit Schwefelsäure
angesäuert. Das ausfallende Bleisulfat wird durch Filtration entfernt und das neue Filtrat mit
20 proz. Silbernitrat ausgefällt. Der entstandene Niederschlag, der der Hauptsache nach
aus Chlorsilber und den Resten der Alloxurbasen — wahrscheinlich auch noch anderer Körper
— besteht, wird nach 24 stündigem Stehen abgesaugt und das Filtrat hiervon so lange mit
20 proz. Silbernitratlösung versetzt, bis eine Probe davon, in gesättigtes Barytwasser gebracht,
nicht mehr einen weißen, sondern sofort einen braunen Niederschlag gibt. Für 450 g Fleischextrakt werden etwa 150—200 g Silbernitrat gebraucht, um dieses zu erreichen. Alsdann fügt
man der silberhaltigen Flüssigkeit so lange kalt gesättigtes Barytwasser zu, bis eine Probe,
mit Barytwasser versetzt, keine Fällung mehr gibt — ein größerer Überschuß von Baryt
ist zu vermeiden, da durch denselben ein Teil der Silberverbindungen zersetzt werden kann —.

Der Silberniederschlag wird sorgfältig mit Wasser verrieben, die Mischung, um den
anhaftenden Baryt zu beseitigen, mit einigen Tropfen Schwefelsäure versetzt und darauf
durch Schwefelwasserstoff, zunächst in der Kälte, dann in der Wärme unter Druck zersetzt.
Das Schwefelsilber wird abfiltriert und das Filtrat zum Sirup eingeengt. Derselbe erstarrt
bald zu einem Krystallbrei. Die Krystalle bestehen zum Teil aus Kreatinin, das mit Silber-

---

[1]) Zweckmäßig ist die von A. Kossel beschriebene Nutsche, die von dem Mechaniker des
Physiologischen Instituts in Marburg, Rink, bezogen werden kann.

nitrat und Barytwasser ebenfalls fast vollständig abgeschieden werden kann. Um das Kreatinin zu beseitigen, bringt man die gesamte Masse unter absoluten Alkohol und kocht sie mehrmals mit neuen Mengen absoluten Alkohols aus, um alles Kreatinin, das aus der alkoholischen Lösung erhalten werden kann, zu gewinnen. Der in Alkohol unlösliche Rückstand wird in Wasser gelöst — wobei meistens ein wenig Kreatin zurückbleibt —, mit Tierkohle entfärbt und von neuem zum Sirup eingeengt. Der Sirup wird mit Alkohol überschichtet und die Lösung leicht bedeckt stehen gelassen. Hierbei scheidet sich unter Umständen eine Base ab, die Kutscher Ignotin nennt. Durch eine etwas andere Verarbeitung des Silberniederschlages konnte er Methylguanidin nachweisen und aus dem Filtrat von den Silberverbindungen verschiedene neue Basen, Carnomuscarin, Neosin, Novain und Oblitin, gewinnen. Bezüglich der Trennung und Gewinnung dieser Basen muß auf die Quelle verwiesen werden.

Die Unterscheidung der Eiweißstoffe mittels spezifischer Sera[1].
Biologisches Verfahren.

Die Unterscheidung der Eiweißstoffe verschiedener Tierarten sowie verschiedener Organe derselben Tierart ist unter bestimmten Bedingungen durch die Anwendung sog. spezifischer Sera möglich. Diese spezifischen Sera erhält man, wenn man geeignete Tiere durch wiederholte Einspritzung der betreffenden Eiweißstoffe gegen diese immunisiert. Das Blutserum so immunisierter Tiere enthält dann Stoffe gelöst, die (unter gewissen Bedingungen) nur in Lösungen des zur Immunisierung verwendeten Eiweißstoffes Niederschläge erzeugen, also eine streng spezifische Wirkung haben. Die fällenden Stoffe heißen Präcipitine oder Koaguline, die fällbare Substanz heißt präcipitinogene Substanz, die Fällung Präcipitat.

Die Präcipitine gehören zu den sog. Antikörpern, d. h. Stoffen, die im Serum von Tieren entstehen, die durch Einspritzung von artfremden Eiweißstoffen oder eiweißähnlichen Stoffen, Enzymen, lebenden oder toten pathogenen Bakterien, roten Blutkörperchen, Spermatozoiden und anderen Körperzellen gegen diese immunisiert worden sind. Die Antikörper wirken auf die sie erzeugenden Stoffe in verschiedenartiger (in gewissen Grenzen) streng spezifischer Weise ein.

Für die Nahrungsmitteluntersuchung kommen außer den Präcipitinen noch die sog. Lysine und zwar die Hämolysine in Betracht, d. h. Antikörper, die die Zellwand roter Blutkörper so verändern, daß der Blutfarbstoff in die umgebende Flüssigkeit austritt. Von anderen Antikörpern spielen Agglutinine und zwar die Bakterienagglutinine und die Hämagglutinine in der bakteriologischen Diagnostik und in der forensischen Chemie eine gewisse Rolle.

Für das Verständnis der Wirkungsweise dieser Antikörper ist eine kurze Darstellung ihrer allgemeinen Eigenschaften[2] an dieser Stelle nicht zu umgehen.

I. Die wichtigsten Antikörper und ihre Eigenschaften.

Die ersten grundlegenden Untersuchungen über die Antikörper sind an den Antitoxinen ausgeführt worden. Wir verdanken sie in erster Linie Ehrlich und seinen Schülern, ferner Behring. Diese Untersuchungen haben Ehrlich zur Aufstellung seiner genialen

---

[1] Bearbeitet von Dr. A. Spieckermann, Abt.-Vorsteher d. landw. Versuchsstation in Münster i. W.

[2] Die wichtigste Literatur über Antikörper findet man in folgenden Werken: von Dungern: Die Antikörper, Jena 1903; Dieudonné: Immunität, Schutzimpfung und Serumtherapie, Leipzig 1903; Aschoff: Ehrlichs Seitenkettentheorie. Zeitschr. f. allgem. Physiol. 1902, 1, 69 (auch als selbständige Schrift erschienen); die entsprechenden Abschnitte in Kolle-Wassermann: Handbuch der pathogenen Mikroorganismen; Über Toxine: Oppenheimer: Die Toxine. Jena 1902.

„Seitenkettentheorie" geführt, die die Entstehung und Wirkungsweise nicht nur der Antitoxine, sondern auch der übrigen Antikörper in befriedigender Weise erklärt und auf die Forschung außerordentlich fruchtbar gewirkt hat.

Die Antitoxine sind die Antikörper der Toxine, eigenartiger Giftstoffe, die von manchen pathogenen Bakterienarten (Diphtherie-, Tetanus-, Botulismusbakterien), aber auch von höheren Pflanzen und Tieren erzeugt werden. Von den Pflanzentoxinen seien das Ricin, Abrin, Crotin, Robin, von den tierischen Toxinen das Schlangen-, Spinnen- und Krötengift erwähnt. Die Toxine sind rein noch nicht dargestellt, vermutlich aber eiweißartige, den Enzymen sehr ähnliche, kolloidale Stoffe, die wie diese durch Wärme, Licht, Elektrizität, ferner durch Verdauungsenzyme und Chemikalien leicht zerstört werden. Sie diffundieren durch tierische Membranen im allgemeinen nicht. Ihre kennzeichnendsten Eigenschaften sind eine strenge Spezifität, die sich in der Weise äußert, daß ein Toxin für gewisse Tierarten hochgradig, für andere aber nicht giftig ist, ein sog. Inkubationsstadium, das darin besteht, daß die Wirkung nicht sofort nach der Einverleibung des Toxins in den Körper, sondern erst nach einer bestimmten, kennzeichnenden, durch die Toxinmenge nicht wesentlich beeinflußbaren Zeit eintritt, und die Erzeugung von spezifischen Antitoxinen im Körper empfänglicher Tiere. Die Spezifität der Giftwirkung und das Inkubationsstadium der Bakterientoxine entsprechen ganz denjenigen der betreffenden lebenden Bakterien.

Scharf zu unterscheiden sind die Toxine von den Ptomainen, mit denen sie vielfach verwechselt werden. Im Gegensatz zu diesen Zersetzungserzeugnissen der Eiweißstoffe und anderer stickstoffhaltigen Verbindungen sind die Toxine Sekrete, die physiologisch den Enzymen gleich zu bewerten sind.

Wird in die Blutbahn eines empfänglichen Tieres Toxin eingeführt, so verschwindet es nach sehr kurzer Zeit daraus vollständig und ist auch weder in den übrigen Körperteilen noch in den Ausscheidungen nachzuweisen, sofern nicht übermäßige Mengen eingeführt worden sind. Die toxische Wirkung tritt aber erst nach Ablauf des Inkubationsstadiums zutage. Führt man dagegen Toxin in die Blutbahn unempfänglicher (natürlich immuner) Tiere ein, so kreist das Toxin tagelang im Blut unverändert, ohne daß eine Giftwirkung zu bemerken ist, und man hat die merkwürdige Erscheinung, daß man ein empfängliches Tier durch Impfung mit geringen Mengen Blut eines solchen gesund gebliebenen Tieres krank machen und töten kann. Diese Erscheinungen erklärt Ehrlich durch die Annahme, daß die Toxine im Körper empfänglicher Tiere in deren empfänglichen Zellen chemisch gebunden werden und erst dann ihre Giftwirkung entfalten können. Er hat schon in früheren Arbeiten die Hypothese aufgestellt, „daß jedes funktionierende Plasma aus einem Kern, dem Leitungskern, und demselben angefügten Seitenketten von verschiedener Funktion bestehe". Diese Seitenketten nennt Ehrlich auch Receptoren: durch sie geschieht die Bindung des Toxins an die Zellen. Es kann also Vergiftung durch Toxine nur eintreten, wenn im Organismus Receptoren mit spezifischer Affinität für das betreffende Toxin vorhanden sind. Fehlen solche Receptoren, so besteht natürliche Immunität.

Daß in der Tat die von Ehrlich angenommene Bindung der Toxine durch empfängliche Zellen stattfindet, ist für das Tetanustoxin experimentell durch Wassermann nachgewiesen worden. Dieses auf das Zentralnervensystem wirkende Gift wird von der Zentralnervensubstanz empfänglicher Tiere in großen Mengen, von der unempfänglicher Tiere nicht gebunden.

Den Bau der Toxine stellt sich Ehrlich auf Grund dieser Befunde in der Weise·vor, daß er in ihnen zwei spezifische Gruppen annimmt, eine haptophore, die eine spezifische Affinität zu den Receptoren der empfindlichen Zellen hat, und eine toxophore, die Trägerin der spezifischen Giftwirkung.

Wird nun ein empfängliches Tier durch wiederholte Einverleibung allmählich steigender Mengen eines Toxins gegen dieses immunisiert, so enthält sein Blutserum Stoffe, die Toxinlösungen nicht nur innerhalb des Körpers, sondern auch im Reagensglase entgiften.

Diese Entgiftung ist aber keine Zerstörung des Toxins, denn es gelingt, aus der neutralen Mischung von Schlangentoxin-Antitoxin durch vorsichtiges Erwärmen das Toxin zum größten Teile wieder wirksam zu machen. Man kann also annehmen, daß Toxin und Antitoxin mittels spezifischer verwandter Atomgruppen neutrale Verbindungen nach Art eines Salzes eingehen, ohne daß dabei die Giftwirkung der toxophoren Gruppe zerstört wird. Die Bindung zwischen Toxinen und Antitoxinen erfolgt zum Teil nach dem Gesetz der Multipla, zum Teil nach dem der Massenwirkung.

Erwägt man die verschiedenen bei der Wirkung von Toxin auf Antitoxin zutage tretenden Umstände, so liegt die Annahme nahe, daß die Antitoxine in der Weise wirken, daß sie die spezifischen haptophoren Gruppen der Toxine durch entsprechende Gruppen besetzen, auf diese Weise die Verankerung der Toxine an die empfindlichen Zellen und dadurch auch die toxische Wirkung verhindern.

Wie und wo nun diese Antitoxine entstehen, dafür hat Ehrlich eine geistvolle Erklärung gegeben, die hier im Wortlaute folgen möge: „Ist aber diese Bindung (d. h. die Bindung zwischen der haptophoren Gruppe des Toxins und dem spezifischen Receptor der empfindlichen Zelle) eingetreten, so ist die Seitenkette durch den dauernden Charakter derselben physiologisch ausgeschaltet, und wird der Defekt, wie dies im Sinne der modernen Anschauungen, die besonders von C. Weigert entwickelt sind, anzunehmen ist, durch eine Neubildung derselben Gruppe ersetzt werden." „Im Verlaufe des typischen Immunisierungsverfahrens wird die Zelle sozusagen trainiert, die betreffende Seitenkette in immer ausgedehnterem Maße zu erzeugen. Bei derartigen Regenerationsvorgängen ist nicht die Kompensation, sondern eine Überkompensation die Regel, und es wird bei den gewaltigen Steigerungen der Giftdosen endlich zu einem Punkte kommen müssen, bei welchem ein solcher Überschuß an Seitenketten produziert wird, daß dieselben, um einen trivialen Ausdruck zu gebrauchen, der Zelle selbst zu viel werden und als unnützer Ballast nach Art eines Exkretes an das Blut abgegeben werden. Es stellen nach dieser Auffassung die Antikörper die übermäßig erzeugten und daher abgestoßenen Seitenketten des Zellprotoplasmas dar." „Wenn also das Vorhandensein derartiger aufnahmefähigen Seitenketten die Vorbedingung für das Auftreten der Giftwirkung ist, so erklärt eben dieser Umstand nach dem gegebenen Prinzip in der einfachsten Weise die Entstehung der Antikörper."

Die abgestoßenen Receptoren werden Haptine genannt.

Eine gute Bestätigung findet die Ehrlichsche Seitenkettentheorie in dem Verhalten der sog. Toxoide, Stoffe, die aus den Toxinen durch allmähliche Veränderung der toxophoren Gruppe entstehen, die nicht mehr giftig sind, aber die haptophore Gruppe noch enthalten und daher genau wie die Toxine Antitoxin binden. Es entstehen nun bei der Immunisierung mittels dieser Toxoide entsprechend den Forderungen der Theorie in der Tat Antitoxine, die nicht nur die Toxoide, sondern auch die entsprechenden Toxine in streng spezifischer Weise binden.

Genau wie die Entstehung der Antitoxine stellt man sich zurzeit auch die der anderen Antikörper vor. Sie sind alle abgestoßene Zellenreceptoren, Haptine, nur von komplizierterem Bau als die Antitoxine.

Eine zweite Gruppe der Antikörper bilden die Agglutinine und Präcipitine. Die Agglutinine entstehen im Serum von Tieren, die mit lebenden oder durch vorsichtiges Erwärmen schonend getöteten Bakterien immunisiert worden sind. Versetzt man eine Aufschwemmung oder eine schwärmende flüssige Kultur der betreffenden Bakterien mit einer Spur des Antiserums, so kommt die Bewegung der Bakterien zum Stillstand und sie ballen sich zu kleineren und größeren Klumpen zusammen, die zu Boden sinken, so daß die Flüssigkeit klar wird. Bei der Agglutination wird das Agglutinin an die Bakterien gebunden. Die Agglutinine können durch verschiedene vorsichtige Eingriffe in Stoffe umgewandelt werden, die zwar wie sie noch in spezifischer Weise an die Bakterien gebunden werden, aber keine Agglutination mehr hervorrufen. Diese Stoffe werden Agglutinoide genannt. Man muß daher annehmen, daß die Agglutinine zwei wirksame Gruppen enthalten, nämlich eine haptophore, die eine spezifische Verwandtschaft zu einer entsprechenden Gruppe des Bakterienleibes besitzt und eine zymophore (agglutinophore), die die Agglutination zustande bringt.

Auch tierische Zellen erzeugen im Serum mit ihnen behandelter Tiere Agglutinine. Besonders bemerkenswert sind die Hämagglutinine, die bei der Immunisierung mit artfremdem Blute entstehen.

Die Bakterienagglutinine spielen eine wichtige Rolle bei der Differentialdiagnose verwandter pathogener Bakterienarten.

Denselben Aufbau wie für die Agglutinine nimmt man für die Präcipitine oder Koaguline an. Diese Antikörper hat Kraus entdeckt. Er wies nach, daß das Serum gegen pathogene Bakterien immunisierter Tiere Stoffe enthält, die in zellfreien Filtraten flüssiger Kulturen dieser Bakterien spezifische Niederschläge erzeugen. Später haben Bordet, Tschistowitsch, Wassermann und Schütze solche Antikörper auch bei der Immunisierung mit artfremden Eiweißstoffen verschiedenster Art erhalten. Auch hier kennt man Präcipitoide, die zwar noch an die entsprechenden Eiweißstoffe gebunden werden, aber sie nicht mehr fällen. Man nimmt daher auch in den Präcipitinen eine haptophore und eine zymophore (präcipitophore) Gruppe an.

Die Präcipitine spielen eine große Rolle für die bakteriologische Diagnostik, die Unterscheidung der Eiweißstoffe, die Physiologie der Eiweißresorption und für biologische Probleme (Verwandtschaft der Arten).

Einen noch komplizierteren Bau besitzt eine dritte Gruppe der Antikörper, die Lysine. Pfeiffer entdeckte zuerst, daß das Serum gegen Cholera oder Typhus immunisierter Tiere die betreffende Bakterienart innerhalb des Tierkörpers auflöst. Bordet wies dann nach, daß diese „bactericide" oder „bakteriolytische" Wirkung des Serums sich unmittelbar nach der Entnahme aus dem Körper auch im Reagensglase entfaltet, daß es dieselbe beim Erwärmen auf 56° verliert, sie durch Zusatz von frischem normalen Serum aber wieder gewinnt. („Inaktivierung" und „Reaktivierung" des Serums.) Bordet entdeckte weiter, daß auch bei der Immunisierung mit defibriniertem Blut ein Immunserum erhalten wird, das im Reagensglase die Zellwand der Blutkörperchen in der Weise verändert, daß der Blutfarbstoff in die umgebende Flüssigkeit tritt (Hämolyse), und das ebenfalls bei 56° inaktiviert und durch Zusatz von frischem Normalserum reaktiviert wird.

Ehrlich erklärt diese Vorgänge in folgender Weise. Bei der Bakterio- und Hämolyse wirken zwei Stoffe, nämlich der in dem Immunserum enthaltene thermostabile Antikörper (Immunkörper, Amboceptor) und ein im Immun- und im normalen Serum enthaltener thermolabiler Körper, das Komplement oder Addiment. Man nimmt an, daß die Normalsera verschiedene Komplemente enthalten, die bei verschiedenen Tierarten zum Teil identisch sind.

Der Immunkörper besitzt nach Ehrlich zwei haptophore Gruppen, von denen die eine eine starke Affinität zu den entsprechenden Receptoren der Bakterien oder Blutkörperchen, die andere eine schwächere zu den Komplementen hat. Die Wirkung der Lysine kommt also in der Weise zustande, daß der Immunkörper sich mit einer haptophoren Gruppe an die Bakterien- oder Blutkörperzelle, mit der anderen an das Komplement verankert und daß dieses, das den Charakter eines Verdauungsenzymes besitzt, nun die Lösung bewirkt. Fehlt das Komplement, so erfolgt zwar Bindung, aber keine Auflösung.

Der komplizierte Vorgang der Cytolyse wird durch einen Überreichtum der Nomenklatur dem Fernerstehenden noch schwerer verständlich. Es seien hier die häufigsten Synonyma zusammengestellt:

Thermostabiler Körper: Immunkörper, Amboceptor, Präparator, Zwischenkörper, Substance sensibilisatrice. Thermolabiler Körper: Komplement, Addiment, Alexin. Ebenso wie mit Blutkörperchen lassen sich mit anderen Körperzellen lytische Sera herstellen, deren Antikörper allgemein als Cytotoxine bezeichnet werden.

Die Hämolysine werden vielleicht künftighin bei der Unterscheidung der Eiweißstoffe noch eine besondere Rolle spielen.

Ehrlich nimmt an, daß die Bindung komplizierter Moleküle an die Receptoren der Zelle und die Erzeugung der Antikörper ein Vorgang des normalen Zelllebens ist, der auch

Fig. 244.

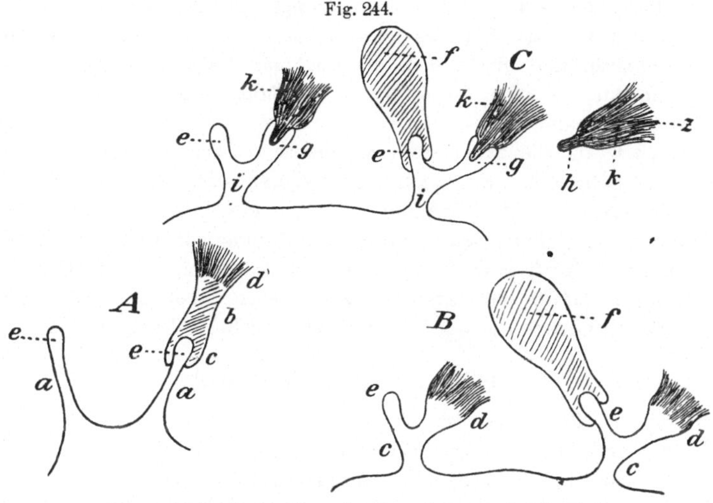

Schematische Darstellung der Receptoren nach Ehrlich.

A. Receptoren 1. Ordnung (*a*): *e* haptophorer Komplex, *b* aufgenommenes Toxinmolekül mit haptophorer (*c*) und toxophorer Gruppe *d*. B. Receptoren 2. Ordnung (*c*) mit haptophorer (*e*) und zymophorer (*d*) Gruppe. Aufgenommenes Nährmolekül *f*. C. Receptoren 3. Ordnung (*i*): *e* haptophore Gruppe, *g* komplementophile Gruppe, *k* Komplement mit haptophorer (*h*) und zymotoxischer (*z*) Gruppe, *f* aufgenommenes Nährstoffmolekül.

bei der Resorption der Eiweißstoffe eine große Rolle spielt. Erst durch die Bindung an Receptoren gelangen die Stoffe, die durch die Enzyme der Körpersäfte nicht ohne weiteres zerstört werden können, in den Machtbereich des abbauenden und aufbauenden Protoplasmas. Nur werden die Receptoren der Eiweißstoffe vermutlich erheblich komplizierter sein als z. B. die der Toxine und gleichzeitig enzymartige Gruppen enthalten.

Fig. 245.

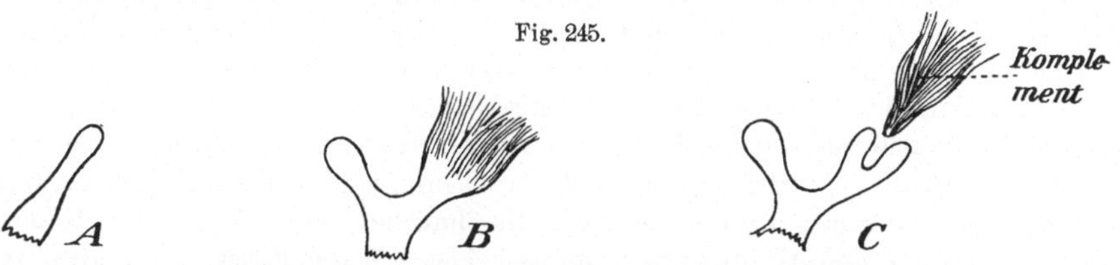

Schematische Darstellung der freien Receptoren (Haptine).
A. Haptine 1. Ordnung (Antitoxine). B. Haptine 2. Ordnung (Agglutinine, Präcipitine). C. Haptine 3. Ordnung (Hämolysine u. a.).

Ehrlich unterscheidet die zurzeit bekannten Receptoren und Haptine als solche 1., 2. und 3. Ordnung. Danach ergibt sich für die Haptine folgende Einteilung:

1. Ordnung: Antitoxine und Antienzyme mit einer haptophoren Gruppe.

2. „ Agglutinine und Präcipitine mit einer haptophoren und einer zymophoren Gruppe.

3. „ Cytotoxine (Bakterio-, Hämolysine u. a.) mit zwei haptophoren und einer toxophoren (lytischen) Gruppe.

Die Haptine 1. und 2. Ordnung werden als Uniceptoren (mit einer haptophoren Gruppe) zusammengefaßt; die der 3. Ordnung heißen Amboceptoren.

Die schematische Darstellung in Fig. 244 und 245 wird das Verständnis des Aufbaues und der Entstehung der Antikörper wesentlich erleichtern.

II. Die Eiweißpräcipitine[1]).

1. Aufbau. Chemische und physikalische Eigenschaften der Elweißpräcipitine.

Die Präcipitine sind nach Ehrlichs Auffassung Haptine 2. Ordnung, mit einer haptophoren und einer präcipitophoren Gruppe. Sie sind rein noch nicht dargestellt und konnten von den Eiweißstoffen des Serums nicht getrennt werden. Bei fraktionierter Fällung mit Ammoniumsulfat sind sie in der Euglobulinfraktion enthalten. Durch Pepsin werden sie schnell, durch Trypsin langsamer in dem Maße zerstört, wie die Menge des koagulierbaren Eiweißes abnimmt.

Alle Maßnahmen, die die Eiweißstoffe verändern, wirken auch schädlich auf die Präcipitine, wie starke Belichtung, Einwirkung photodynamischer Stoffe, gewisse Chemikalien (Formalin, konzentrierte Harnstofflösung u. a.). Die getrocknete, die Präcipitine enthaltende Ammoniumsulfatfällung kann eine halbe Stunde auf 100° erhitzt werden, ohne daß die präcipitierende Kraft leidet. Dagegen wird die präcipitophore Gruppe durch Erhitzen der Lösungen auf 70—80° zerstört. Es entstehen dabei spezifische Präcipitoide, die zwar noch präcipitinogene Substanz binden, aber nicht mehr fällen.

2. Die Spezifität der Präcipitine.

Die Wirkung der Präcipitine ist entsprechend ihrer Eigenschaft als Antikörper eine spezifische, aber nur unter gewissen Einschränkungen.

Zunächst besteht eine biologische Spezifität, die Artspezifität, insofern als ein Präcipitin am stärksten auf die Proteinstoffe derselben Tierart wirkt (homologe Fällungen). Indessen treten auch Fällungen mit Proteinstoffen anderer Tiere, besonders nahe verwandter Arten auf (heterologe Fällungen). Dies ist leicht verständlich, wenn man annimmt, daß die Präcipitine aus zahlreichen Haptinen (Partialpräcipitinen) bestehen, andererseits die Proteinstoffe der Tierarten eine gewisse Zahl gleicher Receptoren besitzen, die mit der Nähe der Verwandtschaft steigt. Nuttall hat nachgewiesen, daß hochwertiges Menschenblutpräcipitinserum auch im Serum von 500 Säugetierarten Fällungen hervorrief, die allerdings an Massigkeit mit den homologen Trübungen nicht wetteifern konnten (Mammalian reaction).

In stark verdünnten Serumlösungen wirken die Präcipitine aber streng spezifisch. Nur bei sehr nahe verwandten Arten wie Pferd und Esel, Hund und Fuchs läßt sich überhaupt keine sichere Unterscheidung herbeiführen. In manchen Fällen gelingt dies, wie Uhlenhuth nachwies, wenn man die Antisera nicht wie gewöhnlich von Kaninchen, sondern durch „kreuzweise Immunisierung" von den betreffenden Tierarten selber herstellt. So fällt Menschenblut-Antiaffenserum wohl Menschen-, nicht aber Affenserum, während Menschenblut-Antikaninchenserum beide fällt. In ähnlicher Weise kann man Kaninchen- und Hasen-, Tauben- und Hühnerserum unterscheiden. Bei anderen Arten aber versagt das Verfahren. Über die Bedeutung dieser Verwandtschaftsreaktionen für die Praxis vgl. S. 334.

Außer der biologischen Spezifität unterscheiden Michaelis und Oppenheimer noch eine chemische, d. h. eine Spezifität in bezug auf die chemische Zusammensetzung der Proteinstoffe derselben Tierart. Diese ist bei den durch Fällung erhaltenen einzelnen Eiweiß-

---

[1]) Zusammenfassende Darstellungen bieten: Kraus in Kolle-Wassermann: Handbuch der pathogenen Mikroorganismen, Bd. IV; Michaelis, Biochem. Centralblatt 1904/05, **3**, 693; Piorkowski, Centralblatt f. Bakter. 1902, **31**, 550; Blum, Centralblatt f. allgem. Pathol. und pathol. Anatomie, 1906, **17**, 81; Pfeiffer, Archiv f. Kriminal-Anthropologie und Kriminalstatistik 1906, **22**, 244. Im übrigen kann nur auf die zahlreichen Veröffentlichungen seit 1898 im Centralblatt f. Bakter. I. Abt.; Zeitschr. f. Hygiene; Annales de l'Institut Pasteur hingewiesen werden, die hier einzeln nicht angeführt werden können.

fraktionen nur in beschränktem Maße vorhanden. So fällt nach Michaelis menschliches Serumglobulinpräcipitin nur in geringem Maße Serumalbumin, dagegen Serumalbuminpräcipitin auch Globulin. Dagegen hat Rostocki[1]) einen solchen Unterschied für die Fraktionen des Pferdeserums nicht feststellen können. Auch Landsteiner und Calvo, Obermayer und Pick bestreiten diese Möglichkeit. Ascoli will durch Absättigen eines mit einer Fraktion erzeugten Präcipitinserums mit anderen Fraktionen ein nur noch gegen die erste Fraktion reagierendes Serum erhalten haben, ebenso Michaelis.

Der verschiedenartige Ausfall der Untersuchungen erklärt sich wohl einfach so, daß die chemischen Trennungsverfahren eben keine absolut reinen Eiweißstoffe ergeben.

Dagegen ist es sicher, daß bei Injektion von Gewebe und Zellen oder Extrakten von einer Tierart mehr oder minder spezifische Präcipitine entstehen, die mit anderen Eiweißextrakten nur geringe heterologe Trübungen geben, und die durch Absättigung streng spezifisch gemacht werden können, wenn für möglichste Beseitigung der Serumbestandteile gesorgt wird. Als Beispiele hierfür seien angeführt u. a. Muskeleiweiß (Schütze)[2]), Eigelb und Eiklar (Uhlenhuth)[3]), verschiedene Organpreßsäfte (Grund)[4]). Ein ohne weitere Absättigung hochgradig spezifisches Serum hat Uhlenhuth[3]) durch Injektion von Augenlinsenserum erhalten. Es fällte Augenlinsenextrakte derselben und anderer nicht verwandten Tierarten (Linsenlösungen von Säugetieren, Vögel, Reptilien, Amphibien verhalten sich gleich, solche von Fischen verschieden gegen spezifisches Serum), in geringem Grade Extrakte des Glaskörpers, dagegen keine andere Eiweißlösung derselben Tierart.

Klein[5]), der mit Serum von gewaschenen roten Blutkörperchen, dem von den Blutschatten getrennten Blutfarbstoff und den gereinigten Blutschatten arbeitete, erhielt folgende Ergebnisse:

1. Hämoglobinserum: Reagiert nur mit Hämoglobinlösung, nicht mit Serum.

2. Zellfreies Serum-Serum: Fällt Hämoglobinlösung und artgleiches Serum.

3. Blutschattenserum: Fällt Hämoglobinlösung, nicht aber Serum.

4. Gewaschenes Blutkörperchenserum: Fällt Hämoglobinlösungen stark, Serum schwach.

Es ist also hier zwischen Erythropräcipitinen, die nur Hämoglobinlösungen fällen und Serumpräcipitinen, die außerdem auch Serum fällen, zu unterscheiden.

Pfeiffer[6]) hat mit Spermatozoiden des Rindes ein Serum erhalten, das Spermaextrakte sofort, andere Eiweißlösungen nur spät und in geringem Grade fällt und durch elektive Sättigung so spezifiziert werden kann, daß es nur gegen Sperma reagiert. Vor der elektiven Sättigung reagiert es nicht mit Blut und Eiter, wohl aber mit Nierenextrakt.

Es ist also nach diesen Befunden wohl sicher, daß die durch Injektion verschiedener Zellenextrakte derselben Tierart entstehenden Präcipitine voneinander verschieden sind und die Unterscheidung dieser Extrakte ermöglichen, während bei den chemisch getrennten Eiweißfraktionen dies zurzeit noch zweifelhaft erscheint. Pfeiffer unterscheidet daher Serumpräcipitine, die mit artgleichen Extrakten reagieren und Präcipitine bestimmter Zellarten und -extrakte, die vorwiegend auf die betreffende Organlösung wirken. Erstere besitzen Spezifität der Art, letztere außer dieser auch noch Spezifität des Organs oder der Funktion. Bei manchen Sera der zweiten Gruppe tritt die Spezifität der Art ganz gegen die des Organs oder der Funktion zurück, um so mehr, je spezifischer die Funktion und je differenter daher die Eiweißstoffe des betreffenden Organs sind. Solche Sera sind das Augenlinsenserum Uhlenhuths und das Hämoglobinserum Kleins.

---

[1]) Zeitschr. f. Fleisch- u. Milchhygiene 1902/03, **13**, 16.

[2]) Zeitschr. f. Hygiene 1901, **38**, 487.

[3]) Festschrift zum 60. Geburtstage von Rob. Koch. Jena 1903.

[4]) Dtsch. Archiv f. klin. Medizin 1906, **87**, 148.

[5]) Centralblatt f. Bakter. I. Abt. **39**, 1905, 303.

[6]) Archiv f. Kriminal-Anthropologie 1906, **22**, 244.

3. Die Stoffe, die Präcipitine erzeugen.

Präcipitine liefern alle artfremden[1]) genuinen Eiweißstoffe tierischer und pflanzlicher Natur, d. h. Eiweißstoffe in dem Zustande, in dem sie im Körper enthalten sind, oder wie sie durch wenig eingreifende Verfahren (z. B. durch Aussalzen) erhalten werden. Meist sind eiweißhaltige Flüssigkeiten wie Blut, Lymphe, Exsudate u. a. zur Präcipitinerzeugung verwendet worden, doch gelingt die Präcipitinbildung auch mit nicht gelösten Proteinstoffen. Von reinen Eiweißstoffen haben Obermayer und Pick[2]) krystallisiertes Eieralbumin und Pferdeserumalbumin verwendet. Eieralbumin soll nach öfterem Umkrystallisieren seine präcipitinbildende Kraft verlieren. Es muß dahingestellt bleiben, ob die präcipitinogenen Stoffe mit den Proteinstoffen identisch sind; jedenfalls sind sie mit ihnen auf das engste verbunden. Die Verdauungsprodukte der Proteinstoffe liefern im allgemeinen keine Präcipitine mehr. Für die peptischen Abbauprodukte des Rinder-, Pferdeserums, Eiklars und Caseins haben dies Obermayer und Pick, Michaelis[3]), P. Th. Müller[4]) nachgewiesen. Auch geben diese mit den Präcipitinen genuiner Proteinstoffe kein Präcipitat. Nach Michaelis hört die Präcipitierbarkeit peptisch verdauter Proteinstoffe schon auf, wenn die Kochprobe noch reichliche Mengen koagulierbares Protein anzeigt. Dagegen erzeugte das anverdaute Protein noch ein Präcipitin, das sowohl anverdautes wie genuines Protein präcipitierte.

Betreffs der tryptischen Verdauungsprodukte gehen die Angaben etwas auseinander. Nach einigen Beobachtungen sollen völlig verdaute, also kein koagulierbares Eiweiß mehr enthaltende und biuretfreie Produkte noch Präcipitine erzeugen, die nur auf tryptische Abbauprodukte wirken, während andere Untersucher gleiche Verhältnisse wie bei der peptischen Verdauung gefunden haben.

Auch die Angabe von Myers[5]), daß das Pepton Witte ein Präcipitin erzeugen soll, verdient Nachprüfung, zumal dieses Präcipitin eine sonst nicht beobachtete Thermolabilität schon bei 56° zeigen soll.

Betreffs des Einflusses der Erhitzung von Proteinstoffen gaben Obermayer und Pick[6]) an, daß die auf eine dem Koagulationspunkt nahe Temperatur erhitzten Proteinstoffe mit den gewöhnlichen Präcipitinen keine Fällungen mehr geben, andererseits aber artspezifische Präcipitine erzeugen, die nicht nur mit erhitzten, sondern auch mit genuinen Proteinstoffen reagieren (eine „größere Reaktionsbreite" haben). Doch findet nach Obermayer und Pick bei den 1—2 Stunden auf 80° erwärmten Eiweißlösungen eine Bindung, wenn auch keine Fällung statt. Es besitzt also auch das Präcipitinogen eine haptophore und eine präcipitophore Gruppe.

Schmidt[7]) hat gefunden, daß das ½ Stunde auf 70° erhitzte Pferdeserum spezifische Präcipitine erzeugt, die sowohl natives, wie auf 70° und sogar auf 100° erhitztes Serum fällen, und zwar viel energischer als durch Nativserum erzeugte Präcipitine. Andererseits verliert getrocknetes Serum die Fällbarkeit durch Präcipitinserum erst bei ½—1 stündigem Erhitzen auf 150°, während flüssiges Serum nur eine Erhitzung auf etwas mehr als 90°, verdünntes Serum nur eine solche auf 75—80° verträgt.

Anders scheinen sich nach Schütze[8]) die Milchproteinstoffe zu verhalten, die auch nach stundenlangem Kochen ihre präcipitinogene Kraft behalten.

---

[1]) Isopräcipitine sind nur in Ausnahmefällen beobachtet worden.

[2]) Wien. klin. Rundschau 1902, Nr. 15.

[3]) Dtsch. med. Wochenschr. 1904, **34**, 1240.

[4]) Centralblatt f. Bakter. I. Abt., Orig. 1902, **32**, 521.

[5]) Centralblatt f. Bakter. I. Abt. 1900, **28**, 237.

[6]) Wien. klin. Wochenschr. 1906, Nr. 12; Biochem. Centralblatt 1906, **5**, 343.

[7]) Biochem. Zeitschrift 1908, **14**, 294.

[8]) Zeitschr. f. Hygiene 1901, **36**, 5.

Alkali- und Acidalbuminate erzeugen nach Obermayer und Pick wie erhitzte Proteine artspezifische Präcipitine mit „größerer Reaktionsbreite". Ebenso verhält sich ein in alkalischer Lösung mit Permanganat oxydiertes Eiweiß. Es gehen also selbst bei so starken Einwirkungen die die Präcipitinbildung auslösenden Gruppen nicht verloren.

Von sonstigen Derivaten der Proteinstoffe sei erwähnt, daß nach P. Th. Müller jodiertes Casein Präcipitin erzeugt. Nach Rostocki geben der Bence Jonesche Eiweißkörper, nach Schütze Harnpeptone, nach Kowarski Albumosen aus Getreidesamen Präcipitine. Dagegen haben Obermayer und Pick festgestellt, daß jodiertes, diazotiertes und nitriertes Albumin nur noch Präcipitine mit sehr geringer Reaktionsbreite und ohne jegliche Artspezifität erzeugen. Die genannten Beobachter vermuten daher, daß die Artspezifität an den aromatischen Kern gebunden ist.

4. Die Einführung der präcipitinogenen Stoffe in den Körper.

Präcipitine entstehen nur, wenn die Proteinstoffe unter Umgehung des sie ihrer präcipitinogenen Kraft beraubenden Verdauungstraktus in den Kreislauf gelangen. Es ist gleichgültig, ob dies subcutan, intravenös, intraperitoneal usw. geschieht. Nur im Säuglingsstadium und unter abnormen Bedingungen bei Erwachsenen (Überfütterung, direkte Einführung in den Darm, pathologische Verhältnisse) treten die Proteinstoffe unverändert durch die Darmwand und erzeugen im Serum Präcipitine[1]).

5. Verlauf der Präcipitinbildung im Körper.

In den ersten Tagen nach der Injektion ist das artfremde Protein im Blut in stets abnehmender Menge nachzuweisen. Nach etwa 5—6 Tagen ist es verschwunden und erst jetzt ist Präcipitin vorhanden. Allmählich verschwindet das Präcipitin wieder aus dem Kreislauf.

von Dungern[2]) unterscheidet bei der Präcipitinbildung vier Phasen:
1. Die Latenzperiode, die etwa 5 Tage dauert und von der Menge des injizierten Proteins abhängt.
2. Ansteigen des Präcipitins, etwa 2 Tage.
3. Gleichgewichtszustand, Verharren des Präcipitingehaltes auf der erhaltenen Höhe.
4. Abfall des Präcipitingehaltes, der stufenweise, manchmal auch plötzlich eintritt.

Eine Beziehung zwischen der Menge der eingeführten Eiweißstoffe und dem Präcipitingehalt besteht nicht.

Was die Fähigkeit zur Präcipitinbildung betrifft, so sollen nach von Dungern nur höhere Wirbeltiere dazu imstande sein. Dagegen will Noguchi[3]) auch in Kaltblütern solche erzeugt haben.

6. Bedingungen für die Entstehung der Präcipitate. Ihre Eigenschaften.

Präcipitate entstehen nur im Reagensglase unter bestimmten Bedingungen, nicht im Körper. Hier wird bei der Immunisierung eine lebhafte Leukocytose beobachtet, der von mancher Seite eine große Bedeutung für die Bildung der Präcipitine zugeschrieben wird. Vielleicht werden die Präcipitate im Entstehen durch die Leukocyten aufgenommen, oder ihre Entstehung wird durch bestimmte Mengenverhältnisse zwischen Präcipitin und präcipitinogener Substanz verhindert.

Bei der Präcipitatbildung werden Präcipitin und Präcipitinogen verbraucht. Die Reaktion verläuft vermutlich nach dem Massengesetz. Was die Herkunft der Präcipitate

---

[1]) Auch das Blut nicht immunisierter Tiere enthält oft geringe Mengen verschiedener artspezifischen Präcipitine. Auch andere Antikörper (Antitoxine, Agglutinine, Hämolysine) kommen im Normalserum vor.

[2]) v. Dungern, Die Antikörper. Jena 1903; Centralblatt f. Bakter., I. Abt., 1903, **34**, 355.

[3]) Centralblatt f. Bakter., I. Abt., 1903, **33**, 353.

betrifft, so nimmt Moll an, daß sie aus dem Immunserum stammen, von Dungern dagegen, daß sie aus beiden reagierenden Teilen gebildet werden.

Auf die Präcipitatbildung sind die Mengen der in Reaktion tretenden Präcipitine und präcipitablen Stoffe von großer Bedeutung. Wenn gleiche Mengen Präcipitin mit steigenden Mengen präcipitabler Stoffe gemischt werden, so wächst die Menge des Präcipitats bis zu einem Optimalpunkt, dann nimmt sie ab und bei einem gewissen Überschuß entsteht kein Niederschlag mehr. Ebenso wird ein schon entstandener Niederschlag durch einen Überschuß an Eiweiß gelöst. Nach Schur[1]) findet bei Mischung wachsender Mengen präcipitierenden Serums mit gleichen Mengen präcipitinogener Substanz eine stetige Zunahme des Präcipitats statt, die aber von einem gewissen Punkte ab unmerklich wird.

Auf die Entstehung der Präcipitate ist die Reaktion von großem Einfluß. Günstig ist die neutrale Reaktion, schwach saure beschleunigt die Fällung, geringer Überschuß von anorganischen Säuren und Laugen verhindert sie. Zu ihrem Zustandekommen ist die Anwesenheit von Salzen nötig.

Eine spezifische Fällungshemmung kann durch die obenerwähnten Präcipitoide, ferner durch Antipräcipitine entstehen, die für Serumpräcipitin und Lactoserum beschrieben sind.

Die Präcipitate sind nach Eisenberg[2]) löslich in verdünnten Säuren, Alkalien, konzentrierten Harnstoff-, Formalin-, Magnesiumchloridlösungen, unlöslich in konzentrierter Kochsalzlösung.

III. Die Verwendung der präcipitierenden Sera in der Nahrungsmitteluntersuchung und der gerichtlichen Medizin.

Die präcipitierenden Sera werden in der Nahrungsmitteluntersuchung und der gerichtlichen Medizin zum qualitativen Nachweis und bis zu einem gewissen Grade auch zur quantitativen Bestimmung der Eiweißstoffe der verschiedenen Tierarten und Organe benutzt. Bei ihrer Anwendung ist zu berücksichtigen, daß die Präcipitatreaktion nur bis zu einem gewissen Grade spezifisch für Art und Organ ist und nur unter bestimmten Mischungs- und Reaktionsverhältnissen eintritt. Die Ausführung der Reaktion erfordert daher genaues quantitatives Arbeiten mit fein graduierten Pipetten und genaue Kenntnis der Wertigkeit des Serums.

Die erste Anregung zur Verwendung präcipitierender Sera für die Unterscheidung der Blutarten haben gleichzeitig Uhlenhuth und Wassermann gegeben. Für diese und für den Nachweis anderer tierischen und pflanzlichen Eiweißstoffe sind in den letzten Jahren von verschiedenen Autoren mehr oder minder eingehende Vorschriften veröffentlicht worden. Gut durchgearbeitet sind zurzeit nur die Verfahren zur Blut- und Fleischunterscheidung. Für Blutuntersuchungen kommen in Betracht die Untersuchungen von Uhlenhuth und Beumer[3]), für den Nachweis von Pferdefleisch die von Uhlenhuth, Weidanz und Wedemann[4]), Nötel[5]), Miessner und Herbst[6]), Groning[7]), Fiehe[8]), Baier und

---

[1]) Kolle-Wassermann, Handbuch d. pathogen. Mikroorganismen, Bd. IV.

[2]) Centralblatt f. Bakter., I. Abt., Orig. 1902, **31**, 773.

[3]) Uhlenhuth, Über das biologische Verfahren zur Erkennung von Menschen- und Tierblut. Jena 1905; Uhlenhuth und Weidanz, Technik und Methodik der biologischen Blut- und Fleischuntersuchung. Jena 1909.

[4]) Arbeiten a. d. Kaiserl. Gesundheitsamte 1908, **28**, 449.

[5]) Zeitschr. f. Hygiene 1902, **39**, 373.

[6]) Zeitschr. f. Milch- u. Fleischhygiene 1902, **12**, 241.

[7]) Ebendort 1902, **13**, 1.

[8]) Zeitschr. f. Untersuchung d. Nahrungs- und Genußmittel 1907, **13**, 744; 1908, **16**, 512.

Reuchlin[1]) sowie Schmidt[2]). Untersuchungen an Fischen, die allerdings in erster Linie dem Nachweis der Blutsverwandtschaft dienen, hat neuerdings Neresheimer[3]) veröffentlicht. Die von diesen Autoren gewonnenen allgemeinen Erfahrungen dürften auch für die Untersuchung anderer Eiweißarten Beachtung verdienen.

Das biologische Verfahren zur Unterscheidung der Eiweißstoffe erfordert genaue Kenntnis der dabei verlaufenden Vorgänge und der Fehlerquellen. Es ist daher jedem anzuraten, einen der neuerdings vom Kaiserl. Gesundheitsamt eingerichteten Kurse zu besuchen und sich im Anschluß daran durch häufige Übungen die nötige Sicherheit zu erwerben.

1. Vorschriften für die Herstellung und Anwendung präcipitierender Sera für die Unterscheidung verschiedener Blut- und Fleischsorten, sowie daraus hergestellter Präparate, Fette, Knochen u. a.

a) Art der Serumgewinnung. Der Praktiker wird selten in der Lage sein, wirksames Immunserum selber herzustellen, sondern wird solches am besten aus geeigneten Anstalten[4]) beziehen. Immerhin dürfte es für jeden, der mit präcipitierendem Serum arbeiten will, von Interesse sein, das Wichtigste über die Darstellung der Antisera kennen zu lernen.

Zur Immunisierung wird vorteilhaft Serum oder defibriniertes Blut verwendet. Auch für den Nachweis von Pferdefleisch sind die mit Pferdeblutserum hergestellten Sera brauchbar, so daß man mit einem Antiserum auskommt. Doch kann man zur Herstellung von Pferdefleischeiweißantiserum auch Fleischsaft benutzen.

Das Blut wird von den Tieren bei der Schlachtung, vom Menschen durch Schröpfköpfe oder bei der Geburt (Plazentarblut) gewonnen. Man läßt den Blutkuchen in der Kälte in sterilisierten Gläsern absitzen oder defibriniert das Blut sofort nach der Entnahme durch Schütteln mit sterilisierten Glasperlen oder geglühtem Eisendraht. Konnte das Blut nicht steril entnommen werden, so filtriert man das Serum durch Berkefeld-Filter.

Fleischsaft stellt man durch Auspressen von kleinen, aus der Mitte eines Stückes entnommenen Fleischstückchen durch ein angefeuchtetes ausgekochtes Koliertuch in der Fleischpresse her. Der Saft muß ebenfalls durch Berkefeld-Filter filtriert werden. Man kann auch fein geschabtes Fleisch mit der gleichen Menge steriler 0,85 proz. Kochsalzlösung mehrere Stunden auslaugen und abpressen. Fleischsaft wird für die Injektion stets frisch hergestellt.

Die Art der Injektion ist ohne Einfluß auf die Wirksamkeit der Sera. Uhlenhuth empfiehlt intraperitoneale Einspritzungen von 10—20 ccm Serum oder intravenöse von 5—10 ccm in 4—5 tägigen Pausen. Von einer Beschreibung der Injektionstechnik muß hier abgesehen werden, da dieselbe nur in entsprechenden Anstalten erlernt werden kann.

Als Versuchstier wird allgemein das Kaninchen empfohlen, während andere größere und kleinere Tiere wenig brauchbare spezifische Sera geben. Auch beim Kaninchen treten sehr starke individuelle Unterschiede auf; manche Tiere geben überhaupt kein wirksames Serum.

Die intraperitoneale Injektion verläuft reaktionslos, nach der intravenösen treten oft schwere Erkrankungen und Todesfälle durch Embolie (besonders Luftembolie) auf. Es empfiehlt sich 5—6 Tiere gleichzeitig zu behandeln.

Das Blut der Versuchstiere wird von der dritten Injektion an in Zwischenräumen auf seinen Präcipitingehalt etwa fünf bis sechs Tage nach der Injektion geprüft. Zu diesem Zwecke umwickelt man ein Ohr des Tieres an der Wurzel mit einem in heißes Wasser getauchten Wattebausch, schneidet die durch Hyperämie stark aufschwellende

---

[1]) Zeitschr. f. Untersuchung d. Nahrungs- und Genußmittel 1908, **15**, 513.
[2]) Biochem. Zeitschrift 1907, **5**, 422.
[3]) Allgem. Fischerei-Ztg. 1908, **33**, 542.
[4]) Kaiserl. Gesundheitsamt in Berlin, Rotlaufimpfanstalt in Prenzlau.

Ohrenvene ein wenig ein und fängt 5 ccm Blut im Reagensglas auf. Nach dem Absitzen des Serums zentrifugiert man, pipettiert das Serum ab und prüft es. Ist es brauchbar, so wird das Tier geschlachtet, das Blut aufgefangen und nach 24stündigem Stehen das Serum abgegossen.

b) Eigenschaften des Antiserums. Ein brauchbares Antiserum soll 1. völlig klar sein; 2. nicht opalisieren; 3. starke Wirksamkeit haben.

Trübes Serum wird mittels Filtration durch ein Berkefeld-Filter unter Druck geklärt. Auch Filtration durch ein gutes Papierfilter, auf das Glaspulver ziemlich dick gestreut ist, oder Schütteln mit geglühter Kieselguhr vor dem Filtrieren wird als wirksam empfohlen.

Eine Konservierung des Serums mit Phenol oder Chloroform empfiehlt Uhlenhuth nicht. Nach seinen Erfahrungen halten sich sorgfältig hergestellte und filtrierte Sera monate-, ja jahrelang ohne Konservierungsmittel. Die Aufbewahrung soll bei 8—10° erfolgen; bei tieferen Temperaturen treten leicht Trübungen ein.

Opalisierendes Serum kommt häufig vor. Die Opalescenz läßt sich außerhalb des Tierkörpers nicht beseitigen. Uhlenhuth empfiehlt daher, solche Tiere nicht eher zu töten, als bis die Opalescenz verschwunden ist, und sie vor dem Tode einige Stunden hungern zu lassen.

Die Wirksamkeit des Serums wird durch Bestimmung des Titers geprüft. Es werden zu diesem Zweck Verdünnungen der zu untersuchenden Blut- oder Serumarten mit 0,85proz. Kochsalzlösung und zwar 1 : 1000, 1 : 10 000 und 1 : 20 000 hergestellt und davon 1 ccm mit 0,1 ccm Antiserum ohne Schütteln versetzt. In der Verdünnung 1 : 1000 muß momentan, spätestens nach 1—2 Minuten, in den stärkeren Verdünnungen nach 3 bis 5 Minuten eine Trübung eintreten.

c) Ausführung der Reaktion. Alle verwendeten Flüssigkeiten müssen klar und steril, alle verwendeten Apparate steril sein.

Als Lösungs- und Verdünnungsmittel hat sich lediglich physiologische (0.85proz.) Kochsalzlösung bewährt. Von der Verwendung der öfter empfohlenen Natriumcarbonatlösung ist abzuraten.

α) Die Unterscheidung verschiedener Blutarten. Die Präcipitatreaktion ist eine Reaktion auf Eiweiß, nicht auf Blut. Es muß also vorher mit den üblichen mikroskopischen und chemischen Verfahren nachgewiesen werden, ob Blut vorhanden ist. Nur das Kleinsche Hämoglobinserum (vgl. oben S. 329) ist ein spezifisches Blutserum.

Die verdächtigen Objekte werden mit physiologischer Kochsalzlösung (Zeugflecken müssen zerzupft, Spuren an Holz u. a. abgekratzt werden) so lange ausgezogen, bis die Lösung schäumt. Ist dies auch durch mehrstündiges Ausziehen nicht zu erreichen, so ist die Untersuchung meist aussichtslos. Die Extrakte werden durch Berkefeld-Filter filtriert. Kontrollösungen werden aus angetrocknetem Blut verschiedener Herkunft hergestellt. Ist Menschenblut ausgeschlossen, so wird mit entsprechenden Tierblutantiseris auf diese geprüft.

Flüssiges faules Blut gibt die Reaktion noch nach langer Zeit. Uhlenhuth hat sie noch bei 2 Jahre alten Proben erhalten. Durch Erhitzen werden die fällbaren Stoffe zerstört und zwar bei 130° in 1 Stunde, bei 140° in 20, bei 150° in 10, bei 160° in 5—10 Minuten.

Eingetrocknetes Blut bleibt lange Jahre reaktionsfähig.

Die Blutlösung soll annähernd 1 Teil Blut in 1000 Teilen physiologischer Kochsalzlösung enthalten. Eine solche Lösung ist völlig farblos in durchfallendem Lichte, trübt sich ganz leicht beim Kochen mit wenig Salpetersäure und schäumt stark beim Schütteln. Nach diesen Anzeichen muß man sich bei der Herstellung von Lösungen aus angetrocknetem Blut ungefähr richten. Zu 1 ccm solcher Blutlösung wird 0,1 ccm Antiserum vom Titer 1 : 20 000 gesetzt. Zu einer Untersuchung darf stets nur Antiserum eines Kaninchens verwendet werden, da bei Mischung präcipitierender Sera zweier Tiere manchmal Trübungen auftreten.

Man verwendet graduierte Pipetten. Um das Antiserum von einem etwaigen Bodensatz klar abzuheben, kann man mit Erfolg Capillarpipetten verwerten, die man selber aus Glasröhren herstellt und kalibriert. Die Reaktion wird in Reagensgläsern von 10 cm Länge und 0,9 cm Weite mit stark ausgebogenem Rand angestellt, an dem sie zu zwölf in kleinen Gestellen hängen, deren Löcher mit den Nummern 1—12 versehen sind.

Neben der zu prüfenden Blutlösung werden zur Ausschließung der verschiedensten Fehlerquellen noch mehrere Kontrollen verschiedener Art angesetzt, so daß der ganze Versuch eine größere Zahl Röhrchen umfaßt, z. B. für die Prüfung auf Menschenblut:

1. 1 ccm der zu prüfenden Lösung + 0,1 ccm spezifisches Menschenantiserum.

2. 1 „ der zu prüfenden Lösung + 0,1 ccm normales Kaninchenserum.

3. 1 „ 0,85 proz. Kochsalzlösung + 0,1 ccm Menschenantiserum.

4. 1 „ Menschenblutlösung gleicher Verdünnung + 0,1 ccm Menschenantiserum.

5. 1 „ Blutlösung der etwa in Betracht kommenden Tiere + 0,1 ccm Menschenantiserum.

Die Röhrchen werden bei Zimmertemperatur aufbewahrt.

Für die Untersuchung sehr geringer Blutmengen empfiehlt Hauser[1]) die Anwendung von Kapillarröhrchen.

β) Der Nachweis von Pferdefleisch[2]). Der Nachweis von Pferdefleisch ist entweder bei der Fleichbeschau oder bei der Nahrungsmitteluntersuchung zu führen. In ersterem Falle handelt es sich um größere Fleischstücke, in letzterem um zubereitetes Fleisch wie Würste oder Hackfleisch. Bei der Untersuchung größerer Fleischstücke verfährt man in folgender Weise:

Aus der Tiefe eines möglichst mageren Fleischstückes werden mit einem durch Erhitzen oder Kochen sterilisierten Messer etwa 30 g Fleisch von einer frisch hergestellten Schnittfläche geschabt. Bei sehr zähem Fleisch ist ein Wiege- oder Hackmesser zu verwenden. Die Fleischmasse wird in einem sterilisierten 100 ccm Erlenmeyer - Kolben mit 50 ccm steriler 0,85 proz. Kochsalzlösung (Baier und Reuchlin empfehlen 10 g Fleisch auf 400 ccm Kochsalzlösung zu nehmen) 3 Stunden bei Zimmertemperatur oder über Nacht im Eisschrank stehen gelassen. Bei frischem Fleisch genügt meist 1 Stunde für die Ausziehung, bei gepökeltem oder geräuchertem dauert sie entsprechend länger, unter Umständen bis zu 24 Stunden. Ähnlich verhält sich manchmal faulendes Fleisch. Stark gesalzenes Fleisch kann in einem sterilisierten Erlenmeyer - Kolben zunächst 10 Minuten lang durch wiederholtes Abgießen mit destilliertem Wasser, ohne zu schütteln, entsalzen werden. Schütteln ist beim Ausziehen zu vermeiden, um die Lösung nicht durch Fetttröpfchen zu trüben. Zur Beschleunigung der Lösung besonders von fettem Fleisch wird der Zusatz einiger Tropfen Chloroform empfohlen.

Die Fleischlösung soll ungefähr 1 Teil Eiweiß in 300 Teilen enthalten. Um festzustellen, ob diese Konzentration erreicht ist, werden 2 ccm Lösung in einem sterilen Reagensglase geschüttelt. Entsteht ein einige Zeit anhaltender Schaum, so ist die Lösung brauchbar. Wie stark die Lösung ist, läßt sich aus der Stärke der Schaumbildung nicht sicher schließen, da diese vom Fettgehalt abhängig ist.

Nach dem positiven Ausfall dieser Vorprüfung muß ein absolut klares Filtrat der Fleischlösung hergestellt werden. Dies gelingt bei magerem und frischem Fleisch schon mittels 1—2maliger Filtration durch mit steriler Kochsalzlösung befeuchtete gehärtete Filter von Schleicher und Schüll; Auszüge aus fetterem und stärker gepökeltem Fleisch filtriert man durch geglühte Kieselguhr, die mit steriler, 0,85 proz. Kochsalzlösung zu einem dünnen Brei verrührt, in etwa 2 mm dicker Schicht auf die mit einem Papierfilter bedeckte Filterplatte eines Büchnerschen Trichters aufgetragen wird. Nötel empfiehlt Filtration durch

---

[1]) Centralbl. f. Bakter., I. Abt. Referate, 1907, **39**, 194.

[2]) Die Angaben gelten ebenso für den Nachweis irgendwelcher anderen Fleischsorten.

gereinigten Glasstaub von $^1/_4$ mm Korngröße. Gute Erfolge erzielt man auch durch ein sterilisiertes Berkefeld - Filter, das aber natürlich nicht schon für gleiche Zwecke benutzt sein darf.

Die klare Fleischlösung wird alsdann mit 0,85 proz. Kochsalzlösung auf die geforderte Konzentration 1 : 300 verdünnt. Diese ist erreicht, wenn bei Zusatz von einem Tropfen Salpetersäure vom spezifischen Gewicht 1,153 zu 1 ccm des zum Kochen erhitzten Filtrates eine gleichmäßige Opalescenz auftritt, die sich nach 5 Minuten langem Stehen als eben erkennbarer Niederschlag zu Boden senkt.

Ist die Lösung stark sauer, so ist sie mit 0,1 proz. Natriumcarbonatlösung vorsichtig bis zu schwach alkalischer Reaktion zu versetzen; doch ist jeder Überschuß an Alkali sorgfältig zu vermeiden. Sicherer ist noch Magnesiumoxyd (nach Schmidt, Baier und Reuchlin).

Die Reaktion, bei der natürlich sterile Gläser und Pipetten verwendet werden, wird nun folgendermaßen angestellt. Es werden pipettiert in Röhrchen:

Nr. 1 1 ccm der zu untersuchenden Lösung
„   2   1 „   „   „   „   „
„   3   1 „   eines klaren Pferdefleischfiltrates gleicher Konzentration
„   4   1 „   „   „   Rindfleischfiltrates gleicher Konzentration
„   5   1 „   „   „   Schweinefleischfiltrates gleicher Konzentration
„   6   1 „   sterile 0,85 proz. Kochsalzlösung.

Zu sämtlichen Röhrchen mit Ausnahme von 2 wird dann 0,1 ccm klares hochwertiges Pferdeantiserum in der Weise hinzugesetzt, daß es an der Wand herabfließt und sich am Boden sammelt. Röhrchen 2 erhält in gleicher Weise 0,1 ccm klares normales Kaninchenserum. Die Röhrchen bleiben bei Zimmertemperatur stehen. Im übrigen gelten dieselben Vorsichtsmaßregeln wie bei der Blutuntersuchung.

Baier und Reuchlin bringen zuerst 6 Tropfen Antiserum in die Röhrchen und überschichten diese dann vorsichtig mit 1 ccm der Lösungen.

Schwieriger ist die Herstellung einer brauchbaren Fleichlösung aus bearbeitetem Fleisch. Bei Untersuchungen von Wurst auf Pferdefleisch wird zweckmäßig das Material aus der Mitte der dicksten Stelle der Wurst entnommen, da hier Räucherung und etwaiges Kochen am wenigsten geschadet haben. Die Wurst wird möglichst fein zerkleinert, nötigenfalls im Mörser zerrieben und dann mit 0,85 proz. Kochsalzlösung ausgelaugt. (Baier und Reuchlin wenden 10 g auf 200 ccm Kochsalzlösung an.) Bei magerer Wurst, die durch Räuchern wenig gelitten hat, genügt hierzu manchmal schon 1 Stunde, bei leicht gekochten Würsten muß die Auslaugung zuweilen 2 Tage fortgesetzt werden. Uhlenhuth empfiehlt in solchen Fällen das ausgelaugte Fleisch nach dem Abgießen der Flüssigkeit durch ein Koliertuch abzupressen und den Preßsaft mit dem Extrakt zu mischen. In besonders schwierigen Fällen kann man die Wurstteile mit Glasstaub im Porzellanmörser verreiben und mit dem gleichen Volumen Kochsalzlösung 1 Stunde in einem Schüttelapparat nach Uhlenhuth schütteln. Fette Würste soll man nach Miessner und Herbst vor der Auslaugung 24 Stunden mit Äther oder Chloroform ausziehen.

Die Filtration der Wurstauszüge muß meist mit Kieselguhr ausgeführt werden.

Bei Wurstuntersuchungen werden außer den oben angeführten sechs Röhrchen noch zwei mit Auszügen reiner Rinds- und Pferdewurst angesetzt. Für sie ist ein sehr hochwertiges Antiserum erforderlich, da die betreffenden Würste meist nur geringe Mengen Pferdefleisch enthalten. Ein spezifisches Serum, das noch in Pferdeserumverdünnungen von 1 : 20 000 wirksam ist, genügt für alle Fälle, selbst für einen Pferdefleischzusatz von 5%.

Pökeln hat auf die biologische Reaktion keinen Einfluß. Nur muß stark gepökeltes Fleisch entsprechend länger ausgezogen werden. Ebenso verhält sich geräuchertes Fleisch. Bei faulendem Fleisch muß ebenfalls mit dem Grade der Fäulnis die Dauer der Auslaugung erhöht werden. Gekochtes Fleisch, in dem alle reaktionsfähigen Eiweißstoffe zerstört sind, kann mittels des biologischen Verfahrens nicht identifiziert werden. Dagegen hat man bei einer längeren Auslaugung auch noch hier Erfolg, wenn im Innern die Temperatur 60—70° nicht überschritten hat. Doch tritt die spezifische Reaktion in diesem Falle erheblich später auf.

Hier sei im Anschlusse erwähnt, daß auch Fettgewebe sowie Schmalz, Butter und Margarine sowie Knochen sich nach den Untersuchungen von Uhlenhuth, Weidanz und Wedemann, Hüne[1]), Fiehe[2]), Schütze, Beumer[3]) mittels spezifischer Sera unterscheiden lassen, wenn nur das Fett sorgfältig durch Ausziehen mit Äther entfernt wird. Vom eiweißärmsten Fettgewebe genügen nach Hüne für einen Versuch beim Schwein etwa 8 g, beim Pferd etwa 4 g (Fiehe verwendet nur 2—3 g). Von Schmalz muß man etwa 50 g verarbeiten. Aus gelben Schmalzsorten, die bei sehr hoher Temperatur gewonnen sind, lassen sich reaktionsfähige Eiweißstoffe nicht mehr ausziehen. Bei Knochen empfiehlt Beumer die Ausziehung des entfetteten Knochenmarkes mit Kochsalzlösung. Weniger brauchbar sollen Lösungen der Corticalmasse sein.

Zur Unterscheidung von Därmen empfiehlt Müller[4]) von den gründlich gewaschenen und etwa 5 Minuten in Wasser von 40° gequollenen Därmen 20 g fein zerhackt mit der doppelten Menge Kochsalzlösung auszuziehen.

d) Die Beurteilung der Reaktion.　α) Bei Blutuntersuchungen.

Die Reaktion ist positiv, wenn spätestens nach 1—2 Minuten eine hauchartige Trübung am Boden des Reagensglases Nr. 1 sichtbar wird, die sich innerhalb der ersten 5 Minuten in eine dicke wolkige Trübung, innerhalb der nächsten 10 Minuten in einen deutlichen Bodensatz verwandelt. Uhlenhuth empfiehlt zwischen Lichtquelle (durchfallendes Tages- oder künstliches Licht) und Reagensglas eine schwarze Fläche (Heft) zu halten.

Die Reaktion muß innerhalb 20 Minuten vollendet sein. Später auftretende Trübungen sind nicht mehr verwendbar. Alle anderen Lösungen, abgesehen von der in Nr. 4, müssen klar bleiben.

Heterologe Trübungen entstehen bei Einhaltung der vorgeschriebenen Verdünnungen und Wertigkeit des Serums nicht, sondern nur wenn konzentrierte Blutlösungen mit erheblichen Mengen Antiserum versetzt werden. Sie treten aber selbst in diesen Fällen viel weniger scharf und stark als die homologen Trübungen auf und können mit diesen nicht verwechselt werden.

Bedenklicher sind die Verwandtschaftsreaktionen. Zwischen Schaf- und Ziegen-, Pferde- und Eselblut ist eine gerichtlich verwertbare Unterscheidung nicht möglich, dagegen bei Einhaltung starker Verdünnungen zwischen Schaf- und Rinderblut. Zwar ist es, wie auf S. 328 schon erwähnt wurde, Uhlenhuth gelungen, spezifische Sera auch für nahe verwandte Tierarten durch kreuzweise Immunisierung der betreffenden Arten herzustellen. Doch hat sich dieses Verfahren nicht verallgemeinern lassen. Kister und Weichardt haben empfohlen, eine absolute Spezifität der Immunsera durch Ausfällung der heterologen Haptine mittels heterologen Serums herzustellen. Nach Weichardt soll auf diese Weise sogar eine Differenzierung zwischen verschiedenen Blutsorten derselben Tierart möglich sein, was aber von anderer Seite bezweifelt wird. Jedenfalls hat sich auch dieses Verfahren noch nicht eingebürgert. Auf diese Verhältnisse muß bei Gutachten entsprechende Rücksicht genommen werden.

β) Bei Fleischuntersuchungen. Bei positivem Befund darf eine Trübung nur in den Röhrchen Nr. 1 und 3 auftreten. Sie beginnt an der Berührungsstelle des Serums und der Fleischlösung und verbreitet sich allmählich, bis die Flüssigkeit gleichmäßig getrübt ist. Die Trübung verdichtet sich allmählich zu einem Niederschlage. Die Reaktion muß spätestens

---

[1]) Arbeiten a. d. Kaiserl. Gesundheitsamte 1908, **28**, 498.

[2]) Zeitschr. f. Unters. d. Nahrungs- u. Genußmittel 1908, **16**, 512.

[3]) Zeitschr. f. Medizinalbeamte 1902, **15**, 829.

[4]) Zeitschr. f. Fleisch- u. Milchhygiene 1908, **19**, 10.

nach 30 Minuten abgeschlossen sein. Später auftretende Trübungen dürfen als positive Reaktionen nicht aufgefaßt werden. Die früheren Bemerkungen über heterologe Trübungen, Verwandtschaftsreaktionen, elektive Absättigung gelten auch hier. Insbesondere vergesse man nicht, daß die positive Reaktion nur für Einhufer spricht, eine weitere Spezialisierung aber nicht zuläßt.

Bei Wurstuntersuchungen lassen sich, da kein Anhalt für den Gehalt der Lösungen an Pferdeeiweiß vorhanden ist, über Einsetzen, Stärke und Dauer der Reaktion keine bestimmten Angaben machen. Es können noch nach 10 Minuten spezifische Trübungen auftreten. Doch lassen sich auch hier bei genügender Übung absolut sichere Ergebnisse erzielen.

2. Die Unterscheidung verschiedener Milcharten.

Über die Milchuntersuchungen liegen eingehendere Arbeiten nicht vor.

Schütze[1]) verfährt in folgender Weise:

Kaninchen erhalten in Zwischenräumen von 3—4 Tagen 10—12 ccm rohe oder mit Chloroform sterilisierte Milch subcutan injiziert. Nach Injektion von etwa 100 ccm Milch wird nach etwa 3 Wochen das Serum in üblicher Weise gewonnen. Zu der mit Wasser auf 1 : 40 verdünnten Milch wird das Serum im Verhältnis 1 : 2 bis 1 : 5 hinzugefügt.

Auch mehrere Stunden gekochte Milch soll unter den angegebenen Verdünnungen bei 37° innerhalb einer halben bis einer Stunde deutlich gefällt werden. Ebenso soll Milch, die bis zu 3 Stunden gekocht war, genau wie rohe wirksame Präcipitine erzeugen.

Sion und Laptes[2]) empfehlen die intraperitoneale Einverleibung der Milch. Sie versetzen Milch mit der 5—10fachen Menge Serum. Es soll sich auf diese Weise $2^1/_2\%$ Schafmilch in Kuhmilch nachweisen lassen.

Zur Untersuchung von Käsen empfehlen diese Autoren, Käse mit physiologischer Kochsalzlösung 15—30 Minuten auszuziehen, den Auszug mehrmals zu filtrieren, das Filtrat mit Alkali zu versetzen, von den entstehenden Flocken zu filtrieren und das verbleibende klare Serum zur Reaktion zu verwenden. Silva[3]) will mit Colostrum ein nicht auf normale Milch wirkendes Serum erhalten haben.

3. Die Unterscheidung von Eiweiß und Eigelb.

Über den Nachweis von Eiweiß (Eiklar) und Eigelb verschiedener Tiere liegen bisher eingehende Untersuchungen nicht vor. Es kann hier nur die Arbeit von Kluck und Inada[4]) erwähnt werden, in der weitere Literatur einzusehen ist.

Reines Eigelb für Serumgewinnung wird in folgender Weise hergestellt:

Eigelb, dessen Dotterhaut unverletzt sein muß, wird mit den letzten Resten Eiklar in einer Schale mit isotonischer Kochsalzlösung gewaschen, bis in dem Waschwasser weder chemisch noch mit Eiklarantiserum Eiweiß nachzuweisen ist. Dann werden die Chalazen entfernt, die Dotterhaut wird aufgeschnitten, der Dotter mit der doppelten Menge isotonischer Kochsalzlösung verdünnt und injiziert.

Eiklar und Eigelb lassen sich durch die Präcipitatreaktion scharf unterscheiden (vgl. auch oben Uhlenhuths Befunde). In heterologen Lösungen geben sie schwächere Fällungen, so daß durch geeignete Verdünnungen auch hier wohl spezifische Reaktionen zu erreichen sein dürften. Eigelb- und Eiklarsera fällen auch homologe Serumlösungen, am stärksten Eigelbserum. Auch nach anderen Angaben soll eine Unterscheidung von Eiklar und Blutserum derselben Tierart nicht möglich sein.

---

[1]) Zeitschr. f. Hyg. 1901, **36**, 5; **38**, 487.

[2]) Zeitschr. f. Fleisch- u. Milchhygiene 1902, **13**, 4.

[3]) Biochem. Centralblatt 1906, **5**, 501.

[4]) Dtsch. Archiv f. klin. Med. 1904, **81**, 41.

4. Die Untersuchung von Nährpräparaten.

Nach Uhlenhuth kann man die Herkunft von Eiweißnährpräparaten leicht feststellen, wenn ihre Eiweißstoffe in 0,85 proz. Kochsalzlösung löslich sind. So wurde in den Präparaten Hämatogen (Hommel) und Hämoglobin Rindereiweiß nachgewiesen, während im sog. Fleischsaft Puro, der angeblich aus Preßsaft frischen Ochsenfleisches hergestellt wird, Rinderantiserum keine Reaktion gab. Nach Uhlenhuths sowie Grubers und Horinchis Befunden enthält der sog. Fleischsaft Puro Hühnereiweiß.

5. Die Unterscheidung pflanzlicher Proteinstoffe.

Über die Unterscheidung pflanzlicher Eiweißstoffe liegen erst wenige Arbeiten vor, deren Angaben über den Grad der Spezifität der mit ihnen erzeugten Sera schwanken.

Schütze[1]) hat mit Roboratlösungen ein spezifisches Kaninchenserum erzeugt, das auf Lösungen von Roborat nicht, aber auf solche von Muskeleiweiß reagierte.

Kowarski[2]) hat mit Weizenmehlalbumosen ein auf diese sowie auf Roggen-, Gerste- und Erbsen-, nicht aber auf Hafermehlalbumose wirkendes Serum hergestellt. Dagegen haben neuerdings Magnus und Friedenthal[3]) nachgewiesen, daß nicht nur eine sichere Unterscheidung verschiedener Familien, sondern auch nahe verwandter Arten durch die Präcipitinmethode möglich ist. Ihre Arbeiten erstrecken sich in erster Linie auf die Feststellung der Verwandtschaft der Pflanzen; doch lassen sich aus ihren Ergebnissen auch Schlüsse für die Brauchbarkeit des Verfahrens bei der Nahrungsmittelkontrolle ziehen. Verwandtschaftsreaktionen nahestehender Arten treten um so häufiger auf, je hochwertiger das Serum ist; dagegen bleiben auch in diesem Falle Präcipitate mit Eiweißstoffen nicht verwandter Pflanzen aus. So läßt sich Weizen- von Erbsenmehl mit Sicherheit unterscheiden. Bei nahe verwandten Arten kann die Spezifität durch elektive Fällung erzeugt werden. Zu beachten ist, daß Extrakte von Gramineenmehlen auch mit verschiedenen Normalseren Fällungen geben. Die betreffenden Stoffe müssen daher vor der Reaktion durch Fällung mit Normalserum entfernt werden. Einige Angaben von Gasis[4]) über Verwandtschaftsreaktionen fernerstehender Pflanzen scheinen sich durch derartige Fällungen zu erklären.

Auch Relander[5]) hat Sera hergestellt, die eine sichere Unterscheidung von Wicken- und Gersteneiweiß gestatteten. Auch scheint es nach seinen Befunden nicht ausgeschlossen, daß man bei geeigneter Versuchsanordnung Varietäten einer Art unterscheiden kann.

Bertarelli[6]) hat das Verhalten von Leguminosenmehlextrakten geprüft. Es ist ihm gelungen, für Bohnen, Erbsen, Linsen, Wicken nur innerhalb der Gattung wirksame Sera zu erhalten, die im allgemeinen bis zu Verdünnungen von 1 : 3000 bis 1 : 5000 wirksam waren, Verwandtschaftsreaktionen mit anderen Leguminosen nur bei hoher Konzentration (etwa bis zu 1 : 300) gaben.

Betreffs der Ausführungsweise sei bemerkt, daß auch bei pflanzlichen Eiweißstoffen die Extraktion mit 0,85 proz. Kochsalzlösung sich bewährt hat. Die Extrakte müssen, da sie sauer sind, vor der Injektion neutralisiert werden. Viele Tiere reagieren auf die Injektion dieser Extrakte mit starken Krankheitserscheinungen. Bei intravenöser Einverleibung tritt zuweilen kurz darauf der Tod ein. Im übrigen gelten hier dieselben Vorschriften wie bei den tierischen Extrakten.

---

[1]) Zeitschr. f. Hygiene 1901, **38**, 493.
[2]) Dtsch. med. Wochenschr. 1901, **27**, 442.
[3]) Berichte d. Deutschen botan. Gesellschaft 1906, **24**, 601; 1907, **25**, 242, 337; 1908, **26**a, 532.
[4]) Berl. klin. Wochenschr. 1908.
[5]) Centralblatt f. Bakter., II. Abt., 1908, **20**, 518.
[6]) Ebendort 1904, **11**, 8, 45.

6. Quantitative Bestimmungen mittels des Präcipitinverfahrens.

Die von Nuttall entdeckte, von Schulz[1]) neuerdings für die Nahrungsmittelkontrolle vorgeschlagene quantitative Bestimmung der Eiweißarten mittels des Präcipitinverfahrens beruht auf folgenden Grundsätzen:

Bestimmte Verdünnungen einer Eiweißlösung werden mit Antiserum versetzt und es wird festgestellt, in welcher Verdünnung nach einer bestimmten Zeit eine Trübung eintritt. Von dem zu prüfenden Extrakt werden dann ebenfalls progressive Verdünnungen mit Antiserum versetzt. Die Konzentration der Verdünnung, in der nach derselben Zeit eine Trübung eintritt, entspricht der der Testlösung. Aus dem Gewichte des Fleisches, der Menge der Extraktionsflüssigkeit läßt sich der Gehalt des Untersuchungsmaterials an dem betreffenden Eiweißstoff feststellen. Bedingung dafür ist allerdings, daß in der zu prüfenden Flüssigkeit auch alle löslichen Eiweißstoffe der verschiedenen Fleischsorten oder anderer Gegenstände gelöst sind und daß in gleich großen Stücken einer Fleischsorte gleiche Mengen löslicher Eiweißstoffe vorhanden sind. Uhlenhuth, Weidanz und Wedemann weisen mit Recht darauf hin, daß diese Vorbedingungen nur bei Blutgemischen und bei Fleischgemengen aus gleich frischen und mageren Fleischsorten annähernd erfüllt sind, nicht aber bei Würsten. Außerdem kommt für die gesetzliche Beurteilung die Menge des in einer Wurst enthaltenen Pferdefleisches bekanntlich für gewöhnlich nicht in Betracht.

Betreffs der Ausführung einer solchen quantitativen Bestimmung sei auf die Arbeit von Schulz verwiesen.

IV. Das Verfahren der Komplementablenkung oder -bindung zur Unterscheidung von Eiweißstoffen.

Dieses Verfahren kann als Ergänzung des Präcipitinverfahrens dienen. Es ist erheblich schärfer als dieses, ist aber in seinem Wesen noch nicht ganz geklärt. Es beruht auf folgenden Beobachtungen von Gengou[2]). Beim Zusammenkommen von Präcipitinserum mit präcipitinogenen Stoffen verschwinden die Komplemente im Serum. Bordet und Gengou, Neisser und Sachs u. a. nehmen an, daß bei der Immunisierung mit Eiweißstoffen noch spezifische Amboceptoren entstehen, die bei Gegenwart von Eiweiß, mit dem sie sich verbinden können, die Komplemente an sich reißen und so dieselben dem Nachweis entziehen. Pfeiffer und Moreschi glauben, daß der Komplementschwund ohne Beteiligung von Amboceptoren zustande kommt und eine Folge der Präcipitatbildung ist.

Die Komplementablenkung wird durch Ausbleiben der Hämolyse nachgewiesen. Man verfährt in der Weise, daß man zu einem hämolytischen System, d. h. einem Gemisch von Blutkörperchen, Amboceptor (inaktiviertem, normalem[3]) Serum oder Immunserum) und Komplement (frischem Normalserum), in dem normalerweise Hämolyse eintreten würde, präcipitierendes Serum und die zu prüfende Eiweißlösung fügt. Ist spezifisches präcipitinogenes Eiweiß vorhanden, so erfolgt Komplementablenkung und die Hämolyse bleibt aus. Im negativen Falle tritt sie ein.

Dieses Verfahren ist erheblich schärfer als die Präcipitinreaktion und gestattet den Nachweis spezifischer Eiweißstoffe noch in außerordentlich großen Verdünnungen. Uhlenhuth, Weidanz und Wedemann (s. o.) sowie Weidanz und Borchmann[4]) halten dieses Verfahren für die Untersuchung unbekannter Fleischgemische für sehr bedenklich, weil die Ablenkung der Komplemente außer durch spezifische Stoffe auch durch alle möglichen indifferenten Stoffe wie Salpeter, Präservesalz, Pökellake, Gewürze u. a. hervorgerufen wird. Zwar kann die Wirkung dieser Stoffe durch starke Verdünnung aus-

---

[1]) Zeitschr. f. Unters. d. Nahrungs- u. Genußmittel 1906, **12**, 257.

[2]) Ann. Pasteur 1902, **16**, 734.

[3]) Das normale Blut enthält fast bei allen Individuen eine geringe Menge Amboceptoren.

[4]) Arbeiten a. d. Kaiserl. Gesundheitsamte 1908, **28**, 477.

geschaltet werden, doch ist solche bei an sich schon sehr dünnen Eiweißlösungen aus gekochten Würsten oft nicht möglich. Auch bei Blutuntersuchungen ist höchste Vorsicht geboten, da Schweiß und alle möglichen anderen Stoffe die Ablenkung bewirken. Jedenfalls darf der positive Ausfall des Ablenkungsverfahrens beim Ausbleiben der Präcipitinreaktion nicht entscheidend sein.

Da das Komplementablenkungsverfahren außerdem etwa zehnmal soviel Zeit in Anspruch nimmt wie die Präcipitinreaktion, ferner erheblich mehr Reagenzien verlangt und ziemlich teuer ist, so liegt zurzeit kein Grund vor, das für die Praxis völlig ausreichende Präcipitinverfahren durch das der Komplementablenkung zu ersetzen.

Letztere kann höchstens in wichtigen Fällen zur Bestätigung herangezogen werden.

Von einer Beschreibung der Ausführungsweise kann deshalb hier abgesehen werden. Sehr genaue Angaben darüber findet man in der oben zitierten Arbeit von Weidanz und Borchmann, sowie in einer Arbeit von Rickmann[1]).

V. Die Verwendung der Hämolysine und Hämagglutinine zur Unterscheidung von Blutarten.

Marx und Ehrnrooth[2]) haben für die Unterscheidung von Tier- und Menschenblut die Agglutination der roten Blutkörperchen durch heterologe Sera empfohlen. Ein Auszug der verdächtigen Flecken in Kochsalzlösung wird mit einem Tropfen Menschenblut versetzt. Bei Anwesenheit von Menschen- oder Affenserum bleiben die Blutkörperchen unverändert, bei Anwesenheit anderer Sera werden sie agglutiniert. Das Verfahren erfordert konzentrierte Serumextrakte, die meist schwer herzustellen sind. Auch ist die Wirksamkeit der Agglutinine schwankend. Ferner kommen nach Landsteiner und Richter[2]) Isoagglutinine vor, die sie sogar zur Unterscheidung des Blutes verschiedener Individuen derselben Art empfehlen.

Das Agglutinationsverfahren hat sich daher noch nicht eingebürgert.

Ladislaus Deutsch[3]) empfiehlt, die spezifischen Hämolysine zum Nachweis artfremden Blutes zu verwenden. In 0,9 proz. Kochsalzlösung aufgeschwemmte Blutkörperchen werden im hängenden Tropfen vollständig nur von dem entsprechenden Antiserum, von einem anderen nur teilweise gelöst. Das Verfahren ist folgendes: Darstellung des hämolytischen Serums: 20 ccm defibriniertes Menschenblut wird 24 Stunden in Eiswasser stehen gelassen, das Blutserum wird entfernt, die Blutkörperchen werden Kaninchen subcutan injiziert. Nach 3—4 maliger Immunisierung wird das spezifische Serum in üblicher Weise gewonnen.

Untersuchungsverfahren: Abgekratzte Blutreste werden mit carbolhaltiger Kochsalzlösung in einem Uhrglase aufgeschwemmt.

Darauf wird 1 Teil Immunserum mit 4 Teilen Blutaufschwemmung gemischt und in ein 2 mm weites Capillarröhrchen (I) gebracht, das dann zugeschmolzen wird. Außerdem werden zwei gleichartige Kontrollröhrchen hergestellt, nämlich eines nur mit Blutaufschwemmung (II) und eines mit hämolytischem Serum der etwa verdächtigen Tierart (III). Die Röhrchen werden nach 24 stündigem horizontalen Liegen bei 37° mit unbewaffnetem Auge besehen und der Inhalt darauf nach dem Öffnen mikroskopisch untersucht. Die Ergebnisse sind dann folgendermaßen zu beurteilen:

1. In I Blutschollen nicht mehr sichtbar: Menschenblut.

2. In I und II teilweise, gleich starke Hämolyse: kein Menschenblut.

Falls die Angabe über die Herkunft der Blutflecken richtig war, muß gleichzeitig in III starke Hämolyse eingetreten sein. Sind die Blutspuren gering, so empfiehlt Deutsch,

---

[1]) Zeitschr. f. Fleisch- u. Milchhygiene 1907, **17**, 197.

[2]) Münch. med. Wochenschrift 1904, Nr. 9516.

[3]) Centralblatt f. Bakter., I. Abt., 1901, **29**, 661.

dieselben direkt im hängenden Tropfen mit Kochsalzlösung aufzuschwemmen und mit 5fach verdünntem Serum zu versetzen.

Er empfiehlt sein Verfahren, da es unverletzte Blutkörperchen erfordert, insbesondere für die Untersuchung frischer, aber sehr geringer Spuren, während das Präcipitinverfahren bei älteren Fällen allein anwendbar ist.

Bestimmung des Fettgehaltes und allgemeine Untersuchungsverfahren für Fette und Öle[1]).

I. Bestimmung des Fettgehaltes der Nahrungsmittel und einzelner Fettbestandteile.

Unter „Fett" versteht man bei der Analyse der Nahrungs- und Genußmittel den Ätherauszug der wasserfreien Substanz, d. h. alle aus der wasserfreien Substanz durch wasserfreien Äthyläther ausziehbaren, bei einstündigem Trocknen im Wasserdampftrockenschranke nicht flüchtigen Bestandteile.

Außer den Glyceriden der Fettsäuren enthält das auf diese Weise ausgezogene „Fett" häufig noch verschiedene andere in Äther lösliche Verbindungen wie ätherische Öle, Wachse, Harze, Kohlenwasserstoffe, Lecithin, organische Säuren, Alkaloide (Coffein, Theobromin usw.), Farbstoffe (z. B. Chlorophyll) u. dgl. Man bezeichnet daher namentlich bei solchen Substanzen, welche neben den Glyceriden der Fettsäuren größere Mengen Nichtglyceride enthalten, die durch Äther ausziehbaren Stoffe auch wohl als „Rohfett" oder zweckmäßiger als „ätherlösliche Stoffe", „Ätherauszug" oder „Ätherextrakt".

1. Bestimmung des Ätherauszuges („Fettes"). a) In pulverförmigen Substanzen. 5 oder 10 g der nötigenfalls gemahlenen oder gut gepulverten Substanz werden in eine unten geschlossene fertige Papierhülse (1) oder in eine aus fettfreiem Fließpapier hergestellte Hülse (2) gebracht. Hat man die Substanz eingefüllt, so schließt man bei Hülsen letzterer Art die obere Öffnung durch Umbiegen oder bei festen Hülsen dadurch, daß man entfettete Baumwolle in sie schiebt und damit die Substanz vollständig bedeckt.

Die mit der Substanz beschickte Hülse wird 2—3 Stunden im Wasserdampftrockenschranke bei 95—100° getrocknet (3), dann in einen Extraktionsapparat (4) gebracht und bis zur Erschöpfung — in der Regel genügen 4 bis 6 Stunden (5) — mit wasserfreiem Äther ausgezogen. Nachdem dies geschehen ist, wird der Äther von der ätherischen Fettlösung abdestilliert (6), der Fettrückstand im Kölbchen eine Stunde lang im Wasserdampftrockenschranke getrocknet und nach dem Abkühlen des Kölbchens im Exsiccator zur Wägung gebracht.

Bemerkungen zu vorstehendem Verfahren. 1. Für die Fettbestimmung geeignete fertige Papierhülsen liefert die Firma C. Schleicher & Schüll in Düren (Rhld.). Von W. Bersch[2]) und anderen werden zu dem gleichen Zwecke Aluminiumhülsen mit siebartig durchlöchertem Boden empfohlen; diese können von der Firma W. J. Rohrbecks Nachfolger, Wien I, Kärtnerstr. 59, bezogen werden.

2. Die Hülsen aus Fließpapier werden in der Weise hergestellt, daß man um ein zylindrisches Holzstück, dessen Durchmesser 4—5 mm geringer ist als die lichte Weite des Extraktionszylinders, ein Stück Filtrierpapier zweimal herumrollt, über die ebene Basis des Holzzylinders ein dem Durchmesser desselben entsprechendes Stück der gebildeten Rolle hervorstehen läßt, dieses ähnlich, wie man ein Paket schließt, umbiegt und den gebildeten Boden der Hülse durch kräftiges Aufdrücken auf den Tisch ebnet.

3. Das Vortrocknen der Substanz darf nicht zu lange und nicht bei zu hoher Temperatur erfolgen, weil sonst unter Umständen, namentlich bei Stoffen, welche, wie Leinsamen, Mohnsamen

---

[1]) Bearbeitet von Prof. Dr. A. Bömer, Stellv. Vorsteher d. Landw. Versuchsstation in Münster i. W.
[2]) Zeitschr. f. landw. Versuchswesen in Österreich 1901, **4**, 31.

u. dgl., trocknende Öle enthalten, Veränderungen des Fettes eintreten können. Um solche zu vermeiden, kann die Entfernung des Wassers auch durch einstündiges Trocknen im Leuchtgas- oder Wasserstoffstrome bei 100° erfolgen. O. Förster[1]) hat mehrere Einrichtungen für diese Art der Trocknung beschrieben.

4. α) Für die Extraktion des Fettes sind die mannigfachsten Apparate vorgeschlagen worden, die hier nicht alle beschrieben werden können. Am meisten im Gebrauch ist der Extraktionsapparat von Fr. Soxhlet (Fig. 246), der sowohl aus Glas wie auch aus Messing hergestellt wird und folgende Einrichtung besitzt:

A ist ein geschlossener 35 mm weiter, 150 mm hoher Glaszylinder, an dessen Boden das 13—15 mm weite, 100 mm lange Rohr B angeschmolzen ist. A und B sind durch das 8—9 mm weite Rohr C verbunden. Der aus einer dickwandigen, aber nur 2—3 mm im Lichten weiten Röhre gefertigte Heber D ist an der tiefsten Stelle am Boden von A angeschmolzen bzw. angelötet, biegt sich an der Außenwand von A nach aufwärts und geht, immer der äußeren Zylinderwand anliegend, nach abwärts und durch B hindurch. Das Rohr B wird mittels eines Korkes mit einem etwa 100 ccm fassenden weithalsigen Kölbchen, A mit einem Rückflußkühler verbunden.

Fig. 246.

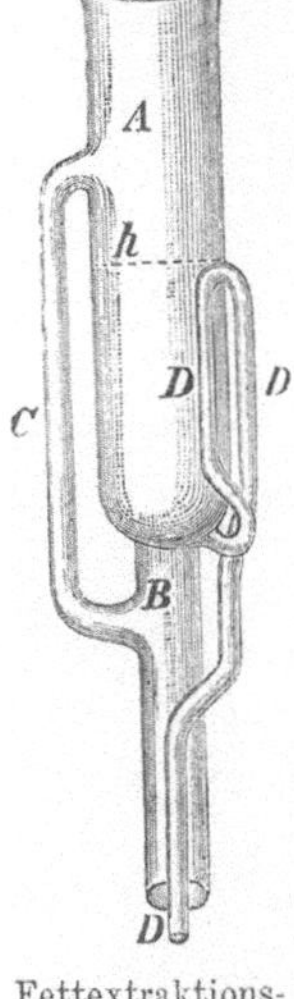

Fettextraktionsapparat nach Fr. Soxhlet.

Der obere Rand der auszuziehenden Hülse muß wenigstens 3 mm unter dem höchsten Punkte der Heberkrümmung liegen, da anderenfalls der Filterrand Fett zurückhält. Des weiteren ist notwendig zu beachten, daß die Hülse nicht mit Baumwolle vollgefüllt wird, und daß der aus dem Kühler zurücktropfende Äther immer in die Hülse eintropft. Man verbindet schließlich ein gewogenes weithalsiges Kölbchen von etwa 100 ccm Fassungsraum mit dem Apparat, nachdem man in dieses etwa 25 ccm wasserfreien Äther und in den Extraktionszylinder so viel Äther eingegossen hat, daß dieser durch den Heber überfließt, und stellt das Kölbchen in Wasser oder auf eine Heizfläche, welche auf 60—70° erhalten werden (vgl. unten unter 5). Der Äther destilliert nun durch B, C und den oberen Teil von A in den auf diesen aufgesetzten Kühler, wird hier kondensiert und tropft dann auf die in A befindliche Hülse mit der zu extrahierenden Substanz, die er durchtränkt und schließlich überschichtet. Sobald das Niveau des überdestillierten Äthers die höchste Stelle h der Heberkrümmung etwas überschritten hat, fängt der Heber an zu wirken und saugt die Ätherfettlösung zuerst in vollem, dann in durch Luftblasen unterbrochenem Strahle ab. Das Aufwärtsdestillieren wird hierdurch nicht unterbrochen; doch filtriert die in der Hülse sich neuerdings sammelnde Äthermenge, der Heberwirkung entsprechend, nicht rasch genug nach; infolgedessen entleert sich der Heber und es erfolgt eine abermalige Ansammlung von Äther bis zur Höhe h.

C. v. d. Heide[2]) hat den Soxhletschen Extraktionsapparat dahin abgeändert, daß er die Ausziehung auch beim Siedepunkt des Ausziehmittels gestattet, welche Einrichtung in manchen Fällen zweckmäßig sein mag[3]). In den Hauptteil A (Fig. 247, S. 344) wird die Schleicher & Schüllsche Papierhülse, gefüllt mit der zu extrahierenden Substanz, eingebracht, der Kühler (B) aufgesetzt, das Siedegefäß (C) mit Äther gefüllt und die Erhitzung begonnen. Zur Abhaltung von Feuchtigkeit kann an den Kühler ein Chlorcalciumrohr angesetzt werden.

Die Annehmlichkeit dieses Apparates, den Fig. 247 D in zusammengesetzter Anordnung darstellt, besteht hauptsächlich in der Ersetzung des unhandlichen Kugelkühlers oder Liebigschen Rückflußfilters durch den aufgeschliffenen, kompendiösen Schlangenkühler.

---

1) Landw. Versuchsstationen 1890, 37, 57.

2) Zeitschr. f. Untersuchung d. Nahrungs- u. Genußmittel 1909, 17, 315.

3) Der Apparat kann von C. Gerhardt in Bonn bezogen werden.

β) Vielfach wird empfohlen, die Kölbchen zur Aufnahme des Fettes mittels Glasschliffes mit dem Extraktionskörper zu verbinden und diesen auch mit dem Kühler in derselben Weise oder mittels eines Korkstopfens zu verbinden, weil Gummischlauchverbindungen durch den Äther mehr oder weniger angegriffen werden. Wählt man diese jedoch so kurz wie möglich und den Schlauch möglichst eng, sodaß kein Äther zwischen die innere Schlauchwand und die äußere Glaswand dringen kann, so sind nach unseren Erfahrungen die Gummischlauchverbindungen mit dem Kühler sehr haltbar und werden auch durch sie nennenswerte Fehler nicht bedingt.

γ) Für die gleichzeitige Ausführung von mehreren Fettbestimmungen sind die verschiedensten Einrichtungen empfohlen worden, auf die hier nicht alle eingegangen werden kann. Wir bedienen uns seit längeren Jahren der beiden in Fig. 248 und 249 abgebildeten Anordnungen.

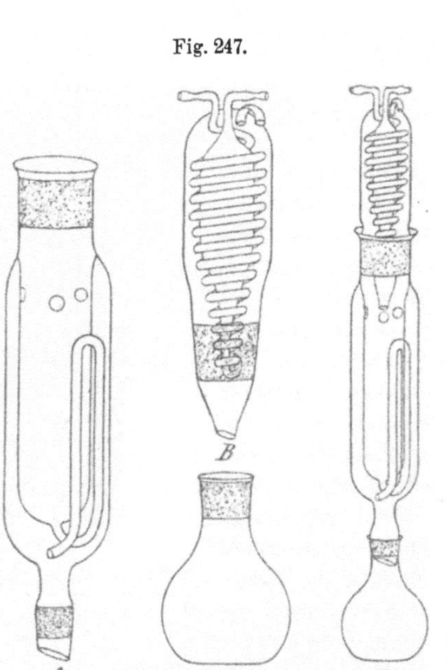

Fig. 247.

Fig. 248.

Extraktionsapparat nach C. v. d. Heide.

Apparat für Extraktionen mit Äther oder Alkohol.

Bei dem Apparat Fig. 248[1]) werden die Kölbchen mit dem Äther in einem gemeinsamen flachen Wasserbade erwärmt, in dem sie nicht auf dem Boden stehen, sondern durch eine kurze Gummischlauchverbindung mit dem Kühler befestigt, etwa $1/2$ cm vom Boden entfernt frei schweben. Die Extraktionsapparate sind auf diese Weise sehr beweglich und können einzeln leicht eingesetzt und herausgenommen werden. Es ist jedoch bei dieser Anordnung besonders darauf zu achten, daß die Korkverbindungen sorgfältig eingepaßt sind und gut schließen. Diese Einrichtung birgt wie alle ähnlichen Anordnungen mit mehreren Apparaten nur die eine Gefahr in sich, daß beim Zerspringen eines Kölbchens oder eines Extraktionskörpers leicht eine Entzündung des Äthers eintritt und dadurch auch leicht die übrigen Apparate beschädigt oder zerstört werden und aus diesem Grunde die Apparate stets unter Aufsicht stehen müssen.

Sehr zu empfehlen ist daher statt dieser Anordnung die in Fig. 249 dargestellte, bei der die Erwärmung des Äthers mittels elektrisch geheizter Platten geschieht und bei der auch Gummischlauchverbindungen umgangen werden. Auch die bei diesem Apparat verwendeten

---

1) Der Apparat kann in der abgebildeten Anordnung auch zur Extraktion mit Alkohol dienen.

Kühler, welche die Vorzüge des Kugel- und Schlangenkühlers in sich vereinigen, ohne deren Nachteile (mangelhafte Kühlung beim Kugelkühler und ungleichmäßiger oder verhinderter Rückfluß beim Schlangenkühler) zu besitzen.

Um das Hinzutreten von Feuchtigkeit zu verhindern, kann man die Kühler oben mit einem Chlorcalciumrohre verschließen.

δ) Zu den Korkverbindungen dürfen nur beste, möglichst porenfreie Korkstopfen verwendet werden, die vor dem Gebrauch durch Ausziehen mit Äther oder Benzol von äther- bzw. benzollöslichen Stoffen befreit sind.

5. In 4—6 Stunden sind jedenfalls alle Fettsäureglyceride aus der Substanz ausgezogen; dagegen sind die in Äther schwer löslichen Alkaloide (z. B. das Theobromin bei Kakao) in dieser Zeit meist noch nicht vollkommen ausgezogen.

Fig. 249.

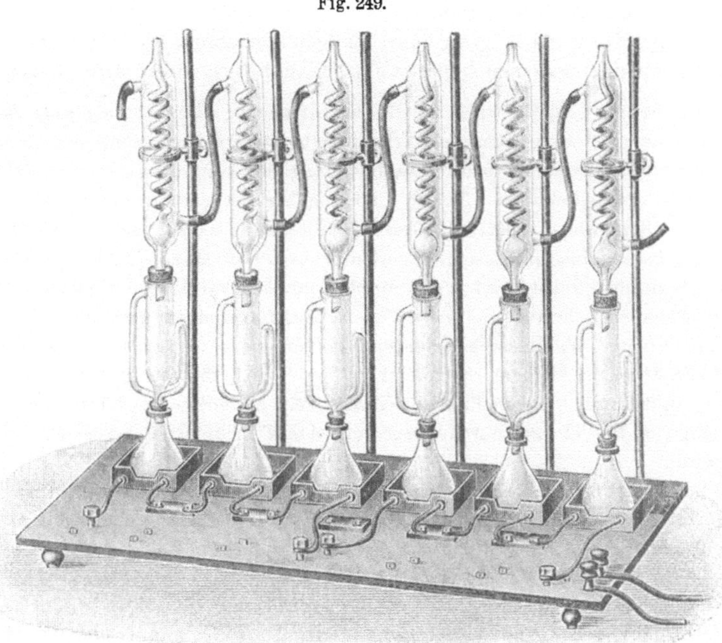

Fettextraktion mittels elektrisch geheizter Platten.

Ist die die auszuziehende Substanz enthaltende Hülse sehr kurz, sodaß sie den Raum bis zur höchsten Stelle des Hebers (h in Fig. 246, S. 343) nur zum Teil füllt, so kann man die Ausziehung des Fettes dadurch beschleunigen, daß man den über der Hülse befindlichen Raum mit Glasperlen oder zweckmäßiger mit einem passenden hohlen Glaskörper ausfüllt, wodurch ein öfteres Abhebern des Äthers bewirkt wird. Ist dagegen die Hülse mit der Substanz sehr lang, sodaß sie über die höchste Stelle des Hebers hinausragt, so dreht man sie nach etwa 2 Stunden einmal herum, sodaß der bis dahin herausragende Teil der Hülse nunmehr nach unten zu liegen kommt.

6. Das Abdestillieren des Äthers kann man am einfachsten in dem Extraktionsapparate selbst vornehmen, indem man die Hülse mit der extrahierten Substanz aus dem Apparate herausnimmt, darauf den Äther sich in dem bis dahin von der Hülse eingenommenen Raume ansammeln läßt und ihn nach dem Abnehmen des Apparates von dem Kühler durch die obere Öffnung des Apparates abgießt. Ist die Menge des Äthers jedoch sehr groß, so muß man zunächst einen Teil des Äthers, ehe seine Abheberung erfolgt, entfernen und dann erst den Rest abdestillieren.

b) In Flüssigkeiten. Sollen das Fett bzw. die ätherlöslichen Stoffe in Flüssigkeiten (Milch[1]), Eigelb usw.) bestimmt werden, so müssen diese zunächst mit Hilfe eines Aufsaugungs- oder Verteilungsmittels zur Trockne verdampft, dann zerkleinert und darauf vollkommen getrocknet werden. Derartige Aufsaugungs- und Verteilungsmittel sind Fließpapier, entfettete Watte, Asbest, Sand und Gips[2]) (10 + 1), Bimsstein usw. Man nimmt die Eindampfung zweckmäßig in einem Hofmeisterschen Glasschälchen vor, zerkleinert die unter öfterem Umrühren eingetrocknete Masse mitsamt dem Glasschälchen, füllt diese in eine Extraktionshülse und verfährt im übrigen in der oben unter a) angegebenen Weise.

c) Bei Stoffen, welche wie manche Käse, Brot u. dgl. beim Trocknen dichte, harte Massen geben, in die der Äther bei der Ausziehung nicht vollkommen eindringen kann und die das „Fett" teilweise auch in Form von Seifen enthalten, wie z. B. überreife Käse, sind besondere Verfahren vorgeschlagen worden; diese werden weiter unten bei den betreffenden Abschnitten näher beschrieben werden.

d) Sonstige Verfahren. Von den sonstigen Verfahren, die meist eine vollkommene Ausziehung des Fettes bzw. einen höheren Fettgehalt liefern sollen, seien folgende erwähnt:

C. Dormeyer[3]) hat ein Verfahren zur Bestimmung des Fettes in tierischen Organen beschrieben, das auf der Extraktion mit Äther, nachfolgender Verdauung des Rückstandes mit Pepsin-Salzsäure und Ausziehung bzw. Ausschüttelung der verdauten Lösung mit Äther beruht und das ebenfalls im Abschnitte „Fleisch" noch näher besprochen werden wird. Es sei aber schon hier darauf hingewiesen, daß auf diese Weise gewonnenes Fett sehr unrein[4]) ist und z. B. nach M. Müller bei gereinigtem Casein, Rindfleisch und Hefe 2,783—2,905% Stickstoff enthielt, während bei den gleichen Substanzen in den durch Ausziehen mit Äther im Soxhletschen Extraktionsapparat gewonnenen Fetten nur 0—0,07% Stickstoff gefunden wurden.

·C. Lehmann und W. Völtz[5]) wollen eine vollkommenere Ausziehung des Fettes durch die Behandlung mit Äther in kleinen „Kugelmühlen" erreichen, die aus gewöhnlichen Glasflaschen von 200 ccm Inhalt mit eingeschliffenen Glasstopfen bestehen, in denen die Substanz mit Porzellankugeln von 10—12 mm Durchmesser und Äther in einem Schüttelapparat 48 Stunden geschüttelt wird.

Auf das weitere Verfahren von L. Liebermann und S. Székely[6]), nach dem die Substanz zunächst mit Kalilauge gekocht, dann mit Schwefelsäure angesäuert und darauf mit Petroläther ausgeschüttelt werden soll, kann hier ebenfalls nur kurz hingewiesen werden.

Eine weitere Reihe von Verfahren ersetzt die Ausziehung mit Äther durch eine solche mit anderen Fettlösungsmitteln; so empfehlen G. Rosenfeld[7]) und M. Schlesinger[8]) ein 6stündiges Ausziehen mit Chloroform und Vorbehandlung der Substanz mit absolutem Alkohol, ferner

---

[1]) Die zur Bestimmung des Fettgehaltes in der Milch dienenden besonderen Verfahren werden in dem Abschnitt „Milch" beschrieben werden.

[2]) Gips ist nach L. Gebeck (Landw. Versuchsstationen 1894, **43**, 193) nicht geeignet, weil er leicht Fett zurückhält.

[3]) Pflügers Archiv f. d. ges. Physiol. 1895, **61**, 341; 1896, **65**, 90; Vierteljahrsschrift über die Fortschritte auf dem Gebiete der Chemie der Nahrungs- u. Genußmittel 1895, **10**, 321; 1896, **11**, 469.

[4]) Vgl. E. Voit in Zeitschr. f. Biologie 1897, (NF) **17**, 557 und Max Müller in Fühlings Landw. Ztg. 1903, **52**, 767 u. 831; Zeitschr. f. Untersuchung d. Nahrungs- u. Genußmittel 1906, **11**, 521.

[5]) Pflügers Archiv f. d. ges. Physiol. 1903, **97**, 606; Zeitschr. f. Untersuchung d. Nahrungs- u. Genußmittel 1904, **8**, 360.

[6]) Pflügers Archiv f. d. ges. Physiol. 1898, **72**, 360; Zeitschr. f. Untersuchung d. Nahrungs- u. Genußmittel 1899, **2**, 218.

[7]) Centralblatt f. inn. Med. 1900, **21**, 833; Chem.-Ztg. 1900, **24**, Rep. 250.

[8]) M. Schlesinger, Inaug.-Diss. Leipzig 1900; Chem. Centralblatt 1901, I, 1181.

A. P. Bryant[1]) die Ausziehung mit Tetrachlorkohlenstoff, der in 2 Stunden so viel Fett lösen soll wie Äther in 16 Stunden und dabei den Vorzug hat, daß er nicht feuergefährlich ist.

2. Reinigung des Ätherauszuges. Wie schon oben (S. 342) hervorgehoben wurde, enthält der Ätherauszug außer dem eigentlichen Fett (Glyceride und freie Fettsäuren) unter Umständen noch mehr oder minder beträchtliche Mengen anderer ätherlöslichen Stoffe, nämlich ätherische Öle, Wachse, Harze, Kohlenwasserstoffe, Lecithine, organische Säuren (z. B. Milchsäure), Farbstoffe, Alkaloide (z. B. Coffein, Theobromin) usw. Einen Teil dieser Stoffe kann man aus dem Ätherauszuge in der Weise entfernen, daß man ihn mit Petroläther (Siedepunkt nicht über 60°) in der Kälte aufnimmt, die Lösung filtriert und das Filtrat öfters mit Wasser ausschüttelt. Hierdurch können Alkaloide sowie organische Säuren (Milchsäure) leicht entfernt werden. Ätherische Öle kann man durch Destillation mit Wasserdampf entfernen. Die Farbstoffe (Chlorophyll) lassen sich zwar durch Behandeln der ätherischen Fettlösung mit gereinigter Tierkohle entfernen, diese absorbiert jedoch auch einen Teil des Fettes.

Über die Bestimmung des Gehaltes von freien Fettsäuren im Ätherauszuge vgl. unten S. 363.

3. Bestimmung des Gehaltes an Phosphor bzw. Lecithin.
a) E. Schulze[2]) hat für die Bestimmung des Lecithins in pflanzlichen Stoffen folgendes Verfahren vorgeschlagen:

Man bringt 15–20 g der aufs feinste zerriebenen Substanz in eine Papierhülse, befreit sie durch Trocknen vollkommen vom Wasser und zieht sie im Soxhletschen Apparat mit wasserfreiem Äther aus. Sodann bringt man die Substanz in einen Glaskolben und erhitzt sie am Rückflußkühler eine Stunde lang mit etwa 100 ccm absolutem Alkohol. Der Auszug wird durch Filtration vom Rückstande getrennt, dieser sodann noch einmal eine Stunde lang mit absolutem Alkohol gekocht und schließlich noch auf dem Filter mit heißem Alkohol ausgewaschen. Der ätherische und alkoholische Auszug werden eingedampft und die Rückstände in einer Platinschale mit einem Gemisch von Natriumkarbonat und -nitrat geglüht. Im Glührückstande bestimmt man die Phosphorsäure und berechnet aus dem gefundenen Phosphorgehalte den Lecithingehalt. Bei dieser Berechnung legt man vielfach entweder den Phosphorgehalt des Distearyllecithins, nämlich 3,84%, oder den eines Gemisches aus gleichen Teilen Dipalmityl-, Distearyl- und Dioleyllecithin, nämlich 3,94%, zugrunde und erhält demgemäß durch Multiplikation des gefundenen Phosphors mit 26,04 bzw. 25,38 den Gehalt an „Lecithin". Da aber in tierischen und wahrscheinlich auch in pflanzlichen Stoffen noch andere lecithinähnliche Verbindungen (Kephalin, Myelin) vorkommen und E. Schulze und S. Frankfurt[3]) sowie W. Koch[4]) aus Roggen und Gerste sogar Lecithine mit nur 2,2–2,3% Phosphor dargestellt haben, so erscheint es richtiger, die Lecithinphosphorsäure als solche anzugeben und von einer Berechnung auf Lecithin vorläufig überhaupt abzusehen.

b) A. Juckenack[5]) hat für die Bestimmung der Lecithinphosphorsäure in Mehlen und Teigwaren ein etwas abgeändertes Verfahren vorgeschlagen, nach dem die Substanz nur mit Alkohol ausgezogen, der Auszug mit alkoholischer Kalilauge verseift, die Seife verascht und in der Asche die Phosphorsäure bestimmt wird. Dieses Verfahren wird bei der Untersuchung der Teigwaren noch näher beschrieben werden.

---

[1]) Journ. Amer. Chem. Soc. 1904, **26**, 568; Zeitschr. f. Untersuchung d. Nahrungs- u. Genußmittel 1905, **9**, 26.

[2]) Chem.-Ztg. 1897, **21**, 374; 1904, **28**, 751.

[3]) Landw. Versuchsstationen 1893, **43**, 307.

[4]) Zeitschr. f. physiol. Chem. 1903, **37**, 181.

[5]) Zeitschr. f. Untersuchung d. Nahrungs- u. Genußmittel 1900, **3**, 1.

c) Zur Bestimmung der Lecithinphosphorsäure in den natürlichen Fetten hat H. Jäckle[1]) mit Rücksicht auf die darin vorhandenen nur geringen Mengen folgendes Verfahren vorgeschlagen:

150—200 g des sorgfältig filtrierten Fettes werden in einer Platinschale mit 1,0—1,5 g einer 40 proz. Kalkmilch durch Unterstellen einer kleinen Flamme unter fortwährendem Umrühren erwärmt, bis das Wasser verdunstet ist. Diese Entfernung des Wassers verläuft bei einiger Vorsicht vollständig gefahrlos und ist selbst bei ängstlichem Vermeiden des Schäumens in ungefähr 20 Minuten beendet. Sobald das Wasser verdunstet ist und das Fett ruhig fließt, wird die Schale unter unausgesetztem Rühren stärker erhitzt. Die gebildete Kalkseife verteilt sich in kleine Flocken und löst sich allmählich vollständig auf. Sobald dies geschehen ist, wird in das heiße Fett ein Docht eingestellt, der durch Zusammenrollen eines möglichst aschenfreien Filters für quantitative Analysen zu einer Düte hergestellt ist. Es empfiehlt sich, diesen Konus von der Spitze an bis zur halben Höhe aufzuschneiden, damit er nicht durch die im Innern des Dochtes sich bildenden Verbrennungsgase umgeworfen wird. Auch ist es nötig, diesen Docht wenige Augenblicke über der Flamme zu trocknen, um dem stürmischen Entweichen des Wassers aus dem Papier beim Einsetzen des Dochtes in das heiße Fett vorzubeugen. Der Docht wird an der Spitze angezündet, ehe die Kalkseife durch die allmähliche Abkühlung wieder in gallertartiger Form sich aus dem Fett abscheidet. Wenn ein Überhitzen des Fettes vermieden wurde, verbrennt das Fett in dem Papierdocht bis auf einen sehr kleinen Rest, ohne daß die Flamme vorher einmal erlischt. Am besten verbrennen die ölsäurearmen Fette, am schwierigsten die trocknenden Öle; bei den letzteren ist ein zu starkes Erhitzen des Fettes besonders nachteilig für die Brennbarkeit des Öles. Die Verbrennung von 200 g Fett in dieser Art und Weise dauert durchschnittlich 12 Stunden.

Der nach dem Erlöschen des Dochtes in der Schale hinterbleibende Rückstand läßt sich mühelos noch völlig verbrennen. Die weiße Asche wird in verdünnter, heißer Salpetersäure gelöst und im Filtrat nach dem Molybdänverfahren die Phosphorsäure bestimmt. Mit Rücksicht auf die kleinen Mengen von Phosphorsäure, die in den meisten Fetten vorliegen, empfiehlt es sich, die Fällung der Phosphorsäure mit Molybdänmischung nicht zu erwärmen, sondern die Lösung 3 Tage lang bei Zimmertemperatur stehen zu lassen; auf diese Weise werden völlig farblose Filtrate erhalten, während bei höherer Temperatur leicht etwas molybdänphosphorsaures Salz gelöst bleibt. Es empfiehlt sich, auch die Fällungen des Ammoniummagnesiumphosphates 48 Stunden stehen zu lassen, ehe man fitriert.

H. Jäckle fand nach diesem Verfahren durchweg etwas höhere Lecithingehalte als nach dem Verfahren, bei dem das Fett mit Natronlauge vollständig verseift wird.

4. Bestimmung des Schwefelgehaltes. Zur Bestimmung der in einigen Ölen (Cruciferenölen) vorkommenden geringen Schwefelmengen ist das Verfahren von Liebig am geeignetsten; man verfährt nach diesem in folgender Weise:

Etwa 5—10 g Fett werden in einer Silberschale mit 10—20 ccm 20proz. alkoholischer Kalilauge verseift; die Seifenlösung wird zur Sirupdicke eingedampft, nach dem Erkalten mit einigen Stückchen Kalihydrat und $1/_8$ ihres Gewichtes an Kalisalpeter sowie einigen Tropfen Wasser versetzt. Darauf erhitzt man unter Umrühren mit einem Silberspatel allmählich stärker, bis die Seife vollkommen verbrannt und der Rückstand rein weiß geworden ist. Diesen nimmt man mit Wasser auf, bringt die Lösung in ein Becherglas und bestimmt nach dem vorsichtigen Ansäuern mit Salzsäure die gebildete Schwefelsäure als Bariumsulfat. Dieses Verfahren ist nicht anwendbar zur Bestimmung etwa vorhandener leicht flüchtiger Schwefelverbindungen; sollen solche bestimmt werden, so bedient man sich des Verfahrens von Allen[2]) und Engler[3]), das auf der Verbrennung des mit Alkohol vermischten Öles in einer kleinen Lampe und der

---

[1]) Zeitschr. f. Untersuchung d. Nahrungs- u. Genußmittel 1902, **5**, 1062.

[2]) Analyst 1888, **13**, 43.

[3]) Chem.-Ztg. 1896, **20**, 197.

Absorption und Oxydation der dabei gebildeten schwefligen Säure beruht, oder des Verfahrens von Hempel und Graefe[1]), bei dem das Öl in einer Sauerstoffatmosphäre verbrannt und die gebildete schweflige Säure durch Natriumsuperoxyd oxydiert wird (vergl. auch weiter unten unter Bestimmung und Trennung der Mineralstoffe).

II. Allgemeine Untersuchungsverfahren für Fette und Öle[2]) [3]).

Für sämtliche im nachfolgenden beschriebenen Verfahren verwendet man das gereinigte, wasserfreie, klare Fett. Feste Fette werden vorher bei möglichst niedriger Temperatur geschmolzen und ebenso wie die flüssigen Fette, sofern diese nicht vollkommen klar sind oder bei schwachem Erwärmen klar werden, in der Wärme durch Filtrierpapier filtriert.

Da die festen Fette beim langsamen Erstarren aus dem flüssigen Zustande sich infolge Zuerstauskrystallisierens der unlöslichsten Glyceride vielfach entmischen, so empfiehlt es sich, für die einzelnen Bestimmungen die festen Fette stets wieder vorher bei möglichst niedriger Temperatur zu schmelzen und die einzelnen Proben den geschmolzenen Fetten zu entnehmen.

Die allgemeinen Untersuchungsverfahren für Fette und Öle zerfallen in physikalische und chemische Verfahren.

A. Physikalische Untersuchungsverfahren.

1. Bestimmung des spezifischen Gewichtes. Man bestimmt die spezifischen Gewichte der bei gewöhnlicher Temperatur flüssigen Öle in der Regel bei 15° und bezieht sie auch auf Wasser von dieser Temperatur; bei festen Fetten bestimmt man sie vielfach bei 100° und bezieht sie auf Wasser von 15°.

Im allgemeinen liegt bei 15° das spezifische Gewicht der festen Fette zwischen 0,900 bis 0,950, das der fetten Öle zwischen 0,910—0,930, das der Mineralöle zwischen 0,85—0,92, das der Harzöle zwischen 0,96—1,00. Fette mit einem höheren Gehalt an Glyceriden niederer Fettsäuren (z. B. Butterfett) haben ein höheres spezifisches Gewicht als solche ohne diese.

Die Korrektur für je 1° Temperaturdifferenz beträgt bei Fetten und Ölen rund ± 0,0007. Ein höherer Gehalt an freien Fettsäuren erniedrigt das spezifische Gewicht.

a) Bestimmung des spezifischen Gewichtes von Ölen bei 15°. Man bedient sich zur Bestimmung in der Regel der gewöhnlichen Pyknometer mit eingeschliffenem durchbohrten Stopfen (vgl. oben Fig. 47, S. 43) oder eines solchen mit seitlicher Capillare.

---

1) Zeitschr. f. angew. Chem. 1904, **17**, 616.

2) Ausführlicher sind diese Untersuchungsverfahren behandelt in den Spezialwerken:
    1. Benedikt-Ulzer, Analyse der Fette und Wachsarten. 5. Aufl. Berlin 1908.
    2. J. Lewkowitsch, Chemische Technologie und Analyse der Öle, Fette und Wachse. Braunschweig 1905.
    3. L. Ubbelohde, Handbuch der Chemie und Technologie der Öle und Fette. Bd. I. Leipzig 1908.

3) Soweit die im nachfolgenden beschriebenen Untersuchungsverfahren der auf Grund des § 12 des Reichsgesetzes betr. den Verkehr mit Butter, Käse, Schmalz und deren Ersatzmitteln vom 15. Juni 1897 vom Bundesrate erlassenen „Anweisung zur chemischen Untersuchung von Fetten und Käsen" vom 1. April 1898 (Centralblatt f. d. Deutsche Reich 1898, **26**, 201) entnommen sind, haben wir sie durch „Anführungszeichen" mit dem Zusatz „Margarine-Gesetz", und soweit sie der Anlage d der Ausführungsbestimmungen D vom 22. Februar 1908 zum Reichsgesetz betr. die Schlachtvieh- und Fleischbeschau vom 3. Juni 1900 (Centralblatt f. d. Deutsche Reich 1908, **36** [Nr. 10], 59—103) entnommen sind, durch „Anführungszeichen" mit dem Zusatz „Fleischbeschau-Gesetz" kenntlich gemacht.

b) **Bestimmung des spezifischen Gewichtes von festen Fetten bei 100°.** Am besten bedient man sich hierfür eines Sprengelschen Pyknometers (vgl. oben Fig. 50 S. 44, jedoch mit schrägen Capillaren), das man mit dem geschmolzenen Fette füllt, dann so weit in siedendes Wasser eintaucht, daß nur die Enden der Capillaren aus diesem herausragen und 20—30 Minuten in diesem beläßt. Nachdem in dieser Zeit der Temperaturausgleich erfolgt ist, reinigt man die Enden der Capillaren von dem ausgetretenen Fett, hebt das Pyknometer aus dem Wasserbade, trocknet es ab und wägt nach dem Erkalten. Vielfach bedient man sich auch der Verfahren von E. Königs sowie von Bell und Wolkenhaar.

E. Königs[1]) füllt ein weites Reagensrohr mit dem klaren Fett, hängt das Rohr bis fast zur Mündung in ein Wasserbad, erhitzt dieses zum Sieden und bestimmt das spezifische Gewicht $\left(D \frac{100°}{15°}\right)$ mit Hilfe eines eigens konstruierten Aräometers[2]), welches mit einer Skala von 0,845 bis 0,870 versehen ist.

Bell[3]) und Wolkenhaar[4]) bedienen sich für die Bestimmung des spezifischen Gewichtes bei 100° einer Abänderung der Westphalschen hydrostatischen Wage. Auf diese Verfahren sowie auf die von R. Wollny[5]) zur Bestimmung des spezifischen Gewichtes fester Fette bei 0—15°, von Skalweit[6]) zur Bestimmung desselben bei 50, 60, 70, 80, 90 und 100° kann hier nur verwiesen werden.

2. Bestimmung des Schmelz- und Erstarrungspunktes.

a) Schmelzpunkt. Da die natürlichen Fette Gemische verschiedener Glyceride sind, so zeigen sie naturgemäß keinen derartig scharfen Schmelzpunkt, wie man ihn bei vielen einheitlichen Körpern (chemischen Individuen) und auch bei den reinen Glyceriden beobachtet. Die Fette zeigen vielmehr zunächst ein allmähliches Erweichen und erst nach einer um oft mehrere Grade höheren Temperatur werden sie vollkommen klar; da der letztere Punkt im allgemeinen am genauesten feststellbar ist, so empfiehlt es sich, diesen als den Schmelzpunkt zu bezeichnen; aber auch sonst ist der Schmelzpunkt in mancher Hinsicht von der Art der Ausführung der Bestimmung abhängig, und aus diesem Grunde bedarf es genau vereinbarter Vorschriften, wenn die Schmelzpunkte verschiedener Analytiker vergleichbar sein sollen. Namentlich ist noch zu berücksichtigen, daß die aus Schmelzfluß erstarrten festen Fette ebenso wie die reinen Fettsäureglyceride in zwei Modifikationen[7]) auftreten können, die sich durch ihren Schmelzpunkt unterscheiden. Beim schnellen Abkühlen der geschmolzenen Glyceride entsteht eine labile Modifikation, deren Schmelzpunkt weit tiefer liegt als der der stabilen Modifikation, in welche jene allmählich von selbst wieder übergeht.

Die aus den Fettsäureglyceriden und den natürlichen Fetten und Ölen abgeschiedenen Fettsäuren zeigen diese Anomalien in den Schmelzpunkten nicht, und daher hat man vielfach nicht den Schmelzpunkt der Fette, sondern den ihrer Fettsäuren bestimmt. Die Fettsäuren können hierfür nach dem unten (S. 383) beschriebenen Hehnerschen Verfahren dargestellt werden.

α) Die amtliche „Anweisung zur chemischen Untersuchung von Fetten und Käsen" vom 1. April 1898 schreibt folgendes Verfahren vor:

„Zur Bestimmung des Schmelzpunktes wird das geschmolzene Fett (z. B. Butterfett) in ein an beiden Enden offenes dünnwandiges Glasröhrchen von $^1/_2$—1 mm Weite und

---

[1]) Chem. Centralblatt 1879, 127.

[2]) Zu beziehen von C. Gerhardt in Bonn.

[3]) Chem. Centralblatt 1879, 127.

[4]) Repert. f. analyt. Chem. 1885, **11**, 236.

[5]) Milch-Ztg. 1888, **17**, 549.

[6]) Repert. f. analyt. Chem. 1887, **13**, 6.

[7]) Vgl. A. Bömer in Zeitschr. f. Untersuchung d. Nahrungs- u. Genußmittel 1907, **14**, 95.

U-Form aufgesaugt, so daß die Fettschicht in beiden Schenkeln gleich hoch steht. Das Glasröhrchen wird 2 Stunden auf Eis liegen gelassen, um das Fett völlig zum Erstarren zu bringen. Erst dann ist das Glasröhrchen mit einem geeigneten Thermometer in der Weise durch einen dünnen Kautschukschlauch zu verbinden, daß das in dem Glasröhrchen befindliche Fett sich in gleicher Höhe wie die Quecksilberkugel des Thermometers befindet. Das Thermometer wird darauf in ein etwa 3 cm weites Probierröhrchen, in welchem sich die zur Erwärmung dienende Flüssigkeit (Glycerin) befindet, hineingebracht und die Flüssigkeit erwärmt. Das Erwärmen muß, um jedes Überhitzen zu vermeiden, sehr allmählich geschehen. Der Augenblick, wo das Fettsäulchen vollkommen klar und durchsichtig geworden, ist als Schmelzpunkt festzuhalten."

β) Über das von A. Bömer bei seinen zahlreichen Schmelzpunktbestimmungen gelegentlich der Untersuchung der Fette auf Phytosterin und Glyceride angewendete Verfahren vgl. S. 51 und 52.

Korrektur des Schmelzpunktes. In den Fällen, wo genaue Schmelzpunktbestimmungen erforderlich sind, wie z. B. bei der Phytosterinacetatprobe (vgl. unten S. 408 Nr. 12) verwendet man entweder verkürzte Thermometer, bei denen der Quecksilberfaden sich bis zum Schmelzpunkte innerhalb oder nur wenig außerhalb der Heizflüssigkeit befindet, oder man muß eine Korrektur vornehmen. Hierüber vgl. S. 57.

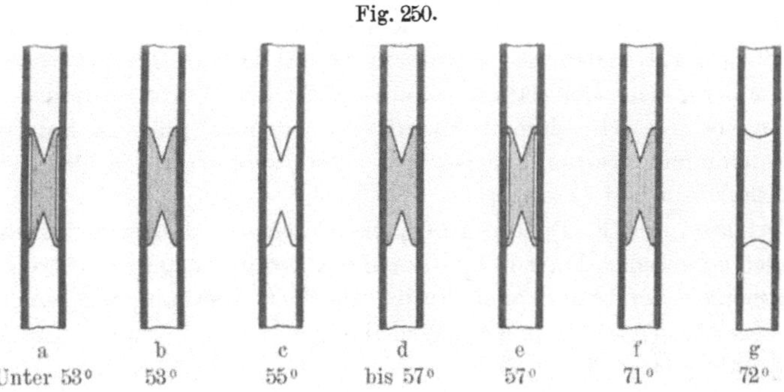

Fig. 250.

Beobachtung des sog. doppelten Schmelzpunktes der Glyceride[1]). Wie schon oben S. 350 hervorgehoben wurde, zeigen die aus Schmelzfluß erstarrten reinen Triglyceride unter Umständen einen sog. doppelten Schmelzpunkt, bedingt durch eine labile und stabile Modifikation der Glyceride, von denen die labile Form durch plötzliches starkes Abkühlen der geschmolzenen stabilen Form entsteht und durch vorsichtiges Erwärmen über ihren eigenen Schmelzpunkt (Umwandlungspunkt) oder durch längeres Liegen bei Zimmertemperatur wieder in diese übergeführt wird. Die aus Lösung krystallisierten Glyceride zeigen dagegen nur einen Schmelzpunkt, nämlich den der stabilen Modifikation.

Bei reinem Tristearin wurden z. B. von A. Bömer folgende Schmelzpunkte beobachtet:

Das aus Äther krystallisierte Tristearin zeigt bei der oben (S. 52) beschriebenen Art der Schmelzpunktbestimmung nur den Schmelzpunkt 72°. Wird nunmehr das Thermometer mit dem anhängenden Schmelzröhrchen aus dem Schwefelsäurebade herausgenommen und sofort kurze Zeit in Wasser von etwa 15° eingetaucht, so zieht sich das geschmolzene Tristearin stark zusammen und es zeigt im Schmelzröhrchen die in Fig. 250 a im Längsschnitte vergrößert dargestellte Form. Das Fettsäulchen haftet meist nur mit den Rändern der beiden Enden[2]),

---

[1]) Vgl. Zeitschr. f. Untersuchung d. Nahrungs- u. Genußmittel 1907, **14**, 95.

[2]) Mitunter haftet das Fettsäulchen auch nur an dem einen Ende oder an irgendeiner anderen Stelle fest an den Glaswandungen des Röhrchens; in solchen Fällen fehlen natürlich die trichterförmigen Einstülpungen an dem anderen bzw. an beiden Enden des Fettsäulchens.

welche letzteren infolge der starken Zusammenziehung meist trichterförmige Einstülpungen zeigen, an den Glaswandungen; der ganze übrige Teil des Fettsäulchens hat sich infolge der starken Zusammenziehung von den Glaswandungen losgelöst. Man erkennt dies deutlich an den Reflexerscheinungen an der Innenwand des Glasröhrchens. Beim Erwärmen des Röhrchens kann man darauf beobachten, daß sich bei etwa 53° das Fettsäulchen kurz vor dem Umwandlungspunkte in die Breite ausdehnt und den ganzen Raum des Röhrchens ausfüllt, wobei dann gleichzeitig die Reflexerscheinungen an der Innenwandung des Glasröhrchens verschwinden (Form b). Bei dem nun folgenden Umwandlungspunkte, d. h. also bei der Umwandlung der labilen in die stabile Form, welche bei 55° erfolgt, wird das Fettsäulchen, wenn man nicht zu langsam erhitzt, meist vollständig klar; erhitzt man aber sehr langsam, so tritt nur eine von außen allmählich fortschreitende, mehr oder minder deutliche Aufhellung des Fettsäulchens ein. Auffallend ist, daß selbst dann, wenn das Fettsäulchen bei dieser Umwandlung vollkommen klar wird und auch einige Sekunden vollkommen klar bleibt, dennoch die trichterförmigen Einstülpungen an den beiden Enden des Fettsäulchens bestehen bleiben (Form c); hieraus kann man den Schluß ziehen, daß die Substanz bei diesem Umwandlungspunkte nicht alle Eigenschaften eines geschmolzenen Körpers besitzt; denn ein solcher würde an den beiden Enden des Flüssigkeitssäulchens die für in Capillarröhrchen befindliche Flüssigkeiten normale Meniskusform zeigen, wie sie auch beim Tristearin nach dem eigentlichen Schmelzen (Form g) auftritt. Erhitzt man nach der Umwandlung — am besten nach zeitweiliger Entfernung der Heizflamme — langsam weiter, so wird das Fettsäulchen sehr bald wieder trübe (Form d), zieht sich darauf bei etwa 57° wieder stark zusammen (Form e), um bei 71°, d. h. kurz vor dem Schmelzen, sich wieder auszudehnen (Form f). Sobald nun die Substanz bei 72° vollkommen geschmolzen ist, tritt sofort die normale Meniskusbildung an den Enden des Fettsäulchens auf (Form g).

γ) Das Verfahren von E. Polenske[1]) zum „Nachweis einiger tierischen Fette in Gemischen mit anderen tierischen Fetten" beruht auf der Bestimmung der Differenz der Schmelz- und Erstarrungspunkte der betreffenden Fette. Da diese Bestimmungen auch anderweitige Verwendung finden können, sei im nachfolgenden zunächst das Verfahren zur Schmelzpunktbestimmung beschrieben:

Die zu verwendenden U-förmigen Capillaren[2]) sollen einen Durchmesser von 1,4—1,5 mm haben; sie werden aus einem leichtschmelzenden Glasrohr von etwa 1 mm Wandstärke und 1,2 cm lichter Weite durch Ausziehen hergestellt. Bei der Füllung der Capillaren wird der eine Schenkel so tief in das geschmolzene Fett eingetaucht, bis die eingedrungene Fettsäule etwa 2 cm lang ist; sie wird durch Eintauchen der Capillare in Wasser von 80° in beide Schenkel gleichmäßig verteilt und darauf sofort in Eiswasser zum Erstarren gebracht. Von jeder Fettprobe werden 4—6 derartig beschickte Capillaren in einer kleinen Blechbüchse 22—24 Stunden lang unmittelbar auf Eis gelegt; erst dann ist der Schmelzpunkt zu bestimmen. Zu jeder Bestimmung können gleichzeitig zwei äußerlich sorgfältig gereinigte Capillaren verwendet werden; sie werden an einem in Fünftelgrade geteilten Anschützschen Thermometer (Gradeinteilung +10 bis +80°) befestigt, zugleich mit einer Kontrollcapillare mit hellfarbigem klaren Öl. Als Wärmebad dient ein 350 ccm fassendes Becherglas mit einer Mischung von 200 ccm Glycerin und 100 ccm Wasser, die eine Anfangstemperatur von 20° haben soll; die Quecksilberkugel soll sich in der Mitte der vollkommen klaren Flüssigkeit befinden und diese unter beständiger Benutzung eines Glasrührers allmählich in der Weise erwärmt werden, daß die Temperatur anfangs etwa 2° in der Minute, von etwa 5° unter dem Schmelzpunkte an aber nur etwa $^3/_4$° in der Minute steigt. Die Beobachtung des Schmelzpunktes soll bei hellem Tageslicht vor

---

[1]) Arbeiten a. d. Kaiserl. Gesundheitsamte 1907, **26**, 444; Zeitschr. f. Untersuchung d. Nahrungs- u. Genußmittel 1907, **14**, 758—762.

[2]) Die Capillaren sind zu beziehen von der Firma Paul Altmann in Berlin NW., Luisenstraße 47.

einem Fenster im durchfallenden Lichte und gegen einen etwa 15 cm hinter dem Becherglase angebrachten dunklen Hintergrund erfolgen. Als Schmelzpunkt ist derjenige Temperaturgrad zu bezeichnen, bei dem die letzte opalisierende Trübung der ganzen Fettsäule eben verschwindet und das Fett die Klarheit des Öles in der Kontrollcapillare angenommen hat. Zuweilen sind die beiden Enden der Fettsäulchen (bis zu etwa 1 mm Länge), die mit der Luft in Berührung gestanden haben, infolge Oxydation schwerer schmelzbar als die übrige Fettschicht; in solchen Fällen ist nur der Schmelzpunkt der letzteren maßgebend. Auch wenn in beiden Capillaren der Schmelzpunkt der gleiche ist, muß man den Versuch dennoch wiederholen und ist die sich aus 6 Bestimmungen, die nicht mehr als 0,3° voneinander abweichen dürfen, ergebende Mittelzahl als maßgebender Schmelzpunkt anzusehen; sind die Abweichungen größer, so sind neue Capillaren herzustellen und die Bestimmungen zu wiederholen.

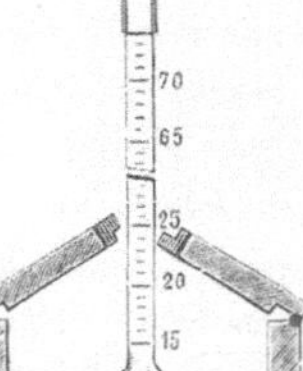

Fig. 251.

b) Erstarrungspunkt. α) „Zur Ermittlung des Erstarrungspunktes bringt man eine 2—3 cm hohe Schicht des geschmolzenen (Butter-) Fettes in ein dünnes Probierröhrchen oder Kölbchen und hängt in dasselbe mittels eines Korkes ein Thermometer so ein, daß die Kugel desselben ganz von dem flüssigen Fette bedeckt ist. Man hängt alsdann das Probierröhrchen oder Kölbchen in ein mit warmem Wasser von 40 bis 50° gefülltes Becherglas und läßt allmählich erkalten. Die Quecksilbersäule sinkt nach und nach und bleibt bei einer bestimmten Temperatur eine Zeitlang stehen, um dann weiter zu sinken. Das Fett erstarrt während des Konstantbleibens; die dabei herrschende Temperatur ist der Erstarrungspunkt.

Mitunter findet man bis zum Anfange des Erstarrens ein Sinken der Quecksilbersäule und alsdann während des vollständigen Erstarrens wieder ein Steigen. Man betrachtet in diesem Falle die höchste Temperatur, auf welche das Quecksilber während des Erstarrens wieder steigt, als den Erstarrungspunkt." (Margarine-Gesetz.)

Vorrichtung zur Bestimmung des Erstarrungspunktes von Talg.

β) Für die zolltechnische Bestimmung des Erstarrungspunktes des Talges, der schmalzartigen Fette — ausgenommen Schweine- und Gänseschmalz —, des Stearins (harter Stearin- und Palmitinsäure-Gemische) und ähnlicher Kerzenstoffe dient in Deutschland das Verfahren von Finkener[1], der sich des nebenstehenden Apparates (Fig. 251) bedient, dessen Einrichtung ohne weiteres verständlich ist.

„Man bringt 150 g der Durchschnittsprobe des zu untersuchenden Fettes in einer unbedeckten Porzellanschale auf einem siedenden Wasserbade zum Schmelzen, läßt sie nach dem Eintritt der Schmelzung mindestens 10 Minuten oder so lange auf dem siedenden Wasserbade stehen, bis das geschmolzene Fett eine vollständig klare Flüssigkeit darstellt, und füllt alsdann aus der außen abgetrockneten Schale Fett in das Kölbchen des Apparates (Fig. 251) bis zur Marke. Das Kölbchen stellt man, nachdem der Schliff, wenn nötig, abgeputzt und das Thermometer eingesetzt ist, sofort in den Kasten, klappt den Deckel desselben zu und fängt, wenn das Thermometer auf 50° gesunken ist, an, den Stand desselben mit Zwischenräumen von 2 Minuten abzulesen und aufzuschreiben.

Bei harten Fetten fängt das Thermometer nach einiger Zeit an, langsamer zu fallen, bleibt mehrere Minuten stehen, steigt wieder, erreicht einen höchsten Stand und sinkt abermals. Dieser höchste Stand ist der Erstarrungspunkt.

Bei weichen Fetten fängt das Thermometer nach einiger Zeit an, langsamer zu fallen, bleibt mehrere Minuten auf einem sich nicht ändernden Stand stehen und sinkt dann, ohne

---

[1] Centralblatt f. d. Deutsche Reich 1896, 54; 1900, 610; auch v. Buchka, Nahrungsmittelgesetzgebung 1901, 71.

den vorigen dauernden Stand wieder zu erreichen. Der beobachtete höchste, sich auf einige Zeit nicht ändernde Stand gibt den Erstarrungspunkt an.

In zweifelhaften Fällen ist die Bestimmung des Erstarrungspunktes in der Weise zu wiederholen, daß das Fett direkt im Kolben, nachdem man das Thermometer herausgenommen hat, durch Einstellen in das Heißwasserbad abermals geschmolzen und demnächst nochmals auf seinen Erstarrungspunkt geprüft wird.

Eine genaue Regelung der Temperatur des Zimmers, in welchem die Untersuchung vorgenommen wird, ist, wenn dieselbe von einer gewöhnlichen Zimmertemperatur nicht sehr stark abweicht, nicht erforderlich. Das Abkühlen des mit einer Temperatur von 100° in den Kolben gebrachten Fettes auf 50° dauert etwa $^3/_4$ Stunde."

In Frankreich, England und Amerika bestimmt man den Erstarrungspunkt der Fettsäuren („Titertest") nach dem Verfahren von Dalican[1]. Nach diesem werden 100 g des Fettes verseift und die Fettsäuren durch Erwärmen mit verdünnter Schwefelsäure abgeschieden, mit Wasser wiederholt ausgekocht, nach dem Erstarren mit Filtrierpapier oberflächlich abgetrocknet, geschmolzen und durch ein trockenes Faltenfilter in eine Porzellanschale filtriert. In dieser läßt man sie erstarren und darauf über Nacht im Exsiccator stehen. Die Fettsäuren werden dann im Luftbade vorsichtig geschmolzen und ein 16 cm langes und $3^1/_2$ cm weites Reagensrohr etwa bis zu $^2/_3$ damit gefüllt. Das Rohr wird in dem Halse einer etwa 2 l fassenden Flasche befestigt und ein in $^1/_5$ Grade geteiltes Thermometer so angebracht, daß der Quecksilberkörper sich ungefähr in der Mitte der geschmolzenen Fettmasse befindet. Sobald am Boden des Gefäßes das Fett zu erstarren beginnt, wird mit dem Thermometer gleichmäßig nach rechts und links gerührt, wobei die Fettmasse durch ausgeschiedene Fettkrystalle undurchsichtig wird. Das Thermometer muß während dieser Zeit genau beobachtet und die Temperatur in kurzen Zeiträumen niedergeschrieben werden. Sie sinkt erst etwas, steigt dann ziemlich rasch bis zu einem Maximum, hält sich bei diesem einige Zeit konstant und fällt dann wieder. Das erwähnte Temperaturmaximum ist der Erstarrungspunkt.

In Österreich bestimmt man den Erstarrungspunkt nach dem dem Dalicanschen ähnlichen Verfahren von Wolfbauer[2] und in Rußland nach dem Verfahren von A. A. Shukoff[3].

Die nach Finkener ermittelten Erstarrungspunkte sind nach Lewkowitsch etwas höher als die nach Dalican bestimmten, und die nach Wolfbauer sich ergebenden liegen noch 0,2—0,3° höher als die nach Finkener. Nach dem Verfahren von Shukoff erhält man ungefähr die gleichen Werte wie nach dem von Wolfbauer.

γ) Das Verfahren von E. Polenske[4] zur Bestimmung des Erstarrungspunktes weicht von dem unter α und β beschriebenen wesentlich ab, indem von Polenske der „Trübungspunkt" als Erstarrungspunkt angesehen wird. Das Verfahren wird in folgender Weise ausgeführt:

Der verwendete Apparat[5] (Fig. 252) gleicht in seiner Anordnung dem Beckmannschen Apparat zur Bestimmung der Gefrierpunktserniedrigung (S. 59 u. 61). Das Kühlgefäß A füllt man bis fast zum Rande mit klarem Wasser von derjenigen Temperatur, die für die betreffenden Untersuchungen vorgeschrieben ist. Der Gang des Luftmotors[6] ist so einzustellen, daß der

---

[1] Vgl. Benedikt-Ulzer, Analyse der Fette und Wachsarten. 5. Aufl. Berlin 1908, 86.

[2] Vgl. ebendort S. 88.

[3] Ebendort S. 89; auch Zeitschr. f. angew. Chem. 1899, 563 u. Chem. Revue d. Fett- u. Harzindustrie 1899, **6**, 11.

[4] Arbeiten a. d. Kaiserl. Gesundheitsamte 1907, **26**, 444; Zeitschr. f. Untersuchung d. Nahrungs- u. Genußmittel 1907, **14**, 758—762.

[5] Der Apparat wird von der Firma Paul Altmann in Berlin NW., Luisenstr. 47 geliefert.

[6] Zu beziehen von Louis Heinrici in Zwickau.

Rührer in dem Erstarrungsgefäß B 180—200 mal in der Minute gehoben wird. Darauf wird das Erstarrungsgefäß B bis zu der 2,7 cm über dem Boden befindlichen Strichmarke mit dem etwa 15° über den Schmelzpunkt erwärmten Fett[1]) angefüllt; alsdann wird der Kork mit Thermometer und Rührer eingesetzt und das Erstarrungsgefäß in der Weise in dem mit einem abgerundeten Boden versehenen Luftmantel befestigt, daß, wenn sich der Quecksilberbehälter des Thermometers zwischen den 1 cm oberhalb des Bodens des Erstarrungsgefäßes B befindlichen beiden geschwärzten wagerechten Parallelstrichen und der 2,7 cm vom Boden desselben Gefäßes angebrachten Einfüllmarke befindet, der Teilstrich $+50°$ des Thermometers noch unterhalb des Korkes sichtbar ist und nicht über den Wasserspiegel des Kühlgefäßes hinausreicht. Ist dies geschehen, so wird der aus einem 2 mm starken Nickeldrahte bestehende Rührer in Bewegung gesetzt. Dieser ist durch einen starken Zwirnfaden so mit dem Motorrade verbunden, daß er bei jeder Umdrehung um etwa 2 cm gehoben wird; er darf weder den Boden des Erstarrungsgefäßes berühren, noch sich so weit der Oberfläche des Fettes nähern, daß beim Rühren Luftblasen in das Fett gelangen. Die Bestimmung ist bei Tageslicht auszuführen und zwar durch Beobachtung bei durchfallendem Licht und gegen einen weißen Hintergrund, der durch ein an der Außenwand des Kühlgefäßes befestigtes Stück weißen Papiers von der Größe eines Kartenblattes gebildet wird. Wenn sich die Temperatur des Fettes dem Erstarrungspunkte nähert, macht sich zuerst eine schwache Opaleszenz des Fettes bemerkbar, die sich bei Talg sehr schnell, dagegen bei Schweineschmalz weniger schnell und bei Gänsefett und Butter noch langsamer bis zu dem

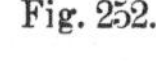

Fig. 252.

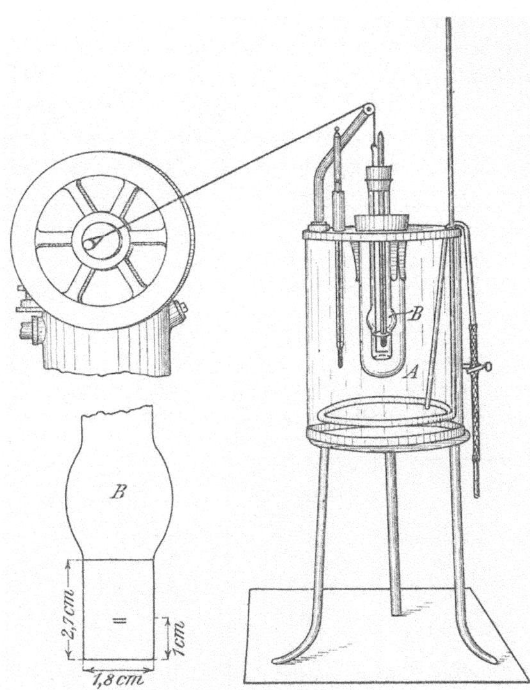

Apparat zur Bestimmung des Erstarrungspunktes nach E. Polenske.

Trübungspunkte, der als Erstarrungspunkt gilt, verstärkt. Als Erstarrungspunkt des Fettes ist demnach die Temperatur zu bezeichnen, bei der die Trübung des Fettes so weit vorgeschritten ist, daß die beiden Parallelstriche an der Hinterwand des Erstarrungsgefäßes nicht mehr als getrennt sich unterscheiden lassen, sondern verschwommen zusammenhängend erscheinen. Wenn bei der Wiederholung des Versuches, bei der das Fett wieder etwa 15° über seinen Schmelzpunkt erwärmt und vollständig geschmolzen sein muß, beide Ergebnisse nicht um mehr als 0,2° voneinander abweichen, so ist das Mittel aus beiden Bestimmungen zu ziehen, im anderen Falle ist dieses von 3—4 Bestimmungen zu nehmen.

3. Bestimmung des Brechungsindex (Refraktometergrades).

Wenn auch die Hoffnungen, welche man auf die Ermittelung des Brechungsvermögens zur

---

[1]) Das Fett muß durch halbstündiges Erwärmen in einem Glycerinbade auf 102—103° unter Durchleiten eines trockenen Kohlensäurestromes vollkommen wasserfrei gemacht sein, da wasserhaltige Fette eine wesentlich höhere Trübungstemperatur zeigen.

23*

Unterscheidung der Fette gesetzt hatte, wegen der wechselnden Zusammensetzung der einzelnen Fette und der geschickten Verfälschungen unserer Zeit nicht ganz in Erfüllung gegangen sind, so haben doch die Refraktometer zur Bestimmung dieses Brechungsvermögens in manchen Fällen eine Bedeutung gewonnen und darf die Bestimmung des Brechungsindex bzw. des Refraktometergrades (auch Refraktometerzahl genannt) doch als das einfachste und brauchbarste Verfahren zur Vorprüfung der Fette bezeichnet werden.

Über die theoretischen Grundlagen der Refraktometrie und die Einrichtung der verschiedenen Refraktometer vgl. oben S. 101. Hinsichtlich der praktischen Anwendung der Refraktometer bei der Analyse der Fette und Öle sowie der Beurteilung der Refraktionswerte sind noch folgende Punkte zu beachten:

a) Bei der Anwendung der Refraktometer zur Vorprüfung der Fette ist immer zu berücksichtigen, daß zwar eine von der normalen stark abweichende Brechung stets darauf hinweist, daß kein reines Fett oder Öl vorliegt, andererseits aber eine normale Brechung kein Beweis für die Reinheit des betreffenden Fettes oder Öles ist. Ein Beispiel möge dies erläutern:

Reines Butterfett zeigt nach G. Baumert[1] im Zeißschen Butterrefraktometer bei 40° im allgemeinen die Refraktometerzahlen 40,5—44,4, Schweinefett die Zahlen 50,0—51,2, Cocosfett (Palmin) dagegen die Zahl 36,5. Würde man zu einem reinen Butterfette mit der Refraktometerzahl 42 gleiche Teile Schweinefett mit der Zahl 50,5 und Cocosfett mit der Zahl 36,5 hinzumischen, so würde auch eine derartige, nur $33^1/_3\%$ Butterfett enthaltende Mischung die für reines Butterfett durchaus normale Refraktometerzahl 43 zeigen.

b) Die Höhe der Brechungsindizes bzw. der Refraktometerzahlen der Fette und Öle ist bedingt durch ihren Gehalt an den verschiedenen Glyceriden. A. Partheil und J. von Velsen[2] haben Untersuchungen über die Refraktion der einzelnen (synthetisch dargestellten) Glyceride angestellt und hierbei folgende Werte gefunden:

	Beobachtungs-Temperatur	Triacetin	Tributyrin	Trilaurin	Tripalmitin	Tristearin	Triolein
	20°	11,4	—	—	—	—	65,0
	25°	8,5	—	—	—	—	—
Refrakto-	30°	6,0	—	—	—	—	—
metergrade	35°	—	—	—	—	—	—
	40°	0,5	14,5	34,0	—	—	—
des	45°	—	12,0	31,5	—	—	—
Zeißschen	50°	—	9,7	29,0	—	—	—
	55°	—	7,0	26,2	32,0	34,0	45,5
Butter-	60°	—	5,0	24,0	29,2	—	43,0
Refrakto-	65°	—	—	21,3	26,5	29,0	—
	70°	—	—	18,5	24,1	26,3	—
meters	75°	—	—	16,3	22,0	24,5	—
	80°	—	—	13,5	19,2	21,5	32,0
	Temp.-Koeffizient für je 1°	} 0,520	0,514	0,511	0,517	0,500	0,548

F. Guth[3] hat für Tributyrin, Tripalmitin, Tristearin, Triolein und die synthetisch dargestellten gemischten Glyceride Dipalmitostearin und Palmitodistearin folgende Refraktometerzahlen gefunden:

---

[1] Zeitschr. f. Untersuchung d. Nahrungs- u. Genußmittel 1905, **9**, 134.

[2] Archiv d. Pharmazie 1900, **233**, 261.

[3] Zeitschr. f. Biologie 1903, **44**, 78.

	Tributyrin	Tripalmitin	Dipalmitostearin α-Form	β-Form	Palmitodistearin α-Form	Tristearin	Triolein
Refraktometerzahl	12	23	27	24	22,5	23—24	56,5
bei Temperatur	40°	75°	75°	75°	75°	75°	40°

Ferner fand F. Guth für die Mono- und Diglyceride der Butter-, Palmitin-, Stearin- und Ölsäure folgende Refraktometerzahlen:

bei 40° C	bei 75° C	bei 75° C	bei 40° C
α-Monobutyrin.... 26	α-Monopalmitin . 25,3	α-Monostearin .. 28,8	α-Monoolein 60,1
α-Dibutyrin 14	α-Dipalmitin ... 23,8	α-Distearin 25,3	α-Diolein 58,8
β-Dibutyrin 18	β-Dipalmitin ... 21,8		β-Diolein 56,3

nnd für die freien Fettsäuren die

	Palmitinsäure	Stearinsäure	Ölsäure
Refraktometerzahlen	10,3 bei 75° C	11,3 bei 75° C	44,2 bei 40° C.

Wie aus den vorstehenden Refraktometerzahlen hervorgeht, weisen die Glyceride wesentlich höhere Refraktometerzahlen auf als ihre Fettsäuren, und zwar die Diglyceride höhere als die Triglyceride und die Monoglyceride höhere als die Diglyceride, wie dies aus der nachfolgenden Zusammenstellung einiger Guthschen Werte hervorgeht:

	α-Monoglycerid	α-Diglycerid	Triglycerid	Fettsäure
Palmitinsäure bei 75°	25,3	23,8	23,0	10,3
Stearinsäure „ 75°	28,8	25,3	23—24	11,3
Ölsäure „ 40°	60,1	58,8	56,5	44,2

Hiernach ist es einleuchtend, daß auch die natürlichen Fette höhere Refraktometerzahlen aufweisen müssen als die daraus hergestellten Fettsäuren, und daß die Refraktometerzahlen der letzteren auch niedriger sind als die der aus ihnen dargestellten flüssigen Fettsäuren. W. Thörner[1]) fand dieses Verhältnis auch bei der Untersuchung von natürlichen Fetten und Ölen bestätigt. Nach A. Bömer[2]) ist die Refraktometerzahl des ölsauren Zinks wesentlich höher als die derÖlsäure; er fand bei 40° für die flüssigen Fettsäuren aus:

		Baumwollsamenöl	Schweinefett	Olivenöl
Refraktometerzahl des Zinksalzes	der flüssigen Fettsäuren	63,7	47,2	47,7
	der daraus hergestellten Fettsäuren .	51,9	43,6	43,8
Jodzahl	der ersteren	127,0	96,0	88,1
	der letzteren	141,8	101,9	97,4

Da die Fettsäuren der Essigsäurereihe kein Jod, die der Ölsäurereihe 2 Atome, die der Leinölsäurereihe 4 Atome usw. addieren und in ähnlichem Sinne auch die Refraktometerzahlen steigen, so ist zu erwarten, daß Refraktometerzahlen und Jodzahlen in den natürlichen Fetten und Ölen ungefähr parallel laufen werden, d. h. daß im allgemeinen die Fette und Öle mit der höchsten Jodzahl auch die höchste Refraktometerzahl zeigen; dies ist auch, von einzelnen Ausnahmen abgesehen, bei frischen Fetten und Ölen im allgemeinen der Fall.

M. Mansfeld[3]) sowie H. Beckurts und H. Seiler[4]) haben hierauf zuerst hingewiesen; die von ihnen hierfür angegebenen Zahlen für die wichtigsten Fette und Öle seien hier als Beispiele mitgeteilt:

---

[1]) Chem.-Ztg. 1894, **18**, 1154.

[2]) Zeitschr. f. Untersuchung d. Nahrungs- u. Genußmittel 1898, **1**, 532.

[3]) Forschungsberichte über Lebensmittel usw. 1894, **1**, 68.

[4]) Archiv d. Pharmazie 1895, **233**, 253; Zeitschr. f. angew. Chem. 1895, 612.

Öle	Refraktometer-zahl bei 25°	Jodzahl	Feste Fette	Refraktometer-zahl bei 40°	Jodzahl
Olivenöl	62,0	83	Cocosfett	33,5	9
Mandelöl	64,8	98	Palmkernfett . . .	36,5	12,3
Erdnußöl	66,5	101	Butterfett	40,5	33
Baumwollsamenöl. .	67,8	103	Talg	45,0	38
Sesamöl	69,0	106	Cacaofett	46,5	34
Mohnöl	72,0	133	Schweinefett . . .	50,0	53
Leinöl	87,5	158	Pferdefett	53,7	81

Daß dieser Parallelismus nicht ein vollständiger ist, dürfte darauf zurückzuführen sein, daß die Refraktometerzahlen ebenso wie die Jodzahlen ja nicht nur von der Art der ungesättigten Fettsäuren, sondern auch von ihrer Menge abhängen und daß sich ferner auch Unterschiede daraus ergeben werden, in der Form welcher Glyceride die Fettsäuren in den Fetten und Ölen vorhanden sind. Vollkommener wird daher dieser Parallelismus bei den verschiedenen Fetten derselben Art oder noch mehr bei den Fetten der verschiedenen Körperstellen desselben Tieres sein, bei denen die Art der Fettsäuren und die Glyceridformen, in denen sie vorhanden sind, mehr oder weniger dieselben sind.

Als Beispiel hierfür mögen die nachfolgenden von J. Schluckebier[1]) für die Fette der verschiedenen Körperteile eines nur mit Milch und Kartoffeln gefütterten Schweines gefundenen Refraktometerzahlen (bei 40°) und Jodzahlen dienen:

		Flomenfett	Bauchfett	Speckfett	Kopffett	Schinkenfett
	Schmelzpunkt . . .	48,0°	43,0°	43,0°	41,0°	41,5°
Des Fettes	Refraktometerzahl .	46,9	48,2	48,3	48,9	49,0
	Jodzahl	51,7	58,7	60,1	62,5	62,5
Der flüssigen	Refraktometerzahl .	40,6	40,2	40,5	40,6	40,8
Fettsäuren	Jodzahl	97,7	96,6	97,0	96,7	96,6

Hier sind, wie aus der nahezu vollkommenen Gleichheit der Refraktometer- und Jodzahlen der flüssigen Fettsäuren hervorgeht, die flüssigen Fettsäuren qualitativ gleich und daher ist der Parallelismus zwischen der Refraktometer- und Jodzahl des Fettes selbst, deren Höhe infolgedessen im wesentlichen nur durch das Verhältnis der gesättigten zu den ungesättigten Fettsäuren bedingt ist, ein vollkommener.

c) Korrekturen. Man bestimmt die Refraktometerzahlen mit dem Zeißschen Butterrefraktometer bei flüssigen Fetten in der Regel bei 25° und bei festen Fetten bei 40°. Sind die Bestimmungen nicht genau bei diesen Temperaturen ausgeführt, so pflegt man die Refraktometerzahlen doch auf die obigen Temperaturen umzurechnen. Die hierfür dienenden Korrekturen betragen nach H. Beckurts und H. Seiler[2]) für jeden Grad zwischen 25 und 30° im Mittel bei Olivenöl 0,6, Mandelöl 0,52, bei Sesamöl 0,68, bei Baumwollsamenöl 0,56, bei Erdnußöl 0,64, bei Sonnenblumensamenöl 0,54 Refraktometergrade; nach M. Mansfeld[3]) sind sie für 1° bei Butterfett 0,53, für Schweinefett 0,57, für Rindstalg 0,55, für Kakaofett 0,50, für Olivenöl 0,75, für Sesamöl 0,88, für Baumwollsamenöl 0,58.

d) Einflüsse auf die Höhe der Refraktometerzahlen:

α) Einfluß des Erhitzens: E. Spaeth[4]) hat bereits vor längeren Jahren nachgewiesen, daß die Refraktometerzahl des Butterfettes beim kurzen Erhitzen auf 250° um 0,4—0,85 Einheiten steigt. Utz[5]) hat diese Versuche bei mehreren Fetten und Ölen wieder-

---

1) J. Schluckebier, Einfluß des Futterfettes auf das Körperfett bei Schweinen. Inaug. Diss. Münster i. W. 1908.

2) Archiv d. Pharmazie 1895, **233**, 253; Zeitschr. f. angew. Chem. 1895, 612.

3) Forschungsberichte über Lebensmittel usw. 1894, **1**, 68.

4) Zeitschr. f. Untersuchung d. Nahrungs- u. Genußmittel 1898, **1**, 380.

5) Chem. Revue d. Fett- u. Harzindustrie 1903, **10**, 76.

holt, die er 1, 3 und 10 Stunden im Wassertrockenschranke und 2 Stunden bei 145° erhitzte. Die Ergebnisse dieser Versuche sind folgende:

Bezeichnung der Öle und Versuchstemperatur	Unerhitzte Öle und Fette		Erhitzt im Wassertrockenschranke						Erhitzt 2 Stunden bei 145° C	
			1 Stunde		3 Stunden		10 Stunden			
	n_D	Ska-len-teile	n_D	Ska-len-teile	n_D	Ska-len-teile	n_D	Ska-len-teile	n_D	Ska-len-teile
Baumwollsamenöl (20°) ...	1,4780	79,4	1,4780	79,4	1,4799	82,7	1,4813	85,2	1,4825	87,3
Lebertran, Dorsch (20°) ...	1,4778	79,1	1,4776	78,7	1,4804	83,6	1,4805	83,8	1,4823	86,9
Olivenöl (20°)	1,4688	64,5	1,4689	64,7	1,4696	65,7	1,4696	65,7	1,4698	66,1
Sesamöl (20°)	1,4730	71,1	1,4730	71,1	1,4731	71,3	1,4732	71,4	1,4738	72,4
Butterschmalz { frisch (40°)	1,4536	41,7	1,4535	41,5	1,4538	42,0	1,4539	42,1	1,4548	43,4
Butterschmalz { alt (40°) .	1,4533	41,3	1,4534	41,4	1,4540	42,3	1,4549	43,6	1,4554	44,3
Kakaobutter (40°)	1,4537	41,8	1,4535	41,5	1,4570	46,6	1,4574	47,2	1,4583	48,5
Cocosfett (40°)..........	1,4497	36,3	1,4498	36,4	1,4493	35,7	1,4500	36,7	1,4505	37,4
Schweineschmalz (40°)	1,4606	51,9	1,4606	51,9	1,4605	51,7	1,4617	53,6	1,4625	54,8
Rindstalg (40°)	1,4551	43,9	1,4550	43,7	1,4570	46,6	1,4580	48,0	1,4586	48,9
Hammeltalg (40°)	1,4550	43,7	1,4550	43,7	1,4568	46,3	1,4582	48,3	1,4588	49,2

Hiernach ist die Erhöhung der Refraktometerzahl durch Erhitzen bei einigen Fetten und Ölen eine recht beträchtliche.

β) **Einfluß des Alters der Fette und Öle.** Mit dem Alter bzw. der Oxydation oder dem Ranzigwerden erfahren die Refraktometerzahlen der Fette und Öle eine nicht unbeträchtliche Steigerung, obwohl die sich dabei stets in mehr oder minder großer Menge bildenden freien Fettsäuren niedrigere Refraktometerzahlen aufweisen als die ihnen entsprechenden Glyceride. Im Gegensatz hierzu werden die Jodzahlen der Fette und Öle durch dieselben Veränderungen wesentlich erniedrigt.

Beim Erhitzen ranziger Fette auf 250° werden Jodzahl und Säuregrade erniedrigt, während die Refraktometerzahlen noch eine weitere Steigerung erfahren.

Als Beispiele mögen die nachfolgenden Zahlen aus den Untersuchungen von E. Spaeth[1]) dienen:

Schweinefette	Jodzahl		Refraktometer-zahlen bei 25°		Säuregrade (ccm N.-Alkalilauge für 100 g Fett)	
	I	II	I	II	I	II
Frisch 1893	55,9	60,1	—	—	0,35	0,45
Ranzig 1894	47,8	51,0	59,4	60,2	6,0	8,4
Stark ranzig 1896	31,9	41,1	62,6	62,3	30,0	23,0
Butterfette						
Frisch 1895	—	—	51,5	—	—	—
Ranzig 1898 { nicht erhitzt ...	19,4	20,8	52,85	47,85	40,2	12,8
Ranzig 1898 { erhitzt	18,4	19,9	53,65	48,25	25,8	7,6

4. Bestimmung des optischen Drehungsvermögens.

Die Bestimmung des optischen Drehungsvermögens ist bei der Untersuchung der Fette und Öle meist nur von geringer Bedeutung. Die meisten Tier- und Pflanzenfette drehen das polarisierte Licht nur schwach und zwar meist nach links. Diese schwache Linksdrehung ist wahrscheinlich bedingt durch den Gehalt dieser Fette an Cholesterin und Phytosterinen. Diese Alkohole zeigen folgende spezifische Drehung:

---

[1]) Zeitschr. f. analyt. Chem. 1896, **35**, 471; Zeitschr. f. Untersuchung d. Nahrungs- u. Genußmittel 1898, **1**, 377.

	$[\alpha]_D$		
Cholesterin aus Gallensteinen	$\begin{cases} -31{,}12° \\ -(36{,}61 + 0{,}249\,p)\,[2] \end{cases}$	in Ätherlösung in Chloroformlösung	} (O. Hesse)[1]
Phytosterin aus Kalabarbohnen	$-34{,}2°$	„ „	(O. Hesse)[3]
Paracholesterin aus Loheblüte	$-27{,}24$—$28{,}88°$	„ „	(Reinke und Rodewald)[4]
Phytosterin aus Lupinenkeimen	$-36{,}4°$[5]	„ „	(E. Schulze und J. Barbieri)[6]
Sitosterin aus Maisöl	$-26{,}71°$	„ Ätherlösung	(Holde und Schäfer)[7]
Stigmasterin aus Kalabarbohnen	$\begin{cases} -44{,}67° \\ -45{,}01° \end{cases}$	„ „ „ Chloroformlösung	} (A. Windans u. A. Hauth)[8]
Isocholesterin aus Wollfett	$+60{,}0°$[9]	„ Ätherlösung	(E. Schulze)[10]

Die Rechtsdrehung des Isocholesterins ist die Ursache der Rechtsdrehung des Wollfettes und die des Sesamins ($[\alpha]_D = +68{,}36°$[11]) die Ursache der schwachen Rechtsdrehung des Sesamöles.

Bei Krotonöl, Ricinusöl und Stillingiaöl, Chaumugraöl, Hydrocarpusöl, Lukraboöl, von denen die drei letzteren eine natürliche Gruppe bilden[12], ist die starke Rechtsdrehung auf ihren Gehalt an optisch-aktiven Fettsäuren (Oxyfettsäuren) zurückzuführen.

Zur Bestimmung der Polarisation können die Öle, soweit sie hinreichend klar und hell sind, direkt verwendet werden. Trübe Öle müssen sorgfältig filtriert werden, feste Fette vermischt man mit dem gleichen oder doppelten Volumen Benzol.

Die ältesten Untersuchungen über das optische Drehungsvermögen von Ölen rühren von Bishop[13], Peter[14], Croßley und Le Sueur[15] her. Neuerdings hat M. A. Rakusin[16] eine große Anzahl von Ölen und festen Fetten auf ihr optisches Drehungsvermögen untersucht und seine Befunde zugleich mit den älteren übersichtlich zusammengestellt. Wir geben im nachfolgenden eine Übersicht dieser Zahlen von Rakusin im Auszuge wieder, wobei wir die Werte für die Polarisation der festen Fette in 25 oder 50proz. Benzollösung durch Multiplikation mit 4 oder 2 auf die Fette selbst umgerechnet haben. Hinzugefügt haben wir noch einige Werte für Sesamöl, die von Fr. Utz[17] sowie von H. Sprinkmeyer und H. Wagner[18] veröffentlicht sind. Sämtliche Polarisationswerte bedeuten Saccharimetergrade nach Ventzke[19] im 200 mm-Rohr.

---

[1]) Annal. d. Chem. 1878, **192**, 175.

[2]) $p = 2$—8 g in 100 ccm Lösung.

[3]) Annal. d. Chem. 1882, **211**, 283.

[4]) Ebendort 1881, **207**, 229.

[5]) 2,792 g in 50 ccm Chloroform gelöst.

[6]) Journ. f. prakt. Chem. 1882, [N.F.] **25**, 159.

[7]) Vgl. L. Ubbelohde, Handbuch der Chemie u. Technologie der Öle u. Fette 1908, **1**, 108.

[8]) Berichte d. Deutschen chem. Gesellschaft 1906, **39**, 4378 u. Aug. Hauth, Zur Kenntnis der Phytosterine. Inaug.-Diss. Freiburg i. B. 1907.

[9]) 1,6—3,2 g in 100 ccm Äther gelöst.

[10]) Berichte d. Deutschen chem. Gesellschaft 1879, **12**, 249.

[11]) Vgl. V. Villavecchia u. G. Fabris in Zeitschr. f. angew. Chem. 1893, 505.

[12]) Vgl. J. Lewkowitsch, Berichte d. Deutschen chem. Gesellschaft 1907, **40**, 4161.

[13]) Journ. Pharm. Chim. 1887, **16**, 300.

[14]) Chem.-Ztg. 1887, **11**, Rep. 267.

[15]) Journ. Soc. Chem. Ind. 1898, **17**, 992.

[16]) Chem.-Ztg. 1906, **30**, 143 u. 1247.

[17]) Pharm. Ztg. 1900, **45**, 490.

[18]) Zeitschr. f. Untersuchung d. Nahrungs- u. Genußmittel 1905, **10**, 347.

[19]) 2,88 Saccharimetergrade nach Ventzke entsprechen 1 Kreisgrade oder 1 Saccharimetergrad 0,3468 Kreisgraden.

A. Fette, Öle und Wachse des Tierreiches (von Rakusin untersucht).

a) Feste Fette.

Bezeichnung	Zahl der Proben	Polarisation
1. Butterfett	2	schwach links
2. Hammeltalg	1	0
3. Rindstalg	1	0
4. Schweinefett	1	0
5. Pferdefett	1	0
6. Gänsefett	1	0
7. Hühnerfett	1	+0,2°
8. Hausentenfett ...	1	—0,2°

b) Flüssige Fette und Trane.

Bezeichnung	Zahl der Proben	Polarisation
9. Knochenöl	1	+0,5°
10. Lebertran weiß	4	—0,2 bis 0,4°
11. „ gelb	2	—2,8 „ 3,6°
12. Delphintran	1	+9,6°
13. Walfischtran ...	1	+1,8°
14. Robbentran	2	+Spur bis +0,40°

c) Wachse.

Bezeichnung	Zahl der Proben	Polarisation
15. Spermacetöl.....	1	+ 1,4°
16. Lanolin........	1	+11,2°

B. Fette, Öle und Wachse des Pflanzenreiches.

a) Öle.

Bezeichnung	Analytiker[1]	Zahl der Proben	Polarisation
1. Olivenöl (Baumöl) ..	B	1	+0,6°
	R	4	+0,2 bis 0,6°
2. Mandelöl ...	B	1	—0,7°
	R	2	bis —0,1°
3. Erdnußöl ..	B	1	—0,4°
	C L	?	—0,31 bis +1,15°
4. Sesamöl	B	6	+3,1 bis 9,0°
	R	3	+1,9 „ 2,4°
	U	3	+2,3 „ 4,6°
	SpW	3	+2,97 bis 4,09°
5. Baumwollsamenöl ...	R	1	—0,1°
6. Hanföl	R	1	+0,4°
7. Mohnöl	B	1	0
	R	1	+0,1°
	C L	?	0 bis +0,17°
8. Sonnenblumenöl .	R	1	+0,1°
9. Rapsöl	B	2	—1,6 bis 2,1°
	R	3	—0,1 „ 0,2°
	CL	?	—0,23 „ 0,46°
10. Sareptasenföl	R	1	—0,5°
11. Weißsenföl .	C L	1	—0,43°
12. Leindotteröl	R	1	—0,1°
13. Leinöl	R	1	+0,4°
	C L	1	+0,28°
	B	1	—0,3°
14. Nigeröl	C L	?	0 bis +0,86°
15. Walnußöl ..	B	1	—0,3°
	R	1	+0,15°
16. Ricinusöl ...	W	?	bis +8,65°
	R	2	+8,0 u. 8,4°
	P	1	(+40,7°)
17. Krotonöl ...	R	2	+14,5 u. 16,4°
	P	1	(+43°)

b) Feste Fette.

Bezeichnung	Analytiker[1]	Zahl der Proben	Polarisation
18. Cocosfett ...	R	1	+0,38°
19. Palmkernfett	R	1	+0,2°
20. Kakaofett ..	R	1	+0,2°

Das stärkste optische Drehungsvermögen besitzen die Harzöle; es beträgt im 200 mm-Rohr nach Valenta +60 bis 80° Kreisgrade entsprechend +172,8 bis 230,4 Saccharimetergraden.

5. *Bestimmung der kritischen Lösungstemperatur.* a) Kritische Lösungstemperatur in Alkohol (Crismersche Zahl). Die meisten Fette und Öle besitzen bei gewöhnlicher Temperatur nur eine geringe Löslichkeit in Alkohol; leicht löslich ist nur das Ricinusöl. Die Löslichkeit der übrigen Fette und Öle in absolutem Alkohol bei 15° übersteigt nach Lewkowitsch

---

[1] Es bedeutet: R = Rakusin, B = Bishop, P = Peter, U = Utz, CL = Crossley und Le Sueur, SpW = Sprinkmeyer und Wagner, W = Walden (Berichte d. Deutschen chem. Gesellschaft 1894, **27**, 3471).

nicht 2%, in verdünnterem Alkohol ist sie natürlich noch geringer. Die Fette, welche wesentliche Mengen von Glyceriden niederer Fettsäuren`enthalten (Butterfett, Cocosfett usw.), sind wesentlich leichter löslich als solche, welche nur Glyceride der Palmitin-, Stearin- und Ölsäure enthalten; auch solche Öle, welche größere Mengen stark ungesättigter Fettsäuren (Linol- und Linolensäure) enthalten, sind leichter löslich als die vorgenannten. Die Fettsäuren sind viel löslicher in Alkohol als ihre Glyceride; Fette und Öle, welche viel freie Fettsäuren enthalten, zeigen infolgedessen eine weit größere Löslichkeit in Alkohol als solche, welche nur geringe Mengen davon enthalten. Bei erhöhter Temperatur und erhöhtem Druck ist die Löslichkeit der Fette und Öle in Alkohol eine viel größere, derart, daß die Mischungen unter erhöhtem Druck bei einer gewissen Temperatur eine homogene Lösung bilden. Die Temperatur, bei welcher sich beim Abkühlen die Mischung wieder trübt, bezeichnet Crismer[1]) als die **kritische Lösungstemperatur.**

Ihre Bestimmung wird nach J. Lewkowitsch in der Weise ausgeführt, daß einige Tropfen des Öles oder geschmolzenen Fettes in ein 9 cm langes und 5—6 mm weites Glasrohr mit etwa dem doppelten Volumen 90 proz. Alkohols vermischt und darauf das Rohr zugeschmolzen wird. Das Rohr wird mit einem Platindraht an einem Thermometer befestigt, in einem Glycerin- oder Schwefelsäurebade erhitzt, bis der die beiden Schichten trennende Meniscus sich in eine Ebene verflacht. Man steigert die Temperatur darauf noch um etwa 10°. Alsdann entfernt man das Thermometer mit dem Röhrchen aus dem Bade und schüttelt rasch von oben nach unten, bis eine homogene Lösung entstanden ist. Darauf bringt man das Thermometer mit dem Röhrchen wieder in das Bad und beobachtet die Temperatur, bei welcher eine deutliche Trübung sichtbar wird.

Wenn diese kritische Lösungstemperatur den Siedepunkt des Alkohols (78°) nicht überschreitet, wie z. B. beim Butterfett unter Verwendung von absolutem Alkohol, so kann man statt des zugeschmolzenen auch ein offenes Rohr verwenden.

Die kritische Lösungstemperatur eines Gemisches ist nach Crismer annähernd das arithmetische Mittel der kritischen Lösungstemperaturen ihrer Bestandteile.

Crismer und Herlant fanden bei Verwendung eines Alkohols vom spezifischen Gewicht 0,8195 bei 15,5° die kritischen Lösungstemperaturen für Butterfett zu 98—102°, Margarine 122 bis 126°, Cocosfett 71—75°, Baumwollsamenöl 115—116°, Erdnußöl 115—116°, Colzaöl 132—135°, Olivenöl 123° usw.

Mit Rücksicht auf die Umständlichkeit der Bestimmung und die beträchtlichen Schwankungen der Ergebnisse bei verschiedenen Analytikern mag dieser Hinweis auf das Verfahren genügen.

b) **Kritische Lösungstemperatur in Essigsäure (Valentasche Probe).** Valenta[2]) prüfte die Löslichkeit der Fette und Öle in Essigsäure in ähnlicher Weise wie Crismer die Löslichkeit in Alkohol. Er verwendet eine Essigsäure vom spezifischen Gewicht 1,0562, mit der er das Fett oder Öl in einem Reagensrohre vermischt; falls keine Lösung eintritt, wird das Gemisch erwärmt. Nach ihrem Verhalten beim Vermischen mit einem gleichen Volumen Essigsäure teilt Valenta die Fette und Öle in folgende drei Klassen ein:

Klasse I: Das Öl ist bei gewöhnlicher Temperatur (14—20°) vollständig löslich in Essigsäure: Ricinusöl.

Klasse II: Das Fett oder Öl ist vollständig oder beinahe vollständig löslich bei Temperaturen von 23° bis zum Siedepunkt des Eisessigs: Baumwollsamenöl, Sesamöl, Erdnußöl, Olivenöl, Mandelöl, Palmöl, Palmkernfett, Cocosfett, Kakaofett, Rindstalg, Butterfett u. a.

---

1) Bull. de l'Assoc. Belge des Chimistes 1895, **9**, 71, 143; 1896, **9**, 359; 1897, **10**, 312; vgl. J. Lewkowitsch, Chemische Technologie und Analyse der Öle, Fette und Wachse. Braunschweig 1905, **1**, 231—234.

2) Dinglers Polytechn. Journal 1884, **252**, 296; **253**, 418; J. Lewkowitsch, Chemische Technologie und Analyse der Öle, Fette und Wachse. Braunschweig 1905, **1**, 234 bis 237 u. L. Ubbelohde, Handbuch der Chemie und Technologie der Öle und Fette. Leipzig 1908, **1**, 350—352.

Klasse III: Die Öle sind selbst bei der Siedetemperatur des Eisessigs nicht in diesem löslich: Öle der Rübölgruppe.

Valenta unterscheidet die Fette und Öle der Klasse II nach ihrer kritischen Lösungstemperatur in Eisessig. Gleiche Teile Öl bzw. Fett und Eisessig werden unter häufigem Schütteln bis zur vollständigen Lösung erwärmt, darauf wird ein Thermometer in die Flüssigkeit eingesenkt und damit die Temperatur festgestellt, bei der Trübung eintritt.

Diese Trübungstemperatur ist nach Valenta z. B. bei Baumwollsamenöl 110°, Sesamöl 107°, Erdnußöl 112°, Olivenöl 111°, Kakaofett 105°, Palmöl 23°, Palmkernfett 48°, Cocosfett 40°, Rindstalg 95° usw.

Allen[1]) fand von den Zahlen Valentas sehr stark abweichende Werte.

Die Essigsäurelöslichkeit der Fette und Öle hängt ebenso wie die Alkohollöslichkeit sehr stark ab von der Konzentration der Essigsäure (vgl. Thomson und Ballantyne)[2]) und dem Gehalte der Fette und Öle an freien Fettsäuren.

Jean[3]) hat das Verfahren von Valenta in der Weise abgeändert, daß er bestimmt, wieviel Essigsäure vom spezifischen Gewicht 1,0565 die Fette und Öle bei 50° aufzulösen vermögen.

6. Sonstige physikalische Untersuchungsverfahren. Die sonstigen physikalischen Untersuchungsverfahren, wie die Bestimmung der Viscosität, die Prüfung der Konsistenz und des Verhaltens bei niederen Temperaturen, die spektroskopische Untersuchung, die Bestimmung der Capillarität und des elektrischen Leitungsvermögens, haben bei den Speisefetten und Ölen bis jetzt keine analytisch verwertbaren Untersuchungsergebnisse geliefert. Wir sehen daher von der Wiedergabe der in diesen Richtungen gemachten Vorschläge hier ab.

B. Chemische Untersuchungsverfahren.

Die chemischen Untersuchungsverfahren zerfallen in die sog. „Quantitativen Reaktionen" und in die Verfahren zur Bestimmung einzelner Bestandteile der Fette. Die von v. Hübl „quantitative Reaktionen" genannten Verfahren sind quantitative Bestimmungen, die meist nicht einen Bestandteil quantitativ zu bestimmen gestatten, sondern nur einen qualitativen Wert haben, indem sie ein Maß für bestimmte Eigenschaften der Fette und Öle darstellen, durch dessen Vergleich mit den für die verschiedenen reinen Fette und Öle ermittelten Werten man einen Schluß auf die Reinheit bzw. sonstige Eigenschaften des zur Untersuchung vorliegenden Fettes oder Öles ziehen kann. Die bei den quantitativen Reaktionen ermittelten Werte werden meist beeinflußt sowohl von der Art wie von der Menge der einzelnen Bestandteile.

I. Quantitative Reaktionen.

1. Bestimmung der Säurezahl oder des Säuregrades. Die Säurezahl gibt an, wieviel Milligramm Kalihydrat zur Neutralisation der in 1 g Fett usw. vorhandenen freien Fettsäuren erforderlich sind.

Unter einem Säuregrad nach Köttstorfer versteht man die Anzahl Kubikzentimeter N.-Alkalilauge, die zur Neutralisation der freien Fettsäuren in 100 g Substanz erforderlich sind, unter Burstynschen Säuregraden dieselbe Größe für 100 ccm Öl.

Vielfach wird der Säuregehalt auch in Prozenten Ölsäure (1 ccm N.-Lauge = 0,282 g Ölsäure) oder — namentlich in Frankreich — in Prozenten Schwefelsäureanhydrid (SO_3) ausgedrückt.

Man verfährt zur Bestimmung der Säurezahl wie folgt:

5—10 g Fett oder Öl werden in 30—40 ccm einer säurefreien Mischung gleicher Raumteile Alkohol und Äther gelöst und unter Verwendung von Phenolphthalein (in 1 proz. alkoholischer Lösung) als Indicator mit $^1/_{10}$ N.-Alkalilauge bis zur schwachen Rosafärbung titriert.

<hr>

[1]) Journ. Soc. Chem. Ind. 1886, **5**, 69 u. 282.
[2]) Ebendort 1891, **10**, 233.
[3]) Les Corps gras industriels 1898, **19**, 4.

Sollte während der Titration eine Trübung durch Abscheidung des Fettes bzw. der ätherischen Fettlösung erfolgen und sich zwei Schichten bilden, so setzt man weitere Mengen des obigen Lösungsgemisches hinzu. Überhaupt ist nach A. Kanitz[1]) besonders darauf zu achten, daß der Alkoholgehalt der Flüssigkeit zwecks Vermeidung einer Hydrolyse der Seifenlösung stets mindestens 40% beträgt. Dagegen genügt nach A. Kanitz schon die geringe Menge Amylalkohol, die in 15proz. wässerigen Alkohol löslich ist, um die Hydrolyse völlig aufzuheben.

Als sonstige Lösungsmittel für das Fett oder Öl sind auch Äther — in diesem Falle titriert man mit alkoholischer Kalilauge — Methylalkohol, Amylalkohol oder ein Gemisch von 1 Teil Äthyl- und 2 Teilen Amylalkohol vorgeschlagen; stark säurehaltige Fette lösen sich auch vielfach vollständig in Alkohol. Für dunkle Fette und Öle wird von de Negri und Fabris die Verwendung von Alkaliblau 6B als Indicator empfohlen, das in saurer Lösung blau und in alkalischer rot gefärbt ist.

Enthält ein Öl von der Reinigung her etwa noch freie Mineralsäuren, so lassen sich diese bestimmen, indem man es mit Wasser ausschüttelt, die wässerige Schicht von dem Öl trennt und titriert. Die Gegenwart von Kali- oder Natronseifen ist bei der Bestimmung der Säurezahl nach dem oben angegebenen Verfahren nicht störend, dagegen sind beim Vorhandensein von Ammoniak-, Kalk-, Tonerde-, Eisen-, Mangan- und Schwermetallseifen gewisse Abänderungen des Verfahrens erforderlich[2]).

Zur Umrechnung von Säurezahlen, Säuregraden, Ölsäure und Schwefelsäureanhydrid aufeinander können folgende Zahlen dienen:

Säurezahl (mg Kalihydrat auf 1 g Fett)	Köttstorfersche Säuregrade (ccm N.-Alkali auf 100 g Fett)	Ölsäure %	Schwefelsäureanhydrid %
1	1,7806	0,5027	0,0713
0,5616	1	0,2823	0,0400
1,9894	3,5423	1	0,1418
14,0295	24,9804	7,0522	1

Die Burstynschen Säuregrade ergeben sich aus den Köttstorferschen durch Multiplikation mit dem spezifischen Gewichte des Öles.

Beispiel: Angewendet 7,5 g Fett.
Zur Neutralisation verbraucht 3,5 ccm $^1/_{10}$ N.-Alkalilauge (1 ccm $^1/_{10}$ N.-Kalilauge enthält 5,616 mg Kalihydrat).

Demnach hat das Fett $\dfrac{3,5 \times 100}{7,5 \times 10} = 4{,}67$ Säuregrade nach Köttstorfer; diesen 4,67 Säuregraden entsprechen:

die Säurezahl . . . . $\dfrac{3,5 \times 5,616}{7,5} = 2{,}62$

Ölsäure (Molekulargewicht: 282,3) . . . . $\dfrac{3,5 \times 0,02823 \times 100}{7,5} = 1{,}32^0/_0$

Schwefelsäureanhydrid (Molekulargewicht: 80,06) . . $\dfrac{3,5 \times 0,004003 \times 100}{7,5} = 0{,}187^0/_0$

Der Säuregrad der Fette und Öle ist abhängig von der Art ihrer Gewinnung und Aufbewahrung. Die sorgfältig gewonnenen frischen Fette und Öle enthalten meist nur sehr geringe Mengen von freien Fettsäuren. Die Öle der zweiten und dritten (insbesondere der warmen)

---

[1]) Berichte d. Deutschen chem. Gesellschaft 1903, **36**, 400.

[2]) Vgl. L. Ubbelohde, Handbuch der Chemie und Technologie der Öle und Fette. Leipzig 1908, **1**, 205—207.

Pressung sind meist säurereicher als die der ersten Pressung; mit der Dauer der Aufbewahrung, insbesondere in mangelhaft gereinigtem Zustande, nimmt in der Regel der Säuregehalt beträchtlich zu; ranzige Fette und Öle enthalten daher meist auch viel freie Säure.

Nach L. Ubbelohde[1]) kann man ein Fett, das eine Säurezahl unter 0,14 aufweist, als „säurefrei" bezeichnen.

2. Bestimmung der Verseifungszahl (der Köttstorferschen Zahl).

Die Verseifungszahl[2]) gibt an, wieviel Milligramm Kaliumhydroxyd zur Verseifung von 1 g Fett erforderlich sind. Man bestimmt die Verseifungszahl meist durch die Verseifung mit alkoholischer Kalilauge in der Wärme nach Köttstorfer[3]); R. Henriques[4]) hat die kalte Verseifung der in Petroläther gelösten Fette mit alkoholischer Kalilauge vorgeschlagen.

a) Verseifung nach Köttstorfer. „Man wägt 1—2 g (Butter-) Fett in einem Kölbchen aus Jenaer Glas von 150 ccm Inhalt ab, setzt 25 ccm einer annähernd $^1/_2$ normalen alkoholischen Kalilauge hinzu, verschließt das Kölbchen mit einem durchbohrten Korke, durch dessen Öffnung ein 75 cm langes Kühlrohr aus Kaliglas führt. Man erhitzt die Mischung auf dem kochenden Wasserbade 15 Minuten lang zum schwachen Sieden. Um die Verseifung zu vervollständigen, ist der Kolbeninhalt durch öfteres Umschwenken, jedoch unter Vermeidung des Verspritzens an den Kühlrohrverschluß, zu mischen. Das Ende der Verseifung ist daran zu erkennen, daß der Kolbeninhalt eine gleichmäßige, vollkommen klare Flüssigkeit darstellt, in der keine Fetttröpfchen mehr sichtbar sind. Man versetzt die vom Wasserbade genommene Lösung mit einigen Tropfen alkoholischer Phenolphthaleinlösung und titriert die noch heiße Seifenlösung sofort mit $^1/_2$ N.-Salzsäure zurück. Die Grenze der Neutralisation ist sehr scharf; die Flüssigkeit wird beim Übergang in die saure Reaktion rein gelb gefärbt.

Bei jeder Verseifungsreihe sind mehrere blinde Versuche in gleicher Weise, aber ohne Anwendung von Fett auszuführen, um den Wirkungswert der alkoholischen Kalilauge gegenüber der $^1/_2$ normalen Salzsäure festzustellen." (Margarinegesetz.)

Aus dem Wirkungswerte der alkoholischen Kalilauge und der verbrauchten Salzsäure berechnet man die zur Neutralisation von 1 g Fett erforderlichen Milligramm Kaliumhydroxyd.

Beispiel: Angenommen, es seien angewendet 1,7955 g Butterfett, die zur Verseifung zugesetzten 25 ccm Kalilauge entsprächen 23,5 ccm Salzsäure, 1 ccm Salzsäure neutralisiere genau 28,1 mg Kaliumhydroxyd und es seien 8,9 ccm Salzsäure zur Neutralisation des nach der Verseifung noch vorhandenen freien Kaliumhydroxyds erforderlich gewesen. Alsdann ist eine 23,5—8,9 = 14,6 ccm Salzsäure entsprechende Menge Kaliumhydroxyd zur Verseifung des angewendeten Fettes erforderlich gewesen und es berechnet sich daher die Verseifungszahl (v) nach der Gleichung

$$v = \frac{14,6 \times 28,1}{1,7955} = 228,5 \ .$$

---

[1]) L. Ubbelohde, Handbuch der Chemie und Technologie der Öle und Fette. Leipzig 1908, **1**, 204.

[2]) Anstatt der Verseifungszahl bestimmt man nach dem gleichen Verfahren auf Grund eines Vorschlages von Allen (Commerc. Organ. Analysis 2. Aufl. **2**, 40) das sog. Verseifungsäquivalent. Dieses bedeutet die Fettmenge, ausgedrückt in Grammen, die durch ein Gramm-Molekül = 56,16 g KOH verseift wird. Man kann Verseifungsäquivalent (x) und Verseifungszahl (v) auseinander berechnen nach der Gleichung: $v : 1000 = 56,16 : x$; also $x = \dfrac{56\,160}{v}$ und $v = \dfrac{56\,160}{x}$.

Bei den Glyceriden bietet die Ausdrucksweise des Verseifungsäquivalentes keinen Vorteil vor der Verseifungszahl.

[3]) Zeitschr. f. analyt. Chem. 1879, **18**, 199.

[4]) Zeitschr. f. angew. Chem. 1895, 721—724.

Zur Erlangung genauer Verseifungszahlen ist ein sehr genaues Abmessen der Kalilauge und Salzsäure unbedingtes Erfordernis. Über die Herstellung und Aufbewahrung der alkoholischen Kalilauge ist im Laufe der Zeit eine große Reihe von Vorschriften veröffentlicht worden, welche namentlich die meist bei längerem Stehen vielfach eintretende Gelb- und schließliche Braunfärbung der Kalilauge verhindern sollen.

Nach den Beobachtungen von A. Scholl[1]) muß man, um die Veränderung der Kalilauge zu verhindern, darauf achten, daß die Konzentration beim Lösen des Kaliumhydroxyds in dem Alkohol nicht zu groß wird, wie es leicht vorkommt, wenn das Kaliumhydroxyd mit Alkohol übergossen und auf dem Wasserbade sich selbst überlassen wird. In diesem Falle tritt in der Umgebung der Kaliumhydroxydstücke, also an den Stellen stärkster Konzentration der Lauge, bereits bei 40°, stärker bei 50°, Braunfärbung ein. Dagegen ließ sich eine alkoholische Kalilauge geringerer Konzentration, die etwas stärker als normal war, längere Zeit kochen, ohne daß die geringste Bräunung eintrat.

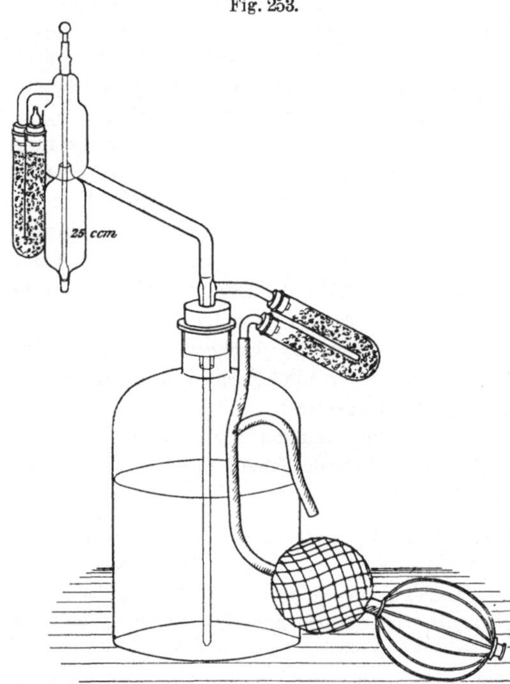

Fig. 253.

A. Scholl schlägt daher folgendes Verfahren zur Herstellung und Aufbewahrung der alkoholischen Kalilauge vor, das sich nach unseren Erfahrungen gut bewährt hat:

Man zerkleinert reinstes Kaliumhydroxyd, am besten in einem Eisenmörser, zu einem groben Pulver, übergießt 30 g davon in einem lose verschlossenen Erlenmeyer-Kolben mit 1 l kaltem Alkohol und sorgt durch wiederholtes Umschwenken dafür, daß bei gleichzeitigem Erwärmen auf dem Wasserbade die Konzentration an keiner Stelle zu groß wird. Die größte Menge des Pulvers löst sich bereits in der Kälte, der Rest geht bei schwachem Erwärmen schnell in Lösung, so daß die ganze Arbeit in höchstens $1/_2$ Stunde beendet sein kann. Die Lösung bleibt in verschlossener Flasche einen Tag stehen und wird dann in einem möglichst kohlensäurefreien Raum in die Vorratsflasche filtiert, welche zweckmäßig vorher durch Einhängen einiger in einem Drahtnetz befindlichen Stückchen Ätzkali von Kohlensäure befreit wurde. Zur Aufbewahrung und zum Abmessen der für die Verseifungszahl zu verwendenden Lauge bedient man sich des nebenstehend abgebildeten Apparates (Fig. 253)[2]), der in seiner Grundform bereits länger bekannt ist, der aber durch Hinzufügung des zweiseitigen Verschlusses mit je einem Natronkalrohr für die Aufbewahrung der alkoholischen Lauge besonders hergerichtet ist. Als äußerer Verschluß der Ausflußöffnung ist nach dem Gebrauche ein einseitig verschlossenes Stückchen Gummischlauch (z. B. ein sog. Gummiwischer) verwendbar.

Wenn die Herstellung der Lauge in der angegebenen Weise geschieht, hält sie sich in dem Apparate monatelang ohne jede Veränderung. Beim Abmessen der Lauge ist es nicht erforder-

---

[1]) Zeitschr. f. Untersuchung d. Nahrungs- u. Genußmittel 1908, **15**, 343.

[2]) Der Apparat wird von der Firma Franz Hugershoff in Leipzig geliefert.

lich, das zeitraubende Nachfließen der alkoholischen Flüssigkeit genau abzuwarten, es genügt vielmehr, die Lauge bei vollständig freier Öffnung des 25 ccm fassenden Meßgefäßes eben ausfließen zu lassen, um hinreichende Übereinstimmung der ausgeflossenen Mengen zu erreichen. Hierdurch wird einerseits ein Zeitverlust vermieden und andererseits eine Genauigkeit der Bestimmungen erzielt, wie sie bei der sonst üblichen Verwendung von gewöhnlichen Büretten kaum zu erreichen ist.

Von anderen Vorschlägen zur Herstellung der alkoholischen Kalilauge seien folgende erwähnt:

R. Henriques kocht 30 g gepulvertes reinstes Kaliumhydroxyd mit 1 l reinstem 95 proz. Alkohol am Rückflußkühler bis zur Lösung und filtriert die Lösung nach 24-stündigem Stehen.

Kossel, Obermüller und Krüger[1]) haben die Verseifung mit Natriumalkoholat vorgeschlagen.

H. Thiele und R. Marc[2]) empfehlen die Herstellung des Kaliumhydroxyds aus Kaliumsulfat und Bariumhydroxyd.

M. Siegfeld[3]) arbeitet mit einer wässerigen Lauge, die 56 g Kaliumhydroxyd in 100 ccm enthält und infolge dieser hohen Konzentration für jede Bestimmung abgewogen werden muß.

L. Ubbelohde[4]) empfiehlt, etwa 32 g (90 proz.) „Stangenkali" in möglichst wenig Wasser zu lösen, mit reinem 96 proz. Alkohol zu einem Liter zu verdünnen und die Lösung nach eintägigem Stehen zu filtrieren.

Im übrigen ist zu der Bestimmung der Verseifungszahl noch folgendes zu erwähnen:

1. Bei dunkeln und ranzigen Fetten, welche letzteren bei der Verseifung eine dunkelbraune Färbung der alkalischen Lösung aufweisen, verdünnt man die Lösung vor der Titration zweckmäßig mit etwa 50 ccm neutralisiertem Alkohol, oder man wendet nach dem Vorschlage von de Negri und Fabris als Indicator Alkaliblau 6 B der Höchster Farbwerke an, das in saurer Lösung blau und in alkalischer rot gefärbt ist.

2. Zur Verseifung der schwer verseifbaren Wachse empfiehlt Buchner, eine Stunde direkt auf dem Drahtnetze zu kochen (vgl. hierüber den Abschnitt „Bienenwachs").

3. Bei Mischungen von Fetten und Ölen mit Mineralölen, Paraffin usw., welche letzteren in Alkohol sehr schwer löslich sind, ist es nach L. Ubbelohde[5]) bei der Bestimmung der Verseifungszahl wesentlich, daß sich die Probe in der Lauge beim Kochen völlig auflöst. Zu dem Zwecke löst man 2—5 g der Probe — je nach dem Gehalt an Unverseifbarem — in 25 ccm thiophenfreiem Benzol auf und kocht $^1/_2$ Stunde mit N.-Lauge. Die blinde Probe wird ebenfalls unter Zusatz von Benzol ausgeführt.

b) Kalte Verseifung nach R. Henriques[6]). 3—4 g Fett werden in einem Kolben in 25 ccm Petroläther gelöst und mit 25 ccm alkoholischer N.-Natronlauge versetzt. Die alsbald beginnende Verseifung macht sich in vielen Fällen durch die rasch auftretende Ausscheidung von Natriumsalzen kenntlich; sie ist oft schon nach wenigen Stunden beendigt. Zur Sicherheit läßt man aber zweckmäßig über Nacht — bei schwer verseifbaren Wollfetten und Wachsen 24 Stunden — bei Zimmertemperatur stehen. Die weitere Verarbeitung ist die gleiche wie beim Köttstorferschen Verfahren; man titriert den Alkaliüberschuß unter Verwendung von Phenolphthalein mit wässeriger $^1/_2$ N.-Salzsäure zurück.

Nach Vollendung der kalten Verseifung hat sich bei vielen Fetten und Ölen ein Teil der gebildeten Natriumseifen ausgeschieden, so daß der Kolbeninhalt mehr oder weniger erstarrt

---

[1]) Zeitschr. f. physiol. Chem. 1890, **14**, 599; 1891, **15**, 321; 1892, **16**, 152.

[2]) Zeitschr. f. öffentl. Chem. 1904, **10**, 386.

[3]) Chem.-Ztg. 1908, **32**, 63.

[4]) L. Ubbelohde, Handbuch der Chemie und Technologie der Öle und Fette. Leipzig 1908, **1**, 208.

[5]) Ebendort S. 209.

[6]) Zeitschr. f. angew. Chem. 1895, 721—724.

ist; bei den Ölen ist die Masse aber nur so wenig konsistent, daß sie von der $^1/_2$ N.-Salzsäure leicht angegriffen und verflüssigt wird. Bei den festen Fetten dagegen ist die Masse bisweilen so fest, daß die $^1/_2$ N.-Salzsäure sie nur schwierig durchdringen kann. In derartigen Fällen erwärmt man den Kolben, nötigenfalls unter Hinzufügen von etwas Alkohol, leicht auf dem Wasserbade, womit die Schwierigkeit der Neutralisation behoben wird. Die Ausscheidung der Seifen wird sich fast ganz dadurch vermeiden lassen, daß man statt mit alkoholischer Natronlauge mit alkoholischer Kalilauge verseift, die man in der oben (S. 336 bzw. 367) angegebenen Weise, mit mindestens 95 proz. Alkohol jedoch, als Normal-Lösung herstellt. Enthält die Lauge zuviel Wasser, so mischen sich Lauge und Benzinlösung nicht vollkommen.

Bei Wachsarten, die in Petroläther nur wenig löslich sind, löst man die Substanz in 25 ccm Petroleumbenzin (Siedepunkt 100—150°) in der Wärme auf, gibt alsdann sofort die alkoholische Natronlauge hinzu und läßt 24 Stunden bei Zimmertemperatur stehen.

c) ***Die Größe der Verseifungszahlen*** ist bei Fetten und Ölen, welche nur wenig unverseifbare Stoffe enthalten, abhängig von dem Molekulargewicht der in ihnen vorhandenen Fettsäuren. Die Mehrzahl der Fette und Öle, welche vorwiegend aus Glyceriden der Palmitin-, Stearin-, Öl- und Leinölsäure bestehen, haben im allgemeinen eine Verseifungszahl von 190—200. Die Verseifungszahl ist dagegen wesentlich höher bei Fetten, welche, wie Butterfett, Cocosfett, Palmkernfett und einige Trane, größere Mengen von Fettsäuren mit niedrigerem Molekulargewicht (Buttersäure, Capron-, Capryl-, Caprin-, Laurin- und Myristinsäure) enthalten; bei solchen Fetten steigt die Verseifungszahl auf 230 bis 260.

Niedrigere Verseifungszahlen, nämlich solche von 170—180 weisen von den bekannteren Fetten und Ölen nur die Öle der Rübölgruppe auf, in denen neben Stearin-, Öl- und Rapinsäure größere Mengen der höher molekularen Arachin- und Erucasäure vorhanden sind.

Die Molekulargewichte und die sich aus ihnen berechnenden Verseifungszahlen der wichtigsten in den natürlichen Fetten und Ölen vorkommenden (bzw. angenommenen) einfachen Triglyceride sind folgende:

Name	Formel	Molekular-gewicht	Verseifungs-zahl
Triacetin	$C_3H_5(O \cdot C_2H_3O)_3$	218,1	772,5
Tributyrin	$C_3H_5(O \cdot C_4H_7O)_3$	302,2	557,5
Tricaproin	$C_3H_5(O \cdot C_6H_{11}O)_3$	386,3	436,1
Tricaprylin	$C_3H_5(O \cdot C_8H_{15}O)_3$	470,4	358,2
Tricaprinin	$C_3H_5(O \cdot C_{10}H_{19}O)_3$	554,5	303,8
Trilaurin	$C_3H_5(O \cdot C_{12}H_{23}O)_3$	638,6	263,8
Trimyristin	$C_3H_5(O \cdot C_{14}H_{27}O)_3$	722,7	233,1
Tripalmitin	$C_3H_5(O \cdot C_{16}H_{31}O)_3$	806,8	208,8
Tristearin	$C_3H_5(O \cdot C_{18}H_{35}O)_3$	890,9	189,1
Triarachin	$C_3H_5(O \cdot C_{20}H_{39}O)_3$	975,0	172,8
Tribehenin	$C_3H_5(O \cdot C_{22}H_{43}O)_3$	1059,1	159,1
Trilignocerin	$C_3H_5(O \cdot C_{24}H_{47}O)_3$	1143,2	147,4
Tricerotin	$C_3H_5(O \cdot C_{26}H_{51}O)_3$	1227,3	137,3
Trimelissin	$C_3H_5(O \cdot C_{30}H_{59}O)_3$	1395,5	120,7
Triolein	$C_3H_5(O \cdot C_{18}H_{33}O)_3$	884,8	190,4
Trierucin	$C_3H_5(O \cdot C_{22}H_{41}O)_3$	1053,0	160,0
Trilinolein	$C_3H_5(O \cdot C_{18}H_{31}O)_3$	878,8	191,7
Trilinolenin	$C_3H_5(O \cdot C_{18}H_{29}O)_3$	872,7	193,0

Die Molekulargewichte der gemischten Triglyceride lassen sich leicht aus denen der vorstehenden einfachen Triglyceride berechnen; z. B. ergibt sich das Molekulargewicht des Dipalmitostearins aus

$$\frac{2 \times \text{Tripalmitin-Mol.-Gew.} + \text{Tristearin-Mol.-Gew.}}{3} = \frac{2 \times 806,8 + 890,9}{3} = 834,8$$

und hieraus berechnet sich die

$$\text{Verseifungszahl} = \frac{3 \times \text{Kaliumhydroxyd-Mol.-Gew.} \times 1000}{\text{Dipalmitostearin-Mol.-Gew.}} = \frac{168,474 \times 1000}{834,8} = 201,8 \,.$$

3. Bestimmung der Ester- oder Ätherzahl. Unter Ester- oder Ätherzahl versteht man die Milligramme Kaliumhydroxyd, die zur Verseifung der in 1 g Fett oder Wachs vorhandenen Ester erforderlich sind. Die Esterzahl ergibt sich also durch Subtraktion der Säurezahl von der Verseifungszahl. Sie hat in der Analyse der Fette und Öle keine nennenswerte Bedeutung, spielt aber bei der Untersuchung des Bienenwachses eine große Rolle und wird daher bei diesem Gegenstande noch näher behandelt werden.

4. Bestimmung der Acetylzahl. Die Acetylzahl der Fettsäuren oder der Fette gibt an, wieviel Milligramme Kaliumhydroxyd zur Neutralisation der aus 1 g der acetylierten Fettsäuren oder Fette durch Verseifung erhaltenen Essigsäure erforderlich sind.

Die durch Benedikt und Ulzer[1]) in die Fettanalyse eingeführte Bestimmung der Acetylzahl der Fettsäuren ist ein Ausdruck für den Gehalt der Fettsäuren bzw. des Fettes an Oxyfettsäuren und Fettalkoholen. Für die Analyse der Speisefette und Öle ist die Bestimmung der Acetylzahl nur von geringer Bedeutung, wichtiger ist sie für die Untersuchung des Ricinusöles, das beträchtliche Mengen Oxyfettsäuren enthält. Die Bestimmung der Acetylzahl gründet sich nach J. Lewkowitsch[2]) darauf, daß Glyceride, welche hydroxylierte Fettsäuren enthalten, beim Erhitzen mit Essigsäureanhydrid für jede vorhandene alkoholische Hydroxylgruppe eine Acetylgruppe aufnehmen. Diese Umsetzung verläuft z. B. beim Ricinolein nach folgender Gleichung:

$$C_3H_5[O \cdot C_{18}H_{32}O(OH)]_3 + 3\,(C_2H_3O)_2O = C_3H_5[O \cdot C_{18}H_{32}O \cdot (O \cdot C_2H_3O)]_3 + 3\,C_2H_4O_2 \,.$$

Ricinolein   Essigsäureanhydrid   Acetylricinolein   Essigsäure

Aus dem so gebildeten Acetylricinolein wird die Acetylgruppe durch Erhitzen mit Kalilauge wieder abgespalten.

Freie Alkohole, z. B. Glycerin, Cholesterin, Cetylalkohol usw., werden durch Essigsäureanhydrid in die betr. Essigsäureester übergeführt, z. B.

$$C_3H_5(OH)_3 + 3\,(C_2H_3O)_2O = C_3H_5(O \cdot C_2H_3O)_3 + 3\,C_2H_4O_2 \,.$$

Glycerin   Essigsäureanhydrid   Triacetin   Essigsäure

Die freien Alkohole zeigen daher ebenfalls eine „Acetylzahl".

a) Man bestimmt die Acetylzahl der Fettsäuren nach Benedikt und Ulzer in folgender Weise:

20—50 g der nach dem Hehnerschen Verfahren (vgl. unten S. 383) gewonnenen nichtflüchtigen Fettsäuren werden in einem Kölbchen mit dem gleichen Volumen Essigsäureanhydrid 1 Stunde am Rückflußkühler in schwachem Sieden erhalten; darauf wird der Inhalt des Kölbchens in ein hohes Becherglas von 1 l Inhalt entleert, mit 500—600 ccm Wasser übergossen und mindestens $^1/_2$ Stunde gekocht, wobei zur Vermeidung des Stoßens entweder durch ein

---

[1]) Monatshefte f. Chem. 1887, 8, 40; vgl. Benedikt-Ulzer: Analyse der Fette und Wachsarten. 5. Aufl. Berlin 1908, S. 143—145.

[2]) J. Lewkowitsch, Chemische Technologie und Analyse der Öle, Fette und Wachse. Braunschweig 1905, 1, 292.

König, Nahrungsmittel. III. 4. Aufl.   24

nahe dem Boden des Becherglases mündendes Capillarrohr ein langsamer Kohlensäurestrom eingeleitet wird oder einfacher einige Stückchen Bimsstein zugesetzt werden. Nach einiger Zeit wird das Wasser abgehebert und der Rückstand noch dreimal[1]) in gleicher Weise mit Wasser ausgekocht, wodurch, wie man sich durch Lackmuspapier überzeugt, alle Essigsäure entfernt wird. Nunmehr werden die acetylierten Fettsäuren im Luftbade durch ein trockenes Filter filtriert, worauf die „Acetyl - Säurezahl" und die „Acetylzahl" der Fettsäuren bestimmt werden. Zu diesem Zwecke verfährt man wie folgt:

3—5 g der acetylierten Fettsäuren werden in fuselölfreiem neutralen Alkohol gelöst und unter Verwendung von Phenolphthalein als Indicator mit $^1/_2$ N.-Lauge bis zur Rotfärbung titriert (Acetyl-Säurezahl); dann fügt man einen Überschuß von alkoholischer Lauge hinzu, erwärmt auf dem Wasserbade zum schwachen Sieden und titriert nach etwa $^1/_2$-stündigem Sieden den Überschuß der Kalilauge mit Salzsäure zurück (Acetylzahl). Die Summe der Acetyl-Säurezahl und der Acetylzahl ist die „Acetylverseifungszahl". Es kann daher auch die Säurezahl (vgl. oben S. 363) und die Verseifungszahl (vgl. oben S. 365) der acetylierten Fettsäuren bestimmt und die Acetylzahl aus der Differenz beider ermittelt werden. Wenn die Probe keine Oxyfettsäuren enthält, ist die Acetylzahl gleich Null.

Beispiel (nach Benedikt-Ulzer): 3,379 g acetylierte Fettsäuren aus Ricinusöl verbrauchten zur Neutralisation 17,2 ccm $^1/_2$ N.-Kalilauge oder $17,2 \times 28,08 = 482,98$ mg Kaliumhydroxyd; hieraus berechnet sich die Acetyl-Säurezahl $\dfrac{482,98}{3,379} = 142,93$. Zu der neutralisierten Flüssigkeit wurden noch 32,8 ccm, also im ganzen 50 ccm Kalilauge hinzugegeben. Der Überschuß an Kalilauge nach dem Kochen entsprach 14,3 ccm $^1/_2$ N.-Salzsäure. Demnach sind zur Neutralisation der abgespaltenen Essigsäure $32,8 — 14,3 = 18,5$ ccm $^1/_2$ N.-Kalilauge oder $18,5 \times 28,08 = 519,48$ mg Kaliumhydroxyd erforderlich gewesen, und es berechnet sich hieraus die Acetylzahl $\dfrac{519,48}{3,379} = 153,74$.

b) Nach J. Lewkowitsch[2]) gibt das vorstehende Verfahren nur bei Ricinusöl bzw. beim Vorliegen von Triglyceriden hydroxylierter Fettsäuren zuverlässige Ergebnisse, in anderen Fällen dagegen infolge von Anhydridbildung der Fettsäuren nicht. J. Lewkowitsch hat daher das Verfahren von Benedikt und Ulzer abgeändert und hierfür zwei verschiedene Arbeitsweisen, „Destillationsverfahren" und „Filtrationsverfahren", vorgeschlagen, von denen das letztere leichter ausführbar und das empfehlenswertere ist. Man verfährt wie folgt:

Etwa 5 g der nach 1. acetylierten Fettsäuren werden wie bei der Bestimmung der Verseifungszahl durch Kochen mit einer genau abgemessenen Menge alkoholischer Kalilauge verseift; darauf wird der Alkohol abgedunstet und die Seife in kohlensäurefreiem Wasser gelöst. Zu dieser Seifenlösung setzt man die der angewendeten Kalilauge genau entsprechende Menge oder zur besseren Abscheidung der Fettsäuren einen kleinen genau gemessenen Überschuß an titrierter Schwefelsäure hinzu und erwärmt vorsichtig, worauf sich die Fettsäuren alsbald als Ölschicht an der Oberfläche der Flüssigkeit sammeln. Man filtriert die Fettsäuren ab, wäscht sie mit siedendem Wasser bis zum Verschwinden der sauren Reaktion des Waschwassers und titriert das Filtrat mit $^1/_2$ N.-Kalilauge. Die hierbei verbrauchten Kubikzentimeter $^1/_2$ N.-Kalilauge, mit 28,08 multipliziert und durch die angewendete Substanzmenge dividiert, ergeben die Acetylzahl.

Nach J. Lewkowitsch beträgt z. B. die Acetylzahl für Ricinolein 159,1, für Sativin 424,3, für Linusin 522,1. Die theoretischen Acetylzahlen für einige freien Alkohole sind folgende:

Cetylalkohol	Cerylalkohol	Cholesterin	Glycerin
197,5	132,3	135,5	772,0

---

[1]) Zu langes Waschen verursacht nach J. Lewkowitsch eine merkbare Dissoziation der acetylierten Fettsäuren und ergibt daher zu niedrige Acetylzahlen.

[2]) Journ. Soc. Chem. Ind. 1890, **9**, 846; 1897, **16**, 503.

Aus der Acetylzahl kann daher die Menge des Glycerins berechnet werden, vgl. S. 400.

Auch die Mono- und Diglyceride der Fettsäuren zeigen hohe Acetylzahlen; nach Lewkowitsch beträgt z. B. die theoretische Acetylzahl des Monostearins 253,9 und die des Distearins 84,24, wobei Diacetylmonostearin bzw. Acetyldistearin entstehen.

Bei den natürlichen Fetten ist daher die Höhe der Acetylzahlen mitbedingt durch den Gehalt an Mono- und Diglyceriden, welche bei der spontan eingetretenen Hydrolyse der Fette entstehen, sowie durch den an Cholesterin und Phytosterin; die Acetylzahl ist daher beim Ricinusöl eine Konstante, bei den übrigen natürlichen Fetten dagegen als eine variable Größe anzusehen. Sie beträgt bei frischen Fetten und Ölen — abgesehen von Ricinusöl — in der Regel unter 10, kann aber bei ranzigen Fetten bedeutend steigen.

5. Bestimmung der Reichert-Meißlschen und der Polenskeschen Zahl.

Die Reichert - Meißlsche Zahl[1]) gibt diejenige Anzahl Kubikzentimeter $^1/_{10}$ N.-Lauge an, welche zur Neutralisation der aus 5 g geschmolzenem und filtriertem Fett unter bestimmten, unten beschriebenen Bedingungen abdestillierten flüchtigen, wasserlöslichen Fettsäuren erforderlich sind. Die **Polenskesche** Zahl dagegen gibt diejenige Anzahl Kubikzentimeter $^1/_{10}$ N.-Lauge an, welche zur Neutralisation der unter denselben Bedingungen abdestillierten flüchtigen, in Wasser unlöslichen Fettsäuren erforderlich ist.

a) Bestimmung der Reichert - Meißlschen Zahl. Bei der Bestimmung der Reichert - Meißlschen Zahl verwendete man früher alkoholische Laugen zur Verseifung. Da diese Verfahren mit mancherlei Fehlerquellen behaftet sind, wird von ihrer Aufführung hier abgesehen, zumal das Verseifungsverfahren nach Leffmann und Beam[2]) mit Glycerin-Natronlauge zuverlässigere Ergebnisse liefert und in der Ausführung einfacher ist. Dieses Verfahren ist daher vor allen anderen zur Bestimmung der Reichert - Meißlschen Zahl zu empfehlen. Man verfährt (nach der amtlichen „Anweisung" zum Margarinegesetz) folgendermaßen:

„... Zu genau 5 g (Butter-) Fett gibt man in einem Kölbchen von etwa 300 ccm Inhalt 20 g Glycerin und 2 ccm Natronlauge (erhalten durch Auflösen von 100 Gewichtsteilen Natriumhydroxyd in 100 Gewichtsteilen Wasser, Absitzenlassen des Ungelösten und Abgießen der klaren Flüssigkeit). Die Mischung wird unter beständigem Umschwenken über einer kleinen Flamme erhitzt; sie gerät alsbald ins Sieden, das mit starkem Schäumen verbunden ist. Wenn das Wasser verdampft ist (in der Regel nach 5—8 Minuten), wird die Mischung vollkommen klar; dies ist das Zeichen, daß die Verseifung des Fettes vollendet ist. Man erhitzt noch kurze Zeit und spült die an den Wänden des Kolbens haftenden Teilchen durch wiederholtes Umschwenken des Kolbeninhaltes herab. Dann läßt man die flüssige Seife auf etwa 80—90° abkühlen und wägt 90 g Wasser von etwa 80—90° hinzu[3]). Meist entsteht sofort eine klare Seifenlösung, anderenfalls bringt man die abgeschiedenen Seifenteile durch Erwärmen auf dem Wasserbade in Lösung. Man versetzt die Seifenlösung — nach Zugabe einiger erbsengroßen Bimssteinstücke — mit 50 ccm verdünnter Schwefelsäure (25 ccm konzentrierte Schwefelsäure im Liter enthaltend) und verfährt weiter wie bei der Verseifung mit alkoholischem Kali."

„Der auf ein doppeltes Drahtnetz gesetzte Kolben wird darauf sofort mittels eines schwanenhalsförmig gebogenen Glasrohrs (von 20 cm Höhe und 6 mm lichter Weite), welches an

---

[1]) Die früher vielfach in der Literatur angegebene Reichertsche Zahl bezieht sich auf 2,5 g Fett; durch Multiplikation mit 2,2 kann man aus ihr nach J. Lewkowitsch annähernd die Reichert - Meißlsche Zahl berechnen.

[2]) Analyst 1891, **16**, 153; vgl. auch W. Karsch, Chem.-Ztg. 1896, **20**, 607.

[3]) Ebenso zweckmäßig und wesentlich einfacher ist es, 90 ccm kaltes, frisch ausgekochtes Wasser zuzusetzen. Man hüte sich aber, das Wasser in den Kolben zu geben, ehe der Inhalt hinreichend abgekühlt ist, da anderenfalls die Flüssigkeit unter Umständen mit großer Heftigkeit aus dem Kolben herausgeschleudert wird.

beiden Enden stark abgeschrägt ist, mit einem Kühler (Länge des vom Wasser umspülten Teiles nicht unter 50 cm) verbunden und sodann werden genau 110 ccm Flüssigkeit abdestilliert (Destillationsdauer nicht über $^1/_2$ Stunde). Das Destillat mischt man durch Schütteln, filtriert durch ein trockenes Filter und mißt 100 ccm ab. Diese werden nach Zusatz von 3 bis 4 Tropfen Phenolphthaleinlösung mit $1/_{10}$ N.-Alkalilauge titriert. Der Verbrauch wird durch Hinzuzählen des zehnten Teiles auf die Gesamtmenge des Destillats berechnet. Bei jeder Versuchsreihe führt man einen blinden Versuch aus." — Hierbei werden die gleichen Mengen der Reagenzien wie beim Hauptversuch verwendet und auch im übrigen wird wie bei

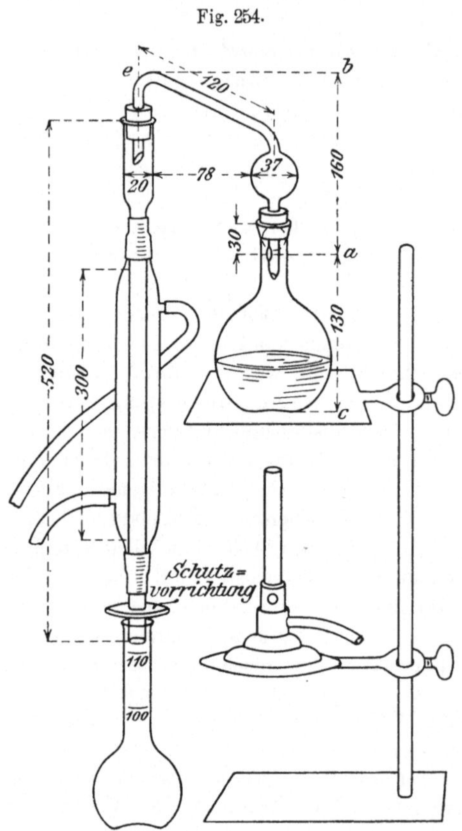

Fig. 254.

Destillationsapparat nach Polenske.

diesem verfahren. — „Die bei dem blinden Versuche verbrauchten Kubikzentimeter $1/_{10}$ N.-Alkalilauge werden von den bei dem Hauptversuche verbrauchten abgezogen. Die so erhaltene Zahl ist die Reichert - Meißlsche Zahl." Die Reagenzien genügen den Anforderungen, wenn bei dem blinden Versuche nicht mehr als 0,4 ccm $1/_{10}$ N.-Alkalilauge zur Sättigung von 110 ccm Destillat verbraucht werden.

Beispiel: Angenommen, man habe bei genau 5 g angewendetem Butterfett zur Titration 26,0 ccm $1/_{10}$ N.-Alkalilauge verbraucht und der blinde Versuch habe 0,2 ccm $1/_{10}$ N.-Alkalilauge ergeben, so erhält man die Reichert-Meißlsche Zahl (R) nach der einfachen Gleichung

$$R = 26,0 + \frac{26,0}{10} - 0,2 = 28,4 \; .$$

b) Gleichzeitige Bestimmung der Reichert-Meißlschen und der Polenskeschen Zahl. Die Ausführung des Verfahrens unterscheidet sich in keiner Weise von der Bestimmung der Reichert - Meißlschen Zahl; es ist nur eine weitere Ausnutzung derselben. Um übereinstimmende Zahlen zu erhalten, ist es jedoch geboten, nicht allein die Vorschrift zur Ausführung des Verfahrens[1]) genau zu befolgen, sondern auch ganz besonders darauf zu achten, daß sich die Größen- und Formverhältnisse des Destillationsapparates so genau als möglich denen der nebenstehenden Abbildung (Fig. 254) anpassen[2]).

5 g Butterfett werden in üblicher Weise nach Leffmann - Beam (vgl. vorstehend unter a) in einem 300 ccm -Kolben von Jenaer Glas verseift. Die wässerige Seifenlösung muß farblos oder nur schwach gelblich[3]) gefärbt sein; sie wird auf etwa 50° erwärmt, alsdann mit 50 ccm verdünnter Schwefelsäure (25 ccm konzentrierte Schwefelsäure auf 1 l) und darauf mit einer

---

[1]) Vgl. E. Polenske in Arbeiten a. d. Kaiserl. Gesundheitsamte 1904, **20**, 545; auch Zeitschr. f. Untersuchung d. Nahrungs- u. Genußmittel 1904, **7**, 273.

[2]) Nach A. Hesse (Milchwirtsch. Centralblatt 1905, **1**, 13) sind die Größe des Destillationskolbens, die Destillationsdauer und die Größe des zugesetzten Bimssteins von der größten, die übrigen Verhältnisse dagegen von geringer Bedeutung für das Ergebnis.

[3]) Stark ranzige oder talgige Fette, bei denen die Seifenlösung braun gefärbt ist, sind von der Prüfung auszuschließen.

Messerspitze voll groben Bimssteinpulvers[1]) versetzt und nach sofortigem Verschluß des Kolbens der Destillation unterworfen. Es ist zweckmäßig, die Flamme schon vorher so zu regeln, daß die 110 ccm Destillat in 19—21 Minuten übergehen. Die Kühlung ist während der Destillation so einzurichten, daß das Destillat keineswegs warm, aber auch nicht zu kalt, sondern mit der unter gewöhnlichen Verhältnissen sich ergebenden Temperatur von etwa 20—23° abtropft.

Sobald 110 ccm Destillat übergegangen sind, wird zunächst die Flamme entfernt und darauf die Vorlage sofort durch einen Meßzylinder von 25 ccm Inhalt ersetzt.

Ohne vorher das Destillat zu mischen, setzt man den Kolben 10 Minuten lang so tief in Wasser von 15°, daß sich die 110-Marke etwa 3 cm unter der Oberfläche des Kühlwassers befindet. Nach Verlauf von 5 Minuten bewegt man den Kolbenhals im Wasser mehrmals nur so stark, daß die auf der Oberfläche des Destillates schwimmenden Säuren an die Wandungen des Halses gelangen. Nach 10 Minuten stellt man den Aggregatzustand der auf dem Destillat schwimmenden Säuren fest. Bei reinem Butterfett bestehen diese Säuren aus einer festen oder halbweichen, trüben, formlosen Masse, während sie bei Gegenwart von 10% und mehr Cocosfett in dem Butterfett aus klaren Öltropfen bestehen[2]).

Nunmehr wird das Destillat in dem mit Glasstopfen verschlossenen Kolben durch vier- bis fünfmaliges Umkehren desselben unter Vermeidung starken Schüttelns gemischt und filtriert. Im Filtrat wird die Reichert - Meißlsche Zahl bestimmt. Das zu verwendende Filter von 8 cm Durchmesser muß fest und glatt an den Trichterwandungen anliegen.

Nachdem das Destillat ganz abfiltriert ist, wird das Filter sofort dreimal mit je 15 ccm Wasser, wodurch es jedesmal bis zum Rande gefüllt wird, gewaschen. Dieses Waschwasser wird vorher zum dreimaligen Nachspülen des Kühlrohres, des Meßzylinders und des 110 ccm-Kolbens benutzt. Wenn das letzte Waschwasser, von dem die zuletzt abfiltrierenden 10 ccm durch einen Tropfen $^1/_{10}$ N.-Barytlauge neutralisiert werden müssen, abgetropft ist, wird derselbe Vorgang in gleicher Weise 3 mal mit je 15 ccm neutralem, 90 proz. Alkohol wiederholt. Die in dem vereinigten alkoholischen Filtrate gelösten Fettsäuren werden alsdann unter Zusatz von 3 Tropfen Phenolphthaleinlösung mit $^1/_{10}$ N.-Barytlauge bis zur deutlich eintretenden Rötung titriert.

c) Gleichzeitige Bestimmung der Verseifungszahl, der Reichert - Meißlschen und der Polenskeschen Zahl. H. Bremer[3]) hat seinerzeit vorgeschlagen, die Bestimmung der Reichert - Meißlschen Zahl mit der der Verseifungszahl nach Köttstorfer zu verbinden. W. Arnold[4]) hat dieses Verfahren verbessert und es gleichzeitig auch zur Bestimmung der Polenskeschen Zahl angewendet. Man verfährt hierbei nach W. Arnold in folgender Weise:

α) Die Herstellung einer völlig farblosen Bremerschen Lauge geschieht in folgender Weise: 200 g Ätzkali werden in 200 ccm Wasser gelöst; die Lösung wird mit einer solchen von 15 g Ätzbaryt in 60 ccm Wasser versetzt. Nach dem Absitzen fällt man das überschüssige Bariumhydroxyd durch eine Lösung von 10 g Natriumsulfat in 40 Teilen Wasser aus. Das erkaltete, unfiltrierte Gemisch wird mit so viel 95 proz. Alkohol, der kurz vorher über Ätzkali destilliert wurde, versetzt, daß der Alkoholgehalt der Mischung etwa 70 Volumprozent beträgt. Die trübe Mischung bleibt zur Klärung bei möglichst niedriger Temperatur (Eisschrank) stehen und wird nach einigen Tagen durch Asbest filtriert. Die farblose Lauge wird, falls es nötig ist, mit 70 proz. Alkohol so weit verdünnt, daß 10 ccm der Lauge 26—27 ccm alkoholische N.-Schwefelsäure zur

---

[1]) Durch die Verwendung von grobem Bimssteinpulver wird ein gleichmäßigeres Sieden erreicht als durch die sonst gebräuchlichen Bimssteinstücke, mit welchen letzteren man nach A. Hesse (Milchwirtsch. Zentralblatt 1905, **1**, 13) abweichende Ergebnisse erhält.

[2]) Diese Erscheinung beruht darauf, daß die Caprylsäure, die im Cocosfett in größerer Menge als in der Butter vorhanden ist, erst bei 12° erstarrt.

[3]) Forschungsberichte über Lebensmittel usw. 1895, **2**, 424.

[4]) Zeitschr. f. Untersuchung d. Nahrungs- u. Genußmittel 1907, **14**, 148.

Neutralisation verbrauchen, entsprechend 14,5—15,1 Volumprozent Ätzkali. Je tiefer die Temperatur bei der Herstellung der Lauge war, je kälter letztere aufbewahrt wird, um so länger wird sie farblos bleiben.

Eine in beschriebener Weise hergestellte Lauge hält sich 14 Tage völlig farblos, wird dann etwas gelblich, läßt sich aber bei möglichst kalter Aufbewahrung monatelang in brauchbarem Zustand erhalten. Bemerkt sei hier, daß durch frisch geglühte Tierkohle eine rote Lauge weingelb und nach dem Absitzen und der Filtration durch Asbest wieder brauchbar wird.

β) Die Ausführung der Bestimmungen geschieht, wie folgt: 5 g Fett werden in einem 300 ccm fassenden Schottschen Kolben, dem das Kolbengewicht, vermehrt um 115 g, einvermerkt ist, mit 10 ccm möglichst hellfarbiger Bremerscher Lauge auf dem Wasserbade verseift. Nachdem in der üblichen Weise die Verseifungszahl festgestellt ist, fügt man zur alkoholischen Seifenlösung 0,5 ccm Bremerscher Lauge, genau 20 g Glycerin und ein linsengroßes Paraffinstückchen. Der Alkohol wird durch Erhitzen über freier Flamme verjagt und der Kolbeninhalt durch Zusatz von ausgekochtem Wasser auf das dem Kolben einvermerkte Gewicht gebracht. Die so erhaltene Seifenlösung wird mit 50 ccm Schwefelsäure (25 : 1000) zersetzt, worauf nach Zusatz einer starken Messerspitze voll Bimssteinpulver, 0,6—0,7 g gemäß den Angaben von Polenske, genau 110 ccm abdestilliert werden; die weiteren Arbeiten zur Bestimmung der Reichert - Meißlschen und Polenskeschen Zahlen sind dieselben, wie sie in Polenskes Vorschrift angegeben sind, nur daß man an Stelle von $^1/_{10}$ N.-Barytlauge auch $^1/_{10}$ N.-Natron- bzw. Kalilauge verwenden kann.

d) Die Höhe der Reichert - Meißlschen Zahl ist vorwiegend bedingt durch den Gehalt der Fette und Öle an Buttersäure und Capronsäure, die Polenskesche Zahl durch den an Caprylsäure. Beide Zahlen geben aber nicht den Gesamtgehalt der Fette an diesen Säuren an, sondern, wie aus der obigen Begriffserklärung hervorgeht, den unter den angegebenen Versuchsbedingungen davon gewinnbaren Anteil.

A. Juckenack und R. Pasternack[1]) haben bei einem Butterfette und einem Cocosfette nach der Bestimmung der Reichert - Meißlschen Zahl zu dem Destillationsrückstande wieder 110 ccm Wasser hinzugegeben, abermals 110 ccm abdestilliert und diese Behandlung bei dem Butterfette im ganzen 5 mal und bei dem Cocosfette 8 mal ausgeführt. Die hierbei erhaltenen Ergebnisse waren folgende:

Destillat Nr.	I	II	III	IV	V	VI	VII	VIII
Cocos-fett { Reichert-Meißlsche Zahl	6,80	3,69	2,73	1,88	1,22	0,94	0,61	0,45
{ % der flüchtigen Fettsäuren	37,12 %	20,14 %	14,90 %	10,26 %	6,66 %	5,13 %	3,33 %	2,46 %
Butter-fett { Reichert-Meißlsche Zahl	27,51	2,10	0,61	0,45	0,36	—	—	—
{ % der flüchtigen Fettsäuren	88,66 %	6,77 %	1,96 %	1,45 %	1,16 %	—	—	—

Es wurden demnach durch die Destillation bei der Bestimmung der Reichert - Meißlschen Zahl beim Butterfett rund 90% der Menge von wasserlöslichen flüchtigen Fettsäuren abdestilliert, die durch 5 malige Destillation im ganzen übergetrieben wurden.

Das Ranzigwerden der Fette und Öle hat in der Regel eine mehr oder minder merkliche Erhöhung der Reichert - Meißlschen Zahl zur Folge, ähnlich wirkt auch das Einblasen von Luft in fette Öle (sog. geblasene Öle).

6. Bestimmung der Jodzahl. Die Jodzahl gibt an, wieviel Jodchlorid, ausgedrückt in Prozenten Jod, ein Fett oder eine Fettsäure aufzunehmen vermag.

Das Verfahren beruht auf der Addition von Jod bzw. Jodchlorid durch die ungesättigten Fettsäuren, und zwar addieren an Jodchlorid bzw. Jod die

Fettsäuren der	Stearinsäurereihe	Ölsäurereihe	Linolsäurereihe	Linoleinsäurereihe
Jod	0	2	4	6 Atome.

[1]) Zeitschr. f. Untersuchung d. Nahrungs- u. Genußmittel 1904, **7**, 193.

v. Hübl[1]) stellte fest, daß alkoholische Jodlösung kaum bzw. nur sehr langsam auf die Fette einwirkt, daß dagegen bei Gegenwart von Quecksilberchlorid eine Einwirkung stattfindet; er schlug daher die Anwendung der unten unter a α) aufgeführten alkoholischen Jod-Quecksilberchloridlösung zur Bestimmung der Jodzahl vor.

Bei dieser Lösung bildet sich nach J. Ephraim[2]) Jodmonochlorid entweder nach der Gleichung:

$$(\text{I a}) \qquad HgCl_2 + 2\,J_2 = HgJ_2 + 2\,JCl$$

oder die Reaktion verläuft in 2 Phasen nach den Gleichungen:

$$(\text{I b}) \qquad \begin{cases} HgCl_2 + J_2 = HgClJ + JCl \\ HgClJ + J_2 = HgJ_2 \; + JCl\,. \end{cases}$$

Würden sich in der Hüblschen Jod-Quecksilberchloridlösung nur diese Reaktionen abspielen, so müßte der Wirkungswert dieser Lösung nach einiger Zeit mehr oder weniger konstant bleiben; dies ist aber nicht der Fall, sondern der Titer der Lösung nimmt nach einiger Zeit ständig ab.

Über die Veränderungen, welche hierbei in der Lösung vor sich gehen, liegen Untersuchungen von J. J. A. Wijs[3]) vor. Nach ihm wirkt zunächst das Wasser des Alkohols auf das Jodmonochlorid ein nach der Gleichung:

$$(\text{II}) \qquad JCl + H_2O = HCl + HJO\,.$$

Diese Reaktion ist eine Gleichgewichtsreaktion, bei der die weitere Umsetzung des Wassers durch die gebildete freie Salzsäure verhindert wird. Das entstandene JO-Jon ist aber sehr unbeständig, denn es setzt sich alsbald um nach der Gleichung

$$(\text{III}) \qquad 5\,HJO = HJO_3 + 2\,H_2O + 4\,J\,.$$

Wenn in der Lösung keine anderen als die vorstehenden Reaktionen I, II und III einträten, so würden bei der Titerstellung infolge des Jodkaliumzusatzes folgende Reaktionen vor sich gehen:

$$(\text{IV}) \qquad JCl + KJ = KCl \; + J_2$$

$$(\text{V}) \qquad HCl + HJO \; + KJ = KCl \; + H_2O \; + J_2$$

$$(\text{VI}) \qquad 5\,HCl + HJO_3 + 5\,KJ = 5\,KCl + 3\,H_2O + 3\,J_2$$

und man müßte daher bei der Titerstellung die ganze ursprüngliche Jodmenge wiederfinden. Dies ist aber nicht der Fall, sondern je älter die Lösung wird, desto mehr sinkt der Titer, und gleichzeitig bildet sich hierbei freie Säure. Schweitzer und Lungwitz[4]) sowie Waller[5]) haben gezeigt, daß diese Säuremenge den verschwundenen Äquivalenten Jod entspricht, welchen Befund J. J. A. Wijs[3]) bestätigen konnte. Dieser erklärt die Abnahme des Titers der Jodlösung durch eine oxydierende Einwirkung der unterjodigen Säure — die Jodsäure wirkt ähnlich — auf den Alkohol, indem sich nach der Gleichung:

$$(\text{VII}) \qquad 2\,HJO + C_2H_6O = J_2 + 2\,H_2O + C_2H_4O$$

hierbei Jod und Aldehyd bilden. Dadurch wird das Gleichgewicht in der Lösung gestört; es bildet sich, sobald etwas unterjodige Säure verschwunden ist, nach der Gleichung (II) neue und zwar so viel, daß immer das Produkt der Konzentration der unterjodigen Säure und der der Salzsäure zu dem Produkte der Konzentration des Jodmonochlorids und des Wassers in gleichem Verhältnis

---

[1]) Dinglers Polytechn. Journal 1884, **253**, 281.

[2]) Zeitschr. f. angew. Chem. 1895, 254.

[3]) Ebendort 1898, 291.

[4]) Journ. Industr. 1895, 130.

[5]) Chem.-Ztg. 1895, **19**, 1831.

bleibt. Die Lösung wird daher relativ immer haltbarer, je älter sie wird; doch endet diese Titerverminderung nicht eher, bis alles freie Jod verschwunden ist.

Die Hüblsche Jodlösung ist daher um so haltbarer, je konzentrierter der verwendete Alkohol ist, und ihre Haltbarkeit wird außerordentlich gesteigert durch den von Waller[1]) vorgeschlagenen Zusatz von konzentrierter Salzsäure, die nach Wijs nicht, wie Waller annimmt, nur das Wasser bindet, sondern infolge ihrer großen Konzentration zunächst die Umsetzung im Sinne der Gleichung (II) so gut wie ganz aufhebt und ferner die Dissoziation des Quecksilberchlorids sehr bedeutend herabsetzt, die des Quecksilberjodids aber nicht beeinflußt, infolgedessen das Gleichgewicht in der Gleichung (I) in der Richtung der Jodmonochloridbildung verschoben wird.

Was nun den Vorgang bei der Addition des Jodes usw. durch die Fette betrifft, so kommen nach Wijs hierfür nur drei Körper in Betracht, nämlich freies Jod, Jodmonochlorid und unterjodige Säure. Zuerst hat man das freie Jod als den wirksamen Körper angesprochen, dann sahen J. Ephraim[2]) und Wijs[3]) ihn im Jodmonochlorid und später ist Wijs[4]) zu der Überzeugung gekommen, daß er in der unterjodigen Säure zu suchen ist. Die Gründe, welche Wijs zu dieser letzteren Annahme veranlaßt haben, hier näher anzugeben, würde zu weit führen. Wijs denkt sich den Verlauf der Addition z. B. durch Ölsäure, wie folgt:

$$C_{18}H_{34}O_2 + HJO = C_{18}H_{34}O_2J \cdot OH$$

$$C_{18}H_{34}O_2J \cdot OH + HCl = C_{18}H_{34}O_2 \cdot JCl + H_2O$$

Praktisch läuft daher die spätere Annahme von Wijs auf genau die gleiche Endverbindung hinaus, wie die erste Annahme, daß Jodmonochlorid addiert werde. Da die Lösungen der unterjodigen Säure sehr wenig haltbar sind, indem sie sich im Sinne der Gleichung (III) zersetzt, so hat Wijs[5]) zur Jodzahlbestimmung die Verwendung einer Lösung von Jodmonochlorid in Eisessig vorgeschlagen, in der im Sinne der Gleichung (II) sich unterjodige Säure bildet.

Später hat J. Hanuš[6]) die Verwendung einer Lösung von Jodmonobromid in Eisessig für den gleichen Zweck vorgeschlagen. Das Verfahren von Wijs hat, wie die Nachprüfungen von verschiedenen Seiten ergeben haben, vor dem v. Hüblschen den Vorzug, daß die Wijssche Lösung in ihrer Wirksamkeit viel beständiger und die Addition schneller beendigt ist. Das Wijssche Verfahren liefert im allgemeinen ungefähr dieselben (einige Einheiten höhere) Jodzahlen wie das v. Hüblsche Verfahren, nur bei den Ölen mit hoher Jodzahl (Mohnöl, Leinöl usw.) sind die Wijsschen Jodzahlen wesentlich (nach M. Kitt[7]) und Marcusson[8]) beim Leinöl 17,7—18,0 Einheiten) höher als die v. Hüblschen, doch ist Wijs[9]) der Ansicht, daß seine Zahlen die richtigeren sind, weil bei dem v. Hüblschen Verfahren infolge der langen Einwirkungsdauer eine richtige Titerstellung nicht möglich sei. Auffällig sind nach Marcusson[8]) dagegen die Unterschiede beim Cholesterin und den Wollfettprodukten, bei denen das Wijssche Verfahren auffallend hohe Jodzahlen liefert.

Das Hanußsche Verfahren liefert ungefähr die gleichen Jodzahlen wie das v. Hüblsche.

Immerhin besitzen das Wijssche und das Hanußsche Verfahren so mannigfache Vorzüge vor dem v. Hüblschen, daß erstere beiden in Zukunft zweifellos eine ausgedehnte An-

[1]) Chem.-Ztg. 1895, **19**, 1831.

[2]) Zeitschr. f. angew. Chem. 1895, 254.

[3]) Zeitschr. f. analyt. Chem. 1898, **37**, 277.

[4]) Zeitschr. f. angew. Chem. 1898, 294.

[5]) Berichte d. Deutschen chem. Gesellschaft 1898, **31**, 750.

[6]) Zeitschr. f. Untersuchung d. Nahrungs- u. Genußmittel 1901, **4**, 913.

[7]) Chem.-Ztg. 1901, **25**, 540.

[8]) Vgl. L. Ubbelohde, Handbuch der Chemie und Technologie der Öle und Fette. Leipzig 1908, **1**, 215.

[9]) Chem. Revue d. Fett- u. Harzindustrie 1899, **6**, 5; ferner Zeitschr. f. Untersuchung d. Nahrungs- u. Genußmittel 1902, **5**, 497, 1150 u. 1193.

wendung finden werden und auch verdienen. Da jedoch die große Mehrzahl der in der Literatur angegebenen Jodzahlen nach letzterem Verfahren bestimmt ist, so empfiehlt es sich, bei Mitteilung von Jodzahlen stets anzugeben, nach welchem Verfahren sie bestimmt sind.

a) Verfahren von v. Hübl[1]). Nach der neuen amtlichen Anweisung vom 22. Februar 1908 zum „Fleischbeschaugesetz" verfährt man, wie folgt:

α) Erforderliche Lösungen: 1. Jodlösung. „Es werden einerseits 25 g Jod, andererseits 30 g Quecksilberchlorid in je 500 ccm fuselfreiem Alkohol von 95 Volumprozent gelöst, letztere Lösung, wenn nötig, filtriert und beide Lösungen getrennt aufbewahrt. Die Mischung beider Lösungen erfolgt zu gleichen Teilen und soll mindestens 48 Stunden vor dem Gebrauche statttfinden[2]).

2. Natriumthiosulfatlösung. Sie enthält im Liter etwa 25 g des Salzes. Die bequemste Methode zur Titerstellung ist die Volhardsche: 3,8666 g wiederholt umkrystallisiertes Kaliumbichromat löst man zum Liter auf. Man gibt 15 ccm einer 10 proz. Jodkaliumlösung in ein dünnwandiges Kölbchen[3]) mit eingeriebenem Glasstopfen von etwa 250 ccm Inhalt, säuert die Lösung mit 5 ccm konzentrierter Salzsäure an und verdünnt sie mit 100 ccm Wasser. Unter tüchtigem Umschütteln bringt man hierauf 20 ccm der Kaliumbichromatlösung zu. Jeder Kubikzentimeter derselben macht genau 0,01 g Jod frei. Man läßt nun unter Umschütteln von der Natriumthiosulfatlösung zufließen, wodurch die anfangs stark braune Lösung immer heller wird, setzt, wenn sie noch weingelb ist, etwas Stärkelösung hinzu und läßt unter jeweiligem kräftigem Schütteln noch so viel Natriumthiosulfatlösung vorsichtig zufließen, bis der letzte Tropfen die Blaufärbung der Jodstärke eben zum Verschwinden bringt. Die Kaliumbichromatlösung läßt sich lange unverändert aufbewahren und ist stets zur Kontrolle des Titers der Natriumthiosulfatlösung vorrätig, welcher besonders im Sommer öfters neu festzustellen ist.

Berechnung: Da 20 ccm der Kaliumbichromatlösung 0,2 g Jod freimachen, wird die gleiche Menge Jod von der verbrauchten Anzahl Kubikzentimeter Natriumthiosulfatlösung gebunden. Daraus berechnet man, wieviel Jod 1 ccm Natriumthiosulfatlösung entspricht. Die erhaltene Zahl, den Koeffizienten für Jod, bringt man bei allen folgenden Versuchen in Rechnung.

3. Chloroform; am besten eigens gereinigt.

4. 10 proz. Jodkaliumlösung.

5. Stärkelösung: Man erhitzt eine Messerspitze voll „löslicher Stärke"[4]) in etwas destilliertem Wasser; einige Tropfen der unfiltrierten Lösung genügen für jeden Versuch."

Ausführung der Bestimmung der Jodzahl. „Man bringt bei Schmalz 0,6—0,7 g, bei den übrigen Fetten[5]) 0,8—1 g geschmolzenes Fett in ein Kölbchen der unter Anm. 3

---

[1]) Dinglers Polytechn. Journ. 1884, **253**, 281.

[2]) Nach Waller (Chem.-Ztg. 1895, **19**, 1786 u. 1831) ist die v. Hüblsche Jodlösung in ihrem Wirkungswert viel beständiger, wenn man sie mit Chlorwasserstoffgas sättigt oder die Quecksilberchloridlösung nach Zusatz von 50 ccm konzentrierter Salzsäure (spezifisches Gewicht 1,19) auf 500 ccm mit Alkohol auffüllt.

[3]) Nach R. Sendtners Angaben von Joh. Greiner in München zu beziehen. Sie ermöglichen infolge ihres geringen Gewichtes (40—50 g) und infolge des geringen Umfanges das genaue Abwägen auf jeder analytischen Wage.

[4]) Nach Zulkowsky (Zeitschr. f. analyt. Chem. 1882, **21**, 578) werden 60 g zerriebene Stärke in 1 kg Glycerin eingerührt und unter fortwährendem Umrühren allmählich bis auf 190° erhitzt und einige Zeit erhalten; Kartoffelstärke wird durch $^1/_2$ stündiges, Weizen- und Reisstärke werden erst nach längerer Zeit durch Erhitzen auf 180—190° vollständig umgewandelt und sehr leicht löslich in Wasser.

[5]) Gemeint sind hier die übrigen tierischen Fette. Bei Pflanzenfetten mit niedriger Jodzahl (Cocosfett, Pflanzentalge usw.) verwendet man die gleiche Menge.

beschriebenen Art, löst das Fett in 15 ccm Chloroform und läßt 30 ccm Jodlösung (Nr. 1) zufließen, wobei man die Pipette bei jedem Versuch in genau gleicher Weise entleert. Sollte die Flüssigkeit nach dem Umschwenken nicht völlig klar sein, so wird noch etwas Chloroform hinzugefügt. Tritt binnen kurzer Zeit fast vollständige Entfärbung der Flüssigkeit ein, so muß man noch Jodlösung zugeben. Die Jodmenge muß so groß sein, daß noch nach 2 Stunden die Flüssigkeit stark braun gefärbt erscheint. Nach dieser Zeit ist die Reaktion beendet. Die Versuche sind bei Temperaturen von 15—18° anzustellen, die Einwirkung direkten Sonnenlichts ist zu vermeiden.

Man versetzt dann die Mischung mit 15 ccm Jodkaliumlösung (Nr. 4), schwenkt um und fügt 100 ccm Wasser hinzu. Scheidet sich hierbei ein roter Niederschlag aus, so war die zugesetzte Menge Jodkalium ungenügend, doch kann man diesen Fehler durch nachträglichen Zusatz von Jodkalium verbessern. Man läßt nun unter oftmaligem Schütteln so lange Natriumthiosulfatlösung zufließen, bis die wässerige Flüssigkeit und die Chloroformschicht nur mehr schwach gefärbt sind. Jetzt wird etwas Stärkelösung zugegeben und zu Ende titriert. Mit jeder Versuchsreihe ist ein sogenannter blinder Versuch, d. h. ein solcher ohne Anwendung eines Fettes zur Prüfung der Reinheit der Reagenzien (namentlich auch des Chloroforms) und zur Feststellung des Titers der Jodlösung zu verbinden.

Bei der Berechnung der Jodzahl ist der für den blinden Versuch nötige Verbrauch in Abzug zu bringen. Man berechnet aus den Versuchsergebnissen, wieviel Gramm Jod von 100 g Fett aufgenommen worden sind, und erhält so die Hüblsche Jodzahl des Fettes.

Da sich bei der Bestimmung der Jodzahl die geringsten Versuchsfehler in besonders hohem Maße multiplizieren, so ist peinlich genaues Arbeiten erforderlich. Zum Abmessen der Lösungen sind genau eingeteilte Pipetten und Büretten, und zwar für jede Lösung stets das gleiche Meßinstrument zu verwenden."

Bei der Untersuchung von Ölen treten folgende Abänderungen ein:

„Von nicht trocknenden Ölen verwendet man 0,3—0,4 g und bemißt die Zeitdauer der Einwirkung auf 2 Stunden. Von trocknenden Ölen verwendet man 0,15—0,18 g und läßt die Jodlösung 18 Stunden darauf einwirken. In letzterem Falle ist sowohl zu Beginn als auch am Ende der Versuchsreihe ein blinder Versuch auszuführen und für die Berechnung des Wirkungswertes der Jodlösung das Mittel dieser beiden Versuche zugrunde zu legen." (Margarinegesetz.)

Beispiel: Angewendet 0,6050 g Schweinefett, 30 ccm Jodlösung, die bei dem blinden Versuche 45,5 ccm Thiosulfatlösung entsprochen haben mögen; zurücktitriert 18,7 ccm Thiosulfatlösung, also verbraucht 26,8 ccm Thiosulfatlösung, von der jeder Kubikzentimeter 0,0125 g Jod entsprechen möge. Dann sind für die 0,6050 g Schweinefett $26,8 \times 0,0125 = 0,3350$ g Jod verbraucht und somit berechnet sich für das Schweinefett die

$$\text{Jodzahl } \frac{0,3350 \times 100}{0,6050} = 55,4 \; .$$

b) *Verfahren von J. J. A. Wijs*[1). Dieses Verfahren beruht auf der Anwendung einer Lösung von Jodmonochlorid in Eisessig.

α) Erforderliche Lösungen: 1. Jodmonochloridlösung. Man bereitet sie nach einem der beiden folgenden Verfahren: a) Man löst 13 g Jod in 1 l höchst konzentriertem Eisessig (Acidum aceticum glaciale 99% Merk; dieselbe darf beim Schütteln mit Kaliumbichromatlösung und Schwefelsäure erstere absolut nicht reduzieren), bestimmt in 25 ccm dieser Lösung genau den Titer und leitet darauf in die Lösung langsam einen durch Waschen mit Wasser von Salzsäure befreiten Chlorstrom, bis der Titer verdoppelt ist. Nach einiger Übung läßt sich dieser Punkt an dem Farbenumschlag genau treffen. —

---

[1]) Berichte d. Deutschen chem. Gesellschaft 1898, **31**, 750; Chem. Revue d. Fett- u. Harzindustrie 1899, **6**, 5; Zeitschr. f. Untersuchung d. Nahrungs- u. Genußmittel 1902, **5**, 497, 1150 u. 1193.

b) Bequemer ist die Herstellung aus käuflichem Jodtrichlorid und Jod. Man löst 9 g Jodtrichlorid (schnell abzuwägen!) in 1 l Eisessig von obigen Eigenschaften, pipettiert davon 5 ccm ab, gibt einige Kubikzentimeter 10 proz. Jodkaliumlösung sowie etwas Wasser hinzu und bestimmt den Titer mit $^1/_{10}$ N.-Thiosulfatlösung; dann löst man in der Jodtrichloridlösung so viel fein zerriebenes Jod, daß der Titer, auf gleiche Weise bestimmt, ein klein wenig mehr als $1^1/_2$ mal so groß wird. Wenn man will, kann man die Lösung noch mit etwas Eisessig verdünnen, und wenn sie nicht völlig klar ist, filtriert man sie. Lewkowitsch[1]), der das Wijssche Verfahren sehr empfiehlt, schlägt vor, 9,4 g Jodtrichlorid und 7,2 g Jod auf dem Wasserbade in Eisessig zu lösen und hierbei darauf zu achten, daß während der Behandlung auf dem Wasserbade der Eisessig kein Wasser anzieht.

2. **Tetrachlorkohlenstoff**; er soll, mit einer Kaliumbichromatlösung und konzentrierter Schwefelsäure geschüttelt, diese auch nach längerem Stehen nicht verfärben. Der Tetrachlorkohlenstoff ist dem Chloroform vorzuziehen, weil letzteres nach Wijs immer etwas Alkohol enthält.

3. **Stärkelösung, Jodkaliumlösung** (10 proz.) und **Thiosulfatlösung** werden in derselben Weise verwendet wie bei dem v. Hüblschen Verfahren.

β) **Ausführung der Bestimmung.** Diese erfolgt mit den vorstehend angegebenen Lösungen in derselben Weise wie beim v. Hüblschen Verfahren (angewendete Substanzmengen: 0,5—1 g bei festen Fetten, 0,3—0,4 g bei nichttrocknenden und 0,15—0,18 g bei trocknenden Ölen), nur mit folgenden Abweichungen:

a) Es genügen 10 ccm 10 proz. Jodkaliumlösung;

b) der Jodüberschuß soll etwa 70% betragen, d. h. von 100 Teilen zugesetzten Halogens sollen nur etwa 30% zur Addition verbraucht werden;

c) die Einwirkungsdauer soll für feste Fette und Öle mit niedriger Jodzahl wenigstens 15 Minuten, für Öle mit höherer Jodzahl länger und für Leinöl eine Stunde betragen. J. Lewkowitsch empfiehlt als Einwirkungsdauer bei Fetten und Ölen mit einer unter 100 liegenden Jodzahl $^1/_2$ Stunde, bei halbtrocknenden Ölen $^1/_2$—1 Stunde und bei trocknenden Ölen 1 bis höchstens 2 Stunden;

d) da der Titer der Jodmonochloridlösung sich nur wenig ändert — J. Lewkowitsch fand ihn nach 5 Monaten noch unverändert —, so genügt auch bei trocknenden Ölen die einmalige Einstellung des Titers durch einen blinden Versuch.

c) *Verfahren von J. Hanuš*[2]). J. Hanuš hat an Stelle der Jodmonochloridlösung die Anwendung einer **Jodmonobromidlösung** in Eisessig[3]) empfohlen, die vor der ersteren den Vorzug hat, daß sie leichter hergestellt werden kann und daß eine Einwirkungsdauer von 15 Minuten auch bei trocknenden Ölen hinreichend ist.

α) **Erforderliche Lösungen**: Die Darstellung des Jodmonobromids geschieht nach J. Hanuš in folgender Weise:

Zu 20 g Jod in einem Becherglase läßt man aus einem Scheidetrichter unter Rühren und Kühlen auf 5—8° allmählich 13 g Brom zufließen. Durch jeden Tropfen Brom bildet sich eine feste Substanz, so daß man tüchtig rühren muß, damit nicht die ganze Masse plötzlich fest wird und dadurch ein Teil des Jodes der Reaktion entzogen wird. Nach Beendigung der Reaktion, welche etwa 10 Minuten verlangt, wird das Reaktionsprodukt, welches eine Zeitlang noch rote Dämpfe entwickelt, die man ebenso wie das überschüssige Brom durch einen starken Kohlensäurestrom vertreiben kann, in ein Glasgefäß mit eingeschliffenem Glasstopfen eingefüllt. Das so dargestellte Jodmonobromid, dessen Ausbeute 30 g beträgt, ist eine graue, krystallinische, metallisch glänzende

---

[1]) J. Lewkowitsch, Chemische Technologie und Analyse der Öle, Fette und Wachse. Braunschweig 1905, **1**, 274.

[2]) Zeitschr. f. Untersuchung d. Nahrungs- u. Genußmittel 1901, **4**, 913.

[3]) J. Ephraim (Zeitschr. f. angew. Chem. 1895, 254) hat bereits eine Lösung von Jodmonobromid in Äthylalkohol empfohlen, die jedoch an Haltbarkeit der Lösung in Eisessig wesentlich nachsteht und in dieser Hinsicht die Hüblsche Jodlösung nicht übertrifft.

Substanz, die nach Hanuš in gut verschlossenen Gefäßen vollkommen haltbar ist und sich leicht in Äthylalkohol und Eisessig löst.

Die zu verwendende Jodmonobromidlösung stellt man durch Auflösen von 10 g Jodmonobromid in 500 ccm Eisessig in einer Reibschale her[1]).

Zur Feststellung des Titers setzt man zu 20 ccm dieser Lösung 15 ccm 10 proz. Jodkaliumlösung hinzu und titriert das Gemisch der beiden Flüssigkeiten mit Thiosulfatlösung. Die 20 ccm Jodmonobromidlösung entsprechen etwa 500 mg Jod.

β) Ausführung der Bestimmung: 0,6—0,7 g bei festen Fetten, 0,2—0,25 g bei Ölen von einer Jodzahl unter 120 oder 0,1—0,15 g bei Ölen mit höherer Jodzahl werden in ein Fläschchen mit eingeschliffenem Glasstopfen von 200 ccm Inhalt gegeben und in 10 ccm Chloroform gelöst. Hierzu fügt man 25 ccm der obigen Jodmonobromidlösung, verschließt das Fläschchen und läßt es $^1/_4$ Stunde unter zeitweiligem Durchschütteln stehen. Darauf fügt man 15 ccm 10 proz. Jodkaliumlösung hinzu und titriert mit einer Thiosulfatlösung von bekanntem Gehalt den Jodüberschuß zurück. Da der Umschlag der gelbgefärbten Flüssigkeit in die farblose ein sehr scharfer ist, erübrigt sich die Anwendung von Stärkelösung als Indicator.

d) Die Höhe der Jodzahl der Fette und Öle ist abhängig:

1. von dem prozentualen Gehalte der Fette und Öle an Glyceriden der ungesättigten Fettsäuren und

2. von der Natur dieser ungesättigten Fettsäuren, die durch die Bestimmung der sog. inneren Jodzahl (vgl. unten S. 388) erkannt wird.

Die in den Fetten und Ölen vorwiegend vorkommenden ungesättigten Fettsäuren und ihre einfachen Triglyceride addieren theoretisch folgende Jodmengen:

	Molekular-gewicht	Theoretische Jodzahl		Molekular-gewicht	Theoretische Jodzahl
Ölsäure	282,27	89,96	Triolein	884,8	86,10
Linolsäure	280,26	181,22	Trilinolein	878,8	173,38
Linolensäure	278,24	273,80	Trilinolenin	872,7	261,88
Erucasäure	338,34	75,05	Trierucin	1053,0	72,35

Auch die aromatischen Alkohole Cholesterin und Phytosterin addieren nach J. Lewkowitsch leicht 2 Atome Brom oder Jodmonochlorid; sie zeigen daher bei der Annahme der Formel $C_{27}H_{46}O$ (Molekulargewicht = 370,36) die theoretische Jodzahl 68,57.

3. Von der Art der Gewinnung und Aufbewahrung sowie dem Alter der Fette und Öle, indem erhöhte Temperatur bei der Pressung und längere Aufbewahrung der Öle bei Luftzutritt (Ranzigwerden) infolge eintretender Oxydation und Polymerisation ein Sinken der Jodzahl zur Folge haben.

e) Bestimmung der Bromzahl. Die früher für die Untersuchung der Fette und Öle vorgeschlagene Bromzahl ist ganz durch die Jodzahl verdrängt worden, da diese einfacher zu bestimmen ist und zuverlässigere Ergebnisse liefert; es kann daher hier von einem näheren Eingehen auf diese Bromzahl[2]) abgesehen werden.

II. Bestimmung einzelner Fettbestandteile.

1. Bestimmung der Gesamtfettsäuren, ihrer Neutralisationszahl und ihres mittleren Molekulargewichtes. a) Diese Werte kann

[1]) J. Bellier (Annal. chim. analyt. 1900, **5**, 128; Zeitschr. f. Untersuchung d. Nahrungs- u. Genußmittel 1900, **3**, 772) stellte eine ähnliche Lösung durch direktes Lösen von Jod, Brom und Quecksilberchlorid in Eisessig her und benutzt diese Lösung zur direkten titrimetrischen Bestimmung der Jodzahl.

[2]) Näheres über die verschiedenen Verfahren der Bromzahlbestimmung siehe bei J. Lewkowitsch, Chemische Technologie und Analyse der Öle, Fette und Wachse. Braunschweig 1905, **1**, 259—263.

man aus der Verseifungszahl (vgl. oben S. 365) berechnen. Man verfährt hierbei wie folgt[1]).

α) Die Ausbeute eines Fettes an Gesamtfettsäuren ist durch den Verseifungsvorgang selbst gegeben:

$$\left.\begin{array}{l} R-COO-H\,CH \\ R-COO-H\,C \\ R-COO-H\,CH \end{array}\right\} = 3\,(R-COOH) + \overline{C_3H_2}\,.$$

Sobald also drei Moleküle $= 3 \times 56{,}16$ g Kaliumhydroxyd bei einer Fettverseifung verbraucht sind, bedeutet dies für die angewendete Fettmenge einen Gewichtsverlust von 38,02 g ($= C_3H_2$). Es entsprechen also $3 \times 56{,}16 = 168{,}48$ g Kaliumhydroxyd einem Gewichtsverlust von 38,02 g, oder 1 g Kaliumhydroxyd bewirkt einen solchen von $\dfrac{38{,}02}{168{,}48} = 0{,}2258$ g. Da wir aber die Verseifungszahl (V) in Milligrammen Kaliumhydroxyd, bezogen auf 1 g Fett, ausdrücken, entspricht deren Einheit bei der Verseifung von Neutralfetten einem Gewichtsverlust von 0,0002258 g. Der beim Verseifungsvorgang durch Abspaltung des Glycerinrestes (C_3H_2) entstehende Gewichtsverlust beträgt somit für 1 g Fett $0{,}0002258 \times V$ Gramm und somit ist der

$$\text{Säuregehalt in 1 g Fett} = 1 - 0{,}0002258 \times V\,;$$

hieraus berechnet sich der prozentuale Gehalt des Fettes an Fettsäuren (F) nach der Gleichung:

(I) $$F = 100\,(1 - 0{,}0002258 \times V) = 100 - 0{,}02258 \times V\,.$$

β) Da die Säuremenge in 1 g Fett ebensoviel Kaliumhydroxyd zur Verseifung erfordert, wie das ursprüngliche Fett selbst, so ergibt sich die Verseifungs- (bzw. Neutralisations-) zahl der Gesamtsäuren (N) aus der Gleichung:

(II) $$N = \frac{V}{1 - 0{,}0002258 \times V}$$

und demnach das Molekulargewicht der Gesamtfettsäuren (M) aus der Gleichung:

(III) $$M = \frac{56\,160}{N} = \frac{56\,160}{\dfrac{V}{1 - 0{,}0002258 \times V}} = \frac{56\,160\,(1 - 0{,}0002258 \times V)}{V} = \frac{56\,160 - 12{,}68 \times V}{V}\,.$$

b) **Direkt** kann man die Menge der Gesamtfettsäuren nach dem Verfahren von K. Braun[2]) bestimmen, nach dem die Fettsäuren in die Kalksalze übergeführt und letztere nach der Wägung verascht werden. Man verfährt wie folgt:

$1-1^{1}/_{2}$ g des filtrierten Fettes werden mit alkoholischer Kalilauge verseift, der Alkohol zum größten Teil verdunstet und der Rückstand mit 50 ccm Wasser aufgenommen. Die Lösung wird unter Verwendung eines Tropfens Phenolphthalein möglichst genau mit Salzsäure neutralisiert und mit Chlorcalciumlösung versetzt, wobei man einen zu großen Überschuß vermeiden muß. Man erwärmt kurze Zeit bis auf höchstens 50°, wonach völlige Klärung eintritt, bringt den Niederschlag auf ein gewogenes Filter und wäscht ihn mit kaltem Wasser bis zum Verschwinden der Chlorreaktion aus. Filter mit Niederschlag werden bei einer 100° nicht überschreitenden Temperatur getrocknet, gewogen und dann in einem tarierten Tiegel verascht. Die Asche versetzt man mit einigen Tropfen Salpetersäure, glüht nochmals bis zur Gewichtsbeständigkeit und wägt den aus Calciumoxyd (CaO) bestehenden Tiegelinhalt. Zieht man

---

1) Vgl. W. Arnold, Beiträge zur Analyse der Speisefette. — Zeitschr. f. Untersuchung d. Nahrungs- u. Genußmittel 1905, **10**, 201 u. 353.

2) Seifenfabrikant 1906, **26**, 127; vgl. L. Ubbelohde, Handbuch der Chemie und Technologie der Öle und Fette. Leipzig 1908, **1**, 223.

diesen von dem Gewichte der Kalkseife (S) ab, so erhält man die vorhandene Menge Fettsäureanhydrid (A). Die dieser entsprechende Fettsäuremenge (F) berechnet man, unter der Berücksichtigung, daß hierbei für jedes Molekül Calciumoxyd ein Molekül Wasser hinzutreten muß, nach der Gleichung:

$$F = S - \left(1 - \frac{18}{56}\right) \times \mathrm{CaO} \quad \text{oder} \quad F = A + \frac{18}{56} \times \mathrm{CaO} .$$

Eine Fehlerquelle dieses Braunschen Verfahrens liegt nach L. Ubbelohde darin, daß die Kalksalze der wasserlöslichen Fettsäuren teilweise beträchtlich löslich sind; denn es lösen sich bei 15—20°

	Buttersäure	Capronsäure	Caprylsäure
die Kalksalze der in	3,5	4,4	mehr als 160 Teilen Wasser.

Das Verfahren ist daher zur Untersuchung von Butter und anderen Fetten mit sehr niedrig molekularen Fettsäuren nicht verwendbar. Nach L. Ubbelohde würde sich das Verfahren auch auf letztere Fette anwenden lassen, wenn man statt der Calciumsalze die Silbersalze der Fettsäuren darstellte, da buttersaures Silber viel schwerlöslicher ist, indem es bei 15° 100 Teile Wasser zur Lösung erfordert.

Auf ein weiteres Verfahren von Fahrion[1]), das auf der Darstellung und Wägung der Natriumsalze beruht, kann hier nur verwiesen werden.

2. Bestimmung der freien Fettsäuren und des Neutralfettes.

a) Im allgemeinen begnügt man sich bei der Analyse der Fette und Öle damit, den Gehalt an freien Fettsäuren aus der Säurezahl zu berechnen, und zwar berechnet man ihn in der Regel auf Ölsäure (Molekulargewicht 282,3), wie dies oben S. 363 bei der Bestimmung der Säurezahl angegeben ist. 1 ccm N.-Alkalilauge entspricht 0,2823 g Ölsäure. Diese Berechnung liefert natürlich nur annähernd genaue Ergebnisse und zwar auch nur dann, wenn das betreffende Fett oder Öl keine wesentlichen Mengen von Fettsäuren mit niedrigerem Molekulargewicht als dem der Palmitinsäure enthält. Ist dies jedoch der Fall, so läßt sich der Gehalt an freien Fettsäuren nur dann berechnen, wenn man das mittlere Molekulargewicht der freien Fettsäuren kennt, das man gegebenenfalls nach dem im nachfolgenden beschriebenen Verfahren bestimmen kann.

b) Genauere Ergebnisse erhält man durch die gewichtsanalytische Bestimmung: Etwa 5—10 g Fett werden in der oben S. 363 bei der Bestimmung der Säurezahl angegebenen Weise in 30—40 ccm einer Mischung gleicher Teile Äther und Alkohol gelöst und unter Verwendung von einigen Tropfen einer 1 proz. Phenolphthaleinlösung mit $^1/_{10}$ N.-Kalilauge bis zur schwachen Rotfärbung titriert. Darauf verdunstet man den Äther, gibt die Lösung in einen Scheidetrichter, setzt, wenn notwendig, noch etwas Alkohol hinzu, fügt zu dem Inhalte des Scheidetrichters das gleiche Volumen Wasser und schüttelt dieses Gemisch etwa 3 mal mit niedrig siedendem Petroläther aus. Jede der Petrolätherlösungen, welche das Neutralfett (einschl. der sog. unverseifbaren Stoffe wie Cholesterin, Phytosterin und etwa vorhandener sonstiger unverseifbarer Stoffe) enthalten, wird einige Male mit geringen Mengen Wasser gewaschen und die Lösungen werden darauf nacheinander durch ein trockenes Filter in ein gewogenes Kölbchen filtriert. Nach dem Abdestillieren des Petroläthers wird der Rückstand, das Neutralfett, getrocknet und gewogen. Den Gehalt an freien Fettsäuren berechnet man aus der Differenz, oder, wenn er nur gering ist, durch Ansäuren der in den Scheidetrichter zurückgegebenen Seifenlösung mit verdünnter Schwefelsäure und Ausschütteln der ausgeschiedenen Fettsäuren mit Petroläther in der vorstehend beschriebenen Weise. Diese direkte Bestimmung der freien Fettsäuren liefert jedoch nur dann brauchbare Ergebnisse, wenn keine wesentlichen Mengen leichtflüchtiger Fettsäuren vorhanden sind; ist dies aber der Fall, so liefert die indirekte Bestimmung meist zuverlässigere Ergebnisse.

3. Bestimmung der (wasser-) unlöslichen Fettsäuren (Hehnersche Zahl) sowie ihrer Neutralisationszahl und ihres mitt-

1) Chem.-Ztg. 1906, **30**, 267.

leren Molekulargewichtes. a) Die Hehnersche Zahl gibt die prozentuale Ausbeute der Fette an in Wasser unlöslichen Fettsäuren einschließlich der unverseifbaren Bestandteile der Fette an.

Wenngleich dieser Zahl eine praktische Bedeutung zum Nachweise von Verfälschungen heute nicht mehr zukommt, so ist doch, abgesehen von der quantitativen Bestimmung, die Art der Ausführung dieses Verfahrens für manche Fettuntersuchungen (Bestimmung des Schmelz- und Erstarrungspunktes, des Molekulargewichtes, der Jodzahl usw. der Fettsäuren) vielfach empfehlenswert. Aus diesem Grunde soll das Verfahren hier nach der amtlichen Anweisung zum „Margarinegesetz" beschrieben werden:

„3—4 g Fett werden in einer Porzellanschale von etwa 10 cm Durchmesser mit 1—2 g Ätznatron und 50 ccm Alkohol versetzt und unter öfterem Umrühren auf dem Wasserbade erwärmt, bis das Fett vollständig verseift ist. Die Seifenlösung wird bis zur Sirupdicke verdampft, der Rückstand in 100—150 ccm Wasser gelöst und mit Salzsäure oder Schwefelsäure angesäuert. Man erhitzt, bis sich die Fettsäuren als klares Öl an der Oberfläche gesammelt haben, und filtriert durch ein vorher bei 100° getrocknetes und gewogenes Filter aus sehr dichtem Papiere. Um ein trübes Durchlaufen der Flüssigkeit zu vermeiden, füllt man das Filter zunächst zur Hälfte mit heißem Wasser an und gießt erst dann die Flüssigkeit mit den Fettsäuren darauf. Man wäscht mit siedendem Wasser bis zu 2 l Waschwasser aus, wobei man stets dafür sorgt, daß das Wasser nicht vollständig abläuft.

Nachdem die Fettsäuren erstarrt sind, werden sie samt dem Filter in ein Wägegläschen gebracht und bei 100° bis zum konstanten Gewichte getrocknet oder in Äther gelöst, in einem tarierten Kölbchen nach dem Abdestillieren des Äthers getrocknet und gewogen. Aus dem Ergebnisse berechnet man, wieviel Gewichtsteile unlösliche Fettsäuren in 100 Gewichtsteilen Fett enthalten sind, und erhält so die Hehnersche Zahl."

Zur Verseifung kann man natürlich auch Ätzkali statt des Ätznatrons verwenden. Wenn weitere Untersuchungen mit den Fettsäuren angestellt werden sollen, so wendet man entsprechend größere Substanzmengen an; ferner ist es, um eine Veränderung der Fettsäuren zu verhüten, unter Umständen, z. B. für Jodzahlbestimmungen, erforderlich, die ausgewaschenen Fettsäuren in Äther zu lösen, den Äther im Kohlensäurestrome auf dem Wasserbade zu verdunsten und den Rückstand auch im Kohlensäurestrome bis zur Gewichtsbeständigkeit zu trocknen.

b) Zur Bestimmung der sog. Neutralisationszahl der Fettsäuren, worunter die Milligramm Kaliumhydroxyd verstanden werden, die zur Neutralisation von 1 g der Fettsäuren erforderlich sind, löst man 3—5 g Fettsäuren in 50—100 ccm neutralisiertem Alkohol und titriert unter Verwendung von Phenolphthalein als Indicator mit $^1/_{10}$ N.-Alkalilauge.

Empfehlenswerter ist es jedoch, die Neutralisationszahl nach Art der Verseifungszahl durch Anwendung eines Überschusses von Alkalilauge zu bestimmen, da hierdurch die durch Anhydridbildung verursachten Fehler beseitigt werden.

Die Neutralisationszahlen der Fettsäuren müssen, sofern wasserlösliche Fettsäuren in nennenswerter Menge nicht vorhanden sind, theoretisch entsprechend höher liegen als die Verseifungszahlen der Fette selbst.

c) Aus den Neutralisationszahlen (N) kann man das mittlere Molekulargewicht (M) der Fettsäuren unter Berücksichtigung des Molekulargewichts des Kaliumhydroxyds (56,16) und der Fettmengen, auf welche sich die Neutralisationszahl bezieht (1 g = 1000 mg), berechnen nach der Formel:

$$M = \frac{56160}{N}.$$

Nach Tortelli und Pergami[1]) erhält man bei den Fettsäuren — mit Ausnahme der Stearinsäure — etwas höhere Werte, wenn man die Verseifungszahl (vgl. S. 365) bestimmt, als wenn man

---

[1]) Chem. Revue d. Fett- u. Harzindustrie 1902, **9**, 182.

nur die Neutralisationszahl bestimmt, und zwar sollen diese Unterschiede infolge Bildung innerer Anhydride oder Lactone um so größer sein, je älter die Fettsäuren sind. Dementsprechend sind dann auch natürlich die mittleren Molekulargewichte um so kleiner, wenn man sie aus der Verseifungszahl berechnet, als wenn man sie aus der Neutralisationszahl ableitet. J. Lewkowitsch[1]) ist auf Grund seiner Versuche der Ansicht, daß diese Angaben von Tortelli und Pergami zwar in vielen Fällen zutreffend sind, aber zurzeit noch nicht als allgemein gültige Regel angenommen werden können.

4. Bestimmung der wasserlöslichen bzw. der flüchtigen wasserlöslichen Fettsäuren und ihrer mittleren Molekulargewichte sowie der nichtflüchtigen Fettsäuren.

Zwischen den flüchtigen und (wasser-)löslichen Fettsäuren der Fette und Öle besteht eine gewisse Beziehung in der Richtung, daß die Fettsäuren um so leichter löslich sind, je flüchtiger sie sind, doch sind die „löslichen" Fettsäuren durchaus nicht mit den „flüchtigen" identisch. Die gesättigten Fettsäuren von der Buttersäure aufwärts sind um so weniger mit Wasserdämpfen flüchtig, je höher ihr Molekulargewicht ist; aber wie W. Arnold[2]) gezeigt hat, ist selbst die Palmitinsäure und nach A. Hesse[3]) auch die Stearinsäure noch, wenn auch nur in geringem Grade, mit Wasserdämpfen flüchtig.

Ganz anders liegen die Verhältnisse bei der Wasserlöslichkeit der Fettsäuren.

Während die Buttersäure mit Wasser in jedem Verhältnisse mischbar ist, lösen sich nach O. Jensen[4]) in 100 ccm Wasser von 15° nur 0,872 g Capronsäure und 0,079 g Caprylsäure. Die Caprinsäure ist nach O. Jensen in Wasser von 15° fast unlöslich und nach R. K. Dons[5]) lösen sich in 100 ccm nur 0,0034 g. Die gesättigten Fettsäuren von der Laurinsäure aufwärts sind in Wasser von 15° unlöslich[6]).

Die wasserlöslichen flüchtigen Fettsäuren des Butterfettes bestehen z. B. vorwiegend aus Buttersäure und Capronsäure und die des Cocosfettes vorwiegend aus Capron- und Caprylsäure.

a) Bestimmung der gesamten wasserlöslichen Fettsäuren, ihrer Neutralisationszahl und ihres Molekulargewichtes.

α) Die gesamte Menge der wasserlöslichen Fettsäuren eines Fettes läßt sich aus der Verseifungszahl des Fettes und seinem Gehalt an unlöslichen Fettsäuren berechnen, indem man zunächst aus der Verseifungszahl (V) des Fettes seinen prozentualen Gehalt an Gesamtfettsäuren (F) berechnet nach der oben S. 381 unter 1a) angegebenen Gleichung (I):

$$F = 100 - 0{,}02258 \times V \, .$$

Zieht man von F den nach 3a) (S. 383) bestimmten Gehalt an wasserunlöslichen Fettsäuren (H = Hehnersche Zahl) ab, so erhält man den prozentualen Gehalt des Fettes an gesamten wasserlöslichen Fettsäuren (F_w) nach der Gleichung:

$$\text{(IV)} \qquad F_w = F - H = 100 - 0{,}02258 \times V - H \, .$$

β) Die Neutralisationszahl und das Molekulargewicht der gesamten wasserlöslichen Fettsäuren kann man ebenfalls berechnen, wenn man außer der Verseifungszahl (V) und der Gesamtmenge der wasserunlöslichen Fettsäuren (H = Hehnersche Zahl) auch

---

[1]) J. Lewkowitsch, Chemische Technologie und Analyse der Öle, Fette und Wachse. Braunschweig 1905, **1**, 396.

[2]) Zeitschr. f. Untersuchung d. Nahrungs- u. Genußmittel 1907, **14**, 147.

[3]) Milchwirtsch. Centralblatt 1905, **1**, 16.

[4]) Zeitschr. f. Untersuchung d. Nahrungs- u. Genußmittel 1905, **10**, 265.

[5]) Ebendort 1908, **16**, 705.

[6]) Eine nichtflüchtige wasserlösliche Fettsäure ist die im Japanwachs in geringen Mengen vorkommende zweibasische Japansäure $C_{22}H_{42}O$ vom Schmelzpunkt 118°.

noch die Neutralisationszahl (N_h) der letzteren kennt. Aus der Gleichung (I) (S. 381) ergibt sich der prozentuale Gehalt des Fettes an Gesamtfettsäuren (F) zu:

$$F = 100 - 0,02258 \times V;$$

von diesen $F\%$ Gesamtfettsäuren sind $H\%$ wasserunlösliche oder von 100% Gesamtfettsäuren $\dfrac{H \times 100}{F}\%$ und daher $100 - \dfrac{H \times 100}{F}\%$ wasserlöslich; aus diesen Werten sowie der Neutralisationszahl der Gesamtfettsäuren (N) und der der unlöslichen Fettsäuren (N_h) berechnet sich alsdann die **Neutralisationszahl der gesamten wasserlöslichen Fettsäuren** (X) nach der Gleichung:

$$\frac{H \times 100}{F} \times N_h + \left(100 - \frac{H \times 100}{F}\right) \times X = 100\,N$$

oder

$$X = \frac{100\,N - \dfrac{H \times 100}{F} \times N_h}{100 - \dfrac{H \times 100}{F}}$$

$$X = \frac{F \times N - H \times N_h}{F - H}.$$

Setzt man in diese letzte Gleichung die Werte für F und N aus den Gleichungen (I) und (II) (S. 381) ein, so ist

(V)
$$X = \frac{100\,V - H \times N_h}{100 - 0,02258 \times V - H}.$$

Das **Molekulargewicht der gesamten wasserlöslichen Fettsäuren** (M_x) ergibt sich dann aus der Gleichung:

(VI)
$$M_x = \frac{56160}{X}.$$

Beispiel: Bei einem Butterfette seien gefunden die Verseifungszahl $V = 230$, der Gehalt an wasserunlöslichen Fettsäuren $H = 87,0\%$ und die Neutralisationszahl der letzteren $N_h = 216$; dann berechnet sich für die **Neutralisationszahl der gesamten wasserlöslichen Fettsäuren** X der Wert:

$$X = \frac{100 \times 230 - 87 \times 216}{100 - 0,02258 \times 230 - 87} = 538,8$$

und für das **Molekulargewicht** M_x dieser Säuren der Wert:

$$M_x = \frac{56160}{X} = \frac{56160}{538,8} = 104,2.$$

γ) Bei den vorstehenden Berechnungen ist angenommen, daß es sich um Fette handelt, **die keine nennenswerten Mengen freier Fettsäuren** enthalten; sind solche in größerer Menge vorhanden, so stellt man aus dem Fette in der oben S. 382 beschriebenen Art das Neutralfett dar und untersucht dieses in der angegebenen Weise. Dazu sei noch bemerkt, daß man die Neutralisationszahl der wasserunlöslichen Fettsäuren am besten durch Zusatz eines Überschusses von Alkalilauge nach Art der Verseifungszahl bestimmt.

Die Bestimmung der gesamten wasserlöslichen Fettsäuren und ihrer Neutralisationszahl in der vorstehend beschriebenen Art ist insofern unsicher, als die Menge der wasserlöslichen und wasserunlöslichen Fettsäuren sich wesentlich nach der Art und Dauer des Auswaschens der unlöslichen Fettsäuren richtet, indem namentlich die schwerlösliche Caprylsäure je nach der Auswaschung sich unter den löslichen oder unlöslichen Fettsäuren befinden kann.

Eine größere Bedeutung als die vorstehende Bestimmung bzw. Berechnung der Menge der **gesamten löslichen Fettsäuren** und ihres Molekulargewichtes hat dagegen, namentlich für die Untersuchung des Butterfettes, die

König, Nahrungsmittel. III. 4. Aufl. 25

b) Bestimmung der wasserlöslichen flüchtigen Fettsäuren, ihrer Neutralisationszahl und ihres Molekulargewichtes.

Für diese Bestimmungen haben R. Henriques[1]), K. Farnsteiner[2]), A. Juckenack[3]) sowie weiter A. Juckenack und R. Pasternack[4]) Verfahren mitgeteilt, von denen das der letzteren hier beschrieben sei.

α) Man bestimmt das mittlere Molekulargewicht der wasserlöslichen flüchtigen Fettsäuren, wie folgt:

10 g Fett werden nach Leffmann und Beam mit 40 g einer 5 proz. Glycerin-Natronlauge in einem etwa 300 ccm fassenden Kochkolben aus Jenaer Glas über freier Flamme vollständig verseift. Die flüssige Seife wird in einen Ammoniakdestillationskolben für Stickstoffbestimmungen nach Bremer[5]) gebracht. Nach dem Erkalten fügt man 80 ccm verdünnter Schwefelsäure (1 : 10) hinzu und destilliert die flüchtigen Fettsäuren mit einem starken Wasserdampfstrome ab. Gleichzeitig wird der Kolben, in dem sich die Seife befindet, mit einer kleinen Flamme erwärmt, so daß die Flüssigkeitsmenge im Destillationskolben während der ganzen Destillation annähernd die gleiche bleibt. Hierbei werden etwa 300 ccm Destillat aufgefangen.

Etwa 150—300 ccm dieses durchmischten und filtrierten Destillates werden unter Zusatz von 2—3 Tropfen Phenolphthaleïnlösung mit $^1/_{10}$ N.-Kalilauge genau neutralisiert. Die Anzahl der verbrauchten Kubikzentimeter wird genau festgestellt. Sodann wird die Flüssigkeit in einer flachen, gewogenen Platinschale („Weinschale") zur Trockne verdampft und im Wassertrockenschrank („Weintrockenschrank") bis zum beständigen Gewicht erwärmt. Aus dem ermittelten Gewichte der fettsauren Salze wird das mittlere Molekulargewicht der vorliegenden Fettsäuren mit Hilfe der verbrauchten Alkalimenge berechnet.

Hierbei ist zu berücksichtigen, daß die zur Titration Verwendung findende $^1/_{10}$ N.-Kalilauge in der Regel neben Kaliumhydroxyd auch geringe Mengen Natriumhydroxyd oder Calciumhydroxyd enthält. Infolgedessen ist der wirkliche Alkaligehalt der Lauge festzustellen und der Berechnung zugrunde zu legen. Um diesen zu ermitteln, werden 50 ccm der betreffenden Lauge (von der zweckmäßig ein Vorrat gehalten wird) nach Zusatz von 2 Tropfen Phenolphthaleïn genau mit $^1/_{10}$ N.-Schwefelsäure neutralisiert, dann eingedampft, getrocknet und gewogen. Findet man hierbei z. B. 0,4436 g, also für 100 ccm 0,8872 g Kaliumsulfat (K_2SO_4), so ist hiervon die in 100 ccm $^1/_{10}$ N.-Schwefelsäure enthaltene Menge Schwefelsäureanhydrids, also 0,40, abzuziehen. Es ergeben sich demnach 0,4872 g statt 0,47 g Kaliumoxyd (K_2O) in 100 ccm oder für 1 ccm $^1/_{10}$ N.-Kalilauge = 0,004872 g.

Für die Berechnung des mittleren Molekulargewichtes kommt folgende Erwägung in Betracht: Fettsäure + Alkali gibt fettsaures Salz + Wasser. Infolgedessen muß zur Ermittelung des Molekulargewichtes der hydrathaltigen Fettsäure aus dem fettsauren Salz das in dem Salz enthaltene Alkalioxyd in Abzug gebracht und die dem Alkalioxyd entsprechende Hydratwassermenge hinzugerechnet werden.

Die Menge dieses Hydratwassers beträgt für 1 ccm $^1/_{10}$ N.-Alkalilauge 0,0009 g, die, mit der Anzahl der zur Titration verbrauchten Kubikzentimeter $^1/_{10}$ N.-Alkalilauge multipliziert, der dem Fettsäureanhydrid zuzuzählenden Menge Wasser entsprechen.

Von dem, wie oben angegeben, zur Wägung gelangten fettsauren Salz werden daher zweckmäßig im vorliegenden Falle für jeden verbrauchten Kubikzentimeter $^1/_{10}$ N.-Alkalilauge

---

[1]) Chem. Revue d. Fett- u. Harzindustrie 1898, **5**, 169; Zeitschr. f. Untersuchung d. Nahrungs- u. Genußmittel 1899, **2**, 385.

[2]) Ebendort S. 195; Zeitschr. f. Untersuchung d. Nahrungs- u. Genußmittel 1899, **2**, 386.

[3]) Ebendort 1899, **6**, 112; Zeitschr. f. Untersuchung d. Nahrungs- u. Genußmittel 1900, **3**, 112.

[4]) Zeitschr. f. Untersuchung d. Nahrungs- u. Genußmittel 1904, **7**, 193.

[5]) Ebendort 1898, **1**, 316.

0,004872 — 0,0009 = 0,00397 in Abzug gebracht. Die Differenz ist alsdann mit

$$\frac{10 \times 1000}{\text{verbrauchte ccm } ^{1}/_{10} \text{ N.-Lauge}}$$

zu multiplizieren.

Diese Ausführungen lassen sich zweckmäßig in folgende Formel zusammenfassen:

$$M = \frac{(a - k \times b)\, 10 \times 1000}{b}\,,$$

worin bedeutet:

M mittleres Molekulargewicht der wasserlöslichen flüchtigen Fettsäuren,

a gefundenes Gewicht des fettsauren Salzes in Gramm,

b Zahl der verbrauchten Kubikzentimeter $^{1}/_{10}$ N.-Lauge,

K das für jeden Kubikzentimeter N.-Alkalilauge von a in Abzug zu bringende Gewicht; z. B. 0,00397 g in obigem Beispiel.

Nach diesem Verfahren fanden A. Juckenack und R. Pasternack das mittlere Molekulargewicht der wasserlöslichen flüchtigen Fettsäuren in 3 Butterproben zu 95,11, 96,91 und 98,30 und in 3 Proben Cocosfett zu 132,80, 138,43 und 145,10.

β) Aus dem mittleren Molekulargewicht (M) kann man in einfacher Weise die Neutralisationszahl (N) der wasserlöslichen flüchtigen Fettsäuren berechnen nach der Gleichung:

$$N = \frac{56160}{M}\,.$$

γ) Die prozentuale Menge der wasserlöslichen flüchtigen Fettsäuren läßt sich nach diesem Verfahren ebenfalls leicht berechnen.

Sind z. B. aus 10 g Fett 220 ccm Destillat gewonnen und von diesen 200 ccm in Arbeit genommen und in diesen $a - k \times b$ Gramm Fettsäuren gefunden, so ist der prozentuale Gehalt (F) des Fettes an diesen Fettsäuren

$$F = (a - k \times b)\, 1{,}1 \times 10\,.$$

c) Bestimmung des mittleren Molekulargewichtes der nichtflüchtigen Fettsäuren. Hierzu kann man den vorstehend unter b) gewonnenen Destillationsrückstand verwenden. Diesen verdünnt man mit viel heißem Wasser und läßt erkalten. Sodann hebt man die auf der Flüssigkeit schwimmenden festen Fettsäuren ab, wäscht sie wiederholt mit Wasser und löst sie in Äther. Die ätherische Lösung wird noch 3—4 mal mit Wasser ausgeschüttelt, alsdann mit Chlorcalcium getrocknet und im Wasserbade vom Äther befreit. Der letzte Rest des Äthers, der den Fettsäuren noch anhaftet, wird bei gelinder Wärme im Wassertrockenschrank verjagt. Annähernd je 2 g der Fettsäuren werden in einem Erlenmeyerschen Kölbchen genau abgewogen und bei gelinder Wärme in Alkohol gelöst, der mit Phenolphthalein versetzt und mit Kalilauge genau neutralisiert war. Die Lösung der Fettsäuren wird darauf mit N.-Kalilauge titriert. Das mittlere Molekulargewicht dieser nichtflüchtigen, in Wasser unlöslichen Fettsäuren wird berechnet nach der Formel:

$$M = \frac{P \times 1000}{K}\,,$$

worin bedeutet:

M das mittlere Molekulargewicht der Fettsäuren;

P Gewicht der angewendeten Fettsäuren;

K verbrauchte Kubikzentimeter der N.-Kalilauge.

Noch zweckmäßiger dürfte es sein, die Fettsäuren wie bei der Bestimmung der Verseifungszahl mit einem Überschusse von alkoholischer Kalilauge zu erhitzen, den Kaliüberschuß zurückzutitrieren und die zur Neutralisation der Fettsäuren verbrauchte Kalimenge

25*

auf Kubikzentimeter N.-Kalilauge zu berechnen. Natürlich kann man dann auch aus der Neutralisationszahl (S. 383) das mittlere Molekulargewicht der Fettsäuren berechnen.

5. Bestimmung der festen und flüssigen (ungesättigten) Fettsäuren.

Ob ungesättigte Fettsäuren in einem Glyceride bzw. in einem Fette vorhanden sind, erkennt man am einfachsten aus der Bestimmung der Jodzahl; ist diese = 0, so enthält das Glycerid oder Fett keine ungesättigten Fettsäuren. Die natürlichen Fette und Öle enthalten aber stets ungesättigte Fettsäuren. Die Höhe der Jodzahlen ist indes, wie schon oben (S. 380) hervorgehoben wurde, abhängig 1. von dem prozentualen Gehalt des Fettes an ungesättigten Fettsäuren und 2. von der Natur der letzteren. Bestehen z. B. die ungesättigten Fettsäuren aus Leinölsäure (Jodzahl 181,22), so ist bei derselben Jodzahl des Fettes sein prozentualer Gehalt an ungesättigten Fettsäuren nur ungefähr halb so hoch, als wenn sie nur aus Ölsäure (Jodzahl 89,96) bestehen.

Man kann daher aus der Jodzahl des Fettes seinen prozentualen Gehalt an ungesättigten Fettsäuren nur dann berechnen, wenn die Natur der ungesättigten Fettsäuren bekannt ist. Enthält z. B. ein Fett als ungesättigte Säure nur Ölsäure (Jodzahl 89,96) und ist J die Jodzahl seiner Fettsäuren, so kann man den prozentualen Gehalt der letzteren an Ölsäure (O) in einfacher Weise berechnen nach der Gleichung:

$$O = \frac{100 \times J}{89,96}.$$

Ist dagegen die Natur der ungesättigten Fettsäuren bzw., wie dies meist der Fall ist, das Mischungsverhältnis der vorhandenen an sich bekannten, ungesättigten Fettsäuren unbekannt, so kann man den Gehalt eines Fettes oder Öles an ungesättigten Fettsäuren aus seiner Jodzahl nur dann berechnen, wenn man die Jodzahl dieser Säuren kennt. Zu dem Zwecke muß man die ungesättigten Fettsäuren nach einem der nachstehend beschriebenen Verfahren darstellen, die auch gleichzeitig eine mehr oder minder genaue direkte quantitative Bestimmung der ungesättigten Fettsäuren[1]) gestatten.

a) Darstellung der ungesättigten flüssigen Fettsäuren und quantitative Trennung dieser von den gesättigten Fettsäuren durch die Behandlung der Bleiseifen mit Äther.

α) Zur Darstellung der ungesättigten flüssigen Fettsäuren aus Fetten und Ölen eignet sich nach J. Lewkowitsch am besten das Verfahren von Tortelli und Ruggeri[2]), welches in folgender Weise ausgeführt wird:

20 g der Probe werden mit 15 ccm einer 50 proz. Kalilauge und 45 ccm 95 proz. Alkohols verseift. Der Überschuß der Kalilauge wird mit Essigsäure unter Anwendung von Phenolphthalein als Indicator neutralisiert. Alsdann werden 300 ccm einer 7 proz. Bleiacetatlösung zum Sieden erhitzt und die Seifenlösung in einem dünnen Strahl unter fortwährendem Umschwenken hineingegossen. Der Kolben wird in kaltes Wasser eingesenkt und darin unter fortwährendem Schütteln etwa 10 Minuten lang gehalten. Wenn die überstehende Flüssigkeit klar geworden ist, wird sie abgegossen und die Bleiseife 3 mal mit 200 ccm warmem, nicht siedendem Wasser gewaschen. Man läßt die Seife sich abkühlen und nimmt etwa anhängende Wassertröpfchen mittels eines Filtrierpapierröllchens ab. Darauf werden 220 ccm Äther in den Kolben gegossen, die Masse wird gut durchgeschüttelt und der Kolben 20 Minuten lang auf dem Wasserbade erwärmt, bis der Äther schwach siedet. Während dieser Zeit schwenkt man den Kolben öfters um, um alle Seifenteilchen von den Wänden und dem Boden des Kolbens abzulösen. Der Kolben wird nun in kaltes Wasser von 8—10° eingesenkt und darin

---

[1]) Diese Verfahren gestatten jedoch nur die Darstellung der flüssigen ungesättigten Fettsäuren, nicht dagegen die der festen, wie z. B. der Erucasäure des Rüböles, da deren Bleisalze in Äther usw. nur schwer löslich sind.

[2]) L'Orosi 1900, April; vgl. J. Lewkowitsch, Chemische Technologie und Analyse der Öle, Fette und Wachse. Braunschweig 1905, 1, 384.

2 Stunden lang stehen gelassen. Hierauf filtriert man die Flüssigkeit durch ein Faltenfilter in einen Kolben von 200 ccm Inhalt mit engem Halse. Der Kolben wird vollständig mit Äther aufgefüllt, gut verkorkt und unter dem Wasserleitungshahne 12 Stunden lang stehen gelassen. Meist scheidet sich dabei noch ein Niederschlag aus. Die ätherische Lösung wird alsdann durch ein Filter in einen Scheidetrichter filtriert und die Seife mit 150 ccm einer 20 proz. Salzsäure zersetzt. Man zieht das ausgefallene Bleichlorid und die saure wässerige Lösung ab und schüttelt den Äther nochmals mit 100 ccm Salzsäure. Die ätherische Lösung wird nun mit 150 ccm Wasser gewaschen und schließlich durch ein Faltenfilter in einen Kolben von etwa 300 ccm Inhalt filtriert. Der Äther wird so weit abdestilliert, daß die Flüssigkeit etwa 40—50 ccm aus-macht. Diese Lösung gießt man in einen anderen Kolben von etwa 100 ccm Inhalt, welcher mit einem doppelt durchbohrten Kork versehen ist, und senkt den Kolben bis zum Halse in ein Wasserbad ein. Alsdann wird ein Strom trockner Kohlensäure oder trocknen Wasser-stoffs durch die ätherische Lösung hindurchgeleitet und das Wasserbad erhitzt, bis der Äther völlig verjagt ist.

Nach Lewkowitsch[1]) sind die Jodzahlen der nach vorstehendem Verfahren dargestellten flüchtigen Fettsäuren die höchsten; dies spricht dafür, daß die flüssigen Fettsäuren am vollstän-digsten von den festen Fettsäuren befreit sind.

Eine vollständige Reindarstellung der ungesättigten Fettsäuren ist jedoch auch nach diesem Verfahren nicht möglich, weil die Bleisalze der gesättigten Fettsäuren in Äther nicht vollkommen unlöslich sind; so z. B. fand Lidoff, daß 100 ccm Äther bei Zimmertemperatur 0,0148 g Bleistearat und 0,0184 g Bleipalmitat lösen. Bei den Bleisalzen der gesättigten Fett-säuren mit noch niedrigerem Molekulargewicht und insbesondere bei denen der wasserlös-lichen Fettsäuren ist die Löslichkeit in Äther noch eine weit größere, so daß man nach dem vorstehenden Verfahren die flüssigen Fettsäuren z. B. aus Butterfett und Cocosfett über-haupt nicht rein darstellen kann. Will man aus diesen Fetten die flüssigen Fettsäuren mög-lichst rein gewinnen, so muß man zunächst die unlöslichen Fettsäuren nach dem oben (S. 383) beschriebenen Verfahren darstellen und auf diese das vorstehend beschriebene Verfahren an-wenden, oder man muß aus den nach diesem Verfahren aus den Fetten selbst gewonnenen Fettsäuren die wasserlöslichen gesättigten Fettsäuren durch wiederholtes Behandeln mit heißem Wasser ausziehen.

β) Zur quantitativen Trennung und Bestimmung der festen und flüssigen Fettsäuren mittels der verschiedenen Löslichkeit der Bleiseifen in Äther sind zuerst von Varrentrap und ferner von Oudemans[2]), Kremel[3]), Röse[4]), Muter und de Koningh[5]), sowie von F. Wallenstein und H. Fink[6]) verschiedene Arbeitsweisen vorgeschlagen, von denen J. Lewkowitsch, das von ihm etwas abgeänderte Verfahren von Muter und de Koningh bzw. von Lane[7]) als das beste empfiehlt.

$\alpha\alpha$) In den meisten Fällen wird man aber auf eine direkte quantitative Bestimmung der flüssigen Fettsäuren verzichten können, weil der Gehalt der Fette und Fettsäuren an flüssi-gen Fettsäuren X sich mit hinreichender Genauigkeit aus der Jodzahl des Fettes bzw. der Fettsäuren (sog. äußere Jodzahl) J_a und der Jodzahl der flüssigen Fettsäuren (sog. innere Jodzahl) J_i berechnen läßt nach der Formel:

$$X = \frac{100\,J_a}{J_i}.$$

[1]) J. Lewkowitsch, Chemische Technologie und Analyse der Öle usw. 1905, 1, 379 ff.

[2]) Journ. f. prakt. Chem. 99, 407.

[3]) Pharmaz. Centralhalle 5, 337.

[4]) Repert. f. analyt. Chem. 1886, 6, 684.

[5]) Analyst 1889, 14, 61.

[6]) Chem.-Ztg. 1894, 18, 1189.

[7]) Journ. Amer. Chem. Soc. 1893, 15, 110.

Ferner kann man auch den prozentualen Gehalt der Gesamtfettsäuren eines Fettes an flüssigen Fettsäuren (Y) berechnen, wenn außer der Jodzahl des Fettes (J_a) und der flüssigen Fettsäuren (J_i) auch die Verseifungszahl des Fettes (V) bekannt ist; dies geschieht unter Verwendung der Gleichung (I) (S. 381) nach der Formel:

$$100 - 0,02258\, V : \frac{100\, J_a}{J_i} = 100 : Y$$

$$Y = \frac{\dfrac{100\, J_a}{J_i} \times 100}{100 - 0,02258\, V} = \frac{10\,000\, J_a}{(100 - 0,02258\, V) \times J_i}.$$

$\beta\beta$) Will man jedoch eine **direkte quantitative Bestimmung** der flüssigen Fettsäuren eines Fettes ausführen, so gestaltet sich diese Bestimmung nach dem erwähnten Verfahren von J. Lewkowitsch, wie folgt:

3—4 g des Fettes werden in der üblichen Weise mit 50 ccm alkoholischer etwa $^1/_2$ N.-Alkalilauge in einem Kolben von 300 ccm Inhalt in der üblichen Weise verseift, oder, wenn man von Fettsäuren ausgeht, mit wässerigem Alkali, nach Zusatz von Phenolphthalein, genau neutralisiert. Hat man mit einem Überschuß von alkoholischem Kali verseift, so wird die Lösung mit Essigsäure schwach angesäuert und schließlich mit alkoholischem Kali bis zur Neutralität titriert. Die Lösung wird mit Wasser bis auf 100 ccm verdünnt. 30 ccm einer 10 proz. Bleiacetatlösung werden mit 150 ccm Wasser verdünnt und zum Kochen gebracht. Diese Lösung wird in die Seifenlösung unter fortwährendem Umschütteln einlaufen gelassen, so daß die abgeschiedenen Bleiseifen an der Kolbenwand anhaften, wenn die Lösung kalt geworden ist. Der die Bleiseifen enthaltende Kolben wird mit heißem Wasser bis oben angefüllt und dann abkühlen gelassen.

Wenn die Flüssigkeit sich geklärt hat, wird sie durch ein Filter gegossen; meistens ist die Lösung so klar, daß keine festen Partikelchen sich auf dem Filter ansammeln; anderenfalls müssen sie in den Kolben zurückgebracht werden. Der Niederschlag in dem Kolben wird sorgfältig mit heißem Wasser gewaschen, wobei die Vorsicht gebraucht wird, die heißen Lösungen oder Waschwässer vor dem Filtrieren abzukühlen, so daß die Bleisalze an den Kolbenwänden anhängen. Die letzten Spuren Wassers werden mittels eines Filtrierpapierröllchens entfernt. Es ist nicht ratsam, die Bleisalze zu trocknen, da sie, besonders bei trocknenden Ölen, Sauerstoff aus der Luft anziehen. Man übergießt alsdann die Bleisalze mit 150 ccm Äther, verschließt den Kolben mit einem Korken und schüttelt gut durch, so daß die Bleisalze zerteilt werden. Der Kolben wird nun mit einem Rückflußkühler verbunden und auf dem Wasserbade unter häufigem Umschwenken erwärmt. Die Bleisalze der flüssigen Fettsäuren lösen sich leicht in heißem Äther, wobei aber auch gleichzeitig gewisse Mengen von Salzen gesättigter Säuren in Lösung gehen. Wenn sich die ungelösten Salze auf dem Boden des Kolbens als feines Pulver abscheiden, hört man mit dem Erwärmen auf. Wird alle Arbeit etwas rasch ausgeführt und wird unnötiger Luftzutritt vermieden, so ist es nicht nötig, alle Operationen in einer Wasserstoffatmosphäre vorzunehmen. Man läßt nun die ätherische Lösung sich bis auf die gewöhnliche Temperatur abkühlen und filtriert durch ein Faltenfilter, das mit einem Uhrglase bedeckt gehalten wird, in einen Scheidetrichter. Die ungelösten Salze werden durch 3—4 maliges Auswaschen des Kolbens mit Äther auf das Filter gebracht, wobei man jedesmal 30 ccm Äther anwendet. Die ätherische Lösung wird hierauf mit einem Gemisch von 1 Teil Salzsäure und 4 Teilen Wasser durchgeschüttelt, um die Bleisalze zu zersetzen. Die freien Fettsäuren lösen sich, sowie sie in Freiheit gesetzt sind, im Äther auf, während sich ein großer Teil des Bleichlorids aus der wässerigen Lösung ausscheidet. Man läßt absitzen, zieht die saure Lösung ab und wäscht die Ätherschicht mit geringen Wassermengen, bis die Waschwässer säurefrei sind. Schließlich wird die Ätherlösung durch ein kleines Faltenfilter in einen gewöhnlichen Kolben filtriert. Falls die flüssigen Fettsäuren vorwiegend aus Ölsäure bestehen, wird das Ergebnis genau genug ausfallen, wenn der Äther auf dem Wasserbade verdampft und der Rückstand im Wasserschrank getrocknet wird. Wenn man aber ungesättigtere Fettsäuren als Ölsäure vermutet, dann muß die ätherische Lösung in einem Strome trockenen Wasserstoffs oder trockener Kohlensäure abdestilliert werden. Hierfür ist es am besten, den Kolben bis an den Hals in warmes Wasser zu senken, welches schließlich bis zum Siedepunkte erwärmt wird. Auf diese Weise werden die letzten Spuren von Feuchtigkeit entfernt.

Diese Arbeitsweise ist der Anwendung einer Muterschen Röhre vorzuziehen, da diese das Auffüllen der flüssigen Fettsäuren auf 250 ccm sowie auch die Bestimmung der Fettsäuren in einem aliquoten Teile (etwa 50 ccm) bedingt; denn das Abziehen der ätherischen Lösung führt leicht zu Fehlern. Wenn in einem gegebenen Falle, wie z. B. bei der Bestimmung der Jodzahl der flüssigen Fettsäuren, es nötig ist, die Berührung mit der Luft während des Auswiegens eines Anteiles der flüssigen Fettsäuren zu vermeiden, so kann man die ätherische Lösung der flüssigen Fettsäuren auf ein bestimmtes Volumen, z. B. 200 ccm, auffüllen; 50 ccm werden alsdann mittels einer Pipette herausgenommen, in eine Stöpselflasche eingeführt, und der Äther in einer Atmosphäre von Wasserstoff oder Kohlensäure verjagt. Man kann darauf die Jodlösung sofort einführen und die Jodzahl in bekannter Weise bestimmen. Das Gewicht der Substanz wird in einer zweiten[1]) Menge von 50 ccm der ätherischen Lösung der Fettsäuren bestimmt, die, wie oben beschrieben, vom Lösungsmittel befreit wird. Auf diese Weise läßt sich mit der Bestimmung der Menge der flüssigen Säuren gleichzeitig die Jodzahl derselben ermitteln.

Die festen Fettsäuren können ebenfalls aus ihren Bleisalzen isoliert und ihr Gewicht bestimmt werden. Dieses dient zur Kontrolle für die Genauigkeit der Analyse, da ja die Gewichte der festen und flüssigen Säuren dem Gewichte der in Arbeit genommenen Menge gleich sein müssen. Außerdem ist es ratsam, die Jodzahl der festen Fettsäuren zu bestimmen, um so einen Anhalt zu gewinnen, wieviel flüssige Fettsäuren etwa ungelöst geblieben sind.

b) Trennung der festen und der ungesättigten flüssigen Fettsäuren nach dem Verfahren von K. Farnsteiner[2]). K. Farnsteiner verwendet zur Trennung der Bleiseifen der gesättigten (festen) von den flüssigen (ungesättigten) Fettsäuren Benzol, in dem beide Fettsäuregruppen in der Wärme löslich sind, während bei 8—12° die ersteren sich unlöslich ausscheiden, die letzteren dagegen gelöst bleiben. Die Verwendung des Benzols an Stelle des Äthers hat den Vorteil, daß sich bei Anwendung des ersteren die Bleiseifen der gesättigten Fettsäuren krystallinisch ausscheiden, während sie bei Anwendung von Äther in pulverig-schleimiger Form unlöslich bleiben und daher schlecht filtrierbar sind. Man verfährt nach K. Farnsteiner, wie folgt:

0,6—1 g Fett werden in einem Erlenmeyer-Kolben mit alkoholischer Lauge verseift; nach Zusatz von wenig Phenolphthalein wird die Lösung mit Essigsäure neutralisiert, der Alkohol nahezu abgedampft, die Seife mit etwa 100 ccm kochendem Wasser gelöst und mit etwa 30 ccm einer siedenden etwa 1 g Bleiacetat enthaltenden Lösung gefällt. Durch Einstellen des Kolbens in kaltes Wasser und Umschwenken werden in üblicher Weise die Bleisalze der Hauptmenge nach in kompakter Form aus der Flüssigkeit abgeschieden. Nach völligem Erkalten wird durch ein befeuchtetes Filter filtriert und der Filterinhalt sowie der Rückstand im Fällungskolben mit kaltem Wasser gewaschen. Die geringen Mengen der ganz locker auf dem Filter haftenden Bleisalze werden mit kaltem Wasser in den Fällungskolben zurückgespritzt und der Kolben in ein siedendes Wasserbad gestellt. Nach kurzer Zeit schmelzen die Bleisalze zu völlig kompakten Massen zusammen; die Flüssigkeit wird nun unter Abkühlen mäßig bewegt, bis auch die letzten Reste der Bleisalze an den Wandungen haften, und sodann klar

[1]) Vgl. v. Raumer, Zeitschr. f. angew. Chem. 1897, 210, 247.
[2]) Zeitschr. f. Untersuchung d. Nahrungs- u. Genußmittel 1898, **1**, 390.

abgegossen, was stets gelingt. Nach möglichst sorgfältigem und vorsichtigem Abtupfen des an den Salzen haftenden Wassers mit einer Rolle aus Filtrierpapier werden die Salze in 50 ccm Benzol in mäßiger Wärme gelöst. Man läßt die Lösung bei gewöhnlicher Temperatur etwa 15 Minuten stehen, um eine grobkrystallinische Ausscheidung zu erzielen und kühlt sodann die Flüssigkeit etwa 2 Stunden auf 8—12° ab.

Hierauf führt man die Filtration in folgender Weise aus: Man verschließt die Kolben-öffnung durch einen gut passenden Kork, durch dessen beide Bohrungen 2 Glasrohre führen, ein gerades, etwa 10 cm langes, etwa 1 cm in den Kolben hineinragendes Glasrohr, und ein zweites, bis auf den Boden des Kolbens reichendes, etwa 7 mm weites Rohr, das außerhalb des Kolbens durch zwei rechtwinkelige Biegungen oder bogenförmig nach unten führt, wie dies in der nebenstehenden Figur (Fig. 255) veranschaulicht ist. Es ist zweckmäßig, die beiden freien Enden des letzteren so zu biegen, daß ihre Verlängerungen nahezu einen rechten Winkel bilden, so daß der im Kolben befindliche Teil ungefähr auf der Peripherie der Bodenfläche endigt und das außerhalb befindliche Rohrende schräg vom Kolben absteht. Die im Innern des Kolbens befindliche Mündung des gebogenen Rohres ist mit einem mäßig dichten, wenige Millimeter außerhalb des Rohres glatt abgeschnittenen Pfropf aus fettfreier Watte versehen.

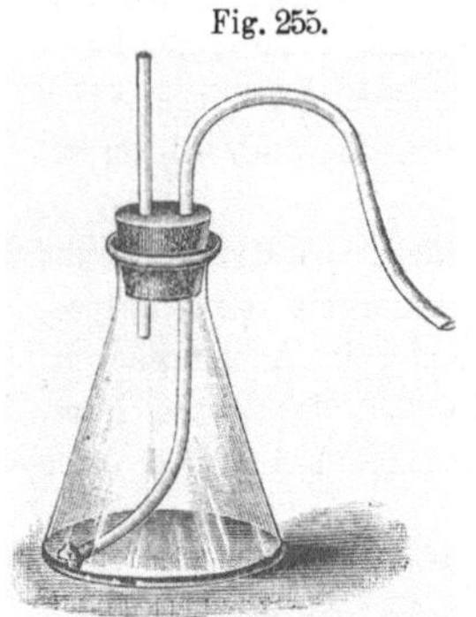

Fig. 255.

Zur Filtration wird das im Kork verschiebbare Rohr ohne Aufrühren der Abscheidung so eingestellt, daß der Wattebausch einige Millimeter über dem Niederschlag steht, das zweite gerade Rohr wird mit einem kleinen Kautschukblasebalg in Verbindung gebracht. Durch Aufblasen des Ballens komprimiert man die Luft im Kolben, die Flüssigkeit passiert nun sehr schnell das Wattefilter und wird in einem Kolben oder Scheidetrichter aufgefangen. Um ein Heraustreiben des Korkes durch übermäßigen Druck zu verhüten, umfaßt man mit der Hand den Hals des Kolbens und drückt den Daumen von oben auf den Kork. Ist die Flüssigkeit nahezu übergedrückt, so schiebt man während der Filtration das Wattefilter bis auf den Boden des Gefäßes, so daß bei entsprechendem Neigen des Kolbens fast sämtliche Flüssigkeit durch das Filter geht. Ist dieser Punkt erreicht, so neigt man den Kolben in der Weise, daß das mit dem Wattefilter versehene Ende des Filterrohres schräg nach oben zeigt. Bei dieser Stellung fließt die Flüssigkeit infolge der beschriebenen Biegungen des Rohres vollständig aus. Man läßt abtropfen, spült die Mündung des Filterrohres mit Benzol aus, lüftet den Kork, läßt etwa 10 ccm Benzol von etwa 10° in den Kolben unter Bespülen der Wandungen einfließen, rührt den Niederschlag völlig auf und drückt dann die Flüssigkeit in derselben Weise über. Hierzu ist ein etwas stärkerer Druck als bei der ersten Filtration erforderlich.

Nunmehr rührt man den Niederschlag mit 25 ccm Benzol auf, zieht das Filterrohr so weit aus dem Kork heraus, daß das Filter über der Flüssigkeit sich befindet, erhitzt einige Zeit zum Sieden, so daß der Niederschlag gelöst und die Wandungen und das Filterrohr abgespült werden, kühlt 1 Stunde auf 8—12° ab und filtriert wie beschrieben.

In derselben Weise führt man eine dritte Fällung aus 25 ccm Benzol aus, so daß im ganzen bei 3 Fällungen 120—130 ccm Benzolfiltrat erhalten werden.

Zur Abscheidung der flüssigen Säuren schüttelt man die Filtrate in der üblichen Weise mit dem gleichen Volumen 10proz. Salzsäure bis zur völligen Zersetzung der Salze, wäscht noch 2mal mit Wasser nach, filtriert die Lösung der Fettsäuren durch ein lockeres Wattefilter in einen Kolben und destilliert im Wasserstoffstrom ab. Das Benzol läßt sich schnell völlig entfernen, wenn man den im Wasserbade liegenden Kolben häufiger neigt, so daß die Säuren sich auf eine größere Oberfläche verteilen.

Bei der Behandlung der Benzollösung mit Salzsäure hält das ausfallende Chlorblei oft größere Tropfen der Benzol-Fettsäurelösung am Boden des Scheidetrichters fest. In solchen

Fällen ist es zweckmäßig, die wässerige Flüssigkeit in einen zweiten Trichter abzulassen, dort die geringen Mengen der durch das Chlorblei mechanisch fortgeführten Fettsäuren mit 10 bis 20 ccm Benzol auszuschütteln und diese Lösung dann mit der Hauptlösung zu vereinigen. Zweckmäßig wird hierzu das dritte Filtrat verwendet.

Zur Bestimmung der festen Säuren setzt man zu den in dem Fällungskolben befindlichen Bleisalzen unter Abspritzen des Filtrierrohres 25—30 ccm Benzol, setzt den Stopfen wieder auf, nachdem man das Filtrierrohr so weit herausgezogen hat, daß das Filter über der Flüssigkeit steht, und erhitzt vorsichtig kurze Zeit zum Sieden. Sodann entfernt man den Kolben vom Wasserbade, verschließt die Öffnung des Druckrohres mit dem Finger und läßt so die infolge der Kondensation des Benzoldampfes durch das Filtrierrohr eintretende Luft das Wattefilter durchstreichen und die in demselben befindliche Flüssigkeit herausbefördern. Behufs völliger Auslaugung des Filters zieht man es sodann mit einer Pinzette aus dem Rohr und kocht es in einem Reagensglas mehrmals mit einigen Kubikzentimetern Benzol aus. Schließlich zersetzt man die Bleisalze durch etwa 15 Minuten langes Erhitzen der Benzollösung mit 10 proz. Salzsäure am Rückflußkühler und behandelt die Flüssigkeit weiter wie bei der Gewinnung der flüssigen Säuren, nur daß die Verwendung von Wasserstoff beim Abdestillieren des Benzols fortfällt.

Liegen freie Fettsäuren zur Analyse vor, so läßt sich die Überführung derselben in die Bleisalze sehr leicht durch Erhitzen ihrer Lösung in Benzol mit Bleihydroxyd erreichen. Das letztere stellt man her durch Fällen von Bleiacetatlösung mit möglichst reiner Natronlauge, indem man den Niederschlag mit Hilfe der Saugpumpe abfiltriert, mit Wasser, Alkohol und Äther wäscht, in gelinder Wärme trocknet und fein zerreibt.

Auf 1 Gewichtsteil voraussichtlich vorhandener fester Säuren setzt man etwa 0,4 Gewichtsteile und auf 1 Gewichtsteil voraussichtlich vorhandener flüssiger Säuren etwa 0,2 Gewichtsteile Bleihydroxyd zu. Es bleibt dann zwar ein Teil der flüssigen Säuren frei, jedoch beeinträchtigt dieser Umstand die Fällung der Bleisalze der festen Säuren nicht. Ein Überschuß von Bleihydroxyd ist ebenfalls ohne Einfluß auf das Ergebnis.

Zur Ausführung der Analyse löst man 0,5—1 g Fettsäuren in etwa 10 ccm Benzol, setzt die entsprechenden Mengen Bleihydroxyd zu und erhitzt unter Umschwenken am Rückflußkühler bzw. Kondensationsrohre. Nach wenigen Minuten ist das Bleihydroxyd bis auf eine feine, auch bei weiterem Erhitzen nicht verschwindende Trübung aufgenommen. Ein 15 Minuten dauerndes Erhitzen genügt auf alle Fälle. Man setzt nun entsprechende Mengen kalten Benzols zu und verfährt entsprechend den obigen Angaben über die Trennung der Salze.

Nach den Ergebnissen der von Farnsteiner nach diesem Verfahren ausgeführten Analysen mit abgewogenen Mengen fester und flüssiger Fettsäuren wurden von letzteren etwa 1—3% weniger und von ersteren bis zu 1,8% mehr wiedergefunden, als angewendet waren. Lewkowitsch fand dagegen in einzelnen Fällen Verluste von 6—10% flüssiger Fettsäuren gegenüber solchen von etwa 3% bei dem unter a) beschriebenen Verfahren. Nach L. Ubbelohde würden aber jedenfalls die Differenzen nach dem Farnsteinerschen Verfahren weit geringer sein, wenn bei diesem ebenso wie bei dem Varrentrapschen Verfahren statt 0,6—1 g auch 3—4 g Substanz angewendet würden.

6. Nachweis und Bestimmung einzelner gesättigten Fettsäuren. a) Untersuchung der gesättigten Fettsäuren auf ihre Bestandteile. Wenn es sich um die eingehende Untersuchung der in den Fetten und Ölen vorkommenden gesättigten Fettsäuren handelt, so verwendet man bisher zum Nachweise dieser entweder die fraktionierte Fällung der Barium- oder Magnesiumsalze oder die fraktionierte Destillation der Fettsäuren im Vakuum. Nach L. Ubbelohde[1]) verfährt man hierbei wie folgt:

---

[1]) L. Ubbelohde, Handbuch der Chemie und Technologie der Öle und Fette. Leipzig 1908, **1**, 240.

α) **Fraktionierte Fällung nach Heintz**[1]). Das Verfahren beruht darauf, daß bei fraktionierter Fällung einer alkoholischen Lösung eines Gemisches gesättigter Fettsäuren mit Magnesiumacetat zunächst die höchstmolekularen Fettsäuren als Magnesiumsalze ausfallen. Durch Abscheidung der Fettsäuren aus den bei den einzelnen Fraktionen gewonnenen Salzen erhält man dann Fettsäuren von allmählich abfallenden Molekulargewichten. Die Anwendung dieses Verfahrens empfiehlt sich besonders dann, wenn Fettsäurengemische vorliegen, die sich durch Umkrystallisieren nicht mehr trennen lassen, wie z. B. das bekannte Gemisch von ungefähr gleichen Teilen Stearin- und Palmitinsäure, das konstant bei 55,5—56,5° schmilzt und vielfach für eine einheitliche Fettsäure (Margarinsäure, Daturinsäure usw.) gehalten worden ist. Heintz gelang es mittels seines Verfahrens, dieses Gemisch als ein solches von Stearin- und Palmitinsäure zu erkennen.

Das Verfahren von Heintz ist folgendes:

Um zunächst zu entscheiden, ob eine einheitliche Säure oder ein Gemisch vorliegt, löst man 1 g der zu prüfenden festen Säuren nach Bestimmung des Schmelzpunktes und Molekulargewichtes in so viel heißem Alkohol, daß beim Erkalten auf Zimmertemperatur keine Ausscheidung eintritt und versetzt dann noch heiß mit einer zur vollständigen Fällung der Säure unzureichenden Menge Magnesiumacetat in Alkohol oder Bariumacetat in möglichst wenig Wasser. Schmilzt die Säure über 53°, so ist das Magnesiumsalz, anderenfalls das Bariumsalz zu wählen. Von diesem nimmt man etwa $^2/_7$ des Gewichtes der angewendeten Säuren, von jenen dagegen nur etwa ein Viertel bis ein Fünftel. Beim Erkalten der Mischung scheidet sich nach einigem Stehen das Barium- oder Magnesiumsalz aus. Man saugt den Niederschlag ab und zersetzt ihn durch Erwärmen mit Petroläther und verdünnter Salzsäure unter häufigem Umschütteln. Die beiden Flüssigkeiten trennt man im Scheidetrichter und schüttelt die Petrolätherschicht nochmals mit heißer Salzsäure aus. Dann wäscht man die Petrolätherlösung, bis sie frei von Salzsäure ist, dampft den Petroläther ab und bestimmt Schmelzpunkt und Molekulargewicht der so gewonnenen Säure. Das Filtrat des Magnesiumniederschlages wird mit einem Stückchen Kaliumhydroxyd eingedampft, mit Wasser aufgenommen und mit verdünnter Salzsäure zersetzt. Die abgeschiedene Säure wird wie oben auf Schmelzpunkt und Molekulargewicht geprüft. Stimmen die mit den beiden Säureportionen und der ursprünglichen Säure erhaltenen Werte untereinander, so liegt eine reine Säure vor. Anderenfalls hat man eine Mischung vor sich.

Um in einer Mischung die einzelnen Säuren zu kennzeichnen, löst man 1—2 g Säure wie oben in Alkohol auf und fällt heiß mit einer alkoholischen Lösung von $^1/_{30}$ bis $^1/_{40}$ des Gewichtes der angewendeten Säure an Magnesiumacetat. Nach dem Abtrennen des Niederschlages wird im Filtrate die gebildete freie Essigsäure durch etwas Ammoniak abgestumpft, dann wird nach und nach mit der gleichen Menge Magnesiumacetat weiter gefällt. Beim Krystallisieren darf die Temperatur nicht zu niedrig sein, da sonst Fettsäure sich mit dem Magnesiumsalz ausscheidet. Fällt das Magnesiumsalz nicht oder in ungenügender Menge aus, so wird die Lösung der Säuren etwas konzentriert. Ist keine Fällung mehr zu erzielen, so scheidet man aus der Lösung, wie oben beschrieben, die darin noch enthaltene Säure ab.

Aus den einzelnen Magnesiumsalzfällungen, deren man 7—8 erhalten wird, werden die Säuren abgeschieden und auf ihren Schmelzpunkt geprüft. Gleichartig schmelzende Fraktionen werden vereinigt und zur Molekulargewichtsbestimmung benutzt. Aus Schmelzpunkt und Molekulargewicht wird man in vielen Fällen schon Schlüsse auf die Zusammensetzung des Säuregemisches ziehen können. Reine Säuren kann man oft am besten erhalten, wenn man die Endglieder der Fällung mehrfach aus Alkohol umkrystallisiert.

Ein Beispiel für den Verlauf einer solchen Fraktionierung gibt die von Holde[2]) ausgeführte Zerlegung einer Mischung äquimolekularer Mengen Palmitin- und Stearinsäure. Angewendet wurden

---

[1]) Journ. f. prakt. Chem. 1855, **66**, 1.

[2]) Mitteil. a. d. Kgl. Materialprüfungsamt 1901. **19**. 116.

hierbei 1,6 g Substanz vom Schmelzpunkt 55,5—56,5°. Die Untersuchungsergebnisse waren folgende:

Fällung Nr.	1	2	3	4	5	6	7	8
Gewicht der Fällung:	0,1605	0,1738	0,1600	0,1388	0,1850	0,2010	0,1978	0,0254
Schmelzpunkt ⁰ C:	61,5—64,3	61,8—64,5	58,5—61,0	56,2—56,5	55,5—56,5	—	57,5—59,5	57,8—62⁰
Molekulargewicht:	280,4		274,6		271,5		265,5	—

Die Fällungen Nr. 1 und 2 ergaben bei einmaligem Umkrystallisieren aus Alkohol eine Säure vom Schmelzpunkt 66,5—67,5°, bei nochmaligem Umkrystallisieren wurde reine Stearinsäure in schönen silberglänzenden Blättchen erhalten.

Die fraktionierte Fällung ermöglicht nicht die quantitative Zerlegung eines Fettsäuregemenges. Hat man jedoch nachgewiesen, daß zwei bestimmte Säuren vorliegen, so kann man aus dem Molekulargewicht des Gemenges den Prozentgehalt an den einzelnen Säuren berechnen.

Die Fraktionierung kann aber zu völlig falschen Schlüssen führen, wenn mehr als zwei Säuren vorliegen. Alsdann können gerade die ersten Fraktionen bei gewissen Mischungsverhältnissen niedriger schmelzen als die späteren Fraktionen, weil durch Zutritt einer Säure c zu einem Gemisch zweier niedriger als c schmelzenden Säuren a und b der Mischschmelzpunkt des Systems $a + b$ erniedrigt wird; beim fraktionierten Fällen können die Mischungen der drei Säuren so fest zusammenhaften, daß leicht Säuren von scheinbar konstant bleibendem Mischschmelzpunkt und annähernd gleichem Molekulargewicht in mehreren Fraktionen nacheinander ausfallen können. Dieser Umstand ist mehrfach nicht genügend beachtet worden.

β) Fraktionierte Destillation im Vakuum. Schneller als durch die unter a) beschriebene fraktionierte Fällung läßt sich die Trennung der Fettsäuren durch fraktionierte Destillation im Vakuum erreichen, nur erfordert das Verfahren größere Substanzmengen. Zur Erzeugung des Vakuums bedient man sich einer Brühlschen Vakuumvorlage. In den meisten Fällen genügt es, mit einem Vakuum bis zu 15 mm Druck zu arbeiten, doch ist das Arbeiten im absoluten Vakuum, wie es von Kraft[1]) zuerst für diese Zwecke angewendet worden ist, und das er mit Hilfe der Baboschen Quecksilberluftpumpe erzeugte, vorzuziehen. Neuerdings hat L. Ubbelohde[2]) für diesen Zweck einen Vakuumdestillationsapparat[3]) empfohlen, der aus einer automatischen abgekürzten Quecksilberluftpumpe in Verbindung mit einem abgekürzten Kompressionsdruckmesser sowie aus einer durch Quecksilberverschlüsse gedichteten Vakuumdestillationsvorlage besteht.

Die Siedepunkte der wichtigsten gesättigten Fettsäuren sind bei 15 mm Druck und im absoluten Vakuum folgende:

		Laurinsäure	Myristinsäure	Palmitinsäure	Stearinsäure
Siedepunkte	bei 15 mm Druck	176°	196,5°	215°	232,5°
	im Vakuum	102°	121—122°	138—139°	154,5—155,5°

γ) Alkoholyse nach A. Haller.

A. Haller[4]) hat neuerdings ein Verfahren zur Untersuchung der Fettsäuren vorgeschlagen, welches auf der Überführung der Fettsäuren in ihre Methylester (Methanolyse) oder Äthylester (Äthanolyse) und der Trennung dieser durch Destillation beruht. Wir begnügen uns vorläufig mit dem Hinweis auf dieses Verfahren.

b) Stearinsäurebestimmung nach O. Hehner und C. A. Mitchell[5]). Das Verfahren beruht auf der Schwerlöslichkeit der Stearinsäure in Alkohol bei 0° und der größeren

---

[1]) Berichte d. Deutschen chem. Gesellschaft 1896, **29**, 1316.

[2]) Zeitschr. f. angew. Chem. 1906, 2240.

[3]) Der Apparat wird angefertigt von Bleckmann & Burger-Berlin, Augustastr. 3a.

[4]) Compt. rend. 1906, **143**, 657 u. 803. V. J. Meyer (Chem.-Ztg. 1907, **31**, 793) hat das Verfahren bei Baumwollsamenöl angewendet.

[5]) Analyst 1896, **21**, 316, auch Journ. Amer. Chem. Soc. 1897, **19**, 32; Ref. in Zeitschr. f. analyt. Chem. 1900, **39**, 176—179.

Löslichkeit der anderen Fettsäuren[1]) in diesem Alkohol. Nach Hehner und Mitchell lösen sich in 100 ccm Alkohol[2]) vom spezifischen Gewicht 0,8183 (= 94,4 Volumprozent) bei 0° nur 0,15 g Stearinsäure, dagegen etwa 1,3 g Palmitinsäure. H. Kreis und A. Hafner[3]) haben das Verfahren nachgeprüft; nach ihnen ist die Löslichkeit im Mittel mehrerer Bestimmungen folgende:

Es lösen bei 0°

	Stearinsäure	Palmitinsäure
100 ccm Alkohol von 95,0 Volumprozent	0,1249 g	0,5642 g
„ „ „ „ 94,4 „	0,12025 g	0,5155 g
„ „ „ „ 91,0 „	0,0681 „	0,3290 g

Sie fanden also die Löslichkeit der Palmitinsäure wesentlich geringer als Hehner und Mitchell und schließen daraus, daß man auf 100 ccm Alkohol von mindestens 94 Volumprozent nicht mehr als 0,5 g Fettsäuren anwenden darf.

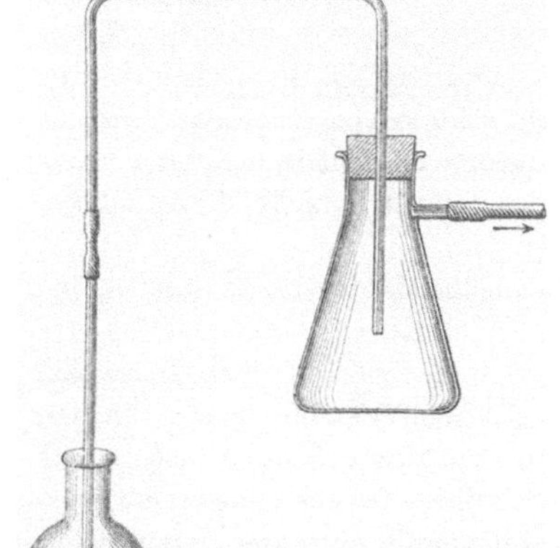

Fig. 256.

Man verfährt in folgender Weise:

Von festen Fettsäuren wägt man 0,4—0,5 g, von flüssigen 0,5—1 g[4]) in einem gewogenen Kolben von 150 ccm Inhalt ab und fügt 100 ccm mit Stearinsäure bei 0° gesättigten Alkohol[5]) hinzu; der Kolben wird gelinde erwärmt, bis die Fettsäuren gelöst sind, und über Nacht bei einer Temperatur von 0° gehalten.

Hehner und Mitchell benutzten hierzu eine Eiskiste, bestehend aus einer Metallkiste, an deren Innenseite geeignete Träger mit Klammern zum Festhalten der in das Eiswasser eintauchenden Kolben angebracht waren. Diese Metallkiste war in eine hölzerne Kiste eingepaßt und der Raum zwischen Metall und Holz mit Wolle und Sägespänen ausgefüllt. Ebenso wurde ein Kissen von Wolle und Flanell zwischen die Deckel der beiden Kisten gelegt.

Am anderen Morgen wird der Kolben, ohne daß man ihn aus dem Eiswasser herauszieht, gelinde geschüttelt, um die Krystallisation zu fördern, und darauf noch wenigstens eine halbe Stunde der Ruhe überlassen. Die alkoholische Lösung wird dann mit Hilfe der in Fig. 256 abgebildeten Vorrichtung abgesaugt, ohne daß man den Kolben aus dem Eiswasser entfernt. Die Glocke des kleinen Saugtrichters soll nicht mehr als 6 mm Durchmesser haben; sie wird mit feinem Kattun überspannt. Man saugt die Mutterlauge möglichst vollständig ab; die ablaufende Flüssigkeit muß klar sein. Den

---

[1]) Arachinsäure, Lignocerinsäure und die anderen höheren Glieder der Reihe der gesättigten Fettsäuren sind natürlich schwerer löslich als die Stearinsäure.

[2]) Hehner und Mitchell verwendeten „Methylalkohol" bzw. Alkohol (Methylated), worunter sie nach an Kreis und Hafner erteilter brieflicher Auskunft einen mit 10% rohem Holzgeist denaturierten Äthylalkohol verstehen.

[3]) Zeitschr. f. Untersuchung d. Nahrungs- u. Genußmittel 1903, **6**, 22.

[4]) Hehner und Mitchell schlagen eine Einwage von 0,5—1 g bei festen und von 5 g bei flüssigen Fettsäuren vor.

[5]) Den bei 0° mit Stearinsäure gesättigten Alkohol stellt man nach Hehner und Mitchell in der Weise her, daß man etwa 3 g Stearinsäure in 1 l warmem Alkohol löst, die Lösung in der bei der Bestimmung der Stearinsäure beschriebenen Eiskiste abkühlt und dann mit Hilfe der ebendort beschriebenen Vorrichtung filtriert.

Nach Kreis und Hafner soll der Alkohol mindestens 94 volumprozentig sein, im übrigen ist die Stärke gleichgültig, wenn nur der Alkohol bei 0° mit Stearinsäure gesättigt ist.

Rückstand wäscht man 3 mal mit je 10 ccm der auf 0° abgekühlten gesättigten alkoholischen Stearinsäurelösung aus. Hierauf spült man den kleinen Trichter, dessen Verbindung mit der Saugvorrichtung inzwischen gelöst wurde, mit etwas heißem Alkohol[1]) in den Kolben ab und hebt letzteren aus der Eiskiste. Der Alkohol wird dann verdunstet und der Kolben mit der zurückgebliebenen Stearinsäure bei 100° bis zur Gewichtsbeständigkeit getrocknet. Da die Gefäßwände und die auskrystallisierte Stearinsäure etwas Waschflüssigkeit zurückhalten, so bringt man als Korrektur hierfür 0,0050 g von der gewogenen Stearinsäure in Abzug. Zur Kontrolle bestimmt man den Schmelzpunkt der gewogenen Stearinsäure; er soll nicht unter 68,5° liegen.

Wie Kreis und Hafner fanden, zeigen die alkoholischen Stearinsäurelösungen leicht Übersättigungserscheinungen, weshalb unter gewissen Bedingungen, namentlich bei Gegenwart von weniger als 0,1 g Stearinsäure auf 100 ccm Alkohol genaue Ergebnisse nicht zu erwarten sind. Bei Gegenwart von 0,1—0,5 g Stearinsäure in Gemischen mit Palmitinsäure und Ölsäure wurden 97,1—105,9% der angewendeten Stearinsäuremenge wiedergefunden; bei geringeren Stearinsäuremengen sind die Ergebnisse meist unbrauchbar, so z. B. wurde bei Anwendung von 0,0618 g Stearinsäure neben 0,5887 g Palmitinsäure und von 0,0551 g Stearinsäure neben 0,4500 g Ölsäure überhaupt keine Stearinsäure gefunden.

Hehner und Mitchell fanden nach ihrem Verfahren in den Fettsäuren aus Rinderstearin 50—51%, Oleomargarin 21,3—23,6%, Margarine 11,7—24,8%, Schweinefett 9—15%, Cottonstearin 3,3%, Cocosfett 40%, Erdnußöl 7%, dagegen in den Fettsäuren aus Butterfett 0—0,5% und in denen aus Pferdefett, Maisöl, Mandelöl und Olivenöl keine Stearinsäure.

c) Nachweis und Bestimmung der Arachinsäure (und Lignocerinsäure). Nach dem von Tortelli und Ruggeri[2]) abgeänderten Verfahren von A. Rénard[3]) verfährt man in folgender Weise:

20 g Öl werden in einem Kolben von etwa 250 ccm Inhalt mit 50 ccm alkoholischer Kalilauge (120 g Kalihydrat + 1000 ccm Alkohol von 90°) unter Aufsatz eines als Rückflußkühler dienenden 70 cm langen, gebogenen Glasrohres auf dem siedenden Wasserbade verseift; darauf setzt man 3 Tropfen Phenolphthalein hinzu und neutralisiert mit 10 proz. Essigsäure. Diese Seifenlösung gießt man in dünnem Strahle in eine in einem weithalsigen Erlenmeyer-Kolben befindliche siedendheiße Lösung von 200 ccm 10 proz. Bleiacetatlösung und 100 ccm Wasser, wobei man die Flüssigkeit fortwährend gut schüttelt. Darauf kühlt man den Erlenmeyer-Kolben unter häufigem Umschütteln unter der Wasserleitung 10 Minuten lang ab, wobei sich die Bleiseife an den Wandungen und auf dem Boden des Kolbens festsetzt und die Flüssigkeit klar wird; letztere gießt man ab und wäscht die Bleiseifen noch 3 mal nacheinander mit je etwa 200 ccm heißem Wasser (70—80°) und kühlt jedesmal wieder ab. Die wenigen noch der Bleiseife anhaftenden Wassertropfen tupft man mit Filtrierpapier ab und gibt darauf zu der Seife 220 ccm frisch destillierten Äther, mit welchem man unter Umschütteln den größten Teil der Bleiseifen von den Wandungen entfernt. Darauf erwärmt man 20 Minuten lang unter häufigem Umschütteln am Rückflußkühler und kühlt den Kolben etwa 1/2 Stunde lang unter der Wasserleitung ab. Man dekantiert die Ätherlösung vorsichtig ab, wiederholt die Erwärmung des Rückstandes im Kolben mit 100 ccm Äther und kühlt abermals in obiger Weise ab. Darauf dekantiert man die Ätherlösung durch dasselbe Filter, bringt schließlich den ganzen Rückstand auf das Filter und wäscht mit Äther so lange aus, bis das Filtrat keinen Rückstand mehr hinterläßt. Alsdann durchbohrt man das auf einen Scheidetrichter gesetzte Filter und spült seinen ganzen Inhalt mit etwa 220 ccm Äther in den Scheidetrichter. Darauf setzt man 150 ccm 20 proz. Salzsäure hinzu, schüttelt stark durch, läßt absitzen und die Salzsäure mit dem ausgeschiedenen Bleichlorid abfließen; die ätherische Fettsäurenlösung schüttelt man

---

[1]) H. Kreis und A. Hafner verwendeten statt des heißen Alkohols zum Abspülen Äther.

[2]) Chem.-Ztg. 1898, **22**, 600.

[3]) Zeitschr. f. analyt. Chem. 1873, **12**, 231.

noch zweimal mit je 150 ccm Wasser, filtriert sie durch ein kleines Filter in einen Erlenmeyer-Kolben, wäscht Kolben und Filter mit kleinen Mengen Äther nach und destilliert alsdann den Äther ab.

Der Rückstand, der aus den gesättigten Fettsäuren des Öles besteht, wird unter Zusatz eines Tropfens verdünnter Salzsäure mit 100 ccm 90 proz. Alkohol unter Verwendung eines Glasrohres als Rückflußkühler auf dem Wasserbade bis ungefähr 60° erwärmt, bis völlige Lösung eingetreten ist. Beim Abkühlen auf Zimmertemperatur scheiden sich alsdann bei Gegenwart von Arachisöl zunächst sehr feine Nadeln von Lignocerinsäure und darauf perlmutterglänzende Blättchen von Arachinsäure ab[1]). Nach etwa 3stündigem Stehen bei 15—20° sammelt man den Niederschlag auf einem Filter, wobei man die durchfiltrierte Flüssigkeit dazu verwendet, um den gesamten Niederschlag auf das Filter zu bringen. Filter mit Niederschlag wäscht man 3mal mit je 10 ccm 90 proz. und dann mehrmals mit 70 proz. Alkohol aus. Den Rückstand löst man mit siedendem absoluten Alkohol vom Filter in einen Erlenmeyer-Kolben, destilliert den Alkohol ab und löst den Rückstand wiederum in 100 ccm 90 proz. Alkohol; darauf verfährt man nochmals in genau derselben Weise wie vorher. Schließlich löst man die Fettsäuren wiederum in absolutem Alkohol, verdunstet den Alkohol, trocknet den Rückstand 1 Stunde lang bei 100° und wägt ihn. Hierauf wird der Schmelzpunkt der Fettsäuren im Capillarrohr bestimmt, der in der Regel bei 74—75,5° gefunden wird.

Bei der Berechnung des Arachinsäure- und Lignocerinsäuregehaltes ist ferner die Löslichkeit des obigen Fettsäurengemisches vom Schmelzpunkt 74—75,5° in 90 proz. Alkohol — in 70 proz. Alkohol ist es unlöslich — zu berücksichtigen; diese ist folgende:

Menge des Fettsäurengemisches von 74—75,5°	100 ccm 90 proz. Alkohol lösen bei		
	15°	17,5°	20°
a) bis 0,11 g	0,033 g	0,040 g	0,045 g
b) 0,17—0,47 g	0,050 g	0,060 g	0,070 g
c) 0,50—2,70 g	0,070 g	0,080 g	0,090 g

Man erhält daher den Gehalt der angewendeten 20 g des betr. Öles an Arachin- und Lignocerinsäure, indem man zu der gefundenen Fettsäurenmenge die Korrektur für die in dem verwendeten 90 proz. Alkohol in Lösung gebliebene Fettsäurenmenge hinzuaddiert.

Um zu entscheiden, ob man tatsächlich Arachinsäure oder Lignocerinsäure vor sich hat, bestimmt man den Schmelzpunkt der Fettsäuren; dieser beträgt bei:

Palmitinsäure	Stearinsäure	Arachinsäure	Lignocerinsäure
62,6°	70,0—71,5°	77°	80,5°.

D. Holde[2]) hat eine einfache qualitative Probe auf Arachin- und Lignocerinsäure ausgearbeitet, die auf der Schwerlöslichkeit der Kaliseifen dieser Säuren beruht und z. B. noch den Nachweis der genannten Säuren in einem mit 10% Erdnußöl vermischten Öle gestattet; auf dieses Verfahren kann hier nur verwiesen werden.

7. Nachweis und Bestimmung einzelner ungesättigten Fettsäuren.
Die bisher bekannten Verfahren zum Nachweise und zur Bestimmung der einzelnen ungesättigten Fettsäuren sind noch sehr unsicher und liefern daher nur annähernde Ergebnisse. Die beiden hauptsächlich in Frage kommenden Verfahren sind folgende:

a) Die Trennung der Oxydationsprodukte der Fettsäuren nach Hazura[3]). Das Verfahren beruht darauf, daß man die Fettsäuren in alkalischer Lösung durch Kalium-

---

[1]) Bei Gegenwart von Baumwollsamenöl scheiden sich auch die festen Fettsäuren dieses Öles mit ab.

[2]) D. Holde, Untersuchung der Schmiermittel. Berlin 1897, 158.

[3]) Monatsh. f. Chem. 1887, 147, 156, 260; 1888, 180, 198, 469, 941, 947; 1889, 190. — L. Ubbelohde, Handbuch der Chemie und Technologie der Öle und Fette. Leipzig 1908, 1, 245.

permanganat oxydiert und die dabei gebildeten Oxydationsprodukte — eigenartige Oxysäuren — auf Grund ihrer verschiedenen Löslichkeit in Wasser und Äther trennt.

Aus Ölsäure $\quad\quad$ ($C_{18}H_{34}O_2$) entsteht Dioxystearinsäure $C_{18}H_{34}(OH)_2O_2$, Schmp. $\quad$ 136,5°
„ Linolsäure $\quad$ ($C_{18}H_{32}O_2$) $\quad$ „ $\quad\quad$ Sativinsäure $\quad\quad$ $C_{18}H_{32}(OH)_4O_2$, $\quad$ „ $\quad\quad$ 174°
„ Linolensäure ($C_{18}H_{30}O_2$) $\quad$ „ $\quad\quad$ Linusinsäure $\quad\quad$ $C_{18}H_{30}(OH)_6O_2$, $\quad$ „ $\quad$ 203—205°

Hinsichtlich der Ausführung der Trennung dieser Oxydationsprodukte muß auf die angeführte Quelle verwiesen werden.

$\quad$ b) Die Untersuchung der Bromderivate. Hehner und Mitchell[1]) sowie K. Farnsteiner[2]) haben versucht, die ungesättigten Fettsäuren durch ihre Bromverbindungen zu unterscheiden. Bei der Einwirkung von Brom auf die ungesättigten Fettsäuren entstehen folgende Bromverbindungen:

Aus Ölsäure $\quad\quad$ ($C_{18}H_{34}O_2$) entsteht Dibromstearinsäure ($C_{18}H_{34}Br_2O_2$), flüssig
„ Linolsäure $\quad$ ($C_{18}H_{32}O_2$) $\quad$ „ $\quad\quad$ Tetrabromstearins. ($C_{18}H_{32}Br_4O_2$), Schmp. 113—114°
„ Linolensäure ($C_{18}H_{30}O_2$) $\quad$ „ $\quad\quad$ Hexabromstearins. ($C_{18}H_{30}Br_6O_2$), $\quad$ „ $\quad$ 180—181°

Diese bromierten Fettsäuren zeigen wesentliche Unterschiede in ihrer Löslichkeit in den üblichen Fettlösungsmitteln, indem Dibromstearinsäure darin leicht löslich, Tetrabromstearinsäure leicht löslich in Äther, aber schwer löslich in Petroläther, Hexabromstearinsäure auch in Äther schwer löslich ist und die aus gewissen stark ungesättigten Fettsäuren der Seetiere entstehenden Oktobromide sogar in Benzol sich nur schwer lösen. Bezüglich der Ausführung dieser Trennung muß hier ebenfalls auf die oben angegebenen Quellen bzw. auf die Spezialwerke über Fette und Öle verwiesen werden.

8. Nachweis und Bestimmung des Glycerins in Fetten.

a) Qualitativer Nachweis von Glycerin zwecks Unterscheidung der Fette und Öle von den Wachsen. Da sich die Fette und Öle von den Wachsen dadurch unterscheiden, daß die ersteren nur aus Glyceriden der Fettsäuren bestehen, während die letzteren keine Glyceride, sondern nur Ester höherer Alkohole, wie Cetylalkohol, Cerylalkohol, Myricylalkohol usw., enthalten, so kann die Prüfung auf Glycerin zur Unterscheidung der Fette und Öle von den Wachsen sowie zum Nachweise der ersteren in den letzteren dienen.

Die zuverlässigste Reaktion des Glycerins ist die beim raschen Erhitzen eintretende Bildung von Acrolein, das durch einen höchst durchdringenden unangenehmen Geruch und durch seinen Reiz auf die Schleimhäute gekennzeichnet ist. Der Nachweis gelingt am leichtesten, wenn man das Glycerin bzw. die Glyceride mit wasserentziehenden Mitteln, am besten mit Kaliumbisulfat, erhitzt. Die Acroleinbildung verläuft dabei nach folgender Gleichung:

$$C_3H_5(OH)_3 = CH_2 = CH - COH + 2\,H_2O\;.$$
$$\text{Acrolein}$$

Der Nachweis des Acroleins, das in größeren Mengen leicht an seinem eigenartigen Geruch erkannt werden kann, in geringen Mengen aber durch diesen unter Umständen nicht erkannt wird, geschieht nach L. Grünhut[3]) am zweckmäßigsten in folgender Weise:

Die Substanz wird in einem kleinen Erlenmeyer-Kölbchen oder in einem Wägegläschen von der Form dieser Kölbchen mit etwa dem doppelten Gewichte feingepulverten Kaliumbisulfats mit Hilfe eines Glasstabes innig gemischt. Auf das Kölbchen setzt man einen Korkstopfen, durch dessen Durchbohrung man das kürzere Ende eines heberartig gebogenen Glasrohres eben hindurchgesteckt hat. Der andere, etwa 20 cm lange Schenkel des Rohres wird in ein Reagensglas eingeführt, welches sich in einer Kältemischung befindet. Nunmehr erwärmt man das Kölbchen auf dem Sandbade, bis sein Inhalt lebhaft aufschäumt und die entweichenden Dämpfe in dem gekühlten Reagensglase sich zu einigen Tropfen kondensiert haben.

[1]) Analyst 1898, **23**, 313.

[2]) Zeitschr. f. Untersuchung d. Nahrungs- u. Genußmittel 1899, **2**, 1.

[3]) Zeitschr. f. analyt. Chem. 1899, **38**, 37.

War Glycerin vorhanden, so muß dieses Kondensat deutlich nach Acrolein riechen. Man kann diesen Nachweis noch verschärfen, indem man den Inhalt des Reagensglases mit einigen Tropfen einer ammoniakalischen Silberlösung (3 g Silbernitrat in 30 g Ammoniak vom spez. Gewicht 0,923) versetzt, der man zuvor eine Lösung von 3 g Kaliumhydroxyd in 30 g Wasser zugefügt hat. Bei Gegenwart von Acrolein entsteht bereits in der Kälte ein Silberspiegel.

Größere Mengen von Glyceriden kann man durch direkte Prüfung auf Acrolein erkennen. Bei vermuteter Gegenwart von nur geringen Mengen von Glyceriden empfiehlt es sich, die Probe zu verseifen, die Fettsäuren abzuscheiden, das Filtrat von diesen zu neutralisieren, einzudampfen und darauf nach dem von L. Grünhut angegebenen Verfahren zu prüfen.

b) Quantitative Bestimmung des Glycerins. Da die Verseifung der Fette und Öle nach der Gleichung:

$$C_3H_5(OR)_3 + 3\,KOH = C_3H_5(OH)_3 + 3\,R \cdot OK$$

erfolgt, so entsprechen $3 \times 56,16 = 168,48$ g Kaliumhydroxyd 92,06 g Glycerin oder 1 g Kaliumhydroxyd 0,5464 g Glycerin.

Man kann daher bei reinen Triglyceriden deren Glyceringehalt oder, richtiger gesagt, die Menge Glycerin, welche sie bei der Verseifung liefern, aus der Verseifungszahl berechnen. Ist V die Verseifungszahl, so berechnet sich die prozentuale Glycerinausbeute (G) nach der Gleichung:

$$G = 100 \times 0{,}0005464 \times V = 0{,}05464 \times V .$$

Liegen Gemische von Glyceriden mit mehr oder minder freien Fettsäuren vor, wie dies bei den meisten natürlichen Fetten und Ölen der Fall ist, so dient zu vorstehender Berechnung statt der Verseifungszahl die Esterzahl (vgl. oben S. 369). Dagegen ist die Berechnung der Glycerinausbeute nicht anwendbar, wenn Gemische von Triglyceriden mit Mono- und Diglyceriden oder mit Wachsen vorliegen. In diesen muß man das Glycerin nach einem der unten im Abschnitte „Bestimmung des Glycerins" angegebenen Verfahren bestimmen.

9. Bestimmung des Unverseifbaren.

Unter dem „Unverseifbaren" der Fette und Öle, auch „unverseifbarer Anteil" oder „unverseifbarer Substanz" genannt, versteht man diejenigen Bestandteile der Fette und Öle, welche weder in Wasser löslich sind noch durch Verseifen mit Alkalien in wasserlösliche Verbindungen übergeführt werden.

a) *Das Unverseifbare der natürlichen Fette und Öle* besteht bei den tierischen Fetten vorwiegend aus Cholesterin, bei den pflanzlichen neben den verschiedensten anderen Körpern zu einem mehr oder minder beträchtlichen Teile aus Phytosterin bzw. diesem ähnlichen Alkoholen.

Die Menge des Unverseifbaren ist in den tierischen und pflanzlichen Fetten und Ölen durchweg nur sehr gering; sie beträgt bei den tierischen etwa 0,1 bis 0,5% — ausgenommen die Öle der Seetiere, welche wesentlich größere Mengen davon enthalten — bei pflanzlichen etwa 0,2 bis 1,5%.

Die Verfahren zur Bestimmung der Menge des Unverseifbaren beruhen α) auf der Ausschüttelung der Seifenlösung mit Lösungsmitteln und β) auf der Extraktion der trockenen Seifen mit Lösungsmitteln.

α) Ausschüttelung der Seifenlösung mit Lösungsmitteln.

Von den zahlreichen hierfür vorgeschlagenen Verfahren sei hier nur das von Morawski und Demski[1]) bzw. von Hönig und Spitz[2]) aufgeführt; man verfährt wie folgt: Etwa 10 g Fett werden mit 25 ccm alkoholischer Kalilauge (100 g Kalihydrat in 70 ccm Wasser gelöst und mit Alkohol auf 1 l aufgefüllt) und mit 25 ccm Alkohol in einem Erlenmeyer-Kölbchen mit aufgesetztem Kühler auf dem Wasserbade verseift, mit 50 ccm Wasser versetzt und bis zur klaren Lösung der Seife erwärmt. Nach dem Erkalten der Seifenlösung führt man diese in einen Scheidetrichter über, wäscht das Kölbchen mit etwa 10—20 ccm 50 proz.

---

[1]) Dinglers Polytechn. Journal **258**, 39.

[2]) Zeitschr. f. angew. Chem. 1891, 565.

Alkohol, darauf mit 50 ccm unter 80° siedendem Petroläther nach und führt beide Flüssigkeiten ebenfalls in den Scheidetrichter über, dessen Inhalt man darauf einige Zeit kräftig schüttelt.

Nachdem sich die beiden Flüssigkeitsschichten vollständig getrennt haben, läßt man die Seifenlösung in das Verseifungskölbchen zurückfließen, wäscht die Petrolätherlösung 2—3 mal mit je 10—15 ccm 50 proz. Alkohol aus und gibt die Waschwässer zu der alkoholischen Seifenlösung, die man darauf noch 2 mal in derselben Weise mit Petroläther auszieht. Die Petrolätherlösungen werden alsdann nacheinander durch ein kleines trockenes Filter in ein tariertes Erlenmeyer-Kölbchen filtriert und das Filter noch mit einigen Kubikzentimetern Petroläther nachgewaschen. Nach dem Abdestillieren des Petroläthers und Trocknen des Rückstandes im Wasserdampftrockenschrank bringt man das Unverseifbare zur Wägung.

β) **Ausziehen der eingetrockneten Seifen mit Lösungsmitteln.**

Nach Allen und Thomson verfährt man in folgender Weise: 10 g Öl werden in einer Porzellanschale von 13 cm Durchmesser mit 50 ccm 8 proz. alkoholischer Natronlauge auf dem Wasserbade unter fortwährendem Umrühren verseift, bis die Seifenlösung zu schäumen beginnt; darauf wird die Seife durch Zusatz von 15 ccm Alkohol in Lösung gebracht und die Lösung zur Überführung des Natronhydrats in Carbonat mit 5 g Natriumbicarbonat verrührt. Man setzt alsdann etwa 50 g geglühten Sand hinzu und trocknet unter häufigem Umrühren der Masse mit einem Glasstabe zuletzt im Wasserdampftrockenschranke vollkommen. Den Inhalt der Schale bringt man quantitativ in die Hülse eines Soxhletschen Extraktionsapparates und zieht die unverseifbaren Stoffe vollkommen mit einem unter 80° siedenden Petroläther aus. Der Petroläther wird abdestilliert und der Rückstand gewogen.

Anmerkung: Bei den vorstehenden Verfahren wird zur Ausziehung des Unverseifbaren Petroläther verwendet, weil in ihm die Seifen vollkommen unlöslich sind, während sich in Äther, namentlich wenn er wasser- bzw. alkoholhaltig ist, nicht unwesentliche Mengen von Seifen lösen. Andererseits sind aber die aromatischen Fettalkohole Cholesterin und die Phytosterine in Petroläther schwerer löslich als in Äther. Wenn es sich daher um die Bestimmung der aromatischen Fettalkohole in den natürlichen Fetten, namentlich zwecks näherer Untersuchung dieser Alkohole handelt, so verwendet man zur Ausziehung dieser Alkohole aus den Seifen bzw. deren Lösungen am besten Äther; hierüber vergleiche den nachfolgenden Abschnitt 10 S. 402. Handelt es sich dagegen um die quantitative Bestimmung fremder unverseifbarer Stoffe, wie Paraffin, Mineralöl, Harzöl usw., so verwendet man besser Petroläther zur Ausziehung. Über die nähere Kennzeichnung dieser letztgenannten Stoffe vgl. unten S. 410.

b) *Das Unverseifbare der festen und flüssigen Wachse,* welches aus größeren Mengen von Fettalkoholen, Cetyl-, Ceryl-, Myricylalkohol usw., teilweise auch aus Kohlenwasserstoffen besteht, läßt sich nach den vorstehend unter a) beschriebenen Verfahren namentlich bei den festen Wachsen nicht immer gut ausziehen.

Bei flüssigen Wachsen kann jedoch meist das unter a, α) angegebene Verfahren angewendet werden, bei festen Wachsen dagegen empfiehlt es sich, nach L. Ubbelohde[1]) in folgender Weise zu verfahren:

Man verseift 5—10 g Wachs mit alkoholischer Kalilauge, neutralisiert nach Zusatz von Phenolphthalein mit Essigsäure und fällt bei etwa 70° mit verdünnter Chlorcalciumlösung in geringem Überschuß unter lebhaftem Umrühren. Dann versetzt man mit dem fünffachen Volumen Wasser und läßt erkalten. Die ausgeschiedenen Kalkseifen mit dem Unverseifbaren werden abgesaugt, ausgewaschen, getrocknet und nach dem Vermengen mit Sand im Soxhletschen Extraktionsapparat mit Petroläther — bei Gegenwart von Wollfett besser mit frisch destilliertem Aceton — ausgezogen, getrocknet und gewogen.

---

[1]) L. Ubbelohde, Handbuch der Chemie und Technologie der Öle und Fette. Leipzig 1908, **1**, 260.

c) Um festzustellen, ob ein Fett oder Öl größere Mengen von zugesetztem Unverseifbaren enthält oder ob ein Wachs mit einem natürlichen größeren Gehalt an Unverseifbarem vorliegt, kann man sich nach L. Ubbelohde zweckmäßig der nachfolgenden qualitativen Probe bedienen:

Man erhitzt 6—8 Tropfen oder etwa 0,2 g der Probe mit 5 ccm alkoholischer $^1/_2$ N.-Kalilauge 2 Minuten lang zum Sieden, verdampft den Alkohol in einem Schälchen, nimmt mit etwa 20 ccm destilliertem Wasser auf und erwärmt bis zum Kochen. Liegt ein reines Fett oder Öl vor, so erhält man eine völlig klare Lösung, da die geringen in diesen enthaltenen Mengen des Unverseifbaren (Cholesterin, Phytosterine usw.) nicht ausfallen. Bei Fetten und Ölen dagegen, welche einen größeren Zusatz von unverseifbaren Stoffen erfahren haben, sowie bei festen und flüssigen Wachsen ist die Flüssigkeit durch ausgeschiedene ölige oder feste Kohlenwasserstoffe, Alkohole usw. mehr oder minder getrübt.

10. *Phytosterin- und Phytosterinacetatprobe nach A. Bömer.*

A. Bömer[1]) fand in allen von ihm untersuchten tierischen Fetten (Schweinefett, Rindsfett, Hammelfett, Butterfett, Lebertran, Eieröl) Cholesterin (Schmelzpunkte 148,4—150,8° korrig.) und in allen pflanzlichen Fetten und Ölen (Olivenöl, Palmbutter, Palmkernfett, Baumwollsamenöl, Erdnußöl, Sesamöl, Rüböl, Rapsöl, Hanföl, Mohnöl, Leinöl, Ricinusöl) Phytosterine[2]) (Schmelzpunkte 138,0—143,8° korrig.) und gründet hierauf seine beiden Verfahren[3]) zur Unterscheidung von Tier- und Pflanzenfetten und zum Nachweise von Pflanzenfetten in Tierfetten, die Phytosterinprobe und die Phytosterinacetatprobe. Von diesen ist die Phytosterinacetatprobe weit empfindlicher und für den mit krystallographischen Untersuchungen weniger Vertrauten auch im allgemeinen leichter ausführbar als die Phytosterinprobe; dagegen führt die letztere, wenn es sich nur um den Nachweis handelt, ob Pflanzenfette bzw. größere Beimischungen von Pflanzenfetten zu Tierfetten vorliegen, weit schneller und mit geringeren Substanzmengen zum Ziele.

---

[1]) Zeitschr. f. Untersuchung d. Nahrungs- u. Genußmittel 1898, **1**, 81.

[2]) A. Bömer hat bereits darauf hingewiesen, daß es sich beim Cholesterin aus Tierfetten anscheinend um eine einheitliche Verbindung handelt, daß dagegen die aus den verschiedenen Pflanzenfetten dargestellten Phytosterine selbst, wie auch ihre Ester, so große Unterschiede in den Schmelzpunkten zeigen, daß es sich bei ihnen offenbar nicht um eine einheitliche Verbindung, sondern entweder um verschiedene isomorphe Körper oder wenigstens um Gemische zweier oder mehrerer Körper in verschiedenen Verhältnissen handelt. In der Tat haben auch neuerdings A. Windaus und A. Hauth (Berichte d. Deutschen chem. Gesellschaft 1906, **39**, 4378) nachgewiesen, daß in den Calabarbohnen neben dem eigentlichen Phytosterin ein zweiter Alkohol Stigmasterin ($C_{30}H_{48}O$ oder $C_{30}H_{50}O$) enthalten ist, der mit dem Phytosterin isomorph ist — mit diesem Mischkrystalle bildet — unter dem Mikroskop nur schwer vom Phytosterin zu unterscheiden ist und dieselben Farbenreaktionen gibt wie das Phytosterin; während der Essigsäureester des letzteren nur 2 Atome Brom addiert und leichtlöslich in Eisessig, Alkohol, Aceton und Äther ist, addiert der Ester des Stigmasterins 4 Atome Brom und ist er schwer löslich in den genannten Lösungsmitteln. Der Schmelzpunkt des Stigmasterins liegt bei 170°. Auch im Rüböl, nicht dagegen im Fett der Weizenkeime, fanden A. Windaus und A. Hauth Stigmasterin.

[3]) E. Salkowski (Zeitschr. f. analyt. Chem. 1887, **26**, 557) hat zuerst die Verschiedenheit der in tierischen und Pflanzenfetten vorkommenden Alkohole (Cholesterine) zum Nachweise von Pflanzenfetten in tierischen Fetten, insbesondere von Baumwollsamenöl, Rüböl und Leinöl im Lebertran verwendet. Er will im Butterfett neben Cholesterin auch Phytosterin gefunden haben und nimmt ferner an, daß das Phytosterin nur in Samenölen und nicht in den aus dem Fruchtfleisch gewonnenen Ölen (Palmbutter, Olivenöl) vorkomme.

Zur Prüfung der Fette mittels der Phytosterinprobe und Phytosterinacetatprobe ist zunächst die Abscheidung des sog. unverseifbaren Anteils (des „Rohcholesterins bzw. -phytosterins") erforderlich, welche nach A. Bömer[1]) in folgender Weise erfolgt:

a) *Abscheidung des Rohcholesterins bzw. -phytosterins.* 100 g Fett werden in einem Erlenmeyer-Kolben von etwa 1—1$^1/_2$ l Inhalt auf dem Wasserbade geschmolzen und mit 200 ccm alkoholischer Kalilauge (200 g Kalihydrat + 1 l Alkohol von 70° Tr.)[2]) auf dem kochenden Wasserbade am Rückflußkühler (als solcher kann ein etwa $^3/_4$ m langes, hinreichend weites, mit angefeuchtetem Filtrierpapier umlegtes Glasrohr dienen) verseift, wobei man anfangs häufig und kräftig umschüttelt, bis der Kolbeninhalt beim Schütteln klar geworden ist, und dann noch $^1/_2$—1 Stunde unter zeitweiligem Umschütteln die Seife auf dem Wasserbade erwärmt. Darauf gibt man die noch warme Seifenlösung in einen Schütteltrichter von etwa 2 l Inhalt, in den man vorher 300 ccm Wasser gegeben hat, und spült die im Kolben verbliebenen Seifenreste mit weiteren 300 ccm Wasser in den Schütteltrichter.

Nachdem die Seifenlösung hinreichend abgekühlt ist, setzt man 800 ccm Äther hinzu und schüttelt den Inhalt etwa $^1/_2$—1 Minute kräftig durch. In einigen Minuten setzt sich die Ätherlösung vollständig klar ab. Man trennt sie in der üblichen Weise von der Seife, filtriert sie, um etwa vorhandene geringe Mengen der Seifenlösung zu entfernen, in einen geräumigen Erlenmeyer-Kolben und destilliert den Äther nach Zusatz von 1—2 Bimssteinstückchen ab. Die Seifenlösung schüttelt man noch 2 oder 3 mal in derselben Weise mit 400 ccm Äther aus, gibt die Ätherlösung jedesmal zu dem Destillationsrückstande der vorhergehenden Ausschüttelung und destilliert die Auszüge in derselben Weise ab. Nach dem Abdestillieren des Äthers[3]) bleiben in dem Kolben in der Regel geringe Mengen Alkohol zurück. Man entfernt diese durch Eintauchen des Kolbens in das kochende Wasserbad unter Einblasen von Luft und verseift den vorwiegend aus Cholesterin (bzw. Phytosterin) und der durch den Äther gelösten Seife bestehenden Rückstand zur Entfernung etwa noch vorhandener geringer Mengen unverseiften Fettes nochmals mit 10 ccm obiger Kalilauge etwa 5—10 Minuten im Wasserbade am Rückflußkühler (wie oben angegeben). Den Inhalt des Kolbens führt man alsdann sofort in einen kleinen Scheidetrichter über, spült mit 20—30 ccm Wasser nach und schüttelt nach dem Erkalten 2 mal mit 100 ccm Äther aus. Nachdem sich in einigen Minuten die Ätherlösung klar abgesetzt hat[4]), läßt man die unterstehende wässerig-alkoholische Schicht abfließen und wäscht die Ätherlösung 3 mal mit etwa 10 ccm Wasser. Nach dem Ablaufen des letzten Waschwassers filtriert man die Ätherlösung zur Entfernung etwa vorhandener Wassertröpfchen in ein Erlenmeyer-Kölbchen und destilliert den Äther langsam ab.

Beim Trocknen im Wasserdampftrockenschranke erhält man einen meist festen, bei tierischen Fetten schön strahlig krystallinen Rückstand, welcher das Cholesterin bzw. Phytosterin enthält.

---

[1]) Für die Abscheidung des „unverseifbaren Anteils" der Fette und Öle nach A. Bömer ist ein Arbeiten mit verhältnismäßig großen Äthermengen erforderlich; es sind daher vorwiegend aus diesem Grunde eine Reihe von anderen Vorschlägen gemacht worden, die ebenfalls Verwendung finden können, von denen aber keines, was Schnelligkeit der Ausführung betrifft, das nachstehend beschriebene Verfahren erreicht.

[2]) Da sich die alkoholische Kalilauge bei längerem Stehen meist etwas verändert (Braunfärbung), kann man auch eine wässerige Kalilauge (200 g Kalihydrat mit Wasser zu 300 ccm gelöst) vorrätig halten und statt der 200 ccm alkoholischer Kalilauge 60 ccm der wässerigen Lauge und 140 ccm 95 proz. Alkohol zur Verseifung verwenden.

[3]) Um den Äther wieder zu weiteren Ausschüttelungen verwenden zu können, muß man ihn durch mehrmaliges Ausschütteln mit Wasser von seinem Alkoholgehalte möglichst befreien.

[4]) Sollte sich die Flüssigkeit statt in 2 in 3 Schichten teilen, so setzt man noch geringe Mengen (10—20 ccm) Wasser hinzu und schüttelt nochmals um.

Die vorstehenden Mengenverhältnisse müssen genau innegehalten werden, weil anderenfalls die Ausschüttelungen unter Umständen Schwierigkeiten bieten.

Will man nur 50 g oder weniger Fett anwenden, so können die anzuwendenden Mengen Kalilauge, Wasser und Äther bei der ersten Verseifung entsprechend erniedrigt werden.

b) Phytosterinprobe (Untersuchung der Krystallformen)[1]. Sie beruht auf der Unterscheidung des Cholesterins und des Phytosterins bzw. ihrer Gemische durch die Krystallform. Man löst das nach a) erhaltene Rohcholesterin bzw. -phytosterin je nach seiner Menge in 5—20 ccm absolutem Alkohol, gibt die Lösung in ein entsprechend großes Krystallisationsschälchen und läßt unter anfänglichem Bedecken mit einem Uhrglase die Lösung erkalten und verdunsten. Nach einiger Zeit — je nach der Menge des verwendeten Alkohols, unter Umständen auch erst nach 2—3 Stunden — beginnt die Krystallisation.

Diese weist meistens schon nach ihrem makroskopischen Bilde bei Cholesterin und Phytosterin große Verschiedenheiten auf. Beim Cholesterin aus Tierfetten beginnt die Krystallisation mit der Bildung einer dünnen glänzenden Krystalldecke auf der Oberfläche der Flüssigkeit; bei stärkeren Konzentrationen durchsetzen große dünne, kaum sichtbare Tafeln die ganze Flüssigkeit. Die Krystalle zeigen, aus der Flüssigkeit gebracht und von der Mutterlauge getrennt, einen starken Seidenglanz. Beim Phytosterin zeigt sich während der Krystallisation ein anderes Bild. Aus verdünnten Lösungen scheiden sich, meistens vom Rande beginnend, bis zu 1 cm lange, verhältnismäßig dicke Nadeln aus. Aus konzentrierten und verhältnismäßig stark durch sonstige unverseifbare Stoffe verunreinigten Lösungen scheiden sich gleichmäßig in der ganzen Flüssigkeit sehr feine Nädelchen ab.

Fig. 257.

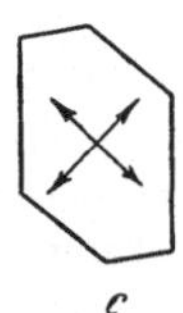

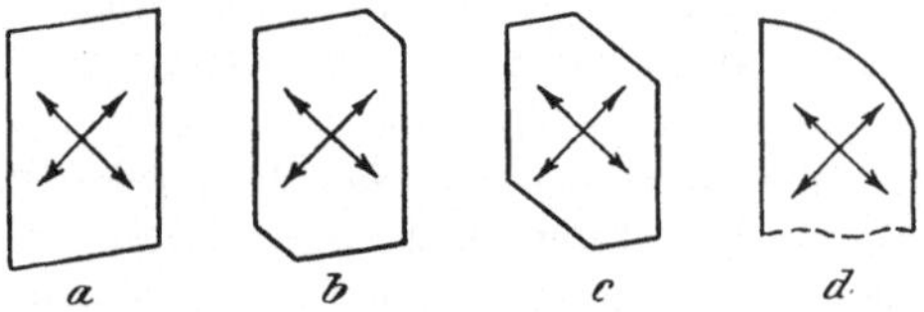

Krystallformen des Cholesterins. Nach A. Bömer.

Zur mikroskopischen Untersuchung der Krystalle entnimmt man am besten mittels eines kleinen Platinspatels einige Krystalle aus der Lösung[2] und bringt sie gleichzeitig mit etwas Mutterlauge auf ein Objektglas, bedeckt mit einem Deckgläschen und untersucht die Krystalle im gewöhnlichen, aber stark kondensierten Tageslichte und wenn möglich auch im polarisierten Lichte. Unter Umständen empfiehlt es sich, die ersten Krystallisationen wieder in Alkohol zu lösen und sie nochmals umzukrystallisieren.

Die Unterschiede in den Krystallformen sind folgende:

α) Cholesterinkrystalle. Diese stellen dünne Tafeln mit meist rhombischem Umriß (Fig. 257a) dar, die wahrscheinlich dem triklinen Krystallsystem angehören und bei denen die sog. Auslöschungsrichtungen — bei der also die Krystalle unter dem Polarisationsmikroskope bei gekreuzten Nikols dunkel erscheinen —, wie in den Figuren durch die Pfeile angedeutet ist, fast diagonal verlaufen. Neben diesen rhombischen Tafeln treten auch häufig die Formen Fig. 257b, c und, allerdings seltener, auch die Form d auf.

β) Phytosterinkrystalle. Diese bestehen meist aus dünnen verhältnismäßig breiten Nadeln mit zweiseitiger Zuspitzung (Fig. 258a); manchmal fehlt aber auch die Zuspitzung (Fig. 258c) und vereinzelt sind die Krystalle an den Enden auch abgeschrägt, indem die eine der beiden zuspitzenden Flächen fehlt (Fig. 258b). Je öfter die Phytosterinkrystalle um-

---

[1] Zeitschr. f. Untersuchung d. Nahrungs- u. Genußmittel 1898, **1**, 21 u. 532.

[2] Von anderer Seite ist empfohlen worden, einige Tropfen der alkoholischen Lösung auf dem Objektglase direkt verdunsten zu lassen und diese mikroskopisch zu untersuchen. Unter den meisten Verhältnissen ist aber eine Untersuchung größerer Krystalle wünschenswert und es empfiehlt sich nicht, sich an gewisse oberflächliche Erscheinungen der Krystalle zu halten, sondern die Natur der Krystalle (Winkel, Auslöschungsvorrichtung usw.) genau zu prüfen.

krystallisiert und je reiner sie somit werden, desto größer werden sie meist und desto mannigfaltiger wird auch ihre Form. In der Regel haben bei den späteren Krystallisationen die Phytosterinkrystalle die Form breiter sechsseitiger Tafeln (Fig. 258 d), doch beobachtet man auch die Krystallformen g und h in Fig. 258. Die verschiedenen Formen treten auch bei ein und derselben Krystallisation vielfach nebeneinander auf. Die Krystallformen e und f dagegen werden nur selten angetroffen.

Die „Auslösungsrichtungen" liegen parallel der Längsrichtung der Krystalle und senkrecht dazu. Cholesterin- und Phytosterinkrystalle unterscheiden sich auch durch die Größe ihrer Winkel; doch sei in dieser Hinsicht auf die Quelle verwiesen.

γ) Mischungen von Cholesterin und Phytosterin. Diese krystallisieren nicht in nebeneinander auftretenden Formen von Cholesterin und Phytosterin, sondern wenn beide Körper in ungefähr gleichen Mengen vorhanden sind oder das Phytosterin vorherrscht, in den gleichen oder doch (bis auf die Differenz in den Winkeln)

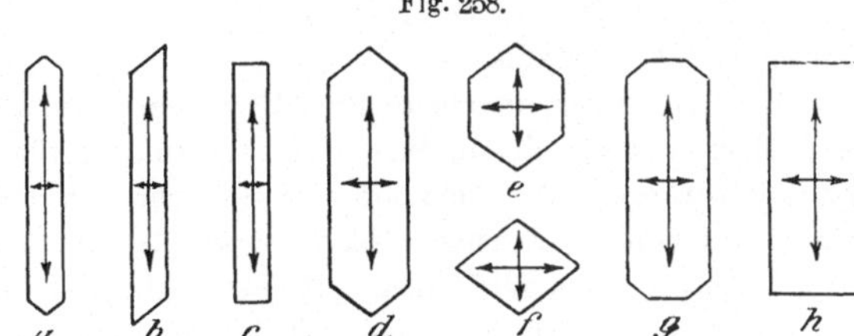

Fig. 258.

Krystallformen des Phytosterins. Nach A. Bömer.

so gut wie gleichen Formen, wie die reinen Phytosterine. Wenn dagegen Cholesterin in der Mischung bedeutend vorherrschend ist, so ist die Krystallform des Gemisches weder die des Phytosterins noch Cholesterins, sondern es entstehen große Mengen äußerst feiner, kurzer Krystallnädelchen (Fig. 259 a), die sich bei genauerer Untersuchung als dreiseitige Säulchen erkennen lassen (Fig. 260) und die für derartige Gemische kennzeichnend sind.

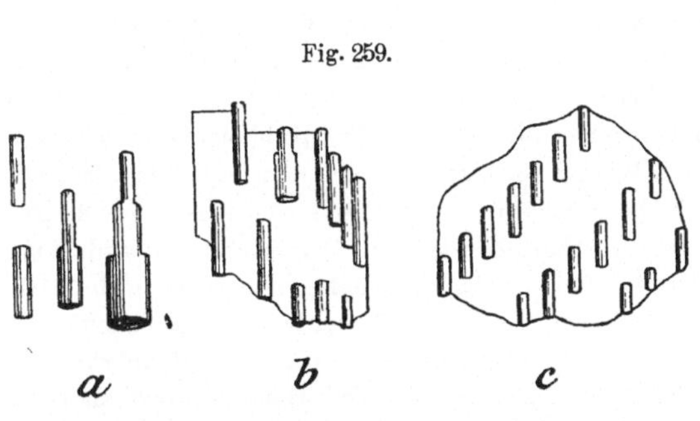

Fig. 259.

Krystallformen von Mischungen des Cholesterins mit Phytosterin. Nach A. Bömer.

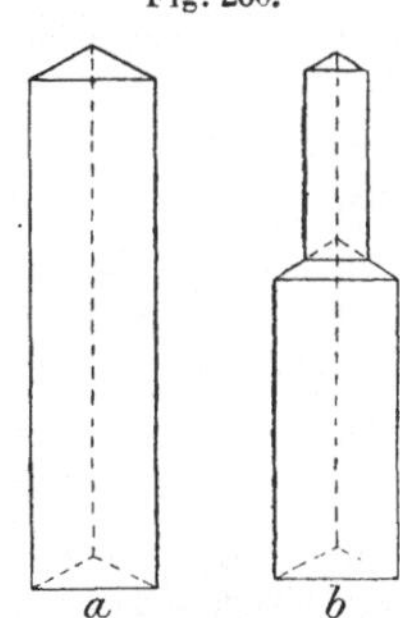

Fig. 260.

Krystallformen von Mischungen des Cholesterins mit Phytosterin (stärker vergrößert als Fig. 259 a). Nach A. Bömer.

Bei sehr langsamem Krystallisieren aus verdünnter Lösung erhält man zuweilen aus dieser Mischung auch große dünne Tafeln, die am Rande fast ausschließlich aus den obigen feinen Nädelchen bestehen (Fig. 259 b) oder auf denen zahlreiche Nädelchen in paralleler Stellung (Fig. 259 c) angeordnet sind. Diese Mischkrystalle beobachtet man selbst noch in Gemischen, in denen auf 1 Teil Phytosterin 10—20 Teile Cholesterin kommen. Ist dagegen der Phytosteringehalt der Mischung noch geringer, z. B. 1 Teil Phytosterin auf 50 Teile Cholesterin, so lassen sich die Krystalle von denen des reinen Cholesterins makro- und mikroskopisch nicht unterscheiden.

c) *Phytosterinacetatprobe.* Sie beruht auf dem etwa 10—20° betragenden Unterschiede der Schmelzpunkte der Acetylester des Cholesterins einerseits und der Phytosterine andererseits und der Eigenschaft dieser Ester in Gemischen nicht zusammen, sondern getrennt zu krystallisieren. Da die Acetylester der Phytosterine schwerer in Alkohol löslich sind als der des Cholesterins, so reichern sich beim fraktionierten Umkrystallisieren die ersten Krystallisationen immer mehr mit den Phytosterinestern an, die man durch ihre höhcren Schmelzpunkte (125,6—137,0° korrigiert) von dem Cholesterinester (Schmelzpunkte 114,3—114,8° korrigiert) unterscheidet bzw. in Gemischen neben diesen nachweist.

Man verbindet am besten die Phytosterinacetatprobe mit der Phytosterinprobe und verfährt nach A. Bömer[1]) in folgender Weise:

Das aus 50 oder besser aus 100 g Fett in der oben (S. 403) beschriebenen Weise gewonnene Rohcholesterin bzw. -phytosterin löst man in möglichst wenig absolutem Alkohol (1), führt es unter Nachspülen mit geringen Mengen Alkohol in ein kleines Krystallisationsschälchen (2) über und läßt krystallisieren.

Die sich zuerst ausscheidenden Krystalle prüft man mittels der „Phytosterinprobe" (S. 404) mikroskopisch auf ihre Krystallform, ob Cholesterin oder Phytosterin bzw. Mischkrystalle vorliegen (3). Nachdem dies geschehen ist, verdunstet man den Alkohol wieder vollständig auf dem Wasserbade, setzt darauf 2—3 ccm Essigsäureanhydrid (4) hinzu, erhitzt, unter Bedeckung des Schälchens mit einem Uhrglase (5), auf dem Drahtnetze etwa $1/4$ Minute zum Sieden und verdunstet nach Entfernung des Uhrglases den Überschuß des Essigsäureanhydrids auf dem Wasserbade (6). Darauf erhitzt man den Inhalt des Schälchens unter Be-

---

1) Zeitschr. f. Untersuchung d. Nahrungs- u. Genußmittel 1901, **4**, 1070. Von dieser Vorschrift weicht die der Anlage d der Ausführungsbestimmungen D vom 22. Februar 1908 zum „Fleischbeschaugesetz" für die Untersuchung des Schweineschmalzes auf Pflanzenfette etwas ab; sie lautet:

„100 g Fett werden in einem Kolben von 1 l Inhalt auf dem Wasserbade geschmolzen und mit 200 ccm alkoholischer Kalilauge, welche in 1 l Alkohol von 70 Volumprozenten 200 g Kaliumhydroxyd enthält, auf dem kochenden Wasserbad am Rückflußkühler verseift. Nach beendeter Verseifung, die etwa $1/2$ Stunde Zeit erfordert, wird die Seifenlösung mit 600 ccm Wasser versetzt und nach dem Erkalten in einem Schütteltrichter 4 mal mit Äther ausgeschüttelt. Zur ersten Ausschüttelung verwendet man 800 ccm, zu den folgenden je 400 ccm Äther. Aus diesen Auszügen wird der Äther abdestilliert und der Rückstand nochmals mit 10 ccm obiger Kalilauge 5—10 Minuten im Wasserbade erhitzt, die Lösung mit 20 ccm Wasser versetzt und nach dem Erkalten 2 mal mit je 100 ccm Äther ausgeschüttelt. Die ätherische Lösung wird 4 mal mit je 10 ccm Wasser gewaschen, danach durch ein trockenes Filter filtriert und der Äther abdestilliert. Der Rückstand wird in ein etwa 8 ccm fassendes zylinderförmiges, mit Glasstopfen versehenes Gläschen gebracht und bei 100° getrocknet. Der erkaltete Rückstand wird mit 1 ccm unterhalb 50° siedenden Petroleumäthers übergossen und mit einem Glasstabe zu einer pulverförmigen Masse zerdrückt. Alsdann wird das verschlossene Gläschen 20 Minuten lang in Wasser von 15—16° gestellt. Hierauf bringt man den Inhalt des Gläschens in einen kleinen, mit Wattestopfen versehenen Trichter und bedeckt diesen mit einem Uhrglase. Nachdem die klare Flüssigkeit abgetropft ist, werden Glasstab, Gläschen und Trichterinhalt 5 mal mit je 0,5 ccm kaltem Petroleumäther nachgewaschen. Der am Glasstabe, im Gläschen und Trichter sich befindende ungelöste Rückstand wird alsdann in Äther gelöst, die Lösung in ein Glasschälchen gebracht und der Rückstand nach dem Verdunsten des Äthers bei 100° getrocknet. Darauf setzt man 1—2 ccm Essigsäureanhydrid hinzu, erhitzt unter Bedeckung des Schälchens mit einem Uhrglas auf dem Drahtnetz etwa $1/2$ Minute lang zum Sieden und verdunstet den Überschuß des Essigsäureanhydrids auf dem Wasserbade. Der Rückstand wird 3—4 mal aus geringen Mengen, etwa 1 ccm absolutem Alkohol, umkrystallisiert. Die einzelnen Krystallisationsprodukte werden unter Anwendung eines kleinen Platinkonus, der an seinem spitzen Ende mit zahlreichen äußerst kleinen Löchern versehen ist, durch Absaugen von den Mutterlaugen getrennt. Von der zweiten Krystallisation ab wird jedesmal der Schmelzpunkt bestimmt. Schmilzt das letzte Krystallisationsprodukt erst bei 117° (korrigierter Schmelzpunkt) oder höher, so ist der Nachweis von Pflanzenöl als erbracht und das Fett als verfälscht im Sinne des § 21 der Ausführungsbestimmungen D anzusehen."

deckung mit einem Uhrglase mit so viel absolutem Alkohol, wie zur Lösung des Esters erforderlich ist (7) und überläßt die klare Lösung, anfangs — bis zum Erkalten auf Zimmertemperatur —
unter Bedeckung mit einem Uhrglase, der Krystallisation.

Nachdem die Hälfte bis $^2/_3$ der Flüssigkeit verdunstet und der größte Teil des Esters
auskrystallisiert ist, filtriert man die Krystalle durch ein kleines Filter ab und bringt den in
der Schale noch befindlichen Rest mit Hilfe eines kleinen Spatels und durch zweimaliges Aufgießen von 2—3 ccm 95 proz. Alkohol gleichfalls auf das Filter. Den Inhalt des Filters (8)
bringt man wieder in das Krystallisationsschälchen zurück, löst ihn je nach seiner
Menge in 2—10 ccm absolutem Alkohol und läßt wiederum krystallisieren (9). Nachdem der
größte Teil des Esters auskrystallisiert ist, filtriert man abermals ab (10) und krystallisiert
weiter in derselben Weise so lange um, wie die Menge des Esters ausreicht (11). Von der dritten
Krystallisation an bestimmt man den Schmelzpunkt (12) des Esters und wiederholt diese Bestimmung bei jeder folgenden Krystallisation (13).

Ist bei den in dieser Weise ausgeführten Schmelzpunktbestimmungen für
die letzte Krystallisation der Ester bei 116° (korrigierter Schmelzpunkt) noch
nicht vollständig geschmolzen, so ist ein Zusatz von Pflanzenfett anzunehmen,
schmilzt der Ester aber erst bei 117° (korrigierter Schmelzpunkt) oder noch
höher, so kann ein Gehalt an Pflanzenfett mit Bestimmtheit als erwiesen angesehen werden (14).

Erläuterungen zu vorstehendem Verfahren: 1. Man kommt etwas schneller zum
Ziele, wenn man aus der nach der zweiten Verseifung erhaltenen ätherischen Lösung den Äther
bis auf einen kleinen Rest abdestilliert, diesen sofort in das Krystallisationsschälchen überführt,
hierin den Rest des Äthers abdunstet, den Rückstand im Wasserdampftrockenschranke trocknet
und dann in Alkohol löst.

2. Wir haben zu den Versuchen stets dünnwandige Glasschälchen mit flachem Boden (von
der Firma Fr. Hugershoff in Leipzig bezogen) verwendet und zwar zu den ersten Krystallisationen in der Regel Schälchen von 6 cm, zu den späteren dagegen solche von 4 cm oberem Durchmesser.

3. Es empfiehlt sich stets die „Phytosterinprobe", d. h. die Bestimmung der Krystallform der Alkohole vor der Veresterung, mit der Phytosterinacetatprobe zu verbinden, um
auch gleichzeitig ein Urteil darüber zu gewinnen, ob größere oder geringere Mengen von Pflanzenfett vorhanden sind. Selbstverständlich ist es nicht notwendig, die Gesamtmenge des Rohcholesterins
zur Phytosterinprobe in Alkohol zu lösen und krystallisieren zu lassen; man kann auch sofort
einen Teil der ätherischen Lösung oder einen Teil des festen Rohcholesterins bzw. -phytosterins
abtrennen. Immerhin dürfte sich aber das oben vorgeschlagene Verfahren als am besten erweisen,
da einerseits die Krystalle größer und daher für die mikroskopische Beobachtung geeigneter
ausfallen werden und andererseits auch auf diese Weise der Substanzverlust am geringsten
sein wird.

4. Wir verwendeten stets „Acidum aceticum purissimum anhydricum" von E. Merck in
Darmstadt. Die angegebene Menge von 2—3 ccm genügt, wenn es sich um Tierfette oder Gemische
dieser mit wenigen Prozenten Pflanzenfett handelt, für die bei diesen vorkommenden geringen
Cholesterinmengen. Enthält das Fett größere Mengen von Pflanzenfetten oder ist es ein reines
Pflanzenfett, und ist die Menge des Rohcholesterins bzw. -phytosterins infolgedessen größer, so
empfiehlt es sich, entsprechend mehr Essigsäureanhydrid zu verwenden.

5. Es empfiehlt sich, das Schälchen beim Erhitzen mit dem Essigsäureanhydrid bedeckt zu
halten, einerseits, weil man dadurch eine Belästigung durch die unangenehm auf die Augen wirkenden Dämpfe des Essigsäureanhydrids vermeidet, andererseits aber hauptsächlich deswegen, weil
auf diese Weise durch das an den Wänden der Schale und an dem Uhrglase sich wieder verdichtende
Essigsäureanhydrid etwaige Teile des Rohcholesterins, welche sich vorher beim Verdunsten der
Lösung an den Wänden des Schälchens abgesetzt haben, wieder sicher in die Flüssigkeit zurückgebracht und verestert werden.

6. Der Verdunstungsrückstand stellt bei Wasserbadwärme in der Regel eine hellbraune klare harzige Masse dar, die beim Erkalten meist trübe und fest wird.

7. Die erforderliche Menge richtet sich ganz nach der Menge des vorhandenen Rohcholesterins bzw. des Esters. Es dürften im allgemeinen wegen der Schwerlöslichkeit des Esters (100 ccm absoluter Alkohol vermögen bei 17,5° nur 0,60 g Cholesterinester und 0,47 g Phytosterinester in Lösung zu halten!) bei reinen tierischen Fetten und solchen mit nur wenig Pflanzenfett, aus denen man etwa 0,1—0,3 g Rohcholesterin erhält, 10—25 ccm absoluter Alkohol erforderlich sein. Bringt man beim Erhitzen mit diesen Alkoholmengen den Ester nicht in Lösung, so nimmt man eben mehr Alkohol.

Es empfiehlt sich, die erste Krystallisation, bei der es vorwiegend darauf ankommt, die Ester von den nicht krystallisierenden Verunreinigungen zu trennen, recht langsam etwa in 1 bis 2 Stunden erfolgen zu lassen. Erfolgt die Krystallisation sofort nach dem Erkalten, so kann man nach Zusatz von etwas Alkohol die Krystalle nochmals durch Erwärmen in Lösung bringen.

8. Es empfiehlt sich, das noch feuchte Filter auf einem Tonteller noch möglichst von der Flüssigkeit zu befreien.

9. Bei dieser und den weiteren Krystallisationen kann man die Menge des zur Lösung der Krystalle dienenden Alkohols ohne Nachteil so knapp bemessen, daß die größte Menge der Krystalle schon nach $^1/_4$—$^1/_2$ Stunde auskrystallisiert ist; nur empfiehlt es sich auch hier, bis zum Erkalten der Lösung auf Zimmertemperatur das Schälchen mit einem Uhrglase bedeckt zu halten, damit die Erkaltung und Verdunstung im Anfange nicht zu schnell erfolgt.

10. Man muß natürlich beim Abfiltrieren der weiteren Krystallisationen immer möglichst kleine Filterchen nehmen oder aber man kann — was meist noch zweckmäßiger erscheint — etwa von der dritten Krystallisation an den feuchten Krystallbrei mit der Mutterlauge, anstatt ihn durch ein in einem Trichter befindliches Filter zu filtrieren, mittels eines kleinen Spatels auf die Mitte eines Stückchens möglichst glatten Filtrierpapieres auf einen Tonteller bringen und die Mutterlauge von diesem einsaugen lassen. Nachdem dies geschehen ist, deckt man die Krystalle behufs vollständiger Befreiung von der noch anhaftenden Mutterlauge mit einigen Tropfen 95 proz. Alkohols.

11. Dies hat man naturgemäß zum Teil selbst in der Hand. Läßt man bei den einzelnen Krystallisationen sehr viel auskrystallisieren, so reicht natürlich die Substanz zu öfteren Krystallisationen aus; läßt man dagegen nur wenig auskrystallisieren, so erreicht man dadurch eine verhältnismäßig stärkere Anreicherung der Krystalle mit etwa vorhandenem Phytosterinester.

12. Es empfiehlt sich, die Schmelzpunktbestimmungen mit einem verkürzten Normalthermometer für die Temperaturen 100—150° nach Graebe - Anschütz auszuführen und es bis mindestens zu dem Teilstriche 116° bzw. dem zu erwartenden Schmelzpunkte in die Heizflüssigkeit eintauchen zu lassen. In diesem Falle ist eine Korrektur des Schmelzpunktes nicht erforderlich. Benutzt man dagegen ein längeres Thermometer, so genügt es, den Schmelzpunkt für den aus der Heizflüssigkeit hervorragenden Quecksilberfaden nach der S. 57 angegebenen Gleichung zu korrigieren.

13. Es erscheint im Interesse der Substanzersparung nicht erforderlich, bei jeder Krystallisation Doppelbestimmungen des Schmelzpunktes auszuführen, da sich die Schmelzpunkte einer jeden Krystallisation jedesmal durch die Schmelzpunkte der folgenden Krystallisationen, die gleich oder höher sein müssen, kontrollieren lassen.

14. Die Schmelzpunktangaben 116 (korrigiert) bzw. 117° (korrigiert) beziehen sich auf die vollständige Schmelzung der Ester, während der Beginn des Schmelzens (das Durchsichtigwerden) durchweg etwa 0,5° tiefer liegt. Wenn A. Bömer bei reinen Essigsäure-Cholesterinestern den Punkt des vollständigen Schmelzens auch nicht über 114,6° (korrigiert) gefunden hat, so hält er es doch für angebracht, erst von 116° an auf einen Zusatz von Pflanzenfett zu schließen, da die Bestimmung der Schmelzpunkte je nach der Ausführung derselben von verschiedenen Beobachtern vielfach bei einer und derselben Substanz nicht unerhebliche Abweichungen aufweist. Ferner hat er vorläufig die Grenze — 117° (korrigiert) —, von der an mit Bestimmtheit auf einen Zusatz von Pflanzenfett zu schließen ist, absichtlich so weit hinaufgeschoben, obgleich sie voraus-

sichtlich schon bei 116° (korrigiert) liegen dürfte, bis ein noch größeres Untersuchungsmaterial vorliegt.

Die Phytosterinacetatprobe eignet sich zum Nachweise aller Pflanzenfette in allen Tierfetten[1]). Sie ist bis jetzt im Prinzip nur eine qualitative Prüfung, wenngleich für geringe Zusätze, wenn die Art der Pflanzenfette bekannt ist, bei längerer Übung und beim Vergleich mit Mischungen von bekanntem Gehalt eine annähernde Schätzung der zugesetzten Menge Pflanzenfett nicht ausgeschlossen ist.

E. Polenske[2]) hat ein Verfahren beschrieben, um aus dem Unverseifbaren geringe Mengen von Paraffin zu entfernen, die dem Schweineschmalz angeblich zugesetzt werden sollen, um die Phytosterinacetatprobe unmöglich zu machen[3]), indem das feste Paraffin in Alkohol ebenso unlöslich ist wie Cholesterin bzw. Phytosterin und sich daher beim Umkrystallisieren stets mit ausscheidet. Das Verfahren beruht darauf, daß Cholesterin und Phytosterin in kaltem, unter 50° siedendem Petroläther weit weniger löslich sind als Paraffin. Man verfährt zu dem Zwecke wie folgt:

„Der aus 100 g Schweineschmalz erhaltene, in Äther gelöste unverseifbare Bestandteil wird in ein zylinderförmiges Gläschen von etwa 6 cm Höhe, 1,5 cm Weite und 8 ccm Rauminhalt mit Glasstopfen gebracht und der Äther langsam verdunstet. Der bei 100° getrocknete Rückstand bedeckt nur den Boden des Gläschens und wird mit 1 ccm unter 50° siedendem Petroläther übergossen. Das verschlossene Gläschen wird etwa 10 Minuten beiseite gestellt. Alsdann wird der Rückstand mit einem Glasstabe zu einer pulverförmigen Masse zerdrückt und das verschlossene Gläschen etwa 20 Minuten lang in Wasser von 15—16° gestellt. Hierauf gießt man den Inhalt des Gläschens in einen kleinen, mit entfettetem Wattestopfen versehenen Trichter, welcher sich über einem starkwandigen zylindrischen Gefäße von etwa 9 cm Höhe und 15 ccm Rauminhalt mit Glasstopfen befindet. Man bedeckt den Trichter sogleich mit einem Uhrglase und läßt die klare Flüssigkeit abtropfen. Glasstab, Gläschen und Trichterinhalt werden nunmehr 5 mal nacheinander mit je 0,5 ccm kaltem Petroläther nachgewaschen. Nachdem der Petroläther abgetropft ist, wird der am Glasstabe, im Gläschen und im Trichter befindliche Rückstand in Äther gelöst, die Lösung in einem Glasschälchen verdunstet, der Rückstand bei 100° getrocknet und in bekannter Weise mit Essigsäureanhydrid acetyliert. Unter Verwendung von je 1 ccm absolutem Alkohol für jede Krystallisation werden alsdann 3—4 Krystallisationen hergestellt und von der zweiten Krystallisation ab die Schmelzpunkte bestimmt.“

Der Nachweis des Paraffins wird mit diesem Verfahren vereinigt, wie folgt: „Die in dem zylinderförmigen Gefäße sich befindenden Petrolätherauszüge werden abgedunstet, der Rückstand bei 100° getrocknet und mit 5 ccm konzentrierter Schwefelsäure übergossen. Das mit Glasstopfen und darüber gestülpter Gummikappe verschlossene Gläschen wird eine Stunde lang bis an den Hals in ein Glycerinwasserbad (40 Teile Glycerin und 60 Teile Wasser) von 104—105° gestellt. Während der letzten halben Stunde wird das in ein Tuch eingewickelte Gläschen 2—3 mal geschüttelt. Nach dem Erkalten wird der Inhalt des Gläschens 3 mal mit je 10 ccm leicht siedendem Petroläther je 1 Minute lang kräftig ausgeschüttelt. Die in einem Scheidetrichter vereinigten farblosen Petrolätherauszüge werden 3 mal mit je 10 ccm Wasser gewaschen; dem zweiten Waschwasser werden einige Tropfen Chlorbariumlösung zugesetzt. Alsdann wird der Petroläther durch ein getrocknetes kleines Filter in ein Wägegläschen filtriert und der Rückstand nach dem Verdunsten der Flüssigkeit bei 100° getrocknet und gewogen.“

Die Zerstörung der außer dem Paraffin vorhandenen Stoffe durch die Schwefelsäure ist nahezu vollständig, bei reinem Schweineschmalz hinterblieben nur Rückstände von 0—0,003 g, welche

---

[1]) Bei Wollfett ist das Verfahren noch nicht angewendet worden und muß vorläufig dahingestellt bleiben, ob dasselbe bei diesem wegen seines hohen Cholesteringehaltes und wegen des Gehaltes an Isocholesterin den Nachweis von Pflanzenfetten bzw. geringer Mengen derselben ermöglicht.

[2]) Arbeiten a. d. Kais. Gesundheitsamte 1905, **22**, 576; Zeitschr. f. Untersuchung d. Nahrungs- u. Genußmittel 1905, **10**, 559.

[3]) Hierzu sollen schon Mengen von 0,004 g auf 100 g Fett genügen.

durch eine nochmalige halbstündige Behandlung mit 1 ccm Schwefelsäure bei 104—105° auf 0—0,001 g verringert wurden. Die Ausbeute an Paraffin entsprach nahezu genau den zugesetzten Mengen.

11. Nachweis und Bestimmung von Paraffin (Ceresin), Mineralöl, Harzöl und Teeröl im Unverseifbaren.

Enthalten die Fette und Öle wesentlich größere Mengen unverseifbarer Stoffe, als dem oben (S. 400) angegebenen natürlichen Gehalte an höheren Alkoholen entspricht, so liegt wahrscheinlich ein künstlicher Zusatz von unverseifbaren Stoffen (Paraffin, Ceresin, Mineralöl, Harzöl, Teeröl) oder eine Vermischung mit Wachsarten vor. Sind die unverseifbaren Stoffe fest, so kommen Paraffin, Ceresin und höhere Alkohole oder Gemische dieser Stoffe in Frage, sind sie flüssig, so können Mineralöl, Harzöl und Teeröl oder Gemische dieser Öle vorliegen.

a) Feste unverseifbare Stoffe. Man kann die Natur der festen unverseifbaren Bestandteile leicht erkennen, wenn man die zu prüfende Substanz mit dem doppelten Volumen Essigsäureanhydrid 1—2 Stunden am Rückflußkühler kocht. Es können dann 3 Fälle eintreten:

α) Die Substanz löst sich beim Erwärmen vollständig in dem Essigsäureanhydrid auf und bleibt auch nach dem Erkalten vollständig in Lösung: Fettalkohole, wie Cetylalkohol usw.

β) Die Substanz löst sich beim Kochen vollständig auf, erstarrt aber beim Erkalten zu einem Krystallbrei: Cholesterin, Isocholesterin, Phytosterin.

γ) Die Substanz löst sich auch beim Erhitzen nicht in dem Essigsäureanhydrid, sondern schwimmt als ölige Schicht auf diesem und erstarrt nach dem Erkalten zu einem festen Kuchen: Paraffin oder Ceresin. Gleichzeitig ist dabei auf die unter α und β genannten Körper Rücksicht zu nehmen.

Auf dieses verschiedene Verhalten zu Essigsäureanhydrid stützt sich ein Verfahren von J. Lewkowitsch[1]) zur annähernden Trennung der Kohlenwasserstoffe von den Alkoholen; man verfährt, wie folgt:

Die heiße acetylierte Masse wird in einen kleinen, dünnwandigen Scheidetrichter übergeführt, indem man eine möglichst geringe Menge von Essigsäureanhydrid zum Auswaschen des Kolbens anwendet. Der Scheidetrichter wird vorsichtig erwärmt, so daß alle Alkohole in Lösung bleiben und zwei deutlich getrennte Schichten erhalten werden. Wendet man zu viel Essigsäureanhydrid an, so gehen Kohlenwasserstoffe in Lösung. Die klare untere Schicht wird abgezogen und, wie unten beschrieben, auf Alkohole untersucht. Die obere Schicht wird mit geringen Mengen von Essigsäureanhydrid in der Wärme gewaschen. Man läßt nun die Kohlenwasserstoffe abkühlen, wäscht sie mit heißem Wasser auf einem Filter und wägt. Die fernere Untersuchung derselben umfaßt die Bestimmung des Schmelzpunktes (und wenn nötig, die Bestimmung der Jodzahl). Hat man keine ölige Schicht auf dem Essigsäureanhydrid bemerkt, so wird die gesamte Lösung, oder bei Gegenwart von Kohlenwasserstoffen, die untere Schicht in siedendes Wasser einlaufen gelassen. Die hierdurch ausgeschiedenen Acetate des Cholesterins und der aliphatischen Alkohole werden auf dem Filter mit Wasser ausgewaschen, bis die Waschwässer nicht mehr sauer sind.

Bestimmt man die Verseifungszahl der auf dem Filter verbliebenen Acetate in der oben S. 365 beschriebenen Weise und vergleicht die so erhaltenen Zahlen mit den in der nachstehenden Tabelle angeführten, so kann man weitere Schlüsse in bezug auf die Natur der ursprünglichen Alkohole ziehen. Wenn ein Gemisch von aliphatischen Alkoholen mit Cholesterin oder Phytosterin vermutet wird, so kann als Fingerzeig dienen, daß die Acetate des Cholesterins und Phytosterins größere Mengen 95 proz. Alkohols zur vollständigen Auflösung erfordern als aliphatische Alkohole, welche letzteren sich sehr leicht in solchem Alkohol lösen. Wenn die Menge der erhaltenen Acetate groß genug ist, so kann man das Gemisch durch fraktionierte Krystallisation aus Alkohol in seine

---

[1]) J. Lewkowitsch, Chemische Technologie und Analyse der Öle, Fette und Wachse, Braunschweig 1905, **1**, 410.

einzelnen Bestandteile zerlegen und die Verseifungszahl und Jodzahl jeder einzelnen Fraktion bestimmen. Eine vollständige Trennung kann jedoch nach J. Lewkowitsch auf diese Weise nicht bewirkt werden.

Bezeichnung	Schmelz-punkt °C	Jodzahl	Der Acetate		Gewichts-zunahme beim Kochen mit Essigsäure-anhydrid %
			Versei-fungszahl	Schmelz-punkt °C	
Paraffin, Ceresin	38—82	0,4—0,5	0	—	0
Cetylalkohol	50	0	197,5	22—23	17,2
Cerylalkohol	79	0	128,1	65	10,6
Myricylalkohol	85	0	116,7	70	9,6
Cholesterin	148,5	68,3	135,5	114	11,3
Isocholesterin.	137—138	68,3	135,5	unter 100	11,3
Phytosterine	137—138	68,3	135,5	125,6—137	11,3
Wollwachsalkohole	—	36	160,9	—	—
Bienenwachsalkohole	75—76	—	99—103	—	6,5—7,7
Carnaubawachsalkohole	85	—	123	—	10,2

Zur Erkennung der aromatischen Alkohole Cholesterin, Isocholesterin und der Phytosterine können die beiden nachfolgenden sehr empfindlichen Reaktionen dienen:

α) Reaktion nach Hager-Salkowski[1]): Man löst einige Zentigramm der Substanz in Chloroform, fügt ein etwa gleiches Volumen konzentrierte Schwefelsäure hinzu und schüttelt durch. Bei Gegenwart der genannten aromatischen Alkohole färbt sich die Chloroformschicht schnell blutrot, dann kirschrot bis purpurn und diese Farbe hält sich tagelang unverändert. Die unter dem Chloroform stehende Schwefelsäure zeigt eine starke grüne Fluoreszenz.

β) Cholestolreaktion nach C. Liebermann[2]): Wird Cholesterin usw. in Chloroform gelöst und in so viel Essigsäureanhydrid eingetragen, wie in der Kälte gelöst bleiben kann, dann unter Abkühlen tropfenweise konzentrierte Schwefelsäure zugesetzt, so färbt sich die Flüssigkeit rosarot, dann aber und zwar besonders auf Zusatz einer neuen kleinen Menge Schwefelsäure blau. Harz und Harzöl geben eine ähnliche Reaktion, nur geht bei diesen die Farbe nicht in Blau über.

b) Flüssige unverseifbare Stoffe. Als solche kommen in Frage:

α) Mineralöle, d. h. die bei 250—300° und darüber siedenden Anteile des Rohpetroleums und der Schieferöle (spezifisches Gewicht 0,855—0,930); sie drehen die Ebene des polarisierten Lichtes nicht oder nur sehr wenig ($[\alpha]_D$ bis $+3,1°$).

β) Harzöle, durch Destillation des Kolophoniums gewonnen, haben ein spezifisches Gewicht von 0,960—0,990 und sind besonders gekennzeichnet durch ihre starke optische Aktivität ($[\alpha]_D = +30$ bis 50°).

γ) Teeröle, die zwischen 240—350° destillierten Anteile des Steinkohlenteers; ihr spezifisches Gewicht beträgt stets über 1.

Zur Erkennung von Harz und Harzöl dient die Liebermann - Storchsche Reaktion, die in folgender Weise ausgeführt wird[3]): Je 1—2 ccm Öl und Essigsäureanhydrid werden unter leichtem Erwärmen kräftig durchgeschüttelt; nach dem Absitzen zieht man das Essigsäureanhydrid mittels einer fein ausgezogenen Pipette ab und versetzt es in einem Reagensglase mit einigen Tropfen

[1]) Zeitschr. f. analyt. Chem. 1887, **26**, 569.

[2]) Berichte d. Deutschen chem. Gesellschaft 1885, **18**, 1804.

[3]) Vgl. J. Lewkowitsch, Chemische Technologie und Analyse der Öle, Fette und Wachse. Braunschweig 1905, **1**, 417 u. 418.

Schwefelsäure vom spezifischen Gewicht 1,53. Bei Gegenwart von Harz und Harzöl tritt Rot-violettfärbung ein, die jedoch nur kurze Zeit beständig ist. Diese Reaktion geben die natürlichen Harze der Mineralöle nicht — mit diesen entsteht eine gelblichbraune bis tief schmutzigbraune Färbung[1] —, dagegen treten, wie schon oben S. 411 erwähnt ist, ähnliche Färbungen (Rosenrot bis Blau) bei Gegenwart von viel Cholesterin und Phytosterin auf.

Bezüglich weiterer Verfahren zur Erkennung der Art und zur Bestimmung der einzelnen unverseifbaren Stoffe vgl. die oben S. 349 Anm. 2 aufgeführten Spezialwerke über die Chemie und Technologie der Fette und Öle.

Die Verfahren zum Nachweise der Phytosterine im Cholesterin sind im vorhergehenden Abschnitte eingehend beschrieben.

12. Sonstige chemische Untersuchungsverfahren. Außer den in den vorhergehenden Abschnitten beschriebenen Untersuchungsverfahren gibt es noch eine ganze Reihe anderer, zum Teil älterer, die durch neue vollkommenere ersetzt sind; wir beschränken uns darauf, sie hier anzuführen und verweisen bezüglich ihrer Ausführung auf die oben S. 349 Anm. 2 aufgeführten drei Spezialwerke.

a) Die Elaidinprobe; sie beruht auf der Umwandlung der Ölsäure in die feste Elaidin-säure, während Linol- und Linolensäure unverändert bleiben.

b) Die Chlorschwefelprobe von E. Bruce - Warren; sie beruht darauf, daß die trocknenden Öle mit Chlorschwefel (S_2Cl_2) feste in Schwefelkohlenstoff unlösliche Massen geben, während die nicht trocknenden Öle lösliche Produkte liefern.

c) Die Sauerstoffabsorptionsprobe zur Erkennung der Feuergefährlichkeit der fetten Öle.

d) Die Hexabromidprobe von Hazura zur Unterscheidung der trocknenden von halbtrocknenden usw. Ölen.

e) Die Thermalreaktionen; zu diesen gehören:

α) Die Maumenésche Probe mit konzentrierter Schwefelsäure;

β) die Thermalreaktion mit Chlorschwefel;

γ) die Bromthermalprobe.

Diese 3 Proben sollen zur Unterscheidung der trocknenden und nicht trocknenden Öle dienen; sie werden in dieser Hinsicht ersetzt durch die viel sicherere Bestimmung der Jodzahl.

f) Die zur Erkennung einzelner Öle, wie Sesamöl, Baumwollsamenöl usw. dienenden Farbenreaktionen werden weiter unten bei den einzelnen Ölen beschrieben werden.

III. Nachweis und Reindarstellung der in den Fetten und Ölen vorkommenden Glyceride.

Seitdem E. Chevreul[2] im Anfange des vorigen Jahrhunderts durch seine klassischen Untersuchungen über die tierischen Fette nachgewiesen hatte, daß diese aus den neutralen Glycerinestern der Fettsäuren bestehen, und M. Berthelot[3] um die Mitte des vorigen Jahr-hunderts nicht nur die neutralen Glycerinester, die Triglyceride, sondern auch Mono- und Diglyceride synthetisch darzustellen gelehrt hatte, wurde bis vor etwa 10 Jahren allgemein angenommen, daß die tierischen und pflanzlichen Fette aus den einfachen Triglyceriden der Fettsäuren, vorwiegend aus Tristearin, Tripalmitin, Triolein, Trilinolein beständen, die in den

---

[1] Vgl. D. Holde , Untersuchung der Mineralöle und Fette. 2. Aufl. Berlin 1905, 159.

[2] M. E. Chevreul: Recherches chimiques sur les corps gras d'origine animal. Paris 1815 bis 1823 bei F. G. Levrault; Neudruck 1889.

[3] M. Berthelot: Chimie organique fondée sur la synthèse. Paris 1860 bei Mallet-Bacheler. Bd. II. S. 69—70.

verschiedenen Fetten in wechselnden Mengen vorhanden seien und neben denen in diesem und jenem Fette sich noch andere analog zusammengesetzte einfache Triglyceride, wie Tributyrin, Tricapronin, Tricaprylin, Tricaprinin usw. vorfänden. Wenn man neue Fette und Öle auf ihre Zusammensetzung untersuchte, so beschränkte man sich im allgemeinen darauf, die Natur der darin vorhandenen Fettsäuren festzustellen und man nahm dann an, daß diese in der Form der einfachen Triglyceride vorlägen.

Die Vermutung, daß auch gemischte Glyceride in den natürlichen Fetten vorkämen, wurde zuerst von James Bell[1]) sowie von Blyth und Robertson[2]) ausgesprochen, die ein Vorkommen von Oleopalmitobutyrin im Butterfette annahmen, jedoch anscheinend ohne daß es ihnen gelungen ist, dieses Glycerid aus dem Butterfett rein darzustellen. Erst als Heise[3]) im Jahre 1896 in dem Mkanifett, dem Samenfette von Stearodendron Stuhlmanni Engl. und ein Jahr später in der Kokumbutter, dem Samenfette von Garcinia indica Choisy, ein Oleodistearin nachgewiesen hatte, hat die Darstellung der in den Fetten natürlich vorkommenden Glyceride wieder ein größeres Interesse gewonnen und ist sie bei den verschiedensten Fetten und Ölen versucht worden.

a) Für die Darstellung reiner Glyceride aus den natürlichen Fetten und Ölen kommen vorwiegend 2 Verfahren in Betracht, die Krystallisation aus geeigneten Lösungsmitteln und die Destillation im Vakuum. Das letztere Verfahren ist zwar neuerdings von F. Krafft[4]) mit Erfolg zur Darstellung von Trilaurin aus Lorbeeröl und von Trimyristin aus Muskatbutter angewendet worden, allein es scheint bei den Glyceriden der Fettsäuren mit 14 Kohlenstoffatomen seine Grenze erreicht zu haben; wenigstens gelang es F. Krafft nicht, aus Japantalg das Tripalmitin nach diesem Verfahren zu gewinnen. Es bleibt daher für die Darstellung der Glyceride der höheren Fettsäuren von der Palmitinsäure an bis jetzt nur die Krystallisation aus Lösungsmitteln als das allein brauchbare Verfahren übrig.

Die beiden beim Krystallisieren aus Lösungsmitteln hauptsächlich in Frage kommenden Ausführungsweisen sind das einfache Umkrystallisieren und die fraktionierte Krystallisation bzw. eine Verbindung beider Krystallisationsarten. Zur Darstellung der schwerlöslichsten Glyceride der Fette und Öle ist man in der Regel so vorgegangen, daß man die Fette und Öle aus geeigneten Lösungsmitteln bei verschiedenen Temperaturen so oft umkrystallisierte, bis der Schmelzpunkt der Krystalle konstant blieb. Zur Darstellung der weiteren Glyceride verfuhr man meistens so, daß man die Fette zunächst durch fraktionierte Krystallisation in 3 oder 4 Fraktionen teilte und die mittleren Fraktionen dann mehrmals umkrystallisierte, bis ihr Schmelzpunkt während 2 oder 3 aufeinanderfolgender Umkrystallisationen konstant blieb; dann wurden meist Verseifungszahl und Jodzahl bestimmt sowie qualitativ auf die eine oder andere Fettsäure geprüft. Stimmten Verseifungszahl und Jodzahl mehr oder minder mit den für ein bestimmtes gemischtes Glycerid der in Frage kommenden Fettsäuren theoretisch erforderten Zahlen überein, so nahm man das Vorliegen des betreffenden gemischten Glycerides an. Vielfach ist aber hiermit ein sicherer Beweis für die Reinheit eines Glycerides nicht erbracht.

b) Darstellung reiner Glyceride mittels „fraktionierter Lösung". A. Bömer[5]) hat neuerdings eingehende Untersuchungen über die Darstellung der Glyceride des Hammeltalges angestellt und für die Darstellung der Glyceride der gesättigten Fettsäuren folgendes Verfahren vorgeschlagen:

Man löst 1—2 kg Fett je nach seinem Gehalt an festen Fettsäuren in der doppelten oder dreifachen Menge Äther, Benzol, Chloroform oder ähnlicher Fettlösungsmittel und scheidet aus dieser Lösung durch fraktionierte Krystallisation bei nach und nach erniedrigter Krystallisationstemperatur oder durch Verminderung des Lösungsvermögens des angewendeten Lösungsmittels durch Zusatz von Alkohol 3 oder 4 Fraktionen aus, die man jedesmal mittels eines hinreichend großen Trichters mit eingeschliffener Wittscher Saugplatte abfiltriert und aus denen man schließlich unter Aufdrücken eines Uhrglases die Mutterlauge so stark wie möglich absaugt. Jede der Krystallfraktionen teilt man in ähnlicher Weise durch abermalige fraktionierte Krystallisation wieder in 3 oder 4 Unterfraktionen und vereinigt darauf die etwa innerhalb 5°, z. B. zwischen 45—49,9°, 50—54,9° usw. schmelzenden Unterfraktionen wiederum miteinander.

Die so erhaltenen Fraktionen löst man in Chloroform und behandelt sie nunmehr wie bei der Bestimmung der Jodzahl mit Wijsscher Jodmonochlorid-Eisessiglösung, um die ölsäurehaltigen Glyceride in die entsprechenden Chlorjodverbindungen[1]) überzuführen. Ist dies geschehen, so kann man auch weiter genau wie bei der Bestimmung der Jodzahl verfahren, d. h. nach Zusatz von Jodkaliumlösung mit Thiosulfatlösung den Jodüberschuß entfernen, die Chloroformlösung in einem Scheidetrichter von der wässerigen Lösung trennen und das Chloroform abdestillieren.

Zweckmäßiger ist es jedoch, aus der Chloroformlösung die Glyceride durch hinreichenden Alkoholzusatz auszuscheiden oder die Jodmonochlorid-Eisessiglösung nach hinreichend langem Stehen direkt mit einem genügenden Überschuß von Eisessig oder Alkohol zu versetzen, die sich infolgedessen ausscheidenden festen Glyceride mittels Wittscher Saugplatte von der Jodlösung zu trennen und sie mehrmals mit Eisessig oder Alkohol auszuwaschen.

α) **Darstellung des schwerlöslichsten Glycerides.** Nachdem dies geschehen ist, beginnt man mit der „fraktionierten Lösung", die darin besteht, daß man die Substanz so oft — je nach der Substanzmenge etwa 10—30 mal — umkrystallisiert, bis eine Ausscheidung von Krystallen aus der Lösung überhaupt nicht mehr erfolgt. Zu dem Zwecke erwärmt man die Glyceride in einem Becherglase mit einer so geringen Menge des Lösungsmittels auf dem Wasserbade, daß sich bei dieser Temperatur die ganze Krystallmasse zwar löst, beim Abkühlen aber bis auf einen geringen Teil wieder ausscheidet. Die warme Lösung wird hierbei längere Zeit mindestens etwa 2 Stunden, unter häufigem Umrühren bei einer bestimmten Temperatur gehalten, und darauf werden die auskrystallisierten Glyceride mittels einer Wittschen Saug-

---

[1]) Dieses von H. Kreis und A. Hafner (Zeitschr. f. Untersuchung d. Nahrungs- u. Genußmittel 1901, **7**, 655) für die Reindarstellung der Glyceride der gesättigten Fettsäuren vorgeschlagene Jodieren der ölsäurehaltigen Glyceride erscheint sehr zweckmäßig, weil man auf diese Weise jederzeit mit Hilfe der Kupferoxydreaktion sehr schnell und mit den geringsten Substanzmengen feststellen kann, ob ein Körper frei von Ölsäure bzw. Chlorjodstearinsäure ist. Man umgeht auf diese Weise die sonst zu diesem Nachweise erforderlichen Jodzahlbestimmungen, die nicht nur weit zeitraubender, sondern auch mit beträchtlichem Substanzverbrauch verbunden sind.

Auch scheint es nach einigen Versuchen, daß die jodierten ölsäurehaltigen Glyceride in den Fettlösungsmitteln leichtlöslicher sind als die nicht jodierten, so daß auf diese Weise auch die Trennung der ölsäurehaltigen Glyceride von den Glyceriden der gesättigten Fettsäuren erleichtert wird.

Die **Kupferoxydreaktion auf Halogene** wird in der Weise ausgeführt, daß man eine geringe Menge des Glycerids mit einer etwa gleich großen Menge Kupferoxyd mittels eines ausgeglühten, noch warmen dicken Platindrahtes vermischt und darauf den Draht mit der anhaftenden Substanz in den äußersten Rand einer nicht leuchtenden Bunsen-Flamme bringt. Bei Gegenwart der geringsten Halogenmengen färbt sich die Flamme blaugrün bis grün.

Was die **Empfindlichkeit** der Halogenreaktion mit Kupferoxyd betrifft, so haben bereits Kreis und Hafner durch eine besondere Halogenbestimmung in einem Glycerid, das die Reaktion nach mehrmaligem Umkrystallisieren nicht mehr gab, nachgewiesen, daß auch tatsächlich kein Halogen mehr vorhanden war.

platte unter Verwendung eines Papierfilters zur möglichst vollkommenen Trennung von der Mutterlauge stark abgesaugt, jedoch nicht ausgewaschen.

Von der Mutterlauge werden einige Kubikzentimeter auf einem Uhrglase bei Zimmertemperatur verdunsten gelassen und von der übrigen Mutterlauge das Lösungsmittel durch Destillation im Wasserbade entfernt. Die auf dem Filter befindlichen Krystalle werden in der vorher beschriebenen Weise von neuem umkrystalliert und dieses Umkrystallisieren so oft wiederholt, bis die ganze Substanz aufgeteilt ist.

Um nun sofort einen Anhaltspunkt über die Natur der jedesmal in Lösung gegangenen Glyceride und der ausgeschiedenen Krystalle zu bekommen, werden sogleich nach jeder Krystallisation die Schmelzpunkte sowohl der ausgeschiedenen Krystalle (K)[1]), als auch der beim Verdunsten der Mutterlauge auf dem Uhrglase zurückgebliebenen Glyceride (M) bestimmt, nachdem diese zuvor nochmals in einigen Tropfen Benzol gelöst[2]) und langsam aus diesem auskrystallisiert sind. Von den ausgeschiedenen Krystallen K entnimmt man die Probe für die Schmelzpunktbestimmung zweckmäßig der für die nachfolgende Krystallisation hergestellten warmen ätherischen Lösung[3]), läßt diese ebenso wie die Mutterlauge auf einem Uhrglase verdunsten, löst den Rückstand, nachdem er lufttrocken ist, in einigen Tropfen Benzol auf, läßt dieses ebenso wie bei den Mutterlaugen M verdunsten und bestimmt von dem Rückstande den Schmelzpunkt.

Sobald bei dem wiederholten Umkrystallisieren die ausgeschiedenen Krystalle die gleichen Schmelzpunkte zeigen wie die in der Mutterlauge gelösten Glyceride, kann man annehmen, daß in den Krystallen ein einheitliches Glycerid vorliegt, man wird sich aber auch dann noch zweckmäßig durch weitere fraktionierte Lösung bis zur vollständigen Aufteilung der Substanz vergewissern, daß diese Übereinstimmung zwischen den ausgeschiedenen Krystallen und den in den Mutterlaugen gelösten Krystallen bis zum Schlusse bestehen bleibt.

Auf diese Weise gelingt es leicht, das schwerlöslichste Glycerid der Fette und Öle rein darzustellen.

β) Darstellung weiterer Glyceride. Zur Darstellung weiterer Glyceride der gesättigten Fettsäuren verfährt man dann, wie folgt: Aus den einzelnen Mutterlaugen werden nach Maßgabe der Schmelzpunkte der in ihnen gelösten Glyceride in der Weise neue Gruppen gebildet, daß man die in ihren Schmelzpunkten nahe zusammenliegenden Glyceride vereinigt und diese neuen Gruppen wiederholt der fraktionierten Lösung unterwirft.

Das erstemal vereinigt man alle Mutterlaugen, deren Glyceride etwa innerhalb zweier Grade übereinstimmende Schmelzpunkte zeigen, z. B. die Glyceride, welche bei 57,0—58,9°, 59,0—60,9° usw. schmelzen; das zweitemal vereinigt man nur die Mutterlaugen, deren Glyceride innerhalb eines Grades übereinstimmende Schmelzpunkte aufweisen, also z. B. die Glyceride, die bei 57,0—57,9°, 58,0—58,9° usw. schmelzen; und bei

---

[1]) Für die Krystalle genügt es vielfach, namentlich im Anfange, ihre Schmelzpunkte nur bei jeder vierten oder fünften Krystallisation zu bestimmen, gegen den Schluß der fraktionierten Lösung geschieht dies jedoch zweckmäßig bei jeder Krystallisation.

[2]) Die nochmalige Lösung in Benzol ist deshalb zu empfehlen, weil es scheint, daß infolge der durch das schnelle Verdunsten der ätherischen Lösung verursachten starken Abkühlung unter Umständen geringe Mengen der labilen Modifikation (vgl. Zeitschr. f. Untersuchung d. Nahrungs- u. Genußmittel 1907, **14**, 96 und oben S. 351) entstehen, wodurch der Schmelzpunkt herabgedrückt wird.

[3]) Es ist nicht zweckmäßig, die ausgeschiedenen Krystalle K selbst zur Schmelzpunktbestimmung zu verwenden, erstens, weil man von diesen unter Umständen keine gute Durchschnittsprobe erhält, und zweitens, weil es zweckmäßiger ist, für den Vergleich der Schmelzpunkte der Krystalle (K) und der Glyceride der Mutterlauge (M) beide in einem unter vollkommen gleichen Bedingungen krystallisierten Zustande zu untersuchen.

der dritten und nötigenfalls auch noch bei einer vierten fraktionierten Lösung vereinigt man am besten nur die Mutterlaugen, deren Glyceride innerhalb eines halben Grades, also z. B. 57,0—57,4°, 57,5—57,9°, 58,0—58,4° usw., übereinstimmende Schmelzpunkte zeigen.

Bei allen diesen Schmelzpunktbestimmungen werden sowohl die Schmelzpunkte der aus Lösung krystallisierten, als auch die der aus Schmelzfluß wieder erstarrten Glyceride bestimmt. Für die Wiedervereinigung der einzelnen Mutterlaugenfraktionen nach ihren Schmelzpunkten kommen jedoch nur die Schmelzpunkte der aus Lösung krystallisierten Glyceride in Betracht, da die Schmelzpunkte der aus Schmelzfluß wieder erstarrten Glyceride hierzu nicht geeignet sind[1]).

Wenn man in der vorstehend beschriebenen Weise durch fraktionierte Lösung die Substanz in eine große Zahl von Einzelfraktionen aufteilt, kommt man schließlich zu einer Trennung der einzelnen Glyceride und es werden dann diejenigen Einzelfraktionen, die aus einem einheitlichen Glycerid bestehen, durch ihre größere Menge hervortreten.

Einen weiteren Anhaltspunkt dafür, ob ein reines Glycerid vorliegt, findet man ferner in dem Verhältnisse, welches zwischen den Schmelzpunkten der aus Lösung krystallisierten und der aus Schmelzfluß erstarrten Substanz besteht[2]). Bei den reinen Glyceriden der gesättigten Fettsäuren fallen diese beiden Schmelzpunkte vollständig oder doch sehr nahe zusammen[3]), wenn man dafür Sorge trägt, daß die beim schnellen Abkühlen aus Schmelzfluß entstehende labile Form wieder vollständig in die stabile übergeführt ist. Dies kann in der Weise geschehen, daß man die Substanz zunächst nur etwa 5° über den „Umwandlungspunkt" erwärmt und dann die

---

[1]) Zeitschr. f. Untersuchung d. Nahrungs- u. Genußmittel 1907, **14**, 100.

[2]) Daselbst 1907, **14**, 98.

[3]) Bei nicht einheitlichen Glyceriden gesättigter Fettsäuren zeigen sich zwischen den beiden Schmelzpunkten häufig Unterschiede bis zu 3—4°; bei den mit ölsäurehaltigen Glyceriden verunreinigten Glyceriden gesättigter Fettsäuren scheint dies nicht der Fall zu sein.

IV. Übersichtstabelle analytischer

1. Pflanzliche

Nr.	Bezeichnung der Fette und Öle	Spezifisches Gewicht des Fettes (Öles)		Des Fettes (Öles)		Der Fettsäuren	
		bei 15°	bei 100° (Wasser von 15° = 1)	Schmelzpunkt Grad	Erstarrungspunkt Grad	Schmelzpunkt Grad	Erstarrungspunkt Grad
	A. Feste Fette.						
1	Palmfett (-butter) . .	0,921—0,947	0,857—0,860	27—43	31—39	47—50	39—49
2	Palmkernfett.	0,952—0,955	0,867—0,873	23—28	20—24	21—29	20—26
3	Cocosfett (-butter) . .	0,925—0,926	0,863—0,874	20—28	14—23	24—27	16—23
4	Japantalg (von Rhus-Arten).	0,970—0,993	0,873—0,875	50—56	46—53	56—62	53—57
5	Dikafett (Mangifera gabonensis)	0,910	—	29—42	27—35	—	34,8
6	Stillingiafett (Chinatalg)	0,915—0,922	0,860	35—53	24—38	39—57	34—56
7	Kakaofett (-butter) . .	0,945—0,976	0,857—0,858	28—36	20—27	48—53	45—51
8	Mowrafett (Bassia longifolia)	0,918	—	25—42	17—36	40—45	38—40
9	Sheafett (Bassia Parkii)	0,953—0,955	0,859	23—28	17—18	40—57	38—52
10	Cocumfett (Garcinia indica)	—	$0,889 \left(\frac{100°}{100°}\right)$	41—42	37—38	60—61	59,4

[1]) Die Zahlen der Tabelle der 3. Auflage sind ergänzt nach Benedikt-Ulzer, Analyse der der Öle, Fette und Wachse, Braunschweig 1905, L. Ubbelohde, Handbuch der Chemie und Tech-

Temperatur innerhalb 5—10 Minuten wieder bis ungefähr auf den Umwandlungspunkt sinken läßt[1]).

Nach den vorstehenden Ausführungen kann man daher eine Substanz als ein reines Glycerid gesättigter Fettsäuren ansehen, wenn

1. die Substanz keine Halogenreaktion mit Kupferoxyd mehr gibt;

2. die Schmelzpunkte der aus (Benzol-) Lösung krystallisierten und der auf Schmelzfluß erstarrten Substanz vollkommen oder doch sehr nahe zusammenfallen.

Treffen diese beiden Bedingungen zu, so krystallisiert man die Substanz noch 1 oder 2 mal aus Benzol durch Zusatz einer hinreichenden Menge Alkohol um, damit die durch das Eindunsten der bei der fraktionierten Lösung verwendeten großen Mengen Äther hineingelangten Verunreinigungen beseitigt werden.

Von den so gereinigten Glyceriden bestimmt man nunmehr den endgültigen **Schmelzpunkt**, der meist noch etwas gestiegen ist, und sucht darauf durch Bestimmung der **Verseifungszahl**[2]), des **Schmelzpunktes der Fettsäuren** und durch nähere Untersuchung dieser die Natur des betreffenden Glycerides festzustellen.

c) In ähnlicher Weise, wie das Verfahren zur Darstellung von Glyceriden gesättigter Fettsäuren vorstehend geschildert ist, kann es auch zur Darstellung oleinhaltiger Glyceride dienen, nur bietet sich dabei vielfach die Schwierigkeit, daß man wegen der großen Löslichkeit der oleinhaltigen Glyceride bei sehr niedrigen Temperaturen arbeiten muß.

---

[1]) Diese Art der Behandlung scheint **nicht bei allen** Glyceriden zur Umwandlung der labilen Modifikation in die stabile zu genügen. Beim Palmitodistearin bedarf es z. B. zur vollständigen Umwandlung eines längeren Erhitzens der labilen Form auf 52—57°.

[2]) Die **Bestimmung der Verseifungszahl** kann nur dann brauchbare und zuverlässige Werte liefern, wenn sie mit hinreichend großen Substanzmengen — mindestens 1 bis 1,5 g, noch besser 2 bis 2,5 g — ausgeführt wird; wenn man, wie dies bei der Darstellung einiger gemischten Glyceride z. B. von W. Hansen (Arch. f. Hyg. 1902, **42**, 1) geschehen ist, mit Substanzmengen von 0,15—0,30 g arbeitet, so können die Ergebnisse unmöglich zuverlässig werden, da Titrationsfehler von 0,1 ccm $^1/_2$ N.-Lauge schon Differenzen von 10—20 Einheiten in den Verseifungszahlen zur Folge haben.

Konstanten von Fetten und Ölen[1]).

Fette und Öle.

Refraktometerzahl (Zeißsches Butterrefraktometer)		Verseifungszahl (mg KOH für 1 g Fett)	Reichert-Meißlsche Zahl (für 5 g Fett)	Jodzahl		Unverseifbarer Anteil der Fette %	Schmelzpunkt des Phytosterins bzw. Cholesterins (korr.)	Nr.
bei 25°	bei 40°			des Fettes	der flüssigen Fettsäuren			
—	36,5	196—207	0,3—1,9	34—59	94,6	wenig	139,1	1
—	36,5	241—255	3,4—6,8	10—18	—	0,23	140,1	2
—	33,5—35,5	246—268	6,0—8,5	8—10	32—54	—	—	3
—	47,0	207—238	—	4—15	—	1,10—1,63	—	4
—	63,0	244,5	0,42	5,2	—	0,73	—	5
—	38 (bei 50°)	199—210	0,7	19—53	97,0	—	—	6
—	41,8—47,8	192—202	0,2—1,6	33—42	—	—	—	7
—	—	188—192	1,7	50—64	—	2,34	—	8
—	49,0	179—192	—	52—67	—	3,50	—	9
—	46,0	186—192	0,1—1,5	33—35	—	—	—	10

[1]) Fette und Wachsarten, 5. Aufl., Berlin 1908, J. Lewkowitsch, Chemische Technologie und Analyse nologie der Öle und Fette, Leipzig 1908, sowie nach Einzelarbeiten.

Pflanzliche

Nr.	Bezeichnung der Fette und Öle	Spezifisches Gewicht des Fettes (Öles)		Des Fettes (Öles)		Der Fettsäuren	
		bei 15°	bei 100° (Wasser von 15° = 1)	Schmelzpunkt Grad	Erstarrungspunkt Grad	Schmelzpunkt Grad	Erstarrungspunkt Grad
11	Mkanifett (Stearodendron Stuhlmanni) . .	0,930	0,856—0,861	38—41	30—38	59—62	57—62
12	Malabartalg (Vateria indica)	0,915—0,916	—	36—38	30,5	56,6	51—58
13	Borneotalg (Dipterocarpus-Arten)	0,963	0,856—0,861	31—42	26—27	54—55	48—54
	B. Nichttrocknende Öle[1].						
14	Olivenöl	0,914—0,920	0,862—0,864	flüssig	—6 bis +10	19—33	17—25
15	Mandelöl	0,914—0,920	—	„	—10 bis —22	13—14	5—12
16	Haselnußöl	0,915—0,924	—	flüssig	—10 bis —20	17—25	9—20
17	Erdnußöl	0,911—0,926	0,864—0,867	„	—7 bis +3	27—36	22—32
18	Rüböl (Rapsöl) . . .	0,911—0,918	0,863	„	0 bis —10	16—22	12—19
19	Ravisonöl	0,918—0,922	—	„	0 bis —8	—	—
20	Sesamöl	0,921—0,924	0,871	„	—4 bis —6	21—32	18—29
21	Baumwollsamenöl . .	0,920—0,930	0,867—0,874	flüssig	—1 bis +4	34—43	31—40
22	Baumwollsamenstearin	0,919—0,923	—	26—40	16—33	27—30	21—35
23	Maisöl	0,921—0,927	0,871—0,876	flüssig	—10 bis —15	16—23	13—16
24	Bucheckernöl . . .	0,920—0,923	—	„	—17 bis —18	23—24	17
25	Sojabohnenöl . . .	0,924—0,927	—	„	8—15	27—29	23—25
26	Leindotteröl	0,920—0,933	—	flüssig	—17 bis —19	18—20	13—14
	C. Trocknende Öle.						
27	Sonnenblumenöl . .	0,924—0,936	0,919 (bei 90°)	flüssig	—16 bis —19	17—24	17—18
28	Mohnöl	0,924—0,937	0,873	„	—17 bis —19	20—21	16—17
29	Hanföl	0,925—0,931	—	„	—28	17—19	14—16
30	Walnußöl	0,925—0,928	0,870	—15 bis —28	—28	15—20	16—20
31	Holzöl (Elaeococcaöl) .	0,933—0,943	—	flüssig	unter —17	30—49	31—37
32	Leinöl	0,930—0,941	0,881	—16 bis —20	—20 bis —27	11—24	13—21

2. Tierische

Nr.		bei 15°	bei 100°	Schmelzpunkt Grad	Erstarrungspunkt Grad	Schmelzpunkt Grad	Erstarrungspunkt Grad
	A. Fette von Landtieren.						
1	Kuhbutterfett	0,926—0,946	0,863—0,870	28—35	19—26	38—45	33—38
2	Ziegenbutterfett . . .	0,9312	0,864—0,867	27—38,5	24—31	—	—
3	Schafbutterfett . . .	—	0,8693	29—30	12	—	—
4	Margarinefett[4]) . . .	0,925—0,930	0,859	32—35	20—22	42	39,8
5	Rindsfett	0,943—0,953	0,860—0,861	42—50	27—38	41—47	39—47

[1]) Einen Teil dieser Öle bezeichnet man auch wohl als halbtrocknende Öle.
[2]) Anscheinend nicht korrigierter Schmelzpunkt.
[3]) Nach Wijs bestimmt: 176—205.
[4]) Bei der Milch einzelner Kühe sind noch niedrigere Zahlen beobachtet worden.
[5]) Dieses Fett enthält fast stets Pflanzenfette. Die höchsten Verseifungszahlen und Reichert-
[6]) Schmelzpunkt des Acetates.

Fette und Öle (Fortsetzung).

Refraktometerzahl (Zeißsches Butterrefraktometer)		Verseifungszahl (mg KOH für 1 g Fett)	Reichert-Meißlsche Zahl (für 5 g Fett)	Jodzahl		Unverseifbarer Anteil der Fette %	Schmelzpunkt des Cholesterins bzw. Phytosterins (korr.)	Nr.
bei 25°	bei 40°			des Fettes	der flüssigen Fettsäuren			
—	—	186—192	1,2	38—42	—	—	—	11
—	42,0—47,5	188—192	0,2—2,2	30—45	—	—	—	12
—	45,7	191—193	—	29—42	—	—	—	13
62,0—62,8	53,0—56,4	185—196	0,3—1,5	79—94	93—104	0,46—1,40	138,0—138,5	14
64,0—64,8	—	188—195	—	93—102	102	—	—	15
—	—	187—197	1,0	83—90	91—98	0,50	—	16
65,8—67,5	57,5	186—197	0—1,6	83—105	105—129	0,38—0,94	140,3—141,2	17
68,0	58,5—59,2	168—179	0—0,9	94—106	121—126	0,50—1,00	140,6—143,7	18
71,5	—	174—179	—	101—122	124	1,45—1,66	—	19
66,2—69,0	58,2—60,6	187—195	0,1—1,2	103—115	129—140	0,95—1,32	140,1—140,4	20
67,6—69,4	58,4—61,0	191—198	0,5—1,0	101—117	}142—152{	0,73—1,64	}139,1—139,3{	21
—	—	194—195	—	89—104		0,27		22
71,5	—	188—203	0,3—0,7	111—131	136—144	1,35—2,86	138,0—138,3[2])	23
—	—	191—196	—	104—120	—	—	—	24
—	—	190—193	—	121—124	131	0,22	—	25
—	—	188	—	133—142	165	—	—	26
72,2	63,4	188—194	0,5	120—135	154	0,31	—	27
72,0—74,5	65,2	189—198	0—0,6	131—158	150	0,43—0,50	139,6	28
—	—	190—195	—	140—166	—	1,08	140,6	29
—	64,8—68,0	186—197	—	132—152	167	—	—	30
—	—	190—197	—	150—166	145	0,42—1,10	—	31
81,0—87,5	72,5—74,5	188—195	0—0,9	164—188[3])	190—210	0,64—2,30	140,1	32

Fette und Öle.

—	39,4—46,0	219—233	17[4])—34	26—38	—	0,31—0,51	148,4—150,3	1
—	36,5—43,8	221—242	17—29	21—39	—	—	—	2
—	44,4	227,8	26—33	35,1	—	—	—	3
—	48,6—50,4	192—220[5])	0,1—6,5[5])	48—77	—	0,25—0,31	{ 136,0–142,2[5]) (128—131)[6]) }	4
—	43,9—50,0	190—200	0,1—1,0	32—48	89—92	0,12—0,17	149,2—150,0	5

Meißlschen Zahlen sind durch einen Gehalt an Cocosfett bedingt.

Tierische

Nr.	Bezeichnung der Fette und Öle	Spezifisches Gewicht des Fettes (Öles)		Des Fettes (Öles)		Der Fettsäuren	
		bei 15°	bei 100° (Wasser von 15° = 1)	Schmelzpunkt Grad	Erstarrungspunkt Grad	Schmelzpunkt Grad	Erstarrungspunkt Grad
6	Hammelfett	0,937—0,961	0,858—0,860	43—55	31—41	41—57	39—52
7	Oleomargarin	0,924—0,930	0,859—0,860	34	—	42—45	40—43
8	Talgöl	0,916	0,794	—	34—38	—	34—39
9	Schweinefett	0,931—0,938	0,859—0,864	34—48	26—32	35—47	34—42
10	Schmalzöl	0,915—0,916	0,863	—	—	—	—
11	Kunstspeisefett [2]) . .	—	—	—	—	—	—
12	Pferdefett	0,916—0,933	0,861	15—54	20—48	36—44	30—38
13	Hirschfett	0,961—0,970	—	49—53	38—48	50—53	46—48
14	Rehfett	0,9659	—	52—54	39—40	62—64	49—50
15	Hasenfett	0,928—0,940	0,861	35—46	17—30	44—50	36—41
16	Gänsefett	0,916—0,930	—	25—40	18—34	35—41	31—40
17	Entenfett	—	—	36—39	22—24	—	—
18	Hühnerfett	0,9241	—	33—40	21—27	38—40	32—34
19	Eieröl	0,914	0,881	22—25	8—10	35—39	—
20	Knochenfett	0,914—0,926	—	21—22	15—17	30—45	36—43
	B. Öle der Seetiere (Trane).						
21	Dorschlebertran . . .	0,920—0,041	0,874	flüssig	0 bis —10	21—25	13—24
22	Robbentran	0,916—0,930	0,873	„	—2 bis —3	22—23	16—20
23	Walfischtran	0,917—0,931	0,872	„	—	14—27	20—27
24	Delphintran (Körperfett) .	0,9266	—	„	5 bis —3	—	—
25	Meerschweintran (Körperfett von Delphinus Phocaena)	0,925—0,937	0,8714	—	—	—	—
26	Sardinenöl	0,928—0,934	—	flüssig	—	27—37	—
27	Sprottenöl	0,9274	—	—	—	—	—

3. Sonstige Fette,

Nr.	Bezeichnung der Fette und Öle	bei 15°	bei 100°	Schmelzpunkt	Erstarrungspunkt	Schmelzpunkt	Erstarrungspunkt
1	Wollschweiß- ⎰roh . .	0,941—0,945	—	31—43	30—30,2	41,8	40
2	fett ⎱ gereinigt .	0,973	0,902 (bei 98,5°)	—	38—40	—	. —
3	Bienenwachs	0,959—0,975	0,813—0,827	63—70	60—63	—	—
4	Insektenwachs (Chinesisches Wachs)	0,926—0,970	—	80—83	80—81	—	—
5	Carnaubawachs . .	0,990—0,999	—	83—91	80—81	—	—
6	Fichtenharz	1,070	—	90—100	—	—	—
7	Harzöl	0,960—1,000	—	—	—	—	—
8	Mineralöle	0,850—0,932	—	—	0 bis —10	—	—
9	Paraffin	0,869—0,943	0,750—0,800	38—82	38—82	—	—
10	Ceresin	0,918—0,922	—	61—78	—	—	—

[1]) Bei japanischem und chinesischem Schweinefett wurden Jodzahlen des Fettes bis 101,7 und
[2]) Dieses Fett enthält fast stets Pflanzenfette. Die höchsten Verseifungszahlen und Reichert-
[3]) Schmelzpunkt des Acetates.

Fette und Öle (Fortsetzung).

Refraktometerzahl (Zeißsches Butterrefraktometer)		Verseifungszahl (mg KOH für 1 g Fett)	Reichert-Meißlsche Zahl (für 5 g Fett)	Jodzahl		Unverseifbarer Anteil der Fette %	Schmelzpunkt des Cholesterins bzw. Phytosterins (korr.)	Nr.
bei 25°	bei 40°			des Fettes	der flüssigen Fettsäuren			
—	47,5—48,7	192—198	0,1—1,2	30—46	92,7	0,15	150,0	6
—	—	192—200	0,1—1,0	44—55	—	0,18—0,19	149,3—150,0	7
—	—	—	—	55—57	—	—	—	8
56,8—58,5	48,5—51,9	195—200	1,1	46—77 [1]	89—116 [1]	0,10—0,28	148,9—150,7	9
—	41,0	191—196	0	67—88	94—95,8	—	—	10
—	53	195—200	0,1—1,6	70—88	117—133	—	(123—127) [3]	11
—	51,0—69,0	183—200	0,2—2,1	71—90	124—125	—	—	12
—	—	195—200	1,6—1,7	20—27	—	—	—	13
—	—	199	1,0	32,1	—	—	—	14
—	49	198—206	0,7—2,7	81—119	—	—	—	15
—	50,0—51,5	184—198	0—2,0	59—81	—	—	—	16
—	—	—	—	58,5	—	—	—	17
—	—	193,5	1,0	58—77	—	—	—	18
68,5	—	184—191	0,4—0,7	69—82	—	4,50	150,5	19
—	—	181—195	—	46—63	—	0,5—1,8	—	20
75,0	71	171—206	0,2—2,1	123—181	167,6	0,54—7,83	150,5	21
72,7	64,0	178—196	0,1—0,4	127—161	—	0,38—1,40	—	22
65—70	56,0	188—224	0,7—12,5	106—140	144,7	0,65—3,72	—	23
—	—	197—203	5,6—11,2	99—129	—	—	—	24
—	—	195—219	11,0—23,5	119,4	—	3,70	—	25
—	—	190—197	—	156—194	—	0,52—0,86	—	26
76	—	194,5	1,4	122—142	—	1,36	—	27

Öle und Wachse.

Refraktometerzahl (Zeißsches Butterrefraktometer)		Verseifungszahl (mg KOH für 1 g Fett)	Reichert-Meißlsche Zahl (für 5 g Fett)	Jodzahl		Unverseifbarer Anteil der Fette %	Schmelzpunkt des Cholesterins bzw. Phytosterins (korr.)	Nr.
bei 25°	bei 40°			des Fettes	der flüssigen Fettsäuren			
—	—	78—109	7—10	20—21	—	38,7—44,0	—	1
—	—	82—130	12,3	11—29	—	—	—	2
—	42,9—45,6 (berechnet)	88—107	0,3—0,5	4—14	—	52,4—55,6	—	3
—	—	—	—	1,4	—	—	—	4
—	—	79—87	—	10—14	—	55	—	5
—	—	178—182	—	122—137	—	—	—	6
—	—	—	—	—	—	98,7	—	7
—	—	—	—	—	—	100	—	8
—	—	—	—	2—3	—	100	—	9
—	—	—	—	0—0,6	—	100	—	10

solche der flüssigen Fettsäuren bis 138,7 beobachtet; die Refraktometerzahlen bei 40° gingen bis 57,3. Meißlschen Zahlen sind durch einen Gehalt an Cocosfett bedingt.

Bestimmung und Trennung der Stickstofffreien Extraktstoffe bzw. der Kohlenhydrate.

Unter Stickstofffreien Extraktstoffen versteht man den Rest, welcher übrigbleibt, wenn man von einer Substanz ihren Gehalt an Wasser, Rohprotein, Rohfett, Rohfaser und Asche abzieht.

Der Begriff „Stickstofffreie Extraktstoffe" umfaßt demnach eine ganze Reihe mehr oder minder verschiedener Verbindungen, von denen die wichtigsten und verbreitetsten die Zuckerarten, Dextrine und die Stärke sind; außerdem gehören hierher die Pflanzengummis, Pflanzenschleime, Pflanzensäuren, ferner die Pektin-, Bitter-, Farbstoffe u. dgl. Gewöhnlich werden die Stickstofffreien Extraktstoffe, wie oben angegeben, aus der Differenz berechnet. Vielfach ist jedoch auch eine Bestimmung einer oder mehrerer zu dieser Gruppe gehörigen, gut gekennzeichneten chemischen Verbindungen erforderlich.

I. Bestimmung der Gesamtmenge der in Wasser löslichen Stoffe.

Nach früheren Vorschriften sollen je 5—20 g des zu untersuchenden Stoffes in einer Kochflasche 6—8 mal mit je 250—300 ccm kaltem bzw. mit 40—50° warmem Wasser, die letzten 3 mal in der Siedehitze — stärkemehlreiche Stoffe nur mit kaltem Wasser — ausgezogen, die überstehende Flüssigkeit soll nach jedesmaliger Behandlung entweder durch ein Papier-, Filz- oder Asbestfilter mit Hilfe der Wasserstrahlpumpe (vgl. Fig. 268, S. 455) rasch abfiltriert und das Ausziehen bzw. die Filtration so beschleunigt werden, daß die Behandlung wegen der raschen Zersetzung des Filtrats tunlichst an einem Tage beendigt ist. Die gesamten wässerigen Auszüge sollen dann vereinigt, auf ein bestimmtes Volumen gebracht, gemischt und hiervon aliquote Teile zur Bestimmung der einzelnen Bestandteile verwendet werden. Dieses Verfahren ist nicht nur lästig, sondern auch nur in wenigen Fällen anwendbar, weil die meisten Nahrungsmittel Stärke enthalten und stärkemehlhaltige Stoffe nur mit kaltem Wasser ausgezogen werden dürfen. Aus den Gründen sind folgende Verfahren vorzuziehen.

a) Indirekte Bestimmung aus dem zurückgewogenen unlöslichen Rückstand. Hierfür verwendet man, wenn für einen bestimmten Gegenstand nicht besondere Vorschriften gegeben sind, zweckmäßig nicht mehr als 3—5 g. Ist die Substanz verhältnismäßig reich an Fett, so kann es sich empfehlen, die Menge der in Wasser löslichen Stoffe in dem entfetteten Rückstande zu bestimmen. Man bringt die Substanz verlustlos in ein etwa 400 ccm fassendes Becherglas, gibt 200 bzw. 300 ccm Wasser von gewöhnlicher Temperatur oder auch 30° Wärme zu, rührt 1 Stunde mittels eines Rührapparates um, läßt absitzen und filtriert die klare Lösung unter Anwendung eines Aspirators durch ein vorher bei 105° getrocknetes und gewogenes Filter, dessen Spitze, um ein Zerreißen zu vermeiden, in einem Platinkonus ruht. Zu dem Rückstande im Becherglase gibt man abermals 150—200 ccm, rührt wieder $^{1}/_{2}$ Stunde um, filtriert nach dem Absitzen und wiederholt diese Behandlung noch öfter, mindestens zum dritten Male, bis man sicher ist, daß alle in kaltem bzw. 30° warmem Wasser löslichen Stoffe gelöst sind. Zuletzt wird der Rückstand mit aufs Filter gebracht, noch einige Male mit Wasser nachgewaschen, bis das Filtrat völlig farblos ist, das Filter nebst Inhalt wieder bei 105° (bis zur Gewichtsbeständigkeit) getrocknet und gewogen. Die Gewichtsdifferenz zwischen der 1. und 2. Wägung gibt den in Wasser unlöslichen Rückstand.

Um hieraus die in Wasser löslichen Stoffe zu berechnen, hat man den Wassergehalt der angewendeten Substanz zu berücksichtigen.

Angenommen, dieser sei zu 12,50% gefunden und von 5 g angewendeter Substanz seien 2,8618 g wasserfreier unlöslicher Rückstand verblieben; dann sind 5 — 2,7618 = 2,1382 g = 42,76% gelöst worden; diese schließen aber die 12,50% Wasser mit ein, so daß die Gesamtmenge der in Wasser löslichen Stoffe 42,76 — 12,50 = 30,26 in Prozenten der natürlichen Substanz beträgt. Um diese auf Trockensubstanz umzurechnen, verfährt man in folgender Weise: Den angewendeten

5 g Substanz entsprechen $\dfrac{87,5 \times 5}{100} = 4,3750$ g Trockensubstanz; davon sind durch Ausziehen mit Wasser verblieben 2,8618 g, also sind in 100 g Trockensubstanz $\dfrac{2,8618 \times 100}{4,375} = 65,41\%$ unlöslicher Rückstand oder 34,59% wasserlösliche Stoffe enthalten.

Hat man den unlöslichen Rückstand wegen schlechter Filtrierbarkeit der wässerigen Lösung nicht auf einem vorher getrockneten und gewogenen Papierfilter sammeln und wägen können, sondern wie bei der Rohrfaser- usw. Bestimmung auf einem vorher nicht gewogenen Asbestfilter (vgl. S. 455, Fig. 268 sammeln müssen, so findet man die Menge des unlöslichen Rückstandes durch Verbrennen des getrockneten und gewogenen Asbestfilterrückstandes und Zurückwägen des Aschenrückstandes. Die Differenz gibt dann aber nur die Menge der unlöslichen organischen Stoffe, nicht aber die der unlöslichen unorganischen Bestandteile. Diese findet man in der Weise, daß man einen Teil der wässerigen Lösung eindampft, verascht und die Menge der gelösten Mineralstoffe bestimmt. Indem man diese von der Gesamtmenge der Mineralstoffe der ursprünglichen Stoffe abzieht, ergibt sich die Menge der unlöslichen Mineralstoffe, und indem man diese der Menge der unlöslichen organischen Stoffe zuzählt, erhält man die Gesamtmenge der in Wasser unlöslichen Stoffe, aus welchen man wie vorhin die Menge der gesamten gelösten Extraktstoffe berechnet.

b) Direkte Bestimmung der in Wasser löslichen Stoffe. In manchen Fällen kann es sich empfehlen, die Menge der in vorstehender Weise indirekt bestimmten wasserlöslichen Stoffe durch eine direkte Bestimmung zu kontrollieren. Man verdampft alsdann das vorstehend erhaltene gesamte Filtrat in einer Platinschale zur Trockne, oder man füllt das gesamte Filtrat auf ein bestimmtes Volumen, 1 oder 2 l, entnimmt hiervon die Hälfte oder ein Viertel und verdampft in einer Platinschale auf dem Wasserbade zur Trockne, trocknet darauf bis zur Gewichtsbeständigkeit bei etwa 105° im Trockenschrank — oder noch besser im Vakuum bei 100° —, wägt, verascht und wägt wieder, um so die Menge der in Wasser löslichen organischen und unorganischen Stoffe zu erhalten.

Weil aber die wässerigen Auszüge aus organischen Stoffen sich durchweg durch Gärung oder Fäulnis sehr schnell zersetzen, so sind mit dem Eindampfen des ganzen Filtrates oder eines aliquoten Teiles desselben leicht Verluste verbunden. Man kann, um diesen Fehler tunlichst zu vermeiden, in der Weise verfahren, daß man 10—20 g der Substanz in einen Literkolben füllt, etwa 800 ccm kaltes oder 30° warmes Wasser zusetzt und den Kolben unter Verschluß in einer Schüttelmaschine etwa 2 Stunden ausschüttelt, nach dem Abkühlen auf Zimmertemperatur bis zur Marke mit Wasser auffüllt, den Inhalt gut durchmischt, absitzen läßt, darauf durch ein trockenes Faltenfilter oder auch durch einen Goochschen Tiegel bzw. durch eine durchlöcherte Glas- oder Porzellanplatte mit Asbestlage filtriert und von dem Filtrat einen aliquoten Teil, entweder 200, 250 oder 500 ccm je nach der gelösten Menge in vorstehender Weise auf dem Wasserbade eindampft, austrocknet und wägt. Durch einfache Umrechnung der so gefundenen Menge auf die angewendete Substanz begeht man einen kleinen Fehler, der dadurch bedingt ist, daß die auf 1000 ccm aufgefüllte Flüssigkeit, weil sie noch den unlöslichen spezifisch schwereren Rückstand einschließen, nicht 1000 ccm Lösung, sondern weniger beträgt. Man kann aber das spezifische Gewicht des unlöslichen Rückstandes zu rund 1,4 annehmen. Würden von 5 g Substanz nach Ausführung der Untersuchung unter a) 2,8618 g wasserfreien Rückstand ergeben haben, so würde er bei Anwendung von 10 g Substanz 5,7236 g ausmachen und würden diese ein Volumen von 4,09 ccm einnehmen. Statt 1000 ccm hätte man dann 995,91 ccm Flüssigkeit und muß man die erhaltenen Zahlen mit 0,9959 multiplizieren; hätte man 20 g Substanz auf 1000 ccm angewendet, so würde der Faktor (1000 — 8,18 = 991,82) 0,9918 sein.

Der durch Nichtberücksichtigung des Volumens des unlöslichen Rückstandes entstehende Fehler ist daher bei Anwendung von 10 g Substanz nicht bedeutend und verschwindet gegen die sonstigen Fehlerquellen bei der direkten Bestimmung des wässerigen Extraktes. Denn außer den Verlusten durch Zersetzung ist auch zu berücksichtigen, daß die bei weitem meisten wässerigen Auszüge flüchtige Stoffe enthalten, die beim Eindampfen und Trocknen verloren gehen.

2. Bestimmung einzelner Bestandteile des wässerigen Auszuges.

Der wässerige Auszug wird meistens noch zur Bestimmung einzelner wichtigen Bestandteile benutzt.

a) Bestimmung der löslichen Mineralstoffe. Hierzu kann der unter 1 b erhaltene Trockenrückstand oder ein anderer Teil der wässerigen Lösung (4—5 g Substanz entsprechend), nach dem Eindampfen in einer Platinschale auf dem Wasserbade, verwendet werden. Derselbe wird unter Bedecken der Platinschale mit einem Deckel — bzw. dem von H. Wislicenus[1]) hierfür besonders angegebenen Veraschungsdeckel — zunächst mit kleiner Flamme verkohlt — bei zuckerreichen Extrakten findet ein starkes Aufblähen statt —, die so erhaltene lockere Masse unter öfterem Durchrühren mit einem Platinspatel allmählich stärker — aber keineswegs bis zum Glühen und Schmelzen der Asche — erhitzt und dieses so lange fortgesetzt, bis die Asche kohlenfrei ist. Das wird auch bei Aschen, die genügend kohlensaure Alkalien bzw. Erdalkalien enthalten, meistens unschwer erreicht; wenn nicht, so kann man die unter „Bestimmung der Mineralstoffe" S. 476 angegebenen Hilfsmittel anwenden. Auch die einzelnen Bestandteile dieser Asche können nach den dort angegebenen Verfahren bestimmt werden.

b) Bestimmung des löslichen Gesamt-Stickstoffs und einzelner Stickstoff-Verbindungen. Zur Bestimmung des Gesamt-Stickstoffs wird ein Teil der wässerigen Lösung — 2 bis 5 g der ursprünglichen Substanz entsprechend — in einem Kjeldahl-Verbrennungskolben von 500—600 ccm Inhalt unter Ansäuern mit verdünnter Schwefelsäure direkt über kleiner Flamme bis auf 20—30 ccm eingekocht, darauf nach dem Erkalten mit 20 ccm Kjeldahl-Schwefelsäure versetzt und nach S. 241 weiter behandelt.

Sollen einzelne Stickstoffverbindungen besonders bestimmt werden, so verfährt man mit entsprechenden weiteren Anteilen des wässerigen Auszuges, z. B. zur Bestimmung des Albumins nach S. 258, des Ammoniaks nach S. 260, der Salpetersäure nach S. 265, der Aminoverbindungen nach S. 273, der Albumosen und Peptone nach S. 258, der basischen Verbindungen gegebenenfalls nach S. 313, während die Bestimmung besonderer Basen, wie Coffein (Thein), Theobromin u. a. bei den betreffenden Genußmitteln beschrieben werden wird.

c) Bestimmung der löslichen stickstofffreien Stoffe. Die Bestimmung der löslichen stickstofffreien Stoffe im wässerigen Auszuge erstreckt sich meistens auf die der freien organischen Säuren und der löslichen Kohlenhydrate. Die Bestimmung der freien organischen Säuren erfolgt in der Regel durch Titration nach dem Tüpfelverfahren mittels $1/2$ oder $1/4$ oder $1/10$ N.-Natronlauge und Umrechnung auf diejenige organische Säure, die vorherrscht. Hierüber vgl. weiter unten unter „Bestimmung der organischen Säuren" S. 459 und die betreffenden Nahrungs- und Genußmittel. Am wichtigsten und häufigsten ist die Bestimmung und Trennung der Kohlenhydrate im wässerigen Auszuge, weshalb diese in einem besonderen Abschnitt behandelt werden möge.

3. Bestimmung und Trennung der löslichen Kohlenhydrate.

Hierzu gehören die Zucker- und Dextrinarten, und ist es die erste Aufgabe, diese beiden Gruppen voneinander zu trennen. Das kann durch Fällen mit Alkohol oder durch Gärung geschehen.

A. Trennung der Dextrine[2]) und Zuckerarten. **α) Durch Alkoholfällung.** Ein aliquoter Teil, etwa 200—500 ccm der nach S. 423 erhaltenen wässerigen Lösung[3]), welche die Gesamtmenge der wasserlöslichen Kohlenhydrate enthält, wird in einer Porzellan-

---

[1]) Zeitschr. f. analyt. Chem. 1901, **40**, 441.

[2]) Als „Dextrine" bezeichnet man diejenigen in kaltem Wasser löslichen, in etwa 90 proz. Alkohol aber unlöslichen Kohlenhydrate, welche nach der Inversion mit Salzsäure reduzierende Zuckerarten liefern, berechnet auf Glucose × 0,90.

[3]) Enthält die Lösung freie Säuren, so sind diese vorher mit Natriumcarbonat zu neutralisieren.

schale auf dem Wasserbade bis zum dicken Sirup eingedampft, dieser in 10 oder 20 ccm warmem Wasser gelöst und die Lösung unter fortwährendem Umrühren allmählich mit 100 bzw. 200 ccm Alkohol von 95 Volumprozent versetzt. Nachdem sich der entstandene Niederschlag, welcher die Dextrine enthält, abgesetzt hat, filtriert man die fast klare alkoholische Lösung in eine Porzellanschale ab und wäscht den Rückstand in der ersten Schale unter Reiben mit einem Pistill mehrmals mit kleinen Mengen Alkohol (hergestellt durch Vermischen von 1 Teil Wasser mit 10 Teilen Alkohol von 95 Volumprozent) aus. Das Filtrat wird zur Vertreibung des Alkohols vorsichtig auf dem Wasserbade eingedampft, abermals mit 10 ccm Wasser gelöst und in derselben Weise nochmals mit Alkohol behandelt. Ebenso werden die ausgeschiedenen Dextrine wieder mit heißem Wasser von dem Filter in die Schale gelöst, auf 10—20 ccm eingedampft und nochmals wie oben gefällt.

Unter Umständen erhält man eine bessere flockige Abscheidung der Dextrine, wenn man erst $^1/_5$—$^1/_4$ des nötigen Äthylalkohols an Methylalkohol zusetzt, z. B. die Zucker-Dextrinlösung (20 ccm) erst mit 40 ccm Methylalkohol und darauf mit 150—160 ccm Äthylalkohol vermischt.

Die alkoholischen Filtrate, welche die Zuckerarten enthalten, werden zur Trockne verdampft, mit Wasser aufgenommen und behufs Bestimmung und Trennung der Zuckerarten auf ein bestimmtes Volumen gebracht. Der Rückstand der Alkoholfällung auf dem Filter und in den Schalen enthält die Dextrine. Man löst ihn in heißem Wasser und bestimmt die Dextrine, wie S. 427 angegeben ist.

Zu diesem Trennungsverfahren muß ausdrücklich bemerkt werden, daß es als ein genaues nicht angesehen werden kann; denn einerseits wird durch den zuckerhaltigen Alkohol stets etwas Dextrin in Lösung gehalten, andererseits schließt Dextrin stets etwas Zucker, besonders in Alkohol schwer lösliche Maltose, mit ein. Wenn aber stets in derselben Weise gearbeitet wird, so fallen die Ergebnisse gleichmäßig aus und sind wenigstens miteinander vergleichbar.

β) **Durch Gärung.** Die Dextrine lassen sich auch durch Vergären der wässerigen Lösung mit gewissen Hefen von den Zuckerarten trennen. Nach P. Lindner[1]) verhalten sich nämlich die einzelnen Hefen gegen die Zuckerarten und Dextrine wie folgt[2]):

Bezeichnung der Hefe[3])	Glucose	Fructose	Maltose	Saccharose	Dextrin
Saccharomyces apiculatus	+	+	—	—	—
Torula pulcherrima	+	+	—	—	—
Torula aus Mazun	+	+	—	—	—
Sacch. Marxianus	+	+	—	+	—
Sacch. Ludwigii	+	+	—	+	—
Hefe aus Kißleytschi	+	+	—	+	—
Hefe aus armenischem Mazun . . .	+	+	—	+	—
Hefe aus Zuckerrohrmelasse	+	+	+	—	—
Sacch. Saaz, untergärig	+	+	+	+	—
Hefe aus Danziger Jopenbier . . .	+	+	+	+	—
Schizo-Sacch. Pombe	+	+	+	+	+
Sacch. Logos	+	+	+	+	+
Sachsia suaveolens	+	+	+	+	+
Monilia variabilis	+	+	+	+	+

[1]) Wochenschr. f. Brauerei 1900, **17**, 49—51.

[2]) In der Tabelle bedeutet das Zeichen +, daß Gärung eintritt, das Zeichen —, daß solche unterbleibt.

[3]) Die Hefen können sämtlich durch das Institut für Gärungsgewerbe in Berlin bezogen werden.

P. Hörmann und J. König[1]) haben Untersuchungen darüber angestellt, ob sich diese Hefen auf Grund der vorstehenden Unterschiede zur quantitativen Bestimmung der Zucker- und Dextrinarten nebeneinander verwenden lassen.

Zur Trennung der Dextrine von einzelnen und sämtlichen Zuckerarten (Glucose, Fructose, Maltose und Saccharose) eignet sich die Hefe aus Danziger Jopenbier am besten; zur Trennung der Dextrine von Glucose, Fructose und Saccharose kann Saccharomyces Marxianus verwendet werden, jedoch vergärt diese Hefe die letzten Reste Saccharose nur langsam; hat man dagegen neben Dextrinen nur Glucose und Fructose bzw. Invertzucker in Lösung, so läßt sich zweckmäßig Torula pulcherrima zur Trennung anwenden.

Die Vergärung wird, wie folgt, vorgenommen:

Die annähernd 5 g Trockensubstanz entsprechende Menge Kohlenhydrate wird in etwa 100 ccm Raulinscher Lösung gelöst und in eine Vergärungsvorrichtung von nebenstehender Anordnung (Fig. 261 oder 262) gebracht; a ist der Gärkolben,

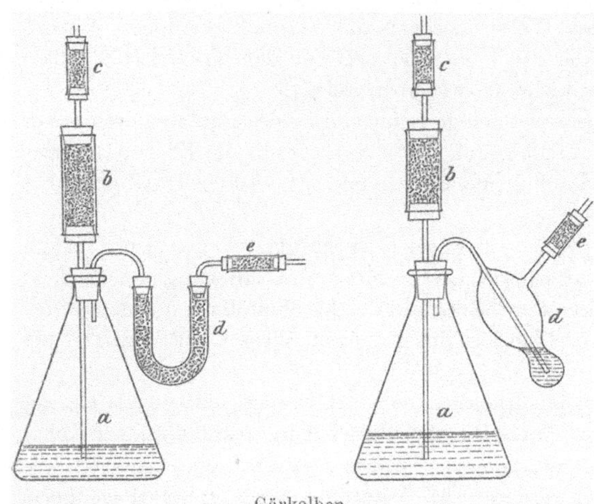

Gärkolben.

b, c und e sind Chlorcalciumrohre — bei der Figur 262 ist d ein mit konzentrierter Schwefelsäure gefüllter Behälter —; die kleinen Chlorcalciumrohre c c und e e dienen nur als Schutzrohre, um den Wasserzutritt aus der Luft zu dem Apparat zu verhüten; sie werden vor jedem Wägen des ganzen Apparates abgenommen und nach demselben wieder aufgesetzt. Die Raulinsche Nährsalzlösung enthält in 1500 ccm Wasser:

Ammoniumtartrat[2])	4,0 g	Kaliumcarbonat	0,6 g
Ammoniumnitrat	4,0 g	Kaliumsilicat	0,4 g
Ammoniumphosphat	0,6 g	Magnesiumsulfat	0,4 g
Ammoniumsulfat	0,25 g	Eisensulfat	0,07 g
		Zinksulfat	0,07 g

Die schwach alkalisch reagierende Lösung wird vor jedem Gebrauch neutralisiert und sterilisiert. Bei Vergärung von natürlichen Fruchtsäften oder Pflanzenauszügen, die genügend mineralische Nährstoffe für die Hefe enthalten, ist die Anwendung der Raulinschen Lösung nicht notwendig.

Die genannten Reinhefen werden zweckmäßig auf Bierwürze-Agar aufbewahrt; für die Verwendung entnimmt man hiervon mittels eines sterilen Platindrahtes zwei Ösen voll und füllt sie in Reagensrohre mit sterilisierter Bierwürze. Nach der Vergärung wird die verbrauchte Bierwürze abgegossen, durch neue sterilisierte Bierwürze so oft ersetzt, bis man eine genügende Menge gärkräftige Hefe erhalten hat; dann wird die Bierwürze abgegossen und die Hefe in den Gärkolben a übergeführt. — Die in Maltoselösungen nicht gärenden Hefen werden in sterilisierter Lösung von Invertzucker in Hefenwasser vermehrt. — Nach Überführung der

---

[1]) Zeitschr. f. Untersuchung d. Nahrungs- u. Genußmittel 1907, **13**, 113 u. P. Hörmann, Trennung der Kohlenhydrate durch Reinhefen. Inaug.-Diss. Münster i. W. 1906.

[2]) Die eigentliche Vorschrift lautet: 4,0 g Weinsäure; diese aber empfiehlt sich hier nicht, weil sie beim Sterilisieren bzw. Erwärmen der Gärflüssigkeit eine teilweise Inversion der Dextrine und Saccharose herbeiführen kann.

Hefe in den Gärkolben wird dieser mit dem die Chlorcalcium- bzw. konzentrierte Schwefelsäurerohre tragenden Gummipfropfen oder auch besten Korkpfropfen verschlossen, **ohne** die kleinen Rohre *c c* und *e e* gewogen und dann, nachdem man die letzteren Schutzrohre aufgesetzt hat, in einen Thermostaten von beständig 30—32° gebracht. Nach 24stündigem Stehen im Thermostaten wird durch den Kolben zunächst mittels eines Aspirators ein langsamer Luftstrom geleitet, der Kolben nach Entfernung der Schutzrohre gewogen und dieses jeden Tag so lange fortgesetzt, bis keine Gewichtsabnahme des Apparates mehr festgestellt werden kann. Das dauert durchweg 5 bis 6 Tage — bei natürlichen Pflanzenauszügen und Fruchtsäften weniger lange —. Die Gärung wird als beendet angesehen, wenn die Gewichtsveränderung gleich der eines Kontrollkolbens ist, der mit der gleichen Menge der sterilisierten Kohlenhydratlösung **ohne** Hefenzusatz gefüllt ist und im übrigen ebenso wie die Gärkolben behandelt wird. Nach beendeter Gärung wird die Hefe mikroskopisch auf Reinheit und der Gärrückstand im Kolben qualitativ bzw. quantitativ auf Zuckergehalt geprüft. Noch vorhandene geringe Mengen Zucker lassen sich von den Dextrinen durch Fällen mit Alkohol in vorstehender Weise entfernen; bei vorhandenen größeren Mengen müßte die Gärung nach Sterilisierung des Kolbeninhaltes und nach Zusatz von frischer gärkräftiger Hefe fortgesetzt oder mit einer neuen Probe wiederholt werden.

Aus dem Gewichtsverlust der Kolben an Kohlensäure läßt sich der Gehalt an Zucker (vgl. S. 432) berechnen, während der Rückstand im Kolben nach der Filtration in der nachstehenden Weise auf Dextringehalt untersucht wird.

B. Bestimmung der Dextrine. Die Dextrine werden durch Hydrolyse mit Salzsäure in Glucose übergeführt und diese wird entweder maßanalytisch nach Fr. Soxhlet oder gewichtsanalytisch nach Meißl-Allihn bestimmt.

Bei der Herstellung der Glucoselösung aus den zu bestimmenden Dextrinen löst man diese in etwa 200 ccm Wasser, setzt 20 ccm Salzsäure (von 1,125 spezifischem Gewicht) zu und erwärmt 3 Stunden lang im kochenden Wasserbade am Rückflußkühler. Darauf wird rasch abgekühlt, mit Natronlauge neutralisiert oder wenigstens bis zu nur schwach saurer Reaktion versetzt und so weit verdünnt, daß die Lösung höchstens 1% Glucose enthält. In 25 ccm dieser Lösungen wird der Zucker nach Meißl-Allihn (S. 430) gewichtsanalytisch oder nach Fr. Soxhlet (siehe unten) maßanalytisch bestimmt.

In beiden Fällen erhält man aus der gefundenen Menge Glucose durch Multiplikation mit 0,90 die Menge der vorhandenen Dextrine (vgl. auch Tabelle VIII am Schluß des I. Teiles).

Eine kürzere als 3stündige Erhitzung im kochenden Wasserbade ist durchweg nicht angängig.

C. Bestimmung der einzelnen Zuckerarten. Ein Teil der unter Nr. 1 erhaltenen alkoholischen Lösung dient nach Verjagung des Alkohols, oder wenn keine Dextrine vorhanden waren, die wässerige Lösung direkt zur Bestimmung der Zuckerarten:

a) Auf chemischem Wege, wobei zu beachten ist, daß die wässerige Lösung der Zuckerarten zur Bestimmung mittels Fehlingscher Lösung wenn möglich nicht weniger als 0,5%, keinenfalls aber mehr als 1% Zucker enthalten darf.

1. Bestimmung der Fehlingsche Lösung direkt reduzierenden Zuckerarten (Glucose, Fructose, Invertzucker, Maltose, Lactose usw.). Diese Bestimmung kann auf maß- oder gewichtsanalytischem Wege oder durch Gärung geschehen.

α) **Maßanalytisches Verfahren nach Fr. Soxhlet**[1]). Man bringt 25 ccm Kupferlösung und 25 ccm der alkalischen Seignettesalzlösung[2]) in einer tiefen Porzellanschale zum

---

[1]) Das maßanalytische Verfahren ist von Fehling eingeführt, von Fr. Soxhlet berichtigt und abgeändert worden. Vgl. Fr. Soxhlet, Journ. f. prakt. Chem. 1880, N. F. **21**, 227.

[2]) Die Darstellung der Fehlingschen Lösung geschieht nach Soxhlet, wie folgt: Chemisch reines Kupfersulfat wird 1 mal aus verdünnter Salpetersäure, 3 mal aus Wasser umkrystallisiert

Kochen und setzt dann von der betreffenden Zuckerlösung so lange zu, bis nach einer der Zuckerart entsprechenden Kochdauer die Lösung nicht mehr blau ist. Die Kochdauer beträgt für Glucose, Invertzucker und Fructose 2 Minuten, für Maltose 4 und für Lactose 6 Minuten. Auf diese Weise wird vorläufig ungefähr festgestellt, wieviel Kubikzentimeter der Zuckerlösung 50 ccm der Fehlingschen Lösung entsprechen, bzw. wieviel Prozent ungefähr die betreffende Zuckerlösung enthält. Durch Verdünnen oder Eindampfen muß darauf die Lösung ungefähr 1prozentig gemacht werden. Ist dies geschehen, so erhitzt man wieder 50 ccm Fehlingsche Lösung zum Kochen und gibt nun von der auf etwa 1% gestellten Zuckerlösung so viel zu, als der Menge entspricht, welche beim Vorversuch die Fehlingsche Lösung vollständig reduziert hatte. Es wird dann so lange gekocht, als für die betreffende Zuckerart erforderlich ist, worauf man die ganze Flüssigkeit auf ein großes, aber dichtes Faltenfilter gibt. Es muß beim Filtrieren vor allem darauf geachtet werden, daß nicht etwa Spuren des feinkörnigen Kupferoxyduls durch das Filter gehen; am besten überzeugt man sich davon, indem man das Filtrat einige Zeit stehen läßt und dann umschwenkt, durch welche Behandlung der Kupferoxydulniederschlag sich in der Mitte sammelt. Ist das Filtrat noch blau oder grünlich, so ist selbstverständlich noch Kupfer in Lösung und es bedarf keiner Prüfung. Ist das Filtrat dagegen gelb, so muß es auf Kupfer geprüft werden. Dies geschieht, indem man das Filtrat mit Essigsäure ansäuert und mit frisch bereiteter Ferrocyankaliumlösung versetzt. Dunkle Rotfärbung zeigt eine größere Menge, Rosafärbung nur Spuren von Kupfer an; das Ausbleiben deutet auf eine vollständige Reduktion des Kupfers und damit auf einen Überschuß der Zuckerlösung hin. Um den Punkt zu finden, bei welchem die Zuckerlösung eben hinreicht, um sämtliches Kupfer auszufällen, muß nun mit der Titration so lange fortgefahren werden, bis von zwei aufeinanderfolgenden Titrationen die eine eben noch eine Spur Kupfer anzeigt, während die darauffolgende, mit einer um 0,1 ccm vermehrten Menge Zuckerlösung ausgeführte Titration eine vollständige Reduktion ergibt. Die wahre, 50 ccm Fehlingsche Lösung genau reduzierende Menge der Zuckerlösung liegt mitten zwischen den zwei Ergebnissen. Die in der angewendeten Anzahl Kubikzentimeter der Zuckerlösung enthaltene Menge der betreffenden Zuckerart berechnet sich leicht aus den von Soxhlet für die verschiedenen Zuckerarten gefundenen Reduktionswerten, wonach in etwa 1 proz. Lösungen 50 ccm Fehlingsche Lösung entsprechen:

$$= 0{,}2365 \text{ g Glucose,}$$
$$= 0{,}2470 \text{ g Invertzucker}$$
$$= 0{,}2572 \text{ g Fructose,}$$
$$= 0{,}3890 \text{ g Maltose,}$$
$$= 0{,}3380 \text{ g krystallisierter Lactose bzw. Lactosehydrat.}$$

Bei gefärbten Flüssigkeiten läßt sich im Filtrat der Eintritt der Reaktion mit Ferrocyankalium schlecht oder nicht erkennen. Soxhlet hat dafür folgendes Verfahren angegeben: Das Filtrat wird mit einigen Tropfen Zuckerlösung versetzt, etwa 1 Minute lang gekocht und dann 3—4 Minuten stehen gelassen. Gießt man nun vorsichtig ab, so ist ein Niederschlag entweder sofort oder dann zu erkennen, wenn man mit einem um einen Glasstab gewickelten Stück Filtrierpapier über den Boden wischt, wodurch das Papier durch am Boden haftende Spuren Kupferoxydul rot gefärbt wird.

In einigen Fällen, wo der Zuckergehalt annähernd bekannt ist, kann man sich auch des Reischauerschen Titrationsverfahrens bedienen. Man gibt in 6 Proberöhrchen des so-

und zwischen Fließpapier trocken gepreßt, dann 12 Stunden an der Luft liegen gelassen und hiervon werden 34,630 g zu 500 ccm gelöst.

Die Seignettesalzlösung bereitet man — tunlichst häufig frisch — in der Weise, daß man 173 g weinsaures Natriumkalium mit Wasser zu 400 ccm löst und diese mit 100 ccm Natronlauge, welche 516 g Natriumhydroxyd in 1 l enthält, zu 500 ccm ergänzt.

Durch Vermischen gleicher Volumen Kupfer- und Seignettesalzlösung, welche getrennt aufbewahrt und erst beim Gebrauch gemischt werden, erhält man die Fehlingsche Lösung.

genannten Reischauerschen Sternes, befestigt an einem Stativ mit Klemmvorrichtungen, je 5 ccm der Zuckerlösung, welche für diese Bestimmung nicht mehr als 0,58 g Glucose bzw. Maltose in 100 ccm enthalten darf, dazu 1, 2, 3, 4, 5 und 6 ccm der Fehlingschen Lösung, taucht den Stern in ein kochendes Wasserbad und läßt ihn 20 Minuten darin. Alsdann nimmt man ihn heraus und sieht zu, wie die überstehende Flüssigkeit in den einzelnen Röhrchen gefärbt ist, blau, grün oder gelb usw., d. h. ob alles Kupfer ausgefällt ist oder nicht. Um sich zu überzeugen, ob in der gelb erscheinenden Flüssigkeit eines Proberöhrchens noch Kupfer vorhanden ist oder nicht, filtriert man einen Teil ab und prüft das Filtrat mit Essigsäure und Ferrocyankalium; eine Rotfärbung gibt die Anwesenheit von Kupfer kund.

Hat man bei zwei aufeinanderfolgenden Proberöhrchen die An- und Abwesenheit von Kupfer festgestellt, so variiert man die Kupfermenge zwischen diesen um Zehntel Kubikzentimeter; waren die Endpunkte z. B. zwischen 3 (gelb bzw. kupferfrei) und 4 (grün bzw. kupferhaltig), so nimmt man 3,15, 3,40, 3,60, 3,75 und 3,90 ccm Fehlingsche Lösung; liegen die Endpunkte jetzt zwischen 3,40 und 3,60, so nimmt man bei einem 3. Versuch 3,45, 3,49, 3,51, 3,53, 3,55 und 3,57 ccm Fehlingsche Lösung; fallen die Endpunkte jetzt zwischen 3,51 und 3,55, so nimmt man hiervon das Mittel (3,53) an.

Nach K. Kruis entspricht:

		Glucose	Maltose
1 ccm Fehlingsche Lösung =		5,57 mg	7,26 mg
2 „ „ „ =		10,36 „	14,46 „
3 „ „ „ =		14,95 „	21,83 „
4 „ „ „ =		19,57 „	29,32 „
5 „ „ „ =		24,26 „	36,82 „
6 „ „ „ =		28,97 „	44,36 „

β) **Gewichtsanalytisches Verfahren.** Die gewichtsanalytische Bestimmung ist zuerst von E. Meißl, später von F. Allihn[1] für Glucose ausgearbeitet und ferner auch auf die Bestimmung des Invertzuckers, der Maltose, der Lactose und der Fructose angewendet worden. Für die Berechnung der betreffenden Zuckerarten haben Meißl, Wein, Soxhlet und Lehmann Tabellen angefertigt. Es sind für jede Zuckerart Lösungen von bestimmten Verdünnungen und von bestimmter Menge notwendig. Verschieden ist die Art der Verdünnung und die Dauer des Kochens. Man erhitzt die Fehlingsche Lösung bzw. deren Verdünnung in einer Porzellanschale, besser in einer Porzellanhenkelschale, ent-

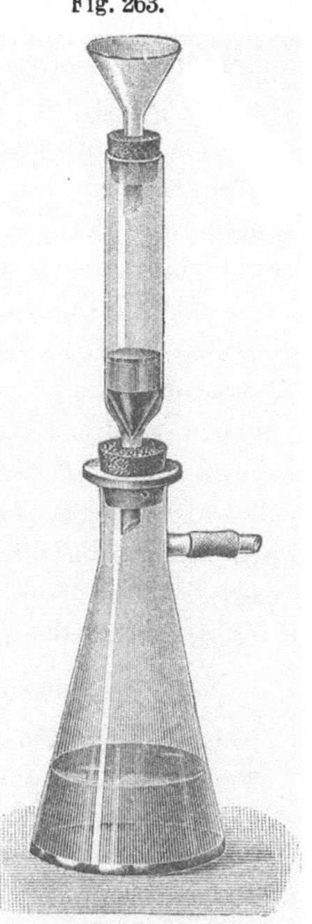

Fig. 263.

Vorrichtung für Zuckerbestimmung.

weder zum Kochen, trägt mit einer Pipette die vorgeschriebene Menge der Zuckerlösung ein, oder man vereinigt die Menge Fehlingsche und Zuckerlösung kalt und kocht dann so lange, als es für die betreffende Zuckerart vorgeschrieben ist, worauf sofort filtriert wird. Zum Filtrieren bedient man sich eines Soxhletschen Asbestfilterröhrchens (vgl. Fig. 263). Dieses stellt man her, indem man ein etwa 10 cm langes Stück Verbrennungsrohr an dem einen Ende etwa zur halben Stärke auszieht. In den Hals bringt man dann einen kurzen Pfropfen von Glaswolle und darauf weichen, mit Natronlauge und Salpetersäure behandelten, gut ausgewaschenen Asbest. Dieser darf weder zu locker noch zu fest angedrückt sein, da im ersteren Falle Kupferoxydul mit durchgerissen wird, im anderen Falle das Filter zu langsam filtriert. Der mit heißem Wasser ausgewaschene Asbest wird mit Alkohol und dann mit Äther nachgewaschen und zum Schluß

---

[1] Neue Zeitschr. f. Rübenzuckerindustrie **3**, 230; Zeitschr. f. analyt. Chem. 1879, **18**, 348; 1881, **20**, 434, ferner ausführlich in Journ. f. prakt. Chem. 1880, N. F. **22**, 46.

das Röhrchen samt Asbest unter Durchsaugen von Luft ausgeglüht. Es ist damit für den Gebrauch fertig und wird nach jedesmaliger Benutzung dadurch wieder gebrauchsfähig gemacht, daß man es mit Salpetersäure, dann mit heißem Wasser, Alkohol und Äther auswäscht und wieder trocknet. Das ausgeglühte und im Exsiccator erkaltete Röhrchen wird vor dem jedesmaligen Gebrauch gewogen.

Beim Filtrieren setzt man mittels eines Korkes ein Trichterchen auf das Rohr, gibt vorerst etwas heißes Wasser auf das Asbestfilter und dann die Flüssigkeit mit dem Kupferoxydul. Die letzten Reste des Niederschlages werden mit einem Federchen oder Gummiwischer und heißem Wasser nachgespült, mehrere Male mit heißem Wasser nachgewaschen, darauf mit Alkohol und zuletzt mit Äther die größte Menge des Wassers entfernt. Nach vollständigem Trocknen verbindet man das Röhrchen so mit einem Wasserstoffentwickelungsapparat, daß das getrocknete Wasserstoffgas durch ein am oberen Ende des Filterröhrchens mittels eines gut schließenden Korkes aufsitzendes engeres Röhrchen eintritt und durch das schräg nach abwärts geneigte Filterröhrchen hindurchgeht. Nach einiger Zeit, wenn die Luft ausgetrieben ist, erhitzt man den Asbestpfropfen mäßig, worauf die Reduktion des Kupferoxyduls zu metallischem Kupfer stattfindet. Sind die bei der Reduktion auftretenden Wassertropfen verdampft und ist sämtliches Kupfer mattrot, so läßt man im Wasserstoffstrome erkalten und wägt dann sogleich. Die Gewichtszunahme ergibt die Menge des Kupfers; die diesem entsprechende Menge der betreffenden Zuckerart findet man in den zugehörigen Tabellen am Schluß des I. Teiles angegeben.

Die Reduktion des Kupferoxyduls zu Kupfer im Wasserstoffstrom wird jedoch jetzt meistens, weil zu lästig, nicht mehr vorgenommen, sondern das Kupferoxydul in bequemerer Weise durch einen trockenen, d. h. mittels konzentrierter Schwefelsäure gewaschenen Luftstromes unter Erhitzen des Filterröhrchens in Kupferoxyd übergeführt und dieses gewogen. 1 Teil CuO = 0,799 Teile Cu. Vgl. auch Tabelle II am Schluß.

Die für die gewichtsanalytischen Zuckerbestimmungen notwendigen Lösungen sind im allgemeinen dieselben, wie sie vorher bei dem maßanalytischen Verfahren (vergl. Anm. 2, S. 427) angegeben sind, doch hat für die Bestimmung der Glucose Allihn eine andere Zusammensetzung der Seignettesalzlösung vorgeschrieben.

aa) Bestimmung der Glucose nach Meißl und Allihn:

30 ccm Kupfersulfatlösung,

30 ccm Seignettesalzlösung (173 g Seignettesalz + 125 g Kalihydrat zu 500 ccm gelöst) und

60 ccm Wasser werden zum Kochen erhitzt, sodann

25 ccm der nicht mehr als 1 proz. Zuckerlösung zugesetzt und noch weitere **2** Minuten im Kochen erhalten.

(Siehe Tabelle Nr. III am Schluß.)

bb) Bestimmung des Invertzuckers nach E. Meißl:

25 ccm Kupfersulfatlösung,

25 ccm Seignettesalz-Natronlauge (nach Soxhlet S. 428) und so viel Kubikzentimeter Invertzuckerlösung, als im Höchstbetrage 0,245 g Invertzucker entsprechen, und das Ganze auf 100 ccm gebracht. Die zum Sieden erhitzte Flüssigkeit wird weitere **2** Minuten im Sieden erhalten.

(Siehe Tabelle Nr. IV und V am Schluß.)

cc) Bestimmung der Maltose nach E. Wein.

25 ccm Kupfersulfatlösung,

25 ccm Seignettesalz-Natronlauge (nach Soxhlet) und

25 ccm der nicht mehr als 1 proz. Zuckerlösung, kalt gemischt, zum Kochen erhitzt und **4** Minuten im Kochen erhalten.

(Siehe Tabellen Nr. VI am Schluß.)

dd) Bestimmung der Lactose nach Soxhlet:

25 ccm Kupfersulfatlösung,

25 ccm Seignettesalzlösung (nach Soxhlet S. 428),

100 ccm einer verdünnten Milchflüssigkeit (25 ccm Milch mit 400 ccm Wasser verdünnt, nach Ritthausen gefällt, auf 500 ccm aufgefüllt, filtriert) werden zum Sieden erhitzt und 6 Minuten im Sieden erhalten.

(Siehe Tabelle Nr. VII am Schluß.)

ee) Bestimmung der Pentosen:

35 ccm Kupfersulfatlösung,

35 ccm Seignettesalz-Natronlauge,

25 ccm einer $^1/_4$—1 proz. Pentosenlösung 4 Minuten lang erhitzt und davon 3 Minuten im Kochen.

In Lösungen von 0,25—1,0% Pentosen liefert hierbei nach W. E. Stone[1]) 1 mg Arabinose 1,9—2,0 mg, 1 mg Xylose 1,86—1,96 mg reduziertes Kupfer. Weiser und Zaitschek[2]) erhielten wesentlich andere Reduktionswerte; sie wendeten aber eine Lösung wie Meißl-Allihn für die Glucosebestimmung an und kochten bzw. erhitzten die 145 ccm betragende Lösung nach dem Vorschlage Pflügers **30 Minuten** im siedenden Wasserbade. Sie fanden für das Reduktionsvermögen der Arabinose und Xylose folgende Werte:

Arabinose				Xylose			
Reduziertes Kupfer	Arabinose	1 mg Cu entspricht Arabinose	Eine der Arabinose gleiche Menge Glucose reduziert Cu	Reduziertes Kupfer	Xylose	1 mg Cu entspricht Xylose	Eine der Xylose gleiche Menge Glucose reduziert Cu
mg	mg	mg	mg	mg	mg	mg	mg
27,8	11,3	0,396	31,4	32,1	11,2	0,349	31,1
52,1	22,6	0,434	55,0	57,5	22,4	0,390	54,6
76,4	35,6	0,463	81,6	79,6	33,6	0,423	77,5
99,4	45,2	0,453	101,4	102,2	44,9	0,439	100,4
193,1	90,5	0,468	193,4	123,8	56,1	0,453	123,2
215,5	101,8	0,472	216,1	171,4	78,5	0,458	168,9
234,1	111,2	0,475	234,5	184,4	85,0	0,461	182,0
237,2	113,2	0,477	238,4	194,3	89,7	0,462	191,5
254,6	122,8	0,482	257,5	216,1	100,9	0,467	214,2
278,5	134,3	0,482	279,4	226,6	106,2	0,468	224,6
314,2	153,5	0,488	315,2	239,3	112,2	0,469	236,3
357,2	178,0	0,498	357,9	308,8	148,7	0,482	306,5
368,0	184,2	0,500	368,2	346,2	170,0	0,491	344,0
392,9	200,2	0,501	394,9	384,0	191,2	0,502	379,9
417,5	214,9	0,515	417,9	420,7	212,4	0,505	414,4

Hiernach reduziert die Arabinose etwas schwächer, die Xylose etwas stärker als Glucose; der Reduktionswert eines Gemisches von Arabinose und Xylose kann daher gleich dem Reduktionswert von Glucose zugesetzt werden. Sind in einem Zuckergemisch von Hexosen auch Pentosen vorhanden, so kann man durch Destillation eines besonderen Teiles der Zuckerlösung mit Salzsäure von 1,06 spezifischem Gewicht (vgl. Bestimmung der Pentosane weiter unten S. 447) das Furfurol und damit (nach Tabelle IX am Schluß) die Pentosen (Arabinose + Xylose) bestimmen und

---

[1]) Berichte d. Deutschen chem. Gesellschaft 1890, **23**, 3795.

[2]) Landw. Versuchsstationen 1903, **58**, 219.

daraus die den letzteren entsprechende Kupfermenge (= Reduktionswert der Glucose) berechnen; wenn diese von der ganzen Menge reduzierten Kupfers abgezogen wird, erhält man die der Glucose allein entsprechende Kupfermenge. Hierbei ist jedoch zu berücksichtigen, daß auch die Hexosen (Glucose, Saccharose) nach Tollens bei der Destillation Furfurol liefern, z. B. reine Glucoselösungen 0,36% Furfurol oder 0,65% Pentosen. Diese Menge muß daher von der gefundenen Pentosenmenge abgezogen und der Rest erst auf den Reduktionswert der Glucose umgerechnet werden.

Beispiel: Angenommen, 3,0 g Hafer werden (vgl. unter „Stärke" S. 439) im Autoklaven bei drei Atmosphären Druck aufgeschlossen, die Lösung filtriert, mit 20 ccm Salzsäure von 1,125 spezifischem Gewicht (für 200 ccm Lösung) 3 Stunden am Rückflußkühler gekocht und die Lösung wird auf 500 ccm gebracht; 50 ccm der Lösung sollen 296,4 mg Cu reduzieren = 142,4 mg Glucose; weitere 50 ccm der Lösung sollen 8,4 mg Pentosen liefern. Da das aus 142,4 mg Glucose gebildete Furfurol, auf Pentosen umgerechnet, 1,0 mg beträgt, so ist der tatsächliche Pentosengehalt der Lösung 8,4 — 1,0 = 7,4, also der wahre Gehalt an Glucose 142,4 — 7,4 = 135,0 mg, und diese mit 0,9 multipliziert, liefert erst den der Glucose entsprechenden Stärkewert.

J. Kjeldahl[1]) macht darauf aufmerksam, daß auf die Ausfällung des Kupferoxyduls der Zutritt der Luft in höherem Maße während des Kochens als während des Filtrierens von Einfluß ist, indem um so weniger Kupfer ausfällt, d. h. also um so mehr oxydiert wird, mit je mehr Luft die Flüssigkeit während des Kochens in Berührung kommt. Kjeldahl schlägt daher vor, das Kochen der Kupfer- und Zuckerlösung in einem Erlenmeyer-Kolben im Wasserstoffstrome vorzunehmen. Als Kochdauer hat er 20 Minuten angewendet, und weil die so erhaltenen Ergebnisse nicht mit den nach vorstehenden Verfahren ermittelten Ergebnissen übereinstimmen, so hat Kjeldahl neue Tabellen entworfen, bezüglich derer auf die Quelle verwiesen sei.

γ) **Gärverfahren.** Sind in einer wässerigen Lösung nur Glucose und Fructose bzw. Invertzucker neben Dextrinen vorhanden und quantitativ zu bestimmen, so kann dieses auch durch Gärung geschehen. Es geschieht dieses dann am besten durch Torula pulcherrima, die weder Saccharose, noch Maltose, noch Dextrine — mit Ausnahme von Honigdextrin — angreift. Die Gärung wird, wie S. 426 angegeben ist, vorgenommen und der Gewichtsverlust an Kohlensäure unter der Voraussetzung, daß bei der Gärung 5% Nebenerzeugnisse entstehen, mit 2,155 multipliziert, um die entsprechende Menge von Glucose und Fructose bzw. Invertzucker zu finden.

Handelt es sich um Bestimmung der Maltose allein neben Dextrinen, so kann man die untergärige Hefe Sacchar. cerev. Saaz oder die Hefe aus Danziger Jopenbier verwenden, die beide die Dextrine nur schwach angreifen. In diesem Falle multipliziert man den Kohlensäureverlust mit 2,047, um die Menge Maltose zu berechnen.

Über die quantitative Bestimmung der Lactose durch Gärung liegen bis jetzt keine Versuche vor.

Das Gärverfahren hat aber vor den vorstehenden Bestimmungsverfahren der Zuckerarten den Nachteil, daß es bei reinen Zuckerlösungen zu lange Zeit in Anspruch nimmt.

2. Bestimmung der Saccharose. Zur Bestimmung mittels Fehlingscher Lösung wird die Saccharose durch Inversion mittels Salzsäure oder Invertin[2]) in Invertzucker übergeführt.

---

[1]) Nach Meddelelser fra Carlsberg Laboratoriet **4**, 1, in Zeitschr. f. analyt. Chem. 1896, **35**, 344.

[2]) Das Invertin stellt man nach F. W. Thompson (Zeitschr. f. analyt. Chem. 1894, **33**, 243 u. 246) dadurch her, daß man Hefe mit Sand verreibt, die zerriebenen Hefezellen mit Wasser auszieht und die filtrierten Auszüge mit Alkohol fällt. Hierdurch wird das Invertin als sirupartige Masse erhalten, die getrocknet und gepulvert werden kann.

Man kann nach Thompson die Hefe aber auch direkt verwenden. Man trägt von derselben $1/10$ der zu inventierenden Zuckermenge in die auf 55° erwärmte Zuckerlösung ein und erhält bei dieser Temperatur. Hierbei tritt nur eine Inversion und keine Vergärung ein. Nach

a) Bei Anwendung des gewichtsanalytischen Verfahrens ist darauf zu achten, daß die Invertzuckerlösung in 50 ccm nicht über 0,245 g Invertzucker entsprechend 0,233 g Saccharose enthalten darf. Man verfährt daher am besten folgendermaßen: 100 ccm der (nicht über) 1 proz. Saccharoselösung erwärmt man in einem 250 ccm-Kolben $^1/_2$ Stunde im kochenden Wasserbade mit 30 ccm $^1/_{10}$ N.-Salzsäure, setzt nach dem Abkühlen ebensoviel Kubikzentimeter $^1/_{10}$ N.-Kalilauge hinzu und füllt auf 250 ccm mit Wasser auf. Von dieser Lösung[1]) verwendet man 50 ccm (= 0,21 g Invertzucker bei 1 proz. Saccharoselösung) zur gewichtsanalytischen Bestimmung des Invertzuckers nach E. Meißl. Man zieht von der erhaltenen Kupfermenge die zuerst für die direkt reduzierenden Zuckerarten gefundene Kupfermenge ab, sucht die dem als Rest verbleibenden Kupfer entsprechende Menge Invertzucker nach der Tabelle Nr. IV bzw. V am Schluß auf und erhält durch Multiplikation der gefundenen Menge Invertzucker mit 0,95 die Menge der vorhandenen Saccharose. Oder man bestimmt nach der Tabelle die gesamte Invertzuckermenge, zieht davon die vor der Inversion gefundene Invertzuckermenge ab und rechnet die Differenz durch Multiplikation mit 0,95 auf Saccharose um. Letzteres Verfahren ist das richtigere.

b) Bei Anwendung des maßanalytischen Verfahrens nach Fr. Soxhlet erhitzt man nicht über 9,5 g Saccharose in 700 ccm Wasser mit 100 ccm $^1/_5$ N.-Säure $^1/_2$ Stunde im siedenden Wasserbade. Darauf wird rasch abgekühlt, mit titrierter Natronlauge genau neutralisiert und auf 1000 ccm aufgefüllt. Man hat dann eine weniger als 1 proz. Invertzuckerlösung und verfährt nach S. 427.

*b) **Bestimmung der Zuckerarten durch Polarisation.*** Das polarimetrische Verfahren der Zuckerbestimmung findet vorwiegend nur Anwendung zur quantitativen Bestimmung der Saccharose, ferner auch zu der der Glucose. Es ist natürlich nur dann anwendbar, wenn keine sonstigen optisch aktiven Verbindungen in der Lösung vorhanden sind.

Über die in den analytischen Laboratorien zur Verwendung gelangenden Polarisationsapparate vergl. S. 90.

Als Lichtquelle dient bei den Halbschattenapparaten eine Natriumflamme oder Auerlicht, bei den Farbenapparaten eine gewöhnliche Gasflamme. Die Polarisation nimmt man durchweg bei 17,5° vor.

1. Bestimmung der Saccharose. Die spezifische Drehung der Saccharose beträgt bei 17,5° = +66,5°. Polarisiert man eine Saccharoselösung im 200 mm-Rohr bei 17,5°, so entspricht 1° Drehung im Polarisationsapparate von:

	Saccharose in 100 ccm g
Mitscherlich, Laurent, Schmidt & Haensch, Wild mit Kreisgradteilung	0,75
Soleil-Ventzke-Scheibler, Schmidt & Haensch mit Zuckerskala	0,26048
Soleil-Dubosq mit Zuckerskala	0,16350.

Über die Ableitung dieser Werte vgl. 98.

In der Praxis verfährt man bei der Bestimmung der Saccharose jedoch meist so, daß man diejenige für jeden Apparat bestimmte Menge Rohsubstanz (das „Normalgewicht")

J. Kjeldahl (Zeitschr. f. analyt. Chem. 1883, **22**, 588) wird die Gärkraft der Hefe auch durch Zusatz einer geringen Menge alkoholischer Thymollösung aufgehoben.

O. Kellner, Mori und Magarka (Zeitschr. f. physiol. Chem. 1890, **14**, 297) zerreiben zur Darstellung von Invertin 300 g frische, sehr reine Unterhefe mit Glasstückchen, ziehen mit Wasser aus und filtrieren durch Asbest. Von der so erhaltenen Lösung wird 1 Volumen mit 2 Volumen Kohlenhydratlösung vermischt und bei 55° invertiert. Zusatz von alkoholischer Thymollösung macht die Invertinlösung nicht nur haltbar, sondern hebt auch ihre etwaige gärende Wirkung, wie schon gesagt, auf.

[1]) Wenn die Lösung einen flockigen Niederschlag enthält, ist sie vorher durch ein trockenes Filter zu filtrieren.

abwiegt, welche zu 100 ccm mit Wasser gelöst, direkt den Prozentgehalt an Saccharose abzulesen gestattet, und diese Lösung polarisiert.

Das Normalgewicht beträgt in 100 ccm Lösung für den Polarisationsapparat von:

Mitscherlich, Laurent, Schmidt & Haensch, Wild mit Kreisgradteilung . 75,000 g

Soleil-Ventzke-Scheibler, Schmidt & Haensch mit Zuckerskala. . . . . 26,048 g

Soleil-Dubosq . . . . 16,350 g

Polarisiert man diese Lösungen im 200 mm-Rohr, so bedeutet 1° Drehung 1% Saccharose; nur bei den Apparaten mit Kreisgradteilung würde eine Lösung, welche 75 g Saccharose in 100 ccm Lösung enthält, zu konzentriert sein; man verwendet daher nur Lösungen, welche 15 g Substanz in 100 ccm Lösung enthalten und muß daher die gefundenen Grade mit 5 multiplizieren.

2. Bestimmung der Glucose. Bei verdünnten (bis zu 14 g wasserfreie Glucose in 100 ccm enthaltenden) Glucoselösungen beträgt die spezifische Drehung der Glucose $+53°$, während sie bei konzentrierteren Lösungen nicht unerheblich größer ist.

Da die krystallisierte Glucose Birotation zeigt, so darf die Polarisation erst nach 24 stündigem Stehen in der Kälte oder nach $1/4$ stündigem Erwärmen auf 100° vorgenommen werden.

Verwendet man zur Polarisation Glucoselösungen, welche bis zu 14 g wasserfreie Glucose in 100 ccm enthalten, so entspricht 1° Drehung im 200 mm-Rohr im Polarisationsapparate von:

	Glucose in 100 ccm Lösung g
Mitscherlich, Schmidt & Haensch, Wild und Laurent mit Kreisgradteilung	0,9434
Soleil-Ventzke-Scheibler, Schmidt & Haensch mit Zuckerskala	0,3268
Soleil-Dubosq mit Zuckerskala	0,2051.

c) Trennung der einzelnen Zuckerarten voneinander. Für die Trennung der einzelnen Zuckerarten voneinander können folgende Verfahren dienen:

1. Das titrimetrische oder gewichtsanalytische Verfahren nach Fr. Soxhlet. Um zwei Zuckerarten nebeneinander zu bestimmen oder die Identität einer Zuckerart mit einer bekannten festzustellen, bedient man sich der Eigenschaft der Zuckerarten, Fehlingsche[1]) Kupferlösung und Sachssesche[2]) Quecksilberlösung in verschiedenen, aber unter gleichen

[1]) Über die Darstellung der Fehlingschen Lösung vgl. Anm. 2, S. 427.

[2]) Die Sachssesche Quecksilberlösung zur Bestimmung der Zuckerarten wird wie folgt hergestellt: 18 g reines und trockenes Jodquecksilber — erhalten durch Fällung von Sublimatlösung mit Jodkalium, Auswaschen und Trocknen des Niederschlages bei 100° — werden mit Hilfe von 25 g Jodkalium in Wasser gelöst, dazu 80 g in Wasser gelöstes Ätzkali hinzugefügt und auf 1000 ccm gebracht. Die Lösung enthält 7,9295 g Quecksilber im Liter.

Zur Erkennung der Endreaktion (nach dem Titrierverfahren) dient am besten eine alkalische Zinnoxydullösung, welche durch Übersättigen einer Lösung von käuflichem Zinnchlorür mit Ätzkali bereitet wird. Man verfolgt das Fortschreiten der Reduktion an einigen Tropfen, welche man aus der Flüssigkeit hebt und mit der Zinnlösung versetzt. Anfangs entsteht eine schwarze Fällung, schließlich eine braune Färbung, und wenn alles Quecksilber ausgefällt ist, bleibt die Farbe unverändert.

Statt der Sachsseschen ist auch wohl die Knappsche Quecksilberlösung zur Bestimmung der Zuckerarten in Gebrauch. Sie wird wie folgt hergestellt: 10 g reines, trockenes Cyanquecksilber werden in Wasser gelöst, 100 ccm Natronlauge von 1,145 spezifischem Gewicht hinzugefügt und auf 1000 ccm aufgefüllt. Die Lösung enthält 7,9365 g Quecksilber im Liter.

Zur Erkennung der Endreaktion benutzt man hier am besten mit Essigsäure angesäuertes Schwefelwasserstoffwasser, in welches man einige Tropfen der titrierten Lösung hineingibt. Das Tüpfelverfahren, nach welchem man einen Tropfen der Flüssigkeit auf schwedisches Filtrierpapier gibt und dazu einen Tropfen Schwefelammonium, ist nach Soxhlet nicht so empfindlich. Wenn die Flüssigkeit mit Schwefelwasserstoff in essigsaurer Lösung keine Bräunung mehr gibt, ist die Reaktion beendet.

Arbeitsbedingungen gleichbleibenden Verhältnissen zu reduzieren. Die Ausführung der Zuckerbestimmung mittels Fehlingscher Kupfer- und Sachssescher Quecksilberlösung geschieht auf maßanalytischem Wege.

Für die Berechnung der Mengen der vorhandenen Zuckerarten hat Fr. Soxhlet gefunden, daß je 1 g der verschiedenen Zuckerarten in 1 proz. Lösungen die in nachfolgender Tabelle angegebenen Mengen Fehlingscher und Sachssescher Lösung reduziert, bzw. daß 100 ccm der letzteren (unverdünnt) durch die daselbst angegebenen Zuckermengen in 1 proz. Lösungen reduziert werden:

Zuckerart	1 g Zucker in 1 proz. Lösung reduziert		100 ccm der Lösungen von Fehling | Sachsse werden reduziert in 1 proz. Lösung durch	
	Fehlingsche Lösung ccm	Sachssesche Lösung ccm	mg	mg
Glucose (Traubenzucker) . . .	210,4	302,5	475,3	330,5
Invertzucker	202,4	376,0	494,1	266,0
Fructose	194,4	449,5	514,4	222,5
Lactose	148,0	214,5	675,7	466,0
Desgl. (nach der Inversion) . .	202,4	257,7	494,1	388,0
Galaktose	196,0	226,0	510,2	442,0
Maltose	128,4	197,6	778,8	506,0

Wenn man Zuckerlösungen von 1% Gehalt an zwei verschiedenen Zuckerarten, z. B. an Glucose (durch Hydrolyse von Dextrin erhalten) und an Invertzucker (durch Inversion von Saccharose erhalten) einerseits mit Fehlingscher Kupferlösung, andererseits mit Sachssescher Quecksilberlösung, wie vorstehend angegeben ist, titriert, so läßt sich der Gehalt an Glucose (F) und Invertzucker (S) aus den beiden Gleichungen berechnen:

$$a\,x + b\,y = F \quad \text{und} \quad c\,x + dy = S\,,$$

worin bedeutet:

a die Anzahl der Kubikzentimeter Fehlingscher Lösung, welche durch 1 g Glucose reduziert werden,

b die Anzahl der Kubikzentimeter Fehlingscher Lösung, welche durch 1 g Invertzucker reduziert werden,

c die Anzahl der Kubikzentimeter Sachssescher Lösung, welche durch 1 g Glucose reduziert werden,

d die Anzahl der Kubikzentimeter Sachssescher Lösung, welche durch 1 g Invertzucker reduziert werden,

F die Anzahl der für 1 Volumen der Zuckerlösung (etwa 100 ccm) verbrauchten Kubikzentimeter Fehlingscher Lösung,

S die Anzahl der für 1 Volumen der Zuckerlösung (etwa 100 ccm) verbrauchten Kubikzentimeter Sachssescher Lösung,

x die Menge der gesuchten Glucose in Gramm, enthalten in 1 Volumen (100 ccm) der Zuckerlösung,

y die Menge des gesuchten Invertzuckers in Gramm, enthalten in 1 Volumen (100 ccm) der Zuckerlösung.

Handelt es sich also um Bestimmung von Glucose und Invertzucker nebeneinander, so würden die angegebenen Formeln lauten:

$$210,4\,x + 202,4\,y = F\,,$$
$$302,5\,x + 376,0\,y = S\,.$$

28*

Hieraus berechnet man die vorhandenen Glucose- und Invertzuckermengen in bekannter Weise.

Anmerkung. Auch J. Kjeldahl[1]) hat zur Bestimmung der Zuckerarten nebeneinander ein gewichtsanalytisches Verfahren angegeben, welches darauf beruht, daß man zunächst das Reduktionsvermögen gegen eine geringe Menge (etwa 15 ccm) Fehlingscher Lösung feststellt und alsdann unter Anwendung einer vielfachen (n) Menge Zuckerlösung eine Bestimmung unter Benutzung von 50 oder 100 ccm Fehlingscher Lösung ausführt. Das Verfahren hat aber bis jetzt kaum Anwendung gefunden, weshalb auf dasselbe nur verwiesen werden möge.

2. Trennung der Zuckerarten durch Gärung. Nach den vorstehenden Ausführungen lassen sich die Zuckerarten Glucose und Fructose, Saccharose und Maltose auch durch Vergären mit verschiedenen Hefen nebeneinander quantitativ bestimmen. So vergärt:

a) Torula pulcherrima nur Glucose und Fructose;

b) Saccharomyces Marxianus (und Sacch. Ludwigii) Glucose, Fructose und Saccharose — die letzten Reste Saccharose werden aber nur langsam vergoren;

c) Die Hefe aus Danziger Jopenbier dagegen alle 4 Zuckerarten, Glucose, Fructose, Saccharose und Maltose.

Schizo-Sacch. Pombe und Sacch. cerev. Logos vergären alle 4 Zuckerarten noch schneller und vollkommener als die Jopenbierhefe; aber sie greifen die Dextrine stärker als Jopenbierhefe an, eignen sich also zur Bestimmung und Trennung der Zuckerarten nur in dextrinfreien Lösungen, ein Fall, der selten vorkommen dürfte.

Will man also die 4 Zuckerarten durch Gärung nebeneinander bestimmen, so setzt man gleichzeitig drei Gärkolben getrennt mit den Reinhefen a, b, c (vgl. S. 426) an, ermittelt den Gewichtsverlust an Kohlensäure, multipliziert ihn mit 2,155 bzw. 2,047 und berechnet aus dem Unterschiede die Menge der Zuckerarten; d. h. die bei a vergorene Menge gibt die Menge Glucose und Fructose an, b—a die Menge Saccharose und c—b die Menge Maltose.

Hierbei aber ist zu bemerken, daß die Trennung der Glucose und Fructose von der Saccharose durch Gärung keine besonderen Vorzüge vor der gewichtsanalytischen oder titrimetrischen Bestimmung vor und nach der Inversion besitzt, weil die gleichzeitige Anwesenheit von Saccharose die Reduktion der Kupferlösung durch Glucose und Fructose bzw. Invertzucker nicht so wesentlich beeinträchtigt, daß dieserhalb das Gärverfahren gewählt werden soll, das auch Fehlerquellen in sich schließt, abgesehen davon, daß es auch verhältnismäßig lange Zeit, 6—7 Tage, in Anspruch nimmt.

Dagegen kann für die quantitative Bestimmung der Maltose neben Glucose und Fructose bzw. Invertzucker nur das Gärverfahren in Betracht kommen, weil die Maltose auf andere Weise neben den letzten Zuckerarten nicht bestimmt werden kann. Die Vergärung von z. B. Stärkezucker- bzw. Stärkesiruplösungen einerseits mit Torula pulcherrima, andererseits mit Jopenbierhefe bietet daher bis jetzt die einzige Möglichkeit der quantitativen Bestimmung dieser Zuckerarten nebeneinander bzw. des Nachweises der Maltose im Stärkezucker und -sirup.

3. Bestimmung von Saccharose, Glucose, Fructose, Maltose, Isomaltose, Pentosen und Dextrin nebeneinander. Bei gleichzeitiger Anwesenheit dieser Zuckerarten und des Dextrins bestimmt man:

a) Das gesamte Reduktionsvermögen für Fehlingsche Lösung:

α) in der Lösung direkt,

β) nach der Inversion mit Invertin (bei 50—55°),

γ) in dem Gärrückstande nach dem Vergären mit einer geeigneten, d. h. Maltose nicht vergärenden, reingezüchteten Hefenart (vgl. oben u. S. 424) direkt,

δ) in dem nach γ erhaltenen Gärrückstande nach der Inversion mit Salzsäure nach Sachsse mit 3 Stunden Kochdauer (vgl. S. 427).

---

1) Zeitschr. f. analyt. Chem. 1896, **35**, 345 bzw. 347.

b) Die Dextrine durch Alkoholfällung in der ursprünglichen Lösung.

Aus diesen Bestimmungen ergibt sich:

1. die Saccharose aus der Differenz $\beta-\alpha$,
2. die Summe von Glucose, Fructose und Invertzucker aus der Differenz $\alpha-\gamma$,
3. die Summe von Maltose und Isomaltose aus γ oder aus der Differenz $\delta-b$,
4. über die Bestimmung von Pentosen in einem Gemisch mit Hexosen vgl. S. 431,
5. der Gehalt an Dextrinen aus b, oder der Differenz $\delta-\gamma$.

Sind einzelne der angeführten Zuckerarten nicht zugegen, so können unter Umständen Vereinfachungen eintreten.

Aus dieser Übersicht ergibt sich keine Trennung von Maltose und Isomaltose und keine Trennung von Glucose und Invertzucker; auch ist keine Rücksicht genommen auf den Einfluß, den die Gegenwart von Saccharose auf das Reduktionsvermögen anderer Zuckerarten ausübt.

Eine wertvolle Ergänzung der gewichtsanalytischen Bestimmungen ergibt sich unter Umständen durch Heranziehung der polarimetrischen Zuckerbestimmung in den verschiedenen, bei dem beschriebenen Gang in Betracht kommenden Flüssigkeiten.

Wenn demnach die Werte auch nur annähernde sind, so ist doch in allen Fällen, in welchen Malzextrakt oder Stärkezuckersirup, bzw. Most und Süßweine in Frage kommen, ein Bedürfnis für eine solche Trennung der Zuckerarten vorhanden, und für die meisten Fragen genügt die nach vorstehendem Verfahren zu erzielende Genauigkeit.

4. Bestimmung der Stärke.

Als „Stärke" bezeichnen wir diejenigen Kohlenhydrate, welche in kaltem Wasser unlöslich sind, aber durch Diastase oder überhitzten Wasserdampf löslich gemacht werden und nach der Hydrolyse Fehlingsche Lösung reduzieren.

Da das Umwandlungserzeugnis der Stärke Glucose ist, so wird der Reduktionswert der Zuckerlösung nach Fr. Soxhlet oder Meißl-Allihn ermittelt und auf Glucose berechnet, deren Menge, mit 0,9 mulitpliziert, die vorhandene Stärkemenge ergibt (vgl. auch Tabelle VIII am Schluß).

Dieser Begriff von Stärke ist aber, wie J. König und R. Großmann[1], C. J. Lintner[2] ferner J. König und W. Sutthoff[3] nachgewiesen haben, nicht zutreffend, weil je nach der Art des Bestimmungsverfahrens (ob durch Diastase, kürzeres oder längeres Dämpfen mit und ohne Zusatz von Säure usw.) Hemicellulosen (Pentosane wie Hexosane) mit aufgeschlossen werden, die den Reduktionswert mehr oder weniger erheblich erhöhen und Fehler bis zu 6% und mehr bedingen können. Nach C. J. Lintner sollen, wenn man in den Stärkeaufschließungen die Pentosane bestimmt und diese von den gefundenen Mengen Stärke abzieht, die Werte noch nicht um 1% abweichen.

Man könnte auch daran denken, den fehlerhaften Einfluß der nicht gärfähigen Pentosane durch Vergären der Zuckerlösung auszuschalten; indes ist es uns nicht gelungen, in derartigen neutralisierten Lösungen eine vollständige Vergärung herbeizuführen, auch würde hierbei ebenso wie bei der direkten Bestimmung der Pentosen der fehlerhafte Einfluß der gelösten Hexosane der Hemicellulosen bestehen bleiben. Dies trifft am meisten die Verfahren, bei welchen die Substanz direkt mit unorganischen Säuren gekocht und in der Lösung

---

[1] Landw. Versuchsstationen 1897, **48**, 81.

[2] Zeitschr. f. angew. Chem. 1898, 725.

[3] Landw. Versuchsstationen 1909, **70**, 343.

der gebildete Zucker bestimmt wird[1]). In solchem Falle kann man nur von „in Zucker überführbaren Stoffen“, nicht aber von Stärke sprechen. Am richtigsten dürften die Verfahren von Mayrhofer, Baumert u. a. sowie von C. J. Lintner den wahren Stärkegehalt zum Ausdruck bringen. Jedenfalls muß bei Mitteilung von Stärkegehaltszahlen das Bestimmungsverfahren immer angegeben werden.

Die Verfahren zur Bestimmung der Stärke sind meistens nur für die stärkereichen Stoffe, die technisch auf Gewinnung von Stärke verarbeitet werden, ausgearbeitet und für diese mag schon das mechanische Abscheidungsverfahren von M. Fischer[2]), gleichsam eine Stärkefabrikation im kleinen, genügende Werte für den Fabrikbetrieb liefern. In den chemischen Laboratorien sind vorwiegend folgende Verfahren im Gebrauch:

a) Das Diastase-Verfahren verbunden mit Hydrolyse durch Salzsäure nach M. Märcker[3]). M. Märcker hat das früher angewendete Hochdruckverfahren, später durch das Diastase-Verfahren ersetzt, welches er für richtiger hielt und in folgender Weise ausführte: „3 g der fein gemahlenen Körner oder getrockneten Kartoffeln werden mit 100 ccm Wasser $^1/_2$ Stunde gekocht (oder schwach gedämpft), die Flüssigkeitsmasse wird auf 65° abgekühlt und mit 10 ccm N.-Malzauszug[4]) (100 g Malz auf 1 l Wasser)

---

[1]) Nach einem solchen Verfahren (von Liebermann, vgl. Saare, Fabrikation der Kartoffelstärke, Berlin 1897, 491) werden z. B. 10 g fein gepulverte Substanz mit 200 ccm Wasser und 15 ccm Salzsäure $2^1/_2$ Stunden im Wasserbade erhitzt, annähernd mit Natronlauge neutralisiert, auf 1000 ccm aufgefüllt und in 25 ccm die Glucose mit Fehlingscher Lösung bestimmt.

[2]) Fühlings Landw. Ztg. 1898, 152, 176 u. 216.

[3]) M. Märker, Handbuch d. Spiritusfabrikation, 7. Aufl., Berlin 1898, S. 111.

[4]) Statt des Malzauszuges kann man auch Diastase-Lösung anwenden. Die Diastase wird nach C. J. Lintner (Journ. f. prakt. Chem. 1886, **34**, 386) wie folgt hergestellt: 1 Teil Gerstengrünmalz wird mit 2 bis 4 Teilen 20proz. Alkohol 24 Stunden behandelt. Der abgesaugte Auszug wird mit dem doppelten, höchstens $2^1/_2$ fachen Volumen absolutem Alkohol gefällt. (Mehr Alkohol zu verwenden, ist nicht ratsam, da sonst nur noch schleimige Stoffe mit wenig Diastase gefällt werden.) Der Niederschlag scheidet sich beim Umrühren in gelblichweißen Flocken ab, die sich rasch zu Boden setzen. Die über dem Niederschlag stehende Flüssigkeit wird abgegossen. Den ersteren bringt man auf ein Filter, saugt den Alkohol möglichst rasch ab, bringt den Filterrückstand dann in eine Reibschale, um ihn mit absolutem Alkohol einzuschlämmen, filtriert wieder unter Auswaschen mit absolutem Alkohol, zerreibt den Niederschlag mit Äther und bringt ihn nach dem Absaugen zum Trocknen im Vakuum über Schwefelsäure. Die gründliche Entwässerung mit Alkohol und Äther ist notwendig, um die Diastase als lockeres, gelblichweißes Pulver von kräftiger Wirksamkeit zu erhalten.

Die Rohdiastase kann durch wiederholtes Auflösen in Wasser und Fällen mit Alkohol gereinigt werden. Sie benetzt sich nur schwer mit Wasser, muß daher vor der Verwendung in einem Reibschälchen mit Wasser angerieben werden. Durch Auflösen in Glyzerin erhält man eine haltbare Lösung.

Nach einer anderen Vorschrift werden 2 kg frisches Grünmalz in einem Mörser mit einer Mischung von 1 l Wasser und 2 l Glycerin übergossen und durchgemischt, dann 8 Tage stehen gelassen. Darauf wird die Flüssigkeit möglichst gut ausgepreßt und filtriert, das Filtrat mit dem 2—2,5 fachen Volumen Alkohol gefällt, der Niederschlag abfiltriert, mit Alkohol und Äther ausgewaschen, über Schwefelsäure getrocknet und für den Gebrauch in glycerinhaltigem Wasser gelöst.

Zur Darstellung der Diastase aus Weizenmalz gibt C. J. Lintner folgendes Verfahren an:

1 kg feines Weizenmalzschrot wird mit Wasser zu einem dünnen Brei angerührt und nach 6 bis 12 stündiger Behandlung durch Papier filtriert, wobei schließlich mit so viel Wasser nachgewaschen wird, daß das Volumen des Filtrates dem zum Ausziehen angewendeten Wasservolumen gleich ist.

Das Filtrat wird allmählich unter Umrühren mit absolutem Alkohol versetzt, bis eben ein flockiger Niederschlag sich scharf abzuscheiden beginnt. Dann wird filtriert und das Filtrat mit versetzt, etwa 2 Stunden bei 65° gehalten, dann nochmals $1/_2$ Stunde gekocht, wieder auf 65° abgekühlt und nochmals etwa $1/_2$ Stunde mit 10 ccm Malzauszug bei 65° gehalten, dann aufgekocht, abgekühlt und auf 250 ccm aufgefüllt. Nach dem Durchmischen wird die Flüssigkeit filtriert, von dem Filtrat werden 200 ccm auf bekannte Weise mit 15 ccm Salzsäure von 1,125 spezifischem Gewicht hydrolysiert, neutralisiert, auf 500 ccm gebracht und davon 50 ccm zur Zuckerbestimmung verwendet." Bei der Berechnung muß die in dem Malz zugesetzte Zuckermenge abgezogen werden. Weiter ist noch folgendes zu berücksichtigen:

1. Wenn die Stoffe Zucker und Dextrin enthalten, so müssen diese entweder in einer besonderen Probe für sich bestimmt und von dem nach der Hydrolyse gefundenen Zucker abgezogen oder durch Auswaschen mit kaltem Wasser entfernt und der Rückstand wie vorstehend gekocht bzw. gedämpft usw. werden. Wenn man den Auszugsrückstand auf dem Filter noch feucht mit Alkohol behandelt und dann an der Luft abtrocknen läßt, so läßt er sich wieder quantitativ vom Filter entfernen.

2. Sehr fettreiche Stoffe werden vorher durch Ausziehen mit heißem Alkohol oder Äther entfettet.

3. Selbstverständlich gehen durch Diastase auch noch andere Stoffe als Stärke in Lösung; besonders werden durch das Kochen der diastasierten Lösungen mit Salzsäure noch aus anderen Anhydriden (z. B. aus Pentosanen) reduzierende Zuckerarten gebildet. Am nächsten würde man daher dem wahren Stärkewert kommen, wenn man die Hydrolyse mit Salzsäure umgehen und den Zucker in der diastasierten Lösung durch Gärung bestimmen würde. Durch Behandlung mit Diastase wird aber nicht alle Stärke in Maltose übergeführt, sondern bilden sich selbst bei der vollkommensten Diastasierung stets mehr oder weniger Dextrine und gibt es bis jetzt keine Hefe (vgl. S. 425), die mit Sicherheit alle Dextrine vergärt. Am ersten vermögen dieses noch Schizo-Sacch. Pombe und Sacch. Logos. Man wird daher auch in diesem Falle nur durch Bestimmung der Pentosen in der Lösung und Abziehen des auf die Pentosen entfallenden Reduktionswertes von der gesamten Reduktion den wahrscheinlichsten Stärkegehalt finden.

b) Hochdruckverfahren von Reinke[1]. Dieses Verfahren gleicht dem früher von M. Märcker und A. Morgen ausgearbeiteten Verfahren, wird aber von Märcker selbst für richtiger gehalten. „3 g fein gemahlene, lufttrockene Substanz werden in einem Metallbecher mit 25 ccm 1 proz. Milchsäure und 30 ccm Wasser angerührt und zugedeckt im Soxhletschen Dampftopfe (Autoklaven)[2] $2^1/_2$ Stunden auf 3,5 Atm. erhitzt, dann mit Wasser in einen

___

dem $1^1/_2$ bis 2 fachen Volumen Alkohol versetzt. Der sich hierbei ausscheidende Niederschlag wird gesammelt und wie vorhin behandelt. — Durch wiederholtes Auflösen in Wasser und Fällen mit Alkohol kann der Niederschlag (Diastase) noch weiter gereinigt werden. Der bei der ersten Zugabe von Alkohol entstehende Niederschlag enthält nur sehr wenig Diastase; ebenso der Niederschlag, der entsteht, wenn mehr Alkohol zugegeben wird.

A. Schulte im Hofe stellt die Diastase nach dem letzten Verfahren dar, jedoch mit der Abweichung, daß er die erste Filtration durch einfaches Abpressen umgeht und gleich Alkohol zufügt.

Die Darstellung von Grünmalz geschieht, wenn es nicht · käuflich zu haben ist, am besten in folgender Weise: Man läßt Gerste oder Weizen etwa 24 Stunden einweichen, gibt die eingeweichte Frucht in eine geräumige Schale und wendet, besonders nach dem zweiten oder dritten Tage, einigemal im Tage um, unter Besprengung mit so viel Wasser, daß die Körner feucht bleiben. Sind die Wurzeln ungefähr so lang oder $1^1/_2$ mal so lang wie die Körner, so ist das Grünmalz fertig, was etwa am 6. bis 8. Tage der Fall sein wird. Die Keimtemperatur ist am besten etwa 15°.

[1] Vgl. O. Saare, Die Fabrikation der Kartoffelstärke, Berlin 1897, S. 491.

[2] Am gangbarsten ist die Größe des Dampftopfes von 200 mm lichtem Durchmesser des Kessels und 250 mm lichter Tiefe des Kessels.

250 ccm-Kolben gespült, nach dem Erkalten auf 250 ccm aufgefüllt und nach gehörigem Durchmischen filtriert. 200 ccm des Filtrates werden mit 15 ccm Salzsäure (spezifisches Gewicht 1,125 = 25% HCl) versetzt und in einem Erlenmeyer-Kolben mit aufgesetztem Glasrohr im Wasserbade $2^1/_2$ Stunden erhitzt. Hierdurch wird alle Stärke (aber nach Lintner auch ein Teil der gummiartigen Stoffe) und die Saccharose hydrolysiert oder in Glucose verwandelt. Die Flüssigkeit wird nach dem Erkalten annähernd mit Natronlauge neutralisiert und auf 250 ccm verdünnt. In 25 ccm dieser Lösung wird eine Glucose-Bestimmung ausgeführt."

Statt dieses Verfahrens kann man sich auch des folgenden bedienen: 3 g der möglichst fein gepulverten Substanz werden, wenn sie Zucker oder Dextrin enthält, erst mehrmals mit kaltem Wasser ausgezogen, der Rückstand alsdann in einem bedeckten Fläschchen oder noch besser in einem bedeckten Zinnbecher von 150—200 ccm Inhalt mit 100 ccm Wasser gemengt, erst durch Aufkochen oder im siedenden Wasserbade verkleistert, dann in einem Soxhletschen

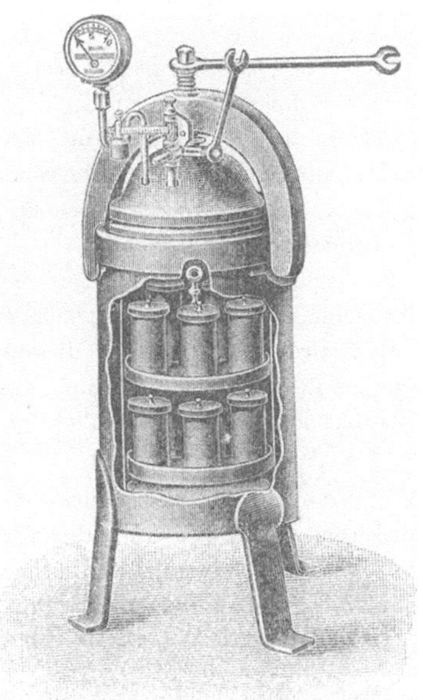

Fig. 264.

Soxhletscher Dampftopf.

Dampftopf 3 Stunden lang bei 4 Atmosphären Druck erhitzt. In Ermangelung eines Dampftopfes kann man sich auch der Reischauer - Lintnerschen Druckfläschchen bedienen, welche 8 Stunden bei 108—109° im Glycerinbade erhitzt werden. Der Inhalt des Bechers bzw. Fläschchens wird sodann noch heiß durch einen mit Asbest gefüllten Trichter filtriert und mit siedendem Wasser ausgewaschen.

Da aber die Lösungen meistens schlecht filtrieren, so füllt man den Inhalt des Bechers zweckmäßig auf 250 ccm auf und filtriert durch ein trockenes Faltenfilter.

Der Rückstand darf unter dem Mikroskop keine Jodreaktion mehr geben. Von dem Filtrat werden 200 ccm in einem 500 ccm-Kolben mit 20 ccm einer Salzsäure von 1,125 spezifischem Gewicht 3 Stunden lang am Rückflußkühler im kochenden Wasserbade erhitzt. Darauf wird rasch abgekühlt und mit Natronlauge so weit neutralisiert, daß die Flüssigkeit noch eben schwach sauer reagiert, dann auf 500 ccm aufgefüllt und in dieser Lösung die gebildete Glucose nach Meißl-Allihn bestimmt. Die gefundene Glucosemenge, mit 0,9 multipliziert, ergibt die vorhandene Stärke (vgl. auch Tabelle VIII am Schluß).

Will man die Glucose maßanalytisch nach Soxhlet bestimmen, so ist die Lösung auf ein geringeres Volumen zu konzentrieren.

Anmerkungen. 1. Selbstverständlich wird durch den starken Druck, besonders bei Anwendung von Milchsäure, ein erheblicher Teil der Hemicellulosen (Pentosane) außer der Stärke hydrolysiert werden, so daß ein höherer Gehalt an Stärke erhalten wird, als wirklich vorhanden ist. Über die Vermeidung dieses Fehlers vgl. Weiser und Zaitschek S. 431, ferner das nachfolgende Verfahren von C. J. Lintner. Andererseits aber kann bei dem hohen Druck und der Länge der Einwirkung eine teilweise Caramelisierung oder gar eine Reversion (d. h. Bildung nicht reduzierender Stoffe) eintreten und daher zu wenig für Stärke gefunden werden.

2. J. König und W. Sutthoff[1] haben gefunden, daß man auch durch alleiniges 3stündiges Dämpfen mit Wasser bei 4 Atmosphären die Stärke selbst in schwer aufschließbaren Stoffen annähernd oder vollständig in Lösung bringen kann, ohne daß so viel Hexosane mit aufgeschlossen werden wie beim Dämpfen unter Zusatz von Milchsäure. Nur empfiehlt es sich, die angewendeten 2—3 g

---

[1] Landw. Versuchsstationen 1909, **70**, 343.

Substanz nach Verrühren mit 200 ccm Wasser vorher einige Zeit im siedenden Wasserbade unter häufigem Umrühren auf 80—90° zu erhitzen, um ein vorheriges Aufquellen der meisten Stärke und eine bessere Suspension der Substanz in Wasser zu bewirken, wodurch die vollkommene Lösung der Stärke unter Druck erleichtert wird. Selbstverständlich geht auch noch auf diese Weise ein erheblicher Teil der Hemicellulosen mit in Lösung und müssen auch hierbei wenigstens die gelösten Pentosane für sich bestimmt und deren Reduktionswert vom gesamten Reduktionswert in Abzug gebracht werden, um einen einigermaßen richtigen Ausdruck für den Stärkewert zu erhalten.

c) Aufschließen der Stärke mit Salzsäure. Beim Pfeffer ist es nach einem Vorschlage von W. Lenz gebräuchlich, die Stärke bzw. den Stärkewert durch Kochen mit 3 proz. Salzsäure zu bestimmen. C. J. Lintner hat für den Zweck 2 proz. Salzsäure vorgeschlagen; auch J. König und W. Sutthoff (l. c.) haben gefunden, daß eine 2 proz. Salzsäure für die Hydrolyse der Stärke ausreicht. 3 g Substanz werden mit 200 ccm Wasser und 16 ccm Salzsäure vom spezifischen Gewicht 1,125 (= 25 % HCl) versetzt und 3 Stunden am Rückflußkühler gekocht; die Lösung wird mit Natronlauge neutralisiert, nach dem Erkalten auf 250 ccm oder 300 ccm aufgefüllt und gemischt; je 25 ccm der Lösung dienen zur Bestimmung des Gesamtreduktionswertes, dagegen 200 ccm zur Bestimmung der Pentosane. Nach Abzug des den letzteren entsprechenden Reduktionswertes vom Gesamtreduktionswert erhält man einen Ausdruck für den Stärkewert, der allerdings noch den von den Hexosanen der Hemicellulosen herrührenden Reduktionswert mit einschließt, der sich aber bis jetzt nicht ausschalten läßt. Dieses Verfahren liefert nach unseren Versuchen stets etwas höhere Werte als das Dämpfverfahren, indes kommen die Werte dem nach dem polarimetrischen Verfahren von C. J. Lintner (vgl. unter e, S. 444) im allgemeinen näher, als die nach dem Dämpfverfahren erhaltenen Werte.

Auf alle Fälle ist es, um tunlichst richtige Werte zu erhalten, notwendig, die Substanzen, die irgendwie nennenswerte fertig gebildete Zuckerarten und Dextrine enthalten, vorher durch Ausziehen mit kaltem Wasser hiervon zu befreien und erst den entzuckerten Rückstand zu verwenden. Denn Zuckerlösungen werden sowohl durch Dämpfen als Kochen mit Salzsäure teilweise humifiziert, teilweise revertiert und üben je nach dem Gehalt an Zucker und je nach der Aufschließungsdauer in jedem Falle einen verschiedenen störenden Einfluß aus, weshalb sie, um diesen ganz auszuschalten, am besten vorher entfernt werden.

d) Direkte Bestimmung der Stärke durch chemische Abscheidung. Zur direkten Bestimmung der Stärke, also des wahren Stärkewertes, sind mehrere Verfahren in Vorschlag gebracht.

α) **Verfahren von J. Mayrhofer,** welches allerdings in erster Linie für die Bestimmung der Stärke in der Wurst ausgearbeitet, aber auch für andere Fälle anwendbar ist. 3—20 g Substanz (je nachdem die Jodreaktion größere oder kleinere Stärkemengen anzeigt) werden im zerkleinerten Zustande in einem Becherglas oder einer tiefen Porzellanschale (Porzellankasserolle mit Stiel) mit 50 ccm 8 proz. alkoholischer Kalilauge übergossen, das Gefäß mit einem Uhrglas bedeckt und auf ein kochendes Wasserbad gesetzt. Nach kurzer Zeit ist die Masse aufgelöst (die Auflösung kann durch Zerdrücken der Schnitten mit einem Glasstab gefördert werden); man verdünnt sodann mit heißem 50 proz. Alkohol, läßt absitzen und filtriert (Asbeströhrchen sind Papierfiltern vorzuziehen), wäscht noch zweimal mit heißer alkoholischer Kalilauge und schließlich mit Alkohol nach, bis das Filtrat auf Zusatz von Säure vollkommen klar bleibt und nicht mehr alkalisch reagiert. Nunmehr gibt man das Filter in das ursprüngliche Gefäß zurück und erwärmt mit etwa 60 ccm wässeriger Normalkalilauge auf dem Wasserbade eine halbe Stunde lang unter öfterem Umschütteln. Bei sehr mehlreichen Stoffen wendet man etwas stärkere Lauge an, um eine vollkommene Lösung zu erzielen. Nach dem Erkalten säuert man mit Essigsäure an und bringt zweckmäßig das Volumen der Flüssigkeit auf 400 ccm, wobei man den durch das Filter veranlaßten Fehler vernachlässigt; man filtriert und fällt in einem aliquoten Teil der Lösung die Stärke mit Alkohol aus. Der Niederschlag wird auf gewogenem Filter gesammelt, mit 50 proz. Alkohol so lange gewaschen, bis das Filter beim Verdampfen auf einem Uhrgläschen keinen Rückstand mehr hinterläßt; sodann verdrängt man den verdünnten Alkohol mit absolutem, diesen endlich mit Äther und trocknet erst bei 50—60° vor, um eine Verkleisterung der Stärke zu vermeiden, dann bei 100° bis zur Gewichtsbeständigkeit.

Die Ausfällung der Stärke ist vollkommen, wenn zur wässerigen Lösung eine gleiche Menge Alkohol von 95 Gewichtsprozenten zugesetzt wird, so daß die Mischung etwa 50% Alkohol enthält. Wenn die Untersuchungsgegenstände, wie z. B. Fleischwaren, neben Stärke auch Glykogen enthalten, so wird dieses mit der Stärke gefällt, kann aber ebenso wie Zucker davon nach weiteren Angaben von J. Mayrhofer[1]) in folgender Weise getrennt werden:

Der nach der Behandlung mit alkoholischer Kalilauge verbleibende Rückstand wird zwecks Entfernung der Lauge (bzw. der gelösten Substanzen aus dem Fleisch usw.) mit heißem Alkohol von 96 Volumprozent durch Dekantieren ausgewaschen, wobei vorsichtig darauf zu achten ist, daß möglichst wenig von dem Rückstande auf das Filter gelangt. Um nun das auf diese Weise nicht auswaschbare Alkali zu entfernen, wird das Filter, auf welches geringe Mengen von Stärke und Glykogen gelangt sein können, mit Alkohol von 50 Volumprozent, welchem etwa 5% Eisessig zugesetzt worden sind, bis auf den Rand gefüllt, die Saugpumpe einige Zeit abgestellt und erst dann abgesaugt, wenn das Filtrat deutlich saure Reaktion zeigt; darauf wird das Filter mehrmals mit Alkohol von 96 Volumprozent nachgewaschen. Der Rückstand im Becherglase wird mit wenig Wasser, dann mit Essigsäure bis zur bleibenden sauren Reaktion versetzt, Stärke und Glykogen mit überschüssigem Alkohol (96%) ausgefällt und wiederholt zur Entfernung des Kaliumacetats mit Alkohol (96%) gewaschen. Je vollständiger das Salz ausgewaschen wird, mit um so geringeren Alkoholmengen läßt sich die Trennung der beiden Kohlenhydrate durchführen und um so geringer sind die Verluste, welche durch die Löslichkeit der Stärke in verdünntem Alkohol veranlaßt werden.

Der in dem Becherglase nach dem Auswaschen des Acetats verbleibende Rückstand wird mit 10 ccm Alkohol (49 Volumprozent) auf dem Wasserbade auf ungefähr 80° erwärmt und die Flüssigkeit rasch auf den Heißwassertrichter gebracht und abgesaugt, wobei darauf zu achten ist, daß das Filter niemals leer gesaugt wird, da sonst die Stärke, welche durch die Behandlung mit dem verdünnten Alkohol etwas aufquillt, die Poren des Filters vollständig verstopft und weiteres Filtrieren verhindert. Sollte dies dennoch geschehen, so kann durch Übergießen des Filters mit 96 proz. Alkohol ein rascheres Filtrieren ermöglicht werden, weil hierdurch die gequollene Stärke flockig wird.

Um die Dauer der Behandlung des Rückstandes mit verdünntem Alkohol möglichst abzukürzen und langwieriges Filtrieren zu vermeiden, wird der Rückstand mit 10 ccm 44 proz. Alkohols auf 80° erwärmt, wodurch der größte Teil des Glykogens in Lösung gebracht wird und nur geringe Mengen davon zurückbleiben, die durch 4 maliges Dekantieren mit 49 proz. Alkohol fast völlig entfernt werden können, wodurch allerdings ein etwas größerer Stärkeverlust veranlaßt wird. Die vom Glykogen befreite Stärke wird nun in wässeriger Kalilauge gelöst, filtriert und diese Lösung nach vorstehenden Angaben weiter behandelt, wobei nochmals hervorgehoben sei, daß anfänglich ein vorsichtiges Vortrocknen nötig ist, um einer Verkleisterung vorzubeugen.

Die alkoholischen, das Glykogen enthaltenden Filtrate werden in einem Becherglase bis zur Bildung eines Häutchens eingedampft, das Glykogen daraus durch Zusatz von 96 proz. Alkohol im Überschuß ausgefällt, auf gewogenem Filter gesammelt, der Alkohol durch Äther verdrängt, vorsichtig getrocknet und gewogen.

β) **Verfahren von G. Baumert und H. Bode[2]) abgeändert von H. Witte[3]).** G. Baumert und H. Bode haben ein im Wesen dem Mayrhoferschen ähnliches Verfahren für die

[1]) Zeitschr. f. Untersuchung d. Nahrungs- u. Genußmittel 1901, **4**, 1101.

[2]) Zeitschr. f. angew. Chem. 1900, 1074, 1111; 1901, 461.

[3]) Zeitschr. f. Untersuchung d. Nahrungs- u. Genußmittel 1904, **7**, 65.

Bestimmung des wahren Stärkewertes der Kartoffeln ausgearbeitet, welches H. Witte dann auch für die Bestimmung der Stärke im Mehl und Stärkemehl ausgebildet hat. Die Vorschrift für letzteres lautet also:

Die zu untersuchende Substanz wird zuvor durch ein feines Haarsieb verrieben. Von Mehl werden zweimal je 1 g im Porzellanbecher mit wenig Wasser fein angerührt; der hierzu benutzte Glasstab wird nötigenfalls zur Entfernung anhängender Teilchen mit einem Flöckchen Asbest abgerieben und abgespritzt. Die Becher werden mit Wasser aufgefüllt und mit dem Deckel (Porzellandeckel mit übergreifendem Rand) verschlossen im Dampftopf 2 Stunden bei 4 Atmosphären erhitzt.

Nach dem Abkühlen unter 100° [1]) und Öffnen wird der Inhalt der Becher unter gutem Nachspülen und Auswischen mit einer Federfahne mit heißem Wasser in eine geräumige Kochflasche gebracht, in der sich einige Zinkspäne befinden, und hierin 10 Minuten lang gekocht. Die Lösung wird unter sorgfältigem Nachspülen mit heißem Wasser in einen Kolben von 500 ccm gebracht, nahezu aufgefüllt und durch Einstellen in kaltes Wasser unter Umschwenken abgekühlt; sodann wird mit kaltem Wasser bis zur Marke aufgefüllt und gut gemischt. Die Lösung wird an der Saugpumpe durch ein nicht zu dickes Asbestplattenfilter filtriert, wobei das zuerst Filtrierte zweimal weggegossen wird (wegen der Verdünnung durch das in Filter und Glas befindliche Wasser); vom Filtrat werden dann je 50 ccm in ein Becherglas gebracht, mit je 5 ccm einer 10 proz. Natronlauge und je etwa 1 g feinflockigen Asbestes versetzt. Man braucht natürlich nur eine genügende Menge zu filtrieren. Die Mischung wird mit je 100 ccm 96 proz. Alkohol — die Flüssigkeit enthält dann 60% Alkohol — gefällt und mit einem Glasstabe gut verrührt. Man läßt kurze Zeit absitzen und filtriert das Überstehende durch ein weites Asbestfilterrohr mittels der Saugpumpe ab. Den Rückstand bringt man mit 25 ccm Weingeist + 15 ccm Wasser (= 60 proz. Alkohol) in das Röhrchen und wäscht, unter Auswischen des Glases mit einer Federfahne, nacheinander mit 25 ccm Alkohol + 15 ccm Wasser, 25 ccm Alkohol + 10 ccm Wasser + 5 ccm Salzsäure (10 proz.), 25 ccm Alkohol + 15 ccm Wasser, 25 ccm Alkohol, zuletzt mit etwas Äther aus, wobei man mit dem Glasstabe den Niederschlag im Röhrchen öfter aufrührt und zum Schluß den Glasstab, nachdem der Niederschlag leicht zusammengedrückt ist, mit der Federfahne in Alkohol abwischt.

Nach scharfem Absaugen werden die Röhrchen in einem Luftbade bei etwa 120° unter Hindurchsaugen eines langsamen, in Schwefelsäure getrockneten Luftstromes getrocknet, was in etwa 20 Minuten bereits vollkommen erreicht ist. Die Röhrchen werden dann nach dem Erkalten im Exsiccator sofort gewogen, die Stärke wird im Luft- bzw. Sauerstoffstrome verbrannt und die Röhrchen nach dem Erkalten im Exsiccator wieder gewogen. Die Differenz, welche die in 0,2 g Mehl enthaltene reine Stärke angibt, wird durch Multiplikation mit 500 auf Prozente umgerechnet.

Von Weizenstärke (Handelsstärke) werden 2 g in einem Becher behandelt, die Lösung wird auf 250 ccm aufgefüllt und davon werden je 20 ccm + 5 ccm Natronlauge mit 110 ccm Alkohol von 96% — die Mischung enthält dann etwa 80 proz. Alkohol — gefällt; zum Auswaschen nimmt man 25 ccm Alkohol + 5 ccm Wasser bzw. 5 ccm Salzsäure (entsprechend 80 proz. Alkohol).

Das Ergebnis wird durch Multiplikation mit 625 auf Prozente umgerechnet.

Kartoffelstärke wird genau wie Weizenstärke behandelt. Für sie genügt auch schon ein Druck von $3^1/_2$ Atmosphären.

Mit Mais- und Reisstärke wird ebenso verfahren, nur müssen diese 2 Stunden bei $4^1/_2$ Atmosphären erhitzt werden.

γ) **Abgeändertes Verfahren von G. Baumert** [2]). G. Baumert hat das erste Verfahren dahin abgeändert, daß er die stärkehaltigen Stoffe nicht mehr unter Druck, sondern

---

[1]) Nach etwa $^1/_2$ Stunde.
[2]) Zeitschr. f. Untersuchung d. Nahrungs- u. Genußmittel 1909, **18**, 167.

nach dem folgenden Verfahren (e) von C. J. Lintner mit Salzsäure aufschließt und dabei wie folgt verfährt:

„3 g der feinstgepulverten Substanz werden in einem Becherglase mit 2—5 ccm Wasser gleichmäßig verrieben und unter fortgesetztem Umrühren und Abkühlen (durch Einstellen in kaltes Wasser) mit 10 ccm Salzsäure (1,19) versetzt.

Nachdem in längstens 10 Minuten die gequollene Masse dünnflüssig geworden ist, fügt man unter fortgesetztem Rühren und guter Kühlung Natronlauge (20%) im Überschuß hinzu, spült den Inhalt des Becherglases mit Wasser in ein 250 ccm-Kölbchen, füllt unter Umschütteln zur Marke auf und filtriert nach dem Absitzen durch ein Faltenfilter.

25 ccm des Filtrates werden nach Zugabe von etwa 1 g feinflockigem Asbest unter kräftigem Umrühren mit 50—60 ccm Alkohol (94—96%) gefällt. Sobald der Niederschlag sich klar abgesetzt hat, sammelt man ihn unter Benutzung der Wasserluftpumpe in einem vorher ausgeglühten Asbestfilterröhrchen, wäscht ihn mit Alkohol unter Zusatz von 3—5 ccm verdünnter Salzsäure (zur Zersetzung des Stärkenatriums), darauf mit 80 proz. und dann mit absolutem Alkohol und zuletzt mit Äther aus.

Nachdem das Röhrchen getrocknet und gewogen, wird der Inhalt im Sauerstoffstrome geglüht, und nach dem Erkalten das Röhrchen zurückgewogen.

Der Gewichtsverlust wird als Stärke in Rechnung gestellt.“

Dieses Verfahren eignet sich nach G. Baumert gleichmäßig gut für die Bestimmung der Stärke in Weizen, Roggen, Gerste, Hafer, Reis, Mais.

Für die Bestimmung der Stärke in Wurstwaren werden 10 g Substanz in einem Becherglase mit Äther-Alkohol (wie zur Bestimmung der fettfreien Trockensubstanz) behandelt.

Den erforderlichenfalls noch weiter zerkleinerten Rückstand vermischt man nach dem Anfeuchten durch Wasser langsam mit 10 ccm rauchender Salzsäure und übersättigt die Masse, nachdem sie 10 Minuten gestanden, mit Natronlauge (20%). Alsdann spült man den Inhalt des Becherglases in ein 100 ccm-Kölbchen, füllt zur Marke auf und bestimmt in 25 ccm des Filtrates die Stärke, wie angegeben.

Aus der ursprünglichen salzsauren Lösung der Stärke wird durch Alkohol gleichzeitig auch Eiweiß gefällt, welches sich beim Verbrennen des Röhrcheninhaltes schon am Geruch deutlich bemerkbar macht.

Die von C. J. Lintner an Stelle der Salzsäure später benutzte Schwefelsäure eignet sich für das vorstehende Verfahren nicht.

e) Polarimetrisches Verfahren zur Bestimmung der Stärke. Zur polarimetrischen Bestimmung der Stärke sind verschiedene Vorschläge gemacht. A. Baudry[1] empfiehlt zur polarimetrischen Stärkebestimmung in den Kartoffeln die Aufschließung mit Salicylsäure (nötigenfalls unter Mitanwendung von Zinkchlorid), H. Weller[2] zur Stärkebestimmung in Wurstwaren die Aufschließung mit Salzsäure und Zinkchlorid, Sowhard[3] zur Stärkebestimmung in Mehl die Aufschließung mit Diastase nach vorheriger Verkleisterung, wobei in letzterem Falle die Drehung einer gleich gehaltreichen Diastaselösung in Abzug gebracht werden muß. E. Ewers[4] schloß die stärkehaltigen Stoffe anfänglich mit Eisessig auf, fällte die gelösten Proteine mit Ferrocyankalium und polarisierte das Filtrat. Später hat E. Ewers[5] dieses Verfahren durch folgendes ersetzt:

5 g Substanz (von rohen Kartoffeln 10 g) werden mit 25 ccm Salzsäure, welche für Getreidestärke 1,124 Gewichtsproz. HCl und für Kartoffel- und Marantastärke 0,4215 Ge-

---

[1] Zeitschr. f. Spiritusindustrie 1892, **15**, 41.

[2] Forschungsberichte über Lebensmittel 1896, **3**, 430.

[3] Chem. News 1898, **77**, 107.

[4] Zeitschr. f. öffentl. Chem. 1908, **14**, 8. Das spezifische Drehungsvermögen der Weizenstärke in essigsaurer Lösung war = +183,62°.

[5] Ebendort 1908, **14**, 150.

wichtsproz. HCl enthält, in einem bei 20° 100 ccm fassenden Kolben gleichmäßig zusammengeschüttelt und mit weiteren 25 ccm derselben Säure nachgespült. Der Kolben wird nach nochmaligem Umschwenken genau 15 Minuten in ein siedendes Wasserbad gestellt, wobei während der ersten 3 Minuten mehrmals umgeschwenkt wird. Sodann wird mit kaltem Wasser auf etwa 90 ccm aufgefüllt, auf 20° abgekühlt, mit molybdänsaurem Natrium geklärt, aufgefüllt, filtriert und polarisiert. Von der 120 g MoO_3 in 1 l enthaltenden Molybdänlösung sollen für 5 g Weizen und Weizenmehl 2,5—3 ccm, für 5 g Gerste, Reis, Mais 2 ccm, für 5—10 g Stärke 0,5 ccm, für 10 g Kartoffeln 1,5 ccm angewendet werden. Die spezifische Drehung beträgt bei dieser Arbeitsweise bei Kartoffelstärke +195,4°, bei Marantastärke +193,8° und bei den Getreidestärken +181,3 bis 185,9° je nach ihrer Art.

E. Parow und Fr. Neumann[1]) invertieren 10 g Substanz im 100 ccm-Kolben mit 50 ccm Kochsalz-Salzsäurelösung (200 g Kochsalz in 800 ccm Wasser gelöst + 220 ccm 25proz. Salzsäure) eine Stunde lang im siedenden Wasserbade, Polarisieren nach Fällung mit Bleiessig und Klären mit Tierkohle.

Am einfachsten ist zweifellos das von C. J. Lintner und G. Belschner[2]) ausgearbeitete, ursprünglich von Effront angegebene Verfahren:

25 g der feinst gepulverten Substanz werden mit 10 ccm Wasser verrieben, dann mit 15—20 ccm konzentrierter Salzsäure (1,19 spezifisches Gewicht) innig vermischt und das Gemisch $^1/_2$ Stunde stehen gelassen. Darauf spült man mit Salzsäure vom spezifischen Gewicht 1,125 in ein 100 ccm-Kölbchen, setzt 5 ccm einer 4proz. Lösung von phosphorwolframsaurem Natrium hinzu, füllt auf 100 ccm auf, mischt, filtriert und polarisiert im 200 mm-Rohr bei klaren Lösungen — bei gefärbten unter Umständen im 100 mm-Rohr. — Als Polarisationsröhrchen muß man solche mit Hartgummiverschluß, die durch Salzsäure nicht angegriffen werden, verwenden. Als spezifisches Drehungsvermögen $[\alpha]_D^{20}$ für die verschiedenen Getreidestärkearten fand Lintner im Mittel +202,0°. Gegen ein solches hohes Drehungsvermögen fällt die Aktivität anderer Stoffe nicht ins Gewicht, zumal ein Teil derselben, die aktiven Proteine, durch Phosphorwolframsäure ausgefällt wird.

Wenn man den molekularen Drehungswinkel der Stärke zu +202° annimmt, so läßt sich für den beobachteten Drehungswinkel α der Gehalt (C) einer Lösung an Stärke bekanntlich nach der Formel $C = \dfrac{100 \times \alpha}{l \times 202}$, also bei Anwendung eines 200 mm-Rohres $C = \dfrac{100 \times \alpha}{2 \times 202}$ $= 0,2475\,\alpha$ oder bei Anwendung eines 100 mm-Rohres $C = 0,495\,\alpha$ berechnen.

Hat man z. B. 2,5 g Weizenstärke zu 100 ccm gelöst und im 200 mm-Rohr einen mittleren Drehungswinkel des Filtrats von $+8°30' = 8,5°$ gefunden, so enthalten die 100 ccm entsprechend 2,5 g Weizenstärke $8,5 \times 0,2475 = 2,1037$ g Stärke, oder 100 g Weizenstärke $2,1037 \times 40 = 84,15\%$ Stärke.

Enthalten die auf Stärke zu untersuchenden Stoffe gleichzeitig wasserlösliche Kohlenhydrate, so müssen diese vorher durch Ausziehen mit kaltem Wasser entfernt werden. Dextrine mit $[\alpha]\,D$ von rund +190° haben einen der Stärke nahezu gleichen, Glucose dagegen einen rund 4 mal niedrigeren molekularen Drehungswinkel, so daß bei ihrer Anwesenheit in verschiedener Menge zu hohe und verschieden hohe Werte für Stärke gefunden werden würden. Außerdem erhöhen die wasserlöslichen Kohlenhydrate die Gelbfärbung der salzsauren Lösung und erschweren auf diese Weise die Polarisation bzw. Ablesung.

Statt der Salzsäure kann man nach C. J. Lintner und O. Wenglein[3]) ebenso zweckmäßig Schwefelsäure zum Aufschließen verwenden; nur muß diese einen höheren Ge-

[1]) Zeitschr. f. öffentl. Chem. 1908, **14**, 150.

[2]) G. Belschner, Bestimmung der Stärke in Cerealien durch Polarisation. Inaug.-Diss. München 1907.

[3]) Zeitschr. f. d. ges. Brauwesen 1908, **31**, 53.

halt, nämlich von 77% (= spezifisches Gewicht 1,70) haben. Im übrigen wird das Verfahren genau wie das vorhergehende ausgeführt.

2,5 (bzw. 5,0 g) der fein gepulverten Substanz werden in einer Reibschale mit 10 ccm (bzw. 20 ccm) destillierten Wassers zu einem gleichmäßig dünnen Brei verrieben und dann unter Umrühren mit 20 ccm (bzw. 40 ccm) einer Schwefelsäure von 1,70 spezifischem Gewicht versetzt; die sich ziemlich rasch verflüssigende Masse wird nach 10—15 Minuten[1]) in ein 100 ccm- (bzw. 200 ccm-) Kölbchen übergeführt, indem man Pistill und Reibschale unter Anwendung eines Gummiwischers mit Schwefelsäure von spezifischem Gewicht 1,30 nachwäscht und die Waschflüssigkeit hinzugibt.   Nach Zugabe von 5 ccm (bzw. 10 ccm) einer 8 proz.[2]) Natrium-phosphorwolframatlösung wird der Inhalt des Kölbchens mit der Schwefelsäure von 1,30 spezifischem Gewicht bis zur Marke aufgefüllt, gründlich durchgeschüttelt und durch ein Faltenfilter, das durch Unterlegen eines kleinen glatten Filters vor dem Durchreißen geschützt ist, filtriert. Da das Filtrat völlig klar sein muß, dieses aber nicht immer durch Zurückgießen des ersten Filtrats erreicht wird, so empfiehlt es sich, die ersten 20—30 ccm des Filtrats wegzugeben, ein zweites reines und trockenes Kölbchen unterzustellen und erst dieses ganz klare Filtrat im 20 mm-Rohr bei Natriumlicht der Polarisation zu unterwerfen.

Der molekulare Drehungswinkel der Stärke in schwefelsaurer Lösung ist aber ein anderer als in salzsaurer Lösung, nämlich $[\alpha]D = 191{,}7$; daraus berechnet sich der unbekannte Gehalt einer Stärkelösung (C) wie folgt:

$$C = \frac{100 \times \alpha}{2 \times 191{,}7} = 0{,}2608\,\alpha\ .$$

Der molekulare Drehungswinkel von 191,7 gilt nur für Gerstenstärke; für andere Stärkearten muß er noch besonders bestimmt werden, es sei denn, daß man sich damit begnügt, den Stärkegehalt sonstiger Stoffe auf den „Stärkewert" der Gerste zurückzuführen.

Nach W. Sutthoff[3]) ist das Lintnersche Verfahren auch bei Kakao mit gutem Erfolg anwendbar. A. Scholl und E. Coppenrath[4]) schlagen vor, bei Kartoffeln die löslichen Stoffe durch Absaugen auf einem Asbestfilter und durch nachfolgendes Auswaschen mit Wasser, Alkohol und Äther zu entfernen. Der aus 20 g Kartoffelbrei auf diese Weise erhaltene Rückstand wird mit 20 ccm Wasser und 40 ccm Salzsäure (1,19) nach der Lintnerschen Vorschrift aufgeschlossen und kann dann direkt ohne Zusatz eines Klärungsmittels in den Meßkolben gebracht und mit Wasser aufgefüllt werden. Bei Anwendung der Ewersschen Vorschrift empfehlen A. Scholl und E. Coppenrath für Kartoffeln an Stelle der Molybdänlösung die Phosphorwolframsäurelösung nach Lintner. Pfeffer wird zweckmäßig zunächst mit kaltem Wasser ausgezogen, über Asbest filtriert, der Rückstand mit 60 proz. Alkohol gekocht, wieder filtriert, mit 96 proz. Alkohol und Äther nachgewaschen und dann aufgeschlossen.

f) Titrimetrisches Verfahren. A. v. Asboth[5]) hat zur quantitativen Bestimmung der Stärke das titrimetrische Verfahren mit Barytlauge vorgeschlagen: 3 g Substanz werden mit 100 ccm Wasser $\frac{1}{2}$ Stunde im siedenden Wasserbade verkleistert, die Lösung auf Zimmertemperatur abgekühlt, mit 50 ccm einer mindestens 0,3 normalen Barytlauge versetzt, 2 Minuten geschüttelt und mit 45 proz. Alkohol auf 250 ccm aufgefüllt. Nach dem Absitzen des Niederschlages titriert man in 50 ccm der klaren Flüssigkeit den überschüssig zugesetzten Baryt und berechnet die Stärkemenge, indem man für den Stärke-Barytniederschlag die Zusammen-

---

[1]) Man kann auch ohne Beeinträchtigung des Ergebnisses bis 25 Minuten stehen lassen, indes wird die Lösung dann stärker gefärbt.

[2]) Durch Anwendung einer 8 proz. an Stelle einer 4 proz. Natriumphosphorwolframatlösung wird eine bessere Entfärbung bewirkt.

[3]) W. Sutthoff, Zur Kenntnis der stickstofffreien Extraktstoffe in den Futter- und Nahrungsmitteln. Inaug.-Diss., Münster 1909.

[4]) Zeitschr. f. Untersuchung d. Nahrungs- u. Genußmittel 1909, **18**, 157.

[5]) Repert. f. analyt. Chem. 1887, **7**, 299.

setzung BaO · $C_{24}H_{40}O_{20}$ (mit 19,97% BaO) annimmt. Das Verfahren scheint indes bis jetzt noch keine Nachahmung gefunden zu haben.

g) Colorimetrisches Verfahren. Die ersten Versuche von E. Seyfert[1], aus der Menge des aufgenommenen Jods eine quantitative Bestimmung der Stärke zu erzielen, haben sich nicht bewährt, da F. W. Küster[2] nachgewiesen hat, daß das titrierbare Jod der Jodstärke in keinem konstanten Verhältnis zu der vorhandenen Stärkemenge steht. Besseren Erfolg scheint das colorimetrische Verfahren von M. Dennstedt und Fr. Voigtländer[3] zu haben, die aus der Tiefe der Färbung einer nach bestimmter Vorschrift hergestellten Stärkelösung mit Jod auf den Gehalt an Stärke schließen. Sie fanden nämlich, daß gleich konzentrierte Stärkelösungen bei Anwendung von destilliertem Wasser — oder auch desselben gewöhnlichen Wassers — bei gleicher Temperatur gleiche Tiefen der Färbung zeigen. Als Normalfärbung wählen sie ein mittleres Blau, das sie aus einer Lösung reiner Stärke darstellen. Um für ein gleiches Volumen dieselbe Färbung zu erzielen, gebraucht man aus Mehllösungen, die aus gleichen Gewichtsmengen hergestellt sind, um so mehr Kubikzentimeter, je weniger wirksame Stärke sie enthalten. Die Mehle werden vorher zweckmäßig mit Alkohol und Äther ausgezogen.

Da H. Witte[4] indes angibt, nach diesem Verfahren Unterschiede von 4% gegen andere Verfahren bei Weizenmehl gefunden zu haben, so möge nur das Prinzip dieses Verfahrens hier mitgeteilt werden.

h) Verfahren der Stärkebestimmung durch die Ermittelung des spezifischen Gewichtes einer Stärkelösung oder mittels des Eintauchrefraktometers. A. Frank-Kamenetzky[5] findet, daß der Stärkewert eines Maises in direktem Verhältnis zu der unter ganz bestimmten Verhältnissen ermittelten Extraktausbeute desselben steht. Er verflüssigt daher 5 g feingemahlene Substanz unter Vermeidung eines Hochdruckes mit Diastase, verzuckert, füllt auf 100 ccm auf, filtriert und ermittelt den Extraktgehalt des Filtrats entweder mit dem Zeißschen Eintauchrefraktometer oder durch die Bestimmung des spezifischen Gewichtes mittels des Pyknometers. Rein empirisch aufgestellte Tabellen ergeben den Stärkewert bzw. die technisch mögliche Alkoholausbeute für Mais. Andere Getreidearten werden natürlich andere Tabellen verlangen; das Verfahren mag daher wohl für die Technik und zur technischen Betriebskontrolle geeignet sein, zur quantitativen Bestimmung der Stärke im wissenschaftlichen Laboratorium dürfte es, wenigstens nach der jetzigen Ausarbeitung, wohl nicht in Betracht kommen können.

5. Bestimmung der verdaulichen Kohlenhydrate.

A. Stutzer und A. Isbert[6] haben seinerzeit ein Verfahren angegeben, um, wie bei den Stickstoff-Verbindungen durch Behandlung mit Pepsinlösung usw., so auch bei den Kohlenhydraten durch abwechselnde Behandlung mit Ptyalin- und Diastaselösung die Verdaulichkeit auf künstlichem Wege zu ermitteln. Th. Pfeiffer[7] hat aber nachgewiesen, daß das Verfahren bei rohfaserreichen Futtermitteln zu irrigen Ergebnissen führt. Da dasselbe fernerhin keine weitere Nachprüfung erfahren hat, so sei hier nur darauf verwiesen.

6. Bestimmung der Pentosane.

Unter Pentosanen sind die Anhydride der Penta-Glucosen oder Pentosen bzw. Methylpentosen zu verstehen; bei der Futtermitteluntersuchung werden

---

[1] Zeitschr. f. angew. Chem. 1888, 15.

[2] Berichte d. Deutschen chem. Gesellschaft 1895, **28**, 783.

[3] Forschungsberichte über Lebensmittel 1895, **2**, 173.

[4] Zeitschr. f. Untersuchung d. Nahrungs- u. Genußmittel 1903, **6**, 625.

[5] Chem.-Ztg. 1908, **32**, 157.

[6] Zeitschr. f. physiol. Chem. 1888, **12**, 72.

[7] Centralblatt f. Agrikultur-Chem. 1888, **17**, 115.

aber unter dieser Bezeichnung alle jene Stoffe zusammengefaßt, welche bei der Destillation mit Salzsäure von 1,06 spezifischem Gewicht Furfurol bzw. Methylfurfurol liefern.

Da sich die Pentosen auch physiologisch von den Hexosen verschieden verhalten, so wird ihre Bestimmung in den Futter- und Nahrungsmitteln sich bald allgemeinen Eingang verschaffen. Die Verfahren hierfür ausgearbeitet zu haben, ist das Verdienst von B. Tollens[1]).

a) Bestimmung der Gesamtpentosane. Das Verfahren setzt sich aus zwei voneinander unabhängigen Behandlungen, nämlich einerseits der Überführung der Pentosane (bzw. Pentosen) durch Destillation mit Salzsäure in Furfurol, andererseits der Fällung des Furfurols im Destillat zusammen. Anfänglich verwendete Tollens zum Fällen des Furfurols Phenylhydrazin, in letzter Zeit nach dem Vorschlage von Councler[2]) ausschließlich Phloroglucin, welches sich nach der Gleichung $C_6H_6O_3 + C_5H_4O_2 = C_{11}H_6O_3 + 2\,H_2O$

Fig. 265.

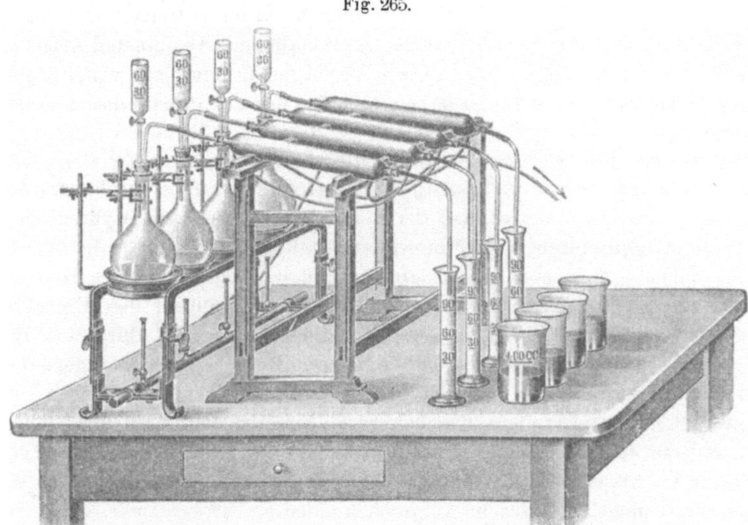

Destillationsvorrichtung für die Bestimmung der Pentosen.

umsetzt[3]), so daß sich verhält Phloroglucin : Phloroglucid = 126 : 186. Die Destillation ist bei beiden Verfahren gleich geblieben.

Es möge daher nur die von Tollens und Krüger ausgebildete Bestimmung mit Phloroglucin hier beschrieben werden.

α) Destillation. 5 g der zu untersuchenden Substanz — bei pentosenreichen Stoffen 2 bis 3 g — werden mit 100 ccm Salzsäure von 1,06 spezifischem Gewicht in einem etwa 300 ccm fassenden Kolben aus einem Bade von Roseschem Metallgemisch (1 Teil Blei, 1 Teil Zinn, 2 Teile Wismut) destilliert. Wir bedienen uns für die gleichzeitige Ausführung von 4 Bestimmungen der obenstehenden Destillationsvorrichtung (Fig. 265). Nachdem jedesmal 30 ccm

---

₁) Landw. Versuchsstationen 1893, **42**, 381 bzw. 398; Zeitschr. d. Vereins f. Rübenzuckerindustrie d. D. R. **44**, 460; **46**, 480 und Journ. f. Landwirtschaft 1900, **48**, 357.

₂) Chem.-Ztg. 1894, **18**, 966.

₃) Nach Jäger und Unger (Berichte d. Deutschen chem. Gesellschaft 1903, **35**, 4440) soll die Umsetzung wie folgt verlaufen: $C_6H_6O_3 + C_5H_4O_2 = C_{11}H_8O_4 + H_2O$ oder

$$C_6H_3{\overset{\text{OH}}{\underset{\text{OH}}{\text{—OH}}}} + C_5H_4O_2 = C_6H_3{\overset{O \cdot C_5H_3O}{\underset{\text{OH}}{\text{—OH}}}} + H_2O\,.$$

abdestilliert sind, werden mittels einer Hahnpipette wieder 30 ccm derselben Salzsäure nachgefüllt, bis das Destillat nahezu 400 ccm erreicht hat und kein Furfurol mehr überdestilliert,
was mit einer Lösung von essigsaurem Anilin festgestellt wird, indem ein Tropfen hiervon,
auf Filtrierpapier mit dem Destillat zusammengebracht, keine Rotfärbung mehr zeigen darf.

β) Fällung mit Phloroglucin. Das vorstehend erhaltene Destillat wird mit der
doppelten Menge des zu erwartenden Furfurols an Phloroglucin puriss. E. Merck versetzt,
welches man vorher in Salzsäure von 1,06 spezifischem Gewicht gelöst hat, und weiter wird
so viel dieser Salzsäure zugefügt, daß das gesamte Volumen 400 ccm beträgt; man rührt
wiederholt um, läßt bis zum folgenden Tage (15—18 Stunden) stehen, filtriert durch ein
vorher bei 97—100° getrocknetes und in geschlossenem Kölbchen gewogenes Filter oder
durch einen Goochschen Porzellantiegel mit Asbestlage, wäscht mit 150 ccm Wasser nach,
breitet das herausgenommene Filter erst auf Fließpapier aus, um den größten Teil des
Wassers zu entfernen, trocknet dann im Wassertrockenschrank (also bei etwa 98—100°)
$3^1/_2$—4 Stunden und wägt.

Das Phloroglucid muß nach Tollens und Kröber in geschlossenem Kölbchen —
oder im bedeckten Goochschen Tiegel — gewogen werden, weil es sehr hygroskopisch
ist. Bei zu langem Trocknen — 20 bis 24 Stunden — findet infolge Oxydation leicht
eine Gewichtszunahme statt.

Um zu sehen, ob man bei der Fällung genügend Phloroglucin zugesetzt hat, prüft man
die Lösung nach 3stündigem Stehen mit Anilinacetatpapier auf Furfurol, rührt, wenn das
Papier gerötet wird, noch eine kleine Menge Phloroglucinlösung hinzu und prüft nach weiteren
3 Stunden abermals, bis keine Furfurolreaktion mehr auftritt.

Das Phloroglucin puriss. E. Merck enthält häufig noch geringe Mengen Diresorcin —
erkennbar durch die Violettfärbung, welche entsteht, wenn man eine kleine Menge des Präparates in 2—3 Tropfen Essigsäureanhydrid löst und mit 1—2 Tropfen konzentrierter reiner
Schwefelsäure versetzt. — Man kann das Phloroglucin durch häufiges Umkrystallisieren von
Diresorcin reinigen (reinstes Phloroglucin schmilzt bei 205—210°, unreines bei 175° und
niedriger), indes ist ein geringer Gehalt des Phloroglucins an Diresorcin nach Tollens
ohne Einfluß auf das Ergebnis.

Aus der Menge des gewogenen Niederschlages von Furfurol-Phloroglucin, dem Phloroglucid, berechnet man nach Tollens die Menge von Furfurol:

Bei kleinen Mengen Niederschlag durch Division mit 1,82, bei größeren Mengen Niederschlag durch Division mit 1,93, im Mittel mit 1,84.

Genauere Divisoren je nach der Menge des Niederschlages gibt folgende Tabelle:

Erhaltene Phloroglucidmenge	Divisor für die Berechnung auf Furfurol	Erhaltene Phloroglucidmenge	Divisor für die Berechnung auf Furfurol
0,20 g	1,820	0,34 g	1,911
0,22 g	1,839	0,36 g	1,916
0,24 g	1,856	0,38 g	1,919
0,26 g	1,871	0,40 g	1,920
0,28 g	1,884	0,45 g	1,927
0,30 g	1,895	0,50 g	1,930
0,32 g	1,904	0,60 g	1,930

Aus dem Furfurol berechnet man dann die betreffenden Pentosane oder Pentosen
wie folgt:

Pentosane:

(Furfurol — 0,0104) × 1,68 = Xylan,

(Furfurol — 0,0104) × 2,07 = Araban,

(Furfurol — 0,0104) × 1,88 = Pentosane (im allgemeinen).

König, Nahrungsmittel. III. 4. Aufl. 29

Pentosen:

$$(\text{Furfurol} - 0{,}0104) \times 1{,}91 = \text{Xylose},$$
$$(\text{Furfurol} - 0{,}0104) \times 2{,}35 = \text{Arabinose},$$
$$(\text{Furfurol} - 0{,}0104) \times 2{,}13 = \text{Pentosen (im allgemeinen)}.$$

Die Tabelle IX am Schluß erspart diese Umrechnung.

Hotter[1]) hat Pyrogallol zur Fällung des Furfurols vorgeschlagen, R. Jäger und E. Unger[2]) empfehlen, weil dem Phloroglucid-Verfahren verschiedene Mängel anhaften, zur Fällung des Furfurols Barbitursäure $\mathrm{CO}{<}^{\mathrm{NH\,-\,CO}}_{\mathrm{NH\,-\,CO}}{>}\mathrm{CH_2}$, welche mit Furfurol das Kondensationserzeugnis $\mathrm{CO}{<}^{\mathrm{NH\,-\,CO}}_{\mathrm{NH\,-\,CO}}{>}\mathrm{C : CH \cdot C_4H_3O}$ bildet; diese Verbindung ist ein hellgelbes, amorphes, gegen alle Lösungsmittel sehr widerstandsfähiges Pulver, welches auch in 12 proz. Salzsäure nur sehr wenig löslich ist. Beleganalysen liegen aber bis jetzt über dieses Fällungsmittel nicht vor.

b) Bestimmung der Methylpentosane. Um die bei der Destillation von organischen Stoffen mit Salzsäure von 1,06 spezifischem Gewicht erhaltenen Flüssigkeiten qualitativ auf die Gegenwart von Methylfurfurol — entstanden aus Methylpentosanen bzw. Methylpentosen — zu prüfen, versetzt man nach Tollens und Oshima[3]) in einem Probierrohre etwa 5 ccm derselben mit dem gleichen Volumen konzentrierter Salzsäure, bringt eine kleine Menge der Lösung von Phloroglucin in Salzsäure von 1,06 spezifischem Gewicht hinzu, läßt etwa 5 Minuten stehen, filtriert und prüft die Flüssigkeit vor dem Spektroskop. Bei Gegenwart von Methylfurfurol zeigen sich die von Windsoe beschriebenen dunkeln Bande im blauen Teile des Spektrums[4]).

Zur quantitativen Bestimmung der Methylpentosane neben Pentosanen kann die von Votoček[5]) angegebene unterschiedliche Eigenschaft des Phloroglucidniederschlages, nämlich daß das Furfurol-Phloroglucid in Alkohol unlöslich, das Methylfurfurol-Phloroglucid dagegen hierin leicht löslich ist, verwendet werden. B. Tollens und W. B. Ellet[6]) bestimmen daher die Gesamtmenge Phloroglucid durch Sammeln desselben in einem Goochschen Tiegel, trocknen und wägen. Die Tiegel werden dann in kleine Bechergläschen gesetzt, in die Tiegel 15—20 ccm Alkohol von 95° Tr. gegossen, die Bechergläschen werden auf einem Wasserbade ungefähr 10 Minuten auf etwa 60° erwärmt, die Tiegel alsdann auf eine Saugvorrichtung gebracht und der Inhalt wird mittels dieser abgesaugt. Bei Anwesenheit von Methylfurfurol-Phloroglucid ist die alkoholische Lösung bräunlich gefärbt. Der Tiegel wird nach dem Absaugen des Inhalts wieder in das Bechergläschen zurückgebracht und die Behandlung mit Alkohol 2—3 mal, d. h. so lange wiederholt, bis derselbe farblos abfließt; darauf wird der Tiegel 2 Stunden im Wassertrockenschrank getrocknet, gewogen, zur Veraschung geglüht und wieder gewogen. Die Differenz zwischen den Gewichten vor und nach der Veraschung gibt die Menge Furfurol-Phloroglucid, die Differenz zwischen den Gewichten des Tiegels vor und nach der Behandlung mit Alkohol die Menge des Methylfurfurol-Phloroglucids. Aus der Menge Furfurol-Phloroglucid berechnet man nach S. 449 oder nach Tabelle IX die Menge Pentosen bzw. Pentosane, aus der Menge Methylfurfurol-Phloroglucid (Ph) die Menge Methylpentose (vorläufig nur für Rhamnose angegeben) nach folgender Gleichung:

$$\text{Rhamnose} = Ph\,1{,}65 - Ph^2 \cdot 1{,}84 + 0{,}010\;.$$

---

[1]) Chem.-Ztg. 1893, **17**, 1743.

[2]) Berichte d. Deutschen chem. Gesellschaft 1902, **35**, 4440.

[3]) Ebendort 1901, **34**, 1425.

[4]) Außer dieser qualitativen Reaktion gibt es noch verschiedene andere, die von L. Rosenthaler (Zeitschr. f. analyt. Chem. 1909, **48**, 165) zusammengestellt und um einige (mit Resorcin und Pyrogallol) vermehrt worden sind.

[5]) Berichte d. Deutschen chem. Gesellschaft 1897, **30**, 1195.

[6]) Ebendort 1905, **37**, 492 u. Journ. f. Landwirtschaft 1905, **53**, 13.

War z. B. die Differenz zwischen den Gewichten der Phloroglucidmenge vor und nach Behandeln mit Alkohol 0,0766 g, so ist die Menge Rhamnose $= 0,0766 \cdot 1,64 - 0,0766^2 \cdot 1,84 + 0,010 = 0,12639 - 0,0108 + 0,010 = 0,1255$ g.

$$\text{Rhamnosan} = \text{Rhamnose} \times 0,8 \,.$$

Die Tabelle X macht diese Umrechnung bei Mengen von $0,010 - 0,140$ g Phloroglucid unnötig.

7. Bestimmung der Rohfaser.

Unter Roh- oder Holzfaser versteht man den bei einer bestimmten Behandlung der Futter- und Nahrungsmittel mit verdünnten Säuren und Alkalien von bestimmtem Gehalt verbleibenden Rückstand.

Schon aus dieser Erklärung geht hervor, daß wir es in der Rohfaser nicht mit einer einheitlichen Substanz, etwa Cellulose, zu tun haben, wie der Rückstand vielfach bezeichnet worden ist bzw. wird. Er bildet vielmehr nur den unlöslicheren bzw. schwer löslichen Teil der Zellmembran.

Um den Wert der verschiedenen für die Bestimmung der Rohfaser in Vorschlag gebrachten Verfahren beurteilen zu können, muß man sich folgende Eigenschaften der Bestandteile der Zellmembran merken:

1. Die Hemicellulosen, Hexosane wie Pentosane, werden durch verdünnte Mineralsäuren (auch zum Teil durch organische Säuren) hydrolysiert und gelöst.
2. Von den Inkrusten sind:
   a) die Bitterstoffe, Gerbstoffe, Farbstoffe, die Pektinverbindungen, die gummi- und schleimgebenden Stoffe, die aromatischen Aldehyde (Hadromal, Coniferin und Vanillin) ebenfalls in Säuren oder in verdünntem Alkali löslich;
   b) die esterartigen Verbindungen Cutin und Suberin löslich in Alkali, dagegen unlöslich in Kupferoxydammoniak;
   c) die Lignine zum Teil auch löslich in Säuren und Alkali, vorwiegend aber oxydierbar durch schwache Oxydationsmittel und auf diese Weise trennbar von der wahren Cellulose.
3. Die wahre Cellulose (bzw. die Cellulosen) unlöslich in verdünnten Säuren und Alkalien, unoxydierbar durch schwache Oxydationsmittel, dagegen löslich in konzentrierten Mineralsäuren und Kupferoxydammoniak (oder auch in einer Lösung von Zinkchlorid in der 2fachen Gewichtsmenge von Essigsäureanhydrid).

Nach diesen Eigenschaften der Bestandteile der Zellmembran gegen Lösungs- und Oxydationsmittel lösen die zur Bestimmung der Rohfaser vorgeschlagenen Verfahren ihre Aufgabe in verschiedenem Grade und Sinne, wie auch durch besondere Untersuchungen der Rohfaser selbst bestätigt worden ist. Das allgemein eingeführte Verfahren von W. Henneberg und Fr. Stohmann (sog. Weenderverfahren) hat den Mangel, daß die $1^1/_4$ proz. Schwefelsäure, wie die Untersuchungen von Tollens und Düring[1], J. König[2] und O. Kellner[3] nachgewiesen haben, nicht alle Hemicellulosen, wenigstens bei weitem nicht alle Pentosane, löst, während durch die $1^1/_4$ proz. Kalilauge ein Teil der Lignine und ohne Zweifel auch des Cutins gelöst wird. Durch das Verfahren von Fr. Schulze[4] (Behandeln der mit Wasser, Alkohol und Äther ausgezogenen Pflanzenstoffe mit Kaliumchlorat, Salpetersäure und Auswaschen des Rückstandes mit verdünntem Ammoniak) erhält man zwar eine kohlenstoffärmere (ligninärmere) Rohfaser, aber nach den Untersuchungen von Tollens und Düring[5],

---

[1] Journ. f. Landwirtschaft 1897, **45**, 79; 1901, **49**, 11.
[2] Zeitschr. f. Untersuchung d. Nahrungs- u. Genußmittel 1898, **1**, 1; 1903, **6**, 769.
[3] Ebendort 1899, **2**, 784.
[4] Chem. Centralblatt 1857, 351.
[5] Journ. f. Landwirtschaft 1897, **45**, 79.

sowie von E. Schulze[1]) enthält diese Rohfaser noch erhebliche Mengen Pentosane[2]). Dasselbe ist nach Tollens und Düring der Fall bei den Rohfasern, die entweder nach dem Verfahren von M. Hönig[3]) (Erhitzen der Substanz mit Glycerin bei 210°), oder nach dem Verfahren von Gabriel[4]) (Erhitzen der Substanz mit Glycerin, Kalilauge auf 180°), oder nach dem Verfahren von G. Lebbin[5]) (Oxydation der Substanz mit Wasserstoffsuperoxyd und Ammoniak) erhalten werden. Andere Verfahren zur Bestimmung der Rohfaser, so das von W. Hoffmeister[6]) (Behandeln der mit Wasser und Alkohol ausgezogenen Substanz mit der fünffachen Menge von Eisessig bei 88—92° und Ausziehen des Rückstandes mit Kupferoxydammoniak bzw. Behandeln der Substanz mit 5 proz. Natronlauge und Ausziehen des Rückstandes mit Kupferoxydammoniak), oder von G. Lange[7]) (Behandeln der Substanz mit Ätzkali bei 180°), oder das von Zeissl und Stritar[8]) (Oxydation der Substanz mit Kaliumpermanganat und verdünnter Salpetersäure) sind bis jetzt, was den Pentosangehalt der Rohfaser anbetrifft, zwar noch nicht nachgeprüft, indes haben sich diese Verfahren insofern nicht bewährt, als hierdurch auch die wahre Cellulose angegriffen wird oder die anderen Bestandteile der Rohfaser nicht quantitativ mitbestimmt werden können. H. Lohrisch[9]) schlägt — allerdings bis jetzt nur für Menschenkot — vor, 5 g Substanz mit 50 proz. Kalilauge zu behandeln, mit Wasserstoffsuperoxyd aufzuhellen, die Lösung mit dem gleichen Volumen Alkohol zu versetzen, um gelöste Cellulose wieder auszufällen usw. Das Verfahren konnte ebenfalls noch nicht nachgeprüft werden, erscheint aber von vornherein für alle stärkehaltigen Stoffe unbrauchbar, weil mit der Cellulose auch gelöste Stärke durch den Alkohol ausgefällt wird.

Von einem Verfahren zur Bestimmung der Rohfaser muß aber nach der Vervollkommnung der Futter- und Nahrungsmittelanalyse durch B. Tollens in erster Linie verlangt werden, daß sie eine tunlichst pentosanfreie Rohfaser liefert. Denn, wenn bei einer eingehenden Untersuchung der Nahrungs- und Futtermittel die Bestimmung der Pentosane nach dem Verfahren von B. Tollens und seinen Mitarbeitern[10]), wie es durchaus empfehlenswert erscheint, ausgeführt wird, so werden die Pentosane, falls noch ein erheblicher Bestandteil bei der zu bestimmenden Rohfaser verbleibt, in der Analyse doppelt zum Ausdruck gelangen, einmal für sich allein und dann wieder in der Rohfaser. Eine pentosanfreie oder möglichst pentosanarme Rohfaser erhält man aber nach dem Verfahren von J. König[11]) (Behandeln der Substanz mit Glycerinschwefelsäure); zwar ist diese Rohfaser kohlenstoffreicher (ligninreicher) als die Rohfaser nach dem sog. „Weenderverfahren"; indes läßt sich dieser kohlenstoffreichere Anteil nach weiteren Untersuchungen von J. König[12]) leicht durch Oxydation mit Wasserstoffsuperoxyd und Ammoniak entfernen und so indirekt bestimmen.

In einigen Fällen nähert sich die Elementarzusammensetzung des Oxydationsrückstandes der der wahren Cellulose; in vielen Fällen aber ist der Kohlenstoff erheblich höher als bei dieser (44,44%) und diese letzten Reste kohlenstoffreicher Stoffe in der Cellulose lassen

---

[1]) Zeitschr. f. physiol. Chem. 1892, **16**, 430 u. 433.

[2]) W. Hoffmeister hat das Oxydationsgemisch von Fr. Schulze durch Salzsäure und chlorsaures Kalium ersetzt, wodurch aber die wahre Cellulose ebenfalls stark angegriffen wird.

[3]) Chem.-Ztg. 1899, **14**, 868 u. 905.

[4]) Zeitschr. f. physiol. Chem. 1892, **16**, 270.

[5]) Archiv f. Hygiene 1897, **28**, 214.

[6]) Landw. Jahrbücher 1888, **17**, 241; 1889, **18**, 767 u. Landw. Versuchsstationen 1891, **39**, 461.

[7]) Zeitschr. f. physiol. Chem. 1890, **14**, 283.

[8]) Berichte d. Deutschen chem. Gesellschaft 1902, **35**, 1254.

[9]) Zeitschr. f. physiol. Chem. 1906, **47**, 20.

[10]) Das Verfahren wird jetzt allgemein durch Fällen des Furfurols mit Phloroglucin ausgeführt, vgl. Tollens und Kröber, Journ. f. Landwirtschaft 1900, **48**, 357.

[11]) Zeitschr. f. Untersuchung d. Nahrungs- u. Genußmittel 1898, **1**, 1.

[12]) Ebendort 1903, **6**, 769.

sich auch durch sehr anhaltende Oxydation mit Wasserstoffsuperoxyd und Ammoniak nicht entfernen. Behandelt man aber den Oxydationsrückstand mit Kupferoxydammoniak, so löst sich die Cellulose leicht und zurück bleibt ein kohlenstoffreicher Rest, der, weil er mit dem „cutine" Fremys große Ähnlichkeit hat, Cutin genannt werden möge.

Der in Kupferoxydammoniak gelöste, durch Salzsäure oder Alkohol ausgefällte Anteil hat dann in der Regel die Elementarzusammensetzung der wahren Cellulose; in einigen Fällen behält sie aber auch noch einen etwas höheren Kohlenstoffgehalt. Dieser rührt alsdann von substituierten Methyl- oder Methoxylgruppen ($- O \cdot CH_3$) her.

Ebenso wie wir jetzt zwischen Hemi- und wahrer Cellulose, d. h. leichter und schwieriger hydrolysierbarer Cellulose unterscheiden, so gibt es auch eine Reihe von Übergangsstufen von Cellulose zu den eigentlichen Ligninen, d. h. von Kohlenstoffverbindungen mit mehr als 44,4% C bis hinauf zu 60% C und mehr. Eine scharfe Trennung dieser verschiedenen Körpergruppen ist nicht möglich. Denn selbst verdünnte Mineralsäuren und Alkali lösen neben Hemicellulosen auch ligninartige (methoxylhaltige) Verbindungen auf. Auch durch Behandlung der Pflanzenstoffe mit Glycerin-Schwefelsäure werden nach den Untersuchungen von J. König und W. Sutthoff[1]) neben den Hemicellulosen (Hexosanen und Pentosanen) ligninartige Stoffe mit ebenso hohem oder noch höherem Kohlenstoffgehalt gelöst, als die ligninartigen Stoffe besitzen, die nach der Behandlung der Stoffe mit Glycerin-Schwefelsäure in der Rohfaser verbleiben[2]). Die kohlenstoffreiche Stoffgruppe (Lignine) ist daher in den Futter- und Nahrungsmitteln in ähnlicher verschieden kondensierter Form vorhanden, wie z. B. die Gruppe der Hexosen (nämlich als Dextrin, Stärke, Hemi-Hexosan und Cellulose-Hexosan). Wir können daher nach dem heutigen Stande der Analyse nicht von einem wirklich richtigen Gehalt an Cellulose und Ligninen, sondern nur von nach einem ganz bestimmten Verfahren erhaltenen Analysenwerten sprechen, also von Werten, die uns nur einen allgemeinen Ausdruck für den verschiedenen Löslichkeitsgrad der organischen Substanz geben und nur insofern Annäherungswerte sind, als das Mehr und Weniger von den einzelnen Gruppen sich gegenseitig ausgleichen können.

Das Verfahren von J. König zur Bestimmung der Rohfaser hat indes den Vorteil vor anderen Verfahren, daß es wenigstens eine annähernd pentosanfreie Rohfaser liefert und auch eine annähernde Bestimmung der schwer löslichen Lignine und des Cutins gestattet.

a) Bestimmung der Rohfaser nach J. König. 3 g lufttrockene[3]) bzw. 5—14% Wasser enthaltende Substanz (1) werden in einem 500—600 ccm-Kolben oder in einer 500—600 ccm fassenden Porzellanschale mit 200 ccm Glycerin von 1,23 spezifischem Gewicht, welches 20 g konzentrierte Schwefelsäure in 1 l enthält, versetzt, durch häufiges Schütteln bzw. Rühren mit einem Glasstabe gut verteilt und entweder am Rückflußkühler bei 133—135° eine Stunde gekocht oder in einem Autoklaven (S. 440) bei 137° (= 3 Atmosphären) eine Stunde lang gedämpft (2). Darauf läßt man erkalten, verdünnt den Inhalt des Kolbens oder der Schale auf ungefähr 400—500 ccm, kocht nochmals auf und filtriert heiß durch ein Asbestfilter entweder im großen weitlochigen Goochschen Platintiegel (3) von 6 cm Höhe, 6 cm oberem und 4 cm unterem Durchmesser oder auf einer durchlöcherten Porzellanplatte (4) vermittels der Saugpumpe. Den Rückstand auf dem Filter wäscht man mit ungefähr 400 ccm siedendheißem Wasser (5), darauf, wie bei dem Hennebergschen

---

[1]) Landw. Versuchsstationen 1909, **70**, 343.

[2]) So wurde z. B. für die durch Glycerin-Schwefelsäure gelöste stickstofffreie organische Substanz folgender Kohlenstoffgehalt gefunden, nämlich: Grasheu 51,73%, Kleeheu 53,09%, Bollmehl 53,00%, Biertreber 53,22%, während Hexosane 44,4%, Pentosane 45,5% Kohlenstoff verlangen.

[3]) Dickflüssige bzw. breiartige Massen, wie z. B. Schlempe, Marmelade usw. kann man in Mengen, die etwa 3 g Trockensubstanz entsprechen, vorher in den zu verwendenden Kolben oder Schalen auf dem Wasserbade eintrocknen, darauf mit der Glycerin-Schwefelsäure wieder aufweichen und weiter behandeln.

Verfahren, zunächst mit erwärmtem Spiritus (von 80—90%) und zuletzt mit einem erwärmten Gemisch von Alkohol und Äther aus, bis das Filtrat vollkommen farblos abläuft. Darauf wird der Goochsche Tiegel mit dem Rückstande direkt, oder wenn ein solcher nicht benutzt ist, das Asbestfilter mit dem Rückstande, nachdem es quantitativ in eine Platinschale umgefüllt ist, bei 105—110° bis zur Gewichtsbeständigkeit getrocknet und gewogen, weiter über freier Flamme vollständig verascht und zurückgewogen. Der Unterschied zwischen beiden Wägungen gibt die Menge aschenfreie „Rohfaser" an.

Zum Kochen der Substanz am Rückflußkühler bedienen wir uns einer Vorrichtung nach Fig. 266, für die Erhitzung im Dampftopfe eines Einsatzes (Fig. 267), der wie die

Fig. 266.

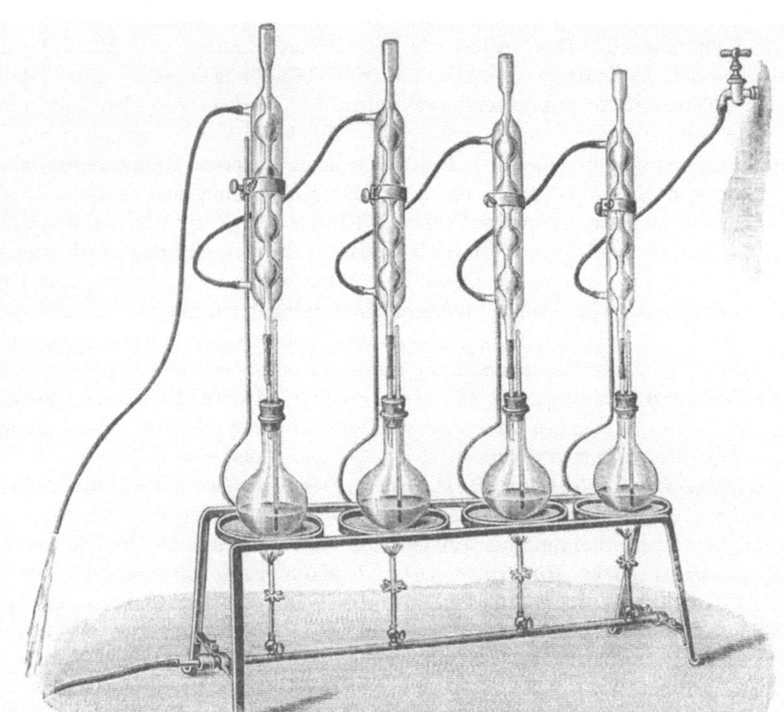

Vorrichtung zur Bestimmung der Rohfaser durch Kochen mit Glycerin-Schwefelsäure am Rückflußkühler.

Kochvorrichtung gestattet, 4 Bestimmungen zugleich auszuführen. Für die Filtration im Goochschen Tiegel empfiehlt sich die Einrichtung Fig. 268a (6).

Anmerkungen. 1. Stoffe, die über 10% Fett enthalten, werden zweckmäßig vorher entfettet. Man gibt die abgewogene Menge Substanz in einen Goochschen Tiegel mit Asbestlage und zieht unter Anwendung der Wasserstrahlpumpe mit siedendem absoluten Alkohol und dann mit warmem Äther aus.

Von rohfaserarmen Stoffen wie Mehl verwendet man zum Aufschließen mehr als 3 g, nämlich etwa 5 oder 6 g.

2. B. Tollens zieht, wie er mir mitteilt, das Kochen, wir ziehen jedoch das Dämpfen im Autoklaven vor, weil letzterer, wenn er mit Manometerregulator versehen ist, keiner besonderen ständigen Aufsicht bedarf.

3. Man kann für den Zweck auch Tiegel von Reinnickel anwenden; dieselben sind aber nur dann anwendbar, wenn man Teklu-Brenner mit vorzüglicher Luftzufuhr besitzt, die keine Spur Ruß absetzen dürfen. Die geringen Gewichtszunahmen der Reinnickel-Tiegel, die bei gut ziehenden Teklu-Brennern nur einige Milligramm während $1/_2$ stündiger Glühzeit betragen, kommen gegenüber den sonstigen Versuchsfehlern nicht in Betracht.

4. Die Filtration geschieht zweckmäßig durch große, ziemlich weitlochige Goochsche (Reinnickel- oder Porzellan-) Tiegel (Fig. 268 a), auch wenn man darin nicht direkt glühen, sondern daraus den Inhalt behufs Glühens in eine Platinschale umfüllen will. Verwendet man große Porzellanplatten (Fig. 268) zur Filtration, so legt man auf die darauf hergestellte Asbestschicht zweckmäßig eine kleine durchlöcherte Platte von etwa 2 cm Durchmesser und gießt auf diese die zu filtrierende Flüssigkeit aus; dadurch wird das Aufspülen und Undichtwerden der Asbestschicht beim Aufgießen vermieden. Der zu verwendende Asbest muß recht feinfaserig und in vielem Wasser verteilt sein, um ihn gleichmäßig verteilen und aus einer dünnen Schicht ein dichtes Filter herstellen zu können.

5. Bei staubartig-feinen Stoffen, wie Baumwollsaatmehl, Kot, Mehle, Kakao, empfiehlt es sich, die gekochte oder gedämpfte Flüssigkeit in großen Bechergläsern stärker

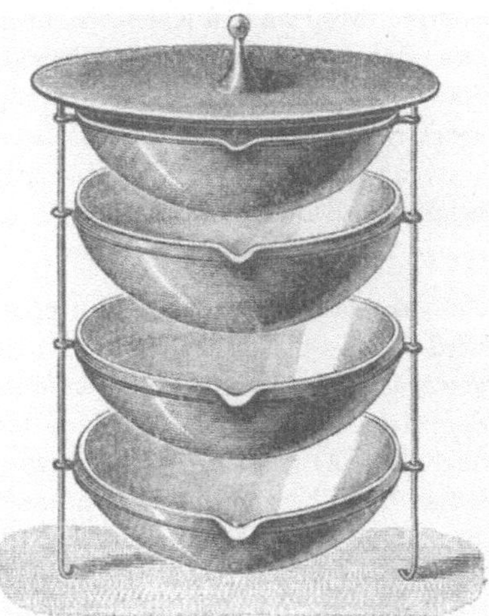

Fig. 267.

Einsatz für die Erhitzung der Substanz mit Glycerin-Schwefelsäure im Dampftopf.

Fig. 268 a.

Fig. 268.

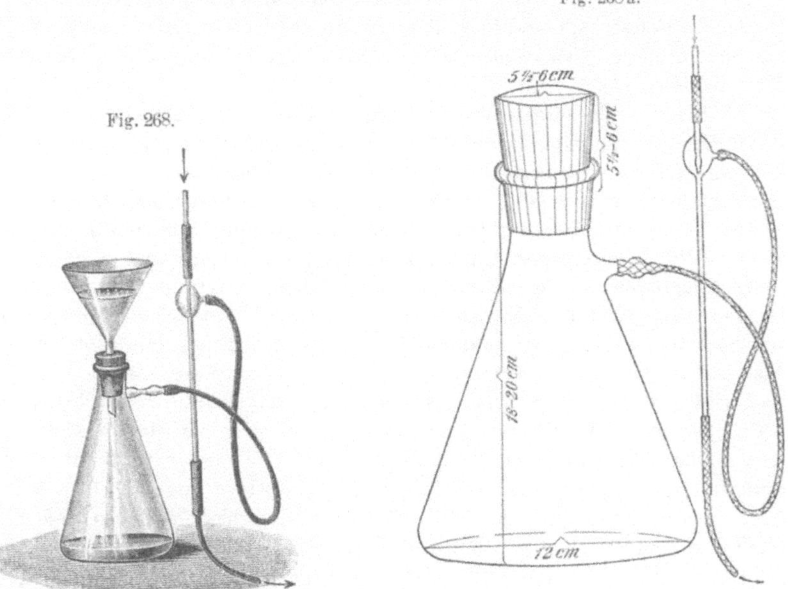

Vorrichtung für die Filtration der Rohfaser.

zu verdünnen, absitzen zu lassen, die völlig klare Flüssigkeit einmal abzuheben und dann den Bodensatz nach Verdünnen und Kochen zu filtrieren. Sollte die Flüssigkeit nicht völlig klar sein, so läßt sie sich bei genügend starker Verdünnung nach dem Abhebern leicht filtrieren, bevor man den nochmals aufgekochten Bodensatz aufs Filter bringt.

Von einigen Seiten ist vorgeschlagen, den in vorstehender Weise erhaltenen Bodensatz nach völligem Absitzen und Abhebern, nicht unter Zusatz von Wasser zu erhitzen, sondern mit Spiritus zu versetzen und dann zu filtrieren. Das kann unter Umständen, wie bei Baumwollsaatmehl, Kot, Kakao usw., die Filtration erleichtern, hat aber im übrigen keinen Einfluß auf das Ergebnis, wenn sonst richtig nach der Vorschrift gearbeitet worden ist.

6. Die randlosen oder nur mit schwachem Rand versehenen Erlenmeyer-Kolben werden behufs luftdichter Einsetzung des Tiegels mit einem Stück weichen Kautschukschlauches von 8 cm Länge und 3—4 cm Durchmesser überzogen.

b) Bestimmung der Cellulose, des Lignins und Cutins nach J. König. Es wird eine zweite Probe von 3 g lufttrockener bzw. 5—14% Wasser enthaltender Substanz abgewogen und genau in derselben Weise behandelt, wie unter a) angegeben ist. Der Rückstand in dem Goochschen Tiegel oder auf der Porzellanplatte wird dann aber nicht getrocknet, sondern nach dem Absaugen des zuletzt zum Auswaschen verwendeten Äthers und nach Verdunstenlassen desselben an der Luft nebst dem Asbestfilter verlustlos in ein etwa 800 ccm fassendes Becherglas gebracht und unter Bedecken mit einem Uhrglase oder einer Glasplatte mit 100 oder 150 ccm chemisch reinem, 3-gewichtsproz. Wasserstoffsuperoxyd sowie 10 ccm 24 proz. Ammoniak versetzt und einige Zeit (etwa 12 Stunden) stehen gelassen; dann werden 10 ccm 30-gewichtsproz. chemisch reines Wasserstoffsuperoxyd zugesetzt und dieses, wenn die Sauerstoffentwickelung aufgehört hat, noch 2—6 mal, d. h. so oft wiederholt, bis die Masse (Rohfaser) völlig weiß geworden ist. Beim dritten und fünften Zusatz von Wasserstoffsuperoxyd fügt man auch noch je 5 ccm (oder 10 ccm) des 24 proz. Ammoniaks hinzu. Man kann Wasserstoffsuperoxyd und Ammoniak in graduierten Zylindern mit eingeschliffenen Glasstöpseln vorrätig halten und aus diesen die jedesmaligen Mengen der Flüssigkeit zusetzen, um die Arbeit zu vereinfachen; denn ein ganz genaues Abmessen der Flüssigkeiten bei dem jedesmaligen Zusatze ist nicht notwendig. Wenn die Substanz völlig weiß geworden ist, erwärmt man etwa 1—2 Stunden im Wasserbade und kann dann, wenn das Wasserstoffsuperoxyd rein war, d. h. mit Ammoniak keinerlei Niederschlag oder Trübung gab, sofort und glatt durch ein zweites Asbestfilter filtrieren (1).

Der abfiltrierte und ausgewaschene Rückstand wird samt Asbestfilter 2 Stunden mit 75 ccm Kupferoxydammoniak (2) unter öfterem Umrühren, zuletzt kurze Zeit bei ganz geringer Wärme auf dem Wasserbade behandelt und die Flüssigkeit durch einen Goochschen Tiegel mit schwacher Asbestlage (3) filtriert. Die letzten Reste der ammoniakalischen Lösung werden unter Zufügung von etwas frischem Kupferoxydammoniak behufs Auswaschens abgesaugt, das Filtrat beiseite gestellt, der Rückstand im Tiegel dagegen unter Anwendung einer neuen Saugflasche genügend mit Wasser nachgewaschen, darauf bei 105—110° getrocknet, gewogen, geglüht und wieder gewogen. Der Glühverlust ergibt die Menge des nicht oxydierbaren, in Kupferoxydammoniak unlöslichen Teiles der Rohfaser, das Cutin.

Das Filtrat von diesem Rückstande, d. h. die Lösung der Cellulose in Kupferoxydammoniak wird mit 300 ccm 80 proz. Alkohol versetzt und stark gerührt; hierdurch scheidet sich die Cellulose in großen Flocken quantitativ wieder aus. Sie wird in üblicher Weise im Goochschen (Porzellan-) Tiegel (4) gesammelt, zuerst mit warmer verdünnter Salzsäure (5), dann genügend mit Wasser, zuletzt mit Alkohol und Äther ausgewaschen, bei 105—110° getrocknet, gewogen und verascht. Der Gewichtsunterschied zwischen dem Gewicht des Tiegelinhaltes vor und nach dem Glühen gibt die Menge Reincellulose.

Der Unterschied von Gesamt-Rohfaser minus (Cellulose + Cutin) ergibt die Menge des oxydierbaren Anteiles der Rohfaser, die sog. Lignine (6).

Anmerkungen. 1. Will man bloß die Lignine in der Rohfaser bestimmen, so kann man den weißoxydierten Rückstand wie bei der Rohfaserbestimmung trocknen, wägen, glühen und wieder wägen. Der Glühverlust stellt dann die Rohcellulose dar und diese, von der Rohfaser abgezogen, liefert die Menge Lignine.

2. Für die Gewinnung des Kupferoxydammoniaks ist die vorherige Darstellung von Kupferoxydhydrat sehr lästig. Man kann dafür aber sehr gut das käufliche reine Kupferoxydhydrat (E. Merck) verwenden. Man löst dasselbe in 20—24 proz. Ammoniak bis zur Sättigung, was durch Eintragen eines Überschusses in das Ammoniak und durch öfteres Umschütteln erreicht wird, läßt absitzen und verwendet die überstehende Lösung direkt zur Lösung der Cellulose.

3. Wenn von der ersten Rohfaser-Filtration ziemlich viel Asbest in der Flüssigkeit ist, kann man auch ohne eine zweite Asbestlage ein genügend dichtes Filter dadurch erhalten, daß man die Flüssigkeit umrührt und das erste Filtrat so oft zurückgibt, bis es völlig klar geworden ist.

4. Die Goochschen Porzellantiegel werden in letzter Zeit in guter Haltbarkeit angefertigt, so daß sie das Glühen recht wohl aushalten.

5. Die letzten Reste Kupferoxyd lassen sich nur schwer aus der Cellulose entfernen. Das hat aber auf die quantitative Bestimmung keinen wesentlichen Einfluß, weil sie mit der im Glührückstande verbleibenden Asche in Abzug gebracht werden.

6. Der Rest von Gesamt-Rohfaser minus (Cellulose + Cutin) gibt uns natürlich nur einen annähernden Ausdruck für die Menge der Lignine. Denn er schließt auch die in der Rohfaser vorhandene Stickstoffsubstanz sowie den Rest der Hemicellulosen mit ein, die durch das Aufschließen mit Glycerin-Schwefelsäure nicht gelöst worden sind. Denn die Hemicellulosen werden durch das angewendete Wasserstoffsuperoxyd und Ammoniak ebenfalls stark oxydiert, während die eigentliche wahre Zellulose (wie reinste Baumwolle, schwedisches Filtrierpapier) davon nicht angegriffen wird. Andererseits werden durch die Behandlung mit Glycerin-Schwefelsäure ligninartige, d. h. mehr als 46% C enthaltende Stoffe gelöst (vgl. S. 453), so daß das Mehr oder Weniger sich vielleicht einigermaßen ausgleicht und der erhaltene Wert doch einen annähernden Ausdruck für die vorhandenen Lignine liefert.

c) Verfahren von Henneberg und Stohmann, das sogenannte Weender-Verfahren: 3 g der lufttrockenen, feingepulverten Substanz werden mit 200 ccm einer 1,25 proz. Schwefelsäure [von einem Gemisch von 50 g konzentrierter Schwefelsäure (H_2SO_4) nicht Anhydrid (SO_3) — mit Wasser bis zu 1 l nimmt man 50 ccm, dazu 150 ccm Wasser] $1/_2$ Stunde gekocht, dann läßt man absitzen, dekantiert und kocht den Rückstand in derselben Weise zweimal mit demselben Volumen Wasser auf.

Die abgehobenen Flüssigkeiten läßt man in Zylindern absitzen und gibt die niedergeschlagenen Teilchen nach dem Abhebern der Flüssigkeit in das Gefäß mit der zu untersuchenden Substanz zurück. Darauf kocht man den Rückstand $1/_2$ Stunde mit 200 ccm einer 1,25 proz. Kalilauge [von einer Lösung von 50 g Kalihydrat (KOH — nicht K_2O) in Wasser bis zu 1 l nimmt man 50 ccm, dazu 150 ccm Wasser], filtriert durch ein gewogenes Filter und kocht den Rückstand noch zweimal mit demselben Volumen Wasser $1/_2$ Stunde, bringt alles auf ein getrocknetes, gewogenes Filter, wäscht mit heißem und kaltem Wasser, zuletzt mit Alkohol und Äther aus, trocknet, wägt und verascht. Filterinhalt minus Asche ergibt die Menge Rohfaser (auch wohl Holzfaser gt.).

Diese Ausführungsweise nimmt jedoch wenigstens 2 Tage in Anspruch; Fr. Holdefleiß[1]) und H. Wattenberg[2]) haben daher andere Ausführungsweisen in Vorschlag gebracht, welche schneller zum Ziele führen und von denen hier das Verfahren von Fr. Holdefleiß, welches wohl am meisten in Gebrauch ist, näher beschrieben werden mag.

In den engen, konisch auslaufenden Hals eines birnförmigen Gefäßes *A* (Fig. 269, S. 458) von etwa 250—280 ccm Inhalt bringt man ein Büschel von ausgeglühtem, langfaserigem Asbest, den man fest in die Spitze ansaugt. In dieses Gefäß werden 3 g der lufttrockenen Substanz eingefüllt und 200 ccm einer kochenden Flüssigkeit darauf gegossen, die 50 ccm einer 1,25 proz. Schwefelsäure (vgl. vorstehend) enthält; das Gefäß wird mit einem Tuche dicht umwickelt, um Wärmeausstrahlung zu verhindern, und hierauf durch das Glasrohr *c* bis auf den Boden

---

1) Landw. Jahrbücher 1877, Suppl.-Bd. S. 103.
2) Journ. f. Landwirtschaft 1880, **21**, 273.

Dampf eingeleitet, der in C entwickelt wird. Durch Regelung der Flamme unter C hat man es in der Hand, ein Hinausschleudern sowie Zurücksteigen der kochenden Flüssigkeit in A zu verhindern. Letztere Gefahr wird auch durch Anbringung eines U-förmig gebogenen Kugelrohres bei C beseitigt. Nach genau ¹/₂ Stunde wird das Kochen durch Abstreifen des Schlauches d vom Glasrohr c unterbrochen und die kochendheiße Flüssigkeit durch Verbindung von b mit einer kräftigen Luftpumpe in das darunter befindliche Gefäß B abgesaugt. Diese Behandlung wird 2 mal mit heißem Wasser wiederholt, darauf wird mit 200 ccm einer 1,25 proz. Kalilauge (vgl. vorstehend), dann wiederum 2 mal mit derselben Menge Wasser gekocht und mit heißem Wasser nachgewaschen.

Schließlich wird der Birnenrückstand 2—3 mal mit Alkohol und Äther nachgewaschen und samt Gefäß A getrocknet. Die trockne Masse bringt man verlustlos in eine Platinschale, trocknet nochmals bei 100—105°, läßt erkalten und wägt. Hierauf wird geglüht, erkalten gelassen und wieder gewogen. Erste minus zweite Wägung gibt das Gewicht der Rohfaser. Die ganze Behandlung kann an einem Tage zu Ende geführt werden.

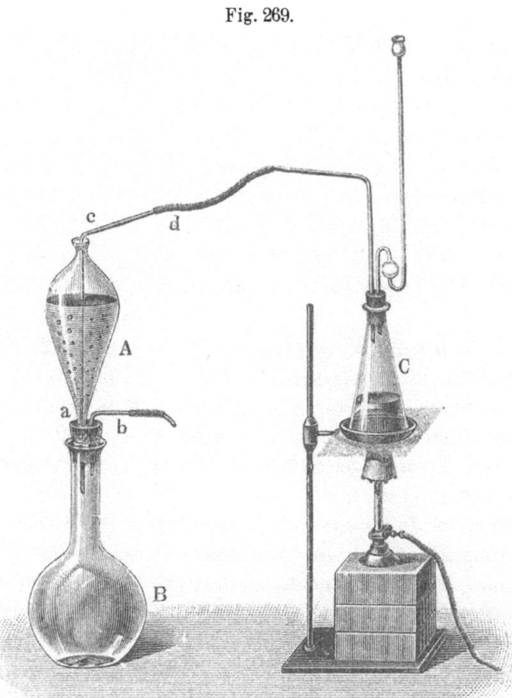

Fig. 269.

Apparat zur Rohfaserbestimmung nach Holdefleiß.

Für die Beschleunigung des Verfahrens sind noch verschiedene andere Vorschläge gemacht: W. A. Withers empfiehlt, erst mit Kalilauge und dann mit Schwefelsäure zu kochen, was bei proteinreichen Flüssigkeiten einige Vorteile bietet. H. Holldack[1]) empfiehlt, die gekochte Flüssigkeit nicht erst absitzen zu lassen, sondern im Gegenteil gehörig umzurühren und dann nach dem Vorschlage Wattenbergs mittels eines mit Leinwand überspannten, umgekehrten Trichters abzusaugen, während Thatcher[2]) zur Filtration einen mit Platinkonus und Asbestwolle versehenen Trichter anwendet, der groß genug ist, die ganze Menge der zu filtrierenden Flüssigkeit auf einmal zu fassen; für feinflockige Stoffe soll ein Heißwassertrichter angewendet werden.

Ebenso zweckmäßig ist es, die gekochte Flüssigkeit in einem Becherglase oder in einer Porzellanschale unter Ersatz des verdunstenden Wassers jedesmal durch ein Asbestfilter nach S. 455, Fig. 268 zu filtrieren oder statt des Trichters mit Porzellanteller einen großen Goochschen Tiegel (vgl. Fig. 268a, S. 455) anzuwenden, nur muß letzterer weiter durchloch sein als für andere, z. B. die Phosphorsäurebestimmungen. Der erste Rückstand nach der Kochung mit Schwefelsäure wird mit Asbestfilter abgetrennt, samt letzterem mit Kalilauge gekocht und für die letzte Filtration ein zweites Asbestfilter gebildet.

Auf vorstehende Weise erhält man die aschenfreie Rohfaser; in vielen Fällen ist es aber auch wichtig, die proteinfreie Rohfaser zu kennen. Man stellt dann in derselben

---

¹) Chem.-Ztg. 1903, **27**, 34.
²) Zeitschr. f. Untersuchung d. Nahrungs- u. Genußmittel 1903. **6**, 886.

Weise eine zweite Menge Rohfaser dar, ermittelt darin nach Kjeldahl den Stickstoffgehalt nach S. 240, multipliziert letzteren mit 6,25 und bringt diese Menge in Abzug.

Fettreiche Substanzen, wie Ölsamen, müssen auch hier vorher größtenteils entfettet werden, was man dadurch erreicht, daß man sie in der Birne vor dem Behandeln mit Schwefelsäure erst durch kochenden absoluten Alkohol und dann durch Äther auszieht; stärkereiche Stoffe behandelt man zweckmäßig vor Anwendung der Säure und Alkalien mit Malzaufguß (100 g Malz werden mit 1 l Wasser ausgezogen, vom Filtrat werden 300 ccm mit 3 g Substanz, die mit 400 ccm Wasser vorher zu Kleister verkocht war, bei 60—70° bis zum Verschwinden der Stärke behandelt; mit dem Rückstand verfährt man dann weiter wie oben angegeben ist).

Trennung und Bestimmung der organischen Säuren.

Eine häufig vorkommende Arbeit in den Untersuchungsämtern für Nahrungsmittelkontrolle bildet auch die Trennung und Bestimmung der flüchtigen organischen Säuren (Ameisensäure, Essigsäure, Buttersäure, Caprinsäure usw.) und der nichtflüchtigen Säuren (Milchsäure, Weinsäure, Bernsteinsäure, Citronen- und Äpfelsäure). Für die ersten und letzten vier Säuren ist jetzt ein systematischer Gang für ihre Trennung und Bestimmung ausgearbeitet, nur fehlt ein solcher noch für Milchsäure bei gleichzeitiger Anwesenheit der genannten anderen nichtflüchtigen organischen Säuren.

1. Trennung und Bestimmung der flüchtigen organischen Säuren. Man destilliert die flüchtigen organischen Säuren nach entsprechender Verdünnung mit Wasser ab oder leitet, wie bei Bestimmung der Essigsäure vorgeschrieben ist, Wasserdampf in die mit kleiner Flamme erhitzte Flüssigkeit, so lange, als das Destillat noch sauer reagiert. Wenn die Flüssigkeiten viel Alkohol enthalten, so kann man sie zuerst mit Alkali neutralisieren, den Alkohol vertreiben, darauf wieder mit Schwefelsäure oder Phosphorsäure ansäuern und dann destillieren. Hierbei kann das Destillat, z. B. bei Butterfett, Branntweinen usw., feste Ausscheidungen von höheren Fettsäuren, wie Capron-, Capryl- und Caprinsäure zeigen. Über ihre Bestimmung in Butterfett vgl. diesen Abschnitt (Bestimmung der Polenske-Zahl usw. S. 372). Bei Branntweinen[1]) kann man das Destillat mit Äther ausschütteln, den Äther durch Ausschütteln mit wenig Wasser von den flüchtigen und wasserlöslichen Säuren befreien und den Äther bei gewöhnlicher Temperatur in einem Schälchen verdunsten lassen; die zurückbleibenden höheren Fettsäuren werden darauf in ein Wägekölbchen mit eingeschliffenem Stopfen übergeführt, der Äther wird verdunstet und der Rückstand als wasserunlösliche Fettsäuren gewogen.

Das mittlere Molekulargewicht der höheren Fettsäuren kann in der Weise bestimmt werden, daß man die gewogenen Mengen derselben in Alkohol löst und die Lösung mit $^1/_{10}$ N.-Lauge titriert (Phenolphthalein als Indicator). Da diese Säuren sämtlich einbasisch sind, kann man das Molekulargewicht nach der Formel berechnen:

$$M = \frac{10000 \cdot a}{b},$$

worin a die angewendete Menge der Fettsäuren und b die verbrauchten Kubikzentimeter $^1/_{10}$ N.-Lauge bedeuten (vgl. S. 386).

Die wässerige Ausschüttelung vom Äther, die die flüchtigen wasserlöslichen Säuren enthält, wird zur Bestimmung der gesamten flüchtigen Säuren mit N.-Alkali nach

---

1) Vgl. E. Sell, Arbeiten a. d. Kaiserl. Gesundheitsamte 1891, **7**, 235; 1892, **8**, 293 u. K. Windisch, Zeitschr. f. Untersuchung d. Nahrungs- u. Genußmittel 1904, **8**, 465.

der Tüpfelmethode mit Azolithminpapier neutralisiert, auf ein bestimmtes Volumen gebracht und in der Hälfte der Lösung

a) die Bestimmung der Ameisensäure nach dem Verfahren von Porter und Knyssen[1]) ausgeführt, indem man die Lösung mit einer Quecksilberchloridlösung (50 g Quecksilberchlorid und 27,5 g Natriumacetat in 1 l) versetzt und 6 Stunden im Wasserbade erwärmt. Das Quecksilberchlorid wird nach der Gleichung:

$$2\,HgCl_2 + HCOOH = Hg_2Cl_2 + CO_2 + 2\,HCl$$

zu unlöslichem Quecksilberchlorür reduziert und kann für sich auf einem trockenen gewogenen Filter gesammelt, getrocknet und gewogen werden. 1 Gewichtsteil Hg_2Cl_2 = 0,0976 Gewichtsteilen Ameisensäure.

b) Bestimmung der Essigsäure und der Buttersäure. Die zweite Hälfte der Salzlösung wird eingeengt und mit dem gleichen Volumen einer Lösung, die im Liter 90 g Kaliumbichromat und 400 g konzentrierte Schwefelsäure enthält, 10 Minuten am Rückflußkühler erhitzt. Dadurch wird die vorhandene Ameisensäure zu Kohlensäure oxydiert. Die nicht veränderten anderen Säuren (Essigsäure und Buttersäure) destilliert man mit Wasserdampf über, wobei man Sorge trägt, daß das Volumen der destillierenden Flüssigkeit sich nicht zu sehr vermindert. Das Destillat wird mit $^1/_{10}$ N.-Barytwasser genau titriert, die Lösung der Bariumsalze eingeengt, schließlich in eine Platinschale filtriert, eingedampft, bei 100° getrocknet und gewogen. Dann zerreibt man die trockenen Bariumsalze zu einem feinen Pulver und bestimmt ihren Bariumgehalt, indem man einen abgewogenen Teil in einem Platintiegel mit Schwefelsäure abraucht und das entstandene Bariumsulfat wägt. Wurden a Gramm des Bariumsalzgemisches angewendet und daraus b Gramm Bariumsulfat erhalten, so enthält die Bariumsalzmischung $d = 607,63 \cdot \dfrac{b}{a} - 455,37\%$ essigsaures Barium.

Aus dem Verbrauch der Essig- und Buttersäuremischung an $^1/_{10}$ N.-Barytwasser zur Neutralisation und dem Bariumgehalte des aus dem Säuregemische hergestellten Bariumsalzgemisches läßt sich der Gehalt der angewendeten Substanzmenge an freier Essigsäure und Buttersäure berechnen. Bedeutet:

c die Anzahl Kubikzentimeter $^1/_{10}$ N.-Barytwasser, die zur Neutralisation der Essigsäure und Buttersäure (also nach der Zerstörung der Ameisensäure durch die Chromsäuremischung) erforderlich war,

d die Prozente essigsaures Barium in der Bariumsalzmischung (vorher berechnet),

so enthält die angewendete Substanzmenge:

$$x = \frac{0,00272 \cdot d \cdot c}{36,51 + 0,088 \cdot d}\ \text{g Essigsäure,}$$

$$y = 1 \cdot 18178 \cdot \frac{100 - d}{d}\ \text{g Buttersäure.}$$

Nach einem anderen Vorschlage soll man die trockenen Bariumsalze mit absolutem Alkohol bei 30° behandeln; hierdurch wird das Bariumbutyrat gelöst, während das Bariumacetat ungelöst bleibt. Aus den so getrennten Salzen soll die Säure in beiden Fällen für sich nach Zusatz von Schwefelsäure wieder destilliert und titriert werden. Das erste Verfahren ist aber wohl das richtigere.

2. Bestimmung der Milchsäure. Seitdem durch R. Kunz[2]) und W. Möslinger[3]) nachgewiesen worden ist, daß Äpfelsäure im Wein in Milchsäure übergehen kann, ist die Bestimmung der Milchsäure, besonders im Wein recht häufig notwendig. Man trennt sie von den flüchtigen Säuren durch Destillation und von anderen organischen Säuren ent-

---

[1]) Zeitschr. f. analyt. Chem. 1877, **16**, 250.

[2]) Zeitschr. f. Untersuchung d. Nahrungs- u. Genußmittel 1901, **4**, 673.

[3]) Ebendort 1901, **4**, 1120.

weder durch Ausziehen des Säuregemisches mit Äther oder durch Fällen mit Bariumhydroxyd; die Milchsäure ist nämlich zum Unterschiede von Weinsäure löslich in Äther, ihr Bariumsalz löslich in Wasser. Es sind für ihre Bestimmung zwei Verfahren in Vorschlag gebracht, nämlich:

a) **Verfahren von R. Kunz.** R. Kunz versetzt 200 ccm Wein mit Bariumhydroxyd bis zur alkalischen Reaktion, dampft auf $^2/_3$ des Volumens ein, füllt den Rückstand auf 200 ccm auf, filtriert nach dem Durchmischen, dampft 150 ccm des Filtrats nach Sättigen mit Kohlensäure auf dem Wasserbade bis zur Sirupkonsistenz ein, zersetzt den Rückstand mit verdünnter Schwefelsäure und zieht ihn 18 Stunden lang in einem geeigneten Apparat (Schacherl) mit Äther aus. Der Ätherauszug wird mit etwa 30 ccm Wasser geschüttelt, der überstehende Äther verjagt, der Rückstand unter Anwendung eines Wasserdampfstromes bis zu einer Destillatmenge von 600—800 ccm von flüchtigen Säuren befreit, mit etwas überschüssigem Bariumhydroxyd unter Anwendung von Phenolphthalein als Indicator versetzt, 15 Minuten auf dem Wasserbade erwärmt und, falls noch alkalische Reaktion bestehen bleibt, mit Kohlensäure gesättigt. Darauf dampft man im Wasserbade bis auf 10 ccm ein, spült mit 40 ccm Wasser in einen Meßkolben von 150 ccm, füllt bis zur Marke mit 95 proz. Alkohol auf, mischt, filtriert, dampft bis zur Entfernung des Alkohols auf dem Wasserbade ein, säuert mit Salzsäure an, setzt Natriumsulfat zu und bestimmt das gefällte Bariumsulfat in üblicher Weise. 1 Teil Bariumsulfat = 0,7725 Teile Milchsäure.

b) **Verfahren von W. Möslinger.** Aus 50 oder 100 ccm des zu untersuchenden Weines wird in bekannter Weise mittels Wasserdampfes die flüchtige Säure abdestilliert und die zurückbleibende Flüssigkeit in einer Porzellanschale mit Barytwasser bis zur neutralen Reaktion gegen Lackmus abgesättigt. Nach dem Hinzufügen von 5—10 ccm 10 proz. Chlorbariumlösung wird bis auf etwa 25 ccm eingedampft und mit einigen Tröpfchen Barytwasser aufs neue genaue Neutralität hergestellt. Man fügt vorsichtig in geringen Mengen unter Umrühren reinsten 95 proz. Alkohol hinzu, bis die Flüssigkeit etwa 70—80 ccm beträgt, und führt den Inhalt der Porzellanschale nunmehr unter Nachspülen mit Alkohol in einen 100 ccm-Kolben über, füllt mit Alkohol auf und filtriert durch ein trockenes Faltenfilter, wobei der Trichter bedeckt gehalten wird. 80 ccm oder mehr des Filtrates werden unter Zusatz von etwas Wasser in einer Platinschale verdampft; der Rückstand wird alsdann vorsichtig verkohlt und — ohne die Asche weiß zu brennen, was überflüssig ist — seine Alkalität mit $^1/_2$ N.-Salzsäure in bekannter Weise bestimmt und in Kubikzentimetern N.-Alkalilauge ausgedrückt. 1 ccm Aschen-N.-Alkalität entspricht 0,090 g Milchsäure oder, wenn diese in Weinsäure umzurechnen ist, 0,075 g Weinsäure.

Zieht man es vor, die Mineralstoffe zu beseitigen, ehe man an die Überführung in die Bariumsalze und deren Trennung geht, so wird wiederum aus 50 oder 100 ccm Wein die flüchtige Säure abgetrieben, der Rückstand in der Schale mit etwas Weinsäure versetzt, wozu meist 0,2 bzw. 0,4 g ausreichen, und bis zum dünnen Sirup (d. h. bis auf wenige Kubikzentimeter) eingedampft. Man gießt den Rückstand in einen mit Glasstopfen versehenen, 50 ccm fassenden, graduierten Stehzylinder, spült mit wenigen Tropfen Wasser, bis das Volumen der wässerigen Flüssigkeit etwa 5 ccm beträgt, und darauf weiter mit kleinen Mengen von 95 proz. Alkohol nach, immer unter Umschütteln, bis die Flüssigkeit 30 ccm beträgt; alsdann fügt man zweimal je 10 ccm Äther hinzu, indem man jedesmal kräftig schüttelt. Das Gesamtvolumen beträgt nunmehr 50 ccm. Man schüttelt und läßt absitzen, bis die Flüssigkeit völlig klar geworden ist, gießt in eine Porzellanschale ab und spült mit Äther-Alkohol nach. Unter Zusatz von Wasser wird die Flüssigkeit nunmehr zunächst von Äther und Alkohol durch Eindampfen befreit, alsdann mit Barytwasser neutralisiert und — ohne Zusatz von Chlorbarium — weiter verfahren wie oben.

A. Partheil[1]) hält das Möslingersche Verfahren schon deshalb für fehlerhaft, weil die Milchsäure bei der Destillation im Wasserdampfstrome nicht unflüchtig ist, daher mit

---

[1]) Zeitschr. f. Untersuchung d. Nahrungs- u. Genußmittel 1902, **5**, 1053.

den flüchtigen Säuren zum Teil verloren geht. Wenngleich R. Kunz[1]) diesen Verlust für unerheblich hält, so weist W. Möslinger (l. c.) noch auf andere Fehlerquellen seines Verfahrens hin, so daß dasselbe nicht als genau bezeichnet werden kann.

3. Trennung und Bestimmung der nichtflüchtigen organischen Säuren, der sogenannten Fruchtsäuren. Zu den Fruchtsäuren gehören die Äpfel-, Wein- und Citronensäure, weil sie in den Früchten weit verbreitet sind. Hierzu wird auch die Bernsteinsäure gerechnet, die in naher Beziehung zu diesen Säuren steht und die sich auch bei der Gärung der Früchte bildet, so daß man in gegorenen Fruchtsäften (besonders in Wein) ebenfalls mit ihr zu rechnen hat. Zur Trennung der Bernsteinsäure von den ersteren Säuren sind viele Verfahren vorgeschlagen, die sich nach C. von der Heide und H. Steiner[2]) wie folgt einteilen lassen:

1. Extraktionsverfahren, nach denen die Bernsteinsäure mit Alkohol oder Äther dem Weinextrakt entzogen und dann in Form eines Salzes, vorwiegend als Silbersalz oder als Calciumsalz, bestimmt wird. Die Verfahren sind aber schon deshalb nicht genau, weil Äpfel-, Wein- und Milchsäure, welche die Bernsteinsäure regelmäßig begleiten, auch in Äther-Alkohol löslich sind.

2. Fällungsverfahren, nach denen die Bernsteinsäure in Form eines unlöslichen Salzes zunächst zusammen mit anderen organischen Säuren von den übrigen Weinbestandteilen abgetrennt und nach Entfernung dieser Säuren in Form eines Salzes isoliert wird; als Fällungsmittel dienen vorwiegend Calcium-, Barium-, Blei- und Eisensalze.

3. Oxydationsverfahren, die sich darauf gründen, daß Bernsteinsäure von allen in Betracht kommenden Säuren allein eine gewisse Beständigkeit gegen Permanganat besitzt. Nach vollzogener Oxydation der störenden organischen Stoffe wird die Bernsteinsäure ausgezogen oder gefällt. Dieses bis jetzt zuverlässigste Verfahren ist zuerst von R. Kunz[3]) angegeben und neuerdings von C. von der Heide und H. Steiner verbessert worden.

a) Das Fällungsverfahren.

Das Fällungsverfahren hat besonders G. Jörgensen[4]) ausgebildet, und wenn die Ergebnisse nach ihm auch nur bis zu 90% richtig sein mögen, so sei es hier doch mitgeteilt, weil es folgerichtig durchgearbeitet ist und eine Genauigkeit von 90% in diesem Falle als befriedigend angesehen werden muß. Das Verfahren beruht im wesentlichen darauf, daß die Weinsäure als saures Kaliumsalz in essigsaurer Lösung gefällt, die Bernsteinsäure aus der mit Salzsäure angesäuerten Lösung durch Äther ausgezogen wird, während zur Trennung der Citronen- und Äpfelsäure das Verhalten ihrer Bariumsalze gegen Alkohol benutzt wird, von denen das Bariumcitrat schon durch geringe Mengen, das Bariummalat dagegen erst durch größere Mengen Alkohol gefällt wird.

Als Reagenslösungen dienen eine 20 proz. Bleiacetatlösung, eine 10 proz. Bariumchloridlösung und eine 4 proz. Schwefelsäure; der Alkohol hat eine Stärke von 90 und 61 Volumprozent, oder ist noch verdünnter; überall kommen möglichst kleine Filter zur Verwendung.

Von Weinen verwendet man 100 ccm, von den Säften der Obst- und Beerenfrüchte 25 ccm, von den süßen Sirupen 50 ccm.

Die Lösung wird — wenn sie sehr zuckerreich ist, nach Verdünnung — mit Natronlauge nahezu neutralisiert, mit einem Überschuß von Bleiacetat gefällt — von der Bleiacetatlösung reichen für gewöhnlich 10—15 ccm aus — und, nach dem Umschütteln, mit dem gleichen Volumen 90 proz. Alkohol versetzt. Am nächsten Tage wird die Flüssigkeit durch

---

[1]) Zeitschr. f. Untersuchung d. Nahrungs- u. Genußmittel 1903, **6**, 728.

[2]) Ebendort 1909, **17**, 291. Hier ist auch die Gesamtliteratur über diese Bestimmungsverfahren zusammengestellt, worauf verwiesen sein möge.

[3]) Ebendort 1903, **6**, 725.

[4]) Ebendort 1907, **13**, 241; 1909, **17**, 396.

ein Filter von passender Größe filtriert, und nach dem Abtröpfeln bringt man den größten Teil des Niederschlages mittels eines Glasspatels in die Fällungsflasche zurück, wo er mit verdünntem Weingeist aufgeschüttelt wird. In dieser Weise wird der Niederschlag mehrfach gewaschen, bis das Filtrat beinahe farblos ist und nur geringe Mengen von Blei und Zucker oder anderen organischen Stoffen enthält. 3—4 Auswaschungen sind für gewöhnlich ausreichend; um ein Zusammenballen des Niederschlages möglichst zu verhindern, muß der Trichter mit einer Glasplatte bedeckt werden, besonders wenn etwa der Niederschlag auf dem Filter während der Nacht stehen bleibt. Nach beendigtem Auswaschen bringt man das Filter mit dem Niederschlage in die Flasche zurück, versetzt mit 50—100 ccm Wasser, erhitzt zum Kochen und leitet so lange Schwefelwasserstoff durch, bis die Flüssigkeit erkaltet ist, wobei sie wiederholt geschüttelt werden muß. Zur Vervollständigung der Zersetzung der Bleisalze wird noch einmal zum Kochen erhitzt und in gleicher Weise mit Schwefelwasserstoff behandelt. Nach dieser Behandlung sind die Säuren fast immer völlig in Freiheit gesetzt, worauf das Bleisulfid abfiltriert und mit Schwefelwasserstoffwasser ausgewaschen wird. Das Filtrat wird auf dem Wasserbade auf 30—40 ccm eingeengt, dann unter Verwendung von Lackmuspapier mit Kalilauge neutralisiert oder schwach alkalisch gemacht und weiter bis auf etwa 10 ccm verdampft. Die Flüssigkeit bringt man, ohne zu filtrieren, in einen Meßzylinder, die Schale wird mit Wasser nachgespült, bis das Volumen 15—20 ccm beträgt; nach dem Versetzen mit dem doppelten Volumen 90 volumproz. Alkohol und nach kräftigem Durchschütteln wird über Nacht beiseite gestellt. In der Regel ist diese Flüssigkeitsmenge zur Lösung des Kaliumtartrats und Kaliumcitrats hinreichend, so daß man nur den Niederschlag nach dem Filtrieren mit 50 ccm des verdünnten Weingeists zu waschen braucht; wenn nicht, so laugt man den Rückstand mit heißem Wasser aus und fällt noch einmal mit dem doppelten Volumen 90 volumproz. Alkohol.

α) Bestimmung der Weinsäure. Das Filtrat samt der Waschflüssigkeit wird mit 3 ccm Eisessig versetzt und während 48stündigen Stehens dann und wann geschüttelt. Zeigen sich nach dieser Zeit keine oder nur wenige Krystalle, so läßt man zur Sicherheit noch länger stehen. Hierdurch scheidet sich die etwa vorhandene Weinsäure in Form von schwach gefärbten Krystallen des sauren Kaliumtartrats aus, die nach dem Abfiltrieren mit kleinen Mengen verdünnten Weingeists bis zur neutralen Reaktion des Filtrates gewaschen werden. Das Filter samt den Krystallen wird in die Fällungsflasche zurückgebracht, getrocknet und unter Verwendung von Phenolphthalein als Indicator heiß mit $^1/_{10}$ N.-Natronlauge titriert, von welcher jeder Kubikzentimeter 0,015 g Weinsäure entspricht.

Zur Erkennung der Weinsäure versetzt man die titrierte Flüssigkeit mit etwas Calciumchlorid und filtriert sogleich. Nach dem Stehen krystallisiert das Calciumtartrat aus, welches sich als solches durch sein eigenartiges Verhalten gegen Natronlauge erkennen läßt.

β) Bestimmung der Bernsteinsäure. Das Filtrat vom Weinstein samt der Waschflüssigkeit oder, wenn keine Weinsäure vorhanden war, die Lösung selbst, wird bis auf etwa 5 ccm eingeengt. Diese bringt man in einen Meßzylinder von 50 ccm, wäscht die Schale mit Wasser und 1 ccm verdünnter Salzsäure nach und bringt das Ganze auf ein Volumen von 10 ccm. Die saure Flüssigkeit wird in einem Scheidetrichter 5mal mit je 50 ccm Äther geschüttelt; von den abgetrennten klaren Ätherschichten wird der Äther abdestilliert und der Rückstand bis zur Verflüchtigung der Essigsäure erwärmt. Diesen Rückstand löst man wieder in 9 ccm Wasser, versetzt mit 1 ccm verdünnter Salzsäure und zieht aus der Lösung wiederum durch 5malige Ausschüttelung mittels je 50 ccm Äther die Bernsteinsäure aus. Aus der ätherischen Lösung wird der Äther durch Abdestillieren wiedergewonnen, worauf der Rückstand nach der Trocknung bis zum Verschwinden des Geruchs nach Essigsäure mit $^1/_{10}$ N.-Natronlauge titriert wird. Bei den gewöhnlichen, vergorenen Weinen hat Jörgensen eine weitere Reinigung der Bernsteinsäure nicht bewerkstelligt. Liegen aber Getränke mit sehr geringen Mengen oder gar keiner Bernsteinsäure vor, und besonders in Fällen, wo der

Rückstand nicht deutlich nadelförmig, krystallinisch ist, darf man eine fernere Reinigung in derselben Weise nicht unterlassen; man braucht jedoch nicht die wässerige Lösung bis auf 10 ccm aufzufüllen, man bringt dann z. B. die angesäuerte Lösung auf 5 ccm und schüttelt mit je 25 ccm Äther aus.

Insofern der Rückstand nicht größtenteils aus Bernsteinsäure bestanden hat, verursacht eine durch abermalige Ausschüttelungen bewerkstelligte Reinigung ein starkes Sinken im Verbrauch der Titrierflüssigkeit, von der jeder Kubikzentimeter 0,0059 g Bernsteinsäure entspricht.

Um die Bernsteinsäure, die in der Regel ziemlich stark gefärbt ist, zu identifizieren, kann man die titrierte Flüssigkeit mit etwas Bariumchloridlösung versetzen, nach kurzem Stehen etwa ausgefälltes Bariumtartrat abfiltrieren und darauf das Bariumsuccinat mittels des doppelten Volumens 90 volumproz. Alkohols fällen. Der amorphe Niederschlag wird, wenn Bariumsuccinat vorliegt, nach dem Erhitzen und einigem Stehen dicht, so daß der größte Teil der Flüssigkeit abgegossen werden kann. Den Niederschlag löst man alsdann in wenig mit einem Tropfen verdünnter Salzsäure versetztem Wasser und fällt die Lösung heiß mit einem Tropfen Ammoniaklösung. Hierbei scheidet sich das Bariumsuccinat dicht krystallinisch ab, jedoch in der Regel etwas gefärbt. Nach dem Abgießen der Flüssigkeit und dem Versetzen mit ein wenig Wasser bringt ein Tropfen Ferrichloridlösung nach einigem Stehen einen voluminösen, braunen Niederschlag hervor, wodurch die Flüssigkeit völlig gelatinieren kann.

Auch kann man die titrierte Flüssigkeit direkt mit einigen Tropfen Ferrichloridlösung versetzen, den gelatinösen, oft schwarzen Niederschlag durch Asbest abfiltrieren, auswaschen, trocknen und nach Mischung mit Kaliumpyrosulfat in einem trockenen Reagensglase erhitzen. Hierdurch erhält man ein krystallinisches Sublimat, das näher untersucht werden kann.

γ) Bestimmung der Citronensäure. Die zweite Menge der von den Ätherausschüttelungen zurückbleibenden, wässerigen Lösungen wird zur ersten in einen 50 ccm-Meßzylinder gebracht und mit Natronlauge neutralisiert oder ganz schwach übersättigt. Meistens muß man hierbei Lackmuspapier als Indicator verwenden; nur in selteneren Fällen ist die Lösung so wenig gefärbt, daß der Übergang mittels Phenolphthaleins sichtbar ist. Die Lösung wird bis auf 40 ccm ergänzt und mit 10 ccm Bariumchloridlösung versetzt. Ist der Niederschlag nach dem Umschütteln und Stehen stark und voluminös, so kann er Bariumcitrat enthalten, und in diesem Falle spült man das Ganze in einen größeren Meßkolben, versetzt mit mehr Bariumchloridlösung, füllt bis zur Marke auf und arbeitet nur mit einem Teil des Filtrates (z. B. 72 ccm; vgl. unten). Setzt sich dagegen der Niederschlag ziemlich dicht ab, so besteht er aus den Bariumsalzen der Schwefelsäure, Phosphorsäure und der färbenden Gerbsäuren. Man filtriert die Lösung klar in einen 100 ccm fassenden Meßzylinder ab und spült mit Wasser nach, bis das Filtrat 72 ccm beträgt. Diese 72 ccm werden mit 90 volumproz. Alkohol bis zu 100 ccm versetzt, das Ganze gut durchschüttelt und beiseite gestellt.

Der Alkoholgehalt der durch Versetzen von 5 Raumteilen Wasser mit Alkohol bis zu 7 Raumteilen erhaltenen Flüssigkeiten beträgt etwa 26 Volumprozent.

Die Trennung der Citronensäure von der Äpfelsäure gründet sich auf die folgenden Löslichkeitsverhältnisse:

a) Das Bariumcitrat ist in 26 volumproz. Alkohol recht schwer löslich, jedoch ist es bei größeren Flüssigkeitsmengen erforderlich, auf eine geringe Löslichkeit Rücksicht zu nehmen.

b) Das Bariummalat ist in 26 volumproz. Alkohol weit löslicher, jedoch sind 100 ccm der Flüssigkeit nicht immer zum Lösen des vorhandenen Bariummalats hinreichend.

c) Wenn der Niederschlag von Bariumcitrat groß ist, wird Bariummalat mitgefällt; es ist daher notwendig, den Niederschlag in Wasser zu lösen und ihn nochmals mit Alkohol zu fällen.

Man verfährt demnach folgendermaßen:

1. Entsteht beim Zusatz von 28 ccm Alkohol zu den 72 ccm der wässerigen Lösung nach mindestens einstündigem Stehen nur ein geringer gefärbter Niederschlag, so wird dieser

abfiltriert und mit 25 ccm 26 volumproz. Alkohol gewaschen. Dieser Fall trifft bei den gewöhnlichen Rotweinen fast immer zu.

2. Ruft der Alkoholzusatz dagegen nach dem Stehen einen beträchtlichen Niederschlag hervor, so bringt man nach dem Filtrieren den Trichter auf den Meßzylinder zurück und löst den Niederschlag durch Aufspritzen von Wasser, nötigenfalls unter Umrühren mit einem kleinen Glasspatel auf, so daß das Flüssigkeitsvolumen wieder 72 ccm oder beim geringeren Niederschlage 50 ccm beträgt, die noch einmal mit 28 bzw. 20 ccm Alkohol gefällt werden. Bei den Likörweinen, die für gewöhnlich mehr Äpfelsäure wie die Rotweine enthalten, reicht diese doppelte Fällung in den meisten Fällen aus.

3. Bleibt nach der doppelten Fällung noch ein beträchtlicher, ungelöster Rückstand, so wird dieselbe Lösung und Fällung noch einmal wiederholt, und erhält man auch dann noch keine fast vollständige Lösung, so ist Citronensäure wahrscheinlich vorhanden.

4. Um diese Frage zu entscheiden, kann man das Filtrat der dritten Fällung für sich behandeln, um zu untersuchen, inwieweit ein leichtlösliches Bariumsalz noch vorhanden ist, und in diesem Falle muß man den Niederschlag wieder lösen und fällen.

Jörgensen hat jedoch niemals in den Fällen, in denen er mit den hier angegebenen Mengen der verschiedenen Weine und Säfte gearbeitet hat, eine so große Menge Äpfelsäure angetroffen, daß nicht 300 ccm des 26 volumproz. Alkohols ausgereicht hätten, um diese Säure zu lösen.

Falls ein einigermaßen beträchtlicher Rückstand übrigbleibt, läßt sich die in diesem enthaltene Citronensäure quantitativ bestimmen, indem man den ungelösten Rest, der durch die wiederholten Lösungen, Fällungen und Filtrierungen größtenteils von den gefärbten Gerbsäuren befreit worden ist, in Wasser löst, die Flüssigkeit mit Salpetersäure ansäuert und mittels Schwefelsäure in kochender Lösung fällt. Nach dem Stehen in der Wärme, bis das Bariumsulfat grobkörnig geworden ist, wird dieses auf ein Filter gebracht, geglüht und gewogen. 1 g BaSO entspricht 0,548 g wasserfreier Citronensäure.

Erkennung der Citronensäure. Ist der in dem 26 volumproz. Alkohol ungelöste Rückstand zu klein, als daß es sich lohnte, eine quantitative Bestimmung auszuführen, so stellt man die Stahresche Reaktion[1]) in folgender Weise an:

Der Rückstand wird auf dem Filter unter Umrühren mittels eines kleinen Glasspatels mit einigen ccm Wasser behandelt, und die wässerige, meistens gelb gefärbte Lösung mit einem Tropfen verdünnter Salpetersäure versetzt, nach schwacher Erwärmung wird ein Tropfen Kaliumpermanganatlösung hinzugefügt und die Flüssigkeit beiseite gestellt, bis alles Mangan zu Manganosalz reduziert ist, was nötigenfalls mittels eines Tropfens Oxalsäurelösung bewerkstelligt wird. Die klare Lösung wird darauf mit wenigen Tropfen Bromwasser versetzt und wieder beiseite gestellt. Bei Gegenwart von Citronensäure trübt sich die Flüssigkeit früher oder später infolge Ausfällung von Pentabromaceton. Zur Kontrolle prüft man, ob die Flüssigkeit beim Schütteln mit Äther völlig klar wird. In dieser Weise lassen sich Bruchteile eines Milligramms Citronensäure nachweisen. In derselben Weise verfährt man mit einem größeren oder geringeren Teile des Filtrats von dem Bariumsulfat, wenn man eine Gewichtsbestimmung der Citronensäure ausgeführt hat. Liegen größere Mengen von Citronensäure vor, so läßt sich auch das eigenartige Verhalten des Calciumcitrats zur Identifizierung benutzen. In solchem Falle fällt man die Lösung mit einem kleinen Überschuß zuerst von Bariumchlorid und darnach von Natriumcarbonat. Das Filtrat von ausgefälltem Bariumsulfat und -carbonat wird mit Essigsäure neutralisiert und das Calciumcitrat mittels Calciumchlorids und Alkohols gefällt. Den gewaschenen Niederschlag löst man in kaltem Wasser oder verdünnter Salzsäure auf, übersättigt in letzterem Falle mit Ammoniak und kocht, wodurch sich das krystallinische Calciumcitrat ausscheidet. Die Stahresche Reaktion ist jedoch ebenso kennzeichnend und zuverlässig, und falls man nur einen bestimmten Bruchteil des Filtrats zur Reaktion verwendet, läßt sich die Menge der Citronensäure einigermaßen schätzen.

---

[1]) Zeitschr. f. analyt. Chem. 1897, **36**, 195.

ð) *Die Bestimmung der Äpfelsäure* (gegebenenfalls nebst geringen Mengen von Citronensäure):

1. Die vorliegende Lösung enthält keine Citronensäure. Die Filtrate von den oben beschriebenen Fällungen werden bis zu 7—8 ccm eingedampft, in einen 50 ccm fassenden Meßzylinder abfiltriert und die Schale mit kleinen Mengen Wasser ausgewaschen, bis die Lösung 17 ccm beträgt. Hiernach versetzt man mit Alkohol bis zur obersten Marke, schüttelt durch und läßt bis zum nächsten Tage stehen. Dann wird der Niederschlag abfiltriert, mit verdünntem Alkohol gewaschen, in kochendem Wasser gelöst, die Lösung mit Salzsäure versetzt und heiß mit einem nicht zu großen Überschuß von Schwefelsäure gefällt. Nach dem Stehen in der Wärme wird das grobkörnig gewordene Bariumsulfat abfiltriert, und wenn der Niederschlag von Bariummalat und dessen wässerige Lösung kaum gefärbt ist, wird aus dem Gewichte des geglühten Bariumsulfats die Menge der Äpfelsäure durch Multiplizieren mit 0,574 berechnet. Enthält dagegen der Niederschlag von Bariummalat gefärbtes Bariumtannat, so reinigt man das Filtrat vom Bariumsulfat durch Versetzen mit Natriumhydroxyd, bis Phenolphthalein eine schwache rote Farbe annimmt, und durch Hinzufügen eines passenden Überschusses von Bariumchlorid, wobei man beachten muß, daß 1 ccm der Schwefelsäure 1 ccm der Bariumchloridlösung entspricht. Nach dem Stehen in der Wärme und Filtrieren ist das Filtrat fast farblos, weil das ausgefällte Bariumsulfat den größten Teil des Farbstoffs zurückhält. Der Niederschlag wird dann mit siedendem Wasser gewaschen, das Filtrat und das Waschwasser wieder bis zu 7—8 ccm eingeengt, nötigenfalls filtriert und wie oben mit dem doppelten Volumen Alkohol gefällt. In diesem fast farblosen Bariummalat wird darnach der Bariumgehalt wie oben bestimmt und hieraus die Äpfelsäuremenge berechnet.

2. Die vorliegende Lösung enthält Citronensäure. In diesem Falle wird das Filtrat, besonders wenn es mehrere 100 ccm beträgt, eventuell nebst Äpfelsäure auch etwas Citronensäure enthalten, jedoch, wenn man für die möglichst nahe Neutralität Sorge getragen hat, keine große Mengen.

Will man auf diesen Citronensäuregehalt Rücksicht nehmen, so kann man die Filtrate, nach der zu erwartenden Äpfelsäuremenge, bis auf ein passendes Volumen konzentrieren und nach etwaiger Filtration mit 2 Volumen Alkohol auf je 5 Volumen wässeriger Lösung fällen. Fürchtet man, daß dieser Niederschlag Bariummalat enthält, so löse man ihn wieder in Wasser auf und fälle noch einmal mit $^2/_5$ Volumen Alkohol. Ist eine Trennung dieser beiden Säuren tunlichst bewerkstelligt, so geht man zu deren Mengenbestimmung, wie oben beschrieben ist, über.

Erkennung der Äpfelsäure. Für diese Säure fehlt bis jetzt eine empfindliche, leicht ausführbare Erkennungsprobe. Die vorliegenden Verfahren erfordern größere Mengen reiner Äpfelsäure. Man kann zur Herstellung einer hinlänglich reinen Äpfelsäure folgendermaßen verfahren: Das schwefelsaure Filtrat vom Bariumsulfat wird neutralisiert und mit einem passenden Überschuß von Bariumchlorid gefällt. Das Filtrat wird eingeengt und mit 2 Volumen Alkohol gefällt. Der Niederschlag wird darauf mit verdünntem Alkohol gründlich ausgewaschen, in Wasser gelöst und mit Bleiacetat und Alkohol gefällt. Der mit verdünntem Alkohol gut ausgewaschene Bleiniederschlag wird alsdann mit Schwefelwasserstoff zerlegt und von dem die freie Äpfelsäure enthaltenden Filtrate wird ein Teil zur Herstellung von Krystallen der Fumar- und Maleinsäure verwendet. Ein anderer Teil wird mit Bleiacetat versetzt; der Niederschlag wird beim Erhitzen zähe und nach dem Erkalten spröde. Liegen hinlänglich große Mengen Äpfelsäure vor, so lassen sich auch die kennzeichnenden Calcium- und Magnesiumsalze darstellen und auch das Äquivalentgewicht ermitteln.

b) Oxydationsverfahren von v. d. Heide und Steiner.

C. von der Heide und H. Steiner halten indes das Kunzsche Oxydationsverfahren nach ihren Verbesserungen für richtiger als das Fällungsverfahren und bestimmen, nachdem sie in beiden Fällen vorher die Weinsäure abgeschieden haben, 1. die Bern-

steinsäure durch Ausziehen des oxydierten Rückstandes mit Äther, 2. die Bernsteinsäure + Äpfelsäure zusammen und berechnen die letztere aus der Differenz. Das letztere
Verfahren setzt sich aus folgenden Einzelbehandlungen zusammen:

a) Entfernung der Weinsäure als Weinstein,

b) Entfernung der Essigsäure und Milchsäure in Form ihrer in Alkohol löslichen Bariumsalze,

c) Ausziehung der Äpfelsäure zusammen mit der Bernsteinsäure durch Äther,

d) Entfernung des in den Äther mit übergegangenen Gerbstoffs durch Tierkohle,

e) Bestimmung der Summe der Äpfel- und Bernsteinsäure aus der Alkalität der Asche ihrer
Alkalisalze.

Die Verfahren gestalten sich z. B. bei Wein wie folgt:

α) Bestimmung der Bernsteinsäure. 50 ccm Wein werden in einer Porzellanschale
von etwa 200 ccm Fassungsraum durch Eindampfen auf dem Wasserbad entgeistet. Hierauf
versetzt man mit 1 ccm 10 proz. Bariumchloridlösung und fügt nach Zusatz von einem Tropfen
alkoholischer Phenolphthaleinlösung feingepulvertes Bariumhydroxyd in kleinen Anteilen so
lange zu, bis eintretende Rotfärbung das Überschreiten des Neutralisationspunktes anzeigt.
Während dieser Behandlung wird möglichst genau auf 20 ccm eingeengt, zu welchem Zwecke
man in der Schale vorher eine Marke angebracht hat. Ist ein zu großer Bariumüberschuß zugesetzt worden, so entfernt man ihn vor dem Alkoholzusatz dadurch, daß man Kohlensäure
auf die Flüssigkeitsoberfläche unter gleichzeitigem Rühren der Flüssigkeit strömen läßt.
Durch diese Überführung des Bariumhydroxyds in Carbonat wird die spätere Filtration sehr
begünstigt. Nach dem Erkalten werden unter eifrigem Umrühren 85 ccm 96 proz. Alkohols zugegeben. Hierdurch werden neben anderen Bestandteilen die Bariumsalze der Bernstein-,
Wein- und Äpfelsäure quantitativ niedergeschlagen, während die der Milchsäure
und Essigsäure in Lösung bleiben. Nach mindestens 2stündigem Stehen wird der
Niederschlag abfiltriert und einige Male mit 80 proz. Alkohol ausgewaschen, da hierdurch besonders bei extraktreichen Weinen die spätere Oxydation erleichtert wird. Ein sorgfältiges
Überspülen des Niederschlages von der Schale auf das Filter ist unnötig, weil nunmehr der
gesamte Niederschlag mit heißem Wasser von dem Filter in dieselbe Schale zurückgespritzt
wird. Der Schaleninhalt wird zur vollständigen Entfernung des Alkohols auf dem siedenden
Wasserbad eingeengt und alsdann unter gleichzeitigem weiteren Erhitzen mit je 3—5 ccm
5 proz. Kaliumpermanganatlösung so lange versetzt, bis die rote Farbe 5 Minuten bestehen
bleibt. Man gibt jetzt nochmals 5 ccm der Kaliumpermanganatlösung hinzu und läßt weitere
15 Minuten einwirken. Bei einem etwaigen abermaligen Verschwinden der Rotfärbung ist
diese letzte Operation zu wiederholen.

Ist endlich die Oxydation beendet, so zerstört man den Überschuß an Kaliumpermanganat durch schweflige Säure. Nach Verschwinden der Rotfärbung säuert man vorsichtig
mit 25 proz. Schwefelsäure an und fährt dann fort, schweflige Säure zuzusetzen, bis auch
das Mangansuperoxyd gelöst ist.

Alsdann dampft man auf ein angemessenes Maß von etwa 30 ccm ein, führt die Flüssigkeit mitsamt dem vorhandenen Niederschlag von Bariumsulfat mit Hilfe der Spritzflasche
quantitativ in den umstehenden Ätherperforationsapparat über, indem man durch Zusatz
von 40 proz. Schwefelsäure dafür sorgt, daß die Flüssigkeit etwa 10% freie Schwefelsäure
enthält.

Der Apparat[1]) (Fig. 270, S. 468) besteht aus 4 Teilen:

1. Der Hauptteil (*A*) ist ein zylindrisches Rohr *a*, das bis zum Ansatzrohr *b* etwa 100 ccm
faßt. Unten bei *e* befindet sich ein zweites, engeres Ansatzrohr, das in das Rohr *r* mündet und in
diesem eine angemessene Strecke emporgeführt ist.

---

[1]) Zeitschr. f. Untersuchung d. Nahrungs- u. Genußmittel 1909, **17**, 318. Die Apparate können
von der Firma C. Gerhardt in Bonn bezogen werden.

30*

Das oben bei *d* vorhandene Ansatzrohr ist ebenso wie das Ansatzrohr *b* mit dem Rohre *r* verbunden. Die Öffnung in dem Schliffe *d* korrespondiert mit einer entsprechenden Öffnung (*o*) des Kühlers.

2. Der Kühler (*B*) selbst ist ein weites Glasrohr von etwa 10 cm Länge, das von einem engen Glasrohr umwunden und von einem Glasmantel umschlossen ist. Sein unterer Teil ist an den Hauptteil *A* angeschliffen. An diesem Schliff hat er eine seitliche Öffnung *o*.

3. Ein wesentlicher Teil des Apparates ist der Einsatz (*C*). Er besteht aus einer unten umgebogenen (*u*), oben zu einem Trichter *t* erweiterten Glasröhre, an der eine Anzahl Tellerchen angeschmolzen sind. Die Tellerchen tragen hakenförmig gekrümmte kleine Ansätze zur Führung der Perforationsflüssigkeiten.

Fig. 270.

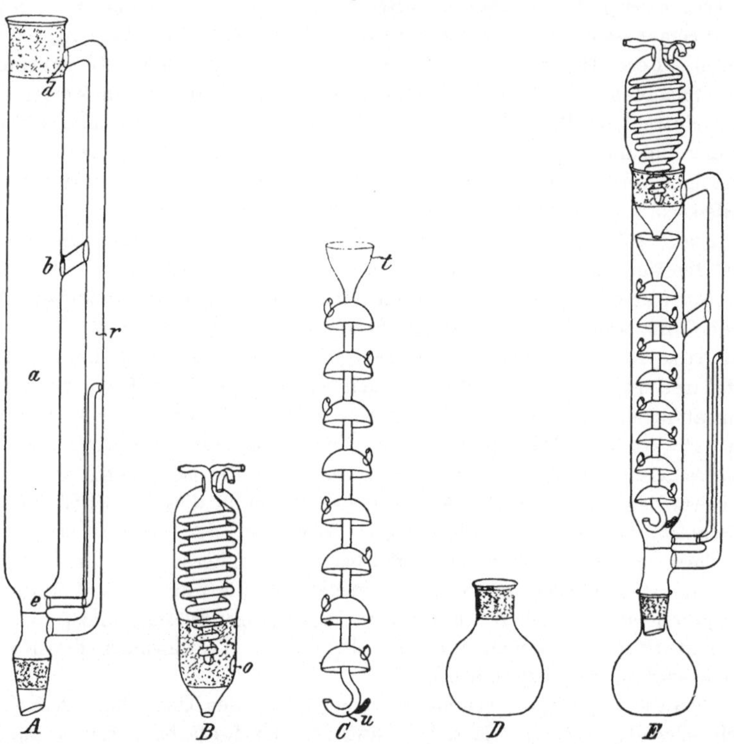

Perforationsapparat nach C. von der Heide.

4. Das Siedegefäß (*D*), das an den unteren Schliff des Hauptteils angesetzt wird.

a) Zusammenstellung des Apparates für die Ätherperforation:

Zunächst werden in den Hauptteil *A* 3—4 ccm Quecksilber gefüllt, um das Ansatzrohr *e* zu versperren. Hierauf füllt man in *a* die zu perforierende Flüssigkeit und setzt den Einsatz *C* so ein, daß das Trichterchen *t* sich oben befindet (wie in Fig. 270 *E*). Hierauf wird der Kühler so auf den Schliff des Hauptteils *A* gesetzt, daß dessen Öffnung *d* mit der Kühleröffnung *o* korrespondiert. Nachdem nun noch das mit Äther gefüllte Siedegefäß unten an den Hauptteil *A* gesetzt worden ist, beginnt man mit dem Erhitzen. Der Ätherdampf steigt in *r* in die Höhe, gelangt durch die Öffnung *d* in den Kühler, wird dort kondensiert, fällt in das Trichterchen des Einsatzes und gelangt an dem umgebogenen Ende des Einsatzes in die zu perforierende Flüssigkeit. Durch die Tellerchen, die dem Äther in den Weg gestellt sind, wird er zu langsamem Aufsteigen gezwungen. Endlich läuft der Äther durch das Ansatzrohr *b* in den Extraktionskolben zurück, so daß der Kreislauf von neuem beginnen kann.

b) **Zusammenstellung des Apparates für die Chloroformperforation:**

In den Hauptteil des Apparates A gießt man zunächst etwa 30—50 ccm Chloroform und setzt dann erst den Einsatz ein, jedoch so, daß das Trichterchen t sich unten befindet, also in das Chloroform eintaucht. Hierauf gießt man vorsichtig auf das Chloroform die zu perforierende Flüssigkeit, setzt den Kühler in entsprechender Weise ein und beginnt, das mit Chloroform teilweise gefüllte Kölbchen zu erhitzen. Der Chloroformdampf steigt in dem Röhrchen r in die Höhe, gelangt bei d in den Kühler, wird hier kondensiert und fällt auf die Tellerchen des Einsatzes, wodurch ein langsames Durchrieseln der zu perforierenden Flüssigkeit gewährleistet wird. Unten sammelt sich das Chloroform und wird schließlich nach dem Gesetz der kommunizierenden Röhren durch das Ansatzrohr e in das Rohr r befördert, von wo es in das Siedegefäß zurückfließt.

Für die Perforation nur mit Äther hat C. von der Heide einen etwas einfacheren Apparat eingerichtet.

Nach 9 Stunden kann in den meisten Fällen die Perforation als beendet angesehen werden. Nach 12 Stunden ist mit Sicherheit die Bernsteinsäure quantitativ in den Äther übergegangen. Der Kolbeninhalt wird mit Hilfe von etwa 20 ccm Wasser in ein Becherglas übergeführt, worauf man den Äther unter Vermeiden des Siedens, das mit Verspritzen verbunden ist, am besten durch Stehenlassen an einem warmen Ort verdunstet.

Unter Verwendung von Phenolphthalein neutralisiert man hierauf mit einer völlig halogenfreien $^1/_{10}$ N.-Lauge, führt den Inhalt des Becherglases in ein 100 ccm-Meßkölbchen über, versetzt mit 20 ccm $^1/_{10}$ N.-Silbernitratlösung und füllt unter tüchtigem Umschütteln bis zur Marke auf. Man filtriert vom ausgefallenen bernsteinsauren Silber ab, bringt 50 ccm des Filtrats in ein Becherglas und titriert nach Zusatz von Salpetersäure und Eisenammoniakalaunlösung mit $^1/_{10}$ N.-Rhodanammonlösung das überschüssige Silbersalz zurück.

Hat man 50 ccm Wein verarbeitet, zur Titration der mit Äther ausgezogenen Säuren 20 ccm $^1/_{10}$ N.-Silbernitratlösung vorgelegt und zur Zurücktitration von 50 ccm Filtrat x ccm $^1/_{10}$ N.-Rhodanammonlösung verbraucht, so sind in 100 ccm Wein $y = 0{,}0236\,a$ Gramm Bernsteinsäure enthalten, wobei $a = 10 - x$ ist.

Das Verfahren in vorstehender Ausführung ist auch für **Moste** und **stark zuckerhaltige Weine** geeignet.

β) ***Bestimmung der Bernsteinsäure und Äpfelsäure.*** Man setzt nach der amtlichen Vorschrift zu 50 ccm Wein in einem Becherglase 1 ccm Eisessig, 0,25 ccm einer 20 proz. Kaliumacetatlösung, 7,5 g gepulvertes, reines Chlorkalium, das man durch Umrühren nach Möglichkeit in Lösung bringt, und fügt dann noch 7,5 ccm Alkohol von 95 Maßprozent hinzu. Nachdem man durch starkes, etwa 1 Minute anhaltendes Reiben des Glasstabes an der Wand des Becherglases die Abscheidung des Weinsteins eingeleitet hat, läßt man die Mischung wenigstens 15 Stunden bei Zimmertemperatur stehen und filtriert dann den krystallinischen Niederschlag mit Hilfe der Wasserstrahlpumpe ab; zum Auswaschen dient ein Gemisch von 15 g Chlorkalium, 20 ccm Alkohol von 95 Maßprozent und 100 ccm destilliertem Wasser. Das Becherglas wird etwa 3 mal mit wenigen Kubikzentimetern dieser Lösung abgespült, wobei man jedesmal gut abtröpfeln läßt. Sodann werden Filter und Niederschlag durch etwa 3 maliges Abspülen und Aufgießen von einigen Kubikzentimetern der Waschflüssigkeit ausgewaschen, von der im ganzen nicht mehr als 10 ccm verbraucht werden dürfen.

Das sorgfältig gesammelte Filtrat, das nur noch geringe, nicht weiter störende Weinsäuremengen enthält, wird in einer Porzellanschale auf dem Wasserbade zur Beseitigung des Alkohols und der Essigsäure auf wenige Kubikzentimeter eingeengt. Die sich hierbei bildenden Krystallkrusten, aus Kaliumchlorid bestehend, müssen wiederholt mit Hilfe eines Pistills zerdrückt werden. Wenn die Essigsäure zum größten Teil vertrieben ist, nimmt man den Rückstand mit wenig Wasser auf, versetzt mit 5 ccm einer 10 proz. Bariumchloridlösung und mit so viel fein gepulvertem Bariumhydroxyd (unter Verwendung eines Tropfens Phenolphthaleinlösung als Indicator), bis bleibende Rotfärbung die alkalische Reaktion der Lösung anzeigt. Durch Einleiten von Kohlendioxyd in die Flüssigkeit bindet man hierauf das überschüssige Bariumhydroxyd, durch dessen Beseitigung die spätere Filtration sehr erleichtert wird. Zu der genau auf ein Maß von 20 ccm gebrauchten Flüssigkeit werden nach dem Erkalten unter Umrühren 85 ccm Alkohol von 96 Maßprozent gegeben. Nach mindestens 2stündigem Stehen wird der entstandene Niederschlag abfiltriert und sorgfältig mit 80 proz. Alkohol ausgewaschen. Alsdann wird der Niederschlag mit heißem Wasser vom Filter in die Schale zurückgespritzt und auf dem Wasserbad fast bis zur Trockne gedampft, wobei die auskrystallisierenden Kaliumsalzkrusten wiederholt mit einem Pistill zerdrückt werden müssen.

Nachdem man hierauf den gerade noch feuchten Rückstand mit $2^1/_2$—3 ccm 40 proz. Schwefelsäure zersetzt hat, gibt man unter sorgfältigem Umrühren mit einem Pistill so lange feingepulvertes, wasserfreies Natriumsulfat zu, bis das Gemisch ein lockeres, trockenes Pulver ist, mit dem nunmehr eine Schleichersche Papierhülse beschickt wird. Die gefüllte Papierhülse wird in einen Soxhlet - Apparat beliebiger Konstruktion (vgl. S. 343) gebracht, oben mit einem Wattebausch bedeckt und 6 Stunden mit Äther ausgezogen, wodurch die Äpfelsäure und Bernsteinsäure vollständig in Lösung gehen. Man unterbricht nach dieser Zeit die Extraktion, nimmt die Papierhülse aus dem Apparat, setzt diesen wieder zusammen, indem man gleichzeitig zu der ätherischen Säurelösung 10—20 ccm Wasser zugibt, und benutzt ihn nunmehr zum Abdestillieren des Äthers, wobei man natürlicherweise für rechtzeitige Unterbrechung der Destillation Sorge tragen muß. Die letzten Anteile des Äthers läßt man am zweckmäßigsten durch Stehen des Extraktionskölbchens an einem mäßig warmen Ort verdunsten. Die zurückbleibende wässerige Lösung wird mit einer angemessenen Menge Tierkohle (1—3 g)[1]) versetzt und 1 Stunde damit auf dem Wasserbade digeriert. Hierauf filtriert man die von Gerbstoff befreite Flüssigkeit in eine geräumige Platinschale und wäscht das Filter sorgfältig mit heißem Wasser aus. Das gesammelte Filtrat wird mit einem Tropfen Phenolphthaleinlösung versetzt und mit einer Lauge von bekanntem Titer genau neutralisiert. Hierauf dampft man auf dem Wasserbad zur Trockne und verascht unter den üblichen Vorsichtsmaßregeln die organischen Salze. Die schließlich erhaltenen Carbonate werden mit einer gemessenen Menge von $^1/_{10}$ N.-Salzsäure im Überschuß versetzt, auf dem Wasserbade kurze Zeit erhitzt und der Überschuß von Salzsäure mit $^1/_{10}$ N.-Lauge zurückgemessen.

Wurden bei Verwendung von 50 ccm Wein b_1 ccm $^1/_{10}$ N.-Salzsäure vorgelegt und zur Neutralisation c_1 ccm $^1/_{10}$ N.-Lauge verbraucht, so erforderten die Carbonate aus 50 ccm Wein $a_1 = (b_1 — c_1)$ ccm $^1/_{10}$ N.-Salzsäure zur Neutralisation.

Hat man ferner gefunden, daß 100 ccm Wein y g Bernsteinsäure enthalten, so würden die Alkalisalze dieser Säuremenge nach dem Veraschen zur Neutralisation verbrauchen:

$$z = \frac{1000\,y}{5{,}9}\;;$$

die Asche des äpfelsauren Alkali aus 100 ccm erfordert mithin:

$$\left(2_{a_1} — \frac{1000\,y}{5{,}9}\right) \text{ccm } ^1/_{10} \text{ N.-Salzsäure;}$$

dies entspricht:

$$x = \left(2_{a_1} — \frac{1000\,y}{5{,}9}\right)\frac{6{,}7}{1000} = (0{,}0134_{a_1} — 1{,}1373\,y) \text{ Gramme Äpfelsäure.}$$

Bequemer ist folgende Berechnung:

Haben die Zahlen $a_1 = (b_1 — c_1)$ dieselbe Bedeutung, wie oben angegeben, und die Zahlen $a = (10 — c)$ die auf Seite 469 angegebene, auf die Bernsteinsäure bezügliche Bedeutung, so ist

$$x = (a_1 — 2_a) \cdot 0{,}0134 \; .$$

---

[1]) Die Tierkohle muß durch Behandlung mit Säuren von Salzen vorher sorgfältig gereinigt worden sein.

Bestimmung des Extraktes bzw. des Zuckers aus dem spezifischen Gewicht bei 15° C.

Wenn wässerige oder alkoholische Lösungen nur oder vorwiegend nur Zucker bzw. lösliche Kohlenhydrate (neben Zuckerarten Dextrine) enthalten, so pflegt man ihren Gehalt an Zucker bzw. Extrakt (bzw. Trockensubstanz) durch Bestimmung des spezifischen Gewichtes zu ermitteln und zwar entweder mit Hilfe des Pyknometers nach S. 43 oder der Westphalschen Wage nach S. 45. Als Normaltemperatur gilt durchweg 15° C (gegen Wasser von 15° C, vgl. S. 41), als Tabelle, aus der die dem spezifischen Gewicht entsprechenden Zucker- bzw. Extraktprozente abgelesen werden können, die von K. Windisch[1]) berechnete Zucker- bzw. Extrakttabelle (vgl. Tab. XII, am Schluß). Derselben liegt die amtliche Zuckertabelle der Kaiserl. Normal-Eichungs-Kommission zugrunde; die Zahlen der 2. Spalte der Tabelle wurden aus der Gewichtsprozent-Tabelle der Kaiserl. Normal-Eichungs-Kommission durch Interpolation gefunden, die Zahlen der 3. Spalte „Gramm Zucker in 100 ccm" dagegen aus dem in der 2. Spalte enthaltenen Gewichtsprozenten Zucker nach der Formel:

$$x = 0{,}999\,154 \cdot p \cdot d$$

berechnet, worin bedeutet:

x die zu berechnenden Gramme Zucker in 100 ccm der Lösung,

p die Gewichtsprozente Zucker in der Lösung,

d das spezifische Gewicht der Lösung von p Gewichtsprozent Zucker bei 15° C, bezogen auf Wasser von 15° C,

0,999 154 das Gewicht von 1 ccm Wasser von 15° C.

Die Zahlen der 3. Spalte sind vorwiegend für die Fälle (z. B. für Wein) berechnet, in denen es darauf ankommt, die Gramme Zucker in 100 ccm oder 1 l der Lösung anzugeben.

Vielfach wird der Zucker- bzw. Extraktgehalt wässeriger Zucker- bzw. Extraktlösungen unmittelbar mit einer Zuckerspindel, dem sogenannten Saccharometer, bestimmt. In diesem Falle ist es oft besonders behufs Umrechnung der Gewichtsmengen in Raummengen von Interesse, das spezifische Gewicht (die Dichte) der Lösungen kennen zu lernen. Diesem Zwecke soll die Tabelle XIII am Schluß zur Ermittelung der Dichte wässeriger Zuckerlösungen aus der Saccharometeranzeige bei 15 ° C dienen.

Die Tabellen gelten strenggenommen nur für Rohrzuckerlösungen; aber das Ballingsche Saccharimeter, das vorwiegend in der Brauerei Verwendung findet, ist ebenfalls für Rohrzuckerlösungen eingestellt; andere Flüssigkeiten, z. B. Liköre, enthalten als einzigen Extraktstoff meistens nur Rohrzucker und wo neben diesem, wie z. B. bei Fruchtsäften und Honig mehr oder weniger Invertzucker vorhanden ist, ist die Tabelle anwendbar, weil Invertzuckerlösungen mit gleichkonzentrierten Rohrzuckerlösungen ein nahezu übereinstimmendes spezifisches Gewicht besitzen. Auch hat sich die Rohrzucker-Tabelle der Kaiserl. Normal-Eichungs-Kommission für die indirekte Extraktbestimmung in Mosten und Süßweinen (bzw. Weinen mit mehr als 4% Extrakt) gegenüber anderen Extrakttabellen als sehr geeignet erwiesen.

Die Ausführung der Extraktbestimmung mit Hilfe des spezifischen Gewichtes unter Zugrundelegung der Tabelle richtet sich einerseits nach der Art der Lösung, andererseits nach der Fragestellung, ob die Mengen in Gewichts- oder Raum-(Volumen-)prozenten angegeben werden sollen.

1. Hat man genügend verdünnte Zuckerlösungen, wie z. B. Bierwürze oder Most, so bestimmt man davon direkt das spezifische Gewicht und entnimmt die zu diesem gehörigen Prozentmengen der Tabelle.

---

1) K. Windisch, Tafel zur Ermittelung des Zuckergehaltes wässeriger Zuckerlösungen. Berlin 1896.

$$\text{Beträgt z. B. spezifisches Gewicht } d\left(\frac{15°}{15°}\,C\right) \quad . \quad . \quad \underset{1{,}0521}{\overset{\text{Bierwürze}}{}} \qquad \underset{1{,}0763}{\overset{\text{Most}}{}}$$

so entsprechen diesen

	Bierwürze	Most	
a) Gewichtsprozente (g in 100 g)	12,84	18,42	Gewichtsprozente,
b) Raumprozente (g in 100 ccm)	13,49	19,81	Raumprozente.

2. Sind die Zuckerlösungen dagegen dickflüssig, sirupartig, wie z. B. bei Honig, Fruchtsirupen, Sirupen usw., so muß man zur genauen Bestimmung des spezifischen Gewichtes zunächst eine verdünntere Lösung herstellen; man löst eine abgewogene Menge der sirupdicken Flüssigkeit in einer bestimmten Menge Wasser, bestimmt hiervon das spezifische Gewicht, entnimmt die dazugehörigen Zuckergewichtsprozente der Tabelle XII und berechnet den Gehalt der ursprünglichen Flüssigkeit an Extrakt bzw. Wasser nach folgenden Gleichungen:

$$\text{Gewichtsprozent Extrakt } (x) = \frac{p\,(a+b)}{a}\;.$$

$$\text{Gewichtsprozent Wasser } (x) = 100 - \frac{p\,(a+b)}{a}\,,$$

worin bedeuten:

a die abgewogene Menge Substanz,

b die zur Lösung angewendete Menge Wasser ($a : b$ meistens wie 1 : 10),

p die dem spezifischen Gewicht entsprechenden Gewichtsprozente Zucker nach Tabelle XII.

Sind z. B. 17,4263 g Honig ($= a$) in 52,5147 g Wasser ($= b$) gelöst, also Gewicht der Lösung $= 69{,}9410$ g, und ist das spezifische Gewicht derselben $d\left(\frac{15°}{15°}\,C\right) = 1{,}0838$ gefunden, so entsprechen demselben nach der Tabelle 20,11 Gewichtsprozent Zucker bzw. Extrakt; in 69,9410 g Honiglösung sind daher $\dfrac{20{,}11 \times 69{,}941}{100} = 14{,}0651$ g Zucker und in 100 g Honig, da letztere Menge aus 17,4263 g Honig stammt, $\dfrac{14{,}0651 \times 100}{17{,}4263} = 80{,}72$ Gewichtsprozent Extrakt; oder indem man die Zahlen direkt in die obige Gleichung setzt:

$$\frac{20{,}11\,(17{,}4263 + 52{,}5147)}{17{,}4263} = 80{,}72 \text{ Gewichtsprozent Extrakt.}$$

Der Gehalt an Wasser ergibt sich dann einfach aus der Differenz, nämlich:

$$100 - 80{,}72 = 19{,}28 \text{ Gewichtsprozent Wasser.}$$

3. Handelt es sich um alkoholische Zuckerlösungen bzw. um Lösungen, die neben Wasser noch andere sich verflüchtigende Stoffe enthalten, die das spezifische Gewicht beeinflussen, so müssen diese vorher in geeigneter Weise entfernt werden. Das geschieht meistens durch einfaches Eindampfen, wenn dadurch keine Ausscheidung von Stoffen statthat; tritt dieses wie z. B. bei Süßwein ein, so muß ein anderes Verfahren eingeschlagen werden.

a) Bestimmung des Extraktes in alkoholischen Flüssigkeiten (Bier, Likör, Wein mit mehr als 4 g Extrakt in 100 ccm), die beim Verdampfen des Alkohols keine in Wasser unlöslichen Stoffe ausscheiden. Man befreit diese durch Eindampfen von Alkohol und muß, je nachdem man den Gehalt an Extrakt in Gewichts- oder Maß- bzw. Raumprozenten erhalten will, verschieden verfahren:

α) Soll der Gehalt an Extrakt nach Grammen in 100 ccm der Flüssigkeit, also in Raumprozenten angegeben werden, so dampft man ein bestimmtes Volumen (etwa 100 ccm) auf dem Wasserbade ein, bis der gesamte Alkohol verjagt ist, läßt erkalten, fügt

Wasser von 15° C zu, füllt damit bis zum ursprünglichen Volumen (also 100 ccm) auf und bestimmt von dieser Lösung das spezifische Gewicht; habe letzteres z. B. bei einem Likör 1,0675 ergeben, so entsprechen demselben nach Tabelle XII 17,51 g Extrakt in 100 ccm Likör.

β) Soll dagegen der Extraktgehalt der Flüssigkeit in Gewichtsprozenten ausgedrückt werden, so stellt man erst das Gewicht der von Alkohol zu befreienden Flüssigkeit (z. B. von 100 ccm Bier) fest, verjagt den Alkohol, läßt erkalten, fügt Wasser von 15° C zu und füllt hiermit bis zu dem ursprünglichen Gewicht auf und bestimmt hiervon das spezifische Gewicht; ist für letzteres $d\left(\dfrac{15°}{15°}\,C\right) = 1,0213$ gefunden, so enthält das Bier nach der 3. Spalte von Tabelle XII 5,40 Gewichtsprozent Extrakt, d. h. g Extrakt in 100 g Bier.

b) Scheiden dagegen alkoholische Flüssigkeiten, z. B. extraktreiche Süßweine, beim Verjagen des Alkohols wasserunlösliche Stoffe aus, so kann man die Verfahren unter a) zur Ermittelung des Extraktgehaltes nicht anwenden, sondern muß dann den Extraktgehalt auf indirekte Weise ermitteln, indem man das spezifische Gewicht des Weines und des auf gleiches Volumen gebrachten alkoholischen Destillats bestimmt.

Bedeutet:

d die Dichte des Weines bei 15° C, bezogen auf Wasser von 15° C,

d_1 die Dichte des alkoholischen, bei 15° C auf den ursprünglichen Raum mit Wasser aufgefüllten Destillats des Weines bei 15° C, bezogen auf Wasser von 15° C,

x die (zu berechnende) Dichte des entgeisteten und bei 15° C auf den ursprünglichen Raum mit Wasser aufgefüllten Weines bei 15° C, bezogen auf Wasser von 15° C,

so ist:

$$x = 1 + d - d_1\,.$$

Die dem berechneten Werte der Dichte x entsprechenden Gramme Extrakt in 100 ccm Wein entnimmt man der 3. Spalte der Tabelle XII.

Beträgt z. B. das spezifische Gewicht eines Süßweines $\left(\dfrac{15°}{15°}\,C\right) = 1,0784$; wurden ferner 50 ccm Wein destilliert, das alkoholische Destillat bei 15° C mit Wasser auf 50 ccm aufgefüllt, das spezifische Gewicht des Destillats $d_1\left(\dfrac{15°}{15°}\,C\right) = 0,9792$ gefunden, dann ist das (berechnete) spezifische Gewicht des entgeisteten, bei 15° C auf den ursprünglichen Raum mit Wasser aufgefüllten Weines bei 15° C, bezogen auf Wasser von derselben Temperatur:

$$x = 1 + 1,0784 - 0,9792 = 1,0992\,.$$

Dem spezifischen Gewicht 1,0992 entsprechen nach Maßgabe der 3. Spalte der Tabelle XII 25,83 g Extrakt in 100 ccm Flüssigkeit. Der Süßwein enthält somit 25,83 g Extrakt in 100 ccm.

Diese Beispiele werden das Verfahren und die Anwendungsweise der Tabelle XII genügend erläutern.

Bestimmung und Trennung der Mineralstoffe (Asche).

Zu den regelmäßigen Mineralstoffen in den Nahrungs- und Genußmitteln gehören als basische Elemente: Kalium, Natrium, Calcium, Magnesium, Eisen, Mangan [in seltenen Fällen (bei Pilzen) auch Aluminium und in geringen Mengen Kupfer und Zink, die aus dem Boden aufgenommen sein können]; zu den regelmäßig vorkommenden sauren Elementen gehören: Phosphor, Schwefel, Chlor, Silicium und in sehr geringer Menge Bor (vorwiegend in Früchten). Hierzu können sich noch als außergewöhnliche Verunreinigungen Arsen, Blei und Zinn gesellen.

A. Bestimmung der Gesamt-(Roh-)Asche.

Etwa 5 oder 10 g der lufttrockenen Substanz werden in einer Platinschale bei anfangs kleiner Flamme verbrannt. Um ein Verstäuben[1] feinpulveriger Stoffe hierbei zu vermeiden, kann man die abgewogene Substanz in der Platinschale mit Alkohol durchfeuchten und diesen für sich ohne Anwendung einer Flamme anzünden. Es verkohlt hierbei die Substanz durchweg ohne jegliche Verstäubung. Nach dem Abbrennen des Alkohols wird die verkohlte Substanz mit der Flamme weiter verbrannt. Oder man kann, wenn es sich um leicht verbrennliche Stoffe handelt, erst bis zur Entzündung erhitzen, dann die Flamme entfernen und die Substanz für sich weiter brennen lassen; es findet alsdann durch allmähliches Verglimmen im Innern der verkohlten Substanz ein fast vollständiges Veraschen statt, worauf man in den meisten Fällen zur Erzielung einer weißen Asche nur nötig hat, die Substanz mit Wasser (oder auch chemisch reinem Wasserstoffsuperoxyd) anzufeuchten, dieselbe auf dem Sandbade langsam trocknen zu lassen und nun noch einige Zeit einer stärkeren Flamme auszusetzen.

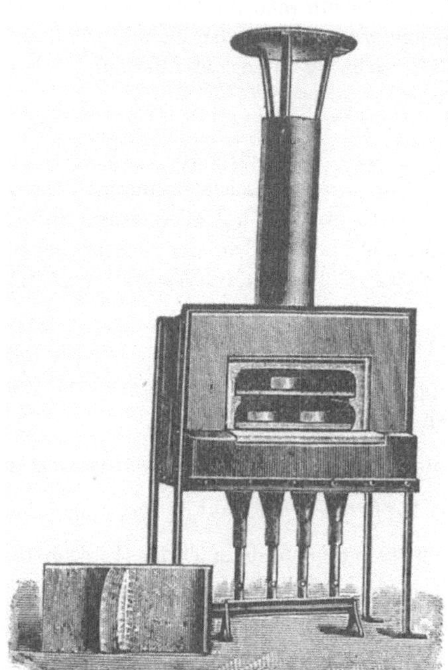

Fig. 271.

Muffelofen nach Courtienne.

Fig. 272.

Elektrischer Verbrennungsofen.

Bei Substanzen, welche größere Mengen Salze enthalten, besonders bei tierischen Stoffen, ist man gezwungen, die noch Kohlenteile enthaltende Asche mit Wasser auszulaugen und den Rückstand weiter zu verbrennen. Man erhält in kurzer Zeit auf diese

---

[1] Zur Vermeidung des Verstäubens bzw. zur Ermittelung flüchtiger Stoffe sind verschiedene Vorrichtungen angegeben, so von v. Hlasiwetz, Ann. Chem.-Pharm. **97**, 244; Reese, Zeitschr. f. analyt. Chem. 1888, **27**, 133; Tollens u. Schuttleworth, Journ. f. Landwirtschaft 1899, **47**, 199; Tucker, Berichte d. Deutschen chem. Gesellschaft 1899, **32**, 2583; H. Wislicenus, Zeitschr. f. analyt. Chem. 1901, **40**, 441. Diese Vorrichtungen haben aber, weil ihre Anwendung zu umständlich ist, noch wenig Eingang in die Laboratorien gefunden. Am ersten läßt sich noch die von H. Wislicenus vorgeschlagene Vorrichtung empfehlen, weil sie nur eines Veraschungsdeckels benötigt, der den vorhandenen Platinschalen angepaßt werden kann. Der Deckel hat in der Mitte ein knieförmig gebogenes Ansatzrohr, welches mit einer Wasserstrahlpumpe verbunden wird und durch welches außer Luft auch Sauerstoff über die Substanz geleitet werden kann. Außerdem gestattet diese Einrichtung die Auffangung und Untersuchung der bei der Veraschung entweichenden Gase.

Weise eine tunlichst von Kohle freie Asche, welche mit der erhaltenen Lauge vereinigt, zur Trockne verdampft, nochmals schwach geglüht und dann gewogen wird.

Für häufig wiederkehrende oder mehrere gleichzeitig auszuführende Aschenbestimmungen empfehlen sich Muffelöfen, die wie z. B. der von Courtienne (Fig. 271) mehrere Veraschungsschalen aufzunehmen imstande sind. Der Veraschungsraum besteht aus einer Schamotte-Muffel mit 2 Etagen, welche in einem Schamotte-Gehäuse mit Eisenbekleidung steht. Die Heizung geschieht mittels Bunsen-Reihenbrenner.

Steht ein elektrischer Strom zur Verfügung, so kann man sich auch eines elektrischen Veraschungsofens (Fig. 272)[1]) bedienen.

Der Ofen[2]) besteht im wesentlichen aus einem Schamotte-Gehäuse mit Schornstein (zwecks Durchführung eines Luftstromes durch das Heizrohr) und einem Porzellan-Heizrohr von 50 mm Weite und 200 mm Länge zur Aufnahme eines oder mehrerer Veraschungsschälchen. Die Temperatur läßt sich mittels eines Vorschaltwiderstandes beliebig regeln, und zwar in so vollkommener Weise, wie es keine andere Beheizungsart auch nur annähernd ermöglicht.

Der Stromverbrauch beträgt bei 110 Volt etwa 6 Amp., bei 220 Volt etwa 3 Amp.

Die Veraschungsöfen mit Schornsteinen haben den Vorzug, daß sie infolge des erhöhten Luftstromes über die Substanz eine schnellere Verbrennung bewirken, der elektrische Veraschungsofen den weiteren Vorzug, daß der schädliche Einfluß der Verbrennungsgase der Gasflammen auf die Zusammensetzung der Asche ausgeschlossen ist.

Beim Verbrennen der Substanz auf freier Flamme kann man das Weißbrennen nach der Verkohlung dadurch unterstützen, daß man die Platinschale mit einem Deckel oder Blech von Platin oder Reinnickel bedeckt.

B. Bestimmung der Reinasche.

a) Vorbereitung der Substanz. Falls die Reinasche und in dieser die einzelnen Bestandteile bestimmt werden sollen, müssen die Materialien vorher tunlichst gereinigt werden. Wurzeln und Knollen sind durch vorsichtiges Reiben mit weichen Bürsten unter Wasser und durch wiederholtes Abspülen mit destilliertem Wasser von allen erdigen Substanzen zu befreien und sodann mit einem weichen Leinwandtuche abzutrocknen. Von Blättern und Stengeln entfernt man den Staub usw., soweit die Beschaffenheit derselben solches gestattet, durch Abwischen mit einem weichen Pinsel oder Tuche unter Anwendung eines möglichst gelinden Druckes. Samenkörner, namentlich die größeren Sorten, kann man mit destilliertem Wasser übergießen, darin einige Minuten lang aufrühren, dann aber sofort, bevor die Feuchtigkeit eindringt und ein Aufweichen der Samenkörner bewirkt, auf einem Siebe abtropfen lassen, auf Fließpapier legen und rasch wieder zwischen weichen Tüchern abtrocknen.

Grüne Blätter und Kräuter und ebenso in möglichst dünne Scheiben zerschnittene Rüben läßt man, an Fäden aufgehängt, im Trockenschranke bei 40—50° (S. 23) vortrocknen. Kartoffeln müssen in Stückchen und Scheiben zerteilt und in großen Porzellanschalen im Trockenschranke bei 40—50 von dem größten Teil ihres Wassergehaltes befreit werden; sie lassen sich hierauf, ebenso wie die getrockneten Rüben, leicht zu Pulver mahlen oder zerstoßen (vgl. S. 12 und 23). Das Pulver soll jedoch nicht zu fein sein, damit es beim Veraschen sich hinreichend locker erhält und nicht fest zusammensetzt. Lufttrockene Samenkörner kann man in einem Mörser

---

[1]) Die Öfen werden u. a. von W. C. Heräus in Hanau angefertigt.

[2]) Wie bei allen anderen elektrischen Öfen hat sich auch beim Veraschungsofen die Platinfoliewicklung als die beste bewährt. Die älteren Systeme mit Einbettung von Platindraht in Schamotte und ähnlichen Materialien sind bei der geringsten Überbelastung des Drahtes der Gefahr des Durchbrennens ausgesetzt. Die Wiederherstellung ist dann sehr schwierig, manchmal ganz ausgeschlossen.

zu einem groben Pulver zerstoßen oder auch einfach quetschen, wodurch die Verbrennung sehr erleichtert und ein Umherspringen derselben beim Erhitzen vermieden wird.

b) Das Verbrennen für sich allein ohne Zusätze. Das Verbrennen der so vorbereiteten Substanz wird, wenn es sich um Bestimmung der Reinasche und eines einzelnen Bestandteiles handelt, mit 5—10 g, wenn es sich jedoch um Bestimmung aller Aschenbestandteile handelt, mit 50—100 g am besten in einer geräumigen Platinschale und zwar über dem freien Feuer der Lampe vorgenommen, indem man zunächst längere Zeit nur eine ganz schwache Flamme einwirken läßt. Es findet hierbei eine sehr langsame Verkohlung statt, die Verbrennungsgase entwickeln sich ruhig und gleichförmig und die Masse behält eine lockere Beschaffenheit. Sobald die Gasentwickelung großenteils aufhört, steigert man die Hitze allmählich, jedoch keineswegs bis zum Glühen, und bewirkt dadurch in der Regel, daß die Kohle in der lockeren Masse vollständig verbrennt, wenigstens, wenn man es mit Aschenarten zu tun hat, welche, wie die der meisten Futterkräuter, Holzarten und Rübenarten, reich sind an kohlensauren Erdalkalien bzw. Alkalien, und wenn die Hitze sorgfältig geregelt wird, so daß ein Schmelzen der Asche in keiner Weise stattfindet. Falls jedoch eine vollständige Verbrennung der kohligen Teilchen bei derartigen Stoffen langsam und schwierig erfolgt, so erreicht man sie fast ohne Ausnahme, wenn man die kohlige Masse in der Platinschale mit einem Pistill zerdrückt, letzteres mit Wasser abspült und die mit Wasser oder, wie schon unter 1. angegeben, mit chemisch-reinem 3 proz. Wasserstoffsuperoxyd angefeuchtete kohlige Masse im Sandbade eintrocknet, weiter glüht und dieses nötigenfalls öfters wiederholt.

Das Anfeuchten mit Wasser und Wiederglühen bewirkt bei den Aschen tierischer Substanzen auch die Zerstörung der gebildeten cyansauren Salze.

Oder man zieht die kohlige Masse besonders bei solchen Pflanzenaschen, welche, wie die phosphorsäure- und kieselsäurereichen, entweder leicht zusammensintern oder schwer verbrennen, mit Wasser aus, verbrennt den auf einem tunlichst aschenfreien Filter verbliebenen kohligen Rückstand weiter, vereinigt die so weiß gebrannte Asche mit der wässerigen Lösung, verdampft das Ganze, glüht schwach und wägt.

Dieses an sich zuverlässige Verfahren hat seine Schwierigkeiten bzw. versagt, wenn die Untersuchungsgegenstände z. B. gesalzene Dauerwaren, viel Kochsalz enthalten, das beim Glühen decrepetiert und leicht versprengt wird. Man kann in solchen Fällen das vorstehende Verfahren auch in folgender Weise abändern: Man verascht wie üblich bis zur vollständigen Verkohlung und wägt Salze und Kohle. Letztere Masse zieht man auf einem vorher getrockneten und gewogenen Filter wiederholt mit Wasser aus, sammelt das Filtrat in einem $1/4$ oder $1/2$ l-Kolben, trocknet den kohlehaltigen Rückstand und wägt ihn (also Kohle + Salzreste). Darauf verbrennt man Filter + Kohle in einer vorher gewogenen Platinschale vollständig — was jetzt unter Bedecken der Schale leicht gelingt — und wägt wiederum. Der erhaltene Rest Asche wird von Kohle + Salzreste abgezogen, man erhält so die im ersten gewogenen Verbrennungsrückstand enthaltene Menge Kohle und indem man diese von dem ersten Gesamtgewicht abzieht, die Menge Salze bzw. Reinasche. Die zuletzt erhaltene Aschenmenge spült man zu dem ersten Filtrat und bestimmt in der Gesamtlösung die einzelnen Bestandteile nach C.

In den meisten Fällen lassen sich die kohligen Aschenrückstände auch weiß brennen und von Kohlenresten durch Anwendung eines schwachen Stromes von Sauerstoffgas befreien.

Man bereitet das Sauerstoffgas sehr rasch und einfach aus Wasserstoffsuperoxyd[1] unter Zusatz von etwas Ammoniak und allmählichem Zutropfenlassen von Kaliumperman-

---

[1] Aus 100 ccm des 30 volumproz. Wasserstoffsuperoxyds, etwa 30 ccm Kaliumpermanganatlösung (2,3 g in 1 l) und etwas Ammoniak gewinnt man ungefähr $3^{1}/_{2}$ l Sauerstoff. Aber noch bequemer ist die Anwendung des jetzt überall erhältlichen flüssigen Sauerstoffs.

ganatlösung in der Kälte. Das Sauerstoffgas wird aus einem kleinen Gasometer mittels eines Gummischlauches und einer in eine Spitze ausgezogenen Glasröhre in sehr schwachem Strom auf die schwach geglühte kohlenhaltige Masse geleitet, indem man die Glasröhrchenspitze in der Schale herumführt. Auf diese Weise verbrennt die Kohle sehr ruhig, ohne daß viel Sauerstoff verbraucht wird.

Mitunter wird auch zum Weißbrennen der Asche bei gelinder Hitze Ammoniumnitrat in kleinen Portionen zugesetzt, indes findet hierbei leicht ein Verstäuben der Asche aus der Schale statt.

Die auf vorstehende Weise erhaltene Asche enthält fast stets noch etwas Kohle, die besonders bestimmt und von der Asche in Abzug gebracht werden muß. Andererseits können mineralische Bestandteile, wie Schwefel, Phosphor usw., verflüchtigt sein. Man muß daher die in vorstehend erhaltener Asche vorhandene Schwefelsäure, Phosphorsäure usw. einerseits, andererseits die nach c unter Zusätzen erhaltenen Mengen an diesen Bestandteilen bestimmen und die Differenz von beiden Bestimmungen gegebenenfalls zu der gewogenen Asche hinzuaddieren, um die Gesamtmenge Asche zu erhalten.

c) Verbrennen unter Zusätzen. Bei vorstehender Veraschung können leicht Phosphor, Schwefel, ferner Blei, Zink, Zinn, Arsen verloren gehen. Wenn diese daher quantitativ bestimmt werden sollen, muß man die Veraschung unter Zusätzen vornehmen.

Als solche Zusätze werden vorgeschlagen:

α) Natriumcarbonat. Dieser Zusatz wird vorwiegend für die quantitative Bestimmung von Chlor, Schwefel und Phosphor angewendet. Man durchfeuchtet die Pflanzensubstanz (20—50 g) in einer geräumigen Platinschale mit einer Lösung von chemisch reinem, d. h. chlor-, schwefelsäure- und phosphorsäurefreiem Natriumcarbonat (etwa 50 g wasserfreies Natriumcarbonat in 1 l enthaltend) unter Zusatz von etwas ebenso reiner Natronlauge, trocknet vollständig im Wasserbade ein und verkohlt über einer Spiritusflamme. Letztere empfiehlt sich — besonders bei quantitativen Bestimmungen des Schwefels bzw. der Schwefelsäure — aus dem Grunde, weil das Leuchtgas durchweg Schwefelverbindungen enthält, welche sich in der Flamme zu Schwefelsäure oxydieren und den Gehalt der Einäscherungsmasse an dieser vermehren können. Statt der Spiritusflamme kann man hier auch den elektrischen Veraschungsofen (S. 474) anwenden. Von anderer Seite wird zur Abhaltung der Verbrennungsgase der Flamme empfohlen, den Tiegel oder die Schale in eine passend eingeschnittene runde Öffnung einer Asbestplatte zu stellen, so daß die Abgase der Flamme nicht zu dem Inhalt des Tiegels oder der Schale gelangen können (vgl. S. 512).

Nachdem die Masse verkohlt ist, zerdrückt man sie in der Platinschale mit dem Pistill, durchfeuchtet sie mit chemisch reinem Wasserstoffsuperoxyd[1], unter Abspülen des letzteren mit Wasser, trocknet auf dem Wasserbade ein, verbrennt weiter und wiederholt dieses nötigenfalls noch ein oder mehrere Male.

β) Barythydrat. Da kieselsäure- und phosphorsäurereiche Aschen durch den Zusatz von Natriumcarbonat leicht zusammenschmelzen, die Schmelze aber Kohlenteilchen einschließt, die dann nicht verbrennen, so hat man auch zur quantitativen Gewinnung von Chlor, Schwefel und Phosphor in den pflanzlichen und tierischen Stoffen als Zusatz Barythydrat vorgeschlagen, womit die Stoffe durchtränkt und dann verbrannt werden. Die auf diese Weise in die Asche übergehende Menge von überschüssigem Baryt bzw. Bariumcarbonat

---

[1] Selbst bei Zusatz von Natriumcarbonat bleibt leicht ein Teil des Schwefels als Schwefelnatrium bestehen bzw. bildet sich aus dem Natriumsulfat zurück. Man kann dieses, durch Auswaschen der Kohle mit Wasser, im Filtrat durch Zusatz von Wasserstoffsuperoxyd oder auch von Kaliumpermanganat, bis bleibende Rotfärbung eintritt, oxydieren. Wendet man Wasserstoffsuperoxyd an, so muß man ja darauf achten, daß dieses chemisch rein ist und keine Schwefelsäure enthält. Bei Anwendung von Kaliumpermanganat kann man die Asche selbstverständlich nicht zur Bestimmung von Kali und Mangan verwenden.

neben Bariumsulfat erschwert aber die weitere Untersuchung der Asche, weshalb dieses Verfahren wohl kaum mehr angewendet wird.

γ) **Calciumacetat und Kalkmilch.** Aus den ebengenannten Gründen wird von Tollens und Schüttelworth[1]) behufs quantitativer Bestimmung von Schwefel und Phosphor ein Zusatz von Calciumacetat, von H. Wislicenus[2]) außerdem ein Zusatz von Kalkmilch zu den zu veraschenden Stoffen empfohlen. Man durchfeuchtet die Massen mit einer Lösung dieser Zusätze, so daß auf 5—6 g lufttrockne Substanz 0,6 g Calciumacetat oder rund 0,2 g CaO und ebensoviel freier Kalk in der Kalkmilch entfallen.

δ) **Schwefelsäure und Salpetersäure.** Um der Verflüchtigung von Schwermetallen (Blei, Zink, Zinn)[3]) und auch Arsen vorzubeugen, verbrennt man die Stoffe nach Halenke und anderen Untersuchern in ähnlicher Weise wie bei der Stickstoffbestimmung nach Kjeldahl (S. 240). Man rechnet auf 1 g Substanz 5 ccm konzentrierte Schwefelsäure und verwendet 10—25 g Substanz. Die vollständige Zerstörung der organischen Substanz wird gegen Ende der Verbrennung durch Zusatz von Kaliumsulfat beschleunigt. Die schwefelsaure Lösung wird durch Verdampfen in einer Platinschale vom größten Teil der überschüssigen Schwefelsäure befreit und nach S. 497 auf Metalle usw. untersucht.

A. Neumann[4]) und E. Wörner[5]) empfehlen eine Verbrennung der organischen Stoffe mit einem Gemisch von gleichen Teilen konzentrierter Schwefelsäure und konzentrierter Salpetersäure (1,4 spezifisches Gewicht). Auf 5 g Substanz sind durchweg nur 10 ccm dieses Säuregemisches notwendig. Fett- und kohlenhydratreiche Stoffe, wie Milch, werden vorher zweckmäßig mit 1proz. Kalilauge — 15 ccm derselben auf 25 ccm Milch — eingedampft; Harn kann erst mit $^1/_{10}$ Volumen konzentrierter Salpetersäure vermischt, dieses Gemisch tropfenweise zu siedender Salpetersäure zugesetzt und bis auf 50 ccm eingekocht werden. Die Substanzen werden sonst in einem Rundkolben mit den abgemessenen Mengen Säuregemisch (5—10 ccm) übergossen, kalt stehen gelassen, bis die Hauptreaktion beendet ist, darauf erst mit kleiner, später mit stärkerer Flamme erhitzt. Sobald die Entwicklung der braunen Nitrosodämpfe geringer wird, gibt man aus einem Hahntrichter tropfenweise weiteres Gemisch (annähernd gemessene Mengen) hinzu und fährt damit fort, bis ein Nachlassen der Reaktion eintritt und die Intensität der braunen Dämpfe abgeschwächt erscheint. Um zu entscheiden, ob die Substanzzerstörung beendet ist, unterbricht man das Hinzufließen des Gemisches für kurze Zeit, erhitzt aber weiter, bis die braunen Dämpfe verschwunden sind, und beobachtet, ob sich die Flüssigkeit im Kolben dunkler färbt oder gar noch schwärzt. Ist dieses der Fall, so läßt man wieder Gemisch zufließen und wiederholt nach einigen Minuten die obige Probe. Wenn nach dem Abstellen des Gemisches und dem Verjagen der braunen Dämpfe die hellgelbe oder farblose Flüssigkeit sich bei weiterem Erhitzen nicht mehr dunkler färbt und auch keine Gasentwickelung mehr zeigt, dann ist die Veraschung beendet. Ist die Flüssigkeit schwach gelb gefärbt, so wird sie beim Erkalten völlig wasserhell. Nun fügt man dreimal so viel Wasser hinzu, wie Säuregemisch verbraucht wurde, erhitzt und kocht etwa 5—10 Minuten. Dabei entweichen braune Dämpfe, welche von der Zersetzung der entstandenen Nitrosylschwefelsäure herrühren.

Bei Zucker, Melasse, Glycerin setzt man zur schnelleren Veraschung ebenfalls konzentrierte Schwefelsäure zu; man zieht dann bei Zucker und Melasse $^1/_{10}$ der erhaltenen Asche (sog. Sulfatasche) ab, um die Carbonatasche zu erhalten, während man bei Glycerin die Asche mit 0,8 multipliziert.

---

[1]) Journ. f. Landwirtschaft 1899, **47**, 199.

[2]) Zeitschr. f. analyt. Chem. 1901, **40**, 441.

[3]) Vgl. Zeitschr. f. Untersuchung d. Nahrungs- u. Genußmittel 1899, **2**, 128; 1900, **3**, 94; 1903, **6**, 643.

[4]) Zeitschr. f. physiol. Chem. 1902, **37**, 116; 1904, **43**, 35.

[5]) Zeitschr. f. Untersuchung d. Nahrungs- u. Genußmittel 1908, **15**, 732.

C. Bestimmung der einzelnen Bestandteile der Asche.

Für die Bestimmung der basischen Elemente der Asche verwendet man zweckmäßig die ohne jeglichen Zusatz oder für die Schwermetalle die unter Zusatz von konzentrierter Schwefelsäure hergestellte Asche, während die säurebildenden Elemente, besonders Schwefel, Phosphor, Chlor und Bor in der unter basischen Zusätzen hergestellten Asche bestimmt werden.

Diesen Einzelbestimmungen geht aber fast stets eine Bestimmung der Kohlensäure, der noch vorhandenen Kohle und des Sandes bzw. Tones voraus, um die wirkliche Reinasche zu erhalten; denn die meisten Aschen enthalten Kohlensäure, die aus organischsauren Salzen oder organischen Metallverbindungen entstanden ist, daher von der Asche abgezogen und den organischen Stoffen zugezählt werden muß. Außerdem lassen sich die zu veraschenden Stoffe nach B a) nicht so weit reinigen oder nach B b) nicht so vollkommen verbrennen, daß die Asche nicht etwas Sand, Ton und Kohle einschließt; diese müssen also auch dann bestimmt und in Abzug gebracht werden. Für wirkliche Reinasche-Untersuchungen wird man daher in den meisten Fällen die Verbrennung nach B b) nicht so weit ausdehnen, daß sämtliche Kohle entfernt ist, sondern, da doch eine Bestimmung der noch verbleibenden geringen Mengen Kohle notwendig ist, nur so weit, daß man äußerlich nur mehr geringe Mengen Kohle beobachten kann.

Mit der Bestimmung von Kohle, Sand und Ton kann dann die der Kieselsäure verbunden werden. Erforderlich für diese sämtlichen Bestimmungen sind durchweg 3—5 g Asche.

a) Bestimmung der Kohlensäure. Die Bestimmung der Kohlensäure in der Asche kann indirekt aus dem Gewichtsverlust, als dem einfachsten Verfahren, oder direkt wie bei einer Elementaranalyse vorgenommen werden. Für die indirekte Bestimmung der Kohlensäure sind eine Reihe Apparate vorgeschlagen, von denen der in Fig. 273 nach Geißler-Frühling-Schulz und der

Fig. 273.

Kohlensäure-Bestimmungsapparat nach Geißler-Frühling-Schulz.

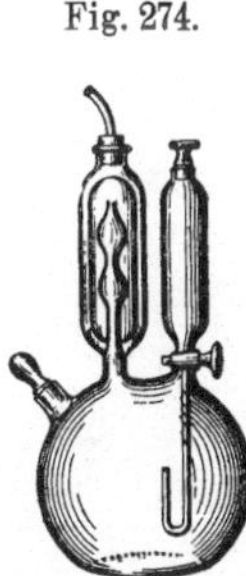

Fig. 274.

Kohlensäure-Bestimmungsapparat nach Schrötter.

in Fig. 274 nach Schrötter am meisten in Gebrauch sein dürften. Bei dem ersten Apparat ist das Aufsatzrohr links mit verdünnter Salzsäure, das Aufsatzrohr rechts bis zur Hälfte mit konzentrierter Schwefelsäure gefüllt, während bei dem Schrötterschen Apparat die Aufsatzrohre umgekehrt mit den Säuren gefüllt werden. Wenn die Apparate in dieser Weise beschickt sind, werden sie leer gewogen; darauf gibt man durch die mit Glasstöpsel verschlossene Seitenöffnung etwa 1 g der gut durchgemischten Asche hinein, schließt und wägt wieder. Alsdann läßt man durch Öffnen des Glasstöpsels bei Fig. 273 oder durch Öffnen des Glashahnes bei Fig. 274 die Salzsäure zu der Asche fließen, schließt wieder und wartet die Kohlensäureentwickelung ab, indem man gegen Ende der Entwickelung schwach erwärmt. Nach dem Erkalten bringt man die Apparate entweder unter eine zu evakuierende Glasglocke oder leitet einen trockenen langsamen Luftstrom durch, bis man sicher sein kann, daß die in den Apparaten noch vorhandene Kohlensäure entfernt ist. Die Apparate werden dann für kurze Zeit geöffnet und bei der Anfangstemperatur zurückgewogen. Der Gewichtsverlust ergibt die Menge Kohlensäure.

Genauer, aber umständlicher ist die direkte Bestimmung der Kohlensäure; man kann sich hierzu des umstehenden Apparates (Fig. 275) bedienen. Man bringt die gewogene Substanz (etwa 1 g Asche) in den Kolben k, der mit einem doppelt durchbohrten Gummipfropfen versehen ist; durch dessen eine Öffnung führt ein bis unter den Pfropfen reichendes Rohr zum

Kühler *l* und weiter zu den Absorptionsapparaten (*a—e*), durch die andere ein Trichterrohr *t*, dessen Spitze bis nahe auf den Boden des Kolbens reicht und dessen obere Öffnung durch ein‚ mit Natronkalk gefülltes Glasrohr *m* geschlossen wird.

Die Peligotsche ·Röhre *a* ist bis zum unteren Ende der großen Kugeln mit etwa 20 ccm konzentrierter Schwefelsäure gefüllt, die Röhre *b* enthält Chlorcalcium, *c* und *d* Natronkalk und *e* zur Hälfte Natronkalk, zur Hälfte Chlorcalcium. Das mit Natronkalk gefüllte Glasrohr *m* soll die von links zutretende Luft von Kohlensäure befreien; der Kühler dient zur Verdichtung der Wasserdämpfe, die Röhren *a* und *b* sollen die letzten Reste Wasserdampf beseitigen, während die Röhre *e* den Zutritt von Wasser und Kohlensäure von rechts her abhält. Die Röhrchen *c* und *d* dienen zur Bindung der entwickelten Kohlensäure; sie werden daher vor und nach dem Versuch gewogen. Der Natronkalk in dem Rohre *c* bindet die Kohlensäure, wenn die Entwickelung nicht gar zu rasch vor sich geht,

Fig. 275.

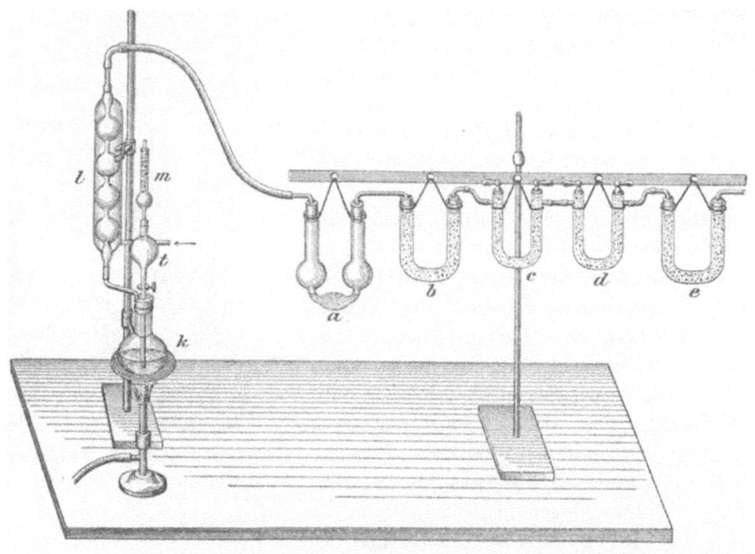

Apparat zur direkten Bestimmung der Kohlensäure.

sehr vollkommen, so daß das zweite Natronkalkrohr *d* meistens kaum eine Gewichtsvermehrung zeigt. Auch kann man die Rohre *c* und *d* für mehrere Versuche — bis sechs und mehr, je nach den entwickelten Mengen Kohlensäure — benutzen; erst wenn das Rohr *d* einige Milligramm Gewichtszunahme zeigt, muß der Natronkalk in dem Rohre *c* erneuert werden.

Man kann auch konzentrierte Kalilauge im Liebigschen Kaliapparat zur Bindung der Kohlensäure verwenden, indes hat Kalilauge den Übelstand, daß sie beim Stoßen der Flüssigkeit, was mitunter stattfindet, leicht verspritzen kann.

Nachdem die gewogene Asche (etwa 1 g) in den Kolben *k* eingefüllt ist und die Verbindungen des Apparates hergestellt sind, läßt man aus dem Trichterrohr *t* die verdünnte Salzsäure durch dessen unteren Glashahn zufließen, schließt letzteren wiederum und erwärmt den Kolben *k* mit kleiner Flamme, so daß nur langsam und gleichmäßig Gasblasen sich entwickeln, in derselben Weise wie bei einer Elementaruntersuchung; den Gang der Gasentwickelung beobachtet man in dem mit wenig konzentrierter Schwefelsäure beschickten Rohr *a*.

Wenn nach einigem Kochen der Flüssigkeit die Gasentwickelung aufhört und die Flüssigkeit in Rohr *a* zurückzusteigen beginnt, entfernt man für einen Augenblick die Flamme unter dem Kolben k, verbindet mit einem Aspirator, öffnet den Hahn am Trichterrohr t und leitet so lange — etwa $1/2$ Stunde — einen schwachen Luftstrom durch, bis alle Kohlensäure aus dem Apparat entfernt und durch die Natronkalkrohre c und d zur Bindung gelangt ist. Während des Durchleitens der Luft kann der Inhalt in Kolben k anfangs durch eine kleine Flamme bei gutem Kühlen schwach erwärmt werden, um die Entfernung der Kohlensäue aus dem Kolben und Kühler usw. zu unterstützen. Der Inhalt der Rohre m, b und e braucht nur zeitweise nach wiederholter Benutzung erneuert zu werden. Die konzentrierte Schwefelsäure im Rohre a dagegen erneuert man zweckmäßig nach je 2—3 Bestimmungen.

Die mit Glashähnen versehenen Rohre c und d werden nach Beendigung des Versuches weggenommen, geschlossen etwa $1/2$ Stunde beiseite gestellt, dann kurze Zeit geöffnet, wieder geschlossen und gewogen.

Die Gewichtszunahme ergibt die Menge Kohlensäure.

Wenn es auf eine ganz genaue Bestimmung des Chlors nicht ankommt und dasselbe in der ohne Zusatz von Natriumcarbonat und Natronlauge bzw. Barythydrat oder Kalkmilch dargestellten Asche bestimmt werden soll, so kann man die Kohlensäure auch statt mit Salzsäure mit salzsäurefreier Salpetersäure austreiben und im Filtrat der salpetersauren Lösung nach Ermittelung der Kohlensäure das Chlor durch Fällung mit Silbernitrat bestimmen.

b) Bestimmung von Sand, Ton, Kohle, Kieselsäure und Reinasche. Weitere 3—4 g Asche befeuchtet man in einer Kochflasche mit konzentrierter Salpetersäure, übergießt mit starker Salzsäure und digeriert eine Zeitlang bei anfangender Kochhitze. Hierauf wird das Ganze in eine Porzellanschale gespült und bis zur Trockne — zuletzt im Wasserbade — unter Zerteilung aller Klümpchen verdampft; die trockene Masse läßt man längere Zeit im Trockenschranke stehen oder erwärmt im Luftbade, feuchtet sodann mit konzentrierter Salzsäure an und zieht mit Wasser aus. Die ungelösten Stoffe (Kieselsäure, Sand, Ton und vorhandene Kohle) werden auf einem vorher bei 110° getrockneten und gewogenen Filter gesammelt, mit heißem Wasser gut ausgewaschen, mit dem Filter bei 110° getrocknet und gewogen. Nach dem Trocknen läßt sich der Inhalt des Filters ziemlich vollständig von dem letzteren ablösen; er wird in einer geräumigen Platinschale mehrmals mit einer konzentrierten Lösung von kohlensaurem Natrium, unter Zusatz von etwas Natronlauge ausgekocht, die Flüssigkeit durch dasselbe Filter filtriert, der Rückstand (Sand, Ton und Kohle) ausgewaschen, wieder bei 110° getrocknet, gewogen und schließlich das Filter nebst der Kohle[1]) verbrannt, so daß die sandig-tonige Substanz für sich allein zurückbleibt. Die Kieselsäure wird aus der alkalischen Lösung wieder abgeschieden, indem man mit Salzsäure übersättigt, zur Trockne verdampft, einige Zeit im Luftbade erhitzt, den Rückstand mit etwas angesäuertem Wasser auskocht und dem Gewichte nach bestimmt.

Die Differenz zwischen Gesamtasche minus (Kohlensäure + Sand + Ton + Kohle) gibt die Menge „Reinasche".

Die von den unlöslichen Stoffen abfiltrierte Flüssigkeit wird auf ein bestimmtes Volumen z. B. 500 ccm gebracht, und dienen hiervon aliquote Teile zur Bestimmung der Basen.

1. Bestimmung der Basen. Für die Bestimmung der Basen (Eisen, Aluminium, Mangan und alkalische Erden) ist die vorhandene Phosphorsäure stets lästig, besonders in den Aschen, in denen meistens mehr Phosphorsäure vorhanden ist, als durch Eisenoxyd und Tonerde gebunden werden kann, so daß bei dem üblichen Fällen mit Natriumoder Ammoniumacetat ein Teil der Phosphorsäure ausgefällt und ein Teil mit den alkalischen Erden in Lösung bleibt.

---

[1]) Die Menge der Kohle darf für 4—6 g Asche höchstens einige Zentigramm ausmachen; ist die Menge eine größere, so bleiben in der Kohle selbst nach längerem Auswaschen derselben leicht Phosphorsäure und alkalische Salze zurück, infolgedessen die Analyse ungenau ausfallen kann.

Legt man auf die quantitative Bestimmung des Eisenoxyds keinen Wert, sondern genügt die von Kalk und Magnesia, dann setzt man zu der salzsauren Lösung der Asche so viel Eisenchlorid, als zur Bindung der Phosphorsäure (als $FePO_4$) erforderlich ist, macht mit Ammoniak alkalisch, darauf mit Essigsäure schwach sauer, fügt noch Ammoniumacetat zu, kocht, filtriert usw. Da der Niederschlag von Eisenphosphat auch Mangan mit niederreißt, so muß er zur quantitativen Bestimmung des letzteren nochmals gelöst und gefällt werden; das Filtrat hiervon wird mit dem ersteren vereinigt, das Ganze eingeengt und in dieser Lösung Mangan (gegebenenfalls Zink), Kalk und Magnesia wie üblich bestimmt.

Falls auch die Bestimmung des Eisenoxyds erforderlich ist, muß ein besonderer Teil der Aschenlösung verwendet werden.

In anderen Fällen kann man die Phosphorsäure auch durch Zinn bzw. durch Metazinnsäure (wahrscheinlich als Phosphorzinnsäure) abscheiden und von den genannten Basen trennen. Man muß für den Zweck, wenn man die Asche nicht von vornherein in konzentrierter Salpetersäure gelöst, sondern eine salzsaure oder verdünnte salpetersaure Lösung benutzt hat, die Lösung der Asche mit Salpetersäure zur Trockne verdampfen, dieses nötigenfalls wiederholen und dann die Asche in (etwa 10—20 ccm) Salpetersäure von 1,50 spezifischem Gewicht lösen. Hierzu fügt man allmählich in einem geräumigen, mit einem Uhrglase bedeckten Becherglase unter Abkühlen einige Stückchen reinen metallischen Zinns und wartet, bis alles in Lösung gegangen ist. Darauf wird stark mit Wasser verdünnt, längere Zeit gekocht, filtriert und ausgewaschen. In dem zinn- und phosphorsäurefreien Filtrat lassen sich dann die Basen in üblicher Weise bestimmen.

Nach einem anderen Vorschlage soll man die Phosphorsäure durch molybdänsaures Ammonium abscheiden, das phosphorsäurefreie Filtrat nach Zusatz von Schwefelsäure im Wasserbade behufs Entfernung der Salpetersäure zum Sirup eindunsten, mit Wasser verdünnen, im Druckfläschchen durch Schwefelwasserstoff vom Molybdän befreien und im Filtrat hiervon die genannten Basen bestimmen. Das Verfahren erscheint aber den vorstehenden gegenüber zu umständlich.

In den meisten Fällen wird man aber die vorherige Abscheidung der Phosphorsäure überhaupt umgehen und wie folgt verfahren:

a) Bestimmung von Eisenoxyd, Tonerde (eingeschl. Phosphorsäure). Zur Bestimmung dieser drei Bestandteile nebeneinander kann man je nach der vorhandenen Menge Asche bzw. Aschenlösung zwei Wege einschlagen. Hat man nur wenig Asche bzw. Aschenlösung zur Verfügung, und enthält diese auch nur wenig Eisenoxyd und Tonerde, wie meistens bei den Aschen, so nimmt man die Bestimmung

α) in einem einzigen Anteil der Asche bzw. deren Lösung vor und verfährt wie folgt: 1. Man versetzt[1]) die schwachsaure Lösung der Chloride in einem geräumigen Becherglase in der Kälte mit Natriumcarbonat, bis eine bleibende Opalescenz entsteht, fügt dann einige Tropfen verdünnter Salzsäure bis zum Verschwinden der Trübung hinzu und weiter etwa 5 g Natrium- oder Ammoniumacetat, die frei von Carbonat sein müssen; man verdünnt mit der 6—10fachen Menge siedendheißen Wassers, kocht 1—2 Minuten, läßt absitzen, filtriert sofort heiß und wäscht 3mal durch Dekantation mit heißem Wasser aus, dem man etwas Natrium- oder Ammoniumacetat zugesetzt hat. Der Niederschlag wird, weil er unter Umständen Mangan und Calciumphosphat einschließen kann, wieder in Salzsäure gelöst und die Lösung nochmals in derselben Weise gefällt. Der Niederschlag wird alsdann getrocknet, in einem Platintiegel geglüht und gewogen. Man erhält auf diese Weise:

$$Fe_2O_3 + Al_2O_3 + P_2O_5 = A .$$

---

[1]) Diese von P. F. Treadwell in seinem „Kurzes Lehrbuch d. analyt. Chem." 1903, **2**, 105 gegebene Vorschrift hat sich auch nach hiesigen Untersuchungen gut bewährt.

Anmerkungen. 1. Ist nur wenig Phosphorsäure neben einem Überschuß von Eisenoxyd und Tonerde vorhanden — was allerdings bei Aschen niemals vorkommt — so kann man statt mit Natrium- oder Ammoniumacetat auch mit Ammoniak fällen.

2. Wenn viel Tonerde neben Eisenoxyd vorhanden ist, so entzieht sich leicht ein Teil der Tonerde der Fällung; man fällt dann zweckmäßig in bekannter Weise mit Bariumcarbonat. Dieser Fall liegt aber bei Asche wohl niemals vor.

3. Das Filtrat von der Fällung mit Natrium- oder Ammoniumacetat muß stets deutlich sauer reagieren; zeigt es beim Eindampfen noch eine flockige Ausscheidung, so ist die Fällung unrichtig verlaufen; man muß diese Ausscheidung dann ebenfalls abfiltrieren und dem ersten Niederschlag zufügen.

Den Inhalt im Platintiegel vermengt man nach dem Vorschlage von P. F. Treadwell mit der 6fachen Menge eines Gemisches, bestehend aus 4 Teilen Natriumcarbonat und 1 Teil Kieselsäure, schmilzt auf dem Gebläse, zieht die Schmelze mit Wasser, dem etwas Ammoniumcarbonat zugesetzt ist, aus und filtriert. Das Filtrat enthält dann alle Phosphorsäure mit wenig Kieselsäure, der Rückstand dagegen alles Eisen- und Aluminiumoxyd und den größten Teil der Kieselsäure.

2. Das Filtrat wird mit Salzsäure zur Trockne verdampft, um die Kieselsäure abzuscheiden, der Rückstand mit wenig Wasser und Salzsäure aufgenommen, filtriert, in diesem Filtrat die Phosphorsäure nach Zusatz von Ammoniak bis zur alkalischen Reaktion mit Magnisamixtur als Magnesiumammoniumphosphat gefällt, letzteres filtriert und in üblicher Weise als Pyrophosphat gewogen.

$$Mg_2P_2O_7 \times 0{,}6376 = P_2O_5 \text{ (B)}.$$

3. Der Rückstand wird mit verdünnter Schwefelsäure erwärmt, die Lösung von der ausgeschiedenen Kieselsäure abfiltriert, das Filtrat mit chemisch reinem Zink oder Zink-Kupfer (siehe unter β 2) reduziert und das Eisen mit Kaliumpermanganat in bekannter Weise titriert. Ist seine Menge $= C$, so ergibt sich die Menge Tonerde durch Abziehen der Summe $B + C$ von A, nämlich: $A - (B + C) = Al_2O_3$.

β) Bestimmung von Eisenoxyd, Tonerde und Phosphorsäure in verschiedenen Anteilen der Aschenlösung. Hat man eine größere Menge Asche bzw. Aschenlösung zur Verfügung, so verwendet man, um die Arbeit zu erleichtern und zu beschleunigen, zweckmäßig drei gleiche Anteile und verfährt wie folgt:

1. Der erste Anteil wird wie vorhin unter α) mit Natrium- oder Ammoniumacetat gefällt und als Summe von $Fe_2O_3 + Al_2O_3 + P_2O_5$ getrocknet, geglüht und gewogen.

2. Der zweite Anteil wird in derselben Weise wie vorhin gefällt, der ausgewaschene Niederschlag direkt auf dem Filter mit verdünnter Schwefelsäure gelöst, die Lösung durch chemisch reines Zink oder Zink-Kupfer oder durch ein mit Platindraht umwickeltes amalgamiertes Stück Zink reduziert und das Eisenoxydul in bekannter Weise mit Kaliumpermanganat titriert.

Anmerkungen. 1. Weil für die Reduktion und Titration des Eisens nach diesem Verfahren die Anwesenheit von Kalk bzw. Kalkphosphat nicht schadet, so kann man auch anstatt mit Natrium- und Ammoniumacetat mit Ammoniak fällen.

2. Das Zink-Kupfer erhält man dadurch, daß man reinstes Zinkpulver kurze Zeit in Kupfersulfatlösung, das amalgamierte Zink dadurch, daß man Zink kurze Zeit in Quecksilbernitratlösung bringt.

3. Um den Titer der Kaliumpermanganatlösung festzustellen, löst man entweder 1 g feinen, mit Schmirgelpapier blank geputzten weichen Eisendraht in verdünnter Schwefelsäure oder auch eine entsprechende Menge von Mohrschem Salz (krystallisiertes Ferro-Ammoniumsulfat $FeSO_4 \cdot (NH_4)_2SO_4 \cdot 6\,H_2O$, welches genau $^1/_7$ seines Gewichtes an metallischem Eisen enthält) in Wasser unter Zusatz von etwas Schwefelsäure auf, wobei man durch einen Strom von Kohlen-

säuregas den Zutritt der atmosphärischen Luft abhält. Die Lösung von Kaliumpermanganat muß vor der Titerstellung erst 1 oder 2 Tage, gelöst in destilliertem Wasser, gestanden haben, damit sein Wirkungswert durch die im destillierten Wasser stets vorhandenen organischen Stoffe nicht verändert wird. Sind diese oxydiert, so hält sich die titrierte Lösung in verschlossener und im Dunkeln aufbewahrter Flasche wochenlang. Hat man genau $^1/_{10}$ Normallösung, d. h. eine Kaliumpermanganatlösung, deren abspaltbarer Sauerstoff $= ^1/_{10}$ Grammatom Wasserstoff (H $= 1,01$ g) ist, so müssen $^1/_{50}$ Grammolekül Kaliumpermanganat oder 3,163 g in 1 l enthalten sein und es bedeutet dann

$$1 \text{ ccm } \frac{n}{100} \cdot \text{KMnO}_4 = 0,0056 \text{ g Fe}_3 = 0,0072 \text{ g FeO} = 0,0080 \text{ g Fe}_2\text{O}_3 \, .$$

3. Der dritte Anteil der Aschenlösung wird durch Eindampfen von Salzsäure befreit, noch einmal mit Salpetersäure eingedampft, mit Salpetersäure aufgenommen und mit molybdänsaurem Ammonium gefällt, indem man das Becherglas 6—12 Stunden bei einer Temperatur von 40—60° stehen läßt. Der Niederschlag wird vom Filter in Ammoniak gelöst und im Filtrat die Phosphorsäure wie vorhin mit Magnesiamixtur gefällt.

Auch nach diesem Verfahren gibt die Differenz zwischen der Gesamtsumme (β 1) und der unter β 2 gefundenen Menge Eisenoxyd $+$ der unter β 3 gefundenen Menge Phosphorsäure die Menge Tonerde, also $\beta_1 - (\beta_2 + \beta_3) = \text{Al}_2\text{O}_3$.

b) Bestimmung des Mangans. In der von dem Eisenoxyd-Tonerde-Niederschlage abfiltrierten, schwach essigsauren Flüssigkeit wird, nachdem dieselbe etwas, aber nicht zu stark eingedampft worden ist, das etwa vorhandene Mangan ermittelt, indem man unter gelindem Erwärmen und zeitweiliger Ergänzung der Essigsäure[1]) entweder unterchlorigsaures Natrium oder Bromlauge zusetzt oder Chlorgas oder Bromgas[1]) durch die auf 60—70° erhitzte Flüssigkeit bis zur Sättigung derselben hindurchleitet.

Das Mangan wird durch Chlor usw. als voluminöses, braunschwarzes Superoxyd ($\text{MnO}_2 \cdot \text{H}_2\text{O}$) ausgeschieden; man filtriert dasselbe ab, wäscht gut aus, löst es nach dem Trocknen möglichst vollständig von dem Filter ab, verbrennt das letztere und behandelt das Ganze mit Salzsäure. Die so dargestellte Lösung wird, nachdem die Salzsäure größtenteils verdampft worden ist, mit Wasser verdünnt und mit kohlensaurem Ammonium schwach übersättigt, sodann 12 Stunden lang an einem warmen Orte stehen gelassen, hierauf das ausgefällte kohlensaure Mangan abfiltriert, mit heißem Wasser ausgewaschen, nach dem Verbrennen des Filters bis zum gleichbleibenden Gewicht des Rückstandes geglüht und dieser als Manganoxyduloxyd (Mn_3O_4) in Rechnung gebracht.

Sehr empfehlenswert[2]) für die Ausfällung des Mangans ist unter anderen Verhältnissen auch die Anwendung von Bromluft, die man dadurch erhält, daß die in die Flüssigkeit einzuleitende Luft durch eine Waschflasche geht, auf deren Boden sich Brom befindet.

Weil nach diesem Verfahren später behufs quantitativer Abscheidung des Mangans so lange Ammoniakluft[3]) durchgeleitet werden muß, bis die Flüssigkeit schwach alkalisch ist, die Flüssigkeit aber wegen der vorhandenen Phosphorsäure essigsauer bleiben muß, so empfiehlt sich das Verfahren in diesem Falle ebensowenig wie die Fällung mit Wasserstoffsuperoxyd, weil es in ammoniakalischer Lösung angewendet werden muß.

Beide Fällungsverfahren lassen sich daher nur anwenden, wenn die Phosphorsäure vorher abgeschieden worden ist .(S. 482).

------

[1]) Die Flüssigkeit darf bei Anwendung von Chlor- oder Bromgas natürlich keine Spur von Ammonsalz enthalten (wegen Bildung von Chlor- bzw. Bromstickstoff!). Wendet man unterchlorigsaures Natrium oder auch eine Auflösung von Brom in Natronlauge (Bromlauge) an, so kann durch den Zusatz eine Neutralisation der Säure stattfinden; es ist alsdann ein weiterer Zusatz von Essigsäure erforderlich und zu beachten, daß die Flüssigkeit stets schwach sauer bleibt.

[2]) Zeitschr. f. analyt. Chem. 1883, **22**, 520.

[3]) Das hierzu verwendete Ammoniak muß vollständig kohlensäurefrei sein.

c) Bestimmung des Kalkes. Die von dem Mangansuperoxyd abfiltrierte essig-saure Flüssigkeit[1]) erhitzt man bis zum Sieden und fällt den Kalk mit oxalsaurem Ammonium in der Siedehitze, läßt 12 Stunden stehen, filtriert, wäscht mit heißem Wasser aus und wägt denselben entweder:

α) als kohlensaures Calcium ($CaCO_3$), indem man das oxalsaure Calcium über einem gewöhnlichen Bunsenschen Brenner verbrennt. Das so gebildete kohlensaure Calcium verliert beim schwachen Glühen keine Kohlensäure. Zur Sicherheit wird dasselbe jedoch mit kohlensaurem Ammonium behandelt, indem man kleine Stückchen davon in den Tiegel wirft und bei aufgelegtem Deckel erhitzt, bis das Gewicht des kohlensauren Calciums nach wiederholter Behandlung unverändert bleibt; oder

β) als schwefelsaures Calcium ($CaSO_4$). Man setzt zweckmäßig schon zu dem oxalsauren Calcium die Schwefelsäure zu und glüht dann nach dem Verbrennen des Filters den Rückstand, setzt nochmals etwas Schwefelsäure zu und glüht abermals. Auch läßt sich das kohlensaure Calcium durch Erhitzen mit schwefelsaurem Ammonium bequem in das Sulfat umwandeln; oder am einfachsten

γ) als Calciumoxyd (CaO). Man glüht einfach das oxalsaure Calcium im bedeckten Tiegel auf dem Gebläse bis zum gleichbleibenden Gewicht, je nach der Menge 15—30 Minuten.

Wenn neben dem Kalk ziemlich viel Magnesia zugegen ist, so muß man das oxalsaure Calcium auf dem Filter in Salzsäure lösen und aus dieser Lösung unter Zusatz von etwas oxalsaurem Ammonium durch Übersättigen mit Ammoniak nochmals fällen[2]); die Filtrate von beiden Fällungen werden sodann miteinander vereinigt.

d) Bestimmung der Magnesia. Das Filtrat von oxalsaurem Calcium wird, wenn nötig, etwas eingeengt, sodann in der erkalteten Lösung die Magnesia mit phosphorsaurem Natrium[3]) oder nach Mohr[4]) besser mit phosphorsaurem Natrium-Ammonium gefällt. Durch tüchtiges Umrühren beschleunigt man die Fällung, setzt dann noch $^1/_3$ des Volumens Ammoniak von 0,96 spezifischem Gewicht hinzu und läßt 12 Stunden an einem kühlen Orte stehen. Sodann wird filtriert, mit ammoniakhaltigem Wasser (1 Teil Ammoniak von 0,96 spezifischem Gewicht und 3 Teile Wasser) ausgewaschen, getrocknet, erst über gewöhnlicher Flamme das Filter weiß gebrannt, dann 5 Minuten im Gebläse geglüht und als pyrophosphorsaures Magnesium ($Mg_2P_2O_7$) gewogen.

Wenn in dem geglühten pyrophosphorsauren Magnesium noch kohlige Teilchen vorhanden sind, so können diese unter Anwendung von etwas Salpetersäure oder salpetersaurem Ammon entfernt werden, wobei man aber anfangs sehr gelinde und vorsichtig erhitzen muß.

e) Bestimmung der Alkalien (und Schwefelsäure). Wenn die zu untersuchende Asche sämtliche Schwefelsäure einschließt oder ihre Menge in der vorliegenden Asche ermittelt werden soll, so kann man die Bestimmung der Schwefelsäure mit der der Alkalien verbinden.

α) Bestimmung der Schwefelsäure. Man erhitzt dann einen aliquoten Teil der salzsauren Aschenlösung[5]) (etwa 0,5 g Asche entsprechend) zum Kochen, versetzt mit

---

[1]) Die Flüssigkeit muß wegen der vorhandenen Phosphorsäure noch genügend Essigsäure enthalten, um die Ausfällung von Calciumphosphat zu verhüten. Ist die Phosphorsäure nach S. 482 mit Zinn abgeschieden, so kann man auch in ammoniakalischer Lösung fällen. Übrigens ist oxalsaures Calcium in verdünnter Essigsäure so gut wie unlöslich.

[2]) Zeitschr. f. analyt. Chem. 1868, **7**, 310.

[3]) Zur Fällung der in den Aschen vorhandenen Magnesia reicht schon meistens die vorhandene Phosphorsäure aus.

[4]) Zeitschr. f. analyt. Chem. 1873, **12**, 36.

[5]) Falls viel Eisenoxyd zugegen ist, fällt man dieses erst durch Ammoniak aus, filtriert, macht das Filtrat wieder salzsauer und fällt in diesem die Schwefelsäure.

heißer Chlorbariumlösung, hält einige Zeit im Kochen und läßt mehrere Stunden in der Wärme stehen. Darauf wird filtriert, anfangs mit warmem salzsäurehaltigen Wasser, dann bloß mit warmem destillierten Wasser gut ausgewaschen, getrocknet, geglüht und gewogen.

Das **schwefelsaure Barium** (das Filter ist für sich zu verbrennen) wird nach dem Glühen mit Salpetersäure angefeuchtet und nach dem Verdunsten derselben nochmals geglüht. Der Rückstand darf nicht basisch reagieren; ist dieses der Fall, so wird er mit verdünnter Salzsäure digeriert, der salzsaure Auszug fast bis zur Trockne eingedampft und daraus nach Zusatz von Wasser werden durch Chlorbarium noch kleine Mengen von schwefelsaurem Barium abgeschieden[1]).

β) **Bestimmung der Alkalien.** Die von dem schwefelsauren Barium abfiltrierte Flüssigkeit, die keine zu große Menge überschüssiges Chlorbarium enthalten darf, dampft man, um den größten Teil der freien Säure zu entfernen, im Wasserbade ein, verdünnt, setzt, wenn noch Phosphorsäure in der Lösung vorausgesetzt werden kann — was bei Aschenlösungen wohl stets der Fall sein dürfte — einige Tropfen Eisenchlorid zu, dann reine Kalkmilch in geringem Überschuß, erwärmt längere Zeit im Wasserbade und filtriert. Will man die Schwefelsäure für sich nicht quantitativ bestimmen, so dampft man die mit so viel Chlorbarium, als zur Ausfällung der Schwefelsäure erforderlich ist, versetzte Flüssigkeit direkt ein und fällt mit Kalkmilch. Hierdurch werden alsdann alle Schwefelsäure, alle Phosphorsäure, Eisenoxyd, Manganoxydul und Magnesia gefällt. Der Niederschlag wird so lange ausgewaschen, bis das zuletzt ablaufende Waschwasser eine mit Salpetersäure angesäuerte Silberlösung nicht mehr trübt; aus dem Filtrat fällt man den überschüssigen Kalk und Baryt durch mit Ammon versetztes Ammoniumcarbonat, läßt absitzen, filtriert und wäscht den Niederschlag mit heißem Wasser bis zum Verschwinden der Chlorreaktion aus. Das Filtrat bringt man entweder am besten in eine große Platinschale oder, wenn diese nicht vorrätig ist, in eine gut glasierte Porzellanschale und dampft auf dem Wasserbade zur Trockne ein; die trockene Masse wird in letzterem Falle mittels eines Platinspatels in eine kleinere Platinschale gebracht und über freier Flamme vorsichtig geglüht. Man läßt die Platinschale erkalten, spült mit heißem Wasser die noch in der Porzellanschale verbliebenen Reste in erstere hinein, verdampft auf dem Wasserbade zur Trockne, glüht, fällt nochmals und wenn nötig noch ein drittes Mal mit Ammoniak und Ammoniumcarbonat, bis die Lösung des gelinde geglühten Rückstandes durch letztere Fällungsmittel nicht mehr getrübt wird. F. T. Treadwell empfiehlt zur Entfernung der letzten Spuren Kalk die zweite Fällung mit Ammoniumoxalat und Ammoniak vorzunehmen, 12 Stunden stehen zu lassen und dann erst zu filtrieren. Das Filtrat bzw. die klare Flüssigkeit wird mit einigen Tropfen Salzsäure angesäuert, in einer vorher gereinigten, ausgeglühten und gewogenen Platinschale zur Trockne verdampft, der Rückstand gelinde geglüht und als Gesamt-Chloralkalien gewogen.

1. **Bestimmung des Kalis als Kaliumplatinchlorid.** Nach dem Wägen der Chloralkalien werden diese in Wasser gelöst, falls die Lösung schwach trübe ist[2]), filtriert, mit einer genügenden Menge einer möglichst neutralen konzentrierten wässerigen Lösung von Platinchlorid versetzt und entweder in einer Porzellanschale oder einem Becherglase im Wasserbade, das nicht sieden soll, bis zur Trockne[3]) verdampft. Hat man, um nötigenfalls alle Alkalien in Chloride umzuwandeln, vor dem Verdampfen Salzsäure zugesetzt, so muß so lange im Wasserbade erhitzt werden, bis der Rückstand nicht mehr nach Salzsäure riecht. Man durchfeuchtet den Rückstand mit einigen Tropfen Wasser und versetzt dann mit Alkohol von 80—90

---

[1]) Zeitschr. f. analyt. Chem. 1876, **9**, 52.

[2]) Die Lösung darf aber mit Ammoniak und Ammoniumcarbonat keinerlei Trübung mehr geben.

[3]) Das vollständige Eintrocknen empfiehlt sich deshalb, weil das wasserfreie Natriumplatinchlorid leichter in absolutem Alkohol ist, als das wasserhaltige Salz.

Volumprozent[1]), bedeckt die Schale oder das Becherglas mit einer Glasplatte, läßt einige Stunden stehen und rührt von Zeit zu Zeit mit einem Glasstabe um. Die Lösung muß tiefgelb gefärbt sein, sonst ist zu wenig Platinchlorid zugesetzt und die Bestimmung mit einer neuen Lösung unter Zusatz von mehr Platinchlorid zu wiederholen. Der Niederschlag soll schön krystallinisch (kleine oktaëdrische Krystalle bildend) sein. Er wird entweder auf einem bei 130° getrockneten und gewogenen Filter gesammelt, mit 80—90 proz. Alkohol ausgewaschen, nach völligem Abtropfen des Alkohols bei 130° getrocknet und wieder gewogen; oder man trocknet das Filter erst bei 80—90°, sammelt den abtrennbaren Niederschlag für sich auf einem Uhrglase, bringt das Filter in den Trichter zurück, wäscht es und den Trichter bzw. auch die verwendete Schale mit siedendheißem Wasser aus, verdampft die Lösung in einer gewogenen Platinschale im Wasserbade zur Trockne, bringt die Hauptmenge des Niederschlages verlustlos hinzu, trocknet bei 160° und wägt.

Das Kaliumplatinchlorid kann anstatt auf einem gewogenen Filter auch im Goochschen Tiegel nach Neubauer gesammelt und gewogen werden; indem man nachher das Kaliumplatinchlorid mit heißem Wasser auswäscht und den Tiegel nach dem Trocknen zurückwägt, erhält man das vorhanden gewesene Kaliumplatinchlorid. Oder man sammelt das Kaliumplatinchlorid in einem Asbestfilterröhrchen, wie solche bei der Bestimmung des Zuckers nach dem Reduktionsverfahren (S. 429) üblich sind, trocknet den Niederschlag nach genügendem Auswaschen, glüht schwach, reduziert das Kaliumplatinchlorid im Wasserstoffstrom, zieht das Chlorkalium mit Wasser aus und kann nun einerseits das reduzierte Platin als solches wägen oder das Filtrat eindampfen und das Chlorkalium bestimmen.

Die Umrechnung auf Kali bzw. Chlorkalium erfolgt dann wie folgt:

$$\begin{aligned}
\text{Kaliumplatinchlorid} \times 0{,}3056\,[2]) &= \text{Chlorkalium} \\
\text{Platin} \times 0{,}7614\,[2]) \ldots \ldots &= \text{Chlorkalium} \\
\text{Kaliumplatinchlorid} \times 0{,}1931\,[2]) &= \text{Kali} \\
\text{Platin} \times 0{,}4812\,[2]) \ldots \ldots &= \text{Kali} \\
\text{Chlorkalium} \times 0{,}6320 \ldots \ldots &= \text{Kali}
\end{aligned}$$

Das Natron wird meistens nur indirekt bestimmt. Man berechnet nach vorstehenden Angaben die vorhandene Menge Chlorkalium, zieht diese von der gewogenen Summe von KCl + NaCl ab und erhält als Rest die vorhandene Menge Chlornatrium, die durch Multiplikation mit 0,5307 auf Natron umgerechnet zu werden pflegt.

Will man das Chlornatrium bzw. Natron direkt bestimmen, so kann man das Filtrat vom Kaliumplatinchlorid in einem Porzellantiegel zur Trockne verdampfen, den zum gelinden Glühen gebrachten Rückstand im Wasserstoffstrom reduzieren, das Chlornatrium mit Wasser ausziehen, die Lösung zur Trockne verdampfen und den schwach geglühten Rückstand als Chlornatrium wägen. Oder man verjagt im Filtrat den Alkohol, setzt etwas Eisenpulver zu, oxydiert das entstandene Eisenoxydul durch Chlorwasser zu Chlorid, fällt mit Ammoniak und bestimmt im Filtrat nach dem Eindampfen und schwachen Glühen das Chlornatrium.

Statt das Kali in Form von Kaliumplatinchlorid zu bestimmen, sind, wie schon angegeben, auch verschiedene Vorschläge gemacht, das Kaliumplatinchlorid durch Wasserstoff- oder Leuchtgas

---

[1]) Von anderer Seite wird absoluter Äthylalkohol — am besten soll Methylalkohol sein — oder gar Äther-Alkohol (1 : 3) als Lösungsmittel empfohlen. Bei Anwendung von absolutem Alkohol oder von Äther-Alkohol erhält man aber fast nie eine klare Lösung.

[2]) Die theoretisch richtigen Faktoren sind 0,3071, bzw. 0,7614, bzw. 0,1941, bzw. 0,4841. Der Niederschlag von Kaliumplatinchlorid hat aber nicht genau die Formel K_2PtCl_6, sondern enthält zu wenig Chlor, dafür noch Sauerstoff und Wasserstoff, die beim Trocknen des Niederschlages nicht als Wasser sich verflüchtigen. Aus dem Grunde wird der obige Faktor als richtiger angesehen (vgl. F. T. Treadwell, Kurzes Lehrbuch der analyt. Chemie, II. Bd.).

zu reduzieren und an seiner Stelle das entstandene Platin zur Wägung zu bringen, so von J. H. Vogel und Häfke[1],von H. Neubauer[2], der das frühere Finkenersche Verfahren abgeändert hat. Diese Verfahren haben den Vorzug, daß man das Kali auch bei Anwesenheit sonstiger Salze durch Platinchlorid ausfällen kann, weil sie mit dem durch die Reduktion entstehenden Chlorkalium ausgewaschen werden; auch stört die Anwesenheit von organischen Stoffen nicht, weil sie durch Glühen des Platins zerstört werden. Diese Verfahren werden aber meistens nur angewendet, wenn es sich bloß um die Bestimmung des Kalis handelt; soll aber, wie meistens bei den Nahrungs- und Genußmitteln, auch das Natron bestimmt werden, so wird man zweckmäßig nur das zuerst beschriebene Verfahren anwenden.

2. **Bestimmung des Kalis als überchlorsaures Kalium.** In der nach β) erhaltenen Lösung der Chloralkalien läßt sich das Kali ebenso genau als überchlorsaures Kalium nach folgendem Verfahren[3] bestimmen:

Man verdampft die Lösung der Chloralkalien, die einer etwa 0,5 g betragenden Menge Asche (oder sonstiger Substanz) entspricht, in einer flachen Schale (Glasschale) auf etwa 20 ccm ein und versetzt tropfenweise mit einer 20 proz. Überchlorsäure. Erforderlich ist die $1^1/_2$—$1^3/_4$fache Menge der zur Umsetzung aller Salze nötigen Überchlorsäure. Man dampft auf dem Wasserbade so lange ein, bis kein Geruch nach Salzsäure mehr wahrnehmbar ist und weiße Nebel von Überchlorsäure entweichen. Der Abdampfrückstand wird nach dem Erkalten mit 15 ccm 96 proz. Alkohols übergossen und mit einem am Ende breitgedrückten Glasstab oder einem Pistill sorgfältig sehr fein zerrieben. Nach kurzem Absitzenlassen wird die über dem Kaliumperchlorat stehende Flüssigkeit durch einen Gooch-Tiegel (Neubauer-Tiegel) filtriert. Sodann wird der Rückstand noch 2mal mit 96 proz. Alkohol, der 0,2 % Überchlorsäure enthält, zerrieben, dekantiert, und endlich wird das Perchlorat in den Tiegel gebracht und mit 0,2 % Überchlorsäure enthaltendem Alkohol ausgewaschen.

Zuletzt spritzt man zur Verdrängung der Überchlorsäure den Niederschlag mit möglichst wenig 96 proz. Alkohol ab (das gesamte Filtrat soll etwa 75 ccm betragen) und trocknet ihn bei 120—130° $^1/_2$ Stunde lang (das Kaliumperchlorat ist nicht hygroskopisch).

$$\text{Überchlorsaures Kalium } (KClO_4) \times 0,5382 = 1 \text{ Chlorkalium } (KCl)$$
$$\text{,,} \qquad \text{,,} \quad (2\,KClO_4) \times 0,3402 = 1 \text{ Kali } (K_2O).$$

Wenn in einer Asche oder Substanz nur das Kali ohne Natron bestimmt werden soll, so läßt sich das Verfahren, weil die überchlorsauren Salze von Barium, Calcium und Magnesium ebenso wie das überchlorsaure Natrium in Alkohol löslich sind, wesentlich vereinfachen, insofern die vorherige vollständige Entfernung der genannten Basen nicht notwendig ist. Man kann dann nach einem Vorschlage von Schenke und Krüger[4] in der salzsauren Lösung die Schwefelsäure mit einem nicht zu großen Überschuß von Chlorbarium versetzen, die gesamte Flüssigkeit zur Trockne verdampfen, fein zerreiben und schwach glühen. Durch diese Behandlung werden Eisen, Tonerde und Mangan als basische Salze, ferner Kieselsäure und Phosphorsäure unlöslich. — Zur Bindung der letzteren sind in den meisten Fällen die vorhandenen Basen ausreichend, sonst kann man auch vor dem Eindampfen einige Tropfen Eisenchlorid zusetzen, aber nicht zu viel. — Der Glührückstand wird unter wiederholtem Zerreiben mit heißem Wasser ausgelaugt und in dem mit Salzsäure versetzten Filtrat das Kali, wie vorstehend, mit Überchlorsäure bestimmt. Handelt es sich um Salze (z. B. Kalisalze), die kein Aluminium, Eisen, Mangan und Phosphorsäure enthalten, so kann man

---

[1]) Landw. Versuchsstationen 1896, **47**, 97.

[2]) Ebendort 1901, **51**, 38; 1902, **56**, 37; **57**, 11 u. 461; ferner Zeitschr. f. analyt. Chem. 1900, **39**, 481.

[3]) Nach Vereinbarung des Verbandes Landw. Versuchsstationen im Deutschen Reich, vgl. Landw. Versuchsstationen 1906, **64**, 6.

[4]) Landw. Versuchsstationen 1907 **67**, 145.

auch das Filtrat nach dem Fällen mit Chlorbarium eindampfen und nach dem Eindampfen direkt mit Überchlorsäure fällen.

2. Bestimmung der Säuren. Die Säuren werden zweckmäßig sämtlich in der unter Zusatz von entweder Natriumcarbonat (S. 477) oder Calciumacetat + Kalkwasser (S. 478) hergestellten Asche bestimmt.

a) Bestimmung des Chlors. Für die Bestimmung des Chlors verwendet man, wenn sie nicht mit der der Kohlensäure verbunden werden kann, zweckmäßig einen besonderen Teil der Asche für sich, den man, weil alle hier in Betracht kommenden Chloride in Wasser löslich sind, mit Wasser auszieht, mit Essigsäure neutralisiert — ein kleiner Überschuß schadet nicht — und in bekannter Weise mit Silberlösung unter Anwendung von Kaliumchromat als Indicator titriert. Oder man behandelt die Asche mit verdünnter Salpetersäure, fällt im Filtrat das Chlor durch Silberlösung und wägt das Chlorsilber.

A. Neumann[1]) bestimmt das Chlor bzw. die Salzsäure aus Chloriden in der Weise, daß er die beim Veraschen mit dem Säuregemisch nach S. 478 entweichenden Dämpfe über eine Silbernitratlösung von bekanntem Gehalt leitet, die salpetrige Säure durch Kochen mit Kaliumpermanganat — den Überschuß des letzteren nach der Zersetzung durch Eisenoxydulsalze — entfernt und das überschüssige Silber nach dem Volhardschen Verfahren mittels Rhodankalium oder -ammonium zurücktitriert. Das Verfahren ist aber sehr umständlich, weshalb auf dasselbe nur verwiesen sei.

b) Bestimmung der Schwefelsäure. Die Bestimmung der Gesamtschwefelsäure wird in der S. 485 bei Bestimmung der Alkalien beschriebenen Weise vorgenommen, vorausgesetzt, daß man die Stoffe unter Zusatz von Natriumcarbonat oder Calciumacetat + Kalkmilch verascht hat. Hat man Barythydrat angewendet, so findet sich die Schwefelsäure in dem in Salzsäure Unlöslichen und muß daraus wieder durch Aufschließen mit Kaliumnatriumcarbonat löslich gemacht werden.

Wenn es sich in anderen Fällen auch um die Frage handelt, wieviel von der gefundenen Schwefelsäure im fertig gebildeten Zustande und wieviel im gebundenen Zustande als Schwefel vorhanden ist, so muß eine getrennte Bestimmung vorgenommen werden.

α) Schwefel. Über die Bestimmung des Gesamtschwefels vgl. S. 236.

β) Fertig gebildete Schwefelsäure. Für diese Bestimmung wird die Substanz mit kaltem, salpetersäurehaltigem Wasser möglichst vollständig ausgezogen. Eine etwa 50—60 cm lange und $1\frac{1}{2}$—2 cm im Durchmesser haltende Glasröhre wird an dem einen Ende ausgezogen oder auch mit einem Kork, in welchen ein mit Kautschukröhre und Quetschhahn versehenes Glasröhrchen eingefügt ist, verschlossen. In das Ende der Glasröhre schiebt man ein wenig Baumwolle, die vorher mit salpetersäurehaltigem Wasser ausgekocht worden ist, und bringt dann 8—10 g des fein zerteilten pflanzlichen Stoffes in den Apparat. Man füllt nun die Glasröhre, indem man den Quetschhahn geschlossen hält, mit dem salpetersäurehaltigen Wasser (gewöhnliche reine Salpetersäure und Wasser etwa wie 1 : 20) und läßt die Masse damit einige Stunden lang einweichen; hierauf öffnet man den Quetschhahn und läßt etwas von der Flüssigkeit ausfließen, so daß eine neue Menge der verdünnten Salpetersäure mit der Pflanzenmasse in Berührung kommt, während die Röhre aufs neue gefüllt wird. Diese Behandlung wird wiederholt, bis eine Probe der abfließenden Lösung entweder gar nicht oder doch nur ganz schwach mit Silberlösung opalisiert. Die Flüssigkeit wird alsdann zuerst mit salpetersaurem Barium gefällt; das Filtrat vom Bariumsulfat kann dann durch Fällen mit Silbernitrat auch noch zur Bestimmung des Chlors verwendet werden.

c) Bestimmung der Phosphorsäure. Die Bestimmung der Phosphorsäure wird in der Regel in der unter Zusatz von Natriumcarbonat oder Calciumacetat + Kalkmilch hergestellten Asche ausgeführt; es läßt sich dazu aber auch recht gut die durch Verbrennen

---

[1]) Zeitschr. f. physiol. Chem. 1902, **35**, 135.

mit Säuren nach S. 478 erhaltene Lösung verwenden. Dazu gesellt sich noch häufig die Bestimmung des Phosphors in Form von Lecithinen und Phosphatiden. Allgemein erfolgt die Bestimmung der Phosphorsäure jetzt gravimetrisch; die frühere titrimetrische Bestimmung mit essigsaurem oder salpetersaurem Uran wird jetzt kaum mehr ausgeführt, weshalb auf sie hier nicht mehr eingegangen werde.

Für die gravimetrische Bestimmung der Phosphorsäure ist indes zu beachten, daß die Aschen die Phosphorsäure häufig in Form von Pyrophosphorsäure enthalten, die bekanntlich nicht durch Molybdänlösung gefällt wird. Es empfiehlt sich daher, bei Aschen stets die sauren Lösungen der Phosphorsäure vor der Fällung einige Zeit zu erhitzen (zu invertieren).

α) **Molybdänverfahren.** Die Ausfällung der Phosphorsäure durch Ammoniummolybdat kann für alle Abänderungen dieses Verfahrens nach folgender Vorschrift stattfinden:

25 bzw. 50 ccm der kieselsäurefreien Phosphatlösung (entsprechend 0,5 g bzw. 1,0 g Asche) werden in ein Becherglas gebracht und, falls die Lösung nicht schon salpetersauer ist, erst ammoniakalisch, dann salpetersauer gemacht[1]) und mit 100 ccm Molybdänlösung (auf 0,19 g Phosphorsäure nicht unter 50 ccm Molybdänlösung[2]) vermischt, bei 60—70° 3 Stunden lang im Wasserbade behandelt, mindestens 3 Stunden lang der Abkühlung überlassen und darauf filtriert. Zur Beschleunigung der Bildung des Niederschlages von phosphormolybdänsaurem Ammonium wird zweckmäßig etwa $^1/_4$ Volumen der Mischung an Ammoniumnitratlösung (750 g in 1 l) zugesetzt. Den Niederschlag wäscht man durch wiederholte Dekantation im Becherglase und Filtration durch ein kleines Filter mit einer Flüssigkeit, welche aus 100 Teilen der erwähnten Molybdänlösung, 20 Teilen Salpetersäure von 1,2 spezifischem Gewicht und 80 Teilen Wasser hergestellt ist, oder mit einer Ammonium-

---

[1]) Es muß ausdrücklich hervorgehoben werden, daß man keine salzsäurehaltige Lösung erst in dieser Weise behandeln und dann später bei 80—90° oder im siedenden Wasserbade mit Molybdänlösung fällen darf. Denn bei dieser Temperatur setzt sich das Chlorammonium mit der Salpetersäure zu salpetersaurem Ammonium und Salzsäure um, es entstehen wieder Salzsäure bzw. Königswasser, welche lösend auf den Niederschlag von phosphormolybdänsaurem Ammonium wirken, bzw. die Bildung des Niederschlages beeinträchtigen.

Hat man eine salzsaure Lösung von Phosphaten und will diese mit Molybdänlösung fällen, so muß man sie mehrmals (2—3mal) auf dem Wasserbade mit Salpetersäure zur Trockne verdampfen, den Rückstand mit Salpetersäure aufnehmen, nötigenfalls filtrieren und erst diese Lösung mit Molybdänlösung fällen.

[2]) Molybdänlösung: 150 g molybdänsaures Ammonium werden mit Wasser zu 1 l Flüssigkeit gelöst und in 1 l Salpetersäure von 1,2 spezifischem Gewicht gegossen, oder es werden nach Wagner-Stutzer 150 g molybdänsaures Ammonium in möglichst wenig Wasser gelöst, 400 g Ammoniumnitrat zugefügt, die Flüssigkeit mit Wasser zu 1 l verdünnt und diese Lösung in 1 l Salpetersäure von 1,17 (bzw. 1,20) spezifischem Gewicht eingegossen.

Statt des molybdänsauren Ammons können auch 125 g Molybdänsäure in einem Literkolben in 100 ccm Wasser aufgeschlämmt und unter Zufügen von etwa 300 ccm 8proz. Ammoniak (unter Vermeidung eines größeren Überschusses dieses Lösungsmittels) gelöst werden. Sodann werden 400 g Ammoniumnitrat hinzugefügt, mit Wasser zu 1 l verdünnt und diese Flüssigkeit in 1 l Salpetersäure von 1,19 (bzw. 1,20) spezifischem Gewicht eingegossen. Auch hiervon bereitet man zweckmäßig gleich einen größeren Vorrat.

Die so bereitete Molybdänlösung bleibt in beiden Fällen 24 Stunden an einem warmen Ort (bei etwa 35°) stehen und wird, falls, wie häufig, ein gelber Niederschlag von phosphormolybdänsaurem Ammonium entstanden ist, filtriert. Die Molybdänlösung ist vor ihrer Verwendung nötigenfalls durch Dinatriumphosphatlösung von bekanntem Gehalt auf Reinheit zu prüfen.

Der bei wochenlangem Aufbewahren der Molybdänlösung entstehende gelbe Bodensatz besteht aus einer gelben Modifikation der Molybdänsäure.

nitratlösung unter Zusatz von etwas Salpetersäure[1]) aus, bis die Kalkreaktion vollkommen verschwunden ist[2]).

Unter den Trichter mit dem darauf befindlichen geringen Teil des gelben Niederschlages wird, nachdem das Filter mit einer der angegebenen Flüssigkeiten ebenfalls vollständig ausgewaschen worden ist, alsdann das Becherglas, in dem das Ausfällen stattfand, gestellt, das Filter mit möglichst wenig Ammoniakwasser (1 Teil Ammoniak und 3 Teile Wasser) so lange behandelt, bis sich der Niederschlag vollkommen gelöst hat, und dann mit heißem Wasser genügend (7—8 mal) nachgewaschen; sollte hierdurch nicht genügend Ammoniak in das darunter befindliche Becherglas zum Lösen des gelben Niederschlages gekommen sein, so setzt man so viel hinzu, bis sich der Niederschlag eben auflöst. Die Lösung muß vollkommen klar sein.

In der so hergestellten Lösung geschieht die Fällung der Phosphorsäure in folgender Weise:

1. Verfahren von H. Fresenius: Die Lösung wird mit Salzsäure vorsichtig neutralisiert, so daß sie nicht mehr als 70 ccm beträgt; man setzt nun 6—8 ccm Ammoniak von 0,925 spezifischem Gewicht hinzu, alsdann nach dem Abkühlen tropfenweise unter stetem Umrühren 20 ccm Magnesiamixtur[3]) und schließlich noch so viel unverdünntes Ammoniak, daß die Menge der im ganzen zugesetzten Ammoniakflüssigkeit (einschließlich der zuerst zugesetzten) etwa $^1/_4$ der Flüssigkeit beträgt, also gewöhnlich etwa 20 ccm.

2. Verfahren von M. Märcker: Die warme ammoniakalische Lösung wird möglichst scharf mit Salzsäure neutralisiert, abgekühlt, sofort tropfenweise mit 20 ccm einer nach Märcker bereiteten Magnesiamixtur (mit einem höheren Ammoniak- und Chlorammoniumgehalt) ausgefällt und mit 25 ccm einer 5 proz. Ammoniakflüssigkeit versetzt.

3. Verfahren von P. Wagner: Der Molybdänniederschlag wird in etwa 100 ccm kaltem, 2 proz. Ammoniak gelöst und diese Lösung tropfenweise unter stetem Umrühren mit 15 ccm Magnesiamixtur versetzt.

In allen Fällen kann der Niederschlag nach 4 stündigem Stehen — Fresenius verlangt 12, Märcker 2 und Wagner 1—2 Stunden — abfiltriert werden; derselbe wird dann mit 2,5 proz. Ammoniakflüssigkeit (1 Teil käufliches 10 proz. Ammoniak + 3 Teile Wasser) bis zum Verschwinden der Chlorreaktion ausgewaschen, der Niederschlag kurze Zeit an der Luft oder im Trockenschrank schwach getrocknet oder auch direkt in einen Platintiegel gebracht, indem man das Filter oben zusammenfaltet und umgekehrt mit der Spitze nach oben in den Tiegel legt. Man erwärmt anfänglich bei bedecktem Tiegel mit kleiner, etwas abstehender Flamme, nach dem Verjagen der Feuchtigkeit unter Schieflegen des Tiegels etwa 10 Minuten stärker, bis das Filter verbrannt ist, und darauf 5 Minuten im Gebläse (oder auch in einer geeigneten Glühlampe).

Vielfach wird jetzt auch vorgezogen, den Niederschlag direkt durch einen durchlöcherten, mit ausgeglühtem Asbestfilter versehenen Goochschen Platintiegel oder besser noch durch einen Neubauerschen Tiegel[4]) zu filtrieren, darin direkt weiter zu behandeln und zu glühen.

---

[1]) Ammonnitratlösung zum Auswaschen: 150 g Ammonnitrat werden mit 10 ccm Salpetersäure und Wasser zu 1 l Flüssigkeit gelöst.

[2]) Die Prüfung auf Kalk erfolgt durch Versetzen von 1 ccm des Waschwassers mit durch ein wenig Schwefelsäure angesäuertem Alkohol; es darf hierdurch keine Trübung entstehen.

[3]) Die Magnesiamixtur wird in folgender Weise bereitet: 550 g krystallisiertes Chlormagnesium und 700 g Chlorammonium werden in 6,5 l Wasser gelöst, mit 3,5 l Ammoniaklösung von 8% NH_3-Gehalt auf 10 l aufgefüllt und wird die Lösung nach mehrtägigem Stehen filtriert.

[4]) Beim „Neubauer-Tiegel” besteht die Filtrierschicht aus Platinschwamm; sollte diese Filtrierschicht in ihrer Filtrierfähigkeit nach einiger Zeit nachlassen, so genügt es, einige Male verdünntes Königswasser, schwach erwärmt, hindurchzusaugen, um jede beliebige Filtrierfähigkeit zu erzielen. Bekommt die Filtrierschicht nach häufigem Gebrauche etwa Risse, so daß das Filtrat

Anmerkungen für das Molybdänverfahren:

1. Gewisse Ammonsalze, besonders oxalsaures, citronensaures Ammonium, sowie organische Stoffe beeinträchtigen die Fällung der Phosphorsäure mit Molybdänlösung; freie Citronensäure wirkt nach Tollens und v. Ollech[1]) nicht störend.

Bei Gegenwart von 15% Ammoniumnitrat genügt etwa die Hälfte der sonst notwendigen Molyb-dänlösung zum Ausfällen, auch fällt der Molybdänsäureniederschlag unter den oben angegebenen Verhältnissen schneller und mit größerer Genauigkeit aus.

2. Das Auswaschen des Molybdänniederschlages mit angesäuerter Ammoniumnitratlösung liefert vollkommen genaue Ergebnisse. Nach P. Wagners Versuchen lösen 100 ccm verdünnte Molybdän-lösung ebenso wie 100 ccm Ammoniumnitratlösung weniger als 1 mg P_2O_5 aus dem Molybdän-niederschlag auf.

3. Ein allmähliches Zufügen der Magnesiamixtur ist unter allen Umständen geraten, auch dann, wenn man die ammoniakalische Lösung des Molybdänniederschlages zuvor durch Salzsäure-zusatz annähernd neutralisiert hat.

4. Nach H. Neubauer[2]) können je nach der Abänderung des Molybdänverfahrens beim Glühen des pyrophosphorsauren Magnesiums Verluste entstehen; es sind dabei folgende Fälle zu beachten:

a) Der Niederschlag entsteht in neutraler oder ammoniakalischer Lösung, welche keinen Magnesiumsalzüberschuß enthält. Die in der Flüssigkeit vorhandenen Ammonsalze bewirken als-dann, daß der Niederschlag weniger Magnesia enthält, als der normalen Zusammensetzung ent-spricht. Dann ist ein Teil der Phosphorsäure bei starker Glut flüchtig und das Ergebnis fällt zu niedrig aus.

b) Der Niederschlag entsteht bei Magnesiumsalzüberschuß und während seiner Abscheidung ist niemals Ammoniaküberschuß vorhanden. Die Folge ist, daß der Niederschlag die normale Zu-sammensetzung besitzt; das Ergebnis fällt richtig aus.

c) Der Niederschlag entsteht beim Magnesiumsalzüberschuß und während seiner Abscheidung ist stets Ammoniaküberschuß vorhanden. Die Folge ist, daß der Niederschlag mehr Magnesium-oxyd enthält, als der normalen Zusammensetzung entspricht; das Ergebnis fällt zu hoch aus.

β) Citratverfahren. Nach den Vereinbarungen des Verbandes landwirtschaftlicher Versuchsstationen im Deutschen Reiche wird folgenderweise verfahren:

1. Zu 50 ccm der wässerigen salz-, salpeter- oder schwefelsauren Lösung, entsprechend 0,1—0,2 g Phosphorsäure, werden direkt 20 ccm Citronensäurelösung[3]) hinzugefügt, die Flüssigkeit wird mit 10 proz. Ammoniak nahezu neutralisiert und infolge der Er-wärmung abgekühlt. Sodann werden tropfenweise 25 ccm Magnesiamixtur hinzugefügt, bis zur entstehenden Trübung gerührt, $^1/_3$ des Volumens 10 proz. Ammoniak hinzugefügt, nochmals einige Minuten gerührt und am besten 10—12 Stunden stehen gelassen, sodann filtriert, mit 2 proz. Ammoniak ausgewaschen, geglüht und gewogen.

trübe durchgeht, so wird eine Kleinigkeit, etwa 0,1 g Platinschwamm in Wasser verteilt durch das Filter gesaugt und nach dieser Auffüllung die Filtrierschicht einige Minuten in heller Weißglut erhalten; hierdurch werden die etwa entstandenen Poren geschlossen.

Der durch Fällen von gewissen Phosphorsäurelösungen mit Molybdänlösung erhaltene Nieder-schlag von Magnesium-Ammoniumphosphat läßt sich häufig nicht klar durch Goochsche oder Neubauersche Tiegel filtrieren. Dieser Niederschlag wird daher zweckmäßig auf aschenfreiem Filter gesammelt, ausgewaschen, getrocknet, zunächst im Bunsen-Brenner bis zur vollständigen Veraschung der Filterkohle und schließlich 2 Minuten im Gebläse oder im Rößlerofen geglüht.

[1]) Journ. f. Landwirtschaft 1882, **30**, 519.

[2]) H. Neubauer, Inaug.-Diss. Rostock 1893.

[3]) Citronensäurelösung: 500 g Citronensäure werden in 1 l Wasser gelöst und hiervon 20 ccm = 10 g verwendet, indem letztere vor dem Zusatz von Magnesiamixtur mit Ammoniak neutralisiert werden.

2. Oder statt Citronensäure und Ammoniak setzt man nach P. Wagner zweckmäßig 50 ccm fertiger Citratlösung[1]) zu, führt darauf, ohne zu kühlen, tropfenweise 25 ccm Magnesiamixtur in die Mitte der Flüssigkeit ein, rührt 30 Minuten in einem Becherglase aus, filtriert sofort oder innerhalb der nächsten 2 Stunden durch einen Gooch- oder Neubauer-Tiegel und wäscht wie oben mit 2 proz. Ammoniak aus.

3. Auch kann man nach Böttcher zu 50 ccm der nicht länger als 1 Stunde gestandenen Phosphatlösung direkt 50 ccm Citrat-Magnesiamixtur[2]) zusetzen und wie unter 1. verfahren.

Letzteres Verfahren Nr. 3 ist zurzeit von dem Verbande landwirtschaftlicher Versuchsstationen als allgemein empfehlenswert vereinbart worden.

Anmerkungen. 1. Bei Fällung der Phosphorsäure nach dem Citratverfahren geht stets etwas und um so mehr Kalk mit in den Niederschlag über, je reicher die Lösung an Kalk ist. Für gewöhnlich hat indes dieser Umstand keinen Einfluß auf das Ergebnis, d. h. auf den aus dem gewogenen Niederschlag berechneten Phosphorsäuregehalt, weil dafür eine entsprechende Menge phosphorsaures Ammoniummagnesium in Lösung bleibt. Bei kalkreichen Düngerlösungen, wie z. B. von Thomasphosphatmehl, kann dieser Fehler indes ein merklicher werden, weshalb man solche Phosphate zweckmäßig mit Schwefelsäure aufschließt, wodurch ein großer Teil des Kalkes als Gips ausgeschieden wird.

2. Bei Gegenwart von Mangan findet man, wie A. Stutzer angibt, nach dem Citratverfahren etwas zu niedrige Ergebnisse; dieser Fehler läßt sich aber durch Zusatz einer etwas größeren Menge von Magnesiamixtur vermeiden.

Im übrigen ist das Citratverfahren, unter Beachtung der vorstehend angegebenen Gesichtspunkte, ebenso einfach als zuverlässig.

Für die Filtration bedient man sich sehr zweckmäßig auch hier des Neubauerschen Tiegels.

γ) Direkte Bestimmung als phosphormolybdänsaures Ammonium. Schon Finkener[3]), dann Meinecke[4]), Hundeshagen[5]) haben vorgeschlagen, die Phosphorsäure dadurch zu bestimmen, daß man den erhaltenen Niederschlag von Phosphormolybdänsäure glüht, wodurch eine konstante Verbindung von phosphormolybdänsaurem Molybdänoxyd mit rund 4 % Phosphorsäure entstehen soll. Woy[6]) hat dann die Bedingungen ermittelt, unter welchen ein Niederschlag bzw. Glührückstand von stets genauer Zusammensetzung entstehen soll; nach ihm besitzt der Niederschlag die beständige Zusammensetzung von $P_2O_5(MoO_3)_{24}$. Diese Vorschläge scheinen indes keinen weiteren Eingang gefunden zu haben. Mehr Aussicht auf allgemeine Anwendung scheint jedoch der Vorschlag von N. v. Lorentz[7]) zu erlangen, nämlich den Niederschlag von phosphormolybdänsaurem Ammonium nicht zu glühen, sondern nach dem Entwässern als solchen zu wägen. Das schon

---

[1]) Ammoniumcitratlösung: Zum Fällen der Phosphorsäure nach dem Citratverfahren werden 1100 g reine Citronensäure in 4000 g 24 proz. Ammoniak von 0,91 spezifischem Gewicht gelöst, mit Wasser auf 10 l verdünnt, vor dem Gebrauch, wenn nötig, filtriert und von der klaren Lösung 50 ccm auf 50 ccm Phosphorsäurelösung verwendet.

[2]) Citrathaltige Magnesiamixtur: Statt des getrennten Zusatzes von Citratlösung und Magnesiamixtur kann man beide Lösungen auch vereinigen und dieses Gemisch nach P. Wagner wie folgt herstellen: 2000 g Citronensäure werden in 20 proz. Ammoniak gelöst und mit 20 proz. Ammoniak auf 10 l aufgefüllt. Von dieser Lösung wird 1 l mit 1 l vorstehender Magnesiamixtur (S. 491, Anm. 3) vereinigt und gemischt.

[3]) Zeitschr. f. analyt. Chem. 1882, 21, 566.

[4]) Rep. analyt. Chem. 1885, 5, 153.

[5]) Zeitschr. f. analyt. Chem. 1889, 28, 141.

[6]) Chem.-Ztg. 1897, 21, 441 u. 569.

[7]) Landw. Versuchsstationen 1901, 55, 183.

vielfach nachgeprüfte[1]) Verfahren wird von W. Plücker[2]) in folgender Ausführungsweise[3]) vorgeschlagen:

Man erhitzt die Phosphorsäurelösung, deren Volumen 50 ccm beträgt und die nicht mehr als 50 mg Phosphorsäure, 10—20 ccm Salpetersäure und 1 ccm Schwefelsäure enthalten soll, auf einem Drahtnetze, bis die ersten Blasen aufsteigen, nimmt herunter, schwenkt einige Male um, damit die Temperatur an den überhitzten Stellen ausgeglichen wird, und gießt in die Mitte der Lösung 50 ccm klares Sulfat-Molybdänreagens und zwar so, daß die Wandungen nicht benetzt werden. Wenn die Hauptmenge des Niederschlages sich zu Boden gesetzt hat, längstens nach 5 Minuten, rührt man mit Hilfe eines Glasstabes, der sich vorher nicht in der Lösung befinden soll, $^1/_2$ Minute kräftig um. Nach 12—18 Stunden filtriert man durch einen Platin-Gooch-Tiegel. Auf seinem Boden befindet sich ein Scheibchen nicht zu dichten, aschen- und fettfreien Filtrierpapiers, so zugeschnitten, daß es die Sieblöcher bedeckt, aber die Wandungen des Tiegels nicht berührt. Den Tiegel verbindet man mit einer Saugflasche mit Hahn, läßt das Scheibchen erst trocken ansaugen, gießt etwas Wasser darauf und saugt den Niederschlag ab. Man wäscht etwa 4 mal mit der 2 proz. Ammoniumnitratlösung aus und spült damit etwa noch im Becherglase befindliche Teilchen in den Tiegel. Man füllt den Tiegel einmal ganz voll und 2 mal halbvoll Alkohol, läßt fast vollständig absaugen und verfährt mit dem Äther ebenso. Bei dem Waschen mit Äther ist darauf zu achten, daß der Niederschlag nicht trocken

---

[1]) Vgl. Neubauer, Landw. Versuchsstationen 1906, **63**, 141; Schreiber, Landw. Versuchsstationen 1906, **64**, 87; Wagner, Kunze und Simmermacher, Landw. Versuchsstationen 1907, **66**, 257; v. Lorenz, Chem.-Ztg. 1908, **32**, 707. v. Lorenz teilt hier mit, daß sein Verfahren vom Verbande Landw. Versuchsstationen als Verbandsverfahren vorgeschlagen werden soll.

[2]) Zeitschr. f. Untersuchung d. Nahrungs- u. Genußmittel 1909, **17**, 446.

[3]) Die erforderlichen Reagenzien wurden wie folgt hergestellt:

a) Sulfat-Molybdänreagens: Man übergießt in einem 2—3 Liter fassenden Kolben 100 g Ammoniumsulfat mit einem Liter Salpetersäure vom spezifischen Gewicht 1,35—1,36 und löst unter Umrühren. Desgleichen löst man 300 g Ammoniummolybdat in einem Literkolben in heißem Wasser, kühlt auf Zimmertemperatur ab, stellt auf die Marke ein und gießt die Lösung in dünnem Strahle unter Umrühren in die Ammoniumsulfatlösung. Man läßt wenigstens 48 Stunden bei Zimmertemperatur stehen, filtriert durch ein säurefestes, dichtes Filter und hebt die fertige Lösung gut verschlossen im Dunkelen auf.

b) Salpetersäure vom spezifischen Gewicht 1,19—1,21.

c) Schwefelsäurehaltige Salpetersäure: Man mischt 30 ccm Schwefelsäure vom spezifischen Gewicht 1,84 mit Salpetersäure vom spezifischen Gewicht 1,19—1,21 zu einem Liter.

d) Ammoniumnitratlösung, 2 prozentig. Sollte die Lösung nicht an sich schon schwach sauer reagieren, so gibt man einige Tropfen Salpetersäure bis zur schwach sauren Reaktion hinzu.

e) Alkohol von 90—95%; er darf nicht alkalisch reagieren.

f) Äther; er darf ebenfalls nicht alkalisch reagieren, muß alkoholfrei und nicht zu wasserhaltig sein. 150 ccm sollen 1 ccm Wasser vollständig und klar lösen.

Hierzu ist zu bemerken, daß die Sulfat-Molybdänlösung beim Aufbewahren im Lichte nach einiger Zeit Molybdänsäure abscheidet. Solange keine Krustenbildung eintritt, ist das Reagens noch verwertbar, man hat nur darauf zu achten, daß es vollständig klar zur Verwendung gelangt. Auch ist es zweckmäßig den Hals der Flasche nach dem jedesmaligen Gebrauch trocken auszuputzen, damit sich in ihrem Halse nichts ansetzt und ein Filtrieren vor dem Gebrauch sich erübrigt. Vor Licht geschützt, blieb die Lösung fast unbegrenzt haltbar. Die Vermutung, daß beim Mischen der zu fällenden Lösung mit dem Sulfat-Molybdänreagens sich Molybdänsäure ausscheidet, trifft nicht zu. Erhitzt man 25 ccm Wasser mit ebensoviel der schwefelsäurehaltigen Salpetersäure zum Sieden und gibt 50 ccm Sulfat-Molybdänreagens hinzu, so bleibt die Lösung vollständig klar; dies ist auch dann der Fall, wenn man das Sulfat-Molybdänreagens, statt es kalt anzuwenden, auf 50° C erwärmt und so hinzugibt.

wird, damit nicht bei dem Aufgießen des Äthers etwas in Staubform durch den Tiegel gerissen wird, weshalb am besten möglichst rasch gearbeitet wird. Der Hahn der Saugflasche wird nun geschlossen, worauf man nach einigen Sekunden den Tiegel abnehmen kann. Man wischt ihn mit einem Tuche trocken ab und bringt ihn in einen Exsiccator, den man mit der Luftpumpe in Verbindung setzt und so weit evakuiert, daß der Luftdruck in demselben 100 bis 200 mm beträgt. Der Exsiccator darf weder Chlorcalcium noch sonst ein Trockenmittel enthalten. Man läßt den Tiegel $1/2$ Stunde in dem Exsiccator und wägt dann sofort. Das Gewicht des Niederschlages, mit 0,03295 multipliziert, ergibt die vorhandene Menge Phosphorsäure als P_2O_5.

Die Bedeutung dieses Verfahrens beruht also darin, daß verhältnismäßig geringe Mengen Phosphorsäure eine große Menge Niederschlag — 1 mg Phosphorsäure = 30,35 mg Ammoniumphosphormolybdat, dagegen nach den vorstehenden Verfahren nur 1,569 mg Magnesiumpyrophosphat — liefern und sich daher mit größerer Sicherheit als bei den ersten Verfahren gravimetrisch bestimmen lassen.

δ) **Indirekte alkalimetrische Bestimmung der Phosphorsäure im Ammoniumphosphomolybdat.** E. A. Grete[1] hat seinerzeit empfohlen, die Phosphorsäure in dem Niederschlage von Ammoniumphosphomolybdat durch ein eigenes Verfahren **titrimetrisch** zu bestimmen. Das Verfahren hat aber anscheinend keine weitere Verbreitung gefunden. Dagegen hat der Vorschlag von A. Neumann[2], in dem Niederschlage von Ammoniumphosphomolybdat das **Ammoniak quantitativ** zu bestimmen und hieraus die Phosphorsäure zu berechnen, schon mehrfache Bestätigung gefunden. A. Neumann hat zuerst nachgewiesen, daß sowohl der aus salpetersaurer als schwefelsaurer Lösung durch Ammoniummolybdat entstehende Niederschlag unter bestimmten Fällungsbedingungen eine konstante Zusammensetzung besitzt und sich durch Natriumhydroxyd nach folgender Gleichung zersetzt:

$$2(NH_4)_3PO_4 \cdot 24\ MoO_3 \cdot 4\ HNO_3 + 56\ NaOH = 24\ Na_2MoO_4$$
$$+ 4\ NaNO_3 + 2\ Na_2HPO_4 + 32\ H_2O + 6\ NH_3\,.$$

Man verbrennt die Substanz zunächst nach S. 478 mit dem Säuregemisch und setzt, wenn etwa 40 ccm desselben verwendet worden sind, etwa 140 ccm Wasser hinzu, so daß man etwa 150—160 ccm[3] Flüssigkeit hat. Nach Zufügen von 50 ccm Ammoniumnitrat[4] (50 proz.) wird auf etwa 70—80° erhitzt, d. h. bis gerade Blasen aufsteigen; darauf werden 40 ccm Ammonmolybdat-Lösung[5] hineingegeben. Man schüttelt den entstandenen Niederschlag von phosphormolybdänsaurem Ammoniak etwa $1/2$ Minute gründlich durcheinander, wodurch sich derselbe körniger abscheidet, und läßt 15 Minuten in einem Stativringe stehen.

Das Filtrieren und Auswaschen geschieht durch Dekantieren; man verwendet dünnes, am besten aschenfreies Filtrierpapier, welches beim späteren Auflösen des Niederschlages in verdünnter Natronlauge leicht zerreißt und sich dann durch die ganze Flüssigkeit verteilt. Die Filter, welche einen Radius von 5—6 cm haben, werden entweder als Faltenfilter oder als glatte Filter im Rippentrichter benutzt. Vor dem Filtrieren wird das Filter mit eiskaltem Wasser gefüllt, um die Filterporen zusammenzuziehen und so zu verhindern, daß die noch

---

[1] Das Verfahren ist im Original veröffentlicht: J. König, Untersuchung landw. u. gewerbl. wichtiger Stoffe. Berlin 1898, 147.

[2] Zeitschr. f. physiol. Chem. 1902, **37**, 115; 1904, **43**, 35.

[3] Etwa die Hälfte des Säuregemisches verflüchtigt sich während der Veraschung.

[4] Wurden bei der Veraschung mehr als 40 ccm Säuregemisch verwendet, so ist die Verdünnung mit Wasser und die Menge des Ammonnitrats in demselben Verhältnisse zu vermehren. Von letzteren müssen sich während der Abscheidung des Niederschlages 10% in der Lösung befinden.

[5] 40 ccm der 10proz. Ammoniummolybdat-Lösung (S. 490) reichen aus für 60 mg P_2O_5. Es ist zweckmäßig, die Substanzmenge so zu wählen, daß sie nicht mehr als 50 mg P_2O_5 enthält, weil man sonst unnötig viel von den Normallösungen gebraucht und die Bestimmungen selbst bei 15 mg P_2O_5 noch sehr zuverlässige Ergebnisse liefern.

warme Lösung infolge des äußerst feinen Niederschlages nicht ganz klar filtriert. Um bequem zu dekantieren, legt man den auf dem Stativringe befindlichen Kolben etwas höher als das Filter und läßt durch Neigen des Kolbenhalses die klare Flüssigkeit ohne Unterbrechung durch das Filter fließen, indem man den Zufluß nach dem Abfluß regelt. Auf diese Weise kann man erreichen, daß nur sehr wenig Niederschlag auf das Filter kommt, welches stets nur bis zu $^2/_3$ seines Volumens gefüllt wird. Das Auswaschen geschieht in der Weise, daß man zu dem im Kolben zurückgebliebenen Niederschlage unter vollständiger Bespülung der Kolbenwandungen etwa 150 ccm eiskaltes Wasser setzt, heftig durchschüttelt und in dem Stativringe absitzen läßt. Währenddessen wird auch das Filter 1—2 mal mit eiskaltem Wasser gefüllt. Man dekantiert dann wieder, wie oben beschrieben, und wiederholt das Auswaschen im ganzen etwa 3—4 mal, bis das Waschwasser gerade nicht mehr gegen Lackmuspapier sauer reagiert.

Nunmehr gibt man das ausgewaschene Filter in den Kolben hinein zu der **Hauptmenge** der Fällung, fügt etwa 150 ccm Wasser hinzu, zerteilt durch heftiges Schütteln das Filter durch die ganze Flüssigkeit und löst den gelben Niederschlag, indem man aus einer Bürette gemessene Mengen $^n/_2$ Natronlauge hinzufügt und die Flüssigkeit so lange (etwa 15 Minuten) kocht, bis mit den Wasserdämpfen kein Ammoniak mehr entweicht (Prüfung mit feuchtem Lackmuspapier). Nach völligem Abkühlen unter der Wasserleitung und nach Ergänzen der Flüssigkeit auf etwa 150 ccm wird durch Hinzufügen von 6—8 Tropfen Phenolphthaleinlösung die Flüssigkeit stark gerötet[1]) und der Überschuß an Alkali durch $^n/_2$ Säure zurückgemessen. Der Farbenumschlag ist sehr scharf.

Berechnung: Die Anzahl der zugefügten Kubikzentimeter $^n/_2$ Natronlauge abzüglich der verbrauchten Kubikzentimeter $^n/_2$ Säure ergeben, mit 1,268 multipliziert, die Menge P_2O_5 in Milligrammen.

I. P. Gregersen[2]) und A. Wörner[3]) haben das Verfahren von A. Neumann nachgeprüft und danach z. B. auch bei Mehl, Wein und Bier ebenfalls günstige Ergebnisse erhalten. Es sollen sich nach ihnen noch 6—8 mg Phosphorsäure mit Sicherheit bestimmen lassen. Gregersen schlägt noch folgende Abänderungen vor:

1. Bei der Veraschung werden sogleich 20 ccm von Neumanns Säuremischung zugesetzt, und während des weiteren Verlaufes der Veraschung tröpfelt man nur konzentrierte Salpetersäure hinzu (bei der Analyse von einem phosphorsauren Salze setzt man nur 10 ccm konzentrierte Schwefelsäure zu).

2. Die Fällung geschieht in 250 ccm Flüssigkeit, die 15% Ammoniumnitrat enthält, mittels eines nicht gar zu großen Überschusses an Ammoniummolybdat (zu Analysen, die 10—25 mg P enthalten, verwendet man etwa 4 g, zu solchen, die mutmaßlich weniger als 10 mg P enthalten, etwa 2 g Ammoniummolybdat).

3. Beim Titrieren wird ein kleiner Überschuß ($^1/_2$—1 ccm $^n/_2$ Säure) zugesetzt, die Kohlensäure verkocht und dann mit $^n/_2$ Natron zurücktitriert.

4. Handelt es sich darum, Mengen von einigen Milligrammen und darunter zu bestimmen, so verwendet man zur Veraschung nur etwa 10 ccm Säuremischung und unternimmt die Fällung in einem Volumen Flüssigkeit von 50 ccm (die 15% Ammoniumnitrat enthalten); im übrigen verfährt man ganz ebenso, wie oben gesagt.

ε) **Bestimmung des Phosphors in Lecithinen und Phosphatiden.** Außer dem Lecithin in den Rohfetten (S. 347) sind in letzter Zeit, vorwiegend von E. Schulze[4]),

---

[1]) Wird die Flüssigkeit nicht stark rot, so müssen noch einige Kubikzentimeter $^n/_2$ Natronlauge hinzugefügt werden. Auch nach abermaligem Erhitzen (Prüfung auf Ammoniak) muß die Lösung stark rot bleiben.

[2]) Zeitschr. f. physiol. Chem. 1907, **53**, 453.

[3]) Zeitschr. f. Untersuchung d. Nahrungs- u. Genußmittel 1908, **15**, 732.

[4]) Zeitschr. f. physiol. Chem. 1908, **55**, 338.

Winterstein[1]) und Mitarbeitern, eine Reihe phosphorhaltiger organischer Stoffe aufgefunden, die statt eines Fettsäurekomplexes ein solches von Kohlenhydraten enthalten und unter dem Namen Phosphatide zusammengefaßt werden. Sie sind in Alkohol löslich und teilen alle Eigenschaften mit dem Lecithin, nur ist ihr Gehalt an Phosphorsäure niedriger als beim Lecithin. Der Phosphorgehalt kann daher auch wie in diesem nach S. 347 bestimmt werden. Z. Arragon[2]) schlägt zur Bestimmung des Phosphorgehaltes in organischen Stoffen folgendes Verfahren vor: Von dem gut zerkleinerten und durchgemischten Stoff werden in einem Kolben von etwa 300 ccm Inhalt 50 g abgewogen, mit 150 ccm Alkohol versetzt und der Kolben samt Inhalt gewogen. Hierauf läßt man den Alkohol 1 Stunde lang im Wasserbade sieden, indem man als Kühler ein einfaches Rückflußrohr verwendet, läßt erkalten und wägt den Kolben wieder. Einen etwaigen Verlust ersetzt man durch Hinzufügung von Alkohol, schüttelt tüchtig und filtriert 100 ccm von dem die ganze Phosphorsäure enthaltenden Alkohol ab. Man läßt diese alkoholische Lösung direkt in einer Platinschale, welche 2 g Kaliumnitrat, 3 g wasserfreies Natriumcarbonat und etwa 20 ccm Wasser enthält, verdunsten und verascht. Die Veraschung geschieht leicht; sie ist in wenigen Minuten beendet. Hierauf löst man den Rückstand in kochendem Wasser auf, gießt das Ganze in ein Becherglas und fügt unter den gebräuchlichen Vorsichtsmaßregeln 25 ccm konzentrierte Salpetersäure und 50 ccm Ammoniummolybdatlösung hinzu. Der Niederschlag wird wie gewöhnlich behandelt und die Phosphorsäure als Magnesiumpyrophosphat gewogen.

$$\text{Magnesiumpyrophosphat} \times 0{,}6376 = P_2O_5$$
$$\text{,,} \qquad\qquad \times 0{,}2784 = P_2 \ .$$

Da die in den Pflanzen vorkommenden Phosphorverbindungen mit Kohlenhydratkomplexen ein anderes Verhältnis von Stickstoff : Phosphor aufweisen als das eigentliche Lecithin, so ist es nach E. Schulze und H. Vageler[3]) zweckmäßig, die Menge der in Alkohol löslichen Phosphorverbindungen nur als Phosphor in Form von Phosphatiden auszudrücken. H. Vageler hat diese Menge Phosphor auch ebenso richtig wie nach vorstehendem Verfahren dadurch bestimmt, daß er den Alkoholauszug durch konzentrierte Schwefelsäure nach Kjeldahl verbrennt, indem er statt Quecksilber als Kontaktsubstanz Kupferdrehspäne anwendet und die gebildete Phosphorsäure ebenfalls als Magnesiumpyrophosphat bestimmt.

d) Bestimmung von Borsäure und Fluor. Über die Bestimmung von Borsäure und Fluor, die in natürlichen Aschen nur in äußerst geringen Mengen vorkommen, aber in größeren Mengen aus Frischhaltungsmitteln herrühren können, vgl. weiter unten über den Nachweis von Frischhaltungsmitteln.

3. Bestimmung der Schwermetalle. Von den Schwermetallen können vorwiegend bei Dauerwaren oder bei in Metallgefäßen hergestellten bzw. aufbewahrten Nahrungs- und Genußmitteln Zinn, Blei, Kupfer (dieses auch durch Zusatz von Kupfersulfat als Färbungsmittel) und Zink vorkommen. Zu ihrer quantitativen Bestimmung verwendet man zweckmäßig die nur durch Verbrennen mit Schwefelsäure und Kaliumsulfat nach S. 478 hergestellte Lösung.

Hat man nur auf Blei und Kupfer Rücksicht zu nehmen, so verraucht man die überschüssige Schwefelsäure zum größten Teil in einer Platinschale, fällt das Blei direkt durch Zusatz von Alkohol als Bleisulfat und im Filtrat hiervon das Kupfer durch Kali- oder Natronlauge. Hat man aber auch auf Zinn (und vielleicht auch auf Arsen) und Zink Rücksicht zu nehmen, so verdünnt man die schwefelsaure Lösung nach Verrauchen des größten Teiles der Schwefelsäure genügend mit Wasser und leitet in die mäßig saure, auf 70° erwärmte Lösung Schwefelwasserstoff bis zum Vorwalten desselben, filtriert, ehe derselbe entwichen oder zersetzt ist, wäscht mit schwefelwasserstoffhaltigem Wasser aus, trocknet, röstet, löst

---

[1]) Zeitschr. f. physiol. Chem. 1906, **47**, 496.

[2]) Zeitschr. f. Untersuchung d. Nahrungs- u. Genußmittel 1906, **11**, 520.

[3]) Biochemische Zeitschr. 1909, **17**, 189.

König, Nahrungsmittel. III. 4. Aufl. 32

wieder in Königswasser, setzt Wasser und Salzsäure zu (auf 250 ccm etwa 10 ccm Salzsäure von 1,1 spezifischem Gewicht) und fällt abermals mit Schwefelwasserstoff.

Der wie vorhin ausgewaschene Niederschlag wird noch feucht auf dem Filter wiederholt mit S c h w e f e l a m m o n i u m behandelt, wodurch etwa vorhandenes Schwefelblei und Schwefelkupfer[1]) ungelöst bleiben, während Schwefelzinn, Schwefelarsen (und Schwefelantimon) in Lösung gehen. Letztere verdampft man in Porzellanschälchen zur Trockne, übergießt mit konzentrierter, am besten rauchender Salpetersäure, verdampft diese, setzt behufs Neutralisation der Säure ein wenig Natronlauge zu, darauf 2 g eines Gemenges von 3 Teilen kohlensaurem und 1 Teil salpetersaurem Natrium, verreibt mit einem Platinspatel, bringt die Masse verlustlos in einen Porzellantiegel, trocknet und erhitzt bis zum beginnenden Schmelzen. Sollte die Schmelze nicht farblos werden, so setzt man noch etwas Salpeter zu und erhitzt weiter.

Die geschmolzene Masse enthält — wenn gleichzeitig A r s e n oder A n t i m o n vorhanden sind, diese als arsensaures bzw. pyroantimonsaures Natrium — das vorhandene Z i n n als Zinnoxyd. Man löst die erkaltete Schmelze in Wasser, leitet Kohlensäure ein, um noch vorhandenes Natronhydrat in kohlensaures Salz überzuführen, läßt das ungelöst bleibende Zinnoxyd absitzen, filtriert, wäscht mit Wasser aus und wägt das letztere nach dem Glühen im Porzellantiegel als Zinnoxyd (1 Teil SnO_2 × 0,7881 = 1 Teil Sn).

In der Lösung der Schmelze kann etwa vorhandenes A r s e n als arsenmolybdänsaures Ammon gefällt und wie weiter unter „Amtlichen Vorschriften" angegeben ist, quantitativ bestimmt werden.

Den in Schwefelammonium unlöslichen Rückstand der Schwefelwasserstoff-Fällung, der S c h w e f e l b l e i und S c h w e f e l k u p f e r enthalten kann, löst man in heißer Salpetersäure, verdampft mit Schwefelsäure im Porzellanschälchen bei gelinder Wärme und zuletzt hoch über der Flamme, bis fast alle freie Schwefelsäure entwichen ist, filtriert das ausgeschiedene schwefelsaure Blei nach Verdünnen mit Wasser und Alkohol, wäscht mit schwefelsäurehaltigem Wasser aus, entfernt letzteres schließlich durch Alkohol und wägt nach dem Trocknen und Glühen als schwefelsaures Blei (1 Teil $PbSO_4$ × 0,6829 = 1 Teil Pb); $PbSO_4$ × 0,7357 = PbO) .

Das Filtrat vom schwefelsauren Blei enthält das etwa vorhandene K u p f e r. Man kann dasselbe aus der eingedampften Lösung durch Natron- oder Kalihydrat fällen und als Kupferoxyd wägen (1 Teil CuO × 0,799 = 1 Teil Cu) oder man fällt es abermals mit Schwefelwasserstoff aus, filtriert nach dem Absitzen, wäscht mit schwefelwasserstoffhaltigem Wasser aus, trocknet rasch, bringt den Niederschlag von S c h w e f e l k u p f e r in einen Porzellantiegel, mischt etwas Schwefel zu und glüht im Wasserstoffstrom (1 Teil Cu_2S × 0,7987 = 1 Teil Cu).

Ist von Metallen noch weiter auf Z i n k, wie recht häufig, Rücksicht zu nehmen, so fällt man das obige Filtrat von der Schwefelwasserstoff-Fällung mit Ammoniak und Schwefelammonium, wäscht den entstandenen Niederschlag, der neben Schwefelzink auch die vorhandenen Eisen-, Tonerdeverbindungen und Erdphosphate usw. enthält, mit schwefelammoniumhaltigem Wasser aus, löst den Niederschlag in warmer Salzsäure, oxydiert und fällt die salzsaure Lösung nach vorherigem Neutralisieren mit Natriumcarbonat — so weit bis die gelbe Färbung in Dunkelrot übergeht — wie oben S. 482 mit Natriumacetat. Die Ausfällung ist dann vollständig, wenn das Filtrat farblos, aber noch essigsauer ist. In die essigsaure Lösung wird Schwefelwasserstoff geleitet und das Zink als Schwefelzink gefällt. Da es in der ersten Fällung kaum vollständig rein ist, so löst man das abfiltrierte Schwefelzink in Salzsäure, erwärmt unter Zusatz von etwas Salpetersäure und fällt mit Ammoniak in starkem Überschuß. Jetzt werden noch etwa vorhandenes Eisenoxyd und Erdphosphat gefällt, während das Zink im überschüssigen Ammoniak gelöst bleibt. Die Lösung wird wieder essigsauer gemacht und nochmals mit Schwefelwasserstoff gefällt. Das abfiltrierte und mit schwefelwasserstoffhaltigem Wasser ausgewaschene Schwefelzink wird in Salzsäure oder Salpetersäure gelöst, aus der Lösung durch überschüssiges — aber nicht zu stark überschüssiges — kohlensaures

---

[1]) Spuren von Schwefelkupfer gehen leicht ins Filtrat über.

Natrium unter längerem Kochen als kohlensaures Zink gefällt, wieder filtriert, ausgewaschen, getrocknet, geglüht und als Zinkoxyd gewogen (1 Teil ZnO × 0,8034 = 1 Teil Zn).

4. Nachweis und Bestimmung des Arsens. Bei der weiten Verbreitung geringer Arsenmengen in der Natur und der großen Empfindlichkeit der Marshschen Probe auf Arsen genügt es bei der Untersuchung der Nahrungs- und Genußmittel sowie der Gebrauchsgegenstände meist nicht, das Arsen qualitativ nachzuweisen, sondern es ist in der Regel eine quantitative Bestimmung erforderlich; denn nach Dragendorff ist die Gefahr, daß das Arsen gelegentlich übersehen wird, geringer als diejenige, daß gefundenen Arsenspuren eine zu große Bedeutung beigelegt wird. Unter allen Umständen müssen sämtliche bei den Untersuchungen auf Arsen zur Verwendung kommenden Reagenzien auf Freisein von Arsen besonders geprüft werden.

I. Aufschließung der Substanzen.

Hierzu können folgende Verfahren dienen:

a) Verfahren von R. Fresenius und v. Babo[1]). Die gehörig zerkleinerte Substanz wird in einen Kolben gebracht, eine geringe Menge arsenfreien Kaliumchlorats hinzugefügt, sodann mit vollkommen arsenfreier Salzsäure übergossen und auf dem Wasserbade langsam erhitzt. Man setzt nun je nach Bedürfnis weitere Mengen Kaliumchlorat oder Salzsäure hinzu, bis die Substanz möglichst zersetzt und entfärbt ist.

Ist die Zersetzung vollendet, so wird mit Wasser verdünnt, nochmals etwas erwärmt und sodann einige Zeit ruhig stehen gelassen. Nachdem etwa ungelöste Substanzen sich abgeschieden haben, wird filtriert und ausgewaschen. Filtrat und Waschwässer werden sodann in einer Porzellanschale auf dem Wasserbade erwärmt, bis die überschüssige Säure und das freie Chlor verjagt sind. Ein Verlust von Arsen durch Verflüchtigung ist hierbei nicht zu befürchten, da der Arsensäure keine flüchtige Chlorverbindung entspricht.

P. Jeserich[2]) hat vorgeschlagen, anstatt des Kaliumchlorats wässerige Chlorsäure und Salzsäure anzuwenden. Die Zerstörung der organischen Substanzen soll durch diese viel rascher vor sich gehen. Dabei läßt man zuerst die Chlorsäure allein einwirken und fängt dann erst mit dem Zusatz von Salzsäure an, welche man bloß in kleinen Teilen nach und nach zugibt, wobei jedoch zu beachten ist, daß die Chlorsäure immer im Überschuß vorhanden sein muß, damit nicht etwa sich niedere Oxydationsstufen bilden und verflüchtigen können. Auch darf beim Eindampfen die Konzentration nicht zu weit gehen, da sich sonst die ganze Masse schnell schwarz färbt, was man jedoch verhindern kann, wenn man im entscheidenden Augenblicke kaltes destilliertes Wasser zusetzt.

Zur Beschleunigung der Zerstörung der organischen Substanz sind noch eine Reihe von Abänderungen des Verfahrens von Fresenius und v. Babo beschrieben worden. C. Kippenberger[3]) empfiehlt einen Zusatz von Mangansuperoxyd oder Manganchlorür, C. Mai[4]) einen solchen von Ammoniumpersulfat, das eine außerordentlich starke oxydierende Wirkung ausübt, ohne die Flüssigkeit mit nichtflüchtigen Stoffen zu sehr zu überladen.

b) Destillation mit Eisenchlorür und Salzsäure. Hierbei werden die Arsenverbindungen in Arsenchlorür übergeführt und dieses abdestilliert.

α) Zu diesem Zwecke wird nach Sonnenschein[5]) in einem Kolben, der sich in einem Sandbade befindet, aus chemisch reinem, geschmolzenem Chlornatrium und chemisch reiner konzentrierter Schwefelsäure Salzsäuregas erzeugt. Letzteres leitet man, nachdem es eine Waschflasche passiert hat, in eine tubulierte Retorte, welche die mit Wasser angerührte, gut zerkleinerte Substanz enthält und zwar so, daß das Zuleitungsrohr eben in den flüssigen Teil des Untersuchungsobjektes eintaucht. Die Retorte ist mit einer tubulierten

---

[1]) Annal. Chem. u. Pharm. 1844, **49**, 306.

[2]) Rep. analyt. Chem. 1882, **2**, 379.

[3]) Zeitschr. f. Untersuchung d. Nahrungs- u. Genußmittel 1898, **1**, 683.

[4]) Ebendort 1902, **5**, 1106.

[5]) F. L. Sonnenschein, Handb. d. gerichtl. Chem. 1881, 134.

Vorlage luftdicht und diese wiederum mit einer noch Wasser enthaltenden Vorlage (Becher-glas, Pelligotsche Röhre usw.) verbunden. Die Retorte steht ebenfalls in einem Sandbade; die Vorlage wird während des Versuches durch Auffließenlassen von Wasser gekühlt. Das sich entwickelnde Chlorwasserstoffgas wird von der in der Retorte enthaltenen Flüssigkeit unter Erwärmung des Inhaltes absorbiert. Man setzt das Einleiten von Chlorwasserstoffgas fort, solange dieses noch absorbiert wird und erwärmt dann unter fortwährendem Einleiten von Salzsäuregas den Inhalt der Retorte ganz allmählich bis zum Kochen der Flüssigkeit. Es wird das Arsen als Chlorür verflüchtigt, welches sich fast vollständig in der Vorlage kon-densiert, so daß höchstens Spuren in die zweite, Wasser enthaltende Vorlage übergehen. Die Destillation wird fortgesetzt, bis etwa $^2/_3$ der Flüssigkeit in die Vorlage übergegangen sind und dann die Operation unterbrochen. Man kann annehmen, alles Arsen, welches als arsenige Säure in dem Untersuchungsobjekt vorhanden war, als Arsenchlorür verflüchtigt zu haben.

Enthält das Untersuchungsobjekt Arsensäure oder andere Arsenverbindungen, so finden sich diese noch unzersetzt in dem Retorteninhalt. Um diese zu gewinnen, ist es notwendig, den Inhalt der Retorte nach Zusatz von etwas Kaliumchlorat zu erwärmen und nachdem die organischen Massen zerstört sind, die Flüssigkeit zu filtrieren. Dieses Filtrat muß sodann wie unter a) durch Erwärmen von dem freien Chlor befreit werden. Sodann wird dieses Fil-trat mit obigem Destillat vereinigt.

β) Zur Abscheidung des gesamten Arsens[1]) durch Destillation ist nach G. Bau-mert die nachfolgende Arbeitsweise nach H. Beckurts[2]) am empfehlenswertesten:

Die zerkleinerte oder nach Abstumpfung von vorhandenen freien Säuren durch Natrium-carbonat eingedampfte Substanz wird in einer geräumigen Retorte mit so viel konzentrier-tester arsenfreier Salzsäure vermischt, daß ein dünnflüssiger Brei entsteht. Nach Zusatz von etwa 20 g einer 4 proz. arsenfreien Eisenchlorürlösung verbindet man den schräg nach aufwärts gerichteten Hals der auf einem Gasofen stehenden Retorte unter stumpfem Winkel mit einem Kühler, erhitzt den Retorteninhalt langsam zum Kochen und destilliert etwa $^2/_3$ der Säure in der Weise ab, daß in der Minute etwa 3 ccm Flüssigkeit übergehen. Das Destillat wird mit Wasser verdünnt und im Marshschen Apparat oder nach Gutzeit auf Arsen geprüft.

II. Qualitativer Nachweis des Arsens.

Die nach den unter I beschriebenen Verfahren gewonnenen Lösungen, welche das etwa vor-handene Arsen enthalten, füllt man zweckmäßig auf ein bestimmtes Volumen auf und ver-wendet hiervon kleinere Mengen zur qualitativen Untersuchung auf Arsen; wenn diese die Anwesenheit von Arsen ergeben hat, verwendet man den Rest zu dessen quantitativer Bestimmung.

Von den Verfahren zum qualitativen Nachweise des Arsens wird das im nachstehenden unter a) beschriebene Verfahren von Gutzeit wegen seiner schnellen Ausführbarkeit sehr häufig angewendet; es ist jedoch kein eindeutiges Verfahren zum Arsennachweis — Phosphor-wasserstoff gibt dieselbe Reaktion — und nicht so empfindlich wie die unter b) beschriebene Prüfung im Marshschen Apparat, mittels deren noch 0,001 mg arsenige Säure und unter Umständen noch geringere Mengen nachgewiesen werden können. Ebenso empfindlich ist der biochemische Nachweis des Arsens mittels Penicillium brevicaule.

a) Verfahren von Gutzeit[3]): Die Gutzeitsche Reaktion beruht auf der Bildung einer gelben Doppelverbindung von Arsensilber und Silbernitrat, die sich bei der Berührung mit Wasser unter Abscheidung von Silber nach folgender Gleichung zersetzt:

$$Ag_3As \cdot 3\,AgNO_3 + 3\,H_2O = 6\,Ag + H_3AsO_3 + 3\,HNO_3 \,.$$

[1]) Von metallischem Arsen gelangt nur der bereits oxydierte Teil in das Destillat.

[2]) Arch. d. Pharmazie 1884, **222**, 653; vgl. G. Baumert, Lehrb. d. gerichtl. Chem. **1**: Der Nachweis von Giften usw. Braunschweig 1907, S. 67.

[3]) Pharm. Ztg. 1879, 263; vgl. G. Baumert, Lehrb. d. gerichtl. Chem. **1**: Der Nachweis von Giften usw. Braunschweig 1907, S. 40.

Die gleichen Reaktionen gibt auch **Phosphorwasserstoff**, während sich die entsprechenden Doppelverbindungen des Antimon- und Schwefelwasserstoffs mit Wasser nicht sofort zersetzen bzw. geschwärzt werden.

Die **Gutzeitsche Reaktion** wird in folgender Weise ausgeführt:

Man bringt etwas von der Lösung in ein größeres Probierglas, setzt etwa 1 g chemisch reines Zink und wenn nötig noch etwas verdünnte, chemisch reine Salzsäure hinzu, verschließt die Mündung lose mit einem Baumwollebausch (um spritzende Flüssigkeitströpfchen zurückzuhalten) und legt darüber ein mit kalt gesättigter Silbernitratlösung (1 : 1) getränktes Stückchen Filtrierpapier. Man läßt in einem wenig belichteten Raume etwa 1 Stunde stehen. Entsteht auf dem Filtrierpapier ein gelber, braunschwarz umsäumter Fleck, der auf Zusatz von Wasser sofort schwarz wird, so ist Arsen vorhanden.

b) Prüfung im Marshschen Apparat nach Marsh-Berzelius-Liebig[1].

α) Das Verfahren beruht darauf, daß arsenige Säure, Arsensäure und ihre Salze sowie Arsenchlorür mit Wasserstoff in statu nascendi **Arsenwasserstoff** liefern nach der Gleichung:

$$As_2O_3 + 12\,H = 2\,AsH_3 + 3\,H_2O \;.$$

Fig. 276.

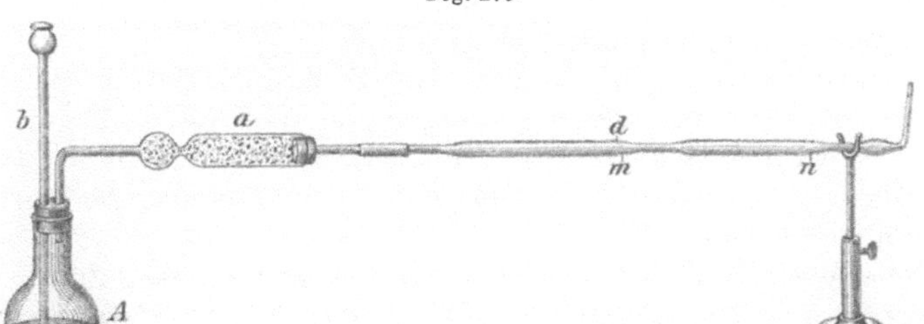

Marshscher Apparat.

Der gebildete **Arsenwasserstoff** zersetzt sich im Wasserstoffstrome beim Erhitzen unter Abscheidung von **metallischem Arsen** nach der Gleichung:

$$AsH_3 = As + 3\,H \;.$$

Arsenwasserstoff enthaltender Wasserstoff brennt mit bläulichweißer Flamme, aus der sich auf einem in diese gehaltenen kalten Gegenstande (z. B. Porzellantiegeldeckel) metallisches Arsen abscheidet nach der Gleichung

$$2\,AsH_3 + 3\,O = 2\,As + 3\,H_2O \;.$$

Ferner reduziert **Arsenwasserstoff Silbernitratlösung** unter Abscheidung von **Silber** nach der Gleichung:

$$AsH_3 + 6\,AgNO_3 + 3\,H_2O = H_3AsO_3 + 6\,Ag + 6\,HNO_3 \;.$$

β) Der ursprüngliche **Marshsche Apparat** ist in der verschiedensten Weise abgeändert worden. Eine der gebräuchlichsten Anordnungen ist die vorstehend (Fig. 276) abgebildete.

Das Gasentwickelungsgefäß A ist ein Kölbchen von 150—200 ccm Rauminhalt, das mit einem Stopfen verschlossen ist, durch den ein Trichterrohr b und ein Trockenrohr a führt, welches letztere mit kleinen Stücken eines Gemisches von 2 Teilen entwässertem Chlorcalcium und 1 Teil geschmolzenem Kalihydrat gefüllt ist, die an beiden Enden durch lose Watte-

---

[1] Vgl. G. Baumert, Lehrb. d. gerichtl. Chem. **1**: Der Nachweis von Giften usw. Braunschweig 1907, S. 71.

pfropfen begrenzt sind. An das Trockenrohr schließt sich, mittels Gummischlauches verbunden, das Reduktionsrohr d an, das aus einem Rohre von strengflüssigem Glas von etwa 8 mm lichter Weite und etwa 1 mm Wandstärke hergestellt wird und an zwei oder mehreren Stellen durch Ausziehen stark verengt ist und in eine feine, aufrecht gebogene Spitze endigt.

γ) Die Prüfung im Marshschen Apparat besteht aus dem Vorversuch zur Prüfung der Reagenzien auf Freisein von Arsen und dem Hauptversuch zur Prüfung der fraglichen Lösung auf Arsen.

Beim Vorversuch bringt man in den Entwickelungskolben A 100 g reinstes Zink, bedeckt es mit etwas Wasser und läßt durch das Trichterrohr 10—15 proz. arsenfreie Salzsäure oder ein erkaltetes Gemisch von 1 Teil reiner arsenfreier Schwefelsäure[1]) und 8 Teilen Wasser zufließen. Nachdem die Gasentwickelung etwa $\frac{1}{2}$ Stunde in regelmäßigem, langsamem Gange stattgefunden hat, kann man sicher sein, daß die Luft vollständig aus dem Apparate verdrängt ist. Alsdann erhitzt man das Reduktionsrohr d an einer oder zwei Stellen (m, n) nahe vor der Einschnürung allmählich zur hellen Rotglut, wobei man das Rohr in geeigneter Weise durch Stative unterstützt. Zeigt sich im Verlaufe einer Stunde bei regelmäßiger ruhiger Gasentwickelung hinter den erhitzten Stellen kein schwarzer oder brauner Anflug, so sind Apparat und Reagenzien genügend rein.

Nunmehr schreitet man zum Hauptversuch. Zu dem Zwecke gibt man einen kleinen aliquoten Teil der auf Arsen zu prüfenden Flüssigkeit in das Wasserstoffentwickelungsgefäß und beobachtet, ob ein Arsenspiegel auftritt. Hat sich nach halbstündiger Gasentwickelung (1 l Gas in 15 Minuten) ein Arsenspiegel gebildet, so verwendet man den Rest der Lösung zur quantitativen Bestimmung.

Ist aber kein Arsenspiegel zu beobachten, so fährt man mit dem Zusatze gleicher aliquoter Teile der Lösung in den Apparat fort und wiederholt dies von halber zu halber Stunde, bis entweder ein Arsenspiegel sichtbar wird, oder bis allmählich alle Flüssigkeit verbraucht und hierdurch deren Freisein von Arsen festgestellt ist.

Aus den Ergebnissen dieses qualitativen Prüfungsverfahrens geht von selbst hervor, ob es möglich ist, aus den verbleibenden Flüssigkeitsresten noch eine quantitative Arsenbestimmung durchzuführen. In der Regel wird man, nachdem etwa die Hälfte der Versuchsflüssigkeit verbraucht worden und hierbei endlich bei eingehaltener, nahezu gleicher Stromstärke ein nur sehr schwacher Arsenspiegel zum Vorschein gekommen ist, von einer quantitativen Bestimmung des Arsens Abstand nehmen müssen; denn es handelt sich dann nur um Zehntelmilligramme des letzteren, deren quantitative Bestimmung sehr zweifelhaft oder fast unmöglich wird.

Tritt aber nach Zusatz der ersten Portion vielleicht schon innerhalb der ersten 10 Minuten ein deutlicher Arsenspiegel auf, so ist man berechtigt, auf eine Durchführbarkeit der Mengenbestimmung des Arsens in der Restflüssigkeit rechnen zu dürfen.

c) Biochemischer Nachweis des Arsens mittels Penicillium brevicaule nach G o s i o[2]). Dieses Verfahren beruht auf der Beobachtung, daß Schimmelpilze, namentlich die sog. Arsenschimmelpilze, arsenhaltige organische Substanzen unter Entwickelung von Arsenwasserstoff bzw. Arsinen zersetzen, die sich durch ihren Knoblauchgeruch und

---

[1]) Da die Einwirkung von reiner Schwefelsäure auf reines Zink nur äußerst langsam vor sich geht, so setzt man einige Tropfen Platinchloridlösung hinzu, so daß eine regelmäßige, nicht zu stürmische Entwickelung von Wasserstoff stattfindet. Da durch den Zusatz von Platinchlorid in dem Entwickelungsgefäß unter Umständen eine Bildung von Platinarsen stattfinden kann, welches dadurch dem Nachweise entzogen werden kann, so wird von anderer Seite empfohlen, die Aktivierung des Zinks vor der Einfüllung in das Entwickelungsgefäß vorzunehmen.

[2]) Riv. d'igiene e san. **3**, No. 8; Pharm. Zentralhalle 1898, **39**, 432.

ihr Verhalten gegen Silberlösung leicht erkennen lassen. Für diesen Arsennachweis benutzt man das Penicillium brevicaule, das man in Reinkultur züchtet, mit der man das sterilisierte Substrat impft.[1])

III. Quantitative Bestimmung des Arsens.

Hat die qualitative Prüfung ergeben, daß quantitativ bestimmbare Arsenmengen vorhanden sind, so führt man diese Bestimmung nach einem der im nachfolgenden beschriebenen Verfahren aus, von denen sich das unter c) beschriebene elektrolytische Verfahren namentlich auch zur Bestimmung kleiner Arsenmengen empfiehlt.

a) Bestimmung als Magnesiumpyroarsenat. In den von der qualitativen Prüfung übriggebliebenen Rest der Lösung wird gewaschenes Schwefelwasserstoffgas[2]) unter Erwärmen eingeleitet. Ist die Flüssigkeit damit gesättigt, so wird sie gekocht, bis der Geruch nach Schwefelwasserstoff verschwunden ist. Dieses Hindurchleiten von Schwefelwasserstoff und das Kochen wird abwechselnd fortgesetzt, bis durchaus keine Veränderung mehr wahrgenommen werden kann. Der erhaltene Schwefelwasserstoffniederschlag wird nach vollständigem Absitzen auf einem Filter gesammelt, hinreichend mit Schwefelwasserstoffwasser ausgewaschen und nebst dem Filter mit einer Auflösung von Schwefelkalium digeriert. Letzteres Reagens eignet sich deshalb besser zum Auflösen des Schwefelarsens als Schwefelammonium, weil es nicht wie Schwefelammonium Schwefelkupfer löst.

Aus dieser Auflösung in Schwefelkalium scheidet man durch vorsichtiges Hinzufügen von Salzsäure bis zur sauren Reaktion das Schwefelarsen wieder aus. Man sammelt dieses auf einem Filter, nachdem es sich vollständig ausgeschieden hat und die überstehende Flüssigkeit klar geworden ist. Nach gehörigem Auswaschen wird das Schwefelarsen mit rauchender Salpetersäure längere Zeit erwärmt, bis der Rückstand im feuchten Zustande gelb erscheint. Der noch feuchte Rückstand wird mit Natriumcarbonat alkalisch gemacht und mit 2 g eines Gemisches von 3 Teilen reinstem Natriumcarbonat und 1 Teil reinstem Natriumnitrat versetzt, getrocknet und dann bis zum beginnenden Schmelzen erhitzt. Die Schmelze wird mit warmem Wasser aufgenommen, die Lösung filtriert und mit so viel Salpetersäure versetzt, daß die Flüssigkeit, auch nach dem Austreiben der Kohlensäure durch Kochen, deutlich sauer reagiert. Die etwas eingeengte, klare (wenn nötig, filtrierte) ganz erkaltete Flüssigkeit wird mit einem gleichen Volumen Molybdänlösung[3]) versetzt und zunächst 3 Stunden ohne Erwärmen stehen gelassen. Enthielte nämlich die Flüssigkeit infolge mangelhaften Auswaschens des Schwefelwasserstoffniederschlages etwas Phosphorsäure, so würde sich diese als Ammoniumphosphomolybdat abscheiden, während bei richtiger Ausführung der Operation ein Niederschlag nicht entsteht.

Die klare, bzw. filtrierte, mit Molybdänlösung versetzte Flüssigkeit wird in einem Kölbchen auf dem Wasserbade erhitzt, bis sich Molybdänsäure auszuscheiden beginnt, was meistens nach 5 Minuten langem Erwärmen bei Siedehitze geschieht.

Sodann wird filtriert, der Rückstand auf dem Filter mit verdünnter Molybdänlösung (100 Teile Molybdänlösung, 20 Teile Salpetersäure von 1,2 spezifischem Gewicht und 80 Teile Wasser) ausgewaschen, in 2—4 ccm Ammoniak von 0,96 spezifischem Gewicht gelöst, die Lösung mit 4 ccm Wasser versetzt, das Filtrat mit $1/4$ Raumteil Alkohol und einigen Tropfen Magnesia-

---

[1]) Über die Ausführung dieser Prüfung vgl. G. Baumert, Lehrbuch der gerichtl. Chemie I: Nachweis von Giften usw. Braunschweig 1907, S. 88.

[2]) Zur Darstellung von Schwefelwasserstoff kann das käufliche Schwefeleisen, seiner Unreinheit wegen, nicht verwendet werden. Am besten entwickelt man das Gas aus Schwefelcalcium oder Schwefelbarium (durch Erhitzen von Calcium- oder Bariumsulfat mit Kohle erhalten) und chemisch reiner Salzsäure.

[3]) 150 g Ammoniummolybdat mit Wasser zu 1 l Flüssigkeit gelöst und in 1 l Salpetersäure von 1,2 spezifischem Gewicht gegossen (vgl. S. 490 Anm. 2).

mixtur gefällt, der Niederschlag nach einigem Stehen abfiltriert, mit verdünntem Ammoniak (1 Teil Ammoniak, 2 Teile Wasser und 1 Teil Alkohol) ausgewaschen, getrocknet, durch Glühen in pyroarsensaures Magnesium ($Mg_2As_2O_7$) übergeführt und gewogen.

1 Teil $Mg_2As_2O_7$ = 0,4839 Teile Arsen = 0,6387 Teile arsenige Säure.

Man bringt zum Zwecke des Glühens den trockenen Niederschlag möglichst vollständig auf ein Uhrglas, tränkt das entleerte Filter mit einer Lösung von Ammoniumnitrat, trocknet und verbrennt es dann vorsichtig in einem Porzellantiegel. Nach dem Erkalten gibt man den Niederschlag von dem Uhrglase in den Tiegel, erhitzt zunächst bei 130° im Luftbade, dann 2 Stunden in einem heißen Sandbade, weiter 1—2 Stunden auf einer durch einen Bunsen-Brenner erhitzten Eisenplatte und zuletzt längere Zeit über dem Bunsen-Brenner. Statt des Papierfilters kann man sich zweckmäßig auch Goochscher Porzellantiegel mit Asbestfilter bedienen.

Der Niederschlag kann hierauf in verdünnter Schwefelsäure gelöst und dann nochmals zur Vergewisserung im Marshschen Apparate geprüft werden.

b) Verfahren von E. Reichardt[1]). Nach hiesigen Erfahrungen verdient auch dieses Verfahren sowohl zum qualitativen wie auch quantitativen Nachweis von Arsen Beachtung.

E. Reichardt läßt das Gas aus dem Marshschen Apparat durch eine Silberlösung von 2—10 ccm (1 Teil Silbernitrat auf 24 Teile Wasser) streichen, wodurch der Arsenwasserstoff unter Abscheidung von metallischem Silber zu arseniger Säure oxydiert wird.

Die Silberlösung befindet sich in einer vollständig reinen, von jeglicher organischen Substanz freien Vorlage (Peligotschen Röhre).

Qualitativ lassen sich nach Reichardts Angaben auf diese Weise noch 0,0014 mg arsenige Säure nachweisen.

Das Ende der Reaktion erkennt man daran, daß sich die dunkelbraunschwarz gefärbte Flüssigkeit in der Vorlage klärt, indem sich das abgeschiedene Silber niederschlägt. Um ganz sicher zu gehen, legt man eine neue Vorlage mit frischer Silberlösung vor und sieht zu, ob noch eine Schwärzung und Trübung entsteht. Der Inhalt der Vorlage wird dann in ein Fläschchen gespült, mit überschüssigem Bromwasser (oder auch überschüssiger Salzsäure und chlorsaurem Kalium) versetzt, einige Minuten geschüttelt und filtriert. Das Filtrat enthält dann alles Arsen als Arsensäure; man versetzt es mit Ammoniak im starken Überschuß, fällt mit Magnesiamixtur — wodurch Antimon[2]), welches hier nur in Spuren vorhanden sein kann, nicht gefällt wird — und wägt wie vorhin als Magnesiumpyroarsenat.

c) Elektrolytisches Verfahren von C. Mai und H. Hurt[3]). Nach diesem Verfahren setzt sich der elektrolytisch entwickelte Arsenwasserstoff mit Silbernitrat nach folgender Gleichung um:

$$AsH_3 + 6\,AgNO_3 + 3\,H_2O = As(OH)_3 + 6\,Ag + 6\,HNO_3\,.$$

Die hierbei nicht zersetzte Menge des zugesetzten Silbernitrats wird titrimetrisch bestimmt und aus der zersetzten Silbernitratmenge der Arsengehalt berechnet.

Der verwendete Apparat (Fig. 277)[4]) besteht aus dem Zersetzungsapparat A und der Absorptionskugelröhre B, die der Mayrhoferschen Kugelröhre nachgebildet ist; beide sind verbunden durch ein Röhrchen g, das mit alkalischer Bleilösung getränkte Bimssteinstückchen oder Glaswolle enthält und Spuren allenfalls vorhandenen Schwefelwasserstoffs zurückhalten soll. Die Kathode e und die Anode a bestehen aus Bleiblech von etwa 1—2 mm Stärke;

---

[1]) Arch. d. Pharmazie, **217**, 1; Zeitschr. f. analyt. Chem. 1882, **21**, 308.

[2]) Das Antimon schlägt sich teils auf dem Zink nieder, teils gelangt es als Antimonwasserstoff in die Vorlage, wo es wieder als Antimonsilber gefällt wird.

[3]) Zeitschr. f. Untersuchung d. Nahrungs- u. Genußmittel 1905, **9**, 193.

[4]) Der Apparat kann von der Firma Wagner & Munz in München, Karlstr. 43, bezogen werden.

ihr etwa 3 mm dickes, stielförmig verjüngtes Ende ist in Glasröhrchen b eingekittet, die luft-dicht in den Stopfen der U-Röhre sitzen. Der Tropftrichter d faßt 25 ccm und das Lumen seiner kapillaren Ablaufröhre, die etwa 2 cm unter die Oberfläche der Schwefelsäure eintaucht, ist so bemessen, daß die Untersuchungsflüssigkeit nur tropfenweise in den Kathodenschenkel einfließen kann. Die Röhre c zum Ableiten des Sauerstoffes aus dem Anodenschenkel ist mit etwas Wasser abgesperrt. Als Stromquelle kann jede Gleichstromleitung von 110 Volt, z. B. mit einem in eine Glühlampenfassung einzusetzenden Schraubenkontakt benutzt werden; zur Regelung dient ein einfacher Wasserwiderstand, bestehend aus einem Glastrog und zwei gegeneinander verschiebbaren Bleiplatten von etwa 100 qcm Fläche mit entsprechenden Klemmen. Wenn der etwa 2 l fassende Trog mit Wasser, dem etwa 20—30 Tropfen Schwefel-säure zugesetzt sind, gefüllt wird, so beträgt bei einem Abstand der Bleiplatten von etwa 8 cm die Klemmenspannung am Apparat A etwa 6—8 Volt bei 2—3 Ampère Stromstärke.

Fig. 277.

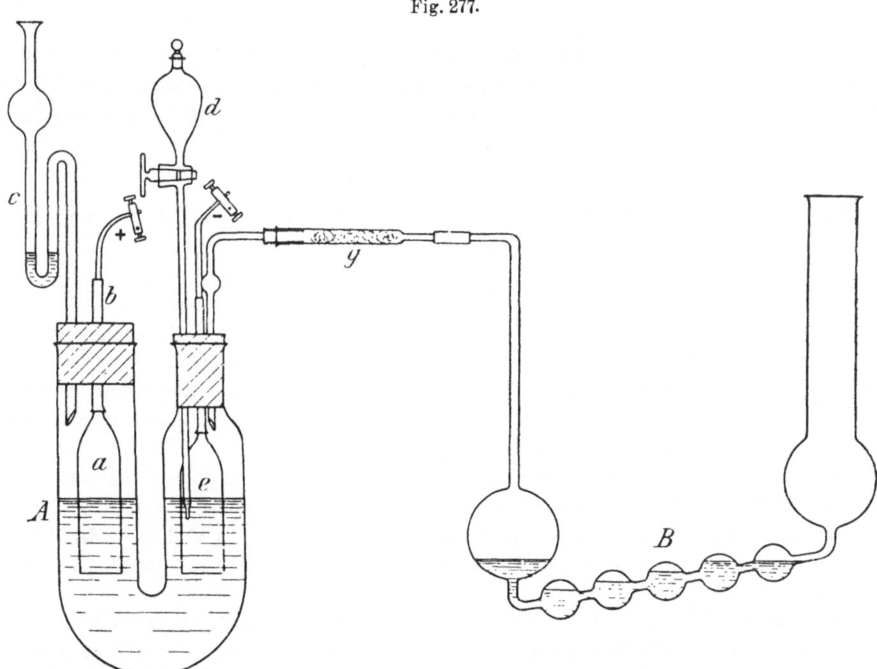

Setzt man dem Troginhalte mehr Schwefelsäure zu, so steigen Stromstärke und Spannung rasch an und der Zersetzungsapparat A erfordert alsdann Abkühlung durch Einstellen in ein Gefäß mit kaltem Wasser, was bei Einhaltung obiger Bedingungen, die vorzuziehen sind, nicht notwendig ist.

Zur Ausführung des Versuches wird die U-Röhre A bis zur bezeichneten Höhe mit reiner 12 proz. Schwefelsäure gefüllt, in die Röhre B werden 10 ccm $^1/_{100}$ N.-Silbernitratlösung gegeben, dann wird Stromschluß hergestellt und auf etwa 2—3 Ampère geregelt. Wenn die Silberlösung bei einstündigem Durchgang des Wasserstoffes nicht verändert wird, kann man sicher sein, daß Kathodenblei und Schwefelsäure rein und arsenfrei sind; man bringt dann ohne Stromunterbrechung die auf Arsen zu prüfende Flüssigkeit, deren Menge möglichst gering sein muß und höchstens etwa 10 ccm betragen soll, in den Tropftrichter, läßt sie durch vorsich-tiges Öffnen des Hahnes möglichst langsam eintreten und wäscht mit wenig Wasser nach.

Bei Gegenwart von Arsen, und zwar gleichgültig, ob dies als Tri- oder Pentoxyd vor-handen ist, tritt schon nach wenigen Minuten Schwärzung der Silberlösung ein und nach

2, spätestens 3 Stunden ist die Reduktion beendet[1]). Man gießt darauf den Inhalt der Kugelröhre durch ein kleines Asbestfilterchen ab, wäscht mit 3—4 ccm Wasser nach und titriert den Überschuß der Silbernitratlösung mit $^1/_{100}$ N.-Rhodanammoniumlösung zurück.

1 ccm $^1/_{100}$ N.-Silbernitratlösung entspricht 0,125 mg As = 0,1655 mg As_2O_3 = 0,1916 mg As_2O_5 .

Die untere Grenze der Bestimmbarkeit geben die Verfasser zu etwa 0,02 mg an, da die Titration bei noch geringeren Mengen Schwierigkeiten bietet; vielleicht läßt sich für kleinere Mengen, bis 0,001 mg, ein kolorimetrisches Verfahren auffinden.

Für qualitative Zwecke ist die Empfindlichkeit weit größer und es lassen sich Mengen bis 0,0005 mg (= 0,5 μ g) sowohl durch die in der Biegung vor der ersten Kugel auftretende und fest an der Röhrenwand haftende Schwärzung der Silberlösung, wie auch beim Ersatz der Kugelröhre durch die Trocken- und Glühröhre des Marshschen Apparates an den darin erhaltenen Arsenspiegeln leicht erkennen.

IV. Anleitung für die Untersuchung von Farben, Gespinnsten und Geweben auf Arsen und Zinn (§ 1 Abs. 3, § 7 Abs. 2 des Gesetzes, betr. die Verwendung gesundheitsschädlicher Farben bei der Herstellung von Nahrungsmitteln, Genußmitteln und Gebrauchsgegenständen, vom 5. Juli 1887).

(Verordnung vom 10. April 1888.)

A. Verfahren zur Feststellung des Vorhandenseins von Arsen und Zinn in gefärbten Nahrungs- oder Genußmitteln (§ 1 des Gesetzes).

I. Feste Körper.

1. Bei festen Nahrungs- oder Genußmitteln, welche in der Masse gefärbt sind, werden 20 g in Arbeit genommen, bei oberflächlich gefärbten wird die Farbe abgeschabt und ist so viel des Abschabsels in Arbeit zu nehmen, als einer Menge von 20 g des Nahrungs- oder Genußmittels entspricht. Nur wenn solche Mengen nicht verfügbar gemacht werden können, darf die Prüfung auch an geringeren Mengen vorgenommen werden.

2. Die Probe ist durch Reiben oder sonst in geeigneter Weise fein zu zerteilen und in einer Schale aus echtem Porzellan mit einer zu messenden Menge reiner Salzsäure von 1,10—1,12 spezifischem Gewicht und so viel destilliertem Wasser zu versetzen, daß das Verhältnis der Salzsäure zum Wasser etwa wie 1 zu 3 ist. In der Regel werden 25 ccm Salzsäure und 75 ccm Wasser dem Zwecke entsprechen.

Man setzt nun 0,5 g chlorsaures Kalium hinzu, bringt die Schale auf ein Wasserbad und fügt — sobald ihr Inhalt die Temperatur des Wassers angenommen hat — von 5 zu 5 Minuten weitere kleine Mengen von chlorsaurem Kalium zu, bis die Flüssigkeit hellgelb, gleichförmig und dünnflüssig geworden ist. In der Regel wird ein Zusatz von im ganzen 2 g des Salzes dem Zwecke entsprechen. Das verdampfende Wasser ist dabei von Zeit zu Zeit zu ersetzen. Wenn man den genannten Punkt erreicht hat, so fügt man nochmals 0,5 g chlorsaures Kalium hinzu und nimmt die Schale alsdann von dem Wasserbade. Nach völligem Erkalten bringt man ihren Inhalt auf ein Filter, läßt die Flüssigkeit in eine Kochflasche von etwa 400 ccm völlig ablaufen und erhitzt sie auf dem Wasserbade, bis der Geruch nach Chlor nahezu verschwunden ist. Das Filter samt dem Rückstande, welcher sich in der Regel zeigt, wäscht man mit heißem Wasser gut aus, verdampft das Waschwasser im Wasserbade bis auf etwa 50 ccm und vereinigt diese Flüssigkeit samt einem etwa darin entstandenen Niederschlage mit dem Hauptfiltrate. Man beachte, daß die Gesamtmenge der Flüssigkeit mindestens das 6fache der angewendeten Salzsäure betragen muß. Wenn z. B. 25 ccm Salzsäure verwendet wurden, so muß das mit dem Waschwasser vereinigte Filtrat mindestens 150, besser 200—250 ccm betragen.

---

[1]) Nach Beendigung des Versuches ist der Elektrolyt in A sofort durch Wasser zu ersetzen.

3. Man leitet durch die auf 60—80° C erwärmte und bei dieser Temperatur erhaltene Flüssigkeit 3 Stunden lang einen langsamen Strom von reinem, gewaschenem Schwefelwasserstoffgas, läßt hierauf die Flüssigkeit unter fortwährendem Einleiten des Gases erkalten und stellt die dieselbe enthaltende Kochflasche, mit Filtrierpapier leicht bedeckt, mindestens 12 Stunden an einen mäßig warmen Ort.

4. Ist ein Niederschlag entstanden, so ist derselbe auf ein Filter zu bringen, mit schwefelwasserstoffhaltigem Wasser auszuwaschen und dann in noch feuchtem Zustande mit mäßig gelbem Schwefelammonium zu behandeln, welches vorher mit etwas ammoniakalischem Wasser verdünnt worden ist. In der Regel werden 4 ccm Schwefelammonium, 2 ccm Ammoniakflüssigkeit von etwa 0,96 spezifischem Gewicht und 15 ccm Wasser dem Zwecke entsprechen. Den bei der Behandlung mit Schwefelammonium verbleibenden Rückstand wäscht man mit schwefelammoniumhaltigem Wasser aus und verdampft das Filtrat und das Waschwasser in einem tiefen Porzellanschälchen von etwa 6 cm Durchmesser bei gelinder Wärme bis zur Trockne. Das nach der Verdampfung Zurückbleibende übergießt man, unter Bedeckung der Schale mit einem Uhrglase, mit etwa 3 ccm roter, rauchender Salpetersäure und dampft dieselbe bei gelinder Wärme behutsam ab. Erhält man hierbei einen im feuchten Zustande gelb erscheinenden Rückstand, so schreitet man zu der sogleich zu beschreibenden Behandlung. Ist der Rückstand dagegen dunkel, so muß er von neuem so lange der Einwirkung von roter, rauchender Salpetersäure ausgesetzt werden, bis er im feuchten Zustande gelb erscheint.

5. Man versetzt den noch feuchten Rückstand mit fein zerriebenem kohlensauren Natrium, bis die Masse stark alkalisch reagiert, fügt 2 g eines Gemenges von 3 Teilen kohlensaurem mit 1 Teil salpetersaurem Natrium hinzu und mischt unter Zusatz von etwas Wasser, so daß eine gleichartige, breiige Masse entsteht. Die Masse wird in dem Schälchen getrocknet und vorsichtig bis zum Sintern oder beginnenden Schmelzen erhitzt. Eine weitergehende Steigerung der Temperatur ist zu vermeiden. Man erhält so eine farblose oder weiße Masse. Sollte dies ausnahmsweise nicht der Fall sein, so fügt man noch etwas salpetersaures Natrium hinzu, bis der Zweck erreicht ist[1]).

6. Die Schmelze weicht man in gelinder Wärme mit Wasser auf und filtriert durch ein nasses Filter. Ist Zinn zugegen, so befindet sich dieses im Rückstande auf dem Filter in Gestalt weißen Zinnoxyds, während das Arsen als arsensaures Natrium im Filtrat enthalten ist. Wenn ein Rückstand auf dem Filter verblieben ist, so muß berücksichtigt werden, daß auch in das Filtrat kleine Mengen Zinn übergegangen sein können. Man wäscht den Rückstand einmal mit kaltem Wasser, dann dreimal mit einer Mischung von gleichen Teilen Wasser und Alkohol aus, dampft die Waschflüssigkeit so weit ein, daß das mit dieser vereinigte Filtrat etwa 10 ccm beträgt und fügt verdünnte Salpetersäure tropfenweise hinzu, bis die Flüssigkeit eben sauer reagiert. Sollte hierbei ein geringer Niederschlag von Zinnoxydhydrat entstehen, so filtriert man denselben ab und wäscht ihn wie oben angegeben aus. Wegen der weiteren Behandlung zum Nachweise des Zinns vgl. Nr. 10.

7. Zum Nachweise des Arsens wird dasselbe zunächst in arsenmolybdänsaures Ammonium übergeführt. Zu diesem Zwecke vermischt man die nach obiger Vorschrift mit Salpetersäure angesäuerte, durch Erwärmen von Kohlensäure und salpetriger Säure befreite, darauf wieder abgekühlte, klare (nötigenfalls filtrierte) Lösung, welche etwa 15 ccm betragen wird, in einem Kochfläschchen mit etwa dem gleichen Raumteile einer Auflösung von molybdänsaurem Ammonium in Salpetersäure[2]) und läßt zunächst 3 Stunden ohne Erwärmen stehen. Enthielte nämlich die Flüssigkeit infolge mangelhaften Auswaschens des Schwefelwasserstoffniederschlages etwas Phosphorsäure, so würde sich diese als phosphormolybdänsaures Ammonium abscheiden, während bei richtiger Ausführung der Operation ein Niederschlag nicht entsteht (vgl. auch S. 503).

---

[1]) Sollte die Schmelze trotzdem schwarz bleiben, so rührt dies in der Regel von einer geringen Menge Kupfer her, da Schwefelkupfer in Schwefelammonium nicht ganz unlöslich ist.

[2]) Die obenbezeichnete Flüssigkeit wird erhalten, indem man 1 Teil Molybdänsäure in 4 Teilen Ammoniak von etwa 0,96 spezifischem Gewicht löst und die Lösung in 15 Teile Salpetersäure von 1,2 spezifischem Gewicht gießt. Man läßt die Flüssigkeit dann einige Tage in mäßiger Wärme stehen und zieht sie, wenn nötig, klar ab.

8. Die klare bzw. filtrierte Flüssigkeit erwärmt man auf dem Wasserbade, bis sie etwa 5 Minuten lang die Temperatur des Wasserbades angenommen hat[1]). Ist Arsen vorhanden, so entsteht ein gelber Niederschlag von arsenmolybdänsaurem Ammonium, neben welchem sich meist auch weiße Molybdänsäure ausscheidet. Man gießt die Flüssigkeit nach einstündigem Stehen durch ein Filterchen von dem der Hauptsache nach in der kleinen Kochflasche verbleibenden Niederschlage ab, wäscht diesen zweimal mit kleinen Mengen einer Mischung von 100 Teilen Molybdänlösung, 20 Teilen Salpetersäure von 1,2 spezifischem Gewicht und 80 Teilen Wasser aus, löst ihn dann unter Erwärmen in 2—4 ccm wässeriger Ammonflüssigkeit von etwa 0,96 spezifischem Gewicht, fügt etwa 4 ccm Wasser hinzu, gießt, wenn erforderlich, nochmals durch das Filterchen, setzt $^1/_4$ Raumteil Alkohol und dann 2 Tropfen Chlormagnesium-Chlorammoniumlösung hinzu. Das Arsen scheidet sich sogleich oder beim Stehen in der Kälte als weißes, mehr oder weniger krystallinisches arsensaures Ammonium-Magnesium ab, welches abzufiltrieren und mit einer möglichst geringen Menge einer Mischung von 1 Teil Ammoniak, 2 Teilen Wasser und 1 Teil Alkohol auszuwaschen ist.

9. Man löst alsdann den Niederschlag in einer möglichst kleinen Menge verdünnter Salpetersäure, verdampft die Lösung bis auf einen ganz kleinen Rest und bringt einen Tropfen auf ein Porzellanschälchen, einen anderen auf ein Objektglas. Zu ersterem fügt man einen Tropfen einer Lösung von salpetersaurem Silber, dann vom Rande aus einen Tropfen wässeriger Ammoniakflüssigkeit von 0,96 spezifischem Gewicht; ist Arsen vorhanden, so muß sich in der Berührungszone ein rotbrauner Streifen von arsensaurem Silber bilden. Den Tropfen auf dem Objektglase macht man mit einer möglichst kleinen Menge wässeriger Ammoniakflüssigkeit alkalisch; ist Arsen vorhanden, so entsteht sogleich oder sehr bald ein Niederschlag von arsensaurem Ammoniummagnesium, der, unter dem Mikroskope betrachtet, sich als aus spießigen Kryställchen bestehend erweist.

10. Zum Nachweise des Zinns ist das oder sind die das Zinnoxyd enthaltenden Filterchen zu trocknen, in einem Porzellantiegelchen einzuäschern und demnächst zu wägen[2]). Nur wenn der Rückstand (nach Abzug der Filterasche) mehr als 2 mg beträgt, ist eine weitere Untersuchung auf Zinn vorzunehmen. In diesem Falle bringt man den Rückstand in ein Porzellanschiffchen, schiebt dieses in eine Röhre von schwer schmelzbarem Glase, welche vorn zu einer langen Spitze mit feiner Öffnung ausgezogen ist, und erhitzt in einem Strom reinen, trockenen Wasserstoffgases bei allmählich gesteigerter Temperatur, bis kein Wasser mehr auftritt, bis somit alles Zinnoxyd reduziert ist. Man läßt im Wasserstoffstrom erkalten, nimmt das Schiffchen aus der Röhre, neigt es ein wenig, bringt wenige Tropfen Salzsäure von 1,10—1,12 spezifischem Gewicht in den unteren Teil desselben, schiebt es wieder in die Röhre, leitet einen langsamen Strom Wasserstoff durch dieselbe, neigt sie so, daß die Salzsäure im Schiffchen mit dem reduzierten Zinn in Berührung kommt, und erhitzt ein wenig. Es löst sich dann das Zinn unter Entbindung von etwas Wasserstoff in der Salzsäure zu Zinnchlorür. Man läßt im Wasserstoffstrom erkalten, nimmt das Schiffchen aus der Röhre, bringt nötigenfalls noch einige Tropfen einer Mischung von 6 Teilen Wasser und 1 Teil Salzsäure hinzu und prüft einen Tropfen der erhaltenen Lösung auf Zinn mit Quecksilberchlorid, Goldchlorid und Schwefelwasserstoff, und zwar mit letzterem vor und nach Zusatz einer geringen Menge Bromsalzsäure oder Chlorwasser.

Bleibt beim Behandeln des Schiffcheninhalts ein schwarzer Rückstand, der in Salzsäure unlöslich ist, so kann derselbe **Antimon** sein.

II. Flüssigkeiten, Fruchtgelees u. dgl.

11. Von Flüssigkeiten, Fruchtgelees u. dgl. ist eine solche Menge abzuwägen, daß die darin enthaltene Trockensubstanz etwa 20 g beträgt, also z. B. von Himbeersirup etwa 30 g, von Johannis-

---

[1]) Am sichersten ist es, das Erhitzen so lange fortzusetzen, bis sich Molybdänsäure auszuscheiden beginnt.

[2]) Sollte der Rückstand infolge eines Gehaltes an Kupferoxyd schwarz sein, so erwärmt man ihn mit Salpetersäure, verdampft im Wasserbade zur Trockne, setzt einen Tropfen Salpetersäure und etwas Wasser zu, filtriert, wäscht aus, glüht und wägt erst dann.

beergelee etwa 35 g, von Rotwein, Essig oder dgl. etwa 800—1000 g. Nur wenn solche Mengen nicht verfügbar gemacht werden können, darf die Prüfung auch an einer geringeren Menge vorgenommen werden.

12. Fruchtsäfte, Gelees u. dgl. werden genau nach Abschnitt I mit Salzsäure, chlorsaurem Kalium usw. behandelt; dünne, nicht sauer reagierende Flüssigkeiten konzentriert man durch Abdampfen bis auf einen kleinen Rest und behandelt diesen nach Abschnitt I mit Salzsäure und chlorsaurem Kalium usw.; dünne, sauer reagierende Flüssigkeiten aber destilliert man bis auf einen geringen Rückstand ab und behandelt diesen nach Abschnitt I mit Salzsäure, chlorsaurem Kalium usw. — In das Destillat leitet man nach Zusatz von etwas Salzsäure ebenfalls Schwefelwasserstoff und vereinigt einen etwa entstehenden Niederschlag mit dem nach Nr. 3 zu erhaltenden.

B. Verfahren zur Feststellung des Arsengehalts in Gespinsten oder Geweben.
(§ 7 des Gesetzes).

13.[1]) Man zieht 30 g des zu untersuchenden Gespinstes oder Gewebes, nachdem man dasselbe zerschnitten hat, 3—4 Stunden lang mit destilliertem Wasser bei 70—80° aus, filtriert die Flüssigkeit, wäscht den Rückstand aus, dampft Filtrat und Waschwasser bis auf etwa 25 ccm ein, läßt erkalten, fügt 5 ccm reine konzentrierte Schwefelsäure hinzu und prüft die Flüssigkeit im Marshschen Apparat unter Anwendung arsenfreien Zinks auf Arsen.

Wird ein Arsenspiegel erhalten, so war Arsen in wasserlöslicher Form in dem Gespinste oder Gewebe vorhanden.

14. Ist der Versuch unter Nr. 13 negativ ausgefallen, so sind weitere 10 g des Stoffes anzuwenden und dem Flächeninhalte nach zu bestimmen. Bei Gespinsten ist der Flächeninhalt durch Vergleichung mit einem Gewebe zu ermitteln, welches aus einem gleichartigen Gespinste derselben Fadenstärke hergestellt ist.

15. Wenn die nach Nr. 13 und 14 erforderlichen Mengen des Gespinstes oder Gewebes nicht verfügbar gemacht werden können, dürfen die Untersuchungen an geringeren Mengen, sowie im Falle der Nr. 14 auch an einem Teile des nach Nr. 13 untersuchten, mit Wasser ausgezogenen, wieder getrockneten Stoffes vorgenommen werden.

16. Das Gespinst oder Gewebe ist in kleine Stücke zu zerschneiden, welche in eine tubulierte Retorte aus Kaligas von etwa 400 ccm Inhalt zu bringen und mit 100 ccm reiner Salzsäure von 1,19 spezifischem Gewicht zu übergießen sind. Der Hals der Retorte sei ausgezogen und in stumpfem Winkel gebogen. Man stellt dieselbe so, daß der an den Bauch stoßende Teil des Halses schief aufwärts, der andere Teil etwas schräg abwärts gerichtet ist. Letzteren schiebt man in die Kühlröhre eines Liebigschen Kühlapparates und schließt die Berührungsstelle mit einem Stück Kautschukschlauch. Die Kühlröhre führt man luftdicht in eine tubulierte Vorlage von etwa 500 ccm Inhalt. Die Vorlage wird mit etwa 200 ccm Wasser beschickt und, um sie abzukühlen, in eine mit kaltem Wasser gefüllte Schale eingetaucht. Den Tubus der Vorlage verbindet man in geeigneter Weise mit einer mit Wasser beschickten Peligotschen Röhre.

17. Nach Ablauf von etwa einer Stunde bringt man 5 ccm einer aus Krystallen bereiteten, kalt gesättigten Lösung von arsenfreiem Eisenchlorür in die Retorte und erhitzt deren Inhalt. Nachdem der überschüssige Chlorwasserstoff entwichen, steigert man die Temperatur, so daß die Flüssigkeit ins Kochen kommt und destilliert, bis der Inhalt stärker zu steigen beginnt. Man läßt jetzt erkalten, bringt nochmals 50 ccm der Salzsäure von 1,19 spezifischem Gewicht in die Retorte und destilliert in gleicher Weise ab.

18. Die durch organische Substanzen braun gefärbte Flüssigkeit in der Vorlage vereinigt man mit dem Inhalt der Peligotschen Röhre, verdünnt mit destilliertem Wasser auf etwa 600—700 ccm und leitet, anfangs unter Erwärmen, dann in der Kälte, reines Schwefelwasserstoffgas ein.

---

[1]) Es bleibt dem Untersuchenden unbenommen, vorweg mit dem Marshschen Apparate an einer genügend großen Probe festzustellen, ob überhaupt Arsen in dem Gespinste oder Gewebe vorhanden ist. Bei negativem Ausfalle eines solchen Versuches bedarf es nicht der weiteren Prüfungen nach Nr 13 usw., 16 usw.

19. Nach 12 Stunden filtriert man den braunen, zum Teil oder ganz aus organischen Substanzen bestehenden Niederschlag auf einem Asbestfilter ab, welches man durch entsprechendes Einlegen von Asbest in einem Trichter, dessen Röhre mit einem Glashahn versehen ist, hergestellt hat. Nach kurzem Auswaschen des Niederschlages schließt man den Hahn und behandelt den Niederschlag in dem Trichter unter Bedecken mit einer Glasplatte oder einem Uhrglase mit wenigen Kubikzentimetern Bromsalzsäure, welche durch Auflösen von Brom in Salzsäure von 1,19 spezifischem Gewicht hergestellt worden ist. Nach etwa halbstündiger Einwirkung läßt man die Lösung durch Öffnen des Hahns in den Fällungskolben abfließen, an dessen Wänden häufig noch geringe Anteile des Schwefelwasserstoffniederschlages haften. Den Rückstand auf dem Asbestfilter wäscht man mit Salzsäure von 1,19 spezifischem Gewicht aus.

20. In dem Kolben versetzt man die Flüssigkeit wieder mit überschüssigem Eisenchlorür und bringt den Kolbeninhalt unter Nachspülen mit Salzsäure von 1,19 spezifischem Gewicht in eine entsprechend kleinere Retorte eines zweiten, im übrigen dem in Nr. 16 beschriebenen gleichen Destillierapparates, destilliert, wie in Nr. 17 angegeben, ziemlich weit ab, läßt erkalten, bringt nochmals 50 ccm Salzsäure von 1,19 spezifischem Gewicht in die Retorte und destilliert wieder ab.

21. Das Destillat ist jetzt in der Regel wasserhell. Man verdünnt es mit destilliertem Wasser auf etwa 700 ccm, leitet Schwefelwasserstoff, wie in Nr. 18 angegeben, ein, filtriert nach 12 Stunden das etwa niedergefallene Dreifach-Schwefelarsen auf einem, nacheinander mit verdünnter Salzsäure, Wasser und Alkohol ausgewaschenen, bei 110° C getrockneten und gewogenen Filterchen ab, wäscht den Rückstand auf dem Filter erst mit Wasser, dann mit absolutem Alkohol aus, trocknet bei 110° und wägt.

22. Man berechnet aus dem erhaltenen Dreifach-Schwefelarsen die Menge des Arsens und ermittelt, unter Berücksichtigung des nach Nr. 14 festgestellten Flächeninhalts der Probe, die auf 100 qcm des Gespinstes oder Gewebes entfallende Arsenmenge.

5. Bestimmung der Alkalität der Asche.

5. Bestimmung der Alkalität der Asche. Unter der Alkalität der Asche versteht man die Kubikzentimeter Normal-Alkalilauge, denen die alkalisch reagierenden Bestandteile der Asche äquivalent sind, bzw. die Kubikzentimeter Normalsäure, die zur Neutralisation der Asche bzw. der darin vorhandenen Carbonate und Oxyde erforderlich sind.

Man hat die Alkalität der Asche bisher meist nach dem nachstehend unter a) beschriebenen direkten Verfahren bestimmt; man ist sich dabei bereits lange bewußt gewesen, daß der hierbei erhaltene Wert nicht allein dem Gehalte der in der Asche vorhandenen Carbonate und Oxyde entspricht, sondern auch mehr oder minder von dem Gehalte der Asche an Phosphaten abhängig ist. Je nach diesem Gehalte an Phosphaten kann die hierdurch bedingte Alkalität gegenüber dem Gesamtwerte verschwinden oder umgekehrt fast allein den Alkalitätswert bedingen. Um diesen Wert auszuscheiden und lediglich diejenige Menge Alkalilauge bzw. Säure zu finden, die dem Gehalte der Aschen an Carbonaten (und Oxyden) entspricht, hat K. Farnsteiner neuerdings das unter b) beschriebene Verfahren zur Bestimmung der wahren Alkalität der Aschen vorgeschlagen.

Als „Alkalitätszahl" bezeichnet man nach einem Vorschlage von P. Buttenberg[1]) die Anzahl Kubikzentimeter Normalsäure, die zur Neutralisation[2]) von 1 g Asche erforderlich sind.

a) Direkte Bestimmung der Alkalität der Asche. Man verfährt nach E. Spaeth[3]), der die Bestimmung der Aschenalkalität zuerst für die Untersuchung der Fruchtsäfte empfohlen hat, wie folgt:

---

[1]) Zeitschr. f. Untersuchung d. Nahrungs- u. Genußmittel 1905, **9**, 141.

[2]) Bestimmt man die wahre Alkalität nach K. Farnsteiner (vgl. unten S. 511 unter b), so drückt die „Alkalitätszahl" natürlich nicht die Anzahl Kubikzentimeter Normalsäure aus, die zur Neutralisation der Asche erforderlich sind, sondern diejenige, die dem Gehalte an Carbonaten (und Oxyden) in 1 g Asche entspricht.

[3]) Zeitschr. f. Untersuchung d. Nahrungs- u. Genußmittel 1901, **4**, 97.

Zu der gewogenen Asche[1]) von 10—20 g Substanz (20—50 g Fruchtsaft) gibt man 5 ccm N.-Schwefelsäure, spült mit heißem Wasser in ein Becherglas, erhitzt 5—10 Minuten schwach und titriert darauf die nicht verbrauchte Säure zurück[2]).

Die zur Neutralisation der Asche verbrauchte Anzahl Kubikzentimeter Normalsäure, auf 100 g Substanz umgerechnet, ergibt die „Alkalität der Asche".

b) Bestimmung der wahren Alkalität der Aschen nach K. Farnsteiner[3]). Als wahre Alkalität einer Asche definiert R. Farnsteiner den nach normaler Bindung der Basen durch die Mineralsäuren (ausschließlich Kieselsäure) für die Kohlensäure verfügbar bleibenden Rest der Basen. Bei der vorstehend unter a) beschriebenen Bestimmung der Alkalität wird nicht nur dieser an Kohlensäure gebundene Rest der Basen bestimmt, sondern auch die mehr oder minder große Menge **der an** Phosphorsäure gebundenen Basen.

Im Sinne der Definition der wahren Alkalität sind von den in den Aschen in der Regel vorkommenden Verbindungen — z. T. im Widerspruch mit ihrer Wirkung auf die Indicatoren — z. B. als neutral zu betrachten: $Ca_3P_2O_8$, K_3PO_4, $K_4P_2O_7$, K_2SO_4, $NaCl$ usw., als alkalisch $CaCO_3$, $MgCO_3$, K_2CO_3 usw., und schließlich als sauer — sofern ihr Vorhandensein in Aschen nicht ausgeschlossen wäre — KH_2PO_4, K_2HPO_4 usw.

Die im freien Zustande in manchen Aschen vorkommende Kieselsäure wirkt nicht auf die zur Alkalitätsbestimmung verwendbaren Indikatoren; die in Form von Silikaten vorhandene dagegen verhält sich genau wie die Kohlensäure, die Menge derartiger Silikate in den Aschen ist aber meist nur sehr gering, und daher kann von einer Berücksichtigung der Silikate bei der Alkalitätsbestimmung abgesehen werden.

Die wahre Alkalität läßt sich natürlich aus der Zusammensetzung der Aschen berechnen; man kann sie aber auch durch eine direkte Bestimmung ermitteln, wenn man die Phosphorsäure durch Zusatz einer hinreichenden Menge chlorammoniumhaltiger Chlorcalciumlösung sowie eines

---

[1]) Von Einfluß auf die Zusammensetzung der Asche und besonders auf die Aschenalkalität kann unter Umständen der Schwefelgehalt des Leuchtgases sein, indem die beim Verbrennen des Gases entstehende Schwefelsäure bzw. schweflige Säure von den alkalisch reagierenden Aschen aufgenommen wird, wodurch die Aschenmenge erhöht, dagegen die Alkalität der Asche erniedrigt wird. Über die Mittel, die zur Verhinderung einer derartigen Veränderung der Alkalität geeignet sind, vgl. Anmerkung 1, S. 512.

[2]) Ed. Späth gibt den zu verwendenden Indikator zwar nicht an, hat aber wahrscheinlich, wie es sonst vielfach geschieht, Lackmustinktur verwendet. Es möge daher hier die Bereitung einer neutralen Lackmustinktur nach Fr. Mohr mitgeteilt werden.

Der Lackmus wird mit heißem destilliertem Wasser erschöpft, die filtrierte Lösung verdampft, mit Essigsäure übersättigt (wobei sich Kohlensäure entwickelt), sodann weiter bis zur Konsistenz eines dicken Extraktes eingedampft. Man bringt die Masse in eine Flasche und übergießt sie mit einer größeren Menge 90 proz. Weingeistes. Der blaue Farbstoff wird gefällt, ein roter Farbstoff und essigsaures Kalium lösen sich. Man filtriert, wäscht mit Weingeist aus, löst den zurückbleibenden Farbstoff in warmem Wasser und filtriert. — Auch wird empfohlen, um die Lackmuslösung haltbarer zu machen, den Rückstand in wenig Glyzerin zu lösen. Die Lackmuslösung muß in offenen, bloß mit Baumwollepfropf bedeckten Gefäßen aufbewahrt werden, da sie sich in verschlossenen Gläsern bald entfärbt.

Man prüft sie, indem man etwa 100 ccm Wasser damit deutlich blau färbt, die Lösung in zwei Teile teilt und zu dem einen Teil eine sehr geringe Menge einer verdünnten Säure, zum anderen eine Spur Natronlauge setzt. Färbt sich jene Hälfte deutlich rot, diese deutlich blau, so ist die Lackmustinktur brauchbar. Es darf also weder Säure noch Alkali vorwalten.

Man kann sich aber auch für den Zweck des jetzt im Handel vorkommenden in Wasser löslichen Lackmuspurins in Würfeln (1 : 10 Wasser) oder des Azolitmins (1 : 100 Wasser) bedienen.

[3]) Zeitschr. f. Untersuchung d. Nahrungs- u. Genußmittel 1907, **13**, 305.

gemessenen Überschusses titrierter Ammoniakflüssigkeit als tertiäres Calciumphosphat abscheidet und die dabei verbleibende klare Lösung bzw. einen Teil von ihr zur Alkalitätsbestimmung verwendet.

Man verfährt daher zur Bestimmung der wahren Alkalität der Asche nach Farnsteiner, wie folgt:

Darstellung der Asche[1]. Diese scheinbar so einfache Arbeit stellt an die Aufmerksamkeit, das Verständnis und die Geschicklichkeit des Chemikers besonders hohe Anforderungen, wenn die Ergebnisse wirklich zuverlässig sein sollen; denn trotz vorsichtiger Arbeit treten Alkaliverluste, besonders an Kalium tatsächlich sehr leicht ein. Man verfährt am besten auf folgende Weise[1]:

Man verkohlt die Substanz über dem Pilzbrenner bei ganz langsam gesteigerter Temperatur; der Boden der Schale bleibt anfangs etwa 10 cm von der klein gestellten Flamme entfernt und wird mit fortschreitender Verkohlung der etwas verstärkten Flamme bis auf etwa 5 cm genähert, schließlich wird die Veraschung unter lockerem Auflegen eines Deckels bei schwachem Luftzutritt beendigt.

Hierbei tritt meist — wenn auch der Boden der Schale keineswegs glüht — ein mehr oder minder lebhaftes, andauerndes Glimmen der kohligen Massen ein. Bei Anwendung eines Deckels sind, sofern man das Verglimmen ganz langsam erfolgen läßt, Verluste nicht zu·befürchten. Will man die äußerste Vorsicht üben und sich nur auf eine trockene Destillation beschränken, so erhält man einmal leicht gefärbte Auszüge und kann andererseits die Auslaugung der Kohle auch nicht annähernd vollständig bewirken, so daß die Gefahr, bei der späteren Veraschung des Ungelösten Verluste zu erleiden, nicht geringer ist als vorher. ‘Die übliche Behandlung der Asche mit Ammoniumcarbonat ersetzt man dadurch, daß man während des Eindampfens der wässerigen Lösung einige Tropfen seiner Lösung hinzufügt; etwa durch Glühen des ungelösten Rückstandes entstandenes Calciumoxyd muß beim Eindampfen den löslichen Carbonaten Kohlensäure entziehen, diese wird aber leicht in der angegebenen Weise ersetzt. Etwa vorhandenes Magnesiumcarbonat verliert bei dem letzten Erhitzen stets seine Kohlensäure ganz oder fast ganz.

Die fertige Asche wird mechanisch aus der Schale entfernt, Reste werden mit Wasser zusammengeschlämmt und können nach dem Eindampfen in schräg gestellter Schale und nach dem Erhitzen ebenfalls bis auf Spuren gewonnen werden. Die Asche wird fein zerrieben in Wägegläsern aufbewahrt.

Ausführung der Alkalitätsbestimmung. Das für die Alkalitätsbestimmung einzuschlagende Verfahren richtet sich nach der Natur der Asche. Bestehen Zweifel hierüber, so prüft man die Asche durch Übergießen mit Salzsäure auf Kohlensäure. Aschen, welche hierbei deutlich aufbrausen, — und nur in solchen pflegt man im allgemeinen die Alkalität überhaupt zu bestimmen — behandelt man nach 1., nicht aufbrausende, phosphorsäurereiche Aschen nach 2.

1. Kohlensäurereiche Aschen. 0,2—0,3 g der scharf getrockneten Asche rührt man mit etwas Wasser zu einem feinen Brei an und bringt dieselbe in bedecktem Gefäß mit 10—20 ccm $^1/_2$ N.-Salzsäure bei gelinder Wärme in Lösung. Die saure Lösung bringt man mit Hilfe von 30—40 ccm Wasser verlustlos in ein Erlenmeyer-Kölbchen von etwa 150 ccm Inhalt, erhitzt die Flüssigkeit zum Sieden und läßt sie bei ganz klein gestellter Flamme unter mehrfachem Umschwenken etwa 3—5 Minuten kochen. Hierauf kühlt man ab und führt die kalte Lösung mit 20—30 ccm Wasser in einen mit Glasstopfen verschließbaren Meßzylinder

---

[1] Zur Vermeidung der Aufnahme von Schwefelsäure aus dem Leuchtgase empfiehlt es sich, entweder die Veraschung in einem elektrischen Veraschungsofen vorzunehmen oder statt des Leuchtgases Spiritus anzuwenden, oder auf andere Weise — H. Lührig (Zeitschr. f. Untersuchung d. Nahrungs- u. Genußmittel 1904, 8, 657) empfiehlt die Verwendung tiefer Platinschalen sowie einer schräg gelegten durchlochten Asbestplatte — die Einwirkung der Schwefelsäure auszuschließen (vgl. auch S. 477).

über. Zu der nach Möglichkeit gemischten Flüssigkeit werden dann 5—10 ccm streng neutraler Chlorcalciumlösung (5 g trockenes Chlorcalcium und 10 g Chlorammonium zu 100 ccm) und 10—20 ccm einer etwa halbnormalen Ammoniakflüssigkeit hinzugesetzt und das Volumen mit kohlensäurefreiem Wasser auf 100 ccm gebracht. Nach mehrfachem kräftigen Umschütteln des gut verschlossenen Zylinders läßt man die Flüssigkeit über Nacht zum Absitzen des Niederschlages stehen. Schließlich werden 25—50 ccm der klaren Flüssigkeit mit der Pipette entnommen und nach Zusatz einiger Tropfen Methylorange[1]) mit $^1/_{10}$ N.-Salzsäure titriert.

Bezeichnet

a das Gewicht der Asche in Gramm,

S das Volumen der zur Lösung verwendeten Säure in Kubikzentimeter Normalsäure,

n das Volumen des zugesetzten Ammoniaks in Kubikzentimeter Normalammoniak,

s das Volumen der beim Zurücktitrieren für die ganze Substanzmenge verbrauchten Säure in Kubikzentimeter Normalsäure,

so ist die Alkalität für a Gramm Asche: $a = S + s - n$.

2. **Neutrale oder pyrophosphathaltige Aschen.** Aschen, welche mit Salzsäure nicht deutliche Kohlensäureentwicklung zeigen, können Pyrophosphate enthalten. Da die letzteren aus sauren Orthophosphaten hervorgegangene neutrale Verbindungen sind, so ist es zweckmäßiger und für die Bildung einer Vorstellung über die ursprüngliche Beschaffenheit des veraschten Stoffes vorteilhafter, die Alkalität der Asche nach Überführung der Pyrophosphate in Orthophosphate zu bestimmen

Zu diesem Zweck erhitzt man etwa 0,2 g der Asche mit 20 ccm $^1/_2$ Normal-Salzsäure eine Stunde zum schwachen Sieden und zwar in einem geeigneten geschlossenen Apparat, z. B. einer Retorte mit aufwärts gerichtetem Halse, von welchem ein in einen Trichter endigendes Rohr nach unten führt, das mit dem Trichter in Wasser eintaucht. Die abgekühlte Flüssigkeit führt man verlustlos unter Nachspülen mit Wasser in einen Meßzylinder über und verfährt dann weiter sinngemäß nach 1. Ein dreistündiges Erhitzen liefert niedrigere Ergebnisse.

Pyrophosphathaltige Aschen zeigen, auf diese Weise untersucht, negative Alkalitätswerte, deren Höhe im Verhältnis zum Gehalt an Pyrophosphat steht.

Zweckmäßig ist es, bei derartigen Aschen die Alkalität in einer kalt hergestellten und sofort weiter verarbeiteten Lösung in titrierter Säure zu bestimmen. Die so erhaltene Zahl gibt einen Anhalt für den Zustand der Asche selbst, sie wird sich meist wenig von Null entfernen.

Die unter 1 angeführte Vorbehandlung zur Entfernung der Kohlensäure bewirkt schon eine teilweise Inversion des Pyrophosphates.

c) Beziehungen zwischen dem direkten Verfahren und dem nach K. Farnsteiner. Nach dem direkten Verfahren findet man bei den kohlensäurereichen und phosphorsäurearmen Aschen der Fruchtsäfte, des Weines und des Tabaks nur wenig höhere Werte als nach dem Fällungsverfahren. Nicht erheblich größer sind die Unterschiede bei den ebenfalls kohlensäurereichen Pfefferaschen; hier — besonders beim weißen Pfeffer — gleicht ein höherer Kalk- und Magnesiagehalt den Einfluß eines höheren Phosphorsäuregehaltes wieder aus. Dieselbe Erscheinung tritt bei der phosphorsäure- und gleichzeitig kalkreichen, kohlensäurearmen Milchasche auf; es vollzieht sich, wenn auch unvollständig, bei den kalkreichen Aschen schon während des Absättigens der freien Säure die Fällung der Phosphorsäure als Kalksalz.

Bei der Kakaoasche reicht der Kalk- oder Magnesiagehalt nicht entfernt mehr zur Bindung der Phosphorsäure aus, daher muß hier das direkte Verfahren viel zu hohe Werte geben; noch schärfer tritt dieser Umstand bei den sauren Aschen des Bieres und der Mehle

---

[1]) Die Lösung von Methylorange wird durch Auflösen von 1 g Methylorango in 1 l Wasser hergestellt.

in die Erscheinung. Das direkte Verfahren kann daher auf wissenschaftlichen Wert keinen Anspruch machen; seine Ergebnisse werden von Zufälligkeiten, wie von dem sehr schwankenden Kalk- und Magnesiagehalt beeinflußt; bei den phosphorsäurereichen Aschen haben sie lediglich empirischen Wert. Daß die unter Verwendung von Phenolphthalein erhaltenen Werte sich den wahren in einigen Fällen nähern, durchweg aber niedriger liegen als die mit Lackmus gefundenen, hat seinen Grund in der größeren Empfindlichkeit des Phenolphthaleins gegen freie Phosphorsäure.

Die Annahme, daß der aus dem Kohlensäuregehalt berechnete Alkalitätswert dem wahren entsprechen würde, ist nicht zutreffend. Kohlensäure- und magnesiareiche Aschen, wie die des Himbeersaftes, des Tabaks und des Pfeffers, enthalten die Magnesia zum Teil in freier Form, so daß die gefundene Kohlensäure einen zu niedrigen Wert ergeben muß. Bei der Asche des Kakaos, auch des mit Kaliumcarbonat behandelten, scheint gute Übereinstimmung zu bestehen; das Verfahren muß aber versagen, sobald Magnesiumcarbonat zur Aufschließung verwendet worden ist. Gänzlich unbrauchbar ist es gegenüber den stark sauren Aschen des Bieres, der Mehle usw.

Stark phosphorsäurereiche magnesiahaltige Aschen enthalten die schwer lösliche Doppelverbindung $MgKPO_4$; eine Berechnung der Zusammensetzung des löslichen und unlöslichen Anteiles solcher Aschen ist daher unmöglich.

Die Körnerfrüchte enthalten Basen und Säuren etwa in dem Verhältnis wie die sekundären Phosphate. Beim Veraschen entstehen vermutlich unter Verflüchtigung von flüchtigen Mineralsäuren Pyrophosphate. Im ursprünglichen Zustande sind solche Aschen nahezu neutral, durch Inversion der Pyrophosphate werden sie stark sauer. Zusätze von Alkali vor der Veraschung verhindern die Bildung von Pyrophosphat, sowie die Verflüchtigung von Mineralsäuren z. B. von Chlor, und bewirken — vermutlich durch Bindung von Eiweißschwefel und Phosphorsäure — auch eine Zunahme an Schwefelsäure und Phosphorsäure. Die Alkalität wird um einen entsprechenden Betrag zu niedrig gefunden.

Bestimmung der Alkohole.

Für die Untersuchung von Nahrungs- und Genußmitteln kommen nur ein- und dreiwertige Alkohole in Betracht; erstere Gruppe ist vorwiegend durch den Äthylalkohol, letztere nur durch das Glycerin vertreten.

Zwar kennen wir in den Pflanzen auch höherwertige Alkohole, z. B. vierwertigen Alkohol, den Erythrit in den Flechten, den fünfwertigen Alkohol Adonit im Adonisröschen (Adonis vernalis), die sechswertigen Alkohole d-Mannit in der Manna, dem eingetrockneten Saft der Mannaesche, und in vielen Pflanzensäften, ferner den Dulcit in der Dulcit-Manna von Madagaskar — die fast nur aus ihm besteht — und ebenfalls in vielen Pflanzensäften, den Sorbit im Saft der Vogelbeeren. Diese Alkohole spielen aber in den Nahrungs- und Genußmitteln nur eine untergeordnete Rolle. Die Manna, die den Juden nach ihrer Auswanderung aus Ägypten als Brot diente, war angeblich ein Erzeugnis aus den Zweigen von Tammarix gallica var. mannifera; die den Juden vom Himmel gefallene Manna rührte von der Mannaflechte (Sphaerothallia esculenta) her. Man gewinnt diese Alkohole aus den Pflanzensäften meistens durch wiederholtes Auskochen mit Äthylalkohol oder durch Ausziehen mit Wasser, Kochen des Filtrats, Klären mit Eiweiß oder Tierkohle und durch Krystallisierenlassen. Durch schwache Oxydation mit Salpetersäure gehen sie in die entsprechenden Aldehyde (Zuckerarten) über und lassen sich dann wie diese bestimmen (vgl. S. 427).

Einwertige Alkohole.

Von den einwertigen Alkoholen ist vorwiegend nur der Äthylalkohol in den Nahrungs- und Genußmitteln vorhanden. Wenn neben ihm auch noch andere Alkohole der Fettsäurereihe wie **Methyl-, Propyl-, Butyl- und Amylalkohol** — letztere drei als sog. Fuselöl — vorkommen, so müssen sie als Verunreinigungen bzw. Nebenerzeugnisse aufgefaßt werden. Die noch höheren Alkohole dieser Reihe finden sich nur in den Wachsarten und haben für die Nahrung des Menschen keine Bedeutung.

1. Methylalkohol.

Der Methylalkohol kommt wohl nur selten als normaler Bestandteil in alkoholischen Getränken vor; er rührt, wenn er vorhanden ist, wohl meistens von Verunreinigungen bzw. Beimischungen her; er spielt aber als **Denaturierungsmittel** eine gewisse Rolle und wird auch häufig als wichtiges Reagens in den Laboratorien angewendet. Aus dem Grunde möge hier seine Beschaffenheit, seine Erkennung und Bestimmung kurz angegeben werden. Für die Beurteilung der Gehaltsstärke eines käuflichen Methylalkohols, der in reinem Zustande bei 15° ein spezifisches Gewicht von 0,7984 besitzt, gibt folgende Tabelle Aufschluß:

Spezifisches Gewicht wasserhaltigen Methylalkohols bei 15,56°.

Wasser %	Spez. Gewicht	Wasser %	Spez. Gewicht	Wasser %	Spez. Gewicht	Wasser %	Spez. Gewicht	Wasser %	Spez. Gewicht
1	0,79876	11	0,82668	21	0,85290	31	0,87714	41	0,90026
2	0,80164	12	0,82938	22	0,85542	32	0,87970	42	0,90239
3	0,80448	13	0,83207	23	0,85793	33	0,88208	43	0,90450
4	0,80731	14	0,83473	24	0,86042	34	0,88443	44	0,90657
5	0,81031	15	0,83738	25	0,86290	35	0,88676	45	0,90863
6	0,81293	16	0,84001	26	0,86535	36	0,88905	46	0,91066
7	0,81572	17	0,84262	27	0,86779	37	0,89133	47	0,91267
8	0,81849	18	0,84521	28	0,87021	38	0,89358	48	0,91465
9	0,82123	19	0,84779	29	0,87262	39	0,89580	49	0,91661
10	0,82396	20	0,85035	30	0,87487	40	0,89798	50	0,91855

Der **technisch reine Methylalkohol** soll nach den amtlichen Vorschriften wie folgt beschaffen sein:

1. **Äußere Beschaffenheit.** Der Methylalkohol soll eine farblose mit blauer Flamme brennbare Flüssigkeit sein.

2. **Dichte.** Die Dichte des Methylalkohols soll bei 15° zwischen 0,795 und 0,810 liegen.

3. **Siedepunkt.** Werden 100 ccm Methylalkohol in üblicher Weise destilliert, so sollen bis 63° nicht mehr als 2 ccm, bis 67° mindestens 90 ccm übergangen sein. Der Einfluß des Barometerstandes ist in Anrechnung zu bringen.

4. **Löslichkeit in Wasser und in Natronlauge.** 20 ccm Methylalkohol sollen sich mit 40 ccm Wasser und mit 40 ccm Natronlauge von 1,3 Dichte zu je einer klaren Flüssigkeit mischen.

Diesen Forderungen entsprechen auch vollauf die Garantien, zu denen sich die Produzenten von Methylalkohol geeinigt haben. Einige dieser Garantien sind noch schärfer. So soll der Handelsmethylalkohol nach diesen Vereinbarungen nicht unter 99° nach Tralles (0,7995 spezifisches Gewicht) haben; es sollen mindestens 95% desselben innerhalb eines Grades des hundertteiligen Thermometers überdestillieren; der Methylalkohol soll höchstens 0,7 % Aceton, nach dem **Krämerschen** Verfahren bestimmt, enthalten usw.

Für die **Prüfung des Holzgeistes als Denaturierungsmittel** gelten folgende bundesrätliche Vorschriften:

a) **Farbe.** Die Farbe des Holzgeistes soll nicht dunkler sein als die einer Auflösung von 2 ccm $^{1}/_{10}$ Normal-Jodlösung in 1 l destilliertem Wasser.

33*

b) **Siedetemperatur.** 100 ccm Holzgeist werden in einen Metallkolben gebracht; auf den Kolben ist ein mit Kugel versehenes Siederohr aufgesetzt, welches durch einen seitlichen Stutzen mit einem Liebigschen Kühler verbunden ist. Durch die obere Öffnung wird ein amtlich beglaubigtes Thermometer mit 100teiliger Skala eingeführt, dessen Quecksilbergefäß bis unterhalb des Stutzens hinabreicht. Der Kolben wird so mäßig erhitzt, daß das übergegangene Destillat aus dem Kühler tropfenweise abläuft. Das Destillat wird in einem graduierten Glaszylinder aufgefangen, und es sollen, wenn das Thermometer 75° zeigt, bei normalem Barometerstand mindestens 90 ccm übergegangen sein. Weicht der Barometerstand vom normalen ab, so sollen für je 30 mm 1° in Anrechnung gebracht werden, also sollen z. B. bei 770 mm 90 ccm bei 75,3°, bei 750 mm 90 ccm bei 74,7° übergegangen sein.

c) **Mischbarkeit mit Wasser.** 20 ccm Holzgeist sollen mit 40 ccm Wasser eine klare oder doch nur schwach opalisierende Mischung geben.

d) **Abscheidung mit Natronlauge.** Beim Durchschütteln von 20 ccm Holzgeist mit 40 ccm Natronlauge von 1,3 spezifischem Gewicht sollen nach $^1/_2$ Stunde mindestens 5,0 ccm des Holzgeistes abgeschieden werden.

e) **Gehalt an Aceton.** 1 ccm einer Mischung von 10 ccm Holzgeist mit 90 ccm Wasser wird in einem engen Mischzylinder mit 10 ccm Doppel-Normalnatronlauge (80 g Natriumhydroxyd im Liter) durchgeschüttelt. Darauf werden 5 ccm Doppelnormal-Jodlösung (254 g Jod im Liter) unter erneutem Schütteln hinzugefügt. Das sich ausscheidende Jodoform wird mit 10 ccm Äther von 0,722 spezifischem Gewicht unter kräftigem Schütteln aufgenommen. Von der nach kurzer Ruhe sich abscheidenden Ätherschicht werden 5 ccm mittels einer Pipette auf ein gewogenes Uhrglas gebracht und auf demselben langsam verdunstet. Dann wird das Uhrglas 2 Stunden über Schwefelsäure gestellt und gewogen. Die Gewichtszunahme soll nicht weniger als 0,07 g betragen.

f) **Aufnahmefähigkeit für Brom.** 100 ccm einer Lösung von Kaliumbromat und Kaliumbromid, welche nach der unten folgenden Anweisung hergestellt ist, werden mit 20 ccm einer in der gleichfalls unten angegebenen Weise verdünnten Schwefelsäure versetzt. Zu diesem Gemisch, das eine Bromlösung von 0,703 g Brom darstellt, wird aus einer in 0,1 ccm geteilten Bürette tropfenweise unter fortwährendem Umrühren so lange Holzgeist hinzugesetzt, bis dauernde Entfärbung eintritt. Zur Entfärbung sollen nicht mehr als 30 ccm und nicht weniger als 20 ccm Holzgeist erforderlich sein. Die Prüfungen der Aufnahmefähigkeit für Brom sind stets bei vollem Tageslicht auszuführen.

Anweisung zur Herstellung der Bromlösung. α) Bromsalze. Nach wenigstens zweistündigem Trocknen bei 100° und Abkühlenlassen im Exsikkator werden 2,447 g Kaliumbromat und 8,719 g Kaliumbromid, welche vorher auf ihre Reinheit geprüft sind, abgewogen und in Wasser gelöst. Die Lösung wird zu 1 l aufgefüllt.

β) Verdünnte Schwefelsäure. 1 Volumen konzentrierter Schwefelsäure wird mit 3 Volumen Wasser vermischt. Das Gemisch läßt man erkalten.

Die vorstehende Bestimmung des Acetons unter e) entspricht der Vorschrift von G. Krämer[1]); sie läßt sich nach seinem Vorschlage, indem man 1 ccm des Methylalkohols anwendet, leicht zu einer quantitativen unter folgenden Erwägungen gestalten: 1 Molekül Aceton ($CH_3 \cdot CO \cdot CH_3 = 58$) $+ 6 J$ ($= 127 \times 6$) geben 1 Jodoform ($CH_3J_3 = 394$); betrug die überstehende Ätherschicht 9,5 ccm, so hat man von dem Jodoform beim Abheben von 5 ccm auf dem Uhrglase $\frac{9,5}{5}$; man muß daher das gefundene Gewicht mit $\frac{58 \times 9,5}{394 \times 5}$ ($=$ rund 0,28) multiplizieren, um die in einem Kubikzentimeter des Methylalkohols enthaltene Menge Aceton zu erhalten. Dividiert man diese Menge durch das spezifische Gewicht des zu untersuchenden Methylalkohols, so erhält man die Menge Aceton in Gewichtsprozenten[2]).

---

[1]) Berichte d. Deutschen chem. Gesellschaft 1880, **13**, 1000.

[2]) Äthylalkohol, Essigsäure und Propylalkohol liefern nach G. Krämer durch diese Behandlungsweise kein Jodoform, wohl aber Aldehyd, Isopropylalkohol und andere Acetone, die eine Methylgruppe enthalten.

J. Messinger[1]) hat zur quantitativen Bestimmung des Acetons im Methylalkohol ebenfalls ein Verfahren angegeben, welches darauf beruht, daß das überschüssig zugesetzte Jod nach dem Ansäuern mittels Natriumthiosulfats zurücktitriert und aus der verbrauchten, aus der Differenz sich ergebenden Jodmenge die Jodoform- bzw. Acetonmenge berechnet wird. Das Verfahren dürfte aber vor dem Krämerschen Verfahren keine wesentlichen Vorzüge besitzen.

Deniger[2]) prüft den Methylalkohol qualitativ auf Aceton in der Weise, daß er die wässerige Lösung von etwa 1% Methylalkohol mit 5 ccm Mercurisulfat (5 g Mercurioxyd und 20 ccm H_2SO_4 in 100 ccm Wasser gelöst) 10 Minuten kocht; hierdurch soll kein Niederschlag entstehen.

H. Strache[3]) hat zur Bestimmung des Acetons ein umständliches Verfahren mit Phenylhydrazin vorgeschlagen.

Auf empyreumatische Stoffe prüft man durch Verreiben in der Hand oder dadurch, daß man 1 ccm Methylalkohol mit 10 ccm Wasser mischt, wodurch keine Trübung entstehen darf; oder man mischt 5 ccm Methylalkohol allmählich mit 5 ccm Schwefelsäure, wodurch keine oder nur eine schwache gelbliche Färbung eintreten darf.

Auf Äthylalkohol prüft man in der Weise, daß man den Methylalkohol mit konzentrierter Schwefelsäure erhitzt, mit Wasser verdünnt, destilliert und das Destillat mit Schwefelsäure, Kaliumpermanganat, zuletzt mit Natriumthiosulfat sowie verdünnter Fuchsinlösung versetzt; wird die Lösung hierdurch — von Aldehyd bedingt — violett gefärbt und durch schweflige Säure nicht entfärbt, so war Äthylalkohol vorhanden, da Fuchsinlösung allein durch schwefelige Säure entfärbt wird.

Wichtiger ist umgekehrt der Nachweis von Methylalkohol in Äthylalkohol bzw. in alkoholischen Getränken.

Der Nachweis erfolgt nach dem Verfahren von A. Riche und Ch. Bardy[4]) sowie K. Windisch[5]). Das Verfahren beruht auf der Tatsache, daß Dimethylanilin bei der Oxydation einen violetten Farbstoff, Methylviolett, Diäthylanilin aber keinen ähnlichen Farbstoff liefert. 10 ccm Branntwein bzw. bei gefärbten und extrakthaltigen Branntweinen 10 ccm Destillat werden mit 15 g Jod und 2 g rotem Phosphor versetzt und die alsbald unter heftiger Reaktion sich bildenden Alkyljodide aus dem Wasserbade abdestilliert; als Vorlage dient ein kleiner Scheidetrichter mit 30 bis 40 ccm Wasser. Die von dem Wasser getrennten Jodide werden in ein Kölbchen mit nicht zu weitem Halse gebracht, das man vorher mit 6 ccm frisch destilliertem Anilin beschickt hat. Beim Erwärmen des Gemisches im Wasserbade auf 50—60° erstarrt das Ganze unter Bildung von jodwasserstoffsaurem Dialkylanilin. Man fügt kochendes Wasser hinzu, kocht bis zum Klarwerden der Lösung, scheidet durch Zusatz von Kalilauge die freie Base ab, bringt diese durch Wasserzusatz in den Hals des Kölbchens und läßt die gelbe ölige Flüssigkeit sich klären. Zur Oxydation der Base dient eine Mischung von 2 g Chlornatrium, 3 g Kupfernitrat und 100 g Sand. Man verreibt diese Stoffe gleichmäßig, trocknet das Gemisch bei 50° und zerdrückt von neuem die zusammengebackenen Klümpchen. Man bringt 10 g des Oxydationsgemisches in ein 2 cm weites Probierröhrchen, läßt 1 ccm der vorher gewonnenen öligen Base darauftropfen, mischt das Ganze mit einem Glasstabe gut durch und erhitzt 10 Stunden lang im Wasserbade auf 90°. Dann zerreibt man den eine schwarze, zusammengebackene Masse bildenden Rohrinhalt in einer Porzellanschale, kocht ihn mit 100 ccm absolutem Alkohol auf, filtriert durch ein Faltenfilter und löst 1 ccm des Filtrates in 500 ccm Wasser auf. Bei Gegenwart von Methylalkohol ist diese Lösung mehr oder weniger stark deutlich violett gefärbt; reiner Äthylalkohol gibt nur eine

[1]) Berichte d. Deutschen chem. Gesellschaft 1888, **21**, 3366.
[2]) Chem. Centralblatt 1899, **1**, 233.
[3]) Zeitschr. f. analyt. Chem. 1892, **31**, 573.
[4]) Compt. rend. 1875, **80**, 1076; Monit. scientif. (3) 1875, **5**, 627.
[5]) Arbeiten a. d. Kaiserl. Gesundheitsamte 1893, **8**, 286.

ganz schwach rötlichgelb gefärbte Lösung. Es ist zweckmäßig, mit reinem Äthylalkohol, gegebenenfalls auch mit selbst bereiteten Mischungen von Methyl- und Äthylalkohol, Gegenversuche anzustellen.

E. Voisinet[1]) oxydiert eine 10 ccm absolutem Alkohol entsprechende Menge nach Verdünnen mit 50 ccm Wasser durch 1 stündiges Stehenlassen mit 5 g gepulvertem Kaliumbichromat und 30 ccm 20 proz. Schwefelsäure bei gewöhnlicher Temperatur und destilliert so, daß in 1 Stunde nur 30 ccm übergehen; die ersten 30 ccm enthalten alsdann den gesamten Acetaldehyd, die nächstfolgenden 20 ccm bei vorhandenem Methylalkohol das hieraus gebildete Methylal $CH_2 (O \cdot CH_3)_2$, welches mit 1 ccm einer 10 proz. Eiweißlösung (aus Hühnereiweiß mit 15 ccm starker Nitritsäure hergestellt) durch Erwärmen bei 50° eine violette Färbung. gibt. Auf diese Weise wird auch der Methylalkohol auf colorimetrischem Wege quantitativ bestimmt werden können.

Der Gehalt eines Methylalkohols pflegt nach dem von Krell[2]) vorgeschlagenen, von Krämer und Grodzki[3]) verbesserten Verfahren festgestellt zu werden, indem man etwa 5 ccm Methylalkohol auf 15 g Phosphorjodid (PJ_3) tropfen läßt, nach dem Eintropfen des Methylalkohols noch 5 ccm einer Lösung von 1 Teil Jod in 1 Teil Jodwasserstoffsäure von 1,7 spezifischem Gewicht hinzufügt, 5 Minuten am Rückflußkühler im kochenden Wasserbade erhitzt und dann das gebildete Jodmethyl abdestilliert; 5 ccm reiner Methylalkohol sollen 7,2 bzw. 7,4 ccm Jodmethyl liefern, während die Rechnung 7,8 ccm verlangt. Das Verfahren wird daher nur als annähernd genau bezeichnet.

Auch die Abänderungen, die A. Bannow[4]), ferner Bardey und Bordet zu vorstehendem Verfahren vorgeschlagen haben, werden kaum genauere Ergebnisse liefern.

2. Äthylalkohol.

Der durchweg nur als „Alkohol" bezeichnete Äthylalkohol bildet den Hauptbestandteil der alkoholischen Getränke und hat auch als Reagens in den Laboratorien eine besondere Bedeutung, so daß seine Bestimmung bzw. die Prüfung auf Reinheit zu den tagtäglichen Aufgaben des Chemikers gehört.

a) Qualitativer Nachweis. Der Äthylalkohol gibt sich selbst in verdünnter wässeriger Lösung, d. h. Mischung mit reinem Wasser, schon durch den Geruch zu erkennen. Wenn das Wasser aber noch sonstige riechende Stoffe enthält oder der Alkohol nur in geringer Menge in breiigen oder festen Stoffen enthalten ist, so kann er durch den Geruch nicht mehr erkannt werden. Auch kann es in gerichtlichen Fällen wichtig sein, geringe Mengen Alkohol noch auf sonstige Weise nachzuweisen. Man destilliert dann von der wässerigen Flüssigkeit direkt oder bei breiartigen und festen Stoffen nach Verdünnen mit entsprechenden Mengen Wasser 50—100 ccm ab und rektifiziert dieses Destillat ein oder mehrere Male über Kaliumcarbonat; das Destillat wird dann den eigenartigen Alkoholgeruch und auch Brennbarkeit zeigen. Wesentlicher aber sind folgende Reaktionen:

α) Eine Probe des Destillates wird nach *Lieben* mit verdünnter Kalilauge stark alkalisch gemacht, auf 50—60° erwärmt und dann unter beständigem Umschütteln so lange mit einer verdünnten Auflösung von Jod in Jodkalium versetzt, bis die Flüssigkeit gelb gefärbt bleibt.

Alsbald tritt selbst bei nur geringen Mengen Alkohol (1 : 1000) der eigenartige safranähnliche Geruch des Jodoforms auf, das sich nach längerem Stehen als kleine gelbe Flitter, die unter dem Mikroskop als sechsseitige und sternförmig gruppierte Täfelchen erscheinen, am Boden absetzt.

Indes ist zu beachten, daß Aldehyd, Äther, Aceton, Essigäther und andere flüchtige organische Verbindungen diese Reaktion auch geben.

<hr>

[1]) Nach Bull. Soc. Chim. Paris 1906 [3], **35**, 748 in Chem. Centralblatt 1906, **2**, 1284.

[2]) Berichte d. Deutschen chem. Gesellschaft 1873, **6**, 1310.

[3]) Ebendort 1874, **7**, 1492; 1876, **9**, 1928.

[4]) Ebendorf 1874, **7**, 1498.

β) Aus dem Grunde empfiehlt es sich auch, die Berthellotsche Reaktion anzustellen, die zwar nicht so empfindlich, aber kennzeichnender als die vorstehende ist.

Man versetzt eine kleine Probe des Destillats mit einigen Tropfen Benzoylchlorid, schüttelt stark um und fügt, nachdem das Gemisch einige Minuten gestanden, konzentrierte Kalilauge bis zur stark alkalischen Reaktion hinzu. Bei Gegenwart von Alkohol tritt der eigenartige Geruch des Äthylbenzoates auf, während der des Benzoylchlorids, das durch die Kalilauge in Chlorkalium und Kaliumbenzoat umgesetzt wird, verschwindet.

γ) Man vermischt eine kleine Menge des Destillats mit dem gleichen Volumen konzentrierter Schwefelsäure und etwas festem Natriumacetat und erwärmt; bei Vorhandensein von Alkohol tritt der bekannte Geruch nach Essigester auf.

δ) Eine andere mit Schwefelsäure angesäuerte Probe des Destillats wird mit so viel stark verdünntem Kaliumbichromat versetzt, bis die Lösung schwach gelb erscheint, dann gelinde erwärmt; bei Vorhandensein von Alkohol tritt Grünfärbung — bekanntlich von reduzierter Chromsäure — und zuweilen auch Aldehydgeruch auf.

Andere leicht oxydierbare organische Stoffe geben indes diese Reaktion ebenfalls.

b) Quantitative Bestimmung des Äthylalkohols.

Zur quantitativen Bestimmung des Äthylalkohols sind eine Reihe Verfahren in Vorschlag gebracht, die sämtlich von dem verschiedenen Verhalten von Wasser-Alkohol-Mischungen je nach dem Mischungsverhältnis ausgehen und bald ihr verschiedenes spezifisches Gewicht, die verschiedene Spannkraft der Dämpfe, den verschiedenen Siedepunkt, die verschiedene Ausdehnung oder Capillarität usw. als Grundlage der Bestimmung benutzen. Alle Verfahren setzen aber mehr oder weniger reine Mischungen von Alkohol mit nur Wasser voraus und sind nicht gültig, wenn die Flüssigkeiten noch andere Stoffe gelöst enthalten. Wo dieses der Fall ist und die Menge der sonstigen Stoffe nicht vernachlässigt werden darf, müssen letztere durch vorherige Destillation entfernt werden. Auch ist zu berücksichtigen, daß in Mischungen von Alkohol und Wasser eine Zusammenziehung (Kontraktion) eintritt, wie folgende Tabelle[1]) zeigt:

Über den wirklichen Alkohol- und Wassergehalt in Mischungen von Alkohol und Wasser, sowie über die beim Mischen von Alkohol und Wasser stattfindende Kontraktion.

Spez. Gewicht	100 Vol. enthalten Volumen		Zusammenziehung	Spez. Gewicht	100 Vol. enthalten Volumen		Zusammenziehung
	Alkohol	Wasser			Alkohol	Wasser	
0,9985	1	99,055	0,055	0,9592	35	68,109	3,109
0,9970	2	98,111	0,111	0,9519	40	63,406	3,406
0,9956	3	97,176	0,176	0,9435	45	58,593	3,593
0,9942	4	96,242	0,242	0,9343	50	53,700	3,717
0,9928	5	95,307	0,307	0,9242	55	48,717	3,700
0,9915	6	94,382	0,382	0,9134	60	43,664	3,664
0,9902	7	93,458	0,458	0,9021	65	38,561	3,561
0,9890	8	92,543	0,543	0,8900	70	33,378	3,378
0,9878	9	91,629	0,629	0,8773	75	28,135	3,135
0,9866	10	90,714	0,714	0,8639	80	22,822	2,822
0,9811	15	86,191	1,191	0,8496	85	17,419	2,419
0,9760	20	81,708	1,708	0,8339	90	11,876	1,876
0,9709	25	77,225	2,225	0,8164	95	6,153	1,153
0,9655	30	72,712	2,712	0,7995	99	1,285	0,285

[1]) Vgl. Posts Chem. techn. Analyse 1907, **2**, 591.

α) Quantitative Bestimmung des Alkohols aus dem spezifischen Gewicht.
Von allen Verfahren zur quantitativen Bestimmung des Ätylalkohols ist dieses am genauesten
und auch fast ausschließlich in Gebrauch. Das spezifische Gewicht wird bald mittels des
Alkoholometers (eines Aräometers) oder gewichtsanalytisch im Pyknometer ermittelt,
je nachdem man größere oder kleinere Mengen alkoholischer Flüssigkeit zur Verfügung hat.

   1. Bestimmung des Alkohols durch das Alkoholometer. Diese zeigen den
Alkoholgehalt einer Flüssigkeit direkt an, und zwar seit der amtlichen Vorschrift vom 1. Juli
1889 in Gewichtsprozenten bei 15° C (12° R), während sich die Raum- oder Maßprozente (Volumprozent nach Tralles) auf 15,5° C ($12^4/_9$° R) als Normaltemperatur beziehen.
Raum - oder Maßprozente bezeichnen das Verhältnis der Raummenge des in der Flüssigkeit
enthaltenen Alkohols zu der Raummenge der Flüssigkeit (also x ccm Alkohol in 100 ccm
Flüssigkeit), Gewichtsprozente bezeichnen das Verhältnis des Gewichts des in der Flüssigkeit
enthaltenen Alkohols zu dem Gewicht der Flüssigkeit (d. h. x g reinen Alkohol in 100 g Flüssigkeit). Außer diesen Angaben findet sich noch eine dritte, nämlich Gramm Alkohol in 100 ccm
Flüssigkeit, z. B. bei Wein.

   Die Beziehungen zwischen den Angaben eines Maß- und eines Gewichtsalkoholometers
erhellen nach den neuesten Bestimmungen (also Maßprozente bei 15,5° C und Gewichtsprozente bei 15° C) aus folgender Tabelle:

Maß-prozente	Gewichts-prozente	Maß-prozente	Gewichts-prozente	Maß-prozente	Gewichts-prozente	Maß-prozente	Gewichts-prozente	Maß-prozente	Gewichts-prozente
1	0,85	21	17,23	41	34,43	61	53,31	81	74,84
2	1,66	22	18,08	42	35,33	62	54,32	82	76,00
3	2,47	23	18,92	43	36,23	63	55,33	83	77,18
4	3,27	24	19,76	44	37,13	64	56,35	84	78,37
5	4,08	25	20,60	45	38,04	65	57,37	85	79,58
6	4,88	26	21,44	46	38,94	66	58,40	86	80,80
7	5,69	27	22,28	47	39,86	67	59,44	87	82,03
8	6,50	28	23,13	48	40,78	68	60,48	88	83,28
9	7,31	29	23,99	49	41,71	69	61,53	89	84,54
10	8,12	30	24,85	50	42,64	70	62,59	90	85,82
11	8,94	31	25,71	51	43,58	71	63,66	91	87,12
12	9,75	32	26,57	52	44,53	72	64,74	92	88,44
13	10,57	33	27,43	53	45,48	73	65,83	93	89,79
14	11,39	34	28,29	54	46,44	74	66,92	94	91,16
15	12,22	35	29,16	55	47,40	75	68,02	95	92,56
16	13,05	36	30,03	56	48,37	76	69,13	96	93,99
17	13,88	37	30,90	57	49,35	77	70,26	97	95,45
18	14,72	38	31,78	58	50,33	78	71,39	98	96,95
19	15,55	39	32,66	59	51,32	79	72,53	99	98,51
20	16,39	40	33,54	60	52,31	80	73,68	100	100,13

   Die Bestimmungen des spezifischen Gewichtes bzw. des Alkoholgehaltes
mit dem Alkoholometer müssen daher stets bei der Normaltemperatur, also bei 15° C
nach Gewichtsprozenten — bei welcher Temperatur das spezifische Gewicht des reinen Alkohols = 0,79425 gesetzt ist — ausgeführt werden.

   Ist die Bestimmung bei einer anderen als der Normaltemperatur ausgeführt, so erhält
man die sog. „scheinbare Stärke" an Alkohol.

   Die bei anderen Temperaturen gefundenen scheinbaren Spiritusstärken sind, da die
Dichtigkeit einer Mischung aus Alkohol und Wasser bei steigender Temperatur abnimmt,
und. zwar in stärkerem Maße, als das Volumen des gläsernen Alkoholometers bei steigender

Temperatur zunimmt, bei Temperaturen über $+15°$ bzw. $15,5° C$ größer, bei Temperaturen unter $+15°$ bzw. $15,5° C$ kleiner als die wahre Spiritusstärke.

Den geeichten Normalalkoholometern sind gleichzeitig Reduktionstabellen beigefügt, aus welchen die den einzelnen Temperaturen (von 0 bzw. -12 bis $+30° C$.) und Graden (von $10-100\%$) entsprechende wahre Spiritusstärke direkt abgelesen werden kann. Es sei daher auf diese Tabellen verwiesen.

Man kann aber die Benutzung der Reduktionstabellen umgehen, wenn man die zu prüfende alkoholhaltige Flüssigkeit vorher auf die Normaltemperatur von $15°$ bzw. $15,5 C$ abkühlt.

Ausführung der Messung. Außer der Temperatur ist bei der Feststellung des Alkoholgehaltes mittels des Alkoholometers noch folgendes zu beachten: Man muß die zu untersuchende Flüssigkeit in ein Standgefäß füllen, dessen Durchmesser mindestens zweimal so groß ist als der größte Durchmesser des zur Anwendung kommenden Instrumentes, und dessen Wände möglichst durchsichtig und schlierenfrei sind.

Das Standglas wird mit dem zu prüfenden Spiritus so weit angefüllt, daß nach dem Eintauchen des Alkoholometers der Flüssigkeitsspiegel noch mehrere Zentimeter unterhalb des Glasrandes steht. Nach Durchrührung der Füllung wird das Standglas auf einer Tischplatte fest aufgestellt, hierauf das Instrument langsam eingesenkt, und zwar so, daß eine Benetzung der Spindel oberhalb der Stelle, bei welcher die definitive Einstellung eintritt, womöglich nicht stattfindet, oder daß wenigstens jedes irgend erhebliche Auf- und Niederschwanken der Spindel um die Gleichgewichtslage vermieden wird. Nachdem sodann das Instrument $1/2-1$ Minute, und zwar bei schwächerem Spiritus länger als bei stärkerem, sich selbst überlassen worden ist, wird die Alkoholometerskala in der Weise abgelesen, daß man diejenige Linie aufsucht, in welcher der Flüssigkeitsspiegel die Einteilungsfläche der Spindel schneidet. Mit hinreichender Genauigkeit erreicht man dies, wenn man das Auge bei aufrechter Stellung des Kopfes dicht unterhalb des Flüssigkeitsspiegels so hält, daß man die bei tieferer Augenstellung länglichrund erscheinende Grundfläche der um die Spindel sich bildenden Flüssigkeitserhöhung zu einer nahezu geraden Linie sich zusammendrängen sieht.

Die Alkoholometer werden in der Industrie und in chemischen Laboratorien zur Ermittelung des Alkoholgehaltes solcher alkoholreichen Flüssigkeiten benutzt, die wie Spiritus oder reine Branntweine neben Alkohol und Wasser keine und nur unwesentliche Mengen sonstiger Stoffe enthalten und von denen größere Mengen zur Füllung der Standzylinder zur Verfügung stehen. Für alle anderen Fälle, z. B. zur Bestimmung des Alkoholgehaltes in Wein, Bier, Likören usw. destilliert man eine bestimmte Menge und ermittelt das spezifische Gewicht des Destillates mit dem Pyknometer oder der Westphalschen Wage.

2. Bestimmung des Alkohols im Destillat mittels des Pyknometers oder der Westphalschen Wage. Dieses Verfahren liefert nach verschiedenen vergleichenden Bestimmungen die zuverlässigsten Ergebnisse[1]) und pflegt jetzt allgemein angewendet zu werden.

Man nimmt 100 ccm der alkoholhaltigen Flüssigkeit (Bier, Wein oder Branntwein usw.), gibt dieselben in eine entsprechend kleine Retorte, setzt 50 ccm Wasser zu und destilliert mit vorgelegtem Kühler $90-95$ ccm in ein 100 ccm-Kölbchen, bringt dieses auf die Normaltemperatur von $15° C$, füllt mit destilliertem Wasser bis zur Marke auf, mischt gut durcheinander und bestimmt das spezifische Gewicht wie angegeben entweder mit einem Pyknometer S. 43 oder mit der Westphalschen Wage S. 46.

Um das Schäumen der Flüssigkeiten wie z. B. von Bier beim Destillieren zu vermeiden, pflegt man etwas Tannin zuzusetzen.

---

[1]) Vgl. u. a. B. Haas, Mitteilungen d. k. k. chem. physiol. Versuchsstation f. Wein- und Obstbau in Klosterneuburg. Wien 1882, S. 35. Diese umfangreiche und eingehende Arbeit enthält eine Zusammenstellung aller über diese Frage angestellten Untersuchungen.

Da Wein, mitunter auch Bier, flüchtige Säuren enthalten, welche das spezifische Gewicht des Destillats beeinflussen, so ist es für eine genaue Bestimmung erforderlich, das erste Destillat unter Zusatz von fixem Alkali nochmals in derselben Weise zu destillieren und erst vom zweiten Destillat das spezifische Gewicht zu ermitteln. Man pflegt auch wohl der ursprünglichen Flüssigkeit gleich fixes Alkali zuzusetzen; es scheint das aber nicht so zweckmäßig, weil einerseits durch diesen Zusatz bei Bier und auch bei Wein eine Entwicklung von Ammoniak stattfindet, welches ebenfalls das spezifische Gewicht des Alkoholdestillats beeinflußt und eine zweite Destillation erforderlich macht, andererseits der Destillationsrückstand in der Retorte, wenn er keinen Zusatz (auch nicht von Tannin) erfahren hat, gleich weiter zu Kontrollbestimmungen benutzt werden kann.

Bringt man den Destillationsrückstand nämlich durch wiederholtes Nachspülen mit destilliertem Wasser in ein 100 ccm-Kölbchen zurück, läßt auf 15° C erkalten, füllt bis zum ursprünglichen Gewicht auf und bestimmt hiervon das spezifische Gewicht, so kann dasselbe sowohl zur Alkoholbestimmung wie auch zur Extraktbestimmung nach den indirekten Verfahren dienen.

Liefert die alkoholhaltige Flüssigkeit bei der Destillation gleichzeitig Ammoniak oder sonstige flüchtige Basen, so muß das erste Destillat nochmals unter Zusatz von etwas Phosphorsäure destilliert werden.

Flüssigkeiten mit einem Gehalt an aromatischen Stoffen (ätherischen Ölen oder Essenzen) werden vorher mit Kochsalz gesättigt, indem man nach der amtlichen Verordnung des Bundesrates vom 8. Dezember 1891 in einer etwa 300 ccm fassenden Bürette mit Glasstöpsel zunächst 30 ccm Kochsalz aufschichtet, 100 ccm der alkoholischen Flüssigkeit hinzugibt, mit Wasser bis zum Teilstrich 270 ccm nachfüllt, durchschüttelt und so lange Kochsalz zusetzt, bis etwas Kochsalz ungelöst bleibt. Man klemmt die Bürette in einen Halter und überläßt eine halbe Stunde der Ruhe. Die aromatischen Bestandteile scheiden sich oben als ölige Schicht ab und enthalten keinen Alkohol. Man nimmt dann von der unter der öligen Schicht befindlichen salzhaltigen Flüssigkeit genau die Hälfte (= 50 ccm ursprünglicher Flüssigkeit entsprechend) und destilliert wie üblich.

Hat man auf diese Weise das spezifische Gewicht des Destillats ermittelt, so sucht man in einer Alkoholtabelle den dem spezifischen Gewicht entsprechenden Alkoholgehalt der Alkohol-Wassermischung und berechnet hieraus den Gehalt der ursprünglichen Lösung. Zu dem Zweck bedient man sich jetzt allgemein der von K. Windisch[1]) entworfenen Tabelle (XI), in der sich die spezifischen Gewichte der Alkohol-Wassermischungen von 15° C auf Wasser von 15° beziehen, was durch die Bezeichnung $d\left(\dfrac{15°}{15°}\right)$ am Kopf der ersten Spalte ausgedrückt ist[2]).

---

[1]) K. Windisch, Tafel zur Ermittelung des Alkoholgehalts von Alkohol-Wassermischungen aus dem spezifischen Gewicht. Berlin 1893.

[2]) Die Gewichtsprozente der 2. Spalte der Tabelle sind aus den in der Tabelle der Kaiserl. Normal-Eichungs-Kommission enthaltenen Gewichtsprozenten durch Interpolation gefunden. Für die Berechnung der Maßprozente und der Gramme Alkohol in 100 ccm der Alkohol-Wassermischung dient folgende Formel:

Maßprozente nach der Formel:

$$v = \frac{a \times s}{0,79425}$$

Gramme Alkohol in 100 ccm nach den Formeln:

entweder aus Gewichtsprozenten

$$g = 0,999154 \times a \times s$$

oder Maßprozenten

$$g = 0,999154 \times 0,79425 \times v$$

worin bedeuten:

v Maßprozente Alkohol bei 15° C,

a Gewichtsprozente Alkohol bei 15° C,

s das zu a Gewichtsprozenten Alkohol gehörige spezifische Gewicht der Alkohol-Wassermischung bei 15° C gegen Wasser von 15° C,

0,79425 das spezifische Gewicht des reinen, wasserfreien Alkohols bei 15° C gegen Wasser von 15° C,

0,999154 das Gewicht von 1 ccm Wasser von 15° in Grammen.

Die Tabelle enthält also die spezifischen Gewichte der Alkohol-Wassermischungen bei 15° C gegen Wasser von 15° C, sowie die Gramme Alkohol in 100 g der Mischung (Gewichtsprozente), die Kubikzentimeter Alkohol in 100 ccm der Mischung (Maßprozente) und die Gramme Alkohol in 100 ccm der Mischung. Bestimmt man daher das spezifische Gewicht von Gemischen aus Alkohol und Wasser, als welche auch die gewöhnlichen Branntweine aufzufassen sind, bei 15° C, bezogen auf Wasser von derselben Temperatur, so kann man den Alkoholgehalt der Mischung, nach jeder der drei in die Tafel aufgenommenen Arten ausgedrückt, direkt aus der Tafel entnehmen. Wenn z. B. ein extraktfreier gewöhnlicher Branntwein das spezifische Gewicht $d\left(\dfrac{15°}{15°}\right) = 0{,}9384$ zeigt, so sind in 100 g desselben 40,67 g Alkohol, in 100 ccm desselben 48,05 ccm Alkohol und in 100 ccm desselben 38,13 g Alkohol enthalten.

Für besonders genaue Bestimmungen des Alkoholgehaltes, wie sie z. B. für die Bestimmung des Fuselöls nach dem Röseschen Verfahren erforderlich sind, muß man noch die fünfte Dezimalstelle des spezifischen Gewichts berücksichtigen; in diesem Fall wird der genaue Alkoholgehalt durch Interpolation gefunden. Um diese zu erleichtern, sind die am Rande angebrachten Multiplikationstäfelchen eingeführt worden, deren Zweck aus den Logarithmentafeln hinlänglich bekannt ist. Obenan stehen die Differenzen des Alkoholgehaltes, welche einer Einheit in der vierten Dezimale entsprechen, darunter die Produkte dieser durch 10 geteilten Differenzen mit den einziffrigen Zahlen 1 bis 9. Bei der Interpolation kann man diese Produkte den Multiplikationstäfelchen direkt entnehmen, so daß die erstere auch von weniger geübten Rechnern im Kopfe vorgenommen werden kann, ohne daß ein Fehler, insbesondere bei der Stellung des Kommas, zu befürchten wäre.

Folgendes Beispiel zeigt die Anwendungsweise der Multiplikationstäfelchen bei der Interpolation. Der oben angeführte Branntwein habe bei einer genauen Bestimmung das spezifische Gewicht $d\left(\dfrac{15°}{15°}\right) = 0{,}93844$ ergeben. Dasselbe liegt zwischen 0,9384 und 0,9385. Die Differenz der zu diesen spezifischen Gewichten gehörigen Gewichtsprozente Alkohol ist 40,67 — 40,62 = 0,05. Geht man mit der Ziffer der fünften Dezimale, hier 4, in das Multiplikationstäfelchen 0,05, so findet man in der zweiten Spalte das Produkt 0,02. Dieses ist von dem Alkoholgehalt, der dem gefundenen, aber von der fünften Dezimale befreiten spezifischen Gewicht 0,9384 entspricht, hier 40,67, abzuziehen. Dem spezifischen Gewicht 0,93844 entsprechen daher 40,67 — 0,02 = 40,65 Gewichtsprozente Alkohol. So verwickelt die Beschreibung der Interpolationsrechnung aussieht, so einfach gestaltet sie sich in Wirklichkeit bei der Ausführung.

Je nach der Art und Weise, in welcher man den Alkoholgehalt der Flüssigkeit ausdrücken will, schlägt man hierbei, um jede Umrechnung zu vermeiden, zweckmäßig verschiedene Wege ein.

1. Will man den Alkoholgehalt einer Flüssigkeit in Maßprozenten ausdrücken, so destilliert man von Maß zu Maß, d. h. man mißt ein bestimmtes Maß der Flüssigkeit ab, destilliert, bis der Alkohol vollständig übergegangen ist, füllt das Destillat bis zu dem ursprünglichen Maß mit Wasser auf und bestimmt das spezifische Gewicht $d\left(\dfrac{15°}{15°}\right)$ des Destillats. Die dem spezifischen Gewicht $d\left(\dfrac{15°}{15°}\right)$ in der Tafel entsprechende Zahl der dritten Spalte (Maßprozente Alkohol) stellt ohne weiteres die Maßprozente Alkohol in der ursprünglichen Flüssigkeit dar.

2. Will man den Alkoholgehalt einer Flüssigkeit durch Angabe der Gramme Alkohol in 100 ccm der Flüssigkeit ausdrücken, wie es z. B. bei der Weinanalyse üblich ist, so destilliert man ebenfalls, wie vorher beschrieben, von Maß zu Maß. In diesem Falle stellt die zu dem spezifischen Gewicht $d\left(\dfrac{15°}{15°}\right)$ in der Tafel gehörige Zahl der vierten Spalte (Gramm Alkohol in 100 ccm) ohne weiteres die Gramme Alkohol in 100 ccm der ursprünglichen Flüssigkeit dar.

3. **Will man den Alkoholgehalt einer Flüssigkeit in Gewichtsprozenten ausdrücken**, so destilliert man am zweckmäßigsten von Gewicht zu Gewicht; eine bestimmte Gewichtsmenge der Flüssigkeit wird destilliert, bis der Alkohol vollständig übergegangen ist, und das Destillat bis zu dem Gewicht der ursprünglichen Flüssigkeit mit Wasser aufgefüllt. Dann stellt die zu dem spezifischen Gewicht $d\left(\dfrac{15°}{15°}\right)$ des Destillats gehörige Zahl der zweiten Spalte der Tafel (Gewichtsprozente Alkohol) ohne weiteres die Gewichtsprozente Alkohol in der ursprünglichen Flüssigkeit dar.

Destilliert man dagegen nicht von Gewicht zu Gewicht, sondern von Maß zu Maß, so ist, wenn man die Gewichtsprozente Alkohol in der Flüssigkeit erhalten will, eine Umrechnung erforderlich, für welche das spezifische Gewicht der ursprünglichen Flüssigkeit bekannt sein muß. Am besten geht man hierbei von der zu dem spezifischen Gewichte $d\left(\dfrac{15°}{15°}\right)$ des Destillats gehörigen Zahl der vierten Spalte (Gramm Alkohol in 100 ccm) aus. Bedeutet

     x die Gewichtsprozente Alkohol in der ursprünglichen Flüssigkeit,

     g die dem spezifischen Gewichte $d\left(\dfrac{15°}{15°}\right)$ des durch Destillation der Flüssigkeit von Maß zu Maß erhaltenen Destillats entsprechende Zahl der vierten Spalte (Gramm Alkohol in 100 ccm),

     s das spezifische Gewicht der ursprünglichen Flüssigkeit bei 15° C gegen Wasser von 15° C,

     0,999154 das Gewicht von 1 ccm Wasser von 15° C in Grammen, so ist:

$$x = 0{,}999154 \cdot g \cdot s .$$

β) Sonstige Verfahren zur Bestimmung des Alkohols. 1. **Bestimmung des Alkohols durch Oxydation:**

Br. Röse[1]) bestimmt den Alkohol in den alkoholischen Destillaten dadurch, daß er denselben mit einer titrierten Kaliumpermanganatlösung oxydiert und aus der Menge des verbrauchten Kaliumpermanganats den Alkohol berechnet. Die Oxydation soll nach der Gleichung:

$$5\,C_2H_6O + 12\,KMnO_4 + 18\,H_2SO_4 = 10\,CO_2 + K_2SO_4 + 12\,MnSO_4 + 33\,H_2O$$

verlaufen, also der Alkohol glatt in Kohlensäure und Wasser zerfallen, so daß je 8,2435 g Kaliumpermanganat = 1 g Alkohol entspricht. Diese Umsetzung des Alkohols tritt jedoch nicht in rein wässeriger oder schwach schwefelsaurer Lösung ein, sondern erst, wenn der Gehalt an Schwefelsäure 40% erreicht; hierdurch wird Übermangansäure in Freiheit gesetzt, welche eine vollständige Oxydation nach obiger Gleichung bewirkt.

Zur Ausführung des Verfahrens dienen folgende Lösungen:

1. Eine Permanganatlösung von etwa 10 g $KMnO_4$ in 1 l.

2. Eine $^1/_{10}$ N.-Kaliumtetraoxalatlösung (6,35 g in 1 l).

3. Eine genaue 1 proz. Alkohollösung in Wasser für die Titerstellung, bzw. die zu untersuchende alkoholische Lösung (Destillat), welche außer Alkohol (etwa 1%) keine anderen organischen Stoffe enthalten darf.

Etwa 5 g der letzteren werden in einem 300 ccm fassenden Kölbchen abgewogen und mit 50 ccm der auf $^1/_{10}$ N.-Tetraoxalatlösung eingestellten Permanganatlösung vermischt; unter stetem Umschwenken werden jetzt aus einer Pipette 20 ccm konzentrierte Schwefelsäure zugemischt, 1 Minute einwirken gelassen, dann mit 100 ccm Wasser verdünnt, der Überschuß von Kaliumpermanganat wird durch eine genügende Menge der $^1/_{10}$ N.-Tetraoxalatlösung reduziert, die Mischung zum Sieden erhitzt und der Überschuß der letzteren durch die eingestellte Permanganatlösung zurücktitriert. Indem man die der angewendeten Menge Kaliumtetraoxalat entsprechende

---

[1]) Zeitschr. f. angew. Chem. 1888, 31.

Menge Permanganatlösung von dem Gesamtverbrauch in Abzug bringt, berechnet man nach obigem Verhältnis den Alkohol.

Einige Untersuchungen von Benedikt[1]) und Grünhut[2]) über die Bestimmung des Alkohols nach diesem Verfahren haben indes bis jetzt keine befriedigenden Ergebnisse geliefert. Ebensowenig hat sich das von Nicloux empfohlene Verfahren, kleine Mengen Alkohol durch Oxydation mit Kaliumbichromat und Schwefelsäure zu bestimmen, nach Potki-Escot bewährt[3]).

2. **Indirektes Verfahren.** Dieses gründet sich auf die Differenz der spezifischen Gewichte der ursprünglichen und der durch Kochen vom Alkohol befreiten Flüssigkeit. Für die Art der Berechnung sind jedoch verschiedene Gleichungen in Vorschlag gebracht.

Ist s das spezifische Gewicht der ursprünglichen Flüssigkeit (Bier oder Wein),

S das spezifische Gewicht der entgeisteten Flüssigkeit (Bier oder Wein),

P die Alkoholprozente in der Tabelle,

A die Alkoholprozente des Bieres oder Weines,

so berechnet:

α) **Mayer** den Alkoholgehalt nach der Gleichung:

$$\% \, A = 1 - (S - s) \quad \text{zu} \quad P \quad \text{oder} \quad \% \, A = 1 + s - S \text{ (nach Tabarié für Wein),}$$

d. h. man zieht die Differenz der spezifischen Gewichte der entgeisteten und der ursprünglichen Flüssigkeit von 1 ab und sucht zu der erhaltenen Zahl als spezifischem Gewicht den Alkoholgehalt in der Tabelle; die Volumprozente Alkohol in der Tabelle geben direkt die Volumprozente in der betreffenden Flüssigkeit.

β) **Bolley** nach der Gleichung:

$$\% \, A = \frac{s}{S} \text{ zu } P \, ,$$

d. h. man dividiert das spezifische Gewicht der ursprünglichen Flüssigkeit durch das spezifische Gewicht der entalkoholisierten Flüssigkeit und sucht zu dem erhaltenen Quotienten als spezifischem Gewicht den Alkoholgehalt in der Tabelle; die Gewichtsprozente Alkohol in der Tabelle geben direkt Gewichtsprozente Alkohol in 100 Gewichtsteilen der alkoholischen Flüssigkeit.

γ) **Reischauer** nach der Gleichung:

$$\% \, A = \frac{\dfrac{s}{S}}{S} \text{ zu } P \, ,$$

d. h. man dividiert den nach **Bolley** gefundenen Wert nochmals durch das spezifische Gewicht der entalkoholisierten Flüssigkeit; ist beispielsweise $s = 1{,}024$, $S = 1{,}032$, so $\dfrac{s}{S} = 0{,}99225$; einer alkoholischen Flüssigkeit von letzterem spezifischen Gewicht entspricht ein Alkoholgehalt von 4,50 Gewichtsprozent; dieser Wert nochmals mit $S = 1{,}032$ dividiert, gibt den wirklichen Alkoholgehalt der zu untersuchenden alkoholischen Flüssigkeit, nämlich $\dfrac{4{,}50}{1{,}032} = 4{,}36$ Gewichtsprozent.

Eine theoretische Begründung dieser Berechnungsmethoden würde hier zu weit führen; man vergleiche hierüber die „Chemie des Bieres" von C. Reischauer, bearbeitet von V. Grießmayer. 1879, S. 317.

C. Reischauer hält das letztere Verfahren aus theoretischen Gründen (besonders für Bier) für das richtigste und führt eine Reihe Versuche auf, nach denen dasselbe mit dem Destillationsverfahren (1a) die am meisten übereinstimmenden Ergebnisse liefert.

3. **Saccharometrisches Verfahren** (nach **Balling**); es beruht auf einem ähnlichen Prinzip wie das vorstehende indirekte Verfahren.

---

[1]) Chem.-Ztg., Rep. 1888, **12**, 53.

[2]) Ebendort 1891, **15**, 847.

[3]) Zeitschr. f. Untersuchung d. Nahrungs- u. Genußmittel 1905, **9**, 29.

Der durch ein Saccharometer oder durch Bestimmung des spezifischen Gewichtes ermittelte Malzextraktgehalt der Bierwürze $= p$ nimmt bei der Gärung ab; es entsteht infolge dieses Verschwindens und unter gleichzeitiger Bildung von Alkohol eine spezifisch leichtere Flüssigkeit (z. B. das Bier); wird die Saccharometeranzeige des letzteren, nachdem es durch Schütteln von CO_2 befreit ist, $= n$ gesetzt, und zieht man von dem Extraktgehalt der Würze (p) den des Bieres (m) ab, so ergibt die Differenz $p - m$ die scheinbare Attenuation (Verdünnung), ausgedrückt in einer gewissen Zahl von Saccharometer-Prozenten. Es ist einleuchtend, daß diese scheinbare Attenuation dem gebildeten Alkohol proportional geht, d. h. also um so kleiner oder größer wird, je weniger oder mehr Alkohol sich gebildet hat. Es läßt sich demnach ein Faktor $= a$ denken, mit dem die scheinbare Attenuation multipliziert werden muß, um den Alkoholgehalt des Bieres $= A$ in Gewichtsprozenten zu finden; also $A = (p - m)\,a$. Der Faktor a läßt sich durch Versuche, d. h. durch direkte Bestimmung der Saccharometeranzeige der Würze, des entkohlensäuerten Bieres, sowie des Alkoholgehaltes der gegorenen Würze, nämlich $a = \dfrac{A}{p - m}$ ermitteln. Balling fand den Faktor für Bierwürzen von 6—30% Extrakt zu 0,4079—0,4588. Ist beispielsweise der Gehalt der Würze $p = 13$, die Saccharometeranzeige des entkohlensäuerten Bieres $m = 4$, so die scheinbare Attenuation $13 - 4 = 9$, und da bei einem Gehalt der Würze von 13% der Faktor a nach den Versuchen Ballings $= 0,4215$ ist, so ist der Alkoholgehalt des Bieres $= 9 \times 0,4215 = 3,79\%$.

Nimmt man dagegen statt der Saccharometeranzeige des alkoholhaltigen Bieres die des von Alkohol befreiten Bieres, indem man dasselbe zur Verjagung des Alkohols bis $^1/_3$ eindampft, den Rückstand mit Wasser bis genau zum angewendeten Gewicht des Bieres verdünnt, so erhält man aus dem spezifischen Gewicht dieser Flüssigkeit oder durch das Saccharometer den wirklichen Extraktgehalt des Bieres $= n$. Zieht man von dem ursprünglichen Extraktgehalt der Bierwürze p den Extraktgehalt des Bieres $= n$ ab, so ergibt die Differenz $p - n$ die wirkliche Attenuation, ausgedrückt in einer Anzahl Saccharometerprozenten. Auch hier läßt sich aus denselben Gründen wie oben ein Faktor $= b$ denken und bestimmen, mit welchem die wirkliche Attenuation $p - n$ zu multiplizieren ist, um den Alkoholgehalt des Bieres $= A$ in Gewichtsprozenten zu finden, nämlich $A = (p - n)\,a$ und hieraus der Alkoholfaktor für die wirkliche Attenuation, nämlich $a = \dfrac{A}{p - n}$; letzteren hat Balling durch Versuche für Würzen von 6—30% Extraktgehalt zu 0,5004—0,5735 gefunden.

Zieht man ferner von der scheinbaren Attenuation des Bieres $= p - m$ die wirkliche Attenuation $= p - n$ ab, so erhält man, ausgedrückt in Saccharometerprozenten, die Attenuationsdifferenz $= D$; es ist daher $D = (p - m) - (p - n)$ oder $D = n - m$, d. h. man findet die Attenuationsdifferenz, wenn man von dem Extraktgehalt des Bieres $= n$ die Saccharometeranzeige des frischen entkohlensäuerten Bieres $= m$ abzieht; sie geht dem Alkoholgehalt proportional, ist um so größer oder geringer, je mehr oder je weniger Alkohol das Bier enthält. Es muß daher wieder ein Faktor $= e$ bestehen, mit dem man die Attenuationsdifferenz $(n - m)$ zu multiplizieren hat, um den Alkoholgehalt des Bieres $= A$ in Gewichtsprozenten zu finden, nämlich $A = (n - m)\,e$ und hieraus wieder den Alkoholfaktor $e = \left(\dfrac{A}{n - m}\right)$. Diesen fand Balling für Würzen von 6—30% zu 2,2096—2,2902, im Mittel zu 2,240; mit Hilfe dieses Faktors läßt sich nun auch aus der Attenuationsdifferenz annähernd der Alkohol bestimmen, auch wenn der ursprüngliche Extraktgehalt der Würze nicht bekannt ist. Dividiert man die scheinbare Attenuation $(p - m)$ durch die wirkliche $(p - n)$, so erhält man den Attenuationsquotienten $qu = \left(\dfrac{p - m}{p\,n}\right)$, woraus sich, wie Balling gezeigt hat, der ursprüngliche Gehalt der Würze an Extrakt berechnen läßt.

C. Reischauer findet (Die Chemie des Bieres. Augsburg 1878) aus den Ballingschen Tabellen $qu = 1,220 + 0,001\,p$.

Auf eine weitere mathematische Entwickelung muß ich hier verzichten.

4. Vaporimetrisches Verfahren von Geißler. Es benutzt die verschiedene Dampfspannung von Wasser und Alkohol zur Bestimmung. Die Spannkraft des Wasserdampfes bei 100°

beträgt 760 mm, die des Alkoholdampfes bei derselben Temperatur nach Regnault 1692,9, nach Pflücker 1691,2 mm; Mischungen von Alkohol und Wasser besitzen bei 100° eine Dampfspannung, welche zwischen der des Wasser- und des Alkoholdampfes liegt. Der Apparat gleicht einer Barometerröhre, an welcher der Schenkel mit der Barometerröhre zugeschmolzen und der längere Schenkel offen ist. Eine nähere Beschreibung des Vaporimeters und dessen Handhabung kann ich hier übergehen, weil sie den Apparaten beigegen zu werden pflegt. Da die Skalen der im Handel vorkommenden Vaporimeter nicht selten verschieden sind, so soll man jeden Apparat vor dem Gebrauch einer Prüfung unterziehen und empfiehlt C. Weigelt, tunlichst 2 Apparate nebeneinander zu gebrauchen. Die Ansichten über die Brauchbarkeit des Vaporimeters sind geteilt. M. Traube hat an dem Geißlerschen Vaporimeter einige Verbesserungen angebracht[1]). Sonstige Vaporimeter geben Wollny[2]) und Ch. Th. Gerlach[3]) an.

5. **Dilatometrisches Verfahren von Silbermann**; es geht von der verschiedenen Ausdehnung der weingeistigen Flüssigkeiten durch die Wärme aus. Setzt man das Volumen bei 0° = 1, so ist das des Wassers nach Kopp bei 25° C = 1,002705, bei 50° C = 1,011766, das des Alkohols bei 25° C = 1,02680, bei 50° C = 1,05623; innerhalb dieser Temperaturen verhält sich die Ausdehnung des Wassers zu der des Alkohols wie 0,009061 : 0,02943 oder wie 1 : 3,25; in Alkoholmischungen nimmt die Ausdehnung mit steigendem Alkohol zu. Die Ausdehnung wird in Gefäßen mit aufgesetzten, engen kalibrierten Röhren vorgenommen.

6. **Ebullioskop**. Diese Art Apparate gründen sich auf die verschiedenen Siedepunkte von Wasser und Alkohol. Reines Wasser siedet bei 100° C, reiner Alkohol bei 78,3; Mischungen von Wasser und Alkohol haben Siedepunkte zwischen beiden Grenzen, in der Weise, daß, je höher der Alkoholgehalt ist, desto mehr sich der Siedepunkt der letzteren Grenze nähert und umgekehrt. Das Ebullioskop von Malligand ist ein Thermometer mit verhältnismäßig großer Kugel und einer sehr englumigen Röhre, welche in der Mitte rechtwinklig gebogen ist; der Stand des Quecksilbers für Wasserdampf von 100° ist hier mit 10, der für reinen Alkoholdampf von 78,3° = 100 gesetzt. Die Zwischenskalenteile geben direkt die Alkoholprozente in Mischungen von Alkohol und Wasser an.

7. **Liquometer von Musculus usw.**; es hat die verschiedene Steighöhe von Wasser und Alkohol in Capillarröhren zum Grundsatz der Alkoholbestimmung. Nach Gay-Lussac beträgt in einer Kapillarröhre von 1,294 mm Durchmesser die Steighöhe für Wasser 23,379 mm, für Alkohol vom spezifischen Gewicht 0,8196 = 9,398 mm, also bedeutend weniger als für ersteres; Mischungen von Wasser und Alkohol zeigen dem Gehalt an letzterem entsprechende Unterschiede in der Steighöhe.

8. **Tropfenzähler von Salleron und Duclaux.** Eine alkoholhaltige Flüssigkeit besitzt eine geringere Oberflächenspannung als Wasser, und zwar eine um so geringere, je höher dieser Alkoholgehalt ist. Man kann diese Spannung dadurch messen, daß man aus einer Pipette mit enger Ausflußröhre und von bekanntem Volumen die alkoholhaltige Flüssigkeit abtropfen läßt, die Anzahl der erhaltenen Tropfen zählt und aus dieser den Alkoholgehalt ermißt.

Das Ausflußröhrchen ist so justiert, daß ein Tropfen Wasser von 15° C genau 50 mg, folglich 20 Tropfen = 1 g wiegen. Das Gewicht von 20 Tropfen Alkohol ist um so geringer, je höher der Alkoholgehalt ist.

9. **Stalagmometer von J. Traube[4]).** Das Stalagmometer Traubes (von σταλαγμος der Tropfen) ist eine Modifikation des Salleronschen Tropfenzählers; man zählt die aus einem bestimmten Volumen der alkoholischen Flüssigkeiten auslaufenden Tropfen und ermißt aus der Anzahl der letzteren den Gehalt an Alkohol, nachdem man die Tropfenzahl für Alkohollösungen von verschiedenem Gehalt bei verschiedenen Temperaturen festgestellt hat. J. Traube hat für Alkohollösungen bis zu 10 Gewichtsprozent Alkohol und für Temperaturen von 10—30° C eine Tabelle entworfen, bezüglich deren ich auf das Original verweisen muß. Die alkoholischen Getränke werden

<hr>

[1]) Zu beziehen von C. Gerhardt, Bonn.

[2]) Zeitschr. f. analyt. Chem. 1885, **24**, 206.

[3]) Ebendort 1885, **24**, 577.

[4]) Berichte d. Deutschen chem. Gesellschaft 1887, **20**, 2644, 2824, 2829, 2831.

zur Ermittelung der Tropfenzahl vorher mit Kali destilliert. J. Traube benutzt in derselben Weise das Stalagmometer zur Bestimmung des Fuselöles im Weingeist, sowie des Alkohols im Essig.

Auch diese Verfahren (von 4—9) geben nach verschiedenen vergleichenden Prüfungen gegen das Destillationsverfahren α 2, S. 521 so erhebliche Unterschiede, daß sie für analytische Laboratorien nicht in Betracht kommen.

γ) Nachweis von Verunreinigungen im Alkohol. Die Verunreinigungen des Alkohols sind zufälliger und regelmäßiger Art. Zu den zufälligen Verunreinigungen gehören z. B. schweflige Säure — vom Aufschließen des Rohstoffes z. B. des Maises hiermit herrührend —, die sich durch Entfärbung von Jodlösung zu erkennen gibt, oder Metalle und Salze, die durch Eindampfen des Spiritus im Rückstande wie üblich nachgewiesen werden können; Schwefelwasserstoff, Schwefelkohlenstoff, senfölartige und Allylverbindungen, die durch Einwirkung stickstoffhaltiger Stoffe entstehen sollen, können durch den Geruch oder durch Einhängen von Bleipapier erkannt werden.

Zu den regelmäßigen Beimengungen der alkoholischen Erzeugnisse gehören in erster Linie Aldehyd (Acet-, Meta-, Para- und Crotonaldehyd), Fettsäuren (Essigsäure, Buttersäure, Capryl- und Capronsäure), höhere Alkohole (Propyl-, Isobutyl- und Amylalkohole als sog. Fuselöl), zusammengesetzte Ester; ferner Furfurol, Aminbasen (Äthylamin usw.), besonders im Melassespiritus.

Über die Bestimmung und Trennung der freien Säuren vgl. S. 459; die Bestimmung des Aldehyds, der Ester, des Furfurols soll später unter Branntweinen ausführlich behandelt werden.

Hier mögen nur einige Prüfungen[1]) mitgeteilt werden, denen absoluter Alkohol (von 0,796—0,800 spezifischem Gewicht = 99,0—99,6 Gewichtsprozent Alkohol, bei 78,5° siedend) und Feinsprit (von 0,830—0,834 spez. Gew. = 87,2—85,6 % Alkohol) genügen soll.

1. **Abdampfrückstand:** 50 ccm Alkohol bzw. Spiritus sollen beim langsamen Verdunsten keinen Rückstand hinterlassen.

2. **Freie Säuren:** 50 ccm Alkohol werden mit 50 ccm säurefreiem, destilliertem Wasser verdünnt, erhitzt und behufs Austreibung der Kohlensäure einige Minuten am Rückflußkühler gekocht hierauf setzt man einige Tropfen neutraler Lackmuslösung[2]) zu und titriert mit $^n/_{10}$ Natronlauge, wenn eine Rötung auftritt; verschwindet diese durch einen Tropfen der letzteren, so gilt der Alkohol als neutral, gebraucht man 0,1 ccm Natronlauge, so ist er als fast neutral, bei Verbrauch von 0,5 ccm als ausgeprägt sauer zu bezeichnen.

3. **Aldehyd:** Erwärmt man 10 ccm Alkohol mit 5 Tropfen Silbernitratlösung und 1 ccm Wasser 10 Minuten lang auf dem Wasserbade (70—80°), so soll weder eine Trübung noch Färbung entstehen. (Über sonstige Verfahren zur Bestimmung des Aldehyds vgl. II. Teil.)

4. **Aminbasen bzw. Melassespiritus:** Überschichtet man 5 ccm konzentrierte Schwefelsäure mit 5 ccm Alkohol, so darf an der Berührungsstelle beider Flüssigkeiten innerhalb einer Stunde keine rosarote Zone entstehen.

5. **Organische Verunreinigungen:** Die rote Färbung einer Mischung von 10 ccm Alkohol und 1 Tropfen Kaliumpermanganatlösung (1 : 1000) darf innerhalb 20 Minuten nicht in Gelb übergehen.

6. **Metalle und Gerbstoff:** Versetzt man 10 ccm Alkohol mit 1 ccm Ammoniaklösung (0,96) oder mit 5 ccm Schwefelwasserstoffwasser, so darf keine Färbung auftreten.

7. **Denaturierungsmittel:** Zur Denaturierung des Spiritus werden verwendet 5—10% Holzgeist, 0,5% Terpentinöl, 0,5—1,0% Tieröl (Pyridinbasen), 10% Schwefeläther, ein Gemisch von 200% Wasser und 3% Essigsäure oder 30% Essig von 6% Gehalt an Essigsäure, oder 40 g Lavendelöl oder 60 g Rosmarinöl für 1 l, oder 0,5 proz. Schellacklösung in Terpentinöl usw.

---

[1]) Vgl. E. Merck, Prüfung der Reagenzien auf Reinheit 1905, 53.
[2]) Es kann auch Phenolphthalein als Indicator angewendet werden.

Vereinzelt soll auch, um geringere Steuersätze bei der Einfuhr zu erzielen, das spezifische Gewicht durch Zusatz von Chlorcalcium erhöht werden.

Das allgemeine Denaturierungsmittel besteht aus 2% Holzgeist und 1% Pyridin-basengemisch.

Für die Prüfung der Denaturierungsmittel gelten durch bundesrätliche Verordnung vom 21. Juni 1888 bestimmte Vorschriften, worauf hier verwiesen sei[1]).

Weil ich aber vorstehend den Nachweis von Methylalkohol in Äthylalkohol schon besprochen habe, so möge auch hier kurz der Nachweis von Pyridin in Spiritus erwähnt werden, weil er am häufigsten vorkommt. Man prüft nach der amtlichen Vorschrift mit Lackmuspapier.

α) Das Lackmuspapier bleibt blau; dann werden 10 ccm des Branntweins mit 5 ccm einer alkoholischen 5proz. Lösung von wasserfreiem Cadmiumchlorid versetzt und gut durchgeschüttelt. Entsteht sofort eine Ausscheidung, so liegt denaturierter Branntwein vor; entsteht die Ausscheidung erst nach einiger Zeit, so liegt ein Gemisch von denaturiertem und nichtdenaturiertem Branntwein vor.

β) Das Lackmuspapier wird gerötet; dann werden 10 ccm Branntwein mit 1 g gebrannter Magnesia gut durchgeschüttelt und auf ein Filter gegossen. Das Filtrat, welches blaues Lackmuspapier nicht mehr röten darf, wird nach Anleitung α untersucht.

Man kann ferner eine gewisse Menge Spiritus unter Zusatz von Schwefelsäure eindampfen und den Rückstand mit Natronlauge erwärmen; hierdurch werden die Pyridinbasen frei und geben sich durch den narkotischen Geruch zu erkennen.

8. Renaturierter Spiritus: Man sucht denaturierten Branntwein durch Destillation, Behandlung mit Tierkohle usw., ferner durch Zusatz von Stoffen, die den Geruch und Geschmack des Denaturierungsmittels verändern, zu renaturieren, was natürlich verboten ist.

Während der denaturierte Alkohol schon durch Verreiben desselben auf der Hand oder nach Verdünnen mit Wasser durch Geruch und Geschmack sich zu erkennen gibt, läßt diese Probe und natürlich die vorstehende im Stich. Der renaturierte Spiritus zeigt aber die vorstehenden Reaktionen Nr. 4 und 5 deutlich und kann der Nachweis von Pyridin dadurch erbracht werden, daß man $^1/_2$—1 l des Spiritus nach Ansäuern mit Schwefelsäure destilliert und den Rückstand wie unter 7 β, 2. Absatz prüft.

3. Höhere Alkohole der Fettsäurereihe, Fuselöl (Propyl-, Isobutyl- und Amylalkohol).

Den absoluten Alkohol (Äthylalkohol) oder hochprozentigen Spiritus prüft man qualitativ auf diese höheren Alkohole in der Weise, daß man 10 ccm Alkohol mit 30 ccm Wasser mischt, wodurch keine Trübung oder Färbung und kein fremdartiger Geruch auftreten soll.

Eine bis auf 1 ccm verdunstete Mischung von 10 ccm und 0,2 ccm Kalilauge (15 %) soll nach dem Übersättigen mit verdünnter Schwefelsäure nicht nach Fuselöl riechen.

Beim Verreiben des Äthylalkohols zwischen den Händen soll sich kein unangenehmer Geruch bemerkbar machen.

a) Quantitative Bestimmung des Fuselöles bzw. der höheren Alkohole nach Röse. Das ursprüngliche Verfahren von Röse ist später durch Stutzer und Reitmair sowie durch Eugen Sell[2]) abgeändert worden und beruht darauf, daß Chloroform die Eigenschaft besitzt, die höheren Glieder der Alkohole der Methanreihe leicht aus einer wässerigen Lösung aufzunehmen, während Äthylalkohol bei einer gewissen Verdünnung nur in geringer Menge gelöst wird.

Schüttelt man einmal einen verdünnten Spiritus und das andere Mal verdünnten Spiritus von demselben spezifischen Gewicht, dem etwas Amylalkohol zugesetzt ist, mit gleichen

---

[1]) Vgl. u. a. K. v. Buchka: Die Nahrungsmittelgesetzgebung im Deutschen Reiche. Berlin 1900.

[2]) Vgl. Zeitschr. f. analyt. Chem. 1892, **31**, Anhang 2.

530 Allgemeine chemische Untersuchungsverfahren.

Mengen Chloroform bei derselben Temperatur, so zeigt sich im zweiten Falle eine erheblich größere Volumvermehrung des Chloroforms, als mit reinem verdünnten Alkohol.

Röse benutzte diese Eigenschaft des Chloroforms dem Äthylalkohol und Amylalkohol gegenüber, das Sättigungsvermögen des Chloroforms für 50 proz. Spiritus festzustellen und durch steigende Zugabe von kleinen Mengen Amylalkohol die Volumzunahme des Chloroforms zu ermitteln.

Stutzer und Reitmair änderten das Verfahren dahin ab, daß sie anstatt des 50 proz. Alkohols einen 30 proz. für die Untersuchung empfahlen, und Herzfeld gab dem Schüttelapparat eine andere Form, die ein genaues Ablesen der Chloroformschicht gestattet.

Fig. 278.

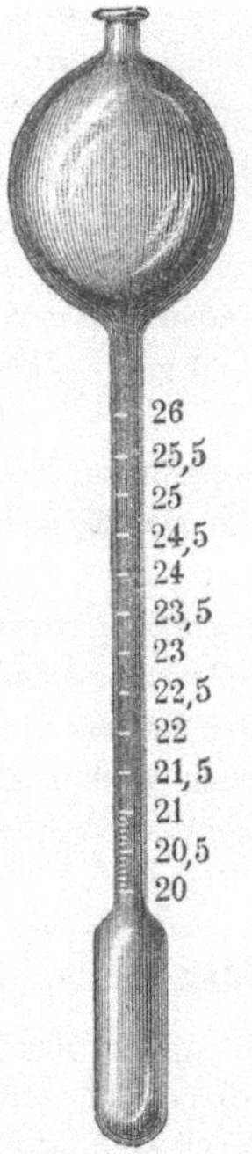

Zahlreiche Untersuchungen von genannten Autoren und vom Kaiserlichen Gesundheitsamte wurden mit reinem 30 proz. Alkohol und Mischungen von Äthylalkohol und Amylalkohol in den verschiedenartigsten Verhältnissen durchgeführt, aus denen Tabellen zusammengestellt sind, die ein direktes Ablesen des Amylalkohols bzw. des Fuselöles aus der Volumzunahme der Chloroformschicht gestatten.

Zum Ausschütteln wird nach den Mitteilungen von Eugen Sell[1] im Kaiserlichen Gesundheitsamte der nebenstehende Apparat benutzt:

Der unten bauchig aufgeblasene Teil faßt bis zum unteren Teilstrich, der die Zahl 20 trägt, 20 ccm und dient zur Aufnahme des Chloroforms.

Die Röhre ist von 20—26 ccm durch kleine Teilstriche in je 0,05 ccm geteilt. Der birnförmige obere Teil hat einen Inhalt von etwa 150 ccm und kann am Halse mit einem Korkpfropfen verschlossen werden.

Zur Untersuchung eines Branntweins, Kognaks usw. werden 100 ccm desselben unter Zusatz von einigen Tropfen Natronlauge der Destillation unterworfen, bis 80 ccm übergegangen sind.

Es ist unter allen Umständen nötig, auch farblose Branntweine mit Natronlauge zu destillieren, um jedwede Beimengung von harzigen Bestandteilen und Farbstoffen, die aus den Fässern stammen können, zu entfernen; ferner aber auch, um vorhandene Ester zu zersetzen.

Ätherische Öle, welche im höchsten Falle 0,04—0,045 % betragen können, da diese Mengen dem Branntwein bereits ein milchiges Aussehen geben, haben keinen nennenswerten Einfluß auf die Untersuchung, besonders dann nicht, wenn der zu untersuchende Branntwein mit Natronlauge destilliert wird.

Röse-Herzfelds
Apparat.

Jenes unter Zusatz von Natronlauge erhaltene Destillat füllt man auf 100 ccm auf, mischt gut durch und bestimmt den Alkoholgehalt durch das spezifische Gewicht.

Der Alkoholgehalt wird bei den meisten Trinkbranntweinen über 30 % betragen. Es muß also in fast allen Fällen Wasser zugesetzt werden, um den richtigen Verdünnungsgrad zu erhalten, und zwar um so mehr, je gehaltreicher der zu untersuchende Branntwein ist.

Von diesem Destillat daher, dessen Alkoholgehalt festgestellt ist, werden 50 ccm, entsprechend 50 ccm Branntwein, abpipettiert, mit so viel Wasser verdünnt, daß derselbe genau 30 Volumprozente enthält, oder richtiger gesagt, das spezifische Gewicht 0,96564 zeigt.

Den Zusatz von Wasser zur Verdünnung auf 30 Volumprozente kann man, wenn keine Verdünnungstabelle vorhanden ist, leicht berechnen.

Ist v der Alkoholgehalt des Destillates in Volumprozenten, und hat man x Wasser zuzusetzen, um den Alkoholgehalt auf 30 Volumprozente zu bringen, so ist nach dem Zusatz von x Wasser das Volumen gleich $100 + x$ und zwar mit dem ursprünglichen v ccm-Gehalt Alkohol.

---

[1] Arbeiten a. d. Kaiserl. Gesundheitsamte 1888, **4**, 109.

Es verhält sich also:

$$(100 + x) : v = 100 : 30 \ .$$

Also beträgt der erforderliche Wasserzusatz x zu 100 ccm Destillat:

$$x = \frac{100\,v - 3000}{30} = \frac{10\,v - 300}{3} \ .$$

Die Berechnung des erforderlichen Wasserzusatzes kann auch erfolgen nach der Formel:

$$x = \frac{100\,(p - p_1)\,a}{p_1} \ ,$$

worin

    p anfänglicher Gehalt der Flüssigkeit an Alkohol,

    p_1 gewünschter Alkoholgehalt in Gewichtsprozenten,

    a spezifisches Gewicht des ursprünglichen Weingeistes,

    x wie oben die zu 100 ccm des Weingeistes zuzufügende Anzahl Kukikzentimeter Wasser bedeuten.

Man hat daher nach dieser Formel der Alkoholtabelle Nr. XI am Schluß zu entnehmen, wieviel Gewichtsprozenten die gegebenen und gesuchten Volumprozente entsprechen.

Die Kontraktion, die bei dem Mischen des Alkohols mit Wasser entsteht, ist hierbei nicht berücksichtigt.

Notwendig aber ist es, daß man stets bei derselben Temperatur der weingeistigen Flüssigkeit von 15° arbeitet.

Folgende Tabelle gibt direkt den Wasserzusatz zu 100 ccm Destillat an, um dasselbe auf 24,7 Gewichts- bzw. 30 Maßprozente zu bringen.

Verminderung der Branntweinstärke auf 24,7 Gewichtsprozente (= 30 Volum- bzw. Maßprozenten).

Zu 100 ccm Branntwein von Gew.-Proz.	sind zuzusetzen Wasser ccm	Zu 100 ccm Branntwein von Gew.-Proz.	sind zuzusetzen Wasser ccm	Zu 100 ccm Branntwein von Gew.-Proz.	sind zuzusetzen Wasser ccm	Zu 100 ccm Branntwein von Gew.-Proz.	sind zuzusetzen Wasser ccm	Zu 100 ccm Branntwein von Gew.-Proz.	sind zuzusetzen Wasser ccm	Zu 100 ccm Branntwein von Gew.-Proz.	sind zuzusetzen Wasser ccm
24,8	0,5	27,1	9,4	29,4	18,3	31,7	27,2	34,0	35,9	36,3	44,6
24,9	0,9	27,2	9,8	29,5	18,7	31,8	27,6	34,1	36,3	36,4	45,0
25,0	1,3	27,3	10,2	29,6	19,1	31,9	27,9	34,2	36,7	36,5	45,3
25,1	1,7	27,4	10,6	29,7	19,5	32,0	28,3	34,3	37,1	36,6	45,7
25,2	2,0	27,5	11,0	29,8	19,9	32,1	28,7	34,4	37,4	36,7	46,1
25,3	2,4	27,6	11,4	29,9	20,3	32,2	29,1	34,5	37,8	36,8	46,5
25,4	2,8	27,7	11,8	30,0	20,7	32,3	29,5	34,6	38,2	36,9	46,8
25,5	3,2	27,8	12,2	30,1	21,0	32,4	29,8	34,7	38,6	37,0	47,2
25,6	3,6	27,9	12,6	30,2	21,4	32,5	30,2	34,8	39,0	37,1	47,6
25,7	4,0	28,0	12,9	30,3	21,8	32,6	30,6	34,9	39,3	37,2	48,0
25,8	4,4	28,1	13,3	30,4	22,2	32,7	31,0	35,0	39,7	37,3	48,3
25,9	4,8	28,2	13,7	30,5	22,6	32,8	31,4	35,1	40,1	37,4	48,7
26,0	5,2	28,3	14,1	30,6	23,0	32,9	31,7	35,2	40,5	37,5	49,1
26,1	5,6	28,4	14,5	30,7	23,3	33,0	32,1	35,3	40,8	37,6	49,5
26,2	5,9	28,5	14,9	30,8	23,7	33,1	32,5	35,4	41,2	37,7	49,8
26,3	6,3	28,6	15,3	30,9	24,1	33,2	32,9	35,5	41,6	37,8	50,2
26,4	6,7	28,7	15,6	31,0	24,5	33,3	33,3	35,6	42,0	37,9	50,6
26,5	7,1	28,8	16,0	31,1	24,9	33,4	33,7	35,7	42,3	38,0	51,0
26,6	7,5	28,9	16,4	31,2	25,3	33,5	34,0	35,8	42,7	38,1	51,4
26,7	7,9	29,0	16,8	31,3	25,6	33,6	34,4	35,9	43,1	38,2	51,7
26,8	8,3	29,1	17,2	31,4	26,0	33,7	34,8	36,0	43,5	38,3	52,1
26,9	8,7	29,2	17,6	31,5	26,4	33,8	35,2	36,1	43,8	38,4	52,4
27,0	9,1	29,3	18,0	31,6	26,8	33,9	35,5	36,2	44,2	38,5	52,8

Zu 100 ccm Branntwein von Gew.-Proz.	sind zuzusetzen Wasser ccm	Zu 100 ccm Branntwein von Gew.-Proz.	sind zuzusetzen Wasser ccm	Zu 100 ccm Branntwein von Gew.-Proz.	sind zuzusetzen Wasser ccm	Zu 100 ccm Branntwein von Gew.-Proz.	sind zuzusetzen Wasser ccm	Zu 100 ccm Branntwein von Gew.-Proz.	sind zuzusetzen Wasser ccm	Zu 100 ccm Branntwein von Gew.-Proz.	sind zuzusetzen Wasser ccm
38,6	53,2	41,4	63,5	44,2	73,7	47,0	83,7	49,8	93,6	52,6	103,3
38,7	53,5	41,5	63,9	44,3	74,0	47,1	84,1	49,9	93,9	52,7	103,6
38,8	53,9	41,6	64,2	44,4	74,4	47,2	84,4	50,0	94,3	52,8	104,0
38,9	54,3	41,7	64,6	44,5	74,7	47,3	84,8	50,1	94,6	52,9	104,3
39,0	54,7	41,8	65,0	44,6	75,1	47,4	85,1	50,2	95,0	53,0	104,7
39,1	55,0	41,9	65,3	44,7	75,5	47,5	85,5	50,3	95,3	53,1	105,0
39,2	55,4	42,0	65,7	44,8	75,8	47,6	85,8	50,4	95,7	53,2	105,3
39,3	55,7	42,1	66,1	44,9	76,2	47,7	86,2	50,5	96,0	53,3	105,7
39,4	56,1	42,2	66,4	45,0	76,5	47,8	86,5	50,6	96,4	53,4	106,0
39,5	56,5	42,3	66,8	45,1	76,9	47,9	86,9	50,7	96,7	53,5	106,4
39,6	56,9	42,4	67,1	45,2	77,3	48,0	87,2	50,8	97,1	53,6	106,7
39,7	57,2	42,5	67,5	45,3	77,6	48,1	87,6	50,9	97,4	53,7	107,1
39,8	57,6	42,6	67,9	45,4	78,0	48,2	87,9	51,0	97,8	53,8	107,4
39,9	58,0	42,7	68,2	45,5	78,3	48,3	88,3	51,1	98,1	53,9	107,7
40,0	58,4	42,8	68,6	45,6	78,7	48,4	88,7	51,2	98,5	54,0	108,1
40,1	58,7	42,9	69,0	45,7	79,1	48,5	89,0	51,3	98,8	54,1	108,4
40,2	59,1	43,0	69,3	45,8	79,4	48,6	89,4	51,4	99,1	54,2	108,8
40,3	59,5	43,1	69,7	45,9	79,8	48,7	89,7	51,5	99,5	54,3	109,1
40,4	59,8	43,2	70,0	46,0	80,1	48,8	90,1	51,6	99,8	54,4	109,5
50,5	60,2	43,3	70,4	46,1	80,5	48,9	90,4	51,7	100,2	54,5	109,8
40,6	60,6	43,4	70,8	46,2	80,8	49,0	90,8	51,8	100,5	54,6	110,1
40,7	60,9	43,5	71,1	46,3	81,2	49,1	91,1	51,9	100,9	54,7	110,5
40,8	61,3	43,6	71,5	46,4	81,6	49,2	91,5	52,0	101,2	54,8	110,8
40,9	61,7	43,7	71,9	46,5	81,9	49,3	91,8	52,1	101,6	54,9	111,2
41,0	62,0	43,8	72,3	46,6	82,3	49,4	92,2	52,2	101,9		
41,1	62,4	43,9	72,6	46,7	82,6	49,5	92,5	52,3	102,3		
41,2	62,8	44,0	72,9	46,8	83,0	49,6	92,9	52,4	102,6		
41,3	63,1	44,1	73,3	46,9	83,3	49,7	93,2	52,5	102,9		

Erhöhung der Branntweinstärke auf 24,7 Gewichtsprozente (= 30 Volum- bzw. Maßprozenten).

Zu 100 ccm Branntwein von Gew.-Proz.	sind zusammen zuzusetzen absol. Alkohol[1] ccm	Zu 100 ccm Branntwein von Gew.-Proz.	sind zusammen zuzusetzen absol. Alkohol ccm	Zu 100 ccm Branntwein von Gew.-Proz.	sind zusammen zuzusetzen absol. Alkohol ccm	Zu 100 ccm Branntwein von Gew.-Proz.	sind zusammen zuzusetzen absol. Alkohol ccm
22,50	3,52	23,05	2,63	23,60	1,74	24,15	0,85
22,55	3,44	23,10	2,55	23,65	1,66	24,20	0,77
22,60	3,36	23,15	2,47	23,70	1,58	24,25	0,69
22,65	3,28	23,20	2,39	23,75	1,50	24,30	0,61
22,70	3,20	23,25	2,31	23,80	1,42	24,35	0,53
22,75	3,11	23,30	2,23	23,85	1,34	24,40	0,45
22,80	3,04	23,35	2,15	23,90	1,26	24,45	0,37
22,85	2,96	23,40	2,07	23,95	1,18	24,50	0,29
22,90	2,88	23,45	1,98	24,00	1,09	24,55	0,21
22,95	2,79	23,50	1,90	24,05	1,01	24,60	0,12
23,00	2,71	23,55	1,82	24,10	0,93	24,65	0,04

[1] Reinen absoluten Alkohol erhält man nach W. Plücker (Zeitschr. f. Untersuchung d. Nahrungs- u. Genußmittel 1909, **17**, 454) am einfachsten dadurch, daß man 1 l des käuflichen

Wie vorhin gesagt, wird nur die Hälfte des auf 100 ccm aufgefüllten Destillates zur Untersuchung genommen. Man pipettiert also 50 ccm desselben in einen 100 ccm-Kolben und gibt aus einer nach fünftel Kubikzentimeter geteilten, amtlich geeichten Bürette die Hälfte des berechneten Wassers oder die Hälfte des aus der Verdünnungstabelle gefundenen Wassers hinzu und füllt nun den Kolben bis zur Marke mit einem reinen 30 proz. Weingeist, der durch Mischen von reinem absoluten Alkohol mit Wasser hergestellt ist, auf.

Durch nochmalige Bestimmung des spezifischen Gewichtes überzeugt man sich, ob der verdünnte Spiritus nun genau 30 Maßprozente Alkohol enthält; sonst hat man denselben durch Zugabe von einigen Tropfen absolutem Alkohol oder Wasser genau auf 30 Maßprozente einzustellen.

Ein geringer Unterschied von 0,1 Maßprozent Alkohol mehr oder weniger veranlaßt schon Differenzen; die äußersten Schwankungen müssen nach Stutzer zwischen 29,95—30,05 Maßprozenten liegen.

Diesem genau 24,7 Gewichts- oder 30 Maßprozente haltenden Spiritus setzt man 1 ccm Schwefelsäure vom spezifischen Gewicht 1,286 hinzu, um das Auftreten eines sonst beim Schütteln mit Chloroform zwischen diesem und dem Spiritus entstehenden Häutchens zu verhindern.

Der vollkommen trockene Schüttelapparat wird alsdann durch eine lange Trichterröhre mit Chloroform von 15° bis zum unteren Teilstrich, also bis 20 so gefüllt, daß nach Eintauchen des Apparates in Wasser von 15° der Teilstrich in der Mitte zwischen dem oberen und unteren Meniskus liegt.

Auf diesen schüttet man den mit Schwefelsäure versetzten 30 proz. Spiritus, der die Temperatur von genau 15° haben muß, verschließt mit einem Korkpfropfen (nicht Kautschuk) und läßt nun die gesamte Flüssigkeit durch Umkehrung des Apparates in die obere Birne laufen.

In dieser wird die Flüssigkeit 2—3 Minuten geschüttelt, alsdann der Apparat in Wasser von 15°, das sich in einem hohen Glascylinder befindet, gestellt und die Scheidung des Chloroforms von der spirituösen Flüssigkeit abgewartet.

Durch nochmaliges Zurückfließenlassen des Chloroforms in die Birne und einiges Drehen des Apparates um seine Achse lassen sich die letzten Tröpfchen des Chloroforms in kurzer Zeit sammeln, so daß das Ablesen der Chloroformvermehrung nach einer halben Stunde erfolgen kann.

Man achte indes stets darauf, daß das Kühlwasser, in welches der Apparat eingetaucht bleibt, in seiner ganzen Höhe genau die Temperatur von 15° behält.

Es ist zu berücksichtigen, daß Chloroform beim Schütteln mit verdünntem reinen Weingeist auch aus diesem einen gewissen Prozentsatz Alkohol aufnimmt, also sein Volumen vergrößert.

Die Volumzunahme des Chloroforms wird bei Anwendung von 30 proz. reinem Spiritus vom Kaiserlichen Gesundheitsamte zu 1,64 ccm angegeben, während Stutzer und Reitmair dieselbe zu 1,4 fanden.

Jedenfalls liegt diese Differenz an dem verwendeten Chloroform und dem zur Verdünnung genommenen Spiritus.

Bei einer genauen Prüfung ist daher für jedes Chloroform und jeden Apparat der Sättigungspunkt des auf 30 Maßprozente gestellten reinen Alkohols festzustellen und die gefundene Volumvermehrung (b) von der nach dem Ausschütteln mit dem zu prüfenden Branntwein (a) in Abzug zu bringen.

Der der Volumvermehrung des Chloroforms entsprechende Gehalt an Amylalkohol bei Anwendung von 50 ccm 30 volumproz. Alkohols unter Zusatz von 1 ccm Schwefelsäure (spezifisches Gewicht 1,286) bei 15° ist folgender:

---

absoluten Alkohols mit 20 g Calcium (im geraspelten Zustande von E. Merck in Darmstadt zu beziehen) im Wasserbade mehrere Stunden am Rückflußkühler erwärmt, bis alle Wasserstoffentwicklung aufgehört hat, und dann abdestilliert.

Volumvermehrung des Chloroforms	Gehalt an Amyl- alkohol in den 50 ccm 30proz. Alkohol	0,01 ccm Chloroform- vermehrung entspricht Amylalkohol
0,20 ccm	0,1 ccm	0,0050 ccm
0,35 „	0,2 „	0,0057 „
0,50 „	0,3 „	0,0060 „
0,65 „	0,4 „	0,0062 „
0,80 „	0,5 „	0,0063 „
0,95 „	0,6 „	0,0063 „
1,10 „	0,7 „	0,0064 „
1,25 „	0,8 „	0,0064 „
1,40 „	0,9 „	0,0064 „
1,55 „	1,0 „	0,0065 „

Die aus vorstehender Tabelle sich ergebende Menge an Fuselöl muß, da sie sich auf 50 ccm des Destillates und auch des angewendeten Branntweins bezieht, mit 2 multipliziert werden, um den Volumprozentgehalt des ursprünglichen Branntweins an Fuselöl zu finden.

Zur Ermittelung der Gewichtsprozente Fuselöl in 100 Gewichtsteilen Alkohol aus der Volumenzunahme des Chloroforms kann folgende Tabelle dienen[1]):

Volumen- unahme des Chloroforms (a—b) ccm	Fuselöl in 100 Ge- wichts- teilen absol. Alkohol g	Volumen- zunahme des Chloroforms (a—b) ccm	Fuselöl in 100 Ge- wichts- teilen absol. Alkohol g	Volumen- zunahme des Chloroforms (a—b) ccm	Fuselöl in 100 Ge- wichts- teilen absol. Alkohol g	Volumen- zunahme des Chloroforms (a—b) ccm	Fuselöl in 100 Ge- wichts- teilen absol. Alkohol g
0,00	0,00	0,26	0,59	0,52	1,19	0,78	1,78
0,01	0,02	0,27	0,62	0,53	1,21	0,79	1,80
0,02	0,05	0,28	0,64	0,54	1,23	0,80	1,82
0,03	0,07	0,29	0,66	0,55	1,25	0,81	1,85
0,04	0,09	0,30	0,68	0,56	1,28	0,82	1,87
0,05	0,11	0,31	0,71	0,57	1,30	0,83	1,89
0,06	0,14	0,32	0,73	0,58	1,32	0,84	1,92
0,07	0,16	0,33	0,75	0,59	1,35	0,85	1,94
0,08	0,18	0,34	0,78	0,60	1,37	0,86	1,96
0,09	0,20	0,35	0,80	0,61	1,39	0,87	1,98
0,10	0,23	0,36	0,82	0,62	1,42	0,88	2,00
0,11	0,25	0,37	0,85	0,63	1,44	0,89	2,03
0,12	0,27	0,38	0,87	0,64	1,46	0,90	2,05
0,13	0,30	0,39	0,89	0,65	1,48	0,91	2,07
0,14	0,32	0,40	0,91	0,66	1,50	0,92	2,10
0,15	0,34	0,41	0,94	0,67	1,53	0,93	2,12
0,16	0,36	0,42	0,96	0,68	1,55	0,94	2,14
0,17	0,39	0,43	0,98	0,69	1,57	0,95	2,16
0,18	0,41	0,44	1,00	0,70	1,59	0,96	2,19
0,19	0,43	0,45	1,02	0,71	1,62	0,97	2,21
0,20	0,46	0,46	1,05	0,72	1,64	0,98	2,23
0,21	0,48	0,47	1,07	0,73	1,66	0,99	2,26
0,22	0,50	0,48	1,09	0,74	1,69	1,00	2,28
0,23	0,52	0,49	1,12	0,75	1,71		
0,24	0,55	0,50	1,14	0,76	1,73		
0,25	0,57	0,51	1,16	0,77	1,76		

---

[1]) Vgl. Die steueramtl. Verordnung in Zeitschr. f. analyt. Chem. 1892, **31**, Anhang 2.

Auf 100 ccm absoluten Alkohol berechnet, enthalten z. B. Fuselöl[1]):

	Fuselöl Volumproz.	Mittel		Fuselöl Volumproz.	Mittel
Kartoffel - Rohspiritus	0,12—0,51	—	Tresterbranntwein . .	0,38—2,63	(0,95)
Äpfel-Rohspiritus . .	0,07—1,07	(0,527)	Hefenbranntwein . .	0,20—1,08	(0,739)
Kornbranntwein . . .	0,32—0,85	—	Wacholderbranntwein	0,23—0,75	—
Sonstige Branntweine	0,05—1,03	—	Kognak	Spur—1,08	(0,339)
Kirschbranntwein . .	0,03—2,48	(0,457)	Rum	0,05—0,52	(0,234)
Zwetschenbranntwein	0,04—0,67	(0,313)	Arrak.	0—0,46	—

b) Bestimmung des Fuselöles nach E. Beckmann.

E. Beckmann[2]) hat ein neues Verfahren zur Bestimmung des Fuselölgehaltes alkoholischer Flüssigkeiten beschrieben, das auf der Veresterung des Amylalkohols mittels salpetriger Säure, Trennung des Esters von der überschüssigen salpetrigen Säure durch Natriumbicarbonatlösung, Zersetzung des Esters mittels konzentrierter Schwefelsäure und Bestimmung der salpetrigen Säure durch Titration mit Kaliumpermanganatlösung oder Überführung in Stickoxyd beruht.

Die neuerdings von E. Beckmann[3]) gegebene abgekürzte Vorschrift ist folgende:

Die zu untersuchende alkoholische Flüssigkeit wird mit Wasser verdünnt, bis der Gehalt an Alkohol nicht mehr als 20 Volumprozente beträgt. Von dieser Flüssigkeit werden 50 ccm in einem Scheidetrichter von ungefähr 250 ccm Inhalt dreimal nacheinander mit je 20 ccm Tetrachlorkohlenstoff einige Sekunden kräftig durchgeschüttelt. Die einzelnen Portionen des Tetrachlorkohlenstoffs werden in einem zweiten, gleichgroßen Scheidetrichter vereinigt und zweimal mit je 20 ccm Wasser ebenfalls kräftig geschüttelt.

Die gewaschene Tetrachlorkohlenstofflösung bringt man in eine starkwandige Stöpselflasche von etwa 100 ccm Inhalt, fügt zur Veresterung 2 g Kaliumbisulfat und 1 g Natriumnitrit hinzu, schüttelt durch und läßt einige Minuten stehen. Zur Entfernung der Alkalisalze wird wieder in einen Scheidetrichter abgegossen und der Rückstand zweimal mit wenig Tetrachlorkohlenstoff gewaschen. Die überschüssige salpetrige Säure wird beseitigt durch kurzes Schütteln mit etwa 20 ccm gesättigter, klarer Natriumbicarbonatlösung. Die Tetrachlorkohlenstofflösung läßt man nun in etwa 75 ccm konzentrierte Schwefelsäure ausfließen, die in einem anderen Scheidetrichter bereitgehalten sind. Nach kräftigem Durchschütteln gießt man das Ganze langsam unter Umschwenken auf etwa 150 g zerstoßenes Eis. Das letztere wird verflüssigt, und man erhält eine Lösung von ungefähr Zimmertemperatur.

Bei der Bestimmung von salpetriger Säure mit Kaliumpermanganat ist zu berücksichtigen, daß das Ende der Reaktion nicht scharf hervortritt, weil die Oxydation nicht augenblicklich erfolgt. Es empfiehlt sich deshalb, das Permanganat im Überschuß zuzusetzen und diesen mit Ferroammoniumsulfat zurückzutitrieren. Da der anwesende Amylalkohol gegen einen Überschuß von Kaliumpermanganat sich nicht ganz indifferent verhält, muß man beim Titrieren möglichst gleiche Bedingungen herstellen und bei unbekannten Amylalkoholmengen erst eine Annäherungstitrierung ausführen.

Handelt es sich um sehr kleine Mengen Amylalkohol, welche zu entsprechend stark verdünnten Lösungen führen, so kann der Überschuß an Permanganat etwa 100% betragen, während bei 0,05 g Amylalkohol und darüber nur 20% Überschuß zu verwenden sind. Nach dem Zusatz von Permanganat läßt man zweckmäßig 5 Minuten vorübergehen, ehe zurücktitriert wird.

Die Konzentration der benutzten Lösungen wird wie folgt bemessen:

1 Mol. = 158,2 Kaliumpermanganat entspricht 5 Mol. Eisen = 279,5 oder $^5/_2$ Mol. salpetriger Säure (HNO_2) bzw. $^5/_2$ Mol. Amylalkohol = $^5/_2$ $C_5H_{11}OH$ = 220,25.

---

[1]) Vgl. K. Windisch, Zeitschr. f. Untersuchung d. Nahrungs- u. Genußmittel 1904, **8**, 465.

[2]) Zeitschr. f. Untersuchung d. Nahrungs- u. Genußmittel 1899, **2**, 709; 1901, **4**, 1059.

[3]) Ebendort 1905, **10**, 143.

Verwendung findet eine Permanganatlösung, welche ungefähr auf eine Eisenlösung mit 0,002795 g Eisen im Kubikzentimeter eingestellt ist; 1 ccm der letzteren ist 0,002 2025 g Amylalkohol äquivalent.

Da nach diesem abgekürzten Verfahren nur 83 % des vorhandenen Amylalkoholes gefunden werden, so sind die vorstehend berechneten Mengen Amylalkohol noch mit dem Faktor 100 : 83 = 1,2048 zu multiplizieren oder, was auf dasselbe hinauskommt, es ist statt des Faktors 0,002203 das 1,2048 fache desselben, nämlich der Faktor 0,002654, zu verwenden.

Das bloße Ausschütteln und Beobachten der Steighöhe nach dem Verfahren a ist natürlich einfacher als das vorstehende. In den Fällen aber, wo die Ergebnisse hierbei anormal sind (z. B. bei negativer Steighöhe), kann nach E. Beckmann das mitgeteilte Verfahren die Zweifel beheben.

c) *Bestimmung der höheren Alkohole nach Ch. Girard*[1].

Man versetzt 50 ccm der alkoholischen Flüssigkeit von 50 % Alkohol mit 1 g salzsaurem Metaphenylendiamin in der Kälte, um die Aldehyde zu binden, läßt eine Stunde stehen, destilliert und verwendet das Destillat zu der colorimetrischen Bestimmung mit konzentrierter Schwefelsäure. Als Vergleichsflüssigkeit dient eine Lösung von 0,5 g Isobutylalkohol in 1 l 50 proz. Spiritus (oder wenn man einen Industriealkohol prüfen will, so 0,5 g Isobutylalkohol in 1 l 90 proz. reinem Alkohol); hiervon, wie von dem Destillat, füllt man je 10 ccm in ein Reagensrohr und unterschichtet mit 10 ccm Schwefelsäure, indem man dieselben mittels einer Pipette auf dem Boden des Reagensrohres austreten läßt. Dann vermischt man plötzlich und erwärmt unter fortwährendem Bewegen des Gefäßes etwa 20 Sekunden in der Bunsenflamme. Durch Vergleichung der Färbung beider Flüssigkeiten ermißt man den ungefähren Gehalt der zu untersuchenden Probe und hat es in der Hand, entweder durch Verdünnung der Vergleichslösung oder durch Vermehrung der Menge der zu untersuchenden Probe annähernd den Gehalt der letzteren an höheren Alkoholen zu ermessen.

d) *Bestimmung des Fuselöles nach L. Marquardt*.

L. Marquardt[2] hat ein Verfahren zur quantitativen Bestimmung wie qualitativen Prüfung des Fuselöls angegeben, welches auf einem ganz anderen Prinzip, nämlich der Oxydation des Fuselöls zu Valeriansäure, beruht[3].

Man verdünnt zur quantitativen Bestimmung des Fuselöls 150 g des zu untersuchenden Branntweins mit Wasser auf 12—15 Gewichtsprozente Alkohol und schüttelt dreimal mit je 50 ccm reinstem Chloroform[4] 1/4 Stunde lang aus, indem man jedesmal das Chloroform durch einen Scheidetrichter abtrennt. Zur besseren Trennung der Flüssigkeitsschichten kann man einige Kubikzentimeter Schwefelsäure zusetzen.

Die vereinigten 150 ccm Chloroform werden dreimal mit dem gleichen Volumen Wasser jedesmal 1/4 Stunde lang tüchtig durchgeschüttelt, dann das Chloroform, welches alles Fuselöl, aber keinen Alkohol mehr enthält, mit einer Auflösung von 5 g Kaliumbichromat in 30 g Wasser sowie mit 2 g

[1] Ch. Girard, Analyse des matières alimentaires. Paris 1904, 311.

[2] Berichte d. Deutschen chem. Gesellschaft 1882, 1370, 1661.

[3] Vgl. des Verfassers Untersuchung landw. usw. wichtiger Stoffe 1891, 497.

[4] Gewöhnliches Chloroform eignet sich für diesen Zweck nicht, man muß gereinigtes Chloroform verwenden. Ungefähr 220 g Chloroform werden mit 3,5 g Kaliumbichromat, 1,5 g Schwefelsäure und 30—50 ccm Wasser in einem Kolben am Rückflußkühler auf dem Wasserbade 6 Stunden lang unter häufigem Umschütteln bei Siedetemperatur digeriert, das Chloroform abdestilliert, das Destillat mit 1 g in Wasser aufgeschlämmtem Bariumcarbonat 1/2 Stunde am Rückflußkühler erhitzt und endlich das reine Chloroform abdestilliert. Um dasselbe noch reiner zu erhalten, durchschüttelt man es mit Sodalösung, behandelt es mehrmals mit Wasser und zuletzt mit Tierkohle und rektifiziert es schließlich nach dem Abfiltrieren auf dem Wasserbade durch Destillation unter Zusatz von Chlorcalcium mit Zurücklassung eines Restes.

Schwefelsäure übergossen und das Ganze in einem Kolben am Rückflußkühler ungefähr 6 Stunden im Wasserbade bei Siedetemperatur unter öfterem Umschütteln erhitzt. Nach beendigter Oxydation wird der Inhalt der Flasche einschließlich Chloroform in einen Destillierkolben gebracht, der Rest mit Wasser nachgespült und bis auf etwa 20 ccm abdestilliert. Hierzu fügt man etwa 80 ccm Wasser und destilliert weiter bis auf etwa 5 ccm ab. Das mit dem Chloroform 2 Schichten bildende Destillat vermischt man mit Bariumcarbonat und erwärmt ungefähr 30 Minuten lang am Rückflußkühler. Hierauf wird das Chloroform abdestilliert, der Rest auf dem Wasserbade bis auf etwa 5 ccm verdampft, vom überschüssigen Bariumcarbonat abfiltriert, dieses mit möglichst wenig Wasser ausgewaschen, das Filtrat auf dem Wasserbade in einer vorher gewogenen Schale zur Trockne verdampft und wieder gewogen. Der gewogene Rückstand wird mit Wasser und einigen Tropfen Salpetersäure — wodurch bei ursprünglichem Vorhandensein von Amylalkohol ein starker Geruch nach Valeriansäure (Baldriansäure) auftritt — zu 100 ccm gelöst, in 50 ccm davon der Barytgehalt durch Zusatz von Schwefelsäure und in 50 ccm der Chlorgehalt (aus dem Chloroform herrührend) durch Zusatz von Silberlösung bestimmt. Die dem Chlorsilber entsprechende Chlorbariummenge wird von dem Gesamtrückstande abgezogen und aus dem bleibenden Barytgehalt die Menge des Fuselöles in der Weise berechnet, daß man für 1 Molekül Baryt 2 Moleküle Amylalkohol in Ansatz bringt, also 1 Teil BaO $= 1{,}231$ $C_5H_{12}O$[1]).

Angenommen, es sind gefunden 0,1536 g Gesamtrückstand; in 50 ccm der Lösung 0,0175 g AgCl und 0,0529 g $BaSO_4$.

0,0175 g AgCl $\times$ 0,725 $= 0{,}0127$ g $BaCl_2$, also im ganzen 0,0254; diese von 0,1536 g Gesamtrückstand abgezogen, geben $0{,}1536 - 0{,}0254 = 0{,}1282$ g. Sind in 50 ccm der Lösung 0,0529 g $BaSO_4$ gefunden, so entsprechen diese $(0{,}0529 \times 0{,}657) = 0{,}0347$ g BaO; hiervon die dem $BaCl_2$ entsprechende Menge BaO $(0{,}0127 \times 0{,}736) = 0{,}0093$ g abgezogen, also $0{,}0347 - 0{,}0093 = 0{,}0254$ g BaO, gibt die in der Hälfte des Rückstandes an Valeriansäure gebundene Barytmenge, also im ganzen 0,0508 g und diese, multipliziert mit 1,231, gibt 0,0625 g oder 0,0417 Volumprozent Amylalkohol für 150 ccm Spiritus.

Anmerkung: 0,1282 g chlorbariumfreier Rückstand enthält 0,0508 g BaO $= 39{,}49\%$. Da valeriansaures Barium 45,13% BaO erfordert, so ist das ein Beweis, daß neben dem Amylalkohol noch höhere Alkohole (Capryl-, Oenanthalkohol) vorhanden sein müssen, wie sie z. B. im echten Kognak vorkommen.

Zur Bestimmung kleinerer Mengen Fuselöl als 0,1 pro Mille in 30grädigem Weingeist muß das Doppelte der vorgeschriebenen Menge, also 300 ccm, angewendet werden.

Es sei bemerkt, daß das Marquardtsche Verfahren stets weniger Fuselöl liefert als das Röse-Stutzer-Sellsche Verfahren.

J. Traube hat auch das Stalagmometer (vgl. S. 528) zur Bestimmung des Fuselöls empfohlen. Vergleichende Versuche (besonders im Kaiserl. Gesundheitsamt) haben aber ergeben, daß dasselbe ebenso wie das capillarimetrische Verfahren an Zuverlässigkeit hinter dem vorstehenden Verfahren zurücksteht.

Dreiwertiger Alkohol, Glycerin.

Außer in Fetten (vgl. S. 399) kommt der qualitative und quantitative Nachweis des Glycerins noch besonders für die Gärungs-Erzeugnisse (Wein, Bier usw.) in Betracht und mögen die dazu angewendeten Verfahren hier im Zusammenhange mitgeteilt werden.

1. Qualitativer Nachweis. Der qualitative Nachweis des Glycerins durch Auftreten von Akrolein ist schon S. 399 besprochen.

a) Taucht man eine Boraxperle in eine auf Glycerin zu untersuchende Flüssigkeit und bringt diese dann wieder in die Flamme, so färbt sich die Flamme, weil das Glycerin die Borsäure frei macht, vorübergehend grün. Ammonsalze müssen vorher entfernt werden. Man

---

[1]) Valeriansaures Barium verlangt 45,13% BaO; in Kontrollversuchen fand Marquardt nur 40,07% BaO für diesen Rückstand, ein Beweis, daß wohl höhere Glieder der Fettsäurereihe, aber keine niedrigen, z. B. Essigsäure, vorhanden waren, welche letztere 60,00% BaO verlangen würde.

kann die Reaktion auch in der Weise anstellen, daß man eine Boraxlösung durch Phenolphthalein rot oder durch neutrale Lackmuslösung blau färbt und dann die fragliche Glycerinlösung zusetzt; die hierdurch freigewordene Borsäure entfärbt entweder die erstere Lösung bzw. färbt letztere rot.

b) Erhitzt man 2 Tropfen Glycerin mit 2 Tropfen (flüssigem) Phenol und ebensoviel konzentrierter Schwefelsäure auf 120°, kühlt alsdann ab und setzt etwas Wasser sowie einige Tropfen Ammoniak zu, so tritt eine carminrote Färbung auf.

c) Versetzt man eine Kupfersulfatlösung in der Kälte mit Kalilauge und darauf mit Glycerinlösung, so wird der Niederschlag von Kupferhydroxyd mit lasurblauer Farbe gelöst.

Die beiden ersten Reaktionen (a und b) werden durch die Gegenwart schon geringer Mengen Zucker verhindert, die letztere (c) auch durch Zucker und andere organische Stoffe hervorgerufen. Man muß daher behufs Anstellung dieser Reaktionen vorher den etwa vorhandenen Zucker entfernen, was, wie nachstehend unter 2a beschrieben ist, geschehen kann.

2. Quantitative Bestimmung des Glycerins.

Für die Bestimmung des Glycerins sind eine Reihe Verfahren in Vorschlag gebracht, welche sich zum Teil nur durch geringe Abänderungen desselben Grundgedankens unterscheiden, zum Teil auch von einem verschiedenen Grundgedanken ausgehen.

a) Direkte Bestimmung des Glycerins. Das ursprünglich von Pasteur eingeführte, dann von Reichardt, Neubauer, Borgmann[1]) und Clausnitzer[2]) verbesserte Verfahren, welches auf der Abscheidung des Zuckers, Dextrins usw. durch Kalk und auf der Löslichkeit des Glycerins in Äther-Alkohol beruht, wird jetzt bei Bier und Wein im allgemeinen wie folgt ausgeführt:

50 oder 100 ccm entkohlensäuerte Flüssigkeit (Bier, Wein) werden auf dem Wasserbade in einer Porzellanschale erwärmt, sobald jede Spur Kohlensäure entfernt ist, mit einer dem Extraktgehalt entsprechenden Menge (etwa 3—6 g) Ätzkalk versetzt, zum Sirup eingeengt, dann mit der dreifachen Menge (10 g) Marmor oder Seesand angerührt und so weit eingetrocknet, daß sich die Masse von den Wandungen abtrennen läßt. Letztere kocht man entweder in mehreren Portionen mit ungefähr 150 ccm Alkohol (90 proz.) aus, oder bringt sie in eine Papierpatrone und zieht sie im Soxhletschen Extraktionsapparat mit Alkohol aus. Der Alkohol wird abdestilliert, der Rückstand mit 10 ccm absolutem Alkohol aufgenommen, die Lösung in 3 Portionen unter stetigem Mischen mit im ganzen 15 ccm Äther versetzt, absitzen gelassen, die klare Lösung zuletzt abgegossen und verdampft; den Rückstand behandelt man in derselben Weise mit Alkohol-Äther (2 : 3 Teile) zum zweiten und unter Umständen sogar zum dritten Male, verdampft die Lösung schließlich in einer tarierten Platinschale zur Trockne, trocknet 1 Stunde im Wassertrockenschrank, wägt, äschert ein und bringt die Asche von dem als Glycerin gewogenen Rückstand in Abzug.

Unter Umständen empfiehlt es sich, den Trockenrückstand nicht einzuäschern, sondern auf Zucker oder sonstige Beimengung zu prüfen.

Von der Reinheit des Glycerins kann man sich z. B. durch die unter 1 c) angegebene Reaktion überzeugen; mit Goldchlorid behandelt gibt der Glycerinrückstand den dem Glycerin eigentümlichen purpurroten Niederschlag; die durch einige Tropfen Carbolsäure (selbst in 4000—5000 facher Verdünnung) mit einem Tropfen Eisenchloridlösung hervorgerufene blaue Färbung wird durch Zusatz von 6—8 Tropfen Glycerin wieder zum Verschwinden gebracht.

Es wird aber nach diesem Verfahren nicht genau die wirklich vorhandene Menge Glycerin gefunden; denn dieses ist mit Wasser- und Alkoholdämpfen flüchtig, erleidet also bei der

---

[1]) Zeitschr. f. analyt. Chem. 1882, **21**, 239.
[2]) Ebendort 1881, **20**, 57.

angegebenen Behandlung Verluste. Letztere sind bei wasserhaltigem Glycerin relativ um so größer, je kleiner die angewendete Glycerinmenge ist. Wasserfreies bzw. nahezu wasserfreies Glycerin (z. B. das durch Alkohol gelöste) erfährt beim Trocknen keine so großen Verluste. L. Moritz[1]) fand die Gesamtverluste an Glycerin nach vorstehendem Verfahren zu 5,91 %.

Zu dem vorstehenden Verfahren sind verschiedene Abänderungen vorgeschlagen, von denen sich nach den vergleichenden Untersuchungen von J. Schindler und H. Svoboda[2]) die zwei folgenden (α und β) bei Wein recht gut bewährt haben.

α) Glycerinbestimmung in trockenen Weinen nach Borgmann:

100 ccm Wein werden auf dem Wasserbade in einer Porzellanschale auf etwa 10 bis 15 ccm eingeengt, etwas mittelfeiner Quarzsand und ein kleiner Überschuß der dickflüssigen Kalkmilch zugesetzt, das Ganze gut mit einem Pistill verrührt und weiter fast bis zur Trockne eingedampft. Man befeuchtet die Masse mit etwas 96 proz. Alkohol, trennt sie mit einem Metallspatel von den Schalenwänden ab, spült den Spatel mit 96 proz. Alkohol ab und verreibt die Masse gründlich mit dem Pistill; hierauf setzt man soviel 96 proz. Alkohol zu, daß die Flüssigkeitsmenge etwa 20 ccm beträgt, erhitzt unter Umrühren mit dem Pistill auf dem Wasserbad und hält etwa 2 Minuten im Sieden. Nach kurzem Absitzenlassen gießt man den alkoholischen Auszug durch einen kleinen Trichter in ein geeichtes 100 ccm-Kölbchen, wiederholt die Ausziehung mit 96 proz. Alkohol in gleicher Weise noch viermal, kühlt ab, füllt auf 100 ccm mit 96 proz. Alkohol auf, mischt und filtriert durch ein kleines Faltenfilter; 75 ccm des Filtrates (= 75 ccm Wein) befreit man auf dem Wasserbad vom Alkohol, nimmt den Rückstand mit 20 ccm absolutem Alkohol auf, setzt 30 ccm Äther zu und läßt über Nacht stehen. Die alkoholisch-ätherische Lösung filtriert man (bei Festkleben des Niederschlages an den Glaswänden des Kolbens braucht man die völlig klare Lösung nur abzugießen) durch ein kleines quantitatives Filter in ein weithalsiges Kölbchen, wäscht mehrmals mit Alkohol-Äther (1 : 1,5) nach, verjagt die alkoholischätherische Lösung und trocknet $1^1/_2$ Stunden im Wasserbadtrockenschrank.

β) Glycerinbestimmung in Süßweinen, die mehr als 5 g Zucker in 100 ccm enthalten, nach Weigert:

100 ccm werden in einer Porzellanschale auf dem Wasserbade zur Sirupdicke eingedampft, die noch warme Flüssigkeit in einen Kolben gebracht, mit Hilfe von 96 proz., etwas erwärmtem Alkohol die in der Schale bleibenden Flüssigkeitsreste noch hinzugefügt und soviel Alkohol zugegeben, daß die gesamte Weingeistmenge gegen 100 ccm beträgt. Nun erwärmt man auf dem Wasserbad ganz wenig, so daß sich die ganze Masse löst, setzt nach dem Abkühlen das 1,5fache Volumen Äther zu und läßt nach gehörigem Schütteln in der Kälte absitzen. Hierauf gißt man die alkoholisch-ätherische Lösung ab und wiederholt die Ausziehung des Glycerins nochmals mit kleineren Mengen Alkohol (50 ccm) unter Zusatz der 1,5fachen Äthermenge. Die vereinigten Auszüge werden durch Abdestillieren von Alkohol-Äther befreit, der Rückstand mit Wasser in eine Porzellanschale gebracht und weiter behandelt, wie bei α angegeben wurde.

Die folgenden Abänderungsvorschläge (γ—η) haben dagegen noch keine allgemeine Anwendung gefunden.

γ) Verfahren von Grießmayer[3]). Dasselbe unterscheidet sich im wesentlichen nur dadurch von dem ersten Verfahren, daß 100 ccm Bier statt mit 6 g Kalk mit 5 g Magnesiahydrat eingedampft werden.

δ) Verfahren von Hip. Raynaud[4]). Raynaud verdampft, um zu vermeiden, daß Alkalisalze mit in das Glycerin gelangen, Wein (oder Bier) auf $^1/_5$ seines Volumens, setzt Kiesel-

---

[1]) Bericht d. K. Lehranstalt f. Obst- u. Weinbau. Geisenheim 1887/88, S. 85.

[2]) Zeitschr. f. Untersuchung d. Nahrungs- u. Genußmittel 1909, **17**, 735.

[3]) Der Bierbrauer 1880, 61.

[4]) Chem.-Ztg. 1880, **4**, 276.

fluorwasserstoffsäure, dann ein gleiches Volumen Alkohol zu, filtriert, versetzt das Filtrat mit überschüssigem Baryt, vermengt mit Quarzsand und verdampft im luftleeren Raum. Der Rückstand wird mit einem Gemisch von gleichen Teilen Alkohol und Äther (auf $1/4$ l Wein oder Bier ungefähr 300 ccm) ausgezogen, die alkoholisch-ätherische Lösung verdampft und der Rückstand im luftleeren Raum 24 Stunden über Phosphorsäureanhydrid getrocknet. Das auf diese Weise erhaltene Glycerin soll nur mehr einige Milligramm Asche hinterlassen.

ξ) **Verfahren von J. Macagno**[1]. Derselbe verdampft Bier oder Wein mit frisch bereitetem Bleioxydhydrat anstatt mit Kalk oder Magnesia zur Trockne, setzt zu dem Rückstand noch kleine Mengen Bleioxyd, zieht mit absolutem Alkoholaus, leitet in die alkoholische Lösung Kohlensäure, filtriert vom kohlensauren Blei ab, verdampft zur Trockne und wägt den Rückstand als Glycerin.

η) **Shukoff und Schestakoff**[2] verwenden — vorwiegend für Bestimmung des Glycerins in Seifenlaugen und beim Verseifen der Fette — zur Ausziehung des Glycerins Aceton, das vorher mit geglühtem Kaliumcarbonat gut getrocknet und überdestilliert wird. Die zu untersuchenden Flüssigkeiten werden, wenn sie sauer reagieren, erst durch Kaliumcarbonat alkalisch, und wenn sie alkalisch sind, erst mit Schwefelsäure schwach sauer und — bei etwa entstehendem Niederschlage nach der Filtration — mit Kaliumcarbonat wieder schwach alkalisch gemacht. Die so erhaltene Lösung wird bei einer $80°$ nicht übersteigenden Temperatur, also z. B. auf einem Wasserbade, das nicht bis zum Kochen erhitzt werden darf, bis zur Sirupdicke bzw. wenn sich dabei Salze ausscheiden, bis zu breiiger Konsistenz eingedampft, wobei weiter zu beachten ist, daß das Eindampfen nicht zu lange dauert. Auch soll die zu untersuchende Flüssigkeit nicht mehr wie 1 g Glycerin enthalten. Die abgedampfte Flüssigkeit wird, um eine fast trockene, pulverförmige Masse zu erhalten, mit 20 g geglühtem und gepulvertem Natriumsulfat vermischt, in eine Papierhülse gefüllt und diese mit einem Soxhletschen Extraktionsapparat, der für die Verbindungen mit Kölbchen und Kühler geschliffene Glasstöpsel[3] haben muß, 4 Stunden lang mit dem in obiger Weise vorbereiteten Aceton ausgezogen. Nach genügender Ausziehung wird das Aceton abdestilliert; sollten sich auf der Oberfläche Fetttröpfchen zeigen, so können diese durch siedenden Petroläther leicht entfernt werden. Das rückständige Glycerin wird 4—5 Stunden in einem Luftbade bei 75 bis $80°$ — aber nicht höher — bis zum annähernden beständigen Gewicht getrocknet und dann gewogen, indem man das Kölbchen mit einem dazugehörigen eingeschliffenen Glasstöpsel verschließt.

Für die Bestimmung des Glyceringehaltes eines Fettes verwendet man zweckmäßig 8—10 g, verseift diese mit alkoholischer Kalilauge, löst die Seife nach Verjagen des Alkohols in heißem Wasser, zerlegt mit Schwefelsäure, filtriert die abgeschiedenen Fettsäuren, wäscht aus und behandelt das Filtrat, wie angegeben ist.

b) Indirekte Verfahren. Außer der direkten Bestimmung des Glycerins sind verschiedene indirekte Bestimmungsverfahren vorgeschlagen, die aber zum großen Teil nur eine beschränkte Bedeutung haben oder nur bei reinem Glycerin anwendbar sind, hier aber kurz erwähnt werden mögen, um zu zeigen, welche Wege man zur Bestimmung des Glycerins überhaupt eingeschlagen hat. Am zuverlässigsten scheint nach den bisherigen Versuchen

α) **Das Jodidverfahren** (Überführen des Glycerins in Isopropyljodid) von Zeissl[4] und Fanto[5] zu sein. Es beruht auf der Überführung des Glycerins in Isopropyljodid mittels überschüssiger Jodwasserstoffsäure und Umsetzung des Isopropyljodids mit Silberlösung in Jodsilber nach folgenden Gleichungen:

$$C_3H_5(OH)_3 + 5\,HJ = C_3H_7J + 3\,H_2O + 2\,J_2\,,$$

$$C_3H_7J + AgNO_3 = C_3H_7NO_3 + AgJ\,.$$

---

[1] Berichte d. Deutschen chem. Gesellschaft 1875, **8**, 257.

[2] Zeitschr. f. angew. Chem. 1905, 294.

[3] Aceton greift Kautschuk- wie Korkstopfen stark an.

[4] Zeitschr. f. landw. Versuchswesen in Österreich 1902, **5**, 729.

[5] Zeitschr. f. angew. Chem. 1903, 413 und Zeitschr. f. anal. Chem. 1903, **42**, 549.

1 Gewichtsteil AgJ entspricht daher 0,3919 Gewichtsteilen Glycerin. Zur Ausführung des Verfahrens sind folgende Reagenzien erforderlich:

1. Wässerige Jodwasserstoffsäure vom spezifischen Gewicht 1,90, die frei von Schwefelverbindungen sein muß und bei einem blinden Versuch in der Silberlösung keinen nennenswerten Beschlag bzw. Niederschlag geben darf; sie kann für wässerige Glycerinlösungen direkt verwendet werden oder sie wird, um nötigenfalls eine Säure von 127° Siedepunkt zu erhalten, im Verhältnis von 3 Volumen derselben zu 1 Volumen Wasser verdünnt.

2. Silberlösung: 40 g geschmolzenes Silbernitrat werden in 100 ccm Wasser gelöst und mit absolutem Alkohol auf 1 l aufgefüllt; nach 24stündigem Stehen wird die Lösung filtriert und im Dunkeln aufbewahrt.

3. Roter Phosphor, der mit Schwefelkohlenstoff, Äther, Alkohol und Wasser gut gewaschen und im lufttrocknen Zustande aufbewahrt werden muß; er dient dazu, die dem Isopropyljodid beigemengte Jodwasserstoffsäure bzw. Joddampf zu binden und als Jodphosphor zurückzuhalten. Eine Menge von 0,5 g Phosphor, der, in Wasser verteilt, angewendet wird, genügt für mehrere Bestimmungen.

Statt der Phosphoremulsion kann auch Kaliumarsenitlösung, die aber öfters zu erneuern ist, angewendet werden.

Die Ausführung des Verfahrens gleicht vollständig der bei dem Zeisslschen Verfahren zur Bestimmung von Methoxyl als Jodmethyl bzw. Jodsilber, nämlich:

In das Kölbchen a von etwa 40 ccm Inhalt bringt man die zu untersuchende Substanz, d. h. von Flüssigkeiten stets ein Volumen von 5 ccm mit einem solchen Glyceringehalt, daß nicht mehr als 0,4 g Jodsilber erhalten werden, gibt einen Splitter unglasierten Tones oder ein Stückchen Bimsstein hinein, setzt 15 ccm Jodwasserstoffsäure von 1,7 spezifischem Gewicht, wenn die Substanz wasserfrei ist, oder von 1,9 spezifischem Gewicht bei wässerigen Lösungen hinzu, verbindet das Seitenrohr des Kölbchens mit der Waschflasche eines

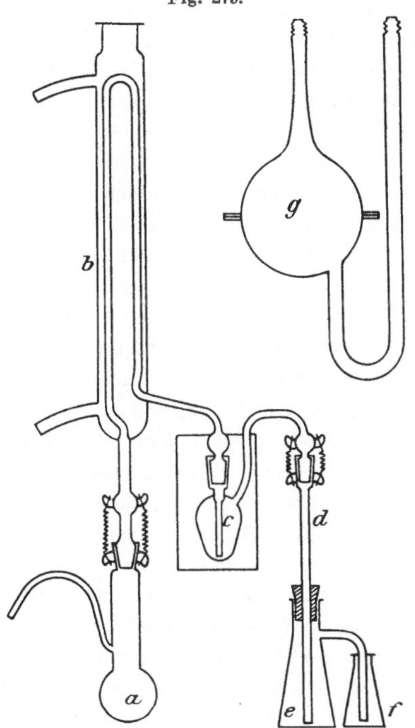

Fig. 279.

Bestimmung des Glycérins als Isopropyljodid nach Zeissl.

Kohlensäureapparates und leitet Kohlensäure ein. Das Kölbchen setzt man so tief in ein Glycerinbad, daß die Niveaus der Flüssigkeiten innen und außen gleich hoch stehen und verbindet es mit dem Lauwasserkühler b; dieser wird mit der Ehmannschen Erwärmungsvorrichtung[1] g verbunden, die durch eine Flamme so erwärmt wird, daß das Wasser im Kühlrohr, das die obere Biegung des inneren Rohres überragen muß, während der ganzen Behandlung 60 ± 10 (d. h. zwischen 50—70°) zeigt. Das Ableitungsrohr aus dem Kühler führt in das Kölbchen c, welches zu einem Drittel mit einer dünnen Aufschlämmung von obigem reinen roten Phosphor (oder mit Kaliumarsenitlösung) gefüllt ist und bis über den Rand seines zu einem Schliffe ausgebildeten Halses in das in einem Becherglase befindliche, durch eine untergestellte Flamme lau zu haltende Wasser taucht. Von dem Kölbchen c (Blasenzähler) führt ein Ableitungsrohr d in die zwei mit Silberlösung beschickten Erlenmeyer-Kölbchen e und f von schmaler Form, von denen das größere mit einer Marke für 45 ccm, das kleinere mit einer solchen für 5 ccm versehen ist und die beide eine solche Weite besitzen, daß sich die Marken etwa in halber Höhe be-

---

[1] Chem.-Ztg. 1891, **16**, 221.

finden. Das Kölbchen f dient nur als Kontrollkölbchen. Die Teile a, b, c, d werden durch feine Schliffe derart zusammengefügt, daß die Ränder der Hälse von a und d die Schliffflächen genügend überragen, um etwas Wasser zur Vervollkommnung des dichten Schlusses aufnehmen zu können; außerdem sind bei a und d, wie aus der Zeichnung ersichtlich ist, Nickel- und Messing-spiralen zur Dichtung angebracht; für den Verschluß im Kölbchen e genügt ein guter Kork.

Wenn so der ganze Apparat beschickt ist, so leitet man Kohlensäure derart durch den Apparat, daß in der Sekunde etwa 3 Blasen durch eine vorgelegte, mit einer verdünnten Natriumcarbonat-lösung beschickte Waschflasche hindurchgehen und erwärmt das Glycerinbad derart, daß die Jod-wasserstoffsäure während des ganzen Versuches, der für wässerige Glycerinlösungen 2—$2^{1}/_{2}$ Stunden dauert, schwach aber deutlich siedet. Ein zu starkes Kochen bewirkt raschere Verschmierung durch hinaufsublimierendes Jod und macht eine öftere Reinigung des Apparates notwendig.

Kurze Zeit nach Beginn des Siedens bildet sich am unteren Ende des Rohres d im Kölbchen c ein gelber, mitunter bräunlich verfärbter Beschlag, dann trübt sich die Silberlösung und scheidet sich darin eine deutlich krystallinische weiße Verbindung von Jodsilber und Silbernitrat aus, die bei größeren Mengen von Isopropyljodid zuletzt eine teilweise Umwandlung in gelbes Jodsilber erfährt. Schließlich klärt sich die Flüssigkeit über dem Niederschlage trotz der durchstreichenden Kohlensäureblasen. Wenn die Umsetzung beendet ist, bringt man die Flüssigkeit im Kölbchen e samt Niederschlag in ein 600 ccm fassendes Becherglas, fügt so viel Wasser hinzu, daß dessen Menge mit der des Spülwassers ungefähr 450 ccm beträgt, versetzt mit 10—15 Tropfen verdünnter Salpeter-säure und stellt zur Erwärmung so lange auf ein Wasserbad, bis sich der Niederschlag vollständig abgesetzt hat. Er wird dann durch ein vorher getrocknetes und gewogenes Filter — bzw. Asbest-filterröhrchen — filtriert, mit Wasser, zuletzt mit Alkohol gewaschen, bei 120—130° getrocknet und gewogen — bei Anwendung von Filterröhrchen kann man auch unter Durchsaugen von trockener Luft über kleiner Flamme erwärmen, aber so, daß keine Sinterung des Niederschlages eintritt.

Der Inhalt in dem zweiten Kölbchen f wird zur Kontrolle in derselben Weise behandelt und falls infolge etwaiger raschen Durchleitungen von Kohlensäure sich auch in ihm Jodsilber gebildet haben sollte, letzteres zu der ersteren Menge hinzugegeben.

Fanto verseift (l. c.) zur Bestimmung des Glycerins in Fetten letztere (10 g) mit 80—100 ccm $^{n}/_{2}$ alkoholischer Kalilauge, verdampft den Alkohol, scheidet aus der mit 100 ccm Wasser ver-setzten Seife die Fettsäure durch konzentrierte Essigsäure ab, läßt erstarren, filtriert, wäscht die wieder zum Schmelzen gebrachten Fettsäuren durch kochendes Wasser aus, verdampft das Filtrat auf 50—60 ccm und bestimmt hierin das Glycerin nach vorstehendem Verfahren.

Stritar[1]) hat für die Ausführung dieses Verfahrens eine einfachere Vorrichtung für die Auf-fangung des Isopropyljodids bzw. des Jodsilbers sowie für die rasche und bequeme Filtration an-gegeben, worauf hier verwiesen sei.

Fr. Schulze[2]) ebenso J. Schindler und H. Svoboda[3]) halten gegenüber anderen Ver-fahren (z. B. dem von Hehner, Gantter-Schulze) das Verfahren von Zeissl und Fanto zur Bestimmung des Glycerins für das zuverlässigste.

Schindler und Svoboda reinigen den Phosphor vorher mit Schwefelkohlenstoff, Alkohol und Äther. Um das Übersteigen des Phosphors in die Vorlage zu vermeiden, empfehlen sie eine häufige Erneuerung desselben. Bei Wein kann die Glycerin-Bestimmung mit der des Alkohols ver-bunden werden, indem man dem Wein vor der Destillation die nötige Menge Calciumacetat und Tannin zusetzt, den entgeisteten Wein nach der Destillation auf dasselbe Volumen auffüllt, filtriert und das Filtrat weiter behandelt.

β) Das Acetinverfahren von Benedikt und Cantor[4]). Das Verfahren beruht auf der Überführung des Glycerins in Triacetin durch Kochen mit Essigsäureanhydrid und Feststellung

---

[1]) Zeitschr. f. analyt. Chem. 1903, **42**, 579.

[2]) Zeitschr. f. angew. Chem. 1888, 460.

[3]) Zeitschr. f. Untersuchung d. Nahrungs- und Genußmittel 1909, **17**, 735.

[4]) Chem.-Ztg. 1905, **29**, 976.

der Menge des gebildeten Triacetins durch Verseifen mit Natronlauge und titrierter Salzsäure; die Umsetzungen verlaufen hierbei wie folgt:

$$2\,C_3H_5(OH)_3 + 3 \left\{ \begin{array}{l} CH_3 \cdot CO \\ CH_3 \cdot CO \end{array} \right\rangle O = 2\,C_3H_5(O \cdot CH_3 \cdot CO)_3 + 3\,H_2O\,,$$

$$2\,C_3H_5(O \cdot CH_3 \cdot CO)_3 + 6\,NaOH = 2\,C_3H_5(OH)_3 + 6\,CH_3 \cdot COONa\,.$$

Zur Ausführung sind erforderlich:

1. Eine $^1/_2$ bzw. $^1/_1$ Normalsalzsäure;
2. Verdünnte, nicht titrierte Natronlauge mit nicht mehr als 20 g Natronhydrat im Liter.
3. Konzentrierte, etwa 10 proz. Natronlauge.

Ausführung: Man wägt etwa 1,5 g der glycerinhaltigen Flüssigkeit in einem weithalsigen Kölbchen mit kugelförmigem Boden von etwa 100 ccm Inhalt ab, gibt 7—8 g Essigsäureanhydrid und etwa 3 g vollständig entwässertes Natriumacetat hinzu und kocht 1—1$^1/_2$ Stunden am Rückflußkühler. Die Flüssigkeit wird nach dem Abkühlen mit 50 ccm Wasser verdünnt und bis zur vollständigen Lösung des am Boden befindlichen Öles am Rückflußkühler erwärmt, ohne daß dabei die Flüssigkeit ins Sieden kommt. Die Flüssigkeit wird dann, um sie von beigemengten organischen Stoffen — z. B. bei Rohglycerin — zu befreien, in einen weithalsigen Kolben von 400 bis 600 ccm Inhalt filtriert, das Filter gut ausgewaschen, das Filtrat erkalten gelassen und in der Kälte nach Zusatz von etwas Phenolphthalein mit der verdünnten Natronlauge genau neutralisiert. Darauf läßt man 25 ccm der 10 proz. Lauge zufließen, kocht $^1/_4$ Stunde, titriert den Überschuß an Lauge durch die titrierte Salzsäure zurück, bestimmt dann den Gehalt der 25 ccm Lauge mit der titrierten Salzsäure und berechnet aus den ermittelten Größen den Gehalt an Glycerin wie folgt:

Angewendet sei 1,324 g glycerinhaltige Flüssigkeit,

25 ccm Lauge neutralisieren . . . . 60,5 ccm N.-Salzsäure,

Zum Zurücktitrieren verbraucht . . . . . 21,5 „   „

Zur Zerlegung des Triacetins verbraucht . 39,0 ccm N.-Salzsäure.

1 ccm N.-Salzsäure entspricht 0,09206 : 3 = 0,03069 g Glycerin.

Also enthielt die Flüssigkeit 0,03069 × 39 = 1,19678 g Glycerin oder 90,38 %.

Fr. Schulze[2]) bezeichnet das Acetinverfahren als ungenau.

γ) Bestimmung des Glycerins als Glycerindibenzoat $C_3H_5(OH)\,(C_7H_5O_2)_2$. Schüttelt man wässerige Lösungen von Glycerin mit Benzoylchlorid und Natronlauge in Wasser, so bildet sich nach E. Baumann[1]) leicht der genannte Glycerinester; wendet man einen genügenden Überschuß von Benzoylchlorid an, so wird schon beim ersten Male der Lösung das Glycerin fast vollständig entzogen; jedenfalls wird die Lösung glycerinfrei, wenn man im Filtrat die Ausschüttelung wiederholt.

R. Dietz[2]) benutzt diese Eigenschaft des Glycerins zur quantitativen Bestimmung desselben in folgender Weise:

200 ccm Wein werden nach dem Entgeisten mit etwas überschüssigem Kalk zur mäßigen Trockne eingedampft, der Rückstand mit 200 ccm 96 proz. Alkohol in der Wärme ausgezogen. Nach dem Erkalten setzt man 30 ccm wasserfreien Äther zu, filtriert und wäscht mit Alkohol-Äther (2 : 3) aus. Nach dem Erkalten des Lösungsmittels löst man das Glycerin in Wasser so, daß 0,1 g in 10 bzw. 20 ccm Wasser gelöst ist. Diese Lösung wird mit 5 ccm Benzoylchlorid und 35 ccm Natronlauge (10 %) versetzt und 10—15 Minuten ohne Unterbrechung geschüttelt. Die sich abscheidende Benzoylverbindung wird auf getrocknetem Filter gesammelt, mit Wasser ausgewaschen und 2—3 Stunden bei 100° getrocknet. 0,1 g Glycerin entspricht 0,385 g Estergemenge.

Bei Süßweinen und Bier ist obigem Gemisch mit dem Kalke noch 1 g Sand zuzusetzen, ferner sind die Alkohol- und Äthermengen zu verdoppeln.

---

[1]) Berichte d. Deutschen chem. Gesellschaft 1886, **19**, 3218.

[2]) Zeitschr. f. physikal. Chem. 1887, 11.

H. v. Toerring[1]) empfiehlt ebenfalls dieses Verfahren zur Bestimmung des Glycerins. Er hat sein ursprünglich für Schlempe angegebenes Verfahren für Bier und Wein wie folgt eingerichtet:

50 ccm Bier oder 25 ccm Wein werden bis auf etwa 10 ccm eingedampft, nach der Abkühlung mit 15 g gebranntem Gips versetzt, schnell und gut durchgerührt, alsdann das erhaltene trockene Pulver im Heberextraktionsapparat mit absolutem Alkohol ausgezogen. Den alkoholischen Extrakt versetzt man mit Wasser, verjagt den Alkohol und destilliert das Glycerin zur Trennung von den nichtflüchtigen Bestandteilen des Auszuges im Vakuum bei 180°. Im Destillat bestimmt man das Glycerin nach dem vorhin beschriebenen Diezschen Verfahren.

δ) **Bestimmung des Glycerins durch seine Fähigkeit, Kupferoxyd zu lösen.** Versetzt man die mit Kalihydrat in Lösungen von Kupferoxydsalzen hervorgerufenen Fällungen mit Glycerin, so wird das Kupferoxydhydrat mit lasurblauer Farbe gelöst (vgl. auch S. 538); das auf dieser Eigenschaft beruhende Verfahren geht von der Voraussetzung aus, daß das Lösungsvermögen des Glycerins eine konstante Größe und unabhängig von der Verdünnung des letzteren ist.

Muter[2]) hat das Verfahren zuerst benutzt, um in reinen Glycerinlösungen das Glycerin zu bestimmen, indem er erstere (mit 1 g Glycerin) mit 50 ccm Kalilauge (1 : 2) mischt und dann so lange Kupfervitriollösung zusetzt, bis Kupferoxydhydrat ungelöst zurückbleibt. Von der tiefblauen klaren Flüssigkeit bringt er einen aliquoten Teil in ein Becherglas, versetzt mit überschüssiger Salpetersäure, darauf mit Ammoniak und läßt aus einer Bürette so lange tirierte Cyankaliumlösung zufließen, bis die Blaufärbung eben verschwindet.

R. Kayser[3]) hat dieses Verfahren zur Bestimmung des Glycerins in Wein und Bier weiter ausgebildet, indem er 200 g Kupfersulfat in 1 l Wasser, 300 g Kalihydrat in 600 ccm Wasser löst und wie folgt verfährt:

100 ccm Wein oder Bier werden mit 100 ccm Kalilösung versetzt und durch Umschütteln vermischt. Zu dieser Mischung setzt man unter kräftigem Umrühren so lange von der Kupferlösung, als noch das sich zuerst ausscheidende Kupferoxydhydrat gelöst wird. Hierauf wird $\frac{1}{2}$ Stunde in einem mit Rückflußkühler versehenen Kolben im Wasserbade erwärmt, nach dem Erkalten noch so viel Kupferlösung unter Umschütteln hinzugefügt, daß im ganzen von der letzteren 100 ccm verwendet sind, in einen Literkolben filtriert, ausgewaschen und bis zur Marke aufgefüllt. In der Lösung befindet sich eine den vorhandenen Mengen Weinsteinsäure und Glycerin entsprechende Menge Kupfer, welches man auf irgendeine Weise (wie oben durch titrierte Cyankaliumlösung oder auf elektrolytischem Wege nach Kayser usw.) bestimmen kann.

Da 1 g Weinsäure 0,151 g Kupfer in alkalischer Lösung zu halten vermag, so ist eine der besonders gefundenen Menge Weinsäure entsprechende Menge Kupfer in Abzug zu bringen und ergeben sich für die Berechnung folgende Werte:

$$1 \text{ g Kupfer} \quad = 1{,}834 \text{ g Glycerin}$$
$$1 \text{ g Weinsäure} = 0{,}151 \text{ g Kupfer}$$
$$1 \text{ g Kupfer} \quad = 0{,}62 \ \text{ g Weinsäure.}$$

ε) **Bestimmung des Glycerins durch Titration mit Ätzkali und unter Anwendung von Natriumalkoholat bei Fetten** (vgl. S. 400).

ζ) **Bestimmung des Glycerins durch Oxydation.** Zur Bestimmung des Glycerins durch Oxydation sind sowohl Kaliumpermanganat als auch Kaliumbichromat vorgeschlagen.

---

[1]) Landw. Versuchsstationen **39**, 29; vgl. auch des Verfassers Untersuchung landw. u. gewerbl. wichtiger Stoffe 1891, 250 und Zeitschr. f. angew. Chem. 1889, 362.

[2]) Berichte d. Deutschen chem. Gesellschaft 1881, 1011.

[3]) Rep. f. analyt. Chem. 1882, 113, 129, 145, 354.

1. **Oxydation mit Kaliumpermanganat.** Wenn die Oxydation in **saurer** Lösung vorgenommen wird, so verläuft sie nach der Gleichung:

$$2\, C_3H_5(OH)_3 + 7\, O_2 = 8\, H_2O + 6\, CO_2\,;$$

bei Vornahme der Reaktion in **alkalischer** Reaktion dagegen nach folgender Gleichung:

$$C_3H_5(OH)_3 + 3\, O_2 = C_2H_2O_4 + CO_2 + H_2O\,.$$

Da andere organische Stoffe mit Kaliumpermanganat und Schwefelsäure ebenfalls zu Kohlensäure und Wasser oxydiert werden, die Bildung von Oxalsäure durch Oxydation mit Kaliumpermanganat aus organischen Stoffen aber seltener ist, so verdient das letztere Verfahren, das von Fox und Wanklyn[1), Benedikt und Zsigmondy[2) vorgeschlagen ist, zweifellos den Vorzug. Fox und Wanklyn geben z. B. zu einer wässerigen Lösung des Glycerins, die aber nicht mehr als 0,25 g $C_3H_8O_3$ enthalten darf, 5,0 g festes kaustisches Kali, und darauf so viel Kaliumpermanganat, bis die rote Farbe der Lösung nicht mehr verschwindet. Man erhitzt eine halbe Stunde lang zum Sieden, zerstört den Überschuß von Kaliumpermanganat durch schweflige Säure, filtriert, macht stark essigsauer und fällt die Oxalsäure durch ein lösliches Calciumsalz. In dem gebildeten Calciumoxalat bestimmt man die Oxalsäure mit $1/_{10}$ Permanganatlösung und berechnet hieraus die Menge Glycerin. 16 Teile Sauerstoff = 90,02 Teilen Oxalsäure = 92,06 Teilen Glycerin.

Bei Bestimmung des Glycerins in **Fetten** nach diesem Verfahren werden die Fette erst mit Kalihydrat verseift, aus der Seife die Fettsäuren in üblicher Weise durch Salzsäure abgeschieden und im Filtrat das Glycerin bestimmt.

Zu dem Verfahren sind von Herbig[3), Mangold[4) u. a. Abänderungsvorschläge gemacht, worauf nur verwiesen sei.

2. **Oxydation mit Kaliumbichromat.** Beim Erhitzen von Glycerin mit Kaliumbichromat in schwefelsaurer Lösung wird dieses vollständig zu Kohlensäure und Wasser oxydiert nach folgender Gleichung:

$$3\, C_3H_5(OH)_3 + 7\, K_2Cr_2O_7 + 28\, H_2SO_4 = 7\, K_2SO_4 + 7\, Cr_2(SO_4)_3 + 9\, CO_2 + 40\, H_2O\,.$$

Man kann nach diesem Verfahren die Menge des Glycerins entweder aus dem Kohlensäureverlust oder aus dem verbrauchten Bichromat bestimmen. L. Segler[5) verfährt z. B. zur Bestimmung des Glycerins in **Wein** und **Bier** nach diesem Verfahren wie folgt:

Wein und Bier werden in der unter 1 a angegebenen Weise durch Eindampfen mit einer genügenden Menge Kalk und Ausziehen mit Alkohol von den sonstigen Extraktstoffen befreit, der Alkohol verjagt, der Rückstand in einen Willschen Kohlensäurebestimmungsapparat gebracht, mit einer genügenden Menge Kaliumbichromat und Schwefelsäure — auf 1 g Glycerin mehr als die theoretische Menge von 7,5 g Kaliumbichromat und 10 g konzentrierter Schwefelsäure — versetzt, genügend lange — 0,25 g Glycerin erfordern 1 Stunde zur Oxydation — gekocht und die Kohlensäure aus dem Gewichtsverlust bestimmt. Letzterer, mit 0,697 multipliziert, ergibt die Menge des Glycerins.

Cross und Bevan und ebenso F. Ganter[6) bestimmen die entwickelte Menge Kohlensäure gasvolumetrisch, Henkel und Roth[7) verwenden bei dem gasvolumetrischen Verfahren Chromsäure statt Kaliumbichromat.

[1) Chem.-Ztg. 1885, **9**, 66.

[2) Ebendort 1885, **9**, 975.

[3) Chem. Revue d. Fett- u. Harzindustrie 1903, **10**, 8.

[4) Zeitschr. f. angew. Chem. 1891, 400.

[5) Jahresbericht d. chem. Centralstelle in Dresden 1880, 75.

[6) Zeitschr. f. d. landw. Versuchswesen in Österreich **8**, 155.

[7) Zeitschr. f. angew. Chem. 1905, **18**, 1936.

Hehner[1]) ermittelt die Menge des Glycerins nach diesem Verfahren dadurch, daß er die Menge des nicht verbrauchten Kaliumbichromats durch Titration mit Ferroammoniumsulfatlösung bestimmt; Braun[2]) dadurch, daß er die Menge des gebildeten Chromihydroxyds mit Jodkalium und durch Umrechnung die Menge des nicht verbrauchten Kaliumbichromats bestimmt. Nach Fr. Schulze (l. c.) liefert das Hehnersche Verfahren um 10% zu hohe Ergebnisse.

Chaumeille[3]) hat zur Oxydation des Glycerins Jodsäure vorgeschlagen, wodurch es ebenfalls glatt zu Kohlensäure und Wasser oxydiert werden soll.

η) **Bestimmung des Glycerins durch Schmelzen mit Ätzkali.** Nach Buisine[4]) zerfällt das Glycerin durch Schmelzen mit Kalihydrat:

1. bei 280—320° nach der Gleichung:

$$2\,C_3H_5(OH)_3 + 6\,KOH = 2\,CH_3 \cdot COOK + 2\,H_2O + 2\,K_2CO_3 + 6\,H_2\;;$$

2. bei 350° nach der Gleichung:

$$C_3H_5(OH)_3 + 4\,KOH = 2\,K_2CO_3 + CH_4 + 2\,H_2\;.$$

Nach ersterer Gleichung würde 1 mg Glycerin 733 ccm, nach letzterer 1 mg Glycerin 976 ccm Gas entsprechen. Schon wegen dieses großen Volumens Gas im Verhältnis zum Gewicht Glycerin, und weil das Verhalten des schmelzenden Kalihydrats gegen andere organische Stoffe nicht feststeht, muß dieses Verfahren als wenig zuverlässig angesehen werden.

ϑ) **Bestimmung des Glycerins durch Verkohlung mit konzentrierter Schwefelsäure.** Sogar die Eigenschaft des Glycerins, mit konzentrierter Schwefelsäure zu verkohlen, ist von Laborde[5]) zur Bestimmung des Glycerins vorgeschlagen; die Umsetzung soll nach folgender Gleichung verlaufen:

$$C_3H_5(OH)_3 + H_2SO_4 = C_3 + SO_2 + 5\,H_2O\;.$$

F. Jean[6]) hat das Verfahren für die Glycerinbestimmung in den Fetten ausgearbeitet. Selbstverständlich kann es aber nur für reine Glycerinlösungen Anwendung finden.

ι) **Bestimmung des Glycerins durch Ermittelung des Brechungskoeffizienten.** J. Skalweit[7]) hat für Glycerinlösungen von bekanntem Gehalt den Brechungskoeffizienten mit dem Abbéschen Refraktometer (S. 100 und ff.) bestimmt und benutzt diese Werte zur Bestimmung des Glycerins in Bier und Wein. Letztere werden in üblicher Weise mit Kalk und Sand eingedampft, die trockene Masse mit Alkohol ausgezogen, der alkoholische Auszug bis zum Sirup eingedampft gewogen und von dem Rückstand der Brechungsexponent bestimmt. Durch Multiplikation des dem letzteren entsprechenden prozentualen Glyceringehaltes mit dem Gewicht des Rückstandes und Division des Produktes durch 100 erhält man die Menge Glycerin in demselben (vgl folgenden Abschnitt).

Von den unter α—ι aufgeführten indirekten Verfahren zur Bestimmung des Glycerins haben sich bis jetzt anscheinend nur das Jodid- und Acetinverfahren allgemein bewährt. Vorläufig wird man daher bei Gärungserzeugnissen noch an dem unter Nr. 1 angegebenen vereinbarten Verfahren festhalten müssen.

3. *Untersuchung käuflicher Glycerinlösungen.*

In käuflichen Glycerinlösungen, die auch im Laboratorium Verwendung finden, wird der Gehalt an Glycerin entweder aus dem spezifischen Gewicht oder dem Brechungsindex ermessen, und zwar auf Grund folgender Tabelle von Gerlach und W. Lenz:

[1]) Journ. Soc. Chem. Ind. 1889, **8**, 4.
[2]) Chem.-Ztg. 1905, **29**, 763.
[3]) Chem.-Ztg. 1902, **26**, 453.
[4]) Compt. rendus 1903, **136**, 1082, 1204.
[5]) Ann. de Chimie anal. appliquée 1899, **4**, 76, 110.
[6]) Chem.-Ztg. Rep. 1900, **24**, 73.
[7]) Rep. f. analyt. Chem. 1885, 15; 1886, 183.

Wasserfreies Glycerin	Spez. Gewicht bei 15°	Brechungsindex bei 12,5—12,8°	Wasserfreies Glycerin	Spez. Gewicht bei 15°	Brechungsindex bei 12,5—12,8°	Wasserfreies Glycerin	Spez. Gewicht bei 15°	Brechungsindex bei 12,5—12,8°	Wasserfreies Glycerin	Spez. Gewicht bei 15°	Brechungsindex bei 12,5—12,8°
100	1,2653	1,4758	74	1,1962	1,4380	49	(1,1293)	1,3993	24	(1,0608)	1,3639
99	1,2628	1,4744	73	1,1934	1,4366	48	(1,1265)	1,3979	23	(1,0580)	1,3626
98	1,2602	1,4729	72	1,1906	1,4352	47	(1,1238)	1,3964	22	(1,0553)	1,3612
97	1,2577	1,4715	71	1,1878	1,4337	46	(1,1210)	1,3950	21	(1,0525)	1,3599
96	1,2552	1,4700	70	1,1850	1,4321	45	1,1155	1,3935	20	1,0490	1,3585
95	1,2526	1,4686	69	(1,1858)	1,4304	44	(1,1155)	1,3921	19	(1,0471)	1,3572
94	1,2501	1,4671	68	(1,1826)	1,4286	43	(1,1127)	1,3906	18	(1,0446)	1,3559
93	1,2476	1,4657	67	(1,1795)	1,4267	42	(1,1100)	1,3890	17	(1,0422)	1,3546
92	1,2451	1,4642	66	(1,1764)	1,4249	41	(1,1072)	1,3875	16	(1,0398)	1,3533
91	1,2425	1,4628	65	1,1711	1,4231	40	1,1020	1,3860	15	(1,0374)	1,3520
90	1,2400	1,4613	64	(1,1702)	1,4213	39	(1,1017)	1,3844	14	(1,0349)	1,3507
89	1,2373	1,4598	63	(1,1671)	1,4195	38	(1,0989)	1,3829	13	(1,0332)	1,3494
88	1,2346	1,4584	62	(1,1640)	1,4176	37	(1,0962)	1,3813	12	(1,0297)	1,3480
87	1,2319	1,4569	61	(1,1610)	1,4158	36	(1,0934)	1,3798	11	(1,0271)	1,3467
86	1,2292	1,4555	60	1,1570	1,4140	35	1,0885	1,3785	10	1,0245	1,3454
85	1,2265	1,4540	59	(1,1556)	1,4126	34	(1,0880)	1,3772	9	1,0221	1,3442
84	1,2238	1,4525	58	(1,1530)	1,4114	33	(1,0852)	1,3758	8	1,0196	1,3430
83	1,2211	1,4511	57	(1,1505)	1,4102	32	(1,0825)	1,3745	7	1,0172	1,3417
82	1,2184	1,4496	56	(1,1480)	1,4091	31	(1,0798)	1,3732	6	1,0147	1,3405
81	1,2157	1,4482	55	1,1430	1,4079	30	1,0750	1,3719	5	1,0123	1,3392
80	1,2130	1,4467	54	(1,1430)	1,4065	29	(1,0744)	1,3706	4	1,0098	1,3380
79	1,2102	1,4453	53	(1,1403)	1,4051	28	(1,0716)	1,3692	3	1,0074	1,3367
78	1,2074	1,4438	52	(1,1375)	1,4036	27	(1,0689)	1,3679	2	1,0049	1,3355
77	1,2046	1,4424	51	(1,1348)	1,4022	26	(1,0663)	1,3666	1	1,0025	1,3342
76	1,2018	1,4409	50	1,1290	1,4007	25	1,0620	1,3652	0	1,0000	1,3330
75	1,1990	1,4395									

(Die eingeklammerten Zahlen beziehen sich auf das spezifische Gewicht bei 12—14° nach W. Lenz.)

Strohmer und Gerlach haben ebenfalls Tabellen über die spezifischen Gewichte wässeriger Glycerinlösungen bei 17,5 bzw. 20° entworfen, die im allgemeinen mit der vorstehenden übereinstimmen. Bei der Ermittelung des spezifischen Gewichts von Glycerinlösungen ist jedoch zu berücksichtigen, daß sie, wenn sie Luft einschließen, diese nur schwer abgeben; man kann sie nur durch Erwärmen im Pyknometer und Schütteln entfernen; das so behandelte Glycerin muß dann auf die gewünschte Temperatur abgekühlt werden.

Reines Glycerin muß klar, farb- und geruchlos, neutral, in jedem Verhältnis in Wasser und Alkohol, nicht aber in Äther und Chloroform löslich sein. Auf Reinheit bzw. Verunreinigungen wird das Glycerin wie folgt geprüft[1]):

1. Arsen: 1 ccm Glycerin soll, mit 3 ccm Zinnchlorürlösung gemischt, im Laufe einer Stunde eine dunklere Färbung nicht annehmen.

2. Freie Säuren und Basen: 10 ccm Glycerin, mit 50 ccm Wasser verdünnt, sollen weder rotes noch blaues Lackmuspapier verändern.

3. Anorganische Verunreinigungen: 5 ccm Glycerin sollen, in offener Schale bis zum Sieden erhitzt und angezündet, vollständig bis auf einen dunklen Anflug, der bei stärkerem Erhitzen verschwindet, verbrennen.

---

[1]) E. Merck, Prüfung der Reagenzien. Darmstadt 1907.

4. **Verunreinigungen, welche ammoniakalische Silberlösung reduzieren:** Wird eine Mischung von 1 ccm Glycerin und 1 ccm Ammoniaklösung (0,96) im Wasserbade auf 60° erwärmt und dann sofort mit 3 Tropfen Silbernitratlösung versetzt, so soll innerhalb 5 Minuten in dieser Mischung weder eine Färbung noch eine braunschwarze Ausscheidung erfolgen.

5. **Ammoniumverbindungen und organische Verunreinigungen, wie sie in ungereinigtem Glycerin vorkommen:** 1 ccm Glycerin soll, mit 1 ccm Natronlauge erwärmt, sich weder färben noch Ammoniak oder einen Geruch nach leimartigen Substanzen entwickeln.

Ammoniak wäre mit feuchtem Lackmuspapier nachzuweisen.

6. **Fettsäuren:** 1 ccm Glycerin soll, mit 1 ccm verdünnter Schwefelsäure gelinde erwärmt, keinen unangenehmen, ranzigen Geruch abgeben.

7. **Salzsäure (Chlorid):** 5 ccm Glycerin, mit 25 ccm Wasser verdünnt, sollen durch Silbernitratlösung höchstens schwach opalisierend getrübt werden.

8. **Schwefelsäure und Oxalsäure:** Die Lösung von 5 g Glycerin in 25 ccm Wasser darf weder durch Bariumchloridlösung noch durch Calciumchloridlösung verändert werden.

9. **Schwermetalle:** Werden 5 ccm Glycerin mit 25 ccm Wasser verdünnt und mit Schwefelwasserstoffwasser versetzt, so darf keine Veränderung eintreten.

Nachweis fremder Farbstoffe in Nahrungs- und Genußmitteln.

Die Auffärbung von Nahrungs- und Genußmitteln mit fremden Farbstoffen ist sehr weit verbreitet. Zum Teil sind die künstlichen Auffärbungen stillschweigend geduldet (z. B. bei **Butter** und **Käse**), bei **Margarine** sogar vorgeschrieben, während sie bei **Fleisch** und **Fett** direkt verboten und bei anderen Nahrungs- und Genußmitteln dann gesetzlich unzulässig sind, wenn durch die künstliche Auffärbung eine bessere Beschaffenheit der Waren im Sinne des § 10 des Nahrungsmittelgesetzes vorgetäuscht werden soll. Unter allen Umständen verboten sind gesundheitsschädliche oder giftige bzw. gifthaltige Farbstoffe. In Bd. II, S. 891 habe ich verschiedene unerlaubte — vorwiegend unorganische — Farbstoffe aufgeführt und gelten nach § 1 Abs. 2 des Gesetzes vom 5. Juli 1887 als schädliche Farben diejenigen Farbstoffe und Farbstoffzubereitungen, welche Antimon, Arsen, Barium, Blei, Cadmium, Chrom, Kupfer, Quecksilber, Uran, Zink, Zinn, Gummigutti, Korallin und Pikrinsäure enthalten. Sie dürfen auch zur Herstellung von Gefäßen, Umhüllungen oder Schutzbedeckungen nicht verwendet werden. Nur auf die Verwendung von schwefelsaurem Barium (Schwerspat, blanc fixe), Barytfarblacke, welche von kohlensaurem Barium frei sind, Chromoxyd, Kupfer, Zinn, Zink und deren Legierungen als Metallfarben, Zinnober, Zinnoxyd, Schwefelzinn als Musivgold, sowie auf alle in Glasmassen, Glasuren oder Emails eingebrannte Farben und auf deren äußeren Anstrich von Gefäßen aus wasserdichten Stoffen, findet diese Bestimmung nicht Anwendung.

Die **unorganischen** Farben werden aber nicht oder nur selten zur Färbung der Nahrungs- und Genußmittel benutzt — nur das **Kupfersulfat** findet, besonders zur Grünfärbung von Gemüsen, umfangreichere Verwendung —. Um so mehr aber sind die **organischen**, vorwiegend **Teerfarbstoffe**, in Gebrauch. Diese sind aber zum Teil ebenfalls giftig. Abgesehen von arsenhaltigem **Fuchsin** und **Korallin**, die jetzt aber kaum mehr vorkommen und die in arsenfreiem Zustande sich als nichtgiftig erwiesen haben, sind als giftig befunden[1]: die oben schon genannte **Pikrinsäure**, ferner **Martiusgelb**, **Safranin**, **Methylenblau**, **Dinitrokresol** (Safransurrogat), von den Azofarbstoffen das **Metanilgelb** und **Orange II**; **Bismarckbraun** ruft Erbrechen, **Echtbraun** und **Chrysamin R** Diarrhöen, viele andere Azofarbstoffe rufen Albuminurie hervor. Die **Giftigkeit** der Azofarbstoffe mit einer Sulfogruppe hängt anscheinend von der **Stellung der Sulfogruppe** ab; beim giftigen Metanilgelb

---

[1] Vgl. Th. Weyl, Die Teerfarben mit besonderer Rücksicht auf Schädlichkeit und Gesetzgebung. Berlin 1889. 1. und 2. Lieferung.

befindet sich die Sulfogruppe in Meta-Stellung, bei dem entsprechenden nichtgiftigen Diphenylaminorange in Para-Stellung. — Auch scheint die Stellung der Hydroxylgruppe von Einfluß zu sein; im giftigen Orange II hat das Hydroxyl die β-Stellung, im entsprechenden nichtgiftigen Orange I die α-Stellung. Die giftigen Wirkungen wurden durch Darreichung der Teerfarbstoffe vom Magen aus beobachtet; andere, wie das Naphtholschwarz P, wirkten auch bei subcutaner Darreichung vom Unterhautzellgewebe aus offenbar giftig. Bei subcutaner Darreichung zeigte sich auch, daß manche in wässeriger Lösung injicierten Farbstoffe nur sehr langsam resorbiert wurden; so ließen sich Congo und Chrysamin R in den Geweben noch 7 Tage nach der Injektion in großen Mengen nachweisen.

Die Teerfarbstoffe werden nach Th. Weyl in der Regel im Organismus in farblose Verbindungen gespalten; wenn dieselben jedoch in großen Mengen zugeführt werden, so gehen die löslichen Farbstoffe auch unzersetzt in den Harn, die unlöslichen in den Kot über.

A. J. J. Vandevelde[1]) hat zur Ermittelung der Giftigkeit von Teerfarbstoffen das plasmolytische Verfahren in der Weise angewendet, daß er zunächst die kritische Äthylalkohollösung, d. h. eine Lösung von solchem Äthylalkoholgehalt ermittelte, daß die Plasmolyse (die Zusammenziehung, Schrumpfung des Protoplasten, der äußeren Begrenzung des Protoplasmas, infolge Wasserverlustes) noch eben möglich ist, aber durch Zufügung von weiteren geringsten Mengen Äthylalkohol durch Tötung des Protoplasmas aufhört.

Nun wird für den Farbstoff zusammen mit dem Alkohol die kritische Lösung aufgesucht. Ist die Farbe nicht giftig, so ist der Alkoholgehalt derselbe wie bei der kritischen reinen Alkohollösung; ist das Gegenteil der Fall, so ist der Alkoholgehalt ein geringerer. Hieraus läßt sich für den Farbstoff der kritische Koeffizient berechnen, d. h. die Anzahl Gramme der Farbe, die isotoxisch ist mit 100 g absolutem Alkohol. Verfasser hat in solcher Weise 48 Farbstoffe untersucht; davon erwiesen sich 21 als plasmolytisch nicht giftig, 27 als plasmolytisch giftig.

Hiernach sind die Teerfarbstoffe zweifellos nicht sämtlich unbedenklich für die Gesundheit und hat wahrscheinlich aus diesem Grunde das Department of Agriculture, Foodinspection Decisions 76 in Washington die Vorschrift gegeben, daß für die Färbung der Nahrungs- und Genußmittel in den Vereinigten Staaten nur folgende Teerfarbstoffe angewendet werden dürfen:

Für   rote   Färbung: (115)[1]) Amaranth, (62) Ponceau 3 R, (424) Erythrosin;
„   orange   „   (102) Orange I;
„   gelbe   „   (6) Naphtholgelb S;
„   grüne   „   (411) Lichtgrün S. F., gelblich;
„   blaue   „   (657) Indigo Disulfacid.

Alle Farbstoffe müssen frei von technischen Verunreinigungen, schädlichen Bestandteilen und Ersatzmitteln sein und auch wirklich ihrer Bezeichnung entsprechen. Die Verwendung dieser Farbstoffe ist ferner nicht gestattet, wenn dadurch eine schädliche oder minderwertige Beschaffenheit verdeckt wird.

I. Chemischer Nachweis fremder Farbstoffe in Nahrungs- und Genußmitteln.

Der Nachweis fremder Farbstoffe in Nahrungs- und Genußmitteln wird auf chemischem und spektroskopischem Wege geführt bzw. zu führen gesucht; denn beide Verfahren sind bis jetzt noch wenig vollkommen und führen nur in wenigen Fällen zu sicheren Ergebnissen. Immerhin mögen hier die gemachten Vorschläge im Zusammenhange besprochen werden.

---

1) Die eingeklammerten Nummern entsprechen denen der „Tabellarische Übersicht der im Handel befindlichen künstlichen organischen Farbstoffe" von G. Schultz und P. Julius. 4. Auflage, Berlin 1902.

A. Chemischer Nachweis von Teerfarbstoffen. Der chemische Nachweis von künstlichen organischen Farbstoffen ist zunächst dadurch erschwert, daß sie einerseits wegen ihrer starken Färbekraft nur in sehr geringer Menge angewendet zu werden brauchen und sich nicht quantitativ aus Nahrungs- und Genußmitteln gewinnen lassen, andererseits aber empfindliche chemische Reaktionen zu ihrem Nachweise, besonders zu ihrer Trennung, fehlen. Dazu ist die Anzahl der Teerfarbstoffe mit gleichen oder doch sehr ähnlichen Farbentönen eine ungeheure.

Bis jetzt dienen zu ihrem Nachweise und zu ihrer Trennung folgende von A. Hasterlick[1]) nachgeprüfte Verfahren:

1. Das Ausfärbeverfahren von N. Arata[2]).

Das Verfahren beruht darauf, daß sich die künstlichen organischen Farbstoffe auf reine Woll- oder Baumwollfaser niederschlagen und durch Wasser nicht wieder ausgewaschen werden können, während die natürlichen Pflanzenfarbstoffe die Fasern gar nicht oder nur schwach färben und durch Wasser wieder ausgewaschen werden können. Es wird im allgemeinen wie folgt ausgeführt:

50—100 ccm der Farbstofflösung — gefärbte Flüssigkeiten können direkt angewendet werden, aus festen Stoffen werden durch Wasser, Äthyl- oder Amylalkohol usw. Lösungen hergestellt[3]) — werden 10 Minuten mit 5—10 ccm einer 10proz. Kaliumbisulfatlösung und 3—4 Fäden weißer, entfetteter sowie mit Alaun und Natriumacetat gebeizter Wolle in einer Porzellanschale oder einem Becherglase gekocht, die Fäden herausgenommen und mit Wasser gewaschen. Bei Vorhandensein von Teerfarbstoff sind und bleiben die Fasern mehr oder weniger stark ausgeprägt rot oder gelb usw. gefärbt und können zu weiteren Reaktionen verwendet werden. Behandelt man z. B. die ausgewaschene, rot gefärbte Wolle mit Ammoniak, so bleibt sie, wenn ein Teerfarbstoff vorliegt, entweder rot oder nimmt eine gelbliche Farbe an, die nach dem Auswaschen des Ammoniaks wieder in Rot übergehen kann; bei einem natürlichen Rotwein bzw. Rotweinfarbstoff dagegen geht die an sich schwachrote Farbe der Wolle durch Behandlung mit Ammoniak in ein schmutziges, grünliches Weiß über.

Oder man wäscht die Wolle mit verdünnter Weinsäure aus, behandelt, um die vorhandenen Pflanzenfarbstoffe zu zerstören, kurze Zeit auf dem Wasserbade mit Quecksilberchloridlösung (1 : 9) und löst den in der Wolle fixierten Farbstoff entweder mit Schwefelsäure oder mit Äthylalkohol und Essigsäure wieder auf und prüft das Verhalten der Lösung noch gegen Alkali, Zinkstaub oder spektroskopisch. Besonders kann die spektralanalytische Untersuchung wertvolle Aufschlüsse über die Natur des Farbstoffs bringen (vgl. weiter S. 570).

Statt der in vorstehender Weise hergestellten Wollfaser kann auch Baumwolle, die mit Tannin, Ferrihydroxyd oder Aluminiumhydroxyd gebeizt wird, verwendet werden.

Bei der Ausfärbung der Farbstoffe ist indes weiter zu berücksichtigen, daß basische Teerfarbstoffe sich nur in basischem oder neutralem Bade, die Säurefarbstoffe sich nur in saurem Bade auf Wolle niederschlagen.

Das Ausfärbeverfahren ist auch für den amtlichen Nachweis von Teerfarbstoffen in Fleisch und Fleischwaren vorgeschrieben und lauten die Vorschriften hierfür nach den Ausführungsbestimmungen zum Schlachtvieh- und Fleischbeschaugesetz wie folgt:

---

[1]) Mitteilung a. d. Pharm. Institut u. Labor. f. angew. Chem. d. Universität Erlangen 1889, Heft **2**, 51.

[2]) Zeitschr. f. analyt. Chem. 1889, **28**, 639.

[3]) Da sich die Farbstoffe nur aus wässeriger Lösung auf die Faser niederschlagen lassen, so müssen alkoholische Auszüge erst von dem Lösungsmittel befreit und der Rückstand wieder in Wasser gelöst werden. Löst sich der Farbstoff nicht in Wasser, so kann er auch nicht ausgefärbt werden.

a) Bei Fleisch: „50 g der zerkleinerten Fleischmasse werden in einem Becherglase mit einer Lösung von 5 g Natriumsalicylat in 100 ccm eines Gemisches aus gleichen Teilen Wasser und Glycerin gut durchgemischt und $1/_2$ Stunde lang unter zeitweiligem Umrühren im Wasserbade erhitzt. Nach dem Erkalten wird die Flüssigkeit abgepreßt und filtriert, bis sie klar abläuft. Ist das Filtrat nur gelblich und nicht rötlich gefärbt, so bedarf es einer weiteren Prüfung nicht. Im anderen Falle bringt man den 3. Teil der Flüssigkeit in einen Glaszylinder, setzt einige Tropfen Alaunlösung und Ammoniakflüssigkeit in geringem Überschusse hinzu und läßt einige Stunden stehen. Carmin wird durch einen rotgefärbten Bodensatz erkannt. Zum Nachweise von Teerfarbstoffen wird der Rest des Filtrats mit einem Faden ungebeizter entfetteter Wolle unter Zusatz von 10 ccm einer 10 proz. Kaliumbisulfatlösung und einigen Tropfen Essigsäure längere Zeit im kochenden Wasserbade erhitzt. Bei Gegenwart von Teerfarbstoffen wird der Faden rot gefärbt und behält die Färbung auch nach dem Auswaschen mit Wasser.

Fleisch, in welchem nach vorstehender Vorschrift fremde Farbstoffe nachgewiesen sind, ist im Sinne der Ausführungsbestimmungen D § 5 Nr. 3 als mit fremden Farbstoffen oder Farbstoffzubereitungen behandelt zu betrachten."

b) Bei Fett: Bei diesem begnügt man sich mit der alleinigen Gelbfärbung der alkoholischen oder salzsauren Lösung; die Vorschrift lautet also: Die Gegenwart fremder Farbstoffe erkennt man durch Auflösen des geschmolzenen Fettes (50 g) in absolutem Alkohol (75 ccm) in der Wärme. Bei künstlich gefärbten Fetten bleibt die unter Umschütteln in Eis abgekühlte und filtrierte alkoholische Lösung deutlich gelb oder rötlichgelb gefärbt. Die alkoholische Lösung ist in einem Probierrohre von 18—20 mm Weite im durchfallenden Lichte zu beobachten.

Zum Nachweise bestimmter Teerfarbstoffe werden 5 g Fett in 10 ccm Äther oder Petroleumäther gelöst. Die Hälfte der Lösung wird in einem Probierröhrchen mit 5 ccm Salzsäure vom spezifischen Gewicht 1,124, die andere Hälfte der Lösung mit 5 ccm Salzsäure vom spezifischen Gewicht 1,19 kräftig durchgeschüttelt. Bei Gegenwart gewisser Azofarbstoffe ist die unten sich absetzende Salzsäureschicht deutlich rot gefärbt.

Fett, in welchem nach vorstehenden Vorschriften fremde Stoffe nachgewiesen sind, ist im Sinne der Ausführungsbestimmungen D § 5 Nr. 3 als mit fremden Farbstoffen behandelt zu betrachten."

L. Grünhut[1]) empfiehlt zum Nachweise von Farbstoffen in Fetten (besonders Butter und Margarine) folgendes Verfahren, wobei vorwiegend der Nachweis von Methylorange, Dimethylamidoazobenzol und Orleans berücksichtigt ist:

Etwa 25 g Substanz werden nach Henriques kalt verseift, indem man sie mit etwa 50 ccm Petroläther und etwas mehr als 100 ccm alkoholischer N.-Natronlauge 12 Stunden stehen läßt. Nach Verdunstung des Petroläthers und der Hauptmenge des Alkohols auf dem Wasserbade wird die Seife in Wasser gelöst. Die klare Lösung wird vorsichtig mit Salzsäure ganz schwach angesäuert, so daß sich eben etwas Fettsäure infolge der Zerstörung der Seife auszuscheiden beginnt; dann wird durch Zusatz von etwas kohlensaurem Natrium wieder eine ganz geringe Alkalität hergestellt. Die so erhaltene klare Lösung wird mit einigen Wollfäden zum Sieden erhitzt. Werden letztere gelblich gefärbt und erteilen sie dann beim Einlegen in Salzsäure dieser eine rote Färbung, so liegt Methylorange vor. Dimethylamidoazobenzol läßt sich nicht durch einen Färbeversuch, sondern nur spektralanalytisch nachweisen. Die eben beschriebene Seifenlösung wird mit Petroläther ausgeschüttelt, der Verdunstungsrückstand dieses Auszuges in Alkohol gelöst und nach Ansäuerung mit Salzsäure der Spektralanalyse unterworfen, wobei sich neben einer totalen Absorption des violetten Spektralendes zwei Absorptionsbänder zeigen, deren eines von E bis F, und deren zweites etwa von

---

[1]) Zeitschr. f. öffentl. Chem. 1898, **4**, 563; vgl. Zeitschr. f. Untersuchung d. Nahrungs- u. Genußmittel 1899, **2**, 538.

der Mitte zwischen D und E bis nahe E reicht. — Zum Nachweise von Orleans wird die erwähnte Seifenlösung zum Sieden erhitzt und dann entfettete Baumwolle in derselben ausgefärbt. Die Färbungen sind nicht sehr echt, man darf daher die Baumwolle nach dem Herausnehmen aus dem Bade nur wenig spülen und muß sie rasch trocknen. Die lichtrotgefärbte Baumwolle gibt folgende für Orleans kennzeichnende Reaktionen: — Salzsäure: Faser wenig verändert oder lebhafter rot. — Schwefelsäure: Faser und Lösung blau. — Natronlauge: wenig verändert. — Ammoniak desgleichen.

     c) *Bei sonstigen Nahrungsmitteln.* Ed. Spaeth[1]) bedient sich zur Gewinnung des Farbstoffes eines besonderen Verfahrens, das auf der Eigenschaft der wässerigen Lösung von salicylsaurem Natrium, Farbstoffe zu lösen, beruht und außer bei Fleisch S. 551 in manchen anderen Fällen gute Dienste leisten kann. Fetthaltige Nahrungsmittel, z. B. Wurst, befreit man zu dem Zwecke zuerst von Fett, indem man sie mit Petroläther auszieht. Hierfür hat Ed. Spaeth[2]) eine besondere Vorrichtung[3]) hergestellt (Fig. 280). Das äußere Kölbchen, das in

Fig. 280.

einen Soxhletschen Extraktionsapparat hineinpassen muß, hat im Boden und in dem eingeschliffenen Deckel 3 Öffnungen. In dieses Glasgefäß paßt wieder ein Schiffchen, das die zu untersuchende Substanz aufnehmen soll. Das Schiffchen wird erst zu $1/3$ mit erbsengroßen Stückchen von ausgeglühtem Bimsstein gefüllt, der Boden des Glasgefäßes mit einer 1—2 cm dicken gereinigten feinfaserigen Asbestschicht bedeckt, der ganze Apparat $1/2$—1 Stunde bei 105° getrocknet, leer gewogen, darauf mit der Substanz (z. B. 5—10 g Butter, Wurst nach dem Zerkleinern usw.) gefüllt, indem man das Schiffchen neben dem äußeren Gefäß auf die Wagschale stellt, und wieder gewogen. Man stellt dann das Schiffchen entweder erst $1/2$ Stunde auf das Wasserbad oder in einen Trockenraum von 40—50°, darauf mehrere Stunden in einen solchen von 100—105°, trocknet bis zur Gewichtsbeständigkeit, wägt und findet so aus dem Gewichtsverlust gleichzeitig den Wassergehalt. Alsdann gibt man das Gläschen mit Inhalt in den Soxhletschen Extraktionsapparat und entfernt das Fett durch leichtsiedenden Petroläther. Nach dem Verjagen des letzteren durch Erwärmen des Gläschens zieht man die entfettete Masse mit 5 proz. wässeriger Natriumsalicylatlösung aus, indem man etwa 1 Stunde im Wasserbade

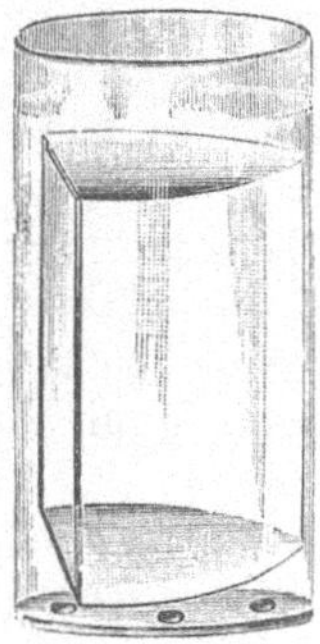

Trocken- u. Extraktionsfläschchen von Ed. Spaeth.

erwärmt. Die bei Anwesenheit von Farbstoffen schön gefärbte Lösung gießt man durch einen mit einem durchlöcherten Platinkonus versehenen Trichter ab, zieht den Rückstand nochmals mit etwas Natriumsalicylatlösung aus, säuert die Lösung mit verdünnter Schwefelsäure an und erhitzt mit etwas fettfreier Wolle. Eine Entfernung der Salicylsäure durch Äther usw. ist nicht notwendig, da diese durch Erhitzen gelöst bleibt und die Niederschlagung des Farbstoffes auf Wolle nicht im geringsten stört. Die gefärbte Wolle kann als Beweismittel für das Vorhandensein eines künstlichen Farbstoffes dienen. Bei gefärbten Fruchtdauerwaren (Preiselbeeren, Marmeladen, Obstkraut und Obstsirup) verfährt man wie folgt:

     Man erhitzt 30—50 g der Früchte nach Zusatz von Wasser und einigen Gramm Natriumsalicylat in einem Becherglase $1/2$ Stunde im kochenden Wasserbade, filtriert, wäscht den Rückstand mit heißem Wasser aus, setzt zu dem Filtrat einige Kubikzentimeter verdünnte Schwefelsäure, erhitzt die Flüssigkeit im kochenden Wasserbade, gibt einige Fäden fettfreier Wolle dazu und erhitzt noch $1/2$ Stunde. Sind künstliche Farbstoffe vorhanden, so ist die Wolle mehr oder weniger stark gefärbt; man wäscht sie mit Wasser und dann mit Alkohol aus.

---

[1]) Zeitschr. f. Untersuchung d. Nahrungs- u. Genußmittel 1901, **4**, 1020; 1904, **7**, 310.

[2]) Zeitschr. f. angew. Chem. 1893, 513.

[3]) Zu beziehen durch Glasbläser Hildenbrand in Erlangen.

Zur Isolierung der Farbstoffe aus gefärbten Mehlpräparaten erhitzt man sie mit 50proz. Alkohol und einigen Gramm Natriumsalicylat im Wasserbade und fixiert in dem Filtrate die Farbstoffe auf Wolle wie bei den Fruchtdauerwaren. Auf diese Weise konnten aus gefärbtem Gries und gefärbten Eiernudeln die Farbstoffe leicht isoliert werden. Aus gefärbten Macisblüten, die neben wenig Macis fast nur gefärbtes und nur mit Macisöl parfümiertes Semmelmehl enthielten, konnte nach dem für Mehlprodukte beschriebenen Verfahren der Farbstoff leicht ausgezogen werden.

2. Ausschütteln der Farbstofflösung mit Äther vor und nach dem Übersättigen mit Ammoniak.

Da einige Teerfarbstoffe in Äther löslich sind, so kann man sie von anderen natürlichen Pflanzenfarbstoffen in der Weise trennen, daß man die Flüssigkeiten (etwa 100 ccm) mit Äther (etwa 30 ccm) in einem Zylinder von etwa 150 ccm Inhalt durchschüttelt und eine 2. Probe nach vorherigem Zusatz von 5 ccm Ammoniak in derselben Weise behandelt. Von den ätherischen Schichten hebt man mit einer Pipette 20 ccm klar ab, verdunstet den Äther, ohne zu filtrieren[1]), über einem 5 cm langen Wollfaden. Die an den Rändern des Schälchens sich abscheidenden Teile des Verdunstungsrückstandes löst man durch vorsichtiges Umschwenken in dem noch nicht verdunsteten Äther wieder auf. Wird der Wollfaden nach dem Verdunsten des Ätherauszuges der mit Ammoniak übersättigten Probe rot gefärbt, so sind Teerfarbstoffe vorhanden. Rührt die rote Färbung von natürlichen Pflanzenfarbstoffen her, so erscheint der Wollfaden, z. B. bei Rotwein, rein weiß, während er nach Verdunsten des Ätherauszuges der ursprünglichen, nicht mit Ammoniak versetzten Probe mehr oder weniger mißfarbig erscheint.

Auf diese Weise lassen sich nach Hasterlick Fuchsin, Safranin und Chrysoidin (z. B. im Rotwein) nachweisen; für andere Anilinfarbstoffe wie Säurefuchsin (rosanilinsulfosaures Natrium) und viele Azofarbstoffe liefert das Verfahren keine positiven Ergebnisse.

3. Ausschütteln der ursprünglichen, angesäuerten und ammoniakalischen Flüssigkeit mit Amylalkohol.

Auch der Amylalkohol löst verschiedene Teerfarbstoffe und wird besonders zum Nachweise der letzteren im Rotwein mitverwendet. Man durchschüttelt zu dem Zweck je 100 ccm der ursprünglichen, der mit Schwefelsäure angesäuerten und der mit Ammoniak übersättigten Flüssigkeit (Wein) mit je 30 ccm Amylalkohol und befördert die Trennung der Schichten, wenn nötig, durch Zentrifugieren.

a) Ist der amylalkoholische Auszug der mit Ammoniak übersättigten Flüssigkeit rot gefärbt, so sind basische Teerfarbstoffe vorhanden. Man hebt dann den klaren Amylalkohol ab, verdampft ihn unter Zusatz von etwas Essigsäure auf dem Wasserbade und kann mit dem Rückstand weitere Reaktionen zur Feststellung des Farbstoffes vornehmen.

b) Der amylalkoholische Auszug des mit Schwefelsäure angesäuerten Anteiles der Flüssigkeit enthält neben den künstlichen Säurefarbstoffen auch die natürlichen Pflanzenfarbstoffe wie z. B. von Wein. Um letztere zu entfernen, wird der von der unteren Flüssigkeit abgehobene Amylalkohol mit dem gleichen Volumen Wasser und dann tropfenweise mit Ammoniak bis zur alkalischen Reaktion versetzt. Die natürlichen Pflanzenfarbstoffe werden durch den Ammoniakzusatz grün bis grünbraun verfärbt, während die vorhandenen Teerfarben unverändert (z. B. rot) bleiben und beim Schütteln in das unter dem Amylalkohol befindliche Wasser übergehen. Letzteres wird zur Trockne eingedampft und kann der so erhaltene Rückstand zu besonderen Reaktionen verwendet werden.

c) Ist der amylalkoholische Auszug der ursprünglichen, d. h. nicht mit Ammoniak oder Schwefelsäure versetzten Flüssigkeit rot gefärbt, so können Teerfarbstoffe, aber auch

---

[1]) Durch vorherige Filtration können kleine Mengen Farbstoff, z. B. Fuchsin, in dem Filter zurückgehalten werden.

natürliche Pflanzenfarbstoffe vorhanden sein. Man trennt letztere alsdann in derselben Weise wie unter b) von den Teerfarbstoffen. Durch dieses Verfahren lassen sich auch Säurefuchsin und die Azofarbstoffe nachweisen.

4. Fällen mit Bleiessig.

Man versetzt 100 ccm gefärbte Flüssigkeit mit etwa 30 ccm Bleiessig, erwärmt die Mischung schwach, schüttelt gut um und filtriert. Ist das Filtrat gefärbt, so können basische Teerfarbstoffe vorhanden sein; da aber nicht sämtliche natürlichen Pflanzenfarbstoffe durch Bleiessig gefällt werden, sondern das Filtrat ebenfalls färben, so behandelt man zum sicheren Nachweise von Teerfarbstoffen das Filtrat nach 3 mit Amylalkohol. Da durch Bleiessig ferner nur die basischen Teerfarbstoffe angezeigt werden, so muß zum Nachweise von Säure- oder Azofarben noch die folgende, die sog. Cazeneuvesche Probe mit gefälltem gelben Quecksilberoxyd durchgeführt werden.

5. Behandlung mit gefälltem gelben Quecksilberoxyd nach P. Cazeneuve[1]).

10 ccm Flüssigkeit (Wein) werden in der Kälte mit 0,2 g gelbem Quecksilberoxyd — rotes darf nicht verwendet werden — 1 Minute lang geschüttelt und nach dem Absitzen durch ein 3—4faches angefeuchtetes Filter filtriert; in derselben Weise wird eine 2. Probe von Flüssigkeit mit 0,2 g gelbem Quecksilberoxyd einmal ausgekocht und dann 1 Minute lang geschüttelt. Nach dem vollständigen Absitzen des Quecksilberoxyds wird die Flüssigkeit durch ein 3—4faches Filter filtriert. Erscheint dieses Filtrat trübe, so ist das ein Zeichen, daß zu wenig geschüttelt oder aufgekocht oder absitzen gelassen wurde; der Versuch muß dann wiederholt werden. Die etwaige trübe Beschaffenheit des Filtrats ist keineswegs die Folge einer Farbfälschung. Ein klares, aber gefärbtes Filtrat ist dagegen für den Nachweis von Teerfarben beweisend. Ist das Filtrat farblos, so können doch noch Teerfarbstoffe vorhanden sein; denn einige Teerfarbstoffe, z. B. Erythrosin, Eosin und einige blaue Teerfarbstoffe, werden ebenso wie natürliche Pflanzenfarbstoffe durch Quecksilberoxyd zurückgehalten.

Dagegen können auf diese Weise mit Sicherheit erkannt werden: Säurefuchsin, Bordeauxrot B, Roccelinrot, Purpurrot, Crocein BBB, Ponceau RB, Orange R, RR, RRR, Orange II, Tropäolin M, Tropäolin II, Kongorot, Amarantrot, Cochenilleextrakt I, 2B, Benzopurpurin, Biebricher Scharlach und Heßpurpur. Einige andere Teerfarbstoffe, z. B. Safranin, Chrysoidin, Chrysoin, Methyleosin, Rot I, Rot NN, Ponceau RR, werden von dem Quecksilberoxyd zum Teil zurückgehalten und können daher, wenn sie nur in geringer Menge vorhanden sind, dem Nachweise entgehen.

Statt fertig gebildetes gelbes Quecksilberoxyd anzuwenden, verfährt man auch wohl in folgender Weise:

10 ccm Flüssigkeit, z. B. Wein, werden mit 10 ccm einer kaltgesättigten Quecksilberchloridlösung geschüttelt, sodann mit 10 Tropfen Kalilauge (vom spezifischen Gewicht 1,27) versetzt, wieder geschüttelt und durch ein trockenes Filter filtriert.

Es empfiehlt sich, für den Nachweis von Teerfarbstoffen in Nahrungs- und Genußmitteln alle oder doch mehrere der vorstehenden Verfahren gleichzeitig anzuwenden, wenn die Prüfung ganz sichere Ergebnisse liefern soll.

6. Verhalten der Teerfarbstoffe gegen Säuren, Alkalien, Reduktionsmittel usw.

Die vorstehenden Verfahren geben die Mittel und Wege zum Nachweise der Teerfarbstoffe neben Pflanzenfarbstoffen nur im allgemeinen an; es sind aber auch noch verschiedene Verfahren zur Trennung und Erkennung der Teerfarbstoffe untereinander angegeben. Otto

---

[1]) Compt. rendus 1886, **102**, 51.

N. Witt[1]) verwendete dazu das Verhalten der Teerfarbstoffe gegen Wasser, chemisch reine Schwefelsäure, Salzsäure, Ammoniak, Zinkstaub sowie die gebräuchlicheren Reagenzien der qualitativen unorganischen Analyse und vermochte mit diesen Reagenzien wenigstens die löslichen und gleichfarbigen Teerfarbstoffe in bestimmte Gruppen (basische und saure usw.) zu zerlegen und einzelne Glieder dieser Gruppen voneinander zu unterscheiden.   E. Weingärtner[2]) hat die Untersuchungen Witts vervollständigt, indem er auch die wasserunlöslichen festen oder pastenförmigen Teerfarbstoffe hinzuzog, die wasserlöslichen Teerfarbstoffe durch Tannin-Reagens in basische und saure Farbstoffe trennte und jede dieser Gruppen durch Reduktion mit Zink und Salzsäure bzw. Zink und Ammoniak in Untergruppen usw. zerlegte. A. G. Rota[3]) verwendet als Reduktionsmittel Zinnchlorür und Salzsäure und vermag je nach dem im Farbstoff vorhandenen Chromophor und salzgebenden Bestandteil die Teerfarbstoffe in bestimmte Klassen zu teilen, zunächst in eine reduzierbare und nichtreduzierbare Hauptgruppe. Die erstere teilt er, je nachdem sie durch einige Tropfen Eisenchlorid oder Schütteln mit Luft, nach Neutralisation mit Kalilauge die ursprüngliche Farbe wieder annehmen oder nicht, weiter in wieder oxydierbare und nicht wieder oxydierbare Teerfarbstoffe. Die durch Zinnchlorür + Salzsäure nicht reduzierbaren Teerfarbstoffe zerlegt er ebenfalls in 2 Klassen, von denen die eine die Chromophorgruppe „Imidochinoncarbon" — N = R = C =, die andere die Chromophorgruppe „Oxychinoncarbon" O = R = C = enthält.

Die vorstehenden Verfahren sind für die Bestimmung und Unterscheidung der im Handel vorkommenden Teerfarbstoffe als solche ausgearbeitet.

K. E. Dembrowski[4]) hat aber das Verfahren von E. Weingärtner noch auf seinen Empfindlichkeitsgrad geprüft und gefunden, daß sich durch das Tannin-Reagens[5]) die Farbstoffe noch in folgender Verdünnung — freilich erst nach 20 stündigem Stehen — nachweisen lassen: Rhodamin B und Brillantgrün in einer Verdünnung von 1 : 70000, Chrysoidin und Vesuvin in einer solchen von 1 : 10000 — wenn man länger stehen läßt, auch noch in stärkerer Verdünnung —. Lassen sich auf diese Weise die Farbstoffe nicht erkennen, so gelingt ihr Nachweis meistens noch durch tannierte, d. h. mit Tannin gebeizte Baumwolle; durch das Tannin können nur die basischen Teerfarbstoffe niedergeschlagen werden — auf tannierte Baumwolle schlagen sich auch einige saure Teerfarbstoffe nieder —. Wendet man daher neben tannierter auch ungebeizte Baumwolle an, so kann man hieraus erkennen, ob ein basischer oder saurer Teerfarbstoff vorliegt. Durch Reduktion (Entfärben) lassen sich noch nachweisen: Safranin in einer Verdünnung von 1 : 200 000, Phloxin BBN in einer solchen von 1 : 10000—20000, Echtblau BA in einer solchen von 1 : 20000—40000. Durch Zusatz von Natriumacetat lassen sich schwache Färbungen verstärken. Auch die Fixierung der Farbstoffe auf Wolle — Seide liefert empfindlichere Reaktionen — auf etwa 10 qcm ist sehr empfindlich und kann das gefärbte Gewebe zu Reaktionen, besonders mit Schwefelsäure, dienen. Spektroskopisch lassen sich nach Dembrowski nur einige wenige Teerfarbstoffe, wie Rhodamin B und Brillantgrün, in starken Verdünnungen (1 : 60000—70000) und in 1 cm Schichtdicke mit Sicherheit nachweisen.

In nachstehenden Tabellen mögen für einige wichtige, zur Färbung von Nahrungs- und Genußmitteln verwendete Teerfarbstoffe nach dem schon angegebenen Werke von Schultz-Julius (S. 549) verschiedene Reaktionen, die zur Identifizierung derselben mit dienen können, zusammengestellt werden.

---

1) Chem. Industrie 9, 1; Zeitschr. f. analyt. Chem. 1887, 21, 101.

2) Chem.-Ztg. 1887, 11, 13; 1888, 22, 232.

3) Ebendort 1898, 22, 437; Chem. Centralblatt 1898, 2, 384.

4) Nach einer Inaug.-Diss. Odessa 1904 in Zeitschr. f. Untersuchung d. Nahrungs- u. Genußmittel 1906, 12, 634.

5) Das Tannin-Reagens besteht aus 25 g Tannin, 25 g essigsaurem Natrium und 250 g Wasser.

1. Rote Teerfarbstoffe.

| Handelsname | Wissenschaftliche Bezeichnung | Löslichkeit in Wasser (W.) und Alkohol (A.) | Verhalten gegen | | | Färbt Seide (S.), Wolle (Wo.) und Baumwolle (B.) | Wird durch $SnCl_2 + HCl$[3] |
			konzentrierte Salzsäure	konzentrierte Schwefelsäure	Natronlauge		
a) Bedenkliche bzw. schädliche rote Teerfarbstoffe.							
1. Bismarckbraun, Manchester- oder Zimtbraun	Salzsaures m-Phenylendiamin-dis-azo-bi-m-phenylendiamin	In W. und A. mit brauner Farbe	Gelblichere Färbung	Braun, gelöst mit W. rot bis gelb	Braune Fällung	Wo. und tannierte B. rotbraun	heller
2. Echtbraun G, Säurebraun [D]	Natriumsalz des Bisulfanilsäure-disazo-α-naphthols	In W. rotbraun	Violetter Niederschlag; in verd. HCl violette Lösung	Violette Lösung; mit W. gelbbraun	Kirschrote Färbung	Wo. in saurem Bade braun	heller
3. Corallin[1] (technisches)[2]	Gemenge von Rosolsäure-Derivaten. (Hauptbestandteil Aurin)	In W. rot, in A. fuchsinrot	Gelbe Lösung und braungelbe Flocken	Gelbe Lösung, mit W. dgl. und gelber Niederschlag	Kirschrote Färbung[2]	—	—
4. Fuchsin[1] oder Brillantfuchsin, Rubin oder Magenta	Gemisch von salzs. und essigs. Pararosanilin u. dem entspr. Salz des Rosanilins	In W. und A. rot; in Amylalkohol leichter löslich; in Äther unlöslich	Gelbe Lösung	Gelbbraune Lösung; mit W. fast farblos	Fast farblos unter Abscheidung d. Base	Wo., S. u. tannierte B. rot	langsam entfärbt
5. Safranin T [B] oder Safranin CG extra, Safranin FF usw.	m-Phenyl- oder Tolyldiamidoazoniumchlorid; Gemisch von $C_{20}H_{19}N_4Cl$ und $C_{21}H_{21}N_4Cl$	In W. rot; in A. auch rot mit gelbroter Fluorescenz	Blauviolette Lösung	Rötlichgraue Lösung; mit W. blau, dann blau- und endlich rotviolett	Keine Veränderung; bei Überschuß teilweise Fällung	Wo., S. u. tannierte B. rot	beim Erwärmen entfärbt
6. Orange II [B] oder β-Naphtholorange, Tropäolin 000 Nr. 2 oder Mandarin	Natriumsalz des Sulfanilsäure-azo-β-Naphthols	In W. rotgelb, in A. leicht löslich, orange	Braungelber Niederschlag	Fuchsinrote Lösung; mit W. braungelber Niederschlag	Dunkelbraune Lösung	Wo. u. S. in saurem Bade orange	—

[1] Corallin und Fuchsin sind in reinem Zustande nicht giftig (vgl. Th. Weyl, Die Teerfarben, Berlin 1889). Corallin enthielt früher häufig Phenol, Fuchsin ebenso Arsen; diese Verunreinigungen werden aber in den Farbstoffen jetzt kaum mehr gefunden. Das Fuchsin gibt auch ein kennzeichnendes Spektrum.

[2] Das technische Corallin unterscheidet sich nach L. Grünhut (Zeitschr. f. öffentl. Chem. 1898, **4**, 563) von Aurin und Rosolsäure dadurch, daß seine kirschrote bzw. purpurrote Auflösung in Natronlauge durch Zusatz von Ferricyankalium noch dunkler und stärker gefärbt wird, was von einem Gehalt an Pseudorosolsäure herrührt. Bleibt diese Reaktion aus, so liegt kein Corallin vor. Zur Prüfung verreibt man das Nahrungsmittel mit Quarzsand oder verdampft Flüssigkeiten hiermit, kocht nacheinander mit Äther und Alkohol aus, verdunstet letztere, zieht den Rückstand mit verdünnter Natronlauge aus und versetzt die Lösung mit Ferricyankalium. Um ganz sicher zu gehen, soll man die Pseudorosolsäure nach Zulkowski (Liebigs Annalen 1878, **194**, 123) abzuscheiden suchen. Im Filtrat der Pseudorosolsäure muß Aurin nachzuweisen sein.

[3] Statt Zinnchlorür + Salzsäure können zur Reduktion behufs Entwickelung von Wasserstoff noch Zinkstaub bzw. Zinkstaub und Ammoniak oder auch Zink und Salzsäure angewendet werden; zur darauffolgenden Oxydation verwendet man außer Schütteln mit Luft meistens Eisenchlorid.

b) Unschädliche rote Teerfarbstoffe.

Handelsname	Wissenschaftliche Bezeichnung	Löslichkeit in Wasser (W.) und Alkohol (A.)	Verhalten gegen: konzentrierte Salzsäure	konzentrierte Schwefelsäure	Natronlauge	Färbt Seide (S.), Wolle (Wo.) und Baumwolle (B.)	Wird durch $SnCl_2 + HCl$
7. Amarant oder Echtrot E [B] oder Echtrot NS' oder Naphtholrot S [B] oder Pourgon [LP] oder Bordeaux	Natriumsalz der Naphthionsäure-azo-2-naphthol-3-6-sulfosäure	In W. fuchsinrot, in A. schwer löslich	Unverändert	Violette Lösung; mit W. blauviolett	Wird dunkel	Wo. u. S. in saurem Bade bläulichrot	heller
8. Echtrot [A] [DH] [Lev.] oder Echtrot E [B] oder Säurekarmosin	Natriumsalz der Naphthionsäure-azo-2-naphthol-6-sulfosäure	In W. bordeauxrot; in A. ziemlich leicht mit roter Farbe	Unverändert	Violette Lösung; mit W. rote Lösung	Braune Färbung	Wo. in saurem Bade rot	heller
9. Echtrot B oder Bordeaux B oder Rouge B	Natriumsalz der α-Naphthylamin-azo-2-naphthol-3-6-disulfosäure	In W. fuchsinrot; in A. ziemlich leicht mit blauroter Farbe	Unverändert	Blaue Lösung; mit W. fuchsinrot	Gelbbraun	Wo. u. S. in saurem Bade bordeauxrot	heller
10. Congo¹) oder Congo Red R [H] od. Direktrot C [PL]	Natriumsalz der Benzidin-diazo-bi-1-naphthylamin-4-sulfosäure	In W. rotbraun	Blauvioletter Niederschlag; ebenso mit Essigsäure	Blaue Lösung; mit W. blauer Niederschlag	Rotbrauner Niederschlag; in W. löslich	Wo. und B. direkt rot	entfärbt
11. Erythrosin B usw. oder Erythrosin I extra, Pyrosin B [Mo], Jodeosin B usw.	Alkalisalz des Tetrajod-Fluoresceins $C_{20}H_6O_5J_4Na_2$ $C_{20}H_6O_5J_4K_2$ ·	In W. kirschrot, ohne Fluorescenz	Braungelber Niederschlag	Braungelbe Lösung; beim Erwärmen entweicht Jod; mit W. braungelber Niederschlag	Lösliche rote Fällung	Wo. und mit Tonerde gebeizte B. blaurot	orangegelb
12. Ponceau 4 GB oder Croceinorange oder Brillantorange G [M]	Natriumsalz der Anilin-azo-2-Naphthol-6-sulfosäure	In W. leicht löslich mit orangegelber Farbe; in A. ziemlich leicht löslich, orange	Gelbbrauner Niederschlag	Orangegelbe Lösung; mit W. gelbbrauner Niederschlag	Braungelbe Lösung	Wo. in saurem Bade orangegelb	entfärbt
13. Ponceau 2R oder P. Cc oder GR oder P. R oder Xylidinscharlach oder Xylidin-Ponceau	Natriumsalz der Xylidin-azo-2-Naphthol-3-6-disulfosäure	In W. leicht löslich mit gelbroter Farbe	Unverändert	Kirschrote Lösung; mit W. rotgelbe Lösung	Dunkler und gelber	Wo. in saurem Bade rot	sehr langsam entfärbt

¹) Dient auch als Indicator.

2. Orange bzw. violette Teerfarbstoffe.

Handelsname	Wissenschaftliche Bezeichnung	Löslichkeit in Wasser (W.) und Alkohol (A.)	Verhalten gegen			Färbt Seide (S.), Wolle (Wo.) und Baumwolle (B.)	Wird mit $SnCl_2 + HCl$
			konzentrierte Salzsäure	konzentrierte Schwefelsäure	Natronlauge		
a) Bedenkliche bzw. schädliche orange Teerfarbstoffe.							
14. Chrysoidin [1]	Salzsaures Diamido-azobenzol $C_{12}H_{12}N_4$ · HCl	In W. mit orange-gelber Farbe	Braungelbe Flocken, gallertartige Fällung	Braungelbe Lösung; mit W. kirschrote Lösung	Rotbrauner Nieder-schlag, der bei 117° schmilzt; schwer in W., leicht in A. und Äther löslich	Wo. und S. direkt, B. nach Tannieren orange	orange
15. Orange IV oder Or. N; Or. GS; oder Säuregelb D; Tropäolin 00; Neugelb; Diphenylorange	Natriumsalz des Sulfanilsäure-azo-Diphenylamins	In W. und A. leicht, auch in Äther löslich mit orangegelber Farbe; in Benzol un-löslich	Violetter Nieder-schlag	Violette Lösung; mit W. violetter Nieder-schlag	Eigelber Nieder-schlag	Wo. in saurem Bade orangegelb	dunkler
b) Unschädliche orange Teerfarbstoffe.							
16. Orange I oder α-Naphtholorange od.Tropäolin 000 Nr.1 oder Orange R extra	Natriumsalz des Sulfanilsäure-azo-α-Naphthols	In W. orangegelb; in A. leicht löslich, orange	Brauner Nieder-schlag	Violette Lösung; mit W. rotbraun	Kirschrote Lösung	S. u. Wo. in saurem Bade orange	—
17. Azoblau	Natriumsalz der o-Tolidin-Disazo-bi-1-naphthol-4-sulfo-säure	In W. violett	Violetter Nieder-schlag	Blaue Lösung; mit W. violett	Fuchsinrot bzw. lös-liche dunkelrote Fäl-lung	B. im Seifenbade violett	entfärbt
18. Helianthin, Orange III, Tropäo-lin D oder Methyl-orange	Natriumsalz des Sulfanilsäure-azo-Dimethylanilins	In W. goldgelb	Fuchsinrot und rot-braune Fällung	Braun; mit W. fuchsinrot	Orangegelber Nie-derschlag, in viel W. löslich	S. u. Wo. in saurem Bade orange	—
19. Eosin A. Eosin Cc extra, Eosin gelb-lich, Eosin TJ F usw.	Alkalisalze des Te-trabromfluoresceins; $C_{20}H_6O_5Br_4Na_2$ und $C_{20}H_6O_5Br_4K_2$	In W. u. A. blaurot, mit grüner bzw. gelb-grüner Fluorescenz	Gelbrote Flocken	Gelbe Lösung; mit W. gelbroter Nieder-schlag	Dunkler u. gelbrote Ausscheidung	Wo. u. S. in schwach saurem Bade rot; S. mit gelbroter Fluo-rescenz	orangegelb

[1] Das Chrysoidin bewirkt nach Th. Weyl in geringem Grade Albuminurie und eine bemerkenswerte Abnahme des Körpergewichtes.

3. Gelbe Teerfarbstoffe.

Handelsname	Wissenschaftliche Bezeichnung	Löslichkeit in Wasser (W.) und Alkohol (A.)	Verhalten gegen			Färbt Seide (S.), Wolle (Wo.) und Baumwolle (B.)	Wird durch SnCl₂ + HCl
			konzentrierte Salzsäure	konzentrierte Schwefelsäure	Natronlauge		

a) Bedenkliche bzw. schädliche gelbe Teerfarbstoffe.

Handelsname	Wissenschaftliche Bezeichnung	Löslichkeit in Wasser (W.) und Alkohol (A.)	konzentrierte Salzsäure	konzentrierte Schwefelsäure	Natronlauge	Färbt Seide (S.), Wolle (Wo.) und Baumwolle (B.)	Wird durch SnCl₂ + HCl
20. Aurantia [1]) oder Kaisergelb	Ammonium- oder Natriumsalz des Hexanitrodiphenylamins	In W. orangegelb	Gelber Niederschlag d. Nitrosäure (Schm. 238°)	Blaßgelbe Lösung; mit W. gelb	Tieforange gelbe Lösung	Wo. gelb; auch Leder in saurem Bade	—
21. Pikrinsäure [2])	Symmetrisches Trinitrophenol	In kaltem W. schwer, leicht in A., Äther und Benzol	Keine Veränderung	Desgl.	Dunkelgelb [2]), kein Niederschlag	Wo. u. S. in saurem Bade grünlichgelb	heller; mit Zink und HCl blau
22. Martiusgelb oder Naphthylamingelb, Jaune d'or, Manchestergelb, Naphtholgelb	Natrium- oder Calciumsalz des 2-4-dinitro-1-naphthols $C_{10}H_5N_2O_5Na + H_2O$ bzw. $C_{20}H_{10}N_4O_{10}Ca + 6 H_2O$	In W. und A. löslich, gelb	Fällt Dinitro-α-naphthol	Gelbe Lösung; mit W. hellgelb	Rötliche Flocken bzw. Niederschlag	Wo. in saurem Bade goldgelb	orangerot (auf Zusatz von Ammoniak)
23. Metanilgelb od. Orange MN, Tropäolin G, Viktoriagelb	Natriumsalz des m-Amidobenzolsulfonsäure-azo-Diphenylamins	In W. u. A. orangegelb; in Äther etwas löslich	Fuchsinrot unter Abscheidung von etwas Niederschlag	Violette Lösung; mit W. fuchsinrot	Unverändert; mit viel NaOH gelbe Blättchen	Wo. in saurem Bade orangegelb	braun, purpur werdend
24. Chrysamin R [3])	Natriumsalz der o-Tolidin-disazo-bi-salicylsäure	In W. braungelb	Abscheidung brauner Flocken	Rotviolette Lösung; mit W. braune Flocken	Rotbraune Färbung bzw. Fällung	B. im Seifenbade gelb	orange

[1]) Aurantia hat sich in einzelnen Sorten als ungiftig, in anderen als giftig erwiesen; aus dem Grunde möge es unter den „bedenklichen" Teerfarbstoffen seinen Platz finden. Der feste Farbstoff verbrennt unter Verknistern bzw. Verpuffen.

[2]) L. Grünhut empfiehlt (Zeitschr. f. öffentl. Chem. 1898, **4,** 563) zum Nachweise der Pikrinsäure zunächst die Ausfärbung der Lösung mittels weißer Seidenfäden in neutraler oder schwach schwefelsaurer Lösung während 2 Stunden; tritt hierbei keine Gelbfärbung ein, wohl aber, wenn eine Spur Pikrinsäure zugesetzt wird, so ist in dem Gegenstand keine Pikrinsäure vorhanden gewesen. Tritt dagegen bei dem ursprünglichen Versuch Gelbfärbung auf, so wird die mit Schwefelsäure angesäuerte wässerige Lösung mit Äther ausgeschüttelt, die ätherische Lösung zur Trockne verdampft, der Rückstand mit Wasser aufgenommen und in letztere Lösung ein Seidenfaden gebracht; wird dieser gelb gefärbt, so ist die Anwesenheit von Pikrinsäure anzunehmen. Behufs sicheren Nachweises kocht man einen Teil der wässerigen Lösung mit Cyankalium und Kalilauge, wodurch infolge Bildung von isopurpursaurem Kalium Rotfärbung auftritt; durch Kochen mit Natronlauge und Glucose läßt sich die Prikrinsäure in Pikraminsäure (rote Nadeln) umwandeln

[3]) Das Chrysamin R bewirkt nach Fr. Weyl Diarrhöe und geringe Albuminurie; wird aber sonst vom Magen aus als ungiftig bezeichnet.

| Handelsname | Wissenschaftliche Bezeichnung | Löslichkeit in Wasser (W.) und Alkohol (A.) | Verhalten gegen | | | Färbt Seide (S.), Wolle (Wo.) und Baumwolle (B.) | Wird durch $SnCl_2$ + HCl |
			konzentrierte Salzsäure	konzentrierte Schwefelsäure	Natronlauge		
25. Safransurrogat oder Viktoriagelb	Kaliumsalz von Di-nitro-p-Kresol und Dinitro-o-Kresol	In W. u. A. stark gelb	—	—	—	—	mit Zink u. HCl blutrot

b) Unschädliche gelbe Teerfarbstoffe.

Handelsname	Wissenschaftliche Bezeichnung	Löslichkeit in Wasser (W.) und Alkohol (A.)	konzentrierte Salzsäure	konzentrierte Schwefelsäure	Natronlauge	Färbt Seide (S.), Wolle (Wo.) und Baumwolle (B.)	Wird durch $SnCl_2$ + HCl
26. Brillantgelb (Schoellkopf)	Natriumsalz der Di-nitro-α-naphthol-sulfosäure $C_{10}H_5N_2O_8SNa_2$	In W. gelbbraun[1]	Heller gefärbt, nicht gefällt	—	Orangegelber Niederschlag	—	wie Martiusgelb
27. Naphtholgelb S oder Schwefelgelb S, Säuregelb S, Anilin-gelb, Citronin, Jaune acide usw.	Kalium- od. Natrium-salz der 2-4-Dinitro-1-naphthol-7-sulfo-säure $C_{10}H_4N_2O_8SK_2$ bzw. $C_{10}H_4N_2O_8SNa_2$	In W. leicht löslich mit gelber Farbe	Heller; wird nicht gefällt	Grünlichgelb; mit W. heller ohne Fällung; zugesetzter Äther bleibt farblos	Keine Fällung. Mit KOH flockiger Nie-derschlag	Wo. u. S. in saurem Bade gelb	entfärbt

[1] Mit Eisenchlorid färbt sich die Lösung nach Th. Weyl schmutzig-gelbgrün. Im auffallenden Licht ist sie undurchsichtig, fast schwarz. Vor Eintritt der Dunkelfärbung erscheint die Lösung kurze Zeit hindurch rotbraun gefärbt. (Unterschied gegen Pikrinsäure, Dinitrokresol, Martiusgelb, Naphtholgelb S, Brillantgelb und Aurantia.)

4. Grüner (unschädlicher) Teerfarbstoff.

Handelsname	Wissenschaftliche Bezeichnung	Löslichkeit in Wasser (W.) und Alkohol (A.)	konzentrierte Salzsäure	konzentrierte Schwefelsäure	Natronlauge	Färbt Seide (S.), Wolle (Wo.) und Baumwolle (B.)	Wird durch $SnCl_2$ + HCl
28. Lichtgrün SF, gelblich, Säuregrün D, Säuregrün extra usw.	Natriumsalz der Di-methyl-dibenzyl-diamidotriphenyl-carbinoltrisulfosäure	In W. u. A. mit grüner Farbe	Gelbbraune Färbung	Gelbe Lösung; mit W. allmählich grün	Entfärbung und schmutzigviolette Färbung	Wo. u. S. in saurem Bade grün	lebhafter

5. Blaue Farbstoffe.

a) Bedenkliche bzw. schädliche blaue Teerfarbstoffe.

Handelsname	Wissenschaftliche Bezeichnung	Löslichkeit in Wasser (W.) und Alkohol (A.)	konzentrierte Salzsäure	konzentrierte Schwefelsäure	Natronlauge	Färbt Seide (S.), Wolle (Wo.) und Baumwolle (B.)	Wird durch $SnCl_2$ + HCl
29. Methylenblau B, BG [B] oder Meth. BB in Pulver extra, Meth. BB, krystall., Äthylenblau, Bleu méthylène	Chlorhydrat $C_{16}H_{18}N_3SCl$ oder Zinkchloriddoppel-salz $2(C_{16}H_{18}N_3SCl) + ZnCl_2 + H_2O$ des Tetramethyldiami-dophenazthioniums	In W. leicht, in A. weniger leicht lös-lich mit blauer Farbe	Keine Veränderung	Gelbgrüne Lösung; mit W. blaue Lösung	Violette Färbung; mit viel NaOH schmutzigvioletter Niederschlag	Gebeizte B. blau	in die Leukobase übergeführt; Oxydations-mittel stellen die Farbe wieder her

Handelsnahme	Wissenschaftliche Bezeichnung	Löslichkeit in Wasser (W.) und Alkohol (A.)	Verhalten gegen			Färbt Seide (S.). Wolle (Wo.) und Baumwolle (B.)	Wird durch SnCl₂ + HCl
			konzentrierte Salzsäure	konzentrierte Schwefelsäure	Natronlauge		
30. Blauschwarz B[1] od. Naphtholschwarz P oder Azoschwarz O	Natriumsalz der β-Naphthylaminsäure-azo-α-Naphthyla-min-azo-2-naphthol-3,6-difulsosäure $C_{30}H_6N_4O_{13}S_4Na_4$	In W. mit blauvioletter Farbe	Blauer Niederschlag	Grüne Lösung; mit W. blau, dann blauvioletter Niederschlag	Blauer Niederschlag	Wo. in saurem Bade blauviolett bis schwarz	—

b) Unschädliche blaue Teerfarbstoffe.

Handelsnahme	Wissenschaftliche Bezeichnung	Löslichkeit in Wasser (W.) und Alkohol (A.)	konzentrierte Salzsäure	konzentrierte Schwefelsäure	Natronlauge	Färbt Seide (S.). Wolle (Wo.) und Baumwolle (B.)	Wird durch SnCl₂ + HCl
31. Indigodisulfacid, Indigocarmin B, Indigotine B	Indigodisulfosaures Natrium	In W. mit blauer Farbe; in A. wenig löslich	Blauviolett, beim Verdünnen blau	Blauviolett, beim Verdünnen blau	Grün, beim Verdünnen grün bis gelbgrün	Wo. in saurem Bade blau	entfärbt
32. Wollschwarz [A] [B]. Noir pour laine [RF]	Natriumsalz des Amido-azobenzoldi-sulfosäure-azo-p-tolyl-β-naphthyl-amins	In W. mit violetter Farbe	Rotvioletter Niederschlag	Blau; mit W. brauner Niederschlag	Violetter Niederschlag	Wo. in saurem Bade blauschwarz	helolivbraun, allmählich entfärbt

¹) Nach Th. Weyl vom Magen aus unschädlich, vom Unterhautzellgewebe aus schädlich.

Selbstverständlich gibt es außer den aufgeführten unschädlichen Teerfarbstoffen noch eine Reihe anderer Teerfarbstoffe, die ebenfalls unschädlich sein werden; ich habe hier als unschädlich nur solche Farbstoffe aufgeführt, die in der Literatur ausdrücklich als unschädlich aufgeführt sind. (Vgl. hierüber die S. 548 aufgeführte Schrift von Th. Weyl und bezüglich der allgemeinen Eigenschaften der Teerfarbstoffe die S. 549 angeführte tabellarische Übersicht von G. Schultz und P. Julius.)

A. Cutolo[1]) hat zu ermitteln gesucht, wie lange Zeit Teerfarbstoffe in faulenden Nahrungsmitteln sich halten und nachgewiesen werden können. Die verwendeten Nahrungsmittel: Rot- und Weißwein, Sirup, Tomaten- und Fruchtdauerwaren, Liköre, Teigwaren, Stärke- und Eiweißlösung, Stärke mit Wasser und Salzfleisch, wurden unter Bedingungen aufbewahrt, welche die Zersetzung und das Verderben unterstützten. Als Farbstoffe dienten zu den Versuchen folgende:

Fuchsin, Sulfofuchsin, Vinulin (Mischung von Ponceau- und Bordeauxrot), Ponceau, Bordeauxrot, Naphtholgelb S, Martiusgelb, Brillantgrün, Jodgrün, Malachitgrün, Methylenblau. Die Farbstoffe wurden gemäß den bei den aufgeführten Nahrungsmitteln am häufigsten vorkommenden Fälschungen zugesetzt (in Mengen von 0,01 g auf 100 g). Es ergab sich, daß in den alkoholischen Flüssigkeiten die meisten Farbstoffe nicht zersetzt wurden; bei der Zersetzung von Eiweiß wurden alle Farbstoffe zerstört. Die Zerstörung geschah in nachstehender

¹) Nach Revue intern. falsif. 1902, **15**, 17 in Zeitschr. f. Untersuchung d. Nahrungs- und Genußmittel 1904, **17**, 711.

zeitlicher Reihenfolge: 1. Fuchsin und Sulfofuchsin; 2. Jodgrün, Brillantgrün und Malachitgrün; 3. Methylenblau; 4. Naphtholgelb S; 5. Vinulin, Ponceau, Bordeaux, Martiusgelb. Fuchsin
war in etwas mehr als 1 Monat verschwunden. Bordeauxrot und Martiusgelb hielten sich
etwa 6 Monate. — Je eine Probe Tomatenkonserve, welche Salicylsäure und eine Probe Sirup,
welche Saccharin enthielt, wurden nach Beendigung des Versuches auf diese beiden Stoffe
geprüft. Salicylsäure war nicht mehr aufzufinden, während Saccharin noch nachgewiesen
werden konnte.

B. Chemischer Nachweis von Pflanzen- (bzw. Tier-)farbstoffen.

Außer den künstlichen Teerfarbstoffen werden auch noch einige natürliche Pflanzen-
(bzw. Tier-)farbstoffe zur Auffärbung der Nahrungs- und Genußmittel (vorwiegend von
Wein und Butter) verwendet, nämlich:

1. Blauholz (Campecheholz, Blutholz), welches aus dem von Rinde und Splint befreiten Stammholz des in Zentralamerika und auf den Antillen einheimischen Blutholzbaumes
(Haematoxylon campechianum) besteht; es enthält einen blauen Farbstoff „Hämatoxylin",
der auf Tonerdebeize eine grauviolette Färbung erzeugt, die von dem durch Oxydation
an der Luft gebildeten Tonerdelack des Hämateins herrührt.

2. Orseille, bestehend aus verschiedenen Flechtenarten („Krautorseille"), vorzugsweise von Lecanora und Rocella tinctoria, deren beste Sorten von Angola, Ceylon, Madagaskar,
Mozambique und Sansibar kommen. Als hauptsächlichste Erzeugnisse aus den Flechten
kommen im Handel vor: Orseille in Teigform, Orseilleextrakt, französischer
Purpur und Persio (roter Indigo, Cudbear). Aus den stark mit mineralischen Stoffen
verunreinigten Flechten, „Erdorseille", wird der Lackmus gewonnen. Der wichtigste Bestandteil dieser Flechten ist das farbstoffbildende Orcin, welches sich erst während der chemischen Behandlung der Flechten aus den Flechtensäuren bildet und unter der Einwirkung
von Ammoniak (faulem Harn u. dgl.) und Luft in den prächtigroten, krystallinischen Farbstoff, das Orcein, verwandelt. Das Orcin färbt sich mit Chlorkalklösung tiefviolett und
gibt in alkalischer Lösung, mit etwas Chloroform erwärmt, eine purpurrote, nach dem Verdünnen mit Waser stark grünlichgelb fluorescierende Flüssigkeit. Diese empfindliche Reaktion kann zum Nachweise der Orseille dienen.

3. Gelbholz, das Stammholz des in Westindien, Brasilien und Mexiko wachsenden
Färbermaulbeerbaumes (Morus tinctoria); es enthält die Kalkverbindung des an und für
sich farblosen Morins und der Moringerbsäure (Maclurin, Pentaoxybenzophenon). Für die
Benutzung zum Gelbfärben wird die Gerbsäure durch Behandlung mit Gelatine abgeschieden.
Aus dem Gelbholz werden verschiedene Fabrikate, wie „Morin", „Santiago-Neugelb E und K"
„Patentfustin" usw. hergestellt.

Ungarisches Gelbholz, Fiset- oder Fustikholz, ist das braungestreifte Holz von
dem strauchartigen Gerberbaum (Rhus cotinus L.).

4. Quercitron, bestehend aus der von der Oberhaut befreiten, gemahlenen Rinde
der in Amerika einheimischen Färbereiche.

5. Gelbbeeren (Kreuzbeeren), die unreifen, noch grün gesammelten und getrockneten
Früchte einiger Rhamnusarten, vorwiegend aus Persien. Die wässerige Abkochung der Gelbbeeren hat eine gelblichbraune Farbe, die durch Alkalien in Orange umgewandelt wird.

6. Wau, die getrockneten Stengel und Blätter der wildwachsenden oder auch kulti-
vierten geruchlosen Färberreseda; sie enthalten den Farbstoff „Luteolin" und geben ebenso
wie Gelbbeeren, mit Kreide oder Ton gemischt, das Schüttgelb des Handels ab.

7. Orlean. Er wird aus den Früchten der Bixa Orellana gewonnen und kommt in
Form eines knetbaren, außen bräunlichroten, innen roten Teiges vor, der einen unangenehmen
Geruch besitzt und allerlei Verunreinigungen (Blätter, Holzstückchen, Mineralstoffe, Bolus
usw.) enthält. Von den beiden vorhandenen Farbstoffen, dem „Bixin" und „amorphen
Bixin", wird das erstere durch konzentrierte Schwefelsäure tiefblau gefärbt.

8. Gummigutti. Das Gummigutti ist der getrocknete Milchsaft der vorwiegend auf Siam und Ceylon vorkommenden Guttifere Garcinia Morella Desn. Es kommt in Stücken oder Klumpen in den Handel; diese sind schmutzig-grünlichgelb, auf dem Bruche glänzend braungelb, in Pulverform hochgelb. Das Gummigutti enthält etwa 70—80 % Harz (Cambogiasäure), 13—20 % Gummi und $^1/_2$—4 % Farbstoff. Mit Wasser gibt es eine schöne gelbe Emulsion; Alkohol und Äther lösen Harz und Farbstoff leicht unter Zurücklassung von Gummi. Das Gummigutti dient als gelbe Wasserfarbe und wegen seines scharf kratzenden Geschmackes zur Bereitung bitterer Getränke. Es wirkt drastisch giftig.

9. Safran, die Blütennarben der echten Safranpflanze, verdankt seine gelbrote Farbe einem Glucosid, dem Polychroit oder Crocit oder Crocin, das durch Hydrolyse (verdünnte Schwefelsäure) in Crocetin und Crocose gespalten wird. Das Glucosid ist in Wasser, Alkohol und Ölen, weniger in Äther löslich. Konzentrierte Schwefelsäure färbt den Safranfarbstoff zunächst indigoblau, dann violett und zuletzt braun; konzentrierte Salpetersäure ruft zunächst eine blaue, dann gelbe Färbung hervor.

10. Saflor, die getrockneten Blumenblätter der im Orient wachsenden Färberdistel (Carthamus tinctorius L.), die einen in Wasser löslichen gelben und einen hierin unlöslichen roten Farbstoff (Carthamin) enthalten. Um letzteren zu gewinnen, werden die mit Wasser erschöpften Blumenblätter mit 0,15 proz. Sodalösung behandelt, die Lösung wird durch Leinwand filtriert und mit Essigsäure gefällt; der Niederschlag kann durch Lösen in Weingeist und Fällen mit Wasser gereinigt werden. Mit gepulvertem Talk gemengt, wird das Carthamin als rote Schminke angewendet.

11. Cochenille. Unter Cochenille versteht man den von auf Cactusblättern lebenden, meist künstlich gezüchteten Schildläusen herrührenden Farbstoff. Die gesammelten Schildläuse werden entweder durch direkte Sonnenstrahlen (beste Sorte) oder durch Dörren in Öfen (schlechte Sorte) getötet. Eine gute Cochenille besteht nach Mierzinski aus 2—2,5 mm langen schwärzlichen oder bläulich dunkelroten, leicht zerreiblichen, bitter und schwach zusammenziehend schmeckenden Insekten von silbergrauem Aussehen, die auf der flachgewölbten Rückseite parallellaufende Querstreifen zeigen, auf der Bauchseite flach oder konkav sind und gepulvert ein schön rotes Pulver geben. Nach 12—15 stündigem Aufweichen in Wasser lassen sich mittels einer Lupe der Saugrüssel und die an der Bauchseite sitzenden Füße erkennen. Die wässerige Lösung ist karmesinrot gefärbt; durch Alkali wird die Farbe dunkelrot, durch Säure blau. Die Cochenillelösung dient daher als Indicator bei der Alkalimetrie. Aus der Cochenille werden mehrere Farbwaren hergestellt; nämlich: a) Die Küchen-Cochenille, d. h. in Kuchenform gestampfte Cochenille, die nur etwa 80 % des Farbstoffes der gewöhnlichen Cochenille enthält; b) der Carminlack (Florentiner-, Pariser-, Wienerlack), dadurch erhalten, daß eine alkalische Cochenilleabkochung mit Alaun oder mit Alaun und Zinnsalz gefällt wird; c) Carmin, wahrscheinlich ein Tonerdekalkalbuminat des Carminfarbstoffes, dadurch erhalten, daß man den wässerigen, schwach alkalischen Auszug aus der feingemahlenen Cochenille durch eine schwache Säure oder ein saures Salz fällt und nach verschiedenen geheimgehaltenen Verfahren mit Alaun usw. weiter behandelt; d) Cochenille ammoniacale, dadurch erhalten, daß man 1 Teil Cochenille mit 3 Teilen Ammoniak bei vollkommenem Luftabschluß 3 Wochen stehen läßt, 0,4 Teile frisch gefälltes Tonerdehydrat zugibt und bis zum Verschwinden des Ammoniakgeruches eindampft.

12. Lac-Dye wird aus den durch die Stiche der Lackschildlaus veranlaßten harzigen, durch den Farbstoff der Schildlaus gefärbten Ausschwitzungen der Zweige gewisser Feigenbäume Ostindiens, dem sog. Stocklack, dadurch gewonnen, daß man das Harz zunächst durch warmes Auspressen entfernt, den Rückstand mit verdünnter Sodalösung auskocht, eindunstet und die Lösung mit Alaun ausfällt; der Niederschlag wird unter Umständen noch mit Ton, Gips und Kreide vermischt. Die besten Sorten Lac-Dye gleichen den schlechteren Sorten Persio.

13. Rotholz (Brasilien- oder Fernambukholz); es besteht aus dem vom gelben Splint befreiten, rotbraunen bis blauschwarzen Stammholz des in mehreren Varietäten in Brasilien, Zentralamerika, auf Jamaika, den Antillen vorkommenden Rot- oder Blutholzbaumes (Haematoxylon Brasiletto Krst.). Rotholzpulver, längere Zeit dem Lichte ausgesetzt, verliert seine Farbe, wird aber, im Dunkeln und Kühlen aufbewahrt, mit der Zeit viel besser. Es enthält als farbstoffbildenden Körper das „Brasilin", das krystallinisch ist und an der Luft oder durch Oxydation in alkalischer Lösung in das rotfärbende „Brasilein" übergeht; dieses liefert mit Schwefelsäure, Salzsäure und Bromwasserstoffsäure Verbindungen, die beständiger sind und stärker färben als das ursprüngliche Brasilein oder das Rotholz.

14. Krapp. Der Krapp ist die Wurzel bzw. der Wurzelstock der perennierenden Pflanze Rubia (Färberröte), vorwiegend der im mittleren Asien und südlichen Europa einheimischen Rubia peregrina L. Der Wurzelstock ist geruchlos, schmeckt bitterlich-süß, adstringierend und wurde früher auch bei Verdauungsschwäche und als Diureticum benutzt; nach längerem Genuß teilt sich die in ihm enthaltene rote Farbe den Drüsensekreten und auch den Knochen mit. Er enthält die in heißem Wasser, Weingeist und Äther lösliche „Ruberythrinsäure", ein saures Glucosid, das durch Kochen mit verdünnter Salzsäure in Zucker und in das schwachsaure, in dunkelgelben bis orangeroten Prismen krystallisierende, bei 290° schmelzende und sublimierende, in kochendem Wasser, Alkohol, Äther, Benzin lösliche, in Alaunlösung fast unlösliche Alizarin (Lizarinsäure, Krapprot) zerfällt, welches sich in dem getrockneten Krapp teilweise fertig gebildet vorfindet. Durch Gärung soll das Alizarin in Purpurin, einen anderen roten, in Alaunlösung löslichen Farbstoff, umgewandelt werden.

Jetzt wird das Alizarin künstlich durch Schmelzen von Anthrachinonsulfonsäure mit Äthylalkalien und Abscheiden des Alizarins aus der Schmelze durch Salzsäure gewonnen. Technisches Alizarin ist ein gelbbrauner Teig, reines Alizarin bildet rote Nadeln, die in Wasser kaum, in Weingeist und Äther mit gelber Farbe leicht löslich sind. Aluminiumsalze fällen aus seinen Lösungen rote, Chromisalze braune, Ferrisalze schwarzviolette Verbindungen (Krapplacke) .

Außer diesen Pflanzenfarbstoffen werden zum Auffärben anderer Nahrungs- und Genußmittel noch verwendet:

Zum Grünfärben: Chlorophyll oder Blattgrün (Saft von Spinat).

Zum Gelbfärben: der Saft von Mohrrüben, Ringelblumen.

Zum Rotfärben: Saft von Heidel-, Ligusten-, Holunderbeeren, Kirschen und Malvenblüten.

Der Nachweis dieser und anderer Pflanzenfarbstoffe bzw. ihre Erkennung nebeneinander ist mit noch größeren Schwierigkeiten verbunden als bei den Teerfarbstoffen, ja in den meisten Fällen mit Sicherheit gar nicht möglich. Zur Erkennung der Teerfarbstoffe neben Pflanzenfarbstoffen können in erster Linie nach S. 555 Bleiessig und gelbes Quecksilberoxyd dienen, wodurch die Pflanzenfarbstoffe mehr oder weniger ganz, die Teerfarbstoffe nur zum geringen Teil ausgefällt werden. Ähnlich verhalten sich Kreide und Magnesia. Ch. H. La Wall[1]) benutzt die Ausfärbung auf entfetteter Wolle folgendermaßen:

5 ccm einer 10proz. Salzsäurelösung werden zu 100 ccm Farbstofflösung gegeben und in dieser Mischung ein 1×4 Zoll großes Stück entfetteten Wollschleiers 1 Stunde lang gekocht. Wenn nach dem Abwaschen und Trocknen auf dem Gewebe eine deutliche Färbung sichtbar bleibt, wird es zur Lösung des fixierten Farbstoffs mit verdünntem Ammoniak behandelt. Diese Lösung wird dann mit Salzsäure (10 %) leicht angesäuert und mit einem neuen Stück des Gewebes 1 Stunde lang gekocht. Bei keinem der Fruchtfarbstoffe wurde eine zweite Färbung der Wolle erhalten; bei der ersten stellte sich gewöhnlich eine leichte schmutzigrote

---

1) Zeitschr. f. Untersuchung d. Nahrungs- u. Genußmittel 1906, **11**, 752.

Färbung heraus. Die anderen Pflanzen färbten zum Teil beim ersten Versuche die Wolle ganz deutlich, nicht jedoch bei der zweiten Ausfärbung. Bei den roten Farben wurde in allen Fällen die zum ersten Male gerötete Wolle beim Betupfen mit Ammoniak purpurrot (Unterschied von den Teerfarbstoffen). Die gelben Farbstoffe zeigten kein einheitliches Verhalten; die meisten blieben mit Ammoniak unverändert oder wurden etwas dunkler, nur Gelbholz erteilte bei der ersten Ausfärbung der Wolle eine hellgelbe Farbe, die mit Ammoniak in Rosarot umschlug. Die Teerfarbstoffe gaben bei der zweiten Ausfärbung der Wolle eine Farbe von derselben Intensivität, wie bei der ersten; Ammoniak verursachte keine Veränderung. Das Verhalten der pflanzlichen Farbstoffe gegen Kaolin und ähnliche Entfärbungsmittel ist ganz verschieden. Naszierender Wasserstoff — dargestellt durch Einwirkung von Salzsäure und Zink — und andere Reduktionsmittel, wie Zinnchlorür, bleiben ohne Wirkung auf die reinen Fruchtfarbstoffe, während einige von den anderen Pflanzenfarbstoffen dadurch erheblich verändert oder ganz zerstört werden. Die untersuchten Teerfarbstoffe wurden vollständig entfärbt, es ist indes zu beachten, daß sich jetzt auch unreduzierbare synthetische Farbstoffe im Handel befinden. Mit Hilfe der spektroskopischen Untersuchung können nur wenige Pflanzenfarbstoffe, vorwiegend nur das Chlorophyll mit Sicherheit identifiziert werden. Mit unterchlorigsaurem Natrium tritt bei allen Farbstoffen sofortige Entfärbung ein.

L. M. Tolman[1]) hebt hervor, daß Orseille und andere Flechtenfarbstoffe bei dieser Probe sich ebenso verhalten wie Teerfarbstoffe, also auch beim zweiten Ausfärben sich auf die Wolle niederschlagen. Man soll die ausgefärbte Wolle, wenn man Orseille vermutet, mit Ammoniak behandeln und die ammoniakalische Lösung mit Amylalkohol ausschütteln, wodurch im Gegensatz zu den natürlichen Farbstoffen der Früchte und des Weines die Flechtenfarbstoffe mit purpurroter Farbe gelöst werden. Man kann den Amylalkoholauszug weiter auf dem Wasserbade eindampfen, mit Wasser aufnehmen, die wässerige Lösung mit Zinn und Salzsäure reduzieren und mit Eisenchlorid wieder oxydieren. Hierbei werden alle Azofarbstoffe, die nur als Ersatz für Flechtenfarbstoffe dienen können, zersetzt, während die letzteren erhalten bleiben.

Die gelben Pflanzenfarbstoffe werden meistens zum Färben der Butter und des Käses benutzt; hierbei werden die Butterfarben meistens in Öllösung, die Käsefarben in alkalischer Lösung verwendet. Die ersteren haften dann dem Fett an und gehen nicht in das Ausschmelzwasser über.

A. R. Leeds[2]) verfährt zu dem Zweck wie folgt:

Von Butter und Kunstbutter werden 100 g in 300 ccm reinem Petroläther (vom spezifischen Gewicht 0,638) gelöst, die Lösung wird mittels eines Scheidetrichters von Wasser und Salzen getrennt und im Scheidetrichter wiederholt mit Wasser, im ganzen mit 100 ccm gewaschen. Sodann läßt man die Fettlösung im Winter in der Kälte, im Sommer in eiskaltem Wasser 15—20 Stunden stehen, wobei viel Stearin auskrystallisiert. Die hiervon abdekantierte klare Lösung wird mit 50 ccm $^1/_{10}$ N.-Kalilauge geschüttelt, wobei die Farbstoffe dem Petroläther entzogen werden. Die wässerige Farbstofflösung trennt man von der Fettlösung und säuert sehr sorgfältig mit verdünnter Salzsäure an, bis die Lösung gegen Lackmuspapier eben sauer reagiert. Hierbei wird der Farbstoff (zugleich mit sehr wenig Fettsäure) abgeschieden. Man filtriert ihn durch ein tariertes Filter und wäscht mit kaltem Wasser. Zu beachten ist, daß die Lösung der Fette in Petroläther stets eine gewisse hellgelbe Farbe hat, die von den Fetten und Ölen selbst herrührt.

Zur Erkennung der einzelnen gelben Farbstoffe versetzt man je 2—3 Tropfen ihrer alkoholischen Lösung mit je 2—3 Tropfen konzentrierter Schwefelsäure, konzentrierter Salpetersäure, Schwefelsäure + Salpetersäure und konzentrierter Salzsäure. Hierbei treten folgende Reaktionen ein:

---

1) Zeitschr. f. Untersuchung d. Nahrungs- u. Genußmittel 1906, **11**, 63.
2) Analyst 1887, **12**, 150; Chem.-Ztg. 1887, **11**, Rep. 188.

Farbstoff	Der Farbstoff wird beim Zusatz von			
	konzentrierter Schwefelsäure	konzentrierter Salpetersäure	Schwefelsäure + Salpetersäure	konzentrierter Salzsäure
Anatto (Orlean-Farbstoff) [1]	indigoblau, geht in Violett über	blau, wird beim Stehen farblos	blau, wird beim Stehen farblos	keine Veränderung, nur leicht schmutziggelb oder braun
Anatto + entfärbte Butter	blau, wird grün und allmählich violett	blau, durch Grün und gebleicht	entfärbt	keine Veränderung, nur leicht schmutziggelb
Curcuma [2]	rein violett	violett	violett	violett; beim Verdampfen der HCl kehrt die ursprüngliche Farbe wieder
Curcuma + entfärbte Butter	violett bis purpurn	violett bis rötlich-violett	violett bis rötlich-violett	sehr schön violett
Safran	violett bis kobaltblau, wird rötlich-braun	hellblau, wird hell-rötlich-braun	hellblau, wird hell-rötlich-braun	gelb, wird schmutziggelb
Safran + entfärbte Butter	dunkelblau, wird schnell rötlichbraun	blau, durch Grün in Braun	blau, wird schnell purpurn	gelb, wird schmutziggelb
Mohrrübe	umbrabraun	entfärbt	gibt NO_2-Dämpfe und Geruch nach verbranntem Zucker	nicht entfärbt
Mohrrübe + entfärbte Butter	rötlichbraun bis purpurn, ähnlich Curcuma	gelb und entfärbt	gelb und entfärbt	leicht braun
Ringelblume	dunkelviolett-grün, bleibend	blau, geht augenblicklich in Schmutzig-gelbgrün über	grün	grün bis gelblichgrün
Saflorgelb	hellbraun	teilweise entfärbt	entfärbt	keine Veränderung
Anilingelb [3]	gelb	gelb	gelb	gelb
Martiusgelb [3]	blaßgelb	gelb, rötliche Fällung	gelb	gelbe Fällung, verpufft beim Behandeln mit NH_3 und Glühen
Viktoriagelb [3]	teilweise entfärbt	teilweise entfärbt	teilweise entfärbt	die Farbe kehrt wieder beim Neutralisieren mit Ammoniak

Stebbins [4] schmilzt 50 g des filtrierten **Fettes** in einem engen Becherglase auf dem Wasserbade, rührt 5—10 g feingepulverte Walkerde (weißen Bolus) ein und läßt nach 3 Minuten langem Durchrühren auf dem Wasserbade absitzen. Man gießt möglichst viel Fett ab, gibt 20 ccm Benzol zu, rührt durch, läßt absitzen, gießt das Benzol auf ein Filter ab und wiederholt das Auswaschen mit Benzol, bis alles Fett entfernt ist. Das Filter wird mit Benzol gewaschen und die Filtrate vereinigt. In denselben ist das **Carotin** enthalten, auf welches nach der vorstehenden Tabelle geprüft wird. Die Walkerde wird auf dem Wasserbade von Benzol befreit, 3 mal mit etwa 20 ccm 94 proz. Alkohol ausgekocht, die Auszüge werden in einer tarierten Schale verdampft, der Rückstand bei 100° getrocknet und gewogen, bzw. nach den S. 551 und oben angegebenen Reaktionen auf die Natur des Farbstoffes geprüft.

---

[1] Aus **Orlean** durch Kochen mit 6 proz. Natronlauge und Ausschütteln mit Sesamöl erhalten. Die alkalische Flüssigkeit dient zum Färben von Käse. Zur Erkennung des **Orleanfarbstoffes** kann auch folgende Reaktion von **Dokkem** (Chem. Centralblatt 1904, **1**, 1232) dienen: Eine verdünnte Lösung des Farbstoffes wird im Reagensglase mit dem gleichen Volumen verdünnter Salpetersäure überschichtet; bei Gegenwart von Orlean färbt sich die Trennungsfläche sofort stark blau, die Farbe teilt sich alsdann der Salpetersäure mit, geht aber rasch in Grün über, während in der oberen Flüssigkeit eine rote Trübung entsteht.

[2] **Curcuma** wird durch Ammoniak rötlichbraun und beim Vertreiben des Ammoniaks kehrt die ursprüngliche Farbe zurück.

[3] Vgl. hierzu auch vorstehende Tabelle S. 559 und 560.

[4] Journ. Americ. Chem. Soc. 1887, **9**, 41; Analyst 1887, **12**, 150.

Wenn dagegen beim Auslassen der Butter die sich absetzende wässerige Schicht eine gelbe Farbe haben sollte, so kann man mit der klar filtrierten, wässerigen Schicht folgende Reaktionen ausführen:

a) Bewirkt ein Zusatz von Ammoniak oder Alkalien eine Bräunung bzw. braunrote Färbung der Flüssigkeit, so ist die Butter mit Curcuma gefärbt.

b) Wird die Flüssigkeit auf Zusatz von konzentrierter Schwefelsäure blau und scheiden sich auf Zusatz von Wasser schmutziggrüne Flocken aus, so deutet das auf Orlean hin; geht dagegen die blaue Färbung bald in Lila oder ins Violettbraune über und bewirkt in einer anderen Probe Citronensäure eine grasgrüne Färbung, so ist auf Saflor zu schließen.

c) Entsteht auf Zusatz von Salzsäure ein krystallinischer Niederschlag unter gleichzeitiger Entfärbung der Flüssigkeit, so war Viktoriagelb (Dinitrokresolkalium, Safransurrogat) zugesetzt; dasselbe geht durch Schütteln der wässerigen Flüssigkeit mit Benzol in letzteres über und färbt dasselbe gelb. Tritt beim Bilden des gelben Niederschlages keine Entfärbung der Flüssigkeit ein, so ist Martiusgelb vorhanden; Zusatz von Ätznatron zu einer anderen Probe bewirkt dann einen rotbraunen Niederschlag.

d) Bildet sich auf Zusatz von Eisenchlorid ein flockiger Niederschlag mit schwärzlichbrauner Farbe, so sollen Ringelblumen, entsteht eine braunschwarze Färbung, so soll Saflor, entsteht eine dunkelbraunrote Färbung, so soll Safran verwendet sein.

L. Veillon[1]) hat auch für andere Pflanzenfarbstoffe ihr Verhalten gegen konzentrierte Säuren, Natronlauge, Reduktionsmittel angegeben, die hier angereiht werden mögen. Die Farbstoffe werden für den Zweck aus ihren Lösungen zunächst auf Wolle fixiert und die gefärbte Wolle mit den Reagenzien geprüft. Die vollständige Niederschlagung des Farbstoffes wird durch vorherige Chrombeize erreicht. Für letztere verwendet man Chromichloridlösung von 20° Bé (Badische Anilin- und Sodafabrik), in welche die Fäden 4 Stunden eingelegt, dann ausgerungen, gespült und so zum Ausfärben benutzt werden. Statt Chromichlorid wird auch Chromifluorid (Cr_2Fl_6) angewendet. Als Aluminiumbeize dient durchweg Aluminiumsulfat bzw. -acetat, die um so besser wirken, je basischer sie sind; dasselbe gilt vom Ferrisulfat, das neben Ferriacetat oder sog. holzessigsaurem Eisen als Eisenbeize verwendet wird. Die Zinnbeizen pflegen je nach der Faser verschieden zu sein; für Wolle verwendet man meistens Zinnoxydulsalz ($SnCl_2$. 2 H_2O, Zinnsalz gt.), für Baumwolle Zinnoxydsalze.

Farbstoff	Verhalten gegen				
	konzentrierte Schwefelsäure	konzentrierte Salzsäure	Ammoniak (0,91 spez. Gew.)	10 proz. Natronlauge	$SnCl_2$ + HCl
1. Blaue Pflanzenfarbstoffe:					
Indigo (Küpenblau), Wolle	F.[2]), olivgrün mit W.[3]) hellblau L.[4]) erst gelb, dann olivgrün, zuletzt tiefblau	F., keine Wirkung L., —	F., keine Wirkung L., —	F., keine Wirkung L., —	F., beim Erwärmen heller L., grünlichgelb
Blauholz mit Chrombeize, Wolle	F., olivbraun, L., gelb	F., langsam rotviolett, L., rotviolett	F., langsam violett L., —	F., violett L., violett	erst purpur, dann braun
Blauholz mit Eisenbeize, Wolle	F., olivbraun, L., gelb	F., karmesinrot, L., desgl.	F., langsam violett L., —	F., violett L., violett	desgl.

[1]) Vgl. W. Boeckmann, Chem.-techn. Untersuchungsmethoden.
[2]) F. = Faser.   [3]) W. = Wasser.   [4]) L. = Lösung.

Farbstoff	Verhalten gegen				
	konzentrierte Schwefelsäure	konzentrierte Salzsäure	Ammoniak (0.91 spez. Gew.)	10proz. Natronlauge	$SnCl_2 + HCl$

2. Gelbe und orange Pflanzenfarbstoffe.

Farbstoff	konzentrierte Schwefelsäure	konzentrierte Salzsäure	Ammoniak (0.91 spez. Gew.)	10proz. Natronlauge	$SnCl_2 + HCl$
Gelbholz mit Chrombeize, Wolle	F., dunkelgelb, rotbraun L., gelb	lebhafter	dunkler	F., etwas dunkler L., schwach-gelb	lebhafter
Fisetholz mit Chrombeize, Wolle	F., orange, beim Stehen gelb, L., gelb	F., dunkler L., gelb	F., orange L., gelb	F., rotbraun L., gelb	gelber
Quercitron mit Chrombeize, Wolle	F., grüngelb, braun werdend, L., gelb	F., wenig Veränderung L., gelb	F., brauner L., gelb	F., etwas dunkler L., gelb	wenig Veränderung
Wau mit Zinnbeize, Wolle	F., dunkler L., gelb	F., heller und lebhafter L., gelb	braun	F., orange L., gelb	röter
Kreuzbeeren mit Zinnbeize, Wolle	F., braun L., gelb	F., sehr wenig Veränderung L., gelb	brauner	F., brauner L., gelb	lebhafter
Curcuma, Wolle	rotbraun	F., terracotta, braun werdend, L., hellrot	F., scharlach L., orange	F., scharlach L., orange	rotbraun

3. Rote Pflanzen- bzw. Tierfarbstoffe.

Farbstoff	konzentrierte Schwefelsäure	konzentrierte Salzsäure	Ammoniak (0.91 spez. Gew.)	10proz. Natronlauge	$SnCl_2 + HCl$
Rotholz (Brasilienholz) mit Alaunbeize, Wolle	F., rötlichbraun L., braun	F., rot L., rosa	F., marron L., violett	F., dunkel karmesin L., karmesin	F., beim Kochen scharlach L., rot
Rotholz mit Chrombeize, Wolle	F., grünlichbraun L., gelb	F., dunkel karmesin L., —	F., violett L., violett	F., marron L., violett	F., beim Kochen lebhafter karmesin L., karmesin
Sandelholz mit Chrombeize, Wolle	F., braun L., braun	F., brauner L., —	F., dunkelbraun L., farblos	F., dunkelbraun L., braun	F., lebhafter L., rosa
Barwood-(Cam.)-holz m. Chrombeize, Wolle	F., terrakotta L., rot	F., röter L., farblos	F., rosa L., farblos	F., braun L., braun	lebhafter
Krapp mit Alaunbeize, Wolle	F., bräunlichrot L., rot	F., wenig Veränderung L., —	F., etwas blauer L., —	F., blauer L., —	lebhafter
Krapp mit Chrombeize, Wolle	F., wenig oder keine Veränder. L., rot	F., heller L, rot	F., karmesin L., —	F., purpur L., —	terrakotta
Cochenille mit Alaunbeize, Wolle	F., scharlach L., —	F., scharlach L., —	F., rotviolett L., —	F., rotviolett L., —	orangerot
Cochenille mit Zinnbeize, Wolle	F., dunkelpurpur L., karmesin	F., heller L., rot	F., karmesin L., rosa	F., karmesin L., tief karmesin	F., dunkler L., orangerot
Lac-Dye mit Zinnbeize, Wolle	F., dunkelpurpur L., purpur	F., fast keine Veränderung L., —	F., dunkelviolett L., farblos	F., dunkelviolett L., purpur	keine Veränderung
Orseille und **Persio,** Wolle	F., purpur bis braun mit W. fast farblos L., purpur mit W. rot	F., heller L., rot	F., violett L., violett	F., violett L., violett	entfärbt

Für den Nachweis von Gummigutti, das bis jetzt auf vorstehende Weise nicht untersucht ist, wird nach L. Grünhut (l. c.) das gefärbte Nahrungsmittel oder die abgeschabte, flüssige oder teigförmige Farbe mit Sand verrieben, mit Salzsäure durchfeuchtet und darauf mit Äther ausgezogen. Bleibt letzterer farblos, so kann Gummigutti nicht zugegen sein. Ist der Äther gefärbt, so verdünnt man einen Teil der Ätherlösung mit dem mehrfachen Volumen Alkohol und fügt etwas Eisenchloridlösung hinzu. Tritt hierbei Schwarzfärbung ein, so kann Gummigutti zugegen sein, ist nichts zu beobachten, so ist die Abwesenheit des Farbstoffes erwiesen. Im ersteren Falle schüttelt man die Ätherlösung mit stark verdünntem Ammoniak, welches die Gambiogasäure mit schwach rötlichgelber Farbe aufnimmt und diese nach dem Verdunsten als amorphen, in kaltem Wasser unlöslichen Rückstand hinterläßt, dessen Lösung in Ammoniak oder Kalilauge mit Chlorbarium, Kupfer-, Ferro-, Nickelsulfat usw. eigenartige Fällungen liefert.

Ed. Hirschsohn[1]) bringt die fraglichen Untersuchungsgegenstände mit Glaspulver zur Trockne, pulvert und behandelt mit Petroläther. Ist der so erhaltene Auszug farblos, so ist die Ausschüttelung unter starker Ansäuerung mit Salzsäure zu wiederholen. Ist auch jetzt der Auszug farblos, so ist Gummigutti nicht vorhanden. Erhält man dagegen eine gelbgefärbte Lösung, so schüttelt man einen kleinen Teil der Lösung mit verdünnter Natronlauge und leitet, falls hierdurch eine rote Färbung eintritt, in den größeren Teil der Lösung Ammoniakgas bis zur Sättigung, trennt die abgeschiedenen Flocken von der Flüssigkeit, wäscht mit Petroläther aus und löst nun in Alkohol. Die alkoholische Lösung muß, mit einigen Tropfen alkoholischem Eisenchlorid versetzt, schwarz werden und darf, mit verdünnter Natronlauge versetzt, keine rote Farbe annehmen, sondern sich nur dunkler gelb färben. Nach diesem Verfahren soll man noch 0,01 g Gummigutti nachweisen können.

Über den Nachweis einiger anderen Pflanzenfarbstoffe, die nur zum Färben von Wein dienen, vgl. unter letzterem weiter im II. Teile.

C. Nachweis von Färbungen durch Caramel. Bei Branntweinen, Weißwein und Essig verwendet man zum Färben vielfach Zuckercouleur bzw. Caramel, um ein höheres Alter vorzutäuschen. Bei Weißwein kann man nach Ph. Carles[2]) zum Nachweise dieser künstlichen Färbung eine Eiweißlösung anwenden, die man in der Weise herstellt, daß man frisches Hühnereiweiß durch ein Leinentuch preßt und mit dem gleichen Volumen Wasser versetzt. Wenn die gelbe Farbe des Weines von natürlichem Weinfarbstoff herrührt, so entsteht eine starke Trübung oder ein Niederschlag und das Filtrat ist wesentlich heller gefärbt als der ursprüngliche Wein, weil der normale Weinfarbstoff durch Eiweiß größtenteils ausgefällt wird. Ist dagegen das Filtrat nach dem Fällen nahezu so hell gefärbt, als vor dem Fällen, so liegt Grund zu der Annahme vor, daß der Wein künstlich gefärbt ist. Nur Weine, die aus gekochtem bzw. eingedampftem Most hergestellt sind, können infolge der hierbei eintretenden Zersetzung des Zuckers die vorstehende Caramelreaktion geben.

Zuverlässiger scheint das Verfahren von C. Amthor[3]) zu sein, welches darauf beruht, daß Caramel mit Paraldehyd niedergeschlagen wird und die wässerige Lösung dieses Niederschlages mit Phenylhydrazinlösung einen rotbraunen amorphen Niederschlag gibt. Das Verfahren wird wie folgt ausgeführt: 10 ccm Wein werden in einem engen Gefäße mit senkrechten Wänden (z. B. einem weißen Arzneiglase) je nach der Stärke der Färbung mit 30—50 ccm Paraldehyd, hierauf mit so viel wasserfreiem Alkohol versetzt, daß die Flüssigkeiten sich mischen; gewöhnlich sind 15—20 ccm Alkohol nötig. Bei Gegenwart von Caramel setzt sich innerhalb 24 Stunden am Boden des Gefäßes ein bräunlichgelber bis dunkelbrauner, fest anhaftender Niederschlag ab. Man gießt die über dem Niederschlage stehende Flüssigkeit ab, spült den Niederschlag zur Entfernung des Paraldehydes mit wenig wasserfreiem Alkohol ab, löst ihn

---

[1]) Zeitschr. f. analyt. Chem. 1891, **30**, 655.

[2]) Journ. pharm. chim. [3] 1875, **22**, 127.

[3]) Zeitschr. f. analyt. Chem. 1885, **24**, 30.

in heißem Wasser, filtriert die Lösung und engt sie auf 1 ccm ein. Aus der Stärke der Färbung kann man ungefähr auf die Größe des Caramelzusatzes schließen. Alsdann gießt man die Caramellösung in eine frisch bereitete Phenylhydrazinlösung (erhalten durch Auflösen von 2 Gewichtsteilen salzsaurem Phenylhydrazin und 2 Gewichtsteilen essigsaurem Natron in 20 Gewichtsteilen Wasser). Schon in der Kälte entsteht ein Niederschlag, doch kann man durch ganz kurzes Erwärmen dessen Bildung befördern. Ist sehr wenig Caramel vorhanden, so entsteht anfangs nur eine Trübung, die sich erst nach 24 Stunden abgesetzt hat. Da die Phenylhydrazinlösung nach kurzem Stehen schon allein rotbraune harzige Ausscheidungen bildet, welche namentlich bei Anwesenheit kleiner Mengen Caramel die Caramelreaktion verdecken können, so schichtet man in diesem Falle eine etwa 2 cm hohe Schicht Äther über die Flüssigkeit; der Äther nimmt, namentlich wenn man das Glas mehrmals sanft umkehrt, die harzigen Stoffe vollständig auf und bildet damit eine mehr oder minder gefärbte Lösung. In der unter der Ätherschicht stehenden wässerigen Flüssigkeit setzt sich der amorphe, schmutzig- oder rotbraune Caramel-Phenylhydrazinniederschlag ab. Die bei reinen Naturweinen durch Zusatz von Paraldehyd erhaltenen weißen Fällungen geben mit Phenylhydrazinlösung keinen Niederschlag.

Da größere Mengen Zucker die Caramel-Reaktion stören, muß man bei zuckerreichen Süßweinen anders verfahren. Sind diese Weine stark gefärbt, so kann man sie mit Wasser verdünnen und die verdünnte Lösung prüfen. Anderenfalls versetzt man 10 ccm Süßwein mit einer Mischung von 20 ccm wasserfreiem Alkohol und 30 ccm Paraldehyd, löst den entstandenen Niederschlag in Wasser, fällt die Lösung nochmals mit der Alkohol-Paraldehydmischung, löst den Niederschlag wieder in Wasser und prüft die Lösung mit Phenylhydrazin.

Beim Eindampfen der Weine entstehen, wie Amthor nachwies, Stoffe, welche die Caramel-Reaktion geben. Die Weine dürfen daher keinesfalls durch Eindampfen konzentriert werden. Sind nur kleine Mengen Caramel vorhanden, so kann man den Wein bei gewöhnlicher Temperatur über Schwefelsäure unter der Glocke einer Luftpumpe auf die Hälfte oder ein Drittel einengen. Das Amthorsche Verfahren zum Nachweise des Caramels haben J. H. Long[1]) und W. Fresenius[2]) auch auf Branntweine angewendet und hier ebenfalls im ganzen bewährt gefunden.

II. Spektroskopischer Nachweis von Teerfarbstoffen.[3])

Die Frage, ob ein Nahrungsmittel überhaupt künstlich gefärbt ist, läßt sich in den meisten Fällen auf chemischem Wege entscheiden. Vielfach ist dieser Weg aber, wenn er sicher zum Ziele führen soll, recht umständlich. Oft kann es auch notwendig sein festzustellen, welcher Farbstoff zum Färben verwendet wurde, besonders dann, wenn die Schädlichkeit oder Unbedenklichkeit einer künstlichen Färbung für die Beurteilung eines Nahrungsmittels maßgebend ist. Wie oben dargelegt wurde, sind die Teerfarbstoffe in dieser Beziehung sehr verschieden zu bewerten und kann daher ihre Unterscheidung notwendig werden. In diesem Falle ist die chemische Analyse meist unzuverlässig und kann alsdann die spektroskopische Prüfung als wertvolle Ergänzung der chemischen in Anwendung kommen, zumal da sie vor letzterer den Vorzug der leichteren und schnelleren Ausführbarkeit besitzt. Ferner macht sich auch bei ihr der Nachteil, daß man es meist nur mit sehr geringen Farbstoffmengen zu tun hat, wodurch die chemische Untersuchung sehr erschwert werden kann, nicht so störend bemerkbar, da im allgemeinen sehr verdünnte Lösungen für die Spektralanalyse ausreichend bzw. notwendig sind.

Das spektroskopische Verfahren haben schon H. W. Vogel, Krüß und andere Forscher empfohlen, doch fand dasselbe zunächst nur geringe Verbreitung. Der Grund hierfür lag

<hr>

1) Journ. of analytical chemistry **2**; Zeitschr. f. analyt. Chem. 1890, **29**, 368.
2) Zeitschr. f. analyt. Chem., 1890, **29**, 283.
3) Bearbeitet von Dr. A. Scholl, Abt.-Vorsteher d. Landw. Versuchsstation in Münster i. W.

teils in der Unvollkommenheit des Verfahrens, welchem ein einheitliches System fehlte, wie es bei der chemischen Untersuchung besteht. Andererseits waren aber auch die Apparate den Ansprüchen nicht gewachsen, da sie nur eine willkürliche Skala besaßen, so daß die nach einem Instrument in der Literatur gemachten Angaben für den Besitzer eines anderen Instrumentes fast wertlos waren. Um den Ausbau eines sicheren spektroskopischen Untersuchungsverfahrens hat sich hauptsächlich J. Formánek[1]) verdient gemacht, so daß nach Verbesserung der Apparate die Unterscheidung der einzelnen Farbstoffe in vielen Fällen ermöglicht ist. Zur Erzielung brauchbarer Ergebnisse ist aber meist die Verwendung eines größeren Apparates notwendig, weil die kleinen Spektroskope, die sog. Taschenspektroskope, keine genauen Messungen zulassen und außerdem in ihnen die Absorptionsstreifen wegen des zu kurzen Spektrums so nahe aneinander gerückt sind und daher so ähnlich erscheinen, daß man sie nicht unterscheiden kann. Immerhin läßt sich auch mittels des Taschenspektroskopes wenigstens die Gruppe bestimmen, zu welcher ein Farbstoff gehört. (Über die Spektralapparate vgl. S. 118 und ff.)

Im allgemeinen wird man daher einen Spektralapparat vorziehen, welcher gestattet, im Spektrum Winkelmessungen vorzunehmen (vgl. S. 124). Hierbei ist das dunkle, auf dem hellen Hintergrunde des Spektrums gut sichtbare Fadenkreuz mit weit besserem Erfolge zu

Fig. 281.

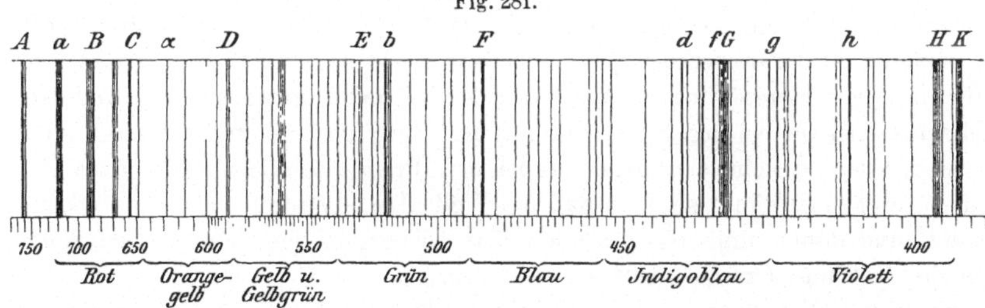

verwenden als die photographierte Skala, weil die Messungen mit dem ersteren einen wesentlich höheren Grad von Genauigkeit erreichen lassen, als die Anwendung der photographierten Skala. Wenn diese Skala Millimeterteilung besitzt, also eine willkürliche ist, so ergibt sich die Notwendigkeit, ihre Angaben auf Wellenlängen umzurechnen, da sonst ein Vergleich der mit verschiedenen Apparaten erhaltenen Werte nicht ohne weiteres möglich ist. Zu diesem Zwecke bestimmt man genau die Lage der charakteristischen Fraunhoferschen Sonnenlinien auf der Skala, sowie die von Metalllinien von bekannter Wellenlänge. In der nachfolgenden Tabelle sind die Wellenlängen derjenigen wichtigeren Fraunhoferschen Linien angegeben, welche im Sonnenspektrum bei einer geringeren Dispersion des Prismas deutlich sichtbar sind. Die Abbildung dieser Linien zeigt vorstehende Fig. 281.

A	762,1	578,8	E_1	527,0		498,2		464,8		421,5
a	718,4	570,8	E_2	526,9		495,7		452,8	h	410,3
B	687,0	565,8		523,0		492,0		445,7		407,2
C	656,3	561,5		521,0		489,0		440,4		406,3
	648,2	552,8	b_1	518,4	F	486,1	d	438,3		404,6
α	627,8	547,7	b_2	517,3		482,3		434,3		400,5
	616,2	544,7	b_3	516,9		477,1	f	432,6	H	396,8
	601,6	540,5	b_4	516,7		473,3	G	430,8		396,1
	594,8	536,1		509,7		470,3		427,1		394,4
D_1	589,6	533,3		504,1		466,8	g	422,6	K	393,4
D_2	589,0	530,1								

[1]) J. Formánek, Die qualitative Spektralanalyse. Berlin 1895 und Spektralanalytischer Nachweis künstlicher organ. Farbstoffe. Berlin 1900.

Die Wellenlängen einiger bekannten Metalllinien sind in folgender Tabelle zusammengestellt:

Rb (rot)	781,1	Li (orange)	610,3	Cu (grün)	521,8	Cd (blau)	467,8
K (rot)	769,9	Cu (gelb)	578,2	Cu (grün)	510,3	Sr (blau)	460,7
K (rot)	766,5	Cu (gelbgrün)	570,0	Cu (grün)	515,6	In (blauviolett)	451,1
Li (rot)	670,8	Ca (grün)	554,4	Cd (grün)	508,6	Rb (violett)	421,5
Cd (rot)	643,9	Tl (grün)	535.0	Cd (blau)	480,0	Rb (violett)	420,2
						In (violett)	410,1
						K (violett)	404,4

Wenn man möglichst zahlreiche Linien auf diese Weise bestimmt hat, trägt man in ein rechtwinkliges Koordinatensystem die Skalenteile als Abszissen und die Wellenlängen als Ordinaten ein und erhält so eine Linie (Wellenlängenkurve), aus welcher für jeden Skalenteil die Wellenlänge sofort zu entnehmen ist. Um nun nicht bei jeder Messung die Wellenlänge eines Absorptionsstreifens konstruktiv bestimmen zu müssen, stellt man sich mittels dieser Kurve eine entsprechende Skalentabelle zusammen, welche die Wellenlängen von einem Abstande zum anderen, etwa von 5 Hundertstel zu 5 Hundertstel, angibt und berechnet nötigenfalls die einzelnen Teile durch Interpolation; aus einer solchen Skalentabelle kann man bequem und schnell die entsprechenden Wellenlängen oder Skalenteile entnehmen.

Die neueren Apparate werden jedoch meistens mit einer Wellenlängenskala versehen, so daß für diese die Herstellung einer solchen Kurve nicht notwendig ist. Indessen bietet diese Wellenlängenskala bei den Spektroskopen mit einer geringeren Dispersion im Rot und Orange des Spektrums keine Vorzüge, da bei den Prismenspektroskopen diese Felder des Spektrums zusammengedrängt sind, so daß die Wellenlängeneinteilung in diesen Zonen ebenfalls verkürzt und daher unübersichtlich ist. Die Dispersion des Prismas darf demnach für Messungen im Rot und Orange nicht zu klein sein.

In einzelnen Fällen kann es von Vorteil sein, zwei Spektra miteinander vergleichen zu können, wozu ein vor dem Spalt angebrachtes Vergleichsprisma dient. In diesem Falle ist aber darauf zu achten, daß die Strahlen durch das Vergleichsprisma genau in der optischen Achse des Kollimatorrohres reflektiert werden, da anderenfalls infolge einer Parallaxe die zu vergleichenden Spektra nicht genau übereinander liegen. Wenn das Instrument mit Wellenlängenskala und Meßvorrichtung versehen ist, so wird das Vergleichsprisma meist überhaupt entbehrlich sein.

Ein wichtiger Teil des Spektroskopes ist die Spalteinrichtung. Zur Herstellung der Spaltschneiden eignet sich für Apparate, welche wie in chemischen Laboratorien den zerstörenden Einflüssen saurer Gase ausgesetzt sind, nur ein widerstandsfähiges Material, wie Platin-Iridiumlegierung oder Quarz. Denn sobald die Ränder des Spaltes nicht mehr absolut geradlinig und scharf sind, wird das Licht an den angegriffenen Stellen reflektiert und stört bei der Beobachtung im Spektrum oder erzeugt dunkle Querstreifen. Da bei einem gewöhnlichen unsymmetrischen Spalte, dessen eine Hälfte feststeht, beim Öffnen des Spaltes die Linien sich nur nach einer Seite verbreiten, so verschiebt sich in diesem Falle also auch ihre Mitte. Bei unsymmetrischem Spalt gilt daher eine Eichung der Skala oder des Teilkreises auf Wellenlängen nur für eine bestimmte Spaltbreite. Da aber die Beobachtung der Absorptionsspektra bei verschieden weiter Spaltöffnung, wenn nicht notwendig, so doch zum mindesten eine erhebliche Erleichterung der Arbeit ist, so empfiehlt sich die Anbringung eines symmetrischen Spaltes, bei welchem sich beide Schneiden gleichzeitig in gleichem Maße von der Mittellage entfernen.

Außer den Spektroskopen mit abgelenktem Strahle sind auch solche mit gerader Durchsicht in Verwendung, welche eine passende Kombination von Flintglas- und Crownglasprismen enthalten, so daß eine Farbenzerstreuung ohne Ablenkung erzielt wird. Diese Apparate haben den Vorzug, daß man mit ihnen das Objekt direkt wie mit einem Fernrohr beobachten kann;

sie sind aber wegen der Verwendung mehrerer Prismen ziemlich lichtschwach, gleichen also in diesem Punkte den Gitterspektroskopen. Sie verlangen daher ebenso wie die letzteren eine möglichst starke Lichtquelle. Auch treten bei diesen Spektroskopen mit gerader Durchsicht nur die grünen Lichtstrahlen in gleicher Richtung mit den eintretenden Strahlen aus, die roten und violetten Strahlen bilden einen merklichen Winkel mit der Achse des Apparates.

Die Anforderungen, welche an ein für die gewöhnlichen Fälle der Untersuchung von Absorptionsspektren ausreichendes, namentlich auch für Farbstoffuntersuchungen geeignetes Spektroskop zu stellen sind, wären etwa die folgenden: Der Apparat (Spektroskop nach Bunsen, Gitterspektroskop, Spektroskop mit gerader Durchsicht) soll mit symmetrischem, aus widerstandsfähigem Material hergestelltem Spalt und Meßvorrichtung zur Bestimmung der Wellenlängen versehen sein. Die Dispersion muß genügend groß sein, um auch im orange-gelben und roten Felde eine hinreichende Genauigkeit zu erzielen, sie darf andererseits aber auch nicht so groß sein, daß die Streifen verschwommen erscheinen, da in diesem Falle die Messung des Dunkelheitsmaximums sehr erschwert wird. Aus diesem Grunde muß ein bestimmtes Verhältnis zwischen der Dispersion und der Vergrößerung des Fernrohrokulars eingehalten werden, indem ein um so schwächeres Okular verwendet wird, je stärker die Dipersion des Prismas ist. Es ist also vorteilhaft, entweder ein einfaches Prisma aus schwerstem Flintglas oder ein einfaches Rutherfordsches Prisma und ein Fernrohrokular mit nur 1—3facher Vergrößerung zu verwenden. Für das Prisma ist eine Glassorte zu wählen, welche im Verhältnis zum grünen und blauen Felde ein möglichst breites rotes und gelbes Feld gibt.

Die Meßvorrichtung, welche J. Formánek[1]) bei dem A. Krüßschen Spektralapparate angewendet hat, ist folgende (Fig. 282):

Eine Mikrometerschraube m mit Trommel r bewegt das Fernrohr A mit seinem Träger um die vertikale Achse des Instruments. Die ganzen Umdrehungen der Schraube sind an der Teilung l, welche sich auf einer vertikalen Zylinderfläche unter dem Okular a an der Stirnseite des Trägers befindet, mit Hilfe des Indexes i abzulesen, während die teilweisen Umdrehungen an der mit der Mikrometerschraube verbundenen, in 100 Teile geteilten Trommel r mit Hilfe des Indexes i_1 festgestellt werden. Im Fernrohr befindet sich ein festes Fadenkreuz, welches mit der Skala zur genauen Messung dient. Die Teilung der Skala von 0—25 ist so gewählt, daß 9 mm genau 10° bilden, so daß ein ganzer Grad der Skala 0,9 mm entspricht, und da die Trommel in 100 Teile geteilt ist, ein Teil der Trommel 0,009 mm beträgt. Die Skala selbst ist so eingestellt, daß die Mitte der beiden Fraunhoferschen D-Linien genau mit dem Teilstriche 10,00 zusammenfällt. Hierauf ist auch bei der Justierung des Apparates zu achten. Sollte es nicht der Fall sein, so ist die Einstellung durch Verschiebung der geteilten Ringe zu korrigieren.

Die Lage der Fraunhoferschen Linien, bezogen auf die beschriebene Skala, ist folgende:

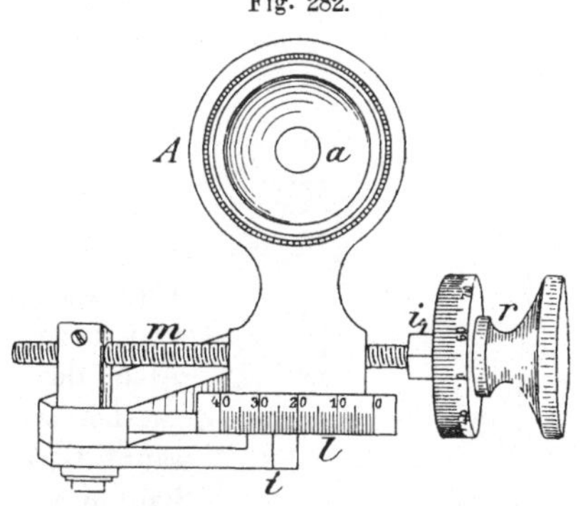

Fig. 282.

	A	a	B	C	α	D	E	b_1	F	G	h
Skalenteil	5,64	6,46	7,10	7,89	8,69	10,00	12,85	13,35	15,48	20,67	23,42
Wellenlänge	762,1	717	687	656,3	627,8	589,6	527	518,3	486,1	430,8	396,8

Mit Hilfe dieser Fraunhoferschen Linien und mehrerer Linien der Metalle, deren Lage im Spektrum mit dem Apparat genau bestimmt wurde, wird zweckmäßig eine Wellen-

---

[1]) J. Formánek, Spektralanalytischer Nachweis künstlicher organischer Farbstoffe. 1900, 10.

längenkurve hergestellt bzw. eine Wellenlängentabelle (vgl. oben S. 572) zusammengestellt, aus welcher sich für jeden Skalenteil die zugehörige Wellenlänge sofort entnehmen läßt.

Zur Beleuchtung des Apparates eignet sich neben einer lichtstarken elektrischen Glühlampe oder dem intensiven Acetylengaslicht besonders die Auersche Glühlampe. Der Zylinder derselben wird zweckmäßig zur Hälfte mattiert, um die störende Wiedergabe des Netzes des Glühstrumpfes zu vermeiden; die Lampe wird dann noch, um das Auge vor störendem Seitenlicht zu schützen, mit einem Asbestzylinder umgeben, welcher in einem seitlichen Ansatz eine Kondensorlinse trägt. Bei Benutzung einer solchen wird die Lampe so aufgestellt, daß die Entfernung der Linse vom Spalt etwa 10 cm beträgt.

Da es bei der Untersuchung der Absorptionsspektra gleichgültig ist, ob die Wände des die Flüssigkeit enthaltenden Gefäßes genau parallel sind oder nicht, so kann man zur Aufnahme der Lösungen außer Glaströgen mit parallelen Wänden auch gewöhnliche Reagensgläser von gleichmäßigem dünnen und farblosen Glase und möglichst gleichem Durchmesser (5, 10 und 15 mm) verwenden, wobei aber darauf zu achten ist, daß die Gläser nicht selbst ein eigenes Absorptionsspektrum zeigen dürfen. Zum Halten dieser Gläser eignet sich vortrefflich ein Halter, welcher aus einem eisernen Stative mit zwei verschiebbaren federnden Klemmen für enge und weite Gläser besteht (Fig. 283). Diese Vorrichtung gestattet die Gläser leicht und schnell einzusetzen und wieder herauszunehmen, sowie in jeder Höhe genau vor dem Spalt des Apparates einzustellen. Für dicke Schichten benutzt man Bechergläser von entsprechendem Durchmesser, welche auf einem geeigneten verschiebbaren Stativ aufgestellt werden, oder auch Polarisationsröhren von verschiedener Länge.

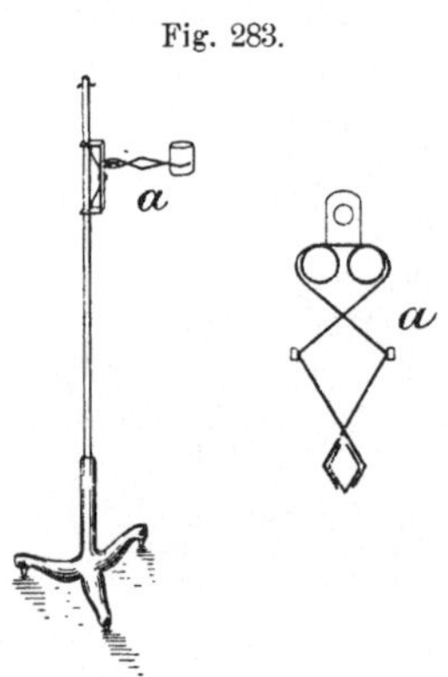

Fig. 283.

Alle Lösungsmittel, welche bei der spektroskopischen Untersuchung zur Verwendung kommen, müssen chemisch rein und neutral sein, da oft schon Spuren von freier Säure oder Alkali das Spektrum ändern können. An Reagenzien kommen für die Farbstoffprüfung in Betracht: für Teerfarbstoffe Salpetersäure 1 : 5, Ammoniak (spezifisches Gewicht 0,96) 1 : 5, Ätzkali in Wasser und in Alkohol 1 : 10, für Pflanzenfarbstoffe Schwefelsäure 1 : 5, Essigsäure 1 : 5 und Alaun 1 : 12. Zur Vermeidung eines Überschusses an Reagens werden die Lösungen zweckmäßig aus Tropfgläsern zugesetzt. Der zum Lösen der Farbstoffe zu verwendende Amylalkohol darf mit Kalilauge keine Gelbfärbung zeigen, da hierdurch das Spektrum beeinflußt wird.

Um einen unbekannten Farbstoff zu bestimmen, löst man ihn in Wasser, Äthyloder Amylalkohol. In der Nahrungsmittelpraxis gelangen jedoch meist gefärbte Gegenstände zur Untersuchung, aus welchen der Farbstoff zunächst in geeigneter Weise gewonnen werden muß. Aus festen Gegenständen wird der Farbstoff mit Wasser, Äthyl- oder Amylalkohol, nötigenfalls unter Zusatz von etwas Essigsäure oder Salzsäure oder auch unter schwacher Erwärmung ausgezogen. Zuckerwaren kann man im allgemeinen in Wasser lösen und direkt spektroskopisch untersuchen. Flüssigkeiten, wie Fruchtsäfte, Liköre usw., können gleichfalls zur Orientierung zunächst direkt geprüft werden. Zur Isolierung des Farbstoffes dampft man auf dem Wasserbade ein und verdünnt dann zur Abscheidung des Zuckers mit absolutem Alkohol. Mitunter kann man auch den Farbstoff durch Ausschütteln mit Amylalkohol, nötigenfalls nach schwachem Ansäuern (S. 553), gewinnen, oder man bedient sich auch mit Vorteil der Ausfärbung auf Baumwolle oder Wolle (S. 550) und bringt nachher den Farbstoff durch Auskochen der Faser mit verdünntem Äthylalkohol, verdünnter Schwefelsäure, konzentrierter Essigsäure oder einem Gemisch von gleichen Teilen Anilin und Essigsäure in Lösung. Um einen beim Ausfärben etwa gleichzeitig auf der Wolle mit niedergeschlagenen Pflanzenfarbstoff zu entfernen, wird die ausgefärbte Wolle mit verdünnter Weinsäurelösung abgewaschen und mit wässeriger Quecksilberchloridlösung (1 : 9) auf dem Wasserbade kurze Zeit erwärmt (S. 554); auf der Wolle bleibt dann nur der Teerfarbstoff zurück. Allerdings werden die Farbstoffe der Hölzer nach diesem Verfahren nicht zerstört.

Die auf die eine oder andere Weise erhaltene möglichst klare und durchsichtige, völlig homogene Lösung wird nun in verschiedener Konzentration beobachtet, indem man sie mit dem Lösungsmittel allmählich so weit verdünnt, bis die Absorptionsstreifen deutlich hervortreten. Die Spektra setzen sich meistens aus mehreren Streifen, Haupt- und Nebenstreifen, zusammen, welche, je nachdem ihr Dunkelheitsmaximum in der Mitte oder auf einer Seite liegt, symmetrisch oder unsymmetrisch sein können.

Da bei der Verdünnung der gefärbten Lösung nicht eine Verschiebung, sondern nur ein Schmalerwerden der Streifen eintritt, so verdünnt man, um die Lage der einzelnen Dunkelheitsmaxima genau bestimmen zu können, so weit, bis die Streifen möglichst schmal erscheinen und noch eben sichtbar sind, so daß sie bei weiterer Verdünnung aus dem Spektrum verschwinden würden. Jetzt stellt man das Fadenkreuz auf die dunkelste Stelle unter Hin- und Herdrehen der Meßtrommel wie bei der Mikrometerschraube am Polarisationsapparat ein und kontrolliert die Richtigkeit der Einstellung durch Öffnen und Schließen des Spaltes. Sind die Streifen des Spektrums nicht gleichstark, so bestimmt man zunächst den schwächsten, dann bei stärkerer Verdünnung den nächsten Streifen und so fort. Nachdem die Lage der Absorptionsstreifen bestimmt ist, teilt man die Lösung in 3 Teile, fügt zu dem ersten einige Tropfen der Salpetersäure 1 : 5, zum zweiten Ammoniak 1 : 5 und zum dritten Kalilauge 1 : 10 hinzu und stellt die hierbei eintretenden Veränderungen fest. Da bei manchen Farbstoffen die Reaktionen erst nach einiger Zeit eintreten, so lasse man die mit dem Reagens versetzte Lösung, wenn sie sich nicht sofort verändert hat, einige Zeit stehen.

Die Lage des Dunkelheitsmaximums der Absorptionsstreifen ist im allgemeinen nicht von der Konzentration der Lösung abhängig, man kann daher auch die Verdünnung teilweise durch Beobachtung in geringerer Schichtdicke ersetzen. Dies trifft jedoch natürlich nicht zu, wenn der Farbstoff durch stärkere Verdünnung stärker hydrolysiert oder verändert wird, da in solchen Fällen eine Verschiebung der Streifen eintreten kann.

Bei der spektroskopischen Untersuchung der Farbstoffe hat sich ergeben, daß die Spektra eine gewisse Regelmäßigkeit zeigen, so daß sich eine Anzahl von Typen aufstellen lassen, nach denen sich die Farbstoffe in bestimmte Gruppen ordnen. Das Spektrum kann nämlich entweder aus einem symmetrischen oder unsymmetrischen Streifen bestehen, oder es kann aus zwei oder drei Streifen verschiedener Form und Stärke zusammengesetzt sein oder endlich eine nach dem einen Ende des Spektrums allmählich zunehmende einseitige Absorption zeigen. Sind aber zwei oder mehr Farbstoffe, welche sich chemisch gegenseitig nicht beeinflussen, gleichzeitig in einer Lösung vorhanden, so kann das Mischspektrum verschieden ausfallen. Liegen die Absorptionsspektra nicht nahe beieinander, so ist das Spektrum ein reines Mischspektrum, d. h. es zeigt alle einzelnen Streifen der vorhandenen Farbstoffe. Liegen die Streifen aber nahe beieinander, so kommt es mitunter vor, daß nur derjenige Absorptionsstreifen erscheint, dessen Intensität die größte ist, oder es bildet sich aus zwei Streifen ein neuer Streifen, dessen Dunkelheitsmaximum in dem Zwischenraume zwischen beiden Streifen, und zwar näher bei dem stärkeren liegt. Endlich kann auch das Absorptionsspektrum eines Körpers durch den Einfluß eines anderen Körpers in seinem Typus zwar erhalten bleiben, jedoch aus seiner Lage verschoben werden, so daß sich die Streifen auch voneinander entfernen können. Durch derartige Einwirkungen wird natürlich die Auffindung der einzelnen Farbstoffe erschwert oder auch ganz unsicher gemacht, jedoch leisten in diesen Fällen die Reaktionen mit Säuren oder Alkalien oft gute Dienste.

Die obenerwähnte Regelmäßigkeit in der Anordnung der Absorptionsstreifen bietet zuweilen ein gutes Mittel, um zu entscheiden, ob ein vorliegender Farbstoff einheitlich oder ein Gemenge ist. Ein solches Gemisch liegt stets bei einer unregelmäßigen Anordnung der Streifen vor, z. B. wenn neben einem starken Streifen ein schwacher und dann wieder ein

starker erscheint, weil eine solche Anordnung bei den einheitlichen künstlichen wie natürlichen Farbstoffen nicht vorkommt. Ein wichtiges Merkmal für die Einheitlichkeit eines
Farbstoffes ist auch die gleichmäßige Änderung, z. B. ein Verschieben oder Verschwinden,
aller im Spektrum vorhandenen Streifen bei Zusatz von Reagenzien.

Auf die Gestalt des Spektrums und die Lage der Streifen hat die Temperatur der Lösung keinen nennenswerten Einfluß, soweit nicht eine Veränderung bzw. Umsetzung des Farbstoffes selbst stattfindet. Dagegen kann das Lösungsmittel einen sehr erheblichen Einfluß
ausüben. So zeigt z. B. die wässerige Lösung des Azorubins einen, die alkoholische
Lösung jedoch zwei Streifen. Beim Malachitgrün bleibt zwar die Form des Spektrums in allen
Lösungsmitteln die gleiche, dagegen ändert sich die Lage der Dunkelheitsmaxima. Auch kann
sich der Farbstoff in verschiedenen Lösungsmitteln mit verschiedener Farbe lösen, wobei naturgemäß auch das Spektrum ein ganz anderes werden kann. Auch die Reaktion der Lösung
ist stets zu berücksichtigen, da die Farbstoffe, wie schon gesagt, durch geringe Spuren von
freier Säure oder freiem Alkali verändert werden können. Beobachtet man z. B. einen Himbeersaft, welcher mit Orseille nachgefärbt ist, so sieht man im grünen Teil des Spektrums
nur einen breiten Absorptionsstreifen, weil Himbeersaft und Orseille in saurer Lösung ein
gleiches Spektrum zeigen; macht man aber schwach ammoniakalisch, so tritt sofort das für
Orseille charakteristische Spektrum auf.

Die roten natürlichen Frucht- und Blütenfarbstoffe werden beim Versetzen mit Kalilauge grün oder braungrün. Von den künstlichen Farbstoffen zeigt ein gleiches Verhalten
nur Alizaringrün G und D; dieser Farbstoff unterscheidet sich aber von den natürlichen
Farbstoffen durch sein Verhalten gegen Säuren. Die wässerige rosenrote Lösung von Alizaringrün wird nach Zusatz von Säure intensiv carminrot, wogegen der Farbton der roten natürlichen Farbstoffe durch Säure nur verstärkt, aber nicht verändert wird.

Manche gelben Farbstoffe, wie Quercetin, Quercitron, Morin, Fisetin, Kreuzbeeren,
Berberin, geben weder für sich noch mit Reagenzien charakteristische Absorptionsspektra,
für sie kommt daher der spektroskopische Nachweis nicht in Betracht. Ebenso sind
Mischungen von Azofarbstoffen meist nicht analysierbar, weil viele derselben in Wasser,
Äthyl- oder Amylalkohol gelöst, breite unscharfe Absorptionsstreifen zeigen, wodurch bei
den Gemischen Spektra von unbestimmtem Charakter entstehen.

Beizenfarbstoffe lassen sich ebenfalls spektroskopisch unterscheiden. Die Lösungen
der basischen, mit Tannin fixierten Farbstoffe kann man direkt untersuchen. Mit Aluminium,
Eisen, Chrom und Zinn gebeizte Fasern behandelt man mit Essigsäure, verdampft die Lösung
zum Teil, verdünnt die noch saure Flüssigkeit etwas mit Wasser und zieht vorsichtig mit
Amylalkohol aus.

Absorptionsspektren von gefärbten Lösungen. Als Lösungsmittel für Farbstoffe kommen Wasser, Äthyl- und Amylalkohol in Anwendung; jede
dieser Lösungen wird mit Salpetersäure, Ammoniak und wässeriger bzw. alkoholischer Kalilauge behandelt. Die Zahlen in den folgenden Tabellen bedeuten die Lage
des Dunkelheitsmaximums der Absorptionsstreifen in Wellenlängen, und zwar die fettgedruckten die des Hauptstreifens, die Zahlen in gewöhnlichem Druck die der Nebenstreifen; 0 bedeutet, daß das betreffende Reagens keine Veränderung der Lösung bewirkt.

Die Ergebnisse für die vorstehend aufgeführten Farbstoffe sind in nachstehenden
Tabellen enthalten:

1. Teerfarbstoffe [1].

Bezeichnung	Eigenschaften	Absorptionsspektrum											
		in Wasser				in Äthylalkohol				in Amylalkohol			
		ohne Zusatz	mit Salpetersäure	mit Ammoniak	mit wässer. Kalilauge	ohne Zusatz	mit Salpetersäure	mit Ammoniak	mit alkohol. Kalilauge	ohne Zusatz	mit Salpetersäure	mit Ammoniak	mit alkohol. Kalilauge
1. Bismarck-braun	Lösungen braungelb	einseitige Absorption im Blauen	Farbe heller	gelb	gelb	wie in Wasser	wie in Wasser	wie in Wasser	wie in Wasser	wie in Wasser	wie in Wasser	wie in Wasser	wie in Wasser
4. Fuchsin, Brillantfuchsin, Rubin	Lösungen bläulich-rot	545,25 487	violett 577 einseitige Absorption im Blauen	violett, entfärbt sich	entfärbt sich	553,6 501,5	0	0	entfärbt sich	556,9 505,25	0	0	entfärbt sich
5. Safranin T (B)	Lösungen gelblich-rot, alkoholische Lösungen fluoreszieren	527,9 500	0	0	0	536,25 500	0	0	violett, konz. Lösung 536,25 588,25 501,5	540,25 503	0	0	violett, konz. Lösung 541,25 585,75 503,75
6. Orange II	Lösungen orange-gelb	515,8 484,2	0	0	rötlich, Streifen verschwinden	wie in Wasser	wie in Wasser	wie in Wasser	wie in Wasser	wie in Wasser	wie in Wasser	wie in Wasser	wie in Wasser
7. Amarant	In Äthyl- und Amyl alkohol kaum löslich	524,3 verwaschen	0	0	der Streifen verschwindet	524,3 verwaschen	0	0	teilweise Entfärbung	nur nach Zusatz von Salpetersäure lösl.	524,3 verwaschen	—	—
8. Echtrot E	In Äthylalkohol schwer, in Amylalkohol nicht löslich	504,5	0	Absorption geschwächt	Streifen verschwindet	509,1 verwaschen	0	0	Streifen verschwindet	nur nach Zusatz von Salpetersäure lösl.	509,1 verwaschen	—	—

[1] Die Nummern der Farbstoffe sind gleichlautend mit den laufenden Nummern der entsprechenden Farbstoffe in der Tabelle für den chemischen Nachweis (vgl. S. 556—561).

Bezeichnung	Eigenschaften	Absorptionsspektrum											
		in Wasser				in Äthylalkohol				in Amylalkohol			
		ohne Zusatz	mit Salpetersäure	mit Ammoniak	mit wässer. Kalilauge	ohne Zusatz	mit Salpetersäure	mit, Ammoniak	mit alkohol. Kalilauge	ohne Zusatz	mit Salpetersäure	mit Ammoniak	mit alkohol. Kalilauge
9. Echtrot B, Bordeaux B	In Äthylalkohol schwer, in Amylalkohol nicht löslich, Lösungen violettrot	**522,5** verwaschen	0	rot	Streifen verschwindet	**524,3** verwaschen	0	0	Streifen verschwindet	nur nach Zusatz von Salpetersäure lösl.	**524,3** verwaschen	—	—
11. Erythrosin B (A)	Lösungen gelbrot mit grüner Fluoreszenz	**524,3** 489,1	entfärbt, konz. Lösung: orangegelber Niederschlag	0	0	**535,3** 496,25	entfärbt, konz. Lösung: **484,2** 520,7 453,5	528,8 494	wie bei Ammoniak	542,25 503	entfärbt, konz. Lösung: **486,3** 523,4 455,05	**534,35** 497	**532,45** 495,5
12. Ponceau 4 GB	Wässerige Lösung orangegelb, alkoholische Lösung gelb	515,84 482,85	0	0	rötlich, Streifen verschwinden	515,84 482,85	0	0	orangegelb	515,8 482,85 verwaschen	0	0	orangegelb
13. Ponceau 2 R	In Äthylalkohol schwer, in Amylalkohol nicht löslich	539,25 501,5	0	0	Streifen verschwinden	535,3 500	0	0	gelb, Streifen verschwinden	nur nach Zusatz von Salpetersäure lösl.	539,25 503	—	—
14. Chrysoidin	Lösungen orangegelb	einseitige Absorption im Blauen	0	citronengelb	citronengelb	wie in Wasser	wie in Wasser	wie in Wasser	wie in Wasser	wie in Wasser	wie in Wasser	wie in Wasser	wie in Wasser
15. Orange IV	Lösungen orangegelb	einseitige Absorption im Grünen und Blauen	carminrot 535,3	0	0	einseitige Absorption im Grünen und Blauen	orange	0	0	wie in Äthylalkohol	wie in Äthylalkohol	wie in Äthylalkohol	wie in Äthylalkohol
16. Orange I	Lösungen orangegelb	482,8 verwaschen	0	rosa 514,1	rosa 514,1	478,9 verwaschen	0	rosa 514,1 verwaschen	rosa 524,3 verwaschen	wie in Äthylalkohol	wie in Äthylalkohol	wie in Äthylalkohol	wie in Äthylalkohol

Bezeichnung	Eigenschaften	Absorptionsspektrum											
		in Wasser				in Äthylalkohol				in Amylalkohol			
		ohne Zusatz	mit Salpetersäure	mit Ammoniak	mit wässer. Kalilauge	ohne Zusatz	mit Salpetersäure	mit Ammoniak	mit alkohol. Kalilauge	ohne Zusatz	mit Salpetersäure	mit Ammoniak	mit alkohol. Kalilauge
17. Azoblau	In Äthylalkohol schwer löslich (rot-violett), in Amyl-alkohol unlöslich	560,2 634,25 (in konz. Lösung)	rötlich 547,25	rot 531,5	rot 531,5	582,0 543,2 (schwache Streifen)	0	0	rot 533,4	—	—	—	—
18. Helianthin	Lösungen orange-gelb	einseitige Absorption im Grünen und Blauen	rot 541,25 504,5 (verwaschen)	0	0	einseitige Absorption im Grünen und Blauen	gelbrot 554,7 516,6 (verwaschen)	0	0	einseitige Absorption im Grünen und Blauen	gelbrot 556,9 518,3 (verwaschen)	0	0
19. Eosin A	Lösungen gelblich-rot, fluoreszieren gelb	516,6 482,2	entfärbt, konz. Lösung orange-gelber Niederschlag	0	0	528,8 491,2	entfärbt konz. Lösung 477,65 512,5 447,5	524,3 488,4	524,3 488,4	535,3 497,0	entfärbt, konz. Lösung 480,25 515,8 449,5	528,8 491,9	527,9 491,2
22. Martiusgelb	In Wasser schwer löslich, Lösungen gelb	einseitige Absorption im Blauen	entfärbt	0	0	wie in Wasser	wie in Wasser	wie in Wasser	wie in Wasser	wie in Wasser	wie in Wasser	wie in Wasser	wie in Wasser
23. Metanilgelb	Lösungen orange-gelb	einseitige Absorption im Blauen	carmin-rot 531,5	0	0	einseitige Absorption im Blauen	schwach rötlich	0	0	wie in Äthyl-alkohol	wie in Äthyl-alkohol	wie in Äthyl-alkohol	wie in Äthyl-alkohol
24. Chrysamin R	Lösungen gelb, in Amylalkohol unlöslich	einseitige Absorption im Blauen	teilweise entfärbt	0	orange-gelb 489,8 (schwacher Streifen)	einseitige Absorption im Blauen	0	0	orange-gelb 489,8 (schwacher Streifen)	nur nach Zusatz von Salpetersäure löslich	einseitige Absorption im Blauen	—	—
26. Brillantgelb	Lösungen gelb, in Amylalkohol nur in der Wärme löslich	einseitige Absorption im Blauen	0	orange-rot 492,6	orange-rot 492,6	einseitige Absorption im Blauen	0	Stich orange	orange-rot 492,6	wie in Äthyl-alkohol	wie in Äthyl-alkohol	wie in Äthyl-alkohol	wie in Äthyl-alkohol

Absorptionsspektrum

Bezeichnung	Eigenschaften	in Wasser – ohne Zusatz	in Wasser – mit Salpetersäure	in Wasser – mit Ammoniak	in Wasser – mit wässer. Kalilauge	in Äthylalkohol – ohne Zusatz	in Äthylalkohol – mit Salpetersäure	in Äthylalkohol – mit Ammoniak	in Äthylalkohol – mit alkohol. Kalilauge	in Amylalkohol – ohne Zusatz	in Amylalkohol – mit Salpetersäure	in Amylalkohol – mit Ammoniak	in Amylalkohol – mit alkohol. Kalilauge
27. Naphtholgelb S	Lösungen gelb, in Äthyl- und Amylalkohol schwer löslich	einseitige Absorption im Blauen	entfärbt	0	0	wie in Wasser	wie in Wasser	wie in Wasser	wie in Wasser	wie in Wasser	wie in Wasser	wie in Wasser	wie in Wasser
28. Lichtgrün S F gelblich	Lösungen grün, in Amylalkohol unlöslich	636,0	gelblichgrün, entfärbt sich allmählich	entfärbt	entfärbt	636,0	entfärbt sich nicht, Absorption verstärkt	entfärbt	entfärbt	nur nach Zusatz von Salpetersäure löslich	637,75	—	—
29. Methylenblau	Lösungen blau, in Amylalkohol schwer löslich	**668,75** 608,5	0	0	0	**658,5** 602,7	0	0	entfärbt sich, dann rötlich[1]	**659,2** 602,7	0	0	entfärbt sich[1]

2. Natürliche Farbstoffe.

Bezeichnung	Eigenschaften	in Wasser – ohne Zusatz	in Wasser – mit Salpetersäure	in Wasser – mit Ammoniak	in Wasser – mit wässer. Kalilauge	in Äthylalkohol – ohne Zusatz	in Äthylalkohol – mit Salpetersäure	in Äthylalkohol – mit Ammoniak	in Äthylalkohol – mit alkohol. Kalilauge	in Amylalkohol – ohne Zusatz	in Amylalkohol – mit Salpetersäure	in Amylalkohol – mit Ammoniak	in Amylalkohol – mit alkohol. Kalilauge
1. Blauholz	Lösungen in Wasser orangegelb, in Äthyl- und Amylalkohol gelb	565,8 einseitige Absorption im Grün, Blau und Violett	rot 528,5 492,5	violett **561,4** 527,6	violett 494,0 (verwaschen)	einseitige Absorption im Blau und Violett	rot 534,4 einseitige Absorption im Grün, Blau und Violett	violett **570,7** 534,8	violett 498,5	Absorption im Blau und Violett	rot 535,7 Absorption im Blau und Violett	violett **573,0** 536,5	violett, dann braunrot
2a. Orseilleextrakt	Lösungen rot, in Wasser schwer löslich	**582,0** 537,5 498,5	gelbrot 512,8 594,3	violett, Absorption verstärkt **578,2** 534,8	violett, Absorption verstärkt **578,2** 534,8	**578,2** 531,2 492,0	gelbrot **519,5** 596,1 487,1	violett **583,7** 564,3 539,5	violett **583,7** 564,3 539,5	**580,0** 597,9 564,3 532,1 492,7	gelb-rot **523,1** 597,4	violett, Absorption verstärkt 585,0 565,6 540,5	violett, Absorption verstärkt 585,0 565,6 540,5
2b. Orcein.	In Wasser schwer löslich	rot **577,0** 534,8 498,5	gelbrot 507,0 (breit)	violett, Absorption verstärkt **579,5** 536,6	violett, Absorption verstärkt **579,5** 536,6	violettrot **595,6** 576,2 547,5 532,1 492,7	**596,1** 575,0 551,5 523,1 490,6	violett **592,7** 573,0 545,5	blauviolett **588,3** 610,8 567,0 539,5	violettrot **597,4** 578,0 548,5 533,0 493,4	**597,4** 576,2 552,6 524,0	**594,8** 575,7 547,5	**588,3** 610,8 567,0 539,5

[1] Konzentriertere Lösung blauviolett, Streifen 644,8; 602,7; 520,7; später rotviolett, Streifen 630,75; 597,2; 550,3; 518,3; nach längerem Stehen carminrot, verwaschener Streifen 547,25.

Absorptionsspektrum

Bezeichnung	Eigenschaften	in Wasser: ohne Zusatz	in Wasser: mit Salpetersäure	in Wasser: mit Ammoniak	in Wasser: mit wässer. Kalilauge	in Äthylalkohol: ohne Zusatz	in Äthylalkohol: mit Salpetersäure	in Äthylalkohol: mit Ammoniak	in Äthylalkohol: mit alkohol. Kalilauge	in Amylalkohol: ohne Zusatz	in Amylalkohol: mit Salpetersäure	in Amylalkohol: mit Ammoniak	in Amylalkohol: mit alkohol. Kalilauge
2 c. Persio	In Amylalkohol schwer löslich, Lösungen rot oder rotviolett	**578,2** 535,7 492,0	orange, breite Streifen im Grün	violett 577,0 534,8	violett 577,0 534,8	**580,0** 564,8 531,2 492,0	**519,5** 596,1 487,1	violett **583,7** 564,3 539,5	violett **583,7** 564,3 539,5	**580,0** 564,3 532,1 492,7	**523,1** 597,4 489,2	violett **585,0** 565,6 540,5	violett **585,0** 565,6 540,5
2 d. Lackmus	In Äthyl- und Amylalkohol unlöslich	**579,5** 611,7 536,5	breiter verwaschener Streifen im Grün und Blau	0	0	—	—	—	—	—	—	—	—
2 e. Azolitmin	In Alkohol unlöslich	595,0 550,5 511,0	508,0	—	**620,7** 580,7 536,6	—	—	—	—	—	—	—	—
7. Orlean. Bixin	Lösungen gelb	kein charakteristisches Spektrum	kein charakteristisches Spektrum	kein charakteristisches Spektrum	kein charakteristisches Spektrum	**459,6** 492,7 434,3	0	**455,0** 487,1 430,7	**455,0** 487,1 430,7	**461,4** 494,8 435,6	0	**457,8** 490,6 433,0	**457,8** 490,6 433,0
9. Safran. Crocin	In Amylalkohol schwer löslich, Lösungen gelb	475,1 443,9	0	0	465,0 438,0	462,0 434,3	0	0	456,5 431,5	—	462,0 434,3	—	—
10 a. Saflor	Wässeriger Auszug gelb	einseitige Absorption im Blau und Violett	einseitige Absorption im Blau und Violett	einseitige Absorption im Blau und Violett	einseitige Absorption im Blau und Violett	—	—	—	—	—	—	—	—
10 b. Carthamin	In Wasser und Amylalkohol unlöslich	—	—	—	—	515,2	Streifen verschwindet	0	Streifen verschwindet	—	—	—	—
11 a. Cochenille	Lösungen orangerot, in Amylalkohol nur mit Säure löslich	**497,0** 533,0 468,8	0	rotviolett **570,7** 528,5 494,8	rotviolett **570,7** 528,5 494,8	**499,2** 535,7 470,7	0	577,0 534,8 497,7	**531,2** 573,2 496,2	—	**500,8** 536,6 472,0	—	—
11 b. Carmin	Lösungen rot, in Wasser nur in der Wärme, in Alkohol nur mit Säure löslich	**513,6** 553,7 483,1	**523,1** 562,9 488,5	nach links verschoben	**528,5** 570,7 494,8	—	**499,2** 574,5 535,7 470,7	—	—	—	—	—	—

Bezeichnung	Eigenschaften	Absorptionsspektrum in Wasser — ohne Zusatz	in Wasser — mit Salpetersäure	in Wasser — mit Ammoniak	in Wasser — mit wässer. Kalilauge	in Äthylalkohol — ohne Zusatz	in Äthylalkohol — mit Salpetersäure	in Äthylalkohol — mit Ammoniak	in Äthylalkohol — mit alkohol. Kalilauge	in Amylalkohol — ohne Zusatz	in Amylalkohol — mit Salpetersäure	in Amylalkohol — mit Ammoniak	in Amylalkohol — mit alkohol. Kalilauge
11d. Cochenille ammoniacale	Lösungen violett-rot, in Wasser nur in der Wärme, in Amylalkohol nur mit Säure löslich	**521,3** 560,3 487,8	**531,2** 572,0 494,8	**533,9** 577,0 497,0	**533,9** 577,0 497,0	**522,2** 561,4 488,5	0	**533,9** 570,7 497,7	**535,7** 578,2 500,0	—	**522,2** 561,4 488,5	—	—
13. Rotholz	Lösungen orange-gelb, in Wasser schwer löslich	einseitige Absorption im Blau und Violett	—	rot, fluoresziert grün **539,5** 503,2	rot 523,0	**473,2** 508,8 443,9	525,8 487,8	rot, fluoresziert grün **545,5** 508,0	rot 537,5	**473,8** 509,6 444.4	526,5 488,5	rot, fluoresziert grün **548,5** 510,4	breiter Streifen im Grün (unscharf)
14. Krapp	Lösung mit Wasser braungelb, mit Alkohol gelb	kein charakteristisches Spektrum	kein charakteristisches Spektrum	kein charakteristisches Spektrum	kein charakteristisches Spektrum	Absorption im Blau und Violett	0	orange-gelb	violett **579,5** 625,5 539,2	Absorption im Blau und Violett	0	orange-gelb	violettrot **580,7** 627,2 540,2
Sandelholz, Santalin	In Wasser unlöslich, in Alkohol orange-gelbe Lösungen	—	—	—	—	**472,0** 507,2 442,9	rot 505,0 447,0	0	rot 546,5 482,5	**473,4** 508,8 443,9	rot 506,5 478,5	0	rot 547,5 483,0
Catechu	In Wasser schwer löslich, in Alkohol braunrot löslich	—	—	—	—	652,6 578,2 Absorption im Blau und Violett	0	fluoresziert schwach grün 652,6 559,2 Absorption im Grün bis Violett 509,6 in verdünnt. Lösung	brauner Niederschlag	654,4 579,5	0	grün-brauner Niederschlag	grün-brauner Niederschlag
Indigo [1]	In Wasser unlöslich, löslich in heißem Alkohol und Chloroform, in konzentr. Schwefelsäure	in konzentrierter Schwefelsäure 635,5	in konzentrierter Schwefelsäure 635,5	in konzentrierter Schwefelsäure 635,5	in konzentrierter Schwefelsäure 635,5	—	—	—	—	aus d. verdünnten schwefelsauren Lösung ausgeschüttelt 610,0	aus d. verdünnten schwefelsauren Lösung ausgeschüttelt 610,0	aus d. verdünnten schwefelsauren Lösung ausgeschüttelt 610,0	aus d. verdünnten schwefelsauren Lösung ausgeschüttelt 610,0

[1] Frische Lösung in Chloroform zeigt einen Streifen auf 605,8, nach kurzem Stehen außerdem auf 565,8.

Bezeichnung	Eigenschaften	Absorptionsspektrum											
		in Wasser				in Äthylalkohol				in Amylalkohol			
		ohne Zusatz	mit Salpetersäure	mit Ammoniak	mit wässer. Kalilauge	ohne Zusatz	mit Salpetersäure	mit Ammoniak	mit alkohol. Kalilauge	ohne Zusatz	mit Salpetersäure	mit Ammoniak	mit alkohol. Kalilauge
Rotwein	Im unverdünnten Zustand: Absorption im ganzen Spektrum bis auf Rotorange	breiter verschwommener Streifen 527; Absorption im Blau u. Violett	Absorption verstärkt 534,0	643,0 bis 637,0 592,0 bis 587,0 Absorption im Blau-Violett	643,0 bis 637,0 592,0 bis 587,0 Absorption im Blau-Violett	—	—	—	—	—	—	—	—
Himbeersaft	—	breiter verwaschener Streifen 516,0	Absorption verstärkt	591,0 verwaschen	604,5 verwaschen	breiter verwaschener Streifen 541,5	0	grauer Niederschlag	grüner Niederschlag	—	—	—	—
Johannisbeersaft	—	breiter verwaschener Streifen 523,0	0	ungefähr 600	ungefähr 600	breiter verwaschener Streifen 543,5	0	grauer Niederschlag	grauer Niederschlag	—	—	—	—
Heidelbeersaft	—	536,0 breiter Streifen; Absorption im Blau und Violett	Absorption verstärkt	605,8 schwacher Streifen	617,5	breiter Streifen 553,5	0	638,5 593,5	grüner Niederschlag	—	—	—	—
Kirschsaft	—	breiter Streifen 520,5	Absorption verstärkt	587,0	593,5 bis 630,5 verwaschen; Absorption im Blau u. Violett	breiter Streifen 547,5	Absorption verstärkt	grüner Niederschlag	grüner Niederschlag	—	—	—	—
Brombeersaft	—	breiter Streifen 518,5	0	596 0	642,0	545,5	Absorption verstärkt	grüner Niederschlag	grüner Niederschlag	—	—	—	—

| | | Absorptionsspektrum | | | | | | | | | | | |
| | | in Wasser | | | | in Äthylalkohol | | | | in Amylalkohol | | | |
Bezeichnung	Eigenschaften	ohne Zusatz	mit Salpetersäure	mit Ammoniak	mit wässer. Kalilauge	ohne Zusatz	mit Salpetersäure	mit Ammoniak	mit alkohol. Kalilauge	ohne Zusatz	mit Salpetersäure	mit Ammoniak	mit alkohol. Kalilauge
Holunderbeersaft	—	574,5	534,0	629,0	632,0	—	—	—	—	—	—	—	—
Malvenblüte	—	578,0 540,0	530,0 Absorption verstärkt	622,5	630,5	572,0 535,5 verwaschen	553,5 Absorption verstärkt	663,5 643,0 587,0 538,5	grüner Niederschlag	—	—	—	—
Rote Rübe[1]	—	544,5 483,0 454,5	547,5 484,5 455,5	Absorption geschwächt; Streifen verschwinden	Absorption geschwächt; Streifen verschwinden	546,5 481,3 453,0	550,5 487,8 458,5	547,5 480,0 452,0	Trübung	—	—	—	—
Chlorophyll	In Wasser unlöslich	—	—	—	—	Konzentrierte Lösung: breiter Streifen 664,2, schwache Streifen 614,1, 584,5, 537,5, Absorption im Blau und Violett: verdünnte Lösung: schwache Streifen verschwinden, neue breite Streifen 473,8, 437,9; mit Säure: **661,8**, 604,1, 566,8, 537,3, Absorption im Blau und Violett, Streifen 478,3; mit alkohol. Kalilauge: **665,5**, 615,3, 578,2, 536,6; Streifen 664,2 trennt sich beim Stehen in 664,0 und 641,8; ältere Lösung: **666,7**, 608,1, 561,8, 536,1, 504,3, Absorpt.on im Blau und Violett bzw. Streifen 473,8			Ätherische Lösung: konzentriert: breiter Streifen im Rot, Nebenstreifen 612,6, 577,0, 533,9, 506,4, Absorption im Blau und Violett; verdünnt: 663,5, 643,1, Nebenstreifen verschwinden, neuer Streifen 455,0 und 432,0; mit Säure: **667,8**, 605,8, 559,6, 534,4 [506,5, 496,5], Absorption im Blau und Violett		

[1] Der Farbstoff der roten Rübe besteht aus einem roten und gelben; letzterer bildet sich aus dem ersteren beim Erwärmen. Die erwärmten Lösungen geben daher das Spektrum des gelben Farbstoffes, d. h. nur 2 Streifen 483,0 und 454,5.

Anhang.
Spektroskopischer Nachweis von Blut, Alkaloiden und Glucosiden.

Die Verwendbarkeit des Spektralapparates für den Chemiker ist nicht allein auf den Nachweis und die Unterscheidung von Farbstoffen beschränkt, es bietet vielmehr das Spektroskop auch in anderen Fällen ein brauchbares und wichtiges Mittel zur Ergänzung oder Bestätigung der chemischen Analyse. Dies gilt in erster Linie von dem Nachweis von Blut, ferner auch von dem von Alkaloiden und Glucosiden. Es mögen daher diese spektroskopischen Prüfungen im Anschluß an die für den Nachweis der natürlichen und künstlichen Farbstoffe hier ebenfalls kurz angegeben werden.

1. Spektroskopischer Nachweis von Blut.

Der rote Farbstoff des Blutes, das Hämoglobin, gibt sowohl für sich, wie auch mit verschiedenen Reagenzien charakteristische Absorptionsspektra. Mit Sauerstoff, also beim Schütteln des Blutes mit Luft, entsteht das Oxyhämoglobin, welches noch in einer Lösung, welche 0,01% Oxyhämoglobin enthält, in einer 1 cm dicken Schicht die Absorptionsstreifen des Blutfarbstoffes deutlich zeigt. Beim Stehen des teilweise mit Wasser verdünnten Blutes an der Luft und am Licht bildet sich nach einigen Tagen das Spektrum des Methämoglobins aus. Setzt man nun einen Tropfen verdünnten Ammoniaks zu, so tritt wieder das Oxyhämoglobinspektrum auf. Reduktionsmittel führen das Oxyhämoglobin in Hämoglobin über. Als solche dienen schwach gelbes Schwefelammonium, dem einige Tropfen Ammoniak oder 40 proz. Formaldehyd zugesetzt sind, oder Stokessches Reagens, welches bereitet wird durch Lösen von gleichen Teilen Ferrosulfat oder Zinnchlorür und Wein- oder Citronensäure in 10 Teilen Wasser; kurz vor der Probe setzt man der Lösung 6 Teile Ammoniak zu. Durch Oxalsäure, Essigsäure, Weinsäure oder verdünnte Mineralsäuren wird das Oxyhämoglobin und das Hämoglobin in Hämatin und Globulin gespalten. Das hierbei entstehende Spektrum des sauren Hämatins unterscheidet Blut von anderen Farbstoffen mit ähnlichem Spektrum, z. B. ammoniakalischer Carminlösung. Auf Zusatz von Natronlauge zu vorstehender Lösung oder bei der Einwirkung von Alkalien auf das Blut direkt erhält man das Spektrum des Hämatins in alkalischer Lösung. Setzt man zu dem mit Wasser verdünnten Blut eine kleine Menge Kalilauge zu und erwärmt vorsichtig unter gleichzeitiger Beobachtung mittels des Spektroskopes, so sieht man zwischen 60 und 70° die beiden Absorptionsstreifen des alkalischen Hämatins verschwinden, während das Spektrum des reduzierten Hämatins (Hämochromogen) zutage tritt, indem wahrscheinlich durch die Einwirkung des Kalihydrates auf das Albumin des Blutes etwas Schwefel abgespalten wird, welcher eine geringe Menge Kaliumsulfid bildet und das gebildete Hämatin reduziert. Das Hämochromogen entsteht auch aus dem sauren oder alkalischen Hämatin durch Zusatz von Schwefelammonium; diese Reaktion ist für den Blutnachweis besonders wichtig. Erwärmt man das Blut vorsichtig kurze Zeit mit konzentrierter Schwefelsäure nicht über 180°, so bildet sich das Hämatoporphyrin in saurer Lösung, welches beim Verdünnen mit Wasser (und etwas Alkohol) ein charakteristisches Spektrum gibt, in welchem jedoch die Lage der Streifen etwas schwankt. Macht man die Lösung alkalisch, so erhält man ein anderes Spektrum, dessen Streifen aber ebenfalls eine etwas veränderliche Lage zeigen. Beim gleichzeitigen Einleiten von Luft und Schwefelwasserstoff in Blut bildet sich Sulfhämoglobin.

Besondere Wichtigkeit kommt dem Spektroskop beim Nachweise eines Kohlenoxydgehaltes im Blut zu. Die Form des Spektrums des Kohlenoxydhämoglobins ist zwar dieselbe wie die des Oxyhämoglobins, jedoch sind die Streifen je nach dem Kohlenoxydgehalt mehr oder weniger nach rechts verschoben (der Hauptstreifen von 578,1 bis auf 572,0). Den wichtigsten Unterschied des Kohlenoxydhämoglobins gegenüber dem Oxyhämoglobin bietet das Verhalten gegen Schwefelammonium, da sich weder die Form noch die Lage der Absorptionsstreifen des reinen Kohlenoxydhämoglobins hierbei ändern. Liegt ein Gemisch von

Kohlenoxyd- und Oxyhämoglobin vor, so verschiebt sich das Absorptionsspektrum der Lösung bei Zusatz von Schwefelammonium um so mehr nach rechts, je mehr Oxyhämoglobin die Lösung enthält, und umgekehrt ist die Lage der Streifen um so beständiger, je mehr Kohlenoxydhämoglobin vorhanden ist; man hat also in der **Größe der Verschiebung** einen Ausdruck für den Kohlenoxydgehalt des Blutes. Diese Reaktion kann zum Nachweis von Kohlenoxyd in der Luft benutzt werden in der Weise, daß man eine mit Luft gefüllte Flasche von 5—10 l Inhalt mit 10 ccm einer wässerigen, 300fach verdünnten[1]) Blutlösung, welche das Spektrum des Oxyhämoglobins deutlich zeigt, schüttelt und diese Lösung direkt und nach Zusatz von Schwefelammonium mit dem Spektroskop prüft.

Im folgenden sind die **Absorptionsspektra von Blutlösungen** zusammengestellt:

Oxyhämoglobin, frisches defibriniertes Blut: Absorption bis auf das Rot. Verdünnt mit Wasser: Hauptstreifen 578,1, Nebenstreifen 541,7, nach rechts verzogen, einseitige Absorption vom Blau ab.

Methämoglobin, älteres Blut: Streifen 634,0, 578,1, 541,7, 500,8; Absorption im Blau und Violett.

Gefaultes Blut: Undeutliche Streifen 540,0, 577,0.

Hämoglobin: Breiter unscharfer, nach links verzogener Streifen 554,7, Absorption im Indigo und Violett.

Hämatin sauer: in konzentrierter Lösung: breiter Streifen im Grün, schmaler Streifen 654,2; in verdünnter Lösung: Streifen 554,8, 517,7, Streifen 654,2 verschwindet. Nach zwölfstündigem Stehen verschieben sich die Streifen nach links auf 665,5, 565,8, 526,7.

Hämatin alkalisch: mit konzentrierter Lauge in der Kälte: Streifen 582,0, 546,5, Absorption im Grün-Violett; in der Wärme mit Wasser verdünnt: schwacher, nach links verzogener Streifen 580,7; verdünnt mit Äthylalkohol: nach rechts verzogener Streifen 598,8.

Hämochromogen: Hauptstreifen 559,1, Nebenstreifen 529,2 nach rechts verzogen, Absorption im Blau-Violett. Nach 12stündigem Stehen Verschiebung nach rechts auf 554,7, 525,8.

Hämatoporphyrin sauer: Hauptstreifen 558—553, Nebenstreifen 604,5—599,0, Absorption im Blau-Violett.

Hämatoporphyrin alkalisch: Streifen 511—505, 544,5—538, 577—570,5, 626,0—620,5, Absorption im Blau-Violett.

Sulfhämoglobin: Außer dem Streifen des Oxyhämoglobins ein Streifen 619,8.

Kohlenoxydhämoglobin: Allmähliche Verschiebung der Streifen des Oxyhämoglobins nach rechts, Hauptstreifen bis 571,0, Nebenstreifen bis 537,5.

Zum Nachweise von Urobilin im Harn schüttelt man letzteren mit Amylalkohol oder Chloroform aus. Die schwach grün fluoreszierende Lösung gibt an der Grenze zwischen Grün und Blau einen etwas verwaschenen Streifen auf 491,3. Fügt man zu der amylalkoholischen Lösung einige Tropfen einer alkoholischen Zinkchloridlösung sowie alkoholisches Ammoniak und filtriert, so erhält man eine rosarote, stark grün fluoreszierende Lösung mit einem scharfen Streifen im Grün auf 506,3.

2. Spektroskopischer Nachweis von Alkaloiden.

Eine bequeme Ergänzung der chemischen Analyse bietet die Anwendung des Spektroskopes in manchen Fällen auch bei der **Untersuchung der Alkaloide und Glucoside,** so z. B. beim Nachweis von **Mutterkorn** im Mehl. In Wasser lösen sich dieselben meistens farblos, mit bestimmten Reagenzien liefern sie aber vielfach gefärbte Lösungen, deren Farbenton häufig bei verschiedenen Alkaloiden oder Glucosiden für das Auge fast gleich ist, während das Spektroskop deutliche Unterschiede zeigt.

---

[1]) Oder man bringt 10 ccm frisches defibriniertes, mit 50 ccm Wasser verdünntes Blut in die 10 l-Flasche, schüttelt wiederholt und verdünnt hiervon 10 Tropfen mit Wasser bis zu 20 ccm; in derselben Weise verfährt man behufs Vergleiches mit normalem Blut.

Charakteristische Spektra von Alkaloiden sind die folgenden:

Atropin: mit rauchender Salpetersäure zur Trockne verdampft, mit 4 proz. frischer alkoholischer Kalilauge aufgenommen: verwaschene, nach kurzer Zeit verschwindende Streifen 604,5, 557,0.

Strychnin: behandelt wie vorstehend: Streifen 558,0, Absorption im Blau-Violett; gelöst in verdünnter Schwefelsäure, versetzt mit Kaliumbichromat und konzentrierter Schwefelsäure: Streifen 514,5—511,0 und 484,5—482,0.

Chinin: gelöst in Wasser, nach Zusatz von Chlorwasser, Ferrocyankalium und Ammoniak violettrote Lösung mit einem Streifen 532,0.

Codein: gelöst in eisenoxydhaltiger Schwefelsäure: verwaschener Streifen 589,5; gemischt mit der 4fachen Menge Zucker, in verdünnter Schwefelsäure gelöst, mit konzentrierter Schwefelsäure versetzt: Streifen 537,5, Absorption im Blau und Violett.

Cornutin (Mutterkorn): gelöst in Äther, welcher auf 1 ccm 1 Tropfen Schwefelsäure 1 : 3 enthält, mit Äther verdünnt: Hauptstreifen 499,2, Nebenstreifen 536,6, 521,3, 467,5; gelöst in Amylalkohol, welcher auf 1 ccm 1 Tropfen Schwefelsäure 1 : 3 enthält, mit Amylalkohol verdünnt: Hauptstreifen 500,8, Nebenstreifen 538,5, 523,1, 468,8.

Morphin: versetzt mit Fröhdes Reagens (frisch bereitete Lösung von 0,1 g molybdänsaurem Natrium in 20 ccm konzentrierter Schwefelsäure), abgekühlt, unter beständigem Verrühren allmählich mit Saccharose versetzt: grüne Lösung mit breitem Streifen: 582,0, Absorption im Blau-Violett.

Narkotin: erwärmt mit eisenoxydhaltiger Schwefelsäure: breiter Streifen 490,0.

Papaverin: in konzentrierter Schwefelsäure nach links verzogener Streifen 539,5.

Veratrin: in konzentrierter Schwefelsäure Streifen 557,0, 524,0, Absorption im Blau und Violett, an deren Stelle beim Verdünnen mit Schwefelsäure zwei Streifen 468,0, 440,0, nach 12stündigem Stehen 535,0, 472,0.

Solanin: gelöst in gleichen Teilen 95 proz. Alkohol und konzentrierter Schwefelsäure in der Wärme, verdünnt mit Schwefelsäure Streifen 489,2, 465,5, Absorption im Violett.

3. Spektroskopischer Nachweis von Glucosiden.

Amygdalin: gelöst in konzentrierter Schwefelsäure: verwaschener nach rechts verzogener Streifen 561,5.

Digitalin: gelöst in konzentrierter Schwefelsäure: verwaschener Streifen 525,8, Absorption im Grün-Violett, letztere löst sich beim Verdünnen in einen breiten Streifen 483,0 auf. Nach 24 Stunden Hauptstreifen 528,0, Nebenstreifen 570,7, 490,6; gelöst in eisenoxydhaltiger Schwefelsäure: Hauptstreifen 570,7, Nebenstreifen 528,0, 490,6.

Hesperidin: gelöst in konzentrierter Schwefelsäure: breiter Streifen 504,0, Absorption im Violett.

Coniferin: gelöst in konzentrierter Schwefelsäure: breiter Streifen 531,2.

Cubebin: gelöst in konzentrierter Schwefelsäure: Streifen 541,5, welcher sich allmählich nach rechts verschiebt bis 506,5.

Salicin: gelöst in konzentrierter Schwefelsäure: verwaschener Streifen 505,0.

Syringin: gelöst in konzentrierter Schwefelsäure: Streifen 604,5, Absorption im Blau und Violett, nach 12 Stunden Streifen 600,0, 544,5.

Umstehend mögen zur Erläuterung der vorstehenden Ausführungen einige Diagramme von künstlichen und natürlichen Farbstoffen nach J. Formánek wiedergegeben werden. Bezüglich weiterer Abbildungen für zahlreiche andere Farbstoffe sei auf die Schriften von J. Formánek: Die qualitative Spektralanalyse, Berlin 1885 und Spektralanalitischer Nachweis künstlicher organ. Farbstoffe, Berlin 1900, hingewiesen.

Künstliche Farbstoffe.

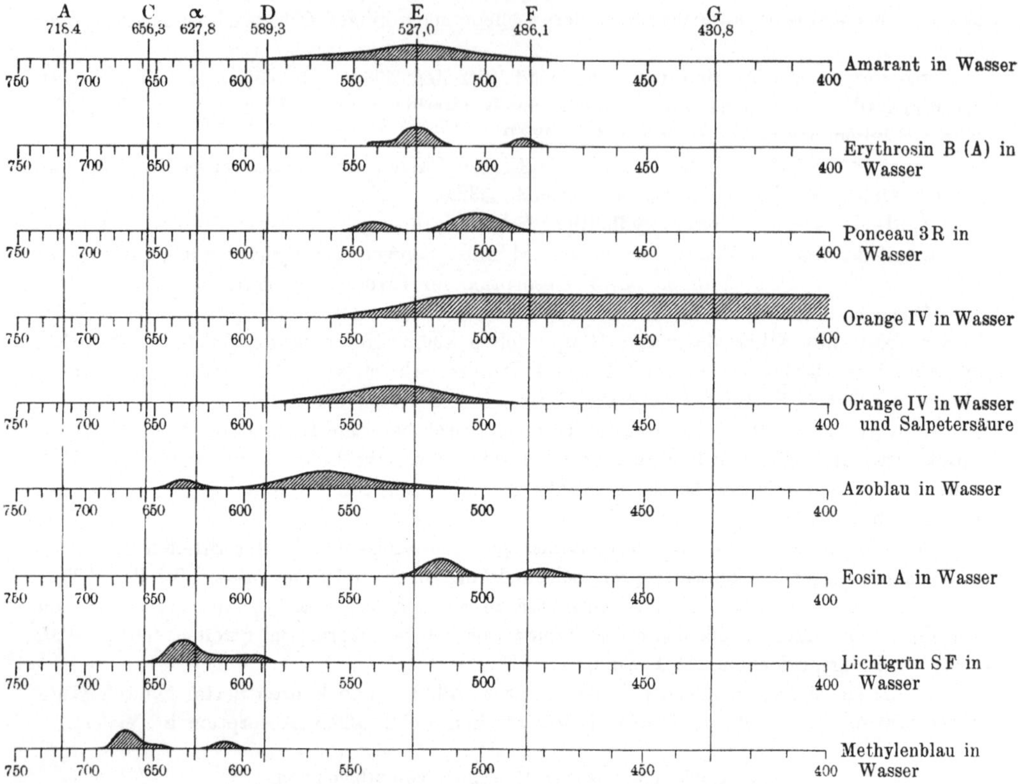

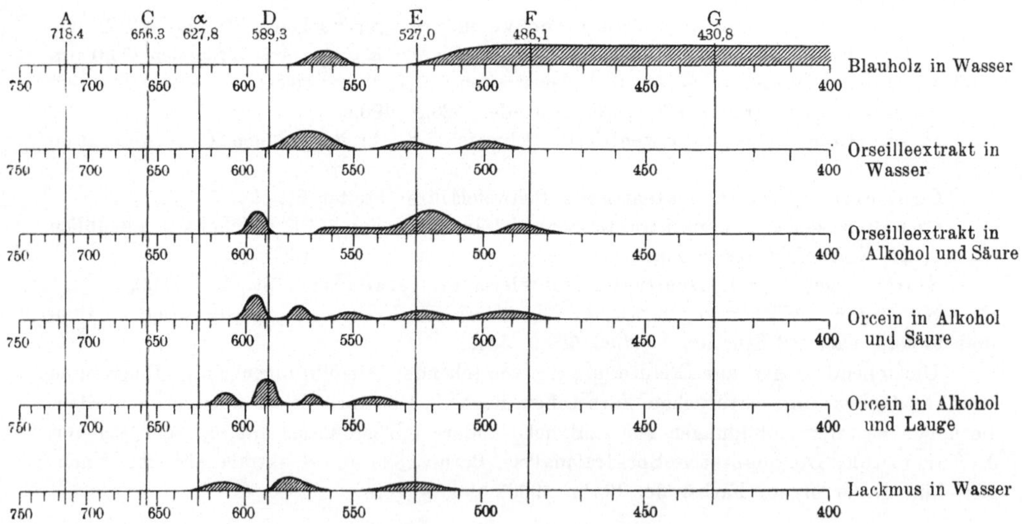

Natürliche Farbstoffe.

Natürliche Farbstoffe (Fortsetzung).

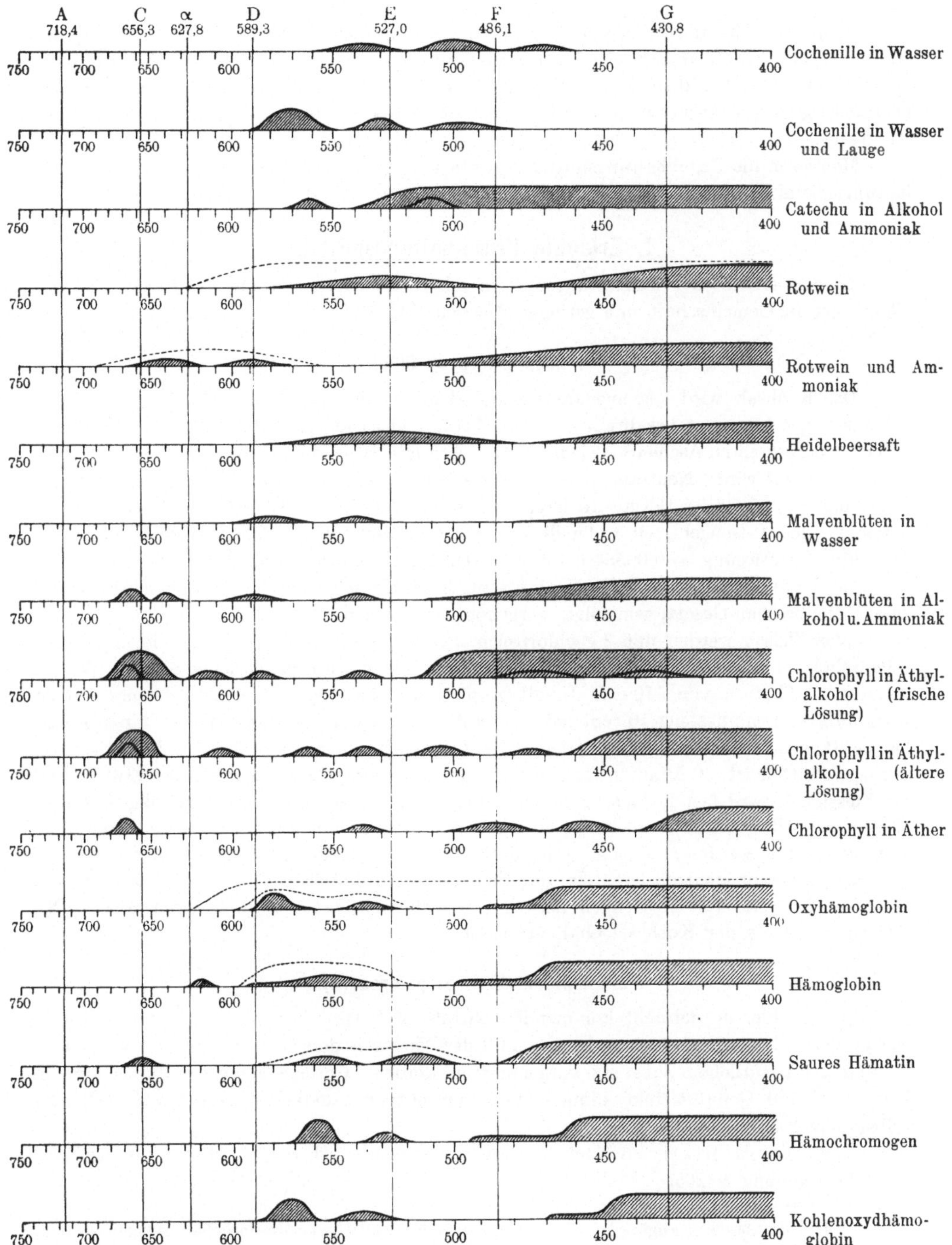

Qualitativer und quantitativer Nachweis von Frischhaltungsmitteln.

In diesem Abschnitt sollen nur die Verfahren zur qualitativen und quantitativen Bestimmung der Frischhaltungsmittel als solche für sich beschrieben werden; die Art und Weise, wie sie aus den einzelnen Nahrungs- und Genußmitteln für die Bestimmungen zu gewinnen sind, wird bei diesen selbst auseinandergesetzt werden.

Man kann die Frischhaltungsmittel in erlaubte, unerlaubte und sonstige Frischhaltungsmittel einteilen.

I. Erlaubte Frischhaltungsmittel.

Zu den erlaubten Frischhaltungsmitteln gehört von alters her das Kochsalz für sich allein oder in Gemeinschaft mit geringen Mengen Salpeter.

1. Kochsalz (bzw. Chlor).

Das Kochsalz wird fast ausnahmslos aus dem Gehalt an Chlor berechnet[1]), welches in der wässerigen Lösung, sei es direkt aus der Substanz, sei es aus der unter Zusatz von Natriumcarbonat dargestellten Asche (S. 477) nach Ansäuern mit Salpetersäure durch Fällen mit Silbernitrat bestimmt wird. Neutrale, phosphorsaure-freie Lösungen lassen sich auch in bekannter Weise mit $^{n}/_{10}$ Silbernitratlösung titrieren. 1 Gewichtsteil Chlor = 1,650 Gewichtsteilen Chlornatrium oder 1 Gewichtsteil Chlorsilber = 0,408 Gewichtsteilen Chlornatrium oder 1 ccm $^{n}/_{10}$ Silbernitratlösung = 0,00354 g Chlor = 0,00587 g Chlornatrium.

Die Untersuchung von Pökelfleisch auf Kochsalz soll nach der amtlichen Anweisung zum Fleichbeschau-Gesetz, wie folgt, vorgenommen werden:

„2 g Fleisch werden mit 2 g chlorfreiem Seesand und 2—3 ccm Wasser in einer Porzellanschale zu einem gleichmäßigen Brei zerrieben. Dieser wird mit geringen Mengen Wasser in einen Maßkolben von 110 ccm Inhalt gespült, der über der 100 ccm-Marke noch einen Steigraum von mindestens 10 ccm hat. Darauf wird zu der Mischung Wasser hinzugefügt, bis die 100 ccm-Marke erreicht ist. Hierauf stellt man den Kolben, nachdem sein Inhalt tüchtig durchgeschüttelt ist, 10 Minuten lang in kochendes Wasser. Hierbei gerinnt das Eiweiß, und die Flüssigkeit wird fast farblos. Nunmehr wird der Kolbeninhalt durch Einstellen in kaltes Wasser schnell abgekühlt, nochmals durchgeschüttelt und filtriert. Von dem klaren, fast farblosen Filtrat werden je 25 ccm, wenn nötig, mit Natronlauge unter Anwendung von Lackmus als Indicator neutralisiert. In der neutralisierten Flüssigkeit wird nach Zusatz von 1—2 Tropfen einer kalt gesättigten Lösung von Kaliumchromat durch Titrieren mit $^{1}/_{10}$ N.-Silbernitratlösung der Kochsalzgehalt ermittelt."

2. Salpeter (bzw. Salpetersäure).

Da alle hier in Betracht kommenden Nitrate in Wasser löslich sind, aber durch Veraschen der Substanz zerstört werden, so muß der Nachweis derselben stets in der wässerigen Lösung der natürlichen Substanz vorgenommen werden. Geringe Mengen Salpetersäure in Nahrungs- und Genußmitteln können auch von mitverwendetem Wasser bzw. aus jenem selbst herrühren.

Über den qualitativen Nachweis der Salpetersäure vgl. S. 264, über die quantitative Bestimmung S. 265.

---

[1]) Das ist aber nur angängig, wenn neben dem Kochsalz keine wesentlichen Mengen anderer Chloride vorhanden sind. Bei vorhandenen größeren Mengen an letzteren müssen auch die anderen Basen und Säuren bestimmt und das Kochsalz durch entsprechende Bindung von Basen und Säuren besonders berechnet werden.

II. Unerlaubte Frischhaltungsmittel.

Zu den unerlaubten Frischhaltungsmitteln bei Fleisch, Fett und deren Zubereitungen gehören nach der auf Grund des § 21 des Gesetzes betreffend die Schlachtvieh- und Fleischbeschau vom 3. Juni 1900 vom Bundesrat erlassenen Bekanntmachung vom 18. Februar 1902 folgende:

Borsäure und deren Salze,
Formaldehyd,
Alkali- und Erdalkali-Hydroxyde und -Carbonate,
Schweflige Säure und deren Salze, sowie unterschwefligsaure Salze,
Fluorwasserstoff und dessen Salze,
Salicylsäure und deren Verbindungen,
Chlorsaure Salze.

1. Borsäure und deren Salze.

a) Qualitativer Nachweis. Zum qualitativen Nachweise der Borsäure bedient man sich allgemein der Reaktion mit Curcuminpapier oder der Flammenreaktion. Flüssigkeiten werden für diesen Zweck mit kohlensaurem Natrium bis zur stark alkalischen Reaktion versetzt, eingedampft und verascht, feste Gegenstände mit einer Lösung von kohlensaurem Natrium durchfeuchtet, getrocknet und dann verascht. Für den Nachweis der Borsäure und Borate in Fleisch und Fett gibt die Bekanntmachung des Reichskanzlers, betreffend Änderung der Ausführungsbestimmungen D nebst Anlagen a, b, c und d zum Schlachtvieh- und Fleischbeschaugesetz vom 22. Februar 1908 folgende Vorschrift:

α) Nachweis in Fleisch: „50 g der feinzerkleinerten Fleischmasse werden in einem Becherglase mit einer Mischung von 50 ccm Wasser und 0,2 ccm Salzsäure vom spezifischen Gewicht 1,124 zu einem gleichmäßigen Brei gut durchgemischt. Nach halbstündigem Stehen wird das mit einem Uhrglase bedeckte Becherglas, unter zeitweiligem Umrühren, $1/2$ Stunde in einem siedenden Wasserbad erhitzt. Alsdann wird der noch warme Inhalt des Becherglases auf ein Gazetuch gebracht, der Fleischrückstand abgepreßt und die erhaltene Flüssigkeit durch ein angefeuchtetes Filter gegossen. Das Filtrat wird nach Zusatz von Phenolphthalein mit $n/10$ Natronlauge schwach alkalisch gemacht und bis auf 25 ccm eingedampft. 5 ccm von dieser Flüssigkeit werden mit 0,5 ccm Salzsäure vom spezifischen Gewicht 1,124 angesäuert, filtriert und auf Borsäure mit Curcuminpapier[1]) geprüft. Dies geschieht in der Weise, daß ein etwa 8 cm langer und 1 cm breiter Streifen geglättetes Curcuminpapier bis zur halben Länge mit der angesäuerten Flüssigkeit durchfeuchtet und auf einem Uhrglase von etwa 10 cm Durchmesser bei 60—70° getrocknet wird. Zeigt das mit der sauren Flüssigkeit befeuchtete Curcuminpapier nach dem Trocknen keine sichtbare Veränderung der ursprünglichen gelben Farbe, dann enthält das Fleisch keine Borsäure. Ist dagegen eine rötliche oder orangerote Färbung entstanden, dann betupft man das in der Farbe veränderte Papier mit einer 2proz. Lösung von wasserfreiem Natriumcarbonat. Entsteht hierdurch ein rotbrauner Fleck, der sich in seiner Farbe nicht von dem rotbraunen Fleck unterscheidet, der durch die Natriumcarbonatlösung auf reinem Curcuminpapier erzeugt wird, oder eine

---

[1]) Das Curcuminpapier wird durch einmaliges Tränken von weißem Filtrierpapier mit einer Lösung von 0,1 g Curcumin in 100 ccm 90proz. Alkohol hergestellt. Das getrocknete Curcuminpapier ist gut in verschlossenen Gefäßen, vor Licht geschützt, aufzubewahren.

Das Curcumin wird in folgender Weise hergestellt: 30 g feines bei 100° getrocknetes Curcumawurzelpulver (Curcuma longa) werden im Soxhletschen Extraktionsapparat zunächst 4 Stunden lang mit Petroleumäther ausgezogen. Das so entfettete und getrocknete Pulver wird alsdann in demselben Apparat mit heißem Benzol 8—10 Stunden lang, unter Anwendung von 100 ccm Benzol, erschöpft. Zum Erhitzen des Benzols kann ein Glycerinbad von 115—120° verwendet werden. Beim Erkalten der Benzollösung scheidet sich innerhalb 12 Stunden das für die Herstellung des Curcuminpapiers zu verwendende Curcumin ab.

rotviolette Färbung, so enthält das Fleisch ebenfalls keine Borsäure. Entsteht dagegen durch die Natriumcarbonatlösung ein blauer Fleck, dann ist die Gegenwart der Borsäure nachgewiesen. Bei blauvioletten Färbungen und in Zweifelsfällen ist der Ausfall der Flammenreaktion ausschlaggebend.

Die Flammenreaktion ist in folgender Weise auszuführen: 5 ccm der rückständigen alkalischen Flüssigkeit werden in einer Platinschale zur Trockne verdampft und verascht. Zur Herstellung der Asche wird die verkohlte Substanz mit etwa 20 ccm heißem Wasser ausgelaugt. Nachdem die Kohle bei kleiner Flamme vollständig verascht worden ist, fügt man die ausgelaugte Flüssigkeit hinzu und bringt sie zunächst auf dem Wasserbad, alsdann bei etwa 120° C zur Trockne. Die so erhaltene lockere Asche wird mit einem erkalteten Gemische von 5 ccm Methylalkohol und 0,5 ccm konzentrierter Schwefelsäure sorgfältig zerrieben und unter Benutzung weiterer 5 ccm Methylalkohol in einen Erlenmeyer-Kolben von 100 ccm Inhalt gebracht. Man läßt den verschlossenen Kolben unter mehrmaligem Umschütteln $^1/_2$ Stunde lang stehen; alsdann wird der Methylalkohol aus einem Wasserbade von 80—85° vollständig abdestilliert. Das Destillat wird in ein Gläschen von 40 ccm Inhalt und etwa 6 cm Höhe gebracht, welches mit einem zweimal durchbohrten Stopfen verschlossen wird, durch den 2 Glasröhren in das Innere führen, Die eine Röhre reicht bis auf den Boden des Gläschens, die andere nur bis in den Hals. Das verjüngte äußere Ende der letzteren Röhre wird mit einer durchlochten Platinspitze, die aus Platinblech hergestellt werden kann, versehen. Durch die Flüssigkeit wird hierauf ein getrockneter Wasserstoffstrom derart geleitet, daß die angezündete Flamme 2—3 cm lang ist. Ist die bei zerstreutem Tageslichte zu beobachtende Flamme grün gefärbt, so ist Borsäure im Fleische enthalten.

Fleisch, in welchem Borsäure nach diesen Vorschriften nachgewiesen ist, ist im Sinne der Ausführungsbestimmungen D § 5 Nr. 3 als mit Borsäure oder deren Salzen behandelt zu betrachten."

β) Nachweis in Fett: „50 g Fett werden in einem Erlenmeyer-Kolben von 250 ccm Inhalt auf dem Wasserbade geschmolzen und mit 30 ccm Wasser von etwa 50° und 0,2 ccm Salzsäure vom spezifischen Gewicht 1,124 $^1/_2$ Minute lang kräftig durchgeschüttelt. Alsdann wird der Kolben so lange auf dem Wasserbad erwärmt, bis sich die wässerige Flüssigkeit abgeschieden hat. Die Flüssigkeit wird durch Filtration von dem Fette getrennt. 25 ccm des Filtrats werden nach vorstehenden Vorschriften weiter behandelt.

Fett, in welchem Borsäure nach diesen Vorschriften nachgewiesen ist, ist im Sinne der Ausführungsbestimmungen D § 5 Nr. 3 als mit Borsäure oder deren Salzen behandelt zu betrachten."

b) Quantitative Bestimmung. α) Die quantitative Bestimmung der Borsäure geschieht am einfachsten nach dem Verfahren von Jörgensen[1]. Es beruht auf der Erscheinung, daß eine gegen Phenolphthalein neutralisierte wässerige Borsäurelösung nach dem Zusatz einer hinreichenden Menge von neutralem Glycerin wieder saure Reaktion annimmt und daß nun durch abermalige Titration mit Alkalilauge der Gehalt an Borsäure bestimmt werden kann, wenn gleichzeitig der Wirkungswert der Lauge durch Titration einer Borsäurelösung von bekanntem Gehalt unter möglichst gleichen Mengen- und Konzentrationsverhältnissen festgestellt worden ist. Man verfährt z. B. bei Milch wie folgt:

100—200 ccm Milch werden bis zur stark alkalischen Reaktion (gegen Lackmus) mit konzentrierter Natronlauge versetzt, in einer Platinschale zur Trockne verdampft, darauf verascht und die Asche mit Schwefelsäure aufgenommen. Die erhaltene Lösung wird in einen 200 ccm-Kolben gebracht, zur Austreibung der etwa noch in Lösung befindlichen Kohlensäure kurze Zeit gelinde erwärmt und nach dem Abkühlen unter Verwendung von Phenolphthalein als Indicator mit kohlensäurefreier Natronlauge genau neutralisiert. Die Lösung wird mit kohlensäurefreiem Wasser auf 200 ccm aufgefüllt und nach dem Mischen filtriert.

---

[1] Zeitschr. f. analyt. Chem. 1882, **21**, 531 und Zeitschr. f. angew. Chemie 1897, 5.

Zu 50 ccm des Filtrates setzt man nun 25 ccm neutrales Glycerin[1]) und titriert, ohne auf einen etwa entstehenden Niederschlag (von Phosphaten) Rücksicht zu nehmen, mit $n/10$ Natronlauge bis zur schwachen Rotfärbung. Zur scharfen Erkennung des Farbenumschlages leistet nach A. Beythien und H. Hempel[2]) ein Zusatz von neutralem Äthylalkohol gute Dienste.

Zur Feststellung des Wirkungswertes der $n/10$ Natronlauge gegen Borsäure stellt man eine Lösung von 2 g chemisch reiner krystallisierter Borsäure (H_3BO_3) in 1 l kohlensäurefreiem Wasser her und versetzt 50 ccm dieser Lösung (= 0,1 g Borsäure H_3BO_3) unter Zugabe von Phenolphthalein als Indicator vorsichtig mit der $n/10$ Natronlauge bis zur schwachen Rotfärbung; darauf gibt man 25 ccm neutrales Glycerin hinzu und titriert nun wiederum mit $n/10$ Natronlauge bis zur schwachen Rotfärbung. Angenommen es seien bei dieser Titration 15,80 ccm $n/10$ Natronlauge verbraucht, so entspricht 1 ccm 0,00633 g H_3BO_3 oder 0,00343 g B_2O_3.

Hönig und Spitz[3]) haben das Verfahren von Jörgensen etwas abgeändert. Dieses abgeänderten Verfahrens hat sich auch E. Polenske[4]) bei der Bestimmung der Borsäure in Trockenpökelfleisch bedient; es dürfte auch bei Milch und anderen Nahrungsmitteln brauchbar sein.

β) Zum Nachweise und zur quantitativen Bestimmung sehr kleiner Borsäuremengen empfiehlt sich das calorimetrische Verfahren von A. Hebebrand[5]), z. B. bei Milch:

50 ccm mit Natriumcarbonat schwach alkalisch gemachte Milch werden in einer Platinschale vollständig verascht. Die Asche wird mit 5 ccm schwach (mit 0,5 ccm Salzsäure) angesäuertem Wasser behandelt, die Lösung in ein Reagensglas oder besser in das für diese Zwecke eingerichtete Röhrchen[6]) (Fig. 284) gegeben und die Platinschale mit 15 ccm Alkohol nachgespült. Hierauf gibt man zu der Lösung 15 ccm Salzsäure (spezifisches Gewicht 1,19), kühlt gehörig ab und gibt darauf genau 0,2 ccm 0,1 proz. wässerige Curcuminlösung[7]) hinzu. Nach dem Umschütteln und etwa halbstündigem Stehenlassen im Dunkeln vergleicht man die eingetretene Färbung mit einer Farbenskala, welche man sich unter Anwendung be-

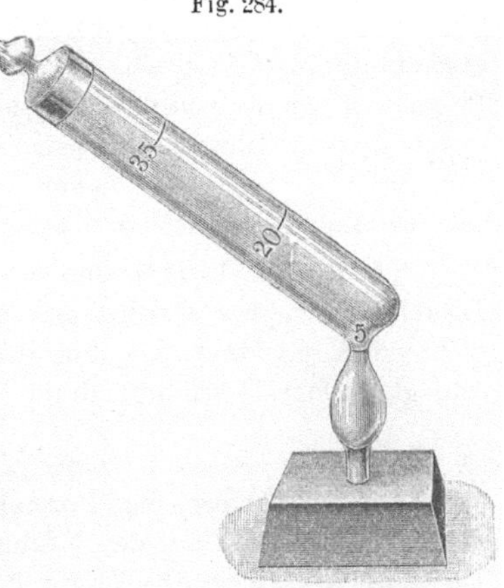

Fig. 284.

Apparat zum Nachweis von Borsäure nach Hebebrand.

stimmter Mengen (etwa 0,2—1,2 ccm) einer 1 proz. Borsäurelösung unter genauer Einhaltung der vorstehenden Arbeitsweise hergestellt hat. Ist keine Borsäure vorhanden, so färbt sich die Flüssigkeit grünlichgelb; bei Gegenwart von Borsäure dagegen erscheint sie schwach bräunlich (0,1 mg) bis schön rosenrot (10 mg); am deutlichsten sind die Unterschiede der Farbentöne bei Gegenwart von 1—5 mg Borsäure. Zur Vergleichung der Farbentöne empfiehlt es sich, die Reagensröhrchen schräg

---

[1]) Nach der ersten Rötung kann man mehr Glycerin zusetzen und falls Entfärbung eintritt, weiter titrieren.

[2]) Zeitschr. f. Untersuchung d. Nahrungs- u. Genußmittel 1899, **2**, 842.

[3]) Zeitschr. f. angew. Chem. 1896, 549. Hönig und Spitz bestimmen in der Lösung von Boraten erst das Gesamtalkali durch Titration mit $n/2$ Salzsäure und Methylorange als Indikator, setzen dann zu der Lösung, welche die Borsäure im freien Zustande enthält, einige Tropfen Phenolphthalein und titrieren bis zum Eintritt der Rotfärbung mit $n/2$ Natronlauge. Die verbrauchten ccm $n/2$ Natronlauge, multipliziert mit 0,0175, geben die Menge Borsäureanhydrid (B_2O_3).

[4]) Arbeiten a. d. Kaiserl. Gesundheitsamte 1900, **17**, 561.

[5]) Zeitschr. f. Untersuchung d. Nahrungs- u. Genußmittel 1902, **5**, 55, 721, 1044.

[6]) Die Röhrchen werden hergestellt von der Firma Dr. Siebert & Kühn, in Kassel.

[7]) Die Curcuminlösungen geben reinere Farbentöne als die gewöhnlichen Curcumatinkturen (über die Darstellung der Curcuminlösung vgl. vorstehend S. 591, Anm. 1).

gegen eine weiße Unterlage zu halten, was bei den hierfür besonders hergestellten Röhrchen (Fig. 284) besonders erleichtert wird, in deren unterstem Teile sich die aus dem Gemisch etwa abgeschiedenen Salze (Chlornatrium usw.) ansammeln und so die Vergleichung der Farbentöne erleichtern.

A. Hebebrand fand nach ·diesem Verfahren auch in käuflichem Salinensalz 0,6—3 mg Borsäure in 100 g.

γ) A. Partheil und J. Rose[1]) bestimmen die Borsäure durch Ausziehen der borsäurehaltigen salzsauren Lösung mittels Äthers in dem von ihnen eingerichteten Perforator[2]). Die Lösung muß frei von Schwefelsäure, Salpetersäure, Phosphorsäure und Eisen sein.

Der mit Natriumcarbonat versetzte Trockenrückstand wird zuerst mit kleiner Flamme verkohlt, dann weiß gebrannt, die Asche mit Wasser aufgenommen und das Filtrat mit Salzsäure bis zur schwach sauren Reaktion versetzt. Zur Abscheidung von Phosphorsäure werden einige Tropfen Eisenchlorid hinzugefügt und mit Alkalilauge das überschüssige Eisenchlorid ausgefällt. Die Flüssigkeit wird nun auf dem Wasserbade erwärmt, der Niederschlag abfiltriert und mit heißem Wasser gut ausgewaschen. Das alkalische Filtrat wird sodann auf dem Wasserbade auf etwa 10—15 ccm eingedampft, nach dem Erkalten mit Salzsäure angesäuert und nun mit Äther 18 Stunden perforiert. Darauf setzt man ein zweites gewogenes Kölbchen unter und überzeugt sich durch etwa 2stündige Perforation von der vollständigen Ausziehung der Borsäure. Das Kölbchen wird in einen Glockenexsiccator über Schwefelsäure gebracht, der außerdem ein Schälchen mit gebranntem Kalk enthält, der Äther bei einem Vakuum von 12—15 mm abgesaugt, die zurückbleibende Borsäure bis zum beständigen Gewicht getrocknet und als H_3BO_3 gewogen.

Th. Rosenbladt[3]) und F. A. Gooch[4]) haben vorgeschlagen, die Borsäure durch Destillation der Asche mit Methylalkohol und Schwefelsäure zu bestimmen, während A. Stromeyer[5]) für den Zweck die Bestimmung als Bromfluorkalium vorschlägt, welches Verfahren durch R. Fresenius[6]) eine Abänderung erfahren hat.

2. Formaldehyd.

Für den Nachweis von Formaldehyd sind eine große Anzahl von Verfahren vorgeschlagen, die sich vorwiegend auf den Nachweis desselben in Fleisch, Fetten und Milch beziehen. Die amtliche Vorschrift für den Nachweis in Fleisch und Fett lautet wie folgt:

a) Bei Fleisch: „30 g der zerkleinerten Fleischmasse werden in 200 ccm Wasser gleichmäßig verteilt und nach halbstündigem Stehen in einem Kolben von etwa 500 ccm Inhalt mit 10 ccm einer 25 proz. Phosphorsäure versetzt. Von dem bis zum Sieden erhitzten Gemenge werden unter Einleiten eines Wasserdampfstroms 50 ccm abdestilliert. Das Destillat wird filtriert. Bei nicht geräuchertem Fleisch werden 5 ccm des Destillats mit 2 ccm frischer Milch und 7 ccm Salzsäure vom spezifischen Gewicht 1,124, welche auf 100 ccm 0,2 ccm einer 10 proz. Eisenchloridlösung enthält, in einem geräumigen Probiergläschen gemischt und etwa $^1/_2$ Minute lang in schwachem Sieden erhalten. Durch Vorversuche ist festzustellen, einerseits, daß die Milch frei von Formaldehyd ist, anderseits, daß sie auf Zusatz von Formaldehyd die Reaktion gibt. Bei geräucherten Fleischwaren ist ein Teil des Destillats mit der 4fachen Menge Wasser zu verdünnen und 5 ccm der Verdünnung in derselben Weise zu behandeln. Die Gegenwart von Formaldehyd bewirkt Violettfärbung. Tritt letztere nicht ein, so bedarf es einer weiteren Prüfung nicht. Im anderen Falle wird der Rest des Destillats mit Ammoniakflüssigkeit im Überschusse versetzt und in der Weise, unter zeitweiligem

---

[1]) Zeitschr. f. Untersuchung d. Nahrungs- u. Genußmittel 1901, **4**, 1172; 1902, **5**, 1049.

[2]) Der Perforator (vgl. auch S. 468) wird von der Firma C. Gerhardt in Bonn hergestellt. Preis 12 Mk.

[3]) Zeitschr. f. analyt. Chem. 1887, **26**, 18.

[4]) Analyst 1887, **12**, 92, 132.

[5]) Ann. Chem.-Pharm. 1856, **100**, 82.

[6]) Zeitschr. f. analyt. Chem. 1886, **25**, 204.

Zusatze geringer Mengen Ammoniakflüssigkeit, zur Trockne verdampft, daß die Flüssigkeit immer eine alkalische Reaktion behält. Bei Gegenwart von nicht zu geringen Mengen von Formaldehyd hinterbleiben charakteristische Krystalle von **Hexamethylentetramin**. Der Rückstand wird in etwa 4 Tropfen Wasser gelöst, von der Lösung je 1 Tropfen auf einen Objektträger gebracht und mit den beiden folgenden Reagenzien geprüft:

1. mit 1 Tropfen einer gesättigten Quecksilberchloridlösung. Es entsteht hierbei sofort oder nach kurzer Zeit ein regulärer krystallinischer Niederschlag; bald sieht man drei- und mehrstrahlige Sterne, später Oktaeder;

2. mit 1 Tropfen einer Kaliumquecksilberjodidlösung und einer sehr geringen Menge verdünnter Salzsäure. Es bilden sich hexagonale 6seitige, hellgelb gefärbte Sterne.

Die Kaliumquecksilberjodidlösung wird in folgender Weise hergestellt: Zu einer 10proz. Kaliumjodidlösung wird unter Erwärmen und Umrühren so lange Quecksilberjodid zugesetzt, bis ein Teil desselben ungelöst bleibt; die Lösung wird nach dem Erkalten abfiltriert.

In nicht geräucherten Fleischwaren darf die Gegenwart von Formaldehyd als erwiesen betrachtet werden, wenn der erhaltene Rückstand die Reaktion mit Quecksilberchlorid gibt. In geräucherten Fleischwaren ist die Gegenwart des Formaldehyds erst dann nachgewiesen, wenn beide Reaktionen eintreten.

Fleisch, in welchem Formaldehyd nach diesen Vorschriften nachgewiesen ist, ist im Sinne der Ausführungsbestimmungen D § 5 Nr. 3 als mit Formaldehyd oder solchen Stoffen, die Formaldehyd abgeben, behandelt zu betrachten."

b) Bei Fett: „50 g Fett werden in einem Kolben von etwa 550 ccm Inhalt mit 50 ccm Wasser und 10 ccm 25proz. Phosphorsäure versetzt und erwärmt. Nachdem das Fett geschmolzen ist, destilliert man unter Einleiten eines Wasserdampfstromes 50 ccm Flüssigkeit ab. Das filtrierte Destillat ist nach vorstehenden Vorschriften weiter zu behandeln.

Durch den positiven Ausfall der Quecksilberchloridreaktion ist der Nachweis des Formaldehyds erbracht.

Fett, in welchem Formaldehyd nach diesen Vorschriften nachgewiesen ist, ist im Sinne der Ausführungsbestimmungen D § 5 Nr. 3 als mit Formaldehyd oder solchen Stoffen, die bei ihrer Verwendung Formaldehyd abgeben, behandelt zu betrachten."

c) Bei Milch: Milch kann in vorstehender Weise direkt mit Eisenchlorid und Salzsäure geprüft werden; oder man destilliert von 100 ccm Milch in einem geräumigen (500—1000 ccm) Kolben 20—30 ccm ab und prüft diese in derselben Weise wie das Destillat von Fleisch und Fett.

Anmerkungen: 1. Die Hexamethylentetramin-Reaktion (nach Romijn[1]) wird als die schärfste auf Formaldehyd angesehen; außer mit Quecksilberchlorid und Kaliumquecksilberjodid gibt das Hexamethylentetramin noch mit Phosphorwolframsäure und vielen anderen Salzen eigenartig krystallisierende Doppelverbindungen, die unter dem Mikroskop erkannt werden können.

2. Die durch schweflige Säure entfärbte Fuchsinlösung (Rosanilinbisulfit-Lösung oder Schiffsches Reagens) stellt man nach K. Farnsteiner[2] zweckmäßig wie folgt her:

5 ccm einer 10proz. Lösung von Natriumsulfurosum siccum werden mit 10,2 ccm $\frac{1}{2}$ N.-Salzsäure versetzt und darauf mit 100 ccm einer 0,1proz. Fuchsinlösung vermischt. Nach etwa 4 Stunden ist die Entfärbung vollendet. Die mit dieser Lösung erhaltene Rotfärbung muß nach O. Hehner[3] und A. Jorissen[4] auf Zusatz einiger Tropfen verdünnter schwefliger Säure bestehen bleiben; anderenfalls rührt sie nicht von Formaldehyd bzw. Aldehyden her.

Die Rotfärbung geht auf Zusatz von wenig Salzsäure in eine Violettfärbung, bei stärkerem Zusatz von Salzsäure in eine blaue bis blaugrüne Färbung über. (Destillate von reiner, bereits

[1]) Pharmaz. Ztg. 1895, **40**, 407.

[2]) Forschungsberichte über Lebensmittel 1896, **3**, 363.

[3]) Analyst 1896, **21**, 94.

[4]) Zeitschr. f. Untersuchung d. Nahrungs- u. Genußmittel 1898, **1**, 356.

gesäuerter Milch geben zwar häufig Rotfärbungen, die aber auf Zusatz von wenig Salzsäure wieder verschwinden.)

3. Von den vorstehenden beiden Reaktionen gilt die letztere mit durch schweflige Säure entfärbter Fuchsinlösung für alle Aldehyde. Als solche kann auch die von R. T. Thomson[1]) vorgeschlagene Prüfung mit ammoniakalischer Silberlösung angesehen werden. Das zu prüfende Destillat (bzw. die Flüssigkeit) wird mit 5 Tropfen ammoniakalischer Silberlösung (1 g Silbernitrat wird in 30 ccm Wasser gelöst und mit verdünntem Ammoniak versetzt, bis sich der anfänglich entstehende Niederschlag gelöst hat; die Lösung wird dann auf 50 ccm verdünnt) und läßt einige Stunden im Dunkeln stehen. Bei Gegenwart von Formaldehyd bzw. Aldehyden entsteht — je nach dem Gehalt oft erst nach 12 Stunden — eine schwarze Trübung oder ein Silberspiegel. Eine leichte Braunfärbung ist nicht als Reaktion anzusehen. Auch weist K. Farnsteiner[2]) darauf hin, daß die Reaktion bei Destillaten aus aldehydfreier, aber bereits gesäuerter Milch auftritt und daher für die Prüfung der Milch auf Formaldehyd nicht geeignet ist.

4. Außer diesen sind noch verschiedene andere Reaktionen angegeben, die nur für Formaldehyd zutreffen sollen, nämlich:

α) Die Phloroglucin-Reaktion nach Weber und Tollens[3]). Durch 2stündiges Erwärmen von Lösungen von Formaldehyd (Methylenderivaten) mit einigen Tropfen 1proz. Phloroglucinlösung und gleichen Raumteilen Salzsäure (1,19 spezifisches Gewicht) tritt zunächst eine weißliche Trübung und weiter eine Ausscheidung von rotgelben Flocken auf. Letztere bestehen aus einer Verbindung von Formaldehyd mit Phloroglucin; denn die Reaktion verläuft nach der Gleichung:

$$C_6H_6O_3 + CH_2O = C_7H_6O_3 + H_2O \ .$$

Da aus 30 g Formaldehyd 138 g Phloroglucid entstehen, so läßt sich die Reaktion auch zur quantitativen Bestimmung des Formaldehyds benutzen, indem man den wie beim Furfurol-Phloroglucid gewogenen Niederschlag durch 4,6 dividiert, um die Menge des Formaldehyds zu finden. Die Lösungen des Formaldehyds werden mit einem Gemisch von 15 ccm Salzsäure (von 1,19 spezifischem Gewicht), 15 ccm Wasser und etwas überschüssigem Phloroglucin 2 Stunden im Wasserbade bei 70—80° erwärmt, der Niederschlag wird durch einen mit Asbest beschickten Goochschen Tiegel filtriert, 4 Stunden im Wassertrockenschrank getrocknet und, mit dem Tiegel in einem Filterwägeglas verschlossen, gewogen usw.

Utz[4]) hält das vorstehende Verfahren für recht brauchbar und erwähnt bezüglich des Verhaltens anderer Aldehyde, daß Furfurol, Vanillin, Piperonal, Paraphenylaldehyd, mit Phloroglucin und Salzsäure in vorstehender Weise geprüft, in der Kälte zwar schon Rotfärbungen geben, aber keine Flocken ausscheiden. Mit Acetaldehyd tritt in der sich bald rotfärbenden Flüssigkeit eine weißliche Trübung und weiter eine Ausscheidung weißlicher, sich allmählich rötlich färbender Flocken ein; aber die Flüssigkeit bleibt hierbei ebenfalls rot, während sie, wenn die Reaktion von Formaldehyd herrührt, farblos ist.

β) Reaktion mit Phenylhydrazinhydrochlorid und Nitroprussidnatrium nach E. Ramini[5]). C. Arnold und C. Mentzel[6]) empfehlen hierfür folgende Arbeitsweise: Man löst in 3—5 ccm der zu untersuchenden kalten Flüssigkeit ein erbsengroßes Stückchen Phenylhydrazinhydrochlorid, setzt 2—4 Tropfen (nicht mehr) einer frischen aber kalten 5—10proz. Nitroprussid-

---

1) Chem. News 1895, **71**, 247.

2) Forschungsberichte über Lebensmittel 1896, **3**, 363.

3) Berichte d. Deutschen chem. Gesellschaft 1897, **30**, 2510; 1899, **32**, 2841.

4) Apotheker-Ztg. 1900, **15**, 884.

5) Annal. di Farmacol. 1898 97; Zeitschr. f. Untersuchung d. Nahrungs- u. Genußmittel 1898, **1**, 858. — E. Ramini hat außer 10 verschiedenen Aldehyden noch Aceton, Acetophenon, Benzophenon, Campher, Methylalkohol und Ameisensäure geprüft und gefunden, daß die Reaktion mit diesen nicht eintritt; er hält sie daher für Formaldehyd als kennzeichnend.

6) Chem.-Ztg. 1902, **26**, 246.

natriumlösung[1]) und hierauf tropfenweise eine 10—15 proz. Alkalihydroxydlösung (8—12 Tropfen) hinzu, worauf sofort eine, je nach der Menge des Formaldehyds, blaue bis blaugraue, längere Zeit beständige Färbung entsteht. Milch (rohe und gekochte), welche im Liter 0,015 g Formaldehyd enthält, gibt noch deutliche Grünfärbung während reine Milch nur gelblich gefärbt wird. Bei 0,05 g Formaldehyd im Liter entsteht schon eine schöne Blaufärbung.

E. H. Jenkins[2]) empfiehlt, die Raminische Reaktion im Destillat auszuführen.

B. M. Pilhashi[3]) empfiehlt dieselbe ebenfalls, hält aber die Anwendung von Phenylhydrazinhydrochlorid und Natriumacetat (1 g Phenylhydrazinhydrochlorid und 1,5 g Natriumacetat in 100 ccm Wasser) für noch zuverlässiger. Setzt man zu 1 ccm der auf Formaldehyd zu prüfenden Flüssigkeit 2 Tropfen dieses Reagenzes und 2 Tropfen Schwefelsäure, so entsteht bei Anwesenheit von Formaldehyd eine Grünfärbung.

E. Ramini[4]) hat die ursprünglich von ihm angegebene Reaktion dahin abgeändert, daß er die Formaldehydlösung mit 1 ccm Phenylhydrazinhydrochloridlösung (4 : 100) und 1 ccm Eisenchloridlösung (4 : 100) und darauf mit Salzsäure ansäuert, wodurch in Verdünnungen von 1 : 1000 eine Rotfärbung und in solchen von 1 : 10 000 eine dauernde eosinrote Färbung entsteht.

C. Arnold und C. Mentzel[5]) haben diese Reaktion dahin abgeändert, daß sie 10 ccm formaldehydhaltiger Flüssigkeit (Milch) mit 10 ccm absolutem Alkohol durchschütteln, absitzen lassen, nötigenfalls die überstehende Flüssigkeit durch ein trockenes Filter filtrieren, zu 5 ccm Filtrat 0,03 g festes Phenylhydrazinchlorid[6]), dann 4 Tropfen Eisenchlorid und schließlich unter Kühlung allmählich 12 Tropfen konzentrierter Schwefelsäure hinzusetzen, wodurch bei Vorhandensein von Formaldehyd eine rote, bei Abwesenheit nur eine gelbliche Färbung entsteht. Acetaldehyd gibt die Reaktion zwar auch, aber nur in Verdünnungen von 1 : 150; Benzaldehyd, Chloral und Aceton geben sie nicht.

γ) Reaktion mit Schwefelsäure nach O. Hehner[7]). Unter die mit dem gleichen Volumen Wasser verdünnte Milch — nicht Destillat der Milch — schichtet man in einem Reagensglase 90 bis 94 proz. Schwefelsäure. Bei Gegenwart von Formaldehyd entsteht in der Berührungszone ein violetter Ring. Bei Abwesenheit von Formaldehyd entsteht in der Berührungszone eine lichtgrüne Färbung und nach mehreren Stunden ein rötlichbrauner Ring unterhalb der Berührungszone, der bei einiger Übung von dem bei Formaldehyd-Reaktion entstehenden Ring leicht unterschieden werden kann.

K. Farnsteiner[8]) bestätigt im allgemeinen die Angaben von O. Hehner; nach ihm bildet sich aber unter dem oder an Stelle des lichtgrünen Ringes ein tief rotvioletter Ring, dagegen bei Anwesenheit von Formaldehyd ein blauvioletter Ring zwischen der Oberfläche der Säure und dem schwimmenden ungelösten Casein.

---

[1]) Eine noch empfindlichere Reaktion auf Formaldehyd wurde von Arnold und Mentzel erhalten, als das Nitroprussidnatrium durch Kaliumferricyanid ersetzt wurde, wobei eine starke scharlachrote Färbung entstand, welche sich tagelang hielt. In alkoholischen Flüssigkeiten entsteht diese Reaktion, im Gegensatz zu der ersten, erst dann, wenn so viel Wasser zum Alkohol gesetzt wird, daß nach dem Zusatz des Kaliumferricyanids dieses gelöst bleibt. Für Milch ist diese Reaktion nicht zu empfehlen, für Fleischauszüge nur dann, wenn dieselben nicht durch Blutfarbstoff noch gerötet sind; in allen anderen Fällen aber kann sie auch verwendet werden, wenn die andere Reaktion wegen zu großer Verdünnung versagt.

[2]) Bericht d. Landw. Versuchsstation Connecticut 1901, 106; Zeitschr. f. Untersuchung d. Nahrungs- u. Genußmittel 1902, **5**, 866.

[3]) Journ. Amer. Chem. Soc. 1900, **22**, 132.

[4]) Zeitschr. f. Untersuchung d. Nahrungs- u. Genußmittel 1898, **1**, 858.

[5]) Ebendort 1902, **5**, 353.

[6]) Lösungen von Phenylhydrazin zersetzen sich leicht.

[7]) Analyst 1896, **21**, 94; Zeitschr. f. Untersuchung d. Nahrungs- u. Genußmittel 1896, **11**, 276.

[8]) Forschungsberichte über Lebensmittel 1896, **3**, 363.

Nach H. D. Richmond und L. K. Koseley[1]) verwendet man zu vorstehender Probe das Destillat und setzt demselben anstatt der von O. Hehner vorgeschlagenen einigen Tropfen Milch Pepton zu. Auch K. Farnsteiner bestätigt die Brauchbarkeit dieser Reaktion; er arbeitete mit Witteschem Pepton und erhielt dabei nicht die obigen störenden Nebenreaktionen. Nach O. Hehner soll dagegen der Ersatz der Milch durch Pepton nicht zulässig sein, da nur das Casein der ersteren die Reaktion bedinge. Auch Utz[2]) konnte mit Pepton keine Reaktion erhalten.

Nach Leonard[3]) tritt die Reaktion mit völlig reiner Schwefelsäure nicht ein, sondern erst wenn man eine Spur Eisenchlorid (auch Platinchlorid) hinzufügt. J. F. Liverseege[4]) empfiehlt einen Zusatz von 2,5 ccm N.-Ferrichloridlösung auf 100 ccm Schwefelsäure.

Nach A. Jorissen[5]) ist diese sehr empfindliche Reaktion für Formaldehyd kennzeichnend; andere Aldehyde und ebenso konzentrierte Formaldehyd-Lösungen zeigen sie nicht; bei letzteren tritt sie aber nach K. Farnsteiner durch Erwärmen mit Eisenchlorid ein.

δ) **Sonstige Reaktionen.** Als sonstige Reagenzien bzw. Reaktionen zum Nachweise von Formaldehyd, die aber entweder wenig kennzeichnend oder noch wenig nachgeprüft sind, sind u. a. vorgeschlagen: Phenylhydrazinchlorhydrat und Natronlauge von E. Riegler[6]), Phloroglucin und Natronlauge von A. Jorissen sowie A. Leys[7]), Diphenylenhydrazin-chlorhydrat von K. Neuberg[8]), Diphenylamin und Schwefelsäure von Richmond und Roselly[9]), Diamidophenol und Amidol (Methylamidokresol) von Manget und Marions[10]), Phenol und Schwefelsäure von A. Jorissen sowie Utz[11]), Resorcin und Alkalilauge von denselben[11]), Dimethylanilin und Bleisuperoxyd (Trillatsche Reaktion) von F. Jean bzw. J. Wolff[12]), Anilinwasser von A. Jorissen bzw. F. Jean[13]), Hydroxylamin von Brochet und Cambier[14]), Neßlers Reagens von A. Jorissen und F. Jean[13]), Salzsäure und Eisenchlorid von Leonhardt und Smith bzw. Amthor und Jenkins[15]), salpetersäurehaltige Schwefelsäure von M. Riegel[16]).

3. Nachweis von Alkali- und Erdalkali-Hydroxyden und -Carbonaten.

Alkali- und Erdalkali-Hydroxyde und -Carbonate werden vorwiegend als Neutralisations- und Frischhaltungsmittel bei Fetten, Milch, Bier und Wein angewendet.

[1]) Analyst 1895, **20**, 154; Zeitschr. f. Untersuchung d. Nahrungs- u. Genußmittel 1895, **10**, 449.

[2]) Apotheker-Ztg. 1900, **15**, 884.

[3]) Analyst 1896, **21**, 157.

[4]) Ebendort 1901, **26**, 151.

[5]) Nach A. Jorissen (Journ. pharm. de Liège 1897, **4**, 257; Zeitschr. f. Untersuchung d. Nahrungs- u. Genußmittel 1898, **1**, 356) kann man die Milch auch durch Alkaloide (insbesondere Morphinchlorhydrat) ersetzen; man verwendet dann das Destillat zur Prüfung und verfährt wie folgt: Man bringt die auf Formaldehyd zu prüfende Flüssigkeit in einem Schälchen unter eine Glasglocke und stellt daneben ein Porzellanschälchen, in dem ein Krystall von Morphinchlorhydrat mit 10 Tropfen konzentrierter Schwefelsäure (6 Schwefelsäure + 1 Wasser) übergossen ist. Nach kurzer Zeit tritt zunächst eine purpurrote und dann Blaufärbung auf.

[6]) Zeitschr. f. Untersuchung d. Nahrungs- u. Genußmittel 1902, **5**, 420.

[7]) Ebendort 1898, **1**, 356; 1899, **2**, 867.

[8]) Berichte d. Deutschen chem. Gesellschaft 1899, **32**, 1961.

[9]) Zeitschr. f. analyt. Chem. 1900, **39**, 329.

[10]) Zeitschr. f. Untersuchung d. Nahrungs- u. Genußmittel 1903, **6**, 603; 1904, **7** 317.

[11]) Ebendort 1898, **1**, 356; 1901, **4**, 802.

[12]) Ebendort 1899, **2**, 900; 1900, **3**, 92; 1901, **4**, 470.

[13]) Ebendort 1898, **1**, 356; 1899, **2**, 900.

[14]) Ebendort 1902, **5**, 866 (Compt. rendus 1895, **120**, 449).

[15]) Ebendort 1899, **2**, 899; 1900, **3**, 233; 1902, **5**, 866

[16]) Ebendort 1903, **6**, 602.

a) Nachweis bei Fetten. Die amtliche Vorschrift nach dem Gesetz betreffend die Schlachtvieh- und Fleischbeschau lautet wie folgt:

α) „30 g geschmolzenes Fett werden mit der gleichen Menge Wasser in einem mit Kühlrohr versehenen Kolben von etwa 550 ccm Inhalt vermischt. In das Gemisch wird $^{1}/_{2}$ Stunde lang Wasserdampf eingeleitet. Nach dem Erkalten wird der wässerige Auszug filtriert.

β) Das zurückbleibende Fett, sowie das unter α benutzte Filter werden gemeinsam nach Zusatz von 5 ccm Salzsäure vom spezifischen Gewicht 1,124 in gleicher Weise, wie unter α angegeben, behandelt.

Wird kein klares Filtrat erhalten, so bringt man das trübe Filtrat in einen Schütteltrichter, fügt auf je 20 ccm der Flüssigkeit 1 g Kaliumchlorid hinzu und schüttelt mit 10 ccm Petroleumäther etwa 5 Minuten lang aus. Nach dem Abscheiden der wässerigen Flüssigkeit filtriert man diese durch ein angefeuchtetes Filter. Nötigenfalls wird das anfangs trübe ablaufende Filtrat so lange zurückgegossen, bis es klar abläuft.

Alsdann ist das klare Filtrat von α auf 25 ccm einzudampfen und nach dem Erkalten mit verdünnter Salzsäure anzusäuern. Bei Gegenwart von Alkaliseife scheidet sich Fettsäure aus, die mit Äther auszuziehen und nach dem Verdunsten desselben als solche zu kennzeichnen ist. Entsteht jedoch beim Ansäuern eine in Äther schwer lösliche oder gelblichweiße Abscheidung, so ist diese gegebenenfalls nach der unter $4\,\alpha\,2$ gegebenen Vorschrift auf Schwefel weiter zu prüfen.

Das klare Filtrat von β wird durch Zusatz von Ammoniakflüssigkeit und Ammoniumcarbonatlösung auf alkalische Erden geprüft.

Tritt keine Fällung ein, dann ist die Flüssigkeit auf 25 ccm einzudampfen und durch Zusatz von Ammoniakflüssigkeit und Natriumphosphatlösung auf Magnesium zu prüfen.

Fett, in welchem nach diesen Vorschriften Alkali- oder Erdalkali-Hydroxyde und -Carbonate nachgewiesen sind, ist im Sinne der Ausführungsbestimmungen D § 5 Nr. 3 als mit Alkali- oder Erdalkali-Hydroxyden und -Carbonaten behandelt zu betrachten."

b) Nachweis bei Milch. Zum sicheren Nachweis von Natriumcarbonat, von welchem man, um die Säuerung zu verdecken, bis zu 1 g wasserfreiem Salz für 1 l zusetzt, werden nach A. Hilger 50 ccm Milch mit der 5fachen Wassermenge verdünnt, erhitzt, mit wenig Alkohol zum Gerinnen gebracht und filtriert. Das auf die Hälfte eingeengte Filtrat läßt an der alkalischen Reaktion die Gegenwart von Alkalicarbonat deutlich erkennen.

Nach Soxhlet-Scheibe bestimmt man in der Milchasche quantitativ die Kohlensäure, wobei zu berücksichtigen ist, daß die Asche der natürlichen Milch nicht mehr als 2% Kohlensäure enthält.

Nach P. Süß[1] kann man noch 0,05% Natriummono- und bicarbonat in der Milch deutlich nachweisen, wenn man zu 100 ccm Milch 5—10 ccm Alizarinsäure hinzugibt. Die Milch nimmt alsdann eine sehr deutliche Rotfärbung an, während carbonatfreie Milch gelblich wird. Die Alizarinlösung wird durch Auflösen von 2 g Alizarin in 1 l 90proz. Alkohol unter gelindem Erwärmen erhalten.

c) Nachweis bei Bier. Bei Bier wird wohl nur Natriumcarbonat ausschließlich zur Abstumpfung eines hohen Säuregehaltes verwendet. Über den Nachweis desselben vgl. im II. Teil unter „Bier".

d) Nachweis bei Wein. Bei Wein ist zur Abstumpfung eines übermäßigen Säuregehaltes nur Calciumcarbonat üblich bzw. erlaubt. Vgl. hierüber unter „Wein" im II. Teil.

4. Schweflige Säure und deren Salze, sowie unterschwefligsaure Salze.

Die Anwendung der schwefligen Säure und ihrer Salze sowie der unterschwefligen Salze behufs Frischhaltung ist nach dem Schlachtvieh- und Fleischbeschaugesetz vom

---

[1] Pharm. Centralh. 1900, **41**, 465.

3. Juni 1900 bei **Fleisch**, **Fleischwaren** und **Fett** verboten. Hiernach können sie sinngemäß bei anderen Nahrungs- und Genußmitteln auch nicht erlaubt sein. Die schweflige Säure (bzw. das Schwefeln) und ihre Salze kommt nämlich teils für die Frischhaltung, teils für die Erteilung eines besseren Aussehens in Betracht bei Getreide, Graupen, Obst und Obstdauerwaren (Ringäpfeln, Aprikosen, Nüssen), Hopfen, Bier, Wein (durch die übliche Kellerbehandlung).

a) Qualitativer Nachweis. Als empfindlichste qualitative Reaktionen auf schweflige Säure gelten blaues, durch Jod-Jodkalium gefärbtes Stärkepapier, das durch die schweflige Säure entfärbt wird, oder farbloses, mit einer Lösung von jodsaurem Kali getränktes Stärkepapier, das dadurch blau gefärbt wird, sowie Reduktion der schwefligen Säure durch Zink und Salzsäure und Prüfung auf Schwefelwasserstoff durch Bleipapier. Andere Reaktionen, wie die rosarote bzw. rote Färbung von neutralen Sulfitlösungen durch Nitroprussidnatrium und Zinksulfat, sind hier entweder nicht anwendbar oder nicht empfindlich genug.

Für den Nachweis in Fleisch und Fett ist amtlicherseits mit jodsaurem Kalium getränktes Stärkepapier vorgeschrieben. Die Reaktion verläuft hierfür in drei Phasen zu folgender Endreaktion:

$$2 \, KJO_3 + 5 \, SO_2 + 4 \, H_2O = K_2SO_4 + 4 \, H_2SO_4 + J_2 \, .$$

Durch weitere Einwirkung von schwefliger Säure verläuft die Reaktion rückwärts und tritt wieder Entfärbung auf nach der Gleichung:

$$SO_2 + 2 \, H_2O + J_2 = 2 \, HJ + H_2SO_4 \, .$$

α) Bei Fleisch. Nach der amtlichen Vorschrift vom 22. Februar 1908 soll die qualitative Prüfung wie folgt vorgenommen werden:

„30 g fein zerkleinerte Fleischmasse und 5 ccm 25 proz. Phosphorsäure werden möglichst auf dem Boden eines Erlenmeyer-Kölbchens von 100 ccm Inhalt durch schnelles Zusammenkneten gemischt. Hierauf wird das Kölbchen sofort mit einem Korke verschlossen. Das Ende des Korkes, welches in den Kolben hineinragt, ist mit einem Spalt versehen, in dem ein Streifen Kaliumjodatstärkepapier so befestigt ist, daß dessen unteres etwa 1 cm lang mit Wasser befeuchtetes Ende ungefähr 1 cm über der Mitte der Fleischmasse sich befindet. Die Lösung zur Herstellung des Jodstärkepapiers besteht aus 0,1 g Kaliumjodat und 1 g löslicher Stärke in 100 ccm Wasser.

Zeigt sich innerhalb 10 Minuten keine Bläuung des Streifens, die zuerst gewöhnlich an der Grenzlinie des feuchten und trockenen Streifens eintritt, dann stellt man das Kölbchen bei etwas loserem Korkverschluß auf das Wasserbad. Tritt auch jetzt innerhalb 10 Minuten keine vorübergehende oder bleibende Bläuung des Streifens ein, dann läßt man das wieder fest verschlossene Kölbchen an der Luft erkalten. Macht sich auch jetzt innerhalb $^1/_2$ Stunde keine Blaufärbung des Papierstreifens bemerkbar, dann ist das Fleisch als frei von schwefliger Säure zu betrachten. Tritt dagegen eine Bläuung des Papierstreifens ein, dann ist der entscheidende Nachweis der schwefligen Säure durch nachstehendes Verfahren zu erbringen.

1. 30 g der zerkleinerten Fleischmasse werden mit 200 ccm ausgekochtem Wasser in einem Destillierkolben von etwa 500 ccm Inhalt unter Zusatz von Natriumcarbonatlösung bis zur schwach alkalischen Reaktion angerührt. Nach 1 stündigem Stehen wird der Kolben mit einem 2 mal durchbohrten Stopfen verschlossen, durch welchen 2 Glasröhren in das Innere des Kolbens führen. Die erste Röhre reicht bis auf den Boden des Kolbens, die zweite nur bis in den Hals. Die letztere Röhre führt zu einem Liebigschen Kühler; an diesen schließt sich luftdicht mittels durchbohrten Stopfens eine kugelig aufgeblasene U-Röhre (sog. Peligotsche Röhre).

Man leitet durch das bis auf den Boden des Kolbens führende Rohr Kohlensäure ein, bis alle Luft aus dem Apparat verdrängt ist, bringt dann in die Peligotsche Röhre 50 ccm Jodlösung (erhalten durch Auflösen von 5 g reinem Jod und 7,5 g Kaliumjodid in Wasser zu 1 l; die Lösung muß sulfatfrei sein), lüftet den Stopfen des Destillierkolbens und läßt, ohne das Einströmen der Kohlensäure zu unterbrechen, 10 ccm einer wässerigen 25 proz. Lösung von Phosphorsäure einfließen. Alsdann schließt man den Stopfen wieder, erhitzt den Kolben-inhalt vorsichtig und destilliert unter stetigem Durchleiten von Kohlensäure die Hälfte der wässerigen Lösung ab. Man bringt nunmehr die Jodlösung, die noch braun gefärbt sein muß, in ein Becherglas, spült die Peligotsche Röhre gut mit Wasser aus, setzt etwas Salzsäure zu, erhitzt das Ganze kurze Zeit und fällt die durch Oxydation der schwefligen Säure ent-standene Schwefelsäure mit Bariumchloridlösung (1 Teil krystallisiertes Bariumchlorid in 10 Teilen destilliertem Wasser gelöst). Im vorliegenden Falle ist eine Wägung des so erhal-tenen Bariumsulfats nicht unbedingt erforderlich. Liegt jedoch ein besonderer Anlaß vor, den Niederschlag zur Wägung zu bringen, so läßt man ihn absitzen und prüft durch Zusatz eines Tropfens Bariumchloridlösung zu der über dem Niederschlage stehenden klaren Flüssig-keit, ob die Schwefelsäure vollständig ausgefällt ist. Hierauf kocht man das Ganze nochmals auf, läßt dasselbe 6 Stunden in der Wärme stehen, gießt die klare Flüssigkeit durch ein Filter von bekanntem Aschengehalte, wäscht den im Becherglase zurückbleibenden Niederschlag wiederholt mit heißem Wasser aus, indem man jedesmal absitzen läßt und die klare Flüssig-keit durch das Filter gießt, bringt zuletzt den Niederschlag auf das Filter und wäscht so lange mit heißem Wasser, bis das Filtrat mit Silbernitrat keine Trübung mehr erzeugt. Filter und Niederschlag werden getrocknet, in einem gewogenen Platintiegel verascht und geglüht; hierauf befeuchtet man den Tiegelinhalt mit wenig Schwefelsäure, raucht letztere ab, glüht schwach, läßt im Exsiccator erkalten und wägt.

Lieferte die Prüfung ein positives Ergebnis, so ist das Fleisch im Sinne der Ausführungs-bestimmungen D § 5 Nr. 3 als mit schwefliger Säure, schwefligsauren Salzen oder unter-schwefligsauren Salzen behandelt zu betrachten. Liegt ein Anlaß vor, festzustellen, ob die schweflige Säure unterschwefligsauren Salzen entstammt, so ist in folgender Weise zu verfahren:

2. 50 g der zerkleinerten Fleischmasse werden mit 200 ccm Wasser und Natrium-carbonatlösung bis zur schwach alkalischen Reaktion unter wiederholtem Umrühren in einem Becherglase 1 Stunde ausgelaugt. Nach dem Abpressen der Fleischteile wird der Auszug filtriert, mit Salzsäure stark angesäuert und unter Zusatz von 5 g reinem Natriumchlorid auf-gekocht. Der erhaltene Niederschlag wird abfiltriert und so lange ausgewaschen, bis im Wasch-wasser weder schweflige Säure noch Schwefelsäure nachweisbar sind. Alsdann löst man den Niederschlag in 25 ccm 5 proz. Natronlauge, fügt 50 ccm gesättigtes Bromwasser hinzu und erhitzt zum Sieden. Nunmehr wird mit Salzsäure angesäuert und filtriert. Das vollkommen klare Filtrat gibt bei Gegenwart von unterschwefligsauren Salzen im Fleische auf Zusatz von Bariumchloridlösung sofort eine Fällung von Bariumsulfat."

β) Bei Fett. Die amtliche Vorschrift für den Nachweis von schwefliger Säure in Fetten lautet, abgesehen von den Vorbehandlungen, fast genau so wie für Fleisch, nämlich:

„30 g Fett werden wie vorstehend unter α behandelt. Während des Erwärmens und auch während des Erkaltens wird der Kolben wiederholt vorsichtig geschüttelt.

Tritt eine Bläuung des Papierstreifens ein, dann ist der entscheidende Nachweis der schwefligen Säure durch nachstehendes Verfahren zu erbringen.

1. Zur Bestimmung der schwefligen Säure und der schwefligsauren Salze werden 50 g geschmolzenes Fett in einem Destillierkolben von 500 ccm Inhalt mit 50 ccm Wasser ver-mischt. Der Kolben wird darauf mit einem 3 mal durchbohrten Stopfen verschlossen, durch welchen 3 Glasröhren in das Innere des Kolbens führen. Von diesen reichen 2 Röhren bis auf den Boden des Kolbens, die dritte nur bis in den Hals. Die letztere Röhre führt zu einem Liebigschen Kühler; an diesen schließt sich luftdicht mittels durchbohrten Stopfens eine kugelig aufgeblasene U-Röhre (sog. Peligotsche Röhre).

Man leitet durch die eine der bis auf den Boden des Kolbens führenden Glasröhren Kohlensäure, bis alle Luft aus dem Apparat verdrängt ist, bringt dann in die Peligotsche Röhre 50 ccm Jodlösung (erhalten durch Auflösen von 5 g reinem Jod und 7,5 g Kaliumjodid in Wasser zu 1 l; die Lösung muß sulfatfrei sein), lüftet den Stopfen des Destillationskolbens und läßt, ohne das Einströmen der Kohlensäure zu unterbrechen, 10 ccm einer wässerigen 25 proz. Lösung von Phosphorsäure hinzufließen. Alsdann leitet man durch die dritte Glasröhre Wasserdampf ein und destilliert unter stetigem Durchleiten von Kohlensäure 50 ccm über. Darauf verfährt man weiter, wie vorstehend unter α 1 angegeben ist.

Lieferte die Prüfung ein positives Ergebnis, so ist das Fett im Sinne der Ausführungsbestimmungen D § 5 Nr. 3 als mit schwefliger Säure, schwefligsauren Salzen oder unterschwefligsauren Salzen behandelt zu betrachten. Liegt ein Anlaß vor, festzustellen, ob die schweflige Säure unterschwefligsauren Salzen entstammt, so ist in folgender Weise zu verfahren:

2. 50 g geschmolzenes Fett werden mit der gleichen Menge Wasser in einem mit Rückflußkühler versehenen Kolben von etwa 500 ccm Inhalt vermischt. In das Gemisch wird $^1/_2$ Stunde lang strömender Wasserdampf eingeleitet, der wässerige Auszug nach dem Erkalten filtriert und das Filtrat mit Salzsäure versetzt. Entsteht hierbei eine in Äther schwer lösliche Abscheidung, so wird diese auf Schwefel untersucht. Zu dem Zwecke wird der abfiltrierte und gewaschene Bodensatz nach den unter α 2 gegebenen Bestimmungen weiter behandelt."

γ) Bei Getreide, Graupen, Obst und Obstdauerwaren (Ringäpfeln, Aprikosen, Nüssen) und Hopfen verfährt man sinngemäß wie bei Fleisch; Getreide und Graupen kann man als ganze Körner verwenden, während Obst und Obstdauerwaren, Nüsse und Hopfen in kleinere Stückchen zerschnitten und wie bei Fleisch weiter behandelt werden.

δ) Bei Bier und Wein. Von Bier werden 200 ccm, von Wein durchweg 100 ccm unter Durchleiten von Kohlensäure und unter Zusatz von Phosphorsäure wie vorstehend bei Fleisch destilliert (vgl. hierüber auch unter Bier und Wein im II. Teil).

b) Quantitative Bestimmung. Die quantitative Bestimmung der schwefligen Säure pflegt allgemein in der Weise vorgenommen zu werden, daß die bei der Destillation durch Oxydation in der Jodlösung erhaltene Schwefelsäure, wie unter Fleisch angegeben ist, als Bariumsulfat gefällt und gewogen wird; $BaSO_4 \times 0,2744 = SO_2$.

Anmerkungen: 1. H. Schmidt[1]) empfiehlt zum qualitativen Nachweis von schwefliger Säure auch folgendes Verfahren: Man betupft Stärkepapier mit Tropfen einer sehr stark verdünnten Jod-Jodkaliumlösung; es tritt Blaufärbung ein, die unter der Einwirkung der geringsten Menge schwefliger Säure verschwindet. Noch empfehlenswerter ist es, zu einigen Kubikzentimetern einer dünnen Jod-Jodkaliumlösung so viel Natriumthiosulfatlösung zu setzen, daß kaum noch eine Gelbfärbung zu sehen ist; setzt man alsdann etwas Stärkelösung zu, so erhält man eine tiefdunkelblaue Flüssigkeit, und wenn man mittels einer Tropfpipette einen Tropfen auf die konvexe Seite eines Uhrglases bringt und diese auf eine flache Schale legt, worin sich die zu prüfende Substanz mit Wasser und etwas Phosphorsäure befindet, so tritt bei der geringsten Menge schwefliger Säure Entfärbung ein. Die Anwendung von Wärme zur Beschleunigung der Reaktion ist zu vermeiden.

Mit Fuchsin gefärbtes Papier erwies sich nicht geeignet zum Nachweise der schwefligen Säure; günstiger verhielt sich mit Ferricyankaliumlösung getränktes Papier, das bei Gegenwart von selbst geringen Mengen schwefliger Säure nach Eintauchen oder Betupfen mit Eisenchloridlösung blau wird. Indes ist die Ferricyankaliumlösung (bzw. das damit getränkte Papier) sehr schlecht haltbar und muß jedesmal frisch bereitet werden.

2. Für die quantitative Bestimmung der schwefligen Säure nach vorstehendem Verfahren soll man nach L. Segler[2]) stets ausgekochtes Wasser anwenden; man gibt zweckmäßig erst das Wasser in den Kolben, kocht aus, leitet Kohlensäure durch, füllt die Substanz und unter

---

[1]) Arbeiten a. d. Kaiserl. Gesundheitsamte 1904, **21**, 226.
[2]) Pharm. Centralh. 1905, **46**, 271.

beständigem Durchleiten von Kohlensäure Phosphorsäure ein usw. Aber auch unter Berücksichtigung dieser Vorsichtsmaßregeln gibt Hackfleisch, das keinerlei Zusatz von schwefliger Säure erhalten hat, bei der Destillation in der Vorlage geringe Mengen Schwefelsäure bzw. Bariumsulfat; H. Schmidt ist daher (l. c.) der Ansicht, daß man bei der Beurteilung der Frage, ob einem Fleisch schweflige Säure zugesetzt sei, geringe Mengen Bariumsulfat unberücksichtigt lassen solle, während C. Mentzel[1]) diese Menge bestimmt dahin festsetzt, daß, wenn die aus dem erhaltenen Bariumsulfat berechnete Menge schweflige Säure bei gewöhnlichem Fleisch mehr als 4 mg und bei zwiebelhaltigem Fleisch mehr als 5 mg für 100 g Fleisch beträgt, ein Zusatz von schwefliger Säure bzw. von schwefligsauren Salzen zu dem Fleisch angenommen werden kann.

3. Entsprechend dem früheren Vorschlage von Feit und Kubierski[2]), die schweflige Säure quantitativ mit einer titrierten Lösung von Kaliumbromat zu bestimmen, versuchten Th. Schumacher und E. Feder[3]) zu demselben Zwecke Kaliumjodat anzuwenden. Das aus dem letzteren durch schweflige Säure nach obiger Gleichung (S. 600) ausgeschiedene Jod wirkt, solange noch Kaliumjodat im Überschuß in der Vorlage ist, nicht oxydierend auf die schweflige Säure. Nach obiger Gleichung entsprechen $2 KJO_3 = 5 SO_2$; der Wirkungswert der Jodatlösung wird gegen $n/_{10}$ Natriumthiosulfatlösung eingestellt, die (nach der Gleichung $KJO_3 + 5 KJ + 3 H_2SO_4 = 3 K_2SO_4 + 3 H_2O + 6 J$) $^1/_6$ Molekül KJO_3 und $^1/_2$ Molekül SO_2 entspricht. Bezüglich der weiteren Einzelheiten der Ausführung des Verfahrens sei auf die Quelle verwiesen.

4. Zum raschen Nachweis von Thiosulfat in Lebensmitteln auch bei Gegenwart von Sulfiten empfehlen C. Arnold und C. Mentzel[4]), 10—12 g der feinzerhackten Stoffe (Fleisch, Fett usw.) mit 10—12 ccm einer Mischung gleicher Volumen Wasser und Weingeist in einem Reagensglase mittels eines Glasstabes durchzuarbeiten, unter Umschwenken langsam zum Sieden zu erhitzen und nach dem Abkühlen zu filtrieren. Zu 2—3 Tropfen des bei genügender Abkühlung klar ablaufenden Filtrats werden etwa 1—2 ccm 0,5 proz. Natriumamalgam und nach 10 Minuten langer Entwicklung von Wasserstoff, während welcher Zeit bisweilen umgeschwenkt wird, in kurzen Zwischenräumen 2—3 Tropfen einer 2 proz. Natriumnitroprussidnatriumlösung zugesetzt. Bei Anwesenheit von nur 1 g Natriumthiosulfat in 5 kg Fleisch tritt wegen des aus letzterem entstandenen Schwefelwasserstoffs eine rötliche Färbung auf, während bei Abwesenheit von Thiosulfat oder auch, wenn Natriumsulfit vorhanden ist, eine gelbe Färbung entsteht.

5. Nachweis der schwefligen Säure durch Zink und Salzsäure. Wie die Thiosulfate durch Natriumamalgam, so werden auch Sulfite durch Zink und Salzsäure, d. h. durch nascierenden Wasserstoff, in Schwefelwasserstoff verwandelt, der sich in üblicher Weise durch Bleipapier nachweisen läßt. Man kann hierbei in derselben Weise wie beim Nachweis durch kaliumjodathaltiges Stärkepapier oder auch in der Weise verfahren, daß man Filtrierpapier mit Bleiacetatlösung betupft und auf die Öffnung des Kolbens (Erlenmeyer-Kolben), worin sich die Substanz mit Zink und Salzsäure befindet, legt. Selbstverständlich muß das Zink chemisch rein, besonders frei von Schwefel bzw. Schwefelzink sein. Das Verfahren ist aber nur für unorganische Stoffe oder Lösungen zu verwenden, weil die in organischen Stoffen vielfach vorkommenden organischen Schwefelverbindungen zu irrigen Ergebnissen führen können.

6. Die Bestimmung der freien und gebundenen schwefligen Säure. Bekanntlich bleibt die schweflige Säure in den Nahrungs- und Genußmitteln nicht frei bestehen, sondern verbindet sich entweder ganz oder zum Teil mit deren Bestandteilen zu esterartigen Verbindungen, z. B. im Wein mit Acetaldehyd zu aldehydschwefliger Säure $CH_3 \cdot CH {<}^{OH}_{SO_3H}$ oder in Früchten mit Glucose zu glucoseschwefliger Säure $C_5H_{14}O_5 \cdot CH {<}^{OH}_{SO_3H}$ bzw. mit

---

[1]) Zeitschr. f. Untersuchung d. Nahrungs- u. Genußmittel 1906, **11**, 320.

[2]) Chem.-Ztg. 1891, **15**, 351.

[3]) Zeitschr. f. Untersuchung d. Nahrungs- u. Genußmittel 1905, **10**. 649.

[4]) Ebendort 1903, **6**, 550.

Fructose zu fructoseschwefliger Säure $\begin{smallmatrix} C_4H_9O_4 \\ OHH_2C \end{smallmatrix} \!\! C \!\! \begin{smallmatrix} OH \\ SO_3H \end{smallmatrix}$. Im Wein läßt sich die Menge der freien und gebundenen schwefligen Säure nach Ripper[1]) durch Titration mit Jodlösung vor und nach dem Verseifen (vgl. unter Wein im II. Teil) bestimmen, aber, wie W. Kerp[2]) begründet, nur annähernd, denn sobald die vorhandene freie schweflige Säure durch Jodlösung oxydiert und damit das Gleichgewicht gestört ist, spaltet die aldehydschweflige Säure im Wein bis zu einem neuen Gleichgewichtszustande schweflige Säure ab, die neue Mengen Jod verbraucht und die blaue Lösung entfärbt. Man kann daher bei der Titration der schwefligen Säure im Wein durch Jodlösung und Stärkewasser nur das allererste Auftreten der blauen Färbung als annähernde Endreaktion für die Menge der freien schwefligen Säure ansehen, und bei anderen Nahrungsmitteln, in deren wässerigen Lösungen auch noch jodabsorbierende Stoffe vorhanden sind, ist eine quantitative Bestimmung der freien schwefligen Säure überhaupt nicht möglich.

5. Fluorwasserstoff und dessen Salze.

Von Fluorverbindungen gelangen vorwiegend Fluornatrium und Fluorammonium zur Verwendung behufs Frischhaltung, und zwar von Fleisch, Fett, Milch, Butter, den alkoholischen Getränken usw.

Die amtlichen Vorschriften zum Nachweise in Fleisch und Fett lauten wie folgt:

a) Qualitativer Nachweis. α) *Bei Fleisch:* „25 g der zerkleinerten Fleischmasse werden in einer Platinschale mit einer hinreichenden Menge Kalkmilch durchgeknetet. Alsdann trocknet man ein, verascht und gibt den Rückstand nach dem Zerreiben in einen Platintiegel, befeuchtet das Pulver mit etwa 3 Tropfen Wasser und fügt 1 ccm konzentrierte Schwefelsäure hinzu. Sofort nach dem Zusatze der Schwefelsäure wird der behufs Erhitzens auf eine Asbestplatte gestellte Platintiegel mit einem großen Uhrglase bedeckt, das auf der Unterseite in bekannter Weise mit Wachs überzogen und beschrieben ist. Um das Schmelzen des Wachses zu verhüten, wird in das Uhrglas ein Stückchen Eis gelegt.

Sobald das Glas sich an den beschriebenen Stellen angeätzt zeigt, so ist der Nachweis von Fluorwasserstoff im Fleische als erbracht und das Fleisch im Sinne der Ausführungsbestimmungen D § 5 Nr. 3 als mit Fluorwasserstoff oder dessen Salzen behandelt anzusehen."

β) *Bei Fett:* „30 g geschmolzenes Fett werden mit der gleichen Menge Wasser in einem mit Rückflußkühler versehenen Kolben von etwa 500 ccm Inhalt vermischt. In das Gemisch wird $1/_2$ Stunde lang strömender Wasserdampf eingeleitet, der wässerige Auszug nach dem Erkalten filtriert und das Filtrat ohne Rücksicht auf eine etwa vorhandene Trübung mit Kalkmilch bis zur stark alkalischen Reaktion versetzt. Nach dem Absitzen und Abfiltrieren wird der Rückstand getrocknet, zerrieben, in einen Platintiegel gegeben und alsdann nach der vorstehenden Vorschrift weiter behandelt.

Fett, in welchem nach dieser Vorschrift Fluorwasserstoff nachgewiesen ist, ist im Sinne der Ausführungsbestimmungen D § 5 Nr. 3 als mit Fluorwasserstoff und dessen Salzen behandelt zu betrachten."

γ) *Bei Milch und Flüssigkeiten:* Von Milch verwendet man 100—200 ccm, von Bier, Wein entsprechend mehr (500—1000 ccm). Die Flüssigkeiten werden in einer Platinschale mit einer hinreichenden Menge Kalkmilch alkalisch gemacht. Alsdann trocknet man ein, verascht und gibt den Rückstand nach dem Zerreiben in einen Platintiegel, befeuchtet das Pulver mit etwa 3 Tropfen Wasser und fügt 1 ccm konzentrierte Schwefelsäure hinzu. Im übrigen wird weiter wie oben verfahren. Der Nachweis von Fluorwasserstoff ist als erbracht anzusehen, sobald das Glas sich an den beschriebenen Stellen angeätzt zeigt.

---

[1]) Journ. f. prakt. Chem. 1892, [2] **46**, 470.
[2]) Arbeiten a. d. Kaiserl. Gesundheitsamte 1904, **21**, 180.

W. Windisch[1]) verascht Bier und Wein nicht, sondern verwendet den durch Zusatz von Kalkwasser bis zur alkalischen Reaktion erhaltenen Niederschlag, den er durch Leinwand filtriert, nach der Filtration zwischen Filtrierpapier abpreßt, mit einem Messer abkratzt, in einen Platintiegel überführt, darin trocknet, glüht, mit einigen Tropfen Wasser durchfeuchtet, mit 1 ccm konzentrierter Schwefelsäure versetzt und wie vorstehend bei Fleisch prüft.

Marpmann[2]) weist Fluorsalze in Nahrungsmitteln dadurch nach, daß er dieselben verascht und die Asche mit geschmolzenem Phosphorsalz in einem offenen Glasrohre glüht; die sich hierbei entwickelnde Flußsäure färbt Fernambukholz strohgelb.

b) Quantitative Bestimmung. Zur quantitativen Bestimmung der Fluorwasserstoffsäure sind verschiedene Verfahren vorgeschlagen. Liegt ein wasserlösliches Fluorid ohne gleichzeitige Anwesenheit von Phosphaten und Sulfaten vor, so kann man die Lösung mit Natriumcarbonat stark alkalisch machen und mit Calciumchloridlösung fällen. Aus dem entstandenen Niederschlage von Calciumfluorid und Calciumcarbonat kann letzteres leicht durch Behandeln mit Essigsäure entfernt werden. Oder man vermischt die fluoridhaltige, aber chloridfreie, äußerst feingepulverte und trockene Substanz mit der 5—8 fachen Menge Quarzpulver und bestimmt das Fluor nach Fresenius als Fluorsilicium[3]) oder nach S. Pennfield[4]) als Kieselfluorwasserstoffsäure. H. Ost und A. Schumacher[5]) schlagen vor, das Fluor durch Ätzverlust quantitativ zu bestimmen, während E. Ramann und Graf zu Leiningen[6]) beide Verfahren (Gewinnung als Fluorsilicium und Ätzverlust) für die quantitative Bestimmung vereinigen.

Da eine quantitative Bestimmung des Fluors in Nahrungs- und Genußmitteln nur selten notwendig sein dürfte, die Beschreibung der Verfahren aber viel Raum in Anspruch nimmt, möge hier nur auf die Quellen für die Ausführung verwiesen werden.

6. Salicylsäure und deren Verbindungen.

Salicylsäure und ihre Verbindungen sind unter den Frischhaltungsmitteln wohl am weitesten verbreitet. Bei Fleisch und Fett sind sie nach dem Schlachtvieh- und Fleischbeschaugesetz vom 3. Juni 1900, bei Fruchtsäften nach dem Urteil des Kgl. Kammergerichts in Berlin vom 16. Mai 1905, bei Bier nach dem Urteil des Reichsgerichts vom 3. Juli 1906 verboten.

a) Qualitativer Nachweis. Die amtliche Vorschrift für den Nachweis der Salicylsäure lautet wie folgt:

α) Bei Fleisch: „50 g der fein zerkleinerten Fleischmasse werden in einem Becherglase mit 50 ccm einer 2 proz. Natriumcarbonatlösung zu einem gleichmäßigen Brei gut durchmischt und $1/_2$ Stunde lang kalt ausgelaugt. Alsdann setzt man das mit einem Uhrglase bedeckte Becherglas $1/_2$ Stunde lang unter zeitweiligem Umrühren in ein siedendes Wasserbad. Der noch warme Inhalt des Becherglases wird auf ein Gazetuch gebracht und abgepreßt. Die abgepreßte Flüssigkeit wird alsdann mit 5 g Chlornatrium versetzt und nach dem Ansäuern mit verdünnter Schwefelsäure bis zum beginnenden Sieden erhitzt. Nach dem Erkalten wird die Flüssigkeit filtriert und das klare Filtrat im Schütteltrichter mit einem gleichen Raumteil einer aus gleichen Teilen Äther und Petroleumäther bestehenden Mischung kräftig

---

[1]) Wochenschr. f. Brauerei 1896, **13**, 324.

[2]) Zeitschr. f. Untersuchung d. Nahrungs- u. Genußmittel 1900, **3**, 582.

[3]) Vgl. die Lehrbücher der analyt. Chem., z. B. das von F. P. Treadwell, 1903, **2**, 325 ff.

[4]) Chem. News **39**, 179 bzw. Treadwell, ebendort 331.

[5]) Berichte d. Deutschen chem. Gesellschaft 1893, **26**, 151.

[6]) Graf zu Leiningen, Die quantitative Bestimmung des Fluors. Inaug.-Diss. München 1904 und J. König, Untersuchung landw. u. gewerbl. wichtiger Stoffe. Berlin 1906, 916.

ausgeschüttelt. Sollte hierbei eine Emulsionsbildung stattfinden, dann entfernt man zunächst die untere klar abgeschiedene wässerige Flüssigkeit und schüttelt die emulsionsartige Ätherschicht unter Zusatz von 5 g pulverisiertem Natriumchlorid nochmals mäßig durch, wobei nach einiger Zeit eine hinreichende Abscheidung der Ätherschicht stattfindet. Nachdem die ätherische Flüssigkeit 2 mal mit je 5 ccm Wasser gewaschen worden ist, wird sie durch ein trockenes Filter gegossen und in einer Porzellanschale unter Zusatz von etwa 1 ccm Wasser bei mäßiger Wärme und mit Hilfe eines Luftstroms verdunstet. Der wässerige Rückstand wird nach dem Erkalten mit einigen Tropfen einer frisch bereiteten 0,05 proz. Eisenchloridlösung versetzt. Eine deutliche Blauviolettfärbung zeigt Salicylsäure an.

Fleisch, in welchem Salicylsäure nach dieser Vorschrift nachgewiesen ist, ist im Sinne der Ausführungsbestimmungen D § 5 Nr. 3 als mit Salicylsäure oder deren Verbindungen behandelt zu betrachten."

β) Bei Fett: „Man mischt in einem Probierröhrchen 4 ccm Alkohol von 20 Volumprozent mit 2—3 Tropfen einer frisch bereiteten 0,05 proz. Eisenchloridlösung, fügt 2 ccm geschmolzenes Fett hinzu und mischt die Flüssigkeiten, indem man das mit dem Daumen verschlossene Probierröhrchen 40—50 mal umschüttelt. Bei Gegenwart von Salicylsäure färbt sich die untere Schicht violett.

Fett, in welchem nach dieser Vorschrift Salicylsäure nachgewiesen ist, ist im Sinne der Ausführungsbestimmungen D § 5 Nr. 3 als mit Salicylsäure oder deren Verbindungen behandelt zu betrachten."

γ) Bei Milch: Nach Ch. Girard[1]) werden 100 ccm der zu prüfenden Milch und 100 ccm Wasser von 60° mit 8 Tropfen Essigsäure und 8 Tropfen salpetersaurem Quecksilberoxyd gefällt, geschüttelt und filtriert. Das Filtrat wird mit 50 ccm Äther ausgeschüttelt, welcher die Salicylsäure aufnimmt. Nach dem Verdunsten des Äthers wird dieselbe in Wasser aufgenommen und kann durch die bekannte Reaktion (mit 1 Tropfen einer 1 proz. Eisenchloridlösung an der violetten Färbung) nachgewiesen werden.

Nach G. Breustedt[2]) verdünnt man 25 ccm Milch mit 25 ccm Wasser und scheidet nach dem Ritthausenschen Verfahren das Casein mit dem Fett ab, indem man 10 ccm Fehlingsche Kupfersulfatlösung und etwa 2,5 ccm N.-Kalilauge so vorsichtig hinzugibt, daß die Flüssigkeit noch deutlich sauer reagiert. Man erwärmt kurze Zeit im Wasserbade und saugt das abgeschiedene Caseinkupfer mit dem Fett ab. Das völlig klare Filtrat wird mit einigen Tropfen verdünnter Salzsäure versetzt und mit Äther ausgeschüttelt. In dem Ätherauszuge weist man nach dem Verdunsten des Äthers die Salicylsäure mit 1 proz. Eisenchloridlösung nach. In demselben Rückstande findet sich auch die etwa vorhandene Benzoesäure.

Nach P. Süß[3]) kann man die Salicylsäure auch durch Ausziehen des nach Soxleths Verfahren zum Nachweise von Nitraten mit Chlorcalcium hergestellten Serums mit Äther nachweisen.

δ) Bei Fruchtsäften, Bier, Wein usw.: Fruchtsäfte bzw. Fruchtsirupe werden (50—100 ccm) mit der 3 fachen Menge Wasser verdünnt und dann wie Bier und Wein, die ebenfalls zu 50—100 ccm, aber direkt verwendet werden, mit einem Gemisch von gleichen Teilen Äthyläther und Petroläther ausgeschüttelt. Der Äthyl-Petroläther wird filtriert, verdunstet und der Rückstand, der auch behufs annähernder quantitativer Bestimmung gewogen werden kann, mit Eisenchloridlösung und Millons Reagens geprüft; mit ersterer entsteht eine blauviolette, mit Millons Reagens eine rote Färbung. Gerbsäure kann hierbei störend wirken; auch Saccharin und Benzoesäure gehen, wenn vorhanden, in das Äthergemisch über. Über die hierbei zu beachtenden Vorsichtsmaßregeln vgl. weiter unten.

Essig wird auf Salicylsäure sinngemäß wie Milch geprüft.

[1]) Zeitschr. f. analyt. Chem. 1883, **22**, 277.
[2]) Arch. d. Pharmazie 1899, **237**, 170.
[3]) Pharm. Centralh. 1900, **41**, 437.

Um den störenden Einfluß von Gerbsäure und sonstigen Stoffen zu beseitigen, empfiehlt W. L. Dubois[1]) einen Zusatz von Ammoniak und Kalkwasser zu den wässerigen Auszügen, Ansäuern des Filtrats mit Salzsäure und Ausschütteln mit Äther. Harry und Mummery[2]) dagegen versetzen die wässerigen Auszüge aus Früchten usw. mit 15—20 ccm konzentriertem Bleiessig und etwa 25 ccm N.-Natronlauge; darauf werden 15—20 ccm N.-Salzsäure zugesetzt, das Ganze auf 300 ccm aufgefüllt und filtriert; 200 ccm des Filtrats werden mit Salzsäure angesäuert, 3 mal mit Äther ausgeschüttelt, der Äther verdunstet, der Rückstand mit Alkohol aufgenommen und diese Lösung auf Salicylsäure geprüft.

Wenn die Substanz größere Mengen Alkohol enthält, so wird dieser vorher durch Kochen der alkalisch gemachten Flüssigkeit entfernt; vor dem Hinzufügen des Bleiessigs wird dann zweckmäßig neutralisiert. Je nach der Art der zu untersuchenden Proben müssen die Mengen des Bleiessigs und Alkalis verschieden groß gewählt werden. Von Bier werden 100 ccm mit 5 ccm N.-Natronlauge alkalisch gemacht, der Alkohol bei einer den Siedepunkt nicht erreichenden Temperatur ausgetrieben, dann 5 ccm N.-Salzsäure und endlich 20 ccm Bleiessig zugesetzt, auf 200 ccm aufgefüllt und filtriert; falls es nötig erscheint, kann vor dem Filtrieren noch einmal aufgekocht werden. Von Wein werden 50 ccm in derselben Weise behandelt. Die Bildung einer Emulsion beim Schütteln mit Äther wird bei diesem Verfahren völlig vermieden.

Schmitz-Dumont[3]) empfiehlt behufs Lösung der Salicylsäure die Ausschüttelung mit Chloroform, welches Gerbstoff nicht löst. Um die Aufnahme von Bitterstoffen zu verhindern, soll man die vorher neutralisierte Flüssigkeit mit etwas Kupfersulfat bzw. -acetat versetzen.

b) *Quantitative Bestimmung.*

b) Quantitative Bestimmung. Da die Salicylsäure schon bei 80—85° sublimiert, so kann eine direkte gewichtsanalytische Bestimmung durch Verdunsten des Äther-Petrolätherauszuges und durch übliches Trocknen des Rückstandes höchstens annähernde Ergebnisse liefern.

α) Will man auf diese Weise genauere Ergebnisse erzielen, so verfährt man zweckmäßig nach Ed. Spaeth[4]). Man zieht die Substanz bzw. schüttelt die Flüssigkeit mit einer Mischung von 3 Teilen leicht siedendem, frisch destilliertem Petroläther und 2 Teilen Chloroform aus, destilliert das Lösungsmittel in einem Erlenmeyer-Kolben ab, nimmt den Rückstand nochmals mit wenig Chloroform auf, filtriert durch ein kleines Filterchen in ein gewogenes Kölbchen, wäscht das Filter einige Male mit Chloroform aus, destilliert dieses ab, verjagt die letzten Reste desselben durch Einblasen von Luft, erwärmt den Kolben mit Inhalt kurze Zeit auf dem Trockenschrank, trocknet 2 Stunden über Schwefelsäure und wägt.

β) Messinger und Vortmann[5]) haben vorgeschlagen, die Salicylsäurelösung alkalisch zu machen und mit einer titrierten Jodlösung zu bestimmen, indem nach der Gleichung:

$$C_6H_4{<}^{OH}_{COONa} + 3\,NaOH + 6\,J = C_6H_2J_2{<}^{OJ}_{COONa} + 3\,NaJ + 3\,H_2O\,;\ \ 6\,J = C_6H_4{<}^{OH}_{COOH}$$

sein sollen. W. Fresenius und L. Grünhut[6]) fanden aber, daß das Verfahren günstigstenfalls nur unter sehr eng umschriebenen, bis jetzt noch nicht näher bekannten Bedingungen richtige Ergebnisse liefert, sich vorläufig also nicht zur Anwendung in der analytischen Praxis eignet. Sie erhielten mit dem von Fr. Freyer[7]) vorgeschlagenen Verfahren, wonach man

---

[1]) Zeitschr. f. Untersuchung d. Nahrungs- u. Genußmittel 1907, **13**, 656.

[2]) Ebendort 1906, **11**, 483.

[3]) Zeitschr. f. öffentl. Chem. 1903, **9**, 21.

[4]) Zeitschr. f. Untersuchung d. Nahrungs- u. Genußmittel 1901, **4**, 924.

[5]) Berichte d. Deutschen chem. Gesellschaft 1889, **22**, 2312.

[6]) Zeitschr. f. analyt. Chem. 1899, **38**, 292.

[7]) Chem.-Ztg. 1896, **20**, 820.

statt Jodlösung Bromwasser (bereitet aus 1,7 g Kaliumbromat + 6 g Kaliumbromid im Liter + Salzsäure) anwenden soll, günstigere Ergebnisse. Letztere Lösung liefert mit Salzsäure freies Brom und dieses zersetzt die Salicylsäure nach folgender Gleichung:

$$C_6H_4\begin{matrix}/OH\\\backslash COOH\end{matrix} + 8\,Br = C_6HBr_3 \cdot OBr + 4\,HBr + CO_2 \,.$$

Das Tribromphenolbromid bildet einen gelblichweißen Niederschlag. Setzt man hierzu Jodkalium, so tritt folgende Umsetzung ein:

$$C_6HBr_3 \cdot OBr + 2\,KJ = C_6HBr_3 \cdot OK + KBr + 2\,J \,,$$

d. h. von den ursprünglich verbrauchten 8 Atomen Brom sind also 2 J regeneriert, und die Berechnung der Analyse geschieht so, als ob nur 6 Atome Brom in Wirkung getreten seien. Der Wirkungswert der Bromsalzlösung wird ermittelt, indem man sie mit Salzsäure und Jodkalium versetzt und das ausgeschiedene Jod mit Thiosulfatlösung titriert.

Behufs Ausführung des Verfahrens wird die erforderliche Menge der obigen Bromsalzlösung (1,7 g Kaliumbromat + 6,0 g Kaliumbromid) — im Überschuß von 75 bis 100% über die erforderliche Menge — mit 300 ccm Wasser verdünnt und mit 30 ccm verdünnter Salzsäure vom spezifischen Gewicht 1,10 versetzt. In diese Mischung läßt man unter Umrühren die etwa 1 proz. Lösung der zu untersuchenden Substanz einfließen. Es bildet sich sofort ein gelblichweißer Niederschlag. Man läßt unter zeitweiligem Umrühren etwa 5 Minuten stehen, fügt dann 30—40 ccm 10 proz. Jodkaliumlösung zu und titriert das ausgeschiedene Jod mit $n/_{10}$ Natriumthiosulfatlösung.

H. Pellet[1]) hat vorgeschlagen, das Kaliumbromid durch Natriumhypochloritlösung umzusetzen und zu titrieren. G. Bonamartini[2]) gibt an, daß nach dem Freyerschen Verfahren zwar kein einheitliches Reaktionsprodukt erhalten wird, daß es aber gelingt, aus wässerigen Lösungen mittels Brom die Salicylsäure abzuscheiden, und das Filtrat dazu benutzt werden kann, um durch Ausschütteln mit Äther-Petroläther Saccharin nachzuweisen. Auch Schmitz-Dumont (l. c.) empfiehlt das Freyersche Verfahren, um Salicylsäure neben anderen organischen Säuren (Benzoesäure, Essigsäure und Ameisensäure) zu erkennen und von letzteren zu trennen.

γ) H. Pellet[3]) hat, ausgehend von der Tatsache, daß Salicylsäure mit Wasserdämpfen flüchtig ist und sich in den Dämpfen von salicylsäurehaltigen Flüssigkeiten beim Destillieren Salicylsäure nachweisen läßt, wenn die Flüssigkeiten 0,06—0,07 g Salicylsäure enthalten, folgendes Verfahren für die quantitative Bestimmung angegeben: In ein Kölbchen von 50 ccm Inhalt bringt man 20 ccm der zu prüfenden Flüssigkeit und erhitzt zum Kochen. In den sich entwickelnden Dampf bringt man einen kalten Glasstab und bringt den daranhängenden, durch Kondensation des Wasserdampfes entstandenen Tropfen mit einem Tropfen einer 0,02—0,03 proz. Eisenchloridlösung in Berührung. Sobald sich eine Salicylsäurereaktion zeigt, enthält die noch in dem Kölbchen enthaltene Flüssigkeit 0,07 g Salicylsäure im Liter. Man stellt das Volumen der zurückgebliebenen Flüssigkeit fest und berechnet daraus den Salicylsäuregehalt der ursprünglichen Flüssigkeit. Enthält eine Flüssigkeit mehr als 0,07 g Salicylsäure im Liter, so daß ihr Dampf von Anfang an die Reaktion ergibt, so muß man sie entsprechend verdünnen. Dies alles gilt nur für den Fall, daß die Flüssigkeit frei ist von flüchtigen Säuren, da letztere den Eintritt der Reaktion beeinträchtigen. In solchen Fällen, z. B. bei Wein, muß man daher durch Ausschütteln mit Äther und Aufnehmen des Ätherrückstandes mit Benzin die Salicylsäure zunächst isolieren, Wasser hinzusetzen und alsdann die Prüfung vornehmen.

---

1) Chem. Centralblatt 1901, **1**, 422.

2) Zeitschr. f. Untersuchung d. Nahrungs- u. Genußmittel 1907, **14**, 312.

3) Ebendort 1902, **5**, 684.

δ) Vielfach ist auch die colorimetrische Bestimmung der Salicylsäure vorgeschlagen; für den Zweck soll aber die Lösung unter 2 mg Salicylsäure enthalten. W. L. Dubois[1]) gibt für die Ausführung bei Fruchtdauerwaren (Tomatenbrei), die auch sinngemäß bei anderen Stoffen angewendet werden kann, folgende Vorschrift: 50 g Substanz werden mit 50 ccm Wasser in einen Kolben von 200 ccm gebracht und mit Ammoniak alkalisch gemacht. Jetzt setzt man 15 ccm Kalkmilch (200 g gebrannter Kalk in 2000 ccm Wasser) hinzu, füllt mit Wasser zu 200 ccm auf und filtriert; meist erhält man 150—160 ccm Filtrat. Dieses wird mit verdünnter Salzsäure angesäuert und 4 mal mit je 75—100 ccm Äther ausgezogen. Die vereinigten Ätherauszüge wäscht man 2 mal mit je 25 ccm Wasser, destilliert den Äther langsam ab und läßt die letzten 20—25 ccm freiwillig verdunsten. Der Ätherrückstand wird mit verdünntem Alkohol aufgenommen, auf ein bestimmtes Volumen gebracht und hiervon ein aliquoter Teil mit einer Salicylsäurelösung von bekanntem Gehalt verglichen; die Färbung wird durch Zusatz von einigen Tropfen einer 2 proz. Eisenalaunlösung hervorgerufen. Als Vergleichsflüssigkeit dient eine Lösung von 1 mg Salicylsäure in 500 ccm Wasser, welche 3 Tropfen der Eisenalaunlösung enthält. Da nach weiteren Versuchen die Gegenwart größerer Alaunmengen die Reaktion beeinflußt, empfiehlt Verfasser den Ätherrückstand in warmem Wasser zu lösen.

Auch S. Harvey[2]) empfiehlt zur colorimetrischen Bestimmung der Salicylsäure Eisenalaun statt des Eisenchlorids, weil die durch ersteres Salz hervorgerufene Färbung nicht nur reiner und stärker ist, sondern auch länger bestehen bleibt; Harvey wendet eine 1 proz. Eisenalaunlösung an, die sich nach dem Ansäuern mit einigen Tropfen Schwefelsäure gut hält; die colorimetrisch zu prüfenden Lösungen dürfen nicht mehr als 1 mg Salicylsäure in 100 ccm enthalten.

7. Chlorsaure Salze.

Für den Nachweis von chlorsauren Salzen im Fleisch gibt die amtliche Anweisung zum Schlachtvieh- und Fleischbeschaugesetz folgende Vorschrift:

„30 g der zerkleinerten Fleischmasse werden mit 100 ccm Wasser 1 Stunde lang kalt ausgelaugt, alsdann bis zum Kochen erhitzt. Nach dem Erkalten wird die wässerige Flüssigkeit abfiltriert und mit Silbernitratlösung im Überschusse versetzt. 25 ccm der von dem durch Silbernitrat entstandenen Niederschlag abfiltrierten klaren Flüssigkeit werden mit 1 ccm einer 10 proz. Lösung von schwefligsaurem Natrium und 1 ccm konzentrierter Salpetersäure versetzt und hierauf bis zum Kochen erhitzt. Ein hierbei entstehender Niederschlag, der sich auf erneuten Zusatz von kochendem Wasser nicht löst und aus Chlorsilber besteht, zeigt die Gegenwart chlorsaurer Salze an.

Fleisch, in welchem nach vorstehender Vorschrift chlorsaure Salze nachgewiesen sind, ist im Sinne der Ausführungsbestimmungen D § 5 Nr. 3 als mit chlorsauren Salzen behandelt zu betrachten."

III. Sonstige Frischhaltungsmittel.

Zu den bis jetzt nicht allgemein[3]) verbotenen, aber viel verwendeten Frischhaltungsmitteln gehören Benzoesäure[3]) bzw. benzoesaures Natrium, Aluminiumacetat und Natriumphosphat. Von diesen Frischhaltungsmitteln bietet der Nachweis von Aluminiumacetat und Natriumphosphat als Zusätzen zu Nahrungs- und Genußmitteln Schwierigkeiten, da die Bestandteile dieser Salze allgemein in den natürlichen Nahrungs- und Genußmitteln vorzukommen pflegen.

Am ersten gelingt noch der Nachweis von Aluminiumacetat, wenn die betreffenden Nahrungs- und Genußmittel im natürlichen und normalen Zustande keine Tonerde oder Essigsäure enthalten. Die Tonerde kann dann in der Asche, die Essigsäure durch Destil-

---

1) Zeitschr. f. Untersuchung d. Nahrungs- u. Genußmittel 1907, **13**, 656.

2) Ebendort 1903, **6**, 1038.

3) Bei Wein ist der Zusatz von Benzoesäure nach dem neuen Weingesetz direkt, bei Bier indirekt nach dessen Begriffserklärung verboten.

lation nach Zusatz von Phosphorsäure, wie S. 460 angegeben ist, nachgewiesen werden. Unter Umständen mag auch das S. 220 für den Nachweis von Tonerde angegebene Verfahren hier gute Dienste leisten können.

A. Beythien[1]) hat auch versucht, den Zusatz von **Natriumbenzoat** und **-phosphat** durch eine quantitative Bestimmung des **Natrons** in der Asche nachzuweisen; er fand zwar, daß in der Asche von mit diesen Salzen versetztem Hackfleisch der Gehalt an Natron gegenüber der Asche von reinem Hackfleisch erhöht war, daß aber das Verfahren mit Rücksicht auf die großen Schwankungen des Natrongehaltes in der Asche des reinen Fleisches (9,81 bis 13,78% in Prozenten der Asche bei 3 Proben) keine zuverlässigen Ergebnisse liefert.

In den meisten Fällen wird man sich daher darauf beschränken müssen, die beiden Salze, das **Aluminiumacetat** und **Natriumphosphat**, in den verwendeten Frischhaltungsmitteln selbst nachzuweisen.

Dagegen sind für den Nachweis der **Benzoesäure** und deren Salze zuverlässige Verfahren angegeben worden.

Nachweis der Benzoesäure.

Sie wird bei **Milch** und **Molkereierzeugnissen** sowie **Wein** meistens im freien Zustande, bei **Fleisch** und anderen Nahrungsmitteln als **benzoesaures Natrium** angewendet.

α) Bei Fleisch und Fett: Man säuert die warme wässerige Lösung — bei Fetten werden 30—50 g im geschmolzenen Zustande mit verdünnter Säure durchgeschüttelt — mit Säure (Schwefelsäure oder Phosphorsäure) an, zieht mit Äther aus, neutralisiert den nach Verdunsten des Äthers verbleibenden Rückstand mit verdünnter Kalilauge und versetzt mit etwas Natriumacetat und neutralem Eisenchlorid, wodurch bei Anwesenheit von Benzoesäure ein rötlichgelber Niederschlag entsteht. Wenn sonstige färbende Beimengungen im Ätherauszuge die Reaktion beeinträchtigen, so kann man zur Gewinnung der Benzoesäure wie bei Milch oder Marmeladen und Gelees verfahren.

Nach K. B. Lehmann[2]) soll das Nahrungsmittel mit verdünnter Schwefelsäure gut verrieben, in einen Halbliterkolben gebracht und daraus zweimal 1 l im Wasserdampfstrom abdestilliert werden. Die beiden Liter Destillat werden mit einem Gemisch aus Äther+Petroläther ausgeschüttelt, das Äthergemisch wird abdestilliert und der Rückstand zur Reinigung und quantitativen Bestimmung der Benzoesäure in heißem Wasser gelöst, titriert und nochmals nach dem Ansäuern mit Phosphorsäure der Destillation unterworfen. Aus dem Destillat, in dem die Benzoesäure quantitativ enthalten sein soll, kann sie durch Äther-Petroläther ausgezogen werden.

K. Fischer und O. Gruenert[3]) haben aber nach vorstehendem Verfahren, welches auch viel Zeit in Anspruch nimmt, keine richtigen Ergebnisse erhalten können; sie halten das folgende Verfahren bei **Fleisch** für das geeignetste:

50 g der fein zerkleinerten Fleischmasse werden in einem Becherglase mit 100 ccm 50 proz. Alkohol gut durchgemischt, mit verdünnter Schwefelsäure angesäuert und $1/_2$ Stunde lang unter öfterem Umrühren ausgelaugt. Nach dieser Zeit wird der Inhalt des Becherglases auf ein Gazetuch gebracht und abgepreßt. Die abgepreßte Flüssigkeit wird alsdann alkalisch gemacht und so lange auf dem Wasserbade erwärmt, bis der Alkohol verschwunden ist. Alsdann wird die Flüssigkeit auf etwa 50 ccm aufgefüllt, mit 5 g Chlornatrium versetzt und nach dem Ansäuern mit verdünnter Schwefelsäure bis zum beginnenden Sieden erhitzt. Nach dem Erkalten wird die Flüssigkeit filtriert und das klare Filtrat im Schütteltrichter mit Äther ausgeschüttelt. Die ätherische Flüssigkeit wird mit Wasser gewaschen und bei mäßiger Wärme verdunstet. Der Ätherrückstand wird zu den weiteren Prüfungen verwendet[4]).

---

[1]) Pharm. Centralhalle 1907, **48**, 122.

[2]) Chem.-Ztg. 1908, **32**, 949.

[3]) Zeitschr. f. Untersuchung d. Nahrungs- u. Genußmittel 1909, **17**, 721.

[4]) **Quantitativ** wird nach dem Verfahren allerdings die Benzoesäure dem Fleisch auch nicht annähernd entzogen. Durch zahlreiche Versuche, bei denen von demselben Fleisch Proben mit

Bei **Fetten** dagegen verfahren **Fischer** und **Gruenert** wie folgt:

50 g geschmolzenes und nötigenfalls gut gemischtes Fett werden mit 100 ccm Alkohol von 20 Volumprozent und 0,2 g Salzsäure von spezifischem Gewicht 1,124 in einem verschlossenen Kolben 40—50 mal kräftig umgeschüttelt. Das Gemisch wird alsdann einige Zeit bis zur Trennung auf dem Wasserbade bei etwa 70° erwärmt, der wässerig-alkoholische Auszug von dem Fett entweder nach dem Erkalten durch Filtration oder noch heiß im Scheidetrichter getrennt und dann ohne Rücksicht auf eine etwa vorhandene Trübung mit Alkalilauge neutralisiert. Die neutrale oder schwach alkalische Flüssigkeit wird auf dem Wasserbade so lange erwärmt, bis der Alkohol entfernt ist, dann angesäuert und nach dem Erkalten klar filtriert.

Das klare Filtrat wird mit Äther ausgezogen, der ätherische Auszug einige Male mit Wasser gewaschen und der Äther auf dem Wasserbade bei gelinder Wärme und mit Hilfe eines Luftstroms verdunstet. Der Rückstand wird zu den einzelnen Prüfungen verwendet[1]).

b) Bei Milch: Nach E. Meissl[2]) werden 250—500 ccm Milch mit einigen Tropfen Kalk- oder Barytwasser alkalisch gemacht, auf ein Viertel eingedunstet und unter Zusatz von etwas Gipspulver zur Trockne verdampft; die trockene feingepulverte Masse wird mit etwas verdünnter Schwefelsäure befeuchtet und 3—4 mal mit 50 proz. Alkohol kalt ausgeschüttelt. Die vereinigten sauren alkoholischen Auszüge werden mit Barytwasser neutralisiert und auf ein kleines Volumen eingeengt. Dieser Rückstand wird abermals mit verdünnter Schwefelsäure angesäuert und mit kleinen Mengen Äther ausgeschüttelt. Der Äther hinterläßt beim freiwilligen Verdunsten fast reine Benzoesäure, die man in wenig warmem Wasser löst und durch Zusatz von 1 Tropfen Natriumacetat und neutraler Eisenchloridlösung als einen rötlichen Niederschlag von benzoesaurem Eisen erkennt. Selbstverständlich findet sich auf diese Weise auch etwa vorhandene Salicylsäure in der zu prüfenden Lösung.

c) Bei Marmeladen und Gelees: Für den Nachweis von Benzoesäure in Marmeladen und Gelees verfährt A. E. Leach[3]) wie folgt: Die angesäuerte Probe wird mit Äther ausgezogen und der Ätherrückstand nach dem Übersättigen mit Ammoniak in einem großen Uhrglase zur Trockne verdampft. Letzteres wird sodann mit einem zweiten Uhrglase von genau derselben Größe bedeckt, zwischen beide wird zweckmäßig ein Stück Filtrierpapier eingelegt; die Uhrgläser werden durch eine Klammer aufeinander befestigt. Jetzt erhitzt man das untere Uhrglas auf einem Sandbade oder über kleiner Flamme; hierbei sublimiert die Benzoesäure an das obere Glas und kann dort durch mikroskopische Beobachtung der Krystalle und mittels Eisenchlorid in bekannter Weise nachgewiesen werden.

Anmerkung: Nach den vorstehenden Verfahren beruht der qualitative Nachweis der Benzoesäure auf der Reaktion mit Eisenchlorid in neutraler Lösung. Fischer und Gruenert empfehlen, diese Reaktion in der Weise anzustellen, daß man den Ätherrückstand mit ammoniakalischem Wasser aufnimmt, die Lösung auf ein kleines Volumen bis zur neutralen Reaktion eindampft und dann mit einigen Tropfen einer 1 proz. Eisenchloridlösung versetzt. Auf diese Weise konnten sie noch 0,001 g Benzoesäure nachweisen.

Es sind aber außer dieser noch andere Reaktionen für den Nachweis von Benzoesäure angegeben, nämlich:

α) Durch Überführen in Benzaldehyd. Behandelt man Benzoesäure mit Reduktionsmitteln, so bildet sich Benzaldehyd, der an seinem kräftigen Geruch erkannt werden kann.

---

und ohne Benzoesäurezusatz in vorstehender Weise untersucht wurden, konnte festgestellt werden, daß etwa 50—60% der zugesetzten Benzoesäure sich in dem Auszug befanden, wohingegen bei den anderen angedeuteten Verfahren — Ausziehen mit Wasser oder mit verdünnter Sodalösung — bei zahlreichen Versuchen erheblich weniger Benzoesäure wieder erhalten wurde.

[1]) Auch bei Fetten wird auf diese Weise die Benzoesäure bei weitem nicht quantitativ gewonnen. Durch wiederholtes Ausziehen aber läßt sich die Benzoesäure ziemlich ganz gewinnen.

[2]) Zeitschr. f. analyt. Chem. 1882, **21**, 531.

[3]) Zeitschr. f. Untersuchung d. Nahrungs- u. Genußmittel 1905, **9**, 50.

K. B. Lehmann[1]) empfiehlt nach früheren Vorschlägen für den Zweck Natriumamalgam. G. Breustedt[2]) mischt dagegen den Ätherrückstand mit 2 Tropfen 50proz. Ameisensäure, übersättigt mit Kalkmilch, trocknet ein und erhitzt den Rückstand vorsichtig in einem einseitig geschlossenen Rohre. Bei Gegenwart von Benzoesäure macht sich ein deutlicher Geruch nach Bittermandelöl bemerkbar, auch wenn Salicylsäure zugegen ist.

β) Durch Überführen in Anilinblau. Diese Reaktion wird nach J. de Brevans[3]) wie folgt ausgeführt:

Man gibt in ein trockenes Reagensglas etwa 0,5 ccm reines Anilin, in dem 0,02% Rosanilinchlorhydrat gelöst sind, fügt von der zu prüfenden Substanz ein wenig hinzu und erhitzt das Gemisch im Sandbade 20 Minuten lang bis zum Kochen (184°). War Benzoesäure vorhanden, so wird hierdurch die vorher rötliche Flüssigkeit mehr oder weniger violettblau gefärbt erscheinen. Fügt man nun einige Tropfen Salzsäure hinzu und schüttelt mit Wasser, so bleibt eine blaue, unlösliche Masse zurück, die auf dem Filter gesammelt und so lange ausgewaschen wird, bis alle violettfärbenden Bestandteile entfernt sind. Der blaue Farbstoff ist in Alkohol löslich.

Das vorstehende Verfahren ist von v. Genersich[4]) in der Weise abgeändert worden, daß die zu untersuchende Substanz mit Benzol ausgezogen wird. Der nach Verjagen des Benzols verbleibende Rückstand wird mit Rosanilinchlorhydrat enthaltendem Anilinöl gekocht, dann mit einigen Tropfen verdünnter Salzsäure versetzt und mit Chloroform durchgeschüttelt. Bei Gegenwart von Benzoesäure soll sich das Chloroform dunkelblau färben.

γ) Mohler[5]) hat eine Farbenreaktion auf Benzoesäure in der Weise ausgeführt, daß er die Benzoesäure durch Behandeln mit Salpeter- und Schwefelsäure in Dinitrobenzoesäure und diese in das rotbraun gefärbte Ammoniumsalz der Nitroamidobenzoesäure und der Diamidobenzoesäure überführt. Nach Fischer und Gruenert (l. c.) versagen aber diese Farbreaktionen bei Fleisch und Fett vollständig, das Verfahren α) auch bei geräuchertem Fleisch; bei frischem Fleisch ließ sich durch den Benzaldehydgeruch noch ein Zusatz von 0,02%, bei Schmalz noch ein solcher von 0,01% Benzoesäure nachweisen, während Zusätze von 0,05% Benzoesäure zu Margarine und Butter nicht mehr erkannt werden konnten.

Dagegen erhielten Fischer und Gruenert mit dem folgenden Verfahren günstigere Ergebnisse.

δ) Durch Überführen der Benzoesäure in Benzoesäureäthylester. Dieses von Röhrig herrührende Verfahren wird bei Fleisch wie folgt ausgeführt:

Das Fleisch wird zunächst mit Wasser ausgekocht, das klare Filtrat angesäuert und mit Äther ausgeschüttelt. Der Ätherrückstand wird in wenig absolutem Alkohol aufgenommen und durch Kochen mit etwas konzentrierter Schwefelsäure verestert. Nach dem Erkalten wird Wasser hinzugefügt und der Benzoesäureäthylester mit Äther ausgeschüttelt. Um den Ester zu erkennen, taucht man einen Filtrierpapierstreifen in den Äther und läßt letzteren verdunsten. Bei Gegenwart von Benzoesäure zeigt sich auch bei großer Verdünnung der kennzeichnende Geruch nach Benzoesäureäthylester. Auf diese Weise ließ sich noch 1 mg Benzoesäure deutlich nachweisen[6]).

Ebenso erhielten Fischer und Gruenert

ε) durch Überführen der Benzoesäure in Salicylsäure günstige Ergebnisse:

Die zu untersuchende Substanz wird in einigen Tropfen Natronlauge und etwa 1 ccm Wasser gelöst, in einen Silbertiegel gebracht, auf dem Wasserbade zur Trockne verdampft und dann mit

---

1) Chem.-Ztg. 1908, **32**, 919.

2) Arch. d. Pharm. 1899, **237**, 170.

3) Zeitschr. f. Untersuchung d. Nahrungs- u. Genußmittel 1902, **5**, 685.

4) Ebendort 1908, **16**, 223.

5) Ebendort 1908, **15**, 29.

6) Nach dem Verfahren von Röhrig konnten von K. Fischer und O. Gruenert bei frischem Fleisch noch 0,02% Benzoesäure sicher nachgewiesen werden, bei geräuchertem Fleisch versagte dagegen die Reaktion. Bei Fetten ließen sich noch 0,01% nachweisen, jedoch empfiehlt es sich bei Fetten, Parallelversuche anzustellen.

2 g grob gepulvertem Ätzkali auf einer kleinen Flamme geschmolzen. Nach dem Schmelzen des Ätzkalis wird die Masse noch etwa 2 Minuten mit kleiner Flamme in Fluß gehalten — es empfiehlt sich, während dieser Zeit mit einem starken Platindraht einige Male umzurühren — dann wird die Schmelze in Wasser gelöst, mit Schwefelsäure angesäuert und mit Äther ausgezogen. Nachdem die ätherische Flüssigkeit dreimal mit Wasser gewaschen worden ist, wird sie in einer Porzellanschale unter Zusatz von etwa 1 ccm Wasser bei mäßiger Wärme und mit Hilfe eines Luftstroms verdunstet. Der wässerige Rückstand wird nach dem Erkalten, wenn erforderlich, filtriert und mit einigen Tropfen einer frisch bereiteten 0,05 proz. Eisenchloridlösung auf Salicylsäure geprüft.

War Benzoesäure vorhanden, dann entsteht eine deutliche Blauviolettfärbung.

Die Vorschrift muß hinsichtlich der Schmelzdauer möglichst genau innegehalten werden, insbesondere ist ein längeres Schmelzen zu vermeiden, da hierdurch unter Umständen die gebildete Salicylsäure wieder zerstört wird, andererseits muß aber das Gemisch bis zum klaren Schmelzen erhitzt werden.

In vorstehender Weise lassen sich noch 0,0005 g Benzoesäure sicher nachweisen; in frischem Fleisch ließen sich noch Zusätze von 0,01%, in geräuchertem Fleisch noch solche von 0,02%, in Schmalz, Margarine und Butter solche von 0,005—0,01% Benzoesäure gut nachweisen. Bei künstlich gefärbter Margarine und Butter bedarf das Verfahren jedoch noch der Nachprüfung.

Die mykologische Untersuchung der Nahrungsmittel [1]).

Mykologische Untersuchungen von Nahrungsmitteln werden oft erforderlich, sei es, daß es sich um Feststellung des Keimgehaltes oder des Verdorbenseins handelt.

Bei der jetzigen Lage der Verhältnisse wird der Nahrungsmittelchemiker meist gezwungen sein, solche Untersuchungen selber vorzunehmen, da wohl nur wenige größere Anstalten in der Lage sind, Mykologen von Fach anzustellen. Auch in den Vorschriften über die Ausbildung der Nahrungsmittelchemiker ist ein gewisses Wissen und Können auf mykologischem, insonderheit bakteriologischem Gebiete vorgesehen. Der Nahrungsmittelchemiker wird daher gut tun, sich die nötigen theoretischen und praktischen Kenntnisse in einem geeigneten Institut zu erwerben.

Die folgende Darstellung der wichtigsten mykologischen Untersuchungsverfahren ist möglichst so gehalten worden, daß der aus dem botanischen Unterricht mit den nötigen allgemeinen mykologischen Kenntnissen ausgerüstete Chemiker durch eigene Kraft die erforderlichen praktischen Kenntnisse erweitern kann. Für eingehendere mykologische Studien muß die unten angeführte Spezialliteratur herangezogen werden.

Die kurze Übersicht über die Systematik der Pilze am Schlusse dieses Abschnittes ist nur für die erste Orientierung des Anfängers bestimmt, der sich nach Aneignung einiger Formenkenntnis später auch in den größeren Spezialwerken leicht zurechtfinden wird. Für die meisten Untersuchungen der Praxis wird aber schon die Kenntnis der in diesem und später im speziellen Teil des Werkes beschriebenen und abgebildeten Arten ausreichen.

Ausgeschlossen worden sind alle speziellen Verfahren zur Untersuchung auf pathogene Pilze. Diese gehört in das Arbeitsgebiet der hygienischen Institute und erfordert eine sorgfältige Sonderausbildung, die der Nahrungsmittelchemiker wohl nur selten erwerben kann.

An Sonderwerken, die auch bei der Bearbeitung dieses Abschnittes ausgiebig benutzt worden sind, seien hier folgende aufgeführt.

Lafar: Handbuch der technischen Mykologie. Jena, seit 1904 im Erscheinen. Ein vorzügliches Kompendium, in dem auch die Mykologie der Nahrungsmittel (Bd. II) ausgiebig berücksichtigt ist. Das Werk enthält seiner ganzen Anlage entsprechend über Arbeitsverfahren verhältnismäßig wenig.

---

[1]) Bearbeitet von Dr. A. Spieckermann, Abt.-Vorsteher der L ndw. Versuchsstation in Münster i. W.

Alfr. Fischer: Vorlesungen über Bakterien. Ein Lehrbuch der Bakteriologie vom botanischen Standpunkt. Es ist zur Einführung in die Bakteriologie sehr zu empfehlen.

Arth. Meyer: Praktikum der botanischen Bakterienkunde. Jena 1903. Es ist ein vorzügliches Werk über die bakteriologischen Arbeitsverfahren.

Lehmann u. Neumann: Atlas und Grundriß der Bakteriologie. München 1907. Ein Lehrbuch der Bakteriologie, das gleichzeitig die Arbeitsverfahren und eine Beschreibung der wichtigsten Arten enthält. Der Atlas bringt für alle wichtigen Arten zum Teil farbige Abbildungen von Kulturen. Es ist ebenfalls sehr zu empfehlen.

Abel: Bakteriologisches Taschenbuch. Es ist ein billiges und sehr brauchbares Buch mit Vorschriften für Färbungen und Nährböden, aber mehr für Mediziner berechnet.

O. Brefeld: Die Kultur der Pilze. Eine Darstellung des Brefeldschen Verfahrens zur Kultur höherer Pilze mit zahlreichen wertvollen Angaben über Arbeitsverfahren.

E. Küster: Anleitung zur Kultur der Mikroorganismen. Leipzig und Berlin 1907. Die Schrift bietet eine vorzügliche Anleitung zur Züchtung von Pilzen und anderen Kleinlebewesen und enthält zahlreiche Vorschriften zu diesen Untersuchungen.

W. Zopf: Die Pilze. Breslau 1890. Es ist ein gutes Handbuch zur Einführung in Morphologie, Physiologie und Systematik der höheren Pilze.

Klöcker: Die Gärungsorganismen. Stuttgart 1906. Die Schrift bringt eine genaue Beschreibung der Arbeitsverfahren für Untersuchung der Organismen der Gärungsgewerbe und der wichtigsten Organismen der Gärungsgewerbe und ist sehr übersichtlich.

P. Lindner: Mikroskopische Betriebskontrolle in den Gärungsgewerben. Berlin 1909. Der Inhalt entspricht ungefähr dem des vorhergehenden Werkes; es enthält aber mehr Einzelheiten und ist daher für den Anfänger etwas umfangreich und schwer übersichtlich; es eignet sich mehr für den Gärungschemiker von Beruf.

Will: Anleitung zur biologischen Untersuchung und Begutachtung von Bierwürze, Bierhefe, Bier und Brauwasser, zur Betriebskontrolle sowie zur Hefenreinzucht. München und Berlin 1909. Das Werk enthält eine außerordentlich ausführliche und sorgfältige Darstellung der im Titel aufgeführten Untersuchungsverfahren. Eine Beschreibung der Gärungsorganismen selber enthält das Werk nicht.

Migula: Das System der Bakterien. Jena 1897. Es ist das wichtigste botanische systematische Werk.

Rabenhorst: Kryptogamenflora. Die Pilze. Wichtigstes deutsches systematisches Werk.

Engler-Prantl: Die natürlichen Pflanzenfamilien. Abschnitt Pilze.

I. Lage und allgemeine Einrichtung mykologischer Laboratorien.

In der Mehrzahl der Fälle wird bei der Einrichtung eines mykologischen Laboratoriums betreffs der Räume keine große Auswahl möglich sein. Doch lassen sich auch unter bescheidenen Verhältnissen Erfolge erzielen. Wenn es möglich ist, beschaffe man zwei Räume, von denen der eine für Arbeiten reserviert wird, die eine besonders reine ruhige Atmosphäre erfordern, wie die Arbeiten mit Bakterien und Hefen, während Untersuchungen mit Schimmelpilzen, deren verstäubende, leichte Sporen einen Raum für andere Arbeiten zuweilen unbrauchbar machen können, in dem anderen Raum ausgeführt werden müssen.

Die Lage wenigstens eines der Zimmer sei möglichst nach Norden, um günstiges Licht zum Mikroskopieren zu erhalten. Zugluft ist nach Möglichkeit auszuschließen; es darf daher auch das mykologische Laboratorium kein Durchgangsraum sein, da der Verkehr stets Staub und mit diesem Keime aufwirbelt. Wo dieses nicht vermieden werden kann, läßt man vorteilhaft den Fußboden zeitweilig mit einer Mischung von 100 g Glycerin in 10 l Wasser aufwischen; der Staub haftet an dem Glycerin. Nach Möglichkeit zu vermeiden ist auch eine unmittelbare Verbindung zwischen mykologischen und chemischen Arbeitsräumen, in welchen letz-

teren metallangreifende Dämpfe vorhanden sind; Mikroskrope und Instrumente leiden sonst
bald. Chemische Untersuchungen mykologischer Erzeugnisse dürfen nicht im Mikroskopierraum vorgenommen werden.

Der **Fußboden** der Laboratorien muß möglichst **glatt** sein, so daß er öfter feucht aufgenommen werden kann. Für die **Wände** empfiehlt sich ein **Anstrich mit weißer Ölfarbe**,
der öfter abgewaschen werden kann und muß. Der **Arbeitstisch** wird am besten etwa 1 m
hoch gewählt. Die Platte muß Abwaschen mit Spiritus und Desinfektionsmitteln vertragen und
wird deshalb mit einem Gemisch von salzsaurem Anilin, chlorsaurem Kalium und Kupferchlorid
schwarz gebeizt. Von den verschiedenen Vorschriften sei hier die von **Klöcker** mitgeteilt. Man
braucht zwei Lösungen, nämlich 1) 600 g Anilinchlorid in 4 l Wasser und 2) 86 g Kupferchlorid, 67 g Kaliumchlorat, 33 g Ammoniumchlorid in 1 l Wasser. Man mischt unmittelbar
vor dem Gebrauch 4 Teile der Lösung 1 mit 1 Teil der Lösung 2 und trägt diese Mischung
4—5 mal in eintägigen Pausen auf die Tischplatte auf. Dann wird dieselbe mit **Leinölfirnis**
eingerieben. Die gebeizten Platten können ohne Schaden mit Spiritus oder wässeriger Sublimatlösung (1—2⁰/₀₀) abgewaschen werden.

Die **Arbeitstische** sollen gut schließende Schubfächer zum Aufbewahren der wichtigsten,
täglich gebrauchten Arbeitsutensilien besitzen. Auf dem Tische sollen im allgemeinen nur
ein Gestell mit den wichtigsten Reagenzien und Farblösungen sowie ein Glas für Impfinstrumente (Platindrähte verschiedener Form, Stahlnadeln, Präpariernadeln, Pinzetten, Glasstäbe u. a.) stehen. Diese
Gegenstände müssen täglich sorgfältig von **Staub**
gereinigt werden. Wo in erster Linie mit Bakterien
gearbeitet wird und daher öfteres Beschmutzen der
Tischplatte mit Farblösungen zu befürchten ist,
deckt man auf den Arbeitsplatz vorteilhaft einige
Bogen Filtrierpapier, die öfter erneuert werden.

Außer dem Arbeitstisch soll der Arbeitsraum
höchstens noch ein kleines **Regal** für Reagenzien und
einen **Schrank** zum Aufbewahren von Kulturen
enthalten.

Für Arbeiten, die eine völlig **staubfreie Luft**
erfordern (z. B. Umfüllen von Kulturen), besteht in
größeren mykologischen Laboratorien zuweilen ein
„steriler Raum". **Klöcker** gibt eine Beschreibung dieses Raumes im Carlsberg-Laboratorium. Meist wird man sich mit dem von **Hansen** vorgeschlagenen **sterilen Kasten**
(Fig. 285) begnügen müssen, der auch vollständig genügt. Er besteht aus einem viereckigen
Holzrahmen von 63 : 56 : 50 cm, in den Glasscheiben eingekittet sind. Der Boden besteht
aus Holz. Die vordere Scheibe kann in einem Falz aufwärts geschoben werden. Die Holzteile sind innen und außen mit Leinölfirnis eingerieben. Auf den Boden kann eine Schale
aus Zinkblech gestellt werden. Man wäscht den Kasten vor der Benutzung mit Sublimatlösung oder Spiritus aus und läßt ihn dann geschlossen etwa eine Stunde stehen, damit
sich Staub und Keime absetzen können. Beim Arbeiten wird das Schiebefenster nur so weit
gehoben, daß die Hände eben bequem arbeiten können. Die Hände müssen vorher durch gründliches Abwaschen und Abbürsten mit Seife und nachheriges Einreiben mit Sublimatlösung (1⁰/₀₀)
desinfiziert werden.

Fig. 285.

Steriler Kasten.

II. Die Wärmeschränke (Thermostate).

Wo mykologische Untersuchungen regelmäßig ausgeführt werden, ist die Beschaffung
eines **Thermostaten**, der die andauernde Züchtung von Pilzen bei bestimmten Temperaturen
gestattet, kaum zu umgehen. Thermostate werden von zahlreichen Firmen in der verschieden

sten Ausführung hergestellt. Die besseren Fabrikate bestehen im allgemeinen aus einem mehr oder minder geräumigen Kasten aus Kupferblech (Fig. 286) mit doppelten Wandungen, zwischen denen sich Wasser befindet. Die vordere offene Seite des Kastens wird durch eine innere Glastür und eine äußere doppelwandige Kupferblechtür verschlossen. Außen ist der Kasten

Fig. 286.

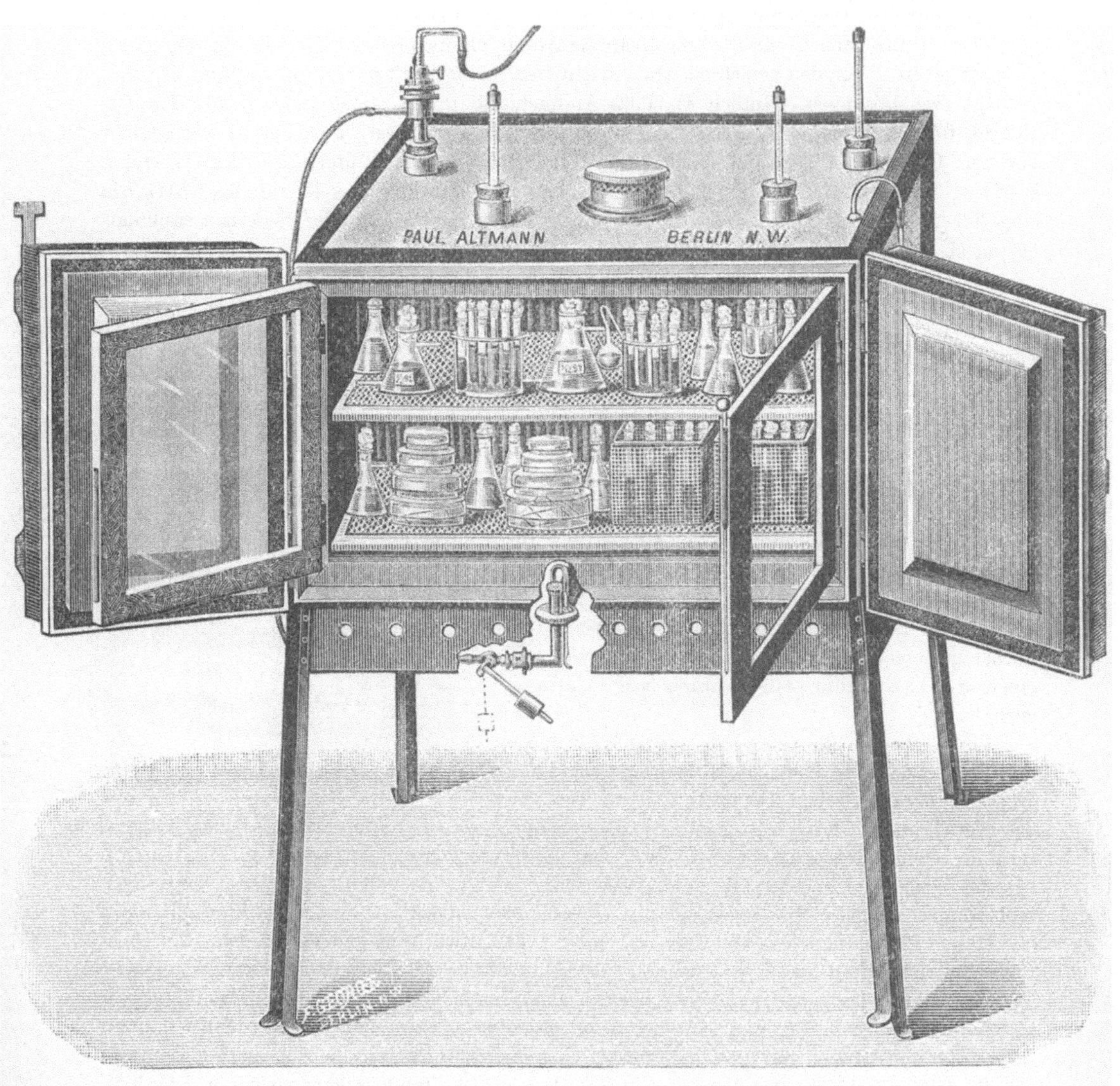

Thermostat.

mit Filz oder Linoleum bekleidet. An der Seite trägt er ein Wasserstandsrohr, um den Wasserstand zwischen den Wandungen kontrollieren zu können, ferner meist zwei mit durchlöcherten Kappen verschließbare, bis in das Innere reichende Ventilationsöffnungen. Die Decke des Kastens besitzt zwei in den Wasserraum führende Öffnungen für ein Thermometer, den Thermoregulator und zum Wassereinfüllen und zwei oder mehr in den Innenraum führende Öffnungen für Thermometer, Hygrometer, Ventilation. Der Kasten ruht auf einem vierbeinigen Blechgestell.

Die Heizung erfolgt meist durch eine Kochsche Sicherheitslampe für Gas. Doch werden auch Petroleum- und Spirituslampen als Heizquellen geliefert; ferner wird der elektrische Strom hierzu verwendet. Bei dem Kochschen Sicherheitsbrenner (Fig. 287) erhitzt die Heizflamme eine mit einem Ende am Brenner befestigte Metallfeder (a). Das andere freie Ende der Feder trägt einen Stift, der bei erhitztem Zustande der Feder das belastete Ende eines Hebels (b c) hält, dessen Drehpunkt (c) im Hahn des Gasbrenners liegt. Erlischt der Brenner aus irgendeinem Grunde, so zieht sich die Feder zusammen, der Hebel verliert seinen Stützpunkt, dreht sich nach unten und schließt den Gashahn.

Um in dem Thermostaten eine bestimmte Temperatur zu erhalten, benutzt man Thermoregulatoren, die nach verschiedenen Grundsätzen eingerichtet sind. Viel benutzt wird der Dampftensionsregulator nach Lothar Meyer (Fig. 288). Der aus Glas bestehende Regulator A wird in die durchlöcherte Metallhülse B gesteckt und in den Wasserraum des Thermostaten gesenkt. In dem abgeschlossenen Raum d befindet sich etwas Quecksilber und je nach der Höhe der gewünschten Temperatur Äther, Alkohol oder Luft. Die Spannkraft der Dämpfe dieser Stoffe treibt das Quecksilber nach oben, wo es einen Seitenschlitz des Eisenrohres e mehr oder minder verschließt. Das Gas tritt bei a in das graduierte Messingrohr g und gelangt von dort durch den Schlitz des Eisenrohres e in die zur Heizflamme führende Leitung b. Um zu verhindern, daß bei zu starker Erwärmung die Gaszufuhr ganz abgeschnitten wird, besteht noch eine Nebenleitung unter Umgehung des Regulators. Durch den Hahn c wird diese Nebenzufuhr so geregelt, daß die Notflamme ohne Einfluß auf die Temperatur des Brutschrankes bleibt. Man läßt vorteilhaft zur Vermeidung jeglicher Feuersgefahr sämtliche Verbindungsstücke zwischen Regulator, Gashahn und Brenner aus Bleirohr herstellen und vermeidet Glas und Gummischlauch vollständig.

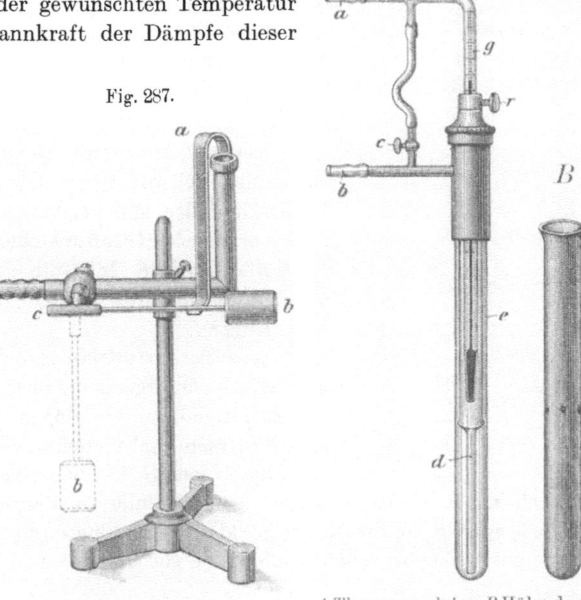

Sicherheitsbrenner nach Koch.

A Thermoregulator, B Hülse dazu nach L. Meyer.

Will man den Regulator, der für bestimmte Temperaturgrenzen fertig gefüllt von den Handlungen geliefert wird, benutzen, so füllt man den Thermostaten mit destilliertem Wasser von annähernd der gewünschten Temperatur oder erwärmt, falls man mit kaltem Wasser gefüllt hat, mit einem Bunsen-Brenner entsprechend schnell, setzt den Regulator in der Metallhülse in den Wasserraum ein und zieht die Messingröhre g so weit heraus, daß die Heizflamme möglichst klein wird. Nach einigen Stunden regelt man dann je nach Bedarf die Gaszufuhr durch Herausziehen oder Hineinschieben des Messingrohrs g.

Ein anderer für niedrige Temperaturen (vgl. S. 16) ebenfalls brauchbarer Regulator ist der nur mit Quecksilber arbeitende von Reichert (Fig. 289, S. 618). Das Regulatorrohr ist mit Quecksilber gefüllt. In den oberen Teil ist luftdicht das Gaszuflußrohr a

eingesetzt, aus dessen unterer Öffnung bei *g* das Gas nach *b* und von dort zum Brenner gelangt; *h* ist der Hahn für die Nebenleitung, die die Notflamme speist. Man verfährt nun beim Einstellen des Regulators in folgender Weise: Man schraubt mittels der eisernen Schraube *s* das Quecksilber so hoch, daß die Öffnung bei *g* verschlossen wird, und stellt die Notflamme so ein, daß der Thermostat bei der höchstmöglichen Temperatur der Umgebung nicht über die gewünschte Temperatur erhitzt wird. Darauf bringt man den Thermostaten auf die gewünschte Temperatur und dreht *s* so lange, bis das Quecksilber das Einströmungsröhrchen schließt. Ein etwa auf der Quecksilberoberfläche entstehender schwarzer Belag muß mit Watte entfernt werden.

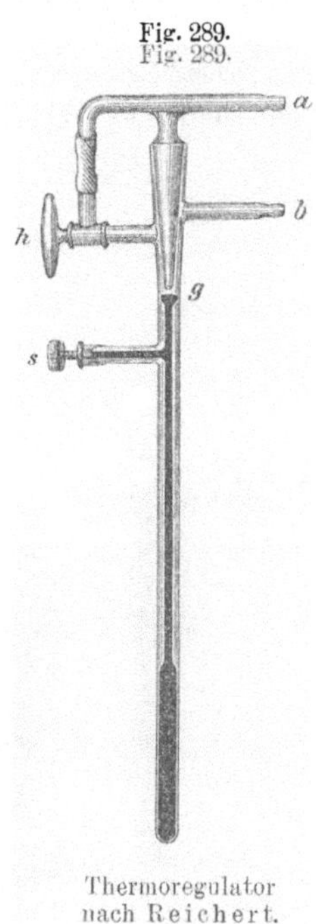

Fig. 289.

Thermoregulator
nach Reichert.

Für die größere Zahl der Untersuchungen genügen die beschriebenen Thermostaten. Für besondere Zwecke ist es wünschenswert, bei verschiedenen Temperaturen gleichzeitig untersuchen zu können. Diesen Anforderungen genügt der Thermostat von Panum, der verschiedene Kammern mit Temperaturen von 0—40° besitzt. Eine eingehendere Beschreibung des im Carlsberg-Laboratorium gebrauchten Modells gibt Klöcker[1]).

Thermostaten für Temperaturen unterhalb der der Umgebung bestehen aus Kupferblechkasten, in denen kaltes Wasser zirkuliert. Angaben über die Einrichtung eines solchen nach Petersen bringt Klöcker[2]). Einen verhältnismäßig billigen Apparat hat Kuntze[3]) beschrieben. Als Regulator für Thermostaten eignet sich nach Petersen auch der Soxhletsche Regulator mit Methylalkohol-Füllung.

Für mikroskopische Untersuchungen bei höherer Temperatur eignen sich die auf S. 159 und 160 beschriebenen Mikroskopbrutschränke und heizbaren Objekttische. Für erstere verwendet man vorteilhaft Reichertsche Regulatoren.

Für größere Institute können ganze Räume als Wärmeschränke eingerichtet werden. Man vergleiche darüber die Angaben Klöckers[4]).

Was die Aufstellung der Thermostaten betrifft, so bringt man sie, wenn irgend möglich, in einem besonderen, feuersicheren Raum mit möglichst geringen Temperaturschwankungen unter. Wo man dies nicht haben kann, vermeide man wenigstens empfindliche Metallinstrumente in demselben Raum aufzubewahren, da diese durch die Verbrennungsgase der beständig in Betrieb befindlichen Heizflammen leiden. Auch müssen in diesem Falle alle Verbindungen am Thermostaten feuersicher hergestellt und gut wirkende Sicherheitsbrenner vorhanden sein.

III. Verschiedene Nebenapparate.

Zur Vornahme von Impfungen benutzt man allgemein in erster Linie Platindrähte in Form von Nadeln, Ösen oder Spateln. Man hält vorteilhaft Drähte verschiedener Stärke und Länge vorrätig. Platinnadeln werden zur Anlage von Stich- und Strichkulturen, zum Abstechen von Kolonien benutzt. Man darf sie nicht zu schwach wählen, am besten 0,4 mm stark. Für die meisten Zwecke genügt eine Länge von 5 cm. Für die Anlage anaerober Stichkulturen braucht man etwa 8 cm lange Nadeln. Zum Abstechen von Plattenkolonien eignen sich in schwierigen Fällen besser Drähte mit spatelförmig verbreiterter Spitze. Zum Verimpfen von Flüssigkeiten braucht man Drähte mit Ösen von etwa 2,5 mm Durchmesser.

---

[1]) Klöcker, Die Gärungsorganismen. 2. Aufl. Stuttgart 1906. S. 33.

[2]) Ebendort S. 37.

[3]) Centralblatt f. Bakter. II. Abt., 1907, **17**, 684.

[4]) Klöcker, Die Gärungsorganismen. 2. Aufl. Stuttgart 1906. S. 36.

Zum Herstellen kleinerer Tropfen für Kulturen im hohlen Objektträger nimmt man vorteilhaft sehr dünne Drähte mit Ösen von etwa 1 mm Durchmesser (Fig. 290).

Die Platindrähte werden entweder in Glasstäbe eingeschmolzen oder in Aluminiumstäbe eingeklemmt. Arth. Meyer benutzt (Fig. 291) auf Glasstäben haftende Platinkappen, in denen Platiniridiumdrähte eingefügt sind. Im allgemeinen kommt man bei einiger Vorsicht mit den in Glasstäben eingeschmolzenen Drähten gut aus. Beim Arbeiten erhitzt man sie in der Bunsen-Flamme zum Glühen und brennt auch den Halter so weit ab, wie er ins Kulturgefäß beim Arbeiten hineinragt. Nach dem Abbrennen läßt man Draht und Halter, indem man ihn frei in der Luft hält, erkalten; sonst springen die Glasstäbe und die Keime leiden unter der Er-

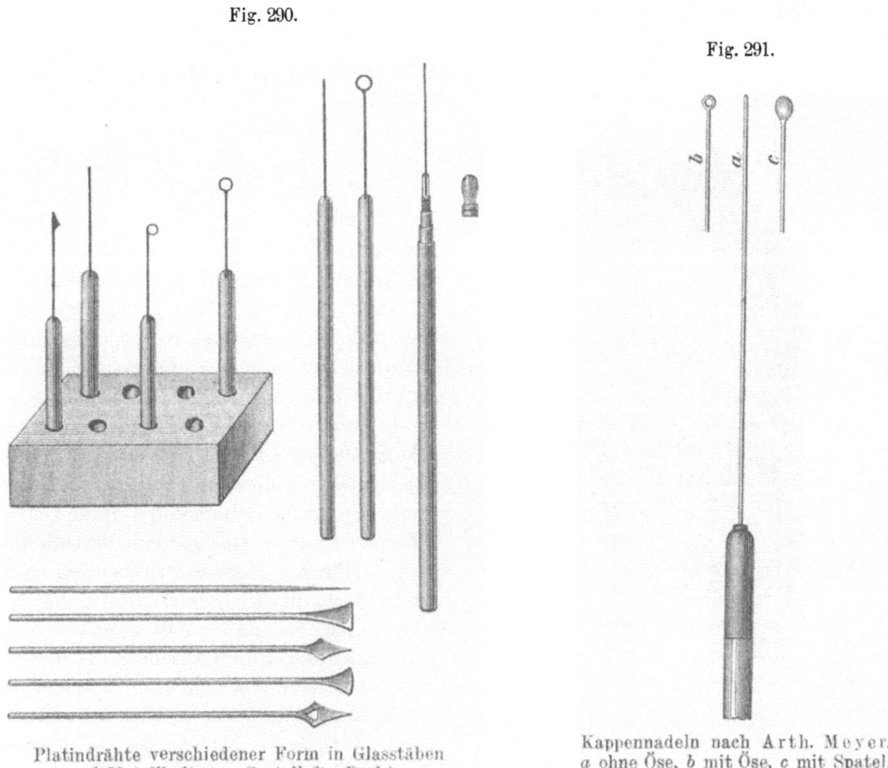

Fig. 290.

Fig. 291.

Platindrähte verschiedener Form in Glasstäben und Metallhaltern. Gestell für Drähte.

Kappennadeln nach Arth. Meyer. a ohne Öse, b mit Öse, c mit Spatel.

hitzung. Unmittelbar nach dem Gebrauch wird jedesmal der Platindraht ausgeglüht. Man bewahrt die Drähte am besten stehend in einem Trinkwasserglase auf; von manchen Firmen werden hierfür auch entsprechende Holzgestelle (Fig. 290) geliefert.

Handelt es sich darum, sehr kleine, mit der Platinnadel schwer faßbare Kolonien abzustechen oder Impfmaterial unter möglichst geringer Gefahr der Spontaninfektion in ein Kulturgefäß zu bringen, so verwendet man mit Vorteil unmittelbar vor der Benutzung durch Ausziehen von Glasröhren hergestellte Capillaren, deren mit dem Material behaftete Spitze man in dem Kulturgefäß abbricht. Sehr kleine flüssige Kolonien auf Objektträgern kann man in Stückchen sterilisierten Fließpapiers, die man mit einer sterilisierten Pinzette hält, aufsaugen und in dieser Form auf Nährboden übertragen. Über weitere Einrichtungen dieser Art vergleiche man die Angaben am entsprechenden Ort.

O. Brefeld schlägt für die Impfung von Flüssigkeit mit Sporen höherer Pilze blanke, nur durch Eintauchen in Spiritus sterilisierte Lanzettnadeln aus Stahl vor.

IV. Die Keimfreimachung (Sterilisierung).

Vorbedingung für erfolgreiches mykologisches Arbeiten ist die vollständige Keimfreiheit oder Sterilität der Nährböden und Apparate. Als Sterilisierungsmittel kommen in Betracht Filtration durch keimdichte Filter, Behandlung mit Chemikalien
und Erhitzung. Die Wahl des Sterilisierverfahrens hängt von der Art des zu sterilisierenden Gegenstandes und von dem Zwecke der Sterilisierung ab. Die Filtration kommt nur
bei Flüssigkeiten in Betracht, die härtere Eingriffe nicht vertragen, ohne wesentliche Veränderungen in ihrer Zusammensetzung zu erleiden. Besonders, wenn es sich darum handelt,
Keimfreiheit zu erzielen, ohne etwaige Enzyme zu schädigen, wird man sie anwenden. In solchen Fällen sind auch manche Chemikalien sehr gut zu gebrauchen.

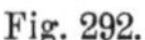
Fig. 292.

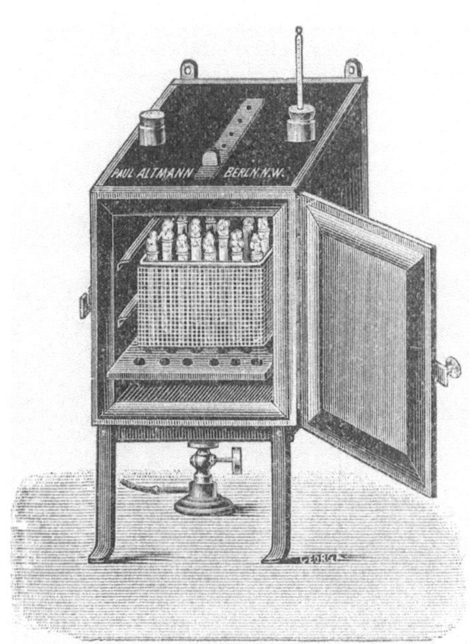

Heißluftsterilisator.

Das bei weitem am häufigsten angewendete Mittel zur Sterilisierung aber ist die
Wärme. Die Wärme wird als trockene und
feuchte Wärme angewendet. Trockene
Wärme kommt in erster Linie für trockene,
feste, nicht leicht veränderliche Gegenstände
in Betracht. Sie findet ausgiebigste Verwendung bei der Sterilisierung von Apparaten aus
Glas und Metall. Kleinere Gegenstände wie
Nadeln, Messer, Drähte, Pinzetten sterilisiert
man durch Abbrennen in der Bunsen-Flamme
unmittelbar vor dem Gebrauche. Natürlich
dürfen die Gegenstände beim Erkalten nicht
mit keimhaltigen Gegenständen in Berührung
kommen. Messer legt man daher mit nach oben
gerichteter Schneide auf sterile Unterlagen oder
läßt sie mit der Schneide frei in die Luft ragen.
Das Erhitzen der Gegenstände braucht nicht bis
zum Glühen fortgesetzt zu werden. Auch die
Oberfläche mancher festen Stoffe, deren Inneres auf Keime untersucht werden soll, macht
man bisweilen durch Absengen mit der Bunsen-
Flamme oder Abbrennen mit einem glühenden Messer steril (z. B. Fleischstücke).

Größere Gegenstände, insbesondere
solche aus Glas, sterilisiert man besser in einem
Trockenschrank (Fig. 292) mit doppelten Wandungen, der mit einem Pilz- oder Schlangenbrenner geheizt wird. Brauchbare Einrichtungen liefern alle größeren Firmen. Um die gegen
trockene Hitze sehr widerstandsfähigen Dauerformen mancher Bakterienarten abzutöten,
bedarf es einer zweistündigen Erwärmung auf 150—160°. Man läßt die sterilisierten
Gegenstände im Trockenschrank erkalten und benutzt sie dann möglichst sofort. Kommt
es darauf an, die Gegenstände einige Zeit steril vorrätig zu halten, so legt man sie vor
dem Sterilisieren in Eisenblechbüchsen (Fig. 293 und 294), die für Pinzetten, Petrischalen, Glasplatten käuflich zu haben sind. Man kommt aber auch mit Papier-
umhüllungen sehr gut aus. Platten werden packweise, Pipetten und Petrischalen stück-
weise in dünnes festes Papier gewickelt und dann sterilisiert. Pipetten kann man auch zu
mehreren in weitere Glasröhren packen, die man mit einem Wattestopfen verschließt. Die
sterilisierten Gegenstände werden in ihren Umhüllungen am besten im Trockenschrank aufbewahrt. Haben sie längere Zeit gelegen, so ist es stets zu empfehlen, sie vor dem Gebrauch
nochmals zu sterilisieren.

Für Flüssigkeiten, zuweilen auch für feste Gegenstände, kommt zum Sterilisieren nur die feuchte Wärme in Betracht. Wärme wirkt, wie zuerst Koch und Wolffhügel nachgewiesen haben, bei Gegenwart von Wasser viel energischer als trocken. Feuchte Wärme wird entweder in Form von heißem oder kochendem Wasser, oder in Form vom Dampf angewendet. Flüssigkeiten kann man, falls sie nicht zu stark schäumen oder stoßen und eine gewisse Konzentration ihrer Verwendung nicht hinderlich ist, in Glaskolben durch Kochen über der freien Flamme sterilisieren. Der Hals des Kolbens wird vorher durch einen Wattestopfen aus mehreren übereinanderliegenden, sorgfältig schließenden Schichten geschlossen, so daß der Dampf den Stopfen längere Zeit durchströmt. Beim Erkalten wirkt der Wattestopfen als Filter, das die Luftkeime zurückhält.

Bequemer und sicherer in der Wirkung als dieses Kochen über der Flamme ist das Sterilisieren in strömendem Dampfe. Nach Eykmann[1] wirkt Dampf energischer als Wasser gleicher Temperatur. Für das Erhitzen in strömendem Dampf sind verschiedene Apparate, Dampftöpfe, hergestellt worden. In den einfachsten wird Wasser in einem Topf zum Kochen

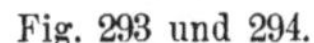

Fig. 293 und 294.

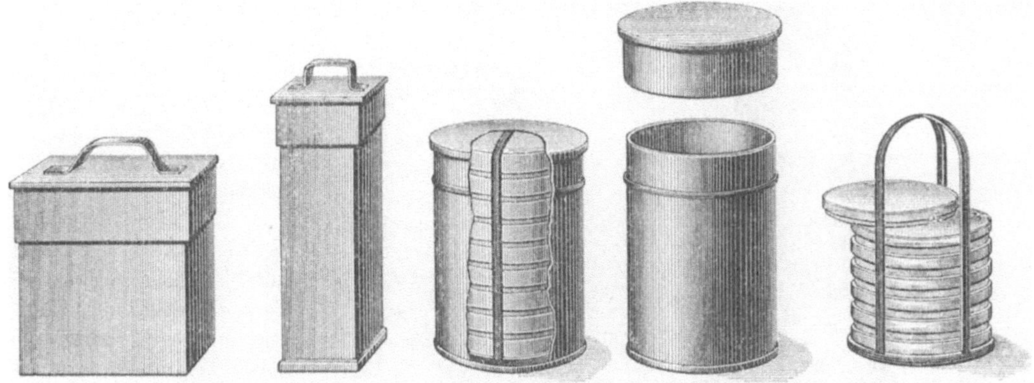

Blechbüchsen zum Sterilisieren von Pipetten, Glasstäben, Glasschalen in heißer Luft.

erhitzt und der Dampf durch einen geräumigen Aufsatz streichen gelassen, der zur Aufnahme der zu sterilisierenden Gegenstände bestimmt ist (Fig. 295, S. 622). Eine sehr brauchbare Konstruktion ist die nach Budenberg (Fig. 296). Das Gefäß $g\,h\,i\,k$ dieser Apparate wird mit destilliertem Wasser gefüllt, die Vergasung erfolgt aber nur in dem flachen Siederaum $a\,b\,c$, in den das Wasser durch die Öffnungen l gelangt. Die Dämpfe steigen zwischen der Doppelwand des Mantels in die Höhe, treten bei d durch Löcher in den Sterilisierraum e des Apparates und drängen bei f die Luft heraus. Das Kondenswasser gelangt auf demselben Wege wieder in das Gefäß $g\,h\,i\,k$.

Strömender Wasserdampf genügt bei genügend langer Einwirkung zur Abtötung der vegetativen und Dauerformen der Eumyceten und einer großen Zahl von Bakterienarten. Im allgemeinen genügt eine $1/_2$ stündige Sterilisierung bei 100°. Nur zur Sterilisierung größerer Flüssigkeitsmengen (mehr als 250 ccm) muß man entsprechend länger erhitzen, um zum Ziele zu gelangen. Wichtig ist es dabei, daß der Dampf gesättigt ist, d. h. daß die Luft nach Möglichkeit entfernt ist, da ungesättigter Dampf ebenso unsicher wirkt wie trockene Hitze. Daher sterilisiert man leere Gefäße (Kolben, Reagensgläser) am besten in der Weise, daß man sie mit der Mündung nach unten in den Apparat stellt.

Dagegen kommen im Erdboden und in vielen natürlichen Substraten (z. B. in der Milch) immer Dauerformen mancher Bakterienarten vor, die auch durch mehrstündiges Verweilen

---

[1] Centralblatt f. Bakter. I. Abt. Orig. 1903, **33**, 567.

in gesättigtem Dampf von 100° nicht getötet werden. Um diese zu beseitigen, wendet man die sogenannte **diskontinuierliche Sterilisierung** oder die **Sterilisation mit gespanntem Dampf** an.

Die **diskontinuierliche Sterilisierung** besteht in wiederholter kurzer Erhitzung des Gegenstandes in strömendem Wasserdampf mit 24stündigen Pausen. Meist wird die Sterilisierung 3—4 Tage lang wiederholt. Die diskontinuierliche Sterilisierung wird nur bei Nährböden vorgenommen, die durch höhere Temperaturen schädliche Zersetzungen erleiden. Man geht bei dieser Art der Sterilisierung von dem Gedanken aus, daß die bei der ersten Erhitzung auf 100° nicht getöteten Sporen zum Teil innerhalb der nächsten 24 Stunden keimen und die nunmehr vorhandenen vegetativen Formen bei der zweiten Sterilisierung getötet werden. Durch öftere Wiederholung dieses Vorganges hofft man zu völliger Keimfreiheit zu gelangen. In Wirklichkeit sind die Erfolge der diskontinuierlichen Sterilisierung unsicher, da die Sporenkeimung sehr unregelmäßig erfolgt. Man wird meist mit der **einmaligen** Sterilisierung ebensoweit kommen. Man kann auch durch einmalige Sterilisierung oft zum Ziele gelangen, wenn man dafür sorgt, daß die Stoffe möglichst sauber und keimarm gewonnen und mit größter Sorgfalt weiter verarbeitet werden.

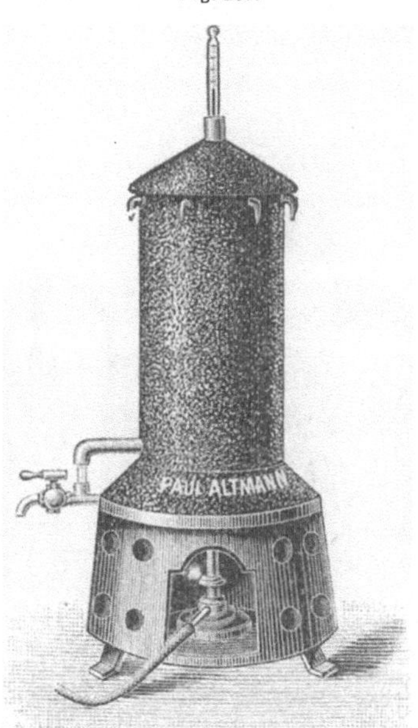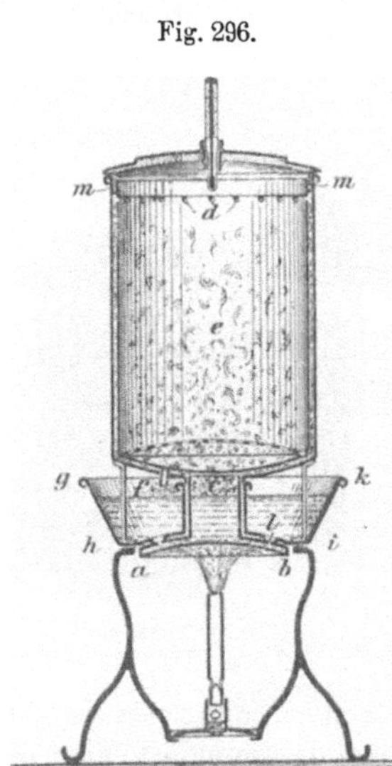

Fig. 295.

Kochscher Dampftopf in verbesserter Form.

Fig. 296.

Dampftopf nach System Budenberg.

Die **Sterilisierung mit gespanntem Dampf** führt überall zum Ziele, wo Veränderungen der sterilisierten Stoffe durch die hohen Temperaturen nicht zu befürchten sind. Es genügt im allgemeinen eine $\frac{1}{2}$stündige Erhitzung auf etwa 112° (1,5 Atmosphären), eine 20 Minuten lange auf etwa 120° (2 Atmosphären), um auch die widerstandsfähigsten Sporen in nicht zu großen Flüssigkeitsmengen sicher zu töten. Für die Sterilisierung mit gespanntem Dampf benutzt man **Autoklaven** nach Art der S. 440 abgebildeten Einrichtung, durchweg nur von größerem Inhalt und mit mehr Etagen. Die Autoklaven werden jetzt von allen Firmen für Laboratoriumsbedarf geliefert.

Der **Autoklav** besteht aus dem Kochgefäß und Deckel, der durch einen Bügel vollkommen dampfdicht aufgedrückt wird. Das Manometer besitzt eine automatische Regelungsvorrichtung zur Gaszufuhr, so daß nach der Einstellung eines Zeigers auf den gewünschten Druck keine weitere Kontrolle nötig ist. Zu beachten ist, daß der Kochtopf genug Wasser enthält und daß das Auspuffventil erst geschlossen wird, wenn sämtliche Luft aus dem Apparat ausgetrieben ist, was sich durch einen Dampfstrom kundgibt, der durch Luftblasen nicht unterbrochen wird. Ein Sicherheitsventil im Deckel schließt die Überhitzung auch beim Versagen der automatischen Gaszufuhr aus. Nach dem Sterilisieren läßt man den Autoklaven abkühlen, bis der Überdruck verschwunden ist. Bei früherem Öffnen würden die Flüssigkeiten infolge der Überhitzung aus den Gefäßen herausschäumen. Da beim Anwärmen des Autoklaven zunächst Kondenswasser vom Deckel und den Wänden herabrinnt, so sollen die Wattestopfen der Gefäße die Wandung des Autoklaven nicht berühren. Auch kann man die Stopfen durch Glaskappen schützen, die später den Staub fernhalten. Sowohl für die Autoklaven wie für gewöhnliche Dampftöpfe werden von den Firmen Einsatzeimer aus Drahtgeflecht (Fig. 297 und 298) geliefert, die man nach dem Sterilisieren mit dem Inhalt herausnimmt. Auch einzelne Gegenstände (Röhrchen, einzelne Kulturen) bringt man vorteilhaft in Drahtgeflechtkörben verschiedener Größe in die Sterilisierapparate.

Chemikalien werden bei mykologischen Arbeiten seltener zum Sterilisieren benutzt. Für Metallgeräte, wie Nadeln u. a., die dem Erhitzen nicht ausgesetzt werden dürfen, um die Oberfläche nicht rauh zu machen, empfiehlt O. Brefeld Eintauchen in Alkohol. Auch größere Deckgläser, die beim Erhitzen springen würden, kann man durch Einlegen in Alkohol sterilisieren, den man dann über der Flamme verdunsten läßt. Sollen größere Gefäße, die das Erhitzen nicht vertragen, sterilisiert werden, so spült man sie nach gründlicher mechanischer Reinigung mit wässeriger Sublimatlösung (1 : 1000) oder 1proz. Formaldehydlösung (das Formalin des Handels enthält etwa 40% Formaldehyd) oder mit 3proz. Wasserstoffsuperoxyd längere Zeit aus und spült dann mehrere Male mit sterilisiertem Wasser nach.

Fig. 299.

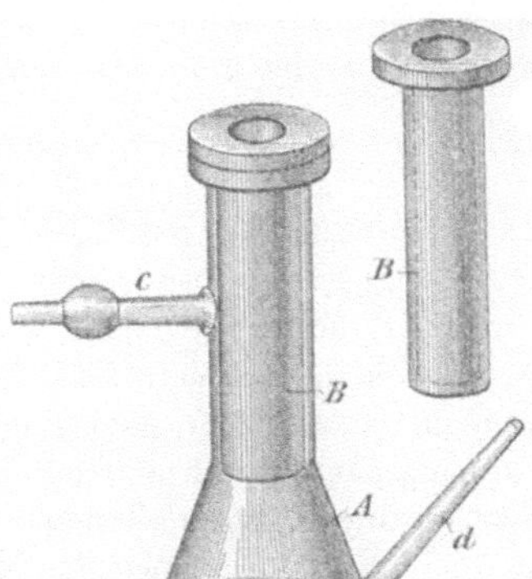

Fig. 297 und 298.

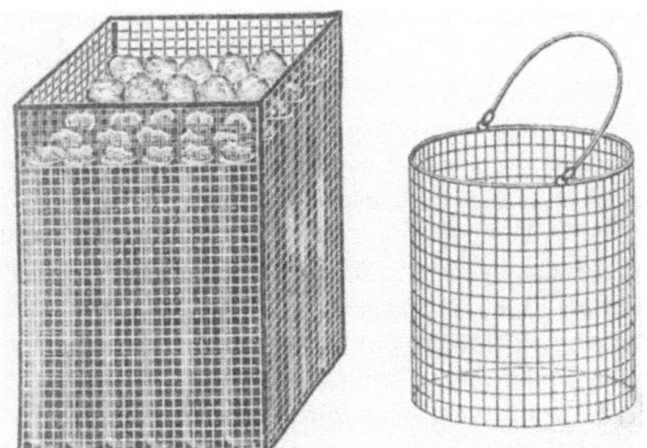

Drahtkörbe zum Einsetzen in Dampfsterilisierapparate.

Filtrierapparat nach Reichel. *B* Tonkerze, die mit glattgeschliffenem Rand auf dem ebenfalls geschliffenen Rand des Glasgefäßes *A* aufliegt. *c* Ansatz für die Saugpumpe, *d* Ausguß für das Filtrat. Der ganze Apparat kann im Zusammenhang sterilisiert werden.

Chemikalien kommen auch bei der Sterilisierung der Oberfläche fester Stoffe in Betracht, deren innere Teile auf Keime untersucht werden sollen. In diesen Fällen hat der chemischen Sterilisierung die gründlichste mechanische Reinigung mit fließendem Wasser und der Bürste voranzugehen, um möglichst viele Keime zu entfernen. Sämereien müssen wiederholt mit fließendem Wasser abgespült werden. Dann werden die Gegenstände eine halbe bis eine Stunde in Sublimat (1⁰/₀₀) oder Formaldehydlösung (1%) gelegt und darauf mit sterilisiertem Wasser mehrmals abgewaschen. Auch für die Abtötung der Keime in Kulturen, in denen man Enzyme wirksam erhalten will, eignen sich manche Chemikalien. Hier ist besonders das Chloroform zu empfehlen, das man in der Weise anwendet, daß man die Kultur mit einigen Tropfen desselben tüchtig durchschüttelt. Auch Sublimat und Formalin eignen sich für diesen Zweck, schädigen aber im allgemeinen Enzyme leichter als Chloroform.

Durch Filtration sterilisiert man nur flüssige Nährböden, die durch andere Verfahren, besonders durch Erwärmen, chemisch zu sehr verändert werden (z. B. Serum) oder flüssige Kulturen, in denen man die Bakterienleiber von Exkreten oder Sekreten, besonders Enzymen oder Toxinen trennen will. Als Filter werden vorzugsweise die Filterkerzen, d. h. an einer Seite geschlossene Zylinder aus gebranntem Ton (Pasteur-Chamberland-Filter) oder gepreßter Kieselgur (Berkefeld-Filter) verwendet. Die Flüssigkeit wird durch diese Kerzen unter erhöhtem oder vermindertem Druck gepreßt oder gesaugt (Fig. 299). Jede Filterkerze wird vor der Ingebrauchnahme auf etwaige Risse in der Weise geprüft, daß man sie in Wasser stellt und Luft hineinpreßt. Es darf dann nirgends ein Luftstrom aufsteigen. Die ersten durch ein Filter gehenden Teile der Flüssigkeit sind stets keimhaltig, bei längerer Dauer der Filtration zuweilen auch die letzten, weil inzwischen Bakterien durch die Filterporen hindurchwachsen können. Zu beachten ist ferner, daß die Filtermassen auch Eiweiß und eiweißartige Stoffe (Enzyme, Toxine) leicht in größerer Menge zurückhalten, so daß das Filtrat von ihnen weniger enthält als die ursprüngliche Flüssigkeit.

Nach dem Gebrauch müssen die Kerzen zunächst durch Abbürsten, dann durch Erhitzen im Dampftopf sterilisiert werden. Asbestfilter sind neuerdings von Heim vorgeschlagen worden. Eine mehr oder minder ausreichende Entkeimung von Kulturen ist durch Schütteln mit etwas geglühter Kieselgur zu erreichen.

Will man die Bakterienleiber gewinnen, so kann man sie, wie wohl zuerst M. Rubner empfohlen hat, durch Erzeugung voluminöser, schwammiger Niederschläge in der Kulturflüssigkeit mit diesen niederschlagen. Für diese Zwecke eignen sich Eisen- und Aluminiumacetat, aus deren Lösungen beim Kochen die entsprechenden Hydroxyde ausfallen.

V. Die Reinzüchtung der Pilze.

Die Grundlage zur Erforschung der Eigenschaften eines Pilzes ist die Herstellung einer Reinkultur desselben. Unter einer solchen versteht man die Anhäufung zahlreicher Individuen einer Art unter völligem Ausschluß solcher einer zweiten Art. Erst mit solchen Reinkulturen können sichere Erfahrungen über das physiologische Verhalten einer Art gewonnen werden. Auch für morphologische und entwicklungsgeschichtliche Untersuchungen dienen als Ausgangspunkt die absoluten Reinkulturen. Nur wenn das Ausgangsmaterial relativ rein ist und aus großen Formen besteht, die in ihnen besonders zusagenden Nährsubstraten gezüchtet werden, kann bei entwicklungsgeschichtlichen Untersuchungen unter Umständen von der Herstellung der absoluten Reinkultur abgesehen werden. Die Reinkultur kann im idealen Falle ihren Ausgang von einem Individuum (d. h. im vorliegenden Falle von einer Zelle) genommen haben; in diesem Falle spricht man von einer Einzellkultur. Sie kann aber auch von mehreren Individuen abstammen. Die zahlreichen Verfahren, die zur Herstellung von Reinkulturen dienen, lassen sich auf zwei Hauptverfahren zurückführen, auf das Verdünnungs- und das Anreicherungsverfahren. Ersteres ist ein mechanisches, letzteres ein physiologisches Verfahren. Häufig werden beide kombiniert angewendet.

A. Die Verdünnungsverfahren.

1. Das Hansensche Verfahren mit flüssigen Nährböden.

Bei den Verdünnungsverfahren mit flüssigen Nährböden verfährt man in der Weise, daß man ein Keimgemisch in einer Flüssigkeit so verteilt, daß möglichst alle Zellen vereinzelt sind, und die Flüssigkeit so weit verdünnt, daß in einer kleinen Menge, z. B. 1 ccm, höchstens noch ein Keim vorhanden ist. Überträgt man nun mehrere Male je 1 ccm in neue sterilisierte Nährlösung, so wird man in einzelnen dieser Impfungen noch Wachstum eintreten sehen, in anderen nicht. Dieses Verfahren verlangt natürlich eine genaue Kenntnis der in dem Ausgangsgemisch vorhandenen Keimzahl. Es eignet sich daher nur für größere Organismen wie Hefen und größere Pilzsporen. In eine brauchbare Form ist es für Hefen von Chr. Hansen gebracht worden. Hansen schwemmte Hefe in sterilisiertem Wasser auf und verteilte sie vollständig durch Schütteln. Darauf bestimmte er durch Zählung unter dem Mikroskop mittels quadrierter Deckgläser die Zahl der Hefenzellen in einem Tropfen bestimmter Größe und verdünnte nun so stark, daß höchstens jedes zweite Tröpfchen eine Zelle enthielt. Darauf wurden mehrere Kolben mit sterilisierter Würze mit je einem Tröpfchen geimpft, kräftig geschüttelt und dann ruhig hingestellt. Die Zellen sanken zu Boden und aus jeder entstand dort ein Flecken. Nur Kolben mit einem Hefenflecken waren voraussichtlich mit einer Zelle geimpft worden.

Nach diesem Verfahren hat Hansen die ersten Reinzuchten verschiedener Saccharomyceten hergestellt. Dieses Verdünnungsverfahren nach Hansen wird heutzutage kaum noch angewendet, da es umständlich ist und die Sicherheit vermissen läßt.

2. Die Lindnersche Tröpfchenkultur.

Diese ist eine Verbesserung des Verdünnungsverfahrens, die es gestattet, mit absoluter Sicherheit Reinkulturen in Flüssigkeiten herzustellen, die aus einer Zelle entstanden sind. Nach P. Lindner verdünnt man eine Keimemulsion so weit mit geeigneter Nährflüssigkeit, daß ein Tröpfchen im Durchschnitt nur eine Zelle enthält. Dann zieht man um den Rand der Höhlung eines über der Bunsen-Flamme erhitzten (flambierten), noch warmen hohlen Objektträgers mittels eines Pinsels einen Ring von etwas erweichter Vaseline und legt ein flambiertes Deckglas darauf. Hierauf wird mittels einer durch Erwärmen über der Flamme (nicht Glühen!) sterilisierten Zeichenfeder, die mit Draht an einem Glasstab befestigt ist, eine größere Zahl Tröpfchen reihenweise auf das Deckglas innerhalb des Vaselineringes aufgetragen (Fig. 300) und dieses wieder auf den Vaselinering gelegt und sorgfältig angedrückt, so daß er schließt. Die Deckgläser sollen etwas fettig sein. Sie sollen daher mit den Fingern erst unter Wasser, dann unter 96 proz. Alkohol gereinigt, mit einem Leinwandlappen abgerieben und flambiert werden. Statt der Tröpfchen können auch kurze Striche gezogen

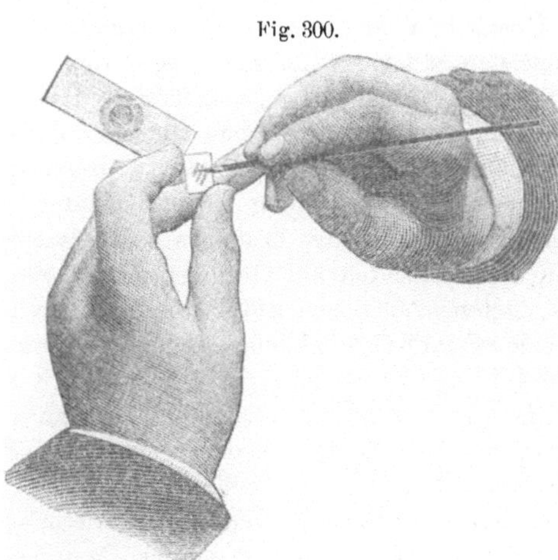

Fig. 300.

Anlage einer Tröpfchenkultur. Ansicht von oben. Der Objektträger ist auf dem Tisch liegend zu denken (nach Lindner).

Fig. 301.

Tröpfchenkultur. Die Nährlösung ist gleichmäßig in dünnen Strichen aufgetragen (nach Lindner).

werden (Fig. 301). Beim Durchsuchen der Tröpfchen wird man mehrere mit einer Zelle finden. Diese markiert man durch zwei mittels der Zeichenfeder unter mikroskopischer Kontrolle neben sie gesetzte Tintenpunkte. Die Tinte soll dickflüssig sein. Nachdem sich die Zelle etwas vermehrt hat, taucht man mit einer geglühten Pinzette ein Stückchen im Trockenschrank bei 150° sterilisierten Fließpapiers in das Tröpfchen und überträgt das Papier in ein Röhrchen mit Nährboden. Oder man entnimmt mit einem Stückchen Platindraht, das man mit einer kleinen sterilisierten Pinzette hält, ein Bröckchen sterilisierter Gelatine, betupft damit das Tröpfchen und überträgt die Gelatine in frischen Nährboden. Das Lindnersche Verfahren eignet sich recht gut für größere Zellen, weniger für Bakterien, da hier die mikroskopische Kontrolle sehr schwer wird.

3. Die Tuschepunktkultur nach Burri.

Für die Herstellung von Einzellkulturen von Bakterien hat neuerdings Burri[1]) ein Verfahren, die „Tuschepunktkultur", angegeben. Mit Wasser verdünnte (1 : 10) käufliche Tusche

---

[1]) Centralblatt f. Bakter. II. Abt., 1908, **20**, 95. Neuerdings beschreibt Burri sein sehr aussichtsvolles Verfahren in einer besonderen Schrift „Das Tuschverfahren" Jena 1909.

wird zu 5 oder 10 ccm in Reagensgläsern im Autoklaven sterilisiert, mit dem Bakterienmaterial geimpft, so daß ein Tröpfchen von 0,1—0,2 mm Durchmesser durchschnittlich nur noch einen Keim enthält. Die Tröpfchen werden mittels einer flambierten Zeichenfeder auf eine Schicht frisch erstarrter Nährgelatine gruppenweis aufgetragen und nach dem Eintrocknen mit einem flambierten Deckglas bedeckt. Man untersucht nun die Tröpfchen mit starken Systemen. Tröpfchen mit einem Keim kann man, wenn die Art auf Gelatine wächst, mit dem Deckglas bedeckt liegen lassen und nach Entwicklung zur Kolonie abimpfen. Für Züchtungen bei höheren Temperaturen überträgt man das Deckglas, an dem der Tuschetropfen hängen bleibt, auf eine etwas abgetrocknete Agarfläche. Flüssige Kulturen kann man in der Weise anlegen, daß man auf den betr. Tuschefleck ein Tröpfchen Nährflüssigkeit bringt und das Deckglas auf den Hohlschliff eines hohlen Objektträgers kittet.

Ein anderes Verfahren zur Bakterien-Einzellkultur hat Schouten[1]) angegeben.

4. Das Plattenkulturverfahren.

Alle diese Einzellverfahren sind für gewisse Untersuchungen besonders physiologischer Art sehr wichtig. Sie geben aber keine schnelle Übersicht über die Zusammensetzung eines Keimgemisches. Man verfährt daher jetzt in den meisten Fällen zur Reinzüchtung sowohl von Bakterien wie von Eumyceten nach einem von Schröter angebahnten, von Robert Koch in eine brauchbare, handliche Form umgearbeiteten Verfahren, bei dem man ebenfalls eine starke Verdünnung der Keime in Wasser oder entsprechenden Flüssigkeiten vornimmt, von der Bestimmung der Zahl aber absieht und die getrennte Entwicklung der Keime dadurch gewährleistet, daß man die keimhaltige Flüssigkeit in nährstoffhaltige Lösungen von Gelatine oder anderen Gallerten überträgt, die man in dünnen Schichten auf Glasplatten erstarren läßt. Die aus jeder Zelle durch die Vermehrung entstehenden neuen Individuen sind durch die Gelatine am Ort fixiert und erzeugen deshalb eine allmählich mit bloßem Auge erkennbare Kolonie von oft typischer Gestalt.

Dieses Plattenkulturverfahren gibt also im Gegensatz zum Hansenschen einen Überblick über die Zusammensetzung eines Keimgemisches. Freilich bietet es ebensowenig wie das Hansensche eine Garantie dafür, daß jede Kolonie aus einer Zelle entstanden ist. Doch ist der Prozentsatz der Mischkolonien nach Hansens Untersuchungen nicht sehr erheblich, und man kann durch Wiederholung der Reinzüchtung mit dem vorgereinigten Material des ersten Versuches leicht zur absoluten Reinzucht gelangen.

Das Plattenkulturverfahren wird jetzt in der verschiedensten Weise ausgeführt; die wichtigsten Formen desselben sollen in folgendem beschrieben werden.

α) *Die Kochsche Plattenkultur.* Diese Form des Plattenkulturverfahrens ist die im allgemeinen gebräuchliche und reicht für die Mehrzahl der Fälle aus. Das Verfahren wird in folgender Weise ausgeführt:

Das zu untersuchende Pilzgemisch wird mit sterilisiertem Leitungswasser verdünnt (destilliertes Wasser wirkt unter Umständen tötend auf die Organismen). Darauf verflüssigt man die Röhrchen mit Nährgelatine (vgl. S. 645) bei etwa 30°, läßt sie auf 25° abkühlen und impft in das eine mit einer abgebrannten kleinen Platinöse ein Tröpfchen des Keimgemisches. Man dreht zu diesem Zwecke den Wattestöpsel aus dem Glase heraus, faßt ihn sorgfältig mit den Fingern an dem nicht in das Röhrchen gehörenden Teil, brennt den Rand des Röhrchens ab, um etwaige Wattereste zu entfernen und impft. Dabei wird das Röhrchen möglichst wagerecht gehalten, um Luftinfektion zu vermeiden. Ist der Nährboden vor längerer Zeit abgezogen und längere Zeit in den Röhrchen aufbewahrt worden, so brennt man den Wattestopfen, ehe man ihn aus dem Röhrchen zieht, ab, um daraufsitzende Keime zu töten. Nach der Impfung wird das Röhrchen sofort mit dem Wattestopfen verschlossen, dann der Platindraht abgebrannt. Darauf mischt man den Inhalt des geimpften Röhrchens durch vorsichtiges Drehen um die

---

[1]) Zeitschr. f. wissenschaftl. Mikroskopie 1905, **22**, 10.

Längsachse und öfteres Auf- und Abwärtsbewegen. Durchaus zu vermeiden sind Schütteln und andere hastige Bewegungen, die in der Gelatine Luftblasen hervorrufen. Ferner darf die Gelatine beim Mischen nicht in den Wattestopfen laufen.

Hat man, wie dies meist der Fall sein wird, die Verdünnung des Keimgemisches nach Schätzung hergestellt, so wird man damit rechnen müssen, daß die Keimzahl so groß ist, daß bei späterer Entwicklung die einzelnen Kolonien ineinander wachsen. Man sichert sich deshalb, indem man von dem geimpften Röhrchen, dem Original, Verdünnungen anlegt, indem man aus dem gut gemischten Original einige größere Platinösen voll Material (etwa 10) in ein zweites Röhrchen (erste Verdünnung), aus diesem wieder nach gutem Mischen 10—12 Ösen in ein drittes Röhrchen (zweite Verdünnung) überträgt. Der Anfänger kann sicherheitshalber auch noch eine dritte Verdünnung anlegen. Bei der Impfung der Verdünnungen empfiehlt sich folgendes Verfahren: Das Röhrchen, von dem abgeimpft werden soll, wird zwischen

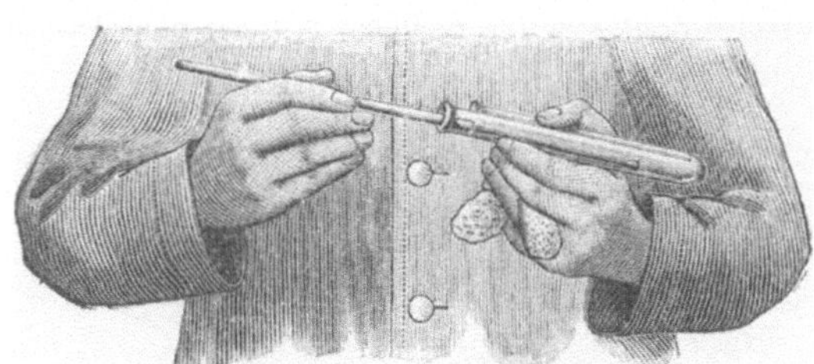

Fig. 302.

Anlegen von Verdünnungen für Gelatineplatten.

Daumen und Zeigefinger der linken Hand, und zwar in die Ecke gelegt, das zu impfende daneben. Die Röhrchen sind wieder möglichst horizontal zu halten. Der Wattestopfen des zu impfenden Röhrchens kommt unter den obenerwähnten Vorsichtsmaßregeln zwischen Zeige- und Mittelfinger, der des Abimpflings zwischen Mittel- und Ringfinger der linken Hand. (Fig. 302.)

Nach beendigter Impfung und Mischung wird die Gelatine nunmehr auf Glasplatten in dünner Schicht ausgegossen und dort erstarren gelassen. Man benutzte früher allgemein und jetzt auch noch dann und wann

Fig. 303.

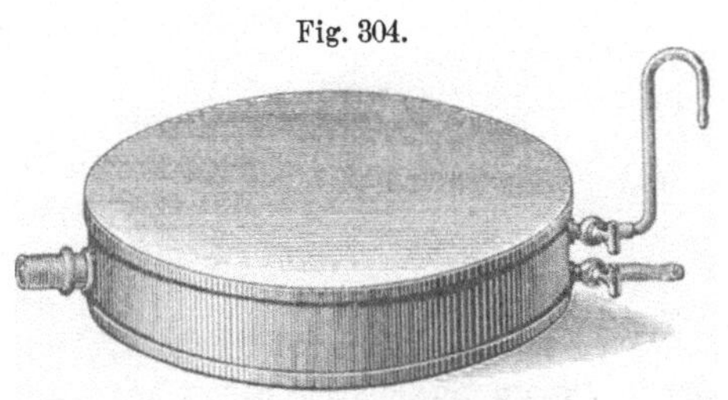

Fig. 304.

Plattengießapparate aus Glas und Metall für Eis- und Wasserkühlung.

dazu viereckige Glasplatten aus Fensterglas, die auf einem durch fließendes Wasser oder (im Sommer) Eis gekühlten, genau horizontal eingestellten Metall- oder Glasbehälter (Fig. 303 und 304) liegen und gegen Infektion aus der Luft durch Glasglocken geschützt sind. Man brennt vor dem Ausgießen den Rand des Röhrchens nach Entfernung des Wattestopfens noch einmal einen Augenblick in der Flamme ab, hebt nun die Glasglocke so weit hoch, daß man bequem arbeiten kann, gießt die Gelatine auf die Mitte der Platte auf und streicht sie mit dem Rand des Röhrchens zu einer gleichmäßigen Platte aus, deren Rand von dem der Glasplatte etwa $1/2$—1 cm entfernt bleibt.

Die Platten bleiben bis zum Erstarren der Gelatine unter der Glocke liegen und werden dann in einer großen Glasdoppelschale (Fig. 306, S. 628) zu 3—6 übereinander auf sterilisierten Bänken aus Glas (Fig. 305) aufbewahrt. Gegen das Austrocknen schützt man die Gelatine durch ein Stück feuchtes Fließpapier, das auf den Boden der Glocke gelegt wird. Die Bezeichnung der Platten bewirkt man auf glatten Papierstücken, die man auf die Glasbänke legt. Sie dürfen diese aber nicht überragen. Statt der Platten aus Fensterglas benutzt man auch solche, auf denen man die Fläche, die die Gelatine einnehmen soll, durch Milchglasstreifen abgetrennt hat.

An Stelle der Glasplatten verwendet man jetzt meist die sogenannten Petrischalen (Fig. 307). Dies sind niedrige Doppelschalen von etwa 9—11 cm Durchmesser (für manche Zwecke werden auch größere Dimensionen gewählt), in deren untere Hälfte die Gelatine gegossen wird. Man braucht in diesem Falle keine feuchten Kammern zur Aufbewahrung, sondern stellt eine größere Zahl von Petrischalen auf einen Teller mit einem Stück feuchten Fließpapiers und

Fig. 305.

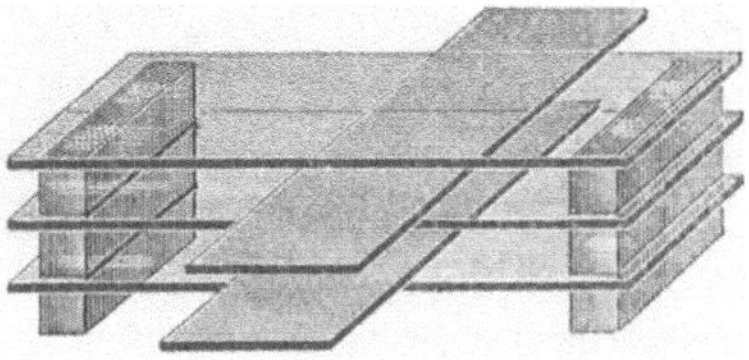

Glasbänke für Gelatineplatten.

Fig. 306.

Feuchte Kammer zur Aufnahme
von Gelatineplatten.

stülpt darüber eine hohe Glocke oder ein größeres Becherglas. Auch ist die Gefahr der Luftverunreinigung gelegentlich der Impfung bei Verwendung der Petrischalen nicht so groß wie bei Glasplatten, wenn man die Schalen nur so weit lüftet, daß man mit der Öffnung des Röhrchens zwischen sie gelangen kann.

Etwas schwieriger gestaltet sich die Herstellung von Nähragarplatten, da die Agarnährböden erst nach längerem Verweilen im kochenden Wasserbad flüssig und schon bei 40° wieder fest werden. Man muß, da Temperaturen über 40° für viele Bakterien schon gefährlich

Fig. 307.

Petrischale.

werden, sehr schnell arbeiten, damit der Nährboden nicht vor dem Ausgießen erstarrt. Agarplatten können nur in Petrischalen angelegt werden, da der Agar nach dem Erstarren Wasser auspreßt, zu dessen Beseitigung eine umgekehrte Aufbewahrung der Platte (Oberfläche nach unten gerichtet) nötig wird. In dieser Lage würden die Platten von Glasplatten abrutschen.

Auf den Platten entwickeln sich nach einigen Tagen mehr oder weniger verschiedenartige Kolonien (Fig. 308). Je nachdem sie auf der Oberfläche oder im Innern der Gelatine liegen, sehen sie auch bei derselben Art verschieden aus. Die Gestalt der innen liegenden Kolonien repräsentiert sich im allgemeinen als Kreis oder Ellipse, während die Oberflächenkolonien meist größer und an Gestalt mannigfaltiger sind. Bei höheren Pilzen kommen meist nur solche in Frage.

Die Platten werden zunächst behufs vorläufiger Feststellung der Zahl und Häufigkeit der Arten mit schwacher Vergrößerung besichtigt. Bei Petrischalen kann man, um Luftverunreinigung zu vermeiden, in den geschlossenen Schalen die Besichtigung von der Unterseite her vornehmen. Man beginnt diese Untersuchung stets mit dem Original, da man auf dieser stärkst bewachsenen Platte auch in geringer Zahl vorhandene Arten auffinden kann, die vielleicht in den Verdünnungen fehlen, und geht dann zu diesen über. Darauf schreitet man zum Abstechen der Kolonien, wozu eine spärlicher bewachsene Platte benutzt wird. Man sucht eine gut ausgebildete, möglichst weit von anderen liegende Kolonie auf und untersucht zuzunächst mit schwacher Vergrößerung auf das sorgfältigste, ob die Kolonie tatsächlich rein ist und nicht etwa eine kleinere fremde einschließt. Dabei muß man beachten, daß Oberflächenkolonien, die sich aus einem dicht unter der Gelatineoberfläche liegenden Keim gebildet haben, in der Mitte meist die kleine kreisrunde Innenkolonie, die sich später beim Durchbruch an die Oberfläche zur Oberflächenkolonie entwickelte, zeigen.

Ist die Platte sehr spärlich bewachsen, so kann man nunmehr unter Beobachtung mit der Lupe mittels eines abgeglühten Platindrahtes den Rand der Kolonie betupfen und die geringe Keimmenge, die an der Drahtspitze hängen bleibt, auf sterilen Nährböden in einem Reagensglas übertragen. Je nach der Konsistenz der Kolonie wird man zuweilen das Drahtende besser zu einem kleinen Spatel hämmern oder zu einem Haken umgestalten.

Ist die Platte dichter bewachsen, so muß das Abstechen unter Kontrolle mit dem Mikroskop erfolgen. Man stellt zu diesem Zwecke eine möglichst freiliegende Kolonie mit dem schwächsten Objektiv so ein, daß der Rand der Petrischale beim Arbeiten zwischen Objektiv

Fig. 308.

Dicht besäte Kulturplatte nach Ohlmüller.

und Platte möglichst wenig hindert. Darauf führt man den Platindraht, dessen Spitze man vorteilhaft ein wenig nach unten gebogen hat, zwischen Objektiv und Platte, ohne diese zu berühren, indem man gleichzeitig ins Mikroskop sieht, bis die Spitze im Gesichtsfelde erscheint. Nun tupft man wieder an den Kolonienrand und verfährt im übrigen wie oben. Kommt man mit dem Draht unbeabsichtigt an die Platte, so muß er sofort wieder abgeglüht werden. Die Führung des Drahtes kann man erheblich sicherer gestalten, wenn man den kleinen Finger der rechten Hand auf den Objekttisch stützt.

Die abgeimpften Keime streicht man mit der Nadel gewöhnlich auf eine Fläche sterilisierten Nährbodens zu einer Strichkultur aus; seltener sticht man mit der Nadel in festen Nährboden (Stichkultur) oder überträgt in flüssige Nährböden (vgl. S. 660 u. 661). Die so erzeugten Reinkulturen müssen dann mikroskopisch und wenn nötig durch nochmalige Plattenkultur auf ihre Reinheit geprüft werden. Unangenehme Störungen rufen auf den Platten zuweilen Arten hervor, die die Gelatine schnell peptonisieren, so daß die

Platte zerläuft, ehe man langsamer wachsende Arten abstechen kann. Auch Schimmelpilze überwuchern zuweilen die Platten sehr schnell. Der peptonisierenden Kolonien kann man sich nach Hiltner[1]) dadurch erwehren, daß man sie zeitig mit einem Höllensteinstift betupft. Für Schimmelpilze empfiehlt Klöcker Bedeckung der Kolonie mit etwas größeren Stücken längere Zeit in 10proz. alkoholischer Lösung von Salicylsäure aufbewahrten Fließpapiers. Auch in diesem Falle ist die Bekämpfung schon bei den jungen Kolonien vorzunehmen.

β) Die Oberflächenkultur. Da das Abstechen der Innenkolonien auf den üblichen Gußplatten manchmal einige Schwierigkeiten bereitet, auch die Oberflächenkolonien meist kennzeichnender sind, so ist von verschiedener Seite vorgeschlagen worden, nur die Oberfläche erstarrter Platten zu impfen. Die Keime werden in sterilisiertem Wasser aufgeschwemmt und nun mittels eines Pinsels aus feinem Platindraht, oder eines gewöhnlichen Tuschpinsels, der durch Eintauchen in kochendes Wasser sterilisiert wurde, oder eines am Ende rechtwinklig gebogenen sterilisierten Glasstabes oder eines Zerstäubers auf die Oberfläche verteilt. Bestreicht man mit einer Füllung des Pinsels oder des Glasstabes mehrere Platten nacheinander, so erhält man auch immer stärkere Verdünnungen. Man kann auch (nach Lindners Vorschlag) so verfahren, daß man auf einer Platte Streifen mit immer stärkeren Verdünnungen der Keimemulsion anlegt, wodurch man an Material und Raum spart (Fig. 309).

Fig. 309.

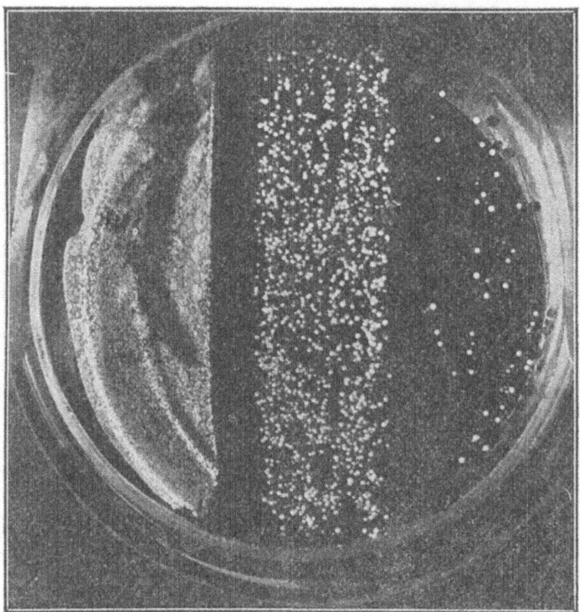

Pinselstrichkultur von einer Preßhefe. Drei verschiedene Verdünnungen auf derselben Gelatineplatte nach Lindner. (Nat. Größe.)

γ) Die Rollkultur. Alle bisher beschriebenen Verfahren leiden an der leichten Möglichkeit spontaner Infektion durch Luftkeime. Für die meisten Zwecke spielt diese Infektion keine große Rolle. Kommt es aber darauf an, wenige Keime in einem Medium oder gar die Keimfreiheit desselben nachzuweisen, so verwendet man besser das von Esmarch eingeführte Verfahren der Rollkulturen. Dieses Verfahren weicht nur insofern von dem gewöhnlichen Plattenkulturverfahren ab, als die Gelatine nach der Impfung nicht auf eine Platte ausgegossen, sondern an der Wandung des Röhrchens zum Erstarren gebracht wird, so daß also eine Rollplatte entsteht. Man verwendet in diesem Falle vorteilhaft etwas längere und weitere Reagensgläser und etwas weniger Gelatine. Nach der Impfung kühlt man die Gelatine fast bis auf den Erstarrungspunkt ab und dreht nun das Röhrchen in horizontaler Haltung um seine Längsachse unter dem Wasserleitungsstrahl, bis die Gelatine in dünner Schicht auf der Innenwand erstarrt ist. Dabei darf weder Gelatine noch Wasser in den Wattestopfen laufen. Steht

---

[1]) Arbeiten a. d. Kaiserl. Gesundheitsamte, Biolog. Abt., 1903, **3**, 445.

kein fließendes Wasser zur Verfügung, so muß man wiederholt in Wasser abkühlen und in der Luft ausrollen. An kühlen Tagen kommt man im Freien auch wohl ohne Wasserkühlung aus. Die Nachteile dieses Verfahrens sind folgende: Es ist nicht so leicht, aus einer Rollkultur eine Kolonie abzustechen. Zur bequemeren Handhabung der Rollröhrchen unter dem Mikroskop und der Lupe sind daher besondere Apparate eingerichtet worden. Ferner wirken peptonisierende Kolonien störender als auf Platten, da die verflüssigte Gelatine bald das ganze Röhrchen verdirbt. Statt der Reagensgläser kann man nach Lindners Vorschlag auch größere Standzylinder benutzen. Auch sonst ist natürlich jedes Gefäß, z. B. Medizinflaschen, Rundkolben, Erlenmeyer-Kolben, brauchbar. Im Handel sind von Petruschky zuerst angegebene flache Flaschen zu haben, die sowohl die Anlage ebener Platten, als auch von Rollplatten gestatten und die Luftinfektion ausschließen (Fig. 310).

δ) Das Hansensche Einzell-Verfahren. Alle bisher beschriebenen Abarten des Kochschen Verfahrens bieten keine Sicherheit dafür, daß eine Kolonie aus einer Zelle entstanden ist. Für kleinere Organismen, wie Bakterien, ist in dieser Beziehung auch nur in selteneren Fällen Sicherheit zu schaffen. Dagegen hat Hansen für größere Zellen (Hefen, Pilzsporen) mit Erfolg ein jetzt allgemein angewendetes Verfahren ausgearbeitet, bei dem die Entwickelung der Kolonien aus einer Zelle in einer entsprechend dünnen Gelatineplatte auf einem Deckglase in einer kleinen feuchten Kammer mikroskopisch verfolgt werden kann. Solche feuchte Kammern sind in verschiedenen Formen im Handel, die je nach dem Zweck verschieden geeignet sind. Die einfachsten dieser Kammern sind die schon öfter genannten hohlen Objektträger. Häufiger benutzt man die Böttchersche feuchte Kammer (Fig. 311). Diese besteht aus einem großen Objektträger und einem Glasring, der auf ersteren mit einem Gemisch von Wachs und wenig Terpentin, Canadabalsam oder Vaseline gekittet wird. Benutzt man Balsam, so müssen die Kammern einige Tage zum Ausdunsten stehen bleiben. Auf die andere Seite des Ringes wird ein Deckglas mit Vaseline befestigt. Man kann auch das Deckglas an den

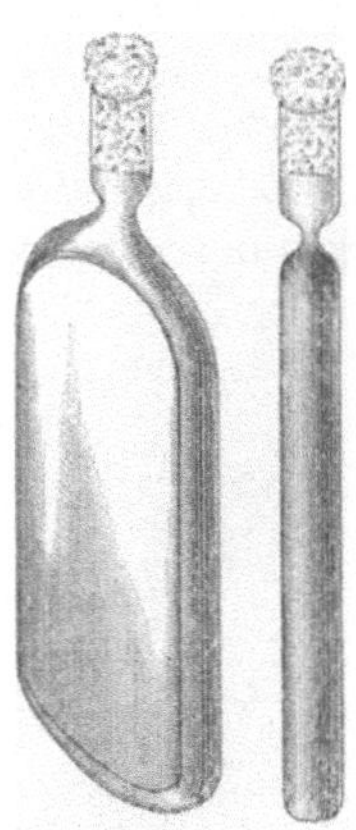

Fig. 310.

Kulturflasche nach Petruschky.

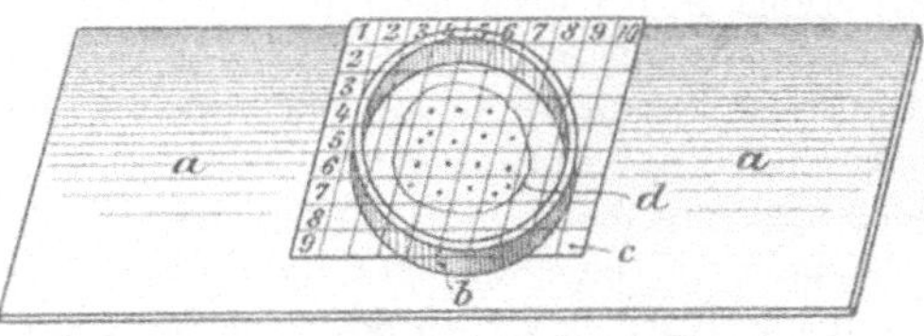

Fig. 311.

Feuchte Kammer nach Böttcher mit geteiltem Deckglas nach Will.
a Objektträger, *b* Glasring, *c* Deckglas, *d* Nährgelatine auf der Unterseite des Deckglases.

Fig. 312.

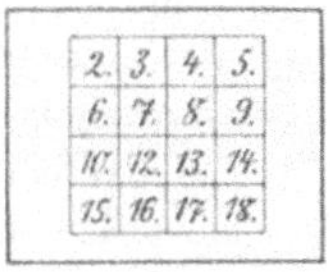

2.	3.	4.	5.
6.	7.	8.	9.
10.	12.	13.	14.
15.	16.	17.	18.

Geteiltes Deckglas nach Jörgensen.

Ring kitten und diesen mit dem Objektträger durch Vaseline verbinden. Die Ringe der Kammern werden mit 18 und 30 mm Durchmesser hergestellt.

Andere feuchte Kammern, die bei entwicklungsgeschichtlichen Untersuchungen verwendet werden, sollen dort beschrieben werden.

Die Deckgläser sind entweder glatt oder durch Ätzung in kleine Quadrate geteilt, deren jedes eine Nummer (nach Jörgensen) enthält oder deren erste obere und erste linke Reihe (nach Will) numeriert sind (Fig. 312).

Hansen verfährt nun in folgender Weise: Das Keimgemisch wird mit Wasser so weit verdünnt, daß ein Tröpfchen etwa 20—30 Zellen enthält, wovon man sich im Anfang durch

Auszählen überzeugen kann. Sodann werden einige Böttchersche Kammern durch Erwärmen über der Flamme sterilisiert, unter einer sterilen Glocke erkalten gelassen und mit einem Tröpfchen sterilen Wassers auf dem Boden versehen. Darauf wird der obere Rand des Ringes mit verflüssigter Vaseline bestrichen. Nun werden die Deckgläser vorsichtig über der Flamme sterilisiert und ebenfalls unter eine Glocke und nach dem Erkalten auf den Vaselinering gelegt. Darauf verflüssigt man ein Gelatineröhrchen, nimmt das Deckgläschen vorsichtig vom Ringe ab, bringt mit einem Glasstab einen Tropfen Gelatine auf die Unterseite des Deckglases, verrührt in ihm ein Tröpfchen der Keimaufschwemmung, streicht das Gemisch zu einer dünnen Platte innerhalb des Vaselineringes aus und drückt das Deckglas wieder fest auf den Vaselinering. Nach dem Erstarren der Gelatine müssen gut isolierte Zellen aufgesucht und markiert werden. Man durchsucht die Gelatineschicht sorgfältig in allen Tiefen mit 250—300facher Vergrößerung und markiert einzelne, gut isolierte Zellen. Für glatte Deckgläser kommt die Markierung mittels eines Objektmarkierers von Klönne und Müller (Fig. 313) oder einer Zeichenfeder in Betracht. Der Objektmarkierer wird an Stelle des Objektivs, in dessen Zentrum die Zelle genau eingestellt war, an das Mikroskop geschraubt und dann vorsichtig mit seiner Spitze gegen das Deckglas gedrückt. Nach dem Zurückschrauben soll die Zelle innerhalb des gefärbten Kreises liegen. Das Arbeiten mit dem Objektmarkierer ist nicht leicht und die Erfolge entsprechen nicht immer der aufgewendeten Mühe. Einfacher ist die Markierung mit der Zeichenfeder. Man benutzt eine etwas dickflüssige Tinte und macht mit einer feinen Zeichenfeder unter mikroskopischer Kontrolle neben die Zelle einen Punkt auf das Deckglas. Man kann natürlich, wenn man einen verstellbaren Objekttisch mit Skalen hat, auch diese zur Markierung einer Zelle benutzen. Einfacher ist die Markierung auf eingeteilten Deckgläsern.

Fig. 313.

Objektmarkierer nach Klönne und Müller.

Auf Deckgläsern nach Will merkt man die Zahlen der betr. Ordinaten- und Abszissenreihe und markiert im übrigen die Lage der einzelnen Zelle in dem betr. Quadrat in einer entsprechenden Zeichnung, gegebenenfalls unter Benutzung zufälliger Einschlüsse. Noch genauer kann die Lage der Zellen in den Quadraten mittels eines Okularnetzmikrometers (vgl. S. 175) festgelegt werden. Auf Deckgläsern nach Jörgensen ist das Quadrat an der eingeätzten Zahl zu erkennen; die Markierung der Zellen in den Quadraten erfolgt in der eben beschriebenen Weise.

Nach der Markierung werden die feuchten Kammern bei 20—30° stehen gelassen. Um das Absetzen von Wassertröpfchen auf dem Deckglas und der Gelatine zu verhüten, empfiehlt es sich, die Kammern in eine feuchte Glocke zu setzen, die etwas wärmer ist als die Außentemperatur. Man kontrolliert nach 24 Stunden nochmals die Lage der Zellen. Nach 3—5 Tagen sticht man die vorher durch einen Tuschepunkt auf dem Deckglase bezeichneten Kolonien mit einem kurzen, von einer Pinzette gehaltenen Platindrähtchen oder einer Glascapillare ab und überträgt sie in Kölbchen mit Würze. Man legt dabei das von dem Ringe abgehobene Deckglas auf eine weiße Unterlage und legt es nach jedesmaligem Abimpfen wieder auf den Ring oder unter eine mit feuchtem Fließpapier ausgekleidete Glocke.

Kombinationen dieser Hansenschen Einzellkultur und der Lindnerschen Tröpfchenkultur sind von Schönfeld sowie Wichmann und Zikes („Tröpfchenplattenverfahren“) vorgeschlagen worden. Das Verfahren von Schönfeld unterscheidet sich von dem Lindners nur durch die Benutzung von Gelatine zur Verdünnung statt Flüssigkeiten. Wichmann und Zikes verteilen verflüssigte Gelatine auf ein quadriertes Deckglas und lassen nach dem Erstarren derselben auf jedes Quadrat ein Tröpfchen Keimemulsion aus einer Capillarpipette fallen. An Einfachheit und Sicherheit sind die Verfahren von Hansen und Lindner diesen Modifikationen aber zweifellos überlegen.

B. Die Anreicherungsverfahren.

Die Anreicherungsverfahren beruhen auf der Begünstigung gewisser physiologischer Eigenschaften eines oder einer Reihe ähnlicher Organismenarten, die dadurch das Übergewicht über andere Arten erhalten. Bringt man von solchen „angereicherten" Kulturen kleine Mengen wiederholt unter dieselben günstigen Bedingungen, so kann man auf diese Weise wohl zu einer Reinkultur eines Organismus gelangen. Immerhin ist die Anwendbarkeit dieses Verfahrens beschränkt. Es verlangt zunächst, daß man die Eigenschaften des betreffenden Organismus genau kennt. Es gibt natürlich auch keinen Überblick über die Zusammensetzung eines Keimgemisches. Besonders erschwerend aber fällt ins Gewicht, daß verschiedenartige Organismen mit ähnlichen physiologischen Eigenschaften sehr wohl in der Konkurrenz nebeneinander bestehen können. Man ist daher von diesem in früheren Zeiten vielfach angewendeten Verfahren („fraktionierte Kultur" nach Klebs, Pasteurs Untersuchungen), soweit es zur Erzielung absoluter Reinkulturen in Betracht kommt, abgegangen. Dagegen spielt das Anreicherungsverfahren jetzt eine große Rolle als vorbereitendes Verfahren. Wo es darauf ankommt, bestimmte nur in geringer Zahl vorhandene oder von andern Arten durch das Plattenkulturverfahren schwer zu trennende Organismen rein zu züchten, leistet das Anreicherungsverfahren (auch „elektive Kultur" oder „Vorkultur" genannt) wertvolle Dienste. Aus den angereicherten Kulturen können dann die gesuchten Arten mittels des Plattenkulturverfahrens leicht rein gezüchtet werden. Die Begünstigung einzelner Arten wird durch Herstellung geeigneter Ernährungs- und Lebensbedingungen erzielt. Besonders Organismen mit ausgesprochenem Gärungsvermögen können durch Einimpfung in einseitig zusammengesetzte Nährlösungen leicht angereichert werden. So wird man, um einige Beispiele anzuführen, Eiweiß zersetzende Arten in zuckerfreien Nährlösungen, die nur Eiweißstoffe enthalten, anreichern, für denitrifizierende Arten nur Salpeter, für Harnstoff vergärende Bakterien nur Harnstoff als Stickstoff bieten, für Milchsäurebakterien Milch oder andere zuckerreiche Lösungen wählen usw. Von großem Einfluß ist ferner die Temperatur, der Zutritt oder Abschluß des Luftsauerstoffes, die Reaktion der Nährlösung. Sollen sporenbildende Arten angereichert werden, so wird die Konkurrenz nicht sporulierender Arten durch Erhitzen des Impfmaterials auf Temperaturen von 70—80° ausgeschaltet. Beispiele für dieses Verfahren werden im besonderen Teile folgen[1]).

Unter Umständen wird man gut tun, die Anreicherung einige Male zu wiederholen, indem man aus der ersten Kultur, sobald sie in voller Gärung ist, ein wenig in frische Nährlösung überträgt und dies, wenn nötig, nochmals wiederholt.

Das Anreicherungsverfahren hat bei der Reinzüchtung einiger sehr schwer rein zu erhaltenden Bakterienarten, wie der Salpeterbakterien, vorzügliche Dienste geleistet.

VI. Die Anwendung der verschiedenen Reinzuchtverfahren.

Die Reinzuchtverfahren eignen sich für die einzelnen Pilzgruppen in verschiedener Weise.

Für höhere Pilze, soweit sie für die Nahrungsmykologie in Betracht kommen, ist sowohl das Kochsche Plattenkulturverfahren, wie das Hansensche Einzell-Verfahren und die Lindnersche Tröpfchenkultur zu gebrauchen, und es wird in erster Linie von der Reinheit des Ausgangsmaterials abhängen, welche man anwendet. Ist das Material sehr unrein, so wird man stets die Kochsche Plattenkultur anwenden müssen. Für Hefenpilze wird man, wenn es sich um Trennung von Hefengemischen handelt, vorteilhaft immer eines der beiden letztgenannten Verfahren verwenden, nur für die Züchtung vereinzelter Hefen aus einem Gemisch überwiegend anderer Pilze muß man auf das Plattenkulturverfahren zurück-

[1]) Eine Zusammenstellung zahlreicher Anhäufungsversuche von Beijerinck bringt Stockhausen: Ökologie, „Anhäufungen" nach Beijerinck. Berlin 1907.

greifen, wenn nötig unter Einschaltung einer Vorkultur in sauren Nährlösungen. Für Bakterien kommt von den Einzelverfahren wohl nur das von Burri in Betracht. Hier ist man in erster Linie auf das Kochsche Plattenkulturverfahren angewiesen. In vielen Fällen wird man vorteilhaft eine Anreicherungskultur vorangehen lassen, in manchen ohne solche überhaupt nicht zum Ziele gelangen.

VII. Verfahren zur Züchtung an der Luft nicht wachsender Pilze.

Das Sauerstoffbedürfnis der Pilze ist bei den einzelnen Arten und innerhalb des Entwickelungskreises einer Art für Sporenkeimung, Wachstum und Sporenbildung verschieden. Diese Verhältnisse finden ihren klarsten Ausdruck in den Kardinalpunkten der Sauerstoffkonzentration. Für Bakterien sind solche Bestimmungen von A. Meyer[1]) und seinen Schülern Wund[2]) und Bredemann[3]) ausgeführt worden. So sind die Kardinalpunkte für die Sporenkeimung bei 20° auf Meyers Glucoseagar:

	Minimum	Optimum	Maximum
Für Bacillus amylobacter. . .	fehlt	unter 276 mg	etwa 25 mg
„ Bacillus asterosporus. . .	fehlt	100 mg	5600 mg
„ Bacillus fusiformis. . . .	6,8 mg	70 „	1061 „
„ Bacillus mycoides	4,3 „	70 „	1336 „
„ Bacillus parvus	3,0 „	276 „	5687 „
„ Bacillus silvaticus	9,4 „	276 „	3002 „
„ Bacillus subtilis	4,3 „	400 „	4317 „
„ Bacillus pumilus. . . .	6,8 „	400 „	1336 „

Die Kardinalpunkte für das Wachstum entsprechen annähernd denen für die Keimung. Für die Sporenbildung wurden folgende Kardinalpunkte gefunden:

	Minimum	Optimum	Maximum
Bacillus asterosporus. . .	fehlt	276 mg	276 mg
Bacillus mycoides	6,8 mg	276 „	1336 „
Bacillus parvus	11,3 „	276 „	1336 „
Bacillus pumilus. . . .	130 „	276 „	801 „

Es gibt also Bakterien, die ihren gesamten Lebensgang unter völligem Ausschluß von Sauerstoff bewerkstelligen können, wie auch Kürsteiner[4]) durch andere sehr geschickte Versuche bewiesen hat, deren Maximum aber zum Teil wesentlich unter, zum Teil wesentlich über dem Sauerstoffgehalt der Luft liegt (276 mg in 1 l). In der Praxis hat man diesem Verhältnis durch verschiedene Gruppierung der Bakterien Rechnung zu tragen versucht. Die in den bakteriologischen Handbüchern am häufigsten anzutreffende ist die von Liborius, die obligate Aerobier, obligate Anaerobier und fakultative Anaerobier unterscheidet, an welcher Einteilung Burri[4]) auch jetzt noch festhält, während Arth. Meyer auf Grund unserer jetzigen Kenntnisse vorschlägt, aerophile (in Luft gedeihende) und aerophobe (niemals in Luft gedeihende) Arten zu unterscheiden. Im übrigen vergleiche man betreffs der theoretischen Seite dieser Frage die angeführte Literatur. Wir halten uns im folgenden aus Zweckmäßigkeitsgründen an die Bezeichnungen von Liborius und bezeichnen als obligate Anaerobier solche, die (unter gewissen Einschränkungen) nicht an der Luft wachsen. Für die Praxis der Reinzüchtung ist aus diesen Untersuchungen das bemerkenswerteste Ergebnis, daß auch die zurzeit bekannten gegen Sauerstoff empfindlichsten Pilze nicht absolut von Sauerstoff befreiter

---

[1]) Centralblatt f. Bakter. I. Abt., Orig., 1909, **49**, 305.

[2]) Ebendort I. Abt., 1906, **42**, 97.

[3]) Ebendort II. Abt., 1908, **22**, 44.

[4]) Ebendort II. Abt. 1907, **17**, 804.

Kulturräume bedürfen und daß es andererseits unter Einhaltung gewisser Maßregeln gelingt, absolut sauerstofffreie Züchtungsverhältnisse herzustellen.

Die Verfahren zur Reinzüchtung der obligaten Anaerobier sind zahllos und werden alljährlich vermehrt, ein Zeichen, daß sie allesamt nicht voll befriedigen. Sie lassen sich auf vier Typen zurückführen, nämlich:

1. Beschränkung des Luftzutritts,
2. Absorption des Sauerstoffs durch chemische Stoffe, oft in Kombination mit sauerstoffverzehrenden Bakterien,
3. Luftverdünnung,
4. Luftverdrängung durch indifferente Gase.

Manche Verfahren stellen auch eine Kombination dieser Typen, besonders von 2. und 3., 3. und 4. dar. Hier können nur die gebräuchlichsten Verfahren besprochen werden.

A. Beschränkung des Luftzutritts. Eines der ältesten brauchbaren Verfahren für feste Nährböden ist das von Liborius angegebene, der Kultur in hoher Schicht. Ein Röhrchen mit gut ausgekochter Gelatine oder Agar wird in der üblichen Weise geimpft, gemischt und es werden die üblichen Verdünnungen hergestellt. Darauf läßt man den Nährboden in den Röhrchen schnell erstarren, gießt eine Schicht flüssigen Nährboden darauf und läßt diesen ebenfalls schnell erstarren. Man kann auch Röhrchen verwenden, die mit der doppelten der sonst üblichen Menge Nährboden gefüllt sind und diese nach der Impfung schnell erstarren lassen, ohne eine Überschichtung vorzunehmen. Stellt man eine genügende Anzahl von Verdünnungen her, so erhält man Röhrchen mit nur wenigen Kolonien, von denen bequem abgeimpft werden kann. Zu diesem Zweck zertrümmert man das Glas vorsichtig am unteren Ende, läßt den Nährstoffzylinder auf eine sterilisierte Glasplatte mit dunkler Unterlage gleiten und zerschneidet ihn mit einem sterilisierten Messer in 1 bis 2 mm dicke Scheibchen, aus denen man bequem die isolierten Kolonien abstechen kann. Die Übertragung erfolgt in Form von Stichkulturen in Röhrchen mit hoher Gelatine- oder Agarschicht.

Das Verfahren der Kultur in hoher Schicht ist von Burri[1]) weiter entwickelt worden. Er benutzt starke Glasröhrchen (Fig. 314) von der Größe gewöhnlicher Reagensgläser, die, beiderseits mit Wattestopfen verschlossen, 2 Stunden bei 160—180° im Lufttrockenschrank sterilisiert werden. Zu diesen Röhren gehören gut passende Kautschukstopfen, die in Wasser bei 125° sterilisiert werden. Man verfährt in folgender Weise: Drei Röhrchen mit 2proz. Glucoseagar werden verflüssigt, ausgekocht und dann in der üblichen Weise als Original und zwei Verdünnungen geimpft. Dann wird der Wattestopfen an dem einen Ende dreier Röhrchen durch einen sterilisierten Kautschukstopfen ersetzt und der geimpfte Nährboden in sie entleert. Die Röhren werden sofort in kaltes Wasser gestellt. Nach genügender Entwickelung der Kolonien im Agar entfernt man den Gummistopfen, läßt den Agarzylinder auf eine Lage sauberes Fließpapier gleiten, trocknet ihn durch langsames Hin- und Herrollen, zerschneidet ihn mittels eines sterilisierten Skalpells in Scheiben von 1—2 mm Dicke und überträgt dieselben in eine auf schwarzer Unterlage stehende sterile Petrischale. Darauf spaltet man das Scheibchen durch einen Schnitt in der Richtung der abzuimpfenden Kolonie, rückt die Teilstücke auseinander, trennt durch einen der Spaltungsfläche parallel geführten Schnitt von dem Scheibenstück ein die Kolonie tragendes

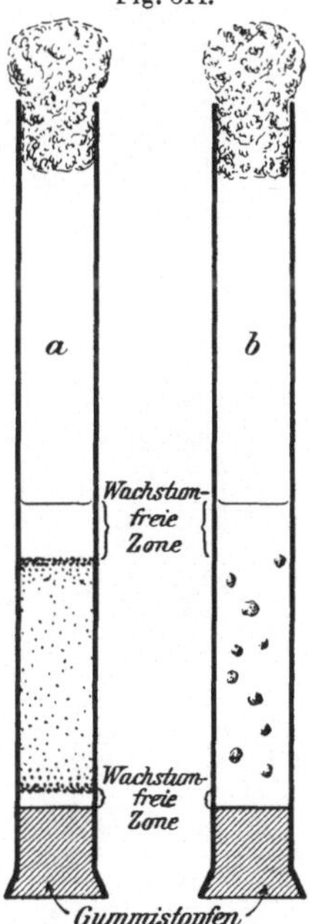

Fig. 314.

Anaerobenkultur nach Burri.
a dicht, b dünn bewachsenes Röhrchen.

---

1) Centralblatt f. Bakter. II. Abt., 1902, **8**, 533.

prismatisches Stück los, legt es so auf den Boden der Petrischale, daß die Fläche mit der Kolonie nach oben kommt, und impft ab.

Bei der Reinzüchtung obligater Anaerobier mittels dieses Verfahrens wird man gut tun, wenn irgend möglich alle **fakultativen anaeroben** und **aeroben** Keime, soweit sie keine Sporen bilden, durch 10 Minuten lange Erwärmung des Impfmaterials auf 70—75° abzutöten, vorausgesetzt, daß die obligaten Anaerobier Sporen gebildet haben. Wo die obligaten Anaerobier in der Minderzahl vorhanden sind, wird man sie meist erst durch eine Anreicherungskultur ver-

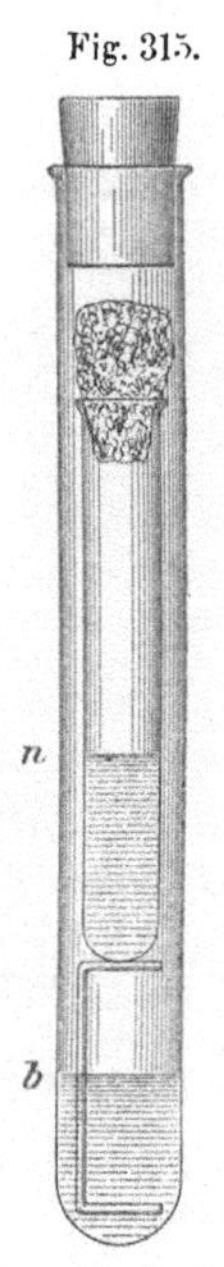

Fig. 315.

Buchners Anaerobenröhre (etwas verkleinert).
Bei *b* die Pyrogallollösung, darin das Drahtbänkchen, auf diesem das Reagensglas mit dem beimpften Nährboden (*n*).
Nach Buchner.

mehren müssen, ehe man zur Kultur im hohen Röhrchen schreitet. Auch bei den weiter zu besprechenden Verfahren werden diese vorbereitenden Maßnahmen oft gute Dienste leisten. Plattenkulturverfahren, die auf dem Abschluß der Luft beruhen, sind von Liefmann[1]), Fehrs und Sachs-Mücke[2]) in Anlehnung an einen früheren Vorschlag von Robert Koch empfohlen worden. Sie verwenden Platten von gut ausgekochtem Agar, eventuell mit Zusätzen von Glucose, Schwefelnatrium, Ferroammonsulfat in Petrischalen, die mit Glas- oder Glimmerplatten bedeckt werden. Dadurch bestehen an den Berührungsflächen von Nährboden und Glas Regionen mit den für das Wachstum der Anaeroben erforderlichen Sauerstofftensionen. Für solche Plattenkulturen sind sogenannte Drygalskischalen, d. h. Petrischalen von sehr großem Durchmesser, besonders geeignet.

B. Absorption des Sauerstoffs durch Chemikalien.

Die Züchtung anaerober Bakterien durch **Absorption des Sauerstoffes** erfolgt entweder in der Weise, daß man reduzierende Stoffe zum Nährboden gibt oder die Kulturen in eine durch Pyrogallussäure und Kali von Sauerstoff befreite Atmosphäre bringt.

Als Zusätze zum Nährboden eignen sich u. a. **Glucose, ameisensaures** oder **indig-schwefelsaures Natrium**. Die Nährböden verwendet man auch in diesem Falle in hoher Schicht.

Aussichtsvoll erscheint auch das von Tarozzi[3]) angegebene, von Wrzosek[4]), Smith, Brown und Walker[5]) als brauchbar befundene Verfahren, zu Nährflüssigkeiten in üblicher niedriger Schicht **aseptisch** entnommene Stücke von **Tier- und Pflanzenorganen** (Leber, Milz, Nieren) oder **Holzkohle, Kreide, Zink, Eisen** u. a. zu setzen. In solchen Flüssigkeiten wachsen selbst nach Entfernung der Gewebeteile und nach dem Sterilisieren **obligate Anaerobier** unter aeroben Verhältnissen. Wirksam ist hierbei die **reduzierende Kraft** dieser Stoffe. Auf dem gleichen Prinzip beruht die Wirkung der von Pfuhl[6]) angegebenen **Leber- und Hepinbouillon**.

Die Herstellung einer sauerstofffreien Atmosphäre durch **alkalische Pyrogallussäure** ist zuerst von Buchner (Fig. 315) für die Züchtung von Anaeroben in Röhrchen verwendet worden. Das geimpfte Röhrchen kommt in ein weiteres Rohr, in dem es auf einem Metallbügel ruht. Unter diesem befindet sich eine geringe Menge konzentrierte Pyrogallussäurelösung *b*. In diese wird unmittelbar vor dem Einbringen der Kultur ein Stück Ätzkali geworfen. Darauf wird das weite Rohr mit einem Gummistopfen ge-

[1]) Centralblatt f. Bakter. I. Abt., Orig., 1908, **46**, 377.

[2]) Ebendort I. Abt. 1909, **48**, 122.

[3]) Ebendort I. Abt. 1905, **38**, 619.

[4]) Ebendort I. Abt., Orig., 1905, **38**, 619; 1907, **43**, 17; 1907, **44**, 607.

[5]) Journ. of medic. research 1905, **14**, 192.

[6]) Centralblatt f. Bakter. I. Abt. 1907, **44**, 378.

schlossen; der Verschluß muß sehr sorgfältig ausgeführt werden, da sonst bald Luft in die Röhrchen nachdringt. Das Buchnersche Verfahren ist von Omelianski wesentlich verbessert worden. Dessen Apparat (Fig. 316) besteht aus einem starken Zylinder, der an seinem unteren Ende erweitert ist und am oberen Ende einen kragenartigen Ansatz trägt. Der Zylinder kann durch einen aufgeschliffenen Helm verschlossen werden. In die untere Erweiterung des Zylinders wird ein Gemisch von 10—20 ccm 12,5proz. Kalilauge und 5proz. Pyrogallussäure gefüllt, das Kulturröhrchen hineingestellt, der Helm auf den Zylinder gesetzt und die Verbindung beider durch Quecksilber verschlossen. Auf diese Weise wird bei negativem Druck das Eindringen von Luft verhindert, bei Überdruck lüftet sich der Helm

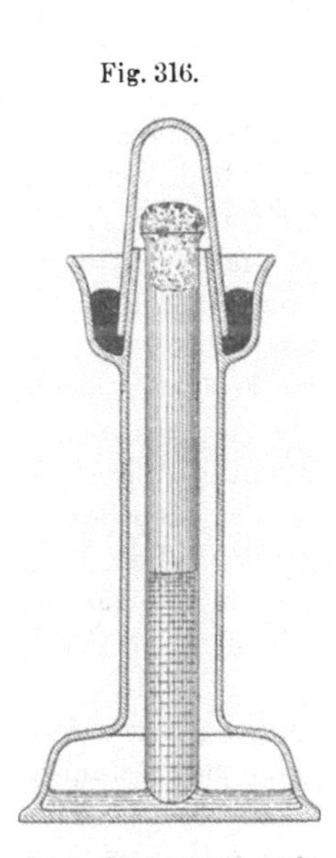

Fig. 316.

Anaerobenapparat nach
Omelianski.

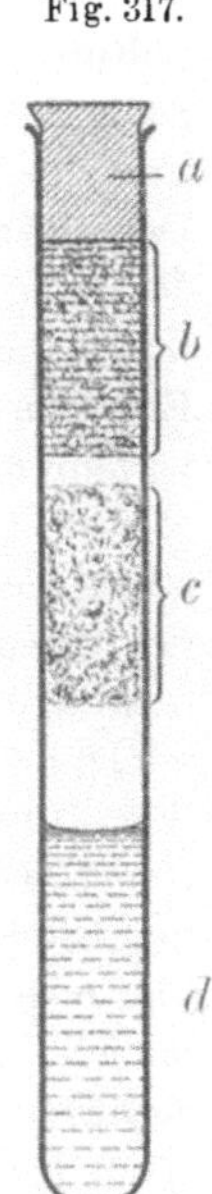

Fig. 317.

Röhrchen für Anaerobenzüchtung
nach Wright.

a Gummistopfen, b mit Alkali-
Pyrogallol getränkter Stopfen aus
hygroskopischer Watte, c steriler
trockener Stopfen aus nicht hygroskopischer Watte, d geimpfte
Nährflüssigkeit.

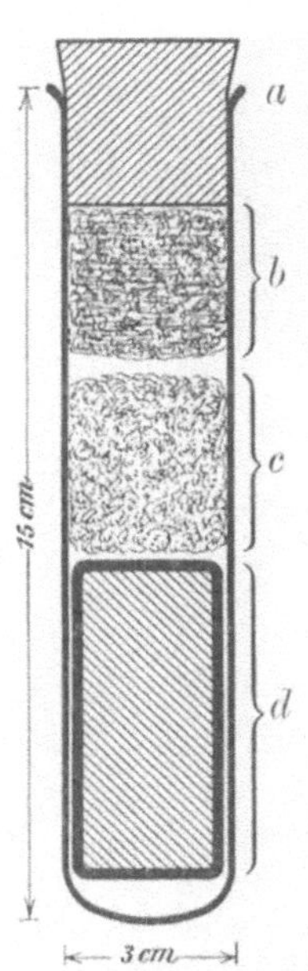

Fig. 318.

Röhrchen für anaerobe Plattenkultur nach Kürsteiner-
Wright.

a Gummistopfen, b mit Alkali-
Pyrogallol getränkter hygroskopischer Wattestopfen, c steriler
trockener nicht hygroskopischer
Wattestopfen, d anaerobe Platte.

etwas. Falls negativer Druck im Rohr herrscht, muß vor dem Öffnen des Apparates das Quecksilber beseitigt werden, damit es nicht hineingesaugt wird.

Ein sehr einfaches nach Kürsteiner[1]) außerordentlich brauchbares Verfahren ist das von Wright[2]) zunächst für flüssige Kulturen (Fig. 317) angegebene, das Kürsteiner und Burri wesentlich verbessert und auch für feste Röhrchen- und Plattenkulturen ausgearbeitet haben.

Man impft ein Röhrchen mit 8—10 ccm Nährflüssigkeit, brennt den Wattebausch ab, schiebt ihn tief in das Röhrchen hinein, setzt einen zweiten entfetteten Wattebausch darauf, in den 1 ccm 20proz. Pyrogallussäure und 1 ccm 20proz. Kalilauge gegossen werden, und verschließt das Röhrchen mit einem gut passenden Kautschukstopfen. Natürlich eignet sich

---

[1]) Centralblatt f. Bakter. II. Abt., 1907, **19**, 23.
[2]) Ebendort I. Abt. 1900, **27**, 174.

dieses Verfahren auch zur Anlage von Strich- und Stichkulturen, Rollröhrchen obligater Anaerober, ferner für Anreicherungskulturen.

Das Wrightsche Verfahren ist von Kürsteiner auch für ein anaerobes Plattenkulturverfahren dienstbar gemacht worden. Er verwendet als Kulturgefäß einen Glastrog von 80 mm Länge, 30 mm Breite und 7 mm Tiefe. Der Nährboden in ihm wird am besten oberflächlich geimpft. Der Glastrog wird in ein Reagensglas von 20—25 cm Länge und genügender Weite gebracht, so daß etwa ausgepreßtes Wasser nach unten läuft (Fig. 318).

Nach Kürsteiner ist durch den Pyrogallusverschluß nach Wright-Burri ein absolut sauerstofffreies Kulturmedium zu erhalten.

Andere Verfahren zur Anlage von Plattenkulturen unter Verwendung von Pyrogallussäure nach dem Prinzip von Buchner sind von Gabritschefski, Dreuw u. a. angegeben worden. Doch ist es außerordentlich schwer, auf diese Weise den Sauerstoff so weit und schnell genug zu entfernen, daß nicht aerobe Keime sich entwickeln. Eine Zusammenstellung zahlreicher Absorptionsverfahren geben Fermi und Bassu[1]).

C. Luftverdünnung. Brauchbarer ist in dieser Beziehung das Verfahren der Luftverdünnung. Es ist zuerst von Pasteur angewendet worden. Für Kulturen in Röhren ist eine brauchbare Form von Gruber angegeben worden (Fig. 319 und 320). Ein starkwandiges Röhrchen von etwa 17 cm Länge ist in seinem oberen Teil an einer Stelle stark verengt. Man fällt den flüssigen Nährboden mit einem Capillartrichter ein, verschließt mit einem Wattestopf, sterilisiert und impft nach genügender Abkühlung. Darauf schiebt man den Wattestopfen etwas in das Röhrchen hinein, verschließt es mit einem Kautschukstopfen mit Ableitungsrohr, evakuiert kräftig, so daß der Nährboden ins Sieden gerät und schmilzt die Röhre an der verengerten Stelle ab. Hat man Gelatine angewendet, so kann man dieselbe zu einer Rollkultur verarbeiten. Nach der Entwickelung der Kolonien bricht man die Spitze des Röhrchens ab,

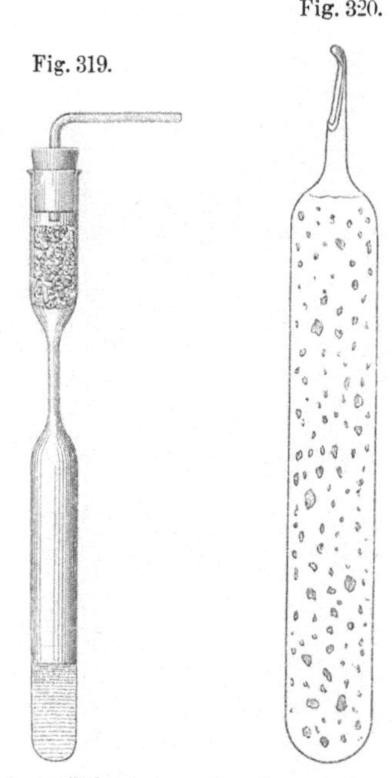

Fig. 319.

Fig. 320.

Grubers Röhre zur Züchtung Anaerobier (etwas verkleinert). Gebrauchsfertig. Nach Gruber.

Grubers Anaerobenröhre (etwas verkleinert); ausgepumpt, Kopfstück abgeschmolzen, Inhalt zu Esmarch-Kultur gestaltet, darin die Aussaat zu Kolonien herangewachsen. Nach Gruber.

um etwaigen Druck herauszulassen und schneidet es dann mit dem Diamanten so weit ab, daß man bequem mit dem Platindraht hinein kann und sticht ab.

Für Plattenkulturen ist neuerdings von Arth. Meyer[2]) ein sehr brauchbarer Vakuumapparat (Fig. 321) angegeben worden. Er besteht aus einem dickwandigen Gefäß, auf das ein Deckel aufgeschliffen ist, der einen Zweiweghahn trägt. Das Gestell zur Aufnahme der Platten trägt ein Manometer und Thermometer, so daß eine genaue Kontrolle der Druckverhältnisse möglich ist.

Natürlich kann man das Verfahren der Luftverdünnung auch mit dem Absorptionsverfahren mittels Pyrogallussäure verbinden, indem man auf den Boden des Gefäßes Pyrogalluslösung bringt, in die nach dem Evakuieren durch Neigen des Gefäßes ein Stück Kali gestürzt

---

[1]) Centralblatt f. Bakter. I. Abt., Orig. 1904, **35**, 563; 1905, **38**, 138.

[2]) Ebendort II. Abt., 1906, **15**, 337.

wird. Um die letzten Spuren von Sauerstoff zu entfernen, bringt man zuweilen junge Kulturen Sauerstoff verzehrender Arten in die Kulturgefäße. Als Indicator für das Fehlen des Sauerstoffs eignen sich vorzüglich Kulturen von Leuchtbakterien auf Seewassergelatine, die noch bei Anwesenheit von Spuren dieses Gases leuchten.

D. Verdrängung der Luft durch andere Gase. Zur Verdrängung der Luft durch indifferente Gase hat man Kohlensäure, Wasserstoff, Leuchtgas und Stickstoff benutzt. Von Kohlensäure und Leuchtgas ist man abgekommen, da sie auf viele Pilze schädlich wirken. Stickstoff wäre zweifellos das geeignetste Verdrängungsmittel. Nur ist seine Darstellung etwas unbequem. Man kann ihn durch Erhitzen einer wässerigen Lösung gleicher molekularer Mengen Natriumnitrit und Salmiak herstellen

Fig. 321.

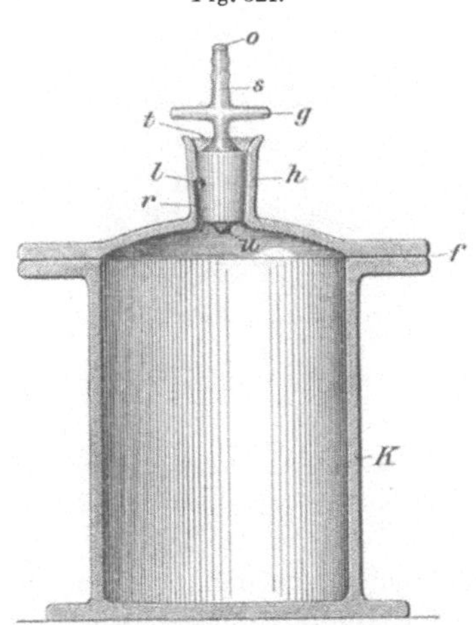

Kulturvakuum nach Arthur Meyer. K Kulturgefäß, f Rand des Kulturgefäßes, r Tubus des Deckels, s Hahnbolzen, o Öffnung des Hahnes (Schlauchansatz), g zylindrischer Griff des Hahnes, t Rinne zum Eingießen des Verschlußmittels, l Loch im hohlen Hahnbolzen, u unteres Ende des Hahnbolzens.

Fig. 322.

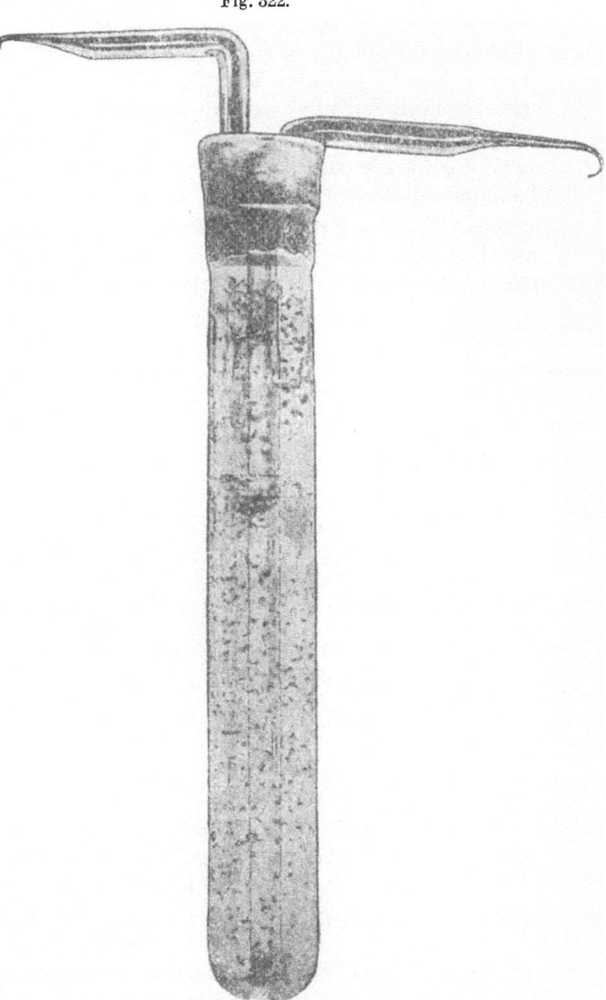

Fraenkels Anaerobenröhre (etwas verkleinert). Der Inhalt an der Röhrenwand zu Esmarchscher Rollkultur gestaltet und die bereits herangewachsenen Colonien (als schwarze Punkte) erkennen lassend. Nach Fraenkel.

und im Gasometer auffangen, muß aber sehr vorsichtig erwärmen, damit die Reaktion nicht zu heftig verläuft.

Man verwendet daher jetzt fast ausschließlich Wasserstoff, obgleich auch dieser nicht in allen Fällen völlig indifferent zu sein scheint. Zur Darstellung desselben muß reinstes Zink und reinste Schwefelsäure verwendet werden. Man reinigt ihn weiter durch Waschen mit Bleiessig, Silbernitrat und alkalischer Pyrogallussäure von Schwefelsäure, Arsenwasserstoff und Sauerstoff. Der Wasserstoff muß in starkem Strome längere Zeit von untenher durch die Kulturgefäße geleitet werden, wenn alle Luft verdrängt werden soll.

Für Reagensglaskulturen kann man nach **Fraenkel** verfahren, der die Röhrchen (Fig. 322) durch einen Kautschukstopfen mit längerer Zuleitungs- und kürzerer Ableitungsröhre verbindet, die zum Schluß abgeschmolzen werden. Andere Röhrchen und Kolben haben **Petri** und **Maassen** angegeben (Fig. 323). Für Plattenkulturen kommt in erster Linie der von **Botkin** angegebene Apparat in Betracht, der Verdrängungs- und Absorptionsverfahren verbindet (Fig. 324). Er besteht aus einer Glocke *B*, die auf einem Bleikreuze *E* in einer Glasschale *A* steht, innen ein Drahtgestell *D* für Petrischalen enthält und durch Bleigewichte *C* beschwert ist. Man füllt die Schale mit Pyrogalluslösung, so daß das Innere der Glocke von der Außenluft abgesperrt ist, überschichtet die Pyrogalluslösung mit flüssigem Paraffin und leitet nun durch einen zuvor eingeführten Schlauch *F*, der durch eine Drahtspirale gegen das Zusammengedrücktwerden geschützt ist, Wasserstoff in den oberen Teil der Glocke. Durch einen gleichen Schlauch *G*, der im unteren Teile der Glocke endet, wird die Luft hinaus gedrängt. Verbrennt der unten heraustretende Wasserstoff ruhig, so entfernt man, ohne die Gaszufuhr zu unterbrechen, die Schläuche und läßt nun kleine Stücke festes Ätzkali durch die Paraffinschicht in die Pyrogalluslösung fallen. Dabei muß man vorsichtig verfahren, damit kein Paraffin in das Innere der Glocke

Fig. 323.

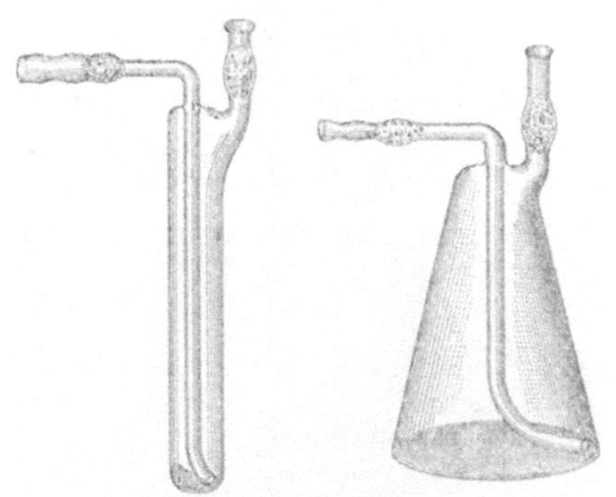

Anaerobenkulturgefäße nach Petri und Maassen.

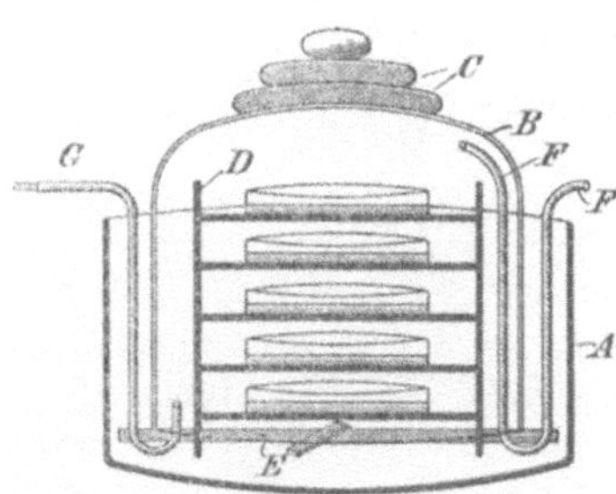

Botkins Vorrichtung zur Züchtung Anaerobier auf Platten.

gelangt. Nach **Kürsteiner** bewirkt allerdings Paraffin durchaus keinen sicheren Abschluß gegen den Sauerstoff der Außenluft. Das **Botkin**sche Verfahren ist verschiedentlich verbessert worden. Insbesondere vergleiche man darüber **Graßberger** und **Schattenfroh**[1]). Auch das Verdünnungsverfahren kann man mit dem Verdrängungsverfahren kombinieren, indem man in die evakuierten Gefäße wiederholt Wasserstoff treten läßt und evakuiert.

Von den verschiedenen im vorstehenden angegebenen Verfahren ist nach unseren Erfahrungen die Züchtung in der hohen Schicht in der Form nach **Burri** das bequemste und billigste. Auch das **Wright**sche Pyrogallolverfahren verdient Beachtung.

Bemerkt sei ferner, daß die obligaten Anaerobier in gut ausgekochten, zusagenden Nährböden in hoher Schicht oft auch ohne weitere Vorsichtsmaßregeln gedeihen. Vgl. hierzu u. a. auch **Burri** und **Kürsteiner**[2]), **Pringsheim**[3]) und **Meyer**[4]).

Über einige von **Lindner** angegebene Verfahren zur Kultivierung höherer Pilze bei Luftabschluß unter dem Mikroskop vgl. S. 656 u. 658. Natürlich sind die für Bakterien beschriebenen Verfahren eventuell auch für höhere Pilze zu gebrauchen.

----

[1]) Arch. f. Hyg. 1900, **37**, 54.

[2]) Centralblatt f. Bakter. II. Abt., 1908, **21**, 289.

[3]) Ebendort II. Abt. 1906, **16**, 795.

[4]) Ebendort I. Abt., Orig., 1909, **49**, 305.

VIII. Die Aufbewahrung von Reinkulturen.

Es ist wünschenswert, Reinkulturen von Pilzen für spätere Untersuchungen aufbewahren zu können, um Vergleichsmaterial zur Hand zu haben. Bakterien bewahrt man meist in Form von Kulturen auf festen Nährböden, insbesondere Agar und Kartoffeln auf. Um eine zu schnelle Austrocknung der Nährböden zu vermeiden, kann man die Röhrchen mit einer Gummikappe verschließen oder in den Wattestopfen Paraffin gießen. Die Kulturen müssen im Dunkeln und bei möglichst niederer Temperatur (6—10°) aufbewahrt werden. Selbst dann aber muß von Zeit zu Zeit eine Übertragung auf frischen Nährboden vorgenommen werden. Die Zeit, nach der dieses erforderlich wird, schwankt sehr. Bei sporenbildenden Arten kann man mit der Übertragung ein Jahr und länger warten, muß hier aber stets wieder von abgekochtem Sporenmaterial ausgehen, wenn man Variation möglichst vermeiden will. Bei nicht sporenbildenden Arten empfiehlt es sich, Umzüchtungen schon nach 4—6 Wochen vorzunehmen, da man sonst leicht die Kulturen einbüßt.

Auch für Hefen und andere Eumyceten eignet sich diese Art der Aufbewahrung, doch wird für diese besonders in Gärungslaboratorien nach dem Vorschlage von Hansen 10proz. Saccharoselösung (in Leitungswasser) benutzt. Als Aufbewahrungsgefäß dienen Freudenreich- oder Hansen-Kolben (vgl. S. 670).

Wichtig ist es, daß die aus dem Bodensatz einer gärenden Flüssigkeit entnommene Einsaat bei Hefen nicht zu groß und zu klein sei. In letzterem Falle stirbt nach Angaben von Will die Hefe nach einiger Zeit ab. Bei zu starken Einsaaten findet infolge der Übertragung reichlicher Nährstoffmengen eine starke Vermehrung der Hefe in der Saccharoselösung statt, die zur Erzeugung von Hautvegetationen und dadurch zur Variation führt. Will empfiehlt als Einsaat 1 Tropfen der Bodensatzhefe. Die Kolben müssen trocken und dicht verschlossen aufbewahrt werden. Will dichtet daher Helm und Kolben gegeneinander noch mit Siegellack ab. Auf das Helmrohr des Freudenreich-Kolbens wird vorteilhaft noch ein kurzes S-förmiges Rohr gesetzt. Andere Modifikationen, die eine zu starke Verdunstung der Saccharoselösung verhindern sollen, findet man bei Will[1]. Wenn es nun auch sicher ist, daß die meisten Hefen in Saccharoselösung ihre Lebenskraft und Eigenschaften jahrelang behalten, so empfiehlt Will doch, die Hefen etwa nach einem Jahre in Würze aufgären zu lassen und dann erneut in Saccharoselösung zu bringen. Auch bei dieser Art der Aufbewahrung muß die Temperatur möglichst niedrig gehalten werden.

IX. Die wichtigsten Nährböden und ihre Herstellung.

Die Ansprüche der verschiedenen Eumyceten- und Bakterienarten an die Nährstoffe für Assimilation (Aufbau der Leibesmasse) und Dissimilation (Betriebsstoffwechsel, Zersetzungs- und Abbauerscheinungen) sind sehr verschieden. Nach Alfred Fischer kann man polytrophe und monotrophe Arten unterscheiden. Zu ersteren gehört die große Menge der an verschiedene Lebensverhältnisse angepaßten, zu letzteren die in geringerer Zahl bekannten, auf ganz bestimmte, eng begrenzte Bedingungen angewiesenen Arten.

Dieser Unterschied beruht nicht auf dem Bedarf verschiedener Elemente für die einzelnen Arten, sondern auf dem bestimmter Verbindungsformen. Fischer unterscheidet danach Prototrophie, Ernährung durch unorganische Verbindungen oder Assimilation des freien Stickstoffs bei Ernährung mit organischen Kohlenstoffverbindungen, und Metatrophie, Aufnahme der Elemente in Verbindungen; Benecke beschränkt diese Begriffe auf ein einzelnes Element, nicht den ganzen Stoffwechsel. Bei weitem die meisten Pilze sind metatroph. Mit Pfeffer kann man die metatrophen Pilze noch wieder in autotrophe, heterotrophe und mixotrophe teilen, je nachdem sie die Nährstoffe in unorganischen oder organischen Verbindungen, oder wie es meistens der Fall ist, in beiden aufzunehmen

---

[1] Will, Anleitung zur biolog. Untersuchung usw., S. 387.

vermögen. Von den Elementen sind für die Ernährung der Pilze nach den bisherigen Erfahrungen unbedingt nötig Kohlenstoff, Wasserstoff, Sauerstoff, Stickstoff, Schwefel, Phosphor, Kalium, Magnesium. Bezüglich des Natriums, Calciums, Eisens u. a. gehen die Ansichten noch auseinander. Soweit Salze in Betracht kommen, werden sie für Nährböden im allgemeinen in löslicher Form verwendet. Vom Kalium kommen sowohl die anorganischen wie die organischen Salze, vom Magnesium meist das Sulfat in Betracht. Schwefel wird meist als Sulfat verwendet, seltener in Form anderer Verbindungen. Phosphor wird meist in Form von Orthophosphaten, seltener Meta- und Pyrophosphaten oder organischen Verbindungen geboten. Die größte Mannigfaltigkeit herrscht in betreff der Stickstoffquellen. Nach Beyerinck und Jost kann man die Pilze nach ihrem Vermögen zur Ausnutzung der Stickstoffquellen in folgende Gruppen teilen:

1. Nitrogene Pilze, die den elementaren Stickstoff verwerten;
2. Ammon-Nitrit-Nitratpilze, die entweder vollständig auf diese Stickstoffquellen angewiesen oder doch imstande sind, auch sie zu verwerten;
3. Amin- und Peptonpilze, die auf organische Stickstoffverbindungen angewiesen sind.

Den Bedarf an Kohlenstoff decken wenige Pilzarten aus der Kohlensäure, die überwiegende Zahl aus organischen Kohlenstoffverbindungen. Die wichtigsten Kohlenstoffquellen sind die Kohlenhydrate, die mehrwertigen Alkohole, besonders Glycerin und Mannit und viele organische Säuren.

Alle Nährstoffe müssen in gelöster oder in einer durch die Pilze in Lösung überführbaren Form gegeben werden. Bezüglich der Konzentration der Lösungen sind die Pilze im allgemeinen nicht sehr empfindlich, doch kommen in dieser Beziehung sehr große Schwankungen nicht nur bei verschiedenen Arten, sondern auch bei derselben Art auf verschiedenen Nährböden vor.

Betreffs des für die Entwickelung der Bakterien nötigen Wassergehaltes der Nährböden gehen die Angaben auseinander. Nach Wolf[1]) und Jorns[2]) soll das Wachstum schon bei 40% Wasser aufhören. Doch ist zweifellos die Art des Nährbodens von großem Einfluß, denn nach den von König und Spieckermann an verschiedenen fetthaltigen Futtermehlen ausgeführten Versuchen beginnt dort das Bakterienwachstum schon bei 30%. Schimmelpilze sind weniger anspruchsvoll, Eurotium repens gedeiht schon bei 14%, Penicillium glaucum bei 25% Wasser.

Was die Reaktion der Nährlösungen betrifft, so sind die Bakterien meist für neutrale und alkalische Reaktion dankbar, während die Eumyceten schwach saure Reaktion vorziehen. Indessen erleidet diese Regel zahlreiche Einschränkungen, und es muß bei Züchtungs- und Ernährungsversuchen hierauf sorgfältig Rücksicht genommen werden. Zum Ansäuern der Nährböden werden meist organische Säuren, und zwar Milch-, Äpfel-, Wein- und Citronensäure verwendet.

Die Zusammensetzung und Herstellung von Nährböden wechselt sehr nach den Zwecken, denen sie dienen sollen. Kommt es darauf an, Pilze in Reinzuchten zu gewinnen, ihren Entwickelungsgang festzustellen oder Massenkulturen zu erzeugen, so wird man meist mit Vorteil Nährböden verwenden, die in ihrer Zusammensetzung und Struktur den natürlichen Standortsverhältnissen möglichst angepaßt sind. Solche Nährböden können unveränderte sterilisierte Rohstoffe der Natur oder technische Erzeugnisse aus solchen sein. Für die Zwecke der Reinzüchtung müssen sie möglichst folgenden Bedingungen genügen:

1. Sie müssen behufs mikroskopischer Kontrolle durchsichtig sein. 2. Sie müssen sich verflüssigen lassen, und erst bei einem unter der Tötungstemperatur der Pilze liegenden Wärmegrad erstarren. 3. Die Pilze müssen auf ihnen in möglichst verschiedener Weise

---

[1]) Arch. f. Hygiene 1899, **34**, 200.
[2]) Ebendort 1907, **63**, 123.

wachsen. Auf eine genaue Kenntnis der chemischen Zusammensetzung der Nährböden wird man in diesen Fällen verzichten können. Soll aber das Nährstoffbedürfnis eines Pilzes festgestellt werden, so ist es unerläßlich, mit Nährböden zu arbeiten, deren Zusammensetzung qualitativ und quantitativ genau bekannt ist und die aus möglichst chemisch reinen Stoffen hergestellt sind. Der Einfluß des destillierten Wassers und der Laboratoriumsluft darf hierbei nicht vernachlässigt werden.

Im folgenden sollen die wichtigsten gebräuchlichen Nährböden mit besonderer Berücksichtigung der Ziele dieses Werkes aufgezählt werden, deren Zusammensetzung einen Fingerzeig für Konzentration u. a. m. bei der Aufstellung eigener Vorschriften geben kann. Weitere Vorschriften findet man in der oben angegebenen Spezialliteratur und in den Veröffentlichungen im Centralblatt für Bakteriologie.

A. Nährböden mit organischen Stoffen.

1. Fleischwasser. Fleischwasser ist die Grundlage der wichtigsten Bakteriennährböden. 500 g fein gehacktes fettfreies Rind- oder Pferdefleisch werden mit 1 l Wasser über Nacht oder $^1/_2$ Stunde bei 50° unter öfterem Umrühren stehen gelassen, dann $^1/_2$—$^3/_4$ Stunden im Dampftopf erhitzt. Hiernach läßt man erkalten, damit noch vorhandenes Fett erstarrt, koliert und filtriert in Kolben mit Watteverschluß, füllt auf 1000 ccm auf und sterilisiert, falls das Fleischwasser nicht sofort weiter verarbeitet werden soll, $^1/_4$ Stunde bei 125° im Autoklaven.

Soll das Fleischwasser an sich als Nährboden verwendet werden, so wird es je nach dem Zweck gegebenenfalls noch neutralisiert. Dies geschieht in der Weise, daß das kochendheiße Fleischwasser tropfenweise mit 10 proz. Sodalösung oder 25 proz. Natronlauge versetzt wird, bis blaues Lackmuspapier nicht mehr gerötet und rotes schwach gebläut wird. Einen etwaigen zu großen Alkaliüberschuß beseitigt man durch Phosphorsäure.

Nach dem Neutralisieren muß das Fleischwasser meist nochmals filtriert werden. Darauf wird es im Autoklaven sterilisiert. Statt Fleischwasser wird auch eine 1—2 proz. Fleischextraktlösung verwendet, die aber dem Fleischwasser nicht gleichwertig ist. Fleischextraktlösungen müssen, da der Extrakt sehr widerstandsfähige Bakteriensporen enthält, im Autoklaven sterilisiert werden.

2. Fleischwasser-Bouillon. Fleischwasser wird mit 1% Pepton (gewöhnlich nimmt man Pepton Witte) versetzt, bis zur Lösung desselben im Dampftopf erhitzt, heiß neutralisiert, filtriert, im Autoklaven sterilisiert. Zuweilen wird noch vor dem letzten Sterilisieren 1% Glucose zugesetzt. Bouillon aus Fleischextrakt wird in derselben Weise hergestellt.

3. Peptonwasser. 10 g Pepton und 5 g Kochsalz werden in 1 l Wasser gelöst und sterilisiert. In Peptonwasser erzeugen manche Bakterienarten Indol.

4. Heydennährstoff-Bouillon. 5 g Nährstoff Heyden, 5 g Kochsalz, 30 g Glycerin, 1000 ccm Wasser, mit Natriumcarbonat neutralisiert.

5. Milch. Frische Milch wird in Reagensgläsern entweder 3 Tage hintereinander $^1/_2$ Stunde im Dampftopf oder einmal 15 Minuten im Autoklaven bei 105° sterilisiert. Vor Verwendung läßt man die Röhrchen 3 Tage im Brutapparat stehen, um ihre Sterilität zu prüfen. Milch ist ein guter Nährboden für die meisten Bakterien und Eumyceten.

6. Bierwürze. Gehopfte und nicht gehopfte Würze wird, ohne sie zu neutralisieren, durch Erhitzen im Dampftopf sterilisiert. Sie ist vorzüglich geeignet zur Kultur vieler höheren Pilze und bildet die Grundlage für verschiedene feste Nährböden.

7. Heuabkochung. 100 g Heu werden mit 5 l Wasser einige Stunden stehen gelassen, dann 10—15 Minuten gekocht. Das Filtrat wird je nach dem Zweck neutralisiert (für Bakterien) oder sauer gelassen (für höhere Pilze). Es muß wegen seines Gehaltes an sehr widerstandsfähigen Sporen $^1/_2$ Stunde im Autoklaven bei 1 Atmosphäre Überdruck sterilisiert werden.

8. Pflaumen-, Rosinen- und Birnenwasser. 100 g Backpflaumen, Rosinen oder gedörrte Birnen werden in 1 l Wasser 24 Stunden eingeweicht. Das abgepreßte Filtrat wird gekocht, filtriert, sterilisiert. Diese Abkochungen sind ein guter Nährboden für höhere Pilze. Auch die gedörrten Früchte selbst, mit Wasser eingeweicht und in Doppelschalen sterilisiert, sind als Nährböden für Massenkulturen vorzüglich geeignet. Ebenso eignen sich auch frische, süße Früchte, aus denen Teile aseptisch entnommen werden, vorzüglich für Pilzkulturen. O. Brefeld empfiehlt besonders Bananen.

9. Traubenmost. Traubenmost wird sterilisiert. Man kann auch den käuflichen konzentrierten Most mit 3 Teilen Wasser verdünnen und sterilisieren. Er ist ein guter Nährboden für höhere Pilze.

10. Hefewasser. 250 g Preßhefe werden mit 1 l Wasser $^{1}/_{2}$ Stunde lang gekocht und heiß filtriert. Das Filtrat wird mit 1 l Wasser verdünnt, wieder $^{1}/_{2}$ Stunde gekocht, filtriert und sterilisiert. Hefenwasser ist ein guter Nährboden für Bakterien und höhere Pilze.

11. Eier. Erstarrtes Eiweiß stellt man in der Weise her, daß man Eiweiß in Röhrchen füllt und es durch wiederholtes $^{1}/_{2}$ stündiges Erwärmen auf 70° in besonderen Apparaten für Blutserumnährböden zum Erstarren bringt und sterilisiert. Man kann auch die Eier hart kochen, dann das Eiweiß in Scheiben schneiden und diese im Röhrchen bei 100° sterilisieren. Frische Eier können in der Weise als Nährboden verwendet werden, daß man die Schale sorgfältig mit Seife abbürstet, mit warmem Sublimat ($5^0/_{00}$) und sterilem Wasser wäscht und mit steriler Watte trocknet. Die Impfung erfolgt durch ein Loch, das man unter aseptischen Maßregeln an der Spitze des Eies anbringt und nach dem Impfen mit Kollodium verschließt. Da Eier oft innerlich infiziert sind, so ist bei der Beurteilung der Ergebnisse große Vorsicht nötig.

12. Kartoffeln, Möhren, Rüben. Von den verschiedenen Formen, in denen Kartoffeln als Nährböden verwendet werden, ist die geeignetste die nach Globig. Man sticht aus sauber gewaschenen und gebürsteten, dann $^{1}/_{2}$ Stunde in $1^0/_{00}$ Sublimatlösung sterilisierten Kartoffeln mit weiten Korkbohrern Zylinder heraus, halbiert sie durch einen schrägen Längsschnitt, so daß zwei Keile entstehen und legt diese in Röhrchen, in denen sich unten ein kleiner Bausch feuchter Watte befindet. Sterilisiert wird $^{1}/_{2}$ Stunde bei 1 Atmosphäre Überdruck.

Man kann auch die gereinigten, sterilisierten und geschälten Kartoffeln mit dem Messer in Streifen zerlegen und sonst wie oben verfahren. Möhren und Rüben werden in derselben Weise hergerichtet.

13. Mist der Kräuterfresser. Für alle höheren Pilze empfiehlt O. Brefeld Mist der Kräuterfresser, insbesondere vom Pferd, und Abkochungen derselben als vorzüglichen Nährboden. Man erwärmt Pferdemist, mit Wasser zu einem dicken Brei angerührt, im Dampftopf 1 Stunde lang auf 80—90°, filtriert die erkaltete Masse und sterilisiert wiederholt bei 80—100°. Diese Abkochung kann auch in konzentrierter Form aufbewahrt und zum Gebrauch mit der 8—10 fachen Menge Wasser verdünnt werden. Den Mangel der Mistlösung an Kohlenhydraten kann man durch Zusatz von Zucker oder durch Verdünnung mit Fruchtsäften beseitigen.

Mist selber wird in mäßig feuchtem Zustande in Doppelschalen sterilisiert.

14. Brot. Brot ist ein vorzüglicher Nährboden für viele höhere Pilze. O. Brefeld empfiehlt, ein nicht zu saures Brot in Scheiben zu schneiden, mäßig mit Wasser oder Nährlösungen (Würze, Fruchtsäfte, Mistabkochung u. a.) zu befeuchten und es 4—5 mal in Abständen von 2—3 Tagen bei 56—60° zu sterilisieren.

15. In Sägespäne aufgesaugte Nährlösungen. Solche Nährböden empfiehlt O. Brefeld als ausgezeichnet für die Kultur vieler höherer Pilze. Die Sägespäne werden mit Wasser angefeuchtet, wiederholt 1 Stunde bei 100° sterilisiert und dann mit den Nährlösungen befeuchtet.

16. Gelatinenährböden. Nährböden, die mit Hilfe von Gelatine hergestellt sind, spielen bei der Kultur der Bakterien und Eumyceten die Hauptrolle. Diese Nährböden sind durchsichtig, schmelzen bei niederer Temperatur, geben sehr kennzeichnende Wachstumserscheinungen bei vielen Pilzen und lassen sich in ihrer Zusammensetzung ohne Schwierigkeit weitgehend variieren. Ihre Eigenschaft, durch proteolytische Enzyme verflüssigt zu werden, ist für die Differentialdiagnose sehr wertvoll, andererseits bei Reinzüchtungen aus Mischkulturen störend, wenn sehr stark lösende Arten in größerer Zahl vorhanden sind. Der niedrige Schmelzpunkt der Gelatine verhindert ihre Anwendung im Brutapparat und erschwert sie im Sommer.

Die gebräuchlichsten Nährgelatinen sind folgende:

a) Fleischwasser-Pepton-Gelatine. In Fleischwasser werden 1% Pepton und 10% weiße Gelatine durch kurzes Aufkochen im Dampftopf gelöst. Dann wird neutralisiert und zu der auf etwa 50° gekühlten Gelatine das in Wasser verrührte Weiße eines Eies gesetzt, 10 Minuten im Dampftopf erhitzt, durch ein Faltenfilter in Kolben filtriert und unter Watteverschluß nochmals 20 Minuten im Dampftopf sterilisiert. Gelatine ist gegen häufiges und starkes Erhitzen sehr empfindlich und büßt leicht ihr Erstarrungsvermögen ein. Erhitzen im Autoklaven ist daher möglichst zu vermeiden.

Diese Nährgelatine ist der häufigst verwendete Nährboden für Bakterien. Sie schmilzt bei etwa 25°, erstarrt bei Temperaturen unter 20° schnell und ist bei richtiger Herstellung völlig durchsichtig. Viele Bakterienarten wachsen auf ihr in sehr kennzeichnender Weise.

Statt Fleischwasser kann auch eine 1—2proz. Lösung von Fleischextrakt verwendet werden. Es seien hier die Vorschriften der von Arth. Meyer benutzten Fleischextraktnährgelatinen angegeben:

	Nährgelatine	Nährgelatine mit Glucose (D-Nährboden)
Wasser	500 ccm	500 ccm
Pepton Witte	6 g	6 g
Fleischextrakt	4 g	4 g
Kochsalz	1 g	1 g
Gelatine	50 g	50 g
Glucose	—	5 g

Die Glucose wird erst vor dem letzten Sterilisieren zugesetzt.

b) Würzegelatine. In gehopfter oder ungehopfter Bierwürze werden 8—10% Gelatine gelöst. Der Nährboden ist nach ½stündiger Sterilisierung im Dampftopf fertig. Er eignet sich ausgezeichnet für viele höhere Pilze, insbesondere für Hefen.

c) Andere Nährgelatinen. Alle oben angeführten und sonstige Nährlösungen können natürlich auch zu Nährgelatinen verarbeitet werden, deren Anwendbarkeit der der betreffenden Nährlösung entspricht. Zu beachten ist stets die Reaktion. Reine Gelatinelösungen reagieren sauer. Die gewünschte Reaktion ist durch Alkali oder organische Säuren herzustellen.

17. Agarnährböden. Der aus verschiedenen Meeresalgen gewonnene Agar-Agar gibt in 1—2proz. Lösungen ebenfalls ziemlich durchsichtige Nährböden, die vor den Gelatinen den Vorzug haben, daß sie bei Brutwärme noch festbleiben und daher zur schnellen Züchtung vieler Bakterienarten sehr geeignet sind. Dem steht allerdings der Nachteil gegenüber, daß die Agarnährböden erst bei etwa 100° flüssig werden und schon bei 40° erstarren, so daß bei Anlage von Plattenkulturen schnelles und vorsichtiges Arbeiten nötig ist, wenn nicht die Pilzkeime durch zu starke Erwärmung leiden sollen oder der Nährboden vorzeitig fest werden soll. Wenig angenehm ist auch die Eigenschaft des Nähragars, nach dem Erstarren Wasser austreten zu lassen, so daß auf Plattenkulturen leicht sehr ausgedehnte oberflächliche Bakterienwucherungen entstehen. Man bewahrt deshalb Agarplatten umgekehrt auf, so daß das Wasser abfließen kann. Auch wachsen Bakterien im allgemeinen auf Agarnährböden nicht in so kennzeichnender Weise wie auf Nährgelatine. Trotzdem sind die Agarnährböden wegen ihrer sonstigen vorzüglichen Eigenschaften hochgeschätzt und werden nächst den Gelatinenährböden wohl am häufigsten verwendet.

Die gebräuchlichsten Agarnährböden sind folgende:

a) Fleischwasser-Pepton-Agar. 1—2% Agar (klein geschnitten oder als Pulver) werden in einem Emailletopf mit Fleischwasser an einem kühlen Ort zum Quellen einige Stunden stehen gelassen. Dann wird ½—¾ Stunde über freiem Feuer unter Umrühren und Ersatz des verdampfenden Wassers gekocht, oder ½ Stunde im Autoklaven bei 0,6 bis 0,8 Atmosphären Überdruck erhitzt, 1% Pepton in der Flüssigkeit gelöst, neutralisiert und im Dampftopf in einem Emailletrichter durch ein doppeltes Faltenfilter filtriert. Das Pepton wird vorher in etwas Wasser gelöst. Die Filtration des Agars geht sehr langsam vor sich. Man hat daher vielfache Modifikationen derselben vorgeschlagen, die aber sämtlich nicht mehr leisten als die oben beschriebene. Andere Mykologen lassen auch den Agar nach dem Sterilisieren im Autoklaven langsam erkalten und schneiden die untere Schicht mit dem Sediment fort.

Pepton-Fleischwasseragar kann durch verschiedene Zusätze noch brauchbarer gemacht werden. Häufig mischt man ihm 5% Glycerin bei. Auch Glucose und Lactose werden in vielen Fällen zugesetzt (meist 2%).

Statt Fleischwasser wird auch eine 1—2proz. Fleischextraktlösung benutzt. Arthur Meyer empfiehlt folgende Mischungen:

	Nähragar	Nähragar mit Glucose (D-Agar)
Wasser	500 g	500 g
Pepton Witte	6 g	6 g
Fleischextrakt	4 g	4 g
Kochsalz	1 g	1 g
Agar	8 g	8 g
Glucose	—	5 g

Die Glucose wird stets erst vor dem letzten Sterilisieren zugesetzt.

b) Heydennährstoff-Agar. Ein Nähragar, der vielfach für Zählplatten benutzt wird, ist der Heydennährstoff-Agar nach Hesse und Niedner. 8 g Nährstoff Heyden, 13 g Agar werden mit 1 l Wasser im Autoklaven bei 125° 8 Minuten erhitzt. Der Agar wird im Dampftopf filtriert und nochmals 8 Minuten im Autoklaven sterilisiert. Arthur Meyer empfiehlt noch einen Zusatz von 20 g Glucose.

c) Spirillen-Agar. Für die Züchtung von Spirillen empfiehlt Zettnow einen Agar aus:

> 11 g Agar,
> 1 g Pepton,
> 1 g Ammoniumsulfat,
> 1 g Kaliumnitrat,
> 1 l Fleischwasser.

Den Agar läßt man in ½ l Wasser quellen. In 1 l Fleischwasser wird 1 g Pepton in der Hitze gelöst. Die Flüssigkeit wird mit Natriumcarbonat neutralisiert, mit dem gequollenen Agar im Dampftopf bis zur Lösung erhitzt, dann mit 1 g Ammoniumsulfat und 1 g Kaliumnitrat versetzt und mittels Eiweißes geklärt.

d) Agar mit Bierwürze, Fruchtsäften und anderen Lösungen organischer Stoffe. Würzeagar wird durch Auflösen von 20 g Agar in 1 l Bierwürze erhalten.

Der Agar darf nicht zu lange im Autoklaven erhitzt werden, da er sonst sehr weich wird. Es genügt, ihn 10 Minuten bei etwa 110° darin zu lassen. Würzeagar ist ein vorzüglicher Nährboden für Massenkulturen vieler höherer Pilze.

Fruchtsäfteagar wird durch Auflösen von 20 g Agar in 1 l oben beschriebener Fruchtauszüge erhalten. Er gleicht in seinen Eigenschaften dem Würzeagar.

Milchagar stellt man in der Weise her, daß man zu verflüssigtem Fleischwasserpeptonagar etwa 10—12% entrahmte, sterilisierte Milch unmittelbar vor dem Gebrauch setzt.

18. Nährlösungen bestimmter Zusammensetzung. a) Lösung nach Uschinski:

Wasser	1000 g
Glycerin	30—40 g
Chlornatrium	5—7 g
Chlorcalcium	0,1 g
Magnesiumsulfat	0,2—0,4 g
Dikaliumphosphat	2,5—3 g
Ammoniumlactat	6—7 g
Asparaginsaures Natrium	3—4 g

b) **Normallösung nach Maassen:** g

    Wasser . . . . 1000 ⎱ mit Kali
    Apfelsäure . . . . 7 ⎰ neutralisiert

dazu: Asparagin 10
    Magnesiumsulfat 0,4
    Dikaliumphosphat 0,2
    Krystallisiertes Natriumcarbonat 2,5
    Wasserfreies Calciumchlorid 0,01

Je nach Bedarf werden 15—40 Teile Glycerin, Mannit, Dulcit, verschiedene Zucker zugesetzt.

c) **Lösung zur Züchtung denitrifizierender Bakterien nach Giltay:**

    Wasser . . . . 1000 g
    Glucose . . . . 2 g
    Citronensäure . . . . 5 g
    Monokaliumphosphat . . . . 2 g
    Dinatriumphosphat . . . . 2 g
    Magnesiumsulfat . . . . 2 g
    Chlorcalcium . . . . 0,2 g
    Eisenchlorid . . . . Spur.

In dieser Lösung können auch die organischen Stoffe durch andere Zucker, mehrwertige Alkohole und Säuren ersetzt werden.

d) **Lösungen nach Arthur Meyer.** Diese Lösungen dienen zur Differentialdiagnose. Da sie in dem Marburger Botanischen Institut vielfach benutzt und in Veröffentlichungen desselben unter den untenstehenden Nummern zitiert werden, so werden sie hier genau nach dem Meyerschen Praktikum wiedergegeben. Die mineralische Nährlösung ist die weiter unten beschriebene Lösung nach **A Meyer.**

e) **Gut kontrollierbare konstante Nährlösungen.** In 100 g mineralischer Nährlösung:

	Asparagin	Kaliumnitrat	Ammonium-chlorid	Ammonium-tartrat	Ammonium-lactat	Asparaginsaures Natrium	Ammonium-citrat	Kaliumnitrit	Glucose	Glycerin	Saccharose	Natriumchlorid	Ammonium-phosphat	Ammonium-sulfat	Weinsäure	Kalium-carbonat	Magnesium-carbonat	Zinksulfat	Eisensulfat	Kaliumsilicat	Natrium-carbonat
IV	1	—	—	—	—	—	—	—	—	—	—	—	—	—	—	—	—	—	—	—	—
X	1	—	—	—	—	—	—	—	3	—	—	—	—	—	—	—	—	—	—	—	—
V	1	—	—	—	—	—	—	—	—	1	0,5	—	—	—	—	—	—	—	—	—	—
VII	—	1	—	—	—	—	—	—	—	1	0,5	—	—	—	—	—	—	—	—	—	—
VIIa	—	1	—	—	—	—	—	—	1	—	—	—	—	—	—	—	—	—	—	—	—
VIIb	—	1	—	—	—	—	—	—	—	1	—	—	—	—	—	—	—	—	—	—	—
IX	—	—	—	—	—	—	—	—	0,5	0,5	0,5	—	—	—	—	—	—	—	—	—	—
XV	—	—	1	—	—	—	—	—	1	—	—	—	—	—	—	—	—	—	—	—	—
XVa	—	—	1	—	—	—	—	—	1	—	—	—	—	—	—	—	—	—	—	—	—
VI	—	—	—	1	—	—	—	—	—	0,5	0,5	—	—	—	—	—	—	—	—	—	—
VIa	—	—	—	1	—	—	—	—	1	—	—	—	—	—	—	—	—	—	—	—	—
XII[1])	—	—	—	—	0,6	—	—	—	—	—	—	0,4	—	—	—	—	—	—	—	—	—
XVI[2])	—	—	—	—	0,6	0,34	—	—	—	0,35	—	0,4	—	—	—	—	—	—	—	—	—
XIV[3])	—	—	—	—	—	—	0,4	—	—	—	7	—	0,06	0,025	0,4	0,06	0,04	0,007	0,007	0,007	—
VIIIa	—	—	—	—	—	—	—	0,2	—	—	—	—	—	—	—	—	—	—	—	—	0,2

[1]) Entspricht annähernd der Lösung von Fraenkel.
[2]) Entspricht annähernd der Lösung von Uschinski.
[3]) Nährlösung für Aspergillus niger nach Raulin.

Wegen des Gehaltes an unbestimmten Nährsubstanzen nicht genau kontrollierbare Nährlösungen.

	Pepton	Glucose	Lactose	Saccharose	Mannit	Trockensubstanz der Bierwürze	Fleischextrakt	Natriumchlorid	Seignettesalz	Phosphorsäure (offizinell)	Ammonium-sulfat	Kaliumnitrat	Wasser	Minerallösung	Fleischwasser
III	1	—	—	—	—	—	—	0,2	—	—	—	—	—	100	—
II	0,5	—	—	—	1	1,5	—	—	—	—	—	—	100	—	—
I	1	—	—	1	—	—	1	—	—	—	—	—	100	—	—
I α	1	1	—	—	—	—	1	—	—	—	—	—	100	—	—
0	1	0,5	0,5	0,5	—	—	1	—	0,1	—	—	—	120	—	—
III α[1]	1	1	—	—	—	—	—	0,5	—	—	—	—	—	—	100
II π[2]	0,5	—	—	—	—	2	—	—	—	0,2	—	—	100	—	—
XIV[3]	1	—	—	—	—	—	—	—	—	—	1	1	—	500	—

B. Nährboden ohne organische Stoffe.

Die mineralische Lösung A. Meyers enthält in 1 l Wasser: 1 g primäres Kaliumphosphat, 0,1 g Calciumchlorid, 0,3 g Magnesiumsulfat, 0,1 g Natriumchlorid und 0,01 g Ferrichlorid.

Andere Nährböden ohne organische Stoffe kommen nur für die Züchtung weniger Bakterienarten, nämlich für die die Ammonsalze zu Nitriten und diese zu Nitraten oxydierenden Arten[4]) in Betracht:

1. Nährböden für Nitritbakterien. a) Nährlösung zum Anreichern der Nitritbakterien nach Winogradski:

Wasser	1000 g
Ammoniumsulfat	2 g
Natriumchlorid	2 g
Kaliumphosphat	1 g
Magnesiumsulfat	0,5 g
Ferrosulfat	0.4 g

b) Nähr-Kieselgallerte nach Kühne zur Isolierung der Bakterien aus den angereicherten flüssigen Kulturen. Die Kieselsäurelösung stellt man nach Kühne in der Weise her, daß man 1 Volumen reines Kali- oder Natronwasserglas vom spezifischen Gewicht 1,05—1,06 mit 1 Volumen Salzsäure vom spezifischen Gewicht 1,10 allmählich mischt und darauf in Pergamentschläuchen 1 Tag gegen fließendes Leitungswasser und dann 1 Tag gegen wiederholt gewechseltes destilliertes Wasser bis zum Verschwinden der Salzsäurereaktion dialysiert. Die Lösung wird bei 115—120° sterilisiert. 50 ccm davon werden mit 2,5 ccm einer wässerigen Lösung von 1 $^0/_{00}$ Kaliumphosphat, 3 $^0/_{00}$ Ammoniumsulfat und 0,5 $^0/_{00}$ Magnesiumsulfat, mit 1 ccm einer 2 proz. wässerigen Ferrosulfatlösung, mit einer Öse einer gesättigten Chlornatriumlösung und mit einer gesiebten Aufschwemmung von Magnesiumcarbonat bis zur milchigen Trübung versetzt und in eine Petrischale ausgegossen. Aus der Gallertschicht wird an zwei gegenüberliegenden Stellen am Rande ein Stück herausgeschnitten. In diese Vertiefungen werden je nach Bedarf 2 Tropfen einer 10 proz. Ammoniumsulfatlösung hineingegossen. Das Magnesiumcarbonat wird in der Umgebung der Ammoniumsulfat oxydierenden Kolonien aufgelöst.

---

1) Besonders günstig für Spirillen.

2) Nährlösung für Pilze.

3) Nährlösung für Spirillen.

4) Hauptsächlichste Literatur: Winogradski, Ann. de l'Inst. Pasteur **4, 5**; Omelianski, Centralblatt f. Bakter. II. Abt. 1899, **5**, 537, 652; II. Abt. 1896, **2**, 425.

Kieselsäureplatten nach Beyerinck[1]). 5 ccm Wasserglas werden mit 25 ccm Wasser verdünnt und mit 10 ccm Normalsäure versetzt. Das Gemisch wird in eine Petrischale gegossen und gerinnt dort bald. Die Platten werden in fließendem Wasser gewaschen, um die Chloride zu entfernen, dann in sterilisiertem Wasser gewaschen und darauf mit einer Lösung von 0,01 g Dikaliumphosphat, 0,01 g Kaliumnitrat oder 0,01 g Chlorammonium übergossen. Nachdem die Lösung in die Gallerte eingezogen ist, wird die Schale von unten her erhitzt, bis die Gallerte eine trockene glänzende Oberfläche hat. Diese wird noch mit der Bunsen-Flamme abgesengt. Die Impfung wird oberflächlich ausgeführt. Auf dieser Gallerte wachsen je nach der Zusammensetzung der Nährlösung Nitrit- oder Nitratbakterien und auch die ihre Kohlenstoffnahrung aus der Luft nehmenden Bakterien. (Bac. oligocarbophilus Bey.) Weitere Vorschriften für die Herstellung von Kieselgallertplatten haben Stevens und Temple[2]) gegeben.

c) Nährgipsplatten nach Omelianski. 100 g Gips, 1 g Magnesiumcarbonat werden mit Wasser bis zur Konsistenz von saurem Rahm angerührt und auf eine Glasplatte ausgegossen. Aus der Gipstafel schneidet man entsprechende Teile für Petrischalen und Reagensgläser heraus. In die Schalen und Reagensgläser bringt man so viel von der oben beschriebenen anorganischen Nährlösung, daß die Platten zur halben Höhe in der Flüssigkeit stehen und die Streifen für Reagensglaskulturen gut feucht sind. Es wird bei 120° im Autoklaven sterilisiert. Trocknen die Gipsblöcke aus, so wird sterilisierte Nährlösung aseptisch neben die Platte getropft. Die Impfung erfolgt oberflächlich durch die Ausbreitung eines Tropfens einer angereicherten flüssigen Kultur auf der glatten Oberfläche mittels eines Platindrahtes oder rechtwinklig gebogenen Glasstabes.

2. Nährböden für Nitratbakterien. a) Nährlösung zum Anreichern der Nitratbakterien nach Winogradski:

Wasser	1000 g
Natriumnitrit	1 g
Geglühtes Natriumcarbonat	1 g
Kaliumphosphat	0,5 g
Natriumchlorid	0,5 g
Ferrosulfat	0,4 g
Magnesiumsulfat	0,3 g

b) Nähragar zur Isolierung der Nitratbakterien aus angereicherten Kulturen nach Winogradski:

Leitungswasser	1000 g
Natriumnitrit	2 g
Wasserfreies Natriumcarbonat	1 g
Kaliumphosphat	0,01 g
Agar	15 g

X. Das Abfüllen und Aufbewahren der Nährböden.

Die Nährböden werden in Erlenmeyer-Kolben, möglichst in Portionen von nicht mehr als 250 g an einem kühlen, dunkeln Orte aufbewahrt. Als Verschluß der Kolben dient ein Wattestopfen, der aus glatt aneinanderliegenden Schichten gerollt worden ist und mit einem mit Sublimatlösung angefeuchteten Pergamentpapier überbunden wird. Dieser Watteverschluß ist allen anderen sonst empfohlenen (z. B. doppelte Fließpapierkappe, deren untere mit Spiritus, deren obere mit Sublimat sterilisiert ist) an Sicherheit und Bequemlichkeit weit überlegen.

---

[1]) Centralblatt f. Bakter. II. Abt., 1903, **10**, 38.
[2]) Ebendort II. Abt., 1908, **21**, 84.

Müssen die Nährböden voraussichtlich sehr lange aufbewahrt werden, so ersetzt man die Pergamentkappe durch eine solche aus Gummi. Man kann auch den Wattestopfen etwas tiefer in den Hals des Kolbens hineinschieben und diesen dann mit geschmolzenem Paraffin ausfüllen. Bei der Verwendung erwärmt man den Kolbenhals in der Flamme schwach, so daß das Paraffin am Glase erweicht, zieht nun den Stopfen mittels einer festen Pinzette heraus und ersetzt ihn durch einen solchen aus sterilisierter Watte. Ist ein Nährboden infolge längerer Aufbewahrung ausgetrocknet oder konzentrierter geworden, so fügt man die entsprechende Menge destilliertes Wasser hinzu. Bei Gelatine- und Agarnährböden muß man nach der Verflüssigung die entstehenden Schichten von Wasser und konzentriertem Nährboden sorgfältig mischen.

Die Nährböden müssen für Kulturzwecke in kleinere Gefäße abgefüllt werden. Für Gelatine- und Agarnährböden kommen in erster Linie Reagensgläser, für Nährlösungen außer diesen auch Kolben verschiedener Gestalt in Betracht. Für Gelatinenährböden, sowie für andere Nährböden, die nicht bei Temperaturen über 100° sterilisiert werden dürfen, verwendet man Gläser, die sterilisiert worden sind. Die sauber gereinigten Gläser werden mit einem glatt anliegenden Wattestopfen verschlossen und die Öffnung nach unten im Dampftopf $1/_2$ Stunde sterilisiert. Für Agarnährböden, die im Autoklaven sterilisiert werden können, genügt es, sauber gereinigte Gläser zu verwenden. Beim Abfüllen verfährt man in folgender Weise: Agar- und Gelatinenährböden werden in dem Vorratskolben, ohne den Wattestopfen zu entfernen, im Dampftopf oder in einem kochenden Wasserbade verflüssigt. Der Wattestopfen wird darauf oberflächlich abgebrannt, um alle daran sitzenden Keime zu vernichten. Man entfernt alsdann den Wattestopfen (mittels vorher mit Seife tüchtig gewaschener Hände), legt ihn auf eine reine Glasscheibe beiseite, hält den Kolben möglichst wagerecht, um Luftinfektion zu vermeiden, und füllt nun in die Röhrchen oder Kölbchen nach Bedarf ein. Bei Gelatine- und Agarnährböden ist sorgfältig jede Benetzung der Röhrchenmündung mit dem Nährboden zu vermeiden, weil sonst der Wattestopfen festklebt. Die gefüllten Röhrchen sind sofort mit einem Wattestopfen zu verschließen. Am besten wird das Abfüllen von zwei Personen besorgt, von denen die eine einfüllt, die andere die Röhrchen verschließt bzw. auch die sterilisierten zum Füllen öffnet. Das Abfüllen muß an einem möglichst staubfreien Orte vorgenommen werden.

In die Reagensgläser füllt man je nach der Weite 7—10 ccm Nährboden. Für Hochkulturen von anaeroben Bakterien werden 15 ccm eingefüllt. Die gefüllten Röhrchen werden sofort sterilisiert, Gelatine- und andere hitzeempfindliche Nährböden $1/_2$ Stunde im Dampftopf, Agar- und beständigere Nährböden $1/_4$—$1/_2$ Stunde im Autoklaven bei 1 Atmosphäre Überdruck. Nach dem Sterilisieren läßt man die Nährböden möglichst schnell, aufrechtstehend oder in einem flachen Blechgestell liegend, erstarren. In letzterem Falle entstehen Keile von Gelatine und Agar mit einer langen Oberfläche. Man bezeichnet solche Röhrchen als schräge Gelatine- oder Agarröhrchen.

XI. Über die Brauchbarkeit der Nährböden für verschiedene Zwecke.

Für die Anwendung der Nährböden zu den verschiedenen Aufgaben der mykologischen Forschung mögen folgende Fingerzeige dienen:

Für die Gewinnung von Reinkulturen aus Pilzgemischen werden in allen Fällen am vorteilhaftesten die Gelatine- und Agarnährböden in Form von Plattenkulturen verwendet, wobei nötigenfalls die Kultur mehrere Male mit dem vorgereinigten Material wiederholt wird. Reinzuchtgewinnung mittels Nährlösung ist, abgesehen von den Hefen (siehe diese), jetzt wegen zu großer Unsicherheit aufgegeben.

Für die Untersuchung der Entwickelungsgeschichte eines Pilzes, die unter dem Mikroskop in der feuchten Kammer von der Sporenkeimung an verfolgt werden soll, eignen sich Gelatinenährböden oder entsprechende Nährlösungen. Bei Anwendung letzterer ist es meist nötig, dafür Sorge zu tragen, daß in der betreffenden Deckglaskultur nur eine Spore vorhanden ist. Bei Gelatinenährböden können deren mehrere vorhanden sein, wenn der Ort der einzelnen Sporen genau bestimmt wird.

Für das Studium der Entwickelungsgeschichte von Bakterien eignen sich auch in Reagensgläsern erstarrte Agarnährböden, auf deren Oberfläche eine Aufschwemmung der Sporen verteilt wird. Von Zeit zu Zeit müssen Proben für die mikroskopische Untersuchung entnommen werden.

Größere Pilze, die in den Deckglaskulturen nicht zur vollen Entwickelung kommen, werden, falls eine mikroskopische Kontrolle nötig ist, in Nährflüssigkeitstropfen auf Objektträgern in feuchter Atmosphäre kultiviert. Der erschöpfte Tropfen kann mit sterilisiertem Fließpapier abgesaugt und durch einen neuen ersetzt werden. Zur höchsten Entwickelung kommen allerdings viele höhere Pilze auch dann noch nicht. Um diese zu erreichen, müssen die konzentrierten natürlichen Nährböden .(Mist, Brot, Früchte, Rüben u. a.) angewendet werden. Kulturen auf diesen Stoffen dienen auch zur Feststellung mancher chemischen Lebensäußerungen (Bildung von Farbstoffen, Säuren, Alkohol usw.).

Für die Herstellung von Massenkulturen von Bakterien, Hefen und vielen höheren Pilzen, die zur Bereitstellung größerer Mengen für Zwecke der Impfung, zur Erzeugung kennzeichnender Wachstumsformen, Erkennung chemischer Leistungen (Enzymbildung, Farbstoffbildung, Säure-, Alkalibildung u. a.) dienen, eignen sich die Gelatine- und Agarnährböden in verschiedener Form, ferner die verschiedenartigen Nährlösungen, Kartoffeln, Rüben u. a.

XII. Keimzählungen mittels des Plattenkulturverfahrens.

Um die Zahl der entwickelungsfähigen Zellen in einem Keimgemisch festzustellen, bedient man sich meist des Plattenkulturverfahrens, indem man von der Ansicht ausgeht, daß jede Kolonie einem Keim entspricht. Daß dieses nur bis zu einem gewissen Grade zutrifft, ist bereits früher erwähnt worden. Auch vermehren sich geschwächte Keime zuweilen wohl noch in flüssigen, nicht aber auf festen Nährböden. Ferner darf man nicht übersehen, daß die Art des Nährbodens auf die Vermehrungsfähigkeit vieler Arten von entschiedenem Einfluß ist. Es sind daher alle auf diese Weise gewonnenen Werte niemals wirkliche, sondern nur relative, die lediglich für den angewendeten Nährboden und die besonderen Züchtungsverhältnisse gelten. Universalnährböden für diese Zwecke gibt es nicht.

Man verwendet für Zählplatten meist Gelatinenährböden. Hesse empfiehlt für Bakterien besonders seinen Heydennährstoff-Agar. Für Hefe und andere höheren Pilze werden vorteilhaft schwach saure Nährböden, wie Würzegelatine, verwendet. Die zu untersuchende Flüssigkeit muß, um eine gute Durchschnittsprobe zu erhalten, tüchtig geschüttelt werden. Dann entnimmt man, falls der Bakteriengehalt nicht zu groß ist, mit einer sterilisierten, in Zehntel geteilten 1 ccm-Pipette sofort eine kleine Probe und pipettiert in mehrere sterilisierte Petrischalen 0,1, 0,2 usw., bis 1 ccm der Flüssigkeit. Die Menge hängt natürlich von dem Keimgehalt der Flüssigkeit ab. Will man Agarnährböden verwenden, so verteilt man die Flüssigkeit vorteilhaft tropfenweise über die ganze Schale. Will man weniger als 0,1 ccm aussäen, so kann man die Schalen mit je 1 Tropfen beschicken und dann den Inhalt eines Tropfens durch Bestimmung der Tropfenzahl von 1 ccm feststellen. Hesse und Niedner[1]), die eingehende Untersuchungen über die Technik der Bakterienzählung in Flüssigkeiten ausgeführt haben, empfehlen, in solchem Fall kleine Tropfgläser mit geeichter Glaszunge am Stöpsel zu verwenden und die Tropfengröße durch Abfüllung einer geeichten 10 ccm-Mensur zu bestimmen. Für noch kleinere Mengen empfehlen Hesse und Niedner geeichte Platinösen. Die Eichung erfolgt in der Weise, daß man in ein Uhrglas so viel einer genau 5 proz. Kochsalz-

---

[1]) Zeitschr. f. Hygiene 1906, **53**, 259.

lösung gießt, daß die Höhe der Schicht dem Durchmesser der Öse entspricht, die Öse senkrecht bis auf den Boden des Uhrglases taucht und den Inhalt in sterilisiertes Wasser abspült. Dies wiederholt man 25 mal und bestimmt dann den Kochsalzgehalt des Wassers. Ist der Keimgehalt der Flüssigkeit auch für dieses Verfahren noch zu hoch, so muß man Verdünnungen mit sterilisiertem Leitungswasser (nicht mit destilliertem) herstellen. Man pipettiert in 5 sterile Reagensgläser mit steriler Pipette genau je 9 ccm steriles Wasser, pipettiert in das erste Glas 1 ccm der zu untersuchenden Flüssigkeit, aus diesem nach gründlichem Mischen wieder 1 ccm in das zweite, aus diesem 1 ccm in das dritte usw. Aus jedem Röhrchen wird dann 1 ccm ausgesät.

Die in die Petrischalen pipettierte Flüssigkeit wird in dieser mit dem Nährboden gründlich durch Auf- und Abneigen gemischt. Verwendet man Agarnährböden, so muß man diese auf 37—38° abkühlen. Die Platten müssen auf einer genau horizontalen Fläche erstarren.

Arbeitet man mit Glasplatten, die wegen ihrer größeren Fläche mancherlei Vorteile bieten, so muß man die Flüssigkeit mit dem Nährboden im Reagensglase mischen und dann ausgießen. Dabei entsteht natürlich ein Fehler durch den im Röhrchen verbleibenden Nährbodenrest. Man kann diesen Fehler verringern, wenn man nach dem Ausgießen des Nährbodens das

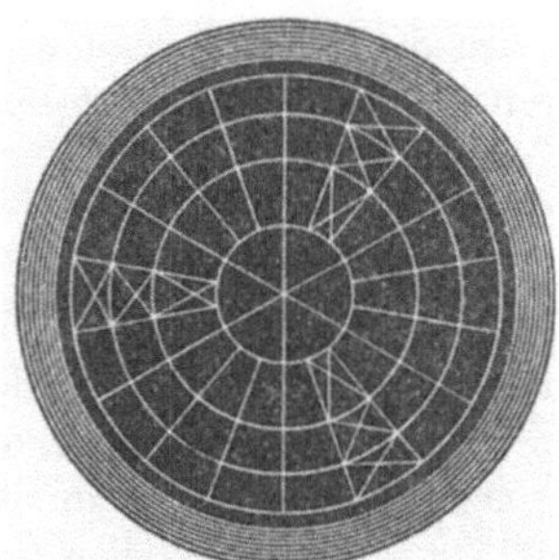

Fig. 325.

Zählplatte nach Lafar.

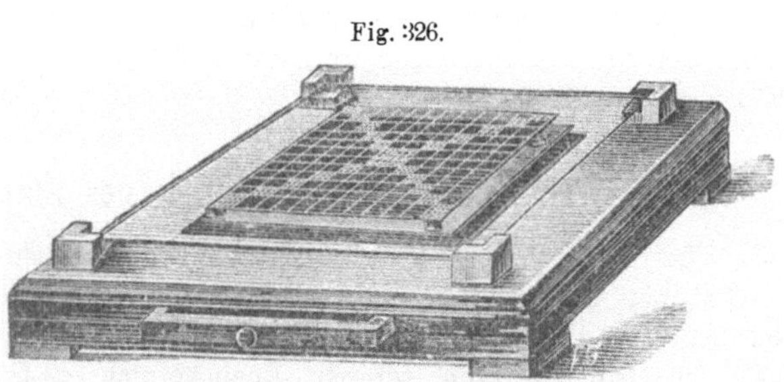

Fig. 326.

Zählplatte nach Wolffhügel.

Röhrchen mit dem Wattestopfen wieder verschließt und aufbewahrt und die sich darin entwickelnden Kolonien zu denen auf der Platte hinzuzählt.

Gelatinenährböden lassen sich natürlich auch in Form von Rollröhrchen zu Zählplatten verarbeiten. Sie eignen sich besonders für alle diejenigen Fälle, in denen es darauf ankommt, ganz vereinzelte Keime oder die Keimfreiheit einer Flüssigkeit nachzuweisen, da bei ihnen die Gefahr einer Verunreinigung durch Luftkeime am geringsten ist. Außerdem ist dieses Verfahren da besonders wertvoll, wo die Ausführung des immerhin umständlichen Plattenkulturverfahrens auf Schwierigkeiten stoßen würde.

Die Zählplatten werden bei etwa 10—25° aufbewahrt. Der Abschluß der Zählung wird so lange wie möglich, etwa 3 Wochen, hinausgeschoben. Bei Gelatinenährböden wird man allerdings die Platten selten so lange halten können, da peptonisierende Arten dieselben meist nach erheblich kürzerer Zeit unbrauchbar machen. Über die Verwendung von Höllensteinstift und Salicylsäure zur Verlängerung der Lebensdauer der Gelatineplatten vgl. S. 629 u. 630.

Das Auszählen der Kolonien wird entweder mit der Lupe oder mit dem Mikroskop vorgenommen. An Genauigkeit und an Einfachheit ist das Zählen mit dem Mikroskop der Lupenzählung zweifellos überlegen. Doch hat sich letztere bisher in vielen Laboratorien erhalten.

Für die Lupenzählung braucht man außer einer mittelstarken Handlupe mit möglichst großem Gesichtsfeld eine Zählplatte. Für Glasplatten ist dieselbe viereckig und in Quadrate von etwa 1 cm Seitenlänge geteilt (Fig. 326). Die in den Diagonalen liegenden Quadrate sind meist nochmals in je 9 kleinere Quadrate zerlegt. Die Zählplatte liegt über einer schwarzen Glasplatte; manchmal ist auch die Teilung in diese selbst eingeätzt. Für Petrischalen ist die Zählplatte nach Lafar zu verwenden (Fig. 325). Diese ist kreisrund und durch konzentrische Kreise und Durchmesser so eingeteilt, daß jeder Sektor gleich 1 qcm ist. Die Platte ist aus schwarzem Glas hergestellt.

Die auszuzählende Platte wird auf die Zählplatte gelegt und nun quadratweise mittels der Lupe vollständig ausgezählt. Das vielfach beliebte Verfahren, nur einzelne Quadrate auszuzählen und danach die Kolonienzahl der ganzen Platte zu berechnen, ergibt sehr ungenaue Werte. Ist eine Platte so dicht bewachsen, daß das Auszählen der großen Quadrate der Zählplatte Schwierigkeiten bereitet, so muß auf jeden Fall die Auszählung mit dem Mikroskop vorgenommen werden.

Man hat auch besondere flache Kulturflaschen mit eingeätzter Quadrateinteilung hergestellt, die eine Zählplatte überflüssig machen (Fig. 327 und 328). Bei einer von Schumburg angegebenen Konstruktion ist die Kulturflasche mit einem hohlen Glasstopfen versehen, dessen Höhlung 1 ccm beträgt, so daß man dieselbe zur Abmessung von Flüssigkeiten benutzen kann (Fig. 327).

Für Rollröhrchen ist ein besonderer Zählapparat eingerichtet worden, der das Auszählen größerer oder kleinerer Oberflächenteile gestattet (Fig. 329). Meist kommt man aber auch in

Fig. 327.

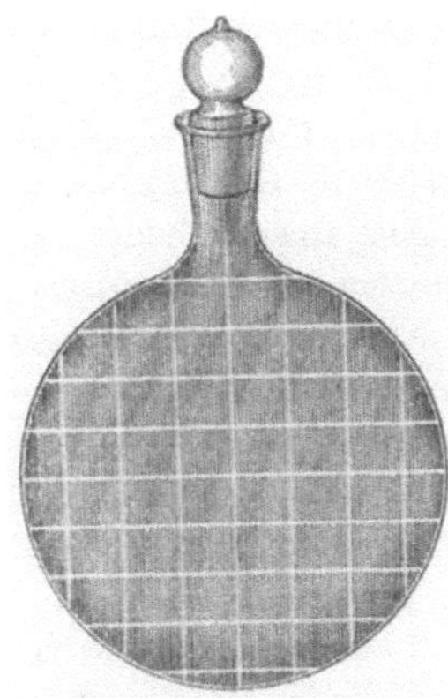

Kulturflasche nach Schumburg mit Ätzung zum Zählen und mit hohlem Stopfen zum Abmessen der Flüssigkeit.

Fig. 328.

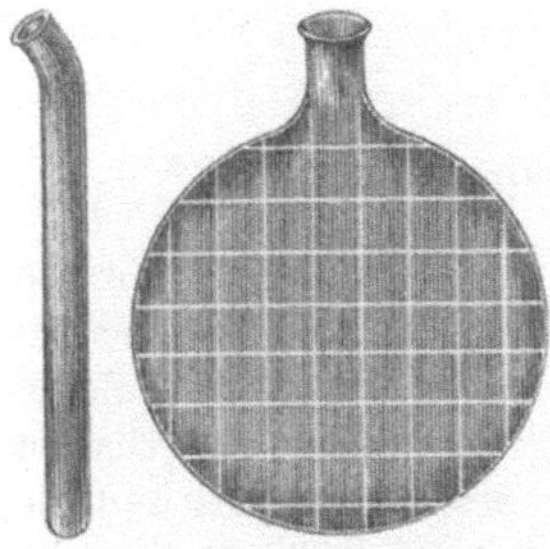

Kulturgefäß nach Roszaheghi mit Ätzung.

Fig. 329.

Zählapparat für Rollröhrchen nach Esmarch.

der Weise zum Ziel, daß man die Oberfläche des Röhrchens durch Striche mit einem Fettstift in 4 Teile teilt und diese nacheinander mit der Lupe auszählt.

Die mikroskopische Auszählung wird mit schwacher Vergrößerung ausgeführt. Vorbedingung für genaue Zählungen sind Petrischalen mit möglichst gleichen Durchmessern, möglichst ebenem Boden und scharf rechtwinklig gebogenem Rande, Nährbodenschichten von höchstens 1,5 mm Dicke, wie man sie bei Verwendung von 8—9 ccm Nährböden in Schalen von 90—94 mm Durchmesser erhält, möglichst gleichmäßige Verteilung der zu untersuchenden Flüssigkeit im Nährboden und horizontale Erstarrung. Für Platten mit bis zu 10 000 Kolonien empfehlen Hesse und Niedner Zeiß-Objektiv a^2 Okular 2 und 3, für dichter bewachsene Kolonien Objektiv a^3 und Meßokular 3 mit quadratischer Teilung des Gesichtsfeldes.

Die Auszählung soll nach Hesse und Niedner je nach der Dichte der Platten in zweierlei Weise vorgenommen werden. Für dünn bewachsene Platten empfehlen sie die

„Ringzählung". Für diese wird auf dem Objekttisch des Mikroskopes ein 16 cm im Quadrat messender Schlitten (von Oskar Leumer, Dresden, Techn. Hochschule, Bismarckplatz 18 zu beziehen) befestigt, dessen beweglicher Teil senkrecht zum Beobachter verschoben werden kann. In einem kreisförmigen, der Schale entsprechenden Ausschnitt des Schlittens kann die Schale um ihren Mittelpunkt gedreht oder verschoben werden. Der Schlitten wird mit der Schale so gestellt, daß der Schalenrand nahe am Rande des Gesichtsfeldes erscheint und nunmehr wird die Schale gedreht, wobei die Kolonien in dem Augenblicke gezählt werden, in dem sie durch den Faden eines im Okular befestigten Fadenkreuzes treten. Man verschiebt dann die Schale um den Durchmesser des Gesichtsfeldes und zählt den nächsten inneren Ringstreifen aus und so fort, bis die ganze Platte ausgezählt ist. Platten mit mehr als 500 Kolonien zählt man besser nach dem „Gesichtsfeldverfahren". Dieses Verfahren setzt voraus, daß die Kolonien über die Platte ganz gleichmäßig verteilt sind und steht daher an Genauigkeit der Ringzählung nach. Es müssen zahlreiche und symmetrisch angeordnete Gesichtsfelder ausgezählt werden. Dies geschieht am besten ebenfalls mittels des Schlittens in konzentrischen Ringen. Enthält ein Gesichtsfeld mehr als 80 Kolonien, so muß man stärkere Vergrößerungen anwenden oder das Gesichtsfeld mittels Fadennetzes oder eines Glasnetzmikrometers in kleinere Bezirke zerlegen. Aus den Zählungen der Gesichtsfelder wird ein Mittelwert berechnet, aus diesem die Kolonienzahl der ganzen Platte. Um die dazu nötige Größe des Gesichtsfeldes festzustellen, wird der Durchmesser des Gesichtsfeldes mittels eines Objektivmikrometers (vergl. S. 174), wenn nötig unter Zuhilfenahme eines Okularfadenkreuzes, gemessen.

Die Untersuchung fester Stoffe auf ihren Keimgehalt stößt auf größere Schwierigkeiten als die von Flüssigkeiten. Es wird sich hierbei nicht empfehlen, die Stoffe, die immer in Pulverform oder in sonstiger feiner Verteilung vorliegen müssen, unmittelbar mit dem Nährboden zu mischen, um Klumpenbildung zu vermeiden. Am besten ist es in diesem Falle, abgewogene Mengen des Stoffes in gemessenen Mengen sterilisierten Leitungswassers aufzuschwemmen und von dieser Aufschwemmung bestimmte Anteile auszusäen. Dabei muß natürlich Sedimentierung der Schwebestoffe während der Entnahme der Impfproben möglichst vermieden werden.

XIII. Die Untersuchung von Keimgemischen.

Für die Analyse von Keimgemischen kommen in erster Linie das Kochsche Plattenkulturverfahren in seinen verschiedenen Formen und die Anreicherungskultur in Betracht. Das Plattenkulturverfahren gestattet in der bequemsten Weise, einen Überblick über die quantitative Zusammensetzung eines Keimgemisches zu erhalten mit den bereits erwähnten Einschränkungen, die durch die Natur des Nährbodens und die sonstigen Vegetationsverhältnisse gegeben sind. Durch die Anwendung von Nährböden, die auf gewisse chemische Leistungen der Organismen einer Kolonie eigenartig reagieren (Färbungen u. a.), läßt sich die Übersicht über die Zusammensetzung von Gemischen oft noch erleichtern.

Das Anreicherungsverfahren kommt dann in Betracht, wenn in der Minderzahl vorhandene Arten oder physiologische Gruppen, die auf den Platten sich nicht entwickeln oder dem Beobachter entgehen würden, nachgewiesen werden sollen.

Einfachere Verfahren zur Analyse von Keimgemischen, besonders von solchen höherer Pilze, die in den Gärungsgeweben eine Rolle spielen, hat Lindner empfohlen. Diese Verfahren haben sämtlich den Vorteil, daß bei ihnen die Vegetationen der verschiedenen Arten unter dem Mikroskope beständig kontrolliert werden können. Für Gemische verschiedener Bakterienarten eignen sich diese Verfahren weniger. Das älteste dieser Verfahren ist die Tropfenkultur. Die zu untersuchende Flüssigkeit wird so weit mit Wasser oder einer geeigneten Nährflüssigkeit verdünnt, daß ein aus einer sterilen Pipette fallender Tropfen möglichst nur noch eine Zelle enthält. Nun besät man sowohl den Boden wie den Deckel einer sterilen

Petrischale mit möglichst vielen Tropfen und verschließt die Schale mit einem Gummiband (Fig. 330), um die Verdunstung zu verhindern. Die Schale bleibt an einem ruhigen Ort stehen und wird von Zeit zu Zeit auf die Vegetation in den einzelnen Tropfen untersucht. Man kann dazu wegen der Dicke des Glases und der Tiefe der Tropfen natürlich nur schwache Vergrößerungen benutzen; doch läßt sich auch mit diesen, wenn man in der Beurteilung der makroskopischen Erscheinungen in den Tropfen einige Übung gewonnen hat, ein annähernder Überblick gewinnen. Für genauere Untersuchungen bleibt aber nichts weiter übrig, als die Schalen zu öffnen und aus dem Inhalt

Fig. 331.

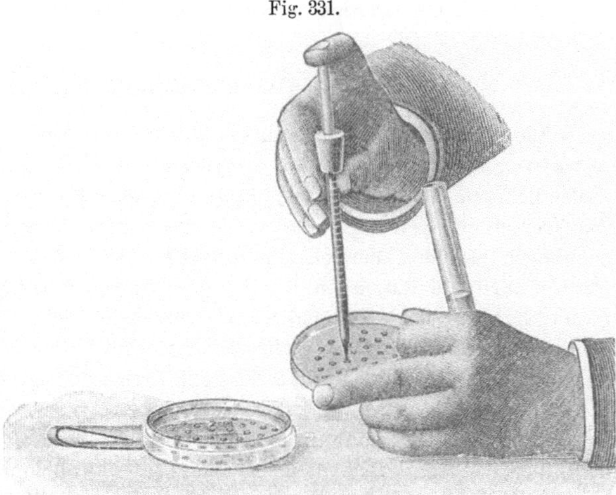

Anlage einer Tropfenkultur. Der Gummiring links dient dazu, die Schalen luftdicht abzuschließen, so daß kein Eintrocknen der Tropfen erfolgen kann.

Fig. 330.

Petri-Schale mit Tropfenkultur im Querschnitt.

der einzelnen Tropfen oder dem Gemisch aller in üblicher Weise mikroskopische Präparate herzustellen.

Bequemer ist die schon beschriebene Tröpfchenkultur, die der Tropfenkultur gegenüber allerdings den Nachteil hat, daß mit ihr nur kleinere Flüssigkeitsmengen untersucht werden können. Man kann die zu untersuchende, falls nötig, vorher entsprechend verdünnte Flüssigkeit wie auf S. 625 beschrieben ist, in Form von Tropfen oder Strichen oder fortlaufenden Linien (Fig. 332) auf das Deckglas auftragen. Man untersucht die Tröpfchen sofort mikro-

Fig. 333.

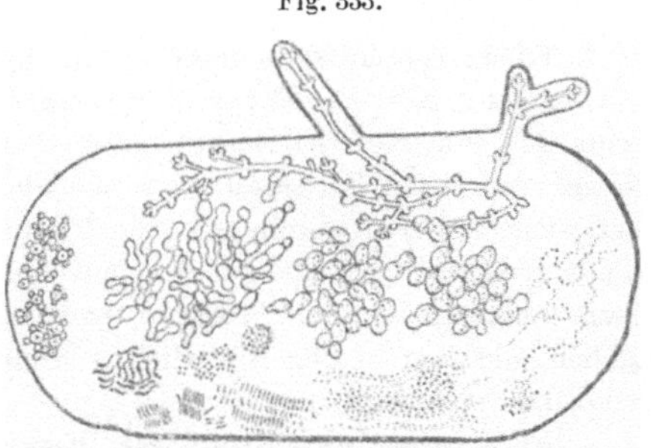

Entwicklung einer Tröpfchenkultur (schematisch). Links Torula, dann wilde Hefe, zwei Kulturhefen, oben eine Mycelhefe, am unteren und rechten Rande Bakterien.

Fig. 332.

Tröpfchenkultur im hohlen Objektträger. Die Flüssigkeit in verschiedener Weise aufgetragen.

skopisch und verfolgt dann von Tag zu Tag die sich bei diesem Verfahren gut getrennt entwickelnden Kolonien (Fig. 333).

Ein weiteres Verfahren Lindners ist die Adhäsionskultur. Bei dieser wird die keimhaltige Flüssigkeit als dünne Schicht über das völlig entfettete Deckglas ausgestrichen, das Deckglas dann auf den Vaselinering eines hohlen Objektträgers fest aufgelegt. Um zu starkes Verdunsten der Flüssigkeitsschicht zu verhindern, kann man öfter in die Höhlung oder auf die Unterseite des Deckglases hauchen. Die Adhäsionskultur ergibt gut zusammenhaftende Kolonien der Organismen. Um luftscheue Organismen zur Entwicklung zu bringen, verfährt Lindner in der Weise, daß er kleinere runde, sterilisierte Deckgläser auf ein Flüssigkeitströpfchen auf der Unterseite eines Deckglases legt. In der dünnen Schicht zwischen den fest adhärierenden Gläsern entwickeln sich luftscheue Organismen gut.

XIV. Die Charakterisierung eines Pilzes.

Eine genaue Charakteristik eines Pilzes muß sich auf seine Morphologie und Entwicklungsgeschichte, sowie auf seine Physiologie und Biologie erstrecken. Bei vielen höheren Pilzen, die ausgeprägte, charakteristische Fruktifikationsformen besitzen, kann man schon mit den morphologischen Merkmalen und entwicklungsgeschichtlichen Untersuchungen zu einer ausreichenden Charakteristik der Art gelangen. Immerhin geht das Bestreben zurzeit dahin, auch für die Charakteristik solcher Pilze physiologische und biologische Merkmale nach Möglichkeit heranzuziehen. Bei anderen Arten, deren Fruchtungsformen wenig kennzeichnend oder nicht bekannt sind, muß dagegen Physiologie und Biologie auf das sorgsamste bei der Charakterisierung berücksichtigt werden. Dies gilt insbesondere auch für die Bakterien. Wie weit man hierbei gehen will, wird von den jeweiligen Umständen und Zwecken der Untersuchung abhängen, je nachdem es auf eine genaue Diagnostik einer Art oder nur auf ihre Familienzugehörigkeit (in morphologischem oder physiologischem Sinne) ankommt. Bestimmte Regeln lassen sich dafür nicht aufstellen. Bei Bakterien und manchen Gruppen höherer Pilze stößt eine genaue Artenabgrenzung selbst bei Heranziehung aller möglichen physiologischen Eigenschaften oft genug noch auf große Schwierigkeiten.

Ganz allgemein beachte man, daß nur Ergebnisse vergleichbar sind, die unter völlig übereinstimmenden Versuchsanordnungen erzielt wurden. Wenn irgend möglich, ziehe man sicher bestimmte Kulturen der zu vergleichenden Art zu den Versuchen mit heran; dies wird um so nötiger, je unbestimmter und lückenhafter die früheren Angaben sind.

A. Morphologische und entwicklungsgeschichtliche Untersuchungen.

Für morphologische und entwicklungsgeschichtliche Untersuchungen ist Grundbedingung der Ausgang von einer Zelle oder von Reinkulturen. Bei Untersuchungen an Bakterien muß man stets von Reinkulturen ausgehen. Bei höheren Pilzen ist dies nicht immer unbedingt nötig. Auf jeden Fall muß man auch hier zunächst Reinkulturen herstellen, wenn das Ausgangsmaterial sehr unrein ist. Sonst wird man bei entsprechender Verdünnung und Verwendung geeigneter Nährböden gelegentlich auch mit dem nicht absolut reinen Material zum Ziele kommen. In den Fällen, in denen auf dem natürlichen Substrat Fruchtungsformen entstehen, die sich in den künstlichen Reinkulturen nicht erzielen lassen, muß man natürlich von ersteren ausgehen.

a) Untersuchungen an Eumyceten. Für entwicklungsgeschichtliche Untersuchungen höherer Pilze kommt die Brefeldsche Objektträgerkultur und die dieser entsprechende Lindnersche Tröpfchenkultur in erster Linie in Betracht. Die Brefeldsche Kultur wird so ausgeführt, daß man das Sporenmaterial, das zum Ausgang dient, mittels einer blanken Lanzettstahlnadel, die Brefeld kalt durch Eintauchen in Alkohol sterilisiert, mit größter Vorsicht gegen Verunreinigungen entnimmt, es in abgekochtem Wasser verteilt und so weit verdünnt, daß ein Tröpfchen nur noch eine Spore enthält. Bei sehr kleinen Sporen kann man auch in der Weise verfahren, daß man sie in Nährlösungen in die ersten Stadien der Keimung eintreten läßt, wobei sie meist anschwellen. Sie sind dann leichter zu erkennen. Ein Tröpfchen mit einer Zelle wird auf einem sorgfältig sterilisierten Objektträger in einen Tropfen Nährflüssigkeit gebracht. Die Objektträger müssen fettfrei sein, damit sich die

Kulturtröpfchen auf ihnen gleichmäßig ausbreiten. Damit die Flüssigkeit nicht verdunstet, werden die Objektträger auf Gestellen aus Zinkblech (Fig. 334) unter Glocken aufbewahrt, die auf Tellern mit genau horizontalen Flächen stehen. Eine $1^0/_{00}$ Sublimatlösung auf den Tellern schließt die Glocken unten gegen die Außenluft ab. Um eine genügend feuchte Atmosphäre in der Glocke zu erzeugen, wird die Innenwand derselben stets mit Hilfe eines Verstäubers feucht gehalten. Die Glocken werden in Schränken aufbewahrt. Für Kulturen im Thermostaten empfiehlt O. Brefeld hohle Objektträger, in deren Ausschliff der Tropfen gelegt wird.

Die Brefeldsche Objektträgerkultur hat den großen Vorzug, daß sie der Luft freien Zutritt gestattet, was dem Wachstum der höheren Pilze sehr förderlich ist. Andererseits sind natürlich die offenen Tropfen der Verunreinigung durch Luftkeime leicht ausgesetzt, wenn man nicht über ein Zimmer verfügt, in dem wenig verkehrt wird und dessen Wände und Boden leicht gesäubert werden können. Auch eignen sich die Objektträgerkulturen nicht für andauernde Beobachtungen einer Spore unter dem Mikroskop. Man wird daher häufig besser die feuchten Kammern verwenden, von denen die Böttchersche schon beschrieben wurde. Abarten derselben gestatten, auch Luft oder andere Gase durch seitliche Röhren in die Kammer zu leiten und so eine Anhäufung der entwicklungshemmenden Kohlensäure zu vermeiden, oder die Entwicklung bei Sauerstoffmangel zu verfolgen. Die Kataloge der Firmen enthalten eine ganze Reihe verschiedener Einrichtungen, unter denen man je nach Aufgabe und Neigung wählen kann. Vor dem Lindnerschen Tröpfchenverfahren mittels des hohlen Objektträgers hat die Züchtung in der feuchten Kammer die Möglichkeit der ausgiebigeren Atmung und Ernährung voraus.

Die Einzellkulturen müssen entweder andauernd oder von Zeit zu Zeit unter dem Mikroskop beobachtet werden. Um Verunreinigungen der Objektträgerkulturen zu vermeiden, kann man am Mikroskoptubus einen Schirm befestigen, der von oben fallende Keime auffängt. Zu beachten sind Veränderungen der Größe und Form der Sporen bei der Keimung, Abwerfen der Sporenmembran, Anlage von Zellwänden und Verzweigungen, Entwicklung der Fruktifikationsorgane. Von allen Stadien sind Zeichnungen mittels des Zeichenapparates zu entwerfen, an denen auch die nötigen Messungen in der auf S. 175 beschriebenen Weise vorgenommen werden können.

Der Entwicklung der Pilze in den Tropfenkulturen ist natürlich durch die geringe Menge verfügbarer Nährstoffe eine Grenze gesetzt. Zwar kann man die Entwicklung noch weiter führen, indem man den erschöpften Tropfen mit einem Stück sterilisierten Fließpapiers aufsaugt und durch einen frischen ersetzt. Meist aber wird man die Beobachtungen an Tropfenkulturen durch solche an Massenkulturen auf reicheren Nährböden ergänzen müssen. Für solche Massenkulturen, die nicht unter steter mikroskopischer Kontrolle stehen, darf nur Sporenmaterial aus sicheren Reinkulturen verwendet werden, da sonst schwere Irrtümer unvermeidlich sind, wie die Geschichte der Mykologie gezeigt hat und noch zeigt.

Zu den Massenkulturen verwendet man die verschiedensten Nährböden, die oben S. 643 eingehend beschrieben wurden. Der Einfluß derselben auf die Entwicklung und Fruktifikation ist genau festzustellen. In Flüssigkeiten ist besonders auf die Bildung von Oberflächenhäuten (Kahmhäuten) und deren Bau, Färbung u. a., auf etwaiges Wachstum in der Flüssigkeit, Auftreten von Sproßmycel u. a. zu achten, wobei gleichzeitig etwaige Veränderungen der Flüssigkeit (Geruch usw.) zu beachten sind. Auch die Häute auf festen Nährböden sind oft

Fig. 334.

Gestell für feuchte Kammern und Objektträger.

durch Struktur, Konsistenz und Färbung kennzeichnend. In älteren Kulturen treten ferner Hungerformen, Durchwachsungen auf (vgl. S. 685).

Für bequeme Beobachtung des Verhaltens von Sporen und Mycelen unter beschränktem Luftzutritt hat Lindner sein Verfahren des Vaselineeinschlußpräparates (Fig. 335) empfohlen. Ein Tropfen Nährflüssigkeit mit einigen Sporen wird auf einem sterilisierten Objektträger mit einem sterilisierten Deckglas bedeckt. Auf den Objektträger werden vorher einige sterilisierte Sandkörnchen gegeben. Um den Rand des Deckglases zieht man einen Vaselinering und schließt so die Luft ab. Die Sporen keimen unter diesen Verhältnissen zwar, das Wachstum des Mycels hört aber meist bald auf.

Fig. 335.

Vaselineeinschlußpräparat. Nach Lindner.

Oft unterscheidet sich so gewachsenes Mycel in der Form und Verzweigung wesentlich von dem bei Luftzutritt entstandenen. Bei manchen Arten bildet sich Sproßmycel und es ist Gasgärung zu beobachten.

Fig. 336.

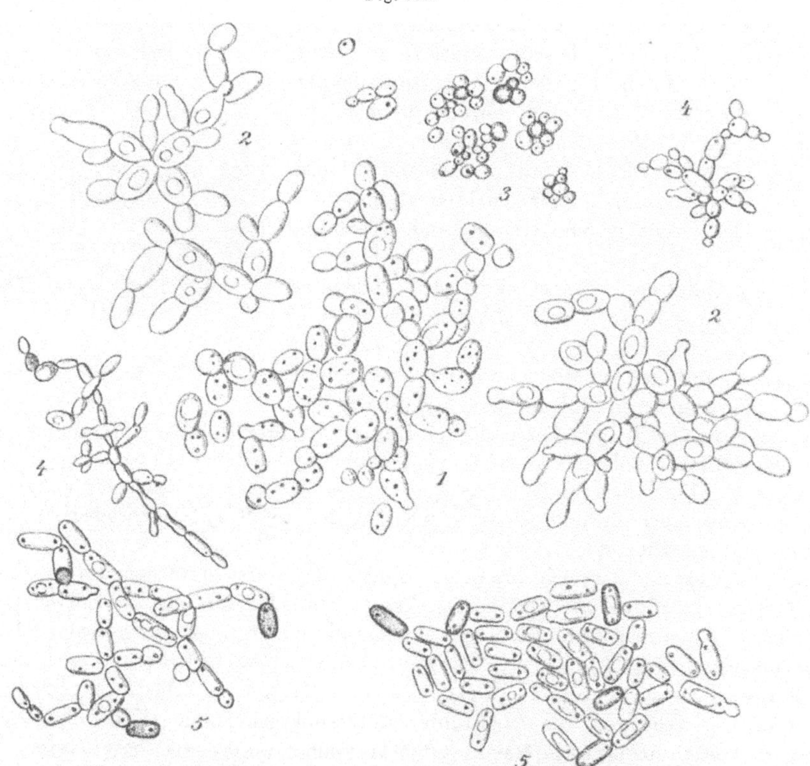

Wachstum verschiedener Sproßpilze in Tröpfchenkulturen (590 : 1). Nach Will.
1 1 untergärige Kulturhefe, 2 wilde Hefe, 3 und 4 Torulahefen, 5 Mycodermahefen. In 3, 4, 5 die stärker umrandeten Zellen mit Lufthülle.

b) Untersuchungen an Sproßpilzen[1].
Eine besondere Betrachtung verdienen unter den Eumyceten die Sproßpilze, die in den Nahrungsmittelgewerben eine wichtige

[1] Man vergleiche hierzu auch die ausführliche Darstellung der Eigenschaften der Sproßpilze in Bd. II, S. 1157 u. f.

Rolle spielen. Gestalt und Vermehrungsweise dieser Pilze sind sehr einförmig und es muß daher jedes andere morphologische Merkmal, insbesondere die Wachstumserscheinungen der Massenkulturen herangezogen werden. Die Entwicklungsgeschichte dieser Pilze wird wie die der anderen Eumyceten unter mikroskopischer Kontrolle in der feuchten Kammer verfolgt. Zu beachten ist die Größe und Form der Zellen, die Anlage und Dauerhaftigkeit der Sproß-verbände, etwaige fadenmycelartige Bildungen, der Inhalt der Zellen (homogene oder körnige Struktur, Vakuolen, Fett, Glykogen, Zellkern), Struktur des schließlich entstehenden Hefe-fleckes, etwaiges Luftmycel in älteren Kulturen, Bildung von Endosporen, etwaige Kopu-lationsvorgänge, Alterungserscheinungen der Zellen u. a. m. Bei Kulturen in Gelatine ist die Form der entstehenden Kolonie zu beachten.

Fig. 337.

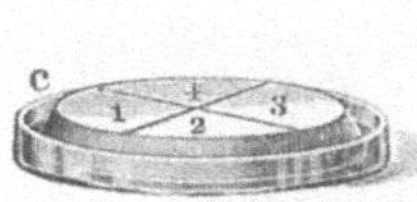

Apparate zur Sporenkultur der Hefe auf Gipsblöcken. Nach Lindner.
a Blechform zum Gießen des Gipsblockes, b Gipsblock, c desgl. in einem Schälchen mit Wasser,
d feuchteKammer mit mehreren Gipsblockschälchen.

Sehr kennzeichnende Wachstumsbilder verschiedener Sproßpilzarten liefert die Lind-nersche Tröpfchenkultur (vgl. Fig. 336).

Bei den Saccharomyceten und anderen Sproßpilzen ist verschiedentlich eine große Nei-gung zur Variation beobachtet worden, die sich auch auf die morphologischen Merkmale wie Zellform und Sporenbildung, erstreckt. Deshalb stelle man von einer gärenden Würze-kultur nochmals Tröpfchenkulturen her, in denen möglichst viele Tröpfchen nur eine Zelle enthalten. Auch in Oberflächenkulturen sollen nach Beije-rinck bei manchen Saccharomyceten (S. fragrans, Schizosac-charomyces octosporus) morphologische Varietäten durch Form und Farbe der Kolonien zu unterscheiden sein.

Fig. 338.

Gipsblock in einer Glasschale
mit Wasser. Nach Klöcker.

Die Sporenbildung ist ein wichtiges differentialdiag-nostisches Merkmal. Die Sporen bilden sich bei manchen Arten sehr leicht, in Tröpfchenkulturen, Kahmhäuten, auf festen Nährböden, bei anderen schwieriger und erst unter be-sonders günstigen Bedingungen. Dazu gehören im allgemeinen kräftige Zellen, poröse feuchte Unterlagen und reichliche Luft-zufuhr. Man läßt daher die auf Sporenbildung zu untersuchende Reinkultur zunächst einen Tag lang in einem Kölbchen mit 10 ccm Würze stehen, gießt die Würze vom Bodensatz, füllt neue auf und läßt nun einen Tag bei 25° gären. Der Bodensatz wird dann mit möglichst wenig Würze auf einen Gipsblock übertragen und hier dünn ausgebreitet. Die Gipsblöcke werden nach Lindner so hergestellt, daß man einen Brei aus gleichen Teilen Maurergips und Wasser in vernickelte Blechformen gießt und darin erstarren läßt (Fig. 337). Klöcker empfiehlt ein Gemisch von 2 Teilen Gipspulver und $^3/_4$ Teilen Wasser, Will 3 Teile Gips und 1 Teil Wasser. Als Dimensionen für den Block gibt Klöcker 3 cm Höhe, Durchmesser der unteren Fläche 5,3 cm, der oberen Fläche 3,8 cm an. Die Gips-blöcke werden in Doppelschalen mit etwas Wasser (Fig. 338) oder nach Lindner zu mehreren in einer feuchten Kammer (Fig. 337) aufbewahrt. Im Karlsberg-Laboratorium werden Schalen von 4,5—5 cm Höhe und etwa 7 cm Durchmesser (sog. Vogelnäpfe) benutzt. Die Schalen werden mit den mehrere Tage an der Luft scharf getrockneten Gipsblöcken

42*

1—1½ Stunden bei 110—150° sterilisiert und vor dem Gebrauch mit so viel sterilisiertem Wasser angefeuchtet, daß der Boden der Dose noch 2—3 mm hoch damit bedeckt ist.

Um Sporenkulturen unter Bedingungen auszuführen, die Bakterieninfektion ausschließen, schlägt Schiönning die Aufbewahrung der Gipsblöcke im Gärkolben vor. Eine genaue Vorschrift für die Herstellung solcher Sporenkulturen gibt Klöcker in seinem wiederholt genannten Lehrbuche (S. 54).

Sporenbildung findet nicht bei allen Sproßpilzen, sondern nur bei den Saccharomyceten statt. Sie ist daher ein wichtiges differentialdiagnostisches Merkmal. Form und Zahl der Sporen (Fig. 339), die Vorgänge, die ihrer Entstehung voraufgehen, der Bau der Sporenwand, die Keimung der Sporen sind bei Saccharomyces-Arten sehr verschieden und müssen genau beachtet werden. Doch ist andererseits zu bemerken, daß die Bedingungen für die Sporenbildung bei vielen Sproßpilzen noch zu wenig erforscht sind und daß manche bisher asporogene Art unter geeigneten Bedingungen wohl Sporen bilden wird. Ferner ist die Fähigkeit zur Sporenbildung sehr der Variation unterworfen. Hansen hat durch längere Kultur bei höheren Temperaturen asporogene Varietäten erzeugt. Über die Bedeutung der Temperaturen für die Sporenbildung der Saccharomyceten vgl. man S. 673.

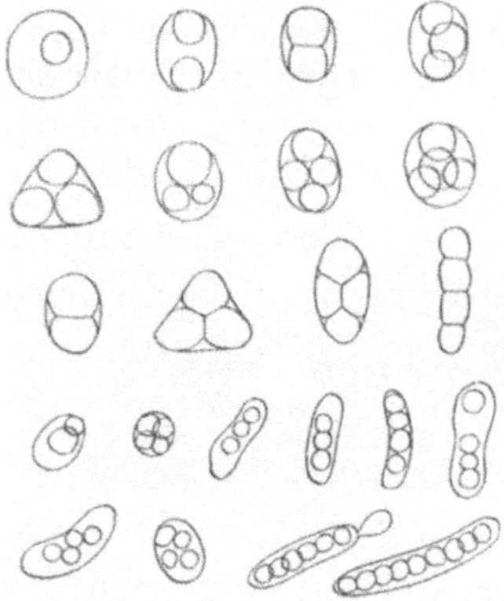

Fig. 339.

Zahl der Sporen und Lagerung in der Mutterzelle. Nach Will.

Wertvolle Unterscheidungsmerkmale für die Sproßpilze bieten die Wachstumserscheinungen auf festen Nährböden. Über die Oberflächenplatten wurde oben schon berichtet. Es kommen weiter in Betracht Strichkulturen, Stichkulturen und Riesenkolonien. Für die Strich- und Stichkulturen verwendet man

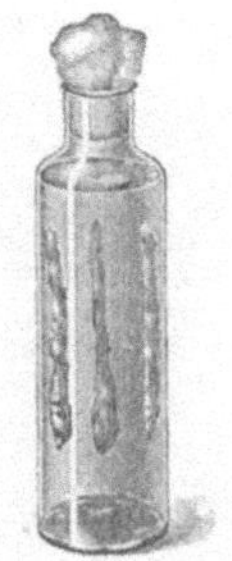

Fig. 340.

Impfstrichkultur auf dünner Gelatineschicht. Nach Lindner.

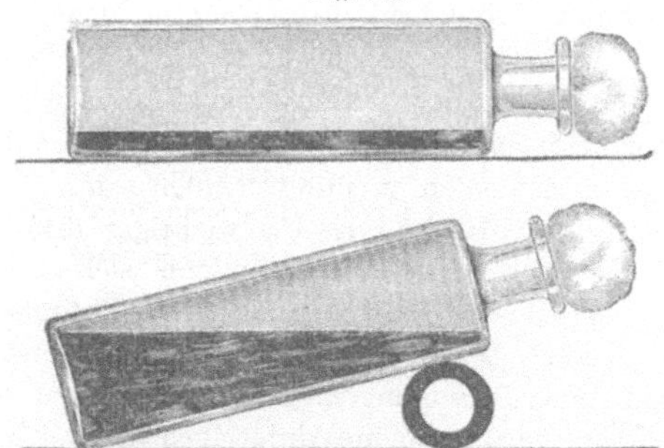

Fig. 341.

Kulturflaschen mit gerade und schräg erstarrtem Nährboden. Nach Lindner.

die Nährböden in Reagensgläsern, oder nach Lindners Vorschlag in viereckigen Flaschen (Fig. 341) und Zylindergefäßen (Fig. 340).

Strichkulturen legt man durch Verstreichen geringer Mengen Reinkultur auf der Oberfläche, Stichkulturen durch Einstechen eines geraden Platindrahtes, an dessen Spitze eine Spur Hefe sitzt, in einen im aufrechtstehenden Röhrchen oder Fläschchen erstarrten Nährboden an.

Bei den Strichkulturen werden je nach der Dicke der Nährbodenschicht (vgl. Fig. 341) dickere oder dünnere Massenkulturen entstehen, deren Ränder und Oberfläche oft kennzeichnende Bilder zeigen. Auch die Stichkulturen geben oft interessante Wachstumserscheinungen (Fig. 342, 343).

Werden zu diesen Kulturen zuckerhaltige Gelatinenährböden verwendet, so treten auch Gärungsvermögen durch Gasblasenbildung und proteolytische Enzyme durch Verflüssigung der Gelatine in die Erscheinung.

Als Riesenkolonien bezeichnet Lindner die Kolonien, die sich auf Würzegelatine aus einem Tropfen einer Hefenaufschwemmung bilden. Da ihre Bildung längere Zeit in An-

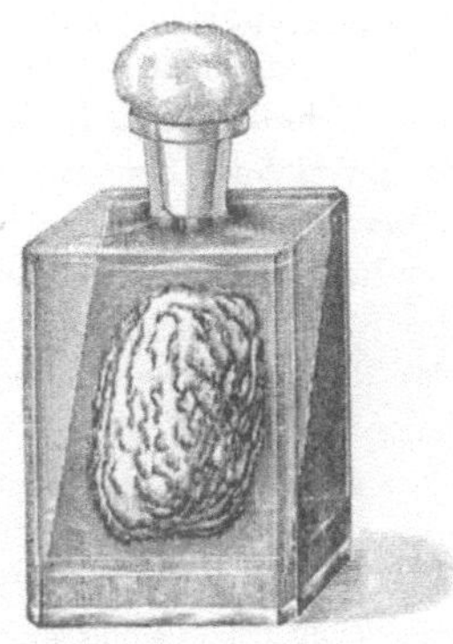

Fig. 342.

Strichkultur auf schräg erstarrtem Nährboden. Nach Lindner.

Fig. 343.

Stichkultur in Nährgelatine mit Gasblasen. Nach Lindner.

Fig. 344.

Kolben mit Riesenkolonien auf Gelatine. Nach Lindner.

spruch nimmt, so werden sie in Glaskolben angelegt, deren Boden mit einer etwa 2 cm dicken Gelatineschicht (10proz. Würze- oder Kartoffelsaftgelatine) bedeckt ist (Fig. 344). Die Impfung erfolgt durch Auftragung eines Tropfens auf die Oberfläche, ohne diese zu verletzen. Die Kolben müssen vor einseitiger Erwärmung geschützt werden. Es empfiehlt sich, solche Kulturen bei

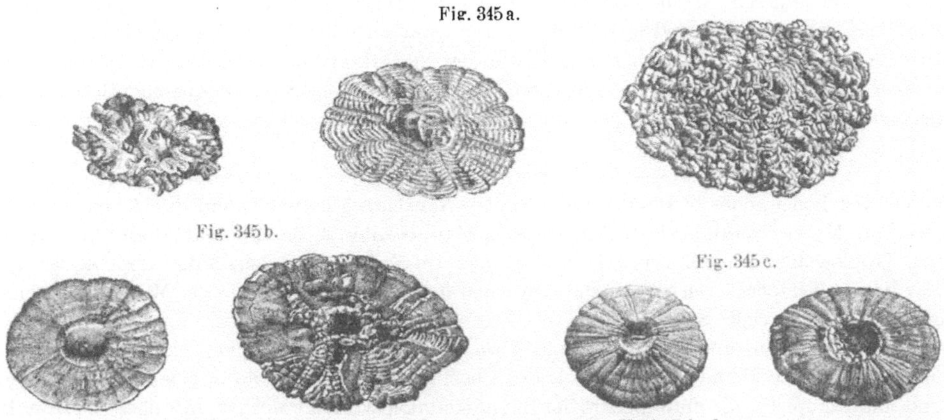

Fig. 345 a.

Fig. 345 b.

Fig. 345 c.

Riesenkolonien verschiedener Saccharomyceten. Nach Lindner.

verschiedenen Temperaturen anzusetzen. Die Riesenkolonien besitzen einen sehr interessanten, für die einzelnen Arten kennzeichnenden Bau (Fig. 345a—c). Will[1]), der sich eingehend mit ihrem Aufbau beschäftigt hat, stellt sie in Parallele mit der Kahmhaut auf flüssigen Nährböden. Wegen der Beständigkeit ihrer Wachstumsformen bezeichnet er sie als wertvolles diagnostisches Merkmal einer Art. Nur muß beachtet werden, ob von einer Bodensatz- oder Kahmhautzelle ausgegangen wird.

Wichtig für die Kennzeichnung der Hefen ist ferner das Verhalten in Nährflüssigkeiten. Manche Arten bilden sofort (Mycoderma, Torula, Willia), andere langsamer Ober-

---

[1]) Will, Anleitung zur biologischen Untersuchung usw. München u. Berlin 1909, S. 112.

flächenvegetationen, **Kahmhäute.** Die Fähigkeit hierzu ist bei den einzelnen Arten sehr verschieden. Man erzeugt solche Hautkulturen in Erlenmeyer-Kolben, die bei verschiedenen Temperaturen still aufbewahrt werden. Die **Hautbildung** ist wie die Sporenbildung in hohem Maße von der **Temperatur** abhängig. Die Zellen der Häute mancher Saccharomyceten unterscheiden sich zuweilen wesentlich von denen des Bodensatzes; es treten dickwandige Dauerzellen auf, ferner langgestreckte wurstförmige Zellen.

c) Untersuchungen von Bakterien. Da der Bau der Spaltpilzzellen und ihrer Sporen, soweit solche vorkommen, sehr einfach und einförmig ist, so müssen alle morphologischen Merkmale der Zellen wie der Massenkulturen zur Kennzeichnung herangezogen werden. Daran muß sich stets eine eingehende Untersuchung der physiologischen und biologischen Eigenschaften schließen. Die Forderung völlig gleicher Versuchsanordnung bei vergleichenden Untersuchungen und die Heranziehung von Vergleichskulturen muß bei bakteriologischen Untersuchungen besonders scharf gestellt werden. Bei sporenbildenden Arten muß der Entwicklungsgang von der Spore bis zur Sporenbildung verfolgt werden. Dies kann man entweder im hängenden Tropfen unter steter mikroskopischer Kontrolle oder nach dem Vorschlage von **Arthur Meyer** durch zeitweilige Entnahme einer Probe von der mit den Sporen geimpften Fläche eines schräg erstarrten Agarröhrchens vornehmen. Zu beachten ist dabei, daß die Bakterien auf den in den Laboratorien benutzten Nährböden häufig erst nach einiger Zeit in bezug auf Zellform und Wachstum in Massenkulturen konstante Eigenschaften annehmen, die für die Diagnose verwendbar sind. **Arthur Meyer** empfiehlt daher die frisch von ihren Standorten isolierten Bakterien mindestens 4 Wochen lang auf D-Agar zu züchten, ehe morphologische und entwicklungsgeschichtliche Untersuchungen vorgenommen werden dürfen. Bei sporenbildenden Arten geht man von reinem Sporenmaterial aus. Für Bodenbakterien empfiehlt **Arthur Meyer** die Benutzung von mindestens 4 Wochen altem Sporenmaterial, das, in Wasser aufgeschwemmt, genau 2 Minuten im Wasserbade auf 100° erhitzt wurde. Bei anderen Arten, deren Sporen gegen Erhitzung weniger widerstandsfähig sind, wird man entsprechend niedrigere Temperaturen wählen müssen, um die vegetativen Formen zu beseitigen. Man beobachtet nun die Form der Sporen, etwaige Skulptur der Membran und zeichnet mittels des **Abbe**schen Apparates (S. 172) eine größere Zahl der in einem Gesichtsfelde liegenden Sporen. Bei der Vergleichung der Bilder und ihrer Maße wird sich dann ergeben, welche Formen und Dimensionen die häufigeren sind.

Von dem Sporenmaterial wird sodann 1 Tropfen auf schräg erstarrten Agar oder anderen Nährboden, oder in Bouillon oder andere Nährlösung gebracht und bei 18° oder bei 30° (**Arthur Meyer** wählt meist 28°) gehalten. Man kann auch das Sporenmaterial im hängenden Tropfen aussäen und von Zeit zu Zeit oder beständig unter dem Mikroskop beobachten. Für höhere Temperaturen muß man dann einen heizbaren Objekttisch oder Mikroskopthermostaten benutzen (vgl. S. 159).

Von den Kulturen entnimmt man etwa alle 6 Stunden aus dem oberen, mittleren und unteren Teil eine kleine Menge mittels des Platindrahtes, verteilt sie in einem Wassertropfen und mikroskopiert. Es muß die Art der Sporenkeimung verfolgt werden, etwaiges Anschwellen der Sporen, die Zeit, nach welcher die Keimung erfolgt, wie das Keimstäbchen aus den Sporen heraustritt, ob diese als Ganzes zum Keimstäbchen wird, ob das Keimstäbchen sofort schwärmt. Das Austreten des Keimstäbchens erfolgt entweder polar oder äquatorial, bei manchen Arten nach beiden Formen. Die Art der Sporenkeimung variiert bei derselben Art bis zu einem gewissen Grade und ist daher zwar ein wichtiges, aber kein ausschlaggebendes diagnostisches Merkmal. Es muß dann die weitere Entwicklung des vegetativen Stadiums verfolgt werden, ob vielleicht an den Stäbchen Verzweigungen auftreten, ob längere ein- oder mehrzellige Fäden entstehen, ob die fertigen Stäbchen (**Arthur Meyer** nennt sie Oidien) längere Zeit im Verbande bleiben oder sich trennen, ob und wann Schwärmer auftreten, wie die Geißeln an diesen angeordnet sind. Die Untersuchungen werden an lebendem sowie an nach den auf S. 199 beschriebenen Verfahren gefärbtem Material ausgeführt. Ferner sind mittels der auf S. 205 angegebenen Verfahren etwaige Inhaltsstoffe in den Stäbchen festzustellen. Von allen vegetativen Zuständen sind exakte Zeichnungen zu entwerfen. Sodann wird die Sporenbildung genau verfolgt, indem man aus den Kulturen die verschiedenen Stadien bis zur fertigen Spore zusammensucht. Die Zeit, die zwischen Sporenkeimung und Sporenbildung bei einer gewissen Temperatur liegt, ist genau festzustellen. Bei Arten, von denen Sporen auf den üblichen künstlichen Nährböden nicht erzielt werden können, muß man sich natürlich auf die Kennzeichnung der vegetativen Formen beschränken.

Die Form der Kolonie bei Massenwachstum wird für die Unterscheidung der Bakterienarten in hohem Maße benutzt. Sollen die Unterschiede diagnostischen Wert haben, so müssen die Kulturen mit absolut gleichbehandeltem Material hergestellt und unter gleichen Lebensbedingungen gehalten werden. Folgende Formen des Massenwachstums werden besonders herangezogen:

1. Kolonien, die aus einer Zelle in Plattenkulturen entstanden sind. Man benutzt als Nährböden in erster Linie Nährgelatinen, in zweiter Agar, in Form von Guß- oder Oberflächenplatten. Besonders kennzeichnend sind die Kolonien auf Gelatine. Man hat zu unterscheiden zwischen Oberflächen- und Innenkolonien. Erstere sind die charakteristischen, letztere nähern sich bei den meisten Arten mehr oder minder der Kugel- oder Ellipsenform. An den Kolonien ist zu beachten die Gestalt, der Rand, die Form und das Aussehen der Oberfläche, die Konsistenz, die Farbe, die innere Struktur, ferner etwaige Veränderungen im Nährboden (Verflüssigung der Gelatine, Krystallablagerungen), Gerüche, Leuchten u. a. Doch ist zu beachten, daß die Morphologie der Kolonien in hohem Maße von geringen Verschiedenheiten des Nährbodens abhängt[1]).

2. Strichkulturen, d. h. aus zahlreichen Zellen (bei Sporenbildnern aus reinem Sporenmaterial) erwachsene Massenkulturen auf der Oberfläche schräg erstarrter Gelatine- oder Agarnährböden in Röhrchen oder Flaschen oder auf Scheiben anderer festen Nährböden, insbesondere Kartoffeln, Möhren, Rüben. Es sind dieselben Erscheinungen wie bei den Kolonien zu beachten. Strichkulturen werden durch Verstreichen der Impfmasse mittels der Platinnadel oder -öse hergestellt.

3. Stichkulturen. Diese werden in der Weise angelegt, daß mittels eines geraden Platindrahtes an dessen Spitze sich eine sehr geringe Menge Bakterienkultur befindet, in Gelatine- oder Agarnährböden im Reagensglas ein Stich von oben nach unten geführt wird. Es muß so wenig Bakterienkultur verwendet werden, daß man im Nährboden den Stich nicht etwa als weißliche Linie sehen kann. Zu beachten ist, ob die Bakterien sich in der ganzen Länge des Stiches entwickeln, ob das Wachstum überall gleichmäßig ist, ob stellenweise oder an der ganzen Länge Ausläufer in den Nährboden hineinstrahlen, ob Oberflächenwachstum stattfindet, Verflüssigung, Gasbildung, Färbung u. a. eintritt.

4. Massenkulturen in Flüssigkeiten. Diese werden meist mit Nährlösungen in Reagensgläsern ausgeführt, in die man kleine Mengen Bakterienkultur mittels des abgebrannten Platindrahtes überträgt. Zu beachten ist, ob die Flüssigkeit sich trübt oder klar bleibt, ob Oberflächenwachstum (Kahmhautbildung) eintritt, ob sich ein Bodensatz bildet.

B. Physiologische Untersuchungen.

1. Nährstoffbedürfnis und Assimilationsvermögen.

Einen schnellen Überblick über das Assimilationsvermögen eines Pilzes gegenüber verschiedenen Kohlenstoff- und Stickstoffverbindungen gestattet das auxanographische Verfahren von Beijerinck. Man stellt aus Gelatine, die durch mehrtägiges Auslaugen in

---

[1]) Über den Einfluß der verschiedenen Faktoren auf die Form der Kolonie vgl. Hutchinson, Centralblatt f. Bakter. II. Abt., 1907, 17, 65; dort findet sich auch die ältere Literatur über diesen Gegenstand; ferner Almagia, Arch. f. Hygiene 1906, 59, 159.

destilliertem Wasser von löslichen Stoffen möglichst befreit worden ist, eine 7 proz. Lösung in Wasser mit 0,025% Dinatriumphosphat her[1]). Aus dieser Stammgelatine stellt man Nährgelatinen her, die nur eine Stickstoff- oder eine Kohlenstoffverbindung enthalten, z. B. eine mit 1% Glucose, eine andere mit 0,5% Ammoniumsulfat, impft ein Röhrchen derselben mit einer reichlichen Menge der zu untersuchenden Pilzart und gießt Platten. Auf die Glucoseplatte bringt man nun Tropfen entsprechend dünner Lösungen verschiedener Stickstoffverbindungen, auf die Ammoniumsulfatplatte solche verschiedener Kohlenstoffverbindungen. Die Lösungen diffundieren in die Gelatine. Enthalten sie assimilierbare Stoffe, so tritt auf den Diffusionsfeldern Wachstum der eingesäten Keime ein. Man kann in dieser Weise die verschiedenartigsten Kombinationen prüfen. Um die Brauchbarkeit stickstoffhaltiger organischer Verbindungen zur Deckung des Kohlenstoff- und Stickstoffbedarfes zu prüfen, verwendet man die Gelatine ohne weiteren Zusatz. Für gelatineverflüssigende Arten verwendet man Agarnährböden.

Das auxanographische Verfahren gibt einen Überblick über den Nährwert der Stoffe. Soll der Einfluß gewisser quantitativen Verhältnisse und der Reaktion festgestellt werden, so muß man natürlich mit Nährlösungen bekannter Zusammensetzung arbeiten. Man vergleiche in dieser Beziehung die Angaben auf S. 643 u. ff.

Besondere Vorsichtsmaßregeln sind bei Versuchen über den Bedarf der Pilze an gewissen Elementen nötig. Die dazu verwendeten Stoffe müssen absolut rein sein, und als Kulturgefäße dürfen nur solche aus Jenenser Glas verwendet werden. Auch auf den Einfluß der Laboratoriumsluft ist Rücksicht zu nehmen.

Den Wert einer Nährlösung mißt man gewöhnlich durch das Trockengewicht der bis zu einer bestimmten Zeit erzielten Ernte. Nach Pfeffers Vorgang bestimmt man den Wert einer Nährlösung zuweilen auch durch den ökonomischen Koeffizienten, d. h. die Menge Trockensubstanz, die bei Verbrauch von 100 Teilen der Kohlenstoffverbindung gebildet wird.

2. Erzeugung von Enzymen.

Die Bildung von Enzymen ist eine Eigenschaft, die als diagnostisches Merkmal gut zu verwenden ist. Doch ist zu beachten, daß diese Fähigkeit unter Umständen verloren gehen oder geschwächt werden kann und daß die Enzymbildung in hohem Grade von den Ernährungsbedingungen abhängt.

Man unterscheidet Ekto- und Endoenzyme. Erstere werden von den Pilzen ausgeschieden, letztere sind an die Zelle gebunden. Von den Endoenzymen kennt man zurzeit nur wenige genauer, wie die Zymase der Hefe, die Alkoholoxydase der Essigsäurebakterien, das Milchsäureenzym der Milchsäurebakterien („Gärungsenzyme"), die Endotryptase der Hefe, die Invertase von Monilia candida (endogene „Spaltungsenzyme"). Den Nachweis dieser Enzyme an sich führt man zu Zwecken der Diagnostik kaum. Er ist nur mittels des aus den durch Verreiben mit Glasstaub oder Kieselgur zerstörten Zellen herstellbaren Preßsaftes oder mittels der durch Eintragen in Aceton oder Toluol vorsichtig getöteten Zellen möglich. Über die Technik vergleiche man die Angaben von E. und H. Buchner und Hahn[2]), E. Buchner und Gaunt[3]), E. Buchner und Meisenheimer[4]). Meist beschränkt man sich beim Nachweis dieser „Gärungsenzyme" auf die durch die lebenden Organismen hervorgerufenen Gärungen (vgl. S. 669).

Auch beim Nachweis der von den Pilzen ausgeschiedenen spaltenden, oxydierenden und reduzierenden Enzyme beschränkt man sich häufig auf den Nachweis der Wirkung der leben-

---

[1]) Empfehlenswert dürfte in vielen Fällen die Verwendung von Magnesium- und Kaliumsalzen in Form von Sulfaten und Phosphaten sein.

[2]) Die Zymasegärung. München u. Berlin 1903.

[3]) Liebigs Ann. 1906, **149**, 140.

[4]) Ebendort 1906, **149**, 125.

den Zellen. Indessen ist die Methodik für viele dieser Enzyme so weit ausgearbeitet, daß man auch die Wirkung des Enzyms unabhängig von der lebenden Zelle verfolgen kann.

Ein sehr bequemes, für viele Enzyme anwendbares Verfahren ist das besonders von Eijkmann[1]) ausgearbeitete Diffusionsverfahren, das sich an die auxanographischen Verfahren Beijerincks eng anschließt und auch von Wijsmann für den Nachweis von Enzymen benutzt worden ist. Es stützt sich auf die Tatsache, daß sich Lösungen verschiedener Krystalloide wie Kolloide in Agarnährböden verbreiten.

Der hohe Wert dieses Verfahrens beruht darin, daß es ziemlich schnell zum Ergebnis führt und die mikroskopische Beobachtung der Enzymwirkung gestattet. Eijkmann hat dies Verfahren bisher für Casein, Elastin, Fett und Stärke spaltende, sowie für Blutkörperchen lösende Enzyme ausgearbeitet. Die einzelnen Verfahren seien hier nach den Angaben Eijkmanns aufgeführt.

Caseinspaltende Enzyme. 2 proz. Bouillon- oder Salzwasseragar wird in flüssigem Zustande mit sterilisierter Magermilch im Verhältnis von 6 : 1 bis 3 : 1 vermischt und sofort in Petrischalen ausgegossen. Auf diese Milchagarplatten impft man den zu prüfenden Pilz oder bringt 1 Tropfen einer Kultur desselben, die mit Thymol oder Chloroform versetzt oder keimfrei filtriert worden ist, darauf. Sind caseinspaltende Enzyme vorhanden, so wird der Agar um die Pilzkolonie herum oder an der Stelle des Tropfens aufgehellt, weil sich das Casein löst.

In Verbindung mit diesem Verfahren kann auch die Fähigkeit der Pilze, Gelatine zu lösen, demonstriert werden, wenn man mittels eines sterilisierten Glasstabes einen dünnen Streifen sterilisierter, eventuell mit Carmin rot gefärbter Gelatine von der betreffenden Kolonie radiär nach dem Schalenrande führt. Die Gelatine wird in der Nähe der caseinlösenden Kolonien gelöst und allmählich vom Agar aufgesaugt. Nach Eijkmann ist casein- und gelatinelösende Wirkung stets gleichzeitig vorhanden.

Elastinspaltende Enzyme[2]). Kalbslunge wird fein gehackt, bei 37° mehrere Tage abwechselnd mit verdünnter Kalilauge und verdünnter Essigsäure digeriert, gewaschen, getrocknet, fein gepulvert und durch diskontinuierliche Erwärmung auf 90° sterilisiert. Eine Aufschwemmung des Elastins in Agar wird zu Platten verarbeitet. Elastinlösende Pilze lösen nach Eijkmann auch Gelatine, während das Umgekehrte nicht ohne weiteres gilt.

Stärkelösende Enzyme (Diastasen). Reisstärke wird in durch Kochen gequollenem Zustande mit Nähragar gemischt, so daß ein schwach getrübter Nährboden entsteht. Stärkelösende Kolonien umgeben sich bald mit einem hellen Hof. Gießt man verdünnte Jodjodkaliumlösung auf die Platte aus, so wird die Platte in der Umgebung solcher Kolonien rot, im übrigen blau gefärbt. Ähnliche Beobachtungen haben Went, van Senus, Wijsmann gemacht.

Fettspaltende Enzyme (Lipasen). Auf den Boden einer Agarschale wird eine dünne Schicht Rindertalg gegossen. Auf diese gießt man vorsichtig eine Schicht Agar, ohne das Fett zu schmelzen. Fettspaltende Pilze bewirken, daß der Rindertalg an der Stelle der Kolonie weißer und undurchsichtiger, ferner feucht und brüchig wird. Nach Eijkmann beruht die Veränderung auf einer Verseifung des Fettes unter Bildung von Kalk-, Natron- und Ammoniakseifen.

Nach unseren Erfahrungen eignen sich auch Emulsionen von flüssigen Fetten, besonders von Erdnußöl in Agar gut für den Nachweis der Lipasen. Fettspaltende Kolonien umgeben sich infolge der Spaltung der Glyceride in Glycerin und Fettsäuren mit einem Kranz zum Teil schon makroskopisch sichtbarer, weißer Krystalldrusen der Fettsäuren.

Ein auxanographisches Verfahren ist von Beijerinck auch für Polysaccharide spaltende Enzyme angegeben worden. Er besät Seewasserpeptongelatineplatten

---

[1]) Centralblatt f. Bakter. I. Abt., Orig., 1901, **29**, 841.

[2]) Ebendort, Orig., 1904, **35**, 1.

mit Photobacterium phosphorescens Beij., bringt auf sie, sobald sie zu dunkeln beginnen, Diffusionsfelder von Saccharose, Lactose und Raffinose hervor und stellt mit den zu prüfenden Pilzarten Impfstriche auf den Diffusionsfeldern her. Überall da, wo die Polysaccharide gespalten werden, leuchten diese Impfstriche nach einiger Zeit auf.

Auch die die Maltose spaltende Malto-Glucase weist Beijerinck mittels Glucose-hefenauxanogrammes nach. Als solche Hefen verwendet Beijerinck Kahmhefen (Mycoderma), Saccharomyces apiculatus, S. fragrans, S. kefyr und S. tyricola. Als Nährboden dient 10 proz. Gelatine mit 0,5% Monokaliumphosphat, 5% Maltose oder Dextrin oder $1/2\%$ löslicher Stärke, 0,25% Asparagin oder 1% Pepton oder — bei Verwendung von Mycoderma — 0,5% Ammoniumchlorid. Die Gelatine wird mit so viel Hefe gemischt, daß sie ganz leicht getrübt ist. Bringt man nun die zu prüfenden Lösungen oder Kulturen auf die Platte, so entwickeln sich die Glucosehefen überall da, wo Maltose bzw. Dextrin bzw. Stärke in Glucose verwandelt wird.

Van der Leck[1]) gibt folgende Vorschrift für den Nachweis von Lab an: 3 proz. Wasseragar wird kurz vor dem Erstarren mit dem gleichen Volumen Milch gemischt und zu Platten ausgegossen. Diese werden bei niedriger Temperatur bis zu dem ursprünglichen Wassergehalt der Milch konzentriert. Labbildende Kolonien erzeugen weiße Diffusionsfelder, die beim Betupfen mit N-Natriumcarbonatlösung unverändert bleiben, während durch Säure gebildete Felder sich auflösen.

Indikan und Aesculin spaltende Enzyme lassen sich ebenfalls nach diesem Verfahren nachweisen. Man löst Indikan, das man durch Eindampfen eines heißen wässerigen Extraktes von Indigofera oder Polygonum tinctorium herstellt, in Agar oder Gelatinenährböden. Das bei der Spaltung des Indikans entstehende Indoxyl färbt sich an der Luft blau. Aus Aeskulin entsteht bei der Spaltung Aeskuletin, das mit Ferrisalzen braune bis grüne Färbungen gibt. Man erhält nach van der Leck ein brauchbares Aeskulinpräparat in folgender Weise: Man zieht Kastanienrinde mit heißem Wasser aus, filtriert, fügt nach dem Erkalten 1% Aluminiumchlorid hinzu, dann Ammoniumkarbonat bis zu stark alkalischer Reaktion, filtriert und dampft bis zur Entfernung des Ammoniaks ein. Von Lösungen, die auf Zusatz von Alkali gut fluoreszieren, genügen wenige Kubikzentimeter auf 25 ccm Nährböden. Als Ferrisalz fügt man ein Kriställchen Ferrizitrat hinzu. Bei saurer Reaktion entsteht um die spaltenden Kolonien eine grüne, bei alkalischer eine braune Färbung.

Es sei hier bemerkt, daß alle diese auxanographischen Verfahren sich auch zum Nachweis der betreffenden Enzyme in Tier- und Pflanzenorganen und in Präparaten eignen.

Außer diesen auxanographischen Verfahren sind für den Nachweis der Enzyme noch zahlreiche andere vorgeschlagen worden, von denen hier die wichtigsten erwähnt seien.

Für proteolytische Enzyme kommt besonders das von Fermi[2]) ausgearbeitete Gelatineverfahren in Betracht, das auch vergleichende Untersuchungen gestattet. Von den verschiedenen Verfahren Fermis ist besonders brauchbar das folgende: Je nach der zu wählenden Untersuchungstemperatur löst man 1—10 g Gelatine in 100 ccm Wasser, fügt 0,5 g Phenol, 1—2 g Natriumcarbonat hinzu und macht die Gelatine nach Bedarf neutral oder alkalisch (1—2% Natriumcarbonat) oder sauer (1—5°/₀₀ anorganische oder 5—10°/₀₀ organische Säuren). Die Gelatine wird in Mengen von 1 ccm in Röhrchen gefüllt. Auf dem Röhrchen wird von der Oberfläche der Gelatine nach unten ein eingeteilter Papierstreifen angebracht. Dann wird auf die Gelatine 0,5—1 ccm der zu untersuchenden Kultur, die mit 5°/₀₀ Phenol oder 1°/₀₀ Thymol versetzt oder keimfrei filtriert worden ist, gebracht und das

---

[1]) Centralblatt für Bakt. II. Abt., 1907, **17**, 366.

[2]) Arch. f. Hygiene 1906, **55**, 140; Centralblatt f. Bakter. II. Abt., 1906, **16**, 176, daselbst auch die ältere Literatur.

Ganze bei 20° gehalten. An der Papierteilung kann man die Geschwindigkeit der Lösung ablesen. Doch eignet sich dies Verfahren für quantitative Bestimmungen nicht. Ist nur wenig Material vorhanden, so empfiehlt Fermi, die zu untersuchenden Stoffe auf Gelatineplatten zu legen oder zu tupfen.

Schouten[1]) empfiehlt, um die Wirkung geringer Enzymmengen möglichst schnell zu veranschaulichen, die Gelatine mit Zinnober zu vermischen, die Röhrchen mit der 40° warmen Gelatine 10 Sekunden schräg unter den Wasserleitungsstrahl zu halten und dann aufrecht schnell erstarren zu lassen. Es entsteht auf diese Weise eine sehr dünne elliptische rote Gelatineschicht am Glase über der Hauptmenge der Gelatine, deren Verflüssigung schneller eintritt und leicht zu beobachten ist. Im übrigen ist die Anordnung dieselbe wie die Fermis.

Fermi hat auch Alkalialbuminat, und zwar besonders solches aus 5 Teilen Eiweiß und 2 ccm Ammoniakflüssigkeit für den Nachweis proteolytischer Enzyme empfohlen. Über ein a-nucleinsaures Natrium verflüssigendes Enzym vergleiche man Plenge und Iwanoff[2]).

Für Diastasen eignet sich dünner Stärkekleister, der mit der zu prüfenden Kultur und mit Phenol oder Thymol vermischt und zeitweilig mit Fehlingscher Lösung auf das Auftreten reduzierender Zucker geprüft wird. Den Nachweis der die Polysaccharide spaltenden Enzyme erbringt man in ähnlicher Weise. Bei Hefen verfährt man in der Weise, daß man die Zellen mittels Pukallschen Filters filtriert, mit kaltem sterilisierten Wasser gründlich bis zum Verschwinden der Reaktion mit Fehlingscher Lösung wäscht und dann frisch oder nach mehrtägigem Trocknen auf Tontellern verarbeitet. Man mischt die Hefe mit dem betr. Zucker, Wasser und etwas Toluol (um die Gärung zu unterdrücken) und bewahrt die Mischung im zugeschmolzenen Reagensglase bei 24—25° auf. Nähere Angaben findet man bei Lindner.

Über Enzyme, die Calciumpektinat (die sogenannte Mittellamelle in Pflanzengeweben) spalten, vergleiche u. a. Jones[3]), Spieckermann[4]), über ein Agar spaltendes Enzym Gran[5]).

Labenzyme, die häufig gleichzeitig mit proteolytischen auftreten, sind überall da zu vermuten, wo Milch bei amphoterer oder alkalischer Reaktion koaguliert wird. Doch sind auch Bakterien bekannt, die die Milch durch gleichzeitige Säure- und Labbildung koagulieren. Man vergleiche hierzu besonders Gorini[6]) und Conn[7]). Man kann diese Enzyme außer in der auf S. 666 beschriebenen gegebenenfalls auch noch in der Weise nachweisen, daß man bei 55—60° vorsichtig sterilisierte Kulturen mit sterilisierter Milch mischt.

Grüß[8]) hat in der Hefe eine Oxydase mittels Tetramethylparaphenylendiaminchlorid nachgewiesen. Tränkt man ein Filtrierpapier mit einer sehr verdünnten Lösung dieses Salzes und bringt etwas gepreßte, gelagerte Hefe auf das Papier, so entsteht um die Hefe herum ein violetter Rand. Frische Hefe reagiert nicht. Die Oxydase wirkt nicht auf Guajak, wohl aber auf fuchsinschweflige Säure und reduziertes Methylenblau und oxydiert Aldehyd zu Essigsäure.

Für den Nachweis von Oxydasen der Bakterien fehlt zurzeit noch ein brauchbares Verfahren. Versuche darüber findet man bei Lehmann und Sano[9]). Auch van der Leck

[1]) Centralblatt f. Bakter. II. Abt., 1907, **18**, 94.

[2]) Ebendort I. Abt., Ref., 1904, **34**, 374.

[3]) Ebendort II. Abt., 1905, **14**, 257.

[4]) Landw. Jahrb. 1902, **31**, 155.

[5]) Centralblatt f. Bakter. II. Abt., 1902, **9**, 562.

[6]) Ebendort I. Abt., 1892, **12**, 66; II. Abt., 1902, 8, 137.

[7]) Ebendort I. Abt., 1892, **12**, 223; 1895, **16**, 914.

[8]) Nach Lindner: Mikroskop. Betriebskontrolle, 4. Aufl., S. 237.

[9]) Arch. f. Hygiene 1908, **67**, 99.

hat ein auxanographisches Verfahren für den Nachweis der das Tyrosin oxydierenden Tyrosinase angegeben.

Das Wasserstoffsuperoxyd zersetzende Enzym Katalase ist nach Jorns[1]) bei Bakterien allgemein in Form eines Endo- und Ektoenzyms verbreitet. Es wird durch Zusatz von 1proz. Wasserstoffsuperoxyd zu Bouillonkulturen nachgewiesen. Quantitativ kann es durch Titration mit Kaliumpermanganat festgestellt werden. In der Hefe ist anscheinend nur Endokatalase vorhanden.

Zweifelhaft ist noch der Enzymcharakter wärmeempfindlicher reduzierender Stoffe der Bakterienleiber. Zum Nachweis von Reduktionsvorgängen dienen blauer Lackmusfarbstoff, Methylenblau und Indigo, die in Bouillon- oder Agarkulturen angewendet werden.

3. Die Stoffwechselprodukte.

Bei der Untersuchung der Zersetzungsprodukte der chemischen Tätigkeit der Pilze wird nur in den selteneren Fällen eine vollständige Darlegung des gesamten Stoffumsatzes angestrebt. Meist beschränkt man sich entsprechend den jeweiligen Zwecken auf die Untersuchung des Verhaltens der Organismen gegen einige der wichtigsten Gruppen der organischen Stoffe, besonders der Kohlenhydrate und Eiweißstoffe und wählt auch hier nur einige besonders eigenartige Erscheinungen aus. Ein bestimmtes Schema läßt sich hier nicht geben, und wie weit man zu gehen hat, wird sich aus den jeweiligen Umständen von selbst ergeben.

Eine allgemeine Folge der verschiedenen in einer Pilzkultur verlaufenden chemischen Vorgänge ist eine Veränderung der Reaktion. Arth. Meyer hat daher für die Artkennzeichnung von Bakterien die Bestimmung von Acidität und Alkalität der Kulturen in verschiedenen Nährflüssigkeiten vorgeschlagen. Er empfiehlt als Indicatoren zur Titrierung von Säuren Rosolsäurelösung (0,5 g in 50 ccm Alkohol gelöst und mit 50 ccm Wasser verdünnt), von Basen Dimethylamidoazobenzol (0,05 g in 100 ccm 96proz. Alkohol), als Titrierflüssigkeiten $^1/_{10}$ N.-Kalilauge und -Schwefelsäure. Vorbedingung für vergleichbare Ergebnisse sind auch hier absolute Gleichmäßigkeit des Nährbodens, der Luft- und Wärmezufuhr, der Form des Kulturgefäßes, der Versuchsdauer und des physiologischen Zustandes des Impfmaterials.

Einen tieferen Einblick in die chemischen Vorgänge der Kulturen gibt eine solche Titration allerdings nicht; denn die Reaktion ist nur die Summe verschiedener gleichzeitig in verschiedener Richtung verlaufenden Vorgänge. Es wird sich daher stets empfehlen, durch einige einfache und bequem auszuführende Versuche das Verhalten der Pilze wenigstens gegen die wichtigsten organischen Stoffe kennen zu lernen.

α) Vergärung von Kohlenhydraten. Zuckerarten werden von zahlreichen Pilzen vergoren, teils zu organischen Säuren, teils außer diesen zu Kohlensäure und Wasserstoff. Die Vergärung der Kohlenhydrate zu Gasen läßt sich leicht mittels der Gärkölbchen nach Einhorn (Fig. 346) nachweisen, in deren geschlossenem Schenkel sich die Gärungsgase ansammeln.

Fig. 346 a.   Fig. 346 b.

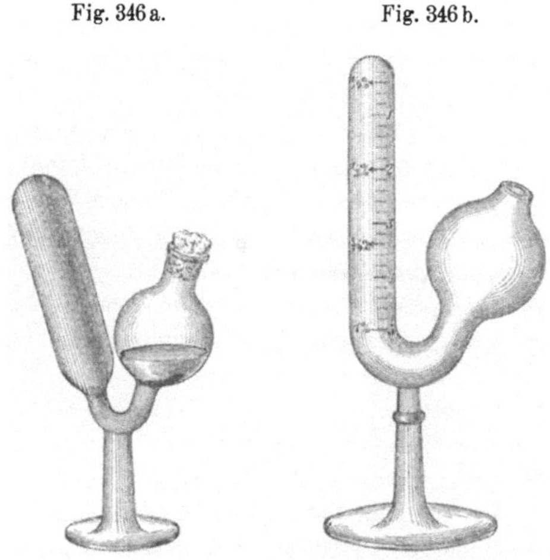

Gärkölbchen nach Einhorn.

---

[1]) Archiv f. Hygiene 1908, **67**, 134.

Eine annähernde Analyse der Gase läßt sich in der Weise bewerkstelligen, daß man nach Vermerken des Gasstandes das Kölbchen mit starker Kalilauge füllt, es mit dem Daumen verschließt, umschüttelt und vorsichtig öffnet. Die Verminderung des Gasvolumens ist auf Kohlensäure zurückzuführen; der Rest ist Wasserstoff. Füllt man das Kölbchen wieder mit Wasser, schließt mit dem Daumen, läßt das Gas in den offenen Schenkel treten und nähert die Mündung einer Flamme, so verpufft der Gasrest. Gärkölbchen, die eine genauere Analyse der Gase gestatten, hat Arth. Meyer (Fig. 347) angegeben. Das Gärkölbchen dient in diesem Falle gleichzeitig als Gasbürette, in der mittels der Platindrähte bei E auch die mit Sauerstoff verbrennenden Gase bestimmt werden können. Die Handhabung des Gärkölbchens, das im übrigen wie die einfachere Einhornsche Form sterilisiert, dann mit steriler Nährlösung beschickt und weiter geimpft wird, ergibt sich für den mit der Gasanalyse Vertrauten von selbst. A. Meyer hat auch einen besonderen Sauerstoff-Entwicklungsapparat (Fig. 348) eingerichtet[1]).

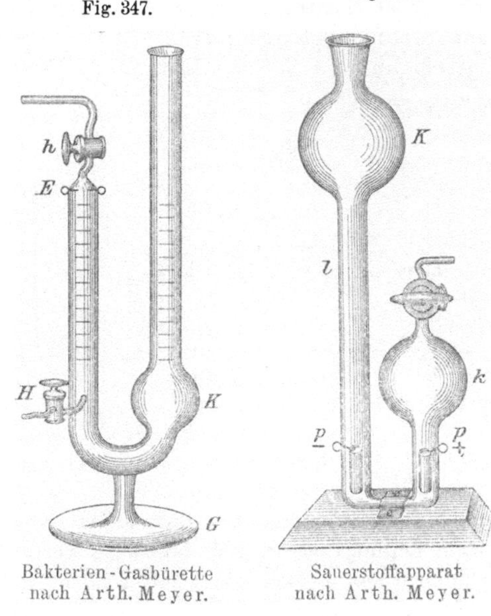

Fig. 347.   Fig. 348.

Bakterien-Gasbürette nach Arth. Meyer.   Sauerstoffapparat nach Arth. Meyer.

Noch schneller als im Gärkölbchen läßt sich der Nachweis des Vermögens zur Gasgärung in Stich- oder Schüttelkulturen von Bakterien in Glucose enthaltendem Agar führen. Die Schüttelkulturen erhält man, indem man in der üblichen Weise geimpfte flüssige Agarröhrchen schnell aufrecht erstarren läßt. Die sich in den Stich- oder Schüttelkulturen entwickelnden gaserzeugenden Bakterien bewirken das Entstehen zahlreicher kleinen Gasblasen, die später zu größeren Gasvakuolen zusammentreten, den Agar zerreißen und unter Umständen sogar aus dem Röhrchen heraustreiben (Fig. 349). Dies Verfahren eignet sich nicht nur zum schnellen Nachweise des Gärvermögens, sondern kann nach Burri und Düggeli[2]) auch zur quantitativen Bestimmung und Untersuchung der Gärungsgase benutzt werden. Burri und Düggeli füllen in eine 15 mm weite, 40—50 cm lange, starkwandige, an einem Ende zugeschmolzene, sterilisierte Röhre 10 ccm auf 42° gekühlten, mit der betreffenden Bakterienart geimpften Agar, nachdem die Röhre vorher auf 45° vorgewärmt

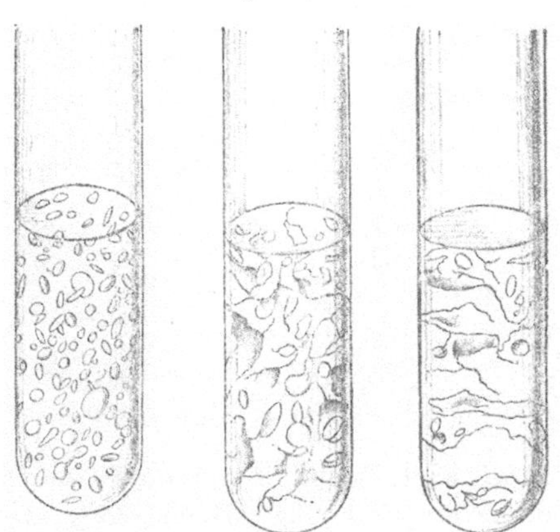

Fig. 349.

Schüttelkulturen von Bacterium coli in Glucoseagar nach 12, 24, 48 Stunden.

worden war. Die Röhre wird sodann in kaltes Wasser gestellt. Darauf füllt man etwa 3 bis 4 ccm 60—80° warmen Agar (30 g Agar in 1000 ccm Wasser) zum Abschluß auf den er-

---

1) Beide Apparate liefert Dr. Siebert & Kühn, Kassel, Hohenzollernstr. 4.
2) Centralblatt f. Bakter. I. Abt., Orig., 1909, **49**, 155.

starrten Nähragar und kühlt wieder sofort. Die Höhe der gesamten Agarschicht wird an der Röhre vermerkt und diese nun bei der gewünschten Temperatur horizontal aufbewahrt. Entsprechend der Gasentwicklung verschiebt sich die Agarsäule nach der Röhrenmündung, und man kann die erzeugte Gasmenge an den beiden Marken bei Anwendung kalibrierter Röhren direkt, sonst nachträglich durch Ausmessen feststellen. Will man die Gase auf den Gehalt an **Wasserstoff** und **Kohlendioxyd** untersuchen, so füllt man die Röhre mit Wasser, stellt sie umgekehrt in ein Gefäß mit lauwarmem Wasser und zerstört mittels eines hakig gebogenen Drahtes den Agar, um die Gasblasen zu befreien. Das Gas steigt nach oben, der gasfreie Agar sinkt ins Wasser. Bringt man nun ein Stück Kaliumhydroxyd in die Röhre, verschließt sie mit einem Gummistopfen, schüttelt sie und öffnet sie unter Wasser, so ist der rückständige Gasrest Wasserstoff.

Fig. 350.

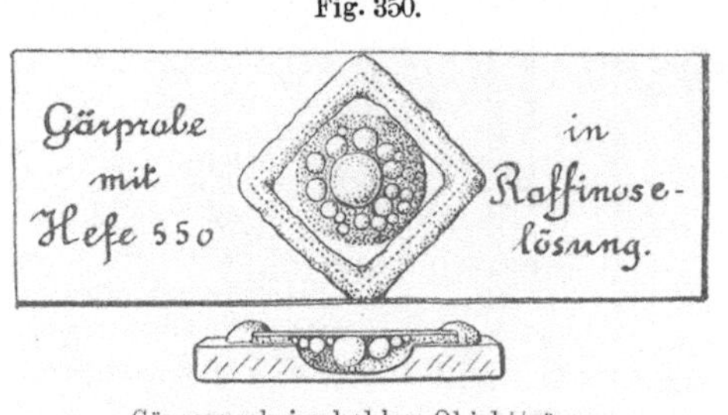

Gärversuch im hohlen Objektträger.
Nach Lindner.

Ein Verfahren, das sich sehr gut zu orientierenden Versuchen über das **Gärvermögen der Hefen** und anderer höheren **Pilze** eignet, ist die von **Lindner** angegebene „Kleingärmethode" im **hohlen Objektträger** (Fig. 350), der in der Flamme sterilisiert wird. Man bringt in die Höhlung der Objektträger eine Aufschwemmung der betreffenden Hefe (am besten von Würzegelatineoberflächenkulturen) in sterilisiertem Leitungswasser, gibt dann eine kleine Menge des zu prüfenden Zuckers hinzu, legt ein sterilisiertes Deckglas auf und schließt luftdicht mit sterilisierter Vaseline ab. Hauptsache ist, daß man die Menge des Hefenwassers richtig wählt, so daß einerseits keine Luft unter dem Deckgläschen bleibt, andererseits die Flüssigkeit nicht unter dem Deckglas hervorquillt. Die Kulturen werden bei 25° gehalten. Schon nach 12—24 Stunden ist in den gärenden Proben eine starke Gasentwicklung zu bemerken. In zweifelhaften Fällen erwärmt man den Objektträger in der Mitte schwach mit einer Sparflamme. Ist auch nur schwache Gärung vorhanden, so zeigen sich sofort zahlreiche Kohlensäurebläschen.

Für ein eingehenderes Studium der Gärung der Hefen ist aber die genaue Beobachtung ihres Verhaltens in größeren Mengen der Zuckerlösungen nötig. Man verwendet dazu **Erlenmeyer-Kolben** oder **Gärkolben** nach

Fig. 351.   Fig. 352.

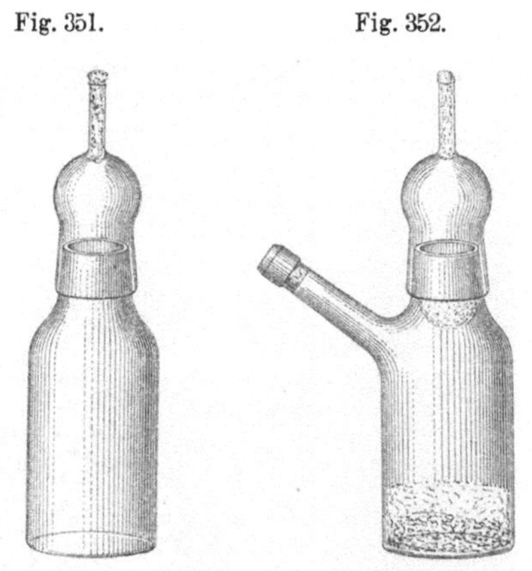

Freudenreich-Kolben.   Hansen-Kolben.

Freudenreich oder **Hansen**, die durch einen mittels Schliff dicht schließenden Helm verschlossen sind (Fig. 351 und 352). Die Impfung dieser Kolben erfolgt entweder nach Abnahme des Helmes durch die Halsöffnung oder durch die Öffnung des seitlichen Stutzens.

Nach den äußeren Erscheinungen unterscheidet man **obergärige** und **untergärige Hefen**. Auf Kulturen **obergäriger** Hefen entsteht ein **milchiger Schaum**, weil mit den Gasblasen und eiweißartigen Ausscheidungen zahlreiche Hefezellen an die Oberfläche geführt werden, die den Schaum in dichter Schicht überziehen und in Form eines Ringes an die Gefäßwandung gepreßt werden. Der **Schaum untergäriger** Kulturen enthält nur wenige Hefenzellen. Die Hauptmenge der Hefe sammelt sich am Boden an. Doch ist zu bemerken, daß nach neueren Erfahrungen Ober- und Untergärung keine unveränderlichen Eigenschaften der Arten sind.

Zu beachten ist bei Hefen ferner, ob die gärenden Flüssigkeiten sich schnell („Bruchhefen") oder langsam („Staubhefen") klären. Die Art des Absetzens, die Beschaffenheit der Oberfläche des Bodensatzes, Geschmack, Geruch und Farbe der Flüssigkeit sind zu beachten.

Wichtig für die Kennzeichnung einer Art ist der Vergärungsgrad. Man läßt größere Mengen Zuckerlösung vergären, bestimmt den täglichen Gewichtsverlust und nach dem Beständigwerden des Gewichtes die Menge des erzeugten Alkohols.

Bei Gärversuchen mit Fadenmycelpilzen ist zu beachten, ob eine Sproßmycelgeneration auftritt, ob die Alkoholerzeugung bei Luftabschluß und -zutritt vor sich geht.

Die Bildung organischer Säuren aus Zuckern läßt sich oft durch das Plattenkulturverfahren nachweisen. Auf Platten von Agar, dem im flüssigen Zustande so viel feingepulvertes, trocken sterilisiertes Calciumcarbonat zugesetzt wird, daß die Mischung trüb und undurchsichtig erscheint, entsteht um säurebildende Kolonien herum infolge der Auflösung des Kalkes ein hellerer Hof. Durch Verwendung von Zinkcarbonat können Milchsäurebakterien ausgeschlossen und andere Säuren nachgewiesen werden. Ebenso eignen sich zum Nachweis der Säurebildung mit Lackmuslösung nach Kubel-Tiemann violett gefärbte Platten. Säurebildung aus Lactose läßt sich in Milchkulturen durch Koagulation des Caseins bequem nachweisen. Für quantitative Bestimmungen des Säuregrades durch Titration gilt das auf S. 668 Gesagte.

Für den Nachweis der verschiedenen Gärungssäuren kommen die bekannten chemischen Verfahren in Betracht (vgl. 459 und ff.).

Zu beachten ist in zuckerhaltigen Nährböden die etwaige Bildung von Schleimen sowie Fruchtestern.

Auch die Zersetzung höherer Alkohole, von Cellulose und anderen komplizierteren Kohlenhydraten, ferner von organischen Säuren und ihren Salzen ist gegebenenfalls zur Kennzeichnung eines Pilzes heranzuziehen.

Um die Wirkung der Pilze auf höhere Fettsäuren bequem festzustellen, empfiehlt sich die Verimpfung auf Platten aus 2proz. Agar in einer Nährlösung (bei Schimmelpilzen und Hefen $2^0/_{00}$ KH_2PO_4, $1^0/_{00}$ $MgSO_4$, $5^0/_{00}$ $NaNO_3$, bei Bakterien neutral), in dem vor dem Ausgießen in den Petrischalen Laurin- oder Myristinsäure suspendiert worden ist. In der Umgebung fettverzehrender Pilze werden die Säurekrystalle gelöst und es schießen später wieder verschwindende Krystalle der Seifen an.

*β) **Die Zersetzung von stickstoffhaltigen Körpern.*** Die Umsetzung der stickstoffhaltigen organischen und anorganischen Verbindungen durch die Pilze ergibt vielfach leicht festzustellende, für die Differentialdiagnose wertvolle Abbauerzeugnisse.

Salpetersäure wird in ihren Salzen durch zahlreiche Pilze zu salpetriger Säure bzw. zu Ammoniak reduziert, die durch die bekannten Farbenreaktionen nachweisbar sind. Gewisse Bakterienarten zerstören bei Gegenwart organischer Stoffe salpetersaure Salze unter Entbindung von Stickstoff. Diesen Vorgang kann man nach Art der Zuckervergärung im Einhornschen Kolben oder in Agarstich- oder Schüttelkulturen verfolgen.

In Kulturen, die Pepton oder Eiweiß enthalten, erzeugen manche Bakterienarten Indol, das in Form von Nitrosoindol nachgewiesen werden kann. Sind in den Kulturen gleichzeitig Spuren von Nitrit vorhanden, so genügt der Zusatz von einigen Tropfen 10proz. Schwefelsäure, um eine Rotfärbung hervorzurufen. Meist ist es nötig, noch etwa 0,5—2 ccm einer $^1/_2^0/_{00}$ Natriumnitritlösung hinzuzufügen. Erheblich schärfer ist die Ehrlichsche[1]) Reaktion. Hierzu sind zwei Lösungen erforderlich, nämlich:

1. p-Dimethylamidobenzaldehyd   4 g
    96proz. Alkohol . . . . . . 380 g
    konzentrierte Salzsäure . . . 80 g;
2. gesättigte Kaliumpersulfatlösung.

---

[1]) Centralblatt f. Bakter. I. Abt., Orig., 1906, **40**, 130.

10 ccm Kultur werden mit 5 ccm von Lösung 1 und dann mit 5 ccm von Lösung 2 versetzt. Es tritt Rotfärbung infolge Bildung von Rosindol auf. Die Färbung läßt sich mit Amylalkohol ausziehen.

Ein Verfahren zur quantitativen Bestimmung des Indols haben Hester und Foster[1] angegeben. Die Kulturflüssigkeit wird mittels Dampf destilliert, bis der Destillationsrest frei von Indol ist. Das Destillat wird mit 2 ccm 10 proz. Kalilauge und 50—100 mg β-naphthochinonmonosulfosaurem Kalium versetzt und nach 10 Minuten mit Chloroform ausgeschüttelt. Das Chloroform wird (wenn nötig nach Filtration) auf 100 ccm gebracht und colorimetrisch mit einer Lösung von 1 mg Indol verglichen.

Das Maximum der Indolbildung ist nach de Graaf in 3 Wochen erreicht.

Die bei dem Abbau des Proteinmoleküls auftretenden stickstoffhaltigen und stickstofffreien Stoffe werden nach den beschriebenen Verfahren (S. 276 u. 422) getrennt und bestimmt.

Schwefelwasserstoff wird von sehr vielen Bakterien in peptonhaltigen Nährböden gebildet, von einigen auch aus Thiosulfat und Sulfit, von Spirillum desulfuricans auch aus Sulfaten. Der Nachweis erfolgt mittels Bleipapiers. Auf Platten aus Nähragar, der mit kohlensaurem Blei versetzt worden ist, zeigen Schwefelwasserstoff bildende Kolonien einen schwarzen Hof. Auch Gelatine, die mit einer mittels Natriumcarbonats alkalisch gemachten Lösung von Ferrum tataric. oxydat. (Merck) (0,5 in 50 ccm Wasser) versetzt worden ist, soll ebenso reagieren.

Harnstoff wird von vielen Bakterienarten in Ammoniak und Kohlensäure zerlegt.

4. Die Kardinalpunkte der Temperaturen für Keimung, vegetatives Wachstum und Sporenbildung.

Die Temperatur hat einen großen Einfluß auf die Keimung der Sporen, auf das Wachstum der vegetativen Formen und die Bildung der Sporen. Da dieser Einfluß konstant ist, so kann er als differential-diagnostisches Merkmal verwendet werden. Besondere Bedeutung haben die Kardinalpunkte, d. h. die Maximum-, Optimum- und Minimumtemperaturen. Als ein Beispiel für solche Bestimmungen seien hier die Beobachtungen von Wiesner (zitiert nach Arth. Meyer) an Penicillium glaucum bei Züchtung auf frischen Citronenscheiben angeführt:

Temperatur	Zeit in Tagen von der Aussaat bis zur Keimung	Zeit in Tagen von der Aussaat bis zum Sichtbarwerden des Mycels	Zeit in Tagen von der Aussaat bis zum Erscheinen der Sporen
1,5	5,8	—	—
2,0	5,5	—	—
2,5	3,0	6,0	—
3,0	2,5	4,0	9,0
3,5	2,25	3,5	8,0
4,0	2,0	3,0	7,75
5,0	1,5	2,9	7,0
7,0	1,2	3,0	6,25
11,0	1,0	2,3	4,0
14,0	0,75	2,0	3,0
17,0	0,75	2,0	3,0
22,0	0,25	1,0	1,5
26,0	0,5	0,99	2,0
32,0	0,7	1,01	2,1
35,0	0,4	1,5	1,58
38,0	0,55	2,25	2,6
40,0	0,7	2,5	3,5
42,0—43,0	0,3	1,8	—

[1] Journ. of biologic. Chemistry 1906, **1**, 257; vgl. auch Foster und de Graaf, Compt. rendus Séances de la Société de Biologie 1908, **64**, 402 u. de Graaf, Centralblatt f. Bakter. I. Abt., Orig., 1909, **49**, 175.

Die Kardinalpunkte der Temperaturen sind für viele Pilze mehr oder minder genau bestimmt worden. Für alle diese Angaben muß aber bemerkt werden, daß sie nur für die
Verhältnisse gelten, unter denen sie gewonnen wurden. Vergleichende Versuche
müssen unter absolut gleichen Verhältnissen, was Nährboden, Luft-, Lichtzutritt, physiologischen Zustand des Sporenmaterials betrifft, ausgeführt werden. Eine Zusammenstellung
zahlreicher Kardinalpunkte, die für eine schnelle Orientierung brauchbar ist, bringt Arth.
Meyer in seinem bakteriologischen Praktikum. Er empfiehlt für die Bestimmung der
Kardinalpunkte der Bakteriensporenkeimung Abkochen des Sporenmaterials eine bestimmte Zeit lang, Impfung auf ein chemisch genau definiertes, der Art gut zusagendes
Nährmaterial, das sich in bestimmter Menge in Gläsern bestimmter Weite befindet. An
denselben Kulturen kann auch annähernd der Beginn und Verlauf der Sporenbildung festgestellt werden. Als genaueres, aber noch nicht praktisch erprobtes Verfahren empfiehlt Meyer
folgendes:

1. Man wählt ein bestimmtes günstiges flüssiges Nährsubstrat, impft 500 ccm desselben
mit abgekochtem Sporenmaterial und bestimmt die Zahl der reifen Sporen in der Volumeneinheit. Je 50 ccm der Mischung stellt man in den Bedürfnissen des Spaltpilzes angepaßten
Gefäßen bei einer bestimmten Temperatur beiseite, alle 10 Portionen bei verschiedener Temperatur. Nach passender Zeit untersucht man unter Anwendung von Methylenblau als Färbe-
mittel für unfertige Sporen oder von Chloralhydrat zur Erkennung der reifen Sporen, die
durch Zusatz von etwas Säure oder Ätzkali getöteten Sporen gleichzeitig auf die Zahl
der reifen Sporen in der Volumeneinheit und bemißt danach den Grad der Einwirkung der
Temperatur.

2. Man impft etwa 100 ccm der Nährlösung mit jungen Oidien, gießt je 10 ccm in ein
Reagensglas und stellt jedes der 10 Gläser bei einer anderen Temperatur beiseite. Man stellt
die Zeit fest, welche bis zum Erscheinen der ersten Sporenanlagen verläuft.

Besonders eingehend sind die Kardinalpunkte für die Sporenbildung, Sproßbildung und Hautbildung der Hefen von Hansen untersucht worden. Hansen hat
den Satz aufgestellt, daß die Maximaltemperatur für die Sporenbildung der Saccharomyceten immer einige Grade niedriger und die Minimaltemperatur einige Grade höher als für die
Sproßbildung liegt.

Die genaue Bestimmung der Kardinalpunkte der Temperaturen einer Spezies ist eine
mühevolle und zeitraubende Arbeit. Ohne einen Panumschen Thermostaten ist sie kaum
durchführbar. Da dieser nicht überall vorhanden ist, so wird man sich bei vergleichenden
Untersuchungen meist darauf beschränken müssen, bei einer oder einigen wenigen Temperaturen
die Zeiten für Sporenkeimung, optimales vegetatives Wachstum und Sporenbildung festzulegen.

5. Die Tötungszeiten für Sporen und vegetative Formen bei verschiedenen Temperaturen.

Brauchbare Merkmale für die Artendiagnose geben auch die Tötungszeiten ab. Doch
sind hierbei starke Schwankungen nach der Herkunft des untersuchten Materials beobachtet
worden, und man wird auch hier nur Material vergleichen dürfen, das längere Zeit unter gleichen
Lebensbedingungen gestanden hat. Für Bakteriensporen empfiehlt Arth. Meyer folgendes
Verfahren: Sterile Reagensgläser von 8—9 cm Länge und 8—9 mm innerer Weite werden 1 cm
hoch mit sterilem Wasser gefüllt, mit dem betreffenden Sporenmaterial geimpft und in die 9 mm
weiten kreisrunden Löcher einer 1 cm dicken kreisförmigen Korkplatte von 8 cm Durchmesser
gesteckt. Für Untersuchungen bei 100° benutzt man ein siedendes Wasserbad, in das man die
Korkplatte mit den Röhrchen bringt. Von Zeit zu Zeit entfernt man eines der Röhrchen aus
dem Wasserbade, taucht es sofort in kaltes Wasser und erhitzt dann die Teile über dem
Wasser, um alle etwa obensitzenden Sporen abzutöten. Man entfernt dann den Wattebausch,
brennt den Rand des Röhrchens ab, gießt den ganzen Inhalt auf die Oberfläche eines Agarröhrchens aus und läßt dieses bei 28° einige Tage stehen, um die Entwicklung der überlebenden
Sporen zu beobachten.

Für Versuche bei tieferen Temperaturen benutzt Meyer einen Thermostaten, der nach dem Prinzip des Trockenapparates von Victor Meyer eingerichtet ist (vgl. S. 18). Der Raum zwischen den doppelten Wandungen wird mit einer entsprechenden Flüssigkeit gefüllt.

Arth. Meyer führt folgende Flüssigkeiten an, die dem Innenraum die dabei vermerkte Temperatur geben:

Chloroform	60°	Xylol	136°
Methyl-Äthylalkohol 3 : 7 . . .	70°	Anisöl	150°
Äthylalkohol	75°	Cumol	161°
Äthyl-Propylalkohol 7 : 4 . . .	80°	Anilin	180°
Äthyl-Propylalkohol 1 : 8 . . .	90°	Naphthalin	200°
Wasser	97—100°	Diphenylamin	300°
Toluol	107°	(vgl. auch S. 19)	

Der Arbeitsraum des Apparates wird bis etwa 9 cm unter dem Rande mit Wasser gefüllt. Man beobachtet nach Ingangsetzen des Apparates die Temperatur im Wasser und stellt, nachdem Konstanz eingetreten ist, die Korkscheibe mit den Versuchsröhrchen hinein. Der Untersuchungsgang ist derselbe, wie oben angegeben.

Man wird diesen Apparat auch für die Prüfung der Sporen höherer Pilze, sowie ihrer vegetativen Formen gebrauchen können, wenn man das Wasser fortläßt, natürlich auch für die Untersuchung des Einflusses der trockenen Wärme.

Für Hefenuntersuchungen bringt Lindner in seinem Lehrbuch einige kurze Angaben.

6. Kardinalpunkte für das Sauerstoffbedürfnis der Pilze.

Über die Bedeutung der Kardinalpunkte des Sauerstoffbedürfnisses ist bereits auf S. 634 das Nötige gesagt worden. Die Bestimmung dieser Punkte wird am besten in dem von Arth. Meyer angegebenen Kulturvakuum (vgl. S. 639) und in seinem Apparat für Kulturen bei hoher Sauerstoffkonzentration[1]) vorgenommen. Wegen der Technik vergleiche man die Angaben von Wund[2]). Leider stehen die immerhin kostspieligen Apparate nur wenigen Instituten, die genügend Mittel besitzen, zur Verfügung; die Bestimmung dieser Kardinalpunkte muß daher meist unterbleiben.

7. Die Agglutination.

Als ein sehr scharfes Unterscheidungsmerkmal nahverwandter pathogener Bakterienarten hat sich die Agglutination von Aufschwemmungen der Bakterien durch spezifische agglutinierende Sera erwiesen (vgl. S. 325). Da auch von den Gärungsorganismen viele einen pathogenen Charakter haben (z. B. zahlreiche Vertreter der Coligruppe), so muß die Agglutination hier wenigstens kurz erwähnt werden. Die Agglutinine sind wie die Präcipitine Reagenzien auf Receptoren und daraus folgt ohne weiteres, daß die Sicherheit der Reaktion mit der Zahl der gleichen Receptoren bei verschiedenen Arten abnimmt. Auch andere Umstände vermindern den Wert der Agglutinationsreaktion. Die Agglutininbildung ist bei manchen Arten sehr schwach. Biologisch deutlich unterscheidbare Arten liefern gleichwirkende Agglutinine und umgekehrt.

So ist die Bedeutung der anfangs mit den größten Hoffnungen begrüßten Agglutination in den letzten Jahren sehr vermindert worden. Für die Gärungsorganismen spielt sie zurzeit kaum eine Rolle und es kann deshalb von einer Beschreibung der Agglutinationsversuche abgesehen werden.

---

[1]) Centralblatt f. Bakter. II. Abt., 1906, **16**, 386.
[2]) Ebendort I. Abt., Orig., 1906, **42**, 97.

XV. Systematik der Pilze und Beschreibung der auf Nahrungsmitteln allgemein verbreiteten Arten.

Die Systematik der Pilze kann hier nur so weit berücksichtigt werden, als sie den Nahrungsmittelchemiker in den Stand setzt, sich über die Stellung einer Art im System zu unterrichten. Eine eingehendere Beschreibung ist in diesem Teile des Werkes nur für die allgemeiner auf Nahrungsmitteln verbreiteten Spezies beabsichtigt. Solche, die an besondere Nahrungsmittel gebunden sind, werden im II. Teile berücksichtigt werden. Für die meisten Fälle der Praxis werden die nachstehenden Angaben ausreichen. Zur weiteren Unterrichtung kommen die S. 613 und 614 aufgeführten systematischen Spezialwerke in Betracht.

Dem herrschenden Gebrauche entsprechend werden hier zu den Pilzen die drei großen Gruppen der Myxomyceten, der Schizomyceten (Bakterien) und der Eumyceten gerechnet werden. Auf die Frage nach der Verwandtschaft dieser Gruppen kann hier nicht eingegangen werden. Es sei in dieser Beziehung u. a. auch auf die Arbeiten von A. Meyer (Flora 1897, 84, Heft 3) und Migula (System der Bakterien, Jena 1897, Bd. I) verwiesen.

Auf die Systematik der Myxomyceten wird hier nicht weiter eingegangen werden, da von diesen für die Zwecke dieses Werkes zurzeit nur eine parasitisch lebende Spezies, Plasmodiophora brassicae Wor. (vgl. II. Teil) von Interesse ist.

Systematik der Bakterien.

Für die Einteilung der Bakterien sind von den verschiedenen Autoren neben den Zellformen die Zellteilung, die Fruktifikation und physiologischen Eigenschaften als Grundlagen verwendet worden. Nicht zweckmäßig sind die sich lediglich auf physiologischen Eigenschaften aufbauenden Systeme, weil sie notwendigerweise zur Zerreißung der natürlichen Gruppen führen. Die die morphologischen Merkmale verwertenden Systeme stimmen in der Familiengliederung im wesentlichen überein, dagegen bestehen in der Bewertung der obengenannten Merkmale für die Unterscheidung der Gattungen unter den Autoren wesentliche Unterschiede.

Von den von Botanikern aufgestellten Systemen verdienen zurzeit in erster Linie die von Alfred Fischer und W. Migula Beachtung, die die Zellform, Zellteilung und die Begeißelung als differentialdiagnostische Merkmale verwerten. Nachdem Ellis[1] nachgewiesen hat, daß viele bisher als unbeweglich beschriebene Spezies unter bestimmten Züchtungsbedingungen Geißeln bilden, ist allerdings der Wert der Begeißelung als Unterscheidungsmerkmal erheblich gesunken. Fischer hat ferner die Form der sporenbildenden Stäbchen als Merkmal verwendet, das aber, weil es nicht beständig ist, nur zweifelhaften diagnostischen Wert besitzt.

Von den von Medizinern ausgebildeten Systemen sei hier nur das von Lehmann und Neumann genannt, das für die Unterscheidung der Gattungen Begeißelung, Sporenbildung und Zellform benutzt, dies aber nicht konsequent durchführt. Das System ist insofern der Beachtung wert, als nach ihm ein für den Praktiker sehr brauchbarer Leitfaden zur Bestimmung der Bakterien aufgebaut ist. In folgendem wird eine kurze Übersicht über diese drei Systeme gegeben, deren Kenntnis nicht ganz zu umgehen ist, um die Bezeichnungen in der Literatur zu verstehen.

A. System von Alfred Fischer.

1. Ordnung: Haplobacterlnae.

Vegetationskörper einzellig, kugelig, zylindrisch oder schraubig einzeln oder zu unverzweigten Ketten und anderen Wuchsformen vereinigt.

---

[1] Centralblatt f. Bakter. I. Abt., 1903, **33**, 1.

I. Familie: *Coccaceae.* Vegetationskörper kugelig.

  1. Unterfamilie: *Allococcaceae*[1]). Mit beliebig in den drei Richtungen des Raumes wechselnder Teilungsfolge. Keine scharf ausgeprägten Wuchsformen, bald kurze Ketten, bald traubige Häufchen, bald paarweise, bald einzeln.

    1. Gattung: *Micrococcus* Cohn. Unbeweglich.

    2. Gattung: *Planococcus* Migula. Beweglich.

  2. Unterfamilie: *Homococcaceae.* Mit bestimmter für jede Gattung typischer Teilungsfolge.

    3. Gattung: *Sarcina* Goodsir. Teilungswände folgen sich in den drei Richtungen des Raumes, es entstehen paketartige Wuchsformen, daneben Einzelkokken, Tetrakokken, aber keine Ketten; unbeweglich.

    4. Gattung: *Planosarcina* Migula, wie die vorige, aber beweglich, monotrich begeißelt.

    5. Gattung: *Pediococcus* Lindner. Teilungswände kreuzweise in den beiden Richtungen der Ebene. abwechselnd, Zellen zu vier, oder zu Täfelchen zusammengelagert oder einzeln, keine Ketten bildend.

    6. Gattung: *Streptococcus* (Billroth). Teilungswände immer parallel, nur in derselben Richtung; Wuchs in Ketten, Pärchen und einzeln, keine Täfelchen, keine Pakete.

II. Familie: *Bacillaceae.* Vegetationskörper zylindrisch, ellipsoidisch, eiförmig, gerade, bei den kurzen fast kugeligen Formen wird die Trennung von Kokken schwer. Teilung immer senkrecht zur Längsachse, als Wuchsform nur unverzweigte Ketten.

  1. Unterfamilie: *Bacilleae.* Sporenbildende Stäbchen unverändert; zylindrisch.

    7. Gattung: *Bacillus* (Cohn). Unbeweglich.

    8. Gattung: *Bacterium* A. Fischer. Beweglich, monotrich mit einer polaren Geißel.

    9. Gattung: *Bactrillum* A. Fischer. Mit lophotrichen Geißeln.

    10. Gattung: *Bactridium* A. Fischer. Beweglich, peritrich begeißelt.

  2. Unterfamilie: *Clostridieae.* Sporenbildende Stäbchen spindelförmig.

    11. Gattung: *Paracloster* A. Fischer. Unbeweglich.

    12. Gattung: *Clostridium* Prazmowski. Beweglich, peritrich begeißelt.

  3. Unterfamilie: *Plectridieae.*

    13. Gattung: *Paraplectrum* A. Fischer. Unbeweglich.

    14. Gattung: *Plectridium* A. Fischer. Beweglich, peritrich begeißelt.

III. Familie: *Spirillaceae,* Schraubenbakterien. Vegetationskörper zylindrisch, aber schraubig gekrümmt, Teilung immer senkrecht zur Längsachse.

    15. Gattung: *Vibrio* (Müller-Löffler), schwach kommaförmig gekrümmt. beweglich, monotrich begeißelt.

    16. Gattung: *Spirillum* (Ehrenberg), stärker schraubig in weiten Windungen gekrümmt, beweglich, lophotrich begeißelt.

    17. Gattung: *Spirochaete* (Ehrenberg), sehr enge, zahlreiche Schraubenwindungen, Geißeln unbekannt, Zellwand vielleicht flexil.

2. Ordnung: Trichobacterinae.

Vegetationskörper ein unverzweigter oder verzweigter Zellfaden, dessen Glieder als Schwärmzellen (Gonidien) oder als Hormogonien sich ablösen.

I. Familie: *Trichobacteriaceae,* Fadenbakterien. Charakter der der Ordnung.

  a) Fäden unbeweglich, starr in eine Scheide eingeschlossen.

---

[1]) Migula hat einen beliebigen Wechsel der Teilungsfolge der Coccaceen nie beobachtet.

aa) Unverzweigt:

18. Gattung: *Chlamydothrix* Migula. Nicht festgewachsen, schwärmende Zylindergonidien.
19. Gattung: *Thiothrix* Winogradski, wie vorige, aber mit Schwefel und festgewachsen.
20. Gattung: *Crenothrix* Cohn. Festgewachsen, ohne Schwefel, mit Kugelgonidien, deren Bewegung noch nicht beobachtet wurde.

bb) Gabelig pseudoverzweigt:

21. Gattung: *Cladothrix* Cohn (inkl. Sphaerotilus). Fäden verzweigt, pseudodichotom; lophotriche Zylindergonidien.

b) Fäden pendelnd und langsam kriechend beweglich, ohne Scheide:

22. Gattung: *Beggiatoa* Trevis., mit Schwefel.

B. Das System von W. Migula.

Bacteria.

Phykochromfreie Spaltpflanzen mit Teilung nach 1, 2 oder 3 Richtungen des Raumes. Fortpflanzung durch vegetative Vermehrung. Bei vielen Arten Bildung von Ruhezuständen in Form von Endosporen. Beweglichkeit kommt bei einigen Gattungen vor und ist auf Geißeln zurückzuführen. Bei Beggiatoa und Spirochaete sind die Bewegungsorgane unbekannt.

1. Ordnung: *Eubacteria.* Zellen ohne Zentralkörper, Schwefel und Bacteriopurpurin, farblos oder schwach gefärbt, auch chlorophyllgrün.

1. Familie: Coccaceae (Zopf) Migula. Zellen in freiem Zustande vollkommen kugelrund, in Teilungsstadien oft etwas elliptisch erscheinend.

1. Gattung: *Streptococcus* Billroth. Zellen unbeweglich, rund, Teilung nur nach einer Richtung des Raumes, einzeln, paarweise oder zu perlschnurartigen Ketten vereinigt.
2. Gattung: *Micrococcus* (Hall) Cohn. Die Zellen teilen sich nach zwei Richtungen des Raumes, wodurch sich beim Verbundenbleiben der Zellen nach der Teilung merismopediaartige Täfelchen bilden können. Bewegungsorgane fehlen.
3. Gattung: *Sarcina* Goodsir. Die Zellen teilen sich nach drei Richtungen des Raumes, wodurch, wenn sie nach der Teilung verbunden bleiben, warenballenartig eingeschnürte Pakete entstehen können. Bewegungsorgane fehlen.
4. Gattung: *Planococcus n. g.* Die Zellen teilen sich nach zwei Richtungen des Raumes wie bei *Micrococcus*, besitzen aber geißelförmige Bewegungsorgane.
5. Gattung: *Planosarcina n. g.* Die Zellen teilen sich wie bei Sarcina nach drei Richtungen des Raumes, besitzen aber geißelförmige Bewegungsorgane.

2. Familie: Bacteriaceae. Zellen länger oder kürzer zylindrisch, gerade, niemals schraubig gekrümmt; Teilung nur nach einer Richtung des Raumes nach voraufgegangener Längsstreckung des Stäbchens.

1. Gattung: *Bacterium.* Zellen ohne Bewegungsorgane, oft mit Endosporenbildung.
2. Gattung: *Bacillus.* Zellen mit über den ganzen Körper angehefteten Bewegungsorganen, oft mit Endosporenbildung.
3. Gattung: *Pseudomonas.* Zellen mit polaren Bewegungsorganen, Endosporenbildung selten.

3. Familie: Spirillaceae. Zellen schraubig gewunden oder Teile eines Schraubenumganges darstellend. Teilung nur nach einer Richtung des Raumes nach voraufgegangener Längsstreckung.

1. Gattung: *Spirosoma n. g.* Zellen ohne Bewegungsorgane, starr.

    2. Gattung: *Microspira*. Zellen mit 1, seltener 2—3 polaren wellig gebogenen Geißeln, starr.

    3. Gattung: *Spirillum*. Zellen starr mit polaren Büscheln meist halbkreisförmig gebogener Bewegungsorgane.

    4. Gattung: *Spirochaete*. Zellen schlangenartig biegsam, Bewegungsorgane unbekannt.

4. Familie: Chlamydobacteriaceae. Zellen zylindrisch, zu Fäden angeordnet, die von einer Scheide umgeben sind. Vermehrung erfolgt durch bewegliche oder unbewegliche Gonidien, welche direkt aus den vegetativen Zellen hervorgehen und, ohne eine Ruheperiode durchzumachen, zu neuen Fäden auswachsen.

    1. Gattung: *Chlamydothrix n. g.* Zellen zylindrisch, unbeweglich, zu unverzweigten, von dicken oder dünnen Scheiden umschlossenen Fäden angeordnet, ohne Gegensatz von Basis und Spitze.

    2. Gattung: *Crenothrix* Cohn. Fadenbildende Bakterien, ohne Verzweigung, mit Gegensatz von Basis und Spitze, festsitzend. Scheiden dick, oft mit Eisenocker infiltriert. Zellen anfangs mit Teilung nach einer Richtung, später nach allen drei Richtungen. Die Teilungsprodukte runden sich ab und werden zu Gonidien.

    3. Gattung: *Phragmidiothrix* Engler. Zellen zu anfangs unverzweigten Fäden verbunden, sich nach drei Richtungen des Raumes teilend, und so einen Zellenstrang darstellend. Später können einzelne Zellen durch die sehr feine und eng anliegende Scheide hindurchwachsen und zu Verzweigung Veranlassung geben.

    4. Gattung: *Sphaerotilus* (inkl. Cladothrix). Zellen zylindrisch, in Scheiden eingeschlossen, dichotom verzweigte Fäden ohne Gegensatz von Basis und Spitze bildend. Vermehrung durch Gonidien, welche aus den Scheiden ausschwärmen, um sich an irgendeinem Gegenstande festzusetzen und sofort zu neuen Fäden auszuwachsen. Gonidien mit einem subpolaren Geißelbüschel.

2. Ordnung: *Thiobacteria*. Zellen ohne Zentralkörper, aber Schwefeleinschlüsse enthaltend, farblos oder durch Bakteriopurpurin rosa, rot oder violett, niemals grün gefärbt.

1. Familie: Beggiatoaceae. Fadenbildende Bakterien ohne Bakteriopurpurin.

    1. Gattung: *Thiothrix* Winogradski. Unverzweigte, in feine Scheiden eingeschlossene, unbewegliche, festgewachsene Fäden mit Teilung der Zellen nach einer Richtung des Raumes. Am Ende der Fäden entstehen Stäbchengonidien mit kriechender Eigenbewegung.

    2. Gattung: *Beggiatoa* Trevisan. Scheidenlose Fäden aus flachscheibenförmigen Zellen gebildet, nach Art der Oscillarien kriechend und um die Achse rotierend, beweglich, frei. Gonidien nicht bekannt.

2. Familie: Rhodobacteriaceae. Zellinhalt durch Bakteriopurpurin rosa, rot oder violett gefärbt, mit Schwefelkörnchen.

1. Unterfamilie: *Thiocapsaceae*. Zellen zu Familien vereinigt, Teilung nach drei Richtungen des Raumes.

    1. Gattung: *Thiocystis* Winogradski. Familien klein, dicht, einzeln oder zu mehreren von einer Gallertcyste umgeben, schwärmfähig.

    2. Gattung: *Thiocapsa* Winogradski. Familien auf dem Substrat flach ausgebreitet, aus kugeligen, in gemeinsamer Gallerte locker eingebetteten, nicht schwärmfähigen Zellen gebildet.

    3. Gattung: *Thiosarcina* Winogradski. Familien paketförmig, nicht schwärmfähig, der Gattung Sarcina unter den Eubakterien entsprechend.

2. Unterfamilie: *Lamprocystaceae*. Zellen zu Familien vereinigt. Teilung der Zellen zuerst nach drei, dann nach zwei Richtungen des Raumes.

1. Gattung: *Lamprocystis* Schröter. Familien anfangs solid, dann hohlkugelig, netzförmig durchbrochen, endlich in kleine, schwärmfähige Gruppen sich auflösend.

3. Unterfamilie: *Thiopediaceae.* Zellen zu Familien vereinigt, Teilung nach zwei Richtungen des Raumes.

1. Gattung: *Thiopedia* Winogradski. Familien tafelförmig aus quarternär geordneten schwärmfähigen Zellen zusammengesetzt.

4. Unterfamilie: *Amoebobacteriaceae.* Zellen zu Familien vereinigt, Teilung nach einer Richtung des Raumes.

1. Gattung: *Amoebobacter* Winogradski. Zellen zu Familien vereinigt, nach einer Richtung des Raumes sich teilend. Familien amöboid beweglich, Zellen durch Plasmafäden verbunden.

2. Gattung: *Thiothece* Winogradski. Familien mit dicken Gallertcysten. Zellen in gemeinsamer Gallerte sehr locker eingelagert, schwärmfähig.

3. Gattung: *Thiodictyon* Winogradski. Familien aus stäbchenförmigen, mit ihren Enden zu einem Netz verbundenen Zellen bestehend.

4. Gattung: *Thiopolycoccus* Winogradski. Familien solid, unbeweglich, aus kleinen, dicht zusammengepreßten Zellen bestehend.

5. Unterfamilie: *Chromatiaceae.* Zellen frei, zeitlebens schwärmfähig.

1. Gattung: *Chromatium* Perty. Zellen zylindrisch-elliptisch oder elliptisch, verhältnismäßig dick.

2. Gattung: *Rabdochromatium* Winogradski. Zellen frei, stab- und spindelförmig, zeitlebens schwärmfähig, mit Geißeln an den Polen.

3. Gattung: *Thiospirillum.* Zellen frei, zeitlebens schwärmfähig, spiralig gewunden.

C. Das System von Lehmann und Neumann.

I. Familie: Coccaceae Zopf emend. Migula. Kugelbakterien.

Zellen in freiem Zustande meist kugelrund, Teilung nach ein, zwei oder drei Richtungen des Raumes, indem sich jede Kugelzelle in Kugelhälften, Kugelquadraten oder Kugeloktanten teilt, die wieder zu Vollkugeln heranwachsen. Endosporen sehr selten, Geißeln werden selten beobachtet. Vor der Teilung können die Zellen $1^1/_2$ mal so lang wie breit sein, schwache Färbung macht darin leicht eine ungefärbte Teilungslinie sichtbar.

1. Zellen teilen sich fast nur nach einer Richtung des Raumes senkrecht auf die Wachstumsrichtung, so daß sich, wenn die Teilungsprodukte im Zusammenhang bleiben, namentlich in Bouillon kürzere oder längere rosenkranzartige Ketten bilden; sehr häufig besteht die Kette aus lauter Paaren von Kokken. Unter gewissen Bedingungen kommen statt Ketten nur oder vorwiegend Kokkenpaare zur Beobachtung. *Streptococcus* Billroth.

2. Zellen teilen sich, wenigstens auf geeigneten Nährböden (Heudekokt), regelmäßig nach drei Richtungen des Raumes und bleiben in größeren oder kleineren kubischen Familienverbänden vereinigt. *Sarcina* Goodsir.

3. Die Zellen teilen sich unregelmäßig nach verschiedenen Richtungen, so daß einzelne Kokken, einzelne Vereinigungen zu 2—4 Zellen und endlich, und zwar vorwiegend, regellose klumpige Haufen entstehen. Hierher gehören alle Formen, die nicht als unzweifelhafte Streptokokken oder Sarcinen erscheinen. *Micrococcus* Cohn.

II. Familie: Bacteriaceae Zopf emend. Migula (Bacillaceae A. Fischer). Stäbchen-
bakterien.

Zellen mindestens $1^1/_2$ mal, meist 2—6 mal so lang als breit, gerade oder in nur einer Ebene etwas gekrümmt, nie schraubig, zuweilen lange echte oder Scheinfäden bildend. Teilung fast stets quer auf die Längsachse nach Streckung des Stäbchens. Mit oder ohne Geißeln. Mit oder ohne Endosporen.

1. Ohne endogene Sporen, angeblich öfters mit Arthrosporen, Stäbchen meist unter 0,8—1 μ dick. *Bacterium* Cohn emend. Hüppe.

2. Mit endogenen Sporen, Stäbchen oft über 1 μ dick. *Bacillus* Cohn emend. Hüppe.

III. Familie: Spirillaceae Migula. Schraubenbakterien.

Vegetationskörper einzellig bogig oder spiralig gekrümmt und gedreht, mehr oder weniger gestreckt; Teilung immer senkrecht zur Längsachse, Zellen oft zu kurzen weniggliedrigen Ketten verbunden, sehr oft paarweise, meist lebhaft durch endständige Geißeln beweglich. Endosporenbildung nur bei zwei Arten bekannt.

1. Zellen kurz, schwach bogig, starr kommaartig gekrümmt, zuweilen in schraubenartigen Verbänden aneinanderhängend, stets nur mit einer, ausnahmsweise zwei endständigen Geißeln. Nach Hüppe mit Arthrosporen. *Vibrio* O. F. Müller emend. Löffler.

2. Zelle lang, spiralig gekrümmt, korkzieherartig starr, mit einem meist polaren Geißelbüschel aus mehreren langen Haupt- und mehreren kurzen Nebengeißeln. Diese Geißelbüschel stehen bei Spirillum Miller nicht endständig, sondern seitenständig. *Spirillum* Ehrenberg emend. Löffler.

3. Zellen biegsam, lange, spiralig gewundene Fäden darstellend. Teils durch eine undulierende Membran teils durch Geißeln beweglich. *Spirochaete* Ehrenberg.

Anhang: Actinomycetes Lachner-Sandoval.

Dünnfädige chlorophyllfreie Organismen, mit echter Astbildung, zum Teil sogar reich verzweigtem Mycel, teilweise mit Bildung von Conidien. Junge Kulturen zeigen häufig nur spaltpilzartige unverzweigte Stäbchen, die sich keineswegs von den gewöhnlichen Spaltpilzen unterscheiden. Bei vielen Arten besteht Neigung zur Keulen- oder Kolbenbildung am Ende der Fäden.

1. Schlanke, oft etwas gekrümmte Stäbchen, oft mit Neigung zu kolbigen Anschwellungen der Enden. Verzweigungen selten in jungen Kulturen zu sehen, leicht zerbrechend und auch in alten Kulturen oft nur schwer zu finden. Von den meisten Autoren stets unbeweglich gefunden. Bisher keinerlei Sporenformen bekannt.

    a) Stäbchen färben sich mit schwachen Farblösungen unterbrochen (Streifung), so daß der Organismus aus verschieden färbbaren Stücken zusammengesetzt scheint. Nicht nach der Tuberkelbacillenmethode färbbar. — Kolbig angeschwollene keilförmig zugespitzte Stäbchen häufig. *Corynebacterium* L. et N.

    b) Stäbchen färben sich mit gewöhnlichen Farblösungen schwer oder überhaupt nicht. Mit der Tuberkelbacillenmethode färbbar, d. h. säurefest. Kolbige Anschwellungen der Enden in der Kultur sehr selten, im Organismus etwas häufiger. *Mycobacterium* L. et N.

2. Mycelfäden lang, dünn, gestreckt oder gekrümmt ohne Scheidewände, mit zarter Scheide und echter Verzweigung. Bildung von Sporen durch Fragmentation von Fadeninhalt (?) und durch Abschnürung von Conidien. Manche Arten bilden auffälliges, flockiges Luftmycel. Nicht nach der Tuberkelbacillenmethode färbbar. Eigenbewegung fehlt teils, teils ist sie vorhanden. Fast alle Arten verbreiten einen fast modrigen Geruch. *Actinomyces* Harz.

Zu der Abtrennung der verzweigten Bakterienarten im System von Lehmann und Neumann ist zu bemerken, daß Verzweigungen nach den neueren Beobachtungen von A. Meyer[1]) und seiner Schule anscheinend bei den Bakterien häufiger vorkommen. Die Gattung Actinomyces wird von den meisten anderen Autoren zu den Eumyceten gerechnet.

---

[1]) Centralblatt f. Bakter. I. Abt., 1901, **30**, 49.

Betreffs der Nomenklatur der Bakterien sei bemerkt, daß dieselbe sich wie die aller Lebewesen nach dem Grundsatz der Linnéschen binären Benennung zu richten hat. Jede Bakterienart ist mit einem Genusnamen (Substantiv) und einem Artnamen (Adjektiv, Genitiv eines Substantivums, seltener Nominativ eines solchen) zu bezeichnen. Leider ist hiergegen sehr gefehlt worden und wird noch gefehlt. Auch die Einführung biologischer Gattungen wie Aerobakter, Proteobakter ist zu vermeiden, wenn auch gegen Namen wie Photobakterien, denitrifizierende Bakterien u. a., die eine Gruppe biologisch ausgezeichneter Arten bezeichnen sollen, nichts einzuwenden ist. Gattungen sind nur auf wichtige morphologische Merkmale zu gründen.

Beschreibungen der wichtigsten in Nahrungs- und Genußmitteln vorkommenden Bakterienarten werden an den betreffenden Stellen im besonderen Teil folgen.

Systematik der Eumyceten.

A. Die vegetativen und fruktifikativen Organe der Eumyceten.

Die Systematik der Eumyceten baut sich auf Verschiedenheiten des Mycels und der Fruktifikationsorgane auf. Das typische Fadenmycel ist entweder durch zahlreiche Querwände (Septen) in Scheitel- und Binnenzellen geteilt, von denen die Scheitelzellen durch stete Verlängerung und Teilung den Zuwachs besorgen, oder es besitzt keine Querwände, sondern stellt eine einzige vielverzweigte Zelle dar. Nach diesem Verhalten teilt man die Eumyceten in Phycomyceten (Algenpilze) mit unseptiertem (bzw. nur unter gewissen Umständen septiertem) und in Mycomyceten (Scheitelzellpilze) mit septiertem Mycel. Beide Gruppen unterscheiden sich auch wesentlich durch die Art der Fruktifikation. Auf Verschiedenheiten nach dieser Richtung beruht die weitere Einteilung der beiden Hauptgruppen.

Über den Bau des Eumycetenmycels sei hier noch folgendes erwähnt: Neben dem typischen Fadenmycel kommt bei den Eumyceten häufig auch noch Sproßmycel zur Entwicklung, d. h. Mycel, dessen Zellen aus der Mutterzelle nicht durch Streckung und Abgliederung mittels einer Scheidewand, sondern durch Ausstülpung hervorgehen.

Die Pilzfäden (Hyphen) treten bei vielen Eumyceten zu Verbänden zusammen. Von diesen seien erwähnt die Fusionen oder Anastomosen, einfache Verwachsungen, Verflechtungen (Plektenchym) in Form von Kahmhäuten, Pilzdecken (Hautplektenchym) Strängen (Strangplektenchym), typische Pilzgewebe durch unregelmäßige Verflechtung der Hyphen, die auf Querschnitten den Eindruck echter parenchymatischer oder prosenchymatischer Gewebe (Para-Prosoplektenchym) machen. Solche Pseudogewebe sind die von manchen Eumyceten gebildeten Sklerotien, myceliale Dauerformen, die eine Gliederung in Rinden- und Markteil zeigen. Andere Gewebe dienen dazu, den Fruchtlagern eine Unterlage oder Schutz zu gewähren. Hierher gehören das sogenannte Stroma vieler Formen und der Hut der sogenannten Hutpilze (Fig. 353 S. 682).

Über die wichtigsten Arten der Fruktifikation der Eumyceten, deren Kenntnis für das Verständnis des Systems unerläßlich ist, soll im folgenden eine kurze Übersicht gegeben werden, die zur schnellen Orientierung ausreicht. Für eingehendere Belehrung kommt in erster Linie das Handbuch von W. Zopf (vgl. S. 614) in Betracht.

Die Sporenbildung erfolgt entweder auf geschlechtlichem oder ungeschlechtlichem Wege. Geschlechtliche Sporenbildung ist auf die Phycomyceten und einige Saccharomyceten beschränkt. Sie erfolgt durch Vereinigung zweier verschiedenartigen Zellen (Oogonium und Antheridium) oder zweier gleichartigen Zellen (Zygosporenbildung). Von diesen geschlechtlichen Sporenbildungen interessiert für den Zweck dieses Buches hier nur die Zygosporenbildung. Über die Sexualvorgänge bei den Saccharomyceten vergleiche man Bd. II, S. 1165. Über die Sexualität anderer Mycomyceten sind die Meinungen noch geteilt. Die meisten Pilze erzeugen die Fruchtformen ungeschlechtlich. Nach dem Ort der Ent-

wicklung unterscheidet man exogene oder Conidien- und endogene oder Sporangienfruktifikation. Dazu kommt noch die sogenannte Chlamydosporen- oder Gemmen- oder Oidien-
fruktifikation.

Fig. 353.

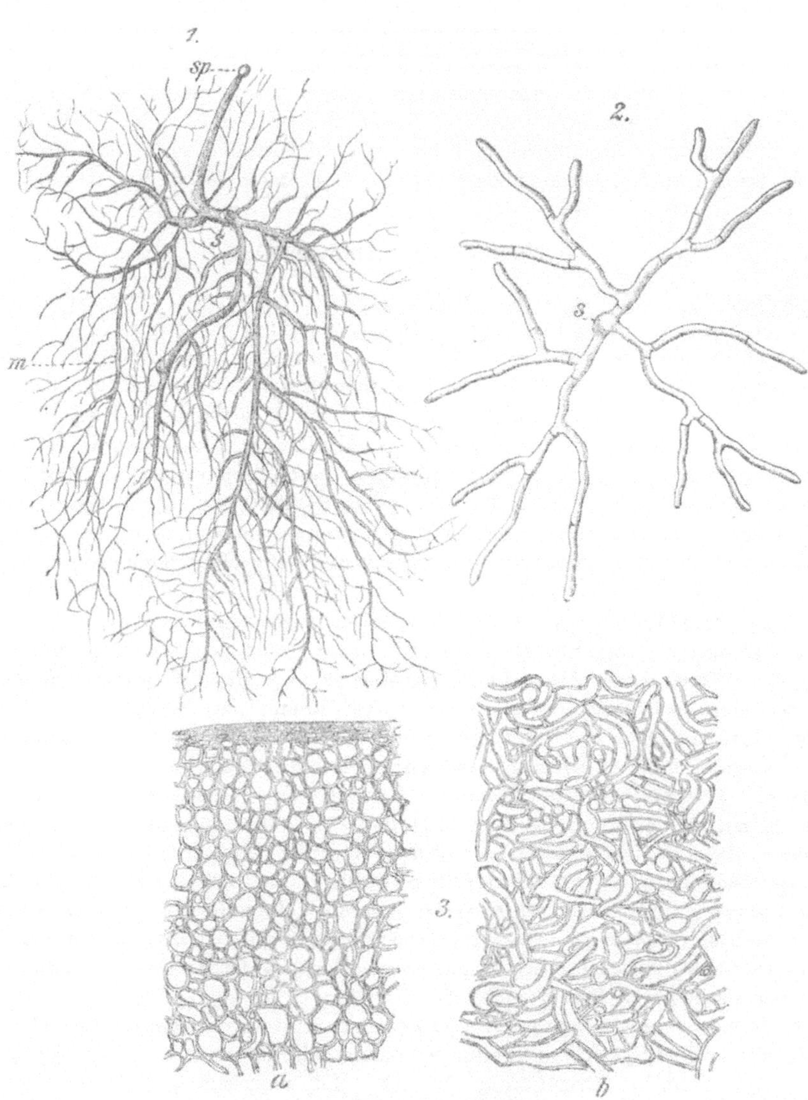

Myceltypen (360 : 1).

1. Mycel von Mucor mucedo ohne Scheidewände; *s* ausgekeimte Spore; *m* Mycel; *sp* junges Sporangium.
2. Mycel von Penicillium crustaceum mit Scheidewänden; *s* ausgekeimte Spore. 3. Sklerotiengewebe von
Claviceps purpurea; *a* Paraplektenchym vom Rande des Sklerotiums; *b* Prosoplektenchym aus der Mitte.
1. nach Brefeld; 2. nach Zopf; 3. nach v. Tavel.

I. Die Zygosporen-Fruktifikation.

Zygosporen oder Brückensporen kommen nur in einer Familie der Phycomyceten,
den Zygomyceten, vor. Diese Sporen entstehen in folgender Weise: Zwei Hyphen wachsen
aufeinander zu, berühren sich mit dem Scheitel der infolge starker Plasmaansammlung keulen-

förmig angeschwollenen Enden, platten sich dort ab und verwachsen (Fig. 354). Jede Hyphe gliedert dann durch eine Querwand eine Endzelle (Kopulationszelle oder Gamete) ab, die durch Lösung der Zellwände zu einer Zelle fusionieren. Diese Zelle bildet sich unter starker Ver-

Fig. 354.

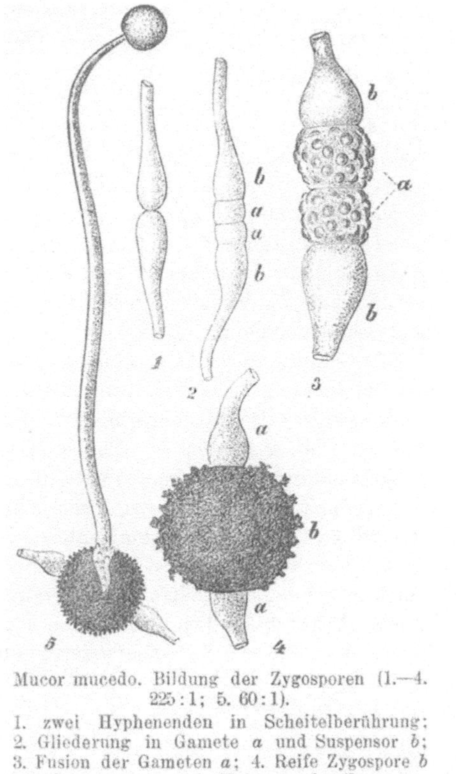

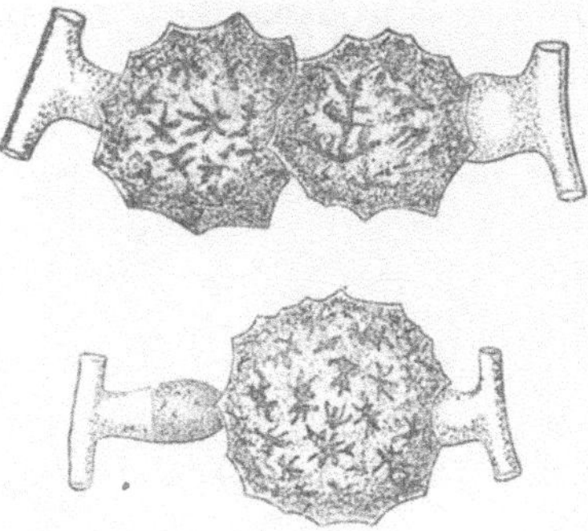

Fig. 355.

Azygosporenbildung bei Mucor erectus.
Nach Bainier.

Mucor mucedo. Bildung der Zygosporen (1.—4.
225:1; 5. 60:1).
1. zwei Hyphenenden in Scheitelberührung;
2. Gliederung in Gamete *a* und Suspensor *b*;
3. Fusion der Gameten *a*; 4. Reife Zygospore *b*
mit Suspensoren *a*; 5. Keimung der Zygospore
zu einem Sporangienträger.
Nach O. Brefeld.

Fig. 356.

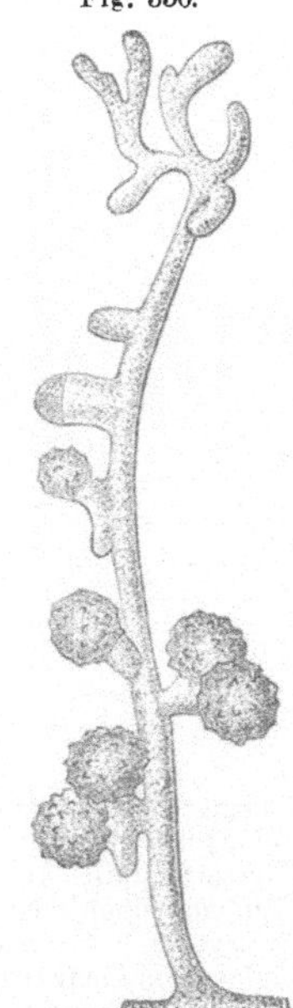

Mucor tenuis.
Azygosporen.
Nach Bainier.

größerung entweder direkt zur Zygospore aus, oder sie treibt eine Aussackung, die zur Zygospore wird. Hier interessiert nur die erste Art, die direkte Zygosporenbildung. Außer den Zygosporen entstehen häufig auch Azygosporen (Fig. 355 und 356), indem die keuligen Anschwellungen zweier Hyphen sich nicht berühren oder die Kopulationszellen sich zwar berühren und verwachsen, aber nicht fusionieren. Jede oder nur eine der Kopulationszellen wird alsdann zur Spore von den Eigenschaften der Zygosporen. Zygosporen und Azygosporen sind Dauerformen kugeliger Gestalt mit sehr dicken Membranen und reichlichen Einlagerungen von Reservestoff (Fett). Die Zygosporen bleiben in den meisten Fällen nackt, seltener umgeben sie sich mit einer Hülle und bilden eine Zygosporenfrucht.

Zygosporen entstehen nicht bei allen Zygomyceten und verhältnismäßig selten. Die Bedingungen für ihre Entstehung sind noch wenig erforscht. Nach den Angaben von Blakeslee sollen sie nur bei Fusion der Hyphen aus verschiedenen Sporen hervorgegangener Thalli gebildet werden.

2. Exosporen- oder Conidienfruktifikation.

Exosporen oder Conidien werden an der Oberfläche der fruktifizierenden Zellen erzeugt. Die Conidien entstehen meist an besonderen Tragzellen (Conidienträgern), zuweilen auch unmittelbar am Mycel. Die Conidien entstehen am Träger entweder in basipetaler oder in basifugaler (akropetaler) Folge. Im ersteren Falle ist die unterste Conidie, im zweiten die oberste die jüngste. Bei der akropetalen Bildung bilden sich die Conidien durch Sprossung. Die Ketten können sich in diesem Falle auch durch seitliche Sprossungen verzweigen, so daß Conidiensproßverbände entstehen. Ein dritter Fall der Conidienbildung ist der der Aufteilung des Trägers in basipetaler Folge. Dieser Fall ist seltener (Fig. 357 und 358).

Die Conidien sind anfangs einzellig. Bei vielen Formen werden sie durch Bildung von Scheidewänden auch mehrzellig.

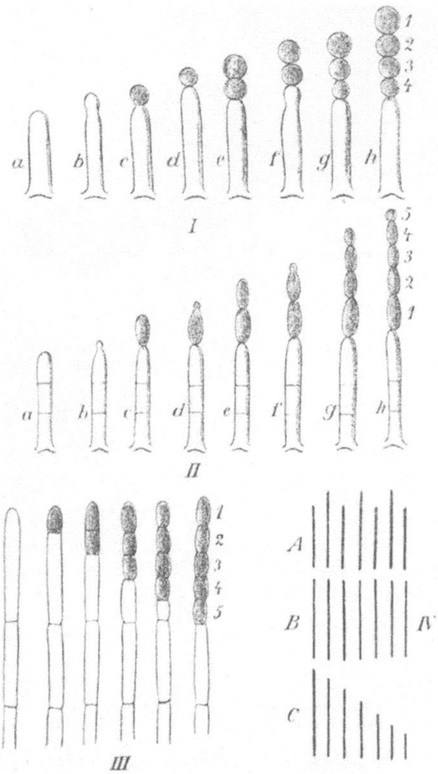

Der Conidienträger ist eine ein- oder mehrzellige unverzweigte oder in verschiedenster Weise verzweigte Hyphe mannigfaltigster Form, ähnlich den Blütenständen der Phanerogamen.

Die Conidienträger kommen entweder vereinzelt oder in Verbänden vor. Sie können zu Bündeln (Koremien) zusammentreten, indem sich die Tragzellen der Länge nach zusammenlegen und eine Säule bilden, oder zu Conidienlagern, indem zahlreiche Träger nebeneinander in einem Lager (Hymenium)

Fig. 357.

Fig. 358.

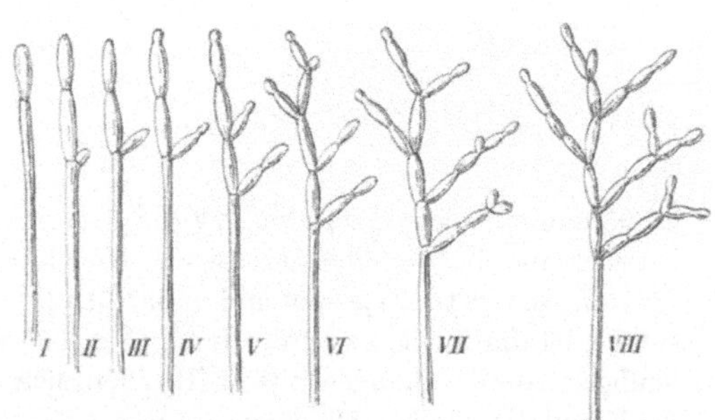

I. Schematische Darstellung der Bildung einer Conidienkette in basipetaler Folge, 1. älteste, 4. jüngste Conidie; II. Schematische Darstellung der Bildung einer Conidienkette durch terminale Sprossung, 1.—5. Altersfolge der Conidien; III. Bildung einer Conidienkette in basipetaler Folge ohne Streckung des Trägers, 1.—5. Altersfolge der Conidien; IV. Graphische Darstellung des Verhaltens der Conidienträger bezüglich ihrer Länge in den 3 Typen.
Nach W. Zopf.

Conidienträger von Homodendron cladosporioides in der Ausbildung eines Sproßconidienstandes.
Nach E. Löw.

entstehen, oder sie entstehen in Gehäusen (Pykniden), Conidienfrüchten mit einer Scheitelöffnung zur Entleerung der Conidien.

Bei vielen Formen nimmt der Conidienträger eine besondere, von der üblichen zylindrischen abweichende, bestimmte Form an. Solche Conidienträger heißen Basidien. Die Basidien sind entweder ein- oder mehrzellig. Die Basidien bzw. die Basidienzellen tragen eine bestimmte Zahl von Conidien. Diese stehen meist auf pfriemenartigen Ausstülpungen der Basidien, Sterigmen genannt. Die Basidie bildet das Hauptmerkmal für die große Klasse der Basidiomyceten.

Die Definition des Begriffes Basidie schwankt bei den einzelnen Mykologen erheblich.

Erwähnt sei an dieser Stelle noch die sogenannte innere Conidienbildung. Wenn in einem Mycelfaden einzelne Zellen absterben, so treiben zuweilen die angrenzenden gesunden Zellen einen Schlauch in die toten Zellen und bilden dort Conidien. Diese Durchwachsungserscheinungen (Fig. 359) sind vielfach beobachtet worden.

3. Die Endosporen- oder Sporangienfruktifikation.

Endo- oder Sporangiensporen werden nicht an Trägern abgegliedert, sondern im Innern von Zellen (endogen), Sporangien genannt, gebildet. Doch besteht kein grundsätzlicher Unterschied zwischen Conidien und Sporangien. Die Conidien leiten sich morphologisch vom Sporangium ab, sie sind einsporige Sporangien, bei denen Sporen- und Sporangienwand verwachsen sind, also Schließsporangien. Bei einigen höheren Phycomyceten können diese Übergänge direkt beobachtet und zum Teil experimentell hervorgebracht werden. Sind die Endosporen membranlos und durch den Besitz von Cilien schwärmfähig, so heißen sie Schwärmsporen, die Sporangien Schwärm- oder Zoosporangien. Mit Membran versehene Endosporen sind nie schwärmfähig. Schwärmsporangien kommen nur bei einigen an das Wasserleben angepaßten Phycomyceten vor, nicht bei Mycomyceten. Bei den niedersten Oomyceten wird der ganze Thallus oder nur die äußersten Spitzen desselben werden in ein Sporangium verwandelt. Bei den höheren Phycomyceten wird das Sporangium an der Spitze besonderer sich aus dem Mycel erhebender Hyphen (Stiel oder Träger des Sporangiums) gebildet. Sporangien mancher Phycomyceten, die große dickwandige ruhende Sporen, wie man annimmt, durch einen Sexualakt erzeugen, heißen Oosporen oder Oosporangien.

Bei einer großen Zahl von Mycomyceten, den Ascomyceten, wird das Sporangium als Schlauch oder Ascus bezeichnet. Die wesentlichen Unterschiede zwischen dem Sporangium der Phycomyceten und der Ascomyceten sind folgende: Das Plasma der Phycomycetensporangien enthält von vornherein mehrere Kerne, das der Ascomyceten nur einen, aus dem durch wiederholte Zweiteilung 8, 16 usw. entstehen, die die Grundlage ebensovieler Sporen sind. Ferner entstehen die Asci aus einer besonderen, kennzeichnenden Hyphe, dem Ascogon, das den Phycomyceten fehlt. Dazu kommen dann noch bei vielen Ascomyceten Einrichtungen zur Ejaculation der Sporen. O. Brefeld definiert den Ascus als die höhere typisch gewordene Form des Sporangiums, die Form, welche in der Größe und Gestalt, in der Zahl der Sporen bestimmt geworden ist und aufgehört hat, wie ein Sporangium nach äußeren Umständen beliebig in der Formbildung zu schwanken. W. Zopf[1]) hat nachgewiesen, daß diese Definition mit den Tatsachen schlechterdings nicht zu vereinigen ist.

Die Sporangien der Phycomyceten stehen einzeln, seltener in offnen Lagern. Auch bei den Ascomyceten kommen solche Lager seltener vor. Dagegen tritt bei der Mehrzahl der Ascomyceten die Bildung einer Sporangiumfrucht ein, indem mehrere Sporangien (Asci)

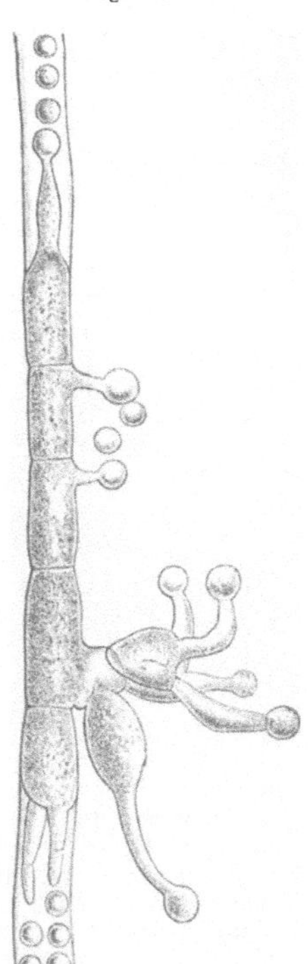

Fig. 359.

Durchwachsungserscheinungen bei Botrytis cinerea.

Nach P. Lindner.

---

1) W. Zopf, Beiträge zur Physiologie und Morphologie niederer Organismen 3, 1.

von einer besonderen Hülle umschlossen werden. Die Sporangiumfrucht der Ascomyceten wird auch die Ascusfrucht oder Schlauchfrucht genannt. Die Schlauchfrüchte sind entweder allseitig geschlossen (kleistokarp), oder sie besitzen eine enge Mündung (perenokarp), oder sie bilden einen Kugelabschnitt, auf dem das Schlauchlager offen liegt (discokarp). Die discokarpen Ascusfrüchte heißen Apothecien, die kleistokarpen und perenokarpen Perithecien. Die Apothecien bilden Scheiben, die Perithecien sind mehr oder minder kugelig gebaut und tragen auf ihrer Innenfläche die Ascuslager, in denen zwischen den Asci meist noch sterile Hyphen (Paraphysen) angeordnet sind. Zuweilen ist die Innenwand der Perithecien mit sterilen Hyphen (Periphysen) tapeziert. Die Fruchtwand trägt äußerlich manchmal Anhänge. Oft besitzen die Asci Einrichtungen zur Ejaculation der Sporen.

Fig. 360.

Fig. 361.

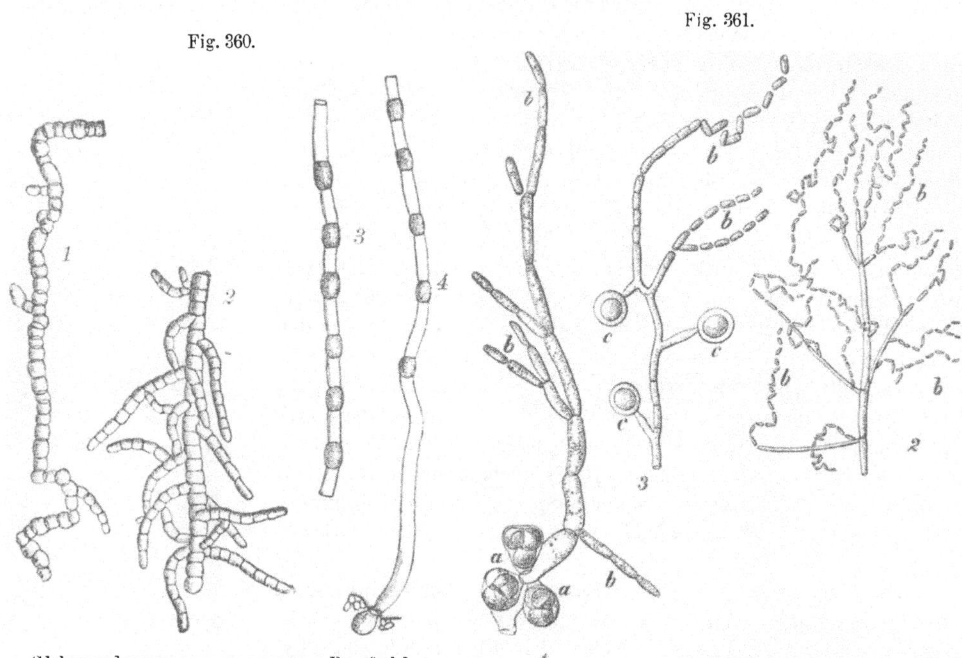

Chlamydomucor racemosus Brefeld
(1, 2 120:1; 3, 4 80:1).
1. und 2. Mycelstücke, die sich in Oidienketten umgewandelt haben; 3. Hyphe mit 6 Chlamydosporen; 4. Sporangiumträger mit 5 Chlamydosporen.
Nach O. Brefeld.

1. Endomyces decipiens Rees (1 320:1; 2 120:1; 3 240:1).
Mycelast mit 3 Ascen (a) mit je vier hutförmigen Ascosporen; obere Zweige in Oidien (b) zerfallend; 2. Ganz in Oidien (b) zerfallendes Mycel; 3. Mycelast, der oben Oidien (b) abgliedert, unten Chlamydosporen (c) angelegt hat.

4. Chlamydosporen-, Gemmen-, Oidienfruktifikation.

Wenn ein Mycel durch Erzeugung von Zwischenwänden sich in zahlreiche Zellen teilt und deren Verband sich in die einzelnen Stücke aufteilt, die noch Sporencharakter haben, so spricht man von Oidien- oder Gemmenfruktifikation. Oidien haben noch einen mehr vegetativen Charakter, sie keimen sofort wieder. Gemmen sind meist durch dickere Membranen, reichlichen Gehalt an Reservestoffen, Keimung nach einem mehr oder minder ausgeprägten Ruhezustand als Dauerformen charakterisiert. Für manche Formen der Gemmen hat man den Namen Chlamydosporen eingeführt. Sie müssen vor der Keimung einen Ruhezustand durchmachen und erzeugen beim Keimen nicht vegetatives Mycel, sondern sofort Fruchtträger. Indessen kommen zwischen Gemmen und Chlamydosporen vielfache Übergänge vor, und beide Bezeichnungen werden von den einzelnen Autoren in der verschiedensten Weise gebraucht. Man vergleiche auch die Ausführungen im folgenden Abschnitt Phycomyceten S. 690.

Chlamydosporen entstehen auch am Ende von Hyphen und werden dann auch Stielgemmen genannt (Fig. 360 und 361).

Von den beschriebenen Fruktifikationsformen erzeugen manche Pilze nur eine (monomorphe), manche mehrere (pleomorphe). Die Zygosporen-, Ascus- und Basidienfruktifikationen bezeichnet man im allgemeinen als Haupt-, die Conidien-, Sporangien-, Gemmenfruktifikationen als Nebenfruktifikationsformen. Am weitesten verbreitet ist die Conidienfruktifikation, dagegen kommen Sporangien nur bei Phycomyceten vor.

Von vielen Pilzen kennt man zurzeit nur Conidienfruktifikationen. Sie werden als Fungi imperfecti bezeichnet. Eine große Zahl von ihnen dürfte zu den Ascomyceten gehören.

B. Einteilung der Eumyceten und Beschreibung der in Nahrungs- und Genußmitteln häufigeren Arten. Die Einteilung der Phyco- und Mycomyceten in Untergruppen wird von den einzelnen Autoren verschieden ausgeführt. Wir werden uns im folgenden an die Einteilung des Zopfschen Handbuches und die nach Lindau halten.

Die Hauptgruppen des Systems in der von W. Zopf vorgeschlagenen Einteilung sind folgende:

  I. Phycomyceten de Bary:
   1. Gruppe: Chytridiaceen;
   2. Gruppe: Oomyceten;
   3. Gruppe: Zygomyceten.
  II. Mycomyceten Brefeld:
   1. Gruppe: Basidiomyceten;
   2. Gruppe: Uredineen;
   3. Gruppe: Ustilagineen;
   4. Gruppe: Ascomyceten.

Eine andere Einteilung hat O. Brefeld gegeben, die auch von Lindau vertreten wird, nämlich:

  I. Phycomyceten de Bary,
  II. Mesomyceten Brefeld:
   a) Hemiasci (Protomyces, Ascoidea, Thelebolus);
   b) Hemibasidii (Ustilagineen de Bary).
  III. Mycomyceten Brefeld:
   a) Ascomyceten (mit Ausnahme der unter IIa genannten Gattungen);
   b) Basidiomyceten (Uredineen und Basidiomyceten de Bary).

Gegen dieses System sind von W. Zopf[1]) schwerwiegende Bedenken erhoben worden.

I. Phycomyceten, Algenpilze.

Mycel unseptiert, nur in älteren Mycelteilen einige Kammerungswände, die den vorderen Plasma führenden Teil gegen den hinteren geleerten abgrenzen. Schwärmsporangien, geschlechtliche Befruchtung teils durch verschiedene, teils durch gleichartige Zellen.

1. Gruppe: *Chytridiaceen.* Sehr einfach organisierte Formen, die meist parasitisch in Pflanzen und Tieren leben und ganz an das Leben im Wasser oder in feuchten Substraten angepaßt sind. Mycel fehlt ganz oder ist nur noch in Andeutungen vorhanden. Fruktifikationen nur in Form von Zoosporangien und Dauersporen. Die Chytridiaceen werden von anderen Autoren zu den Oomyceten gerechnet.

Von dieser Gruppe interessiert nur die die krebsigen Wucherungen an Kartoffelknollen erzeugende Chrysophlyctis endobiotica Schilb (vgl. II. Tl.).

2. Gruppe: *Oomyceten.* Teils dem Wasser, teils dem Landleben angepaßte Pilze, mit Oosporangien, Zoosporangien und Conidien. Von dieser Gruppe interessiert nur die

---

[1]) W. Zopf, Beiträge zur Physiologie und Morphologie niederer Organismen 1893, **3**, 1.

Familie der Peronosporeen, zu denen parasitisch in Kartoffelknollen und auf Weinbeeren (vgl. II. Bd. S. 899 und im folgenden II. Teil) lebende Arten gehören.

3. Gruppe: *Zygomyceten.* Die Zygomyceten zerfallen in zwei Ordnungen: die Mucorineen und die Entomopthorineen, von denen für die Nahrungsmittelmykologie nur die erste von Bedeutung ist. Die Mucorineen besitzen ein reich verzweigtes, im allgemeinen nicht, nur in besonderen Fällen septiertes Mycel. Sie sind besonders gekennzeichnet durch die Bildung von Zygosporen (auch Azygosporen), die aber nicht bei allen Formen beobachtet ist. Ferner bilden sie Sporangiensporen und Conidiensporen, zuweilen Oidien und Chlamydosporen. Zu den Mucorineen gehören eine Reihe der wichtigsten, weitverbreiteten Schimmelpilze, die sogenannten Köpfchenschimmel; sie bilden die hier allein interessierende Familie der Mucoraceen. Für die Unterscheidung der Mucoraceengattungen diene folgende Übersicht:

Familie Mucoraceae. Mucorineen mit vielsporigen Sporangien, die stets eine Columella, d. h. ein in das Sporangium vorgewölbtes, mehr oder weniger aufgetriebenes Ende des Sporangiumträgers besitzen. Zygosporen nackt. Da die Zygosporen bei vielen Mucoraceen sowie auch die Bedingungen für ihre Erzeugung in Kulturen unbekannt sind, da sie ferner keine besonders kennzeichnenden Merkmale besitzen, so ist als wichtigstes Merkmal für die Einreihung einer unbekannten Form auf das Vorhandensein eines Sporangiums mit Columella zu achten. Es ist daher in den folgenden kurzen Beschreibungen meist von einer eingehenden Schilderung der Zygosporen Abstand genommen worden.

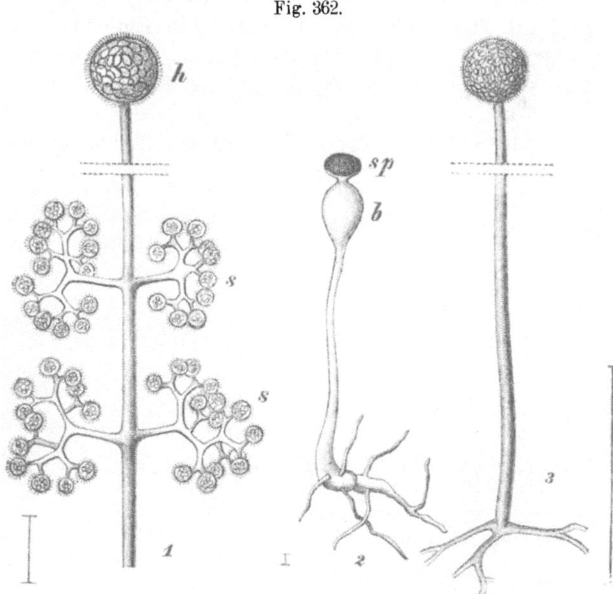

Fig. 362.

Sporangienträger der drei Mucoraceen-Unterfamilien (Thamnidieen, Piloboleen, Mucoreen) (1 130:1; 2 30:1; 3 40:1).
1. Thamnidium elegans Link mit einem Hauptsporangium (*h*) und zahlreichen Nebensporangien (Sporangiolen) *s*; 2. Pilobolus Kleinii v. Tiegb mit abschleuderbarem schwarzen Sporangium (*sp*) und subsporangioler Blase (*b*); 3. Mucor mucedo (*L*) Bref., wie andere Mucorarten mit einerlei nicht abschleuderbaren Sporangien.
1. und 2. nach Bainier: 3. nach Wehmer.

1. Unterfamilie: Mucoreen. Einerlei Sporangien, die sich auf dem Träger durch Verquellen oder Zerbrechen der Membran entleeren.

2. Unterfamilie: Thamnidieen. Zweierlei Sporangien, vielsporige Hauptsporangien, wenigsporige Nebensporangien (Sporangiolen). Öffnung der Hauptsporangien wie bei den Mucoreen. Sporangiolen fallen als Ganzes ab.

3. Unterfamilie: Piloboleen. Festwandige Sporangien, die ganz mit oder ohne Columella abfallen oder abgeschleudert werden.

Von diesen drei Unterfamilien (Fig. 362) kommt die dritte hier nicht in Betracht.

Von den Gattungen der Mucoreen interessieren hier nur Mucor, Rhizopus, Phycomyces, von denen der Thamnidieen Thamnidium.

Die Gattung Mucor ist durch kugelrunde Sporangien an den Enden einfacher, seltener verzweigter Sporangienträger ausgezeichnet. Die Columella ist nicht aufsitzend, d. h. die Sporangienwand setzt sich unterhalb der Anschwellung des Stieles an diesen an. Der Träger besitzt keine Apophyse (blasige Erweiterung unter der Columella) und ist nie gabelig

Fig. 363.

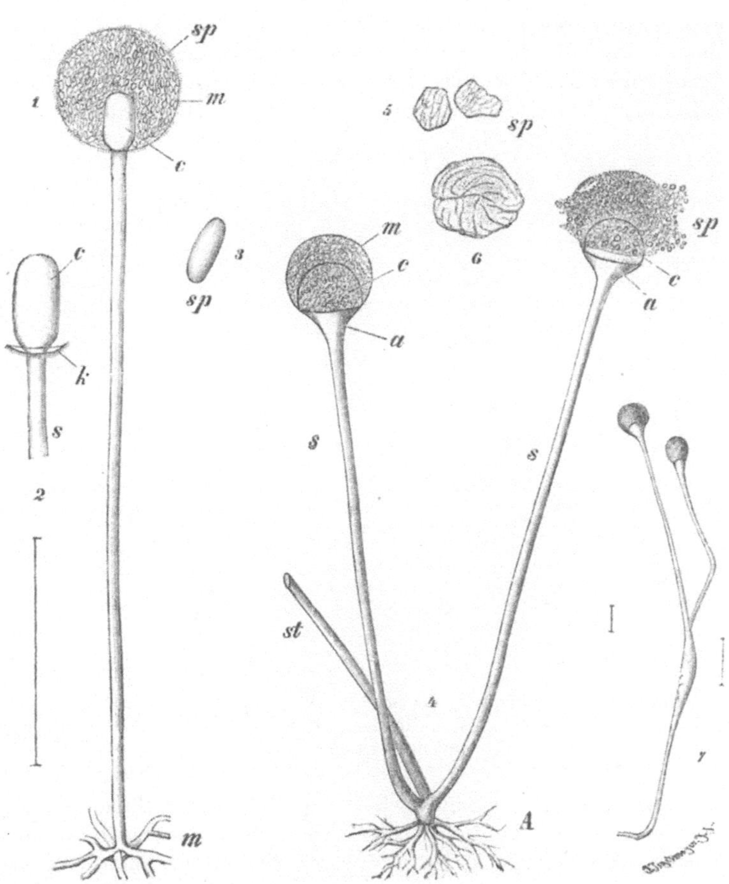

Sporangienträger und Sporen von Mucor und Rhizopus (1 50:1; 2 100:1; 3 400:1; 4 50:1; 5 500:1; 6 1200:1; 7 20:1).
1.—3. Mucor Mucedo Bref. mit Columella (c), ohne Apophyse und glatten abgerundeten Sporen (3, sp); 4.—7. Rhizopus nigricans Ehrenbg. mit einer der Apophyse (a) aufsitzenden Columella (c), schwach eckigen fein-gestreiften Sporen (5, 6, sp) und zweierlei Sporangienträgern: einfachen (4), der Anheftungsstelle (A) des Stolo (st) neben Rhizoiden entspringenden und verzweigten (7), direkt dem Mycel entspringenden, aus den nicht gereizten und keine Rhizoiden entwickelnden Stolo hervorgehenden; m Sporangiumrand, k Kragenrest, A Appressorium.
4. nach Zopf; 6. und 7. nach W. Vuillemin, das übrige nach Wehmer.

oder wirtelig geteilt. Luftmycel (Ausläufer, Stolonen) fehlen, ebenso das faltige Epispor (Fig. 363, 1—3).

Die Gattung Rhizopus ist von Mucor besonders durch den Besitz von Stolonen, des faltigen Epispors und der der Apophyse aufsitzenden Columella ausgezeichnet. Ferner sind die Membranen der vegetativen Hyphen und Sporangienträger meist braun gefärbt, die der Mucor-arten farblos. Zygosporen sind bei Rhizopusarten kaum, bei Mucorarten häufiger beobachtet worden (Fig. 363, 4—7).

Die Gattung Phycomyces unterscheidet sich von Mucor nur durch die mit dichotom verzweigten Dornen versehenen Suspensorien der Zygosporen.

Über die bei den Mucoreen öfter auftretenden Chlamydosporen (Gemmen) und Kugelzellen (Fig. 364) sei hier folgendes erwähnt: Wehmer trennt beide scharf, indem er als Chlamydosporen oder Gemmen nur innerhalb des Thallus durch Kontraktion des Plasmas und Bildung einer neuen, meist dicken Haut entstehende einzellige Organe mit Sporencharakter bezeichnet, die unter geeigneten Bedingungen sich zu neuen Mycelien entwickeln. Sie sind an keine bestimmte Form gebunden und liegen in den entleerten Fäden vereinzelt, auch reihenweise hintereinander und sind normale Bildungen. Die Kugelzellen (Oidien) dagegen entstehen durch Zerfall der Hyphen. Die Teilstücke bleiben zunächst im Verbande oder zerfallen unter Abrundung und oft

Fig. 364.

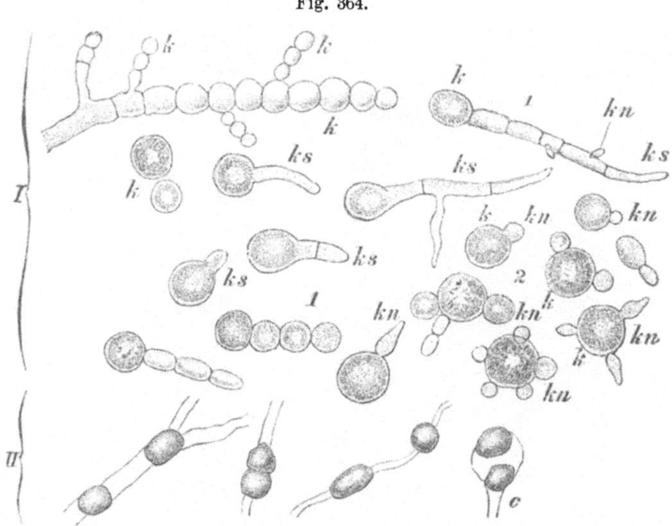

Kugelzellen, Kugelhefe und Gemmen bei Mucoreen (I 300:1; II 250:1).
I. Kugelzellbildung bei Mucor javanicus Wehm. im Gärungssaccharometer; 1. Auswachsen zu wieder zerfallenden Keimschläuchen; 2. Knospenbildung (Kugelhefe). *k* Kugelzellen, *ks* Keimschlauch, *kn* Knospen. II. Gemmenbildung bei Mucor plumbeus Bon. (M. spinosus v. Tiegh.) in Hyphen und Columella (*c*). Nach Wehmer.

starker Volumenvergrößerung. Sie sind nach Wehmer abnorme Bildungen, die unter ungünstigen Lebensverhältnissen, besonders bei Abschluß des Luftsauerstoffes entstehen. Die Kugelzellen können sofort zu neuen Fäden auswachsen oder nur ihr Volum vergrößern oder die Membran verdicken und sich so gestaltlich den Gemmen nähern. Falls die Kugelzellen nur eine kurze Knospe treiben, so entsteht die sogenannte Kugelhefe, die aber nicht mit der Sprossung der Saccharomyceten in Parallele gestellt werden kann. Andere Forscher wie Klöcker stellen die Kugelzellen zu den Chlamydosporen. Ein Zusammenhang zwischen Kugelhefe und der bei fast allen Mucoreen beobachteten alkoholischen Gärung besteht nicht. Die alkoholische Gärung tritt bei Luftzutritt und bei der Entwicklung der Pilze in normalen Fadenmycelien genau so stark ein wie bei Luftabschluß.

Beschreibung der wichtigsten Arten der Gattungen Mucor, *Rhizopus, Phycomyces.* Gattung *Mucor.* Die Charakterisierung der Mucorarten stößt auf große Schwierigkeiten, da besonders die in erster Linie zur Unterscheidung heranzuziehende Sporangienfruktifikation nach den Kulturbedingungen bei derselben Art die allergrößten Variationen zeigt. Vergleiche mit lebendem, genau bestimmtem Material und Heranziehung physiologischer Merkmale sind unerläßlich. Im folgenden halten wir uns im wesentlichen an die neuesten Angaben von Wehmer[1]).

---

[1]) In Lafar: Handbuch d. techn. Mykologie **4.**

Mucor Mucedo (Linné) Brefeld (Fig. 363 u. 365)
bildet auf Lebensmitteln hohe, graue Rasen, Sporangienträger unverzweigt oft etwa 10 cm hoch, Sporangien kugelig,
zuerst orangefarben, dann graubraun, 100—200 μ dick, mit
Krystallnadeln besetzt. Columella stark vorgewölbt, breit
zylindrisch, nach Wehmer 12—18 μ, zuweilen bis zu 24 μ
lang, aber auch merklich kleiner. Bildet keine Gemmen,
Kugelzellen und Kugelhefe. Zygosporen schwarz, warzig,
stachelig, 90—250 μ, aber auch bis zu 1 mm dick (Fig. 354).

Mucor piriformis A. Fischer (Fig. 365) bewohnt
faules Obst. Sporangienträger unverzweigt, je nach den Bedingungen einige Millimeter bis zu 8 cm, im Mittel 1—3 cm
hoch. Kugelige bis 400 μ dicke, im Alter braunschwarze
Sporangien. Columella meist birnenartig, aber auch oval
bis kugelig, 80—65 : 300—280 μ. Sporen meist ellipsoidisch 5—13 : 4—8 μ. Zygosporen sind nicht bekannt,
dagegen Kugelzellen und derbwandige Gemmen. Charakteristisch ist die Bildung eines intensiven Fruchtester-
geruches auch in Kulturen.

Mucor racemosus Fresenius (Fig. 366 und 367)
lebt in grauen bis hellbraunen Rasen auf den ver-

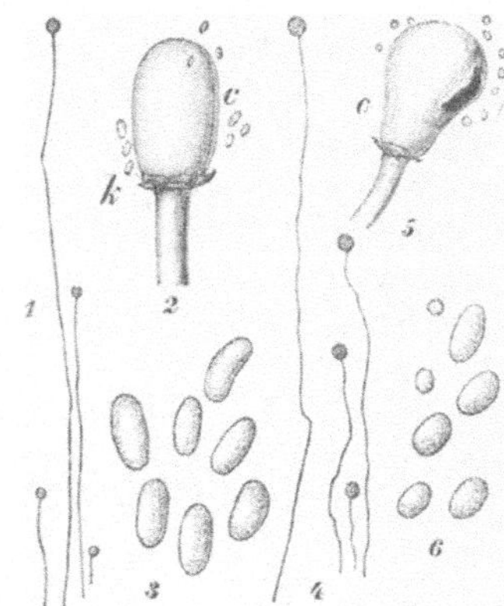

Fig. 365.

Monomucor-Arten (2 100:1;
3 630:1; 5 70:1; 6 700: 1.
1.—3. Mucor mucedo (L) Brefeld;
4.—6. M. piriformis A. Fischer in
nat. Gr. mit schwach vergrößertem
Sporangium, c Columella, k Kragenrest; 3., 6. Sporen. Nach Wehmer.

Fig. 366.

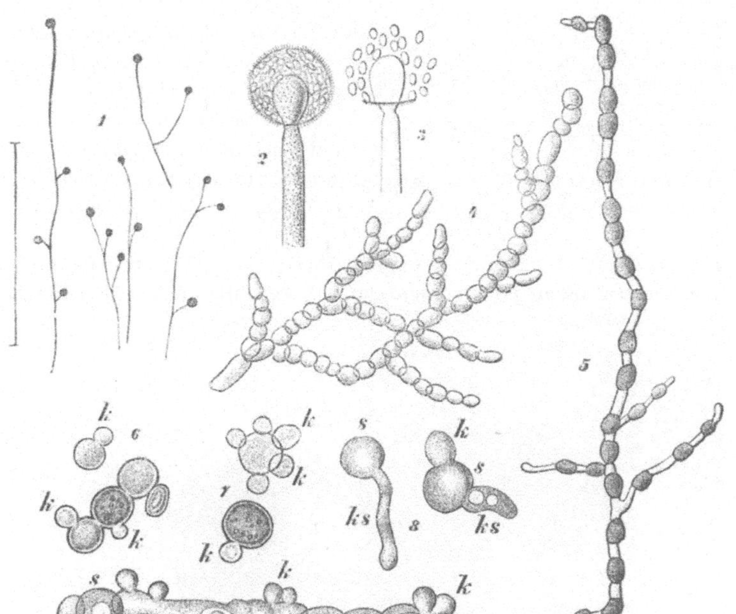

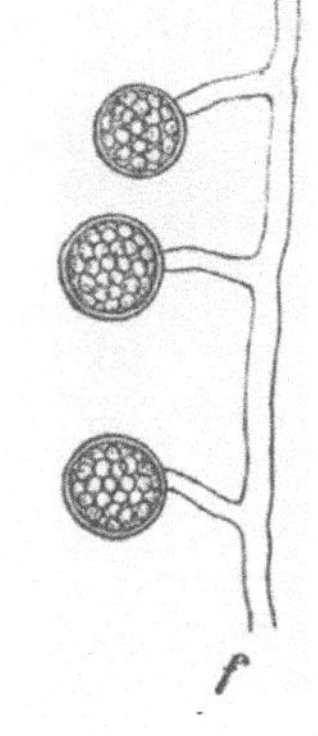

Mucorracemosus Fresenius (1 2:1; 2 und 3 300:1; 4 120:1; 5 80:1; 6—9 300:1).
1. Sporangienträger; 2. Sporangium; 3. Columella; 4. Kugelzellen (Oidien); 5. Gemmen;
6.—7. sprossende Kugelzellen (Kugelhefe). k Knospen; 8. mit Keimschlauch (ks) aus-
wachsende Sporen; 9. junge Hyphe, in Zerfall und knospend (k).
1. nach Wehmer; 2.—5. nach Brefeld; 6. und 7. nach Pasteur; 8. und 9. nach Reeß.

Mucor racemosus
Fresenius (230 : 1).
Drei Sporangien mit
durchsichtiger Mem-
bran, durch die die
Sporen schimmern.
Nach Fischer.

44*

Fig. 368.

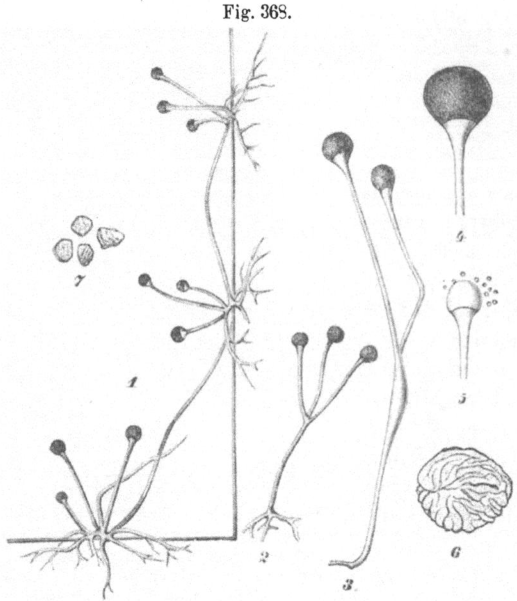

Rhizopus nigricans Ehrenberg (1. und 2. 8:1;
3. 20:1; 4. und 5. 50:1; 6. 1200:1; 7. 300:1).
1. Stolo, der an einer senkrechten Glaswand Rhizoiden neben
unverzweigten Sporangienträgern erzeugt; 2. und 3. verzweigte Sporangienträger direkt aus dem Substratmycel
hervorgehend; 4. Sporangium; 5. Columella und Apophyse;
6. eine Spore mit faltigem Epispor; 7. Sporen schwächer
vergrößert.
3. und 6. nach Vuillemin, das übrige nach Wehmer.

schiedensten pflanzlichen und tierischen Substraten (Brot, Früchten, Milch, Käse). Sporangienträger oft überwiegend unverzweigt, zum Teil cymös verzweigt, 2—3 cm hoch. Sporangien klein, bis zu 50 μ dick, gelblich oder bräunlichgelb mit durchsichtiger, gewöhnlich nicht feinstacheliger Wand. Columella oval bis verkehrt eiförmig, im Mittel 22 μ hoch, 17 μ dick, Sporen glatt, farblos, ellipsoidisch etwa 6:4,2 μ. Zygosporen selten, 70—80 μ dick. Gemmen werden reichlich gebildet. Das untergetauchte Mycel zerfällt bei Luftmangel in zuckerhaltigen Flüssigkeiten in Kugelzellen, die spärlich sprossen. Der Pilz bildet in Zuckerlösungen geringe Mengen Alkohol.

Mucor erectus Bainii ähnelt Mucor racemosus, kommt in 1 cm hohen Rasen auf Vegetabilien vor. Sporangienträger cymös verzweigt. Sporangien meist 80 μ dick, gelbgrau, durchsichtig, Wandung glatt. Sporen 5—10 : 2,5—5 μ, Columella 40 μ dick. Zygosporen, Azygosporen, Gemmen, Kugelzellen und Kugelhefe bekannt (Fig. 355).

Von Mucorarten mit symyodial verzweigten Sporangienträgern seien hier nur die exotischen Arten **Mucor Rouxii Wehmer** und **Mucor javanicus Wehmer** erwähnt, von denen erstere Stärke verzuckert und manche Zucker zu Alkohol vergärt, jene nur Zucker vergärt.

Rhizopus nigricans Ehrenberg (Mucor stolonifer **Ehrenberg**, Fig. 363, 368 und 369) bildet überall auf pflanzlichen Stoffen dichte, weiße, hohe Rasen, die an den Gefäßwänden

Fig. 369.

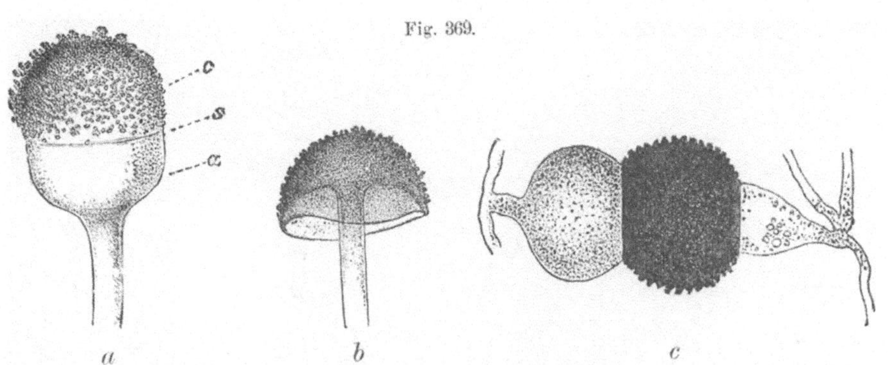

Rhizopus nigricans Ehrenberg (a und b 100:1; c 90:1).
a Columella (c) mit dem unteren freien Teil (a), bei s Ansatzstelle der zerflossenen Sporangienwand, b zusammengesunkene, hutpilzartige Columella, ebenso wie die vorige mit Sporen bedeckt, c reife warzige
Zygosporen.
a und b nach Fischer; c nach de Bary.

emporklettern. Er ist auch ein Erreger der Fäulnis der Früchte. Sporangienträger 0,5—4 mm hoch, meist an den Spitzen der durch Berührung mit festen Gegenständen gereizten Stolonen in Gruppen von 2—6, indem gleichzeitig eine reichliche Rhizoidenentwicklung eintritt. Seltener an der Spitze aufrechter, nicht gereizter etwa 1 cm hoher Stolonen einzeln oder zu mehreren. Sporangien 100—300 μ dick, zuerst schneeweiß, dann schwarz. Columella der Apophyse breit aufsitzend, sinkt nach Auflösung des Sporangiums regenschirmartig zusammen. Sporen länglich rund, eckig. Größe sehr verschieden angegeben, 6—17 μ (Fischer), 8—10 μ (Wehmer). Zygosporen kugelig, braunschwarz, 160 bis 220 μ dick.

Die Gattung Rhizopus umfaßt ferner einige hier nicht weiter zu behandelnde technisch wichtige exotische Arten, die Stärke verzuckern und Zucker zu Alkohol vergären.

Fig. 371.

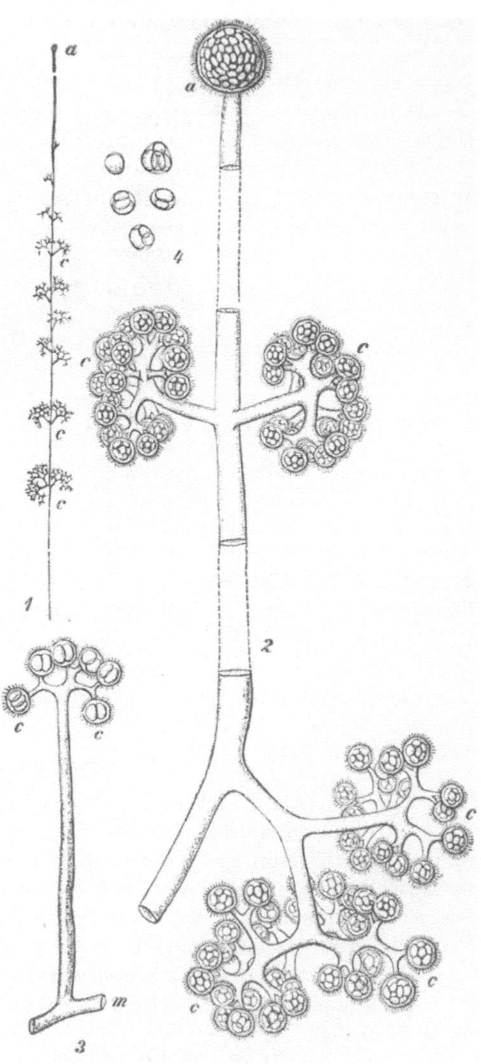

Fig. 370.

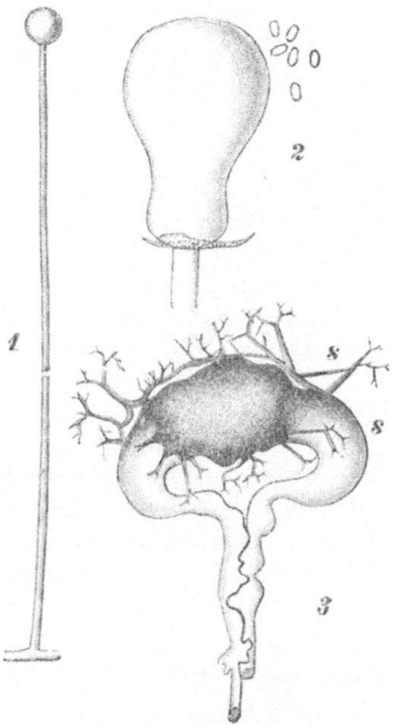

Phycomyces nitens (Ag.) Kunze
(1. 50:1; 2. 85:1; 3. 50:1).
1. Sporangienträger: 2. Columella mit Sporen; 3. Zygospore mit dornigen Suspensorien. 1. Nach Wehmer; 2. nach A. Fischer; 3. nach von Tieghan und Le Monnier.

Thamnidium elegans Link.
1. Sporangienträger, schwach vergrößert (6); 2. drei Stücke davon stärker vergrößert (120), a scheitelständiges Sporangium, c Sporangiolen; 3. verkümmerter Fruchtträger, der nur Sporangiolen trägt (200); 4. abgelöste Sporangiolen (200). Nach Brefeld.

Phycomyces nitens (Agardh) Kunze (Fig. 370) lebt auf Ölkuchen, Brot und anderem und ist an den bis zu 30 cm hohen, metallglänzenden, olivfarbenen Sporangienträgern leicht zu erkennen. Sporangienträger unverzweigt 7—30 cm hoch, 50—150 μ dick,

Sporangium 0,25 bis 1 mm dick, schwarz, feinstachelig. Columella breit, birnförmig oder gewölbt zylindrisch, glatt, bis 330 : 180 μ, in Massen orangefarben. Zygosporen an der Substratoberfläche, schwarz, kugelig bis 500 μ dick. Ihre Suspensorien mit zahlreichen dunklen, wiederholt gablig geteilten Dornen. Gemmen beobachtet.

Thamnidium elegans Link (Fig. 370 S. 693) wächst auf Vegetabilien in hellen, zarten Rasen. Sporangienträger ein bis mehrere Zentimeter hoch, wirtelig verzweigt, trägt am Ende ein vielsporiges Hauptsporangium mit Columella, an den Seitenästen kleinere, wenigsporige Nebensporangien (Sporangiolen) ohne Columella. Endsporangium kugelig, weiße Columella cylindrisch oder birnförmig. Sporen ellipsoidisch 8—10 : 6—8 μ. Sporangiolen auf mehrfach dichotom verästelten Seitenzweigen, entweder nur eine kugelige, 5—6 μ dicke, oder mehrere ellipsoidische kleinere Sporen enthaltend. Zygosporen angeblich in der Luft gebildet.

Wehmer gibt folgende Zusammenstellung über einige morphologische und physiologische Eigenschaften der Mucor- und Rhizopusarten:

	Sporen (im Mittel und Grenzen)	Wachs-tums-optimum	Gär-wirkung	Säure-bildung	Inver-tase	Dia-stase	Andere Enzyme	Gelatine-verflüs-sigung
M. Mucedo . .	12—18:6—7	$<30^{0}$	+ (fast 0)	+ (schwach)	0 (?)	—	Protease, Li-pase, glykosid-spaltende En-zyme	träge
M. piriformis .	7:4,2; (5—13 : 4—8)	$<30^{0}$	+	+	—	—	—	schneller
M. racemosus .	6:4,2	20—25⁰	+	+ bis 0	+	+ (?)	Keine Inulase, jedoch Protease und glykosid-spaltende En-zyme	träge
M. erectus . .	5—10:2,5—5	—	+	—	—[1]	—[1]	—	—
Rhizopus nigri-cans	9—12:7—8 (8—10 i. Du.)	30—37⁰	+ (fast 0)	+	0 (?)	+	Pektinase, Pro-tease, glykosid-spaltende En-zyme, keine Maltase, keine Cytase	—

II. Mycomyceten, Scheitelpilze.

Mycel septiert, Wachstum mit Scheitelzelle.

I. Gruppe: *Basidiomyceten.* Am Mycel vieler Formen dieser Gruppe sogenannte Schnallen, die dadurch entstehen, daß an den Querwänden sich entwickelnde kurze Seitenzweige sich hakenförmig krümmen und mit der benachbarten Zelle oder einem ähnlichen Trieb fusionieren. Hauptfruchtform die Basidie, Nebenfruchtformen Conidienträger, Sproßconidien, Gemmen. Teils monomorph, teils pleomorph.

W. Zopf teilt die Basidiomyceten folgendermaßen ein.

1. Ordnung: Protobasidiomyceten Brefeld. Basidie durch Querwände geteilt, meist vierzellig.

2. Ordnung: Hymenomyceten Fries. Basidien einzellig, meist mit vier Sterigmen, bilden ein Hymenium von einfacher bis zu kompliziertester Art, indem sich zwischen Basidien-(Hymenial-)schicht und Mycel ein Hyphengewebe verschiedener Gestaltung einschiebt (Haut, Keule, Strauch, Becher, Napf, stielloser oder gestielter Hut). In der höchsten Form sind diese Fruchtkörper zwischen Basidialschicht und Trägergewebe noch mit einem besonderen Gewebe in Form von Warzen, Stacheln, Lamellen, Röhren u. a. versehen.

3. Ordnung: Gastromyceten. Basidien einzellig in geschlossenen Hymenien von Senfkorn- bis Faustgröße und mehr. Die Früchte besitzen eine pseudoparenchymatische

---

[1] Klöcker gibt Invertase 0, Diastase + an.

Fruchtwand (Peridie) und ein Hymenium (Glaba). Fruchtwand entweder einfach oder aus mehreren Schichten zusammengesetzt.

4. Ordnung: **Phalloideen.** Bilden wie die Gastromyceten eine Basidienfrucht, deren Glaba aber zur Reifezeit durch die Peridie mittels eines streckungsfähigen Stieles hindurchbricht.

Über die Abgrenzung der Basidiomyceten durch Brefeld vergleiche man das oben Gesagte.

Lindau gibt für die Eubasidii (im Gegensatz zu Hemibasidii-Ustilagineen) folgende Übersicht:

A) Basidien geteilt (Protobasidiomycetes),

    1. Basidien quer geteilt,

        a) Basidie aus einer Chlamydospore hervorwachsend, als
        Nebenfruchtform Chlamydosporen vorhanden.   Uredineae

        b) Basidie nicht aus einer Chlamydospore hervorwachsend,
        keine Chlamydosporen als Nebenfruchtformen.   Auriculariineae

    2. Basidien über Kreuz geteilt.   Tremellineae

B) Basidien ungeteilt (Autobasidiomycetes),

    1. Basidien langkeulig, an der Spitze sich gabelig in zwei lange
    Sterigmen teilend.   Dacryomycetineae

    2. Basidien keulig, an der Spitze kurze feine Sterigmen tragend,

        a) Basidien, ein freistehendes Hymenium bildend,

            α) Hymenium ein flaches Lager bildend, ohne Frucht-
            körper.   Exobasidiineae

            β) Hymenium auf einem mehr oder weniger differen-
            zierten Fruchtkörper stehend.   Hymenomycetineae

        b) Basidien in Hymenien, welche die Wände von Kammern
        auskleiden, Unterordnungen der   Gasteromycetes.

Von den **Basidiomyceten** haben für das vorliegende Werk nur die Arten eine Bedeutung, die als Speisepilze verwendet werden, bzw. giftige Formen, die mit diesen verwechselt werden können. Man vergleiche den betreffenden Abschnitt.

II. Gruppe: *Uredineen.* Parasitisch in höheren Pflanzen lebende Pilze mit zwei Arten Conidienlagern und zwei Arten Conidienfrüchten, die aber nicht bei allen Arten vorkommen. Von diesen Pilzen, die wegen der rostroten Farbe ihrer Uredosporenlager Rostpilze heißen, sind für dieses Werk die auf und in den Getreidekörnern schmarotzenden Arten zu bemerken (vgl. II. Teil).

III. Gruppe: *Ustilagineen.* Parasitisch in Phanerogamen lebende Pilze mit vier Fruchtformen, nämlich: 1. Die von jeher als kennzeichnende Fruchtform betrachteten Dauersporen, 2. Conidienträger, 3. sogenannte „Sporidien", d. h. Conidien, die bei der Keimung der Dauersporen direkt oder an sehr kurz bleibenden Keimschläuchen (Promycel) entstehen und sich zum Teil durch Sprossung vermehren, 4. Gemmen. Auf Getreidearten schmarotzende Arten (vgl. II. Teil).

IV. Gruppe: *Ascomyceten.* Pilze mit Ascus- und Conidienfruktifikation mannigfachster Art. Nach dem Ort der Entstehung der Asken, der Bildung und Form von Schlauchfrüchten teilt W. Zopf die Ascomyceten folgendermaßen ein:

1. Ordnung: Gymnasceen, Nacktschläucher. Asci werden frei am Mycel (ohne Hülle) erzeugt, bei manchen geht das ganze Mycel in Asci über. Nur bei wenigen Formen Andeutungen einer Hüllenbildung.

2. Ordnung: Perisporiaceen. Asci in allseitig geschlossenen, kugeligen bis elliptischen pseudoparenchymatischen Hüllen (Perithecien). Keine Paraphysenbildung. Sporen werden durch Auflösung des Peritheciums frei. Schläuche entstehen aus einem Ascogon, entweder direkt oder als Endglieder von Aussprossungen des Ascogons.

Conidienfruktifikation in meist sehr eigenartigen Formen.

3. Ordnung: **Sphaeriaceen.** Perithecien meist mit Mündung. Bildung von Paraphysen, Innenseite der Perithecienwand mit Periphysen ausgepolstert. Häufig Einrichtungen zur Ejaculation der Sporen. Asci entstehen bei manchen, aber nicht allen Arten aus einem Ascogon. Schlauchfrüchte frei am Mycel oder auf oder in einem Stroma gebildet.

Conidienfruktifikationen sind mannigfacher Art. Die Ordnung ist außerordentlich artenreich. Perisporiaceen und Sphaeriaceen werden auch als Kernpilze (Pyrenomyceten) bezeichnet·

4. Ordnung: **Discomyceten.** Schlauchfrüchte gymnokarp, richtiger als Schlauchlager zu bezeichnen. Nur wenige Gattungen mit ursprünglich ganz geschlossenen, sich später öffnenden Schlauchfrüchten. Letztere bei der Reife becherförmig. Die gymnokarpen Früchte in Form gestielter oder ungestielter Becher, Hüte, Glocken, Muscheln, Ohren, Keulen. Die becherförmigen und scheibenartigen Schlauchfrüchte werden gewöhnlich als Apothecien bezeichnet. Doch wird dieser Name auch auf die andern Formen ausgedehnt.

Die becherartigen Schlauchfrüchte bestehen aus dem Hymenium, Asci, Paraphysen, dem subhymenialen Gewebe und der Fruchtwand. Die Sporen werden ejaculiert. Asci entstehen aus Ascogonen. Conidienfruktifikationen häufig.

Lindau, der mit Brefeld einige Familien als Hemiasci abgliedert, gibt für die Euasci folgende Einteilung:

A) Schläuche nicht von einer Hüllenbildung umgeben,
    a) Schläuche einzeln stehend,   Protoascineae
    b) Schläuche hymenienartig beisammenstehend,   Protodiscineae
B) Schläuche von Hüllenbildungen umgeben,
    a) Schläuche im Fruchtkörper regellos entstehend,   Plectascineae.
    b) Schläuche im Fruchtkörper an bestimmter Stelle, meist am
        Grunde entstehend.
        1. Hülle allseitig geschlossen oder sich nur mit einem Loch an der
           Spitze öffnend,   Pyrenomycetes
        2. Hülle zuletzt halbkugelig, das Hymenium ganz oder sehr ausgedehnt bloßliegend.   Discomycetes

Von den **Ascomyceten** kommen viele Formen in Nahrungs- und Genußmitteln vor. Hier werden ausführlicher zunächst nur die allgemeiner verbreiteten besprochen, während die an besondere Nahrungsmittel angepaßten Arten im II. Teile behandelt werden.

Protoascineen (Saccharomycetes).

Von den **Protoascineen** (Gymnoasceen) interessieren nur die **Saccharomycetaceae** und **Endomycetaceae.** Von ersteren sei hier die neuerdings von Hansen[1]) vorgenommene Ordnung mitgeteilt[2]).

Die **Saccharomyceten** sind Sproßpilze mit Endosporen- und reichlicher Hefenzellbildung. Typisches Mycel nur bei wenigen Arten. Jede Zelle kann als Sporenmutterzelle auftreten. Spore einzellig, Anzahl der Sporen gewöhnlich in jeder Mutterzelle 1—4, selten bis 12.

1. Die Zellen bilden in zuckerhaltigen Flüssigkeiten sofort Bodensatzhefe und erst weit später eine Haut, deren Vegetation schleimig, ohne Einmischung von Luft ist. Sporen glatt, rund oder oval, mit 1 oder 2 Häuten. Keimung durch Sprossung oder durch Keimschlauchbildung. Alle oder jedenfalls die meisten rufen Alkoholgärung hervor.
    a) Die mit einer Haut versehenen Sporen keimen durch
        Sprossung. Außer Hefenzellbildung bei einigen zugleich Mycel mit scharfen Querwänden.   Saccharomyces Meyen

---

[1]) Centralblatt f. Bakter. II. Abt., 1904, **12**, 529.
[2]) Über die einzelnen Arten wird Näheres im II. Teil mitgeteilt werden.

b) Stimmt mit a) sonst überein, zeigt aber Kopulation
der Zellen.   Zygosaccharomyces Barker

c) Die mit einer Haut versehenen Sporen bilden bei
der Keimung ein Promycel (Keimschlauch). Von
diesem wie von den vegetativen Zellen findet eine
Sprossung mit unvollkommener Abschnürung statt.
Mycelbildung mit deutlichen Querwänden.   Saccharomycoides Hansen

d) Die Spore besitzt zwei Häute. Im übrigen stimmen
die Charaktere am nächsten mit c) überein.   Saccharomycopsis Schiönning

Fig. 372.

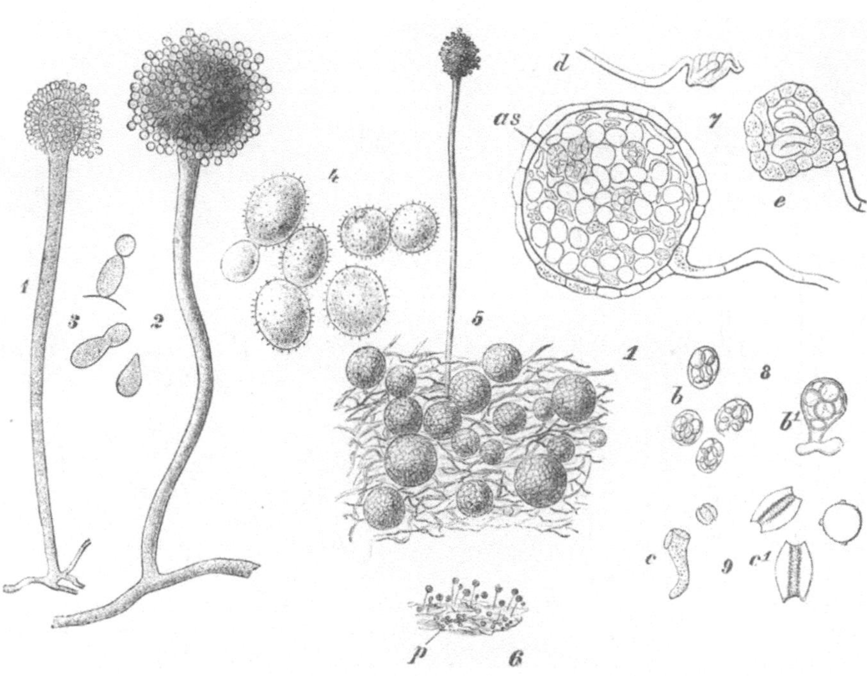

Aspergillus glaucus (1. und 2. 50:1; 5. 30:1; 7. 170:1; 8. 250:1; 9. c¹ 700:1).
1. und 2. Conidienträger; 3. Sterigmen; 4. Conidien; in 5. ein Stück Myceldecke mit aufliegenden Perithecien
und einem Conidienträger; bei 6. dasselbe in ungefähr nat. Größe, (p Perithecien); 7. Perithecienquerschnitt
mit jungen Asci (as) und erste Entwicklungsstadien (d und e Eurotium-Schraube, die schraubig gewundene
askogene Hyphe); 8. isolierte Asci; 9. freiliegende Sporen, bei c keimend.
1, 7, 8, 9 (z. T.) nach de Bary, das übrige nach Wehmer.

2. Die Zellen bilden in zuckerhaltigen Nährflüssigkeiten sofort eine Kahmhaut,
welche der Lufteinmischung wegen trocken und matt ist und sich deutlich von der Hautbildung
unter 1. unterscheidet. Sporen halbkugelförmig, eckig, hut- oder citronenförmig, in den zwei
letzteren Fällen mit einer hervorspringenden Leiste versehen, im übrigen glatt; nur mit einer
Haut. Keimung durch Sprossung. Die meisten Arten zeichnen sich durch ihre Ester-
bildung aus, einige rufen keine Gärung hervor.

a) Spore halbkugelförmig oder unregelmäßig und eckig. Keine Gärung;
starke Mycelbildung.   Pichia Hansen

b) Spore hut- oder citronenförmig mit stark hervortretender Leiste.
Die meisten Arten sind kräftige Esterbildner, einige wenige rufen
keine Gärung hervor.   Willia Hansen

P. Lindner hat außerdem die Gattungen Hansenia und Torulaspora aufgestellt, von denen die erstere sporenbildende Hefen mit zugespitzten Zellen (Apiculatusform), die letztere solche mit streng kugelförmigen Zellen umfaßt. Sie stehen in naher Beziehung zur Hansenschen Gattung Saccharomyces. Die von Lindner aufgestellte Gattung Schizosaccharomyces, die sich nicht durch Sprossung, sondern durch Teilung vermehrt, gehört vermutlich nicht zu den Ascomyceten.

Von Endomycetaceen wird eine Art in dem Kapitel über Backwaren behandelt werden.

Von den *Protodiscineae* kommen für dieses Werk einige Früchte deformierende Exoasceen in Betracht.

Fig. 373.

Fig. 374.

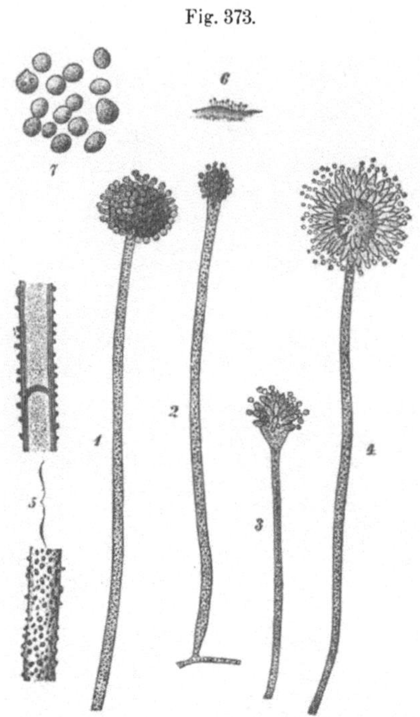

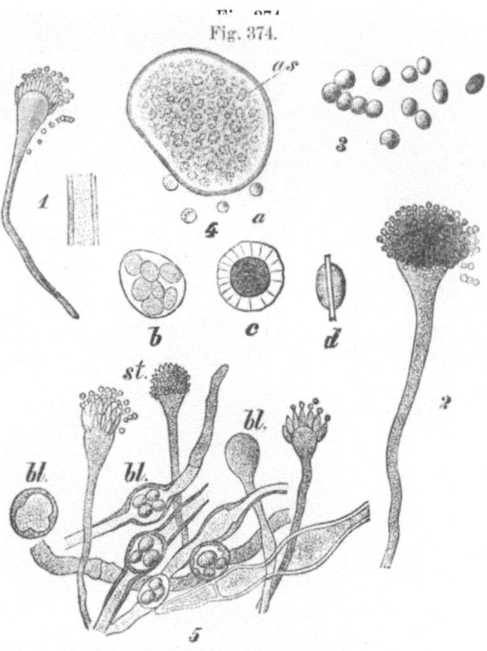

Aspergillus flavus Link (1.—4. 140:1; 5. 400:1; 7. 500:1).

1.—4. Conidienträger mit kugeliger bis keuliger Blase und unverzweigten Sterigmen; 5. die Außenwand des oft septierten Stieles durch farblose Körnchen rauh; 6. Conidienrasen (ca. 2:1); 7. Conidien. Nach Wehmer.

Aspergillus fumigatus Fresenius (1., 2. und 5. 140:1; 3. 1000:1; 4.a 70:1, 4.b 719:1, 4.c und 4.d 2250:1).

1. und 2. keulige Conidienträger (bei 1. im optischen Durchschnitt); 3. Conidien; 4. Ascus und Ascosporen *as* asci, *b* isolierter Ascus, *c, d* Sporen mit Hautrand von oben (*c*) und von der Seite (*d*) gesehen; 5. eigenartig blasig angeschwollene Hyphen (*bl*) neben Conidienträgern aus einer Decke.
4.a—4.d nach Grijns, das übrige nach Wehmer.

Plectascineae (Aspergillaceen).

Von größerer allgemeiner Bedeutung aber ist die in die Reihe der Plectascineae gehörende Gruppe der Aspergillaceen, zu denen eine größere Zahl der häufigst vorkommenden Schimmelpilze gehört und die daher hier eingehender besprochen werden muß.

Ed. Fischer gliedert die Aspergillaceae[1]) in 12 Gattungen, von denen uns hier aber höchstens drei, nämlich Aspergillus, Penicillium, Citromyces interessieren. Die Unterscheidung derselben erfolgt durch den Bau der Conidienträger; die Ascusfruktifikation ist bei den meisten Spezies noch nicht bekannt. Über die morphologischen Merkmale dieser vier Gattungen ist folgendes zu sagen:

---

[1]) Eine sehr eingehende Darstellung der Aspergillaceen gibt Wehmer in Lafar, Handbuch d. techn. Mykologie 4.

Aspergillus (Mich.) Corda (die Gattungen Eurotium Link und Sterigmatocystis Cramer werden in dieselbe jetzt meist eingeschlossen). Der Träger ist eine aufrechte, derbe Hyphe, 0,2—4 mm hoch, meist unverzweigt und unseptiert; das Ende ist blasig erweitert („Blase"). Die Blase trägt einfache oder verzweigte kurze Sterigmen, an denen die Conidienketten entspringen. Schlauchfrüchte sind nur von wenigen Arten bekannt. Sie sind kleine kugelige, lebhaft gefärbte Kapseln, mit zarter einschichtiger oder derber mehrschichtiger Rinde, ent-

Fig. 375.   Fig. 376.

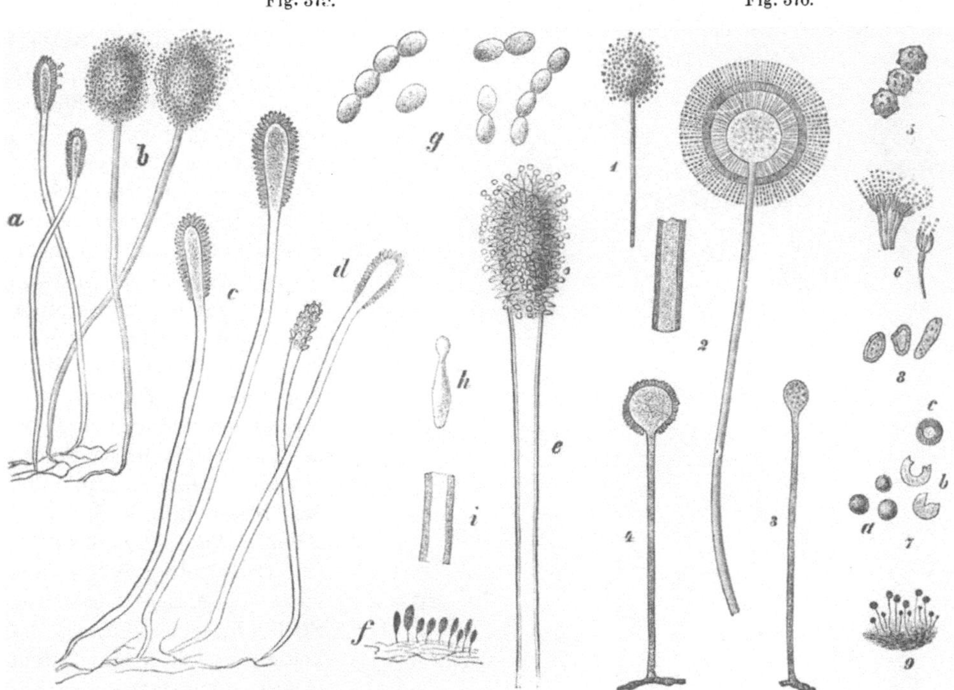

Aspergillus clavatus (a und b 30:1; c und d 60:1; e 120:1; g und h 1000:1).

a, b, c, d, e Conidienträger in verschiedenen Entwicklungsstadien mit langkeuliger Blase und einfachen Sterigmen, bei c im optischen Durchschnitt; bei e Beginn der Conidienbildung; f schwach vergrößerter Rasen; g Conidien; h Sterigma; i Stieldurchschnitt. Nach Wehmer.

Aspergillus niger (1.—4. 40:1; 5. 1000:1; 6. 154:1; 7. nat. Größe; 9. 2:1). 1. und 2. Conidienträger (bei 2. optischer Durchschnitt, halb schematisch); 3. und 4. junge Träger vor und bei beginnender Sterigmenbildung; 5. Conidien; 6. Sterigmen; 7. Sklerotien, nach resultatlosem Keimversuch (bei b) zerfallen; 8. derbrandige getüpfelte Zellen des zerfallenen Sklerotieninnern; 9. Conidienrasen. Nach Wehmer.

weder nackt oder von einer besonderen Hülle („Blasenhülle") umgeben. Die achtsporigen Asci werden entweder sofort oder nach kurzer Ruhepause entwickelt. Die Entwicklung der Früchte erfolgt aus einer oder zwei besonderen oder durch Verwachsung zahlreicher gewöhnlicher Hyphen. Die Conidienrasen sind grün, gelb, rötlichbraun, schwarzbraun, weiß.

Penicillium Link. Der Conidienträger ist eine zarte, septierte, vielzellige, gegen die Spitze zu alternierend oder wirtelig verzweigte Hyphe, ohne Blase.

Die Enden der Träger tragen in büschelförmiger Besetzung einfache Sterigmen mit den Conidienketten. Die Schlauchfrüchte sind zart oder derb, mit oder ohne Hülle, mit kontinuierlicher Entwicklung oder Ruheperiode oder steril, und entstehen gewöhnlich wohl aus der Verwachsung gleichartiger Hyphen. Die Conidienrasen sind meist grün, seltener weiß, rötlich, bräunlichgelb, braun.

Citromyces Wehmer. Zarte unverzweigte Conidienträger, die direkt ein Sterigmenbüschel tragen, mit mehr oder weniger entwickelter Endblase, sparsam oder nicht septiert. Die Conidienketten sind an einfachen, büschelig oder wirtelig beisammenstehenden Sterigmen als succedan entstehende Ausstülpungen der Blase bzw. Stielendung angeordnet. Conidienrasen grün. Schlauchfrüchte nicht bekannt.

Für die Speziesunterscheidung hat man nach Wehmer bei den Gattungen Aspergillus und Penicillium zu berücksichtigen die Farbe der jungen Pilzdecken, Größe und Aufbau des Conidienträgers, Gestalt und Größe der Conidien, physiologische Merkmale, wie Ernährungs- und Temperaturansprüche, Wachstumsenergie, Enzymbildung, eventuell natürlich die Bildung von Ascusfrüchten.

Aspergillusarten mit unverzweigten Sterigmen:

Aspergillus glaucus Link (Eurotium Aspergillus glaucus de Bary, Eurotium herbariorum Link, Eurotium repens) ist einer der häufigsten in grünen Rasen auf Brot, Früchten, Pflanzen usw. wachsenden Schimmelpilze. Die anfangs grünen Rasen werden später graugrün bis graubraun, das Mycel hellgelb bis rostbraun. (Fig. 372 S. 697.)

Conidienträger 1—2 mm hoch. Blase nicht scharf vom Stiel abgesetzt, kugelig bis kolbig, ca. 60 μ im Durchmesser, mit unverzweigten, sehr kurzen, gedrungenen Sterigmen (bis 14 : 7 μ) allseitig besetzt. Conidien feinstachelig, 7—10 μ im Durchmesser, kugelig oder schwach gestreckt. Schlauchfrüchte zahlreich, 100—200 μ

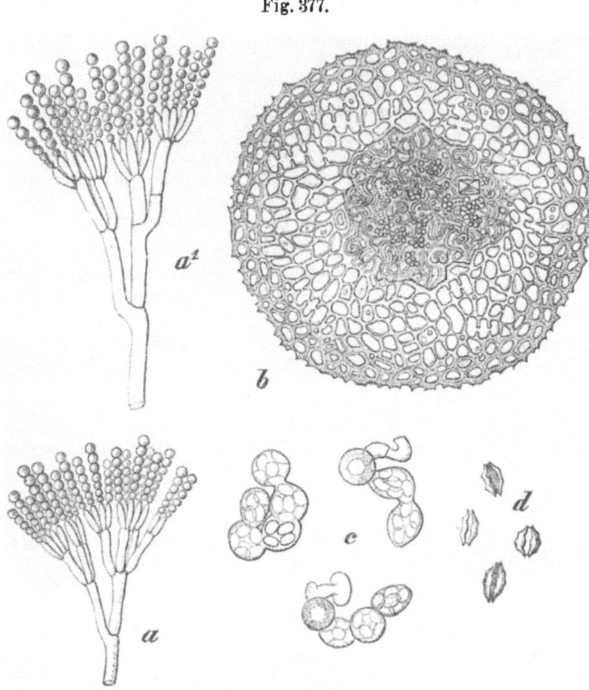

Fig. 377.

Penicillium glaucum (a 315:1; b 150:1; c 630:1; d 800:1).
a, a¹ Conidienträger mit verschiedenartiger Verzweigung; b Ascusfrucht mit reifenden Ascis; c isolierte Asci in Sporenbildung betroffen; d Sporen von der Seite gesehen. Nach Brefeld.

im Durchmesser haltende, erst citronengelbe, später braune Kapseln mit zarter, einschichtiger Wandung und zahlreichen kugelig-ovalen Asci. 5—8 farblose Ascussporen mit Längsfurche, 7—10 μ lang, 5—8 μ breit.

Aspergillus flavus Link (Fig. 373 S. 698). Bildet gelbgrüne Decken. Hat zum Unterschied von A. glaucus das Wachstumsoptimum bei 37°. Kommt seltener als A. glaucus, aber doch öfter auf allen möglichen Substraten vor. Blase kugelig bis keulig, 30—40 μ im Durchmesser, selten scharf vom hellen warzigen Stiele abgesetzt, unverzweigte schlanke Sterigmen (20 : 6), große, unregelmäßige, glatte, seltener feinkörnige Conidien von 5—6 μ Durchmesser. Kleine knollige schwarze Sklerotien, bisher ohne weitere Entwicklung.

Aspergillus fumigatus Fresenius (Fig. 374 S. 698), ebenfalls eine Art mit einem Wachstumsoptimum von 37°. Daher wie A. flavus auch pathogen. Zuweilen auch auf Pflanzenteilen und Gebrauchsgegenständen. Grüne bis graugrüne Rasen, bald grau oder braun werdend. Conidienträger klein (0,1—0,3 mm hoch), mit keuliger Blase (10—20 μ dick), kuppenständigen, schlanken, einfachen Sterigmen (6—15 μ) und kleinen (2—3 μ im Durchmesser) Conidien. Schlauchfrüchte in einer Hülle.

Aspergillus clavatus Desmanères (Fig. 375 S. 699). Bildet auf Vegetabilien grüne Rasen. Blase langgestreckt (150 : 35). Sterigmen einfach (8 : 3 μ), Conidien oval, glatt (4,2 : 2,8 μ).

Aspergillusarten mit verzweigten Sterigmen:

Aspergillus niger van Tieghem (Sterigmatocystis antacustica Cramer, St. nigra). Rasen braunschwarz, Träger einige Millimeter hoch (Fig. 376 S. 699). Blase kugelig, vom

Fig. 378.

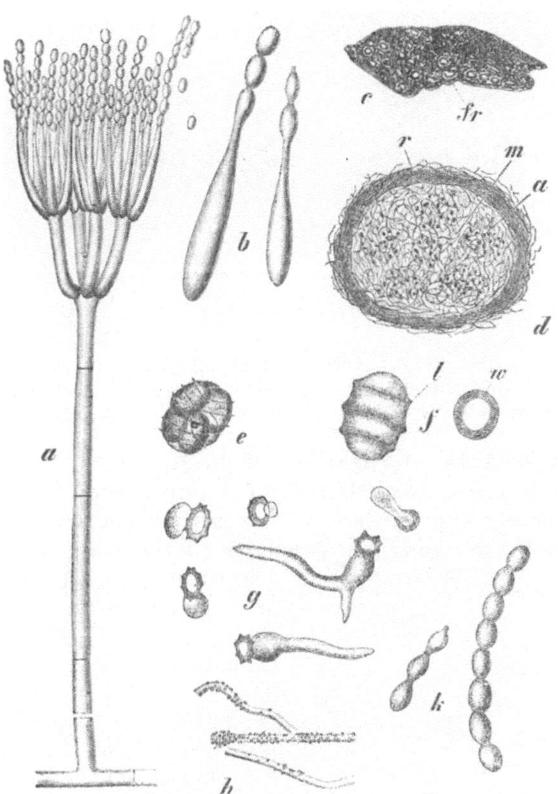

Penicillium luteum (a 1000:1; b 2000:1; d 15:1; e 1200:1; f 2400:1; g 900:1; h 500:1; k 2000:1). a Typischer Conidienträger; b Sterigmen; k Conidien; c Ascusfrüchte auf der Pilzdecke (nat. Größe); d eine solche im Querschnitt mit Mark (m), Rinde (r) und Ascusgruppen (a); e freier Ascus; f Sporen von der Seite und im Querschnitt mit tonnenbandartigen Leisten (l, w); g Askosporenkeimung; h Hyphen mit gelben Körnchen. Nach Wehmer.

Träger scharf abgesetzt (80 μ im Durchmesser), schlanke Sterigmen (26 : 4,5 μ) mit je 3—4 sekundären Sterigmen (8 : 3 μ). Conidien dunkel, kugelig, glatt bis warzig (3—4 μ im Durchmesser). Gelbliche Sklerotien ohne Weiterentwicklung. Auf sauren Substraten (Gerbsäurelösungen, Galläpfelextrakt, Fruchtsäurelösungen) häufiger.

Aspergillus candidus I Wehmer wächst auf verdorbenen Vegetabilien verschiedenster Art in weißen, später gelben Rasen.

Conidienträger in zwei Formen. Die eine entspricht im Aufbau der des A. niger, die andere ist einfacher gebaut, hat unverzweigte Sterigmen und ist kleiner.

Fig. 379.

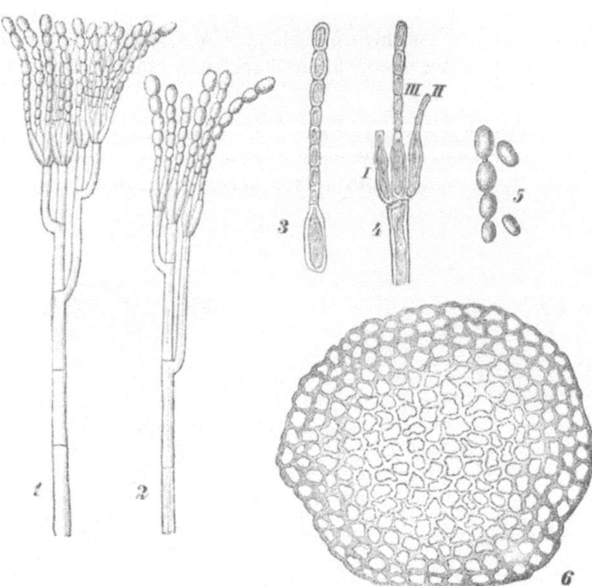

Pen cillium italicum (1. und 2. 400:1; 3. und 4. 600:1; 5. 700:1; 6. 90:1.)
1. und 2. Conidienträger; 3. und 4. Sterigmen; 5. Conidien; 6. Querschnitt durch ein älteres Sklerotium, die
gefärbten Rindenschichten stärker schattiert. Nach Wehmer.

Die wichtigsten Arten der Gattung Penicillium:

Penicillium glaucum (Link?) Brefeld (P. crustaceum Fries?) (Fig. 377 S. 700) Sammelname für zahlreiche, in grünen Rasen wachsende, sehr ähnliche, weit verbreitete Arten, die einer eingehenden Untersuchung noch harren. Bau des Conidienträgers, Maße der Conidien sind bei diesen Arten außerordentlich ähnlich. Was die einzelnen Autoren vor sich gehabt haben, ist nicht mehr festzustellen. Die Conidiengröße schwankt zwischen 2—3 und 3,8—4,3 μ. Die von Brefeld beschriebene Art bildet Sklerotien, die nach einer Ruheperiode zur Ascusbildung schreiten.

Thom hat einige in Käsen gefundene Arten genauer beschrieben, die sich von P. glaucum Brefeld deutlich unterscheiden.

Penicillium luteum Zukal (Fig. 378 S. 701) wächst in grünen Decken auf Früchten, an denen es Fäule hervorruft, sowie auf anderen sauren Nährmedien. Die Conidienträger zeigen Neigung zur Wirtelbildung. Die Sterigmen sind relativ länger als bei anderen Arten, mehr zugespitzt, die Conidien gestreckt (2,3—3 : 1,4—2), glatt, zart, mattgrau, gehäuft bräunlichgrün. Häufig Coremienbildung. Ascusfrüchte häufig als goldgelbe zarthäutige Gebilde.

Fig. 380.

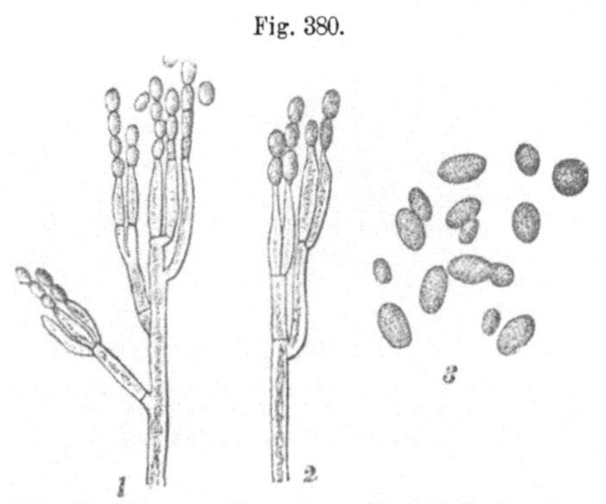

Penicillium olivaceum (1. und 2. 400:1;
3. 500:1).
1, 2 Conidienträger, 3 Conidien. Nach Wehmer.

Penicillium italicum Wehmer (Fig. 379) kommt nur auf Südfrüchten in bläulichgrauen Rasen vor. Er ruft eine schnell um sich greifende Fäulnis dieser Früchte hervor. Der Bau des Conidienträgers entspricht dem des P. glaucum Brefeld. Nur sind die Conidien ellipsoidisch.

Die Träger zeigen 2—3 ungleich hoch angesetzte, aufrecht gerichtete Seitenzweige, die wie die Hauptzweige mit einem Sterigmenbüschel abschließen. Die ellipsoidischen Conidien hängen zunächst wie die Zellen einer dicht septierten Hyphe fest zusammen, runden sich aber später ab (4—5 : 3 μ). Der Pilz erzeugt kleine, braune, sterile Sklerotien.

Penicillium olivaceum Wehmer (Fig. 380) tritt wie der vorige auf faulenden Südfrüchten, zuweilen auch auf heimischem Obst auf. Rasen braungrün. Keine bestimmte Verzweigung der Conidienträger. Conidien ellipsoidisch (6—7 : 4 μ).

Eine Reihe anderer auf Südfrüchten vorkommender Penicilliumarten ist neuerdings von **Weidemann**[1]) beschrieben worden.

Penicillium brevicaule Saccardo (Fig. 381) ist auf moderigem Papier gefunden und zum Nachweis von **Arsen** empfohlen worden, weil es mit Spuren Arsen stark riechendes Diäthylarsin bildet. Bräunlichgelbe bis braune Decken. Conidienträger zart und klein, unregelmäßig verzweigt mit spärlichen Ästen und Sterigmen. Conidien nach **Stoll** in zwei Formen: kugelig (6,5 μ Durchmesser) oder birnförmig (10 : 6 μ). **Saccardo** gibt kugelige warzige Conidien an. Nach **Wehmer** ist die Conidienform variabel, sowohl länglich, wie kugelig, glatt wie feinstachelig und warzig, bei typischer Ausbildung in gutem Nährsubstrat kugelig, warzig mit breitem Stielansatz (6,8—9,2 : 5,7—6,8 μ).

Die Gattung Citromyces. Zur Gattung Citromyces gehören bisher nur wenige Formen, die sich physiologisch durch starke Vergärung von Zucker zu **Citronensäure** auszeichnen.

Citromyces Pfefferianus Wehmer (Fig. 382 S. 704) wächst auf sauren Früchten und Nährlösungen in grünen Rasen. Conidienträger zart, Blase 4—8 μ dick, Sterigmen (9—14 : 3 μ) quirlig angeordnet. Conidien kugelig (2,3—2,8 μ im Durchmesser).

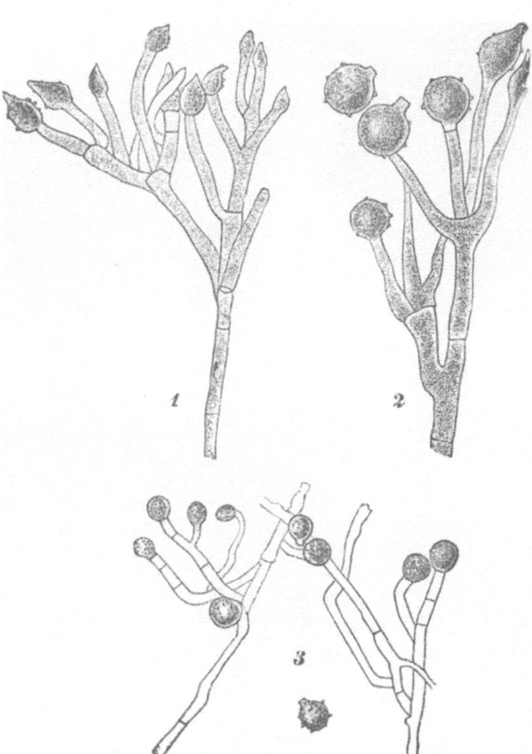

Fig. 381.

Penicillium brevicaule (1. und 2. 500 : 1 bzw. 800 : 1;
3. 400 : 1).

1. und 2. Conidienbildung an besonderen Trägern sowie direkt am Mycel (3.), erstere von Würzegelatine letzteres von Nähragar; Conidienträger 1 mit nur jüngeren gestrekten Conidien, 2. mit reifen und drei jüngeren Conidien. Nach **Wehmer.**

Pyrenomycetes.

Zu der großen Reihe der **Pyrenomycetes** gehören zahlreiche auf Nahrungsmitteln lebende Pilze, die aber zum größten Teil im II. Teil besprochen werden sollen. **Lindau** teilt die Pyrenomycetes folgendermaßen ein:

A. Gehäuse kugelig, geschlossen bleibend oder nur schildförmig in der oberen Hälfte ausgebildet und sich dann mit einem Loch öffnend.   Perisporiales

B. Gehäuse kugelig oder ellipsoidisch, mit scheitelständiger Öffnung.

---

[1]) Centralblatt f. Bakter. II. Abt., 1907, **19**, 675.

1. Gehäuse weich, meist lebhaft gefärbt, nie hart und kohlig.　　　　Hypocreales
2. Gehäuse fehlend oder hart, schwarz und kohlig.
　　α) Fruchtkörper in einem Stroma liegend, ohne besonderes Gehäuse.　Dothideales
　　β) Fruchtkörper mit gut differenziertem Gehäuse, mit oder ohne
　　　　Stroma.　　　　　　　　　　　　　　　　　　　　　　　　Sphaeriales

Von den Perisporiales kommen einige Erisypheen, von Hypocreales die Gattungen Fusarium und Claviceps, von den Sphaeriales die Gattungen Phoma, Mycosphaerella, Pleospora, Venturia, Leptosphaeria in Betracht. Von diesen sei hier die zu

Fig. 382.

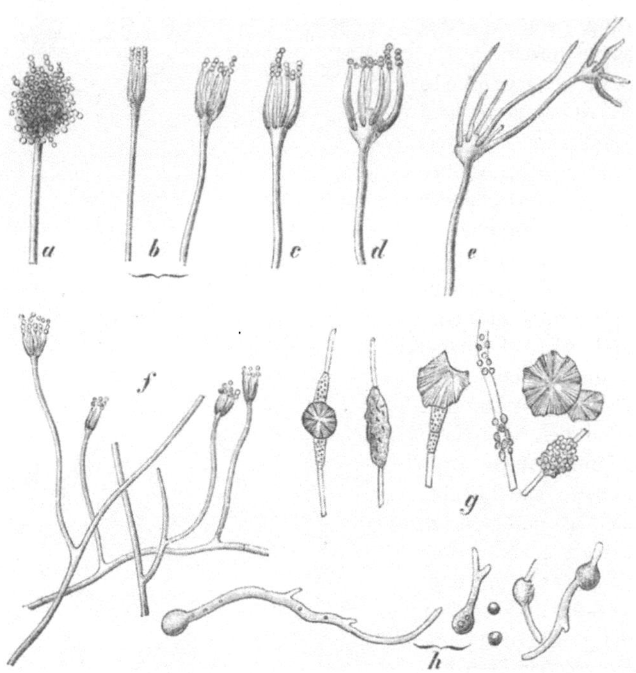

Citromyces Pfefferianus (*a—e* 400:1; *f* 240:1; *g* 400:1; *h* 600:1).

a—f Conidienträger, bei *b—d* nach Abpräparieren der Conidienmassen die variable Blase mit einfachen Sterigmen zeigend; *e* Mißbildung (ein zu einem neuen Träger auswachsendes Sterigma); bei *f* Conidienträger schwächer vergrößert; *g* Hyphen des Pilzes aus kalkhaltiger Nährlösung mit ansitzenden Calciumcitratbildungen; *h* reife und keimende Conidien. Nach Wehmer.

den häufigeren Schimmelpilzen gehörige Art Mycosphaerella Tulasnei genauer beschrieben, während betreffs der anderen auf den II. Teil verwiesen werden muß.

Mycosphaerella Tulasnei (Fig. 383 und 384 S 705) ist die Ascusform einer als Cladosporium herbarum (Fig. 385) bezeichneten Conidienform. Cladosporium stellt zweifellos eine Sammelspezies verschiedener Arten dar, von denen eine zu Mycosphaerella Tulasnei gehört, während bei anderen die systematische Stellung vorläufig unbestimmt bleibt.

Cladosporium tritt, häufig mit Alternaria vergesellschaftet, auf pflanzlichen Stoffen in Form schwärzlicher Beläge auf, weshalb man diese Pilze auch als Schwärzepilze bezeichnet.

Auch auf Erbsen ist Cladosporium beobachtet worden. Ferner siedelt es sich auf Korken der Weinflaschen, im Käse, in Eiern an und stiftet hier Schaden.

Das Mycel von Cladosporium ist olivgrün. Die Conidien werden an den Trägerhyphen akropetal abgeschnürt und vermehren sich dann durch Sprossung, so daß weit verzweigte

Sproßverbände entstehen. Die Größe der Conidien schwankt zwischen 12 und 25 μ bzw. 5 und 10 μ. Die Conidien sind bald ein-, zwei- oder dreizellig. Die Askosporen sind zweizellig.

Von den **Discomycetes** werden im II. Teil Vertreter der Gattungen Helvella, Morchella, Tuber, Sclerotinia (Botrytis), Phialea genauer beschrieben werden.

Fig. 383.

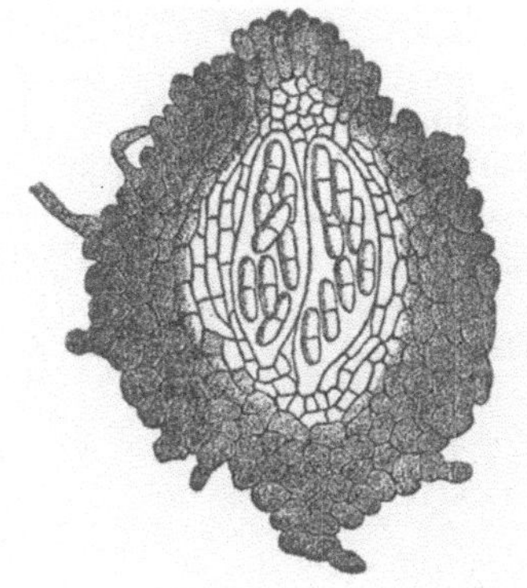

Mycosphaerella Tulasnei E. Janczewski
(325 : 1).
Längsschnitt durch ein Perithecium.
Nach Janczewski.

Fig. 385.

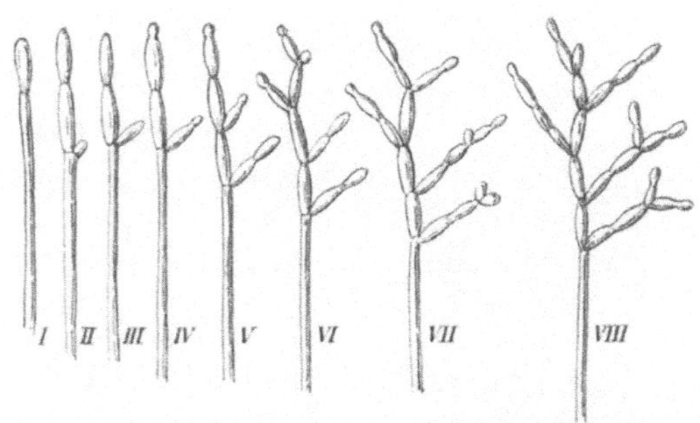

Cladosporium herbarum (300 : 1).
Conidienträger in der sukzessiven Ausbildung seiner Conidien nach kontinuierlicher Beobachtung auf Traubensaft; I. Beginn der Conidienabschnürung; II. nach 3 Stunden; III. nach weiteren 2¼ Stunden; IV. nach weiteren 10¼ Stunden; V. nach weiteren 6 Stunden; VI. nach weiteren 2½ Stunden; VII. nach weiteren 3½ Stunden; VIII. noch später.
Nach E. Loew.

Fig. 384.

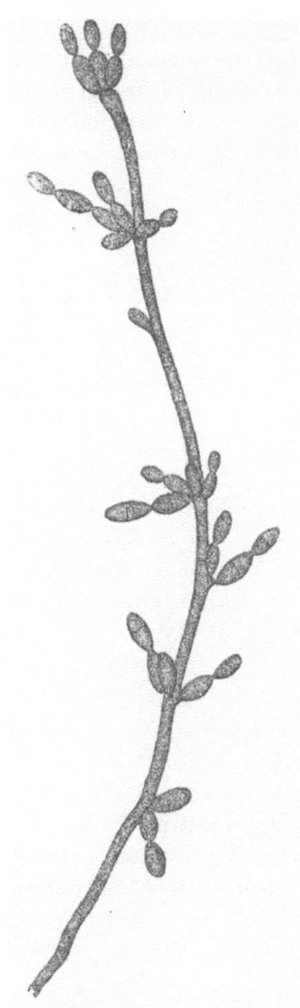

Mycosphaerella Tulasnei
E. Janczewski (250 : 1).
Mycelfaden mit Conidien.
Nach Janczewski.

Die Fungi imperfecti.

Von einer großen Zahl Mycomyceten kennt man Hauptfruchtformen (Ascus, Basidie) nicht, sondern nur Nebenfruchtformen (Conidienträger, Pykniden, Chlamydosporen usw.). Solange man deshalb nicht imstande ist, solche Pilze in das System einzureihen, stellt man sie in die besondere Gruppe der Fungi imperfecti, die man in „Formengattungen" zerlegt. Nach Art der Anordnung der Conidienträger in Pykniden, offenen Lagern oder in vereinzelter Form unterscheidet man drei Hauptgruppen, die Sphaeropsidales, Melanconiales und Hyphomycetes.

Lindau gibt folgende weitere Einteilung der Fungi imperfecti in Formfamilien:

Sphaeropsidales.

A. Pykniden nach Art der Perithecien ungefähr kugelig mit Porus
sich öffnend.
  a) Gehäuse der Pykniden schwarz, meist kohlig oder lederig. Sphaerioidaceae
  b) Gehäuse hellfarbig, fleischig oder wachsartig. Nectrioidaceae
B. Pykniden nicht kugelig.
  a) Gehäuse etwa halbiert, schildförmig ohne Mündung oder mit
    Öffnung oder durch Längsspalt aufreißend. Leptostromataceae
  b) Gehäuse schüssel- oder topfförmig, zuerst geschlossen, später
    weit geöffnet und eine Art Scheibe entblößend. Excipulaceae

Melanconiales.

Einzige Familie Melanconiaceae.

Hyphomycetes.

A. Conidienträger stets getrennt voneinander, ebenso auch die vegetativen Hyphen nur ein lockeres Geflecht bildend:
  a) Hyphen und Conidienträger hyalin oder hell gefärbt, ähnlich
    auch die Conidien. Mucedinaceae
  b) Hyphen, Conidienträger und Conidien dunkel gefärbt, seltener
    eins davon hyalin. Dematiaceae
B. Hyphen und Conidienträger miteinander verklebt und verbunden:
  a) Hyphen und Conidienträger ein Koremium bildend; Stilbaceae
  b) Hyphen und Conidienträger lagerartige Polster, häufig mit stro-
    matischer Unterlage bildend, aber nie mit differenziertem Hüll-
    gewebe versehen. Tuberculariaceae

Von den **Sphaeropsidales** kommen für dieses Werk in Betracht die Gattungen
Phoma, Ascochyta, von den **Melanconiales** die Gattung **Gloeosporium,** von den
**Hyphomycetes Monilia, Oidium, Botrytis, Cephalothecium, Hormodendron,
Cladosporium, Helminthosporium, Spondylocladium, Sporidesmium, Fusa-
rium, Mycoderma, Torula, Apiculatus,** die zum Teil schon gestreift worden sind.
Die meisten dieser Gattungen werden im II. Teil beschrieben werden. Hier sollen nur die in
der Natur weit verbreiteten und an den verschiedensten Standorten vorkommenden Gattungen
Monilia, Oidium, Mycoderma und **Torula** eingehender behandelt werden.

Monilia [1]).

Die **Moniliaarten** bilden ein Zwischenglied zwischen den Pilzen mit Sproßmycel und
typischem Fadenmycel. Sie zeichnen sich durch einen außerordentlichen Polymorphismus
aus. In dem Sproßmycel kommen so ziemlich alle Zellformen der Sproßpilze zur Entwicklung.
Das Fadenmycel zeigt im Gegensatz zu dem der meisten typischen Fadenpilze die größte
Neigung zur Aufteilung in Oidien. Conidienträger charakteristischer Art werden nicht gebildet
oder nur bei wenigen Arten. Die Conidien entstehen überall am vegetativen Mycel und unterscheiden sich auch in der Form meist nicht wesentlich von den vegetativen Zellen. Bemerkenswert sind von den Moniliaarten die von **Hansen** genauer beschriebene M. candida (Fig. 386
und 387) und die von **Lindner** beschriebene M. variabilis (Fig. 388). Erstere tritt auf süßen

---

[1]) **Wichmann** hat die Gattung Monilia in **Lafars** Handbuch der techn. Mykologie, **4** eingehender behandelt.

Fig. 386.

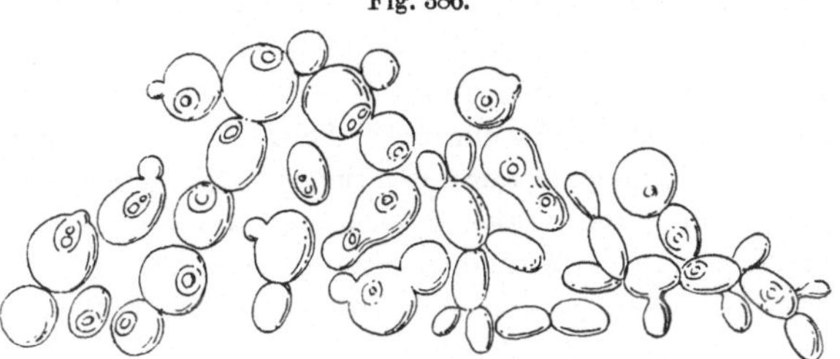

Monilia candida (Bonorden) Hansen (900:1).
Bodensatzhefe. In einigen der Zellen sind Vakuolen mit licht-
brechenden Körperchen. Nach Hansen.

Fig. 387.

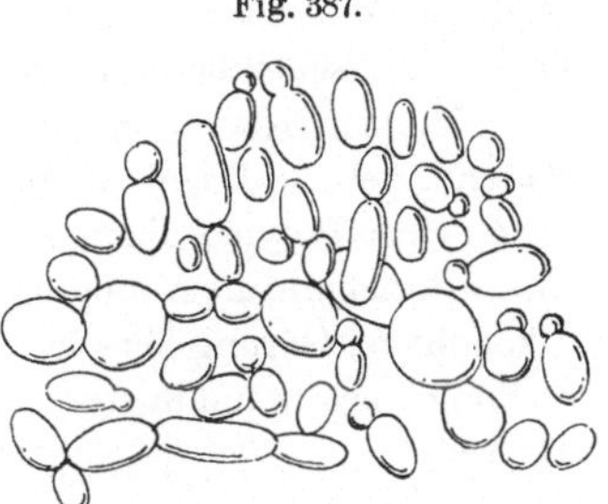

**Monilia candida (Bonorden)
Hansen (900:1).**
Zellen aus einer jungen Hautvege-
tation herrührend. (Die glänzenden
Körperchen, welche in Fig. 386 ab-
gebildet sind, sind hier nicht ge-
zeichnet.)
Nach Hansen.

Fig. 388.

Monilia candida (Bonorden) Hansen (750:1).
Schimmelvegetation aus einer alten Kultur. *a* Ketten aus mehr oder
minder fadenförmigen Zellen, bei jedem Glied öfters ein Kranz von
ovalen Hefezellen; *b* dieselbe Form, aber ohne ovale Hefezellen;
c typisches Mycel mit Querwänden; *d* oidiumähnliche Zellen; *e* birnförmige Zellen; *f* citronenförmige Zellen. Nach Hansen.

Fig. 389.

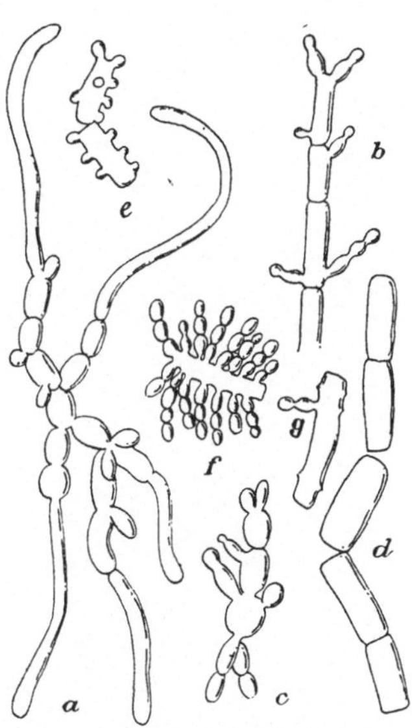

Monilia variabilis (480:1).
a jugendliches Sproßmycel, die End-
zellen schlauchförmig verlängert;
b älterer Faden mit Hefenconidien;
　c hefenähnliches Sproßmycel:
d oidienartiger Zerfall einer älteren
Hyphe; *e* Oidien mit torulaähn-
lichen Conidien; *f* ebenso, die Conidien sprossend — Luftzellen;
g Oidie nach dem Abwerfen der
Conidien basidienähnliche Höcker
zeigend.
Nach Lindner.

Früchten, letztere auf Brot auf. Der Monilia variabilis nahe verwandte, morphologisch kaum unterscheidbare Arten findet man oft in verdorbenen Vegetabilien.

M. candida wächst auf festem Substrat und in alten flüssigen Kulturen in Form eines Fadenmycels, während sie in jungen flüssigen Kulturen Sproßmycel bildet. M. variabilis ist durch einen Polymorphismus ausgezeichnet, wie man ihn nur selten findet. Man vergleiche in dieser Beziehung die Abbildungen (Fig. 389). Die Monilien rufen in Zuckerlösungen eine schwache alkoholische Gärung hervor. Über Monilia sitophila (Mont.) Saccardo, die bei der Herstellung eines Genußmittels aus Arachissamen in Java eine Rolle spielt, vergleiche man den II. Teil.

Oidium.

In die Gattung Oidium stellt man eine Reihe Pilze mit Fadenmycel, von denen man nur eine Oidiumfruktifikation kennt. Sie sind in Milch, Butter, auf Früchten, auf Vegetabilien, Gärgemüsen, Zuckerlösungen u. a. oft zu finden. Sie bedürfen wie die Gruppe der Monilien noch eine gründliche Durcharbeitung. Die bekannteste weit verbreitete Art ist das auf saurer Milch sich stets nach wenigen Tagen in Form einer dicken, matten, gelben Decke ansiedelnde Oidium lactis Fres., das wie andere Schimmel die Milchsäure oxydiert und die Milch dadurch der Fäulnis überliefert. Betreffs des Formenkreises sei auf die Abbildungen (Fig. 390, 391, 392) verwiesen.

Fig. 390.

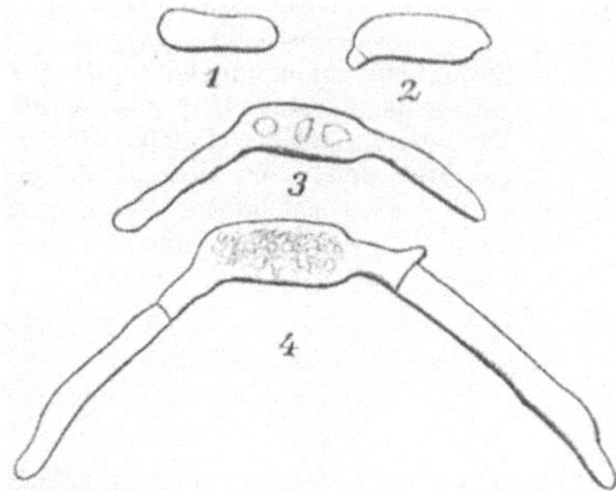

Oidium lactis, Fresenius (ca. 520 : 1).
Die Keimung einer Conidie in Würze in Ranviers Kammer beobachtet 1. 10½ Uhr, 2. 2 Uhr, 3. 4½ Uhr. Nach Hansen.

Fig. 391.

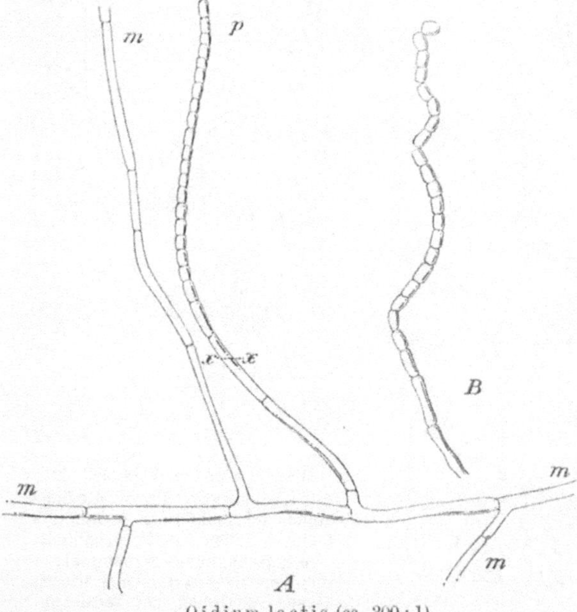

Oidium lactis (ca. 300 : 1).
A verzweigte, in dem flüssigen Substrat horizontal ausgebreitete Mycelfäden m—m, mit einem bei der Linie x—x schräg in die Luft sich erhebenden, durch Querwände in eine Kette zylindrischer Conidien p geteilten Aste; B Conidienkette im Beginn der Trennung ihrer Glieder voneinander. Nach de Bary.

Fig. 392.

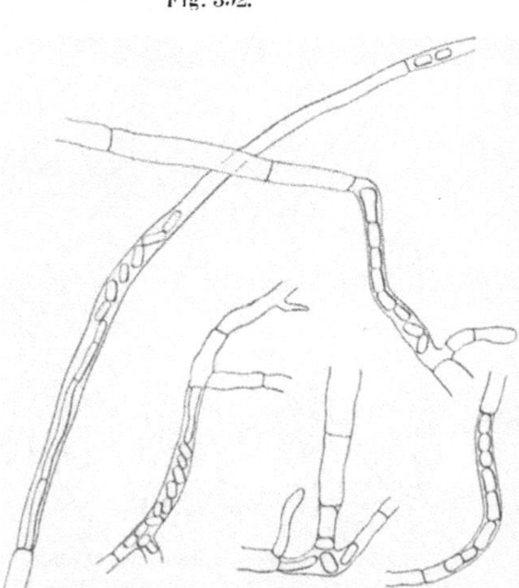

Oidium lactis Fresenius (300 : 1).
Durchwachsungserscheinungen.
Nach Klöcker und Schiönning.

Dematium pullulans de Bary.

Dematium pullulans gehört zu den verbreitetsten Schimmelpilzen. Man trifft ihn besonders auf Früchten. Er wächst auf Nährflüssigkeiten in starken Decken, entfärbt Würze

Fig. 393.

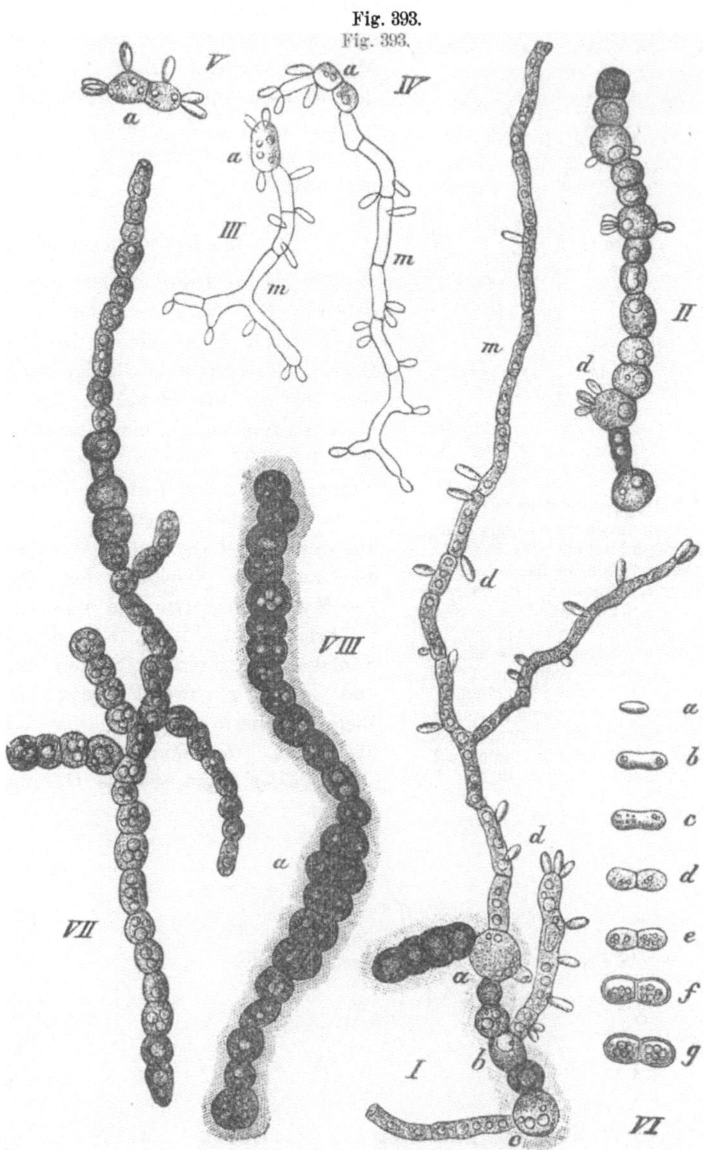

Dematium pullulans de Bary (540 : 1).

I. eine Gemmenkette, drei Glieder derselben (*a*, *b*, *c*) haben Mycelschläuche (*m*) getrieben, an denen Conidien (bei *d*) abgeschnürt werden; II. eine Gemmenkette, unmittelbar Conidien abschnürend (bei *d*); III. eine Conidie *a*, die einen Mycelfaden (*m*) entwickelt hat, an welchem Conidien abgeschnürt werden, selbst bildet sie auch direkt Conidien; IV. Conidie in zwei Zellen geteilt unter ähnlichen Verhältnissen; V. Conidie, in zwei Zellen geteilt, direkt Conidien treibend; VI. *a—g* kontinuierliche Entwicklung ein und derselben Gemme in dünnster Wasserschicht bei reichlichem Luftzutritt zur zweizelligen, dickwandigen, braunen und fettreichen Gemme; VII. und VIII. Mycelien in lauter kurze, bauchig aufgeschwollene Glieder geteilt, die zu dickwandigen meist stark gebräunten, mit großen Öltropfen ausgestatteten Gemmen geworden sind; bei VIII. *a* sieht man mehrere der Gemmen nochmals durch Wände geteilt, die gleichsinnig mit der Achse des Fadens verlaufen

Nach Zopfs Handbuch.

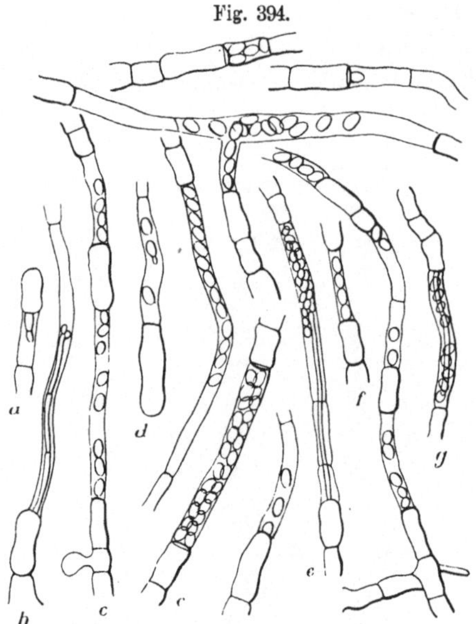

Fig. 394.

Dematium pullulans de Bary (300 : 1).
Durchwachsungserscheinungen. *a* und *b* zeigen durch-
wachsene Mycelfäden; in *b* schnürt der Faden Conidien ab; *c* Conidien sind von beiden Seiten abgeschnürt; *d* eine Conidie in Sprossung begriffen; *e* ein
Mycelfaden ist durch die Scheidewände zweier Zellen
in eine mit Conidien gefüllte Zelle gewachsen; *f* Zelle
mit vier Conidien, welche Endosporen besonders ähnlich waren; *g* von der einen Zelle haben sich Conidien
abgeschnürt von der anderen ist ein Mycelfaden ein-
gewachsen. Die übrigen Figuren zeigen verschiedene
Beispiele endogener Conidienbildung. *e* wurde in einer
etwa einen Monat alten Wasserkultur bei etwa 20° C
beobachtet, alle die übrigen wurden in 1—2 Tage
alten Wasserkulturen bei etwa 20° und 25° C beobachtet. Nach Klöcker und Schiönning.

und macht sie schleimig, ebenso Traubenmost. Er hat ein verzweigtes farbloses Mycel,
an dem sich regellos durch Sprossung hefen-
artige Conidien entwickeln. Diese können
sich weiter durch Sprossung vermehren oder
Mycel entwickeln. Teile des Mycels verwandeln sich allmählich unter Aufschwellen in oliv-
grüne, fetthaltige dickwandige Gemmen. Durchwachsungserscheinungen sind häufig (Fig. 393
und 394).

Die Mycodermahefen.

Die Mycodermahefen sind stark luft-
liebend. Sie wachsen daher an der Oberfläche von Flüssigkeiten in Form dichter
Decken (Kahmhäute), die infolge ihres hohen
Gehaltes an Luft schweben. Die Gestalt der
Mycodermazellen ist meist langgestreckt (Fig.
395, 396, 397), variiert aber sehr. Sporenbildung fehlt. Zur Unterscheidung der Myco-
dermaarten sind neben den morphologischen
Merkmalen der Zellen und Kulturen besonders auch die physiologischen heranzuziehen.
Die Mycodermahefen sind teils harmlos, teils
gefährliche Schädlinge, besonders durch ihre
Fähigkeit, organische Säuren zu zerstören
und so vergorene Flüssigkeiten (Wein,
Bier, gesäuerte Gemüse) der Fäulnis zu
überliefern. Im Wein können sie andererseits
auch wieder unangenehme Gärungssäuren erzeugen.

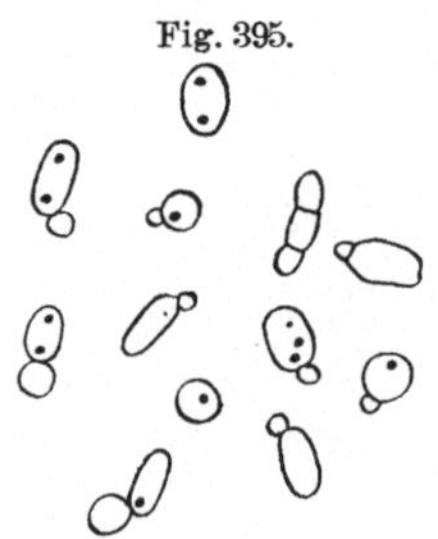

Fig. 395.

Mycoderma aus Rotwein
von Eltville (540 : 1).
Pastoriane und runde Formen der Zellen.

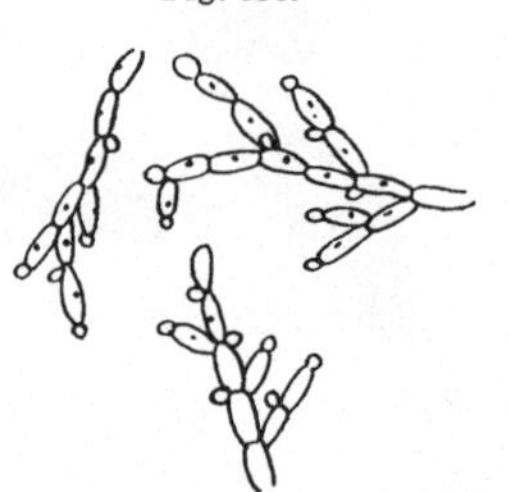

Fig. 396.

Mycoderma aus westpreußi-
schem Heidelbeerwein (540 : 1).
Pastoriane Form der Zellen.

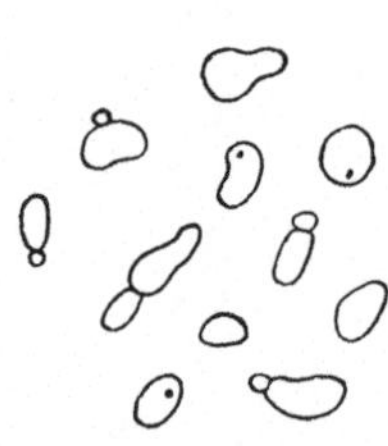

Fig. 397.

Mycoderma aus Rüdes-
heimer Wein (540 : 1).
Unregelmäßige Zellformen.

Die Torulahefen[1]).

Als Torulaceae bezeichnet man Hyphomyceten mit Sproßmycel aus rundlichen oder
ovalen Zellen mit oder ohne Gärvermögen. Will rechnet ferner auch solche hierher, die neben
den runden auch gestreckte Zellen bilden (Fig. 398, 399, 400), sich von den Mycodermen aber

---

[1]) Vgl. Will, in Lafar 4.

durch Gärvermögen unterscheiden. Alle Torulaceen sind durch den Mangel jeglicher Sporenbildung ausgezeichnet. Über die Stellung der zahlreichen Arten im System läßt sich zurzeit nichts sagen.

Die Torulaceen sind allgemein verbreitet und entwickeln sich in Nahrungsmitteln sehr reichlich, oftmals sehr unerwünschte Veränderungen hervorrufend. Torulahefen, die rote Farbstoffe bilden, sogenannte Rosahefen, treten auf Plattenkulturen oft als Verunreinigungen auf.

Fig. 398.

Torula Nr. 4 (900 : 1).
Nach Hansen.

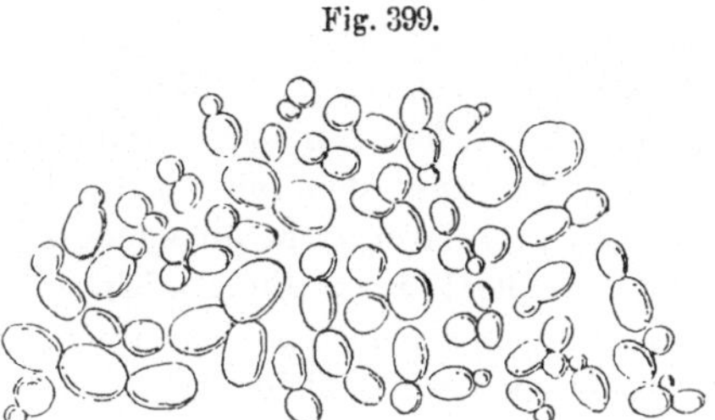

Fig. 399.

Torula Nr. 7 (900 : 1).
Eine Hautvegetation von einer 10 Monate alten Würzekultur. Nach Hansen.

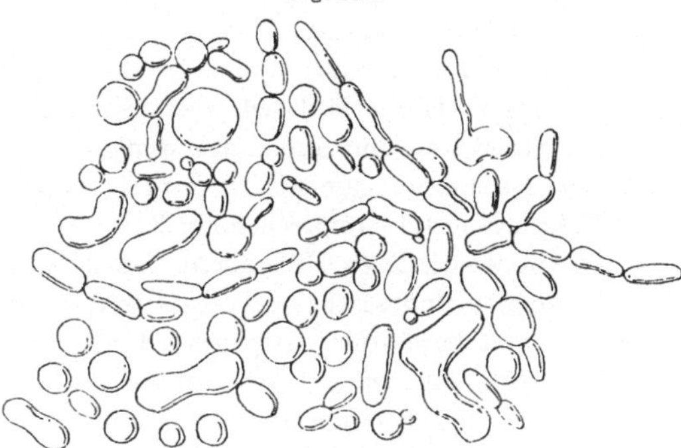

Fig. 400.

Torula Nr. 7 (900 : 1).
Bodensatzhefe. Nach Hansen.

Ausnutzungsversuche mit Nahrungsmitteln beim Menschen.

Die gewöhnlichen Ausnutzungsversuche mit Nahrungsmitteln beim Menschen sind im Wesen einfach; sie sollen die sämtlichen flüssigen und festen Einnahmen wie Ausgaben zum Ausdruck bringen, um aus dem Unterschiede beider Werte festzustellen, was und wieviel von den Einnahmen im Körper verblieben bzw. ausgenutzt worden ist. Man erhält, wenn man die Unterschiedswerte zwischen Einnahmen und Ausgaben (Nahrung minus Kot) auf Prozente der eingenommenen Mengen berechnet, die sogenannten Verdaulichkeits- oder Ausnutzungskoeffizienten, wobei indes nach den Ausführungen in Bd. II, S. 204—206 und S. 252 zu berücksichtigen ist, daß ein großer Teil der im Kot ausgeschiedenen Stoffe (besonders Stickstoff-Substanz und Fett) von den Körpersäften herrührt, man daher statt von hoch und niedrig verdaulichen richtiger von mehr oder weniger kotliefernden Nahrungsmitteln sprechen kann.

Genaue Ausnutzungsversuche an Menschen sind aber, so einfach sie grundsätzlich sind, mit den größten Schwierigkeiten verbunden, weil die Versuche zunächst den tagelangen ausschließlichen Genuß eines einzelnen Nahrungsmittels notwendig machen, der erwachsene Mensch aber ein einzelnes Nahrungsmittel kaum einige Tage ohne Widerstreben verzehren kann, selbst wenn gleichzeitig Getränke, wie Bier, Wein oder Mineralwasser gestattet werden, dann aber auch weil die genaue Sammlung des dem betreffenden Nahrungsmittel oder der Nahrung entsprechenden Kotes schwierig ist. Die an abwechslungsreiche Kost gewöhnten Menschen verschmähen mitunter schon nach wenigen Mahlzeiten ein und dasselbe Nahrungsmittel. Es eignen sich daher zu diesen Versuchen zunächst nur Menschen, die an einfache und sparsame Kost gewöhnt sind und dabei gute Verdauungswerkzeuge besitzen.

In anderen Fällen kann man, wenn man die Ausnutzungsfähigkeit verschiedener Nahrungsmittel (z. B. verschiedener Brot- oder Mehlsorten, verschiedener Gemüse usw.) vergleichend nebeneinander prüfen will, in der Weise verfahren, daß man eine gleiche geringe Menge eines anderen zusagenden Nahrungsmittels (Fleisch oder Milch), dessen fast völlige Ausnutzungsfähigkeit erwiesen ist, zulegt und neben diesem in der überwiegenden

Hauptmenge die vergleichsweise zu prüfenden Nahrungsmittel verabreicht. Als anregende Mittel kann man je nach der Art des zu prüfenden Nahrungsmittels auch Fleischsuppe (bzw. Fleischextrakt), Kaffee, Bier oder Wein genießen lassen.

Eine große Schwierigkeit bereitet die Abgrenzung des Kotes. Bei den Tieren, die tagaus tagein dasselbe Futter verzehren, hält dieses nicht schwer; man füttert die Tiere (Wiederkäuer, Schweine, Pferde usw.) 7—10 Tage mit dem zu prüfenden Futtermittel, bis man sicher sein kann, daß aller Inhalt der Verdauungsorgane von einem vorhergehenden Futter entfernt ist und der entleerte Kot nunmehr dem zu prüfenden Futtermittel entspricht, man sammelt und wägt von da an den Kot täglich, indem man die Fütterung in derselben Weise noch 7—10 Tage fortsetzt. Man erhält so genügend richtige Durchschnittswerte für die dem täglich verzehrten Futter entsprechende Kotmenge.

Dieses Verfahren läßt sich aber beim Menschen nicht anwenden, weil er, wie gesagt, eine einseitige Nahrung nur einige wenige Tage erträgt. Deshalb sucht man hier durch ein Vor- und Nachnahrungsmittel, das einen sehr kennzeichnenden Kot liefert, den dem zu prüfenden Nahrungsmittel entsprechenden Kot abzugrenzen. J. Ranke verwendete für den Zweck Preißelbeeren, deren Hüllen mit dem Kot wieder abgehen und darin leicht aufgefunden werden können. Indes hat sich dieses Mittel, weil die Beerenteile an den Darmwandungen hängen bleiben, nicht bewährt[1]). Dagegen ist nach M. Rubners Vorgange reine Milchnahrung für den Zweck sehr geeignet. Der Kot nach Milchgenuß ist weiß bis hellgelb[2]), bildet, wenn nicht Diarrhöen[3]) danach eintreten, feste knollige, Maiskolben vergleichbare Massen, die sich wie Seife schneiden und vom Kot nach Genuß anderer Nahrung scharf abgrenzen lassen.

Um z. B. die Ausnutzung einer während 3 Tagen gegebenen Fleischmenge zu erfahren, reicht M. Rubner[4]) am Tage vor Beginn des Versuches etwa 2 l — nicht unter 1,5 l und nicht über 2,5 l — Milch, läßt zwischen der Milchaufnahme und dem Beginn der eigentlichen Versuchsreihe eine Pause von 16—24 Stunden eintreten, um die Vermischung der Kotsorten zu vermeiden; 15 Stunden vor Abschluß der Versuchsreihe wird die letzte Mahlzeit eingenommen, worauf dann gewöhnlich 6 Stunden nach dem Abschluß, also 21 Stunden nach der letzten Mahlzeit, wieder Milch aufgenommen wird. Dadurch schließt man den dunkelen Fleischkot — bzw. den nach anderer Kost erhaltenen Kot — zwischen den weißen, leicht erkennbaren Milchkot ein. Folgende Tabelle aus den Versuchen Rubners möge die Versuchsanordnung erläutern:

Tag		Speise	Kot	
			Zeit	Menge
Vortag 12. Febr.		Milch	—	0
Versuchs-tage	13. Febr.	Weißbrot	—	0
	14. „	„	4 Uhr nachm.	Gemischter Kot, Milchkot (10,6 g trocken) und erster Brotkot (14,8 g trocken)
	15. „	„	10 Uhr vorm.	Brotkot (27,3 g trocken)
Nachtage	16. Febr.	Milch	12 Uhr mittags	Brotkot (28,5 g) und Milchkot
	17. „	gemischte	—	
	18. „	„	—	Gemischter Kot und Milchkot

[1]) Beim Hunde hat man den Kot durch Knochen abgrenzen können; dieselben werden 12 bis 24 Stunden vor Beginn und nach Abschluß einer Versuchsreihe mit Knochen gefüttert und liefern dann den kennzeichnenden Knochenkot von weißer krümeliger Beschaffenheit. Für diesen empfohlene Korkstückchen oder Kohlenpulver haben sich nicht bewährt.

[2]) Der Kot nach Fleischgenuß ist dunkelbraun, der Eierkot ist goldgelb, der Blutwurstkot schwarz, der nach gemischter Kost hellbraun.

[3]) Diarrhöen treten häufig nach Aufnahme von kalter, nicht von gekochter oder warmer Milch auf; auch ist meistens mit einer einmaligen dünnflüssigen Entleerung die Erscheinung verschwunden.

[4]) Zeitschr. f. Biologie 1879, **15**, 115.

Wie man sieht, erscheinen die letzten Reste der genossenen Nahrung — hier Brot — erst am zweiten Tage nach der letzten Aufnahme im Kot. Wenn es sich daher ermöglichen läßt, daß das auf Verdaulichkeit zu prüfende Nahrungsmittel 4 oder besser 5 Tage lang — unter Mitverwendung von den genannten, die Verdaulichkeit nicht beeinflussenden Zusätzen oder Getränken — genossen wird, so kann man auch ohne wesentlichen Fehler in der Weise verfahren, daß man die Nahrung erst 2 oder 3 Tage verabreicht, ohne den während dieser Vortage ausgeschiedenen Kot zu berücksichtigen, dann dieselbe Nahrung noch 2 Tage weiter verabreicht und den Kot erst an den letzten beiden Versuchstagen, also am 3. und 4., oder am 4. und 5. Tage nach Beginn des Versuches sammelt und wägt. Kann man zu dem Versuch gleichzeitig mehrere Personen verwenden, so werden die Ergebnisse selbstverständlich um so sicherer. Jedenfalls sollen die Versuchspersonen von gesunder Konstitution, mit guten Verdauungsorganen ausgestattet sein. Auch müssen dieselben während des Versuches die gewohnte Beschäftigung ausüben.

Selbstverständlich muß auch das Lebendgewicht der Versuchspersonen vor und nach dem Versuch auf genügend genauen Wagen kontrolliert werden, wobei man die Personen erst mit Kleidern wägt, dann das Gewicht der Kleider ermittelt und dieses von dem ersten Gewicht in Abzug bringt.

Weiter empfiehlt es sich, den Stoffumsatz im Körper während des Versuches zu verfolgen; dieses geschieht am einfachsten durch eine genaue Sammlung des Harnes an jedem einzelnen Versuchstage und durch eine Stickstoffbestimmung in ihm. Durch eine Vergleichung des in der Nahrung aufgenommenen Stickstoffes mit dem im Kot und Harn ausgeschiedenen erfährt man alsdann, ob die Versuchsperson Stickstoff vom Körper abgegeben oder im Körper angesetzt hat[1]). Bei Gleichheit der Mengen des eingenommenen und ausgeschiedenen Stickstoffs spricht man von Stickstoff-Gleichgewicht.

I. Ermittelung der Menge der eingenommenen Nahrung und Untersuchung derselben.

Bei Ermittelung der Mengen der eingenommenen Nahrung ist es wesentlich, daß die Versuchsperson die ihr zugewogene Nahrung auch vollständig verzehrt; geschieht das nicht, so müssen auch die Reste gesammelt und untersucht werden. Außerdem ist es von Wichtigkeit, jedesmal eine gute Durchschnittsprobe für die Analyse zu erhalten.

a) Probenahme und Untersuchung von Flüssigkeiten und breiartigen Speisen. Getränke, wie Bier und Wein, Mineralwasser, usw. lassen sich von gleicher Beschaffenheit stets in solchen Mengen erhalten, daß sie für den ganzen Versuch ausreichen. Sie brauchen daher nur einmal untersucht zu werden. Milch, Fleischbrühe, Mehlsuppen, breiartige Speisen, gekochte Gemüse usw. schwanken dagegen täglich im Gehalt, je nach der Mischung und Kochdauer. Hiervon müssen also täglich Proben entnommen und untersucht werden. Da die täglich zubereiteten Mengen auch verschieden ausfallen werden, so müssen die für die Untersuchung zu entnehmenden Proben stets in demselben Verhältnis zu den zubereiteten Mengen stehen. Zu dem Zweck verfährt man zweckmäßig in der Weise, daß man morgens — oder bei Gemüsen auch abends vorher — eine solche Menge der Flüssigkeit bzw. des Breies zubereitet und kocht, daß sie für den Versuchstag mehr als ausreicht, nach dem Erkalten das Gewicht derselben ermittelt und nun jedesmal $1/5$ oder $1/10$ der zubereiteten Speise für die Untersuchung nach gehörigem Durchmischen entnimmt; die verbleibenden $4/5$ oder $9/10$ der Speise werden dann für jede Mahlzeit (3—5 mal) unter Bedecken in heißem Wasser aufgewärmt und davon aliquote Teile je nach Bedürfnis genossen, indes so, daß bei der letzten Mahlzeit die letzten Reste verzehrt werden. Geschieht dieses nicht, so müssen dieselben zurückgewogen und weil sie infolge Wasserverdunstung einen höheren Trocken-

---

[1]) Die geringen durch die Haut abgegebenen Mengen gebundenen Stickstoffs können hierbei unberücksichtigt bleiben.

substanzgehalt als die ganze Speise am Morgen haben werden, für sich zur weiteren Untersuchung gesammelt werden. Zur Erläuterung möge folgendes Beispiel dienen:

	Zubereitete Menge Speise (Gemüse)	Davon 1/5 für die Untersuchung	Verzehrt den Tag über	Rest
1. Tag . . .	1735,0 g	347,0 g	1332,5 g	55,5 g
2. „ . . .	1794,4 g	338,9 g	1343,2 g	12,3 g

usw. für die noch folgenden 2 oder 3 Versuchstage.

Die täglich abgewogenen Mengen breiiger Speisen werden in Porzellanschalen oder emaillierte flache Eisenschalen gegeben, auf dem Wasserbade oder im Lufttrockenschrank bei 40—50° tunlichst schnell eingedampft, lufttrocken (S. 23) gewogen und wie üblich weiter untersucht. Hat man von den zubereiteten Speisen stets die Anteile für die Untersuchung jeden Tag in dem gleichen Verhältnis ($1/5$ oder $1/10$) abgewogen, so kann man die abgewogenen Mengen von vornherein oder nach dem Wägen im lufttrockenen Zustande zusammengeben und zusammenverarbeiten. Sind die $1/5$ Anteile an den einzelnen Versuchstagen nicht zusammengegeben, sondern jeder Anteil für sich vorgetrocknet und hat man z. B. gewogen:

Speise	1. Tag	2. Tag	3. Tag	4. Tag	5. Tag	Zusammen
Frisch . . .	1332,5 g	1343,2 g	1290,3 g	1405,4 g	1350,6 g	6722,0 g
Lufttrocken . .	199,8 g	206,5 g	185,6 g	196,4 g	204,5 g	992,8 g

so werden die 992,8 g lufttrockne Speise nach dem Mischen zusammen vermahlen und weiter untersucht. Man kann aber auch die jedesmaligen $1/5$ oder $1/10$ Anteile von vornherein zusammengeben, zusammen trocknen und zuletzt zusammen wägen, wodurch vier Wägungen und auch Verluste infolge Anhaftens an den Wandungen der Schalen vermieden werden. Die weitere Untersuchung erfolgt dann genau so wie bei jedem anderen lufttrockenen Nahrungsmittel. Über die Berechnung des ursprünglichen Wassergehalts vgl. S. 23. Über die Untersuchung von Milch, Bier, Wein vergleiche diese Abschnitte. Kaffee, Fleischsuppe, Milch- und Mehlsuppen können auch im allgemeinen wie Milch untersucht werden. Zur Bestimmung des Gesamt-Stickstoffs werden je nach dem Gehalt 50, 100 oder 200 g unter schwacher Ansäuerung mit Schwefelsäure nach S. 240 behandelt. Die Bestimmung der Trockensubstanz und der Asche wird wie bei Milch vorgenommen, die des Fettes durch Eindampfen von 100 oder 200 g der Flüssigkeit mit Sand und Gips und Ausziehen des trockenen Pulvers mit Äther (vgl. S. 346). Ist, wie z. B. in Mehlsuppen, die Bestimmung der Rohfaser erwünscht, so dampft man je nach dem Gehalt 50 oder 100 g — entsprechend etwa 3 g Trockensubstanz — in Porzellanschalen bis fast zur Trockne ein, weicht mit Glycerinschwefelsäure auf, mischt und behandelt nach S. 453 weiter.

b) Probenahme und Untersuchung von feuchtfesten Nahrungsmitteln. Zu solchen Nahrungsmitteln gehören z. B. Fleisch, Wurst, Käse, Brot, Kuchen, Kartoffeln, Rüben, die Gemüsearten, Obst u. a.; auch Eier können hierher gerechnet werden. Auch diese Nahrungsmittel haben, besonders was den Wassergehalt anbelangt, eine mehr oder weniger wechselnde Zusammensetzung; es müssen daher Proben von den täglich verzehrten Mengen entnommen werden; aber auch hier kann man, wenn man die Proben jedesmal in demselben Verhältnis (sei es $1/5$ oder $1/10$ g bzw. Stück) von der genossenen Menge entnimmt, die täglich abgewogene Menge wie bei breiartigen Speisen zusammengeben und schließlich die gesammelten und vorgetrockneten Proben zusammen verarbeiten und als Durchschnittsprobe untersuchen.

α) **Eier.** Von den täglich zugemessenen Eiern werden zwei Stück von mittlerer Größe verwendet, gewogen, der Inhalt in eine gewogene Porzellan- oder emaillierte Eisenschale entleert, gewogen und auf einem Wasserbade eingetrocknet[1]). Die eingetrocknete

---

[1]) Man kann das Gewicht des Eierinhalts auch in der Weise ermitteln, daß man die entnommenen Eier wägt, in die Porzellanschale usw. entleert und die Eierschalen zurückwägt. Auf

Masse wird zusammen zurückgewogen, fein zerhackt oder verrieben und dann weiter untersucht.

β) Fleisch. Zu den Fleischversuchen wird man zweckmäßig von anhängendem Fett tunlichst befreite Stücke nehmen. Man wägt hiervon $^1/_5$ oder $^1/_2$ mehr ab, als für den Verzehr in Aussicht genommen ist, bereitet diese in gewünschter Weise (roh gehackt, gekocht, gedämpft oder gebraten) zu, wägt und nimmt von den zubereiteten Stücken an verschiedenen Stellen im ganzen $^1/_5$ oder $^1/_2$ des Gewichtes für die chemische Untersuchung; diese wird entweder täglich ausgeführt und aus den an den einzelnen Tagen gewonnenen Ergebnissen das Mittel genommen, oder man bewahrt die täglich für die Untersuchung entnommenen Proben in gut schließenden Porzellan- oder Blechgefäßen auf, auf deren Boden sich Formaldehyd oder Chloroform befindet, die einer Zersetzung des Fleisches während der mehrtägigen Aufbewahrung vorbeugen, aber die chemische Untersuchung nicht beeinträchtigen. Die gesamten Proben Fleisch werden dann am Schlusse des Versuches zusammen in einer Fleischhackmaschine fein zerhackt und hiervon, wie weiter im II. Teil angegeben wird, aliquote Teile auf Wasser, Protein, Fett und Asche untersucht. Hat man sehr mageres Fleisch, so kann man dasselbe nach Zerschneiden in kleinere Stückchen gleich in Schalen trocknen, die lufttrockenen Rückstände am Schlusse des Versuches nach dem Wägen mahlen und so weiter untersuchen. Enthalten die Fleischstücke viel anhängendes Fett, so ist es kaum möglich, durch direkte Verarbeitung der Stücke eine gute Durchschnittsprobe für die Untersuchung zu erhalten. Dann trennt man äußerlich anhängendes Fett möglichst vollständig ab, ermittelt von ihm wie von dem reinen Fleisch[1]) das Gewicht und untersucht beide getrennt für sich.

γ) Wurst und sonstige Fleischdauerwaren. Diese besitzen durchweg eine gleichmäßigere Zusammensetzung als Fleisch; auch halten sie sich für die Versuchstage genügend gut, so daß von der für jeden Versuch ausgewählten Gesamtmenge nur aus verschiedenen Stücken bzw. an verschiedenen Stellen Proben entnommen zu werden brauchen, um einen guten Durchschnitt zu erhalten; diese werden dann wie frisches Fleisch verarbeitet und untersucht. (Vgl. auch die Abschnitte Wurst und Fleischdauerwaren im II. Teil.)

δ) Käse. Auch eine und dieselbe Käsesorte besitzt eine genügend gleichmäßige Zusammensetzung bzw. Haltbarkeit, um durch eine einzige Entnahme bei Beginn des Versuches eine gute Durchschnittsprobe erhalten zu können. Verwendet man kleinere Käseformen (z. B. Handkäse), die ohne Abfall verzehrt werden, so entnimmt man einem größeren Vorrat etwa 10—15 Stück, wägt und untersucht sie wie üblich; den für den ganzen Versuch ausreichenden Vorrat gibt man in ein verschlossenes Blechgefäß und bewahrt ihn in einem kühlen Raum auf, so daß ein Wasserverlust ausgeschlossen ist; die täglich verzehrte Menge wird durch besondere Wägung festgestellt. In ähnlicher Weise verfährt man mit Käse in großen Laibformen. Hiervon schneidet man je nach der Größe der letzteren ein Kreisteilstück (Segment) von $^1/_4$, $^1/_8$ oder $^1/_{16}$ (im ganzen etwa 500—1000 g) heraus, entrindet, wägt und untersucht in üblicher Weise weiter. Für den täglichen Verzehr werden ebenfalls Segmente der Käselaibe abgewogen und entrindet[2]) verabreicht. Die Aufbewahrung geschieht wie bei Handkäse.

ε) Brot und ähnliche Gebäcke. Diese werden täglich zweckmäßig frisch zubereitet, und zwar doppelt in der zugedachten Gewichtsmenge; die eine Hälfte dient zur chemischen Untersuchung, die andere zum Verzehr; es empfiehlt sich, nur so viel Brot bzw. Gebäck zuzube-

---

diese Weise kann man den Inhalt der täglich entnommenen Eier immer in dieselbe Porzellanschale entleeren und im Wasserbade weiter trocknen bis zur Beendigung des Versuches. Auch kann man, da der Wassergehalt der Eier beim Kochen sich nur unwesentlich ändert, die entnommenen Eier sehr hart kochen und das Gewicht des Inhaltes nach dem Kochen ermitteln.

[1]) Auch das von anhängendem Fett befreite Fleisch enthält noch Fett, weshalb auch hiervon das Fett ebenfalls quantitativ bestimmt werden muß.

[2]) Die gleichmäßige Entrindung ist deshalb notwendig, weil Rinde und Inneres der Käse eine verschiedene Zusammensetzung besitzen.

reiten, daß die Hälfte im Tage genau verzehrt wird; hat man zwei Laibe Brot gebacken, so durchteilt man beide und nimmt je die Hälfte für die Untersuchung und zum Verzehr. Die zur Untersuchung bestimmte Hälfte (bzw. Hälften) wird in Scheiben geschnitten und in üblicher Weise bei 40—50° vorgetrocknet (vgl. S. 23). Wenn man in dieser Weise verfahren hat, so kann man die von jedem Tag verbleibenden lufttrockenen Proben am Schlusse zusammengeben, gemeinschaftlich wägen, vermahlen und als eine richtige Durchschnittsprobe weiter untersuchen. Verbleiben von dem Brot oder Gebäck unverzehrte Rückstände, so müssen diese für sich gesammelt und wegen des im Tage eintretenden Wasserverlustes für sich untersucht und deren Trockensubstanz von der des zugewogenen Brotes abgezogen werden.

c) Probenahme von lufttrockenen Nahrungsmitteln (trocken, gebacken, Trockenobst, Trockengemüse usw.). Diese lassen sich in Blechbehältern in trockenen Räumen so aufbewahren, daß sie für den ganzen Versuch ihren Wassergehalt bewahren, weshalb von ihnen für die Untersuchung auch nur einmal eine gute Durchschnittsprobe entnommen zu werden braucht. Liefern die Nahrungsmittel Abfälle, die nicht mitgegessen werden (z. B. Kerne, Steine, Mark usw.), so werden diese abgetrennt und nur der eßbare Teil untersucht; selbstverständlich darf dann für die Abwägung der für den täglichen Genuß bestimmten Menge auch nur der eßbare, nach Entfernung der Abfälle verbleibende Anteil verwendet werden. Werden diese Nahrungsmittel nicht roh (wie etwa Zwieback, Trockenobst), sondern gekocht (wie Gemüse) genossen, so entnimmt man die Proben für die chemische Untersuchung wie unter a) S. 713 angegeben ist.

II. Sammlung und Untersuchung des Kotes.

Die Abgrenzung des der zu prüfenden Nahrung entsprechenden Kotes durch Milch ist schon S. 712 besprochen. Zum Auffangen desselben bedient sich W. Prausnitz[1]) folgender Vorrichtung:

Auf einer 1 m langen, 32 cm hohen und 43 cm breiten Bank sind in der Mitte der beiden Seiten zwei 35 cm lange, 8 cm dicke, 15 cm hohe, oben abgerundete Holzleisten aufgesetzt, zwischen welchen das zur Aufnahme des Kotes bestimmte Gefäß, eine emaillierte rechteckige Schüssel von 58 cm Länge, 8 cm Höhe und 27 cm Breite auf der Bank nach vorn und nach rückwärts geschoben werden kann. Um den vor und nach dem Versuch durch den Milchgenuß erhaltenen Milchkot genau von dem der Versuchsnahrung entsprechenden Kot trennen zu können, muß dafür gesorgt werden, daß die entleerten Teile nicht aufeinander, sondern in Strängen (wurstartig) nebeneinander zu liegen kommen. Dieses erreicht man am besten dadurch, daß man während der Entleerung des Kotes das Gefäß mit der Hand langsam hin und her bewegt. Wenn der Kot weich und breiartig ist, so kann die Abgrenzung erschwert werden; bei fester Beschaffenheit bietet sie dagegen keine Schwierigkeit. Man entfernt mittels eines Horn-

Fig. 401.

Stuhlvorrichtung für Kotentleerungen bei Ausnutzungsversuchen.

---

1) Zeitschr. f. Biologie 1894, [N. F.] **12**, 335.

messers die vor und nach dem Genuß der Versuchsnahrung entleerten Kotanteile mitsamt dem Milchkot und läßt nur die zwischen den beiden Milchkoten befindlichen Kotanteile in der Schale zurück; diese werden in der Schale, deren Gewicht vorher leer festgestellt ist, gewogen und in dieser bei 40—50° vorgetrocknet und nach S. 23 weiter behandelt; wenn der der Versuchsnahrung entleerte Kot erst am 3. und 4. Tage voll entleert wird, so werden diese Mengen nach Entfernung des Milchkotes und des darauffolgenden Kotes ebenfalls für sich gesammelt, gewogen, zu dem ersten bzw. zu dem ersten und mittleren Anteile gegeben und mit diesem zusammen vorgetrocknet und weiter behandelt.

Angenehmer ist es, wenn man den Versuch volle 5 Tage ausdehnen und den Kot, bei regelmäßigem täglichen Stuhlgang, am 4., 5., vielleicht auch noch am 6. Tage entnehmen kann; bei einer Ausdehnung des Versuches auf 4 Tage und normalem Verlauf der Verdauung kann der am 3. und 4. (und vielleicht auch noch am 5.)[1] Tage gesammelt werden. Hierzu kann man sich glasierter Eisentöpfe mit Deckel bedienen, die vor und nach der Entleerung des Kotes gewogen und in denen der Kot direckt entweder im Wasserbade oder auch im Lufttrockenschrank wie oben getrocknet und im luft-trockenen Zustande gewogen werden kann. Selbstverständlich muß sowohl während der Kotentleerung als auch Trocknung der Deckel entfernt werden, aber man wird auf diese Weise — bei guten Abzügen — in keiner Weise von dem Geruch belästigt. Auch erhält man bei einigermaßen regelrechtem Stoffwechsel der Versuchsperson aus den zwei- oder dreitägigen Kotmengen einen genügend zuverlässigen Mittelwert für die täglich entleerte, der täglichen Nahrung entsprechende Kotmenge. Wir haben für diese Art Kotsammlung, wobei die Schale während der Entleerung nicht hin und her geschoben zu werden braucht, neben-stehend abgebildete Vorrichtung verwendet:

Stuhlvorrichtung für Kot- und Harnsammlung bei Ausnutzungs-versuchen.

Gesamthöhe des Sitzes 50 cm; unterstes Brett, worauf die Gefäße gestellt werden, 17 cm von dem obersten Sitz-rand und 33 cm von unten; äußerer Längendurchmesser 49 cm, äußerer Breitendurchmesser 40 cm; innere Längen-sitzweite 34 cm, innere Breitensitzweite 25 cm; also Breite des oberen Sitzrahmens 7,5 cm. Diese Vorrichtung gestattet neben dem Gefäß zum Auf-sammeln des Kotes auch ein solches (etwa ein Becherglas) für die Sammlung des Harnes unterzustellen.

Der vorgetrocknete Kot wird, nachdem er sich durch mehrstündiges Stehen bei Zimmertemperatur genügend wieder mit Luftfeuchtigkeit gesättigt hat, im lufttrockenen Zu-stande gewogen, mit einer sogenannten Gewürz- bzw. Malzmühle gemahlen und wie üblich weiter untersucht.

III. Sammlung und Untersuchung des Harnes.

Harn wird an jedem Versuchstage vom 2. Versuchstage an bis zum Schlusse quantitativ gesammelt und untersucht, und zwar am zweckmäßigsten von einem Morgen zum andern, entweder von 7 oder 8 Uhr vor dem ersten Frühstück bzw. nach der um diese Zeit etwa statt-findenden regelmäßigen Kotentleerung. Die Festsetzung der Tagesstunde muß nur gleich-

---

[1] Am 6. bzw. 5. Tage nach Beginn des Versuches kann aber nur dann noch der Kot, als zu der vorhergehenden Nahrung gehörig, entnommen werden, wenn er regelmäßig nur einmal im Tage und zwar morgens vor oder gleich nach dem ersten Frühstück entleert wird.

mäßig für die Versuchstage geschehen. Wesentlich hierbei ist es, dafür zu sorgen, daß an den Versuchstagen die Menge des entleerten Harnes tunlichst gleichmäßig ist, damit bei zu geringen Harnmengen kein gebundener Stickstoff im Körper zurückgehalten und bei zu großen Mengen aus dem Körper gleichsam ausgeschwemmt wird. Man erreicht das zunächst durch eine gleichmäßige Temperatur in dem Aufenthaltsraume und durch eine gleichmäßige Beschäftigung der Versuchsperson während der Versuchsstage, und weiter durch eine gleichmäßige Wasseraufnahme. Letztere läßt sich in der Weise bewirken, daß man die Menge des Tagesharns am Abend bestimmt und dann noch so viel Wasser genießen läßt, als an der durchschnittlichen Menge für 24 Stunden fehlt. Es wird dann bis zum anderen Morgen (der Wechselstunde) regelmäßig diejenige Menge Harn entleert werden, die an der Durchschnittsmenge noch fehlte. Der während des Tages und der Nacht außer bei der Kotentleerung ausgeschiedene Harn wird am zweckmäßigsten in einer 2—3 l fassenden Flasche mit aufgesetztem Trichter gesammelt und nach jedem Tage entweder genau gemessen oder besser gewogen; von dem gut durchgemischten Harn dienen alsdann aliquote Teile zur Untersuchung; in der Regel genügt eine Bestimmung des Gesamtstickstoffs, die doppelt in je 100 ccm oder 100 g nach Kjeldahl (S. 240) ausgeführt wird.

Beispiel eines Ausnutzungsversuches, durch den in einer verhältnismäßig protein- und fettreichen Nahrung vorwiegend die Ausnutzung der Pentosane ermittelt werden sollte: Die Versuchsperson (32 Jahre alt, 99 kg schwer) erhielt, neben $^3/_4$ l Kaffee mit Milch (Aufguß von 8 g Kaffee), 3 Zwiebäcken (44,7 g) und Leibniz-Kakes (8,7 g) zum ersten Frühstück und 1,55 l Bier (mittags und abends), in 4 Versuchsreihen Gemüse (zubereitet aus reifen und eingemachten grünen Erbsen, Rotkohl, Salatbohnen), sowie in zwei Versuchsreihen Soldaten- und Grahambrot, dazu entweder rohen oder gekochten Schinken oder gekochte oder geräucherte Mettwurst. Aus diesen Versuchen möge der mit gekochten reifen Erbsen (ohne Schalen) hier mitgeteilt werden. Von der gekochten Erbsensuppe[1]) verzehrte die Versuchsperson täglich 1500 g, von geräucherter Mettwurst 277,0 g; die hierbei entleerte Kotmenge betrug für den Tag 220,3 g mit 43,35 g Trockensubstanz, die tägliche Harnmenge im Durchschnitt 2410 ccm mit 20,94 g Stickstoff. Die chemische Zusammensetzung der Nahrungsmittel und des Kotes war folgende:

Nahrungsmittel bzw. Kot	Wasser %	Stickstoff %	Protein %	Fett %	N-freie Extrakt- stoffe %	Pento- sane %	Roh- faser %	Asche %
Zwieback	8,55	2,43	15,19	4,28	66,06	4,13	0,98	0,81
Leibniz-Kakes	5,90	1,36	8,50	8,75	72,71	3,13	0,27	0,74
Erbsensuppe	78,88	0,80	5,00	1,82	11,90	1,07	0,62	0,71
Geräucherte Mettwurst	43,43	3,87	24,19	30,95	(0,34)	—	—	1,09
Kaffee } g in 100 ccm	—	0,0899	0,560	0,229	0,688	—	—	0,122
Bier }	—	0,092	0,560	—	3,984	0,321	—	0,194
Kot	80,33	1,54	9,63	2,70	2,09	0,27	2,24	2,74

Hieraus berechnen sich die wirklich verzehrten und aufgenommenen Mengen Nährstoffe wie folgt:

---

[1]) Die Erbsensuppe wurde in der Weise zubereitet, daß 600 g Erbsen mit 6 g Fleischextrakt und rund 300 g geräucherter Mettwurst bis zum völligen Weichwerden gekocht und dann durch ein Sieb gerührt wurden, um die gröbsten Schalen abzutrennen. Dem Erbsenbrei (bzw. Suppe) wurden dann entsprechende Anteile zum zweiten Frühstück, mittags und abends verabreicht.

Nahrungsmittel bzw. Getränke	Täglich verzehrte Menge	In der täglich verzehrten Menge							
		Trocken-substanz	Orga-nische Sub-stanz	Stick-stoff	Fett	Stickstoff-freie Extrakt-stoffe	Pento-sane	Roh-faser	Asche
	g	g	g	g	g	g	g	g	g
Erbsensuppe	1500,0	316,80	306,15	12,60	27,30	178,50	16,05	9,30	10,65
Ger. Mettwurst	277,0	156,69	153,67	10,72	85,73	—	—	—	3,02
Zwieback	44,7	40,87	40,52	1,09	1,91	29,53	1,85	0,49	0,36
Leibniz-Kakes	8,7	8,18	8,12	0,12	0,76	6,33	0,27	0,02	0,06
Kaffee mit Milch	$3/4$ l	12,02	11,10	0,67	1,72	5,16	—	—	0,92
Bier	1,55 l	78,64	75,63	1,43	—	61,75	4,98	—	3,01
Gesamtmenge	—	613,20	595,19	26,03	117,42	281,27	23,15	9,91	18,02
davon wurden aus-geschieden in Kot (220,3 g)	—	43,35	37,30	3,39	5,95	4,60	0,59	4,93	6,04
Verdaut	—	569,85	557,89	22,64	111,47	276,67	22,56	4,96	11,98

Oder in Prozenten der verzehrten Bestandteile:

		%	%	%	%	%	%	%	%
Ausgenutzt	—	92,93	93,74	86,88	94,93	98,37	97,45	50,25	66,48
Unausgenutzt (im Kot ausgeschieden)	—	7,07	6,26	13,12	5,07	1,63	2,55	49,75	33,52

Stickstoff-Bilanz.

Stickstoff:

In der Nahrung	Im Harn	Im Kot	Am Körper
26,03 g	20,94 g	3,39 g	$+1,70$

In einem vorhergehenden Versuch (mit grünen Büchsenerbsen) aber unter sonst gleichen Verhältnissen hatte die Versuchsperson 1,26 g Stickstoff vom Körper verloren.

Hier wurde eine gemischte Kost verabreicht, weil es nur darauf ankam, die Ausnutzung der Pentosane zu ermitteln. Soll aber die Ausnutzung (Verdaulichkeit) eines einzelnen Nahrungsmittels für sich allein ermittelt werden, so muß dieses selbstverständlich auch nur für sich allein verabreicht werden; es können dann höchstens einige Zutaten z. B. für Erbsensuppe Fett und etwas Fleischextrakt sowie als Getränk mäßige Gaben Bier gestattet werden, welche die Verdauung nicht wesentlich beeinflussen.

Respirationsversuche.

Die vorstehend beschriebenen Ausnutzungsversuche geben nur Aufschluß über die sichtbaren Einnahmen und Ausgaben von einem Nahrungsmittel bzw. von einer Nahrung, sowie über die von ihm bzw. ihr im Darm ausgenutzten und die im Kot und Harn wieder ausgeschiedenen sichtbaren Stoffe. Sie geben aber keinen Aufschluß über die Mengen, welche von den ausgenutzten Stoffen dem Körper wirklich zugute gekommen, d.h.

von ihm in Form von Fleisch oder Fett angesetzt bzw. zur Erhaltung der tierischen Wärme oder zur Leistung von Arbeit verbraucht sind. Um zur Berechnung auch dieser Werte feste Grundlagen zu gewinnen, müssen die nicht sichtbaren Einnahmen und Ausgaben in Einatmungs- und Ausatmungsluft, von der Haut und in Darmgasen ebenfalls festgestellt werden; das sind Kohlensäure und Wasser sowie Methan und Wasserstoff (letztere beiden in den Darmgasen). Denn der in der Luft eingeatmete Stickstoff ist an dem Stoffwechsel nicht beteiligt, und der in der Nahrung aufgenommene gebundene Stickstoff erscheint als solcher, wenn auch in veränderter, gebundener Form, wieder in Harn und Kot; nur ein verschwindend kleiner Teil des in der Nahrung aufgenommenen Stickstoffs verläßt unter regelmäßigen Ernährungsbedingungen als Ammoniak gasförmig den Körper — nur bei größerer Aufnahme von Nitraten in der Nahrung kann freies Stickstoffgas in den Darmgasen auftreten — und die durch die Haut im Schweiß ausgeschiedene Harnstoffmenge kann als sehr gering ebenfalls vernachlässigt werden. Die in der Einatmungsluft aufgenommene Menge Sauerstoff läßt sich durch Differenzberechnung feststellen. Denn wenn man das Anfangs- und Endgewicht des Tierkörpers, ferner die Menge der aufgenommenen Nahrung, sowie der ausgeschiedenen sichtbaren und nicht sichtbaren gasförmigen Stoffe kennt, so gibt die Differenz zwischen dem Anfangsgewicht + der Nahrung und zwischen sämtlichen Ausgaben + Endgewicht des Körpers die Menge des aufgenommenen Sauerstoffs an. Ein Beispiel möge diese Berechnung veranschaulichen:

Stoffwechsel-Gleichung bei einem Hunde:

Einnahmen:		Ausgaben:	
Anfangsgewicht des Hundes	33 590 g	Endgewicht des Hundes	33 557 g
Futter (Fleisch)	1 500 „	Kot	52 „
Im ganzen	35 090 g	Harn	1 099 „
		Kohlensäure	545,5 „
		Wasserdampf	369,5 „
		Grubengas	0,8 „
		Wasserstoff	3,4 „
		Im ganzen	35 627,2 g

Gesamtausgaben	35 627,2 g
Gesamteinnahmen	35 090,0 „
Überschuß = Sauerstoff	537,2 g

In dieser Stoffwechsel-Gleichung bietet die Ermittelung der Größen für die sichtbaren Einnahmen und Ausgaben keine Schwierigkeit; umfangreichere Einrichtungen und mehr Arbeit erfordert aber die Ermittelung der nicht sichtbaren Ausgaben. Hierfür die Grundlagen geschaffen zu haben, ist das Verdienst v. Pettenkofers. Bei der Einrichtung seines Respirationsapparates, der gestattet, auch die nicht sichtbaren Ausgaben festzustellen, schwebte v. Pettenkofer[1] eine ähnliche Einrichtung wie bei einem Zimmerofen vor. „Solange der Kamin zieht, geht kein Rauch zu den Fugen und der Tür des Ofens heraus, sondern es drückt die Luft allseitig in den Ofen hinein, um nach dem Kamin zu gelangen. Wenn in dem Rohre, welches den Rauch vom Ofen nach dem Kamin führt, eine genaue Messung der in ihm sich bewegenden Luftmenge möglich ist, wenn ferner die Zusammensetzung der in den Ofen ein-

---

[1] Journ. f. prakt. Chem. **82**, 40.

und aus demselben austretenden Luft an einem Bruchteile derselben mit Genauigkeit ermittelt werden kann, so hat man alle Faktoren in der Hand, welche man braucht, um zu bestimmen, was sich bei der Verbrennung im Ofen der Luft beimischt." Von diesem leitenden Gedanken ausgehend, ist die Wirkungsweise des Respirationsapparates leicht verständlich; man braucht an die Stelle des Zimmerofens nur den Aufenthaltsort (Gehäuse) für den Versuchsorganismus, an die Stelle der Verbrennung im Ofen die Atmung im Gehäuse und an Stelle des den Luftzug bewirkenden Kamins (Schornsteins) die Luftsaugpumpen zu setzen, die fortwährend Luft durch den Apparat saugen.

Die allgemeine Anordnung des von M. Rubner für den Menschen eingerichteten Respirationsapparates[1]) ist z. B. folgende (Fig. 403 S. 722):

Der Kasten A, in dem sich die Versuchsperson aufhält, ist ganz aus Eisenblech gearbeitet und mit Fenstern versehen, um den Aufenthalt in ihm zu erleichtern. Der Kasten ist absolut dicht, auch die Tür und die Klappe zum Durchreichen des Essens sind luftdicht abzuschließen. In dem Kasten kann ein Bett aufgestellt werden; ferner stehen der Versuchsperson ein Tisch, Stuhl, elektrisches Licht und Telephon zur Verfügung.

Die Luft entstammt dem Freien. Sie wird durch eine von einem Elektromotor M in Bewegung gesetzte Gasuhr angesaugt und in einen Kamin abgeleitet, nachdem sie den Versuchsraum durchzogen hat. Ihr Weg vor Eintritt in den Kasten kann durch verschiedene Klappen beliebig geregelt werden. Dabei strömt sie über die in den Absorptionskästen D^1 und D^2 befindlichen Schubladen, welche mit Chlorcalcium, Wasser oder Eis gefüllt werden können, je nachdem die Luft trocken, feucht oder kalt sein soll. Aus den Kästen tritt die Luft in das Heizrohr H, worin sie erwärmt werden kann; gleichfalls kann der Kasten mittels Elektrizität geheizt werden.

Direkt vor Eintritt bei e und nach Austritt bei a aus dem Kasten wird von diesem Hauptstrom ein Teilstrom abgesaugt, der zur Luftuntersuchung dient. Diese Luft durchstreicht sofort zwei Kölbchen E und F, die mit durch konzentrierte Schwefelsäure befeuchteten Bimssteinstückchen gefüllt und zur Absorption des vorhandenen Wassers bestimmt sind. Dann geht die Luft durch das Quecksilberpumpwerk; da dieses vom gleichen Elektromotor bewegt wird, der auch die große Gasuhr antreibt, so wird immer ein bestimmter Teil der Luft abgesaugt und untersucht. Dieser Quotient ist verschieden je nach der Stellung der Hebelarme usw. Hierauf wird die Luft in einer Waschflasche wieder befeuchtet und streicht dann Bläschen für Bläschen durch mehrere lange, schwach ansteigende v. Pettenkofersche Baryt-Glasröhren, in welchen sie sämtliche Kohlensäure an den Baryt abgibt; zuletzt wird die Luft in der kleinen Gasuhr gemessen.

Die Barytlauge wird vor und nach dem Versuch mit Oxalsäure titriert und dadurch die Kohlensäure bestimmt. Die Gewichtsdifferenz der Bimssteinkölbchen vor und nach dem Versuche gibt die Wassermenge an. Die gefundene Menge Kohlensäure und Wasser des Teilstromes wird auf die ganze Menge der Exspirationsluft berechnet; daraus ergibt sich die Kohlensäure- und Wasserabgabe für die Dauer des Versuches. Die Dauer eines Versuches schwankt zwischen 6 und 22 Stunden.

Sollen außer Kohlensäure und Wasser der Ein- und Ausatmungsluft auch noch Grubengas und Wasserstoff (der Darmgase) bestimmt werden, so muß der Apparat noch durch ein zweites Paar von kleinen Pumpen nebst Zubehör von Gasuhren, Schwefelsäure- und Barytröhren vervollständigt und von den Ableitungsrohren für Außen- und Innenluft je ein Rohr abgezweigt werden, das zu einem Verbrennungsofen führt, um eine Oxydation des Grubengases und Wasserstoffs zu bewirken. Als oxydierende

---

[1]) Die Zeichnung wie Beschreibung dieses Respirationsapparates ist mir freundlichst von dem Mechaniker W. Hoffmeister in Berlin N. 4, Hessische Str. 4, der auch den Apparat liefert, überlassen worden.

Fig. 403.

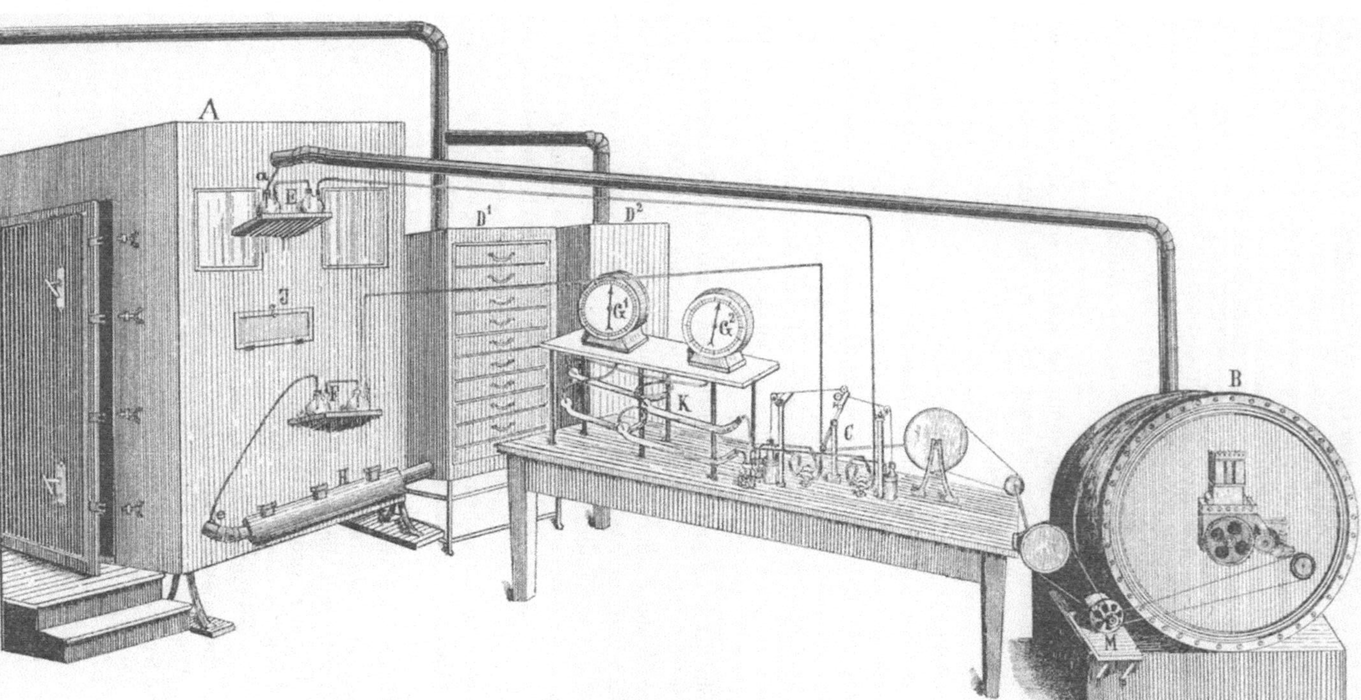

Respirationsapparat nach M. Rubner.

A Respirationskasten. *B* die große Gasuhr, die als Ventilator dient. *C* Quecksilberpumpwerk zur Entnahme von Teilströmen. *D¹*, *D²* Absorptionskästen zum Trocknen oder Befeuchten der Luft. *E* Schwefelsäurekölbchen zur Absorption des Wassers der austretenden Luft. *F* Schwefelsäurekölbchen zur Absorption des Wassers der eintretenden Luft. *G¹*, *G²* Kleine Gasuhren zum Messen der Teilströme. *H* Heizrohr zum Vorwärmen der eintretenden Luft. *J* Klappe zum Hineinreichen von Speisen und Getränken. *K* Barytröhren zur Absorption der Kohlensäure. *M* Elektromotor zum Antrieb der großen Gasuhr und des Quecksilberpumpwerkes.

Schicht in dem 1 m langen Verbrennungsrohr eignet sich nach O. Kellner[1]) am besten Platinkaolin.

In diesem Falle wird also die äußere und innere Luft je 2 mal auf ihren Wasser- und Kohlensäuregehalt untersucht, das eine Mal im ungeglühten, das andere Mal im geglühten Zustande. Stimmen die Ergebnisse beider Bestimmungen überein, so war die Luft frei von Grubengas und Wasserstoff; zeigt dagegen die geglühte und oxydierte Luft einen höheren Gehalt an Kohlensäure und Wasser an als die entsprechende ungeglühte Luft, so rührt dieser Überschuß von den beigemengten Gasen (Grubengas und Wasserstoff) her; denn nur diese beiden Gase kommen neben Kohlensäure und Wasserdampf hauptsächlich in den Ausscheidungsgasen in Betracht. Man rechnet daher das in der geglühten Luft gefundene Mehr an Kohlensäure auf Grubengas (CH_4) um, ebenso das Mehr an Wasser auf Wasserstoff; ist letztere Menge größer als die, welche das gefundene Grubengas erfordert, so ist neben dem letzteren noch freier Wasserstoff vorhanden und die Differenz zwischen beiden gibt die Menge an freiem Wasserstoff in den Ausscheidungsgasen.

Ebenso lassen sich durch Einschaltung geeigneter Absorptionsvorrichtungen in die kleinen Leitungen für innere und äußere Luft noch andere gasige Ausscheidungen bestimmen, so Ammoniak mittels Hindurchleitens der Luft durch titrierte Schwefelsäure, Schwefelwasserstoff mittels Hindurchleitens durch eine titrierte Lösung von arseniger Säure u. dgl. m. Durch Abziehen der jedesmaligen, in der äußeren Luft gefundenen Menge von der in der inneren Luft gefundenen erhält man die von dem Menschen oder Tiere abgegebenen Mengen Gase.

Wenn dann gleichzeitig der Gehalt der Nahrung, des Kotes und Harns an Stickstoff, Kohlenstoff, Wasserstoff und Wasser bestimmt wird, so läßt sich jedesmal genau berechnen, wieviel von den Bestandteilen der Nahrung im Körper verblieben oder vom Körper ausgeschieden worden sind. Denn

Stickstoff der Nahrung — Stickstoff in (Kot + Harn) = ±Stickstoff im Körper,

Kohlenstoff der Nahrung — Kohlenstoff in [Kot + Harn + (Kohlensäure + Grubengas in den Ausscheidungsgasen)] = ±Kohlenstoff im Körper,

Wasserstoff der Nahrung — Wasserstoff in [Kot + Harn + (Grubengas + Wasserstoff in den Ausscheidungsgasen)] = ±Wasserstoff im Körper,

Wasser der Nahrung — Wasser in [Kot + Harn + Ausatmungs- bzw. Ausdunstungsgasen] = ±Wasser im Körper.

Es läßt sich auf diese Weise auch ziemlich annähernd berechnen, wieviel Fleisch und Fett im Körper angesetzt bzw. von ihm abgegeben worden ist. Der im Körper verbliebene Stickstoff z. B. erfordert, wenn er als Fleisch angesetzt ist, rund 53% Kohlenstoff; ist die im Körper verbliebene Menge Kohlenstoff größer, als sich nach dem zurückgehaltenen Stickstoff für das angesetzte Fleisch[2]) berechnet, so wird dieser als im Fett angesetzt angenommen, da der menschliche und tierische Körper vorwiegend nur aus diesen beiden Bestandteilen neben Wasser und Salzen besteht.

Ist der in Kot + Harn ausgeschiedene Stickstoff größer als in der Nahrung, und ist in den Ausscheidungsgasen die Menge an Kohlenstoff größer als in der Nahrung + dem in dem Fleischverlust, so hat der Körper neben Fleisch auch noch Fett verloren. Ist der Stickstoff in der Einnahme und den Ausgaben gleich, der Kohlenstoffgehalt in ersterer geringer oder

---

[1]) O. Kellner, Arbeiten d. Versuchsstation Möckern 1894 oder Landw. Versuchsstationen 1894, **44**, 277.

[2]) 1 Gewtl. angesetzter Stickstoff $\times$ 6.0 (rund) = angesetzte fett- und aschenfreie Fleischtrockensubstanz.

größer als in letzteren, so befindet sich der Körper im sog. Stickstoff-Gleichgewicht, hat aber Fett von sich hergegeben bzw. in sich angesetzt.

Diese wenigen Ausführungen mögen genügen, um eine allgemeine Anschauung über das Verfahren der Respirationsversuche zu geben; dasselbe ist im Wesen zwar einfach, erfordert aber in der praktischen Ausführung so viele Vorsichtsmaßregeln und Einzelheiten (z. B. für die Prüfung des luftdichten Verschlusses[1]) des ganzen Systems, den regelmäßigen Gang des Durchziehens der Luft, damit sich keine Ausscheidungsgase im Respirationsgehäuse ansammeln bzw. verdichten, wie Wasserdampf usw. usw.), daß ich auf die genaueren Beschreibungen:

1. M. v. Pettenkofer und C. Voit, Ann. Chem.-Pharm. 1862, II. Suppl.-Bd., 1—70 und Zeitschr. f. Biologie 1866, **2**, 472;

2. W. Henneberg, Neue Beiträge zur Begründung einer rationellen Fütterung der Wiederkäuer. Göttingen 1870, 5;

3. O. Kellner, Arbeiten d. landw. Versuchsstation Möckern 1894 und die Landw. Versuchsstationen 1894, **44**, 264

verweisen muß.

Tiercalorimetrische Untersuchungen.

Die in den Nährstoffen der Nahrung in ruhender (latenter) Form aufgespeicherte, direkt oder indirekt durch Sonnenwärme und -licht gebildete potentielle Energie wird durch ihre Zersetzung und Oxydation im Tierkörper in erkennbare aktive Form, in kinetische Energie umgewandelt, die einerseits als freie Wärme, als thermische Energie auftritt, andererseits zu den Lebensfunktionen der Zellen als dynamische Energie dient, welche letztere aber auch bei dem Vollzuge ihrer Leistungen in den Zellen ohne Verlust den Endzustand der Wärme annimmt. Die Verwertung der in den Nährstoffen aufgenommenen Energie zu thermischer Energie hängt namentlich von der Umgebungstemperatur ab, während die dynamische Energie unabhängig hiervon in Funktion tritt. Bei 30—33° ist der kritische Punkt, bei dem der Körper keine Wärme mehr zur Deckung des Wärmeverlustes zu erzeugen hat; von diesem Punkte an beschränkt sich der Stoffzerfall lediglich noch auf die Deckung des Bedarfes an dynamischer Energie, die direkt erzeugte Wärme ist physiologisch bedeutungslos.

Um auch die Grundlagen für diese Verhältnisse zu gewinnen, ist in erster Linie die Beantwortung der Frage notwendig, wie sich die einzelnen Nährstoffe bezüglich des Wärme-(Calorien-)Wertes im lebenden Körper verhalten, ob sie hier denselben oder einen anderen Wärmewert äußern wie außerhalb desselben. Zur Prüfung dieser Frage hat M. Rubner[2]) sich des Tiercalorimeters bedient, dessen Einrichtung durch die Abbildungen Fig. 404 und 405 veranschaulicht werden möge. Es ist

---

[1]) Die Prüfung des ganzen Apparates auf Dichtheit erfolgt in der Weise, daß in dem Respirationskasten Kerzen verbrannt und die von einer bestimmten Menge Stearin gebildeten Mengen Kohlensäure und Wasser berechnet und mittels des Apparates festgestellt werden. Im Falle der Dichtheit und richtigen Ganges der Apparatur müssen beide Ergebnisse übereinstimmen. Da aber nach M. Rubner die Verbrennung von Kerzen nie vollständig verläuft, so ist es schon richtiger, dem Apparat eine bestimmte Menge fertig gebildeter Kohlensäure und Wasserdampf zuzufügen und diese zur Bestimmung zu verwenden.

[2]) Beiträge zur Physiologie. Festschrift der medizin. Fakultät zu Marburg zum 50jährigen Doktor-Jubiläum von C. Ludwig 1891; vgl. auch Ed. Cramer: Arch. f. Hygiene 1890, **10**, 283.

R Respirationsraum,
M Mantelraum (gefüllt mit Luft),
J Isolierraum (ebenfalls gefüllt mit Luft),
W Wassermantel zur Erhaltung einer gleichmäßigen Temperatur,
C Hohlkörper, die zwischen Calorimeter und Wasserbadmantel versenkt sind und als Korrektionsapparat dienen,
T doppelwandige Tür.

Die Wandungen des Apparats bestehen aus Kupferblech. Der Respirationsraum R (66 cm lang, 45 cm hoch und 38 cm breit) von rechteckiger Gestalt mit abgestumpften Kanten hat einen kubischen Inhalt von 85,5 l; 10 cm über dem Boden befindet sich ein aus dünnen Holzstäben hergestelltes Gerüst, auf welchem das Tier liegt. Die Innenwandung ist mit einer dünnen Lage Eisenlack überzogen und dann durch ein Zinkdrahtnetz, welches in einem

Fig. 404.

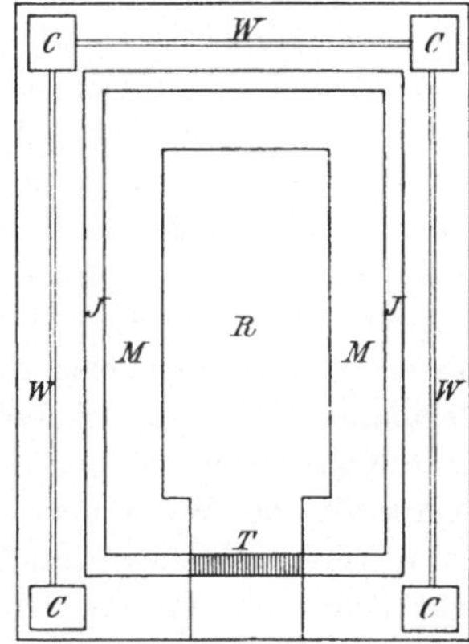

Grundriß des Tiercalorimeters.

Fig. 405.

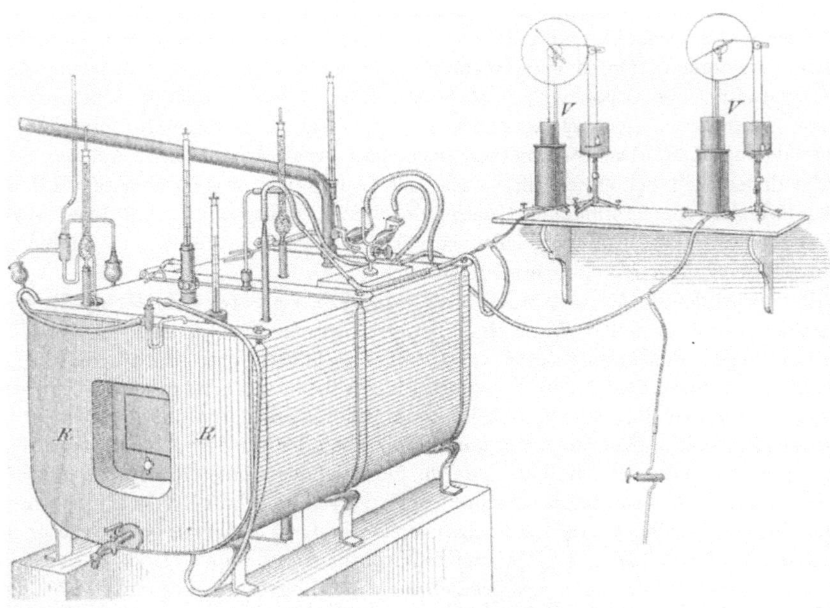

Gesamtansicht des Tiercalorimeters.

Abstand von 2 cm die Wandung an allen Stellen bedeckt, vor direkter Berührung durch das Tier geschützt. An der Decke mündet das Rohr der einströmenden Luft, nahe dem Boden findet die Ableitung der Abstromluft statt (Fig. 405).

Wenn in dem Respirationsraum R sich eine Wärmequelle (Tier) befindet, so wird die Luft im Mantelraum M erwärmt und dadurch ausgedehnt. Indem man diese Ausdehnung mißt, erhält man einen Ausdruck für die von der Wärmequelle abgegebene Wärmemenge. Diese Messung wird durch Volumenometer oder Spirometer (V Fig. 405) vorgenommen, die mit dem Mantelraum M bzw. dem Korrektionsapparat C durch Kautschukschläuche[1]) verbunden sind. Von der sorgfältigen Herstellung gerade dieser Volumenometer hängt im wesentlichen die Genauigkeit der Ergebnisse ab. Die Zylinder sind deshalb aus dünnstem Kupferblech, die Rollen für die Äquilibrierung und der Zeiger aus Aluminium gefertigt und ist auf eine möglichst geringe Reibung Rücksicht genommen. Der geringste zur Bewegung notwendige Druck beträgt 0,4 mm Wasser.

Um den Apparat von den Schwankungen der Zimmertemperatur unabhängiger zu machen, und um die Ausdehnung der Versuche auf längere Zeit zu ermöglichen, ist er umgeben von einem Wassermantel W, dessen Temperatur durch besonders empfindliche Regelungseinrichtungen genau auf der gleichen Höhe erhalten wird. Ein selbsttätiger, mit der Wasserleitung verbundener Kühler läßt die Temperatur nicht zu hoch ansteigen; ein Soxhlet-Regulator mit Methylalkoholfüllung (um von dem Luftdruck unabhängig zu sein) regelt einen Mikrobrenner in der Weise, daß die Temperatur nicht zu weit absinkt. So kann die Temperatur des Wassermantels durch Wochen hindurch auf 0,1° eingestellt werden. Damit die Wärmeabgabe des Mantelraumes an das Wasser nicht zu stark wird und die Empfindlichkeit des Instruments vermindert, ist derselbe von dem Wasser durch einen zweiten Luftraum J isoliert. In dieser Ausführung gibt der Apparat neben jeder Wärmebildung in dem Respirationsraum R auch jede noch so geringe Luftdruckschwankung in sehr präziser Form an. Um letztere zu berechnen, sowie um etwaige zufällige Temperaturschwankungen noch auszuschalten, ist ein besonderer Korrektionsapparat angebracht. Vier Zylinder, mit Luft gefüllt und untereinander verbunden (wie der ganze Apparat aus Kupfer gearbeitet), werden in den Wassermantel versenkt und mit einem kleineren, aber nicht minder empfindlichen Spirometer verbunden. Durch eine längere Versuchsreihe wird das Verhältnis der beiden Spirometer bestimmt. Der Ausschlag des Mantelraumspirometers $+$ oder $-$ dem Ausschlage des kleineren Spirometers (je nach steigendem oder fallendem Barometerdruck) entspricht der Wärmebildung in R. Die Spirometerglocken sind genau äquilibriert. An den Gegengewichten befinden sich Schreibfedern, welche die Bewegungen des Spirometers auf einen rotierenden Zylinder von 24stündiger Umdrehungszeit übertragen. So wird jeder Wärmeumschlag registriert, jeder Ablesungsfehler vermieden, jede Berechnung und Umrechnung der Ergebnisse noch nach Monaten ermöglicht.

Ventiliert wird der Respirationsraum durch einen Pettenkofer - Voitschen Respirationsapparat, der in derselben Weise eingerichtet ist wie der vorstehend in Fig. 403 S. 722 beschriebene Apparat. Eine große Gasuhr (von 10 l Trommelinhalt), getrieben durch ein Wasserrad, saugt die Luft durch den Respirationsraum. Etwa 0,5% der Gesamtventilation werden zur Untersuchung verwendet. Vier Quecksilberpumpen treiben die zu untersuchenden Luftproben — zwei Proben der einströmenden und zwei Proben der aus dem Apparat ausströmenden Luft —, nachdem der Wasserdampf durch Schwefelsäurebimssteinkölbchen absorbiert ist, durch besondere Befeuchtungsapparate durch die Barytröhren behufs Kohlensäureabsorption zu den vier kleinen Gasuhren. An der Eintrittsstelle der Luft in den Apparat, wie auch an der Austrittsstelle, bevor noch die Untersuchungsproben entnommen sind, befinden sich genau geeichte Thermometer, welche es ermöglichen, die Temperatur der einströmenden sowie der ausströmenden Luft auf 0,05° C genau zu bestimmen. Der Wärmeverlust durch die Ventilation macht indes nur etwa 3% der gesamten Wärmeproduktion aus. Die Ventilationsluft wird von außen aus dem Freien dem Apparate zugeführt und geht in Schlangenwindungen durch den Wassermantel des Calorimeters, wo sie sich stets auf denselben Temperaturgrad erwärmt. Ehe die Luft in den Apparat eintritt, wird sie durch Chlorcalciumhorden getrocknet, da sonst leicht Kondensation von Wasserdampf im Innern des Apparates eintreten kann, jede Kondensation aber einen erheblichen calorimetrischen Fehler bedingen würde. Es bilden diese Chlorcalciumhorden einen wesentlichen Teil des calorimetrischen Apparates.

---

[1]) Das T-Rohr mit Schlauch und Geißlerschem Hahn dient zum Anblasen und Absaugen der Luft aus den Volumenometern.

Jedes noch so geringe mangelhafte Funktionieren derselben würde das Ergebnis einer ganzen Versuchsreihe fraglich, wenn nicht falsch machen, da geringe Kondensationen im Innern des Apparates leicht übersehen werden können.

Um den Apparat zu eichen, wird warmes Wasser in einer 9 m langen Kupferspirale in möglichst gleichmäßigem Strome, weil auf eine gleichmäßige Wärmebildung alles ankommt, durch den Apparat geleitet. Unmittelbar bevor das Wasser, dessen Temperatur nur um wenige Zehntelgrade schwanken darf, weil sonst die Wärmebildung nicht gleichmäßig genug ist, in den Apparat eintritt, und unmittelbar nach dem Austritte aus demselben wird seine Temperatur durch genau geeichte Thermometer, welche in die Stromleitung eingesetzt sind, bis auf 0,1° genau abgelesen.

Die Temperaturdifferenz zwischen Einstrom und Ausstrom (als Mittel aus mehreren Ablesungen), multipliziert mit der Menge des in einer bestimmten Zeit (in der Regel dauern die Eichungsversuche 2 Stunden) durchgegangenen Wassers in Litern, gibt die an den Apparat abgegebene Wärmemenge in Calorien (für 2 Stunden). Die so gefundenen Eichungswerte würden jedoch zu hoch sein. Es muß einmal von der berechneten Wärmemenge in Abzug gebracht werden die mit der Luft des Respirationsraumes weggegangene Wärme. Dann findet, selbst bei sorgfältiger Isolierung mittels Baumwolle, in der Strecke Stromleitung vom Einstromthermometer bis zum Apparate und vom Apparate bis zum Ausstromthermometer ein Wärmeverlust statt, der durch besondere Versuche zu bestimmen und in Anrechnung zu bringen ist. Es zeigte sich z. B. in vielen Versuchen mit ganz verschiedenen Wärmemengen, daß die in 2 Stunden an den Apparat abgegebene Wärmemenge, dividiert durch die Anzahl der Grade des Zeigers am Spirometer, innerhalb der später in Betracht kommenden Grenzen der Erwärmung des Calorimeters dieselbe war. Es entsprach nämlich 1° des Spirometerzeigers 0,114 Calorien für 2 Stunden. Es waren 3,7° des Spirometerzeigers gleich 1 mm Ausschlag an dem Papier des rotierenden Zylinders; 1 mm Ausschlag an dem rotierenden Zylinder war also = 0,422 Calorien für 2 Stunden.

Von der Anzahl Millimeter des Wärmespirometers hat man abzuziehen (oder bei steigendem Barometer hinzuzuzählen) die des Korrektionsspirometers, multipliziert mit dem Faktor 2,96, der Verhältniszahl der beiden Spirometer. Die Anzahl der Millimeter, multipliziert mit 0,422, gibt die Anzahl Calorien für 2 Stunden. Um aber den wirklichen Wärmewert der betreffenden Substanz zu erhalten, muß man zu diesem Werte noch hinzuzählen: die mit der Luft weggegangene Wärmemenge, berechnet aus der Differenz des Aus- und Einstromthermometers, der Ventilation, dem spezifischen Gewicht und der spezifischen Wärme der Luft, und endlich noch die durch den bei der Verbrennung gebildeten Wasserdampf latent gewordene Wärme.

Diese Einzelwerte (also die an das Calorimeter übertragene Wärmemenge, die Wärmeübertragung an die Luft und die durch Wasserdampfbildung latent gewordene Wärmemenge) betrugen z. B. im Mittel für 1 g Stearinkerzen in Calorien:

Durch Erwärmung des Apparates	Durch Abkühlung des Apparates	Mittel	Durch Wasserverdunstung	An die Luft	Im ganzen
8,401 Cal.	8,372 Cal.	8,386 Cal.	0,626 Cal.	0,164 Cal.	9,176 Cal.
					0,626 „

Natürliche Verbrennungswärme 8,550 Cal.

Bezüglich der Einrichtungen des Apparates[1]) wie bezüglich der Ausführung der Versuche im einzelnen muß auch hier auf die genannten Quellen (S. 724 Anm. 2) verwiesen werden.

---

[1]) Auch dieser Apparat wird von W. Hoffmeister in Berlin N. 4, Hessische Str. 4 angefertigt.

Nach vorstehendem Verfahren hat M. Rubner gefunden, daß die Nährstoffe im Tierkörper dieselbe Verbrennungswärme (isodynamen Wert) äußern als im Calorimeter (vgl. II. Bd. der Nahrungschemie 1904, 285).

Auf Grund der in vorstehender Weise erhaltenen Ergebnisse kann man also den physiologischen Nutzwert der Nährstoffe der Nahrung nach ihrem calorischen Werte berechnen. Hierbei aber ist, wie schon gesagt, zu berücksichtigen, daß von dem zugeführten calorischen Werte bei den einzelnen Nährstoffen ein verschiedener Anteil in nutzbarer Form dem Körper zugute kommt. Von dem Gesamtwärmewert des aschen- und fettfreien Muskelfleisches (Proteinstoffe) = 534,5 Calorien werden nach Abzug der in Kot und Harn abgeschiedenen Calorien dem Körper nur 400,0 Calorien oder 73,3% zugeführt, während die 940 Calorien von Fett und die 395,5 Calorien von Saccharose für je 100 g Substanz keine wesentlichen Verluste im Kot oder Harn erleiden, sondern dem Körper als vollwertig zugeführt werden. In welchem Verhältnis nun diese Nährstoffe sich an der Lieferung von thermischer und dynamischer Energie beteiligen, kann aus einem Versuche M. Rubners an einem Hunde berechnet werden. Der hungernde Hund gab z. B. bei 30° in 24 Stunden für 1 kg Körpergewicht 55,4 Calorien an Wärme ab; als dann dem Hunde in Form von Fleisch, Fett und Saccharose annähernd so viel Calorien gereicht wurden, als dem Wärmeverluste bei 30° entsprachen, trat eine Wärmevermehrung gegenüber dem Hungerzustand ein und zwar bei der Fütterung mit:

	Reinem Fleisch	Fett	Saccharose
Wärmevermehrung	30,9	12,7	5,8%
Also Wärmeabgabe statt der 55,4 Cal. im Hungerzustande	80,3[1]	63,5[1]	58,8 Cal.[1]
Für je 100 Cal. Wärmeabgabe unter obigen Verhältnissen sind also zu verabreichen	145,0[2]	114,4[2]	106,1 Cal.[2]
Von der nutzbaren Energie werden also als dynamische Energie verwertet	69,0[3]	87,4[3]	94,2%[3]
Je 100 g dieser Nährstoffe liefern:			
Physiologischen Nutzwert im ganzen	400,0	940,0	395,5 Cal.
Davon dynamische Energie.	276,0[4]	821,6[4]	372,6 Cal.[4]
„ thermische Energie (als Rest)	124,0	118,4	22,9 Cal.

Diese kurzen Erläuterungen mögen genügen, um zu zeigen, in welcher Weise man zu den Gesetzen der Ernährung und zu dem Nährwert der einzelnen Nährstoffe gelangt ist bzw. gelangen kann.

---

[1] $\dfrac{55,4 \times 100}{69,1}$ bzw. $\dfrac{55,4 \times 100}{87,3}$ bzw. $\dfrac{55,4 \times 100}{94,2}$.

[2] $\dfrac{80,3 \times 100}{55,4}$ bzw. $\dfrac{63,5 \times 100}{55,4}$ bzw. $\dfrac{58,8 \times 100}{55,4}$.

[3] $\dfrac{100}{145}$ bzw. $\dfrac{100}{114,4}$ bzw. $\dfrac{100}{106,1}$.

[4] $\dfrac{400 \times 69,0}{100}$ bzw. $\dfrac{940 \times 87,4}{100}$ bzw. $\dfrac{395,5 \times 94.2}{100}$.

Tabellen.

Tabelle I.

1. **Dietrichs** Tabelle für die

in 60 ccm Entwicklungsflüssigkeit (50 ccm Brom-Natronlauge und 10 ccm Wasser) bei einem

bei einer Entwicklung

Entwickelt	1	2	3	4	5	6	7	8	9	10	11	12
Absorbiert	0,06	0,08	0,11	0,13	0,16	0,18	0,21	0,23	0,26	0,28	0,31	0,33
Entwickelt	26	27	28	29	30	31	32	33	34	35	36	37
Absorbiert	0,68	0,71	0,73	0,76	0,78	0,81	0,83	0,86	0,88	0,91	0,93	0,96
Entwickelt	51	52	53	54	55	56	57	58	59	60	61	62
Absorbiert	1,31	1,33	1,36	1,38	1,41	1,43	1,46	1,48	1,51	1,53	1,56	1,58
Entwickelt	76	77	78	79	80	81	82	83	84	85	86	87
Absorbiert	1,93	1,96	1,98	2,01	2,03	2,06	2,08	2,11	2,13	2,16	2,18	2,21

2. **Dietrichs** Tabelle für die Gewichte

in Milligramm bei einem Drucke 720—770 mm Queck-

Temp. n. Celsius	Millimeter												
	720	722	724	726	728	730	732	734	736	738	740	742	744
10°	1,13380	1,13699	1,14018	1,14337	1,14656	1,14975	1,15294	1,15613	1,15932	1,16251	1,16570	1,16889	1,17208
11	1,12881	1,13199	1,13517	1,13835	1,14153	1,14471	1,14789	1,15107	1,15424	1,15742	1,16060	1,16378	1,16696
12	1,12376	1,12293	1,13010	1,13326	1,13643	1,13960	1,14277	1,14493	1,14910	1,15227	1,15543	1,15860	1,16177
13	1,11875	1,12191	1,12506	1,12822	1,13138	1,13454	1,13769	1,14085	1,14401	1,14716	1,15032	1,15348	1,15663
14	1,11360	1,11684	1,11990	1.12313	1,12628	1,12942	1,13257	1,13572	1,13886	1,14201	1,14515	1,14830	1,15145
15	1,10859	1,11172	1,11486	1,11799	1,12113	1,12426	1,12739	1,13053	1,13366	1,13680	1,13993	1,14306	1,14620
16	1,10346	1,10658	1,10971	1,11283	1,11596	1,11908	1,12220	1,12533	1,12845	1,13158	1,13470	1,13782	1,14095
17	1,09828	1,10139	1,10450	1,10761	1,11073	1,11384	1,11695	1,12006	1,12317	1,12629	1,12940	1,13251	1,13562
18	1,09304	1,09614	1,09924	1,10234	1,10544	1,10854	1,11165	1,11775	1,11785	1,12095	1,12405	1,12715	1,13025
19	1,08774	1,09083	1,09392	1,09702	1,10011	1,10320	1,10629	1,10938	1,11248	1,11757	1,11866	1,12175	1,12484
20	1,08246	1,08554	1,08862	1,09170	1,09478	1,09786	1,10024	1,10402	1,10710	1,11018	1,11327	1,11635	1,11943
21	1,07708	1,08015	1,08322	1,08629	1,08936	1,09243	1,09550	1,09857	1,10165	1,10472	1,10779	1,11086	1,11393
22	1,07166	1,07472	1,07778	1,08084	1,08390	1,08696	1,09002	1,09308	1,09614	1,09921	1,10227	1,10533	1,10839
23	1,06616	1,06921	1,07226	1,07531	1,07836	1,08141	1,08446	1,08751	1,09056	1,09361	1,09966	1,09971	1,10276
24	1,06061	1,06365	1,06669	1,06973	1,07277	1,07581	1,07858	1,08189	1,08493	1,08796	1,09100	1,09404	1,09708
25	1,05499	1,05801	1,06104	1,06407	1,06710	1,07013	1,07316	1,07619	1,07922	1,08225	1,08528	1,08831	1,09134

Tabelle I.

Absorption des Stickstoffgases

spezifischen Gewicht der Lauge von 1,1 und einer Stärke, daß 500 ccm 200 mg entsprechen, von 1 bis 100 ccm Gas (vgl. S. 262).

13	14	15	16	17	18	19	20	21	22	23	24	25
0,36	0,38	0,41	0,43	0,46	0,48	0,51	0,53	0,56	0,58	0,61	0,63	0,66

38	39	40	41	42	43	44	45	46	47	48	49	50
0,98	1,01	1,03	1,06	1,08	1,11	1,13	1,16	1,18	1,21	1,23	1,26	1,28

63	64	65	66	67	68	69	70	71	72	73	74	75
1,61	1,63	1,66	1,68	1,71	1,73	1,76	1,78	1,81	1,83	1,86	1,88	1,91

88	89	90	91	92	93	94	95	96	97	98	99	100
2,23	2,26	2,28	2,31	2,33	2,36	2,38	2,41	2,43	2,46	2,48	2,51	2,53

eines Kubikzentimeters Stickstoff

silber und bei den Temperaturen von 10—25° C.

Millimeter													Temp. n. Celsius
746	748	750	752	754	756	758	760	762	764	766	768	770	
1,17527	1,17846	1,18165	1,18484	1,18803	1,19122	1,19441	1,19760	1,20079	1,20398	1,21717	1,21036	1,21355	10°
1,17014	1,17332	1,17650	1,17168	1,18286	1,18603	1,18921	1,19239	1,19557	1,19875	1,20193	1,20511	1,20829	11
1,16433	1,16810	1,17127	1,17444	1,17760	1,18077	1,18394	1,18710	1,19027	1,19344	1,19660	1,19977	1,20294	12
1,15979	1,16295	1,16611	1,16926	1,17242	1,17558	1,17873	1,18189	1,18505	1,18820	1,19136	1,19452	1,19768	13
1,15459	1,15774	1,16088	1,16403	1,16718	1,17032	1,17347	1,17661	1,17976	1,18291	1,18605	1,18920	1,19234	14
1,14933	1,15247	1,15560	1,15873	1,16187	1,16500	1,16814	1,17127	1,17440	1,17754	1,18067	1,18381	1,18694	15
1,14407	1,14720	1,15032	1,15344	1,15657	1,15969	1,16282	1,16594	1,16906	1,17219	1,17531	1,17844	1,18156	16
1,13873	1,14185	1,14496	1,14807	1,15118	1,15429	1,15741	1,16052	1,16363	1,16674	1,16985	1,17297	1,17608	17
1,13335	1,13645	1,13955	1,14266	1,14576	1,14886	1,15196	1,15506	1,15816	1,16126	1,16436	1,16746	1,17056	18
1,12794	1,13103	1,13412	1,13721	1,14030	1,14340	1,14649	1,14958	1,15267	1,15576	1,15886	1,16195	1,16504	19
1,12251	1,12559	1,12867	1,13175	1,13483	1,13791	1,14099	1,14408	1,14716	1,15024	1,15332	1,15640	1,15948	20
1,11700	1,12007	1,12314	1,12621	1,12928	1,13236	1,13543	1,13850	1,14157	1,14464	1,14771	1,15078	1,15385	21
1,11145	1,11451	1,11757	1,12063	1,12369	1,12675	1,12982	1,13288	1,13594	1,13900	1,14206	1,14512	1,14818	22
1,10581	1,10886	1,11191	1,11496	1,11801	1,12106	1,12411	1,12716	1,13021	1,13326	1,13631	1,13936	1,14241	23
1,10012	1,10316	1,10620	1,10924	1,11228	1,11532	1,11835	1,12139	1,12443	1,12747	1,13051	1,13355	1,13659	24
1,09437	1,09740	1,10043	1,10346	1,10649	1,10952	1,11255	1,11558	1,11861	1,12164	1,12467	1,12770	1,13073	25

Tabelle II.

Umrechnung des gewogenen Kupferoxyds auf Kupfer, zum Gebrauch für alle Zuckerarten[1]). Nach A. Fernau. (Vgl. S. 430.)

CuO mg	Cu mg	CuO mg	Cu mg	CuO mg	Cu mg	CuO mg	Cu mg	CuO mg	Cu mg	CuO mg	Cu mg
10	8,0	57	45,5	103	82,2	150	119,8	197	157,3	244	194,8
11	8,8	58	46,3	104	83,0	151	120,6	198	158,1	245	195,6
12	9,6	59	47,1	105	83,8	152	121,4	199	158,9	246	196,4
13	10,4	60	47,9	106	84,6	153	122,2	200	159,7	247	197,2
14	11,2	61	48,7	107	85,4	154	123,0	201	160,5	248	198,0
15	12,0	62	49,5	108	86,2	155	123,8	202	161,3	249	198,8
16	12,8	62,6	50,0	109	87,0	156	124,6	203	162,1	250	199,6
17	13,6	63	50,3	110	87,8	157	125,4	204	162,9	251	200,4
18	14,4	64	51,1	111	88,6	158	126,2	205	163,7	252	201,2
19	15,2	65	51,9	112	89,4	159	127,0	206	164,5	253	202,0
20	16,0	66	52,7	113	90,2	160	127,8	207	165,3	254	202,8
21	16,8	67	53,5	114	91,0	161	128,6	208	166,1	255	203,6
22	17,6	68	54,3	115	91,8	162	129,4	209	166,9	256	204,4
23	18,4	69	55,1	116	92,6	163	130,2	210	167,7	257	205,2
24	19,2	70	55,9	117	93,4	164	131,0	211	168,5	258	206,0
25	20,0	71	56,7	118	94,2	165	131,8	212	169,3	259	206,8
26	20,8	72	57,5	119	95,0	166	132,6	213	170,1	260	207,6
27	21,6	73	58,3	120	95,8	167	133,4	214	170,9	261	208,4
28	22,4	74	59,1	121	96,6	168	134,2	215	171,7	262	209,2
29	23,2	75	59,9	122	97,4	169	134,9	216	172,5	263	210,0
30	24,0	76	60,7	123	98,2	170	135,7	217	173,3	264	210,8
31	24,8	77	61,5	124	99,0	171	136,5	218	174,1	265	211,6
32	25,6	78	62,3	125	99,8	172	137,3	219	174,9	266	212,4
33	26,4	79	63,1	126	100,6	173	138,1	220	175,7	267	213,2
34	27,2	80	63,9	127	101,4	174	138,9	221	176,5	268	214,0
35	28,0	81	64,7	128	102,2	175	139,7	222	177,3	269	214,8
36	28,7	82	65,5	129	103,0	176	140,5	223	178,1	270	215,6
37	29,5	83	66,3	130	103,8	177	141,3	224	178,9	271	216,4
38	30,3	84	67,1	131	104,6	178	142,1	225	179,7	272	217,2
39	31,1	85	67,9	132	105,4	179	142,9	226	180,5	273	218,0
40	31,9	86	68,7	133	106,2	180	143,7	227	181,3	274	218,8
41	32,7	87	69,5	134	107,0	181	144,5	228	182,1	275	219,6
42	33,5	88	70,3	135	107,8	182	145,4	229	182,9	276	220,4
43	34,4	89	71,1	136	108,6	183	146,2	230	183,7	277	221,2
44	35,1	90	71,9	137	109,4	184	147,0	231	184,5	278	222,0
45	35,9	91	72,7	138	110,2	185	147,8	232	185,3	279	222,8
46	36,7	92	73,5	139	111,0	186	148,6	233	186,1	280	223,6
47	37,5	93	74,3	140	111,8	187	149,4	234	186,9	281	224,4
48	38,3	94	75,1	141	112,6	188	150,1	235	187,7	282	225,2
49	39,1	95	75,9	142	113,4	189	150,9	236	188,5	283	226,0
50	39,9	96	76,7	143	114,2	190	151,7	237	189,3	284	226,8
51	40,7	97	77,5	144	115,0	191	152,5	238	190,0	285	227,6
52	41,5	98	78,3	145	115,8	192	153,3	239	190,8	286	228,4
53	42,3	99	79,1	146	116,6	193	154,1	240	191,6	287	229,2
54	43,1	100	79,8	147	117,4	194	154,9	241	192,4	288	230,0
55	43,9	101	80,6	148	118,2	195	155,7	242	193,2	289	230,8
56	44,7	102	81,4	149	119,0	196	156,5	243	194,0	290	231,6

[1]) Weil das bei den Zuckerbestimmungen gebildete Kupferoxydul jetzt durchweg als Kupferoxyd gewogen, die nachstehenden Reduktionstabellen sich aber noch auf gewogenes Kupfer beziehen, so möge diese Tabelle, welche die eigene Umrechnung von Kupferoxyd auf Kupfer erspart, hier Platz finden.

CuO mg	Cu mg	CuO mg	Cu mg	CuO mg	Cu mg	CuO mg	Cu mg	CuO mg	Cu mg	CuO mg	Cu mg
291	232,4	340	271,6	389	310,7	437	349,0	485	387,3	533	425,7
292	233,2	341	272,4	390	311,5	438	349,8	486	388,1	534	426,5
293	234,0	342	273,2	391	312,3	439	350,6	487	388,9	535	427,3
294	234,8	343	274,0	392	313,1	440	351,4	488	389,7	536	428,1
295	235,6	344	274,8	393	313,9	441	352,2	489	390,5	537	428,9
296	236,4	345	275,6	394	314,7	442	353,0	490	391,3	538	429,7
297	237,2	346	276,4	395	315,5	443	353,8	491	392,1	539	430,5
298	238,0	347	277,2	396	316,3	444	354,5	492	392,9	540	431,2
299	238,8	348	278,0	397	317,1	445	355,3	493	393,7	541	432,0
300	239,6	349	278,7	398	317,9	446	356,1	494	394,5	542	432,8
301	240,4	350	279,5	399	318,7	447	356,9	495	395,3	543	433,6
302	241,2	351	280,3	400	319,4	448	357,7	496	396,1	544	434,4
303	242,0	352	281,1	401	320,2	449	358,5	497	396,9	545	435,2
304	242,8	353	281,9	402	321,0	450	359,3	498	397,7	546	436,0
305	243,6	354	282,7	403	321,8	451	360,1	499	398,5	547	436,8
306	244,4	355	283,5	404	322,6	452	360,9	500	399,3	548	437,6
307	245,2	356	284,3	405	323,4	453	361,6	501	400,1	549	438,4
308	246,0	357	285,1	406	324,2	454	362,4	502	400,9	550	439,2
309	246,8	358	285,9	407	325,0	455	363,2	503	401,7	551	440,0
310	247,6	359	286,7	408	325,8	456	364,0	504	402,5	552	440,8
311	248,4	360	287,5	409	326,6	457	364,8	505	403,3	553	441,6
312	249,2	361	288,3	410	327,4	458	365,6	506	404,1	554	442,4
313	250,0	362	289,1	411	328,2	459	366,4	507	404,9	555	443,2
314	250,8	363	289,9	412	329,0	460	367,2	508	405,7	556	444,0
315	251,6	364	290,7	413	329,8	461	368,0	509	406,5	557	444,8
316	252,4	365	291,5	414	330,6	462	368,8	510	407,3	558	445,6
317	253,2	366	292,3	415	331,4	463	369,6	511	408,1	559	446,4
318	254,0	367	293,1	416	332,2	464	370,4	512	408,9	560	447,2
319	254,8	368	293,9	417	333,0	465	371,2	513	409,7	561	448,0
320	255,6	369	294,7	418	333,8	466	372,0	514	410,5	562	448,8
321	256,4	370	295,5	419	334,6	467	372,8	515	411,3	563	449,6
322	257,2	371	296,3	420	335,4	468	373,6	516	412,1	564	450,4
323	258,0	372	297,1	421	336,2	469	374,4	517	412,9	565	451,2
324	258,8	373	297,9	422	337,0	470	375,2	518	413,7	566	452,0
325	259,6	374	298,7	423	337,8	471	376,0	519	414,5	567	452,8
326	260,4	375	299,5	424	338,6	472	376,8	520	415,3	568	453,6
327	261,2	376	300,3	425	339,4	473	377,6	521	416,1	569	454,4
328	262,0	377	301,1	426	340,2	474	378,4	522	416,9	570	455,2
329	262,8	378	301,9	427	341,0	475	379,2	523	417,7	571	456,0
330	263,6	379	302,7	428	341,8	476	380,0	524	418,5	572	456,8
331	264,4	380	303,5	429	342,6	477	380,8	525	419,3	573	457,6
332	265,2	381	304,3	430	343,4	478	381,6	526	420,1	574	458,4
333	266,0	382	305,1	431	344,2	479	382,5	527	420,9	575	459,2
334	266,8	383	305,9	432	345,0	480	383,3	528	421,7	576	460,0
335	267,6	384	306,7	433	345,8	481	384,1	529	422,5	577	460,8
336	268,4	385	307,5	434	346,6	482	384,9	530	423,3	578	461,6
337	296,2	386	308,3	435	347,4	483	385,7	531	424,1	579	462,4
338	270,0	387	309,1	436	348,2	484	386,5	532	424,9	580	463,2
339	270,8	388	309,9								

Tabelle III[1]).

Bestimmung der Glucose nach Meißl-Allihn (vgl. S. 430).

Kupfer mg	Glucose mg	Kupfer mg	Glucose mg	Kupfer mg	Glucose mg	Kupfer mg	Glucose mg	Kupfer mg	Glucose mg
10	6,1	61	31,3	112	57,0	163	83,3	214	110,0
11	6,6	62	31,8	113	57,5	164	83,8	215	110,6
12	7,1	63	32,3	114	58,0	165	84,3	216	111,1
13	7,6	64	32,8	115	58,6	166	84,8	217	111,6
14	8,1	65	33,3	116	59,1	167	85,3	218	112,1
15	8,6	66	33,8	117	59,6	168	85,9	219	112,7
16	9,0	67	34,3	118	60,1	169	86,4	220	113,2
17	9,5	68	34,8	119	60,6	170	86,9	221	113,7
18	10,0	69	35,3	120	61,1	171	87,4	222	114,3
19	10,5	70	35,8	121	61,6	172	87,9	223	114,8
20	11,0	71	36,3	122	62,1	173	88,5	224	115,3
21	11,5	72	36,8	123	62,6	174	89,0	225	115,9
22	12,0	73	37,3	124	63,1	175	89,5	226	116,4
23	12,5	74	37,8	125	63,7	176	90,0	227	116,9
24	13,0	75	38,3	126	64,2	177	90,5	228	117,4
25	13,5	76	38,8	127	64,7	178	91,1	229	118,0
26	14,0	77	39,3	128	65,2	179	91,6	230	118,5
27	14,5	78	39,8	129	65,7	180	92,1	231	119,0
28	15,0	79	40,3	130	66,2	181	92,6	232	119,6
29	15,5	80	40,8	131	66,7	182	93,1	233	120,1
30	16,0	81	41,3	132	67,2	183	93,7	234	120,7
31	16,5	82	41,8	133	67,7	184	94,2	235	121,2
32	17,0	83	42,3	134	68,2	185	94,7	236	121,7
33	17,5	84	42,8	135	68,8	186	95,2	237	122,3
34	18,0	85	43,4	136	69,3	187	95,7	238	122,8
35	18,5	86	43,9	137	69,8	188	96,3	239	123,4
36	18,9	87	44,4	138	70,3	189	96,8	240	123,9
37	19,4	88	44,9	139	70,8	190	97,3	241	124,4
38	19,9	89	45,4	140	71,3	191	97,8	242	125,0
39	20,4	90	45,9	141	71,8	192	98,4	243	125,5
40	20,9	91	46,4	142	72,3	193	98,9	244	126,0
41	21,4	92	46,9	143	72,9	194	99,4	245	126,6
42	21,9	93	47,4	144	73,4	195	100,0	246	127,1
43	22,4	94	47,9	145	73,9	196	100,5	247	127,6
44	22,9	95	48,4	146	74,4	197	101,0	248	128,1
45	23,4	96	48,9	147	74,9	198	101,5	249	128,7
46	23,9	97	49,4	148	75,5	199	102,0	250	129,2
47	24,4	98	49,9	149	76,0	200	102,6	251	129,7
48	24,9	99	50,4	150	76,5	201	103,2	252	130,3
49	25,4	100	50,9	151	77,0	202	103,7	253	130,8
50	25,9	101	51,4	152	77,5	203	104,2	254	131,4
51	26,4	102	51,9	153	78,1	204	104,7	255	131,9
52	26,9	103	52,4	154	78,6	205	105,3	256	132,4
53	27,4	104	52,9	155	79,1	206	105,8	257	133,0
54	27,9	105	53,5	156	79,6	207	106,3	258	133,5
55	28,4	106	54,0	157	80,1	208	106,8	259	134,1
56	28,8	107	54,5	158	80,7	209	107,4	260	134,6
57	29,3	108	55,0	159	81,2	210	107,9	261	135,1
58	29,8	109	55,5	160	81,7	211	108,4	262	135,7
59	30,3	110	56,0	161	82,2	212	109,0	263	136,2
60	30,8	111	56,5	162	82,7	213	109,5	264	136,8

[1]) Diese und die 4 folgenden Tabellen sind entnommen aus E. Weins Tabellen zur quantitativen Bestimmung der Zuckerarten. Stuttgart 1888.

Kupfer mg	Glucose mg	Kupfer mg	Glucose mg	Kupfer mg	Glucose mg	Kupfer mg	Glucose mg	Kupfer mg	Glucose mg
265	137,3	305	159,3	345	181,5	385	204,3	425	227,5
266	137,8	306	159,8	346	182,1	386	204,8	426	228,0
267	138,4	307	160,4	347	182,6	387	205,4	427	228,6
268	138,9	308	160,9	348	183,2	388	206,0	428	229,2
269	139,5	309	161,5	349	183,7	389	206,5	429	229,8
270	140,0	310	162,0	350	184,3	390	207,1	430	230,4
271	140,6	311	162,6	351	184,9	391	207,7	431	231,0
272	141,1	312	163,1	352	185,4	392	208,3	432	231,6
273	141,7	313	163,7	353	186,0	393	208,8	433	232,2
274	142,2	314	164,2	354	186,6	394	209,4	434	232,8
275	142,8	315	164,8	355	187,2	395	210,0	435	233,4
276	143,3	316	165,3	356	187,7	396	210,6	436	233,9
277	143,9	317	165,9	357	188,3	397	211,2	437	234,5
278	144,4	318	166,4	358	188,9	398	211,7	438	235,1
279	145,0	319	167,0	359	189,4	399	212,3	439	235,7
280	145,5	320	167,5	360	190,0	400	212,9	440	236,3
281	146,1	321	168,1	361	190,6	401	213,5	441	236,9
282	146,6	322	168,6	362	191,1	402	214,1	442	237,5
283	147,2	323	169,2	363	191,7	403	214,6	443	238,1
284	147,7	324	169,7	364	192,3	404	215,2	444	238,7
285	148,3	325	170,3	365	192,9	405	215,8	445	239,3
286	148,8	326	170,9	366	193,4	406	216,4	446	239,8
287	149,4	327	171,4	367	194,0	407	217,0	447	240,4
288	149,9	328	172,0	368	194,6	408	217,5	448	241,0
289	150,5	329	172,5	369	195,1	409	218,1	449	241,6
290	151,0	330	173,1	370	195,7	410	218,7	450	242,2
291	151,6	331	173,7	371	196,3	411	219,3	451	242,8
292	152,1	332	174,2	372	196,8	412	219,9	452	243,4
293	152,7	333	174,8	373	197,4	413	220,5	453	244,0
294	153,2	334	175,3	374	198,0	414	221,0	454	244,6
295	153,8	335	175,9	375	198,6	415	221,6	455	245,2
296	154,3	336	176,5	376	199,1	416	222,2	456	245,7
297	154,9	337	177,0	377	199,7	417	222,8	457	246,3
298	155,4	338	177,6	378	200,3	418	223,2	458	246,9
299	156,0	339	178,1	379	200,8	419	223,9	459	247,5
300	156,5	340	178,7	380	201,4	420	224,5	460	248,1
301	157,1	341	179,3	381	202,0	421	225,1	461	248,7
302	157,6	342	179,8	382	202,5	422	225,7	462	249,3
303	158,2	343	180,4	383	203,1	423	226,3	463	249,9
304	158,7	344	180,9	384	203,7	424	226,9		

Tabelle IV.

Bestimmung des Invertzuckers aus dem gewogenen Kupfer nach E. Meißl (vgl. S. 430).

Kupfer mg	Invert-zucker mg	Kupfer mg	Invert-zucker mg	Kupfer mg	Invert-zucker mg	Kupfer mg	Invert-zucker mg	Kupfer mg	Invert-zucker mg	Kupfer mg	Invert-zucker mg	Kupfer mg	Invert-zucker mg
90	46,9	139	72,9	188	99,5	237	127,2	286	155,5	335	184,7	383	214,3
91	47,4	140	73,5	189	100,1	238	127,8	287	156,1	336	185,4	384	214,9
92	47,9	141	74,0	190	100,6	239	128,3	288	156,7	337	186,0	385	215,5
93	48,4	142	74,5	191	101,2	240	128,9	289	157,2	338	186,6	386	216,1
94	48,9	143	75,1	192	101,7	241	129,5	290	157,8	339	187,2	387	216,8
95	49,5	144	75,6	193	102,3	242	130,0	291	158,4	340	187,8	388	217,4
96	50,0	145	76,1	194	102,9	243	130,6	292	159,0	341	188,4	389	218,0
97	50,5	146	76,7	195	103,4	244	131,2	293	159,6	342	189,0	390	218,7
98	51,1	147	77,2	196	104,0	245	131,8	294	160,2	343	189,6	391	219,3
99	51,6	148	77,8	197	104,6	246	132,3	295	160,8	344	190,2	392	219,9
100	52,1	149	78,3	198	105,1	247	132,9	296	161,4	345	190,8	393	220,5
101	52,7	150	78,9	199	105,7	248	133,5	297	162,0	346	191,4	394	221,2
102	53,2	151	79,4	200	106,3	249	134,1	298	162,6	347	192,0	395	221,8
103	53,7	152	80,0	201	106,8	250	134,6	299	163,2	348	192,6	396	222,4
104	54,3	153	80,5	202	107,4	251	135,2	300	163,8	349	193,2	397	223,1
105	54,8	154	81,0	203	107,9	252	135,8	301	164,4	350	193,8	398	223,7
106	55,3	155	81,6	204	108,5	253	136,3	302	165,0	351	194,4	399	224,3
107	55,9	156	82,1	205	109,1	254	136,9	303	165,6	352	195,0	400	224,9
108	56,4	157	82,7	206	109,6	255	137,5	304	166,2	353	195,6	401	225,7
109	56,9	158	83,2	207	110,2	256	138,1	305	166,8	354	196,2	402	226,4
110	57,5	159	83,8	208	110,8	257	138,6	306	167,3	355	196,8	403	227,1
111	58,0	160	84,3	209	111,3	258	139,2	307	167,9	356	197,4	404	227,8
112	58,5	161	84,8	210	111,9	259	139,8	308	168,5	357	198,0	405	228,6
113	59,1	162	85,4	211	112,5	260	140,4	309	169,1	358	198,6	406	229,3
114	59,6	163	85,9	212	113,0	261	140,9	310	169,7	359	199,2	407	230,0
115	60,1	164	86,5	213	113,6	262	141,5	311	170,3	360	199,8	408	230,7
116	60,7	165	87,0	214	114,2	263	142,1	312	170,9	361	200,4	409	231,4
117	61,2	166	87,6	215	114,7	264	142,7	313	171,5	362	201,1	410	232,1
118	61,7	167	88,1	216	115,3	265	143,2	314	172,1	363	201,7	411	232,8
119	62,3	168	88,6	217	115,8	266	143,8	315	172,7	364	202,3	412	233,5
120	62,8	169	89,2	218	116,4	267	144,4	316	173,3	365	203,0	413	234,3
121	63,3	170	89,7	219	117,0	268	144,9	317	173,8	366	203,6	414	235,0
122	63,9	171	90,3	220	117,5	269	145,5	318	174,5	367	204,2	415	235,7
123	64,4	172	90,8	221	118,1	270	146,1	319	175,1	368	204,8	416	236,4
124	64,9	173	91,4	222	118,7	271	146,7	320	175,6	369	205,5	417	237,1
125	65,5	174	91,9	223	119,2	272	147,2	321	176,2	370	206,1	418	237,8
126	66,0	175	92,4	224	119,8	273	147,8	322	176,8	371	206,7	419	238,5
127	66,5	176	93,0	225	120,4	274	148,4	323	177,4	372	207,3	420	239,2
128	67,1	177	93,5	226	120,9	275	149,0	324	178,0	373	208,0	421	239,9
129	67,6	178	94,1	227	121,5	276	149,5	325	178,6	374	208,6	422	240,6
130	68,1	179	94,6	228	122,1	277	150,1	326	179,2	375	209,2	423	241,3
131	68,7	180	95,2	229	122,6	278	150,7	327	179,8	376	209,9	424	242,0
132	69,2	181	95,7	230	123,2	279	151,3	328	180,4	377	210,5	425	242,7
133	69,7	182	96,2	231	123,6	280	151,9	329	181,0	378	211,1	426	243,4
134	70,3	183	96,8	232	124,3	281	152,5	330	181,6	379	211,7	427	244,1
135	70,8	184	97,3	233	124,9	282	153,1	331	182,2	380	212,4	428	244,9
136	71,3	185	97,8	234	125,5	283	153,7	332	182,8	381	213,0	429	245,6
137	71,9	186	98,4	235	126,0	284	154,3	333	183,5	382	213,6	430	246,3
138	72,4	187	99,0	236	126,6	285	154,9	334	184,1				

Tabelle V.
Bestimmung des Invertzuckers im Rübenzucker
aus den abgewogenen Milligrammen Kupferoxyd nach **A. Herzfeld.**

CuO	Cu	Invertzucker	CuO	Cu	Invertzucker	CuO	Cu	Invertzucker
mg	mg	%	mg	mg	%	mg	mg	%
62,6	50,0	0,050	115	91,8	0,253	168	134,2	0,474
63	50,3	0,051	116	92,6	0,258	169	134,9	0,478
64	51,1	0,054	117	93,4	0,262	170	135,7	0,481
65	51,9	0,058	118	94,2	0,266	171	136,5	0,485
66	52,7	0,061	119	95,0	0,271	172	137,3	0,489
67	53,5	0,064	120	95,8	0,276	173	138,1	0,493
68	54,3	0,067	121	96,6	0,280	174	138,9	0,498
69	55,1	0,070	122	97,4	0,285	175	139,7	0,501
70	55,9	0,074	123	98,2	0,289	176	140,5	0,506
71	56,7	0,077	124	99,0	0,294	177	141,3	0,511
72	57,5	0,080	125	99,8	0,299	178	142,1	0,515
73	58,3	0,083	126	100,6	0,303	179	142,9	0,521
74	59,1	0,086	127	101,4	0,307	180	143,7	0,525
75	59,9	0,090	128	102,2	0,311	181	144,5	0,530
76	60,7	0,093	129	103,0	0,315	182	145,4	0,535
77	61,5	0,096	130	103,8	0,319	183	146,2	0,539
78	62,3	0,099	131	104,6	0,323	184	147,0	0,544
79	63,1	0,103	132	105,4	0,327	185	147,8	0,549
80	63,9	0,108	133	106,2	0,331	186	148,6	0,553
81	64,7	0,111	134	107,0	0,335	187	149,4	0,558
82	65,5	0,115	135	107,8	0,339	188	150,1	0,562
83	66,3	0,119	136	108,6	0,343	189	150,9	0,568
84	67,1	0,123	137	109,4	0,348	190	151,7	0,572
85	67,9	0,128	138	110,2	0,352	191	152,5	0,577
86	68,7	0,131	139	111,0	0,356	192	153,3	0,582
87	69,5	0,135	140	111,8	0,360	193	154,1	0,586
88	70,3	0,139	141	112,6	0,364	194	154,9	0,592
89	71,1	0,143	142	113,4	0,368	195	155,7	0,596
90	71,9	0,148	143	114,2	0,372	196	156,5	0,601
91	72,7	0,151	144	115,0	0,376	197	157,3	0,605
92	73,5	0,154	145	115,8	0,380	198	158,1	0,609
93	74,3	0,158	146	116,6	0,384	199	158,9	0,615
94	75,1	0,162	147	117,4	0,388	200	159,7	0,619
95	75,9	0,167	148	118,2	0,393	201	160,5	0,624
96	76,7	0,170	149	119,0	0,397	202	161,3	0,629
97	77,5	0,174	150	119,8	0,401	203	162,1	0,633
98	78,3	0,178	151	120,6	0,405	204	162,9	0,639
99	79,1	0,182	152	121,4	0,409	205	163,7	0,643
100	79,8	0,186	153	122,2	0,413	206	164,5	0,648
101	80,6	0,190	154	123,0	0,417	207	165,3	0,653
102	81,4	0,194	155	123,8	0,422	208	166,1	0,657
103	82,2	0,198	156	124,6	0,426	209	166,9	0,663
104	83,0	0,202	157	125,4	0,430	210	167,7	0,667
105	83,8	0,207	158	126,2	0,434	211	168,5	0,672
106	84,6	0,211	159	127,0	0,438	212	169,3	0,676
107	85,4	0,215	160	127,8	0,442	213	170,1	0,680
108	86,2	0,220	161	128,6	0,446	214	170,9	0,686
109	87,0	0,225	162	129,4	0,450	215	171,7	0,690
110	87,8	0,230	163	130,2	0,454	216	172,5	0,695
111	88,6	0,234	164	131,0	0,458	217	173,3	0,700
112	89,4	0,238	165	131,8	0,462	218	174,1	0,704
113	90,2	0,243	166	132,6	0,466	219	174,9	0,709
114	91,0	0,248	167	133,4	0,470	220	175,7	0,713

738   Tabelle V. Bestimmung des Invertzuckers im Rübenzucker nach A. Herzfeld.

| CuO | Cu | Invertzucker | CuO | Cu | Invertzucker | CuO | Cu | Invertzucker |
mg	mg	%	mg	mg	%	mg	mg	%
221	176,5	0,717	280	223,6	0,976	338	270,0	1,242
222	177,3	0,722	281	224,4	0,981	339	270,8	1,247
223	178,1	0,726	282	225,2	0,985	340	271,6	1,251
224	178,9	0,731	283	226,0	0,990	341	272,4	1,255
225	179,7	0,735	284	226,8	0,995	342	273,2	1,260
226	180,5	0,740	285	227,6	0,998	343	274,0	1,265
227	181,3	0,744	286	228,4	1,003	344	274,8	1,270
228	182,1	0,748	287	229,2	1,008	345	275,6	1,274
229	182,9	0,753	288	230,0	1,013	346	276,4	1,278
230	183,7	0,757	289	230,8	1,017	347	277,2	1,283
231	184,5	0,761	290	231,6	1,021	348	278,0	1,288
232	185,3	0,766	291	232,4	1,026	349	278,7	1,292
233	186,1	0,770	292	233,2	1,031	350	279,5	1,296
234	186,9	0,775	293	234,0	1,036	351	280,3	1,301
235	187,7	0,779	294	234,8	1,040	352	281,1	1,305
236	188,5	0,783	295	235,6	1,044	353	281,9	1,311
237	189,3	0,788	296	236,4	1,049	354	282,7	1,315
238	190,0	0,792	297	237,2	1,054	355	283,5	1,319
239	190,8	0,796	298	238,0	1,058	356	284,3	1,324
240	191,6	0,801	299	238,8	1,063	357	285,1	1,328
241	192,4	0,805	300	239,6	1,067	358	285,9	1,334
242	193,2	0,809	301	240,4	1,072	359	286,7	1,338
243	194,0	0,814	302	241,2	1,077	360	287,5	1,342
244	194,8	0,818	303	242,0	1,081	361	288,3	1,347
245	195,6	0,822	304	242,8	1,086	362	289,1	1,351
246	196,4	0,827	305	243,6	1,090	363	289,9	1,357
247	197,2	0,831	306	244,4	1,095	364	290,7	1,360
248	198,0	0,836	307	245,2	1,100	365	291,5	1,365
249	198,8	0,840	308	246,0	1,104	366	292,3	1,370
250	199,6	0,844	309	246,8	1,109	367	293,1	1,374
251	200,4	0,849	310	247,6	1,114	368	293,9	1,380
252	201,2	0,853	311	248,4	1,117	369	294,7	1,383
253	202,0	0,858	312	249,2	1,123	370	295,5	1,388
254	202,8	0,862	313	250,0	1,127	371	296,3	1,393
255	203,6	0,866	314	250,8	1,132	372	297,1	1,397
256	204,4	0,871	315	251,6	1,136	373	297,9	1,403
257	205,2	0,875	316	252,4	1,141	374	298,7	1,406
258	206,0	0,880	317	253,2	1,145	375	299,5	1,411
259	206,8	0,884	318	254,0	1,150	376	300,3	1,416
260	207,6	0,888	319	254,8	1,155	377	301,1	1,420
261	208,4	0,893	320	255,6	1,159	378	301,9	1,425
262	209,2	0,897	321	256,4	1,164	379	302,7	1,429
263	210,0	0,902	322	257,2	1,168	380	303,5	1,434
264	210,8	0,906	323	258,0	1,173	381	304,3	1,439
265	211,6	0,910	324	258,8	1,178	382	305,1	1,443
266	212,4	0,915	325	259,6	1,182	383	305,9	1,448
267	213,2	0,919	326	260,4	1,187	384	306,7	1,452
268	214,0	0,924	327	261,2	1,191	385	307,5	1,457
269	214,8	0,928	328	262,0	1,196	386	308,3	1,462
270	215,6	0,932	329	262,8	1,201	387	309,1	1,466
271	216,4	0,937	330	263,6	1,205	388	309,9	1,471
272	217,2	0,941	331	264,4	1,209	389	310,7	1,475
273	218,0	0,946	332	265,2	1,214	390	311,5	1,480
274	218,8	0,950	333	266,0	1,219	391	312,3	1,485
275	219,6	0,953	334	266,8	1,225	392	313,1	1,489
276	220,4	0,959	335	267,6	1,228	393	313,9	1,494
277	221,2	0,963	336	268,4	1,233	394	314,7	1,498
278	222,0	0,968	337	269,2	1,237	395	315,5	1,500
279	222,8	0,972						

Tabelle VI.

Bestimmung der Maltose nach E. Wein (vgl. S. 430).

Kupfer mg	Maltose mg	Kupfer mg	Maltose mg	Kupfer mg	Maltose mg	Kupfer mg	Maltose mg	Kupfer mg	Maltose mg
30	25,3	85	73,2	139	121,5	193	169,8	247	218,1
31	26,1	86	74,1	140	122,4	194	170,7	248	219,0
32	27,0	87	75,0	141	123,3	195	171,6	249	219,9
33	27,9	88	75,9	142	124,2	196	172,5	250	220,8
34	28,7	89	76,8	143	125,1	197	173,4	251	221,7
35	29,6	90	77,7	144	126,0	198	174,3	252	222,6
36	30,5	91	78,6	145	126,9	199	175,2	253	223,5
37	31,3	92	79,5	146	127,8	200	176,1	254	224,4
38	32,2	93	80,3	147	128,7	201	177,0	255	225,3
39	33,1	94	81,2	148	129,6	202	177,9	256	226,2
40	33,9	95	82,1	149	130;5	203	178,7	257	227,1
41	34,8	96	83,0	150	131,4	204	179,6	258	228,0
42	35,7	97	83,9	151	132,3	205	180,5	259	228,9
43	36,5	98	84,8	152	133,2	206	181,4	260	229,8
44	37,4	99	85,7	153	134,1	207	182,3	261	230,7
45	38,3	100	86,6	154	135,0	208	183,2	262	231,6
46	39,1	101	87,5	155	135,9	209	184,1	263	232,5
47	40,0	102	88,4	156	136,8	210	185,0	264	233,4
48	40,9	103	89,2	157	137,7	211	185,9	265	234,3
49	41,8	104	90,1	158	138,6	212	186,8	266	235,2
50	42,6	105	91,0	159	139,5	213	187,7	267	236,1
51	43,5	106	91,9	160	140,4	214	188,6	268	237,0
52	44,4	107	92,8	161	141,3	215	189,5	269	237,9
53	45,2	108	93.7	162	142,2	216	190,4	270	238,8
54	46,1	109	94,6	163	143,1	217	191,2	271	239,7
55	47,0	110	95,5	164	144,0	218	192,1	272	240,6
56	47,8	111	96,4	165	144,9	219	193,0	273	241,5
57	48,7	112	97,3	166	145,8	220	193,9	274	242,4
58	49,6	113	98,1	167	146,7	221	194,8	275	243,3
59	50,4	114	99,0	168	147,6	222	195,7	276	244,2
60	51,3	115	99,9	169	148,5	223	196,6	277	245,1
61	52,2	116	100,8	170	149,4	224	197,5	278	246,0
62	53,1	117	101,7	171	150,3	225	198,4	279	246,9
63	53,9	118	102,6	172	151,2	226	199,3	280	247,8
64	54,8	119	103,5	173	152,0	227	200,2	281	248,7
65	55,7	120	104,4	174	152,9	228	201,1	282	249,6
66	56,6	121	105,3	175	153,8	229	202.0	283	250,4
67	57,4	122	106,2	176	154,7	230	202,9	284	251,3
68	58,3	123	107,1	177	155,6	231	203,8	285	252,2
69	59,2	124	108,0	178	156,5	232	204,7	286	253,1
70	60,1	125	108,9	179	157,4	233	205,6	287	254,0
71	61,1	126	109,8	180	158,3	234	206,5	288	254,9
72	61,8	127	110,7	181	159,2	235	207,4	289	255,8
73	62,7	128	111,6	182	160,1	236	208,3	290	256,6
74	63,6	129	112,5	183	160,9	237	209,1	291	257,5
75	64,5	130	113,4	184	161,8	238	210,0	292	258,4
76	65,4	131	114,3	185	162,7	239	210,9	293	259,3
77	66,2	132	115,2	186	163,6	240	211,8	294	260,2
78	67,1	133	116,1	187	164,5	241	212,7	295	261,1
79	68,0	134	117,0	188	165,4	242	213,6	296	262,0
80	68,9	135	117,9	189	166,3	243	214,5	297	262,8
81	69,7	136	118,8	190	167,2	244	215,4	298	263,7
82	70,6	137	119,7	191	168,1	245	216,3	299	264,6
83	71,5	138	120,6	192	169,0	246	217,2	300	265,5
84	72,4								

47 *

Tabelle VII.

Bestimmung der Lactose nach **Fr. Soxhlet** (vgl. S. 431).

Kupfer mg	Lactose mg	Kupfer mg	Lactose mg	Kupfer mg	Lactose mg	Kupfer mg	Lactose mg	Kupfer mg	Lactose mg	Kupfer mg	Lactose mg
100	71,6	151	109,6	201	147,7	251	185,5	301	225,2	351	264,7
101	72,4	152	110,3	202	148,5	252	186,3	302	225,9	352	265,5
102	73,1	153	111,1	203	149,2	253	187,1	303	226,7	353	266,3
103	73,8	154	111,9	204	150,0	254	187,9	304	227,5	354	267,2
104	74,6	155	112,6	205	150,7	255	188,7	305	228,3	355	268,0
105	75,3	156	113,4	206	151,5	256	189,4	306	229,1	356	268,8
106	76,1	157	114,1	207	152,2	257	190,2	307	229,8	357	269,5
107	76,8	158	114,9	208	153,0	258	191,0	308	230,6	358	270,4
108	77,6	159	115,6	209	153,7	259	191,8	309	231,4	359	271,2
109	78,3	160	116,4	210	154,5	260	192,5	310	232,2	360	272,2
110	79,0	161	117,1	211	155,2	261	193,3	311	232,9	361	272,9
111	79,8	162	117,9	212	156,0	262	194,1	312	233,7	362	273,7
112	80,5	163	118,6	213	156,7	263	194,9	313	234,5	363	274,5
113	81,3	164	119,4	214	157,5	264	195,7	314	235,3	364	275,3
114	82,0	165	120,2	215	158,2	265	196,4	315	236,1	365	276,2
115	82,7	166	120,9	216	159,0	266	197,2	316	236,8	366	277,1
116	83,5	167	121,7	217	159,7	267	198,0	317	237,6	367	277,9
117	84,2	168	122,4	218	160,4	268	198,8	318	238,4	368	278,8
118	85,0	169	123,2	219	161,2	269	199,5	319	239,2	369	279,6
119	85,7	170	123,9	220	161,9	270	200,3	320	240,0	370	280,5
120	86,4	171	124,7	221	162,7	271	201,1	321	240,7	371	281,4
121	87,2	172	125,5	222	163,4	272	201,9	322	241,5	372	282,2
122	87,9	173	126,2	223	164,2	273	202,7	323	242,3	373	283,1
123	88,7	174	127,0	224	164,9	274	203,5	324	243,1	374	283,9
124	89,4	175	127,8	225	165,7	275	204,3	325	243,9	375	284,8
125	90,1	176	128,5	226	166,4	276	205,1	326	244,6	376	285,7
126	90,9	177	129,3	227	167,2	277	205,9	327	245,4	377	286,5
127	91,6	178	130,1	228	167,9	278	206,7	328	246,2	378	287,4
128	92,4	179	130,8	229	168,6	279	207,5	329	247,0	379	288,2
129	93,1	180	131,6	230	169,4	280	208,3	330	247,7	380	289,1
130	93,8	181	132,4	231	170,1	281	209,1	331	248,5	381	289,9
131	94,6	182	133,1	232	170,7	282	209,9	332	249,2	382	290,8
132	95,3	183	133,9	233	171,6	283	210,7	333	250,0	383	291,7
133	96,1	184	134,7	234	172,4	284	211,5	334	250,8	384	292,5
134	96,9	185	135,4	235	173,1	285	212,3	335	251,6	385	293,4
135	97,6	186	136,2	236	173,9	286	213,1	336	252,5	386	294,2
136	98,3	187	137,0	237	174,6	287	213,9	337	253,3	387	295,1
137	99,1	188	137,8	238	175,4	288	214,7	338	254,1	388	296,0
138	99,8	189	138,5	239	176,2	289	215,5	339	254,9	389	296,8
139	100,5	190	139,3	240	176,9	290	216,3	340	255,7	390	297,7
140	101,3	191	140,0	241	177,7	291	217,1	341	256,5	391	298,5
141	102,0	192	140,8	242	178,5	292	217,9	342	257,4	392	299,4
142	102,8	193	141,6	243	179,3	293	218,7	343	258,2	393	300,3
143	103,5	194	142,3	244	180,1	294	219,5	344	259,0	394	301,1
144	104,3	195	143,1	245	180,8	295	220,3	345	259,8	395	302,0
145	105,1	196	143,9	246	181,6	296	221,1	346	260,6	396	302,8
146	105,8	197	144,6	247	182,4	297	221,9	347	261,4	397	303,7
147	106,6	198	145,4	248	183,2	298	222,7	348	262,3	389	304,6
148	107,3	199	146,2	249	184,0	299	223,5	349	263,1	399	305,4
149	108,1	200	146,9	250	184,8	300	224,4	350	263,9	400	306,3
150	108,8										

Tabelle VIII.

Bestimmung der Stärke bzw. des Dextrins nach **E. Wein** (vgl. S. 431).

Kupfer mg	Stärke oder Dextrin mg	Kupfer mg	Stärke oder Dextrin mg	Kupfer mg	Stärke oder Dextrin mg	Kupfer mg	Stärke oder Dextrin mg	Kupfer mg	Stärke oder Dextrin mg	Kupfer mg	Stärke oder Dextrin mg
10	5,5	61	28,2	112	51,3	163	75,0	214	99,0		
11	5,9	62	28,6	113	51,8	164	75,4	215	99,5		
12	6,4	63	29,1	114	52,2	165	75,9	216	100,0		
13	6,8	64	29,5	115	52,7	166	76,3	217	100,4		
14	7,3	65	30,0	116	53,2	167	76,8	218	100,9		
15	7,7	66	30,4	117	53,6	168	77,3	219	101,4		
16	8,1	67	30,9	118	54,1	169	77,8	220	101,9		
17	8,6	68	31,3	119	54,5	170	78,2	221	102,4		
18	9,0	69	31,8	120	55,0	171	78,7	222	102,9		
19	9,5	70	32,2	121	55,4	172	79,1	223	103,3		
20	9,9	71	32,7	122	55,9	173	79,6	224	103,8		
21	10,4	72	33,1	123	56,3	174	80,1	225	104,3		
22	10,8	73	33,6	124	56,8	175	80,6	226	104,8		
23	11,3	74	34,0	125	57,3	176	81,0	227	105,2		
24	11,7	75	34,5	126	57,8	177	81,5	228	105,7		
25	12,2	76	34,9	127	58,2	178	82,0	229	106,2		
26	12,6	77	35,4	128	58,7	179	82,4	230	106,7		
27	13,1	78	35,8	129	59,1	180	82,9	231	107,1		
28	13,5	79	36,2	130	59,6	181	83,4	232	107,6		
29	14,0	80	36,7	131	60,0	182	83,8	233	108,1		
30	14,4	81	37,2	132	60,5	183	84,3	234	108,6		
31	14,9	82	37,6	133	60,9	184	84,8	235	109,1		
32	15,3	83	38,1	134	61,4	185	85,2	236	109,6		
33	15,8	84	38,6	135	61,9	186	85,7	237	110,1		
34	16,2	85	39,1	136	62,4	187	86,2	238	110,6		
35	16,7	86	39,5	137	62,8	188	86,7	239	111,1		
36	17,0	87	40,0	138	63,3	189	87,1	240	111,5		
37	17,5	88	40,4	139	63,7	190	87,6	241	112,0		
38	17,9	89	40,9	140	64,2	191	88,1	242	112,5		
39	18,4	90	41,3	141	64,6	192	88,6	243	113,0		
40	18,8	91	41,8	142	65,1	193	89,1	244	113,4		
41	19,3	92	42,2	143	65,6	194	89,5	245	113,9		
42	19,7	93	42,6	144	66,1	195	90,0	246	114,4		
43	20,2	94	43,1	145	66,5	196	90,5	247	114,8		
44	20,6	95	43,6	146	67,0	197	91,0	248	115,3		
45	21,1	96	44,0	147	67,4	198	91,4	249	115,8		
46	21,5	97	44,5	148	67,9	199	91,8	250	116,3		
47	22,0	98	44,9	149	68,4	200	92,3	251	116,8		
48	22,4	99	45,4	150	68,9	201	92,8	252	117,3		
49	22,9	100	45,8	151	69,3	202	93,3	253	117,7		
50	23,3	101	46,3	152	69,8	203	93,8	254	118,2		
51	23,8	102	46,7	153	70,3	204	94,3	255	118,7		
52	24,2	103	47,2	154	70,7	205	94,8	256	119,2		
53	24,7	104	47,6	155	71,2	206	95,2	257	119,7		
54	25,1	105	48,1	156	71,6	207	95,7	258	120,2		
55	25,5	106	48,6	157	72,1	208	96,2	259	120,7		
56	25,9	107	49,1	158	72,6	209	96,7	260	121,2		
57	26,4	108	49,5	159	73,1	210	97,1	261	121,6		
58	26,8	109	50,0	160	73,5	211	97,6	262	122,1		
59	27,3	110	50,4	161	74,0	212	98,1	263	122,6		
60	27,7	111	50,9	162	74,5	213	98,6	264	123,1		

Kupfer mg	Stärke oder Dextrin mg	Kupfer mg	Stärke oder Dextrin mg	Kupfer mg	Stärke oder Dextrin mg	Kupfer mg	Stärke oder Dextrin mg	Kupfer mg	Stärke oder Dextrin mg
265	123,6	305	143,4	345	163,4	385	183,8	425	204,7
266	124,0	306	143,9	346	163,9	386	184,3	426	205,2
267	124,5	307	144,4	347	164,4	387	184,9	427	205,7
268	124,9	308	144,9	348	164,9	388	185,4	428	206,3
269	125,5	309	145,4	349	165,4	389	185,9	429	206,8
270	126,0	310	145,8	350	165,9	390	186,4	430	207,4
271	126,5	311	146,3	351	166,4	391	186,9	431	207,9
272	127,0	312	146,8	352	166,9	392	187,5	432	208,5
273	127,5	313	147,3	353	167,4	393	188,0	433	209,0
274	128,0	314	147,8	354	167,9	394	188,5	434	209,5
275	128,5	315	148,3	355	168,4	395	189,0	435	210,0
276	129,0	316	148,8	356	168,9	396	189,5	436	210,5
277	129,5	317	149,3	357	169,5	397	190,0	437	211,0
278	130,0	318	149,8	358	170,0	398	190,5	438	·211,6
279	130,5	319	150,3	359	170,5	399	191,1	439	212,1
280	131,0	320	150,8	360	171,0	400	191,6	440	212,7
281	131,5	321	151,3	361	171,5	401	192,2	441	213,1
282	132,0	322	151,8	362	172,0	402	192,7	442	213,7
283	132,5	323	152,3	363	172,5	403	193,2	443	214,3
284	133,0	324	152,8	364	173,1	404	193,7	444	214,8
285	133,5	325	153,3	365	173,6	405	194,2	445	215,3
286	134,0	326	153,8	366	174,1	406	194,8	446	215,9
287	134,5	327	154,3	367	174,6	407	195,3	447	216,4
288	135,0	328	154,8	368	175,1	408	195,8	448	216,9
289	135,5	329	155,3	369	175,6	409	196,3	449	217,5
290	135,9	330	155,8	370	176,1	410	196,8	450	218,0
291	136,4	331	156,3	371	176,6	411	197,4	451	218,5
292	136,9	332	156,8	372	177,1	412	197,9	452	219,1
293	137,4	333	157,3	373	177,7	413	198,4	453	219,6
294	137,9	334	157,8	374	178,2	414	198,9	454	220,1
295	138,4	335	158,3	375	178,7	415	199,4	455	220,6
296	138,9	336	158,8	376	179,2	416	200,0	456	221,1
297	139,4	337	159,3	377	179,7	417	200,5	457	221,7
298	139,9	338	159,8	378	180,2	418	201,0	458	222,2
299	140,4	339	160,3	379	180,7	419	201,5	459	222,7
300	140,9	340	160,8	380	181,3	420	202,1	460	223,3
301	141,4	341	161,3	381	181,8	421	202,6	461	223,8
302	141,9	342	161,8	382	182,3	422	203,1	462	224,4
303	142,4	343	162,3	383	182,8	423	203,7	463	224,9
304	142,9	344	162,8	384	183,3	424	204,2		

Tabelle IX.
Bestimmung der Pentosen und Pentosane aus dem Phloroglucid nach **Tollens** und **Kröber**[1]) (vgl. S. 449).

1.	2.	3.	4.	5.	6.	7.	8.
Phloroglucid	Furfurol	Arabinose	Araban	Xylose	Xylan	Pentose	Pentosan
g	g	g	g	g	g	g	g
0,030	0,0182	0,0391	0,0344	0,0324	0,0285	0,0358	0,0315
0,031	0,0188	0,0402	0,0354	0,0333	0,0293	0,0368	0,0324
0,032	0,0193	0,0413	0,0363	0,0342	0,0301	0,0378	0,0333
0,033	0,0198	0,0424	0,0373	0,0352	0,0309	0,0388	0,0341
0,034	0,0203	0,0435	0,0383	0,0361	0,0317	0,0398	0,0350
0,035	0,0209	0,0446	0,0393	0,0370	0,0326	0,0408	0,0359
0,036	0,0214	0,0457	0,0402	0,0379	0,0334	0,0418	0,0368
0,037	0,0219	0,0468	0,0412	0,0388	0,0342	0,0428	0,0377
0,038	0,0224	0,0479	0,0422	0,0398	0,0350	0,0439	0,0386
0,039	0,0229	0,0490	0,0431	0,0407	0,0358	0,0449	0,0395
0,040	0,0235	0,0501	0,0441	0,0416	0,0366	0,0459	0,0404
0,041	0,0240	0,0512	0,0451	0,0425	0,0374	0,0469	0,0413
0,042	0,0245	0,0523	0,0460	0,0434	0,0382	0,0479	0,0422
0,043	0,0250	0,0534	0,0470	0,0443	0,0390	0,0489	0,0431
0,044	0,0255	0,0545	0,0480	0,0452	0,0389	0,0499	0,0440
0,045	0,0260	0,0556	0,0490	0,0462	0,0406	0,0509	0,0448
0,046	0,0266	0,0567	0,0499	0,0471	0,0414	0,0519	0,0457
0,047	0,0271	0,0578	0,0509	0,0480	0,0422	0,0529	0,0466
0,048	0,0276	0,0589	0,0519	0,0489	0,0430	0,0539	0,0475
0,049	0,0281	0,0600	0,0528	0,0498	0,0438	0,0549	0,0484
0,050	0,0286	0,0611	0,0538	0,0507	0,0446	0,0559	0,0492
0,051	0,0292	0,0622	0,0548	0,0516	0,0454	0,0569	0,0501
0,052	0,0297	0,0633	0,0557	0,0525	0,0462	0,0579	0,0510
0,053	0,0302	0,0644	0,0567	0,0534	0,0470	0,0589	0,0519
0,054	0,0307	0,0655	0,0576	0,0543	0,0478	0,0599	0,0528
0,055	0,0312	0,0666	0,0586	0,0553	0,0486	0,0610	0,0537
0,056	0,0318	0,0677	0,0596	0,0562	0,0494	0,0620	0,0546
0,057	0,0323	0,0688	0,0605	0,0571	0,0502	0,0630	0,0555
0,058	0,0328	0,0699	0,0615	0,0580	0,0510	0,0640	0,0564
0,059	0,0333	0,0710	0,0624	0,0589	0,0518	0,0650	0,0573
0,060	0,0338	0,0721	0,0634	0,0598	0,0526	0,0660	0,0581
0,061	0,0344	0,0732	0,0644	0,0607	0,0534	0,0670	0,0590
0,062	0,0349	0,0743	0,0653	0,0616	0,0542	0,0680	0,0599
0,063	0,0354	0,0754	0,0663	0,0626	0,0550	0,0690	0,0608
0,064	0,0359	0,0765	0,0673	0,0635	0,0558	0,0700	0,0617
0,065	0,0364	0,0776	0,0683	0,0644	0,0567	0,0710	0,0625
0,066	0,0370	0,0787	0,0692	0,0653	0,0575	0,0720	0,0634
0,067	0,0375	0,0798	0,0702	0,0662	0,0583	0,0730	0,0643
0,068	0,0380	0,0809	0,0712	0,0672	0,0591	0,0741	0,0652
0,069	0,0385	0,0820	0,0721	0,0681	0,0599	0,0751	0,0661
0,070	0,0390	0,0831	0,0731	0,0690	0,0607	0,0761	0,0670
0,071	0,0396	0,0842	0,0741	0,0699	0,0615	0,0771	0,0679
0,072	0,0401	0,0853	0,0750	0,0708	0,0623	0,0781	0,0688
0,073	0,0406	0,0864	0,0760	0,0717	0,0631	0,0791	0,0697
0,074	0,0411	0,0875	0,0770	0,0726	0,0639	0,0801	0,0706
0,075	0,0416	0,0886	0,0780	0,0736	0,0647	0,0811	0,0714
0,076	0,0422	0,0897	0,0789	0,0745	0,0655	0,0821	0,0722
0,077	0,0427	0,0908	0,0799	0,0754	0,0663	0,0831	0,0731
0,078	0,0432	0,0916	0,0809	0,0763	0,0671	0,0841	0,0740

[1]) Journ. f. Landw. 1900, **48**, 379.

1.	2.	3.	4.	5.	6.	7.	8.
Phloroglucid	Furfurol	Arabinose	Araban	Xylose	Xylan	Pentose	Pentosan
g	g	g	g	g	g	g	g
0,079	0,0437	0,0930	0,0818	0,0772	0,0679	0,0851	0,0749
0,080	0,0442	0,0941	0,0828	0,0781	0,0687	0,0861	0,0758
0,081	0,0448	0,0952	0,0838	0,0790	0,0695	0,0871	0,0767
0,082	0,0453	0,0963	0,0847	0,0799	0,0703	0,0881	0,0776
0,083	0,0458	0,0974	0,0857	0,0808	0,0711	0,0891	0,0785
0,084	0,0463	0,0985	0,0867	0,0817	0,0719	0,0901	0,0794
0,085	0,0468	0,0996	0,0877	0,0827	0,0727	0,0912	0,0803
0,086	0,0474	0,1007	0,0886	0,0836	0,0735	0,0922	0,0812
0,087	0,0479	0,1018	0,0896	0,0845	0,0743	0,0932	0,0821
0,088	0,0484	0,1029	0,0906	0,0854	0,0751	0,0942	0,0830
0,089	0,0489	0,1040	0,0915	0,0863	0,0759	0,0952	0,0838
0,090	0,0494	0,1051	0,0925	0,0872	0,0767	0,0962	0,0847
0,091	0,0499	0,1062	0,0935	0,0881	0,0775	0,0972	0,0856
0,092	0,0505	0,1073	0,0944	0,0890	0,0783	0,0982	0,0865
0,093	0,0510	0,1084	0,0954	0,0900	0,0791	0,0992	0,0874
0,094	0,0515	0,1095	0,0964	0,0909	0,0800	0,1002	0,0883
0,095	0,0520	0,1106	0,0974	0,0918	0,0808	0,1012	0,0891
0,096	0,0525	0,1117	0,0983	0,0927	0,0816	0,1022	0,0899
0,097	0,0531	0,1128	0,0993	0,0936	0,0824	0,1032	0,0908
0,098	0,0536	0,1139	0,1003	0,0946	0,0832	0,1043	0,0917
0,099	0,0541	0,1150	0,1012	0,0955	0,0840	0,1053	0,0926
0,100	0,0546	0,1161	0,1022	0,0964	0,0848	0,1063	0,0935
0,101	0,0551	0,1171	0,1032	0,0973	0,0856	0,1073	0,0944
0,102	0,0557	0,1182	0,1041	0,0982	0,0864	0,1083	0,0953
0,103	0,0562	0,1193	0,1051	0,0991	0,0872	0,1093	0,0962
0,104	0,0567	0,1204	0,1060	0,1000	0,0880	0,1103	0,0971
0,105	0,0572	0,1215	0,1070	0,1010	0,0888	0,1113	0,0979
0,106	0,0577	0,1226	0,1080	0,1019	0,0896	0,1123	0,0988
0,107	0,0582	0,1237	0,1089	0,1028	0,0904	0,1133	0,0997
0,108	0,0588	0,1248	0,1099	0,1037	0,0912	0,1143	0,1006
0,109	0,0593	0,1259	0,1108	0,1046	0,0920	0,1153	0,1015
0,110	0,0598	0,1270	0,1118	0,1055	0,0928	0,1163	0,1023
0,111	0,0603	0,1281	0,1128	0,1064	0,0936	0,1173	0,1032
0,112	0,0608	0,1292	0,1137	0,1073	0,0944	0,1183	0,1041
0,113	0,0614	0,1303	0,1147	0,1082	0,0952	0,1193	0,1050
0,114	0,0619	0,1314	0,1156	0,1091	0,0960	0,1203	0,1059
0,115	0,0624	0,1325	0,1166	0,1101	0,0968	0,1213	0,1067
0,116	0,0629	0,1336	0,1176	0,1110	0,0976	0,1223	0,1076
0,117	0,0634	0,1347	0,1185	0,1119	0,0984	0,1233	0,1085
0,118	0,0640	0,1358	0,1195	0,1128	0,0992	0,1243	0,1094
0,119	0,0645	0,1369	0,1204	0,1137	0,1000	0,1253	0,1103
0,120	0,0650	0,1380	0,1214	0,1146	0,1008	0,1263	0,1111
0,121	0,0655	0,1391	0,1224	0,1155	0,1016	0,1273	0,1120
0,122	0,0660	0,1402	0,1233	0,1164	0,1024	0,1283	0,1129
0,123	0,0665	0,1413	0,1243	0,1173	0,1032	0,1293	0,1138
0,124	0,0671	0,1424	0,1253	0,1182	0,1040	0,1303	0,1147
0,125	0,0676	0,1435	0,1263	0,1192	0,1049	0,1314	0,1156
0,126	0,0681	0,1446	0,1272	0,1201	0,1057	0,1324	0,1165
0,127	0,0686	0,1457	0,1282	0,1210	0,1065	0,1334	0,1174
0,128	0,0691	0,1468	0,1292	0,1219	0,1073	0,1344	0,1183
0,129	0,0697	0,1479	0,1301	0,1228	0,1081	0,1354	0,1192
0,130	0,0702	0,1490	0,1311	0,1237	0,1089	0,1364	0,1201
0,131	0,0707	0,1501	0,1321	0,1246	0,1097	0,1374	0,1210
0,132	0,0712	0,1512	0,1330	0,1255	0,1105	0,1384	0,1219
0,133	0,0717	0,1523	0,1340	0,1264	0,1113	0,1394	0,1227
0,134	0,0723	0,1534	0,1350	0,1273	0,1121	0,1404	0,1236
0,135	0,0728	0,1545	0,1360	0,1283	0,1129	0,1414	0,1244
0,136	0,0733	0,1556	0,1369	0,1292	0,1137	0,1424	0,1253

1.	2.	3.	4.	5.	6.	7.	8.
Phloroglucid	Furfurol	Arabinose	Araban	Xylose	Xylan	Pentose	Pentosan
g	g	g	g	g	g	g	g
0,137	0,0738	0,1567	0,1379	0,1301	0,1145	0,1434	0,1262
0,138	0,0743	0,1578	0,1389	0,1310	0,1153	0,1444	0,1271
0,139	0,0748	0,1589	0,1398	0,1319	0,1161	0,1454	0,1280
0,140	0,0754	0,1600	0,1408	0,1328	0,1169	0,1464	0,1288
0,141	0,0759	0,1611	0,1418	0,1337	0,1177	0,1474	0,1297
0,142	0,0764	0,1622	0,1427	0,1346	0,1185	0,1484	0,1306
0,143	0,0769	0,1633	0,1437	0,1355	0,1193	0,1494	0,1315
0,144	0,0774	0,1644	0,1447	0,1364	0,1201	0,1504	0,1324
0,145	0,0780	0,1655	0,1457	0,1374	0,1209	0,1515	0,1333
0,146	0,0785	0,1666	0,1466	0,1383	0,1217	0,1525	0,1342
0,147	0,0790	0,1677	0,1476	0,1392	0,1225	0,1535	0,1351
0,148	0,0795	0,1688	0,1486	0,1401	0,1233	0,1545	0,1360
0,149	0,0800	0,1699	0,1495	0,1410	0,1241	0,1555	0,1369
0,150	0,0805	0,1710	0,1505	0,1419	0,1249	0,1565	0,1377
0,151	0,0811	0,1721	0,1515	0,1428	0,1257	0,1575	0,1386
0,152	0,0816	0,1732	0,1524	0,1437	0,1265	0,1585	0,1395
0,153	0,0821	0,1743	0,1534	0,1446	0,1273	0,1595	0,1404
0,154	0,0826	0,1754	0,1544	0,1455	0,1281	0,1605	0,1413
0,155	0,0831	0,1765	0,1554	0,1465	0,1289	0,1615	0,1421
0,156	0,0837	0,1776	0,1563	0,1474	0,1297	0,1625	0,1430
0,157	0,0842	0,1787	0,1573	0,1483	0,1305	0,1635	0,1439
0,158	0,0847	0,1798	0,1583	0,1492	0,1313	0,1645	0,1448
0,159	0,0852	0,1809	0,1592	0,1501	0,1321	0,1655	0,1457
0,160	0,0857	0,1820	0,1602	0,1510	0,1329	0,1665	0,1465
0,161	0,0863	0,1831	0,1612	0,1519	0,1337	0,1675	0,1474
0,162	0,0868	0,1842	0,1621	0,1528	0,1345	0,1685	0,1483
0,163	0,0873	0,1853	0,1631	0,1537	0,1353	0,1695	0,1492
0,164	0,0878	0,1864	0,1640	0,1546	0,1361	0,1705	0,1501
0,165	0,0883	0,1875	0,1650	0,1556	0,1369	0,1716	0,1510
0,166	0,0888	0,1886	0,1660	0,1565	0,1377	0,1726	0,1519
0,167	0,0894	0,1897	0,1669	0,1574	0,1385	0,1736	0,1528
0,168	0,0899	0,1908	0,1679	0,1583	0,1393	0,1746	0,1537
0,169	0,0904	0,1919	0,1688	0,1592	0,1401	0,1756	0,1546
0,170	0,0909	0,1930	0,1698	0,1601	0,1409	0,1766	0,1554
0,171	0,0914	0,1941	0,1708	0,1610	0,1417	0,1776	0,1563
0,172	0,0920	0,1952	0,1717	0,1619	0,1425	0,1786	0,1572
0,173	0,0925	0,1963	0,1727	0,1628	0,1433	0,1796	0,1581
0,174	0,0930	0,1974	0,1736	0,1637	0,1441	0,1806	0,1590
0,175	0,0935	0,1985	0,1746	0,1647	0,1449	0,1816	0,1598
0,176	0,0940	0,1996	0,1756	0,1656	0,1457	0,1826	0,1607
0,177	0,0946	0,2007	0,1765	0,1665	0,1465	0,1836	0,1616
0,178	0,0951	0,2018	0,1775	0,1674	0,1473	0,1846	0,1625
0,179	0,0956	0,2029	0,1784	0,1683	0,1481	0,1856	0,1634
0,180	0,0961	0,2039	0,1794	0,1692	0,1489	0,1866	0,1642
0,181	0,0966	0,2050	0,1804	0,1701	0,1497	0,1876	0,1651
0,182	0,0971	0,2061	0,1813	0,1710	0,1505	0,1886	0,1660
0,183	0,0977	0,2072	0,1823	0,1719	0,1513	0,1896	0,1669
0,184	0,0982	0,2082	0,1832	0,1728	0,1521	0,1906	0,1678
0,185	0,0987	0,2093	0,1842	0,1738	0,1529	0,1916	0,1686
0,186	0,0992	0,2104	0,1851	0,1747	0,1537	0,1926	0,1695
0,187	0,0997	0,2115	0,1861	0,1756	0,1545	0,1936	0,1704
0,188	0,1003	0,2126	0,1870	0,1765	0,1553	0,1946	0,1712
0,189	0,1008	0,2136	0,1880	0,1774	0,1561	0,1955	0,1721
0,190	0,1013	0,2147	0,1889	0,1783	0,1569	0,1965	0,1729
0,191	0,1018	0,2158	0,1899	0,1792	0,1577	0,1975	0,1738
0,192	0,1023	0,2168	0,1908	0,1801	0,1585	0,1985	0,1747
0,193	0,1028	0,2179	0,1918	0,1810	0,1593	0,1995	0,1756
0,194	0,1034	0,2190	0,1927	0,1819	0,1601	0,2005	0,1764

1.	2.	3.	4.	5.	6.	7.	8.
Phloroglucid	Furfurol	Arabinose	Araban	Xylose	Xylan	Pentose	Pentosan
g	g	g	g	g	g	g	g
0,195	0,1039	0,2201	0,1937	0,1829	0,1609	0,2015	0,1773
0,196	0,1044	0,2212	0,1946	0,1838	0,1617	0,2025	0,1782
0,197	0,1049	0,2222	0,1956	0,1847	0,1625	0,2035	0,1791
0,198	0,1054	0,2233	0,1965	0,1856	0,1633	0,2045	0,1800
0,199	0,1059	0,2244	0,1975	0,1865	0,1641	0,2055	0,1808
0,200	0,1065	0,2255	0,1984	0,1874	0,1649	0,2065	0,1817
0,201	0,1070	0,2266	0,1994	0,1883	0,1657	0,2075	0,1826
0,202	0,1075	0,2276	0,2003	0,1892	0,1665	0,2085	0,1835
0,203	0,1080	0,2287	0,2013	0,1901	0,1673	0,2095	0,1844
0,204	0,1085	0,2298	0,2022	0,1910	0,1681	0,2105	0,1853
0,205	0,1090	0,2309	0,2032	0,1920	0,1689	0,2115	0,1861
0,206	0,1096	0,2320	0,2041	0,1929	0,1697	0,2125	0,1869
0,207	0,1101	0,2330	0,2051	0,1938	0,1705	0,2134	0,1878
0,208	0,1106	0,2341	0,2060	0,1947	0,1713	0,2144	0,1887
0,209	0,1111	0,2352	0,2069	0,1956	0,1721	0,2154	0,1896
0,210	0,1116	0,2363	0,2079	0,1965	0,1729	0,2164	0,1904
0,211	0,1121	0,2374	0,2089	0,1975	0,1737	0,2174	0,1913
0,212	0,1127	0,2384	0,2098	0,1984	0,1745	0,2184	0,1922
0,213	0,1132	0,2395	0,2108	0,1993	0,1753	0,2194	0,1931
0,214	0,1137	0,2406	0,2117	0,2002	0,1761	0,2204	0,1940
0,215	0,1142	0,2417	0,2127	0,2011	0,1770	0,2214	0,1948
0,216	0,1147	0,2428	0,2136	0,2020	0,1778	0,2224	0,1957
0,217	0,1152	0,2438	0,2146	0,2029	0,1786	0,2234	0,1966
0,218	0,1158	0,2449	0,2155	0,2038	0,1794	0,2244	0,1974
0,219	0,1163	0,2460	0,2165	0,2047	0,1802	0,2254	0,1983
0,220	0,1168	0,2471	0,2174	0,2057	0,1810	0,2264	0,1992
0,221	0,1173	0,2482	0,2184	0,2066	0,1818	0,2274	0,2001
0,222	0,1178	0,2492	0,2193	0,2075	0,1826	0,2284	0,2010
0,223	0,1183	0,2503	0,2203	0,2084	0,1834	0,2294	0,2019
0,224	0,1189	0,2514	0,2212	0,2093	0,1842	0,2304	0,2028
0,225	0,1194	0,2525	0,2222	0,2102	0,1850	0,2314	0,2037
0,226	0,1199	0,2536	0,2232	0,2111	0,1858	0,2324	0,2046
0,227	0,1204	0,2546	0,2241	0,2121	0,1866	0,2334	0,2054
0,228	0,1209	0,2557	0,2251	0,2130	0,1874	0,2344	0,2063
0,229	0,1214	0,2568	0,2260	0,2139	0,1882	0,2354	0,2072
0,230	0,1220	0,2579	0,2270	0,2148	0,1890	0,2364	0,2081
0,231	0,1225	0,2590	0,2280	0,2157	0,1898	0,2374	0,2089
0,232	0,1230	0,2600	0,2289	0,2166	0,1906	0,2383	0,2097
0,233	0,1236	0,2611	0,2299	0,2175	0,1914	0,2393	0,2106
0,234	0,1240	0,2622	0,2308	0,2184	0,1922	0,2403	0,2115
0,235	0,1245	0,2633	0,2318	0,2193	0,1930	0,2413	0,2124
0,236	0,1251	0,2644	0,2327	0,2202	0,1938	0,2423	0,2132
0,237	0,1256	0,2654	0,2337	0,2211	0,1946	0,2433	0,2141
0,238	0,1261	0,2665	0,2346	0,2220	0,1954	0,2443	0,2150
0,239	0,1266	0,2676	0,2356	0,2229	0,1962	0,2453	0,2159
0,240	0,1271	0,2687	0,2365	0,2239	0,1970	0,2463	0,2168
0,241	0,1276	0,2698	0,2375	0,2248	0,1978	0,2473	0,2176
0,242	0,1281	0,2708	0,2384	0,2257	0,1986	0,2483	0,2185
0,243	0,1287	0,2719	0,2394	0,2266	0,1994	0,2493	0,2194
0,244	0,1292	0,2730	0,2403	0,2275	0,2002	0,2503	0,2203
0,245	0,1297	0,2741	0,2413	0,2284	0,2010	0,2513	0,2212
0,246	0,1302	0,2752	0,2422	0,2293	0,2018	0,2523	0,2220
0,247	0,1307	0,2762	0,2432	0,2302	0,2026	0,2533	0,2229
0,248	0,1312	0,2773	0,2441	0,2311	0,2034	0,2543	0,2238
0,249	0,1318	0,2784	0,2451	0,2320	0,2042	0,2553	0,2247
0,250	0,1323	0,2795	0,2460	0,2330	0,2050	0,2563	0,2256
0,251	0,1328	0,2806	0,2470	0,2339	0,2058	0,2573	0,2264
0,252	0,1333	0,2816	0,2479	0,2348	0,2066	0,2582	0,2272

1.	2.	3.	4.	5.	6.	7.	8.
Phloroglucid	Furfurol	Arabinose	Araban	Xylose	Xylan	Pentose	Pentosan
g	g	g	g	g	g	g	g
0,253	0,1338	0,2827	0,2489	0,2357	0,2074	0,2592	0,2281
0,254	0,1343	0,2838	0,2498	0,2366	0,2082	0,2602	0,2290
0,255	0,1349	0,2849	0,2508	0,2375	0,2090	0,2612	0,2299
0,256	0,1354	0,2860	0,2517	0,2384	0,2098	0,2622	0,2307
0,257	0,1359	0,2870	0,2526	0,2393	0,2106	0,2632	0,2316
0,258	0,1364	0,2881	0,2536	0,2402	0,2114	0,2642	0,2325
0,259	0,1369	0,2892	0,2545	0,2411	0,2122	0,2652	0,2334
0,260	0,1374	0,2903	0,2555	0,2420	0,2130	0,2662	0,2343
0,261	0,1380	0,2914	0,2565	0,2429	0,2138	0,2672	0,2351
0,262	0,1385	0,2924	0,2574	0,2438	0,2146	0,2681	0,2359
0,263	0,1390	0,2935	0,2584	0,2447	0,2154	0,2691	0,2368
0,264	0,1395	0,2946	0,2593	0,2456	0,2162	0,2701	0,2377
0,265	0,1400	0,2957	0,2603	0,2465	0,2170	0,2711	0 2385
0,266	0,1405	0,2968	0,2612	0,2474	0,2178	0,2721	0,2394
0,267	0,1411	0,2978	0,2622	0,2483	0,2186	0,2731	0 2403
0,268	0,1416	0,2989	0,2631	0,2492	0,2194	0,2741	0,2412
0,269	0,1421	0,3000	0,2641	0,2502	0,2202	0,2751	0,2421
0,270	0,1426	0,3011	0,2650	0,2511	0,2210	0,2761	0,2429
0,271	0,1431	0,3022	0,2660	0,2520	0,2218	0,2771	0,2438
0,272	0,1436	0,3032	0,2669	0,2529	0,2226	0,2781	0,2447
0,273	0,1442	0,3043	0,2679	0,2538	0,2234	0,2791	0,2456
0,274	0,1447	0,3054	0,2688	0,2547	0,2242	0,2801	0,2465
0,275	0,1452	0,3065	0,2698	0,2556	0,2250	0,2811	0,2473
0,276	0,1457	0,3076	0,2707	0,2565	0,2258	0,2821	0,2482
0,277	0,1462	0,3086	0,2717	0,2574	0,2268	0,2830	0,2490
0,278	0,1467	0,3097	0,2726	0,2583	0,2274	0,2840	0,2499
0,279	0,1473	0,3108	0,2736	0,2592	0,2282	0,2850	0,2508
0,280	0,1478	0,3119	0,2745	0,2602	0,2290	0,2861	0,2517
0,281	0,1483	0,3130	0,2755	0,2611	0,2298	0,2871	0,2526
0,282	0,1488	0,3140	0,2764	0,2620	0,2306	0,2880	0,2534
0,283	0,1493	0,3151	0,2774	0,2629	0,2314	0,2890	0,2543
0,284	0,1498	0,3162	0,2783	0,2638	0,2322	0,2900	0,2552
0,285	0,1504	0,3173	0,2793	0,2647	0,2330	0,2910	0,2561
0,286	0,1509	0,3184	0,2802	0,2656	0,2338	0,2920	0,2570
0,287	0,1514	0,3194	0,2812	0,2665	0,2346	0,2930	0,2578
0,288	0,1519	0,3205	0,2821	0,2674	0,2354	0,2940	0,2587
0,289	0,1524	0,3216	0,2831	0,2683	0,2362	0,2950	0,2596
0,290	0,1529	0,3227	0,2840	0,2693	0,2370	0,2960	0,2605
0,291	0,1535	0,3238	0,2850	0,2702	0,2378	0,2970	0,2614
0,292	0,1540	0,3248	0,2859	0,2711	0,2386	0,2980	0,2622
0,293	0,1545	0,3259	0,2868	0,2720	0,2394	0,2990	0,2631
0,294	0,1550	0,3270	0 2878	0,2729	0,2402	0,3000	0,2640
0,295	0,1555	0,3281	0,2887	0,2738	0,2410	0,3010	0,2649
0,296	0,1560	0,3292	0,2897	0,2747	0,2418	0,3020	0,2658
0,297	0,1566	0,3302	0,2906	0,2756	0,2426	0,3030	0,2666
0,298	0,1571	0,3313	0,2916	0,2765	0,2434	0,3040	0,2675
0,299	0,1576	0,3324	0,2925	0,2774	0,2442	0,3050	0,2684
0,300	0,1581	0,3335	0,2935	0,2784	0,2450	0,3060	0,2693

Tabelle X.

Bestimmung der Methylpentose (Rhamnose) aus dem Phloroglucid,
berechnet nach der Formel: Rhamnose $= Ph \times 1{,}65 - Ph^2 \times 1{,}84 + 0{,}010$;
Rhamnosan $=$ Rhamnose $\times 0{,}8$ nach **Tollens** und **Ellet**[1]) (vgl. S. 450).

Phloroglucid g	Rhamnose g	Phloroglucid g	Rhamnose g	Phloroglucid g	Rhamnose g
0,010	0,02660	0,054	0,09370	0,098	0,15400
0,011	0,02790	0,055	0,09515	0,099	0,15530
0,012	0,02950	0,056	0,09660	0,100	0,15660
0,013	0,03110	0,057	0,09805	0,101	0,15786
0,014	0,03270	0,058	0,09950	0,102	0,15912
0,015	0,03430	0,059	0,10095	0,103	1,16038
0,016	0,03590	0,060	0,10240	0,104	0,16164
0,017	0,03750	0,061	0,10381	0,105	0,16290
0,018	0,03910	0,062	0,10522	0,106	0,16416
0,019	0,04070	0,063	0,10663	0,107	0,16542
00,20	0,04230	0,064	0,10804	0,108	0,16668
0,021	0,04385	0,065	0,10945	0,109	0,16794
0,022	0,04540	0,066	0,11086	0,110	0,16920
0,023	0,04695	0,067	0,11227	0,111	0,17043
0,024	0,04850	0,068	0,11368	0,112	0,17166
0,025	0,05005	0,069	0,11509	0,113	0,17289
0,026	0,05160	0,070	0,11650	0,114	0,17412
0,027	0,05315	0,071	0,11787	0,115	0,17535
0,028	0,05370	0,072	0,11924	0,116	0,17658
0,029	0,05525	0,073	0,12061	0,117	0,17781
0,030	0,05780	0,074	0,12198	0,118	0,17904
0,031	0,05933	0,075	0,12335	0,119	0,18027
0,032	0,06086	0,076	0,12472	0,120	0,18150
0,033	0,06239	0,077	0,12609	0,121	0,18296
0,034	0,06392	0,078	0,12746	0,122	0,18388
0,035	0,06545	0,079	0,12883	0,123	0,18507
0,036	0,06698	0,080	0,13020	0,124	0,18626
0,037	0,06851	0,081	0,13154	0,125	0,18745
0,038	0,07004	0,082	0,13288	0,126	0,18864
0,039	0,07157	0,083	0,13422	0,127	0,18983
0,040	0,07310	0,084	0,13556	0,128	0,19102
0,041	0,07468	0,085	0,13690	0,129	0,19221
0,042	0,07606	0,086	0,13824	0,130	0,19340
0,043	0,07754	0,087	0,13958	0,131	0,19455
0,044	0,07902	0,088	0,14092	0,132	0,19570
0,045	0,08030	0,089	0,14226	0,133	0,19685
0,046	0,08198	0,090	0,14360	0,134	0,19800
0,047	0,08346	0,091	0,14490	0,135	0,19915
0,048	0,08494	0,092	0,14620	0,136	0,20030
0,049	0,08642	0,093	0,14750	0,137	0,20145
0,050	0,08790	0,094	0,14880	0,138	0,20260
0,051	0,08835	0,095	0,15010	0,139	0,20375
0,052	0,09080	0,096	0,15140	0,140	0,20490
0,053	0,09225	0,097	0,15270		

[1]) Berichte d. Deutschen chem. Gesellschaft 1904, **38**, 492 u. Journal f. Landwirtschaft 1905, **53**, 113.

Tabelle XI.

Bestimmung des Alkohols in Maß- und Gewichts-Prozenten nach K. Windisch bei 15° C (vgl. S. 522).

Spezifisches Gewicht $d\left(\frac{15°}{15°}\right)$	Gewichtsprozente Alkohol	Maßprozente Alkohol	Gramm Alkohol in 100 ccm	Spezifisches Gewicht $d\left(\frac{15°}{15°}\right)$	Gewichtsprozente Alkohol	Maßprozente Alkohol	Gramm Alkohol in 100 ccm	Spezifisches Gewicht $d\left(\frac{15°}{15°}\right)$	Gewichtsprozente Alkohol	Maßprozente Alkohol	Gramm Alkohol in 100 ccm
1,0000	0,00	0,00	0,00								
0,9999	0,05	0,07	0,05	0,9959	2,22	2,79	2,21	0,9919	4,57	5,70	4,53
8	0,11	0,13	0,11	8	2,28	2,86	2,27	8	4,63	5,78	4,59
7	0,16	0,20	0,16	7	2,34	2,93	2,32	7	4,69	5,86	4,65
6	0,21	0,27	0,21	6	2,39	3,00	2,38	6	4,75	5,93	4,71
5	0,26	0,33	0,26	5	2,45	3,07	2,43	5	4,81	6,01	4,77
4	0,32	0,40	0,32	4	2,50	3,14	2,49	4	4,88	6,09	4,83
3	0,37	0,47	0,37	3	2,56	3,21	2,55	3	4,94	6,16	4,89
2	0,42	0,53	0,42	2	2,62	3,28	2,60	2	5,00	6,24	4,95
1	0,48	0,60	0,47	1	2,68	3,35	2,66	1	5,06	6,32	5,01
0	0,53	0,67	0,53	0	2,73	3,42	2,72	0	5,13	6,40	5,08
0,9989	0,58	0,73	0,58	0,9949	2,79	3,49	2,77	0,9909	5,19	6,47	5,14
8	0,64	0,80	0,64	8	2,84	3,56	2,82	8	5,25	6,55	5,20
7	0,69	0,87	0,69	7	2,90	3,64	2,88	7	5,32	6,63	5,26
6	0,74	0,93	0,74	6	2,96	3,71	2,94	6	5,38	6,71	5,32
5	0,80	1,00	0,80	5	3,02	3,78	3,00	5	5,44	6,79	5,38
4	0,85	1,07	0,85	4	3,08	3,85	3,06	4	5,51	6,86	5,45
3	0,90	1,14	0,90	3	3,14	3,93	3,12	3	5,57	6,94	5,51
2	0,96	1,20	0,96	2	3,19	4,00	3,17	2	5,63	7,02	5,57
1	1,01	1,27	1,01	1	3,25	4,07	3,23	1	5,70	7,10	5,64
0	1,06	1,34	1,06	0	3,31	4,14	3,29	0	5,76	7,18	5,70
0,9979	1,12	1,41	1,12	0,9939	3,37	4,22	3,35	0,9899	5,83	7,26	5,76
8	1,17	1,48	1,17	8	3,43	4,29	3,40	8	5,89	7,34	5,83
7	1,23	1,54	1,22	7	3,49	4,36	3,46	7	5,96	7,42	5,89
6	1,28	1,61	1,28	6	3,55	4,43	3,52	6	6,02	7,50	5,95
5	1,34	1,68	1,33	5	3,60	4,51	3,58	5	6,09	7,58	6,02
4	1,39	1,75	1,39	4	3,66	4,58	3,64	4	6,15	7,66	6,08
3	1,45	1,82	1,44	3	3,72	4,65	3,69	3	6,22	7,74	6,14
2	1,50	1,88	1,50	2	3,78	4,73	3,75	2	6,28	7,82	6,21
1	1,56	1,95	1,55	1	3,84	4,80	3,81	1	6,35	7,90	6,27
0	1,61	2,02	1,60	0	3,90	4,88	3,87	0	6,41	7,99	6,34
0,9969	1,67	2,09	1,66	0,9929	3,96	4,95	3,93	0,9889	6,48	8,07	6,40
8	1,72	2,16	1,71	8	4,02	5,03	3,99	8	6,55	8,15	6,47
7	1,78	2,23	1,77	7	4,08	5,10	4,05	7	6,61	8,23	6,53
6	1,83	2,30	1,82	6	4,14	5,18	4,11	6	6,68	8,31	6,59
5	1,89	2,37	1,88	5	4,20	5,25	4,17	5	6,75	8,40	6,66
4	1,94	2,44	1,93	4	4,26	5,33	4,23	4	6,81	8,48	6,73
3	2,00	2,51	1,99	3	4,32	5,40	4,29	3	6,88	8,56	6,79
2	2,05	2,58	2,04	2	4,39	5,48	4,35	2	6,95	8,64	6,86
1	2,11	2,65	2,10	1	4,45	5,55	4,41	1	7,02	8,73	6,93
0	2,17	2,72	2,16	0	4,51	5,63	4,47	0	7,08	8,81	6,99

Interpolationshilfe (rechter Rand):

0,06		0,07		0,08		0,09		0,10	
0,006	1	0,007	1	0,008	1	0,009	1	0,01	1
0,012	2	0,014	2	0,016	2	0,018	2	0,02	2
0,018	3	0,021	3	0,024	3	0,027	3	0,03	3
0,024	4	0,028	4	0,032	4	0,036	4	0,04	4
0,030	5	0,035	5	0,040	5	0,045	5	0,05	5
0,036	6	0,042	6	0,048	6	0,054	6	0,06	6
0,042	7	0,049	7	0,056	7	0,063	7	0,07	7
0,048	8	0,056	8	0,064	8	0,072	8	0,08	8
0,056	9	0,063	9	0,072	9	0,081	9	0,09	9

Spezifisches Gewicht $d\left(\frac{15°}{15°}\right)$	Gewichtsprozente Alkohol	Maßprozente Alkohol	Gramm Alkohol in 100 ccm	Spezifisches Gewicht $d\left(\frac{15°}{15°}\right)$	Gewichtsprozente Alkohol	Maßprozente Alkohol	Gramm Alkohol in 100 ccm	Spezifisches Gewicht $d\left(\frac{15°}{15°}\right)$	Gewichtsprozente Alkohol	Maßprozente Alkohol	Gramm Alkohol in 100 ccm
0,9879	7,15	8,89	7,06	4	11,17	13,82	10,96	0,9769	15,65	19,24	15,27
8	7,22	8,98	7,12	3	11,25	13,91	11,04	8	15,73	19,34	15,35
7	7,29	9,06	7,19	2	11,33	14,01	11,12	7	15,81	19,44	15,43
6	7,36	9,15	7,26	1	11,40	14,10	11,19	6	15,90	19,55	15,51
5	7,42	9,23	7,33	0	11,48	14,20	11,27	5	15,98	19,65	15,59
4	7,49	9,32	7,39	0,9819	11,56	14,29	11,34	4	16,06	19,75	15,67
3	7,56	9,40	7,46	8	11,64	14,39	11,42	3	16,15	19,85	15,75
2	7,63	9,48	7,53	7	11,72	14,48	11,49	2	16,23	19,95	15,83
1	7,70	9,57	7,60	6	11,80	14,58	11,57	1	16,32	20,05	15,91
0	7,77	9,66	7,66	5	11,88	14,68	11,65	0	16,40	20,15	15,99
0,9869	7,84	9,74	7,73	4	11,96	14,77	11,72	0,9759	16,48	20,25	16,07
8	7,91	9,83	7,80	3	12,04	14,87	11,80	8	16,57	20,35	16,15
7	7,98	9,91	7,87	2	12,12	14,97	11,88	7	16,65	20,45	16,23
6	8,05	10,00	7,94	1	12,20	15,07	11,96	6	16,73	20,55	16,31
5	8,12	10,09	8,00	0	12,28	15,16	12,03	5	16,82	20,65	16,39
4	8,19	10,17	8,07	0,9809	12,36	15,26	12,11	4	16,90	20,75	16,47
3	8,26	10,26	8,14	8	12,44	15,36	12,19	3	16,98	20,86	16,55
2	8,33	10,35	8,21	7	12,52	15,46	12,27	2	17,07	20,96	16,63
1	8,41	10,43	8,28	6	12,60	15,55	12,34	1	17,15	21,06	16,71
0	8,48	10,52	8,35	5	12,68	15,65	12,42	0	17,23	21,16	16,79
0,9859	8,55	10,61	8,42	4	12,76	15,75	12,50	0,9749	17,32	21,26	16,87
8	8,62	10,70	8,49	3	12,84	15,85	12,58	8	17,40	21,36	16,95
7	8,69	10,79	8,56	2	12,92	15,95	12,65	7	17,49	21,46	17,03
6	8,76	10,88	8,63	1	13,00	16,04	12,73	6	17,57	21,56	17,11
5	8,84	10,96	8,70	0	13,08	16,14	12,81	5	17,65	21,66	17,19
4	8,91	11,05	8,77	0,9799	13,16	16,24	12,89	4	17,73	21,76	17,27
3	8,98	11,14	8,84	8	13,25	16,34	12,97	3	17,82	21,86	17,35
2	9,06	11,23	8,91	7	13,33	16,44	13,05	2	17,90	21,96	17,42
1	9,13	11,32	8,98	6	13,41	16,54	13,13	1	17,98	22,06	17,50
0	9,20	11,41	9,06	5	13,49	16,64	13,20	0	18,07	22,16	17,58
0,9849	9,28	11,50	9,13	4	13,57	16,74	13,28	0,9739	18,15	22,26	17,66
8	9,35	11,59	9,20	3	13,66	16,84	13,36	8	18,23	22,35	17,74
7	9,42	11,68	9,27	2	13,74	16,94	13,44	7	18,32	22,45	17,82
6	9,50	11,77	9,34	1	13,82	17,04	13,52	6	18,40	22,55	17,90
5	9,57	11,86	9,42	0	13,90	17,14	13,60	5	18,48	22,65	17,98
4	9,65	11,95	9,49	0,9789	13,98	17,24	13,68	4	18,56	22,75	18,05
3	9,72	12,05	9,56	8	14,07	17,34	13,76	3	18,65	22,85	18,13
2	9,80	12,14	9,63	7	14,15	17,44	13,84	2	18,73	22,95	18,21
1	9,87	12,23	9,70	6	14,23	17,54	13,92	1	18,81	23,05	18,29
0	9,94	12,32	9,78	5	14,32	17,64	14,00	0	18,89	23,14	18,37
0,9839	10,02	12,41	9,85	4	14,40	17,74	14,08	0,9729	18,98	23,24	18,45
8	10,10	12,50	9,92	3	14,48	17,84	14,15	8	19,06	23,34	18,52
7	10,17	12,59	9,99	2	14,56	17,94	14,23	7	19,14	23,44	18,60
6	10,25	12,69	10,07	1	14,65	18,04	14,31	6	19,22	23,54	18,68
5	10,32	12,78	10,14	0	14,73	18,14	14,39	5	19,30	23,63	18,76
4	10,40	12,88	10,22	0,9779	14,81	18,24	14,47	4	19,39	23,73	18,84
3	10,48	12,97	10,29	8	14,90	18,34	14,55	3	19,47	23,83	18,91
2	10,55	13,06	10,36	7	14,98	18,44	14,63	2	19,55	23,93	18,99
1	10,63	13,16	10,44	6	15,06	18,54	14,71	1	19,63	24,02	19,07
0	10,71	13,25	10,52	5	15,15	18,64	14,79	0	19,71	24,12	19,14
0,9829	10,78	13,34	10,59	4	15,23	18,74	14,87	0,9719	19,79	24,22	19,22
8	10,86	13,44	10,66	3	15,31	18,84	14,95	8	19,87	24,32	19,30
7	10,94	13,53	10,74	2	15,40	18,94	15,03	7	19,95	24,41	19,37
6	11,01	13,63	10,81	1	15,48	19,04	15,11	6	20,04	24,51	19,45
5	11,09	13,72	10,89	0	15,56	19,14	15,19	5	20,12	24,60	19,53

Proportionaltäfelchen (Randtabellen):

0,06		0,07		0,08		0,09	
1	0,006	1	0,007	1	0,008	1	0,009
2	0,012	2	0,014	2	0,016	2	0,018
3	0,018	3	0,021	3	0,024	3	0,027
4	0,024	4	0,028	4	0,032	4	0,036
5	0,030	5	0,035	5	0,040	5	0,045
6	0,036	6	0,042	6	0,048	6	0,054
7	0,042	7	0,049	7	0,056	7	0,063
8	0,048	8	0,056	8	0,064	8	0,072
9	0,054	9	0,063	9	0,072	9	0,081

Spezifisches Gewicht $d\left(\frac{15°}{15°}\right)$	Gewichtsprozente Alkohol	Maßprozente Alkohol	Gramm Alkohol in 100 ccm	Spezifisches Gewicht $d\left(\frac{15°}{15°}\right)$	Gewichtsprozente Alkohol	Maßprozente Alkohol	Gramm Alkohol in 100 ccm	Spezifisches Gewicht $d\left(\frac{15°}{15°}\right)$	Gewichtsprozente Alkohol	Maßprozente Alkohol	Gramm Alkohol in 100 ccm
4	20,20	24,70	19,60	0,9659	24,44	29,72	23,59	4	28,26	34,17	27,12
3	20,28	24,80	19,68	8	24,51	29,81	23,65	3	28,33	34,25	27,18
2	20,36	24,89	19,76	7	24,59	29,89	23,72	2	28,39	34,33	27,24
1	20,44	24,99	19,83	6	24,66	29,98	23,79	1	28,46	34,40	27,30
0	20,52	25,08	19,91	5	24,73	30,06	23,86	0	28,52	34,47	27,36
0,9709	20,60	25,18	19,98	4	24,80	30,15	23,93	0,9599	28,59	34,55	27,42
8	20,68	25,27	20,06	3	24,88	30,23	23,99	8	28,65	34,63	27,48
7	20,76	25,37	20,13	2	24,95	30,32	24,06	7	28,72	34,70	27,54
6	20,84	25,47	20,21	1	25,02	30,40	24,13	6	28,78	34,78	27,60
5	20,92	25,56	20,28	0	25,09	30,49	24,19	5	28,85	34,85	27,66
4	21,00	25,66	20,36	0,9649	25,17	30,57	24,26	4	28,91	34,93	27,72
3	21,08	25,75	20,43	8	25,24	30,66	24,33	3	28,98	35,00	27,78
2	21,16	25,84	20,51	7	25,31	30,74	24,39	2	29,04	35,08	27,84
1	21,24	25,94	20,58	6	25,38	30,82	24,46	1	29,11	35,15	27,89
0	21,32	26,03	20,66	5	25,45	30,91	24,53	0	29,17	35,22	27,95
0,9699	21,40	26,13	20,73	4	25,52	30,99	24,59	0,9589	29,24	35,30	28,01
8	21,47	26,22	20,81	3	25,59	31,07	24,66	8	29,30	35,37	28,07
7	21,55	26,31	20,88	2	25,66	31,16	24,73	7	29,36	35,44	28,13
6	21,63	26,41	20,96	1	25,74	31,24	24,79	6	29,43	35,52	28,19
5	21,71	26,50	21,03	0	25,81	31,32	24,85	5	29,49	35,59	28,24
4	21,79	26,59	21,10	0,9639	25,88	31,41	24,92	4	29,56	35,66	28,30
3	21,87	26,69	21,18	8	25,95	31,49	24,99	3	29,62	35,74	28,36
2	21,94	26,78	21,25	7	26,02	31,57	25,05	2	29,68	35,81	28,42
1	22,02	26,87	21,32	6	26,09	31,65	25,12	1	29,75	35,88	28,47
0	22,10	26,96	21,40	5	26,16	31,73	25,18	0	29,81	35,95	28,53
0,9689	22,18	27,05	21,47	4	26,23	31,81	25,25	0,9579	29,87	36,03	28,59
8	22,25	27,14	21,54	3	26,30	31,89	25,31	8	29,94	36,10	28,65
7	22,33	27,24	21,61	2	26,37	31,98	25,37	7	30,00	36,17	28,70
6	22,41	27,33	21,69	1	26,44	32,06	25,44	6	30,06	36,24	28,76
5	22,49	27,42	21,76	0	26,51	32,14	25,50	5	30,12	36,31	28,82
4	22,56	27,51	21,83	0,9629	26,57	32,22	25,56	4	30,18	36,38	28,87
3	22,64	27,60	21,90	8	26,64	32,30	25,63	3	30,25	36,46	28,93
2	22,72	27,69	21,98	7	26,71	32,38	25,69	2	30,31	36,53	28,99
1	22,79	27,78	22,05	6	26,78	32,46	25,76	1	30,37	36,60	29,04
0	22,87	27,87	22,12	5	26,85	32,54	25,82	0	30,43	36,67	29,10
0,9679	22,95	27,96	22,19	4	26,92	32,62	25,88	0,9569	30,50	36,74	29,16
8	23,02	28,05	22,26	3	26,99	32,70	25,95	8	30,56	36,81	29,21
7	23,10	28,14	22,33	2	27,05	32,78	26,01	7	30,62	36,88	29,27
6	23,17	28,23	22,40	1	27,12	32,85	26,07	6	30,68	36,95	29,33
5	23,25	28,32	22,47	0	27,19	32,93	26,13	5	30,74	37,02	29,38
4	23,32	28,41	22,54	0,9619	27,26	33,01	26,20	4	30,81	37,09	29,44
3	23,40	28,50	22,61	8	27,33	33,09	26,26	3	30,87	37,16	29,49
2	23,47	28,59	22,68	7	27,39	33,17	26,32	2	30,93	37,23	29,55
1	23,55	28,67	22,75	6	27,46	33,25	26,38	1	30,99	37,30	29,60
0	23,63	28,76	22,82	5	27,53	33,33	26,45	0	31,05	37,37	29,66
0,9669	23,70	28,85	22,89	4	27,60	33,40	26,51	0,9559	31,11	37,44	29,71
8	32,77	28,94	22,96	3	27,66	33,48	26,57	8	31,17	37,51	29,77
7	23,85	29,03	23,03	2	27,73	33,56	26,63	7	31,23	37,58	29,82
6	23,92	29,11	23,10	1	27,80	33,64	26,69	6	31,29	37,65	29,88
5	24,00	29,20	23,17	0	27,86	33,71	26,75	5	31,36	37,72	29,93
4	24,07	29,29	23,24	0,9609	27,93	33,79	26,82	4	31,42	37,79	29,99
3	24,15	29,38	23,31	8	28,00	33,87	26,88	3	31,48	37,86	30,04
2	24,22	29,46	23,38	7	28,06	33,94	26,94	2	31,54	37,93	30,10
1	24,29	29,55	23,45	6	28,13	34,02	27,00	1	31,60	38,00	30,15
0	24,37	29,64	23.52	5	28,19	34,10	27,06	0	31,66	38,06	30,21

Proportionalteile (rechte Randspalte):

0,04

1	0,004
2	0,008
3	0,012
4	0,016
5	0,020
6	0,024
7	0,028
8	0,032
9	0,036

0,05

1	0,005
2	0,010
3	0,015
4	0,020
5	0,025
6	0,030
7	0,035
8	0,040
9	0,045

0,06

1	0,006
2	0,012
3	0,018
4	0,024
5	0,030
6	0,036
7	0,042
8	0,048
9	0,054

0,07

1	0,007
2	0,014
3	0,021
4	0,028
5	0,035
6	0,042
7	0,049
8	0,056
9	0,063

Proportionale Teile (Randtabellen):

0,03		0,04		0,05		0,06	
1	0,003	1	0,004	1	0,005	1	0,005
2	0,006	2	0,008	2	0,010	2	0,012
3	0,009	3	0,012	3	0,015	3	0,018
4	0,012	4	0,016	4	0,020	4	0,024
5	0,015	5	0,020	5	0,025	5	0,030
6	0,018	6	0,024	6	0,030	6	0,036
7	0,021	7	0,028	7	0,035	7	0,042
8	0,024	8	0,032	8	0,040	8	0,048
9	0,027	9	0,036	9	0,045	9	0,054

Spezifisches Gewicht $d\left(\frac{15°}{15°}\right)$	Gewichtsprozente Alkohol	Maßprozente Alkohol	Gramm Alkohol in 100 ccm
0,9549	31,72	38,13	30,26
8	31,78	38,20	30,31
7	31,84	38,27	30,37
6	31,90	38,34	30,42
5	31,96	38,40	30,48
4	32,01	38,47	30,53
3	32,07	38,54	30,58
2	32,13	38,61	30,64
1	32,19	38,67	30,69
0	32,25	38,74	30,74
0,9539	32,31	38,81	30,80
8	32,37	38,88	30,85
7	32,43	38,94	30,90
6	32,49	39,01	30,96
5	32,55	39,07	31,01
4	32,61	39,14	31,06
3	32,67	39,21	31,11
2	32,72	39,27	31,17
1	32,78	39,34	31,22
0	32,84	39,40	31,27
0,9529	32,90	39,47	31,32
8	32,96	39,54	31,38
7	33,02	39,60	31,43
6	33,07	39,67	31,48
5	33,13	39,73	31,53
4	33,19	39,80	31,58
3	33,25	39,86	31,63
2	33,31	39,93	31,69
1	33,36	39,99	31,74
0	33,42	40,06	31,79
0,9519	33,48	40,12	31,84
8	33,54	40,19	31,89
7	33,59	40,25	31,94
6	33,65	40,32	32,00
5	33,71	40,38	32,05
4	33,76	40,44	32,10
3	33,82	40,51	32,15
2	33,88	40,57	32,20
1	33,94	40,64	32,25
0	33,99	40,70	32,30
0,9509	34,05	40,76	32,35
8	34,11	40,83	32,40
7	34,16	40,89	32,45
6	34,22	40,96	32,50
5	34,28	41,02	32,55
4	34,33	41,08	32,60
3	34,39	41,15	32,65
2	34,44	41,21	32,70
1	34,50	41,27	32,75
0	34,56	41,33	32,80
0,9499	34,61	41,40	32,85
8	34,67	41,46	32,90
7	34,72	41,52	32,95
6	34,78	41,58	33,00
5	34,84	41,64	33,05

Spezifisches Gewicht $d\left(\frac{15°}{15°}\right)$	Gewichtsprozente Alkohol	Maßprozente Alkohol	Gramm Alkohol in 100 ccm
4	34,89	41,71	33,10
3	34,95	41,77	33,15
2	35,00	41,83	33,20
1	35,06	41,89	33,25
0	35,11	41,95	33,30
0,9489	35,17	42,02	33,34
8	35,22	42,08	33,39
7	35,28	42,14	33,44
6	35,33	42,20	33,49
5	35,39	42,26	33,54
4	35,44	42,32	33,59
3	35,50	42,39	33,64
2	35,55	42,45	33,69
1	35,61	42,51	33,73
0	35,66	42,57	33,78
0,9479	35,72	42,63	33,83
8	35,77	42,69	33,88
7	35,83	42,75	33,92
6	35,88	42,81	33,97
5	35,94	42,87	34,02
4	35,99	42,93	34,07
3	36,04	42,99	34,12
2	36,10	43,05	34,16
1	36,15	43,11	34,21
0	36,21	43,17	34,26
0,9469	36,26	43,23	34,31
8	36,32	43,29	34,35
7	36,37	43,35	34,40
6	36,42	43,41	34,45
5	36,48	43,47	34,50
4	36,53	43,53	34,54
3	36,58	43,59	34,59
2	36,64	43,65	34,64
1	36,69	43,71	34,69
0	36,75	43,77	34,73
0,9459	36,80	43,83	34,78
8	36,85	43,88	34,83
7	36,91	43,94	34,87
6	36,96	44,00	34,92
5	37,01	44,06	34,96
4	37,06	44,12	35,01
3	37,12	44,18	35,06
2	37,17	44,23	35,10
1	37,22	44,29	35,15
0	37,28	44,35	35,20
0,9449	37,33	44,41	35,24
8	37,38	44,47	35,29
7	37,44	44,53	35,34
6	37,49	44,59	35,38
5	37,54	44,64	35,43
4	37,59	44,70	35,47
3	37,65	44,76	35,52
2	37,70	44,82	35,57
1	37,75	44,87	35,61
0	37,80	44,93	35,66

Spezifisches Gewicht $d\left(\frac{15°}{15°}\right)$	Gewichtsprozente Alkohol	Maßprozente Alkohol	Gramm Alkohol in 100 ccm
0,9439	37,86	44,99	35,70
8	37,91	45,05	35,75
7	37,96	45,10	35,79
6	38,01	45,16	35,84
5	38,07	45,22	35,88
4	38,12	45,28	35,93
3	38,17	45,33	35,97
2	38,22	45,39	36,02
1	38,27	45,45	36,06
0	38,33	45,50	36,11
0,9429	38,38	45,56	36,16
8	38,43	45,62	36,20
7	38,48	45,67	36,25
6	38,53	45,73	36,29
5	38,59	45,79	36,34
4	38,64	45,84	36,38
3	38,69	45,90	36,43
2	38,74	45,95	36,47
1	38,79	46,01	36,51
0	38,84	46,07	36,56
0,9419	38,89	46,12	36,60
8	38,94	46,18	36,65
7	39,00	46,24	36,69
6	39,05	46,29	36,74
5	39,10	46,35	36,78
4	39,15	46,40	36,82
3	39,20	46,46	36,87
2	39,25	46,51	36,91
1	39,30	46,57	36,96
0	39,35	46,63	37,00
0,9409	39,40	46,68	37,05
8	39,46	46,74	37,09
7	39,51	46,79	37,13
6	39,56	46,85	37,18
5	39,61	46,90	37,22
4	39,66	46,96	37,26
3	39,71	47,01	37,31
2	39,76	47,07	37,35
1	39,81	47,12	37,39
0	39,86	47,18	37,44
0,9399	39,91	47,23	37,48
8	39,96	47,29	37,53
7	40,01	47,34	37,57
6	40,06	47,40	37,61
5	40,11	47,45	37,66
4	40,16	47,51	37,70
3	40,22	47,56	37,74
2	40,27	47,61	37,79
1	40,32	47,67	37,83
0	40,37	47,72	37,87
0,9389	40,42	47,78	37,92
8	40,47	47,83	37,96
7	40,52	47,89	38,00
6	40,57	47,94	38,04
5	40,62	47,99	38,09

Spezifisches Gewicht $d\left(\frac{15°}{15°}\right)$	Gewichtsprozente Alkohol	Maßprozente Alkohol	Gramm Alkohol in 100 ccm
4	40,67	48,05	38,13
3	40,72	48,10	38,17
2	40,77	48,15	38,21
1	40,82	48,21	38,26
0	40,87	48,26	38,30
0,9379	**40,92**	**48,32**	**38,34**
8	40,97	48,37	38,38
7	41,01	48,42	38,43
6	41,06	48,48	38,47
5	41,11	48,53	38,51
4	41,16	48,58	38,55
3	41,21	48,64	38,60
2	41,26	48,69	38,64
1	41,31	48,74	38,68
0	41,36	48,80	38,72
0,9369	**41,41**	**48,85**	**38,77**
8	41,46	48,90	38,81
7	41,51	48,96	38,85
6	41,56	49,01	38,89
5	41,61	49,06	38,93
4	41,66	49,11	38,98
3	41,71	49,17	39,02
2	41,76	49,22	39,06
1	41,81	49,27	39,10
0	41,85	49,33	39,14
0,9359	**41,90**	**49,38**	**39,18**
8	41,95	49,43	39,23
7	42,00	49,48	39,27
6	42,05	49,53	39,31
5	42,10	49,59	39,35
4	42,15	49,64	39,39
3	42,20	49,69	39,43
2	42,25	49,74	39,47
1	42,30	49,80	39,52
0	42,34	49,85	39,56
0,9349	**42,39**	**49,90**	**39,60**
8	42,44	49,95	39,64
7	42,49	50,00	39,68
6	42,54	50,06	39,72
5	42,59	50,11	39,76
4	42,64	50,16	39,81
3	42,68	50,21	39,85
2	42,73	50,26	39,89
1	42,78	50,31	39,93
0	42,83	50,37	39,97
0,9339	**42,88**	**50,42**	**40,01**
8	42,93	50,47	40,05
7	42,98	50,52	40,09
6	43,02	50,57	40,13
5	43,07	50,62	40,17
4	43,12	50,68	40,22
3	43,17	50,73	40,26
2	43,22	50,78	40,30
1	43,27	50,83	40,34
0	43,31	50,88	40,38

Spezifisches Gewicht $d\left(\frac{15°}{15°}\right)$	Gewichtsprozente Alkohol	Maßprozente Alkohol	Gramm Alkohol in 100 ccm
0,9329	**43,36**	**50,93**	**40,42**
8	43,41	50,98	40,46
7	43,46	51,03	40,50
6	43,51	51,08	40,54
5	43,55	51,14	40,58
4	43,60	51,19	40,62
3	43,65	51,24	40,66
2	43,70	51,29	40,70
1	43,75	51,34	40,74
0	43,79	51,39	40,78
0,9319	**43,84**	**51,44**	**40,82**
8	43,89	51,49	40,86
7	43,94	51,54	40,90
6	43,99	51,59	40,94
5	44,03	51,64	40,98
4	44,08	51,69	41,02
3	44,13	51,74	41,06
2	44,18	51,79	41,10
1	44,22	51,84	41,14
0	44,27	51,89	41,18
0,9309	**44,32**	**51,94**	**41,22**
8	44,37	51,99	41,26
7	44,41	52,04	41,30
6	44,46	52,09	41,34
5	44,51	52,14	41,38
4	44,56	52,19	41,42
3	44,60	52,24	41,46
2	44,65	52,29	41,50
1	44,70	52,34	41,54
0	44,75	52,39	41,58
0,9299	**44,79**	**52,44**	**41,62**
8	44,84	52,49	41,66
7	44,89	52,54	41,70
6	44,94	52,59	41,74
5	44,98	52,64	41,78
4	45,03	52,69	41,82
3	45,08	52,74	41,86
2	45,13	52,79	41,90
1	45,17	52,84	41,93
0	45,22	52,89	41,97
0,9289	**45,27**	**52,94**	**42,01**
8	45,31	52,99	42,05
7	45,36	53,04	42,09
6	45,41	53,09	42,13
5	45,46	53,14	42,17
4	45,50	53,19	42,21
3	45,55	53,24	42,25
2	45,60	53,29	42,29
1	45,64	53,34	42,33
0	45,69	53,39	42,37
0,9279	**45,74**	**53,43**	**42,40**
8	45,78	53,48	42,44
7	45,83	53,53	42,48
6	45,88	53,58	42,52
5	45,93	53,63	42,56

Spezifisches Gewicht $d\left(\frac{15°}{15°}\right)$	Gewichtsprozente Alkohol	Maßprozente Alkohol	Gramm Alkohol in 100 ccm
4	45,97	53,68	42,60
3	46,02	53,73	42,64
2	46,07	53,78	42,68
1	46,11	53,83	42,72
0	46,16	53,88	42,76
0,9269	**46,21**	**53,92**	**42,79**
8	46,25	53,97	42,83
7	46,30	54,02	42,87
6	46,35	54,07	42,91
5	46,39	54,12	42,95
4	46,44	54,17	42,98
3	46,49	54,21	43,02
2	46,53	54,26	43,06
1	46,58	54,31	43,10
0	46,63	54,36	43,14
0,9259	**46,67**	**54,41**	**43,18**
8	46,72	54,46	43,22
7	46,77	54,50	43,25
6	46,81	54,55	43,29
5	46,86	54,60	43,33
4	46,90	54,65	43,37
3	46,95	54,70	43,41
2	47,00	54,75	43,45
1	47,04	54,80	43,48
0	47,09	54,84	43,52
0,9249	**47,14**	**54,89**	**43,56**
8	47,18	54,94	43,60
7	47,23	54,99	43,64
6	47,28	55,03	43,67
5	47,32	55,08	43,71
4	47,37	55,13	43,75
3	47,41	55,18	43,79
2	47,46	55,23	43,83
1	47,51	55,27	43,86
0	47,55	55,32	43,90
0,9239	**47,60**	**55,37**	**43,94**
8	47,64	55,42	43,98
7	47,69	55,46	44,01
6	47,74	55,51	44,05
5	47,78	55,56	44,09
4	47,83	55,61	44,13
3	47,88	55,65	44,17
2	47,92	55,70	44,20
1	47,97	55,75	44,24
0	48,01	55,80	44,28
0,9229	**48,06**	**55,84**	**44,32**
8	48,10	55,89	44,36
7	48,15	55,94	44,39
6	48,20	55,99	44,43
5	48,24	56,03	44,47
4	48,29	56,08	44,50
3	48,33	56,13	44,54
2	48,38	56,18	44,58
1	48,43	56,22	44,62
0	48,47	56,27	44,65

Proportionalteile:

0,03		0,04		0,05	
1	0,003	1	0,004	1	0,005
2	0,006	2	0,008	2	0,010
3	0,009	3	0,012	3	0,015
4	0,012	4	0,016	4	0,020
5	0,015	5	0,020	5	0,025
6	0,018	6	0,024	6	0,030
7	0,021	7	0,028	7	0,035
8	0,024	8	0,032	8	0,040
9	0,027	9	0,036	9	0,045

Spezifisches Gewicht $d\left(\tfrac{15°}{15°}\right)$	Gewichtsprozente Alkohol	Maßprozente Alkohol	Gramm Alkohol in 100 ccm	Spezifisches Gewicht $d\left(\tfrac{15°}{15°}\right)$	Gewichtsprozente Alkohol	Maßprozente Alkohol	Gramm Alkohol in 100 ccm	Spezifisches Gewicht $d\left(\tfrac{15°}{15°}\right)$	Gewichtsprozente Alkohol	Maßprozente Alkohol	Gramm Alkohol in 100 ccm
0,9219	48,52	56,32	44,69	4	51,02	58,86	46,71	0,9109	53,48	61,33	48,67
8	48,56	56,36	44,73	3	51,06	58,91	46,75	8	53,52	61,37	48,71
7	48,61	56,41	44,77	2	51,11	58,95	46,78	7	53,57	61,42	48,74
6	48,66	56,46	44,80	1	51,15	59,00	46,82	6	53,61	61,46	48,78
5	48,70	56,50	44,84	0	51,20	59,05	46,86	5	53,65	61,51	48,81
4	48,75	56,55	44,88	0,9159	51,24	59,09	46,89	4	53,70	61,55	48,85
3	48,79	56,60	44,92	8	51,29	59,14	46,93	3	53,74	61,60	48,88
2	48,84	56,64	44,95	7	51,33	59,18	46,96	2	53,79	61,64	48,92
1	48,88	56,69	44,99	6	51,38	59,23	47,00	1	53,83	61,68	48,95
0	48,93	56,74	45,03	5	51,42	59,27	47,04	0	53,88	61,73	48,99
0,9209	48,98	56,78	45,06	4	51,47	59,32	47,07	0,9099	53,92	61,77	49,02
8	49,02	56,83	45,10	3	51,51	59,36	47,11	8	53,97	61,82	49,06
7	49,07	56,88	45,14	2	51,56	59,41	47,14	7	54,01	61,86	49,09
6	49,11	56,93	45,17	1	51,60	59,45	47,18	6	54,05	61,90	49,13
5	49,16	56,97	45,21	0	51,65	59,50	47,22	5	54,10	61,95	49,16
4	49,20	57,02	45,25	0,9149	51,69	59,54	47,25	4	54,14	61,99	49,20
3	49,25	57,07	45,29	8	51,73	59,59	47,29	3	54,19	62,04	49,23
2	49,29	57,11	45,32	7	51,78	59,63	47,32	2	54,23	62,08	49,27
1	49,34	57,16	45,36	6	51,82	59,68	47,36	1	54,28	62,13	49,30
0	49,39	57,21	45,40	5	51,87	59,72	47,39	0	54,32	62,17	49,33
0,9199	49,43	57,25	45,43	4	51,91	59,77	47,43	0,9089	54,36	62,21	49,37
8	49,48	57,30	45,47	3	51,96	59,81	47,47	8	54,41	62,26	49,41
7	49,52	57,34	45,51	2	52,00	59,86	47,50	7	54,45	62,30	49,44
6	49,57	57,39	45,54	1	52,05	59,90	47,54	6	54,50	62,34	49,47
5	49,61	57,44	45,58	0	52,09	59,95	47,57	5	54,54	62,39	49,51
4	49,66	57,48	45,62	0,9139	52,14	59,99	47,61	4	54,59	62,43	49,54
3	49,70	57,53	45,66	8	52,18	60,04	47,64	3	54,63	62,47	49,58
2	49,75	57,58	45,69	7	52,23	60,08	47,68	2	54,67	62,52	49,61
1	49,80	57,62	45,73	6	52,27	60,13	47,72	1	54,72	62,56	49,65
0	49,84	57,67	45,76	5	52,32	60,17	47,75	0	54,76	62,61	49,68
0,9189	49,89	57,72	45,80	4	52,36	60,22	47,79	0,9079	54,81	62,65	49,72
8	49,93	57,76	45,84	3	52,41	60,26	47,82	8	54,85	62,69	49,75
7	49,98	57,81	45,87	2	52,45	60,31	47,85	7	54,90	62,74	49,79
6	50,02	57,85	45,91	1	52,50	60,35	47,89	6	54,94	62,78	49,82
5	50,07	57,90	45,95	0	52,54	60,40	47,93	5	54,98	62,82	49,86
4	50,11	57,95	45,98	0,9129	52,59	60,44	47,96	4	55,03	62,87	49,89
3	50,16	57,99	46,02	8	52,63	60,49	48,00	3	55,07	62,91	49,92
2	50,20	58,04	46,06	7	52,67	60,53	48,04	2	55,12	62,95	49,96
1	50,25	58,08	46,09	6	52,72	60,58	48,07	1	55,16	63,00	49,99
0	50,29	58,13	46,13	5	52,76	60,62	48,11	0	55,20	63,04	50,03
0,9179	50,34	58,18	46,17	4	52,81	60,67	48,14	0,9069	55,25	63,08	50,06
8	50,38	58,22	46,20	3	52,85	60,71	48,18	0,9065	55,43	63,26	50,20
7	50,43	58,27	46,24	2	52,90	60,75	48,21	0,9060	55,65	63,47	50,37
6	50,47	58,31	46,28	1	52,94·	60,80	48,25	0,9055	55,87	63,69	50,54
5	50,52	58,36	46,31	0	52,99	60,84	48,28	0,9050	56,09	63,91	50,71
4	50,57	58,41	46,35	0,9119	53,03	60,89	48,32	0,9045	56,31	64,12	50,89
3	50,61	58,45	46,39	8	53,08	60,93	48,35	0,9040	56,52	64,34	51,06
2	50,66	58,50	46,42	7	53,12	60,98	48,39	0,9035	56,74	64,55	51,23
1	50,70	58,54	46,46	6	53,17	61,02	48,42	0,9030	56,96	64,76	51,39
0	50,75	58,59	46,49	5	53,21	61,06	48,46	0,9025	57,18	64,98	51,56
0,9169	50,79	58,63	46,53	4	53,25	61,11	48,49	0,9020	57,40	65,19	51,73
8	50,84	58,68	46,57	3	53,30	61,15	48,53	0,9015	57,62	65,40	51,90
7	50,88	58,73	46,60	2	53,34	61,20	48,56	0,9010	57,84	65,61	52,07
6	50,93	58,77	46,64	1	53,39	61,24	48,60	0,9005	58,06	65,82	52,24
5	50,97	58,82	46,67	0	53,43	61,29	48,64				

Proportionalteile (Randtabelle):

	0,03	0,04	0,05
1	0,003	0,004	0,005
2	0,006	0,008	0,010
3	0,009	0,012	0,015
4	0,012	0,016	0,020
5	0,015	0,020	0,025
6	0,018	0,024	0,030
7	0,021	0,028	0,035
8	0,024	0,032	0,040
9	0,027	0,036	0,045

Spezifisches Gewicht $d\left(\frac{15^\circ}{15^\circ}\right)$	Gewichtsprozente Alkohol	Maßprozente Alkohol	Gramm Alkohol in 100 ccm	Spezifisches Gewicht $d\left(\frac{15^\circ}{15^\circ}\right)$	Gewichtsprozente Alkohol	Maßprozente Alkohol	Gramm Alkohol in 100 ccm	Spezifisches Gewicht $d\left(\frac{15^\circ}{15^\circ}\right)$	Gewichtsprozente Alkohol	Maßprozente Alkohol	Gramm Alkohol in 100 ccm
0,9000	58,27	66.03	52,40	0,8725	70,06	76,97	61,08	0,8450	81,43	86,63	68,75
0,8995	58,49	66,24	52,57	0,8720	70,27	77,15	61,23	0,8445	81,63	86,79	68,88
0,8990	58,71	66,45	52,74	0,8715	70,48	77,34	61,38	0,8440	81,83	86,95	69,00
0,8985	58,93	66,66	52,90	0,8710	70,70	77,53	61,52	0,8435	82,03	87,11	69,13
0,8980	59,15	66,87	53,07	0,8705	70,91	77,71	61,67	0,8430	82,23	87,28	69,26
0,8975	59,36	67,08	53,23	0,8700	71,12	77,90	61,82	0,8425	82,43	87,44	69,39
0,8970	59,58	67,29	53,40	0,8695	71,33	78,08	61,97	0,8420	82,63	87,60	69,52
0,8965	59,80	67,50	53,56	0,8690	71,54	78,27	62,11	0,8415	82,83	87,76	69,64
0,8960	60,02	67,70	53,73	0,8685	71,74	78,45	62,26	0,8410	83,03	87,92	69,77
0,8955	60,23	67,91	53,89	0,8680	71,95	78,64	62,40	0,8405	83,23	88,08	69,90
0,8950	60,45	68,12	54,05	0,8675	72,16	78,82	62,55	0,8400	83,43	88,23	70,02
0,8945	60,66	68,32	54,22	0,8670	72,37	79,00	62,69	0,8395	83,63	88,39	70,15
0,8940	60,88	68,53	54,38	0,8665	72,58	79,18	62,84	0,8390	83,83	88,55	70,27
0,8935	61,10	68,73	54,54	0,8660	72,79	79,37	62,98	0,8385	84,03	88,71	70,40
0,8930	61,31	68,94	54,71	0,8655	73,00	79,55	63,13	0,8380	84,22	88,86	70,52
0,8925	61,53	69,14	54,87	0,8650	73,21	79,73	63,27	0,8375	84,42	89,02	70,65
0,8920	61,75	69,34	55,03	0,8645	73,42	79,91	63,41	0,8370	84,62	89,18	70,77
0,8915	61,96	69,55	55,19	0,8640	73,63	80,09	63,56	0,8365	84,82	89,33	70,89
0,8910	62,18	69,75	55,35	0,8635	73,83	80,27	63,70	0,8360	85,01	89,48	71,01
0,8905	62,39	69,95	55,51	0,8630	74,04	80,45	63,85	0,8355	85,21	89,64	71,14
0,8900	62,61	70,16	55,67	0,8625	74,25	80,63	63,99	0,8350	85,41	89,79	71,26
0,8895	62,82	70,36	55,83	0,8620	74,46	80,81	64,13	0,8345	85,60	89,94	71,38
0,8890	63,04	70,56	55,99	0,8615	74,67	80,99	64,27	0,8340	85,80	90,09	71,50
0,8885	63,25	70,76	56,15	0,8610	74,87	81,17	64,41	0,8335	85,99	90,24	71,62
0,8880	63,47	70,96	56,31	0,8605	75,08	81,34	64,55	0,8330	86,19	90,40	71,74
0,8875	63,68	71,16	56,47	0,8600	75 29	81,52	64.69	0,8325	86,38	90,55	71,85
0,8870	63,90	71,36	56,63	0,8595	75,50	81,70	64,84	0,8320	86,58	90,70	71,97
0,8865	64,11	71,56	56,79	0,8590	75,70	81,87	64,97	0,8315	86,77	90,84	72,09
0,8860	64,33	71,76	56,94	0,8585	75,91	82,05	65,11	0,8310	86,97	90,99	72,21
0,8855	64,54	71,96	57,10	0,8580	76,12	82,23	65,25	0,8305	87,16	91,14	72,33
0,8850	64,75	72,15	57,26	0,8575	76,32	82,40	65,39	0,8300	87,35	91,29	72,44
0,8845	64,97	72,35	57,42	0,8570	76,53	82,57	65,53	0,8295	87,55	91,43	72,56
0,8840	65,18	72,55	57,57	0,8565	76,74	82,75	65,67	0,8290	87,74	91,58	72,67
0,8835	65,40	72,74	57,73	0,8560	76,94	82,92	65,81	0,8285	87,93	91,72	72,79
0,8830	65,61	72,94	57,88	0,8555	77,15	83,10	65,94	0,8280	88,12	91,87	72,90
0,8825	65,82	73,14	58,04	0,8550	77,35	83,27	66,08	0,8275	88,31	92,01	73,02
0,8820	66,04	73,33	58,19	0,8545	77,56	83,44	66,22	0,8270	88,50	92,15	73,13
0,8815	66,25	73,53	58,35	0,8540	77,76	83,61	66,36	0,8265	88,69	92,30	73,24
0,8810	66,46	73,72	58,50	0,8535	77,97	83,78	66,49	0,8260	88,88	92,44	73,36
0,8805	66,67	73,92	58,66	0,8530	78,17	83,96	66,63	0,8255	89,07	92,58	73,47
0,8800	66,89	74,11	58,81	0,8525	78,38	84,13	66,76	0,8250	89,26	92,72	73,58
0,8795	67,10	74,30	58,96	0,8520	78,58	84,30	66,90	0,8245	89,45	92,86	73,69
0,8790	67,31	74,49	59,12	0,8515	78,79	84,47	67,03	0,8240	89,64	93,00	73,80
0,8785	67,52	74,69	59,27	0,8510	78,99	84,64	67,16	0,8235	89,83	93,14	73,91
0,8780	67,74	74,88	59,42	0,8505	79,20	84,80	67,30	0,8230	90,02	93,28	74,02
0,8775	67,95	75,07	59,57	0 8500	79,40	84,97	67,43	0,8225	90,20	93,41	74,13
0,8770	68,16	75,26	59,73	0,8495	79,60	85,14	67,57	0,8220	90,39	93,55	74,24
0,8765	68,37	75,45	59,88	0,8490	79,81	85,31	67,70	0,8215	90,58	93,68	74,35
0,8760	68,58	75,64	60,03	0,8485	80,01	85,47	67,83	0,8210	90,76	93,82	74,45
0,8755	68,80	75,84	60,18	0,8480	80,21	85,64	67,96	0,8205	90,95	93,95	74,56
0,8750	69,01	76 02	60,33	0,8475	80,42	85,81	68,09	0,8200	91,13	94,09	74,66
0,8745	69,22	76,21	60,48	0,8470	80,62	85,97	68,23	0,8195	91,32	94,22	74,77
0,8740	69,43	76,40	60,63	0,8465	80,82	86,14	68,36	0,8190	91,50	94,35	74,87
0,8735	69,64	76,59	60,78	0,8460	81,02	86,30	68,49	0,8185	91,68	94,48	74,98
0,8730	69,85	76,78	60,93	0,8455	81,22	86,46	68,62	0,8180	91,87	94,61	75,08

Spezifisches Gewicht $d\left(\frac{15°}{15°}\right)$	Gewichtsprozente Alkohol	Maßprozente Alkohol	Gramm Alkohol in 100 ccm	Spezifisches Gewicht $d\left(\frac{15°}{15°}\right)$	Gewichtsprozente Alkohol	Maßprozente Alkohol	Gramm Alkohol in 100 ccm	Spezifisches Gewicht $d\left(\frac{15°}{15°}\right)$	Gewichtsprozente Alkohol	Maßprozente Alkohol	Gramm Alkohol in 100 ccm
0,8175	92,05	94,75	75,19	**0.8100**	**94,73**	**96.61**	**76,67**	0,8015	97,63	98,52	78,19
0,8170	92,23	94,87	75,29	0,8095	84,90	96,73	76,76	0,8010	97,80	98,63	78,27
0,8165	92,41	95,00	75,39	0,8090	95,08	96,85	76,86	0,8005	97,97	98,74	78,36
0,8160	92,59	95,13	75,49	0,8085	95,25	96,96	76,95	**0,8000**	**98,13**	**98,84**	**78,44**
0,8155	92,77	95,26	75,59	0,8080	95,43	97,08	77,04	0,7995	98,30	98,95	78,52
0,8150	**92,96**	**95,38**	**75,69**	0,8075	95,60	97,19	77,13	0,7990	98,46	99,05	78,61
0,8145	93,13	95,51	75,79	0,8070	95,77	97,31	77,22	0,7985	98,63	99,15	78,69
0,8140	93,31	95,63	75,89	0,8065	95,94	97,42	77,31	0,7980	98,79	99,26	78,77
0,8135	93,49	95,76	75,99	0,8060	96,11	97,54	77,40	0,7975	98,95	99,36	78,85
0,8130	93,67	95,88	76,09	0,8055	96,29	97,65	77,49	0,7970	99,11	99,46	78,93
0,8125	93,85	96,00	76,19	**0.8050**	**96,46**	**97.76**	**77,58**	0,7965	99,28	99,56	79,01
0,8120	94,03	96,13	76,29	0,8045	96,63	97,87	77,67	0,7960	99,44	99,66	79,08
0,8115	94,20	96,25	76,38	0,8040	96,79	97,99	77,76	0,7955	99,60	99,76	79,16
0,8110	94,38	96,37	76,48	0,8035	96,96	98,09	77,85	0,7950	99,76	99,86	79,24
0,8105	94,55	96,49	76,57	0,8030	97,13	98,20	77,93	0,7945	99,92	99,95	79,32
				0,8025	97,30	98,31	78,02	**0,79425**	**100,00**	**100,00**	**79,36**
				0,8020	97,47	98,42	78,10				

Tabelle XII.

Ermittelung des Zucker- (bzw. Extrakt-) Gehaltes wässeriger Zuckerlösungen aus der Dichte bei 15° C nach **K. Windisch** (vgl. S. 471).

Dichte bei 15° C $d\left(\frac{15°}{15°}C\right)$	Gewichtsprozent Zucker	Gramm Zucker in 100 ccm	Dichte bei 15° C $d\left(\frac{15°}{15°}C\right)$	Gewichtsprozent Zucker	Gramm Zucker in 100 ccm	Dichte bei 15° C $d\left(\frac{15°}{15°}C\right)$	Gewichtsprozent Zucker	Gramm Zucker in 100 ccm	Dichte bei 15° C $d\left(\frac{15°}{15°}C\right)$	Gewichtsprozent Zucker	Gramm Zucker in 100 ccm
1,0000	**0,00**	**0,00**	**1,0040**	**1,03**	**1,03**	**1,0080**	**2,05**	**2,07**	**1,0120**	**3,07**	**3,10**
1	0,03	0,03	1	1,05	1,05	1	2,08	2,09	1	3,09	3,12
2	0,05	0,05	2	1,08	1,08	2	2,10	2,12	2	3,12	3,15
3	0,08	0,08	3	1,11	1,11	3	2,13	2,14	3	3,14	3,18
4	0,10	0,10	4	1,13	1,13	4	2,15	2,17	4	3,17	3,20
5	0,13	0,13	5	1,16	1,16	5	2,18	2,19	5	3,19	3,23
6	0,15	0,15	6	1,18	1,18	6	2,20	2,22	6	3,22	3,26
7	0,18	0,18	7	1,21	1,21	7	2,23	2,25	7	3,24	3,28
8	0,21	0,21	8	1,23	1,24	8	2,25	2,27	8	3,27	3,31
9	0,23	0,23	9	1,26	1,26	9	2,28	2,30	9	3,29	3,33
1,0010	**0,26**	**0,26**	**1,0050**	**1,28**	**1,29**	**1,0090**	**2,31**	**2,32**	**1,0130**	**3,32**	**3,36**
1	0,28	0,28	1	1,31	1,32	1	2,33	2,35	1	3,34	3,38
2	0,31	0,31	2	1,34	1,34	2	2,36	2,38	2	3,37	3,41
3	0,34	0,34	3	1,36	1,37	3	2,38	2,40	3	3,39	3,43
4	0,36	0,36	4	1,39	1,39	4	2,41	2,43	4	3,42	3,46
5	0,39	0,39	5	1,41	1,42	5	2,43	2,45	5	3,44	3,49
6	0,41	0,41	6	1,44	1,45	6	2,46	2,48	6	3,47	3,51
7	0,44	0,44	7	1,46	1,47	7	2,48	2,50	7	3,49	3,54
8	0,46	0,46	8	1,49	1,50	8	2,51	2,53	8	3,52	3,56
9	0,49	0,49	9	1,52	1,52	9	2,53	2,56	9	3,54	3,59
1,0020	**0,52**	**0,52**	**1,0060**	**1,54**	**1,55**	**1,0100**	**2,56**	**2,58**	**1,0140**	**3,57**	**3,62**
1	0,54	0,54	1	1,57	1,57	1	2,58	2,61	1	3,59	3,64
2	0,57	0,57	2	1,59	1,60	2	2,61	2,63	2	3,62	3,67
3	0,59	0,59	3	1,62	1,63	3	2,64	2,66	3	3,65	3,69
4	0,62	0,62	4	1,64	1,65	4	2,66	2,69	4	3,67	3,72
5	0,64	0,64	5	1,67	1,68	5	2,69	2,71	5	3,70	3,75
6	0,67	0,67	6	1,69	1,70	6	2,71	2,74	6	3,72	3,77
7	0,69	0,69	7	1,72	1,73	7	2,74	2,76	7	3,75	3,80
8	0,72	0,72	8	1,75	1,76	8	2,76	2,79	8	3,77	3,82
9	0,75	0,75	9	1,77	1,78	9	2,79	2,82	9	3,80	3,85
1,0030	**0,77**	**0,77**	**1,0070**	**1,80**	**1,81**	**1,0110**	**2,81**	**2,84**	**1,0150**	**3,82**	**3,87**
1	0,80	0,80	1	1,82	1,83	1	2,84	2,87	1	3,85	3,90
2	0,82	0,82	2	1,85	1,86	2	2,86	2,89	2	3,87	3,93
3	0,85	0,85	3	1,87	1,88	3	2,89	2,92	3	3,90	3,95
4	0,87	0,87	4	1,90	1,91	4	2,91	2,94	4	3,92	3,98
5	0,90	0,90	5	1,92	1,94	5	2,94	2,97	5	3,95	4,00
6	0,93	0,93	6	1,95	1,96	6	2,96	3,00	6	3,97	4,03
7	0,95	0,95	7	1,97	1,99	7	2,99	3,02	7	4,00	4,06
8	0,98	0,98	8	2,00	2,01	8	3,02	3,05	8	4,02	4,08
9	1,00	1,00	9	2,03	2,04	9	3,04	3,07	9	4,05	4,11

Dichte bei 15° C $d\left(\frac{15°}{15°}C\right)$	Gewichtsprozent Zucker	Gramm Zucker in 100 ccm	Dichte bei 15° C $d\left(\frac{15°}{15°}C\right)$	Gewichtsprozent Zucker	Gramm Zucker in 100 ccm	Dichte bei 15° C $d\left(\frac{15°}{15°}C\right)$	Gewichtsprozent Zucker	Gramm Zucker in 100 ccm	Dichte bei 15° C $d\left(\frac{15°}{15°}C\right)$	Gewichtsprozent Zucker	Gramm Zucker in 100 ccm
1,0160	4,07	4,13	5	5,45	5,56	1,0270	6,80	6,98	5	8,15	8,40
1	4,10	4,16	6	5,47	5,58	1	6,83	7,01	6	8,17	8,43
2	4,12	4,19	7	5,50	5,61	2	6,85	7,03	7	8,20	8,46
3	4,15	4,21	8	5,52	5,64	3	6,88	7,06	8	8,22	8,48
4	4,17	4,24	9	5,55	5,66	4	6,90	7,08	9	8,24	8,51
5	4,20	4,26	1,0220	5,57	5,69	5	6,92	7,11	1,0330	8,27	8,53
6	4,22	4,29	1	5,60	5,71	6	6,95	7,13	1	8,29	8,56
7	4,25	4,31	2	5,62	5,74	7	6,97	7,16	2	8,32	8,59
8	4,27	4,34	3	5,65	5,77	8	7,00	7,19	3	8,34	8,61
9	4,30	4,37	4	5,67	5,79	9	7,02	7,21	4	8,37	8,64
1,0170	4,32	4,39	5	5,70	5,82	1,0280	7,05	7,24	5	8,39	8,66
1	4,35	4,42	6	5,72	5,84	1	7,07	7,26	6	8,41	8,69
2	4,37	4,44	7	5,74	5,87	2	7,10	7,29	7	8,44	8,72
3	4,40	4,47	8	5,77	5,89	3	7,12	7,32	8	8,46	8,74
4	4,42	4,50	9	5,79	5,92	4	7,15	7,34	9	8,49	8,77
5	4,45	4,52	1,0230	5,82	5,94	5	7,17	7,37	1,0340	8,51	8,79
6	4,47	4,55	1	5,84	5,97	6	7,20	7,39	1	8,54	8,82
7	4,50	4,57	2	5,87	6,00	7	7,22	7,42	2	8,56	8,85
8	4,52	4,60	3	5,89	6,02	8	7,24	7,45	3	8,59	8,87
9	4,55	4,63	4	5,91	6,05	9	7,27	7,47	4	8,61	8,90
1,0180	4,57	4,65	5	5,94	6,07	1,0290	7,29	7,50	5	8,63	8,92
1	4,60	4,68	6	5,96	6,10	1	7,32	7,52	6	8,66	8,95
2	4,62	4,70	7	5,99	6,12	2	7,34	7,55	7	8,68	8,97
3	4,65	4,73	8	6,01	6,15	3	7,37	7,58	8	8,71	9,00
4	4,67	4,75	9	6,04	6,18	4	7,39	7,60	9	8,73	9,03
5	4,70	4,78	1,0240	6,06	6,20	5	7,41	7,63	1,0350	8,75	9,05
6	4,72	4,81	1	6,09	6,23	6	7,44	7,65	1	8,78	9,08
7	4,75	4,83	2	6,11	6,25	7	7,46	7,68	2	8,80	9,10
8	4,77	4,86	3	6,14	6,28	8	7,49	7,70	3	8,83	9,13
9	4,80	4,88	4	6,16	6,31	9	7,51	7,73	4	8,85	9,16
1,0190	4,82	4,91	5	6,19	6,33	1,0300	7,54	7,76	5	8,88	9,18
1	4,85	4,94	6	6,21	6,36	1	7,56	7,78	6	8,90	9,21
2	4,87	4,96	7	6,24	6,38	2	7,59	7,81	7	8,92	9,23
3	4,90	4,99	8	6,26	6,41	3	7,61	7,83	8	8,95	9,26
4	4,92	5,01	9	6,29	6,44	4	7,64	7,86	9	8,97	9,29
5	4,95	5,04	1,0250	6,31	6,46	5	7,66	7,89	1,0360	9,00	9,31
6	4,97	5,06	1	6,33	6,49	6	7,69	7,91	1	9,02	9,34
7	5,00	5,09	2	6,36	6,51	7	7,71	7,94	2	9,04	9,36
8	5,02	5,11	3	6,38	6,54	8	7,73	7,97	3	9,07	9,39
9	5,05	5,14	4	6,41	6,56	9	7,76	7,99	4	9,09	9,42
1,0200	5,07	5,17	5	6,43	6,59	1,0310	7,78	8,02	5	9,12	9,44
1	5,10	5,19	6	6,46	6,62	1	7,81	8,04	6	9,14	9,47
2	5,12	5,22	7	6,48	6,64	2	7,83	8,07	7	9,17	9,49
3	5,15	5,25	8	6,51	6,67	3	7,85	8,09	8	9,19	9,52
4	5,17	5,27	9	6,53	6,70	4	7,88	8,12	9	9,21	9,55
5	5,20	5,30	1,0260	6,56	6,72	5	7,90	8,14	1,0370	9,24	9,57
6	5,22	5,32	1	6,58	6,75	6	7,93	8,17	1	9,26	9,60
7	5,25	5,35	2	6,60	6,77	7	7,95	8,20	2	9,29	9,62
8	5,27	5,38	3	6,63	6,80	8	7,98	8,22	3	9,31	9,65
9	5,30	5,40	4	6,65	6,82	9	8,00	8,25	4	9,33	9,68
1,0210	5,32	5,43	5	6,68	6,85	1,0320	8,02	8,27	5	9,36	9,70
1	5,35	5,45	6	6,70	6,88	1	8,05	8,30	6	9,38	9,73
2	5,37	5,48	7	6,73	6,90	2	8,07	8,33	7	9,41	9,75
3	5,40	5,51	8	6,75	6,93	3	8,10	8,35	8	9,43	9,78
4	5,42	5,53	9	6,78	6,95	4	8,12	8,38	9	9,45	9,80

Dichte bei 15° C $d\left(\frac{15°}{15°}C\right)$	Gewichtsprozent Zucker	Gramm Zucker in 100 ccm	Dichte bei 15° C $d\left(\frac{15°}{15°}C\right)$	Gewichtsprozent Zucker	Gramm Zucker in 100 ccm	Dichte bei 15° C $d\left(\frac{15°}{15°}C\right)$	Gewichtsprozent Zucker	Gramm Zucker in 100 ccm	Dichte bei 15° C $d\left(\frac{15°}{15°}C\right)$	Gewichtsprozent Zucker	Gramm Zucker in 100 ccm
1,0380	9,48	9,83	5	10,80	11,26	1,0490	12,10	12,69	5	13,40	14,12
1	9,50	9,86	6	10,82	11,28	1	12,13	12,71	6	13,42	14,14
2	9,53	9,88	7	10,85	11,31	2	12,15	12,74	7	13,45	14,17
3	9,55	9,91	8	10,87	11,34	3	12,18	12,77	8	13,47	14,20
4	9,58	9,93	9	10,90	11,36	4	12,20	12,79	9	13,50	14,22
5	9,60	9,96	1,0440	10,92	11,39	5	12,22	12,82	0,0550	13,52	14,25
6	9,62	9,99	1	10,94	11,42	6	12,25	12,84	1	13,54	14,28
7	9,65	10,01	2	10,97	11,44	7	12,27	12,87	2	13,57	14,30
8	9,67	10,04	3	10,99	11,47	8	12,30	12,90	3	13,59	14,33
9	9,70	10,06	4	11,01	11,49	9	12,32	12,92	4	13,61	14,35
1,0390	9,72	10,09	5	11,04	11,52	1,0500	12,34	12,95	5	13,63	14,38
1	9,74	10,11	6	11,06	11,55	1	12,37	12,97	6	13,66	14,41
2	9,77	10,14	7	11,09	11,57	2	12,39	13,00	7	13,68	14,43
3	9,79	10,17	8	11,11	11,60	3	12,41	13,03	8	13,70	14,46
4	9,82	10,19	9	11,13	11,62	4	12,44	13,05	9	13,73	14,48
5	9,84	10,22	1,0450	11,16	11,65	5	12,46	13,08	1,0560	13,75	14,51
6	9,86	10,25	1	11,18	11,68	6	12,48	13,10	1	13,78	14,54
7	9,89	10,27	2	11,20	11,70	7	12,51	13,13	2	13,80	14,56
8	9,91	10,30	3	11,23	11,73	8	12,53	13,15	3	13,82	14,59
9	9,94	10,32	4	11,25	11,75	9	12,55	13,18	4	13,85	14,61
1,0400	9,96	10,35	5	11,28	11,78	1,0510	12,58	13,21	5	13,87	14,64
1	9,98	10,37	6	11,30	11,81	1	12,60	13,23	6	13,89	14,67
2	10,01	10,40	7	11,32	11,83	2	12,63	13,26	7	13,92	14,69
3	10,03	10,43	8	11,35	11,86	3	12,65	13,29	8	13,94	14,72
4	10,06	10,45	9	11,37	11,88	4	12,67	13,31	9	13,96	14,74
5	10,08	10,48	1,0460	11,40	11,91	5	12,70	13,34	1,0570	13,99	14,77
6	10,10	10,51	1	11,42	11,94	6	12,72	13,36	1	14,01	14,80
7	10,13	10,53	2	11,44	11,96	7	12,74	13,39	2	14,03	14,82
8	10,15	10,56	3	11,47	11,99	8	12,77	13,42	3	14,06	14,85
9	10,18	10,58	4	11,49	12,01	9	12,79	13,44	4	14,08	14,87
1,0410	10,20	10,61	5	11,51	12,04	1,0520	12,81	13,47	5	14,10	14,90
1	10,22	10,63	6	11,54	12,06	1	12,84	13,49	6	14,13	14,93
2	10,25	10,66	7	11,56	12,09	2	12,86	13,52	7	14,15	14,95
3	10,27	10,69	8	11,58	12,12	3	12,88	13,55	8	14,17	14,98
4	10,30	10,71	9	11,61	12,14	4	12,91	13,57	9	14,20	15,00
5	10,32	10,74	1,0470	11,63	12,17	5	12,93	13,60	1,0580	14,22	15,03
6	10,34	10,76	1	11,65	12,19	6	12,95	13,62	1	14,24	15,06
7	10,37	10,79	2	11,68	12,22	7	12,98	13,65	2	14,27	15,08
8	10,39	10,82	3	11,70	12,25	8	13,00	13,68	3	14,29	15,11
9	10,42	10,84	4	11,73	12,27	9	13,03	13,70	4	14,31	15,14
1,0420	10,44	10,87	5	11,75	12,30	1,0530	13,05	13,73	5	14,34	15,16
1	10,46	10,90	6	11,77	12,32	1	13,07	13,75	6	14,36	15,09
2	10,49	10,92	7	11,80	12,35	2	13,10	13,78	7	14,38	15,22
3	10,51	10,95	8	11,82	12,38	3	13,12	13,80	8	14,41	15,24
4	10,54	10,97	9	11,85	12,40	4	13,14	13,83	9	14,43	15,27
5	10,56	11,00	1,0480	11,87	12,43	5	13,17	13,86	1,0590	14,45	15,29
6	10,58	11,03	1	11,89	12,45	6	13,19	13,89	1	14,48	15,32
7	10,61	11,05	2	11,92	12,48	7	13,21	13,91	2	14,50	15,35
8	10,63	11,08	3	11,94	12,51	8	13,24	13,94	3	14,52	15,37
9	10,65	11,10	4	11,96	12,53	9	13,26	13,96	4	14,55	15,40
1,0430	10,68	11,13	5	11,99	12,56	1,0540	13,28	13,99	5	14,57	15,42
1	10,70	11,15	6	12,01	12,58	1	13,31	14,01	6	14,59	15,45
2	10,73	11,18	7	12,03	12,61	2	13,33	14,04	7	14,62	15,48
3	10,75	11,21	8	12,06	12,64	3	13,35	14,07	8	14,64	15,50
4	10,77	11,23	9	12,08	12,66	4	13,38	14,09	9	14,66	15,53

Dichte bei 15° C $d\left(\frac{15°}{15°}C\right)$	Ge-wichts-prozent Zucker	Gramm Zucker in 100 ccm	Dichte bei 15° C $d\left(\frac{15°}{15°}C\right)$	Ge-wichts-prozent Zucker	Gramm Zucker in 100 ccm	Dichte bei 15° C $d\left(\frac{15°}{15°}C\right)$	Ge-wichts-prozent Zucker	Gramm Zucker in 100 ccm	Dichte bei 15° C $d\left(\frac{15°}{15°}C\right)$	Ge-wichts-prozent Zucker	Gramm Zucker in 100 ccm
1,0600	**14,69**	**15,55**	5	15,96	16,99	**1,0710**	**17,22**	**18,43**	5	18,47	19,86
1	14,71	15,58	6	15,98	17,01	1	17,24	18,45	6	18,49	19,89
2	14,73	15,61	7	16,00	17,04	2	17,26	18,48	7	18,51	19,92
3	14,76	15,63	8	16,03	17,07	3	17,29	18,50	8	18,54	19,94
4	14,78	15,66	9	16,05	17,09	4	17,31	18,53	9	18,56	19,97
5	14,80	15,68	**1,0660**	**16,07**	**17,12**	5	17,33	18,56	**1,0770**	**18,58**	**20,00**
6	14,83	15,71	1	16,10	17,14	6	17,35	18,58	1	18,60	20,02
7	14,85	15,74	2	16,12	17,17	7	17,38	18,61	2	18,63	20,05
8	14,87	15,76	3	16,14	17,20	8	17,40	18,63	3	18,65	20,07
9	14,89	15,79	4	16,16	17,22	9	17,42	18,66	4	18,67	20,10
1,0610	**14,92**	**15,81**	5	16,19	17,25	**1,0720**	**17,45**	**18,69**	5	18,69	20,12
1	14,94	15,84	6	16,21	17,27	1	17,47	18,71	6	18,72	20,15
2	14,96	15,87	7	16,23	17,30	2	17,49	18,74	7	18,74	20,18
3	14,99	15,89	8	16,26	17,33	3	17,51	18,76	8	18,76	20,20
4	15,01	15,92	9	16,28	17,35	4	17,54	18,79	9	18,78	20,23
5	15,03	15,94	**1,0670**	**16,30**	**17,38**	5	17,56	18,82	**1,0780**	**18,81**	**20,26**
6	15,06	15,97	1	16,33	17,41	6	17,58	18,84	1	18,83	20,28
7	15,08	16,00	2	16,35	17,43	7	17,61	18,87	2	18,85	20 31
8	15,10	16,02	3	16,37	17,46	8	17,63	18,90	3	18.88	20,34
9	15,13	16,04	4	16,39	17,48	9	17,65	18,92	4	18,90	20,36
1,0620	**15,15**	**16,07**	5	16,42	17,51	**1,0730**	**17,68**	**18,95**	5	18,92	20,39
1	15,17	16,10	6	16,44	17,54	1	17,70	18,97	6	18,94	20,41
2	15,20	16,13	7	16,46	17,56	2	17,72	19,00	7	18,97	20,44
3	15,22	16,15	8	16,49	17,59	3	17,74	19,03	8	18,99	20,47
4	15,24	16,18	9	16,51	17,62	4	17,76	19,05	9	19,01	20,49
5	15,27	16,21	**1,0680**	**16,53**	**17,64**	5	17,79	19,08	**1,0790**	**19,03**	**20,52**
6	15,29	16,23	1	16,55	17,67	6	17,81	19,10	1	19,06	20,55
7	15,31	16,26	2	16,58	17,69	7	17,83	19,13	2	19,08	20,57
8	15,33	16,28	3	16,60	17,72	8	17,85	19,16	3	19,10	20,60
9	15,36	16,31	4	16,62	17,75	9	17,88	19,18	4	19,12	20,62
1,0630	**15,38**	**16,33**	5	16,65	17,77	**1,0740**	**17,90**	**19,21**	5	19,15	20,65
1	15,40	16,36	6	16,67	17,80	1	17,92	19,23	6	19,17	20,68
2	15,43	16,39	7	16,69	17,83	2	17,95	19,26	7	19,19	20,70
3	15,45	16,41	8	16,72	17,85	3	17,97	19,29	8	19,21	20,73
4	15,47	16,44	9	16,74	17,88	4	17,99	19,31	9	19,24	20.75
5	15,50	16,47	**1,0690**	**16,76**	**17,90**	5	18,01	19,34	**1,0800**	**19,26**	**20,78**
6	15,52	16,49	1	16,78	17,93	6	18,04	19,37	1	19,28	20,81
7	15,54	16,52	2	16,81	17,95	7	18,06	19,39	2	19,30	20,83
8	15,57	16,54	3	16,83	17,98	8	18,08	19,42	3	19,33	20,86
9	15,59	16,57	4	16,85	18,01	9	18,10	19,44	4	19,35	20,89
1,0640	**15,61**	**16,60**	5	16,88	18,03	**1,0750**	**18,13**	**19,47**	5	19,37	20,91
1	15,63	16,62	6	16,90	18,06	1	18,15	19,50	6	19,39	20,94
2	15,66	16,65	7	16,92	18,08	2	18,17	19,52	7	19,42	20,96
3	15,68	16,68	8	16,94	18,11	3	18,20	19,55	8	19,44	20,99
4	15,70	16,70	9	16,97	18,14	4	18,22	19,58	9	19,46	21,02
5	15,73	16,73	**1,0700**	**16,99**	**18,16**	5	18,24	19,60	**1,0810**	**19,48**	**21,04**
6	15,75	16,75	1	17,01	18,19	6	18,26	19,63	1	19,50	21,07
7	15,77	16,78	2	17,03	18,22	7	18,29	19,65	2	19,53	21,10
8	15,80	16,80	3	17,06	18,24	8	18,31	19,68	3	19,55	21,12
9	15,82	16,83	4	17,08	18,27	9	18,33	19,71	4	19,57	21,15
1,0650	**15,84**	**16,86**	5	17,10	18,30	**1,0760**	**18,35**	**19,73**	5	19,60	21,17
1	15,87	16,88	6	17,13	18,32	1	18,38	19,76	6	19,62	21,20
2	15,89	16,91	7	17,15	18,35	2	18,40	19,79	7	19,64	21,23
3	15,91	16,94	8	17,17	18,37	3	18,42	19,81	8	19,66	21,25
4	15,93	16,96	9	17,20	18,40	4	18,45	19,84	9	19,68	21,28

Dichte bei 15° C $d\left(\frac{15°}{15°}C\right)$	Gewichtsprozent Zucker	Gramm Zucker in 100 ccm	Dichte bei 15° C $d\left(\frac{15°}{15°}C\right)$	Gewichtsprozent Zucker	Gramm Zucker in 100 ccm	Dichte bei 15° C $d\left(\frac{15°}{15°}C\right)$	Gewichtsprozent Zucker	Gramm Zucker in 100 ccm	Dichte bei 15° C $d\left(\frac{15°}{15°}C\right)$	Gewichtsprozent Zucker	Gramm Zucker in 100 ccm
1,0820	19,71	21,31	5	20,94	22,75	1,0930	22,16	24,20	5	23,36	25,64
1	19,73	21,33	6	20,96	22,78	1	22,18	24,22	6	23,39	25,67
2	19,75	21,36	7	20,98	22,80	2	22,20	24,25	7	23,41	25,70
3	19,78	21,38	8	21,00	22,83	3	22,22	24,27	8	23,43	25,72
4	19,80	21,41	9	21,03	22,86	4	22,24	24,30	9	23,45	25,75
5	19,82	21,44	1,0880	21,05	22,88	5	22,27	24,33	1,0990	23,47	25,78
6	19,84	21,46	1	21,07	22,91	6	22,29	24,35	1	23,50	25,80
7	19,86	21,49	2	21,09	22,93	7	22,31	24,38	2	23,52	25,83
8	19,89	21,52	3	21,12	22,96	8	22,33	24,41	3	23,54	25,85
9	19,91	21,54	4	21,14	22,99	9	22,36	24,43	4	23,56	25,88
1,0830	19,93	21,57	5	21,16	23,01	1,0940	22,38	24,46	5	23,58	25,91
1	19,95	21,59	6	21,18	23,04	1	22,40	24,49	6	23,60	25,93
2	19,98	21,62	7	21,20	23,07	2	22,42	24,51	7	23,63	25,96
3	20,00	21,65	8	21,23	23,09	3	22,44	24,54	8	23,65	25,99
4	20,02	21,67	9	21,25	23,12	4	22,47	24,57	9	23,67	26,01
5	20,04	21,70	1,0890	21,27	23,14	5	22,49	24,59	1,1000	23,69	26,04
6	20,07	21,73	1	21,29	23,17	6	22,51	24,62	1	23,71	26,06
7	20,09	21,75	2	21,32	23,20	7	22,53	24,64	2	23,73	26,09
8	20,11	21,78	3	21,34	23,22	8	22,55	24,67	3	23,76	26,12
9	20,13	21,80	4	21,36	23,25	9	22,58	24,70	4	23,78	26,14
1,0840	20,16	21,83	5	21,38	23,28	1,0950	22,60	24,72	5	23,80	26,17
1	20,18	21,86	6	21,40	23,30	1	22,62	24,75	6	23,82	26,20
2	20,20	21,88	7	21,43	23,33	2	22,64	24,78	7	23,84	26,22
3	20,22	21,91	8	21,45	23,35	3	22,66	24,80	8	23,87	26,25
4	20,25	21,94	9	21,47	23,38	4	22,68	24,83	9	23,89	26,27
5	20,27	21,96	1,0900	21,49	23,41	5	22,71	24,85	1,1010	23,91	26,30
6	20,29	21,99	1	21,52	23,43	6	22,73	24,88	1	23,93	26,33
7	20,31	22,02	2	21,54	23,46	7	22,75	24,91	2	23,95	26,35
8	20,34	22,04	3	21,56	23,49	8	22,77	24,93	3	23,97	26,38
9	20,36	22,07	4	21,58	23,51	9	22,80	24,96	4	24,00	26,41
1,0850	20,38	22,09	5	21,60	23,54	1,0960	22,82	24,99	5	24,02	26,43
1	20,40	22,12	6	21,63	23,57	1	22,84	25,01	6	24,04	26,46
2	20,42	22,15	7	21,65	23,59	2	22,86	25,04	7	24,06	26,49
3	20,45	22,17	8	21,67	23,62	3	22,88	25,07	8	24,08	26,51
4	20,47	22,20	9	21,69	23,65	4	22,90	25,09	9	24,10	26,54
5	20,49	22,22	1,0910	21,72	23,67	5	22,93	25,12	1,1020	24,13	26,56
6	20,51	22,25	1	21,74	23,70	6	22,95	25,14	1	24,15	26,59
7	20,54	22,28	2	21,76	23,72	7	22,97	25,17	2	24,17	26,62
8	20,56	22,30	3	21,78	23,75	8	22,99	25,20	3	24,19	26,64
9	20,58	22,33	4	21,80	23,77	9	23,01	25,22	4	24,21	26,67
1,0860	20,60	22,36	5	21,82	23,80	1,0970	23,04	25,25	5	24,23	26,70
1	20,63	22,38	6	21,85	23,83	1	23,06	25,28	6	24,26	26,72
2	20,65	22,41	7	21,87	23,85	2	23,08	25,30	7	24,28	26,72
3	20,67	22,43	8	21,89	23,88	3	23,10	25,33	8	24,30	26,78
4	20,69	22,46	9	21,91	23,91	4	23,12	25,36	9	24,32	26,80
5	20,72	22,49	1,0920	21,94	23,93	5	23,15	25,38	1,1030	24,34	26,83
6	20,74	22,51	1	21,96	23,96	6	23,17	25,41	1	24,37	26,85
7	20,76	22,54	2	21,98	23,99	7	23,19	25,43	2	24,39	26,88
8	20,78	22,57	3	22,00	24,01	8	23,21	25,46	3	24,41	26,91
9	20,80	22,59	4	22,02	24,04	9	23,23	25,49	4	24,43	26,93
1,0870	20,83	22,62	5	22,05	24,07	1,0980	23,25	25,51	5	24,45	26,96
1	20,85	22,65	6	22,07	24,09	1	23,28	25,54	6	24,47	26,99
2	20,87	22,67	7	22,09	24,12	2	23,30	25,56	7	24,50	27,01
3	20,89	22,70	8	22,11	24,14	3	23,32	25,59	8	24,52	27,04
4	20,92	22,72	9	22,13	24,17	4	23,34	25,62	9	24,54	27,07

Dichte bei 15° C $d\left(\frac{15°}{15°}C\right)$	Ge-wichts-prozent Zucker	Gramm Zucker in 100 ccm	Dichte bei 15° C $d\left(\frac{15°}{15°}C\right)$	Ge-wichts-prozent Zucker	Gramm Zucker in 100 ccm	Dichte bei 15° C $d\left(\frac{15°}{15°}C\right)$	Ge-wichts-prozent Zucker	Gramm Zucker in 100 ccm	Dichte bei 15° C $d\left(\frac{15°}{15°}C\right)$	Ge-wichts-prozent Zucker	Gramm Zucker in 100 ccm
1,1040	24,56	27,09	5	25,75	28,54	1,1150	26,92	29,99	5	28,09	31,45
1	24,58	27,12	6	25,77	28,57	1	26,94	30,02	6	28,11	31,47
2	24,60	27,15	7	25,79	28,59	2	26,96	30,04	7	28,13	31,50
3	24,63	27,17	8	25,81	28,62	3	26,99	20,07	8	28,15	31,53
4	24,65	27,20	9	25,83	28,65	4	27,01	30,10	9	28,17	31,55
5	24,67	27,22	1,1100	25,85	28,67	5	27,03	30,12	1,1210	28,19	31,58
6	24,69	27,25	1	25,87	28,70	6	27,05	30,15	1	28,21	31,60
7	24,71	27,27	2	25,90	28,73	7	27,07	30,18	2	28,24	31,63
8	24,73	27,30	3	25,92	28,75	8	27,09	30,20	3	28,26	31,66
9	24,75	27,33	4	25,94	28,78	9	27,11	30,23	4	28,28	31,68
1,1050	24,78	27,35	5	25,96	28,81	1,1160	27,13	30,26	5	28,30	31,71
1	24,80	27,38	6	25,98	28,83	1	27,16	30,28	6	28,32	31,74
2	24,82	27.41	7	26,00	28,86	2	27,18	30,31	7	28,34	31,76
3	24,84	27,43	8	26,03	28,88	3	27,20	30,34	8	28,36	31,79
4	24,86	27,46	9	26,05	28,91	4	27,22	30,36	9	28,38	31,82
5	24,88	27,49	1,1110	26,07	28,94	5	27,24	30,39	1,1220	28,40	31,84
6	24,91	27,51	1	26,09	28,96	6	27,26	30,41	1	28,43	31,87
7	24,93	27,54	2	26,11	28,99	7	27,28	30,44	2	28,45	31,90
8	24,95	27,57	3	26,13	29,02	8	27,30	30,47	3	28,47	31,92
9	24,97	27,59	4	26,15	29,04	9	27,33	30,49	4	28,49	31,95
1,1060	24,99	27,62	5	26,17	29,07	1,1170	27,35	30,52	5	28,51	31,97
1	25,01	27,65	6	26,20	29,09	1	27,37	30,55	6	28,53	32,00
2	25,04	27,67	7	26,22	29,12	2	27,39	30,57	7	28,55	32,03
3	25,06	27,70	8	26,24	29,15	3	27,41	30,60	8	28,57	32,05
4	25,08	27,72	9	26,26	29,17	4	27,43	30,63	9	28,59	32,08
5	25,10	27,75	1,1120	26,28	29,20	5	27,45	30,65	1,1230	28,61	32,11
6	25,12	27,78	1	26,30	29,23	6	27,47	30,68	1	28,64	32,13
7	25,14	27,80	2	26,32	29,25	7	27,50	30,71	2	28,66	32,16
8	25,17	27,83	3	26,35	29,28	8	27,52	30,73	3	28,68	32,19
9	25,19	27,86	4	26,37	29,31	9	27,54	30,76	4	28,70	32,21
1,1070	25,21	27,88	5	26,39	29,33	1,1180	27,56	30,79	5	28,72	32,24
1	25,23	27,91	6	26,41	29,36	1	27,58	30,81	6	28,74	32,26
2	25,25	27,93	7	26,43	29,39	2	27,60	30,84	7	28,76	32,29
3	25,27	27,96	8	26,45	29,41	3	27,62	30,86	8	28,78	32,32
4	25,29	27,99	9	26,47	29,44	4	27,64	30,89	9	28,80	32,34
5	25,32	28,01	1,1130	26,50	29,47	5	27,66	30,92	1,1240	28,82	32,37
6	25,34	28,04	1	26,52	29,49	6	27,69	30,94	1	28,84	32,40
7	25,36	28,07	2	26,54	29,52	7	27,71	30,97	2	28,87	32,42
8	25,38	28,09	3	26,56	29,54	8	27,73	31,00	3	28,89	32,45
9	25,40	28,12	4	26,58	29,57	9	27,75	31,02	4	28,91	32,48
1,1080	25,42	28,15	5	26,60	29,60	1,1190	27,77	31,05	5	28,93	32,50
1	25,44	28,17	6	26,62	29,62	1	27,79	31,08	6	28,95	32,53
2	25,47	28,20	7	26,64	29,65	2	27,81	31,10	7	28,97	32,56
3	25,49	28,22	8	26,67	29,68	3	27,83	31,13	8	28,99	32,58
4	25,51	28,25	9	26,69	29,70	4	27,86	31,16	9	29,01	32,61
5	25,53	28,28	1,1140	26,71	29,73	5	27,88	31,18	1,1250	29,03·	32,64
6	25,55	28,30	1	26,73	29,76	6	27,90	31,21	1	29,06	32,66
7	27,57	28,33	2	26,75	29,78	7	27,92	31,23	2	29,08	32,69
8	25,60	28,36	3	26,77	29,81	8	27,94	31,26	3	29,10	32,72
9	25,62	28,38	4	26,79	29,83	9	27,96	31,29	4	29,12	32,74
1,1090	25,64	28,41	5	26,81	29,86	1,1200	27,98	31,31	5	29,14	32,77
1	25,66	28,43	6	26,84	29,89	1	28,00	31,34	6	29,16	32,80
2	25,68	28,46	7	26,86	29,91	2	28,02	31,37	7	29,18	32,82
3	25,70	28,49	8	26,88	29,94	3	28,04	31,39	8	29,20	32,85
4	25,72	28,51	9	26,90	29,96	4	28,07	31,42	9	29,22	32,87

Dichte bei 15° C $d\left(\frac{15°}{15°}C\right)$	Gewichtsprozent Zucker	Gramm Zucker in 100 ccm	Dichte bei 15° C $d\left(\frac{15°}{15°}C\right)$	Gewichtsprozent Zucker	Gramm Zucker in 100 ccm	Dichte bei 15° C $d\left(\frac{15°}{15°}C\right)$	Gewichtsprozent Zucker	Gramm Zucker in 100 ccm	Dichte bei 15° C $d\left(\frac{15°}{15°}C\right)$	Gewichtsprozent Zucker	Gramm Zucker in 100 ccm
1,1260	**29,24**	**32,90**	1,1450	33,17	37,95	**1,2000**	**43,94**	**52,68**	1,2550	53,96	67,67
1	29,26	32,93	1,1460	33,37	38,21	1,2010	44,13	52,95	1,2560	54,14	67,94
1	29,29	32,95	1,1470	33,57	38,47	1,2020	44,32	53,22	1,2570	54,32	68,22
3	29,31	32,98	1,1480	33,78	38,75	1,2030	44,50	53,49	1,2580	54,49	68,49
4	29,33	33,01	1,1490	33,98	39,01	1,2040	44,69	53,76	1,2590	54,67	68,77
5	29,35	33,03	**1,1500**	**34,18**	**39,27**	1,2050	44,88	54,03	**1,2600**	**54,84**	**69,04**
6	29,37	33,06	1,1510	34,38	39,54	1,2060	45,07	54,30	1,2610	55,02	69,32
7	29,39	33,08	1,1520	34,58	39,80	1,2070	45,25	54,58	1,2620	55,19	69,59
8	29,41	33,11	1,1530	34,79	40,08	1,2080	45,44	54,85	1,2630	55,37	69,87
9	29,43	33,14	1,1540	34,99	40,34	1,2090	45,63	55,12	1,2640	55,54	70,14
1,1270	**29,45**	**33,17**	1,1550	35,19	40,61	**1,2100**	**45,81**	**55,39**	1,2650	55,72	70,42
1	29,47	33,19	1,1560	35,39	40,88	1,2110	46,00	55,66	1,2660	55,89	70,69
2	29,50	33,22	1,1570	35,59	41,14	1,2120	46,19	55,93	1,2670	56,06	70,97
3	29,52	33,25	1,1580	35,79	41,41	1,2130	46,37	56,20	1,2680	56,24	71,25
4	29,54	33,27	1,1590	35,99	41,68	1,2140	46,56	56,48	1,2690	56,41	71,52
5	29,56	33,30	**1,1600**	**36,19**	**41,94**	1,2150	46,74	56,75	**1,2700**	**56,58**	**71,80**
6	29,58	33,33	1,1610	36,39	42,21	1,2160	46,93	57,02	1,2710	56,76	72,08
7	29,60	33,35	1,1620	36,59	42,48	1,2170	47,11	57,28	1,2720	56,93	72,35
8	29,62	33,38	1,1630	36,78	42,74	1,2180	47,30	57,56	1,2730	57,10	72,63
9	29,64	33,40	1,1640	36,98	43,01	1,2190	47,48	57,83	1,2740	57,27	72,90
1,1280	**29,66**	**33,43**	1,1650	37,18	43,28	**1,2200**	**47,66**	**58,10**	1,2750	57,45	73,18
1	29,68	33,46	1,1660	37,38	43,55	1,2210	47,85	58,38	1,2760	57,62	73,46
2	29,70	33,48	1,1670	37,58	43,82	1,2220	48,03	58,65	1,2770	57,79	73,73
3	29,73	33,51	1,1680	37,77	44,08	1,2230	48,22	58,92	1,2780	57,96	74,01
4	29,75	33,54	1,1690	37,97	44,35	1,2240	48,40	59,19	1,2790	58,13	74,29
5	29,77	33,56	**1,1700**	**38,17**	**44,62**	1,2250	48,58	59,46	**1,2800**	**58,31**	**74,57**
6	29,79	33,59	1,1710	38,36	44,88	1,2260	48,76	59,73	1,2810	58,48	74,85
7	29,81	33,62	1,1720	38,56	45,15	1,2270	48,95	60,01	1,2820	58,65	75,12
8	29,83	33,64	1,1730	38,76	45,42	1,2280	49,13	60,28	1,2830	58,82	75,40
9	29,85	33,67	1,1740	38,95	45,69	1,2290	49,31	60,55	1,2840	58,99	75,68
1,1290	**29,87**	**33,70**	1,1750	39,15	45,96	**1,2300**	**49,49**	**60,82**	1,2850	59,16	75,95
1	29,89	33,72	1,1760	39,34	46,22	1,2310	49,67	61,10	1,2860	59,33	76,23
2	29,91	33,75	1,1770	39,54	46,49	1,2320	49,85	61,37	1,2870	59,50	76,51
3	29,93	33,78	1,1780	39,73	46,76	1,2330	50,04	61,64	1,2880	59,67	76,79
4	29,95	33,80	1,1790	39,92	47,03	1,2340	50,22	61,92	1,2890	59,84	77,07
5	29,97	33,83	**1,1800**	**40,12**	**47,30**	1,2350	50,40	62,19	**1,2900**	**60,01**	**77,35**
6	30,00	33,85	1,1810	40,31	47,57	1,2360	50,58	62,46	1,2910	60,18	77,63
7	30,02	33,88	1,1820	40,50	47,83	1,2370	50,76	62,73	1,2920	60,35	77,90
8	30,04	33,91	1,1830	40,70	48,11	1,2380	50,94	63,01	1,2930	60,52	78,19
9	30,06	33,94	1,1840	40,89	48,37	1,2390	51,12	63,28	1,2940	60,69	78,46
1,1300	**30,08**	**33,96**	1,1850	41,08	48,64	**1,2400**	**51,30**	**63,56**	1,2950	60,85	78,73
1,1310	30,29	34,23	1,1860	41,28	48,91	1,2410	51,48	63,83	1,2960	61,02	79,02
1,1320	30,49	34,49	1,1870	41,47	49,18	1,2420	51,66	64,11	1,2970	61,19	79,30
1,1330	30,70	34,75	1,1880	41,66	49,45	1,2430	51,83	64,37	1,2980	61,36	79,57
1,1340	30,91	35,02	1,1890	41,85	49,72	1,2440	52,01	64,65	1,2990	61,53	79,86
1,1350	31,12	35,29	**1,1900**	**42,04**	**49,99**	1,2450	52,19	64,92	**1,3000**	**61,69**	**80,13**
1,1360	31,32	35,55	1,1910	42,23	50,26	1,2460	52,37	65,20	1,3010	61,86	80,41
1,1370	31,53	35,82	1,1920	42,42	50,53	1,2470	52,55	65,47	1,3020	62,03	80,69
1,1380	31,73	36,08	1,1930	42,62	50,80	1,2480	52,73	65,75	1,3030	62,20	80,97
1,1390	31,94	36,35	1,1940	42,81	51,07	1,2490	52,90	66,02	1,3040	62,36	81,25
1,1400	**32,14**	**36,61**	1,1950	43,00	51,34	**1,2500**	**53,08**	**66,29**	1,3050	62,53	81,53
1,1410	32,35	36,88	1,1960	43,19	51,61	1,2510	53,26	66,57	1,3060	62,70	81,81
1,1420	32,55	37,14	1,1970	43,37	51,87	1,2520	53,43	66,84	1,3070	62,86	82,09
1,1430	32,76	37,41	1,1980	43,56	52,15	1,2530	53,61	67,12	1,3080	63,03	82,37
1,1440	32,96	37,67	1,1990	43,75	52,42	1,2540	53,79	67,40	1,3090	63,19	82,65

Dichte bei 15° C $d\left(\frac{15°}{15°}C\right)$	Gewichtsprozent Zucker	Gramm Zucker in 100 ccm	Dichte bei 15° C $d\left(\frac{15°}{15°}C\right)$	Gewichtsprozent Zucker	Gramm Zucker in 100 ccm	Dichte bei 15° C $d\left(\frac{15°}{15°}C\right)$	Gewichtsprozent Zucker	Gramm Zucker in 100 ccm	Dichte bei 15° C $d\left(\frac{15°}{15°}C\right)$	Gewichtsprozent Zucker	Gramm Zucker in 100 ccm
1,3100	**63,36**	**82,93**	**1,3300**	**66,64**	**88,55**	**1,3500**	**69,85**	**94,21**	**1,3700**	**73,00**	**99,92**
1,3110	63,52	83,21	1,3310	66,80	88,84	1,3510	70,01	94,50	1,3710	73,16	100,21
1,3120	63,69	83,49	1,3320	66,96	89,12	1,3520	70,16	94,79	1,3720	73,31	100,50
1,3130	63,86	83,77	1,3330	67,12	89,40	1,3530	70,32	95,07	1,3730	73,47	100,79
1,3140	64,02	84,05	1,3340	67,29	89,69	1,3540	70,48	95,35	1,3740	73,62	101,07
1,3150	64,19	84,34	1,3350	67,45	89,97	1,3550	70,64	95,64	1,3750	73,78	101,36
1,3160	64,35	84,61	1,3360	67,61	90,25	1,3560	70,80	95,93	1,3760	73,94	101,65
1,3170	64,52	84,90	1,3370	67,77	90,53	1,3570	70,96	96,21	1,3770	74,09	101,93
1,3180	64,68	85,18	1,3380	67,93	90,81	1,3580	71,12	96,49	1,3780	74,25	102,23
1,3190	64,85	85,46	1,3390	68,09	91,09	1,3590	71,27	96,78	1,3790	74,40	102,51
1,3200	**65,01**	**85,74**	**1,3400**	**68,25**	**91,38**	**1,3600**	**71,43**	**97,07**	**1,3800**	**74,56**	**102,81**
1,3210	65,17	86,02	1,3410	68,41	91,66	1,3610	71,59	97,35	1,3810	74,71	103,09
1,3220	65,34	86,30	1,3420	68,57	91,94	1,3620	71,75	97,64	1,3820	74,87	103,38
1,3230	65,50	86,58	1,3430	68,73	92,23	1,3630	71,90	97,92	1,3830	75,02	103,66
1,3240	65,66	86,86	1,3440	68,89	92,51	1,3640	72,06	98,21			
1,3250	65,82	87,14	1,3450	69,05	92,79	1,3650	72,22	98,50			
1,3260	65,99	87,43	1,3460	69,21	93,08	1,3660	72,38	98,78			
1,3270	66,15	87,71	1,3470	69,37	93,36	1,3670	72,53	99,07			
1,3280	66,31	87,99	1,3480	69,53	93,65	1,3680	72,69	99,35			
1,3290	66,48	88,27	1,3490	69,69	93,94	1,3690	72,85	99,64			

Tabelle XIII.

Ermittelung der Dichte wässeriger Zuckerlösungen aus der Saccharometer-Anzeige bei 15° C nach K. Windisch. (vgl. S. 471).

Saccharo-meter-anzeige bei 15°C	Dichte bei 15°C $d\left(\frac{15°}{15°}C\right)$	Saccharo-meter-anzeige bei 15°C	Dichte bei 15°C $d\left(\frac{15°}{15°}C\right)$	Saccharo-meter-anzeige bei 15°C	Dichte bei 15°C $d\left(\frac{15°}{15°}C\right)$	Saccharo-meter-anzeige bei 15°C	Dichte bei 15°C $d\left(\frac{15°}{15°}C\right)$	Saccharo-meter-anzeige bei 15°C	Dichte bei 15°C $d\left(\frac{15°}{15°}C\right)$
0,0	1,00000	4,5	1,01773	9,0	1,03602	13,5	1,05491	18,0	1,07441
0,1	1,00039	4,6	1,01813	9,1	1,03643	13,6	1,05533	18,1	1,07485
0,2	1,00078	4,7	1,01853	9,2	1,03685	13,7	1,05576	18,2	1,07529
0,3	1,00117	4,8	1,01893	9,3	1,03726	13,8	1,05619	18,3	1,07574
0,4	1,00155	4,9	1,01933	9,4	1,03767	13,9	1,05662	18,4	1,07618
0,5	1,00194			9,5	1,03809			18,5	1,07662
0,6	1,00233	5,0	1,01973	9,6	1,03850	14,0	1,05704	18,6	1,07706
0,7	1,00272	5,1	1,02013	9,7	1,03892	14,1	1,05747	18,7	1,07750
0,8	1,00311	5,2	1,02053	9,8	1,03933	14,2	1,05790	18,8	1,07795
0,9	1,00350	5,3	1,02094	9,9	1,03975	14,3	1,05833	18,9	1,07839
		5,4	1,02134			14,4	1,05876		
1,0	1,00389	5,5	1,02174	10,0	1,04016	14,5	1,05919	19,0	1,07883
1,1	1,00428	5,6	1,02214	10,1	1,04058	14,6	1,05962	19,1	1,07928
1,2	1,00467	5,7	1,02255	10,2	1,04100	14,7	1,06005	19,2	1,07972
1,3	1,00506	5,8	1,02295	10,3	1,04141	14,8	1,06048	19,3	1,08017
1,4	1,00546	5,9	1,02335	10,4	1,04183	14,9	1,06091	19,4	1,08061
1,5	1,00585			10,5	1,04225			19,5	1,08106
1,6	1,00624	6,0	1,02376	10,6	1,04266	15,0	1,06134	19,6	1,08150
1,7	1,00663	6,1	1,02416	10,7	1,04308	15,1	1,06177	19,7	1,08195
1,8	1,00702	6,2	1,02457	10,8	1,04350	15,2	1,06220	19,8	1,08239
1,9	1,00742	6,3	1,02497	10,9	1,04392	51,3	1,06263	19,9	1,08284
		6,4	1,02538			15,4	1,06307		
2,0	1,00781	6,5	1,02578	11,0	1,04434	15,5	1,06350	20,0	1,08329
2,1	1,00820	6,6	1,02619	11,1	1,04476	15,6	1,06393	20,1	1,08373
2,2	1,00860	6,7	1,02660	11,2	1,04518	15,7	1,06436	20,2	1,08418
2,3	1,00899	6,8	1,02700	11,3	1,04560	15,8	1,06480	20,3	1,08463
2,4	1,00938	6,9	1,02741	11,4	1,04602	15,9	1,06523	20,4	1,08508
2,5	1,00978			11,5	1,04644			20,5	1,08552
2,6	1,01017	7,0	1,02782	11,6	1,04686	16,0	1,06566	20,6	1,08597
2,7	1,01057	7,1	1,02822	11,7	1,04728	16,1	1,06610	20,7	1,08642
2,8	1,01096	7,2	1,02863	11,8	1,04770	16,2	1,06653	20,8	1,08687
2,9	1,01136	7,3	1,02904	11,9	1,04812	16,3	1,06697	20,9	1,08732
		7,4	1,02945			16,4	1,06740		
3,0	1,01176	7,5	1,02986	12,0	1,04854	16,5	1,06784	21,0	1,08777
3,1	1,01215	7,6	1,03027	12,1	1,04897	16,6	1,06828	21,1	1,08822
3,2	1,01255	7,7	1,03067	12,2	1,04939	16,7	1,06871	21,2	1,08867
3,3	1,01294	7,8	1,03108	12,3	1,04981	16,8	1,06915	21,3	1,08912
3,4	1,01334	7,9	1,03149	12,4	1,05023	16,9	1,06959	21,4	1,08957
3,5	1,01374			12,5	1,05066			21,5	1,09003
3,6	1,01414	8,0	1,03190	12,6	1,05108	17,0	1,07002	21,6	1,09048
3,7	1,01453	8,1	1,03231	12,7	1,05150	17,1	1,07046	21,7	1,09093
3,8	1,01493	8,2	1,03272	12,8	1,05193	17,2	1,07090	21,8	1,09138
3,9	1,01533	8,3	1,03314	12,9	1,05235	17,3	1,07134	21,9	1,09184
		8,4	1,03355			17,4	1,07178		
4,0	1,01573	8,5	1,03396	13,0	1,05278	17,5	1,07221	22,0	1,09229
4,1	1,01613	8,6	1,03437	13,1	1,05320	17,6	1,07265	22,1	1,09274
4,2	1,01653	8,7	1,03478	13,2	1,05363	17,7	1,07309	22,2	1,09320
4,3	1,01693	8,8	1,03519	13,3	1,05405	17,8	1,07353	22,3	1,09365
4,4	1,01733	8,9	1,03561	13,4	1,05448	17,9	,07397	22,4	1,09410

Saccharometeranzeige bei 15° C	Dichte bei 15° C $d\left(\frac{15°}{15°}C\right)$	Saccharometeranzeige bei 15° C	Dichte bei 15° C $d\left(\frac{15°}{15°}C\right)$	Saccharometeranzeige bei 15° C	Dichte bei 15° C $d\left(\frac{15°}{15°}C\right)$	Saccharometeranzeige bei 15° C	Dichte bei 15° C $d\left(\frac{15°}{15°}C\right)$	Saccharometeranzeige bei 15° C	Dichte bei 15° C $d\left(\frac{15°}{15°}C\right)$
22,5	1,09456	**28,0**	**1,12009**	33,5	1,14665	**39,0**	**1,17427**	44,5	1,20298
22,6	1,09501	28,1	1,12056	33,6	1,14714	39,1	1,17478	44,6	1,20351
22,7	1,09547	28,2	1,12104	33,7	1,14763	39,2	1,17529	44,7	1,20405
22,8	1,09593	28,3	1,12151	33,8	1,14813	39,3	1,17581	44,8	1,20458
22,9	1,09638	28,4	1,12199	33,9	1,14862	39,4	1,17632	44,9	1,20511
23,0	**1,09684**	28,5	1,12246	**34,0**	**1,14911**	39,5	1,17683	**45,0**	**1,20565**
23,1	1,09730	28,6	1,12294	34,1	1,14961	39,6	1,17735	45,1	1,20618
23,2	1,09775	28,7	1,12341	34,2	1,15010	39,7	1,17786	45,2	1,20672
23,3	1,09821	28,8	1,12389	34,3	1,15060	39,8	1,17838	45,3	1,20725
23,4	1,09867	28,9	1,12436	34,4	1,15109	39,9	1,17889	45,4	1,20779
23,5	1,09913	**29,0**	**1,12484**	34,5	1,15159	**40,0**	**1,17941**	45,5	1,20832
23,6	1,09959	29,1	1,12532	34,6	1,15209	40,1	1,17992	45,6	1,20886
23,7	1,10004	29,2	1,12579	34,7	1,15258	40,2	1,18044	45,7	1,20939
23,8	1,10050	29,3	1,12627	34,8	1,15308	40,3	1,18095	45,8	1,20993
23,9	1,10096	29,4	1,12675	34,9	1,15358	40,4	1,18147	45,9	1,21047
24,0	**1,10142**	29,5	1,12723	**35,0**	**1,15407**	40,5	1,18199	**46,0**	**1,21100**
24,1	1,10188	29,6	1,12771	35,1	1,15457	40,6	1,18251	46,1	1,21154
24,2	1,10234	29,7	1,12819	35,2	1,15507	40,7	1,18302	46,2	1,21208
24,3	1,10280	29,8	1,12867	35,3	1,15557	40,8	1,18354	46,3	1,21262
24,4	1,10327	29,9	1,12915	35,4	1,15607	40,9	1,18406	46,4	1,21316
24,5	1,10373	**30,0**	**1,12963**	35,5	1,15657	**41,0**	**1,18458**	46,5	1,21370
24,6	1,10419	30,1	1,13011	35,6	1,15707	41,1	1,18510	46,6	1,21424
24,7	1,10465	30,2	1,13059	35,7	1,15757	41,2	1,18562	46,7	1,21478
24,8	1,10511	30,3	1,13107	35,8	1,15807	41,3	1,18614	46,8	1,21532
24,9	1,10558	30,4	1,13155	35,9	1,15857	41,4	1,18666	46,9	1,21586
25,0	**1,10604**	30,5	1,13203	**36,0**	**1,15907**	41,5	1,18718	**47,0**	**1,21640**
25,1	1,10650	30,6	1,13251	36,1	1,15957	41,6	1,18770	47,1	1,21694
25,2	1,10697	30,7	1,13300	36,2	1,16007	41,7	1,18823	47,2	1,21748
25,3	1,10743	30,8	1,13348	36,3	1,16057	41,8	1,18875	47,3	1,21803
25,4	1,10790	30,9	1,13396	36,4	1,16108	41,9	1,18927	47,4	1,21857
25,5	1,10836	**31,0**	**1,13445**	36,5	1,16158	**42,0**	**1,18979**	47,5	1,21911
25,6	1,10883	31,1	1,13493	36,6	1,16208	42,1	1,19032	47,6	1,21965
25,7	1,10929	31,2	1,13541	36,7	1,16259	42,2	1,19084	47,7	1,22020
25,8	1,10976	31,3	1,13590	36,8	1,16309	42,3	1,19136	47,8	1,22074
25,9	1,11022	31,4	1,13638	36,9	1,16359	42,4	1,19189	47,9	1,22129
26,0	**1,11069**	31,5	1,13687	**37,0**	**1,16410**	42,5	1,19241	**48,0**	**1,22183**
26,1	1,11116	31,6	1,13735	37,1	1,16460	42,6	1,19294	48,1	1,22238
26,2	1,11162	31,7	1,13784	37,2	1,16511	42,7	1,19346	48,2	1,22292
26,3	1,11209	31,8	1,13833	37,3	1,16562	42,8	1,19399	48,3	1,22347
26,4	1,11256	31,9	1,13881	37,4	1,16612	42,9	1,19451	48,4	1,22402
26,5	1,11303	**32,0**	**1,13930**	37,5	1,16663	**43,0**	**1,19504**	48,5	1,22456
26,6	1,11350	32,1	1,13979	37,6	1,16713	43,1	1,19557	48,6	1,22511
26,7	1,11397	32,2	1,14028	37,7	1,16764	43,2	1,19610	48,7	1,22566
26,8	1,11443	32,3	1,14076	37,8	1,16815	43,3	1,19662	48,8	1,22621
26,9	1,11490	32,4	1,14125	37,9	1,16866	43,4	1,19715	48,9	1,22675
27,0	**1,11537**	32,5	1,14174	**38,0**	**1,16916**	43,5	1,19768	**49,0**	**1,22730**
27,1	1,11584	32,6	1,14223	38,1	1,16967	43,6	1,19821	49,1	1,22785
27,2	1,11631	32,7	1,14272	38,2	1,17018	43,7	1,19874	49,2	1,22840
27,3	1,11678	32,8	1,14321	38,3	1,17069	43,8	1,19926	49,3	1,22895
27,4	1,11726	32,9	1,14370	38,4	1,17120	43,9	1,19979	49,4	1,22950
27,5	1,11773	**33,0**	**1,14419**	38,5	1,17171	**44,0**	**1,20032**	49,5	1,23005
27,6	1,11820	33,1	1,14468	38,6	1,17222	44,1	1,20086	49,6	1,23060
27,7	1,11867	33,2	1,14517	38,7	1,17273	44,2	1,20139	49,7	1,23115
27,8	1,11914	33,3	1,14566	38,8	1,17324	44,3	1,20192	49,8	1,23171
27,9	1,11962	33,4	1,14615	38,9	1,17376	44,4	1,20245	49,9	1,23226

Saccharometeranzeige bei 15°C	Dichte bei 15°C $d\left(\frac{15°}{15°}C\right)$	Saccharometeranzeige bei 15°C	Dichte bei 15°C $d\left(\frac{15°}{15°}C\right)$	Saccharometeranzeige bei 15°C	Dichte bei 15°C $d\left(\frac{15°}{15°}C\right)$	Saccharometeranzeige bei 15°C	Dichte bei 15°C $d\left(\frac{15°}{15°}C\right)$	Saccharometeranzeige bei 15°C	Dichte bei 15°C $d\left(\frac{15°}{15°}C\right)$
50,0	**1,23281**	55,5	1,26378	**61,0**	**1,29589**	66,5	1,32916	**72,0**	**1,36359**
50,1	1,23336	55,6	1,26435	61,1	1,29649	66,6	1,32978	72,1	1,36423
50,2	1,23392	55,7	1,26492	61,2	1,29708	66,7	1,33040	72,2	1,36487
50,3	1,23447	55,8	1,26550	61,3	1,29768	66,8	1,33101	72,3	1,36550
50,4	1,23502	55,9	1,26607	61,4	1,29827	66,9	1,33163	72,4	1,36614
50,5	1,23558	**56,0**	**1,26665**	61,5	1,29887	**67,0**	**1,33225**	72,5	1,36678
50,6	1,23613	56,1	1,26722	61,6	1,29946	67,1	1,33286	72,6	1,36742
50,7	1,23669	56,2	1,26780	61,7	1,30006	67,2	1,33348	72,7	1,36806
50,8	1,23724	56,3	1,26838	61,8	1,30066	67,3	1,33410	72,8	1,36870
50,9	1,23780	56,4	1,26895	61,9	1,30126	67,4	1,33472	72,9	1,36934
51,0	**1,23836**	56,5	1,26953	**62,0**	**1,30185**	67,5	1,33534	**73,0**	**1,36998**
51,1	1,23891	56,6	1,27011	62,1	1,30245	67,6	1,33596	73,1	1,37062
51,2	1,23947	56,7	1,27068	62,2	1,30305	67,7	1,33658	73,2	1,37126
51,3	1,24003	56,8	1,27126	62,3	1,30365	67,8	1,33720	73,3	1,37190
51,4	1,24058	56,9	1,27184	62,4	1,30425	67,9	1,33782	73,4	1,37254
51,5	1,24114	**57,0**	**1,27242**	62,5	1,30485	**68,0**	**1,33844**	73,5	1,37318
51,6	1,24170	57,1	1,27300	62,6	1,30545	68,1	1,33906	73,6	1,37383
51,7	1,24226	57,2	1,27358	62,7	1,30605	68,2	1,33968	73,7	1,37447
51,8	1,24282	57,3	1,27416	62,8	1,30665	68,3	1,34031	73,8	1,37511
51,9	1,24338	57,4	1,27474	62,9	1,30725	68,4	1,34093	73,9	1,37576
52,0	**1,24394**	57,5	1,27532	**63,0**	**1,30786**	68,5	1,34155	**74,0**	**1,37640**
52,1	1,24450	57,6	1,27590	63,1	1,30846	68,6	1,34217	74,1	1,37704
52,2	1,24506	57,7	1,27648	63,2	1,30906	68,7	1,34280	74,2	1,37769
52,3	1,24562	57,8	1,27707	63,3	1,30966	68,8	1,34342	74,3	1,37833
52,4	1,24628	57,9	1,27765	63,4	1,31027	68,9	1,34405	74,4	1,37898
52,5	1,24674	**58,0**	**1,27823**	63,5	1,31087	**69,0**	**1,34467**	74,5	1,37962
52,6	1,24731	58,1	1,27881	63,6	1,31148	69,1	1,34530	74,6	1,38027
52,7	1,24787	58,2	1,27940	63,7	1,31208	69,2	1,34592	74,7	1,38092
52,8	1,24843	58,3	1,27998	63,8	1,31269	69,3	1,34655	74,8	1,38156
52,9	1,24899	58,4	1,28057	63,9	1,31329	69,4	1,34717	74,9	1,38221
53,0	**1,24956**	58,5	1,28115	**64,0**	**1,31390**	69,5	1,34780	**75,0**	**1,38286**
53,1	1,25012	58,6	1,28174	64,1	1,31450	69,6	1,34843	75,1	1,38351
53,2	1,25069	58,7	1,28232	64,2	1,31511	69,7	1,34906	75,2	1,38416
53,3	1,25125	58,8	1,28291	64,3	1,31572	69,8	1,34968	75,3	1,38480
53,4	1,25182	58,9	1,28349	64,4	1,31632	69,9	1,35031	75,4	1,38545
53,5	1,25238	**59,0**	**1,28408**	64,5	1,31693	**70,0**	**1,35094**	75,5	1,38610
53,6	1,25295	59,1	1,28467	64,6	1,31754	70,1	1,35157	75,6	1,38675
53,7	1,25352	59,2	1,28525	64,7	1,31815	70,2	1,35220	75,7	1,38740
53,8	1,25408	59,3	1,28584	64,8	1,31876	70,3	1,35283	75,8	1,38806
53,9	1,25465	59,4	1,28643	64,9	1,31937	70,4	1,35346	75,9	1,38871
54,0	**1,25522**	59,5	1,28702	**65,0**	**1,31997**	70,5	1,35409	**76,0**	**1,38936**
54,1	1,25579	59,6	1,28761	65,1	1,32058	70,6	1,35472	76,1	1,39001
54,2	1,25635	59,7	1,28820	65,2	1,32119	70,7	1,35535	76,2	1,39064
54,3	1,25692	59,8	1,28879	65,3	1,32181	70,8	1,35598	76,3	1,39131
54,4	1,25750	59,9	1,28938	65,4	1,32242	70,9	1,35662	76,4	1,39197
54,5	1,25806	**60,0**	**1,28997**	65,5	1,32303	**71,0**	**1,35725**	76,5	1,39262
54,6	1,25863	60,1	1,29056	65,6	1,32364	71,1	1,35788	76,6	1,39327
54,7	1,25920	60,2	1,29115	65,7	1,32425	71,2	1,35851	76,7	1,39393
54,8	1,25977	60,3	1,29174	65,8	1,32486	71,3	1,35915	76,8	1,39458
54,9	1,26034	60,4	1,29233	65,9	1,32548	71,4	1,35978	76,9	1,39524
55,0	**1,26091**	60,5	1,29292	**66,0**	**1,32609**	71,5	1,36042	**77,0**	**1,39589**
55,1	1,26149	60,6	1,29352	66,1	1,32671	71,6	1,36105	77,1	1,39655
55,2	1,26206	60,7	1,29411	66,2	1,32732	71,7	1,36169	77,2	1,39721
55,3	1,26263	60,8	1,29470	66,3	1,32793	71,8	1,36232	77,3	1,39786
55,4	1,26320	60,9	1,29530	66,4	1,32855	71,9	1,36296	77,4	1,39852

Saccharometeranzeige bei 15°C	Dichte bei 15°C $d\left(\frac{15°}{15°}C\right)$	Saccharometeranzeige bei 15°C	Dichte bei 15°C $d\left(\frac{15°}{15°}C\right)$	Saccharometeranzeige bei 15°C	Dichte bei 15°C $d\left(\frac{15°}{15°}C\right)$	Saccharometeranzeige bei 15°C	Dichte bei 15°C $d\left(\frac{15°}{15°}C\right)$	Saccharometeranzeige bei 15°C	Dichte bei 15°C $d\left(\frac{15°}{15°}C\right)$
77,5	1,39918	**82,0**	**1,42913**	86,5	1,45983	**91,0**	**1,49127**	95,5	1,52342
77,6	1,39983	82,1	1,42981	86,6	1,46053	91,1	1,49198	95,6	1,52414
77,7	1,40049	82,2	1,43048	86,7	1,46122	91,2	1,49269	95,7	1,52487
77,8	1,40115	82,3	1,43115	86,8	1,46191	91,3	1,49339	95,8	1,52559
77,9	1,40181	82,4	1,43183	86,9	1,46260	91,4	1,49410	95,9	1,52631
78,0	**1,40247**	82,5	1,43251	**87,0**	**1,46329**	91,5	1,49481	**96,0**	**1,52704**
78,1	1,40313	82,6	1,43318	87,1	1,46399	91,6	1,49552	96,1	1,52776
78,2	1,40379	82,7	1,43386	87,2	1,46468	91,7	1,49623	96,2	1,52849
78,3	1,40445	82,8	1,43453	87,3	1,46537	91,8	1,49694	96,3	1,52921
78,4	1,40511	82,9	1,43521	87,4	1,46607	91,9	1,49765	96,4	1,52994
78,5	1,40577	**83,0**	**1,43589**	87,5	1,46676	**92,0**	**1,49836**	96,5	1,53066
78,6	1,40643	83,1	1,43657	87,6	1,46745	92,1	1,49907	96,6	1,53139
78,7	1,40709	83,2	1,43725	87,7	1,46815	92,2	1,49978	96,7	1,53211
78,8	1,40775	83,3	1,43792	87,8	1,46884	92,3	1,50049	96,8	1,53284
78,9	1,40841	83,4	1,43860	87,9	1,46954	92,4	1,50120	96,9	1,53357
79,0	**1,40908**	83,5	1,43928	**88,0**	**1,47024**	92,5	1,50191	**97,0**	**1,53429**
79,1	1,40974	83,6	1,43996	88,1	1,47093	92,6	1,50262	97,1	1,53502
79,2	1,41040	83,7	1,44064	88,2	1,47163	92,7	1,50334	97,2	1,53575
79,3	1,41107	83,8	1,44132	88,3	1,47232	92,8	1,50405	97,3	1,53648
79,4	1,41173	83,9	1,44200	88,4	1,47302	92,9	1,50476	97,4	1,53720
79,5	1,41240	**84,0**	**1,44269**	88,5	1,47372	**93,0**	**1,50547**	97,5	1,53793
79,6	1,41306	84,1	1,44337	88,6	1,47442	93,1	1,50619	97,6	1,53866
79,7	1,41373	84,2	1,44405	88,7	1,47511	93,2	1,50690	97,7	1,53939
79,8	1,41439	84,3	1,44473	88,8	1,47581	93,3	1,50762	97,8	1,54012
79,9	1,41506	84,4	1,44542	88,9	1,47651	93,4	1,50833	97,9	1,54085
80,0	**1,41572**	84,5	1,44610	**89,0**	**1,47721**	93,5	1,50905	**98,0**	**1,54158**
80,1	1,41639	84,6	1,44678	89,1	1,47791	93,6	1,50976	98,1	1,54231
80,2	1,41706	84,7	1,44747	89,2	1,47861	90,7	1,51048	98,2	1,54304
80,3	1,41773	84,8	1,44815	89,3	1,47931	93,8	1,51119	98,3	1,54378
80,4	1,41839	84,9	1,44883	89,4	1,48001	93,9	1,51191	98,4	1,54451
80,5	1,41906	**85,0**	**1,44952**	89,5	1,48071	**94,0**	**1,51263**	98,5	1,54524
80,6	1,41973	85,1	1,45020	89,6	1,48141	94,1	1,51334	98,6	1,54597
80,7	1,42040	85,2	1,45089	89,7	1,48212	94,2	1,51406	98,7	1,54670
80,8	1,42107	85,3	1,45158	89,8	1,48282	94,3	1,51478	98,8	1,54744
80,9	1,42174	85,4	1,45226	89,9	1,48352	94,4	1,51550	98,9	1,54817
81,0	**1,42241**	85,5	1,45295	**90,0**	**1,48422**	94,5	1,51622	**99,0**	**1,54890**
81,1	1,42308	85,6	1,45364	90,1	1,48493	94,6	1,51694	99,1	1,54964
81,2	1,42375	85,7	1,45432	90,2	1,48563	94,7	1,51766	99,2	1,55037
81,3	1,42442	85,8	1,45501	90,3	1,48634	94,8	1,51838	99,3	1,55111
81,4	1,42509	85,9	1,45570	90,4	1,48704	94,9	1,51910	99,4	1,55184
81,5	1,42577	**86,0**	**1,45639**	90,5	1,48774	**95,0**	**1,51982**	99,5	1,55258
81,6	1,42644	86,1	1,45708	90,6	1,48845	95,1	1,52054	99,6	1,55331
81,7	1,42711	86,2	1,45776	90,7	1,48915	95,2	1,52126	99,7	1,55405
81,8	1,42778	86,3	1,45845	90,8	1,48986	95,3	1,52198	99,8	1,55479
81,9	1,42846	86,4	1,45914	90,9	1,49057	95,4	1,52270	99,9	1,55552
								100,0	**1,55626**

Tabelle XIV.
Faktoren zur Berechnung der gesuchten Substanz.

Atomgewichte der chemischen Elemente.

Nach dem Bericht des internationalen Atomgewichts-Ausschusses (F. W. Clarke, W. Ostwald, T. E. Thorpe und G. Urbain) vom 24. Dezember 1908[1]) hat sich jetzt auch die große internationale Atomgewichts-Kommission damit einverstanden erklärt, von jetzt an nur eine Atomgewichts-Tabelle aufzustellen und als solche die auf $O = 16$ bezogene zu wählen.

Die Anfang 1909 angenommenen „Internationalen Atomgewichte“, bezogen auf $O = 16$, sind folgende:

Aluminium .	Al	27,1	Jod	J	126,92	Samarium .	Sm	150,4
Antimon .	Sb	120,2	Kalium . . .	K	39,10	Sauerstoff .	O	16,00
Argon . . .	Ar	39,9	Kobalt. . . .	Co	58,97	Scandium . .	Sc	44,1
Arsen. . . .	As	75,0	Kohlenstoff. .	C	12,00	Schwefel . .	S	32,07
Barium . . .	Ba	137,37	Krypton . . .	Kr	81,8	Selen	Se	79,2
Beryllium .	Be	9,1	Kupfer . . .	Cu	63,57	Silber. . . .	Ag	107,88
Blei	Pb	207,10	Lanthan . . .	La	139,0	Silicium. . .	Si	28,3
Bor	B	11,0	Lithium . . .	Li	7,00	Stickstoff . .	N	14,01
Brom . . .	Br	79,92	Lutetium . .	Lu	174	Strontium .	Sr	87,62
Cadmium . .	Cd	112,40	Magnesium . .	Mg	24,32	Tantal . . .	Ta	181,0
Caesium . .	Cs	132,81	Mangan . . .	Mn	54,93	Tellur . . .	Te	127,5
Calcium. . .	Ca	40,09	Molybdän . .	Mo	96,0	Terbium . .	Tb	159,2
Cerium . . .	Ce	140,25	Natrium . . .	Na	23,00	Thallium . .	Tl	204,0
Chlor . . .	Cl	35,46	Neodymium .	Nd	144,3	Thorium . .	Th	232,42
Chrom . . .	Cr	52,1	Neon	Ne	20	Thulium . .	Tu	168,5
Dysprosium	Dy	162,5	Nickel. . . .	Ni	58,68	Titan . . .	Ti	48,1
Eisen . . .	Fe	55,85	Niobium . . .	Nb	93,5	Uran	U	238,5
Erbium . .	Er	167,4	Osmium . . .	Os	190,9	Vanadium. .	V	51,2
Europium .	Eu	152,0	Palladium . .	Pd	106,7	Wasserstoff .	H	1,008
Fluor . . .	F	19,0	Phosphor . .	P	31,0	Wismut . .	Bi	208,0
Gadolinium .	Gd	157,3	Platin	Pt	195,0	Wolfram . .	W	184,0
Gallium . .	Ga	69,9	Praseodymium	Pr	140,6	Xenon . . .	X	128
Germanium .	Ge	72,5	Quecksilber. .	Hg	200,0	Ytterbium .	Yb	172
Gold	Au	197,2	Radium . . .	Ra	226,4	Yttrium . .	Y	89,0
Helium . . .	He	4,0	Rhodium. . .	Rh	102,9	Zink	Zn	65,37
Indium . . .	In	114,8	Rubidium . .	Rb	85,45	Zinn	Sn	119,0
Iridium . .	Ir	193,1	Ruthenium. .	Ru	101,7	Zirkonium .	Zr	90,6

Die nachstehenden Faktoren sind auf Grund der vorstehenden neuen Atomgewichtszahlen neu berechnet worden. Sie zeigen gegen die früheren entweder keine oder durchweg nur Unterschiede in den 3. Dezimalen von 0,001—0,002. Für diese Art der Berechnung hat es daher in den meisten Fällen wenig — in einzelnen Fällen allerdings etwas mehr — Einfluß auf das Analysen-Ergebnis, ob man $H = 1$ oder $O = 16,00$ setzt; die wirklichen Analysenfehler sind durchweg viel größer, als die durch Berechnung mit den nur wenig abweichenden Faktoren bedingten Unrichtigkeiten.

Das ist jedoch kein Grund, die jetzigen richtigeren, wenn auch von den früheren nur wenig abweichenden Faktoren nicht anzuwenden; auch soll nach den Vereinbarungen verschiedener Vereine bzw. Verbände praktischer Chemiker die jedesmal neueste Atomgewichtstabelle zugrunde gelegt werden. Sollte letztere im vorstehenden Text an einzelnen Stellen noch keine Anwendung gefunden haben, so wolle man die richtigeren Zahlen aus nachstehender Tabelle entnehmen. Da sich die Atomgewichtstabellen und damit die Faktoren von Jahr zu Jahr etwas ändern, so muß man für genaue Berechnungen, um sie kontrollieren zu können, angeben, aus welchem Jahre die Atomgewichte herrühren.

[1]) Berichte der deutschen chemischen Gesellschaft 1909, **42**, 11.

Gesucht	Gefunden	Faktor
Äpfelsäure — $C_4H_6O_5$	Äpfelsaures Calcium — $CaC_4H_4O_5$	0,7787
„ — „	Schwefelsäure— SO_3	1,6743
„ — „	„ — H_2SO_4	1,3667
Aluminium — $2\,Al$	Tonerde — Al_2O_3	0,5303
Ammoniak — $2\,NH_3$	Ammoniumplatinchlorid — $(NH_4Cl)_2PtCl_4$	0,0768
„ — „	Schwefelsäure — SO_3	0,4255
„ — NH_3	Chlorammonium — NH_4Cl	0,3184
„ — „	Stickstoff — N	1,2158
Ammoniumoxyd — $(NH_4)_2O$	Ammoniumplatinchlorid — $(NH_4Cl)_2PtCl_4$	0,1176
Antimon — $2\,Sb$	Antimontrisulfid — Sb_2S_3	0,7142
„ — „	Antimonpentasulfid — Sb_2S_5	0,5997
Arsen — $2\,As$	Arsentrisulfid — As_2S_3	0,6093
„ — „	Pyroarsensaures Magnesium — $Mg_2As_2O_7$	0,4828
Arsenige Säure — As_2O_3	Arsentrisulfid — As_2S_3	0,8043
„ „ — „	Pyroarsensaures Magnesium — $Mg_2As_2O_7$	0,6374
Bariumoxyd — BaO	Kohlensäure — CO_2	3,4857
„ — „	Bariumcarbonat — $BaCO_3$	0,7767
„ — „	Bariumsulfat — $BaSO_4$	0,6570
„ — „	Bariumchromat — $BaCrO_4$	0,6051
Blei — Pb	Bleisulfid — PbS	0,8697
„ — „	Bleisulfat — $PbSO_4$	0,6831
Bleioxyd — PbO	Bleisulfid — PbS	0,9329
„ — „	Bleisulfat — $PbSO_4$	0,7359
Borsäure (Ortho-) — $2\,B(OH)_3$	Bortrioxyd — B_2O_3	1,7721
Bortrioxyd — B_2O_3	Borsäure — $2\,B(OH)_3$	0,5643
Borsaures (Meta-) Natrium — $NaBO_2$	„ — $B(OH)_3$	1,0641
„ (Tetra-) Natrium — $Na_2B_4O_7$	„ — $4\,B(OH)_3$	0,8142
Brom — Br	Bromsilber — $AgBr$	0,4255
Calcium — Ca	Calciumoxyd — CaO	0,7147
„ — „	Calciumsulfat — $CaSO_4$	0,2945
Calciumcarbonat — $CaCO_3$	Calciumoxyd — CaO	1,7844
„ — „	Calciumsulfat — $CaSO_4$	0,7351
„ — „	Kohlensäure — CO_2	2,2749
Calciumoxyd — CaO	Calciumcarbonat — $CaCO_3$	0,5603
„ — „	Calciumsulfat — $CaSO_4$	0,4120
„ — „	Kohlensäure — CO_2	1,2748
Calciumsulfat — $CaSO_4$	Calciumcarbonat — $CaCO_3$	1,3603
„ — „	Calciumoxyd — CaO	2,4275
„ — „	Schwefelsäure — SO_3	1,7004
Chlor — Cl	Chlorsilber — $AgCl$	0,2474
„ — „	Silber — Ag	0,3042
Dextrose (Glucose — $C_6H_{12}O_6$	Kupfer — Cu (s. Tab. III, S. 734)	
„ — „	Kupferoxyd — CuO (s. Tab. II, S. 732)	
„ — „	Alkohol — $2\,C_2H_6O$	1,9555[1]
„ — „	Kohlensäure — $2\,CO_2$	2,0465[1]
Dextrin — $nC_6H_{10}O_5$	Kupfer — Cu (s. Tab. VIII, S. 741)	
Eisen — Fe	Eisenoxydul — FeO	0,7773
„ — $2\,Fe$	Eisenoxyd — Fe_2O_3	0,6994
„ — Fe	Eisenammoniumsulfat — $(NH_4)_2SO_4 + FeSO_4 + 6\,H_2O$	0,1425
Eisenoxyd — Fe_2O_3	Eisenoxydul — $2\,FeO$	1,1113
„ — „	Eisenammoniumsulfat — $2\,[(NH_4)_2SO_4 + FeSO_4 + 6\,H_2O]$	0,2036

[1]) Richtiger für Alkohol 2,057, für Kohlensäure 2,153, da nur etwa 95% der Glucose zu Alkohol und Kohlensäure vergären.

Gesucht	Gefunden	Faktor
Eisenoxyd — Fe_2O_3	Ferriphosphat — $2\,FePO_4$	0,5293
Eisenoxydul — $2\,FeO$.	Eisenoxyd — Fe_2O_3	0,8998
„ — FeO	Eisenammoniumsulfat —	
	$(NH_4)_2SO_4 + FeSO_4 + 6\,H_2O$	0,1832
Essigsäure — $2\,C_2H_4O_2$	Schwefelsäure — SO_3	1,4995
„ — $C_2H_4O_2$	1 ccm $^1/_{10}$ Normal-Schwefelsäure (oder	
	-Alkali)	0,0060
„ — $2\,C_2H_4O_2$	Kohlensäure — CO_2	2,7287
„ — „	Kohlensaurer Kalk — $CaCO_3$	1,1994
Furfurol — $C_5H_4O_2$.	Furfurolphloroglucid —	
	(vgl. S. 449 und Tab. IX, S. 743)	
Glucose — vgl. Dextrose		
Invertzucker — vgl. Tab. IV und V, S. 736 und 737		
Jod — J	Jodsilber — AgJ	0,5405
„ — $2\,J$.	Palladiumjodür — PdJ_2	0,7041
Kaliumoxyd — K_2O	Chlorkalium — $2\,KCl$	0,6317
„ — „	Kaliumplatinchlorid — $(KCl)_2PtCl_4$. .	0,1931[1])
„ — „	Platin — Pt	0,4812[1])
„ — „	Überchlorsaures Kali — $2\,KClO_4$ . .	0,3399
„ — „	Kohlensäure — CO_2	2,1409
„ — „	Schwefelsäure — SO_3	1,1765
„ — „	Kaliumsulfat — K_2SO_4	0,5405
Kalium — $2\,K$	Kaliumoxyd — K_2O	0,8301
Kaliumchlorid — $2\,KCl$	Kaliumplatinchlorid — $(KCl)_2PtCl_4$.	0,3056[1])
„ — „	Platin — Pt	0,7614[1])
„ — KCl.	Überchlorsaures Kali — $KClO_4$ . . .	0,5381
Kaliumcarbonat — K_2CO_3	Kohlensäure — CO_2	3,1409
„ — „	Schwefelsäure — SO_3	1,7259
Kohlenstoff — C	Kohlensäure — CO_2	0,2727
Kohlensäure — CO_2	Calciumcarbonat — $CaCO_3$	0,4396
„ — „	Calciumoxyd — CaO	0,7846
„ — „	Bariumcarbonat — $BaCO_3$	0,2229
„ — „	Bariumsulfat — $BaSO_4$	0,1885
Kupfer — Cu	Kupferoxyd — CuO	0,7988[2])
„ — $2\,Cu$	Kupfersulfür — Cu_2S	0,7986
Lactose — vgl. Milchzucker		
Lithiumoxyd — Li_2O	Lithiumchlorid — $2\,LiCl$	0,3544
„ — „	Lithiumsulfat — Li_2SO_4.	0,2725
„ — $3\,Li_2O$	Lithiumphosphat — $2\,Li_3PO_4$	0,3880
Lithium — $2\,Li$	Lithiumoxyd — Li_2O	0,4667
Magnesiumoxyd — $2\,MgO$	Pyrophosphorsaures Magnesium —	
	$Mg_2P_2O_7$	0,3622
„ — MgO	Magnesiumsulfat — $MgSO_4$	0,3349
Magnesiumcarbonat — $MgCO_3$	Kohlensäure — CO_2	1,9164
„ — $2\,MgCO_3$	Pyrophosphorsaures Magnesium —	
	$Mg_2P_2O_7$	0,7574
Maltose	Kupfer — Cu (s. Tab. VI, S. 739)	
Mangansuperoxyd — MnO_2	2 Mol. Eisenammoniumsulfat —	
	$2\,[(NH_4)_2SO_4 + FeSO_4 + 6\,H_2O]$	0,1108
„ — „	Kohlensäure — $2\,CO_2$	0,9878
Manganoxyd — $1^1/_2\,Mn_2O_3$	Manganoxyduloxyd — Mn_3O_4	1,0349
Manganoxydul — $3\,(MnO)$.	„ — „ . . .	0,9301
Methylpentosane — $C_5H_7(CH_3)O_4$ vgl. S. 450 und Tab. X, S. 748		
Milchsäure — $2\,C_3H_6O_3$	Schwefelsäure — SO_3	2,2492

[1]) Die nach der Atomgewichtstabelle für das Jahr 1909 — S. 487 sind die von 1906 angenommen — berechneten Faktoren lauten: 0,1938 bzw. 0,4831 bzw. 0,3069 bzw. 0,7647. Über die Gründe für die Annahme obiger Faktoren vgl. S. 487, Anm. 2. Auch der Verband Landw. Versuchsstationen i. D. R. hat obige Faktoren in der Tabelle vereinbart.

[2]) Vgl. auch Tab. II S. 732.

Gesucht	Gefunden	Faktor
Milchsäure — $C_3H_6O_3$	1 ccm $^1/_{10}$ Normal-Schwefelsäure (oder -Alkali)	0,0090
Milchzucker — $C_{12}H_{22}O_{11} + H_2O$	Kupfer — Cu (s. Tab. VII, S. 740)	
Natriumoxyd — Na_2O	Chlornatrium — 2 NaCl	0,5303
„ — „	Natriumcarbonat — Na_2CO_3	0,5849
„ — „	Natriumnitrat — 2 $NaNO_3$	0,3646
„ — „	Natriumsulfat — Na_2SO_4	0,4364
Natrium — Na	Chlornatrium — NaCl	0,3934
Natriumcarbonat — Na_2CO_3	Kohlensäure — CO_2	2,4091
„ — „	Schwefelsäure — SO_3	1,3238
Pentosane — $C_5H_8O_4$	Furfurol — $C_5H_4O_2$ (S. 449 u. Tab. IX, S. 743)	
Pentosen — $C_5H_{10}O_5$	Furfurol — $C_5H_4O_2$ (S. 449 u. Tab. IX, S. 743)	
Phosphorsäure — P_2O_5	Ferriphosphat — 2 $FePO_4$	0,4707
„ — „	Pyrophosphorsaures Magnesium — $Mg_2P_2O_7$	0,6378
„ — „	Phosphorsaures Calcium — $Ca_3(PO_4)_2$	0,4576
Phosphorsaures Calcium, 3 basisch — $Ca_3(PO_4)_2$	Pyrophosphorsaures Magnesium — $Mg_2P_2O_7$	1,3935
Phosphorsaures Calcium, 3 basisch — $Ca_3(PO_4)_2$	Phosphorsäure — P_2O_5	2,1850
Proteinstoffe	Stickstoff — N (vgl. S. 252) im Mittel	6,2500
Quecksilber — Hg	Schwefelquecksilber — HgS	0,8618
„ — 2 Hg	Quecksilberchlorür — Hg_2Cl_2	0,8492
Saccharose (Rohrzucker) — $C_{12}H_{22}O_{11}$	Invertzucker $\times$ 0,95 (s. Tab. V, S. 737	
Salpetersäure — N_2O_5	Ammoniak — 2 NH_3	3,1707
„ — „	Schwefelsäure — SO_3	1,3491
„ — „	Stickstoff — 2 N	3,8551
Salzsäure — 2 HCl	Kohlensäure — CO_2	1,6553
„ — „	Schwefelsäure — SO_3	0,9096
„ — HCl	Chlorsilber — AgCl	0,2544
Schwefel — S	Bariumsulfat — $BaSO_4$	0,1373
Schwefelsäure — SO_3	„ — „	0,3430
Schweflige Säure — SO_2	„ — „	0,2744
Senföl — $C_3H_5 . CNS$	„ — „	0,4246
Silber — Ag	Chlorsilber — AgCl	0,7526
Stärke — $nC_6H_{10}O_5$	Kupfer — Cu (s. Tab. VIII, S. 741)	
Stickstoff — N	Ammoniak — NH_3	0,8225
„ — 2 N	Ammoniumplatinchlorid — $(NH_4Cl)_2PtCl_4$	0,0631
Strontium — Sr	Strontiumcarbonat — $SrCO_3$	0,5935
„ — „	Strontiumsulfat — $SrSO_4$	0,4770
Strontiumcarbonat — $SrCO_3$	Strontiumsulfat — $SrSO_4$	0,8036
„ — „	Strontiumnitrat — $Sr(NO_3)_2$	0,6975
Strontiumoxyd — SrO	Strontiumcarbonat — $SrCO_3$	0,7019
„ — „	Strontiumsulfat — $SrSO_4$	0,5641
Traubenzucker — $C_6H_{12}O_6$	Kupfer — Cu (s. Tab. III, S. 734)	
Wasserstoff — 2 H	Wasser — H_2O	0,1119
Weinsteinsäure — $C_4H_6O_6$	Schwefelsäure — SO_3	1,8739
Weinstein — $C_4H_4O_6 . HK$	Schwefelsäure — SO_3	2,3497
Wismutoxyd — Bi_2O_3	Wismutoxychlorid — 2 BiClO	0,8942
„ — „	Bismutylbichromat — $(BiO)_2Cr_2O_7$	0,6986
Wismut — 2 Bi	Wismutoxyd — Bi_2O_3	0,8965
Zink — Zn	Zinkoxyd — ZnO	0,8034
„ — „	Schwefelzink — ZnS	0,6709
Zinkoxyd — ZnO	„ — „	0,8351
Zinn — Sn	Zinnoxyd — SnO_2	0,7881
Zitronensäure — 2 $C_6H_8O_7$	Schwefelsäure — 3 SO_3	1,5991